中国风景园林学会 编

中国风景园林学会2014年会

论文集

(上册)

城镇化与风景园林
Urbanization and Landscape Architecture

CHSLA 2014

中国建筑工业出版社

图书在版编目(CIP)数据

中国风景园林学会 2014 年会论文集/中国风景园林学会编. —北京：中国建筑工业出版社，2014.8
ISBN 978-7-112-17152-1

Ⅰ.①中… Ⅱ.①中… Ⅲ.①园林设计-中国-文集 Ⅳ.①TU986.2-53

中国版本图书馆 CIP 数据核字(2014)第 177279 号

责任编辑：杜 洁
责任校对：姜小莲 关 健

中国风景园林学会 2014 年会论文集
中国风景园林学会 编

*

中国建筑工业出版社出版、发行（北京西郊百万庄）
各地新华书店、建筑书店经销
北京红光制版公司制版
北京中科印刷有限公司印刷

*

开本：880×1230 毫米 1/16 印张：60½ 字数：2500 千字
2014 年 9 月第一版 2014 年 9 月第一次印刷
定价：**198.00** 元（上、下册）
ISBN 978-7-112-17152-1
(25920)

版权所有 翻印必究
如有印装质量问题，可寄本社退换
（邮政编码 100037）

中国风景园林学会 2014 年会论文集

城镇化与风景园林

Urbanization and Landscape Architecture

CHSLA 2014

主　　编：孟兆祯　陈晓丽

编　　委（按姓氏笔画排序）：

王向荣　王绍增　王　浩　车生泉　包志毅

刘滨谊　李　雄　杨　锐　金荷仙　高　翅

大数据

目 录

（上 册）

新型城镇化与自然文化遗产保护

从民众感知角度浅析自然文化遗产的保护
.... 霸 超（003）
吴越国与南宋御花园"排衙石"用典源流与造园
影响考析 .... 鲍沁星 曾馥榆 应海芬 蔡玉婷（007）
新型城镇化进程中对传统村落命运的思考
——以徽州传统村落的保护为例
.... 陈宗蕾 刘志成 张 蕊（012）
城镇化进程中古村落遗产地的保护与发展策略研究
.... 邓 妍 严国泰（016）
风景名胜区中道教名山文化景观的初探
.... 杜 爽（019）
新型城镇化背景下川西林盘文化景观保护与发展策略
——以四川省崇州市林盘为例
.... 付志伟 邓 冰（023）
风景名胜区总体规划编制
——保护培育规划方法研究
.... 顾丹叶 金云峰 徐 婕（028）
中国关于湿地公园评价的研究进展
.... 黄 利（033）
景观设计策略
——基于"山水"原型的城镇空间营建
.... 李 涛 金云峰（037）
快速城镇化中的遗产地精神维护与记忆留存
.... 李晓黎（042）
"新型城镇化"背景下旅游古镇的保护与复兴
——以平遥古城为例
.... 李砚然（045）
基于空间句法分析的拙政园中部游览路线组织与
园林空间赏析 .... 李志明 王泳汀（048）
柳宗元风景旷奥概念对唐宋山水诗画园耦合的影响
.... 刘滨谊 赵 彦（054）
浅析中国传统纹样在现代园林设计中运用的意义
.... 刘 健 马雪梅 赵 巍（057）
风景评估新综合概念方法
——动态模型 .... 罗 丽 岳 超（060）
新疆可可托海国家地质公园工业遗产的积极保护模式
初探 .... 罗 英（065）
土地利用协调视角下风景名胜区总体规划编制方法
——以西樵山为例
.... 马唯为 金云峰 汪翼飞 周晓霞（069）
有机更新与持续发展
——天津原租界公园发展对策探究
.... 孟 瑾 陈 良（075）

风景园林批评的可能性：兼论历史理论、实践与
批评的关系 .... 慕晓东（079）
新型城镇化下的浙江诸暨斯宅古村落的保护与更新
.... 潘 娜 斯 震（085）
北京南锣鼓巷商业业态演变及其影响机制研究
.... 潘运伟 杨 明 郑 憨 王 斐（090）
新型城镇化视角下的风景名胜区自然文化遗产
保护途径 .... 任君为 陆慕秋（095）
中国古典园林的审美分析
.... 沈姝君 张 杰（100）
新型城镇化发展机遇下的旅游城镇化与历史
文化名镇遗产保护策略
——以日本长野县妻笼宿古镇保护复兴为例
.... 宋 昕（105）
基于地域文脉延续的拆迁安置小区景观设计研究
.... 王海霞 徐照东（110）
经济导航模式思维下的古村落空间保护更新研究
——以湖北咸宁通山县闯王镇宝石村为例
.... 王惠琼 滕路玮 周 欣 秦仁强（114）
基于景观序列理论的城市滨水空间地域生活场景重构研究
.... 王 敏 崔芊浬（119）
近代青岛城市规划、建筑及风景园林研究述评
.... 王培严 马 嘉 张 安（124）
现代主义语境下的海派园林变迁探析 ... 王 茜 王 敏（128）
公众利益分割下松台山公园的历史文化保护设计
.... 王小如 林 锋 陈 朔（132）
风景名胜区游线设置评价研究——以神门景区为例 ......
.... 王 馨 石 屹（135）
基于文化生态学的城景关系协调规划研究
——以蜀岗-瘦西湖风景名胜区为例
.... 吴承照 周思瑜（145）
传统园桥文化与现代景观设计
.... 伍 阳（150）
天津市大沽口炮台遗址公园保护与利用探究
.... 邢 欣 孟 瑾（154）
新型城镇化形势下的古村落乡村风貌保护
.... 徐瑶璐 焦睿红 刘 健（159）
景迈山芒景古村落景观的活态保护研究
.... 严国泰 马 蕊（163）
风景区旅游空间容量和旅游心理容量测定研究
——以乌镇西栅景区为例
.... 严 欢 夏圣雪 张 杰 程建新（166）
浅谈历史文化街区旅游与文化商业业态引导
.... 杨 明 王 斐 潘运伟（170）
校园人文景观资源调查和评价
——以同济大学四平路校区为例
.... 杨天人 陈 健（174）

格鲁派寺庙空间特点及形成因素浅析
——以青海塔尔寺为例 ·········· 杨子旭（181）
城市公园设计策略
——欧洲传统园林对现代公园影响
·········· 姚吉昕 金云峰 朱蔚云（186）
工业文化遗产再利用中的景观重建探讨
·········· 于 隽 张吉祥（190）
新型城镇化背景下城市公园中乡土材料的应用
——以南阳市卧龙岗公园设计为例
·········· 余志文 岳 峰（194）
新型城镇化背景下地域文化与会馆建筑的融合研究
——以河南社旗山陕会馆为例
·········· 岳 峰 戴 菲 张文钰（198）
传统文化景观中滨水空间的多尺度特征机理研究与保护整治
——以江苏泰州高港沿江一带为例
·········· 张醇琦（202）
古村落文化景观特色的演绎与解析
——以闽南福全国家历史文化名村为例
·········· 张 杰 叶春阳（207）
文化缩影的动态保护形式
——论贡院在新城市景观结构中的文脉延续
·········· 张新霓 周 曦（213）
美国国家公园系统文化景观保护体系综述及启示
·········· 张 杨（218）
文化线路遗产中重要节点的保护性开发策略研究
——以湖北省咸宁市羊楼洞规划设计为例
·········· 镇淑娟 白 瑾 周 欣 秦仁强（223）
西方园林史研究
——以意大利罗马与法国巴黎园林景观轴线空间演变为例
·········· 朱蔚云 金云峰 姚吉昕（227）
文化遗产保护规划
——武汉市名人故居考察反思
·········· 朱 宇（233）

风景园林规划与设计

生态基础设施理论下慢行系统规划初探
——以海淀区翠湖科技城慢行系统规划为例
·········· 毕文哲 马璐璐（241）
蓄洪公园及河滩湿地建设对河道景观的重要意义探究
·········· 蔡婷婷 梅 娟 马 娱 崔亚楠（246）
对城市公园防灾避险功能改造模式的探讨
——以济南泉城公园改造为中心城区防灾避险公园为例
·········· 陈朝霞 白红伟 仲丽娜（253）
新型城镇化背景下的生态基础设施规划
——以武穴市绿地系统与滨江景观规划为例
·········· 陈 谦（258）
推进生态园林城市建设，建设和谐美丽新承德
·········· 陈树萍（266）
水生态环境保护和修复技术探析
·········· 陈卫连 苏青峰 刘晓娜（270）
基于智慧城市的中国国际园林博览会主题与选址研究
·········· 陈希萌 金云峰 周晓霞（273）
基于生态视角的城郊村镇宜居社区评价指标体系构建
·········· 陈奕凌 王云才（277）
地方性城市旧公园景观提升方法初探
——以葫芦岛龙湾公园景观改造为例
·········· 单琳娜 卢碧涵 黄希为 肖 楠 滕晓漪（281）
村镇宜居社区绿色基础设施系统的构建
·········· 邱 青 王云才（291）
景观设计策略
——促进城市功能与风貌提升的绿道设计
·········· 杜 伊 金云峰 周晓霞 范 炜（296）
新城中心的大型公园辨析 ·········· 范 炜 金云峰（302）
城镇生态基础设施建设原则探析 ·········· 房 芳（305）
浅谈城口县羊耳湖水库消落带生态修复
·········· 冯义龙 先旭东（308）
论大城市郊野公园的生态功效
——以上海青西郊野公园为例
·········· 管金瑾 严国泰（311）
社区绿道降低PM2.5的规划策略浅析
·········· 郝丽君 杨秋生（315）
城市更新中的绿色开放空间景观设计探讨
——以包头转龙藏公园景观设计为例
·········· 侯 伟（319）
城市街道景观人性化空间设计初探
·········· 黄希为 胡淼森 张传奇 蔡丽红（322）
基于系统集成的生态校园规划研究
——以中国环境管理干部学院新校区为例
·········· 瞿巾苑 刘晓光 吴 冰（326）
基于景观生态格局的城市绿地系统
·········· 赖平平（332）
草原游荡型河流在城镇化发展进程中的生态困局及
相应规划策略
——以海拉尔河湿地景观规划为例
·········· 李丹丹 邹丹丹（336）
校园景观中的生态设计策略研究
·········· 李方正 李 雄（344）
撷传统文化 塑洹园景观
——安阳市洹园六景设计构思探讨
·········· 李 伦 牛桂英（348）
风水理论科学性验证研究进展
·········· 李 英（353）
上海后滩公园滨水绿地生态效益的研究
·········· 刘 碑 李雅娜 陈 勇 都金标（359）
新型城镇化背景下的当代屋顶农场研究回顾与展望
·········· 刘方馨 赵纪军（365）
低丘陵地区城镇化过程中滨河绿道策略
——以内江小青龙河绿道规划为例
·········· 刘家琳 张建林（369）
生态友好型社区的规划与设计
——以北京后八家改造为例
·········· 刘京一 李 倞（376）
"让城市慢下来"
——绿道可达性与使用者活动调查研究
·········· 刘 婧 秦 华（381）
维护区域生态安全的途径：市域绿地系统规划研究
——以常州市为例
·········· 刘 颂 章舒雯（388）
景观生态学指导下的资源型城市的绿地布局模式研究
——以迁安市绿地系统规划为例
·········· 刘 玮 李 雄（393）
基于儿童心理维度的游戏场地设计探索

……………………………… 刘 洋 孟 瑾（397）
城市生态园林建设刍议
……………………… 刘志成 张 蕊 陈宗蕾（401）
新型城镇化下村镇宜居社区环境容量评估
的再思考 ……………………… 鲁 甜 王云才（404）
基于生态圈层结构的区域生态网络规划
——以烟台市福山南部地区为例 …… 吕 东 王云才（408）
作为生态基础设施的城市景观规划与构建途径初探
……………………………… 马璐璐 毕文哲（414）
可持续景观理论与案例研究
………………………………… 毛连成 张晓钰（418）
城市公园可达性评价研究进展
………………………… 施 拓 李俊英 李 英（423）
新型城镇化背景下生态基础设施建设策略研究
…………………………………………… 时二鹏（428）
新型城镇化视角下景观规划中生物多样性的控制与引导
………………………………… 宋 岩 王 敏（432）
低碳城市建设背景下基于公共自行车游憩体系策略
可能性的探讨
——以杭州市为例 ……………… 苏 畅 李 雄（436）

基于遗产廊道构建的城市绿地系统规划策略研究
——以湖南省平江县为例
………………… 田燕国 李 翅 殷炜达 郑 璐（440）
新型城镇化下的绿道建设
——以成都绿道建设为例 ………………… 王艺憬（445）
环境生态技术在景观生态规划设计中的应用
………………………………… 王云才 崔 莹（449）
哈尔滨市阿城区综合水安全评价与格局构建研究
………………………… 武 彤 刘晓光 吴 冰（454）
城郊游憩型绿道建设探究
——以枣庄市中心城区环城森林公园绿道为例
………………………………… 武新华 武雪琳（461）
城市绿地系统规划编制
——城市用地分类新标准影响下的绿地规划导向研究
………………………………… 夏 雯 金云峰（464）
基于"一张图"GIS技术的基本生态控制线划定规划研究
——以惠州市为例
…………………………………………… 肖 宇（468）
生态城市理念在常德北部新城绿地系统规划中的应用
………………………………… 邢晓娟 李 翅（474）

（下 册）

特高压输变电工程适应性视觉景观策略研究
………………………………… 尹传垠 周 婧（481）
区域城乡景观环境集约化发展研究
——以环太湖地区为例 ………… 袁旸洋 成玉宁（486）
基于"平灾结合"思想的中日防灾公园改造对比研究
………………………………… 岳 阳 周向频（490）
城市滨水带小气候研究现状及前景分析
………………………………… 张慧文 张德顺（494）
转型浑河：创新再造铁西滨河生态新城绿色基础设施
………………………… 张 蕾 杨 震 黄 君（501）
城镇化背景下城市废弃地再生景观
——以北京环铁内部土地及棚户区整治为例
………………… 张 蕊 刘志成 崔雯婧 赵雪莹（511）
郊野公园的功能意义与乡土景观设计探析
——以天津西青郊野公园为例
………………………………… 赵诗然 孟 瑾（515）
健康导向下的滨水景观规划设计策略综述
………………………… 赵文茹 赵晓龙 李国杰（519）
基于公众健康的城市景观环境可步行性层级需求探析
………………………… 赵晓龙 刘笑冰 杨 静（523）
老工业城镇的绿色基础设施更新策略研究
…………………………………………… 周 盼（528）
"积极老龄化"社会建构与上海公共开放空间营造
………………………………… 周向频 王 妍（532）
屋顶农场
——生产性的绿色屋顶
………………………… 周璇子 赵纪军 赵 斌（538）
新型城镇化背景下生态农庄及相关概念辨析
——以成都市三圣乡为例
………………………… 周云婷 武 艺 钱 翰（541）
雨水基础设施在道路景观设计中的应用
——以延庆创意产业园为例 ………………… 祖 建（545）

新型城镇化与风景园林植物应用

从园林有害生物物种变化引发的思考
…………………………………………… 白雪婧（553）
浅析新型城镇化建设中园林植物的应用
…………………………………………… 成 甜（555）
文化主题公园植物景观调查与分析
——以天津武清文化公园为例
………………………… 崔怡凡 许晨阳 刘雪梅（558）
广州4个居住区园林植物群落配置效果评价
………… 黄少玲 陈兰芬 谢腾芳 谭广文 曾 凤（562）
宁夏煤矸石区几种落叶乔木栽培生长表现选择研究
………………………………… 蒋全熊 王攀阳（566）
宁夏罗山短花针茅荒漠草原营养价值综合评价
………………………………… 兰 剑 曹国强（574）
杭州园林植物景观地域性研究
………………………… 蓝 悦 徐宁伟 包志毅（579）
竹子、卫矛、女贞、紫花苜蓿等植物在济南动物园
的景观配植及饲料应用
………………………………… 李 青 东 莹（583）
曼斯特德·伍德花园的园林特征及历史意义
…………………………………………… 李劲杰（586）
藤蔓植物在成都市的应用
………………… 刘慧琳 贾 勇 刘晓莉 朱章顺（590）
9种宿根花卉抗寒性初步研究
………………………… 马婷婷 张惠梓 姚洪涛（595）
古老明湖柳
………………………………… 马小琳 王珍华（600）
银川地区城市园林绿化树种调查分析
………………………… 牛 宏 刘 婧 曹 兵（605）
浅谈居住区植物景观设计
…………………………………………… 秦一博（609）
甲醛胁迫对吊兰根尖微核形成和有丝分裂的影响

………………… 任子蓓　史宝胜　刘 栋　杨 露（612）

医疗花园种植设计初探
………………… 孙振宁　杨传贵（615）

沈阳地区地被植物在景观设计中的应用探讨
………………… 翁　倩　李金红（621）

杭州市野生乡土彩叶树种园林应用综合评价
………………… 吴　君　吴　冬（624）

不同利用方式对兰州南部山区林草地土壤
化学特性及土壤微生物量的影响
………………… 吴永华　钟　芳（628）

济南万竹园植物景观探讨与分析
………………… 武雪琳　迟苗苗（634）

我国传统节日风俗相关的园林植物文化探究
………………… 徐晓蕾　徐　婷　张吉祥（638）

三种植物生长调节剂对紫叶稠李扦插生根的影响
………………… 许宏刚　汉梅兰　程晓月　王　梅（642）

菊花在兰州地区嫁接技术要点
………………… 杨　玲（646）

甲醛胁迫下吸毒草的生理变化
………………… 杨　露　郝晓飞　史宝胜　任子蓓　刘　栋（648）

"沙漠与湿地的交织"
——西北地区城市公园特色植物景观营造
………………… 曾宇欣　张　玲（652）

APG Ⅲ分类系统在植物园规划中的应用
——以济南动植物世界植物园部分为例
………………… 张德顺　薛凯华（657）

李清照纪念堂植物应用探究
………………… 张吉祥　于　隽（663）

新型城镇化背景下的居住区植物造景尺度初探
………………… 张　洁　商振东（670）

成都市中心城区市管街道常用乔木现状调查
………………… 张　路（674）

景观植物空间营造的量化研究
——以武汉市植物园为例 ……… 张　姝　熊和平（680）

场所感
——风格、性格、意境与归属感
………………… 赵　林　徐照东　刘雨晴（687）

盐碱地特色花境设计与营造及案例分析
………………… 赵阳阳　刘坤良　贺扬明　刘玉玲（690）

基于康复花园理念的养老社区景观设计探讨
………………… 朱冬冬　刘春云（696）

北方居住区水景观设计的探讨
——以济南市居住区景观设计为例
………………… 庄　瑜（699）

新型城镇化与风景园林科技创新

SoLoMo公众参与
——大数据时代新型城镇化建设背景下的风景园林
………………… 董　琦（705）

基于AHP法的景观空间视觉吸引评价
………………… 范　榕　刘滨谊（709）

基于环境育人理念的校园环境景观更新设计
——以成都三原外国语学校为例 …………
………………… 何　璐　董　靓　姚欣玫（714）

新疆英吉沙县江南公园规划设计刍议
………………… 胡大勇　朱王晓　陈　青　黄　涌（718）

城市可持续性规划设计策略研究
——波特兰的可持续发展启示 …… 贾培义　李春娇（723）

基于GIS探索新型农村城镇化的发展方向
………………… 贾行飞　岳　峰（729）

空间氛围
——现代景观的材料设计策略研究
………………… 简圣贤　金云峰（733）

基于居住用地特征的城市公园绿地可达性评价
………………… 李俊英　施　拓　李　英（737）

基于新型城镇化风景园林建设的数据可视化研究
………………… 刘安琪（741）

钢铁企业的景观改造研究 ……………… 刘　烨（745）

面向中小城镇的低成本益康园林设计初探
——以河北肥乡县残疾人康复就业中心园林设计为例
………………… 罗笑轩　付彦荣（750）

几种矾根的组织培养与快速繁殖
………………… 孟清秀　刘红权　李永灿　刘亚楠　张玉娇（756）

从传统聚落中解读当代可持续发展理念
——新型小城镇景观规划途径研究
………………… 唐　琦（761）

棕地修复
——徐州高铁站区废弃矿场生态复绿工程的设计与
施工创新技术探讨 ………… 万　象　陈　静（764）

城市公园设计策略
——人工湿地技术应用研究
………………… 杨玉鹏　金云峰　李　甜（769）

基于数字技术的居住区微气候环境生态模拟
………………… 张　浩　郑禄红　翁艳萍（773）

景观设计策略
——基于公共性视角的文化设施景观设计研究
………………… 张新然　金云峰（778）

基于地统计学和GIS的园林土壤主要肥力因子空间变异研究
——以济南泉城公园为例
………………… 赵凤莲　刘　毓　张保全（783）

居住区可食用景观模式初探
………………… 周　燕　尹丽萍（788）

新型城镇化与风景园林管理创新

创建"园林城市"目标构建与考核指标研究
………………… 陈　光　金云峰　刘悦来（793）

新型城镇化背景下滨水工业区保护与景观更新思考
——以上海杨浦滨江为例
………………… 陈　健　杨天人（798）

风景园林本科设计课中的小组教学
………………… 董楠楠　朱安娜　张圣红　罗琳琳（803）

国内外社区公园研究综述
………………… 傅玮芸　骆天庆（807）

复合·拓展·优化
——城镇绿地空间功能复合
………………… 金云峰　张悦文（811）

对改进兰州市园林绿化信息管理系统的几点建议
………………… 刘雯雯　俞　宏（818）

德国风景园林专业硕士研讨课程研究
………………… 梅　歆　刘滨谊（821）

两规合一背景下基于土地利用的风景规划研究
………………… 沙　洲　金云峰　张悦文（825）

城市景观生态评估标准的草拟与探讨
　　　　　　　　　　　　　　　……… 汤　敏（829）
城市绿地系统规划编制
　　——市域层面绿地规划与管理模式探讨
　　　　　　　　…… 汪翼飞　金云峰　沙　洲（834）
回归城市的乡土
　　——对城市中农林用地的思考
　　　　　　　　　　　…… 王健庭　刘　剑（838）
城镇化背景下社区花园管理初探
　　　　　　　　　　　…… 王晓洁　严国泰（842）
浅谈绿化养护社会化招标实施办法
　　　　　　　　　　　　　　　……… 修　莉（845）
新型城镇化道路下的楼盘景观形象管理
　　　　　　　　　　　　　　　…… 张企欢（848）
中国西太湖花博会后续利用规划研究
　　　　　　　…… 张　硕　钱　云　张云路（852）
济南原生植物在生态城市建设中的应用研究
　　　　　　　　　　　…… 张　云　陈　梅（858）
《国家园林城市标准》的演进与展望
　　　　　　　　　　　…… 赵婧达　刘　颂（864）
集约用地导向下城市绿地系统布局的精细化调控方法
　　　　　　　　　　　…… 周聪惠　金云峰（868）
中国传统城市色彩规划借鉴
　　　　　　　　　　　　　　　…… 朱亚丽（875）

新型城镇化与寒冷地区风景园林营建

基于IPA分析法建构哈尔滨湿地公园旅游景观策略
　　　　　　　…… 冯　珊　马紫晗　刘　洋（881）
基于VEP和SBE法的太阳岛风景区冬季植物景观偏好研究
　　　　　　　…… 罗艳艳　朱　逊　赵晓龙（887）
传统文化与现代城市公园景观的交融
　　——浅析哈南工业新城公园景观规划设计
　　　　　…… 孙百宁　范长喜　周　月　温　俊（892）
风景区影响下城市公共空间设计
　　——舞钢龙湖广场景观设计
　　　　　　　　　　　…… 王　丹　曹　然（899）
新型城镇化背景下寒冷地区风景园林营建的国际经验与启示
　　　　　　　　　　　　　　　…… 王丁冉（905）
新型城镇化背景下森林公园风景资源评价与规划研究
　　——以内蒙古黄岗梁森林公园为例
　　　　　　　　　　　…… 杨任森　熊和平（912）
北京101中学科普文化园景观设计
　　　　　　　…… 张红卫　张　睿　李晓光（917）
寒冷地区湿地公园景观规划设计
　　　　　　　　　　　　　　　…… 张　涛（921）
从新型城镇化背景看寒地居住区景观营建
　　　　　　　　　　　…… 张怡欣　张　涛（925）
新型城镇化与寒冷地区风景园林营建
　　　　　　　　　　　…… 邹好荟　邵晓艳（928）
传统园林在当下的精神所在和意境营造
　　　　　　　　　　　　　　　…… 何　伟（931）
风景园林学的类型学研究
　　　　　　　　　　　　　　　…… 张诗阳（940）
"曼荼罗"藏传佛教文化在园林景观空间中的表达
　　——以北京市五塔寺及周边环境保护与提升
　　　　为例　　　　　　　　　　…… 张　杭（944）
试论乡村植物概念及其应用
　　　　　　　…… 陈煜初　赵　勋　沈　燕（951）

新型城镇化与自然文化遗产保护

从民众感知角度浅析自然文化遗产的保护

Preliminary Study on the Protection of Natural and Cultural Heritage through Public Perception

霸 超

摘 要：城镇化进程中千城一面、文脉薄弱的现象，激发了民众在"看不见山水，记不住乡愁"的建筑森林中追溯生命之源、灵魂之根的情愫，而在新型城镇化背景下如何保护文脉物质化产物的自然文化遗产即成为发展的症结所在。在对比分析新型城镇化背景下的自然文化遗产保护思想，以求在意识感知层面将遗产的"历史性"和"在地性"与民众沟通的基础上，本文从个体保护、生态维护、系统构建等三方面浅析自然文化遗产的保护，以期为更好地贯彻实施新型城镇化服务。

关键词：自然文化遗产；新型城镇化；保护

Abstract: In the process of new urbanization, many towns sharing similar resemblance and lacking in cultural perception urge people to pursue the soul of civilization among huge quantities of buildings and constructions which leave quite little space for nostalgia. Thus, how to protect natural and cultural heritage in new urbanization becomes quite crucial. Firstly, through contrast of several different protection theories, this paper intends to connect the historic and ad locum of heritage with consciousness of the locals. Following the discussion of protection awareness and In order to carry out new urbanization in a better way, this study analyses three approaches including Individual preservation, ecological protection and system construction to protect natural and cultural heritage.

Key words: Natural and Cultural Heritage; New Urbanization; Protection

从 1978 年至 2013 年，中国城镇常住人口从 1.7 亿人增加到 7.3 亿，城镇化率从 17.9% 提升到 53.7%，[1] 在近 40 年的时间中，中国城镇的数量得到了空前的增长，人口由农村向城镇的大量涌入导致了城镇的迅速膨胀与蔓延，呈现国内去乡村化趋势，村落的人口锐减乃至消失，对自然文化遗产的侵蚀与"千城一面"的现实，督促国民在城镇化的发展进程中应进一步反思当今社会下的自然文化遗产保护，延续文脉并留住刻骨乡愁。

1 概述

1.1 新型城镇化

与以冰冷的数字与比率作为衡量标准的城镇化相比，新型城镇化的科学内涵包括人口、空间、经济、产业、生活质量等五个方面的城镇化，[2] 充分贯彻"以人为本"的思想，加快推进交通、水利、能源、市政等基础设施建设，[3] 使国内城镇各具特色、宜业宜居，更加充满活力。

1.2 自然文化遗产保护

在国内众多的城镇中，新城镇往往形态相似，老城镇区的自然文化遗产往往颇具代表性，其作为城市发展历程中逐步沉淀与积累的文化以物质或以物质为媒介得以表达的载体，是城市名片与特征识别的重要元素。尽管自然文化遗产的保护受到国民越来越高的重视，然而随着城镇化发展，各地自然文化遗产也不断受到侵蚀，而发展的经验也证明，推进城镇化建设绝不能以牺牲自然文化遗产为代价。

2 自然文化遗产保护思想探讨

自然文化遗产包括自然遗产、文化遗产和自然文化双重遗产，具有科学、历史、艺术等多方面重要价值，而其无法复制、不可再生的特性则决定了其保护方式的特殊性。当今依靠法律的强制性管制固然是自然文化遗产的有力保护措施，然而将前人留下来的智慧结晶与自然财富通过民众感知其"历史性"与"在地性"融入当代人的生活中，加强自然文化遗产在当代人乃至后人生活中的意义，能够让自然文化遗产保护事半功倍。

2.1 城市化与城镇化

在当今中国城市化与城镇化的进程中，大量人口涌入特大城市与大城市，极大地增加了城市人口、环境、住房、交通等各方面的压力，城市过度蔓延十分不利于可持续发展，因此新型城镇化把加快发展中小城市作为优化城镇规模结构的主攻方向，有利于国内各城镇的均衡发展。近年来城镇建设出现的土地城镇化快于人口城镇化、自然文化遗产逐渐淹没于水泥森林之中等弊端，通过几十年的发展经验与教训，应使民众认知到新型城镇化不应仅局限于实现带有超验性规划的目标，应尊重城镇的实际基础条件。其中，因自然遗产、自然文化双重遗产与城市生态格局紧密相关，对于相应自然文化遗产的保护不仅需要关注遗产本身的范围，还应当保护与遗产有直接或间接关系的生态系统要素，如相互连接的河流、湖泊，泄洪的凹地等，即在新型城镇化的规划层面上考虑自然文化遗产与城镇格局的关系。

2.2 纪念性与历史

2.2.1 纪念性

由于时代与社会体制的不同，自然文化遗产多少已经远离当代民众的日常生活。当下，绝大部分的自然文化遗产都以其特殊的"纪念性"意义保存下来，将自然文化遗产定格在保护体制之下，而遗产周边的建设却随着社会的发展而不断更新，这一切的变化就使得自然文化遗产的保护与城镇化发展背道而驰，与此同时，民众在通过保护的橱窗来窥探这些现存的自然文化遗产，却不能很好地与前人的劳动结晶产生共鸣时，"纪念性"在城镇化进程中所发挥的保护自身的作用显得极其微弱。

2.2.2 历史性

纵观中国的各大名胜古迹，以山西五台山、浙江普陀山等宗教道场为例，其历史悠远却在今日依然兴盛不衰，很大一部分原因是其融入民众的信仰与生活中。自然文化遗产虽然能够在一定程度上拉动地区经济的发展，但是如果过分强调遗产对于外来民众的吸引而忽视与当地民众的关系，在自然文化遗产的保护方面是十分不可取的。对吸纳游客相对较少的自然文化遗产，不免使这些单位给民众产生寄生于当今社会的情愫，在新型城镇化的建设过程中，可以效仿北京市天坛红歌广场等范例，在保护遗产的情况下，利用遗产外部广场或内部空间，发挥自然文化遗产在城镇中的文教、娱乐等功能。自然文化遗产的保护，不应让围墙与门票将其与当地生活的民众脱离，而是让当地的民众更充分地了解自然文化遗产与当地城镇文脉之间的关联，将自然文化遗产的"历史性"融入城镇发展的历史进程中，以普世价值的层面激发民众对于自然文化遗产的保护意识。

2.3 地域主义与在地性

2.3.1 地域主义

自然文化遗产因其自身专有的地域空间性质而彰显各城镇的地域主义，在自然文化遗产保护方面，除了保护其原真性与完整性外，例如，针对大型自然文化遗产中兼具游览等功能的部分加建的配套服务设施，以及城镇内保存和展示自然文化遗产的博物馆，这些加建的建筑物或者构筑物虽不属于自然文化遗产的范畴，却属于沟通自然文化遗产与民众的纽带，而统观国内，这些加建的部分均过于强调自然文化遗产的"纪念性"，配套的建筑物固然满足了服务的功能，但是形式、特点相对单调，即将以地域中相对宏大的概念和符号化的形式传达出的普遍抽象的"集体叙事"呈现于新城镇中，而此类保护方法仍然没有着眼于自然文化遗产的本土性，没能与土地中的文化、文明对接。

2.3.2 在地性

"在地"，不仅仅是一种建筑位置的狭义标示，同时包含了新城镇化中"呈在于地"的建设理由、"因地而在"的设计线索、"与地同在"的追求理想。[4]对于自然文化遗产保护，应着眼于其在地性。近现代中国，从封建王朝的贵族统治到社会主义的民主共和人人平等，再到社会主义现代化的过程中，思想文化的传承出现过断层，受此影响衍生出的破四旧等思潮在一定程度上祛除了前人智慧结晶的魅力。以河间的"马本斋纪念馆"为例，采用伊斯兰样式纪念馆与硕大的广场，有悖于本土的建筑肌理，且封闭的场所以教育基地为核心功能，公共空间与居民的日常生活基本脱离联系。然而新型城镇化，不是构建纯粹、冰冷的乌托邦世界，而是应基于土地的具体特殊性，在一系列的博物馆、纪念馆开始在城镇乃至村落生根发芽的情况下，让自然文化遗产重新返魅于民众的生活中，能够让居民更好地从利用公共空间中体味到"在地性"既是自然文化遗产保护的思想根源，又是保护其原真性与完整性的根本保障。

3 自然文化遗产保护

在浅析自然文化遗产保护思想时，着重强调了新型城镇化对于自然文化遗产保护的重要性，以及应重视自然文化遗产自身的"历史性"与"在地性"，维持保护模式与思想的统一性，是自然文化遗产保护在新型城镇化背景下更好地贯彻实施的有力保障。

3.1 自然文化遗产个体保护

自然文化遗产格局应先于新城镇建设，国内的相关遗产在受到相关法律法规的强制性保护的基础上，应通过对保护级别、保存状况、历史价值、艺术与科学价值的综合评价，对自然文化遗产的保护划分为抢救型、重点型和一般型三个级别，[5]使自然文化遗产的保护有条不紊地进行。然而个体保护措施应根据各自然文化遗产点的实际具体情况予以落实。在个体保护层面，无论对于建筑群的保护与修葺，抑或是对古河道的复原，均应严格遵守自然文化遗产原真性与完整性的原则。国内目前的各级文物保护单位既是作为对确定纳入保护对象的不可移动文物的统称，又是文物保护的主要贯彻措施，但文物保护单位依然不能完全涵盖自然文化遗产，因此，新型城镇化应侧重拓展自然文化遗产个体保护范畴。在2006年的丝绸之路跨国联合申报世界文化遗产工作中，陕西申报的16处文物保护单位均获通过，然而在丝绸之路上，除了文物保护单位外，仍然存在众多的驿站、线路没有被纳入到保护的范围中，这恰恰成为新城镇化发展的瓶颈所在，新城镇的建设要考虑丝绸之路遗迹的保存，可利用遗址所承载的文化与空间来塑造新城镇发展的文脉指引。

3.2 自然文化遗产生态维护

对作为自然文化遗产背景的自然系统进行保护，既需要保证自然文化遗产与城市绿色基础设施在城镇生态格局构建中的完整性，又要对生态和视觉质量较低的区域进行景观整治，提升视觉质量。在自然文化遗产保护范围内严格控制城镇的建设，保护现存的遗产，禁止厂矿、居民区的无序建设，从根本上保护自然文化遗产周边的山体、林地、湿地、农田、经济林等资源。除此之外，建立自然文化遗产与周围水系绿网、道路绿网以及生态斑块之间的联系，进而在城镇中构建更加完整的自然文化遗产网络（图1）。当新城镇的建设用地与农田重叠时，因农田的经营是长期经验积累的再现，其对于不同土质类型、不同肥力、不同含水量的土壤均有所区分，建设用地的类型划分应考虑农田种植的经验，科学合理地布局绿地、居住用地，更加可持续化地进行城镇建设，以更好地保护自然文化遗产周边的环境风貌。除了保护原有的自然系统外，新城镇的绿化建设要兼顾自然文化遗产本身的气质氛围，不应以加快建设速度而盲目补植大量兼具景观特质的园林植物，应分析自然文化遗产内原有植物群落，并尽量选用乡土树种，以更好地为自然文化遗产生态维护服务。

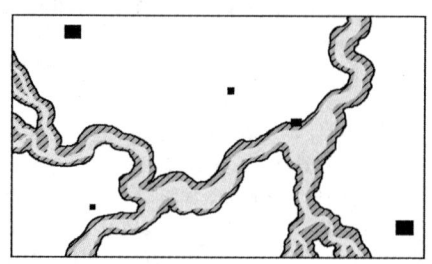 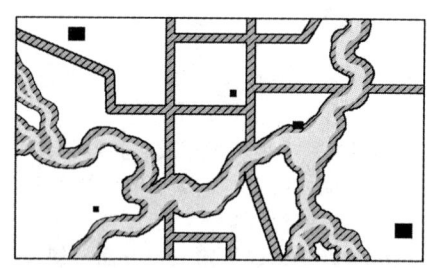

建立与水系绿网的联系　　　　　建立与道路绿网的联系

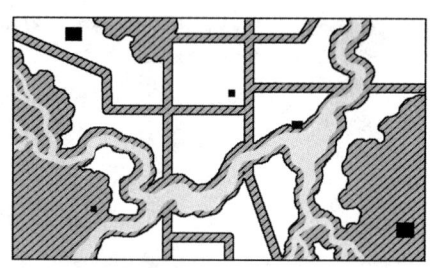 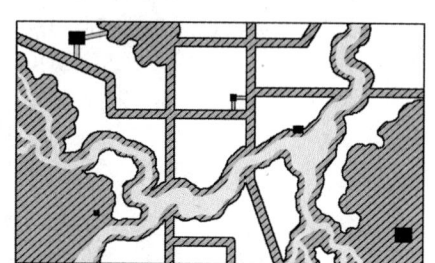

建立与生态斑块的联系　　　　　自然文化遗产生态网络　■自然文化遗产点

图1　自然文化遗产生态维护

3.3　自然文化遗产系统构建

游憩开发是让民众通过真实的体验来认识自然文化遗产，建立其进入系统，构建完善的解说和服务系统，根据各个自然文化遗产点的具体情况确定其解说主题，解说系统的规划和设计应具有连续性，使游客获取足够信息，充分体现被解说对象特色，避免过度解说，为自然文化遗产的游憩开发打好基础。与大城市相比，新型城镇的人口基数较小，公共交通建设相对较薄弱，可构建区域级和市县级的慢行系统来促进自然文化遗产的游憩开发，通过拉动地区经济为遗产保护提供经济基础。其中，区域级慢行系统连接各市县，依托市域主要河流、引水工程以及主要道路等构建，形成纵贯南北、横接东西的慢行系统网络；市县级慢行系统则根据城镇范围，依托河流、道路、山体走势形成网络，通过各级网络，构建便捷的自然文化遗产进入系统（图2）。与此同时，鼓励建立连续的游

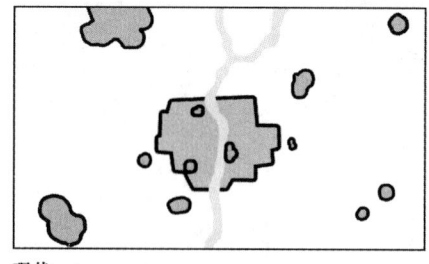 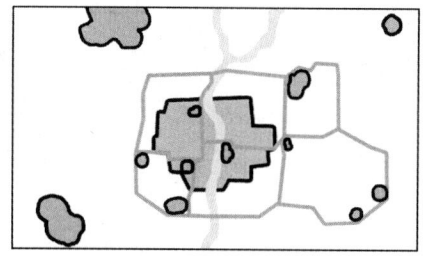

现状　　　　　　　　　　县级慢行系统

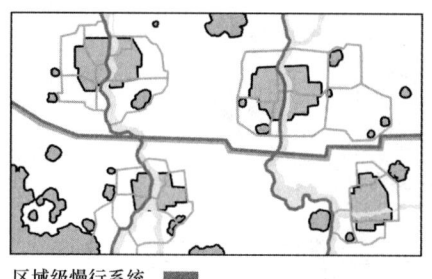 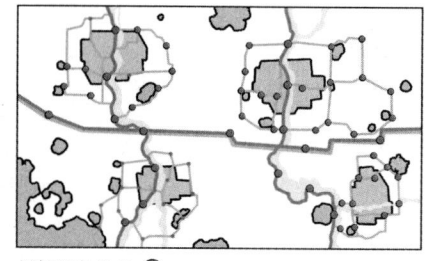

区域级慢行系统　　　　　　　慢行服务节点●　　城镇范围

图2　自然文化遗产系统构建

步道系统，适当避免机动交通，增加自然文化遗产的可达性，使不同方式出行的游客，特别是非机动方式出行的居民能够安全、便捷地到达游憩目的地。在服务和管理区域，积极调动区域的资源和财力、物力来进行文化保护与再利用的投资及开发，鼓励建设与自然文化遗产廊道主题紧密相关的游憩设施和项目，以完善进入系统促进遗产的绿色游憩开发，并通过可持续发展的方式保护自然文化遗产。

4 总结

自然文化遗产与自然的关系本就相辅相成、和谐共存，与新型城镇化要体现生态文明、绿色、低碳、节约集约等要求十分契合，因此，在新城镇化背景下，通过自然文化遗产的个体保护、生态维护以及系统构建三个方面，使民众感知遗产保护的意义与方向，将其与新型城镇化建设统筹相关，互相促进。前人的智慧已成为世人今日瞻仰与反思的范本，而如今的建设与发展也将注定成为后人参照的历史，缓解遗产保护与新型城镇化发展之间的冲突，延续自然文化遗产在当今社会的生命力，将成为世人乃至人类的宝贵财富。

参考文献

[1] 新型城镇化[201406-14]. http://www.gov.cn/zhuanti/xxczh/index.htm.

[2] 刘进辉，王殿安. 我国新型城镇化的科学内涵及其发展道路[J]. 林业经济，2014(01)：64-66.

[3] 李克强. 推进以人为核心的新型城镇化[2014-06-14]. http://www.gov.cn/guowuyuan/2014-03/05/content_2629422.htm.

[4] 周榕. 建筑是一种陪伴——黄声远的在地与自在[J]. 世界建筑，2014(03)：74-81.

[5] 陈培阳，王丽晔，朱喜钢. 大理市自然文化遗产保护与发展规划框架[J]. 规划师，2012(10)：30-33.

作者简介

霸超，1989年11月生，男，汉族，河北衡水人，硕士，北京林业大学园林学院硕士研究生，研究方向风景园林规划与设计。

吴越国与南宋御花园"排衙石"用典源流与造园影响考析

Study on the Influence and Literary Quotation of Guard Stone in Wuyue and Southern Song Dynasty Royal Gardens

鲍沁星　曾馥榆　应海芬　蔡玉婷

摘　要：西湖凤凰山中的排衙石景观，是吴越国和南宋两朝皇家园林的古迹遗存，本文在文献考证和实地调研测绘的基础上，分析排衙石景观特征、空间关系及其用典案例，研究了排衙石自宋代艮岳起对造园的重要影响，并指出其反映的用典文化是中国叠石假山艺术中重要的组成部分，具有独特的文化遗产价值。

关键词：风景园林；排衙石；南宋皇家园林；杭州西湖

Abstract: The Guard Stone was the relic of Garden of Wuyue Dynasty and Southern Song Dynasty. In this paper, the author tries to discuss about the origin and space relationship of Guard Stone, and points out that it has an unique cultural heritage and its great influence on Gardens since the Song Dynasty.

Key words: Landscape Architecture; Guard Stone; Garden of Southern Song Dynasty; Hangzhou Westlake

杭州凤凰山地区一直以来是南宋研究所关注的中心，尤其以排衙石为代表的景物，是南宋皇家园林为数不多的物质遗存。本文以凤凰山地区的排衙石作为专题研究对象，进行了现场测绘，并分析排衙石景区用典的由来、空间关系。最后研究了宋代东京艮岳、宋代镇江苏园、清代颐和园、鹰潭龙虎山、高邮神居山等实例中的排衙石用典，指出其反映的用典文化是中国叠石假山艺术中重要的组成部分，具有独特的文化遗产价值。

1　排衙石的由来

排衙石在杭州南宋皇城背靠的凤凰山上，是两排规则排列的自然石笋林（图1—图3）。其名称的由来，最早

图2　其中一列排衙石
（鲍沁星拍摄于 2014 年 6 月 4 日 13 时）

图1　排衙石文物碑
（鲍沁星拍摄于 2014 年 6 月 4 日 13 时）

图3　两列排衙石路口
（鲍沁星拍摄于 2014 年 6 月 4 日 13 时）

---

①　基金项目：浙江省大学生科技创新活动计划暨新苗人才计划 2014R412013；浙江农林大学创新创业训练计划资助项目 201305004；浙江省哲学社会科学重点研究基地重点课题"杭州南宋园林史研究"（12JDNS01Z）。

与五代吴越国的国王钱镠有关，这也是已知最早的排衙石用典记载。据《淳祐临安志》记载，"旧传钱武肃王凿山，见怪石排列两行，如从卫拱立趋向，因名排衙石"，[1] 国王钱镠觉得它很像亲兵排列，即命名为"排衙石"。"衙"同"牙"，指牙兵，也就是现在士兵的意思，因此"排衙石"又称"排牙石"。

古籍里描述排衙石为"石笋林立，最为怪奇"、[1] "群石竦奇"，[2] 自然山体的石笋林"行列如班仗"，[3] 而排衙石所在处为凤凰山的小山包，在南宋时又被称为将台山、御教场，山顶平坦，"四平长广约三十余亩"，[3] 背靠南宋皇宫，是当时南宋皇帝赵构训练和检阅亲兵卫队的御教场。排衙石是五代吴越国与南宋御花园军事文化的重要景物，清代袁枚曾借此对两代的帝王军事作为横向比较，"凤岭高登演武台，排衙石上大风来。钱王英武康王弱，一样江山两样才"。[4]

2 排衙石的区位

排衙石所在的区位非常重要，是个绝佳的观景点，可以同时欣赏到钱塘江和西湖的绝佳美景（图4）。据南宋《淳祐临安志》记载，此地"左江右湖，最为绝景"、[5] "登兹，则江湖俱在指掌…而龟赭对峙，海门一线，尽入览观"，[3] 其中江景十分壮观，海门一线、龟山与赭山在萧山钱塘江边对峙景色也可观察到；《乾道临安志》也指出排衙石可"左江右湖，千里在目"。[6] 到了明代，文人袁宏道《御教场小记》也指出这里"高则树薄山瘦，草髡石秃，千顷湖光，缩为杯子"。[7]

排衙石北侧古时曾有介亭，是古代与排衙石关系最为紧密的景物。介亭的来历要追溯到北宋大诗人祖无择，时任杭州郡守，据《淳祐临安志》记载，"郡守祖公无择对排衙石作介亭"。[8] 介亭与排衙石紧密关系，还可以从南宋诗人陆游的诗句"介亭南畔排衙石，剥藓刻苔觅旧题"看出：介亭位于排衙石对面即北侧，与排衙石合成一组景物，是为在此休息、观排衙石之景的游客而建。

最后据《咸淳临安志》附图（图5），[9] 不仅可以印证排衙石与介亭的空间位置关系，还可得知排衙石周围有冲天观、海观亭、月岩、上教场、中教场等景点。除了排衙石及月岩，其余的"另冲天观、望海亭、介亭、崇圣塔，宋、元时尚存，明时全圮"，[10] 到了明代已不见踪迹。

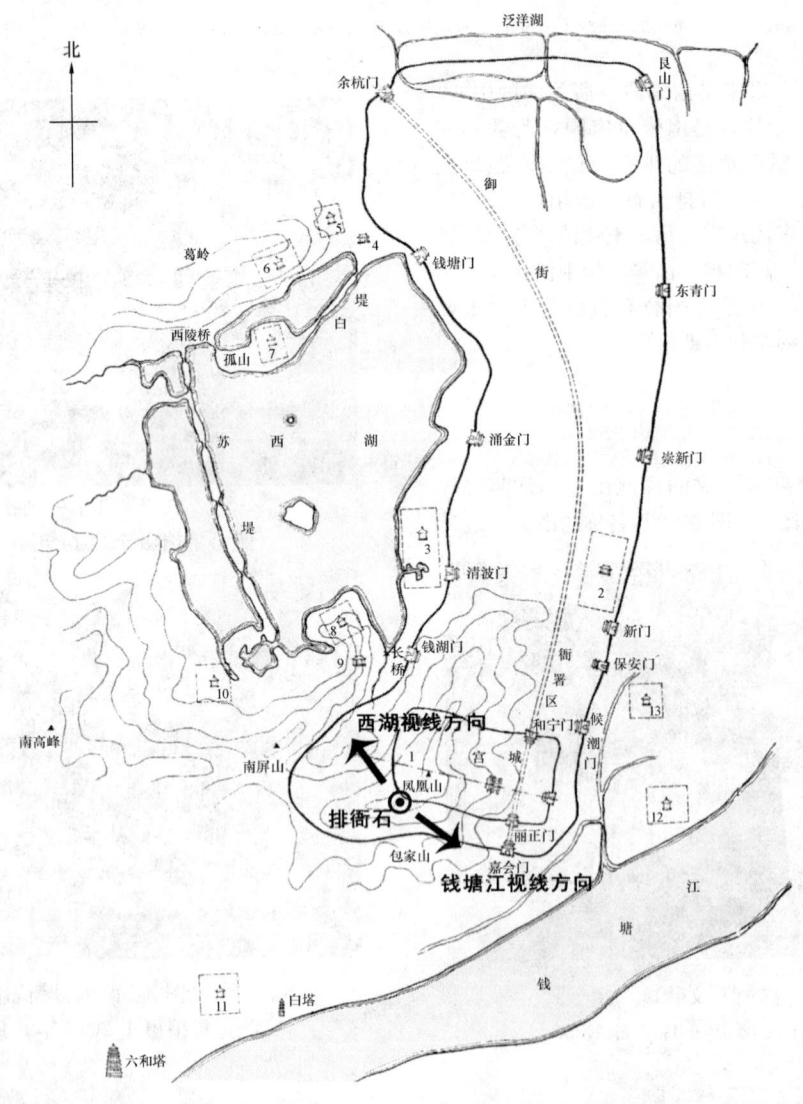

图4 排衙石与西湖、钱塘江的空间、视线关系（改绘自"郭黛姮. 中国古代建筑史·第三卷·图7-12 [M]. 北京：中国建筑工业出版社，2009：573".）

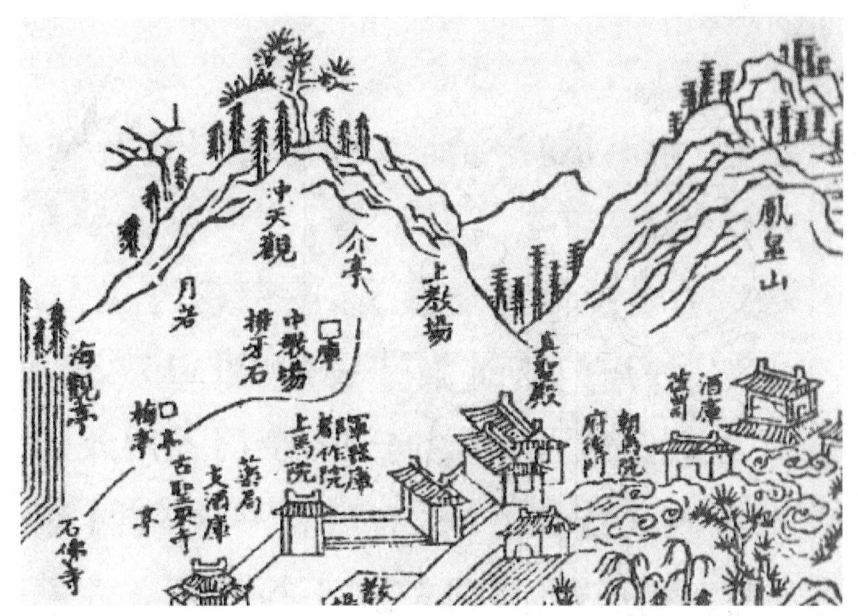

图5 咸淳临安志《皇城图》局部

3 排衙石的景观现状（测绘与分析）

经过几次现场考察测绘平面图，排衙石这个景点共有8组较完整的大石头、2个坍塌区及少数小石头（图6），周边的地形较平坦、略有起伏。其中最高的一组达到4m高，而据历史记载"最小一支形如芝，高丈许"，[3]也就是当年最小的也有3m多高。现场有好多碎石头，笔者推测：经过风雨的侵蚀和树木的入侵，有些石头崩裂、分化成碎石，散布在各个角落或形成坍塌区。

另外，排衙石排成两列，中间相隔2m多宽。最近十年来，在排衙石中间修了一条T字形、1.5m宽的路，其中一条路横穿两列排衙石，沿着支路往下走到山腰一处平坦的位置可通向月岩，另一条修在排衙石中间，即相隔2m多的地方。排衙石周边现有的树种并不复杂，只有简单几种，有几棵树还与石组缠绕在一起（图3）。有些排衙石上还长有杂草，这些杂草的生长加速了排衙石的崩裂、分化。

4 排衙石与北宋艮岳

排衙石对于园林营造产生的影响，现有记载最重要也是最早的一次就是北宋皇家园林艮岳，艮岳的造园总体效仿了杭州凤凰山，许多景点也是直接从凤凰山上移植过去，其中就包括排衙石和介亭。

关于北宋皇家园林艮岳，朱育帆的《艮岳现象研究》[11]及之后的《关于北宋皇家苑囿艮岳研究中若干问题的探讨》，[12]成果颇丰，本文仅探讨艮岳的排衙石，以及其与艮岳全园的关系。朱育帆的论著中指出《御制艮岳记》、李质著的《艮岳赋》、曹组著的《艮岳赋》都不约而同地写到艮岳上有介亭和排衙石这两个景点，如《御制艮岳记》中记载"介亭，最高诸山，前列巨石，凡三丈许，号排衙"。[11]这两个景点很显然是效仿余杭凤凰山右山巅的介亭和排衙石的关系，而且这种前列巨石的做法，根据本文的研究认为基本就是以现有的实景作为依据的。

杭州凤凰山上的排衙石至今仍存在，而艮岳已经被毁，杭州排衙石景区作为艮岳的模仿对象之一，其现有布局和空间关系研究，对于艮岳的整体研究也提供着重要的依据，这是以往艮岳研究中并未引起重视的方面。因此本文研究也可以为艮岳的未来深入研究提供思路和线索。

5 排衙石用典与造园

自宋代以来，排衙石用典即成为园林叠山中重要的文化现象之一。关于园林艺术中的用典文化，庄岳在其博士论文《中国古代园林创作的解释学传统》中对各种园林的用典进行了详尽的探讨，并对中国古代园林中的用典进行了详细整理，如关于园林理水用典的"沧浪""曲水流觞""濠濮间"等。[13]在以往对造园叠山用典的总结中，除了"山石"和"石"包含了"蓬莱"、"须弥"、"狮子"、"丘壑"、"云岫"、"飞来峰"等，也应增加"排衙石"意象这一重要的风景园林用典。

5.1 《云林石谱》与镇江苏氏排衙石

南宋成书的《云林石谱》，是我国古代载石最完整、内容最丰富的一部石谱，对研究古代造园景观用石意义重大。《云林石谱》中记载了一处排衙石用典，即镇江的苏氏排衙石，"镇江苏仲恭留台家有石"，形态各异，"如蹲狮子，或如睡鸂鶒"，摆置方式如同杭州排衙石景区一致，即"各种罗列八九株"，因此"太守梅知胜目之为苏氏排衙石"。[14]

5.2 北京颐和园排衙石

颐和园排衙石共十二座太湖石峰，原是康熙皇帝建造的畅春园遗物，光绪时期移安于排云殿前。排云殿在颐和园乾隆大报恩延寿寺旧址，慈禧太后修排云殿时，嫌门

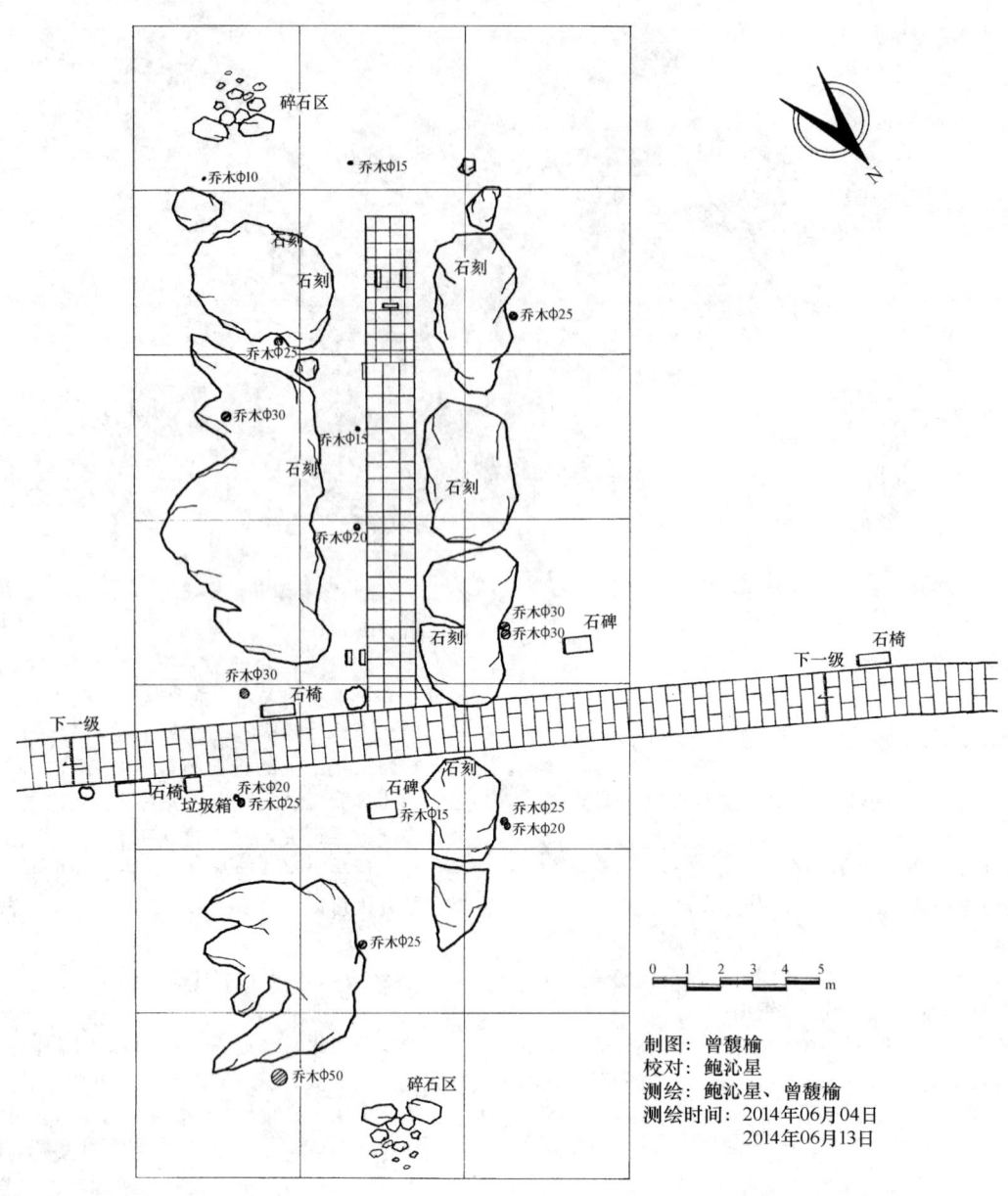

图 6　排衙石遗址测绘平面图（曾馥榆绘制，鲍沁星校对，鲍沁星、曾馥榆测绘）

前过于空阔，乃下令建造金碧辉煌的大牌楼。牌楼落成后，又觉势孤不雅，在两侧分列十二块地支压石。此十二座太湖石峰象征中国的十二地支，又被称为"十二生肖石"，即鼠、牛、虎、兔、龙、蛇、马、羊、猴、鸡、狗、猪等十二属相。这十二块山石原为畅春园中的风水压物。[15] 十二座石峰的平面排列如古代官场排衙形制，颐和园"排衙石"名称由此而来。[16]

5.3 自然风景区中的排衙石用典

自然风景区中的排衙石用典，根据笔者初步调查，已知较为有名的是湖南鹰潭龙虎山排衙石，以及江苏高邮神居山排牙石。其中明代的《徐霞客游记》对湖南鹰潭龙虎山的排衙石描写较为生动，"遥望东面乱山横翠，骈耸其北者，为排衙石，最高；斜突其南者，为仙岩，最秀；而近瞰岭下，一石尖插平畴，四面削起者，为碣石最峭"，[17] 排衙石是鹰潭龙虎山重要的风景点之一。

6　小结

西湖凤凰山岭中的排衙石景观，此景物虽小，仍不失为研究吴越国和南宋园林珍贵的实物遗存，也是重要的置石叠山用典。中国园林叠山的历史发展过程被认为是中国园林历史研究的核心问题之一，根据现有研究表明唐宋流行置石，而南宋之后叠石更盛。排衙石作为宋代造园写仿的对象，其用典源流与造园影响意义重大，不仅有利于研究五代吴越国与南宋御花园，对推进对一代名园艮岳的认识，具有重要的启发作用。

综上所述，排衙石景区对于研究中国园林叠山发展史具有很高的历史价值和艺术价值。研究南宋造园艺术史需要具有相当的史学功力和修养，在这方面，笔者是十分欠缺的，研及深处，尤感力不从心。故谬误之处，恳请各位专家、学者指正。

参考文献

[1] 浙江省地方志编撰委员会. 淳祐临安志·卷八·宋元浙江方志集成[M]. 杭州：杭州出版社，2009：124.
[2] 释超乾. 凤凰山圣果寺志[M]. 杭州：杭州出版社，2007：16.
[3] 释超乾. 凤凰山圣果寺志[M]. 杭州：杭州出版社，2007：20.
[4] 袁枚. 小仓山房诗集[A]. 袁枚全集(1)[M]. 南京：江苏古籍出版社，1993.
[5] 浙江省地方志编撰委员会. 淳祐临安志·卷五·宋元浙江方志集成[M]. 杭州：杭州出版社，2009：84.
[6] 浙江省地方志编撰委员会. 乾道临安志·卷二·宋元浙江方志集成[M]. 杭州：杭州出版社，2009：42.
[7] (明)袁宏道. 袁宏道集笺校[M]. 上海：上海古籍出版社，2008.
[8] 浙江省地方志编撰委员会. 淳祐临安志·卷五·宋元浙江方志集成[M]. 杭州：杭州出版社，2009：84.
[9] 浙江省地方志编撰委员会. 咸淳临安志·附图·宋元浙江方志集成[M]. 杭州：杭州出版社，2009.
[10] 杭州市上城政协文史资料委员会. 南宋皇城史海钩沉[M]. 杭州：杭州市上城政协文史资料委员会，2004.
[11] 朱育帆. 艮岳景象研究[D]. 北京林业大学，1997.
[12] 朱育帆. 关于北宋皇家苑囿艮岳研究中若干问题的探讨[J]. 中国园林，2007(6)10-14.
[13] 庄岳. 数典宁须述古则，行时偶以志今游——中国古代园林创作的解释学传统[D]. 天津：天津大学，2006.
[14] (宋)杜绾. 云林石谱[M]. 重庆：重庆出版社，2009.
[15] 汪菊渊. 中国古代园林史·上卷[M]. 北京：中国建筑工业出版社，2006：541.
[16] 颐和园管理处. 颐和园志[M]. 北京：中国林业出版社，2006.
[17] (明)徐霞客. 徐霞客游记[M]. 北京：中华书局，2009.

作者简介

鲍沁星，1984年5月生，男，汉族，浙江义乌人，博士，浙江农林大学风景园林与建筑学院，讲师，研究方向为风景园林设计，Email：qxbao@zafu.edu.cn。

曾馥榆，1993年5月生，广东汕头人，女，汉族，本科生，浙江农林大学风景园林与建筑学院园林专业，研究方向为风景园林设计。

应海芬，1993年1月生，浙江临安人，女，汉族，本科生，浙江农林大学风景园林与建筑学院园林专业，研究方向为风景园林设计。

蔡玉婷，1994年7月生，浙江泰顺人，女，汉族，本科生，浙江农林大学风景园林与建筑学院园林专业，研究方向为风景园林设计。

新型城镇化进程中对传统村落命运的思考
——以徽州传统村落的保护为例

Thinking on the Fate of Traditional Villages in the Urbanization Process
——Taking the Protection for Huizhou Traditional Villages as an Example

陈宗蕾　刘志成　张 蕊

摘　要：传统村落承载着悠久的历史文化，如何处理村落文明与城市文明的关系，成为棘手的难题。本文通过诠释新型城镇化的内涵与本质，探讨新型城镇化与历史文化遗产之间的矛盾，并以徽州传统村落的保护为例，提出了一些解决矛盾的措施。
关键词：新型城镇化；传统村落；保护；徽州

Abstract: Traditional villages carries a long history of culture. It is a tricky puzzle to handle the relationship between village civilization and urban civilization. This article by interpreting the connotation and essence of new urbanization, discussing the contradictions between the new urbanization and historical and cultural heritages, and taking the protection for Huizhou traditional villages as an example to make some measures of addressing the contradictions.
Key words: New Urbanization; Traditional Villages; Protection; Huizhou

1978年改革开放以来，中国的城镇化大致经历了三个发展阶段，前两个阶段属于传统的城镇化模式，并非以人为本，土地的城镇化快于人口的城镇化，以牺牲环境为代价，是不可持续的发展模式；第三阶段属于新型城镇化模式，它以人为本，注重提高城镇居民的生活质量，统筹城乡协调发展，注重生态环境的保护，是可持续的发展模式。2014年3月16日，新华社发布了《国家新型城镇化规划（2014—2020年）》。新型城镇化道路正进行得如火如荼。

1 新型城镇化的概念与发展现状

何为新型城镇化，不同专家的见解各有千秋。综合来讲，新型城镇化是坚持以人为本，全面提高城镇化质量，以城乡统筹、产城互动、节约集约、生态宜居、和谐发展为基本特征的城镇化，是大中小城市、小城镇、新型农村社区协调发展、互促共进的城镇化。[1]它的本质与核心是以人为本，在科学发展观的指导下，人民的生活质量、环境的质量不断提高的城镇化。

自1978—2013年，我国城镇常住人口从1.7亿人增加到7.3亿人，城镇化率从17.9%提升到53.7%，年均提高1.02个百分点；城市数量从193个增加到658个，建制镇数量从2173个增加到20113个。[2]我国城镇化的发展势头如此迅猛，社会结构发生了深刻的变革，在取得卓越成就的同时，突出的矛盾和问题也必然会随之浮现。如，大量农业转移人口难以融入城市社会，市民化进程滞后；土地城镇化快于人口城镇化，建设用地粗放低效等。本文要着力探讨的是新型城镇化进程中自然历史文化遗产保护的问题。

2 徽州新型城镇化与历史文化遗产保护之间的矛盾

"我国的传统村落又称为古村落，为了突出其历史文化及传承的价值，2012年9月，传统村落保护和发展专家委员会第一次会议将古村落的称谓统一改为传统村落"。[3]冯骥才先生认为，"需要保护的有悠久历史和文化的传统村落，大体上有三个标准，第一是得有代表性的民居建筑群。第二是有足够文物证明它的历史，在原始规划上要和自然融为一体。第三是有国家一级的非物质文化遗产"。[4]

城镇化并非去乡村化。村落是中华民族多样文化的载体，当村落不复存在，无论是物质文化遗产还是非物质文化遗产都将湮灭。但是城市文明与农村文明毕竟不同，在推进城镇化进程中，其矛盾也日益突显。以徽州传统村落为例，其矛盾体现在以下几个方面。

2.1 徽州文化的传承与创新

保护历史文化遗产，归根到底，是对传统文化的保护。但是传统的"供着"的保护手法已经不适用于当今的时代背景，如何在保护传统文化精髓的同时，开发出新的文化样式，并且新旧文化之间相互交融，和谐并进，成为一个棘手的难题。如安徽西递的"猪栏酒吧"（图1），就是徽州传统文化与现代文明相融合的优秀案例。它将徽州古民居修旧如旧，改建成具有现代功能的酒吧，而古民居本身所散发的传统文化风韵依然弥漫其中。

别墅客房

小型会议室

后院池塘

图1 猪栏酒吧（摘自黟县党政门户网站：猪栏酒吧［2011-11-23］）

2.2 资金的投入与产出

文化遗产的保护需要强大的经济支撑。文化遗产本身就是一种资本，它以有形或无形的形式呈现。"这种对文化资本的认识，无疑改变了非物质文化遗产在现代社会的命运，提供了多种改造与变迁的可能"。[5]于是我们希望通过文化遗产本身的价值支撑文化遗产的保护，但是资金的投入并不能得到理想的收益，或是没有足够的资金投入到文化遗产的保护中。如位于安徽南溪，明代万历年间户部尚书吴中明的老宅，因政府无经济力量修缮、维持，致使现在濒临倒塌的危险，很令人惋惜。

2.3 社会的人文与经济效益

文化遗产的核心是历史遗产本身的文化价值。文化价值体现到"人"上，为人所吸收，便能创造无价的社会人文价值。但是很多"政绩化工程"，为了地方的经济效益，过度开发当地文化遗产，致使其本身的文化价值黯然失色。从这个角度来说，文化价值被过度消耗了。如安徽宏村，其商业氛围过浓，旅游者体验到的不再是"穿梭历史印记，品味徽州古韵"，反而是无尽的商业"吆喝"。

2.4 政府与专家、民众之间的矛盾

文化遗产的保护与开发，是一项艰巨的任务。它需要政府、专家、民众之间相互沟通与协调。政府的主要任务是制定方针、政策，进行宏观的调控组织；专家负责具体而又科学专业的调查、认定等；民众则是直接的参与者、受益者，可以成为自发的保护者。可是，地方政府有时会只顾眼前利益，忽视专家的意见，搞出了一系列自以为是的"建设"，实际上是对文化遗产的破坏。更有甚者，为了"保护开发"，损害当地群众的利益，这不仅违背"为人民服务"的理念，也失去了自发保护文化遗产的群体。

3 徽州传统村落保护的现状与问题

3.1 徽州传统村落的保护现状

2012年4月由国家四部局——住房和城乡建设部、文化部、国家文物局、财政部联合启动了中国传统村落的调查，半年后，通过各省政府相关部门组织专家的调研与审评工作初步完成，我国现存的具有传统性质的村落近一万二千个。其中，安徽省黄山市休宁县商山镇黄村、黄山市黟县宏村镇宏村等25个传统村落入围名单（图2）。

图2 安徽宏村（摘自新华网：中国最美五大水乡［2013-6-25］）

早在1996年，农工党黄山市委会就开展了首次古民居现状调研，并于1998年促成了我国第一个古民居保护地方性法规《安徽省皖南古民居保护条例》颁布实施。安徽黟县采取古民居认领保护模式，探索出了古民居保护的新方法，并取得了一定成效。2009年，黄山市委市政府启动了"百村千幢"古民居保护利用工程——即用5年

时间计划筹措资金 14.5 亿元，对 101 个古村落、11065 幢古民居采取相应的保护利用措施。最近黄山市为此工程配套了"百村千幢"保护利用工程资金补助等暂行办法，以及集体土地房屋登记办法等 7 个规范性文件。政府又完善并探索出了古村落保护利用、古民居认领保护利用、古民居迁移保护利用、古民居抢修保护利用、古民居原地保护利用土地等办法。

3.2 徽州传统村落存在的主要问题

3.2.1 古民居维修费用高、维修程序复杂

在徽州传统村落的保护中，徽州古建筑的专业保护主要靠政府，但是政府的财政补贴有限，且仅补贴 40% 给一些危房及非常贫困的家庭。而当地的村民用于维修自家老住宅的支出较高，有的甚至占全年开销的一半以上。这直接导致一些无力承担的居民对破损的住宅弃之不顾，有的居民甚至拆房子的老构件买卖赚钱。在黄山市的各区县内，随处可见销售古建筑构件、仿古建筑构件商店。

此外，维修的程序十分复杂，进度也较缓慢。村民有老房子需要维修时，先得向当地政府申请，再由专家审核通过后，方能决定是否允许维修；即使允许，还要交相关押金，并且是居民自己请专业人士来维修。一般从提出申请到最后完成维修，少则需要两三个月，多则一两年。

3.2.2 村民经济来源单一

宏村等地家庭的主要经济来源是旅游附生业，以农家乐和小卖铺为主。但是基本每家每户都是这种单一的经营模式，相互竞争十分激烈，因此平均每家每年的收入并不丰厚。此外，村民还从事农业，而当地农田比较稀少，一些旅游公司又占地建停车场，所以村民只能勉强生活。这些都导致当地越来越多的居民选择外出务工，于是越来越多的古民居一空就是几年，无人修缮、看管。

3.2.3 商业氛围过浓，文化气息淡薄

旅游业带动徽州地区经济的繁荣，促进传统村落悠久历史文化的传播，但是过度开发且形式单一无文化特色的旅游衍生业，势必会给徽州古文化聚集地带来浓烈的商业气息。村民自发改造的农家乐，将大量现代元素与古建筑元素混杂在一起，不伦不类，致使古建筑古朴典雅的气质消失殆尽。而原本就逼仄的巷道中，摆满了小商品，原先高墙深巷、粉黛青瓦的意境荡然无存。外地游客必然是带着一些文化期盼才来到这片古老的土地上，如此这般，何谈保护。

3.2.4 徽州传统村落的知名度过低

据调查，游客主要来自安徽、江西、江苏、浙江等周边省份，约占 80% 以上，而对于偏南方的广东、广西以及偏北方的北京、天津、山东等省份的游客则很少。徽州传统村落的知名度过窄，难以吸引大量的游客，促进经济的发展，很多徽州居民只能远离家乡谋求生存。村落失去了土生土长的村民，还谈何历史文化的传承与创新。很多非物质文化遗产就会因此渐渐消亡。而那些所谓的物质文化遗产，没有了人的参与、使用，只会变成空壳，不再散发灵性的光辉。

4 徽州传统村落的保护与发展措施

4.1 继续加大政府政策支持

政府应设立专项资金，用于古民居的修葺、看管；尽量精简维修申报程序，缩短时长，并成立专业队伍负责维修和定期检查，并最终形成一份修葺记录表，以供后人参考。这种由政府主导，将申报、维修、定期检查程序化、系统化，会大大提高古建筑的保护效率。

政府还应继续推进相关法律法规的制定，促成更多类似"百村千幢"的保护利用工程。这不仅是为当地的经济发展作贡献，更是为子孙后代的文化传承作铺路人。

4.2 重视整体规划

要特别重视整体规划，对传统村落所依附的山水环境进行整体保护，延续其场所特征，保护其标志性的景观要素和空间格局，同时融入传统村落所根植的乡土文化。[6]然后再去制定详细的各个村落如何开发建设，其长远规划、发展目标，包括划定范围、确立标志、建好档案。

4.3 保护为主，开发适度

应当以保护传统村落为首要任务，拉动经济发展为辅。文化遗产是不可再生资源，"不能过度破坏传统村落的生态环境，要保持传统村落的原汁原味"。

4.4 发展本地特色产业，提升徽文化韵味

努力开发与徽州文化相关的新兴产业，例如徽州戏剧的演出，雕刻手艺的表演等。对于徽州古民居的改造利用，在赋予现代功能的同时，不能失去其原有的文化韵味。若多些前文中所举的"猪栏酒吧"改造案例，则在文化保护与宣传、经济发展等各个方面，都会取得卓越的成效。

4.5 加强宣传力度

要从各个方面加强徽州文化的宣传力度。首先要对徽州文化遗产进行详细调查，再运用文字、影像等方式，建立完整遗产档案；对于非物质文化遗产，要设置专项基金，成立文艺社团，注重培养传承人，建立村落文化展示馆，增加公共活动表演场所，通过新闻出版、主题宣传、广告媒体等方式宣传。

5 结论

虽然《国家新型城镇化规划（2014—2020 年）》中针对传统村落的保护提出了一些策略，但是如何强有力地执行，仍然是个严峻的挑战。安徽省政府正在为传统村落的保护付出努力，并取得了显著的成效。这是值得全国其

他省市借鉴学习的。这条路走得很艰辛，虽然暴露出许多问题，但也情有可原。只有不断地发现问题，解决问题，才能将传统村落的保护工作开展得更系统、更成熟。笔者对安徽徽州传统村落的保护工作进行了浅显的剖析，希望能抛砖引玉，为其他地区的传统村落保护做参考。

参考文献

[1] 吴殿廷,赵林,高文姬. 新型城镇化的本质特征及其评价[J]. 北华大学学报(社会科学版),2013. 14(6):33-37.
[2] 马娟. 国家新型城镇化规划(2014—2020年)[EB]. 北京:新华社,2014[2014-3-16]. http://www.gov.cn/zhengce/2014-03/16/content_2640075.htm.
[3] 张小辉. 海南省新农村建设背景下传统村落的保护与整治规划研究:[学位论文]. 海南:海南大学,2013.
[4] 李北辰. 冯骥才:保护我们最早的家园[EB]. 北京:华夏时报,2012[2012-11-29]. http://finance.ifeng.com/roll/20121129/7360723.shtml.
[5] 王学文. 我国非物质文化遗产保护的"四种倾向"及对策分析[J]. 文化研究(人大复印资料),2011(5).
[6] 童成林. 新型城镇化背景下传统村落的保护与发展策略探讨[J]. 建筑与文化,2014(2):109-110.

作者简介

陈宗蕾,1990年3月,女,汉族,安徽滁州人,北京林业大学园林学院在读硕士,研究方向为风景园林规划设计与理论。Email:798436836@qq.com。

刘志成,1965年9月,男,汉族,江苏淮阴人,北京林业大学园林学院教授,研究方向为风景园林规划设计与理论。

张蕊,1991年1月,女,汉族,陕西西安人,北京林业大学园林学院在读硕士,主要研究方向为风景园林规划设计与理论。Email:Ruizhang_110@163.com。

城镇化进程中古村落遗产地的保护与发展策略研究

The Conservation and Development Strategy of Ancient Village Heritage Sites in the Development of Urbanization

邓 妍　严国泰

摘　要：中国历史文化名村虽然从2003年开始建立审批至今已经公布了六批共276个，但在快速城镇化进程中，古村落的保护发展仍然面临方方面面的问题。本文剖析了当今中国古村落消亡背后的内因以及规划管理制度等方面存在的问题，提出相应的解决策略。

关键词：古村落；遗产地；保护发展策略

Abstract：Since 2003, 276 Historical and Cultural Villages have been listed in China. However, the conservation and development of ancient villages is still facing many difficulties and problems in the rapid development of urbanization. This paper analyzes the internal causes of the disappearing ancient villages and the problems in the planning and management system, and proposes the resolution strategies accordingly.

Key words：Ancient Villages；Heritage Sites；Conservation and Development Strategy

1　古村落遗产地概念解说

我国在古村落的概念上尚没有统一标准，许多学者和学术机构从不同的角度对古村落进行定义。中国古村落保护与发展委员会认为古村落是指那些已经有五六百年以上历史的村寨，其由庞大的家族组成，村寨里有家族创业始祖的传说、家族兴盛衰败的记载。刘沛林认为古村落是人类聚集、生产、生活和繁衍的最初形式，一直处于演进发展之中，村落的环境、建筑、历史文脉、传统氛围均应保存较好。陈志华教授则认为古村落应该满足以下5个特点：年代久远；科名成就很高；与自然融为一体；村落规划出色；有公共园林。而由住房城乡建设部和国家文物局组织评选的中国历史文化名村，是指保存文物特别丰富且具有重大历史价值或纪念意义的，能较完整地反映一些历史时期传统风貌和地方民族特色的村落。

综上所述，古村落应具有较为深厚的历史底蕴，能够反映历史时期的风貌与特色，具有较为完整的村落格局的传统村庄。在我国数以千计的传统村庄中，并非所有的村庄都具有足够的历史价值与发展潜力，应当集中力量对于具有特殊历史价值与使用价值的古村落进行界定与保护，用联合国教科文组织颁布的"世界遗产公约"的话来说就是具有突出普遍价值者。因此具有突出普遍价值的古村落应作为遗产地而得以保护，其他的村落将会随着社会发展进入现代城镇化体系。

我国从2003年开始进行中国历史文化名村的组织与评定，11年内一共公布了六批276个，这个数目相对于中国众多的古村落而言为数甚少，而在当今迅猛的城镇化进程中，许多古村落由于调查研究不到位，而未被纳入遗产地范畴，面临着被拆除的危险，抢救古村落文化已刻不容缓。因此，加快古村落研究申报与组织评定，将具有历史价值的古村落纳入国家保护体系之中，避免其在城镇化的浪潮中快速消失，是古村落保护的当务之急。

2　古村落保护内在动力不足引发的困惑

2.1　困惑一：古村落物质空间环境与现代生活方式的矛盾

随着社会不断发展进步与经济水平的提高，农村年轻人通过到大城市打工等方式，体验到城市基础设施的舒适与便捷，适应了城市生活，形成了新的现代生活观念。而古村落陈旧的生活设施、脏乱的生活环境，其方方面面都与现代生活方式截然不同。农村生活的落后性与城市生活的现代性使得农村年轻人向往与留恋城市而难以再回归乡村。

2.2　困惑二：古村落居民文化知识的差异与古村落发展的矛盾

古村落的发展不仅仅面临物质空间环境与人的生活方式的矛盾，居民对其村落的历史文化价值认识的不足，导致出现对古村落空间形态不重视的问题。如笔者在对江西严台村、沧溪村等古村落的走访中，发现存在居民对其传统民居的价值认知缺失的问题，认为老房子破旧无价值，因而拆除极具传统特色的民居而改建新房；甚至还有人专门前来收购古村民居构件，如民居中精美的牌匾木雕，由于村民缺少对其房屋价值的认识，低价卖出了这些富有价值的古构件，导致民居的传统风貌有损。

此类现象在古村落中屡见不鲜，家家户户对自家民居的自发性破坏严重影响古村落的历史风貌，而如何加强古村落居民对其民居历史价值的认识，并引导他们珍惜保护自己的老宅子，对古村落的保护与发展是非常重要的。

3 现有规划管理存在的问题

3.1 规划管理归属问题

古村落的管理归属问题一直争议不休，国家文物局、文化部、住房城乡建设部、教育部等多个部门都具有管理职权。国家文物局负责管理历史建筑；文化部主要负责非物质文化遗产管理；住房城乡建设部负责国家历史文化名镇名村的申报及评审工作；教育部下的中国世界遗产委员会负责古村镇类世界文化遗产的申报工作。这些相关部门各自为政，缺少沟通与合作，往往出现管理上的漏洞。

3.2 规划设计问题

其一，自《城乡规划法》颁布后，农村的村落规划纳入规划管理体系，但由于农村规划管理的长期缺失，至今我国广大农村的村落规划尚未全覆盖。规划管理的不到位，成为古村落消失的最大原因之一。

其二，历史文化名村规划由城市规划设计院完成，古建文保单位由文保部门进行保护修建设计，但纵观现有规划设计队伍，真正拥有历史文化名村规划和古建保护修建设计双重资质的单位并不多，造成规划设计的不专业现象，出现了破坏性的保护规划设计与建设。

4 古村落保护发展的策略

4.1 抢救性普查与调研

我国地域广阔加之古村落往往位居偏远地区，对普查与调研极为不利，再者随着城镇化发展的不断深化，村落的年轻人不断进城，造成古村落人才流失，能够进行古村落普查调研的人才越来越难以在当地寻觅，因此古村落的普查工作极为不易。

古村落的普查与调研是古村落保护的基础工作，家底不清、纯色不明是难以全面开展古村落保护的。因此政府主管部门应尽快地做预算、拿方案，开展古村落保护普查工作，并组织城市规划、建筑学、风景园林学等相关专业的大学本科以上的学生作为志愿者，利用假期开展古村落保护普查与调研工作。此项工作同济大学的阮仪三教授及其阮仪三城市遗产保护基金会已开展多年，并取得了可喜的成果，在《城市规划》杂志的支持下每期都刊有调研成果。调研成果引起当地政府的高度重视并及时地申报成为历史文化名村、名镇和历史文化街区，从而使古村、古镇和古街区得到抢救，纳入政府的保护序列。

4.2 聚合政府与非政府力量共同保护古村落

世界各国对古村落遗产地都实行保护管理的措施，我国也不例外，政府部门对历史文化名村和村落内的古建文物保护都有政策与法规，但是由于波及古村落的房屋产权问题，古村落管理往往面临尴尬，许多历史建筑是居民的私产，在需要保护修缮时，政府难有作为。仅有一纸空文是难以保护住历史建筑的，这就是我国许多古村落中，历史建筑倒塌及古村落消失的根本原因。

按照国际惯例，除了政府颁布保护法规、法律文件、制定保护政策外，非政府组织的参与和介入保护，缓解了政府保护资金不足的问题。因此，我国古村落的管理应当提倡和加强非政府组织 NGO（Non-Governmental Organization）的介入与参与。非政府组织往往可以起到协调政府组织与民间大众之间的交流与合作，相较于政府部门而言，NGO 更加具有灵活性；而相较于公众而言，NGO 同时也更加具有组织性与专业性。NGO 组织的介入，可以帮助政府更好地实施其保护发展目标，同时给予村民如何开展保护的具体实施建议，例如培训村民如何经营民居、吸引游客；如何改造古民居、庭院；甚至募集资金、扶持古建筑修缮、提供古村落保护规划等等。这类非政府组织在全球的数量已不少，但在国内的比重较小，而我国的古村落遗产地众多，因此更加需要吸引 NGO 的介入，发挥他们的力量开展古村落保护工作。

我国现已有少量的致力于遗产保护的非政府组织，例如上海阮仪三城市遗产保护基金会，每年定期对中国历史街区、传统村庄聚落、散落在偏远地区的优秀遗产进行调查记录，对落后地区传统聚落进行保护规划，在落后地区开展遗产保护干部培训、遗产思想普及与宣传活动等等。这类非政府组织在遗产的保护中起到了非常重要的作用，但由于我国的非政府组织的个数还较少，难以承担庞大且复杂的古村落保护工作，应当制定相应的法规和税收优惠政策来鼓励和支持这类组织的发展。

由此构筑古村落"政府组织＋非政府组织"的合作化体系，是保障古村落遗产地保护的重要措施，在遗产保护总体层面以政府组织为主导，依靠非政府组织来进行补充，同时加强与民间公众沟通，共同去努力实现古村落的保护与发展。

4.3 产业转型给古村落带来的活力

我国古村落的保护与发展目前的主要资金投入仍然来源于政府拨款，通过政府的补贴用于民居的维护修缮，但现实证明依靠政府微薄的资金是远远不够的，每年都有许多古村落由于资金的不足而造成古建筑倒塌甚至村落消失。

因此，古村落若想实现可持续的发展，单单依靠政府拨款是完全不可行的。古村落的可持续发展需要改变财政观念，更多地吸引企业的投资与社会保护资金，在保障对历史遗存的保护及文脉传承的基础上，进行产业转型，如发展旅游产业或文化创意产业，通过自负盈亏的产业经营带动当地的经济发展，将经营获取的利润部分用于扶持古村落的保护与修缮，形成依靠自身经营得来的经济增长来扶持遗产的保护与利用的可持续循环模式。

当然在古村落的产业转型过程中，如何尊重当地人的生活习惯，保障原住民的利益是古村落产业转型能否成功的关键。古村落的原住居民及其生活状态、氛围是古村落资源中的一个至关重要的组成部分，是古村落历史文化的灵魂。因此在利用当地遗产资源进行旅游产业转型的同时，需要协调好当地居民利益与企业利益。在这方面可以参考我国福建永定土楼的旅游经营模式，其为古村落的保护与发展提供了很好的案例。

永定土楼在产业转型过程中，充分保障了居民的利益，首先保证了居民的优先就业权，尽可能让当地居民在旅游开发、餐饮、宾馆等服务行业的经营活动中被优先雇用；其次，在土楼群被认定为文物保护单位后，政府并未改变土楼居民的私人产权，而是对其进行了统一的管理，投入资金进行规划与设施建设，与居民签订保护与租借合约，每年由政府支付租金给居民，同时所有居民可在指定区域从事自负盈亏的旅游产业经营。土楼的旅游发展模式使绝大部分居民的利益得到保障，居民的经济收入水平也不断提高，因而许多外迁居民纷纷又迁回土楼，甚至带动周边城镇的居民前来就业。这种以保护居民利益为前提的旅游发展模式大大提升了居民的参与度，及对土楼旅游的认同度，并且通过居民家庭的开放等活动，也丰富了土楼旅游资源的内容与内涵。

5　结语

随着时间的推移与社会的发展，古村落物质形态的逐渐消亡和居民思想观念的转变都是必然的，这是社会发展的必然趋势，因而需要加快对具有特殊的历史价值与发展价值的古村落的调查、申报及评审，使那些具有突出普遍价值的历史遗存能够尽快获得国家级、省级历史文化名村甚至世界文化遗产的称号，纳入国家保护体系序列中，进而对其制定保护发展规划，采取一系列有效的策略与措施避免古村落的消亡，为子孙后代留下宝贵的遗产财富，使得人类历史上曾经的精品，得以永续传承。

参考文献

[1] 谭伟明. 我国古村落旅游研究综述[J]. 贵州教育学院院报, 2009. 25(11)：45-51.

[2] 本西格斯. 德国村庄经济发展和村落保护[J]. 今日国土, 2006. Z4：45-48.

[3] 郝从容, 邵秀英. 国外文化遗产保护政策对我国古村镇保护和利用的启示[J]. 社会科学家, 2013.06：91-94.

[4] 李勤. 中德历史街区保护与更新的比较分析与应用研究[D]. 西安：西安建筑科技大学, 2007.

[5] 官巧燕, 廖福霖, 祁新华. 旅游开发过程中不同利益主体的协调研究[J]. 长春师范学院学报, 2008. 27(2)：65-68.

作者简介

邓妍，1991年10月生，女，汉族，江西南昌人，硕士研究生在读，同济大学建筑与城市规划学院风景园林系，研究方向：历史理论与遗产保护。Email：lina19911030@126.com。

严国泰，1953年1月生，男，汉族，上海人，博士，同济大学建筑与城市规划学院风景园林系，博士生导师、教授，研究方向：历史理论与遗产保护。Email：yanguotai@263.net。

风景名胜区中道教名山文化景观的初探

A Preliminary Study about Taoist Mountains of Cultural Landscape in China's Scenic and Historic Interest Areas

杜 爽

摘 要：近20年以发展为名对自然空间的挤压使之日渐消失。本文将围绕新型城镇化"让城市融入大自然，让居民望得见山，看得见水"的宗旨，以225个国家级风景名胜区为研究范围，运用文献资料和历史分析结合文化景观方法论，在梳理道教历史发展演变的基础上，探讨影响风景名胜区中道教山岳文化景观形成的人文背景原因。从宏观和微观两个方面阐述道教山岳文化景观的特点，揭示空间形成的具体原因，为此后的遗产地文化景观价值研究和风景名胜区管理提供坚实的理论基础。

关键词：风景园林；新型城镇化；风景名胜区；道教；山岳；文化景观

Abstract: The natural space has been shrunk gradually with the excuse of city development in the past twenty years. The focus of essays limits in 225 China's scenic and historic interest areas under the phrase of new urbanization with a critical thought-make an unity of city and nature, make the mountains and rivers visible for the citizens, engages biographies and analysis of history, combined with the methodology of cultural landscape into the research. It summarizes three reasons to form the cultural landscapes in Taoist mountains through carding the Taoist's historic development as regional humanist background. The central theme of this paper is that concluding the Taoist's landscape characteristic in both macro and micro ways and explores the reasons of forming such sites. All of these are provided a theoretical foundation for the continuing research of cultural landscape value and quality-orientation management in the next step.

Key words: Landscape Architecture; New Urbanization; China's Scenic and Historic Interest Areas; Taoist; Mountain; Cultural Landscape

在侵蚀自然空间而换取快速城镇化空间的蔓延背后隐藏的不仅是山水空间与城市形态的简单碰撞，更是传统文化与全球化文明的激烈交战。中国文化史上，"百法纷奏，无越三教之境"，儒释道长期进行着思想交流，而"偏好自然与直觉"[1]的道教作为中国传统意识形态与哲学、宗教、艺术等人文精神密切相关，并且在与动态的非物质的社会经济、政治体制的人文背景的交织中，以中国锦绣山河为自然背景，为解决"人与自然"的相互关系贡献着古典的智慧。

以自然为基底的中国风景名胜区，是典型的文化景观。[1]现已登录的中国世界遗产大多来自于风景名胜区系统的名山大川②，道教名山文化景观是"人和自然共同的杰出作品"的典型。鉴于以上两点，本文旨在对道教影响下的中国风景名胜区山岳文化景观形成过程中的人文精神进行深度的分析和解读，并试图整理相关文化景观体系，为新型城镇化背景下进一步阐述中国本土的山岳文化景观价值提供理论基础。

1 历史解读：道教人文精神的阐述

中国古代的风景最根本的寓意是一种"理想自然"愿望，在长期隐遁山林清净之地中与自然相契，以达到"天地与我并生，万物与我为一"的永恒至高境界，这源于道教哲学理念。道教是以道家哲学为本体论，"以阴阳家之宇宙观，加入此等希望长生之人生观，并以阴阳家对于宇宙间事物之解释，作为求长生方法之理论，即成所谓道教。"[2]在以"上溯到它的创始人老庄并以其基本路向认取道家"[3]的思维导向下，通过对历史的追溯和梳理，笔者将道教山岳文化景观的形成归因于以下三个方面：

1.1 道法自然，自然成为最高本体的道家自然观

先秦原道家以"天""万物"代现今的人类生存家园（即有恒物质组成的自然的实体）。老子是最先发现"道"的人，[4]两者都取"自己如此"即自如其然的意思。在本体论和生成论上，《老子》③ 第四十二章"道生一，一生二，二生三，三生万物"，五十一章"道生之，德蓄之"，说明道是万物的起源。《老子》二十五章，"人法地，地法天，天法道，道法自然"。人、天、地，各成自然，"道"即不违万物之自然。在认识论上，《老子》第四章"道冲而用之，或不盈。"；二十五章"万物负阴而抱阳，冲气以为和"，五十五章"知和曰常，知常曰明"，"冲"同"中"与"和"同义，"常道"的核心内涵是"和"。"生

---

① 林语堂先生在评价儒家与道教差别时提及此观点。见林语堂. 老子的智慧[M]. 北京：群言出版社，2010：11.
② 迄止2014年6月，中国列入世界遗产名录45个遗产项目中（其中自然遗产10项，文化遗产31项，混合遗产4项）拥有的12项山岳世界遗产项目中，包含4项文化遗产，3项自然遗产和4项混合遗产。见：http://whc.unesco.org/en/statesparties/cn
③ 文中提及《老子》篇章，均参阅：朱谦之. 老子校释[M]. 北京：中华书局，1984.

而不有，为而不恃，长而不宰"，即庄子①《知北游》中"通天下一气"，"天人合一"；《齐物论》的"道通为一"皆论述了人与天地万物如何共和相通的问题。

原始人的思维是万物有灵，在宗教神学的传统观念中，天作为最高的主宰是具有意志的"人格神"，万物万事均为天或神有目的的主观预设。老子的"道"论第一次把宇宙间万物都视为自然而然的过程，否定了天、神的神秘属性，使其回归自然本意。文化景观尽可能顺应自然、与环境融合。如明成祖朱棣连下两旨"审度其地，相其广狭，定其规制，悉以来闻"因山就势敕建武当山三城三境，层层递进的武当山道教建筑群。[5]

1.2 羽化成仙，悬拟久生不灭的幻象

源自古代的鬼神和自然崇拜，道教以神仙信仰为核心，与人的现世限定性进行抗争，循道修炼以延年益寿，进而得道成仙，久生不死是道教的最高理想。《老子》第三十三章"死而不亡者寿"；《庄子·养生主》"安时而处顺，哀乐不能入也，古者谓是帝之悬解"，并在书中经常提及"神人""真人"，并将其描述为："肌肤若冰雪，绰约若处子，不食五谷，吸风饮露，乘云气，御飞龙，而游乎四海之外。"《庄子·天地》中记"夫圣人，鹑居而鷇食，鸟行而无彰。""千岁厌世，去而上仙，乘彼白云，至于帝乡。"后世葛洪的《抱朴子》内篇和外篇也系统论述了仙道思想和学仙修道的方法；杜光庭在《洞天福地岳渎名山记》中，记述了潜心修道之人在天师道"灵化二十四"治学道成仙的对应关系。

历代文人也对仙游加以阐发进而衍生出了游仙诗和步虚词。首先，游仙诗可以上溯到屈原的《离骚》、《远游》，曹植父子的《远游篇》、《仙人篇》、《升天篇》，李白的《梦游天姥吟留别》等等都是建立在"仙"与"游"上超越现实的瑰丽想象。其次，步虚作为斋法的舞乐形式之一在斋仪中配合经韵歌唱步虚声，吟咏步虚词。其作为游仙诗的一种，大都描写天上仙界的玄想世界。

道教将天上仙境称之为"三清境"，登临山顶，日近云低接近天神所居之地，以利于修道之士与神沟通，黄帝飞升就是最出名的例子。在成仙久生的幻象指引下，古人修筑了大量的飞升台和炼丹处：如岱山飞升台、江西龙虎山上清宫天师草堂筑有张陵炼丹处。这一现象的园林化也表现在命名上，凸显了其所处自然地理环境的高度，如道观名称多取"云""虚""真"字，如华山紫云宫、千山青云观、武当山的遇真宫、玉虚宫等。

1.3 逃世幽隐，崇尚质朴的田野哲学

道家哲学的核心意义在于对人世的映射。一方面，《庄子·山木》"既雕既琢，复归于朴"，指出了回归自然的要义。另一方面，《庄子·天道》"夫虚静恬淡寂寞无为者，万物之本也"，《庄子·至乐》"至乐活身，唯无为几存"均指出"无为"是道德的实质。魏晋乱世，频繁战争，政局动荡，在现实变动的环境中求全保身，老庄思想中的静、虚、淡的精神养生观受到极大的推崇，流露着一种透彻全面的人的生存自觉。朝野一方的士大夫们在隐逸的山林内，逃世幽隐寻求质朴恬淡的精神家园。

在文学方面，陶渊明的《归园田居五首》中"少无世俗韵，性本爱丘山"、"采菊东篱下，悠然见南山"，孟浩然的《过故人庄》中"绿树村边合，青山郭外斜"，贾岛的《寻隐者不遇》中"只在此山中，云深不知处"都表现出了恬淡质朴的田野意象和道家的修养心性、陶冶精神的情致。由深山绿林中的归隐亲耕联系到风景名胜区原住民的聚落形式、乡村意象、生产生活方式和土地利用模式都表征着作为活态的文化景观的持续演进。

以上阐述了道教的人文精神的三个特点，简而言之：道教是以道法自然的道家学说作为其哲学要义，形成以羽化成仙为最高理想的宗教体系，孕育了以虚淡幽隐的人文气质，最后达到了审美自觉的艺术提升。在这种人文背景的导向下，景观实现了自然与文化、物质与非物质的全方位关联。这种关联是形成道教山岳文化景观的基因，也是理解文化景观的关键。

2 价值承载：道教名山文化景观的空间映射

在道教长期作用、积淀和演化过程中形成了大量的山岳文化景观，这些文化景观作为世界遗产文化景观分类体系中的第三个子类关联性文化景观的典型，承载着哲学、宗教、艺术等多方面的价值，其空间映射可以从宏观、微观两个方面进行深入的分析。

2.1 宏观层面：洞天福地的仙山体系

从《史记·封禅书》所表现的原始山岳崇拜，到《海内十洲记》东方朔的八方巨海，十洲三道，再到《后汉书》、《宋书》分别撰有的《逸民传》、《隐逸传》所描述的士大夫隐逸山林，最后到张陵布道二十四治、葛洪《抱朴子》丹山和三种版本的洞天福地记，道教山岳作为文化名山伴随着道教的发展，历经千年演变，形成了中国独特的道教名山体系。

神话传说、历史事件激发了道教山岳的当代发展，（中国）国家级风景名胜区中存在大量的道教名山，或是帝王敕建之地，或是历代名道修炼之所，又或是现存重要的道观、石窟遗迹（图1）。

从空间上分析，它们主要分布在四川、江西境域内；道教名山的地理区位覆盖了从道教的发祥地，到对应符箓派、丹鼎派等各派的发轫之地。天师张道陵受道于四川鹤鸣山，后至青城山降魔治鬼；隐士范寂、神话仙人宁封、名道杜光庭均修道于青城山；老君受经之处与全真道祖庭均在钟南山。江西拥有丹鼎派三清山及符箓派三大名山：上清派宗坛茅山、正一道祖庭龙虎山、灵宝派阁皂山②。所以空间分布基本与道教自身发展的传播和调整过程相吻合。

---

① 文中提及《庄子》篇章，均参阅：王恺. 庄子还原注释[M]. 郑州：河南文艺出版社，2011.
② 阁皂山未纳入225个国家重点风景名胜区体系，具有相似情况的还有神仙祖庭七曲山、麻姑山、西山等，但对于道教名山文化景观体系的构建具有重要的意义。

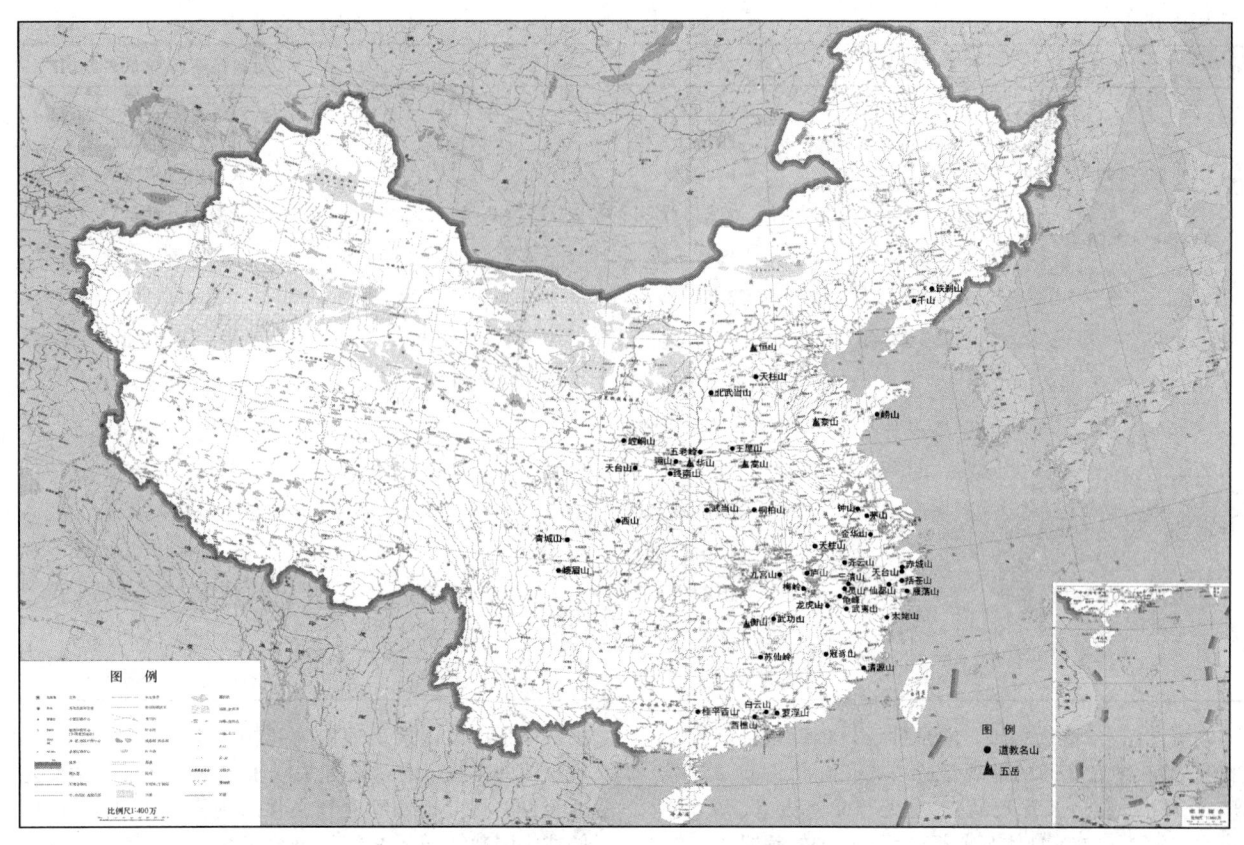

图 1 （中国）国家级风景风省区道教山岳地理位置示意图
[底图来源：（中国）国家测绘网站颁布的 1：400 万政区图与自然要素图叠合（南海诸岛）][①]

2.2 微观层面：道观园林的营建法式

道教兴起后，在山野之地出现了专供修道、祭祀的道场等各种道教庙宇，包含宫、观、殿、庙、院、祠、洞、庵、阁、馆等各种称谓，并逐渐形成了以道教建筑为主体，通过顺应自然、改造地形，进一步叠石（石刻）、理水、配置植物、布置园路等手法营建而成的道观园林，为后世遗留下重要的物质财富（表 1）。建筑讲求与自然、地形地势的完美结合，武当山按玄武帝修道成仙的传说为理景线索，从山脚玄岳门沿北麓主神道到山巅金顶兴建道观，可谓与高凹、曲深、峻悬、平坦之间"自成天然之趣"[②]。但值得注意的是，道教主张"道法自然"但却并不仅仅属于自然，作为社会的产物同时它也在社会环境中壮大，这就是北京的白云观、天津的药王观等全国重点文物保护单位居于城市或乡村而远离深山的原因。

（中国）国家级风景名胜区内的道教全国重点文物保护单位　　表 1

批号	编号	名称	时代	所属国家级风景名胜区
第一批（1961 年公布）	48	太室阙	东汉	嵩山风景名胜区
	49	少室阙	东汉	嵩山风景名胜区
	50	启母阙	宋	嵩山风景名胜区
	94	武当山金殿	元、明	武当山风景名胜区
	97	观星台	元	嵩山风景名胜区
第二批（1982 年公布）	25	紫霄宫	明	武当山风景名胜区
	30	悬空寺	明	恒山风景名胜区
第三批（1988 年公布）	101	"治世玄岳"牌坊	明	武当山风景名胜区

---

① 见 http://219.238.166.215/mcp/index.asp。
② 《园冶》相地篇山林地中阐述"园林惟山林地最胜，有高有凹，有曲有深，有峻有悬，有平有坦，自成天然之趣，不烦人事之工。"见计成原著，陈植注释. 园冶注释（第二版）[M]. 北京：中国建筑工业出版社，1988：58.

续表

批号	编号	名称	时代	所属国家级风景名胜区
	125	岱庙	宋至清	泰山风景名胜区
	126	西岱庙	明至清	华山风景名胜区
第四批（1996年公布）	123	南岩宫	元、明	武当山风景名胜区
第五批（2001年公布）	169	老君岩造像、石造像群	宋、宋至元	清源山风景名胜区
	90	玉虚宫遗址	明	武当山风景名胜区
	448	仙都摩崖题记	唐至近代	仙都风景区
	454	泰山石刻	北齐至唐	泰山风景名胜区
第六批（2006年公布）	253	武夷山崖墓群	青铜时代	武夷山风景名胜区
	616	泰山古建筑群	明至清	泰山风景名胜区
	666	武当山建筑群	明	武当山风景名胜区
	673	南岳庙	明至清	衡山风景名胜区
	825	齐云山石刻	宋至清	齐云山风景名胜区
第七批（2013年公布）	1120	庐山御碑亭	明、民国	庐山风景名胜区
	1143	崂山道教建筑群	元至清	崂山风景名胜区
	1352	青城山古建筑群	清至民国	青城山风景名胜区

建筑方面，"既为福地，即是仙居，布设方所，各有轨制"，道教中有专门的道观营造法式《洞玄灵宝三洞奉道科戒营私》卷一《置观品》，对天尊堂、法堂、法院、经楼、斋堂、斋厨等具体观宇营建做了详细的阐明；色彩上由于受早期黄老道及"见素抱朴"的道家思想的影响，与山林野趣融为一体多以温润的黄色为主色调。小品方面，楹联匾额题字上多表达"无为""虚静"等道家思想；石刻、碑记以记载重要历史事件或沿革为主；造像据道书《洞玄灵宝三洞奉道科戒营私》规定"凡造像，皆依经"，对神相种类、尺寸、数量、材质均有要求。植物选择上，道教园林钟情于常绿植物、银杏表达一种神秘肃穆的宗教气息和永生不老的升仙渴望。通过植物栽植，表达一种特定的文化内涵，与自然植物中注入与之相符的价值观与哲学思想，使一草一木传递着超越客体的与众不同的人文情感。

3 结语

新型城镇化过程中，立足于大山大水构建的华夏领土的山水骨架，在离析出自然环境价值和历史文化意蕴的基础上才能有的放矢地实现质量导向型的风景名胜区管理，避免侵占自然空间"摊大饼式"的城市空间扩张。道教对中国的山川大地有深切的关怀，其鲜明的中华特色、民间性和原发性，更为我们构建了一套华夏传统文化山岳体系。文化景观理论为我们提供了了解这些山岳景观价值的方法，通过梳理关联于本土宗教、哲学、艺术，人与自然和谐相处的道教文化景观既可以更好地向世界阐述中国独特的人文精神理念又可在全球一体化过程中保有自身的文化特色。

参考文献

[1] 韩锋. 探索前行中的文化景观[J]. 中国园林，2012，05：5-9.
[2] 冯友兰. 中国哲学史[M]. 重庆：重庆出版社，2009：220.
[3] 冯达文. 回归自然：道家的主调与变奏[M]. 广东：广东人民出版社，1997：4.
[4] 胡适. 中国哲学史大纲[M]. 上海：上海古籍出版社，1997：40.
[5] 杜雁，阴帅可. 正神在山 三城三境——明成祖敕建武当山道教建筑群规划意匠探析[J]. 中国园林，2013，09：111-116.
[6] 陈鼓应. 道家的人文精神[M]. 北京：中华书局，2012：231.
[7] 万志全. 汉魏六朝道家美学思想研究[M]. 北京：中国社会科学出版社，2012：54

作者简介

杜爽，1986年2月生，女，汉，硕士，同济大学建筑与城市规划学院风景园林学系在读博士生，研究方向为文化景观。

新型城镇化背景下川西林盘文化景观保护与发展策略
——以四川省崇州市林盘为例

The Protection and Development of Linpan Cultural Landscape in Chengdu Plain under the Urbanization
——A Case Study of Chongzhou City, Sichuan Province

付志伟　邓　冰

摘　要：川西林盘作为独特的乡村景观，是与自然地理相融合所形成的聚落形式，体现了人与自然之间的和谐。林盘是川西社会、经济、生态可持续发展的重要资源，是珍贵的文化景观，也是原住民维系乡愁情感的重要载体。当前新型城镇化中，川西林盘在数量形态等方面发生明显变化。本文以文化景观的视角审视林盘，提出"实体景观＋延续动力"的演进机制，以崇州市为例探讨林盘保护与发展的策略。
关键词：林盘；文化景观；崇州市；实体景观；延续动力

Abstract: As a special rural landscape in Chengdu Plain, Linpan is a form of settlement integration with nature, and it reflects the Man-earth harmony. Linpan is an important resource for the sustainable development of society, economy and ecology of Chengdu Plain. What is more, it is a precious cultural landscape, which carries the affection of the people living in Chengdu Plain. Under the urbanization the number and configuration have undertook obvious change. From the perspective of cultural landscape, the research proposes a mechanism including entitative landscape and sustainable force, with which the research investigates the protection and development of Linpan cultural landscape in Chongzhou City.
Key words: Linpan; Cultural Landscape; Chongzhou City; Entitative Landscape; Sustainable Force

1　引言

林盘是四川省部分农村地区在长期的社会历史发展过程中形成的星罗棋布的乡村聚落。这些聚落和周边乔木、竹林、河流及外围耕地等自然环境有机融合，形成田间的一个个绿岛。其中，以成都平原的林盘，也就是川西林盘最为典型（图1）。

图1　典型川西林盘景观（来源：百度图片）

林盘集中展现了生产、生活、景观、生态为一体的农村环境，是传统农耕时代文明的结晶，构成了川西独具特色的聚落风貌。可以说，川西林盘是一个微型的社会单元，是成都平原最具代表性的复合型聚居模式和生活形态（图2）。[1-2]

但是，当前在新型城镇化的过程中，随着城市扩张、农业规模化发展等原因，川西林盘数量锐减，形态、功能也发生显著变化。如何从文化的层面深入理解林盘内涵，并探讨林盘在当代生活中所能发挥的现实意义，如何在保护与发展中取得平衡具有重要意义。

2　从文化景观视角看川西林盘

20世纪早期，文化景观（Cultural Landscape）作为学术词汇最早由地理学家奥托·施吕特尔（Otto Schlüter）提出。[3] 20世纪最有影响的文化景观概念来自美国人文地理学家C. O. Sauer：文化景观是因特色文化族群的活动而附加在自然景观上的各种形式，其中文化是动因，自然地域是载体，文化景观是结果。[4] 北京大学王恩涌认为：文化景观是居住在其土地上的人的集团，为满足某种实际需要，利用自然界所提供的材料，有意识地在自然景观之上叠加了自己所创造的景观。[5]

1992年第一届世界遗产大会（World Heritage Convention）指出：文化景观遗产是自然与人类的共同作品，是长期以来，在自然因素与持续的社会、经济、文化影响下，对人类社会和聚落进化发展的注解。[6]

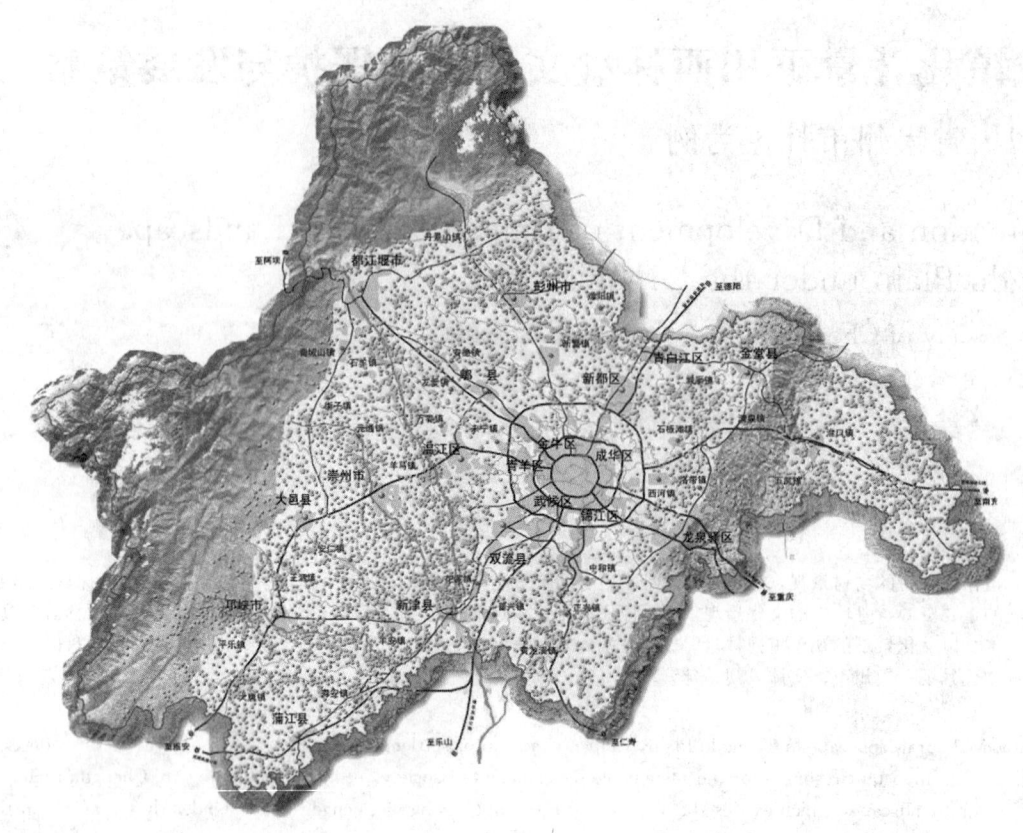

图 2 成都市林盘分布（来源：成都市城乡建设委员会）

2.1 川西林盘形成的文化背景

从历史文化背景去看，秦昭襄王时期蜀郡守李冰修建都江堰，构筑起纵横交错的灌溉水网，成都平原形成了水网发达、阡陌交错的沃野良田，成为享有天府美誉的富庶之地。在长期的生活生产过程中，川西居民与自然之间逐步形成一种和谐的相处方式，林盘正是这种维系人地和谐，融合农业生产与居住生活为一体的景观形态。[7]

2.2 川西林盘的构成要素

大小林盘星罗棋布地分布在平原区，宅院掩映于高大的楠、柏等乔木与密实的竹丛之中，林盘周边或内部多有水渠环绕或穿过，沃野环抱，竹林环绕，流水潺潺，房舍时隐时现。农田、水系、树林、住宅成为构成川西林盘文化景观的要素。[8-9] 其中林与水为自然要素，宅与田为人文要素，四要素在空间上过渡表现为，田—水—林—宅，而其颜色则由黄绿（田）—清澈（水）、葱翠（林）—灰白（宅院）点线片交错的丰富层次，构成川西林盘最为典型的文化景观形态（图3）。

2.3 川西林盘的人居和谐理念

川西林盘受益于都江堰，秉承"顺天应人"、"与自然无所违，以自然有所用"的哲学，反映了川西百姓朴素的人居理念。如在无山可依的平原地区，往往采取屋后植树、面临农田的空间形态，与中国传统"负阴抱阳"居住模式不谋而合。[10]

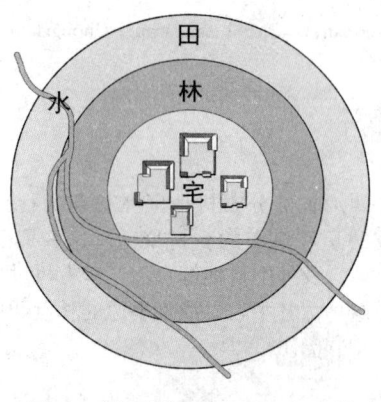

图 3 川西林盘"田—水—林—宅"景观构成（来源：自绘）

3 川西林盘的现实意义

吴良镛在《人居环境科学导论》中指出：应该同等对待大地的不同角落，作为自然的一员赖以生存的"自然环境"和作为人们文化精神所寄托的"人文环境"。[11] 林盘不仅是川西平原地区社会、经济、生态可持续发展的重要资源，也是当地原住民维系乡愁情感的重要载体。具体表现在以下5个方面：

3.1 生活场所

林盘是川西农村居民生活的场所，房屋提供庇护，庭院可以饲养禽畜、种菜种花，屋前屋后的流水可以洗濯浇灌，竹林可以遮阴采挖……林盘为农民创造生息繁衍之所，提供生活生产的原材料和农副产品。

3.2 生态屏障

林盘是川西平原林木的主体，构成重要的生态屏障，发挥着净化、调节与阻滞、土壤保持和生物多样性保育等功能，维持川西平原农、林相配的生态格局。[12]

3.3 产业动力

林盘与发达的农耕文明息息相关，促生了副业生产的繁荣，为编织、果蔬种植等农家副业生产提供了支撑，在此基础上商贸业逐步发展，推动了农村乃至乡镇集市贸易的繁荣。

3.4 文化载体

林盘是历史形成的农村聚落，林盘与农民日常生活紧密相连，孕育了农民的思想情感和价值观，承载了丰富的乡土文化内容，成为川西平原文化的重要载体。

3.5 情感纽带

川西林盘孕育并承载了丰富的乡土文化，林盘中的树木池塘、坟茔庙宇，周围的农田沟渠、林地溪流都成为颇具地方特色的景观符号，深深地根植于当地居民的生活之中，成为维系当地居民情感认同、维系家园情怀的重要纽带。

4 崇州林盘面临的问题

崇州市位于川西平原西部边缘，隶属成都市，地处古蜀农耕文化发源地之一，文化底蕴深厚。在崇州平原区分布约8086个林盘，其中20户以上大中型的林盘有1109个（图4）。[13]当前崇州林盘面临着以下问题：

图4 崇州市林盘分布（来源：崇州市川西林盘保护与利用规划）

4.1 形态发生改变，传统景观遭到破坏

林盘植被砍伐退化，建筑多为瓷砖贴面的现代建筑，缺乏川西民居应有的古朴风貌，传统建筑比例仅20%左右。此外林盘内的水系、院坝等景观要素也遭到一定的破坏。

4.2 基础设施落后，出现空心化现象

林盘内基础设施落后，污水处理设施缺乏，道路硬化不足。部分农户向城镇或农村集中居住区转移，使得林盘居民减少，部分林盘甚至出现空心化现象。

4.3 产业支撑不足

林盘传统小农产业逐步衰落，同时缺乏吸引劳动人才的新的产业的发展，从而导致林盘逐渐走向衰落。

5 崇州市林盘保护与发展思路——"实体景观+延续动力"的演进机制

川西林盘的世居住民，既是传统川西林盘的缔造者和维护者，更是林盘文化景观延续的动力。林盘之所以成为一种地域特色鲜明的文化景观，很大程度上是因为其所呈现的由川西居民所创造的文化；而同时也正是林盘在川西平原中形成一个个生产生活的空间，使得川西百姓生息繁衍，川西文化得以传承发展。从这个角度说，川西林盘在田、水、林、宅四要素的基础上，还应有人的要素。因此，与其他人造园林景观相比，对于川西林盘文化景观而言，观赏性是其外在的属性，而生存（生活）性才

是其本质所在。

基于以上的分析,对于川西林盘的保护与发展的机制应包括外在的实体景观、内在的延续动力两方面。

5.1 实体景观

5.1.1 保护文化景观的完整形态

林盘文化景观保护的第一要义是保护所处自然环境和生活环境的完整性。崇州林盘多注重地形地貌、采光通风,林盘内宅院的前后一般有树木和竹林包围,有流水环绕。这些都是构成川西民居生活环境、生活方式不可或缺的因素,是构成林盘自然、生态环境的基础,在建设中要高度重视。

5.1.2 保留林盘与农业的二元模式

在川西地区,农业生产劳作是与生活相交融的活动,林盘景观形态的发展与林盘传统土地耕作模式相互依存。崇州林盘在城镇化的发展中,通过以林盘及周边农田为依托,发展多样化的农业项目,保持林盘与农业相互依存的模式,延续林盘的景观的内在灵魂(表1)。

崇州林盘与农业的二元模式类型　　　表1

农田	林盘	典型项目
传统农田	居住	—
果蔬基地	居住、服务	三江成都绿色无公害蔬菜基地、羊马绿色蔬菜基地
农业园区	居住、服务、企业管理	丰丰现代农业循环经济园区、桤泉高新现代农业园区、花果山生态观光农业园区、羊马都市农业园区

5.1.3 营造传统氛围,维系地域情感

"田、水、林、宅"构成要素和布局形式使得林盘具有较高的辨识度,支撑起川西居民对"家园"的认知。林盘特色的保持,对于维系地域情感、留住一方乡愁具有重要的现实意义。因此,应当注重对林盘整体氛围的营造,强化以"田、水、林、宅"为核心的地域环境,营造浓郁的川西乡村之美。

崇州林盘民居多为院落式,一般为三合院或者"L"形院落,应当充分尊重这种受川西民居家庭结构影响而形成的空间特色,保护传承这种生活空间。

5.1.4 适度更新改建,传统与现代共生

对空心化明显、建筑质量差、风貌不协调的崇州林盘,按现代生活要求进行更新。如建筑材料可就地取材,清理屋脊屋面,采用"修旧如旧"的原则,对其檩、脊、柱、梁等进行修缮,力求实现传统与现代的和谐共生。

5.2 延续动力

在文化景观保护的基础上,还应强调林盘的生活性,延续川西人地和谐的居住理念,实现林盘"可持续"的发展。本文从林盘发展演变的视角出发,强调内部驱动机制的形成,遵循"合理优化、有机嵌入"的原则,提出对崇州林盘的居住功能、产业功能两方面的措施。

5.2.1 居住功能的优化提升

在新型城镇化的背景下,要通过延续林盘居住生活功能,保持文化景观在时代变迁中的生命力,[14]满足当代人居住需求,传承川西聚落形态、生活方式和地域文化。

现状部分林盘承担居住功能,如江源镇大庙村林盘住户多达619户(2010年数据),对公共服务设施要求较高,应进行重点改善。对于靠近场镇的林盘,如街子的吴家院子林盘,可通过与街子古镇的联系,纳入场镇基础建设。

具体优化提升措施方面,应严格控制林盘内部的建筑密度和容积率,营建林盘传统的和谐有序的生活空间,组织便捷流畅的交通体系,适度集聚、吸纳周边人口,集中配套生活设施。

5.2.2 产业功能的有机嵌入

目前崇州市林盘内村民的生产方式为自给自足、稻作为主的灌溉农业,以及包括粮油生产、手工编织等在内的小规模非农产业。本文主张遵循"低干预的有机嵌入"的产业发展思路,因地制宜发展各类林盘产业。

"低干预"的内涵就是产业发展应以不破坏林盘原有的田、水、林、宅基本格局,保存林盘文化景观的肌理为前提。"嵌入"强调新引入的产业应当与川西林盘自身景观环境和生产生活本底相协调,应当是基于地域资源特色而生长出来的产业类型(图5)。

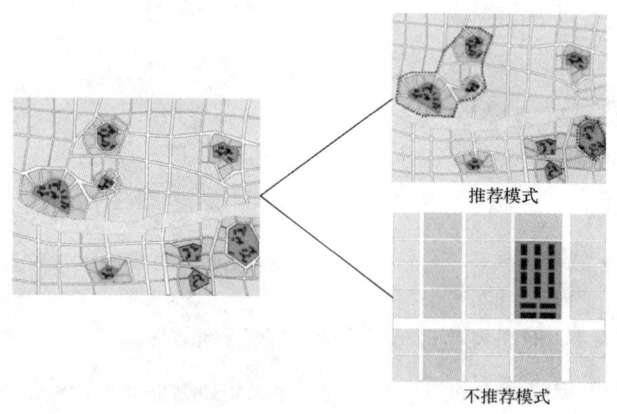

图5　川西林盘产业嵌入模式示意
(来源:崇州市旅游发展总体规划)

结合崇州林盘资源及产业基础,重点发展林盘农业、林盘手工业、林盘现代服务业三大类型。(1)林盘农业:依托桤泉、江源、三江、羊马等地农业基础,发展林盘设施农业、绿色生态农业、有机农业、循环农业、特色养殖业。(2)林盘手工艺:依托道明、怀远等地林盘的竹编、棕编等地方传统技艺和民间加工项目,发展传承林盘特色的手工产业项目。(3)林盘服务业:对于临近成温邛高速路的羊马、崇阳、白头等地的林盘,则吸引观光休闲、

旅游接待、创意产业、文化娱乐等现代服务业项目入驻，展现林盘宜人的自然生态环境和人文氛围，突出林盘所承载深厚文化底蕴，激活林盘活力。[15]

6 结语

本文基于清华同衡规划设计研究院《崇州市旅游发展总体规划（2011—2025）》的规划工作，从文化景观的视角出发，提出林盘的保护和发展策略。在新型城镇化中文化景观遗产日益受到重视的今天，川西林盘这一极富特色的文化景观值得风景园林从业者进行深入的研究与探索。

参考文献

[1] 尹乐，蔡军. 川西林盘景观的可持续发展途径——以郫县花园镇为例[J]. 安徽农业科学，2011.39(5)：2979-2981.
[2] 黄远祥，王丽娜等. 川西林盘对成都建设"田园城市"景观意境的影响[J]. 中国园艺文摘，2013.9：103-015.
[3] James, P. E, Martin, G. All Possible Worlds: A History of Geographical Ideas [M]. New York: John Wiley & Sons, 1981.
[4] Sauer, C. The Morphology of Landscape [J]. University of California Publications in Geography, 1925. 22：19-53.
[5] 王恩涌. 文化地理学导论(人·地·文化)[M]. 北京：高等教育出版社，1993.
[6] UNESCO World Heritage Centre. Cultural Landscape[EB/OL]. http://whc.unesco.org/en/culturallandscape.
[7] 方志戎. 川西林盘文化的历史成因[J]. 成都大学学报(社科版)，2011.5：45-49.
[8] 郑婧. 论川西林盘的生态意义[J]. 山西建筑，2010，36(12)：50-52.
[9] 成建. 成都编制规划保护川西林盘风貌[J]. 城市规划通讯，2007(17)：8-9.
[10] 方志戎，李先逵. 川西林盘文化价值探析[J]. 西华大学学报(哲学社会科学版)，2011，30(5)：26-30.
[11] 吴良镛. 人居环境科学导论[M]. 北京：中国建筑工业出版社，2001.
[12] 孙大远. 川西林盘景观资源保护与发展模式研究[D]. 雅安：四川农业大学，2011.
[13] 崇州市城乡建设局. 崇州市川西林盘保护与利用规划[R]. 成都：崇州市城乡建设局，2010.
[14] 单霁翔. 走近文化景观遗产的世界[M]. 天津：天津大学出版社，2010.
[15] 崇州市林业和旅游发展局. 崇州市旅游发展总体规划[R]. 成都：崇州市林业和旅游发展局，2011.

作者简介

付志伟，1985年11月出生，男，汉族，河北人，硕士，北京清华同衡规划设计研究院有限公司 旅游与风景区规划研究所，规划师，从事旅游与风景区规划方面工作，Emcil：fzw6239@163.com。

邓冰，1977年1月出生，女，汉族，广西人，硕士，北京清华同衡规划设计研究院有限公司 旅游与风景区规划研究所，项目经理，国家注册城市规划师，从事旅游与风景区规划工作，Email：36926904@qq.com。

风景名胜区总体规划编制
——保护培育规划方法研究

Master Planning Formulation of Scenic Area
——Research on Conservation Planning Method

顾丹叶　金云峰　徐婕

摘　要：保护培育规划作为风景名胜区总体规划中重要的专项规划之一，是对资源的保护和合理利用的重要依据。而现行的保护培育规划分区体系中，缺乏强制性的内容，对资源的保护没有真正落实到规划操作中。本文提出以资源为核心的保护分区体系，通过对资源的调查、分析和评价，确立切实可行的保护分区，并与其他分区规划相协调。
关键词：风景园林；风景名胜区；保护培育；资源保护；分区规划

Abstract: As a branch of the special planning in master planning of scenic area, conservation planning is conducted to the important basis for the protection and rational utilization of resource. But the part of zoning in conservation planning is lack of coerciveness, which leads to un-implementation of resource conservation. Through investigation, analysis and evaluation of resources, this paper put forward the protection zoning system of resources as the core, in order to establish the feasible protection zoning, and be in harmony with other partition modes.
Key words: Landscape Architecture; Scenic Area; Conservation; Resource Conservation; Zoning

1　引言

风景名胜区是指"风景资源集中、环境优美、具有一定规模和游览条件，可供人们游览欣赏、休憩娱乐或进行科学文化活动的地域"。[1] 风景名胜区规划，是做好风景名胜区保护、利用和管理工作的前提和根本基础。而保护培育规划是风景名胜区总体规划中重要的专项规划之一，是针对风景资源保护的专项规划。

1999 年的制定的《风景名胜区规划规范》(GB 50298—1999) 规定了保护培育规划的基本方法和模式。2003 年的《国家重点风景名胜区总体规划报批管理规定》提出，对风景名胜区资源的保护应当作出强制性规定，对资源的合理利用应当作出引导和控制性规定，并把保护培育规划列为各专项规划的首位。在《风景名胜区规划规范》(GB 50298—1999) 中，保护培育专项规划提出对风景名胜区的分类和分级保护，却缺乏强制性的内容，对资源的保护没有真正落实到规划操作中。

本文将通过研究风景名胜区保护培育专项规划的历史发展过程、主要规划手法、实践应用现状，从我国风景名胜区发展的现状出发，确立以资源保护优先的保护培育规划，通过增强资源评价的科学性和可操作性，试图构建一个以风景资源保护为核心的保护分区体系，并与其他分区相互协调。

2　风景名胜区保护培育规划现状及主要问题

在联合国教科文组织（UNESCO，1994）所编的《环境与发展简报生物多样性专辑》(Environment and Development Briefs- Biodiversity) 中明确地区分了保存、保护与保育的概念（表 1）。风景名胜区承载着供人们游览欣赏，休憩娱乐或进行科学文化活动的特定功能。保护培育就是使风景资源不仅能满足当代人们游憩、科教的需要，同时维持其风景品质与资源潜力以满足未来世代的需要。

保存、保护和保育概念辨析	表 1
保存 (Preservation)	为了提供维持生物个体或其组合（但不是为了其进化的变化）而制定的政策或方案（如动物园与植物园等）
保护 (Protection)	在自然区域中为了保护生物多样性而对人类活动的控制或限制
保育 (Conservation)	指对生物资源持续发展的各种管理行为。因此不仅可以从这一代中获取最大的利益同时维持其潜力以满足未来世代的需要。保育之不同于保存在于它可提供自然群落在该条件下长期的保持从而提供继续进化的潜势

风景名胜区的保护培育规划，是对需要保育的对象与因素，实施系统控制和具体安排。使被保护的对象与因素能长期存在下去，或能在利用中得到保护，或在保护条件下能被合理利用，或在保护培育中使其价值得到增强。

我国风景名胜区多发端于古代的天下名山，在两千多年有文字记载的名山发展过程中，逐渐形成了社会性保护体系。自 20 世纪 80 年代以来，我国风景名胜区的发展开始起步。起初，保护一直未作为单项规划出现在总体规划中，通常依附在其他单项规划或总纲里。随着旅游业的兴起等社会因素对风景名胜区产生更为深刻的影响，保护培育规划才作为一个专项规划出现在总体规划中。直至1999年发布的《风景名胜区规划规范》(GB 50298—1999)才对保护培育专项规划的基本内容和主要方法进行了界定。

2.1 分类、分级的保护及主要问题

根据《风景名胜区规划规范》(GB 50298—1999)的要求,风景名胜区保护培育规划应该包括三个方面的基本内容:(1)查清保育资源,明确保育的具体对象和因素;(2)要依据保育对象的特点和级别,划定保育范围,确定保育原则;(3)依据保育原则制定保育措施,并建立保育体系。[1]在风景名胜区保护培育规划中,需依据风景名胜资源的特点和保护利用的要求,确定分类和分级保护区。

《风景名胜区规划规范》(GB 50298—1999)中依据保护对象的种类及其属性特征,并按土地利用的方式来划分出生态保护区、自然景观保护区、史迹保护区、风景恢复区、风景游览区和发展控制区六类。同时,又以保护对象的价值和级别特征为主要依据,结合土地利用方式而划分出特级保护区、一级保护区、二级保护区和三级保护区等四级内容。规范中指出,保护培育规划应依据本风景名胜区的具体情况和保护对象的级别而择优实行分类保护或分级保护,或两种方法并用。但该分类、分级的对象不明确,在边界划定中存在交叉,影响规划的执法力度,具体呈现出以下几点问题:

(1)分类保护不是一种空间政策要求,所以不应以区来划分。应该根据不同的风景资源类型的特殊性,在保护上提出有针对性的具体措施。对于更具体的资源类别的保护,比如地质地貌、濒危物种、生态系统等也缺乏详细而具体的保护要求。

(2)保护分区没有明确的边界,无法和具体的地貌或人工地物对应。

(3)对风景名胜区内生态资源的评价和保护存在缺失,忽略了对生物多样性、生态环境等的保护。由此导致一些具有重要生态价值的资源没有受到同等级别的保护。

2.2 景源评价的重要性与局限性

风景资源,是指能引起审美与欣赏活动,可以作为风景游览对象和开发利用的事物与因素的总称。是构成风景环境的基本要素,是风景名胜区产生环境效益、社会效益、经济效益的物质基础。而对风景资源进行科学、客观的评价,是风景名胜区规划的基础,风景资源的价值决定着风景名胜区的级别、规划性质、布局和相关设施的配置。[2]

《风景名胜区规划规范》(GB 50298—1999)中的评价体系将景源评价分为特级、一级、二级、三级、四级等五级。虽然比较综合地考虑了风景资源的各种要素的影响,但仍然存在着一定的局限性,其主要表现在:

(1)在风景名胜区规划的实际操作中,资源评价分级并未直接指导保护培育规划,评价分级不具有同比性,一般仅局限在根据主观感受对景点分级定等,缺乏系统的整体性评价。[3]

(2)在评价过程中,对资源的生态敏感度、视觉敏感度关注不够。资源评价中对生态环境价值、视觉美学价值的重视不足。

准确、科学的风景资源评价是进行景源保护培育的重要基础。只有详细明确了景源的级别、价值、特征,才能依次划定准确的保护范围,提出有针对性的保护措施,保证景源得到有效保护。

2.3 保护分区与其他分区模式的关系

长期以来,我国的风景名胜区规划中存在着几种不同的分区模式:功能分区、景区分区、保护分区,以及在大型或复杂的风景名胜区中,可以几种方法协调使用。虽然分区类型众多,但每种分区对空间的描述都是笼统含糊的,在实际操作中并不有效和明确。这是因为:

(1)保护分区和功能分区、景区分区之间的关系不紧密,缺乏系统性和相互呼应。

(2)保护分区又易于与功能分区、景区分区等边界交叉。

(3)规范并未规定哪几种具体的功能分区模式。因此,分区也呈现出随意性,不具备控制性的特点。

所以,在构建保护分区的同时,要考虑与其他分区模式的叠合,确保在分区边界上的一致性,从而达到管理和实施上的可行性。尤其是与土地利用协调规划的衔接对

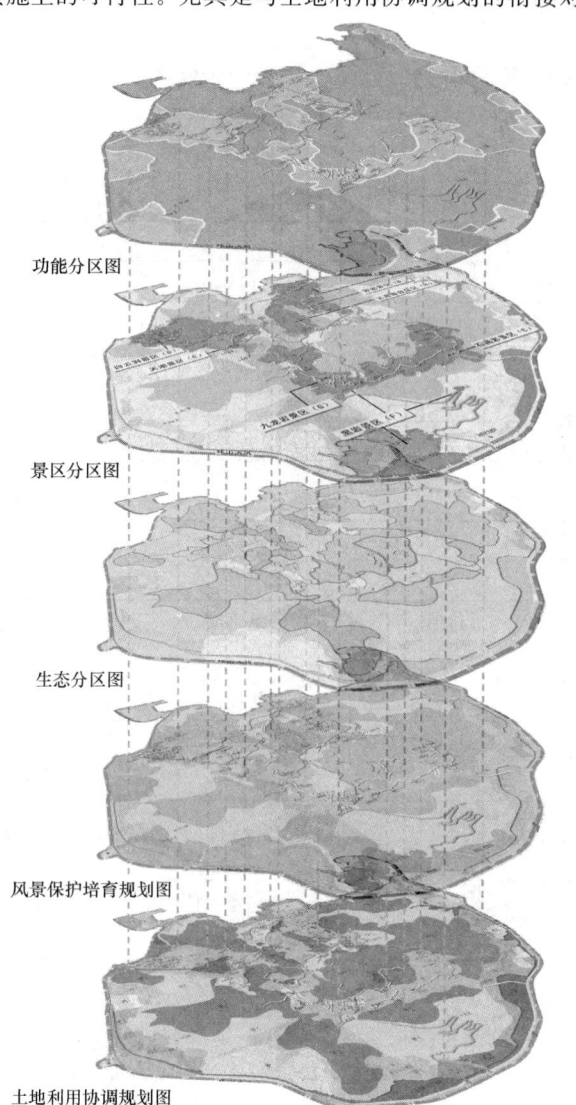

图1 保护分区与其他分区模式关系图

应（图1）。用地区划是将风景资源保护宏观诉求引向实施的重要纽带，合理的土地利用方式是风景资源保护的有效途。[4]将保护分区的界限落实到用地区划边界上，不仅体现了资源保护的不同要求，控制建设和游览活动，同时也是对资源保护进行分区管理，以确保风景资源的永续利用。

3 风景名胜区资源保护分区体系的建立

3.1 风景资源保护培育规划的基本原则和目标

在风景名胜区规划中，应当加强"保护第一"的观念，明确保护培育规划在总体规划中的核心地位。确立风景名胜区资源保护目标的第一性。在保护培育规划的制定中，应遵循以下四大原则：（1）完整性（Integrity）与原真性（Authenticity）保护原则；（2）综合性保护原则；（3）可持续保护原则；（4）依法保护原则。终极目标是风景名胜区所能达到的切实可行的理想状态，克服了现阶段盲目过度使用风景资源的弊病，有效协调保护和开发之间的关系。

3.2 资源调查与资料收集、相关分析

由于我国的风景名胜区范围大，资源类型丰富，数量众多，资源调查与资料收集应该具有指向性，其标准宜参照风景名胜区设立标准中关于自然景观与文化景观的分类描述与《风景名胜区规划规范》（GB 50298—1999）的景源分类标准（表2）。

资源调查分析要点　　　表2

资源干扰分析	对风景名胜区内自然资源与人文资源目前存在的各种干扰因素和破坏力量进行分析
相关法令分析	对与风景名胜区相关的法令进行研究分析，用法律规范人类行为，为资源保护寻找法律依据
发展专题分析	研究课题主要包括人类干扰对自然生态系统的影响，旅游活动对风景资源的压力等，探讨景区资源的环境承载能力，对问题进行归纳和研究，以待制定可行的规划对策

3.3 完善风景资源评价体系，建立景源评价数据库

依据详尽的风景资源调查，将资源价值和资源敏感度[5]同时作为资源评价的内容，又将资源敏感度分为生态敏感度和视觉敏感度（表3）。通过选择适合的评价指标（表4），确定资源保护等级和资源管理政策。

风景资源评价体系[6]　　　表3

评价内容	资源价值					资源敏感度	
评价项目	欣赏价值	科学价值	历史价值	保健价值	游憩价值	生态敏感度	视觉敏感度
景源1							
景源2							
景源3							
……							

风景名胜区景源评价指标表　　　表4

资源价值评价指标表[1]				
评价项	评价因子			
欣赏价值	景感度	奇特度	完整度	其他
科学价值	科技值	科普值	科教值	其他
历史价值	年代值	知名度	人文值	其他
保健价值	生理值	心理值	应用值	其他
游憩价值	功利性	舒适度	承受力	其他
资源敏感度评价指标表[6]				
评价项	评价因子			
生态敏感度	生物多样性	植被覆盖率	生态恢复力	其他
视觉敏感度	易见度和清晰度	被注意频率	视觉醒目程度	其他

注：视觉敏感度主要相对于观赏点和观赏线而言。

将资源价值的重要程度从高到低分为四级，其中一级代表价值最高的资源，以此类推，四级为价值最低的资源。资源的敏感度同样分为四级，第四级为最不敏感的资源。资源价值的重要性和资源敏感度综合可以得出风景资源保护的级别——资源保护等级矩阵表（表5）。其中分值越低，表示保护等级越高。

资源保护级别表[6]　　　表5

资源价值	资源敏感度			
	一级	二级	三级	四级
一级	1	2	3	4
二级	2	4	6	8
三级	3	6	9	12
四级	4	8	12	16

3.4 保护分区的建立

保护分区依据资源保护优先的原则，按照资源特征和保护利用程度的不同，依次分为资源核心保护区、资源低强度利用区、资源高强度利用区、资源控制区共四大类。此外，为与风景名胜区周边区域的城镇规划衔接，建议在风景名胜区外设置外围控制区（表6）。但因该区地处风景名胜区范围之外的城镇区域，仅提出该区的控制建议，不具有执法性，需与相关城镇规划协调（图2）。

保护分区表　　　表6

分区	定义	次区	定义
资源核心保护区（对应于核心景区；分级保护中的特级、一级保护；分类保护区的生态、自然景观、人文景观保护区）	是指风景名胜区范围内自然景物、人文景物最集中的、最具观赏价值、最需要严格保护的区域	保育次区	不对游客开放，以保育自然生态和地貌景观为主
		观赏次区	核心景区内景点集中，开放给游人进行观赏等活动的区域，游客容量需得到严格控制
资源低强度利用区（对应于分级保护中的二级保护区；分类保护中的风景游赏区）	具有较好的自然环境和一定的风景资源，满足风景名胜区开展休闲游憩等多种游赏活动的区域	风景游赏次区	风景优美，景点较为集中，开放给游人进行游赏的区域
		休闲游憩次区	具有一定的自然条件，主要满足游客户外游憩活动（生态探险、攀岩、宿营等活动）为主要目的的区域
资源高强度利用区（对应于分级保护中的三级保护区；分类保护中的发展协调区）	在资源保护的前提下，允许较高强度的资源利用，包括游憩活动和旅游服务设施建设，以及居民社区	服务与管理次区	风景名胜区内大型的、集中建设的旅游服务设施和管理设施区（分散在景区的简易游览服务设施一般不包括在内）
		居民社区次区	风景名胜区内保留或集中发展的村庄、小城镇等居民社区及周围的耕地、园地等区域构成包括旅游服务型社区和普通社区
资源控制区（对应于分类保护中的风景恢复区）	除上述以外风景名胜区内的普通山地、林地，是风景名胜区的重要背景环境和生态缓冲		
外围控制区（风景名胜区外围保护地带）	为保证风景名胜区的水土、空气、生态与视域的要求，在风景名胜区边界外围地带及与交通要道衔接沿线区域，需要按照地理条件划出一定的范围，并加以相应的控制		

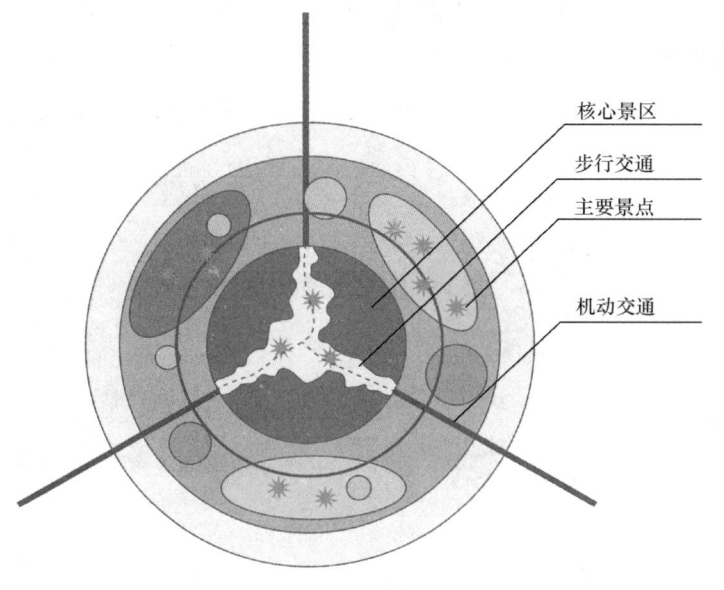
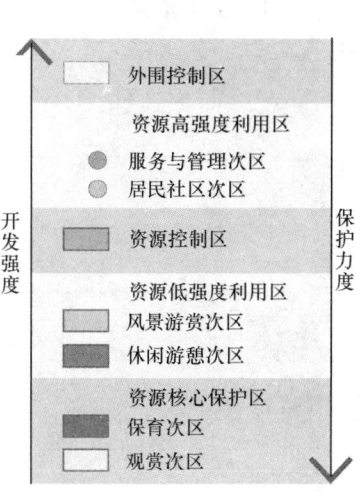

图2　保护分区示意图

3.5 保护分区边界的界定方法[7]

对保护分区边界的界定，主要根据风景名胜区的生态因子和地形地貌，同时采用GIS-buffer区设定的等垂距法和景源视域控制法。

3.5.1 生态因子叠加分区法

生态因子是生态系统中构成的要素，是生态阈值分析的重要参考依据。麦克哈格（McHarg）提出的因子叠加方法，与风景名胜区的生态因子分析，则是将同一规划范围内的土地利用现状、气候水文特征、土壤分析、动植物分布等影响因子通过GIS加权叠加，从而得到较为准确的资源价值定量分析。

3.5.2 地形地貌界定法

风景名胜区分区应充分结合区域地形地貌现状，根据等高线和山脊线等地理界限，对保护区域进行划定。结合峡谷、山地的地形地貌，能够完整地保护河道，同时也对自然资源和景观视线起到良好的保护作用，便于实施管理和立桩界定。

3.5.3 等垂距缓冲区控制法

此方法借鉴GIS中Buffer区的生成方法，即以路网中心线、河道中心线、滨水岸线、某些标志性点空间等为中心，设置一定宽度的等垂距范围，从而划定了一个缓冲区域，作为该保护要素的边界。该方法适用于对线状要素的保护，尤其是在水域、生物廊道等方面的应用。

3.5.4 景观视阈控制法

景观视阈控制法是结合人体的视觉感知，通过对近景、中景、远景的景观可视度来确定景观的空间尺度，并以此划定视觉范围进行控制。

4 结语

对于风景名胜区保护培育专项规划，风景名胜区资源保护是其最重要的目标，既要使风景资源的价值得到保护又要为资源的开发利用提供指导。本文尝试建立以资源保护分区为核心的风景名胜区分区体系，把资源保护和利用落实在一个空间框架内，协调了风景名胜区资源保护与游赏开发的关系，消除了规划与实施相脱节的现象。

参考文献

[1] 《风景名胜区规划规范》(GB 50298—1999)[S]. 北京：中国建筑工业出版社，1999.

[2] 国家质量技术监督局标准化司. 关于对《风景名胜区规划规范》的几点说明（[99]建城景字第62号）[Z]. 1999-10-29.

[3] 束晨阳. 对风景名胜区规划中有关分区问题的讨论[J]. 中国园林，2007(23)：13-17.

[4] 汪翼飞，金云峰. 风景名胜区总体规划编制——土地利用协调规划研究[C]. 中国风景园林学会2013年会论文集(上册). 北京：中国建筑工业出版社，2013：114-116.

[5] 俞孔坚. 景观，文化、生态与感知[M]. 北京：科学出版社，1998.

[6] 徐婕. 风景名胜区保护培育规划研究[D]. 上海：同济大学，2008.

[7] 徐煜辉，卢彪，孙国春. 基于景观生态战略的重庆市喀斯特峡谷型风景名胜区规划问题思考[J]. 中国园林，2006(22)：37-41.

作者简介

顾丹叶，1992年8月生，女，汉，江苏苏州人，同济大学建筑与城市规划学院景观学系硕士研究生。Emal：qiushuluoye@qq.com。

金云峰，1961年7月生，男，汉，江苏苏州人，同济大学建筑与城市规划学院，教授，博导。上海同济城市规划设计研究院，同济大学都市建筑设计研究分院。研究方向为：风景园林规划设计方法与技术，中外园林与现代景观。Emarl：jinyf79@163.com。

徐婕，1982年4月生，女，汉，湖南衡阳人，同济大学建筑与城市规划学院景观学系硕士，上海复旦规划建筑设计研究院景观五所副室主任。Email：cici_xujie@hotmail.com。

中国关于湿地公园评价的研究进展

Research Progress of Chinese Wetland Park Evaluation

黄 利

摘 要：湿地公园的产生是中国特殊国情下的必然产物，是目前湿地资源保护与利用的有效手段之一。针对湿地公园目前存在的效益与破坏共存的现状，分析表明针对湿地公园的评价研究目前已经成为湿地公园研究新的热点。通过文献研究整理得出湿地公园评价目前存在规划前的适宜性评价、规划环境影响评价、建成后的验收评价以及建成后的运营情况评价四种类型，并总结评价环节中的技术方法。最后通过总结与反思湿地公园评价研究中的问题，提出相应的意见与建议。

关键词：湿地公园；评价；研究进展

Abstract: Wetland park is an inevitable product of China produced under special conditions, is one of the effective means to protect wetland resources and utilization. Current situation that Benefits and destruction exist together in wetland park, the analysis shows that the research of evaluation wetland has become the new hot spot. There are four types of evaluation about wetland park evaluation Including suitability assessment before planning, planning environmental impact assessment, the evaluation after the completion and the operations after the completion and summarize evaluation of the technical aspects of the method. Finally, this paper proposes appropriate comments and suggestions by summarizing and reflecting the problem of wetland park evaluation.

Key words: Wetland Park; Research Progress; Evaluation

1 湿地公园产生的背景与现状存在的问题

1.1 湿地公园产生的背景

湿地公园的产生是多方面因素的必然结果，首先，湿地公园的宗旨是科学合理地利用湿地资源，最大限度地发挥湿地带来的综合效益，以助于保护城市自然资源；其次，是解决湿地的退化、城市快速发展与人居环境质量的矛盾的有效途径，湿地合理的保护与利用能够在改善城市环境、促进经济、惠及公众健康与安全等方面发挥作用，促进城市的可持续发展；其三，生态文明与新型城镇化的新型理念与人—城市—湿地和谐共荣的最终目标高度契合，推动着湿地公园的发展；其四，国家林业局与住房城乡建设部的关于国家湿地公园与国家城市湿地公园的规划设计导则、建设规范、管理实施办法、评估验收标准方面政策法规的颁布与实施，以及地方性的相关保护条例的颁布与实施都给湿地公园的顺利发展提供了法律保障。

1.2 湿地公园的现状存在的主要问题与原因

全国各地各级别的湿地公园的兴起与蓬勃发展。自2005年5月第1个国家湿地公园试点——杭州西溪国家湿地公园获国家林业局批准，截至2013年12月，中国已分7批建立国家湿地公园试点298处。截止到2013年12月，住房城乡建设部分9批批准的国家城市湿地公园共46个。从建设管理的现状来看，湿地公园的建设效益与破坏同在。研究表明，国家湿地公园正在成为我国重要的科普教育基地，起到了生态旅游的示范作用，而且是城市生态廊道的重要组成部分，[1]明显增加了生态、环境、社会、经济等多种效益，湿地公园的快速发展也验证了这一点。但是，目前有些湿地公园的规划、建设、管理的不合理给湿地造成了二次破坏，存在的问题与原因主要有三点：一是湿地公园的规划针对湿地生态系统健康的保护与生态服务功能的实现不到位，规划偏重形式，建设同质化而缺少地域性，主要是因为缺乏因地制宜的理念以及没有平衡好是生态、环境效益与社会、经济效益之间的关系。二是规划偏重经验与理念，缺少通过对湿地公园科学合理的长期、动态监控与定量评价对湿地公园的选址、规划、建设与管护等各个环节进行科学指导，湿地公园的评价标准与体系不健全，导致无法及时对湿地公园的运营现状进行及时的信息反馈，这样就无法指导后期合理的维护管理与规划建设的调整。三是湿地公园的审批部门目前为国家林业局与住房城乡建设部两个部门，多头管理的局面使得管理目标、管理手段、管理水平以及管理标准都存在差异，导致管理效率降低，湿地的保护与利用得不到价值最大化。例如武汉市人民政府2005颁布的《武汉市湖泊保护条例实施细则》，规定环保部门、园林绿化部门、城管执法部门、规划部门、农业部门、林业部门六个部门分工合作共同做好湖泊的保护和管理工作，这样协调起来通常比较麻烦，导致管理效率降低，湿地的保护与利用得不到价值最大化。

1.3 湿地公园评价研究的重要性

在生态文明的时代背景下，合理保护与有效利用湿地资源更应该是发展的必然。湿地公园作为湿地保护与利用最常用最有效的途径，通过湿地公园存在的问题分析可知，监测与评价湿地公园的建设管理现状及发展趋势是湿地资源的可持续发展必不可少的工作环节。湿地公园的评价不仅可作为主管部门全面了解、监测湿地公园发展状况的工具，通过提出预警为主管部门在城市规划、城市湿地的保护与利用方面制定发展目标和后续规划、管理方案的调整提供决策依据与参考，还能维护城市湿地生态系统的良性、稳定、可持续发展，实现湿地资源的可持续利用，同时使湿地保护与经济建设和社会发展相互促进，为人、城市、湿地资源的和谐共荣提供保障。

2 湿地公园评价研究进展

2.1 湿地与公园的评价研究情况

中国湿地评价研究现状在中国知网上，用高级检索，主题栏输入"湿地"并含"评价"，进行模糊检索，共得到文献3685篇（检索时间：2014-5-14）。从统计的文献数量上可以看出，我国的湿地评价始于1986年，2000年以前的研究特别少，每年发表量不超过10篇，真正开始关注湿地评价并掀起研究热潮的是2004、2005年以后，在2012年达到研究高峰（图1）。整理关于"湿地评价"主题发表数量达17篇以上的学术文献，可以看出高校的占到研究群体的一半以上，其中农林类与师范类高校贡献最大。

在湿地评价方面发表过比较有影响力文章的如崔保山、杨志峰、吕宪国、陆健健、崔丽娟、杨永兴、刘国华、倪晋仁、刘兴土、王建华等湿地学、湿地生态学方面的学者在湿地资源及湿地生态系统的保护、恢复、评估、生物多样性方面作了大量的基础研究，[2]对湿地的实际评价具有重要的指导意义。

总结崔丽娟等（2002年）与武海涛等[3]（2005年）的关于湿地评价的研究综述，归纳总结出国内外湿地评价的主要类型。其一，湿地的保护与利用方式参考：湿地利用方向评价；其二，湿地保护与利用方式的适宜性：湿地项目影响评价；其三，湿地的现状评价与未来趋势预测：湿地生态效益评价研究、湿地生态系统功能评价（湿地生态系统服务功能评价、湿地生态系统健康评价、湿地生态质量评价）、湿地环境影响评价（湿地环境影响评价、湿地累积影响评价）、湿地区域生态风险评价。

以上学者由于湿地保护区和城市湿地公园定位的差异，使他们对湿地以公园的形式引入游憩设施、游人活动后受到的影响较少关注。目前湿地公园是湿地保护与利用的最有效手段之一，湿地生态系统在引入人的活动与建设、管理等干扰与保护以后，呈现复杂的湿地公园体系。为了达到保证湿地确实得到了合理保护与有效利用，在湿地评价的基础上引入人的因素尤为必要。风景园林学的学者如朱建宁、王向荣、成玉宁、王浩等进行了大量的理论研究和实践探索，[1]但是在定量综合评价湿地公园的建设运营情况的研究方面比较缺乏。

国内对于公园评价的研究方面，目前主要针对湿地公园、地质公园、森林公园、郊野公园、综合性公园、居住区公园、防灾公园等进行评价。评价类型有：综合评价；人的角度的评价，例如使用状况评价（POE），有在综合性公园、公园中的儿童活动场所的研究；生态系统与景观方面的评价，主要包括生态环境、生态健康、景观健康、景观敏感度、景观稳定性、景观指数、生态安全、景观水体富营养化、灰尘土壤重金属污染、大气污染、浮游植物及其富营养化、水环境质量等方面的评价；旅游角度的评价，主要有旅游资源的评价、旅游环境质量评价、静养区环境评价、游客满意度、旅游环境容量、资源类型划分等；效益与价值的评价，例如社会效益、经济效益、游憩价值、游憩功能、美学价值等方面；美学方面评价，主要是景观（视觉）评价模式、美景度、植物景观、声景评价、竹景观、美学价值等方面的评价；资源方面的评价，例如在景观资源、资源类型划分、风景资源等方面；还有基于各种评价方法或者各种评价软件的评价；其他评价，如可行性评价、可达性评价、用地适宜性评价等。

2.2 湿地公园评价研究情况

中国湿地公园的评价研究现状在中国知网上，用高级检索，主题栏输入"湿地公园"并含"评价"，进行模糊检索，共得到文献315篇（检索时间：2014-5-14）。整理关于湿地公园评价主题发表数量达3篇以上的学术文献，可以看到高校是研究主力（图2、图3）。

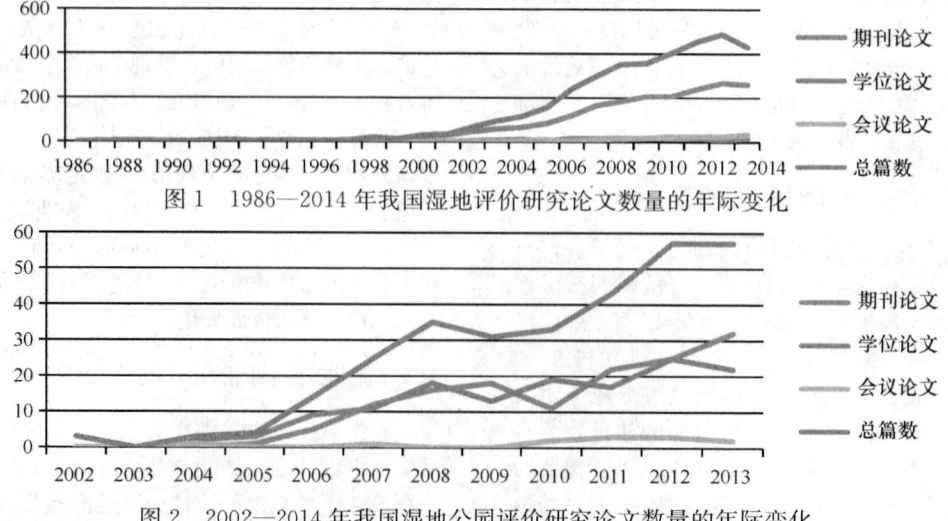

图1 1986—2014年我国湿地评价研究论文数量的年际变化

图2 2002—2014年我国湿地公园评价研究论文数量的年际变化

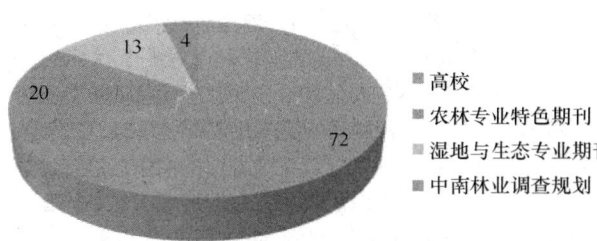

图3 2002—2014年我国湿地公园评价
研究论文文献来源组成

根据湿地公园的规划建设流程，总结关于湿地公园的评价类型，将其分为4个大类：

（1）规划前的适宜性评价（属于指导性评价）

一种是包括湿地公园选址的适宜性评价，即通过分析评价确定出哪些湿地适宜建设为湿地公园，适宜建设范围。另一种是包括通过对规划前期的基础资料的收集与分析，确定湿地公园的分区以及保护与恢复工程措施、游憩规划、运营管理措施等。

评价方法有两种，一种是进行定性的评价指导规划方案与实际建设，由于考虑的因子比较烦琐，这种定性评价缺乏科学合理依据与目标针对性；另一种借助3S技术进行部分因子定量评价，这种定量评价往往无法避免评价指标的片面性。因此，如果能将定性与定量评价结合，并且构建综合性规划建设适宜性的评价指标体系，湿地公园的评价将会更加合理。

（2）规划环境影响评价（属于预测性评价）

湿地规划环评包括明确规划的设想和目标、识别生态环境敏感目标、分析规划区当前的环境问题、预测规划情景下可能对环境造成的影响、拟定减轻措施及替代方案、后续监测以进一步调整规划几方面的基本内容。湿地属于重要生态敏感区域，应将其自身的环境问题以及规划实施后可能对湿地带来的环境影响作为湿地规划环评的重点内容。

目前，开展SEA有2种方式：一种是自下而上，即SEA沿用传统的环境影响评价（EIA）原理、程序和评价方法，将SEA作为EIA的延伸。在这种方式下SEA受制于EIA，过于关注特定工程而在高层决策上缺乏全面性。另一种是自上而下，即为形成和指定政策和规划而开展SEA，使环境评价的原则包含于政策和规划之中，做到在环境影响评价中纳入可持续发展的观点。[4]

（3）建成后的验收评价（属于检验性评价）

官方有这方面的评价标准，主要针对国家湿地公园建成后的检查与验收。2008年、2010年国家林业局分别颁布《国家湿地公园评估标准》与《国家湿地公园试点验收办法（试行）》对申请试点国家湿地公园建立验收评价体系。

（4）建成后的运营情况评价（属于检验性、指导性与预测性的综合性评价）

目前湿地公园建设的最终目标基本达成一致，都是为了效益最大化的保护与利用湿地资源。在恢复与维护湿地系统健康的状况下，能够提供人们游憩、科普、科研的公园功能，以发挥其生态、环境、社会、文化、经济等多方面的综合效益。

这类评价包括综合评价与偏向评价。综合评价是指对建成后的湿地公园的生态、环境、资源、社会、经济、美学、旅游等方面进行的综合整体评价，目的是评判其建设后的运营现状是否达到了预定的规划建设目标。信息的反馈一方面为以后的监测、维护、运营、管理提供科学依据与决策参考，另一方面为其他湿地公园规划建设前期提供建设性意见与经验参考，也为湿地公园的合理性规划建设、可持续性发展、发挥可持续性综合效益提供保障。目前对湿地公园进行综合评价的研究背景一般来自于环境地理学、[5]管理科学、环境规划、城市规划与设计、[6]还有设计艺术系、环境地理学、景观生态学。骆林川[7]（2008年）、唐铭[8]（2010年）、黄彪[9]（2013年）等从湿地公园综合效益评价的角度出发，分别对各方面效益进行评价，并最后定量得出结果。

杨雯[10]（2007年）、李玉凤[11]（2011年）、王勇[12]（2012年）等分别从设计艺术系、环境地理学、景观生态学的专业背景构建湿地公园进行景观健康评价体系，并分别对偏向评价包括人的角度的评价，例如进行使用状况评价、休憩吸引力评价等；偏重于湿地生态系统状况方面的评价，例如进行湿地公园的生态系统健康评价、生态环境质量评价、城市生态安全影响评价、景观健康评价、植物景观美感评价、景观生态分析与综合评价、雨洪调蓄能力评价等；还有从旅游开发的角度对湿地公园旅游资源条件、旅游现状的评判与旅游潜力的预测评价。

湿地公园的评价理论背景主要是生态学、景观生态学与风景园林学。其中，还涉及美学、游憩心理学、社会学、经济学等方面的理论。针对不同的评价目的，有不同的评价侧重点，其评价主体、评价对象、评价内容（评价指标体系）、评价方式、评价方法等都有不同。总结湿地公园定量评价环节中的技术方法如表1所示。

湿地公园评价技术方法　　　　表1

评价环节	技术方法
评价指标体系的构建	主要有层次分析法（AHP，Analytic Hierarchy Process）、压力-状态-响应（Press-State-Response，PSR）模型、专家经验法
评价因子的选择	主要有文献分析法、资料收集与现场调查法、专家咨询法以及主成分分析法等
评价因子的权重	主要有专家经验法、层次分析法（AHP）、模糊综合评价法、逻辑规则组合法、熵权法
评价因子的数据来源	主要有文献查阅法；使用状况评价（POE，Post Occupancy Evaluation）方法（包括行动观察法、问卷调查法、访谈调查法、图像记录法、数据图表法等）；水务局、环境保护局等官方网站；3S技术等
评价标准与原则	主要通过文献分析法、相关规范、制度与法律条例得到
评价模型	主要运用模糊数学模型、灰色关联模糊综合评价

3 目前评价研究存在的问题与建议

从湿地公园的评价研究情况来看，主要存在以下几个问题：

（1）以合理保护与有效利用湿地资源为目的的湿地公园的建设项目这个过程，缺乏整体的评价机制。湿地公园的项目从选址、规划、施工到后期的管护，需要整体的各个环节的评价体系共同建立评价机制，这样才能从源头上监测与指导湿地生态系统的健康与湿地生态服务功能的完整性，并且在各个行动环节最有效、尽可能大地发挥湿地公园的综合效益，最终实现湿地的可持续发展。

（2）定量评价方法存在的问题。主要是评价因子的选择可能存在不够简洁、存在评价因子部分性质重复的可能，以及单因子间可能存在相互作用性或者说是耦合性，这样简单的线性加权叠加会对综合评价结果产生误差的可能。针对前者，这就需要反复多次慎重地选择评价因子，可以通过咨询各个领域的专家、文献研究论证以及借助 SPSS 软件进行主成分分析得到评价因子以减小因子选择的偏漏。针对后者，可以考虑限制因子进行综合评判以及运用模糊数学的理论进行模糊综合评价，减小定量评价结果的误差。定量评价的关键还在于数学模型的选取上，可以在研究方法上有更多的突破，使得评价结果更加科学合理而具有参考性。

（3）对于城市湿地、湿地公园的定义还不够清晰。湿地的定义目前普遍接受《湿地公约》从管理的角度进行的定义，在具体保护研究操作中容易造成概念混淆与模糊。城市湿地的"城市"的定义也比较模糊，目前没有权威的定义来统一，至于湿地公园的定义，国家林业局2005年[13]规定了湿地公园的主题性质、目标宗旨以及特定功能。建设部2005年[14]对城市湿地公园的定义指出湿地公园与城市湿地公园的区别是是否被纳入到了城市绿地系统规划中，还是比较含混，由于城市的快速向外扩张，一些本来不在绿地系统规划中的湿地被纳入到规划区内，比如杭州西溪国家湿地公园，报批的时候还是湿地公园，现在由于城市的扩张已经能够被纳入到城市绿地系统之中。由于国家湿地公园与国家城市湿地公园的管理部门分别为国家林业局与住房城乡建设部，面对这样的改变，会造成很多的混乱。因此，湿地公园的建设是否需要区分出城市的或非城市、管理部门是否需要多头进行管理，或者怎样进行两者的区分是值得进一步思考的问题。另外，在湿地公园的选址、各项政策的规定以及后期的经营与管护方面，都比较容易混淆，最终可能导致选址不当，规划中比如功能分区等不合理，管理混乱与欠考虑等诸多问题。

（4）湿地公园项目以及评价环节涉及的学科领域比较广泛，建议以风景园林背景的研究者为首，结合各个相关学科领域，多学科交叉共同组织湿地公园整体评价机制的建立。风景园林学的专业领域背景可以整合湿地公园与城市的关系，并从湿地公园个体尺度到城市尺度、流域尺度纵向进行分析与考虑。以风景园林学科统筹，结合各个学科领域例如生态学、景观生态学、城市规划学、地理学、美学、心理学、社会学、经济学、数学等方面的专家共同制定各个尺度的评价机制，健全评价指标因子以及更加合理化因子权重。

（5）提高评价环节的公众参与性。湿地公园项目是一项公益项目，建立在保护湿地资源的基础上，通过合理有效利用为公众提供更加可持续的安全、健康的生活环境。涉及公众的需求，一方面需要从方案的形成、实施到运营管理对公众的意见的介入，使得前期的规划以及后期的管理维护减少公众利益方面的偏差；另一方面提高公众的湿地保护意识，充分利用公众的力量促进湿地的合理保护与有效利用，例如可以通过组建志愿者建立湿地保护等组织充分发挥其监督作用。

（6）建立健全湿地公园评价机制的法律法规。湿地公园的规划、建设与管护由于缺乏有效的评价机制，无法统一标准，造成行业的混乱与非良性发展，[15]法律法规的保障才能真正使得湿地公园评价机制的建立与实践。

参考文献

[1] 李文英. 我国湿地公园建设管理现状与展望[J]. 中国城市林业，2010.03：50-52.
[2] 杨云峰. 城市湿地公园建成环境评价方法的研究[J]. 建筑与文化，2013.12：44-47.
[3] 武海涛，吕宪国. 中国湿地评价研究进展与展望[J]. 世界林业研究，2005.04：49-53.
[4] 雷璇，蒋卫国，潘英姿，王文杰. 湿地规划环境影响评价的研究现状及发展趋势[J]. 世界林业研究，2012.06：13-19.
[5] 石轲. 城市湿地公园可持续性景观评价研究[D]. 南京师范大学，2008.
[6] 杨云峰. 城市湿地公园建成环境评价方法的研究[J]. 建筑与文化，2013.12：44-47.
[7] 骆林川. 城市湿地公园建设的研究[D]. 大连理工大学，2009.
[8] 唐铭. 西北地区城市湿地公园评价体系研究——以兰州银滩湿地公园为例[J]. 山东农业大学学报（自然科学版），2010.01：80-86.
[9] 黄彪，刘晓明，黄三祥，王光华. 璧山县观音塘城市湿地公园评价体系研究[J]. 风景园林，2013.06：140-143.
[10] 杨雯. 城市湿地公园景观健康评价体系研究[D]. 浙江大学，2007.
[11] 李玉凤. 城市湿地公园景观健康研究[D]. 南京师范大学，2011.
[12] 王勇. 湖南新墙河国家湿地公园景观健康评价[D]. 中南林业科技大学，2012.
[13] 国家林业局关于做好湿地公园发展建设工作的通知，2005.
[14] 国家城市湿地公园管理办法（试行），2005.

作者简介

黄利，1990年2月，女，汉，湖北汉川，华中农业大学在读硕士研究生，研究方向为风景园林规划设计与理论，Email：1025725256@qq.com。

景观设计策略
——基于"山水"原型的城镇空间营建

Landscape Design Strategies
—— Urban Space Construction based on the "Mountains-and-Waters" Prototype

李 涛 金云峰

摘 要:"依山傍水"一直是古往今来人们内心深处理想的人居环境。本文从"山水"的自然、历史原型秉质入手,探讨"大山水"的空间营建策略(从选址、空间层面)及"微山水"的空间营建策略(从建筑、园林、道路层面)。旨在针对当今城镇建设中存在的选址、空间营建等问题,提出相应的解决手段,以营建优越的山水人文生活空间。

关键词:城镇;空间;山水;原型;策略

Abstract: "Neighboring mountain and water" is always the ideal living environment in the deepest hearts of people. This article discusses the space construction strategies of "Big Mountains - and - Waters" (from the aspects of site selection and spatial level) and "Micro Mountains - and - Waters" (from the aspects of architecture and garden level) from its natural and historical prototype prospects. Countering the location and space construction problems existing in today's urban construction, to put forward the corresponding settlement measures, and then build excellent humanities living space.

Key words: Urban; Space; "Mountains-and-Waters"; Prototype; Strategies

"凡立国都,非於大山之下,必於广川之上;高毋近阜,而水用足;下毋近水,而沟防省;因天材,就地利,故城郭不必中规矩,道路不必中准绳。"(《管子·乘马第五》)凡是建国立都,不仅应临山岳,还要就川水。毋太高而便于供水充足,毋太低而省却修沟筑堤。天时地利,相地合宜。依所见文字记载,在建都筑城之始,"山水"概念便依当时的文化背景而成型。泱泱五千年华夏文明饱受"山水"文化浸润,流淌在国人骨子里的是"山水"文脉的哲思传承。

今之国土六成以上为山川,继钱学森院士于1990年首先提出"山水城市"[1]概念以来,近期孟兆祯院士又提出"城镇化建设应依山水而行,建设有中国特色的山水城市、山水城镇"[2]的未来城市构想。

《国家新型城镇化规划(2014—2020年)》(以下简称《规划》)的第四篇指出"优化城镇化布局和形态",建立城乡一体化背景下的"城市群发展协调机制"。"山水",作为优质的自然资源,承载着诸多城镇的和谐发展。《规划》中的指导思想章节指出:"走以人为本、四化同步、优化布局、生态文明、文化传承的中国特色新型城镇化道路。""山水"空间的城镇化布局以其涵纳万千的气势处处关护着一方水土。充满生气、关护生灵的山水围护格局彰显着以人为本、天人合一的理想境界;为不同城镇所赋予的不同山水资源配置使得各地优势独具;山水大聚中聚形成的不同气场使城镇布局自动优化;崇尚自然的生产生活方式和城镇建设运营模式自然趋向于低碳生态化;然而更为重要的是,山水中涵养孕育的深厚文化历史正是城镇发展之根之魂(图1)。

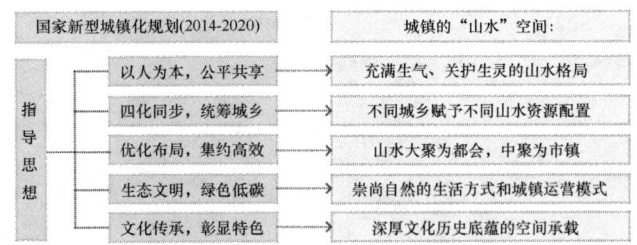

图1 城镇的"山水"空间与《规划》中指导思想的对应点

1 "山水"原型

原型是"集体记忆""集体潜意识"的物质空间载体,"是一种'典型的领悟模式',包含着人类所有的体验和经验。"[3]"山水城镇"概念的提出,以其深藏其中的"集体潜意识",给城镇规划赋予深沉的人文底蕴。

1.1 山水自然原型:桃源寻踪

"中国园林的原型是第一自然——山水,并沿着自然风景式的方向发展了几千年"。[4]对"山水"特有的青睐,不仅是因其绝好的自然资源,更是因对蓬莱三山的仙境追慕、对洞天福地的探幽寻奇、对人文圣境的胜地祈盼。神州大地化育出"崇仙慕道"的人生哲学,一切的选择都依此而行,仙山、洞天、世外桃源均是追求,更是承载,承载一份华夏民族容纳天地、思接千载的旷世胸怀(图2)。

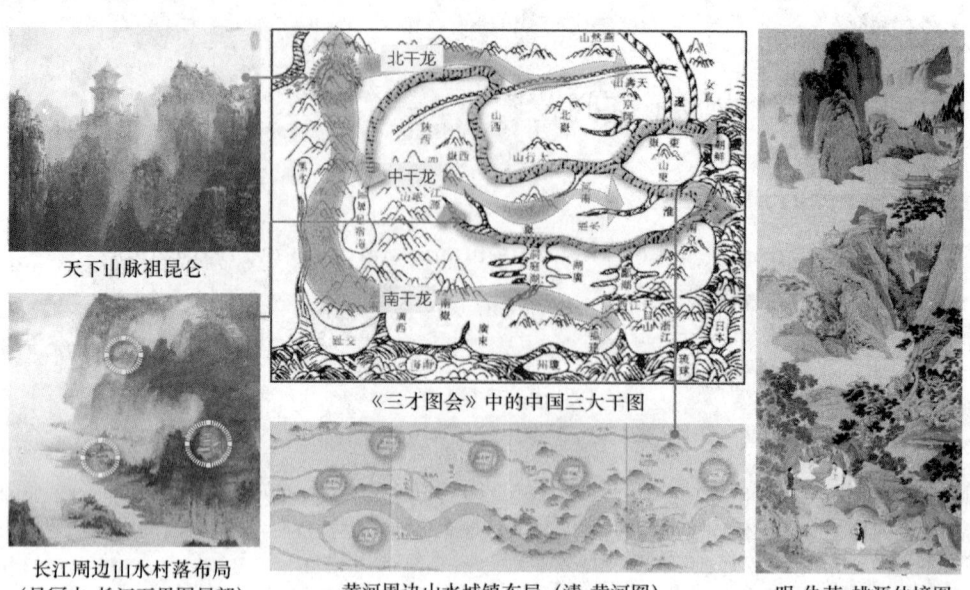

图 2　山水自然原型：桃园寻踪（自绘）

1.2 山水历史原型：文脉凝成

"山水"的栖居历经千年发展，其"历史原型"的含义早已被时间所拉长、所加深，包含历史长河中渐趋形成的地域文化、生活哲思、精神情感、人文修养等多元（图3）。山水"原型激活历史"，[5] "山水"骨架下演绎的历史在心灵积淀，形成"集体潜意识"而扎根于脚下。纵使世事无常、时代变迁，依然文脉悠悠流淌于"山水"间，卓然魅力独蕴……。

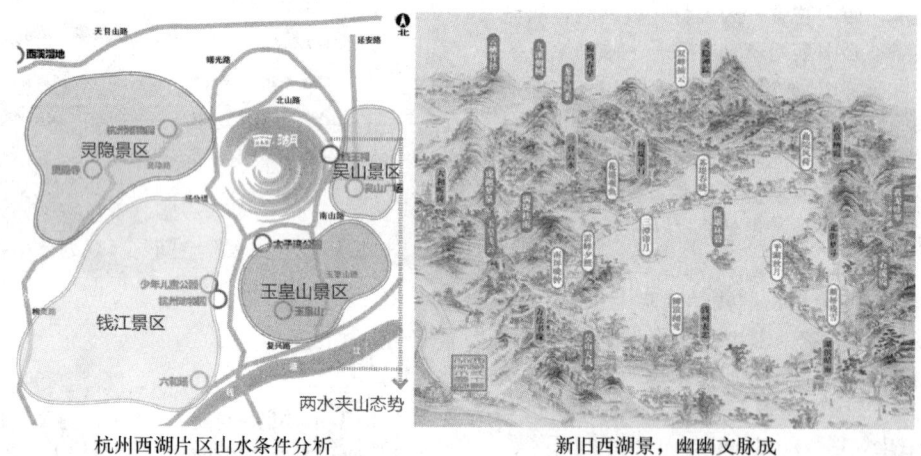

图 3　山水历史原型：文脉凝成（自绘）

2 "大山水"空间营建策略

"山水大聚之所必结为都会，山水中聚之所必结为市镇，山水小聚之所必结为村落……"[6] 城镇的空间大小与天然的山水聚结形式有关：都市可借浓郁的山水灵气，依自身成长之需而有序有机发展；城镇可借之灵气次之；村落再次之。

"大山水"即以山水自然环境为骨架，此类城镇之天时地利自不待言，我国城镇地理情况大多数可归为此类。明晰此类城镇的选址方式、空间布局方法等，依保护自然的理念先行。争取避免规划中不利的山水空间氛围对城镇产生影响，避免城镇盲目开发对自然山水空间产生破坏，进而避免影响人居环境的空间布局。

2.1 选址：潜龙勿用

"地杰人灵，宅吉人荣"。山水的空间大环境因山龙水脉结聚而弯抱有情，对生活于其中的生灵给予围护与滋养。城镇的选址当顺应自然，尊重千百年来的山水文化，乃至于山水圣性。不应选在无气脉或龙脉的行龙之中，无气脉则无生机，行龙则动荡不安。"潜龙勿用"即是暗暗涌动之行龙不可选为村镇城址之意。

唐山在历史上的兴盛时期不过近六十年时间。昆仑山发端的北干龙南下，过唐山至邢台而结穴于中原一带

（图4）。唐山过渤海至邢台正是一地震带，结穴之中原则安享千年太平。地震往往发源于行龙过程中某点，此点经强烈的地壳运动而产生新龙脉。

汶川属昆仑发端之中干龙，其又发三大龙脉，北上秦岭一带，南下乐山一带，中部结穴于成都平原（图4）。历史史料中，川西地区发生地震最多，近70年有3次7级以上地震。著名中国历史文化名城保护专家阮仪三教授说："现在发生的地震，古书上面都说得很清楚，你这是潜龙之地，你的房子造在潜龙上面，龙要翻身的，那就地震了，潜龙之地绝对不能盖房子。汶川大地震，就在原地重建城市，这是非常非常犯忌的。……地壳运动都是有规律的，而且这个规律非常准，有的就是六十年（即一个甲子）一次。"[7]

2.2 空间：阴阳相衡

山，性刚健耿直、挺拔威武，为阳。水，性守柔处弱、善利万物，为阴。城，属山水阴阳旋化、吉气生发之地，其建筑高度中正为好（图5）。

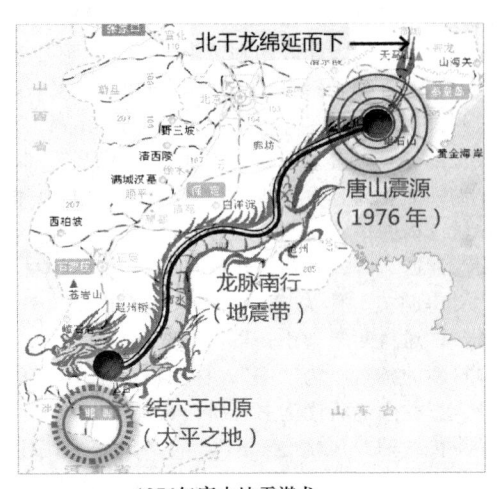
1976年唐山地震潜龙

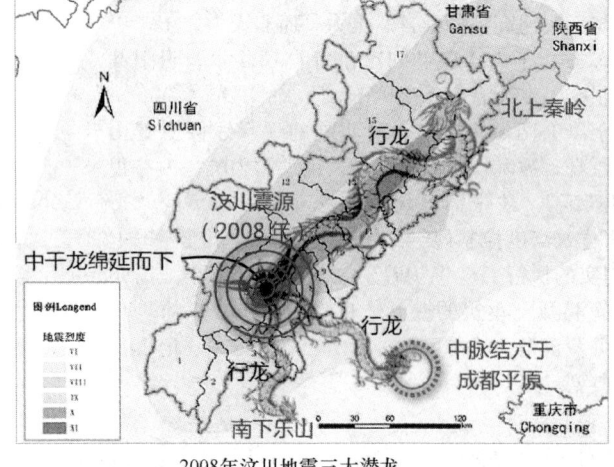
2008年汶川地震三大潜龙

图4　选址：潜龙勿用（自绘）

南京玄武湖边高耸的天际线

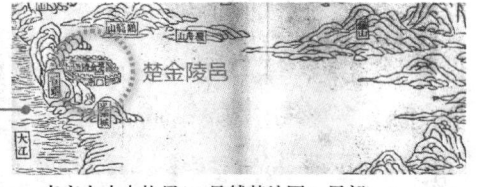
南京大山水格局(《吴越楚地图》局部)

宁波三江口无中心的天际线

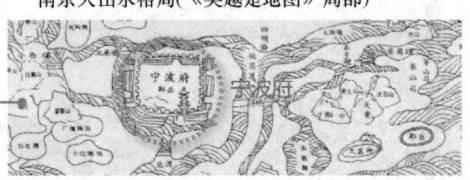
宁波大山水格局(清·《宁波府志》局部)

扬州瘦西湖"国内唯一没有视觉污染"的天际线

宋文治(1919—1999)瘦西湖

阴阳相衡、高低相承的"大山水"格局(施江城《长江万里图卷》局部)

图5　空间：阴阳相衡（自绘）

南京自建城始便为山水佳地，南京火车站坐紫金山、拥玄武湖，优势区位得天独厚。在浓郁的山水文化天地中，玄武湖边的城市天际线却展现着现代的技术高度与争逐意念。最高建筑紫峰大厦450m，比紫金山略高，即比自然所赋予的山水手笔略高。历史古韵在现代笔直线条间消弭不见。"玄武湖周围还有城墙，所以周围建筑的高度不宜超过35m"[8]（同济大学教授张松）。宁波同样有优越的山水区位，天际线却凌乱无团聚之情，现代化高楼随意而无序。由此可见，其城市功能尚需集约化，其城市产业尚需结构优化。协调好"大山水"的自然空间与人文空间，不与天公比高，尊崇自然之力，而非人力之工，以谦卑的姿态方能于山水气韵间定位好自身，才能阴阳共存，相互制衡，变而有序，生生不息。

不同于以上两城市，扬州瘦西湖的天际线保留着山水文化的原真，被阮仪三教授称为目前"国内唯一没有视觉污染的景区"，被张锦秋院士誉为现代城市里的"奇迹"。扬州建筑高度控制规定："市区建筑一律不准超过七层"，以切实的执行力度保护着景区不受视觉污染。扬州城摒除钢筋混凝土建筑的遮天蔽日，不愿在紧张的步伐中喘息。可谓正是"让居民望得见山、看得见水、记得住乡愁"的典型。

3 "微山水"空间营建策略

一些近现代发展起来的新城镇，没有优越的山水背景做城镇依托，可考虑营造城镇中的"微山水"空间。如城中绿地、风景名胜区、开放空间等多种风景园林都可营建"微山水"空间。城镇本身的建筑性刚健，五行属土，可作为"微山水"中的"山"；道路性流动，五行属水，可作为"微山水"中的"水"。这般隐形山水循其天地之规运转无停。

3.1 建筑：天地人和

城镇用地中大部分为居住用地，然而规划往往为独立式、行列式布局，邻居之间缺少交流，缺乏友爱的邻里空间，以及天地人相容的和谐氛围。根据阴阳五行说规划建设的浙江永嘉县楠溪江的苍坡村（建于汉），就承载延续着"天地人和"的生活空间（图6）。村中的小合院分主次长幼，秉承着"人和"的传统建筑规制。院中天井上可接纳阳光雨露，下可汲取甘泉地气，"天地和"完美呈现。村落街巷呈八卦形，以方形环状的鼓盘巷为中心，向东南西北四方开八条路，经村寨的八道门通向村外。同时以"文房四宝"作为规划思想指导其布局，建长直街称"笔街"，对村西笔架山；以两方池作"砚台"；砚台两旁搁置打斜的条石以为"墨"；村四周展开的三千亩平畴以为纸。意在激励后代读书入仕，光宗耀祖。

将传统建筑风格之"形""神"纳入现代住宅的规划设计过程中，不应只简单模仿传统文化符号之"形"，在基础设施良好的基础上，还应渗入传统文化内涵之"神"。

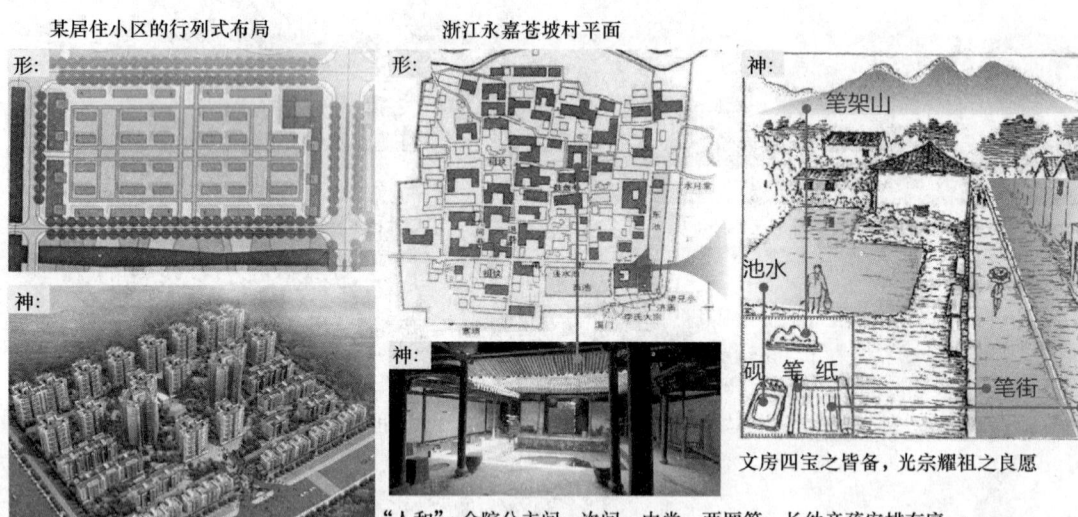

图6 建筑：天地人和（自绘）

3.2 园林：精气神备

城镇地域的局限，也为"芥子纳须弥"般的景观哲思，插上了灵思的翅膀。风景园林，在此特指城镇相对固定的空间格局中所建造的绿地空间。它没有"大山水"的自然优势，而只能在相对平坦有限的空间内，利用叠山理水的自然美感来营构壶中仙境。

上海闵行召稼楼的礼园建于2005年，是一个占地15亩的仿古园林，名称源自"修容乎礼园，翱翔乎书圃"（司马相如《上林赋》），即修习读书之所。选取以水面为中心的北部作为研究对象（图7），整体模拟类似苏州拙政园。拱桥相较于"小飞虹"而言，其水面略显宽大，使得桥身轻盈之感略缺；桥边小亭相较于"待霜亭"而言，周边缺少林木拥护，略显孤立无援；理水舫相较于"香洲"而言，建筑体量在小巧的湖面上略大，其纵横比例略

图7 园林：精气神备（自绘）

显臃肿，稍欠飘逸。整体空间逼仄紧张，而拙政园"小飞虹"则以精致的空间构思及精妙的文化理念，再现出"两山夹明镜，仙桥落彩虹"般的仙境美感。移山缩水，移缩的是山水文化的精髓。精气神兼备的规划设计才能成就或再现经典。

4 结语

中国幅员广大、地域辽阔，不同的地域特色、不同的发展条件，使得中国城镇化空间实现的途径多元化，不应以一种模式涵盖全部。城镇空间营建的"山水"原型理念的渗入，在保护自然环境的同时，也延续着一方文脉。"山水"是中华文化追求的大意境，若能形之于新型城镇化建设，则会有神来之笔、天地之思，以点缀华夏锦绣河山、丹青国土。

参考文献

[1] 吴良镛."山水城市"与21世纪中国城市发展纵横谈——为山水城市讨论会写[J].建筑学报，1993(06)：4.
[2] 成舸.工程院资深院士孟兆祯：城镇化建设应依山水而行[N/OL].中国科学报，2014-04-28.
http://scitech.people.com.cn/n/2014/0428/c1007-24949607.html.
[3] 周晓霞，金云峰等.基于景观原型的设计方法——集体潜意识影响下的海宁市新塘河景观设计[C].中国风景园林学会2013年会论文集（下册），2013：266.
[4] 金云峰，项淑萍.有机设计——基于自然原型的风景园林设计方法[C].中国风景园林学会2009年会论文集，2009：239.
[5] 金云峰，项淑萍.原型激活历史——风景园林中的历史性空间设计[J].中国园林，2012(2)：54.
[6] 温春阳，周永章.山水城市理念与规划建设——以肇庆市为例[J].规划师2006(12)：72.
[7] 朱洁树，阮仪三：发现并"摁住"古镇古村的精彩[N/OL].东方早报，2013-09-30，[2013-09-30]. http://epaper.dfdaily.com/dfzb/html/2013-09-30/content_821384.htm.
[8] 黄蕾，玄武湖应该怎么保护？同济大学教授张松：周边建筑一定要限高！[N/OL].江南时报，2012-09-07[2012-09-07]. http://jnsb.jschina.com.cn/html/2012-09-07/content_631154.htm.

作者简介

李涛，1986年1月生，女，汉，河北新乐人，在读博士生，同济大学建筑与城市规划学院风景园林系，Email：824919993@qq.com。

金云峰，1961年7月生，男，汉，上海人，同济大学建筑与城市规划学院景观学系教授，博导；上海同济城市规划设计研究院注册规划师，同济大学都市建筑设计研究分院一级注册建筑师，研究方向：风景园林规划设计方法与技术，中外园林与现代景观。

快速城镇化中的遗产地精神维护与记忆留存

Heritage Spirits Preservation and Landscape Memory Perpetuation in Rapid Urbanization

李晓黎

摘 要：针对快速城镇化中的遗产地精神维护与遗产记忆留存关键议题，分析了城镇化对遗产及其整体环境的影响，指出文化景观方法论在应对快速城镇化中的重要意义，阐述了景观所阐发的关联意义及其在遗产精神维护中的重要作用，并对因遗产保护引发的议题作了反思。

关键词：快速城镇化；遗产精神；景观关联意义

Abstract: Focused on preservation of heritage spirits and perpetuation of landscape memories in rapid urbanization, this paper interprets urbanization and its impacts on heritage sites, and highlights crucial role of cultural landscape heritage in adapting globalization; particularly, profound meanings of associated cultural landscape embodied in Chinese Scenic and Interested Areas have been illustrated, also interprets their key role in heritage spirituals preservation.

Key words: Rapid Urbanization; Heritage Spirits; Associative Landscape Meaning

1 引言

全球化浪潮和高速城镇化进程以日新月异的速度改变着中国的每一寸土地。城市快速更新、旧城改造、城镇体系的无序蔓延使得资源困境、人与环境间关系遭遇的瓶颈等问题凸显。曾经承载了人类精神信仰与价值记忆的城镇、聚落、风景名胜遗产环境，都被机械化复制的高楼群、快餐文化似的现代商业居住混合体所取代；加之人群的迁徙、流动和衰亡，人们在面对记忆流失与场所感丧失的窘境时都不约而同地产生了一种怀旧情结。这种情境分离所致的场所感、地方性缺失和景观记忆丧失严重威胁着遗产地精神。因此，根植于土地和地域文化，在快速城市化进程中坚守传统文化精髓和智慧，保卫遗产地精神，成为当前遗产保护的关注焦点。

文化景观作为世界遗产的重要类型，其整体动态、发展的遗产保护方法论对于全球化、城市化高速进程中的中国遗产保护尤为重要。中国风景名胜区作为国家遗产体系层面的杰出代表，其中的联想性、关联性景观表征了中国文化景观的杰出价值内涵。认知、鉴别和发现由风景环境所阐发的关联意义和精神价值，能够为快速城镇化进程中的遗产地精神维护和人类记忆留存提供重要目标导向，是应对高速增长的城市化和全球化的重要举措。

2 快速城镇化对遗产及其整体环境的影响

经济转型、产业更新升级在促进地区经济发展之余加剧了人口、资源及环境间的紧张关系。城镇化态势下人口大量聚集造就了高密度人口城镇环境，对自然环境、资源、风景地域及遗产整体环境产生了巨大压力。当地产业转型、经济结构调整使得地区社会结构、经济生产方式发生改变。产业人群的转移，外出务工人员增多，遗产地失去了赖以支撑的社会生产运作系统；加之难以抗拒的自然灾害，物质性遗存及其整体遗产环境遭到严重威胁。这种人类所依附的场所感、地方性丧失，以及物质性景观环境的摧毁使得人类内心深处的遗产记忆变成了"无本之木、无源之水"。

其次，情境分离导致遗产精神价值阐释及其所依托的整体环境间关联性的断裂。2008年ICOMOS的《魁北克宣言》所倡导的遗产地精神保护，便从有形与无形要素以及两者间的相互关系上界定了遗产地精神的概念，指出赋予遗产地意义、价值、情感的物质和精神元素都是遗产保护应给予高度关注的对象。而在现实的遗产环境中，历史遗存、物质性遗产与其所承载的精神价值、灵魂严重剥离；遗产所传达的内在精神——"情"，与其所依赖的环境表征——"境"相分离，在遗产价值及精神阐释过程中难以看到"情"与"境"之间的互为表里、相互铺陈。这种人类在遗产记忆上的裂痕严重威胁着遗产的可持续发展及其价值和内在精髓的代代相传。

再者，承载遗产非物质要义的仪式、口头传承及表演等沦为获取经济效益的工具，丧失了传统的人文观照。表演化、展示化经济在我国遗产地中并不鲜见，原本承载了社区精神价值和信仰体系的传统仪式、习俗等成为谋取景区经济利益的重要手段。纵然通过展示性、表演性的手段提升带动遗产经济无可厚非，但单纯经济性、营利性的表演活动很难体现人类社会灌注在历史遗存上的人文观照，而这些价值内涵正是中国高度人文化自然观的鲜活体现。

3 景观所阐发的关联意义及其在遗产精神维护中的作用

3.1 中国风景名胜中联想性文化景观所阐释的关联意义

联想性文化景观是以风景名胜区为代表的中国国家遗产体系为世界遗产文化景观贡献杰出普遍价值的重要类型。它们具备典型的自然和文化的双重属性，为中国传统精英文化所建构，与宗教、哲学理念、传统思想、文学艺术及审美深刻关联。该类型文化景观以其丰富而内涵深刻的联想意象、富有哲思的象征意义而成为中国文化的意象符号。无论是自然山水的建构、意蕴悠远的意境营造，还是风景环境与人文内涵的合一、宗教的世俗化、自然审美的人文化等都渗透着深切而朴实的人文精神拟人化的审美情趣。这种景观及其阐发的关联意义是发自内心的人文觉醒，是中国人文精神的表露，历经时间的积累而历久弥新，时至今日仍闪烁着熠熠光辉。

中国名山大川秀丽的自然山川、潺潺溪流、飞瀑、怪石、松涛、云海、繁花、碧草等纷繁芜杂的自然事物与点缀其间的人工建筑、殿堂庙宇等融为一体，人工景观与自然水乳交融，完美阐释了中国传统文化中"天人合一"自然观；更折射出传统士人对心目中可游、可居理想境界的趋之若鹜，更是对内化于心而外化于形的世界观、宇宙观的具体铺陈。

景观作为重要的价值源泉，激发了无数艺术创作、诗词歌赋和文学经典；其中所透露的关于人生、社会、伦理纲常、自然宇宙万物、社会变迁的思考使得物质性景观环境成为中国文化传统和历史的重要有形物证，更使得中国文化传统在世界上独树一帜。

中国风景名胜关联性文化景观中深邃的人文内涵，充满对人生哲理、处世哲学的思考，揭示了以文人士大夫为代表的中国文人阶层及传统汉文化圈层将个人境遇、社会变迁与历史沉浮密切关联，处江湖之远而心忧天下的伟大抱负，以及通过仗剑远游、充满浪漫色彩的山水鉴赏游览活动或宣泄内心的苦闷，或排遣谪居的抑郁，更表达了内心渴望出世，实现伟大政治理想、报效国家的乐观进取、昂扬向上的积极姿态。

3.2 景观的关联意义在遗产地精神与场所记忆维护中的作用

3.2.1 实现现实与历史对话的重要途径

景观关联意象与象征意义的阐述为人们实现与历史的对话架构了重要的桥梁。例如：古代先贤大儒对杭州西湖的吟风颂月、歌舞篇章早已被历史的洪流所淹没，当今众人难以领略古时西湖在墨客笔尖所呈现的无尽风情，更难以体悟文人内心境界的波澜起伏。可喜的是，在杭州西湖整体山水格局与城市的相互融糅中创造了一种文化生境，这种自然文化融于一体的遗产环境承载了西湖丰厚的关联意象，哲学的、审美的、文化的、宗教的诸多意象与西湖整体遗产环境合而为一，使得今人在畅游西湖、吟诵题咏佳句中实现了与古人的交流和对话。

3.2.2 重拾民族自信、实现自我身份认同的重要工具

在中国风景区的某些少数族群或边缘人群聚落中，村镇体系、用地格局及村寨的建构都与其自身的信仰、价值观念密切关联。这种由景观所激发的关联意义使得特定族群不断地反思与再解读自身历史，调整自身的定位，从而在时代变迁和社会发展中寻求自我身份认同、重拾民族自信。江西赣南地区客家人的围屋建筑群，川黔地区少数民族村寨中的风雨桥、鼓楼等公共标志性建筑都因其所承载的信仰、精神内涵而成为凝聚具有共同地缘关系的同胞意识的重要工具。物质性建筑或环境是其表，而精神内涵、文化意义或信仰价值体系才是其里，两者互为表里，通过保护与展示有形的历史来凝聚具有共同关系的社会人群，维系共同的独特的社区意识或国家精神。

3.2.3 维系人类记忆、明晰自身价值和生存意义

景观所表征的历史、所关联的传统思想、信仰体系，能够维系人类自身记忆，而这种记忆承载了人类自身价值或生存意义，给不同的群体贴上文化的标签。可以想象，被剥夺了历史记忆与文化关联的景观将会使人类陷入自我失忆的状态中，这种症状正如迷失在沙漠苦海中的囚徒。如果景观所关联的哲学意义、精神信仰价值失去了，人类没有了这种自身历史作为基底，那么他们很难意识到自己艰苦挣扎存活下来对未来有什么意义。这是一个现实的问题。如今在高速全球化进程中，我们在不遗余力推进城镇化的同时又在竭力呼喊珍视历史、尊重传统、保护文化遗迹。如果没有人类脑海中深层次的记忆来告诉人们昨天的来龙去脉，并对未来走向了如指掌，那么我们捍卫的传统、为之努力奋斗的新时代图景对人类自身而言具有何等的意义和价值仍是十分模糊的。

3.2.4 实现个体社会化、提供身份认同的背景语境

平凡、普通甚至有些被低视的景观环境所承载的意义和价值，如小到给矿工们劳作间隙休息的小花园，大到拥有排山倒海之势的皇家园林，不同的景观所关联的意象、所承载的历史和传统属性，都塑造了不同群体的社会属性，为自我身份认同、个体的社会化提供了重要的背景语境。例如宏伟的古墓葬和陵寝，不仅是重要的时代进程标志，更能够从其中获得与特定的社会人群身份特质相关联的意义。正是在这些遗迹中，社会族群所共享的社会记忆、家族谱系、共同的血缘关系和祖先，使得这种历史遗存成为了社会族群寻求身份认同的重要手段，并将不同背景的人群联系起来。

4 回顾与反思

在意识到城镇化给遗产地带来的负面影响同时我们大声疾呼保卫遗产精神、捍卫传统，但是，在"遗产保护"托词之下的具体行动仍值得深思。

在全球化、城镇化进程之下，遗产保护已成为一种全

球性的时代潮流。这种具有全球性视野的遗产策略在地区实践和具体案例中必然会涉及诸多价值焦点和关切议题。在中国本土环境中实施的遗产地保护策略是否基于本土文化背景,抑或只不过是将欧洲、北美主导的西方价值观、保护观移植到国内遗产实践中,这是一个重要的问题。在中国遗产地中对物质性遗存的保护、对阐释高度人文化自然价值的遗产整体环境的维护、对展示自然文化双重属性的历史遗存的深切关注都应当建立在对中国遗产价值本底和遗产精神的透彻理解之上。在此之前,任何保护理念或手段的实施仍难以避免的会呈现出"他者"的价值。因此,理清关于谁的遗产、谁的价值是遗产保护最基本的议题。

此外,现行的遗产地保护策略赋予了当地遗产管理部门、管理者或地区绝对的权力,他们可以采取任何必要的方式来保护遗产地。然而,现实中这种生杀予夺的大权使得某些带有严重歧视色彩,甚至暴力的保护措施或手段成为可能。例如:在遗产地中,地区文化及遗产精神物化在当地人手工技艺或传统的农业种植生产之中,为了保卫遗产精神而要求当地人始终遵循原有生产生活方式,而拒绝他们从事其他职业的可能性。遗产管理中的居民点迁徙、禁止当地居民遗产范围内的一切商业经营活动,这显然与尊重和保证最基本的生存权、发展权相背离。诸多遗产管理部门、机构会同地方管理者因遗产保护为缘由拒绝当地居民、当地社会成员平等分享现代化科技成果,网络、空调等现代科技成果也被认为是与遗产格格不入的事物而被拒之门外。

再者,对遗产的拥有权、阐释权,遗产话语权、文化权等一直是多方博弈的焦点。到底遗产属于哪一个群体或社会阶层所有,谁对遗产内涵及精神价值的阐释拥有绝对的话语权,遗产衍生的诸多文化产品所带来的经济和社会效益应该如何分享,特别是遗产旅游的经济收入,政府、管理者、外来人员、当地居民,抑或旅游者?诸多方面都值得深思和商榷。这种多方利益间的协调不当极易导致民族纷争、政治对抗,甚至流血冲突。

5 结语

总之,面对高速城镇化的遗产保护及其内在精神维护有赖于我们对遗产价值基底的清晰洞见,建立多方利益协调机制,在诸多利益博弈中寻求最佳的平衡点,不遗余力地实现公众参与,体现国家、地方、社区等不同层面在遗产问题上的对话协作。在面临时代发展中充分尊重遗产本身的活化演进过程,尊重当地人拥有的生存发展权利与时代科技进步成果分享权利,尊重不同社会群体对遗产的文化权、话语权,为遗产价值的阐释、遗产精神的维护和人类最宝贵的遗产记忆的留存努力营造一个清晰透明、富有见地,汲取信仰力量的整体语境。

参考文献

[1] Lowenthal, D. Past time, Present Place. Landscape and Memory[J]. Geographical Review, 1975. 65(1): 1 - 36.

[2] Ruggles, D. F. and H. Silverman. Intangible Heritage Embodied[M]. New York, Springer, 2009.

[3] ICOMOS. QUEBEC CITY DECLARATION ON THE PRESERVATION OF THE SPIRIT OF PLACE. Adopted at Quebec City, Canada, October 4th 2008.

[4] 周维权. 名山风景区再议[J]. 中国园林, 1985(02): 17-18.

[5] 周维权. 山的图腾——名山、名山风景区及其文化内涵[J]. 今日国土, 2003.5-6: 14-19.

[6] 朱宇华. 从拉卜楞寺保护看遗产地精神的阐释[J]. 中国文化遗产, 2014, No.(01): 72-74.

作者简介

李晓黎,1982年12月生,男,云南人,同济大学建筑与城市规划学院景观学系博士生,主要研究方向:遗产景观、文化景观。Email: 0720010267lxl@tongji.edu.cn。

"新型城镇化"背景下旅游古镇的保护与复兴
——以平遥古城为例

The Protection and Revival of the Ancient Town Tourism under the Background of "New Urbanization"
——The Pingyao Ancient City for Example

李砚然

摘 要：随着社会经济的发展，物质水平极大提高，越来越注重精神需求的满足。旅游便成为人们忙碌生活之余最受欢迎的活动，近些年来，旅游业发展势头良好。旅游古镇作为一种具有代表性的小城镇越来越受到人们的关注。旅游古镇的建设和保护对于建立以工补农、城乡互动、协调发展的新型城镇关系，加快推进社会主义新农村建设具有重要的意义。古镇复兴的内涵是在历史文化的遗产得到有效的保护基础上实现物质、功能与文化三方面的复兴。本文就以平遥古城为例来探究"新型城镇化"背景下旅游古镇的保护与复兴。

关键词：新型城镇化；旅游古镇；平遥古城；保护；复兴

Abstract：With the development of society and economy, the growing emphasis on spiritual needs met. Tourism has become the most popular people's lives over the busy activity. In recent years, tourism development momentum is good. Ancient town tourism as a kind of typical towns gets more and more attention. The construction and protection of ancient towns has important significant for establishing the nurturing agriculture by industry, urban and rural interaction and harmonious development new town relations, and accelerating the construction of new socialist countryside. The connotation of the old town renewal is in the protection of historical and cultural heritage effectively implement material, function and culture based on three aspects of the revival. In this paper, in order to pingyao ancient city as an example to explore the protection and revival of the ancient town tourism under the background of "new urbanization".

Key words：New Urbanization; Ancient Towns; Pingyao Ancient City; Protect; Revival

"城镇化"是近些年来中国的主题词之一，党的十八大报告提出，要坚持走中国特色新型工业化、信息化、城镇化、农业现代化的"新四化"道路。"新型城镇化"有别于"城镇化"，"新型城镇化"就是由过去片面注重追求城市规模的扩大、空间的扩张，改变为以提升城市的文化、公共服务等内涵为中心，使我们的城市变成适合人类居住的场所而不是成为高楼大厦的聚集地。

1 新型城镇化概述与特征

1.1 新型城镇化

新型城镇化不同于过去的城镇化，主要是以坚持以人为本，以新型工业化为动力，以统筹兼顾为原则，推动城市现代化、城市集群化、城市生态化、农村城镇化，全面提升城镇化质量和水平，走科学发展、集约高效、功能完善、环境友好、社会和谐、个性鲜明、城乡一体、大中小城市和小城镇协调发展的城镇化建设的路子。新型城镇化的核心不同于城镇化，新型城镇化不以牺牲农业和粮食、生态和环境为代价。着眼于农民，涵盖农村，实现城乡基础设施一体化和公共服务均等化，促进经济社会发展，实现共同富裕。

1.2 新型城镇化的特征

新型城镇化的特征是统筹和规划城乡一体化，其主要特色是从偏重城市发展向注重城乡一体化发展转变。也就是说城市和乡村二者的发展不偏废任何一方，就改革的角度来说，"城镇化"注重单向突破，而"新型城镇化"就应该大力推进户籍、保障、就业等综合配套体制的改革。积极推进城乡规划、产业布局、基础设施、生态环境、公共服务、组织建设"六个一体化"，促进城乡统筹发展，推进新农村建设的整体水平。

2 当前古镇旅游的发展概况

2.1 国内古镇旅游的发展概况

当今国内旅游古镇发展迅速，究其原因，便是契合了旅游新发展的新需求。在20世纪80年代，开创了江南水乡古镇品牌，周庄成为古镇旅游的开拓者，90年代江浙一带的古镇相继走上了"旅游兴镇"之路。紧接着平遥古城、丽江古城的申遗成功，浙江乌镇也开始发展旅游业。从2003—2005年公布了两批共44个历史文化名镇，在古镇旅游浪潮的带领下，全国各地开始发展大规模的古镇旅游。

我国旅游古镇有以下几个特点：一是数量多，且分布不均匀；二是发展热度高，但资源参差不齐。从古镇资源保存完整度来看，除了丽江古城、平遥古城保存比较完整外，其余古镇均受不同程度的破坏，从发展的实际情况来看，在世界上具有知名度的旅游古镇数量较少，整个旅游古镇的发展情况不均衡。

2.2 平遥古城旅游开发概况

平遥古城位于山西省的中南部，属晋中市管辖。在1997年底被联合国教科文组织评为世界文化遗产，其历史文化价值较高：它是中国保存最为完整的古代县城，是明清时期最为繁荣的商业金融中心，是众多历史文物的汇集地，有大量的汉民族的古民居建筑群。平遥古城的特色和不可再生性决定了对平遥古城的旅游资源只能采取预防性的措施，对平遥古城进行全方位的保护，一旦遭到破坏将无法弥补。

平遥古城正是申遗成功之后才开始吸引越来越多的外国友人，平遥从一个名不见经传的小城变为极具吸引力的旅游目的地，每年平遥的游客量逐年攀升，旅游业的发展带动了当地的就业率以及收入水平，其旅游业逐渐成为平遥古城最为重要的产业。

在平遥古城旅游业发展的过程中，古城遗产与旅游业相互依存，逐步形成了一定的良性互动的关系，平遥古城的旅游业之所以能够迅速兴起主要得益于古城文化遗产的保护和申遗的成功。而另一方面，旅游业的发展进一步加强和推动了古城遗产的保护，因此，以"旅游促进保护，以保护带动旅游"成为平遥古城保护和复兴的主要发展道路。

3 "新型城镇化"背景下旅游古镇的复兴动力和保护意识

3.1 复兴动力

3.1.1 古镇复兴内涵

城市复兴是以全方位的观点去解决城市发展过程中所遇到的问题，目的在于使该地区的经济和物质环境、社会和自然环境得以持续改善。古镇复兴是指特殊的城市复兴，对历史文化遗产的保护是古镇复兴的基础工作，复兴工作主要对有形的建筑和无形的民俗文化进行保护。

3.1.2 复兴的内力

旅游小镇的发展能够带动当地经济的发展。就平遥古城来说，当地居民大部分的收入都靠旅游，在平遥明清一条街的各种商店、家庭客栈都是当地人获得经济收入的主要手段，平遥古城的发展提高了当地的就业水平。旅游城镇的发展对加快推进社会主义新农村的建设具有重要的意义。旅游小镇的复兴，能够较好地加快城镇的发展，建立以城带乡的长效机制，扎实推进新农村的建设，在加快新型城镇化建设的过程中具有支撑作用。

复兴的内力主要来自古城自身发展的需要，古镇的复兴能够提升自身的发展空间，能够使得旅游生命得以延续，能够使得历史文化被人发掘与研究。因此，保证古镇旅游的生命周期的延续，就应该努力使其进入复苏期。

3.1.3 复苏的外力

外力可以简单地理解为外在的力量。旅游业的发展带动了当地经济的发展，因此，对于政府来说，它们都会颁布一些政策去鼓励当地旅游业的发展，但是旅游古镇的旅游资源与自然风景的旅游资源存在千差万别，因此政府在鼓励旅游古镇发展的同时都会对现有的古镇，提出一些新的规划及保护政策，以促进古镇的保护与旅游资源的复兴。旅游业作为服务业具有"无烟产业"和"永远的朝阳产业"的美称，已经成为世界三大产业之一。随着经济的发展和人民生活水平的提高，人民对旅游消费的需求将进一步上升，国内的旅游业将进一步得到快速的发展，因而复兴的外力作用就显得极其重要，内力与外力结合，二者共同服务于旅游古镇的保护与复兴。

3.2 保护意识

旅游古镇作为一种不可再生的旅游资源，其能够长久流传下来得益于良好的保护。新型城镇化背景下，应该把发展与保护并重，对于当地的古镇居民应该提高他们的对旅游古镇的保护意识。

3.2.1 加强组织管理

古镇旅游属于地方资源，其保护的重任是当地居民对旅游的支持与保护。在古镇的旅游中，古镇居民也应属于当地景观的一部分，就平遥古城，在古城内大大小小的家庭客栈，当地的特色小吃碗秃、冠云牛肉，以及当地的手工工艺布鞋和推光漆器都作为吸引游客旅游的重要吸引物。因此，应该增强居民对古镇资源的保护意识，让当地居民意识到古镇现有资源的重要性。首先，应该保护当地居民参与古镇旅游发展的公平与公正；其次，对当地居民进行旅游资源的培训，让他们认识到这些历史文化的博大精深与不可再生的重要性；最后，鼓励当地居民利用现有的资源进行旅游经营活动，如：家庭客栈、特色餐饮接待、民俗活动、旅游纪念品的制作等等。帮助居民树立主人翁的意识，为游客旅游提供方便。

3.2.2 提高生态环境保护意识

新型城镇化背景下要求城镇化的发展必须遵循生态平衡，因此，应该提高当地居民的生态环境保护意识。古镇作为不可再生资源其保护应该放在首要的位置，保护古镇内人、绿、屋一体的良好生态系统。加强对当地有形的历史文物进行保护，对当地无形的历史文化艺术进行研究与保护。在发展方面，应该不以破坏原有历史文物及绿化的基础上进行发展。在增加公共绿地的同时，要考虑绿地的形式与风格应该与古镇的文化韵味相协调，切忌迎合现代的风格。在古镇内构建人、绿、屋为一体的生态环境结构，能够完好地保存古镇的文化意蕴，能够较完整地体现历史街区的环境氛围。并且在古镇基础设施建设的过程中，应该充分地体现可持续的发展原则，重视绿化、重视生态和谐、重视人、绿、屋一体的生态结构。

4 平遥古城文化的保护与复兴

平遥古城作为一座具有2700多年历史文化的古代县城，是中国目前保存最为完整的四座古城之一，也是迄今为止国内唯一一座以整座古城申报世界文化遗产而获得成功的古代县城。平遥古城历史文化悠久，文物古迹众多，它完整地体现了17世纪至19世纪的明清时期历史的真实面貌，是汉族聚集区保存最为完整的建筑群。古城内的街道、商店、市楼、县衙、庙宇都保留原有的明清形制，是全国重点的文物保护单位，联合国教科文对平遥古城的评价为："平遥古城是中国汉民族城市在明清时期的杰出范例，平遥古城保存了其所有特征，而且在中国历史的发展中为人们展示了一幅非同寻常的文化、社会、经济及宗教发展的完整画卷。"

4.1 平遥古城的保护现状

在列入世界文化之前，平遥古城只是作为国内的旅游小镇只是被喜欢古代历史文化的游客所青睐，而在1997年之后，平遥古城发生了翻天覆地的变化，游客数量逐年累增且国外游客数量也逐年增多。当地政府为了更好地保存平遥古城，先后颁布了一系列的条例进行全方位的综合保护。

为提高古城内的环境质量，平遥县政府从源头控制和治理污染企业，对一些不合格的企业一律不予批准，同时，对原有污染严重的企业勒令停产整顿。为提高古城内的街道环境，政府先后拨付大量的资金对古城内100余条中小街道进行硬化改造，为了保持古城能够得以原汁原味的保持，当地政府开展移民活动，并且对与古城不相符的建筑物进行拆除。对文庙、城隍庙、日升昌、清虚观等一系列珍贵的建筑进行原貌恢复。

另外，在保护的基础上，政府针对不同文化遗产的特点进行相应的开发，如：古城内的明清一条街素有"中国古代的华尔街"之称，明清一条街较完好地保存了古代街道的原始风貌，又开发了商业元素，其中酒吧、特色小吃、商店、各类古玩店应有尽有，既还原了古代街道的商业风貌，又能给当地的居民带来可观的财富。

4.2 新城镇背景下平遥古城的保护与复兴

4.2.1 新城镇化背景下平遥古城的保护

新型城镇化目的是建设功能完善、环境友好、社会和谐、个性鲜明、城乡一体、大中小城市和小城镇协调发展的城镇化建设路子。对于古镇资源而言，保护是其主要的发展动力，只有完好无损地保护古镇的旅游资源才能带来较好的发展。保护历史文化遗产应该遵循保护与发展二者兼顾的原则。既要使得历史文化遗产能够得以保护，又要能够促进城镇的发展，实现城镇现代化。

对平遥古城的保护应该着重从古建筑群进行保护，平遥作为一座保存较为完整的古代建筑群，其历史文物建筑群的价值高于当地其他文物，该建筑群作为一类有形的，并且是不可再生的建筑旅游资源，在保护的过程中应该高度重视，同时还应把当地环境也作为保护的重点去保护。

4.2.2 新城镇化背景下平遥古城的复兴

平遥古城的复兴得益于申遗的成功，申遗的成功使得古城再现明清时代的历史风貌。在新型城镇化背景下的古城复兴也面临着前有未有的一些问题，如：游客接待出现周期性的超载，大量游客的聚集，必然会造成污染环境，同时还会对建筑物造成磨损。甚至一些素质较低的游客还会故意对文物进行破坏，这些复兴之下的一个误区，应该引起人们的重视。

综上所述：在新型城镇化背景下，旅游古镇的保护与复兴的过程中存在许多亟待解决的问题，最终实现经济、文化、环境的协调发展还是一项长期复杂的过程，这就需要引起人们更多的关注与注意。古镇承载着数千年来文化的流传，是中国历史悠久的象征，是先人留下的宝贵财富，应该对古镇进行保护，使之在中国重新复兴。

参考文献

[1] 冯骥才. 手下留情——现代都市文化的忧虑[M]. 上海：上海人民出版社，2000.

[2] 陈峰云，范玉仙，朱文晶，李长安. 世界文化遗产旅游开发与保护研究——以平遥古城为例[J]. 华中师范大学学报（自然科学版），2007(03).

[3] 张瑞静. 新型城镇化要重视乡土文化传承啊[N]. 河北日报，2013(05).

[4] 罗宏斌. "新型城镇化"的内涵与意义[N]. 湖南日报，2010(02).

[5] 曾博伟. 旅游小城镇：城镇化新选择——旅游小城镇建设理论与实践[M]. 北京：中国旅游出版社，2010.

作者简介

李砚然，1990年7月生，女，汉，北京人，北京林业大学硕士研究生，风景园林学专业，Email：984134327@qq.com。

基于空间句法分析的拙政园中部游览路线组织与园林空间赏析[①]

The Space Syntax Analysis of the Organization of Tourism Route and the Spatial Aesthetic of the Middle Part of the Humble Administrator Garden

李志明　王泳汀

摘　要：古典园林中的游览路线在游园的主体与客体之间起着连接性的作用，好的游线组织将景点定格在恰当的地点，然后按照一定的韵律组织景观序列，在曲折迂回之时，不经意间放大了园林空间，引导游人体验"虽由人作，宛自天开"的胜境。本文基于对拙政园中部空间结构的句法分析，量化分析各景点之间的空间整合度关系，结合园路系统组织现状，优化选择了一条经过各个景点、适合当前旅游业发展的有组织环形游览路线。沿着这条游览路线可以在有限的时间和精力条件下，最大可能地感受拙政园中部空间的变化之美。

关键词：古典园林；拙政园；空间句法；游线组织；Depthmap

Abstract: The visiting path connects the subject and object when viewers visiting the beautiful of variety space. The essay studies and analyses the path system and the space of the intermediate section of Humble Administrator Garden, demonstrate that apply space syntax analysis space configuration of the intermediate section of Humble Administrator Garden, and analysis the relationship of the specific attractions, and then obtain a theoretical good sightseeing visiting path, which as a consult of the mode of organizing the path system. In the fifth chapter, appreciate the opposite scenery of the important view spots which on the visiting path, analysis the variety space. At last of the essay, according appreciate and analysis the beautiful of variety space, appraise the mode of organizing the tour system in the intermediate section of Humble Administrator Garden.

Key words: Classical Gardens; Humble Administrator Garden; Theory of Space Syntax; Tour Organization; Depthmap

1　引言

拙政园作为中国古典园林的代表之一，其中部园区的景观布局完整，建筑、花木、池沼等景观要素的主题突出，层次分明，构图艺术性极强，因此广受游人欢迎（沈志军，2000）。[1]根据2013年苏州政府网站公布的统计数据，拙政园在旅游旺季的日人流量可达到42750人，基于拙政园内复杂的游览线路，如何在指定时间内游完所有景点对旅游公司来说是一个挑战。美国宾夕法尼亚大学的John Dixon Hunt教授曾探讨过园林中游人的活动方式，他认为园林的游憩方式分为三类：仪式性的列队参观、按照一定游线展开的序列性的游览、没有固定线路的随意漫步。针对第二种游憩方式，Hunt指出游人若没有一条优化的游览路线，参观效果将会大打折扣（Hunt，2003）。[2]那么在拙政园的中部园区中，什么样的游线组织方式能够使游客在有限时间和精力条件下，体验到古典园林中起承转合的空间感受和"曲径通幽"的意境呢？这正是本文试图探讨的问题。

目前有许多国内外学者开始尝试将空间句法运用到中国古典园林空间的相关研究（Dai et al., 2012；Li，2011；Chen，2009），[3]但对空间结构与游线组织内在关系的研究甚少，本文将引进空间句法，借助Depthmap空间量化分析软件，首先从拙政园空间解析入手，探讨园内各景点空间的分布情况和它们之间的空间整合度关系；其次研究园路系统是如何组织这些单个景点空间，从中总结归纳出几种游线组织，并分析得出一个最优方案。最后在最优方案的路径上赏析园林空间多变的艺术之美。

2　拙政园中部游线组织特征分析

一两个孤立的景点很难对游人产生足够的吸引力，它们所能提供给游人的感知体验有限。因此人们外出旅游，总是希望游览更多的景点，获得更为丰富的游览体验。[4]然而一个园林空间内的若干景点总是分布在不同的空间位置上，这些景点通过复杂的园路系统以不同的连接方式组织起来，使得游线的选择变得尤为重要。

2.1　游线组织对园林空间体验的影响

游线的组织方式是以园路为基础的，园路平直或是曲折，简单或复杂，直接影响了园林的意境。所谓"境贵乎深，不曲不深也"，深邃幽远，能增强幽静美的意境。苏州园林在空间处理上时而开阔，时而幽远，始终令人感觉身处自然胜境。

[①] 高等学校博士学科点专项科研基金（20103204120012）。

游线组织优化的主旨在于利用园路系统把最佳的景点按照一定的游览顺序合理地布置和巧妙地串联起来。[5] 古典园林的园路由于提倡师法自然，通常有别于常规园路平直、宽畅、简便、易达的设计原则，追求曲径通幽的变化。而拙政园的面积相对较小，为了扩大空间，强调自然之美，园路设计的宽窄不定，高低起伏，蜿蜒曲折。中部景点繁多，园路更为错综复杂。如图1中部园路系统的现状结构图，大部分景点之间有着直接通达的路径，园路布置形式曲折，这样游人游览不同游线也会有不同的空间感受。

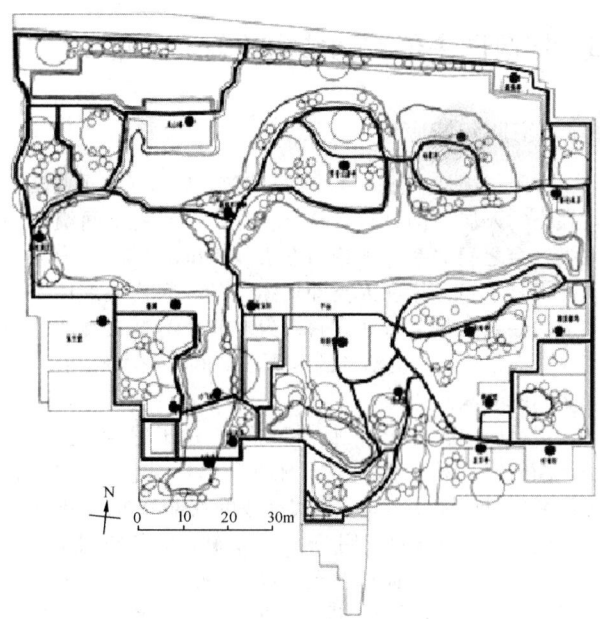

图2 拙政园中部园路系统与各景点之间的位置关系示意图（图片来源：自绘）

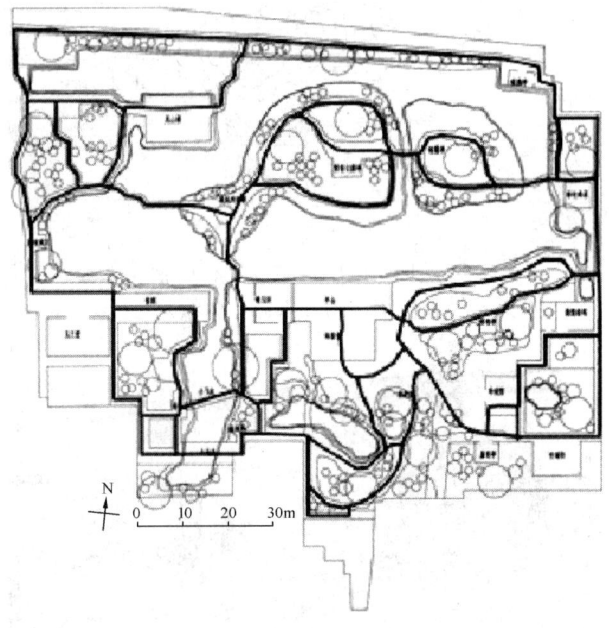

图1 中部园路系统的现状结构（图片来源：自绘）

2.2 中部园路与景点位置关系

拙政园中部的园路系统成网状，景点分布在各处（图2）。整个园路系统中，景点的作用包括，一是作为园路引导游客所到达的节点，二是充当园路的一部分。而有些景点则兼具这两者。下面分类列举了拙政园中部的各景点作用。

（1）只作为节点的景点，通常设在园路的一侧。包括：海棠春坞、听雨轩、嘉实亭、玲珑馆、松风亭、玉兰堂、雪香云蔚亭、绿漪亭。

（2）既作为节点，又充当园路一部分的景点，通常园路穿其而过。包括：绣绮亭、远香堂、倚玉轩、荷风四面亭、别有洞天、待霜亭、梧竹幽居、见山楼、小飞虹、小沧浪、得真亭、香洲。

2.3 游览路线静态分析

由于游览线路太多，我们首先将景点分成A到H八个小组（图3），然后静态分析可能存在的各种游路组织形式。A组：听雨轩、玲珑馆、嘉实亭；B组：黄石假山区；C组：小沧浪、松风亭、得真亭、小飞虹、香洲和别有洞天；D组：绣绮亭和假山；E组：远香堂和倚玉轩；F组：整个小岛景区；G组：梧竹幽居；H组：绿漪亭和

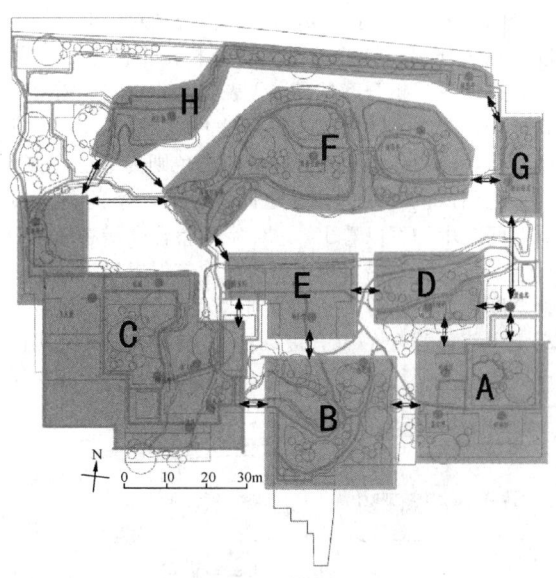

图3 拙政园中部景点分组及小组间互通示意（图片来源：自绘）

见山楼。假设从离入口最近的海棠春坞出发，可以朝A、D、G三个方向行进，在既不漏掉某个小组，也不重复某个小组的前提下，有以下三种比较适宜的路线选择。

第一种是海棠春坞—A—B—C—H—G—F—E—D—海棠春坞；第二种是海棠春坞—D—E—F—G—H—C—B—A—海棠春坞，因为其他的选择都会有重复或遗漏；第三种是在经过几番尝试后，发现的最简单的环形方式：海棠春坞—G—H—C—B—A—D—E—F—G—海棠春坞，或海棠春坞—G—F—E—D—A—B—C—H—G—海棠春坞，但都同样重复了G组。可见，第一种和第二种游览路线比较理想，恰巧它们在游览顺序上又是相反的，更具对比性。

3 拙政园中部空间结构的句法分析

3.1 空间句法应用

空间句法是一种通过对包括建筑、聚落、城市甚至景观在内的人居空间结构的量化描述,来研究空间组织与人类社会之间关系的理论和方法(Bafna,2003)。[6]空间句法也是空间客体和人类知觉体验的空间构成理论及其相关的一系列研究方法。它认为空间并不是人类活动的背景,而是作为人类活动的本质,空间问题的核心在于空间之间的关联性。

以往研究者对于古典园林的研究过于感性,空间句法试图从空间构形方面对园林空间结构进行科学分析,为研究提供严谨、客观、切实有效的数据分析。[7]本文选取拙政园为典型案例,用Depthmap软件对其空间构形进行整体静态分析,通过轴线分割法和视区分割法,对空间"可行层"和"可视层"进行量化,分析其整合度。再进一步分析游线与空间构形之间的相关性。

3.2 中部空间结构的句法分析

图4和图5是用Depthmap软件分别对中部可达的范围进行视区分割和轴线分割之后分析得出的整体空间整合度的显示图。整合度越高,代表到达此空间所需穿越的空间越少,游人光顾率也越高。图4中,红色表示空间整合度最高,随颜色变化逐级降低,蓝色则为最低。在图5中,红色到蓝色轴线的变化也同样是表示空间整合度的递减。两图中均可以看出,总体空间整合度最高的景点集中在远香堂一带,沿着周围布置的建筑位置呈现蓝色,空间整合度低。说明游人最容易到达远香堂附近。图6是对拙政园中部可视层的整合度分析,可以看到荷风四面亭景点周边(图中红色圆形区域)的可视性最好。其次是水

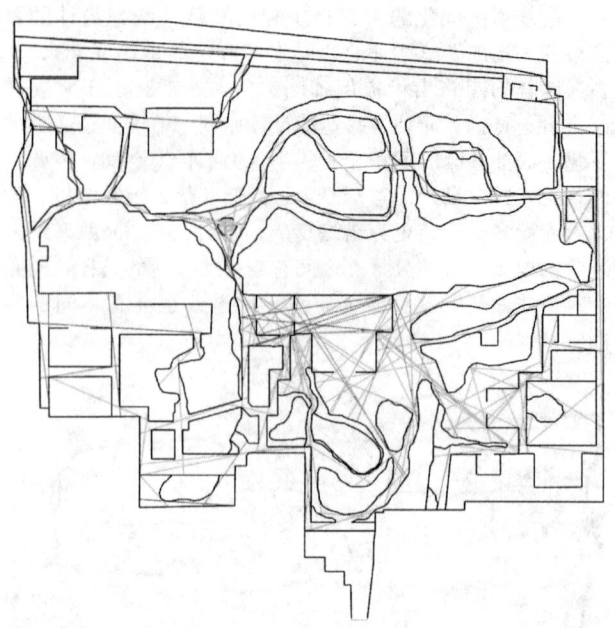

图5 拙政园中部空间可行层轴线分析图(图片来源:自绘)

图6 拙政园中部空间可视层视区分析(图片来源:自绘)

面空间(图中间的橙色和黄色区域),其空间整合度仅次于荷风四面亭。说明游人在荷风四面亭游览时景观视线最佳。

根据可视层和可行层整合度分析以及我国古典私家园林造园特点,可以得出拙政园中部总体空间有以下特征:

(1)呈"内向型"的建筑群布局特征。拙政园中部本就是一个围合型的独立空间,拥有中国私家园林共通点——以自我为中心,不考虑园外空间环境的干扰以及更大范围内的完整统一性(彭一刚,1986)。[8]建筑以廊相连,以水池假山为中心,取自然不规则式的平面形状,既

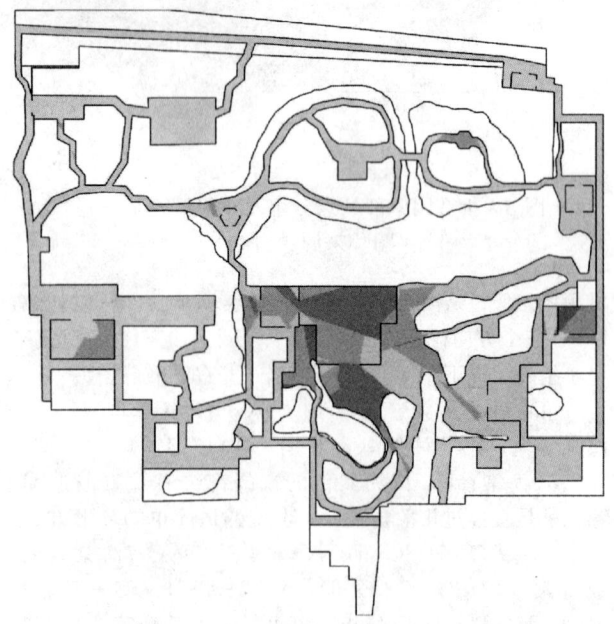

图4 拙政园中部空间可行层视区分析图(图片来源:自绘)

具有向心力，又宁静、曲折、多变。

（2）中部是以远香堂为中心的自由发散式的空间。"内向型"的空间使得中心区域成为游客最集中的地区，中心水池中的三座小岛分隔了水体空间，整座园空间上失去中心。在宽阔的水体处安排远香堂及其平台，与岛上雪香云蔚亭连成中部景观对景轴线，恰好地控制了中部自然无序的格局，成为中心区域不可或缺的景观重点。

（3）人工与自然和谐相融的空间环境。拙政园的空间布局遵循师法自然的原则，构图上突出自然的曲线条。建筑布局也非常重视与环境的融合，曲折的连廊顺着地势的高低有起有落。从总体上看，就像是天地自然的一部分，或包容假山，或跨过流水，自然景物在建筑中穿越、流动，建筑也在自然景物中穿梭、驻足。

3.3 节点空间关系特征分析

3.3.1 节点空间之间的位置关系特征

表1是空间句法对拙政园中部整体可行层用轴线分割法后进行分析得出的变量数据，从表中也可以看出，倚玉轩、荷风四面亭、远香堂、玲珑馆的连接值都超过了20，总体空间整合度（HH）均在2.0以上，平均深度不超过4，这些景点在园中处于中部较为开阔的空间，可以从四周向这些景点聚拢。

拙政园中部主要节点变量　　表1

节点名称	连接值	整合度（HH）	整合度（Telk）	平均深度
倚玉轩	29	2.172476	0.4307231	3.298913
荷风四面亭	27	2.088545	0.4279349	3.391304
远香堂	25	2.172476	0.4307231	3.298913
玲珑馆	24	2.046676	0.426516	3.440217
绣绮亭	12	1.70493	0.4141273	3.929348
小沧浪	7	1.150134	0.3897355	4.342391
见山楼	7	0.9592457	0.379432	5.206522
梧竹幽居	6	1.095301	0.3869075	5.559783
别有洞天	6	0.9547652	0.3791445	6.233696
雪香云蔚亭	6	1.137323	0.3890834	6.391304
海棠春坞	5	1.361418	0.3998247	4.668478
嘉实亭	5	1.303486	0.3971736	5.831522
小飞虹	4	1.531596	0.4223326	5.260875
玉兰堂	4	1.260573	0.3951566	5.961957
听雨轩	4	1.201252	0.3922879	5.157609
待霜亭	4	0.9999537	0.3817432	5.994565
松风亭	4	0.9891899	0.3811387	6.048913
得真亭	4	0.9320055	0.3778464	6.358356
绿漪亭	3	0.9143855	0.3768031	6.461957
香洲	2	0.9367558	0.3781252	6.331522

为了更清晰地看出各主要景点之间的连接关系，将各景点和路线转化成最简单的空间和通道（图7）。假如从海棠春坞出发，将有两个空间导向，一是向北经过梧竹幽居之后向西转到荷风四面亭，接着继续向北将经过绿漪亭到达别有洞天或荷风四面亭。进而可以直接从玉兰堂和小飞虹一带来到倚玉轩和远香堂；二是经过绣绮亭或听雨轩最终来到远香堂和倚玉轩。从倚玉轩可以经过折桥去荷风四面亭，也可以在小飞虹、松风亭一带游转之后经过香洲和玉兰堂来到别有洞天。由此可见，梧竹幽居、荷风四面亭、别有洞天、远香堂和倚玉轩这些景观节点在整个环形的游览路线中起着相当重要的连接作用。游人到达这些景点的概率也最高。

3.3.2 节点空间深度关系

图8是以海棠春坞为起始步绘制的节点空间拓扑图。圈表示观赏点，两圈间的连接线表示两点间一"步"可达。这里所指的步数是指相对入口处依次能到达的序数概念。右侧的数字表示从入口到达这个空间所需要的最小步数。以海棠春坞作为第一步，第二步可以到达听雨轩、玲珑馆、远香堂、绣绮亭、梧竹幽居，第三步到达嘉实亭、倚玉轩、雪香云蔚亭、待霜亭、绿漪亭，第四步到达小飞虹、松风亭、荷风四面亭、见山楼、别有洞天，第五步到达得真亭、小沧浪、玉兰堂，第六步到达香洲。中部主要景观在四步之内可到达，而得真亭、小沧浪、玉兰堂和香洲则需要一步步深入才能到达。绣绮亭很容易到达，但是连接度不高，因为其位于假山山顶，没有四通八达的路线与其他景点直接相连。嘉实亭步数为3步，连接度也不高，因为处在枇杷园南侧，其西侧是一个围合的空间，不能与黄石假山相连，因此，到此只能回返至玲珑馆或听雨轩。荷风四面亭和见山楼在最小步数上一致，在深度上达到了最远，但再走下去只能经过相同"等级"的别有洞天。香洲是步数最大的景观节点，即它距海棠春坞最远、最深也是最难到达。

4 拙政园中部游线组织优化

园中游览的过程其实也是一种"寻景"的过程，因此某些重要的景观节点既不能漏掉也不能入园即现，就要有一个萦回曲折的探寻过程。我们希望通过景点空间布局和节点空间连接度的研究，尝试为游客选择一条最佳的游线组织。

首先根据游览路线静态分析（图3），总结出适于拙政园中部园区游览的两条方向相反的环形组织路线。对比两种方案发现，"海棠春坞—A—B—C—H—G—F—E—D—海棠春坞"组，是从海棠春坞先到听雨轩和玲珑馆最后到荷风四面亭一带；"海棠春坞—D—E—F—G—H—C—B—A—海棠春坞"组，则是从远香堂到达小岛。根据中部空间可达层的视区分析和轴线分析（图4、图5），以及中部可视层视区分析得出的结果（图6），荷风四面亭一带可达性最好，优先从入口经过绣绮亭的假山（起障景作用）来到这一带更能欣赏到园林"起景—序景—转折—高潮—转折—收景—尾景"的景观序列。因此，第二种游览秩序更佳。

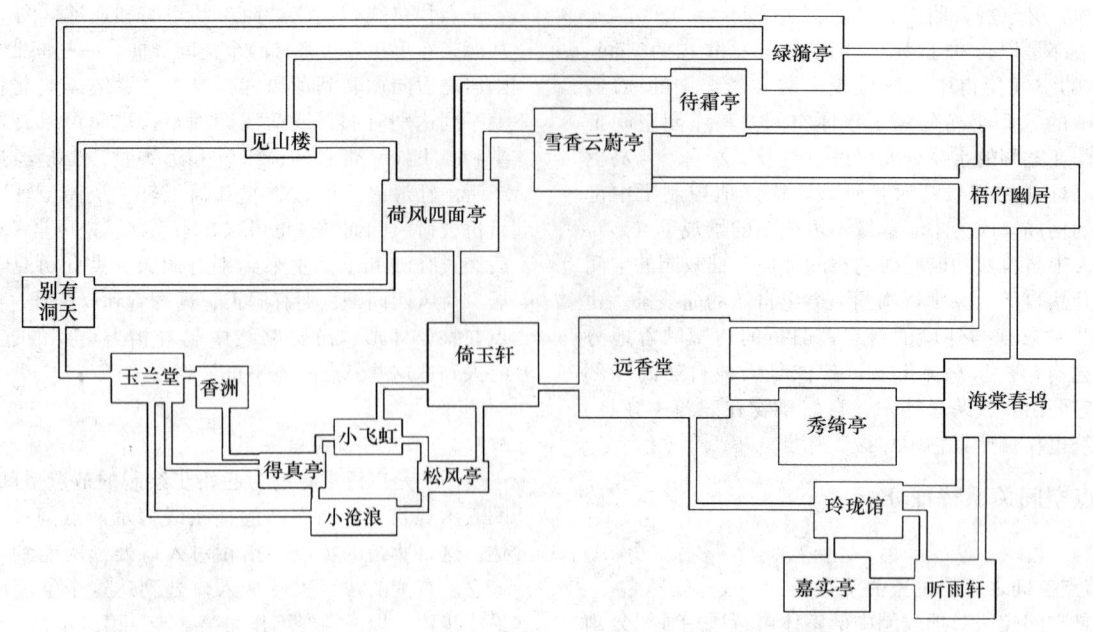

图 7 拙政园中部景点连通关系简化图（图片来源：自绘）

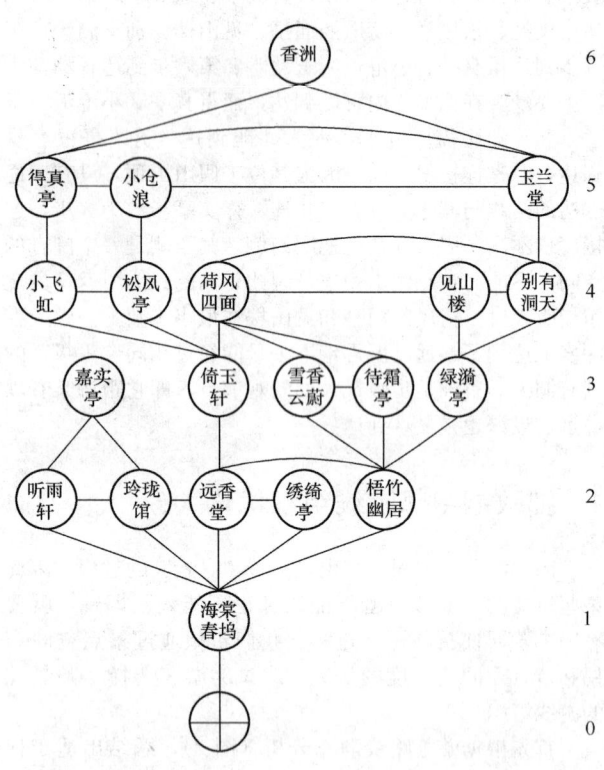

图 8 拙政园中部景点深度拓扑图
（图片来源：自绘）

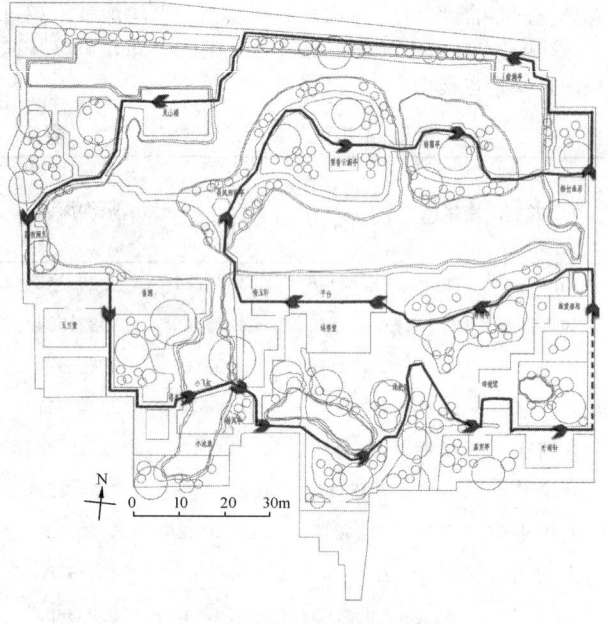

图 9 拙政园中部优化的环形
游览路线（图片来源：自绘）

接着根据"不遗漏景点"的原则将小组内部的景点进行串联排序，得出优化的游线组织（图9）。综合整条路线来看：海棠春坞—绣绮亭—远香堂—倚玉轩—荷风四面亭—雪香云蔚亭—待霜亭—梧竹幽居—绿漪亭—见山楼—别有洞天—玉兰堂—香洲—得真亭—小飞虹—松风亭—黄石假山—枇杷园—玲珑馆—嘉实亭—听雨轩，整条游览路线很好地贯穿了所有主要景观节点。

优化的游线给游人带来不断变化的观赏视角。整个游览过程，游人从中可以体验到"水之三远：旷远、幽远、迷远"以及"山之三远：高远、平远、深远"的奇妙意境。

5 结论

游览路线在游园的主体与客体之间起着连接性的作用。好的游线组织将景点定格在恰当的地点，然后按照一定的韵律组织景观序列，在曲折迂回之时，不经意间放大了园林空间，引导游人体验"虽由人作，宛自天开"的胜境。在古典园林旅游业快速发展的今天，游览路径的选择与优化对于保护著名古典园林景观资源，适度开发园林旅游资源都有着举足轻重的作用。

本文通过对拙政园中部空间结构的句法分析，发现拙政园中部空间是以远香堂、倚玉轩、荷风四面亭为中心的内向型空间。基于空间句法分析得出的各景点空间的整合度数据，结合园路系统组织现状，优化选择了一条经过各个景点、适合当前旅游业发展的有组织环形游览路线。沿着这条游览路线可以在有限的时间和精力下，更全面地感受拙政园中部空间的变化之美。

参考文献

[1] 沈志军. 人在画中——苏州拙政园中部景观评点. 苏州城市建设环境保护学报[J], 2000.2（2）: 57-61.

[2] Hunt, J. D. "Lordship of the Feet": Toward a Poetics of Movement in the Garden. In: Landscape Design and the Experience of Motion. Dumbarton Oaks, 2003.

[3] Li, Z. Visual Perception of Traditional Garden Space in Suzhou, China: A Case Study with Space Syntax Techniques. Proceedings of the 19th International Conference on Geoinformatics. Shanghai, 2011.

[4] 管宁生. 关于游线设计若干问题的研究[J]. 旅游学刊, 1999.03: 32-35.

[5] 许丽. 中国古典园林园路的意境美体现. 农业科技与信息（现代园林）, 2009.07: 33.

[6] Bafna S. Space syntax: a brief introduction to its logic and analytical techniques. Environment and Behavior. 35 No. 1. 17-29. Jan. 2003.

[7] 陈烨. Depthmap软件在园林空间结构分析中的应用[J]. 实验技术与管理, 2009(09).

[8] 彭一刚. 中国古典园林分析[M]. 北京: 中国建筑工业出版社, 1986. 66-68.

作者简介

李志明，1975年7月生，男，汉族，江苏常熟人，博士，南京林业大学风景园林学院副教授，从事城市设计和风景园林历史与理论研究。Email: Lizhiming7507@gmail.com.

王泳汀，1990年4月生，女，汉族，江苏南通人，南京林业大学风景园林学院硕士研究生。

柳宗元风景旷奥概念对唐宋山水诗画园耦合的影响

The Influence of Landscape Kuang-ao of Liu Zongyuan on the Coupling of Poetry, Painting and Garden of Tang-Song Dynasties

刘滨谊　赵　彦

摘　要：中唐至两宋的500余年是山水诗、山水画、山水园互动、融合、发展的重要时期，也是中国山水园由"情"入"理"，由"理"向"神"的重要转折期。"华夏民族之文化，历数千载之演进，造极于赵宋之世"，而两宋思想文化的根源则直指中唐。从一定意义上讲，柳宗元是唐宋思想转型和宋明理学复兴的先驱，其风景旷奥之说与实践已触及了现代景观美学分析评价理论的核心。阐述柳宗元风景旷奥的核心思想、来源及在唐宋山水"诗—画—园"耦合进程中发挥的作用，探讨继柳宗元之后，开创风景空间感受评价与应用对现代中国风景园林的启示与意义。

关键词：风景旷奥；柳宗元；山水诗画园；耦合

Abstract: The middle Tang to two song dynasties more than 500 years is an important period on the interaction, integration, development of landscape poetry, painting and garden, and the important transition period of the Chinese landscape garden by "love" into the "reason", from "reason" to "god". "Culture of Chinese nation went through thousands of years of evolution, and made extremely in the song dynasty", while the root of the two song dynasty culture attributed to the tang dynasty. In a sense, liu Zongyuan, whose theory and practice on landscape Kuang-ao have touched the core of the modern theory of the landscape aesthetic analysis and evaluation, was a pioneer of the thought transformation of tang and song dynasty, and the renaissance of Song-Ming dynasty neo-confucianism. Expouding the core idea and source of landscape Kuang-ao of Liu Zongyuan, and its role in the coupling process in landscape "poetry -painting - garden" of the tang and song dynasty, is to discuss the enlightenment and significance of landscape space sense evaluation and application on modern Chinese landscape architecture after liu Zongyuan.

Key words: Landscape Kuang-ao; Liu Zongyuan; Landscape Poem, Painting and Garden; The Coupling

中国人对于风景园林的多重尺度感受很早就有了"由空间来统领"的意识。其代表之一是唐代柳宗元关于风景旷奥的概念，"游之适，大率有二：旷如也，奥如也，如斯而已。"[1]柳公凭借其天才的直觉、丰富的文学作品，以及身体力行的组景造园实践，其风景旷奥之说与实践已触及了现代景观美学分析评价理论的核心，作为宋明理学的滥觞，柳宗元在融糅与继承儒、释、道哲学思想的基础上，借助"堪称是超时代的作品"[2]的山水诗文对山水审美进行了高度提炼与概括，与近1200年后的"瞭望—庇护"理论、景观分析评价四大学派中认知学派的理论有异曲同工之妙。[3]

1 柳宗元风景旷奥核心思想及其来源

（1）柳宗元风景旷奥概念由"观游"和"旷奥"两部分组成。"观游"是获得风景空间感受的途径，"旷奥"是对风景空间感受的评价。

"观游"：观者，俯仰往还，心亦吐纳；游者，游心太玄，游目骋怀。以观为主导，贯穿游的全过程，强调观中之游，游中之观。"旷奥"：旷者，本义光明，开阔，舒朗；奥者，封闭，深邃；在知觉空间上表现为"敞""邃"，在意象空间上表现为"远""深"。"旷奥"是在"观游"基础上获得的富有节奏感的空间感受，是对山水空间的理性解读。

《周易》云"观"的目的是"象"，古代先民"仰则观象于天，俯则观法于地"，因智慧之"观"而设卦。李泽厚认为此"象"与审美形象相通，所以"观"也就与审美关照相通，是一种普遍的、沉思的、创造性的观察。[4]中国古代表达视觉的字有很多，独选此"观"取"象"，究其字源则因"萑＋見"，如作鹳观，是古人在对鹳鸟自由翱翔巡视于天地间的领悟中，形成了"游目"的时空意识。在观卦《象》中进一步引申为："风行地上，观"，这种观览有如风吹拂大地，游历博览，触遍万物，全面体察，观而有感，强调由上至下和由下至上的互感。[5]"游"则意味着这种观察的动态性以及追求自由的本质，是"在空间的全方位流动的有机转换过程中，含蕴时间延绵"的一种中国特有的审美观照方式。张法称这种"游目"正是后来山水诗、山水画、山水园创作鉴赏中广泛运用的一个基本法则。[6,7]宗白华认为"俯仰往还，远近取与"，"晋唐诗人把这种观照法递给画家"，[8]成为山水诗画园创作灵感动机的感受途径与无穷源泉。柳宗元"观游"论的提出是对源自老庄、孔孟、屈子、魏晋名士"游观"思想的发展，是遵循易理，面对"真山水"，以景（山水之"象"）作"观"，以"观"游景（山水之"象"）的目游、身游乃至心游的体验，在与"旷奥"论的结合过程中为中国山水审美与开拓掀开了理性的新篇章。

（2）柳宗元风景旷奥概念来源于"观物取象""立象以尽意"的"易"的思维与智慧的结合,[8,9] 构成了中国古代艺术创作的原始理论基础。艺术家通过观察世界、体验生活，创作出艺术形象，然后通过艺术形象向艺术欣赏者传递创造性的理性认识或审美体验信息，柳宗元"观游旷奥"概念以"物—意—象—意"的思考结构，由对真山水的观游，生发出自己独特的空间旷奥感受（一次感受），进而创作出以山水诗文为载体的艺术形象来表达"象外之象"与"味外之味"及"深远"意境（二次感受）；而这种创造过程一经激发，便循环往复，进而在后世"诗—画—园"的创作过程中不断融合，形成或"观物取象"或"意在笔先"的诗画园"意—象"耦合循环模式结构（图1），并最终在中国古典园林造园实践中加以完善，实现从"真山水"旷奥感受到山水园诗画意境旷奥空间组景的时空转换。

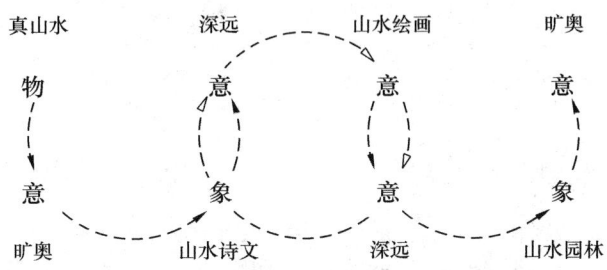

图1 山水诗画园"意—象"耦合循环模式结构图

2 风景旷奥观在唐宋山水诗画园耦合中的承继与发展

中唐至两宋 500 多年，"山水诗、山水画、山水园林互相渗透的密切关系，到宋代已经完全确立",[10] 山水园由"情"入"理"，由"理"向"神"不断转进，探索山水之理、"熔铸诗画意趣"、"重视意境创造"，成为园林艺术自觉时代的开端。风景旷奥概念伴随山水诗人、画家对柳宗元诗文的不断接受，造园组景手法日趋成熟，晚唐诗学家司空图（837—908）对柳宗元诗歌发现的"深远论"及其"味外之味""景外之景"的《二十四诗品》将柳公山水空间旷奥感受转译而来的意象空间"深远"通感化为消弭山水诗画园艺术藩篱的纽带。进而借助北宋初诗人梅尧臣（1002—1060）对平淡诗美的全面发现与推崇，山水画家郭熙（1023—约1085）《林泉高致》的"三远法"与"四法论"的总结，欧阳修（1007—1072）《醉翁亭记》的全面效仿，文学家苏轼（1037—1101）对柳公"纤秾""枯淡"论的划时代定位，南宋马远边角山水"独钓图"等的承继与发展，使得有宋一代在"旷奥与深远"的时空转换中完成了山水诗、画与山水园"物—意—象—意"的耦合互动与循环演进，推动了山水园林旷奥空间与意境构造手段的日趋成熟与完善。

司空图是晚唐时期柳宗元思想的重要发现者与传承人，在其晚年中条山隐居处所构诗文"休休亭"亦可看作是对柳公东丘"丘之幽幽，可以处休"及至"妙观奥如"的继承与致敬。他于华山避难时发现了已湮没 70 余载的柳宗元诗歌，并在《题柳柳州集后》一文中对柳诗的艺术特征进行了准确的概括："味其探搜之致，亦深远矣"，认为柳宗元的诗歌具有其散文一样"深远"的艺术风格，这一论断直接影响了后世对柳公的接受与认知，是对司空图所推崇的诗歌意境"近而不浮，远而不尽"的补充,[11] 是对中国审美"远"范畴的重要注疏。[12] "远"不再是"玄而又玄"难以把握的虚幻，经过柳宗元景分旷奥的山水诗文实践创作早已化为基于旷奥空间感知的"象外之意"。继而司空图《诗品》从类型学上展现和探索山水空间审美"深远"的意象追求，把范畴和类似性感受结合起来，对唐代诗歌审美类型风格的体系性把握闪烁着柳宗元景分旷奥的智慧火花，引领了北宋诗风的走向，并极大地促进了五代、两宋山水绘画"远"空间建构的成熟。

至北宋院体山水画家的代表郭熙《林泉高致集》中"三远法"的提出，这一自魏晋宗炳开始的绘画空间构造探索过程已持续了近 500 年。由"三远法"营造的二维"远"空间伴随手卷的出现，极大地丰富和发展了"观游"的乐趣与山水旷奥的时空内涵。郭熙《林泉高致·山水训》有曰："柳子厚善论为文，余以为不止于文，万事有诀，尽当如是，况于画乎？"[13] 画论中直言柳公文论对绘事的引领作用，提出"四法论"即"分解法、潇洒法、体裁法和紧慢法"，将柳宗元山水诗文空间构造技巧与山水绘画层次、笔墨、气韵、构图方法紧密联系在一起，画论与文论的融合，推动了造园实践技法的成熟与发展，"亭榭为眉目""渔父为精神""四可"则定格为山水绘画与园林的千年图式主题。"因相地而措其宜，旷而台，幽而亭"[14] 亦成为造园的普遍手法而广泛应用。郭熙走进画院的引荐人宰相富弼在洛阳营建富郑公园，"洛阳园池，多因隋唐之旧，独富郑公园最为近辟""而景物最胜"，所以《洛阳名园记》将其列在 19 园之首，反映出此时以旷奥序列组织为特点的造园手法在诗文、绘画的浸润下已经逐渐成熟，既有可"一览全园"之旷的登高亭堂，又有花木幽深奥如的山洞幽台，高低曲折，藏隐显露的空间旷奥序列组织"皆出其目营心匠，曲有奥思矣"。

苏轼是柳诗接受史上第一位重要理论的阐释者、大规模接受风气的开启者和成功的接受艺术的启迪者，是柳诗的"第一读者"，确立了柳宗元诗歌"枯淡"美的史学地位，对柳宗元诗歌"发纤秾于简古，寄至味于淡泊"的评价，几可作为宋代美学总体风格的注疏，而这一重要发现，恰恰来源于司空图《诗品》的《纤秾》、《枯淡》二品对柳宗元诗歌"深远"的类型化解读。[15] 欧阳修以组图建构层次，层层推进结构文章的典范《醉翁亭记》带着浓重的柳公《始得西山宴游记》的痕迹，以丰富的层次变化充满节奏感地为我们演绎了群山环绕图、琅琊秀色图、酿泉流水图、溪亭展翅图、山间朝暮图、山间四时图、滁人游山图、太守宴客图、宴酣之乐图、太守醉饮图、人影散乱图、禽鸟乐山图等。在追求旷奥律动的趣味之后，又从忘情山水中暂时停下，加入充满理趣的哲思进而达到观游之妙，景外之意。北宋哲宗、徽宗，南宋高宗对柳宗元追封为"文惠侯"、"文惠昭灵侯"，"功德在民"、"文章在册"、"是为不朽"，这使得柳宗元的地位得到空前提升，南宋范晞文将柳公《江雪》一诗奉为唐代五绝之冠，"只为此二十字，至今图绘不休，将来竟与天地相终始矣。此等作真是诗中有画，不必更作《寒江独钓图》"。南宋画家马远以边角山水的创造开启了"以大观小"皇家山水园与"以小观大"文人山水园的分野，"观游旷奥"的思想至此呈现了全新的面貌。而柳宗元上承屈子所构造的旷奥诗境与渔父精神则终成为后世文人园林反复诠释的主题，近千年"园构不休"。

3 风景旷奥概念对现代中国风景园林的意义与启示

传统造园理论表述的空玄含糊以及西方理论的水土不服似乎都难以解决中国风景园林现代化过程中遇到的问题。冯纪忠先生是中国风景园林学科建设的先驱者之一，[16]也是对柳宗元风景旷奥概念进行现代化、专业化思考的第一人，于1979年从风景评价规划的角度考虑在《组景刍议》一文中加以阐述，首次提出以旷奥作为风景空间感受评价的标准，并以此标准组织风景空间序列的设想。[17]开创了现代中国风景园林从风景感受"旷奥"角度出发，以时空转换为灵魂，[18]量化研究"风景开拓"与"观游"序列规划设计的全新面貌。冯先生提出的总感受量、风景旷奥度、[19]意动空间和时空转换等具有划时代的思想理论对当代风景园林规划设计界具有深远的影响，其意义与价值不可估量，并深刻影响了其学生和同行的研究与实践，在风景园林规划设计原理、风景园林分析评价和风景园林现代方法技术三个方面，形成了冯系风景园林思想理论，对中国风景园林学科的现代发展起到了引领作用。学贯中西的冯纪忠先生反复指出中国的风景园林学科"一是要对'理'加把劲，二是不能放松整体把握"，[20]如何"洋为中用"、"与古为新"仍是未来中国风景园林现代化、特色化进程中所要解决的核心问题。

参考文献

[1] 柳宗元. 柳河东集[M]. 上海：上海人民出版社，1974.
[2] 冯纪忠. 人与自然——从比较园林史看建筑发展趋势[J]. 中国园林，2010(11)：25-30.
[3] 刘滨谊. 寻找中国的风景园林[J]. 中国园林，2014(05)：23-27.
[4] 成中英. 易学本体论[M]. 北京：北京大学出版社，2006.90.
[5] 刘继潮. 游观：中国古典绘画空间的本体诠释[M]. 北京：生活·读书·新知三联书店，2011.
[6] 中西美学与文化精神[M]，1994.
[7] 王国璎. 中国山水诗研究[M]. 中华书局，2007.
[8] 宗白华. 美学散步[M]，2005.
[9] 邓伟龙. 中国古代诗学的空间问题研究[D]. 华东师范大学，2009.
[10] 周维权. 中国古典园林史[M]. 北京：清华大学出版社，2008.27.
[11] 杨再喜. 晚唐五代时对柳宗元的接受及其影响[J]. 新疆社会科学，2010(05)：93-97.
[12] 徐学凡. "远"——中国山水画空间建构研究[D]. 南开大学，2012.
[13] 郭熙. 林泉高致集[M]. 上海人民美术出版社，1981.
[14] 刘宰.《秀野堂记》[M].《漫塘集》21卷.
[15] 杨再喜. 唐宋柳宗元文学接受史[D]. 苏州大学，2007.
[16] 刘滨谊，唐真. 冯纪忠先生风景园林思想理论初探[J]. 中国园林，2014(02)：49-53.
[17] 刘滨谊. 风景景观工程体系化[J]. 建筑学报，1990(08)：47-53.
[18] 戴睿，刘滨谊. 景观视觉规划设计时空转换的诗境量化[J]. 中国园林，2013(05)：11-16.
[19] 刘滨谊. 风景旷奥度——电子计算机、航测辅助风景规划设计[D]. 同济大学，1986.
[20] 黄一如. 自然观与园林伴生的历史[D]. 同济大学，1992.

作者简介

刘滨谊，1957年生，男，汉，辽宁人，博士，同济大学建筑与城市规划学院景观学系主任、教授、博士生导师，同济大学风景科学研究所所长，全国高等学校土建学科风景园林专业指导委员会副主任，研究方向风景园林规划设计，Email：byltjulk@vip.sina.com。

赵彦，1982年生，男，汉，山西人，硕士，同济大学建筑与城市规划学院景观学系风景园林学在读博士研究生，研究方向为风景园林规划设计理论，Email：0464zhandihuanghua@tongji.edu.cn。

浅析中国传统纹样在现代园林设计中运用的意义

Analyses the Application of Chinese Traditional Dermatoglyphic Pattern in Modern Landscape Design

刘 健 马雪梅 赵 巍

摘 要：中国传统纹样是中华民族传统文化的重要组成部分，在传统装饰艺术中极具魅力、是中国艺术的精髓，传统文明的一种载体，是人类不同时段中完美生命力的体现，是人类智慧的结晶。本文通过对现代园林设计中各种传统装饰纹样元素、单体纹样的运用，归纳总结出中国传统纹样在文化内涵、审美内涵、制作工艺的传承；装饰作用；传达吉祥寓意的作用等几大方面的意义。将传统艺术和园林景观设计理念相结合，创造出富有中国文化意蕴的设计作品。合理地利用好传统的装饰纹样元素为园林景观艺术设计服务，更好地挖掘本民族的文化财富和艺术瑰宝，对园林景观设计具有重要的意义。

关键词：中国传统纹样；现代园林设计；中国文化

Abstract：The traditional Chinese pattern is an important part of the Chinese nation traditional culture, in the traditional decoration art charming; Is the essence of Chinese art, a carrier of traditional culture, is the embodiment of the perfect life in different time intervals of the human, is the crystallization of human wisdom. This article through to all kinds of traditional decoration pattern elements in modern landscape design, the use of single grain appearance, the induction summarizes Chinese traditional dermatoglyphic pattern in the cultural connotation and aesthetic connotation, the production process of inheritance; Adornment effect; Lucky implied meaning function and so on several big aspects of meaning. Combining the traditional art and landscape design concept, create design works full of Chinese cultural implication. Reasonable to make good use of the traditional decoration pattern elements for the landscape art design services, wealth and better dig the national culture art treasures, has the vital significance of landscape design.

Key words：The Traditional Chinese Pattern；Modern Landscape Design；The Chinese Culture

1 中国传统纹样概述

纹样及纹饰，是装饰艺术中的一个重要内容，它是按照一定图案结构规律经过变化、抽象等方法而规则化、定型化的图案。中国传统纹样是中华民族传统文化的重要组成部分，在传统装饰艺术中极具魅力；是中国人民在革新和发明世界的理论进程中发生的艺术精髓，它是中国传统文明的一种载体，是人类不同时段中完美生命力的体现，是人类智慧的结晶；是中华民族上下五千年悠久历史的象征和表现，同时也是现代艺术取之不尽、用之不竭的源泉。

传统纹样大多是人们想象幻化出来的产物，同时也是当时艺术反映社会现状和发展趋势的产物，后期经过加工和变形，表现出一种圆满和谐的意境和美感。中国传统纹样具体包括瑞兽图案、吉祥画、汉字图案、古代花边纹样、花卉图案、诸神图案、仕女图、中国古代家具和建筑图案、中国化的佛教图案、生肖图案以及我国少数民族服饰图案等。传统装饰纹样往往通过借喻、比拟、双关、象征及谐音等表现手法，将情、景、物融为一体。因而主题鲜明突出、构思巧妙、极具趣味性以及富有独特的格调和浓烈的民族色彩。一些植物、动物以及图样被当作美好意义的象征或符号。通过中国传统纹样的含义可以看出它有着深厚的文明底蕴和魅力。

2 传统纹样在现代园林设计中的运用

中国传统纹样中凝聚着传统文化的精华，体现出具有国家尊严和民族特色的图形、符号、音乐、风俗和精神。中国是个有着悠久历史文化的国家，其传统伦理道德、政治体制、家庭结构、生活方式都对环境建筑的形式和景观设计产生着不可估量的影响。传统文化装饰元素形式丰富。

首先，中国传统建筑纹样在现代园林设计中的运用：宫殿建筑、寺庙建筑、园林建筑、民用建筑，其中园林建筑中的装饰构件，如亭、台、楼、榭、廊等使园林景观妙趣横生、意境无穷，营造出以小见大的艺术效果。园林建筑中的书法、绘画、雕刻和工艺美术等通过点景手法将文化景观要素与自然景观要素交汇融合，创造出了以"退隐"为特点的最佳人居环境，在现代园林中融入古典园林的设计要素，将"天人合一"的传统造园思想融入人工环境中。

其次，中国传统民居中常用的装饰纹样元素的运用，如门、窗、柱、天花、藻井、台基、铺地、雀替等是中国古建筑中不可缺少的装饰构件，它们通过各种图案和纹样来展示丰富的视觉效果，表达良好的装饰内涵。其中尤以窗的形式丰富多样，包括槛窗、支摘窗、横批、漏窗，在中国古典建筑中，窗是必备的要素，其丰富多意的装饰图案使整个住宅充满了艺术趣味。在设计中被抽象出来的窗的形象，整合阵列于建筑之外，美轮美奂。人们穿梭其中，内外眺望，移步换景，传统文化氛围就此营造。

再次，单体传统纹样在现代园林景观设计中的运用更为广泛，例如中国的动物、生肖形象也大多以剪纸、雕塑等形象出现在现代园林景观设计中，对剪纸艺术进行景观化处理，制成雕塑小品，能够很好地体现植根于中国传统现代主义景观的设计理念，例如南京仁恒翠竹园内的雕塑小品，设计师将传统剪纸艺术中的狮子形象做成雕塑，以立面的形式置于水边，形成了极富喜庆的传统图案景观。也有人用植物拼出这些动物形象，还有祥云图案的运用，在很多园林的墙壁、栏杆、扶手上都雕刻了这样的祥云图案，这些图案元素很受人们喜爱。在这些朴素图形背后有着对美好生活的向往和祝福，有着无形的宇宙观，有着更广阔、更生动的人生感悟，这些艺术园林景观形象都是对传统文化的继承。

3 传统纹样在现代庭园设计中运用的意义

传统纹样来源于人们的生产与生活，是对物象的高度概括抽象。传统纹样作为传统文化一个重要的图像化的表达，能够具象地传送出传统文化的众多信息，将人们的美好愿望、对自然的崇拜和儒道释的思想浓缩在概括抽象的图案之中。传统纹样从视觉上直观地传递出传统文化，具有不可替代的重要作用。

3.1 传统纹样的运用具有多方面多层次的传承作用

3.1.1 一方面是文化内涵的传承

传统中国园林欣赏者以占主流的中国文人士大夫为主，在中国文化发展史上，儒、道、佛三教作为中国传统文化的三大组成部分，各以其不同的文化特征影响着中国文化。同时，三者又相互融合，共同作用于中国文化的发展，并充分体现了中国文化多元互补的特色。在研究传统文化三大教派的思想对中国传统园林景观的影响，可以窥探出中国园林发展的历史文化。

3.1.2 另一方面是审美内涵的传承

中国传统园林的影响主要是通过对中国文人性格和审美情趣的渗透，折射在园林风格和景观意境的审美观念中。因此，无论从园内的物质内容到精神功能，从园林的立意布局到园内景区的主题分配，从景物本身的表意内涵到景物之间的符号关系都体现着丰富的中国传统园林美学思想和博大精深的中国传统文化底蕴。

3.1.3 传统材料和制作工艺上有一定的传承

材料和制作工艺是传统纹样得以实现的重要因素，工艺与材料也是传统文化中不可缺少的重要部分。制作工艺反映出劳动者的水平，同时可以反映出当时代的文化、审美等众多社会信息。众多传统的材料与工艺表现出高超的技艺，并且尊重自然规律，具有环保生态的特点，对于今天的发展具有借鉴的价值。

要达到传统纹样传承的目的，需要文化的、审美的和材料工艺的多方面的共同作用。表现在景观园林设计中，不仅要利用建筑周边的空地，合理充分利用空间，有计划地配置各种观赏性植物以及其他休息、娱乐设施，为建筑的使用者提供户外活动的便利空间，而且要创造清新雅致的生活品质，符合人们的审美观念，能够与人们的生活融为一体，且具有多项功能和意义。

3.2 传统纹样可以通过形式传达吉祥寓意的作用

吉祥寓意是传统纹样的基本属性，甚至有"有意必吉祥"的说法。在庭园中常在地面铺装、水域规划等方面运用传统纹样，其中更是着重选择吉祥的寓意来提升整个区域的文化韵味。中国传统图案所表达的吉祥观念多种多样，其中"福、禄、寿、喜、财、吉"是吉祥文化的核心内容，它们是彼此关联而又各具特色的吉祥主题。这些主题，或直接表达，或隐喻含蓄，都反映着人们祈吉求祥的美好愿望和憧憬，包含着中华民族传统审美文化的众多内容和人文主义精神。

3.3 传统纹样的运用可以增加现代园林的装饰作用

装饰性是传统纹样所具有的最直接的功能，是人类对美的追求。传统纹样是内容与美的形式的结合，是一种"形"与"意"的融合。在造型上追求随意性，但是这种带有随意性的装饰变形，也受到某些程式的约束。特定的形象组合，表达特定的寓意，各种元素均按照形式美的规律来组合，形成具有齐整性、对称性、对比性、运动性、连续性、重复性及平衡性的美学特征，以达到吉祥图案内容和形式的完美统一。

纹样的平衡美感，是通过对称与均衡的构图手法来表现，对称与均衡是取得视觉平衡的两种方式。对称是一种特殊的均衡，具有稳定、端庄、整齐、平静的特点。相对于对称来说，均衡显得自由活泼，富于变化，表现出不同的视觉效果，这正是纹样具备装饰属性的重要前提。通过纹样本身优美的造型、结构、色彩、质感等因素，提高现代庭园的视觉效果。

3.4 传统纹样在现代园林景观中的运用可以突出使用部分重要性

重点刻画的对象总是重要的因素。在现代园林景观的设计中，结构轴线无疑是统领整个庭园节奏的重要线索。重要的传统纹样也遵循景观轴线，更好地表达景观节点。

4 结语

处于目前中国社会形态下的现代园林设计，对民族传统文化，传承与超越才是顺势而为之道。传承，需要对本民族的文化作深层的理解，并要求我们更多地关注、了解和学习传统文化，将其内涵化为修养，然后在作品中自然流露。传承是本源，超越才是其走向。超越，就是要在设计中对本土文化肯定的同时，还要不囿于传统的樊篱，多利用先进的科技手段，从形式上升华，形成同国际的对话与交流。将传统艺术与园林景观设计理念相结合，通过对传统艺术的"再生"和创造，创造出富有中国文化意蕴的设计作品。在设计艺术的开放与互动精神中发展，尊重文化差异和传统，用开放的头脑面对未来。合理地利用好传统的文化元素为景观艺术设计服务，更好地挖掘本民族的文化财富和艺术瑰宝，对园林景观设计具有重要的意义。

参考文献

[1] 牛彦军. 自然与人性的结合——从中国文化传统看中国建筑的"天人合一"性. 华中建筑，1996(1).
[2] 吴隽宇，肖艺. 从中国传统文化观看中国园林. 中国园林，2001(03).
[3] 王海霞. 传统文化装饰元素在现代小区景观设计中的应用. 产业与科技论坛，2010(9).
[4] 李景奇. 走向包容的风景园林——风景园林学科发展应与时俱进. 中国园林，2007(9).
[5] 段研. 中国传统纹样在现代庭园设计中的传承与发展. 北方工业大学研究生论文，2010.

作者简介

刘健，1976年7月出生，汉族，沈阳，硕士，沈阳建筑大学设计艺术学院，副教授，视觉传达设计。Email：27295338@qq.com。

马雪梅，1972年4月出生，女，汉族，硕士，沈阳建筑大学建筑与规划学院，副教授，风景园林设计。

赵巍，1968年12月出生，女，汉族，学士，沈阳建筑大学村镇规划研究院，讲师，城市规划设计。

风景评估新综合概念方法
——动态模型

A New Integrated Conceptual Approach for Landscape Assessment
——The Dynamic Model

罗 丽 岳 超

摘 要：我国目前风景评价体系是建立在国家标准对风景资源分类、分级基础上，通过数据反映场地的表象特征，如土地类型、植被状况、美学特征等。尽管量化数据较为客观地反映了风景的静态表现及表象特征，但却不能反映景观动态变化过程及无法挖掘其隐含价值。本文分析目前中国存在的风景评价问题，比较国外现有风景评价模型，在分析对比基础上构建风景评估新模型，即动态评估模型。动态评估模型强调景观动态变化过程，并为挖掘景观潜在价值提供了综合的概念评估框架。

关键词：动态变化；景观评估；动态评估模型

Abstract: Based on the national standards of landscape resources classification, the current Chinese landscape evaluation system can, through data, reflect the characteristics of the site representation, such as land types, vegetation conditions, aesthetic characteristics, etc. Although the quantifiable data is more objective to express the static performance and external characteristics of landscape, it can not unearth its underlying values. This paper analyzed the existing landscape evaluation process problems in China and compared major landscape evaluation/assessment models. Based on the analysis comparison, it builds a new model for assessment for landscape, namely the dynamic model. The dynamic model emphasizes the dynamic change process of landscape and offers an integrated conceptual framework for digging into landscape's potential values.

Key words: Dynamic Change; Landscape Assessment; The Dynamic Model

近年来，我国的风景建设进入快速发展时期，但不少地区风景建设中存在重表面、轻实质、重建设、轻资源等问题。究其原因多与风景评价认识相关，如对景观/风景的认识不到位——一些消失的山体、植物乃至生产方式，在横遭破坏之初，并没有被看作有价值。全面有效的评估方式是风景规划设计的基础，因此，构建新评估模型尤为必要。新模型构建的前提是探究风景的多样价值，不仅是"有利用"的价值。本文分析了我国目前风景评价方法存在的问题，对比了国外主要风景评估模式，基于此构建的新风景评估模式，即动态评估模型。

1 我国目前风景评价方法所存在问题

1.1 分类分级评价挑选"优越"景观，无法挖掘隐藏价值

我国目前主要采用国家颁布的法律法规来评价风景价值。2006年国务院颁布的《风景名胜区条例》第十三条规定：风景名胜区的总体规划中应当包括风景资源评价①。2000年建设部颁发的《风景名胜区规划规范》（GB 50298—1999）进一步将风景资源的调查内容通过分类表的形式划分为2个大类、8个中类、74个小类。资源的吸引力通过风景资源评价指标层次进行量化，并作出等级评价，包括特级、一级、二级、三级、四级这五级。这种对景观/风景资源评价方法是以资源"优越性"为导向，与20世纪70年代英国在曼彻斯特②（Manchester）的实践非常类似。即评价目的是从景观群落中挑选出那些比相邻区域"更优越"的景观。这种评价体系对景观的多样性认识不足，如山岳型风景区中的山地聚落与平地聚落，形成原因显著不同，并不具有可比性。简单将两者归为同类，再通过量化评价定级，既无必要，又无法体现景观价值，更无法挖掘其隐藏价值。

1.2 着眼于现有特征，忽视景观动态变化过程

量化景观评价主要关注资源的现有特征，着重关注景观的利用价值。这种方法可能导致评价工作向高等级资源倾斜，也导致认为现有特征和价值为景观的全部特征和价值。然而，僵硬的分级制度并不包含那些可能在景观动态变化过程中"依附"价值。例如，对古树名木、历史建筑等实行特别保护，对看上去"无价值"且阻挡开发建设的树木、建筑等则一概清理。实际上，这些树木、建筑其在景观动态变化过程中包含了自身价值。因此，通过量化评价可获得风景的美学、生态等静态表征，却不能反

---

① 《风景名胜区条例》于2006年9月6日经国务院第149次常务会议通过，自2006年12月1日起施行。
② Coles R W, Bus sey S C. Urban forestlandscapes in the UK - progressing the socialagenda [J]. Landscape and Urban Planning, 2000, 52: 181-188.

映风景随着时空变化的动态过程。

1.3 "专家打分"式评价占主流，对原住民意见未充分考虑

现有风景评价方法以"专家打分"[1]式为主，通过学术类别进行资源的判定。这种方法有一定局限性，"专家"集中某一特定类别的景观上而忽略其他景观的表达。例如历史学家重视景观历史特点、生态学家关注自然物种、景观设计师着眼于设计及景观风貌等。这种评价方法带有一定的"专家性"和精英色彩，多数情况下，对原住民的意见并不重视和采纳。而在某种程度上，原住民对景观的感知包含了景观的"前世今生"。

1.4 评价与评估概念的混用

正是基于以上资源可利用程度的评价，导致在国内部分学者在对国外文献研究中，Evaluation 和 Assessment 经常被等同并混用。据韦氏词典的解释，Evaluation[2]着重强调结果，即为事物或活动评分、定级的行为；而 Assessment[3]着重强调过程，表示对事物或活动作出判断行为（的全过程）。因此国内的风景评价体系较为偏重"量化评价"Evaluation，即对资源的分类分级。而本文新模型则强调对景观的"评估"Assessment，是对景观的一个判断过程。这种判断包含了对景观动态变化的探究及深层价值的挖掘。

2 主要景观评估模式对比分析

近年来，欧美学者从对景观的解释上衍生出了多种景观评估模式，这些模式建立在多学科交叉基础上，它们试图对景观价值提供全面评估方式。以下是对主要模式的综合和简要总结（表1）。

人类学家克拉姆利和马夸特[4]（Crumley and Marquardt, 1990）提出的模式强调景观由物质结构和社会历史结构决定。这些结构相互决定且相互影响，物质结构不受人类控制。人类学家达尔丰[5]（Darvill, 1999）认为景观是一系列的构筑物、器件，它们是社会的媒介（只要它们持续有社会性意义）。他认为景观背景包括个人或集体所经历的空间、时间以及社会活动。景观建筑师斯派恩[6]（Spirn, 1998）则持有不同观点，她用句子结构的比喻方式来解释景观，包括媒介与物体（名词）、事件（动词）、意义和品质（形容词和副词）。她认为这些元素并不是单独存在，而是通过各种方式的组合来产生意义。正如单词

景观模式总结　　表1

模式意图	模式组成元素			
	与物质相关	与人相关	与活动、进程相关	其他元素
景观的明确元素（克拉姆利和马夸特 Crumley and Marquardt, 1990）	物质构造	释义	社会-历史构造	
以景观作为背景（达尔丰 Darvill, 1999）	空间		社会活动	时间
景观元素（斯派恩 Spirn, 1998）	名词：作用者和目标	形容词或副品质和含义	动词：事件	
景观面貌（特肯立 Terkenli, 2001）	视觉（模式）	感知（含义）	经验体系（功能、过程、人类经验）	
景观维度（特雷斯 Tress, 2001）	空间实体	精神实体	体制	时间自然、文化节点

在句子中的组合一样，通过不同组合产生不同意义。地理学家特肯立[7]（Terkenli, 2001）提出"景观观点"模式，认为景观是一种看得见的人类环境的表达，它通过感觉和认知过程所感知。景观为人类活动提供了媒介。他提出景观相互作用的三个方面：视觉（形式）、感知（意义）、经验（功能、过程、人类体验），其受到生物定律和文化规则的影响。一个稍复杂的模式由特雷斯[8]（Tress, 2001）提出，此模式建立在对5个不同历史方法理解景观的基础上。他认为景观包括空间实体、精神实体、自然文化节点、时间维度等相互影响的方面，是一定次序排列的复杂体系。

以上模式表面上看好像是各种观点的无序杂合，但经过仔细的研究，它们都表现了高度的一致性。从表1可以看出，几乎所有模式都提供了"一组三类别"的解释。尽管这些模式从不同的学科背景中发展而来，但在元素和概念组别它们都表现出强烈的相同性特点。所有模式都提到了景观的物质形式，例如物质结构、景观实体等。几乎所有模式都提到了人类和环境相互关系的意义，例如意义、精神实体等词的运用。此外，多数模式都包括了活动或者过程，一些模式强调人类活动。以上模式的主要分歧在于对待景观时间性维度上，达尔丰（Darvill, 1999）

---

[1] 风景资源评价的主要学派及方法．青年风景师（文集）．城市设计情报资料，1988，31-41
[2] Evaluation: to judge the value or condition of (someone or something) in a careful and thoughtful way. 根据韦氏词典解释
[3] Assessment: the act of making a judgment about something; the act of assessing something. 根据韦氏词典解释
[4] Crumley, C., Marquardt, W. 1990. Landscape: a unifying concept in regionalanalysis [M] // In: Allen, K., Green, S., Zubrow, E. B. (Eds.), Interpreting Space: GIS and Archaeology. Taylor & Francis, London, New York, pp. 73 – 79.
[5] Darvill, T., 1999. The historic environment, historic landscapes, and space - timeactionmodels in landscape archaeology [M] // In: Ucko, P., Layton, R. (Eds.), TheArchaeology and Anthropology of Landscape. Routledge, London, NewYork, pp: 104 – 118.
[6] Spirn, A., 1998. The Language of Landscape [M]. Yale University Press, NewHaven and London.
[7] Terkenli, T., 2001. Towards a theory of the landscape: the Aegean landscape asa cultural image [J]. Landscape Urban Plan. 57, 197 – 208.
[8] Tress, B., Tress, G., 2001. Capitalizing on multiplicity: a transdisciplinary systemsapproach to landscape research [M]. Landscape Urban Plan. 57, 143 – 157.

和特雷斯（Tress and Tress, 2001）将时间从相互作用动态中区别出来。剩下的模式并没有将时间从景观元素中剥离出来。这个分歧为本文把时序性作为景观的一个重要动态成分提供了研究方向，也是本文构建新模型的重要成分。

3 新景观评估模式——动态模型

动态模型的构建是通过对理解现有景观概念，对主要模式的总结及笔者从事风景规划工作中的案例调查分析基础上，将主要景观元素重新分类，并将时序性加入以赋予其动态变化过程。

3.1 动态模型的主要类别

动态评估模型主要有三个类别（图1）。

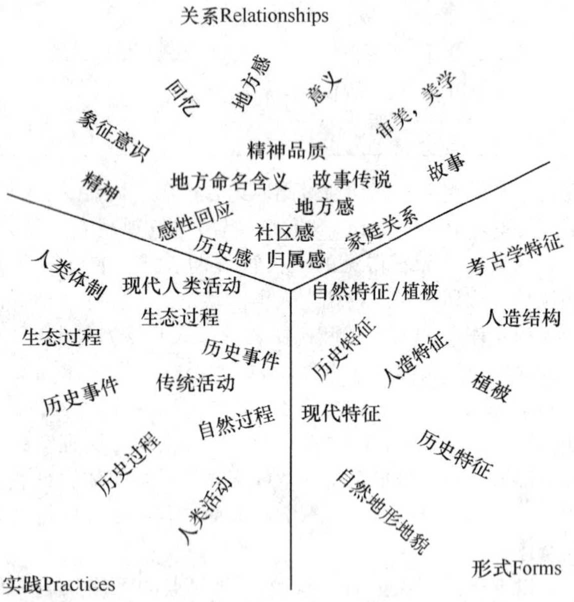

图1 动态模型的三个类别：形式、实践、关系。
外圈代表各学科研究景观的兴趣，
内圈代表关联价值[①]

第一个类别为形式（Forms），由景观或空间上物质的、可接触的和可测量的方面组成。它包括自然特征（如地形地貌、植被等），人为创造或干预形成的文化特征（如构筑物、花园、道路等）。这个类别包含了表1所列的一些景观元素。

第二个类别为关系（Relationships），概括了景观中人和人，人和环境产生的关联互动关系，传达了人类—自然的连续性。景观意义是借由景观和人类关联所产生，这种关联有多种表达方式，包括地方精神、神话、地方感、地方故事、文学、歌曲等。同时，那种只有很少或者没有直接的人类参与活动（例如生态关系）的景观，其生态及功能关系也同样被评估，共同作为人类—历史体系的一部分。第二种类别同样与表1所列元素有相似之处。

第三个类别是实践（Practices），它包括人类和自然的元素。这在表1中也有所表达，实践包括过去和现在的活动，传统和事件，生态和自然过程。人类实践活动和自然过程是一种动态的连续。文化活动（耕种、修建等）始于人类，自然过程（天气、侵蚀等）开始不受人力影响。然而，人类活动影响着自然过程（例如修建大坝可能改变水流方向），自然进程影响着人类活动（例如洪水会影响下游耕种）。从概念上简单地区别这二者便是否认自然和文化的不可分离性。因此，实践类别旨在捕捉景观上人类实践和自然进程的连续性。

3.2 景观的动态模型

在景观讨论中，一些学者强调景观形式怎样塑造实践，一些学者关注形式本身怎样引起的关系，却很少注意形式、关系、实践之间的相互关联、相互影响。景观动态过程不仅塑造物质空间环境，同样塑造可感知环境，形式、关系、实践是连续的相互作用来创造景观。因此，从对景观的静态理解转向动态理解是非常有必要，这三个元素可以分开考虑，然而作为动态的景观过程这三者却是不可分离且相互交织的（图2）。

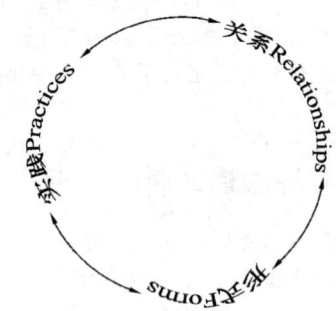

图2 形式、实践、关系之间的动态联系

3.3 动态模型的时序性

图2显示了景观动态过程，但是并不包括景观的时序维度。时间作为这个模型的进一步的变体，它表示景观作为一个连续体，其形式、实践和关系，随着时间不断发生着。过去的形式、实践和关系三者影响着现在的景观形式、实践和关系，这种关系也塑造着景观的未来，即未来景观的形式、实践和关系（图3）。

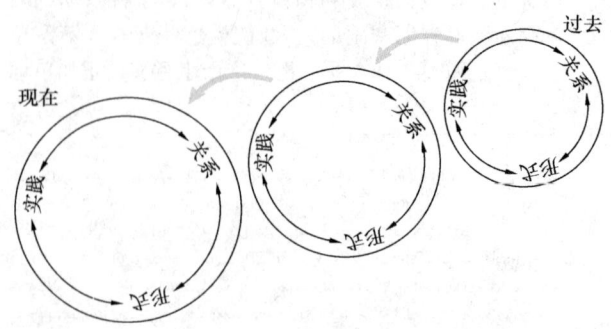

图3 动态模型：显示景观的动态和时序维度

[①] 基于各个学科学者对景观的主要研究方向，挑选相关元素而成图。

图3的连续性表达了：景观是从形式、实践和关系的动态相互作用创造而来，景观的价值取决于过去和现在的元素。因此，景观总是在不断的变化中，过去的串联与现在互动，并与未来交织。

3.4 动态模型的直观、内含价值

尽管视觉的、直接的景观价值从某种程度上来说很重要，但是更为重要的是那些随着时间不断发展、成长的价值。景观和地点为人们提供了共享经验的空间，空间成为地方，同时它们累积了时间厚重感。景观将人们过去、现在和未来联系起来。总体来讲，这个联系创造了特殊的地方身份和地方特征，这个特征包含了人和景观的关系，它们有助于人们构建归属感和强烈的文化认同感。因此，动态模型提出景观的价值可以通过考虑其形式、实践和关系来进行整体的理解。一些价值可以直接从表面立刻感知，而一些深藏的价值则需要通过动态作用分析，即从更久远的时间去寻找内含景观，进而寻找内含价值（图4）。通过在细致的程度上探测实践和关系，例如深入认知某地的故事、传统、宗系、地方命名等，透过直观表象去探究景观的内涵价值。

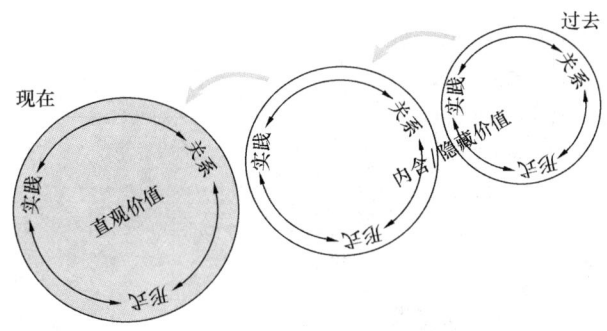

图4 动态模型：显示景观直观及内含价值

4 结论

传统量化的、静态的、文物式的景观评价方式，并不包含所有的景观要素。部分原因也是运用更高级的勘察手段（如卫星影像）后，规划师、学者强烈地意识到景观要素丧失速度在加快。风景评估方法开始考虑过去没有考虑到的景观价值要素。尽管多学科融合的景观评估提供看上去"广博的"对景观价值的理解，亚肯立① （Yerkenli, 2001）指出："目前景观评估只是把分散的专业观察看上去有体系的拼凑一起，再生硬地融入景观环境的综合构建中。"这些评估方法从某种意义上可识别景观的生态、植被、视觉等静态表征，然而无法判断景观的动态变化过程及其所隐含的价值，无法评估景观资源处于积极（Positive）的状态。

从广博的视野理解景观，正如《欧洲风景公约》②所阐述的景观定义："景观是一片被人们所感知的区域，该区域的特征是人与自然的活动或互动的结果"。因此，本文希望通过动态模型的建立为景观评估提供新的视野，即重视景观的动态变化及潜在价值，取代传统认识中占主流的景观美学（Landscape Atheistic，即景观的审美价值）。此模型旨在为景观评估提供一种整体的概念性框架，并进一步为区域景观可持续，特别是人类—景观的关系对社会—生态恢复力的研究提供参考框架。动态模型可看作一个起点，有必要进一步研究、测试此模型解决实际问题的有效性。

参考文献

[1] Council of Europe. European Landscape Convention [EB/OL]. [2007-09-13] http://www.coe.int/t/e/Cultural_Co-operation/Environment/Landscape.

[2] Crumley, C., Marquardt, W., 1990. Landscape: a unifying concept in regional analysis[M]//In: Allen, K., Green, S., Zubrow, E. B. (Eds.), Interpreting Space: GIS and Archaeology. Taylor & Francis, London, New York, pp. 73-79.

[3] Coles R W, Bussey S C. Urban forest landscapes in the UK - progressing the social agenda [J]. Landscape and Urban Planning, 2000, 52: 181-188.

[4] Darvill, T., 1999. The historic environment, historic landscapes, and space-time actionmodels in landscape archaeology[M]// In: Ucko, P., Layton, R. (Eds.), The Archaeology and Anthropology of Landscape. Routledge, London, NewYork, pp. 104-118.

[5] Natural England S H. Landscape Character Assessment Guidance for England and Scotland[EB/OL]. (2011-01-02) [2011-05 05]. http://www.naturalengland.org.uk/Images/lcaguidance_tcm6-7460.pdf.

[6] Roe M. Landscape Sustainability: An Overview [M]//Benson J F, Roe M. Landscape and Sustainability. 2nd Edn. London: Routledge, 2007.

[7] Swanwick C. Recent Practice and the Evolution of Landscape Character Assessment[EB/OL]. (2011-01-12)[2011-05-05]. http://www.naturalengland.org.uk/Images/lcatopicpaper1_tcm6-8171.pdf.

[8] Spirn, A., 1998. The Language of Landscape[M]. Yale University Press, New Havenand London.

[9] Terkenli, T., 2001. Towards a theory of the landscape: the Aegean landscape asa cultural image[J]. Landscape Urban Plann. 57, 197-208.

[10] Tress, B., Tress, G., 2001. Capitalising on multiplicity: a transdisciplinary systemsapproach to landscape research [M]. Landscape Urban Plann. 57, 143-157.

[11] Tuan, Y.-F., 1979. Thought and landscape—the eye and the mind's eye. [M]// In: Meinig, D. (Ed.), The Interpretation of Ordinary Landscapes. Oxford University Press, New York.

[12] UNESCO. Convention Concerning the Protection of the World Cultural and Natural Heritage. http://whc.unesco.org/en/

---

① Terkenli, T., 2001. Towards a theory of the landscape: the Aegean landscape as a cultural image [J]. Landscape Urban Plann. 57, 197-208.

② Council of Europe. European LandscapeConvention [EB/OL]. [2007-09-13] http://www.coe.int/t/e/Cultural_Co-operation/Environment/Landscape.

[13] 风景资源评价的主要学派及方法. 青年风景师(文集). 城市设计情报资料, 1988, 31-41.

作者简介

罗丽, 1984 年 4 月生, 女, 壮族, 重庆, 硕士, 北京清华同衡规划设计研究院有限公司, 规划师, 风景园林规划。Email: 03261036cool@gmail.com。

岳超, 1984 年 7 月生, 男, 汉族, 黑龙江, 本科, 北京清华同衡规划设计研究院有限公司, 规划师, 风景园林规划。Email: 53216876@qq.com

新疆可可托海国家地质公园工业遗产的积极保护模式初探

The Preliminary Study on Positive Protection Mode about Industrial Heritage in Koktokay National Geological Park in Xinjiang

罗 英

摘 要：本文通过对可可托海国家地质公园自然遗产与工业遗产的保护现状、存在问题进行分析，提出该地区工业遗产积极保护与整体创造的三种模式，最后对工业遗产的保护提出几点建议。

关键词：可可托海国家地质公园；工业遗产；保护模式

Abstract：In this paper, through analysis of present situation and existing problems about protection of natural heritage and industrial heritage in Koktokay National Geological Park, put forward three modes of positive protection and whole creation about industrial heritage in the region. Finally, bring up some suggestions on the protection of industrial heritage.

Key words：Koktokay National Geological Park；Industrial Heritage；Protection Mode

随着科学技术和信息时代的飞速发展，社会文化的发展呈现多样趋势，同时国际社会也正在多样化地理解文化遗产的概念，文化遗产价值的评价也趋于多样化。工业遗产是在近现代工业化的发展过程中留下的物质文化遗产和非物质文化遗产的总和。[1]人们也逐渐将工业遗产看作普遍意义上的文化遗产中不可分割的一部分。

在近现代发展进程中，工业遗产具有重要历史价值。保护工业遗产就是保持人类近现代文明的传承，工业遗产就是工业活动对场所历史和今日社会所产生深刻影响的见证。工业遗产是人类创造的，需要国家乃至世界进行长久保存和广泛交流的文明成果，是人类文化遗产中毫不逊色的组成部分，也是科学与技术发展中最为重彩的一笔。

经国土资源部、财政部、国家环保总局、国家旅游局和联合国教科文组织中国委员会等组成的国家地质公园领导小组审定，可可托海湿地于2005年9月被评为国家地质公园。以地震遗迹为主的国家地质公园——可可托海国家地质公园于2008年7月15日开园，成为继喀纳斯国家地质公园、奇台硅化木－恐龙国家地质公园之后的新疆第三个国家地质公园。可可托海国家地质公园旅游建设以大东沟开发为依托，进一步带动吐尔洪乡的农业旅游及民俗旅游，突出发展地质科考和可可托海矿区的工业旅游。

1 可可托海国家地质公园自然遗产的保护与利用

1.1 保护现状

新疆可可托海国家地质公园，位于新疆东北部阿勒泰地区富蕴县，距乌鲁木齐485km，距富蕴县城53km。面积达788km²的可可托海国家地质公园，由有"世界地震博物馆"之称的卡拉先格尔地震断裂带、"北国江南"之誉的可可苏里风景区、"中国第二寒极"伊雷木湖及著名的额尔齐斯大峡谷四大景区组成。

其中，卡拉先格尔地震断裂带曾发生过史称"富蕴地震"的8级大地震，造成了长达176km的地表地震断裂带。这里完整地保留了地震当年雷霆万钧、山崩地裂的场景，堪称国内外最好的地震断裂带遗迹现场博物馆。由于特殊的地质构造、风雨侵蚀和流水切割，可可托海形成了许多深沟峡谷，成为集山景、水景、草原、奇特象形山石、淘金、温泉等于一体的丰富自然景观组合区。目前可可托海国家地质公园已投入4000多万元用于基础设施建设和地质公园特色景点开发，整个国家地质公园规划环保先行，除个别建筑物外，整个公园保留着原始风貌，目的是打造景区保护的示范区。

1.2 目前存在的主要问题

（1）可可托海国家公园的管理体制不健全，管理口径不一致，政出多门。可可托海国家公园为国家5A级景区，其直接管理部门是景区管理委员会，由山东一家民营公司承包进行经营管理，上级主管部门为富蕴县旅游局。真正实施景区管理的又为可可托海矿务局。多部门直接或间接从事管理与经营，这种多重管理导致对利益相互纷争，最终会导致自然资源的过度开发与利用。

（2）矿山工业的开采对自然环境造成严重破坏，工业景观如何与自然景观有机融合，还有待探讨。享有盛誉的"地质三号矿脉"经过几十年的过度开发，已采挖移走了两座大山，现遗留的是掘地深千尺后的硕大采矿坑（图1）。

该"地质三号矿脉"矿坑目前已成为罕见的工业遗迹，并作为中国有色金属工业历史的辉煌见证。开采遗留

图1 3号矿脉现状图

的矿渣沿额尔齐斯河岸堆积数公里长,严重影响了周边景观,怎样对工业遗迹进行生态景观改造,才能做到自然遗产与工业遗产的双重保护,是一个有待深入研究的课题。

2 可可托海工业遗产的保护与利用

2.1 工业遗产现状及保护

《下塔吉尔宪章》中阐述的工业遗产定义反映了国际社会关于工业遗产的基本概念:"凡为工业活动所造建筑与结构、此类建筑与结构中所含工艺和工具及这类建筑与结构所处城镇与景观,以及其所有其他物质和非物质表现,均具备至关重要的意义"。[2]

2006年4月18日,国家文物局在无锡举行首届中国工业遗产保护论坛,与会形成的《无锡建议》标志着我国对工业遗产的保护和重新认识工作正式开始。[3]《无锡建议》首次在国内提出了工业遗产保护的概念,并将工业遗产定义为:工业遗产是文化遗产的重要组成部分,是指具有历史、社会、建筑、科技、审美价值的工业文化遗存,包括建筑物、工厂车间、磨坊、矿山和相关设备,相关加工冶炼场地、仓库、店铺、能源生产和传输及使用场所、工艺流程、数据记录、企业档案等物质和非物质遗产。[4]由此可见,工业遗产无论在时间、范围还是内容方面都具有丰富的内涵和外延。

可可托海镇,也称可可托海稀有矿,素以"地质矿产博物馆"享誉海内外,是中外地质学者心目中的"麦加"。可可托海"三号矿脉"是新疆有色金属工业的摇篮,是新中国第一个以锂、铍、钽、铌为主要的国防尖端科技原材料的工业基地,也是新疆最大的一座现代化稀有金属矿山,盛产着目前世界上已知的一百四十多种有用矿物中的八十六种。[5]在中苏关系紧张期间,可可托海"三号矿脉"的矿石承担了中国偿还给苏联债务的百分之四十,并为中国"两弹一星"、航天、航空和高科技事业做出了巨大贡献。[6]工业遗产是在工业化的发展过程中留存的物质文化遗产和非物质文化遗产的总和。可可托海稀有矿的工业遗产构成主要分为以下几大类:

(1)不可移动的工业建筑群和工业遗址:主要包括八七选矿厂、水电站等大型工业建筑群以及相关加工冶炼场地、仓库;以及一号矿脉、二号矿脉、三号矿脉、四号矿脉、废弃的沿额河矿渣堆等工业遗迹群(图2)。

(2)可移动的工业文物:承载了工业文化的物件如:

图2 位于地下136m的可可托海水电站发电机组

机器设备、各种工具、装配生产流水线、办公用具、生活用品等。

(3)非物质工业文化:工艺流程、数据记录、产品样品、契约合同、票证簿册、照片拓片、图书资料(如:可可托海志)、音像制品、企业档案、历史相片等(图3、图4)。

图3 20世纪50年代初中国老一辈领导人参加签字仪式

图4 20世纪60年代基地建设

由于批准建立了国家地质公园,可可托海的自然资源较为有效地得到了保护,但是上述工业遗产基本上还处于未保护利用的状态。

2.2 存在的问题

(1)随着城镇化的建设,不可移动的工业建筑群面临着被拆除的危险。这些旧厂房建筑群只建成六七十年,若政府不加以保护利用,认为这只是过时的工业技术的代表,就会随着时间的流逝和矿山的停产而在人们的视线里甚至在记忆中消失。这种片面的认识,会导致该段历史与文化的缺失,弥足珍贵的工业遗产因没有得到足够的重视与保护，在所谓的景区重建工程和安居工程中不知不觉地消亡。因此相关的政府职能部门应尽快行动起来，在景区规划和建设中要以法律的有效手段来进行保护和干预。

（2）随着旅游活动的开展，不可移动的工业遗址会在旅游开发中受到不同程度的破坏。现在可可托海"三号矿脉"已成为国家公园旅游的必游之地，随着游客的增加和旅游设施的不断完善，"三号矿脉"在进行景观提升后，也许满足了游客的观光需要，但矿脉的原本面貌或许已不复存在，这种景观改造值得深思。

（3）随着时间的流逝，矿区已不具备生产功能，可移动的工具、设备用品等工业文物若不加以保护，也会如用过的旧物一般被遗弃。这些器具可不是一般的器具，它们曾担负着偿还国债的重任，也是对父辈们吃苦耐劳的记忆，也是一段曾经辉煌过的历史物证。

（4）非物质工业文化的保存缺乏整体性和系统性。许多数据记录、契约合同、票证簿册及企业档案均为纸质文件，很难长久保存，这部分也是珍贵的资料，具有一定的实际研究价值。

3 可可托海国家地质公园与工业遗产积极保护与整体创造的模式初探

工业遗产作为文化遗产的组成部分，其保护与利用模式也可借鉴参考文化遗产的保护利用。因此在吸收吴良镛院士提出的"积极保护、整体创造"论思想内核的基础上，借鉴周岚博士的保护八论，[7]可可托海国家地质公园与工业遗产的整体积极保护与利用可以采用以下模式。

3.1 从静态的工业遗址到动态发展的工业博物馆模式

每个地区都有自己的发展历史和足迹，工业建筑遗址就像是该地区的历史记忆库，将其改造成博物馆是对地区历史和文化的重新认识和回归。

工业博物馆模式可以很好地保护和展示可移动的工业文物及非物质的工业文化。通过合理的科学的规划设计将一些旧厂区分期改造成工业博物馆，一方面积极有效地保护和利用了工业的不动产，对原有工业场地进行了保留与合理应用；另一方面同时分门别类的保护展示与场地密切相关的工业文物和非物质工业文化，又是对场地精神的一种继承与记忆。可持续的工业博物馆的建设是对当时历史的最好见证，也是对时代的追忆和对工业文化的一种传承与发扬，历历在目的厂房、流水线、物件、器具、产品与相片等，在不断向人们讲述着这段采矿人的开拓精神，教育并震撼着来自四面八方的游客与下一代。

3.2 从孤立的工业历史保护到整体国家公园的景观文化创造模式

随着旅游的深入，国家地质公园的整体规划与建设要将工业遗产景观整体保护与国家地质公园的景观创造有机融合，在保护中创新，在继承中发展。将工业遗产的保护、工业历史片段的整合与国家地质公园的整体规划设计结合，系统规划整体创造，塑造富有历史内涵的景观文化空间。

3.3 从工业技术的历史保护到社会公众参与和政策支持的公共保障模式

对自然与文化遗产的保护表面上看是专业问题和技术问题，但归根到底属于社会问题。[7]如果保护工作过于专业化，缺乏一定的群众基础，保护措施实施的效果会大打折扣。因此，在对工业遗址和工业技术进行保护时，应考虑该地区原住民的利益与需求，将国家地质公园和工业遗址的整体发展、社会共同进步与住区群众的利益关联考虑，突出公共政策的支持与保障性，才能实现国家地质公园和工业遗址的积极保护与可持续发展。

4 关于工业遗产保护的几点建议

（1）制定工业遗产保护相关法律法规，做到工业遗产保护有法可依，是最行之有效的方法。通过制定相关的法律法规，明确工业遗产保护主体的责任、权利和义务，使得有重要意义的工业遗产通过法律手段得到有力的保护。[8]

（2）建立价值评估体系，开展城市工业遗产的等级认定与普查工作。科学设定城市及城镇工业遗产的评估层级与具体可测量指标：如历史价值、文化价值、社会价值、美学价值、技术价值和经济价值等。[9]建立工业遗产的不同级别，如国家级工业遗产、省级工业遗产或市级工业遗产来进行保护或再利用。依据设定的评估体系进一步确认工业遗产应采取保留并保护的措施。

（3）鼓励公民积极参与。工业遗产资源需要全民族、全社会共同参与保护。在我国，一些工业遗产曾经伴随着新中国工业的成长，与普通百姓的生活息息相关，这种天然的亲缘性能唤起人们对工业遗产的保护意识。[10]可以采用招募志愿者进行宣传，通过志愿者和当地民众以身作则进行示范的方法长期执行，从而起到教育感化的作用。[11]

因此，应鼓励公民参与保护工业遗产的活动，一些景观改造方案还应在原住区民众与矿工中征询意见，通过公民参与集思广益，从而有效培育公民精神和保护意识，也是实现工业遗产保护客观需要的路径之一。

参考文献

[1] 国家文物局文保司，无锡市文化遗产局. 中国工业遗产保护论坛文集[M]. 南京：凤凰出版社，2007：81-82.

[2] 张松. 城市文化遗产保护国际宪章与国内法规选编[M]. 上海：同济大学出版社，2007：10-12.

[3] 周岚，宫浩钦. 城市工业遗产保护的困境及原因[J]. 城市问题，2011，07：49-53.

[4] 岳宏. 从世界到天津——工业遗产保护初探[M]. 天津：天津人民出版社，2010.

[5] 梁志. 新疆通志·有色金属工业志[M]. 新疆：新疆人民出版社，2003.

[6] http://finance.QQ.com. 中国新闻网，2006-08-24.

[7] 周岚. 历史文化名城的积极保护和整体创造[M]. 北京: 科学出版社, 2011.

[8] 姜晔. 工业遗产保护初探[J]. 大连理工大学学报(社会科学版), 2011.32(3): 49-52.

[9] 张毅杉. 基于整体观的城市工业遗产保护与再利用研究[D]. 苏州: 苏州科技学院, 2008: 19-23.

[10] 单霁翔. 关于保护工业遗产的思考[N]. 中国文物报, 2006-06-02.

[11] 范凌云, 郑皓. 世界文化和自然遗产地保护与旅游发展[J]. 规划师, 2003, 19(3): 26-28, 55.

作者简介

罗英, 1973年生, 女, 汉族。新疆可可托海人, 厦门城市职业学院副教授。研究方向为景观设计。

土地利用协调视角下风景名胜区总体规划编制方法
——以西樵山为例

Research on the Master Planning Method of the Scenic Area in the Land Use Coordination Planning Vision
——Taking Xiqiao Mountain for Example

马唯为　金云峰　汪翼飞　周晓霞

摘　要：在中国风景名胜区制度实施30周年之际，十八大提出了"建设美丽中国"的重要议题，使风景名胜区规划成为风景园林学术界当下热议话题。然而当前风景名胜区总体规划由于缺乏对用地及协调的考虑而使规划实施和管理的实践性较弱。本文以西樵山风景名胜区总体规划编制为例，在反思当前风景名胜区总体规划编制方法的基础上，试图从土地利用协调视角对总体规划编制方法进行探索，以提高规划实施和管理的实践性，协调风景资源保护与利用之间的关系。
关键词：风景名胜区；土地利用；分区边界；核心景区

Abstract: On the occasion of the 30 anniversary of the Scenic Area System founding in China, the important topic of 'Building a Beautiful China' raised on 18th CPC National Congress made Scenic Area become a hot topic in landscape architecture academia instantly. However, nowadays the practicalness of implementation and management of Scenic Area Master Planning is feeblish because of lacking consideration of land use and coordination. The paper used Xiqiao Mountain Scenic Area Master Planning as example to introspect the drawback of scenic area planning method nowadays and to explore the new method by coordinating the land use planning so as to raise the practicalness of implementation and management of Scenic Area Master Planning and also coordinate the relationship between the protection and the utilization of scenic resources.
Key words: Scenic Area; Land Use; Partition Boundary; Core Area

1 前言

1.1 风景名胜区现存的问题

风景名胜区总体规划编制的核心要义是对风景资源的管理，只有制定出科学有效的相关管理措施才能进一步指导风景名胜区详细规划，使总体规划的设想和意图能在实际建设和管理中得以精准的贯彻实施。[1]而当前风景名胜区在总体规划编制中，各分区规划、核心景区规划、外围控制地带规划往往缺乏与土地利用规划的对应，没有将相关保护与利用措施落实到风景名胜区的用地上，使土地利用与不同类型分区的相关管理措施难以落实，导致规划实施和管理的实践性较弱。因此为促进风景名胜区总体规划编制方法的发展，必须将关注的焦点放在提高总体规划实施和管理的实践性上，突出土地利用协调规划在风景名胜区总体规划编制中的核心地位，以协调风景资源保护与利用之间的关系。

1.2 风景名胜区土地利用协调的意义

土地利用协调规划是风景名胜区总体规划的一个专项规划，其主要内容是用地区划，同时也是基于土地功能性质的分区管控方式。[2]通过协调风景名胜区中土地利用与各分区规划及专项规划，包括将风景名胜区的功能分区、景区分区、生态分区、核心景区规划、保护培育规划、风景游赏规划以及游览设施规划等叠合在用地上，可以明确用地管理权属，组织协调不同分区类型，加强各分区边界的管理效力；通过风景名胜区核心景区规划与土地利用规划相协调，明确核心景区的边界范围，同时根据核心景区内不同的用地类型明确不同类型保护区的边界范围以及具体的分类保护措施，以切实保护核心景区生态和视觉完整性；当前《风景名胜区条例》和《风景名胜区规划规范》对风景名胜区外围控制地带规划未作强制性要求，但对于紧邻城镇的风景名胜区而言，外围控制地带能够起到协调城景关系的作用，通过风景名胜区外围控制地带规划与城镇土地利用规划的协调，可以明确外围控制地带范围，针对不同用地类型制定出分类控制管理措施，保证外围控制地带的实际控制效力，协调风景名胜区与周边城镇和谐发展。只有将风景名胜区中一切保护、开发和建设活动都落实到用地上，才能真正确保风景名胜区总体规划在实际中的有效实施（图1）。

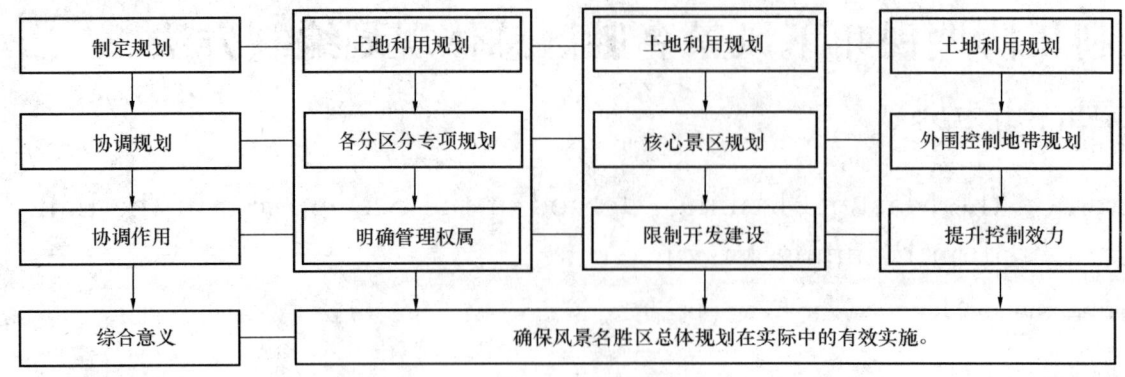

图 1　土地利用协调规划作用框架

2　当前风景名胜区总体规划编制方法的反思

本文通过挖掘当前风景名胜区总体规划编制中所普遍存在的问题，分析导致这些问题的主要原因，探究解决之道以进一步完善风景名胜区总体规划编制方法。

2.1　分区规划边界缺乏实际管理效力

"风景名胜区的规划分区，是为了使众多的规划对象有适当的区划关系，以便针对规划对象的属性和特征，实施恰当的建设强度和管理制度。"[3]这赋予了风景名胜区分区边界具有实现风景名胜区规划管理目标的重要意义，使其成为风景名胜区依法开展各项工作的管理范围线。[4]而当前在许多风景名胜区总体规划编制中，不同类型的分区规划往往缺少与土地利用规划的协调，造成分区边界与用地边界交叉的现象，不仅造成用地管理上的混乱，还导致不同类型分区之间缺乏有效衔接，削弱"边界"所具有的功能，使分区边界无法有效引导游客行为、保护风景资源、控制配套设施建设，进而影响到风景名胜区保护和利用系统的构建。就景区分区而言，同一用地位于景区界线的内外，就会导致景区内外不同的管理方式与同一用地内本应统一的管理方式发生矛盾，干扰景区边界在实际中的执行力（图2）。类似的情况同样出现在功能分区、生态分区等其他分区规划中，不仅削弱了各分区边界的有效控制力度，同时也给风景名胜区的管理造成了极大的不便。

2.2　核心景区缺乏实际保护效力

核心景区是风景名胜区内自然景物、人文景物最集中、最具观赏价值、最需要严格保护的区域。[5]核心景区的主要功能是保护风景资源和合理开展游赏活动。主要包括三类保护区，分别是生态保护、自然景观保护区和史迹保护区。纵观当前风景名胜区核心景区的问题，主要包括核心景区的游客数量和配套设施建设缺乏控制约束，其内部及周边的交通设施及配套服务设施过分开发建设，核心景区的生态完整性遭到破坏等。同时核心景区内部及周边的建筑风格和高度也往往因为缺乏控制而未能与周围环境相协调，对核心景区的整体视觉感受造成影响（图3）。造成上述问题的原因与当前风景名胜区总体规划编制中核心景区规划往往偏重指导性和原则性有密切关系，由于核心景区规划没有叠合到用地上，使核心景区的边界范围往往难以确定，导致相关保护措施和内容只能停留在宏观层面而无法落实到用地上，从而难以制定出具体的建设控制规定以及强制性保护措施和方法，最终造成其保护功能的缺失。风景名胜区的可持续发展必须基于对核心景区的保护，只有在与土地利用规划协调的基础上，将核心景区的保护落实到用地上，明确以用地管理作为风景资源管理的有效途径，才能切实保护核心景区生态和视觉完整性，制定出针对核心景区不同保护类

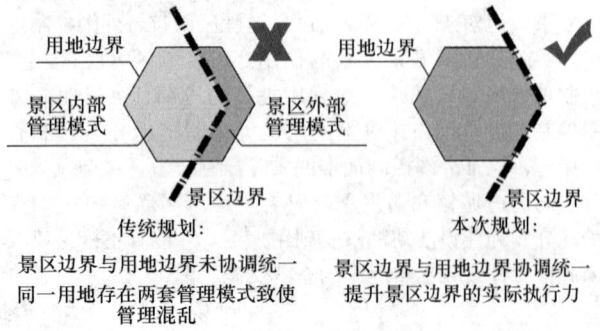

图 2　景区边界与用地边界协调

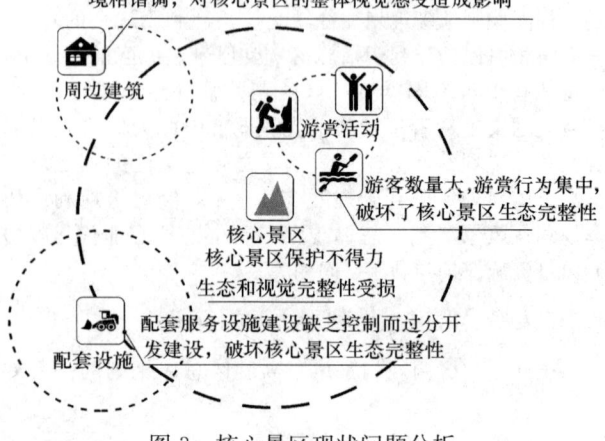

图 3　核心景区现状问题分析

型具体的保护措施，保证风景资源的永续利用，实现风景名胜区的可持续发展。

2.3 外围控制地带缺乏实际控制效力

风景名胜区外围控制地带对于协调风景名胜区与城镇发展、缓解区域的保护与发展之间的矛盾起到积极促进作用（图4）。然而当前风景名胜区外围控制地带在规划中面临着边界范围难以界定，实际控制效力难以保证等问题。笔者认为造成当前所面临的诸多问题的关键在于外围控制地带规划缺乏与土地利用的协调，规划缺乏针对外围控制地带内不同用地类型的分类控制管理措施，没有将相关措施落实到用地上，最终导致外围控制地带规划实施和管理的实践性较差。考虑到外围控制地带位于风景名胜区之外，其规划应与周边城镇土地利用规划相协调，明确外围控制地带边界范围，并提出风景名胜区外围建设用地和非建设用地的控制要求，以及与风景名胜区协调发展的建议，以此提升其实际控制效力，使风景名胜区与外部环境能够相互协调发展。

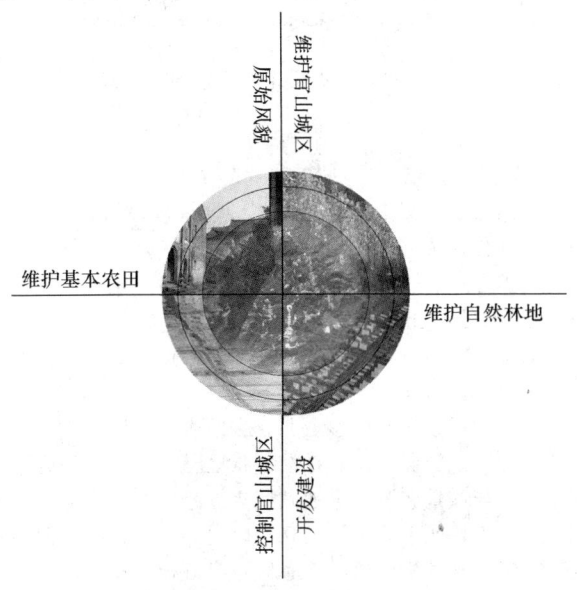

图4 外围控制地带作用

3 风景名胜区总体规划编制方法的转变

针对当前风景名胜区总体规划在实施中各分区边界缺乏管理效力、核心景区缺乏保护效力、外围控制地带缺乏控制效力等问题，本文以西樵山风景名胜区总体规划编制为例①，从土地利用协调视角，提升风景名胜区总体规划编制实施和管理的实践性，保护风景资源，协调区域发展，推动当前风景名胜区总体规划编制方法的完善。

3.1 明确风景名胜区各分区边界范围

在风景名胜区功能分区、景区分区、生态分区及保护培育分区的边界确定上，着重考虑地形地貌对分区的影响，同时强调通过与土地利用协调来加强各分区边界的实际管理效力。

区别于以半径范围作为平面边界的一般性划定方法，本规划考虑到西樵山风景名胜区作为山岳型风景名胜区的特殊性，从"三维空间"上进行边界划定（图5）。辅助GIS分析技术对西樵山的坡度、坡向、高程和景观视线进行分析，分区空间的边界由山峰、山脊、山谷等不同的自然空间要素形成。此外考虑到核心景区边界界桩设立的可操作性，以及维护管理的方便性等问题，在其边界界定中参考现有道路、自然村庄等明显的地标物。

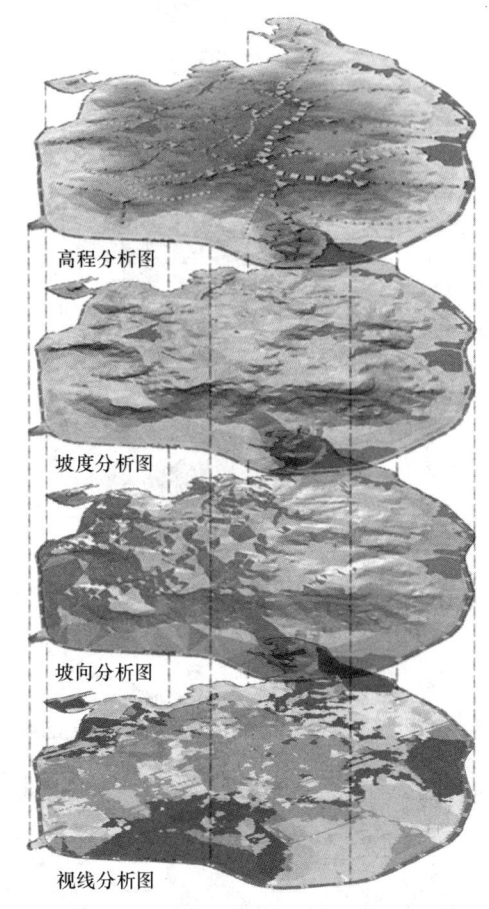

图5 分析叠加图

在各分区边界划定时还充分考虑其在实际中的管理维护问题，提出"边界唯一"原则，即各分区边界与用地边界协调统一（图6）。通过与土地利用规划协调，来准确定出各个分区界限坐标点，使风景名胜区的管理在空间上只需面对一种边界，即分区边界。各分区规划通过与土地利用规划相协调，不仅保证功能分区、景区分区、生态分区及保护培育分区的边界为有效的管理范围线，同时还提升了包括风景游赏规划及游览设施规划在内的其他专项规划实施和管理的实践性（图7、图8），有效控制了游客行为以及配套设施建设，使资源保护、游赏活动、设施建设等方面的规划均能与分区规划在空间上建立起相互对应关系。

---

① 文中举例的项目"西樵山风景名胜区总体规划（2012—2025）"于2012年经国务院审批同意，并获2013年上海市优秀城乡规划设计奖二等奖。

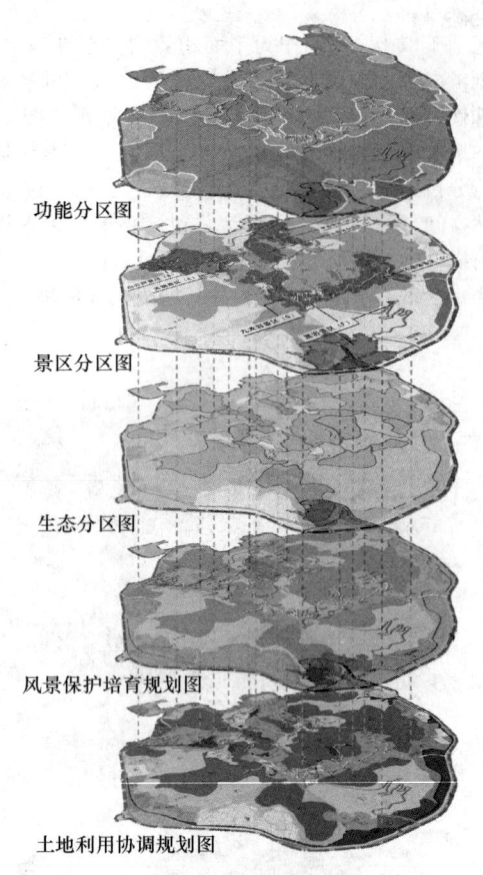

图 6 分区叠加图

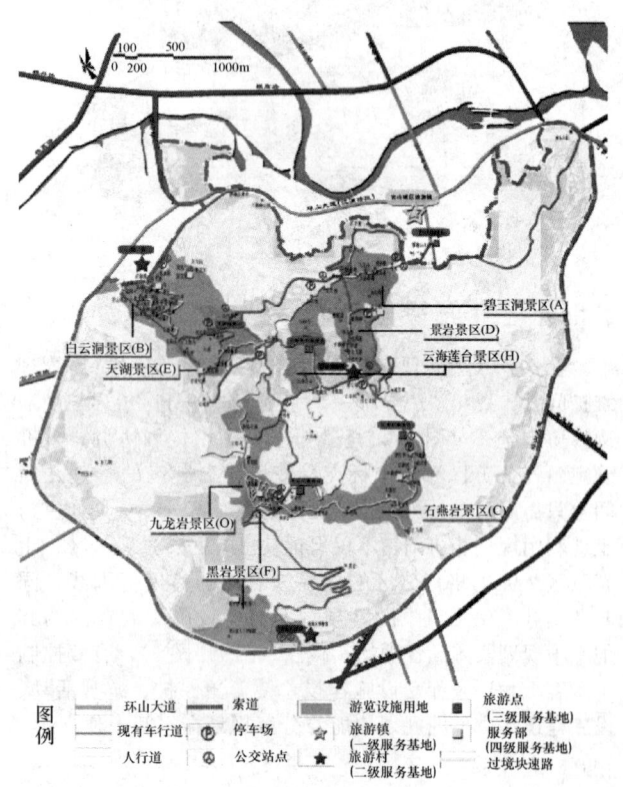

图 7 游览设施规划图

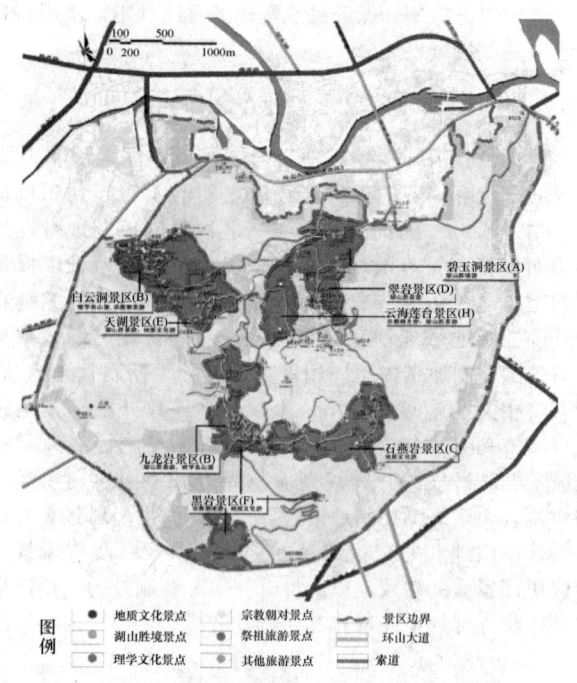

图 8 风景游赏规划图

3.2 核心景区规划

在西樵山风景名胜区总体规划中，针对核心景区保护和管理作了专项研究，同时还对核心景区的位置、规模、保护方式方法作出控制性图则。通过与土地利用规划协调，针对核心景区内不同的保护类别制定出相对应的保护措施，以指导风景名胜区详细规划阶段的编制和规划管理工作。

西樵山风景名胜区核心景区从保护类别上分为生态、自然、史迹三类保护区。在核心景区不同类型保护区边界划定时，与风景名胜区土地利用规划相协调，遵循"边界唯一"原则，便于界桩的设立，以提高核心景区规划的实践性。考虑到西樵山风景名胜区自身规模较小，基于对生态系统完整性的考虑，有意识地将临近景区进行空间缝合（图9），以便发挥风景名胜区的整体生态效益。

西樵山风景名胜区核心景区主要包括甲1和甲2两种类别的用地，针对核心景区的不同保护类型进行保护规划，详见表1。

3.3 外围控制地带规划

西樵山风景名胜区紧邻官山城区，外围控制地带一方面可以降低周边城镇建设带给风景名胜区生态环境的影响，另一方面也能对官山城区历史风貌起到了维护作用。

西樵山风景名胜区外围控制地带规划通过与周边城镇土地利用规划协调，明确其边界范围应以基本农田保护线、用地红线、道路红线为基本控制线。根据外围控制地带不同的用地性质对建设行为力度提出明确的分类要求，划分成不同类型的保护次区（图10），构建实践性强且便于管理的控制保护体系。

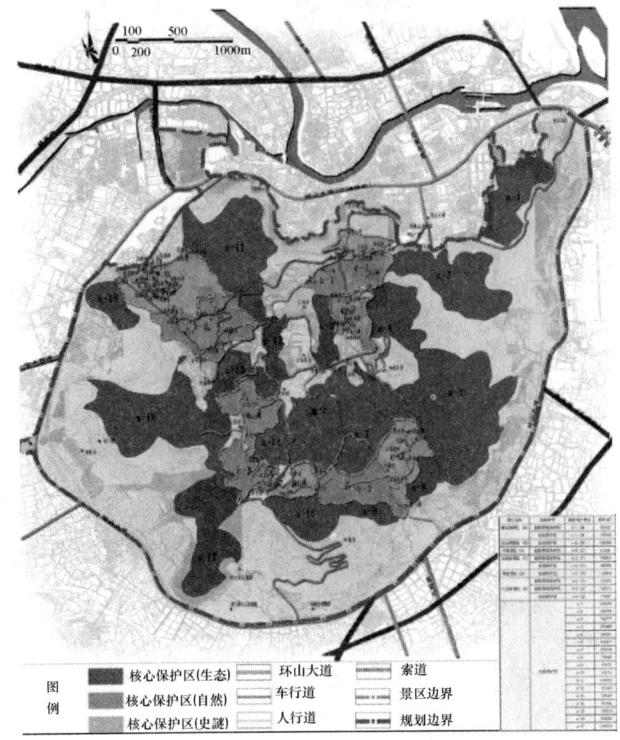

图 9 核心景区分区图　　　　　　　　　　图 10 外围控制地带规划图

核心景区分类保护表　　　　　　　　　　　　　　　　　　表 1

保护类别	用地类型	范围划定	保护内容
生态保护区	甲2风景保护用地	以等高线为主要边界，结合具有景观观赏性的地域植被类型的分布状况，同时参考相邻的风景点边界进行综合界定，便于将各种类型的核心景区连成片，形成圈层生态保护模式	山峰——从山头向下、垂直高度下降150m的范围，或从山头向下至鞍部为止的范围
			沟谷——从沟谷最低处向谷壁处延伸的水平距离在150m以内的范围
			景观观赏性植被——具有观赏性的沟谷季雨林和具有观赏性的山顶矮林
自然保护区	甲1风景建设用地	其范围除了景区本身的风景点建设用地范围以外，还包括独立于风景点建设用地外围的属于景区视域范围、山脊线以内的区域	由景点边界顺等高线向外100—150m的区域，或者以景区道路为界进行划定，有利于核心景区的立桩界划，也有利于形成核心景点的保护缓冲区
史迹保护区	甲1风景建设用地		

3.3.1 建设行为严格限制区

建设行为严格限制区使风景名胜区在城镇范围内的景观视觉整体性形象得到加强。该区可进一步划分为"基本农田保护区"、"风景名胜区景观视线控制区"、"官山城区老城区建设行为限制区"三类次区域。"基本农田保护区"以保护基本农田为准则，"风景名胜区景观视线控制区"对一般农田进行严格保护，限制用地置换和建设行为，对"官山城区老城区建设行为限制区"确保城镇建成环境不会破坏风景名胜区视觉完整性，同时强化风景名胜区作为城镇标志物的视觉意象。

3.3.2 建设行为控制区

该类控制区是风景名胜区外围控制地带空间范围中由限制建设转为合理引导建设行为的重要过渡地带。在该控制区范围内，在尊重用地性质和建成现状的前提下，允许存在经过严格审查的、对风景名胜区生态和视觉完整性无破坏作用并经过统一规划设计的建设行为，对已有的建成环境实行统一整改、管理和控制，禁止破坏风景名胜区景观视线完整性的建设行为。

3.3.3 建设行为协调区

该区域以确保建设行为与风景名胜区生态和视觉完整性相协调为目标，实现城镇开发建设与风景名胜区保护与利用的和谐共生。该区域在充分尊重现有用地和居民生活行为的基础上，对建设行为进行引导和协调。对位于该控制区范围内的建成环境进行整体规划和设计，不允许建筑天际线切割、遮蔽或破坏风景名胜区的山体视觉完整性。

4 小结

目前,中国的风景名胜区已经进入快速发展阶段,风景名胜区规划也成为风景园林学术界讨论的热点话题。本文针对风景名胜区总体规划编制方法的完善进行了深入探讨,提出了风景名胜区总体规划编制技术和方法,主要针对风景名胜区各分区规划的边界缺乏实际管理效力、核心景区缺乏实际保护效力、外围控制地带缺乏实际控制效力等。从风景名胜区土地利用协调角度入手,以提升风景名胜区总体规划实施和管理的实践性,保护风景名胜资源,协调区域发展,促进当前风景名胜区总体规划编制方法的完善。

参考文献

[1] 沙洲,金云峰,罗贤吉. 风景名胜区总体规划编制——土地利用协调规划研究[C]. 中国风景园林学会2013年会论文集(上册). 北京:中国建筑工业出版社,2013:97-99.

[2] 汪翼飞,金云峰. 风景名胜区总体规划编制——土地利用协调规划研究[C]. 中国风景园林学会2013年会论文集(上册). 北京:中国建筑工业出版社,2013:114-116.

[3] 风景名胜区规划规范(GB 50298—1999)[S]. 北京:中国建筑工业出版社,2000.1.

[4] 胡一可,杨锐. 风景名胜区边界认知研究[J]. 中国园林,2011(6):56-60.

[5] 唐巧,秦华,李阳. 风景名胜区核心景区保护规划探讨[J]. 黑龙江农业科学,2012(3):113-115.

作者简介

马唯为,1991年8月生,女,回族,山东济宁人,同济大学建筑与城市规划学院景观系在读硕士研究生。Email:mdoublew@126.com。

金云峰,1961年7月生,男,汉族,江苏苏州人,同济大学建筑与城市规划学院,教授,博导。上海同济城市规划设计研究院,同济大学都市建筑设计研究分院。研究方向为:风景园林规划设计方法与技术,中外园林与现代景观。Email:jinyf79@163.com。

汪翼飞,1988年4月生,男,汉族,安徽黄山人,同济大学建筑与城市规划学院景观学系硕士。Email:wangyifei0418@163.com。

周晓霞,1982年6月生,女,汉族,湖北黄冈人,硕士。上海同济城市规划设计研究院,注册规划师。Email:xiaoxiao0277@163.com。

有机更新与持续发展[①]
——天津原租界公园发展对策探究

Organic Renewal and Sustainable Development
——To Explore the Development Strategy of Tianjin the Original Concession Parks

孟 瑾　陈 良

摘　要：通过概述天津原租界公园发展历程，在调研的基础上，分析提出其存在问题，总结出遵循佛罗伦萨宪章；保留租界公园原有形态和肌理；采用动态保护理念；融合市民生活；补充、完善基础配套设施；利用植物实现环境再生等可持续发展对策。以期对未来妥善处理好城市发展建设与历史风貌保护的关系，如何在城镇化进程中延续城市文脉提供借鉴。
关键词：天津；原租界公园；有机更新；持续发展

Abstract：Through the description of development of Tianjin concession Park, on the basis of investigation, analysis of the existing problems, summed up the following the Florence charter; retain the morphology and texture of the original concession park; the protection of citizens' life dynamic; fusion; supplement, improve the supporting infrastructure; the use of plants to achieve environmental regeneration strategy of sustainable development. With a view to the future and properly handle the city development and historical style protection, how to change the continuation of the context of city in the process to provide reference in town.
Key words：Tianjin; The Original Concession Garden; The Organic Renewal; Sustainable Development

　　天津从第二次鸦片战争到20世纪初的40年间，先后有九个国家在天津设立租界，是中国设立租界最多的城市。租界作为特定时期的产物，是中华民族耻辱所在，但同时它也为天津提供了中西文化交流的平台。在这九国租界上，殖民者为满足其享乐的需求，根据不同文化背景，分别修建了富有地域特色的十个租界公园。[1]

　　天津原租界公园是近代历史的缩影，是留给天津的文化遗产。尤其是经济迅速发展，城镇化进程加快的今天，保护原租界公园，建设有记忆、有独特风貌的美丽天津，更加显得尤为重要。天津与全国其他历史文化名城相比，其历史、人文资源相对较少，如果不重视，轻易改造乃至拆毁这些园林，城市的园林文脉将无迹可寻。[2]

1　天津原租界公园概述

　　19世纪后期，西方资本主义侵略势力瞄准天津，先后有九个国家在海河两岸设置租界，并在其租界地建立了风格各异的十个租界公园，其中英租界4个、法租界2个、日意俄德各1个。它们分别是维多利亚花园（现解放北园）、皇后公园（现复兴公园）、久不利花园（现土山公园）、义路金花园（原小白楼街心绿地）、海大道花园（原大沽北路广场一带）、法国公园（现中心公园）、大和公园（现八一礼堂）、意国花园（现一宫花园）、俄国花园（现海河东岸储运公司仓库原址）、德国花园（现解放南园）。经过了一个多世纪的变迁，这些公园有的已不复存在，有的几经修缮或改建。

1.1　维多利亚花园

　　又名"英国花园"，是天津英租界第一个公园，1887年建成，占地1.23hm²，其布局为规则式与自然式结合，园中心设中式六角凉亭，周围是花池，西面有半地下式的温室和花窖，屋顶堆土成台，种植花草。新中国成立后，更名"解放北园"，人们惯称"市府公园"。1981年，拆除花窖，堆湖石假山，增设儿童游乐设施，建镂空花架。1990年制成名为"孺子牛"雕塑。20世纪90年代初，园中设有大型壁画雕塑和圆形喷水池。2000年拆除原有假山及廊架，将太湖石假山改为青石假山。2005年11月，维修院内六角亭，圆形喷水池改为铜制雕塑一尊。2011年又对公园进行复原改造。

1.2　皇后公园

　　1937年由英租界当局建造，占地0.95hm²，园中大量应用草坪、树丛和树群等植物元素，采用各种园艺手法对植物整形剪修，以植物造景取胜是皇后公园的特色，1945年更名"复兴公园"。1949年后，复兴公园得到了多次的修缮，2010年提升改造后的复兴公园以"海棠花语，城市印记"为主题，改建了部分曲廊并把假山叠水引入到公园中来。

[①]　天津市艺术科学规划基金项目，项目编号 A12069。

1.3 久不利花园

于1937年由英租界当局建造，花园占地0.8hm²，呈三角形，全园的设计模仿了中国自然式山水园，园内有挖土堆成的高约6m的小山，新中国成立后定名为"土山公园"。1982年，土山公园进行500m³堆山改造。1986年，拆除土山上原有草亭，改为混凝土亭。2010年将解放北园的"孺子牛"雕塑迁入园中。2012年改造补种了植物，增加了3块活动场地。

1.4 义路金花园

是英租界当局于1897年建成，位于小白楼一带，是一处街心花园。1945年改名"平安花园"，1974年因修建南京路将该园拆除。

1.5 海大道花园

是法租界当局于1880年建成，占地1.57hm²，位于原大沽北路广场一带。后来因法租界扩建房屋占用花园，此园遂被毁。

1.6 法国公园

1922年由法租界当局建成，占地1.27hm²，1937年日本侵占天津，将其改名为中心花园。1946年抗战胜利，国民党当局将花园改名为罗斯福花园。1949年市政府拨款修复该园，更名为"中心公园"。公园布局呈圆形，园区由同心圆与辐射状道路分割，中心构造西式八角亭，一侧有圣女贞德像，四周以草坪环抱。1982年，园内安装路灯，重新铺装跖面，安装儿童设施。1995年增建了吉鸿昌跃马横刀像。1998年改造，更名"中心文化广场"，甬道铺设花岗石，园中西式八角石亭被拆，改建成无池喷泉。2011年将喷泉、甬路修旧如新，增设了木栈道、座椅、围树椅等，植物采取微地形组团式种植。[3]

1.7 大和公园

1906年日租界当局在今鞍山道建造的日本花园，占地0.47hm²，中有凉亭、土山、叠石、竹门、喷水池、射圃、花木等。1945年改名"胜利公园"，1949年后改为"天津少年宫"，1961年公园拆除，建成"八一礼堂"。

1.8 意国花园

建于1924年，占地0.54hm²，布局呈圆形，中为罗马式凉亭，周边有小花亭、花房、喷水池及花坛。1949年，花园改为"工人公园"。1958年，并入第一工人文化宫。又称"一宫花园"，现在作为新意街的停车场，原有的历史遗迹已毁。

1.9 俄国花园

初建于1900年，面积7hm²，园中树木繁茂，花坛密布，建有运动场、网球场、小教堂及侵华纪念碑。1939年被日军征用，1949年，更名"建国公园"，又称"河东公园"。1950年后，将公园改为天津一商局和储运公司仓库。

1.10 德国花园

建于1900年前后，面积约1.33hm²。园内有亭、阁、兽栏，1949年，德国花园更名为"解放南园"，改造为江南园林风格。1970年后，改为半规则式布局，园内中轴线建叠石假山。2008年该园改造成为以宣传展示人口政策为主题的文化园。

2 天津原租界公园存在的问题

天津原租界公园历经百年沧桑，有的已不复存在，有的随城市更新面积缩小，有的亟待修复完善，有的历经多次改造。近些年，随着天津市容环境综合整治工程的实施，相继对保存至今的解放北园、解放南园、中心公园、复兴公园、土山公园进行了提升改造。本文在实地调研并查阅大量资料的基础上，发现其存在问题，归纳整理如下：

2.1 在历史文化保护的进程中，缺乏大环境的观念

天津在加强历史文化街区的保护中，更多强调的是历史建筑的保护与修缮，而忽略了原有园林的针对性研究及恢复。[4]在大区域环境中，园林与建筑，多为共生共存，相互交融的关系。例如，2002年对原天津意租界所在地域进行保护性开发，恢复了马可波罗广场，重建了和平女神雕像，但当年作为广场重要组成部分的意式花园（今一宫花园）至今都没有得到修复。

2.2 提升改造不当，失去地域明显特征

相关主管部门，缺乏保护意识。在原租界公园改造中，改变了园中核心元素景观。例如中心公园（原法国公园），曾是风格明显的法国古典园林风格，规则对称布局，视觉中心设有一座欧式石亭，周边布置大草坪，体现出法国园林几何图案的特征，然而在2008年改造中被人为毁坏，改造成现在的旱喷泉广场，缺少了中心的竖向标志及视觉控制，其法式园林特征也缺失了许多（图1、图2）。

图1　20世纪80年代的中心花园（引自百度）

图 2　2008 年改造的中心文化广场（自拍）

2.3　城市的开发建设吞噬了租界公园

在城市开发建设过程中，原租界公园用地被无辜占用。此种类型的典型代表是位于小白楼一带的平安公园（原义路金花园）。1974 年由于修建南京路将该园仅剩的 1.9hm² 绿地拆除。解放南园旁的海河中学在教学楼的施工中，侵占了公园原有的用地，这些都非常值得反思。

2.4　缺乏资金投入，原租界公园得不到恢复

原意大利租界马可波罗广场附近的意国花园是典型的意式园林，目前仅剩草坪 10 余平方米，花架一处，其所处环境杂乱无章，园中花架竟然还横跨两个区域，整个公园面目全非，原意式风貌基本无存，亟待恢复重建（图 3、图 4）。

图 3　原意国花园被分割的花架（自拍）

2.5　新元素的注入，缺少历史传承

原租界公园在近几年的提升改造中，有的注入了新的主题，较为突出的是解放南园（原德国花园），公园面积 7000 多平方米，现解放南园是 2008 年改造完成，增设了 13 个人口文化园景雕塑及 12 个人口文化宣传栏，注入了人口文化内涵及优生优育等多方面的主题。公园中心的欧式古典风格凉亭与草地中各种造型的雕塑形成突兀

图 4　原意国花园杂乱的植物（自拍）

与反差。在公园提升改造中，不顾原有风格，率性而为，实属不该（图 5、图 6）。

图 5　解放南园欧式凉亭（自拍）

图 6　解放南园人口文化雕塑（自拍）

2.6　在使用功能、配套设施等方面不够完善

原租界公园周边道路大多狭窄，交通不够通畅，大多缺少停车空间。如解放北园、解放南园、复兴公园等停车困难；公园中休息设施相对较少，服务设施不够完善，如中心文化广场中，音乐喷泉周围休息座椅较少；绿化种植形式不够丰富，有的公园游人活动空间缺少遮阴，绿化植

物品种单一，公园缺少丰富的季相变化；公园夜晚照明设施不够完善，有些公园夜晚使用率明显不足。

3 天津原租界公园持续发展对策

2014国际园林景观规划设计大会长春峰会上，建设部原副部长宋春华谈及解决中国快速城镇化所面临的问题，提出："让城市融入大自然，让文脉在城市中延续。"[5]天津原租界公园是城市历史与人文的记忆，保留并传承这些园林，也就是延续天津的园林文脉。针对其存在的问题，提出了有机更新与持续发展策略，总结为以下6个方面：

3.1 遵循

天津原租界公园修复性改造应以《佛罗伦萨宪章》为指导，结合天津具体实际情况，制定原租界园林保护的法律法规，完善历史园林保护体系。正如《北京共识》所言，"建立一个更加完善、更加丰富、更加具体的法规体系"。学习国际上保护历史园林——"活"古迹的保护策略，使天津原租界园林保护向《佛罗伦萨宪章》提倡的全面、精微的保护水平靠拢。[6]

3.2 保留

尊重天津原租界公园原有形态和肌理，强调保留公园留存的景观元素，使公园整体形态基本不作大的变动，保留历史遗产的原真性。对现存租界历史文化要素给予正确的梳理与判断，仔细挖掘、深入研究，把所有留存的历史碎片重塑起来，构成城市的文化亮点，避免自上而下地提升改造对租界公园遗迹、风格、形式的影响。

3.3 保护

应对城镇化新形势，对待原租界公园应采取动态的保护理念，将租界公园的保护纳入城市总体发展的范畴，将历史、现状、未来联系起来。原租界公园的保护应是一种因地制宜的，保护与更新相结合的长期持续的保护方式。已大改原貌的应恢复原貌，如恢复中心公园核心区域的石亭。突兀添建的应当拆除，如解放南园不协调的雕塑等。

根据功能要求，对场地和原有形式进行适度改变或修饰，通过新旧元素的重组与弥合，为原租界公园注入新活力和提供发展的可能性，这样，使原租界公园既能体现其历史的真实，又能适应社会发展和居民使用的实际需求。

3.4 融合

原租界公园的周边有生机勃勃的社区，有成千上万户居民，它是天津城市的开放空间，是供群众游乐、休息及进行文体活动的场所，在保护中，其内部空间应根据人们的使用功能进行适度调整，只有融合到市民生活中去，容纳多元化活动，成为具有吸引力的聚集场所，才是真正表达城市的深层内涵。

3.5 补充

补充、健全和完善租界公园的基础配套设施，体现以人为本的理念，这将直接影响到居民对原租界公园的利用度和认可度。如：对公园内雨雪天气过滑的铺装材料进行更换，在公园周边辟出专属停车场，建立足够的垃圾箱和废物回收设施，增加公园内的公厕、座椅、标识牌、灯光照明、无障碍通道等设施，让原租界公园真正为大众所使用。

3.6 再生

天津原租界公园与同一时期其他园林相比在植物方面突出的特征是草坪的大面积使用，公园中开阔的草坪与传统园林中的曲径通幽形成鲜明对比，保留或重塑园中的草坪是后人了解当时公园形态的窗口。

根据原租界公园的不同风格，选择不同种植形式，适当增种大乔木，适度增加绿荫场地，增加彩叶植物，突出场地植物的季相变化，这些都将为公园带来活力无限的感受，或春花、或夏荫、或秋实、或冬姿。通过大自然的再生能力，使原租界公园为市民带来活力无限的新鲜感受。

4 结语

租界是一段我们不愿触及但也不容忽视的历史，我们希望以一种新的方式来重新诠释空间曾经的沧桑。基于城市多元文化保护、居民使用功能的变化及持续发展的需求，对天津原租界公园进行风貌保护和元素的有机更新是城市发展的必然。以遵循、保留、保护、融合、补充、再生等方式来完成原租界公园的保护与更新，其目的是要留住城市历史，让文脉在城市中延续！

参考文献

[1] 天津通志.附志.租界[M].天津：天津社会科学院出版社，1996.
[2] 郭喜东，张彤，张岩.天津历史名园[M].天津：天津古籍出版社，2008.
[3] http://www.tianjinwe.com/tianjin/tjcj/200907/t20090703_145569.html
[4] 李在辉.天津租界园林与保护[D].天津大学建筑学院，2006.
[5] http://news.yuanlin.com/detail/2014429/181438.htm.
[6] 傅岩，石佳.历史园林："活"的古迹——《佛罗伦萨宪章》解读[J].中国园林，2002，3

作者简介

孟瑾，1967年7月生，女，汉族，天津市人，天津城建大学，教授，硕士生导师，研究方向为：中外园林史理论及风景园林规划设计. Email：719542762@qq.com.

陈良，1965年10月生，男，汉族，广东人，天津市园林规划设计院，副院长，正高级工程师，研究方向为风景园林规划设计与理论. Email：23391198@sohu.com.

风景园林批评的可能性：兼论历史理论、实践与批评的关系

Research on Possibility of Criticism in Landscape Architecture: An Investigation of Relationship Among History, Theory, Practice and Criticism

慕晓东

摘　要：本文首先对批判性思维进行论述，旨在说明在知识创造与学科发展中这是一个具有普遍规律性特点的思维方式。然后再聚焦到在风景园林学科内部，虽然也存在着这样自觉的批判性思考，但是其更多的是展现了一种被动的态势。因此，在本学科领域中，有必要重新建立一种主动的批判性思考的学科意识。并以此为基本的思考模式，在明晰批评、历史、理论与实践之间关系的基础上建构起风景园林批评的可操作性，使风景园林批评成为一种可能性。并从风景园林设计和规划两个尺度上出发，通过建立起来的风景园林批评路径，创造出更多具有洞察力的学术观点，并且期望在更高的层面上推动风景园林的实践活动。

关键词：风景园林；批判性思维；批评；历史；理论；实践

Abstract: The paper primarily discusses the critical thinking in the common sense, to the purpose of demonstrating that critical thinking is a general characteristic in the aspects of creating knowledge and developing subjects. Indeed, there is a self-conscious one in landscape architecture, nevertheless, it is a passive situation rather than a positive one, which should be necessarily constructed in the filed of landscape architecture. Hence, the operation of criticism in landscape architecture should be built by means of critical thinking , which could be set up on the foundation of expliciting the relationship among criticism, history, theory and practice. Meanwhile, more insightful academic perspectives expect to be created via this type dividing landscape architecture into two connected parts, and to a large degree, it even tends to promote the landscape architectural practical action to a higher level.

Key words: Landscape Architecture; Critical Thinking; Criticism; History; Theory; Practice

"在真正的意义上，我们的时代是批评的时代（The Age of Criticism or Critique），任何事物都要经受着批评。神圣的宗教和权威的立法可能试图脱离批评。但是这种做法只会对其本身产生质疑，它们不能够得到真诚的尊重，因为理性只能够将敬重给予那些经受得住自身的自由与公开的检验的事物。"①

"事实上，批评意味着收集现象的历史精髓，将它们严格地评价并筛选，展示它们的神秘、价值、矛盾和内在本质，并且探索它们的全部意义。"②

1　批判性思维

1.1　批判性思维的意义

批判性思维（Critical Thinking）并不是在康德（I. Kant）时代才出现的，只不过在哲学思辨与知识探索领域内，康德可能是最纯粹地演绎"批判性"内在价值的先锋学者③。自此以后，无论是研究主体的批判性思考，还是学术研究中的批判性建树，似乎总是脱离不开批判性的话语（Discourse in Criticism）④。假如仔细考证批判性思维的知识考古体系的话，实际上其本质就是一部人类知识创造与进步的历史。设想一下，如果不具备强烈的批判性思考，或许人类还处于前苏格拉底时代盲目的神话崇拜，而放弃了对人性道德的追问；或者世人依然处于托勒密地心说的荒谬理论中，而对整个宇宙的构造所知甚少；抑或者我们坚信着光的微粒说而对其波粒二象性一无所知。

将研究的视野放置在广义的知识创造上可以看到，波普尔（K. Popper）认为科学在本质上是批判性的，"常规科学研究是非革命性的活动，更明确地说，是无批评的工作"[1]。他在批判意义的基础上提出，科学研究应该采取

---

①　Immanuel Kant, translated by Norman Kemp Smith, Critique of Pure Reason, second edition, Palgrave Macmillan, 2007. 9. 康德所构建的形而上学、道德、美学知识大厦的起点，主要源于针对以笛卡儿为代表的独断论和以洛克为代表的怀疑论采取了激烈的批判性思考的结果。正是康德在知识探索中具备了批判的强烈意识，所以他最终完成了所谓的"哲学哥白尼革命"。此处引文的目的是为了证明，在现代知识创造过程中批判性思维的极端重要性。

②　Manfredo Tafuri, translated by Giorgio Verrecchia, Theories and History of Architecture, London, 1980. 3. 此处借助于塔夫里对批评的诠释，引出了批评与历史的可能关系，并且概括批评的意义所在。

③　关于批判性思维的现代起源，学术界内部的不同学者从各自的出发点而存在着不同的定义，比如艺术理论批评家格林伯格（C. Greenberg）将康德视为现代主义内部批判的开创者；史论家博德罗（M. Podro）将批判性的艺术史写作也追溯到康德，见 Michael Podro, The Critical Historians of Art, Yale University Press, 1984；而马克思文艺理论家伊格尔顿（T. Eagleton）则认为现代批判性始于资产阶级对贵族专制的抵抗，见 Terry Eagleton, The function of criticism, London: Verso Edition, 1984.

④　Sephen Brookfield, Developing critical thinking, San Francisco: Jossey-Bass, 1990. 哲学、政治经济领域、社会批判理论、文化研究、艺术史、文学批评、建筑批评等话语体下，几乎所有具有独创性的观点都是对既有的权威范式提出怀疑，并且在批判性的论证过程中展开相应的论述。

证伪的方法实现其真正的科学性。实际上，西方文化的品质渗透着一种超越式的突破（Transcend Breaking Though），这正是内在批判精神的体现。但是，这种思维不仅仅是西方话语的专属，中国的历史语境中也是随处可见，只不过中国文化更多展现的是内在的超越精神（Inward Transcendence）。[2] 孔子所谓的"士志于道"、"思其出位"，"这一超越精神的出现……使那个时代能够对于现实世界进行比较全面的反思和批判"。[3] 直到近代康有为所著的《孔子改制考》，对于数千年来神圣不可侵犯的历史经典提出了根本性的质疑，[4] 这是何等的气魄。"太炎对中国已往两千年学术思想、文化传统，一以批评为务"，[5] 更进一步可以说，五四运动的本质也是一场具有激烈批判精神的新文化运动。中国从古代文明到近现代文化，无论是儒家的政治理想、魏晋的道家传统，还是20世纪初的"信古、疑古、释古"的争论，批判性的精神一直贯穿在精英阶层思维模式的深层结构之中。只不过近代中国的知识分子在"中学为体，西学为用"的时代桎梏下不断的挣扎，并不是由于缺乏批判精神，而是因为传统的信仰体系与现代科学处于脱节的状态，进而缺少知识创造的深层土壤而已。因此，在东西方的话语世界中，批判性思维都隐秘在思维逻辑的深层结构之中。

我们再将视角从东西方思维的内在批判性过渡到具体的学科中，"哲学就是在一种永无止境的自我否定过程中不断生长和发展的怀疑精神和批判意识"。[6] 法国年鉴学派的历史学家布罗代尔（F. Braudel）在1950年的法兰西就职演讲中也宣称，"历史学家最重要的工作是批评的工作……历史学的基本精神在根本上是批判的（Critique）……这种精神不仅仅明显地表现为追求的精确性，更重要的是体现在重构（Reconstruction）之中"。[7] 并且几乎每一个具体而微的学科中都会有大量的关乎于批判性思维的类似论述，从各个的维度和层面上证明批判性思维在人类知识发展、社会进步以及学科发展的重要意义。那么这时将关注的焦点转向风景园林领域，其内部逻辑以及外部环境中是否具有清晰的思辨性的批判活动呢？如果存在的话，如何使之成为一种基本的学术意识，并且在风景园林批评可操作的层面如何成一种可能性[①]？

1.2 风景园林批判性思维的缺失

如果学界承认批判性思维的普适性，那么就应该承认在风景园林学术发展史中自发式的、非连续性的历史片段中，确实也由批判性思维所主导着。风景园林内部思想发展史中的脉络，在其本质上正是符合了批判性思维的基本特征，其中以现代主义风景园林的突发式转变最具代表性。现代主义的先锋以现代艺术、空间营建和功能主义等理论口号作为运动宣言，引领着一个时代的风景园林的实践变革[②]。

但是在百家争鸣、百花齐放的学术表象之下，却隐藏着一股缺乏原始性和自觉主动的批判性意识。虽然这场学科革命完全具备了批判的基本力度，并且对风景园林的历史形式进行了猛烈的抨击，但是在这种批判背后却缺少足够的底蕴和根基。埃克博（G. Eckbo）作为倡导这场革命的发起人之一随后也承认，"风景园林远远地落在了其他的艺术后面，本专业的思考方式没有与世界学术实现有效的对接"。[8] 风景园林的批判性思考的内在被动性使其总是处于一种滞后的理论研究和实践活动的尴尬地位。20世纪之交，世界艺术面貌被各种各样集体式的宣言和创造性实践充斥着，而风景园林领域内的实践和研究则是呈现了另外一种令人担忧的状况，"每个人都在想象真正的现代主义的风景园林作品是什么样的，这里的原因是依然没有出现相应的风格和形式，风景园林师在接受新思想的时候总是远远落后于艺术家们"。[9] 在1955年前后，西方世界正在深刻地反思着现代主义建筑的时候，凯利（D. Kiley）在米勒花园（Miller Garden）建成之后说道，"这是风景园林设计中第一个真正意义上的现代主义作品"，[10] 似乎风景园林领域的实践和理论研究跟主流思潮并不处在一个时代步伐之中。因此，"有些学者认为建筑理论比同时期的艺术要落后15年，更有甚者认为风景园林理论比同时期的建筑理论还落后15年"，[11] 从某种意义上说，或者上述对于风景园林学术共同体内部研究的表述已经是一种相对保守的说辞了。

风景园林理论的尴尬境地同样反映到历史研究中，一项调查的结果显示，截止到1972年，美国本土的园林历史研究博士论文仅仅有三篇[③]。到了20世纪的后半叶，彼得·沃克（P. Waller）在论述现代主义的理论与实践的历史著作中声称，"理性的批判没有进入学科之中，而现代风景园林的批判性研究甚至都没有纳入到艺术史家的研究视野中"。[12] 因而，风景园林的历史研究、理论构建以及实践创新的滞后性必然与主动的批判性思维的缺失存在着千丝万缕的联系。

1.3 批评活动缺失的原因

风景园林学术实践的消极状态同样需要批判地审视其内在根本原因，认识论上的探究无疑是走出上述困境的唯一出路[④]。一方面，从风景园林内部结构分析，其自身没有具备足够的历时性持续动力和共时性的自省意识来促进学术研究的本质提升。比如艺术形式的自主性（Autono-

---

① 特别注意的一点就是，批判性思维与批评活动具有各自的描述对象，批判性是一种基本的思考方式，而批评性活动是一种具体的操作模式。两者存在一个递进的逻辑关系，风景园林批评的可能性的根本前提是以批判性思维为基础的活动，如果没有批判性思维的话，风景园林的批评可操作性就失去了根基。并且在某种意义上，批评与评论（Criticism）具有几乎相等的含义。

② 美国风景园林理论家唐纳德（C. Tunnard）在其论著中声称现代主义的三种主张，即功能主义、情感因素以及艺术思潮与风景园林实践的直接关系，以及哈佛三才子在pencil points杂志上发表的一系列的文章，见Christopher Tunnard, Gardens in the Modern Landscape: A Facsimile of the Revised 1948 Edition [M]. University of Pennsylvania Press, 2014.

③ P. Kaufman and P. Gabbard, American Doctoral Dissertations in Architectural and Planning History, 1898 - 1972, in The Architectural Historian in America, ed. E. B. MacDougall, Washington, D. C, 1990.

④ 这里"随意性"是一种中性的修饰词，不是否定那些现代主义大师的成就，而是根植于风景园林与建筑、艺术等领域进行比较之后的结果，以期说明风景园林其中并没有全面的学术研究。

mous)、自我指涉（Self-referential）就没有能够得到系统且严谨的分析。现代主义的文本分析透露出一种"追随性"①，似乎仅仅是受到了相关学科的影响和浸润，这种认识和宣言有着自身的主动意识，但是与其说是一种野心勃勃的专业理想，不如说是一种逻辑上的无序、凌乱的回应。那时的理论阐述既没有班纳姆式历史连续性的精深思考②，也没有塞尚式所看与所知（Seeing and Knowing）的传统颠覆，实践领域同样也没出现柯布西耶式的革命性建筑，更没有自身学科的深层次的见解和严密的论证③。正是由于风景园林学术发展中不曾出现像格林伯格（C. Greenberg）这样的艺术评论家，为其自身实践的合法性提供理论支撑，其内部的尴尬境地也就不足为奇④。风景园林先锋们的只言片语对理论与实践固然有着革命性的影响，恰恰缺少了逻辑严密的、思维创新的精深论证，最后没有能够为后世的风景园林提供清晰的范式路径。因此，在诸如此类的关键的历史时期，风景园林主动的批判思维的学术素养和自觉意识没有被有效地建立起来。

另一方面，从外部的学术环境进行分析，风景园林一直处于一种"夹层"的状态。恰当英国设计师劳顿（J. C. Loudon）在其著作中使用了"Landscape Architecture"这个现代术语之时，这本身就暗示了风景园林被两个相邻的专业所覆盖，一种是相对系统且更加完善的建筑专业，一种是绘画艺术专业。[13]艺术与建筑领域内的批评自觉性要远远领先于风景园林领域，这导致了小尺度上风景园林的批评活动面临着被蚕食的境地，大多数探讨风景园林艺术的实践作品不断地借鉴艺术和建筑的话语体系，致使风景园林批评活动失去了自主发展的可能性。同样，在大尺度的规划层面，虽然风景园林规划学科比城市规划率先建立起来，但是依然没有把握住历史的时机。公园绿地系统在城市发展的资本逻辑与权力规训的批判话语下，始终没有取得独立地位⑤。虽然奥姆斯特德的绿色主义、麦克哈格的生态主义以及瓦尔德海姆的景观都市主义都试图强调风景园林批评的实质内容，但是却没有形成全面系统的批评学术活动⑥。大尺度的风景园林所表征的空间意义被城市学家、社会批判学家以及地理学家所掌握的解释性话语控制着，风景园林空间批评的范式逐渐在夹缝中失去了存在的话语。在城市或区域尺度上，一正一反两力量共同消解着风景园林批评与诉说的可能性，风景园林历时性批评也被无情地挤压着。[14]

风景园林的批评可能性在内部结构与外部历史环境的双重困境中不断地挣扎，即便有着微妙的曙光依旧淹没在历史的关键节点之下。一方面，在历史发展中，各个层次的批评体系没有能够实现独立和自主；另一方面，在当今各种理论大行其道的奇观之下，也没有能够占据理论建构的主旋律而完成自身的蜕变，风景园林再一次重蹈了历史经验的覆辙之中，逐渐湮没在相邻学科的强大话语体系所编制的网络之中。风景园林在二元划分的学科结构中，其每一个历史时期都会有特定的力量占据主流地位（艺术性或广义生态性），而另一股力量则基本处于弱势的地位，尺度上的分离也引发了风景园林研究范围的限制。[15]批评的话语在交叉的空间尺度上没有诉说的交集，小尺度设计的人文艺术性和大尺度规划的自然科学性之间存在着天然的分离，并且在各自的尺度上同时被建筑艺术与城市空间批评所占据。因此风景园林批评的可操作性成为一种镜中月，看似存在，却又不得精髓。

2 风景园林历史理论、实践与批评的关系

2.1 历史与批评

要想摆脱风景园林批评的内部结构与外部环境的双重困境，或许唯一的途径便是在历史、理论、实践与批评等错综复杂关系中左右探寻，从历史谱系的溯源，理论研究的论证、实践活动的回应等多个维度与批评话语发生共同的语义联系，风景园林批评的操作性才有可能衍生出一种具备内在的、自主性的批判性学术活动。批评话语的建立可以单独建立在历史或理论的基础之上，也可以同时建立在两者结合的语境之中，历史与理论为批评活动建构其合法性，而实践又成为批评话语的诉说载体（实践与批评在某种程度上是互逆的）。理解风景园林批评的关键点在于强调评论客体体系的差异性，其本身就是与外部世界存在着关系学的活动，一件实践作品的批判标准是不能够具有自明性的，历史与理论为批判活动引入强有力的外部体系，引导批评进入一种客观评论的语境

---

① Reyner Banham, Theory and Design in the First Machine Age, MIT Press, 1980. 在20世纪中叶，建筑学史学界的基本观点是现代主义建筑割裂了传统，而英国史学家班纳姆指出当前的建筑发展并不是断裂的，而是承接着19世纪工艺运动和工程学的一路延伸的线性史观。而在风景园林学实践内，丹凯利的设计有着明显的勒诺特的倾向，但是大多数史学家没有试图建立起其中的逻辑关系。
② 这里的分析主要是从风景园林的艺术性的角度进行，而风景园林在大尺度规划方面所遵循的科学性分析，此处不做详细论证。
③ 严谨的批判性论著源于历史与理论的研究，横向的比较20世纪30年代左右的风景园林与建筑历史研究，我们会发现这种差距是全方位的。当Pevsner, Kaufmann以及Giedion等人对现代建筑进行谱系研究的时候，杰里科（G. Jellicoe）爵士依然使用实证调查的手段收集场地的信息，以及照片拍摄等方式来完成历史研究，风景园林历史的研究没能够发展出批评性话语，见Geoffrey Jellicoe, John C. Shepherd, Italian Gardens of the Renaissance, the first edition in 1926, Princeton Architectural Press, 1996. Sigfried Giedion, Space, Time & Architecture: the growth of a new tradition, 1941 - Harvard University Press, 5th edition, 2003.
④ 美国艺术批评家Clement Greenberg在modernist painting一文中，为现代主义艺术的总体特点做出了天才式的概括，认为其完成了"自我实现"，将"纯粹性"与"平面性"理论作为现代主义艺术的普遍特点。
⑤ 大尺度风景园林的批判性论述很多都是出自地理学家或者艺术史家，例如Denis Cosgrove, Stephen Daniels (eds), The Iconography of Landscape: Essays on the Symbolic Representation, Design and Use of Past Environments, Cambridge University Press, 1989; W. J. T. Mitchell, landscape and power, University Of Chicago Press, 2002.
⑥ James Corner, Critical thinking and landscape architecture, Landscape Journal10, no2, fall. 美国著名的理论家和实践者科纳（J. Corner）在20世纪90年代极力倡导为了实践和生活服务的实用性批评话语而贬低思辨式批评理论研究，但是风景园林的批评从来就不应该在一个层面上展开，而是涉及实用与知识创造两个部分，恰恰正是由于在批判性的思维的深度和广度以及认可度等方面的限制，才一定程度上限制了风景园林领域的发展。

中，从而能够有效避免主观评论的自圆其说①。在此，既承认批评与历史、理论之间的区别，[16]同时也认同三者之间的密切关系。

风景园林批评体系的可操作性必须依赖于历史这个关键的评判因素，胡适在论述事物的评判标准的时候说，"一个制度或者学说所以发生的原因，指出它的历史背景，故能了解它在历史上的地位和价值……这种方法是一切带有评判（Critical）精神的运动的一个思想武器"，[17]可见历史事实与历史建构为批评活动提供了武器装备。作为现代主义建筑先锋的柯布西耶倡导"新建筑五点"与"光辉城市"等理念看似是与传统建筑学完全断裂的关系，但是科林罗（C. Rowe）却从历史的尘封之中将帕拉第奥式的数学法则与柯布设计的住宅的几何模数建立起联系，并且发现了清晰的关联与对位。[18]科林罗挑战了吉迪恩（S. Giedion）等史学权威的诠释，并且拓展了柯布设计思想的解释系统，恰恰是由于他敏锐地捕捉到了古典主义建筑中的历史信息，从而批判性地重塑了现代主义建筑话语的另一种可能性。批评活动的一大特点就是没有终点，只要具备了批评式的思维，并且结合历史丰厚的知识宝库，就有可能生产出更多的知识。例如艾森曼（P. Eisenman）反过来又批判了科林罗关于柯布的解释系统，他选择从自我指涉的角度对 Maison Dom-ino 进行分析，最后创立了一套纯粹的理性操作模式，延展了现代主义的内涵，即建筑完全可以与主体处于分离的状态。[19]

作为 20 世纪最伟大思想家之一的福柯（M. Foucault），关于权利、知识与主体的颠覆性、批判性的诠释根本动力，就是从历史的片断中提取信息，分析现代人是如何被各种各样的权利规训机构所捕获、塑造和生产出来的。[20]风景园林作品的价值判断和意义阐释是不能够脱离历史而自由存在的，就像在艺术批评当中所宣称的，"上述答案为美学批评确立了重要的历史性解释，或者更好的说法是，它确立了真正的历史阐释与真正的艺术批评之间的一致性"。[21]假设评论家抛开勒诺特的历史意义，公然去品评凯利和沃克的作品；如果不去深入研究阿卡迪亚风景园林原型、美的崇高、蛇形曲线以及风如画等历史知识，就随意地谈论中央公园的艺术创造，那么这项批评的工作完全可以称得上在对经典作品的亵渎。因而风景园林批评与历史从本质上是没有绝对的划分的，一项基本的判断如果不是建立在历史事实的基础之上，则不过是其自圆其说的谬论罢了。

在小尺度风景园林空间设计上，美国园林史学权威亨特（J. D. Hunt）的评论为风景园林的艺术性批评提供了一种可操作性的模式。在阐释拉索斯（F. B. Lassus）的设计作品的过程中，亨特起初并不是直接对其展开论述，而是借助了大量的历史理论支撑为自己的论点寻求合法性。从狄德罗（D. Diderot）的法国传统风景画论中的近景、远景与中位景色开始论述，过渡到莱内（F. Léger）的立体主义的平面性和反透视特征，从空间远近所包含的视觉与触觉的分离与结合，引申到小斯巴达园林中的身体触觉和感知，再从图像再现、文字的体验跳跃到中国园林的交互感应、日本建筑的虚实特性，最后甚至借用文学术语"停顿（The Caesura）"分析莎士比亚的经典文本，以此类比花园空间的流动与驻足的停顿和行走，这两种主体状态所兼具的不同体验。[22]亨特将不同的历史碎片拼凑到一起，寻找出他们之间的共性，并且运用提炼出来的普适性特点对拉索斯的作品进行意义的演变，并且充分拓展了风景园林艺术性的讨论厚度和宽度。

2.2 理论与批评

假设克罗齐（B. Croce）的"一切历史都是思想的史"成立，那么思想的结构就是由各种各样的理论建构而成，历史知识与理论在一定程度上就存在着相互转化的可能性。所有出现过的理论都具有历史意义，而所有的历史知识都具备了理论的某些特点，单从这个角度看，理论与批评的关系与历史与批评的关系是可以相互转化的。如果我们暂且放下理论历史化的解读方式，那么纯粹的理论与批评又有怎么样的关系呢？

理论与批评是一种共生的关系，理论的产生就是孕育在批判性思考和论证的过程之中，一旦完成批判活动这个事实，某种新的理论就出现了。而反过来，"理论的功能不仅仅在于理解，同时也在于批评"。[23]风景园林批评的可操作性就在于理论为其提供了另外一种价值判断的合法性。风景园林空间是由各种形式和符号构成的，而隐藏在这些形式背后的是无尽的意义系统，众多的文化表征和意识形态、权利资本运作等都蕴含在风景园林的表象之下。风景园林作品的批评完全可以像丹托（Danto）论述安迪沃霍尔的布里洛盒子（Brillo）那样，引入"艺术的终结"的理论模型而展开论述，也可以像塔夫里那样借用"资本世界的乌托邦梦想"来对现代建筑进行意识形态的批判。[24]理论批判的可能性就在于通过外部系统来解释内部的意义，拨开层层神秘与虚假，使被解释的客体呈现出真实的面貌，全面深刻地阐释风景园林客体的全部意义。

一千位读者就存在着一千个哈姆雷特，对文学作品的评价和品味因不同的文本接受者所传达的意义而异，同样的，英国西方马克思理论家伊格尔顿（T. Eagleton）指出了文学批评的多种可能性，既可以是俄国的形式主义所强调的陌生性，也可以是"所指与能指"的结构主义分析，或者是弗洛伊德式的精神分析等。[25]解读和评价一件风景园林空间作品必须对论述的对象和目的要具备指向性，从各种纷杂的理论体系中遴选出最强有力的原型作为评论的支点。当今社会的人们沉浸在迪士尼的风景园林空间中，肆意地释放着压力，尽情地体验着童话般的世界与美好的虚无景象，但是社会批判理论提供了一种完全不同的视角来看待它，"迪士尼乐园是一个视觉消费的理想对象，一种资本社会权利的风景园林意象……诚如真实的风景园林反映了产业细化和规模建设所带来的

---

① 郑时龄，建筑批评学，北京：中国建筑出版社，2001 年；[美] 勒内·韦勒克，奥斯汀·沃伦，刘象愚译，文学理论，江苏教育出版社，2005 年。有关风景园林批评的结构体系，涉及批评的方法论（形式主义、心理分析、符号分析、结构主义、女权主义、殖民主义、西方马克思主义等）、价值论、意识思维等方面的知识，可以参照建筑、艺术以及文学领域内的批评体系。

国家的快速而无序的发展，而迪士尼的想象性风景园林则反映了建立在视觉消费基础之上的大众传媒的发展。"[26]因而文化理论和批判理论为理解风景园林背后的存在意义提供另一种可能性，理论与批评的关系就深藏于这样的解释系统中。

大尺度城市风景园林空间的批判可能性通过借助各种各样的文化和社会理论得以实现。理论模型的选取必须有所取舍，比如在社会批判话语中，其理论从阿德诺（T. Adorno）、本雅明（W. Benjamin）到福柯（M. Foucault）、德勒兹（G. Deleuze），再到鲍德里亚（J. Baudrillard）的理论演替中，辨别批判的语境是处于现代性还是后现代性，明确风景园林批评的理论支撑点到底位于哪个坐标体系是至关重要的。到底是选择传统的权利压迫模式（Repression），还是微观政治的规训模式（Punishment），抑或者是符号或拟像的僵化权利（Dead Power）模型，风景园林空间背后的权利分析必须采取清晰明确的批判立场，否则支撑批评的结构就面临着自我分解的危险。

批判话语的外围体系一直处于变动之中，风景园林批判如果想要成为一种成熟的操作模式，不仅仅要参照相邻学科的经验，而且需要不断从历史、理论以及实践的交互关系中找到独立批判的合理性，同时还要关注其学术共同体的研究范式的转变。正如斯克斯（A. K. Sykes）所说"批判性的建筑理论如果不是处于危机当中的话，那么就是处于自身的更新转换之中"①。在风景园林批评的可操作模式的建构过程中，不能放松关注相邻学科内批评话语的演变，从而更有效地映射和反馈到自身的批判结构。

2.3 实践与批评

风景园林的批评活动通过使用批判性思维作为基础，结合历史和理论的外部知识体系最终又生成新的理论观点，即批评的产物，而这部分全新的见解起码在一个维度上是与实践发生着直接联系的。科纳作为后麦克哈格时代最优秀的理论家与设计师之一，其专业路径的脉络从早年在批判性的思维引导下，介入到文化地理学、艺术学、阐释学、文化与社会批判等历史理论的知识体系考察风景园林学，综合论述了风景园林领域内的诸多属性（战略性的艺术形式，文化的主要推动力，风景园林媒介，风景园林表征，风景园林的想象力，批判性思维与风景园林等），[27]这些批判性理论成果最后又反馈到当代风景园林实践领域，并且成果斐然，Fresh Kills Park 和 High Line 的营建极大地扩展甚至重塑了全球范围内风景园林理论与实践的可能性。

当今国内的风景园林历史研究、理论建构以及实践经历，似乎处于一种相互独立的状态，学术研究之间的交叉影响依然相对较弱。风景园林实践的作品在设计之前缺少批判性思考，设计完成之后就基本上预示着解读和诠释的结束，风景园林空间意义的再生成失去了继续拓展的可能性②。目前的尴尬处境在于，历史与理论研究不能够有效地为风景园林的规划与设计提供指导性的方向，而实践作品也不能通过批评的话语建构出新的历史和理论体系。风景园林学术共同体内部对于批评活动的可操作性存在相对模糊的认识，中国当代风景园林的历史谱系没有被批判性的梳理，未来中国风景园林实践的方向到底是在生存策略中随意的重组形式，还是在形式自主性中生发意义，或是继续按照自然山水园的路径再创新，或者趋向于实用主义的艺术原则，抑或像当代主流建筑实践看齐，即"一种将批评理论信念（Noting of Critical Theory）作为首要的和以意识形态为根基的实践行为"？③

3 小结

上述问题的答案或许能够在建立风景园林的批评体系的过程中找到答案，批评话语和活动的塑造要依靠批判性思维为基本思考模式，同时在历史研究、理论构建等方面也同样秉承着批判性思维。在这些基础之上发展风景园林批评活动的可能性，并且将自身的历史、理论与实践统一在批判性思维的模式下探索它们与批评活动之间的关系，努力建立风景园林批评的操作方法和路径，以实践为诉说载体，在历史的深邃和理论的博大精深之中发展和重建风景园林话语体系，以期在更高的层次和水平上促进风景园林实践活动和学术研究的双重发展。

感谢李树华老师为本文研究提供的严谨且多元的学术氛围，感谢杨锐老师在本人研究过程中的鼓励和指导。

参考文献

[1] Normal science and its dangers, I. Lakatos and A. Musgrave eds, Criticism and the growth of knowledge, London: Cambridge University Press, 1970. 52-53.

[2] Eric Weil, what is a breakthrough in history, in Daedalus, Spring, 1975. 21-36.

[3] 余英时, 现代危机与思想人物, 北京: 三联书店, 2013. 5.

[4] 王晴佳, 论二十世纪中国史学的方向性转折, 中国文史论丛, 第 62 辑, 上海: 上海古籍出版社, 2000. 1-83.

[5] 钱穆, 太炎论学述, 台湾: "中央"研究院成立五十周年纪念论文集, 第二辑, 1978. 128.

[6] 赵林, 西方哲学史讲演录, 北京: 高等教育出版社, 2009. 2.

[7] 费南尔·罗布代尔, 论历史, 刘北成 周立红译, 北京: 北京大学出版社, 2008. 9.

---

① 每一个学科内的批评话语的更迭和替换速度有些是惊人的，风景园林学如果试图建立起批判体系的话，那么必须时刻参照外部体系的变化。例如在最近的十年间，建筑学术界围绕 critical theory 的争论，见 A. K. Sykes, Constructing a New Agenda For Architecture: Architectural Theory1993-2009, Princeton Architectural Press, New York, 2010. 16

② 国内研究人员和设计师在实践角度的批判性考察相对较少，俞孔坚等学者在规划尺度上将理论付诸城市总体发展与公园建设上，朱育帆等设计师在小尺度上的诗意追求和艺术性创造，确实为风景园林行业注入了极大的活力。

③ 此处的批判理论特指的是 Marxian critical theory, post-structuralism, Frankfurt School 等观点与流派，旨在揭示社会结构的本质和资本逻辑和权力的真实运作模式，它们与批判性思考和批评活动还是有区别的，见 A. K. Sykes, Constructing a New Agenda For Architecture: Architectural Theory1993-2009 [M], Princeton Architectural Press, New York, 2010. 14-15

[8] What do we mean by modern landscape architecture[J], Journal of royal archiectural institute of canad27, no8, August 1950. 268

[9] Fletcher Steele, New pioneering in garden design, landscape architecture 20, no3, 1930. 162.

[10] Dan Kiley, Miller Garden, Process architecture 33, Landscape design of Dan Kiley, 1982. 21.

[11] Marc Treib(eds), Modern Landscape Architecture: a critical review, The MIT Press, 1992: xii.

[12] Peter Walker, Melanie Simo, Invisible Gardens: The Search for Modernism in the American Landscape, The MIT Press, 1996. 3

[13] Jocchim Wolschke-Bulmahn, Twenty-Five Years of Studies in Landscape Architecture at Dumbarton Oaks, Washington D. C: Dumbarton Oaks Research Library and Collectio, 1996. 78

[14] 卡斯伯特, 设计城市: 城市设计的批判性导读, 韩冬青译, 北京: 中国建筑工业出版社, 2011; Henri Lefebvre, The Production of Space, Wiley-Blackwell, 1992.

[15] Elizabeth Mossop, Landscape of infrastructure, in Charles Waldheim(eds), the landscape of urbanism reader, Princeton architectural press, 2006: 149.

[16] Kate Nesbitt, Theorizing a new agenda for architecture: an anthology of architectural theory1965-1995, Princeton achietectural press, 1996: 16-17.

[17] 胡适, 胡适文集, 第一集, 卷二, 杜威先生与中国, 北京: 人民文学出版, 1998: 380-381.

[18] Colin Rowe, the mathematics of the Ideal Villa and other essays, MIT Press, 1976: 1-29.

[19] Peter Eisenman, Aspects of Modernism Maison Dom-Ino and the Self-Referential Sign, Oppositions, 1979: 15-16.

[20] 里奥奈罗·文丘里, 西方艺术批评史, 迟轲译, 南京: 江苏教育出版社, 2005. 5.

[21] 米歇尔·福柯, 规训与惩罚, 刘北成 杨远婴译, 北京: 生活·读书·新知三联书店, 2012.

[22] John Dixon Hunt, Near & Far, and the Spaces in between, 明日的风景园林学国际学会会议, 2013. 41-50.

[23] 道格拉斯·凯尔纳, 斯蒂文·贝斯特, 后现代理论: 批判性的质疑, 张志斌译, 北京: 中央编译出版社, 2011. 171.

[24] Manfredo Tafuri, Translated by B. L. L. Penta, Architecture and Utopia Design and Capitalist Development, The MIT Press, 1979.

[25] 特雷·伊格尔顿, 二十世纪西方文学理论, 伍晓明译, 西安: 陕西师范大学出版社, 1987.

[26] 沙朗·祖金, 权利地景: 从底特律到迪士尼世界, 王志弘译, 台湾: 群学出版社, 2010: 275.

[27] James Corner, The Landscape Imagination: The Collected Essays of James Corner, Princeton Architectural Press, 2014.

作者简介

慕晓东, 1987年9月生, 男, 汉族, 山东荣成人, 清华大学景观学系在读硕士研究生. 研究方向为风景园林历史编纂, 文化批判理论, 近现代风景园林历史与理论。Email: xdmu@163.com。

新型城镇化下的浙江诸暨斯宅古村落的保护与更新

The Conservation and Renovation of Zhejiang Zhuji Sizhai Village under New-type Urbanization

潘 娜 斯 震

摘 要：古村落是乡土历史文化的主要载体，是农耕文明的精髓。但在城镇化进程中，建设主体追求形式创新和经济效益，给古村落保护与发展带来一系列的问题和挑战。对此，本文以浙江斯宅古村为例，探析斯宅古村景观特色与保护价值，针对斯宅古村保护现状，结合新型城镇化的内涵和发展要求，探寻在新型城镇化中保护和发展自然环境、传统文化并存的传统古村落的新策略。

关键词：新型城镇化；古村落；自然环境；文化景观；保护与更新策略

Abstract: As the main carrier of local history and culture in the countryside, the ancient village is the essence of agricultural civilization. However, during the process of new-type urbanization, someone who reconstruct the ancient village goes exclusively after style innovations and economic benifits. It will take a series of matters and treats for the conservation and development. Sizhai village in Zhejiang province is a typical example. Based on this case, this paper first analyses the characteristics of ancient village landscape and the value of consevation. And then, it discusses the new strategy of conservation and development of ancient village that intermingles natural environment with traditional culture on the path of new-type urbanization, while concentrating on landscape problems in the present Sizhai village and considerating of the meaning and development requirements of new-type urbanization.

Key words: New-type Urbanization; Ancient Village; Natural Environment; Culture Landscape; The Strategies of Conservation and Renewal

1 斯宅古村掠影

浙江具有丰富的古村落及其文化景观资源，全省有近10万处历史古镇、古村落和古建筑群，[1] 浙中诸暨斯宅古村位列其中。"斯宅"为"斯"姓族聚地，即斯氏宅第。斯宅村地处诸暨市东南部，东部接嵊州市，东南毗东阳市，诸暨东南部、会稽山西麓，属典型的山区，村落建在山麓狭长地带，地势东高西低，上林溪由东向西穿村而过，周围群山环抱，层峦叠嶂，自然生态环境良好。

1.1 物质景观

1.1.1 选址经营[1]

斯宅古村位于浙江诸暨东南部的陈蔡盆地，地貌类型丰富，高低错落有致，山形极为秀美。其布局遵循"枕山、环水、面屏"的原则，村落整体布局注重天人合一，强调村落与周围环境的和谐统一，追求优美自然的人居环境。反映出中国传统文化崇尚人与自然的和谐，主张"天人合一"，讲究"天时、地利、人和"。

1.1.2 外部形态

斯宅古村三面环山，上林溪流由村后潺潺而下，村落民居沿溪山蜿蜒而呈带状分布，田园林木环绕。青山与碧水之间、白墙与黑瓦之间，成就了人居与自然环境诗意的栖居。斯宅村落的布局是典型的"攻位于汭"的理想模式（图1）。给世人留下"青砖白墙黑瓦，小桥流水人家，庭前柴门竹篱，屋内锄、犁、耙，左邻右村鸡犬相闻，融融洽洽一家人的中国典型聚族而居的村落风貌"。[2]

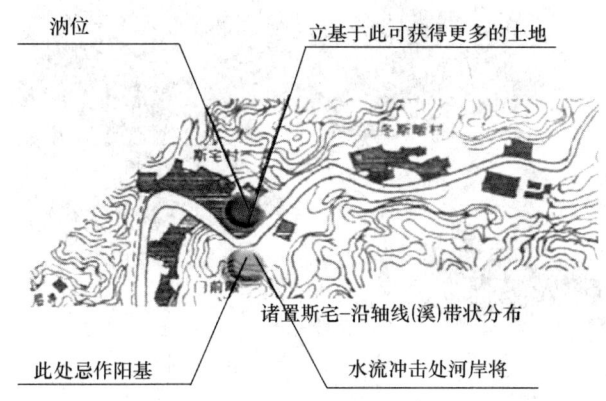

图1 "攻位于汭"的理想模式（作者绘制）

1.1.3 景观格局

斯宅古村处依山面水的山谷地带，赋予了斯宅村极为珍贵的环境景观格局——"两山夹一水"。村落以呈东西流向的"上林溪"为主要骨架，由大型住宅为生长点，沿河道两侧发展，主要道路平行于河道，次要道路垂直河道呈鱼骨状分布，呈狭长带状。街巷等级分明、结构清

---

① 基金项目：浙江省科技厅面上项目（2009C32066）。

晰，中心区不十分明显，棋盘街为商业和公共设施集中区，以小型建筑组成街坊，建筑密度大（图2）。传统巷道和乡土建筑布局协调，村落空间变化灵活，建筑色调朴素淡雅。

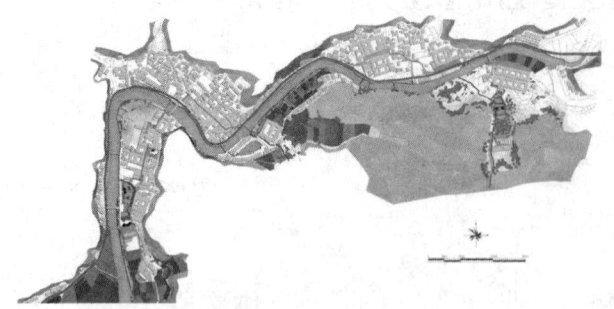

图2　斯宅古村平面布局（作者绘制）

1.1.4　建筑特色

斯氏于乾隆年间始营建规模宏大的建筑群（图3），不同于常见的江南徽派建筑，采用宗族共同体聚居制度，实行宗族聚居。建筑带有"坞堡式"建筑的精髓，由此产生了高高的马头墙，装饰精美的门头、门罩，具有周密防御设施和功能的坞堡式建筑。建筑的单位面积均在3000m²以上，最大的达12500m²，尤以建于清嘉庆、道光年间的华国公别墅、斯盛居（俗称千柱屋）、发祥居等建筑，其建筑规模恢宏、工艺造作讲究，并且保存完整，加之精美绝伦的木雕、石雕、砖雕装饰工艺别具特色，工艺精湛，寓意深远，堪称民间造型艺术的瑰宝（图4—图6）。

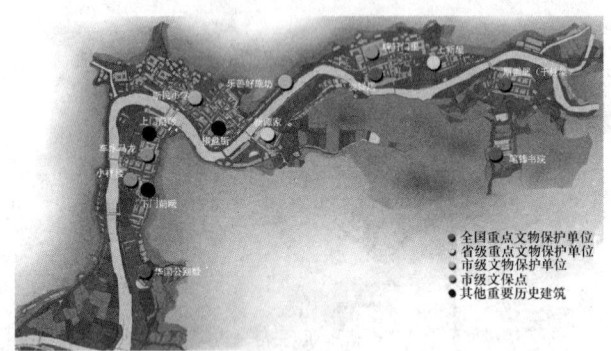

图3　主要建筑分布（作者绘制）

图4　斯盛居（来源网络）

图5　华国公别墅（来源网络）

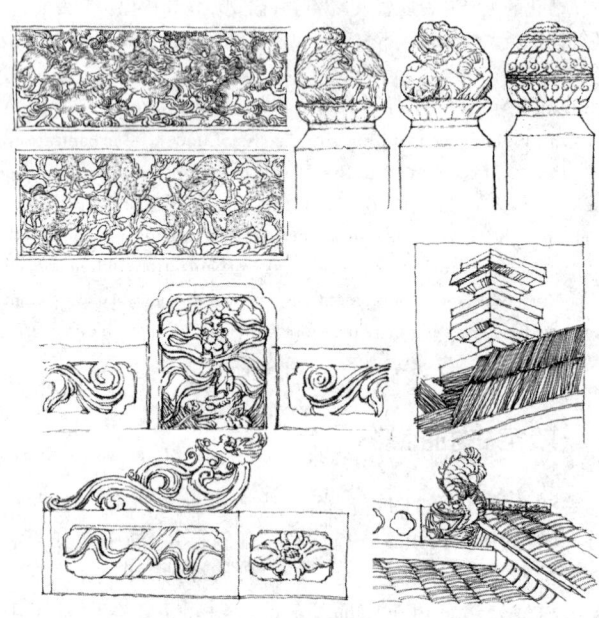

图6　民居中的雕刻艺术（作者绘制）

1.2　人文景观

1.2.1　山水文化

斯宅古村选址讲究"依山傍水、背山面水、负阴抱阳、随坡就势"。以自然山水为基础，因地制宜地融山水、村舍、田野及点景建筑为一体，有许多符合风水学中理想村邑图式的微地形，表现出独特的意象和文化气息。《光绪诸暨县志·山水志》中对斯宅山水环境有较为详细的记载："朱家岭在县东十八里，属孝义乡，上林溪之源出焉……又北绕象鼻山下，经下宅，经门前畈，有东泉岭，炉峰腋下诸水入之。又西北趋狮峰下，经上泉，又北流至前村埠，受黄檀溪。"[3]

1.2.2　耕读传家

"耕读文化"是中国传统农耕地区乡土文化的核心。一山、一水是浙江的自然条件，一秀才是浙江的人文条件。[2]斯宅家族亦农、亦商、亦儒，历来世守耕读家风，文风昌盛。《暨阳上林斯氏宗谱》载道："凡市井陋习，杜绝一切，以故掇芹香、等桂籍，意识科名之盛，足以大门户而光祖宗，此富而能教之效也。"因此由宗祠（家庙）直接开设了一系列本族子弟接受启蒙教育的场所，如华国公别墅、笔锋书院等。这种举全族之力的集中办学模式和历来耕读传家的传统美德在华国公别墅得到了充分的体现，为支持办学，其周边置有学田，其田租收入用于添置学产或奖励品学兼优的本族学子，创立了稳定的办学条件，形成了制度化、规模化的特点，传递出斯宅人对教育的高度重视，深感诗书传家久。

1.2.3 崇宗尚祖

在我国宗法社会中，自以家庭—家族—宗族—氏族—村落—郡县的生长方式覆盖全国，根深蒂固，使中国成为君臣宗法双重的二元国家。[3]斯宅古村以血缘为纽带，其宗族意识成为宗族团结、寻求安全和发展的凝聚力，赋予村落独特的人文景观。礼制文化最具代表的当属家庙，担当着伦理教化怀念先贤、纪理宗规、会聚族人、激励后人等作用，是全村的政治中心、聚居中心，成为整个聚落外部空间序列的开端，丰富了村落景观。此外，村落中还设置"牌轩门里"石刻牌坊等具有礼教标识的构筑物。

2 城镇化影响下的斯宅古村

2.1 发展现状

2000年2月，斯宅被浙江省公布为历史文化保护区，目前，保存完好的清代建筑有14处之多。2001年6月，国务院将斯宅古建筑群中的千柱屋、发祥居、华国公别墅列为全国重点文物保护单位。2011年诸暨斯宅千柱屋景区被授予国家AAA级旅游风景区。

2.2 面临的问题

2.2.1 城市化的冲击

古村落的保护面临最大的挑战当是来自外部的压力——城市化，自然生态环境和传统的乡村文化景观都受到了极大的威胁正是这些所谓的现代文明，通过单一、粗暴、乏味的手段、模式驱散古村落乡土气息，取代孕育千年的乡村自然、文化景观。

2.2.2 价值观的转变

城市意识移植下，村民思想受城市文明的冲击，古村落中原本的生活、生产方式已经满足不了现代生活的需求。加之，价值观的错位，生活方式的改变，忽略乡土建筑所蕴含的地域文化、乡土文化，摒弃传统习俗，如此斯宅耕读传家、崇宗尚祖之风难以传承。

2.2.3 乡村主体的缺场

市场经济的侵蚀，乡村保护、更新主体摆脱土地的束缚，脱离古村，即使没有离开村民，在面对物质文化和精神文化的直接矛盾难以调和的状态下，认同感缺失，产生对传统乡土文化怀有自卑感和厌恶感，村民与古村的关联日趋断裂，乡村建设主体的缺场，营造与生活脱离，又将如何复兴古村？

2.2.4 建筑功能的退化

一方面，村庄保护缺乏动力，导致建筑老化破败，生态环境恶化；另一方面，原有建筑内部空间结构、基础设施不能满足现代人居住的要求及现代人对高品质生活的追求。村民自发对建筑进行整修或另觅再造所采用的新的建筑风格、形式、材料，一定程度上破坏了古村落的传统景观风貌（图7、图8）。

图7 被改造的古民居（作者拍摄）

图8 坍塌的古建（作者拍摄）

2.2.5 自然力的破坏

建筑群主要以木结构为主，难抵百年的风雨侵蚀，建筑年久失修，破败不堪，无人居住的老宅甚至肆意坍塌。如不加快保护步伐，加大保护力度那么这些原本带有风土乡情、历史特征、乡土文化的历史文化遗产将会消失殆尽。

3 新型城镇化与古村落保护

3.1 解读"新型城镇化"

新型城镇化是在传统"城镇化"概念上，对"都市、城市、城镇、村落"的城市体系界定和内涵认识上的深化。以城乡一体统筹、产城互动、节约集约、生态宜居、和谐发展的城镇化理念,构建与区域经济发展和产业布局紧密衔接,与本土资源环境承载能力相适应、和谐传统文化和现代文明的城镇—乡村群落关系,走"集约、智能、绿色、低碳",大中小城市、小城镇、新型农村社区协调发展、互促共进的新型城镇化道路。[4]强调城镇化进程是在尊重、保护乡村原生态自然与本土民俗文化资源的基础上,对城镇化发展目标、原则的设定与推进。

3.2 新型城镇化下斯宅古村的保护与更新

3.2.1 自然环境的生态性

新型城镇化强调人与自然的和谐的生态文明,这与传统村落延续几千年的文化精髓相符。斯宅地处偏僻,相对闭塞,与外界沟通少,无工业痕迹,且商业开发亦少。斯宅虽贵为"国宝",但近年来,并未出现游人如织的盛况,旅游业的开发并未对斯宅古村的自然生态环境带来直接破坏。因此优越的自然本体,将成为斯宅古村发展的一大竞争力。

3.2.2 村落风貌的整体性

山林、河流、植被、建筑是斯宅古村整体景观风貌构成的主要元素,这些元素对形成古村景观空间风貌起到了决定性的作用。在漫长的发展史中,斯宅古村与周边自然环境要素逐步磨合、演变,塑造了山水、田野、祠、坊、村舍融为一体的村落风貌,形成了特有的形态布局和肌理。保护斯宅村落,既要保护古村落周边的自然环境景观,又要保护村落内具有历史文化价值的物质景观,还要保护古村落居民的传统风俗、生活方式等。当然,还要从保护村落的景观构成要素着手,对古村落进行整体性保护规划。[5]保护其符号性景观元素和空间格局。如在公共空间和基础设施等生活空间景观要素方面,在村落环境的布局上,以"家庙"为核心的祭祖、会聚族人的活动空间来教化族人,增强家族的凝聚力;以族人同居的合院式民居建构相濡以沫的情感空间;以四通八达的街巷空间串联邻里之间的联系;以风水树、水井、埠头、凉亭等构建邻里交往的情感空间;以浓郁的乡土文化构建环境空间的文化品格。

3.2.3 历史建筑的原真性

斯宅古村历史建筑受自然力和人为损坏日益加重,加之历史传承下来的传统工艺失传或受到建筑材料、建筑方式的改变,或因经费、时间、管理等因素限制,古建筑修缮迫在眉睫。

历史建筑的保护和修缮应该是基于原地、基于原型的保护,应该在原汁原味的基础上融入新的文化景观内涵,在保护的过程中挖掘其文化意义。在历史建筑保护方面主要手段采用以下5种模式(表1)。在强调保护的同时,不能忽视利用的重要性。《世界文化遗产公约实施守则》中指出:文物建筑保护最好的方法是继续使用它们,为了达到使用它们的目的,允许它

"现代化"。[6]

历史建筑保护模式　　　表1

保护模式	具体内容
(1) 保护	主要针对斯宅古村古建筑群和具有较高历史文化研究价值的建筑,如祠堂、书院、典型民居等。保持原状,严格保护原有建筑结构与形象,严格按照不改变原状的原则进行维修,适当调整建筑内部功能
(2) 改善	针对建筑风貌和主体结构保存情况较好,但不适应现代生活需要的,需通过科学评价,保护原有格式、外观、风貌、特色等,并按原有特征进行修缮,适度增加或改善内部设施,提高村民的生活品质。对主体结构保存,局部改动或破坏较多的历史建筑,进行修复、改善,还原历史风貌。主要是针对民国时期的建筑,有一定内涵及历史价值的建筑
(3) 整饬	针对建筑形式与传统风貌冲突的建筑,存在即合理,进行适当改造,通过降层、调整外观色彩、材料等整饬手段,使其与大环境相融
(4) 更新	针对传统风貌影响较大的建筑,采取原地拆除的措施,为维持原有整体风貌格局可以重新设计更新。新建筑必须符合风貌要求,严格控制高度、体量,根据原肌理及风貌协调原则重建
(5) 拆除	针对风貌影响大的建筑及违章搭建、后期加建的危棚简屋和破坏原建筑格局、风貌、空间形态的建筑,要求必须拆除,恢复古村原空间格局

3.2.4 乡土文化的延续性

传统乡土文化是乡村风貌的灵魂。物质上,通过聚落村镇环境和建筑空间形态表达彰显其状态;精神上,通过自然山水景象、血缘情感、人文精神、乡土文化构建出质朴清新,充满自然生机和文化情感的精神空间;通过礼法关系、家族规制、邻里关系,影响人们的生产劳作和起居方式,以及村民的宗族信仰、风土民俗等要素。这种因"亲缘家族"意识以及劳作关系而形成的空间,具有强大的凝聚力的空间特点。如华国公别墅在村落中的地位和作用演变至今,依然有着举足轻重的作用,仍是村民聚居中心和精神支柱;牌轩门里、居敬堂依然起着教化村民的作用;民居、公建、农田的关系仍然可以看出传统的劳作关系和"耕读传家"的家风。它们的存在不仅景观上成为斯宅古村的标志,并且对隐形的空间进行有哲理的创造,使村民将个人命运与整个宗族、村落的发展联系起来。这无疑最能产生吸引力、凝聚力和归属感。

因此,在进行古村落保护时,应该注重对每一个斯宅精神场所的塑造,使村民不受"现代文明"的影响,否定世世代代养育自己的传统古村,产生自卑感。相反,意识到传统古村的文化与特点,产生认同感、自豪感。即从区域历史文化的大视野中去把握传统村落产生演变,延续传统村落所根植的乡土文化。

3.2.5 乡村生活的持续性

如何延续古村落的生活、生命力,不是将建筑原封不

动地保护起来，关键在于如何留住人、吸引人。"人"是古村落延续、更新的根基。而是研究如何在保护的前提下，顺应新型城镇化的内涵，关注技术保护手段的同时，注重改善村民生活品质与村落物质环境更新的可持续性。

就现斯宅古村生活空间的景观环境而言，需要人性化的公共空间。这些场所往往带有生活化和实用性，既注重精神需求，更注重生活生产的需要，成为充满人性化的公共空间。阿伦特将"公共空间"比喻为"桌子"，形象地表达出了公共空间的消失就如"桌子"的消失一般，人与人联系起来的媒介不复存在。在对斯宅古村进行景观环境规划过程中，应包含乡土文明的开发传承，对村落中形成的公共空间进行整合。流传数百年的水口空间、古井古树予以保留，遵循古村落规划构思和营建章法，利用现有条件塑造出一个具有新形式的、充满生活趣味的多功能、多元、多层次的公共空间，构建出有机组合的人工物质空间体系。另外，尽量保持农村街巷宜人尺度，合理安排机动车道。人性化空间还体现在舒适的座椅、合理的植物配置、合适的铺装场地以及独具匠心的景观小品等。斯宅古村在发展过程中，既要表现出对传统的传承性，又要适应新的生活方式，只有这样才能使斯宅古村保持持续的生命力，不失地域风格和本土的精神。

3.2.6 旅游产业的特色性

新型城镇化的发展下，城镇的发展带动古村落旅游的发展，为古村落的保护积累物质基础。斯宅古村历史悠久，人文荟萃，文化底蕴深厚，民俗文化、农业文化、古建文化、居住文化等相得益彰。斯宅古村的旅游开发建设，应在传承保护诸暨古越文化的基础上，深度挖掘地域文化，将文化遗产保护与生态环境保护、农村产业发展统筹考虑。

在"保护优先、合理开发"的前提下，提升村落景观风貌、更新功能设施方式、配套完善的基础设施，使其具备一定接待能力。利用斯宅丰富的自然资源，以斯宅古村的茶叶、香榧、板栗为主，开发生态农业、观光农业、体验农业，促进村民就业。利用悠久的历史建筑物、完整性的街巷空间格局、独特的地域文化，让游人在充分感知自然山水环境的同时，体验到传统村落所蕴含的深刻的地域文化。通过文化旅游带动发展，促进村落经济发展。

开发具有特色的旅游品牌，斯宅古村保存较好，有着浓厚的"耕读文化"气息。基于此，依托"耕读文化"实物载体，开发"半耕半读"的旅游产品，体验"耕读文化"所营造出自然生态环境及富有乡土风尚的乡村文化，满足村民、游客等各类身份的人的多元诉求。"耕文化"，通过参与农事活动、体验乡村生活来摆脱城市的快节奏的工作生活方式，得到宣泄。"读文化"可在研究的基础上形成乡土古建筑、民间艺术、国学等专题领略乡土文化和底蕴深厚的中国文化。并且通过与有关院校挂钩设立实习基地、教育基地、研究基地等方式来建立较为固定的联系，作为"读文化"最集中、最全面的展示点。目前，在斯宅设有爱国主义教育基地，在华国公别墅、笔锋书院中都设置有实景布置的专题展示，是一本青少年了解中国传统文化的"活教材"。

4 结语

在新型城镇化的形势下，只有认清斯宅古村历史价值，处理好现代文明和传统文化、新型城镇化与古村保护的关系，构建富有文化内涵和地域精神的聚落空间系统，完成保留与更新的双重使命，才能实现斯宅古村的可持续发展。

参考文献

[1] 杨晓蔚. 古村落保护与新农村建设和谐发展对策研究：以浙江为例[J]. 浙江工艺美术, 2007(12): 95-102.
[2] 丁俊清, 杨新平. 浙江民居 [M]. 北京：中国建筑工业出版, 2010.
[3] 周迪清. 江南巨宅千柱屋 [M]. 北京：中国文史出版社, 2007.
[4] 白鸽. 科学与技术：欧洲未来的关键——欧盟委员会提出未来支持研究的政策[J]. 中国基础科学, 2005 (2): 56-57.
[5] 龙春英, 古新仁. 宜春构筑山水生态城市绿地系统规划初步研究[C]风景园林人居环境小康社会——中国风景园林学会第四次全国会员代表大会论文选集(上册). 北京：中国风景园林学会, 2008.
[6] 陈琦. 屏南传统聚落的保护与可持续发展[J]. 美与时代, 2011(02): 95-97.

作者简介

潘娜，女，浙江杭州人。浙江农林大学风景园林与建筑学院2012级硕士，主要研究方向风景园林历史理论与遗产保护。

斯震，男，浙江德清人。浙江农林大学风景园林与建筑学院副教授，风景园林专业方向负责人。主要从事风景园林历史理论与遗产保护研究。

北京南锣鼓巷商业业态演变及其影响机制研究

Study on Evolvement and Mechanism of Commercial Types in Beijing Nanluoguxiang

潘运伟　杨　明　郑　憩　王　斐

摘　要：通过对南锣鼓巷商业业态的调研，发现 2005 年以来南锣鼓巷经历从生活空间、创意空间、旅游空间的转变。这种转变的内在机制是政府、居民、创意群体、游客、商户等不同行为主体在不同发展时期对主导业态、关联业态、配套业态、社区业态等商业业态的需求、选择、反馈的效果叠加。

关键词：南锣鼓巷；商业业态；演变；影响机制

Abstract: Through the investigation of the commercial types in Nanluoguxiang, this paper found that it has experienced a transformation from a living space to a tourism space since 2005. It thinks that the internal mechanism of this change is the choice, demand and feedback of different behavior agents, such as government, community, creative group, tourist, commercial tenant, etc., acting on commercial types.

Key words: Nanluoguxiang; Commercial Types; Evolvement; Mechanism

1 引言

南锣鼓巷形成于元代北京建都之初，全长 786m，位于北京旧城中轴线北段东侧。1993 年，南锣鼓巷被划入北京市第一批 25 片历史文化保护区范围。

作为历史文化街区可持续再生的经典案例，众多学者分别从创意空间形成、[1,2]城市记忆与认知、[3]保护与发展模式、[4-6]更新路径[7]等角度对其进行深入研究。总体来看，这些研究对南锣鼓巷商业业态的关注不够，仅有一些宏观层面或者描述性的论述。商业业态是激发历史文化街区活力的关键驱动力之一，注入新的商业业态已成为当代历史文化街区有机更新的重要途径。实际上，在历史文化街区更新过程中，商业业态本身就在不断变化和重新配置，并由此带来一系列影响，如居商空间的转换、新文化形式的产生、各利益主体的互动等。

南锣鼓巷经过十余年发展，其商业业态有着怎样的演变规律？背后影响机制又如何？理清这些问题有助于进一步明晰南锣鼓巷商业业态未来的演变趋势，并及时进行前瞻性的应对。

2 南锣鼓巷商业业态演变

根据前期研究资料[8-9]和笔者的实地调研，以 2005 年、2009 年、2013 年的业态资料为基础，分析其演变特征（图1）。同时，文中将南锣鼓巷的商业业态归纳为主导业态、关联业态、配套业态和社区业态四种（表1）：主导业态包括咖啡店、酒吧等，这些业态是南锣鼓巷街区更新的原动力，代表了南锣鼓巷的"场所精神"；关联业态与主导业态"气质"相近，共同塑造历史街区的文化氛围，包括工艺品店、创意工作室、服装服饰店等业态；配套业态与社区业态分别指的是为游客、社区居民提供服务的相关业态。

南锣鼓巷商业业态演变有如下特点：

2.1 从"创意空间"到"旅游空间"——商业业态数量迅速增长，关联业态、配套业态成主体

审视南锣鼓巷商业业态演变，最直接的概括就是：从"创意空间"到"旅游空间"。20 世纪 90 年代以来，在南锣鼓巷周边艺术机构的带动下，这里逐渐成为孕育艺术创意者的摇篮。到 2005 年，南锣鼓巷已经出现十几家酒吧和咖啡店，吸引大量演员、导演、编剧等艺术从业人员集聚，从而形成独具特色的"艺术空间"。随着南锣鼓巷知名度越来越高，到访游客也急剧增加。据有关媒体报道，目前南锣鼓巷每周接待游客 10 多万人次，已经成为不折不扣的"旅游空间"①。

这一转变反映在商业业态方面：一是，商业业态数量迅速扩张，在不到 10 年的时间内增长了将近 6 倍。关联业态、配套业态尤为突出，一直保持高速增长态势（图2）。但主导业态、社区业态却出现退化现象，其数量与比例都呈下降趋势（图3）；二是，业态类型更加丰富，在早期的以酒吧、咖啡店、特色餐馆为主的业态基础上，新增工艺品店、创意工作室、服装服饰、饮品小吃、娱乐保健、音像书刊、银行汇兑等多种业态类型。

---

① http://bjrb.bjd.com.cn/html/2013-04/17/content_65090.htm

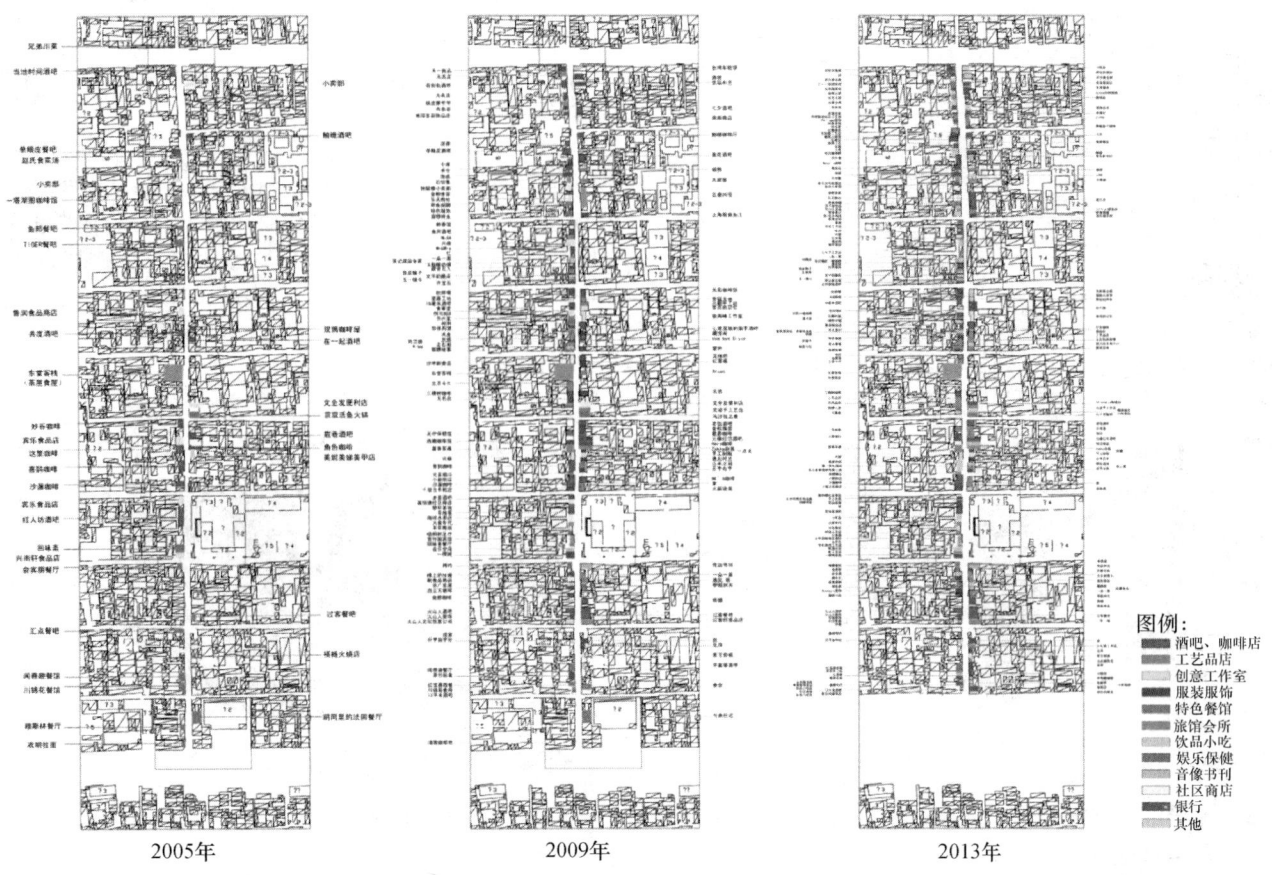

图 1 南锣鼓巷 2005 年、2009 年、2013 年商业业态及其分布

南锣鼓巷 2005 年、2009 年、2013 年商业业态统计　　　　表 1

业态类型		2005 年		2009 年		2013 年	
大类	小类	数量（个）	比例（%）	数量（个）	比例（%）	数量（个）	比例（%）
主导业态	酒吧	6	16.2	17	12.1	9	4.1
	咖啡店	7	18.9	14	10.0	10	4.5
关联业态	工艺品店	0	0	32	22.9	63	28.6
	创意工作室	0	0	11	7.9	10	4.5
	服装服饰	0	0	28	20.0	47	21.4
配套业态	特色餐馆	15	40.5	18	12.9	13	5.9
	旅馆会所	1	2.7	3	2.1	1	0.5
	饮品小吃	0	0	5	3.6	57	26
	娱乐保健	0	0	2	1.4	1	0.5
	音像书刊	0	0	2	1.4	2	0.9
	银行汇兑	0	0	0	0.0	2	0.9
社区业态	社区商店	7	18.9	5	3.6	3	1.3
	其他	1	2.7	3	2.1	2	0.9
合计		37	100	140	100	220	100

注：（1）2005 年、2009 年资料分别根据参考文献 [8]、[9] 整理，2013 年数据根据笔者实地调研而得；（2）社区业态中的"其他"包括理发店、美甲店、福利彩票投注站等。

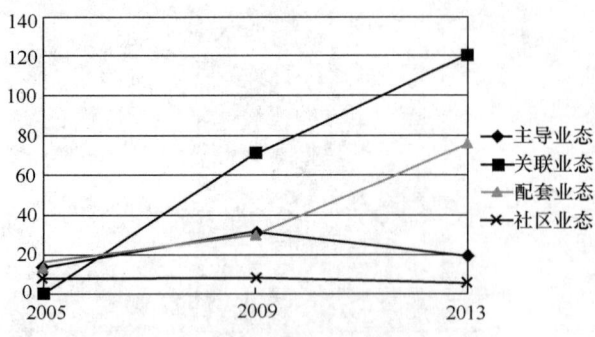

图 2　南锣鼓巷商业业态演变态势

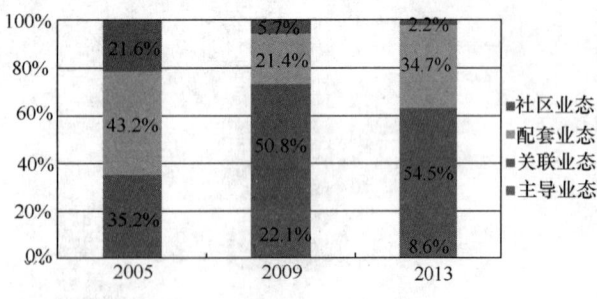

图 3　南锣鼓巷商业业态结构演变

2.2　主导业态数量态呈波动式变化，主要服务对象发生转变

酒吧、咖啡店的数量从 2005 年的 13 家猛增到 2009 年的 31 家，但由于经营不善关店或者搬迁至周边胡同，2013 年已经回落到 19 家。从所占比例来看，近十年来持续下降，已经从原来的 35.1%，下降到目前的 8.6%。同时一个显著的变化是：酒吧、咖啡店的服务对象已经不局限于原来的中央戏剧学院和国家话剧院等特定客户，而是转向了国内外的到访游客。

2.3　关联业态增长迅猛，工艺品店、服装服饰店比例大，出现"一品多店"现象

关联业态变化最大，从零迅速增加到目前的 120 家。与其他业态相比，关联业态所占比例也最大，达 54.5%（图 3）。关联业态中，以工艺品店、服装服饰店为主，比例分别占到 28.6%、21.4%。2006 年以后，随着到访游客增多，在政府的直接引导下，通过《交道口街道社区发展规划（2006—2020 年）》、《南锣鼓巷保护与发展规划（2006—2020 年）》，以及"南锣鼓巷商业业态调整专项资金"等方式，促使类似"铁皮猴子"、"布衣谷"、"金粉世家"等创意品小店的产生与集聚，最终使得南锣鼓巷从一个传统的居民区变成充满文化气息的创意文化区。

值得注意的是，近年来部分业主在原有店铺基础上增开"分店"已经成为一种较为普遍的现象，比如"丹宁海"、"石宝斋"、"一朵一果"等品牌在此都有数家店铺。

2.4　饮品小吃逐渐成为配套业态的主体，并呈小型化、连锁化特点

游客快速膨胀，推动南锣鼓巷旅游服务业态增多，而其中最突出的就是饮品小吃店铺的激增，目前占到配套业态的 75%（图 4）。在南锣鼓巷，拿着羊肉串、端着热饮逛胡同已成为一景，使得不少店铺不得不打出"食物免进"的牌子。

饮品小吃业态在此过程中呈现小型化、连锁化特点。由于南锣鼓巷租金日益高昂，加上饮品小吃店铺对经营面积要求也不高，使得大多数商户倾向于合租或者租用小门面。这就常常造成临街的一处店面内，紧密地挤着数家小吃店。除了小型资本外，外来连锁饮品小吃品牌也开始进驻南锣鼓巷，比较突出的是"鲜果时间"，在不到 1000m 的街巷内就有三家门店。

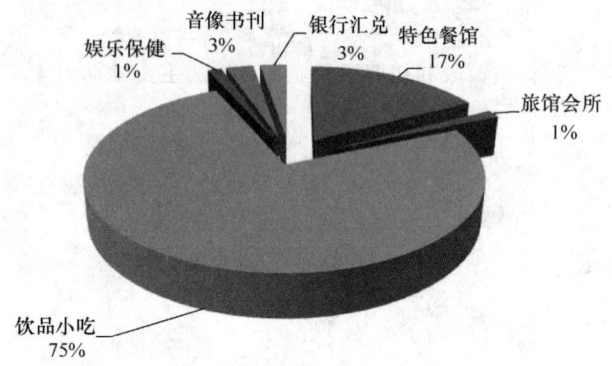

图 4　南锣鼓巷配套业态类型及其比例

2.5　社区业态逐步退化，反映了社区居民对空间支配权力下降

南锣鼓巷的社区商业业态呈现下降趋势，数量从 2005 年的 8 家下降到 2013 年的 5 家，所占比例从 21.6% 跌为 2.2%。中央戏剧学院对面的富恒德食品店是这一现象的典型代表（图 5）：2000 年左右，富恒德位于中间门店位置，当时主要经营冰棍饮料和牛奶的批发。2009 年，富恒德搬到原先店面南侧，中间店面被租给一家卖苹果牌和奶茶的小店；到 2013 年，富恒德原先所占据的店面，加上饮品店被修葺一新，变成了一家手工布鞋店。原先的富恒德食品店被挤到北侧的一个狭小店面内，只剩下原先"富恒德"的铭牌还挂在鞋店门脸上方。

图 5　"富恒德"食品店发展变迁

正如黄斌等人指出的那样，南锣鼓巷社区服务商业的退化和消失，深刻反映了空间权力的转变——以旅游者、艺术从业者为代表的群体成为南锣鼓巷街区空间的主要使用者，而常年生活在此的社区居民却逐步丧失对原有空间的支配权。[10]

3 商业业态演变的影响机制

南锣鼓巷商业业态的形成与演变是街区空间不同行为主体（政府、居民、创意群体、游客、商户）共同作用的结果。在不同发展阶段，各行为主体对商业业态的影响也不相同。

3.1 创意空间形成阶段

在2006年之前，南锣鼓巷初步形成创意空间。这一阶段主要涉及创意群体、居民、商户三大行为主体，以及主导业态、配套业态、社区业态三大商业业态。

三大行为主体与商业业态的互动关系如图6所示。创意群体是南锣鼓巷初期主导业态形成的主要驱动力。20世纪末，一些艺术从业者迫切需要找到一些合适的场所，用来"干些私活"或者进行"小圈子"内的"头脑风暴"。一些敏感且头脑灵活的商户准确地把握了这种需求，于是酒吧、咖啡店这些新兴的、时尚的商业业态就以一种十分意外而又情理之中的方式出现在南锣鼓巷。早期外来商户进入南锣鼓巷除了经营酒吧、咖啡店等时尚业态外，其余都在经营餐饮业。由于面对的主要是中戏、国话的创意群体，因此这些餐饮业态也极富艺术气息，这从TIGRE餐吧、汇点餐吧、鱼邦餐吧等这些富有个性的名称中就可见端倪。社区居民是南锣鼓巷最稳定的消费者，他们持续而稳定的生活需求支撑着小卖部、食品店等社区业态的存在。但由于社区居民规模有限，并且社区业态本身就具有易替代性和低营利性，因此它的数量并不大，所占街区商业业态比例也不高。

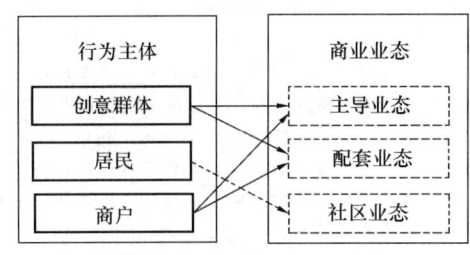

图6 南锣鼓巷早期街区行为主体对商业业态影响

3.2 旅游空间演变阶段

2006年以后，南锣鼓巷商业业态演变进入新阶段——政府与游客作为新的行为主体，对商业业态演变产生决定性影响，同时，创意群体的"逃离"与商户基于经济理性的选择进一步加剧了本文第二部分所探讨的业态演变特征（图7）。下文将以街区行为主体为脉络，探讨其对各类商业业态的影响。

3.2.1 政府

政府主要通过相关规划与政策影响南锣鼓巷商业业态发展。2006年，交道口街道委托北京大学城市规划设计中心编制完成《南锣鼓巷保护与发展规划》、《交道口街道社区发展规划》，规划提出重点培育文化创意产业、文化旅游产业、现代商务服务业的发展思路。在此基础上，南锣鼓巷进一步出台《东城区南锣鼓巷文化休闲街建设工作实施意见》，并且设立业态优化扶持基金（累计达2500万元），通过置换、调整、限制、更新、招商等方式，鼓励商务休闲、文化旅游、艺术品交易、文化创意等行业进驻。总体来看，相关政策对主导业态、关联业态的支持力度比较大，对于配套业态中的特色餐饮、旅馆会所也基本持鼓励态度。

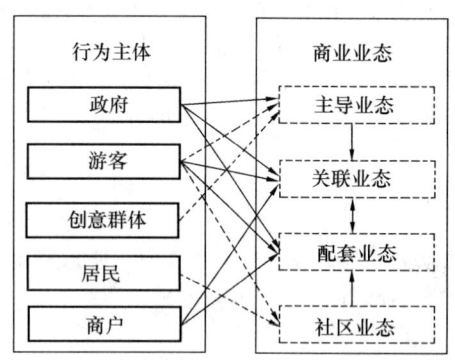

图7 南锣鼓巷近年来街区行为主体对商业业态影响

3.2.2 游客

游客是南锣鼓巷业态结构大幅调整的最重要驱动因素。大量年轻化、低消费、短停留游客的到来，促使新进驻的商户大量进入关联业态（主要是工艺品店、服装服饰店）以及旅游配套服务业态（特别是饮品小吃店）。消费者结构的变化也促使街区内部业态进行调整，特别是2009年之后，酒吧、咖啡店等业态向工艺品店、服装服饰等关联业态转变的趋势十分明显。此外，社区业态中的食品店逐渐消失，并且小卖部也开始向游客服务商店转变。

3.2.3 创意群体

创意群体是主导业态最稳定的消费群体，他们的消费行为主导了酒吧、咖啡店的演变轨迹。南锣鼓巷的酒吧、咖啡店从2005年的13家，增加到2009年的31家，而到2013年又减少到19家。主导业态减少的原因在于：很多艺术创意群体认为南锣鼓巷正日益变成一条繁华的旅游商业街，失去了宁静、淳朴的氛围，因此他们更愿意聚集到那些游人较少的胡同，如菊儿胡同、沙井胡同等。这也导致周边胡同出现了新一轮的空间再生产过程，换句话说，南锣鼓巷的再生模式正在向周边胡同进行复制。

3.2.4 居民

在旅游空间演变阶段，居民对于商业业态的驱动作用已经十分有限。大部分社区业态已经转向其他业态，传统的食品店、"烟酒茶"商店在南锣鼓巷基本消失，社区业态的居民服务功能正在迅速退化。

3.2.5 商户

商户的经济理性是驱动南锣鼓巷商业业态演变的直接原因。其经济理性表现在根据消费者的结构变化，以及租金不断上涨的经营环境所作出的业态调整。随着南锣鼓巷游客增多，原来的以创意群体占主导的市场环境已经发生彻底变化，外来商户大量进入与游客相关的关联业态与配套业态，同时原有主导业态也部分转向了创意小店、服装服饰经营。在南锣鼓巷发展过程中，中小资本占据了绝对优势，他们普遍对租金上涨较为敏感。因为酒吧、咖啡店的面积通常较大，随着单位租金越来越高，其经营门槛也越来越高。所以中小资本不得不去经营饮品小吃，或者小型的工艺品、服装服饰店。

4 结语

本文研究了南锣鼓巷近十年来商业业态演变特征及其背后的影响机制。对于不同的商业业态，未来应重点关注以下几点：

（1）主导业态方面。酒吧、咖啡店是南锣鼓巷街区更新的原动力，也是南锣鼓巷成为"静吧"的核心要素。鉴于目前主导业态数量下降的趋势，建议政府部门加大扶持力度，避免南锣鼓巷逐步丧失自身的"场所精神"。

（2）关联业态方面。目前关联业态发展态势良好，但存在一定数量的"一品多店"现象。同一品牌店铺如果太多将会对商业业态的多样性、丰富性产生不利影响，而这种多样性与丰富性正是南锣鼓巷个性创意空间的特色所在。未来应密切关注此现象，并及时出台应对措施。

（3）配套业态方面。目前饮品小吃店铺数量较多，占到配套业态的75%。由于其规模小、数量多，已经对沿街立面风貌和游览环境产生一定的负面影响，应该对其进行适当控制。此外，还应鼓励特色住宿、文化演艺等业态的发展，进一步完善配套业态的服务功能。

（4）社区业态。社区业态主要为社区居民提供生活服务，也是营造活态胡同氛围的要素之一，并且"大都之心"、"元生胡同"、"民居风情"等发展定位事实上也需要这些生活业态的支撑。因此，建议加大对南锣鼓巷社区业态的扶持力度，以保证一定数量的小卖部、食品店等店面。

参考文献

[1] 张纯，王敬甯，陈平等. 地方创意环境和实体空间对城市文化创意活动的影响——以北京市南锣鼓巷为例[J]. 地理研究，2008.27(2)：439-448.

[2] 黄斌，吕斌，胡垚. 文化创意产业对旧城空间生产的作用机制研究——以北京市南锣鼓巷旧城再生为例[J]. 城市发展研究，2012.19(6)：86-90.

[3] 汪芳，严琳，熊忻恺，等. 基于游客认知的历史地段城市记忆研究——以北京南锣鼓巷历史地段为例[J]. 地理学报，2012.67(4)：545-556.

[4] 吕斌. 南锣鼓巷基于社区的可持续再生实践——一种旧城历史街区保护与发展的模式[J]. 北京规划建设，2012.(6)：14-20.

[5] 张雪，戴林琳. 城市中轴线历史街区保护与发展模式研究——以北京南锣鼓巷街区为例[J]. 北京规划建设，2012.(2)：75-78.

[6] 戴林琳，盖世杰. 北京南锣鼓巷历史街区的可持续再生[J]. 华中建筑，2009.27(5)：173-177.

[7] 田继忠. 历史文化街区整体保护及有机更新路径研究——以北京南锣鼓巷地区为例[J]. 北京规划建设，2011.(4)：33-35.

[8] 北京大学城市规划设计中心. 南锣鼓巷保护与发展规划（2006-2020）[R]，2006.

[9] 宋璇. 北京南锣鼓巷地区改造与更新案例研究[D]. 北京建筑工程学院硕士论文，2010.

[10] 黄斌，戴林琳，胡垚等. 基于空间生产视角的文化创意产业对旧城再生影响机制研究——以南锣鼓巷为例[J]. 北京规划建设，2012(3)：106-111.

作者简介

潘运伟，1983年3月生，男，汉族，江苏灌南人，硕士，北京清华同衡规划设计研究院旅游与风景区规划所项目经理，主要从事风景旅游规划理论与实践研究。Email：panyunwei@sohu.com

杨明，1979年1月生，男，汉族，山东青岛人，硕士，北京清华同衡规划设计研究院旅游与风景区规划所副所长，主要从事风景旅游规划理论与实践研究。Email：yangming@thupdi.com。

郑憩，1987年3月生，女，汉族，江苏扬州人，硕士，北京清华同衡规划设计研究院旅游与风景区规划所规划师，主要从事风景旅游规划理论与实践研究。Email：zhengqi@thupdi.com。

王斐，1985年9月生生，女，汉族，山东聊城人，北京清华同衡规划设计研究院旅游与风景区规划所规划师，主要从事风景旅游规划理论与实践研究。Email：wangfei@thupdi.com。

新型城镇化视角下的风景名胜区自然文化遗产保护途径

The Method to Protect Natural and Cultural Heritage in Scenic and History Areas under New-type Urbanization

任君为　陆慕秋

摘　要：在新型城镇化背景下，自然文化遗产保护被赋予了新的内涵。风景名胜区作为兼具优秀自然和文化遗产的区域，是体现区域自然特征和文化底蕴的重要场所，其规划建设也应与时俱进。近些年随着3S技术的发展，空间规划对于数据的整合能力大幅提升。本文通过对蒙山风景名胜区蒙顶景区的案例研究，全面统计和整合自然和文化景源，科学地进行分区规划，并且通过用地适宜性分析，对风景名胜区的建设提出了建议，试图探寻一条能够有效保护自然文化遗产的规划途径。

关键词：风景名胜区；3S技术；自然文化遗产；新型城镇化

Abstract: With the development of New-type Urbanization concept, China Urban Construction has been given a fully new meaning. As Scenic and Historic Areas are the places embodying regional major natural characteristic and culture history, its plan and design should also follow the new standard. Recently, techniques has also been largely developed, spatial planning is stronger in integrating data. By counting and integrating all the natural and cultural resource and land suitability analysis, the research tried to do a scientifically zoning and plan for the area, which can protect natural and cultural heritage sufficiently.

Key words: Scenic and Historic Area; 3S Techniques; Natural and Cultural Heritage; New-type Urbanization

1　引言

根据中共中央及国务院发布的《国家新型城镇化规划（2014—2020年）》的精神，先前的建设对城市自然和文化个性有所破坏，在之后的城市建设中，更应该注重发掘本土文化资源，推动地方特色文化发展，保存城市文化记忆和农村地区的乡土特色，加强历史文化名城、历史文化街区和文化生态的整体保护。在新型城镇化的背景下，自然文化遗产的保护与合理利用开发被赋予了新的时代内涵。[1]

风景名胜区是兼具优秀自然和文化遗产的区域。在此时代背景下，研究适应于新型城镇化要求的规划方法，具备重要的意义。

得益于科学技术的迅猛发展，3S技术的开发应用在判别和利用自然资源及整合文化遗产等领域产生了重要的影响。将3S技术与保护自然文化遗产资源相结合，创新地将定量分析运用于风景名胜区规划，成为具有实践意义的思路和方法。

2　相关研究综述

2.1　风景名胜区自然文化遗产保护途径

根据《佛罗伦萨宪章》与《威尼斯宪章》的要求，务必要对历史古迹的原真性和完整性进行保护，[2,3]这与我国几千年来对自然文化遗产的保护利用方式是一致的。国际自然保护联盟（IUCN）主张在可持续发展的前提下，保护自然与文化资源，尤其在保护濒危物种、建立国家公园和保护区、评估物种及生态系统的保护并帮助恢复方面颇有建树。它提出的保护区管制级别和分类系统在世界范围有较大的影响力。[4]

资源保护和经济开发永远是一对矛盾体。要保护利用好自然文化遗产，国内外普遍实行功能分区原则，即在核心区内严格保护遗产原貌，主要满足精神文化（包括科研）功能的利用。核心区外允许开发利用，起到为区内服务的部分商业经济功能，从而获得最大的社会、环境和经济效益。

一般风景区经济的空间结构可分为4个圈层：
（1）风景区内核心区，禁止经济开发；
（2）区内的控制区和服务点，限制经济开发；
（3）区外开发区，积极开发旅游服务基地，发展第三产业；
（4）促进地域经济发展，保护遗产与国外的国家公园概念接轨，区内禁开区不断扩大，缩小限制区，发展区外开发区。[5]

结合生态系统和生物多样性的保护要求，分区系统可划分为更为复杂的体系，如加入生态保护和生态复育区等分区和次区内容。[6]

美国及加拿大国家公园分区在经历长期的发展后，发展为现在的完整体系。美国国家公园根据资源保护程度和可开发利用强度划分为自然区、史迹区、公园发展区和特殊使用四大区域，并在此层级下，可以灵活衍生出其他分区和次区。

加拿大国家公园则将分区作为赋予各种土地地块以特定目标的管理工具。根据保护力度和对外开放程度，其分区系统包含五种：特别保护区、荒野区、自然环境区、户外游憩区和公园服务区。[7]

但是，必须认识到，无论建立多么完备的分区体系，都无法替代完整的收集规划区域自然文化资源资料的重要性。

2.2 分区划定的理论依据

对现有自然文化资源进行判定，对土地开发适宜性进行评估，和建立分区体系是相辅相成的。基于对自然和文化遗产的保护利用角度，大致有如下几类理论对资源的评价进行支撑。

2.2.1 景观生态学

景观生态学是以整个景观为研究对象，着重研究景观中自然资源的异质性的生态学分支。主要从景观结构、景观功能和景观变化入手，探究景观格局与景观过程的关系。[8]斑块、廊道和基质为其核心的基本概念，且斑块、廊道原理和风景名胜区规划关系较为密切。此种理论对风景区内生态保护、恢复有指导意义。

2.2.2 生态规划

生态规划主要基于生态敏感性，分析人类活动对生态系统的干扰和自然环境变化的关联程度，综合评价一个区域生态环境质量、人口负荷、土地利用合理程度及经济发展状况的综合指标。这种方法能够判定区域内开发强度的分布，达到可持续发展的目的。

2.2.3 旅游学理论

我国旅游资源分类模式主要有几类，一是国家标准中，旅游资源分类、调查与评价中的分类模式以旅游资源的现状、形态、特性、特征来划分，[9]另如郭来喜、吴必虎等建立的分类模式。[10]

3 研究区域、目标与方法

3.1 研究区域

蒙山风景名胜区蒙顶景区位于四川省中部，距成都仅121km，属于成都平原西南边缘向青藏高原过渡带，景区雨量充沛、气候温和。风景区范围为东经103°00′—103°15′，北纬30°03′—30°12′，跨雅安市名山区西北部和雨城区东部，总面积约54km²。蒙顶山是世界公认的茶文化发源地，被誉为与青城山、峨眉山齐名的蜀中三大名山，目前是省级风景名胜区，2005年通过了国家4A级旅游景区评审（图1）。

3.2 研究目标

芦山"4·20"地震对蒙山风景名胜区蒙顶景区造成了较大的损失，大量重要的自然文化遗产在地震中受到严重破坏，同时部分游步道、基础设施亦被损毁。准确评估自然人文资源受灾后的情况，提出恢复措施，重新定义风景区的分区是本研究的主要目的（图2）。

图1 蒙山风景名胜区蒙顶景区在雅安市的区位

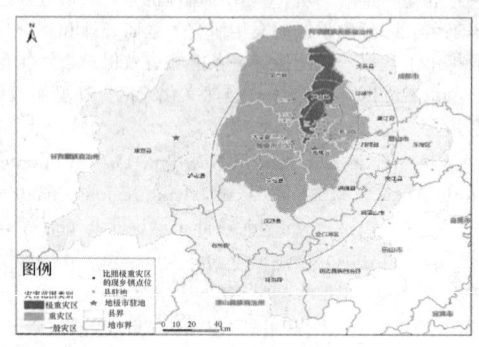

图2 芦山"4·20"地震灾害范围

3.3 研究方法

结合遥感技术，利用GPS深入风景名胜区实地调研，完成对自然人文资源受灾后的普查。通过文献查阅、专家打分的方法，结合现状受灾情况，对自然人文景源进行分类和评价，并重新划定蒙山风景名胜区蒙顶景区核心区及相关分区（图3）。

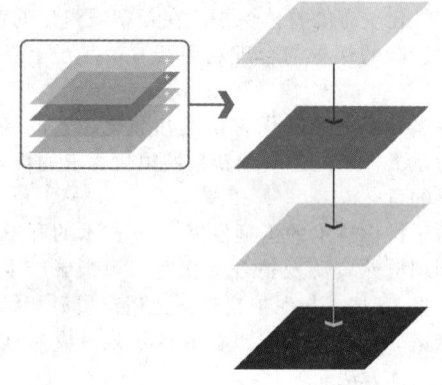

图3 用地开发适宜性评价示意

4 案例研究

4.1 景源分类评价与核心区划定

分开统计、表征景区内的自然、人文资源，根据景源的现状、历史、形态、特性等进行评价，将景源价值分成三级（表1、表2）。

主要自然景源情况一览表 表1

名称	类别	始建年代	位置	景源价值	受灾情况
千年银杏	古树名木	西汉	天盖寺前广场	一级景源	良好
千年茶树王	古树名木	北宋	蒙顶	一级景源	良好
皇茶园	古树名木	西汉	蒙顶	一级景源	受损
蒙泉井	泉井	西汉	蒙顶	一级景源	损毁
山茶树王	古树名木	北宋	蒙顶	二级景源	良好
连理树	古树名木	清	蒙顶	二级景源	良好
雾海云涯	云雾景观	/	蒙顶后山	二级景源	良好
蒙山秀色	山景	/	蒙顶后山	三级景源	良好
鹰嘴岩	石景	/	蒙顶后山	三级景源	良好
藏经岩	石景	/	蒙顶后山	三级景源	良好
隐身岩	石景	/	蒙顶后山	三级景源	良好
天仙池	泉井	/	蒙顶	三级景源	损毁
龙岩	石景	/	蒙顶后山	三级景源	良好
云门石洞	石景	/	蒙顶后山	三级景源	良好
白虎岩	石景	/	蒙顶后山	三级景源	良好
象鼻岩	石景	/	蒙顶后山	三级景源	良好

主要人文景源情况一览表 表2

名称	类别	始建年代	位置	景源价值	受灾情况
永兴寺	宗教建筑	唐	蒙顶山西山麓	一级景源	受损
千佛寺	宗教建筑	宋	蒙顶山西山麓	一级景源	受损
智炬寺	宗教建筑	宋	蒙顶山前山腰	一级景源	良好
天盖寺	宗教建筑	西汉	蒙顶	一级景源	良好
蒙顶	风景建筑	/	蒙顶山门	一级景源	良好
阴阳石牌坊	其他建筑	明	蒙顶	一级景源	损毁
阴阳石麒麟	其他建筑	明	蒙顶	一级景源	损毁
茶坛	风景建筑	2005	旅游接待中心	二级景源	良好
甘露石屋	风景建筑	西汉	蒙顶	二级景源	受损
世界茶文化博物馆	纪念建筑	2005	旅游接待中心	二级景源	良好
禅惠之庐	宗教建筑	宋	蒙顶后山	二级景源	受损
红军纪念馆	纪念建筑	1986	玉女峰	二级景源	良好
天梯	遗址遗迹	/	蒙顶半山	二级景源	良好
龙墙浮雕	雕塑	现代	蒙顶	三级景源	良好
大禹像	雕塑	现代	蒙顶	三级景源	良好
花鹿池	宗教建筑	/	蒙顶山路旁	三级景源	受损
盘龙亭	风景建筑	明	蒙顶后山	三级景源	损毁
望远亭	风景建筑	/	蒙顶后山	三级景源	损毁
碑廊	其他胜迹	/	天盖寺后	三级景源	良好
蓬莱亭	风景建筑	现代	蒙顶	三级景源	良好
八仙宫	宗教建筑	/	蒙顶后山	三级景源	损毁

根据景源的空间分布及价值评估情况，兼顾景区内部的道路通达状况等，本研究建议划定如图所示的核心区界限（图4、图5）。

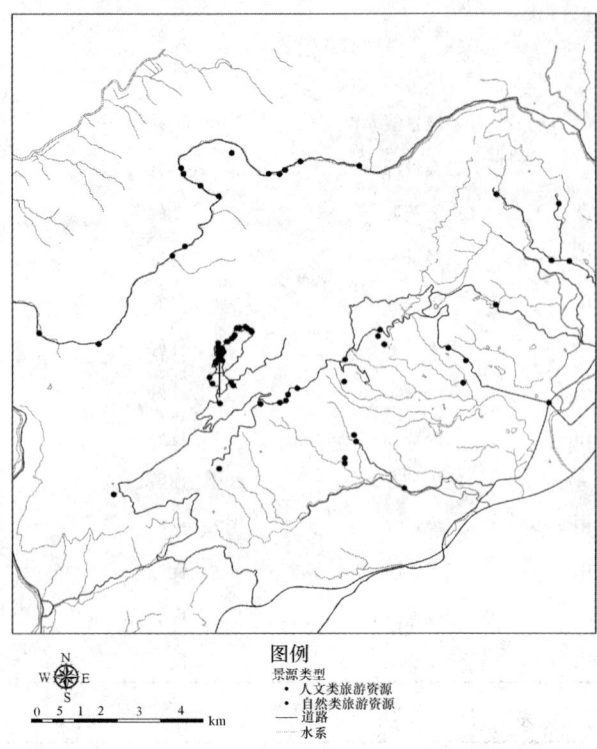

图4　景源空间分布

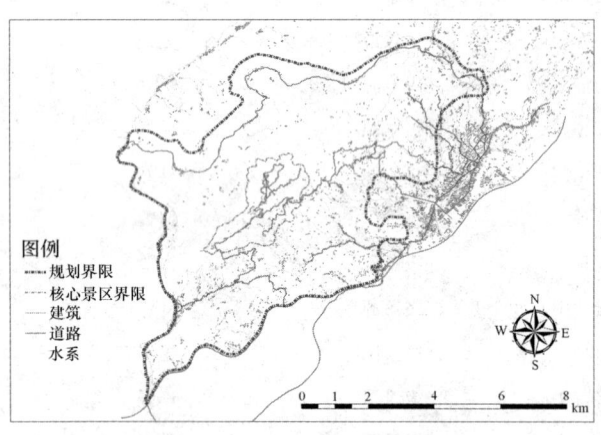

图5　建议划定的核心区界限

4.2　用地开发适宜性评价

研究通过提取现状关键影响因子，以各因子为基础构建用地开发适宜性评价体系，再将不同层面的评价结果叠加，得到综合评价结果，可作为规划设计依据，指导实际建设。

本研究选取了景源保护、水系保护、土地覆被类型、坡度、坡向、交通便捷6个方面进行逐一分析（图6—图11）。评价过程中综合使用地理信息系统、遥感解译、全球定位等3S技术，将最新的理念运用于实践中。其中，将前述的景源分类及评价结果作为景源保护分级的数据（图12）。

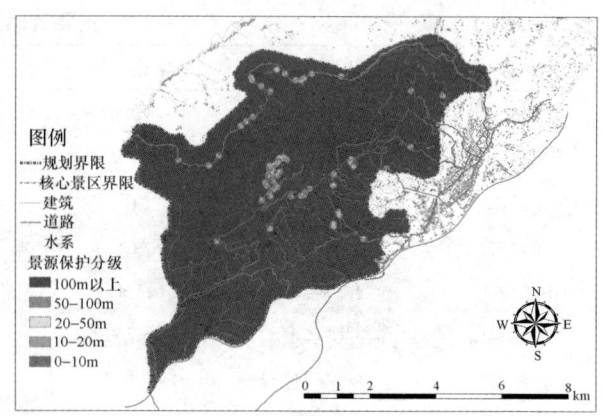

图6　景源保护分析图

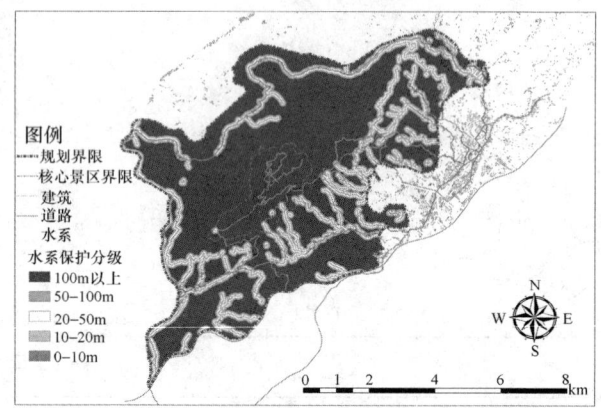

图7　水系保护分析图

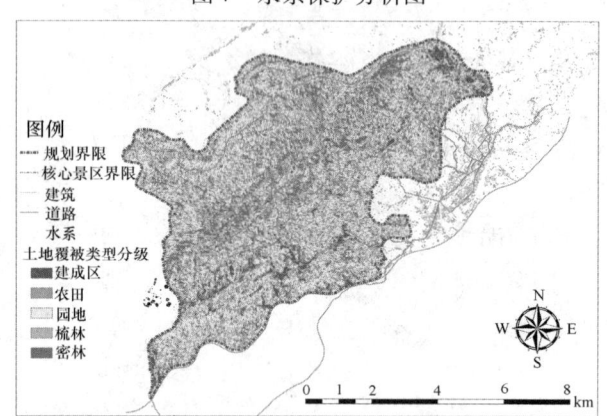

图8　土地覆被类型分析图

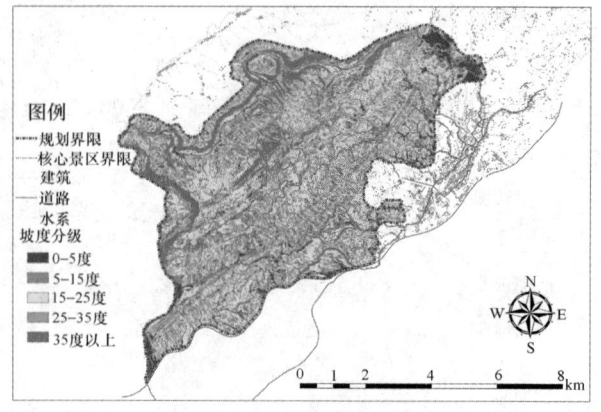

图9　坡度分析图

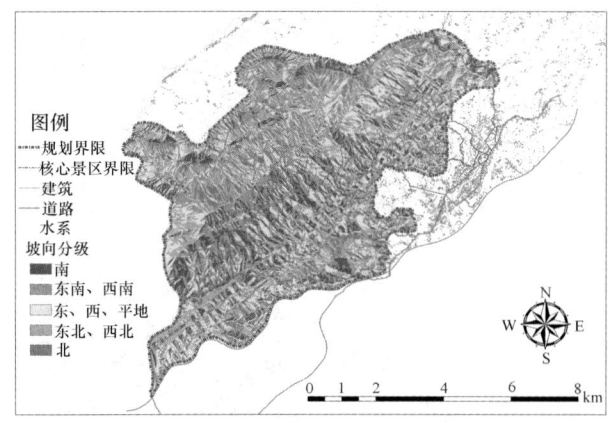

图 10 坡向分析图

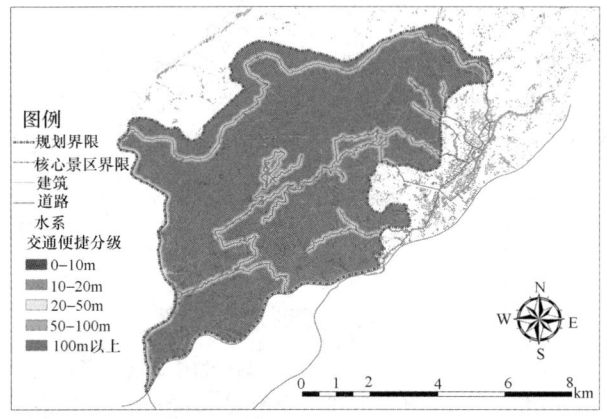

图 11 交通便捷分析图

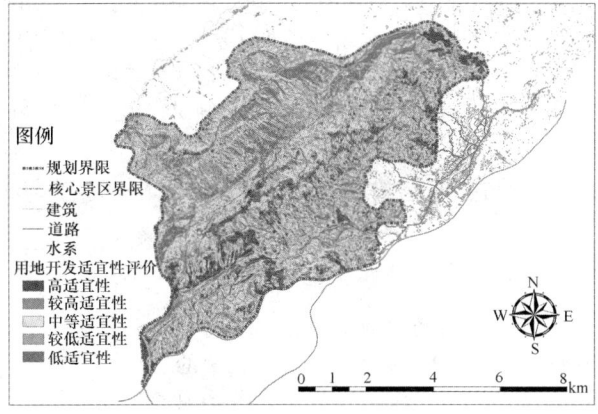

图 12 用地开发适宜性评价

5 结论

借助3S技术和相关数据，研究人员能够对景源进行有效准确的空间定位，也能全面地解译和分析景区的土地覆被类型，适合于开展规模较大的风景名胜区资源和因自然灾害引起的土地状态变化的统计分析工作。结合合理的景源评估体系，为得到合理的核心区划分奠定了有益的基础，对于有效保护自然和文化遗产起到了积极的作用，是符合新兴城镇化题中之意的规划思路和方法技术。

参考文献

[1] 国家新型城镇化规划(2014-2020). 新华社，2014-3-16.
[2] 威尼斯宪章. 世界建筑，1986(03).
[3] 佛罗伦萨宪章. 国际文化遗产保护文件选编[C]. 北京：文物出版社，2007：95-103.
[4] 唐晓岚. 风景名胜区规划[M]. 南京：东南大学出版社，20-22.
[5] 谢凝高. 保护自然文化遗产，复兴山水文明[J]. 中国园林，2000(6)：36-38.
[6] 束晨阳. 对风景名胜区规划中有关分区问题的讨论[J]. 中国园林，2007(4)：13-17.
[7] 张薇. 风景名胜区规划分区的探讨[D]. 南京林业大学，2010.
[8] 邬建国. 景观生态学：格局过程尺度与等级[M]. 北京：高等教育出版社.
[9] 尹泽生，魏小安. 中华人民共和国国家标准——旅游资源分类、调查与评价，2002.
[10] 郭来喜，吴必虎等. 中国旅游资源分类系统与类型评价[J]. 地理学报，2000.55(3)：294-301.

作者简介

任君为，男，1987年12月出生，北京大学硕士研究生学历，汉族，籍贯江苏，现就职于江苏省城市规划设计研究院，职务为城市规划师、景观设计师，职称为助理城市规划师，研究方向为景观。

陆慕秋，女，1987年9月出生，北京大学硕士研究生学历，汉族，籍贯江苏，现就职于艾奕康环境规划设计(上海)有限公司重庆分公司，职务为城市设计师，职称为助理城市规划师，研究方向为景观。

中国古典园林的审美分析

The Aesthetic Analysis of Chinese Classical Garden

沈姝君　张　杰

摘　要：中国古典园林是中国文化重要的一部分，有独特的历史地位，是人类文化遗产中独具风韵的珍宝之一，被举世公认为世界园林之母，世界艺术之奇观。每一个中国古典园林都是一种景观艺术，蕴含丰富的艺术理念、美学境界和艺术方法。本文旨在对中国古典园林之审美进行分析，探索中国古典园林独特的气质和迷人魅力。
关键词：中国古典园林；审美；要素；角度；和谐

Abstract：Classical Chinese garden has a unique history status and is an important part of Chinese culture. As a wonder of the world's art, Classical Chinese garden is one of the gems of mankind cultural heritage with unique charm and widely recognized as the mother of the world garden. Containing rich artistic concept, aesthetic and artistic methods, each classical Chinese garden is a kind of landscape art. This paper aims at analyzing the aesthetic of classical Chinese garden, mean while, exploring the unique temperament and charm of it.
Key words：Classical Chinese Garden；Aesthetic；Element；Angle；Harmonious

中国古典园林是大空间尺度的综合性文化艺术载体，涉及多个艺术文化门类（绘画、哲学、园艺、室内装饰、文玩陈设等）并与这些门类交融在一起。优秀的园林景观还被赋予深刻的精神内涵，成为人们精神寄托和超越性追求的艺术化载体。[1]

1　中国古典园林审美的要素

1.1　审美的阶段

中国园林发展的历史可以追溯到原始社会时期，园林审美从蒙昧时期一路走来，大致经历了实用、比德、畅神说等几个发展阶段。园林审美的萌芽、发展和升华的过程中，实用、比德、畅神、冶情互相渗透，贯穿于整个园林审美史。

1.2　审美的主体

审美的主体包括不同时代有不同审美和际遇的帝王、贵族、武士、文人和僧侣们。

秦汉创造的"一池三岛"的仙境模式，将帝王的求仙之梦变成了壮丽奢华的自然主义园林；魏晋南北朝时期，自觉审美意识的产生催生了人们对生命的倾情眷顾和对自然的依恋，园林成为人们享受人性自由和畅神、愉悦心境的圣地，同时园林也成了帝王骄奢淫逸的逍遥宫殿、自命风雅的乐土；盛唐时期，园林成为王公贵族身份和地位的象征，王维的独特审美为园林带来诗情画意和禅境。中唐后期，园林日趋精巧，壶中日月蕴含着浩瀚的宇宙，文人园林不断涌现，园林成为文人的精神领地。明末以后，园林的精英文化价值趋向世俗化，出现一些低俗的市民审美趣味。[2]

1.3　审美的客体

审美客体由写实到抽象，从功利性的动植物圃，到以自然山水为骨架，到精神性的拳石勺水、枯山水、露地园神游，审美重点由表及里、由实到虚，逐渐细腻。

中国明清，尤其是晚明、清代中期和晚清时期，是中国园林审美文化成熟和转变时期，园林空间渐渐从自然空旷到自然弱化、建筑密度增加，装饰从简至繁，文人书卷品位弱化，出现模仿和固守程式的倾向。[3]

2　中国古典园林审美的角度

2.1　自然美

园林是一种可居住、可游玩、可欣赏的文明实体。"自然始终是一切美的源泉，是一切美的艺术的范本"，[4]清风明月，鸟语花香，园林的自然美往往首先被关注到。

2.1.1　因地制宜

计成在《园冶》中提出"相地合宜"，园林选址"或傍山林，欲通河沼。探奇近郭，远来往之通衢；选胜落村，借参差之深树。村庄眺野，城市便家"，[5]即园林可选在山林地、河沼边、郊野地、村庄中，无论树木林立还是旷野平冈，都要根据地形地势，因地制宜。

中国古典园林多山水自然式园林。北京大型皇家园林圆明园、颐和园、畅春园、承泽园等无不依山水而存在。无锡寄畅园、苏州沧浪亭和拙政园等江南私家园林也都依山或傍水而建。

另外，因地制宜也指依地形或要素特点，顺势营造千鸢环翠、万壑流青的景观。

2.1.2 选材用料

中国古典园林的建筑多以木结构为主，砖石构造为辅。

缘于特殊的选材，中国古典园林，大多山水弥漫，风光秀丽，充满天然野趣。如曾为江南三大名园之一的安澜园"池甚广，桥作六曲形，石满藤萝，凿痕全掩，古木千章，皆有参天之势，鸟啼花落，如入深山"；[6]苏州沧浪亭"古木繁花"成为其最大特色；而拙政园更是古朴自然、充满野趣的典型代表（图1）。

2.2 艺术美

遵循自然"形式美法则"创造出来的"人化的自然"，又被称为艺术美。外师造化，"略师其意"，"巧于因借"，[7]这鬼斧神工的概括就很好地诠释了园林的艺术之美。

古代多诗人、画家、文人参与造园规划，饱览名山大川的文人名士撷取山川灵秀之神韵，构成独特的园林意象。

为了将有限的空间变成无限，形成理想化的能容纳大千世界美景的"壶中天地"，园林的规划必须在很小的范围之内进行艺术化的空间创造。空间处理包括大小、开合、高低、明暗等关系的处理，常用墙、廊、屋宇、假山、树木、桥梁等划分空间。借景，是中国古典园林创造"小中见大"艺术空间的主要手段，是产生距离效应的巧妙手段，有远借、邻借、仰借、俯借、镜借和声借之分。高视点的园林建筑常常成为远借的最佳欣赏景观，如拙政园外的北寺塔、寄畅园内山上的龙光塔等；邻借的对象可以是邻园美景、园林之间的楼台、园外水道等；园内各个景区之间通过泄景、隔景、障景等艺术手段，也互为借景。

中国古典园林的创作宗旨是"虽由人作，宛自天开"，假山的创作"未山先麓，自然地势之嶙嶒，再堆土筑成山冈，并不在乎石形的巧拙……有假为真，做假成真"，[8]能造出真山的气势；理水也大量采用潭、池、湖、瀑、溪等自然形态，以随意的曲线形态呈现，正如古人所形容的，"一勺则江湖万里"。其他个体，包括亭台楼阁、花草树木，也都力求与周围的山水、建筑相一致，相映成趣，融为一体。对以山水为中心的园林的艺术追求，体现了人们对大自然的审美日趋成熟。[9]

图1 从左至右分别为安澜园复原图、沧浪亭、拙政园

图2 从左至右分别为狮子林九狮峰、狮子林连中三元峰、留园冠云峰

2.3 意境美

受诗词书画影响，中国古典园林到处透露着诗意美。意境是意与境、情与景、神与物互渗互融所构成的艺术整体，被奉为评价园林审美价值的主要标志。[10]

园林景境的营造广泛采用了儒、道、佛等宗教思想和哲学思想，体现文人静、幽、淡、雅的审美体验和精神发泄的诗文名篇佳句，品位高雅，感情细腻，摆脱了纯粹低级的感官享受，进入自由审美的精神境地，意境十分醉人。

园林中诗意、怡人的的栖居的生活空间又体现出生活美；园林中亦无处不体现出令人惊叹的造园技术之美。

2.3.1 园林布局

中国古典园林热衷于营造人间天堂、海上仙山，象征超越生命的意象，体现了对"生"的憧憬。自秦汉始，"一池三岛"的造园手法成为皇家园林宫苑池山布置的典范。

由于不得僭越一池三岛的皇家园林构园之制，私家园林一般以写意含蓄的形式来表示三岛。苏州拙政园中，荷风四面亭、雪香云蔚亭和待霜亭构成了水中三岛；留园中的小蓬莱也是私家园林一池三岛的典范。

2.3.2 园林建筑

中国古典园林的建筑造型丰富且独具特征：殿庄重、

堂豁达、亭闲逸、榭风雅、廊倘佯、窗憧憬、舫从容、阁潇洒。

江南园林中的水榭往往是观赏园内山水景观的绝佳处。木构件的结构特点和"挂落"、"美人靠"等建筑附件的运用，使得当人们置身水榭、亭台等建筑时，能获得园林最佳观景效果，深化了审美者与园景的亲和。[11]

很多古典园林都有舫，如怡园、拙政园的画舫斋，扬州瘦西湖的画舫，南京煦园的"不系舟"等，以狭长的内部空间和窗等构件，勾起人们对船舱的联想，表达了园主超然物外，追求精神自由的隐居思想。

2.3.3 园林景物

园林景物分实景和虚景。

（1）实景

实景包括建筑、山石、水体、植物等。

掇山叠石能营造宛若自然的山林氛围，通过山石的形态、布局、构筑方式、题词命名的不同组合，形成不同意境。许多佛、道教圣地的寺观依峭壁而建，凭借陡峭山势营造出天国的氛围，利于宗教思想的传播。皇家园林中的假山多以"万寿山"、"万岁山"为名，如颐和园、故宫后的景山、北海白塔山，以"山"隐喻君主，称颂君王。

理水多取意"一勺则江湖万里"。皇家园林"一池三岛"的理水法则为君主们编织出一段长生不老的梦境；私家园林构建山水园林的理水标榜出主人仁、智的君子品行，追求遁世归隐的隐士风范或高洁的人格。

植物在景点构成中担任文化符号的角色，传递园主所寄寓的思想和愿望。留园"古木交柯"，借女贞、古柏凌寒不凋、四季常青的特征，表达文人的自傲精神和归隐之意；拙政园"远香堂"取"香远益清"的诗意，配植大片荷花，表达了主人"出淤泥而不染"的高洁品质；狮子林中的"双香仙馆"，配植以冬梅夏荷，梅荷并香，象征园主纯洁的情操和高远的志向。[12]

（2）虚景

园林意境的创造还注重声、光、色、影、香等虚景的运用。渔洋山人王士禛的《冶春绝句》"红桥飞跨水当中，一字栏杆九曲红。日午画船桥下过，衣香人影太匆匆。"就很形象地描绘出了虚景之美。

（3）虚实结合

在中国古典园林中，无论是亭台楼阁、茂林修竹、奇山怪石的实景，还是池中清漪、粉墙花影、松涛竹韵等虚景，都能使人平添雅兴，境由心生。园林的意境，是虚实结合的产物，不但有景，还有声、影等景外之景。

2.3.4 园林装饰

中国古典园林的装饰题材千姿百态，如图腾、花纹等，用隐喻、象征手法来传达人们的理想、观念。常用手法包括谐音寓意、借形寓意和音、形交互寓意等。

（1）谐音寓意，用实物谐音表达吉祥寓意

"扇"是八仙之一钟离汉手中的法器，能驱妖救命，"扇"与"善"谐音，网师园殿春簃的扇面花卉铺地图案，寓意驱邪行善。

鱼，与"余"谐音，象征发财富贵，金鱼与莲花画面的铺地表示"金玉同贺"。

蝙蝠，"蝠"谐音"福"，蝙蝠和仙桃组合表示"五福捧寿"；五只蝙蝠环绕表示"五福临门"；铺地中装饰有蝙蝠，表示"脚踏福地"。北京恭王府的萃锦园，有一座呈蝙蝠状的殿堂，称"蝠厅"，园内蝙蝠状水池又称"蝠池"，体现了园主祈福的美好愿望。

（2）借形寓意，借助直观形象特定寓意

在吉祥装饰图案中，规格最高、最深入民心的是"龙凤呈祥"，以一对飞舞的龙凤，展现婚姻美满、生活和谐、吉祥幸福。皇家园林中龙随处可见，代表风调雨顺、五谷丰登等祥瑞的意义。私家园林中，则常出现拐子龙，龙形简化，和蔓草组成草龙捌子，寓意幸福。上海豫园的龙墙上，龙形形态逼真，暗含了士大夫对岭上白云的眷恋。[13]

在装饰图案中，也有用简单图形或字符表达特定含义的。如卍表示万福，ⅠⅠ表示发财。卍在宗教中是释迦牟尼佛的三十二相之一"吉祥海云相"，是太阳或火的象征。因为卍容易相连，构图灵活且富于变化，被广泛运用到漏窗、挂落图案以及建筑布局中。圆明园有座"万方安和"殿，"水心架构，形作卍字"，隐含着吉祥平安之意。[14]

（3）音、形交互寓意，音形结合表达复杂多元的主题

佛手、桃子、石榴共同构成多福、多寿、多子的寓意；柿和如意构成"事事如意"的图案；宝瓶上加如意喻示"平安如意"。

北京恭王府花园的设计是音、形交互的典例："蝠池"形如张开双翅的蝙蝠；池边种植榆树，榆钱落入"蝠池"，寓意"财"和"福"，共同庇佑主人富贵吉祥；园内石山洞中"福"字碑可以分解为多田、多子、多才、多寿；更有一座结构形似蝙蝠的书斋，名曰"蝠厅"。随处可见的蝙蝠装饰，使恭王府花园享有"万福园"的美称。

图3 从左至右分别为留园"古木交柯"、拙政园"远香堂"、狮子林"双香仙馆"

图 4 从左至右分别为蝠池、福字碑、蝠厅屋檐细节

2.4 生活美

2.4.1 教化作用

中国古典园林将基于"天人合一"的道德观艺术性的物化入园林中，皇家园林"以游利政"，私家园林强调"游于艺"并净化心灵。

园林建筑是教化的主要载体。扇面亭，意为"广开视听"、"求贤"、"利政教化"；狮子林的"正气凛然"碑高度颂扬了文天祥，强调道义之美；耦园的"厚德载物"暗示有大德者能多受福；拙政园中的"玉壶冰"表明了对心灵高尚、纯洁、晶莹的追求。

中国古典园林还表现出浓厚的伦理色彩。如怡老园、豫园表达了怡亲、娱老之情；狮子林大厅外廊两侧有砖额"敦宗"、"睦族"，要求家庭内部和谐相处，为人忠厚老实；网师园女厅前院的门宕上有"竹松承茂"额，含有家族兴旺、兄弟相亲相爱之意；苏州春在楼的"二十四孝"雕刻劝谕世人，匡正世风。[15]

2.4.2 文化氛围

中国古典园林注重环境的诗意化和文雅化。古典园林自古是文人雅集的场所，他们在此读书吟诗、挥毫泼墨。因此，园林中常辟有书房，建筑构件的雕刻装饰和物品的陈设也都衬托出浓郁的文化氛围。

2.4.3 历史美感

历史上名人轶事和风流韵事，常成为中国古典园林的景点或建筑装饰的主题或意境。汉晋风流、诗仙风采、云林逸韵，丰富的历史文化含量，为园林带来厚重的历史纵深感，显示出独特的历史美。

2.4.4 世俗理想

在中国古典园林丰富的寓意、多彩的符号中，包括了许多世俗文化中迎祥避凶、祈福纳寿、宜家受福、家族兴旺等世俗生活理想。日月在古人观念中是世界两极和阴阳两极的代表；人们对天的崇拜往往用永恒不变的太阳来表示；生殖崇拜、爱情与生命的繁衍也是园林永恒的象征主题之一；对语音、语言的崇拜带来了语音的禁忌和对语音魔力的崇拜；园林中还有对龙、凤、麟、龟的"四灵"的崇拜、鹤鹿的崇拜。

2.5 技艺美

园林技术是一门实用的技术，技术之美也是中国古典园林审美的重要方面。

2.5.1 相地选址

中国风水讲求人与宇宙的调和。园林选址，遵循因地制宜的原则，一般不宜选在山顶、山脊等风速大的地方，并避开隘口地形。园林住宅内壁正厅、正房坐北朝南，便于采光、取暖、杀菌和增强人体免疫力。如果园林四周山环水抱，山清水秀，重峦叠嶂，郁郁葱葱，名堂开朗，水口含合，水道绵延曲折，有良好的心理空间和景观画面，就能构成一个完整、安全、均衡的世界。

同时，中国古典园林常善于利用园外之景，与园内之景相映成趣。

2.5.2 建筑构造

中国古典园林建筑多采用有天然亲和力的木构架建筑。建筑结构，从上至下依次为：屋顶—梁柱—台基。屋顶采用提栈做法，屋面向上反曲，与四周反宇的翼角相连，形成如鸟翼般舒展的檐角和曲线。在屋檐下，由斗形木块和弓形横木交错、向外逐层挑出形成的上大下小的托座，称为"斗栱"，斗栱是木结构中结构最特殊、符合杠杆原理的木质构件，是大木结构的精髓所在。

厅堂门窗设置灵活，通风、透气、透光，落地长窗开合自由，拆卸方便。厅堂内的天花板采用各种式样的轩形，高低错落，放置于室内不同部位，使空间主次分明，形式丰富，并起隔热防尘防寒之功用。

另外，在中国古典园林的厅、堂、楼、阁、轩、亭等建筑的屋顶正脊两端，有各种造型各异的兽形脊饰，称鸱吻。其作用是对两个屋面相交产生的节点进行美化处理，并封严屋瓦交接的顶端，防止雨水渗漏。同样具备保护脊梁缝和防雨作用的是垂脊前安放的形态各异的飞禽走兽，安放数目同建筑规模和殿堂级别密切相关。

2.5.3 叠石理水

叠石法则包括主宾、层次、起伏、曲折、凹凸、顾盼、呼应、疏密、轻重、虚实，叠置形式有剑利式、斧立式、层叠式、叠立式、斜立式等，无论何种形式，都必须符合力学原理，稍有差池，就会倒塌。

北京"山石张"的"安、连、接、斗、挎、拼、悬、剑、卡、垂"十字诀，明代计成总结出的"等分平衡法"；清代戈裕良的"钩带法"等都是科学而广为流传的实用操作法。

园林选址要充分考虑周围天然水体的优劣，尽可能选择在有川流、泉眼等天然水体的环境造园。由于地处江南水网，地下水位较高，地表水丰富，苏州的园林常常利用地表水稍加疏浚引水入池；有些园林也采用池底挖井的方法，使池水和地下水相通，增强水的活性，保证水质。北京颐和园谐趣园的水则利用与昆明湖水位的落差，将湖水沿后溪河经玉琴峡流入园中。

在池中放养鱼类，以鱼治水，也增强了园林水景的可观赏性。

2.5.4 植物配植

植物的合理配植能营造出生气勃勃的园林景象。

选择适应当地气候，有特色的乡土品种，可与园林周围树种浑然一体，如承德避暑山庄广泛栽种油松，苏州启园栽种橘树；同时，根据花木的生态特点和不同树种的生长习性，选取不同的栽种方向，形成可观赏的小气候；草木的季节特点十分明显，正所谓"春山淡冶如笑，宜游；夏山青翠欲滴，宜观；秋山明净如妆，宜登；冬山惨淡如睡，宜居。"传统花卉配植也重视吉祥寓意，如"玉兰、海棠、牡丹、桂花"共同配植，以示"玉堂富贵"；园林中还注意香味花卉的栽种，增添虚景的意境。

2.5.5 融合之美

中国古典园林是时空结合的美，其中的建筑、植物、单体并不孤立，呈现出一种群体融合之美。园林内部的亭台楼阁，轩馆斋榭经过巧妙的艺术设计和技术处理，把功能、结构、艺术统一于一体，成为精致典雅的建筑艺术品，加之室内古朴的陈设和室外幽美的环境，彼此依托，构成真、善、美统一的和谐场景。网师园、古漪园和寄啸山庄等无不是和谐园林的典范。

2.6 小结

中国古典园林主要由直觉意义和抽象意义上的两大审美要素构成，前者是能直接感受到的形式之美和艺术美感，后者包括哲学的、诗意之美。中国古典园林是人们生活起居、颐养心情之所，园林假山的堆叠、水的保护、植物的配植，都要科学合理。每一座中国古典园林都既是一个生活的场所，更是一个审美的场所。

徜徉中国古典园林，从不同角度去发现美，这必是一个心旷神怡的过程。

参考文献

[1] 王毅. 翳然林水·栖心中国园林之境. 北京大学出版社, 2008.9：3.
[2] 曹林娣. 东方园林审美论. 中国建筑工业出版社, 2012.4：105.
[3] 曹林娣. 东方园林审美论. 中国建筑工业出版社, 2012.4：105.
[4] 宗白华. 看了罗丹雕塑之后.
[5] 计成著, 陈植注释. 园冶注释. 中国建筑工业出版社, 1988：56.
[6] 沈复. 浮生六记：81.
[7] 曹林娣, 东方园林审美论, 中国建筑工业出版社, 2012：128-134.
[8] 计成著, 陈植注释, 园冶注释, 中国建筑工业出版社, 1988：26.
[9] 刘海燕. 中外园林艺术. 中国建筑工业出版社, 2009.1：78.
[10] 刘海燕, 中外园林艺术, 中国建筑工业出版社, 2009：87.
[11] 王毅. 翳然林水·栖心中国园林之境. 北京大学出版社, 2008：64.
[12] 居阅时. 庭院深处·苏州园林的文化涵义, 2006.7.
[13] 刘海燕. 中外园林艺术. 中国建筑工业出版社, 2009：93.
[14] 刘海燕. 中外园林艺术. 中国建筑工业出版社, 2009：94.
[15] 曹林娣. 东方园林审美论. 中国建筑工业出版社, 2012：169.

作者简介

沈姝君，1990年3月生，女，硕士，华东理工大学设计学专业在读研究生，研究方向为建筑文化遗产保护，Email：847270790@qq.com。

张杰，1973年6月生，男，博士后，华东理工大学艺术设计与传媒学院副教授，研究方向为建筑文化遗产保护、城市规划设计与理论、旅游规划设计。

新型城镇化发展机遇下的旅游城镇化与历史文化名镇遗产保护策略
——以日本长野县妻笼宿古镇保护复兴为例

Strategies of the Ancient Historic Towns Preservation and Tourist Urbanization under the Opportunities of New Urbanization Development
——A Case Study of Qilongsu in Japan

宋 昕

摘 要：在城镇化的快速进程中，历史文化名镇的遗产保护与复兴之间似乎总存在着一种不可调和的矛盾。本文试图揭示中国现今历史文化名镇开发与复兴中的现状问题，探讨新型城镇化机遇下古镇遗产保护的新契机，并结合日本长野县妻笼宿古镇遗产保护与城镇复兴的成功发展模式，阐述兼顾古镇保护与旅游复兴的双赢策略。
关键词：新型城镇化；旅游城镇化；古镇遗产保护；日本；妻笼宿

Abstract: In the fast development of the urbanization nowadays, there is probably an irreconcilable contradiction between the preservation and the tourism of the historical ancient towns. Japan has done a lot in the legislation and practice of the historical ancient towns protection. This paper is trying to explain the problems in the practice of ancient towns protection, and try to discuss the new chances given by the new urbanization strategy to the protection and development of ancient towns. In addition, this passage discusses the strategies of the preservation and tourism of ancient towns with the example of Qilongsu in Japan.
Key words: New Urbanization; Tourism Urbanization; Ancient Towns Preservation; Japan; Qilongsu

1 导言

在中国改革开放之后的 30 年中，快速城镇化导致城市空间迅速膨胀扩张，城镇化率也日益成为衡量国家发展程度的指标之一。城镇化带来的城市经济增长使得人们的生活水平提高与游憩观念逐渐增强，人们在闲暇时间开始选择出行游玩，许多历史文化名镇因为其悠久的历史，富有传统特色的建筑遗存与习俗文化深受城镇人群的欢迎。然而城镇建设步伐下的全国范围内的大拆大建活动使得许多历史文化古镇、老建筑和历史街区岌岌可危，许多古镇即将或者已经消失在城镇建设的挖掘机下。

而另一方面，由于历史文化名镇的严格保护规章使得许多历史文化名镇无法依靠自身建设活动促进经济增长，只能依赖旅游这一单一支柱产业。旅游业的阴晴不定使得居民生活无法得到有力保障，同时也造就了许多风景优美却不得城镇化成果惠及的偏远古镇，它们坚守古镇保护的同时也面对着城镇化的巨大压力与诱惑，古镇发展便陷入了两难的境地。

新型城镇化给了历史文化名镇一个发展机遇。新型城镇化强调在发展的同时坚持与传承自身文脉，并且城乡并举，聚焦农村。在经历了以工业化为基础的快速城镇化发展之后，中国目前开始探索多途径城镇化的道路，而其中一个有效途径便是旅游城镇化，这将为历史文化名镇的旅游开发与遗产保护带来新的契机。

2 旅游城镇化

2.1 旅游城镇化的内容

当前对于旅游城镇化（Tourism Urbanization）的研究还处于探索阶段，旅游城镇化主要是指由于旅游业的发展推动旅游目的地的人口和产业就地集聚并且城镇在空间上扩张的过程。旅游城镇化是一种由于游憩行为的消费和销售而产生的一种新型城镇化模式，成为促进城镇化水平提高的动态过程。旅游城镇化一方面可以加速旅游城市的城镇建设水平，但另一方面也会启动负面机制，即高度的城镇化会导致对旅游资源的破坏、分割及降低其作为旅游目的地的影响力，导致"过度城镇化"，同时丧失旅游目的地的独特价值。因此，强调权衡兼顾的新型城镇化格外重要。

2.2 新型城镇化对历史文化名镇旅游的助推作用

新型城镇化可以使拥有文化遗产资源的历史名镇不通过工业化的方式走上城镇化道路，并且拥有文脉与现代结合的基础设施，构造不同于城市风貌的独特生活方式和小而美的精致追求。新型城镇化对历史文化名镇旅游的助推作用表现在城镇化需要以产业为依托，而旅游带动的一系列生态绿色产业刚好成为城镇化发展的基础。而新型城镇化强调拒绝"摊大饼"式的无序规划，注重文脉延续，都成为历史文化名镇求稳求新发展的基石。注重历史传承的历史文化名镇旅游开发又会促进城镇化，使名镇居民真正享受旅游产业发展成果，同时成为保护历史文化名镇遗产的精神动力和经济来源。

2.3 新型城镇化与历史文化名镇旅游开发和遗产保护

2.3.1 历史文化名镇

2002年10月，新颁布的《文物保护法》明确提出了历史文化名镇的概念，2003年建设部和国家文物局联合公布了第一批历史文化名镇（村）名单。一般意义上的历史文化名镇是指，建筑遗产、文物古迹和传统文化比较集中，能较完整地反映某一历史时期的传统风貌、地方特色和民族风情，具有较高的历史、文化、艺术和科学价值，现存有清代以前建造或在中国革命历史中有重大影响的成片传统建筑群、纪念物、遗址等，且基本风貌保持完好。因此，判断一个历史文化名镇的价值特色在于其独特的历史文化，独特的各级风貌和深厚文化内涵，这也是其文化遗产保护的重要资源对象。

2.3.2 城镇化与名镇遗产保护的矛盾

历史文化名镇遗产保护需要尽最大可能维持遗产风貌和地方文化，限制开发建设活动。历史文化名镇发展过程中似乎总存在着保护与建设的矛盾。

（1）缺乏统一规划，保护用地与开发用地混乱

除了少数有经济能力和有远见的历史文化名镇外，大多数历史文化名镇由于规模较小，村镇级别较低而缺乏完整的规划，尤其游憩旅游专项规划及历史名镇保护专项规划，从而导致开发商的无序开发，有些甚至威胁到了历史名镇的整体风貌及历史文保单位的存亡。没有法定的保护规划，历史文化名镇的保护便无法可依，导致历史文化名镇的整体格局破坏，日后再修补也是亡羊补牢，为时晚矣。

（2）开发建设破坏严重，保护技术落后

很多历史文化名镇由于一味追求城镇化与现代化水平，导致历史建筑在先进的现代工程技术下成为废墟，取而代之的是新建的高楼或是仿古建筑，直接截断了地方历史文化的文脉。另一方面，有的历史文化城镇的保护手段过于落后，或是保护理念更新不强，再加上一些设计方面的不合理和施工的粗糙使得古村镇没有得到极好的保护，遗产资源价值受到影响。

（3）文化搭台，经济唱戏

以文化作为踏板，只是为了开发建设来征求用地，文化被仅仅当作服务于经济的"手段"，甚至成为包装地方形象的政绩工程，而失去了应有的地位和尊严。这是对文化与经济关系的一种误解，也是新型城镇化所坚决杜绝的发展模式。这种观点往往导致经济利益先行，颠倒了保护与利用的关系，本末倒置，其重点并没有放在历史文化名镇的保护上，只是借历史文化名镇之名来行开发建设之实。

3 日本历史文化名镇遗产保护

日本同样经历了中国急剧的国土开发和快速的城镇化的过程，文物危机不断加深。日本民众对于历史性环境的关心也日益高涨，并且不断呼吁修改文物保护法。1965年以后，各地开始自发组织对城镇村落保护的运动。自1968年和1971年后半年至1973年，日本政府集中制定了市町村条例，1975年修改后的文物保护法出台。根据文物保护法及古镇保护条例，日本的历史文化古镇要进行基础调查、确定保护地区、制定保护条例和限制古镇的现状变更，然后制定保护规划，从而切实落实历史文化名镇的保护（图1、图2）。

图1 妻笼宿古镇景观

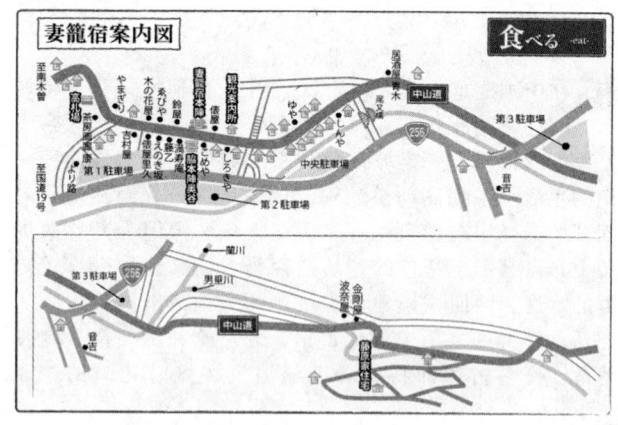

图2 妻笼宿景区地图

4 城镇化与遗产保护双赢的历史文化名镇——日本妻笼宿

4.1 妻笼宿概况

日本妻笼宿（つまごじゅく）位于日本长野县木曽郡南木曽町兰川东岸，和邻近的马笼宿、通往马笼宿的峠道同为代表木曽路的观光名地。妻笼宿在历史上曾经是重

要古道——中山道的驿站（图3，图4），是现代为数不多的历经城市化浪潮之后保存下来的旧貌驿站。1976年，妻笼宿获选为日本重要的传统建造物群保存地区。

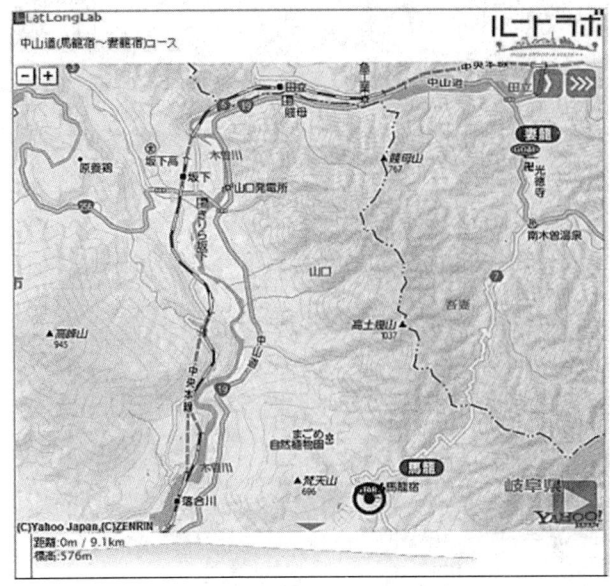

图3　妻笼宿到马笼宿的道路

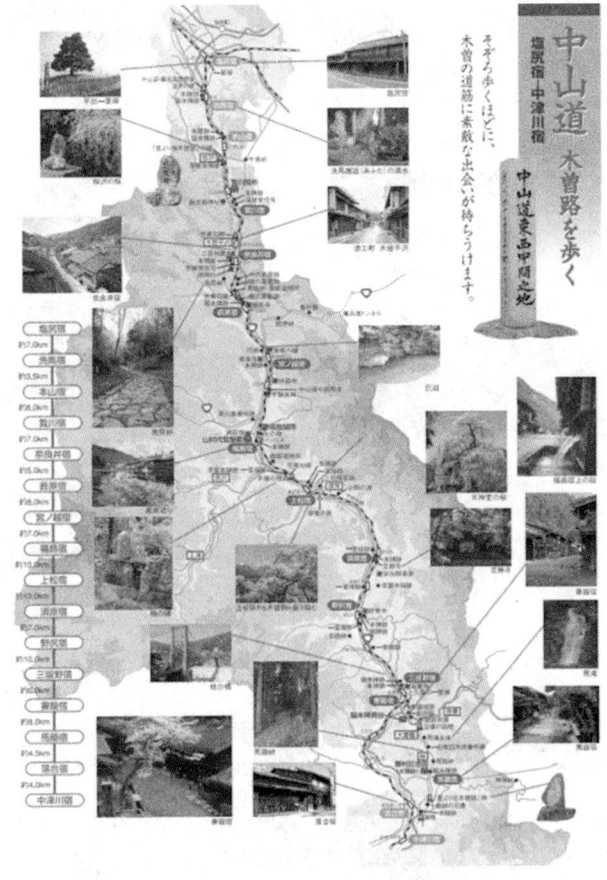

图4　中山道

4.2　妻笼宿古镇发展的抉择

江户时期，由于妻笼宿特殊的丘陵地形与古栈道环境，其城市发展模式按照单道型城市发展模式发展。明治维新后随着交通工具的发达，这里逐渐失去了要道的地位，驿站也随之萧条。随后，由于政府采取区域扩大原则，妻笼宿与其他二村合并，失去原有行政中心地位，呈现出了许多古城古镇发展更新过程中常有的衰落状态。1955年以后，妻笼宿的人口越来越稀少，经济日益萎缩，政府开始考虑通过旅游业实现产业振兴，达到城镇化。政府部门与居民在共同探索中，逐渐达成共识，妻笼宿的城镇化发展不单是观光开发，而且是历史文化城镇的文物保护，并且将保护作为妻笼宿的一项建设指导方针，促成了妻笼宿历史风貌保护体系的形成，使得这个古镇得以长久保存。

4.3　全民保护运动

妻笼宿的保护运动是全民动员的，政府部门充分尊重居民们的提议与自发达成的条例，这是妻笼宿遗产的群众基础。妻笼宿的保存最初开始于当地居民的提议，1969年作为长野县明治维新一百周年庆典的一部分，全体村民共同组织了"爱妻笼协会"以推动妻笼宿保护事业的发展。为了解决其他产业萧条带来的人口紧缩困境，1971年7月妻笼宿政府部门宣布了《妻笼宿居民宪章》。此宪章规定在全区采用保存优先的方针，对妻笼宿和旧中山道沿途的观光资源，贯彻'不卖、不租、不拆'的三不原则，规定了自妻笼宿可以瞭望到的周围地区和旧中山道沿途为整体保护地区。为履行此宪章，居民决定在"爱妻笼协会"中设置管理委员会，并且在此宪章的指导下，对建筑物进行了修理，对停车场、服务性道路、电线杆迁移等进行了整顿。

1973年妻笼宿制定了《妻笼宿整体保护条例》。妻笼宿根据各地区的特点，分别划定了驿站景观、村落景观、自然景观的整体保护地区，规定整体保护地区现状范围的变更必须向町长申请取得许可才行。

传统性建筑群整体保护地区制度确立以后，妻笼宿政府在此基础上又制定了《妻笼宿整体保护地区保护条例》，从而废除了原有的《妻笼宿整体保护条例》。新制定的整体保护地区保护条例也采取了尊重居民宪章的态度。关于整体保护地区的范围，刚开始考虑只限于旧驿站的老中山道部分，周围则依据妻笼宿整体保护条例中所限定的范围。但是，周围的居民担心限定的地区会和整体环境脱离，故而决定凡是旧驿站所望到的周围山头所包括的大范围皆作为保护地区，将旧驿站、自然村落及自然环境合成一个整体加以保护，从而更大程度上保住了妻笼宿。

如今的妻笼宿，居民已与古镇融为一体，共荣辱兴衰，古镇焕发出勃勃生机。

4.4　保护工程

妻笼宿一共进行了三次保护工程，使妻笼宿的整体历史风貌大为改观，并且知名度日益增高，旅游业蓬勃发展起来。

第一次保护工程是作为纪念明治维新一百周年的一部分，妻笼宿进行了三年保护规划。1968年是第一年，首先进行建筑物的修复修理等，并且也只局限于本身面貌较好的上町、寺下等处。同时还整顿改善了信浓路（长野县）

的自然景观小道，在日本观光资源保护财团的资助下，修复了驿站区边缘的民居。在这次修复之后，同时借着明治维新一百周年的契机，妻笼宿的旅游人数开始增加。

第二次保护工程是自1973年开始到1975年制定妻笼宿整体保护条例，征购复原了一座民居，同时对十二座民居进行了保护性修复。这期间，也得到了各方面的援助，如电杆向后街的报迁、停车场的整顿，一部分服务性道路的建设等都是依靠这些资助而进行的。另一方面，随着观光旅游者的猛增，以家庭旅馆为首的观光业者的人数也增加了，旅游业成为当地提高生活水平的途径，城镇化水平提高。

第三次保护工程是妻笼宿向着重要传统性建筑群保护地区转变之后。1976年，妻笼宿被批准为国家级重点传统性建筑群保护地区，大大提升了妻笼宿的知名度。妻笼宿从一开始就不是只保存小小的妻笼宿，而是把周围自然环境作为不可缺少的历史环境加以保护，并且一直反对将统一的历史保护区划分成段来保护。终于妻笼宿得到了日本政府的认可，成为面积达1250hm²的史无前例的历史保护地区。1976年开始，日本政府文化厅和长野县政府提供补助经费实施保护工程。第一年和第二年根据大家的希望完成了妻笼宿内的防灾设施，历史保护地区范围内的建筑物修理、修景工程等。

4.5 旅游城镇化的古镇复兴

经过全体居民的不懈努力，决策层的开明领导，日本长野县妻笼宿踏踏实实地做古镇的整体保护与修复，取得了古镇保护与古镇复兴的双丰收。1967年，小小的妻笼宿游客不过3000—4000人，只有宾馆两家、家庭客栈一家，现在宾馆已达三家、家庭客栈51家，餐馆17家，土特产礼品商店20家，所有家庭半数以上从事观光旅游业，从事旅游业人口占总人口三分之二。同时，旅游业者签订了"爱护妻笼协会"的公约。例如"土特产礼品商店的店面一半以上不许外露，餐馆里不出售和妻笼宿无关的菜单"，旅馆、客栈施行"妻笼"定员制，禁止超容量接待游客。这些都被作为一种行业规定强制推行，保证了旅游质量，防止了由于旅游事业的发展而导致城镇的破坏。如今的妻笼宿真正做到了旅游观光与古镇保护的双赢，焕发出蓬勃的生命力（图5—图9）。

图6　妻笼宿特色餐饮

图7　妻笼宿景区标识

图5　妻笼宿特色纪念品

图8　妻笼宿古镇风貌保护

图 9 中山道风貌保护

5 新型城镇化对历史文化名镇旅游开发与遗产保护的机遇与启示（结语）

我国城镇化已进入快速发展阶段，盲目追求城镇化水平，导致城镇空间无序开发、人口过度集聚，自然与历史文化遗产也面临着保护不力，城市建设缺乏特色，贪大求洋，照搬照抄。新型城镇化给了历史文化名镇保护与发展的契机。

新型城镇化以新型工业化为动力，倡导环境友好，社会和谐，个性鲜明，建设用地拒绝粗放低效开发，注重资源环境的承载能力。同时，针对历史文化名镇的旅游开发与遗产保护，历史文化名镇完全可以通过合理保护城镇历史风貌，个性旅游资源，以旅游产业作为新型城镇化的绿色动力，实现历史文化名镇的城镇化复兴，并且提高居民的生活质量和收入水平。在新型城镇化和遗产保护过程中，要充分调动当地居民的参与热情，以人为本，当地居民自发保护，保护成果惠及当地居民，只有有当地居民生活的历史文化古镇才是具有旺盛生命力的古镇。

参考文献

[1] Elias Beriatos, Tourism Development and Landscape Transformation in Greece, Uncontrolled Urbanization, 44th ISOCARP Congress, 2008.
[2] Homayoun Pasha Safavi, The Process of Urbanization and Its Implications for Tourism Sector-A Sustainability Approach: The Case of Famagusta/TRNC, Eastern Mediterranean University, 2012.6.
[3] 李欣华，吴建国．旅游城镇化背景下的民族村寨文化保护与传承——郎德模式的成功实践．经济与管理研究，2012(12)：68-73.
[4] 朱竑，贾莲莲．基于旅游"城市化"背景下的城市"旅游化"——桂林案例．经济地理，2006(1)：151-155.
[5] 李欣华，杨兆萍，刘旭玲．历史文化名村的旅游保护与开发模式研究——以吐鲁番吐峪沟麻扎村为例．干旱区地理，2006(2)：301-306.
[6] 王红，宋颖聪．旅游城镇化的分析．经济问题，2009(10)：126-128.
[7] 陆林．旅游城市化：旅游研究的重要课题．旅游学刊，2005(4)：9-10.
[8] 李鹏．旅游城市化的模式及其规制研究．社会科学家，2004(4)：97-100.

作者简介

宋昕，生于1989.11月，女，汉族，山东省淄博市人，同济大学建筑与城市规划学院景观学系本科学历，现就读于同济大学建筑与城市规划学院景观学硕士，主要研究方向为风景园林历史理论与遗产研究和风景园林规划与设计。email：song8737@126.com。

基于地域文脉延续的拆迁安置小区景观设计研究

The Study on Resettlement Community Landscape Design Based on the Regional Context

王海霞　徐照东

摘　要：城镇化的进程带来大批的拆迁安置小区建设，在进行这些安置小区景观设计时如何才能合理地延续其地域文脉，让这些几百上千年的村庄文化得到继承与延续，为回迁居民营造归属感与认同感。本文通过总结地域文脉在安置小区景观设计中的表现形式，从场地记忆的延续、村庄文化的继承、回迁居民生活方式的引导三个方面提出拆迁安置小区景观设计中地域文脉延续的方法。

关键词：拆迁安置小区；地域文脉；场地记忆；村庄文化

Abstract: With the acceleration of urbanization, the construction of the resettlement community is gradually increasing. In the resettlement community landscape design, How to continue the regional cultural? How to inherit these village culture? how to create a sense of belonging and identity for the residents? With these questions, this paper analysis of the Regional Context forms in the resettlement community landscape design. Give the methods of resettlement community landscape design, in continuing the site memory; Inheriting the culture of village; keeping the way of property resident's life.

Key words: Resettlement Community; Regional Context; Space Memory; Village Culture

　　在城镇化的进程中，伴随着城市规模的不断扩大，因城中村整治、旧城改造、征地拆迁而产生的安置小区工程日益增多。据统计显示 2005—2009 年间我国平均每天有 20 个行政村消失，[1]在这些村庄中就有相当一部分是因为城镇化的进程而消逝。这些存在几百上千年的村庄在历史的沉淀中都形成了自己独特的地域文脉，然而一旦它们被纳入到城市系统中来发展时，就面临着传统地域文化丧失的可能。

　　纵观现在的拆迁安置小区景观设计，千篇一律的国际风格无视地域性与历史性，通用的设计语言导致冷漠与乏味的景观，我们正在失去一些无法复得的东西——地域文脉。作为地域文脉的载体之一，在安置小区的景观设计中如何让村庄文化得到继承与发展，为回迁居民营造有归属感与认同感的室外环境，将地域文脉与景观设计相结合。带着这一问题本文做出如下探讨。

1　相关定义及其特点

1.1　地域文脉

　　文脉一词，源于语言学范畴。它是一个在特定的空间发展起来的历史范畴，其上延下伸包含着极其广泛的内容。从狭义上解释即"一种文化的脉络"。地域文脉是指在一定的区域空间文化发展的脉络。

　　地域文脉代表着一个村庄及历代居民的记忆，它们是村庄的精神象征和骄傲，是维系当地人祖祖辈辈感情的纽带。

1.2　拆迁安置小区

　　拆迁安置小区是政府进行城市道路建设和其他公共设施建设项目时，对被拆迁住户进行安置所建的住宅小区。[2]安置的对象是城市居民被拆迁户，也包括征拆迁房屋的农户。

　　拆迁安置小区的回迁居民多为同村居民，原有生活环境、历史文脉相同，对户外景观的要求基本一致。使得安置小区既不同于城市商品房小区，也不同于新农村改造。

1.3　安置小区景观设计现存的问题

　　通过对已建安置小区的走访及相关文献的查阅，可以看出现存的安置小区景观设计中普遍存在以下几点主要问题。

1.3.1　设计建设粗制滥造，后期维护管理不足

　　安置小区的建设资金主要由当地政府及拆迁户承担，普遍存在资金不足的现象，重视度多集中在建筑上，缺少对室外景观的重视，加之后期维护管理不足，导致现在安置小区景观观赏性差，使用功能不够。[3]

1.3.2　场地文化的缺失

　　遭到拆迁的村庄多存在几百上千年，在漫长的历史中形成自己独有的地域文脉，在拆迁安置小区的景观设计中缺少对原有文化的继承与延续，回迁居民缺少归属感。

1.3.3　设计经验与规范的不足

　　目前对住宅环境的研究还主要集中在中高档商品房建设上，安置小区在市场及学科建设方面缺少足够的经验与重视，现在绝大多数拆迁安置小区是按照城市社区

的标准建设。

2 地域文脉在安置小区景观设计中的表现重点

地域文脉作为一个语言学范畴的词汇,要想在景观设计中进行体现,就需要提炼出地域文脉在景观设计中的作用重点,通过有形的景观设计,营造无形的环境氛围。通过对安置小区人与人之间、人与场地之间、历史与未来之间的分析,提出地域文脉的景观表现可以从村庄文化、场地记忆、居民生活方式三个方面着手。

2.1 村庄文化的继承

遭到拆迁的自然村落大多历史悠久、文化深厚,在传统的人脉关系,生活习惯上,形成了自己的价值理念、人文理念、习俗理念。现在这些拆迁村庄面临着历史上最大的变革,如何将这些村庄文化继承并延续下来是拆迁安置小区景观设计中的一大问题。

2.2 场地记忆的延续

这些存在成百上千年的村庄,作为村民世代生活的场所,留有村民世代生活所形成的记忆,短时间内遭到拆迁安置,回迁居民在新奇的同时多对新的居住环境有陌生感、不适应、不习惯。场地记忆的延续可以带给回迁居民熟悉感。

2.3 生活方式的保留

回迁居民大多数过着房前屋后菜园粮地,茶余饭后左邻右舍的生活,突然之间失去土地搬进电梯洋房,原有的交流也在钢筋混凝土中受到阻隔。生活环境的巨大变化导致回迁居民在日后生活方式、交流方式、工作方式上的变化,在如此快速的变化中,如何帮助这些居民适应这一重大变化是室外景观设计的一大责任。

3 设计原则

3.1 地域性原则

所谓"十里不同风,百里不同俗,千里不同情",每一个村庄都有自己千百年来形成的地域文脉,在景观设计中要尊重历史,继承文化,杜绝千篇一律的居住区景观,给回迁居民一个自己的家。

3.2 针对性原则

不同于一般商业小区,拆迁安置小区的居民在建设前就已经确定,安置小区的景观设计应该针对回迁居民的生活习惯、社会需求进行,满足回迁居民的需求,而不是常见的由建设方来决定小区的室外景观。

3.3 可持续性原则

作为回迁居民祖祖辈辈生活的土地,回迁家庭还要世代生活在这里,在室外景观的设计中要以可持续、低维护、本土化的景观为主。

3.4 生态性原则

回迁居民的原有生活多处于一个自然的生态环境,在拆迁安置小区中也要营造出生态、自然的室外景观,减少拆迁对居民的生活影响。

4 设计方法

景观设计与地域文脉都是在不断的演变和发展,优秀的景观设计应该从地域文脉中寻找元素,通过提炼与景观设计巧妙地结合在一起,形成对历史的继承与创新。

4.1 场地记忆的延续

中央城镇化工作会议指出"城镇建设,要依托现有山水脉络等独特风光,让城市融入大自然,让居民望得见山、看得见水、记得住乡愁"。城市安置小区建设中同样应给失地农民一份"乡愁"的寄托,在拆迁安置小区景观设计中将场地的原有记忆进行延续,给回迁居民一个亲切熟悉的生活环境。

4.1.1 景观元素的提炼

村庄在漫长的历史中,都会形成一些村中常见的元素,寄托着村民集体生活的记忆,如夏日歇凉的山墙、村委宣传的黑板、村头的那个碾子等。将其进行提炼结合现代的设计手法运用到社区景观中,为村民保留一点记忆的寄托。

4.1.2 铺装记忆的延续

外出活动时最常见的就是脚下的地,在拆迁安置小区中提炼运用村庄原有的铺装材料、铺装形式,将其运用在安置小区的景观铺装中,减少室外环境的变化,加速居民的适应。

4.1.3 乡土植物的运用

在拆迁改造时尽可能地保留场地中具有特殊意义的大树,如村头的大槐树、大银杏。在植物设计时,以乡土植物为主,既给居民一个亲切感,又节省造价,生态环保。如图1所示,即为青岛麦岛金岸小区内保留原有场地的大银杏,既减少了小区绿化的成本,又延续场地记忆,增加场地的历史感。

4.1.4 出租菜园的设置

已建安置居住区中较多出现的"退绿还耕"的现象,在一定程度上说明了回迁居民对于菜园菜地的需求。在拆迁安置小区的绿化设计中,可以考虑预留出一块绿地,出租给需要的居民。这些出租菜地既满足居民日常生活用菜的需求,又可以为失地农民提供业余休闲活动,增加居民室外活动的机会,促进邻里关系。

4.2 村庄文化的继承

"只有民族的,才是世界的"。在安置小区景观设计中应该具有村庄特色，增加居民的归属感。被拆迁的村庄虽然在短时间内得到拆迁、重建、安置，从场地范围、建筑形式、周围环境等等方面都有翻天覆地的变化，但是这些几百上千年来沉淀的文化底蕴不应遭到毁灭形成断层，应该有一个继承与延续的机会，给子孙、给历史一个交代。

4.2.1 景观小品的设置

景观小品在室外景观中往往具有点明主题的作用，在安置小区的景观设计时可以通过与地域文脉元素相结合的景观小品，来提炼村庄特色，记录村庄历史，升华村庄主题。

4.2.2 社区文化的宣传

在安置小区景观设计中增加宣传村庄文化的载体，一个宣传栏、一个文化景墙等都可以让更多的人了解村庄发展历史，铭记村庄文化，增加社区凝聚力。如图2所示为甘肃天水市籍河边宣传石窟文化的雕塑景墙，在美化环境、分隔空间的同时，展示地区文化。

图1 青岛麦岛金岸银杏树的保留

图2 天水市石窟文化的景墙

4.3 生活方式的引导

在安置小区的户外景观设计应增加居民外出活动的吸引力，通过合理地增设活动空间、活动设施、白天遮荫、夜晚照明等措施增加居民外出活动的机会，以减小居民搬迁的不适，增进居民之间的关系。

4.3.1 功能布局的设计

回迁居民室外的活动走向、活动的场所、活动的内容与规模很大程度上都由室外景观布局所决定。在安置社区景观设计布局上可参照原有村庄布局，重视邻里交流空间及老人、儿童活动空间的数量与质量，深入了解回迁居民室外活动的需求与习惯。

4.3.2 活动广场的设置

拆迁安置小区室外活动多以慢走、广场舞、太极武术、健身器材等健身活动为主，居民室外活动的水平与数量在很大程度上受到室外活动环境的影响。[4]在室外活动广场设计中要满足这些室外活动的需求，并且增大居民的围观空间，以吸引更多的居民加入进来。在室外活动广场的设计时要充分考虑经济性与便民性，注意重复性利用，如同一广场可以早上用于太极武术，傍晚用于广场舞。

4.3.3 交流空间的设计

回迁居民原有的生活中大部分时间是处于室外的，现在窝在几间小屋的楼房中，难免会出现各种生理及心理上的不适应。据张志亮在长沙市的安置小区中的调查了解，邻里日常交流功能是拆迁安置小区居民关注的焦点。[5]

通过对回迁居民原有交流空间的分析可以得出，女性一般会选择背阴遮阳、住宅附近的大街小巷上，在午歇时或晚饭后，或两三个小坐，或三五成群围坐在一起以拉家常为主；男性则多在空闲时间集中在室内有桌椅的空间，以打牌、喝茶、交流为主。所以在安置小区交流空间的选址上，也应符合居民习惯，营造遮阳、临街，有足够坐歇设施的开放交流空间。

图3 可移动座椅带来交流的灵活性

长条的固定座椅满足基本的坐歇需求，但不方便居民自由聚集，可移动座椅为居民的交流提供了更多的便利（图3）。在社区交流空间中可以尝试为居民提供移动座椅，让居民在这一空间中根据季节气候、交流人数、交流方式自由布置。在交流空间中也应设置一定数量的桌子，供居民下棋、喝茶、闲谈使用。

4.3.4 重视夜间照明

生活方式的改变减少了居民白天的空闲时间，使得更多的人在晚饭之后才有足够的时间外出交流，因此社区中应合理设置灯光照明。根据人流活动量控制照明灯具的多少，同时根据居民活动特点控制灯具照明时间，既经济环保，又满足居民安全外出的需要。例如因广场舞具有一定的扰民性，应控制广场舞进行的时间，可通过灯光控制，在夜间定时熄灭广场照明灯具，让跳广场舞的居民散去，以减少对周围居民的影响。

5 结语

城镇化是当今社会发展不可逆转的趋势，地域文脉是一个城市一个社区延续发展的精神依托，在安置小区景观设计中通过将地域文脉与景观设计结合起来，使地域文脉得到延续，通过户外景观的帮助与引导，让回迁居民更好地适应新的生活，让拆迁安置小区室外环境更加亲切、更加便民、更加完善。

参考文献

[1] 李旭鸿. 十年后，谁来种地？[N]. 光明日报，2011-10-27.
[2] 李梦洁. 农民拆迁安置小区户外环境设计研究综述[J]. 山西建筑，2012(10)：6-7.
[3] 顾踪. 保障性住房小区景观设计探讨[D]. 浙江大学，2012.
[4] 陈炯炯，范乃波. 拆迁安置小区规划设计中的人文关怀. 城市建筑[J]，2013(24)：10-11.
[5] 张志亮. 长沙市拆迁安置小区居住环境设计研究[D]. 湖南农业大学，2011.

作者简介

王海霞，1988年2月生，女，汉，山东临沂人，硕士，青岛太奇环境艺术设计工程有限公司，设计师，Email：mengshan-qingtian@126.com。

经济导航模式思维下的古村落空间保护更新研究

——以湖北咸宁通山县闯王镇宝石村为例

The Research in Protection and Update of Ancient Village's Space under the Mode of Economic Navigation
——Take Baoshi Village for Instance in Chuangwang Town, Tongshan County, Xianning City, Hubei Province

王惠琼　滕路玮　周　欣　秦仁强

摘　要：古村落是我国重要的文化遗产，随着我国经济的快速发展和城镇化进程的加剧，古村落面临着新的挑战和机遇，不同村落有着不同的历史文化价值、民俗特点及生活方式，如何对其进行适宜性的保护可以避免造成鲜活文化的损失，延续文脉，促进其在新时代的更新与发展具有历史性的意义。本文针对古村落的更新问题，提出了以经济导航模式思维为切入点的历史村庄、村落更新策略，并以湖北咸宁通山县闯王镇宝石村为例，阐述了这种经济振兴带动下的古村落历史风貌保护、更新、复原的具体方式与方法。

关键词：经济导航模式；非典型古村落；保护更新；宝石村

Abstract：Abstract：Ancient villages are important cultural heritages in our country. With the rapid development of economy and urbanization process, ancient villages are faced with new challenges and opportunities. Different villages have different historical values, folk characteristics and lifestyles. The way how to protect these ancient villages properly to avoid the loss of lively cultures, maintain the Cultural contexts and promote the renewal and developments is important. This paper raises update strategy for ancient villages based on economic navigation mode, stating the way how to protect, update and recover these ancient villages under the drive of economic navigation mode by taking Baoshi village for instance.

Key words：Economic Navigation Mode；Atypical Ancient Village；Protection and Update；Baoshi Village

　　我国拥有悠久文明发展史，在历史长河中智慧的人民留下了许多灿烂的遗产，其中各具特色的古村落是承载这些遗产的重要载体，分布在辽阔的土地上，它们不仅是传统文化的物质载体，更是民族的记忆和精神的家园。然而经济全球化带来的城镇化导致诸多古村落传统风貌的破坏和历史文脉的消亡。城镇化的过程带来农业活动的比重逐渐下降、非农业活动的比重逐步上升，以及人口从农村向城市逐渐转移等一系列的变动，对于古村落来说，城镇化带来的恶性变化远大于良性变化。2012年中央经济工作会议首次正式提出把生态文明理念和原则全面融入城镇化全过程，走集约、智能、绿色、低碳的新型城镇化道路，为古村落的更新提供了一个良好的契机。新型城镇化是以民生、可持续发展和发展质量为内涵，以追求平等、幸福、转型、绿色、健康和集约为核心目标，以实现区域统筹与协调一体、产业升级与低碳转型、生态文明和集约高效、制度改革和体制创新为重点内容的崭新的城镇化过程。[1]因此，在新型城镇化的背景下基于经济导航模式思维对古村落空间进行可持续的、有效的更新保护方式探索具有非常重要的意义。

1　古村落的生存困境

　　据中国村落文化研究中心对我国长江流域与黄河流域以及西北、西南17个省的一项调查显示，这些地域中具有历史、民族、地域文化和建筑艺术研究价值的传统村落，从2004年的9707个减少到2010年的5709个，平均每天消亡1.6个传统村落。[2]我国现存的古村落有两种存在形式：一种处于正在消亡的过程中，另一种正在开发为旅游景点。前者多为区位优势不明显、位于较偏远的地区、经济发展落后的古村落，这些村落中的青年人以外出打工为生计，村中留守的人群主要是老年人及儿童，村中的古祠堂建筑无人修复，处于被废弃状态，村中的古民居及街巷空间被乱搭乱建，原有风貌已荡然无存。后者多为位于交通较便利、靠近风景区的地区，是具有明显的区位优势的古村落，这些村落被开发为旅游景点，村中的村民已放弃原有的农耕生活方式，转而为商业所替代，古民居被租赁为旅社、商店，徒有空壳而已。

---

① 基金项目：中央高校基本科研业务费专项资金资助项目（编号2014QC20）。

2 经济导航模式思维

目前我国对于典型的历史文化名村保护的实践方式主要是前期注入大量资金,对其进行旅游目的规划设计。而对于非典型的古村落来说,还存在着诸多问题,主要表现在:人均资源量减少及资源浪费现象严重,环境污染及生态环境破坏严重,农业综合生产力低、科技含量低、生产方式落后,农民素质普遍较低等方面。[3] 经济的落后最终会导致农村整体水平的停滞不前,古村落的保护没有经济保障,发展便无从谈起。此外,村中的劳动力人口严重流失,越来越多的古村落变成"空心村",古村落的建设没有人力保障,发展亦无法进行。因此经济导航模式思维是基于非典型古村落的发展问题而提出的以经济建设为基础,阶段性的分期进行古村落的保护、更新与复原的思维方法。

2.1 经济导航因素

古村落经济导航因素主要是指影响古村落未来经济发展方向的宏观环境,包括古村落本身的资源优势、社会人口消费能力、关联产业发展基础、产业开发政策环境等。资源、社会、产业、政策环境直接影响到古村落的产业结构调整、资源整合以及人口流动,是古村落农业产业规模化、资源集约化、开发规范化、组织化的支撑条件。[4]

2.2 经济导航的能量积蓄

古村落的农业经济是对古村落的经济导航因素进行完整的分析与评价后,在经济导航的引领下发展的,形成农业、农民、农村三条能量链,通过农业经济的分期发展,在不同阶段为下一阶段发展积蓄能量,形成经济导航的能量积蓄模式(图1)。

2.2.1 农业经济能量积蓄

农业经济是农村发展的基础能量链。以当地原有的农耕产业为基础,提高原有作物的抗逆性及产量,[5] 积蓄引擎能量。启动产业引擎后,进行土地资源整合,使土地规模化,再引入网络技术、无线通信技术及3S(GPS、GIS、RS)技术等先进技术,在专家的指导下发展到智能化的循环农业阶段,该阶段积蓄技术能量,提高古村落农业产业技术水平。进入循环农业后开展采摘、垂钓等活动,吸引附近城市居民参与,农业经济转向休闲农业经济,该阶段积蓄人流能量,提高古村落旅游产业水平。在休闲农业经济阶段,完善农业景观,使农业生产景观化,进而转入旅游型农业经济。

2.2.2 农民劳动力生活能量积蓄

农民生活是农村发展的根本能量链。依托农业经济能量链,在经济发展初期,吸引外出打工的村民返乡参与家乡古村落的建设工程计划,为保障村民生活福利积蓄能量,提供技术培训,重新分配职务,保障长期稳定的古村落新生活。

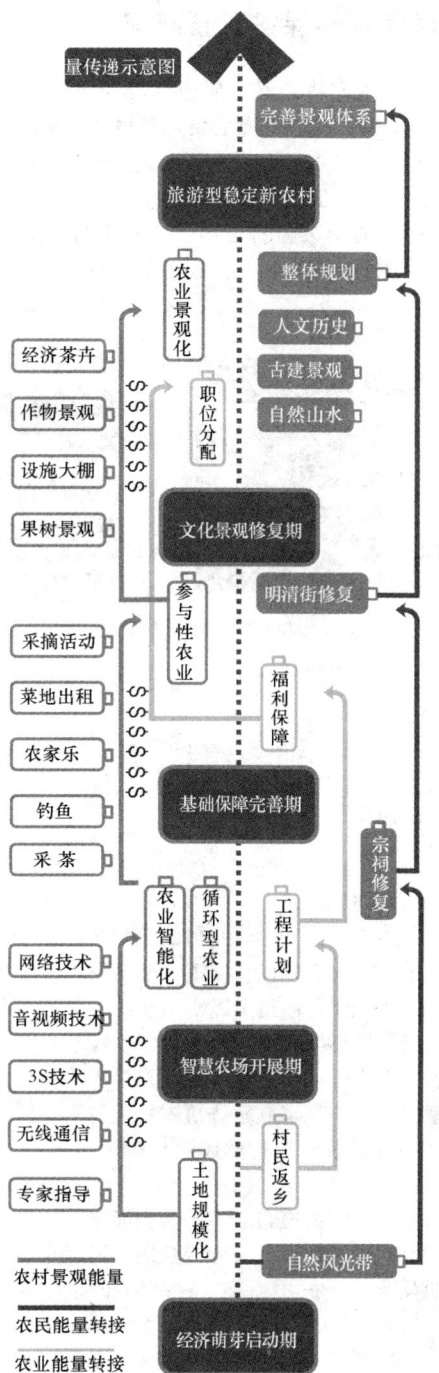

图1 经济导航的能量传递示意
(图片来源:作者自绘)

2.2.3 农村景观能量积蓄

农村景观是农村发展的核心能量链。在经济发展的同时须保护自然景观,建立村落外围的自然风光带,积蓄第一阶段的景观能量,再逐步保护村落文化景观。先是修复村落内宗祠类的核心建筑,保证村落建筑风貌核心的完整性,再进一步修缮商业街空间,恢复古村落立面旧貌,同时注重非物质文化景观的宣传与发展,最终形成人文历史、古建景观与自然山水为一体的完整景观体系。

3 古村落空间保护更新研究

古村落是人们将自然和周边环境人文化的生动过程和存续方式,每一个古村落的特殊环境、历史风貌、布局肌理、建筑雕塑,都是人改造自然、发挥自身创造力和想象力的成果,[6]它们总是处在不断生长与发展的状态,如果仅仅局限于要求某些特定年代的建筑与历史环境,往往会导致主观上的偏见,从而失去了完整的历史形态。我国对古村落传统的保护方法主要是把古村落理解为一种象征含义的模型,用以彰显深厚的历史文化底蕴,这样的博物馆式的静态保护脱离了古村落"活"的本质。[7]在新型城镇化下,传统的保护方法应当变成一种"继承—保护—发展"的模式,将古村落作为一种文化载体的延续与生长,在继承和保护的前提下,为古村落找到一条可持续的发展道路,从农村、农民、农业全方面得以保护和更新(图2)。

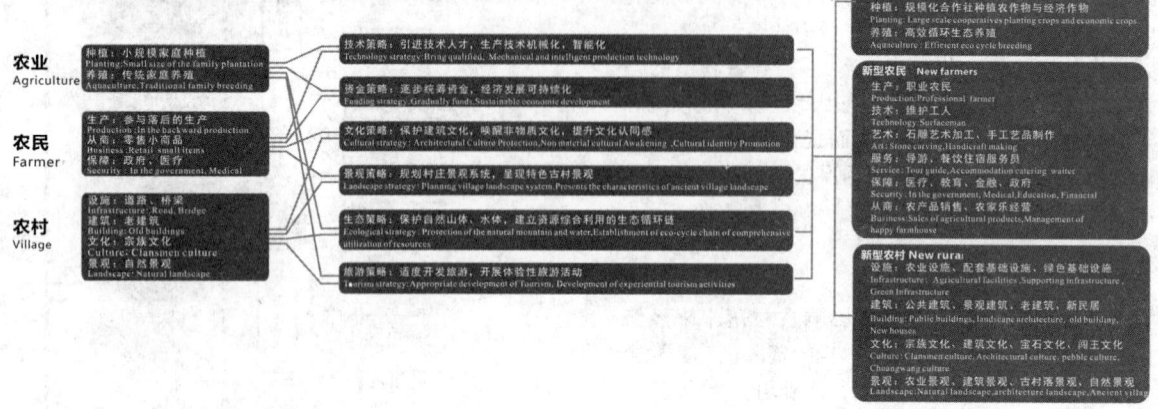

图2 新型农民、农村、农业转变示意(图片来源:作者自绘)

3.1 宝石村空间更新

3.1.1 宝石村概况

宝石村位于湖北省通山县闯王镇的南部,地处九宫山北麓。东临鄂南重镇横石潭镇,南接国家级风景名胜区九宫山,因盛产卵石而得名。明朝初年,自江西右江逃难而来的舒氏移民根据风水理论中枕山、环水、面屏的理想模式选址而建宝石村,距今有着六百多年的历史,是典型的血缘型村落,依靠宗族宗法组织社会关系。村内现存许多明清徽派古建筑,且自然风景优美,村落风貌特征明显。[8](图3)宝石村沿宝石河分为南北两个部分,村内的住宅和祠堂顺应街道布置,平行于河岸,村落中现存建筑有四种典型的时代特征—明清时期、民国时期、新中国建国初期及改革开放中后期,村落原布局呈现纷乱杂陈的状态。2002年宝石村被列为湖北省文物保护单位,然而,随着经济迅速发展与城镇化带来的诸多问题,宝石村的青壮年村民大量外流,余下近百名老人、儿童留守村庄,村内的古建筑多成为废弃的危房,急需加以保护与修缮。

3.1.2 宝石村经济导航模式构建

宝石村整体生产力水平低下,劳动力外流严重,构建宝石村的经济导航模式需要第一批建设者和建设资金。因此,充分利用政策背景,由村中留守的居民和社会工作者作为第一批建设者,通过银行贷款、农村资金互助等政策获得第一笔建设资金;进而开展循环型农业,建设智慧农场,使农业智能化、信息化,呼吁外出务工的村民返乡,投入到家乡的建设中。通过智慧农业获得进一步建设资金,完成修整村内道路、铺设管网等基础设施建设,完善医疗、教育及社会福利。建立稳定的村落环境关系后,开展体验式农业休闲活动,结合通山旅游体系,建设河道景观、农田风光等风光带,转为外向型的新型古村落(图4)。

3.1.3 宝石村空间更新途径探索

农田—古村:运用经济导航模式思维,有效利用周边田地,通过集体合作制方式去除田埂分割,实现规模化、智能化、信息化。同时合理介入风景园林手段,实现村落外部新农业丰收景观。前期着手由外部向内部的发展建设策略,在利用农业用地创造经济价值的同时实现山水资源的旅游价值,构建山水—经济—景观—文化的分期建设格局。中期以明清建筑为核心,营建街巷及河道轴、带、环、面古村落典型风貌。后期完善农业、旅游体系,全面实现山水格局、农业格局、景观格局的文物保护型现代化"旧—新"古村落风貌(图5)。

图3 宝石村风景(图片来源:作者自摄)

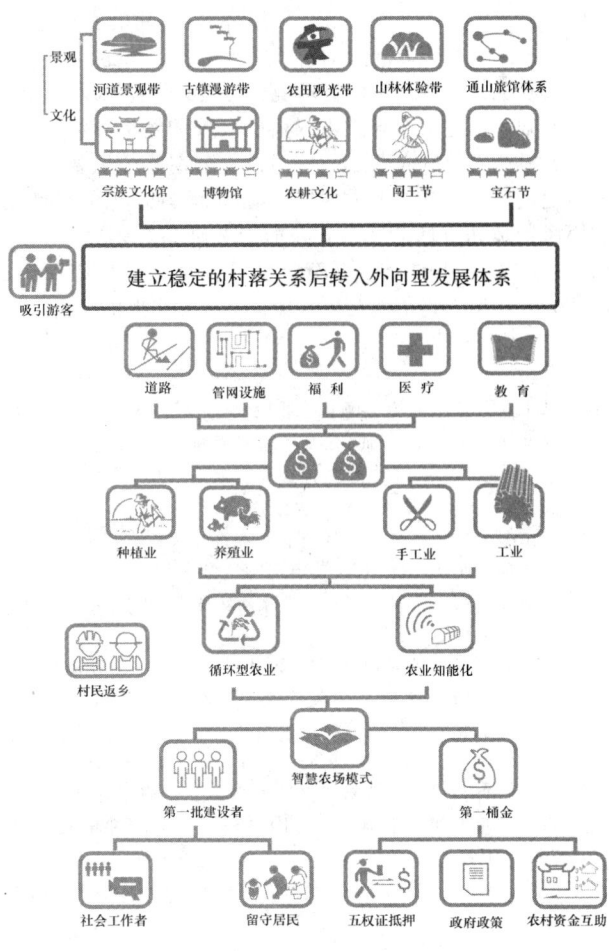

古建—古巷—古村：对建筑进行分类分级、价值评价的基础上，通过外延式保护、修缮、更新、拆除等手段，实现建筑空间的居住、旅游、服务、展示、景观、生产、加工等不同复合功能。前期典型性明清古建修缮及保护（图6），进行空间功能的多维转换，梳理出展览、集会、参观等公共空间与居住、参观功能私有空间，拆除和改建周边其他时期的建筑，同时因地制宜地完善能源、信息、给排水等管网设施，实现轴线建筑街巷景观的功能、安全、美观、风貌一致化。中期适当拆除新中国建国初期简易土坯建筑，在原有建筑格局上合理利用原有建筑材料，进行装饰性复原，梳理出居住、旅游、作坊、景观，优化管网系统。后期针对近三十年经济迅速发展时期建成的简陋水泥建筑采取改造与拆除并举的手段，实现"新—旧"建筑风貌转换（图7）。

3.2 古村落空间更新模式构建策略

3.2.1 农业经济振兴与地域文化复兴的共轨

每个古村落都有其独特的地域文化，在不同的时代也有不同的时代机遇。因此，要依托地域特点与时代机遇，在加快经济发展速度的同时，也要使地域文化得以复兴，故要分期完善村落文化线索，实现村落风貌完整。

3.2.2 智慧农业促进职业农民身份的转化

针对古村落"空巢"的现象，留住农村劳动人口是关键，因此，结合时代发展的历史契机，在新型城镇化的背景及政策指引下，依托智慧农业体系建设，使外出务工村民积极返乡，参与集体合作，加强技术培训，实现农民身份转换，成为职业化的新型农民。

图4 宝石村导航模式示意图（图片来源：作者自绘）

图5 农田改造更新模式图（图片来源：作者自绘）

图6 明清商业街复原立面图（图片来源：作者自绘）

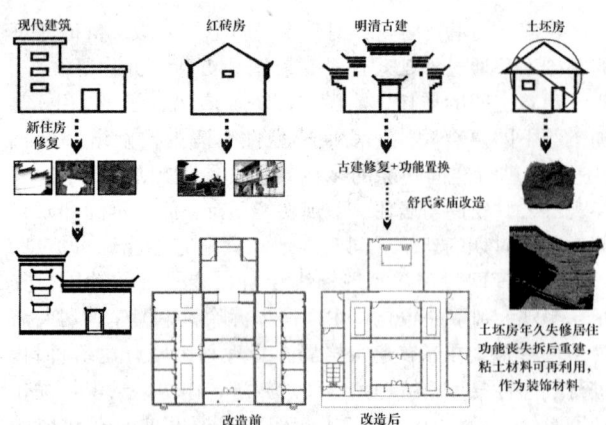

图 7 建筑改造更新模式图（图片来源：作者自绘）

3.2.3 场所精神与文化价值的耦合

空间场所是文化精神的载体，基于农业、自然风景、建筑、水利、街巷、材料等空间属性的不同，延续地域多元文化价值体系，把握空间场所与文化内涵的契合点，实现场所精神与文化价值的耦合。

3.2.4 私有空间与公共空间的无缝衔接

在建设绿色旅游型新农村的公共空间体系过程中兼顾农村特有的资源私有特征，合理有效地规划与构建"私有—公有—合作制"的新型空间模式。

3.2.5 风景园林手段实现农业景观与村落风貌的共融

切实有效地利用风景园林手段合理分析规划布局、分期发展，在实现农林牧副渔农业景观与村落风貌复兴的过程中，构建"自然—文化—经济—农业—旅游—生态"新型绿色风景资源体系。

结语：古村落是民族文化的重要载体，是包含了一个民族的物态、行为、制度乃至信仰习俗的文化综合体，是国家的重要文化资源，这一资源却在城镇化的进程中受到了严重的损坏，处于生存的困境中。新型城镇化是不牺牲农业和粮食、生态和环境，着眼农民，涵盖农村，实现城乡基础设施一体化和公共服务均等化，促进经济社会发展，实现共同富裕为核心的发展方式。新型城镇化背景下的古村落的保护是在保证民生的基础上，追求可持续发展的保护古村落空间及文化。因此依据构建的古村落空间更新模式策略，以当地的资源优势、社会环境、产业经济发展状况、产业开发政策环境、历史文化背景及传统生活为基础，构建适于异质古村落的发展的经济导航模式，形成农村、农民、农业三大能量链，分期传递积蓄能量，逐步建设延续历史文脉的古村落新生活方式，切实有效利用风景园林方法与手段，及时充分地参与到完成从外而内及从内而外的全面更新保护的各个能量传递环节，以期为非典型古村落的更新与保护方式方法提供借鉴。

参考文献

[1] 单卓然，黄亚平."新型城镇化"的概念内涵、目标、规划策略及认知误区解析[J]. 城市规划学刊，2013.02：16-22.
[2] 仇保兴. 保护利用传统村落势在必行[J]. 今日浙江，2012.16：12-13.
[3] 周玉新. 低碳经济时代转变农业经济发展方式探析[J]. 农业经济，2010.04：3-5.
[4] 包乌兰托亚. 我国休闲农业资源开发与产业化发展研究[D]. 中国海洋大学，2013.05.
[5] 李慧，王思元，吴丹子. 反磁力吸引体系——解决"空心村"问题的新探索[J]. 中国园林，2013.12：26-30.
[6] 雷蕾. 中国古村镇保护利用中的悖论现象及其原因[J]. 人文地理，2012.05：94-97.
[7] 陈珊. 新农村建设背景下的古村落保护研究——以苏州市东山、西山镇古村落为例[J]中国城市规划年会论文集 2008：1-9.
[8] 哈晨. 鄂东南地区传统村落公共空间研究[D]. 华中科技大学，2010.01.

作者简介

王惠琼，1989年11月生，女，回族，籍贯甘肃，硕士在读于华中农业大学园艺林学学院风景园林系，研究方向为风景园林，Email：labiye@163.com。

滕路玮，1990年11月生，女，汉族，籍贯湖南，硕士在读于华中农业大学园艺林学学院风景园林系，研究方向为风景园林，Email：309995626@qq.com。

周欣，1975年2月生，女，汉族，籍贯武汉，硕士学历，华中农业大学园艺林学学院讲师，研究方向为风景园林历史与理论，Email：zhouxin@mail.hzau.edu.cn。

秦仁强，1971年6月生，男，汉族，籍贯河南，硕士学历，华中农业大学园艺林学学院副教授，研究方向为风景园林历史与理论、美术学，Email chinrq@mail.hzau.edu.cn。

基于景观序列理论的城市滨水空间地域生活场景重构研究[①]

Study on the Regional Life Scenes Reconsitution of Waterfront Space Based on Landscape Sequence Theory

王 敏 崔芊浬

摘 要：地域生活场景是公共生活、场所空间、情感体验相互联系形成的立体化复合情景，是地域文化的重要载体。快速城镇化过程中，城市原有生活场景不断破碎消解，如何重构满足市民生活需求、城市发展要求和城市文脉传承的开放空间场景成为新型城镇化的重要议题。研究以贵州松桃苗族自治县松江河规划为例，通过分析地域生活场景的特征，提出基于景观序列途径的生活场景再生模式，探讨如何以绿地空间组织串联滨河两岸景点，形成滨水景观序列系统，实现滨水空间生活场景的系统重构与有机再生。

关键词：生活场景；景观序列；滨水空间；地域文化

Abstract: Regional life scenes, combining public life, public space and emotional experience together, serve as three-dimensional composite scenes as well as important carrier of regional culture. In the process of rapid urbanization, original urban life scenes fade away simply. To satisfy the demand of citizens' living demand, urban development and context inheritance, the reconstruction of open space life scenes has become an important issue of new urbanization. With a case study of Songjiang River in Songtao Miao Autonomous County in Guizhou province, through the analysis of regional life scenes characteristics, the research puts forward life scenes regeneration pattern based on the landscape sequence theory, discussing how to contact scenic spots along the river by green space, forming waterfront landscape sequence system, realizing the system reconstruction and organic regeneration of waterfront life scenes space.

Key words: Life Scenes; Landscape Sequence; Waterfront Space; Regional Culture

1 引言

地域生活场景是在城市公共生活、场所空间、情感体验的相互联系中形成的具有多种联系特征的复合体[1]。它是人们相互交流、展开活动的场所，带有地域文化的从属烙印，与"单元空间"相比更多了一种可体验的氛围感与生活品质。作为城市公共生活的关键点，空间场景运用多种方式将空间内部的各个要素进行链接和有机整合，以此适应市民在社会公共生活不断增长的需求。空间场景是一种立体化的复合情景空间，其在平面构成上存在两种主要形式：线状平面空间场景和围合平面空间场景。其中，滨水景观带空间即是线状平面空间场景的重要类型之一。查尔斯·摩尔曾提出："滨水地区是一个城市非常珍贵的资源，也是对城市发展富有挑战性的一个机会，它是人们脱离拥挤的、压力锅式的城市生活的机会，也是人们在城市生活中获得呼吸清新空气的疆界的机会。"滨水地带对于人类有着内在的、与生俱来的持久吸引力，是城市中最吸引市民兴趣、最集聚人气的区域[2]。作为带动城市发展的引擎区域，滨水地带景观规划设计越来越受到学界的关注。而在城镇化快速发展的今天，快节奏的现代生活方式和高密度的土地开发需求都对滨水带现有的生活场景产生了强烈的冲击，滨水带空间面临着原有地域生活场景破碎、凌乱，新的生活场景模式亟待重构的问题。如何在满足市民物质文化需求和城市经济发展要求的前提下，保存并发扬滨水带原有的城市记忆和人文遗产，成为新型城镇化的重要议题。

松桃苗族自治县位于贵州省东北部，处在黔、湘、渝两省一市结合部。县域内多民族杂居，是全国最早成立的5个苗族自治县之一[3]。松江河是一条流淌了上百年的自然河流，是松桃县母亲河松桃河流经县城所在地蓼皋镇一段的别称，南北纵贯松桃中心城区，总长近20km，其两侧的松江河景观带拟规划成为县城最重要的滨水景观绿带与人文、生态轴线。近年来，松桃进入跨越式快速发展阶段，城市中心的滨河景观如何在快速工业化、城市化、现代化的冲击下，传承和延续原生山水苗乡的地域空间形象特色，组建、重构适应时代发展的崭新生活场景体系，成为松桃县城滨水景观规划的重要挑战。规划通过分析地域生活场景的特点与设计生成原则，提出基于景观序列途径的地域生活场景再生模式，探讨如何以绿地空间组织串联滨河两岸景点，形成具有辨识性和意义性的滨水景观序列系统，增强滨河地带活力，促进区域发展，从而实现滨水空间生活场景的系统重构与有机再生。

2 快速城镇化过程中地域生活场景的文脉衰退与秩序紊乱

"场景"一词最早源于电影戏剧作品中由人物活动和背景等构成的各个场面。后来，这一概念被引入到建筑设计和城市设计中。阿摩斯·拉普卜特在《文化特性与建筑设计》一书中指出，生活环境可以理解为是一种场景构成，将场景设想为人们扮演各种角色的舞台，场景的社会构成与行为通过规则相连，这些规则只对它所定义的场景与状况起作用，行为是否得当则由状况来定[4]。随着快速城镇化的推进，城镇居民的身份、地位随城市发展的影响产生角色转换，价值观念和生活需求不断改变。与此同时，城市土地使用制度改革的结构秩序调整，社会进步导致的生活方式转变，市场经济的区位地租杠杆驱动和城市公共政策的规划导向调控等都对社区生活场景的存在、发展产生重要影响。原有生活场景中重要文化节点和线路的消失带来地域文化记忆的消解，个体发展需求的突出和社会对经济效益的过分追求往往导致城市无序化蔓延，造成城市原有的绿地空间和游憩空间被挤压、侵占，曾经具有秩序性、整体性、主题性的公共空间生活场景被打破，造成"千城一面"的发展困局。作为黔东北重要的苗族聚居地，松桃县在漫长的城市发展轨迹中曾形成了"上山建寨，望水而居，以坪为心，因势布局"的聚居空间生活场景，源于梵净山的松江河在县城境内自南向北流淌经过，早在清朝中期，沿岸"松江八景"即远近闻名。然而，随着城镇的发展和现代生活方式的介入，传统的苗寨生活场景因无法适应人们新的物质文化需求已经逐渐破碎消失，而现代生活场景在重构的过程中，面临着如下主要问题：

2.1 景观主题模糊，系统秩序紊乱，统筹联系缺失

沿松江河分布云落屯公园、世昌广场、七星广场等开放空间，但较为分散，未能满足所有近河市区居民的可达性需求。老"松桃八景"等松江河沿岸原有景观节点多有佚失，且现存的"文笔凌云"、"秋螺回澜"等视觉焦点多集中在老城区松江河西岸一侧分布。根据凯文·林奇《城市意象》构成五要素（通道、边界、标志物、节点、区域）理论，松江河滨江景观标志物、节点、区域存在，但是景观风格混杂，组团构成不明晰，绿化率低，各景观带、景观节点之间的联系趋于弱化，缺乏秩序性和明确的景观表现主题。

2.2 景观节点残损，游憩空间匮乏，地域精神消解

由于早年文保意识不强，在城市发展过程中许多珍贵的历史遗迹已逐渐消亡，目前尚存的沿河遗址遗迹多为近现代重建，更多的历史文化景观已变为故纸传说。滨河带周围城市开发空间缺少，未能达到"有效汇聚人气的活力地带"的目标诉求。文保遗产分散零落，或被城市开发用地包围成为孤岛，无法形成网络化的"城市文脉地图"，对整体城市文化资源利用的深度和广度都还远远不够。而滨河区域高强度的地产开发前景为历史文脉和地域文化的保护带来了隐忧。

针对城市发展中对生活网络提出的新的功能需求与文化诉求，研究发现景观序列理论对滨水空间地域生活场景重构具有重要作用。

3 以序列手法重构城市滨水生活场景的基本思路

3.1 地域生活场景的特点与设计原则

城市公共空间生活场景的设计是一个极其复杂、包含多学科要素的系统。注重情感体验与空间的相互关联是生活场景最主要的特征，可将之视为是一种建立在进行公共活动的人的情感体验之上、具有氛围感和公共活动事件感的空间序列。生活场景亦具有主题性的特征，城市设计中往往在某种或某几种主题的指导下对各个物质要素进行整体考虑，实现对公共空间的组织编排。开放空间生活场景具有时空性，它串联城市的历史、现实与未来，展示各个时代特定的元素符号，体现出对历史场景的保留、对现实公共场景的重视和对未来场景的探讨。[5]

在对生活场景的设计上，主要遵循的编排设计原则包括：（1）主题突出，重点强调，以不同城市的文化背景作为城市设计的基本出发点，从人的情感体验入手理解城市，保证规划与城市的"原风景"取得和谐一致。[6]（2）统一协调，层次分明，以事物的整体性作为出发点，恰当发挥每个元素的作用，使整个场景系统统一协调而富有层次。（3）互有联系，秩序井然，注重各场景间的联系、空间与空间之间的连续性、空间安排的曲折性、空间中韵律等，突出空间场景的序列感。（4）以人为本，体验参与，注重人的精神体验。[7]（5）个性鲜明，体现文脉，注重对城市场所精神和历史文脉的把握，保留城市文化最重要的人文内核，同时融入新的设计理念和方法，力求创造出独具特色而又内蕴深厚的地域生活场景。

3.2 以序列手法重构滨水空间生活场景的可行性与组织方法

空间序列是指人们穿过一组空间的整体感受和心理体验，可理解为自然及人文景观在时间和空间两个维度上，按一定次序的有序排列。其在客观上表现为以人的活动时间次序为线索，空间以不同的尺度和形式连续排列；而主观上这种连续的排列形态由人的视觉连续性所决定。若干景观单元以时间先后为线索构成一组景观序列，有始有终，中间有变化，综合而形成一个整体的序列感受。这与生活场景本身具有的序列属性和联系属性相一致。作为大部分城市的轴线与门户，滨水地带常作为具有教育意义的城市博览会载体，沿河岸行走人们可以了解城市的功能、历史、价值观念与生活方式。正如同电影艺术中一帧帧画面的剪辑，将城市不同区域以及历史与现在有机整合，有序展现。这与空间场景设计中追求的主题感的表现也基本符合。因此，以序列手段重构城市滨水空间地域生活场景是一种极具可行性的尝试。结合电影中的蒙太奇表现手法，可将滨水景观序列组织类型依据行进节奏分为叙事型序列和表现型序列两种。[8]其中，叙事型序列在于围绕一个主题，具有起始、发展、高潮、回落、结束的发展规律，以交代情节、展示事件为主旨，按照情节发展的时间流程、因果关系来分切组合镜头、场面和段

落，往往对应于较小层次规模的序列；表现型序列则是根据河流两岸的用地性质，展现该河流流经区域的历史风貌特征或者文化主题特色，通过相连视景单元在形式或内容上相互对照、冲击，从而产生单个视景单元本身所不具有的丰富含义，通常对应于较大层次规模的景观序列。[9]其中，表现型序列常常叠合在叙事型序列之上，在原有的空间基础上形成分离与并置，表现出冲突和趣味，丰富了空间感受，使之更具有感染力。两者的对比特征见表1。

变，人们对于休闲游憩活动有了更高的要求，河流对于人具有天然的吸引力，更易于设置开放空间，形成汇聚人流的人气场所。在滨水景观序列的规划设计中往往将点、面要素有机复合，将表现型序列与叙事型序列并置叠加，产生即满足市民生活需要和城市发展，又保留场所精神和历史文脉的富有活力和魅力的场景空间。

4 松江河滨水空间地域生活场景的再现与景观序列组织

松江河滨水空间是县城最重要的滨水景观绿带与城市轴线。在对基地的历史底蕴、资源特色、景观风貌特色以及发展职能定位进行相关分析后，按照场所文脉主题和城市形态功能将松江河沿岸滨水景观划分为由南至北的五幅"主题画卷"，其上点缀新"松江十景"为主要节点。其中，"松江十景"是对城市历史及现实阶段生活场景模式的凝练展示，"主题画卷"是对松江河沿岸目前存在问题的集中解决与未来发展的前瞻导向。二者点缀交织，形成展现县城悠久历史文化，独特苗乡风情，蓬勃时代风貌的"松江画廊"滨河空间，使游人获得"如在画中游"的景观游憩体验（图1、图2）。

4.1 松江十景——城市风貌的焦点展示

结合基地历史人文脉络和生态环境现状，沿松江河两岸自南至北规划"松江十景"（表2）。十景或为原有松桃老八景的遗址翻修，或为根据史料记载重建，或为当代建设的人气旺盛、景致优美的开放空间场所，皆带动了每段叙事性序列中的高潮段落，是城市中充满活力的热点区域和序列中不可或缺的重要支撑点。

4.2 主题画卷——城市特征的主题演绎

松江画廊主题画卷分为五幅，自南向北，分别以主题展示的形式梳理演绎了县城历史、现在、未来的场景风貌，并兼顾城市功能分区与生态可持续要求，对沿线绿地空间的位置、功能、形态进行把控，形成多样复合、有序

叙事型景观序列与表现型景观序列的区别　　　表1

叙事型景观序列	表现型景观序列
轨迹	主题
带状	块状
趋于动态	相对静止
路径	场所
两端延展	中心集聚
小尺度	大尺度
渐变	突变
规律性	戏剧性

序列空间是对节点以及节点与节点之间路径的研究。对于城市滨水绿地景观序列空间的组织即是对滨水空间节点、游赏路径以及它们所共同构成的视域范围的组织，也即广场、公园、绿地等开放空间和滨水街道及其构成的视域范围的组织。在这一系统内，节点往往是对一处场景的焦点展示，是城市传统生活方式和思维观念的集中体现，通常由城市文化的代表景点构成。它是叙事型景观每一阶段起止的节点，往往在节点集中的区域形成叙事型景观序列的高潮。而表现型景观则可视为滨水生活场景的全景式展示，体现着滨水空间的"延展"和"扩散"：一方面，现代的交通方式使人们在较短时间内游览整条河道成为可能，滨河带作为城市轴线，担负着展示城市风貌的职责，因此需要具有明确的辨识性与秩序性，使庞大的城市结构能够有序展现；另一方面，随着生活方式的改

序列节点——新"松江十景"　　　表2

序列节点	标志物	景观感受
1 高阁临江	高塔	"滕王高阁临江渚"，登高远眺，更上层楼
2 云落耸翠	赭石	其势巍峨，耸入云端；彩霞飞舞，瑞云缠绕，山石奇异，花草如织
3 七星望月	七星广场	临江远眺，月色水光交相呼应，喷泉灯火映照成辉
4 飞山映霞	飞山董公园桃花	云蒸霞蔚，灼灼其华，浩若烟海，蒸蒸日上
5 观音坐莲	大慈寺	晨钟暮鼓，香火鼎盛，虔诚朝圣，一心向佛
6 松江晚渡	码头	古渡风光，苗韵悠长，灯火流连，月影成三
7 秋螺回澜	秋螺山	山骨嶙峋，水波漾澜，迂回清涟
8 文笔凌云	文笔塔	俯瞰全城，壮怀激烈，心胸开阔
9 西朵听涛	西朵公园	简洁自然，质朴宁静，悠游山水，物我两忘
10 九曲逐波	松江河下游	绿树成荫，苍山耸立，九曲回环，泉水奔流

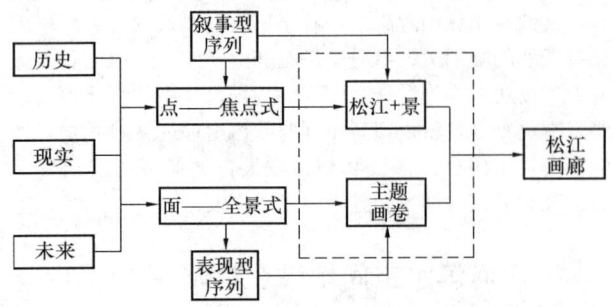

图1 序列理论重构滨水空间生活场景

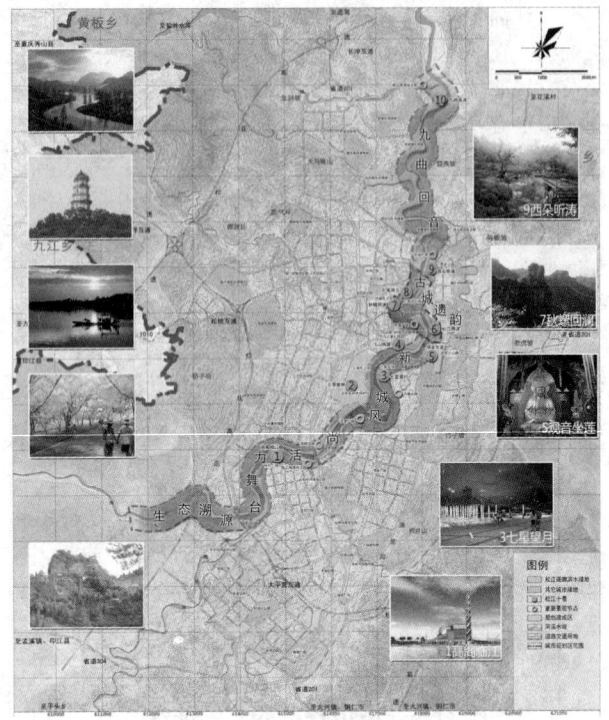

图2 "松江画廊"概念规划图

递进、各具特色的生活场景展示序列。

4.2.1 生态溯源

松江河进入中心城区的初起段,绝大部分为自然山地,区段最东侧有少量娱乐康体用地。规划建设以生态郊野、趣味自然为特色的滨水开放空间,适度开发漂流泛舟活动。以质朴自然的手法营造绿意盎然、充满生机山水画卷。

4.2.2 活力舞台

松桃县中心城区城市发展的新兴区域,周边城市用地性质多为商务商业、文化教育用地。规划建设以科学教育、创意产业为特色的滨水开放空间,开发文化产业,兴建市民及青少年文化设施。营造充满蓬勃朝气,简约而现代,具有文化活力和科技感的未来画卷。

4.2.3 新城风尚

公共活动中心区域,集中了大量公共服务设施、商务商业用地及住宅区,是整个松江画廊主题画卷中最活跃、最具有时代感的区段。规划打造满足生活、商业、休闲、娱乐的城市滨河开放空间及松桃城市风貌的展示窗口,以优美的景观空间吸引、汇聚人流,沿河组织商业服务、居住社区、公共文化与滨河绿带相镶嵌的活力空间,营造时尚现代、舒适便捷、繁华热闹,具有凝聚力和友好度的城市风尚画卷。

4.2.4 古城遗韵

松桃自治县中心城区老城区段,基地现有沿江用地类型多为商住混合用地和居住用地,保留部分文保古建,是主题画卷中旅游历史文化价值最高、开发潜力最大的区段。规划打造具有深厚历史文化底蕴的旅游观光滨河空间,以绿地休闲空间串联起"文笔凌云"、"秋螺回澜"、"松江晚渡"等景点,以城市滨河开放空间为社区居民和游客提供休闲游憩场所,营建具有深厚历史人文底蕴、良好观光游览体验条件、具有松桃苗族自治县民族区域特色的古韵、苗韵画卷。

4.2.5 九曲回音

是松江画廊主题画卷中生态本底保存较完好的一段,位于松江河下游,周边为防护绿地和城市氧源绿地,整个河道九曲回环、弯转萦回,游人行至此已完成整个松桃县中心城区的游赏,但觉余韵悠长、回味无穷,故为"九曲回音"。结合滨河两岸优良的绿化生态开展沿河漂流、垂钓划水等水上游憩,营造灵动悠然、山清水秀、充满趣味的自然生态画卷。

5 结语

海克斯齐认为"每个城市本身就是一个地点,这些地点可用城市的实体与虚体来编织出城市的骨架,而使它的独特性可被测知,并使得城市的社区、机构、商业中心、活动可有依附的所在。"城市滨水空间正是构成城市骨架的主导要素之一,是展示城市面貌、演绎地域生活场景的舞台,是联系城市过去,现在与未来生活方式与情境的载体。当前城市滨水空间的无序状态大大影响了对滨水区场所特质的解读和感受,以序列方式组织滨水绿地空间,通过对滨河城市用地性质、不同片区发展方向、历史空间场所感的整合提升,对序列景点布局、韵律节奏、意义组织进行控制,能够整合重构滨水地带不同区段的生活场景模式与景观风貌氛围,营造以人为本、活力亲和、富有地域精神和城市特色内涵的市民空间,对于探索新型城镇化背景下的景观空间优化具有重要意义。

参考文献

[1] 梅永发. 城市公共建筑空间场景设计手法研究[学位论文]. 大连:大连理工大学,2011.
[2] 唐剑. 浅谈现代城市滨水景观设计的一些理念. 中国园林,2002:33-38.
[3] (清)徐宏主编,(清)萧官篡修. 龙云清校注. 松涛厅志校注版. 贵阳:贵州民族出版社,2007.
[4] 阿摩斯·拉普卜特著. 常青,张昕,张鹏译. 文化特性与建筑设计. 北京:中国建筑工业出版社,2004.
[5] BryanLawson著. 杨清娟等译. 空间的语言. 北京:中国建

筑工业出版社，2003.
[6] 肖靖. 场景空间——表演艺术对建筑的影响[学位论文]. 上海：同济大学，2006.
[7] 相马一郎. 周畅译. 环境心理学. 北京：中国建筑工业出版社，1986.
[8] 吴可欣. 城市道路景观视觉分析与规划控制[学位论文]. 上海：同济大学，2012.
[9] 张俨. 电影"蒙太奇"于商业步行空间初探[学位论文]. 天津：天津大学，2007.

作者简介

王敏，1975年生，女，汉族，福建福州人，博士，同济大学建筑与城市规划学院景观学系，高密度人居环境生态与节能教育部重点实验室，副教授，主要从事城市景观规划设计教学、实践与研究。Email：wmin@tongji.edu.cn。

崔芊浬，1989年11月生，女，黑龙江人，同济大学建筑与城市规划学院景观学系风景园林专业硕士在读。Email：576210329@qq.com。

近代青岛城市规划、建筑及风景园林研究述评

Review about Urban Planning, Architecture and Landscape Studies in Qingdao City in Modern Times

王培严 马 嘉 张 安

摘 要：通过对国内学者关于近代青岛城市建设既往研究的整合，将其分成城市规划、建筑及风景园林三类。对青岛城市规划、建设及风景园林的研究内容和方法进行比较分析发现：青岛城市规划与建筑领域的研究已渐成体系，风景园林领域的研究较少。本文通过对城市规划及建筑领域较为完善的研究体系的借鉴，提出风景园林的研究应从多角度，以整体构成因素为对象，采用多样化的研究方法进行研究。

关键词：风景园林；城市规划；建筑；青岛；近代

Abstract: Through the integration of the previous studies about modern Qingdao city's construction researched by the domestic scholars, it is divided into city planning, architecture and landscape architecture categories, Comparative analysis studies about these fields found that the researches of Qingdao city's urban planning and architecture is systematic, but few researches in the field of landscape architecture. In this article, by learning the good points of the systematic researches of urban planning and architecture, propose the research of landscape architecture should be multi-angle with overall factors as the object, and using diverse research methods to study

Key words: Landscape Architecture; Urban Planning; Architecture; Qingdao; Modern History

青岛位于山东半岛南部、环抱胶州湾、三面环海。《中德外交史》中德国地理学家李希霍芬认为，"胶州湾乃中国最重要之门户"，"欲图远东实力之发达，非占胶州湾不可"[1]。近代青岛自1898年开始受到德国（1898—1914）、日本（1914—1922，1937—1945）、南京国民政府（1922—1937）的统治，城市规划、建筑及风景园林随着不同政体对城市定位的变化而逐渐形成独具特色的风貌。

本文通过对近代青岛城市规划、建筑及风景园林现有研究的收集，把握其研究趋势。借鉴城市规划、建筑完善的研究体系，与风景园林的研究内容及研究方法对比分析，找出风景园林上新的研究方向及研究方法。本文通过对风景园林新的研究趋势的探索，对完善风景园林研究及青岛城市历史风貌的更好保护起到借鉴和参考的意义。

1 研究方法

以"近代"、"青岛"、"公园"、"绿地"、"园林""景观"等作为关键词，在"中国知识资源总库：中国（CNKI）学术文献总库测试平台"[2]进行检索，筛选出与城市规划、建筑及风景园林相关的论文，统计得到关于近代青岛城市规划的学位论文21篇（博士论文3篇、硕士论文18篇）、期刊23篇。建筑的学位论文14篇（博士论文1篇、硕士论文13篇）、期刊22篇。风景园林的学位论文9篇（硕士论文9篇）、期刊13篇。从比较城市规划、建筑与风景园林的研究现状入手，对关于近代青岛的城市规划、建筑及风景园林的研究内容和方法进行整合，整体把握目前此三领域主要的研究情况和研究方法。在此基础上，通过借鉴城市规划及建筑的研究内容及方法，探索近代青岛风景园林研究的新方向与新的研究方法。

2 近代青岛城市规划、建筑及风景园林研究的内容

对搜集资料中出现的关键词进行统计，整理国内学者对近代青岛城市规划、建筑及风景园林方面的研究方向。按照不同空间分类，关键词出现的频率由高到低排序（表1）。由研究结果可以看出近年来国内学者针对城市规划的主要研究方向有都市计划、历史街区、保护、城市规划史、城市发展等。建筑的研究方向有历史街区、德占时期、保护、历史建筑、八大关等。风景园林的研究方向有青岛八大关、景观、历史街区、空间结构等。推测表中出现较多的词汇，研究已趋向成熟，出现较少的词汇可能成为以后的发展趋势。

论文中主要涉及的关键词　　　　　　　　　　表1

城市规划		建筑		风景园林	
关键词	频次	关键词	频次	关键词	频次
近代青岛	27	青岛	15	青岛八大关	8
都市计划	10	建筑	10	景观	6
历史街区	9	历史街区	9	绿地	4
保护	8	德占时期	8	历史街区	3
城市规划史	7	保护	6	空间结构	3
城市发展	6	历史建筑	5	租借地	3
德占时期	4	青岛八大关	5	保护	2
日占时期	3	里院建筑	3	植物	2
城市建设	3	总督府	3	风景园林	2
城市定位	2	教育建筑	2	变迁	2
市政建设	2	建筑色彩	1	行道树	2
变迁	2	建筑装饰	1	公园	2
经济	2	生成因素	1	都市森林	1
人口变迁	1			历史	1
华洋分治	1				

2.1 近代青岛城市规划研究的内容

关于城市规划背景的研究，青岛近代城市规划历史分清廷建置（1891—1897）、德占阶段（1897—1914）、第一次日本占领（1914—1922）、北洋政府执政（1922—1929）、南京国民政府执政（1929—1937）、第二次日本占领（1937—1945）和国民政府接管（1945—1949）七个阶段。[3]在清廷建置时期，修筑兵营与炮台，形成了兵营与市镇结合的新格局；[3]德占阶段，德国海军部为了将青岛打造成为"样板殖民地"[4]在军事上扩张设防、筑建兵营，在经济上建港筑路；[5]日本第一次占领期间，受到当时日本国内的"全面西化"思潮的影响，延续德占时期的城市规划，[6]着重对青岛以轻工业为主的工业设施的建造；南京国民政府执政时期为了市民能够安居乐业，重视发展民族工商业、加强乡区建设；[7]日本第二次占领时期试图将青岛建设成为军事、交通及工业基地，除了在港口扩建和城市道路小范围修建等方面外，城市规划和建设随着战争的失败而结束。[8]从每个历史阶段城市规划性质的变迁逐一剖析青岛城市规划的背景。

从城市发展分析青岛城市规划的研究主要集中在经济、人口等方面。[9]经济活动是近代青岛城市由封建性的商业贸易口岸重镇到殖民地性质的商业贸易港口城市，再到殖民地半殖民地性质的工业城市转变的主要原因；[10]以德占时期为例，人口划分成若干等级、分布不均衡，流动人口数量大，异质性高等特点影响了城市规划的方向。[11]

街区作为城市规划的缩影，以微观角度反映城市规划。选取在青岛城市发展史上有着重要地位的中山路街区、团岛街区、辽宁路街区及台东街区作为研究对象，对街区功能构成和变迁分析，把握每个街区内部的关联性以及不同街区之间的关联性。[12]

2.2 近代青岛建筑研究的内容

建筑形成背景的研究中运用弗列治茨《比较法世界建筑》和拉普普《住屋形式与文化》建筑形成的原因，[13]与青岛的现状结合，近代青岛建筑是在自然因素、人文因素、建筑思潮及建筑法规等作用下产生的。[14]例如在自然因素中，利用青岛富含花岗岩的地质特点为建筑墙面装饰提供原材料，形成了青岛建筑典型的装饰风格；[13]在建筑法规中德占时期的建筑条例对建筑的平立面及建筑风格、用途有明确规定，日占时期建筑条例规定沿用德占时期建筑风格，内部空间趋向实用、平面更加简洁。民国时期对保持城市建筑基本风格做了明确规定。[13]

德占时期的主要建筑风格为殖民时期风格、古典主义、德意志民族浪漫主义、折中主义及青年风格派。[15]主要的建筑活动集中在宗教与教育、医疗建筑，行政和军事建筑，居住建筑，交通通信建筑，商业娱乐建筑，饭店和旅馆建筑。[16]

青岛德占时期的建筑装饰是以统和现代精湛的工艺、多种多样的构件形态与协调统一的构图方式形态出现。[17]色彩以红屋顶多色彩和谐的墙面为主。[18]

2.3 近代青岛风景园林研究的内容

德租地时期园林的历史背景与特征的研究中以德占时期进行的园林设计为例，风景园林在整体观赏面上面向大海，具有明显的方位感，各构成要素在形状、色彩和体积等方面保持了协调性；[19]八大关景区的景观特征的研究中八大关景区中人工要素与地形地貌结合巧妙，利用起伏、曲折的地形设计对象，每条路种植代表性树种如山海关路植法桐、居庸关路植银杏，"一路一树"极具特色；[20]此外，公园的植栽的种类和分布的研究中关于青岛公园中植物种类的多样性及分布差异、树种的使用频度现状内容的研究。[21]

3 近代青岛城市规划、建筑及风景园林的研究方法

城市规划中较为常见的研究方法有文献研究法、实地考察法、图表法及比较分析法、量化分析法等。此外，空间句法应用独特。空间句法理论是对空间进行尺度划分和空间划分，以轴线分析（分析青岛城市街道网络和步行系统）和视域分析（分析青岛城市的公共空间）对青岛历史街区的空间结构进行量化分析，可视化的反映青岛城市历史街区的密度、整合度和穿行度（表2）。[12]

建筑中较为常见的研究方法有文献考察法、实地调查法、测绘法，访谈法、问卷调查法、建筑符号学、对比分析法及多学科综合法等。此外也有动态分析法的应用。动态分析法是运用经济学的理论研究方法，以时间为轴分析研究对象在一定时间内的变动，用演变的方式来研究青岛德占时期的建筑特征。[15]

风景园林的研究方法多是以文献研究、实地调研、归纳分析及对比分析法为主的传统研究方法。此外，以特定的案例探索造园要素、造园材料和造园手法的案例分析法也得到应用。

研究方法分布及频率　　　　　　　　　　　　　　　　表2

	文献	图表	实地	对比	交叉	句法	开放	定性	哲学	问卷	理论	符号	动态	案例
城市规划	44	21	15	6	3	1	1	1	1					
建筑	36	15	13	6	1					1	1	1	1	
风景园林	21	9	10	5										

备注：文献（文献研究法）、图表（图表法）、实地（实地调查发）、对比（对比分析法）、交叉（交叉学科研究法）、句法（空间句法理论）、开放（开放复合法）、定性（定性分析法）、哲学（哲学思辨法）、问卷（问卷调查法）、理论（理论研究法）、符号（建筑符号学）、动态（动态研究法）、案例（案例分析法）

4 考察

近年来国内学者对近代青岛城市规划的研究有单独的历史背景的研究也有经济、社会等时代综合背景的研究。有对宏观的城市整体形态研究也有对微观的城市街区的研究。主要研究方向在于背景研究、城市发展、城市风格及定位等方向。城市规划的研究方法主要为文献研究法、实地考察法、图表法及比较分析法、交叉学科分析法、开放符合法、哲学思辨法、量化分析法及空间句法等。

近代青岛建筑的研究内容有青岛建筑形成背景的研究也有建筑风格及建筑活动方向的研究，有对青岛典型的建筑形态特征的研究也有对建筑色彩及装饰样式的研究。建筑的研究方法主要为文献考察法、实地考察法、测绘法、访谈法、图表法、问卷调查法、对比分析法、交叉学科分析法、建筑符号学、动态分析法等。

风景园林的研究内容主要集中在城市典型公园、德租地时期的青岛园林、青岛八大关景观分析。其中典型性公园的研究集中在植栽的种类和分布。德租地时期青岛园林研究集中在租借地时期园林的历史背景与变迁。八大关景观研究成果在于景区整体的景观特征。风景园林的研究方法主要为文献研究、图表法、实地考察法、归纳分析法、对比分析法、交叉学科分析法及案例分析法等。

与城市规划、建筑的研究内容相比较，风景园林的研究资料较少，多数现有研究资料也只局限在历史背景的研究上，缺乏对风景园林形成背景的整体把控；考虑建设初期的指导思想和城市定位的研究较少；以城市发展（经济、人口等）因素对风景园林变迁的影响的研究尚未涉猎；以全面的构成元素微观角度反应风景园林特征的研究较少，通常的研究只是集中在单一风景园林的构成要素上，以个例为主的研究具有特殊性，很难形成一个全面而深入的体系；对风景园林的风格定位及风景园林活动分布的研究欠缺；可以尝试从以下几个方面着手发展：多社会背景下风景园林的产生原因；在历史沿革过程中城市定位的变化对风景园林风貌的影响；城市的发展因素对于风景园林的作用；从风景园林整体构成因素上研究风景园林的特征；以风景园林的风格定位及风景园林的活动分布反应风景园林的整体风貌；

风景园林在研究方法上多利用传统的研究方法，缺少创新性。城市规划中的研究方法几乎包含了所有的风景园林的研究方法。可以尝试借鉴城市规划研究中出现的交叉学科分析法、空间句法理论、开放复合法、定性分析法及哲学思辨法等方法和建筑研究中运用的问卷调查法、理论研究法、建筑符号学、动态研究法等研究方法应用到风景园林的研究中。

5 结语

青岛是中国近代城市中，建设伊始按照合理的城市规划建造起来的典型城市代表之一。作为历史文化名城，历史文化的保护逐渐受到重视，人文景观的历史保护研究也在增加，风景园林的研究逐渐成为趋势。本文通过对收集的关于城市规划、建筑及风景园林的既往研究的整合，对青岛城市规划、建筑及风景园林的研究内容和方法进行比较分析探索出风景园林领域上新的研究方向。从多社会背景下风景园林的产生原因，城市的发展因素对于风景园林的作用的研究。从而为完善近代青岛风景园林的研究以及青岛历史风貌的保护和修缮提供参考和借鉴的意义。

参考文献

[1] 蒋恭晨. 中德外交. 北京：中华书局年版，1929.
[2] 中国知识资源总库. 中国(CNKI)学术文献总库测试平台, [2014-3]. www.cnki.net.
[3] 李百浩. 青岛近代城市规划历史研究(1891-1949). 城市规划学刊，2005.6：81-86.
[4] 李东泉. 从德国近代历史进程论青岛规划建设的指导思想. 德国研究，2006.2(21)：50-54.
[5] 马庚存. 近代新兴城市青岛的形成. 历史档案，2009.3：69-75.
[6] 王福云. 青岛近代别墅建筑及其环境艺术研究：[学位论文]. 南京：南京林业大学，2007.
[7] 李茜. 沈鸿烈与近代青岛城市规划：[学位论文]. 武汉：武汉理工大学，2012.
[8] 杨蕾. 日本第二次占领青岛时期的都市计划研究：[学位论文]. 青岛：中国海洋大学，2007.
[9] 李东泉. 近代青岛城市规划与城市发展关系的历史研究及启示. 中国历史地理论丛，2007. 22(2)：125-135.
[10] 李宝金. 青岛近代城市经济简论. 文史哲，1997.3：46-52.
[11] 廖礼莹. 德占时期青岛的"华洋分治"与人口变迁[学位论文]. 青岛：中国海洋大学，2007.
[12] 王涛. 论近现代青岛城市街区空间结构及其历史沿革[学位论文]. 深圳：深圳大学，2010.
[13] 陈雳，房圆圆. 青岛近代建筑形成因素之浅析. 青岛建筑工程学院学报，2001.22(3)：22-27.
[14] 卢晶. 青岛八大关风景度假区景观建筑研究[学位论文]. 西安：西安建筑科技大学，2006.
[15] 李少红. 青岛德占时期的主要建筑[学位论文]. 西安：西安建筑科技大学，2006.
[16] 姜程. 从青岛的历史分析德占时期建筑特点及其对地域的影响和应采取的保护措施[学位论文]. 济南：山东大学，2008.
[17] 纪晓. 青岛德占时期建筑装饰艺术研究[学位论文]. 青岛：青岛理工大学，2008.
[18] 李楠. 青岛建筑(1897—1914)色彩分析与研究[学位论文]. 济南：山东大学，2008.
[19] 周金凤. 青岛德占时期租借地园林[学位论文]. 北京：北京林业大学，2004.
[20] 石峰. 青岛八大关历史街区保护规划研究：2012城市发展与规划大会论文集.
[21] 郑爱芬. 青岛市公园绿地木本植物多样性研究[学位论文]. 南京：南京林业大学，2010.

作者简介

王培严，1989年12月生，男，汉族，山东青岛，硕士在读，日本千叶大学，庭院设计学方向，Email：Wangpeiyan1115@163.com。

马嘉，女，汉族，北京，博士在读，日本千叶大学，庭院设计学方向，Email：littlecrab8976@hotmail.com。

张安，男，汉族，上海，千叶大学博士，清华大学博士后，青岛理工大学，讲师，规划设计与理论，Email：983611238@qq.com。

现代主义语境下的海派园林变迁探析

Study on the Evolution of Shanghai Parks in the Discourse of Modernism

王 茜 王 敏

摘 要：上海城市公园已经进入从大规模开发转向自我更新发展时期，其变迁过程意味着公园设计与管理等多方面的变革。在新型城镇化的发展背景下，海派园林作为海派文化的重要遗产，如何平衡未来与过去、现代与传统、创新与保留等多方面的冲突是其发展过程中的重要议题。本文以海派园林嬗变过程的特质为切入点，探讨在现代主义语境下其自由的空间形式、公众意识引导下的功能包容与颠覆传统的管理模式，为海派园林的更新提供新的启发。

关键词：海派园林；现代主义；变迁；海派文化

Abstract: Nowadays, the development of Shanghai city parks is changing from massive construction to self-renewal, with many changes in the design and management. In the background of the New-type Urbanization, as the important heritage of Shanghai Culture, Shanghai Parks are required to solve the contradictions between future and past, modern and tradition, innovation and reservation, which is vital to its development. The paper researches the evolution of Shanghai Parks from the aspects of its free form, functions with public awareness and innovational management in the discourse of modernism, to provide inspiration for the regeneration.

Key words: Shanghai Parks; Modernism; Evolution; Shanghai Culture

1 现代主义冲击下的设计转变

兴起于20世纪初期的现代主义，是西方各个反传统的艺术流派、思潮的统称。它从意识形态的各个方面影响到社会的所有领域，完全改变了人们的意识形态思维方式以及价值观念。在其巨大的冲击下，设计邻域在理念、形式、功能与材质等多方面发生了重要转变，从根本上改变了传统设计的范式，形成了符合特定社会文化、工业发展、经济与日常生活需要的现代设计风格。[1]作为现代主义设计运动的先锋领域，现代主义建筑强调理性主义和功能主义，主张创造新的形式，反对沿袭传统形式和繁复的装饰语言。而园林也不可避免地受到现代主义的冲击，推崇表现内心的真实以及生活的真正，其主要思想归纳为如下四点[2]：（1）打破传统形式的束缚，取消轴线体系；（2）空间上的革新，而非一味对平面图案的关注，主张在自然中找寻自由的景观空间；[3]（3）突出功能性设计，强调新材料的运用与设计的经济原则；（4）为大众而设计，体现民主与以人为本的思想。而其中的功能主义，以及为大众而设计的思想是现代主义设计中最为重要的内容。

海派园林，是海派文化在城市公共生活中重要的承载空间，在现代主义思潮的影响下，其嬗变过程中表现出的"海纳百川，兼收并蓄，创新求变"精神展现出鲜明的地域特色和强大生命力。本文尝试探讨海派园林在现代主义语境下经历了怎样的自我更新及其未来的发展趋势，旨在以史为鉴，探索海派园林适应新型城镇化新要求的地域化发展模式，实现有限绿地空间物质环境的高效利用，满足日益提高的生态环境改善诉求以及市民休闲游憩需求的同时，强调传承和保护海派园林文化遗产。

2 嬗变中的海派园林

提及"海派园林"，就不得不先说到孕育其的母体——海派文化。简单概述，海派文化就是具有上海地方特色的文化，包含绘画、戏剧、建筑、饮食、服饰、盆景乃至社会生活等诸多的内容。上海自1292年设县，以其优越的地理位置和适宜的气候，吸引了全国各地的人来此从文经商，尤其以江浙人士居多。人口多元以及众多非本地人的特点，使上海在很早就形成了具有开放性的移民社会和多姿多彩的上海文化。另一方面，1843年上海开埠，租界的开辟和西方列强的入侵，使上海沦为了半殖民、半封建的社会的同时，也为这座城市带来了不同于中国传统文化的西方近代文明。伴随着中西文化的冲突和交融，近代上海文化形成了与古代迥然不同的驳杂多彩、多元复合的特点，并逐渐创立了新的富有自己独特个性的文化形态——"海派文化"。[4]同样，"海派园林"也具有兼收并蓄、博采众长、求新求变的特点，[5]创新是其核心的内涵。

海派园林不同于上海的传统古典园林，本文特指上海1868年建成的第一座公园——上海外滩公园及其之后的公园类型。其发展历程至今大致分为以下三个阶段：

（1）海派特色雏形期（1868年—1949年）

1843年鸦片战争后，随着旧社会体制的瓦解，中国传统园林赖以生存的社会因素和经济基础发生了根本性的变化。[6]大量的外侨移居于上海的租界内，按照自己母国的习惯生活着，从着装到饮食，从起居到出行，不断地向上海输入西方的文化和生活方式。[7]在这样的背景下，

"公园"作为西方城市公共生活空间不可或缺的一部分被移植到上海,也在其产生之初便有了"海派"的烙印。这一阶段的上海公园完全聘用西方设计师设计并负责施工,具有浓厚的西式公园的风格,但也结合了一定的中国传统造园要素。这种不同于中国传统园林的新风格,带着颠覆与革新的精神,成为"海派园林"的雏形。

(2) 海派特色探索期(1949—1990年)

1949年后,上海公园为满足人们的游憩需求,从总体布局到地形处理、建筑小品、植物配置等,进一步吸取了西方现代主义园林的设计语言,同时融合了我国传统造园的手法,使这一阶段的城市公园集古典与现代气息于一体。[6]新中国成立后的四十年间的探索,受现代主义设计理念的影响,结合上海自身的文化特色,上海公园逐步具备了一定的"海派"特色。

(3) 海派特色更新发展期(1990年至今)

20世纪90年代后,随着改革进程的深化,开放力度的加大以及环境建设列为重点的形势下,上海城市公园在分级分类的基础上结合旧房屋改建拆迁,新建了不少开放型的公园和绿地。同时,受到"城市绿地系统"与"城市大园林"等新的规划理念的影响,上海的公园迎来了其更新发展的阶段。作为提高城市生活质量的重要手段,公园的建设越来越关注对居民生活环境的改善以及其他社会、经济价值等各方面的作用。

3 现代主义影响下的上海城市公园

3.1 自由形态与"兼容并蓄"的空间图式

现代主义在空间中的表达来自于对场地、功能等因素的理性分析,而非对传统形式的固守。一切适合场地特质、符合公众需求以及能切实解决所面临的社会问题的自由形态,都在园林设计中得到应用。

纵观上海城市公园近140年的整体发展历程,公园的空间图式在其嬗变中展现出"兼容并蓄"的海派特质(图1)。在海派园林的雏形期,因其设计由西方设计师完成,其空间图式呈现出典型的西式园林的形式语汇。如虹口公园、兆丰公园中,自由的曲线构成环形的园路、蜿蜒的小径、开阔的缓坡草地和疏林灌木,是对英国自然风景园的纯粹模仿。新中国成立后,海派园林将西方园林的设计语言与中国古典园林的造园手法进行融合。如这一时期新建的和平公园、长风公园和杨浦公园,运用中国古典园林中"一池三山"的造园手法构成全园的山水格局,西式的疏林草地、花坛、凉亭等要素形式则布置于局部。然而受"文革"影响,海派园林的建设一度处于停滞甚至倒退状态,直到1973年后对公园的陆续修缮,基本保留其原有空间结构,因功能需求改造局部空间。如静安公园利用防空工程的土方改造地形并新建茶室、露天舞台等设施。[8]这一阶段的海派特色探索中,上海城市公园的空间形态呈现出融合并杂糅的拼贴特质。在改革开放与全球化进程的影响下,海派园林不断求新求变,主动引入与接纳境外的设计思潮。如世纪公园与徐家汇公园,自然曲线与几何轴线在空间中自由延展交汇,不仅塑造了丰富多变的空间形式,而且充分结合了场地的自身属性与使用需求。这种自由的形式感,其内在体现为上海这座城市的开放姿态与包容精神。海派公园整体风格从单纯模仿到融合拼贴,再到兼收并蓄的嬗变,也能从鲁迅公园这样一个历史悠久的城市公园的变迁中充分展现(图2)。从某种意义上来说,海派园林没有固定的形式,一切适宜场地、满足功能的设计语言,都会被海派园林所借鉴,在创新求变的过程中,塑造出"兼收并蓄"的自由形式。

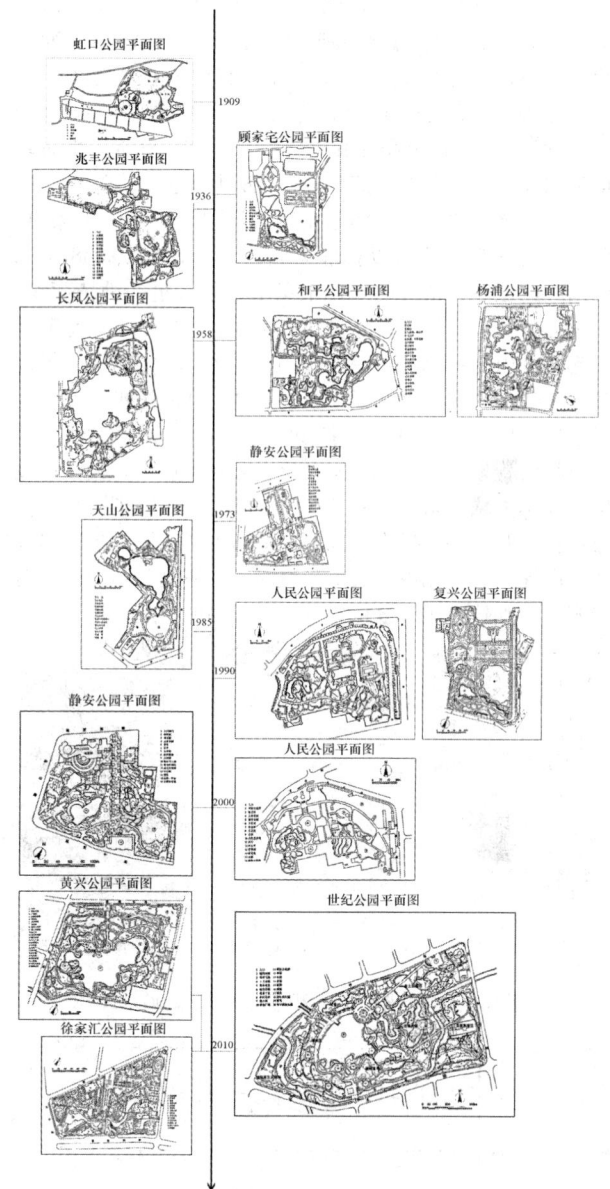

图1 上海公园的形态变迁(列举)

3.2 功能主义与"海纳百川"的包容精神

"形式追随功能",美国建筑师沙利文以此阐释现代主义最重要的功能性的基本原则。回顾上海城市公园在功能服务于管理方面的优化与提升,充分尊重和积极呼应公众意识在环境保护、大众健身和人文关怀等方面不断提高以及城市转型发展的需求是其中的一大特色,也从体现了上海城市发展过程中"海纳百川"的包容精神。

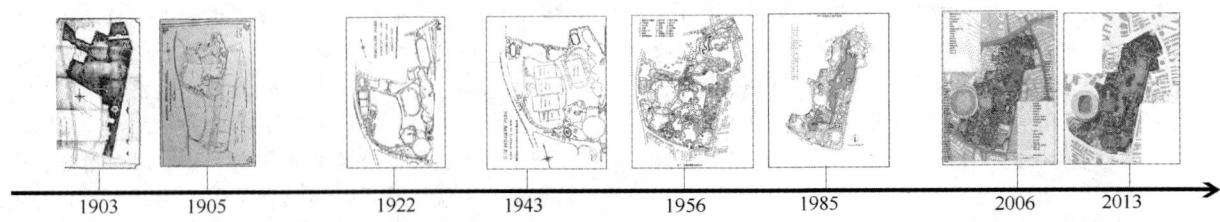

图 2　鲁迅公园的形态变迁（1901—2013 年）

例如，关于公众环境意识的研究中显示，2007 年上海公众最为关注的环境问题分别是空气污染、水污染和噪音污染等[9]；并且在 1998—2007 年，我国公众环境意识的总体水平呈现上升趋势，将在 2008—2017 年快速上升。[10] 上海城市公园在其更新中，一直以尊重原生态环境为前提，保护原有较好生态环境的基础上，营造丰富的生境，发挥净化空气、污水治理、滞尘、杀菌、防噪声、调节小气候等作用。以杨浦公园为例，2007—2008 年的公园改造在原有植被的基础上又增加了大量的种植面积。通过分析公园历年卫星影像图（图 3）可以看出，从 2006 年起，园内的绿化覆盖率一直在稳定增长，到 2012 年已经基本达到全园总面积的 70.5%（图 4）。除此以外，为了塑造良好的生态环境，各项生态策略也被运用到了公园植物的管理中。世纪公园在建园之初，病虫害大面积发生。为尽量减少杀虫剂的使用，公园人工引入了虫害的天敌鸟类，既解决了病虫害问题，又增加了公园的生物多样性。由此可见，无论是增加种植面积，还是引鸟治虫，海派园林一直致力于为公众打造舒适优质的生态环境。

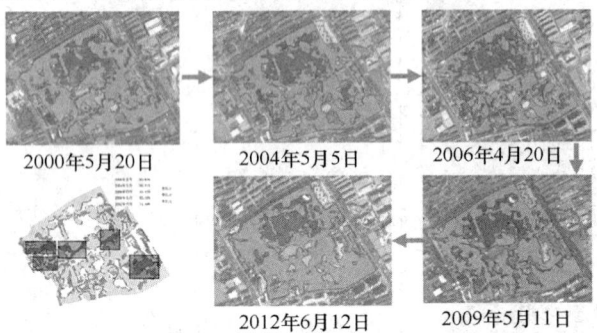

图 3　杨浦公园绿化覆盖面积变化图（2000—2012 年）

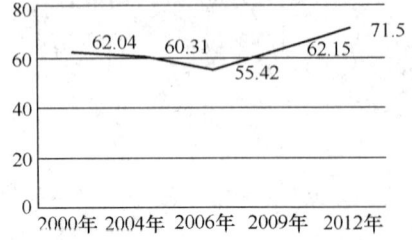

图 4　杨浦公园绿化覆盖率变化图

伴随经济的发展与生活水平的提高，大众健身的意识受到广泛关注，城市公园是公众实现休闲健身的重要场所。在 2014 年 5 月对上海部分公园内公众的活动类型的调研中，休闲健身类的活动占到较大比重（图 5、图 6）。所以上海的综合公园内，一般都设有慢行步道以及适宜健身活动的空间，为公园运动健身者提供场地。另一方

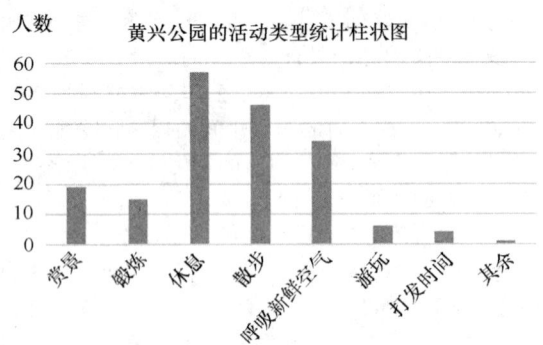

图 5　黄兴公园的活动类型统计柱状图

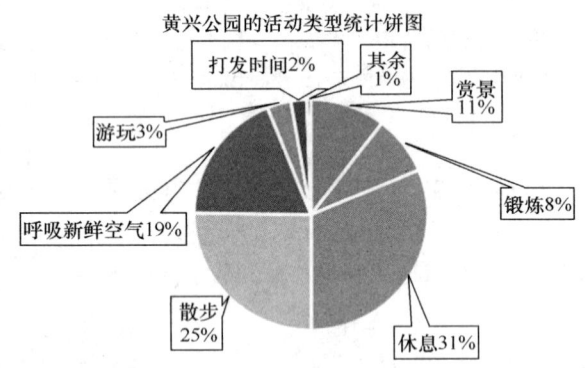

图 6　黄兴公园的活动类型统计饼图

面，从游客对黄兴公园景点的满意度评分来看（图 7），适合公众开展休闲运动的开敞空间如扇形大草坪、森林水景广场等景点的满意度评分也比较高，公园目前的功能服务基本满足公众的休闲健身需求。此外，从 2004 年起上海陆续建设黄兴体育公园、闵行体育公园、碧云体育公园等多处体育公园。以上海碧云体育公园为例，园内除了红色的休闲步道以外，还设有篮球场、网球场、滑板场等运动场地（图 8），为周边居民的健身活动提供了便利。

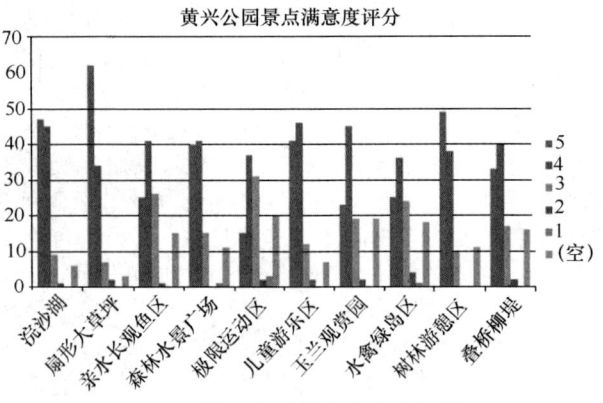

图 7　黄兴公园景点满意度评分

图8 碧云体育公园运动场地（图片来源：作者自摄）

现代主义中强调以人为本的思想，并且对不同使用人群的需求做出回应。海派园林的设计中关注各类人的使用特点，尤其是老年人、儿童和残疾人，很多新建公园中都有专门的老年人活动场地和儿童活动场地，以及残疾人专用通道。如上海辰山植物园内的盲人园根据盲人的触觉、听觉、嗅觉等需求，选择种植了形态独特、会发声响、有独特气味的植物种类，为盲人提供了在公园中接触自然的平等的机会，彰显了对生命的尊重与关怀。

海派园林发展凸显"海纳百川"的包容精神，使其在功能上呈现出多种类型复合但又特色鲜明的海派特质，是现代主义语境下的功能主义以及为大众而设计的理念的重要体现。

3.3 颠覆传统与"创新求变"的海派文化

"兼收并蓄、博采众、求新求变"的海派文化中，创新求变是海派的灵魂所在。为适应社会转型期的发展，海派园林一直在公园管理方面求新求变。上海城市公园从2000年左右开始实行公园免费开放的探索，到2005年公园大面积地开放，再到如今免费开放的公园已多达近140座。传统的公园边界高墙被拆除，公园以一种更加开放的姿态接纳城市中的每一位公民。海派园林从原先收费的游乐场所真正转变为城市公共空间，这样华丽的转身，提升了公园作为一种城市公共服务的公益性价值，是一次突破性的创新探索。到2014年，上海城市公园的免费开放已经历经9个年头，公众切实感受到这种社会福利的同时，公园中的各种问题也在逐渐暴露。健身团体噪声扰民、公园绿地供不应求、入园人员杂乱、运营收支不平衡等问题普遍存在。[11]这些急待解决的矛盾，本质上是游客、居民、公园管理方等涉及多方利益的平衡问题。目前已有的创新管理方式主要为"社区居民志愿者"的形式，让居民参与公园维护，改变了原有单一的管理模式，形成社区与公园管理方的良性互动，也能培养良好的公民意识并增强社区归属感。关于公园的管理制度的探索，既是海派园林所秉承的"创新求变"海派特质，也是上海城市公园未来更新发展中的关键。

4 结语

海派园林是海派地域文化的重要组成，是彰显海派特色的文化空间遗产。新型城镇化发展需求下，思考如何通过在城市公园空间形式、功能服务和管理模式等多方面的创新促进公园的更新发展，将海派特质进一步传承与发扬，使海派园林成为上海重要的城市名片，是一种必然趋势。尤其是公园管理制度的创新，是平衡社会多方利益的重要途径，从而切实体现社会公平原则。目前国外的一些社区组织或团体为公众、公园管理方和政府之间搭建沟通平台，保持高度公众参与的做法，都可以为我们所借鉴。本文在现代主义的语境下对海派园林变迁进行的探究，以期对海派园林未来的更新发展提供思考与启示。

参考文献

[1] 罗枫. 现代主义与现代园林.[D]南京林业大学，2003：1.
[2] [美]马克·特雷丁. 现代景观——次批判性的回顾[M]北京：中国建筑工业出版社，2008：62-71.
[3] 彭昕玥. 浅谈中国景观设计的回归与发展——美国现代主义景观对中国的启示[J]西安建筑大学学报，2011(6)
[4] 孙逊. "海派文化"：近代中国都市文化的先行者[J]. 江西社会科学，2010(10)：7-13.
[5] 金云峰，周晓霞. 上海近现代公园的海派特征.[J]园林，2007(11).
[6] 周向频，陈喆华. 上海公园设计史略[M]上海：同济大学出版社，2009：25-102.
[7] 周向频，陈喆华. 上海近代租界公园：西学东渐下的园林范本[J]城市规划学刊，2007(4).
[8] 贾佳. 上海中心城区综合公园变迁研究[D]武汉：华中农业大学，2011.
[9] 凡小梅. 上海公众环境意识调查与分析研究[D]上海：上海师范大学，2007
[10] 闫国东，康建成. 中国公众环境意识的变化趋势[J] 中国人口·资源与环境，2010(10)
[11] 周楠. 上海公园大面积免费开放7年各种问题逐渐暴[EB/OL](2012-07-12)[2014-6-13] http：//www.news365.com.cn/xwzx/sh/201207/t20120702_502290.html.

作者简介

王敏，1975年生，女，汉族，福建福州人，博士，同济大学建筑与城市规划学院景观学系，高密度人居环境生态与节能教育部重点实验室，副教授，主要从事城市景观规划设计教学、实践与研究。Email: wmin@tongji.edu.cn。

王茜，1990年生，女，汉族，江苏兴化人，同济大学建筑与城市规划学院景观学系，风景园林学在读硕士。Email: 805682080@qq.com。

公众利益分割下松台山公园的历史文化保护设计

Historical and Cultural Protection of Songtai Park under the Segmentation of Public Interest

王小如　林　锋　陈　朔

摘　要：笔者通过松台山公园历史文化保护提升规划项目，探讨具有历史遗存的城市公园在城市化进程中所遇到的公众利益和历史文化保护之间的矛盾，通过规划、景观的手法，如何解决大众与小众的矛盾，使公园中的历史遗存得到有效的保护和传承，同时又能确保整个公园与人们现代化的生活方式相和谐。
关键词：公园；公众利益；历史文化保护

Abstract：Through the project of historical and cultural protection of Songtai park, the author want to discuss the contradiction between the historical and cultural protection and the public interest in the process of urbanization. According to the methods of planning and landscape, how landscape designers solve the contradiction between the public and niche, make the park get effective protection and inheritance of historical heritage, while at the same time to ensure that harmony with the modern way of life.
Key words：Park；The Public Interest；Historical and Cultural Protection

1　松台底蕴

"叮叮当，三角门外孤老堂，净光山上仙人井，妙果寺里猪头钟。"温州童谣里的净光山便是指松台山，"苍苍山上松，飒飒松根雨，松子落空山，朝来不知处。"松台山多松，又由于山坪如台，因名"松台"。位于温州古城西南方向，在繁华的信河街与九山湖之间，规划面积约 15.29hm²。

在温州建城后的 1700 年历史中，松台山集中了瓯越文化和佛教文化，其建设阶段主要有三个重要阶段：一是晋郭璞造城时期，二是唐宋时期，三是明清时期。

1.1　晋郭璞造城时期历史价值及地位

1.1.1　九山斗魁之一

郭璞相城，华盖、海坛、郭公、松台、积谷、黄土、巽吉、仁王、灵官为奠定温州斗城格局的 9 座山，其中华盖、松台、海坛、西郭四山象北斗"斗魁"。

1.1.2　古城"二十八星宿"中四星宿之所在

古城内根据"二十八星宿"天象所挖建的二十八座井，有四座位于松台山巅或山麓，分别为仙人井、金沙井（已毁，找到遗址大概区域）、八角井和三牌坊井（现名称）。

1.2　唐宋时期历史价值及地位

唐元和中建有净光宝塔，又称净光山（后为松台山）。唐僖宗赐名为净光，唐高僧永嘉素觉大师圆寂后入葬于此，宋太宗曾赐名"宿觉名山"匾额。南麓有妙果寺，初建于唐朝，重建于清康熙年间，后 1983 年又修复重建，一度成为东南沿海朝圣之名刹。可以说松台山是温州九山中佛教地位最高的山。

1.3　明清时期历史价值及地位

明代嘉靖年间，内阁大学士张璁辞仕后，居住在松台山北麓。其宅第由嘉靖皇帝御赐，花园包括松台山及九山湖大部分，并赐三座石碑与三座牌坊（即为三牌坊）。清乾嘉年间，曾唯兄弟筑园依绿园，后为民国时籀园故地。清道光初，曾佩云筑怡园于松台山麓来福门一带。此二园为温州清代十大名园之一。

2　松台历史遗存

经历过几个时期的历史沿革，松台山依旧焕发着生机，也保留着许多历史遗存：

三牌坊井——市级文保单位，位于松台山北麓，始建于晋代。

仙人井——市级文保单位，位于松台山山巅、净光塔西，始建于清代。

胡公庙——位于松台山山巅，净光塔西，始建于清代晚期。（新发现）

"容园"摩崖题刻——位于松台山东北山麓。（新发现）

松台山东南麓水井。（新发现）

张璁碑亭——市级文保单位，位于妙果寺西侧，始建于明代。

八角井——市级文保单位，位于松台山东麓、松台广场中。

松台山山顶摩崖题刻——市级文保单位。

3 现在的松台

现在的松台山，定位为市民休闲公园。作为温州旧城范围内主要的市民游憩公园，除几个入口广场外，主要划分为松台山上和山下九山公园两个主要的休憩活动空间。

松台山广场，喷泉围绕古井而建，小孩在水边嬉戏。树荫下，老人聚集于此聊天纳凉。山径旁麻将声传来，好不热闹。平坦的空地，被人画成羽毛球场地。根据之前的资料，这应是落霞潭所在之处，可惜已无水迹。松台山对于他们是消遣休闲之所。

反观那些历史遗存，仿佛并未得到应有的重视。山顶净光塔旁，在一排破旧房屋的角落里，一口水井端立，正是仙人井。若不是井前石碑提醒，恐怕一时难寻。而山下金沙井也有同样命运，孤立于山脚菜市场边，无人问津。

可见，山上由于一直以来缺有序的建设指引，各类活动空间皆为"山友"自发、无序开辟，场地使用功能混乱，使用人群单一，导致松台山原有的文化地位和精神作用丧失殆尽。与之成为鲜明对比的是，本来应承载大部分日常休憩、娱乐休闲等活动的山下九山公园空间，却因可供驻留性设施的不足，而无法积聚人气，只能简单的成为一个散步和观景的场所。

历史文化内涵的体现和公众需求的满足，两者之间的关系得不到妥善处理。

4 公众利益分割下历史文化的保护

本次规划意在通过系列措施使松台山及周边地区得以提升，突出历史文化主题，完善文化休闲功能，打造以历史文化、佛教文化、瓯越文化为内涵，兼具休闲功能的温州古城文化名山。重点为挖掘历史文化脉络，提升区域文化内涵；改善环境，提升景观风貌；整合现有场地，合理布置场地功能三个方面。

4.1 保护历史空间关系

历史地理好比"来龙"，而面对的未来发展与"遐想"好比"去脉"。[1] 当前，环境虽然已经发生了变化，但任何的改造提升，首先应该保证原有的空间关系不被破坏。设计团队通过梳理松台山周边空间格局关系，强化九山湖——松台山——蝉街之间的视觉廊道，这一通廊，也是体现松台山在温州古城景观格局中所占的重要地位。因此，在进行保护规划的时候，首要的就是保护这一空间关系。

4.2 保护历史遗存

松台山因山如"台状"，山上遍植松树而得名。依照"松"、"台"二字，整治山巅场地，整饬"静思台"，并在周边补植松树，重现"松台"胜迹，根据永嘉禅《正道歌》中"行也禅"、"坐也禅"的禅意，重建净光塔院，设计与妙果寺连线及绕塔的"行禅"意识空间和"静思台"的"坐禅"意识空间，强化"宿觉名山"圆满清净的禅学内涵。通过对历史遗存自身以及外部环境的保护整治再现场的特色和意识空间形态，达到历史文化保护的目的。

保护现有历史遗存，整治三牌坊井、仙人井、八角井外部环境，展示温州"斗城"、"星宿"文化和瓯越文化。沿孝子岭设置佛龛等景观设施，展示永嘉禅文化，使塔（净光塔）、寺（妙果寺）文化结合，强化"宿觉名山"禅学内涵。整饬王十朋后人的居所——风华居，建成王十朋亭馆，以展示南宋瓯越文人文化。

4.3 梳理场地功能

为解决松台山现状山上"山友群聚"而山下"人迹罕至"的矛盾，考虑对不同使用人群进行合理空间引导。

山巅净光塔周围台地种植树阵，调整室外场地尺度，引导场地使用功能，引导大部分棋牌类休闲活动向山下休闲空间转移。同时将山上现有大量羽毛球场地进行整治，于九山公园北新建集中活动场地，保持松台山"静逸、祥和"的环境氛围，有利"宿觉名山"主题的突出。

山下，结合三牌坊历史风貌恢复，新建文化休闲功能建筑，重新利用松台山东北山麓空置商业建筑，改造成庭院式文化休闲建筑，形成北入口集中的文化休闲氛围，接纳山上转移游人，并吸引中青年人群。建议修复九山演绎广场的室外剧场设备，定期组织群众性自发演绎和表演，并集中九山大草坪区域儿童游乐设施，形成松台山下主要的娱乐活动区域。

小结：通过规划手法和景观措施，重在解决历史文化空间的保护、历史遗存的保护，以及山上山下功能空间的矛盾等问题。历史空间关系保护是重点，松台山作为温州古城文化名山，具有重要的空间关系，保护这层关系，也就是保护了与之相关的历史信息和历史文化。历史遗存的保护不仅仅体现在对本身的保护的恢复，同时也是对其原有的环境和生境进行再现，并通过历史环境、游线等方面的再现和串联，使得历史遗存不仅保留其原有特征，与之相关的信息也能进行良好的保护和展示。功能问题的合理解决，不仅更好的保护历史文化，同时也让其在现代社会中的功能作用得到更好的体现。

5 总结与反思

具有历史遗存的城市公园大多具有良好的地理位置，在城市中的利用率比较高，同时部分公园中还留存有大量的历史遗存。[2] 建筑大师齐康说，此类公园不同程度的保存着丰富多样的传统城市形态特征，它们不仅是城市各个阶段发展的历史见证，更是人类地方文化多样性的重要组成。

吴良镛先生在做济南鹊华历史文化公园的时候曾说，在当前的大发展中，山水文化的内涵、地方历史文化的文脉，都有相当值得挖掘的地方，一定不能忽略，这是中国园林区别于西方的文化构成和独特的中国之路。[1]

因此，在对具有历史遗存的城市公园进行改造时，如何使公园中的历史遗存得到最有效的保护和传承，同时又能确保整个公园与人们现代化的生活方式相和谐，是摆在设计工作者面前的重要问题。

笔者通过松台山公园的保护改造中所碰到的公众利

益和历史文化保护之间的矛盾及其解决方法，探讨具有历史遗存的城市公园改造工作的复杂性。规划被赋予了构建美好生活的内涵，随着时代的发展，公众利益在规划中占有越来越重要的地位，在面对历史文化遗产时，我们的态度是尊重历史、顺其自然。尊重历史，是尊重其历史文脉、历史遗存、甚至其空间格局。顺其自然，不是任其淹没在历史的洪流中，而是顺应潮流，应运而变，让历史文化在自然的进程中更加增添魅力。通过松台山公园文化提升规划，剖析笔者在过程中所思考的问题，也是抛砖引玉，探讨文化公园改造的重要意义。

参考文献

[1] 吴良镛. 济南鹊华历史文化公园刍议后记[J]. 中国园林，2006(01)：06.

[2] 曹颖. 具有历史遗存的城市公园改造初探[D]. 北京：北京林业大学，2012.

作者简介

王小如，1984 年 08 月生，女，浙江温州人，浙江农林大学，城市规划与设计（含风景园林）硕士，工程师，研究方向为城市规划与植物景观规划设计，现供职温州市城市规划设计研究院，Email：153613106@qq.com。

风景名胜区游线设置评价研究
——以神门景区为例

Study on Evaluation Method of Scenic Tour Line Set
——Taking Shenmen as the Example

王 馨 石 屹

摘 要：目前在风景区的游线设置的过程中，大多是以定性的方法主观地对各个景点进行有机的组织。但这样的方法有一定主观性和局限性，难以对游线进行客观，准确，科学的设置。本文通过相应的调查和运用现代景观评价体系的相关方法，分析研究其相应规律，并因此建立数学模型进行定量、系统的分析，探讨游线中游人的不同体验过程，以此研究游线设置及相应的评价，并因此提出相应游线设置方法的建议。

关键词：风景区；游线设置；评价；研究

Abstract: At present scenic tour line setting, mostly from qualitative subjective organic organization to various spots. But this method has some subjectivity and limitations, it is difficult to swim line objective, accurate, scientific setting. In this paper, through the investigation and the related method of evaluation system of modern landscape, the corresponding rule analysis, analysis and mathematical model was established for quantitative, system, discusses the different experience tour line in human, this study tour line is set and the corresponding evaluation, and thus puts forward corresponding suggestions tour line setting method.

Key words: Scenic Area; Tour Line Set Evaluation; Research

1 研究目的与意义

风景区规划是风景园林中重要的部分，而游线的设置则是风景区规划的重中之重。游线设置的目的本质上是向游客提供一种或多种经历和体验，而目前的游线设置停留于游客之外，众多学科的研究也主要是从风景资源、游线服务功能利益角度考虑。但很少考虑游客本身对游线的需求及游客在游线中的体验变化。本文对游线设置评价的研究正是基于这样的背景而提出的。

笔者认为，需将风景资源评价与游线中的游客体验评价相结合，通过建立模型对游线设置的科学性与合理性进行评价，并提出相应的改善建议。

2 理论研究综述

2.1 游线设置评价理论综述

2.1.1 游线设置评价的内容

风景区游线设置评价是对风景游赏规划中游线组织的综合评价方法。从内容上分为游线资源评价、游线体验评价两个模块。游线资源评价模块中对游线中风景资源进行评价，着重评价游线中景点的景源价值等。游线体验评价模块则对游线设置的合理性进行评价，主要评价游客在游线中体验变化，根据其变化进行游线设置的相应调整与完善。

2.1.2 游线设置评价模型

（1）游线资源评价

首先使用层次分析法（AHP法）与专家调查法对游线中的景点进行景源价值评价，得到游线中的景源整体质量评价。

（2）游线体验评价

旅游体验的概念：旅游者在旅游过程中，经过不断地与外部世界发生联系和互动，从而取得外部世界的姿势，并在某种颤动的心灵愉悦中获得旅游需要的满足。这样一个过程，即旅游个体通过与外部世界取得联系而改变其心理水平并调整其心理结构的过程，就是旅游体验。

游线体验的概念：即在游线中的旅游体验。

游客在游线中进行旅游活动时，其旅游体验将受到多种因素影响，情况较为复杂。游线中的事物对游客的影响可分成两类：积极影响、消极影响。其中积极影响对游客的旅游体验产生良好的提升作用，其表现方式一般为游客兴奋、愉悦、忘记劳累等，统称为"畅"体验。消极影响将对游客的旅游体验产生负面影响，其表现方式为使游客感到无趣、劳累、挫败等。通过对多个风景区的案例研究、相关文献的研读以及针对不同层次游客的调查，笔者认为旅游体验受以下几个可控因素影响：

- 旅游时间长短
- 空间序列变化强度

- 游线主题
- 景点主题、氛围
- 景点活动可参与度
- 游线活动丰富度

游客在游线中进行旅游活动时，旅游体验随上述因素变化而变化，通过对游客的调查、分析、总结其规律，然后用相关函数图像进行表达。

2.2 评价模型基本概念界定

为了科学、客观地建立相关评价模型，对上述影响因素涉及的相关概念进行以下界定。

2.2.1 抗疲劳度

抗疲劳度是游客对在旅游活动中所产生的疲劳感的抵抗能力。抗疲劳度数值越高，游客在进行旅游活动时产生的疲劳感的概率越低。抗疲劳度数值越低，游客在进行旅游活动时产生疲劳感的概率越高。抗疲劳度分为两个层次。其一为在景点之间周转时所产生的，其二为在景点游览时所产生的。不同年龄的游客的抗疲劳能力不同。同时，不同的游览方式对游人的疲劳度影响也不相同。

2.2.2 疲劳度阈值

疲劳度的阈值是游客在进行旅游活动时，对疲劳的忍受能力。具体表现为：当疲劳度达到阈值时，游客将产生较大疲劳感，需要进行休息。

2.2.3 空间序列变化过程

在整个游线中，当空间的垂直序列或水平序列有变化时，则有一个变化强度，该变化对旅游体验有积极效应，其变化强度对应了旅游体验的变化强度。根据对空间序列的评价，可得到相应的旅游体验的变化曲线。

2.2.4 游线体验刺激度

游线体验刺激度是一个综合概念，指在游线中的某些特定因素对游客旅游体验的影响和刺激，这种刺激分为积极效应和消极效应，效应的强度大小即为刺激度。根据实地调查和咨询专家，总结了以下因素会对旅游体验产生较大影响：

（1）韵律发展刺激度：在游线中，游客的旅游体验从游线的序曲、发展到高潮逐步递增，高潮时刺激强度达到最高，即"畅"体验达到最高，此过程为积极效应；高潮后刺激强度递减，"畅"体验逐渐下降，积极效应降低，或转变为消极效应。

（2）游线活动丰富度：指游线中设置的活动丰富度，丰富度越高则积极效应越强。

（3）景点活动可参与度：指活动的可参与度，即是否适合所有人群参与，参与度越高则积极效应越强。

（4）游客生理疲劳变化：在整个游览过程中，游客本身会因时间变化而产生生理疲劳，并对游线中的旅游体验产生影响。

（5）游线主题：游客对游线的主题会产生不同的体验，该主题对游客旅游体验会产生积极或消极效应（通常为积极效应），且程度深浅不同。

（6）景点主题：游客对景点的主题会产生不同的体验，该主题对游客旅游体验会产生积极或消极效应（通常为积极效应），且程度深浅不同。

2.3 游线设置评价的具体方法

游线设置评价的具体方法分为三个步骤，首先对游线进行游线资源评价，然后进行游线体验评价，最后将前两个评价所得结果进行赋权叠加得到最终结果。

2.3.1 游线资源评价

游线资源评价实质上是对整条游线的旅游资源进行评价。

（1）通过查阅文献资料，并结合景区现状，制定景源质量评价的多级因子表（表1），并通过专家组的调查生成判断矩阵确定各个因子的权重。

景源质量评价多级因子表　　　　表1

游线资源评价因子体系	景点指标	景源价值 0.6	观赏价值 0.43	优美度 0.37
				珍稀奇特度 0.29
				完整度 0.07
				组合度 0.05
				规模度 0.04
				要素种类（景观丰富度）0.18
			人文价值 0.26	历史文化价值 0.42
				艺术价值 0.24
				地域性特征 0.17
				再利用可能性 0.17
			科学价值 0.04	科教或科普 0.75
				科技或考察 0.25
			资源影响力 0.11	知名度和影响力 0.75
			附加值 0.04	适观期或使用范围 0.75
			旅游功能 0.12	
			环境容量 0.08	
			游览时间 0.06	
				环境保护与环境安全 1
	游线指标	游线价值 0.4	景点聚集度 0.17	
			差异度 0.26	
			游线可进入性 0.30	
			基础设施条件 0.13	

注：表中数字为权重系数。

(2) 专家组对游线中景点进行评估打分。
(3) 运用层次分析法进行评分计算，得出游线资源评价结果。

2.3.2 游线体验评价

（1）建立相关影响因素的函数模型

• 旅游疲劳度

对不同年龄层次的游客的抗疲劳能力进行问卷调查，题为"游线中旅游时车行时间对疲劳度影响"和"游线中旅游时步行时间对疲劳度影响"。根据数据的数学特征，符合柯西分布，制作旅游时车行时间和步行时间对疲劳度影响的曲线。最后根据风景区统计的游人年龄构成，对不同年龄游客的疲劳度曲线进行加权综合，得到两条曲线。

• 游线体验刺激度

对不同年龄的游客进行题为"游线对游客感官刺激度对旅游体验的影响"的问卷调查。让游客将游线中某一特定参数（空间序列变化，游线活动丰富度、景点活动参与度、韵律发展、景源质量）对游客的刺激程度进行打分。将分数进行汇总、分析其规律。根据数据类型，符合Gamma分布。绘制函数曲线图。根据风景区游人比例计算综合刺激度与旅游体验的影响。

• 游客精力变化

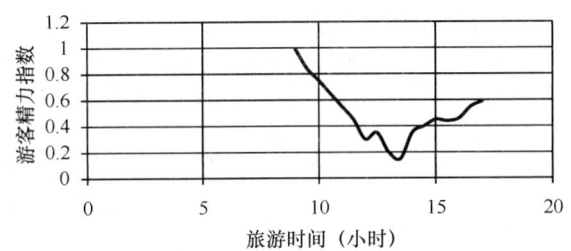

图1 精力变化曲线图

经过查阅文献资料，绘制游客一天精力变化曲线图（图1）。

（2）游线体验评价

对整条游线的游线体验刺激度（空间序列变化，游线活动丰富度、景点活动参与度、韵律发展、游线主题、景点主题与氛围等）进行评价打分，评分标准参照前文中的函数模型。根据所得数据，绘制得到各因素的评价曲线。最后将所得函数曲线进行赋权加和，得到游线体验的综合评价值。

2.3.3 游线设置综合评价

对游线设置的评价得到的数据结果包括两个层面，其一是游线资源评价数值，其二是游客在游线中的旅游体验变化曲线。游线资源评价数值是有助于对游线设置进行总体宏观上的评价，游线中游客旅游体验变化的曲线反映游线设置中微观的动态的评价。最后将游线资源评价数值、游线体验评价值赋权进行运算，得到游线设置的综合评价。

3 实证研究

3.1 实证案例选择

3.1.1 四川南江县神门风景区简介

神门风景区位于南江县东北缘，地处川陕两省三县（通江、南江、南郑）交界处。辖区面积256km²，森林覆盖面67%。海拔最低不足900m，最高处境达2480多米，相差1600m，在神门风景区拔地而起直冲霄汉的峰、峦、嶂、壁壁无处不见，气势磅礴，景观奇秀。更有亘古兀立的神女峰、石人峰、铁船山、黄金峡，引人神驰。群峰、石林构成了一幅幅雄、险、奇、秀的壮丽画卷。神门为明水之源，水源出自山中暗河，大旱不涸，严冬不竭，流量不小，劈山穿岭，百转千迴，万古不衰。千沟万流汇合而成为沙坝河、西清河、长滩河、殷家河、刘家，河水清澈见底，可涉水嬉戏，可信手扪鱼，冬温夏凉，甘甜爽口。景区中多石灰岩，因地表水、地下水的长期侵蚀，造成难以数计的大小溶洞，千厅百怪，琳琅满目。其中蔚然大观者有神门洞、穿花洞、水龙洞若观火、两扇门、牛角岩、天洞、蟒洞、水帘洞等（图2）。

图2 神门景区著名景点二道关

3.1.2 选择南江县神门风区作为实证案例研究对象的原因

南江县神门风景区是规划中还未开展建设的风景区，以此为实验研究对象有较大的实际意义（图3）。其次，神门风景区景源资源类别丰富，对游线设置有普遍参考价值，对南江神门风景区的游线设置评价有较高的普适价值。

图3 神门景区景点土潭河谷

3.1.3 所选游线简介

所选评价游线为神门景区中的"山水逍遥游"游线（图4）。该游线为笔者为神门景区所规划的主题游线。以柳湾乡为起点，以贵民乡为终点。主要针对川渝陕大众游客市场，打造观光休闲康体等综合度假。该游线汇聚了神门景区最精华的自然景观，交通便捷，途径两个游客接待区，服务便利，是神门景区最主要的游线，针对大众的短期游线。整条游线以观光车、步行为主，同时开展自行车、电瓶车两种方式游赏，个别水域景观开展船游方式。

图 4 为神门景区"山水逍遥游"主题游线规划

3.2 研究方法体系

本文的数据分析将运用 EXCEL 等统计学分析软件，对问卷调查的数据进行统计处理，并对统计结果进行相应的分析。所用的数学方法主要是层次分析法，柯西分布函数，GAMMA 分布函数等。层次分析法主要作用在于对游线中景点的景源价值评价数据的综合，方便对游线质量的评价。柯西分布主要用于对各个年龄层游客针对疲劳度的调查数据进行综合，并构成直观的图像。GAMMA 分布的主要应用在于建立游线设置合理度参数对各个年龄层游客的刺激度模型，有助于定量的对游客受到的刺激进行定量分析。

3.2.1 层次分析法

层次分析法是在对复杂的决策问题的本质、影响因素及其内在关系等进行深入分析的基础上，利用较少的定量信息使决策的思维过程数学化，从而为多目标、多准则或无结构特性的复杂决策问题提供简便的决策方法。尤其适合于对决策结果难于直接准确计量的场合。

3.2.2 柯西分布

柯西分布也叫作柯西—洛伦兹分布，它是以奥古斯丁·路易·柯西与亨德里克·洛伦兹名字命名的连续概率分布，其概率密度函数为

$$f(x;x_0,\gamma) = \frac{1}{\pi\gamma\left[1+\left(\frac{x-x_0}{\gamma}\right)^2\right]} = \frac{1}{\pi}\left[\frac{\gamma}{(x-x_0)^2+\gamma^2}\right]$$

其中 x_0 是定义分布峰值位置的位置参数，γ 是最大值一半处的一半宽度的尺度参数。作为概率分布，通常叫作柯西分布，物理学家也将之称为洛伦兹分布或者 Breit-Wigner 分布。在物理学中的重要性很大一部分归因于它是描述受迫共振的微分方程的解。在光谱学中，它描述了被共振或者其他机制加宽的谱线形状。在下面的部分将使用柯西分布这个统计学术语。

$x_0 = 0$ 且 $\gamma=1$ 的特例称为标准柯西分布，其概率密度函数为

$$f(x;0,1) = \frac{1}{\pi(1+x^2)}.$$

3.2.3 Gamma 分布

Gamma 分布是统计学的一种连续概率函数。Gamma 分布中的参数 α，称为形状参数，β 称为尺度参数。

概率函数式：

令 $X \sim \Gamma(\alpha, \beta)$；且令 $\lambda = \frac{1}{\beta}$；[即 $X \sim \Gamma(\alpha, \frac{1}{\lambda})$]

$$f(X) = \frac{X^{(\alpha-1)}\lambda^{\alpha}e^{(-\lambda x)}}{\Gamma(\alpha)}, X > 0$$

以下以神门风景区为例进行说明游线设置评价的具体方法体系。

3.3 问卷设计与调查取样

3.3.1 问卷设计

本研究问卷的设计主要针对"游线设置合理性"的方面对游线设置进行调查。包括"旅游者个人内在因素"、"旅途经历因素"和"游览及活动过程因素"三个方面出发。问卷需要调查对象填写的部分分为三个方面的内容。首先是个人基本信息部分，包括有的性别、年龄、常住地、学历、职业等社会认可统计学特征。以及个人性格特征、旅游目的偏好、每年的旅游次数（反映旅游经历的丰富程度）、是否来过神门景区（反映对景区的了解程度）能忍受的最长车行/步行时间（反应游客的抗疲劳能力）。该部分要求游客根据自己的情况选择相应的选项。第二部分是本问卷调查的核心内容，即游客旅游体验影响因素的测量评价部分。首先该部分采用定量的方法进行测量。要求游客对每项指标进行百分制打分。要求对景观丰富度，游线可参与度等进行打分。该部分主要针对神门景区的实际表现进行评价。具体游客调查问卷见附录。

3.3.2 调查取样

（1）预调查

在进行调查之前，笔者在成都市进行了问卷的预调查。预调查的主要目的，是为了问卷的设计进行进一步的完善，包括问卷的结果设计是否合理、问卷问题语言是否易懂，容易被正确的理解等。预调查总共发放问卷 22 份，回收 22 份，回收率 100%，其中有效问卷 20 份，有效率 88.8%

通过游客预调查笔者发现，问卷结构的设计总体上较为合理，因此正式调查问卷在结构上没有发生变动。但是在提问语言表达方面，部分问题不能很容易地被游客理解接受。反应比较多的是……。

（2）正式调查

本问卷调查选取神门风景区的贵民乡场镇进行调查。由于神门风景区游客较少，笔者又选择了成都市进行补

充调查。调查采用问卷与访谈相结合的方式，游客如对问卷有不解的地方，调查人员当场进行解释，这也进一步提高了问卷填写的有效性和正确性。调查共发放问卷100份回收100份回收率100%；其中有效问卷96份，有效率达96.0%，完成的总体情况较好。

3.4 神门景区游线设置评价

3.4.1 "山水逍遥游"游线资源评价

由于本文篇幅限制，且其中方法与旅游体验变化曲线的构建有很多重复，故对神门景区的游线景源价值与游线设置合理性的评价不再赘述。其结果如表2：

山水逍遥游　　　　　　　　　　　　　　表2

景点	景点评分
二道关	0.31
土潭河	0.20
井洞子	0.30
象鼻山	0.25
龙转身	0.18
碧玉	0.11
西青桥	0.13
瀑布桥	0.20
石人山	0.29
洞天	0.28
蟒洞口	0.14
石家会馆	0.29
民居街	0.20
寒风村	0.08
神门洞	0.31
石笋垭	0.26
刘家岭	0.23
夏家沟	0.18
天生桥	0.24
石笋巨人	0.28
综合评价值	0.22

3.4.2 "山水逍遥游"游线体验评价

（1）建立相关影响因素的函数模型

· 旅游疲劳度

对神门景区不同年龄层次的游客的抗疲劳能力进行题为"旅游时车行时间对疲劳度影响"的调查。综合调查结果如表3：

根据数据的数学特征，符合柯西分布，绘制车行时间与游客疲劳能力变化曲线（图5）。

对神门景区不同年龄层次的游客的抗疲劳能力进行题为"旅游时步行时间对疲劳度影响"的调查（表4）。

根据数据的数学特征，符合柯西分布，制作步行时间与游客抗疲劳能力变化曲线（图6）。

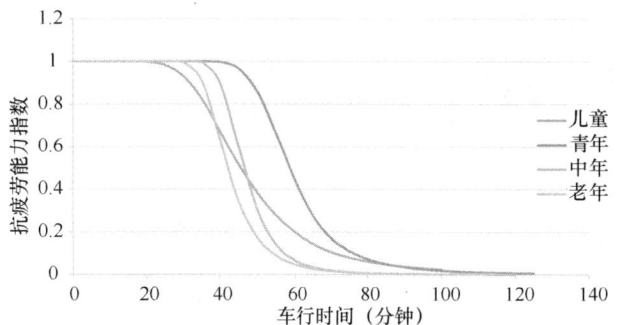

图5　车行时间与游客疲劳能力变化曲线图

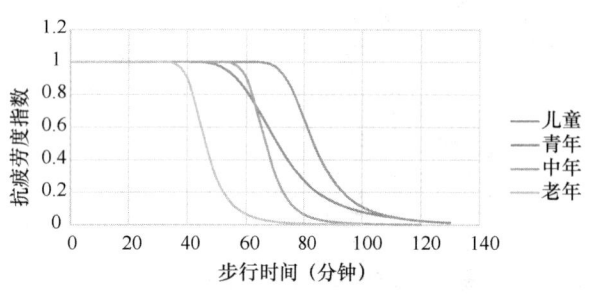

图6　步行时间与游客疲劳能力变化曲线图

旅游时车行时间对疲劳度影响表　　　　　　　　　　　　　表3

儿童车行	抗疲劳度	青年车行	抗疲劳度	中年车行	抗疲劳度	老年车行	抗疲劳度
0	1.0000	0	1.0000	0	1.0000	0	1.0000
10	1.0000	35	1.0000	30	1.0000	25	1.0000
15	1.0000	40	0.9977	35	0.9948	30	0.9945
20	0.9986	45	0.9661	40	0.9001	35	0.9065
25	0.9827	50	0.8533	45	0.6002	40	0.6367
30	0.9291	55	0.6532	50	0.2963	45	0.3423
35	0.8223	60	0.4399	55	0.1358	50	0.1688
40	0.6735	65	0.2777	60	0.0656	55	0.0860
45	0.5161	70	0.1736	65	0.0343	60	0.0468
50	0.3791	75	0.1107	70	0.0193	65	0.0272
55	0.2735	80	0.0728	75	0.0116	70	0.0167
60	0.1973	85	0.0494	80	0.0073	75	0.0108
65	0.1438	90	0.0345	85	0.0048	80	0.0072

续表

儿童车行	抗疲劳度	青年车行	抗疲劳度	中年车行	抗疲劳度	老年车行	抗疲劳度
70	0.1063	95	0.0248	90	0.0033	85	0.0050
75	0.0799	100	0.0182	95	0.0023	90	0.0036
80	0.0610	105	0.0137	100	0.0017	95	0.0026
85	0.0473	110	0.0105	105	0.0012	100	0.0020
90	0.0373	115	0.0082	110	0.0009	105	0.0015
95	0.0297	120	0.0064	115	0.0007	110	0.0012
100	0.0240	125	0.0052	120	0.0005	115	0.0009

旅游时步行时间对疲劳度影响表 表4

儿童车行	抗疲劳度	青年车行	抗疲劳度	中年车行	抗疲劳度	老年车行	抗疲劳度
0	1.0000	0	1.0000	0	1.0000	0	1.0000
40	1.0000	60	1.0000	50	1.0000	30	1.0000
45	0.9986	65	0.9977	55	0.9948	35	0.9948
50	0.9827	70	0.9661	60	0.9001	40	0.9001
55	0.9291	75	0.8533	65	0.6002	45	0.6002
60	0.8223	80	0.6532	70	0.2963	50	0.2963
65	0.6735	85	0.4399	75	0.1358	55	0.1358
70	0.5161	90	0.2777	80	0.0656	60	0.0656
75	0.3791	95	0.1736	85	0.0343	65	0.0343
80	0.2735	100	0.1107	90	0.0193	70	0.0193
85	0.1973	105	0.0728	95	0.0116	75	0.0116
90	0.1438	110	0.0494	100	0.0073	80	0.0073
95	0.1063	115	0.0345	105	0.0048	85	0.0048
100	0.0799	120	0.0248	110	0.0033	90	0.0033
105	0.0610	125	0.0182	115	0.0023	95	0.0023
110	0.0473	130	0.0137	120	0.0017	100	0.0017
115	0.0373	135	0.0105	125	0.0012	105	0.0012
120	0.0297	140	0.0082	130	0.0009	110	0.0009
125	0.0240	145	0.0064	135	0.0007	115	0.0007
130	0.0196	150	0.0052	140	0.0005	120	0.0005

南江县神门风景名胜区游客年龄结构调查表 表5

	儿童	青年	中年	老年
比例	0.13	0.42	0.32	0.13

根据表5中显示的游人比例，对不同年龄游客的疲劳度曲线进行加权综合。结果如表6：

表6

车行综合	抗疲劳度	步行综合	抗疲劳度
0	1.0000	0	1.0000
5	1.0000	5	1.0000
10	1.0000	10	1.0000
15	1.0000	15	1.0000
20	0.8700	20	1.0000

续表

车行综合	抗疲劳度	步行综合	抗疲劳度
25	0.9978	25	1.0000
30	0.9901	30	1.0000
35	0.9631	35	0.9993
40	0.8774	40	0.9870
45	0.7094	45	0.9478
50	0.5244	50	0.9063
55	0.3645	55	0.8768
60	0.2375	60	0.8234
65	0.1498	65	0.7031
70	0.0951	70	0.5702

续表

车行综合	抗疲劳度	步行综合	抗疲劳度
75	0.0620	75	0.4526
80	0.0418	80	0.3318
85	0.0291	85	0.2220
90	0.0209	90	0.1419
95	0.0154	95	0.0907
100	0.0116	100	0.0594
105	0.0063	105	0.0400
110	0.0049	110	0.0279
115	0.0038	115	0.0152
120	0.0029	120	0.0109
125	0.0022	125	0.0077

对不同年龄的游客进行题为"游线对游客感官刺激度对旅游体验的影响"针对游线对游客在某一特定参数如空间序列变化，游线活动丰富度等对游客的刺激程度进行打分。

根据数据类型，符合Gamma分布。结果如表7：

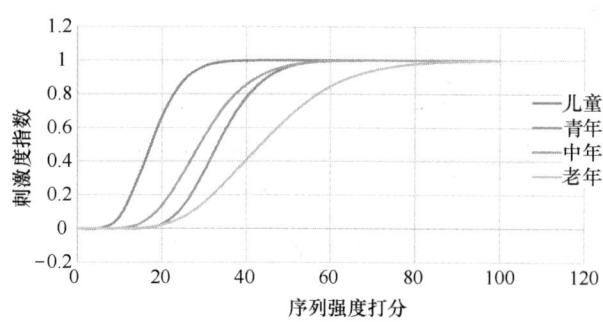

图7 游线对游客感官刺激度对旅游体验的影响曲线图

表7

儿童		青年		中年		老年	
刺激度	旅游体验	序列强度	刺激度	序列强度	刺激度	序列强度	刺激度
0	0	0	0	0	0	0	0
5	0.00114	5	1.56E−09	5	1.01E−05	5	1.13E−06
10	0.068094	10	1.99E−05	10	0.002356	10	0.000237
15	0.338033	15	0.001959	15	0.031828	15	0.003803
20	0.66718	20	0.027042	20	0.137372	20	0.021363
25	0.875084	25	0.130692	25	0.3255	25	0.068094
30	0.962554	30	0.335877	30	0.54207	30	0.152763
35	0.990548	35	0.579596	35	0.727275	35	0.270909
40	0.997913	40	0.778926	40	0.855095	40	0.407453
45	0.999586	45	0.901701	45	0.930146	45	0.544347
50	0.999925	50	0.962252	50	0.968996	50	0.66718
55	0.999987	55	0.987229	55	0.987174	55	0.768015
60	0.999998	60	0.996127	60	0.995005	60	0.844972
65	1	65	0.998932	65	0.998153	65	0.900242
70	1	70	0.999729	70	0.999348	70	0.937945
75	1	75	0.999936	75	0.999779	75	0.962554
80	1	80	0.999986	80	0.999927	80	0.978013
85	1	85	0.999997	85	0.999977	85	0.987404
90	1	90	0.999999	90	0.999993	90	0.992944
95	1	95	1	95	0.999998	95	0.996127
100	1	100	1	100	0.999999	100	0.997913

- 游线体验刺激度

根据神门风景区游人比例计算综合刺激度与旅游体验的影响。该曲线数据所描述的影响因素具有普适性，是反映游客的心理及生理的定量变化（图8）。是游线对游客的不同刺激度于游客旅游体验之间的动态变化关系。故而该曲线可以应用于一切由游览所产生的刺激因素对应的旅游体验指数。如韵律发展，游线活动丰富度，景点活动可参与度，空间序列变化强度等影响因素。

- 游客精力变化

该曲线描述的是游客从早上9点开始旅游活动到下午17点结束旅游活动这段时间区间中游客精力的变化曲线（图9）。该曲线的数据通过问卷调查意见查阅文献资料得到的。曲线中精力指数越高则游客越不容易感觉疲劳，其兴奋度较高，较容易受到刺激。这些现象都将通过该曲线反映到最终的计算结果之中。

（2）游线体验评价

根据前面所得数据，绘制各因素的评价曲线。最后将所得函数曲线进行赋权加和，得到游线体验的综合评价值（表8）。

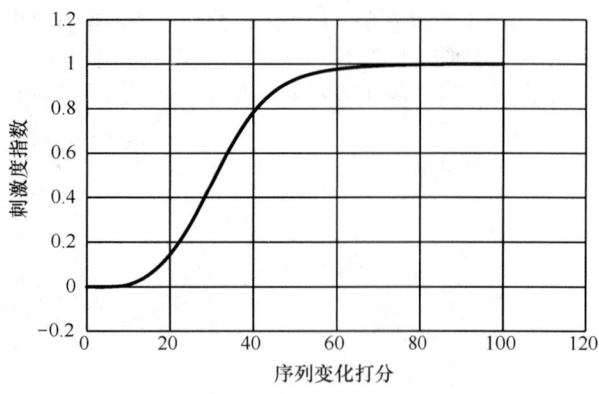

图 8 刺激度度旅游体验影响曲线

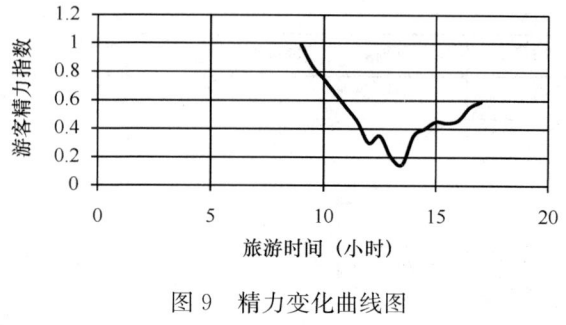

图 9 精力变化曲线图

表 8

山水逍遥游									
项目	游览方式		氛围	主题	丰富度	可参与度	理论游兴	旅游疲劳度	实际游兴
	车行	步行							
二道关	1.00	1.00	0.999	0.783	0.783	0.055	0.78652	0.75	0.58989
土潭河	1.00	1.00	0.986	0.877	0.877	0.986	0.95563	0.65	0.62116
井洞子	1.00	1.00	0.998	0.783	0.986	0.995	0.95785	0.55	0.526818
象鼻山	1.00	1.00	0.986	0.783	0.64	0.877	0.88681	0.45	0.399065
龙转身	1.00	1.00	0.992	0.64	0.64	0.64	0.82624	0.3	0.247872
碧玉簪	1.00	1.00	0.977	0.986	0.877	0.64	0.92227	0.35	0.322795
西青桥	1.00	1.00	0.145	0.783	0.145	0.055	0.58834	0.2	0.117668
瀑布桥	1.00	1.00	0.992	0.877	0.282	0.877	0.85075	0.15	0.127613
石人山	1.00	1.00	0.986	0.995	0.64	0.282	0.83572	0.35	0.292502
洞天	1.00	1.00	0.96	0.931	0.96	0.999	0.97663	0.4	0.390652
蟒洞口	1.00	1.00	0.877	0.877	0.877	0.282	0.83695	0.45	0.376628
石家会馆	1.00	1.00	0.145	0.783	0.282	0.995	0.74989	0.44	0.329952
民居街	1.00	1.00	0.145	0.64	0.64	0.999	0.77845	0.46	0.358087
寒风村	1.00	1.00	0.986	0.783	0.145	0.999	0.830931	0.75	0.623198
石笋巨人	0.99	0.99	0.960	0.877	0.282	0.995	0.860649	0.45	0.387292
神门洞	0.04	0.04	0.999	0.999	0.999	0.999	0.616154	0.3	0.184846
石笋垭	0.87	0.82	0.999	0.999	0.992	0.977	0.933648	0.35	0.326777
刘家岭	1.00	1.00	0.998	0.998	0.997	0.998	0.998935	0.4	0.399574
夏家沟	0.99	0.99	0.986	0.998	0.998	0.931	0.982834	0.45	0.442275
天生桥	0.82	0.82	0.998	0.998	0.931	0.783	0.885359	0.44	0.389558

根据表中数据绘制游客旅游体验随时间变化曲线（图10）

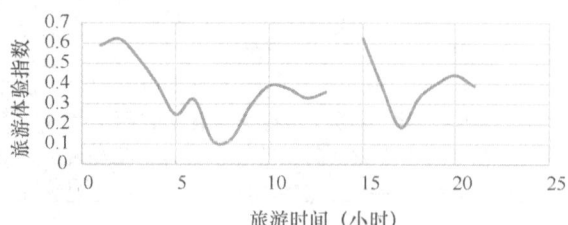

图 10 山水逍遥游游旅体验承受时间变化图

结论

根据该曲线的变化可对该游线进行相关的调整和改善。如在旅游体验处于"低谷"时应设置相应的服务站或休息中心；在曲线下降的部分，曲率较大处，对景点进行调整，根据具体情况作出相应改善措施，如增加景点处可参与的活动或营造轻松的景观气氛等等。

3.4.3 游线评价结果

根据调查与计算的结果对游线评价的两个层面进行总结。使用加权平均的方法进行评价结果的整合。下面以"山水逍遥游"游线为例进行说明。

"山水逍遥游"游线资源评价结果如表9：

"山水逍遥游"资源评价　　表 9

景点	景点评分
二道关	0.31
土潭河	0.20
井洞子	0.30

续表

景点	景点评分
象鼻山	0.25
龙转身	0.18
碧玉簪	0.11
西青桥	0.13
瀑布桥	0.20
石人山	0.29
洞天	0.28
蟒洞口	0.14
石家会馆	0.29
民居街	0.20
寒风村	0.08
神门洞	0.31
石笋垭	0.26
刘家岭	0.23
夏家沟	0.18
天生桥	0.24
石笋巨人	0.28
综合评价值	0.22

山水逍遥游的游线体验评价结果如表10：

"山水逍遥游"体验评价 表10

区间	体验
二道关	0.59
土潭河	0.62
井洞子	0.53
象鼻山	0.40
龙转身	0.25
碧玉簪	0.32
西青桥	0.12
瀑布桥	0.13
石人山	0.29
洞天	0.39
蟒洞口	0.38
石家会馆	0.33
民居街	0.36
寒风村	0.62
神门洞	0.39
石笋垭	0.18
刘家岭	0.33
夏家沟	0.40
天生桥	0.44
石笋巨人	0.39
综合评价值	0.37

根据对专家的调查结合游客的问卷与采访，制定游线资源评价与旅游体验评价的权重。权重如表11：

游线资源评价与旅游体验评价权重表 表11

	游线资源评价	游线体验评价
权重	0.6	0.4

通过赋权计算得到山水逍遥游的游线设置评价值为0.28（1为满分）。其评价分值并不高。由于神门风景区还未建设完全，景点质量并不十分突出而导致其评价值偏低。同时也从一定程度上反映了该游线的设置存在着一定的问题，如游线的休息服务站的设置不够合理，应根据函数曲线和游线实际情况进行服务站的增设。大部分景点可参与的活动不够丰富，大部分属于游赏类活动，应根据游客的需求开拓一些新颖的活动如攀岩、探险等，使游客的参与度更高。其他游线设置的相关结论可通过评价结果结合具体情况来进行分析，该评价值作为设计的参考真实地反映了游线中存在的问题以及游客对游线的反响，对后期的规划设计提出了宝贵意见和建议。

4 研究结论与意义

本研究通过对游客与专家的调查得到相应的数据，并通过对数据的合理分析。得到对游线的科学的系统的评价。在风景区规划中还未有对游线规划的评价理论。但笔者认为这是十分必要的，是对规划有着深远影响的。对游线规划设置进行评价有利于设计者从更客观、科学、严谨的角度认识场地，摆脱规划者主观的限制。同时通过对游线的评价生成的游线体验评价变化曲线，能定量的对游人的旅游体验变化进行系统的总结与分析，并提出相关完善建议。这对风景区游线规划设置是有极大意义的。

附录 调查问卷

第一部分：基本信息

1. 您的性别：A：男 B：女
2. 您的年龄：A：16－24岁 B：25－35岁 C：35－50岁 D：50岁及以上
3. 您来自：A：巴中市外 B：巴中市 C：南江 D：其他
4. 您的学历：A：初中及以下 B：高中、中专及职高 C：大专、本科及以上
5. 您的职业：A：公务员 B：事业单位工作人员 C：军人 D：企业职工 E：农民 F：个体户 G：离退休人员 H：其他
6. 您每年出门旅游的次数：A：0－2次 B：3－5次 C：6－8次 D：8次以上
7. 您以前来过神门景区：A：来过 B：没有
8. 您的性格特征是：A：保守 B：比较保守 C：中间 D：比较开放 E：开放
9. 您最喜欢的旅游目的地类型：A：山水风光 B：文物古迹 C：宗教圣地 D：海滨沙滩 E：古镇民俗 F：考察探险

第二部分：评价模型

1. 影响因素评价（主要针对专家）

(1) 旅游时间长短

您认为景点之间周转的步行时间为多少时较为合适？

您认为景点之间周转的车行时间为多少是较为合适？

(2) 空间序列变化强度

您认为在游览过程中，空间的变化对您的旅游体验影响有多大？请打分。

(3) 景点主题、氛围

您认为在游览过程中，景点主题、氛围对您的旅游体验影响有多大？请打分。

(4) 游线主题、氛围

您认为在游览过程中，游线主题、氛围对您的旅游体验影响有多大？请打分。

(5) 景点活动可参与度

您认为在游览过程中，活动的可参与度对您的旅游体验影响有多大？请打分。

(6) 游线活动丰富度

您认为在游览过程中，游线活动丰富度对您的旅游体验影响有多大？请打分。

(7) 韵律发展刺激度

您认为在游览过程中，景观的韵律发展对您的旅游体验影响有多大？请打分。（具体询问每个韵律发展阶段，如序曲、发展、高潮、落幕等）

2. 游线体验评价的评估

在每个游线中涉及的景点对游客进行采访。其中包括：

(1) 您认为该景点的空间变化强烈吗？给您带来的体验感受是？请根据感受的强烈程度进行打分。

(2) 您认为该景点的主题、氛围表现如何？给您带来的体验感受是？请根据感受的强烈程度进行打分。

(3) 您认为该游线的主题、氛围表现如何？给您带来的体验感受是？请根据感受的强烈程度进行打分。

(4) 您认为该景点的活动可参与性如何？给您带来的体验感受是？请根据感受的强烈程度进行打分。

(5) 您认为该景点的景观丰富吗？给您带来的体验感受是？请根据感受的强烈程度进行打分。

(6) 您认为在整条游线中，景观的韵律发展给您带来的体验感受是？请根据感受的强烈程度进行打分。（具体询问每个韵律发展阶段，如序曲、发展、高潮、落幕等）

参考文献

[1] 郑聪辉. 旅游景区游客旅游体验影响因素研究——以杭州西湖景区为例，2006.4.

[2] 曹新向. 体验经济时代的旅游业发展对策[J]. 经济论坛，2005(3).

[3] 冯乃康. 中国旅游文学论稿[M]. 北京：旅游教育出版社，1995：2.

作者简介

王馨，1991年8月31日生，女，汉，四川省成都人，本科在读学生，四川大学建筑与环境学院，10级景观建筑设计专业。Email：378194078@qq.com。

石屹，1992年4月1日生，男，汉，北京人，本科在读学生，四川大学建筑与环境学院，10级景观建筑设计专业。Email：seaundertow@live.com。

基于文化生态学的城景关系协调规划研究
——以蜀岗-瘦西湖风景名胜区为例

Urban-scenic Relationship Coordinated Planning from the Perspective of Cultural Ecology
——A Case Study on the Shugang-Slender West Lake Scenic Area

吴承照　周思瑜

摘　要：运用文化生态学的理论和方法分析城景的层级关系、文化共生关系和功能平衡关系，城市型风景区的城景协调规划应把风景区及其所处的城市环境看作一个完整的文化生态系统进行综合研究。以蜀岗-瘦西湖风景名胜区和扬州城市为例针对城景文化生态系统中出现的城景功能失衡、文化碎片化等问题，通过城景文化格局构建、城景交通体系优化、城景功能协调和土地利用引导等专项规划制定城景协调的城市文化发展策略。

关键词：文化生态学；城景关系；城市文化；风景区规划；蜀岗-瘦西湖

Abstract：Using the theory and methods of Cultural Ecology to analyze the hierarchical relationship, cultural symbiosis relationship and function balance between urban and scenic area. The urban-scenic relationship coordinated planning should regard the scenic area together with the natural environment, social environment and economy environment of the urban it locates in as a complete comprehensive cultural ecological system. Studying on the case of Shugang - Slender West Lake Scenic Area and Yangzhou, we try to solve the function imbalance between urban and scenic, cultural fragmentation, and finally to promote the harmonious and balanced relationship between urban and scenic by using the urban-scenic relationship coordination strategies, such as organizing the pattern of landscape culture, optimizing the transportation pattern and guiding the land use between scenic and urban.

Key words：Cultural Ecology; Urban-scenic Relationship; Urban Culture; Scenic Area Planning; Shugang-Slender

在新型城镇化背景下，我国需要通过制度环境改良、自然环境改善和社会文化环境营建等方面提高城镇化水平。新型城镇化主要任务之一是让"居民望得见山、看得见水、记得住乡愁"，意味着城市文化在城镇化进程中应予以发扬和传承。城市型风景名胜区与城市文化相伴相生，功能互补，是城市文化形成、凝聚和展现的重要物质空间，但在快速城市化的观念影响下，风景区内的文化因子及其所处的环境受到城市环境变化带来的冲击，城市的文化功能下降。蜀岗-瘦西湖风景名胜区具有城市风景类、文化型风景名胜区的特点，面临着城市与风景区共生关系破裂，城景功能失衡等问题，本文从文化生态学的视角出发，探讨城市与风景区的复合文化生态系统的城景协调、城景共生的城市文化发展策略。

1　文化生态学理论

1.1　文化生态学的内涵

文化生态学理论的产生主要是由 20 世纪中叶以来人类学家开始关注生物与环境之间的相互关系，以及对从生态学角度研究文化和社会的关系而逐步发展起来的。生态学主要关注生物与环境之间的相互关系，其最终目的是运用系统、整体的方法来研究一个有生命体的系统在一定的环境条件下如何表现生命的形态与功能。[1]如果把特定环境下产生的各种文化看作是一个个动态的生命体，那么在不同环境下形成的各种文化聚集在一起，便形成了文化生态系统。因此，文化生态学就是一门将生态学的理论方法和系统论的思想应用于文化学研究的新兴交叉学科，研究文化的生成和发展与环境（包括自然环境、社会环境、经济环境）的关系。

1.2　文化生态学的主要观点

文化生态学的观点包括共生观、多样平衡观、动态开放观、层次结构观。文化生态学理论强调系统内部各文化因子之间的多样共生以求平衡，强调各文化因子之间的整体协调以求和谐，强调系统的动态开放、循环更新以求持续发展。所以，在此基础上文化生态的基本法则是"文化共生"、"文化协调"与"文化再生"，文化共生是基础，文化协调是过程，文化再生是方法，可持续发展是结果。[2]

1.3　城市文化生态学

"城市文化"的研究范围包括人类社会的精神文化、观念文化等意识形态方面的内容，以及这些因素对人类生存状态、生活方式和价值准则以及城市的精神气质、文化面貌等诸多方面所产生的影响。城市文化生态学主要研究城市文化环境中各种文化的相互关系，以及城市文化对环境的适应性，以促进城市文化的共生、协调和再生。

文化是可持续发展不可缺少的一个环节，城市文化是城市可持续发展的内在动力。在城市空间的研究中，采用文化生态学理论，一方面能够解释城市的自然环境、技术条件、社会经济等对于城市文化形成的种种影响，以及这种影响的时空演变过程。而另一方面，它也能帮助我们认清城市化建设中低级、低效甚至带来文化生态危机的局面，从而走向可持续的城市文明建设。

2 文化生态学对城景协调规划的启示

2.1 规划对象：城景文化生态系统

从文化生态学的层次结构观分析城景的主次关系、层级关系。文化生态学的层次结构观认为任何系统不仅是一个独立的系统，而且往往是另一个系统的子系统，同时又可能是另外一个系统的母系统。这样，多层次的文化系统内部的诸因子就在层次间与层次内构成纵横交错的结构关系。这种结构关系就决定了每个文化因子既是纵向传承的，又是横向传播的。城市型风景区与城市各自具有纵向发展的文化演进脉络，由于风景区与城市在物理空间上临近或交叠关系，使风景区的文化环境必然受到城市文化环境的影响，因此，把风景区看作是城市文化生态系统中的一个子系统，与城市之间存在动态的、横向的交流关系（图1）。横向交流包括了风景区特定环境下形成的文化因子和城市环境下的文化因子之间的相互作用，子系统的环境变化对文化因子的影响以及子系统环境和母系统环境之间的影响。

城景协调规划的对象可以认为是城景复合的文化生态系统，把城市和风景区的文化与其所处的自然环境、技术条件、社会经济、意识形态等看作一个完整的生态系统，运用系统联系、动态连续的观点，不仅把城市文化、风景区文化纳入具体的环境之中加以研究，还需考虑城市母系统和风景区子系统之间文化的横向互动关系。

2.2 规划基础：构建城景文化格局

文化生态系统的诸文化因子的生存、发展都不是孤立的，它与周围的生态系统、与它所在的系统以及与其他文化因子之间存在着相互依存、共同发展的密切联系，即文化的共生。借用生态学中生态安全格局的概念，文化生态系统也可建立城市风景的文化安全格局，以促进文化因子之间的相互依存的稳定性和共同发展的连接度。安全格局的景观组分包括：(1)源。文化因子所处的特定环境，是文化维持和扩散的源点。如风景区、历史遗迹、古典园林等重要文化场所。(2)缓冲区。环绕文化源的周边地区，是相对的文化扩散低阻力区。(3)源间连接。相邻两文化源之间最易联系的低阻力通道。如文化廊道、文化游径、城市绿道等。(4)辐射道。由源向外围景观辐射的低阻力通道。(5)战略点。对沟通相邻源之间联系有关键意义的"跳板"，对文化城市文化景观空间（图2）。

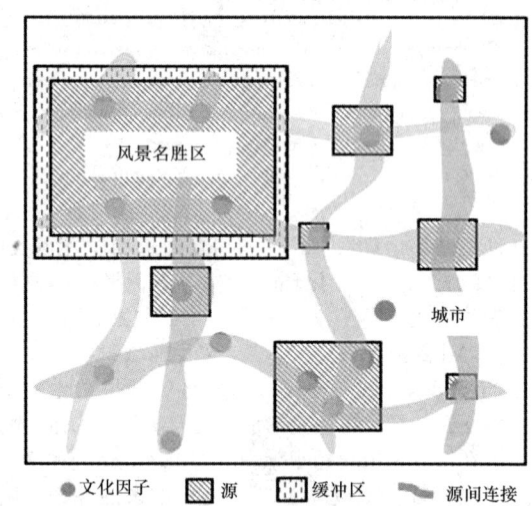

图 2 城景文化格局示意图

对于城景文化生态系统来说，城市型风景区与城市毗邻，在文化内涵上与城市文化一脉相承，相伴相生。针对城市文化破碎化、文化源脆弱、文化连接度不足的问题，城景关系协调规划的基础是建立城景文化生态系统的文化安全格局。一方面梳理风景区和城市文化的内在联系和演变过程；另一方面，在总体战略层面上，优化城市文化空间结构，促进风景区文化与城市文化的共生，城市文化的持续发展和长久延续，进一步地改善了人对城市文化的全面理解和深入体验过程。

2.3 规划过程：平衡城景的功能关系

从文化生态学的比例平衡理论分析城景的功能协调的关系。城景关系中一个不可避免的问题就是城市的整

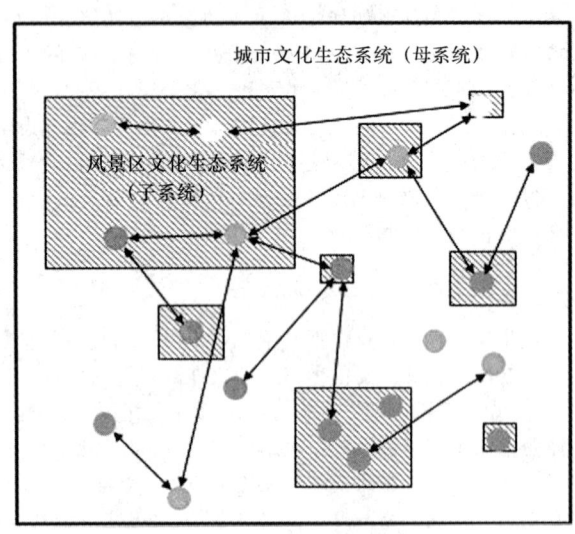

图 1 城景文化生态系统结构示意图

体效用与城市型风景区这个子系统的局部效用的关系问题。在城市文化生态母系统中，风景区与风景区以外的城市区域各自承担一定的功能。风景区的功能在于城市文化的保护、传播和体验；城市的主要功能是生产、生活、工作。文化生态学的比例平衡理论把文化因素当作生态系统的一个内在变量，注意到社会体系的各个方面：利益、价值观、各项功能都在城市空间中得到反映。[3]在一定文化价值下，城市各个方面对空间需求的重要性存在差异，总会有某些方面优先占用城市的土地空间。如果偏离比例平衡土地分配原则，则很容易导致城市整体功效下降。

工业时代，城市文化生态系统中的经济发展需求大于城市文化建设需求，重视城市的经济、社会功能，而忽略城市的文化、生态功能。城市文化失去了原有的生存环境，导致城景文化生态系统在功能上的失衡。具体表现为风景区用地被城市用地、城市交通侵占、阻隔，[4]风景区生态环境退化；[5]城市建设影响了风景区整体风貌的完整性，视线通廊和天际线遭到破坏或阻隔等。

因此，城景协调规划的目的是促进城市－风景区文化生态复合系统内两大系统在功能上保持平衡。城景功能失衡主要发生在风景区这一文化源和城市之间的缓冲地带，交界地带。通过控制城景交界地带的土地分配，引导空间发展，使风景区的文化生态功能与城市的生产生活功能相协调，在城景交界的缓冲地带发展文化生态和经济社会功能复合的土地，从而提高了城市的整体功效（图3）。

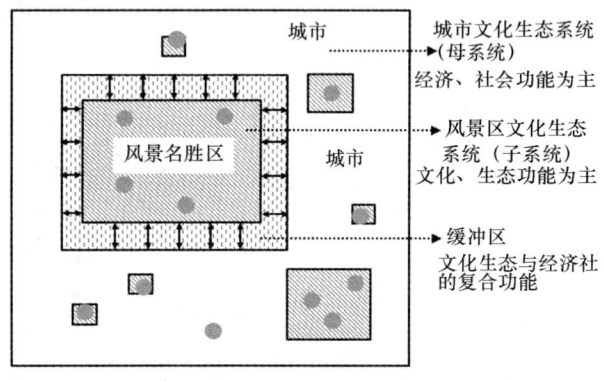

图3 城景功能关系示意图

3 蜀岗-瘦西湖风景名胜区的城景协调规划

3.1 城景文化生态系统的演变和组成

3.1.1 演变历程

把扬州城市文化与其所处的自然环境、技术条件、社会经济、意识形态等看作一个完整的生态系统，运用动态的、连续的观点，把扬州的城市文化纳入具体的环境之中加以研究。

春秋战国时期，吴王开凿邗沟沟通南北，蜀岗之上建立邗城，扬州城市起源。隋唐之前，扬州城市都建于蜀岗之上，随着长江岸线南移，唐代扬州政治稳定、经济繁荣，城市规模和人口扩张，发展为蜀岗上唐子城和蜀岗下唐罗城的两重城结构。宋代战争频发，为了战争防御，扬州城市结构也随之发生改变，形成了蜀岗上宋堡城、蜀岗之下宋大城和用于军事防御的宋夹城的三重城结构。明清时期，扬州依靠京杭大运河的交通区位优势经济再次繁荣，盐商聚集，帝王巡游，文人墨客纷至沓来，城市中心继续向南转移，在宋大城的基础上形成新旧两城，而北部的古城址逐渐荒废，呈郊野之状。扬州的休闲文化也在明清时期发展成熟。原先唐宋护城河在盐商园林文化、帝王巡游文化、画舫文化、扬州花文化、月文化、诗词文化的共同孕育下演变为诗情画意的瘦西湖湖上园林，成为扬州北郊休闲游览的理想之地。[6]

风景区与扬州城市形成的城景文化生态系统从古至今经历了从形成发展到成熟稳定再到破碎衰减的过程，在城市追求经济发展的价值观念下，风景区与城市的矛盾突出，面临着城市与风景区文化脉络割裂，风景区可达性差，城市用地侵占风景区用地，城市交通阻隔等问题（图4）。

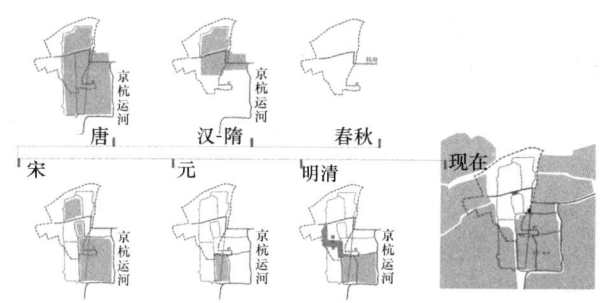

图4 蜀岗-瘦西湖风景名胜区与扬州城市互动发展的时空演变图

3.1.2 结构组成

扬州在不同时代，在特定的环境下，形成了丰富的文化。把扬州城市文化生态系统中的结构的组成分为文化因子、环境、文化源、战略点、源间连接等。其中重要的文化源、文化战略点、源间连接通道如下。

文化源：扬州起源地、扬州的自然冈阜景观蜀岗；吴王开凿运河用于沟通南北的邗沟；沟通南北的交通要道扬州古运河；孕育扬州唐代繁荣经济和丰富的社会文化的京杭大运河；反映扬州长江文化的扬子津风景带；唐宋古城文化的载体唐宋护城河；明清古城文化的载体明清护城河；明清文化的载体扬州老城区；集中体现扬州园林文化、修禊文化、盐商文化、诗词文化的瘦西湖；反映扬州城址变迁、古城形制的唐子城、唐罗城、宋夹城、宋堡城、宋大城和明清新城、旧城；扬州水源地邵伯湖、槐泗河；唐宋时期扬州城的水源地大小雷塘、蓄水塘小新塘等。

战略点：隋炀帝陵区、竹西景区、荥荑湾公园、明月湖公园、砚池景区、三湾公园、廖家沟公园、荷花池公园等。

源间连接：唐十里长街（现为汶河北路、玉带河）、东关街、历史文化水系、古城墙遗址、城市绿楔等。

3.2 城景协调规划的策略

3.2.1 城景文化格局构建

根据文化生态学中扬州自身的风景格局具有逐水而城、历代叠加、河城环抱、水城一体的特征，依托扬州丰富的历史文化遗址遗迹空间、古典园林空间、文化和生态功能复合的线性水网空间，城墙护城河体系、城市公共绿地和广场等景观场所，建立文化源—文化缓冲区—文化战略点—文化通道的文化格局，目的是从区域和市域的角度，把蜀冈—瘦西湖风景区自身独立、纵向的文化源子系统融入扬州城市的完整文化格局中。对于城市文化本身，通过增加文化源之间的连接度，有助于城市文化源的相互渗透和向外辐射，从而保障了城市整体文脉的延续性和完整性；对于城市文化的享用者城市市民来说，城景文化格局的构建使城市文化场所的可达性和连通度提高了，改善了市民的文化体验过程。

在现有的文化源、文化战略点的基础上，建立文化通道、城市绿道等能承接文化源传递延伸功能的线性文化空间环境，主要形成九条文化风景带：（1）沟通唐宋护城河和历史水源地槐泗河一带的古城水源湿地景观带：隋帝陵—槐泗河—小雷塘—小新塘—唐宋护城河。（2）以春秋运河文化为主题的运河源文化景观带：古邗沟—金石坝—大王庙—竹西景区—老运河。（3）以唐文化为主题的唐风文化景观带：铁佛寺—唐罗城护城河—竹西景区。（4）以宋军事文化为主题的宋城墙文化景观带：宋北门遗址、边门遗址—漕河—唐东门。（5）以工艺美术文化为主题的民俗文化景观带：明清城北护城河—花鸟市场—冶春—御码头—史公祠—民间工艺馆。（6）新城文化景观带：廿四桥—宝带河—宝带公园。（7）以宋文化为主题宋韵文化景观带：长春桥—大虹桥—宝障河—南园—砚池景区。（8）以扬州休闲文化为主题的十里长街风情带：宋北门遗址—凤凰桥街—迎恩桥—玉带河—冶春—小秦淮—愿生寺—唐南门。（9）古运河文化景观带：大王庙—南巡御道—唐东门—古河新韵—东关古渡景区—何园景区—老城新韵（图5）。

3.2.2 城景交通体系的融合

在风景区与城市重要交通枢纽间建立通畅的外部通道，在风景区与城市内其他文化源之间建立文化通道、旅游通道、绿色廊道是把城景文化生态格局落实到城市物质空间的重要途径，道路是联系城与景的必要基础设施。

首先，通过外部交通来增加风景区的可达性，并避免过境交通对风景区造成的负面影响。外部交通加强同扬州周边高速公路、交通枢纽（机场、火车站等）衔接顺畅的旅游通道建设，把扬子江路、文昌路、瘦西湖路、漕河路、北环路等作为重要的旅游景观大道进行打造。风景区与老城区之间增建风景区下穿隧道，避免过境交通穿越风景区。

其次，构建扬州老城区与风景区的慢行交通体系，形成较为流畅连续的风景文化体验。把风景区和老城区作

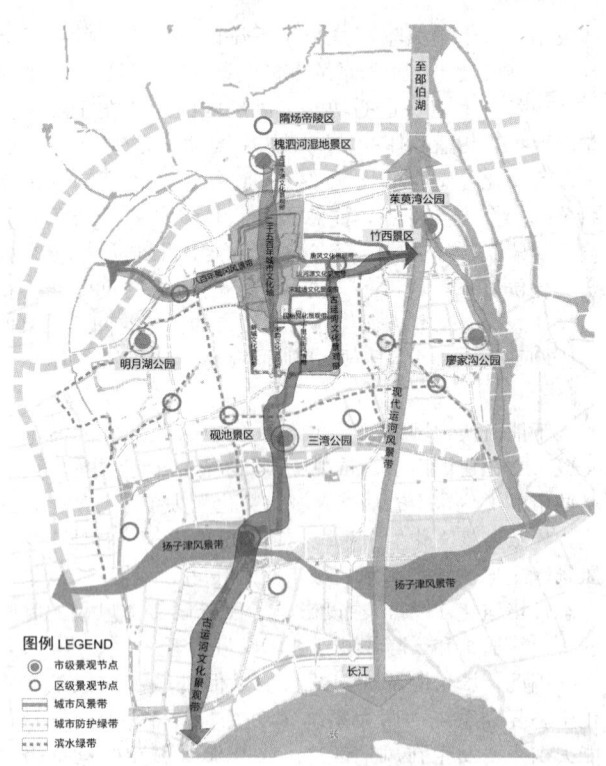

图5　城景文化格局

为一个旅游区统一规划旅游交通，内部形成对流，缓解风景区、老城区各自的旅游交通压力。通过自行车、三轮车、电瓶车、水上巴士等多种快旅慢游的交通方式，多条慢行交通线路，实现老城区与风景区一体化的风景游赏和交通系统（图6）。

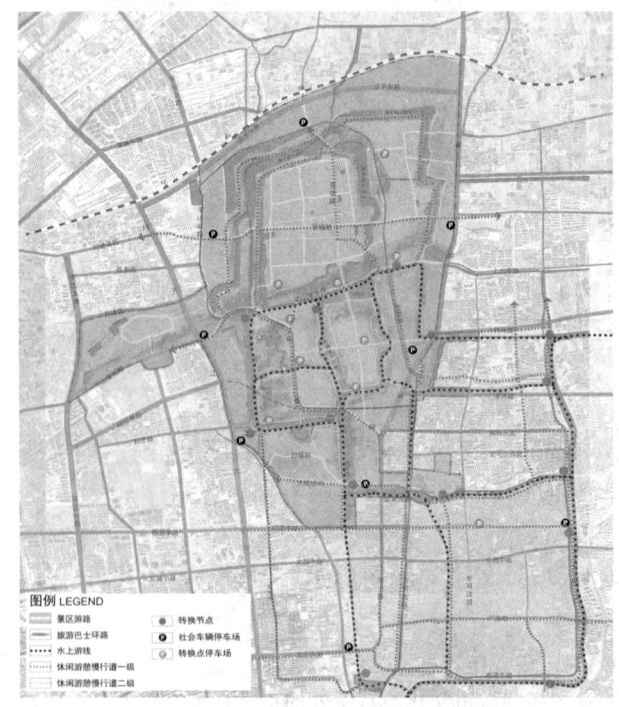

图6　城景慢行交通协调规划

3.2.3 城景功能协调和土地利用引导

扬州中心城区与北郊瘦西湖地区，即现在的风景区

所在地在历史上形成了一种城景功能和谐平衡的城景一体化模式：一条河道从古城内延伸到乡村，连接蜀冈佛教圣地，两岸盐商私家园林沿湖有序布局，水上画舫穿梭于城景之间，形成一条流动的城市生活文化景观。风景区除了具有城市邑郊游憩功能外，蜀冈上的槐泗河一带水源充沛，水塘众多，也具备城市水源补给功能。城景形态上有机融合，城景功能上有机互补。而现在，扬州城市建设侵占了风景区的文化生存空间，被无序的餐饮、住宿、教育等用地包围，或用围墙的形式阻隔了风景向城市有机渗透，使风景区成为城中孤岛。

城市型风景区与城市之间的外围保护地带是风景区文化源的缓冲区，是城景矛盾的突出点，也是城景协调的重点区。通过空间发展引导与土地分配，使缓冲区兼具风景区的文化生态功能和城市的服务供给和经济功能。

空间发展引导上，蜀冈－瘦西湖风景区的缓冲地带形成"东游西景，南文北廊"的发展方向，通过发展生态防护林、城市公共绿地开放空间、社区发展组团、文化创意组团、康体休闲组团、商业服务组团、休闲文化组团等文化生态型土地利用方式，加强风景区与城市的联系性以及风景区对城市的开敞度（图7）。

在土地分配上进一步控制城市向风景区的持续蔓延扩张，引导风景区的绿色斑块向城市延伸。依托城市总体规划的四线控制，调整风景区与城市互通河道两边的用地为林地，增加邗沟、漕河、护城河及玉带河的滨水绿带，通过水脉及其两边的绿色开放空间连接景区与城市。改造滞留用地和工厂用地为林地（图8）。

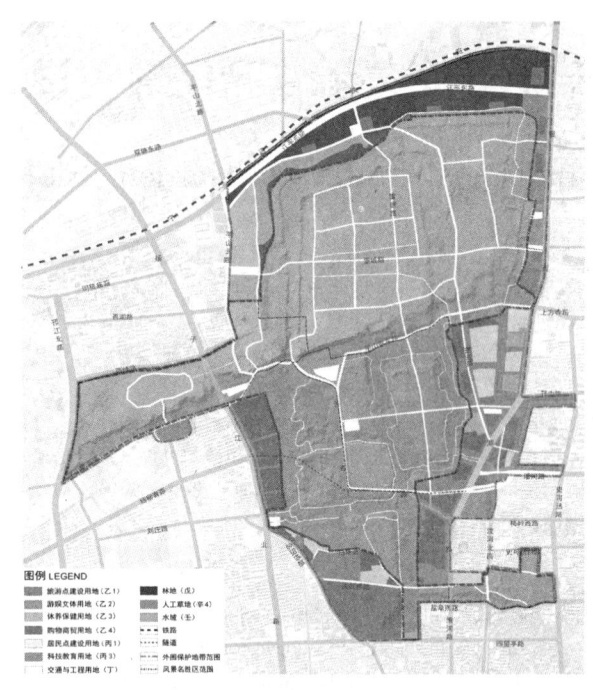

图8　风景区缓冲区土地利用规划

来审视城市型风景区与城市的层级关系和共生关系。把城景协调规划的研究对象看作一个城市－风景区的复合文化生态系统，以构建城景文化格局为基础，以平衡城景功能关系为规划过程，实现城市和风景区两大系统的共生，城市文化的延续。本文中蜀冈－瘦西湖风景名胜区与扬州的城景协调规划的思想战略和协调策略是在风景区总体规划的层面上展开的，是对城景协调规划的初步探索。其实施仍需通过风景区与城市之间建立统一的管理制度、严格的用地审批制度、控制性详细规划等来实现。[4]

参考文献

[1] Julian Steward. Theory of Culture Change [M]. Chicago：University of Illinois Press，1995.
[2] 唐建军. 文化生态学视野下遗产旅游地的可持续发展研究[J]. 东岳论丛，2011(1)：99-102.
[3] 侯鑫，曾坚，王绚. 信息时代的城市文化——文化生态学视角下的城市空间[J]. 建筑师，2004(5)：20-29.
[4] 吴承照. 城市化、工业化冲击下风景名胜区边缘地带保护策略研究[C]. 城市规划面对面——2005城市规划年会论文集（下），2005.
[5] 陈战是. 小城镇与风景名胜区协调发展探讨——以桂林漓江风景名胜区内小城镇为例[J]. 城市规划，2005.01：84-87.
[6] 韩锋主编. 一座世界名城的文明多元化——扬州瘦西湖景观历史演进的文化解读[M]. 南京：东南大学出版社，2013

作者简介

吴承照，1964年11月，男，汉，安徽，博士，同济大学建筑与城市规划学院，教授、博导，景观游憩学、景观与旅游规划设计、遗产保护利用与管理研究。

周思瑜，1989年3月，女，汉，上海，硕士在读，同济大学建筑与城市规划学院，风景名胜区保护利用与管理研究。Email：siyuzhou4@msn.com。

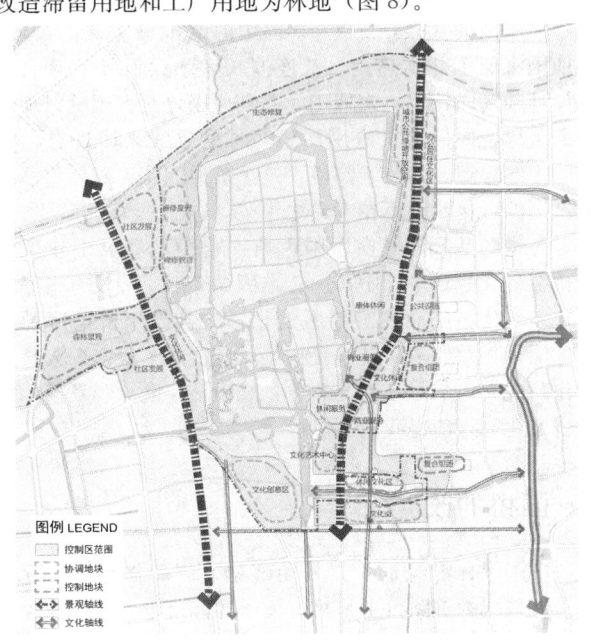

图7　风景区缓冲区空间发展引导

4　小结

无论是从城市的视角出发，在城市扩张的进程中考虑城市中的突变——风景名胜区的生存问题，还是从风景区的视角出发，考虑风景区的文化内涵和绿色环境向城市的外延途径，文化生态学让我们从系统、整体的视角

传统园桥文化与现代景观设计

Traditional Culture of Garden Bridge and Modern Landscape Design

伍 阳

摘 要：园桥曾经是中国古典园林设计中重要的造园要素之一，也是中国灿烂古典文化的重要组成部分。园桥发展到了现代，在材质、结构和形态上都发生了翻天覆地的变化。园桥不再仅仅是桥梁本身，更是扩展成为城市公共空间。在此基础上，以古照今，文章从"桥景共生"，"人桥互动"，"情景交融"三个层面，探讨如何继承和发展优秀的传统园桥文化，并借鉴应用于现代景观设计中。
关键词：园桥；景观设计；古典园林

Abstract: Garden bridge used to be an important element in the design of Chinese traditional garden, and also an important component of China's classical culture. As the technology has developed, there is a great change taken place in the modern bridges, not only the material, but also the structure and form. Garden bridge has developed into a public space of the city, rather than the bridge itself. Based on this study, this article focuses on how to inherit and develop traditional bridge culture, and apply to modern landscape design at the level of "symbiosis", "interaction" and "integration".
Key words: Garden Bridge; Landscape Design; Traditional Garden

园桥，又称为景桥、景观桥，是园林景观中的重要组成部分。与传统桥梁领域中结构师的"一家之言"不同，园桥不同于一般市政桥梁，它往往尺度较小，结构也较为简单，而且与周围环境互相影响和渗透，与交通功能相比，其景观意义更加重大。因此，从景观而非结构的角度欣赏园桥，是将其从交通体系中独立出来，研究其与周围环境以及历史人文的关系。

风靡于20世纪60年代以后的"桥梁景观"概念由德国著名的桥梁专家弗里茨·莱昂哈特建立完善，其强调了桥梁设计与景观环境关联的重要性，殊不知早已在几百年前的中国，园桥的概念就被普遍提及，园桥伴景而生，桥梁与景观相映成趣，相得益彰。

园桥发展到了现代，不再仅仅只是一般传统意义上的园林景观中的桥梁，其自身也逐渐演变成为公共活动的空间，有时候，一座桥梁就是一处景观，人们在这里听风、观景、娱乐以及游憩。古代园桥如何能适应扮演好其新角色，园桥与景观又如何能进一步相生相融，是现代景观设计中面临的重要问题。

1 园桥是中国古典文化的重要组成部分

园桥随着中国古典园林历经数千年的发展演变，由生成、繁荣，最终走向成熟，逐渐发展成为功能完备，空间合理，形态丰富以及类型多样的园林建筑形式。在古典园林设计中，造园师往往也是桥梁设计师，他们广泛地运用桥梁，起着分割水面空间，丰富景观层次，以及引导游人路径的作用。无论是寄畅园中七星桥的曲折有度，抑或是拙政园中小飞虹的隔而不断，再或者颐和园里玉带桥的拱高而薄，园桥都以其适宜的体量，精致的形态给我们留下了深刻印象，成为中国古典园林史上浓墨重彩的一笔。

与在中国古典园林设计中大受欢迎截然不同的是，园桥在古代西方园林设计中，却是甚少出现的，就算有也只是单纯地起着连接作用，与道路无异。这是因为园桥作为感伤主义的代表，除了19世纪时兴浪漫主义的英国，其他国家似乎并不热爱，就连擅长大水渠设计的著名园林设计师勒诺特也不常应用。终其原因，西方园林以理性主义著称，他们擅长应用严格对称的轴线来体现君权之上的主题思想，而对于园桥，这个被他们认为破坏整体环境氛围的，自然就不在考虑之中了。

可惜的是，曾经在中国古典文化中起着突出作用的园桥在现代景观设计中，一味地因循守旧，并没有很好地适应新变化，反而是世界历史长河中甚少用桥梁造景的西方园林，它们越来越偏爱桥梁，创造出了很多令人惊喜的作品。如何学习和借鉴西方景观设计，继承和发扬传统园桥文化，这值得我们深思。

2 园桥的改变

中国园林曾经是少数人能够享有的奢侈品，园桥亦是，紫禁城的御路桥更是只有天子才能行走，桥梁成为身份权利的象征。然而，随着现代景观思潮的来临，园林由私人的壶中天地变为公共空间，由宅前屋后的庭院扩展成为开放绿地，就算是庄严不可侵犯的皇家园林也成为公共资源，园桥不再是私人才能享受的奢侈品，桥空间和园林空间一样成为城市公共空间的重要组成部分。园桥广泛意义上与整个城市功能和城市形态相联系，园桥成为城市历史文化的映射，大众审美情趣的体现。

公共享有和自由开放使得古代的园桥样式不再满足人们的需求，园桥设计遭遇到前所未有的挑战，政治文化的影响和科学技术的带动使得现代园桥发生了天翻地覆的变化，主要体现在以下几个方面：

2.1 材质上的积极创新

新技术的带动以及新材料的发展使得园桥不再拘泥于传统的木桥或者石桥，更多可能材质的园桥也开始出现在现代景观设计中。例如，玻璃与钢是广泛应用于现代设计的装饰材料，同样也应用于园桥设计中，玻璃的灵动透明与钢材的恒久稳健互为对比和补充，构成统一和谐的整体。

徐家汇公园位于上海市的繁华商业中心徐汇区，公园以其丰富的绿地资源和优美的景观环境发挥了良好的生态效应，是附近居民重要的游憩场所，而公园最为人津津乐道的是贯穿公园中心，长约200m的观景桥。该桥跨越公园湖水而建，凌空而起，形成了绝佳观景眺望的廊道空间。观景桥上玻璃栏杆的设计使得两边的绿地景观互相渗透和掩映，而钢材的运用更增添了一份现代和简约。

图1 上海徐家汇公园观景桥

2.2 结构上的丰富多样

结构是受力的表现。传统园桥由于技术落后，材料单一，成本低廉，往往只有梁桥、拱桥、折桥以及廊桥等简单的结构样式，再富有创意的设计师也只有在纹理雕花上才能寻找创新和突破，而现代技术的飞速发展使得今天创造更多样更复杂的园桥类型成为可能。

位于加拿大多伦多的波浪桥可谓是让人惊喜的作品。作为城市滨水复兴的四个独特的海滨计划之一，波浪桥完全由木质打造，整个结构设计成为波澜起伏的涟漪，不仅是人们通行的重要空间，更是嬉戏娱乐的游憩场所，吸引了大批游人驻足观赏甚至亲身体验。正是桥梁结构的改变，园桥类型才能更加多元化，选择更加丰富，给现代景观增添了不少人气和活力。

2.3 形态上的轻盈简约

桥梁形态是与结构对应所表现出来的特征。古代园桥不仅自身构成了观景空间，而且与曲折的水面以及传统的建筑组合成景，互相映衬，构成和谐统一的整体。然而在现代景观设计中，水体的形态以及建筑的类型都在发生着改变，相应的，桥梁形态也在发生着变化。与传统园桥一般意义上的厚重敦实不同，轻盈简约的桥梁形态是现代景观设计中园桥发展的必然趋势。

美国坎伯兰公园位于坎伯兰河东岸谢尔比街大桥下，

图2 加拿大多伦多波浪桥

这里曾经是一片荒地，如今改造成为供居民休闲、娱乐、游玩的城市公园。公园设计了多种类型的活动空间，可以满足不同人群的需求，各个空间由曲线形的道路连接，其中，跨越于戏水池上方的部分构成了一段人行桥梁。该桥不仅成为连接道路的重要交通节点，同时也构成了绝佳的观景娱乐空间，灵动轻盈的桥梁形态给公园增添了无限乐趣。

图3 美国坎伯兰公园景观桥

3 园桥与现代景观设计

园桥不是独立存在的，它时刻与景观和游人处在动态演进的变化关系中，这不仅在古典园林中有所体现，现代景观中也增添了更多的内涵。园桥与现代景观设计的关系主要体现在"桥景共生"、"人桥互动"、"情景交融"这三个层面。

3.1 "桥景共生"——创造诗意的空间

"虽由人作，宛自天开"，中国古典园林宣扬的是"天人合一"的宇宙观，讲究的是以模仿自然的神韵从而"本于自然，高于自然"的造园境界。园林如此，园桥亦是，作为传统园林中少有的人工构筑物，园桥的形态、体量、色彩等都得细细斟酌，在与周围环境和谐一致的同时，巧妙设计，成为画龙点睛之笔。

"仁者乐山，智者乐水"，中国传统文化中有很深的山水情节，古典园林说到底是士大夫寄情山水的写照，匠人们移天缩地的杰作。"造园必有水，无水难成园"，"山得水而活，水得山而媚"，逢山开路，遇水架桥，有水就有桥，园桥设计与园林的山水关系是必不可分的，桥与景的共生实际是园桥与周围景观的渗透，是与山水关系的和谐。

"桥景共生"应用于现代景观设计中,这就要求突出桥梁与景观的共生性,从形态构成,空间组织,材料选择,细节设计等方面,与周围景观环境统一考虑,园桥仿佛是从自然界中生长出来,人工和自然在这里整合成为一个诗意的场所。

美国德克萨斯州奥斯丁湖畔有一座美丽的人行桥,该桥的设计灵感来源于湖畔的芦苇等本土植物,虽然采用了现代材料,桥梁却通过巧妙的设计与周围景观环境完美融合为一体。桥面以轻盈的姿态连接于河岸两端,护栏由垂直方向向水平方向弯曲的金属条组成,不规则的长度和区间使得其更加贴近自然,扶手则是由绳索连接于护栏之上,而桥梁的入口也十分隐蔽,几乎被交织的芦苇全部掩盖,相映成趣。

图 5 巴塞罗那空桥

图 4 美国德克萨斯州奥斯丁湖畔人行桥

3.2 "人桥互动"——体现对人的关怀

"巧于因借,精在体宜",在古典园林设计中,桥梁往往成为借景对景的对象,桥上空间观景,桥下空间赏桥,步移景异,人动景亦动,"你在桥上看风景,看风景的人在楼上看你,明月装饰了你的窗子,你装饰了别人的梦"正是这种互动关系的写照。

园桥应用于现代景观设计中,不仅是欣赏对象和观景空间,更是扩展成为城市公共活动的场所,人们在桥梁上嬉戏玩闹,驻足思考。不同于车水马龙的市政桥梁,园桥的体量较小,而且往往以步行为主,人成为桥梁的使用主体和参照对象,因此,园桥设计并非一味地追求雄伟壮观的视觉震撼,而是需要极力创造亲切宜人的交往空间。

巴塞罗那空桥连接了城市中心和内港,称其为桥,其实更像是一个城市广场,桥梁上没有设计防护栏杆,穿插起伏的桥面和精致优美的街具使得桥梁构成了灵活开放的交往空间,吸引大量游人休闲游憩,放松身心,桥梁不仅是观赏的风景,更成为使用的对象,人与桥一起互动,城市活力在这里绵延。

3.3 "情景交融"——实现意境的升华

情景交融是"天人合一"总纲影响下的中国传统环境观,是在"桥景共生","人桥互动"的前提下,通过创造富有诗情画意的景观环境,引发游人的思考和共鸣,最后达到意境升华的境界。例如,白素贞与许仙定情的西湖断桥正是有了动人爱情故事的烘托,才吸引大批游客前往观赏,"断桥不断愁肠断",断的是伤感,是离愁。

中国的传统古典园林多是文人造园,园林成为躲避世事,寄情山水的场所,入则出世,出则入世,"隐于园"普遍为士人们所接受,文人亦多借园林表达内心丰富的情感,于咫尺的物质环境内开拓出广大的精神境界,因此,古典园林又多为意境园,传统园桥也不例外。例如,网师园的引静桥就以其精致小巧的桥梁形态对应于咫尺山林的园林意境,表达园主人纵情山水,扁舟独钓的渔隐主题。

同样,园桥应用于现代景观设计中,也可以小中见大,实现意境的联想与升华。西安园艺博览会的万桥园就以其情景交融的独特设计给游人留下了深刻的印象,虽然名为万桥园,其实只有五座桥梁互相连接于蜿蜒的小路,使得游人在不大的空间里百转千回。"万桥园代表着人类的一生。园路象征着人生的道路中充满曲折与负担,但同时也拥有光亮和喜悦。交错的道路如同迷宫,让游人感受到生命之路的崎岖迂回。人们在这里穿越自然,跨越万千桥梁,找到自己的道路。"设计师如是说。

图 6 西安园艺博览会之万桥园

4 结语

中国古典园林艺术源远流长,博大精深,园桥作为重要造园要素之一,曾经在古典园林设计中发挥了重要作用,是中华人民智慧的结晶,是古典文化的重要组成部

图7　西安园艺博览会之万桥园2

分。如今的园桥意义更为广泛，作用更加重大。本文以园桥作为研究对象，是在中国古典园林研究的基础上，学习和借鉴传统园桥文化，结合现代景观设计的实践，分析园桥在新的社会历史背景下的新变化，继承和发展风景园林设计。

参考文献

[1]　周维权. 中国古典园林史. 第二版. 北京：清华大学出版社，1999.
[2]　章采烈. 中国园林艺术通论. 第一版. 上海：上海科学技术出版社，2004.
[3]　樊凡. 桥梁美学. 北京：人民交通出版社，1987.
[4]　陈从周. 说园. 上海：同济大学出版社，1984.
[5]　Frederick Gottemoeller. Bridgescape: The Art of Designing Bridges. New York, USA: John Wiley & Sons. 1998.

作者简介

　　伍阳，1989年7月生，女，汉族，重庆，上海大学环境艺术设计专业硕士在读，研究方向为景观规划设计。

天津市大沽口炮台遗址公园保护与利用探究

Research on the Protection and Utilization of Tianjin Dagu Fort Ruins Park

邢 欣 孟 瑾

摘 要：大沽口炮台遗址公园是中华民族一百多年前留下来的深刻记录历史的城市文化遗产，被中共中央评为爱国主义教育基地，被人们看作宝贵的历史文化遗产。本文先从遗址公园的概况着手，在介绍遗址公园现状基础上，发现目前公园使用上存在的问题，提出如何根据时代需要既保留住遗址公园的思想内涵，也能为现代人营造一个可使用的公共绿地环境，使人们在美丽的城市环境氛围中感受传统爱国主义的精神与文化。

关键词：天津；大沽口炮台；遗址公园；遗址保护与利用

Abstract: Dagu Fort ruins park is a nation of more than 100 years ago left a deep history cultural heritage of the city, by the CPC Central Committee named the bases for patriotic education, being seen as valuable historical and cultural heritage. This paper starts from the general situation of ruins park, in the park on the basis of the status quo, revealed the presence of park use current problem, put forward according to the needs of the times not only retain the ruins park thought connotation, can also create a use of public green space environment for modern people, make people feel the spirit and cultural tradition of patriotism in the beautiful city environment.

Key words: Tianjin; Dagu Fort; Heritage Park; Heritage Conservation and Utilization

新城镇建化作为"建设美丽中国"的新时代坐标，被越来越多的人所传扬。而"新型城镇化"概念作为有利社会发展的新型价值理念，应在遗产保护方面所应用，新型城镇化强调以人为本，以生态集约为理念，滨海新区被认为是天津国家综合配套改革试验区及国家级新区，被国务院批准为第一个，也是唯一一个国家综合改革创新区，同时，滨海新区属于新城镇建设的重点地域，也是"十一五"建设的重中之重。在中央举行的城镇化会议上，传承文化被作为新型城镇化建设的四项基本原则之一。作为滨海新区文化遗产保护重点的大沽口炮台遗址公园，我们应着大力气进行保护与利用的创新性研究。

1 大沽口炮台遗址公园概述

大沽口炮台遗址坐落于天津市滨海新区，位于天津市区东部约45km处。大沽口炮台遗址作为军事设施曾在明清时期应用于北方海防，于明代嘉靖年间设防，清政府修建一座圆形炮台于大沽口南北两岸。炮台高度约为一丈五尺，宽九尺，进深六尺。这是大沽口最早的炮台。炮台在第一次鸦片战争后进行加固增修。至道光二十一年已有五座大炮台被修建完成、其中土垒13座，土炮12座，形成了比较完备的军事防御。大沽口炮台遗址也是第二次鸦片战争及八国联军入侵中国的重要见证，在近代中国占有不可或缺的地位。"庚子事变"之后，由于签订丧权辱国的《辛丑条约》，被迫强行拆除。一个多世纪后的今天，为将那段历史完整地呈现给大家，天津塘沽区政府将这里重新整修。天津市人民政府于1997年7月1日在原"海"字炮台遗址重新修建大沽口炮台遗址纪念馆，并建成了现在的大沽口炮台遗址公园，大沽口炮台遗址被国务院正式确定为全国重点文物保护单位，2005年中共中央宣传部将其命名为全国爱国主义教育示范基地。[1] 大沽口炮台遗址正式于2013年2月16日通过全国旅游景区质量评定委员会的评定，将其授予国家AAAA级景区。

2 大沽口炮台遗址公园现状分析

2.1 景观点分析

大沽口炮台遗址公园现状景观主要由四部分组成，分别为：大沽口炮台遗址博物馆，大沽口炮台遗址区（"威"字炮台），海门古塞，遗址纪念碑等。占地约为93.8hm²。

2.1.1 大沽口炮台遗址博物馆

大沽口炮台遗址博物馆总面积约为3585m²，分别为展厅、临时展厅、放映厅、库房及其他附属用房等，博物馆内观览导向性强。大沽口炮台遗址博外形设计绚丽环保，由于外墙材料使用预锈板，在充分体现历史感的同时，省去了外墙油漆费用，使整体设计充分满足创新性、历史性、生态性等等。从博物馆外形所传达的文化意象，我们不难看出，这不规则的外形设计就犹如炮弹爆炸后的景象一样，使人们不禁将博物馆与大沽口炮台历史融为一体，遗址博物馆一楼入口处为一整幅巨型浮雕，让人们在入馆之初就能感受到强烈的历史感。博物馆主要将

---

① 天津市艺术科学规划基金项目，项目编号 A12069。

图 1 大沽口炮台遗址公园总平面图

图 3 大沽口炮台遗址区

图 4 海门古塞

图 5 遗址纪念碑

图 2 大沽口炮台遗址博物馆

主题分为"京畿海门"、"沽口御侮"和"国门沦陷"等部分。配上文字介绍及生动的雕塑人展示，让人们身临其境。

2.1.2 沽口炮台遗址区

1858年，钦差大臣僧格林沁驻守大沽口，全面整修了大沽口炮台，除"石头缝"炮台外，分别以"威"、"震"、"海"、"门"、"高"五字命名。后于1901年因签订

图 6 博物馆一层总平面介绍

《辛丑条约》被强行拆毁，幸运的是，"威"字炮台后被发现并保存了下来，其他炮台已全部被毁。1997年由政府拨款整修"威"字炮台，为保留大沽口炮台的历史感，采用修旧如旧的方式进行修复。

2.2 道路铺装分析

大沽口炮台遗址公园内部主要分为两级道路，主路

图 7　博物馆一层巨幅浮雕

图 8　通往炮台的路

图 9　"威"字炮台旧炮体

及园路,主路主要连接入口及各个主要景点,采用砖砌铺装,而园路主要设于公园绿地内,主要采用汀步及石子路的形式铺设,给人以自然愉悦的游览感受。

2.3　绿化种植分析

根据笔者最近的参观调查,大沽口炮台遗址公园内部几乎没有古树名木的遗留,仅有一些刚刚种的小树,并且数木长势堪忧,树木设置季相变化不明显,大多为一些干枯枯的树干。

3　大沽口炮台遗址公园价值探究

遗址公园是以历史文化遗址环境为主体,体现科研、游憩、教育等价值,为历史文化遗址保护和展示提供环境的特殊绿地形式。遗址公园建设注重遗址资源的利用,为人民提供教育、科研、游赏、休闲等功能的场所。[2] 就大沽口炮台遗址公园的价值体现,具体分析如下:

3.1　科学教育

大沽口炮台遗址公园作为天津唯一一个城市文化遗址公园及中国人民抗击列强的见证,在这里人民不但能感受到强烈的爱国主义气息,也能在大沽口炮台遗址博物馆中学习到那个年代的光辉历史。而另一方面,天津作为华北地区的重要城市,文化及历史展示相当重要,外来游客可以通过大沽口炮台博物馆及遗址炮台区的观览,了解天津抗击列强的历史。

3.2　游憩休闲

如今,历史文化遗址保护地与绿地环境的有机结合已成为一种趋势,对于周边居民,遗址公园具有休闲健身价值,多种铺装形式的步行道及大片开敞绿地及大面积广场空间适合各种休闲健身活动,这也是遗址公园作为现代新城镇公共空间建设的一个非常具有现实意义的价值体现,对于提高当地环境实用性及文化氛围有着不可或缺的作用。

3.3　降污净化

公园作为大面积的绿化空间,为周边居民提供了一个很大的生态过滤环境,今日的天津,同样承受着PM2.5的困扰,为使生活环境得到改善,最快捷高效的方法便是营造大面积的植物景观。天津作为滨海多风多沙的城市,大面积的植物群可以为居民遮挡一部分的风沙,并可调节公园周边的小气候,为居民提供一个干净整洁的环境。

3.4　防灾避难

该公园为大面积开场性空间,也是周边居民重要的避难场所。对于抗击地震这类的自然灾害,大型的公园开敞空间就是人们最好的生存空间,唐山地震时公园作为避难场所被北京市民所使用。这也体现了景观除了观赏作用之外最重要的。

4　大沽口炮台遗址保护与利用中存在的问题

大沽口炮台遗址博物馆和大沽口炮台遗址公园,在天津这个具有悠久历史的城市中拥有不可替代的历史价值。但是由于地理位置较为偏僻,人力物力的缺乏,政府对于遗址的保护及公园的开发利用并不尽如人意,致使参观公园的人可谓"门可罗雀",而这大大制约了大沽口炮台遗址爱国主义文化教育价值的体现。

4.1　环境弊端显著

大沽口炮台遗址公园是迄今为止海河两岸唯一一处炮台保护遗址,作为这样一个拥有特殊地位的遗址公园,本该是一个安静肃穆的环境,但据笔者观察并向工作人员取证,由于周边工程长期在遗址公园周边区域取土,因此总是噪声不断,同时周边区域更是尘土飞扬;而且,遗址公园门前即为海滨高速,参观者想要到达遗址公园唯有横穿高速路,给游客的生命安全造成威胁。并且,由于周边管理不善,已经逐渐出现了荒草丛生、垃圾遍地的景象。

图 10　遗址公园门前高速路环境

图 11　遗址公园附近垃圾遍地

4.2　遗址保护不足

在大沽口炮台遗址公园中，除了遗址博物馆外，最重要的历史文化景观即为大沽口炮台遗址（"威"字炮台），经历了一个多世纪的风雨聚变，"威"字炮台可以说是目前已发现并被保护的代表"大沽口事件"的唯一的地面遗迹，但目前看来，一方面是自然环境（风霜雨雪、空气水分等）对建筑构件的侵害，另一方面是游客素质低下（比如对文物的刻画、攀爬、污损等行为）对其造成的破坏。[3]

图 12　游客对炮身的涂鸦（来自互联网）

4.3　开发利用方式单一

天津作为这样一个拥有 600 年悠久文化历史的城市，历史遗址的保护得到重视，但作为遗址保护公园，大沽口炮台遗址公园的开发利用方式不足，致使总体关注度不高，具体分析如下：

图 13　游客对炮身的攀爬（来自互联网）

4.3.1　景观营造方式单一

根据笔者对于参观者的调查，大部分人认为大沽口炮台遗址公园之所以关注度不高，主要是因为公园内以遗址博物馆及"威"字炮台等静态景观为主，缺乏可参与性景观营建。使参观者很难融入公园的历史之中。

4.3.2　绿化覆盖率低

纵观整个遗址公园，树下空间形式单一，几乎看不到树木的合理搭配，在炽热的夏日，人们几乎找不到可遮阴的树下空间。

4.3.3　公共设施建设不足

作为供参观者和附近居民休憩活动的公共空间，公园内的公共空间没有设置座椅及可停留的公共空间，不利于人们对于公园的实际使用。

5　大沽口炮台遗址公园保护与利用对策

打造遗迹旅游城市，展现古城天津的革命历史，谱写新时期的革命精神，这是天津城市发展的重要内容，那么面对天津遗址保护与更新中的诸多问题，我们还需要做些什么？

5.1　控制遗址公园的门票价格

今日的天津，为使人们能够更好地亲近自然，感受景观中蕴藏的文化，许多公园及公共绿地都被免费开放，供游人休憩玩乐。所以笔者认为为促使人们能够更加容易地走进"历史"，大沽口炮台遗址也应跟随时代趋势，向游人免费开放。让更多的人来到这里，接受爱国主义的深刻思想教育。

5.2　增强现有遗址的保护

大沽口炮台遗址是中华民族抗击外国列强的铁证，是天津这座历史文化名城不可或缺的一部分，因此，对于遗址的保护是遗址公园保护和利用的首要问题，首先，文物保护，政府责无旁贷，政府应该加强革命遗址的维护修缮工作，[4]对于大沽口炮台"威"字炮台遗址应在保护的基础上合理利用，在细节上体现其主体地位，应做到维持原状，修补再现，另外，要在遗址附近一定范围内设为绝对保护区，禁止一切新建项目，保持其原有面貌，并在方便游人参观的基础上，利用围栏和可收起的保护罩等设施对遗址提供有效的保护。

5.3 加强遗址公园的规划设计

首次走进大沽口炮台遗址公园，笔者会感受到强烈的历史感与自豪感，这里留存着中华儿女抗击列强的证据，使人们犹如亲临那个时代。但从遗址公园整体景观的营造来看，我们还是会发现很多值得改造的地方。景观设计的过程是设计者和场地交流的过程，只有对城市文脉产生深层次的理解，充分揭示场地所包含的历史内涵和自然生态等因素时，才能真正意义上体现景观设计的场所精神。[5]

5.3.1 坚持遗址保护与绿化相结合

大沽口炮台遗址公园是政府着力建设的以遗址保护于展示为目的公共绿地。因此，应加大力气将可持续性的生态型绿化应用于公园之中，使公园成为城市生态系统的组成部分。作为具有一百多年历史的遗址公园，遗址与建筑空间周围应使用高密度林带围合，起到保护遗址的功能性作用；对于无建筑的大面积绿地应利用多层次乔冠草组合的植物空间创造优美的林下环境，方便观览者驻足停歇。而在植物选择上，由于大沽口炮台遗址公园地处滨海新区，濒临渤海，土壤含盐量高，为降低绿化建设与养护成本，宜大量采用本土野生植物造景，而调查显示，大沽口炮台区域属于遗址保护区，受城市干扰较少，基本保持了原先海滨涂滩涂其生长植物多为海滨盐生植物与湿生植物，因此，在植物选择方面也应适应当地土壤气候特征。

5.3.2 注重园林小品的构建

在西方列强残忍的摧毁下，昔日广阔浩大的大沽口炮台主战场现在却仅存"威"字炮台，这不得不说是对我们爱国主义教育物质文化的残忍摧残，虽然政府部门通过努力在原"海"字炮台基质上又建立了遗址博物馆，但仍不能满足人们对于历史文化直观感受的渴望。但如果将遗址从博物馆"请"出，这无疑对于历史遗迹的保护提出了挑战。但是，我们可以利用遗址高度复制的方式将其作为园林构成元素"见缝插针"的有设计的放置于公园游览的内部，将布阵微缩复制的遗址景观作为娱乐项目，让人们通过这些园林小品达到与历史"对话"的目的；并且，利用意向连接的方式将遗址文化元素植入于园林小品中，让人们无时无刻感受到"历史"的存在。

6 结语

大沽口炮台遗址公园作为中华民族抗击列强的证据，无时无刻不提醒着我们对于爱国主义思想含义的深刻体会。所以，为了将这一重要历史遗迹能够更妥善的保护与利用，我们必须站在历史与现代的交叉线上为其找到最合理的管理、设计及运营方式，只有增加参观者数量，才能让其文化价值得到最大化体现，只有引入最实际的设计管理方式，充分遵循新型城镇化文化传承的基本原则，才能让它在历史车轮的碾压下永续长存。

参考文献

[1] http://baike.baidu.com/link?url=2ZZXjorTmip5JxgADcgoXPhMTTYymIhEFmE5j1lfn-LFoqqweVDE5HnV8ilw-BKZ.

[2] 阳烨."与古为新"视角下北京历史遗迹公园设计手法探析[J].城市规划与设计，2014(11)：70-75.

[3] 卢荣华.在理性讨论的基础上探寻出路——浅谈对圆明园保护的看法[J].中国风景园林学会2013年会论文集(上册)，2013(10)：68-71.

[4] 盖志芳.济南革命遗址保护研究[J].山东行政学院学报，2014(2)：74-77.

[5] 贺嵘，毕景龙.从遗址公园实践到"良渚共识"——以西安曲江池遗址公园为例[J].四川建筑科学研究，2012(2)：243-246.

作者简介

邢欣，1990年7月，女，汉族，天津市人，天津城建大学建筑学院，风景园林规划与设计专业在读硕士研究生，Email：690713902@qq.com。

孟瑾，1967年7月，女，汉族，天津市人，天津城建大学建筑学院，教授，研究方向为风景园林历史与理论、风景园林规划设计，Email：88238025@sohu.com。

新型城镇化形势下的古村落乡村风貌保护

Ancient Villages under the New Situation of Rural Urbanization Environment Protection

徐瑶璐　焦睿红　刘　健

摘　要：本文以济阳乡为例探讨了新型城镇化形势下的古村落乡村风貌保护，讨论新型城镇化的现状和出现的问题，并对针对古村落乡村风貌保护的具体措施提出了策略与建议，以期将更科学的手法运用于城镇化的规划建设中，为新型城镇化的实践提供参考。
关键词：新型城镇化；乡村风貌；古村落

Abstract：In an example of Jiyang rural villages to explore the ancient town which is under the new rural landscape protection, to discuss the status of urbanization and the emergence of new problems, and suggestions of specific measures and strategies to adopting more scientific approach, expecting more scientific approach used in the planning and construction of urbanization, to provide a reference for the new urbanization of practice.
Key words：New Urbanization；Rural Landscape；Ancient Village

1　新型城镇化的概念

新型城镇化是以城乡统筹、城乡一体、产城互动、节约集约、生态宜居、和谐发展为基本特征的城镇化，顾名思义，区别于传统城镇化，是指资源节约、环境友好、经济高效、社会和谐、城乡互促共进、大中小城市和小城镇协调发展、个性鲜明的城镇化。[1]

2　济阳古镇概况

济阳位于福建省三明市大田县东南部，地处戴云山脉西北段，西距城关20km。因涂氏开基者从安徽凤阳迁徙至此，加上境内济溪，故名济阳。全古镇占地面积183.4km²，人口近万人。济阳境内峰峦林立，山岳绵亘，冬夏不严寒，春秋凉爽，秋季湿温，气候十分宜人。

2.1　古村落的含义

村落是聚落的一种基本类型，自古有之。幸存的古代村落，[2]若村落地域基本未变，且村落环境、建筑遗留、历史文脉、传统氛围等均保存较好，这样的村落即为我们所称的"古村落"，即现代环境间能见到的古代村落。[3]由于地理位置特殊偏僻等自然条件，大多数古村落始终与外界保持着若即若离的关系，因此显得闭塞保守，习俗古朴而风景秀丽。此外，这些古村落建筑风格独特，有较高的文物、民俗、人文观赏价值和审美价值。[4]

2.2　济阳古镇的保护概况

济阳历史较悠久，围绕着古代商业、古代交通的特殊环境，聚集了多古建筑种类、如宫庙寺观、大小祠堂、含有多建筑元素的民居，以及独一无二的乡土防御性建筑；同时又是多县交汇、官道枢纽的必经之地，市镇商贸繁华一时，由此产生了荟萃的土堡文化、祠堂文化、侨乡文化、涉台文化、茶商文化、特色民俗，不少遗传下来的风俗一直传承至今。但是由于保护意识匮乏，济阳乡尚未进行系统的保护规划，但是依据现在的具体情况，保护十分必要且势在必行。

3　乡村风貌保护现状

传统民俗文化是乡村风貌赖以生存的灵魂，在物质形态上，它是通过聚落环境和建筑空间形态彰显状态；在意识形态上则通过邻里、家族的型制、礼法关系，影响、作用于人们的生产劳作和起居方式，以及乡民的宗族信仰、风尚习俗、服饰装束等要素体系。

目前，我国整体上正处在城镇化的加速期，"乡村中国"正转变为"城市中国"。[5]城市体系承载着国家主要的经济、金融、商业、科技和教育文化活动，也集聚了最优发展资源，而城市体系中的城镇—乡村风貌正是其中重要的文化产业与旅游资源。在发展中，只有城乡物质空间与文化体系协调、可持续发展，才能促使国家整体的经济发展方式发生转变，形成当代城镇具有竞争力的产业体系。

4　新型城镇化风貌保护与建设研究

新型城镇化要根据具体城镇的发展现状，结合国土水体资源和能源持续锐减、自然环境破坏与大气污染人居生存条件恶化、村镇风貌变异等资源与环境问题提出的"民生为本、化城入乡"等发展理念，以实现"新型城镇化"健康发展为目标，探索出符合地域特色的美丽城镇与乡村风貌建设模式。

4.1 "民生为本"的新型城镇化

新型城镇化的基本原则是以"民生为本"的城镇化。通过使用符合本土城镇发展的理念方法，制定具有针对行的地方经济发展、城镇建设、风貌保护的一体系统发展战略，以之指导新型城镇化建设，形成与场地乡土文化相和谐的城乡风貌。

4.2 "化城入乡"的交互城镇化

随着新城镇建设理念与模式的改良，城市在规模拓展延伸入乡村的深度空间时，被大面积的乡村聚落、农田化解为具有城镇功能体的有机要素构成。城镇建设以提升农民生活质量为本，逐步形成具有包容农田、农村社区和农产聚落的新型城镇。"化城入乡"是围绕村镇聚落在边缘小城镇展开，其健康发展将凸显出新型城镇独有的地域乡村生态风貌特色。

4.3 "坐地入城"的有机乡镇模式

"坐地入城"是构筑"资源统筹、农非互助、就近择业、居无迁徙、以业入籍、社保健全"的村镇聚落空间结构体系，该体系将与产业互补互促的就地城镇化形成生态为先、表里如一的城镇化发展状态。

4.4 "多核集聚"的生态化城镇

村镇聚落的有机增长与现代文明相互促进，构成新型村镇空间的"多核集聚"模式，即"一城多核、核中有核、核外有核、核核分离、绿环连接"的生态城镇化形态。人城关系中折射出"大聚落、小庭园、微住宅"的原住聚落与保持相对完整的邻里乡亲社区概念。

围绕乡村聚落的"民生、民俗、民风"而展开的产业集聚空间规划，是一种坚持走中国地域、本土特色的生态规划。

5 古村落特色的乡村风貌保护策略

不同时期的经济模式、产业结构、发展程度最终必然会反映在其土地水体资源的使用，以及空间中所呈现的形态、形象，给人留下的本土风貌意象方面。在济阳古镇范围之内，集中了当时所应有的传统实用建筑，如成组的民居、祭祀的庙庵、祭祖的祠堂、读书学习的书院（斋）、保全身家性命及财产安全防御的土堡和碉式角楼、祭祀先圣的宫观、维护地方安全的兵营等。地域乡土风貌所传递的不仅仅是一种风貌，更是风貌所蕴含的文化载体，它是一个国家、民族得以繁荣昌盛的本根依据和强盛的前提。

5.1 转型升级中的资源统筹与风貌保护

加快城镇化的转型发展，提升城镇化的质量。传统低成本、高污染的速度型、要素驱动的城镇化发展模式愈来愈难以为继，城镇化发展由速度扩张向质量攀升、由要素驱动向改革创新驱动的转型势在必行，如生产技术的改进和劳动生产力的提高。[6]在中小城镇，人们的消费需求由低层次向中层次发展，由基本生活型向多元化品质型提升是必然的，而在欠发达山区，道路交通条件永远是一道难以跨越的门槛。[7]推动城镇化的成功转型，以健康、可持续的城镇化，有力地支撑着国家经济社会的转型发展，这是新型城镇化的重要任务。[8]

5.1.1 城乡统筹总体规划

在"经济、政治、文化、社会、生态文明建设"等"五位一体"的总体布局下，提升转型升级的水平和层次，着眼于全面建成富有地域特色的美丽城镇与乡村的总目标，做到资源统筹发展。

5.1.2 生态优先

济阳古镇有著名国家级4A级森林公园—永春牛姆林、大田象山名胜风景区、国家4A级桃源洞景区毗邻，又是侨乡、台乡、茶乡、生态之乡、国共合作及闽台文化交流之乡。将城市的科技、教育、卫生、管理等文明理念融入城镇和区域生态规划，形成根植于本土的优良传统；调节好城镇建设中传统与现代的关系，强化眼前和长远、局部和整体、效率与公平、分割与整合的关系，完善生态物业管理、生态占用补偿、生态绩效问责、战略环境影响评价、生态控制性详规等相关法规政策。把"集约、智能、绿色、低碳"等原则贯彻到城镇化的生态文明过程与行动中。

5.1.3 风貌保护

济阳的古建筑类型齐全，既有独具特色的土堡等防御性建筑、全省体量大最高单孔石桥、廊桥、昭灵宫、坛庙宫观、桥梁牌坊等各类公共建筑，又有大面积的祠堂和普通民居，还有店号商铺等诸多的乡土建筑。古镇范围之内古生态、古环境、古迹众多、街巷完整、历史建筑错落有致地分布在合适的地方，蕴含着丰富的，且又具特色的历史文化内涵。

古建筑的保护，聚落村镇空间的保存，这就要求在新观念、新技术、新体制下，通过文化复新，以地域风貌保护的角度来看待区域城镇化、社会信息化和农业现代化在生态发育过程中对乡村、城镇带来的空间、形态上的变化，并预测其对地方民俗风貌所带来的潜在影响，做好保护与传承。[9]

5.2 经济发展中的城镇化进程

经济发展水平是城镇发展的基础和源泉，特别对于发展中国家来说，经济发展是提升城镇综合承载能力的核心问题，它是社会发展、环境建立，做到有序分类保护和建设并行发展。[10]以乡镇企业为主，地方政府引导的济阳城镇化经济发展，体现了资源共享、统筹协作、共同致富的发展理念。新型城镇化是以"民生为本"的自下而上的城镇化，需要不断健全机制、完善管理，通过实现"三化"来促进"三农"问题解决。

5.2.1 民生为本
新型城镇化要以民生为本，改革农业生产条件，改良农村生活环境，改善农民生活水平。借助产业转型升级来促使农业向农业产业化、农业工业化转变，从根本上解决"农业、农村、农民"问题，真正实现"农业工业化、农村城镇化、农民市民化"的内涵发展。[11]

5.2.2 民风习俗
转换角度，将以民生为本的新型城镇化与风貌保护为目标落到实处，以民族、氏族、宗族、乡邻亲情为前提，组织聚落空间，保障村民具有完整的坊区、聚落宗亲机制的礼法习俗和权益。重视以历史人文的眼光传承民俗文化。

5.2.3 遗产保护
在城镇化的进程中，尽可能避免因简单粗放经济体制所造成的空间布局功能不合理、管理机制不完善造成的历史局限性。纠正在产业集聚、撤村并镇、撤边缘村落为中心集镇的进程中所造成的聚落文化、历史遗留的损毁和破坏。注重对古迹的保护和修复，为创建地方本土特色风貌打好基础。

5.3 村镇聚落的多核聚集空间保护
多核聚集的城镇化与以往城镇化发展的最大区别在于它将现代城市文明的内涵以功能、理念的模式融于新型城镇化发展体系中，是基于济阳乡村聚落有机增长与现代城市文明融合对接的双向交互发展模式。

5.3.1 空间发展
济阳乡一贯注重环境保护、生态维护、传统文化呵护，存有强烈的古朴城乡村建设规划理念，从宋代一直到现在的近千年间，在注意风水的情况下，最大限度地利用台地、阶地、山边进行建设，同时兼顾环境、生态、以人为本的生存理念，是我省、我国古代村镇建设注重科学的重要实例之一。

聚落村镇在城镇化发展中，根据自身的自然环境条件与区位经济结构特点，寻求城镇化发展的突破点。并与区域城镇、村落形成上位的新型城镇化总体规划，形成"核中有核、核下有核、核核连接、层级递进、绿野圈层"——下接乡野、上接城市的空间生态发展体系。

5.3.2 多核聚集
根据城镇产业与聚居结构关系和公共服务半径规范，以社区聚落的聚散离合特色，设置配套的公共服务核心区域，形成坊区聚落中的商业文化核心。城镇中不同产业以类集聚、社区的商业文化核心与相应的聚落形态对应，构成一体多核、同城资源共享又各具特色的发展途径。

5.3.3 肌理延续
济阳古镇的突出价值在于其完整保存的民居体系、祠堂体系、商贸体系、侨乡体系、涉台体系、茶文化体系。历史街区，作为当时县城之中主要街巷的格局基本完整。同时，济阳作为当时闽东北主要的交通枢纽之一，古驿道及沿线桥梁、路亭等配套建筑保存完整，是我省线性文化遗产及空间文化景观的重要实例。

由于城镇核的发展是以良好的村落聚居为基础，并依据产业转型升级的需求沿着原有的村落轴向肌理做延伸拓展，根据济阳古镇的街巷格局，通过在规划的绿带限定中止步，形成具有一定规模的核心聚落。

5.4 新型乡镇绿野分隔的规模控制
多核聚集的新型城镇空间形态被绿野、绿带、绿廊、绿点或绿色界面所分隔、限定、连接、沟通和点缀，形成动态均衡、层次丰富、形态各异、功能多样的城镇物质形态与空间，对连接自然、沟通城镇空间关系起到良好的生态调节与装饰美化作用。

5.4.1 有机生长
绿野植物形态在空间中起限定分隔、限定、连接的作用，更重要的是其所具备的有机生长能力与色彩肌理的空间装饰作用。

5.4.2 绿带分隔
城镇、聚落、宅园空间体系的边界受到植物的带状划分、面状连接与点状修饰，并能通过立体的空间种植出现在建筑物的界面上，形成水平与垂直分隔。

5.4.3 绿野连接
在多核聚集的城镇空间中，绿野可看作是网络限定外的增生区域，连接水域并形成广阔的乡野空间，具有联系聚落、沟通乡邻关系的绿色广场作用。

5.5 乡村民俗文化风貌的保护与传承

5.5.1 城镇形象
济阳乡新型城镇化需要采取自上而下的城镇建设模式，以民为本的发展目标，化城入乡，坐地入城，变"摊大饼"为多核聚集，绿野分隔限定城镇，以期造就具有地域文化、本土特色的城镇形象。这种形象基于保护传统风貌、传承民俗特色，与原始聚落的历史文脉与肌理有着延续、对接传承，与新兴的城镇形象有着呼应和谐的关系。

5.5.2 乡村风貌
乡村风貌所表征的是本土村镇的聚落风貌，既具有现代化生态田园城市的魅力，又蕴含了中国传统村镇的"聚落耕读"文化意境，它的魅力在于城镇形象的地域性、建筑的场地性、风貌的唯一性。

5.5.3 文化传承
新型城镇化有机、生态的城镇形象与风貌特征并非随意放任，而是因地制宜、因势利导、巧于因借的精心规划与设计，是一种根植中国传统文化、融汇外来精华的开放的城镇化发展体系。

6 结语

　　风貌承载的是一种文化，需要代代传承并发扬光大。济阳乡村风貌保护策略正是基于中国传统的"聚落耕读"文化，在中国"民生为本"的新型城镇化理念主导下，促使传统乡村风貌在建设中得以保持、传承和创新。城镇因人而造，风貌随人而化。人创造了城镇，城镇又以自身承载的内涵陶冶人的情志，所谓"一方水土养一方人"。济阳乡承载着的传统文化，折射出久远的传统风貌，正为今人昭示着古城镇文明的辉煌，并隐喻未来新型城镇的发展方向。

参考文献

[1] 黄亚平，陈瞻，谢来荣. 新型城镇化背景下异地城镇化的特征及趋势[J]. 城市发展研究，2011(18)：11-16.
[2] 陈甲全，张义丰，陈美景. 古村落研究综述[J]. 安徽农业科学，2008.36(23)：10103－10105.
[3] 刘沛林. 徽州古村落的特点及其保护性开发. 衡阳师专学报. 1998.
[4] 邓梅娥，镇崴，王倩. 古村落旅游开发研究——基于生态旅游开发模式的探讨[J]. 农业技术，2008，8（28）：100-103.
[5] 胡锦涛. 坚定不移沿着中国特色社会主义道路前进，为全面建成小康社会而奋斗——在中国共产党第十八次全国代表大会上的报告
[6] 岑迪 周剑云. 新型城镇化导向下中小城镇规划探析[J]. 小城镇建设，2012，(4)：34-39.
[7] 黄亚平，林小如. 欠发达山区县域新型城镇化动力机制探讨—以湖北省为例[J]. 城市规划学刊，2012，(4)：44-50.
[8] 张丽萍，郑庆昌. 中国特色新型城镇化与小城镇建设[J]. 福建农林大学学报，2013，16(2)：14-18
[9] 邓东. 当前我国城市设计发展的形势与存在的主要问题[A]. 2004 城市规划年会论文集（下）[C]. 北京，2004.
[10] 王承强. 新型城镇化进程中城镇综合承载能力评价指标体系构建[J]. 山东商业职业技术学院学报，2011，(6)：13-18.
[11] 文剑钢，吕席金. 苏南新农村社区形象特色缺失研究[J]. 现代城市研究，2012，(11)：37-43.

作者简介

　　徐瑶璐，1989 年 5 月生，女，汉，江苏靖江人，本科，福建农林大学，风景园林学研究生在读，研究方向为 3S 技术在风景园林中的应用。Email：binmusiq@qq.com。

　　焦睿红，1990 年 11 月生，女，汉，陕西西安人，本科，北京建筑大学，风景园林学研究生在读

　　刘健，1963 年 6 月生，男，汉，福建福州人，博士，三明学院校长，研究方向为 3S 技术在资源环境中的应用。

景迈山芒景古村落景观的活态保护研究

Research on the Living Preservation of Mangjing Ancient Village Landscape in Mount Jinmai

严国泰　马蕊

摘　要：传统村落是不断演变、发展中的活态景观，文中从时间、空间、文化等多个维度来解析景迈山芒景古村落景观的活态特征，并探讨其地域文化传承与村落景观可持续发展的活态保护策略。

关键词：村落景观；芒景；活态保护；时间；空间；文化

Abstract: Traditional village is evolving living landscape, this article analyzes the living features of Mangjin ancient village landscape in Mount Jinmai through the multiple dimensions of time, space and culture, discussing the regional culture inheritance and the living preservation methods for the sustainable development of village landscape.

Key words: Village Landscape; Mangjin; Living Preservation; Time; Space; Culture

村落景观的形成与发展是人与自然相互作用，在地域文化影响下空间随时间不断叠合、演变的结果，它的活态特征塑造了村落空间景观与文化的多样性。景迈山芒景古村落[①]位于云南省普洱市澜沧县城的南部，是澜沧拉祜族自治县惠民哈尼族乡下辖的一个自然村落，作为典型的布朗族村落，生活在这片土地的居民世代以茶叶为食，以茶叶为生，依托茶文化形成了独特的生产生活方式，其所处的"景迈千年万亩古茶园"被认为是目前世界上保存最完整、年代最久远、面积最大的人工栽培型古茶园，具有极高的文化价值和生产应用价值。村落内至今仍保留着原初的建筑形式与聚落形态、延续着传统的生产与生活方式，呈现出其独特的文化魅力（图1）。近几年，随着茶业的蓬勃发展，茶商与旅游者的进入加之外来文化的渗透，整个村落景观在悄然改变，对芒景古村落景观特征的研究与保护迫在眉睫（图2）。

图1　芒景村翁基寨保存较为完整的环境（毛志睿拍摄）

图2　芒景下寨新建筑形态出现异化（作者拍摄）

1　村落景观保护中的问题

随着村落文化景观价值的不断认知，村落文化景观的保护获得了高度重视。2012年5月景迈山古茶园已被列入中国世界文化遗产的预备名单，2013年3月景迈古茶园又被国务院审批为第七批国家重点文物保护单位[②]。由此芒景古村落的发展纳入了保护规划的程序，但在规划执行的过程中由于保护理解的偏差，保护方式的异化引起争议。

1.1　保护更新的异化

由于芒景古村建筑为土木结构，年代久远很容易破

[①] 景迈山芒景村东与西双版纳勐海县勐满镇毗邻，南面和西面与糯福乡相邻，北接景迈村，面积94.6km²。全村共辖6个村民小组，分别为芒洪、上寨、下寨、瓮基、瓮哇、那耐，村内布朗族人口占到了92%，是典型的布朗族村。

[②] 见国家文物局网站：http://www.sach.gov.cn/.

损，故民居的更新改造历代一直存在，由于文脉相通，村落的建筑文化景观和谐相伴，但是近几年随着普洱茶的不断知名，茶商、游客涌入芒景古村，使村民在更新住宅的同时不断地扩建民居。在保护规划指导下的村落景观改造多以政府主导或居民自主改建两种方式。政府主导的保护能够控制村落整体风貌，但由于对村落景观发展的时间维度与文化维度的忽略，导致保护更新中"文化符号"的简单移植与建筑形式的同一化；村民自主营造更新的民居，由于大部分居民对传统文化认同感的减弱、经济性的考虑与生活方式的改变，更新过程导致民居传统风貌的丢失，出现了在材料、技术已改变情况下通过"穿衣戴帽"来达到表面形式的协调，实已貌合神离。尤其是希望通过改扩建来增加住屋面积与改善居住环境的居民，为了达到当地政府提出的协调性原则，按统一的外立面与屋顶的形式对民居进行了模式化的包装，异化了芒景古村的文化景观氛围。

1.2 静态保护下的活力丧失

以往村落文化景观保护多通过划定保护范围或对特定要素保护来达到，这样的静态保护模式易形成"博物馆式"、"文化孤岛式"景观，由于保护忽略了文化的活态特征、村落的发展规律与村民作为文化传承者的身份，最终会导致村落空间、文化活力的丧失。对芒景村而言，原住民是村落文化的塑造者，村落的存在不仅依托于古村空间及其周围环境，更重要的是依托创造村落的文化传承人—村民。如果保护仅强调物质空间而忽略人的因素，村落活力势必会随着周围环境氛围的改变、村民对文化传承意识的淡化而导致非物质文化遗产逐渐的衰落，如布朗族村民对村落历史文化的认识不足与传统文化制约力的削弱，村落中已经出现了几户民居建筑高度在佛寺建筑之上的情况。

1.3 "真实性"与"完整性"要素的缺失

村落景观的保护多落在具体空间布局、建筑分布、聚落形态上进行解读，由于未作为文化景观来看待，村落景观保护中"真实性"与"完整性"要素有所缺失。如芒景村过去保护过于关注村寨的建筑材料、工艺与原风貌如故，而忽略了原住民及生活场景的真实性、原文化的真实性、功能的真实性以及环境的真实性等；此外，在对芒景村调研中发现村落核心要素、大地肌理、文化传承的完整性都有所改变。由于村民对古村落文化景观是人与自然共同创作的作品认识不足，导致芒景古村的整体风貌，村落文化真实性的受损。

2 村落景观的活态特征

村落景观的发展演变是以时间为线索，文化为驱动力对空间的不断改造，时间塑造了不同背景下空间的叠合，也让空间不是一蹴而就或一成不变，村落景观形成中具有的空间、时间与文化相交融的特点，使村落能以活态的景观、活态的社区而存在，这一活态的特征具体表现在以下三方面。

2.1 内外部空间的依存性

传统村落景观无论从建筑单体到群体，聚落环境到外围环境都体现了一种自内而外的相互依存性，这一特征使内外空间无法割裂而仅言其一。一方面空间扮演了村民生活承载体的角色；另一方面空间也承担着生产的功能，传统村落景观正是通过内外环境的结合、物质能量的交换性支撑着整个村落成为一个有机整体。芒景古村落也表现出内外空间的互通性与联系性，如村落中建筑单元为适应地形沿等高线布局，为利用山体走势从山林中获取水源，村落选址多处于半山腰或山坳口有水源处立寨等都是人类在长期适应自然的过程中所形成。

2.2 景观随时间的演变性

村落景观的活态特征表现在随时间的演变上，以不同时间节点对历史片段的追溯上不难发现村落景观的生长过程。从芒景古村落的空间形态发展看，往往是以寨心进行村寨建设，随着人口的增加村落范围不断向外扩大并形成一定空间结构（图3）。从村落的古茶林环境看也具有生态演化的特征，传说古茶树是1300年前由景迈哎冷山帕岩部落驯化栽培的，由起初的人工种植茶树到目前的古茶林，茶树实现了从人工林到与原始林混合相生的群落更替。

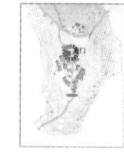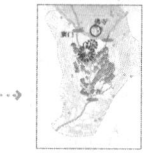

图3 芒景村翁基寨的空间形态演变图（孙可安绘制）

2.3 文化对空间的组织性

村落作为一类独特的文化景观，体现了卡尔·索尔（Carl Sauer）所强调的："文化是动因，自然区域是媒介，文化景观是结果"。一方面文化作为驱动力使空间形成了自组性，从村落内部结构、体系的维持机制看更多依赖于乡规民约。另一方面，文化会有创造、繁荣、衰落、异化与消亡的过程，其活态性也不断改变着空间。如芒景村布朗族认为万物有灵，不会随意砍伐林地保持了古茶树良好的生态环境，这样的思想促使当地居民对生存环境进行自发保护。传统文化的传承和延续支撑了整个村落社会的基本结构，也维系了乡规民约对村民行为制约的力量，至今，仍能看到布朗人对村里千年以上的古树还会祭拜，房屋选址也会避让开古树区域。由于受到傣族文化的影响，芒景村布朗族也信仰南传上座部佛教，在每个村寨中布朗人都会建佛寺，佛寺由佛像厅、念经厅和宿舍厅构成，作为全村人的精神空间和公共活动空间，也引导着村落布局，构建了神、人与自然相融合的景观。

3 村落景观的活态特征保护

村落景观具有的内外空间相互作用、景观随时间持续演变、文化对空间组织性等活态特征，促使村落景观在空间、时间与文化的相互作用中延续与发展着，故保护应从村落景观活态特征入手，遵从其内部发展规律，才能焕发村落景观活力，在传承地域文化的同时实现可持续发展。

3.1 维系"地脉"与"文脉"

维系"地脉"是对环境的性格及结构关系的保持，是对村落景观的结构性的保护，包括了内外环境完整性的保持，道路、水系、建筑、茶树林、农田等各要素特征的保护，以维系空间发展的骨架。"文脉"是村落发展的历史文化脉络，尤其是建筑空间与风貌的文化脉络应展现时间序列下的文化可持续性。通过对芒景村落景观的"地脉"与"文脉"的保持，顺应已有的景观格局和历史文化，有助于其"真实性"与"完整性"要素的呈现。

3.2 构建多方协调的共管模式

村落景观蕴涵的自然与文化资源具有脆弱性与不可再生性，资源保护面临的问题呈现多变性与复杂性，在不同环境下的保护策略应具有动态性与针对性。资源的管理需要多方的合作，包括政府、村民、专家、民间力量多方协同参与，这将有利于具体情况具体分析，避免一方主导下的同一化或异化的景观出现。对芒景村落景观保护可采用政府自上而下的奖励机制和政策引导，规划师提供技术支持，公众参与社区管理等方式来发挥各方优势，共同达到资源共管的目的。在前期实施中可发挥示范性民居的影响和带动性，制作民居改造的保护手册并对居民进行技术培训，规划完成后则定期跟踪实施结果，不断调整和探索适合方式，减小因政府过度主导下形成的"保护式破坏"情况的产生。

3.3 促进"文化因子"的再生

"文化因子"的保留与强化有利于重塑场所感，还原村落的核心价值。对代表芒景村落景观特征的"文化因子"应进行识别、保留并转化为活着的传统，促使传统文化能在空间上的延续与再生。一方面对典型"文化因子"应进行分类统计，包括物质文化与非物质文化的调查记录；另一方面，通过传统文化教育与培训激发村民的文化自觉性，增强村民的文化保护意识，以人作为文化的传承者，以实体空间作为文化附着的载体，实现资源和文化遗产的可持续性发展。

4 小结

我国传统村落景观是在人对自然的改造适应中不断发展而来的，展现了人与自然和谐相处中独特的生活方式和生产方式，并形成了具有延续性的文化特征，是人民智慧的结晶与文化的创造。在城镇化的背景下，实现传统村落景观的可持续发展，在经济发展同时留住村落特色的文化与环境，也是构建"美丽乡村"与"美丽中国"的重要部分。

参考文献

[1] 苏国文. 芒景布朗族与茶[M]. 昆明：云南民族出版社，2009.
[2] 常青. 略论传统聚落的风土保护与再生[J]. 建筑师，2005(3)：87-90.
[3] 周俭. 少数民族古村落保护研究——以侗寨为例[J]. NEWSLETTER，2014(27)：15-19.
[4] 孙华、陈筱、刘秀丹等. 山水侗寨：世外桃源的活态遗产[J]. NEWSLETTER，2014(27)：11-14.
[5] 原广司. 世界聚落的教示100[M]. 北京：中国建筑工业出版社，2012.
[6] 麦琪. 罗撰文，韩锋、徐青编译.《欧洲风景公约》：关于文化景观的一场思想革命[J]. 中国园林，2007(11)：10-15.
[7] 张成渝. 村落文化景观的保护与可持续发展[J]. 社科经纬，2009(3)：10-11.

作者简介

严国泰，1953年生，男，汉，上海人，博士，同济大学建筑与城市规划学院教授，从事风景资源与旅游空间规划，Email：yanguotai@263.net。

马蕊，1984年生，女，回，云南昆明人，同济大学建筑与城市规划学院在读博士研究生，从事风景资源与旅游空间规划，Email：153319679@qq.com。

风景区旅游空间容量和旅游心理容量测定研究[①]
——以乌镇西栅景区为例

Calculation on Tourism Space Carrying Capacity and Tourism Social Carrying Capacity of Scenic Spots
——Taking Wuzhen West Gate as the Example

严 欢 夏圣雪 张 杰 程建新

摘 要：以乌镇西栅风景区为对象，从旅游者的旅游行为和景区本身承受能力出发，在构建旅游空间容量模型和旅游心理容量模型的基础上，以实地调查研究为依据，运用多种统计方法测定景区内旅游空间容量和旅游心理容量，并结合实际对结果进行比较修正，最终得出合理的日容量为7200人/日。最后，基于研究分析，从不同方面分析了容量超载原因，并提出相应改进建议。

关键词：旅游空间容量；旅游心理容量；乌镇西栅

Abstract: Take Wuzhen West Gate as the example, study the capacity of tourism behavior and scenic endurance, make field research, build the model and calculate tourism space carrying capacity and tourism social carrying capacity, come to the conclusion that the reasonable capacity of Wuzhen West Gate is 7200 person/day. On the basis of these, analyzing the reason of overload capacity, and give some advises to improve it.

Key words: Tourism Space Carrying Capacity; Tourism Social Carrying Capacity; Wuzhen West Gate

1 引论

随着旅游资源使用的增长，各风景区的经营管理者逐渐面临着限制旅游使用以保护稀有资源和维持游客体验感知水平两难的抉择。而旅游作为旅游者和旅游地居民的一种互动的经济、文化行为，对于游客而言，对景区的心理感知程度是对景区的主观上的评价；对于旅游地居民而言，其心理感知程度是影响景区质量的重要因素之一。

旅游者和旅游地居民两者的心理感知是影响景区后续发展的关键因素，为了旅游地的可持续发展，早在20世纪60—70年代学界便提出了控制旅游环境容量，即在可接受的环境质量和游客体验下降的情况下，一个旅游地所能容纳的最大旅游者数。[1]旅游环境容量主要包括旅游空间容量、旅游心理容量等指标。[2]其中旅游空间容量指旅游资源依存的有效环境空间能够容纳的游客数量；旅游心理容量是旅游者和旅游地居民心理需求方面唯一的一个容量概念，也称之为旅游心理感知容量，指的是在保持旅游者一定审美体验、旅游质量和旅游地居民满意程度的前提下，所能允许的游客数量。

作为国内旅游开发较为成功的乌镇，仅2014年春节黄金周时期其游客接待量达到了29.03万人次，景区内部拥挤不堪（图1），长时间的容量超载导致乌镇西栅景区的环境遭到不同程度的破坏。为了使西栅景区得到更好的保护管理，需要进行科学的景区容量测定。在测定方法上，主要通过现场观测和问卷调查等方法测定乌镇西栅景区的空间容量与心理容量，为景区的管理和可持续发展提供参考依据。

图1 乌镇西栅景区黄金周人流密集

2 测定模型的构建

2.1 旅游空间容量测定模型[3]

在旅游空间容量的测定上，基于西栅景区的傍水而居的空间特点，将其划分为面状总量模型和线状模型两类。通过现场观察和测量，可计算出景区节点的面积以及旅游线路长度，同时在不同节点处共随机抽取50名游客进行跟踪调查，测算出其平均的步行速度和在景区节点的平均逗留时间，进而基于不同模型进行测算。

[①] 教育部青年基金项目（11YJCZH229）：两岸文化交流下的闽南古村落保护与发展研究；
国家社科青年基金项目（12CGJ116）：文化生态下闽台传统聚落保护与互动发展研究。

2.1.1 面状总量模型

$$D_m = S/d \quad (1)$$
$$D_a = D_m * (T/t) \quad (2)$$

公式中：D_m——某风景区瞬时客流容量（单位：人）

D_a——日客流容量

d——游人游览活动最佳密度（m^2/人）

t——游人每游览一次平均所需时间（min）

T——每天有效游览时间（min）

其中：$d = \max(d_1, d_2, d_3, d_4)$

上述公式中，d_1 为风景区景观保护所容许的游人密度，d_2 为自然净化及人工清理各种污染物（如垃圾）下所允许的游人密度；d_3 为游人因游览舒适需求而允许的心理密度；d_4 为因噪声等因子造成的游客感应气氛容许密度。上述各项指标内容可以因旅游地性质不同而有所差别。

2.1.2 线状模型

$$D_m = L/d' \quad (3)$$
$$D_a = LT/d't \quad (4)$$

公式中：L——风景区内线路总长度（m）

d'——游览线路上的游客合理间距（m/人）

K——景点游览周转系数 $= T/t$

T、t、D_m 及 D_a 的含义同前

2.2 旅游心理容量测定模型

旅游心理容量由基于旅游者的心理容量和基于旅游地居民的心理容量两个二级指标构成。[4] 在研究方法上，通过对人均可利用面积以及旅游者在视觉、听觉、触觉、行动四个指标的权重关系，以此来推测西栅景区的旅游者心理容量。在问卷的制定上，首先采用四级量表（1 为体验愉快，2 为体验一般，3 为体验较差，4 为体验差）来调查旅游者在整个游览过程中的心理感知，并设置了视觉感受、听觉感受、触觉感受和行动感受四级量表。[5] 问卷发放的时间上均衡考虑节假日与普通工作日，分别于 1 月 13 日、1 月 20 日、4 月 18 日、5 月 2 日、9 月 30 日五次在西栅景观内外共计发放问卷 430 份，其中回收有效问卷 362 份，有效率为 84%，并采用 SPSS 对数据进行回归性分析处理。

在旅游地居民的心理容量测算上，因难以划定测算标准，因而以访谈调查为主。在调研时间和主体的选择上，挑选国庆旅游旺季，与风景区内工作的当地居民，景区周围的饭店员工，生活在景区周边的当地居民等共计 37 人进行访谈式调研，针对其生活工作的环境是否感觉拥挤，旅游者数量是否过多等方面进行访谈。

3 西栅景区的空间容量和心理容量

3.1 旅游空间容量测定

西栅景区街道较为狭窄，以贯穿景区东西的西栅大街为主干道，西市河以南多条街和廊道的组合为次干道，并有包程船与公交船对游览线路进行丰富，约有 2/3 的景点分布于西市河以北，且相对集中。本文将从风景区节点空间的面状容量和风景区线性空间的线状容量两个角度测算旅游空间容量，结合模型测定公式得出西栅景区的旅游空间容量。

3.1.1 风景区节点容量测定

通过现场观察和测量，可以测算出西栅景区中各节点建筑内外部的可利用面积、旅游者在各景区节点停留的平均时间（图 2）。在平均游览空间面积的测定上，以不阻挡视线为标准，结合问卷调查方式确定广场游客适宜游览空间为 8m^2/人，室内景点游客适宜游览空间为 3m^2/人。西栅景区开放时间为 7：30－22：30，18：00 后部分室内景点关闭。在旅游者平均游览时间上，根据调研可知 18：00 前游客游览平均时间为 3 小时，18：00 后平均游览时间为 2 小时。利用公式（1）、（2）可计算出景点旅游资源空间环境容量（表1）。

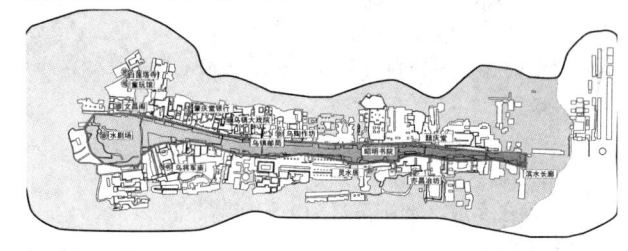

图 2 乌镇西栅景区景观节点

西栅景点旅游环境容量测算表　　　　表1

景点	游览面积（m^2）	游客平均游览时间（min）	瞬时游客容量（人次）	日合理容量（人次）
囍庆堂	449	10	150	9000
昭明书院	673（室内），271（广场）	7	257	22029
乌镇邮局	152	5	51	9180
乌陶作坊	126	3	42	8400
乌镇大戏院	387（露天广场），167（室内）	15	178	10680
肇庆堂银行	246	5	82	9840
白莲塔寺	357（塔内），867（广场）	5	227	40860
童玩馆	864	9	108	7200

续表

景点	游览面积（m²）	游客平均游览时间（min）	瞬时游客容量（人次）	日合理容量（人次）
文昌阁	297	2	99	29700
水剧场	1178	10	147	13230
乌将军庙	335（室内），505（广场）	3	175	35000
灵水居	428	6	53	7950
亦昌冶坊	310.5（室内），133（广场）	8	150	11250
滨水长廊	90	6	60	9000
景观节点	170	7	86	11057

3.1.2 风景区线性空间容量测定

根据实地测绘并结合卫星图测算可得，西栅景区主干道总长为14087m，以不阻挡游览为标准，结合问卷调查方式确定适宜游览间距为1.5m，利用公式（3）得出旅游线上瞬时容量理论上为

$D_m = 14087/1.5 = 9391$ 人

考虑景区游览线路必须返回原渡口，故瞬时容量为

$TRBC = 9391/2 = 4696$ 人

利用公式（4）得出，日合理游客容量为

$D_{a1} = 4696 \times 10.5/3 = 16436$ 人（白天）
$D_{a2} = 4696 \times 4.5/2 = 10566$ 人（夜间）
$D_a = D_{a1} + D_{a2} = 27002$ 人

3.1.3 旅游空间容量（TRBC）

（1）利用日容量值计算：

$TRBC$ = min(9000, 22029, 9180, 8400, 10680, 9840, 40860, 7200, 29700, 13230, 35000, 7950, 11250, 9000, 11057) = 7200 人/日

（2）利用瞬间容量计算 $TRBC = (C \times T)/t$ （8）

公式中：

C：各游览景点（含游览线）的瞬间容量

T：为每天有效游览时间

t：游客完成全部游览活动平均所需时间。

西栅景区较多景点于晚上18：00之后便不再对外开放，而此时正是游客进入景区的高峰时间。因此，分时段讨论。7：30—18：00，各游览景点瞬时容量之和为6540人。18：00—22：30，各游览景点瞬时容量之和为5424人。

得 $TRBC_1 = 6561 \times 10.5/3 = 22963$ 人
$TRBC_2 = 5445 \times 4.5/2 = 12251$ 人

$TRBC = TRBC_1 + TRBC_2 = 35214$ 人/日

经比较，日容量计算值＜旅游日容量值＜瞬时容量计算值，因此取旅游资源空间容量（TRBC）=7200人/日。

3.2 旅游心理容量测定

3.2.1 旅游者心理容量测算

对西栅景区旅游者心理容量的测试是在特定时间段随机采访旅游者完成的，并对数据进行了适当的处理。提问主要从视觉、听觉、触觉、行动个方面着手，问卷的选择上位旅游者平均满足程度达到最大时的个人感受，避免直截了当的提问导致的结果不确定性，最终得到四个指标的权重关系为：（1）视觉上对人数的感觉为0.45；（2）听觉上对噪声的反应为0.15；（3）触觉上对相互拥挤度的感觉为0.1；（4）行动上对相互间阻挡的感觉为0.3。

$A = (0.45 \quad 0.15 \quad 0.1 \quad 0.3)$

对所得数据分析后得如下矩阵R，

$R = \begin{bmatrix} 19.4 & 54.8 & 12.9 & 12.9 \\ 9.7 & 48.4 & 32.3 & 9.7 \\ 9.7 & 58.1 & 22.5 & 9.7 \\ 3.2 & 48.4 & 35.5 & 12.9 \end{bmatrix}$

再以视觉、听觉、触觉、行动4个指标的权重集A对R进行加权，得到

$B = A@R = (12.1 \quad 52.3 \quad 23.5 \quad 12.1)$

基于上述计算可知，体验愉快的游客占12.1%，体验一般的游客占52.3%，体验较差的游客占23.5%，体验差的游客占12.1%（表2）。

西栅游客体验调查 表2

	体验愉快	所占比例	体验一般	所占比例	体验较差	所占比例	体验差	所占比例
视觉感受	人数少，视线无任何阻挡	19.40%	人数一般，有点阻挡	54.80%	人数那个较多，视线时常被	12.90%	拥挤不堪，视线大量被阻挡	12.90%
听觉感受	人数少，很安静	9.70%	人数一般，有点吵	48.40%	人数较多，较吵	32.30%	拥挤不堪，相当吵	9.70%

续表

	体验愉快	所占比例	体验一般	所占比例	体验较差	所占比例	体验差	所占比例
触觉感受	人数少，与他人无接触	9.70%	人数一般，偶然接触到他人	58.10%	人数较多，常常接触到他人	22.50%	拥挤不堪，不断碰到他人	9.70%
行动感受	人数少，无任何阻碍	3.20%	人数一般，偶尔阻碍	48.40%	人数较多，行动不自由	35.50%	拥挤不堪，处处受阻	12.90%

在调查的时间段内，入园人数3600人，进入景区的人数平均约为20人/min。这种情况下，感到略有拥挤的人数占23.5%，感到拥挤不堪的占12.1%，略多于一半的游客表示可以忍受景区的拥挤程度。但被调查者中，74%为团队游客，26%为散客，而对于希望自主旅游的散客而言，其心理容量比团队游客要小，被调查的散客的心理感知上均认为景区内较为拥挤，因而可推测其已经超出了临界状态，出现一定的超载现象。根据问卷结果分析，进入景区游客数量应控制在3000人左右，平均17人/分钟左右，游客日心理容量为15300人。

3.2.2 居民心理容量评估

通过走访景区工作人员和附近居民了解到，景区工作人员共计约3000人，大约有1/2是当地人，超过90%的景区周边居民从事餐饮、交通等旅游相关产业。多数受访的当地居民表示，乌镇旅游产业发展带来的一系列影响，如环境污染，交通压力，但尚未对其日常生活构成威胁。此外，旅游业的发展还促进了乌镇经济、社会、文化的全面发展。总体上，居民心理容量尚未成为制约旅游环境容量的关键因子。

3.3 综合分析

基于上述计算可得乌镇的合理日容量约为7200人/日，而乌镇平时游客量便可达到2万，周末为3—4万人，国庆、五一等法定假日景区游客量更是能达到7—8万人。所以处于旅游淡季时，游客数量仍远超景区合理日容量，可知乌镇西栅景区面临着旅游环境容量严重超载的问题。

4 结论

旅游景区的管理特别是文化遗产地景区管理的基本目标是在不破坏历史遗产的前提下，使得游客得到最良好最直观的观光体验。但在现实情境中由于游客超载等现象的出现，导致旅游者未能获得良好的旅游体现，同时旅游地遭到不同程度的损坏。[6]

在空间容量上，西栅景区内入口处至邮局段人流较多，易产生阻塞现象，与之相对应的是水剧场等处旅游者稀少，造成这种情形的原因除景本本身布局因素外，还有旅游者的旅游方式。如团队游客多以固定线路进行游览，水剧场等景点较少光顾，导致短期内部分节点的拥堵。

在心理容量方面，旅游者的旅游动机是心理容量的关键性因素。对于团队游客而言，多以欣赏江南传统水乡遗产为主，这就决定了游客在景区内停留时间较短，故而其心理容量较大；而对于散客而言，多以感受水乡风情和体验水乡悠然的生活，这部分旅游者在景区内逗留时间较长，造成其心理容量偏小。

对于目前所出现的西栅景区内游客容量总体超载和分布不均衡的现象，应当采取一定的管理措施来保证西栅景区本身和游客体验不受破坏的前提下，适当调整不同时段的旅游者人数。

首先，由于西栅景区的可利用面积是一定的，其可容纳的游客数量也是一定的，通过网络、传媒等方式及时传播实时的游客信息，使旅游者在时间和空间上进行合理安排，尽量避开高峰时期。其次，整合现有的资源，增强景点间的有机性，增强旅游者的保护意识，减少其在游览过程中的不良行为，使得景区得以更健康的发展。

参考文献

[1] 周年兴. 旅游心理容量的测定——以武陵源黄石寨景区为例. 地理与地理信息科学, 2003.19(2): 102-104.
[2] 崔凤军. 论旅游环境承载力. 经济地理, 1997.15(1): 105-109.
[3] 崔凤军, 杨永慎. 泰山旅游环境承载力及其时空分异特征与利用强度研究. 地理研究, 1997.16(4): 47-55.
[4] 马扬梅. 旅游心理容量研究——以西溪国家湿地公园为例: [学位论文]. 浙江: 浙江工商大学, 2011.
[5] 万金保, 朱邦辉. 庐山风景名胜区旅游环境容量分析. 城市环境与城市生态, 2009.22(4): 16-20.
[6] 卞显红. 江浙古镇保护与旅游开发模式比较. 城市问题, 2010(12): 50-55.

作者简介

严欢, 1991年9月出生, 男, 汉族, 浙江桐乡人, 华东理工大学硕士研究生, 研究方向为城市文化遗产保护。
夏圣雪, 1991年12月出生, 女, 汉族, 浙江嘉兴人, 华东理工大学硕士研究生, 设计学专业。
张杰, 1973年6月出生, 男, 汉族, 江苏宜兴人, 博士, 副教授, 硕士生导师, 华东理工大学风景园林系主任, 旅游规划研究所所长。

浅谈历史文化街区旅游与文化商业业态引导

Study on the Tourism and Business Guide of Historical District

杨 明　王 斐　潘运伟

摘 要：激活历史文化街区活力使其融入城市功能是文化遗产保护的重要举措。文章探讨了在以旅游和文化为主的历史文化街区的振兴中，街区的振兴机制、商业业态类型和时间演变等问题，探索了重构街区魅力、经济活力和城市功能的规律以及对商业业态发展引导的要点。

关键词：历史文化街区；商业业态；旅游

Abstract: It is a very important measure for historical districts activating its activity. In this study, we discuss the renewal mechanism, commercial types, and evolvement of historical districts, then explore the regular pattern of reconstruction on historical block charm, economic vitality and city function. Finally, we point out that the essentials of the commercial development in historical districts.

Key words: Historical District; Commercial Types; Tourism

1 研究背景

从世界范围看，自20世纪70年代以来，城市历史地段和历史文化街区的重要性再次得到了人们的重视。从以保护单体建筑为基本策略的第一次保护运动，到以保护历史建筑群、城市景观和建筑环境为重点的第二次历史保护思潮，逐渐地，历史地段的保护概念从针对一些个别案例的特殊处理，演变成为城市规划的一个不可或缺的组成部分；由此人们开始对保护的力度进行思考——如果走入另一个极端，将整个建成的环境都保护起来，就会使城市的发展完全停止，使它的活力和结构陷入僵化。于是便出现了当代的第三次历史保护思潮。与早期的更多关注遗产本身的历史特性不同，第三次保护思潮是在保护的基础上，更注重通过提高规划和管理水平来"振兴"历史文化街区，处理好难以阻挡的城市和经济发展的需求与遗产保护之间的关系，缓解历史功能与现代需求之间的不协调，从而为历史文化街区保护和改善提供所需的经济支持。换言之，第三次保护思潮更关注历史遗产的振兴和未来。

在尊重历史文化及提升环境质量的前提下，为这些旧的城市功能已经衰退或者消失的历史建筑和街区寻求新的功能，使之重新融入整体城市功能中去，并通过吸引人和各种城市活动使历史文化街区再次变得生机勃勃。旅游业，以及与之相关的各种文化活动，是人们为历史文化街区所寻找的重要的城市新功能之一。以旅游和文化为先导的振兴策略，常常意味着历史文化街区的经济结构需要部分或者大规模的多元化或者重构。在历史文化街区的发展中，如何协调保护与旅游经济振兴的不同需求的力度？如何将历史遗产、文化传统和场所感与当代的旅游发展和经济需求结合起来？这些问题的最直接、最表象的反应便是历史文化街区的商业业态。

2 业态引导

本文将从振兴机制、业态类型、时间变化等多个方面，浅谈历史文化街区旅游和文化振兴的商业业态引导。

2.1 振兴机制

积极的振兴措施需要从历史文化街区"内部"或者"外部"创造经济的增长，不同的机制是直接影响历史文化街区场商业业态的类型、不同的管理引导策略等一系列的问题的根源所在。历史文化街区与城市其他街区的本质不同在于其所承载的历史脉络、城市文化和群体记忆。由此，街区的功能和经济的振兴必须从街区的历史文化本质出发。历史文化街区的振兴机制可以分为传统振兴、更新振兴和变革振兴。前两者属于内部振兴，后者属于外部振兴。

2.1.1 传统振兴

传统振兴是指延续了一定的历史传统的惯性，保存有一定的传统经济活力的街区振兴。如北京香山的买卖街、福州三坊七巷、湖州衣裳街等。

北京香山的买卖街自古便是进入香山静宜园的前序廊道，沿街全为家店商铺；时至今日，买卖街仍是为到访香山的市民和游客服务的旺铺商街。福州的南后街历史上便是三坊七巷的商业街区，印刷、裱褙、古旧书坊是南后街的传统商业。在2008年政府主导的街区振兴中，三坊七巷这些传统业态得到进一步的复兴和加强，成为街区的文化灵魂，成为延续三坊七巷传统的扛鼎品牌。湖州衣裳街区明清时期因此地开有众多估衣店而得名，经当代修复后，该街区仍以服装业占大多数，延续了历史的传统。

2.1.2 更新振兴

更新振兴是指街区历史形成的功能（如居住、工业等）已经衰退，而在市场作用下已经自发地实现了街区部分功能和经济结构更新，而焕发出一定活力或具有活力潜力的街区振兴。如果街区在后续能够得到政府的积极引导和政策支持，很好地吸引外部资金的注入，则这种更新会得以加速并朝着较为完善的功能和经济结构转化。纽约苏荷（SOHO）从一个工业区转变成综合性功能区就是这样一种实证。在我国，诸如北京南锣鼓巷、上海田子坊等也是历史文化街区更新振兴的典范。

北京的南锣鼓巷以前跟其他北京胡同没有什么区别，是一条以居住为主的胡同街区。20世纪90年代初，随着我国文化体制改革的深入和文化领域的活跃，南锣鼓巷逐渐成为其周边的中央戏剧学院、北京美术家协会等艺术机构的第一代艺术创业者的摇篮。酒吧、咖啡店逐步出现，成为当年艺术商业化"地下交易"的平台。自2006年开始的综合整治中，政府又将文化创意产业作为南锣鼓巷商业业态更新的先导。田子坊源于20世纪法租界的第三次扩张，是"里弄"风格的居住建筑；二战期间，田子坊内的弄堂工厂又逐渐兴起。1998年陈逸飞率先在田子坊成立雕刻工作室，其他艺术家也先后入驻，田子坊的艺术创作氛围逐渐形成。之后便吸引了大量国外的文化艺术公司，也吸引了上海中产阶层和创意阶层，成为他们的生活及创意工作地，涉及设计、艺术品、陶瓷、摄影、画廊、绘画工作室、古玩等多个领域。而为之服务的酒吧、咖啡馆、零售店也随之兴起。

2.1.3 变革振兴

与传统振兴和更新振兴是对街区的内部历史功能和文化脉络的传承或自发演化（自发演化在多年后也会成为街区历史的一部分）不同，变革振兴是一种以功能和业态规划为先导的"强制性"街区功能、经济结构和产业业态的调整和重建，允许、鼓励、并强化在历史街区形成新的功能。变革振兴往往针对那些短期难以实现自身经济活力的复苏的街区，或者经过岁月的累磨，在物质空间上已经不存在的历史文化街区的复建。

比如成都的锦里，曾经是西蜀历史上最古老而具有商业气息的街道之一，在秦汉、三国时期闻名全国。20世纪末时，锦里的历史遗迹、原有建筑、街巷已荡然无存，成为普通的旧民居。2004年锦里以明末清初的川西民居作为建筑形式，以与武侯祠一脉相承的三国文化与成都民俗作内涵，形成市民游憩和游人旅游的文化商业街区。

2.2 业态类型

历史文化街区的旅游和文化商业业态可以分为主导业态、关联业态、更新业态、配套业态和社区业态等。

2.2.1 主导业态和关联业态

历史文化街区的本质在于记录和反映了一段社会发展的历程，这段历程既有物质空间的表达，也有文化内涵的表达。街区的物质空间可以通过历史遗迹、建筑、街道肌理等可以得到直接的表现，而文化内涵的表达则主要是通过传承前人的活动来得以体现，这些与文化历史保护和传承密切相关的文化和经济活动，必然成为街区的主导业态。主导产业可能在经济收益上不是街区的主体，但却是承载"场所精神"的核心，是街区的历史和文化"灵魂"，也是街区有别于其他历史文化街区的关键。但有时候历史遗留下来的传统商业可能数量较为有限，这时与街区或者地域历史文化相关的一些关联业态便成为主导业态必要补充。这些关联业态可以是延续传统业态而开设的同类型的新店，可以是街区博物馆和展览馆，可以是传统的茶楼酒肆，在有些情况下也可以是引入当地的（而非原街区所有的）传统特色小吃等。关联业态虽与街区的传统业态不同，但却与街区的历史文化密切相关，是强化街区历史文化感的重要措施。主导业态和关联业态的确定直接由街区的振兴机制而决定。

在传统振兴中，街区的主导业态自然应是历史上的传统业态、老字号和历史遗迹（历史遗迹可视为文化展示业态），关联业态则是与街区历史文化相关的业态形式，这样才能保持街区历史文脉的延续，保留街区的城市记忆。以福州三坊七巷为例，米家船、青莲阁等裱褙店曾是陈宝琛、严复、林纾等名人常常光顾的地方；吴玉田刻坊，刻制了我国第一部外文译作《茶花女遗事》、严复的译著《天演论》。在2008年三坊七巷整治之前，虽然南后街很多店铺被经营低档服装和殡葬用品的业态所占据，但仍有米家船老字号店、黄巷里的二宜轩裱褙店、宫巷里的虚静堂裱褙店在经营着三坊七巷传统的印刷、裱褙、古旧书坊等。街区整治和修复后，三坊七巷这些传统业态得到进一步的延续和加强。2010年，南后街开业的店铺总计有62家，其中如米家船、青莲阁等传统裱糊书社老字号店有5家，占8%；而老字号小吃、传统茶楼、书画社展馆、寿山石雕展馆等与南后街历史文化一脉相传的关联业态有14家，占22%；两者合计占到总业态的30%，从而很好地保护和传承了南后街浓郁的历史文化氛围。到2013年，南后街总店铺数增加到127家，传统的书画裱糊店增加到13家，占10%；而传统小吃、茶楼、博物馆、展览馆、地方特色工艺品馆则增加到32家，占25%；两者合计占总店铺数的35%。再以湖州衣裳街为例，从2011年统计数据来看，该街区有近70%的业态为服装业，延续了"衣裳街"的历史文脉。

在更新振兴中，街区的主导和关联业态则是在历史文化保护和环境质量提升的前提下，遵循其自发振兴的市场规律，由市场选择的最有经济活力的业态。以北京南锣鼓巷为例，南锣鼓巷原本只是普通的以居住为主的胡同，即便是有些商业也是为胡同居民服务的小卖和零售。上世纪末，南锣鼓巷逐渐成为其周边艺术机构"艺术商业化"的平台。2005年，南锣鼓巷出现了28家酒吧、咖啡馆和餐厅，占当时街区商业的76%（另有1家住宿、1家美甲店和7个社区商店），成为主导业态。2013年，街区店铺增加到220家，酒吧、咖啡馆、餐厅和会所占33家，占15%；而与南锣鼓巷艺术气息、文化创意的更新氛围相关联的业态中，工艺品店有63家，创意工作室有10

家，小众服饰店有 47 家，占 45%。

2.2.2 更新业态

历史文化街区虽然传承自过去，但历史并非僵化不变而是动态发展的，今人的创造在将来也会成为后人的历史。因此，街区的业态（包括主导业态）也并非是一成不变的。街区在发展过程中新增加或调整的业态，称之为更新业态。随着时代和历史的检验，这些更新业态有可能销声匿迹，也有可能成为主导和关联业态。当然，我们也必须认识到，由于历史文化街区的保护和传承历史的本质，对街区更新业态的选择和引导必须谨慎；它应该遵循过去和当代历史环境、文化需求和市场规律的变化，能够在不割裂历史传统的同时，反映出时代需求和特色，从而使历史文化街区能够真实地反映不同历史时期的多元文化，能够真正成为反映历史不同时期的城市记忆。

北京香山的买卖街历史上曾是既有六部朝房、军机处、御膳房、御药房等附属于静宜园的行政机构，也有多为护园官兵和随驾大臣服务的遍布沿街的家店商铺、夹杂说书的酒馆、唱曲的茶园、春秋棋社等。20 世纪 50 年代，买卖街已变为多为当地居民服务的店铺商街了——有王记理发铺、油盐店、赵记肉铺、郑记煤铺、魏记牛奶厂、屈记小铺、周记果局子、包子铺、赵记茶馆等。到 60 年代，由于特殊历史原因，买卖街的商铺相继关张，没有一家门店。时至今日，买卖街成为为到访香山和静宜园的市民和游客服务的旺铺商街。2010 年修复整治后的福州三坊七巷街区的主导业态是以传统老字号为主的书画裱糊和传统小吃，而截止到 2013 年，街区新增了 8 家台湾购物和小吃店铺，占总数的 6%。此类更新业态的出现不难理解——历史上闽台一衣带水，而现在海峡相隔，在时代背景下，南后街的更新业态真实反映了这种血脉相连的关系。同时，随着三坊七巷成为福州市的旅游热点，当地的特色商品也汇集南后街，出现了以牛角梳、食品等当地物产售卖的旅游商铺，共计 26 家，占总数的 20%。

无论是香山的旅游店铺，还是三坊七巷的台湾特色业态，这些更新的商业业态都是反映了当下时代的特色和市场的需求，是传统历史业态的创新发展和有机延续。

2.2.3 配套业态

主导业态、关联业态和更新业态共同形成了街区的历史文化主题和氛围，这三者对于街区的作用更侧重于保护和延续街区的历史记忆和文化特性。同时，为促进历史文化街区在现代城市中保持经济活力，在拥有以上三种业态的同时，应保持一定数量的其他多元商业业态，称之为配套业态，如连锁快餐店、饮品店、音像店、时尚精品店、咖啡馆、服装店等。配套业态往往与街区的传统历史文化没有关联，但却会为到访街区的市民和游客提供在街区活动的便利，乃至营造一种现代的惬意的休闲氛围，从而使街区成为城市 RBD（游憩商业中心）或类似于城市综合体。配套业态可完全受市场的影响而自发展和更替，往往是街区最具经济活力的业态之一。

2.2.4 社区业态

为保持街区历史的真实性和延续性，对于街区原有居民应有计划的基于一定规模的保留，否则像云南丽江那样，由于大量外地经营者的进入而导致原有居民的整体迁出历史文化街区，使得街区的传统文化完全被现代的旅游活动所取代，这种做法也是非常值得商榷的。由此，街区应该有为当地居民服务的社区业态，如邮政、电信、超市、小卖等。

2.3 业态的时间演变

历史文化街区的各种商业业态的形成不是一蹴而就，而是随着街区的发展而逐渐形成并演变更替。街区业态演变的一般规律是主导业态通常作为"先锋业态"率先进入，这是因为主导业态通常是经过历史的沉淀或者市场的自发更新而形成的具有一定经济活力的业态。在主导业态的统领下，街区的历史氛围得以振兴，文化魅力引起人们的关注，接着通常是关联业态和配套业态的进入，它们会完全遵循市场规律实现动态更替。而随着市场和政策的变化，更新业态或许会增加到街区业态中，为街区的发展增加新的经济活力。

3 小结与展望

进入 21 世纪以来，我国掀起了对历史文化街区振兴的一轮高潮，很多城镇都对其历史文化街区的修复和整治进行了积极的探索，开展了大量辛勤的实践。但随着这种探索和实践的深入，街区振兴中一些有争议的问题也逐渐显露出来。比如云南丽江四方街地区和广西阳朔西街过度旅游商业化的问题，北京前门—大栅栏街区改造以北京文化替代了前门—大栅栏特有的街区文化问题，成都文殊坊佛教主题文化不足的问题，宽窄巷子业态主题偏差，历史文化丧失等问题等。

但目前对于此类争议问题的研究还相对较少，仅有的一些探讨也是更多聚焦于单个街区的案例探析，包括文化主题的选择，业态比例的统计，形成脉络的梳理等。本文则着重从国内外历史文化街区的理论探索和实践中，摸索出重构街区核心魅力、经济活力和城市功能的普遍规律，并通过商业业态的振兴机制、业态类型和时间演变等最直接的表现出来。

参考文献

[1] 史蒂文·蒂耶斯德尔，蒂姆·希思，塔内尔·厄奇（著）；张玫英，董卫（译）. 城市历史文化街区的复兴. 北京：中国建筑工业出版社，2006

[2] 单霁翔. 城市化发展与文化遗产保护. 天津：天津大学出版社，2006.

[3] 王瑜. 历史文化旅游资源保护与开发问题探索——以福州三坊七巷历史文化街区为例. 福建商业高等专科学校学报，2007.6.

[4] 冯之余. 发掘历史文化街区的新价值——浅谈三坊七巷的开发. 中共福建省委党校学报，2011.11.

[5] 陈嗣栋，秦芹，姚致祥等. 历史文化街区的商业业态定位

布局研究——以湖州衣裳街区为例. 中国名城, 2012.5.

[6] 张纯, 王敬甯, 陈平等. 地方创意环境和实体空间对城市文化创意活动的影响——以北京市南锣鼓巷为例. 地理研究, 2008.3.

[7] 张雪, 戴林琳. 城市中轴线历史街区保护与发展模式研究——以北京南锣鼓巷街区为例. 北京规划建设, 2012.2.

[8] 姚子刚, 庞艳, 汪洁. 海派文化的复兴与历史街区的再生——以上海田子坊为例. 住区, 2012.1.

[9] 周向频, 唐静云. 历史街区的商业开发模式及其方法研究——以成都锦里、文殊坊、宽窄巷子为例. 城市规划学刊, 2009.5.

[10] 吴珂. 弘扬精神, 内外兼修, 激发活力——浅谈历史文化街区保护与复兴. 江苏城市规划, 2008.2.

[11] 保继刚, 杨昀. 旅游商业化背景下本地居民地方依恋的变迁研究——基于阳朔西街的案例分析. 广西民族大学学报, 2012.7.

[12] 黄珏, 张天新, 山村高淑. 丽江古城旅游商业人口和空间分布的关系研究. 中国园林, 2009.5.

[13] 周尚意, 吴莉萍, 苑伟超. 景观表征权力与地方文化演替的关系——以北京前门—大栅栏商业区景观改造为例. 人文地理, 2010.5.

作者简介

杨明, 1983年1月生, 男, 汉, 硕士, 北京清华同衡规划设计研究院旅游与风景区规划所副所长, 从事学科为旅游规划、遗产旅游。Email: yangming@thupdi.com。

王斐, 北京清华同衡规划设计研究院旅游与风景区规划所规划师。

潘运伟, 北京清华同衡规划设计研究院旅游与风景区规划所项目经理, 硕士。

校园人文景观资源调查和评价
——以同济大学四平路校区为例

The Investigation and Evaluation of Resources in Campus Human Landscape
——Tongji University as an Example

杨天人　陈　健

摘　要：以同济大学四平路校区为实例，通过建立人文景观资源研究方法，对校园人文景观资源进行了现状调查，从历史文化建筑、文化景观空间、活动事件空间方面开展了校园人文景观资源分项评价和分区评价。
关键词：人文景观资源；现状调查；评价；校园

Abstract：Taking Tongji University Siping Road Campus as an example, through the establishment of humane landscape resources research method, investigated the campus humanities landscape resources. From the historical and cultural construction, cultural landscape, event space of campus human landscape resources, it developed partial evaluation and zoning and evaluation.
Key words：Landscape Resources；Investigation；Evaluation；Campus

校园人文景观是在满足校园物质和精神等方面的需要，在自然景观的基础上，叠加了文化特质而构成的景观。对校园人文景观资源的调查和评价，是对人文景观的再认识和提高。在大学校园内需要在空间内营造人文精神，其作用不局限于改善景观环境，更重要的是在于创造和体现出校园内特有的景观资源。校园人文景观也反映出校园生活环境、生活、历时、文化和艺术等特有的环境资源。

同济大学最早起源于德国医生埃里希宝隆在上海创办的德文医学堂。经过多次辗转迁徙，不断发展壮大，先后在六个省的四十多个地方办过学。学校校名"同济"取自成语"同舟共济"，而"同舟共济"最早出于《孙子九地》。同舟共济比喻团结互助，同心协力，战胜困难，也比喻利害相同。

在同济大学四平路校区中，100多年的同济办学历史逐渐在此沉淀，而其中人文资源尤为丰富。开展校园人文景观资源调查和评价，有利于整理校园中的大量历史建筑、景观，让其焕发出新的魅力，加深对校园的认识。

1 校园人文景观资源研究方法

1.1 评价体系

校园人文景观资源评价是从景观认知的特殊视角或功能进行评价，其作用和角色各不同，它是建立在历史文化建筑、文化景观空间以及活动事件空间的价体系之上的，对校园人文景观资源进行的综合评价。

（1）从历史文化建筑层面来看，其年代久远程度、历史艺术价值、文化情感价值等决定了其作为人文景观资源的价值。在此重点选取其历史价值、艺术价值、科学价值、使用价值以及情感价值五个指标进行评价。以 p_i^u 代表指标权重，f_i^u 代表历史文化建筑评价计分，S_u 为历史文化建筑分项评价得分。

（2）从文化景观空间层面来看，其历史价值、人文气息等构成了人文景观资源的部分价值。在此重点选取其历史价值、艺术观赏价值、环境价值、使用价值、情感价值五个指标进行评价。以 p_i^v 代表指标权重，f_i^v 代表文化景观空间评价计分，S_v 为文化景观空间分项评价得分。

（3）从活动事件空间层面来看，其寄托着的校园精神、校园文化等从侧面反映了人文景观资源中非物质文化部分的价值所在。在此重点选取精神文化价值、环境价值、使用价值、情感价值四个指标进行评价。以 p_i^w 代表指标权重，f_i^w 代表活动事件空间评价计分，S_w 为活动事件空间分项评价得分。

综上所述，历史文化建筑、文化景观空间及活动事件空间评价模式为：

$$\begin{cases} S_u = \sum_1^5 p_i^u f_i^u \\ \sum_1^5 p_i^u = 1 \end{cases} \begin{cases} S_v = \sum_1^5 p_i^v f_i^v \\ \sum_1^5 p_i^v = 1 \end{cases} \begin{cases} S_w = \sum_1^4 p_i^w f_i^w \\ \sum_1^4 p_i^w = 1 \end{cases}$$

在此，依据历史文化建筑、文化景观空间及活动事件空间评价，构建校园人文景观资源评价体系，进行人文景观资源分区综合评价。由于历史文化建筑、文化景观空间及活动事件空间三者相互作用，对人文景观资源评价形成协同作用，因此采用三个因子等权重的协同评价方法。以 S 代表校园人文景观资源综合评价指数，其与 S_u、S_v、S_w 之间的关系为：

$$S = \sqrt[3]{S_u \cdot S_v \cdot S_w}$$

1.2 数据结构

同济大学四平路校区人文景观资源评价的数据由以下几部分组成：

(1) 依照180m的间距将评价区域东西向划分为5个单位，南北向划分为4个单位，形成5×4的网格，对其进行评价。

(2) 依据评价指标和赋值标准对每个网格分别进行"历史文化建筑"、"文化景观空间"、"活动事件空间"分项评价。

(3) 在分项评价基础上，依据人文景观资源指数计算方法，合成单元人文景观资源综合评价指数。

2 校园人文景观资源调查

在此为便于整理，将校园人文景观分为以下三类：历史文化建筑、文化景观空间、活动事件空间。基于区块划分，对其分别进行分项调查。

校园人文景观资源区块调查统计表　　　表1

区块编号	历史文化建筑	文化景观空间	活动事件空间	总计
A1	无	无	无	0
A2	无	无	无	0
A3	无	三好坞	三好坞	1 (2)
A4	文远楼	无	ABC广场、明成楼	3
A5	无	无	综合楼	1
B1	无	无	无	0
B2	大礼堂	黑松林	大礼堂	3
B3	工程试验馆	李国豪绿地	和平路	3
B4	图书馆、教学北楼	问园（情人坡）、怡园	无	4
B5	同济大学校门	南北楼间草坪	毛主席像、南北楼间草坪	3 (4)
C1	无	无	无	0
C2	西南一楼	音乐广场、大学生活动中心及周边	音乐广场、大学生活动中心及周边、西南一楼前草坪	4 (6)
C3	无	樱花大道	田径场、网球场、樱花大道	3 (4)
C4	教学南楼	无	学苑食堂入口、风雨操场	3
C5	测量馆、"一·二九"礼堂、羽毛球馆	"一·二九"学生运动纪念园	"一·二九"礼堂、羽毛球馆	4 (6)
D1	机电厂	无	无	1
D2	无	无	土木工程学院入口广场	1
D3	无	樱花大道	樱花大道	1 (2)
D4	无	游泳馆周边绿地	无	1
D5	无	无	"一·二九"田径场	1
总计	12	12	21	37 (45)

3 校园人文景观资源分项评价

3.1 历史文化建筑分项评价

3.1.1 评价指标

根据风景区规划原理和风景资源学的概念，从历史文化建筑资源价值构成考虑，应体现历史文化价值为重，分为五个层次：

历史文化建筑定性定量资源评估权重分配表　　　表2

首层因素	权重	第二层因素	权重	第三层因素	权重
历史文化建筑价值	1.00	历史价值	0.36	年代久远程度、规模	0.14
				与重大历史事件人物关联	0.12
				反映校园历史脉络环节程度	0.10
		艺术价值	0.28	是否著名建筑师设计	0.07
				反映历史时期艺术创作和建筑艺术	0.08
				反映某种典型的风格和特殊的建筑类型	0.07
				艺术精美程度	0.06
		科学价值	0.12	工程技术代表性	0.06
				科学考察价值	0.06
		使用价值	0.18	现状保存状况	0.09
				与现代功能的关系	0.09
		情感价值	0.06	象征作用	0.06

3.1.2 评价标准

对现有主要历史文化建筑采用定性定量形式进行评价，评价标准如下表：

历史文化建筑定性定量评价基本指标模糊计分表　　　表3

	计分值 基本指标因素	一级 10~8	二级 8~6	三级 6~4	四级 4~2	五级 2~0
历史文化建筑	历史价值	年代久远程度	1950年前	1950~1960	1960~1970	1970~1980	1980年后
		与重大历史事件人物关联	极重大历史事件或人物	重大历史事件或人物	较重大历史事件或人物	一般事件或人物	无联系
		反映校园历史脉络环节程度	能反映全部历史	能反映历史重要环节	能反映历史某个环节	仅有一般的联系	不能反映
		是否著名建筑师设计	是	否	否	否	否
	艺术价值	反映历史时期艺术创作和建筑艺术	极显著	很显著	较显著	一般	无
		反映某种典型的风格和特殊的建筑类型	极显著	很显著	较显著	一般	无
		艺术精美程度	极精致	很精致	较精致	一般	差
	科学价值	工程技术代表性	极有代表性	有代表性	较有代表性	一般	较差
	使用价值	科学考察价值	极高	高	较高	一般	低
		现状保存状况	极完好	很完好	较完好	一般	差
	情感价值	与现代功能的关系	极融入	很融入	较融入	一般	差
		象征作用	极大	很大	较大	一般	小

3.1.3 级别设定

根据评估指标体系得出历史文化建筑资源的评价结果（总得权重数乘以100为其分数，满分100分），按照其价值高低分为五级：

特级历史文化建筑资源：得分值域在≥90，是指具有珍贵、独特、突出的遗产价值和意义，有极大吸引力的历史文化建筑。

一级历史文化建筑资源：得分在80—89之间，各要素接近理想状态，历史价值高。

二级历史文化建筑资源：得分在70—79之间，历史文化价值尚可，具有较大吸引力。

三级历史文化建筑资源：得分在60—69之间，历史文化价值一般，某些要素有较大的缺陷。

四级历史文化建筑资源：得分低于60分。这类资源某些历史文化要素有严重缺陷。

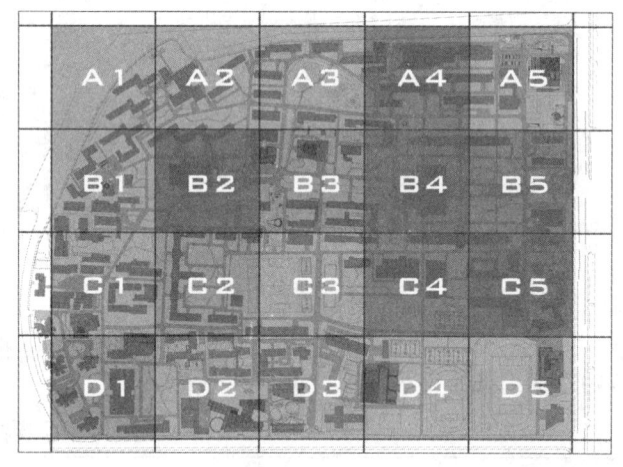

图1　历史文化建筑区块分级图

3.1.4 评价结果

历史文化建筑分项加权总分表　　　表4

编号	名称	历史价值				艺术价值			科学价值		使用价值		情感价值	加权总分
		年代	重大历史	历史脉络	建筑师	艺术创作	典型风格	精美程度	工程技术	科考价值	现状保存	现代功能	象征作用	
1	文远楼	7	7	8	9	10	10	10	8	8	9	10	8	85.0
2	大礼堂	7	9	8	9	10	9	10	10	10	10	10	10	91.0
3	工程试验馆	6	6	6	10	8	8	8	6	7	8	8	7	71.8
4	图书馆	6	8	8	9	10	9	8	8	8	9	9	10	85.7
5	教学南北楼	7	8	9	9	9	8	9	8	8	9	10	10	86.9
6	同济大学校门	8	9	9	8	9	8	8	6	7	9	10	10	85.1

续表

编号	名称	历史价值				艺术价值			科学价值		使用价值		情感价值	加权总分
		年代	重大历史	历史脉络	建筑师	艺术创作	典型风格	精美程度	工程技术	科考价值	现状保存	现代功能	象征作用	
7	西南一楼	7	7	8	9	8	8	9	8	8	9	8	9	79.6
8	测量馆	9	9	9	8	7	8	8	7	7	7	7	6	78.6
9	"一·二九"礼堂	9	9	9	8	8	7	8	7	7	8	9	9	83.2
10	羽毛球馆	9	8	8	8	8	8	7	8	8	8	9	7	81.1
11	机电厂（现为教育超市）	7	7	7	8	9	9	9	9	8	7	7	7	76.7

3.2 文化景观空间分项评价

3.2.1 评价指标和评价标准

同样，从文化景观空间资源价值构成考虑，应体现文化景观价值为重，分为五个层次，即历史价值、艺术观赏价值、环境价值、使用价值、情感价值。其不同层次的不同因素的权重也是不同的。

对现有主要文化景观空间采用定性定量形式进行评价，评价标准可对基本指标进行模糊计分。按照其价值高低分为五级。

3.2.2 评价结果

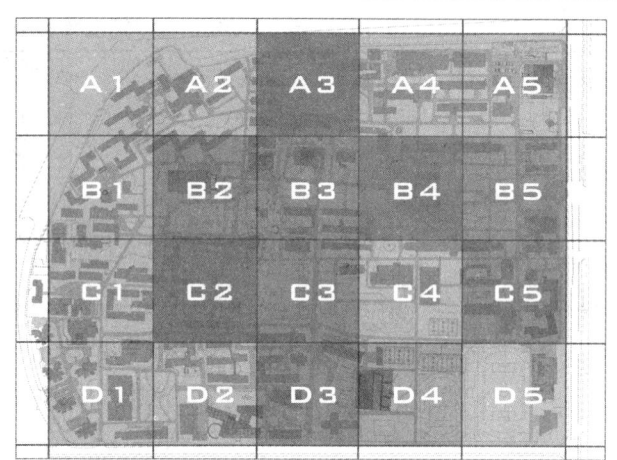

图2 文化景观空间区块分级图

文化景观空间分项加权总分表　　　　　　表5

编号	名称	历史价值				艺术观赏价值			环境价值		使用价值		情感价值		加权总分
		历史事件	历史人物	时代特征	设计师	美感度	景观品质	空间关系	地标景观	和谐度	现状保存	现代功能	怀念价值	象征作用	
1	三好坞	7	7	8	10	10	10	8	10	10	10	10	8	10	91.2
2	黑松林	7	9	7	8	8	9	8	9	8	8	8	8	9	81.5
3	李国豪绿地	8	10	7	8	10	9	9	9	9	9	9	10	9	89.2
4	问园（情人坡）	6	6	6	8	9	9	10	10	10	10	9	7	10	84.7
5	怡园	7	7	7	7	7	8	7	7	7	7	8	6	8	71.8
6	南北楼间草坪	8	8	8	8	8	9	10	9	8	9	10	8	9	86.5
7	音乐广场	7	7	7	8	7	7	9	9	7	8	10	7	9	77.4
8	大学生活动中心及周边	8	8	9	9	8	8	8	8	9	9	9	8	9	85.3
9	樱花大道	7	7	9	7	10	8	10	10	8	9	10	9	10	89.3
10	"一·二九"学生运动纪念园	9	9	9	8	8	8	8	8	7	8	7	10	9	84.0
11	游泳馆周边绿地	6	6	6	7	8	7	6	7	8	8	8	7	7	69.7

3.3 活动事件空间分项评价

3.3.1 评价指标和标准

从活动事件空间资源价值构成考虑，应体现精神文化价值与使用价值为重，分为四个层次，即精神文化价值、环境价值、使用价值、情感价值。对不同的因素采用不同的权重。活动事件空间定性定量评价基本指标也采用模糊计分法。按五级来确定其价值的高低。

3.3.2 评价结果

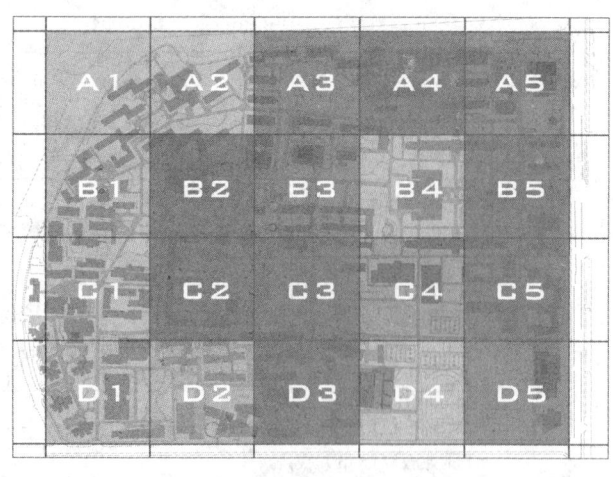

图 3　活动事件空间区块分级图

活动事件空间分项加权总分表　　　　表 6

编号	名称	精神文化价值			环境价值		使用价值			情感价值		加权总分
		代表性	独特性	延续性	空间关系	地标景观	社团活动	日常使用	活动规模	校园情感	文化象征	
1	三好坞	8	8	10	8	10	6	9	6	10	10	83.2
2	ABC广场	7	9	8	9	8	9	8	9	9	8	84.0
3	明成楼	8	9	9	8	8	8	9	10	9	9	87.2
4	综合楼	10	9	9	8	10	7	8	9	9	9	87.5
5	大礼堂	10	10	10	10	10	6	8	10	10	10	92.8
6	和平路	9	8	10	10	9	9	7	8	8	8	86.9
7	毛主席像	10	7	10	9	10	5	7	7	8	9	80.3
8	南北楼间草坪	9	9	9	9	10	9	8	6	7	9	84.4
9	音乐广场	7	8	7	9	9	9	8	9	8	7	80.9
10	大学生活动中心及周边	8	8	8	8	8	10	9	9	9	8	85.6
11	西南一楼前草坪	7	7	8	8	7	6	8	7	7	7	71.9
12	田径场	7	7	7	9	7	8	8	6	7	6	73.0
13	网球场	7	7	6	9	6	7	8	7	7	6	70.4
14	樱花大道	10	10	9	10	10	8	8	9	10	10	93.0
15	学苑食堂入口	8	9	7	9	7	10	8	9	8	9	84.3
16	风雨操场	7	7	7	8	7	7	7	8	7	7	73.8
17	"一·二九"礼堂	9	9	9	8	8	7	9	9	8	9	84.0
18	羽毛球馆	7	7	6	8	6	8	8	8	6	6	71.2
19	土木工程学院入口广场	7	7	7	7	7	7	7	6	6	6	67.3
20	"一·二九"田径场	9	8	8	8	8	7	8	10	8	8	82.2

3.4 校园人文景观资源分项评价结论

同济大学四平路校区共有人文景观资源（包括历史文化建筑、文化景观空间、活动事件空间）42处。

特级人文景源：具有珍贵、独特的历史人文价值和意义，在校内外有极大吸引力和影响力。共计4处。

一级人文景源：具有珍贵、罕见的人文价值和校园文化代表性，在校内有较大吸引力。共计25处。

二级人文景源：具有重要、特殊的人文价值和校园文化代表性，共计 11 处。

三级人文景源：具有校园内部代表性，共计 2 处。

四级人文景源：具有一般人文价值，作为校园的有机组成。在此因工作量及篇幅限制，不做具体评价统计。

校园人文景观资源分项评价数量统计表　　表 7

	特级	一级	二级	三级	四级	合计
历史文化建筑	1	6	4	0	0	11
文化景观空间	1	7	2	1	0	11
活动事件空间	2	12	5	1	0	20
总计	4	25	11	2	0	42

4 校园人文景观资源分区评价

对于含有多个人文景源的分区采取以下计算方法：选取其中分项评价得分最高的景源作为基础分，其他景源作为附加分，按10%的权重附加在基础分之上。

例：B4地块历史文化建筑分项有图书馆（85.7）及教学北楼（86.9）两项，则其分区得分为：86.9 + 85.7 × 0.1 = 95.5，以此类推。

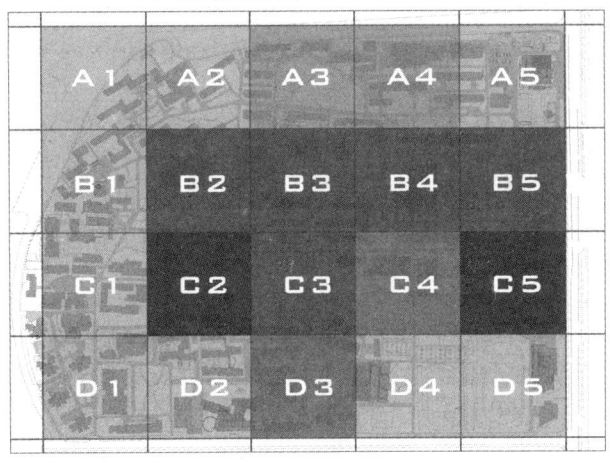

图 4　校园人文景观资源区块综合分级图

现分别对历史文化建筑、文化景观空间和活动事件空间的分级进行了分区评价。综合这些分级，对人文景观资源分区进行综合评价。

依据校园人文景观资源研究方法（P2），以 S 代表校园人文景观资源综合评价指数，其与历史文化建筑分区评价指数 S_u、文化景观空间分区评价指数 S_v、活动事件空间分区评价指数 S_w 之间的关系为：

$$S = \sqrt[3]{S_u \cdot S_v \cdot S_w}$$

其中，特级人文景观资源地块为校园最高质量人文景源密集分布区域，数量十分有限，分布在校园的C2（西南一楼及大学生活动中心区域）及C5地块（"一·二九"礼堂及"一·二九"纪念园区域）。一级人文景观资源地块为校园高质量人文景源分布区域，带型分布，串联起校园的南北向（樱花大道）、东西向（正门及和平路）的主要干道。二级人文景观资源地块是具有较高质量人文景源区域，分布在校园南侧主要入口处。三级人文景观资源地块是具有一般人文景源区域，分布在校园北侧次要入口。四级人文景观资源地块是人文景观价值含量相对较少，主要分布在校园的边缘。

校园人文景观资源区块综合评价分级表　　表 8

区块编号	历史文化建筑	文化景观空间	活动事件空间	综合总分	分区评级
A1	60.0	60.0	60.0	60.0	四级
A2	60.0	60.0	60.0	60.0	四级
A3	60.0	91.2	83.2	76.9	三级
A4	85.0	60.0	95.6	78.7	三级
A5	60.0	60.0	87.5	68.0	四级
B1	60.0	60.0	60.0	60.0	四级
B2	91.0	81.5	92.8	88.3	一级
B3	71.8	89.2	86.9	82.3	一级
B4	95.5	91.9	60.0	80.8	一级
B5	85.1	86.5	92.4	87.9	一级
C1	60.0	60.0	60.0	60.0	四级
C2	79.6	93.0	100.9	90.7	特级
C3	60.0	89.3	104.3	82.4	一级
C4	86.9	60.0	73.8	72.7	二级
C5	99.2	84.0	91.1	91.2	特级
D1	76.7	60.0	60.0	65.1	四级
D2	60.00	60.0	67.3	62.3	四级
D3	60.0	89.3	93.0	79.3	二级
D4	60.0	69.7	60.0	63.1	四级
D5	60.0	60.0	82.2	66.6	四级

校园人文景观资源区块综合评价数量统计表　　表9

人文景观资源地块	特级	一级	二级	三级	四级	合计
	2	5	2	2	9	20

通过校园人文景观的调查和评价，可以看出整个校园内综合评价后的不同等级的分布情况，同时可以指导校园景观规划设计。

参考文献

[1] 穆燕洁，张海清.基于AHP的大学校园景观质量综合评价研究——以四川农业大学雅安校区为例[J].安徽农业科学，2011.39(21)：13002-13005.

[2] 蒋杰，徐峰.北京高校校园景观环境评价——以中国人民大学为例[J].江西农业学报，2010.22(2)：60-63.

[3] 陈颖，黄承峰.AHP与模糊评价法在高速公路人文景观评价中的应用[J].环境保护科学，2007.33(3)：71-73，84.

[4] 高智华.廊坊市大学校园绿化环境的调查分析[J].沈阳农业大学学报(社会科学版)，2007.9(4)：535-538.

[5] 田敏娟，吴光卫.西安市楼观台旅游吸引力评价及其影响因素分析[J].中国农学通报，2011.27(23)：291-294.

作者简介

杨天人，1991年11月生，男，汉，上海人，硕士研究生，同济大学建筑与城市规划学院，从事城乡可持续发展规划、生态城市研究，Email：tianren.yang@hotmail.com.

陈健，1989年9月生，女，汉族，上海人，硕士研究生，同济大学建筑与城市规划学院，从事风景园林规划设计研究，Email：sarah19890928@163.com。

格鲁派寺庙空间特点及形成因素浅析
——以青海塔尔寺为例

A Preliminary Study of Spatial Characteristics and Its Formation Factors of the Gelu Sect Monastery
——Taking Ta'er Monastery for an Example

杨子旭

摘 要：通过对格鲁派寺庙的分布及空间形态的研究，以塔尔寺为例，论述了格鲁派寺庙的空间特点，即整体布局呈"自由发展式"、以"措钦"为中心，各功能分区等级分明、神格空间高于人格空间、寺庙整体统一均衡、空间变化异常丰富。继而研究了产生这些空间特点的形成因素，其中包括自然因素和宗教因素。
关键词：格鲁派寺庙；塔尔寺；空间特点；形成因素

Abstract: Through the study of distribution and the spatial morphology of the Gelu Sect Monastery, taking the Ta'er Monastery for an example, this paper introduces the spatial characteristics of the Gelu Sect monastery space. First, the overall layout was freestyle. Second, each functional areas were rigidly stratified. Third, the godhood space was above the human space. What's more, monasteries were balances in all, and the space of the monasteries were in rich variety. Then the paper introduces factors of the formation of the spatial characteristics, including natural and religious factors.
Key words: Temple of Gelu Sect; Ta'er Monastery; Spatial Characteristics; Formation Factors

佛教建筑在中国建筑历史上具有举足轻重的地位。藏传佛教作为佛教的一个重要分支，其寺庙多分布在西藏、甘肃、青海等地。格鲁派是藏传佛教中一个大教派。格鲁派寺庙的建筑风格、外部形态，以及空间特点，受到众多因素的影响，具有很大的历史文化价值和艺术美学价值。

塔尔寺（图1）是藏传佛教格鲁派六大寺院之一，位于青海省湟中县，距青海省省会西宁市25km，始建于明嘉靖三十九年，已有400多年，占地600多亩，是黄教创始人宗喀巴大师的诞生地。其建筑风格和寺庙空间组织不仅体现了格鲁派对建筑的影响，也与当地藏族的建筑风格相融合，具有很高的艺术价值，被第一批列入国家级重点文物保护单位。

1 格鲁派寺庙的发展

格鲁派虽然在藏传佛教中形成时间最晚，但是其发展势头旺盛，格鲁派的寺院在全国范围内的分布极为广泛，广泛分布于藏区各处。其主要包括西藏、甘肃、青海、四川、云南、内蒙古、新疆以及山西、北京和承德等地（图2）。在鼎盛时期，全国共有格鲁派寺院3000多座，其中位于拉萨的甘丹寺、哲蚌寺、色拉寺与日喀则地区的扎什伦布寺，以及青海塔尔寺、甘南拉卜楞寺合称为

图1 塔尔寺如来八塔（引自作者自摄）

图2 格鲁派寺庙在全国的分布图（引自作者自绘全国地图，仅是示意）

"格鲁派六大寺院"。

2 塔尔寺的空间形态及其特点

2.1 塔尔寺空间形态

2.1.1 塔尔寺概况

塔尔寺位于青海省湟中县（图3），现有总建筑9300余间，占地600余亩，殿堂25座，主要为大金瓦殿、大经堂、九间殿、小金瓦殿、祈寿殿、时轮坛城、法台府邸、释迦佛殿、弥勒佛殿等。

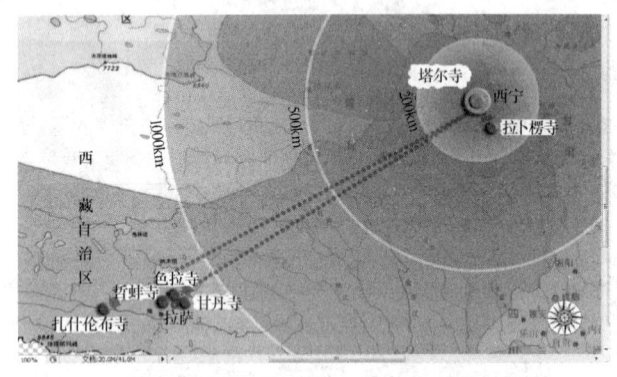

图3 塔尔寺区位图（作者自绘）

2.1.2 塔尔寺的总体空间布局

塔尔寺位于湟中县的莲花山坳里，四周有八座类似于莲花花瓣的山峦中，而塔尔寺就正好坐落在莲花的中心（图4、图5）。莲花山周围的山峦成了塔尔寺视觉上以及空间上的边界，同时为塔尔寺提供了一个山林之地，让信徒们可以安心清修。

图4 塔尔寺鸟瞰（引自网络）

塔尔寺的整体布局采用"自由式"的形式逐步形成，没有像中国皇家建筑群那样有十分明显的轴线关系，也有没有像民间建筑那样，按照网格的形式鳞次栉比的建筑景色。这种"自由式"的布局是有一个纪念宗喀巴大师的纪念塔为中心，进而在周边散点式的布置其他建筑物。最终形成了一个完整的寺庙。

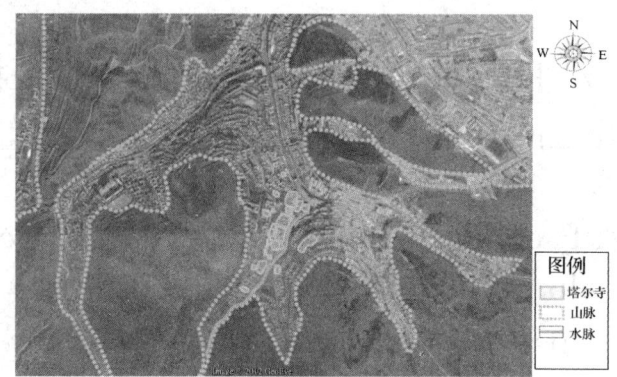

图5 塔尔寺周边分析图（引自作者自绘）

2.1.3 塔尔寺的内部空间形态

塔尔寺内部的空间形态不讲究中轴线对称，也不讲究横向和竖向的对称、对比关系，而是以纵向序列为主（图6）。整个建筑群体像是从山坳中生长出来的，逐渐形成一个巨大的建筑群。似乎显示着塔尔寺从山林仙境中逐步生长出来，展现在众人面前。寺院的中心区是由四大扎仓和十几座重要的佛殿建筑组成的，它们都分布在莲花山山坳的西面。整个寺院以大金瓦殿为中心，周围环绕着活佛府和附属建筑，在整体上形成了一种主次的结构关系（图7）。

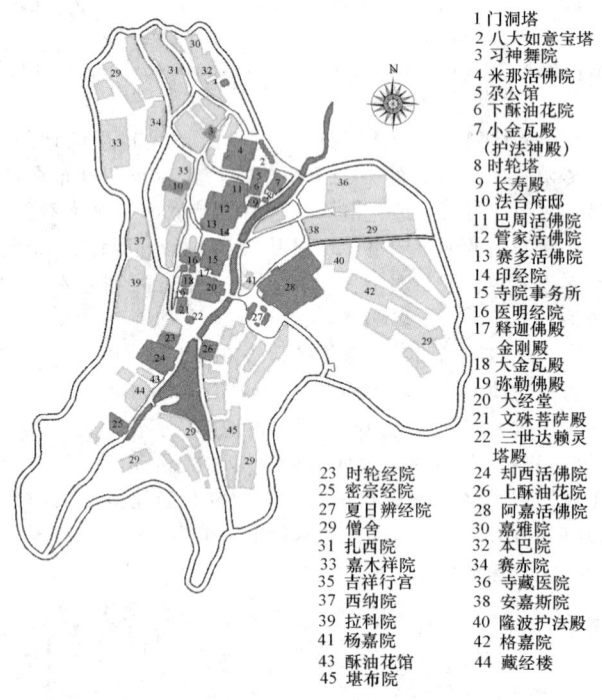

图6 塔尔寺平面图（引自作者自绘）

大金瓦殿的外部空间，不断被各种其他建筑占据，围绕它们的外部空间互相穿越，由建筑的外墙面形成了寺庙内的街道。寺庙周边也没有特定的围墙作为边界。这种没有经过预先规划的交通系统，并没有因此使得寺庙内的交通变得杂乱无章，反而，因为普遍存在的建筑间的缝隙，增加了各个地点之间的可达性（图8）。各建筑之间距离的不同，使得寺庙内的各个街道呈现了不同的宽度和进深（图9）。这些或宽或窄，或长或短的街道与寺

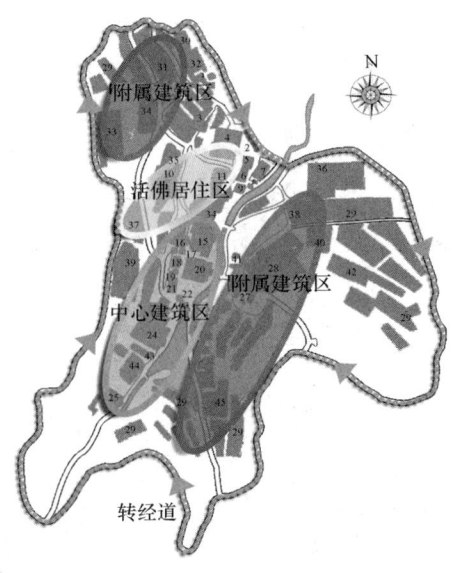

图7 塔尔寺空间分区图（引自作者自绘）

庙内不同朝向、不同高度大小、不同风格的建筑群，形成了不同视角的近景、中景、远景。使得整个塔尔寺处处是景，层次丰富，富于变化。

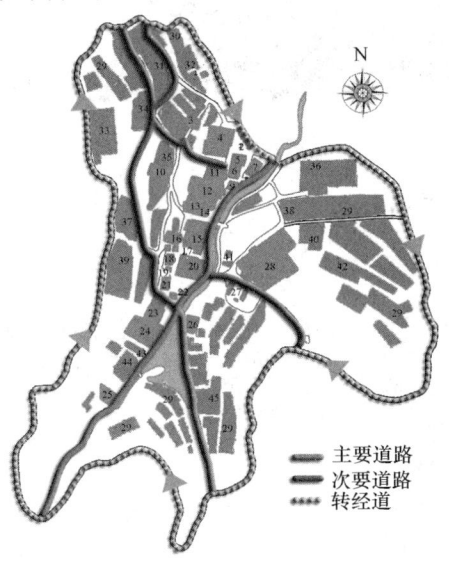

图8 塔尔寺交通组织图（引自作者自绘）

2.2 塔尔寺空间特点

2.2.1 整体布局呈"自由发展式"

塔尔寺经过数百年的不断发展，建筑规模宏大，形成了一种浑然天成的"自由式"布局方法。这也是藏传佛教寺庙经常采用的一种布局手段。由原来的完全的"曼陀罗式"变成了现在这种仍然保持了中心思想的"自由发展式"。塔尔寺外围设有转经道，这种转经道作为一种不完全闭合的构建成为塔尔寺的一种无形的围墙。即使如此，转经道也同样不拘泥于固定的走向，而是随着山势、寺内建筑和周边环境而不断曲折变化的，充分体现了塔尔寺整体布局上的"自由式发展"。

图9 塔尔寺的街道（引自作者自摄）

2.2.2 以"措钦"为中心，各功能区之间等级分明

"措钦"是格鲁派建筑中重要的组成部分，是大经堂的意思，在此进行全寺性质的活动。由于受到汉族四合院布局的影响，塔尔寺的建筑布局也以小型的院落为单位，散落在寺院各处。各个院落，各有独自的轴线系统，但无论如何变化，众多院落都围绕着"措钦"——大金瓦殿进行建设，各个其他院落的建设都不影响大金瓦殿在整个寺院中的中心突出位置。

为了突出"措钦"的重要地位，塔尔寺在建设初期就将大金瓦殿放置于整个寺院中心最显著的位置，除了地势高之外，其建筑的方位、视线、建筑高度、水源、风向、建筑用材、建筑装饰、建筑用色都是最高等级的。

除"措钦"之外，其他功能区的建筑都按等级建设，其建设规模、用地、用材、装饰都比上一级要低。"措钦"之后是活佛府和扎仓，再其次是康村。到康村这个等级之后，建筑多像汉族的单层建筑，装饰及其简单，颜色多为灰白色，位置在整个寺院的最外围。

2.2.3 神格空间高于人格空间

台湾成功大学的张昆振和徐明福先生曾指出"所谓神佛空间，大致由两个单元组成，一是供奉神佛塑像、画像以及其他具有特殊意涵的崇拜对象之供佛空间；另一则是位于神龛前方提供仪式性活动进行的祭拜空间。"我们在这里把它成为神格空间。与之相对，我们将为人服务的空间定义为人格空间。寺庙的空间形式也体现了神格空间和人格空间的融合。

从时间上看，塔尔寺最早建设的宗喀巴纪念塔，弥勒佛殿，显宗学院等建筑，而后建立了大金瓦殿，医明学院，文殊菩萨殿等，之后再逐步建设其他建筑。这在时间上肯定了神格空间的优越性。这件神格空间也成为之后整个空间布局的中心。其他的建筑围绕着这些建筑而纵向展开，形成了一条轴线，周围分布着康村等人格空间，因此又一次强调了这些神格建筑的优越性。此外，各种神格空间，都是由体量很大、装饰丰富、建筑用色鲜艳的建

---

① 张昆振　徐明福，龙华派斋堂建筑及祖先崇拜之空间意涵，《营造》第一辑，北京出版社，文津出版社2001.

筑组合而成的，在建筑内部，人们站在超人的尺度的佛像前，感觉好像被真的佛和大师所俯视，再一次突出了神格空间的优越性。

2.2.4 寺庙整体统一均衡

经过数百年的建设和不断的修葺改造，塔尔寺依然像一座城镇一样屹立在莲花山脉中。自由式的空间布局形式，并没有给这个古老的寺庙带来杂乱无章的感觉。反复的修葺、扩建也没有打破寺庙整体上统一均衡的感觉。这种统一感的形成主要靠以下几种方法来达到：（1）建筑顺应地势而建，以地形为基准进行布置，总体呈现出一种浑然天成的感觉；（2）寺庙内建筑主次分明，建筑体量、颜色、规格、用材、选址都按照这种主次的秩序进行；（3）运用传统的建筑形式和细部来统一全局。寺院的主体建筑全部采用格鲁派传统的建筑形式：敦厚的墙体、小型的开窗、藏红色的墙面、黑色的窗套、深棕色的鞭麻墙、屋顶的立经幢，这些都起到了统一建筑风格的作用。

2.2.5 空间变化异常丰富

塔尔寺"自由式"布局形式，不同的建筑风格，建筑之间不同宽窄的街巷等一系列因素都造就了塔尔寺的空间变化异常丰富，空间大小、明暗的对比，为整个寺院的不同景色变化增光添彩。相比较汉族寺庙的中轴对称布局，塔尔寺这种结合地形、不拘泥于特定形式的布局，给人的视觉感受和空间感受带来了强有力的变化。

3 塔尔寺的空间形成因素

3.1 自然因素

3.1.1 地形及山势

塔尔寺的选址，主要基于当地的地形，因地制宜，顺山就势，使得建筑、环境、人之间的关系能很好地平衡。周边的八座类似于莲花状的山体，为塔尔寺提供了天然的轮廓。

在寺院建造上也遵循了自然的原则，并没有对地势进行过多的改造，而是顺应地势，寺院的建筑一般都是平行等高线的方向布置。

3.1.2 水源及森林

塔尔寺选址除了受山势影响之外，还受到水源及森林的影响。水源由莲花山山谷处流出，方便了人们用水。周边茂密的森林形成了良好的生态环境，为众信徒来此修行提供了清修之地，还为寺庙的建设提供了充足的建筑材料。

3.1.3 高原气候

在青海湟中县，高原大陆性气候特点比较明显，日照时间长，光能丰富，但是热量不足，需要利用建筑来争取更多的热量。因此塔尔寺的建筑风格大量保留了藏式的风格。这种气候特点使得塔尔寺的建筑布局紧凑。外墙很多采用夯土墙，利用土的蓄热性能白天吸收大量的热能，晚间释放出来，便于取暖。墙上不开窗或者开小窗，以保证热量不轻易流失（图10）。

图10 塔尔寺建筑外墙（引自作者自摄）

3.2 宗教因素

3.2.1 宗教大师

向来宗教大师的诞生地都是各个寺院选址重要影响因素。塔尔寺所在地是格鲁派创始人宗喀巴大师的诞生地，因此，这是塔尔寺选址此地的一个重要影响因素。

3.2.2 佛教吉祥象征

藏传佛教中有"吉祥八徽"的说法，它们分别是胜利幢、金鱼、宝瓶、莲花、白法螺、吉祥结、宝伞和金法轮。而塔尔寺周边的山正应验了藏传佛教中关于"吉祥八徽"中"莲花"的观点。塔尔寺坐落的地方，四周的八座山脉像是莲花一样将塔尔寺环绕，是吉祥的象征。为塔尔寺选址的宗教因素上又增添一笔。

3.2.3 "曼陀罗式"布局

"曼陀罗式"的建筑布局形式一直是藏传佛教中的"理想国"的布局（图11）。因种种原因，塔尔寺并没有能够按照坛城的建筑方式建立，但是曼陀罗的含义仍然深深影响了塔尔寺的建筑布局。以大金瓦殿作为寺庙的中心，所有其他建筑都以这个中心向四周展开，以这种由中心向四周的辐射式的建筑模式去呼应"曼陀罗式"的建筑布局。由四周向中心走去，渐渐发现了最重要的建筑——大金瓦殿，就像是宗教中"通向光明彼岸"的空间氛围一样。

图 11 唐卡曼陀罗（引自网络）

3.2.4 严格的宗教制度

塔尔寺有着严格的宗教组织制度，这种组织制度严格控制着整个寺院的布局和单体建筑的营造。

寺院中最高等级的管理机构是"措钦"，它是寺院建筑的核心。因此，单体建筑无论从建筑体量、建筑用材、建筑装饰、建筑颜色，都是寺庙中最重要的建筑。措钦下面是修行不同内容的扎仓（学院）。塔尔寺的四大学院的建筑规模和建筑装饰程度都比措钦略逊一筹。除这两个之外，最主要的还有佛殿，佛殿的规模和装饰程度与里面所供奉的佛有直接的关系。最后是寺院中真正供人居住的建筑，活佛府邸和康村。康村一般给等级比较低的僧人住，而活佛府邸的建筑等级与居住者的身份有着极大的关系。

格鲁派特有的寺院组织制度决定了寺院内部的建筑秩序。因此，无论在布局上，还是建筑单体上，宗教影响因素都占主导。

4 结语

本篇文章以塔尔寺为例，介绍了关于藏传佛教格鲁派建筑的空间形态和形成因素。其形成的因素受到宗教因素的影响极其深远。随着藏传佛教的盛行，对于藏传佛教寺庙的扩建和修缮也成为近来的一种流行趋势。因此希望本文的分析可以为类似的工程或者项目提供经验，在保留好寺院原有风格和空间形态的基础上，给众信徒和游人带来方便。

参考文献

[1] 阿旺罗丹等. 西藏藏式建筑总览. 四川：四川美术出版社，2007.
[2] 张萍. 拉卜楞寺空间形态研究[M]. 西安：西安建筑科技大学，2009.
[3] 叶阳阳. 藏传佛教格鲁派寺院外部空间研究与应用[M]. 北京：北京建筑工程学院，2010.
[4] 白胤，包头佛教格鲁派建筑五当召空间特性研究[M]. 西安：西安建筑科技大学，2007.
[5] 胡晓海，董小云. 藏传佛教寺院建筑的群体布局研究初探[M]. 内蒙古：内蒙古科技与经济，2011.
[6] 柏景，陈珊，黄晓. 甘青川滇藏区藏传佛教寺院分布及建筑群布局特征的变异与发展[M]. 北京：建筑学报，2009.
[7] 蔡金城，张鲲. 藏传佛教建筑群空间形态特征与地域性文化重构初探——以青海塔尔寺为例[M]. 四川：四川大学，2012.

作者简介

杨子旭，1989 年 6 月，女，汉，籍贯河北省秦皇岛，2012 年获得北京林业大学学士学位，现为北京林业大学风景园林学在读研究生，曾获得中国风景园林学会学生竞赛三等奖及佳作奖。Email：305240154@qq.com。

城市公园设计策略
——欧洲传统园林对现代公园影响

Public Park Design Strategies
——Effects of Traditional European Garden on Modern Park

姚吉昕　金云峰　朱蔚云

摘　要：从欧洲传统园林的角度出发，通过分析与归纳欧洲传统园林特色，结合具体的现代公园的案例，研究欧洲传统园林对现代公园在形式表达层面与文化传承和美学表达的影响，以期帮助现代公园的设计策略的研究。
关键词：欧洲传统园林；现代公园；形式表达

Abstract: The passage bases research on European garden, than study and Inductive characteristics of traditional European gardens, finally combine with modern park to research how traditional European gardens influence the modern park on the form of expression, cultural heritage and aesthetic of expression, which hoping to assist the study of public park design strategies.
Key words: Traditional European Garden; Modern Park; Aesthetic of Expression

从约瑟夫·帕克斯顿（Joseph Paxton）设计利物浦伯肯海德公园开始，现代公园设计就成为风景园林的重要实践方向。作为现代城市的重要组成部分，公园设计需要解决诸多问题。除了需要解决气候、土壤等基地物理环境问题以外，由于其公共性与广泛的使用性，好的公园设计还要传达积极的社会价值观。忘却历史是不能接受的，但是时代性与当代的使用需求也是不可或缺。本文从欧洲传统园林的方向出发，研究传统园林对现代公园设计的影响。

1　欧洲传统园林特色分析与归纳

欧洲的传统园林以意大利、法国和英国为代表。意大利的园林艺术包括文艺复兴时期与巴洛克时期的园林艺术，法国的园林艺术以古典主义园林艺术为代表，英国传统园林经历两个阶段的发展，以18世纪后出现的风景式园林为代表。欧洲传统园林特点可以从很多角度进行分析，出于探讨其对现代公园的影响，这里主要从造园的角度对欧洲传统园林的布局结构与园林要素进行分析。

1.1　意大利园林特色分析与归纳

意大利园林师从于古代罗马的园林艺术。从布局构图讲，基于意大利人自古沿袭下来的理性思维方式，花园的构图必须是完整的，一丝不苟的，花园采用规则对称几何形格局，其轴线必定以建筑物的轴线为基准，在"多重强力构图"中寻求变化与统一。[1] 意大利园林将把花园看成是建筑与自然之间的过渡。花园处处要划分成各种形状，并与建筑物相对应，山坡地形修筑成几层整整齐齐的台地，植坛、道路均为图案化，以达到妥协自然和建筑物的尖锐对比的目的。

从园林要素上讲，意大利传统园林的元素很多，其中经典景观设计元素包括：（1）水景（图1）。意大利花园的水以动态为主，在花园里展现了水在自然界中的各

图1　意大利 法尔尼斯别墅小花园的链式瀑布（《外国造园艺术》）

---

① 基金项目：2013年度上海高校市级精品课程建设项目资助，项目编号：沪教委高〔2013〕60号。

种形式：清泉、溪流、瀑布（包括链式瀑和台阶瀑）、渠道、水池，除此以外还有各种各样的喷泉，以及"机关水嬉"。(2) 石作。包括台阶、平台、挡土墙、栏杆、廊子（把攀缘植物架在用大理石的科林斯式柱子搭成的棚架上，形成绿廊）和亭子。巴洛克的艺术趣味表现在台阶的造型上，即将台阶弄成流动的曲线。与台阶一样，栏杆也具有强烈的装饰功能。这些石作的几何线条也需要跟主建筑物相协调。(3) 花盆和雕像。(4) "绿色雕刻"以及由此而出现的高高的绿墙和低矮的绿篱，绣花图案的植坛。(5) 林荫路。(6) 丛林。

1.2 法国园林特色分析与归纳

法国传统园林起源于果园菜地，在17世纪下半叶达到高潮。从布局结构上看，法国古典主义园林有这些特征：(1) 把园林当作整幅构图，按图案布置绣花植坛，便于一览无余（图2）。(2) 重视比例在构图中的重要作用，用数量来确定比例，以明确的几何关系确定了雕像、植坛等的位置。(3) 使用科学透视法。(4) 地势平坦，园林追求宽大壮丽，典雅庄严。(5) 建筑统率着园林，府邸的轴线成为花园主轴线，且一直贯穿始终。[2] (6) 中轴线组成了艺术中心，宽阔而富于装饰，雕像、水池、喷泉、植坛都顺中轴线展开，依次呈现。从法国造园的要素来看，有这些主要的元素：大水池（亦称之为水镜）（图3）、雕像、水渠、林荫道、图案式植坛、喷泉。

1.3 英国园林分析特色分析与归纳

英国传统园林经历了从几何式走向不规则的发展历程。英国的几何式主义园林继承了古典主义园林的主要特征，包括：林园是大片牧场间杂着小片的树丛，以放牧为主；花园与林园通过围墙分割；没有大片平静的水面；喜欢栽培花卉，绿色雕刻更精致，植坛更小巧，空间更多分隔。

18世纪后期，英国渐渐抛弃了规则的几何式园林，转向创造不规则的自然风景园。自然风景园在英国的发展包括两个阶段，具有各自的特点。前一阶段为"庄园园林化"时期，在这一时期中，林园与花园连成一片，大片随着起伏的草地成为园林的主体；草地上有成片的树丛，这些树丛外缘清晰，呈椭圆形，用来遮挡边界，遮挡不美的东西，深黝的树木在浅绿色的草地衬托下很明显，构图简单有力。[3] 除了建筑之外，村庄和农舍等远离园林或用树丛遮挡起来。英国自然风景园的后一个阶段为图画式园林时期（图4）。这一时期园林艺术一反原来的单纯和平淡，而发展艺术的感情因素和想象力。园林着重渲染了惊怖和奇幻的情感因素，是一个充满了野趣、荒凉、的图画式的园林。

图2 赛西（Sassy）府邸花园（《外国造园艺术》）

图3 凡尔赛"阿波罗之车"喷泉（《外国造园艺术》）

图4 斯杜海（Stourhead）园林（《外国造园艺术》）

英国风景式园林的主要元素始终为自然的地形、树林、草地和湖泊，无论是庄园式的还是图画式的园林，英国人都对自然保持着崇高的心态，而自然成为其园林艺术的最重要的特色。

2 欧洲传统园林对现代公园形式表达的影响

欧洲的传统园林艺术观念认为,园林其实就是人工与自然之间的过渡性空间。意大利别墅庄园和法国府邸花园都建造在自然或乡村环境中,需要在外围的自然与人工建筑之间,营造从自然到人工的过渡空间。然而过去的艺术,它们的存在仅仅是为了它们自身而不是为了文化。现代风景园林师从这里出发,认为风景园林设计应该将科学和纯粹的艺术,以及情感上的、直觉上的元素结合起来,考虑多种有创造性的可能形式。他们的目标就是去寻找能够解决这个时代所面临的问题和途径,以一个整体的方式来考虑,即把这个时代摆在历史长河当中考虑,理解历史上园林的发展脉络,以求在今日的风景园林作品,特别是满足公共需求的公园设计中,达到设计、功能、情感和保护之间的平衡,创造一种综合性的艺术。

2.1 元素利用

欧洲自古就对美与和谐有孜孜不倦的追求,欧洲传统园林中包含大量的经典设计元素。很多现代风景园林设计师在欧洲传统园林元素吸取灵感,通过多种方式在公园设计中表达。

方式一是传统设计元素的再利用。吸收历史上园林发达时期的园林元素,然后将其移植到当今一个不寻常的环境中,实现历史上已存在的认识方式的再生。最容易利用也最容易勾起人们美好回忆的就是那些辉煌时期的作品,像意大利文艺复兴时期的水景元素、巴洛克风格规整的几何划分,绣花图案植坛,整齐的林荫树等等,在现代风景园林设计中尤其是城市风景园林设计中仍然是被广泛引用的方法。不过这种对元素直接运用的设计手法容易产生复古甚至混乱的公园氛围,所以近些年盲目的抄袭传统经典元素的方式逐渐减少。

方式二是已被证实的设计元素图形的抽象与重复。通过吸收历史上园林发达时期的经典元素图形的抽象、重复,将其移植到当今一个不寻常的环境中。这种手法运用的是人们熟悉认可的传统元素,拉近游客对风景园林的,而且通过抽象与重复等现代设计手法,给传统元素添加现代美感,赋予公园时代性。例如玛莎·施瓦茨(Martha Schwartz)设计的位于纽约的亚克博·亚维茨(Jacob Javits)广场,就是以法国勒诺特式园林的刺绣花坛为创作原型,通过抽象出刺绣花坛的纹路,以长条形的座椅与草丘表达出来。再如慕尼黑国家花园展览会中的种植区设计中,设计师在一个格网结构里设置着一个个种有树木、尺度夸大的种植池,同样的元素重复出现,以表现一种效率,即在现代工业社会里,产品能够被大批量生产。

2.2 手法传承

从欧洲传统园林出发,产生很多独具匠心的设计手法,很多现代风景园林设计师在设计公园时仍会考虑运用。手法之一是将花园设计成一个主题式花园,自然的或文化的,像一个展示平台,激发人们对不同生命哲学的探寻。主题式花园是最容易表达某种风格和文化的园林,可以展示传统的伟大的时期,可以展示现代的思潮,往往也成为历史与现代的过渡空间,作为历史意义的一种延伸。如徐家汇公园中部的小型花园,就是以上海的老城厢作为主题,以狭窄的园路象征老上海的里弄,以片植的灌木象征建筑群落,营造及富有历史文化气息,又在形式上富有独特性的主题花园。

另一种设计手法是对场所原有特征的考古学研究应用,即对场地被掩埋和打破的原有特征重新发掘和应用。场所的特征,包括自然特征和文化特征,具有标识作用,通过这些特征,人们可以找到属于自己的文化和风景,能够体验认同地方性和家的感觉。传统因素的存在强调了这样的特征,顺应场地特征进行设计是带给人们快乐感受的重要方法。像中国的大明宫遗址公园,设计师通过多种方式展现大明宫平面布局,使游客产生穿越时空的空间体验。

2.3 空间布局

很多现代公园直接利用建筑结构来组织空间,如通过建筑的轴线和格网系统来限定风景园林分区,这无疑是建筑统率园林的思想的演绎。历史上的园林由建筑主轴为轴,对称式展开,轴线延伸到底。现代风景园林多抛弃这种做法,但仍以建筑思维布局风景园林,这种理性的思考与现代艺术是相融合的。如丹·凯利(Dan kiley)设计的位于堪萨斯城的亨利摩尔雕塑公园,就是在空间上延续法国古典园林中惯用的以建筑控制场地的设计手法,以庄严的建筑作为场地的轴线焦点,利用树阵围合规整的空间,使整个公园的空间充满秩序与理性,给游客带来不同以往的空间体验(图5)。[4]

图 5 亨利摩尔雕塑公园
(图片来自网络 http://www.designedu.cn/showposts.aspx? channelid=3&columnid=49&id=206&type=p)

3 现代公园的文化传承与美学表达

无论是意大利的传统园林、法国古典园林还是英国的风景式园林,都受所处时代与地域下的文化与美学的综合影响。从前文对传统园林结构布局与造园要素的特征归纳,以及园林所处时代文化等背景的研究可知,欧洲传统园林的设计始终绕不开两条线索：自然观和数与比例的和谐。

西方人热爱自然，并且热爱充满野趣的自然。西方现代公园设计同样表达人对自然的崇尚之情，并又有超越过去的新的态度：人在自然面前的一种谦逊的态度。像巴黎雪铁龙公园临近塞纳河部分的植物种植，不是传统的规整式种植，也并非任其自然，随意布置，它是按照植物固有的特性，展示自然本身所形成的活力与运动的花园。

数与比例的和谐这点，在很多现代公园中仍能体现，但已经不同于过去那样直白的表达。法国现代景观设计师高哈汝（Michel Corajoud）把几何学作为领会空间的工具，但避免它成为设计的主导。例如当我们翻译一个外文语句时，字典的作用是帮助我们了解句子中各个单元的意思，从而明确各个词语在句子中的作用以及它们之间的语法关系，进而理解句子的意思，我们最终的研究对象是这个句子而不是字典本身。[5] 几何学的作用像字典一样，是设计师认识场地和空间的工具。在设计中，高哈汝首先将土地按照需要的精度进行分解，在此基础上可以更好地把握尺度关系，进而去发掘各个空间之间的位置、比例关系，以便更好地认识、控制空间。从而能够分层面地分析研究的对象—场地本身。而不是精力放在追求均衡、稳定、比例和谐的几何构图上。

4　结论

与文化的变革一样，景观的发展与变革，也是伴随着对过去的继承与否定中进行的。一种新的风景园林形式的产生，总是与其历史上的园林文化有着千丝万缕的联系。现代公园无论是在形式表达的层面，还是文化的传承，抑或美学表达层面，都具有有欧洲传统园林的烙痕。然而，珍视传统的价值，并不是要无视社会的进步与科技的发展，一味地模仿过去。优秀的作品是将悠久的园林传统与现代生活需要和美学价值很好地结合在一起，并在此基础上进行精练、提高。[6-8] 特别是服务于社会群体的公园，传统始终要服务于时代性，这一点在很多公园身上都能体现。这些作品形式无论多么现代，只要稍加品味，就不难发现它们所传递的传统信息。

公园设计的核心是创造有地域性、反应时代性、满足目标人群的使用需求。基于传统园林的公园设计，应该只是作为现代公园的设计途径之一。传统园林的构思、手法、布局等经验各有其在某些方面的独特优点，公园设计应该具体问题具体分析，在适合的环境条件中灵活地加以运用。既不能对传统园林不闻不问，也不能盲目地学习运用，以为在公园设计中结合传统就是好的。当今，公园已经成为城市居民日常休闲的重要组成部分，成为城市的文化与形象的展示平台。这要求风景园林设计师不仅要用感性的眼光理解过去，更要用科学和理性的方法去观察、研究自然与环境，要用科学的手段指导现代公园建设。

参考文献

[1] 金云峰，范炜. 多重构图——埃斯特别墅园林的空间设计[J]. 中国园林，2012(6)：48-53.

[2] 范炜，金云峰，陶楠. 视错觉构图：沃克斯—勒—维贡府邸园林轴线分析[J]. 中国园林，2014(3)：59-62.

[3] 陶楠，金云峰."废墟"原型的表征——探究英国自然风景园林中的浪漫主义审美的内涵. 国际风景园林师联合会(IFLA)亚太区会议暨中国风景园林学会2012年会论文集(下册)，2012：467-470.

[4] 林箐. 传统与现代之间[J]. 中国园林，2006(10)：70-79.

[5] 朱建宁，丁坷译. 法国国家建筑师菲利普·马岱克(Philippe Madec)与法国风景园林大师米歇尔·高哈汝(Michel Corajoud)访谈[J]. 中国园林，2004(5)：01-06.

[6] 金云峰，项淑萍. 有机设计——基于自然原型的风景园林设计方法[C]. 中国风景园林学会2009年会论文集. 北京：中国建筑工业出版社，2009：239-242.

[7] 金云峰，项淑萍. 类推设计——基于历史原型的风景园林设计方法[C]. 中国风景园林学会2009年会论文集. 北京：中国建筑工业出版社，2009：268-271.

[8] 金云峰，项淑萍. 乡土设计——基于地域原型的景观设计方法[C]. 陈植造园思想国际研讨会论文集. 北京：中国林业出版社，2009：200-203.

作者简介

姚吉昕，1990年2月生，男，汉族，安徽合肥，同济大学建筑与城市规划学院景观学系在读硕士研究生，研究方向为风景园林设计的历史与理论。Email：374213468@qq.com。

金云峰，1961年7月生，男，汉，上海，同济大学建筑与城市规划学院，教授，博导。上海同济城市规划设计研究院注册规划师，同济大学都市建筑设计研究分院一级注册建筑师。研究方向为风景园林规划设计方法与技术，中外园林与现代景观。Email：jinyf79@163.com。

朱蔚云，1987年12月生，女，汉族，浙江湖州，同济大学建筑与城市规划学院景观学系在读硕士研究生，研究方向为风景园林设计的历史与理论。Email：179722894@qq.com。

工业文化遗产再利用中的景观重建探讨

Industrial Heritage Reuse in the Landscape Reconstruction

于 隽　张吉祥

摘　要：工业遗产是工业化的发展过程中留存下来的具有历史价值、技术价值、社会意义、建筑或科研价值的物质文化遗产和非物质文化遗产的总和。工业遗产再利用要在对其进行性质及价值的分析评估的基础上，确定其保护以及再利用的模式。景观重建是工业遗产再利用中公共休闲空间模式的实现手段。文章对纽约高线公园、西雅图煤气公园的景观重建进行了深入的分析，学习国外工业文化遗产再利用中景观重建的手段方法，并对以北京798艺术中心为例的我国工业遗产景观重建中存在的问题进行了分析讨论，希望在对比学习中提高我国工业文化遗产再利用的水平。

关键词：工业文化遗产；再利用；景观重建

Abstract: The industrial heritage is the summation of tangible cultural heritage and intangible cultural heritage which possess the historical values, technological values, social significances, structural or scientific research values reserved during the process of the development of the industrialization. The recycle of the industrial heritage need to ensure the type of its protection and recycle based on the analysis and estimate of its properties and values. The landscape rebuilding is the accomplishing means of the public leisure type in the recycle of the industrial heritage. The article made a deep analysis to the landscape rebuilding of the High Line Park and the Gas Work Park, and studied the foreign method of the landscape rebuilding in the recycle of the industrial heritage. According to the example of Dashanzi Art District, the article analyzed and discussed the problems in our country's industrial heritage landscape rebuilding, and it hope we can improve the level of the recycle of the industrial heritage in our country.

Key words: Industrial Heritage; Recycle; Landscape Rebuilding

　　工业遗产是随着城市的发展留下的具体工业历史遗迹。工业遗产见证了工业生产力的发展，同时也见证了城市的经济的发展和工业历史进程的演绎。工业遗产大都曾经在城市建设中发挥了巨大的作用，但是随着生产力的发展，经济结构的调整，大量的工业遗产给城市带来了一系列的社会问题和环境问题。当前城市建设中，若仅看到工业遗产下土地的价值而忽略掉了工业遗产本身承载的历史内涵，便很容易导致城市文化遗产的断层，使城市肌理及城市文化特色遭到不可逆的重创。[1]因此面对工业遗产，我们不仅应该快速的对其进行法律层面上的保护，严禁毁灭性地推倒重建，而且应该对其进行再利用模式分析，确定其再利用或改造模式。在再利用的过程中，运用景观设计手法，解决工业遗产现有的社会、环境问题，使其得到环境的更新，生态的恢复，与文化的传承。在此，针对其再利用过程中适合构筑公共休闲空间模式的工业遗产进行进一步的探讨。

1　工业遗产的定义及价值

　　工业遗产是在工业化的发展过程中留存下来的具有历史价值、技术价值、社会意义、建筑或科研价值的物质文化遗产和非物质文化遗产的总和。它们仍在建筑的使用年限之内，却因为城市产业结构和用地结构的调整，造成建筑原有的功能、形象不适合新时期社会发展的要求或者由于管理经营不善而被弃置不用的产业类旧建筑。[2]联合国教科文组织对工业遗产的界定是：工业遗产包括建筑物、工厂车间、矿山、机械，相关的加工冶炼场地、仓库、店铺、能源生产和传输及使用场所、交通设施、工业生产相关的社会活动场，以及流程、数据记录、企业档案等。[3]

　　工业遗产的价值包括历史价值、社会文化价值、艺术审美价值、科学技术价值、经济利用价值、生态环境价值，形成了一个完整的价值体系。[4]

2　工业遗产再利用中的景观重建

　　工业遗产再利用要在对其进行性质及价值的分析评估的基础上，确定其保护以及再利用的模式。工业遗产再利用具有代表性的模式有：博物馆模式、公共休闲空间模式、兼有购物的综合开发模式、区域一体化模式以及博览与商业、旅游组合模式等。[5]

　　公共休闲空间模式是在工业旧址上进行景观重建，建造一些公众可以参与的游憩设施，作为城市居民的休闲娱乐场所，例如景观公园、城市景观绿道等，吸引城市居民及游客观光游览，是工业遗产再利用中非常重要的模式之一。景观重建可以使工业遗产的历史价值、社会价值、艺术审美价值、生态环境价值在新的城市结构中得到充分的体现，并得以延续，而且，景观重建也会潜在的实现工业遗产的科学技术价值以及经济利用价值。

3 结合高线公园、煤气公园、北京798等研讨工业遗产的景观重建

3.1 纽约曼哈顿高线

High Line 的前身是1930年修建的链接肉类加工区和三十四街的哈德逊港口的铁路专线，1934—1960年是高线最繁华的时期，曾是曼哈顿工业区的交通生命线。1980年正式停用，是曼哈顿工业时期重要的工业遗产。High Line 经历了20多年的争议期，在纽约FHL组织的大力保护下，最终于2006年开始了一期的景观重建，形成了独特的空中花园走廊（图1—图3）。

图1 工业时期高线

图2 争议时期高线

高线公园的景观重建与以往的工业遗产的再利用项

图3 再利用景观重建后高线

目形成了鲜明的对比。以往的工业遗产再利用大都是在原工业遗产的基址上进行孤立的修补或重建。而纽约高线公园则是在High Line的基础上对城市空间进行了整合设计，通过多个便捷入口与城市相衔接，使这个承载着悠久历史的工业时代遗留产物融入了城市生活，不仅为人们的日常生活带来了绿荫与活力，而且在任意的细节中，都渗透着这座城市的工业记忆。景观重建不仅为High Line赋予了新的活力，而且带动了高线公园周边各经济产业的发展。

在具体的景观重建中，纽约高线公园将周边的肉联厂也作为公园重建的一部分保留下来，作为一个城市记忆的整体；处理上，注重构筑空间与植物空间的协调与变化（图4）；换掉废弃的枕木，按原铁轨位置编号，最大程度保留工业遗产的原始状态（图5）；继续High Line上植物野性的生长状态，摒弃矫揉造作的修建形态（图6），无论理念还是细节，高线公园的景观重建都做到了对High Line工业遗产最大程度的保护跟最合理地利用。使High Line成为一个谦虚质朴，富有生命力，富有景观、历史文化、经济吸引力的景观都市主义模板。[6]

3.2 美国西雅图煤气公园

西雅图煤气公园是1906年为提炼煤气建造的大型工业建筑，1950年废弃，自1970年开始理查德·海格开始对其进行景观重建，现已是西雅图最著名的景观之一。煤气公园与高线公园同样在尊重原有工业遗留资源的基础上进行工业遗产的价值评估，合理地进行删减与保护，成功的重建了工业遗产的景观；但是与高线公园不同的是，西雅图煤气公园临近联合湖畔，景观重建中注重的是原工业污染下的土壤生态恢复与景观距离美感，而高线公园位于城市中心，注重的是小尺度中植物与构筑物协调变化的景观构建。

煤气公园不是一个凝固的景观，而是为多种活动提供一个公共的平台。城市居民以自己的方式使用公园，例如举行音乐会、公共聚会、放风筝、儿童游戏、眺望城市全景，全面调动煤气公园的历史价值、社会文化价值、艺术审美价值生态环境价值，景观重建使煤气公园这个原本"丑陋"的工业遗产获得了新的生命（图7-图9）。[7]

图 4　高线公园植物与构筑物关系

图 5　高线公园铁轨

3.3 北京 798

北京 798 原是 20 世纪 50 年代的电子工业遗留场地。自 1995 年以来，各种自发艺术活动赋予了北京 798 新的生命，至今已成为著名的艺术交流中心。北京 798 的外部景观大都是散落于各处的雕塑。文革时代的建筑与蕴含那个时代文化的雕塑无不向人们诉说着工业时代的历史记忆。[8]

北京 798 的景观重建，充分体现了工业遗产的历史价值与艺术价值，但是相对于纽约高线公园以及西雅图煤气公园，798 还有很多的不足。首先，798 是自发形成的艺术园区，缺少统一合理的景观重建规划，很容易在注重

图 6　高线公园植物

图 7　煤气公园总体

图 8　煤气公园休闲场地

图 9　煤气公园活动场地

个别空间的同时忽略园区的景观统一性；其次，社区内部的服务设施数量不足，景观效果较差，不仅不能够体现艺术园区的设计美感，而且不能够满足人们的景观需求，忽

略了以人为本的景观原则；再次，园区内部的植物配置、园路设计、地形设计都相对较差，景观美感重建以及园区内的生态重建都较差很难吸引游人。[9]工业遗产的景观重建，不仅是要将工业遗产的历史记忆展现出来，而且要将其与人们的日常生活融为一体，将工业遗产转变成有人气有生命力的活动场所（图10-图12）。

图10　798再利用前

图11　798景观重建后

图12　798雕塑街景

4　结语

我国工业遗产的再利用处于起步阶段，工业遗产的景观重建也相对稚嫩。通过分析案例我们发现我国工业遗产的再利用较美国等国家仍有很大的差距。随着对工业遗产外部空间认识的逐渐加深，我们对工业遗产的景观重建也逐渐从自发建设转变成有规划性的整体设计。相信随着对先进案例的积累、学习，我国的工业遗产保护与再利用会更加完善。

参考文献

[1] 张凡. 城市发展中的历史文化保护对策[M]. 南京：东南大学出版社，2006.

[2] 陈国民. 关于我国工业遗产的界定[J]. 学习时报，2007(6).

[3] 董茜. 从衰落走向再生——旧工业建筑遗产的开发利用[J]. 城市问题，2007(10)：44-46.

[4] 张艳华. 在文化价值与经济价值之间：上海城市建筑遗产（CBH）保护与再生[M]. 北京：中国电力出版社，2007.

[5] 沈丽虹，岑瑜，于丽英. 工业建筑遗产再利用研究[J]. 生态环境，2008(5)：145-146

[6] 孙媛，青木信夫. 从废弃高架铁路到创意空中公园——纽约高线的再生1930—2009[J]. 装饰，2011(1)：102-104.

[7] 毕奕，夏倩. 工业废弃地的生态景观规划——以西雅图煤气厂公园生态规划为例[J]. 中华建设，2011(9)：88-89.

[8] 刘芳，王菲宇. 798艺术园区的改造故事[J]. 瞭望东方周刊，2008(7).

[9] 马承艳. 工业遗产再利用的景观文化重建——以北京798和上海M50为例[D]. 西安建筑科技大学，2011.

作者简介

张吉祥，1962年生，男，汉，山东济南，本科，山东建筑大学建筑城规学院副教授，风景园林专业，Email：962041594@qq.com。

于隽，1986年生，女，汉，山东烟台，硕士，山东建筑大学建筑城规学院风景园林硕士，在读，Email：693410153@qq.com。

新型城镇化背景下城市公园中乡土材料的应用
——以南阳市卧龙岗公园设计为例

The Application of Local Materials in The City Park under the New Urbanization Background
——A Case Study in the Design of Wollongong Park, Nan Yang

余志文 岳 峰

摘 要：针对新型城镇化建设过程中景观设计出现的文化表达缺失现象，文章试图通过适当地运用乡土材料来唤起现代景观设计中历史文化，总结了乡土材料的内涵及特征，探讨了传统乡土材料的景观营造的原则，然后以南阳市卧龙岗公园的设计为例，挖掘了传统石材、木材、砖瓦等乡土材料的景观应用价值，探寻了乡土材料对卧龙岗地区历史文化的表达途径，最后文章对乡土材料在未来景观营造过程中的应用进行了展望。

关键词：新型城镇化；乡土材料；城市公园；卧龙岗

Abstract: Based on the absence of cultural expression in Landscape Design during the construction of the new urbanization, this paper tries to use local materials to evoke the history and culture of modern landscape design. This paper summarizes the content and features of local materials, discusses the principles of local materials to create landscape. then take the Wolonggang park for example. Mining the value of the local materials in landscape design, such as stone, wood, brick and other traditional materials. and exploring how to express the history and culture of Wolonggang through local materials. Finally, This paper prospect local materials in the process of creating the future landscape.

Key words: New Urbanization; Local Materials; City Park; Wolonggang

1 引言

城镇化是社会进步与发展的必然，是以第一产业为依托，第二、三产业不断向城镇聚集，城镇规模不断扩大，人口逐步集中的过程，同时城镇结构和功能也在发生着变化，这种资源的集中和结构功能的变化给现代城市中的人们生活带来了诸多便利，衣、食、住、行，人们只需跨越几个街区就可以满足这些生活上的基本需要。然而，面对人类历史上史无前例的大规模快速城镇化，我国在城镇化推进的过程中也涌现了大量的问题，基于此，党中央提出了走集约、智能、绿色、低碳的新型城镇化道路。

如今的新型城镇化建设道路在绿色、低碳的寻求中依然有很多值得去研究的问题，比如自然与文化资源依然面临着极大的挑战，尤其是城乡千百年来逐步积淀而成文化遗产和传统风貌正在被城镇化道路所扼杀，本文以乡土材料为对象，致力于研究新型城镇化背景下城市公园中如何利用传统的材料，期望风景园林业界人士更多研究新型城镇化道路中如何做好绿色、低碳的景观。

2 乡土材料的内涵、特征

2.1 乡土材料的内涵

目前，乡土材料尚缺乏统一的认知，也没有形成公认的定义。"乡土"，"Vernacular"一词源于拉丁语"Verna"，意思是在领地的某一处房子出生的奴隶。[1]现在"乡土"在汉语中有两层基本意思，一是指本乡本土、故乡；另一层则是指地方、区域。在文化研究领域，乡土更加侧重一个传统地域文化范围。材料是人类赖以生存和发展的物质基础，是用于制造物品、器件、构件、机器或其他产品的物质。[2]同时，结合风景园林行业设计特点，笔者将风景园林设计中的乡土材料定义为：生长于或取自本土的，具有明显地域特征和传统文化烙印的，能够反映该地域独特的自然和人文特征，可用于景观营造建设的物质材料称为乡土材料。

2.2 乡土材料的特征

2.2.1 生态性

乡土材料生态性具体表现为：取材天然、原生态、节约低碳、可循环使用等方面，乡土材料由于长期存在于一定地域环境之中，在景观设计中能够和周边的环境高度的和谐，材料自身的肌理美也可以完全地展现。同时乡土材料具有的生态特性投趣于新型城镇化资源节约、环境友好的理念，使得其在新型城镇化背景下园林景观营造当中持有生态优势。

2.2.2 经济性

从地域上来讲，乡土材料都是产自当地，其取材广泛、容易获得、运输方便，降低了生产技术成本，其具有低技术特点，无需复杂的加工程序，便可以在园林中应用，与现代园林建设中的新技术材料相比较，乡土材料在园林管理中降低了维护费用，凸显了乡土材料的经济性特点。

2.2.3 地域文化性

乡土材料是地方物质文明与精神文明长期交融的结晶。它出自当地，与当地人的生产生活息息相关，在历史的演变中，便打上了该地域历史文化的烙印，成为地方记忆的符号。例如每当我们提到江南地区的园林，都会在脑海中浮现出玲珑多姿的山石、朴素淡雅的建筑，那些玲珑剔透的太湖石、粉墙黛瓦的建筑毫无疑问就成了江南水乡地域的文化符号。

2.2.4 亲和性

乡土材料取材于当地，带有当地自然风貌和社会风俗习惯的痕迹，人们在园林中看见传统的乡土材料便产生亲切感。这种亲和力在营造人们所熟悉的场景，恢复于过往的记忆当中，容易被人们接受和认同，同时也容易唤起人们对当地历史文化的认知。

3 新型城镇化背景下，乡土材料在城市园林中运用的原则

3.1 尊重场地条件，因地制宜选材的原则

运用乡土材料在进行园林景观营造过程中，应该尽可能与场地条件相协调，保持场地原有的地形、地貌、植物群落和水体，避免为了满足乡土材料的某些特性而对场地进行过度的改造，如挖湖堆山，修堤筑岛，设计应该尽量在保持场地原有自然状态的基础上通过乡土材料来烘托所设计的文化意境。

3.2 协调周边环境，追求和谐共生的原则

在使用乡土材料营造园林景观的过程中，需要以人与自然和谐相处为目标，以环境的承载力为基础，以遵循自然规律为准则，合理、适度的使用乡土材料，并维护区域生态平衡，促进景观要素间、景观与环境、人与自然和谐共生。

3.3 利用乡土特征，凸显地域文化的原则

乡土材料本是地域文明的结晶，历史文化的符号，风土人情的缩影，具有重要的地域特色象征意义，因此在将乡土材料应用到城市公园中时，需要在合适的场景中充分的表达材料的乡土含义，按照场地条件、设计立意以及所要表达的思想内涵、使用功能等要求有选择地使用，切忌没有选择性和目的性的使用，从而造成园林景观的混乱。

4 南阳市卧龙岗公园设计中的乡土材料应用

卧龙岗公园位于河南省南阳市卧龙区，是三国一代名相诸葛亮"躬耕南阳"之地，是草庐对"三分天下"的策源地，是三国文化中重大历史节点，是南阳最重要的历史文化品牌之一。受到快速城镇化的影响，公园周边的传统地区正逐渐被蚕食，而卧龙岗公园中除了少数景点能够凸显历史气息，园中其他景点设施则运用现代的材料，使得整个公园未能很好地展现卧龙岗的历史文化，因此本次设计希望通过传统的乡土材料来向人们传颂卧龙岗之主诸葛亮在三国时期的那段历史文化。

4.1 石材的运用——出师表景观节点

南阳地区石材资源丰富，当地的民居中很多房屋都是直接由石头和土砌筑而成的，他们针对石材的形状、大小等特点，各尽其用，并且将石材和土结合，在铺地、墙体、装饰中都有应用，最好的例子当然属荣获第二届"中国景观村落"称号的南阳市内乡县吴垭石头村（图1），石板路，石头桥，石头墙，甚至连磨坊、猪圈、厕所都是石制的。整个村庄像一座石头城堡，掩映在茂林修竹、古藤老树之中，浑然天成。

图1 南阳市内乡县吴垭石头村

本次项目旨在向人们传颂卧龙岗之主诸葛亮在三国时期的那段历史文化，因此运用石头这一坚韧耐久的乡土材料营建了公园中的出师表、诫子书、八卦阵等景观节点，在历史悠久的南阳地区，希望虽经风化剥蚀却依旧坚韧耐久的乡土石材能够让诸葛亮在三国时期的那段历史文化世代传颂，永不湮灭，这里以出师表景观节点来说明乡土石材在卧龙岗公园设计中的运用。

出师表景观节点的设计企图创造一个供人们安静思考的空间，通过阅读诸葛亮在北伐中原之前给刘禅上书表文，来思考诸葛亮一片忠诚之心的这段历史，因此园中这个节点选择在一条安静的园林小径边，小径的一侧有木质的竹简，竹简上则嵌入石作的《出师表》表文，竹简立于石台阶之上，台阶末端有石材堆筑的两座花坛，这便是小径一侧的景观营造，主要是围绕竹简配置了周边环境。小径的另一侧便是供人观看阅读《出师表》并安静思考的场所，项目组成员特意设计了一个半圆式的石头台

阶，便于在台阶的两端坐下来都能够拥有良好的视线去安静的阅读表文，半圆式台阶之上便是一块平整并以石头铺装的场地，台阶的两侧有几块大的花岗岩置石，可以展示几块花岗岩的裸露纹理和组合形态，整个出师表景观节点通过置石、石台阶、石材铺装、石作花坛等对乡土石料的大量运用，为人们提供一个粗犷且宁静优美的阅读与思考的空间环境（图2）。

置石这样的布局企图为木牛流马营造一个崎岖的意境，并且通过挖掘三国历史上的相关信息，以木质材料效仿建造了一座木牛流马的景观小品，展示了三国时期诸葛亮发明创造的这一运输工具。同时，项目组成员巧妙地运用木材与石材的结合设计了一个景观标示牌，以石材为标示牌立柱，景观节点名称写在木制的标示板上，整个标示牌立于草丛中与景观节点的环境相协调（图4）。

图2　乡土石材在卧龙岗公园中的应用

图4　乡土木材在卧龙岗公园中的应用

4.2　木材的运用——木牛流马景观节点

人类使用木材的历史几乎和人类的历史一样漫长，远古的人类走出洞穴后用木材搭建了人类最早的"家"。几千年来，人们一直把木材作为可靠的建筑材料，对于拥有丰厚历史的南阳来说，木材自然也是常用的传统乡土材料。在南阳，木材常作木柱、木墙面、木制天花板等运用在传统民居中（图3）。

4.3　砖瓦的应用——英雄客栈景观节点

砖瓦作为一种人造的建筑材料由来已久，先民们就发现经过高温烘烤的黏土表面变硬，并具有了防水防潮的特性，久而久之便有了砖瓦的做法，于是他们将烧土的特性利用到建筑材料上，"秦砖汉瓦"就说明我国古代建筑装饰的辉煌。

对于传统砖瓦材料在新型城镇化背景下景观设计中的运用，按照具体的部位，通常使用在墙体、屋顶、铺地、漏窗、装饰等部位，其中墙体、铺地、装饰中使用砖材料较多，屋顶、漏窗中使用瓦材料较多，他们在造景中的变化形式也颇为丰富。

南阳地区三面环山，植被丰裕，更是有着出产砖和瓦的天然条件，烧柴和沿山建窑比较方便，南阳市各地都有烧制砖和瓦的作坊，建筑需要用砖和瓦时可以就近烧制，非常方便。本次卧龙岗公园项目在公园中根据场地特点设计了一座英雄客栈，英雄客栈建筑所用的砖瓦均是南阳地方烧制的，使得建筑群体呈现的效果充满乡土气息，同时，外地面的铺装也是有地方砖拼接而成，室外台阶则是乡土石条堆放的，整个英雄客栈景观节点给人粗犷且具有历史文化气息的味道（图5）。

图3　木材在南阳地方建筑中的应用

在本次的卧龙岗公园设计项目中，木牛流马、诸葛连弩、孔明灯等景观节点都运用了木头作为材料来营造，通过对亲切舒适的木质材料的运用，来为公园中的景观节点增加亲切感，从而吸引市民来逗留观赏并温习景观节点背后的历史文化，在这里笔者以木牛流马景观节点为例来说明传统木材在卧龙岗公园中的景观设计运用。

木牛流马景观节点位于卧龙岗公园的发明创造智慧区，处在园中丁字形园路交汇处，所占面积为80m²，该景观节点主要包含置石、中间草坪、木质的木牛流马景观小品和L型景观花坛，节点选在道路的丁字形交汇处是为了利用木牛流马景观小品作为一个良好的对景，让走在园路上的市民可以醒目的看见诸葛亮的这一发明创造，该景观小品放置在草坪的中间，周边有置石围绕，通过大块状的景观

图5　乡土砖瓦在公园中的应用

5　结语

乡土材料的生态性、经济性、地域文化性、亲和性等

特点，在新型城镇化背景下的园林景观营造中有重要的作用，对于解决新型城镇化过程中园林景观文化缺失、历史名城保护、城市生态环境恶化、地域特色表达不畅等问题具有突出的现实意义。我国地域辽阔，民族众多，各地都有不同的自然历史背景，也都有着属于当地的乡土材料。在未来的景观实践中，如果能够总结出乡土材料的系统理论指导实践，将会大幅提高乡土材料的关注程度和运用程度，对保护环境和营造地域风格景观将会起到巨大的推动作用，对解决城市发展与保护的矛盾也会拓宽思路。

参考文献

[1] 俞孔坚，王志芳，黄国平. 论乡土景观及其对现代景观设计的意义[J]. 华中建筑，2005(4)：123-126.
[2] 杨静. 建筑材料[M]. 北京：中国水利水电出版社，2004.

作者简介

余志文，1988年10月，男，汉族，安徽黄山，华中科技大学建筑与城市规划学院风景园林硕士研究生在读。Email：969287000@qq.com。

岳峰，华中科技大学建筑与城市规划学院风景园林硕士研究生在读。

新型城镇化背景下地域文化与会馆建筑的融合研究
——以河南社旗山陕会馆为例

Fusion Research on Regional Culture and Guild Building under the New Urbanization Background
——Case Study of Henan Shanshan Guild

岳 峰 戴 菲 张文钰

摘 要：在我国加快新型城镇化的背景下，城市建筑的同一化掩盖了城市的地域文化的差异，而传统建筑是现代建筑发展的根基与源泉。因此，研究地域文化与传统建筑的相互影响尤为重要。本文以河南社旗山陕会馆为例，从其建筑设计与装饰艺术等方面进行分析，探求传统建筑与地域文化之间的相互影响，并对新型城镇化进程中当代建筑如何传承地域文化进行探讨。
关键词：地域文化；城镇化；会馆建筑；社旗

Abstract: Under the new urbanization background, duplicate of architecture overshadows the city's regional and cultural differences. The traditional architecture is the foundation and source of the development of modern architecture. Therefore, the mutual influence of regional culture and traditional architecture is particularly important. In this paper, Henan Shanshan guild is analyzed from its architectural design and decorative arts, etc. to explore the interaction between traditional architecture and the local culture. Explore how contemporary architectural Inherits local culture under the new urbanization background.
Key words: Regional Culture; Urbanization; Guild Building; Sheqi

地域文化是指文化在一定的地域条件下，如海洋、山脉、河流、气候特点、人文精神等交叉产生的对于文化（本地或者外来的）独特的、不可变更的诸多影响，使这种文化打上了地域的烙印的特点，发展并逐渐形成自己的独特文化，并通过多种形式表现出来的文化的状况。[1]本文研究的地方建筑文化属于地域文化。

传统建筑作为地域文化的缩影，是现代建筑发展的根基与源泉。在中国传统建筑中，会馆建筑成为一种特殊类型的建筑，其建筑成就堪称中国古代建筑中的典范。山陕会馆作为会馆的代表，在数量和建筑成就方面都是首屈一指的，被誉为中国古建筑之瑰宝。因河南的山陕会馆相对比较集中，而且保存较为完好，因此本文以国家重点文物保护单位河南省南阳市社旗山陕会馆为对象，旨在研究传统建筑与地域文化之间的相互影响，并对新型城镇化进程中如何传承地域文化进行探讨。

1 研究方法

课题的研究以现有社旗山陕会馆建筑实体为直接素材，以实地考察与调查研究为手段，对相关史料、碑刻资料、专业著作和学术论文等相关资料进行整理分析并总结研究。然后从其修建的背景、建筑平面规划、装饰艺术等方面进行建筑及装饰艺术的分析，探寻社旗山陕会馆与当地地域文化的相互影响，进而对当代建筑如何传承地域文化进行论述。

2 修建背景

社旗山陕会馆位于河南省南阳市社旗镇中心。始建于清乾隆二十一年（1756年），至光绪十八年（1892年）竣工，历时136年，集皇宫、庙宇、商馆、园林建筑艺术之大成，宏伟壮丽，典秀大方。

社旗镇过去水陆交通发达，是南北水陆交通的重要中转地，商人云集，秦晋商人为占据要地兴建此馆，这是社旗山陕会馆兴建的交通条件。[2]明清时期，资本主义经济不断发展为商业的兴起创造了条件，为更好地开展商业活动，便于更好的规范商业运作是社旗山陕会馆兴建的经济条件。

最值得关注的是其修建的文化背景。山陕会馆将本土文化、受用群体的精神意愿与土著文化结合在一起，进行继承和演绎，形成了山陕会馆既保留本土文脉，又与周围建筑相呼应的独特的建筑文化。目的在于再现本土文化以慰藉思乡之情和提升尊严；崇祀本土乡神，造就"馆庙合一"的恢宏建筑；融汇地方建筑文化以调和社会关系。虽然历史条件不尽相同，但山陕会馆将多种文化因素融汇为自身的建筑文化，并形成独特的建筑思想的做法值得我们深思。

3 建筑设计与装饰艺术分析

3.1 建筑设计

社旗山陕会馆规划采用沿轴线对称布置的方式（图

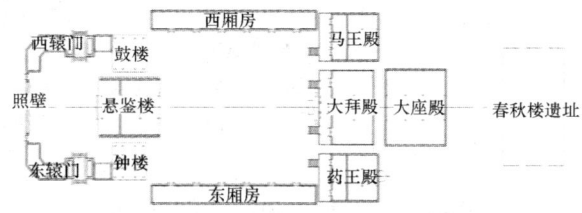

图 1 社旗山陕会馆平面示意图

1),占地近万平方米,各类建筑共有二十余座。会馆坐北朝南,由三进院落组成(图2、图3)。位于中轴线上的照壁(图4)、悬鉴楼(图5)、石牌坊、大拜殿、春秋楼是主要建筑;两侧是辕门、马棚、钟楼、鼓楼、厢房、腰楼、药王殿、马王殿、配殿、道坊院等配属建筑。药王殿、马王殿分别供奉药王孙思邈及马王爷塑像。

图 2 一进院落

图 3 二进院落

3.2 装饰艺术分析

社旗山陕会馆的兴建恰逢我国传统建筑的转型时期,会馆建筑将各种受力构件的功能性与装饰性进行了融合,形成既具有力学作用,又有装饰作用的构件。大量的砖雕、琉璃雕塑、石雕(图6)和木雕(图7)等装饰,将会馆建筑装扮得雍容华贵。

从装饰题材的文化内涵分析,可以发现山陕会馆的雕刻艺术可以归纳为吉祥图案、历史典故、神话故事、民间故事、诗词歌赋等几大类,吉祥图案即是华丽的装饰,又是殷切的心理寄托;历史典故有西域使者朝圣的"职贡图",但多数以三国题材为主;神话故事题材相对要多一些,为数不少的《西游记》、《封神榜》、《八仙过海》画面;民间故事有"关公读春秋成神图""姜太公垂钓"和戏剧故事"三娘教子"、"黄鹤楼"、"书生赶考"、"农夫逸乐""王羲之爱鹅"、"俞伯牙爱琴"、"米元章爱石"以及《苏武牧羊》、《赵氏孤儿》、《十八学士》、《渔樵耕读》、《二十四孝》等;[3]诗词歌赋主要用于楹联和匾额,以赞颂关羽的仁义忠厚及浩然正气为主,同时也含有商贾对会众的教诲之意。各种装饰题材的交互使用,汇聚成了丰富的雕刻艺术。

图 4 入口照壁中心图案

图 5 悬鉴楼

图 6 石雕

图 7 木雕

4 社旗山陕会馆与地方建筑文化的相互影响

社旗山陕会馆继承了山西、陕西建筑的一些主要特点，如外墙高、四合院、和重装饰等特点。同时它也吸纳了土著建筑文化的一些做法，如吸收了河南民居院落较为开阔的特点，使得院落更能够满足商务聚会的功能作用。

4.1 地方建筑文化对社旗山陕会馆的影响

4.1.1 地方手法在柱中的运用

我国古建筑做法中对柱径与柱高的比例有一定要求，每个时代的要求也不大相同。如清代官式建筑中对大式带斗栱的建筑柱径与柱高比例要求为 1：10，而河南民居用柱则标准概念淡化，多数民居中柱径均达不到上述标准。[4]社旗山陕会馆柱身比例与当地民居情况相同，其柱径与柱高的比例均大于 1：10，比官式建筑的规定要大，其中马王殿与药王殿的柱径与柱高比例甚至达到 1：17.86。

4.1.2 斗栱结构做法中地方手法的体现

清工部在《工程做法则例》中明确规定限制民居中应用斗栱，但河南民居中仍有使用斗栱的现象。社旗山陕会馆是有斗栱的大式大木作，这是和其他地区的山陕会馆所不同的。由此可以断定社旗山陕会馆中斗栱的做法是受当地民居的影响造成的。

4.1.3 梁架做法的变化

社旗山陕会馆建筑采用的构架体系是以抬梁式为主，这种做法不同于秦晋地区的建筑，但更接近于清代官式建筑做法。清代官式建筑的梁架节点几乎全用瓜柱，很少有驼峰，基本不用叉手、托脚。社旗山陕会馆建筑则为彻上明造，梁采用自然卷曲材，截面为圆形，且表面多有彩绘。

雀替在明清时期河南的民居建筑中的结构作用基本消失，转化为装饰构件，成为木雕艺术的重点展示部位[4]。社旗山陕会馆外檐的雀替集中了大量的木雕艺术，如浮雕、圆雕、透雕技法等都有使用，雕刻素材有民间故事、历史典故等，充分体现了地域文化对于会馆建筑的影响。

4.2 社旗山陕会馆对地方建筑文化的影响

随着明清时期商业活动频繁和交易的增加，会馆开始兴建，以中转货物、便利交易，其中以山陕会馆居多。会馆的建立一方面方便了商业活动，另一方面其作为一个建筑形式，对当地建筑也产生了一定影响。

4.2.1 新的建筑材料的引进

建筑材料是建筑存在的物质基础，以材料为物质载体，采用不同的构造形式，造就了形形色色的各类建筑。明清时期，山西地区的琉璃瓦及琉璃脊饰在全国享有盛名，许多建筑用琉璃制品被贩卖到全国各地。社旗山陕会馆的兴建也使用了运自山西的琉璃瓦。尽管琉璃制品没能在河南地区得到大面积的推广，但也对局部地区造成了一定影响，特别是当地的宗教建筑，同时也为丰富河南地区建筑的整体面貌作出了贡献。

4.2.2 带动了当地建筑技术的发展

清代，山西以晋中地区为中心的民间雕刻艺术是我国北方地区建筑雕刻艺术的集中代表，成为向我国北方各地输送建筑技术和饰件的重要地区。山陕会馆主人有雄厚的经济实力，又有晋豫陕三省高超的营造技艺作为保障，再加上商人思想活跃，山陕会馆的兴建，把山陕两省的雕刻手法、雕刻技术带到了河南，对河南地方雕刻手法起到了丰富、促进作用，使得社旗山陕会馆的雕刻艺术有了更进一步的发展。

4.2.3 对地方建筑装饰题材的影响

社旗山陕会馆装饰题材既有山西民间故事，也有陕西的风土人情，同时也有流行于河南的戏剧题材。这样便给地方建筑装饰扩大了题材范围，丰富了地方建筑装饰。

5 对地域文化和会馆建筑的思考

建筑形制、建筑装饰艺术等各个方面构成了建筑的外在形式，它是艺术的物化产物，渗透着浓厚的文化气息。建筑的外在形式以其使用功能需求为基础，以时代的技术水平为条件，而其具体的形态设计、空间组织及细部设计等要素都渗透着一定的美学原理及文化内涵。这种美学原理和文化内涵不是附着在建筑外部的表象，而是成就建筑的关键之所在。

而地域文化对建筑的渗透，不仅仅是为了形成建筑的视觉效果，更重要的是能够实现历史的延续，同时使得地域文化的价值重新发挥作用。新型城镇化背景下建造具有不同地域文化特色的建筑，首先需要在方法上进行认真探索。

5.1 探寻体现建筑地域文化的有效途径

当前对于地域文化继承的尝试已屡见不鲜，但大都是片面地理解和运用传统建筑元素，或是简单的复制甚至照搬一些具体传统符号等。这些照本宣科的做法只注重形式，而不能体现传统建筑的文化内涵。我们应该对传统建筑进行认真的研究，吸收其文化精髓和设计精髓，如吸纳传统建筑的空间组织规律、洞悉线性在传统建筑形态中的应用、抽象化处理传统建筑语言、借助传统材料体现传统文化韵味，从而做到合理的传承，而非模仿甚至照搬其形式。

5.2 赋予建筑地域文化与时代文化的结合

传统建筑是地域建筑文化的根基。但城镇化背景下的当代建筑，既要传承地域文化，又要体现时代文明。例如，新苏州博物馆是现代文明与传统地域文化结合的一个成功案例。它既具有现代建筑的特征，又流露出苏州传统建筑的神韵光彩。因此，传承地域文化不是一味地抄袭传统做法和简单的搬用传统符号，而是凝练和演绎等发展的运用，地域文化和时代文化在融合中发展，在发展中融合。

5.3 注重建筑个体文化与城市整体环境的融合

城市是由建筑、景观和交通等一系列要素组成的。构成城市的各要素相互关联、相互影响，共同形成城市的面貌和内涵，其中建筑所占份额巨大，左右着城市的直观表情和内在意蕴。正如"马丘比丘宪章"所指出："在我们的时代，现代建筑的主要内容是创造人们能在其中生活的空间，要强调的不再是孤立的建筑（不管它有多美、多讲究），而是城市组织结构的连续性"。[5]就此而言，建筑设计必须以众多建筑的个体文化来促进城市文脉的传承，同时要加强建筑形态的研究，保障城市空间的协调性。

6 结语

每个地域、每个国度都有自己的文化，在全球一体化和新型城镇化的背景下，外来文化的渗入无法避免，如何打造能够体现当地特色的城市，是一个值得关注和研究的课题。本文以社旗山陕会馆为切入点，研究了地域文化和会馆建筑的相互融合发展，使我们既看到了社旗山陕会馆的晋陕本土文化，也看到了其客居地——河南建筑文化的特点，之后探讨了新型城镇化背景下地域文化该如何在城市的重要物质载体——建筑中传承和发展，或许如社旗山陕会馆这种既有对外来文化的吸收，又能够保持自己源文化特色的适度融合做法正是新型城镇化进程中城市建设所应该体现的。

参考文献

[1] 季蕾. 植根于地域文化的景观设计[D]. 东南大学，2004.
[2] 社旗县博物馆. 中国文物小丛书—社旗山陕会馆[M]. 北京：文物出版社，1988：3.
[3] 李芳菊. 社旗山陕会馆建筑装饰群中的艺术文化内涵研究[J]. 安阳师范学院学报，2003.3：33.
[4] 左满常，白宪臣. 河南民居[M]. 北京：中国建筑工业出版社，2007.
[5] 陈占祥译. 马丘比丘宪章[J]. 建筑师，1980.4：252.

作者简介

岳峰，1988年生，男，汉族，河南南阳人，华中科技大学在读硕士研究生，研究方向为风景园林规划与设计，Email：619998607@qq.com。

戴菲，1974年生，女，汉族，湖北武汉人，博士，华中科技大学建筑与城市规划学院教授，研究方向为城市规划设计调查研究方法、城市总体规划、城市绿地系统规划，Email：elise_dai@hotmail.com。

张文钰，1988年生，女，汉族，河南南阳人，硕士，河南省城乡规划设计研究院规划设计师，研究方向为城市规划与设计，Email：673037949@qq.com。

传统文化景观中滨水空间的多尺度特征机理研究与保护整治
——以江苏泰州高港沿江一带为例

The Research about Characteristic of Waterfront Space of Traditional Cultural Landscape Space
——Take Gaogang of Jiangsu for Case Study

张醇琦

摘　要：滨水地带是城镇发展最早的地带，也是传统文化的发源地带，在千百年的历史发展进程中形成了独特的地域性文化。而今，这类空间有很大部分受到工业化和现代化的冲击，文化特色逐渐消失，生态平衡受到破坏，急需科学合理的整治。本文以江苏高港一带为例，通过对相关区域内传统文化景观空间中滨水空间在不同尺度上的机理特征的比较分析并加以总结归纳，以文化和生态保护与可持续发展为目标，得出全方位切实可行的整治方法。

关键词：传统文化景观；水生态；多尺度

Abstract: Waterfront areas are the origins of the development of cities, as well as the birthplace of the traditional culture. As the fast development of the modern day, the waterfront spaces are being changed by the industrial development and the ecological environment are being destroyed. Necessary arrangement and management are needed to protect and preserve the environment. This paper will take Gaogang of Jiangsu Province as a case to show the pattern language of waterfront landscape in different scales, so that we can do the analysis and comparison among them in order to get the normal method that can be used in waterfront area protecting projects.

Key words: Traditional Cultural Landscape; Waterfront Ecology; Multi-scaled

在整体人文生态系统中，建立解读传统地域文化景观的图式语言体系，旨在为未来生态景观和可持续景观营造提供方法和途径。在不同的尺度层次中，传统文化景观空间呈现出多样性、通用性和典型性，故而为了适应不同景观空间的应用规律，必须建立起一个多尺度为基础的框架，并兼顾人文生态空间多样性和地方性，才能使图式语言体系更具应用价值。

传统文化景观中滨水空间是文化的发源，也是生态环境的重要组成部分。在尺度研究中，这一部分也较为复杂，不仅出于水系的灵活性和高度流通性，同时也因为不同尺度中，这类空间体现出丰富的差异性。因此在尺度研究中可以作为一种典型空间来研究。

1　研究背景与文献综述

1.1　传统文化景观空间的界定与分类

传统文化景观是具有经济、社会、生态、美学价值的复合镶嵌体。[1]

基于对传统地域文化景观的解读模式，根据土地利用类型，可将传统地域文化景观空间划分为生活空间、生产空间、生态空间和交通空间四种景观空间类型。

1.2　滨水生态景观空间的范围

流域是最早产生文化的地带。就地理原因解释，"在水陆交互作用带上，地理特征与生物种群结构复杂，物种丰富，生产力较高，易于人类聚居与城镇发展"。[2]因此，当今世界范围内超过半数的大城市都分布于沿海地带，尤其是河口海岸平原区。这些地方自然环境适宜，易于各种群生息繁殖。其土质肥沃，淡水资源丰富易取，灌溉便利因此适合农耕，交通运输方便，工商业发达。

1.3　案例选取及研究意义

江苏高港有史记载可追溯至五代南唐，是北宋初口岸所在，在交通上有"承接南北，贯穿东西"的独特区位优势。[3]西南濒临长江，具有较多的湿地资源和滨水空间类型，并为南水北调首个枢纽地带，因此其在微观层面有更多的变化。

1.4　传统文化景观空间的尺度划分

尺度是以整体人文生态系统为核心的风景园林规划设计的重要特征。[4]尺度的不同，将会使生态过程、景观格局、传统地域文化景观都不同。比较研究传统地域文化景观尺度特征，需要总结归纳出不同尺度下的地方性的范式，形成不同尺度地方性景观特征的有效复合。

某一空间尺度的现象、过程与设计策略，不见得适用于另一种空间尺度。空间尺度愈大，其系统科学复杂性通常愈高；而空间尺度愈精细，环境愈容易为使用者所认知。[5]因此，多尺度研究成为全面理解和认识空间的必要步骤。

1.5 景观图式语言在多尺度上特征机理总览

由于土地利用及其驱动因素的作用过程具有明显的尺度相关性，[6] 因此某一规模尺度上所揭示出来的作用关系并不能简单地应用到其他尺度规模层次上。

因此不同尺度的特征区分十分重要。根据景观空间规律，在尺度上将空间分为三个层次：一是宏观尺度的整体空间构架，展现整体空间机理；二是中观尺度的典型空间组合型，表达空间组合关系机理；三是空间元素的基本形态特征，体现细节元素机理。[7]

2 滨水生态景观空间的多尺度机理

2.1 空间分类

根据传统文化景观空间分类体系，滨水空间同样也可以分为交通、生产、生活、生态四大空间类型，其各自包含对应小类，分级关系如图1所示。

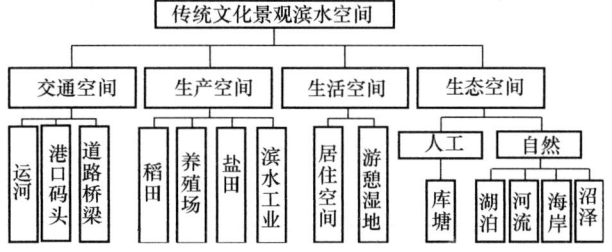

图1 传统文化景观中滨水空间的分类

总体来看，尺度越精细则分类越细化，然而不同尺度之间又相互作用，相互影响。大尺度的框架决定了小尺度的结构，而小尺度的细节又影响着大尺度的运作。具体地说，土地利用格局和过程在不同尺度上表现出不同的特征，且不同尺度间土地利用的效应相互作用，尤其特定局地变化会对区域环境造成影响。

大尺度上发现的许多生态或文化破坏问题，都根源于小尺度土地利用的环境影响，以及局地土地利用造成的结果。这些均会通过累积放大成区域性大问题，但也有可能将影响带到其他区域，进而作用于区域土地利用格局框架。

对于同一个滨水空间，不同尺度显示出不同问题，在实地调研过程中这一情况更为明显。

因此，在空间的分尺度研究分为宏观尺度的整体空间构架、中观尺度几种典型的空间组合型、微观空间元素的基本形态特征三个层次。

2.2 宏观尺度

2.2.1 尺度特征

从宏观尺度上看到的是研究对象的整体空间构架。通常情况下，随着尺度增大，空间异质性将会降低，因为其间的很多细节将会被忽略。也就是说，在宏观尺度上我们比较多地关注于空间的整体特性。

2.2.2 宏观尺度下整体图式

在宏观尺度下，各类空间按一定的规律组合在一起，组合方式体现出较强的地域性。景观生态系统本质的属性是其整体性。景观生态系统要素、元素的相互联系和互相作用组成了这一整体，这种关系特征又决定于元素、要素的秩序，因此，景观生态系统的结构就本质地体现着整体性特征，也是宏观尺度下最为重要的关注点。宏观尺度的研究就在于以能用直观、方便又有效的方法途径探析系统的整体性状，达到综合研究的目的。

2.2.3 宏观尺度的评价原则与关系

（1）景观空间的系统完整性

宏观尺度下可以看到整个景观空间系统，各空间要素之间的秩序和关联体现最为直观。系统是否具备从生产到消费的所有环节并形成源汇结构成为完整性重要的评价点，而系统的完整性是其他特性存在的基础。

（2）人文与生态空间连通性

一个合理的景观空间应该是相互连通并且能够形成自身能量循环的，即空间内各个斑块通过多种廊道相互连接形成一个网络系统，能够使能量流在自然力驱动下可持续循环。

（3）整体人文生态可持续性

传统文化景观的传承和保护都反映出其可持续性，在城市发展的过程中传统文化景观区域是否受到冲击和破坏，是否有可持续的长远的保护计划，都影响着整个人文生态系统的可持续性。

系统完整性是连通性和可持续性得以发挥的基础，而连通性加强和巩固了系统的完整性，可持续性使得完整的系统得以更加科学化地运作和发展。传统文化景观空间的保护，在宏观层面上就是与现代化的协调和相互适应，在图式中体现为整体与连贯。

2.2.4 案例区域宏观尺度分析

高港位于江苏泰州南部，拥有沿江岸线24.2km，其中水深-10m以上的一级岸线13.6km；水深-5至-8m的二级岸线长3.3km。现可供开发利用的深水岸长9.5km，区域内水网密集，具有多种富有地方特色的典型滨水景观空间。

高港分布有大量重要港口，同时还有比邻一类饮用水取水口的海军建立纪念园、以水利为主题的引江河风景区等，这给滨水空间带来了多重影响。在强调文化的同时，景区的建立在一定程度上保护了滨水空间的生态环境，然而港口和大量船舶厂沿江建设，亦使其附近水体受到较为严重的污染。因此，区域包含多种空间类型，在宏观尺度，关注点在于水体空间整体能否保持生态可持续性，关注区域整体的水系源－汇系统，以判定整个区域水系是否处于健康稳定发展的状态。有宏观尺度的这一前提保障，才能指导下一尺度层面做好每一个局部小空间尤其是污染与敏感区域的源－汇生态处理，才能使整体水系形成更深层次的积极健康的循环。

案例区域宏观尺度滨水景观空间分析　　　　表1

图名	宏观尺度遥感图	水系路网框架提取图	水系图底关系分析图
图示			
说明	本图选取了高港临江的片区,这一片区内包含多种景观空间形式,从宏观角度看,水体形成多级多层次的系统	将水网和路网以图底关系图的形式提取出来,可以看到传统自然型路网和规则的人工化水体,路网也依此分布	选取较有代表性的入江口区域分析,可以看到水体脉络和主要节点,根据生态和文化的分析选取后续研究节点

2.3 中观尺度

2.3.1 尺度特征

中观尺度是地域性体现最为明显的尺度,在这一尺度内,传统文化景观空间的结构特征最为明显,个体单元空间形态、群体单元的空间组合状况、单元间的空间关联指数、结构的空间变化规律都能有具体化表现。

在滨水景观空间里,不同类型的空间呈现出不同的图式特征。

2.3.2 中观尺度下的典型图式

案例区域中观尺度滨水景观空间分类分析　　　　表2

空间分类	空间图底关系图	空间描述
交通空间	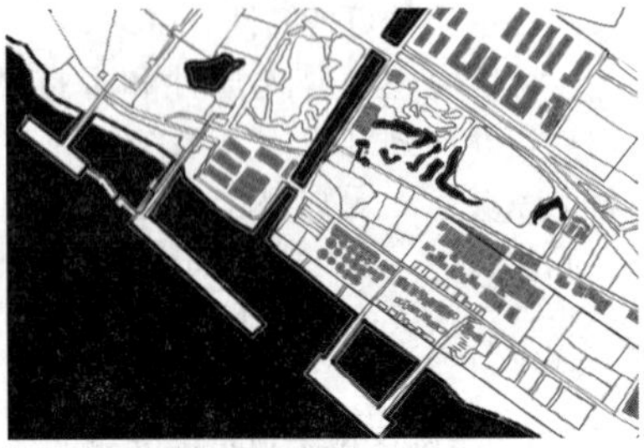	以港口和运河为主的滨水交通空间人工化较为明显,同时在文化特征上体现较多,生态性易被忽视。利用与保护相结合是这一空间类型的规划要点
生活空间	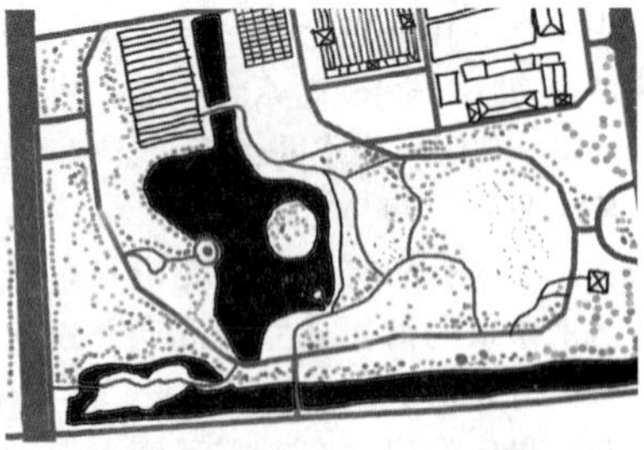	生活空间水系多呈自然状态,空间内人类活动较多,植被覆盖率高,在很大程度上是区域宜居性的体现。软质和硬质空间的有机结合是这一空间的规划要点
生产空间		沿江一带农田鱼塘为主要生产空间,此外高港还有沿江工业区域,易产生污染,因此处理好区域内水体的自净与合理排污是这一空间的重要关注点

续表

空间分类	空间图底关系图	空间描述
生态空间	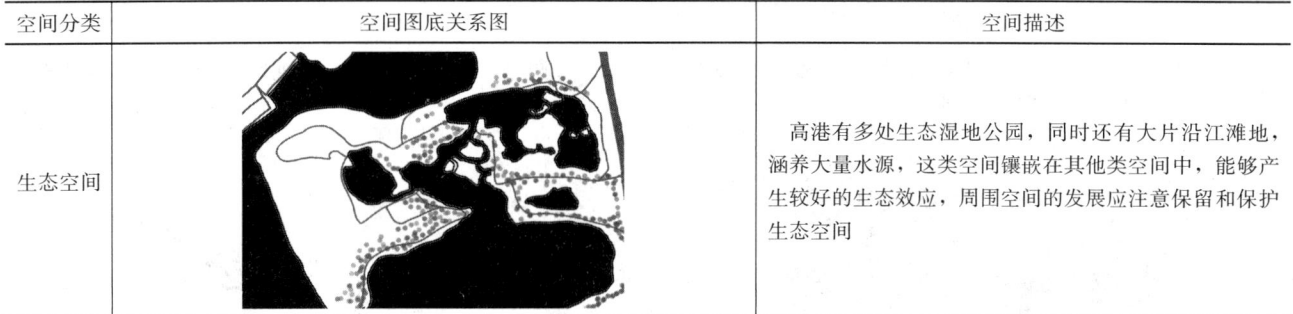	高港有多处生态湿地公园，同时还有大片沿江滩地，涵养大量水源，这类空间镶嵌在其他类空间中，能够产生较好的生态效应，周围空间的发展应注意保留和保护生态空间

2.4 微观尺度

2.4.1 尺度特征

微观尺度主要着眼于具体空间类别的细节处理上，传统文化景观空间是一个复杂的整体，整体中关键性典型性的空间要素的图式成为这一层面的主要内容。在滨水空间中，驳岸的处理是微观尺度上最为明显的要点。不同类型的空间有不同的岸线需求，岸线的选择也体现出生态与其他效益的权衡。

2.4.2 微观尺度下的水岸线

案例区域有大量湿地的留存，其驳岸形式多样，多由于其所在地理位置与发展背景相关联。

下表整理了高港区各类典型驳岸形式与优缺点取舍，旨在总结归纳滨水空间的微观视角生态需求。

案例区域微观尺度滨水景观空间驳岸分析　　　　表3

实景	岸线形式

自然生态驳岸：这类驳岸多为土质且为斜坡型，不同高度处有不同的植被类型，在生态状况良好的区域由于自然的自身循环具有较高的可持续性。多用于生活空间和生态空间	
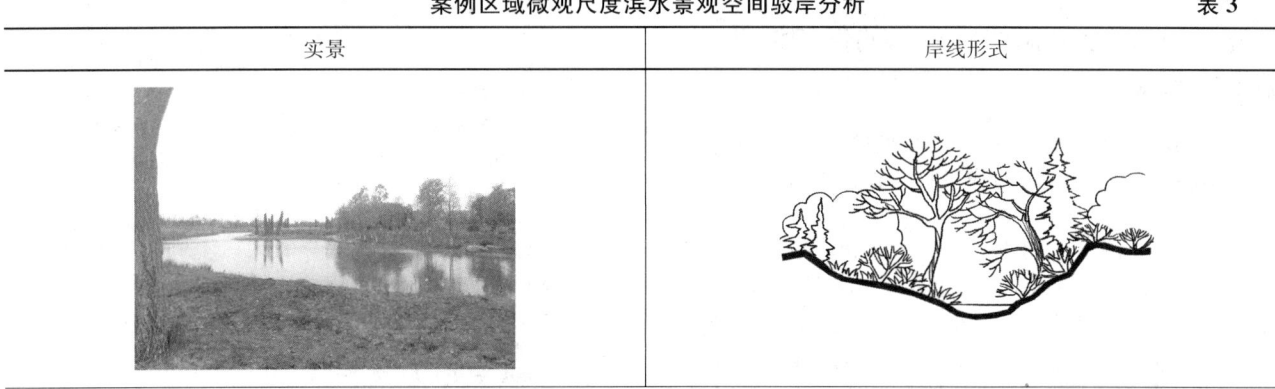	
人工生态驳岸：这类驳岸以生态驳岸为主，人工置石以加固岸线，减少水岸的水土流失，沿岸漏石既能加固植被又可透水，促进地下水循环。多用于生产空间	
	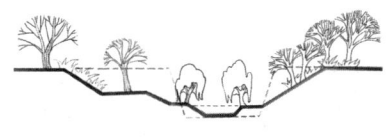

实景	岸线形式
自然梯段驳岸：硬质和植被相结合的分段驳岸能够较好地适应水位变化较大的水域，硬质的驳岸阻隔了地下水的连通，因此须注意设置地下水口。多用于水利等生态空间	

人工梯段驳岸：较为常见的公园驳岸类型，外观整洁形态规则，然而生态性较差，因此以植物排布与水下土质互通为解决方法，提高水岸生态功能。多用于生活空间和交通空间	

以上驳岸类型均为较合理的生态化形式，也是案例区域内值得借鉴的形式。

3 总结：滨水生态景观空间的保护误区和整治要点

在不断的城市化进程中，滨水空间的生态急需保护，自然与人文双方面的生态健康发展才是正确的整治和规划追求。

案例区域内所见误区有：（1）人工化硬质驳岸与河床，虽然整洁，但极易造成死水状态，切断生态物质流动和地下水循环，对生态危害极大。（2）工业区域局部排污而缺少净化，滨水工业产生污染巨大，在暂时必须继续生产的前提下，控制污染范围十分紧要，必须避免污染的进一步扩张。（3）修直与截断河道，部分河道因与道路冲突而改道或截断，中间留一管道连通，看似加强了水系流通，实则使水体很大程度上降低了活性和灵性。

为了生态的平衡和文化的延续，应当尽量恢复河流自然形态，保护水土涵养水源，通过滨水空间的保护和整治达成生态、文化、经济的多重收益，使其相得益彰。

参考文献

[1] 刘滨谊，王云才. 论中国乡村景观评价的理论基础与指标体系[J]. 中国园林，2002. 18(5)：76-79.
[2] 王颖，盛静芬. 滨水环境与城市发展的初步研究[J]. 地理科学，2002年(1).
[3] 泰州市高港区史志档案办. 高港区志：江苏地方志.
[4] 王云才. 风景园林的地方性——解读传统地域文化景观[J]. 建筑学报，2009.12.
[5] 杨沛儒. 生态城市主义：5种设计维度. 世界建筑，2010(1)期.
[6] 陈佑启，徐斌. 中国土地利用变化及其影响的空间建模分析[J]. 地理科学进展，2000. 19(2)：116-127.
[7] 王仰麟，赵一斌，韩荡. 景观生态系统的空间结构：概念、指标与案例. 地球科学进展，1999.

作者简介

张醇琦，1989年11月，女，汉，江苏无锡人，本科，同济大学建筑与城市规划学院，硕士研究生在读，景观规划与设计。
Email：zcq3366@126.com.

古村落文化景观特色的演绎与解析
——以闽南福全国家历史文化名村为例

Deduction and Parsing of Ancient Village Cultural Landscape Features
——Taking the National Historical and Cultural Village Fuquan in Minnan as an Example

张 杰 叶春阳

摘 要：文化景观是人、地关系的遗产，而古村落属于有机进化的持续性景观。本文以闽南福全历史文化名村为例，运用演绎法，从"物质"和"价值"两大系统对福全文化景观进行要素分类，并进行自然环境要素、人工要素、人文环境要素的深入剖析，揭示出古村落的空间形态、街巷空间、神缘与血缘相结合的文化空间，及其非物质文化遗产的特色，归纳并解读了福全文化景观的内涵。

关键词：古村落；文化景观；要素；空间

Abstract: The cultural landscape is the heritage of relationships between man and earth, and the ancient villages are sustainable landscape of organic evolution. This treatise takes the national historical and cultural village Fuquan, Minnan as an example, using the deductive method to classify cultural landscape elements of Fuquan from "substance" and "value" two main systems, and deeply analyses the natural environment elements, artificial elements and humanities environmental elements, reveals the space form, street space, the faith relationship combined with blood relationship culture space of ancient villages, and reveals its characteristics as non-material cultural heritage, finally induces and interprets the connotation of Fuquan cultural landscape.

Key words: Ancient Village; Cultural Landscape; Element; Space

文化景观是地球表面文化现象的复合体，它反映了一个地区的地理特征。[②] 它表达了一种人、地关系的遗产，代表了人与自然共同的作品，解释了人类社会和人居环境在物质条件的限制和自然环境提供的机会的影响之下，在来自外部和内部的持续的社会、经济和文化因素作用下，持续的进化。

古村落是指村落地域基本未变，村落环境、建筑、历史文脉、传统氛围等均保存较好的古代村落。从文化景观的定义来看，古村落属于有机进化的持续性景观。那么，对此如何解析其特色成为揭示村落本质的核心内容之一，据此，本文以闽南福全国家历史文化名村为例进行了挖掘其文化景观内在价值特征的探索。

1 福全古村落概况

福全古村落位于福建省晋江市金井镇的南部，东邻台湾海峡，东北距泉州45km，南与金门岛隔海相望，与金门岛仅5.6km。自唐代福全就已发展为渔港，宋元时成为海上丝绸之路的重要组成部分——商贸古港，明清时嬗变为东南沿海重要的海防所城——御守千户所，2007年被住建部授予国家历史文化名村，现有各级文物保护单位4处。

2 福全文化景观的构成要素分析

2.1 构成要素

众所周知，文化景观既是一种实体对象，又具有相应的人文内涵。据此，就物质形式和表达的文化内涵可将古村落的构成要素分为"物质"和"价值"两大系统。其中物质系统包括：建筑、空间、结构与环境。价值系统包括：行为文化、人居文化、历史文化、产业文化、精神文化。文化景观是精神与物质合一的有机整体，其物质系统与价值系统二者相互间有着内在的联系，共同构筑起文化景观的全貌。

据此，福全古村落的文化景观可分为物质与价值系统两大层面，物质系统包括：建筑要素，空间与结构要素，环境要素等，这些要素包括了传统民居、寺庙、遗址、街巷空间等，其次，从价值系统的层面，则包括了人居文化、行为文化、历史文化及其精神文化等要素（图1）。

---

① 教育部青年基金项目（11YJCZH229）：两岸文化交流下的闽南古村落保护与发展研究；国家社科青年基金项目（12CGJ116）：文化生态下闽台传统聚落保护与互动发展研究；中央高校基本科研业务费专项资金资助（WZ1122002）：文化生态学下的闽台古村落空间形态研究。
② 引自：李旭旦. 人文地理学 [M]. 北京：中国大百科全书出版社，1984. 223-224.

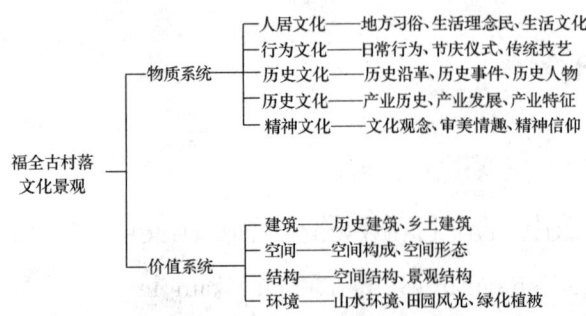

图1 福全古村落文化景观要素分析

2.2 物质系统构成要素的解读

2.2.1 建筑要素

建筑要素主要包括历史遗留下来的建筑物、构筑物以及遗址，它反映了地域的建筑文化、社会职能或与特殊的历史事件和人物相关，是文化景观的重要载体形式。福全古村落内的建筑，从功能的角度可以划分为民居、庙宇、祠堂、军事设施等；从建筑空间形态划分，主要包括：一条龙，合院式等，其中合院可以进一步划分为七种类型（图2），即单进三合院、二进四合院、三进四合院、二进合院单护厝、三进合院单护厝、三进合院双护厝及其特殊形式。另外，从建筑风貌划分，主要有传统古厝、石屋、番仔楼、洋楼等。

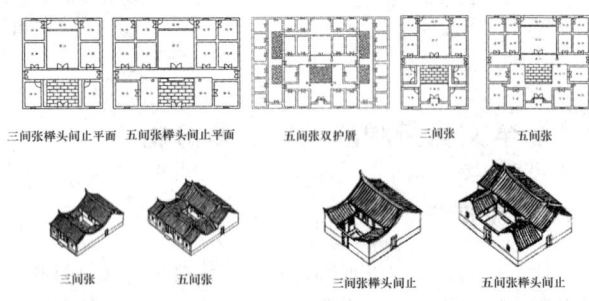

图2 闽南传统古厝

其中，一条龙较为突出的如陈祖远老宅，即由三开间组合而成，其平面形式为长条形，堂屋和居室都为矩形，每间屋室通过外廊相互联系，外廊外为带有院墙的石埕，整个建筑空间简洁朴实（图3）。

图3 一条龙式——陈祖义旧宅

合院式即传统古厝，其建筑造型特色主要体现在墙体、屋顶及其细部处理上。外墙普遍以白石、红砖作为建筑材料。外墙下落正面的镜面壁，是一幢房屋的门面，一般由上而下分为数个块面，每面为一堵，最下面的台基为柜台脚，以白石砌成，正面浮雕出踏板的形象，板下两端有外撇的"虎脚"。柜台脚以上，是白石竖砌而成的裙墙，称裙堵。裙墙以上，是红砖砌成的身堵。身堵大多用红砖拼花，组成万字堵、古钱花堵等各种图案，变化很多。身堵正中，是白石或青石雕成的窗户，以条积窗为多。身堵以上、屋檐以下是狭长水车堵，水车堵内多为泥塑彩绘或彩陶装饰。古厝的山墙称大栋壁，普遍用红砖斗砌，称"封砖壁"，也使用块石与红砖混砌的墙体，石竖立，砖横置，上下间隔，石块略退后，称"出砖入石"。出砖入石成功体现了不同材料的质地对比，色泽对比，纹理对比，砖石浑然天成。屋顶则为典型的"宫殿式"，多采用硬山屋顶为包规起、在包规起的屋顶中，下落、顶落的屋顶经常分成数段，中间高，两端低，每面形成四条或六条垂脊，使屋顶形象主次分明而又有变化。屋顶正脊，有柔和的曲线，至两端延伸分叉，形如燕尾，称燕尾脊。古厝的外观比较封闭，面向天井的大房、边房多悬挂布帘或竹帘，在这些房间的屋顶上经常设置一尺见方的天窗，天窗位于两椽之间的瓦陇上，其上放置玻璃，下侧有通风口，以防雾气凝结（图4）。

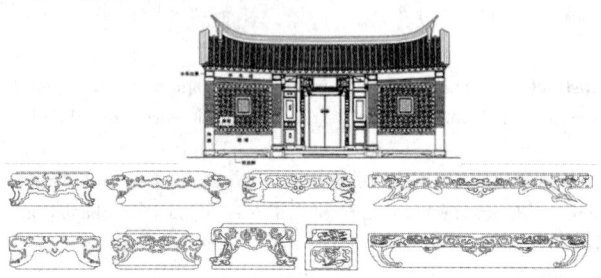

图4 闽南传统古厝正立面——镜面墙与柜台脚

番仔楼是指具有欧洲住宅与热带建筑特色的所谓"殖民地外廊样式"建筑与传统民居相结合的建筑。该类建筑的门窗、外廊是其装饰的重点，样式繁多，有西方曲线的巴洛克山花，西式的狮子、鹰、天使等，也有传统的书卷式曲线，以及姓氏堂号（写某某衍派）、屋名、兴建年代、对联、书卷、花瓶等；更多的是中式、西式的巧妙搭配。其外廊有"五脚架"、"出龟"、"三塌寿"等多种形式，外廊背后，为闽南传统民居"大厝身"的布局，即在平面上保持"一厅数房"的基本形制，中为厅堂，左右各有两房，称为"四房看厅"，底层作为客厅，寿屏后为楼梯及联系左右后房的通道，祖厅从一层移至二层。福全古村落现存番仔楼建筑面积近万平方米，占民居建筑民居的五分之一左右（图5）。

图5 福全古村落内现存的番仔楼

除了上述建筑之外，福全古村落还留存有大量的石刻，主要包括碑刻与摩崖石刻两大类，其中碑刻主要有《功德碑》、《怀恩碑》、《重修城隍宫记碑》等。另外，摩崖石刻为福建省文物保护单位，有大小石刻9块（图6）。

这些散布在古村落内的碑刻、摩崖石刻，一方面从其书法艺术的角度可以看出地域及其整个村落的文化底蕴，另一

图 8 古村落内的古井

图 9 庙兜街梦蘭小筑书斋与公所

图 6 福全石刻艺术

方面从其碑刻的内容可以看出关于古村落、家族、寺庙等等信息，这些片段式的文献资料，对于解读整个古村落的空间形态变迁起着重要的作用。再次，这些散布的碑刻、摩崖石刻与街巷、建筑、山体等相伴，随着时间的流逝，这种相伴的关系逐步演化为一种街巷景观、建筑景观、山林景观等，因此，对于丰富古村落景观具有一定的作用。

再次，福全古村落内留存着近百座古井，如后城井、后营井、衙内井等。其中，万军井最具人文特色，建造于明初建所城时，位于下街池边，口直径 2.4m，井虽不深，但泉水充足，源源不断，可解全城军民饮水之难（图 7）。

图 7 古村落内的古井

复次，古村落内还留存有朱文公遗址、圆觉庵遗址、全祠遗址、节寿坊等建筑遗存，另外，在所城东门外建造有无尾塔，为古村落镇塔，塔方形、石构实心三层，筑于条石砌成的方形平台上，塔身底层用条石纵横迭砌，边长 3.4m，往上逐层收分；二层四角雕方柱，中置堵石；三层四方合石，中雕圆洞，径 0.2m，外小腹大，洞口朝向东南。现为晋江市市级文物保护单位（图 8）。

复次，福全古村落内的私塾、公所及其建于民国初年的福全小学也极具地域特色，其中庙兜街的"梦蘭小筑"的书斋建于清末，为私塾遗存。公所位于村落的西南部，北门街的尽端处，始建于民国二十年（1933年），建筑占地 300m²，建筑面积 240m²（图 9）。

2.2.2 空间与结构

福全古村落的空间包括了建筑本身的古厝深井空间、建筑群空间、街巷空间及其整个村落的空间等。结构是由聚落、街巷、建筑群、山体、水系等自然和人工要素构成的整体格局和秩序，不仅反映了文化景观空间布局的基本思想，更印刻着一定地理、历史条件下人们的心理、行为与自然环境互动、融合的痕迹。

从整个村落而言，首先村落的边界是由明清时期建造的所城城墙遗址来界定，城墙内部则由元龙山、眉山、三台山及其东北的农田林地等自然要素构成"三山夹一城"的"内凹型"自然生态基底。

其次，在营造过程中，结合地形，开挖了龟池、官厅池和下街池，同时，加上许厝潭、城边潭等，形成了古所内部的水系空间。在空间上，从其分布来看，除了城边潭在南部外，其他都集中在北部，且水池间相互联系沟通，与北门水关、护城河相连，由此形成了"一环，一带、多点"的水系空间，即围绕城墙形成护城河——一环[①]，在所城北部的多点状——水池，各水池间，水池与护城河间通过小渠加以沟通，形成"一带"。

再次，从地形角度看，福全古所东、南、西高，北低，东、南、西三面有元龙山、眉山、三台山，这三座山都在城内，由此，形成了三大制高点，其中，在元龙山山顶上建有上关帝庙、山底建有临水夫人庙，眉山半山建有城隍庙、妈祖庙，由此，形成"三高、二露、一明、一藏"的人文空间，即三高：元龙山、眉山、三台山三个制高点；二露：妈祖庙、城隍庙位于半山，漏出半个建筑；一明：上关帝庙位于山顶；一藏：临水夫人庙位于山脚。

再次，水系空间与山势空间结合，则形成"三山沉、三山现、三山看不见"的空间特色，即"三山沉"：龟池、官厅池、下街池三池中都有岩石，岩石都沉在水中。"三山现"：元龙山、眉山、三台山三座大山显现在村里内。三山看不见是指在"三暗"周边的三块大岩石被三座山遮掩住，正常视线看不到。

[①] 因地形的原因，护城河在南门一带只是以沟壑的形式存在

复次，基于对城墙遗址的测绘，明确了福全古所城墙形态，进一步结合内凹型地形，可以得出福全所城的城墙，因北城墙较长，南城墙呈现尖状型，形如葫芦，因此，整个所城平面呈现为"葫芦型"。（图10）

图10 福全古所平面与官厅池

空间结构是通过北门街、西门街、庙兜街、下街、太福街等宽度不足 3-5m 的街巷构成丁字形的街巷网络系统。其次，街巷宽度长度不超过 500m，多数在 300m 内。联系城门的街巷都较其他街巷宽，且两侧多有村落内重要的建（构）筑物，如北门街两侧有林氏宗祠、家庙；蒋德璟故居等，庙兜街直对着元龙山军事指挥所与校场等，由此，形成了极为丰富的街巷景观空间特色。

2.2.3 环境要素

福全村地处闽南东南沿海，自然生态环境较好，气候宜人，夏无酷暑，冬无严寒。在地质地貌方面福全所在区域属"闽东滨海加里东隆起带"（或称"闽东滨海台拱"）的一部分。整个古村落及其周边区域的地势呈现由西北向东南倾斜的阶梯状，即向台湾海峡、围头澳方向下降。整个村域范围内自然环境保护较好，自然资源相对丰富。村域西北部为林地，东南部沿海处为成片的木麻黄林地，近海处为保护较好、尚未开发的海滩，海水水质较好，基本没有受到周边工业企业发展的污染影响。

村落周边自然环境，则呈现为"群山环城外 名山在城中"的空间景观格局。福全所城地处临海的丘陵地带，城外多山。自东北方沿西往南方有峻山、吉龙山、慕山、塔山、乌云山、碎石山（铜砰山）、茂山、狗山、雨伞山等诸山蜿蜒连绵环抱，东临台湾海峡。

2.3 价值系统构成要素分析

2.3.1 红砖文化景观

福民居最典型的特色就是其红色的建筑外形，这也是闽南民居建筑的特色所在，因此，许多学者将此命名为"红砖文化"。红砖文化有着漫长的发展历程，是不同文化交融的产物，由此红砖成为闽南地域文化的典型符号。一方面红砖文化建筑的特征集中体现在"红砖白石双坡曲，出砖入石燕屋脊，雕梁画栋皂宫式"[①]，另一方面，透过红色装饰的背后浸透着文化对民居的影响。具体体现在燕尾脊、马背、花墙等。

其中，马背是一种等级较高的主脊形式，是山墙顶端的鼓起，它与前后屋坡的垂脊相连，形如弯曲的背。[②] 马

背有多种式样，造型丰富，是极富装饰性的一种装饰方式。

而这些形制与五行有着密切的联系。对应五行形成了：金型马背，亦称圆角归头；木型马背；水型马背；火型马背；土型马背等五种形态。（图11）另外，在马背山墙部分，往往采用泥塑等材料的纹花起一种丰富视觉的效果，如采用彩色瓷片等，纹样有火纹、云纹等图案，这些图案有些具有辟邪的功能，并融入了地域民俗风情，如灯就是添"丁"的谐音，作为民居，对子孙后代的衍生不息是极为重视的。

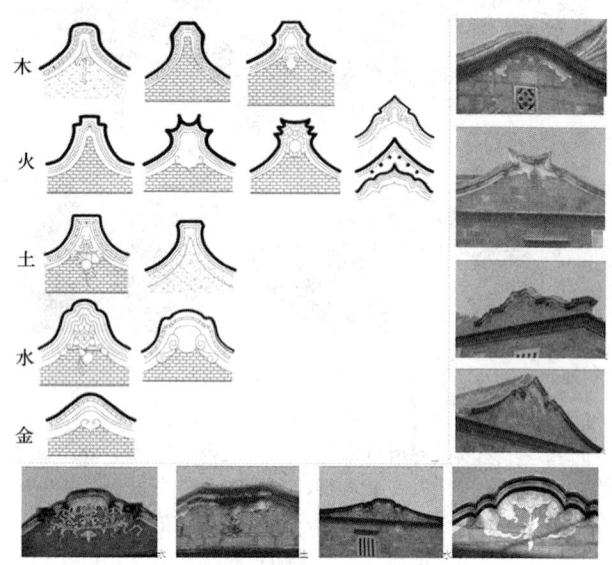

图11 具有五行象征意义的山墙

其次，花墙是红砖文化的另一种重要的表现形式，它折射出浓郁的地域文化内涵，即（1）等级理念。在福全古村落内，有花墙的民居往往在村落内具有一定的社会地位、经济实力的家族。（2）祈愿理想。如镜面墙上的钱币、荷花、梅花、马、龟、蝙蝠等图案，其中六角形代表长寿，八角形代表的是吉祥，圆形代表的是圆满，钱币的形状代表的是富贵，葫芦形状代表的子孙满堂等。人们通过创造这些形状表现出他们对生活的美好向往、寄托。

2.3.2 民间曲艺文化景观

闽南地域悠久的历史，北人南迁的发展历程，及其独特的自然地理环境，孕育了福全古村落独特的民间曲艺文化景观，目前古村落内保留着布袋戏、南音、大鼓吹及其剪纸等民间艺术，这些艺术与古村落的街巷、传统古厝、寺庙等物质空间结合，在一系列的诸如"迎城隍"、"巡境"、"婚丧喜庆"及其春节、元宵等民间风俗庆典活动中加以演艺，由此营造独特地域特色的文化景观（图12）。

2.3.3 神缘与血缘结合的信仰空间

福全古村落内保留了十三境，每个境都供奉着各自的保护神。这些铺境宫庙是在铺境地缘组织单位的系统

---

① 泉州南建筑博物馆原馆长、泉州民居研究专家黄金良对闽南传统建筑的概括。
② 引自：戴志坚著，福建民居[M]，北京：中国建筑工业出版社，2009：73.

内部发育起来。在各个境单元中，每个境庙都有作为当地地缘性社区的主体象征的祀神，民间信仰与铺境制度的相互结合与渗透对传统社区空间产生深刻的影响。同时，结合福全古村落内的宗祠、家庙、祖厝，则形成了神缘与血缘相结合的独特的信仰文化空间形态（表1、图13）。

图12 福全古村落现存的文化景观

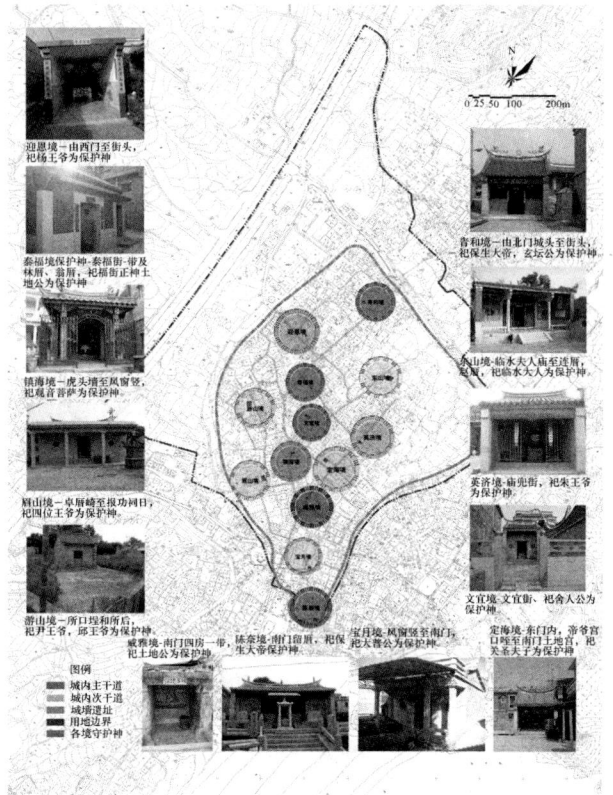

图13 十三镜分布图

血缘与神缘叠加的网络体系　　　　表1

境名	主要姓氏	其他姓氏	宗祠与祖厝	保护神庙
育和境	蒋		蒋氏宗祠、蒋氏祖厝	帝君公宫
迎恩境	蒋	杨、黄、林、赵	黄氏祖厝、赵氏祖厝	杨王爷庙
泰福境	张	陈、林、翁	陈氏宗祠、林氏家庙、林氏祖厝、张氏祖厝、翁氏祖厅	土地庙
东山境	刘	赵、吴	刘氏宗祠、陈氏祖厝、苏氏祖厝	临水夫人庙
游山境	王	陈、张	射江陈氏宗祠	尹、邱王爷庙

续表

境名	主要姓氏	其他姓氏	宗祠与祖厝	保护神庙
文宣境	何	张、李、翁	何氏祖厅	舍人公宫
英济境	陈	尤、王、郑、曾	尤氏祖厝、郑氏宗祠	朱王爷庙
定海境	陈	许	许氏祖厝	下关帝庙
威雅境	陈			南门土地庙
岠山境	卓	郑、曾、陈	卓氏宗祠	四王爷宫
镇海境	陈	曾、林、卓	陈氏宗祠	观音宫
宝月境	留	陈	留氏祖厅	大普公宫
陈寮境	陈	留	陈氏宗祠	保生大帝庙

3 文化景观要素构筑的地域特色归纳

综上，福全古村落文化景观特色要素可以进一步归纳为：自然环境要素、人工要素、人文环境要素等三个部分。其中，自然环境要素指有特征的地貌和自然环境。如海、溪；山地，池、潭；气候；特产等。人工要素指人们创建活动所产生的物质环境，如文化古迹、民居、街巷、古村落格局等。人文环境要素是指村庄生活风貌的集中体现。福全村的人文环境要素主要包括社会生活、民风民俗等人文风貌。具体如历史事件、历史人物、民间工艺、习俗节庆、民俗文化。

千百年来，福全古村落逐步形成了"城郭状如葫芦"的村落空间形态。而村落内街巷因地形、军事防御及其宗族血缘等因素，形成了"丁字形"街巷格局。其次，围绕着街巷散布着十三个庙宇与众多祠堂、家庙、祖厝，由此又形成了"十三境"的神缘与血缘相结合的空间形态。

综观福全古村落的村落空间形态、历史遗存，属于有机进化之持续性景观，即被村民们通过他们的劳作与努力塑造而成的具有闽南特色与古所军事特色的景观。这一景观反映了所属闽海文化和地域社会特征，而历史上曾经的军事功能在这一景观中扮演了重要角色，并且古村落在当今与传统生活方式相联系的社会中，保持这种积极的社会作用，而其自身演变过程仍在进行之中据此，福全古村落文化景观特色要素可以解读为：千年古村、海角明珠、东南古所、灵秀地。

参考文献

[1] 张杰. 海防古所：福全历史文化名村空间解析[M]，南京：东南大学出版社，2014.

[2] 张杰. 系统协同下的闽南古村落空间演变解读. 建筑学报, 2012(4).
[3] 张杰, 夏圣雪. 从古厝走向番仔楼的艺术形态演变的文化解析. 设计艺术研究, 2013(2).
[4] 张杰, 庞骏. 遗珠拾萃——福建历史文化名村福全村. 城市规划, 2009(1).
[5] 李旭旦. 人文地理学[M]. 北京：中国大百科全书出版社, 1984.
[6] 蔡晴. 基于地域的文化景观保护[D]. 南京：东南大学博士学位论文, 2006.

作者简介

张杰，男，1973年出生，副教授，博士，华东理工大学艺术设计学院景观规划设计系。

叶春阳，男，1992年出生，华东理工大学硕士研究生。

文化缩影的动态保护形式
——论贡院在新城市景观结构中的文脉延续

Dynamic Conservation Approaches of the Chinese Cultural Epitome
——Research on Gongyuan as History Carrier in the New Urban Landscape Structure

张新霓 周 曦

摘 要：贡院是古代会试的考场，是我国科举制度和科举文化的象征。贡院在城市中长期普遍存在，延续着当地的文化精神和地域特色。但随着科举制度的终结，贡院走向没落，不少城市的贡院建筑被拆除。本文在大量调研的基础上，结合资料收集，总结出我国现存贡院的主要保护形式和消失贡院遗址的保护利用形式，探索出贡院在新城市景观结构中的文脉延续方式，契合新型城镇化所致力的"发展有历史记忆、文化脉络、地域风貌、民族特点的美丽城镇"模式。

关键词：贡院；动态保护；城市景观结构；文脉；新型城镇化

Abstract: Gongyuan was the examination place in ancient China. It is the symbol of imperial examination system and imperial culture. Gongyuan was long-standing in Chinese ancient cities, maintaining regional culture and characteristics. However, with the end of imperial examination system, the importance of Gongyuan saw a decrease. As a result, many Gongyuans were demolished. Based on the field research and documents carding, this paper wants to find out the main conservation ways of existing Gongyuans and Gongyuan districts, and ways to make Gongyuan as history carrier in the new urban landscape structure, which matches the development pattern of new-type urbanization.

Key words: Gongyuan; Dynamic Conservation; Urban Landscape Structure; History Carrier; New-type Urbanization

贡院是我国的文化缩影，是科举制度发展到一定阶段的产物。它不仅是一个考场，还是一个具有行政职能的机构。贡院意蕴深远，不亚于中国封建王朝中皇宫所承担的历史意义和功能。作为"抡才重地"，贡院是中国唐代到晚清一千多年间知识分子魂牵梦绕之地，[1]它集中体现一个特殊群体的价值观念和文化精神。

贡院在古代城市中通常位于重要轴线上，靠近城市中心。受礼制规范影响，贡院在古代城市结构中具备较高的等级地位，既可展示城市尊严，亦传递出我国"以文治国"的儒家思想，是文脉精神的最重要展现方式。

1905年科举制度被废除，贡院也走向没落，不少贡院建筑被拆除。在之后的城市建设中，历史建筑面临着与城市发展冲突的若干问题，贡院建筑群又遭受了不同程度的破坏。因此，对贡院绝对的、静态的保护是不适合的。又鉴于贡院不仅是物质文化遗产，它所代表的文脉精神更是深入中华民族性格的非物质文化遗产，因而要采取合理的动态保护形式。

1 贡院概况

1.1 贡院分布

明清时期，随着科举制度逐步完善，贡院的数量逐渐增加，其形制和规模也逐渐完善，形成了具备明远楼和号舍的贡院格局。根据《明史》的《选举志》，明代在全国一共有14座贡院：京师贡院、江南贡院、江西贡院、福建贡院、浙江贡院、山东贡院、山西贡院、河南贡院、湖广贡院、广东贡院、广西贡院、四川贡院、陕西贡院、云南贡院。[2]到清代又增加了湖南、甘肃、贵州这三座贡院。一些非省会地方级城市也设立贡院，如定州。

1.2 贡院现况

现存贡院列表 表1

名称	京师贡院	定州贡院	河南贡院	甘肃贡院	江南贡院	四川贡院	云南贡院	广东贡院	广西贡院
地址	北京市建国门内社会科学院一带	河北省定州市东大街草场胡同	河南省开封市，明代周王府旧址，后迁到开封东南城隅上方寺内	甘肃省兰州市，兰州大学第二医院内	江苏省南京市夫子庙建筑群内	四川省南充市阆中古城内	去南省昆明市，拱辰门之右，背负城墙，南临翠海	广东省广州市越秀中路125号大院内	广西壮族自治区桂林市独秀峰下

续表

名称	京师贡院	定州贡院	河南贡院	甘肃贡院	江南贡院	四川贡院	云南贡院	广东贡院	广西贡院
现况	重要科举文化旅游景点	重要科举文化旅游景点	河南大学校园历史建筑	兰州大学校园历史建筑	中国科举文化和制度中心、科举文物收藏中心、重要旅游景点	重要科举文化旅游景点	云南大学礼堂，重要爱国教育建筑	重要科举文化旅游景点	广西师范大学校舍
图片									

（作者根据现场调研和资料收集整理而成）

消失贡院列表 表2

名称	江西贡院	福建贡院	浙江贡院	山东贡院	山西贡院	湖广贡院	陕西贡院	湖南贡院	贵州贡院
地址	江西省南昌市西湖区小桃花巷	福建省中山路23号大院内	浙江省杭州市杭州高级中学内	山东省济南市大明湖贡院墙根街	山西省太原市五一广场北部街心游园西畔的起凤街	湖北省武汉市武昌区火炬路	陕西省西安市贡院门街	湖南省长沙市中山路三角花园	贵州省贵阳市大十字广场中西部
现况	原址上建立江西宾馆、省外办、八一公园	原址上建立中山纪念堂	原址上建立浙江官立两级师范学堂	原址上建立山东第一实验小学，后建立省立图书馆	原址上建立山西省立第一中学，现在为彭真纪念馆	原址上建立武昌实验中学和武汉幼儿师范学校	原址上先后建过小学、中学、西北大学农科等学堂，现为儿童公园	原址上建立湖南省农业厅	原址上先后建立贵州警政学堂、官立法政学堂，现为大十字广场
图片									

（作者根据现场调研和资料收集整理而成）

我国现存贡院一共有9座，分别为京师贡院、定州贡院、河南贡院、甘肃贡院、江南贡院、四川贡院、云南贡院、广东贡院和广西贡院。但除了定州贡院、江南贡院和四川贡院还保留比较完整的空间格局和历史建筑，其余6个贡院都只剩下了部分贡院单体建筑（比如河南贡院就留下了两座四角碑亭，广东贡院就留下了至公堂）。另外的9座贡院都被拆除，只留下了历史遗址，在科举被废除后至今一百多年间，在其原址上进行了不同类型的城市建设。

贡院的意义和内涵被转译为如下几种形式。根据表1可以看出，现存贡院建筑群主要以两种形式存在：（1）高等学府教育建筑和文化建筑；（2）重要科举文化旅游景点。根据表2可以看出，在消失贡院旧址上主要建立了教育建筑、纪念性建筑、文化建筑、公众活动中心（如市民公园、广场等）等。

2 贡院的动态保护形式

动态保护是指在历史街区的规划中，将历史－现状－未来联系起来考察，使之处于最优化状态。[3]动态保护要整合新旧元素，在保护原貌的基础上，结合发展的可能性和自由度，为历史街区注入新的活力。[4] 由于贡院是物质文化遗产和非物质文化遗产的结合体，因此保护贡院要注意区分动态保护中的动态保护要素和静态保护要素，不能混为一谈，或漏掉其中某一类要素。

静态和动态保护要素表[5]　　表3

	静态保护要素	动态保护要素
内容	建筑物本身结构、街道尺度、街廊景观、院落空间、绿化景观、墙面装饰、地面铺砌、典型材料、色彩等等	社会结构、开发模式、人口规模、交通影响因素、文化信息、人文景观、旅游开发潜力等等
方法	通过保护规划图进行严格的控制和引导	通过综合评价和定量分析，选择合适的方法和模型

（作者根据资料收集整理而成）

2.1 现存贡院的动态保护形式

现存贡院由于各种历史缘故，受到了不同程度的破坏。保存相对完好的贡院成为重要的科举文化旅游景点。而残存的贡院单体建筑则大多融入大学校园景观，成为高等学府的教育建筑和文化建筑。对格局完整的贡院，着重于静态保护要素，再以其为基础，结合动态保护要素，对贡院进行全面保护。对于散落的贡院单体建筑，则应结合实际情况，以完善功能保护和坚持真实性保护为主，使其可持续地延续文脉。

2.1.1 格局完善的贡院保护形式

成为科举文化旅游景点的贡院，保存了比较完整的历史建筑和院落格局，如定州贡院、江南贡院和四川贡院（川北道贡院）。对这些贡院，首要保护其静态要素，对贡院的建筑群、院落空间、园林植物、地面铺装等要素进行不同程度的维护。其次，坚持全面保护，不仅保护贡院这一单独的节点，还应尽量保护贡院所在历史街区的空间格局和城市肌理。完整的街巷格局更有利于延续了城市原有的社会网络和历史文脉，继承当地传统文化和地方艺术。再次，结合动态保护要素，整理贡院本有的历史文化信息，将其以新的方式（如科举文化展览）传递给人们，更直接地传承文化精神。

贡院的规模、形制和区位都是其承载文明的具体展现形式。贡院三个组成部分，明远楼为中心的建筑群（包括号舍）、外帘区（贡院建筑群中心）和内帘区（贡院核心）都有一定规制和格式。[6] 贡院通过定制的规模，在城市中占有较高的等级和地位，是礼制仪式化和实用性的结合。在明清建筑形制下，贡院级别仅次于最高公爵府邸。形制和规模都是保护贡院最重要的静态要素，应保护其完整性和原真性。贡院在城市中的地理位置凸显其等级和重要程度，保护所在城市的街巷空间格局可最大程度的延续历史、传承文脉。

以四川的川北道贡院保护为例，川北道贡院位于阆中古城的中轴线上。古城中轴线北起碧玉楼，跨嘉陵江南至锦屏山，是一条高低起伏层次丰富充分展现地方特色的轴线。贡院是这条轴线上规模最大的建筑群，它位于中天楼北侧。中天楼既是古城中心，也是最高点，城内街巷以中天楼为核心向四周发展形成棋盘式方格网布局（图1）。阆中政府采取了"跳出古城区，开辟新城区"的总体规划思路，古城格局比较完整地被保留下来，为其保护提供了运作空间。古城内的建筑的体量、高度与尺度受到严格的控制，城内也基本没有与整体风貌差异较大的建筑。古城原有的中轴线得以突出，贡院的礼制等级得以彰显，从空间格局上体现出"注重教育、文人取仕"[7] 的思想。

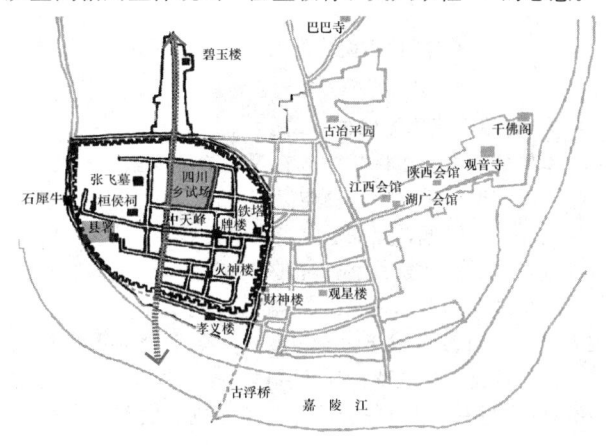

图1　阆中古城平面分析图

四川贡院的形制和规模都得到了完善的保护，两重四合院中的穿斗木结构、青瓦屋面、十字形甬道铺装材料维护程度较好（图2），基本保留着历史原貌。贡院的考棚建筑的体量和高度依旧保持着原貌，考棚比四周民房高而整齐，在形制上彰显更高的等级，也有"出人头地"的寓意。[8] 龙门外的贡院大门为三开间，考棚为卷棚屋顶，明远楼为歇山三重檐建筑，从形制上反映其极高地位，以庄重形象和极高等级展现阆中古城尊严。贡院内复原了清初四川学子赶考的旧貌，使人们直接全方位感受科举文化（图3）。

图2　四川贡院现况图

图 3 四川贡院内的科举文化展示图

图 4 云南贡院至公堂（来自昵图网）

2.1.2 贡院建筑单体保护形式

单体的贡院建筑保护一般在保护静态要素的基础上，根据实际情况，采用完善功能保护措施。一些单体建筑的使用功能大大降低，无法适应当代生活需求。因此，需要因地制宜考虑其建筑特性，对其完善功能，做到可持续传承。我国现存的单体贡院建筑大都融入了高校环境。贡院成为高等学府教育建筑，成为校园文化景观的重要组成部分，是校园历史文化传播的载体，充分体现了动态保护中的全面保护原则和完善功能保护原则。贡院建筑群所构成的文化景观，将各地的文脉从物质层面展现出来。同时，贡院作为校园景观的要素，也延续了我国儒家治国的文化思想。而贡院成为文化建筑，体现了动态保护中真实性保护原则，若干历史信息叠加在贡院这个载体上，丰富了高校景观节点的内涵，也给人们提供了冥想空间、修读空间、交往空间和户外活动空间。

以云南贡院的保护为例，云南大学是在云南贡院的地址上建立的。贡院的考棚曾经作为学生宿舍和教职工宿舍。现在考棚东号舍被列为文物保护单位，恢复"考棚"名称，布置相关科举文化展览；另一部分则为艺术设计学院的琴房和教师办公室，[9] 有了新的使用功能。考棚被同时赋予了教育建筑和文化建筑的内涵。贡院的至公堂作为大礼堂，在特殊时期承担着不同功能和历史意义，闻一多在此做了震古烁今的演讲。至公堂成为礼堂，将这个历史信息真实地保留下来，也赋予了贡院新的历史意义，使校园景观增加了纪念性（图 4）。和至公堂在同一轴线上的衡鉴堂，成为图书馆。而明远楼的遗址上建立了会泽院，是云南大学的核心建筑。云大校园里的著名观赏点如"龙门仰止"、"崇楼眺翠"和"至公闻吼"[9] 都和贡院有关，贡院完美地融入了校园景观和学生生活，这也在一定程度上增加了动态保护的公共参与性。功能保护和形态保护的统一，使云南贡院保留了城市的历史记忆，延续着地方特色文脉。

2.2 消失贡院的动态保护形式

科举制度的终结使不少城市的贡院被拆除。而之后的城市建设也和历史建筑冲突，部分贡院被拆。由于城镇化进程，按原貌重建贡院，会形成"博物馆式"的历史街区，只会带来短期的效益，而不利于长期发展。对消失的贡院，主要保护其动态保护要素，将其历史文化信息转译为适宜当下城市发展的内容。因此，对消失贡院要采取持续更新保护的措施，使新建筑种类和表现形式与贡院文化内涵契合，可充分延续文脉。

在贡院旧址上建立既符合其文脉精神，也满足当下使用需求的建筑，是最可持续的动态保护方式。在我国消失贡院遗址上，一般建立文教类建筑。但由于各种历史缘故，贡院遗址上的建筑种类也经历了各种变迁，不断更新成为最适宜当下城市发展的建筑种类。比如贵州贡院原址上，因新政最早建立了警政学堂，然后改为了官立法政学堂。后来贵州大学的建立，将法政学堂作为一个学院纳入大学，并在遗址上建立了民众教育馆，后来因为火灾所有的建筑不复存在。改革开放后，贡院的遗址上建立了大十字广场，[10] 成为市民公共活动中心，亦重建了城市新的结构和脉络。

以陕西贡院的保护为例，陕西贡院在清末、民国及新中国时期，其遗址上曾兴建有各类学校。本着"崇正学而保国粹"，宣统年间在其遗址上办古学堂，兴讲儒学，后被改为实业中学和实业小学。辛亥革命后，实业学校被改为西北大学农科，后并入省立第一中学。由于贡院占地广阔、环境优美，1928 年，贡院内的花圃被改建为建国公园，成为西安历史最悠久的公园之一。公园内设置鱼池、假山等园林小品设施，后来加设亭阁花架、剪植花木、扩建湖池、兴筑水榭。新中国成立后，政府将建国贡院改为儿童公园，大量增设了儿童活动设施，成为主题公园。后来又不断修复建设，使公园主题能持续发挥作用。这个公园也给周边社区居民提供了一个休闲活动的户外空间。贡院周边的街巷名称也因与之相邻和相关而得名。

陕西贡院几经变迁成为儿童公园，在动态保护中充分考虑了社会结构、人口规模、开发模式等动态要素。贡院由文化教育设施变为最终的城市景观基础设施，为所在的历史街区注入了新的活力。儿童公园里依旧保留着不少贡院时期的参天古树，而残留下来的石刻则成为公园的景观小品。石刻被安置在人工溪流前，形成视线焦点，起点景作用。人工溪流里设置小型喷泉，使这块富有历史气息的场地增添几分生趣（图 5）。园区的其他设施也几经更换和重建，为满足居民生活需求，园内重新添置了座椅、廊架等基础设施（图6）。公园作为城市景观结构中富有历史底蕴的人文魅力节点，居民的生活延续性得以实现，潜移默化中传递着当年的文脉精神。

图5　陕西贡院残留石刻

图6　陕西儿童公园内新增的座椅

3　结语

贡院是我国古代文脉精神和城市尊严的集中展现，在当今社会文化和城市景观结构下，不能完全照搬，应将它转为符合时代精神和文化特征的现代表现方式。对贡院的动态保护是一个系统工程，在保护中要充分结合静态保护要素和动态保护要素，做到可持续更新保护，才能真正将贡院所代表的文脉精神在不断发展的城市结构中延续。贡院作为重要城市文化资源，被创新传承，也呵护了本地居民弥足珍贵的乡愁记忆，[11]亦符合了新型城镇化所强调的"以人为核心的"、"有文化的"城镇化建设。

参考文献

[1] 刘海峰. 贡院—千年科举的缩影. 社会科学战线，2009.05：203-209
[2] 马丽萍. 明清贡院选址研究. 江苏建筑，2012.04(149)：01-06
[3] 郑利军. 历史街区的动态保护研究：[学位论文]. 天津：天津大学建筑学院，2004.
[4] 张惠新. 论历史街区的动态保护. 生产力研究，2008.17：62-63，106.
[5] 刘辉. 历史街区动态保护因子研究：[学位论文]. 天津：天津大学建筑学院，2011.
[6] 孙欣. 贡院春秋. 寻根，2012.02：04-09.
[7] 刘涛. 李秀，邓奕. 四川阆中古城空间分析. 规划师，2005.05：116~118.
[8] 余燕. 阆苑仙葩映玉寰：[学位论文]. 成都：四川农业大学，2008.
[9] 汪洁泉，王培茗，王晓云. 论云南大学历史建筑与景观的动态保护. 北京：中国民族建筑研究会"第六届优秀建筑论文评选"，2012.
[10] 刘隆民. 大十字上消失的明代贡院. 贵阳文史，2012.03：58-60.
[11] 宋岩. 新型城镇化. 让乡愁不止存在于记忆. 北京：中央政府门户网站，2014[2014-03-06]. http：//www.gov.cn/zhuanti/2014-03/06/content_2631564.htm.

作者简介

张新霓，1990年2月生，女，汉族，四川内江人，硕士研究生，北京林业大学园林学院硕士研究生，研究方向为风景园林规划与设计，Email：HLPzxn0218@163.com.

周曦，1963年2月，男，北京林业大学园林学院教授，博士生导师，高级工程师。

美国国家公园系统文化景观保护体系综述及启示

Review on Cultural Landscape Protection System of National Park System in America and Its Enlightenment

张 杨

摘 要：在过去的三十年中，美国国家公园系统一直致力于对文化景观资源的保护和管理，并使文化景观保护形成一套完整、全面、有效的体系。本文从发展历程、定义、分类、特征四个方面，对美国国家公园文化景观保护体系进行了总结归纳，并提出了未来我国在风景名胜区文化景观研究中应当加强的三个方面，即：构建风景名胜区文化景观保护体系、设置文化资源专门研究机构和解说教育与培训项目的建立。

关键词：风景园林；国家公园系统；文化景观；风景名胜区；保护

Abstract: In the past three decades, the U.S. national park system has been committed to the protection of cultural landscape resources and management, and makes the cultural landscape protection form a complete, comprehensive and effective system. The cultural landscape protection of national park system in US is summarized from four aspects, including development history, definition, classification, characteristics. In the basis, it puts forward the three aspects of cultural landscape research which should be strengthen in China, namely: building a cultural landscape protection system in national park of China, setting up the professional research institutions of cultural resources, establishing of Interpretation education and training programs.

Key words: Landscape Architecture; National Park System; Cultural Landscape; National Park of China; Protection

1872年，美国黄石公园成为世界第一座国家公园。它以法律形式，明确规定国家公园是全体美国人民所有，并由联邦政府直接管辖，保证"完好无损"地留给后代，永续享用。经历一百多年的实践、发展，美国现已拥有20种类型，401个单位，总占地面积34.1万km^2，占美国国土面积的3.54%。[1]建立了自然与人文景观资源分类研究保护的法律法规和管理体制，最终形成独特、卓越的美国国家公园管理体系。

美国内政部国家公园管理局（U.S. Department of the Interior National Park Serve，NPS）于1988年将文化景观正式确定为文化资源的重要类型，将人们的视线引到自然与人文交融成一体的文化景观遗产资源上，将原先自然遗产和文化遗产难以单独认定的自然与文化共同创作的作品，纳入文化景观管理体系，完善了美国遗产资源的保护体系。

1 对文化景观认识的发展历程

和世界很多国家一样，美国对本国文化景观价值的认知在过去十几年里发生了重要的转变，由最初的专注于历史价值，进而关注包括社会经济、文化传统和自然环境要素等更为广泛的价值。可以看出，对文化景观中人类与自然环境的相互作用，学界与政策制订者有了越来越广泛和深入的理解。在美国国家公园系统下的文化景观研究主要经过四个发展阶段（表1）：[2]

美国国家公园系统文化景观认识发展历程表　　表1

侧重方面	"历史地段"所具有的景观特征及特色	"文化性"概念的界定"文化资源"的构成	"文化景观"的定义及构成	"文化景观管理"成为专项保护内容
内容特点	• 依附历史场所（Historic site）中的概念出现 • 没有相关导则和规定	• "文化性"作为基本术语出现在文化导则中 • 强调"历史性场景"的文化属性	• "文化景观"第一次作为文化资源的一种类型提出并有了明确的分类 • 对文化景观报告（CLR）有了明确的定义和概述	• 形成综合程序指导。 • 更新了文化景观报告（CLR）的定义和内容提纲。
年代	1930年代中期—1960年代后期	1970年代早期—1970年代后期	1980年代早期—1980年代后期	1990年代早期至今

第一阶段：从20世纪30年代中期到60年代后期，研究焦点围绕"历史地段（Historical Area）"中历史价值的识别，最初主要集中在建筑本身，关键是识别出对应的景观特征及相关的特色。

第二阶段：在20世纪70年代当中，研究焦点围绕"文化"概念的界定和"文化资源"的构成。在历史场所的保护和重建中，"历史性场景"的界定中注入了"文化"的属性，提出文化资源的整体外观及其所处历史时期的环境。

第三阶段：进入20世纪80年代，研究焦点集中在"文化景观"概念的定义及明确其构成。1988年，国家公园管理局开始修订文化景观管理的政策和指导方针。

第四阶段：从20世纪90年代至今，"文化景观管理"成为专项保护内容。1994年文化资源管理中修改了在国家公园系统中文化景观管理的综合程序指导。其中对文化景观报告（Cultural Landscape Report，以下简称CLR）也作出新的定义和内容提纲。

2 文化景观的定义及分类

美国国家公园管理局在对文化景观的价值认定和文化分类上，在与世界遗产文化景观概念对接的同时，也十分关注本土文化景观多元化的资源特色，"文化景观"定义为：一个地理区域，包括其中的文化和自然资源以及生长于此的野生动物或家畜，并关联到一个历史事件、活动或人或表现出其他文化或审美价值。定义强调了"文化景观"是一个多元化的区域，包括许多重要的土地利用或其他文化价值观念。在此基础上，国家公园管理局梳理所属国家公园的不同文化内涵，提炼要素，以景观表达的文化内容为线索，对文化景观进行分类，加强机构对文化景观的具体管理并且方便人们理解文化景观内涵。在美国国家公园体系下，文化景观一共分为历史场所、历史设计景观、历史乡土景观和人类学景观四类（表2）。[3]

文化景观分类的建立，丰富了原有国家公园体系中的遗产类型，除了战场遗址如葛底斯堡战场和安蒂特姆河战役，历史名人的故居和历史园林，还包括了原住民沿古至今视为神圣的场所，印第安人保留地、少数民族聚居地、那些保持着土地利用的延续性，沿用至今的生产景观，如南方种植园景观。这些新增景观类型丰富了人们的文化记忆，弥补了原有遗产体系类型的缺失。

美国国家公园系统文化景观分类表 表2

文化景观类别	定义	相对应世界遗产文化景观分类	典型案例
历史场所（Historic Site）	与重大历史事件、活动或人紧密联系的景观，无论存在，毁坏，或者已经消失，本身具有历史、文化或考古价值	有机演进的景观（Organically Evolved Landscape）：残留（或称化石）类景观 [A Relict (or Fossil) Landscape]	William Howard Taft National Historic Site；Antietam National Battlefield
历史设计景观（Historic Designed Landscape）	由景观建筑师、园林大师、建筑师或建筑师、园艺师有意识地依照一定的设计原则，能够反映当时设计风格及传统形式的人造景观	人类有意设计和创造的景观（Landscape Designed and Created Intentionally by man）	Hampton National Historic Site
历史乡土景观（Historic Vernacular Landscape）	从利用、建造、布局等形式中，反映当时社区特有的传统、习俗、信仰和价值观的景观	有机演进的景观（Organically Evolved Landscape）延续类景观（Continuing Lndscape）	Ebey's Landing National Historical Reserve；Sleeping Bear Dunes National Lakeshore
文化人类学景观（Ethnographic Landscape）	由人类与其紧密联系的自然和文化资源共同构成的景观	关联性景观（Associative Cultural Landscape）	Canyon de Chelly National Monument

3 文化景观保护体系特征

3.1 构建完整的体系框架

国家公园管理局针对文化景观的保护有着一套完整的体系框架，可划分为研究——规划——管理三个阶段。[4]其中，"研究"主要是用来识别景观的重要特征和相关特性、任何文化人类学的价值观以及景观历史特性，包括三个部分，文化景观的识别、建档、评估和登录及文化景观报告（CLR）；"规划"则是提供了长期保护的策略，包括与公园各类规划文件的协调和修正、文化景观的利用及资金支持三个方面的持续性部署；"管理"包括项目的条件评定、维护和培训，例如常规整治、生态文化的整治、清查及条件评估、土地利用和文化人类学景观价值管理等内容（图1）。

3.2 建立有效的评估方法

针对不同类别的文化景观，美国国家公园体系有着一套自成系统的评估方法，其中最为有效的方法是利用文化景观清查（Cultural Landscape Inventory，以下简称CLI）。CLI被广泛地应用于国家公园系统中的所有文化景观，在文化景观研究与保护管理中具有重要意义，用来定义文化景观和提供相关景观的重要信息（区位、历史发展、景观特征及其他相关要素等），是帮助公园管理者来进行管理、规划、记录处理措施和管理决定的主要依据。[5]

在CLI之后进行的文化景观报告项目（CLR），则关注文化景观整治和利用的基础指导，包括三个核心内容：（1）研究：场地历史收集、现状分析及评估；（2）整治：

制定出基于文化景观的重要性、存在条件和长期保护策略；（3）整治记录：总结已完成的工作方法和意图。[3]

3.3 多方协调及修改的过程

在建立新的公园之初，需要对公园内所有特殊的资源有所考虑，从而进行文化景观的认定和识别。在公园建立的管理体系中，文化景观常常会关系到管理规划、发展概念规划、资源管理规划和公园解说体系的内容。公园中所有的规划文件，都需要对文化景观所关注的问题进行考虑，例如历史地区的利用和重要资源的特征和区域等，以避免发展对公园景观的影响（表3）。[3]

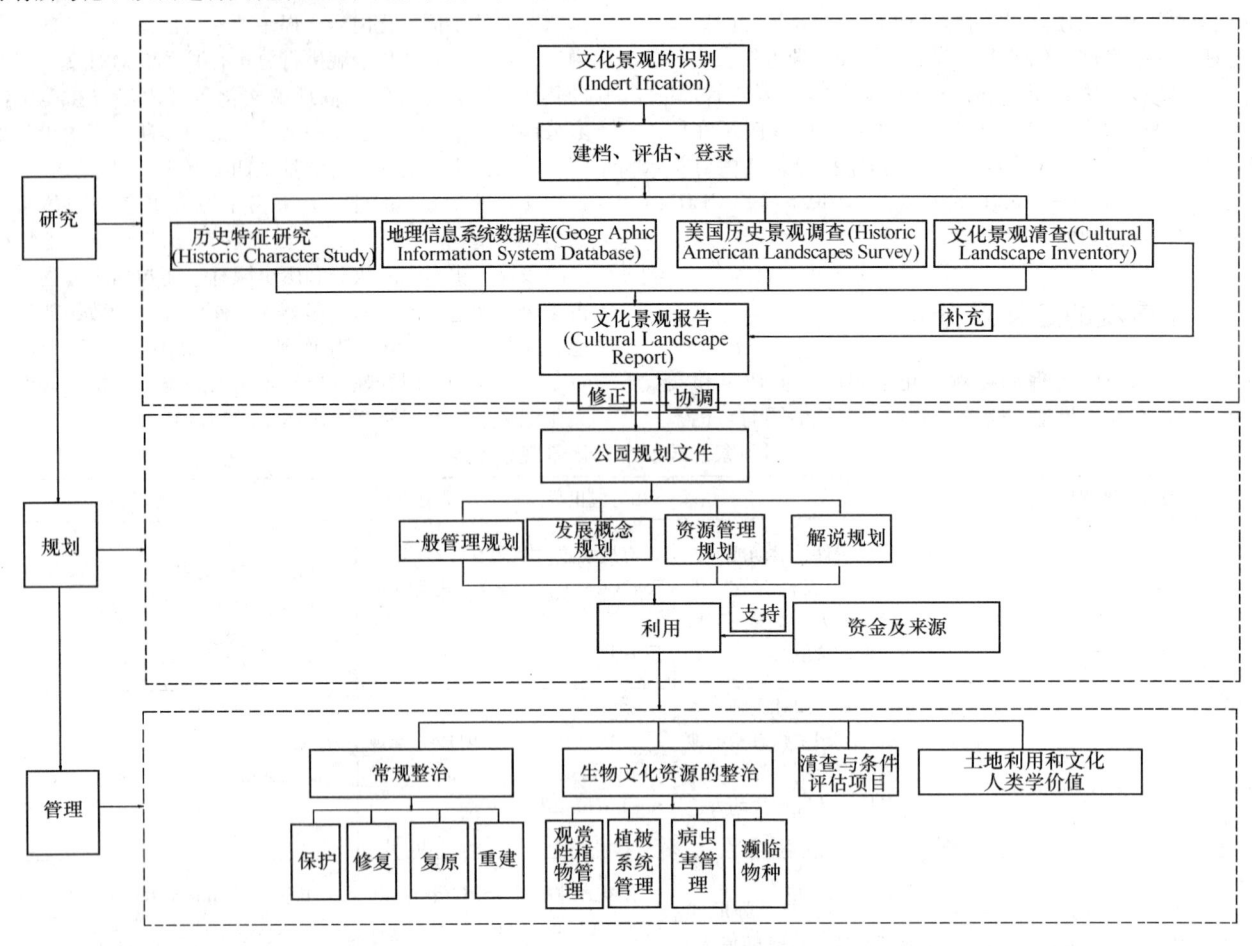

图1 美国国家公园系统文化景观保护体系框架图

美国国家公园系统文化景观与公园各项规划协调表　　　　　表3

公园规划文件	所需的信息	来源
特殊资源研究（新领域的研究） 适宜性/可行性研究、和边界研究 ［Special Resource Study（New Area Study）］ （Suitability/ Feasibility Study, and Boundary Study）	各种已知（或未知）的文化资源和他们的一般分布和意义、相关的历史背景、和与现有调查信息的重要差距的内容	国家历史名胜的注册文件，其他现有的清查和评估资料，相关文献包括联邦、州和地方的数据，均来自考古资源、文化景观、历史遗址和结构
管理声明 （Statement for Management）	关于公园文化景观的位置、历史发展、领域特点和相关的特性和管理内容	可用的CLI数据库
总体管理规划 （General Management Plan）	关于公园文化景观的位置、历史发展、领域特点和相关的特性和管理内容	CLI数据库
场地发展规划 （Site Development Plan）	物质条件，发展的关键、物质关系、文化景观的模式和特点，准确的地图，景观特征和相关的功能的清查、文档和状态评估文化景观的适当整治和利用	CLR第1部分：场地历史研究，现状条件，分析及评估 CLR第2部分：整治（可能准备应用SDP，对应于文化景观的边界和方案设计）

续表

公园规划文件	所需的信息	来源
解说规划 (Interpretive Prospectus)	总结公园的史前和历史的演进,以确定游客应该理解那些内容;哪种文化资源可以最好的解说这个公园的历史演变,哪些信息是保密的,不应该向公众公布	历史资源研究;文化资源分布地图;国家注册多个属性和其他国家注册文档;NPS管辖和非NPS管辖的文化资源概述;资源管理计划
土地保护规划 (Land Protection Plan)	物质条件,发展的关键、物质关系、文化景观的模式和特点、准确的地图,景观特征和相关的功能的清查、文档和状态评估	CLR第1部分:场地历史研究,现状条件,分析及评估
设计与整治规划 (Design and Treatment Plan)	文化景观的适当整治和利用	CLR第2部分:整治(可能准备应用SDP,对应于文化景观的边界和方案设计)

译自 A Guide To Cultural Landscape Reports: Contents, Process, and Techniques.

3.4 完善的管理实施方法

国家公园管理局在文化资源管理指导手册中,明确指出,文化景观是一个内容十分丰富的概念,它既包括不到1英亩的历史性园林,也涵盖了超过几千英亩的农村乡土历史街区。文化景观管理主要处理和应对识别类型和当维护景观的历史特征的时候出现变化程度的方法,以确保长期维护资源的历史特征、特性和材料。现有文化景观的处理主要有四种方法:保护、修复、复原和重建。[4] 对于具有重要意义的景观特征、生物文化资源以及一些重要用途的景观,给予优先保护。协调景观的自然和人工元素比例关系,维护它们的自然发展和持续利用所固有的动态趋势。

4 对我国风景名胜区文化景观保护的启示

4.1 构建文化景观保护体系的构架

深入研究文化景观的保护管理,是推进我国风景名胜区文化资源可持续发展的需要,是对文化资源乃至文化景观的理论支撑。这需要通过以风景名胜区文化景观资源评估、规划、保护措施和操作模式四个方面的内容构建文化景观保护体系框架来进行。首先需要对风景名胜区文化景观资源进行分类,并以此分类方式为依据,对传统的风景资源评价方法予以改良,形成适应风景名胜区文化景观的评估体系。在新评价体系的基础上,需进一步研究与总体规划和专项规划之间衔接的方法,重点对保育规划、游憩规划和居民调控规划进行协调和修订,提出文化景观保育管理系统,包括预警系统,跟踪、反馈系统从而形成有效的动态保护,并将决策制度的构建纳入保护体系中来。

4.2 设置文化资源专门研究机构

与美国国家公园和我国自然保护区相比,科学研究是风景名胜区的弱项。风景名胜区作为自然和文化遗产的重要集中区域,其科学保护管理离不开对自然生态、生物物种和文化景观的科学研究。建议大力倡导和推动风景名胜区管理机构与当地科学院所、高等院校建立长期科研合作机制,积极申请科研立项,把风景名胜区建设成为研究和实践基地,既有利于科研工作,又有利于风景名胜区的保护。

4.3 研究建立和推广解说教育和培训项目

解说教育项目是美国国家公园文化景观保护中的一项重要内容,也是体现文化景观价值的重要表现方面。在宣传国家公园理念、提高公众对公园科学价值认识等方面发挥了重要作用,获得了美国公众的一致认可。建议我国风景名胜区借鉴该模式,结合自身实际制定相应的政策文件和技术规范,以文化景观研究为基础,开展解说教育和培训项目,规范解说设施设置,宣传风景名胜区的科学价值,构建中国风景名胜区的统一形象,把风景名胜区建设成为科研科普、环境教育、爱国主义教育和学生课外实践的综合基地。

5 结论

文化景观的保护和管理已经成为美国国家公园系统中不可或缺的重要组成部分,是国家公园系统综合、全面管理文化资源的重要保障。研究美国国家公园文化景观的保护经验,将对我国传统风景名胜区中自然和文化割裂现状给予重新地再认识,从而重视文化景观在风景资源保护中的重要地位,补充和加强现有的风景名胜区保护体系内容,为风景名胜区文化景观研究提供借鉴。

参考文献

[1] U. S. NationalParkService. Classification[EB/OL]. http://www.nps.gov/news/upload/CLASSLST-401-updated-06-14-13.pdf, 2013.

[2] Slaiby B, Mitchell N, A Handbook for Managers of Cultur-

al Landscapes with Natural Resource Values[M]. Vermont: The Conservation Study Institute QLF/Atlantic Center for the Environment, 2003.
[3] Robert R. Page, Cathy A. Gilbert, Susan A. Dolan. A Guide To Cultural Landscape Reports: Contents, Process, and Techniques. [M]. Washington DC: National Park Service Division of Publication, 1998.
[4] U.S. National Park Service. Management Policies 2006. [EB/OL]. www.nps.gov/policy/mp2006.pdf, 2006.
[5] Robert R. Page. National Park Service Cultural Landscape Inventory Professional Procedures Guide [M]. Washington DC: National Park Service Division of Publication, 2009.

作者简介

张杨，1984年生，女，同济大学建筑与城市规划学院景观学系在读博士研究生，研究方向为风景名胜、遗产资源保护与发展规划研究。

文化线路遗产中重要节点的保护性开发策略研究①
——以湖北省咸宁市羊楼洞规划设计为例

The Research in Protect Strategy of Significant Historic Nodes in Cultural Routes
——Take the Plan of Yangloudong in Xianning, Hubei Province for Instance

镇淑娟　白　瑾　周　欣　秦仁强

摘　要：文化线路遗产普遍有地理跨度较大的特点，造就了文化线路遗产中的节点具有风貌的独特性和文化的地域性。这些节点多数被遗忘淹没在历史的洪流中，所受到的关注并不多，保护发展方式面临大困境。羊楼洞自唐以来以产茶闻名四方，1851 年以后更成为中俄万里茶路的源头。本文旨在探讨文化线路遗产中重要节点的保护策略，同时结合羊楼洞作为历史文化村镇的具体形态，提出适合羊楼洞模式的具体保护策略。

关键词：文化线路；节点；羊楼洞；保护；规划

Abstract: The feature that cultural routes generally have large geographic spans leads to the style and culture's uniqueness of the nodes in cultural routes. Most of the nodes were barely paid attentions, and were forgotten in the steam of history. What's more, the preservation of these historic nodes faced troubles. Yangloudong was famous of tea since Tang dynasty, being the origin of the long trade road of tea between China and Russian. The paper aimed to discuss the protect strategy of significant nodes, combining the state of Yangloudong, and raised the protect strategy of this kind of historic nodes in cultural routes.

Key words: Cultural Routes; Nodes; Yangloudong; Protection; Planning

　　文化线路遗产代表了人们的迁徙和流动，代表了一定时间内国家和地区之间人们的交往，代表了多维度的商品、思想、知识和价值的互惠和持续不断的交流。中国是茶的故乡，是茶文化起源和传播的中心。[1]

　　中俄万里茶道开始于 17 世纪，是一条由晋商主导，从福建武夷山出发，途经闽、赣、湘、鄂、豫、晋、冀、蒙等省区，贯通中、蒙、俄，欧洲和中亚各国的国际商道。1851 年受太平天国战乱的影响，路线起点从福建武夷山下梅村转移至湖北省咸宁市羊楼洞镇。[2]

　　万里茶路以茶叶贸易为主线，涵盖茶叶的栽培、采集、加工、运输、销售各个环节，其伴生的文化现象在沿途留下十分丰富的文化遗产。比如与茶叶相关的作坊、仓储、茶肆、古道、驿站、桥梁、码头、会馆、寺庙等，在这条文化线路沿途和各个节点都有体现。茶路中的古村镇，如羊楼洞、余店，大多数为货物集散中心，因交通和商贸发展而来。这些节点具有风貌的独特性和文化的地域性。这些节点多数被遗忘淹没在历史的洪流中，所受到的关注并不多，保护发展方式面临大困境。

1　历史文化名村：羊楼洞

　　作为这条文化线路重要节点之一的羊楼洞，位于赤壁区西南 26km 的赵李桥镇境内。羊楼洞自古天然宜茶，茶叶种植起源于魏晋时期。唐代本土"洞茶"被定为贡品，后药用大黑茶（即羊楼洞青砖茶）蜚声茶界。宋代随着边疆市场的开辟，羊楼洞砖茶一度作为通货与蒙古进行茶马交易。茶叶传入俄罗斯以后，羊楼洞便一直作为万里茶道的重要供货地，太平天国以后更是成为万里茶路的重要起点。[3]现有保存较为完好的建筑群位于羊楼洞商业古街，历代运茶的"鸡公车"在古街石板上碾压的寸余深槽历历在目。羊楼洞明清古街见证了湖北乃至中国茶业的发展。1996 年，被列为市级文物保护单位，2002 年被列为省级文物重点保护单位。2010 年 12 月，羊楼洞被国家住建部和国家文物局授予"中国历史文化名村"。

2　文化线路遗产中羊楼洞模式的保护原则

　　国际古迹遗址理事会的在 2008 年中的《文化线路宪章》中提出文化线路遗址的保护准则和保护方法。宪章中提提出文化线路应当植根于不同社区传统文化的具体文化特色；根植于文化遗存和文化习俗，比如典礼、节日和宗教庆典等，代表了与线路意义和功能相关的某个文化和历史地区内不同社区共享的价值。《宪章》中提出文化线路的使用与可持续发展的方法论中叶提到，应当在加强对文化线路认识的同时，适当和可持续地发展旅游，并采取措施规避风险。为此，保护和发展文化线路，既应为旅游活动、参观路线、信息咨询、阐述和展示等建设配套基础设施，又要做到不危害文化线路历史价值的内涵、真

---

① 基金项目：中央高校基本科研业务费专项资金资助项目（编号 2014QC20）。

实性和完整性，这些是要传达给参观者的最基本信息。[①]

国际古迹理事会 1975 年提出的《关于保护历史小城镇的决议》中强调了经济发展水平和及基础设施的完善程度对于人口结构的重要影响，保护历史这类城镇应当尊重城镇本身，发展自身特色；《布鲁日决议》中提到提出保护历史性城镇的控制原则，不仅强调保护街道布局和房屋建造方式的重要性，还提出保护欲复原应当与现代生活相适应；1978 的《关于保护历史性城镇街道尺度的决议》提出对于历史城镇中的街道应当在尊重街道表面的基础上注重内部尺度，街区中基础服务设施（如交通、路灯）应该服从历史街道的结构与活动，使不同的街区呈现与其个性相符的形式与特色；早在 1972 年通过的《把现代建筑融入古建筑群的决议》中提出把现代建筑融入古建筑群，通过现代技术、材料，和质量、尺度、节奏、外观的合理掌握，避免建筑单纯仿造活动，新旧建筑外表和内在、结构和风貌应是一个完整的实体。[4]

作为中俄万里茶路的起点，羊楼洞的发展保护应当符合中俄万里茶道的整体文化氛围，以茶叶经济为支撑的经济体制，从之前的产茶、售茶的经济模式转变成为以茶为主体的现代商业模式，开展以茶为主题的旅游活动，以这种商业模式为奠基石，宣扬茶文化，充分体现万里茶道的茶主题。作为历史村镇的开发保护，保护策略也应当从街道形态、空间布局、建筑、基础服务设施等方面出发，完成从宏观到微观的文化线路的重要节点的保护性开发。

3 羊楼洞现状

羊楼洞作为"中国历史文化名村"的主要载体是现存的羊楼洞明清古街。羊楼洞村还有一条与明清古街相平行的观音街作为羊楼洞村的主要街道。1953 年 8 月，羊楼洞砖茶厂由羊楼洞迁赵李桥，松峰山产茶的功能不变，茶叶加工自此以后便在赵李桥镇完成。羊楼洞现在作为村落，以自给自足的农业经济。古街和观音街两条主要街道上人口陆续外迁，年轻人大多外出学习或工作，居住者以老年人和小孩为主。[5]

不同于传统古村落的背山面水、坐北朝南的空间布局，羊楼洞古村处于两山之间，位于山凹地之间。古街主街宽 4m，长 2200m，伴有数条丁字小巷。古街建筑面积 0.7km²，沿河流方向自南向北呈线性分布在两侧。这种街道的形成，与羊楼洞作为中俄万里茶路的源头的商业地位有关（图 1）。

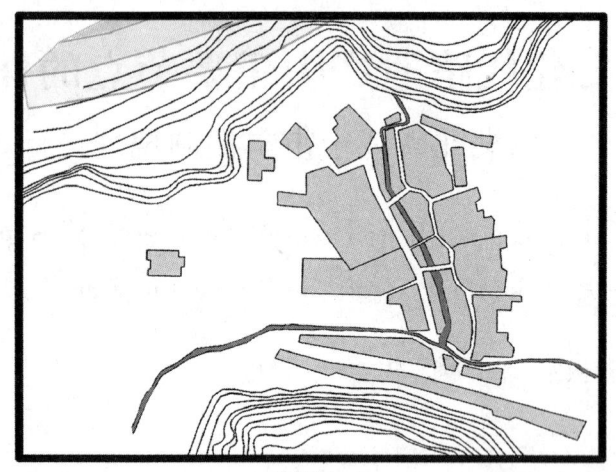

羊楼洞

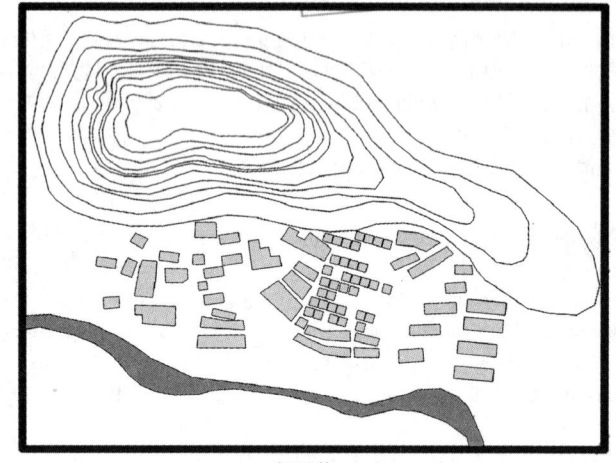

一般村落

图 1 村落与山水的竖向关系
（图片来源：作者自绘）

羊楼洞地区建筑状况分为两类。一类存在于明清古街中，保存情况较好；另一类是观音街中的新农村建筑。明清古街中建筑独具特色，建筑构造以木构架为主，古街中建筑风格虽然比较统一，但是存在与现代生活方式不相符的问题。具体表现为：部分建筑立面出现残破，视线质量下降；古街区内部分建筑室内地面墙体以夯土为主；除去几家比较大的商号建筑遗存建筑内部亮瓦的使用可以满足住户对于光线的需求，采光不足是古街内普遍存在的现象；古建筑以往所修建的天井现今顶部普遍被封死，有走水隐患（图 2）。现存的保护建筑有：1787 年的"巨盛川"、"三玉川"，1855 年成立在羊楼洞的厘金专局，1903 年清政府在此设立邮局。观音街中新农村建筑风格、色彩、高度没有形成统一的街道风格，建筑质量参差不齐。

图 2 建筑现状图（图片来源：作者自摄）

---

① 国际古迹遗址理事会（ICOMOS）文化线路宪章，国际古迹遗址理事会文化线路科学委员会（CIIC）制定，2008.

羊楼洞地区的基础服务服务设施均比较落后。以羊楼洞明清古街为例古街基础设施现状较为落后，电水力和网络通信设施欠缺。生活用水引自场地内观音泉水系，生活污水自古街青石板道路两侧暗渠排入水系下流。古街内电线走向较乱，影响街道景观视觉质量。羊楼洞作为洞茶文化的发源地和"中俄万里茶路"的源头，在已经进行保护的羊楼洞古街区域基本没有可以体现羊楼洞作为万里茶路的茶叶产地转销地的特色设计。

4 保护开发策略

策略一：产业结构融入文化线路的更新定位。

2013年9月4日湖北咸宁举办的"中国有机农产品交易会暨青砖茶论坛"和9月10日国家文物局在赊店古镇召开的"中国万里茶路遗产保护研讨会"评价了中俄万里茶路的历史价值和保护万里茶路沿途文化遗产的重要性与迫切性。[6]羊楼洞地区的宏观发展方向应当遵循万里茶路这一文化线路为主导方向，结合本土特色。由以前的产茶、销茶原产地和交通枢纽中心转向以生产茶叶和茶文化的重要宣传基地，开展与茶文化有关的旅游活动。古街内建筑可以作为经济发展与文化传承的载体，在古街内发展与羊楼洞茶文化相关的产业：例如茶馆、茶汤养生馆。

策略二：新旧格局的更新。

明清古街的建设应当着重强调保护，保护现有的线性街道和空间格局不变；修缮整理古街中的建筑外观，改变古街中建筑的内部空间格局使其能够更好地适应现代生活，建筑内部细节也应当加以修整，如：改善内部墙体与地面，增加屋顶亮瓦数量，建筑内部增加消防设施以防火灾隐患；对于古街中已经坍塌的建筑，采用激光复原的方法，让人们在夜间可以看见运用灯光复原的建筑，与白天的废墟形成强烈的对比，可以增加街区的景观异质性图（图3）。

建设发展与旧街道风格面貌协调统一的新街——观音街，新街的建设应当遵循国际会议中提出的准则，通过现代技术、材料、质量、尺度、节奏、外观的合理掌握，避免建筑单纯仿造活动，新旧建筑外表和内在、结构和风貌应是一个完整的实体。

策略三：文化主体的兼容性。

针对不同线路文化，建造符合不同地域风貌的发展面貌。以建筑为例。规划中选定适宜的场地建造茶博物馆，用以陈列羊楼洞丰富的洞茶品种，同时向游人展示珍贵的历史影像资料，充分介绍洞茶的生产加工和销售的过程，游人在茶博物馆中对羊楼洞茶文化有充分的了解认知。因地制宜，就近取材，建造既与古街建筑风格相统一的，又能适应现代生活的羊楼洞茶博物馆。以博物馆设计为例，博物馆的设计中，建筑屋顶与远处绵延的山体相呼应（图4）；从现有建筑中抽取毛竹和亮瓦两种形式，与玻璃相结合可以形成丰富的光影关系，也可以解决新建筑中的采光问题；建筑立面设计则参照已有建筑中的斑驳的墙体图（图5、图6）；建筑体量与古街中的建筑体量相仿，面积控制在220m²左右。

策略四：功能与服务的前瞻性设计。

通过对羊楼洞地区的功能的完善设计，为街区文化由经济发展向文化旅游的转变奠定基础，避免街区的重复建设。规划注重明清古街区基础服务设施的完善与现代化。将古街基础设施的修复完善与新街的建设相结合。将新街作为古镇开发的商业聚集区域，在新街区建立服务于古街的供电、餐饮、住宿、医疗、通信网络、购物等服务设施（图7、图8）。

图3 夜间激光复原图（图片来源：作者自绘）

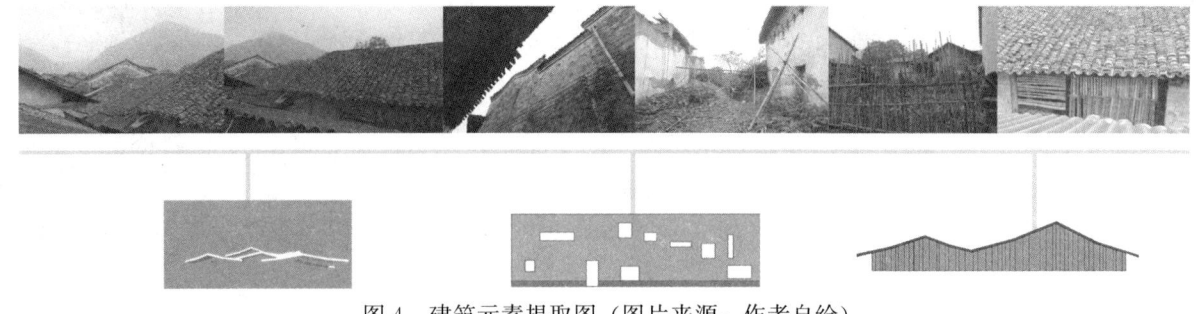

图4 建筑元素提取图（图片来源：作者自绘）

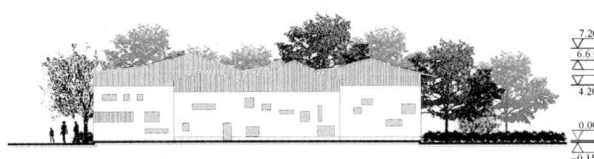

图5 建筑立面图（图片来源：作者自绘）

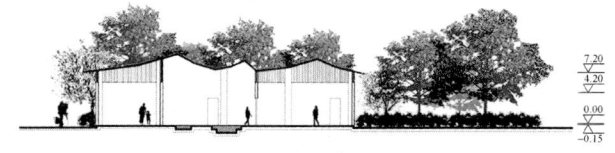

图6 建筑剖面图（图片来源：作者自绘）

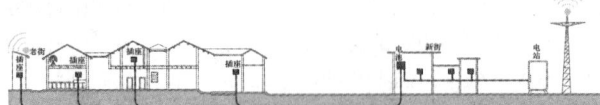

图7 电力网络建设图（图片来源：作者自绘）

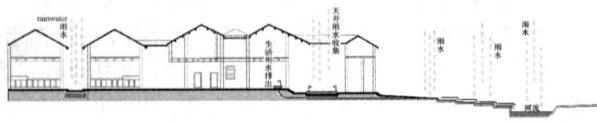

图8 古街水供给排水（图片来源：作者自绘）

结语：本文探索了羊楼洞作为中俄万里茶路文化线路的起点在进行保护性开发的方式方法，提出了线性文化遗产中的节点在开发保护中应当在尊重文化线路整体氛围的基础上，提出文化节点线路中羊楼洞类型的节点保护应当从尊重节点本身的文化和风貌特色，保护策略也应当从街道形态、空间布局、建筑、基础服务设施和特色细部等方面出发，完成从宏观到微观的文化线路的重要节点的保护性开发。

参考文献

[1] 杨珂珂. 文化线路遗产价值评价特性分析[D]. 中国建筑设计研究院，2009.
[2] 邹全荣. 万里茶道引领下的文化自觉[J]. 茶界视野，2014.06.
[3] 严明清. 重开中俄古茶叶贸易与文化旅游之路[J]. 对外经济贸易，2011，08.
[4] 陈渝. 城乡统筹视角下的历史文化名镇保护与发展研究[D]. 重庆大学，2013.06.
[5] 陈凡. 湖北赤壁羊楼洞古镇研究[D]. 武汉理工大学，2005.06.
[6] 周健虹. 文化线路保护管理研究[D]. 西北大学，2011.06.

作者简介

镇淑娟，1990年9月生，女，汉族，籍贯湖北，硕士在读于华中农业大学园艺林学学院风景园林系，研究方向为风景园林学，Email：623304621@qq.com

白瑾，1989年12月生，女，汉族，籍贯内蒙古，硕士在读于华中农业大学园艺林学学院风景园林系，研究方向为风景园林学，Email：602463365@qq.com

周欣，1975年2月生，女，汉族，籍贯武汉，硕士学历，华中农业大学园艺林学学院讲师，研究方向为风景园林历史与理论，Email：zhouxin@mail.hzau.edu.cn

秦仁强，1971年6月生，男，汉族，籍贯河南，硕士学历，华中农业大学园艺林学学院副教授，研究方向为风景园林历史与理论，Email：chinrq@mail.hzau.edu.cn

西方园林史研究

——以意大利罗马与法国巴黎园林景观轴线空间演变为例

Study on History of Western Landscape
——A Case Study of European Landscape Axis Space Transformation from Rome to Pairs

朱蔚云　金云峰　姚吉昕

摘　要：城市轴线空间设计历史悠久。近年来，我国的城市设计中常常借鉴西方的城市轴线空间设计方法。本文从欧洲古典园林的轴线与园林内部空间、轴线与城市空间等方面进行探讨，试图发掘轴线设计结构上和空间上的连续性，剖析轴线空间形态的演变及轴线与城市相互融合的过程，总结园林轴线空间设计方法的精髓和城市发展背景下适度转型的表现，为我国在城市设计中合理利用轴线空间提供思路。

关键词：园林轴线空间；城市景观；空间演变；欧洲古典园林

Abstract: Urban axis spatial design is an approach which had been exerted for centuries and it was widely used in China in recent decades. Through case study on European Traditional Gardens, this paper reviewed the representative works on garden inner space and urban space with axis. Then it had tried to figure out the continuity on structure and space in axis spatial design. Besides, through uncovering axis transformation and its penetration with city, Conclusions have been made on the essence of axis spatial design and its transformation in the process of urbanization. Based on all above, this paper will provide thoughts on managing urban spatial design in our country.

Key words: Landscape Axis Space; Urban Landscape; Space Transformation; European Traditional Gardens

1　研究综述

西方园林史研究中的"形式分析"，可以把历史和设计实践联系起来研究。[1]本文通过"形式分析"研究园林景观轴线的现状和历史发展，列举实例中的设计本质和历史语汇的连续性，从而再重新发现园林历史背后的景观建造基础、景观语言和景观表征方式，可以超越传统园林单体研究的多样性表达，研究城市中从传统园林轴线到现代景观轴线的发展模式。[2]

园林景观轴线空间是欧洲园林设计的关键要素，在三维空间的X、Y、Z轴上各具空间特色，这种基于传统园林的设计语言创造了独特的空间品质。本文试图从园林经典实例中发掘轴线设计结构上和空间上的连续性，选取罗马法尔内塞花园（Horti Farnesiani）及巴黎丢勒里花园（Jardin des Tuileries）轴线即具有代表性传统园林轴线为研究对象，从园林内部轴线空间、园林轴线指向、在城市中的视线范围、轴线对城市发展的影响等方面进行探讨，加入第四维时间变化轴论述轴线的演变特点，以及轴线与城市相互融合的过程。从罗马的法尔内塞花园向巴黎的丢勒里花园轴线的形态过渡，园林的边界被打破，轴线向城市天际线延伸，轴线形式和功能更加多样，空间更显丰富。从不同园林之间和同一个园林的不同时期变化中，可以看出轴线空间变化的灵活性，使它能够演变为更加适应城市的形式，并在一定程度上加速着城市发展，使得景观与城市持续发展能够相互融合。

2　意大利罗马、法国巴黎城市历史背景

城市景观融合了城市、建筑与园林各要素的复杂关系，通过联系城市、建筑、园林语言各要素的叠加，将它们整合到一个空间，形成内在动态的一致性。[3]

罗马西南面临海，有台伯河蜿蜒穿越城市中七座山丘，海拔高低起伏大约在25m左右。16世纪，教会主导的文艺复兴运动对罗马的乡居生活产生了极大影响。罗马城市产生了穿过波动起伏的丘陵地形直线街道，视线最后终结于方尖碑、雕像、喷泉等城市标志物（图1）。[4]城市庄园布局在如碗状的城市地形，直径约两三公里的范围内，选址取决于重要的城市道路、城墙以及供水设施这三个主要因素，[5]基本占据了罗马城市东西部地区的山丘视觉战略要地，犹如一个开放性的城市展示阳台。法尔内塞花园作为罗马第一个向公众开放的城市园林。它所在巴拉汀山丘，是罗马城的核心区，也是古典主义罗马城市遗址的中心。

巴黎位于巴黎盆地中央海拔仅26m，地势低平，塞纳河贯全境。17世纪，法国集中化的政权，推动了艺术和科学的发展，巴黎被认为是"新罗马"，意大利对法国园林发展产生了十分重要的影响。巴黎城市园林基本建

---

① 基金项目：2013年度上海高校市级精品课程建设项目资助，项目编号：沪教委高〔2013〕60号。

是巴黎地形中的自然交汇点。随着巴黎城市的扩展，园林的地平线转变为城市的天际线，轴线和林荫大道的区域系统被城市包围了。丢勒里花园的设计基于自然与空间的抽象概念，阐述了一种新的城市与园林轴线关系。

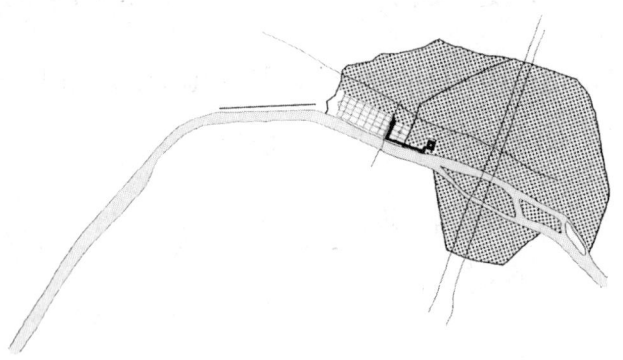

图3　1620年丢勒里花园为卢浮宫打开了通往城外的风景视线
（《Architecture and Landscape：The Design Experiment of the Great European Gardens and Landscapes》）

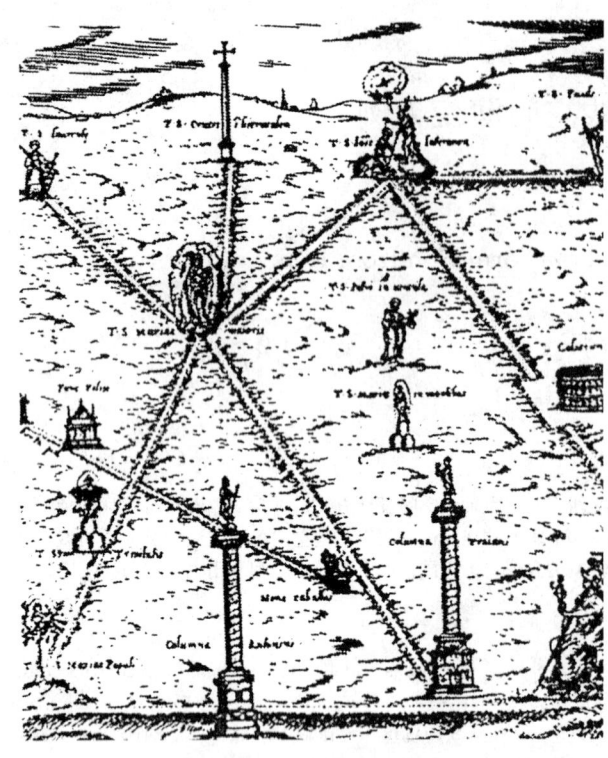

图1　罗马城市街道视线终结于方尖碑、雕像、喷泉等城市标志物
（《Architecture and Landscape：the Design Experiment of the Great European Gardens and Landscapes》）

于塞纳河附近，包括丢勒里（Jardin des Tuileries）、玛利园（Marly-le-Roi）、圣克鲁德（Saint-Cloud）、摩东（Meudon）等。17世纪的后半叶，巴黎发展成帝国统治的中心，用林荫大道等空间轴线组织作为基础，连接了巴黎城市和乡村区域系统。卢浮宫最初作为沿着塞纳河城墙外的要塞。1563年，为缓解卢浮宫作为防御堡垒建筑的幽闭感，来自美蒂奇家族的凯瑟琳皇后希望从卢浮宫打通一条景观的视线，丢勒里园林因此而兴建（图2、图3）。它延伸出的景观轴线在过去几世纪发展成为巴黎十分重要的东西向轴线，并演变为城市中心。丢勒里花园选址位于沿着塞纳河的沼泽地较宽处和城墙外的低洼平地，

3　园林轴线内部空间

园林轴线将三维空间和时间的体验相结合，通过在游览时不断变化的视线与视点，揭示着场所精神。轴线内部空间不仅与平面结构有关，而且轴线上高程的变化即园林地形塑造对游览体验的丰富度影响也很大。[6]

法尔内塞花园中维尼奥拉设计的轴线构建了一个景观序列空间，轴线由入口，坡道散步廊，旋转式楼梯，三组平行式楼梯，隐廊，平台等组成，有一条鲜明的主轴和周围的辅助通道（图4、图5）。主轴线用垂直和平行等高线的两种直梯连接平台（图6）。主轴周围辅助通道空间

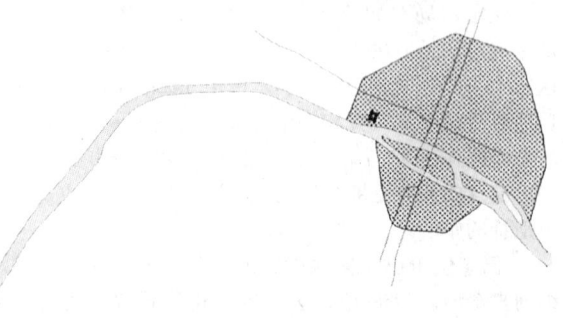

图2　1400年卢浮宫所处巴黎城市位置
（《Architecture and Landscape：The Design Experiment of the Great European Gardens and Landscapes》）

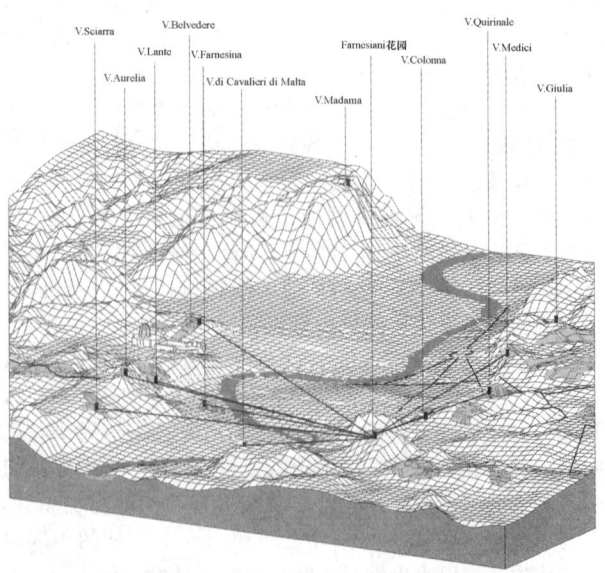

图4　法尔内塞花园位置与罗马城市园林的关系
（《Composing Landscapes——Analysis，Typology and Experiments for Design》及作者自绘）

变化丰富，由多种坡道和楼梯形式组成，并与主轴形成一定的高差对比。维尼奥拉着力研究了建筑与园林透视结构产生互动的方式，根据透视的视觉轴线确定了建筑与园林的系统结构，从全局到细节都经过了巧妙的空间构成处理。

图5　罗马法尔内塞花园入口
(《Metropolitan Landscape Architecture——Urban Parks and Landscapes》)

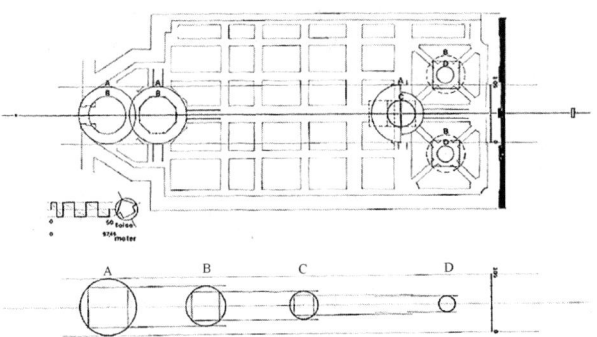

图6　勒·诺特尔设计的丢勒里花园平面图、花坛与水池的比例
(《Metropolitan Landscape Architecture——Urban Parks and Landscapes》)

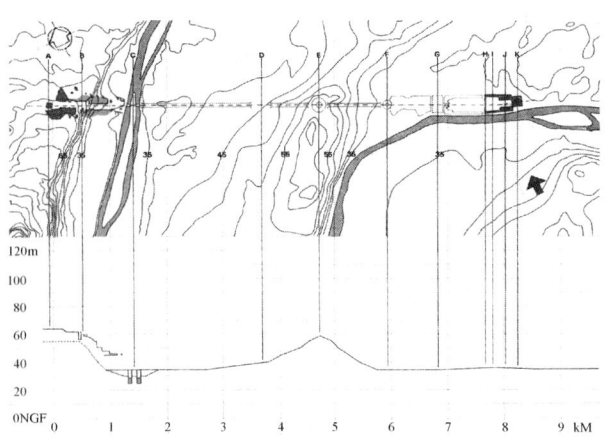

图7　丢勒里花园轴线地形
(《Architecture and landscape：The Design Experiment of the Great European Gardens and Landscapes》)

图8　勒·诺特尔时期丢勒里花园轴线由东往西鸟瞰
(《Metropolitan Landscape Architecture——Urban Parks and Landscapes》)

1664年，勒诺特为协调卢浮宫与丢勒里花园的平衡性，而对其进行适当改建。他保留了文艺复兴园林的网格维数作为新方案基础，强化了匀质网格的东西向中心线，使它成为一条明显的对称轴线。花园的原始地形向塞纳河略微倾斜，网格的对称维数在轴线两旁不一致。因而勒诺特沿着塞纳河设计了长条状的台地，像码头一样布局，与现状既有的高耸的台地相呼应。使得沿着塞纳河的台地及其邻接的花坛更加宽阔，这种处理方式产生了一种非对称的均衡之感（图7）。沿着花园的轴线方向，勒诺特合理利用原地形的变化，使地面的视角随行走而变化，空间的深度造成视错觉。园林主轴线变窄和主轴线的地形上升加强了透视感，空间更深远；相反的方向形成了一种透视缩短的效果，空间更显短浅。[7]加强和减弱透视感，使得人视点无法预估到真实的轴线空间深度。勒·诺特尔的规划中水池和花坛之间比例关系意在修正透视的畸变，以控制长距离的景深（图7）。轴线中虽然没有实体的雕塑，但视轴线上有序的排列的地形、植物、水体和光线，表现成一种自然抽象艺术。地平线方向的微地形造成的视错觉，完美地揭示了轴线上的自然层次（图8）。丢勒里花园一直以来作为一个开放性的公园，除了主轴的视觉效果外，轴线周围的草坪花坛和刺绣花坛、水池以及丛林围合成的私密空间如迷宫和露天剧场提供了一种相对宁静的氛围；又如树阵广场提供了自由游玩的空间；花园中的小径和边缘的散步道提供了远望城市和塞纳河的视线。

4　轴线与城市空间的关系

4.1　园林轴线指向及视线范围

古罗马人善于运用丰富多变的城市设计手法在平凡的地形上创造出生动感人的城市景观，这种做法影响到了巴洛克时期的罗马，出现了带有连续统一立面的笔直街道、对景、城市平台和阶梯、坡道与台式建筑的结合。法尔内塞花园通过行进和视角的动态变化，楼梯和斜坡形成了细腻的轴线序列，轴线指向城市远处的视觉焦点，与城市形成视觉关系。南面与奎里纳尔别墅、科伦纳别墅和阿尔多布兰迪尼别墅相望，西面与罗马兰特庄园、Aurelia别墅、dei Cavalieri di Malta视线相连。[3]在花园内可以看到罗马教廷、马克森提斯殿、罗马斗兽场、朱庇特神庙、坎帕尼亚大区及奥尔本山丘等，形成一个完整的罗马城市景观的视觉全景图（图9）。花园作为罗马的城市阳台，市民可以在此用历史的视角观望城市的熙熙攘攘，罗马的全景均已呈现在眼前。

界与城市融为一体。轴线上通过地形的变化组织空间，并兴建了一系列构筑物与广场，如凯旋门连接着主轴的林荫道和城市放射性交通干道，成为城市的地标；协和广场的方尖碑成为轴线空间上的视觉焦点，打断了通往地平线的远景。协和广场的南部朝向塞纳河开放，从北部玛德琳教堂向南望有较好的景观视线，形成与主轴垂直的横向轴线。勒·诺特尔的空间轴线视觉上连接了城市中心和河岸景观，使它成为直接联系了塞纳河的风景、城市风貌的结构和形式的中心地带。香榭丽舍大街的林荫道超越地平线，市民可以在此观赏壮丽的城市景观轴线。丢勒里花园与凡尔赛宫（Versailles）成为城市的正副景观中心，也是巴黎城市的景观形式的重要体现。

4.2 轴线对城市发展的影响

文艺复兴时期的罗马，通过笔直街道将教堂等公共建筑连接起来，从而创建纪念性城市空间系统。巴洛克时代的罗马，追求几何秩序的城市设计原则，城市中开始运用的三支道手法，街道对景手法，并引入方尖碑等城市标志物。虽然这种城市设计手法还未与园林轴线相结合，但与法尔内塞花园等园林轴线的关注视线对景的思想是一脉相承的。

17世纪，法国重组新的城市林荫道网络连接风景片段。这些放射性林荫道和辐射点使得在城市内可以快速从辐射点到达四面八方。丢勒里花园沿着塞纳河的东西向园林轴线，它连接了区域轴线、林荫道和城市空间结构系统的关系，成为巴黎城市最重要的一个交叉辐射点。

18世纪开始的巴黎城市扩张也沿着轴线由东向西发展，城市景观与城市并行发展（图11）。丢勒里花园的轴线投射了城市的发展方向。轴线保存了开放性轴线与中心城市发展的抗衡关系，在城市扩张中不断更新，并为城市发展提供了潜力。

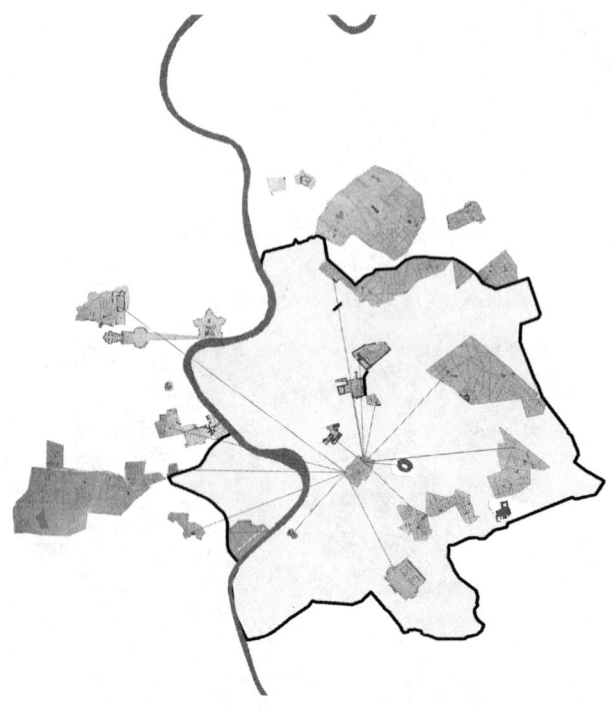

图9 法尔内塞花园与罗马城市园林、标志物的对景关系作者自绘

丢勒里花园作为巴黎城市中心的开放空间，具有十分壮观的视线景象。巴黎与罗马城市的海拔不同，无法形成城市的全景画。但低洼的地形位置，使其能观赏到塞纳河河岸秀丽的风景。1670年城墙的拆除，轴线超越了园林和城墙的限制，它使远处风景位于视线中并加大了可视范围，远望到城市地平线（图10），视线突破园林的边

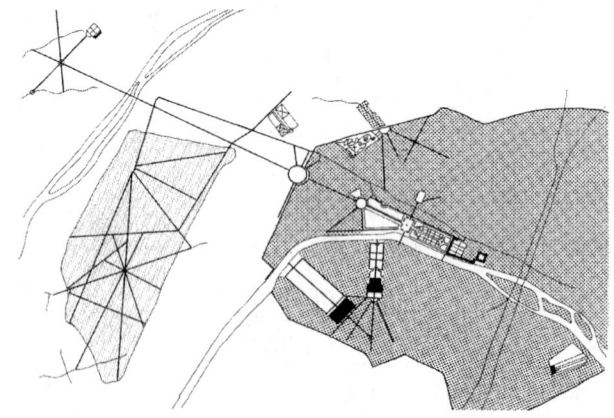

图11 18世纪末丢勒里花园轴线与巴黎城市
(《Architecture and Landscape: The Design Experiment of the Great European Gardens and Landscapes》)

19世纪，奥斯曼的城市美化运动将主轴线上的戴高乐广场作为城市的辐射点，使得交通更加便捷。香榭丽舍大街也开始作为交通要道（图12）。林荫道交通功能的增加，破坏了勒？诺特尔最初构建的从文化到自然的视觉连续性，城市、景观和自然之间的空间镜像轴线基础已经被

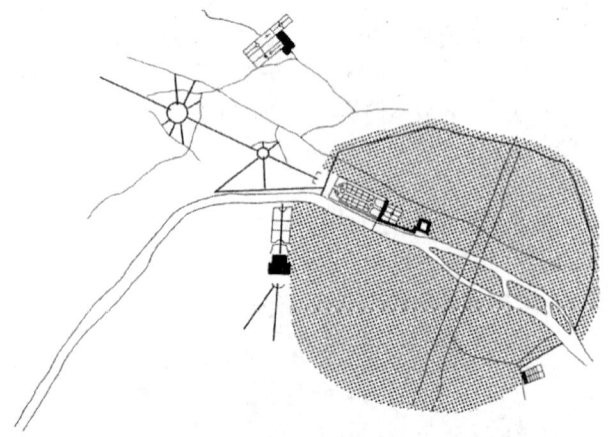

图10 1700年勒·诺特尔时期丢勒里花园轴线与巴黎城市
(《Architecture and Landscape: The Design Experiment of the Great European Gardens and Landscapes》)

打破，使风景成为轴线远景消失的装饰品。

媒介更加明显，它融合了实地的地形设计和精心设计的轴线序列关系。

从罗马的法尔内塞花园向巴黎的丢勒里花园轴线的形态过渡，轴线形式和功能更加多样，轴线从园林内部延伸到城市林荫道、城市道路，轴线从单一的视觉功能过渡到具有交通功能，能够联系城市重要市政建筑和广场的道路（图14）。

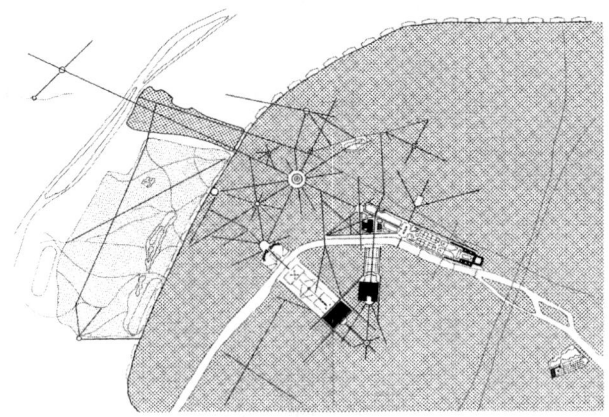

图12　19世纪末丢勒里花园轴线与巴黎城市
（《Architecture and Landscape：The Design Experiment of the Great European Gardens and Landscapes》）

20世纪80年代，在轴线的尽端增加了拉德芳斯新凯旋门，放大了轴线的长度，取代了原轴线空间的远景成为壮丽轴线的终点（图13）。勒诺特的原始轴线被简化为前景，打破了原有的空间平衡。轴线的视觉长度从3km扩展到8km，并伴随更深远的空间深度效应，消失点的变化使景观轴线透视融入城市轴线透视中。

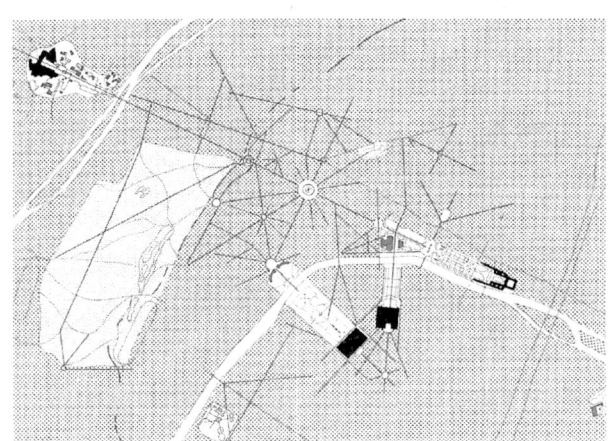

图13　20世纪末丢勒里花园轴线与巴黎城市
（《Architecture and Landscape：The Design Experiment of the Great European Gardens and Landscapes》）

5　结语

5.1　轴线空间形态的演变

城市中的轴线是将园林、建筑和城市连成统一的几何构图。法尔内塞花园属于园林内部单一方向轴线，并通过指向教堂和远处的视觉焦点，与城市形成视觉关系的长轴线。丢勒里花园的轴线由明显的主轴和不规则的放射性轴线构成，主轴已突破园林的围墙，越过边界与城市轴线、街道相融合。法国园林的轴线常常具有相当大规模，达到几公里的长度，通过视觉轴线把视觉焦点集中在远处的风景，延伸到地平线。轴线作为一种战略性的视觉

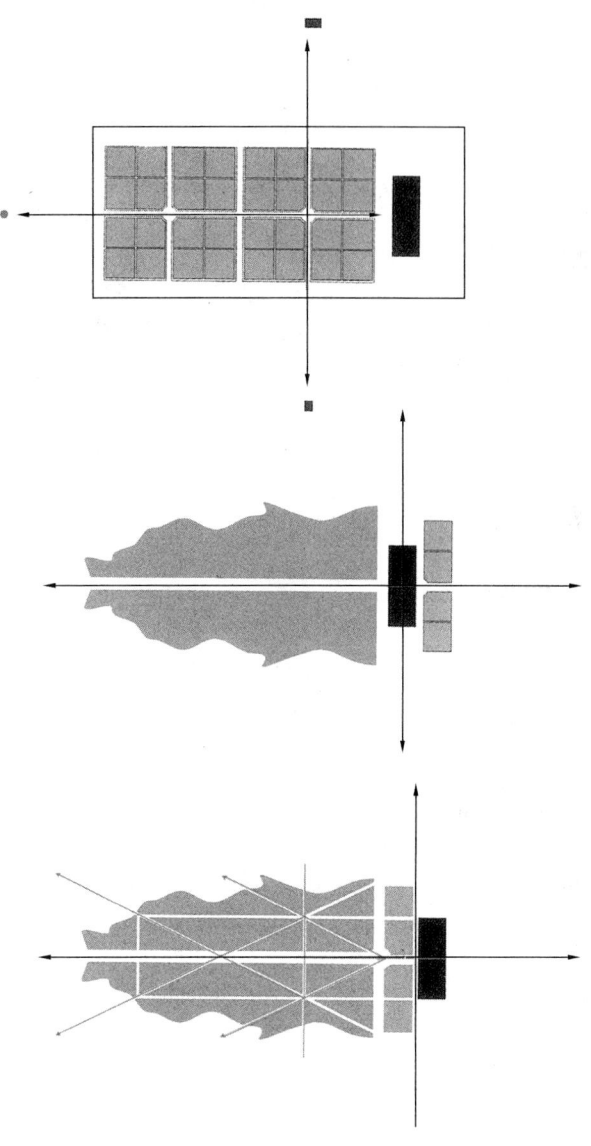

图14　轴线形态演变示意图
（《British Gardens：History，Philosophy and Design》）

5.2　园林景观轴线和城市发展

勒诺特建造轴线之后几世纪，在不断的城市发展更新中，有条理的轴线秩序逐渐融入城市形态中，相应的城市景观轴线空间逐渐演变为城市空间。它始终保持着一种开放的状态，奠定了巴黎城市的发展方向。丢勒里花园轴线，从勒诺特到奥斯曼，再到原轴线从马约门延长到拉德芳斯，轴线与城市的关系逐渐深入，从与城市的视觉联系到交通地融入以及空间相互影响和制约。它连同巴黎城市里其他许多受其影响的轴线，构成了巴黎城市的骨架。丢勒里花园园林最初设计的内部空间统一性被不断

打破，但城市景观轴线所具有的壮丽的风格有了新的阐述，大都市的地平线也有了新的释义，对西方许多城市的发展产生了深刻的影响。

城市处于不断的动态发展中，园林轴线逐渐改变了它最初的空间设计效果。轴线延伸过程中，它可以不断地改变自身来解决城市扩张中出现的交通问题，新增的构筑物、林荫道、广场以及横向轴线使得轴线视觉效果更加丰富，空间更富有层次和纪念性，城市功能更加深入（图15）。

图15　21世纪丢勒里花园轴线由东往西鸟瞰
（*Google Earth* 截图）

参考文献

［1］金云峰，陶楠，范炜. 西方园林史研究综述——形式分析［J］. 建筑师，2013.06：84-91.

［2］陶楠，金云峰. 欧美研究园林史方法论探讨［A］. 中国风景园林学会. 中国风景园林学会2013年会论文集（上册）［C］. 中国风景园林学会，2013：6.

［3］Steenbergen C M, Reh W. Metropolitan landscape architecture——urban parks and landscapes［M］. Bussum：THOTH Publishers，2011.

［4］斯皮罗科斯托夫著，单皓译. 城市的形成：历史进程中的城市模式和城市意义［M］. 北京：中国建筑工业出版社，2005.

［5］Steenbergen C M, Reh W. Architecture and landscape：the design experiment of the great European gardens and landscapes［M］. Basel：Birkhäuser，2003.

［6］金云峰，范炜. 多重构图——埃斯特别墅园林的空间设计［J］. 中国园林，2012.06：48-53.

［7］范炜，金云峰，陶楠. 视错觉构图：沃克斯-勒-维贡府邸园林轴线分析［J］. 中国园林，2014.03：59-62.

［8］Turner T. European gardens：History, philosophy and design［M］. London：Routledge，2011.

［9］Aben R, De Wit S. The enclosed garden：history and development of the hortus conclusus and its reintroduction into the present-day urban landscape［M］. ［S. l.］：010 Publishers，1999.

［10］Turner T. Garden History：Philosophy and Design 2000 BC-2000 AD［M］. London：Spon Press，2005.

作者简介

朱蔚云，1987.12，女，浙江湖州，同济大学建筑与城市规划学院景观学系在读硕士研究生为研究方向风景园林设计的历史与理论。

金云峰，1961.7，男，上海，同济大学建筑与城市规划学院，教授，博士生导师，上海同济城市规划设计研究院，同济大学都市建筑设计研究分院；研究方向为风景园林规划设计方法与技术、中外园林与现代景观。

姚吉昕，1990.2，男，安徽合肥，同济大学建筑与城市规划学院景观学系在读硕士研究生。

文化遗产保护规划
——武汉市名人故居考察反思

Cultural Heritage Protection Planning
——Reflection of Former Residence of Historic Celebrities Investigation of Wuhan

朱 宇

摘 要：武汉市内有大量近现代名人故居，它们具有相当的物质价值和精神价值，但因数量多、年代远、认识不够、改造手法不完善等问题，未能令名人故居作为文化遗产发挥其文化作用。通过对武汉市几处名人故居的探访，结合遗产保护规划的理论和手段，参考了国外若干遗产保护的措施，提出了几点对于名人故居遗产的保护建议。

关键词：名人故居；武汉；遗产保护；国外保护措施

Abstract: Wuhan has a great amount of former residences of historical celebrities, which posses considerable material values and spiritual values. However, it exist several problems that against the protect planning. For instance, multiple quantity, long-history, lack of awareness, transformation techniques imperfect. Through the visit of several former residence of historical celebrities in Wuhan, combine the heritage conservation planning theory and methods, and reference to a number of foreign heritage protection measures, make several recommendations for protecting Celebrities heritage.

Key words: Former Residence of Historical Celebrities; Wuhan; Heritage Protection; Foreign Protect Measures

名人故居是历史遗留下来的、由名人居住过一段时间的地方，包括住宅和花园两部分，具有相当的价值，武汉市有国民革命的历史背景，武汉三镇当中更是有许多名人故居旧址，这些旧址在今天应当如何保护，如何发挥当代作用，本文根据实地考察和资料了解，提出了对名人故居保护规划的个人见解。

1 名人故居的价值

名人故居的价值主要体现在精神和物质两方面：物质的体现是故居本身，其超凡的建筑艺术和技术常常令人叹为观止，从艺术来说，无论是中国古典木构建筑，还是巴洛克式、哥特式等西方殖民建筑风格，都让人惊艳；从技术上来说，建筑记录下了每一段建筑技术的改革和创新，故居建筑也讲述着历史。

精神体现在名人的气节、学术追求以及胆识等，是一种抽象的存在，是一种令人鼓舞的个人色彩，可能涉及文化、历史、伦理等。我们从名人身上学习精神，也将一份崇拜寄托在他们身上，他们促使我们思考、行动和成长。

物质和精神是唯物主义的两个范畴，同时也是评价名人故居价值的两个重要方面。

2 名人故居现存的问题

名人故居因为年代久远，又一部分存在与老旧的巷子中，难免被不识其价值的居民破坏，又因其位置较偏，难以吸引游客，宣传力度差，逐渐失去了其精神价值；再者，名人故居通常包括建筑和园林两部分，这两者都因为年代原因逐渐破败，甚至被移作他用。现在人们看到的，往往不是故居的原真，不禁要问，是保护建筑，还是保护园林？

与本学期客座教授、堪培拉大学艺术设计系的教授 Andrew Mackenzie 交流时他说道："对于名人故居旧址的保护，最重要的是对花园的保护，因为很多名人的生活细节都发生在花园之中。"花园中的一草一木是主人的亲手栽植，主人闲时会坐在花园的长椅上读书，林中的小径上常有主人静静踱步的身影，花园记录了主人生活的点点滴滴，花园本身也在讲述着故事。

中国古代文人的故居也是一样，选址常在风景优美的地方，闲来无事，便会三五人群把酒赋诗，畅谈天地。武汉是辛亥革命打响第一枪的城市，也是国民政府曾经的政府所在地，这里有许多民国革命义士居住过的痕迹，而在现今的城市规划下，他们的故居有的散落于山上，有的隐藏在破落民居中，有的排列于沿街……由于它们的所处位置不同，政府的关注程度不同，周围环境对其的侵蚀程度不同，它们今天的保存程度亦有所差别。

不同的问题有不同的解决方法，这些名人故居有一个普遍的特征：面积不大，建筑年龄较高，与周边的环境融入在一起。要起到保护旧居建筑的目的，又要起到讲述历史、宣传名人的作用，同时还要考虑参观的人流、建筑的修复、政府关注度和财力的投入，各种因素的权衡，的确是一个难题。

3 考察几个武汉名人故居

根据个人理解,将武汉名人故居按照所处位置来划分可以有以下几个分类:散落在旧街道之间的名人故居,例如詹天佑故居等;处于历史保护街区中的名人故居,例如昙华林中的石瑛故居;划入其他公共用地中的名人故居,例如东湖梅岭的毛泽东故居、武大珞珈山上的周恩来故居等。

不可否认的是,武汉三镇中散落有许多名人故居,尤其是汉口洞庭街、沿江大道、黎黄陂路一带,是闻名的"街头博物馆",在武昌的东湖、珞珈山,因为优美的自然条件,聚集了众多名人的旧居,也聚集了近代历史和文化的精华。

3.1 詹天佑故居

位于汉口洞庭街与兰陵路交界,现在是詹天佑故居博物馆(图1),在2003年就已修缮完毕。主体建筑为两层高红顶白墙灰窗的西式风格楼房,故居内部修复一新,铺设红色木地板,室内有声控点灯开关,铺设有地毯,装饰豪华,而室外没有庭院的痕迹,前院除出入通道全部改为停车位,后院类似天井,整栋建筑被围墙包围起来,在周边的建筑群中非常协调。可是在我参观的过程中,人流非常少,只有一名老人参观。

图2 一楼书房陈设

图1 詹天佑故居正门

詹天佑故居为一栋两层建筑,一楼为室内展示和詹天佑生平介绍,二楼为办公区域。一楼的展示只有一个房间(图2),是原来的书房,还原了詹天佑当时的工作场景,原来的客厅被改为展示厅,按照时间顺序讲述了詹天佑的学习、工作,还展示了著名的京张铁路模型。室内的空间布置的流畅、色彩鲜明,文图展示,有利于学习和记忆。只是室内空间稍微局促,若是20个人同时在展厅中活动,大概就会觉得拥挤。

相反,室外整体空间局促,整个场地都是硬质,没有绿化的呼吸,感觉严肃、毫无生气。在门口两侧停有3辆轿车,在建筑一侧加盖了雨棚(图3),雨棚下还停着摩托车,非常杂乱。主楼后没有绿化,色彩也不如主立面丰富,看得出来是重新粉刷过后避重就轻地忽略了建筑细节,让人感觉失望。

图3 室外加盖雨棚

必须承认,詹天佑故居的展示简洁直观,还考虑到用声控装置节能,但是空间有限,但是室外的花园却看不到一丝影子,绿化覆盖率几近为零,我相信这一定不是原来的样子,令人失望。这提醒了:在修复名人故居的过程中,什么应该保留,是一个值得推敲的问题。建筑立面固然需要修复,室外地面和花园也需要整理,但是抹去了名人居住时的痕迹,这故居失去了意义,只是一个没有特色的院子,放在任何地方都成立,与新建的建筑没有区别,失去了"原真性",失去了和"修复保护"的意义。

3.2 石瑛故居

隐藏在三义村内,靠近得胜桥附近,属于昙华林历史保护街区的边缘范围。故居现为尚艺坊陶瓷公司(图4)。虽已私人进驻,但故居建筑的外墙保护完善,还是红色砖墙外立面,围墙内的环境非常自然,保留了大比例的绿

图 4　石瑛故居正门

化，地面铺装还是石板路，还有石狮子等小品，对内侧围墙也进行了艺术处理（图5），更有艺术特色。老旧而朴素的风格与周围破落的民居完美地融合（图6）。

图 5　后院陈设的艺术雕塑

图 6　内侧墙面装饰

在我参观的过程中，没有人来参观，虽然已是私人公司，但是在这里工作的人员还是允许我进入拍照。故居建筑的保存没有重新粉刷，窗户也没有改为金属铝合窗，也没有私自加雨棚，作为一个陶瓷艺术公司，甚至没有加盖一个室外仓库，我认为这是很难得的，甚至是花园，也没有被停车位所占用，实属难得。只不过资料中显示建筑楼内有天井，楼外有院墙，在参观时并未见天井，也未能上到二楼。作为一个革命志士的故居，这里也未展出任何与他有关的资料，只是在建筑外立了石牌标识其为"石瑛旧居"，找不到任何能勾起想象的物件，非常可惜。

与詹天佑故居相比较，石瑛故居的环境保存较好，但是人物资料非常缺乏，也许与经营方式有关，政府兼顾的詹天佑故居只注重文字，忽略环境，私人进驻的石瑛故居则反之，两者的形式都不正确，应当找寻一个平衡点。

3.3　珞珈山十八栋

武汉大学珞珈山十八栋是珞珈山山上的三排独栋建筑，是第二次国共合作时期的重要人物居住的地方。由于战略根据地的转移，1938年3月，武汉大学校园成为国民政府军事委员会所在地，国民党在这里召开过众多军事会议，同时进行国共洽谈。共产党代表最著名的是住在19栋的周恩来。1938年5月到9月周恩来在此居住，在这里开展抗日宣传活动。

十八栋位于珞珈山上，地理位置佳，植被覆盖率很高，大部分树木是在武汉大学第一任校长王世杰时期种植，至今已有70余年树龄，环境清幽静谧。现在的19栋（图7）早已经过重新修复，成为周恩来在武汉的纪念馆，这幢准四层、每层的面积不大的别墅，记录着周恩来短短4个月的武汉生活。

图 7　周恩来故居

周恩来故居内的装潢完好，对资料和家具的展示也较完好（图8）。现在的周恩来故居是由武汉大学宣传部的工作人员看管，在与他的交流之中得知，19栋还有5名学生讲解志愿者，平时则是工作人员看守19栋。在樱花节或周末之时，也有不少人前来参观，主要吸引的人群是游客、学生和锻炼身体的老人。19栋内陈列的历史资料并不充足，也并非全部关于周恩来，还介绍了武汉大学的变迁和重要人物。

图8　历史展示

"19栋"的优势在于有"人"可以交流，刚好这个工作人员又是从小在这里长大，不仅可以知道很多老武大的历史，还可以了解到很多与历史说法相悖的"异议"，例如，宣传中的"周恩来小道"（图9）通常指连接周恩来和郭沫若所住的地方的下山小路，而就工作人员说，一位武汉大学生物学教授认为连接周恩来和蒋介石的"半山庐"的道路才是周恩来小道，仔细想想，也不无一定道理，周恩来在国共合作时期经常需要与蒋介石会谈，必定经常翻过珞珈山顶到山另一边的蒋介石住处去，小道的位置到底在哪里，也是一个历史的谜题。文化在于交流，在于探讨过程中才能学习。

4　国外名人故居保护措施

在日本、澳大利亚、英国等国家对于物质遗产给予很多关注，其中就包括名人故居的保护。国外的保护措施比国内做得更好的一点是，并没有将这些旧居闲置或一味改为博物馆，而是想尽办法动用公众的力量，唤醒公共意识，进行保护。

4.1　澳大利亚 National Trust 制度

在澳大利亚有类似于民间古建保护组织的部门对重要的名人故居旧址进行登记，并将这些旧址列成名单放到网上，通过实名登记，普通的居民也可以购买这处房产，但同时，需要与这个保护组织建立一个"保护契约"，承诺对旧址（包括对室内家私，庭院中的特定景观）进行保护，而政府有可能会减少房租或税费等费用作为交换条件，这个契约具有法律效力。这样一举两得的方法，促进了旧址持久地"保持生机"，促进了旧址基础上的文化传播，更促进了全名参与保护旧址的合作性和积极性。

在澳大利亚 National Trust 网站上，人们可以浏览到被列为保护旧址的建筑信息，可以下载电子期刊了解遗产旧址保护节的资讯，还可以通过志愿者渠道报名参与古建保护活动，虽然不是人人都能做专业的修复工作，但仍有宣传、交流、协商等等的工作可以参与，这个方法不失为一种提高公众的保护意识的好办法。

4.2　日本非物质文化遗产保护模式

日本对于非物质文化遗产保护，有两种模式，一是"心意传承"，二是"模型传承"。"心意传承"是一种内在的、注重信仰、情感、观念的延续方法，作为传承人的地方民众在从事一种代表非物质文化遗产的行为时，保持传统的信仰、祈祷意识或思想观念。[1]这种传承的特点之一是具有地域性，文化植根于特定的地区，当地的居民是最好的文化体验者和讲述者，他们需要承担起责任，传承文化。另外，文化是抽象的存在，并不能跟随时间永久传承，此时就必须依靠"心意"和特定的仪式或是节日来创造"语境"，通过它令文化和人进行交流，保证文化传承的持久性。

通过"心意传承"，促使当地居民养成一种"日常性"，渐渐将一些民俗活动归为自己生活的一部分，并随着时代的变化更新自身的认识和观念。[1]对于他们来说，这些活动并没有特别之处，而是一种由信仰而发的活动，为了表达自己和历史的联系。

"模型传承"是一种偏重物质性的模式，有一定器具、样式和规范。注重的是对形式本来面目的保存。[1]民间的艺人在技艺上追求精进，外在也离不开国家的财政支持和外界的关注。国家可以指定技艺的传承人，提供舞台和表演机会，作为展示。

图9　室内家具陈设

"心意传承"和"模型传承"需要相辅相成，前者可以加强本地自身的历史传承，后者方便与加强本地和外界的联系，先组织好本地的文化网络，再向外界延伸，稳步发展，也是长久的发展。

4.3 英国蓝牌制度

在英国，"蓝牌制度"对故居做到了充分保护。一旦被政府授予蓝牌的建筑，将受到国家的保护，一律不得拆除或改建，挂蓝牌视为弘扬传统、发展文化的一项重要工作，由政府机构"蓝牌委员会"专门负责，评审该蓝牌的名人必须具备四个条件：（1）必须是某个领域公认的杰出人物；（2）必须为人类进步和造福做出重要贡献者；（3）必须有一定的知名度；（4）诞辰超过百年并且逝世者。这些房子大多没有建成博物馆或纪念馆，有些还有居民居住，但是居民需要对其进行保护，最著名的是诺丁山的圣詹姆斯花园31号的老舍故居。[2]

这三种遗产保护的制度都有一定借鉴意义，尤其是日本的"心意传承"，为特定地区内的人民创造了一个独立的文化氛围。我认为历史不是你争我抢，不是将但凡沾染了一点关系的人物或是事件据为己有，虽然中国地大，人流动性大，通常在多个地方都有一位名人居住过的痕迹，但是每个地方必定有特定的事件发生，这个事件就可以成为当地的独特文化。

5 对于名人故居保护的个人建议

面对名人故居的现状，我认为主要存在几个矛盾：一是保留还是拆除，是全部保留还是部分保留。二是怎样令名人故居重焕生机。三是怎样令名人故居在当今时代下发挥其作用。

5.1 保护"故事性"

既然我们已经达成共识，要对名人故居进行保护，那么需要有哪些措施？我认为，对旧址的保护最重要在其"故事性"的保护，古语有云："山不在高，有仙则名。"名人故居本身的建筑并不是最重要的部分，当名人进住之后发生的故事，或对花园环境和建筑室内环境的改变才是最重要的。每一位名人都有自己独特的性格，不乏满腹诗书才气之辈，能够还愿他们居住时的环境，让人在故居参观时"进入到当时的历史中"是最终要的。

要"情景再现"，必定要了解名人的习惯和爱好。例如老舍爱花，他家的庭院中处处种满了鲜花，他自己以种花为乐，纾解心结、陶冶情操。在故居旧址修复的过程中要最大限度地重现这个情景，让人们看到庭院中的"花海"眼前就会浮现出作家老舍的影子。又如北京郭沫若故居中的柿子树，他称它为"妈妈树"，因为这棵树是在妻子去世之后和孩子一起栽植的，树的成长见证了时光的流逝，和对母亲的追忆。

5.2 重现历史中的"奋斗"精神

可惜的是，我们无法了解当年的名人故居是什么样子，在今天的整修工程中，有多少花园被夷为停车场，有多少珍贵的资料被移到更大的博物馆中，有多少名人曾使用过的文房四宝因老旧而不复存在。单凭宣传板，几只桌椅板凳，不能代表什么，如果是这样，将广州黄埔军校里的一张书桌搬到武汉某革命遗址也无不可。

另外，现在的宣传过多地渲染名人的成就，忽略了奋斗的过程，这对青少年的教育并不能起到全面的作用。

5.3 对"人"、"精神"、"物质"做出分级保护

在对上述几个名人故居点考察之后，有了以下反思：人、精神、物质这三个元素应该有一个轻重分级，这样有利于资源的合理分配，也可以根据分级恰如其分地投入精力。

个人认为，精神＞人＞物质，这是因为，精神可以长存，作为一种抽象符号和思维习惯在子孙后代中永久流传，影响着我们的灵魂和做人方式，这是在现今社会最需要被洗涤的一部分；物质总有新陈代谢的轮回，它具有时代性，我们并不能以20世纪30年代的物质水平和生活质量与今日之水准相比；人也是三者当中的一个重要的角色，人是历史的叙述者，"口口相传"不仅存在与历史故事的流传之中，也存在于历史事实和历史经验的传递中，现在的历史大多经过人工美化，避重就轻地忽略或是浓墨重彩地宣传，人们根本无法认识真正的历史，这时"历史的讲述者"——人，就可以发挥重要作用。长久生活在一个地区的人必定对这个地区的房屋拆迁、人口迁移、土地变化有深刻的印象，历史本身就是一个众说纷纭的书本，每个人都可以臆测、发言，但是作为名人故居，或是对于一切物质遗产，都有一个共同的责任：就是向人们展示客观、全面的信息，剩下的，便是多听原住民的讲述，多翻翻资料自己了解当地历史，可以与人讨论交流剖析提炼出自己的观点，便能更好对名人故居甚至是当地文化作出更好地诠释。

6 结语

名人故居的保护也是对我们自身历史的保护，正确的名人故居保护思路和做法，可以推广应用到物质和非物质遗产保护的工作中去，为我们在这个时代和将来留下一份文化的瑰宝；建立一个合理、长久的保护机制，不仅是为子孙后代留下一份珍贵的历史资料，也为他们留下一个可以效仿的成功制度，不让更多遗迹消失在我们手中。

参考文献

[1] 彭琳，赵智聪. 2013. "心意传承"与"模型传承"——文化景观中非物质文化要素保护的日本模式借鉴[A]. 中国园林，2014(4).

[2] 秦红岭. 2011. 论名人故居的人文价值与保护原则——以北京名人故居为例[A]. 华中建筑，2011(7).

[3] 魏雷，王功约，高翅. 2009. 武汉市名人故居与旧址类文物的园林保护[A]. 华中农业大学学报（社会科学版），2009(3).

作者简介

朱宇，1990年生，女，广东广州人，硕士，武汉大学城市设计学院风景园林系在读研究生，Email：422378788@qq.com。

风景园林规划与设计

生态基础设施理论下慢行系统规划初探
——以海淀区翠湖科技城慢行系统规划为例

A Preliminary Study on Slow Transportation System Under the Theory of Ecological Infrastructure
——Case Study on Cuihu Science and Technology Park

毕文哲　马璐璐

摘　要：近60年来城镇化的发展给城市带来了新的生态、社会问题，走新型城镇化道路、生态优先、文明发展成为一个必然趋势。生态基础设施作为一种城市基础设施，在指导城市进行生态可持续发展方面意义重大，而城市慢行系统是生态基础设施建设不可忽视的部分。本文立足于新型城镇化的背景之下，从慢行系统的概念入手，分析和探讨慢行系统对新型生态城市建设的重要意义与构建方法。最后，以笔者参加的北京市海淀区翠湖科技园规划项目中的慢行系统设计为例，详细阐述了慢行系统的构建以及其对于新型城市建设的意义和作用。
关键词：新型城镇化；生态基础设施；慢行系统；翠湖科技园

Abstract：During these 60 years, urbanization has brought new problems in ecology and society, it has become an inevitable trend to go a new-urbanization way, and put forward more emphasis on ecology and civilization. As one of the fundamental facilities, Ecological Infrastructure has significant meanings in directing sustainable development, what is more, the slow transportation system is one impotent part of Ecological Infrastructure. This article begins with the concept of the slow transportation system, and try to explore ways to design it, as well as the significance of it. At last, the article explains the construction of slow transportation system in details by taking slow transportation system design of CUIHU science and technology park as an example.
Key words：New-urbanization；Ecological Infrastructure；Slow TranSportation System；Cuihu Science and Technology Park

引言

自1949年新中国成立以来，我国的城镇化建设取得了一定成效，到2010年，我国的城镇化率已达49.68%。[1]部分农村地区的住房、交通、环境、卫生条件均有所改善。然而发展模式不科学以及对生态环境的忽视，导致了城镇化区域布局不合理，部分地区生态系统破坏严重，基础公共设施建设不完善，人们的生活质量没有得到根本上改善等新问题，城镇化建设整体上表现出速度快，品质低的特点。然而城镇化是城市发展不可避免的过程，为了探索出可持续的发展模式，2013年的中央经济工作会议首次提出要把生态文明理念和原则全面融入城镇化全过程，走集约、智能、绿色、低碳的新型城镇化道路。

新型城镇化要求城市建设要注重生态基础设施和宜居生态工程建设。要在产业支撑、人居环境、社会保障、生活方式等方面实现由"乡"到"城"的转变，从而改善居民的生活条件，提高居民的生活质量。

1 新城镇化背景下的生态基础设施建设

1.1 生态基础设施的概念

生态基础设施（Ecological Infrastructure，EI）一词最早见于联合国教科文组织的"人与生物圈计划"（MAB），是生态城市规划的五项原则之一。其从本质上讲是城市可持续发展所依赖的自然系统，是城市及其居民能持续地获得自然服务的基础。[2]生态基础设施的另一层含义是"生态化"的人工基础设施。指人们为了维护自然过程和促进生态功能的恢复而采取生态化手段设计和改造过的人工基础设施。[3]本文提到的生态基础设施则是基于此含义上的理解。

1.2 生态基础设施建设对新型城镇化建设的重大意义

新型城镇化建设强调城市生态文明建设，重视城市空间格局的生态稳定，更加关注从人的角度进行城市设计，旨在真正改善居民的居住环境，提高人们的生活质量。

生态基础设施作为城市可持续发展的自然支撑系统而存在，强调城市建设应充分考虑土地开发、城市增长以及市政基础设施规划的需求。它提供了一个保护与开发并重的框架，为城市发展设定控制性标准和要求，影响城市结构的形成和功能的可持续，对城市新型城镇化的建设具有重要意义。[4]

生态基础设施规划的基本方法是基于宏观、中观和微观三种不同的空间尺度，建立起相应层面的城市空间发展格局。其中宏观层面建立EI总体规划及基于EI的城市总体空间发展格局，中观层面建立EI的控制性规划，微观层面建立EI的地段城市设计。[5] 俞孔坚、李迪华等针对中国的快速城市化问题和国土生态安全，提出景观安全格局方法是规划城市EI的技术途径，在此基础上提出具有普遍意义的十一大景观战略，其中一条即为建立社区非机动车绿色通道，此战略从更广泛的意义上来讲，是构建城市慢行系统网络。

2 慢行系统

2.1 慢行系统及其内涵

慢行系统即为慢行交通，是基于步行者或者交通工具的移动速度对非机动交通方式的直观表述。慢行系统是以步行和骑行为主体，以公共交通方式为过渡的一种交通模式。通过对慢行路线的安排，沿线绿地系统和服务设施的规划设计，为选择非机动车出行的人们提供便捷、舒适、宜人的空间感受和出行体验。

2.2 慢行系统构建的意义

2.2.1 完善城市交通体系，营造人性化道路空间

慢行系统弥补了机动车在短距离出行方面的约束和不便，与机动车交通互相结合与补充，有利于构建完善的城市交通路网。慢行系统不管是从空间尺度上还是出行速度上，都更加符合人的身体特性和使用规律，从而提供了更舒适宜居的人性化生活空间。

2.2.2 有助于构建新型的生态城市

骑行和步行结合的慢行方式是一种零污染的出行方式，不仅节约了资源，而且在最大限度上保护了自然环境。慢行系统连接了绿地和特色人文景点，成为连接城市和自然的纽带，加强了城市绿地的联系和完整性，保证了各生态系统之间物质的流通，增强了绿地的生态功能，能更好地满足生态环境建设的需要。

2.2.3 有利于倡导更健康的生活方式，提高居民的生活质量

慢行系统使人们放慢生活节奏，为人们提供更多的时间和空间体验自然的乐趣，感受城市人文的魅力。慢行系统可结合其沿途绿地成为展示城市自然、人文、历史最好的媒介，增强人与人之间的交流，人和城市的互动，增强居民的归属感。沿线的绿地给所有城市居民的郊游、散步等带来了便利，可从最广泛的程度上改善城市人群的亚健康状态，提升城市人群的整体身体素质，提高生活品质，彰显城市活力和人文关怀。

2.3 慢行系统规划设计方法

慢行系统的设计方法应从宏观、中观和微观三个层面统筹考虑。宏观层面的慢行系统突出城市层面上的全方位覆盖，此层面上的设计需要以城市已有路网，以及山水结构为骨架，根据城市道路规划，进行公共交通线路规划，特别是轨道交通规划，解决慢行交通与其他交通方式的顺利接驳，无缝衔接。

中观层面的慢行系统突出换乘后在不同的城市功能区内的慢行交通。包括对商业区、学校、社区以及主要绿地内慢行路的规划设计，使其步行、骑行环境安全、通畅、舒适。

微观层面的慢行系统突出细节设计。包括人行道、骑行道、十字路口，换乘站点的路面设计、街具设计以及植物景观设计等，旨在给步行者和骑行者提供更有城市特色和人性化的空间感受。[6]

3 翠湖科技园慢行系统的构建

3.1 项目概况

翠湖科技园位于海淀北部地区温泉、苏家坨和西北旺镇，是海淀北部地区规划的三个主要功能组团之一。总用地面积约为1753hm^2，总建筑面积为1430万m^2。人口不低于30万人，未来将以科技创新企业工作人员工作生活为主。

科技园西侧紧临小西山风景区，东侧、北侧紧临正在规划中的海淀北部绿心，京密引水渠从南侧流过，南沙河支流周家巷沟、东埠头沟环绕其间。城市主干道北清路、翠湖南路、核心区东侧路、六环路，城市次干路温阳路、稻香湖路贯穿其中，规划中的地铁16号线沿北清路穿过，与园区其他道路共同组成快速交通网络（图1）。

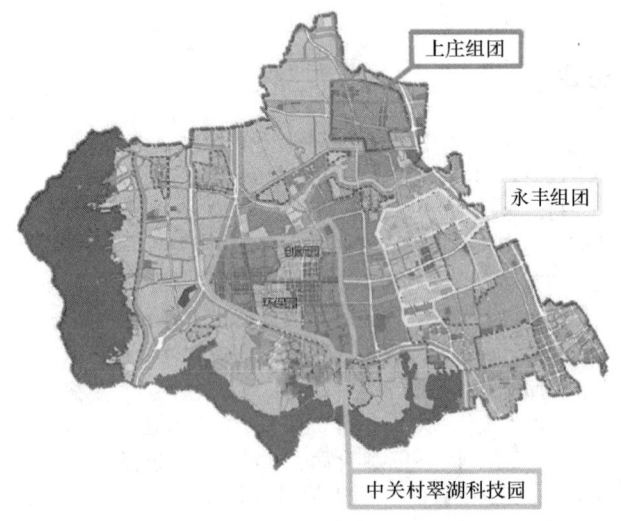

图1 中关村翠湖科技园的位置

3.2 慢行系统构建

翠湖科技园是新型城镇化的产物，因此在建设过程中，应满足新型城镇化对城市建设的要求，处处以人为本，以生态原则为指导。翠湖科技园慢行系统的构建从宏观、中观、微观三个层面进行。其中宏观方面主要包括选线原则的确定，慢行道路分级的确定等，重点在于结合已有和规划的城市道路，使整个园区形成完整的慢行路网。

中观层面包括各级慢行路的骑行环境、慢行路设计、公交线路设计及微循环慢行系统的设计等。微观层面包括服务点设计、街具及植物景观设计等。设计期望通过依托原有的河道、绿地和道路系统，建立起具有自然、文化特色的，连接商业、社区、学校、绿地的城市绿网，从而倡导绿色健康生活方式，提升该区域的土地价值和资源的高效利用。

3.2.1 宏观层面的设计——选线原则、道路分级的确定

（1）选线原则

①在充分利用区域现有绿地的基础上，尽可能多地串联其他的自然人文资源，一方面避免拆迁和占用其他建设用地，一方面增强绿地系统的休闲、教育、展示功能；②路线尽可能形成环路，让使用者有完整的游览体验；③与现有和规划中的交通路线有尽可能多的接驳点，以增强慢行系统的连贯性（图2）。

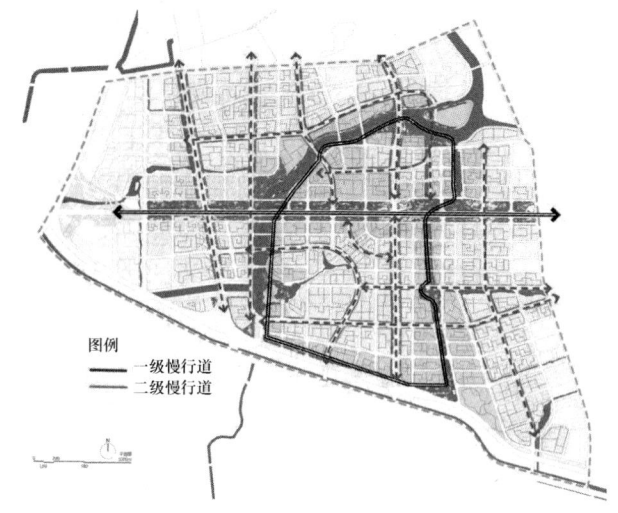

图3　慢行道路分级

视觉感受。

二级慢行路宽3m，总长2300m，建设面积47.4万 m²。步行耗时0.4—0.8h，骑行耗时0.2—0.4h。由于其现状道路景观良好，因此设计在部分路段将原有的人行道改为慢行道路，在部分路段在现有的道路绿化带内新建慢行系统，并应用某种统一灌木群按200m为节奏种植，打造步行+快速车行的道路视觉感受。

微循环慢行系统道路宽1.5—2m，以步行为主，主要满足散步、休闲功能。其设置目的是为"工间十分钟"、"午休半小时"提供条件，构成便捷、舒适的日常工作休闲方式。

道路材料基本利用现状沥青道路，改造部分为透水砖面和花岗石路面，并对花岗石表面进行防滑处理，保证骑行舒适度及安全性。在重要路口增加方向指示等标识。

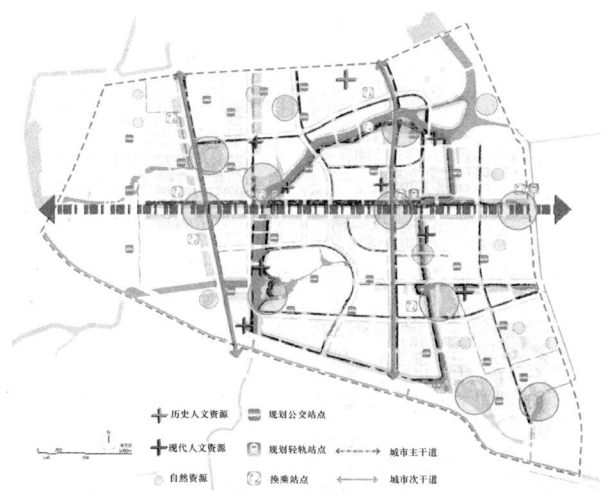

图2　慢行道路选线原则

（2）慢行道路分级

根据园区内现有道路的宽度和人流量，以及自然、人文资源的分布，设计将慢行道路分为一级慢行路、二级慢行路和微循环慢行系统。其中贯穿整个园区的主干道北清路及景色优美的滨河沿线为一级慢行路；贯穿园区南北的温阳路和稻香湖路，以及园区内其他连接大部分园区内绿地的主要道路为二级慢行路；在单独地块的建设红线外绿地也设计了和红线内主要步道连接的浏览线，以形成企业内部的微循环慢行系统（图3）。

3.2.2 中观层面设计——各级慢行路设计、站点设计及公交线路设计

（1）各级慢行路设计

一级慢行路结合原有北清路人行道布置，并在滨水沿线新增慢行路。其宽3m，总长9000m，建设面积21.8万 m²。步行耗时2—3h，骑行耗时0.5—1.5h。设计在沿北清路两侧30m绿带内，保持原有园林化复层种植的特色，并以300m为节奏种植榆叶梅，打造快速车行的道路

（2）站点设计

慢行服务站点的设置采用经济、适用的原则。除了力求靠近地铁出入口、建筑物主要出入口、园区出入口，与主要公交车站的距离控制在30m之内以保证换乘外，设计按1500m/个的频率布置站点，以保证人们步行半小时或骑车10min即可到达。

此外，根据具体情况确定站点和道路的衔接关系，采用临街式（站点地面直接和园区道路衔接）和港湾式（站点地面通过通道和城市道路衔接）两种方式。每个站点的自行车数量控制在20辆左右。

（3）公交线路设计

公交线路模仿TOD模式进行设计，以上位规划中的不同用地类型为依据，以基本覆盖周边办公、居住、教育、休闲绿地为目标。在每一个公交换乘点都设有自行车停放处和自行车租赁点，为居民的换乘提供条件。5条公交线路基本覆盖了科技城内主要的交通，并且与慢行路线、游览路线恰当衔接、通畅的网络促使更多的居民选择步行+骑行或骑行+公交车的出行方式（图4）。

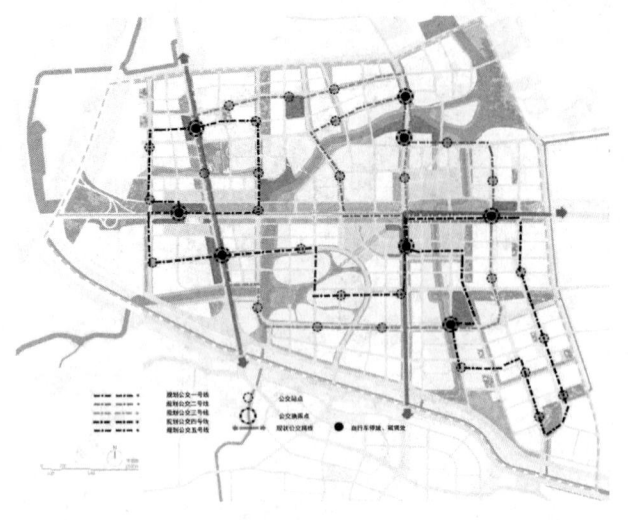

图 4 公交线路设计

3.2.3 微观层面的设计——服务设施设计及植物选择

服务设施包括询问、电话、餐饮店、公厕、自行车、汽车停车位、无障碍设计以及标识导向、坐凳、路灯、垃圾箱、候车亭设计等。根据不同路口的实际情况，设计不同种类的斑马线和明确的指示牌及方向引导线，实现慢行系统与各级道路、人行步道的衔接。种植设计以乡土树种为主，突出地域特色，此外按照多层次、多色彩的要求，增选部分植物，形成以乔灌为主，地被、花卉点缀的轻松、明快的氛围；乔木包括雪松、白皮松、银杏、栾树、毛白杨等，小乔木及灌木包括海棠、金银木、迎春、木槿、丁香、黄刺梅等；地被花卉包括萱草、马蔺、二月兰等。特色的服务设施设计及植物空间营造是设计的点睛之笔，通过生动形象的形态和宜人的空间给居民以亲切感和舒适感，实现微观层面上的慢行系统设计，突出城市的个性和文化（图5、图6）。

1.父子灯	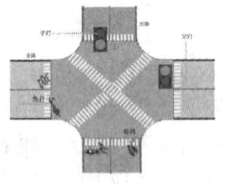	"父子灯"的原理是利用主路信号机控制相近若干个路口，分布在人流量和车流量都比较大的主干道上。		
2.宽斑马线	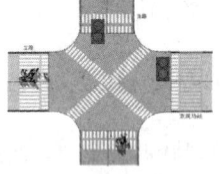	人行横道线从原先的4.5m增宽到12m，成为超宽斑马线。采用拉宽斑马线，可以稀释过街人流密度的方式。		
3.彩色斑马线	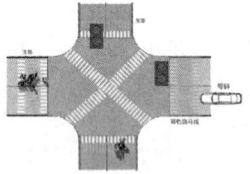	采用黄白相间的斑马线，彩色斑马线可以以醒目的色彩刺激人们，特别是司机的视神经，引起警觉，自觉遵守交通规则，减少交通事故的发生。		
4.对角斑马线	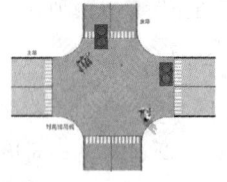	X形斑马线方便、人性化、有创意。这种斑马线缩短了对角过街行人的过街时间，减少了行人过长时间的等绿灯而闯红灯的几率，因而增加了过街的安全性，同时还大大提高了道路通行效率。		

图 5 慢行路口设计

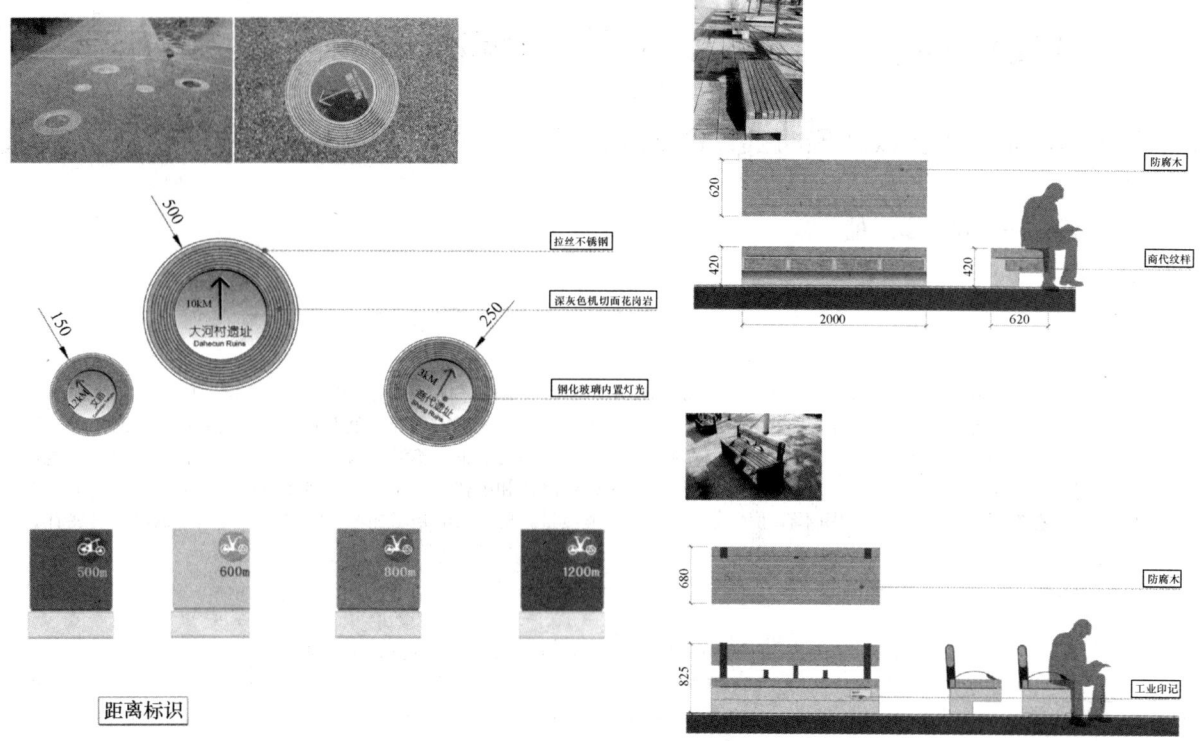

图6 部分标示系统设计

4 小结

新型城镇化的建设催生出大量的科技新城，如何将科技与生态结合，构建真正的生态城市是一个亟待解决的问题。作为生态基础设施重要组成部分的慢行系统不仅低碳、节能，对环境保护和营造生态宜居城市具有重大意义，而且在连接城市商业、休闲、居住、工作空间，整合串联城市特色空间，凸显城市人文精神和特色文化方面具有突出作用。慢行系统的构建通过合理整合自然、人文资源，创造绿色、舒适交通空间，改善生态环境，引导健康生活方式，将有效地提高城市的整体品质和居民的生活质量，真正实现新型城镇化建设。

参考文献

[1] 梁蕴兮.中国城镇化发展历程、问题及趋势分析[J].经济视角，2013(10)：76-79.

[2] 俞孔坚，李迪华，韩西丽.论"反规划"[J].城市规划，2005(9)：64-69.

[3] Benedict M A, Mcmahon E T. Green infrastructure：Smart conservation for the 21st century[J]. Renewable Resources Journal，2002，20(3)：12-17.

[4] 滕明君，周志翔，王鹏程等.快速城市化城市生态基础设施结构特征与调控机制[J].北京林业大学学报，2006(28)：105-109.

[5] 杨明俊.生态基础设施探析[C]//城市规划和科学发展——2009中国城市规划年会论文集，2009.

[6] 刘海音，富伟.转型与重构[C]//2011中国城市规划年会论文集，2011.

作者简介

毕文哲，1991年7月生，女，汉族，河南南阳人，北京林业大学园林学院风景园林硕士研究生，研究方向为风景园林设计与理论。

马璐璐，1990年4月生，女，汉族，山东烟台人，北京林业大学园林学院风景园林硕士研究生，研究方向为风景园林设计与理论。

蓄洪公园及河滩湿地建设对河道景观的重要意义探究

The Performance of Flood Storage Parks and River Wetlands on River Landscape

蔡婷婷 梅娟 马娱 崔亚楠

摘 要：近年来，快速的城市化给新区城市河流带来了诸多的问题，如生态环境的恶化，河流水质水量的急剧下降，城市人口的增加也对河道防洪提出更高的要求。然而新区河道往往没有防洪规划或防洪等级过低，对城市安全带来重大隐患。本文通过《信阳市浉河河道景观设计》及《延吉市布尔哈通河河道景观设计》两个实例来探讨此类型景观规划的对策。蓄洪公园能够为河流分担排洪压力，也能够有效防止城市内涝，同时可作为生态廊道，为鱼类以及过境的鸟类提供安全的栖息地和中转站。充分发挥河滩湿地（河道淹没区，即常水位到堤防之间的区域）的生态作用，河滩湿地的利用不仅可以改善沿岸的环境质量，更重要的是增加城市吸引力，对城市的经济发展有着重要的意义。

关键词：蓄洪公园；河滩湿地；河道景观；河流生态修复

Abstract: As a result of rapid urbanization during the past few years, urban rivers are facing many problems, such as deterioration of ecological environment and decline of water quality. Meanwhile, a higher requirement has also been proposed in order to meet the increasing population. However, currently river flood control plan in urban new area is either too weak or week or deletion, which would be a serious potential hazards of urban safety. The article discusses landscape planning strategies of river ways in urban new areas, using two projects as examples - river landscape design of Shihe River in Xinyang and the Buerhatonghe River in Yanji. Be able to share the pressure of flood draining, river flood storage park also can effectively prevent urban water-logging, at the same time as an ecological corridor, is the habitat of fish and birds to provide safe transit and transfer stations. Give full play to the ecological function of the floodplain wetland (river submerged area, the area between normal water level and the levee), the use of floodplain wetland can not only improve the environmental quality of coastal area, but the more important benefit is to increase city attraction, which plays an important role in urban ecological development.

Key words: Flood Storage Parks; River Wetlands; River Landscape; River Ecological Remediation

绪论

河流一直满足着人类各方面的需求，这就意味着河流必然长期受到人类活动的影响。而城市作为人口最为密集的区域，加上人类活动和城市化的不断加剧，使得城市河流受到人类干预越来越剧烈，城市河流的退化问题也尤为突出。人类过去为了修复城市河流的各种社会功能，而对河流采取各种工程措施，都改变了河流的平衡状态：洪峰流量增大；污水自流排放，水质严重恶化；河流裁弯取直，加剧河岸侵蚀和泥沙输送；渠化、人造堤坝和防洪大坝，使河流与蓄洪区完全隔离；水生栖息地被大坝和其他人造障碍物隔离；河流渠化降低河流生物多样性；岸滩人工化，大规模侵占河岸带，破坏岸边生态环境；自然生态系统明显退化，鱼虾绝迹，水草罕见。

城市河流生态修复包含两层含义：一方面，要充分考虑河流系统生态平衡的基本要求，采取生态修复的方法和措施，实现河流各种功能的恢复和平衡；另一方面，恢复或重构河流生态系统的必要结构和功能，恢复其生态系统价值和生物多样性，实现河流生态系统的平衡和可持续性特征。因此河流生态修复面临着两大艰巨的任务：一是怎样将对河流的进一步损害降到最小；二是怎样对已经造成的破坏进行修复。

生态修复的目标应该是让生态系统重新恢复其必要功能，使河流不再需要人类的持续干预就能够保持其改良后的状况。

1 相关理论研究简述

1.1 河道景观的含义

河道景观可以有狭义景观和广义景观之分。

狭义的河道景观仅包含河道的周边区域。其功效就是其亲水功能和空间功能。亲水功能包括水滨休闲、水流、河边建筑物、河边公园等；空间功能主要指小广场、运动场等组成的空地功能。

目前，景观这一概念越来越大，他所包含的范围也越来越广。在这一概念下，广义的河道景观可以看作是一个广阔的系统，其功能和结构要素由河流及其流动机制决定，并在很大程度上依赖于天然扰动的影响。

1.2 蓄洪公园的含义

河流的中下游沿岸，经长期洪水泛滥冲积而成的平原。其中已经修筑堤圩保护的为防洪保护区，未建堤的为自然泛区。

国际上非常重视"堵疏结合，蓄泄并重"的治水理念，还河道以空间，增加河道的过水断面，给洪水以出路，成为现代防洪规划的新理念。美国和欧洲的许多国家都将留出蓄洪区作为主要的洪水管理方法，专家们研究了湿地恢复、防洪和景观建设之间的相互作用，确认了漫滩恢复不会增加洪水风险。

改变河道内土地利用，修复滨河缓冲带，这是长期的，从流域尺度上进行解决防洪和生境恢复矛盾的方法，改变土地利用，减少水土流失，可以减少泥沙沉积，从而避免由于河床抬高造成的河道容积衰退，保证河道的行洪能力。

1.3 河滩湿地的含义

河滩湿地即河道淹没区，是常水位到堤防之间的区域。在河道两岸各设置一定宽度的河滩湿地是最重要的河流生态修复措施，它能过滤污染，其植被还可稳固河岸，并形成一个多样性的生态环境，有利于鸟类保护。

河道要有浅滩、深潭，造出水体流动多样性以有利于生物的多样性。并且，浅滩深潭等河道中复杂结构的恢复还能形成水的紊流，有利于氧溶于水，增加水中的溶解氧量。

2 河道景观存在的问题

近年来，快速的城市化给新区城市河流带来了诸多的问题，如生态环境的恶化，生态系统的敏感脆弱，河流水质水量的急剧下降，同时城市人口的增加也对河道防洪提出更高的要求。现状河道往往没有防洪规划或防洪等级过低，对城市的安全带来重大的隐患。河道面临两大主要问题：抗洪压力弱、生态系统脆弱。

3 景观的治理措施

河道从源头到河口的纵向变化，垂向的交互作用，以及侧向与蓄洪区之间的交换过程在河流景观方面都起到重要的作用。而用于防洪的堤坝、地面排水区、河床清淤、大坝等措施却大大影响了天然扰动机制。因此，有效的河道景观管理应该集中在两个方面：（1）如何保持与修复河流的这些交互影响方式；（2）如何重建自然扰动机制，从而增加栖息地的多样性和连续过程。

主要从工程修复措施及生态修复措施两方面着手。

3.1 工程修复措施

近年以来，大多数城市河流的景观整治都普遍采用一些工程措施，即简单的河流渠化、硬化和拉直。如信阳市浉河老城区段便裁弯取直，形成生硬的驳岸。但是这些措施事实上并没有完全解决城市河道景观目前存在的河道干涸、水质恶化、河流空间被严重挤占等问题，反而对河道的生态平衡造成一定的负面影响：洪峰流量增大，下游河岸侵蚀和泥沙输送加剧，深槽、浅滩、沙洲和河漫滩消失，河流生物多样性降低等等。

信阳市浉河的两岸建筑侵占水面，水质受到很大的污染，并且浉河是季节性河流，洪枯季径流量相差悬殊。对此浉河平桥段采取的景观修复措施有：（1）将原已失去拦蓄径流能力的拦河坝改造成层叠式的景观跌水，加上上游两个小型水库，调节枯水季水位。（2）加强污水排放管理。重点行业废水达标后排放；两岸铺设排污管道，景观跌水以上的市区污水处理达标后输送到下游排放。（3）将河底清沙清淤，并将淤泥在岸堤与河面之间形成滩地，成为居民休闲游憩的亲水场所。（4）构筑两岸河滩绿化空间。设计临水步行道，亲水平台和码头空间。（5）河道外土地利用。限定建筑后退控制线30m以上，保证一定宽度的绿化用地，形成绿色走廊；完善两河滨河路，各景区出入口和停车场地；河道周边用地以居住和公共设施为主（图1）。

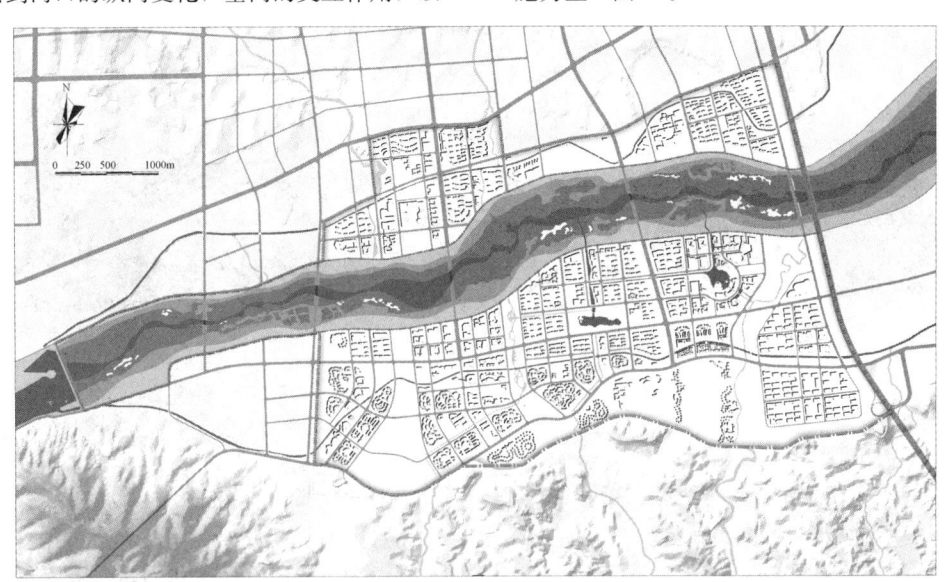

图1 信阳浉河河道景观治理滩地划分

但是这些工程措施只是解决了河道水质水量的部分问题，而对于以上谈到的河流生态平衡被破坏的问题，仍然没有很好地解决。

3.2 生态修复措施

近年来，特别是在国外，生态修复措施成为解决河道景观问题的有效方法。主要河道景观生态修复的方法有以下几种。

3.2.1 修复河道自然弯曲

尽量保持河道的自然弯曲，使断面收放有致；尽可能多地安排蓄水湖池，对防洪和景观都益。

3.2.2 修复生态驳岸

使修复后的自然河岸具有自然河岸的"可渗透性"，充分保证河岸与河流水体之间的水分交换和调节功能，从而能够滞洪补枯，调节水位；并能增强水体的自净作用。生态驳岸使得河岸与河道在生态上联系起来，实现了物质、养分、能量的交流，并为生物提供栖息地。同时，植物根系能稳固土壤，枝叶截流雨水，过滤地表径流，抵抗流水冲刷，从而保护堤岸、增加堤岸结构稳定性、净化水质、涵养水源。

3.2.3 修复河滩地

首先，对河道进行处理，关键是要设计能够常年保证有水的水道及能够应付不同水位水量的河床。采用多层台阶式的断面结构，就是其低水位河道可以保证一个连续的蓝带，能够为鱼类生存提供基本条件，留出两岸滩地，当较大洪水发生时，允许淹没滩地。平时这些滩地是城市中理想的开敞空间环境，适合居民自由休闲，丰富河流景观，增加河流亲水性，同时还可以减少洪水威胁（图2—图5）。

图 2　泗河现状

图 3　泗河设计常水位景观

图 4　泗河设计枯水期景观

图 5　泗河设计洪水期景观

4 延吉市布尔哈通河为例

4.1 布尔哈通河及朝阳河的现状危机

4.1.1 布尔哈通河在建堤坝低于总规百年一遇的标准

布尔哈通河发源于安图县哈尔巴岭东麓沼泽地，流域面积 7141km²，河床平均坡降 0.6‰。目前河道淤积严重，河势不稳，洪峰水流流速按 5m/s 计时，上游 50km 的安图水库泄洪 2h 内即可到达河道交叉口位置。新版总体规划中布尔哈通河的防洪标准为百年一遇，而目前正在建设的堤坝为 50 年一遇标准，因而此处存在堤防险情。

4.1.2 河口离水库过近，受水库泄洪影响较大，堤坝的防洪压力较大

朝阳河属布尔哈通河一级支流，年均径流量 1.3 亿 m³。朝阳河上游有调蓄水库朝阳河水库，距离河道交叉口 25km，洪峰水流流速按 5m/s 计时，上游水库泄洪 1h 即到达河道交叉口位置，朝阳河目前防洪标准为 20 年一遇，上游流域森林覆盖率仅为 30% 左右，成洪频率高，台风季节危险性将大于布尔哈通河。

4.1.3 河道生态系统脆弱

布尔哈通河与朝阳河堤坝以硬质为主，河滩地上植物极少，现状多为淤泥及沙石滩，生物存在空间有限，生态系统脆弱（图6）。

4.2 应对策略

4.2.1 蓄洪公园应对防洪问题

通常应对防洪问题的策略有两种：①增加河道的行洪能力；②设置泄洪区。依据延吉市布尔哈通河、朝阳河的现状情况，可结合城市绿地进行大型泛洪湿地公园的建设。

泛洪公园能够为河流分担排洪压力，也能够有效防止城市内涝，同时可作为生态廊道，为鱼类以及过境的鸟类提供安全的栖息地和中转站（图7、图8）。

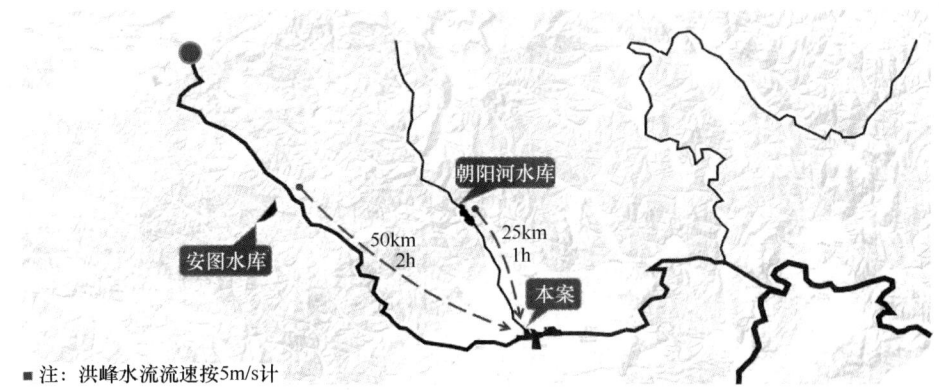

图 6 布尔哈通河及朝阳河现状情况

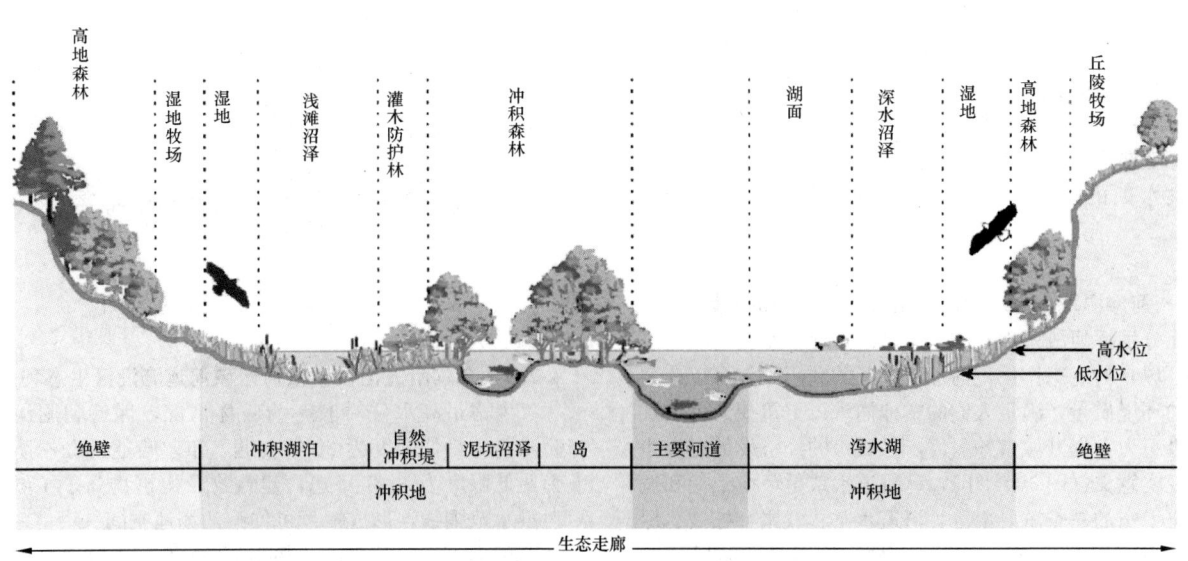

图 7 生态廊道的生物栖息地分布模式图

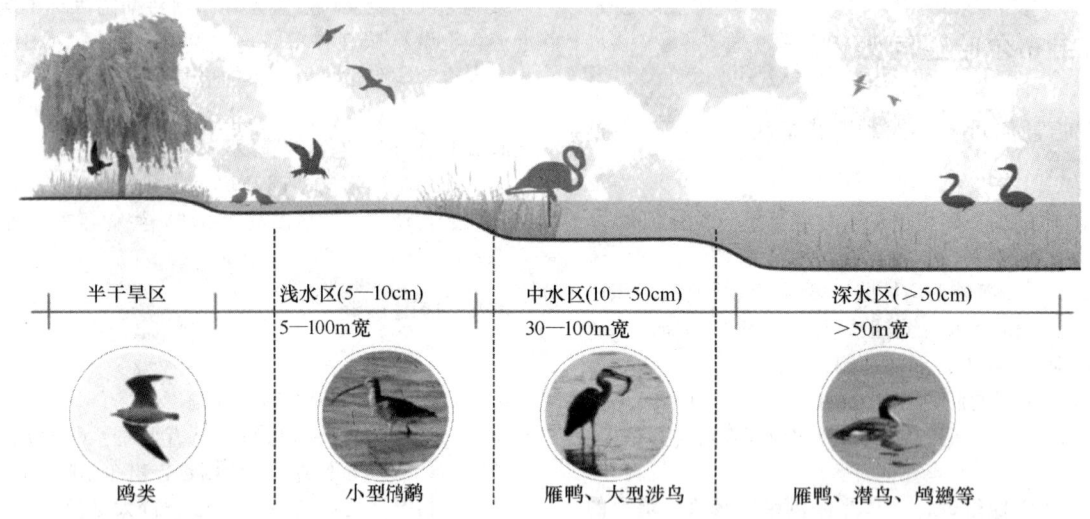

图8 湿地中鸟类的分布规律图

4.2.2 布尔哈通河及朝阳河区域泛洪湿地公园建设

为缓解洪水期河道下游及城市的受灾危机，在两河交汇口区域拟建大型泛洪湿地公园（图9）。泛洪湿地公园以河流为依托分为两大部分，河道淹没区及泛洪公园区。总面积约为6.5km²。

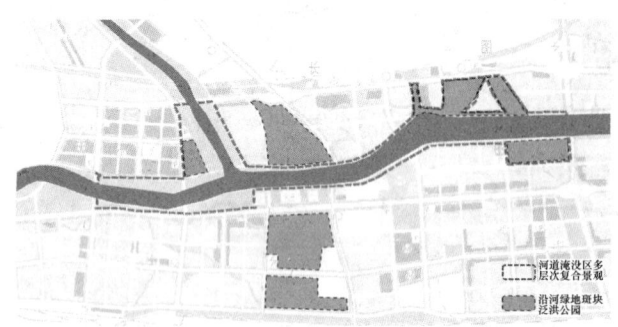

图9 大型泛洪湿地公园建议范围

沿河的绿地斑块的泛洪公园主要有两大区域，一处为两河交汇口的朝阳河口生态公园，面积约为20hm²；另一处为水稻田特色湿地景观，面积约为2km²。这两片集中的绿地在洪水期具有调蓄的作用，同时续存的水体可作为枯水期的景观用水，结合园林景观共同打造泛洪公园。

4.2.3 河滩湿地生态利用应对生态系统脆弱的问题

充分发挥河滩湿地（河道淹没区，即常水位到堤防之间的区域）的生态作用，河道淹没区的利用不仅可以改善沿岸的环境质量，满足人们的精神需求，更重要的是增加城市吸引力，提升城市知名度，对城市的经济发展有着重要的现实意义（图10、图11）。河道水系是环境维持和调节生态平衡的一个重要部分，河道水系、驳岸、植被、绿化是城市区域环境改善的主要阵地，特别是在防风固沙方面。有一些河流则成为城市空气对流的绿色通道，在保护城市生态环境和缓解城市热岛效应等方面起着举足轻重的作用。

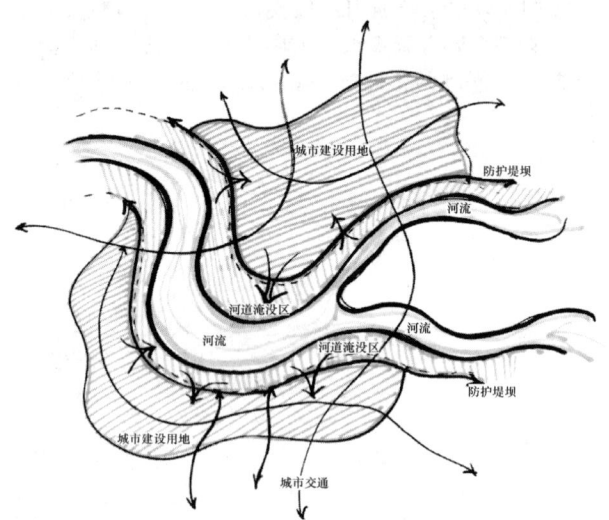

图10 河道淹没区平面示意图

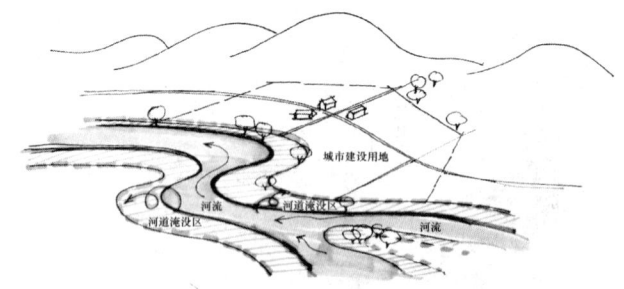

图11 河道淹没区透视示意图

4.2.4 布尔哈通河及朝阳河区域河道淹没区生态利用

考虑最高水位对驳岸的破坏情况，保持朝阳河驳岸防洪能力最低限度为20年一遇，布尔哈通河驳岸防洪能力最低限度为50年一遇，建筑物及构筑物高于100年一遇洪水范围线，形成一片可伸缩的场地空间。

根据水利防洪要求，朝阳河20年一遇堤坝之间宽为110m，布尔哈通河50年一遇堤坝之间宽为220m。

朝阳河河道淹没区在常水位时水面宽为30m左右，河道内可种植水生植物，可以利用现状的沙滩卵石作为驳岸材料。常水位水面线两侧各 20m 左右位置为 3—5 年一遇水位线，此区域内作为浅淹没区，可种植低矮的草本植物。5 年一遇水位线约 10m 以外为 10 年一遇水位线，此区域内可种植灌木。10 年水位线至 20 年一遇堤坝之间为 10m 左右，可种植乔木（图12）。

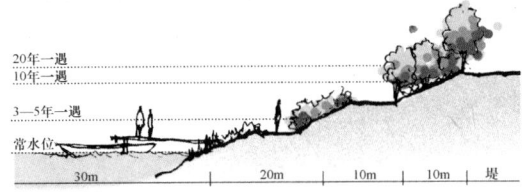

图 12　朝阳河河道淹没区断面设计模式

布尔哈通河河道淹没区在常水位时水面宽为 60m 左右，河道内可种植水生植物，可以利用现状的沙滩卵石作为驳岸材料。常水位水面线两侧各 30m 左右为 3—5 年一遇水位线，此区域内作为浅淹没区，可种植低矮的草本植物。5 年一遇水位线以外 30m 左右为 10 年一遇水位线，此区域内可种植灌木。10 年水位线至 20 年一遇堤坝之间为 20m 左右，可种植乔木（图13）。

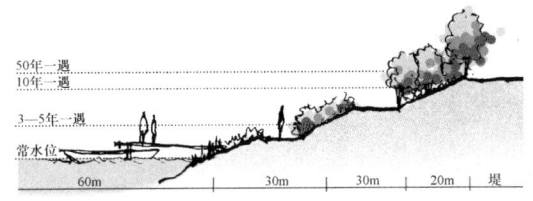

图 13　布尔哈通河河道淹没区断面设计模式

4.3 朝阳河口蓄洪公园及河滩湿地建设

朝阳河在堤坝以内的河道淹没区，通过一系列河滩生态修复措施，保证防洪，满足河流安全。主河道保证 30m 宽的常水位水面，靠近主河道水边由砾石河沙形成自然稳定的河岸，两侧非冲刷区到堤防之间适当堆高，形成亲水滩地，种植芦苇、红柳或绦柳等耐水湿的灌木防护带。

朝阳河口生态公园作为泛洪公园，在洪水期是能够分担部分朝阳河的洪水压力，枯水期时能够形成丰富活动空间的景观绿地，结合周边城市用地，设计公共开放空间，作为展示新延吉新形象的城市客厅（图14—图17）。

图 14　朝阳河口生态公园方案平面图

图 15　朝阳河口生态公园鸟瞰图

图 16　朝阳河口生态公园轴线小鸟瞰图

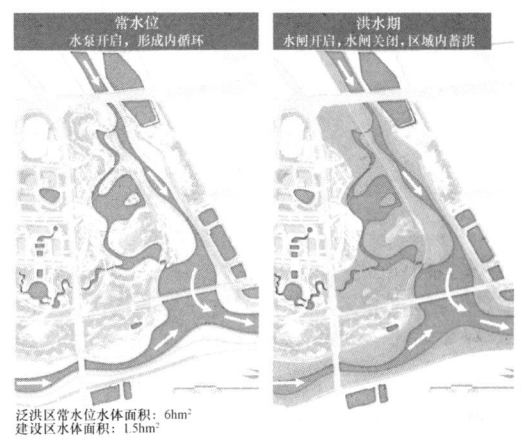

图 17　朝阳河口生态公园的可淹没区分布图

结论

城市河流防洪永远是不容忽视的生死攸关问题。但是无论如何加高河流堤防，安全保障总是有限的。因此，洪水预报、蓄洪区管理等非工程措施也起到非常重要的防洪减灾作用。然而，以往的工程措施没有考虑到对河流生态系统的影响，从而破坏了河流系统的平衡。目前，国外学者纷纷开始采用生态修复方法，加强洪水管理，修复河流生态，可见，城市河流防洪功能恢复的发展趋势有以下几点：有洪水控制向洪水管理转变；由工程修复向生态修复转变；蓄洪区修复、植被修复成为防洪功能生态修复的主要方法；从流域上考虑城市河流防洪功能的恢复。

参考文献

[1]　王薇、李传奇. 城市河流景观设计之探析[J]. 水利学报，

2003(8).
[2] 束晨阳. 城市河道景观设计模式探析[J]. 中国园林, 1999(61).
[3] 任海, 彭少麟. 恢复生态学导论[M]. 北京: 科学出版社, 2001.
[4] 刘树坤. 我国城市防洪问题[J]. 水利规划与设计. 1994(3).
[5] 董雅文. 城市景观生态[M]. 北京: 商务印书馆, 1993.
[6] 温全平. 城市河流堤岸生态设计模式探析[J]. 园林工程, 2004(10).

作者简介

蔡婷婷, 1986年6月生, 女, 汉族, 江苏苏州, 硕士, 北京清华同衡规划设计研究院有限公司风景园林一所, 设计师, Email: echocc@126.com。

梅娟, 1984年1月生, 女, 汉族, 江苏东台, 本科, 北京清华同衡规划设计研究院有限公司风景园林一所, 主任工程师, Email: mmjj1111@126.com。

马娱, 1977年7月生, 女, 汉族, 硕士, 北京清华同衡规划设计研究院有限公司山水城市研究所所长, 高级工程师, Email: mayu20100707@qq.com。

崔亚楠, 1982年2月生, 女, 汉族, 山东聊城, 硕士, 北京清华同衡规划设计研究院有限公司风景园林一所, 副所长, Email: cyn214@126.com。

对城市公园防灾避险功能改造模式的探讨
——以济南泉城公园改造为中心城区防灾避险公园为例

Discussion on the Function of Disaster Prevention City Park Transformation Mode
——Taking Ji'nan Quancheng Park Transformation as the Center of Urban Disaster Prevention Park as An Example

陈朝霞　白红伟　仲丽娜

摘　要：防灾公园属于城市防灾避难系统的一部分，是重要的防灾避难场所。以济南泉城公园改造为主城区内最大的防灾公园为例，探讨总结易于推广的防灾避险功能改造模式，使应急避难场所更多的依托现有的公园绿地，使公园具备避难功能，既是城市公园，又是防灾公园。济南泉城公园改造为防灾避险公园，将启动济南市中心城区防灾避险公园的建设，从而达到完善济南城区防灾避险绿地系统、优化人居环境建设、增强人们防灾意识的目的。
关键词：防灾避险；泉城公园；防灾公园；改造

Abstract: The disaster prevention park, which is a part of city disaster prevention system, is an important disaster shelter. This article, taking the transformation design of Ji'nan Quancheng Park as an example, discusses and summarizes the transformation pattern easy to be used, which makes emergency shelters depending on the existing parks. The city parks which were added shelter function, are also disaster prevention parks. Transforming Ji'nan Quancheng Park into disaster prevention park, will start the construction of Ji'nan urban disaster prevention park, thereby improving Ji'nan urban disaster prevention green space system, optimizing the living environment construction and enhancing people's awareness of disaster prevention.
Key words: Prevention and Refuge; Quancheng Park; Disaster Prevention Park; Transform

2008年5月12日，四川汶川发生了8级地震，与此同时，在重庆不少地区，一些市民产生恐慌心理，陆续来到公园避震，深夜高峰期达到5万余人，当天打开大门让群众疏散避难的还有鹅岭公园、南山植物园、石门公园等在灾难出现时，公园、绿地起到了作为紧急避难场所的作用，人们也深刻地意识到：公园绿地不仅为改善城市生态环境、美化城市、为人们提供游赏休憩空间起到重要的作用，还作为城市防灾避险系统的主要组成部分，更是无可替代的防灾避险场所。

1 灾避险公园的概念及分类

1.1 公园的概念

"防灾公园"一词源于日本。日本是一个位于环太平洋地震带上四面临海的岛国，由于所处的地理位置及其地形、地质、气象等自然条件的特殊性，地震、台风、暴雨、火山等引起的自然灾害经常发生。日本也是较早重视应急避难场所研究和设计的国家，它将防灾公园看作为一个体系，它的定义为："在由地震引起的发生街道火灾等二次灾害时，为了保护国民的生命财产安全、强化城市防灾构造而建设的，具有作为广域防灾据点、避难场所、避难通道等的城市公园和缓冲绿地。"[1]

在我国，《城市抗震防灾规划标准》(GB 50413—2007)中将"防灾公园"定义为：城市中满足避震疏散要求的、可有效保证疏散人员安全的公园。[2]除了满足平时休闲娱乐游憩等方面的需求外，防灾公园在灾害发生时还具有防灾减灾的多种功能。

1.2 公园的类型与系统

防灾公园属于城市防灾避险体系的一部分，城市防灾避险体系分为：一级避灾据点、二级避灾据点、避难通道、救灾通道。防灾公园属于二级避灾据点。

按照规模大小，把防灾公园划分为大型（中心）防灾公园、中型（固定）防灾公园和小型防灾公园（紧急避难场所）和绿地（绿道）（表1）。[3]

防灾公园的类型　　　　表1

类型	规模	作用
大型防灾公园（城市大型公园）	面积>50hm²	城市中心防灾避难，内设防灾指挥机构、支援灾区部队等的宿营地、大型停车场、救灾物资储备仓库、直升机坪、医疗救治中心、防灾避难场所及其防灾设施等
中型防灾公园	面积>10hm²	固定防灾避难场所，主要设棚宿区及其他防灾设施，供避难服务区内的居民避难
小型防灾公园	面积>1hm²	固定防灾避难场所或紧急避难场所。避难人员临时避难，一般不设棚宿区，防灾设施只有应急厕所、照明设施、供水设施等

续表

类型	规模	作用
绿地（道）	宽>10m	紧急防灾避难场所或通往其他类型防灾避难场所的避难道路

2 防灾公园的设计规范要求

从1992年全国开展园林城市创建活动开始，我国一些城市才开始进行专门的城市绿地系统规划编制，而有关城市绿地系统规划和建设的规定和标准，如《城市绿地分类标准》（CJJ/T 86—2002）、《园林城市评选标准》（2005年新修订）和《城市绿地系统规划纲要（试行）》（2002），对城市绿地系统规划和建设的要求着重在景观、游憩和生态方面，而忽略了城市避灾的重要性，因而即使进行了绿地系统规划的城市基本上也未进行专项的城市避灾绿地规划。完备的设计规范是防灾公园规划和建设的指导，虽然我国已经先后颁布了一系列有关防灾减灾的法律、法规，对促进我国防灾减灾事业的发展，保护公民生命财产安全，调整防灾减灾活动中各种社会关系等提供了法律保障，但从总体上来看，我国的防灾减灾立法还处于相对落后的状况。对于防灾公园的规划建设更是没有日本《城市公园法》、《防灾公园规划和设计指导方针》等具有针对性的规范，仅有各地市在建设或改造防灾公园过程中总结和归纳出的适用于当地的防灾避险绿地规划导则，不具有普遍推广意义。

近年来，由于城市发展的需要，以及全球灾害频发给城市带来的巨大损失，特别是"5·12"汶川大地震和"11·15"上海特大火灾的发生，人们逐渐认识到城市公园在防灾避险体系中的重要性。依据国务院印发《关于加强城市基础设施建设的意见》，明确了当前加快城市基础设施升级改造的重点任务，强调要加强生态园林建设。提升城市绿地蓄洪排涝、补充地下水等功能。到2015年，设市城市至少建成一个具有一定规模，水、气、电等设施齐备，功能完善的防灾避险公园。

3 我国与国外防灾避险公园建设的差距

19世纪美国芝加哥、波士顿连续发生大火，在灾后重建规划的芝加哥公园系统和波士顿公园系统通过公园与公园路分割建筑密度过高的市区，用系统性的开放性空间布局来防止火灾蔓延，提高城市抵抗自然灾害的能力,[4]这种规划方法与思想极大地丰富了公园绿地的功能，成为后来防灾型绿地系统规划的先驱。从立法、制度等方面利用绿地、公园防灾减灾，做得最好的是日本。日本是一个位于环太平洋地震带上的岛国，自然灾害频繁发生。为了解决城市化带来的众多问题，1919年，日本颁布了第一部全国通用的城市规划法规《都市计划法》，其中规定各城市必须将城市公园作为一项基础设施列入城市规划；1986年，日本提出把城市公园绿地建成具有避难功能的场所；1993年，进一步修订《城市公园法》，明确提出了防灾公园的概念；1998年，制定了《防灾公园规划和设计指导方针》，将防灾列为城市公园的首要功能。

我国的城市公园建设系统的规划始于新中国成立后，但公园规划和建设主要以发挥公园绿地的景观、生态、休闲、游憩等功能为重点，较少考虑防灾避险功能。[5]近年来，基于对城市公园应急避险功能的认识不断提高，2003年北京市建成第一个应急避难场所——元大都城垣遗址公园，具备了10种应急避难功能，填补了国内公园防灾功能的空白。但是人们的防灾意识薄弱，大部分人不知道防灾避险公园的功能。

4 城市公园防灾避险功能改造模式的研究

城市防灾公园是防灾避难场所的一个重要组成部分，它融于城市防灾避难场所系统中，可充分利用各类防灾避险场所资源如周边的学校、政府机关、大型停车场、集贸市场等公共资源。我国的防灾公园建设启动较晚，大多数城市的绿地格局已成型，新建绿地往往位于城郊地带，对于城市中心区绿地指标及避灾效果不起作用，城市应急避难场所更多的依托现有的公园、绿地，通过增建必要的设施，使之具备避难的功能，既是城市公园，又是防灾公园。位于济南中心城区的泉城公园防灾避险功能改造就是一个典型示范。

4.1 济南泉城公园概况

泉城公园位于济南市中心地带，占地面积46.7hm²，始建于1986年，前身为济南市植物园，1997年对社会免费开放，2004年进行改造提升后成为人们休闲、健身、娱乐的城市"中央公园"并更名为"泉城公园"（图1）。

图1 泉城公园实景

据《济南市绿地系统规划 2010—2020》的防灾避险绿地规划，泉城公园规划为主城区内最大的防灾公园（图2）。

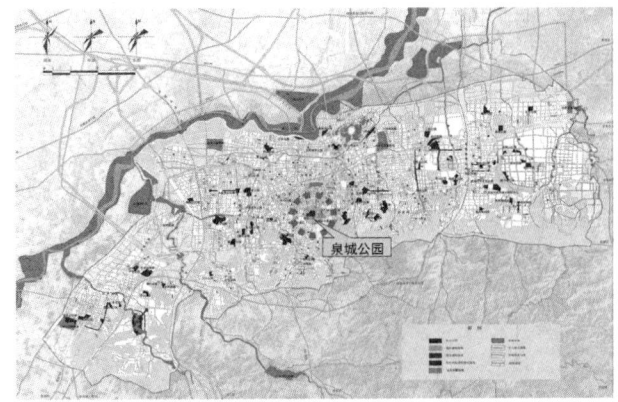

图2 济南市绿地系统规划

4.2 交通便捷、具备改造为防灾公园的条件

泉城公园紧邻经十路、玉函路、舜耕路等城市主干道，具有较好的通达性。公园西临体育中心、英雄山文化市场、美食街；南侧近南郊宾馆、山东大厦；北侧紧邻鲁商广场—城市商业综合体，另外周边还有医院及人防工程等公共服务设施，灾时这些机构可提供医疗、物资服务，容易实现平时功能与灾时功能的转换，具备改造为防灾公园的明显优势（图3）。初步统计，泉城公园的有效防灾避险面积为 30.3hm²，灾时可容纳 15 万人避难（以满足 72 小时紧急救灾为前提）。服务半径在 1—2km，步行约 1h 内可以到达。

图3 泉城公园区位分析图

4.3 "平灾结合"充分利用原有设施改造为应急服务设施

以城市公园为基础改造的防灾公园要合理利用城市公园设施的基础防灾功能，充实新的防灾设施，完善防灾公园的综合防灾功能，也是节约防灾公园建设经费的重要途径（图4）。

4.3.1 应急通道

利用园区主环路，与东、南、北各方向的主入口（西

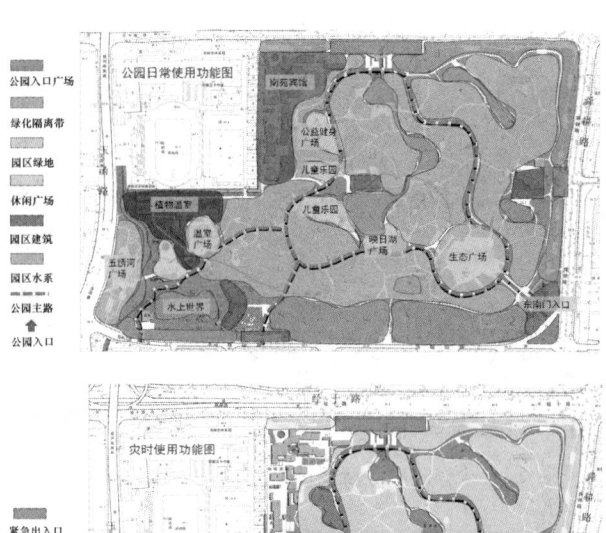

图4 泉城公园日常使用分区和灾时使用分区图

入口为人行入口）相连，呈环状布置，便于进入各个片区及主要景点，材料为结实耐用的沥青路面。在应急时园内主路可作为疏散人群、应急物资供应、应急医疗救护、应急指挥的通道，完全满足避难时的需求（图5）。

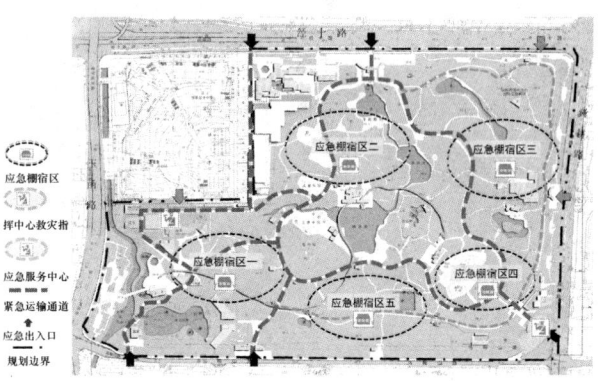

图5 泉城公园应急避险功能分区图

4.3.2 应急服务中心

应急服务中心位于东南入口，紧邻城市主干道，建筑面积约 600m²，平时作为公园的服务性建筑，灾时转化为应急服务中心。由应急避险指挥调度室、光伏电站控制室、监控设备室、紧急医疗救助室等职能厅室组成。

4.3.3 应急棚宿区

利用园区已形成的开敞空间：三角温室片区疏林草坪、演艺广场、映日湖、荷花池、蔷薇池周边的广场，灾时可以直接作为棚宿区；槭树园、水杉林、白蜡林等通过疏理过密的植物群落，平时成为较开阔的疏林草坪，灾时可作为棚宿区（图6）。

图6 泉城公园棚宿区的空间（作者自摄）

4.4 "平灾转换"增加缺项应急设施，兼顾平时功能

4.4.1 救灾指挥中心

利用温室西侧空地，建设救灾指挥中心，建筑抗震等级要求按照8度标准建造。平时作为公园的服务性建筑，灾时转化为救灾指挥中心，由应急避险指挥调度室、光伏电站控制室、监控设备室、紧急医疗救助室等职能厅室组成。利用原有温室中光线较差的一个作为公共安全馆——宣传、普及防灾避险知识的窗口（图7）。

图7 公共安全馆示意图（作者自摄）

4.4.2 应急供水

应急供水采用自备井供水、给水车供水（通过给水接合器）。园内现有机井1处，新建2处，分别位于救灾指挥中心及应急服务中心附近，作为应急时给水接入口。每处机井配电压水井、机井泵、备用电、泵房及储物空间等设施。利用园区内分散布置的水系，进行整合，平时为景观水面，灾时作为消防和生活用水，经净化消毒还可作为饮用水（图8）。

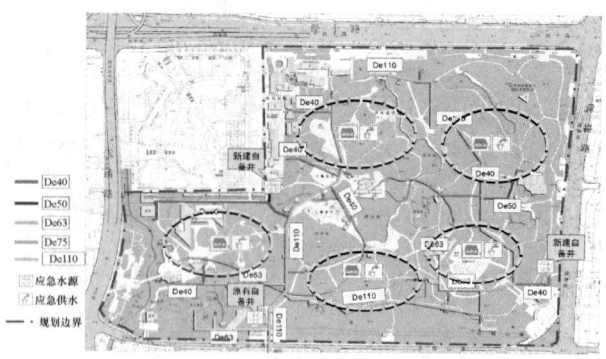

图8 应急供水平面图

4.4.3 应急厕所

据测算需新建应急厕所8处，分布于公园绿地边缘，采用挖化粪池上面盖板铺设坑位，同时最上层加盖草皮的做法。平时外观即为绿地，地下作为雨水收集的渗坑，收集雨水用于公园浇灌等。灾时只需将坑位上覆土除去，增加围挡即可。这种做法既能满足应急需求，又不影响现状景观，还节能环保，是较为可行的措施（图9）。

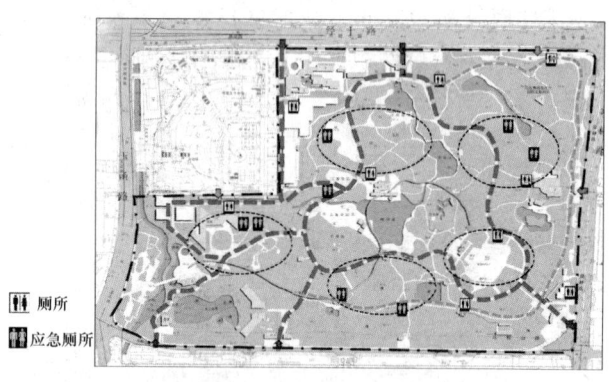

图9 应急厕所分布图

4.5 新建服务建筑均采用节能绿色生态建筑

新建建筑通过多种新材料、新技术、新能源的综合应用，有效提高资源利用效率，实现节能减排，保护生态环境。引入光伏发电，利用屋顶进行光伏发电，实现太阳能、建筑一体化，作为建筑主要电源。利用地源热泵，建成既可供热又可制冷的高效节能空调系统并采用高一等级的抗震系数确保建筑在灾时的安全性。

4.6 应急服务设施的安全防护与定期维护

在对北京的几个防灾避险公园作调查时发现，数年前按照防灾避险公园设置的应急管线及应急设施由于常年不使用，已经失去了其基本使用功能，早已变成摆设，形同虚设。因此在日常维护中应注意对其定期检修才能在灾时发挥作用。

5 总结——城市公园改造为防灾避险公园的设计要点

防灾功能是城市公园改造为防灾公园的核心内容，城市公园虽然不是防灾公园，但在一定程度上也具备一定的基础防灾功能，改造规划时应充分利用城市公园已有的基础防灾功能，如公园内的空地、草坪、广场、健身场地、道路等灾时可为避难人员提供宿营、休息的生活空间，也是设置各类防灾设施的场所。

（1）对防灾公园的选址进行适宜性分析和定位，并不是任何一个城市公园都具有改造为防灾公园的条件，如动物园发生灾害后，食肉类大型猛兽会威胁避难人员的安全，再如台地公园或山体公园有较多陡坡、山峪，也不适宜作为防灾公园。（2）要具有一定的开敞空间，城市公园改造为防灾公园的基本条件就是要有满足避难需求的开放空间作为棚宿区。（3）要有较好的交通通达性。包含外部市政交通和园区内部的交通体系，要有能力承担救灾物资的运输与储备。（4）要具有可靠的安全性，同时做好平灾结合与平灾转换，应急服务设施杜绝形式主义，以实用安全为主。因此防灾公园的改造设计首先满足避难过程的安全要求，包括自然环境及防灾设施的安全性。（5）要有一定的规模，有避难人口的容纳能力。

6 结语

将城市公园改造为具有防灾避险功能的防灾公园，与新建防灾避险绿地公园形成大防灾公园系统，这是今后城市公园规划建设的发展方向，也是强化城市防灾结构的重要措施。总之，我们应居安思危，用100%的准备去应对1%可能发生的灾难，宁可备而不用，也不可用而无备，一旦发生灾情，城市防灾公园将成为守护人们生命的绿洲。

参考文献

[1] 胡雪媛，裴鸿菲. 城市公园防灾功能空间设计研究[C]//中国风景园林学会2013年会论文集，2013.
[2] 城市抗震防灾规划标准 GB 50413—2007[S]. 北京：中国建筑工业出版社，2007.
[3] 苏幼坡，王兴国. 建筑设计：城镇防灾避难场所规划设计[M]. 北京：中国建筑工业出版社，2012.
[4] 邱巧玲，古德泉. 国内外防灾绿地之比较与我国城市避灾绿地的规划建设[J]. 中国园林，2008(12).
[5] 章美玲. 城市绿地防灾减灾功能探讨[D]. 北京：中南林学院，2005.

作者简介

陈朝霞，1975年生，山东济南人，南京林业大学风景园林硕士，园林高级工程师，济南园林集团景观设计有限公司副院长，总工，研究方向为景观设计。

白红伟，1978年生，山东济南人，北京林业大学风景园林硕士，园林工程师，济南园林集团景观设计有限公司副总工，研究方向为景观设计。

仲丽娜，1982年生，山东济南人，青岛农业大学风景园林本科，园林工程师，济南园林集团景观设计有限公司设计师，研究方向为景观设计，Email：149139714@qq.com。

新型城镇化背景下的生态基础设施规划
——以武穴市绿地系统与滨江景观规划为例

Urban Ecological Infrastructure Planning under the Background of New-type Urbanization
——Taking the Green Space System and Riverside Landscape Planning in Wuxue City as an Example

陈 谦

摘 要：本文阐述了城市生态系统稳定与自然山水格局构架的重要价值，以武穴市绿地系统与滨江景观规划为例，分析了武穴市生态基础设施规划的现状与存在的问题，从生态网络格局和景观结构、天际线与自然山水格局保护、低冲击的规划理念三个方面来探讨生态基础设施规划的相关策略，既要定性描述，又要量化控制，以期改变中小城市迅速扩张的发展模式，创造可持续的城市人居环境。

关键词：生态基础设施规划；城市生态系统；新型城镇化

Abstract：This paper expounds the important value of urban ecological system stability and natural landscape structure, taking the green space system and riverside landscape planning in Wuxue city as an example, analyze the current problem of ecological infrastructure planning of Wuxue City, this thesis discuss the strategies of ecological infrastructure planning from the ecological network structure and the landscape structure, skyline and natural landscape structure protection, low-impact planning concept three aspects, use both qualitative description and quantitative control method to transfer the rapid expansion develop model of small and medium-sized city and to create sustainable urban human settlements.

Key words：Ecological Infrastructure Planning；Urban Ecosystem；New-type Urbanization

1 理论研究

1.1 新型城镇化

新型城镇化是以城乡统筹、城乡一体、产城互动、节约集约、生态宜居、和谐发展为基本特征的城镇化，是大中小城市、小城镇、新型农村社区协调发展、互促共进的城镇化。新型城镇化的核心在于不以牺牲农业和粮食、生态和环境为代价，着眼农民，涵盖农村，实现城乡基础设施一体化和公共服务均等化，促进经济社会发展，实现共同富裕。

武穴市作为中等城市，更应摒弃快速扩张、强征耕地进行城市开发的发展模式，加强对城市生态基础设施规划的关注，生态基础设施规划关乎城市景观所展示出来的风采和面貌，是关于城市自然环境、历史传统、现代风情、精神文化、经济发展等的综合表现，既反映了城市的空间景观、神韵气质，又蕴含着地方的市民精神和科教文明，又是城市社会经济发展良好运行的重要基质。

1.2 城市生态基础设施规划的意义

城市生态基础设施规划，是将基于生态服务功能的城市绿地系统、林业及农业系统、自然保护地系统，以自然为背景的文化遗产网络等各种景观要素协调配合，体现人工与自然、历史与现代交相辉映、民族性和现代化共存、共兴的城市特色，创造生态友好的人居环境。城市生态基础设施规划作为一种特殊的物质遗产存在形式，其生态保护、景观观赏、科学研究、历史文化资源等多方面的价值是不可忽视的，主要体现在下面几个方面。

1.2.1 维护城市生态平衡

将生态系统放在一个十分重要的位置对于规划领域具有巨大的意义。如同其他基础设施一样，如果没有前瞻性的规划，城市将无法运转，人类将无法生存。且随着人类生存空间的膨胀，这种威胁将越来越大。如果只是被动的追随城市的扩张，只是后续的"添绿"，则无法起到积极的生态平衡作用。现阶段城市建设中单纯被动性的绿带规划和只从休闲游憩出发的公园设计是不够的。生态基础设施规划的生态系统服务功能需要综合生物、水文、气候等学科知识，通过空间规划手段建立生态安全格局。

1.2.2 突出城市特色

我国许多城市的建设受功能主义和快速城市化的影响，对城市在历史、自然、文化等方面的特殊性上考虑较少，导致城市个性丧失，难以赢得和唤起城市人群的认同和归属感。滨水区作为城市门户，则可以将城市独有的自然条件、历史文脉、人文信息等因素内化到具体生态基础设施规划中，增强城市的差异性。

1.2.3 建设宜居城市和生态景观

生态基础设施规划正是以改善城市的空间环境、塑造良好的空间秩序为根本目的。滨水区景观风貌规划通过对自然山水的整合、城市色彩、开放空间、景观视廊、眺望系统、建筑要素（风格、体量、高度）等的控制，为城市营造出优美宜居的空间构架。

2 武穴市生态基础设施规划

国内很多城市以城市生态绿地系统与景观廊道规划为手段，从营造富有特色的山水园林式城市为基本出发点，就滨水城市在沿江景观风貌规划设计中如何结合自身特色和充分利用现有的自然资源、土地资源、人文资源等塑造鲜明的滨江景观形象进行了探索。

"重定性描述，轻量化控制"是当前我国城市生态基础设施规划中的突出问题。城市生态基础设施规划要与规划审批、规划实施充分结合，就必须有量化的规划成果，这也是其编制所面临的最大挑战。因为仅有定性表述无法做到刚性的控制，应将量化控制指标作为提高可实施性的基本要求，这样也有利用创造可持续的城市生态网络格局。

2.1 生态网络格局与景观结构

2.1.1 生态网络格局与景观结构

武穴市现状生态网络格局主要由挂玉湖周边的崔家山植物园、武山湖、月湖公园以及东港西港及其支流构成（图1）。挂玉湖、武山湖、月湖有山有水，植被、景观优美，生态最敏感，可进行全面保护作为武穴原生态的风光。东港西港曾经是人工开挖的灌溉渠道，兼顾泄洪功能，体现着武穴市悠久的历史文化，蕴含着武穴市发展的脉络。东港西港贯穿市区，串联月湖公园等公园绿地，形成一条生态景观带。

规划生态网络格局由主体网络、区域网络和局部网络联合构成。规划主体网络是建立该体系的核心骨架，百米港、武山湖、长江、挂玉湖及岸边绿化带组成的规划区的主体网络。主要功能是稳定武穴市区的生态系统。区域网络由市级公园、交通干路绿化防护带、东西港两岸绿化带和景观水系绿化带组成，旨在将周边及主体网络体系引入规划区内部，为周边的环境起到降温、增湿、滞尘的作用。局部网络由片区公园、街头绿地、东西港支渠及道路绿化组成，将自然与人工复合的生态系统引入近人尺度。

东港和西港在保留完善其防洪功能的同时，可作为城市生态绿化景观建设，尽量保护原有植被，沿线设置生态绿地，区内的水渠和水塘在保持灌溉和泄洪的需求下，局部位置可拓宽水面作为城市公园，例如规划中心公园。

绿地系统规划后，重要的生态敏感区（崔家山植物园、武山湖、东港西港）得到保护，林网和水网交织在一起，连接原有的各个大型植被斑块（图2）。与规划前相比，更有利于人居环境的品质提升，也有利于保护生物多样性。

武穴市景观结构规划关键在于将山水引入近人尺度，因此视线通廊的规划与景观轴线相融合，成为指导城市景观构架的重中之重（图3）。

（1）武山湖视线通廊

城东行政新区的带型绿地可作为视线通廊将武山湖这一重要生态节点引入城东新区，保留其观赏价值。

（2）民主路视线通廊

为了能将滨江景观引入到规划区内，建议沿民主路保留可供观赏的视线通廊，主要通过控制其沿线的建筑高度和后退道路红线距离来加以实现。

（3）玉湖路视线通廊

玉湖路贯通了仙姑山挂玉湖与长江滨江景观，形成山水相望的独特格局。建议道路两侧后退绿带留出视线通廊保留这一特殊景观。

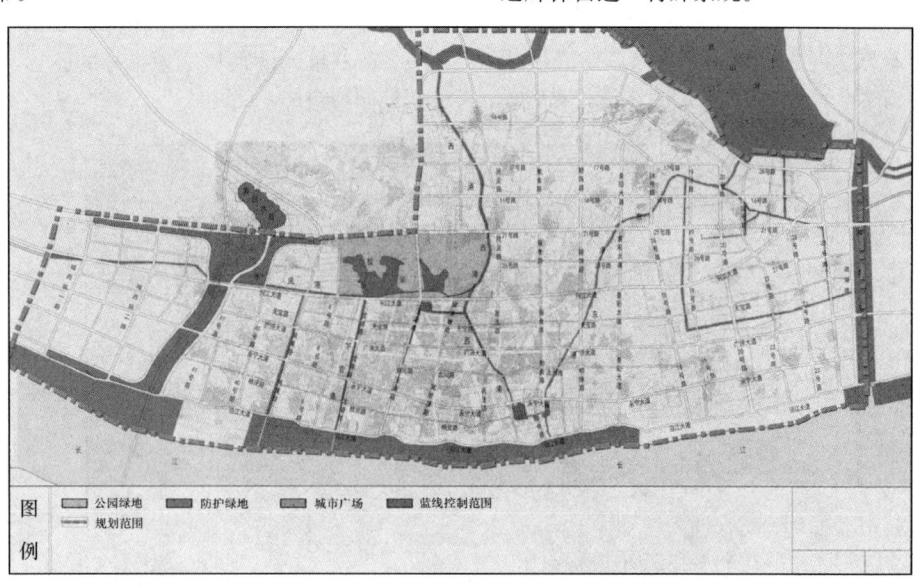

图1 武穴市区现状生态网络格局

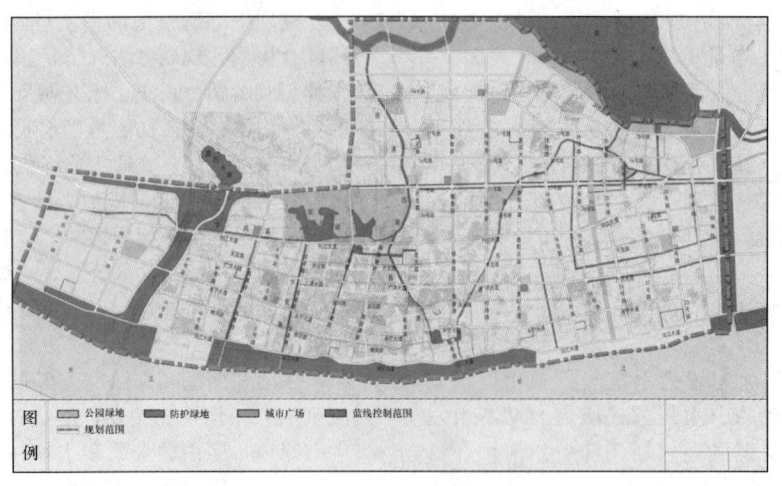

图 2 武穴市区规划生态网络格局

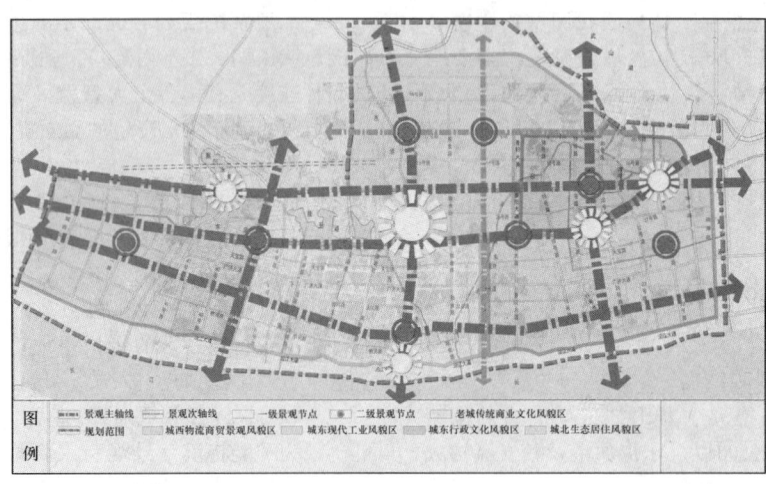

图 3 景观系统结构图

(4) 凤凰路视线通廊

利用工业区的防护绿带,将长江滨江景观引入城东商业中心,使居民在城市中能感受到滨江城市的独特景观和氛围。

(5) 百米港视线通廊

东港的支流将百米港与东港联通,将水景引入城东区,可在通廊的西端建设标志性建筑,与百米港相对应。

2.1.2 绿地系统规划的定性引导

武穴市绿地系统规划以生态宜居原则为指导,应用斑块、廊道的概念进行集中绿地系统和水系、道路绿地系统的规划(图 4)。武穴市控规中,按照规划人口规模,对各编制单元的人均绿地指标的测算,以保证绿地系统布局的均衡性。

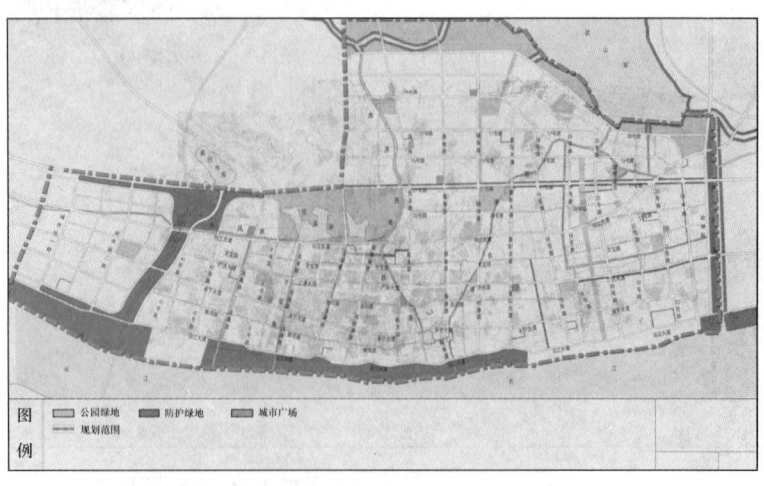

图 4 武穴市区绿地系统规划图

武穴市绿地系统规划要将市级公园、片区公园通过港渠与崔家山植物园、武山湖等生态斑块对接，并对这些生态斑块进行保护，防止城市用地蔓延将其侵占。为满足居民需要，规划街头绿地、居住区公园等小型斑块。在利用保留下的植被斑块基础上，新建不同类型的公共绿地，分为三个层次：

市级公园：共设置四个市级公园，分别服务于老城区中心地段、城北生态居住区、城西商业服务区、城东行政服务新区。规模不小于 $10hm^2$，服务半径为 1.0km，步行 10min 可以到达（表1）。

武穴市市级公园规划一览表　　表1

序号	名称	位置	面积（hm^2）	功能	备注
1	崔家山植物园	刊江大道以北，民主路以西	152.73	城市绿心，旅游景点，与仙姑山景点对接	整改
2	武山湖滨湖公园	28号路以北	257.51	城市绿心，旅游景点	整改
3	中心公园	21号路与景阳大道交叉口西南	22.19	城北生态休闲中心	新建
4	月湖公园	永宁大道与粮食路交叉口	14.65	旧城绿心，绿化龙头	新建

片区公园：为市区内一定区域（如控规中划定的编制单元）的居民服务，具有较丰富的活动内容和设施完善的绿地。规模不小于 $4hm^2$，服务半径为 0.3—0.5km，步行 3—5min 可以到达（表2）。

武穴市片区公园规划一览表　　表2

序号	名称	位置	面积（hm^2）	功能	备注
1	龙潭公园	民主路与北川路交叉口西南	4.31	旧城休闲绿心	扩建
2	城西物流园公园	城西纵二路和永宁大道交叉口东北	9.8	物流商贸城休闲绿心	新建
3	城西公园	6号路与广济大道交叉口西南	6.96	城西生态休闲绿心	新建
4	工业区公园	18号与广济大道交叉口东南	8.05	工业区生活绿心	新建
5	城东公园	23号路与天宝路交叉口西南	5.84	城东生态休闲绿心	新建
6	城东行政中心公园	20号路以西，刊江大道以北	12.47	行政中心绿廊	新建
7	城北公园	18号路与明珠路交叉口东南	12.68	城北生活休闲绿心	新建
8	西港公园	18号路与民主路交叉口西南	8.91	城北生活休闲绿心	新建

居住区公园：为一个居住区的居民服务，位于居住用地集中的地带便于居民使用，其用地规模约为 0.1—$0.2hm^2$，服务半径约100m左右，步行 1—2min 可达。

2.1.3 绿地系统规划的定量控制

（1）人均公园与广场用地指标控制

公园与广场用地占城市建设用地比例标准 10%—15%。人均公园与广场用地面积≥$10m^2$/人，人均公园绿地面积≥$8m^2$/人。武穴市区规划公园与广场用地面积以及公园绿地面积、占建设用地比例和人均用地面积如下（表3）：

武穴市区规划公园与广场用地面积指标　　表3

规划公园与广场用地面积（km^2）	规划公园绿地面积（km^2）	规划公园广场占城市建设用地比例	人均公园与广场用地（m^2/人）	人均公园绿地面积（m^2/人）
7.33	5.96	14.66%	14.66	11.92

根据人均公园与广场用地面积≥$10m^2$/人以及人均公园绿地面积≥$8m^2$/人的标准，对各编制单元公园与广场用地面积以及公园绿地面积作了如下测算（表4）：

各编制单元规划公园与广场用地面积指标　　表4

编制单元	规划公园与广场用地面积（hm^2）	公园与广场用地面积标准	人均公园与广场用地（m^2/人）	规划公园绿地面积（hm^2）	公园绿地面积标准	人均公园绿地面积（m^2/人）
A1	10.08	≥55	1.83	9.79	≥44	1.78
A2	22.12	≥149	1.48	17.99	≥119.2	1.21
A3	24.72	≥44	5.62	18.96	≥35.2	4.31
A4	21.99	≥30	7.33	11.82	≥24	3.94
A5	45.88	≥60	7.64	34.61	≥48	5.77
A6	37.35	≥43	8.68	29.66	≥34.4	6.9
A7	16.6	≥11	15.09	16.6	≥8.8	15.09
A8	18.12	≥57	3.18	15.32	≥45.6	2.69
A10	170.31	≥49	34.75	23.91	≥39.2	4.88

可见除崔家山植物园与武山湖滨湖公园周边用地，各编制单元的公园与广场绿地指标大部分处于标准值以下。

武穴城区原有的植被斑块较少，上位规划中的公园与广场用地虽然达到指标，但主要是将北侧崔家山植物园和武山湖滨湖公园计入指标的缘故，这两处公园地处城市外围，现阶段难以为城市日常生活休闲服务，仍要对其进行保护，保留其原生态的界面，作为绿楔，构建良好的人居环境。

（2）防护绿地的定量控制（表5）

河渠类控制范围面积一览表　　　　表5

名称		水面平均宽度（m）	单边绿线控制区（m）	控制方式
东港	老城区以外	20	30	实线控制
	老城区以内	14	15	实线控制
西港	老城区以外	20	30	实线控制
	老城区以内	20	15	实线控制
下官港		10	10	实线控制

在江北一级路过境沿线两侧划定宽度为25m的防护林带。

工业企业与居住区之间的卫生防护带，划定宽度为30m。

在市政公用设施周围划定10m宽度的隔离带。

2.2 城市天际线与自然山水格局保护

影响城市滨水立面自然景观格局的因素主要有城市典型立面、天际轮廓波动以及立面视觉层次。城市典型立面的节奏、韵律以及层次感直接决定了其视觉欣赏的优美程度，且立面控制需要与城市自然山水格局相适应，以做到显山露水。天际轮廓主要指建筑体量组合尤其是高程建筑的组合分布形成的整个城市滨水区形象的天际线，起伏波动有致、高低错落、主次分明的天际线具有十分鲜明的城市整体形象认知特征，给人优美并通透的景观体验。立面视觉层次主要指建筑群的前景背景关系，相互遮挡程度，以及如此形成的层次感如何。本文以武穴市沿江城市立面进行浅析。

2.2.1 城市典型立面

沿江建筑以塔式高层为主，合理控制建筑间距，为沿江二线空间预留江景视线通廊。在商务区通过地标建筑的打造形成沿江区域的制高点。建筑高度的控制考虑城市天际线轮廓的整体性特点，错落有致、富有韵律，体现城市特色（图5、图6）。

滨水建筑界面要与滨水空间序列组织相统一。滨水建筑界面要针对滨水区内的建筑布局分别确定高层建筑界面线、多层建筑界面线及低层的控制界面。滨水建筑界面控制总体上应表现连续感，但在重要的视廊区间应断开，以防止形成一排封闭感很强的墙。一般认为建筑临水面不应大于水体长度的70%。

2.2.2 轮廓波动

本文将滨水建筑群高度首位差、轮廓波动的节奏作为评价城市天际轮廓波动的重要指标，且两项指标值越大代表城市景观形象评价越高，这以评价越高越能证明，城市生态景观界面显山露水的程度较高，与同类城市的指标相比，可作为武穴市景观规划的参考。

建筑高度首位差的定量计算公式为：

建筑高度首位差＝最高建筑高度/第二高建筑高度×100%

武穴市沿江立面的制高点为正街商务中心（124m），第二层级为栖贤路商务中心（102m），城市天际线的波动序列为"建筑-天空-建筑-山脊"（图7），商务高层建筑簇群构成了天际轮廓线的波峰，而居住建筑和开敞空间构成了其波谷，且形成了从江面或江对岸遥望城北仙姑山的视线通廊，武穴市沿江立面建筑高度首位差为121.6%。

轮廓波动节奏的定量计算公式为：

轮廓波动节奏＝轮廓波动段长度/城市轮廓总长度×100%

经计算，武穴市沿江立面天际轮廓波动节奏指数为66.1%（图8）。

图5　现状城市天际线

图6　规划城市天际线

图7　武穴市沿江天际轮廓波动

2.2.3 立面视觉层次

视觉层次的定量计算公式为：

视觉层次指数＝错动及组合建筑立面面积之和/建筑群立面的面积之和×100％＝1－完整建筑立面面积之和/建筑群立面的面积之和×100％

经计算，武穴市沿江立面视觉层次指数为19.8％（图9）。武穴市沿江地区的立面视觉层次直接决定了界面的通透性，即决定了市区接触自然山水格局的便利程度，以及自然山水在城市空间格局中的渗透性如何。

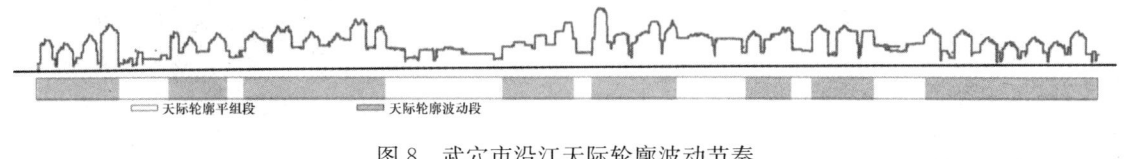

图8 武穴市沿江天际轮廓波动节奏

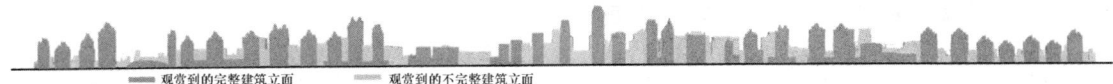

图9 武穴市沿江立面视觉层次

2.3 低冲击的规划理念

有学者强调基础设施生态学（Infrastructural Ecology）作为在基础设施工程规划、设计和实施阶段改善和协调多种生态功能的框架，基本内容包括尊重生态格局与过程的连续性，采取生态工程技术来降低工程建设所带来的胁迫和干扰。目前，欧美许多城市的低冲击规划，主要集中在用生态化手段来改造或替代道路工程、不透水地面、废物处理系统以及洪涝灾害治理等问题。武穴市作为滨江城市，防洪抗涝，污水处理与污水排放是自古以来的重大课题，而低冲击开发技术则应广泛应用在武穴市生态基础设施规划建设中。

低冲击开发技术在美国、加拿大等发达国家发展迅速，在规划设计、效益评估、政策调控等方面积累了丰富的经验。本文以国外低冲击开发为例，作为武穴市低冲击开发的借鉴。

2.3.1 场地规划

在城市层面，德国汉诺威市康斯伯格城区采用了一种近自然的排水方式，该案例建设了一套充分结合地形与土壤条件，由雨水渗滤沟、雨水绿道、雨水滞留区、蓄水湖等部分构成的雨水滞留和入渗的自然排水网络，其在雨水径流的多层级管理和雨水廊道网络化布局方面非常有借鉴意义（图10、图11）。

雨洪入渗网络由雨水廊道和低势绿地斑块组成，雨水廊道主要根据道路绿化带和城市绿道布置，低势绿地是利用天然的或人工的洼地蓄存、入渗和净化雨水的工程设施。雨水流经低势绿地时，一方面，大量的雨水能够入渗；另一方面，雨水中的污染物质可通过植物系统和种植土壤填料得以去除。另外，由于低势绿地具有一定的调蓄容积，可有效削减洪峰流量，减轻城市洪涝灾害的影响。这一廊道系统将分散的低势绿地斑块连接起来，构成完整的雨洪入渗网络。根据目前已有的绿地系统规划和交通规划，选取适合的廊道连接已确定的低势绿地斑块。最后将汇水渗水斑块和自然排水系统叠加，细化成为各类绿地的选址。

在传统雨水管的计算中，常使用到当地暴雨强度公

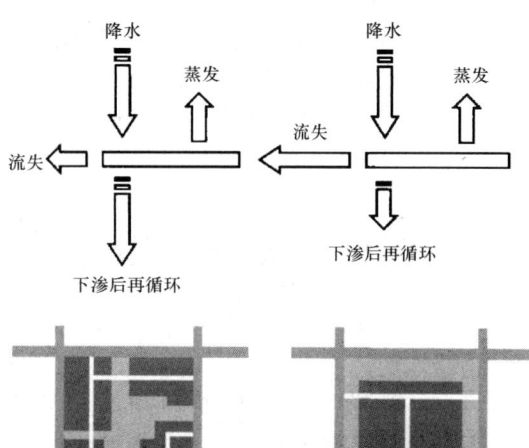

图10 自然式排水

图11 低势绿地改造实例

式，在雨洪生态规划中，我们也可以通过该公式推算低势绿地建设面积、蓄水池服务面积等生态规划指标。

例如，根据当地的暴雨强度公式：

$$q = \frac{2417(1+0.79\lg P)}{(t+7)^{0.7655}} \quad (L/(s \cdot hm^2))$$

取设计重现期 P 为 10 年一遇，降雨历时 t 为 60 分钟，计算得暴雨强度 q 为 173.06L/（s·hm²）。

根据雨水设计流量公式：

$$Q = q \cdot \varphi \cdot F \quad (L/s)$$

则最大 1 小时每公顷的雨水流量为 Q。为了充分吸纳这些雨水流量，需要一定深度和面积的低势绿地，低势绿地的控制量 V 可以看成低势绿地面积 S 乘以低势绿地深度 H，即 $V=SH$。不同的低势绿地深度对应不同面积。

中心城区径流系数一般取 0.55—0.8，选取绿地深度为 100mm，低势绿地占总汇水面积比例为 3.1%—4.6%。2020 年武穴市中心城区绿地面积占总建设面积的 11.4%，计算可知，只需要将中心城区绿地的 24%—35% 改造为 100mm 深的低势绿地就可以达到相应的雨水生态服务功能。

2.3.2 建筑设计

绿色屋顶是由很薄、很轻的种植土壤和少量的支撑结构以及植物系统所组成的置于屋顶的装置，主要通过植物和种植土壤滞留雨水，以削减洪峰流量和径流总量，且能美化环境。

绿色屋顶（图 12）对雨水的滞留是通过屋顶储存雨水和植物的蒸发作用共同完成的。不同试验点对绿色屋顶的研究表明绿色屋顶能够滞留 60%—70% 的降雨量，平均为 63%。

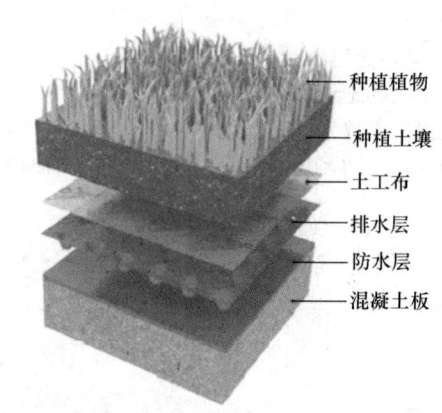

图 12 绿色屋顶结构示意图及应用照片

2.3.3 道路设计

（1）可渗透铺装

道路系统不仅要注重因地制宜因山就势的竖向设计，线型设计，还要设计可渗透的柏油道路面层，可渗透的植草砖人行道铺装，可渗透的植草砖停车场铺装（图 13）。

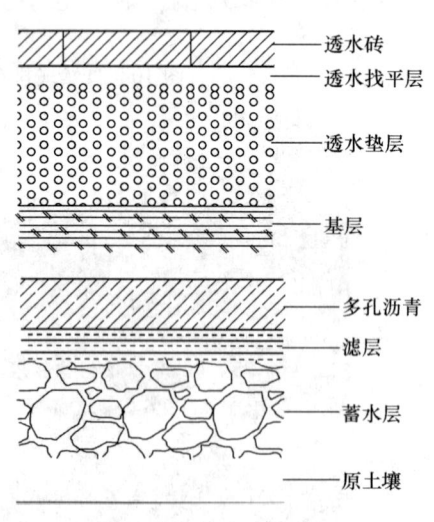

图 13 透水铺装地面结构示意图及应用照片

（2）植栽池范例

在美国波特兰市区内，人行道上的植栽区即被设计为可令雨水入渗及得到净化的区域。对武穴市城市道旁植栽池改良（图 14）建议：

凹陷式植栽池：将凸出于道路或人行道平面的植栽池改为凹陷式，即令池内土壤平面低于道路平面；半封闭池缘：一些植栽池需要以池缘充当座椅来增加行人于此空间逗留的可能性，可将池缘部分取消，以提供径流入口；可透水池缘：若植栽池充当行车安全防护边界而必须凸出于路面，则可利用透水性材料来筑造池缘，以便雨水渗入道旁植栽池。

图 14　植栽池改良实例

3　结语

早在 20 年前，生态学家奥德姆（Odum，1982）就指出由于人类的小决策主导，而不作大决策，是导致生态与环境危机的重要原因。中国古人也云：人无远虑必有近忧。而对异常快速的中国城市化进程，城市规划师和城市建设的决策者不应只忙于应付迫在眉睫的房前屋后的环境恶化问题，街头巷尾的交通拥堵问题。而更应把眼光放在区域和大地尺度来研究长远的大决策、大战略，哪怕是牺牲眼前的或局部的利益来换取更持久和全局性的主动，因为只有这样，城市建设和管理者才有其从容不迫，城市的使用者才有其长久的安宁和健康。

城市生态基础设施规划作为一项涉及到城市社会、经济等多方面因素的带有全局性和整体性的规划任务，是任何城市都无法回避的任务。只有保护好城市自身的生态景观格局、风貌特色，才能获得舒适优美可持续的人居环境，进而取得良好的社会经济效益。

参考文献

[1] 方豪杰，周玉斌，王婷，邹为. 引入控规导则控制手段的城市风貌规划新探索——基于富拉尔基区风貌规划的实践[J]. 城市规划学刊，2012，04：92-97.
[2] 段德罡，孙曦. 城市特色、城市风貌概念辨析及实现途径[J]. 建筑与文化，2010，12：79-81.
[3] 王敏. 20 世纪 80 年代以来我国城市风貌研究综述[J]. 华中建筑，2012，01：1-5.
[4] 王卓娃. 欧洲多层面控制建筑高度的方法研究[J]. 规划师，2006，11：98-101.
[5] 王璐，汪奋强. 空间注记分析方法的实证研究[J]. 城市规划，2002，10：65-67.
[6] 成都市规划管理局. 成都市规划管理技术规定（2008）[S]. 成都市人民政府. 2008.
[7] 王建国. 现代城市设计理论和方法[M]. 南京：东南大学出版社，2011：119-121.

作者简介

陈谦，1990 年 3 月出生，女，汉族，籍贯河南，武汉大学学士，现在华中科技大学建筑与城市规划学院，为在读硕士研究生，专业为城乡规划学，研究方向为城乡规划政策，Email：307140824@qq.com。

推进生态园林城市建设，建设和谐美丽新承德

Promote Eco Garden City, Build Harmonious and Beautiful Chengde

陈树萍

摘 要：城市绿地系统是城市环境系统的重要组成部分，对改善城市生态环境，增强城市特色风貌具有重要意义，本文从承德市的园林绿化现状出发，分析了承德市绿地系统存在的问题及未来生态园林的建设走向，达到保护和改善城市生态环境，优化城市人居环境，促进城市可持续发展的目的。

关键词：生态环境；园林城市；可持续发展

Abstract: Urban green space is a vital part of urban environmental system. It helps to improve urban ecological condition and gives unique character to a city. In order to protect and improve Chengde's Eco system, better the living condition of people and promote city's sustainability, this article analyzes the current problem and future development in Chengde's green space system.

Key words: Ecological Environment; Landscape Garden City; Sustainable Development

城市绿地系统作为城市中唯一有生命的基础设施，在保持城市生态系统平衡、改造城市面貌方面具有其他设施不可替代功效，是提高人民生活质量的一个必不可少的依托条件。[1]承德市绿地系统的发展与承德城市自身政治、经济、社会的发展，城市扩张及规划调整等背景是分不开的。

1 承德绿地系统建设现状

承德市是山区，山地多，平地少，山地林相丰富，物种多样。自2003年承德市创建成省级园林城市以后，政府加大园林绿化投入力度，随着城市的扩张，城市总体规划的调整，城市绿地系统规划作为城市总体规划的专项规划，城市绿线也相应作出调整，以2009年争创国家园林城市为契机，公园绿地面积迅速增长，截至2013年除避暑山庄及周围寺庙外，建成区公园绿地总面积149hm²，其中包括佟山公园精细化管理面积52hm²。公园绿地面积逐年加大（图1），建成区绿地率36.59%，建成区绿化覆盖率41.06%，人均公园绿地面积24.51m²。单位、居住区绿化效果显著，部分老旧居住区、单位改造后，绿地率超过25%，新建单位、居住区随着绿线、绿色图章的实施，绿化意识的提高，绿化美化力度也随之加大，绿地率在30%以上。为平衡新老街区绿量，园林绿化美化向空间扩展，大力实施立体绿化工程，市区25处桥体栏杆悬挂花钵，主要路段的灯杆上悬挂花篮，重点地段、重要节点摆放大型花钵、花箱、花架，以弥补老城区绿量不足的问题。大部分公园绿地分布在建成区，市中心城区绿地面积较少，中心城区人均绿地面积低于建成区指标，而中心城区人口密集，公园绿地不能满足人们休闲、娱乐、健身的需要。为满足公众休闲、娱乐的需要，充分发挥城市多山体，山体多植被的优势，利用市区周围山体建设森林公园，目前已建成森林休闲公园19处，已初步形成了点、线、面相结合的城市绿地系统格局。

2 承德绿地系统存在的问题

2.1 绿地系统规划缺乏指导性、落地性

近几年来，园林城市及园林县城的创建促进了绿地系统规划工作的开展，但绿地系统规划基本上是大同小异，缺少特色，很少针对城市或县区的问题所在，科学地，有针对性地进行规划，即便是划定了城市绿线，也很难在实际行动上将每一处绿地落到实处，城市绿地建设往往要让位于城市基础设施建设，更何况绿地系统规划在城市总体规划上是被动的，填空式的进行规划，这样做出的绿地系统规划缺乏整体观，往往会就绿地而论绿地，错失了通过绿地系统规划进一步改善城市生态环境的机会。

2.2 建设用地范围内绿量不足

近几年，随着承德市经济发展，国家园林城市的创建，园林绿地面积不断增加，截至目前，承德市建成区绿

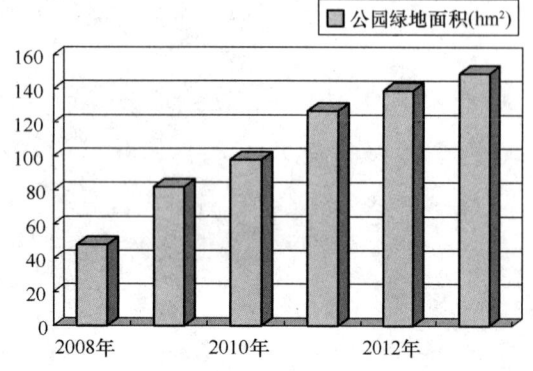

图1 承德市公园绿地面积统计表

地面积 149hm²（包括佟山公园 52hm²），城市空间在扩张，城市人口也随之增加，但城市人口增加的数量远远超过了绿地面积增加的数量，导致人均绿地面积严重不足，单位、居住区绿地虽然在《河北省城市绿化管理条例》中规定老旧小区、单位绿地率要大于 25%，新小区、单位绿地率要大于 30%，但在实际建设中，大部分小区的绿地率明显比规定指标低，开发商过多地追求经济效益，人为地缩小了园林绿地建设面积，而且绿地建设往往是填空式的。承德市是山区，山地多，平地少，建设用地面积比较小，除去单位，基础设施及居住区等用地外，可供园林绿化的面积有限，急剧扩张的人口数量与园林绿地建设面积之间的矛盾已凸显，如何解决二者之间的矛盾是摆在我们面前的一个实际问题。

2.3 建成区公园绿地可视性、可进入性差

随着承德市园林绿化建设力度的加大，一大批公园绿地出现在人们的视野中，目前承德市中心城市区主要公园绿地 61 处，纪念性公园 1 处，建设总面积 1291.87 hm²，含水面 89hm²，公园绿地面积从表观上看，数量很多，但大部分公园绿地服务功能单一，绿地形式单调，绿化布局系统性较差，缺少休闲娱乐设施，在一定程度上影响了城市绿地系统的健康和服务功能。而且公园规模相对较小，只能进行乒乓球、羽毛球等小型活动，缺乏门球、足球、动态影院及大数量人群集会等大型活动场所，公园绿地的覆盖面小于公众需求面，市民活动受限，多数居民为寻求活动空间，进入避暑山庄进行晨练、跳舞等活动，增加了避暑山庄的承载压力。

2.4 公园绿地特色不突出

承德市城市化进程在加快，公园绿地数量也随之增加，公园绿地在规划时，过多地强调植物配置的作用，而忽略了地域文化，由于地域文化活力的缺失或文化趋同，导致公园绿地的建设千篇一律，特色不明显，缺少活力和生机，受观念、理论体系的限制，园林规划设计缺乏创新力，公园绿地建设的社会、文化和经济的影响力小于预期，公园绿地作为地域文化的载体，没有发挥其应该所承载的功能，在这样的氛围下，公众对公园绿地的参与度明显下降。

2.5 生物多样性低

园林绿地系统是人工环境系统和自然生态系统结合的产物，系统中每一种生物有其特定的环境资源利用方式和与其他生物间的生物关系，即生态位。随着承德市城市化进程加快，棚户区及违建被拆除，荒地和自然地块被利用，耕地非粮化，植物原有的生态位被破坏，人为地按自己的需要去利用和改造原有生物存在形式，建立起了与自然系统相隔离的庞大人工系统，生物原有的生态位被改变，这样的改变必然会对生物自然演进的过程及自然结构体系产生了不可估量的影响。随着全球气候变暖，暖冬现象在承德市频发，加之承德市工业化速度飞速发展，SO_2、NO_x 等气体严重污染城市空气环境，污水、废水的随意排放或偷排，水富营养化严重，水环境质量下降，一些植物因温湿度及气体污染、水污染而死亡。园林绿地建设的初衷虽然是以尊重自然、顺应自然、保护自然为出发点，由于生态意识薄弱及规划设计中加入领导意愿等因素，造成植物配置上难以形成稳定的群落结构，导致物种多样性低，物种遗传基因发生变化，城市生态系统多样性降低。

3 关于生态园林建设的几点建议

3.1 生态园林的定义

生态园林是"以人为本"，按生态学原理科学合理应用造园建绿要素，以生态效益为主，协同景观效益，社会效益、经济效益等综合效益共生互补，以资源节约型、环境友好型为园林绿化建设目标，形成的最优化的园林绿化建设和发展的新模式。

3.2 生态园林的中心思想

生态园林的中心思想是向大自然学习，汲取大自然的力量、资源、元素和精华，走出传统的孤立的封闭式庭院（园）小天地，以"师法自然""自然构景""虽由人作，宛自天开"的手法，主要依靠本地植物群落作为构景基础把自然引入城市，人与环境和谐相处，植物与建筑主次协调，融观赏游憩林间活动于生态系统之中，创造以人为本，具有生态性、文化性、艺术性、经济性和科学性的生态园林。

3.3 生态园林的指导方针

生态园林建设的指导方针是坚持以绿化为基础，以美化为手段，以增加园林绿量为目标，以改善生态环境为终极目的，把一切可以绿化的地域空间以点、线、面的形式紧密结合起来，以绿道——廊道串联起来建成区域性、连接性的绿色生态网络。

3.4 生态园林建设走向

3.4.1 提高绿地系统复合化、立体化程度

承德市目前的绿地系统在立体空间和层次上已初具规模，但形式趋于简单化，种植植物单一，基本以应季草花为主，绿化效果单调，无法充分发挥生态效益。没有形成复合高效的生态绿化结构。据不完全统计，承德市楼房面积约 6058 万 m²，楼顶面积约 400 万 m²，平顶楼面积约 240 万 m²，立体绿化潜力巨大。在注重竖向空间的复层利用发展绿色空间同时，还应将城市公园绿地与公共设施用地进行混合使用，积极探索挖潜增绿和提高绿地使用效率的途径和方法。

（1）大力推广屋顶花园建设

随着承德市城市化程度不断加剧，绿色开放空间向上寻求发展的趋势越来越明显增加，绿色空间与基础设施融合的趋势越来越明显。屋顶花园可分为库顶花园，封闭式屋顶花园，开放式屋顶花园，和大型综合屋顶花园四种建设模式。[2] 发展屋顶花园项目是拓展绿地面积的手段

之一，可在车库的顶部建设库顶花园将城市的基础设施和绿色空间融为一体形成具有绿色基础设施属性的绿色空间，两宫门绿地就是承德市政建设库顶花园的典型案例，随着承德市汽车保有量的加快，建设大型停车场是城市发展的必然趋势，库顶花园的建设是解决绿色与基础设施相融合的好方法。也可建设既能满足植物采光需求，又能使得人们在相对稳定的室外环境中进行休闲活动的半开放式屋顶花园，一些位于地下的酒店、会所可建成半开放式的屋顶花园，也可建设开放式的屋顶花园，开放式的屋顶花园往往成为建筑之间立体交通的载体，一些综合性的大学或演艺中心可建设开放式的屋顶花园，这样的屋顶花园可以游人提供一处相对独立的休闲空间，又可保证整个建筑空间完整性，同时又增加了趣味性。还可建设大型综合屋顶花园，这类花园是借鉴屋顶花园的建设模式，因为随着城市化进程的加快，一些老旧的基础设施要面临着更新，铁路等基础设施将随着产业结构的调整变为改造的对象，可在保留原有基础设施的基础上，对其进行绿化，既减少了资金投入，同时又对设施进行了更新，让游人在怀旧的同时，增加了美感。

（2）实施屋顶农业建设

屋顶农业是利用建筑物的屋顶种植各种蔬菜、粮食、瓜果等作物，甚至还可进行家禽、水产等养殖。早在公元前600年，尼布甲尼撒二世（Nebu-chadnezzar）就建造了世界七大奇迹之一的巴比伦空中花园，也开创了屋顶农业的先河。考古证据表明巴比伦空中花园的这些梯田被用来生产水果、蔬菜，甚至可能是鱼。自20世纪60年代以来，不少发达国家探索将绿色农业引入城市，相继实施了不同规模的屋顶种植工程。在美国，屋顶农业项目涉及水果和蔬菜，部分州政府实施了屋顶农业项目减税补贴，服务屋顶农业的公司正在兴起，市场潜力巨大。[3]随着承德市城市化进程的加快，承德市周边的耕地多数已被占用，用于建设房屋以扩张城市规模，如何解决建设用地和农业生产用地之间的矛盾，是摆在我们面前的一个现实问题，如果将屋顶用于生产农业项目，实现空间的再利用，既可以弥补建房的占地问题，又可以缓解农业用地的流失，也可为周边失去土地的农民创造就业机会，使这些农民不会因为瞬间失去土地而苦恼。为失去土地的农民进行二次就业提供缓冲空间。从生态方面讲，屋顶农业一方面可缓解热岛应，增加空气湿度，另一方面屋顶农业可通过绿色植物吸收二氧化碳，释放氧气并减少环境污染，同时又增加了城市绿量，改善了城市居住环境，提升了城市环境质量。

（3）观赏蔬菜的应用

杨新华将观赏蔬菜定义为：具有一定观赏价值，且可以作为佐餐食用，适用于室内布置、美化环境并丰富人们生活的植物总称[4]观赏蔬菜是国外20世纪30年代、国内20世纪90年代起步发展的种群。[5]随着承德市经济的快速发展，人们在满足物质生活的同时，追求精神生活的需求越来越高，丰富绿地内植物多样性，既可以满足城市的生态需求，又大大拓展了人们的视野，在街旁绿地、公园、小游园内种植观赏性蔬菜，让观赏性蔬菜与绿地内其他植物进行有机结合，用以丰富人们的科学知识。我国观赏性蔬菜种质资源丰富，可用于园林绿化的品种很多，需要科研人员对观赏性蔬菜进行选优培育，筛选出适合承德市栽植的品种，制定出科学的管养措施，观赏性蔬菜的应用既绿化美化了环境，又可以让人们享受到生态田园的乐趣。

3.4.2 提高《城市绿地系统规划》的指导性和落地性

《城市绿地系统规划》的主要任务，是在深入调查研究的基础上，根据《城市总体规划》中城市性质、发展目标、用地布局等规定，科学制定各类城市绿地的发展目标，合理安排城市各类园林绿地建设和市域大环境绿化的空间布局，达到保护和改善城市生态环境、优化城市人居环境、促进城市可持续发展的目的。[6]城市绿地系统规划作为城市总体规划的专项规划，是对城市总体规划的深化和细化，应该充分发挥其自身的优势，针对性要强，特色要突出，要从承德市的实际需要出发，科学地分析和认识承德市的固有特征、人们对绿地的需求、城市特色、历史文化等相关指标，合理划定城市绿线，确定每一处绿地的位置、性质、范围和面积，并使每一处绿地落到实处，提高绿地系统规划的可实施性和指导性。在对城市总体规划进行修编时，绿地系统规划应与城市总体规划同步进行，让绿地系统规划与城市总体规划形成对话关系，科学、有效地进行沟通与融合，以达到改善生态环境，促进城市可持续发展的目的。

3.4.3 建设植物园

植物园是拥有活植物收集区，并在活植物收集区进行记录管理，使之用于科学研究、保护、展示和教育的机构。可根据承德市地域特点，运用园林配置方法，按照科学性，生态性和艺术性相结合的原则，专门收集某些科、某些属的若干种或某个种中不同品种的树木或花卉，供人们观赏、科学研究以及科普教育。由于植物园是园林艺术、文化艺术与植物科学的有机结合，是植物资源收集与分类、园艺栽培技术和园林艺术的集中展示，因而植物园的建立可为高校学生提供教学实验基地，也可为游人普及科学知识，让游人及市民了解承德地区的乡土植物种类，生物学特性等相关知识，可以对某些植物种类进行引种、驯化，开展科学研究，通过一些名贵的花卉品种的收集，体现中国花文化的内涵，展现中国花文化的博大精深，举办相关的花会和经济活动，促进地方的基础经济建设。承德市是旅游城市，植物园本身就是著名的旅游景点，在旅游城市内建设植物园可以提高旅游城市的艺术与文化品位。

3.4.4 生物多样性

城市本身是一个复杂的生态系统，充分利用承德市的生物资源，是生物多样性的基础，承德市地处华北北部，属内蒙古高原与东北平原、华北平原的连接地带，属中温带大陆性季风气候，半干旱半湿润山地气候，四季分明，植被类型多元，种类丰富，约有高等植物1900多种，隶属于185科720属。菊科、禾本科、豆科、蔷薇科种类最多，山区植被丰富，可建立生物多样性保护区，既具有观赏价值又能保证群落稳定，平原区的绿化在规划设计上以"适地适树"为原则，充分挖掘和利用承德市极其丰富的生物多样性，通过绿道、绿廊将山区与平原区连接起来，构建绿地生态系统，只有这样才能使城市环境质量得到整体提高。

结语

园林绿地系统作为城市生态系统的重要组成部分，在整个城市生系统中传递正能量，绿地系统的良性构建是改善城市生态环境质量的有效途径。只有布局上科学合理，城市绿化空间充足，城市各项绿地指标在整个城市空间及功能上达到和谐，并且建立起具有权威性、科学性、导向性的生态城市指标体系，才能构建美丽和谐新承德框架。公园绿地建设的目的是给民众提供亲近自然、感受自然、体验自然的场所，同时也呼吁人们增强生态观念，提高保护爱护公园绿地的意识。使人与自然真正相协调，公园绿地系统的生态效益、社会效益、经济效益才得以充分发挥，达到改善生态环境，提高人居环境质量，实现城市可持续发展的目的。建设清洁、优美、舒适、安全、宜居、宜业、宜游、宜休的现代化生态城市。

参考文献

[1] 徐波. 城市绿地系统规划中市域问题的探讨[J]. 中国园林，2005(3)：65-68.
[2] 戈晓宁，李雄. 当代城市屋顶花园建设模式研究[C]//中国风景园林学会2013年会论文集. 北京：中国建筑工业出版社，2013：370-374.
[3] 黄小柱. 屋顶农业发展探析[J]. 现代农业科技，2010(9)：316-317.
[4] 杨新华. 观赏蔬菜种质资源及其开发利用探讨[D]. 武汉：华中农业大学，2004.
[5] 宋明等. 观赏蔬菜生产技术[M]. 成都：四川科学技术出版社，2004.
[6] 徐波等. 大城市老城区绿地规划方法的探讨[J]. 城市规划，2004(4)：50-53.

作者简介

陈树萍，1976年1月生，女，满族，河北省承德市，大学本科，承德市园林管理局，园林高级工程师，河北省承德市武烈路79-3号，Email：794990417@qq.com。

水生态环境保护和修复技术探析

Analysis of the Technologies for Aquatic Ecosystem Protection and Rehabilitation

陈卫连　苏青峰　刘晓娜

摘　要：随着社会经济的快速发展，水环境污染和生境破坏问题已日趋严重。文章分析了水生态保护与修复规划的主要内容、基本思路，提出解决水生态环境问题的技术路线，并对水生态保护与修复措施等关键技术进行了研究。
关键词：水生态；保护；修复；规划

Abstract：With the development of social economy, the pollution of water and environment have been gradually serious. The article analyzed the main contents of protection and rehabilitation planning for the aquatic ecosystem, also posed the technique route of aquatic ecosystem protection and rehabilitation. Some key technologies were studied, focusing on the measurement system of aquatic ecosystem protection and rehabilitation.
Key words：Aquatic Ecosystem; Protection; Rehabilitation; Planning

引言

我国江河湖泊数量众多，水生态类型丰富多样。20世纪中叶以来，随着社会经济飞速发展和资源开发过度利用，部分区域环境污染和生态破坏问题十分突出（图1），如：江河源头区水源涵养能力降低，部分河湖生态用水被严重挤占，湖泊蓝藻频发，"水华"现象严重，绿洲和湿地萎缩，湖泊干涸与咸化，闸坝建设导致生境破碎化和生物多样性减少，严重威胁水资源可持续利用。

图1　湖泊生境破坏

对水生态环境的保护与修复，以实现水生态系统整体协调自我维持、自我演替的良性循环，对受污染的江河湖泊进行综合治理，维护流域的优良生态具有重大意义，也是贯彻落实科学发展观和建设生态文明的重要举措。[1]

1　水生态环境保护的主要内容

水生态环境问题主要包括水生态保护和修复水生态系统两项内容。其一，保护水生态环境就是对水体及涉水部分进行保护，包括保护水量水质，防治水污染，使其质量不再下降。同时保护水系和河流的自然形态，保护水中生物及其多样性，保护水生物群落结构，保护本地历史物种、特有物种、珍稀濒危物种，保护生物栖息地。[2]其二，对已经退化或受到损害的水生态环境采取工程技术措施进行修复，遏制退化趋势，使其转向良性循环。

水生态环境保护和修复的工程技术措施应是综合性的，可利用现有的或建设湿地保护区、水土保持、水污染防治、清除内污染源、河道整治、水系调整、建设江河湖泊生态护坡护岸工程、滨水生态隔离带工程、河道曝气等各项工程技术措施，进行合理选配。[3]

解决水生态环境问题，必须从生态系统的整体出发，根据不同区域生态特点、敏感保护目标、现有保护基础和社会经济发展状况，坚持"以保护天然生境，维持自然生态过程为主，近自然恢复等人工生态控制为辅"的原则，采取国内外先进技术成果来解决水生态环境问题，确保工程技术措施的全面实施发挥其最大的水生态环境保护与修复效果。

2　水生态环境保护的基本思路

水生态环境保护与修复应当以维护流域生态系统良性循环为出发点，合理划分水生态分区，综合分析不同区域的水生态系统类型、敏感生态保护对象、主要生态功能类型及其空间分布特征，识别主要水生态问题，针对性地提出生态保护与修复的总体布局和对策措施。[4]水生态环境保护的基本思路包括三个方面：

2.1　水生态保护分类

生态环境用水体系主要分为天然生态利用降水、河道内生态环境用水、地下水生态用水、河道外生态建设用水。水生态保护的重点是保障生态系统维持正常水循环所需的水量平衡关系。因此，可以根据水资源现状与生态保护需求，按照不同用水体系提出开发利用的需求。

2.2 保护与修复的目标、标准

根据不同区域水资源和生态环境的承载能力、开发潜力、利用现状、存在问题等条件，合理确定和调整水资源开发利用的目标与标准。确定河道内生态基本需水与总需水、地下水开采量、城市生态建设需水、农村生态建设需水等之间的配置原则和协调关系。

2.3 制定保护与修复对策

制定生态环境需水配置方案，细化水生态环境以及重点区域的保护与修复的对策措施，保障河湖生态用水，保护和修复河湖生态系统，改善和美化成像人居环境，实现和谐发展。

3 水环境保护和修复的技术路线

水生态环境的保护和修复，首先应对河湖水生态状况调查和资料收集，针对典型河湖和重要生态敏感区开展水生态补充调查监测。结合水生态分区和水生态要素指标，评价水生态状况，分析水生态问题的原因、危害及趋势。[5]明确主要生态保护对象和目标，提出不同类型水生态系统保护的方向和重点，进行河湖水生态保护与修复总体布局。根据总体布局，提出包括生态需水保障、生态敏感区保护、水环境保护、生境维护、水生生物保护、水生态监测、水生态补偿及综合管理等各类水生态保护与修复的措施方案。水生态环境的保护和修复的技术路线如（图2所示）。

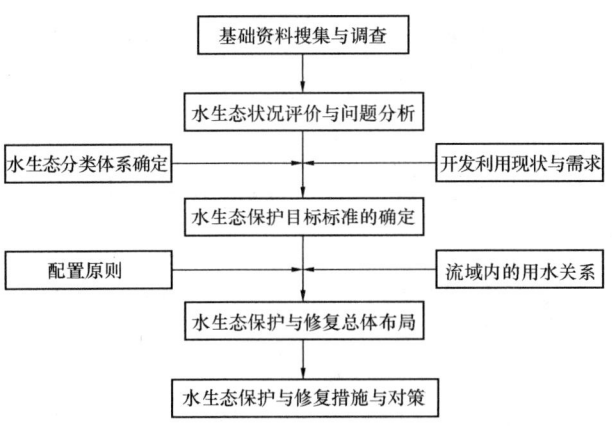

图2 水生态环境的保护和修复的技术路线

4 水生态环境的保护与修复技术

4.1 水生态环境的保护

4.1.1 水生态保护规划

水生态环境保护与修复必须在对水生态问题现状调查及分析评价的基础上，明确基本目标，提出总体方案布局，制定水生态环境保护的规划。[6]如某城市建设过程中引用供水和污染控制，从长远方式上，可以通过法律、行政等手段实施长效管理；制定水资源保护规划，划分水功能区域，制定污水总量控制；要通过创建节水型城市，倡导节约用水，减少污水产出量；提高污水利用率，改善城市水环境。从近期考虑，制定出生态需水配置、生态监测办法，通过埋管截污，提高污水集中处理率，实现截污、治污或者实施雨污分流技术等。

4.1.2 建立保护区

建立自然保护区是保护生态环境、生物多样性和自然资源最重要、最经济、最有效的措施。根据水体不同用途划分水源保护区，如生活饮用水水源地、风景名胜区水体、重要渔业水体和其他有特殊经济文化价值的水体。[7]水源保护区的建设，实行特殊管理措施，使保护区内的水质符合规定用途的水质标准。

4.2 水生态修复技术

4.2.1 物理修复

目前物理修复是河流治理的主要措施，主要包括底泥疏浚、机械除藻。底泥疏浚法能较快清除水体中的内源污染物，且操作简单，在富营养化河流的修复中运用较多。机械除藻有臭氧/超声波除藻技术，通过设备发出超声波，使藻类的细胞破裂，打破藻细胞内的气囊，使其失去浮动能力而沉淀。物理方法虽能在短期内快速治理河流富营养化问题，但由于治理过程中污染物本身没有发生降解和转化，所以此方法往往治标不治本，不能彻底改善水环境。

4.2.2 化学修复

主要的化学修复措施有化学除藻和絮凝沉淀。化学除藻即向水体中投加硫酸铜等药剂以去除藻类。此方法快速高效，可作为河流富营养化治理的应急措施。絮凝沉淀法则通过向河流中加入药剂达到直接去除造成富营养化的N、P元素的目的，主要的治理措施有加入絮凝剂脱磷和投入石灰除氮。化学方法较之物理修复方法更快速，操作更简便。但大量投入药剂会对河流中的其他生物构成危害，造成二次污染，且药剂的多次投入会使水体中的藻类产生抗药性而影响处理效果。

4.2.3 微生物修复技术

微生物修复技术主要利用微生物或生物制剂对富营养化景观水体进行修复。[8]细菌、真菌、放线菌、原生动物等微生物种群的生存和繁衍，将水中的有机物质分解成无机物质和水，达到清理污染的作用。目前越来越多的研究者采用无毒且不含菌的生物制剂对景观水体进行修复，生物制剂可以激活原本已经存在于水体中的微生物，使它们大量繁殖进而治理水体富营养化。

4.2.4 水生植物修复技术

水生植物能够使水体得到很好的净化。挺水植物具有很好的清淤作用，而沉水植物对生态环境要求比较高，但能够很好地保证水体的透明度。[9]水生植物的净化作用有两个过程：①吸收 N、P 等营养元素，同时吸附重金属元素以及有毒有害物质；②植物根系能够为微生物以及动物提供好氧条件，以促进它们对水体的净化。

4.2.5 水生动物修复技术

水生动物包括浮游动物、游泳动物和底栖动物，它们以水中的游离细菌、浮游藻类、有机碎屑以及其他消费者为食，可以有效减少水体悬浮物，提高水体透明度。水底螺蚌等贝壳类动物和大量的底栖动物，是名副其实的水底清道夫。浮游动物牡蛎对水体中营养物质和重金属有很好的去除作用。但是，对于浮游动物的投加量应适当，防止产生过量的粪便杂物，并要定期打捞浮游动物，防止其过量繁殖造成污染。

4.2.6 生态浮床技术

人工浮床又称生物浮岛，是绿化技术和漂浮技术的结合体（图3）。它以浮床为载体，把高等水生植物或经过改良的陆生植物种植在水体上，采用无土栽培技术，依靠植物根部的吸收、吸附、挂膜作用削减富营养化水体中的污染物质，从而达到净化污染水体水质的目的，并取得更高的收获量和更好地景观效果。形成稳定的植物—微生物—动物净化系统。

图 3 生态浮床技术

4.2.7 人工湿地技术

河流、湖泊中的湿地，是修复水生态系统的一项重要手段。在不影响河流蓄水和泄流功能的前提下，可以建设人工湿地，利用自然生态系统的物理、化学、生物和微生物的多重协同作用，通过过滤、吸附、共沉、离子交换、植物吸收和微生物分解，实现对污染水体的高效净化。能够有效地去除溶解性有机物、悬浮物、氮、磷、重金属和各种病原体等多种污染物，且人工湿地系统能够形成很好的景观效应。

4.2.8 生态护岸技术

生态护岸是在保证边坡稳定的基础上，以营造边坡的生物多样性为目标，在水土生物之间构造的一种护岸。它提供了陆岸及水生动植物的栖息空间，增强水体自净功能。生态护岸中的植物能够增加水体周围的景观效应，并作为廊道和缓冲带，能降低地表径流速度，且能吸收和拦截地表径流及其中的杂质。目前已有反滤植生型混凝土的生态护坡系统，能够有效地防止流水、风浪及降水的冲刷，更好地保持水土，有利于植物生长，美化环境。

5 展望

水生态系统保护与修复涵盖江河、湖泊、湿地、城市水网、地下水等众多内容。河流综合整治应当贯彻落实"建设生态文明"的方针，[10]通过水系连通、截污导流、河湖清淤、岸线整治与修复、水源保护等综合措施，从传统水利向现代水利的新思路转变。水环境生态修复的研究应更加注重水中动物、植物、微生物的联合作用，并结合传统物理、化学方法的优点，发展多工艺结合的综合工艺，以实现水生态环境保护的可持续发展。

参考文献

[1] 水利部水资源司. 水资源保护实践与探索[M]. 北京：中国水利水电出版社，2011.
[2] 徐建平. 关于水生态环境保护与修复工作的思考[J]. 水环境，2007.5：34-36.
[3] 李明传. 水环境生态修复国内外研究进展[J]. 中国水利，2007(11)：25-27.
[4] 张锡辉. 水环境修复原理与应用[M]. 北京：化学工业出版社，2002.
[5] 江惠霞，肖继波. 污染河流生态修复研究现状与进展[J]. 环境科学与技术，2011，34(3)：138-143.
[6] 朱党生，张建永，李扬，史晓新. 水生态保护与修复规划关键技术[J]. 水资源保护，2011，27(5)：60-64.
[7] 杨瑛. 苏南城镇水资源综合规划研究[D]. 南京：河海大学，2006.
[8] 颜雷，田庶慧. 水生态环境修复研究综述[J]. 水利科技与经济，2011，17(2)：73-75.
[9] Cheng Hang, Chen Xu-yuan, Liu Jia. Research Progress of Analysis and Control Technologies against Urban Landscape Water Pollution[J]. Journal of Landscape Research, 2009, 1 (12)：43-47.
[10] 吴生桂，张俊友. 长江水生态科研事业的建设与发展[J]. 人民长江，2010，41(4)：114-120.

作者简介

陈卫连，1983 年 6 月出生，男，硕士，工程师，江苏盐城人，江苏山水环境建设集团股份有限公司，主要从事环境工程、风景园林施工、科研工作。

苏青峰，1972 年 4 月出生，男，工程师，江苏镇江人，江苏山水环境建设集团股份有限公司，从事园林绿化施工和项目管理工作。

刘晓娜，1985 年 3 月出生，女，硕士，工程师，山东济南人，济南市园林规划设计研究院，主要从事景观工程设计工作。

基于智慧城市的中国国际园林博览会主题与选址研究

Smart City-based Analysis on China Garden EXPO Theme and Site Selection

陈希萌　金云峰　周晓霞

摘　要：通过对上海桃浦地区拟定于 2019 年作为中国国际园林博览会选址的特殊性进行分析研究，思考园博会的主题及与智慧城市结合的意义，并探索其可能的发展趋势。
关键词：风景园林；智慧城市；园博会；主题；选址

Abstract：According to analyzing the specificity of the site of Garden Expo in 2019, it tries to think of the theme and the mean of combination of smart city and Garden EXPO, and to explore the tendency of the development of horticultural EXPO.
Key words：Garden；Smart City；Horticultural EXPO；Theme；Site

1　引言

中国国际园林博览会（以下简称园博会），通常会期为 6 个月，旨在展示园艺及园林相关行业发展现状，促进行业交流，同时带动当地的旅游、经济、环境等积极发展，为城市带来多方面效益和长久深远的社会影响力。

随着近年来智慧城市的发展，智慧城市的理念和模式逐渐成为城市建设的指导。上海桃浦地区在 2012 年被定位为"桃浦科技智慧城"。2019 年上海国际园林博览会拟选址于转型定位为"智慧城市"的上海桃浦地区，无论对园博会的发展和智慧城市的发展都有着积极的相互促进和探索作用。

2　智慧城市

"智慧城市"这一愿景最早于 2008 年由 IBM 提出，是指通过新一代信息技术的运用和各行各业的高度分工与合作，基于物联网、云计算等信息技术和方法，营造创新生态和信息互通的知识社会，是信息社会背景下的城市高级形态。

随着城市发展出现的诸多问题，例如空气污染、水体污染、食品安全等，为了将最先进的技术运用到城市治理当中，智慧城市应运而生，使管理方与技术方协同合作，帮助城市解决日常管理和应急中的问题，以最佳解决方式达到最理想的目标和效果。

3　智慧城市指导城市建设

智慧城市不仅是在技术层面和信息层面达到智慧，在哲学、功能、经济、社会、空间的五个层面也有其内涵，以智慧为核心特征，同时包含自然与人文的智慧，顺应城市发展的规律，利用综合的治理与运营手段，从环境、心理、文化、安全等各个方面构建人与自然和谐共生的城市发展模式和城市类型。[1]

根据目前国际国内智慧城市的实践情况，在 2013 年全球智慧城市评比中，从 400 多个城市中脱颖而出的 7 个获奖城市，包括美国俄亥俄州的哥伦布市，芬兰的奥卢，加拿大的斯特拉特福，台湾地区的台中市，爱沙尼亚的塔林，台湾地区的桃园县，加拿大的多伦多。这些城市是并不是全球最先进的技术中心或增长最快的经济体，而是在城市发展的资源部署利用、人力资源分配、技术发展创新和信息化技术普及等方面具有代表作用的城市。选择智慧城市发展模式的意义在于均衡经济、社会、技术等多方面发展，以面对现代城市中的危机和挑战，实现城市可持续发展和繁荣。

4　桃浦科技智慧城定位

桃浦科技智慧城位于上海市普陀区西北部的桃浦镇内（图 1、图 2），面积约为 7.92km²，前身为桃浦工业区，2008 年 12 月经上海市经信委批准调整为桃浦生产性服务业功能区，重点发展以现代物流、包装印刷等为特色的生产性服务业，2011 年底市政府批复了桃浦低碳生态

图 1　基地区位图

城的控制性详细规划，转型为低碳生态改造示范区，2012年再一次对桃浦地区的转型发展提出新要求，确定以桃浦低碳生态城为核心，带动地区产学研一体化发展，提升为"桃浦科技智慧城"，以加快地区转型发展，改善生态环境品质，提升空间形象（图3）。

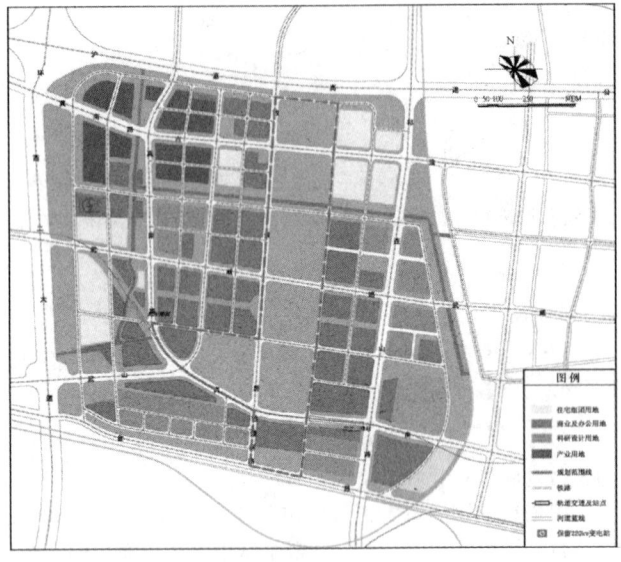

图 2　基地用地规划图

图 3　桃浦智慧城发展目标定位

5　园博会的意义

园博会是撷取中外园林艺术精华，融汇古今园林文化智慧，打造当代园林建设最高科技水平和艺术成就的示范区，园博会的举办不仅是提供了园林行业展示、交流的平台，多角度、多方面展示环保理念，展示传统和现代的造园技艺，展示新材料、新技术在园林领域的应用，推进行业的发展，同时以此为契机改善城市面貌，为市民提供休息游憩的空间。[2]

5.1　智慧城市中的园博会

选址于智慧城市的园博会不仅要保留以往园博会的展示精髓，还要与智慧城市的核心理念相一致，进行选址、主题、展示方式等方面的创新，体现处于智慧城市背景下的特色。园博会作为市民们了解园林艺术及园林行业的最直接的形式，在展示园艺的同时，还要传递城市、社会、生活的发展理念，通过园博会宣传智慧城市，让市民们更好地了解智慧城市的内涵、理念、优势、发展趋势等。[3]

智慧城市作为一种高效的城市治理运营模式，在改变生活方式的同时，必然影响着城市生活空间的形式，园林会随着城市的发展而发展。智慧城市出现时间尚短，还在试验和发展阶段，作为城市重要元素的园林景观也在发展之中，所以还可以通过园博会对智慧城市的园林发展趋势进行探索。智慧城市的理念影响着城市建设的理念，势必也影响着城市中园林建设的理念，在规划设计、种植方式、管理模式等诸多方面都会有相应的改变，甚至会在一定程度上改变园林空间体验和游憩休闲体验。

5.2　智慧城市的园林塑造环境

园林作为城市的重要元素，是展示城市、塑造城市的重要途径，通过园林的建设，达到衬托城市主题、精神的目的。现代的园林不同于古典园林的私有性和独立性，是为广大市民使用，并与城市环境相融合，服务于城市的各项职能和市民的日常生活。在智慧城市的背景下，将园林塑造成环境和背景，将智慧技术和智慧治理融入园林环境中，衬托智慧城市的主题，与城市整体高效协同发展，体现城市的经济、文化、科技、生态等各方面内涵，展示城市发展的引领性内容，突出城市的现代感，这就要求城市中园林塑造环境的方式有所改变，以更好地适应智慧城市的形式和理念。

6　园博会主题

对照园博会及有关博览会的主题，可以大致总结出目前的园博会主题注重的是人与自然的和谐共生与发展，包括植物塑造环境，人居环境的创造，园林与生活的深层次融合等等，每一届主题比之前有所深入（表1）。在智慧城市背景下的园博会应在主题上对智慧城市有所呼应，要有更多的创新。

中国国际园林花卉博览会主题一览表　　表 1

城市	名称	时间	主题
大连	第一届中国国际园林花卉博览会	1997	花卉与会展
南京	第二届中国国际园林花卉博览会	1998	城市与花卉——人与自然的和谐
昆明	昆明世界园艺博览会	1999	人与自然——迈向21世纪
上海	第二届中国国际园林花卉博览会	2000	绿都花海　人、城市、自然
广州	第四届中国国际园林花卉博览会	2001	生态人居环境——青山、碧水、蓝天、花城
深圳	第五届中国国际园林花卉博览会	2004	自然、家园、美好未来
南京	首届中国国际绿化博览会	2005	以人为本——携手共建绿色家园

续表

城市	名称	时间	主题
沈阳	沈阳世界园艺博览会	2006	我们与自然和谐共生
厦门	第六届中国国际园林花卉博览会	2007	和谐共存、传承发展
济南	第七届中国国际园林花卉博览会	2009	文化传承、科学发展
重庆	第八届中国国际园林花卉博览会	2011	园林，让城市更美好
西安	西安世界园艺博览会	2011	天人长安·创意自然——城市与自然和谐共生
北京	第九届中国（北京）国际园林博览会	2013	绿色交响，盛世园林
锦州	锦州世界园林博览会	2013	城市与海、和谐未来
武汉	第十届中国（武汉）国际园林博览会	2015	绿色连接你我、园林融入生活

在智慧城市背景下建设园博会，要求与智慧城市的理念、目标、环境等相一致，叠加融合智慧城市的功能，通过园博会宣传、发展智慧城市，探索如何塑造运用智慧技术的空间、与智慧城市形象相符合的空间，展示未来的城市生活空间，要求园博会运用智慧技术和智慧理念，即智慧的园博会。以此作为主题策划的切入点，对智慧城市这一新型高级信息化城市形态进行宣传和试验，同时涵盖了智慧和园林，并将二者进行融合。

桃浦园博会规划与设计可以围绕"智慧带动城市，园林改善生活"这一理念展开，即智慧园林，通过智慧技术带动城市的发展，通过园林的塑造改善市民的生活环境。主题致力于通过园博会展示最新的智慧城市的理念、技术、现状以及未来发展预测，从理念上、技术上、空间上等多方面展示智慧城市的应用。在展示智慧城市的基础上，探索智慧城市背景下的园林的发展与变化，预测可能出现的新形式的园林，服务于智慧城市的生活，同时代表智慧城市的环境，通过本次园博会，对未来智慧城市生活的游憩空间进行试验，打造不同以往的主题与形式新颖的园博会。

在"智慧带动城市，园林改善生活"理念的统领下，延展出不同的分主题，指导各分区的设计，包括智慧技术展示、智慧技术与园林、功能叠加空间融合、园林与艺术、地方的园林等，丰富了原有的园博会内涵。

园博会主题的确立应准确直观地反映其内容和核心，以此为指导和原则，展开园博会的规划与设计、运营与管理等工作，同时以园博会的主题为基础，延展出各个分主题，深入到各个分区，使园博会从整体到局部完整统一。[4]

7 园博会选址

第一届到第五届园博会选址均在市区内，面积相对较小，多利用现有公园或者大面积绿地，第六届到第十届园博会选址位于城市近郊，面积相对较大，通过对其选址总结可以看出，园博会的选址大致分为依附于景色优美的自然风景地，利用现有公园或绿地，废弃地改建等三种情况（表2）。[5]

历届园博会选址及规模一览表　　表2

城市	名称	时间	地点	面积（km²）	位置
大连	第一届中国国际园林花卉博览会	1997	会展中心	0.094（建筑面积）	市内
南京	第二届中国国际园林花卉博览会	1998	玄武湖公园	5	市内
上海	第三届中国国际园林花卉博览会	2000	浦东中央公园	1.4	市内
广州	第四届中国国际园林花卉博览会	2001	珠江新城	0.23	市内
深圳	第五届中国国际园林花卉博览会	2004	深圳市国际园林花卉博览园	0.66	市内
厦门	第六届中国国际园林花卉博览会	2007	集美中洲岛	6.76	近郊
济南	第七届中国国际园林花卉博览会	2009	济南国际园林花卉博览园	3.45	近郊
重庆	第八届中国国际园林花卉博览会	2011	重庆园博园	2.19	近郊
北京	第九届中国（北京）国际园林博览会	2013	永定河畔（建筑垃圾填埋场）	5.13	近郊
武汉	第十届中国（武汉）国际园林博览会	2015	金银湖（长风公园和金口垃圾场）	1.55	近郊

然而2019年园博会拟选于转型的智慧科技城区内，以城区内的中央绿地（面积约为50hm²）为基础，但不仅限于中央绿地范围，结合周边的城区，进行园博会的规划，要求园博会的展示与城区的各个功能相互融合叠加，既有大片的展区以供建设场馆等配套建筑和设施，又利用了城市的街道、广场，将园博会渗透到城市生活当中。

选址于城市中尤其是智慧城市中的优势在于，既可以对智慧城市起到示范作用和宣传作用，又可以利用智慧技术和智慧治理体系服务于园博会，同时在园博会的展示方式和展示内容上会有相应的创新，作为城市的重要组成部分，在会后的利用上具有更强的实践性。

选址于智慧城市当中，将展示空间延展到城市生活空间当中，巧妙地利用城市中的广场和街道，与作为主要园区的中央绿地相结合，注重园博会与周边城市功能的叠加，在丰富展示空间的同时也丰富了城市生活空间，突破了传统的在特定的园区内集中观赏的模式，可以在行走中、休闲中游览园博会。[6] 展示的内容也不仅仅是园艺、植物，增加了园林与生活更紧密结合的应用，以及智慧城市下的园林空间，同时更注重人与园林空间的互动，充分展示园林对于日常生活的服务作用。

在智慧城市中举办园博会的特点在于更有效的会后利用，以往园博会选址于公园、废弃地或近郊是出于其地理位置或用地性质的特殊，在会后往往不能得到较好的利用，而在智慧城市中的园博会不会出现这种状况。在桃浦智慧城的选址中利用了中央绿地和周边其他用地的附属绿地，这些都是城市中的重要地段，会后仍然要服务于周边的居住和商业等，不会出现弃置和低效率利用的情况，同时园博会的举办还会促进这些用地的基础设施建设完善和景观质量提升。

园博会的选址不应局限于自然风景地和城市废弃地，可以通过在城市当中选取合适的范围，改变周边甚至区域的环境，带动其多方面的发展，通过举办园博会服务于地区的转型和提升，改变周边的城市生活空间和氛围，在会后也能作为市民日常的活动空间。

8 结语

园博会作为对当今园林形式、园艺技术等多方面内容展示的盛会，是国内外园林最新发展情况的展示平台，是让市民更好地了解园林的契机，智慧城市在支持园博会的同时，也需要通过园博会来探索智慧城市和智慧城市中园林的未来，主题和选址的确定直接影响园博会的展示内容、展示方式、运营理念和展会效果。

参考文献

[1] 沈清基. 智慧生态城市规划建设基本理论探讨[J]. 城市规划学刊, 2013(05): 14-22.
[2] 北京园博会意义[EB/OL]. http://www.expo2013.net/ybdl/ybhgk/2013-04-12/6326.html.
[3] 沈建鹰, 李发兵, 许伯明. 从北京园博会看园林展的规划与设计[J]. 旅游纵览(下半月), 2013(08): 156-157.
[4] 包良婷. 园林展主题演绎的探索[D]. 北京：中国林业科学研究院, 2012.
[5] 谷康, 王志楠, 曹静怡. 从园博会看园林展的规划与设计[J]. 中国园林, 2010(01): 75-77.
[6] 王向荣. 关于园林展[J]. 中国园林, 2006(01): 19-24, 6-9.

作者简介

陈希萌，女，同济大学建筑与城市规划学院景观学系硕士研究生在读，Email：kimo1328@gmail.com。

金云峰，男，同济大学建筑与城市规划学院景观学系，教授，博士生导师，上海同济城市规划设计研究院注册规划师，同济大学都市建筑设计研究分院一级注册建筑师，研究方向为风景园林规划设计方法与技术，中外园林与现代景观。

周晓霞，女，上海同济城市规划设计研究院，注册城市规划师。

基于生态视角的城郊村镇宜居社区评价指标体系构建[①]

The Discussion on Evaluation Indicators of Rural Livable Community Based on the Perspective of Ecology

陈奕凌 王云才

摘　要：随着新型城镇化和新农村建设的推进，城郊村镇的整体人文生态系统延续和人居环境建设之间的矛盾问题日益突出。文章基于新型城镇化背景，通过对村镇整体人文生态系统特征的分析及大城市郊区村镇人居环境现状和主要问题的剖析，从生态视角探讨村镇宜居社区的内涵，并提出村镇宜居社区评价体系构建的基础，初步建立起一套具有针对性的相对完备的大城市郊区村镇宜居社区评价指标体系，以期为村镇宜居社区的建设提供借鉴参考。

关键字：村镇；宜居；整体人文生态系统；评价指标体系

Abstract: With the advance of new urbanization and new rural construction, the contradiction between protection of Total Human Eco-system and habitat environment construction is increasingly prominent. This article based on new urbanization background, through the analysis of the current situation and rural community problems and the overall analysis of Total Human Ecosystem characteristics, from an ecological perspective to explore the connotation of rural livable communities. We also proposed evaluation system foundation, established a targeted and effective evaluation system of suburban rural community villages to provide reference of building rural livable communities.

Key words: Rural; Livable; Total Human Ecosystem; Evaluation Indicators

在我国三十多年的城镇化高速发展过程中，村镇（包括村庄、集镇和县城以外的建制镇）作为农村居民大量聚集、农村经济集中发展的地区，得到了大规模的开发和建设。特别是城郊村镇，是城市化快速推进和扩张的首要区域，其村镇宜居社区建设的水平将直接影响居民的生活质量和城乡统筹协调发展的进程。

党的十八大提出走新型城镇化道路，发布《国家新型城镇化规划（2014—2020年）》，提出要坚持遵循自然规律和城乡空间差异化发展原则，科学规划县域村镇体系，统筹安排农村基础设施建设和社会事业发展，建设农民幸福生活的美好家园。大城市郊区村镇宜居社区的建设顺应了新型城镇化的要求，其评价指标体系和标准的建立，不仅为城郊村镇宜居社区建设带来更多契机，也为我国更广大地域的村镇地区建设和发展指明方向。

1 整体人文生态系统与城郊村镇人居环境现状

1.1 城郊村镇人居环境研究的核心对象是整体人文生态系统

村镇是人与自然共同作用的整体，是典型的整体人文生态系统。整体人文生态系统（Total Human Ecosystem）理论强调通过把人与其总体环境相结合，在整体人文生态系统这一全球生态等级系统中形成一个在自然生态系统之上的一个独一无二的整体，来认识复杂性和组织性对未来地球生存的重要性。[1,2] 整体人文生态系统是人与自然环境协同演化发展形成的有机整体，人与自然环境相互融合，自然赋予人生存的智慧，人尊重自然并利用自然，取得人生存与发展的根本。[3]

整体人文生态系统是传统地域文化景观研究的核心对象。[4] 城郊村镇人居环境作为传统地域文化景观研究的一部分，也是整体人文生态系统在村镇尺度上的体现。城郊村镇人居环境受到城市与农村两方面的影响，受到新型城镇化、工业化、现代化、商业化等冲击，存在着保护与开发之间的矛盾，其核心便是村镇整体人文生态系统的延续与保护的问题。因此，城郊村镇人居环境研究的核心对象是整体人文生态系统，从生态视角对于城郊村镇人居环境的评价是基于整体人文生态系统的特征与目标研究。

1.2 城郊村镇人居环境现状及主要问题

在我国，传统村镇长久以来始终延续着粗放型的经济增长方式和土地利用方式，造成农村经济发展缓慢，农村环境资源破坏严重，土地资源利用效率低下，村镇居民生活水平得不到提高等。整体人文生态系统延续与传统村镇建设发展的矛盾日益突出。

城郊村镇是村镇建设发展与整体人文生态系统延续矛盾最为突出的典型区域。鉴于独特的地理区位，以及受到大城市建设扩张、农村向城市聚集的影响，城郊村镇呈现出许多不同于传统村镇的人居环境问题，如无序高强度的开发建设，传统地域文化快速被现代文化所吞噬等。

[①] 基金项目：国家科技支撑计划"宜居社区规划关键技术研究"（2013BAJ10B01）资助。

另外，城郊村镇的人类活动较其他地区更复杂，景观格局和生态过程更具有特殊性，景观生态问题和生态安全问题也更为突出。[5]郊区村镇由于受到城市扩张的影响，大量农耕土地、原始林地被侵占甚至破坏，导致生态格局破碎化，生态系统的生态服务功能减弱甚至丧失；自然生态过程在大量人为干扰下被阻断，人文与文化过程在城市化进程中停滞不前，循环经济过程在村镇建设中并没有得到重视和发展。在整体人文生态系统中，生态要素构成、过程、格局、感知从生态视角充分体现村镇自然生态的特点及人居环境的状况（表1）。

城郊村镇人居环境现状及其整体
人文生态系统特征　　　　　表1

分析层面	人居环境建设问题	人居环境现状问题	整体人文生态系统特征
构成 (Components)	无序的开发建设	资源环境遭破坏 城乡人口比例不合理 产业发展不均衡 设施建设不完善	生态要素构成遭破坏 人口系统不合理 产业系统不均衡 设施系统不完善
格局 (Pattern)	缺乏空间格局规划	用地破碎、生态空间减少 用地均质、分散 区域间隔离、不连通 不成网络 社区建设不集中	破碎化 均质化 连通性不强 网络化程度不高 非集约化
过程 (Process)	增强人为干扰 忽视传统文化保护 传统经济增长模式占主导	气候变化 传统文化遗失 经济环境不可持续	自然生态过程遭破坏与阻断 人文与文化过程不健康 循环经济过程有待完善
感知 (Perception)	现代文化冲击	环境保护意识薄弱 居民对人居环境不满意 公众参与决策程度较低	环境伦理教育程度低 居民满意度低 公众参与度低

2 村镇宜居社区的内涵辨析

2.1 村镇宜居社区的发展

我国作为一个发展中国家，乡村地域依然占到了中国陆域国土的95%以上。[6]村镇宜居等方面的研究仍然非常欠缺，并有待进一步深入。经过对文献的搜索、统计发现，目前国内关于村镇宜居社区评价体系的研究非常匮乏，规模远不及宜居城市、宜居社区。从农村宜居、村镇宜居评价体系的研究现状来看，基本是通过对宜居的构成要素或者功能效益的全面评价方案来定义宜居目标。[7,8]一方面，这些评价方案虽具有全面性，但正是这种全面性掩盖了村镇宜居社区评价中的关键问题，即村镇社区的整体人文生态系统延续与村镇人居环境建设的关系；另一方面，对于构成要素、功能效益的过分注重而忽略了对生态系统格局、过程的评价和社区居民对人居环境的感知，从某种程度上注定了评价结果反映出来的不宜居性。从生态视角对村镇宜居的深入研究不仅符合了生态文明的发展趋势，也是新型城镇化下协调整体人文生态系统与村镇建设发展的迫切需要。

2.2 村镇宜居社区的内涵

村镇宜居社区是在理解整体人文生态系统的基础上，建立起来的既考虑人的可持续发展，又考虑自然的持续发展的村镇评价标准。村镇宜居社区协调整体人文生态系统延续与村镇人居环境建设之间的关系。

从生态视角研究村镇宜居社区评价指标体系，必须对村镇宜居社区的含义作出全面而清晰的界定。通过对村镇整体人文生态系统的构成、系统特征的认识和分析，以及对当今新型城镇化背景下我国村镇面临突出问题的把握，笔者认为，可从以下几方面来理解村镇宜居社区的含义：

村镇宜居社区是既满足整体人文生态系统保护的要求，又不阻碍村镇人居环境建设。

村镇宜居社区是一个构成要素复杂，格局、过程特征明显，并且得到居民感知认同的整体人文生态系统。

村镇宜居社区是一个反映村镇自然生态、产业经济、社会文化等多位一体、和谐共融的状态。

村镇宜居社区是一个从人与自然和谐相处的角度出发，是兼顾人的需求与自然生态的协调发展。

3 基于生态视角的城郊村镇宜居社区评价指标体系

3.1 城郊村镇宜居社区评价指标体系研究框架

通过对整体人文生态系统理论的研究，采用理论分析法结合层次分析法，首先主要是在对城郊村镇整体人文生态系统"C-3P"即构成要素、格局特征、过程特征、感知特征进行分析、比较、综合的基础上，确定村镇宜居社区的评价层次。再根据层次分级，选择那些重要的，针对性较强的，能反映村镇宜居性能的指标。

较为特殊的是，笔者运用整体人文生态系统理论，将村镇社区看成一个有机整体进行分析评价，而不是将其中的要素类别割裂开来。从目标层、准则层到因素层，构建一个体系完整的评价指标体系。每一项指标，从不同侧面来衡量整个系统的构成、格局、过程和感知。这些不仅体现了评价指标体系的针对性和系统性，并且可有效指导新型城镇化背景下的村镇建设（图1）。

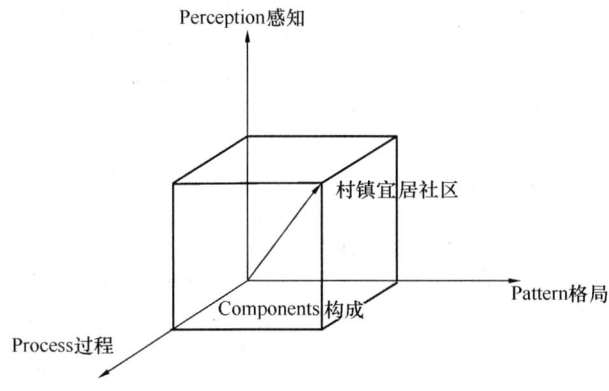

图1 村镇宜居社区"C-3P"分析示意图

3.2 城郊村镇宜居社区评价指标体系构建

我们综合运用频度统计法和理论分析法，根据系统性原理要求，选择体现系统层次结构特征的指标。频度统计法主要是对目前有关村镇评价指标体系的研究进行频度统计，选择使用频度较高的指标；理论分析法主要是对村镇整体人文生态系统的构成要素、格局特征、过程特征、感知特征进行分析、比较、综合，选择重要的和针对性强的指标。各个层面的指标体系相互联系，相互补充，可以共同揭示村镇社区宜居建设的目标要求（图2）。

生态要素构成是协调整体人文生态系统和村镇人居环境建设的基础，它反映村镇宜居社区建设的质量。通过对于水域、土壤、动植物、环境资源等进行质量评价，反映自然生态的构成质量；对于产业系统状况、人口、设施系统状况的评价体现产业经济系统运转状况及社会文化系统的健康度。

格局是整体人文生态系统和村镇人居环境在空间上的协调。它是村镇宜居社区在水平空间上的组合与分布特征。通过破碎化、均质化程度描述斑块格局的稳定性；通度、网络化程度反映廊道格局的健康性；社区集约化程度反映村镇建设的空间格局优化程度。

过程是从时间维度揭示整体人文生态系统延续和村镇人居环境建设的矛盾，它反映村镇宜居社区在时间结构的特征。自然生态过程是村镇宜居社区过程的基础；循环经济过程是提升村镇宜居社区质量的有效保障；人文与文化过程揭示村镇宜居社区对村镇传统文化的干扰。

感知是整体人文生态系统延续和村镇人居环境建设相互协调的关键因素。环境伦理教育程度、村镇居民满意度、公众参与度从三方面衡量村镇居民对于三大子系统的综合感知，也是主观价值评判，是村镇社区宜居评价的重要内容（表2）。

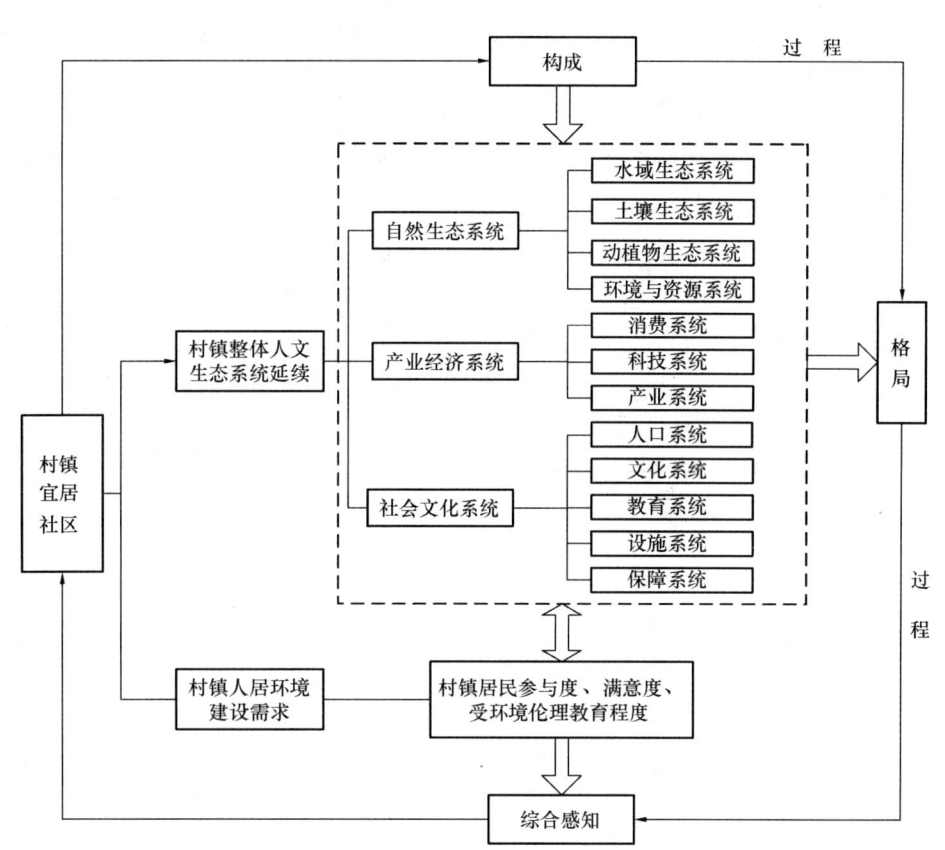

图2 村镇宜居社区评价指标体系框架图

村镇宜居社区评价指标体系　　表2

目标层	准则层	指标层	说明
村镇宜居社区	构成(Components)	水域生态系统质量	水质状况、用水达标率等综合指数
		土壤生态系统质量	土壤盐碱化程度、耕地比例等综合指数
		动植物生态系统质量	森林覆盖率、生物多样性等综合指数
		环境与资源系统质量	大气环境质量、声环境质量、清洁能源比重等综合指数
		人口系统优良度	人口规模、人口平均预期寿命、居民恩格尔系数等
		产业系统均衡度	各产业所占比重、农业科技进步率、粮食商品率等
		设施系统完善度	有线电视普及率、网络普及率、设施系统完善程度
	格局(Pattern)	破碎化程度	斑块格局破碎化程度
		均质化程度	斑块均质化程度
		连通度	廊道连通度
		网络化程度	廊道网络化程度
		社区集约化程度	村镇社区建设的集约化程度
	过程(Process)	自然生态过程优良度	自然生态过程完整度、人为干扰度
		人文与文化过程优良度	人文与文化过程优良度
		循环经济过程优良度	循环经济过程的实施状况
	感知(Perception)	环境伦理教育程度	资源节约环境保护教育普及度
		村镇居民满意度	村镇居民认同感与主体意识
		公众参与度	公众参与决策的程度

4 结论

城郊村镇宜居社区是从村镇人居环境现状问题与整体人文生态系统的特征出发，来解决村镇人居环境建设与整体人文生态系统延续之间的矛盾。城郊村镇整体人文生态系统的"空间—感知"特征直接反映城郊村镇社区的宜居性问题，是城郊村镇宜居社区评价的关键。

评价指标体系不能仅从现有数据中获取信息来量化指标，而应深入调查踏勘，针对不同村镇的整体人文生态系统整体性特征，识别其特有的影响因子。关于居民感知指标的确立，还应当深入调研，通过问卷、访谈等形式，获得居民对于村镇人居环境最真实的感知评价。

参考文献

[1] Naveh Z. Transdisciplinary Challenges in Landscape Ecology and Restoration Ecology: An Anthology with Forewords by E. Laszlo and M. Antrop and Epilogue by E. Allen[M]. Springer, 2007.
[2] Naveh Z. Ten major premises for a holistic conception of multifunctional landscapes[J]. Landscape and Urban Planning, 2001, 57(3-4): 269-284.
[3] 王云才. 景观生态规划原理[M]. 北京：中国建筑工业出版社, 2007.
[4] 王云才, 石忆邵, 陈田. 传统地域文化景观研究进展与展望[J]. 同济大学学报(社会科学版). 2009(01): 18-24.
[5] 刘黎明, 李振鹏, 马俊伟. 城市边缘区乡村景观生态特征与景观生态建设探讨[J]. 中国人口·资源与环境. 2006(03): 76-81.
[6] 彭震伟, 王云才, 高璟. 生态敏感地区的村庄发展策略与规划研究[J]. 城市规划学刊, 2013(03): 7-14.
[7] 李军红. 农村宜居指标体系设计研究[J]. 调研世界, 2013(04): 55-58.
[8] 陈鸿彬. 农村建制镇宜居指数的构建[J]. 生产力研究, 2007(23): 34-36.

作者简介

陈奕凌，1990年8月生，女，汉族，湖南炎陵人，风景园林硕士，同济大学建筑与城市规划学院景观学系，Email：2013yiliachen@tongji.edu.cn。

王云才，1967年10月生，男，汉族，陕西勉县人，博士，同济大学建筑与城市规划学院景观学系教授，博士生导师，研究方向为景观生态规划，Email：wyc1967@tongji.edu.cn。

地方性城市旧公园景观提升方法初探
——以葫芦岛龙湾公园景观改造为例

Research about the Promotion of the Landscape in Endemic Urban Park
——A Case Study on the Redevelopment of the Longwan Park

单琳娜　卢碧涵　黄希为　肖　楠　滕晓漪

摘　要：改革开放以来，特别是1992年随着创建园林城市的活动在全国普遍开展以来，配合城市建设的大发展，各个省市相继建造了大批的城市公园，期望在美化城市的基础上为城市市民提供休闲的好去处，如今随着时代的进步和人民生活水平的提高，对城市公园的功能、文化、品质等提出了更高的要求，而这批多年前建造的城市公园也已越来越难以满足人们日益增长的精神文明需要，设施陈旧、场地狭小破旧、功能不健全、历史文化缺失等问题一一浮现，对公园的提升改造迫在眉睫，本文就是在这样的背景下通过分析城市旧公园出现的问题及原因，结合旧园景观提升的理论方法和原则及案例改造的成功经验，提出旧园改造在历史文化、植物景观、园路景观、建筑景观、铺装景观等方面的提升策略。研究过程中以城市旧公园为主要研究对象，以葫芦岛龙湾公园景观改造为例，分析公园改造的定位和目标，总结出城市公园改造的方法和策略，以期为以后的城市公园景观提升改造提供参考。

关键词：城市旧公园；景观提升改造；葫芦岛龙湾公园

Abstract: Since the policy of reform and opening up has been implemented, especially the spread out of creating garden city activity in the whole nation in 1992, numerous urban parks have been built in every province, in order to provide better recreational places while beautifying the city. Today, as the times progress and the raise of living standards, people have more requirement on functions, culture and quality of urban parks, which already far beyond the quality of parks that built many years ago. Problems such as old facilities, small space, less functions, and lack of cultural and historical expressions are getting more serious, which urges the improvement and reformation of existing urban parks. Based on analyzing problems and reasons of urban old parks, the paper proposed a serious of improving strategies on historical culture, planting, paths, architectural and paving landscape, integrating with theories, principles and successful case studies, taking an urban old park - Longwan Park in Huludao city as an example, a method and strategies have been summarized and proposed for urban old park reformation, in order to provide useful reference for future reformation and improvement of urban parks.

Key words: Urban Old Parks; Landscape Improvement and Reformation; Longwan Park in Huludao

绪论

在现代城市中，公园通常被认为是钢筋混凝土中的绿洲。对自然环境和与人交往的需求使公园成为居民日常休憩、游览、娱乐、健身和交流不可或缺的场所。作为城市重要的公共开放空间，城市公园既是满足人们与自然亲密互动需求、具有生态效应的空间节点，也是展现城市历史和文化内涵的重要窗口。

1 龙湾公园概况

1.1 公园简介

龙湾公园始建于1993年3月，位于辽宁省葫芦岛市市区，是市中心最大的中央公园，公园占地总面积为24.5hm²，绿化面积18hm²，茨山河从园内通过，四季有水，并将公园分成东西两个部分。龙湾公园目前是葫芦岛市民们游览、休息学习、锻炼身体、增进健康、陶冶情操的极好场所。

1.2 场地概况

此次需要改造设计的范围如图1红线范围所示，占地面积23.77hm²，其中水面面积3.71hm²，公园东北临海滨路，西靠龙湾大街，西南侧为海日路，南邻龙程街，目前公园的主要出入口有三处，位于龙湾大街的是主出入口，其他两处均为次出入口，公园周边用地均为居住用地，公园平面图如图1所示。

为了更好地了解场地情况，我们对其进行了详细的踏勘调研，对公园的功能结构、现状驳岸、道路、植被、服务设施、建筑等方面作了详尽的前期调研，以期更好地了解人们对公园的需求，确定我们改造的重点。

1.2.1 现状功能

公园目前现状使用人群主要是老年人，他们早晚在公园健身、散步、跳舞、唱歌、下棋、打球，主要利用北园的林下踩踏出来的简陋场地进行活动，另外公园内还有一个比较简易、形式杂乱的植物园区，一处已经没有能力开展水上活动的滨水码头区，一大片少人活动的密林区域，一处即将废弃的儿童游乐设施区域，这些都是公园

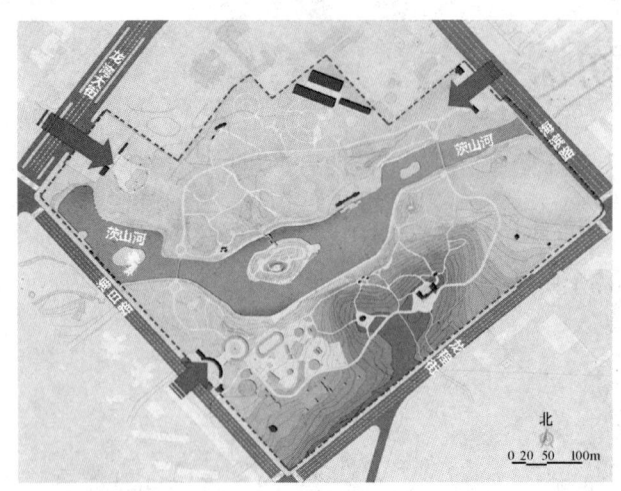

图 1　公园平面图

功能和使用人群单一的主要原因。

1.2.2　现状道路

从调研状况来看现状的道路没有明显的等级区分，一级、二级路混杂，且道路铺装材料种类较多，道路系统凌乱。

1.2.3　现状植被

现状植物长势良好，植物种类也较多，主要乔木有柳树、银杏、油松、云杉、山杏等，主要灌木有珍珠梅、丁香、金银木等，藤本植物有紫藤、五叶地锦，草本芍药、玉簪、萱草等，但植物特色不突出，空间层次不够丰富。

1.2.4　现状广场

广场形式多样不统一，有硬质广场、踩踏场等，且铺装材料混杂，条形混凝土砖、植草砖、方砖、碎拼等种类较多，广场铺装材料上也出现了明显的使用错误，在人流较多的入口广场使用了不利于行走的植草砖。

1.2.5　现状建筑

现状建筑有小卖简易房、花架、蘑菇亭、休闲廊架等，形式多样不统一。建筑及构筑物分布较合理，但因建造年代久远，建筑形象多老旧、破损，一些较大型的廊架闲置利用率不高。

1.2.6　现状驳岸

茨山河两边驳岸主要以硬质直立驳岸为主，少许仿置石及木桩驳岸，驳岸设计的不够亲水，距水面很高。

1.2.7　现状设施

服务设施破旧，分布不合理，风格不统一，并有一些使用不当，设施尺寸不人性化的现象出现，公园内缺乏必要的指示系统。

2　目标及原则

2.1　目标

打造地方性城市中心公园。以人文历史为底蕴，生态景观为载体，集游赏、休憩、健身、儿童游戏等功能为一体，打造景观特色突出、无障碍、开放式城市中心公园。体现城市文化内涵，提升城市品位。

2.2　原则

2.2.1　保护性原则

对园内已形成的空间格局，长势良好的植物景观或既有的水系格局等既有的大格局进行保护。

2.2.2　人文关怀原则

体现在人性化的尺度、空间、设施及活动等方面，坐凳高低、台阶高低、安全护栏的高低等方面给人们尺度上的不同感受，根据人的行为活动所创造出的不同空间需求。

2.2.3　生态性原则

坚持以绿为主，注重保护和营造生态环境，恢复和培育丰富多元的植物群落，构架山水交融的绿地景观。

2.2.4　地域性原则

要从文化、历史等方面体现地方特色，使人们具有归属感。

2.2.5　经济性原则

"经济、实用、坚固、美观"是考量公园好坏的重要标准，城市旧公园改造不是推翻重来或者体现奢华，要考虑经济性原则。

3　改造策略

针对之前分析现状的各种问题，我们提出提升改造的策略：

3.1　提升公园定位，确定主题特色

经过对现场的调研发现公园缺乏主题性的宏观定位，活动场地虽多，但功能趋于同质化，没有特色，因此设计从总体上规划了三条主题游览线，通过不同风格的游览线将各个功能场地串联起来。

休闲健康线：提供健身活动游览场地，形成休闲健康线。

历史文化线：结合当地文化，设置雕塑，营造文化氛围，形成历史文化线。

滨河观光线：改造滨河景观，开阔山水场地的视野，变幻沿线风景特色，形成滨河观光线。

改造后的主题游览路线图如图 2 所示。

3.2　梳理功能分区，丰富各区功能

根据现状零散不成系统的功能分布，我们进行了功能的重新梳理整合，明确并强化各个功能分区，并针对部分功能的缺失进行了合理化的增加，主要增加了两个功能区块：

体育运动区：针对公园缺乏运动场地的现状，设计增

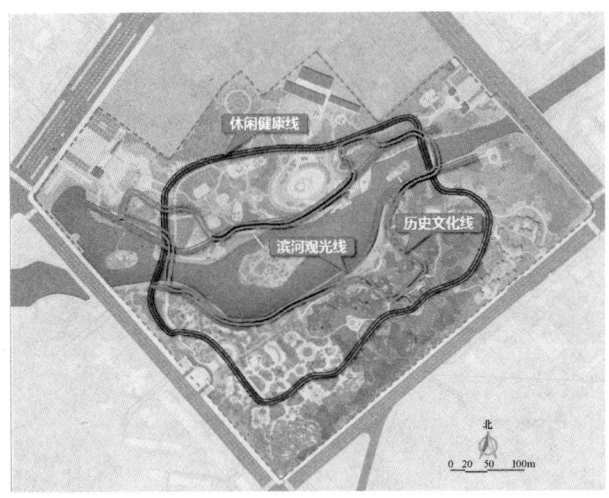

图 2 主题游览路线图

加了羽毛球场、乒乓球场等运动场地,填补现状公园运动功能的缺失。

商业街区:为整个公园后期维护费用考虑,我们建议公园开辟一处商业街,为公园自我维护提供经济支持。

重新梳理的功能分区如图 3 所示。

图 3 功能分区图

对总体功能合理化的梳理整合后,又考虑到激活各个功能分区的使用率,吸引人群,提出一些改善措施:

入口区:改造入口门区的建筑立面,重新规划入口停车、集散、休憩等功能的布局,整体提升公园对外的入口形象。

休闲游憩区:改善游览路线,使之更加明确、顺畅,提升活动场地包括踩踏场的质量,使场地更加便利的为市民服务。

儿童活动区:改造现状游乐场设施陈旧,无人使用的情况,并增加各个年龄段儿童游玩的设施及场地,增加集中免费开放的儿童活动区。

滨河游览区:改造现状码头,使之具备驳船,水上游乐的功能,并对码头建筑进行立面改造。

中心广场:改善场地没有足够驻留及活动空间的情况,增加场地功能。

专类植物园区:增加植物种类,丰富植物园景观层次,吸引人群。

剪型植物区:保留剪型植物特色,丰富植物造型景观,并增设停留空间。

温室区:尽可能利用现状温室,改造成可参与可观光的景点。

3.3 明确道路等级,整合道路形象

现状各级道路混杂,路网过密,结构不清晰,改造中我们将道路分为五种类型,4 个层次,并对不必要的道路进行整合清理,形成清晰明了的道路网结构,在不同等级的道路材料上也进行区分。

五种道路即公园环路、滨河步道、文化游览道、主要节点路、踩踏场小路,不同的游览路线可体会不同的景观感受。

改造前后路网结构如图 4 所示。

公园环路形成环线绕公园一周,连接所有出入口及主要景区,作为无障碍通道的一级环路可供自行车、轮椅、应急车辆等通行,路宽 5m。环路材料主要选用沥青材料。改造前后对比图如图 5 所示。

滨河步道沿滨河带形成滨河游览散步道路,路宽 4m。材料主要选用暖色石材。改造前后对比图如图 6 所示。

文化游览道连接公园所有雕塑园的游览湖岸线,形成历史文化主题园路,路宽 3m。道路材料选用现状可利用的碎拼及混凝土砖。改造前后对比如图 7 所示。

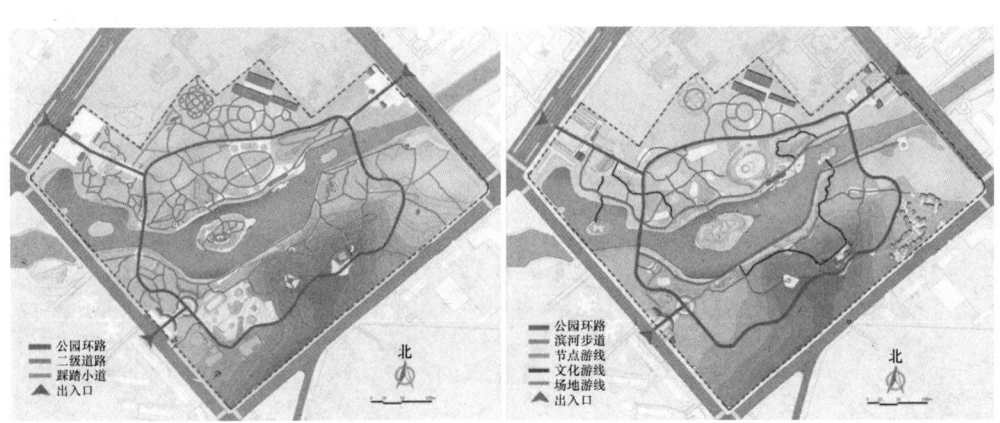

图 4 改造前后路网结构图

图 5 公园环路改造前后对比图

图 6 滨河步道改造前后对比图

图 7 文化游览道改造前后对比图

主要节点路连接公园主要功能区域、重要节点，路宽3m。材料主要利用现状场地内的红砖材料。改造前后对比如图8所示。

踩踏场小路即通往公园休闲、健身、娱乐场地的2m小路。材料主要利用现状场地内的碎拼材料。改造前后对比如图9所示。

3.4 丰富植物层次，突出节点特色

现状植被季相布局集中，特色单一，规划设计后使季相均匀分布，形成体系，使沿线景观不断变幻。改造前后种植季相如图10所示。

现状植被空间均较为郁闭，缺乏开合变幻；规划设计

图 8 主要节点路改造前后对比图

图 9　踩踏场小路改造前后对比图

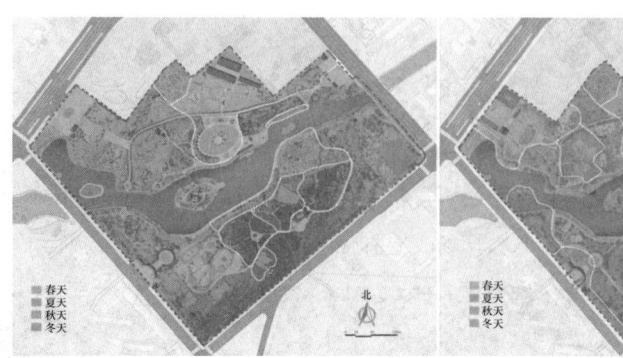
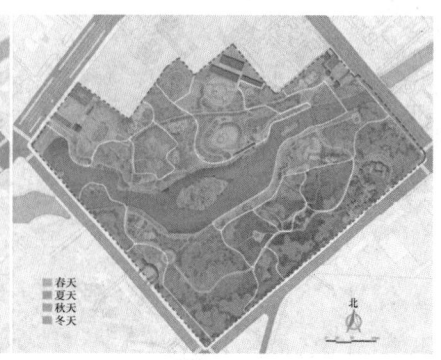

图 10　种植季相改造前后对比图

适当开敞空间，形成观景的良好视线，游览过程中，空间的连续变化亦增加观赏的乐趣。改造前后种植空间如图11所示。

在梳理现状植被的过程中，充分利用现状植被，最大限度地保留。

在原有特色基础上，增加植被片区的丰度，增加景观变幻的特征。

适当梳理植被达到景观视线的引导，适当增加植被形成一定的围合及特定的空间效果。改造前后植被图如图12所示。

图 11　种植空间改造前后对比图

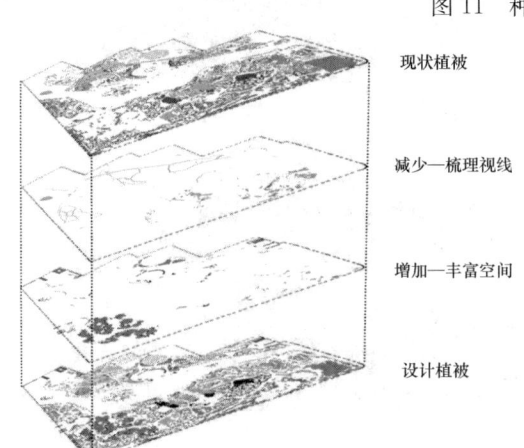

图 12　改造前后植被图

3.5　整合广场功能，统一使用形式

对现状广场提升改造主要是针对四种类型的广场进行改造，即入口广场、踩踏场、中心广场、历史文化广场，主要的工作是整合现有广场的功能，进行合理的规划布局，统一广场的铺装材料使用形式，使公园体现出较好的整体性。

入口广场是整个公园门面形象，改造除了满足基本的停车、集散、休憩活动外，在铺装材料上也选用了能够很好体现档次的石材为主要材料，并用暖黄色体现亲切感，改造前后对比如图13所示。

踩踏场是市民自发形成的活动场地，比较简陋，没有铺装，雨天之后就存在较长时间不能使用的情况，因此我们将其进行铺装改造，并设置座椅、垃圾桶等服务设施。改造前后对比如图14所示。

中心广场现状存在没有大空间活动，功能不明确，缺乏座椅等使人们驻留的设施，设计后将广场分为演绎广场区及码头区两部分，演绎广场设计演绎舞台及多个不同形式的阶梯看台，并设计下沉空间供人们溜冰、表演、休息等活动；码头区结合码头建筑设置亲水平台，滨水区设计一处景观叠石，可亲水，可坐，可观赏，改造后的中心广场使得人们可以在这里进行多种不同的休闲活动。

改造前后对比如图15所示。改造后效果图如图16所示。

历史文化广场是为整个公园注入的最浓墨重彩的一笔，现状公园缺乏地方特色，因此我们考虑将历史文化加入到公园中，既可以使当地市民具有归属感，又可以使游人了解葫芦岛历史文化，通过与甲方及当地了解历史的人沟通，选取了代表葫芦岛历史文化进程的十大人物历史融入到广场的设计中，各个节点利用雕塑、铺装材质、坐凳、植物等元素营造不同特色的场地空间。张学良节点对比如图17所示，袁崇焕节点对比如图18所示，安特生节点对比如图19所示。

图13 入口广场改造前后对比图

图14 踩踏场改造前后对比

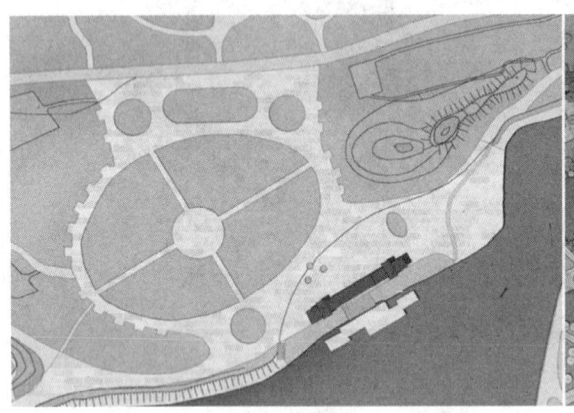

图15 中心广场改造前后对比图

图16 中心广场改造后效果图

图 17　张学良节点改造前后对比图

图 18　袁崇焕节点改造前后对比图

图 19　安特生节点改造前后对比图

3.6　统一建筑立面，丰富使用形式

龙湾公园经过多年的发展，这里的一草一木，一砖一瓦都被当地市民们所熟知，他们对这个公园有着无比深厚的情感，所以我们对公园内这种大体量的建筑都予以保留，只进行立面的装修改造，并丰富建筑功能。

对园内的建筑改造主要指三个主次入口的服务建筑、码头服务建筑及一个闲置已久的大型廊架。对公园西北入口建筑改造前后对比如图 20 所示，西南入口建筑改造前后对比如图 21 所示，大型廊架改造前后对比如图 22 所示。

图 20　西北入口建筑改造前后对比图

图 21　西南入口建筑改造前后对比图

图 22　大型廊架改造前后对比图

3.7　加强驳岸亲水，激活水上娱乐

改变现状直立硬质不亲水的驳岸状况，以木栈道、亲水平台、置石等形式丰富水岸线，并满足游客亲水要求。改造前后驳岸分布如图 23 所示。

改造前后驳岸对比如图 24—26 所示。

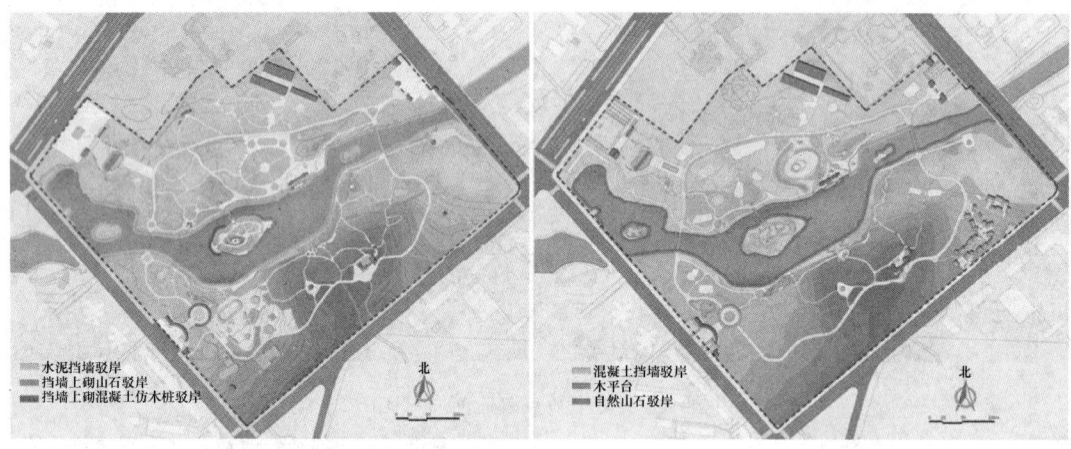

图 23　改造前后驳岸分布图

图 24　改造前后驳岸对比图

图 25　改造前后驳岸对比图

图 26　改造前后驳岸对比图

3.8　合理规划服务设施

对服务设施的改造主要表现在：

去掉场地内破旧无用的设施，按照改造后的公园情况参考《城市公园设计规范》重新进行设施布点。考虑公园面积、场地特征，以150m为半径布置各种设施。重新规划的设施分布如图27所示。

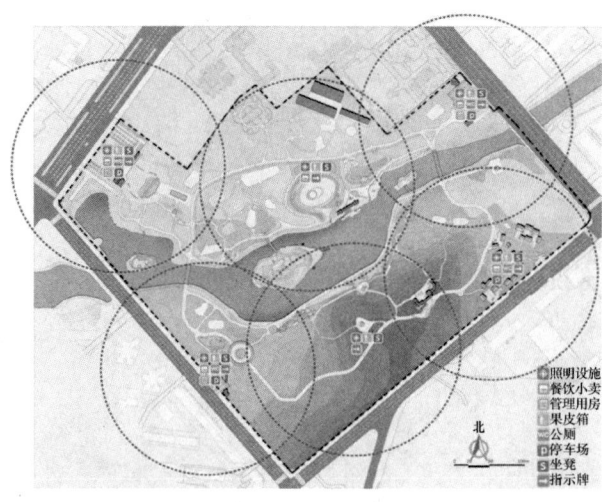

图 27　设施分布图

重新梳理、改造过的公园总平面如图28所示：

图 28　改造后公园总平面图

结论

对具有地方特色的城市旧公园的景观提升要从现状问题着手，通过详细的调研发现使用者的真正需求，改造不良的地方，增加缺失的部分，减少多余及无用的部分，从整体上提升公园形象。

在龙湾公园改造项目的进行过程中，我们得出地方性城市旧公园改造的关键所在：（1）地方文化特色突出；（2）功能分区明确合理；（3）道路系统清晰明了；（4）植物空间层次丰富；（5）场地形式统一，功能多样；（6）建筑功能合理，立面丰富且统一；（7）驳岸亲水且形式丰富多样；（8）服务设施规划合理。

虽然不同公园有其自身的优点和缺点，但基本涵盖在这 8 类问题中，只要解决好这些问题，公园必然能可持续性发展下去。

参考文献

[1] 陈柏球、余果辉、郑伯红、熊旺. 旧城区公园改造规划设计初探——以邵阳市双清公园改造规划为例[J]. 中外建筑，2009(8).

[2] 李大鹏，沈守云，陈燕. 城市综合性公园改造与更新规划设计初探[J]. 山西建筑，2008(12).

[3] 陈圣浩. 城市旧公园改造的"有机更新"——以安吉竹博园改造设计为例[J]. 科技信息，2011(1).

[4] 崔文波. 城市公园恢复改造实践[M]. 北京：中国电力出版社，2009.

作者简介

单琳娜，1982 年 9 月生，女，汉族，山东潍坊，硕士，北京清华同衡规划设计研究院有限公司风景园林一所，设计师，Email：linna8235@sina.com。

卢碧涵，1982 年 2 月生，女，汉族，黑龙江省哈尔滨市，硕士，北京清华同衡规划设计研究院有限公司风景园林一所，主任工程师，Email：626753879@qq.com。

黄希为，1982 年 11 月生，女，汉族，硕士，北京清华同衡规划设计研究院有限公司风景园林一所，设计师，Email：49540773@qq.com。

肖楠，1985 年 8 月生，男，汉族，黑龙江省哈尔滨市，硕士，北京清华同衡规划设计研究院有限公司风景园林一所，设计师，Email：1059895427@qq.com。

滕晓漪，1982 年 12 月生，女，土家族，湖南凤凰，硕士，北京清华同衡规划设计研究院有限公司中心本部综合室，主创设计师，Email：41086444@qq.com。

村镇宜居社区绿色基础设施系统的构建

The Discussion on Green Infrastructure System of Rural Livable Community

邸 青　王云才

摘 要：随着城镇化建设脚步的加快，我国村镇面临着水系统、土壤系统、环境与资源系统三大主要生态问题。为了实现新型城镇化道路中对于生态文明建设的要求，构建绿色基础设施系统成为了营造村镇宜居社区的重要途径。本文在总结村镇绿色基础设施发展历程的基础上，针对我国村镇的特点构建起了绿色基础设施的技术体系和生态技术链条。

关键词：村镇；宜居社区；绿色基础设施

Abstract: With the high pace of urbanization, the rural place in our country is faced with three main ecological problems of water system, soil system, environment and resource system. In order to achieve the requirements of ecological civilization construction, the green infrastructure system is becoming an important method to build rural livable communities. Based on the study of the green infrastructure' development in rural areas, this paper tried to discuss the technological chains of the green infrastructure, aiming at the characteristics of the rural place in our country.

Key words: Rural; Livable Community; Green Infrastructure

在村镇建设快速推进和城镇发展规模不断扩大的过程中，我国村镇及其周边的生态环境破坏日益严重，生态问题严重阻碍了村镇宜居社区的建设和可持续发展。2012年，中央经济工作会议首次提出了要把生态文明理念和原则全面融入城镇化的过程中，走集约、智能、绿色、低碳的新型城镇化道路。为了解决村镇宜居社区建设中的生态问题，对于村镇绿色基础设施系统的研究成为了一项重要内容。

1　村镇宜居社区绿色基础设施研究进展

绿色基础设施（GI, Green Infrastructure）是指从常规基础设施中分离出来的生态化绿色环境网络设施。[1]虽然这一概念在20世纪90年代中期才正式出现，但在19世纪的风景园林研究和实践中就已经开始了相关的探索。关于村镇宜居社区绿色基础设施的研究分为以下几个阶段。

1.1　绿色基础设施与村镇的结合

美国著名景观设计师奥姆斯特德（Olmsted）提出城市内部的"人造"环境不利于人类的发展，于是他在"波士顿翡翠项链"的景观规划设计中将公园和绿色体系融入到城市和村镇里。在同一时期，强调保护和连接开放空间的绿色体系在美国的城市和村镇建设中被广泛采纳。在这样的背景下，本顿·麦凯（Benton MacKaye）进一步将公园体系扩大到一个大尺度、连续的绿地系统，使其形成一个线形、带状的区域，将自然环境和城镇居民的游憩空间有效地结合起来。

1.2　绿色基础设施整体方法的形成

景观规划师理查德 T·T·福尔曼（Richard T. T. Forman）认为在土地的决策和实践中我们应该以一个大的空间和时间观念去思考整个区域，而非脱离其所在的环境或发展时期作独立的评价。随着1983年联合国世界环境和发展委员发出要求人口规模及人口增长速度应与受到改变的生态系统的生产潜力相协调的提议，在政策的综合与推进，GIS技术的开发与应用中逐渐形成了绿色基础设施的整体方法。

1.3　绿色基础设施系统的发展

近年来针对绿色基础设施的研究在多学科知识和新技术的影响下取得了更为深入的研究进展。赛伯斯亭·莫菲特（Sebastian Moffatt）在针对基础设施的生态化和实施建设的关键进行了详细的阐述，例如，对于排水、水污染、能源、固体废弃物的处理等系统的介绍等。[2]麦克·A. 本尼迪克特、爱德华·T. 麦克马洪与威尔·艾伦（Mark A. Benedict., Edward T. McMahon and Will Allen）认为GI指的是互相连接的绿色空间网络（包括自然区域、公共和私人保护土地、具有保存价值的生产土地以及其他保护开放空间）。[3]英国西北绿色基础设施小组（The North West Green Infrastructure Think-Tank）提出了绿色基础设施规划的具体步骤。[4]

2　村镇宜居社区绿色基础设施系统理论框架与技术体系

2.1　我国村镇面临的生态问题

在新型城镇化背景下，村镇宜居社区包括舒适的生活环境、良好的经济环境和人文环境，宜居社区的安全、

---

① 基金项目：国家科技支撑计划"宜居社区规划关键技术研究"（编号2013BAJ10B01）资助。

健康、人与自然统一和谐非常关键，全面发展和可持续发展成为村镇宜居社区建设的关键。[5]

快速的城镇化和工业化导致了村镇自然生态系统的破坏，使原本生态要素稳定的景观生态系统面临着彻底改变的命运和趋势。我国村镇的三大主要生态系统面临着复杂而严重的生态问题（表1）。

我国村镇面临的生态问题　　表1

生态系统	生态问题	
水域生态系统	水污染	农业生产面源污染（化肥、农药污染，农业、渔业养殖废水排放）；农村生活点源污染（人、禽畜粪便排放，生活废水排放）；工业污染（工业废水排放）
	水资源短缺	河流水网面积减小；水域分布分散；降水总量少且年内分布不均
土壤生态系统	水土流失 洪涝灾害	水域堤岸植被遭到破坏；农业生产基础条件薄弱；降水集中在汛期易形成内涝；区域汇水能力下降；抗灾御灾能力差
环境与资源系统	固体废弃物污染	农业生产面源污染（秸秆、禽畜粪便等农业生产废弃物排放）；农村生活点源污染（农村生活废弃物排放）；工业污染（工业废弃物排放）

2.2 村镇宜居社区绿色基础设施的构建

良好稳定的自然生态系统必然是一个具有"链接环节"的网络系统，并包含各种天然、人工的生态要素与风景要素，共同构成"自然的保障设施"系统。半自然半人工的绿色基础设施成为快速城镇化地区恢复和构建"保障设施"的重要途径。[6]

由于我国村镇生态问题的复杂性，使得功能单一的绿色基础设施不能综合系统地发挥生态效益，而且生态网络复合的多功能绿色基础设施网络更能够有效发挥系统的整体效应和减少不必要的重复建设。所以建设以生态保护技术为核心，绿色基础设施节点与多功能连接廊道所构成的网络化的绿色基础设施技术链条，才能够形成天然与人工绿色空间相互联系的具有内在结构和具体功能的整体系统。

2.3 村镇宜居社区绿色基础设施技术体系

针对村镇经济落后，人员受教育程度低，生态系统复杂的特点，在村镇宜居社区绿色基础设施系统的构建中，应遵循简单实用、管理方便的原则，在满足绿色基础设施建设要求的基础上，采用投资少，运行费用低，工作效率高，管理简单方便，容易维护，具有良好抗冲击能力的处理工艺或技术（图1）；在设计上应考虑模块化、定型化、智能化等原则，以便于安装、管理和维护。通过对绿色基础设施网络的构建，来形成解决村镇环境问题的生态保护技术链条。

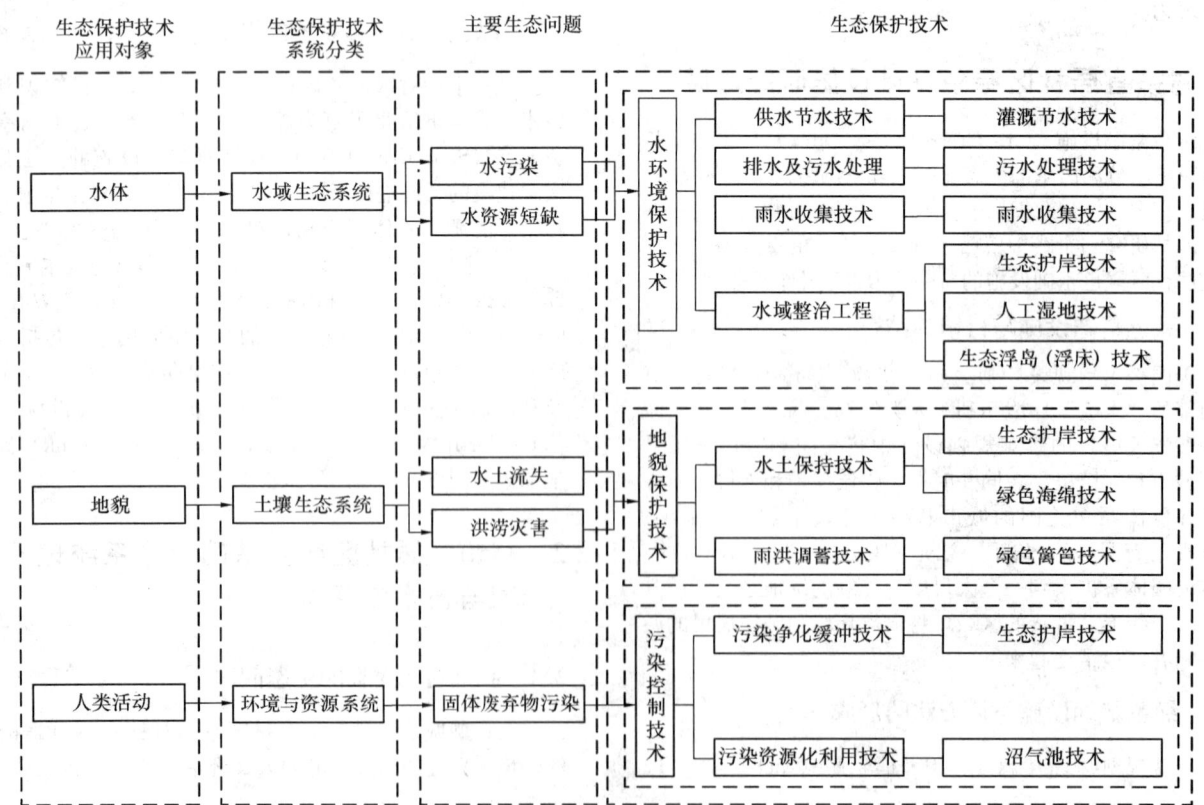

图1　绿色基础设施技术体系

3 村镇宜居社区绿色基础设施生态技术链条

3.1 水质净化绿色基础设施生态技术链条

与城市污水相比，村镇的污水具有水量少且波动很大，季节性强，污染物的浓度偏低三个特点，属于中低浓度生活污水，且以有机污染物为主，容易处理。但由于村镇的经济条件制约，村镇区域内缺乏完善的排水管网，与此同时与城市排水管网间的距离较远，修建整体污水处理绿色基础设施系统的投资费用高，污水的收集与集中处理困难，因此只能采用"集中处理与分散处理相结合"的方法（图2）。

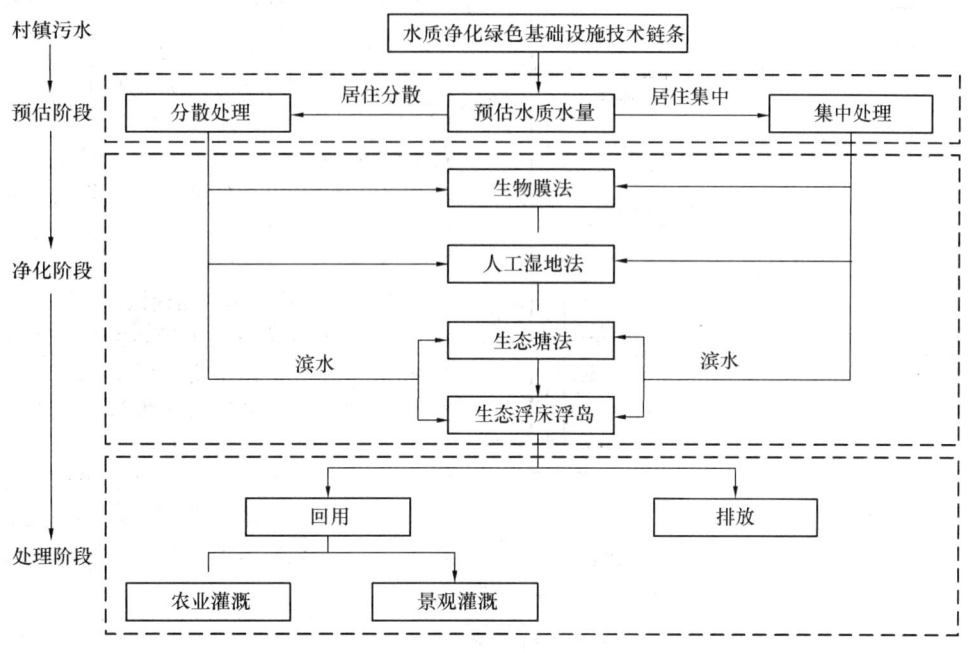

图 2 水质净化绿色基础设施

3.1.1 预估阶段

通过对每个农户产生生活污水的水量进行预估，来确定污水处理装置的规模和类型。由于村镇中农户的地理分布情况差异较大，所以在农户集中的区域建议选用装置的集中处理模式以节约建设与维护成本，而在农户间地理距离较大时单独为其设置污水的单户处理装置，以保证每个农户的污水都得到有效的处理。

3.1.2 净化阶段

污水首先进入到生物膜净化装置中，吸附附着水层的有机物，之后污水在人工湿地中通过物理沉淀、过滤、化学沉淀、吸附、微生物降解和植物吸收等过程，去除污水中的有机物、悬浮物、氮、磷、金属、油脂和病原体等多种污染物质。如果村镇位于滨水区域，可以将处理后的污水通过生物塘法和生态浮床及浮岛技术进行深度净化，进一步将污水中的有机污染物进行降解和转化，提高水体的溶解氧，增强水体自净能力，有效防止"水华"发生，提高水体的透明度。

如果村镇受到地理位置、用地面积、经济技术条件等方面的制约，可以采用净化过程中的一种或多种方法对污水进行净化处理，也能够起到一定的净水效用。

3.1.3 处理阶段

经过净化阶段之后的污水可以根据实际需要用于补充农业灌溉和景观灌溉的需水量，而回用剩余的部分可以排放到自然水体中，不会对水环境造成污染。

3.2 地貌保护绿色基础设施生态技术链条

针对村镇生态廊道网络化程度低，功能单一，生态斑块水量减小，蓄水能力下降，坡地地区水土流失严重、农业生活生产污染等问题，以绿色篱笆为廊道，以绿色海绵为核心的地貌保护绿色基础设施一方面增强区域生态景观空间的整体性和连接度，另一方面可以利用湿地系统，增强区域的汇水能力和保水能力，营造具有多种生态服务功能的绿色基础设施体系（图3）。[7]

3.2.1 生态安全格局的构建

根据生态安全格局理论，在村镇区域内建立阻力面，对场地进行雨洪过程分析、风沙过程分析、生物过程分析和游憩过程分析，叠加生成场地的综合生态安全格局。[8] 以生态安全格局中优先保护的高安全格局为主体，结合场地主要林网水系强化生态网络的连通性，形成以绿色篱笆生态廊道为骨架的水土保持网络，布置绿色海绵与空间综合体来有效地进行雨洪调蓄，共同构建出地貌保护绿色基础设施空间格局。

3.2.2 地貌保护系统设计

通过对高中低生态安全格局的分析，确定村镇区域内廊道及斑块的生态安全等级，进一步建立地貌保护系

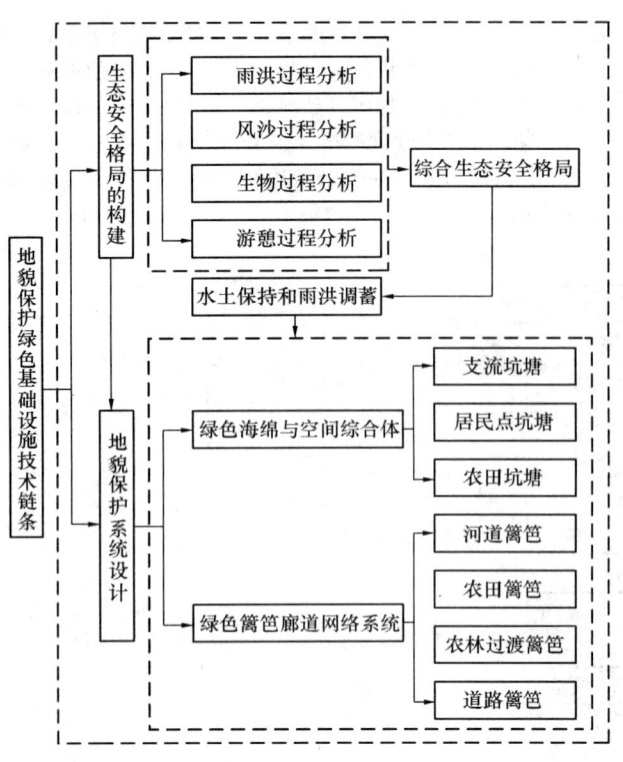

图3 地貌保护绿色基础设施

统。廊道构成的基本类型依托当地的高速公路、省道、县乡道路、高压走廊、综合生态安全格局、溪流、灌渠、引水渠、生态边沟、绿篱、农田林带、防护林等构成。[8]

（2）绿色海绵与空间综合体。根据生态安全格局设定及村镇地形地貌特点，形成由支流坑塘、居民点坑塘和农田坑塘构成的雨洪调蓄体系。

3.3 污染控制绿色基础设施生态技术链条

为了有效控制禽畜粪便排放和固体生活垃圾对于生态环境，尤其是水域生态系统和土壤生态系统带来的污染，根据村镇生态环境现状特点，主要采用对于生态护岸技术对污染物进行净化和缓冲，同时采用生态沼气池技术对禽畜粪便和生活垃圾进行收集控制和资源化的利用（图4）。

3.3.1 生态护岸绿色基础设施

生态护岸作为农业生产和生活活动区与水域之间的缓冲带，具有防止水土流失、污染扩散，改善水质，提高水生生态系统的净化能力等功能，[9]同时为村镇居民创造了亲近自然的公共活动空间。生态护岸绿色基础设施系统根据村镇水域的驳岸规划和驳岸现状，采用硬质材料与水生植物相结合的方式，选取现浇生态混凝土护岸、湿地软底护岸、台阶亲水护岸、栈桥亲水护岸、自然护坡等不同类型。

统。地貌保护绿色基础设施网络主要包括以下构成：
（1）与区域生态格局高度统一的绿色篱笆廊道网络系

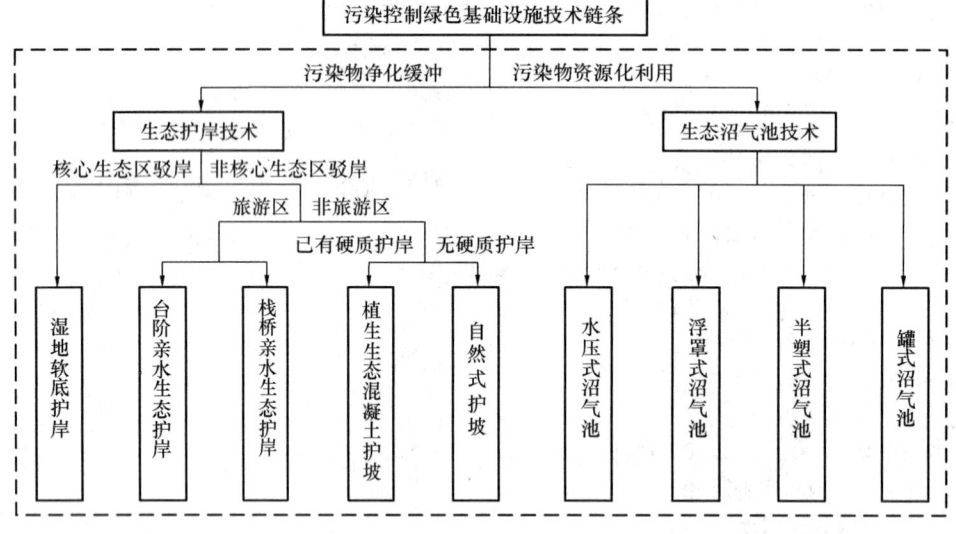

图4 污染控制绿色基础设施

3.3.2 生态沼气池绿色基础设施

沼气是一种农村特色的清洁能源，由于其技术要求简便、原料来源广的特点在全国的一些农村地区被普遍使用。生态沼气池绿色基础设施可以结合太阳能技术，将种植业和养殖业结合起来，在系统内部通过水压式沼气池、太阳能暖圈和厕所的建造，形成农业废弃物—沼气池—农业生产往复循环的生产模式，将村镇中的农业生活垃圾和禽畜粪便进行分类与资源化利用。一方面，通过厌氧发酵产生的沼气经由管道输送到居民区可以作为清洁能源供居民日常生活使用；[10]另一方面，沼气池出来的废弃物沼液和沼渣可以作为农药添加剂、肥料、饲料等来使用，能大大减少化肥和农药带来的危害，有利于生产绿色产品和无公害产品。

4 结论

本文在系统总结绿色基础设施研究发展的基础上，依据绿色基础设施建设的相关理论，对适宜村镇特点的生态保护技术进行了选择，并设计构建了针对水质净化、地貌保护和污染控制的绿色基础设施生态技术链条。以生态保护技术为核心的网络化的绿色基础设施技术链条的建立，不仅针对性地解决了我国村镇中突出的一系列生态问题，而且由此形成的天然与人工绿色空间相互联系的具有内在结构和具体功能的系统提高了村镇整体生态环境的稳定性。

参考文献

[1] 吴伟, 付喜娥. 绿色基础设施概念及其研究进展综述[J]. 国际城市规划, 2009(05): 67-71.
[2] Moffatt S. A Guide to Green Infrastructure for Canadian Municipalities[Z].
[3] Mark A. Benedict W A E T. Advancing Strategic Conservation in the Commonwealth of Virginia. The Conservation Fund, Virginia Green Infrastructure Scoping Study Report [R]. 2004.
[4] 张云路. 基于绿色基础设施理论的平原村镇绿地系统规划研究[D]. 北京: 北京林业大学, 2013.
[5] 李丹妮. 我国城市宜居社区评估研究[D]. 大连: 大连理工大学, 2009.
[6] 王云才, 崔莹, 彭震伟. 快速城市化地区"绿色海绵"雨洪调蓄与水处理系统规划研究 以辽宁康平卧龙湖生态保护区为例[J]. 风景园林. 2013(02): 60-67.
[7] 李晨. 融入"绿色基础设施"的绿地系统规划探讨[J]. 绿色科技, 2012(03): 39-42.
[8] 莫琳, 俞孔坚. 构建城市绿色海绵——生态雨洪调蓄系统规划研究, [J]. 城市发展研究, 2012(05): 130-134.
[9] 肖红霞. 河岸缓冲带生态护岸模式划分及景观设计[D]. 北京: 北京林业大学, 2012.
[10] 杜永红. 宁夏农村清洁可再生能源利用技术集成模式初探[J]. 宁夏农林科技, 2009(06): 42-57.

作者简介

邱青, 1989年1月生, 女, 汉族, 河北唐山人, 风景园林学硕士在读, 同济大学建筑与城市规划学院景观学系, Email: 1332208_darjeling@tongji.edu.cn。

王云才, 1967年10月生, 男, 汉族, 陕西勉县人, 博士, 同济大学建筑与城市规划学院景观学系教授, 博士生导师, 研究方向为景观生态规划, Email: wyc1967@tongji.edu.cn。

景观设计策略[①]
——促进城市功能与风貌提升的绿道设计

Landscape Design Strategies
——Greenway Design of Promoting the Functions and Cityscape

杜 伊 金云峰 周晓霞 范 炜

摘 要：以佛山新城城市型绿道规划设计实践为例，并结合相关理论与案例研究，提出指导佛山新城城市型绿道实践工作的五个规划设计命题。围绕该五个命题对佛山新城绿道网规划以及滨河绿道一期设计的主要内容进行介绍。最后在讨论总结佛山新城绿道规划设计的特色与创新基础上，提出城市型绿道建设原则和目标。

关键词：城市型绿道；城市功能；城市风貌；以人为本

Abstract: Based on the analysis of the background and status of the planning and design of urban greenway of Foshan New Town, the paper proposed the vision put forward the case plan, and then the relevant literature and case studies were generalized, five propositions were raised to provide guidance and correspond to planning and design practice. Around the five propositions, the paper introduced the main content of greenway network planning and detailed design of riverfront greenway of Foshan New City. Finally, the features and innovations of this greenway planning and design have been summed up and discussed.

Key words: Urban Greenway; Functions of City; City Landscape; People Oriented

1 引言

珠三角是我国最早进行绿道建设的区域，其规划建设依据自上而下的组织形式，先后进行"区域—城市—社区"三个层次的绿道规划建设活动。实际上相比区域型绿道，城市型绿道对人的日常使用、丰富城市功能具有更为重要的意义；从另一方面来看，相比于区域绿道更加注重生态因素，城市内部的绿道更有助于对城市风貌的塑造。随着当前我国各地逐步开展绿道建设，绿道在城市生态、文化以及游憩活动中所扮演的角色越来越重要。本文以位于珠三角地区的佛山新城城市型绿道为例，探索如何通过绿道建设促进城市功能与风貌的升级。

佛山新城位于佛山市中南部，以东平河为界，跨禅城、顺德两区，是佛山未来城市新中心。佛山新城作为佛山市级中心，未来佛山的"城市名片"，成为佛山城市升级和环境再造的先行军。2009年，广东省提出在珠三角率先构建绿道网的构想。在此宏观背景指导下，佛山市提出打造岭南"绿城"的目标。《佛山市绿道网建设规划（2010—2020）》中，将佛山新城作为佛山市绿道示范区。

绿道示范区总面积约31km²，现状绿地包括佛山公园、东平河滨河绿带、村落公园以及新建的道路绿化用地；已有地标建筑包括世纪莲体育中心、佛山新闻中心、文化综合体等，新城东南部为生态住区与传统村落建筑；示范区范围内地表水资源丰富，水网密布，鱼塘众多，独具岭南水乡特色，如东平水道、生态河涌及村落河涌等主要水系。

2 佛山新城绿道规划与设计概况

2.1 规划设计愿景及分析

分析现状可知，佛山新城作为城市新区其功能与基于地标建筑的城市风貌已见雏形，同时项目基地内水系丰富与独树一帜的岭南风情是佛山新城重要资源。绿道建设拟从整合城市主要资源出发，通过绿道最大限度发挥城市功能，提升城市活力与魅力。基于此愿景，本项目着重关注绿道对资源以及现状条件的整合利用方式，探索适合城市型绿道的规划建设模式。对目前该研究的相关文献及案例进行如下概括：

在土地资源整合利用方面，金云峰等认为面对城市用地紧张问题，绿道规划需与城市规划对接，并对现有用地资源进行整合。[1] 王招林、何昉认为绿道规划应该成为城市发展的战略指引，便于分区以下阶段的城市规划与之协调及具体落实，改变当前绿道规划从属于总体规划的专项的误区。[2] 魏明等对比美国Greenway认为我国绿道需突破目前"绿"主要依托于"（城市）道（路）"的简单组合结构，形成整体土地保护的网络系统。[3]

在水系利用方面，国外很多绿道积极利用现状水系，

[①] 本文所列举的项目《东平新城绿道规划和绿道（一期）概念方案设计》，获2013年度广东省优秀城乡规划设计评选表扬奖。

使城市焕发新的生机。新加坡因其人口密度大，土地稀缺，利用城市排水道缓冲区规划了整个城市的环形绿道，形成了各环节的良性循环；[4]美国迈阿密河绿道提高了河道的可达性与实用性，促进了周边工业活动繁荣发展，提高了土地价值，新增的旅游设施更使得河道成为目的地景观；[5]相似的案例还有丹佛南普拉特河绿道、[6]亚利桑那州与马里兰州水系绿道规划，它们对改善生态环境，提升城市品质贡献卓越。[7]

文化景观资源的整合利用方面，香港根据绿道长度与使用难易，策划了十多种特色路径；[8]捷克和斯洛伐克中部地区的摩拉维亚乡村建设了一条名为"摩拉维亚葡萄酒之乡"的绿道，远近闻名，吸引了众多游客。因此，适度并准确挖掘地方文化景观，有利于促进绿道建设的主题性及特色性。

2.2 规划设计实践的命题

促进城市功能升级与风貌提升是佛山新城绿道规划设计的焦点，利用绿道的规划建设，保护地域文化，改善生态环境，为城市居民提供更多的游憩机会，提高城市自身竞争力与吸引力，建设实践重点从以下五个命题展开：

（1）以优化城市生态环境为先行原则，在保证规划引导力和控制力的同时，烘托出岭南特色主题的生态新城。（2）充分利用基地现状水资源，打造水陆结合的慢行系统，突出岭南水乡的意境特色。（3）绿道规划强调与上位规划及下位规划的互动衔接，同时在空间形态、平面布局上与城市空间结构协调耦合。（4）充分发掘本地特色文化资源，通过原型提炼的设计手法，将抽象岭南文化元素进行巧妙的形态化表达。（5）从功能多样化、设施便利化、服务多元化等方面体现绿道规划的人本关怀。

3 佛山新城城市绿道网络规划

3.1 环境先行，主题建设

对于实践第一个命题——环境先行，提出"控制先行，分步建设"，"蓝绿相融"，"人绿相随"三个规划策略引导佛山新城绿道规划与建设的整个过程，使得绿道从绿化数量可观到质量上乘，从整体实现连通到细部追求精致，实现人群活动空间与绿化空间的渗透融合。

将"生态绿城、活力水城、飘香花城"的规划主题理念作为凸显佛山新城特色的绿色名片。"水"、"绿"、"香"作为主题理念被运用到线形绿道和节点的规划中。"水"代表着佛山新城固有的优良基质，为该地区的市民提供亲水、玩水、观水的机会，为动植物提供稳定多样的生境，增强了绿道的生态性、可参与性与可亲近性。"绿"是人们对生态健康的永恒追求，内容包含了绿色环保工程技术的使用，植物群落的营造，绿色基础设施的建设等。"香"则激发民众对岭南地区本身丰富植物资源的喜爱，以"花香、芳草香、果香、茶香"营造无以复刻的岭南风情。三大主题理念一方面各有侧重，独具特色；另一方面又高度统一，价值一致，体现出绿道系统的丰富多元和完整统一。

3.2 水系利用，特色营造

巧用水资源是规划中思考的第二个命题。新城范围内拥有密布河网，小船在佛山历史上就已是重要交通工具。本次绿道规划通过对基地现状与历史文化的考证，规划了水上慢行系统。水上慢行系统根据河道网现状及片区控制性详细规划中的道路竖向设计综合确定（图1）。水上慢行道第一期设计两条路线：一条为新乐路（西段）—佛山公园—大墩村，以"寻绿探源"为主题；另一条为天成路沿线，以"活力CBD"为主题。水上慢行道第二期新增四条路线：其中两条分别连接串联腾冲村、荷村水系，以"新城古韵"为主题；一条沿着百顺道连接CBD和细海公园，另一条连接细海公园何东平大道。水上慢行道第三期新增一条长路线：绿道沿荷岳路—三乐路贯穿新城南路东西方向。通过对现状水系的再梳理和新利用，一方面创新地构建了水上慢行系统，另一方面积极探索了水系保护和利用的新途径（图1）。

3.3 衔接耦合，协调规划

与城市规划实现互动是佛山新城绿道规划的第三个

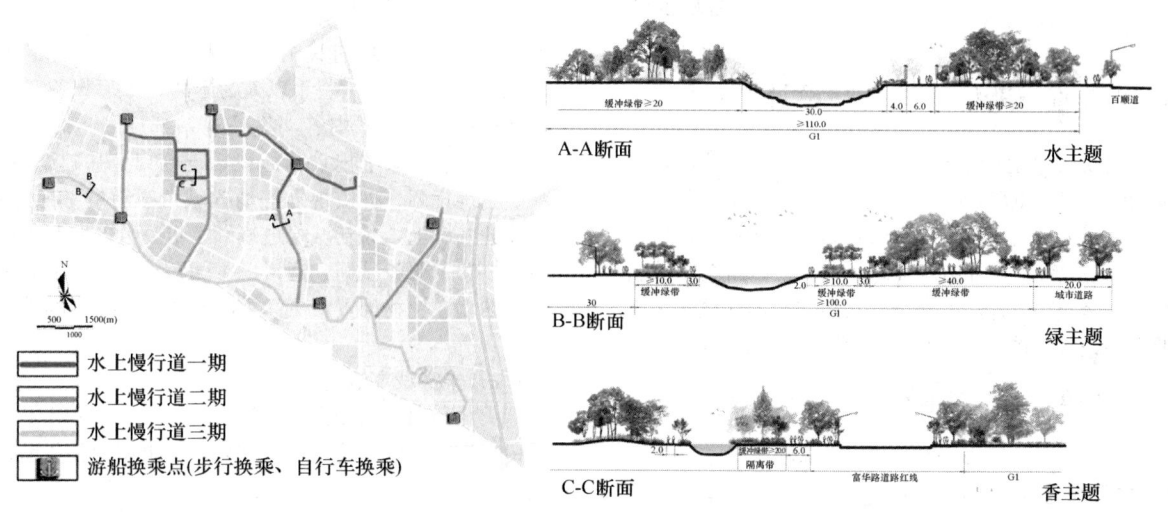

图1 佛山新城绿道水上慢行道规划

命题。绿道结构的科学合理是绿道发挥系统效能的关键，然而城市绿道网络的合理构建，不仅要确保绿道的连通性以及层级性，还要保证绿道实施的合理，实现与城市不同功能区的协调。

3.3.1 绿道网络科学布局

本次规划参考拓扑网络结构的相关理论，采用"分层—叠加"的分析论证方法，[9]对城市绿道系统影响到的各个不同层面（开放空间、视觉景观、文化景观、生态系统）进行适宜性分析、叠加、保留、增强等筛选过程，得到满足各层面要求的、合理的绿道网络系统结构，确定出佛山新城的绿道拓扑网络结构为"田字形＋放射形"，实现绿道空间形态和平面布局在多层次上与城市空间骨架向协调耦合（图2）。

3.3.2 协调控规，差异化建设

根据该片区控规的划定，佛山新城被划分为六个功能片区，分别为新城核心区、传统商业生活区、现代商务综合区、产业服务区、生态居住区以及特色村落居住区。

在充分分析片区功能性质和环境需求的基础上，有针对性地制定相应的绿道设计策略，力图在每个功能区实现绿道建设的人地和谐和可实施（图3）。例如在新城核心区，提出"建设人气、商气、艺术气高度聚集的城市主轴，高标准的现代化绿色核心"的目标，以此作为该区域绿道网的核心生态源。

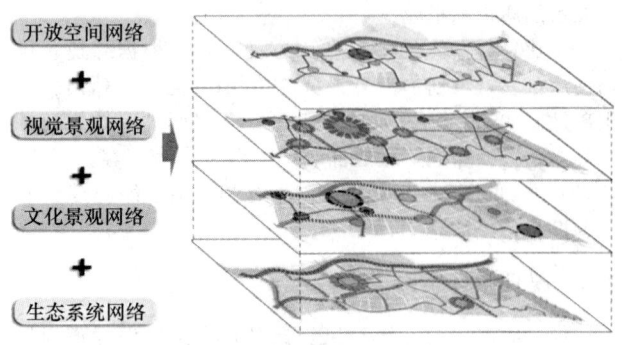

图2 "分层—叠加"分析法示意图

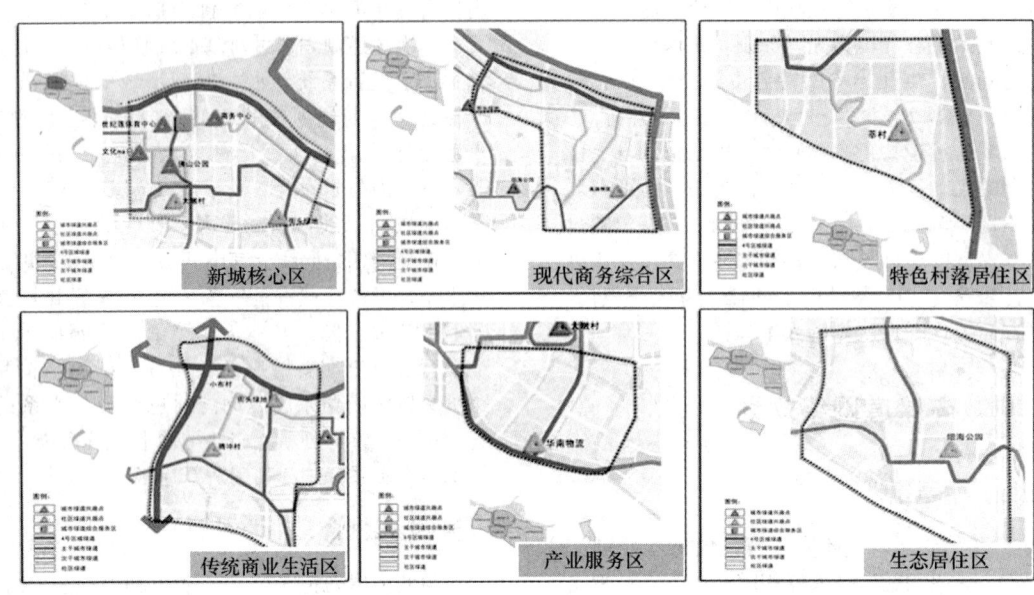

图3 新城功能分区及新城绿道分区建设导则

4 滨河绿道一期详细规划与设计

对佛山新城绿道一期即滨河绿道进行详细设计，进一步推动绿道建设的实际落实。水滨环境自古以来是人类所向往的景观场地，滨水环境有可能为城市带来最富吸引力的绿道。[10]选择佛山新城北至东平河，西至东坡新城荷村涌，南至天虹路，东至南海大道围合的区域作为绿道一期详细设计的范围，面积约56公顷。

4.1 关注民生，以人为本

4.1.1 探索绿道规划设计体系

以民为本，提高居民对绿道的使用率是本项目提出的第五个命题。目前我国缺少城市型绿道规划实践参考和相关规范，[11]本案基于以人为本的指导思想制定了城市型绿道的规划体系内容，将景观系统规划、交通系统规划、服务设施系统规划、标识系统规划、基础设施规划、雕塑系统规划、种植规划等纳入城市绿道应考虑的内容，并在此基础上，为新城绿道规划了更完善的照明、标识体系和休憩、服务设施，还考虑了面积局限条件下的生态效益问题，在植物配置中更注重丰富垂直结构上的设计。

4.1.2 丰富城市绿道功能

关注民生，从居民的实际使用需求出发，除了注重常规慢行道路系统的建设外，规划各种类型的服务设施，包括露天泳场（图4）、儿童乐园（图5）、青少年滑板运动场（图6）等，将"关注民生"落到实处，真正实现绿道

功能多样化和设施便利化。

图4 露天泳池鸟瞰实景
（资料来源：http://www.fsnewcity.gov.cn/）

图5 儿童乐园建成实景
（资料来源：http://www.fsnewcity.gov.cn/）

图6 滑板运动场实景效果
（资料来源：http://www.fsnewcity.gov.cn/）

4.2 原型提炼，文化发掘

发掘地域文化资源，凸显岭南风格是本方案思考的又一命题。绿道除了利用较少的土地而发挥较大的生态效益以外，也被赋予了保护和弘扬地方文化的职能。设计中汲取岭南传统园林之精髓，并赋予其现代生态景观内涵和形象化表达，例如运用古典"庭"空间理念，在人工干扰斑块与自然基质之间规划"庭"式缓冲环境。提炼"佛山武艺"以及"石湾陶艺"，赋意于形将其运用到绿道形态、结构的设计中。在景观小品、标识系统以及色彩设计等方面，发掘、提炼具有佛山特色的剪纸、铁画艺术等作为设计原型，诠释出具有文化共鸣的地域特色（表1）。

佛山新城绿道的原型设计手法实践　　　　表1

设计原型	绿道建设实践效果	设计理念
传统岭南园林格局 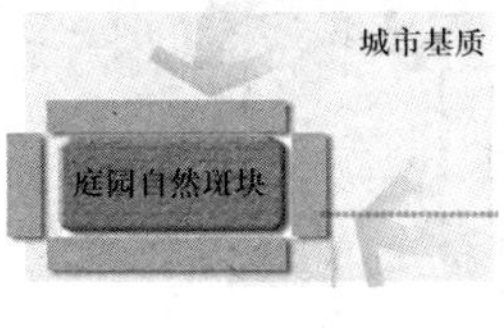	绿道生态景观格局 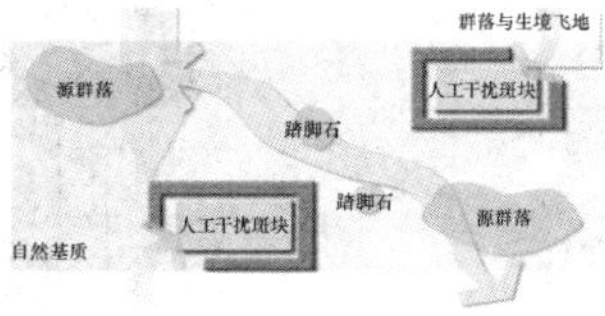	借用岭南传统园林"远儒文化"的实用理性，在亚热带炙热阳光与炎热中创造了阴凉舒适的小气候
传统佛山剪纸 	绿道剪纸画廊景观节点（资料来源：http://www.fsnewcity.gov.cn/） 	通过剪纸再现佛山居民传统生活场景，如热闹的传统商业，繁忙的水上运输以及赛龙舟等主题，透过光与影营造时空变换感
古典园林冰裂纹窗格 	绿道景观构筑物中的运用 	在汲取中国古典园林框景、对景等手法的基础上，沿用经典的冰裂纹图样，赋予其现代空间意义的同时，保留住传统原味

续表

设计原型	绿道建设实践效果	设计理念
石湾陶艺 	绿道五彩梯田景观节点③ （资料来源：http://www.fsnewcity.gov.cn/）	石湾陶艺素有线条细长、飘逸流畅之美感，引入绿道的形态构图展现出城市绿道的气韵生动，提升活力

5　总结与讨论

佛山新城的绿道一期项目已全面建成，绿道完善了城市功能，满足市民对开放空间的需求，在城市风貌中也使岭南风情得以表达，成为佛山新城向宜居的岭南生态新城发展的核心推力之一。佛山新城的绿道网规划与详细设计将城市资源整合利用并转化是本项目的亮点，通过此次实践获得的景观设计策略，可以被运用到未来更广泛的城市型绿道建设中。

（1）在面对当前严峻的城市环境问题和后工业化中城市生态等问题时，绿色基础设施应该作为一种生态的规划设计手法，与城市规划设计相互融合（图7）。城市绿道规划应遵循整体观、系统观，实现绿道将城市绿地、文化遗产等化零为整，发挥绿地效益最大化，实现1+1>2的功效。

（2）千篇一律的设计会直接影响城市开放空间的塑造，造成"千城一面"的现象。只有借助地域的文化与空间特质，才能实现物质与精神兼顾的规划，提升了该地区的空间辨识度与认知度，同时又增强了城市未来发展中的竞争力，成为整个城市的灵魂、形象与品牌。

（3）绿道给人提供交往的场所，环保教育的场所，绿色通勤的场所，健身活动的场所以及应急避难的场所。绿道的建设本身就为民众提供一种甚至多种更幸福、更高质量的生活方式，民众可以享受到与机动车道隔绝的，并且提供多种活动游憩场所的绿色空间。因此绿道布局中应注重与人的行为活动分布密度之间的关系，为各龄级市民提供平等、公平享用良好环境资源的权利，促进了城市人际环境的友好。

（4）绿道设计不应停留在生态、美观的层面，需要对本土文化进行挖掘雕琢，这是对长时间积淀而成的，是民众珍贵情感与记忆的人文遗产的延续。"原型"是人类历史认知和历史经验的凝聚，具有广泛的公众基础。运用基于"原型"的设计方法，有助于在情感上将公众将城市的过去印象与未来憧憬结合起来，也是绿道特色化塑造的创新手法。

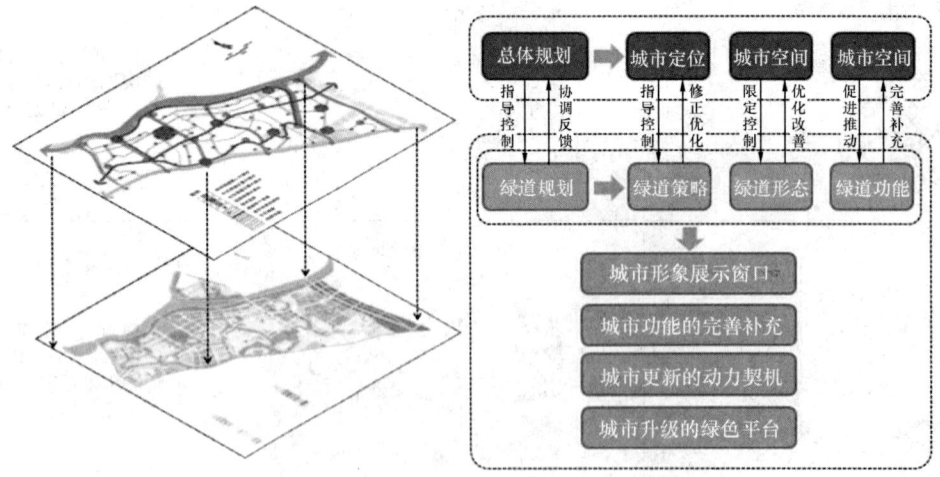

图7　城市型绿道规划与城市总体规划互动

参考文献

[1] 金云峰, 周聪惠. 绿道规划理论实践及其在我国城市规划整合中的对策研究[J]. 现代城市研究, 2012(03): 4-12.

[2] 王招林, 何昉. 试论与城市互动的城市绿道规划[J]. 城市规划, 2012(10): 34-39.

[3] 秦小萍, 魏民. 中国绿道与美国Greenway的比较研究[J]. 中国园林, 2013(04): 119-124.

[4] 张天洁, 李泽. 高密度城市的多目标绿道网络——新加坡公园连接道系统[J]. 城市规划, 2013(05): 67-73.

[5] 查尔斯·A.弗林克, 孙帅. 迈阿密绿道一条工业河流的绿色基础设施[J]. 风景园林, 2009(03): 20-25.

[6] 王珺, 周亚琦. 美国丹佛南普拉特河绿道建设及其启示

[J]. 广东园林，2012(03)：4-8.
[7] 玛格丽特·利文斯顿，大卫·迈尔斯，许婵. 水系绿道对绿色基础设施的贡献美国亚利桑那州和马里兰州的两个案例比较研究[J]. 风景园林，2010(06)：26-29.
[8] 肖洁舒. 麦理浩径对我国绿道建设的启发[J]. 中国园林，2012(06)：16-20.
[9] 金云峰，周煦. 城市层面绿道系统规划模式探讨[J]. 现代城市研究，2011(03)：33-37.
[10] 刘滨谊. 城乡绿道的演进及其在城镇绿化中的关键作用[J]. 风景园林，2012(03)：62-65.
[11] 陈光，金云峰. 绿道规划设计方法研究[J]. 现代园艺，2014(03)：56-57，82.

作者简介

杜伊，1988年9月生，女，土家族，博士生，同济大学建筑与城市规划学院景观系，从事风景园林设计方法与技术研究。

金云峰，男，同济大学建筑与城市规划学院教授、博士生导师，上海同济城市规划设计研究院，同济大学都市建筑设计研究分院，研究方向为风景园林规划设计方法与技术、中外园林与现代景观。

周晓霞，1982年6月生，女，上海同济城市规划设计研究院，注册城市规划师。

范炜，1986年12月生，博士生，同济大学建筑与城市规划学院景观系。

新城中心的大型公园辨析

Central Parks in New Towns

范 炜　金云峰

摘 要：中国的新城大量规划、建设"中央公园"，并普遍地引用纽约中央公园为案例支持其规划。但这些新城的"中央公园"规划存在类同化现象，规划师将大型公园视为有视觉冲击力的图形，而忽视其问题。大型公园"挤占"的绿地指标，忽视了其他种类的开放空间建设。

关键词：风景园林；中央公园；新城；绿地系统；开放空间

Abstract: Chinese New Towns planning a huge number of "Central Parks", widely quoting New York Central Park as a case to support the planning. But some of these New Towns "Central Park" planning are similar, planners plan large park as a visual impact of graphic, but neglects its problems. When large parks are planning, the other necessary small open spaces are neglected.

Key words: Landscape Architecture; Central Park; New Town; Greenland System; Open Space

1 新城的"中央公园热"现象

20世纪的中国经历了新城、新区建设的高潮，并有越演越烈的趋势，新城成为了中国迄今为止的城镇化进程中不容忽视的内容。一些地区原本是开发区、高新区等，但地方政府以城镇化转型和产业升级为名，将其升级为新城。在2013年国家发改委城市和小城镇改革发展中心对12个省区的调查显示，从省会城市到县级市全都在大力推动新城建设。

中国的新城正在大量规划、建设"中央公园"。2000年以来，随着产业升级和服务业、房地产市场发展，新城中心的"大公园"越来越被视为城市营销的特色亮点，成为城市品牌形象竞争的重要组成部分：在各地新城的规划图件和宣传图像中，公园、湖面等所谓"绿色、宜居、生态"的景观形象，逐渐替代或补充了过去新城常见的高层建筑、交通设施或大面积行政广场的图像。在城市间竞争之下，越来越多的新城加入这场公园美化运动。筹建新城的地方政府试图以优美的景观来吸引投资者和居民。这提升了新城公园的重要性，把更多的公共资金和规划设计供应商引入新城的公园建设。

在长三角大都市圈内，有众多新城在城市中心规划了大尺度的公园绿地（或类似公园的广场）——"中央公园"。如临港新城的滴水湖、嘉定新城的"紫气东来"绿轴和远香湖、南桥新城的中央绿地、苏州高新区（虎丘区）的中央景观带、苏州工业园区CBD的金鸡湖、宁波鄞州区的鄞州公园、宁波博物馆与鄞州文化艺术中心周边绿地、宁波东部新城的中央公园、杭州钱江新城市民公园。其中南桥新城的中央绿地有4.78km²，超越纽约中央公园（3.4km²），虽处于新城中心，但并非公园绿地，而是生态用地。

在珠三角都市圈内，可以找到珠江新城花城广场、深圳光明新城中央公园（2.37km²，被称为"中国版纽约中央公园"，但筹划多年还未开工）等。

在成渝都市圈，有重庆空港新城中央公园、成都天府新区的中央公园等。其中空港新城中央公园的巨大尺度——占地1.53km²，南北长2400m，东西宽770m，投资42亿——是其中较已经实施而令人印象深刻的"中央公园"。

新城的"中央公园热"的经验还未得到足以匹配其规模与影响的总结，尽管它已经深刻影响了各地的城市结构，而且在城市间竞争中形成了一种惯性。

2 新城中心的大型公园已成为一种规划套路

在这场新城的"中央公园"运动中，出现了景观"模式化、类同化"现象，已经成为一类套路、一种规划的图形学。总的特征是在新城，可以总结为以下几种变体：大型湖面、带形公园（超越几个街区的大尺度，或1至2个街区的小尺度），邻接CBD或对应行政中心、文化中心的广场式公园（公园式广场）等。

很多新城在城市中心规划大尺度的文化公园、被宽广绿地环绕的文化建筑，然后由带形公园、河流绿化延伸成为轴线，几乎成为了新城规划方案的定式之一。这类新城规划中可能存在着对"公园"、"园林"的片面理解，重量而不重质，重形而不重功能是导致这种"同类化"的重要原因。

3 大型公园满足了高绿地率指标，但其他尺度、功能的绿地并不充足

大型公园的流行，向城市绿地系统规划提出了挑战：一两座大型公园的绿地量，已经满足了高绿地指标（如人

均公园绿地指标）的要求，也就是园林城市评比的核心指标，但是否会导致绿地系统结构的不平衡、配比的失衡？其他层级、尺度的绿地、开放空间中，有哪些仍然必须被保证，又如何在规划中加以控制？

例如在南桥新城的绿地系统中，大的中央公园一旦被计算入公园绿地，人均公园绿地指标就显得很高。但如果在城市总体规划中，中央公园记为非建设用地（生态用地等），人均指标就不够了。在南桥新城的绿地系统规划中，由于中央公园被记为公园绿地，邻接城区的其他公园绿地的量极少。这向规划师提出了一个问题：一个大公园在功能上是否可以代替更小尺度的其他公园，如社区公园系统？

4 "中央公园"模式早期由城市设计国际竞标引进，伴随着强烈的几何构图特色

中国的新城、新区中心规划大型公园可能有复杂的原因，一个可以追溯的来源是几次著名的城市设计国际竞标的影响——例如浦东新区的国际竞赛，查德·罗杰斯的中标方案（Richard Rogers，Anne Power，2000）在浦东中心规划巨大的圆形公园，周边环绕着统一高度的高层办公建筑。这一方案并未实现，但它的形态思路再一次出现在 2002 年临港新城的"滴水湖"中，不同的是它的中心是一个巨大的湖面。以圆形大湖面为中心，周边有序地布置文化建筑，再外圈布置商业办公用地的思路，同样出现在黑川纪章规划的郑东新区中，为符合这种图形模式，它们开凿了巨大的人工湖。苏州工业园区 CBD 的金鸡湖也符合这一模式，但由于借用已有的湖面而在规划思路上与之迥异。

查德·罗杰斯的浦东新区方案带来了一种强烈的几何构图特征，它的向心性和视觉冲击力，在英国的任何新城中都难觅踪影，它似乎更接近法国式的"大手笔"几何图式规划的传统，而不是英国历代新城的传统。霍华德（Ebenezer Howard）的田园城市模式的中心是这样一种"中央公园"（与行政、文化、商业功能结合在一起）但从其实施的田园城市实例来看，规模并不庞大，也并未有如此强烈的几何特征（霍华德书中的插图是概念性的示意图，不是规划图纸的形态）。

诸多新城的规划设计文本以纽约中央公园为经典案例，而在英国、法国、美国、北欧等地的新城中却很少见到城市中心如此大规模的公园。

纽约中央公园的设计属于 18 世纪的风景园传统，但这并不妨碍它受到推崇现代主义的建筑师的引用，其原因可能在于它极其标准的矩形形态，与周边曼哈顿高层建筑街区戏剧性的强烈对比。弗雷德里克·劳·奥姆斯特德（Frederick Law Olmsted）可能并未预计到这种戏剧性的、几何形式的效果。因为在他的时代，纽约并非全球金融中心和文化中心，其经济结构是制造业和港口运输，高层建筑技术也尚未凸显，他希望纽约中央公园的树木可以遮挡周边建筑，以创造出真正的乡村感觉。奥姆斯特德的纽约中央公园是进步主义社会理想的产物，注重公平和对劳工阶层的安抚、教化，而如今的纽约中央公园却给周边地产带来了极其昂贵的空间价值。

5 城市规划师用"中央公园"来构建新城中心区的几何轴线

尽管奥姆斯特德从未设想纽约中央公园构成了纽约 CBD 的景观轴线。但上文谈及的中国新城的规划方案无一例外地构筑中心轴线，同时引用纽约中央公园作为支持的案例（它反复出现在不同文本的案例研究章节中，几乎不用改动）。

带形中央公园，是同样有视觉冲击力的新城大型公园模式，比浦东新区方案出现的时间略晚，但同样流行，它就是"绿轴"或带形的"中央公园"，比较典型的是上海嘉定新城（2005）的"紫气东来"、广州珠江新城的花城广场、苏州高新区（虎丘区）的中央轴线公园、芜湖商务文化中心景观（2007）等。

带形"中央公园"成为了新城中心城市设计的一种常见模式。新城中心区规划几乎无例外地会有一条壮观的轴线，它要么是一条景观大道，但更多情况下是轴线上一组相互连接的地块（在规划方案总图上会更有视觉冲击力），其用地功能是公园、广场、水体、商业、文化、行政等，轴线不断延伸，跨越多个地块甚至几乎整个新城，直到结束于标志性的高层建筑、巨型的文化建筑、体育综合地块，或是一大片人工湖。

6 "中央公园"有房地产经济意义，是其流行的重要原因

奥姆斯特德很清楚中央公园能够带动私人的地产投资，能够引导私人投资和撬动地区发展，他学习了早期欧洲城市公园的经验，如伦敦早期的城市公园，那些公园由贵族的地产转变而成，与公园周边的高档公寓一同连带开发，能够获得一种严格控制下的整体的城区空间，而同时为地产所有者带来大量回报。

二次世界大战后，德国利用园林展在一些城镇建设大型公园，伴随着城市复兴和大规模住宅建设，更凸显出政府以"景观先行"理念推动城市经济是大有作为的。

公园的这种经济价值，对于高度依赖土地财政的中国地方政府而言，有刺激房地产开发的作用。与德国的园林展运动和英国的新城不同的是，前者以联邦政府或国家为规划的主体，而中国的地方政府——主要是地级市——是新城"公园运动"的主体，因为它们掌握土地所有权并从对公园及周边土地的出让中获益，而且在掌握资源、获得资金与政策支持上比其他层级政府具有优势。这使得中国各地新城的"中央公园"建设伴有更强烈的地方政府竞争色彩。

当然，我们不能过分夸大地方政府的力量，新城公园建设的节奏收到国内及国际经济形势的形象强烈，如在经济危机后的四万亿经济刺激（信贷宽松）下，许多新城的公园建设步伐（首先是基地的拆迁步伐）都有加快现象，一些新城同时实施了多个大项目，而不是"边拆边建"的缓慢滚动式开发。

7 "中央公园热"存在的误区

新城的"中央公园热"需要更审慎的研究与反思，规划师不应在快速的城市建设中不加反思地引用纽约中央公园等案例。

（1）中央公园在新城传统中只是一种特殊类型，城市中心的大型公园有多种不同的类型，许多案例的经验是：新城不一定要在城市中心规划大型公园。例如香港有郊野公园系统，新市镇中心主要是多种类型的开放空间。

（2）规划师将大型公园视为有视觉冲击力的图形，而忽视其游憩服务能力和设施配置、管理问题。如纽约中央公园有数百项体育运动设施，而不是一个空旷的绿化场地，然而中国新城的中央公园往往学习了其巨大尺度、几何形态的视觉冲击力，却对其极为充裕的设施、管理运营的丰富经验、多样而充足的游憩服务能力并不了解。

（3）大型公园成为城市竞争和房地产经济的工具，与19世纪公园运动的进步主义理想背道而驰。

（4）开放空间系统平衡的问题，大型公园"挤占"的绿地指标，压缩了其他必要的小型绿地的指标，忽视了其他种类开放空间。

（5）有些新城规划过于庞大的公园，与其经济规模、地位和人口规模并不匹配，部分助长了非紧凑化的城市发展和对土地资源的浪费。

参考文献

[1] Anthony Alexander. Britain's New Towns：Garden Cities to Sustainable Communities [M]. New York：Routledge, 2009.
[2] 张捷，赵民. 新城规划的理论与实践——田园城市思想的世纪演绎[M]. 北京：中国建筑工业出版社，2005.
[3] 武廷海，杨保军，张城国. 中国新城：1979—2009 [J]. 城市与区域规划研究，2011(2).
[4] 郑曦. 城市新区景观规划途径研究[D]. 北京：中国林业大学，2006.
[5] 理想空间第09辑：上海郊区城镇发展研究[M]. 上海：同济大学出版社，2005.
[6] 唐子来，陈琳. 经济全球化时代的城市营销策略：观察和思考[J]. 城市规划学刊，2006(6)：45-53.
[7] 张捷. 当前我国新城规划建设的若干讨论——形势分析和概念新解[J]. 城市规划，2003，27(5)：71-75.

作者简介

范炜，1986年生，男，四川成都市人，同济大学建筑与城市规划学院景观规划设计在读博士研究生，研究方向为风景园林设计理论与历史。

金云峰，1961年7月生，男，汉，上海人，同济大学建筑与城市规划学院景观学系教授、博导，上海同济城市规划设计研究院注册规划师，同济大学都市建筑设计研究分院一级注册建筑师，研究方向为风景园林规划设计方法与技术，中外园林与现代景观。

城镇生态基础设施建设原则探析

Analysis on the Principle of Construction of Urban Ecological Infrastructure

房 芳

摘 要：在界定城镇生态基础设施建设概念和内涵的基础上，对城镇生态基础设施建设的原则进行了深入探析，并阐述了城镇生态基础设施建设应避免的几个错误倾向。
关键词：城镇生态基础设施；建设原则；探析

Abstract: Based on the definition of urban ecological infrastructure on the concept and content, analysis of the principles of ecological infrastructure, and describes several error-prone urban ecological infrastructure construction should be avoided.
Key words: Urban Ecological Infrastructure; Construction Principles; Analysis

随着我国城镇化的不断推进，城市的可持续发展问题越来越受到人们的重视。自 20 世纪 90 年代，联合国教科文组织提出了生态规划的五项原则，随之出现了生态基础设施（Ecological Infrastructure）的概念。此后，生态基础设施建设与城市可持续发展紧密地联系在一起，成为城镇化建设中必须予以高度关注的重点，对其原则的准确把握也成为当前亟待解决的问题。

1 对概念的界定

生态基础设施概念与内涵的界定主要源于联合国教科文组织的"人与生物圈计划"（MAB），其研究推动了生态城市研究在全球的进展，也为后来生态城市理论发展奠定了基础。当前，国内对该概念的界定也大都以此为根本依据，有的认为"生态基础设施是城市可持续发展所依赖的自然系统，是城市及其居民能持续地获得自然服务（生态服务）的基本保障，是城市扩张和土地开发不可触犯的刚性限制"[1]。有的认为"生态基础设施是指在自然环境和人工环境之间，通过能量流动和物质循环，使基础设施能够最大限度地节约资源、保护环境和减少污染，从而为社会生产和居民生活提供舒适、健康、高效、便利，与自然和谐共生的基础设施"[2]。也有的综述中把人类的各种基础设施划分为人工物质设施（Man-made Physical）、自然基础设施（Natural）和社会基础设施（Social）三类，狭义的只包括人工物质设施。[3] 本文只探讨其狭义的内涵，着眼解决城镇生态基础设施建设中存在的生态意识欠缺，保护和发展之间的不平衡，管理和实施存在困难以及公众参与力度不够等问题，提出原则性的思路办法。

2 城镇生态基础设施建设的原则

原则可以遏制随意性，增强规范性。城镇生态基础设施建设之所以出现诸多问题，究其原因与建设中的随意性过大、规范性不足有直接关系。这里，就我国当前城镇化进程中生态基础设施建设的原则进行探析，总体上认为应坚持好五个原则。

2.1 以人为本原则

改革开放三十年以来，我国经济建设取得了举世瞩目的成就，综合国力不断增强，人民生活水平大幅提高，全面建成小康社会的总体目标指日可待。但与发达国家相比，我国目前城市化水平仍然很低，继续推进城镇化进程仍是今后相当长一段时间内的重要任务。可以预见，随着城镇化水平的不断提高，城镇人员将继续增长，城镇数量和规模也将继续扩大，对生态环境所产生的压力也随之增大。在这种背景下推进城镇生态基础设施建设，必须充分考虑"人本"因素，为城镇居民创建健康、文明、安定的社会环境，以确保居民获得可持续的生态服务，实现人与自然的和谐发展。

2.2 生态优先原则

十八大以来，党和国家把环境保护提高到国家战略的高度，推进绿色 GDP 评定，淘汰落后产能，大力治理污染，为推进生态建设营造了有利的社会大环境。应该看到，生态良好是城镇可持续发展的根本。基于此，城镇生态基础设施建设必须坚持生态优先原则，应建立科学合理的生产生活垃圾处理场，解决靠周边自然生态系统来消化分解所产生的弊端，从源头上消除发生严重环境污染的可能；应根据城镇容量，科学确定导致大气污染的气体排放量，限制二氧化硫等有害气体过量排放，确保空气质量；还应建立保护水土流失的制度机制，完善保护生物多样性的制度机制等等，以造就秀美山川与城镇建设共存的良好局面。

2.3 政府主导原则

当前，我国城镇化进程呈现出速度快、面积大、人员多等突出特点，一些地方基于商业目的的土地利用和工程建设严重损害了大地生命机体的结构和功能，对自然水系统和湿地系统造成了严重破坏，导致大地景观破碎化，生物栖息地和迁徙走廊大量丧失，对城市及其周边生态环境带来不利影响，生物资源的多样性也在被破坏的过程中逐渐减少。[4]同时，多数城镇也未能形成高效和谐的人工城市系统，更没有根据自然地理特点以及人文传统形成独有的城市特色。究其原因，是政府在这一过程中并未发挥应有的主导作用。实际上，城镇化进程必须高度关注生态基础设施建设，而推进城镇生态基础设施建设是不能以赢利为目的的。因此，不仅以赢利为目的的城镇生态基础设施建设必须由政府担任主导，按照城市规划组织建设道路、绿化、河流以及各种配套的生态设施，为居民提供优质高效的生态服务。

2.4 先筹后建原则

实践表明，走先污染后治理的路子往往要付出高昂的代价。生态基础设施建设也是一样，要想将一片区域恢复为自然状态比保护未开展的自然地花费更多。再者，生态基础设施作为土地保护和发展的基本框架，一般应先于其他建设，如果没有筹划的科学性和前瞻性，那么对于城镇建设无疑是一个"灾难"。因此，在土地开发利用之前，必须规划和设计好城镇生态基础设施建设的具体内容，以最大限度地促进隐性资源的开发与利用。同时，要尽可能地控制城镇建设用地，节约土地资源，避免盲目摊大饼的做法；还要完善土地级差价格评估机制和动态调整机制，最终实现土地保值与合理增值。[1]在此基础上，也应充分考虑水资源开采与补给的平衡问题，保护完整的水域系统，以提高土地资源的利用率，提升城镇生态基础设施建设质量。

2.5 景观战略原则

2002年，北京大学俞孔坚教授提出了中国城市生态基础设施体系建设十大景观战略，并在北京大运河区域、浙江台州等地展开了实践，取得了较好成效，可作为城镇基础设施建设的又一原则。其具体内容为：（1）维护和强化整体山水格局的连续性；（2）保护和建立多样化的乡土生境系统；（3）维护和恢复河道与海岸的自然形态；（4）保护和恢复湿地系统；（5）将城郊防护林体系与城市绿地相结合；（6）建立非机动车绿色通道；（7）建立绿色文化遗产廊道；（8）开放专用绿地，完善城市绿地系统；（9）溶解公园成为城市的绿色基质；（10）保护和利用高产农田作为城市的有机组成部分等。[5]这十大景观战略对于当前城镇生态基础设施具有积极的指导和借鉴意义。

3 需要防止的几个错误倾向

城镇生态基础设施建设，对于多数人来讲还是一个较为陌生的概念，在很多地方也未能引起足够的重视，尽管文中对其建设原则进行了探讨，但为防止把握原则时"跑偏"，本文认为还应防止五个错误倾向。

3.1 防止以人为本的绝对化

以人为本是根本原则，但不能以此为"借口"冲击其他原则。我们讲以人为本，是以谋求人类生存发展福祉为最终目的，当代人的生存和发展不能以牺牲后代人的利益为代价。加强城镇生态基础设施建设正是为了解决这一问题，正是为了给人类可持续发展提供永续的生态服务。因此，以人为本不能绝对化，只能与其他原则并存，而不能影响其他原则。

3.2 防止生态优先的短期化

实践中，一些地方重视生态建设经常出现"一阵风"的问题，上级重视就狠抓，上级不重视就不抓。这与加强城镇生态基础设施建设的内在理念背道而驰，与其要求的自然性、持续性、整体性格格不入。因此，生态优化原则必须坚持长久，确保城镇生态基础设施建设的连续性，尽力避免断续和波动，进而防止出现投入巨资恢复生态的"恶果"。

3.3 防止政府主导的片面化

从现实情况看，政府主导主要采用行政命令或直接投资两种形式，这一过程中政府决策是否科学对于城镇生态基础设施建设的优劣影响极大。从专业性上看，政府决策人员能否对城镇生态基础设施建设规律有深入把握是必须考量的因素，如果决策不是建立在对规律的深刻把握上，就容易出现这样那样的问题，导致城镇生态基础设施建设受到不良影响。基于此，应在政府主导下，成立专家咨询委员会，在政府主导的评估、决策、实施等各个环节提出合理化建议，以避免政府主导出现片面化问题。

3.4 防止先筹后建的商业化

按商业运转规律，有投资的地方就有利润，自然就会成为商业资本角逐的焦点。在城镇化进程中，城镇生态基础设施建设需要投入大量资金，无论是采用何种方式推进，商业资本的参与都是不可避免的，因为从财力上看，完全靠政府投资支持是不现实的。实际操作中，商业资本主观意愿上希望参与城镇生态基础设施建设的各个环节，以推动利润最大化。但从长远发展考虑，在筹划环节，应避免商业集团的介入，确保从城镇生态基础设施建设的本质规律和内在要求出发进行筹划，保证城镇生态基础设施建设的根本方向科学正确。

3.5 防止景观战略的教条化

城镇生态基础设施建设如何推进？最根本的依据还是本地区的实际情况。我国幅员辽阔，自然地理特点差异较大，企图用一种理论阐述全部的城镇生态基础设施建设问题，无异于痴人说梦。实践中，个别地方容易陷入"迷信"专家的教条，认为专家说的都是对的，不知道专家阐述的只是共性问题，是总体原则，如果不结合本地区实际加以运用，照搬照套十大战略，必然是要犯错误的。因此，实践中必须防止景观战略的教条化，积极倡导真学真用、活学活用，以推动城镇生态基础设施建设的新发展。

参考文献

[1] 冯维波等. 城市化对重庆都市区生态基础设施的影响分析

[J].贵州教育学院学报,2008(6):36-40.
[2] 屠凤娜.国内外生态基础设施建设实践与经验总结[J].理论界,2013(10):63-65.
[3] 云飞.生态基础设施概念、理论与方法[J].城市建设理论研究(电子版),2012(3).
[4] 崔功豪等.区域分析与规划[M].北京:高等教育出版社,1999:391-394.
[5] 俞孔坚等.城市生态基础设施建设的十大景观战略[J].规划师,2001(6).

作者简介

房芳,1981年11月生,女,汉,沈阳,本科,辽宁经济职业技术学院,讲师,环境艺术设计,Email:37373165@qq.com。

浅谈城口县羊耳湖水库消落带生态修复

Discussing the Ecological Restoration in Water Level Fluctuating Belt of Yanger Hu Reservoir in Chengkou

冯义龙　先旭东

摘　要：本文在调查夜雨湖环湖消落带的土壤类型、土层厚度、坡度、石砾含量等立地因子基础上，将其划分为土质缓坡型、河口型、砾质坡地型、库湾滩地型和岩质岸坡型等5种类型，对各种类型的消落带特征进行分析，并提出具体的生态修复措施。
关键词：水库消落带；生态修复；羊耳湖水库；城口县

Abstract: In this paper, base on investigating the site factor with soil type, soil thickness, slope and gravel content in water level fluctuating belt of Yanger Hu Reservoir in Chengkou, It is divided into five types, such as gentle slope, river mouth, gravel slope, bay beaches and rocky bank, analyzed the characteristics of various types, and put forward specific ecological restoration measures.
Key words: Water Level Fluctuating Belt; Ecological Restoration; Yanger Hu Reservoir; Chengkou

水库消落带是指水库正常低水位和最高水位线之间的区域，是水位反复周期性涨落形成的干湿交替区，由水陆系统交错构成的边缘生态系统。由于周期性的反季节水淹、地表径流和波浪淘蚀、人为干扰等因素的影响，水库消落带生态环境十分脆弱。三峡水库建成后产生的消落带环境问题引起了人们的高度关注，消落带的生态恢复与重建已成为研究热点。构建稳定的消落带植物群落看似简单，实则是一个世界性难题。[1]恢复消落带植被系统是发挥消落带屏障功能的重要措施。

羊耳坝水库（夜雨湖）位于城口县龙田乡境内，坝址坐落在任河右岸支流龙潭河上游羊耳坝峡谷口，距县城16km，是城口县龙潭河梯级开发龙头水库，是以灌溉为主，兼有发电、城镇生活和工业供水、防洪、养殖、旅游等综合效益的中型工程。夜雨湖是县委十一届十次全委会确定的全县重点开发的景区之一，该景区的综合环境、交通安全、观光设施和环保工作等已难以满足游客需求，急需采取措施进行改善。我们在对羊耳坝水库消落带调查的基础上，本着分类简单化、利于工程应用的原则，对消落带类型进行了划分，提出了环湖消落带植被生态修复方案，拟利用植物自身吸附、降解等功能，对景区农村面源污染、垃圾处理、养殖排污等问题进行科学解决，以确保湖区水体安全。

1　水库消落带的生态功能

水库消落带作为水库生态系统的重要组成部分，是水库生态系统与陆地生态系统之间的过渡区，具有重要的生态功能。良好健康的消落带系统应该具备以下生态功能：[2,3]（1）固岸护坡。水库消落带对岸坡的保护功能主要是通过植被来实现的。植被的茎叶可以减缓地表径流，减少侵蚀；岸坡的植被层可以减小库岸一侧水流流速，降低水流冲刷作用；植被的根系通过与土壤的相互作用，增加根际土层的机械强度，甚至直接加固土壤，起到固土护坡的作用。（2）截留径流污染物。在水落干时，消落带具有典型的缓冲带功能，通过减缓径流，截留泥沙和非点源污染物质入湖，减少水库淤积与污染。（3）净化水质。在水淹时，消落带能滞纳水体中的悬浮物质，分解、吸收水体中的营养物质，降低水体的富营养化水平。（4）维系生物多样性。不同的消落带微生境给各种生物创造了适宜的生存条件。（5）美化景观。不同类型的消落带植被美化了消落带景观。

2　羊耳坝水库消落带生态环境现状

水库消落带生态系统十分脆弱，自然和人为因素的破坏都会导致消落带生态功能的失衡或削弱。随着城口县经济快速发展，根据"城口县十二五旅游规划"，羊耳坝水库功能将由灌溉、蓄水发电为主逐渐转变为旅游景区，将使得夜雨湖环境承载力不断增加，导致生态环境逐步恶化。主要表现为：（1）周边基础配套设施，如接待游客的农家乐、娱乐设施及休憩观光平台的兴建；（2）游客数量的增多，随之产生的生活垃圾如固体废弃物、生活污水等不适当处理；（3）为满足游客对自种新鲜蔬菜的需要，农家乐开垦水库消落带周边土地，形成景区内农村面源污染；（4）景区内农户山地鸡、兔、猪等家畜养殖，粪便排放；（5）随着汛期及枯水期交替，羊耳坝水库（夜雨湖）环湖已形成的高达10—12m的水库消落带，原有生态系统被破坏，植被稀少，水土流失严重，生态景观效果恶化。

3　夜雨湖环湖消落带类型特征

3.1　水文分析

水库大坝为细石砼砌块石重力坝，坝高57m，总库容

1154万m³。每年5月1日至9月30日为汛期，尤其是7月至9月间蓄水水位高达1202m；10月1日至翌年4月30日为枯水期，正常枯水期水位1192m，死水位1184m。随着水库正常运行，汛期及枯水季节水位更替，在夜雨湖环湖周围形成10—12m的水库消落带。

3.2 类型

根据调查夜雨湖环湖消落带的土壤类型、土层厚度、坡度、石砾含量等立地因子，将其划分为5个立地类型，即土质缓坡型、河口型、砾质坡地型、库湾滩地型和岩质岸坡型。[4]

3.2.1 土质缓坡型

土质缓坡型消落带是夜雨湖水库消落带分布最多的一种类型，与耕地或坡地连接，地势梯度不大，呈明显的缓坡状，无洼地、沟渠。土壤贫瘠，粒径较大。植物成片分布，非耕作地植物为多年生草本植物，无乔灌植物分布，耕作地则多为一年速生草本植物。部分地段由于受坡面雨水的冲刷，侵蚀严重，植物无法定居，形成裸露的土质坡地。水位变化和水动力作用强烈，不适合沉水植物和挺水植物生长。人为干扰以放牧和耕作两种形式为主。

3.2.2 砾质坡地型

砾质坡地依山傍水，地势梯度变化大，由于地形的原因，宽度宽窄不一。砾石和泥土混杂，给植物生长创造了一定条件，匍匐茎植物的生长对该岸的稳定发挥了重要的作用。根据坡度大小，砾质坡地消落带又可划分为砾质陡岸型和砾质缓坡型两种类型。由于陆上土层较薄，且存在众多不稳定性因素，如滑坡、泥石流等，生态环境比较脆弱，一旦破坏，恢复起来十分困难。夜雨湖水库砾质坡地消落带分布较为分散，常与土质缓坡消落带交互在一起。

3.2.3 岩质岸坡型

与砾质坡地型消落带一样，依山傍水，地势梯度大，库岸陡峭，宽度较小。库水长期的冲刷作用，使得表土已被冲刷殆尽，植物很难生长，仅在狭缝中有少量泥土供植物生长，是喀斯特山区水库典型的消落带类型，构成消落带独特的生态景观。该类型人为干扰较小，对水库水质影响不大，不需要人工治理。

3.2.4 库湾滩地型

该类型地处较平缓地方，多与田地相连，地势和水力梯度变化较小，土壤肥力较高。受人类干扰最强烈，大多数被围垦造田，破坏严重，缓冲带功能基本丧失。

3.2.5 河口型

河口型消落带是入湖河道与水库交互作用而成的一种独特的消落带类型，根据地貌整体发育情况可进一步划分为河口陡岸型和河口滩地型。山区河口由于强烈的下切作用，常形成陡峭的河口湖岸。河口滩地一般为人口密集地区，人为干扰强烈，滩地多被围垦造田，湿生及水生植被破坏严重，生态功能基本丧失。夜雨湖水库上游箭竹乡河口消落带即为典型的河口滩地型消落带。

4 夜雨湖环湖消落带生态修复

4.1 原则

4.1.1 坚持生态优先，兼顾景观的原则

消落带处于水生生态系统和陆生生态系统的交错区，生态区位十分重要且极其脆弱。因此，其植被恢复应优先考虑植被的防治库岸崩塌，拦泥挂淤，以及保持水土、涵养水源等生态功能。只有改善了消落带的生态条件，加强生态保护，改善生态环境，才能从根本上解决消落带诸多生态环境问题。此外，为满足夜雨湖风景区环湖景观的打造，在树种选择和群落构建方面需适当考虑植物的优美视觉景观功能。

4.1.2 坚持植被修复为主，工程为辅的原则

消落带生态治理的目的是保护消落带的生态环境，提高消落带的生态环境质量，维持消落带的生态健康。因此，消落带治理必须坚持采用植被修复的生物措施来进行，建立适宜的多样化的植物群落，以充分发挥消落带的陆—水生态联系作用。对地质灾害或生境破坏严重地段，为提高消落带库岸的稳定性和植被的稳固，在采用植被修复治理消落带的前提下，同时采用简易实用工程措施加以辅助。

4.1.3 坚持因地制宜，分类治理的原则

夜雨湖环湖消落带面积大，环线长，类型多样，环境条件各不相同。在消落带的植被修复和生态治理中，需要针对消落带的不同自然环境特点，根据实地情况和不同的治理重点，有针对性地考虑适宜的消落带植被修复的方式和治理技术，进行分类治理。

4.1.4 坚持治理的长效性原则

在消落带的生态治理中，构建永久性的耐水淹的消落带植被，以控制消落带的土壤侵蚀，提高消落带生态环境质量十分重要。为此，在进行消落带的植被修复和生态治理时，要注重治理措施和模式的科学性、有效性和可持续性，保证消落带治理中构建的植被在连续每年的水淹下不发生衰退，使治理后改善的消落带生态质量得以长久保持。

4.2 目标

为保护夜雨湖水体安全，提升夜雨湖风景区景观质量，促进夜雨湖风景区经济社会可持续发展，以科学发展观为指导，采用对水库消落带大深度长时间水淹有良好耐淹能力的多年生植物，对夜雨湖环湖消落带进行植被修复，从而减少消落带的土壤侵蚀，降低消落带的水土流失，稳定消落带库岸，降解、吸收消落带的污染物质，阻

截消落带陆上污染物和土壤侵蚀进入水库，保护消落带生态环境，提高夜雨湖的生态环境质量和景观质量，促进夜雨湖风景区经济社会可持续发展。

4.3 措施

根据夜雨湖环湖消落带恢复的目标、各类型消落带特征及功能特点制定生态修复模式。

4.3.1 土质缓坡型

此种类型坡度<30°，土层深厚（20—30cm），土壤疏松肥沃，适合大多数的耐淹树种生长。考虑到夜雨湖是风景区，拟在海拔1198m以上栽植垂柳、南川柳、龙爪柳、水杉、落羽杉等作为主要树种，构建河岸林带；在1195—1198m高程成片栽植高大草本植物如卡开芦、甜根子草、香根草等，并采用花灌木杭子梢、小梾木、中华蚊母进行点缀；在海拔1195m以下选择耐水淹能力强的扁穗牛鞭草、狗牙根等，进行地毯式栽植，并点缀黄花鸢尾、水生美人蕉、菖蒲等水生花卉，给夜雨湖增加一道靓丽的风景。

4.3.2 砾质坡地型

此种类型坡度变化较大，土层深厚深浅不一。根据坡度大小可分为砾质陡岸型和砾质缓坡型。对前者，可在保留原有地形地貌的基础上，栽植地瓜藤、五叶地锦、野蔷薇等藤本植物，尽可能地稳定库岸；对砾质缓坡型消落带，在海拔1198m以下可大面积栽植狗牙根，并点缀秋华柳、杭子梢、小梾木等灌丛；在海拔1198m以上，成片栽植高大草本植物甜根子草，并间隔配植南川柳、枫杨等高大乔木，构建复合植物群落。

4.3.3 岩质岸坡型

该类型消落带受库水长期的冲刷作用，使得表土已被冲刷殆尽，是喀斯特山区水库典型的消落带类型。考虑景观因素，可根据实地情况，在有少量泥土的狭缝中，栽植花灌木野蔷薇、杭子梢、小梾木和地被植物地瓜藤，构成消落带独特的生态景观。

4.3.4 库湾滩地型

该类型受人类干扰最强烈，破坏严重，大多数被围垦造田。可依形就势，在海拔1198m高程以上，选择水杉、池杉、落羽杉、南川柳等构建河岸林带；在海拔1198m以下，选择观赏价值较高的水生植物如黄花鸢尾、再力花、梭鱼草、睡莲、皇冠草、水葱、千屈菜、花叶芦竹等构建湿地植物群落。

4.3.5 河口型

夜雨湖水库上游箭竹乡河口消落带即为典型的河口滩地型消落带，滩地多被开垦造田，原有湿生及水生植被破坏严重。可成片栽植卡开芦、甜根子草、扁穗牛鞭草等草本植物，形成"芦苇荡式"景观。

5 结论

水库消落带作为特殊的生态系统，引起了广泛关注。水库消落带系统可以通过自然演替形成，但是需要很长的时间，并且往往仅有草本植物。因此，人工恢复与重建消落带植被生态系统应是水库消落带系统建立的主要措施。在具体实施中，要根据消落带的类型采取不同的植被恢复模式，以维系消落带的景观多样性，尽量保持原有的生境。

参考文献

[1] 马利民,唐燕萍,张明。三峡库区消落区几种两栖植物的适生性评价[J]. 生态学报, 2009, 29(4): 1885-1892.

[2] 戴方喜,许文年,陈方清。对三峡水库消落区生态系统与其生态修复的思考[J]. 中国水土保持, 2006(12): 6-8.

[3] 张永祥。水库生态系统恢复与重建[D]. 南宁：广西大学, 2007.

[4] 夏品华,林陶,邓河霞等。贵州红枫湖水库消落带类型划分及其生态修复试验[J]. 中国水土保持, 2011(6): 58-608.

作者简介

冯义龙，1978年2月出生，男，湖北谷城人，高级工程师，主要从事三峡库区消落带生态恢复、城市园林生态、园林植物应用等方面的研究，Email: 541640500@qq.com。

论大城市郊野公园的生态功效
——以上海青西郊野公园为例

The Eco-effectiveness of Country Parks in Metropolis
——An Example of Shanghai Qingxi Country Park

管金瑾　严国泰

摘　要：郊野地区作为城市外围的保护屏障，负担着维护城市生态安全的重要职责。而长久以来的城乡发展一体化给郊区的生态维护带来困难。郊野公园作为一种新的郊区发展模式，将郊区生态基础设施的建设与公园系统有机融合，并且促进了郊区的社会经济发展。本文以上海青西郊野公园生态规划为例，提炼青西地区的生态内涵，分析敏感区域，通过制定生态保护系统及其相应的湿地净化方案，修复食物链及植被群落实现了维护大地肌理安全和郊野景观体系的生态目标。

关键词：郊野公园；生态保护规划；生态基础设施

Abstract: As a protective barrier of the city, the countryside has a burden of maintaining the urban ecological security. And in a long time, the integration of urban and rural development has been difficult to maintain the ecological maintenance. Country Park as a new country development model can integrate the suburban ecological infrastructure construction and the park system, besides promoting social and economic development in suburbs. This article takes Shanghai Qingxi Country Park as an example, extract Qingxi region's ecological connotation, analyze the sensitive areas. Through the development of eco-systems and their corresponding wetland purification scheme, article restorates the food chain and vegetation communities to achieve the maintenance of earth texture security system and country landscape ecological goals.

Key words: Country Parks; Ecological Conservation Planning; Ecological Infrastructure

随着城乡一体化的快速发展，城市建设迅速向城郊发展。在城市向城郊扩张的同时，城郊人口数量也迅速地增长，这不仅仅表现为人口的自然增长，更多地表现在人口的机械增长方面。由于城郊住房价格相对城市要低许多，一些外来务工人员即便是在城市工作，仍有不少人居住在城郊，从而导致城郊人口骤增、土地资源紧缺、生态负担加重等一系列城市问题。城郊地区作为城市周边重要的自然保育地区和生态环境屏障，担负着维护城市生态安全的职责，但由于乡村城镇化发展过快而无暇顾及生态保护，甚至以牺牲自然资源谋求乡村经济发展，给城市生态安全带来隐患。城乡一体化缩小城乡差距，积极发展城郊社会体系，并不是让乡村等同于城市。正确的做法应该在提高乡村生活质量的同时，仍然维护好乡村的原生态环境，注重乡村生态基础建设，走低耗能的可持续发展道路，[1]不仅保障乡村的生态环境安全，同时也保护城市的生态安全。

1 上海市建设郊野公园的背景

自2012年起，上海为保障城市生态安全，不仅建立了环城绿地网络，还在郊区规划了21处郊野公园来控制城市的无序蔓延。[2]青西郊野公园作为率先启动的上海郊野公园之一，不仅满足基本的公园功能，[3]还兼具保护自然资源，维护生态安全，改善青西地区乡镇村落的原生态环境及其农林渔业的田园风貌的功能。青西郊野公园模式促进了青西地区生态基础设施的建设，维护了青西地区生态安全格局，并且整合了当地的社会经济发展模式，为青西地区的可持续发展提供新的契机。

2 青西地区的生态环境特色

青西郊野公园位于上海市青浦区境内，属上海西南部淀山湖南岸区域，面积22.14km²，是一处自然资源丰富，郊野景观优美，以多样的水域生态环境为特色的江南鱼米之乡。作为黄浦江的上游地区，青西地区不仅有充沛的水资源，还以"湖、滩、荡、堤、圩、岛"等特色水域景观吸引了大批野生鸟类栖息，并保留了完整的乡土植物群落，是上海地区难得的一处生物多样性资源丰富，湿地生态环境相对完整的乡村景观胜地。

宜居的自然环境造就了青西地区悠久的历史文化。6000年前的崧泽文化展示了先民改造自然的智慧，自此开启了江南水乡灿烂的人类文明发展史。青西丰厚的物质资源使世世代代生活于此的村民过着富饶安逸的生活，而传统的农耕渔猎生活也养成了村民善良淳朴的民风民俗和丰富多彩的传统文化，并给后人留下了诸多非物质文化遗产，形成了一处宝贵的乡间文化"博物馆"。

随着城市的现代化发展和生态基础设施建设的推进，青西地区以其独特的自然资源和生态区位优势，在城市生态网络中占据了重要的节点位置。位于青松生态走廊之上的青西郊野公园对市中心形成生态辐射，提升并沟通周边地区的生态环境。此外，青西地区作为上海的西门户，也是保护长三角区域环境，保障生态安全，促进长三角地区联动发展的重要生态节点之一。

3 青西地区面临的生态危机和潜在威胁

随着城镇化的快速发展和乡镇企业的不断增长，青西地区的原生态环境不断地受到挑战，已出现潜在的危机。

3.1 水系格局破碎导致水域生态环境衰退

青西地区水资源丰富，具有典型的江南水乡肌理。但近年来受到乡村区域经济发展影响，城镇化、社会化基础设施建设及工业发展等影响，水系的网络被阻断，水系的整体格局遭到了破坏。除了大江、大河、大湖外，水网中的小湖、小池不断地为建设发展让路，造成了水网中的毛细血管堵塞，从而导致水网系统生态环境的整体衰退。此外，随着农村生活条件改善使得人们不再依赖天然河道内的水资源，人们对水体的保护意识也逐渐下降，水生环境生态平衡受到威胁，水体受到不同程度的污染。

3.2 农副产业不振，农田肌理丧失

青西地区地处远郊，主要产业以农林渔等第一产业为主。但农渔业一直沿用传统的生产方式，生产形式和技术的落后使农副产业逐渐衰败。由于上海郊区人口受教育程度高，年轻人大学毕业后很少回农村务农，导致农村人口流失，大量农田无人耕种甚至荒芜。农村的农田流转现象严重，多被转租为他用从而导致农田肌理的破坏，青西郊野地区基本农田就面临着被破坏和侵占的威胁。此外，尚在生产的部分农田为提高生产效率，农民多用化肥、农药等化学物质。这些化学物质不仅破坏了土壤的结构而且对农田生态环境及周边水系造成污染。

3.3 乡土植物受冲击，原生态郊野景观遭破坏

在新农村建设的浪潮下，江南地区传统农村风貌发生了很大改变。青西地区的田园村落景观从粉墙黛瓦式的原生态建筑文化景观转变为农民新村规则化的村庄景观。道路和河道泊岸硬质化，乡土植物受到外来植物物种的冲击，野生动物失去栖息地向外迁徙，原来的传统地域风貌和原生态的郊野景观正在逐渐被城镇化，传统村落格局和郊野景观正在逐步衰退。

随着城镇化、社区化的发展，虽然城乡差距在缩小，但城乡生态景观环境的差距也在缩小。乡村越来越像城市，生态环境的危机不仅在城市出现，在偏远的青西地区同样面临着社会经济发展和生态保护工作难以为继的严重危机。长期粗放型的工业污染生产模式，根本无法解决区域生态维护和提升人民生活质量的需求，只会进一步导致人口流失、产业凋敝、社会经济发展滞缓的恶性循环。青西郊野公园的转型使青西地区及时纠正发展错误，摆脱困境，走上了可持续的试验之路。

4 青西郊野公园的生态修复思考

鉴于上述危机及其潜在威胁，青西郊野公园生态规划应有针对性的措施与策略，方能保障青西地区的生态安全。

4.1 调研生态系统内涵及其生态敏感地区

青西地区的生态系统主要为"湿地"加"农林"的混合生态系统。以大莲湖为核心，以北横港、拦路港流域及其众多纵横交错的支流为网络的湿地风貌，反映了青西地区的江南水乡特征；以农田肌理为基质的田园风貌和以人工林为斑块的森林植被则反映了青西地区的"农林"大地肌理和"湿地"水域的景观生态格局。在此无论是"田园"肌理，还是"森林"斑块，抑或是"湿地"风貌或"河流"廊道，都是生态敏感地区。

生态敏感度分析的目的是使郊野公园在发展过程中避开生态敏感地区，从而减少生态压力。郊野公园内各类项目的开展所需基地条件不同，其生态承载的要求也就不同。而项目的过度开发或选址不当都会影响郊野公园内部的和谐发展，也关系到整个青西地区的生态格局是否安全稳定。

因此，规划建立了基地生态敏感度评价模型，选取适当的评价因子（生态敏感度、湖景视域质量、环境质量、游憩资源价值），运用GIS地理信息技术给予基地评分和叠合分析，最终得出生态敏感度评价图（图1）。通过生

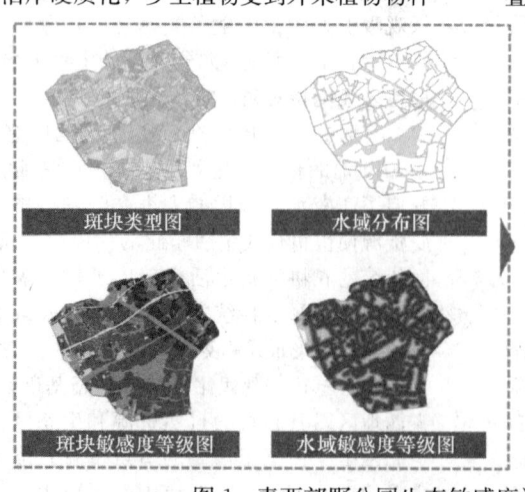
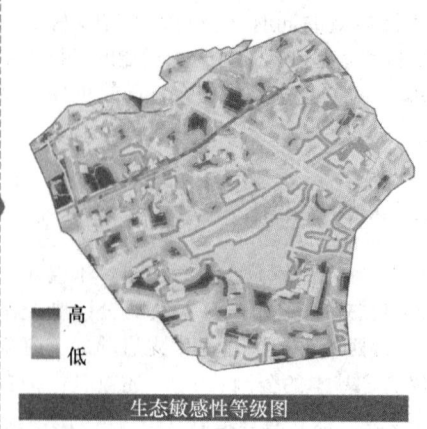

图1 青西郊野公园生态敏感度评价图（管金璟绘制）

态敏感度评价图，对各类开发项目按权重比例进行敏感度评价（表1），为开发项目的选址作指导。生态敏感度评价体系通过科学严谨的评估手段，确定了郊野公园内的适建区和不适建区及其生态保护区，避免了错误的开发与破坏，使保护与发展和谐并行。

开发项目选址权重评价表（管金瑾绘制） 表1

类别	活动	生态敏感度等级					湖景视域等级					环境质量等级					游憩资源等级					评分要点
		敏感	较敏感	适中	不敏感	权重(%)	好	较好	一般	较差	权重(%)	好	较好	一般	较差	权重(%)	好	较好	一般	较差	权重(%)	
建设	居民点	1	2	3	4	30	4	5	2	1	20	4	3	2	1	40	4	3	2	1	10	考虑视景，生活服务设施，环境要求；重视生态影响
	商业设施	1	2	3	4	20	4	3	2	1	40	4	3	2	1	20	4	3	2	1	20	视景要求高，交通便捷，环境要求较高
	旅游服务设施	1	2	3	4	30	4	3	2	1	10	4	3	2	1	50	4	3	2	1	10	可建地区，视景要求不高，交通便捷，有一些生态影响
农业	农业作物	1	2	4	3	70	1	2	3	4	10	4	3	2	1	20	4	3	2	1	—	以现有农业用地为主，考虑敏感度，环境质量等指标
	农业观光	1	2	4	3	50	1	2	3	4	10	3	4	2	1	30	4	3	2	1	20	以现有农业用地为主，考虑交通，游憩资源，环境质量等指标
游憩体验	水上游憩	1	2	4	3	30	4	3	2	1	30	4	3	2	1	20	4	3	2	1	20	考虑湖景，水域敏感度；重视生态影响
	户外活动	1	2	3	4	60	4	3	2	1	—	3	4	2	1	20	4	3	2	1	20	非建筑用地，非农用地，考虑用地敏感度和游憩资源
	野营烧烤	1	2	3	4	50	4	3	2	1	20	4	3	2	1	30	4	3	2	1	0	非建筑用地，非农用地，考虑用地敏感度和环境质量

4.2 制定生态保护系统及其相应的湿地净化方案

青西郊野公园内主要为湿地生态系统、田园生态系统和人工林生态系统三种类型，其中湿地水域占公园面积的40%。

青西郊野公园的湿地系统主要由天然湖泊和池沼、河流岸滩组成。其水域与陆域交界之处的水陆生态系统复杂多样，构成了青西地区开阔性湿地、苇滩、浅滩、沼泽、灌丛等植物群落类型。青西郊野公园的田园生态系统主要由基本农田系统构成。保持它的田园化，不改变它的耕地性质，维护大地肌理的田园化特征，即保护了农田的原生态肌理和特征。青西郊野公园的人工林，大多由退耕造林形成，而建设之初都是以防护林的形式开始，因此树林的树种相对单一，主要以杉树为主。青西郊野公园的人工林需要进行林相改造，以提升自然林相的覆盖率。

鉴于青西郊野公园生态系统的关键任务是净化水域生态环境，从而提升湿地生态环境的效能。水域生态环境的净化，不仅是水面区域的治理，要从沿岸的农田灌溉开始整治。参与净化的要素包括土壤、植物、动物和微生物，要从控制源头污染开始，包括农业耕种的过程中使用的农药与化肥；其次通过生物治理方式，即挺水植物、螺、蚌、蚯蚓、蟾蜍等动物及植物根系的大量微生物吸收与降解水体中的污染物质，从而到达净化水域的目的。

4.3 修复系统食物链及植物群落

食物链是生态系统平衡的重要环节，也是生态系统可持续发展的基础。青西地区的食物链构成主要是由食肉鸟类与食草鱼类组合而成的食物链。以青西地区主要鸟类白鹭为例，白鹭喜欢在水深0.5m以下的浅滩捕鱼，而将巢建在高大的水杉树上。因此以白鹭的栖息环境特点构筑其生存与发展空间时，相应的植物群落规划就要从确保食草鱼类生存的水生植物做起，因此池沼湖泊岸线的浅滩就应种植可作为食物的水生植物如茭白、水葱、萱草、芦苇等用来吸引食草鱼类，其次是在岸线种植水杉及其他相应的乔木供白鹭筑巢。

因此要确保湿地环境食物链中处于高端的食肉鸟类的生存，植物构筑的原生态环境是鸟类生存与栖息的主要场所，而鸟类物种多样性的主要因子是植物物种的多样性。鸟类对特殊植物的青睐，则由乡土原始性决定，其中的乡土树种是吸引鸟类的关键。所以修复青西地区原生态的湿地地带性植物群落，是保障青西地区湿地生态环境安全的根本，也是青西郊野公园生态价值的体现。

在湿地治理技术中，首先应满足生态系统的完整性，才能保证湿地净化功能的有效性。建立在完整性上的湿地生态系统，使污染物像其他任何物质一样在湿地内按照食物链上不同营养级的等级进行吸收、循环、转化、降解。任何一个环节遭到破坏，会殃及其他与之有联系的环节，从而切断系统的能量流、物质流，以及信息流，湿地的生态功能将不复存在。

其次，不同的生态污染问题应各有侧重，采取不同的植物配植，有针对性地修复湿地环境，净化污染源。此外，选取不同的湿地植物，在取得良好的治理效果的同时，亦可营造不同风格、不同风貌的湿地景观带。针对基地水质现状进行合理的分区：沉淀及植物综合净化区、农田净化区、工业重金属净化区、生活污水净化区和土壤过滤净化区。以植物净化为主，微生物、物理、化学净化方法为辅，形成各有侧重，具有特色风貌的湿地生态环境。

最终修复湿地系统的食物链和植物群落，构筑合理的水岸线，为郊野公园的长远发展提供稳定的生态基础。

5 结语

青西郊野公园生态修复规划模式改善和提升了青西地区的现状生态环境。运用生态专项规划和生态修复技术，调整了原来较为脆弱的生境系统，使其恢复自净能力和自稳定性，以低成本、低维护的生态改造方案换来该地区的长期稳定发展。完成自身的生态恢复之后，青西郊野公园作为城市重要的生态网络节点，进一步锚固城市生态格局，保护大地肌理安全，成为上海新一轮城乡建设中扎实的生态基础设施和生态安全屏障。

参考文献

[1] 吴桂萍，张良，孟伟庆. 郊野公园作为城市自然保留地的价值分析[J]. 生态环境，2007, 26(5)：51-56.
[2] 上海市人大常委会. 上海市基本生态网络规划[R]. 2012.
[3] 易澄. 浅议生态园林与郊野公园[J]. 中国林业，2002(09).

作者简介

严国泰，1953年生，男，汉族，上海人，同济大学建筑与城市规划学院景观学系教授，博导，现单位：同济大学，研究方向：风景资源与旅游空间规划，Email：yantuotai@263.net。

菅金瑾，1991年1月8日，女，汉族，上海人，同济大学建筑与城市规划学院景观学系硕士研究生在读，研究方向为风景资源与旅游空间规划，Email：gjj19910108@163.com。

社区绿道降低 PM2.5 的规划策略浅析

The Planning Strategies Research of Community Greenway to Reduce the PM2.5 Pollution

郝丽君　杨秋生

摘　要：随着城镇化的发展，PM2.5 的污染已经成为一个必须面对的问题。绿道尤其是社区绿道，是改善城市生态环境的重要绿色基础设施，对降低 PM2.5 有着重要的作用。本文在对社区绿道和 PM2.5 进行基本认知的基础上，从分区建设、建设要素、配置绿化植被和注入地域文化四个方面提出社区绿道降低 PM2.5 的规划策略，希望能够对社区绿道的建设有所裨益。

关键词：社区绿道；PM2.5；规划策略

Abstract：With the development of urbanization, the PM2.5 pollution has become a problem that must be faced. Greenway, especially community greenway, is the important green infrastructure to improve the urban ecological environment, and plays an important role to reduce PM2.5. Based on the basic knowledge about the community greenway and PM2.5, the paper proposes the planning strategy of community greenway to reduce PM2.5 from the partition construction, construction elements, green vegetation configuration and injecting regional culture. It is hope that is benefit for the construction of community greenways.

Key words：Community Greenway；PM2.5；Planning Strategies

1　社区绿道和 PM2.5 认知

1.1　社区绿道

绿道建设起源于美国，目前在全世界范围内正处于积极发展状态，我国大规模绿道建设兴起于 2010 年，以《珠江三角洲绿道网总体规划纲要》的颁布和其在珠江三角洲 9 个地市的建设实践活动为标志。综合国内外对于绿道的定义来看，绿道是可覆盖整个有人活动的区域的绿色网络系统，通过绿道可以有机串联各类有价值的自然和人文资源。绿道具有多种功能，涵盖生态、社会、经济、文化等多方面，尤其在生态功能上，为植物生长和动物繁衍栖息提供充足空间，有助于更好地保护自然生态环境，也可以为都市地区提供通风廊道，缓解热岛效应，同时，能发挥防洪固土、清洁水源和净化空气的作用，而植物良好的吸附性也是降低 PM2.5 行之有效的方法之一。

绿道可以分为区域绿道、城市绿道和社区绿道，其中社区绿道是串联社区公园、小游园和街头绿地，就近为社区居民服务的绿道，是绿道网络体系的最小单元，在绿道网络系统中类似于"毛细血管"。通常而言，绿道距离社区越远，社区居民使用就越少，使用频率与距离成反比，然而对于不同层次的绿道来说，它的服务半径又与其等级层次及面积成正比，即区域绿道＞城市绿道＞社区绿道。因此，大尺度、高等级的城市、区域绿道应注重其生态环保性、整体性、系统性和战略性功能的发挥，而靠近社区的社区绿道，应该是小尺度并且层级较低的绿道，应以提高其可达性，以方便周边居民的进入，满足周边居民的休闲游憩需求的同时兼顾生态功能为主。[1]

在理论和实践研究方面，城市绿道和区域绿道的研究相对较多，社区绿道的研究还处于起步阶段。黎秋萃等[2]（2011 年）研究了社区级绿道实践使用后评价，指出社区级绿道存在活动人群较少，设施配套不完善，人群的使用习惯较差等问题。黄晶[1]（2011 年）提出社区绿道与城市功能相结合的设计概念，以及社区绿道的设计原则及其节点和细部设计。陈福妹等[3]（2012 年）总结了社区绿道网络的规划特点、规划原则等。姚睿[4]（2012 年）提出社区应建立并完善城市公园绿地系统与城市慢行道系统，合理布局社区绿道网络布局并对服务半径分等级设置，且应根据实际条件采取不同建设标准。赖寿华等[5]（2012 年）指出在紧凑城市建设社区绿道是绿道建设的新趋势。在实践上，以珠三角地区绿道规划建设为例，目前还处于绿道网络构建阶段，基本停留在区域绿道和城市绿道层面，而对于起到"毛细"作用的社区绿道，较少有专门的规划和相关的技术指引，也缺乏大量的建设实例，部分城市仅在城市绿道层面有所提及，比如《广州市海珠区绿道网总体规划》提出在"以水为脉、绕岛成环；以园为核，串绿成网"的绿道网布局结构指导下，建设社区绿道的设想，确定了由区域（省立）绿道—城市绿道—社区绿道组成的绿色慢行网络体系，但是由于建设时间较短，目前还处于搭框架的阶段，绿道与城市生活的关联性问题以及社区绿道降低 PM2.5 的作用还有待我们进一步的研究。[5]

---

①　基金项目：河南省教育厅人文社会科学研究项目（2013-GH-141 和 2014-gh-208）资助。

1.2 PM2.5

PM2.5是细颗粒物，主要指环境空气中空气动力学当量直径小于等于2.5微米的颗粒物，也称入肺颗粒物。PM2.5的粒径小，富含大量的有毒、有害物质，能够长时间停留于大气中并且输送距离远，对人体健康和大气环境质量的影响很大。其产生源头多来自于工厂废气排放、汽车尾气排放、燃料的不完全燃烧、高密度聚集人群不良生活方式（如抽烟）等方面。

此外，PM2.5的特性表现在其主要成分是水溶性分子的特点致使其浓度随着季节会出现很大变化，一般夏季由于降雨较多而浓度低，冬季由于空气干燥而浓度高。对于城市而言，由于城市建筑密度大、通风条件差以及汽车尾气、工业厂房的大量聚集，所以相应的PM2.5浓度也会明显增高。

2 降低PM2.5的社区绿道建设思考

由于PM2.5具有的这些特性，所以我们国家目前大力提倡绿色交通以减少PM2.5的产生与排放，多乘坐公共交通、少开车以减少PM2.5的产生势在必行，在和我们最为息息相关的道路网建设中，怎样营造一种既方便民众交通疏散，又能够低碳环保的方式是很多专家学者思考的问题，社区绿道怎样作为与公交换乘交接的"最后一公里"路段，使其具有通达性、安全性、便捷性甚至引导性是我们值得考虑的问题。

结合PM2.5的有关特性，社区绿道建设可以从控制PM2.5产生的源头，减少污染源，防止扩散，缩小污染的范围，有效的吸附和收集等控制措施方面综合考虑社区绿道的规划建设，降低污染程度，对付PM2.5造成的污染危害。[6]

3 社区绿道降低PM2.5规划策略

3.1 分区域建设遏制PM2.5产生源头

在社区绿道规划建设的过程中，首先应当尽量利用道路，河流，绿地，广场，步行街等现有的绿色空间，通过合理布置的绿色通道，将现有的和规划的公园、环城绿带、游园、大型居住区中心绿地等大型绿地和组团绿地、单位绿地等中小型绿地相连接，通过对现有绿色空间的挖掘利用，增加社区绿道规划建设的可操作性。[7]其次，在实现服务均等性的基础上，对于社区绿道的布局和线网密度，宜按串联组团类型和等级进行分类分级设置，考虑社区绿道规划建设的不同阶段和不同区域，注重减少和控制机动车驶入社区绿道；分散公共活动空间，减少大规模的人流聚集；在社区绿道内部及周边采用湿法清扫等，从源头上遏制PM2.5的产生和流通。

3.1.1 在社区或单位内部建立

单位或社区普遍规模较大，社区绿道建设首先应该保证单位或社区内部的步行及自行车通行的顺畅，促进和加强内部人员的交流，改善其通行环境，为他们的工作、生活、休闲创造舒适，安全的绿色通道，低碳绿色交通是降低PM2.5重要环节。另外，在规划建设的过程中，尽量沿着单位内部的绿地、水体等绿色开敞空间进行，适当缩小集中绿地的规模转化为社区绿道建设，拓宽绿道宽度，促使人们更容易地进入绿色空间中，既提高绿地的使用效率，也遏制了PM2.5的产生。

3.1.2 在社区与社区之间建立

在我国，城市里的社区基本上都是一个个相对独立的单位，相互之间以围墙相隔，再加上小而全的功能构成，使得社区居民之间的交往相对较少。高架桥、高层建筑围合成的城市水泥森林，严重阻碍了社区居民间的交往。因此，在社区之间建立社区绿道是十分必要的。通过社区绿道，将社区的中心绿地连接，既利用了现有绿地又增加了专门的绿色通道，同时减少了社区之间的机动车连接，换成非机动车绿色通道，在斩断产生PM2.5的机动车污染源头的同时又保证了社区间的通达性和连续性。

3.1.3 在居住区与商业区之间建立

日常购物是人们出行的重要内容之一，因此，在居住区和相近的次级商业区之间建立非机动车道是非常必要的。故此应在规划建设中，尽量沿居住区的中心绿地，组团绿地与商业步行街之间规划建设社区绿道，遏制PM2.5，提供怡人的出行方式。

3.1.4 在社区与公园、广场之间建立

随着休闲时代的来临，人们更多希望在工作之余体验慢生活的感受，在居住区与公园、广场之间建立社区通道，一方面营造进入公园广场前的气氛，同时也将公园广场的景观向社区进一步延伸，形成安全高效的步行网络系统，降低机动车出行比率，减少汽车尾气排放，降低PM2.5产生。

3.1.5 在城市边缘社区建立

城市内部已建成区域尤其是旧城区规划建设社区绿道是一件难度较大的事情，而这在城市边缘的开发区就容易很多。在城市边缘区合理规划建设社区绿道网络系统能为以后城市规模变大后形成良好的非机动车通道网络打下良好的基础。从长远的、战略的角度来看，这本身就是在遏制PM2.5的产生。

3.1.6 在城市边缘社区与郊区之间建立

社区绿道是绿道网络系统的最小单元，社区绿道与郊区的绿地连接，形成一个有机的降低PM2.5的非机动车绿色通道系统，同时也起到将郊区的自然景观延伸至城市的作用，完善区域绿道网络系统。

总之，社区所处位置、区位条件、基础设施条件和功能类型不同，应根据社区类型和等级有针对性地进行社区绿道建设，选择不同的服务半径标准和建设标准，以达到应有的降低PM2.5功能和使用目标。比如居住功能为主的社区组团，居民的日常生活以买菜、上下学和休闲健身为主，较依赖社区绿道，对社区绿道的使用频率更高；

工业功能为主的社区组团则以上下班的通勤为主；教育功能为主的社区组团则以老师、学生的上下课行走为主，对社区绿道的使用频率亦较高，因此，居住组团和教育组团的社区绿道，其服务半径应相近，降低PM2.5主要考虑营建非机动慢性交通系统；工业组团的社区绿道其服务半径可适当增加，主要通过社区绿道中合理植被配置来起到防沙降尘的作用。

3.2 从建设要素规划上整合降低PM2.5

社区绿道建设要素构成包括慢行系统、交通衔接系统、服务设施系统、标识系统、照明系统五个系统，以及步行道、自行车道、综合慢行道、非机动车桥梁、交叉口划线、信号灯、自行车停靠点、自行车租赁、康体设施、科普教育设施、安全保障设施、环境卫生设施、信息标志、指路标志、规章标志、警示标志、空间照明、绿化照明十七个要素。[5]针对五个系统的不同要素在其规划建设上应该有不同的降低PM2.5措施，详见表1：

社区绿道建设要素及降低PM2.5措施一览表　　表1

系统名称	基本要素	设置要求	备注	降低PM2.5措施
慢行系统	步行道	●		综合考虑密度、宽度和规模，促进合理使用
	自行车道	○		
	综合慢行道	○		
交通衔接系统	非机动车桥梁	○		·合理的非机动设施；·交叉口通畅，减少机动车停靠致霾
	交叉口划线、信号灯	●		
	自行车停靠点	●		
服务设施系统	自行车租赁	●		·租赁点位置、数量合理规划；·科普教育设施融入降低PM2.5宣教；·防霾设施的建设；·环卫设施智能化，减少污染
	康体设施	●	包括文体活动场地、休憩点等	
	科普教育设施	○	包括科普宣教设施、解说设施、展示设施等	
	安全保障设施	○	包括治安消防点、医疗急救点、安全防护和监控设施、无障碍设施等	
	环境卫生设施	○	包括公厕、垃圾箱、污水收集、排污或简易处理等设施	
标识系统	信息标志	○		标识明确醒目，增加社区绿道的使用效应
	指路标志	○		
	规章标志	○		
	警告标志	○		
照明系统	空间照明	○		使用太阳能等清洁能源
	绿化照明	○		

注：●必须建设项目，○条件许可或需要时建设项目。

3.3 合理配置绿化植被促进PM2.5的吸附和收集

研究表明，植物叶片可以固定大气中的颗粒物，尤其是树冠大而浓密、叶面多毛或者粗糙以及分泌油脂或黏液的树木均有较强的滞尘能力。植被的树叶面越粗糙捕捉力越强，越能拦截空气中细小的颗粒物。同时，树木能够通过荫蔽和蒸发降低大气温度，提高微气候的环境素质，增加空间局部湿度，从而通过节省降温能源的方式减少相关污染物的排放。[8]

在社区绿道的植物种类选择上应多选乡土树种并具有吸附作用的来合理配置植被，形成灌木加乔木水平密植、垂直相接的形式，在满足吸附收集PM2.5的生态作用同时构建特有的社区绿道绿化景观体系，比如灌木的女贞、夹竹桃、白玉兰和大叶黄杨；乔木的梧桐、榆树、泡桐、国槐、白榆、刺槐、广玉兰等，同时，在社区绿道中提倡垂直绿化、沿街建筑墙体和屋顶绿化，在建筑物墙面、阳台、栅栏、围墙处种植藤类植物，形成绿色屏障。

3.4 在社区绿道规划中注入地域文化内涵，提高居民降低PM2.5的综合素质

随着快速城镇化的发展，很多城市都存在地域文化缺失的问题，社区绿道的建设在其规划之初，应要充分挖掘和突出当地的自然、人文特色，展现地方文脉，尊重地方风俗习惯，以地域性特色凸显文化内涵，一方面尊重南北的气候差异，植被、地貌等不同，多选用乡土植物，因地制宜，另一方面还应该对于当地的文化与城市文脉给予继承和沿袭，多选用富有历史、人文气息的景观小品作为意境的载体，满足人们的精神文化需求。

此外，社区绿道的地域文化建设还可以起到聚集人流，增加空间环境活力，提高人们文化生活水平的作用，多在社区绿道人流量大的节点空间进行地域文化的宣传、低碳环保具体生活方式的引导，通过空间载体能够使人们对降低PM2.5有一个更深刻的了解，不仅在绿道建设中保持了当地特色和空间活力，也避免了千篇一律的局面，形成新的空间活力场所和社区文化宣传阵地。

4　结语

社区绿道是绿道网络体系的"毛细"组成，串联社区公园、街头绿地、学校、居民主要活动场所，为居民提供方便、安全的绿色出行空间和良好的交往、游憩场所，其形式灵活、分布广泛、贴近市民生活。以PM2.5为代表的大气环境恶化对国内城市的空间格局规划和城市绿色生态网络的建设是一个挑战。如何让未来的城镇成为自然与城市融合的宜居空间，社区绿道可以为人们提供了一种新的思路，即通过社区绿道，连接城市开放空间形成网络化的廊道系统来疏散、稀释、减缓和降解PM2.5，[9]这并不是简单地连通可以调节气候的公共绿地和绿色空间，而是改变城市环境的绿色基础设施，使绿色空间保护整个城市区域，让我们的生活环境更加宜人、怡人、冶人，希望大家共同努力！

参考文献

[1] 黄晶. 社区绿道设计研究[D]. 武汉：华中科技大学，2011.

[2] 黎秋萃，胡剑双. 社区级绿道实践使用后评价研究——以佛山市怡海路和桂城东社区绿道为例[M]. 南京：东南大学出版社，2011：3471-3479.

[3] 陈福妹，艾玉红. 社区级绿道网络规划模式初探[C]//2012城市发展与规划大会论文集，2012：968-975.

[4] 姚睿. 广州市社区绿道可行性策略研究[J]. 广东园林，2012(3)：12-14.

[5] 赖寿华，朱江. 社区绿道：紧凑城市绿道建设新趋势[J]. 风景园林，2012(3)：77-82.

[6] 惠劼，李洁等. 以"容器效应"降低城市住区环境PM2.5的策略初探——以西安东门里居住环境设计为例[J]. 建筑与文化，2014(2)：120-122.

[7] 韩西丽. 我国城市社区非机动车绿色通道的建立[J]. 城市规划，2003(4)：71-74.

[8] 叶祖达. 通过城市绿地空间建设降低PM2.5浓度[J]. 北京观察，2013(8)：21.

[9] 杜春兰. 降减PM2.5的绿色基础设施途径的思索[J]. 风景园林，2013(2)：147.

作者简介

郝丽君，1976年生，女，山东潍坊人，河南农业大学在读博士研究生，研究方向为风景园林规划设计，Email：hao_323@126.com。

杨秋生，1958年生，男，辽宁阜新人，河南农业大学教授，研究方向为风景园林规划设计、园林植物等。

城市更新中的绿色开放空间景观设计探讨
——以包头转龙藏公园景观设计为例

A Study on Landscape Design of Green Open Space Based on Urban Regeneration
——Taking Zhuan Longzang Park Design as Example, Baotou

侯 伟

摘 要：以北梁城市更新改造背景下的转龙藏公园景观设计为例，介绍城市更新过程中，景观设计面临的种种问题及解决措施。先简要分析中国城市更新和绿色开放空间营造的关系和主要特点，继而介绍转龙藏公园景观设计的主要内容。最后提出，城市更新过程中，不仅仅是物质环境的改善，更要注重城市特色的营造，以及对生态环境、空间环境、视觉环境、游憩环境等的改造和延续。

关键词：城市更新；绿色开放空间；景观设计

Abstract: Based on Bei Liang urban regeneration, this article introduces the problems and solutions of Zhuan Longzang park design. Firstly a brief analysis is made on the relationship and the main characteristics between urban regeneration and green open space design. Secondly, introduce the main contents of Zhuan Longzang park design. As a conclusion, the article proposes that urban regeneration is not only about physical environment improvement, but also building the city's characteristics, including ecological environment, space environment, visual environment, recreation environment.

Key words: Urban Regeneration; Green Open Space; Landscape Design

1 城市更新

城市更新的目的是对城市中某一衰落的区域进行拆迁、改造、投资和建设，以全新的城市功能替换功能性衰败的物质空间，使之重新发展和繁荣。它包括两方面的内容：一方面是对客观存在实体（建筑物等硬件）的改造；另一方面是对各种生态环境、空间环境、文化环境、视觉环境、游憩环境等的改造与延续，包括邻里的社会网络结构、心理定式、情感依恋等软件的延续与更新。[1]

20世纪70年代，西方最初的城市更新以"形体规划"为核心思想，单纯强调物质环境的更新改造。20世纪90年代后更强调人本主义和可持续发展，不仅要求改善内部环境，更注重通过城市更新，提升城市竞争力，更加强调人与自然的融合交流、人与人之间的沟通，街区、社会、经济和文化等全方位的复兴。

中国式的社会制度与决策体制，使得中国的城市更新具有更加的复杂的背景。大规模更新计划因缺少弹性和选择性，必然对城市的多样性产生破坏，使城市景观丧失本来的有机性和关联性，更是对地域文化的不尊重、对人性的忽视。[2]

在城市更新的过程中，如何通过开放空间、公共绿地的营造，为人们情感交流、价值的充分体现提供空间和场所，体现社会的公平与平等，是城市更新的一项核心内容。

2 项目背景

转龙藏公园景观设计是在北梁棚户区城市更新改造的大背景下产生的。北梁有着300多年的历史，是包头历史文化的发祥地，素有"包头文化根在东河，魂在北梁"之说。北梁棚户区占地13km²，受历史和地理条件制约，面临着人居条件差、弱势群体多、市政基础设施匮乏、群众的生活环境和居住条件恶劣等诸多困难，现状没有一处完好的大型公共绿地。同时，北梁地区也有着极好的历史文脉，区域内有多处自然遗产、古老建筑、寺院庙宇建筑等。

规划转龙藏公园在北梁绿地系统中，是一处比较大型的公共绿地。东河纵贯场地中央，西岸是包头古城墙遗址东北段所在位置，外围紧邻历史文物保护片区召梁三官街。东岸有历史悠久的龙泉寺、转龙藏泉，和废弃的采石场。东河本身污染比较严重，常水位河槽不稳定，百年一遇行洪范围被大型陡坎和破碎的堤防限定。整体用地十分复杂，但类型也比较清晰。现状已有一定的景观开发，但设施陈旧，完全无法满足使用需求。

3 总体目标与策略

设计以塑造场地及城市特色为关键，融合自然和历史人文双重文化，以达到提升城市活力的目的。保留场地的人文之美、地貌之美和植被之美，通过"恢复生态水系、再现历史记忆、完善功能设施、美化休闲环境"等手段，进行有针对性的改造，最终赋予转龙藏公园以新的生命。

根据用地的独特性，分别针对古城墙遗址、"龙泉寺"、东河、工业废弃地提出了遗址保护与旅游发展策略、历史文物保护与发展策略、河道防洪与休闲旅游策略、棕地改造与景观营造策略，同时把各个片区融合到一起，实现整体开发，分区治理，综合发展的宏观目标。

4 转龙藏公园具体设计介绍

4.1 古城墙游览带

城墙公园游览带处在古城墙遗址中东门至东北门之间的位置。设计打造以城墙记忆为主题的带状公园。在展示的题材和内容上，围绕城墙本身的功能、城墙的演变历史、城墙内外的古城格局和市井生活展开；在硬质景观的构成元素上，考虑材料、色彩、质感、比例、韵律节奏等多方面因素，或直接或间接的体现城墙特征。

游线安排上，以展现古城墙历史风貌为主，包含城门复原、城墙片段再现、历史记忆步道等内容，再现城墙的历史风貌和文化记忆。游线上贯穿市井生活的内容，通过情景雕塑、场景提炼的方式，展现古城居住、商业的风貌，还原老城的市井繁华景象。活动场地位置和大小的安排与两侧居住、商业等地块性质结合。设计以尊重历史，还原历史风貌为根本，讲述城墙的故事。

4.2 东河游览带

这一区段河道，自然河道特征明显，两岸陡壁形成良好的高位防洪岸线。而常水位河道幼细，摆动大，两侧有较多的草滩。设计利用这一特征，并结合水利提供的资料，规划三重水岸线：常水位线、20年一遇水岸线和100年一遇水岸线。

常水位河道基本保留现状，以清理整治为主，不做过多改造，有利于维持河流上游的自然风貌和生态特征；百年一遇洪范围依托自然陡崖形成，减少工程造价；在两者之间，结合现状土坎、挡土墙，设计二十年一遇行洪范围，作为自然河道与景观营造的分界线。

景观营造方面，打造自然郊野化的河道游览线，与下游人工化的河道相区分。结合前期的场地调研，考虑河道景观与周边景点的关联映衬、河流自身的景观变化等因素，重点打造几个景观节点，有张有弛。

河道保护与景观营造二者兼顾，强调人、动植物、水的关联共生、交流互动。针对行洪区域的不同，分层进行场地和种植设计；综合考虑丰水期和枯水期的水位变化，上游和下游的水量变化，营造四季可观、形态丰富的景观效果。

针对河道北端现状城市排洪沟的位置，设计湿地景观，把缓冲、沉积、过滤、净化、美化等功能融合为一体，把工程手段艺术化、景观化。

4.3 龙泉寺

龙泉寺的创建可追溯到清朝早年，寺庙旁有一个泉眼名为转龙藏泉。清朝道光29年所立龙泉寺碑的碑文中说："包镇之有转龙藏，水泉出也，其水旋转之势，曲折蜿蜒，有似乎龙……古之命名，意在斯矣。"据推测，转龙藏的名称由此而来。细看早年的龙泉寺，也是盛极一时。固定节日会有庙会、敬神、法事等活动，甚至有独特的龙泉寺音乐。而今龙泉寺几近荒废，转龙藏泉也几近枯竭。

通过对历史深入的了解，设计保持并发扬其特有的文化，形成两条游览线。佛教游览线以宗教旅游为主题，完善现状许愿树、放生池、香台、钟楼等景观，有针对性的恢复山门、戏台、鼓楼等景点；自然游览线，以转龙藏泉和寺庙外的山地游览为特色，补充和烘托佛教游览线，形成玉皇阁、转龙藏泉、静修台等景点。两条游览线，相辅相成，凸显山水自然、人文自然的双重特色。

4.4 东河公园

现状是一处开采废弃地，存在地质状况复杂、地形破碎、开采面不稳定、土壤贫瘠等众多问题。综合前期分析，根据地质稳定性、坡度、改造复杂度、景观营造需求等条件，将场地分为：直接保留、遮挡防护、修护美化、改造利用等几个介入级别。处理好安全防护、改造利用和景观营造之间的关系。

功能上，按照市民休闲公园的功能需求，安排活动内容，提供各种活动场地并完善设施。同时，注重创造性的利用开采地的遗留条件，营造工业遗产景观，保留场所的记忆。

5 仍旧存在的问题

规划设计的中间环节缺失：在设计初期的分析讨论阶段，会出现面积、功能定位等最基本问题的不确定，原因之一是上位整体规划环节的不完善。这样一来，难免造成后期绿地建设破碎化、重复建设、当然更容易出现公共绿地分布不均、无法满足需求等现象。

生态环境保护力度不够：东河承担一部分收纳城市雨洪的功能，而上游段陡坎两岸的缓冲隔离带不足八米，城市道路对缓冲带厚度一再压缩，一方面不利于雨水过滤沉淀、径流减缓，同时也给建设工程增加了复杂性，也不利于城市滨河界面的形象营造。

6 总结

城市更新最核心的目标就是城市文脉的继承和老城活力的重新激发。[3] 由此引导的绿色开放空间设计，既需要体现历史的内涵和价值、满足现代文化生活的需求，又要实现自然生态系统的平衡。这是一项艰难而且复杂的工作。为了实现这一目标，前期细致的调研分析、系统完善的规划设计、多部门的协调合作缺一不可。而设计与实施的对接、完善的管理与监督、及时的反馈与后期完善，也需要投入更多的关注。

参考文献

[1] 于今. 城市更新：城市发展的新里程. 北京：国家行政学院出版社，2011.

[2] 周晓娟. 西方国家城市更新与开放空间设计[J]. 现代城市研究，2001(1)：62.

[3] 程大林，张京祥. 城市更新：超越物质规划的行动与思考[J]. 城市规划，2004，28(2)：62.

作者简介

侯伟，1985年生，女，汉族，辽宁鞍山，硕士，北京清华同衡规划设计研究院有限公司，设计师，从事风景园林规划与设计工作，Email：85048987@qq.com。

城市街道景观人性化空间设计初探

Primary Exploration of Hunmanized Spatial Design for Urban Streetscape

黄希为　胡淼淼　张传奇　蔡丽红

摘　要：城市街道是城市居民日常公共活动空间的重要组成部分，是城区功能区之间的联系和纽带，也是人们对城市景观最直观和最寻常体验的来源，这种体验通常通过人的心理感受直接反映出来。因此，城市街道景观的构成在引导人们对城市的认知方面有不容忽视的作用，对城市形象有相当的影响力。在城市经济飞速发展的同时，随着人工环境的增加，城市居民逐渐丧失了很多自然环境，丰富又柔和的自然环境会带给人们的舒适感受，而相对来说生冷又单调的人工环境场所会慢慢对人的行为和心理产生严重的损害影响。人们对于所处场所的需求也不仅仅停留在生理的物质条件满足的程度上了，而对于空间的安全性、私密性、领域性等人性化的需求也愈加强烈。城市街道景观需要在合理的功能定位下，将街道景观各个构成要素进行有机结合，使街道空间使用者获得精神和心理上的愉悦。本文试图通过辽宁省辽阳市太子河景观大道这个具体的道路景观设计实例进行探索，总结出城市街道景观人性化空间的特征、景观设计方式和方法。为现阶段城市街道景观空间人性化氛围的营造提供一定借鉴和参考。

关键词：街道绿化；景观；人性化空间

Abstract: Urban streets is recognized as an important part of public space, linking urban functional zones and providing landscape intuitive and experience, which is obtained through psychological reflection. Therefore, urban streetscape is of great value in affecting citizen's cognition and creating urban image. With rapid economical development, more and more natural environment in cities, which endows people with comfort though rich and soft elements, is being replaced by increasing artificial environment, which gradually harm citizen's behavior and psychology in a monotonous way. On the other hand, people's increasing demand should be satisfied not only on the material conditions but also on spiritual, such as security, privacy, human-based design, and so on. Accordingly, streetscape should be aiming at providing users spiritual and psychological pleasure with the reasonable landscape design. Combing with the case of Prince Edward River Landscape Avenue in Liaoyang City, Liaoning Province, characters of humane urban streetscape as well as landscape strategies and methods would be explained in this article, with exemplary significance on creating humane urban streetscape in landscape practice in contemporary China.

Key words: Green Street; Landscape; Humane Space

绪论

街道绿地景观包括城市街道绿地范围内的自然与人工的景色。作为城市中重要的公共空间景观，城市街道绿地景观不仅要有满足街道绿化要求，还有满足城市居民心理与情感需求、体现城市的文化和艺术的要求。美国学者简·雅各布（Jane Jacobs）在《美国大城市的生与死》一书中提到"当我们想到一个城市时，首先出现在脑海里的就是街道，街道有生气，城市也就有生气；街道沉闷，城市也就沉闷。"这说明，城市的活力来源之一就是使城市街道充满活力，这就要求城市街道绿地景观要满足人性需求，为大众所喜爱。

1 人性化空间

人性化空间是指能满足人在物质与精神等各个方面需求的生存空间，是能包容社会、文化、历史、自然、独处和交往等多元化的，体现综合环境的心理空间。在漫长的人类社会发展中，当人类生理需求得到满足后，就会向心理需求实现这个更高的阶段迈进，是社会文明发展的必然。

2 太子河景观大道项目

太子河景观大道是辽宁省辽阳市河东新城中新规划建设的一条滨河景观大道，位于太子河东岸、河东新城的西侧。太子河大道西侧以公共绿地、水域和其他用地为主。大道东侧周边环境复杂，主要有居住用地、商业用地、商业居住混合用地和防护绿地等几种类型（图1）。该项目属于街道绿地景观设计范畴。设计范围从南边东环路延伸至北面望水大街，全长约7km。在原有42m道路断面基础上向东延展10—15m绿化带，总面积约为364000m²（图2）。

如何在如此长的界面上创造连续化的形象一致街道绿地环境感官，绿地里的休闲空间在满足宜人条件的同时还要符合道路周边不同类型功能与个性的环境特色，这些都成为了设计和研究的重点。

3 城市街道绿地景观人性化空间营造

景观人性化空间应该以人为核心，满足使用者的各种需要。城市街道空间人性化设计应该有以下内容：首先，要以不同环境氛围下的空间功能性为前提，其次要最

图1 太子河大道区位图

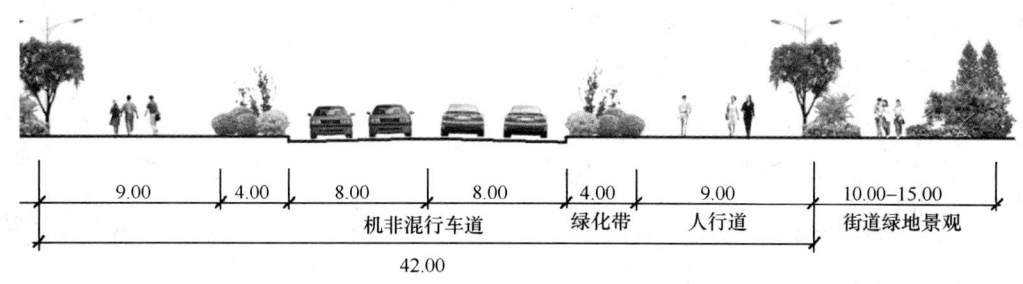

图2 太子河大道街道绿地景观范围剖面

大限度地消除老人、儿童、残疾人等弱势群体由于身体不便带来的行为限制障碍，最后，还要强调绿色环境所带给使用者的亲近自然的关怀。

我们在设计中主要考虑以下几个方面，以期望在建设完成的同时，最大可能地满足街道使用主体的生理和心理需求，得到情感上的庇护。

3.1 连续的有韵律的街道绿地景观

美好的城市街道绿地景观应该具有连续而明确的界面。统一而有序的界面能形成令人赏心悦目的景观。

太子河景观大道街道绿地景观项目现状中，绿地红线范围外东侧用地性质较为丰富，居住用地、商业用地和商住用地等类型交错出现，其间还夹有政务轴线绿地。这相应也出现了许多风格不太相同的环境形式。每个场地周边的建筑形式都有独特的形体，各自又设置有宽阔的出入口和广场，或方或圆，或是在正面，或是在转角。其中，虽然大多数商业建筑和商业居住混合体建筑的裙房被用作商业店铺或者商场，但道路绿化带经常会被机动车出入口和停车场打断，破坏了应该具有的景观连续性。绿化界面不是连续的，呈现出一种单调而无序的场景，让人感觉绿化空间单一，没有空间独特性，没有生气。

针对这样的情形，设计充分利用景观各个组成元素来形成街道绿地景观的统一形象；突出道路上交叉路口的景观设计，以形象一致的道路铺装和小品设施来强调街角景观的标志性和可识别性，在强调街角亮点的同时串联起街道界面的统一形象；同时，针对各个周边环境功能的不同，对绿地景观分别制定一些指导性的纲要。在平面的人行步道铺装方面，使用不同颜色、不同材质的铺装材料，以不同的组合形式来契合周边环境，同时统一铺装风格，在地面上形成连续的界面；在立面方面，连续性和明确性主要体现在小品的使用和植物的配置。小品设施的风格、尺度、材质和色彩一致形成统一风格。植物组合配置方面，选择几种主干树种在全路段进行配植，在这个前提下再选择与区域环境、功能相适宜的植物绿化设计。以这些措施力求保持街道绿地景观界面的魅力。

不同的周边环境性质必然使街道绿地形成不同的特征界面，这些不同的特征沿着道路一方面不停交替，一方面不断出现，那么，街道绿地景观将以连续的统一构成令人难忘。

3.2 绿地空间人性化处理

从城市街道绿地的景观特征出发，依照周边用地性质的不同，我们把本项目内的绿地大致分为纯绿地模式、住宅区绿地模式、商业区模式、商住区模式这几种类型。设计策略是使用单元模式的方法来设计绿地景观。根据各个周边环境类型情况，设计出符合周边用地性质和现状的绿地景观空间设计方案模块。周边环境用地性质类型相似的道路绿地应用设计模式相同的设计方案。

以住宅区绿地景观和商业区绿地景观为例。在住宅区绿地景观设计模式中，重点考虑步行者的使用习惯和视线方向，尽可能营造多角度可视景观。居住区入口两侧的街道绿地里设计小广场和林下广场，满足居民活动需求和集散需求。居民区外绿地景观带设计成长廊式休闲绿带：以花径步道连接每间隔60m左右设置的有木平台和座凳的休闲空间，这个步行距离非常适合散步者走累了来小坐休息，这种小尺度开敞空间为使用者提供短暂的舒适停留的同时保持了空间私密性。绿地里小型开敞空间的频繁出现，增加了街道旁生活中人们相互见面的机会，从而增强街道空间的安全感（图3、图4）。

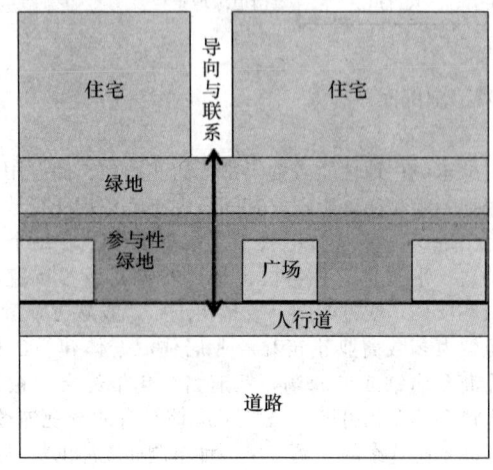

图3　住宅区绿地景观设计模式

图4　住宅区绿地景观效果图

在商业区绿地景观设计模式里，设计重点是要保持道路人行道与周边商业建筑前广场的纵向交通通畅性。绿地景观设计主体是形象具有活力和时尚感的硬质景观，以中尺度开放广场和小尺度休息空间为主。注重商业外延空间的功能需求，设计出林荫停车场、树阵林下休息空间和小广场来满足商业空间对于停车、停留及空间活动的需求（图5、图6）。

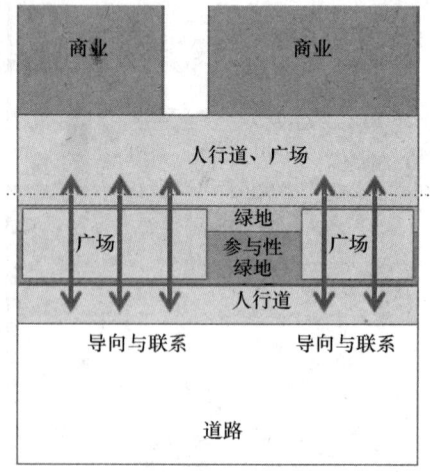

图5　商业区绿地景观设计模式

图6　住宅区绿地景观鸟瞰图

3.3 植物景观的配合

绿地绿化设计是街道绿地景观的核心。植物在数量和空间分布上合理配置能符合人类可持续发展的要求，使人类聚居环境质量不断改善，符合人性化的需求。

太子河大道绿地植物设计重点是绿化适宜。首先，在整条道路绿地系统中配置固定几个品种的乔木、灌木和地被组合奠定绿化风格基础。然后，在统一绿地绿化整体风格的前提下,使用与区域环境、道路功能相适宜的植物绿化设计。以居住区段和商业段绿地绿化设计为例:居住区段绿地绿化以生态性功能为主,满足步行者的视觉需要,植物搭配层次清晰,尺度宜人,通过以乔木作为背景,以灌木和花卉作为近景,形成有特色的、色彩和层次丰富的观赏部分(图7);商业段绿地绿化注重商业建筑外延空间的功能性需求,满足商业空间的停车、停留及空间活动的需要。利用成行的乔木和灌木墙等植物材料构建生态停车场,使用树阵形成林荫广场,以丰富的乔灌草配置带状休憩步道等不同功能的植物空间(图8)。

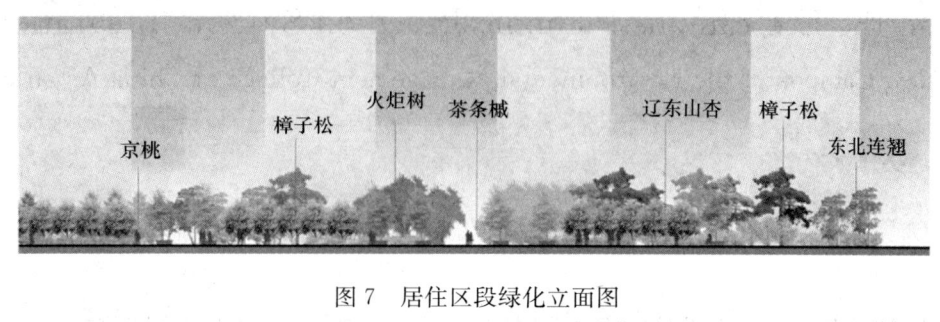

图7 居住区段绿化立面图

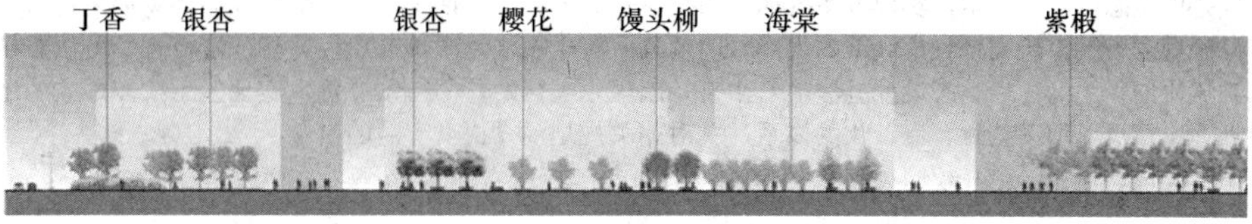

图8 商业区段绿化立面图

结论

城市街道绿地是城市居民日常生活中接触频率最高的绿地景观。这就要求街道绿地景观要给使用者带来舒适感受,其人性化空间能满足人们在物质与精神上的要求。

太子河景观大道景观作为一个新规划的新城大道绿地景观,在其中考虑了"以人为本"创造具有适应感、领域感和归属感的绿地景观设计。在项目前期调研中首先充分分析现状条件,归纳总结周边环境类型,从早期确立设计目标。在设计方案过程中统一绿地景观形象,创造连续有韵律的绿地景观。一方面根据周边环境不同的用地性质,以不同类型绿地空间模式契合与之衔接的地块。另一面选择与区域环境、道路功能相适宜的植物绿化设计,得以实现强化绿地空间人性化感受。

太子河景观大道绿地景观设计建立在因地制宜的基础上,力求在满足方便施工建设的同时,最大可能地促成一个给人舒适感受的街道绿地空间。

参考文献
[1] [美]简·雅各布. 美国大城市的生与死[M]. 南京:译林出版社,2006.
[2] 潘亦佳. 城市街道空间的人性化设计[M]. 北京:北京林业大学,2010.
[3] 邓奔. 城市街道空间环境人性化设计探索[J]. 科技信息,2012(6).
[4] [日]卢原义信. 街道美学[M]. 北京:中国建筑工业出版社,1988.
[5] [丹麦]杨·盖尔. 交往与空间[M]. 北京:中国建筑工业出版社,2002.
[6] 邱巧玲. 城市干道绿化的几个问题[J]. 中国园林,2002(3).

作者简介
黄希为,1982年10月生,女,汉族,湖南株洲市,硕士,北京清华同衡规划设计研究院有限公司风景园林一所,设计师,Email:huangxiwei 419@163.com。

蔡丽红,1980年5月生,女,汉族,湖北荆门,硕士,北京清华同衡规划设计研究院有限公司风景园林一所,项目经理。Email:cailihong@thupd.com。

胡淼淼,1983年6月生,男,汉族,福建政和县,硕士,北京清华同衡规划设计研究院有限公司风景园林一所,项目经理,Email:114350015@qq.com。

张传奇,1983年10月生,男,汉族,山东日照市,学士,北京清华同衡规划设计研究院有限公司风景园林一所,设计师,Email:110129036@qq.com。

基于系统集成的生态校园规划研究
——以中国环境管理干部学院新校区为例

The Study on the Eco-campus Planning Based on System Integration
——Take the New Campus of the Environmental Management College of China As an Example

瞿巾苑 刘晓光 吴 冰

摘 要：生态校园规划是以生态优先为基本，实现各系统内部人与自然关系和谐，使之成为一个良性循环发展的可持续生态校园。本文以中国环境干部学院新校区规划为例，研究系统集成下的生态校园规划，将生态规划中的各系统进行理论梳理、方法总结、规划实践。运用能量流、物质流、信息流协同作用的综合生态设计方法，对生态校园规划进行定量的持续评价，实现生态校园模式的示范应用。力图推进我国生态示范校园规划理论形成更加系统化、完善化的体系，并对相关规划设计提供有益的借鉴。

关键词：生态校园；系统集成；生态示范；校园规划

Abstract: Eco-campus planning is based on the ecology priority to realize the harmonious relationship between man and nature within system, to be a sustainable ecological campus of virtuous cycle development. Taking the example of the environmental management college of China, This paper study on the ecological campus planning based on system integration, through theory combing, approach summary and planning practice of various systems in ecological planning. Using integrated eco-design approach of energy flow, material flow, information flow synergies, the eco-campus planning is evaluated quantitatively and continuously to realize demonstration and application of eco-campus. In an attempt to promote the theory of ecological demonstration campus planning of China to form more systematic and sophisticated system.

Key words: Eco-campus; System Integration; Ecological Demonstration; Campus Planning

1 背景介绍

生态校园是运用生态学的基本原理与方法，实现各系统中人与自然关系的和谐，使物质、能量、信息高效利用且对环境友好的人工生态系统，并且集生态、安全、科技、艺术、人文功能于一体的校园社区环境。十八大提出"着力推进绿色发展、循环发展、低碳发展"的绿色文明科学发展的理念与方针，倡导生态基础设施建设，强调发展生态可持续与教育示范性职能的校园。中国环境管理干部学院作为环境保护部与河北省政府共建的高校，是我国最早开展环境教育的高校之一，建校30余年培养了大量优秀的专业人才。其环保教育的绝对优势，中环院新校区的规划成为国家建设系统集成的环保生态示范型校园的重要项目。

新校区坐落于河北省秦皇岛市北戴河区，规划面积为47.4hm²，新河从校园内部穿过。中环院生态校园规划围绕生态理念，将各生态系统进行综合规划集成，创新地提出"生态极"的构想，运用能量流、物质流、信息流协同作用的综合生态设计方法，对生态校园规划进行定量的持续评价，实现系统集成下的生态校园模式的示范应用。中环院新校区生态校园规划总平面图与效果图，如图1、图2所示。

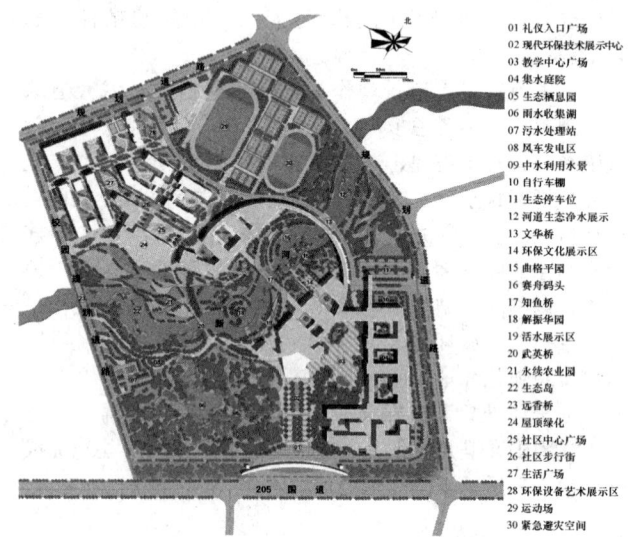

图1 中环院新校区生态校园规划总平面图

01 礼仪入口广场
02 现代环保技术展示中心
03 教学中心广场
04 集水庭院
05 生态栖息园
06 雨水收集湖
07 污水处理站
08 风车发电区
09 中水利用水景
10 自行车棚
11 生态停车位
12 河道净水展示
13 文华苑
14 环保文化展示区
15 曲格平园
16 赛舟码头
17 知鱼桥
18 解振华园
19 活水展示区
20 武英桥
21 永续农业园
22 生态岛
23 远香桥
24 屋顶绿化
25 社区中心广场
26 社区步行街
27 生活广场
28 环保设备艺术展示区
29 运动场
30 紧急避灾空间

2 生态校园规划系统集成原则

2.1 生态优先

基于生态安全格局，校园生态规划中对现有自然生态网络补缀和优化，修复自然生态因子，整合生态要素，以"斑块—廊道—基底"形成生态骨架，将不同规模生态

图 2 中环院新校区生态校园规划效果图

廊道层次化、网络化，从而构建完整的校园生态网络体系。生态校园规划倡导生态性的生活方式，以生态为目标引导教学科研、文化娱乐、体育休闲、生活居住、慢行交通等多元功能，带动校区建设，实现功能与生态环境平衡的完美结合。

2.2 景观均衡

根据景观生态学理论，在生态校园规划中遵循景观丰富度、均匀度原则，进行景观均衡布置。中环院新校区生态校园规划，以圆形建筑围合的景观核为十字交点，向外辐射出校园人文景观轴与生态廊道景观轴，构建"一核、两轴"的空间布局模式，辅以均衡布局的景观节点，使人文景观与自然景观融为一体。以"一核、两轴"为构建框架，将校园规划六大功能区，实现校园功能与生态景观的均衡格局。

2.3 技术核心

生态校园规划中集合了示范环保生态技术、展示清洁能源技术，以及生活污水处理综合利用工程、河道生态整治工程、垃圾收集系统，和环保生态监控平台等科技项目，将校园的环保生态示范水平提高到新的高度，将实现中国第一个绿色认证校园、中国第一个现代生态教育文化校园、中国第一个生态文明建设校园。

3 生态校园系统集成核心理念

3.1 能量平衡为目标

要实现环保生态校园的战略目标，就必须坚持生态系统的物质流、能量流、信息流的交叉贯通与协同发展，在统一监控平台的协调下，保持校园生态系统中的人与环境之间，通过能量流动、物质循环和信息传递，使之达到高度适应、协调和统一的平衡状态（图3）。

3.2 生态评价为依据

应用景观生态学中的生态评价指标作为评价依据量化设计，计算出规划前后的生态效益进行比较，在

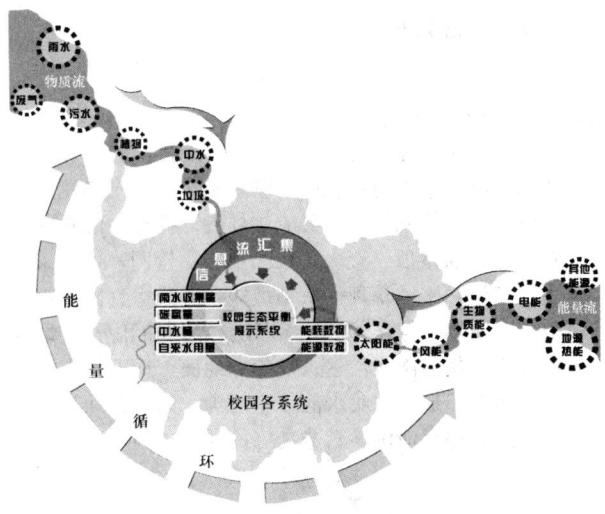

图 3 生态校园物质流、能量流、信息流平衡理念图

规划中以景观生态学为核心理论研究"斑块—廊道—基质"的景观结构及生态格局。先建立合适的生态评价因子，可分为两类：物理指标和景观生态学指标。通过景观生态学评价指标体系计算出各值，得到综合的校园生态评价。

3.3 教育示范为趋势

将校园内各系统进行监测管控，将各能源物质信息转换为可视化能值，计算得出校园的碳氧指数，作为评价校园能量平衡、环境承载的重要依据，同时也将校园生态平衡与环保工艺技术进行系统可视化展示。中环院新校区进行分区规划，形成各类型集成的生态示范校园。中环院新校区生态校园规划中集成了环保教学景观示范区、社区生活景观示范区、中心河道景观示范区、康体运动景观示范区、生态保育景观示范区、永续农业景观示范区为一体的教育示范性园区。

4 中环院新校区生态校园系统集成建构

生态校园建设强调对校园内各系统进行复合集成，实现系统内部人与自然关系和谐，最终成为一个良性循环的平衡生态系统（图4）。

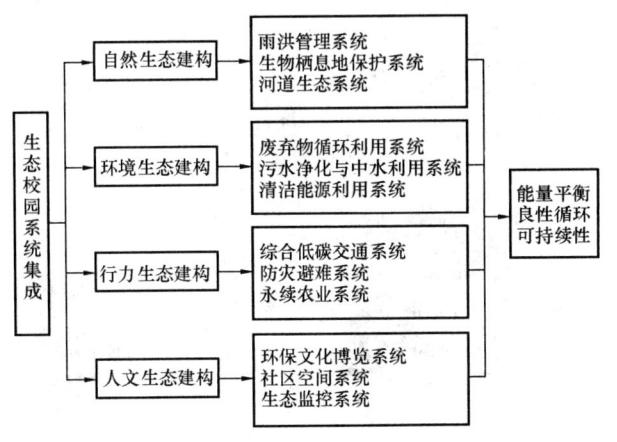

图 4 生态校园系统集成结构图

4.1 自然生态建构

4.1.1 雨洪管理系统

雨洪管理系统是通过河道治理、雨水收集、人工湿地、活水公园等景观对雨洪控制管理和水体生态净化，收集并灌溉植物与作物，同时形成多样性、循环性的水脉景观。对于建筑物屋顶设置绿化及雨水收集管网，地表采用溢水生态草沟，缓坡草坪等微型地貌，形成适宜雨水汇集的径流。在广场、停车场、道路等设置地表雨水汇集设施，最终将收集的雨水渗透、汇集到地面、地下蓄水池等雨洪管理体系，形成"集水池—生态沟—河流湿地"的水网系统，达到保水泄洪，营造良好的弹性土地（图5）。

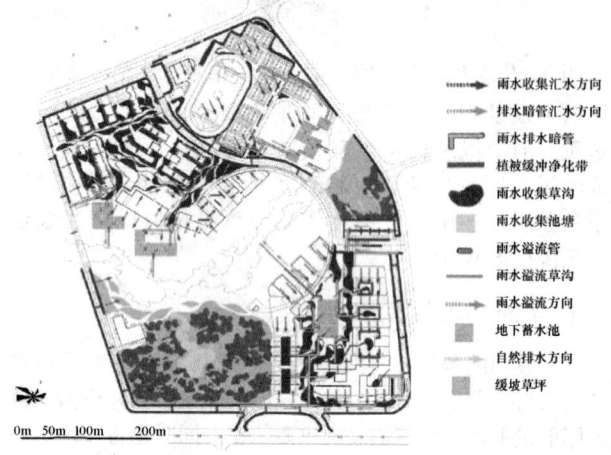

图5 雨洪管理系统规划图

4.1.2 生物栖息地保护系统

生物栖息地保护系统是按照生态学中的生物多样性保护理论，规划生态核心区、缓冲区、活动区，保护生物迁徙路径，规划生物廊道，为动植物提供栖息地，构建校园生物动态景观。在校园规划中以构建生态基础设施为基础，流经校园的河流形成重要的河流廊道，建构生物栖息与迁徙的核心绿道。同时将校园建设预留地进行生态转换，形成校园内重要的生态保育园（图6）。

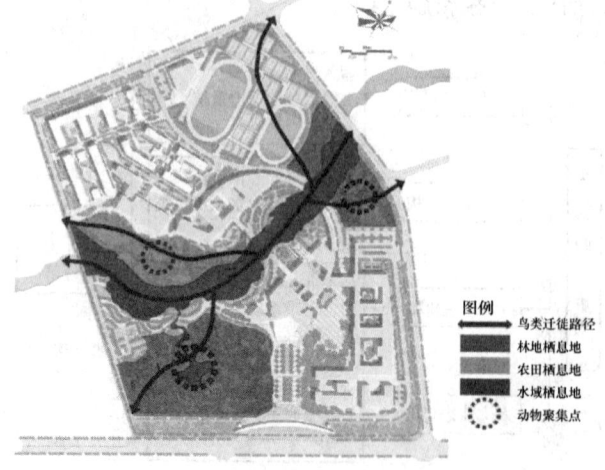

图6 生物栖息地保护系统规划图

4.1.3 河道生态系统

从城市宏观角度出发，建构景观安全格局下的河流生态廊道，同时调节校园内部生态系统稳定性，保证生物的多样性与物种信息的交流，河流廊道成为校园核心生态构架。同时建构河道生态驳岸，结合净水工艺通过河道生态自净功能，形成分段净化，保证园区内水质优良。沿河两岸形成亲水绿道，在满足自然生态的基础上也达到了人文生态效应（图7）。

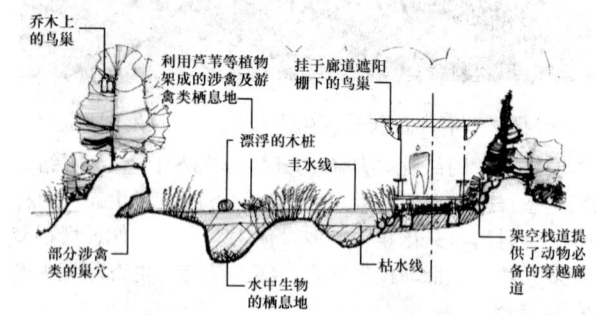

图7 生态河道空间模式图

4.2 环境生态建构

4.2.1 废弃物循环利用系统

废弃物循环利用系统是构建与完善废弃物分类收集设施体系，设计合理收集线路，为固态废弃物合理处置和循环利用提供保障。垃圾回收点设置明确的分类引导标识，从源头将垃圾分为塑料、废纸、金属、木制品等可回收垃圾和果皮残羹等不可回收垃圾，并在社区内合理分类处理，再外运到上级垃圾处理站处理，从源头减少社区垃圾负荷（图8）。

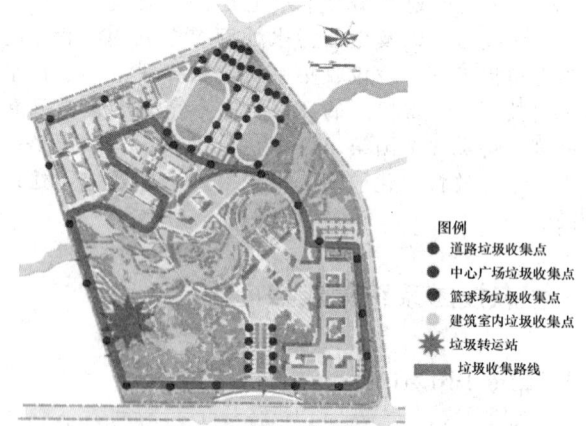

图8 废弃物循环利用系统规划图

4.2.2 污水净化与中水利用系统

在校园内建设污水处理设施、生态净水设施，通过净水、消耗、污水、中水、再净水等环保与生态工艺形成校园内的水循环再利用展示系统。结合湿地景观的植物自净功能完成部分水体净化，再通过污水处理厂处理其他污水，并合理利用中水进行浇灌、冲厕，实现水循环利用效率最大化（图9）。

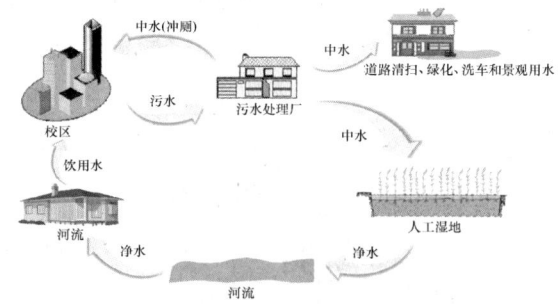

图9 污水净化与中水利用系统示意图

4.2.3 清洁能源利用系统

根据实地潜在能源分析，在园区中设置地源热泵、光能与风力发电系统，对清洁能源合理利用，并形成校园内清洁能源展示与教学示范空间，尽可能达到园区能源自循环利用最大化（图10）。

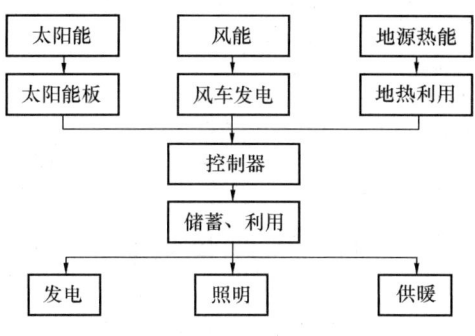

图10 清洁能源利用系统

4.3 行为生态建构

4.3.1 综合低碳交通系统

综合低碳交通系统包括机动车交通系统、自行车慢行系统、康体步行系统、健康运动系统、无障碍交通系统、生态停车场等，从而实现节能减排、低碳环保。交通人车分流，动静区分，沿校园外围形成环形机动车行系统，内部结合自行车道、轮滑道、无障碍通道与步道系统形成低碳慢行交通网络，建设园区宜人的线性尺度与多种方式选择的出行模式，提倡生态行为（图11）。

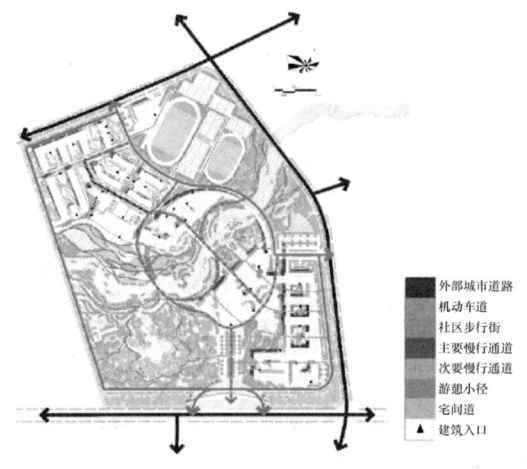

图11 低碳慢行交通系统规划图

4.3.2 防灾避难系统

防灾避难系统是按灾难类型与避难时间，规划短期、长期避难区，提供基本维生支持，设计日间与夜间逃生方向和路径的安全系统。系统包括72小时临时避难场所、15天短期避难场所、逃生方向以及水源地等基础生存设施（图12）。

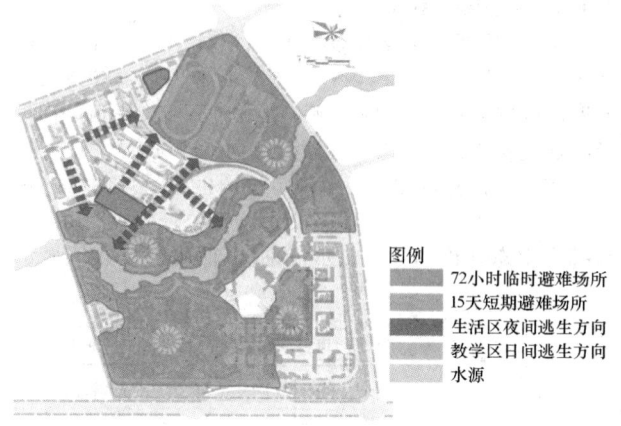

图12 防灾避难系统规划图

4.3.3 永续农业系统

永续农业系统将保留城市文脉中的农业景观，将有机农业引入园区，成为展示生态校园新形象的美学价值，提供学生实践体验，同时形成自产自足的生态教育展示模式。

4.4 人文生态建构

4.4.1 环保文化博览系统

环保文化博览系统是基于生态景观表达的校园文化传承体系。在中环院新校区内规划有序环保文化博览路线。在校园内分别规划环保文化博览馆、环保设备展示区、净水工艺展示点、污水处理工艺展示店、湿地净水展示点、雨水收集展示点、风力发电展示点、太阳能发电展示点、永续农业展示点（图13）。

图13 环保文化博览系统规划图

4.4.2 社区空间系统

在生态校园中引入先进社区文化，将生活区单一的教学/住宿模式改变为互助教学、复合业态、多样化的交往空间。将商业业态和人文景观相融合，构建宜人的社区空间尺度，激活校园环境，丰富校园生活（图14）。

4.4.3 生态监控系统

生态监控系统是运用数字化平台和技术，从能值、碳氧平衡的角度进行校园内各系统数据采集与测算，达到实时的数据监测。运用碳足迹、能源计算方法构造层次框架，通过要素层权重的分配获得目标层的综合评价结果。最终将生态指标量化，从而判定校园生态系统的可持续发展程度。在中环院新校区中建设生态监控中心展馆，建设综合生态评价的数字化示范系统。低碳减排数值显示在校园塔楼检测电子屏上，数字化展示校园的生态值能（图15）。

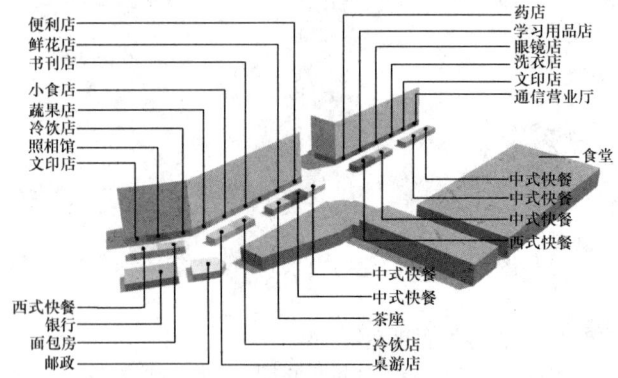

图14 社区空间业态分布图

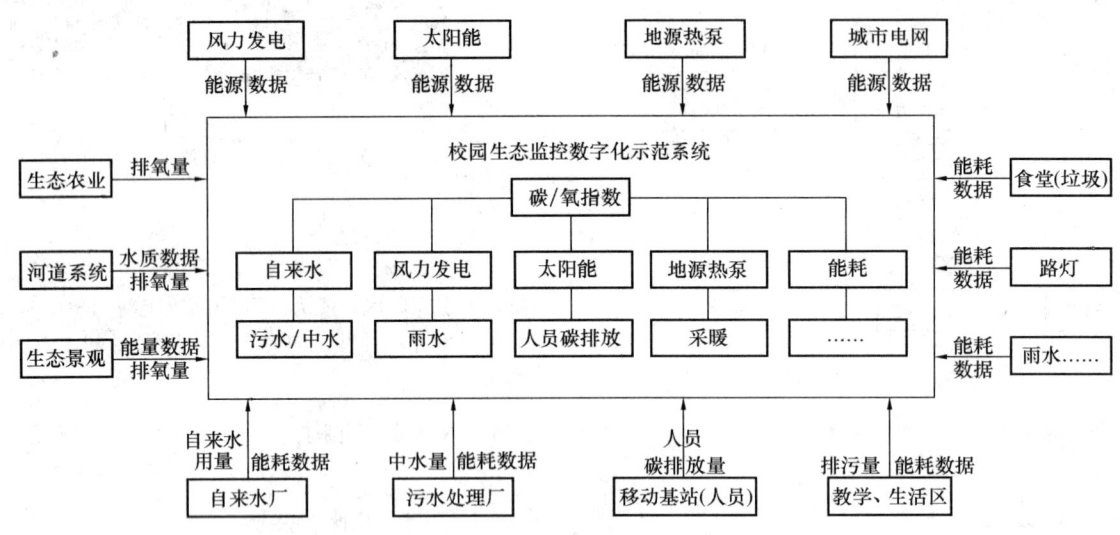

图15 生态监控系统结构图

5 结语

生态校园规划中生态系统作为必要因素，被放在了最核心的基底，保证校园生态基础设施的建设，成为城市需求、功能、美学等元素的必要条件。生态校园是城市中的教育型社区单元，是城市发展的基本元素，生态校园规划同样对城市生态基础设施建设有着普适性。未来的城市与风景园林规划将是多学科多领域相结合的学科，结合城市生态学、景观生态学、环境地理学、环境工程学等学科背景探索与城市化进程相结合的有效途径。上文通过中国环境干部管理学院新校区规划为例，研究复合型系统集成下的生态校园规划，通过项目实践分析，总结并完善生态校园各系统的基础理论，希望对我国生态示范校园规划提供有益的借鉴。

参考文献

[1] Peggy F B, Geoffrey W C. Sustainability on Campus: Stories and Strategies for Change(Urban and Industrial Environments)[M]. MIT Press, 2004: 33-34.

[2] Zhang Tongyang, Green Ecological Landscape Campus Planning of Lu'an No.1 High School in Anhui Province of China[J]. Journal of Landscape Research, 2012, 4(8): 13-15.

[3] 王云才. 景观生态规划原理[M]. 北京: 中国建筑工业出版社, 2007: 24-35.

[4] 苏伟忠, 杨英宝. 基于景观生态学的城市空间结构研究[M]. 北京: 科学出版社, 2007: 73-87.

[5] 俞孔坚, 张慧勇, 文航舰. 生态校园的综合设计理念与实践[J]. 建筑学报, 2012: 13-19.

[6] 孙苏晶. 基于碳氧平衡模型的校园低碳优化策略研究[D]. 哈尔滨: 哈尔滨工业大学, 2013.

[7] 刘晓光, 武彤. 生态示范性校园雨水系统规划研究[J]. 城市, 2014.

[8] 崔萌. 生态校园的指标体系、评价方法及环境教育的研究[D]. 天津: 天津大学, 2007.

[9] 杜惟玮. 生态校园的建设流派、建设模式与系统管理方法[D]. 天津: 天津大学, 2005.

[10] 汤朔宁. 大学校园生活支撑体系规划设计研究[D]. 上海: 同济大学, 2008.

[11] 李煜. 论生态校园的建设模式[J]. 环境科学与管理,

2007, 32(10): 143-147.

作者简介

瞿巾苑，1989年6月，女，汉，云南省玉溪人，在读硕士，哈尔滨工业大学，景观规划研究方向，Email: qujinyuan@126.com。

刘晓光，1969年1月，男，汉，黑龙江省哈尔滨人，博士，哈尔滨工业大学，建筑学院景观系副教授，从事景观规划研究方向，Email: lxg126@126.com。

吴冰，1970年9月，男，汉，黑龙江省哈尔滨人，博士，哈尔滨工业大学，建筑学院景观系教师，从事景观规划研究方向，Email: wubing@hit.edu.cn。

基于景观生态格局的城市绿地系统

Urban Greenbelt System Based on Ecological Landscape Pattern

赖平平

摘 要：把城市建设用地中的水域、耕地、园地、林地，牧草地等纳入城市绿地系统，从构建城市整体景观生态格局的角度，以城市绿地系统为重点，分析城市各类生态斑块及廊道等要素的建设和保护状况，提出针对性的景观格局优化策略和城市绿地系统建设措施，用于指导下一步的规划实施，提高城市绿地系统的生态服务功能。

关键词：城市绿地系统；景观生态格局；基质；斑块；廊道

Abstract: Including the water area, farmland, garden plots, forest land, and grassland into the urban greenbelt system, the author analyzes, mainly based on urban greenbelt system, the construction of various urban elements such as ecological plaques and galleries and their status quo in terms of protection from the perspective of constructing overall urban ecological landscape pattern, and then raises specific strategy to optimize the landscape pattern and measures for construction of urban greenbelt system, which could be adopted as guidance for further planning and implementation, in order to improve the function of urban greenbelt system for ecological service.

Key words: The Urban Greenbelt System; Ecological Landscape Pattern; Patch; Corridor; Matrix

引言

本文以温州城市绿地系统为例，基于城市整体景观生态格局角度评析城市绿地系统的空间布局，各类绿地斑块及廊道等要素的建设和保护状况，并针对温州实际状况，在2011版温州绿地系统规划的基础上完善绿地总体格局，提出景观生态格局优化策略及绿地建设建议。

1 温州城市绿地系统的简介

1.1 2011版温州绿地系统规划的编制背景

温州建设用地约810km²，仅占土地总面积的7%，土地利用供需结构性矛盾突出。根据2009年现状调查数据，建设用地中绿地占比仅19.73%，人均公共绿地仅6.87m²。绿地空间界线模糊，各类建设蚕食绿地的现象严重。

针对这些现状，2011版绿地系统规划的重点就落在明确绿地建设的整体框架，迅速增加绿量和绿线的划定，确定创建国家园林城市和生态城市的建设目标及实施计划。

1.2 温州城市绿地系统规划概况

2011年编制的温州绿地系统规划以市域的"一心一环"大生态环境为基本面，在中心城区根据温州市特有的城市组团结构、发达的城市水系，以城市中各类公园绿地为主，结合城市空间机理和发展结构，依托城市水网、交通网、生态景观网形成骨干廊道体系，着力营造城市"楔向网状"绿地总体格局，最终形成"一心一环、七横九纵"绿地系统结构和"城在山中，山在城中"的山水城市特色（图1）。

图1 温州城市绿地结构图

2 绿地系统的景观格局分析

2.1 温州城市绿地系统的景观格局主要构成要素

2.1.1 原始绿地斑块

温州市中心城区及周边的大型绿地斑块主要包括山体、湿地、公园绿地等类型，其中以山体类斑块面积最大，数量最多。"一心一环、七横九纵"绿地系统结构的"一心"指的就是指温州生态园，规划用地面积132.39km²，其中绿核大罗山约121km²，是中心城区内最大的独立山体。"一环"中的吹台山、五磊山、西郊、石岩屋、白水漈、胜美尖等六个森林公园形成了中心城区近郊南、西、北三面的山体生态环链，构成了第一层级的大型原生态斑块群。在建成区范围内的景山、翠微山、黄龙山、牛山、杨府山、黄屿山、黄石山等独立山丘，以及古城内的松台山、海坛山、华盖山、积谷山、郭公山以及旧城南郊的巽山构成了第二层级的独立山地斑块群。

2.1.2 人工绿地斑块

城区中的各类平原公园属于人工斑块。这类公园地处城市中心区，承担着日常康体娱乐或游憩的功能需求，设置较多的游步道、硬质广场等设施，植被上也倾向于观赏性的配置，比较大型的如马鞍池公园、世纪广场、绣山公园、九山公园等。社区公园和街头小公园数量最多分布最广，一般规模在几百到几千平方米不等，以小绿地和活动场地为主。这种小绿地在景观格局中能起到生态小跳岛的作用。高教园区、开发区内的大型开放绿地也是较大绿地斑块。

2.1.3 廊道

"七纵九横"生态廊道按照类型分为河流廊道、带状绿地、交通廊道等。温州水网发达，河流廊道数量多。"七纵九横"中的旧城南绿廊、温瑞塘河绿带、会昌河带状绿地和灵昆岛带状绿地均为这类廊道。瓯海大道绿廊、高铁绿廊、沿海高速绿廊属于交通走廊，由两侧的防护林或道路绿化构成。还有一类比较特殊的是根据城市功能区的布局形成的城市景观风貌廊道，如茅竹岭绿廊和山海绿廊，空间上要跨江或入海。廊道整体结构以各类城市公园为节点，结合空间机理和用地布局结构，形成水网，交通网，生态景观网为主线的骨干廊道体系。16条骨干廊道从空间构成上讲，包含了山体、植被、水体，以及人工建造物基底，起着生态保护、空间风貌延续、视觉走廊、遗产保护等多种功能，属于综合空间廊道的范畴。

3 城市绿地系统景观生态格局的评析

3.1 斑块保护及绿地建设中的问题

3.1.1 原始斑块的生态环境受到人工负干扰较大

城郊的大型原始山体本身就是相对完整的栖息地斑块，植被良好，足以保护水源和溪流廊道，维持生物多样性。近些年随着城市拓展，这些山体的山缘地带正逐步变成道路或建筑等人工基底，生态效应大大降低。比如牛山、景山、黄石山等这些较大的山体山缘地带基本被村庄或城市建筑包围，阻断了山体和外部环境的连通性。

山脚下形成的湿地湖泊具有更高的生态服务功能，如大罗山脚下的温州生态园三垟湿地就是市区内最重要的湿地斑块，但是面临水质恶化、部分河岸植被发育不良、生活生产污水排放等环境问题。

随着旅游的发展，一些森林公园的开发建设中出现人工建设干预过多的现象。比如游赏项目设置不合理，旅游设施建设过多，人工物种增加等都使得这些原始斑块的生态稳定性受到很大的威胁。

3.1.2 城中山逐步成为生态孤岛

随着建成区的拓展，大部分城中山已转变为城市公园。这些独立山体斑块就像城市建筑密集区基底里的生态孤岛，尽管也具有相对完整的景观结构，由于其长期作兼具城市公园功能，受到较多的人工建设干预，山地斑块的生态稳定性、整体性、生物多样性都已大大降低，已不是完全原生态的斑块。面积很小的山体脆弱性更大，因缺少和外部的联系，发挥的生态服务能力很弱。原有的地形地貌随着设施和硬质场地增加，面临着被人工基底蚕食消失的危险。

3.1.3 中心城区绿地建设中的存在问题

温州新城区绿地较多，但老城区及外围绿地缺乏，各类公园绿地的规模和布局不是很合理。大型的公园绿地较少，基本在城市边缘，数量上只占11%，面积却占了81%，小型斑块社区公园数量大68%，面积却只占了3%。可见单个公园规模很小，分布很散，生态整体性差，绿地系统建设上很难有良好的物种和复杂多维的生态结构。老城区人口密度大，承载着文化和旅游带来的人口聚集及多样化的功能需求，需要更多的绿地；同时又面临着土地稀缺，开发强度高，绿化用地斑块规模小而破碎，很难建设大型的集中绿地等诸多困难。

公园的园林绿化中过于强调形式美，忽略整体空间的生态配置，景观封闭，物种单一，异质性较差等问题。植物配置上过于注重绿化的观赏功能，生物多样性较低，植物群落结构简单，乔灌比和常落比不合理等。

校园、企事业单位、居住区等各类附属绿地面积较大，但从属于自身地块内的景观结构和使用属性，开放度低，和其他城市公共绿地之间缺乏连接性。

3.2 廊道建设中存在的问题

生态系统的构建明显的一个衡量指标就是生境的连续性，网络状的结构比松散的结构连续度高得多，廊道的结构和宽度是生态连接功能的有效保证。从景观格局角度分析，温州中心城区的生态廊道还存在结构单一，网络型不强，有效宽度不足，连接性差等问题。

3.2.1 廊道结构较为单一，连接性差

温州中心城区的廊道基本为三四级廊道，受制于城市整体用地布局，其中除了受自然条件的制约外，在建筑密集区更是受限于人工建造物的分布情况，很难达到生态廊道的宽度和结构要求，严格来说不算是真正的生态廊道。而城市景观风貌廊道和视觉走廊更多时候只是城市设计的蓝图。"七纵九横"廊道作为主框架，尚未形成多层次的廊道网络结构。多数主干廊道在穿过城市密集区基底时，没有空间条件建设足够宽度的植被或河流来连接廊道，仅靠道路绿化带作为连接段，很难起到生态廊道的基础功能。道路绿化带被车道隔离，每条种植带的宽度都基本上在1.5—6m之间，种植结构单一，倾向于观赏性树种为主，生态连接性比较差，如果远距离没有节点性的绿地斑块，连接性便会断裂。

跨江廊道更多的是城市空间结构的意义，没有特定建设的有效宽度的连接廊道段，是很难发挥生态廊道的基础功能。比如三级廊道茅竹林廊道，宽度100m，从茅

竹林需要跨江延伸到七都岛体育公园。

交通廊道本身会带来噪声污染、水文阻断和土壤流失，对于瓯海大道绿廊和高铁绿廊这些交通廊道，由于其连续的线性特征和原有生境不兼容，其线位对两侧生境的割裂程度很大，阻碍了空间和生物运动，仅靠绿带宽度的限定还无法保证其发挥生态廊道的有效性。

3.2.2 绿廊有效宽度难以保证

温州水网发达，河道水体以及其周边的沿河植被廊道是数量最多的廊道，河谷廊道作为生态廊道包含了整个河谷空间范围涵盖的行水区，河岸漫水区，接邻的坡地山丘以及两侧带状植被。七纵九横中的旧城南绿廊、温瑞塘河绿带，会昌和带状绿地和灵昆道带状绿地均为这类廊道。但是在城市中心区的河道大部分都不同程度存在截弯取直、驳岸硬化、水质下降的现象。河岸植被的宽度和种植结构成了廊道功能的决定因素。过窄的沿河绿带没有连接性，廊道宽度过于狭窄就只能种植边缘树种，宽度大可以有丰富的内部树种，生物多样性好，从而扩大生态效应。当河流植被宽度大于30m时，能有效地降低温度，增加河流生物供应，有效过滤污染物，但生物多样性还较差。如果廊道植被小于12m，生物多样性和相关性几乎等于零。现状这些河道基本处在城市建设成熟区，受到沿河地块建设的限制，沿河绿化带的实际实施宽度一般在8—15m左右，很难满足生态廊道的有效宽度要求。比如旧城南绿廊沿人民路一段由于经过人民路拓宽，河岸取直，沿河建筑挨河而建，绿化带宽度在5m或以下，不具备作为生态廊道的空间条件。

4 基于城市生态格局的绿地系统优化策略

根据上述景观格局的结构和各要素的分析，我们提出景观生态格局优化策略以及绿地生态建设建议，用于指导下一步的规划实施，提高城市绿地系统生态服务功能。

4.1 保护各类原生态斑块

4.1.1 原始斑块要设定生态保育范围

各类山体、林地等大型原始斑块设定核心区和保护区，限制各类建设，禁止挖山采石。近郊的吹台山森林公园、石岩屋、吹台山、五磊山、西郊、石岩屋、白水漈、胜美尖等六个森林公园带，在公园建设过程中尽可能减少对原生环境的负面扰动，尽量选择对环境生态低影响度的游憩活动项目，规定游憩强度和游憩行为，保护原生植物群落和自然的地形地貌，以保持生态系统的完整性。

4.1.2 山体、林地周边要设置一定的建设控制范围

在大型山体的山缘地带设置缓冲区或过渡带，如农田、经济林、湿地等交织地带，作为缓冲基质，调节河道旱涝水量，和城市微气候，并作为生物栖息地和游憩公园。山缘地带的泄洪区不宜都进行硬化取直，保留湿地景观，建立生态廊道和外部环境联系。严格控制山缘地带、山谷地的建设开发强度和农业开发强度。对各类"城中山"山体已经遭破坏的植被和地貌进行生态修复，保证山体空间边界的完整性。

4.2 公共绿地的生态建设

4.2.1 建筑密集区的绿地建设

温州中心城区人口密度大，土地昂贵稀缺，开发强度高，绿地斑块规模小而破碎，整体性差，使得整体的绿地很难大规模的改造。狭小的土地，高强度开发的区域，绿化一定要立体多维，要尽可能多的增加绿量。要建设不同功能的绿地，如生产型、观赏型、文化型等，类型多样化。各类绿地面积虽小但分布率要高。针对很难形成大型斑块的现实情况，可以通过一些用地置换扩大集中绿地斑块的面积，增强生态高效性，复杂性和多维性。

4.2.2 公园绿地的建设建议

各级综合公园或社区公园在满足人们日常的健身游憩的需求需要保留很多的硬质场地和游步道，建议在景观规划上要做相应的生态评价，从生态格局的角度去验证整体设计的合理性，在保证绿量和品质的基础上，注重生物多样性，避免过于追求形式和气派。小型的社区公园在空间布局上注意"小、均、散，重点突出"的原则。

4.3 合理建设生态廊道

4.3.1 优化廊道结构，建立多层级的廊道网络

以城市各级绿廊作为核心骨架，连通山、河、城市公园、湿地、大型附属绿地，形成一个高层级的廊道网络。在城市的各功能组团内部，构建次一级的廊道网络，各等级的廊道要宽窄结合、集中和分散结合。利用生态踏脚石廊道原理，按照有效间距将社区公园、附属绿地、小型零散的街头绿地这些小型斑块通过绿带相互串接，这种连接度高的踏脚石系统可以起到廊道的功能。新建设的生态廊道要因地制宜，以接近近距离各类绿地斑块为主导，保持生物通道的合理设计，维持景观稳定发展和生物多样性。山海廊道、滨海绿廊、茅竹林廊道等通海廊道，通海段或跨江段尽可能覆盖多梯度的环境类型，保护生境的多样性。对生态价值很高的滨海滩涂，应严格保护各类原生物栖息地，控制村镇开发，严禁污染企业，控制围垦速度，提倡生态农业。

4.3.2 重点建设河道廊道网

结合温州城区水网密布的地形特征，重点建设河流廊道网。保证沿河带状植被的延续性和宽度。协调处理防洪防灾等基础设施建设。保护河谷的自然属性，城区河网尽量不要截弯取直，保留部分自然河岸，利用漫滩缓冲区域，通过两岸的湿地和农田，进行生物过滤净化防止水土流失，河道淤积。在沿河绿地建设中积极运用生态景观技术，进行雨水收集、蓄洪和净化，通过水位调整保证水量的供给，提供生物栖息地，保留生物多样性。断头河要进行重新连通，保证河流廊道的贯通和整体性。

道路绿廊是城市建筑密集区重要的人工绿廊，在交通达到整体优化的前提下，寻求最优的道路配置。道路的形态和总体格局要保证景观生态的需要，尽量减少对自然环境的负面影响。保证有效的道路植被宽度，行道树和防护林在绿化配置上要考虑环境和物种的生态特点。具有一定的物种结构，乔灌花草合理组合，采用自然式、多品种、多层次的群植、丛植等种植方式，选择乡土树种和抗病性强，滞尘净化能力好的树种。如瓯海大道绿廊和高铁绿廊、沿海高速绿廊等交通廊道在保证沿线绿地宽度的前提下，要在技术上保证其连通性，提前考虑可达性系统和其他生态廊道交叉的地方的特别处理，保留生物通道，尽量保留原生植被。

5 结语

我们一方面惋惜大地的破碎化、水系的消失和生态环境的恶化，一方面在继续不断地占用农田、绿地来打造各种各样的城市。这其实是两种规划态度，是选择在大自然本底中择境而居的和谐理念还是习惯性地凌驾于自然之上任城市不断地扩张蔓延。城市绿地系统的建设是城市有机体里的自然成分，是自然和人工建设交织作用的结果，最能体现我们对生态环境和城市建设的态度。一直以来城市绿地系统是放在总体规划的底上来进行布局，被城市很多既成事实的建设成果所困扰和限制，而不能按照合理的景观生态格局去营造，只能依托城市绿地系统规划的法定角色去实现规划目标。

正如国家新型城镇化规划中提到的"合理划定生态保护红线，扩大城市生态空间，增加森林湖泊湿地面积，将农村废弃地、其他污染用地、工矿地转化为生态用地，在城镇化地区合理建设生态廊道"，我们所能做就是通过努力，在后续的建设和城市更新的过程中通过控制、修复、重建或转化等多种途径重新取得新的生态平衡。

参考文献

[1] [美]伊恩·伦若克斯·麦克哈格．设计结合自然[M]．芮经纬译，天津：天津大学出版社，2006．
[2] 王云才．景观生态规划原理[M]．北京：中国建筑工业出版社，2007．
[3] 俞孔坚，李迪华，刘海龙．"反规划"途径[M]．中国建筑工业出版社，2005．
[4] [美]瓦尔德海姆编．景观都市主义[M]．刘海龙，刘东云，孙璐译．北京：中国建筑工业出版社，2013．
[5] 温州市城市规划设计研究院，温州市城市绿地系统规划（2011—2020）[R]．
[6] 行小花．景观生态学及其在城市绿地系统中的应用[J]．北京农业，2012(07)．
[7] 李信仕，王诗哲，石铁矛，师卫华，蔡文婷．基于低碳城市理念下的绿地系统规划研究策略——以沈阳市为例[J]．城市发展研究，2012(03)．

作者简介

赖平平，女，1972年8月，研究生。温州市城市规划设计研究院，副总工程师，高级建筑师，注册规划师，Email：626098675@qq.com。

草原游荡型河流在城镇化发展进程中的生态困局及相应规划策略
——以海拉尔河湿地景观规划为例

Ecological Difficulty and the Corresponding Planning Strategy for Ecological Significance of Wandering Rivers of Prairie Landform
——Taking the Hailar River Wetland Landscape Planning as the Example

李丹丹　邹丹丹

摘　要：我国草原地区城镇化进程日渐加快，城市与草原生态之间的矛盾与问题日渐突出。草原游荡型河流是草原地貌所特有的景观要素，当城市建设与此类河流产生交糅，了解河流的本质与特征是处理好城市与生态之间关系的重要前提。本文旨在以宏观视角解读草原游荡型河流的特征与意义，并结合海拉尔湿地景观规划案例提出对此类河流规划设计的有效策略。

关键词：草原游荡型河流；生态困局；城镇化；规划策略

Abstract: With increasingly accelerated urbanization process, contradictions and problems between urban & grassland ecosystems have become increasingly prominent. Grassland wandering rivers are landscape elements peculiar to prairie landform. When urban construction cause impact with such kind of rivers, to understand the essence and characteristics of the rivers becomes an important prerequisite to balance the relationship between the city and the ecology. This paper aims to interpret the traits and values of Wandering Rivers in Prairie Landform from the macro-level perspective, and takes Hailar wetland landscape planning as the example to propose effective strategies for planning and design of these sorts of rivers.

Key words: Wandering River of Prairie Landform; Ecological Difficulty; Urbanization Process; Planning Strategies

1 草原游荡型河流的概念与特征

根据地理学学者的释义，"游荡型河流隶属于冲击型河流，是河沙在历代冲击下长期演变的产物"。[1-3]

其特征包括：（1）断面宽浅、多次分叉和汇聚；（2）其演变特点复杂，洪水暴涨暴落，同流量下的含沙量变化大，纵向冲淤幅度大；（3）主流摆动不定，频繁迁徙，侧向迁移迅速，经常性改道；（4）河流坡降大，沉积物搬运量大，底层沉积发育良好，顶层沉积不发育，（5）河床易冲易淤，且冲淤幅度较大；河岸抗冲性差，极易发生坍塌。[4]

游荡型河流是天然河流中常见的河型之一，在我国分布较广，根据其所分布的地理位置，可分为平原、草原和宽谷三类。草原游荡型河流，在地理学上特指草原地貌上具备游荡型特征的一类河流（图1）。

2 以宏观视角解读草原游荡型河流生态意义

我国草原地貌地区主要位于北方干旱、半干旱的高原和山地以及青藏高原区。草原游荡型河流依托草原地貌而存在，以呼伦贝尔草原地区为典型。呼伦贝尔草原集结着嫩江和额尔古纳河两大水系，星罗棋布地分布着众

图1　草原游荡型河流的天然形态

多游荡型河流，如海拉尔河、伊敏河、辉河、克鲁伦河、乌尔逊河等，河道蜿蜒曲折，主河道两侧多湿地及沼泽（图2）。

草原游荡型河流对于生态相对脆弱的草原地貌，具有至关重要的意义：

2.1 草原游荡型河流，构成了草原地貌的基本生态骨架和动脉体系

河流对河漫滩定期补给，促进湿地系统水循环，并为湿地土壤提供养分，促进土壤发育，促进湿地景观演替及

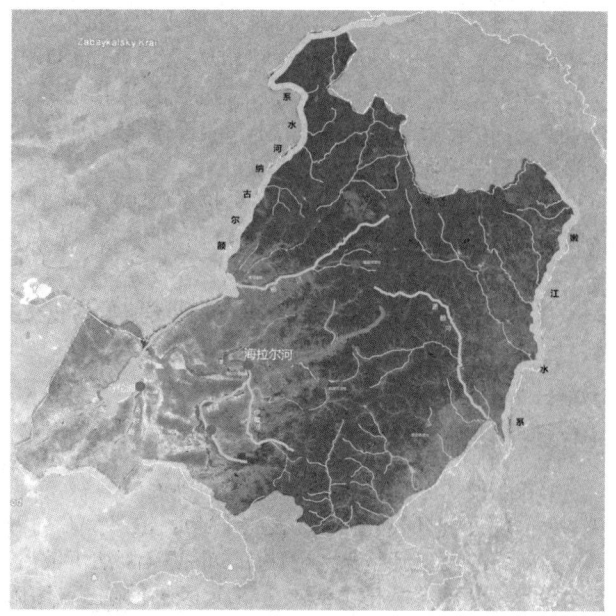

图2 呼伦贝尔草原游荡型河流分布格局

生物多样性的改善。[5]以呼伦贝尔草原为例，围绕着呼伦贝尔水系形成的沼泽湿地分布众多，如著名的"亚洲第一湿地"根河湿地，以及自然保护区辉河湿地，都是游荡型河流局部水流汇集的结果。呼伦贝尔水草丰美便得益于此。

宏观来看，草原游荡型河流多发源于山系，汇集地表径流，为草原地貌的表层提供水源。这一点与丰水地区的河流有根本性区别。在水量充沛地区，河流不仅仅是汇集源头的地表径流，在干流周边也同样有丰富的支流体系汇入。干流周边不断有水源补充，水源体系多元化，周边地表与河流之间是供水与集水的关系。而游荡型河流恰恰相反，其水源比较单一，主要依靠源头供水，同时干流为周边地表提供主要水源。这一系统化的水系是周边草原赖以生存的决定性要素。

如下表所示，仅就海拉尔来说，依靠海拉尔河与伊敏河携带的客水资源高达99%以上（表1）。

海拉尔地表水资源径流量分析　　表1

客水资源			自产水资源		
流域	多年平均径流量	保证率(75%)	保证率(95%)	流域	多年平均径流量	保证率(75%)	保证率(95%)
	20.3	12.72	7.63	海拉尔河	3700	2405	1480
伊敏河	10.5	7.88	5.57	伊敏河	899	674	476

2.2 游荡性河流是调节草原荒漠化、盐渍化的良剂

草原地貌生态系统脆弱程度高，以呼伦贝尔草原来看，呼伦贝尔草原由松散的河湖沉积物堆积而成，[6]以沙性、砂砾性母质土壤土为主，而草原地表土层厚度仅有10—50cm，其土壤颗粒粒径较小，受风蚀性的潜在危险性高。[7]且砂质土保水能力差，表层土肥沃却很薄，肥力贫瘠，土质脆弱。[8]加之其全年降雨较少，生态环境脆弱，一旦植被被破坏，沉积沙层或沙质土壤就会裸露，造成土地沙化，并且在风力作用下，加速扩展。[9]周边地区将面临扬尘或沙尘暴天气的侵袭。

3 城镇化趋势给草原游荡型河流带来的现实问题

我国草原地带近年来城镇化快速提高，与草原生态环境之间的矛盾日益突出。城市的拓展空间必不可少会与河流出现交集，如果采用武断手法盲目应对防洪水利需求，对草原游荡型河流进行通常意义上的截弯取直、渠化处理，不仅极大地破坏了游荡型河流天然的美感，也会因忽视其重大生态意义而对草原生态带来无法挽回的破坏。

我国传统城市河流整治中，单纯考虑河流的防洪、排污排涝的功能属性，以渠化处理为主，避免发生严重淤积。但这类工程处理，能够解决一时之需，但却破坏了河道原有的综合功能，可能引起河流断流与草原退化，而且可能带来城市洪水问题（图3）。[10]

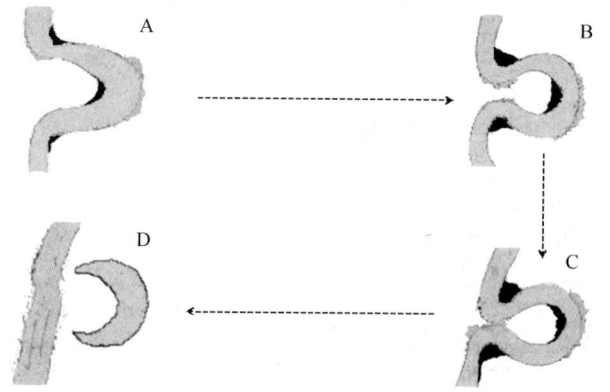

图3 传统水利工程的渠化处理

3.1 武断的水利工程将切断河流水系与其草原地貌的生态关联

渠道化处理造成岸滩人工化，造成水流多样性减少，从而危及到河流生物多样性，严重破坏了岸边生境。且河道处理中通常采用截弯取直的手法，这缩短了和流畅度，水流滞留时间缩短，水能消耗降低，抢夺了河流自然生态空间，进而加剧水质下降。[11]

对于依赖干流水源的草原地貌，以渠化手法处理干流，相当于人为切断了水源，从而加速草原生态的退化，加重草原沙漠化程度。

草原沙质荒漠化地带与草原游荡型河流严重退化有极大关系。近年来，呼伦贝尔草原退化面积达483万hm^2，约占可利用草原面积的近一半，另外还有近300万hm^2的潜在沙化区域。[12]呼伦贝尔草原仍以每年2%的速度退化，而草原建设速度每年仅为0.2%。[13]目前该地区草原以轻度沙漠化为主（图4、表2）。

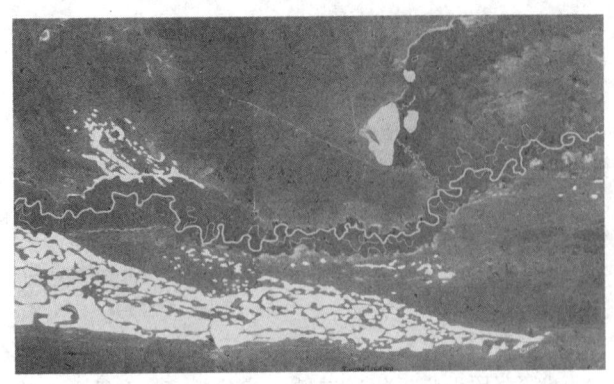

图4 呼伦贝尔沙化地带

呼伦贝尔草原三条沙带（赵慧颖，2007） 表2

三条沙带	分布地区	长宽	成因
北部沙带	沿海拉尔河两岸分布，东起海拉尔，西到新左旗嵯岗牧场	全长150km，宽5—35km	风蚀坑的坑后沙丘组成，风蚀坑主要由翻耕、道路、人类定居活动等诱发
中部沙带	从鄂温克旗的莫和尔吐，经锡尼河至新左旗罕达盖	长150km	
南部沙带	从新左旗的阿木古郎镇一直延伸到鄂温克旗的辉苏木	长80km，宽15km	
主要分布在鄂温克旗、新巴尔虎左旗、新巴尔虎右旗、陈巴尔虎旗和海拉尔区境内，涉及33个乡（镇、苏木）			

3.2 对游荡型河流"裁弯取直"为城市防洪防涝埋下隐患

传统对游荡型河流处理方式，一般是通过改善河道平面和横断面形态，稳定主流河势，让河段的防洪压力有所下降，便于两岸农业灌溉及周边民众的生产生活。但这在一定程度上干扰了河流自然发展，其负面影响也逐步凸显出来，河流的自然稳定性依赖于流域内湿地与植被的吸收与调蓄，以及洪泛滩地的拦截作用。城市开发下，自然状态下的蓄水土壤置换为不渗水表面，[14]河道输沙能力受到抑制，可能造成河槽严重淤积，河断面向宽浅改变，洪水期极易出现游荡摆动。[15]加之其本身河道多为地上河，洪水到来之际容易造成沿河地区内涝和盐渍化。

3.3 盲目建设将丧失草原地貌独有的自然景观文化

草原游荡型河流独有的曲度，形成了独一无二的大地肌理，这是草原地貌的特征，也是草原人文景观的重要载体。而大量使用混凝土、浆砌块石等硬质材料砌筑河床、过度依赖硬化，致使河流完全硬化、渠道化。忽视了河流的生态景观功能，从根本上忽视景观建设工作。造成景观生硬难看，从而使得城市空间质量低下。

游荡型河流拥有独一无二的空间肌理，其价值不应简单地表现在建设中所处的被利用的位置，而是体现在政府、专家、开发商、城市中的人对其追寻、斟酌及合理的保护中，在传统工程处理方式下，非工程措施也应该逐步成为日后河道治理的重要补充。

在此，本文以内蒙古呼伦贝尔海拉尔湿地为例，对其草原游荡型河流规划策略进行详尽分析。

4 以海拉尔河湿地景观总体规划为例探讨草原游荡型河流规划策略

4.1 海拉尔河概况

海拉尔河系黑龙江流域额尔古纳河水系的一级支流，联系大兴安岭林区与呼伦贝尔草原腹地，主流呈东向西流经牙克石与免渡河汇合，在海拉尔市区又接纳伊敏河，至乌固尔再纳入莫勒格尔河，在高原上流至阿巴盖图附近，主流转向北汇入额尔古纳河。河流全长708.5km，流域面积5.48万km²，是呼伦贝尔草原重要的东西走向生态廊道。

海拉尔河是典型的草原游荡型河流（图5）。

图5 海拉尔河草原游荡型肌理

4.1.1 水文情况——海拉尔游荡型河流，局部表现为自然湿地形式

海拉尔河位于额尔古纳河上游，河道比降变缓，河道迂回弯曲，弯曲系数为2.5。水源地附近河床由砂卵石组成，冲淤变化不大，河谷开阔宽达2.5 km，河道平均比降为0.49‰。

海拉尔河具备典型草原游荡型河流特征，汇集来自大兴安岭林区大量地表径流，以游荡型特征频繁改变主流走向，并在主流周边形成大面积湿地。这些湿地对于维护生态系统，水质净化和物种栖息具有极高价值。

海拉尔境内地表水资源由海拉尔河、伊敏河及自产地表水组成，以客水为主，自产地表径流量为0.46亿m³，客水为30.34亿m³。客水所占比例高达77.1%。全市水资源主要集中于河谷平原区，高平原和低山丘陵地区，仅有少量的地表水，径流的年内分配因受流域内降水年内分配的影响，也很不均匀（图6）。

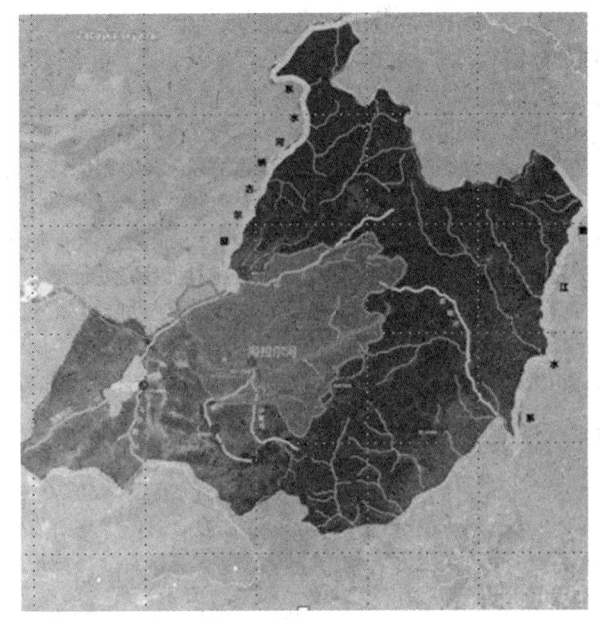

图6 海拉尔河流域影响范围

4.1.2 生态境况

海拉尔区域地带性植被类型属干旱草原植被。目前，海拉尔河自源头至海拉尔区以上湿地植被保育较完整，形成了相对稳定的生态系统。但以下区域局部建设或挖沙区域现状生态条件已遭破坏，使得水土流失严重，生态面临破坏。自海拉尔至满洲里沙化区域，与海拉尔河中段水流受阻有极大关系。

本文所引"海拉尔河湿地景观规划"案例，即是针对海拉尔河与城市建设这一矛盾，所形成的解决策略。

4.2 项目背景

4.2.1 区位与规划范围

海拉尔河湿地公园景观概念规划项目位于呼伦贝尔市中心城区北侧西起反法西斯纪念园，东至绥满高速，东西长约12km，南北宽约1—3km，总面积27km²。规划范围涵盖海拉尔河近年主流及周边少量漫滩湿地（图7）。

图7 海拉尔河湿地公园规划范围

4.2.2 城市发展背景

近年来，呼伦贝尔处于经济、社会快速发展的阶段，预计2015—2030年城镇化水平上升至80%（图8）呼伦贝尔未来以建设国家科学发展示范区核心区为总体目标，重点培育生态示范区、民族文化示范区、北方高寒地区特色宜居区等，实施"强化中心城区—发展外围组团—实施轴线拓展"的空间组织模式，形成"一核两轴四组团"的空间发展结构（图8）。

从空间发展结构来看，海拉尔区是呼伦贝尔市的核心发展区，未来海拉尔将沿海拉尔湿地逐步展开，海拉尔河湿地将从城市边缘的生态屏障变成城市内部的生态公园，也将与伊敏河共同构成T形河流骨架（图9）。

4.3 基地现状

4.3.1 基地植被现状

基地现状植被类型以湿生草甸为主，以迹地为主，其中基地东南部有大面积的旱地，西部河道两侧区域呈斑块状分布有少量灌丛沼泽和林地。

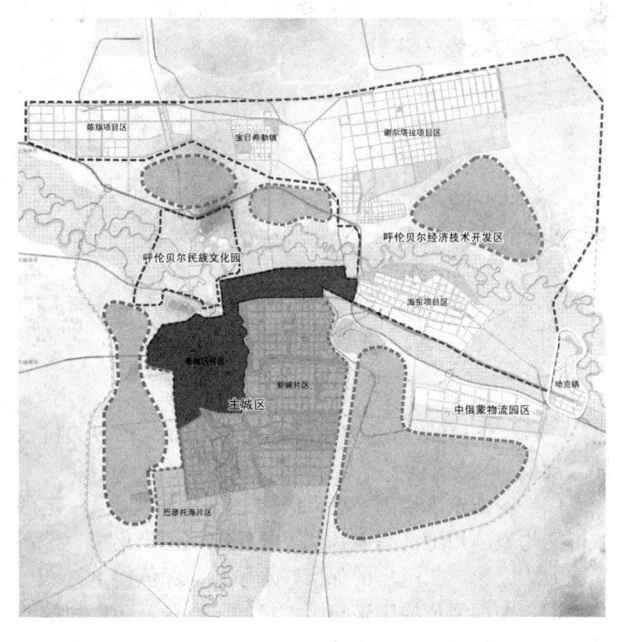

图8 海拉尔发展格局

同时，河道两侧存在大量由于挖沙活动而形成的裸

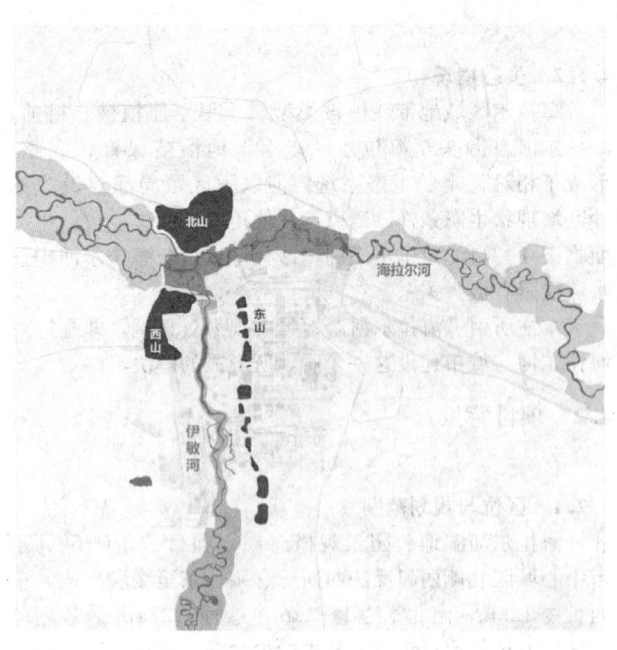

图9 海拉尔生态格局

露地，这些区域具有很高的形成盐碱化和沙化区域的风险，亟待进行植被修复（图10）。

图10 基地植被现状

4.3.2 基地用地开发现状

城市发展的需求已经扩张到基地周边，周边用地有大量开发的趋势（图11）。

图11 挖沙形成的生态破坏

（1）周边有散布的牧民居，堤路南面有较多的村落和大规模居民用地。

（2）南面未来规划主要以居住地块为主，以及一定的城市文化设施用地。南面片区工业用地，污染集中，排污问题尤为突出。热电厂的保留，水净化问题值得重视。

（3）中部河道周围聚集了大量的采石场、砖厂和挖沙场地，当地生态破坏相当严重。待建的项目有：悦榕庄、悦村高档酒店、大元文化广场、和别墅与高层住宅项目。

4.4 项目议题

项目基地处于海拉尔生态廊道和海拉尔城市交接地带，海拉尔的城市建设正处于跨越式发展的前夜，海拉尔城市建设面临城市空间特色，接待服务设施，环境品质等一系列问题的进一步提升。然而基地生态环境受到人为干扰，城市格局的演变对海拉尔湿地的存亡产生着至关重要的影响，协调开发与保护之间的矛盾成为亟待解决的核心课题。

4.5 规划、设计策略

本项目是海拉尔河生态廊道的关键节点，也是海拉尔城市发展的重要载体，我们以生态为前提，以旅游发展为平衡机制，以空间管控为手段，协调生态安全与城市发展之间的矛盾（图12）。

图12 海拉尔河湿地规划设计总平面

（1）策略一——宏观管控边界的确定：平衡生态保护与城市开发（控制边界）

在总体运营管控上总体可以划分为三个层次，即核心保护区范围、外围公园带区域及周边景区控制区（图13）。这一点至关重要，以外围地块的开发建设导则引导周边适量开发，并以此来确保核心生态敏感区的安全。

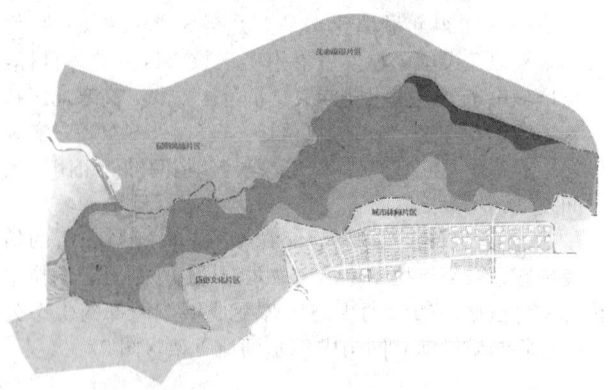

图13 总体管控分区

在城市开发与项目策划中，主要以地方特色的文化旅游、低密度的郊野与科普活动为主，在不影响生态安全的前提下获得品牌效益与经济效益。

（2）策略二——生态核心的划定：设定生态廊道边

界，制定不同级别的保护措施

以GIS为技术手段，我们对基地进行了不同层面的分析，将水文、地文、植被等多因素叠加分析，形成了不同级别的敏感分区，并依据此分区，制订了明确的生态管控导则（图14）。

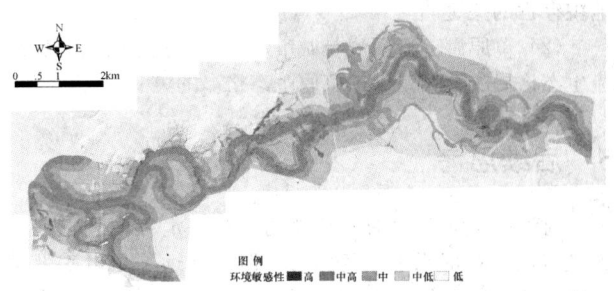

图14　对基地的GIS分析过程

等级	说　明
高敏感、中高敏感区	该区域受自然条件约束大，建设开发具有难度，并且破坏自然环境的可能也很大，建议禁止在这些区域进行开发
中敏感区	该区域受生态条件约束性较大，可适当选择低影响的项目
中低敏感区	该区域的生态敏感性适中，开发时需考虑该区域的环境敏感性因素和环境特色，采取缓解措施
低敏感区	该区域受自然条件约束少，可开发改造的弹性空间较大，是首选的项目用地

对于核心区的保护方式，我们建议借助国家法律法规，以国家湿地公园的标准进行规划管理。

根据《国家湿地公园总体规划导则》的标准，重点突出观赏游憩、湿地展示、科普教育、基质恢复和湿地保护等方面。划分为管理服务区、合理利用区、宣教展示区、恢复重建区和保育区。我们将这一分区标准结合基地资源条件，最终确定公园七大功能区：（1）核心保育区；（2）门户湿地展示区；（3）草原风光体验区；（4）农业观光湿地区；（5）净化科普湿地区；（6）矿坑创意休闲区；（7）运动汽车营地区（图15）。

图15　公园七大功能区

（3）策略三——水系规划：保护天然草原游荡型特质，并维护城市防洪安全

根据草原游荡型河流的生态特征，我们重点对河流近年来的游荡趋势进行了比对，初步确定了合适的漫滩地宽度，以此来确保主流仍在一定程度上具备游荡型特征（图16）。

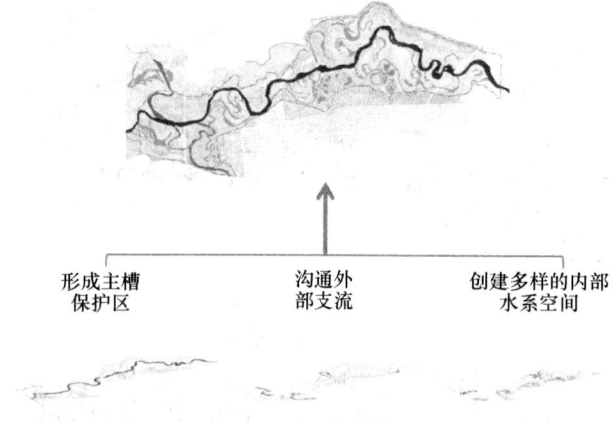

图16　水系规划图

①形成主槽保护区：主槽及两侧滩地承担行洪和生态涵养功能，保留现状主槽走向，形成主河槽保护区。本区应以自然保育为主，尽量控制人为活动强度，维持主河道对周边河漫滩区域的季节性淹没，禁止放牧等对植物进行过度干扰的活动，以自然演替的力量来恢复和保持健康的草原湿地自然生态系统。

②沟通外部支流：沟通外部支流，预留支流两岸缓冲带。

③创建多样的内部水系空间：现状已破坏的河道水系，增加人工干预，营造丰富多样水系。

海拉尔主槽及漫滩地是重要的行洪通道，同时也是生物的重要迁徙廊道。在防洪安全上，原有的规划河岸线的走势与现状走势变化较大且改变了自然河槽的形态。且从不同年度的水位变化图可以看出，规划项目部分处于洪水泛滥区，项目开发用地与防洪有一定冲突。新的防洪体系满足以下几个原则：原则一：合理化堤防布局，尊重海拉尔自然肌理，避免工程化防洪堤割裂现状水系格局；原则二：充足的过水宽度，堤坝往建设用地的方向退一些距离，有更大的行洪空间；原则三：维持或降低滩地高程，维持或降低滩地高程有助于保证行洪面积；原则四：广袤的蓄滞洪空间，海拉尔湿地具有天然吸纳洪水的功能，保留并修复海拉尔河两岸湿地作为生态保育区。

（4）策略四——生态功能修复与保育：确保植物多样性与动物栖息地安全

核心保护区的宽度界定主要通过对于生态廊道功能的研究，综合众多对于生态廊道宽度与其栖息地功能的研究，我们选择的原则是，最窄处大于200m，是保护鸟类比较合适的宽度下限；有条件的区域做到1000—1200m宽度，能够创造廊道内部生境，支撑较多的植物及鸟类物种。

①植被修复策略

本区应以自然保育为主，尽量控制人为活动强度，维持主河道对周边河漫滩区域的季节性淹没，禁止放牧等对植物进行过度干扰的活动，以自然演替的力量来恢复和保持健康的草原湿地自然生态系统。随着自然演替的进行，保护区域内将拥有浅水湿地—草本沼泽—灌丛沼泽—灌丛草甸—湿生草甸这样一系列完整的湿地植被类型（图17）。

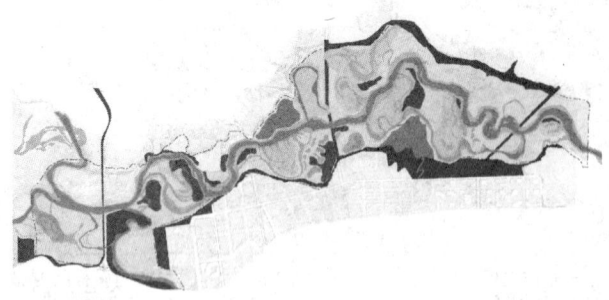

图17 植被规划

②鸟类栖息地优化策略

对人为干扰强度控制，河道行船船只避免使用噪声和污染较大的船型，应选用人工船或电瓶船，并降低游览船只流量。基地范围内建筑或服务设施的外立面尽量避免使用玻璃外立面，降低鸟类撞击风险。

③鱼类栖息地区域分布规划

在河道中通过石块、原木等设施，营造深潭、浅滩序列，创造异质性的水流环境，有利于鱼类、虾类和水生无脊椎动物栖息地的优化。

（5）策略五——延展管控范围，确保河流源头生态格局安全

东扩范围总面积为36km²，其中32km²区域纳入到湿地公园核心保护区范围，禁止组织任何旅游开发活动，保护水系通廊完整，保持纯自然状态的湿地风貌。4km²区域根据海东项目区发展，将来纳入湿地公园合理利用区，结合周边城市功能，合理适度地组织一定的旅游休闲活动。

4.6 愿景定位

依据上述策略，我们为未来的海拉尔湿地公园制定了愿景："与城共美，营造最美城市草原湿地，点亮最美草原湿地城市。"海拉尔河与伊敏河将构成未来海拉尔城市的T形城市中央公园，两者以草原湿地为最大特色，共同点亮海拉尔最美草原湿地城市形象。

项目定位——以湿地公园为核心的综合旅游目的地（图18）。

图18 最美城市草原湿地

4.7 项目总结

海拉尔河既是守卫之河，也是千面之河、开创之河。曾经，它静谧而安详地流淌在这方神奇的土地上；如今，它将"与城市共美"，携手伊敏河，共同点亮最美的草原湿地城市，成为呼伦贝尔未来城市绿地系统建设的核心骨架。

（1）草原游荡型河流是草原地貌的主要水源，是草原地貌存亡的关键。

（2）草原游荡型河流与城市建设产生交集时，确保河流生态格局安全，是保护草原生态格局的第一要义。

5 后续思考

对海拉尔河湿地的宏观视角，在一定程度上可以缓解城市建设对草原生态的压力，但还远远不足以确保草原地带的全局安全。对于草原游荡型河流而言，正所谓牵一发而动全身，对河段的盲目侵占都会带来下游所有河段的水源断流和相应草原区域的根本性沙化。我国草原的生态现实已经不容许有更多的错误决策继续出现，后果一旦显现为时已晚。

在此，笔者呼吁广大学术界与城市管理者们能够对草原游荡型河流的重要性保持足够重视，并为保护和提升我国广大草原地区的生态质量做出更多努力。

参考文献

[1] 钱宁. 关于河流分类及成因问题的讨论[J]. 地理学报，1985, 40(1): 1-10.
[2] 王海东. 北方寒地城市湿地的保护和利用规划探析——以《呼伦贝尔海拉尔河湿地公园景观概念规划》为例[J]. 城市建设理论研究，2014(9).
[3] 国外游荡型河流研究介绍（寇怀忠）[EB/OL]. 黄河网，2009.
[4] 王光谦，张红武，夏军强. 游荡型河流演变及模拟[M]. 北京：科学出版社，2005.
[5] 卢晓宁，邓伟. 洪水对湿地系统的作用[J]. 湿地科学，2005, 3(2): 136-142.
[6] 王信建. 关于呼伦贝尔草原沙化情况的调查报告[R]. 2006.
[7] 刘洪鹄，刘宝元，吴海生，王长河. 呼伦贝尔草原的土壤侵蚀类型及现状[Z].
[8] 张丽娜. 美丽发展的城市之梦——专访内蒙古自治区呼伦贝尔市市长张利平[J]. 瞭望东方周刊，2014.
[9] 同欢，郭旺全. 城市河流整治与生态景观共赢[J]. 城市建设理论研究，2013.
[10] 呼伦贝尔市林业局工会主席张殿成. 内蒙古呼伦贝尔草原疑因无序采矿出现上千沉陷坑[J]. 法治周末，2012.
[11] 呼伦贝尔草原近半数可用草原退化成沙地[N/OL]. 黑龙江新闻网-黑龙江日报，http://www.hljnews.cn/fou_gn/2010-08/14/content_169063.htm.
[12] 杨冬辉. 城市空间扩展对河流自然演进的影响——因循自然的城市规划方法初探[J]. 城市规划，2001(11).
[13] 齐璞，梁国亭. 冲积河型形成条件的探讨[J]. 泥沙研究，2002(6).
[14] 李永强. 黄河下游游荡性河段河道整治工程环境影响评价[J]. 中国水利，2007(05).
[15] 呼伦贝尔市人民政府. 呼伦贝尔城市总体规划（2012—2030）公示公告，http://www.hlbe.gov.cn/zwgk/nr.asp?id=100842.

作者简介

李丹丹，1979年生，女，汉族，同济大学建筑城市规划学院城市规划硕士（风景园林方向），高级工程师，迈柏（上海）景观建筑设计有限公司创意研发总监，研究方向：大地景观规划与风景园林理论，Email：ddli@officemyp.com/kittymami1014@hotmail.com。

邹丹丹，1987年生，女，汉族，江西吉安人，复旦大学社会学系硕士，迈柏（上海）景观建筑设计有限公司，营销主管，研究方向：城市社会学，Email：ddzou@officemyp.com/knownrain@gmail.com。

校园景观中的生态设计策略研究

Ecological Design Strategy Research on Campus Landscape

李方正 李 雄

摘 要：校园景观的多样性、地域性和文化性随着校园规模的扩张所丧失，面临各种不可持续性问题。作为风景园林设计师，就要在校园景观设计中将生态环境因素纳入设计要素，以实现校园景观的可持续性，并发挥其教育示范作用，建立师生的生态观念，并推广可持续的生活方式。本文以多个校园改造项目为例分析了在校园景观如何以具有教育示范意义的雨水管理系统，参与性活动介入的绿色材料回收及使用，设计的地域性与乡土特色，植物种植模式的改进等作为设计策略实现校园景观的生态性。

关键词：生态设计；校园景观；雨水管理；地域性；种植模式

Abstract: The diversity, regional and cultural feature of campus landscape disappeared with the expansion of campus, facing a variety of unsustainable problems. As landscape designers, we should be necessary take considerations of the design of eco-environmental into the campus landscape design, in order to achieve sustainable campus landscape, play an exemplary role in their education, the establishment of ecological concepts of students and promote sustainable living ways. This paper takes a number of campus renovation projects as an example to analyze how to regard the strategys of stormwater management system with a demonstration of the significance of education, green materials recovery with activity intervention, designing with regional and local characteristics and improving planting patterns as ways to achieve ecological landscape of the campus.

Key words: Ecology Design; Campus Landscape; Stormwater Management; Local Features; Planting Patterns

1 研究背景

近年来，随着城市化的进程，自然环境遭到人类肆意的破坏，人地关系异常不和谐，随之产生很多负面的效应，城市的雾霾问题，全球的气温升高，海平面的上升，地下水位的上升等等。面对这些生态危机，人类需要对生态伦理和可持续发展重新思考，作为风景园林设计师，就要在设计中将生态环境因素纳入设计要素，调节人地关系的和谐。

西姆·范德赖恩（Sim Van der Ryn）和斯图尔特·考（Stuart Cow）与1966年提出："任何与生态过程相协调，尽量使其对环境的破坏影响达到最小的设计形式都称为生态设计，这种协调意味着设计应尊重物种多样性，减少人类对自然资源的剥夺利用，保持营养和水循环，维持植物生境和动物栖息地的环境质量，以改善人居环境及生态系统的健康。"[1]

2 生态设计对于校园的作用

2.1 实现校园景观设计的可持续性

在高度城市化背景下，校园景观的多样性、地域性和文化性也随着校园规模的扩张所丧失，各地校园呈现出雷同的景观风貌，同时也普遍存在着忽略地域自然和生态特征等问题。生态设计措施的导入有助于解决场地雨水循环、废水处理、废弃材料重复使用等问题，实现校园景观的可持续设计路径。

2.2 发挥对师生的教育示范作用，建立师生的生态观念

校园是教书育人和学生生活的基本场所，一个自然朴实、充满活力的校园对学生的成长认知会产生有益的影响。由于人群构成较为集中，行为、活动内容较具一致性，[2]校园景观对学生的认知在一定意义上有引导作用。因此，校园里一个生态的景观设计，会激发和引导学生去探究和建立"生态"观念。由此看来，将生态理念融入一个具有教育示范性的场所，即校园景观当中，其推广效应将会最大化。

2.3 推广可持续的生活方式

生态设计在校园环境中的实践不仅体现在设计中，更体现在日常校园生活对可持续生活方式的探索与实践中。[3]校园景观设计通过调动师生的能动性，让师生参与到生态设计，如废弃材料回收利用等过程，一方面提高了人与景观的互动性，使得校园景观更加生动，另一方面也对可持续的生活方式进行了推广。

3 校园生态设计案例研究

面对校园景观中逐渐陷入各种困境，从20世纪80年代末开始，欧美国家开始以"生态"的理念运用到校园的景观设计中，试图通过生态设计措施解决校园景观中的不可持续性等问题。借助"生态文明建设"的契机，笔者

在本文中以4个校园景观为例,第一个是位于美国波特兰市塔博尔中学,基于原有停车场改造成雨水花园;第二个是美国亚利桑那州立大学理工学院学术中心,是将之前的空军基地改建为适合学习的场所;第三个是美国斯沃斯莫尔学院通过绿色建筑设计与景观环境充分融合,形成一个生态的校园;第四个将位于英国的一个原本作为自行车工厂的区域通过生态措施,改造成校园景观。笔者主要分析设计师在这几个方案中如何通过生态措施提高校园景观的生态效益。

3.1 基于生态策略的校园空间功能拓展——美国波特兰市塔博尔中学雨水花园

场地位于波特兰市塔博尔山中学,原本用于停车场的区域由于当地多雨的气候特征导致在这一地区常常发生地下室进水的现象。同时场地也由于停车场的功能造成炎热环境和消极空间的负面效应。在政府与塔博尔山中学的共同努力下,这个集技术性和艺术性于一体的雨水花园于2006年夏天建成,这个原本的消极空间转变成一个积极的、生态的空间,同时也解决了当地居民的下水道设施问题,塔博尔中学雨水花园也成为可持续性暴雨水管理最成功的案例之一。[4]

改造将原本的沥青场地改造成易渗透的材料,这些区域的雨水将通过新加入的沟渠排水管和混凝土河道,汇入雨水花园中。雨水在流经雨水花园的过程中放缓径流流速,也起到清洁雨水、滋润植物和改良土壤的作用。当雨水量超过雨水花园的承载量的时候,雨水将以较缓的流速从景观系统流向下水道系统。该雨水花园可以收集学校4050m²的雨水径流,[4]也解决了周边地下室遭水淹的难题。设计师巧夺天工地将原有空间重组,将其改造成一个既满足学生交流集散、停车又具有雨水收集作用的空间,同时也成为一个供学生学习的生态示范教学基地(图1)。

图1 塔博尔山中学雨水花园

此案例虽然是个校园空间的改造,但其生态效益和教育功能不仅局限于校园师生,周边社区和街道都会因为雨水花园而受益。他不但将天然的水文功能重新带回了城市,还使得绿地与日常生活有了一定的融合性。设计师通过简易的设计和自然的环境向师生和社区居民演示了雨水管理的原理,天然的雨水收集器让师生和居民重新感知自然过程和自然的设计。这种遵循场所自然过程、低成本和具有普遍教育意义的设计值得学习和推广。

3.2 融入地域性生态风貌的校园改造——美国亚利桑那州立大学理工学院校园景观新建工程

该项目起源于美国亚利桑那州立大学理工学院校园新建工程,包括5栋全新的综合教学楼和景观改造,面积共约8.5hm²。项目建造目的主要是将之前的空军基地改建为适合学习的场所,设计具有地域乡土特色的景观。此次改造将初期就充分征询使用者的意愿,保留索诺兰沙漠旱谷景观,设计团队同时会为新校园区域设置新颖而别致的乡土景观,一来适应当地气候环境特点,二来设计具有地域性特征的景观,符合当地文化。

设计师们将一条现有"灰色基础设施"柏油马路改建为具有一定渗透性的天然储水器。当雨季雨量较大的时候,河流就作为容器收集雨水。栽种的植被可以放缓雨水径流流速,还与其他生态措施结合净化雨水。四周建筑屋顶上汇集的雨水同滞留在"储水器"的雨水进入一系列灌溉管道,为学校马尔逊学院的果园提供灌溉用水,农业景观也成功介入。这个案例以最低成本、最生态的方式解决了雨季水涝和旱季缺水的两个难题。师生也获得亲近自然环境和学习自然循环的机会(图2)。

图2 亚利桑那州立大学理工学院校园景观

设计师对场地进行了最小的干预,充分遵循地域特征。绿油油的草坪,色彩丰富的热带植物,爬满藤蔓植物的绿墙,装满散落在场地内碎石的石笼,每个原生态的场景都生动地展现在师生面前。不同品种的绿植像是沙漠上的绿洲，增加了校园的生机，还减轻了热岛效应。丰富多样的植物连成一个多层次的绿色廊道，将破碎的生态斑块连接起来，形成小型生物的迁徙廊道，保障校园自然生态系统的物质能量循环不被打断或阻碍。此外，设计师还将沙漠中原有树木和乡土灌木回收利用，用来营造旱谷生境。[5]营建低成本景观。改造后的校园也使用花岗岩碎石作为基础物料铺设道路，与沙漠风情相呼应。

3.3 绿色建筑与生态景观的融合——美国斯沃斯莫尔学院生态设计

场地位于美国宾夕法尼亚州费城市西南部的斯沃斯莫尔学院，占地约121hm²，校园具有良好的天然优势，即为了纪念亚瑟·霍伊特·斯科特而建造的一所美丽的树木园——斯科特树木园。树木园拥有超过3000种的树木，具有丰富的植物空间，如开阔的大草坪、精美的花径、不同主题的植物专类园和具有文化气息的学院派建筑。但由于基地地势较高，产生的生活废水和自然降雨不可避免地会流入周边的克拉姆河流域，严重破坏河流及区域的生态平衡。

设计师试图通过建造达到LEED认证的科学中心大楼，并通过雨水花园和屋顶花园，建立与景观环境的融合，同时结合衬草溪流构成的排水系统、再生材料利用等措施使校园变得更加生态。衬草溪流是通过植草的景观性地表沟渠排水系统，利用雨水的重力作用收集处理地表雨水。径流以较低流速通过衬草溪流时，结合沉淀过滤及生物降解等共同作用下，去除径流中的污染物，实现雨水的收集利用和径流污染控制的目的。[6]来自建筑屋顶的雨水借助"F"形屋顶，最大限度地提高雨水收集量，并通过导流槽的引导，从屋顶垂直地落入具有过滤和渗透功能的水池中，最后流入河流中。另一部分来自屋顶收集的雨水则流入了中庭花园的室外楼梯，形成了景观性水景梯。科学大楼还运用当地再生材料作为建筑的主要用材，同时通过办公室和教室合理的开窗设计，减少能源消耗，实现建筑的可持续发展。此外，学生宿舍还建造超过5100平方英尺的绿色屋顶，通过在屋顶种植绿色植物实现滞留雨水、降低室温等功能，以节约能源。

3.4 工业废弃地的再生——英国诺丁汉大学朱比丽分校景观设计

项目基地距离英国诺丁汉城市中心约有1.6km，通过自行车和公交可以便捷到达。场地原为自行车工厂用地，当地也希望借助更新利用，实践城市的可持续发展策略，即鼓励城市中的工业废地的充分再利用。[6]场地东北为面积庞大的工业仓储设施，西南方是郊区住宅用地，如何有机地衔接这两个完全不一致的城市肌理，是极具挑战的。

如何组织和利用现状环境是设计师的主要策略，这同时也影响各区域及建筑小环境的质量。设计师主要利用了沿基地自然弯曲的人工湖，使其软化边界和缓冲环境。同时人工湖也成为城市新的"绿肺"。校园的主要建筑体块也因此沿曲线展开，并由一架空廊道贯穿。[7]在这一水体的设计上，设计师尽可能地减少人工化的痕迹，而试图通过蓄水渠对雨水进行自然的回收利用，通过培养水生动植物去带动水体的生态循环等方式寻求自然的动态平衡，同时也减少了校园日常的保养费用。校园建筑的组织主要考虑了主体建筑的优化朝向与视野，设计师将主要的教学建筑面对西南主导风方向，以求获得最大日照和风源；同时，在建筑内通过中庭的设计引入"风道"（图3）。夏季时，主导风经过湖面得到自然的冷却；在冬季，靠近住宅区的树林则成为有效的挡风屏障。设计师通过建筑的空间组织，有效地利用人工湖的环境资源，这也是最基本和有效易行的生态设计手段。

图3 诺丁汉大学朱比丽分校依水而建的建筑

4 校园生态设计策略

4.1 具有示范意义的雨水管理系统

水体环境作为校园景观的重要组成部分，可以成为丰富学生活动的重要载体之一，并能起到调解区域小气候等作用。为解决旱季水资源短缺，雨季引发水涝等灾害的问题，景观设计师可以通过屋顶雨水收集、地面雨水收集等渠道，借助低地势绿地或人造透水地面，渗透管、沟、井将雨水收集，并结合雨水花园的形式和生态措施对雨水净化，成为造景、市政及生活用水和补给地下水的重要来源，以此形成一种生态可持续的雨洪控制与雨水利用设施。[8]而校园中的雨水管理基础设施，应充分发挥其科普和示范作用，最大限度地利用其教育价值，结合标识系统的引入，使其成为生动的榜样，科普雨水花园的基本知识，使师生认识到雨水管理是一项解决水资源难题的有效生态手段。此外，设计师可通过木栈道等步道形式，增加雨水花园的可达性，结合相关生态学科的课程设置，使学生更深入了解雨水花园的运行机制。

4.2 基于参与性活动介入的绿色材料回收及使用

绿色材料使用主要包括减少不可再生材料使用，利用可再生材料，利用回收材料和重新使用旧材料[9]几个层面。在校园景观的施工过程中，应尽量节省原材料，选择对景观无害的废弃材料，体现对材料等资源的节约使用和高效利用，减少大气、水体和土壤环境的污染源，减轻了环境的负担，同时节约了建造成本。而对于具有结构基础的废弃构筑物，设计师应通过添加和更新其材料或形式，赋予其新功能，与校园环境相融合，避免不必要的拆迁，并作为校园文化记忆的鉴证。此外，设计师应充分结合学生的能动性，规划设计学生可参与的、与收集和回收利用废弃材料（主要指容易收集、运输和加工处理的固体废物）等过程相结合的场地空间。此类参与性景观不但能激发学生的能动力和创造力，还实现绿色材料使用的生态性原则，不需要额外的人力组织和管理等费用，达成设计过程的可持续性。

4.3 能源的有效利用

为了减少能源的开发、开采、运输、加工、利用等过程中造成的环境破坏（如大气污染、大量温室气体的释放和酸雨现象等），设计师可通过一定设计手段运用自然界的太阳能和风能等清洁能源和可再生能源，让自然做功，改善校园小环境。设计师通常通过合理的校园规划布局和高效节能技术两种手段导入清洁能源。合理的空间布局，就是设计师根据当地地理环境，处理好建筑朝向、开窗方向以及与校园水体等自然环境的关系，促进校园环境与大自然的融合，从而有效地利用自然界的清洁能源；设计师可结合太阳能光电池装置、太阳光能采暖系统等高效节能技术的运用，实现绿色建筑的生态性。此外，设计师还可通过巧妙的设计引入自然的力量，借助地表径流、风力、重力等设计来源，充分利用大自然的无穷动力和变化莫测的效应，[10]产生校园内动态的景观。

4.4 地域性景观的融入

不同地域自然和人文条件的差异，也促进产生了具有地域性特色的自然景观和人文景观。这种与地方环境完美融合的设计手段主要有两种表现：一是设计要素充分有效地利用当地的自然资源；二是尊重场地原有自然生态环境的历史。[11]为了使校园景观能融入地域大环境中，实现对自然环境的充分适应与尊重，设计师应尽量选择当地建造材料，建造朴实的、具有地方传统风格的设计作品，展示地域性的历史文化积淀；并选用适应地域气候特征的乡土植物材料，减少养护成本，实现群落的自我更新。这些地域自然材料在设计中的运用，有利于校园自然生境的生态恢复，为师生营造和谐的自然和社会环境。

4.5 植物种植模式的改进

校园植物景观配置应按照生态位原则，合理安排物种在群落中在时间、空间和营养关系上所占的地位。首先，植物景观设计应充分考虑物种的生态位特征，合理选择与配置植物种类，避免种间直接竞争，形成结构合理、功能健全、种群稳定的复层群落结构，以利于种间互相补充。[11]此外，校园植物群落应模拟自然群落结构，以保持物种多样性。通过适宜学生身心发展的植物群落配置，保证整体群落物种的丰富度、均匀度，以及校园环境的稳定性，并增加校园的活力。行道树建议使用种植带式种植，取消单个树池的设置，结合地被、灌木的种植，与行道树共同形成林荫小径，以更利于植物的生长发育。

5 结语

经过这些年全球设计师对校园生态设计的探索，已经研究出比较成熟的生态设计方法。由于不同的国家、地区、城市都具有不同的自然环境和人文背景，所以不可能存在固定的生态设计模式适合于所有场地，设计师应该因地制宜，探寻设计场地的特征，以最生态、自然的手法设计出满足场地功能要求的作品。

参考文献

[1] Van der Ryn S. &Cowan S. Ecological Design[M]. Washington. D. C.：Island press，1996.
[2] 许健宇. 自然与理性的对话——西安电子科技大学新校园环境设计[J]. 中国园林，2008(02)：47-53.
[3] 张新鑫，张洁，王沛永. 浅析斯沃斯莫尔学院的生态设计[J]. 现代园林，2011(09)：32-33.
[4] 布莱登·威尔森·塔博尔中学雨水花园[J]. 风景园林，2007(02)：43-45.
[5] 章译. 校园中的多彩"沙漠花园"[N]. 中国花卉报，2013-04-18(S04).
[6] Toward an Urban Renaisssance：final report of the Urban Force Task[Z]. London，1999.
[7] 窦强. 生态校园——英国诺丁汉大学朱比丽分校[J]. 世界建筑，2004(08)：64-69.
[8] 张大敏. 城市道路景观的生态设计措施探讨[J]. 中国园林，2013(04)：30-35.
[9] 周曦，李湛东. 生态设计新论：对生态设计的反思和再认识[M]. 南京：东南大学出版社，2013.
[10] 董丽，吴庆书，张云路. 自然过程下动态景观设计的研究与探索[J]. 海南大学学报自然科学版，2010(09)：262-268.
[11] 李娟娟. 现代园林生态设计方法研究[D]. 南京：南京林业大学，2004.

作者简介

李方正，1989年2月，男，汉，山东济南人，北京林业大学风景园林学硕士在读研究生，研究方向为风景园林规划设计与理论，Email：375066107@qq.com。

李雄，1964年5月，男，汉，山西人，博士研究生，毕业于北京林业大学，现任职于北京林业大学园林学院，院长、教授、博士生导师，研究方向为风景园林规划设计与理论。

撷传统文化　塑洹园景观
——安阳市洹园六景设计构思探讨

Pick Traditional Culture Model Huanyuan Landscape
——Huanyuan Anyang City Park Six Landscape Design Ideas

李　伦　牛桂英

摘　要：洹园是一座新建公园，经过5年的建设，已初具规模，并确立了其以自然山水为依托，以植物造景为主体的仿古文化园林的指导思想。为了体现这一指导思想，确立洹园今后的发展方向，理顺思路。根据我国古典造园的经典理论，我们对洹园现有的情况进行了分析，提出了设立六大景区的观点，对每个景区的形成、意境、内涵等进行了分析探讨，为洹园的建设提出了初步构思，以期抛砖引玉，为将洹园建设成为一个独具特色的仿古典园林而作出一些努力。

关键词：传统；文化；建设；景观

Abstract: Huanyuan Park is a new park, after five years of construction, has begun to take shape, and established as the basis of its natural landscape, botanical Landscape with Archaize cultural landscape as the main body guiding ideology. In order to reflect this guiding ideology, to establish the future direction of development Huanyuan Park, straighten ideas. According to China's classical theory of classical Landscape, park our existing Huanyuan carried out analysis, proposed the establishment of six scenic the views the formation for each scenic spots, artistic conception connotation of was analyzed and discussed, as Huanyuan Park construction of the initial ideas put forward in order to initiate the park will build itself into a unique Huanyuan imitation of made some efforts classical gardens.

Key words: Traditional; Culture; Build; Landscape

概述

"洹园"是安阳市的一座新建公园，地处市区西北隅的郭家湾。原来洹水流经此处，转折回绕，形成一处"U"形河道。1991年河道裁弯取直，河水径直东流，新旧河道间形成了一块极宜于造园的区域，洹园就建在这一得天独厚的环境里。园内河道成为相对独立的静湖水面。西北有入水闸，东北有出水闸与新河道相连。河道取直土方堆积于公园中部形成山峰，为全园制高点。园内地貌高度错落，高差变化很大。依据我国古典园林师法自然，堆山理水，重组空间的造园理论，简单整理，即形成了现在的地形地貌：山水环抱的自然格局和高度错落的景观骨架。

洹园占地面积540亩，其中水面面积近130亩。经1992—1996年近5年的建设，现已初具规模。园内分散建有亭、廊、阁、谢等仿古建筑，主次干道和大面积绿化已基本完成，并于1993年10月，对外实行部分开放，走边建设边开发道路。虽然洹园的建设取得了明显的进步，但从整体布局上看，还很不完善，空间分隔不充分，布局不完善，建筑风格不够严谨，植物景观变化较小，文化含量偏低，整体显得有"旷"而无"奥"，给人一种"一览无余"的缺憾。因此，大的景观和格局形成后，如何进一步调动中国传统园林的造园手法，深化景点建设，已成为洹园建设之重要任务。

"情与景通，则情愈深；景与情合，则景常新"。园林意境的产生，既有"有景生情"，又有"由情悟景"，既源于自然秀丽的山水景观，又与特定环境下的历史文化气氛有着密切的关系。洹河是安阳古文化的摇篮，哺育了灿烂的殷商文化，造就了三千多年的文化史。洹水上下，曾演出过一幕幕生动的历史话剧，忠、奸、妍、媸，各类人物不少都在此过场表演。溯历史源头，融现代园林理念，洹园建设将逐步形成以历史文化为内涵，以自然山水为依托，形神兼备的园林艺术风格。

在造园手法上，要充分运用增、删、扩、并、引、借、对、衬等组景艺术手法，协调景点、山石水体、建筑、植物之间的构图关系，形成景点与景点之间的有机联系，达到动静结合，虚实变化，阴阳相生，拙巧互补的效果，体现出诗情画意的园林意境。

该园宏观上以植物造园为主，园林建设为辅。但在具体细部造景时，一些景点则应该以园林建设为主，以植物为辅，以发挥建筑的点睛作用。总的来说植物造景应突出"气势"，建筑设计应力求"精宜"，文学意境上应重视"清雅"，观赏情趣上应做到"悦目"，使全园景观达到"引人入胜"的目的。

中国古人素有命名八景、十景的雅趣，虽有"拼凑、牵强"之嫌，但也不失为一种宣扬、突出自然景观的有效手段。在此，我们经过初步构想，且把洹园景点划分为六景，即：四面荷风、野水闲情、梅岭耸秀、幽谷烟竹、洹水长波、方蓬水月（图1）。

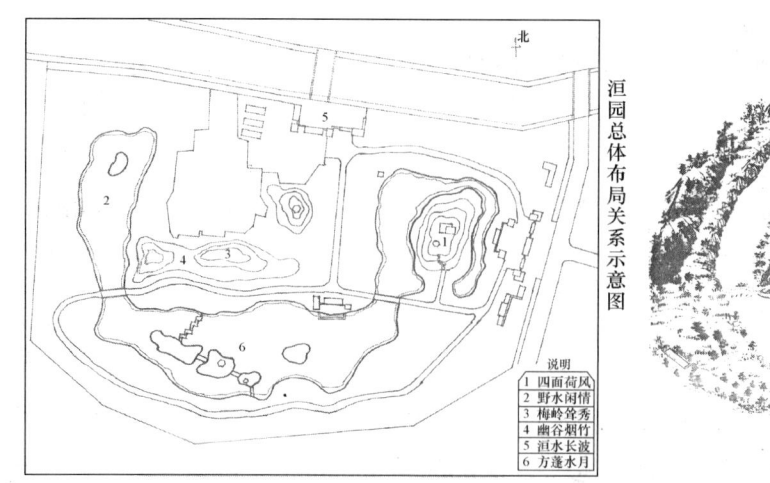

图1 洹水公园

1 四面荷风

该景点位于东大门内廊以西,南以圭塘桥为界,西至东湖西岸,北达新河堤。以湖心岛为中心,四面环水,小岛面积近 8000m²,树木葱郁,曲径回绕,岛的顶部建有一亭、一阁。亭周叠有假山,阁前辟有人工泉池,在绿树掩映之间,青瓦灰墙,若隐若现。此岛四周环水,且西部水面开阔,极宜植荷,岛上地势较高,突兀变化,宜于远眺,岛上的建筑也已有基本完成,对形成"四面荷风"景观已具有较好的基础条件。

存在的主要问题是:岛东南北三面河道尚未与湖水相通,尤其是市内排入的一般污水尚未截流,原建的一条分污涵道不合用,无法栽植荷花。岛上原规划连亭、阁的游廊尚未建设。下步亟须进行几项工作:

(1)截流污水,并改造分污涵道,疏通岛东、南、北三侧河道,使河道与湖水连通,并在圭塘桥东端建半月桥与岛相接。

(2)完成岛上小游廊等配套园林建筑。

(3)水面连通后,广植荷花,并适当对岛上现有植物进行调配、更新,使之与景观内涵相协调。

此景建成后,登岛俯视,环岛碧波连顷,四面风来,荷叶荡壁,菡萏摇红,宛若置身画中。观满目秀色,赏荷花高洁,令人心旷神怡,气静心爽。举目远眺,透过密密匝匝的林木,隐约可见园中最高处的"梅岭耸秀"景观;向南眺望,"方蓬水月"又映入眼帘,景随步移,令人遐思无限。

此景区尚有两处人文景点可以开发。一是1982年抗洪抢险中,解放军战士管洪亮舍己救人,在此光荣牺牲。不少群众建议在此立碑纪念。我们认为:实应在岛上立一石碑,书勒烈士事迹,既可教育后人,也增一具体景观。另是在此开辟"窃国大盗袁世凯隐居洹上垂钓处"。清宣统初立,载沣摄政,为防袁氏窃国,令其"回籍养疴"袁阳奉阴违,行"韬晦之计",假模假样,蓑笠木屐,荡舟垂钓于洹上,名为钓鱼,实图谋国,最终窃取了"民国大总统"桂冠,旋即又被抛进了历史垃圾堆。该处正在袁宅"洹上村"之门前,相距仅200余米,河道弯曲,水势平稳,应为袁氏当年垂钓的必然处所。我们搞景点建设,并非作考古论证。袁氏是否当真在此处垂钓,不必过于拘泥。搞此景点应着眼于利用袁氏这一反面教材,对人民进行爱国主义教育。前几年,道路绿化站在洹园北面铁路桥附近进行绿化施工时,挖掘出原洹上村车站(实为袁家车站)驮碑赑屃一只,可移入洹园,安放于岛南部平坦处,立一石碑,勒下袁氏谋国这段历史,启迪后人。

此碑与管洪亮纪念碑上下对应,两个人物一美一丑,相得益彰,使"四面荷风"这一景观更加充实丰富(图2)。

图2 四面荷风

2 野水闲情

此区位于洹园西部,相对较为偏僻。本区水域宽阔,占地面积较大,四面山体环抱,地形起伏变化较大,适于营造森林公园景观。

由于城市拥挤,嘈杂,环境急剧恶化,久居城市的人,都渴望能有一个清静去处,享受一下山林野趣,回归自然,返璞归真。该区便具这种功能。在设计上,应主要设置:

2.1 断崖飞瀑

西部湖岸最北端为洹河大堤,因湖面与大堤高差很大,虽自然陡峭山势,故成为建造瀑布景观之理想处所。

利用现有地形，因高就低，堆山叠石，形成断崖。堤上山凹里，建一抽水泵房，从洹河抽水分数层跌落入湖，形成瀑布，以此作为"野水闲情"的正面主景。

2.2 蒲苇丛生

本区湖岸平直少变化，为园林景观之忌。然而湖中有一小岛，改善了湖面的视觉效果。湖岸与岛的四周应多植芦苇、蒲草等水生植物，湖面上可放养一些水禽（因近年开发保护，现已有三五成群野鸭来此栖息），以充分体现"野水"的韵味。

2.3 生态山林

山因树而妍，树因山而茂。在此区环绕绵延的山体之上，以乡土树种为主，乔、灌、花、草，自然配置，形成春季野花争妍，百草含芳；夏季浓荫蔽日，万木争荣；秋季群山红遍，层林尽染；冬季苍松翠柏，迎风傲雪的自然生态植物景观。

此景区游览可分水、陆、两条线路。荡舟游览两岸山林，水中芦苇成片，蒲草丛生，对面山崖，瀑布飞挂，涛声阵阵，置身其间，倍感山清水秀，野趣无穷。陆路沿山间小径，环湖而行，清风徐来，鸟语花香，林籁和鸣，能让人充分享受大自然的美，忘却城市生活的喧嚣，在现代生活的紧张节奏中，偷享一份闲情（图3）。

图3　野水闲情

3　梅岭耸秀

本区主要是指洹园中部山体景观。位于全园制高点，与水面相对高差约15m。山的南坡为主要观赏面，坡度较缓，北部坡度较陡，由开挖新河道土方堆积而成。当时使用机械堆积，所以东坡长而平坦。在山的西侧，堆造了次山峰，形成了双峰对峙的主体山势。造景时，须斩断东坡，进行人工修整，使整个山体起伏变化，形成峰峦叠嶂的韵味和气势。

主峰之上，规划建一座三层高阁，俯临全园水色山光。山体中部以山石砌登山石径，因山借势，曲折蜿蜒，使其富于变化。漫山遍野，广植梅花，以点缀山体。

梅花是我国人民最喜爱的十大传统名花之一，它有三千余年的栽培历史。梅花以其高洁、苍劲、傲寒而放的气节，象征着中华民族吃苦耐劳，不畏艰难，乐于奉献的高贵品质。近些年，梅花发生病虫害较多，管理技术要求较高，对施肥、浇水、病虫害防治应按季节要求去做，不可疏忽，并应注重修剪，形成梅桩景材，体现出梅花的苍劲特性。

在植物配置上，要避免单调，宜合理搭配常绿落叶乔灌木，丰富立面构图层次。在南坡设置若干与梅花格调相协调的浑厚质朴的太行石，形成不同的小景，获得参差的效果。

当梅花绽放时季，远眺梅岭，高阁耸秀，繁花如云，拾级登山，花枝扶疏，暗香浮动，登临其上，全园水色山光，尽收眼底。此景乃为洹园的主要景观（图4）。

图4　梅岭耸秀

4　幽谷烟竹

在两峰之间，有一段舒缓深幽的山谷。因其独特的地理位置，依山面水，背风向阳，极宜栽植竹类。以竹子烘托景观，更富诗情画意，以竹文化为特色，形成洹园一处袖珍景观。

竹景在我国古典园林中，应用最多，历代文人墨客题咏竹的诗画极多。竹的时态景观格调清雅，韵味别致。或晴或雨，或雪或霜，它都给人以丰富的联想和离愁别绪般的感触。如"日出有清荫，日照有清影，风来有清声，雨来有清韵，露凝有清光，雪停有清趣"，可谓对竹子的贴切描述。适合于北方栽培的散生观赏竹主要有翠竹、早园竹、紫竹、人面竹、黄条金刚竹、白纹阴阳竹、毛竹、箭竹等。选择合适的品种在本区分片种植，可使此景别具一番特色。

在幽谷以北，现还有一座村庄"郭家湾村"未迁。安阳市政府今年已投入拆迁资金700万元，计划明年全部搬迁。搬迁后，应利用拆房土石，在主次两峰之间造岭，形成山脉。其山脉走势要尽可能向北迁回，加大这一山谷的面积和深度。在谷内利用步石、垫石作成"飞石"路面，以显示山路崎岖。以竹林分割谷地，形成一个个小的景区，竹林深处，建一草庐茅舍，篱笆小院，要尽量逼近自然，富有野趣，既可作为管理用房，也可辟为酒肆茶馆使用，使整个环境极具清幽意蕴。窥望此景，山谷幽邃，竹林笼烟，茅舍隐现，酒旗斜竖。置身其间，啜酒品茗，吟诗作画，其情悠然。踏竹径，寻幽处，盘回曲折，步步有景。此景为园中最清幽的静区（图5）。

图 5　幽谷烟竹

5　洹水长波

《安阳县志》载有"安阳八景",其一名谓"鲸背观澜",指的是洹水上的安阳桥。古桥弓卧,状若鲸背,于此观赏洹河波澜,确实是很美很有气势的。无奈该桥于1962年大水时因泄洪被炸去一半,虽经修复,但已无昔日模样。尤其是因长期来地下水位下降,河水流量锐减,已不再有昔日"鲸背观澜"的景观。

近年来,安阳市政府高度重视水环境的保护工作,对京广铁路上下几公里长的洹水河道进行了大规模的整治,截弯取直,护砌河岸,并兴建了两座橡皮坝拦蓄河水,使原本将要干涸的洹水再现了勃勃生机。如今,立于洹园北大门的洹河大桥上观赏洹水:西有京广铁路桥,东临107国道"五七桥",三桥并峙,气势巍峨,洹水西来,奔涌而下,河面宽阔,水波浩渺,较之古时的"鲸背观澜",气象倍增。尤其是此景衬托以洹园北、东门区的仿古建筑群,更能使人们领略古都安阳的风韵。

此一景观已基本形成,但从景区建设的角度来看,还要完成以下两方面的工作,以丰富整个景区的内容:

5.1　北门区改造

现已建成的北大门,是一座体量较大的2层仿古建筑,中为过庭,坐落于洹水新河道南侧。中国造园的经典著作《园冶》曰:"凡园圃立基,定厅堂为主,先乎取景……",沈元禄记猗园谓:"莫一园之体势者,莫如堂。"现今的北大门为洹园北区的主体建筑,它面临洹水,正对新建的洹河大桥,桥北即是穿越市区的107国道。穿过大门正厅,西南地势平坦,再往西为待迁的"郭家湾"村,南面小丘起伏,丘上有亭,并遥与中区湖畔所建的一组水榭相对,形成一条活泼的南北轴线。可以说,现今的北大门,起到的是厅堂的作用,仅用作大门,未免太可惜了。况且按市政规划,门前洹水新河道水域属洹园规划范围,洹园不可能再设北墙,只能以河水为界。郭家湾村搬迁后,马上即须解决与北面市区隔离的问题,北门的改造势在必行。笔者以为,下步可在桥北端新建一座牌坊式大门作为洹园北门,以河为墙,就可以解决这一问题,既节省资金,又能为"洹水长波"这一景观增色。

5.2　园中园建设

洹园地势高差变化很大,唯有北门西南较为平坦,是建设儿童、温室及花卉展区的理想处所。正南小丘起伏,变化丰富,笔者认为采用分割造景的手法,在北门以南及偏西的区域内建设园中园是十分适宜的。北门西南的平坦区域可造盆景园和花展厅,充分利用现今北大门厅、堂作用,可以节约资金。南部与水榭相对的台地上,也可建一组展厅,这样,自北门以南,随地势与南北轴线,形成鳞次栉比、错落有致的古建群落,并西与主峰上的高阁,东与东大门建筑相呼应,使全园景物更显得协调和富于变化。另从加强人文景观,宣传古都安阳的角度考虑,园中园南部和北部可从实用内容上分为两部分,南部建筑坐北朝南,可辟为"安阳历代名人纪念馆"。近些年,各地乱造人文景观的风气泛滥,到处都是这"宫"那"宫"、"世界园"、"中华园",不考虑本地的历史文化背景和群众承受能力,动辄投资百万、千万,社会和经济效益都不理想。安阳作为七大古都之一,有着悠久的历史和丰富的文化内涵。且不说名震中外的甲骨文字、原始洞穴、仰韶、龙山、小屯文化,仅在这块土地上活动过的历史人物和他们留下的遗迹,就多如星辰:苏秦拜相台、蔺相如故里、西门豹治邺处、欧阳修《昼锦堂记》碑……曹操父子、建安七子、瓦岗军翟让、李密、民主英雄岳飞等。千百年来人们争相传颂他们的事迹,但却很少有人知道他们与安阳这块土地的关系。因此,利用洹园的环境地理条件,开办一个这样的纪念馆,对于宣传古都安阳,对人民群众进行唯物史观和历史文化教育,开放安阳的旅游资源,将都会产生积极的作用。当然,这只是笔者的一家之言,仅作引玉之砖。敬请见仁见智(图6)。

图 6　洹水长波

6 方蓬水月

方蓬水月位于洹园南部，是全园主要水上活动游览区，水域宽阔，湖水澄碧，平若明镜，东西长约350m，南北宽约150m。湖中有四个大小不同的岛屿，其中三个岛临近，以小桥相连。小岛形态不一，湖岸线蜿蜒曲折。岛上地势平坦，水面与岛岸平接；月夜游览，岛上、岸边，树木摇曳花弄影，天上、水下，月光相映影成双，颇具杭州"平湖秋月"的韵味。

相传秦始皇为寻长生不老药，东游渤海，登琅琊台观海市蜃楼，见蓬莱、方丈、瀛洲三仙山，仙山隐于海中，环境幽雅。北京圆明园四十景中有一景名"方蓬瑶台"，乾隆皇帝题咏诗中有"海外方蓬原宇内"句，即比喻小岛犹如海上仙岛之意。"方蓬水月"景名即源于此。

从目前景区建设的程度看，需作如下完善：

（1）现岛上已建成游览小径，蜿蜒曲折，岛之间以小桥相连。自南岸过石桥上岛西行，遍游诸岛，尔后，跨曲桥可达北岸。岛上建有六角亭和八角双层亭各一座，伫立亭上，可北眺梅岭秀色，俯视水中游人络绎，形成一幅和谐图画。但北边大岛尚无建筑，实为缺憾。下步应在大岛上建一组仿古建筑，以契合方蓬仙境之意，并可供游人小憩，或作管理人员办公之用。

（2）完善岛上绿化美化工作。以不同树种和栽植方式，使各岛形成不同的风格。首先要四季有花，以桃花、樱花、石榴、寒梅为主；二要花果飘香，植桂花、腊梅、桃、梨、柿等；三要四季常青，以竹、松、柏为主。孤岛不易登上，可多植果树，形成鲜果胜地。东侧的小岛多植春天开放的花灌木，配以松树等。西侧的大岛西南部以竹子为主，中部和东北部植小叶女贞，此树种萌发力强，耐修剪，可培育成云片状多姿多态的植物造型，形成该区特有的植物景观。中间的小岛以秋季花木为主，如桂花、石榴等，配植常青树种。

整个景区形成后，既有江南水上园林之灵秀，又有北方园林之质朴，岛中有湖，湖中有岛，水波潋滟，树影婆娑，水中陆上虚实明暗对比和谐，色调雅致，四时之景，八节之花，各擅胜物，尤以月夜游览为最，令人百赏不厌，余味无穷，流连忘返（图7）。

图7 方蓬水月

对于造园来说，洹园具有难得的良好条件。但如何采用中国园林的技法将其建设成为风景文化名园，尚需各方专家继续商榷，我们只是从造景的角度粗略地进行了一些探讨，还很肤浅，也有不妥之处。本文只拟将观点提出，以利进行研讨，从而达到促进洹园建设，提高建园水平的目的，使其成为河南省风景园林中的一颗璀璨明珠。

参考文献

[1] 彭一刚. 中国古典园林分析[M]. 北京：中国建筑工业出版社，1986.

[2] 毛培琳，李雷. 水景设计[M]. 北京：中国林业出版社，1993.

[3] 郭胜强，陈文道. 古都安阳[M]. 杭州：杭州出版社，2003.

作者简介

李伦，1962年10月生，男，汉，河南泌阳，安阳市洹水公园，本科，经济师，风景园林规划设计，Email：ayfjylxh@163.com.

牛桂英，1961年1月生，女，汉，河南安阳，安阳市园林绿化管理局，本科，高级工程师，园林绿化规划管理。

风水理论科学性验证研究进展

Scientific Validation Research Progress of Fengshui

李 英

摘 要：在面临全球性生态危机情况下，现代学者认识到了中国风水含有科学性成分，并试图利用其中涵盖的物理学、化学、地理学、生态学、数学、哲学、美学、心理学等各学科的知识去寻找以及创造理想的人居环境。优化其中"精华"科学性理论，验证"糟粕"理论，形成中国特有的指导人居环境选择及创造的理论体系。

关键词：风水理论；科学性；研究进展

Abstract: The global ecological crisis are faced, modern scholars recognize the Chinese feng shui scientific ingredients, and try to use its physics, chemistry, geography, ecology, mathematics, philosophy, aesthetics, psychology and other's knowledge to seek and build the ideal living environment. Essence theories are optimized and dreg theories are verified. The Chinese own theoretical systems that guide human to select and built living environment are developed.

Key words: Fengshui; Scientificity; Research Progress

前言

中国风水理论的研究普及世界，如欧洲、英国、美国、日本、新加坡等国，这些国家的学者对中国风水理论也有了逐步的认识，尤其在当今全球性生态环境破坏日趋严重的危机中，更多地依赖于中国风水理论的研究。它所蕴含的"天人合一"的思想，认为人和自然同处于一个有机整体的思想，将为今后人类与自然如何和谐共处提供了理论指导。

风水，可以追溯到悠久的远古时代。在历史中经历过多次的低谷期而没有消失，说明其必然有其科学性、合理性，现如今又被当代学者关注，形成"风水热潮"。风水理论在长期发展过程中，吸收融会了多学科方面的内容，积累了丰富理论知识及实践经验，对我们现代的人居环境规划等方面起指导作用。于希贤教授在《人居环境与风水》一书中提出，风水包括三方面内容：①符合西方纯理性学科内涵，被称为环境科学景观学的一部分内容；②有着与西方纯理性思维不同，但属于合乎东方思维方式常理；③科学不能解释的玄学。[1]

风水理论涉及的范围很广阔，主要涵盖了物理学、哲学、美学、地理学、生态学、化学、心理学等各学科内容，从而体现出其本身是具有科学性的，可以将其作为中国传统文化的瑰宝，推广到全国乃至世界。

1 风水的定义

风水术源远流长，历代沿革，因此有不少名称，除叫风水之外，还有堪舆、卜宅、相宅、青乌、表襄、形法、阴阳、地理、山水之术等等名称。[2]关于风水一些中国学者给出了定义，最早晋代郭璞在《葬书》中写道："气乘风则散，界水则止，古人聚之使不散，行之使有止，故谓之风水。"[3]《辞海》的定义是："风水，也叫堪舆。旧中国的一种迷信。认为住宅基地或坟地周围的风向水流等形势能招致住者或葬者一家的祸福，也指相宅、相墓之法"。近年来学者们对《辞海》的定义持不同见解，主要倾向是不同意将风水与迷信划等号。[4]潘谷西先生于1986年提出，风水的核心内容是人们对居住环境进行选择和处理的一种学问，其范围包含住宅、宫室、寺观、陵墓、村落、城市诸方面。其中涉及陵墓的称阴宅，涉及住宅方面的称为阳宅。[5]台湾学者南怀瑾提出，所谓"堪舆"（即风水）者，实为吾国上古质朴之科学研究，托迹与生死小道之际，穷究其地质之妙，与道家吾岳真形图之旨，皆为别具肺肠，揭示地球物理之心得也。[6]王其亨先生在《风水理论研究》一书中提出，风水术实际上是集地质地理学、生态学、景观学、建筑学、伦理学、心理学、美学等于一体的综合性、系统性很强的古代建筑规划设计理论，它与营造学、造园学构成了中国古代建筑理论的三大支柱。[2] 2007年，伍铁牛在《中国传统风水理论的分析与现代思考》对风水进行新的定义："风水不等于迷信，它是一门关于如何选择居住环境与安葬环境的学问。其内涵十分丰富，不仅包括住宅、村落、城镇的选址与布局，还包括陵墓的选址和建造，也包括如何改造和修补不够理想的人居环境。"[7]

国外的学者也对其进行了评价以及定义，1989年韩国尹弘基在《自然科学史研究》上撰文说："风水是为找寻建筑物吉祥地点的景观评价系统，它是中国古代地理选址布局的艺术，不能按照西方概念将它简单称为迷信或科学。"[8] 1994年9月，《纽约时报》几乎以一个整版的篇幅报道了我国风水术在当今美国建筑和设计中所占的分量。文章称："风水术是星相学、设计学和东方哲学的结合，其目的是使人们和谐地安排建筑物在自然环境中的位置。"1995年，日本郭中端提出，中国风水实际是：地理学、气象学、生态学、规划学和建筑学的一种综合的自然科学。[9]

风水的定义在经历了漫长的历史演变后到了今天，已经发生了改变：从最初的无形而玄异的定义到被完全否定为封建迷信，时至今日，它又将被重新定义。现代学者们认为风水理论学是景观学、气象学、生态学、建筑学、地理学、地质学、景观生态学以及生命科学等多种学科综合而成的一门自然科学。在众多文章中，王其亨先生所下的定义是对风水理论的最好诠释。

2 风水中的科学性

2.1 自然科学

2.1.1 物理学

中国传统哲学把物质分为两部分，一部分为"形"可以看得见，摸得着；另一部分是"气"。关于中国风水中的"气"，即"精"、"元"，论述颇为丰富。《张子正蒙注太和》提到："物各为一物，而神气之往来于虚者，原通于氤氲之气，故施者不各施，受者乐其受，所以同声相应，同气相求；琥珀拾芥，磁石引铁，不知其所以然而感。"老子称气为"其细无内，其外无大，充盈天地"；《庄子外篇》："气变则有形，形变而有生"；等等。

在西方，判定中国风水中"气"的自然科学含义的工作最早是由德国科学家莱布尼茨（1676—1716年）开始，他提出了"气"即"以太"的见解："气，在我们这里可以称之为'以太'，因为物质最初完全是流动的，毫无硬度，无间断、无终止，不能分两部分。这是人们所想象的最稀薄的物体。"[10] 李约瑟引证《吕氏春秋》后，在他的著作《中国的科学与文明》（Science and Civilization in China）中说："在古代中国关于物理世界的构思中，连续性波和循环是占优势地位的。在这里，'精'有时差不多可以翻译成为辐射能。"[11] 中国现代物理学家何祚庥对"气"作出了更趋科学的评述："自然科学里的'以太'，只能作为传递物质间相互作用力的一种假想的介质而存在，'以太'和实物仿佛是隔绝的，但张载和王夫之认为'气'和'形'是相互转化的。因而他们所提出的'气'与其说接近以太不如说更接近现代科学所说的场。"[12]

"气"看不见，摸不着，认为"聚则成形，散则化气"，这与现代物理学证明的物质存在的两种方式（由基本粒子组成的实体和感官不能察觉的"磁场"）有相通之处。已有的研究结果表明，风水中的"气"可能与现代物理学中的"场"相类似。[13-15] 亢亮在《风水与建筑》中提出，风水学理论中有关"气"的学说包含了现代科学有关"空气质量"的物质部分，"气"是"古人将自然界对人体及其生态环境有重要影响，通过人体感觉器官又无法搞清楚的自然因素综合抽象体"，用现代的观点"气"是一种力，一种场，一种波，气的存在是不断流动着的。气的本质应该是超微粒子。[16]

风水在物理科学上，不仅涉及整个中国，而且惠及整个人类进程的，无疑属指南针的发明和磁偏角的发现，已有研究业清晰揭示，这一伟大的历史贡献，正是中国古代风水家，在不断探索中完成。[17] 中国在建筑选址"辨方正位"和"航海"中，已经广泛使用"指南针"或"司南"，这是无可怀疑的史实。[16]

古代风水家运用罗盘辨方位，无疑与磁偏角的发现有着密切关系。郭大力于1993年提出："形法也用罗盘，但罗盘上的每一圈文字、读数大多为理法所用，又有许多版本。因为罗盘之磁针极易受外界磁场干扰，当遇到有些地方时，磁针'浮而不定，偏东偏西，不归中线'，风水师认为这些地方非吉地应避之。"[18]

关于"气"在古今应用方面，刘永青提出："风水中的'气'主要包括：磁场、生物场、气流。磁场的分析主要是：地球大磁场和现代社会形成的小磁场。提到了磁场是看不见摸不着的，它可算是风水中所讲的'气'论的一部分。地球是一个被磁场包围的星球，人感觉不到它的存在，但它时刻对人发生着作用。强烈的磁场可以治病，也可以伤人，引起头晕、嗜睡或神经衰弱。中国先民很早就认识了磁场，《管子·地数》云：'上有磁石者，下有铜金。'战国时有了司南，宋代已普遍使用指南针，罗盘就是可以感应磁场的风水工具。风水思想主张顺应地磁方位。杨筠松在《十二杖法》指出：'真冲中煞不堪扦，堂气归随在两（寸）边。依脉稍离二三尺，法中开杖最精元。'这就是说要稍稍避开来势很强的地磁，才能得到吉穴。风水师常说巨石和尖角对门窗不吉，实际是担心巨石放射出的强磁对门窗里住户的干扰。还有现代社会形成的小磁场，主要是电磁辐射，电厂、矿厂的附近，电磁波是很强的且有危害的；电脑、电视、微波炉等家用电器也都有一定的辐射，尤其对婴儿和儿童会产生不良影响，甚至产生疾病。"[19] 对于"气"包含气流理论，与我们的生活也很密切。如有学者提出："气流则主要指一些微小的气流以及由交通引导的气流，不包括大气流，如形成小气候的风等。"气流要是活气为吉，死气则凶，例如，一般室内空间都要方便空气的流通，使空气对流畅通，在屋内生活的人才心情愉快，身体健康，反之，在相对封闭的空间就会产生死气，使人的心情抑郁，百病缠身；而交通道路则可引导气流，道路畅通，气流引导的好，一个城市会经济繁荣，反之，则会导致衰败。交通道路的设计在现代设计中已经越来越受到重视，称道路为"活龙"，也确实如此。"[20]

风水理论的物理科学性主要体现在"气"上，也可以说通过风水理论涉及一些关于磁场、生物场，以及气流等方面的知识。

2.1.2 化学

风水理论的化学科学性主要体现在其土壤和水质中所含的物质对人的影响。土壤中含有微量元素锌、铂、硒、氟等，如果其含量超标，在光合作用下放射到空气中会直接影响人的健康。[21] 明代王同轨在《耳谈》中说："衡之常宁来阳产锡，其地人语予云：凡锡产处不宜生殖，故人必贫而迁徙。"比《耳谈》早一千多年的《山海经》也记载了不少地质与身体的关系，特别是由特定地质生长出的植物，对人体的体形、体质、生育都有影响。[22,23]

"水是移人形体性情如此",即水质与人疾病夭寿关系,在当代诸如:克山病、大骨节病等地方病的地理地质之调查中得到证明,同一地域之有病区、非病区及重病区,全在地貌与水土质量不同,现代科技分析结果,正与风水学说相吻合。在现代城市都市中,中国风水学"相土尝水法"被地质水文报告取代,然而,在靠自然条件生存的偏远山村,相土尝水择居还具有实际意义。[16] 不同地域的水分中含有不同的微量元素及化学物质,有些可以致病,有些可以治病,这就是水质的问题。

2.1.3 地理

地理学在历史上曾是中国风水学的代名词,王充《论衡自纪篇》:"天有日月星辰谓之文,地有山川陵谷谓之理";唐代孔颖达疏云:"地有山川原隰,各有条理,故称地理。"先秦祖先已悟到:人之行为应遵天道、地道,人应善用天时地利。《周易系辞上》:"易与天地准,故能弥纶天地之道,仰以观于天文,俯以察于地理,是故知幽明之故。"《周易系辞下》"古者庖牺(即伏羲)之王天下也,仰则观象于天,俯则观法于地,观鸟兽之文与地之宜,近取诸身,远取诸物,于是始作八卦,以通神明之德,以类万物之情。"风水家认为伏羲为始祖,肇原于此。[16]

今天,西方人认为地理是说明"人与地的关系"。[24] 中国风水学在考虑太阳对地球影响的同时,注重月亮与地球的相互关系,并在建筑事务的各个方面充分加以实际应用。用现代的观点来分析是相当科学的。[16]

杨文衡于《中国风水十讲》上提出风水的地理学基础体现在七个方面:

(1) 地形:风水学说中的四大要素(龙、砂、穴、水)中,有三大要素(龙、砂、穴)离不开地形。它既讲山地地形,也讲平原地形和海岸地形。

(2) 风水学说中所含水文内容包括三个方面:①地表水系;②地下水系;③水质。

(3) 气象气候:①风;②阳光;③气温。

(4) 土壤:风水学说以土壤作为评价环境优劣的指标,环境好,则壤肥土沃,土质细嫩坚实,光润温和,不过于潮湿。

(5) 生物:风水学说又以生物作为评价环境好坏的指标,环境好,则草木郁茂,苍松翠竹,禽兽繁盛,环境不好,则草木焦枯,禽兽散败。[25]

(6) 探矿:风水学说中为什么会有探矿知识?它不是为了找矿开矿,而是为了保护风水宝地不被占用或破坏。

(7) 地图:风水先生(又称风水师、池师、地理师等)在考察风水时,普遍使用地图作工具。同时风水先生还要绘制一种特殊的风水地图。风水地图有多种,用来表现风水学说中的龙脉思想,天星与地形的相似关系,城市、地区和居民点的地理位置和地理环境,墓地的疆界及周围地理环境等。[26]

2.1.4 生态学

生态学是一个交叉学科,是研究生物与其环境之间的相互关系的科学。有许多学者进行专题研究,他们在中国风水理论与实践的基础上,创出了一套生态环境学理论。[27] 美国生态学家约翰托德指出:中国风水"具有鲜明的生态实用性"。

高友谦在《中国风水》一文中说:中国的风水说经过国内外专家们采用现代科学理论和技术手段进行研究,去除其迷信的糟粕,并在实践中加以运用后,已开始为国内外生态学研究者所肯定。[28] 阴阳二宅应选在"气数旺盛之地,入其乡,则见其禽兽繁衍,草木畅茂,风气和暖,山谷腾辉,水深土厚,景色清奇"的观点,和现代生态学的原理也颇有一致之处。[28] 现代学者提出:风水是一门蕴含着环境选择的学问,其根本的目标是追求对人类发展有利的生产生活环境,强调人与自然的和谐,主张"人之居处,宜以大地山河为主",即是以自然为本,选择合适的自然环境,有利于人类自身的生存和发展。这种环境模式,除人文的要素之外,主要是小环境内部的土壤、植被、空气、水分、光照等环境因素的相互协调。[29] 风水理论中研究因素与生态学研究的生态因子不谋而合。

尚廓在其文章《中国风水格局的构成、生态环境与景观》提出风水格局与生态环境的关系。负阴抱阳,背山面水,这是风水观念中宅、村、城镇基址选择的基本原则和基本格局。所谓负阴抱阳,即基址后面有主峰来龙山,左右有次峰或岗阜的左辅右弼山,或称为青龙、白虎砂山。山上要保持丰茂植被;前面有月牙形的池塘(宅、村的情况下)或弯曲的水流(村镇、城市);水的对面还有一个对景山案山;轴线方向最好是坐北朝南。但只要符合这套格局,轴线是其他方向有时也是可以的。基址正好处于这个山水环抱的中央,地势平坦而具有一定的坡度。不难想象,具备这样条件的一种自然环境和这种较为封闭的空间,是很有利于形成良好的生态和良好的局部小气候的。众所周知,背山可以屏挡冬日来寒流;而水可以迎接夏日南来凉风;朝阳可以争取良好日照;近水可以取得方便的水运交通及生活、灌溉用水,且可适于水中养殖;缓坡可以避免淹涝之灾;植被可以保持水土调控小气候。果林或经济林还可取得经济效益和部分的燃料能源。总之,好的基址容易在农、林、牧、副、渔的多种经营中形成良性的生态循环,自然也就变成一块吉地了。[30]

2.1.5 数学

数是宇宙万事万物存在的程序或逻辑,按照现代科学观点可假设为信息。中国古科技理论中所说"理"是研究数、气、象的能变、所变与不变的原理。理是人所确认的能量存在形式,简称构象,或称能场。有形而上,形而下之分。其研究方法有两种:一是西方科学赖以发展的演绎推理法;一是中国及东方科技来源于类比归纳法。演绎推理法适用于有限数理范围,类比归纳法适用于无限数理范围。[16]

风水理论对于数学方面,其影响性小,研究的内容也较少,仍需现代学者去探索。

2.2 社会科学

2.2.1 哲学

风水理论中蕴含的哲学思想,潜移默化地影响着中国人的价值观。王复昆提出："同传统哲学的特色相关联，风水理论的重要学术特点，是直接引申阐发和运用传统哲学范畴，在宇宙人序列关系的探索中，类比推演，建立起一套具体的准则和方法，由此而认识而把握与居住环境相关的宇宙及人生的存在。"[31]

英国学者李约瑟博士指出："在希腊人和印度发展机械原子论的时候，中国人则发展了有机的宇宙哲学。"[32] 建筑师沃纳·布拉译（Werner Blaser）也认识到："阴阳作为一个符号的关联系统，构成了说明（中国）文化秩序的尺度。"[33] 我国宇宙观的特色集中表现在有机整体上，不仅认为人是自然的组成部分，自然界与人是平等的，而且认为天地运动往往直接与人有关，人与自然是密不可分的有机整体。[34]

"天人合一"的哲学思想是对中国人理想环境观的总结和发展，对今后城市规划、建筑设计、景观设计具有指导作用。中国哲学的两个主要流派儒家和道家都把怎样使自己的生命和宇宙融为一体作为最重要的问题加以研究。道家从静入，认为凡物皆有其自然本性，"顺其自然"就可以达到极乐世界；儒家从动入，强调自然界和人的生命融为一体，孔子所说："生生之谓易"即强调生活就是宇宙，宇宙就是生活，领略了大自然的妙处，也就领略了生命的意义。这种"天人合一"的哲学观念，长期影响着人们的意识形态和生活方式，造成了我们民族崇尚自然的风尚。阴阳风水观念便是从这里引申出来的。[35]

林立于1996年提出："风水不仅把人看作是自然的一部分，更把大地本身看成一个富有灵性的有机体，各部分之间相互关联、彼此协调。"[36] 这种大地有机自然观，是"天人合一"哲学思想的体现，既是风水思想的核心，也是东方传统哲学的精华。褚良才提出："天人合一就是主张天和人既对立又统一，两者之间的关系要不断进行调整，使之协调与和谐。这主要表现为既要改造自然，又要顺应自然；只有顺应自然，才能改造自然。"[37] 王铁、王舒慈于《现代建筑风水学》一书中提出："风水理论中所讲的'天地人合一'的理念就是认为自然界的山川、大地、水流都是有灵气的，山川、大地、水流和人之间都有着内在的联系。"[38]

而关于风水理论中的阴阳学说，亢亮认为："阴阳五行说，是我国先民在接触各种事物与现象的实践中，通过观察与思考而建立的一种影响很大的哲学思想观念。它是一种自发的朴素的唯物论，并具有辩证法的初步思想因素。'一阴一阳谓之道'是阴阳学说的精髓。中国古人对阴阳依存、对立、转化的论述，具有了现代唯物辩证法的世界观与认识论。阴阳始终处在动态平衡中，如果这种变化出现反常，即是阴阳消长的异常反应。"[16]

2.2.2 美学

英国著名科学史权威李约瑟，曾高度评价中国古代的风水，称之为准科学，中国古代的景观建筑学。他指出，风水理论"总是包含着一种美学的成分"，"遍中国的田园、房屋、村镇之美，不可胜收，都可借此得到说明"。英国学者帕特里克·阿伯隆比谓："在风水下所展现的中国风景，在曾经存在过的任何美妙风景中，可能是构造最为精美的。"

风水不仅追求环境条件好，也追求环境美。杨文衡在《中国风水十讲》中提出："风水追求的环境美，有四个标准：（1）秀。从外观上看给人的印象应该是秀美，不是丑。比如土色要光润，草木要茂盛，不犯风吹水劫。（2）吉。吉就是美，凶就是丑。气吉则形必秀丽、端庄、圆净。气凶则形必粗顽、剖斜、破碎。（3）第三是变。各种自然因素要有变化才美，无变化、呆板则不美。（4）情。风水不外山情水意，若山无情，水无意，则失地理之本旨矣。"[26]

在古代风水理想格局中包含着中国独特的美学理论，也有同西方美学的共通点。尚廓在其文章中提到，按照理想的风水选址，常包含以下的景观美学因素：

（1）以主山、少祖山、祖山为基址背景和衬托，使山外有山，重峦叠崎，形成多层次的立体轮廓线，增加了风景的深度感和距离感。（2）以河流、水池为基址前景，形成开阔平远的视野。而隔水回望，有生动的波光水影，造成绚丽的画面。（3）以案山、朝山为基址的对景、借景，形成基址前方远景的构图中心，使视线有所归宿。两重山峦，亦起到丰富风景层次感和深度感的作用。（4）以水口山为障景、为屏挡，使基址内外有所隔离，形成空间对比，使入基址后有豁然开朗、别有洞天的景观效果。（5）作为风水地形之补充的人工风水建筑物如宝塔、楼阁、牌坊、桥梁等，常以环境的标志物、控制点、视线焦点、构图中心、观赏对象或观赏点的姿态出现，均具有易识别性和观赏性。如南昌的滕王阁选点在"襟三江而带五湖"的临江要害之地，武汉的黄鹤楼、杭州的六和塔等，也都是选点在"指点江山"的选景与赏景的最佳位置，均说明风水物的设置与景观设计是统一考虑的。（6）多植林木，多植花果树，保护山上及平地上的风水林，保护村头古树大树，形成郁郁葱葱的绿化地带和植被，可以形成鸟语花香、优美动人、风景如画的自然环境。（7）当山形水势有缺陷时，为广"化凶为吉"，通过修景、造景、添景等办法达到风景画面的完整谐调。有时用调整建筑出入口的朝向、街道平面的轴线方向等办法来避开不愉快的景观或前景，以期获得视觉及心理上的平衡。这是消极的办法。而改变溪水河流的局部走向、改造地形、山上建风水塔、水上建风水桥、水中建风水墩等一类的措施。则为积极的办法，名为镇妖压邪，实际上都与修补风景缺陷及造景有关，结果大多成为一地的八景、十景的一部分，形成了风景点。

冯建逵、王其亨提出："所谓龙、穴、砂、水等等术语名词，实际都是引类譬喻，赋形以象，寓象以情，原其本始，洞其化分，巧其配合，致用于千态万状的山川自然环境及景观构成的实用分析方法。而这种审辨山水的模式化方法，对古代山水美学的发展，曾作出了有益贡献，并产生了深刻影响。"[17]

风水理论与中国古典园林，以及绘画、书法等息息相关，相互影响发展，逐渐形成其特有的美学理论。

2.2.3 心理学

风水理论在考虑人们的心理，行为后选择适宜人类居住的环境。关于风水中心理学内容，一些学者提出自己的看法。风水的主要内容一是气，二是形。"气"实则为心理场，"形"则指围绕"气"的环境，古人也将这两者看成不可分的两个部分："气者形之微，形者气之著，气隐而难知，形显两易见。"[39]"隐而难知"正是心理场的拓扑特征：没有形状，没有大小，不可见，不可测。杨文衡认为："从心理上讲，周围地形环境对人的心理起着潜移默化的作用，人们把地形与社会道德相联系，产生联想，使心理作用更强烈。"[26]依山傍水是风水学最基本的原则之一。山体是大地的骨架，只有靠着山体，人的心理才有稳固感。陈星艳在其文章中提出："感觉环境分析包括：视觉、嗅觉、听觉的分析。这些在风水中也是很讲究的，这里以视觉为例：蓝色性属水，绿色性属木，五行中水生木，属吉，换一种说法，蓝色与绿色搭配让人感觉调和宁静，在色彩搭配上属于相近色系相配；红色性属火，五行中水克火，属凶，换言之，蓝色与红色搭配让人感觉刺激和不安定，在色彩搭配上属于对比色系相配。"[40]利用风水理论指导颜色搭配可以使人产生不同心理，可以应用到建筑设计、景观设计等。

3 结论与展望

风水理论涵盖范围很广，涉及到物理学、化学、地理学、生态学、数学、美学、哲学、心理学等各学科的内容，从而证明了其有科学的部分，并值得学者们借鉴。

何晓昕提出："分析风水，不难发现其中不少对事象因果关系的歪曲认识或处理，也明显带有巫术的气息。"但更多的则是科学的总结，凝聚着中国古代哲学、科学、美学的智慧，有其自身的逻辑关系。风水理所当然地是传统建筑理论的一部分。[41]

有些在古代往往以玄异的面目出现的理论，但实际上是有一定的科学道理的风水理论。比如说，因为某种微量元素超标的缘故，影响到主人的身体健康，甚至死亡，风水师傅就会说是阴阳不调，五行相克需要调整房子的风水，更严重的则说其是大凶宅地，不可再居住，事实上起到了建议其迁居他处的目的。

所以说由于社会发展水平和科学水平的限制，风水理论也同一切传统学术一样，没有也不可能完全摆脱迷信的桎梏和羁绊，没有也不可能发展为完全科学的理论体系。[17]而且有些尚未通过科学证明的理论往往被人视为迷信，这就需要学者们验证其科学性。

参考文献

[1] 于希贤主编. 人居环境与风水[M]. 北京：中国编译出版社，2010.
[2] 王其亨主编. 风水理论研究[M]. 第3版. 天津：天津大学出版社，1998.
[3] (清)纪昀主编. 文渊阁四库全书(第808册)[M]. 台北：台湾商务印书馆，1972：14.
[4] 周宏主编. 现代汉语辞海[M]. 北京：光明日报出版社，2002.
[5] 潘谷西主编. 中国建筑史[M]. 第2版. 中国建筑工业出版社，1986.
[6] (台)南怀瑾主编. 中国文化泛言[M]. 上海：复旦大学出版社，1995.
[7] 伍铁牛. 中同传统风水理论的分析与现代思考[D]. 武汉：华中师范大学，2007.
[8] (韩)尹弘基，沙露茵. 论中国古代风水的起源和发展[J]. 自然科学史研究，1989(01)：84-89.
[9] (日)郭中端. 中国人街[J]. 日本相横书房，昭和年1995年出版.
[10] 莱布尼茨. 致雷蒙德的信：论中国哲学[J]. 中国哲学史研究，1981(04).
[11] (英)李约瑟主编. 中国古代科学思想史[M]. 南昌：江西人民出版社，2006.
[12] 何祚庥. 唯物主义的"元气"学说[J]. 中国科学. 1975(5).
[13] 谢焕章. 气功的科学基础[M]. 北京：北京理工大学出版社，1988.
[14] 叶家鑫. 当代"地磁场与生命"研究的概况[J]. 百科知识，1984(12).
[15] "人体场"小组. "人体场"的探索[J]. 上海交大学报，1979(6)增刊.
[16] 亢亮，亢羽主编. 风水与建筑[M]. 第3版. 天津：百花文艺出版社，1995.
[17] 冯建逵，王其亨. 关于风水理论的探索与研究[M]//王其亨主编. 风水理论研究. 天津：天津大学出版社，1992：1-10.
[18] 郭大力. 也说"风水"[J]. 新建筑，1993(1).
[19] 刘永青. 风水教你得"天地之灵气"[J]. 科学大众，2006(02).
[20] 陈星艳. 风水理论在城市居住区规划设计中的借鉴[D]. 长沙：中南林业科技大学，2006.
[21] Odum E. P. 生态学基础(M). 孙儒泳，钱国桢，林浩然等译. 北京：人民教育出版社，1981.
[22] 四库全书·术数类·管氏地理指蒙[M]. 上海：上海古籍出版社，1987.
[23] 四库全书·术数类·黑囊经[M]. 上海：上海古籍出版社，1987.
[24] (美)邹豹君主编. 地理难题答客问[M]. 北京：中国友谊出版公司出版，1985.
[25] (明)柴复贞主编. 相宅全书[M]. 明初刊残本.
[26] 杨文衡主编. 中国风水十讲[M]. 北京：华夏出版社，2007.
[27] 李鹏翔. "风水"与生态环境[J]. 文史天地，2005(04).
[28] 高友谦主编. 中国风水[M]. 北京：北京华侨出版公司，1992：15-38.
[29] 中国科学院系统生态开放研究室. "风水说"的生态哲学思想及理想景观模式[EB/OL]. 网易土木在线.
[30] 尚廓. 中国风水格局的构成、生态环境与景观[M]//王其亨主编. 风水理论研究. 天津：天津大学出版社，1992：26-33.
[31] 王复昆. 风水理论的传统哲学框架[M]//王其亨. 风水理论研究. 天津：天津大学出版，1992：89-106.
[32] (英)李约瑟主编. 中国科学技术史第3卷[M]. 北京：科学出版，1976：337.
[33] Werner Blaser. Courtyard Hiuse in China Tradition and Present[M]. Birkhauser Verlag AG，1995. 3
[34] 李泽厚，刘纲纪主编. 中国美学史[M]. 北京：中国社会科学出版社，1984.
[35] 周易·乾卦[M].
[36] 林立. 对传统风水学的新阐释《风水：中国人的环境观》一书评介[J]. 衡阳师专学报(社会科学)，1996，17(1).

[37] 褚良才主编. 易经·风水·建筑[M]. 上海：学林出版社，2003.

[38] 王铁，王舒慈主编. 现代建筑风水学[M]. 北京：中国大地出版社，2009：179-183.

[39] 《古今图书集成·艺术典》六百七十卷堪舆部汇考《解难二十四篇》

[40] 陈星艳. 风水理论在城市居住区规划设计中的借鉴[D]. 长沙：中南林业科技大学，2006.

[41] 何晓昕主编. 风水探源[M]. 南京：东南大学出版社，1990(1)：1-2.

作者简介

李英，出生于1991年6月24日，女，满族，辽宁省北镇市，硕士研究生，沈阳农业大学林学院风景园林硕士研究生，研究方向：风水，1020465375@qq.com。

上海后滩公园滨水绿地生态效益的研究

Study on the Waterfront Green Space Ecological Benefits of Houtan Park in Shanghai

刘 碑　李雅娜　陈 勇　郗金标

摘　要：以上海后滩公园为例，分为后滩公园外的西向区段和后滩公园内的东向与南向区段，分别在距离黄浦江0m、50m、100m处各设置9个测定点，共计设置27个测定点。通过对各测点负氧离子含量、气温、空气湿度、光照强度、噪声、风速6个指标的测定，研究探讨了上海市后滩公园滨水绿地的生态效益。结果表明：三个方向上负氧离子含量平均值东向＞西向＞南向，分别为595ions/cm³，589ions/cm³，380ions/cm³；三个测距范围内所有测量点的负氧离子含量平均值50m处＞100m处＞0m处，分别为591ions/cm³，498ions/cm³，476ions/cm³，负氧离子浓度的大小主要与植物群落的植被组成结构及大小有关，其次与主导风向有关，再其次与距黄浦江的距离和人流、车流量有关；西向、南向及东向的空气湿度平均值分别为43％，44％，40％，南向＞西向＞东向，空气湿度主要受与黄浦江的距离、微地形和植物群落的影响；分布在后滩公园的18个测量样点中，有13个样点噪声小于50dB，后滩公园较为安静；三个方向风速均呈现为距黄浦江越近风速越大的特点，最小风速0m/s，最大风速1.7m/s；三个方向上气温变化幅度约在1℃左右，公园绿地比公园外降温约1℃。

关键词：上海后滩公园；滨水绿地；生态效益；负氧离子含量；噪声

Abstract: The beach park in Shanghai as an example, respectively, after the beach park outside the west section and Hou Tan Park East and south section, 9 measuring points are set at a distance of 0m, 50m, 100m respectively, the Huangpu River, a total of 27 sets of measuring point. The negative oxygen ion content, air temperature, air humidity, determination of intensity of illumination, noise, wind speed 6 index, ecological benefits of Shanghai City Beach Park waterfront green space. The results show that: three the direction of negative oxygen ion content average east＞west ＞south, respectively 595ions/cm³, 589ions/cm³, 380ions/cm³; all measurement points three measuring range, the negative oxygen ion content of the average value of 50m ＞100m ＞ 0m, respectively 591ions/cm³, 498ions/cm³, 476ions/cm³, the concentration of negative oxygen ions of the vegetation and plant community structure and size, then the associated with the dominant wind direction, and then with the distance from the Huangpu River and stream of people is related to the distance, vehicle flow; to the west, South and east to the air humidity were respectively 43％, 44％, 40％, South＞ West＞East, the air humidity is mainly affected by the distance to Huangpu River, micro topography and plant communities; distribution in the beach park after the 18 measuring points, there are 13 kind of noise is less than 50dB, Hou Tan Park is quiet; three direction wind speed showed characteristics from Huangpu River near the wind speed is higher, the minimum wind speed 0m/s, the maximum wind speed of 1.7m/s; three direction temperature range is about 1 ℃, Park green space than outside the park about 1 ℃ cooling.

Key words: Shai Beach Park; Waterfront Green Space; Ecological Benefit; Negative Oxygen Ion Content of Air; Noise

滨水区即陆地与水域的交接地带，该区域生物多样性丰富，生态效益良好，具有生态美化、亲水游憩、承载历史、彰显文化等多种功能，是城市规划设计热点地带，更是生态系统脆弱地带，管理不善，极易导致环境污染和生态退化。

国外城市滨水区在前工业化时代主要以自然发展为特征，是大部分城市建设地址的首选，在兼具交通、集市、港口等功能的同时，已具有公共空间功能；在工业化时代，国外城市滨水区聚集了大量的工厂、码头、仓库，成为了城市的生产和交通中心，工业废水、垃圾、废弃物等的任意排放给滨水区带来的严重的污染，严重破坏了滨水区的生态环境；到后工业化时代，随着世界性产业结构的调整，中产阶级的崛起和劳动方式的改变，许多人有了更多的闲暇时间，对生态环境，旅游休憩提出了更高的要求，这时在发达国家，滨水区的首要功能上升为游憩和景观功能，滨水区被开发成为环境优美的城市公共活动核心区域，对滨水区植被缓冲带设计与营造技术以及滨水区绿地景观生态效益问题的探讨开始成为滨水区景观设计的重点，成为生态学领域和环境治理领域研究的热点。

在我国，自古以来滨水景观都是园林景观设计中的重点地带，尤其是20世纪80年代以后，随着工业化的迅速发展和城市化进程的不断推进，对城市滨水区的开发开始成为城市建设的热点。然而，这一阶段的城市滨水景观设计与建造往往采取"大拆大建"、全部推倒重来的方式，偏重于对滨水景观艺术观赏性的研究和设计，而忽略了城市滨水景观水体净化、生物多样性保护等生态功能，结果，盲目的城市滨水区开发导致水体严重污染，

---

① 由085宾馆酒店绿饰植物环境效应与景观构建技术研究和商务空间环境友好型绿饰植物筛选与应用研究项目资金资助。

水质下降，生态破坏，环境宜居性降低，且文化传承功能被忽视，用地功能驳杂等。直到20世纪90年代，人们对滨水景观的设计开始重视对亲水空间和休闲游憩空间的创造，开始意识到突出滨水景观生态功能的重要性，同时，有关滨水绿地生态保护功能的研究也越来越多。然而，目前在滨水区的探索研究中，大部分学者倾向于对滨水区的景观设计理念，生态规划理念以及亲水空间、景观空间、旅游游憩空间及其功能等进行研究。迄今为止，通过对滨水景观的科学规划设计而实现水体保护的成功案例仍然鲜为人知。如何通过科学的植物配置和绿地规划设计，有效地净化水体，保护滨水生态、提升滨水景观生态功能成为景观设计探讨的重点，成为生态学、园林以及环境保护领域研究的热点，成为全社会关注的焦点。

在我国众多的滨水区开发、改造的案例中，上海市后滩公园是水体净化、污水治理的最为成功的案例，同时又是一个极富田园气息的由棕色土地改造而成的滨江绿地公园。本文以上海市后滩公园为例，从研究滨水区绿地生态效益的角度，通过对上海市后滩公园的负氧离子浓度、温湿度、噪声、光照、风速等指标浓度测定，以此来了解滨水区绿地的生态状况，以及影响滨水区绿地生态效益的各因子之间的关系，从而为滨水区绿地合理地开发改造、规划设计提供依据。

1 区域概况与研究方法

1.1 研究地区概况

上海位于北纬30°23′—31°27′，东经120°52′—121°45′，属北亚热带季风气候，温和湿润，雨量充沛，年平均气温15.7℃；冬季为12月到次年3月，每年1月为全年最寒冷的季节，平均气温3.5℃；一条南北流向的黄浦江将上海分为浦东与浦西两大分区。

上海市后滩公园位于上海市世博园临黄浦江东岸一侧狭长地带，是2010年上海世博会园区的核心绿地之一，长1.7km，总用地面积18.2万m²。其原址为浦东钢铁厂和后滩船舶修理场，改造之前是一片被工业垃圾和建筑垃圾深度污染的棕色土地。经改造后，后滩公园变成了世博会期间分流、疏散人流的核心绿地之一，以及世博会后一个突出湿地保护、湿地生态的审美启智和科普教育等功能的城市湿地公园。

1.2 研究方法

1.2.1 样地布点方法

样地布点根据研究地区实地情况，将后滩公园划分为东向和南向，再选取黄浦江西岸的滨江绿地作为西向，与公园内的两个方向（东向和南向）形成对照；然后根据距黄浦江江岸的距离，三个方向上分别在距江岸100m处，50m处和0m处各布置三个样点，如此总共布置27个样点，27个样点呈纵向的9个群组依黄浦江岸垂直分布（图1）。

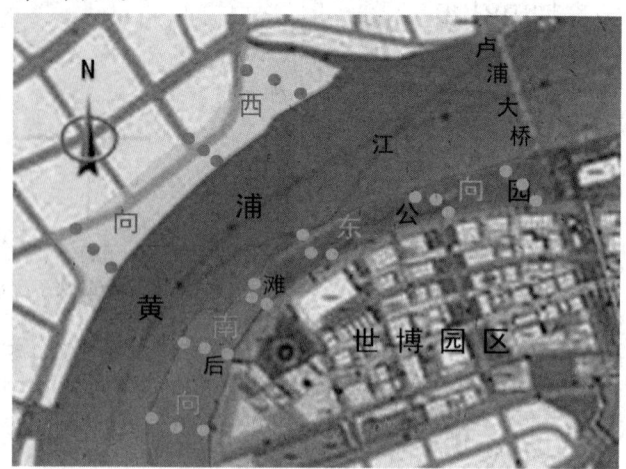

图1 上海市后滩公园区位及样地布点方位图

1.2.2 数据测量、统计、分析方法

负离子测定采用AIC-1000空气负离子检测仪 测量范围为10—1999999ions/cm³，精确度为±25%；

温湿度测定采用温湿度测量仪 温度测试范围为-10℃—70℃，湿度测试范围为10%—99%RH；温度分辨率为0.1℃，湿度分辨率为1%RH；温度测量精度为±1℃，湿度测量精度为±5%RB。

光照强度测定采用CEM DT-1309 照度计：测量范围为400000LUX/FC，精确度为5%，分辨率为0.1LUX/FC；

噪声测定采用希玛AR824噪声仪：测量范围为30—130dBA，精确度为±1.5dB，频率响应为31.5Hz—8.5kHz；动态范围为50dB。

风速测定采用GM8902数字风速风量仪：风速测量范围0—45m/s，精确度±3%，分辨率0.01m/s。

选取3个天气状况相近的工作日，从每天上午9:00开始测量，每隔1个小时测量1组数据，到下午17:00结束。测量时，测量仪器高出地面1m，紧挨典型植物群落的植物密集方位；6个仪器分别对每个测量点的空气负氧离子浓度、气温、空气湿度、光照强度、噪声、风速进行同步监测，每个测量点各测3次，取3个数据的平均值为观测点的测量值。在测量数据的同时，详细记录测量点周边环境状况、植物群落结构及类型（表1）。

数据统计与分析采用Excel软件。

测量点周边环境状况汇总表　　　　表1

与黄浦江距离/m	样地编号	环境状况/植物种类	群落类型	群落特征	
				覆盖率（%）	优势种平均高度（m）
100	W3₁	城市干道（边上有成排梧桐树，叶落光）	阔叶树	60	10—12
	W3₁	香樟+雀舌黄杨（后侧是车道）	阔叶树	70	8—10

续表

与黄浦江距离/m	样地编号	环境状况/植物种类	群落类型	群落特征	
				覆盖率(%)	优势种平均高度(m)
100	W3₂	香樟+栀子花+酢浆草（后侧是车道）	阔叶树	75	8—10
	S3₃	香樟、救军粮、紫叶小檗（公路边小绿地）	阔叶林	85	6—8
	S3₁	水杉+沿阶草	针叶林	85	10
	S3₂	法国冬青	阔叶绿篱	90	1.8—2.2
	E3₁	东门入口处，银杏（已落叶）	/	/	/
	E3₂	淡叶竹	竹林	75	3—4
	E3₃	枇杷树	阔叶林	80	7—10
50	W2₁	香樟+栀子、瓜子黄杨、石楠+草坪	阔叶林	80	7—10
	W2₂	香樟+干枯芦苇+草地	阔叶林	75	8—10
	W2₃	香樟+酢浆草、三白叶	阔叶林	65	7—10
	S2₁	杜英、酢浆草	阔叶林	70	5
	S2₂	水杉+沿阶草+油菜	针叶林	85	10—11
	S2₃	杜英+栀子花、黄杨、南天竹+金边沿阶草	针阔混交林	75	6
	E2₁	公共厕所前，周围植被茂密	/	/	/
	E2₂	杜英+石楠、栀子花	阔叶林	80	6
	E2₃	榉树、橘树、枇杷+瓜子黄杨、紫叶小檗、金丝桃	针阔混交林	90	8
0	W1₁	滨江大道（硬质铺装）			
	W1₂	滨江大道（硬质铺装）			
	W1₃	滨江大道（硬质铺装）			
	S1₁	芦苇+鸢尾	水生植物群	75	2—3
	S1₂	水杉+油菜	针叶林	85	10
	S1₃	江边，园路上，静水水边	/	/	/
	E1₁	江边（轻水平台上）	/	/	/
	E1₂	江边，有草坪（石菖蒲）	地被	90	0.2—0.4
	E1₃	江边，附近有成群芒草	地被	90	1.5

2 结果与分析

2.1 空气负离子含量变化及原因分析

如图2所示，在距黄浦江0m处，西向负氧离子含量最高，其负氧离子含量总均值为589ions/cm³，而南向和东向负氧离子含量极为相近，其负氧离子含量总均值分别为421ions/cm³，417ions/cm³。西向，由于在测距0m处测量点为滨江大道，有江风、城市风从江面以及对岸的后滩公园带来丰富的负氧离子，而南向和东向在测距0m处的测量点，植物群落多为低矮地被且处于江风、城市风的上风向，因而在距黄浦江距离相同且受植物群落影响较小的情况下，受主导风向的影响，西向负氧离子含量明显高于其南向和东向。

如图3所示，在距黄浦江50m测距处，三个方向上各测量点间的负氧离子含量差异较大，最高值为东向测量点E23，976ions/cm³，最低值为南向测量点S2₁，

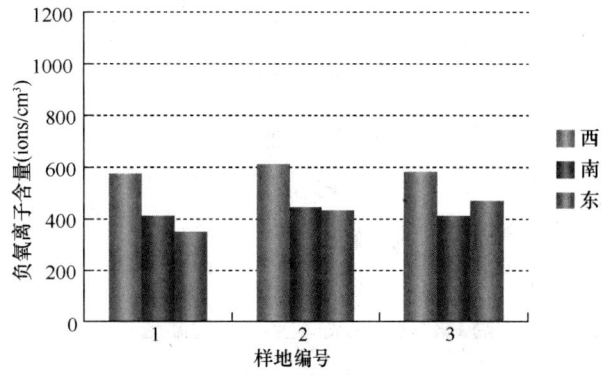

图2 距黄浦江0m处样地负氧离子含量比较图

183ions/cm³。从负氧离子含量总均值来看，东向明显高于西向，西向明显高于南向，三个方向负氧离子含量分别为665ions/cm³，591ions/cm³，449ions/cm³。在距黄浦江50m测距处，因三个方向上测量点环境状况较为多样、复杂，因而各测量点之间的数值差异较大，在诸多影响因

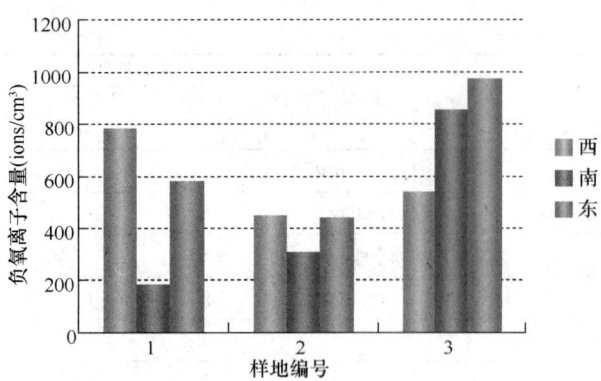

图3 距黄浦江50m处样地
负氧离子含量比较图

素中，最主要影响因素是植物群落。如东向测量点E23，群落覆盖度为90%，乔木有榉树、橘树和枇杷，灌木有瓜子黄杨、紫叶小檗和金丝桃，草类有沿阶草，乔灌草搭配合理且密集，因而其负氧离子含量高；而南向测量点S2，群落覆盖度为70%，植被只有杜英和酢浆草，种类少且稀疏，因而其负氧离子含量低。可见，植物群落结构复杂、覆盖度高且种类多样，对提高空气负离子含量有积极作用。

如图4所示，在距黄浦江100m测距处，西向和东向测量点负氧离子含量明显高于南向测量点，同一方向的测量点之间的数值差异相对于50m测距处较小。从负氧离子含量总均值来看，东向最高，636ions/cm³；西向稍低于东向，为586ions/cm³；而南向明显低于东向和西向，为271ions/cm³。在距黄浦江100m测距处，因东向植物群落结构复杂、植物覆盖度高且种类多样，因而负氧离子含量高；而西向植物群落结构相对于东向虽然较为单一、均质，只有香樟、黄杨、栀子、红花檵木等常绿植物，但受江风和城市风的影响，负氧离子含量依然较高；而南向不仅植物群落较为稀少，结构单一，多为草类，而且处于主导风上风向，且距离水域较远，因而负氧离子含量较低。

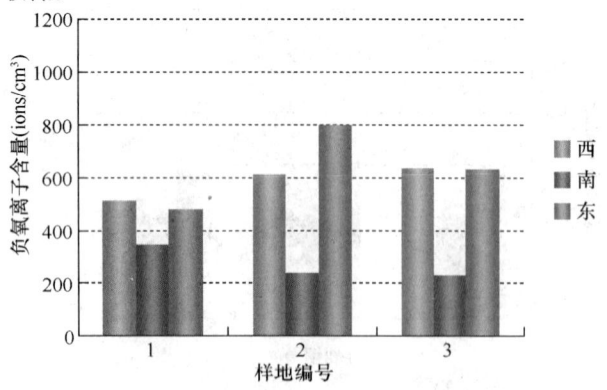

图4 距黄浦江100m处样地
负氧离子含量比较图

进一步分析可以看出（图5），在距黄浦江0m、50m、100m三个测距处，东、西、南三个区段各测点间负离子含量变化特征有较大差异，西向各测点间测定值变异最小，东向和南向变异较大。其原因可能与西向植物群落结

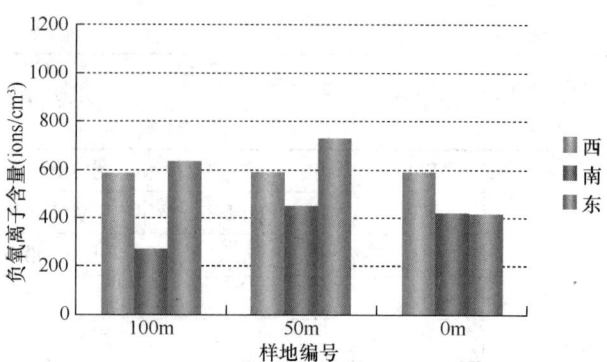

图5 三段测距处样地
负氧离子总均值比较图

构较为均质且呈平行带状分布，南向和东向各测点环境状况较为复杂、植物群落类型多变有关；从三个方向的负氧离子总量来比较，东向＞西向＞南向，三个方向的负氧离子浓度总均值分别为595ions/cm³、589ions/cm³、380ions/cm³。东向负离子含量高可能与区段植物群落结构复杂，群落覆盖度高有关，西向地处黄浦江下风口，可能会接受更多的来自于黄浦江的负离子，而南向既没有结构复杂，覆盖度高的植物群落，又地处黄浦江的上风口，故而空气负离子含量最低；从三个测距的负氧离子总量来比较，50m处＞100m处＞0m处，三个测距的负氧离子浓度总均值分别为591ions/cm³、498ions/cm³、476ions/cm³。这一现象的产生可能与各测点间植物群落类型差异、风向以及距黄浦江远近等因素有关，50m测距处，植物群落结构复杂、植被覆盖率高，且无人流、车流的干扰，因而空气负氧离子含量高；100m测距处虽植被覆盖率稍低于50m测距处，但靠近城市干道，受车流量影响较大，因而负氧离子含量明显低于50m处；0m测距处因东向和南向植被结构单一，植物种类多是低矮地被，西向全是滨江大道，人工硬地铺装且人流量较大，因而即使距水域的距离最近，其负离子含量仍为最低。

以上测定结果和分析表明，在后滩公园中，空气负氧离子含量与植物群落、主导风向、距离水域的距离、人流量等多种因素相关，其中植物群落、主导风向是主要影响因素，距水域的距离和人流量（包含车流量）是次要影响因素。植物群落覆盖度越大、结构越复杂，则空气负氧离子含量越高，反之则低，其中竹林对空气负氧离子含量影响较大；越靠近主导风的下风向且越靠近水域，则空气负氧离子含量越高，反之则低；滨水区绿地中人流量越大，则空气负氧离子含量越低。

2.2 气温变化及原因分析

三个方向上气温的变化状况总体呈现为：西向呈现气温升温快，温度高，降温快，在测距范围内距黄浦江越远温度越高的特点；而南向和东向气温的变化呈现随样地环境状况的变化而变化的特点，变化幅度0.9—1.2℃。在同一个时间段里，西向平均温度＞南向平均温度＞东向平均温度，变化幅度0.9—1.4℃。这一结果表明，上海市后滩公园平均气温及气温变化幅度均小于公园外，后滩公园绿地起到了明显的温度调节作用，对于缓解城市热岛效应起到了积极的作用。

后滩公园外部的西向区段，测量点地面多为人工硬质铺装，植被覆盖度低，且紧邻城市干道，车流量大，人流密集，因此导致气温高，温差大，且由于江风的降温作用及植被的阻挡，在测距范围内距黄浦江越远温度越高；后滩公园内的南向和东向区段，则由于植被覆盖率高，植物群落类型复杂，群落组成结构差异大，因而气温偏低、温差小，且随植被类型的变化而呈现出差异性。

2.3 空气湿度变化及原因分析

如图6表明，西向、东向、南向三个区段空气相对湿度没有明显差异，实测数值总平均南向区段略高，为44%，其次是西向为43%，东向最低为40%；西向区段各测点空气相对湿度随距离黄浦江的远近，由近及远呈降低趋势，0米、50米、100m处空气湿度分别为49%、38%和36%，但南向和东向区段各测点间空气湿度差异不明显，受测点植被类型、结构的影响较大。这一结果表明，风向、测点位置、测点下垫面性质等对空气相对湿度有较大影响。

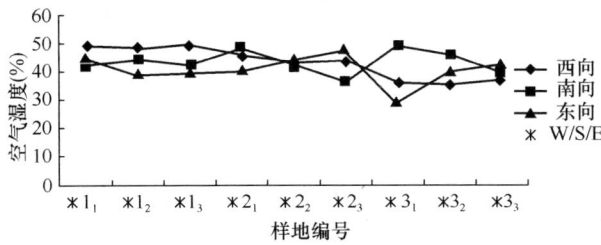

图6 各样点空气湿度测量值比较

2.4 噪声变化及原因分析

测定结果表明（图7），西向、东向、南向三个区段上，噪声变化有明显差异，西向区段亦即后滩公园外的噪声明显高于公园内的东向区段和南向区段，而南向区段和东向区段两者差异不大，西向区段噪声最大为76db，最小为57db，后滩公园内的18个测量样点中，有13个样点噪声小于50dB，东向和南向区段噪声均值小于40db。表明后滩公园绿地起到了良好的噪声消除效果；从各测点噪声测定值的分布看，无论是后滩公园内部的东向区段和南向区段还是公园外的西向区段，噪声均随距离黄浦江的距离由近及远呈增加趋势，其中，东向区段距黄浦江0m处测量点$E1_2$的噪声为23dB，南向测量点0m处和50m处$S1_1$、$S1_2$、$S1_3$、$S2_1$、$S2_2$、$S2_3$，东向测量点$E1_1$、$E1_2$、$E1_3$的噪声均小于40dB，测量点$S1_2$、$E1_2$、$E1_3$的噪声小于30dB。这一结果表明，后滩公园的绿地景观对隔离噪声、消除噪声起到了良好的作用，因此，科学、合理的植物配置可能是城市隔噪、减噪的重要途径。据有关研究表明，40dB是正常的环境，30dB以下属于非常安静的环境。本实验测定结果表明，后滩公园噪声明显低于周围环境，目前的植物配置起到了良好的隔声效果，创造了安静的环境，获得了良好的生态效益。

2.5 风速变化及原因分析

如图8表明，西向、东向、南向三个区段的风速变化具有2个突出特征。一是后滩公园外的西向区段风速明显高于公园内的东向和南向区段，尤其在距离黄浦江0m和50m处，两者差异尤为明显，西向区段的平均风速均在1m/s以上，最大达到1.7m/s，而公园内的南向和东向区段风速均低于1m/s；二是各区段风速变化随测定距离黄浦江的距离由远及近呈增加趋势，三个方向区段的最低风速均出现在距离黄浦江100m或50m处的测点，最大风速出现在0m测点。此外，东向区段距黄浦江50m处测量点$E2_2$和南向区段距黄浦江100m处测量点$S3_2$处的风速均为0m/s，而这两个测点的植被覆盖度均在85%以上，且树种组成复杂，群落层次明显。表明植物群落的存在对降低风速起到了良好的作用。

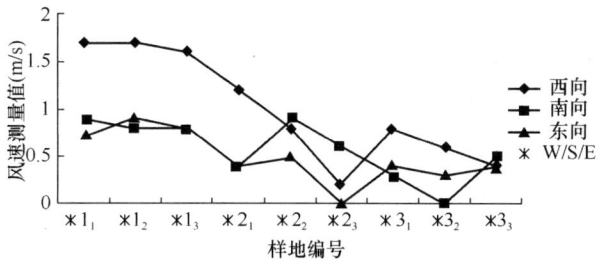

图8 各样地风速测量值比较图

3 结论与讨论

根据本实验研究结果，可以得出如下结论：

（1）三个方向区段上负氧离子总个数东向＞西向＞南向，负氧离子浓度总均值分别为595ions/cm³，589ions/cm³，380ions/cm³；三个测距范围内所有测量点的负氧离子总个数50m处＞100m处＞0m处，负氧离子浓度总均值分别为591ions/cm³，498ions/cm³，476ions/cm³。空气负氧离子含量与植物群落、主导风向、距离水域的距离、人流量等多种因素相关，其中植物群落、主导风向是主要影响因素，距水域的距离和人流量（包含车流量）是次要影响因素。植物群落越大、结构越复杂，则空气负氧离子含量越高，反之则低，其中竹林对空气负氧离子含量影响较大；越靠近主导风的下风向且越靠近水域，则空气负氧离子含量越高，反之则低；滨水区绿地中人流量越大，则空气负氧离子含量越低。

（2）滨水区绿地对气温、空气湿度具有明显的调节作用，和公园外相比，后滩公园绿地大气温度普遍降低了1℃左右，空气湿度也有明显的变化，说明后滩公园绿地在调节气候，降温增湿，缓解城市热岛效应方面发挥了重要作用。

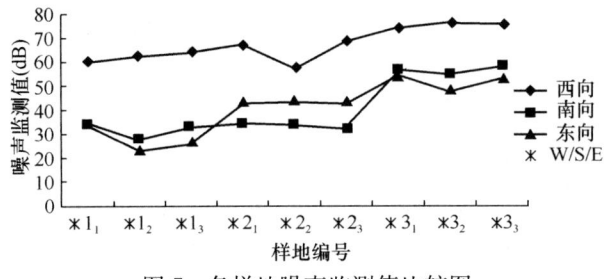

图7 各样地噪声监测值比较图

（3）三个方向区段风速测定结果表明，后滩公园内的风速明显低于公园外，距离黄浦江距离越远，风速越小。表明公园绿地景观起到了良好的防风效果。

参考文献

[1] 中国城市发展网，http：//www.chinacity.org.cn/csfz/csjs/48564.html
[2] 俞孔坚，凌世红，金圆圆.滩的回归——上海世博会园区后滩公园[J].城市环境设计，2007(05).
[3] http：//baike.so.com/doc/1834628.html
[4] 秦俊，王丽勉，高凯，胡永红，王玉勤，由文辉.植物群落对空气负离子浓度影响的研究[J].华中农业大学学报，2008(02).
[5] 金竹秀，蒋文伟，高铭聪，梅艳霞，郭慧慧.临安市城区六种功能绿地生态效益研究[J].中国城市林业，2011(01).

作者简介

刘碑，男，本科，上海商学院旅游与食品学院，园林专业学生。

郗金标，1963年出生，男，博士，教授，上海商学院园林景观设计系主任，园林专业主任，研究方向为园林植物配置，生态学，Emial：Xijinbiao2001@aliyun.com。

新型城镇化背景下的当代屋顶农场研究回顾与展望

Review and Prospect of Contemporary Rooftop Farm Research under the Background of New Urbanization

刘方馨　赵纪军

摘　要：屋顶农场作为近些年出现的一种新型景观形式很好地解决了快速城镇化带来的一系列问题。本文就新型城镇化背景下国内学者对屋顶农场的研究成果进行归纳汇总，从案例研究、系统理论研究、设计手法研究几个方面总结前人成果，以期更好地了解当前该领域的发展情况，提出研究存在的问题，为今后的发展提供借鉴。

关键词：新型城镇化；屋顶农场；屋顶绿化；风景园林；都市农业

Abstract: Rooftop farm can be used to solve a series of problems brought by the rapid urbanization. as a new landscape form in recent years This paper summary previous results from several case studies by domestic scholars on the rooftop farm research results under the background of new urbanization. The study from several aspects to do the summary including actual case studies research, theory research, design research, in order to understand the current development situation better in this field, and put forward some research problems, and provide reference for the future development.

Key words: New Urbanization; Rooftop Farm; Rooftop Greening; Urban Agriculture

1　前言

随着中国城镇化进程的加快，城市面临许多前所未有的挑战，越来越多的农民舍弃田地涌入城市，农村大量农田被废弃，城市人口密集，城市绿地面积被逐步吞噬，高密度超高层住宅林立，城市热岛效应加剧，生态环境遭到破坏，食品安全受到质疑，城市也变得冷冰冰没有生机。此时，屋顶农场作为快速城镇化的一剂良药同时解决了生态、社会、经济和美观几个问题，成为当下较为新颖的研究方向。目前就国内的研究情况来看，关于传统屋顶绿化的理论、实践和技术研究较为全面，而对屋顶农场的研究大多处于试验阶段，只在少数城市有所应用，实际指导建设的理论体系尚未形成。[1]因此，本文以数据和图表的形式对屋顶农场在国内的研究现状和存在的问题进行总结分析。

2　研究目的

城市人口密度的增长，土地资源的紧缺，绿地数量的剧降迫使我们不得不将绿化上升为垂直绿化阶段，而屋顶作为城市的消极空间，是对建筑屋顶灰色空间的充分利用。[2]而屋顶农场不仅仅是单纯将屋顶"变绿"，更多的意义在于它为人类营造了一种兼具"生产性""生活型""生态型"和"精神性"的风景园林地境。[3]本文通过总结前人的研究成果以期为中国未来屋顶农场的研究打下基础，并为实践工作提供借鉴。

3　研究方法

研究从中国知网和百度搜索网站搜集资料，采用关键词统计法，对与"屋顶农场"密切相关的例如"都市农业"、"空中农园"、"屋顶绿化"、"屋顶花园"、"屋顶菜园"几个词进行查找统计相关研究论文和成果，通过对不同关键词的搜索可以更加正确全面地对屋顶农场相关研究结果进行总结分析，并以图表的形式反映出当下研究现状，发现研究所存在的问题。

4　研究结果分析

4.1　相关关键词搜索结果分析

对"都市农业"、"空中农园"、"屋顶绿化"、"屋顶花园"、"屋顶菜园"5个关键词在中国知网和百度搜索网站进行检索。其中中国知网代表的是学术研究，百度搜索网站代表的是社会的关注度（表1）。

相关关键词搜索结果　表1

关键词	中国期刊全文数据库（篇）A	百度新闻（条）B	B/A
屋顶农场	2	510	255
都市农业	4950	288000	58.18

---

① 中央高校基本科研业务费资助，HUST；编号2014YQ018。

续表

关键词	中国期刊全文数据库（篇）A	百度新闻（条）B	B/A
屋顶绿化	3909	972000	248.66
屋顶花园	2415	1190000	492.75
屋顶菜园	4	12300	3075

图表数据结果反映出目前研究存在的几个问题：第一，关于屋顶农场、屋顶菜园等相关内容的研究严重不足，大大滞后于社会关注程度。第二，屋顶农场作为屋顶绿化的一种，远远没有屋顶花园的研究多，屋顶花园在屋顶绿化范围内研究所占的比例为61.7%，占绝大部分屋顶绿化的研究。第三，目前关于都市农业方面的专业研究较多，而对屋顶农场、屋顶菜园的研究甚少，相关的期刊论文不超过10篇，说明对屋顶农场的研究大大落后于对都市农业、屋顶花园和屋顶绿化的研究。

4.2 不同年份文献数量分析

在中国知网中选取"屋顶农场"一词分别作为全文、主题和关键词进行检索，统计近十年来相关论文的发表数量并总结分析（其中包括期刊论文、会议论文、学位论文等）。研究发现，通过关键词检索到关于屋顶农场的论文仅仅只有两篇，分别在2010年和2013年公开发表。然而用主题词和全文词进行搜索可以得到更多的数据信息。统计结果如下：第一，全文关于屋顶农场的文献数量从2004年至今总计有539条，研究成果呈持续上升趋势尤其在2012年开始有大幅度增加，此现象表明学者对屋顶农场日渐关注；第二，结果发现用屋顶农场作为关键词搜索出的屋顶农场相关文献仅仅只有两篇，说明侧重于屋顶农场的专业研究不多，大多是偏向屋顶绿化、都市农业景观等方面的研究（表2）。

不同年份发表的屋顶农场文献数量分析　　表2

年份	主题词（篇）	关键词（篇）	全文（篇）
2014	1	0	14
2013	7	1	146
2012	7	0	129
2011	4	0	62
2010	4	1	58
2009	3	0	32
2008	0	0	36
2007	2	0	17
2006	1	0	16
2005	0	0	12
2004	1	0	17
合计	26	2	539

注：2014年的结果截止至6月1号。

4.3 期刊文献杂志种类统计结果分析

文章对近十年来刊登杂志的种类进行归纳总结旨在对目前屋顶农场的研究相关领域进行总结统计，了解其他相关领域的学术发展，并以柱状图的形式对数据进行分析对比（图1）。

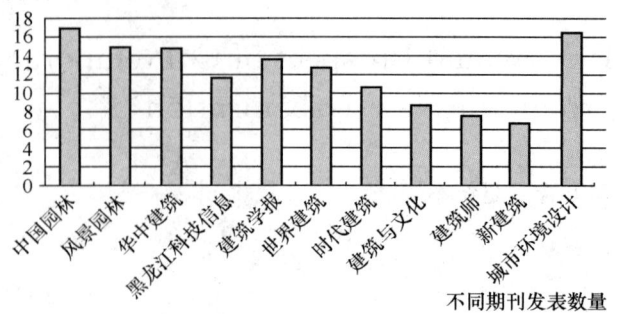

图1　不同年份期刊数量柱状图

图示结果表明：首先，刊登关于屋顶农场论文最多的杂志是《中国园林》和《城市·环境·设计》两类杂志，均为17篇。数据说明屋顶农场作为新型景观形式出现并被风景园林业界广泛关注，成为当下景观设计领域炙手可热的议题。此外，10篇以上的杂志有9类，占全部杂志数量的81%，其中，78%的杂志类型都是关于建筑方面的期刊（其中包括建筑领域的核心期刊），这反映出目前国内对屋顶农场的关注从建筑领域入手的还是占大多数，屋顶农场和建筑的结合较为密切，业界学者也就其产生的生态效益和景观功能进行研究。最后，还有少量是其他领域的期刊，但论文仅仅止于对屋顶农场的报道和对其形式的简介。

4.4 论文研究热点方向分析

4.4.1 案例研究

在屋顶农场研究方向中，具体案例的研究性论文不多。其中比较典型的是2013年朱胜萱和高宁在《风景园林》杂志上公开发表的《屋顶农场的意义及实践——以上海"天空菜园"系列为例》。[4]该文章主要针对上海"天空菜园"实践项目的设计手法、技术支撑、项目模式进行具体介绍和分析，"天空菜园"以一种低干扰的态度介入城市空间中，利用城市中最易得、争议最小、利用率较低的屋顶空间作为城市农业实践的开端。文章通过"天空菜园"系列屋顶农场的建设实例希望能够为我国城市农业的发展提供有益的借鉴。此外，对屋顶农场国内外案例研究比较具体的还有上海交通大学的高楠在《从"空中花园"到"空中菜园"——上海新型屋顶绿化设计研究》一文中对芝加哥盖瑞康莫尔屋顶花园（图2）蔬菜与花卉组合的案例进行介绍分析，[5]以期将上海的"空中菜园"以一种成熟和极具可推广性的模式发展至全国，从而进一步推进城市景观生态农业和城市休闲农业等领域的深入发展。此外，他在硕士论文《从"空中花园"到"空中菜园"的新型城市屋顶绿化设计研究》中进而对纽约"鹰街屋顶农场"（图3）进行了更深入的案例研究。[6]综上，对于屋顶农场案例研究的学术论文较少，相比之下，国内外竞赛作品较多，并且在国内许多城市都有小型屋顶农场的实际项目（图4、图5）。

图 2 芝加哥盖瑞康莫尔屋顶花园
（资料来源：www.asla.org）

图 3 纽约"鹰街房顶农场"
（资料来源：www.asla.org）

图 4 华中科技大学"南四楼屋顶农场"

图 5 "2030 年的挑战"竞赛获奖方案——"绿色收获计划"
（资料来源：刘烨，张玉坤．垂直农业建筑浅析——以绿色收获计划为例[J]．新建筑，2012（4））

4.4.2 系统理论研究

基于城市人口多，建筑密度高，城市可用的土地有限，这就使得我们从城市建筑的"第五立面"——屋顶来寻求出路，以屋顶农场作为缓解以上问题的途径，呈现出生机勃勃之势，前景广阔。[7]因此，大量学者从事这方面的研究，针对屋顶农场的内涵外延、基本范畴、实施的可行性和必要性入手，对其理论方面进行系统性研究，针对屋顶农场在城市建设中现状进行调查研究，分析其产生的必要性、优势和局限性，并总结屋顶农场的设计要点和使用的生态技术，其中包括对其社会、生态、经济意义的分析，关键技术的支撑和对未来屋顶农场发展的展望等等。此类文献大都从宏观上对屋顶农场进行全面正确的理解，以期为此探索出一条屋顶农场的可持续发展新道路。

4.4.3 设计管理方法探究

关于屋顶农场的设计方法研究的文献并不多，主要有王沂的《"空中农园"的设计和应用模式研究》。[8]文章就屋顶农场的荷载分析、基础结构设计、植物设计、技术化种植、节能环保技术应用等方面来对屋顶农场的设计进行研究叙述。此外，文章还根据建筑类型的不同，分类进行案例分析，此文对国内的屋顶农场建设起到借鉴作用。另外，刘烨和张玉坤的《垂直农业建筑浅析——以绿色收获计划为例》一文针对绿色建筑垂直农业的概念设计方案进行详细解析，阐明垂直农业对提高食品安全和降低城市碳排放起到的重要作用。[9]

5 研究的成就和问题

5.1 研究取得的成就

国内近十年来对屋顶农场的研究取得了较大成就，其表现为：（1）研究成果呈持续上升趋势，发展势头良好；（2）屋顶农场涉及到景观、建筑、生态、农业等多学科交叉，多科参与的优良的学科组合模式；（3）关于屋顶农场的新闻报道越来越多，反映社会群体对此新型景观模式的关注；（4）国内的实际案例逐渐增多，不再止于盲目抄袭国外模式，并且在一些大城市例如北京、上海均有优秀的实际项目作为榜样，对中国屋顶农场的健康发展都将起到巨大的作用。[10]

5.2 研究存在的问题

屋顶农场的研究在取得成绩的同时依然存在许多不足：（1）研究队伍小，所出论文数量太少，理论研究严重滞后于社会关注程度；（2）理论主要分布在屋顶绿化的下属研究中，并未形成完整体系，其开发也处于摸索阶段，发展暂不成熟。[11]（3）学位论文数量太少，没有受到相关院校的重视；（4）研究缺少量化手段，绝大多数论文以定性分析或介绍为主，少数进行量化研究的也缺少理论依据；（5）国内自发组织的屋顶农场实际案例很多，远远超出了研究性论文的数量，造成研究与实践比重严重失调。

6 研究展望

综上所述，屋顶农场在生态、经济、社会、景观方面都发挥着积极的效益，它将有效地缓解我国城镇化过程中所产生的矛盾，起到改善城市环境，协调城市与耕地关系的作用，具有实施的必要性。但我国屋顶农业研究的道路还处于探索阶段，需要业界学者一起努力，在原有的基础上探索出新的研究方向，使得屋顶农场在中国的发展更趋成熟与完善。展望未来中国的屋顶研究应该朝以下方向发展：（1）开拓的研究方向，例如探索更多可与屋顶农场相结合的建筑形式，探索更多新型种植技术，发掘更多可种植在屋顶的蔬菜品种；（2）已有的研究方向可进行更加深入的研究，例如屋顶农场存在的问题和现状，可以尝试用更多定量的手法进行分析研究；（3）研究应该结合实践，两者相辅相成，才能做出更多好的实际案例和研究。

参考文献

[1] 高楠. 从"空中花园"到"空中菜园"的新型城市屋顶绿化设计研究[M]. 上海：上海交通大学，2012.
[2] 朱胜萱，高宁. 屋顶农场的意义及实践——2 以上海"天空菜园"系列为例[J]. 风景园林，2013(3)：24-27.
[3] 杨锐. 论风景园林学发展脉络和特征——兼论21世纪初中国需要怎样的风景园林学[J]. 中国园林，2013(6)：6-9.
[4] 高楠. 从"空中花园"到"空中菜园"——上海新型屋顶绿化设计研究[J]. 艺术与设计（理论），2012(6)：89-91.
[5] 公超，薛晓飞. 浅析屋顶农业的必要性及可行性[C]//中国风景园林学会2013年会论文集（下册），2013：461-464.
[6] 廖妍珍. 我国屋顶农场的现状分析与关键技术研究[J]. 山西建筑，2010(12)：346-347.
[7] 陈雅珊，魏亮亮. 都市农场的可行性分析及设计手法初探[C]//武汉：中国风景园林学会2013年会论文集（上册），2013：301-304.
[8] 石言，苏军. 关于生产性景观在城市景观实践案例中的价值思考[J]. 四川建筑，2013(2)：51-53+55.
[9] 王加留. 发展屋顶农业是扩大城市绿地面积的捷径[J]. 中华建设，2012(4)：132-133.
[10] 罗艳红，李海燕. 我国低层建筑中屋顶菜园的研究现状[C]//：2011中国环境科学学会学术年会论文集（第四卷）. 乌鲁木齐，2011：3654-3657.
[11] 刘娟娟. 我国城市建成区都市农业可行性及策略研究[D]. 武汉：华中科技大学，2011.
[12] 王沂. "空中农园"的设计和应用模式研究[M]. 南京：南京林业大学，2013.
[13] 韩丽莹，王云才. 服务于城市花园景观的生物多样性设计[J]. 风景园林，2014(1)：53-58.
[14] 刘烨，张玉坤. 垂直农业建筑浅析——以绿色收获计划为例[J]. 新建筑，2012(4)：36-40.
[15] 艾学文. 屋顶农业大有潜力[J]. 中国土地，1994(12)：13.

作者简介

刘方馨，1991年6月出生，女，汉族，江西，华中科技大学建筑与城市规划学院在读研究生，研究方向为近现代园林历史与理论，Email：fancychat@163.com。

赵纪军，1976年6月，男，汉族，河北，博士，华中科技大学建筑与城市规划学院副教授，研究方向为近现代园林历史与理论，Email：land76@126.com。

低丘陵地区城镇化过程中滨河绿道策略
——以内江小青龙河绿道规划为例

Low Hilly Areas Riverfront Greenway Strategy in Urbanization Process
——Taking the Little Dragon River Greenway Plan of Neijiang as an Example

刘家琳　张建林

摘　要：在低丘陵地区削山造城建设的背景下，剖析了低丘陵地区城镇化过程中滨河地带开发的主要问题。以内江小青龙河绿道规划为例，从五个方面提出滨河绿道景观策略：（1）以土地综合弹性分析为依据划定绿道红线；（2）从城市整体土地增值角度出发控制绿道周边用地开发方式；（3）紧密结合低丘陵地貌特征进行景观布局；（4）增加雨洪管理蓄洪设施的布置；（5）考虑城镇化过程中多元化的乡土产业发展。

关键词：低丘陵地区；城镇化；滨河绿道；规划策略

Abstract: In the background of making city by cutting hills at Low hilly areas, this article analyzes the main problems of riverside development in urbanization process. Taking the Little Dragon River greenway plan of Neijiang as an example, the article puts forward greenway strategies from five aspect: (1) drawing the red line based on the Land comprehensive elastic degree; (2) controlling the development way of surrounding land use from the perspective of the overall land value increment; (3) arranging the landscape by combining with the feature of low hills landform; (4) Increasing the rain flood detention facilities layout; (5) considering the diversity local industry development in urbanization process.

Key words: Low Hilly Areas; Urbanization; Riverfront Greenway; Planning Strategies

1 前言

丘陵为海拔500m以下，相对高差在200m以内的地貌，其中相对高差在100m以内的称之为低丘陵。我国丘陵地貌占国土面积的1/10，人口却超过全国人口一半，丘陵地区的城镇化发展是实现新型城镇化的关键。其中低丘陵地区由于地貌可改造潜力较大，在城镇化过程中存在突出的生态景观问题。

（1）城镇扩张忽视低丘陵地貌原生生境。近年来，高速城镇化发展背景下，襄阳、台州、延安、兰州、十堰等城市掀起了如火如荼的"削山造城"建设。台州椒江区在城镇化进程中一度出现"遇山必移，逢水必填"现象。十堰城镇化开发将花费千亿削山15万亩，建成与目前城区同等规模的新城。兰州城镇化拟移山造城160km²，容纳200万人口。延安从2012年启动"上山建城"发展战略，通过"削山、填沟、造地、建城"，计划用10年整理出78.5km²的新城建设面积。在这场声势浩大的造城建设中，土地原有生态基质被大规模推翻，以短视经济利益为驱动的城镇扩张建设模式成为主导，作为乡愁记忆核心载体的山水生态基质迅速被钢筋水泥灰色基础设施取代。

（2）盲目的削山造城行为将引发一系列后续生态问题。地貌改造过程中，城市土地水文循环、土地承载力强度、山地生物生态系统均受严重干扰，将直接引发城市雨洪排放负担激增、水体污染、地基沉降、生境多样性锐减等问题。

（3）以景观为载体的人性行为的消逝。2013年中央城镇化会议提出"山水乡愁"的主题，强调城镇建设要让居民留住乡愁记忆，其本质即是尊重并延续与土地相关的人性行为。对低丘陵基质的大规模改造，不仅是对城镇化过程中乡愁记忆的表象掠夺，更是对以原生景观为载体的人性行为方式的掠夺。

在此背景下，2014年4月我们参与到川中典型低丘陵城市内江的城镇化建设规划中，着重对该地区滨河地带开发建设进行研究，探索在这一地貌特征下，城镇化过程中滨河地带景观规划策略。

2 低丘陵地区城镇化过程中滨河地带开发的主要问题

2.1 滨河绿带红线划定采用"一刀切"模式

在低丘陵地区削山填沟造城的大背景下，作为城市核心景观骨架的滨河绿带开发同样存在对丘陵地貌特质的忽略，绿带红线划定多采用"一刀切"模式。城市建设用地布局对河道两侧丘陵山脊线进行了生硬切割，地形

---

① 中央高校基本业务专项资金（编号SWU113059，编号XDJK2014C093）资助。

山头遭到破坏，地表动植物受到扰动，滨河景观风貌的完整性受损，且部分建设用地占据河道最佳观景地理位置，导致景观游憩价值大打折扣。河道单侧绿带宽度往往不变，面积局促，红线范围划定与丘陵肌理脱节，缺乏将土地生态安全条件分析作为划定红线的基础。

2.2 以短视经济利益为驱动的周边环境开发方式

周边环境开发往往以短视经济利益为目的，将丘陵地形平整后，河道两侧用地以高层居住、商业建筑开发为主，密集排布的建筑形成屏障，阻碍了滨河空间与城市内部区域的连通性，导致滨河地带作为城市开放空间的影响力减弱，河道景观仅成为少数群体的窗前景致。此外城市道路建设挤压甚至占用滨河带，导致某些城市河道周边山水地貌逐步演化为巨大尺度的混凝土基础设施。

上述开发模式没有真正挖掘滨河空间在城市层面的社会、经济价值。尽管河道沿岸的高强度开发能带来显著经济效益，但不合理的开发方式却使城市丧失了区域层面整体土地增值的机会。

2.3 滨河景观营造的同质化

对低丘陵地貌的忽视易导致景观营造与平原地区同质化，缺乏本土"山水乡愁"景观可识别特征。此外，与都市景观相比，城镇化过程中滨河原有风貌往往乡土气息浓郁，包含菜地、杂木林、旱地、果林、苗圃、水塘、居民点等肌理要素，而在开发过程中多缺乏对现状景观要素合理利用，以大量人工植物群落、草坪、硬质铺装场地覆盖现状肌理，易与纯粹的都市景观同质化。而现状的果林、苗圃、水塘、菜地是原有乡土产业的载体，同质化景观将造成城镇化建设与乡土产业发展的脱节。

3 低丘陵地区城镇化过程中绿道的实践价值

深圳、广州、成都等地的实践已经证明，在欧美应用较为成熟的绿道规划理念与开发技术，可以在中国城镇化过程中优化城镇一体的生态景观结构，促进社会和谐，推进长远的城市经济增长。针对低丘陵地区削山造城的粗暴行为以及滨河地带的开发问题，绿道可以保护并适度开发核心的山水生态景观骨架与人文资源，形成连续的基础设施体系。

尤为重要的是，绿道呈现的"保护性开发"特征，能够满足以原生生态景观为载体的人性行为的需求，从而真正使"山水乡愁"记忆得以延续。而"连通性"的特质有利于构建城乡一体化的基础设施系统，构建有机连接城镇乡村的生态介质，为城市人提供追溯"山水乡愁"的直接途径。

此外，绿道也是城镇开发中雨洪管理空间系统的核心要素。低丘陵地区的山丘河道生态基质，承载着土地自身良好的水文循环。削山造城方式极大改变了原有土地的渗透性能，导致地表径流量激增，引发潜在内涝风险。绿道对核心山水生态景观骨架的保护，为城市雨洪管理系统预留了地表径流受纳空间，尤其是滨河地带作为城市雨洪管理的终端系统，在消减地表径流量、控制径流水质层面发挥着关键价值。

4 低丘陵地区城镇化过程中滨河绿道策略——以内江小青龙河绿道为例

4.1 规划机遇与挑战

小青龙河绿道所在城市内江，以沱江河漫滩和阶地低丘陵地貌为主，平均海拔300—500m，起伏高差一般30—40m，丘陵、沟谷延绵不断，属于典型的川中丘陵地貌区。2013年内江市进行了新一轮城市总体规划，推进城镇化发展，预计2020年市域总人口434万人，城镇化率达57%。[1]为了兼顾城镇化过程中经济发展与宜居城市建设的双重使命，总体规划依附于七条河流与一条城市交通环线，初步构建了内江市绿道建设体系。

小青龙河绿道位于内江市高桥片区，此次规划范围内河道长12.8km，作为内江市绿道体系建设的关键段具备明显机遇优势。

4.1.1 区位优势——城市东部发展重要轴线

小青龙河是内江市除沱江外的第二大河流，激活城市南北纵向延伸，将滨河开放空间与城市东部形态发展有机嵌合，为高桥片区商业、居住用地增值带来巨大潜力。同时，该绿道包含了离主城最近的郊野游憩带，是城镇化发展中连通市区与城郊开放空间的纽带。

4.1.2 环境优势——与绿道开发相辅相成

河道两侧以商业、居住、教育设施用地为主，商务、生活、学术气息浓郁，该片区的城市发展功能定位势必为绿道的使用集聚大量人气，而绿道开发也为整个片区提供土地增值的机遇。

4.1.3 自然条件优势——河道原生性完整

小青龙河河道尚未硬化，河面宽度均匀，水流平稳，周边丘陵地貌特征与村镇自然景观风貌条件完好，为绿道开发提供了有利条件（图1）。

该项目的关键是如何利用区位、环境、自然优势，通过合理的景观策略，呈现出低丘陵地区城镇化过程中滨河绿道的社会、经济、生态价值，并应对一系列挑战问

图1 小青龙河现状

题：在总体规划基础上依据用地条件划定红线，并实现分层级的合理开发；从高桥片区整体土地增值角度出发控制绿道周边用地开发方式；考虑本土"山水乡愁"景观的营造；考虑河道水量与水质控制，进行雨洪管理；探索城镇化过程中多元产业发展与绿道开发的契合点。

4.2 规划目标

小青龙河绿道规划以自然丘陵山水景观为依托，本土诗画人文底蕴为灵魂，通过绿色基础设施建设，打造集康体休闲、生态景观保护、科普教育、产业发展为一体的城市绿道开放空间（图2）。具体目标包括：（1）规划具有典型川中丘陵特征、游憩运动体验丰富、"乡愁"景观风貌显著的风景游憩绿道；（2）体现典型的内江人文资源特征、乡土植物群落特征、寓教于乐的科普游憩绿道；（3）营造经济效益价值凸显、涵盖旅游产业、农业产业的经济型绿道；（4）成为内江市绿道体系建设的激活器，平衡城镇化开发与生态保护的矛盾，实现内江老城与新城的融合再生。

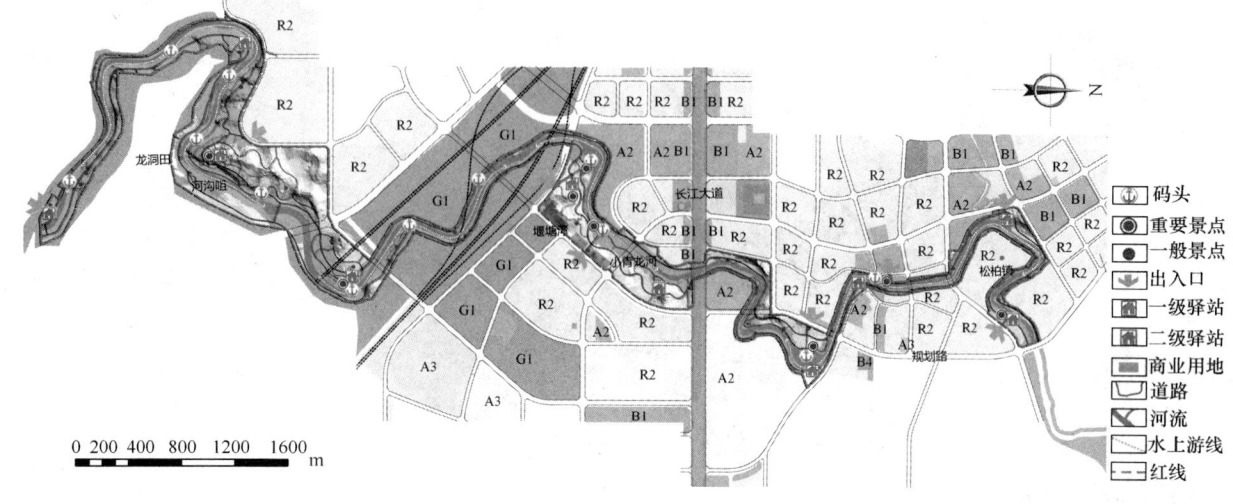

图2 小青龙河绿道概念规划总平面图

4.3 规划策略

4.3.1 以土地综合弹性度研究为依据划定红线范围

项目首要任务是在上位规划基础上确定绿道红线，利用Arc GIS 9.3软件对规划用地进行综合因子叠加分析，将土地、水文、生物、视觉、游憩等五个专项设为一级影响因子，在各一级影响因子中设二级影响因子（图3），设定相应的权重值，叠加生成土地综合弹性分级图（图4）。生成结果将弹性度分为9级，其中1—2为生态敏感性较低的区域，适宜开发建设；3—5为弹性用地区域，控制开发强度，基础设施建设满足基本交通功能；6—9为生态敏感性较高区域，进行原生生境的保护和修复。

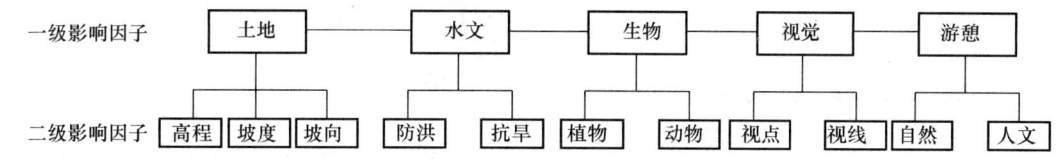

图3 土地综合弹性度分析影响因子

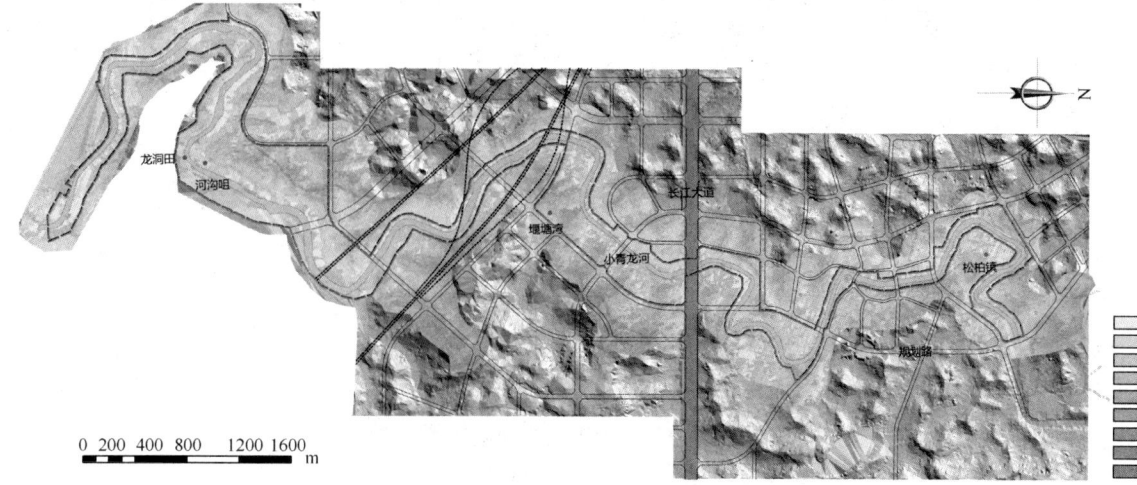

图4 土地综合弹性度分级图

红线划定的依据为，在规划城市用地及城市道路等限制条件基础上，包含河道附近生态敏感性高的区域及弹性用地区域，保证基本的生态安全控制底线。最终确定河道一侧最宽300—470m，涵盖关键的植被地貌生境斑块，最窄处受上位规划影响宽度不低于30m，满足基本防护功能。

4.3.2 严格控制绿道周边开发方式

（1）控制建筑布局与层高

绿道周边界定开发控制区域（图5），对建筑布局及层高提出要求。居住以低层、多层建筑为主，多层建筑高度控制在24m以内，沿河道垂直方向采用由低向高退台式空间序列布置。避免布置超长建筑连接体，相邻建筑间距不小于12m，保证绿道与城市内部的连通性。滨水建筑带每隔300—400m应设置一条通向绿道且宽度不小于15m的绿带。保留绿道周边生态敏感度较高的丘陵生境，实现山地开放空间的外延。选择生态敏感度较低的滨水区域设置低层商业服务设施。

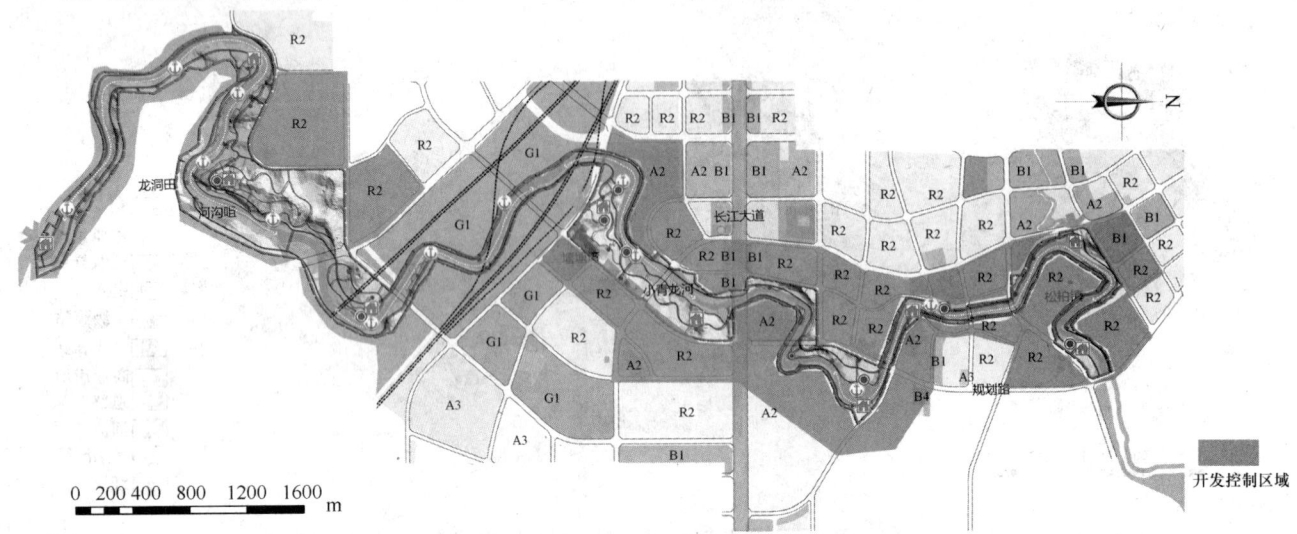

图5 绿道周边开发控制区域

（2）以水量控制为目标进行雨洪管理

为控制小青龙河道流量，避免河道侵蚀现象加重，绿道周边开发控制区应进行雨洪管理，要求建设用地开发前后地表径流量不增加。各居住、商业、学校用地规划时应建立相对完整的雨水径流控制系统。如居住用地中，结合宅旁绿地、道路绿地、公共绿地布置雨水花园、植草沟及调蓄水塘等设施，形成网状径流控制系统（图6），保证设计降雨量下开发控制区内的无外排入河道的雨水径流，维持河道自身原有的水文循环。

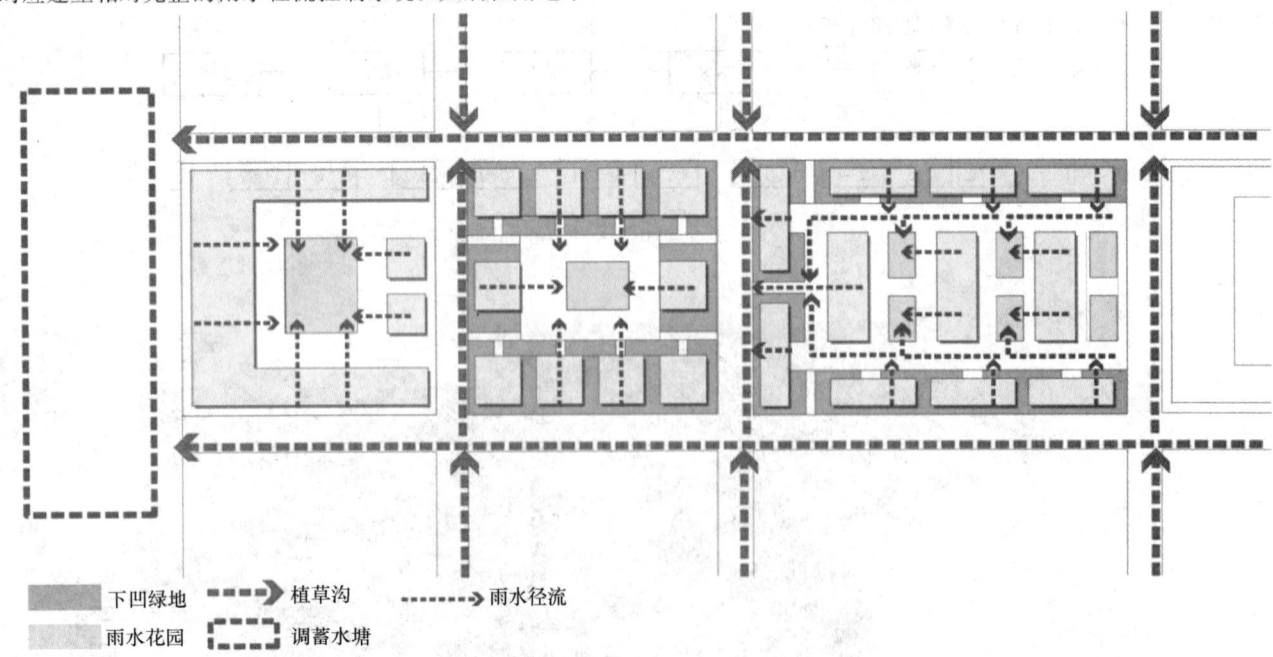

图6 周边居住用地雨洪管理系统示意图

4.3.3 充分利用地貌特征进行景观布局

（1）平行于河道建立三带景观廊道

规划结合地貌特征及周边用地性质进行"三带"景观廊道布局。红线外侧与城市用地连接部分布置缓冲带，宽度为20—100m的范围，涵盖了滨河关键的丘陵地貌生境，起到保护与隔离作用，确保景观风貌的完整性与原生价值。其次设置游憩带，位于河流消落带与缓冲带之间，作为主要的慢行系统通道，是构建道路场地基础设施的主要区域。湿地带位于游憩带以内，涵盖河道水域，营造丰富的亲水体验，全面提升河道景观。

（2）基于景观视域分析布局控制点

绿道景点的设置以景观视域分析为基础，充分考虑丘陵地貌对视域的影响（图7），包括两个层面。首先确定核心景观控制点即主要景点，对小青龙河现状进行视域分析，选择河湾、滨水缓坡、低丘陵的关键地段布局景点，间隔控制在150—200m左右，以保证绿道游憩体验的丰富度。依据地形及控制点确定视觉控制线，进行视域叠加分析。第二，确定视域范围，分析显示主要视域分布于沿河两岸200—400m区域内，保留该区域大部分杂木林、竹林，进行局部生境修复。最佳景观视域范围为沿河两岸50m内，保留沿岸枫杨林，进行整体林冠线规划。

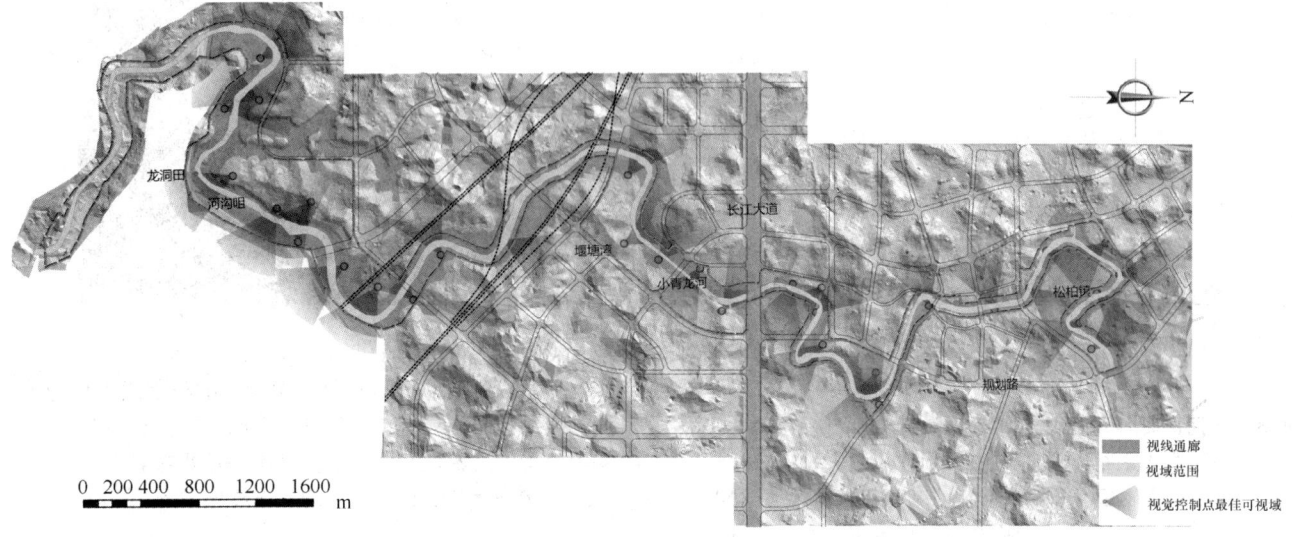

图7 景观视域分析图

（3）构建体验丰富的骑行道与游步道系统

绿道游线分为电瓶车道、骑步复合道和游步道三种等级（图8），依据河道宽窄进行布局，以慢行系统的亲水性为原则。开阔地段，骑步复合道紧邻河岸布局或局部与丘陵山地结合，增加骑行游憩的挑战性，游步道设置在滨水骑行道外，连接主要景点，车行道布置在游憩带外侧，避免对滨水区域的干扰（图9）。狭长地段、游步道滨水、车行骑行合并为复合道，离河岸控制8—10m，以保证绿道边界缓冲带的宽度（图10）。

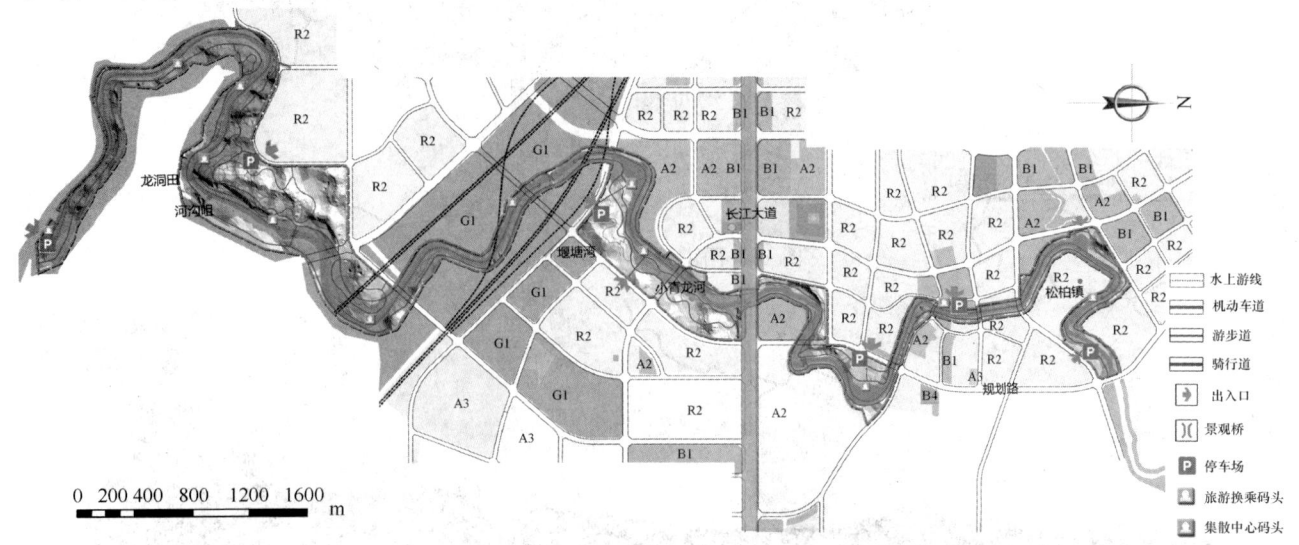

图8 交通系统规划图

图 9　开阔地段交通规划剖面图

图 10　狭长地段交通规划剖面图

4.3.4　河湾低洼地增加雨洪管理设施

雨洪管理层面，规划增加蓄洪设施（图 11），在河湾低洼地段设置湿塘，并与人工湿地结合布置。湿地面积大于湿塘总面积的 10%，以提升雨水受纳与水质净化能力。此外，用植草沟代替传统的排水管网，连接到湿塘与人工湿地，受纳上游地段外排地表径流，降低峰值流量，并对水质初步净化，避免对河道的二次污染（图 12）。

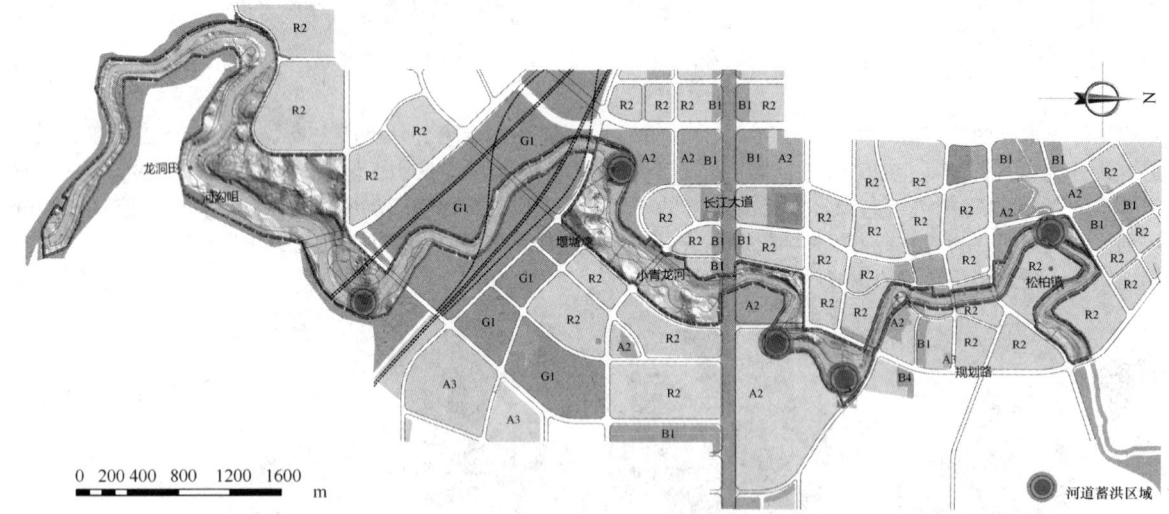

图 11　雨洪管理蓄洪规划图

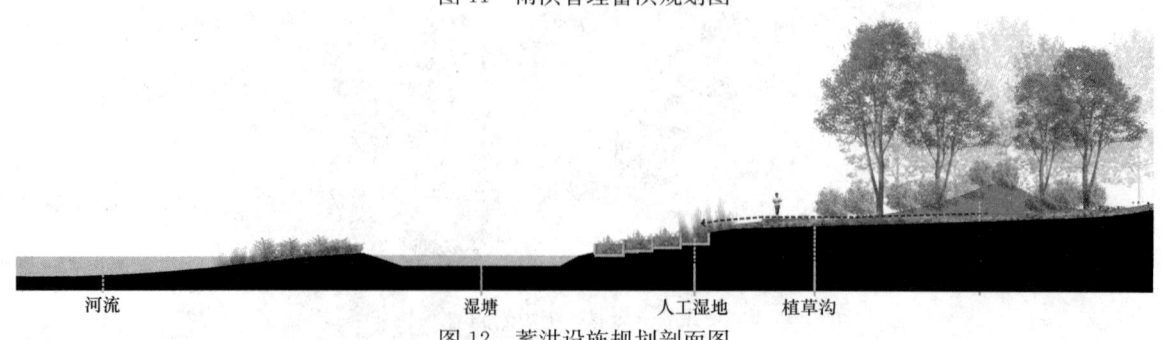

图 12　蓄洪设施规划剖面图

4.3.5 带动多元化产业发展

在现状果林基础上规划经果林,并突出内江甘蔗之乡的特征打造小型甘蔗培育基地,发展农业产业。利用现状苗圃、花田等用地规划花圃、菜圃,扩大原有苗圃规模,发展园林园艺产业。选择绿道中土地生态敏感度较低的区域设置滨水商业服务设施,发展餐饮业,新建商业文化街区面积 3.8hm²。通过发展多元产业发挥绿道的经济效益。

5 结语

本案对于探讨低丘陵地区新型城镇化与生态基础设施建设策略具有积极意义,对特定地貌条件下滨河地带开发的良性途径进行思考,归纳为五个方面:(1)以土地综合弹性度研究为依据划定绿道红线范围是规划的首要条件;(2)对绿道周边用地提出严格的开发控制方式,提升城市区域整体性的土地价值;(3)结合地貌特征进行"山水乡愁"景观营造;(4)从水量与水质控制层面进行滨河绿道雨洪管理;(5)考虑绿道的多元产业规划,发挥城镇化过程中绿道的经济价值。

注:文中未标注图纸全部引自《内江小青龙河绿道概念规划》文本。

参考文献

[1] 内江高桥区规划局. 内江市城市总体规划[R]. 2013.

作者简介

刘家琳,1986年2月生,女,汉,重庆人,博士,西南大学园艺园林学院园林系副主任,从事风景园林规划设计与理论研究 Email: liujialincq1986@qq.com。

张建林,1965年11月生,男,汉,四川中江人,副教授,西南大学园艺园林学院副院长,从事风景园林规划设计理论与实践研究。

生态友好型社区的规划与设计
——以北京后八家改造为例

Planning and Design of Eco-friendly Community
——Taking the Example of Houbajia Transformation

刘京一　李　倞

摘　要：社区作为城市的基层单元，在一定程度上反映了当前城镇化面临的矛盾和挑战。传统的粗放式社区规划与建设方式往往忽视社区与生态环境的关系，存在多种问题。本文探讨了生态友好型社区的概念与特点，认为景观基础设施策略是建设生态友好型社区的基本策略，并通过一个北京五环附近的城中村——后八家村改造的案例，进一步探讨生态友好型社区模式在规划与设计中的应用，同时对城市边缘地区城镇化模式进行反思。
关键词：生态友好型社区；新型城镇化；景观基础设施；雨水管理；城市农业

Abstract: As a basic unit of the city, community reflects the contradictions in urbanization in some way. Traditional extensive ways of planning and design usually ignore the relationship between community and ecological environment, so many problems arises. The paper explores the concept and characteristics of eco-friendly community with landscape infrastructure as the main strategy. Through a case-study of Houbajia near the 5th ring of Beijing, the application of eco-friendly community model and the ways of urbanization in the edge of the city are discussed.
Key words: Eco-friendly Community; New Pattern Urbanization; Landscape Infrastructure; Rainwater Management; Urban Agriculture

引言

随着我国城市化水平突飞猛进，城乡建设取得了巨大成就，城乡人居环境有了较大改善。然而，大量粗放的建设活动对城乡生态环境产生了严重的不良影响和破坏。

社区作为城市的基层单元，集中反映了当前城市建设所面临的各种矛盾和挑战。传统的粗放式社区规划与建设方式往往忽视社区与生态环境的关系，存在破坏自然环境，侵占土地资源，忽视社区绿色公共空间等问题；有些社区虽然进行了环境设计，但充斥着高成本、高养护的"如画式"景观，不恰当的社区规划与建筑设计导致能源效率低下；另外，在城市扩张过程中，对城市边缘衰败地区往往采用大拆大建的更新改造方式，无视城市文脉和经济社会运行原理。

今天的人们已经深刻认识到生态环境的重要性，同时逐渐意识到过去的社区建设方式带来的危害。在社区建设中，除了考虑经济利益、使用功能等因素，还应该注重其与自然生态系统的关系。

后八家村是位于北京市北五环附近的一个城中村。随着城市不断扩张，它和许多城市边缘地区一样，正面临着被"更新"的命运。本文从景观学角度，在尊重和延续其文脉的基础上，对社区的生态环境、肌理、基础设施、经济社会关系等多方面进行梳理与整合，尝试将其改造为一个生态友好型的后八家社区。

1　生态友好型社区的概念

从20世纪60年代末开始，伴随着石油危机和环境危机，人们开始反思原有的价值观念，生态理念广泛传播。

社区规划中注重生态的观点由来已久。伊恩·麦克哈格在《设计结合自然》（1969）中首次将生态的价值观带入城市设计与社区规划。1977年，维也纳召开的MBA（人与生物圈）国际协调理事会上，正式确认了"用综合生态方法研究城市系统及其他人类居住地"。在这种背景下，欧美国家相继出现了各种在生态价值观指导下进行社区规划的理论与实践，但至今人们对这种社区规划方式尚无明确、统一的称谓与定义。文献中常见的提法有生态社区（Eco-community）、可持续社区（Sustainable Community）、生态邻里（Ecological Neighborhood）以及生态住区（Eco-human Settlements）等。

本文认为的生态友好型社区是指以生态的价值观，运用景观方法，通过景观基础设施的构建，将自然生态过程与社区空间、功能相结合，从而发挥自然生态系统的服务功能，同时优化物质与能量的循环，减少资源、能源的消耗和碳排放，从而形成人与生态系统友好相处的社区系统。

2　生态友好型社区的特点

2.1　与自然融合

城市与自然之间并非是二元对立的，试图将人工环境与自然隔离并完全控制自然已经被证明是一种完全错误的做法。利用景观基础设施所具有的融合城市与自然的能力，通过合理的规划设计，使社区与自然之间有着密切的物质、能源的流动与循环，实现自然与社区之间的动态平衡关系是生态友好型社区的重要特点。

2.2 复杂系统性

生态友好型社区是一个包含自然、社会、经济等多个子系统的复杂系统，系统中的各子系统之间存在广泛的、多层次的联系并存在非线性的相互作用。传统的社区规划中，往往存在以经济为导向，忽略自然与社会子系统，或者将各个子系统单独考虑的问题，而生态友好型社区应作为一个复杂系统考虑。落实到空间层面上，即形成多层次叠加的景观生态网络，并发挥综合功能，形成社会—经济—自然相协调的复合网络系统。

2.3 广义的生态原则

表面上"绿色"的景观不一定都是生态的，生态也不仅局限于自然生态的层面，而是在自然、社会、经济等多个层面广泛运用生态原则。因此在景观中尊重自然演变与更新的规律，在规划中尽量保留原置、材料循环使用、功能交叉混合、高效节能、提升经济与社会价值等都是广义生态原则的体现。另外，生态友好型社区中的生态还体现在居民的生活方式上，而生态友好的生活方式不是单纯靠宣传口号而实现的，而是要通过一定的规划与设计进行引导和鼓励来实现的。在社区规划设计中，应注意采用高密度、高混合的规划方式，鼓励步行的交通系统，使用新能源、新技术与材料，注意建筑的保温隔热，尽量运用乡土植物，利用景观基础设施优化物质与能量的流动与循环方式，提高资源利用效率等。

3 生态友好型社区的景观策略

3.1 分散式雨水管理景观基础设施

水循环是自然界物质循环的重要组成部分，而目前的城市建设造成大面积不透水地面，阻断了雨水下渗补充地下水的重要过程。取而代之的是以工程手段，将雨水汇集后引入地下市政雨水管网，继而排入城市排水渠、河流或湖泊，从而将雨水迅速排离城市。人们逐渐意识到这种集中式的雨水基础设施存在许多问题，例如排水效率低下，易瘫痪造成内涝，雨水冲刷和雨污合流造成水体污染等。另一方面，城市在努力将大量雨水资源排离的同时，又在为城市用水紧张所困扰。

分散式雨水管理景观基础设施主张在城市内雨水汇集区域中就地设置小型的具有雨水渗透、净化、收集利用等以及多种综合使用功能的景观基础设施，它们构成独立运行、均衡分布的城市雨水景观基础设施系统。这种雨水管理方式具有尺度便于管理，避免二次污染，兼有景观综合功能等优点。

在生态友好型社区规划设计中可运用这种模式，结合社区绿地、道路、广场、建筑等构建相对独立的雨水管理景观基础设施，将自然界的水循环过程引入社区，从而提高生态环境质量，优化水循环，提高社区的雨洪应对能力，并发挥社区景观的综合功能。

3.2 城市社区农业景观基础设施

随着城市化水平不断推进，城市对食物的需求量不断增大，农产品运输的距离与成本不断增加，城市面临着巨大的食物供应压力。实际上，城市自身具有进行农业生产、自我服务的巨大潜力。将城市景观与农业生产结合，对城市生态、经济和社会系统进行整合，形成了城市农业景观基础设施这一新的发展模式。

在社区中，可充分利用社区绿地、住宅庭院等空间进行农业生产，并与社区生态和经济系统有机结合，例如用收集的雨水、净化再生水和生活垃圾堆肥进行农业生产，优化物质、能量的循环，从而体现生态价值；组织社区居民作为主要的农业生产者，可将生产与消费整合，振兴区域经济。同时城市社区农业景观基础设施具有更多社会功能，成为促进邻里关系，增强社区凝聚力的措施。

4 案例分析：北京后八家改造

后八家村隶属北京市海淀区东升乡，大致在西起圆明园，东到小月河，南临林大北路，北接清河的范围内，目前成为一个典型的城中村。历史上的后八家村村民与自然有着良好的共生关系，以清河为中心的水网建设使得农业生产非常繁荣。然而随着城市扩张，村庄正在被逐步蚕食：水渠被覆盖成为建设用地，原来的农田区域变成了现在的郊野公园。与此同时，村庄的多个区域已经历"更新"而变成了高层公寓住宅。

我们本次的规划设计区域位于后八家北端，面积约 $20.1hm^2$。场地毗邻清河、小月河，部分高架的北五环从地块中间穿过。该区域存在与周围环境缺少联系，低层居住建筑排布拥挤，开放空间缺失，环境恶劣，基础设施严重不足，暴雨时发生内涝等问题。另外，由于环境恶化、农田消失等原因导致居民的经济来源逐渐从农业生产转变为电子垃圾回收，不正规的垃圾处理方式造成生态环境进一步恶化，居民生活水平降低，形成恶性循环（图1、图2）。

4.1 构建雨水管理景观基础设施的网络

在区域尺度上，将滨河道路后退，让出滨河绿带，并以一条穿过社区中央的绿带连接南部郊野公园与北部滨河区域，从而将森林引入社区，建立森林与河流的联系，为野生动物迁徙提供通道。结合地形设计滞水池，在暴雨时吸收和容纳雨水。在中央绿带与滨河绿带连接处设计净水湿地，以便将过量的雨水净化后排入清河。在社区尺度上，构建以中部绿带为中心，呈鱼骨状发散的社区绿带，形成覆盖社区的绿带网络，在绿带网络中结合地形设计地表自然排水渠，从而将雨水汇入中央绿带。在组团尺度中，结合建筑排水系统设计屋顶花园与储水箱，起到缓冲、吸收和收集雨水的作用。

区位

现状分析

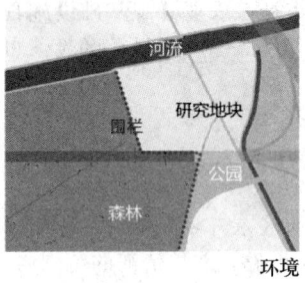
环境

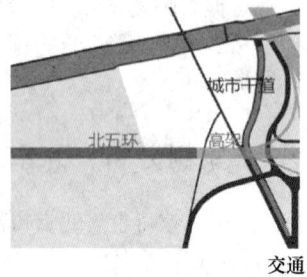
交通

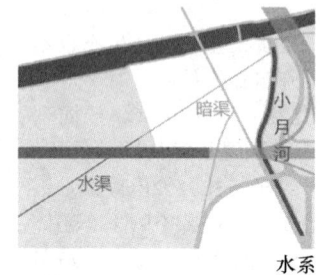
水系

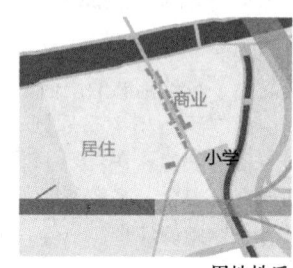
用地性质

图1　场地区位与现状分析

图2　改造方案

将区域、社区、组团三个尺度综合起来，就形成了完整的雨水管理景观基础设施的网络。与传统的市政排水系统相比，该网络更接近雨水的自然循环过程，具有更大的弹性，雨水在循环过程中经过蒸发、下渗、被植物吸收、净化，可被循环再利用。

形成了更加完善的社区绿色空间网络，滨河绿地、中央绿带、社区绿带结合组团绿地、运动场、带有购物中心的广场等，大大改善了社区的生态环境质量，为人们创造了游憩、运动、交往、集会等活动的空间（图3—图5）。

图3　社区与区域自然系统的融合

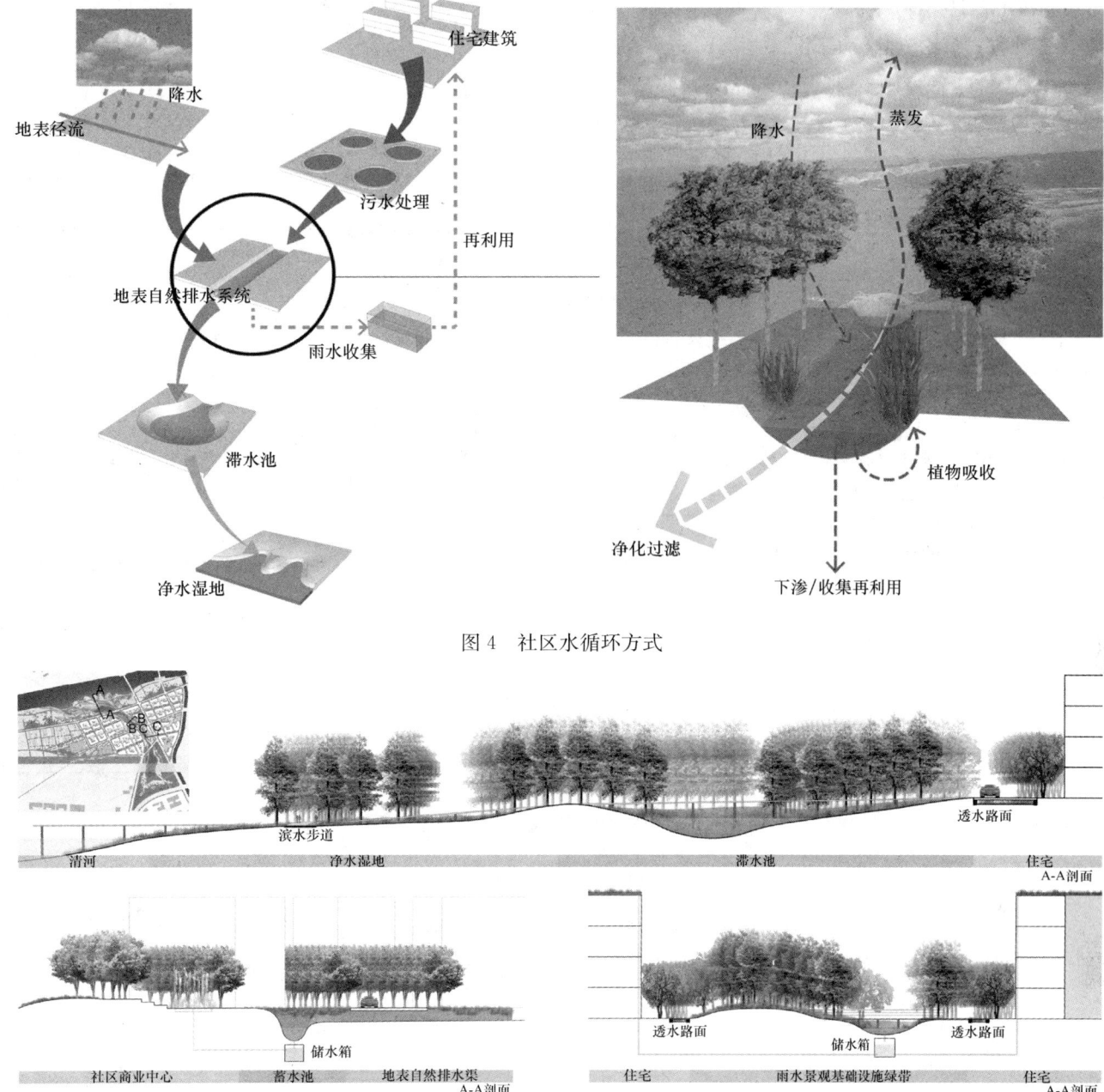

图4 社区水循环方式

图5 剖面图

4.2 通过城市农业基础设施振兴社区经济与邻里关系

昔日的水网给后八家村带来了农业的繁荣。从事农业生产、与土地共生是村民传统的生活方式。在城市化浪潮中，村民们失去了农田，转而从事电子垃圾回收。然而村民们采用的都是最简单的人工拆解方式，将不能回收利用的物质随意倾倒或焚烧，这在给当地的生态环境造成破坏的同时也并不能为居民带来多少收入。另外，后八家区域已经丧失了凝聚力，居民们开始梦想着离开这个地区，一旦经济状况允许，他们便会搬到城市其他地方，这种状况必须得到改变。

在此背景下，后八家地区特别适合利用城市社区农业模式进行改造。从事农业生产是这里的村民们传统的生活方式，村民们具备农业生产的技能，恢复农业生产也是对这片土地文脉的一种继承。然而，随着城市化的进程，旧的农业生产方式已经失去卷土重来的条件，于是城市农业基础设施模式为当前条件下的后八家社区改造提供了一种可能性。规划在社区西侧的一片利用率较低的土地上进行农业生产，并与雨水管理措施相结合，使用收集的雨水或净化再生水进行灌溉，利用社区生活垃圾进行堆肥，在农业生产的同时注重发挥综合生态功能，形成对生态友好的农业。

生产出的农产品除了供社区居民自己食用之外，还可以向社区内的餐饮业及附近居民出售，社区居民的主要收入来源便可从电子垃圾回收转向生态农业。另外，社区农场创造了一个公共参与的空间，共同劳动将社区居民紧密联系在一起，增强了社区凝聚力。最终，整个社区形成人、社会、自然和谐的有机系统。

4.3 多种方式节约资源与提高能效

在规划中，对原有格局进行最大限度的保留，减少拆除与建造的费用。将拆除所得到的建筑垃圾重新用于透水路面、驳岸等的建造，实现循环使用。通过建造4—5层高的新建筑提高密度，保留原有的居住与商业混合的格局，沿中央绿道两侧规划为底商建筑，并完善社区步行交通系统。通过规划设计减少小汽车的使用，从而实现节能减排。

在景观营造方面，采用低成本、低养护的乡土植物，避免华而不实的景观堆砌。与景观结合的地表自然排水方式具有简单、低技、经济等特点。

通过雨水管理和城市农业景观基础设施来改善物质与能量的循环方式，实现雨水和生活污水的净化再利用，生活垃圾的堆肥再利用等。利用屋顶花园的隔热降温功能减少室内能源的使用，利用太阳能电板解决一部分能源来源。

通过以上从设计阶段到使用阶段，从区域尺度到建筑尺度的多个方面的综合考虑，并通过规划与设计的引导，鼓励居民形成生态友好的生活方式，可以最大限度地实现节约资源与提高能效。

参考文献

[1] 杨锐. 景观都市主义的理论与实践探索[J]. 中国园林, 2009(10): 60-63.
[2] 李倞. 现代城市景观基础设施的设计思想和实践研究[D]. 北京: 北京林业大学, 2011: 9.
[3] 吕洁. 基于环境友好型社会的生态社区创建研究[D]. 济南: 山东师范大学, 2007: 13-14.
[4] 王向荣, 林菁. 现代景观的价值取向[J]. 中国园林, 2003, (4): 11.
[5] 李倞, 徐析. 城市分散式雨水管理景观基础设施[C]//中国风景园林学会2011年会论文集（下册），2011.

作者简介

刘京一，1989年12月生，男，汉族，江苏徐州，硕士，北京林业大学，风景园林设计与规划，Email: liujingyi891230@163.com。

李倞，1984年6月生，男，汉族，籍贯河北石家庄，博士，北京林业大学园林学院讲师，主要研究方向为景观基础设施。

"让城市慢下来"
——绿道可达性与使用者活动调查研究

"Let's Slow Down the City"
——The Access of Greenway and Investigation of User's Activity

刘 婧 秦 华

摘 要：当今发展的"绿色交通出行方式"是以步行和骑自行车为基础的锻炼和休闲，是最适度有益健康的活动方式。而绿道是指沿着诸如河滨、海岸、山脊线、历史道路等自然和人工走廊所建立的开放空间。[1]基于其本身特点，综合性绿道具有安全承载自行车和步行活动的小路、园路及自行车专用道的能力。本文将从使用者的角度出发，通过接近度计算、行为测绘及问卷调查的研究方法，调查研究绿道可达性与使用者活动程度的相互关系。通过总结与反思，希望能给日后珠三角绿道建设提供一定的理论基础。

关键词：绿道；使用者；可达性；活动程度

Abstract: Today the development of "green transportation modes" is built on cycling and walking exercise and recreation, but also the most modest way of wholesome activities. The greenway is the open space along the riverfront, such as natural and artificial corridors, coastal, ridge lines, roads and other established history. Based on its own characteristics, comprehensive greenways have become safe cycling and walking activities bearer paths, bike lanes road and potential. This paper from the perspective of the user, through the close relationship between the degree of calculation, behavior mapping and survey research methods, research greenway proximity to the user's level of activity. Through the summary and reflection, the hope can give the pearl river delta in the future the greenway construction to provide certain theoretical basis.

Key words: Greenway; User; Accessibility; Activity Level

1 绪论

1.1 研究背景

随着科技的进步，交通运输的便利，人们追求便利生活的愿望及能力与日俱增。过分地依赖当代的科学技术，快行交通系统发达，如：汽车、城际铁路、高速铁路等。城市的快速发展，对人们的心理和生理健康造成一定的负面影响，[2]开始提倡以步行、骑自行车为基础的锻炼和休闲的活动方式。因此，生活中需要人性化的空间尺度、强调行走的权利。这是人性的需求，更是城市良性发展的必然要求。[3]

1.2 相关概念

绿道是沿着诸如河滨、海岸、山脊线、历史道路等自然和人工走廊所建立的开放空间。[1]而综合性绿道有成为安全承载自行车和步行活动的小路、园路及自行车专用道的潜力。[4]骑自行车和步行作为基础的"绿色交通出行方式"，被证明是最适度有益健康的活动方式。[5]

1.3 研究目的及意义

作为绿地系统的重要组成，绿道本身的线形结构在城市建成区，被当作线形公园，其具有连接其他公园和绿地斑块来创造公园系统的潜力。[6]同时，绿道附近大量居住和工作的高密度人口都是绿道的使用者。

一些研究报道大多绿道的使用者喜欢选择离家较近的绿道，表明绿道可达性对使用者活动程度的引导性作用。[1]因此，绿道可达性和使用者活动程度的关系有着一定的研究价值和借鉴意义。

1.4 国内外研究进展

1.4.1 国内研究进展

国内对于绿道的研究，主要是对国外绿道发展的概括和总结，以探讨绿道在规划设计方面的问题及改进策略。对于绿道使用情况的调查，如活动时间、活动程度、活动频率等研究内容较少，多为使用后评估（POE）。仅有芦迪尝试用接近度计算、行为测绘和问卷调查的研究方法，以美国巴尔的摩市"TCB"绿道为例，探究绿道可达性和使用者活动程度的关联。[1]

1.4.2 国外研究进展

国外绿道的建设时间和发展建设较为久远，有着一定的研究基础。因此，对于绿道使用的研究相对比较系统和全面。林赛（Lindsey）调研了印第安纳波利斯的3条城市绿道，研究结果表明绿道周围居住区的特征对绿道的使用有显著影响。[4]库茨（Coutts）运用GIS模型分析了绿道的可达性对使用者活动程度的影响，研究表明步行和骑自行车到达绿道的距离对使用者的影响。[7]

2 项目概况

2.1 项目背景

本文的研究对象是位于新加坡加冷河沿岸的碧山—宏茂桥公园绿道。该项目建成于2012年6月，项目面积620000m²（包括3000m河道），为新加坡打造绿色城市基础设施的新篇章。[8]

20世纪60年代，由于经济的高速发展以及人口的急剧增加，新加坡面临干旱、洪涝、水污染等环境问题。1970年，大规模将天然河流系统转变成混凝土河道和排水渠系统，有效地排放雨水和防止洪涝灾害。[5]公园周围（包括加冷河河道在内）的混凝土河道和运河等也是为了缓解洪涝灾害而建。2006年，新加坡提出"活跃，优美，清洁——全民共享水资源（Active Beautiful Clean，简称ABC）"的宏伟计划，将国内最长的加冷河混凝土河道，改建成蜿蜒自然、覆盖着植物的自然河道。[8]与园内绿道融为一体，满足人们的功能和景观需求。体现蜿蜒的加冷河河道景观与公园的绿道系统从独立到融合的修复过程。

2.2 项目概况

本文选取园内靠近河道的一条绿道为研究对象，起始于碧山路（Bishan Road），途径蒙特路（Marymount Road），终止于上谭臣道（Upper Thomson Road），全长3000m（图1）。该绿道宽3m，表面为碎石子铺装，可容3辆自行车并排通行。该绿道周边用地情况较为单一，主要为大量的居民区和林地。提供周边居民日常活动的休闲场所，如：散步、跑步、骑自行车等多种活动项目。因此，接近度的合理设置对于绿道的使用者来说，显得尤为重要。

（底图引自Google地图）

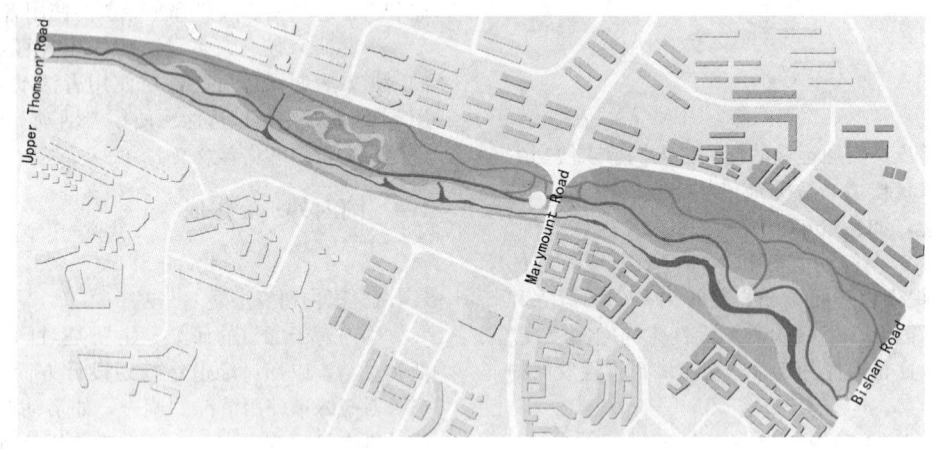

图1 碧山—宏茂桥公园绿道研究范围

2.3 研究方法

本文通过接近度计算、行为测绘及问卷调查的研究方法，以揭示绿道接近度与使用者活动程度之间的关系。

2.3.1 接近度计算

接近度是指由绿道的接入点在一定时间内可到达的人口密度决定的。而绿道"接入点"的概念被定义为如下两种：一是指绿道指定的停车区域；二是指可以步行进入绿道的小径与绿道的交叉点。[7]绿道的"接入点"与居住区的接近度计算主要是基于绿道使用者到达绿道所采取的不同交通方式，如步行、慢跑和骑自行车等。本文选取该绿道4个不等距离的"接入点"区域，其中包括3个停车区域的"接入点"和1个步行"接入点"区域。

同时，根据先前学者的研究结论，[7,9]花10min路程到达绿道被认为是合理的接近度时间，如步行800m，慢跑1200m或骑自行车2100m。本文将通过"接近度时间"来衡量绿道的可达性。[1]

2.3.2 行为测绘

行为测绘是一种系统的记录使用者位置和活动程度的方法,[1]能够准确地记录研究数据,并且有较强的可操作性,广泛应用于公园管理和旅游休闲等领域,在绿道方面行为测绘研究较少。测绘的基本程序将依据北卡罗来纳州立大学自然学习创新中心的"行为测绘方法2011"(Methodology for Behavior Mapping by Natural Learning Initiative,2011)进行。[1]运用行为测绘调查并记录下使用者的年龄、性别和活动种类,制定如下"行为测绘实验报告表"(表1)。

行为测绘实验报告　　　　表1

1	性别: A. 男性 B. 女性
2	年龄: A. 青年人 B. 中年人 C. 老年人
3	活动种类? A. 散步 B. 慢跑 C. 骑自行车 D. 其他
4	您通常花多少时间到达绿道? A. 10min以内 B. 10—20min C. 20min及以上

2.3.3 问卷调查

为了获得调查问卷,本人于2013年8月穿行于绿道的研究段进行调研。该问卷调查通过到达绿道合理的接近度时间,来区分接近度以内和接近度以外的人群。通过收集绿道使用者使用程度的相关内容,如活动种类、使用时段、使用时间等。同时,为了保证问卷能够覆盖到不同的使用人群,选择同一周内的2个工作日和1个周末的上午和下午同时进行问卷调查与行为测绘,共收回有效问卷240份。根据先前相关文献,制定如下"绿道使用程度问卷调查"(表2)。

绿道使用程度问卷调查　　　　表2

1	您使用绿道最多的时段? A. 早晨 B. 中午 C. 晚上
2.	您通常花多少时间在绿道上? A. 0.5h左右 B. 1h左右 C. 2h左右

续表

3	您通常花多少时间到达绿道? A. 10min以内 B. 10—20min C. 20min及以上
4	您使用绿道的频率? A. 每周3次或以上 B. 每周1次 C. 每月1次

3 研究结果与反思

从使用者的角度出发,运用行为测绘和问卷调查收集到的数据进行汇总(表3)。从总体上来看,接近度时间以内的使用者人数191人,大概是接近度时间以外使用者人数41人的5倍。

绿道使用情况汇总　　　　表3

		接近度以内的人数(<10min)/人	百分比%	接近度以内的人数(>10min)/人	百分比%	总计/人
人数		191	79.6	49	20.4	240
性别	男性	94	49.2	27	55.1	121
	女性	97	50.8	22	44.9	119
年龄	青年人	54	28.3	14	28.5	68
	中年人	103	53.9	27	55.1	130
	老年人	34	17.8	8	16.3	42
活动种类	散步	44	23.0	7	14.3	51
	慢跑	73	38.2	13	26.5	86
	骑自行车	68	35.6	27	55.1	95
	其他	6	3.2	2	4.1	8
使用时段	早晨	72	37.7	13	26.5	85
	中午	17	8.9	12	24.5	29
	晚上	102	53.4	24	49.0	126
使用时间	0.5h左右	91	47.6	5	10.2	96
	1h左右	78	40.9	15	30.6	93
	2h左右	22	11.5	29	59.2	51
使用频率	每周3次或以上	57	29.8	4	8.2	61
	每周1次	69	36.1	17	34.7	86
	每月1次	65	34.1	28	57.1	93

3.1 使用者的结构层次

3.1.1 性别结构

被调查的使用者性别构成结果显示:接近度时间以内的男性使用者94人,女性使用者97人(图2);接近度时间以外的男性使用者27人，女性使用者22人（图3）。

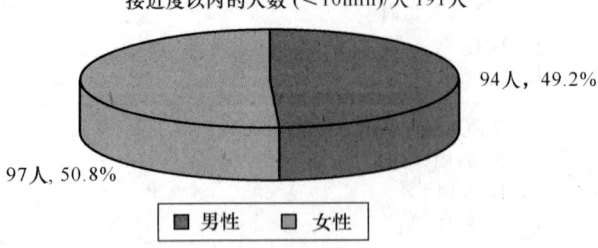

图2 接近度以内使用人数
（小于10min）的性别比例图

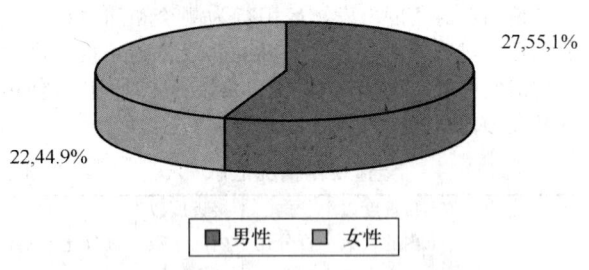

图3 接近度以外使用人数
（大于10min）的性别比例图

调查结果表明：接近度时间以内女性使用者的比例稍高，占所有人口的50.8%；在接近度时间以外则男性使用者的比例较高，占所有人口的55.1%。相比较接近度时间以内及以外性别结构呈使用人数基本一致（图4）。

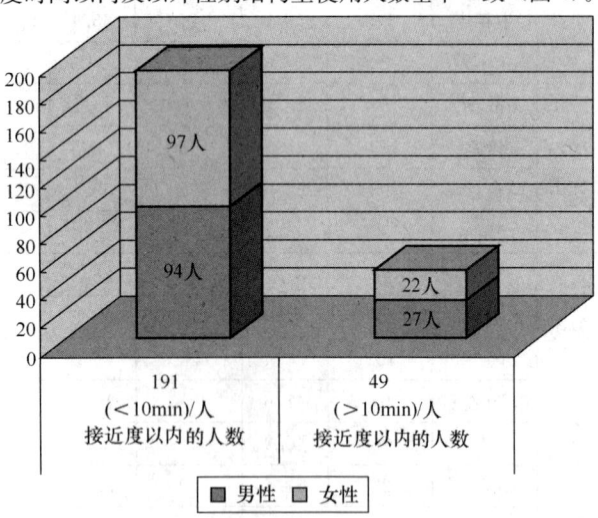

图4 接近度内、外的使用
人数的性别比较图

3.1.2 年龄结构

被调查的使用者年龄构成显示：接近度时间以内的青少年使用者54人，占接近度时间以内的28.3%。中年人使用者103人，占接近度时间以内的53.9%。老年人使用者34人，占接近度时间以内的17.8%（图5）；接近度时间以外的年龄构成：青少年使用者14人，占接近度时间以外的28.5%。中年人使用者27人，占55.1%。老年人使用者8人，占16.3%（图6）。

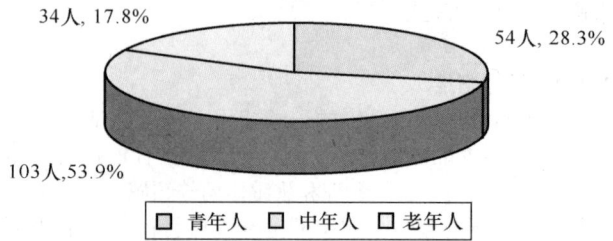

图5 接近度以内使用人数
（小于10min）的年龄比例图

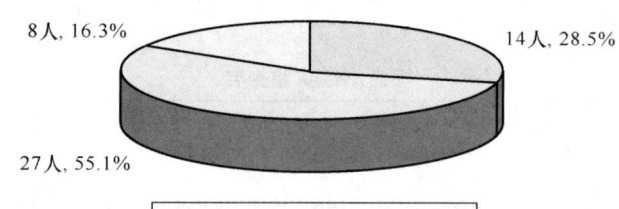

图6 接近度以外使用人数
（大于10min）的年龄比例图

调查结果表明：相比较接近度时间以内及以外年龄结构均呈基本持平状态，并且中年人都是该绿道的主要使用者（图7）。

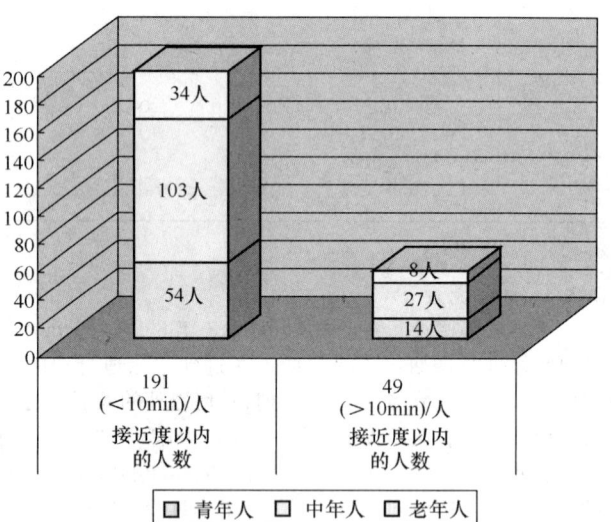

图7 接近度内、外的使用
人数的年龄比较图

3.2 使用者的活动种类

被调查绿道"活动种类"显示：接近度时间以内慢跑使用者以73人居多，占接近度时间以内使用者的38.2%。其次是骑自行车使用者68人，占35.6%。最后是散步使用者44人，占23.0%（图8）；而接近度时间以外的使用者则青睐骑自行车27人，占55.1%。慢跑和散步的使用者分别为13人和7人，百分比分别占26.5%和14.3%（图9）。

调查结果表明：绿道的接近度与使用者"距离"极为

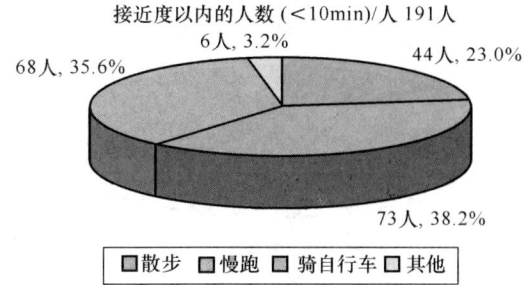

图8 接近度以内使用人数
（小于10min）的活动种类比例

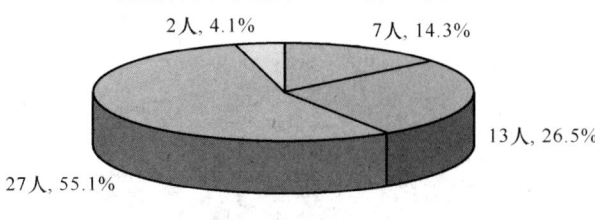

图9 接近度以外使用人数
（大于10min）的活动种类比例图

重要，如何在空间上把握和组织道路，是绿道系统规划的重点（图10）。

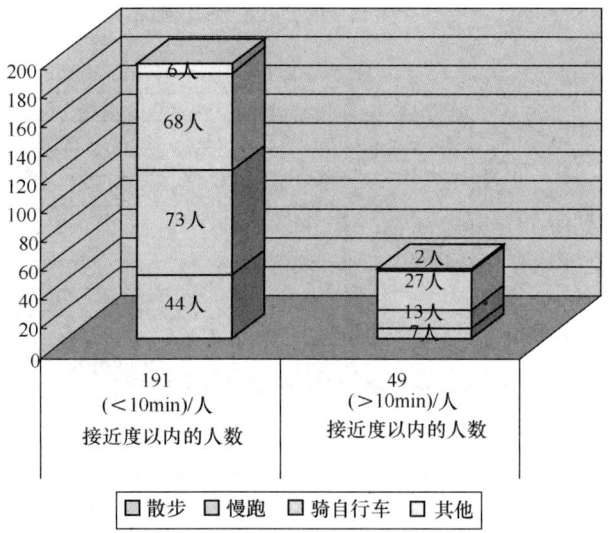

图10 接近度内、外的
使用人数的活动种类比较图

3.3 使用者的使用时段

被调查绿道"使用时段"显示：接近度时间以内早晨使用者72人，占接近度时间以内使用者的37.7%，中午使用者17人，占8.9%。而晚上时段使用者102人，占53.4%（图11）；接近度时间以外的使用者早晨、中午使用者分别是13人和12人，分别占接近度时间以外使用者的26.5%和24.5%，而晚上使用者24人，占49.0%（图12）。

调查结果表明：当地的热带雨林气候和绿道的地理位置都会影响使用时段的选择（图13）。

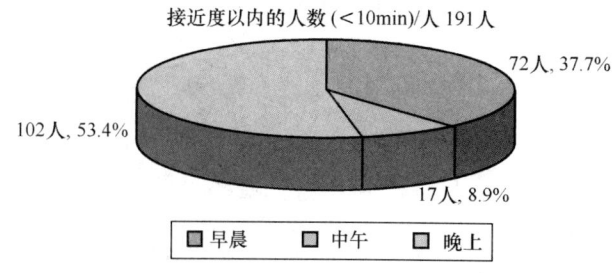

图11 接近度以内使用人数
（小于10min）的使用时段比例图

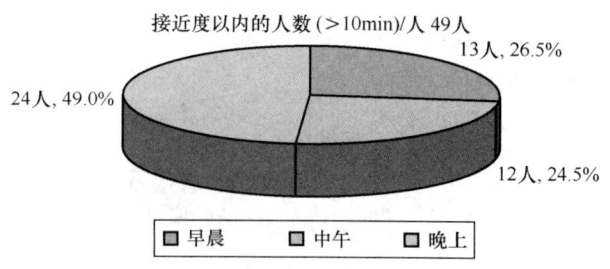

图12 接近度以外的使用人数
（大于10min）的使用时段比例图

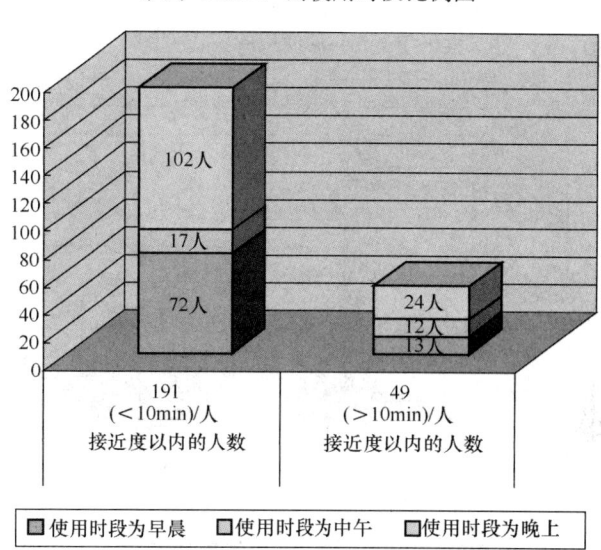

图13 接近度内、外的使用
人数的使用时段比较图

3.4 使用者的使用时间

被调查绿道"使用时间"显示：接近度时间以内的使用者91人，单次使用的时间在0.5h以内，占接近度时间以内的47.6%。单次使用时间在1h左右的使用者78人，占40.9%。仅仅有11.5%的使用者表示单次使用时间在2h左右（图14）；接近度时间以外的使用者则趋向于较长的单次使用时间，单次使用时间在2h左右的使用者29人，占59.2%。单次使用时间在1h左右的使用者15人，占30.6%。单次使用时间在0.5h的使用者5人，仅占使用者的10.2%（图15）。

调查结果表明：路程距离较远的绿道使用者比较在意单次使用的时间，他们的单次使用时间较长（图16）。

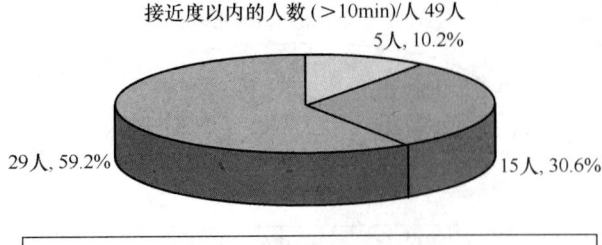

图14 接近度以内使用人数
（小于10min）的使用时间比例图

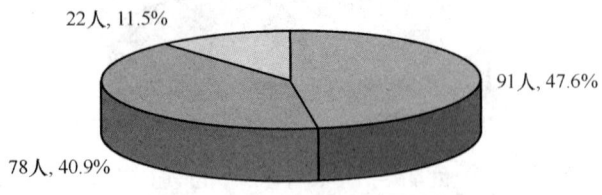

图15 接近度以外使用人数
（大于10min）的使用时间比例图

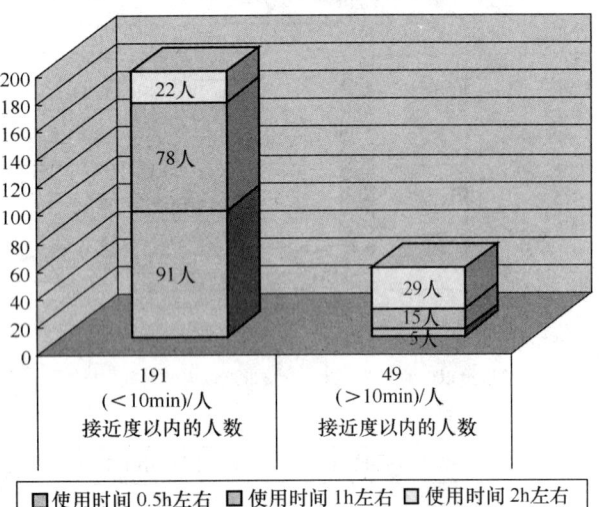

图16 接近度内、外的使用
人数的使用时间比较图

3.5 使用者的使用频率

被调查绿道"使用频率"显示：接近度时间以内的使用者每周使用3次或以上的使用者57人，占接近度时间以内使用者的29.8%。每周使用1次的使用者69人，占36.1%。每月使用1次的使用者65人，占34.1%（图17）；接近度时间以外的使用者，每月使用1次和每周使用1次的使用者分别是28人和17人，分别占接近度时间以外的使用者的57.1%和34.7%。很少的人4人，每周使用3次或以上占8.2%（图18）。

调查结果表明：绿道可达性的好坏直接影响绿道的使用次数，可达性不好的人群对于绿道的使用频率总体较低（图19）。

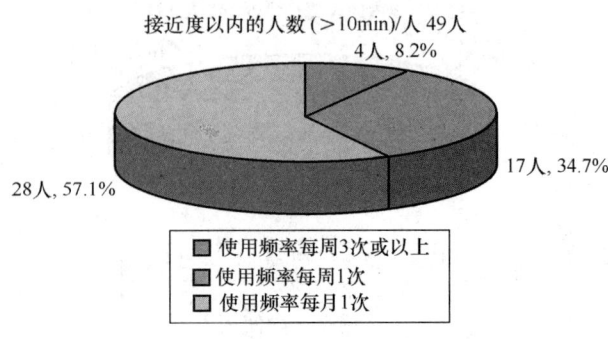

图17 接近度以内使用人数
（小于10min）的使用频率比例图

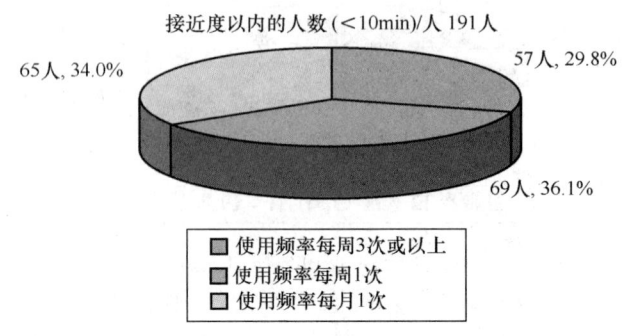

图18 接近度以外使用人数
（大于10min）的使用频率比例图

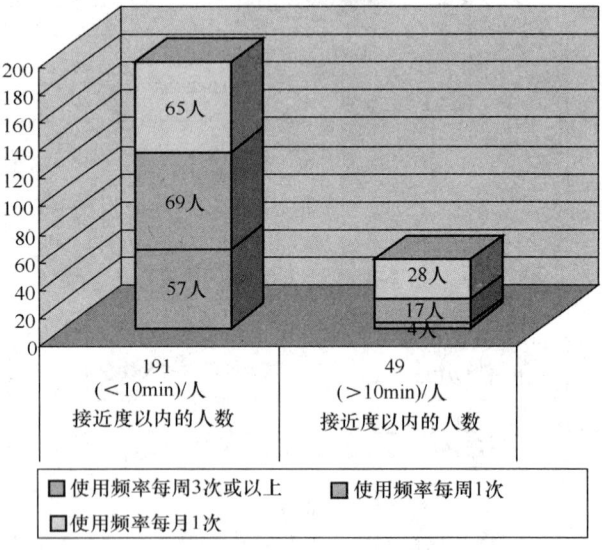

图19 接近度内、外的使用人数
的使用频率比较图

3.6 研究反思

通过调查研究，进一步证实绿道接近度与使用者活动程度的关系。初步得出结论：接近度时间较少的使用者往往使用绿道较为频繁，至少每周使用1次，但单次使用时间不长；而接近度时间较长的使用者则使用绿道不太频繁，每月使用1次，单次使用时间较长。因此，适宜的绿道可达性，可以保证使用者更好地使用绿道。

4 结语

本文通过研究新加坡碧山—宏茂桥公园绿道可达性和使用者活动程度的关系，介绍了调查绿道使用程度的方法。同时调查结果表明：较好的绿道可达性会直接影响人们对绿道使用程度的高低。

目前，我国珠江三角洲绿道网格还在基本成型阶段。[10]还有很多绿道仍在规划设计当中，希望此研究对未来绿道接入点的设计有所启示，寻求更好的中国绿道的未来发展方向。[11,12]通过绿道可达性与使用者活动程度的研究，为中国绿道的使用研究提供一定的理论基础。

参考文献

[1] 芦迪，芦建国. 探索绿道可达性和使用者活动程度的关联——以美国巴尔的摩市"TCB"绿道为例[J]. 中国园林，2013(7).
[2] Evans G W, Johansson G. Urban bus driving: An international arena for the study of occupational health psychology[J]. Journal of Occupational Health Psychology, 1998, 3(2): 99-108.
[3] 孙靓著，城市步行化——城市设计策略研究，南京：东南大学出版社，2011.
[4] Lindsey G. Use of Urban Greenways: insights from Indianapolis[J]. Landscape Urban Planning, 1999(45).
[5] (德)迪特尔·格劳. 加冷河—碧山宏茂桥公园[J]. 吕焕来译，孙峥校. 中国园林，2012, 28(10).
[6] 刘滨谊，张德顺，刘晖，戴睿. 城市绿色基础设施的研究与实践[J]. 中国园林，2013(3).
[7] Coutts C J. Greenway Accessibility and Physical Activity Behavior in Two Michigan Cities[D]. University of Michigan, 2006.
[8] 德国戴水道设计公司. 新加坡碧山宏茂桥公园与加冷河修复[N]. 中华建筑报，2013-06-04.
[9] Lindsey G, Drew J H S, Galloway S. A study of trails in 6 Indiana cities[R]. Indiana University, Eppley Institute for Parks and Public Lands, 2001.
[10] Sommer R, Sommer B. Mapping and trace measures[M]// A practical guide to behavior research: Tools and techniques. New York: Oxford University Press, 2002.
[11] 吴隽宇. 广东增城绿道系统使用后评价(POE)研究[J]. 中国园林，2011(4).
[12] 秦小萍，魏民. 中国绿道与美国Greenway的比较研究[J]. 中国园林，2013(4).

作者简介

刘婧，1990年2月生，女，汉族，山西太原人，硕士研究生，西南大学园艺园林学院，研究方向为园林植物造景设计与景观规划。

秦华，1962年7月生，男，汉族，重庆铜梁人，博士生导师，西南大学园艺园林学院教授，研究方向为园林植物造景设计与景观规划。

维护区域生态安全的途径：市域绿地系统规划研究[①]
——以常州市为例

The Way to Maintain Regional Ecological Security: Green Space System Planning Research in Administrative Region of a City
——A Study of Changzhou City

刘 颂　章舒雯

摘　要：在当前中国城镇化的关键时期，"新型城镇化"战略的提出为中国城镇的发展指明了方向。在这个背景下，如何在快速城镇化进程中维护区域的生态安全，以保证城镇健康有序的发展？本文试图从市域的层面出发，梳理传统城镇化带来的生态安全风险，以常州市市域绿地系统规划前期研究为例，提出通过市域绿地系统规划构建绿色生态网络，保护地域自然人文环境，维护区域生态安全。

关键词：新型城镇化；市域绿地系统；生态安全；生态网络

Abstract: In the current critical period of China's urbanization, the proposing of "new urbanization" strategy pointed out the direction for the development of china's cities and towns. In this context, how to maintain the ecological security of the region in the fast urbanization area to ensure the healthy development of cities and towns? This paper attempts to recognize the ecological security risks of traditional urbanization from the level of administrative region, and propose to build green ecological network through green space system planning in administrative region, to protect the regional environment and to maintaining the regional ecological security.

Key words: New Urbanization; Green Space System Planning Research in Administrative Region of a City; Ecological Security; Ecological Network

2011年，达到51.27%的城市化率标志着我国进入了以城市型社会为主体的新城市时代。但是，在我国的快速城镇化进程中，因为片面追求城市经济和社会的发展导致了一系列的问题：人口与资源环境矛盾加剧、城乡差距扩大、农村经济和环境负担加重等，这严重威胁着区域的生态安全。在这个背景下，党的十八大提出了"新型城镇化"的理念。相对于传统城镇化而言，"新型"城镇化需要由偏重数量规模增加转向注重质量内涵提升。[1]随后在2014年，政府出台了《国家新型城镇化发展规划（2014—2020年）》，规划中特别强调了"把生态文明理念全面融入城镇化进程……强化环境保护和生态修复，减少对自然的干扰和损害"。可见，生态安全问题已经成为了当前城镇化进程中不可忽视的一个问题。

在现行的规划体系当中，城市绿地系统规划承接着合理布局城市绿地结构的任务。然而，城市绿地系统规划是城市总体规划的专项规划，侧重于建成区范围内绿地的规划与管理。[2]对于大环境的生态安全问题则显得有些力不足。在这一情况下，如何进行统筹兼顾，站在区域的角度上对大范围的生态安全作出宏观把控？笔者在进行常州市绿地系统规划的前期研究中认识到，市域绿地系统规划从宏观区域层面出发，全面整合梳理整个区域范围内的问题并提供解决之道，是维护区域生态安全的重要途径。

1　当前城镇化带来的生态安全风险

改革开放以来，中国经历了人类历史上速度最快、规模最大的城镇化进程。在这个过程中，国家对于城市化的推进无论在观念上还是在实践上，都过于重视发展速度，轻视了发展质量。[3]一味地求快、求量，导致生态安全受到严重威胁。常州市作为长三角的平原城市，无可避免地成为快速城镇化中的先锋，而由此带来的问题也十分典型。

1.1　求数量忽视质量的决策风险

我国的城市绿地系统规划一直是立足于建成区并且侧重于绿地建设，各城市的发展也往往以数据为衡量手段，这导致绿地面积、绿地率等成为了城市发展追求的重点。然而，事实表明，仅仅依靠增加绿地数量，忽视自然生态结构的完整性和连续性的绿地建设并不能发挥绿地最大的生态效能；绿地与城市其他基础设施耦合关系弱，盲目"见缝插绿"更无法为城市和人类提供预期的生态效益；全力构建城市中的人工绿地系统而忽视对原有生态

[①] 国家自然科学基金资助，项目批准号：51378364。

环境的保护，则会使自然生态资源处于无人监管的状态，一旦受到破坏，往往是不可修复的。另外，一些城市的绿地建设片面追求绿化的形式，"森林式"、"花园式"盲目密植的做法不仅使得植物生存空间紧张，也使得城市的公共活动空间缺乏异质性、多样性，[1]造成资源的浪费和效率的低下。

1.2 态用地被蚕食的环境风险

在城市外围，大面积山体、水域、农田等构成城市的自然本底，是城市的生态源，同时这些区域也是生态最为敏感的地区，一旦受到干扰很难恢复。而在如今的一些城市建设中，由于经济利益的驱使，常常在郊区生态环境优良的地方大搞建设，使得自然湖泊、山林沦为建设用地。另一方面，基于我国快速城镇化阶段对占用近郊区耕地的超常压力，土地利用规划中的耕地保护范围通过规划修编或调整不断向远郊地区转移。这种放纵城市建设用地无序地"摊大饼"式的蔓延发展，在某种程度上加剧了我国城市扩张中较为普遍的交通拥挤、住区过密、生态环境受损、空间结构失衡等一系列负面问题的产生。

例如，常州处于长江河口的冲积平原，地势平坦广阔，土地资源的可用度较高。但中心城市不断地向周边农村地区梯度式扩展，生态用地不断被蚕食的情况尤为严重。以常州市西南部的滆湖为例，自 20 世纪 60 年代以来，滆湖周边湿地改造成农田的现象大量存在，由于城市扩张，城市建设用地不断逼近，导致滆湖湿地面积大幅度缩小，水域面积缩减了近 1/3。[4] 目前常州市现有的 30% 湿地正面临被填没的威胁，湿地面积正在以每年超过 1% 的速率递减。[5]

1.3 地域性文化丧失的同质风险

每个城市所处的环境都有自己独特的自然地理风貌，也有自己独特的人文地理气氛。然而在快速的城镇化中，部分城市贪大求洋，照搬照抄外国经验或大城市经验，造成了景观结构与所在区域的自然肌理相悖；很多历史遗迹被城市建设包围、侵占，甚至被"建设性"破坏，城市的人文特色得不到有效保护。另外在很多农村地区，照搬城市小区模式建设新农村的现象屡见不鲜，导致乡土特色和民俗文化的流失。

仍以常州市为例，常州是长三角地区的水网型城市，整个市域范围内水网密布，然而为了获取更多的建设用地，有些河道直接被填埋，原有的城市风貌被改变。在村镇建设的过程中很多人缺乏历史文化村镇保护的意识，把历史老镇当作新农村建设的改造重点，将石板街道浇成水泥路，将街后的河道填埋，使得历史资源纷纷成为城镇化的牺牲品。湖塘桥、雪堰桥、横山桥、戚墅堰、奔牛镇等地曾经是常州市历史上的经济、文化重镇，在 20 世纪 80 年代，这些地区的历史风貌还保存得较为完好，而如今，这些地方老街变成马路，弄堂变成新巷，[6]历史风韵一去不复返，取而代之的是千篇一律的"现代化"村镇。

2 新型城镇化背景下市域绿地系统规划的重点

2.1 提高市域绿地系统规划的地位

根据现行的规划管理体系，城市绿地系统规划是城市总体规划的专项规划，是对城市总体规划的深化和细化。然而，由于城市人口和用地规模都面临较大的增长，城市外部空间拓展迅速，城市发展面临着土地资源紧张的问题。在这种情况下，城市地方政府往往追求建设的数量和速度，造成城市用地规模过度扩张，城市用地粗放发展，结构不合理，导致原本就属于被动的、配套的城市的生态绿地空间不得不节节退让，其连续性和完整性得不到保障。因此，规划部门和国土部门需要站在市域的角度进行城乡统筹，将城市建成区内的绿地和市域范围内的生态用地统一在一个框架下，将绿地、林地、园地、耕地、滩涂和水域等用地，通盘纳入市域绿地系统规划体系，加强各类生态资源的总量、布局、结构、功能等等关键性要素的整合和统筹。将市域绿地系统规划作为城市总体规划的引导规划，或作为城市绿地系统规划的前期研究，提高市域绿地系统意识，维护生态底线，制止建设用地的无序蔓延，维护城市的生态安全。

2.2 基于区域视角的景观生态格局的把控

传统的绿地系统规划关注的是城市内部绿地的布局结构，没有充分从区域与城市生态安全的角度来构筑市域绿地的总体结构。区域的景观生态安全格局对城市的社会、生态、经济发展有着非常大的意义，它包括一些关键性的局部、点及位置关系，对维护和控制某种生态过程起着关键作用。[7]在市域的绿地系统规划中，应当重视整体景观生态格局的构建和维护，通过对生态本底的深入分析，对绿地系统的各个因子进行合理规划布局，使之成为一个有机的整体，提出能实现绿地系统自我生态发展并与人类活动相契合的规划策略，实现自然生态安全、经济生态安全和社会生态安全平衡的目标。

2.3 求质保量彰显地域特色

城市绿地不仅要求量，也要求质。这里的质不仅体现在追求生态价值或环境效应的最大化，也体现在追求社会经济价值的最大化。不仅要分析生态绿地空间形成与发展的结构、层次及规律，还应研究城市社会、经济结构的复杂性、多样性，充分挖掘、最大限度地发挥其在生态保育、休闲游憩、景观体验、文化创意、科普教育、安全避灾等方面的多样功能和整体效益。

另一方面，市域绿地系统应注重地域特色。尤其是在快速城镇化当中，对于尚有遗存的历史遗迹应当格外重视，通过为其划定缓冲区、营造绿色环境等方式避免其受到进一步的侵害。地域特色还体现在城市的自然肌理上，例如山地、水网、湖泊格局等，这不仅为绿地系统的构建提供了天然优势，也是一个城市独特的地理风貌，是城市的名片。这些骨架的完整性通常是在市域层面上体现出来，因此，市域绿地系统规划应当注重识别地理特征，保护并延续城市的地域特色。

3 构建区域生态安全格局——常州市市域绿地系统规划前期研究

3.1 常州市概况

常州市位于江苏省南部，属长江三角洲沿海经济开放区，北倚长江天堑，南濒太湖，东与无锡市相连，西与南京、镇江两市接壤，面积为1872km²。属于北亚热带海洋性气候，常年气候温和，雨量充沛，有利于动植物繁衍、生长。物种丰富，地带性植被为落叶阔叶与常绿阔叶混交林。地貌类型大部分为平坦，北为宁镇山脉尾部，中部和东部为宽广的平原，境内地势西南略高，东北略低。境内河道纵横交织，湖塘星罗棋布，统计大小河流约有2730条，总长度达2540多公里，河网密度达1.6km/km²，水系发达。全市境内市野郊外众多不规则的河塘和田地保留原有江南自然风貌，在历史上常州素有"水乡泽国"之称。

然而由于近代以来因为工业的发展，常州市水资源受到了严重污染，一些曾经作为饮用水水源的河湖丧失了其提供水源的功能（如京杭大运河、滆湖），河岸大部分已硬化；北部的横山和小黄山因为建设用地的扩张，保护不力导致山体部分被破坏，自然生境受到影响；整个范围内生物自然栖息地消失率达78%以上，现存的栖息地各个斑块之间的连通性较差，不利于物种的交流和繁衍。

常州市吴文化的发祥地之一，拥有距今3000多年历史的淹城遗址；京杭大运河穿城而过，历史上运河与城市共同繁荣，形成了城河相依，水、路、城并行的空间整体格局。除此之外，常州的历史城区内还分布着大量的历史街区、古典园林、名人故居等。总体来说，常州对于历史文化的重视程度较高，这使得文化遗产得以留存。但同时，市域范围内的历史城镇的保护情况则不容乐观，湖塘桥、雪堰桥、横山桥、戚墅堰、奔牛镇等地的历史风貌已经不再，目前仅有南部的杨桥历史文化街区保留下来。

3.2 构建生态安全格局战略

构建常州市绿色基础设施体系，在城乡范围内建设各类绿色生态空间，通过生态园区和生态廊道的有机结合，打破城市中生态岛屿孤立分散的现状，提高自然斑块之间的连通程度，使不同性质、不同规模的绿地构成一个有机结合的、能保持自然过程整体性和连续性的动态绿色网络，维护区域生态安全。

针对常州市域自然山体破坏、水体污染和生态用地被蚕食破碎化的现状，本研究提出护山、净水、建通廊的战略重点。护山：修复和保护山体自然景观及植被，特别加强分布零散、面积较小的"孤山"的保护和恢复，促进景观安全格局的优化和完善；净水：加强水源地保护，增强河流、水体的自净能力，促进河道的净化和美化；建通廊：保证山水廊道的连通性和完整性，保证能量流通顺畅。

3.3 基于耦合的绿色基础设施的析出

3.3.1 生态源的划定

生态源区是指在保持流域、区域生态平衡，防止和减轻自然灾害，具有重要生态服务功能和保护价值的，在维护区域生物多样性和生态安全等方面有重要作用的，依照规定程序划定，有明确界限，需要实施严格保护的自然地域，多为大面积水域或山体。[8]立足于整个市域的宏观层面，根据常州自然地理特征和生态环境现状，将常州市能够发挥生态平衡功能的生态源区划定为以下四处：太湖重要湿地与洪水调控区、横山—黄天荡丘陵湿地保护区、长江重要湿地与饮用水源地、滆湖重要湿地保护区（图1）。这些生态源区皆位于常州市市区外围，除太湖已受到重视之外，其他生态源区都未得到有效的保护，特别是横山—黄天荡丘陵湿地保护区，受到人类活动干扰严重。

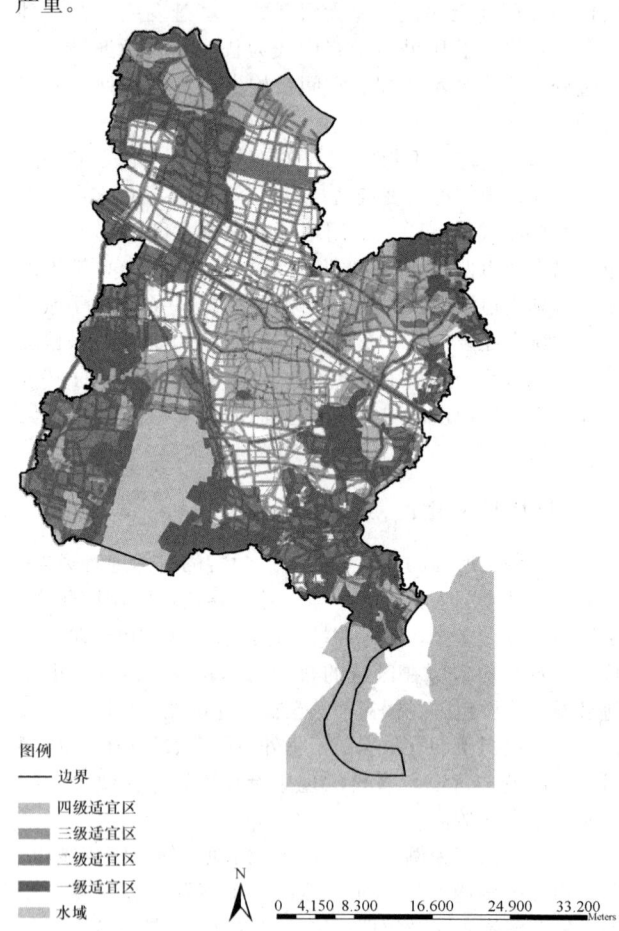

图例
— 边界
　 四级适宜区
　 三级适宜区
　 二级适宜区
　 一级适宜区
　 水域

图1 绿地与多因子耦合加权分析图

生态源区的保护应当加强植被群落的恢复，加强生物多样性的保育，严格控制区域内的三产开发，积极引导发展生态旅游。依面积大小为湿地、山体划定不同宽度的缓冲带，以缓解人类活动的干扰。

3.3.2 基于耦合的生态廊道的选择

生态廊道指从生态系统的服务功能出发，在城市中建设互相交错的绿化走廊，它们将起到过滤污染物，防止水土流失、防风固沙、调控洪水、保护物种多样性等生态维护作用。生态廊道应保持一定的规模，形成一定的生物群落，其要求远远高于普通的城市绿化带。生态廊道的开辟，将缓解城市的热岛效应，大大降低噪声，改善空气质量，并为生态保护区内的动植物提供安全迁移廊道，从而大大保护城市生物的多样化。建立生态廊道是景观生态规划的重要方法，是解决当前人类剧烈活动造成的景观破碎化以及随之而来的众多环境问题的重要措施。

构建生态廊道的核心思想是改变"见缝插绿"、盲目增绿，造成绿地破碎度加大的传统做法，[9] 整合绿地系统的各个因子，使其更好地发挥恢复自然、整体维护城市生态系统的功能。

研究表明，城市绿地的布局具有典型的镶嵌性、伴生性和动态性，这就是城市绿地与其他用地空间的耦合性。绿地与城市空间的耦合使绿地空间域城市空间相互支持，并通过相互之间的作用使协同效益最大化。因此在本研究中，通过将绿地空间与城市空间进行耦合，建立生态廊道，以完成区域生态网络的构建。

耦合要素的选择：考虑到城市中其他基础设施以及社会、经济因素，选择河流、道路、市政设施（燃气管线、高压走廊等）历史街区作为绿地空间的耦合对象构建生态廊道。

河流本身就是天然的带状生态空间，绿地系统规划应重视对河流原生环境的保护，在自然生态资源的基础上划定缓冲区，一方面保护自然生态环境，另一方面借助原有的动植物群落优化绿地的质量。特别是对于具有水网城市特色的常州市来说，河道是地域风貌的体现，应当在城市建设当中更加受到重视。

道路与市政设施需要一定宽度的防护绿地，以满足城市对卫生、隔离、安全的要求。道路与市政设施是城市当中最基础的设施，在城市当中分布均衡，因此，该类型的带状防护绿地是生态廊道很好的基础。在该廊道的营建中，应避免"森林式"的盲目密植，应注重加强植物群落的营造，为物种的交流和沟通奠定基础。

历史街区和历史遗迹是常州市历史文化的体现，在生态廊道的构建中考虑历史因子，不仅能够为历史遗迹提供绿色保护屏障，也为绿地增添了文化色彩，赋予生态廊道更多的历史内涵，成为常州市的特色空间，彰显绿地的地域特色。

确定耦合要素之后，本研究采用 GIS 的缓冲区分析方法和叠加分析法获取以被耦合对象为中心，达到综合效应最优时对绿地需求的宽度或半径，以此实现绿地的耦合边界的确定。分析获得绿地适宜性区域如图 2 所示。

根据常州市自然社会条件、城市空间布局规划综合 GIS 的分析结果，以自然山水为生态源头，以农田湿地为生态基底，以水网路网为生态廊道，以公园绿地为生态节点，形成四源、四区、四廊、多园①的常州绿色基础

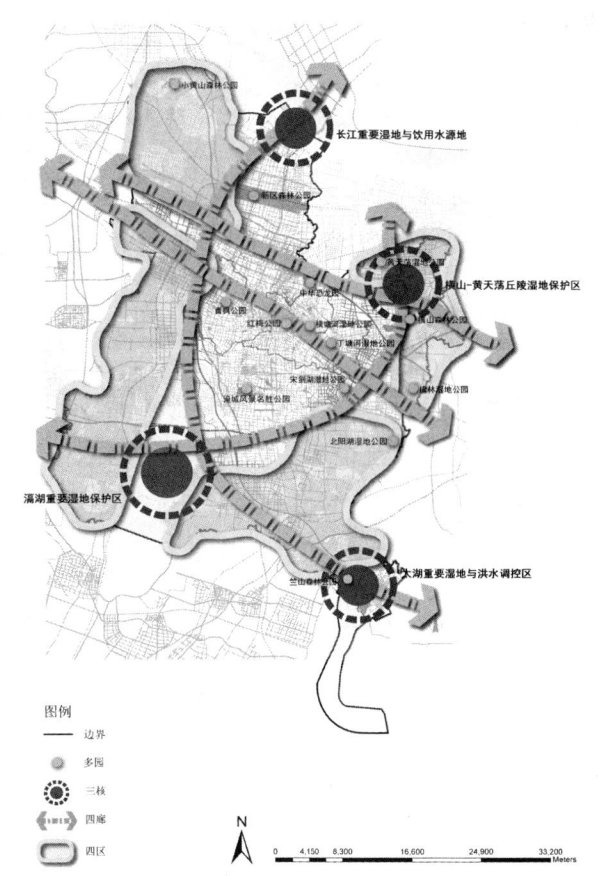

图 2 常州市绿地系统结构图

设施体系，如图 1 所示。建立各级城乡绿道与河流、公园、湿地、林地、农田和各类绿地有机连接的生态绿地网络，创造优美的人居环境和发展环境，构建城景相融、田园相连、山水相依的新型城乡形态。

4 结语

在城镇化发展的新时期，区域生态安全作为城市发展的保障已经越来越受到多方面的重视。市域绿地系统规划立足于区域层面，通过构建生态网络，保证整体性、连续性的生态过程，在地域自然环境的修复和保护、城市生态安全的维护上具有重要意义。

然而，本文仅仅对市域生态网络构建进行了初步探讨。目前市域绿地系统规划仍然缺乏编制的依据，而且非建成区绿地的土地权属问题，以及城乡土地流转过程中的土地利益纷争问题等，都使得规划实施面临着诸多难题。因此，如何把握规划的控制力度，如何明确规划落实和管理的主体等问题仍需要进一步研究和探讨。

---

① 四源：太湖、长江、滆湖、黄天荡生态源。
四区：新北基本农田集中区、武西基本农田集中区、武东基本农田集中区、武南基本农田集中区。
四廊：长江—滆湖—太湖生态廊道、京杭大运河文化廊道、京沪高铁防护廊道、滆湖—宋剑湖、横山桥—黄天荡休闲廊道。
多园：小黄山森林公园、横山森林公园、竺山森林公园、新区森林公园、宋剑湖湿地公园、黄天荡湿地公园、北阳湖湿地公园、横林横林湿地公园、横塘河湿地公园、丁塘河湿地公园、淹城风景名胜公园、玫瑰湖郊野公园、红梅公园、青枫公园、中华恐龙园。

参考文献

[1] 刘纯青. 新型城镇化背景下风景园林建设问题之管窥[J]. 风景园林, 2011(04): 159.

[2] 殷柏慧. 城乡一体化视野下的市域绿地系统规划[J]. 中国园林, 2013(11): 76-79.

[3] 胡际权. 中国新型城镇化发展研究[D]. 重庆: 西南农业大学, 2005.

[4] 石宇熙. 常州滆湖湿地的保护与利用[J]. 水科学与工程技术, 2012(04): 19-21.

[5] 赵九茹, 董云杰, 李卓. 常州市湿地现状与保护对策[J]. 现代农业科技, 2011(13): 293-294.

[6] 常州市人大常委会教科文卫, 环资城建工作委员会. 关于我市历史文化古镇古村保护情况的调查报告[EB/OL]. http://www.czrd.gov.cn/news/diaochayanjiu/2009/0804/928.shtml.

[7] 胡云. 基于景观生态安全格局的武汉市绿地系统规划研究[D]. 武汉: 华中科技大学, 2007.

[8] 曹玉红, 曹卫东, 吴威等. 基于自然生态约束空间差异的区域生态安全格局构建[J]. 水土保持通报, 2008(01): 106-109.

[9] 刘颂, 刘滨谊, 邬秉左. 构筑无锡市城市生态走廊网络——无锡市绿地系统规划研究[C]//上海市风景园林学会论文集, 2005.

作者简介

刘颂, 1968年生, 女, 汉族, 福建武平人, 博士, 同济大学建筑与城市规划学院景观学系、高密度人居环境生态与节能教育部重点实验室教授, 博士生导师, 研究方向为城市绿地系统规划, 景观规划设计及其技术方法, Email: liusong5@tongji.edu.cn。

章舒雯, 1989年生, 女, 汉族, 安徽绩溪人, 同济大学建筑与城市规划学院在读硕士研究生。

景观生态学指导下的资源型城市的绿地布局模式研究
——以迁安市绿地系统规划为例

Research on Green Space Pattern of Resource-based Cities Under the Guidance of Landscape Ecology
——Take QianAn Green Space System Planning for Example

刘 玮 李 雄

摘 要：资源型城市通常依托于自然资源发展，以资源开采、初级加工为支柱产业。过于依赖自然资源和单一的产业结构导致资源型城市面临严重的环境问题。合理的绿地布局模式是资源型城市可持续发展的关键。以迁安市绿地系统规划为典型范例，结合景观生态学的相关理论，通过资源型城市绿地系统规划实践的探索，提出一种有效可行的绿地布局模式，来构建与自然、文化紧密集合的绿色基底，贯穿城市的生态廊道，以及公园为主体的绿色斑块，为类似资源型城市的可持续发展提供参考。

关键词：资源型城市；景观生态学；绿地布局模式

Abstract: The development of resource-based cities usually relies on natural resource. Resource extraction and primary processing usually appear to be the pillar industry of the city. Over-dependency on natural resources and the single industrial structure would lead to serious environmental problems. Rational green space pattern is the key to the sustainable development of resource-based cities. Take QianAn green space system planning for example, we put forward an effective and feasible green space pattern by the practice of the green space system planning of the Resource-based cities based on the relevant theory of landscape ecology. We could build the green matrix closely connected to nature and culture, the ecological corridor throughout the city, as well as the green patch composed of parks so as to provide reference for the green space planning of resource-based cities in China.

Key words: Resource-based City; Landscape Ecology; Green Space Pattern

1 资源型城市规划研究背景

资源型城市（Resource Based City）是我国重要的城市类型，一般指依托于矿产资源、森林资源等自然资源，并以资源的开采和初加工为支柱产业的具有专业性职能的城市，相近的概念有矿业城市（Mining City）、工矿城市（Industrial and Mining City）等。目前我国共有资源型城市118座，占全国城市总数的18%，其中特征明显的典型资源型城市60座。[1]

我国资源型城市存在的问题主要有：（1）产业过分依赖于资源，经济发展局限性较大；（2）生态环境脆弱，景观结构单一；（3）城市布局由于随资源开发就近建设而过于分散，导致城市建设布局不合理。

德国莱茵—鲁尔区作为资源型城市绿地规划的经典案例，有很多值得借鉴之处。莱茵—鲁尔区结合当地现有的农林用地在城市中心规划了"链状绿地"，在阻隔工业区空气污染的同时，为市民提供游憩休闲的绿色公共空间。

对于资源型城市来说，城市绿地系统的建设状况影响着城市的可持续发展，决定了城市的生态功能，并且制约着资源型城市的转型。

2 景观生态学的原理

景观生态学是研究和改善空间格局与生态和社会经济过程相互关系的整合性交叉科学。它的一个最近基本假设是空间格局对过程（物流、能流、信息流）具有重要影响，而过程也会创造、改变和维持空间格局。因此景观格局的优化问题在理论和实际上都有重要意义。格局的优化包括土地利用格局的优化、景观管理、景观规划与设计的优化。

Forman 和 Godron（1981，1986）在观察和比较各种不同景观的基础上，认为组成景观的结构单元不外乎3种：斑块（Patch）、廊道（Corridor）和基底（Matrix）。斑块泛指与周围环境在外貌或性质上不同，并具有一定内部均质性的空间单元。廊道是只景观中与相邻两边环境不同的线性或带状结构。基底则是指景观中分布最广、连续性最大的背景结构。斑块—廊道—基底模式为具体而形象的描述景观结构、功能和动态提供了一种"空间语言"。此外，这一模式还有利于我们考虑景观结构域功能之间的相互关系，便于比较它们在时间上的变化（Forman, 1995）。[2]

景观生态学的发展为城市绿地系统和景观生态规划提供了新的理论依据：它把水平功能流，特别是生态流与景观的空间格局之间的关系作为研究对象，强调水平过程与景观格局之间的相互关系，把"斑块—廊道—基底"作为分析任何一种景观的模式。根据景观生态学基本原理，在区域范围，城市是一个典型的人工干扰斑块；在较小尺度上，城市是一个由基质、廊道、斑块等结构要素构成的景观单元，其中各组成要素之间通过一定的流动产生联系和相互作用，在空间上构成特定的分布组合形式，共同完成城市系统所承担的生产生活及还原自净等功能。绿化系统规划确定的城市公园、植物园、风景区等各类块状绿地形成绿色斑块；而各类江、湖、河岸绿带或其他绿带为绿色走廊；在一定的区域内，各绿带如林荫道、沿河绿带和防护林带等绿色走廊互相交叉相连，形成绿色网络，则可以起到本底的作用，从而发挥动态控制能力。[3]

结合景观生态学的有关理论，对资源型城市的绿地系统进行规划布局，是实现资源型城市绿色转型的有效可行的绿地系统规划模式。

3 景观生态学理论在资源型城市的绿地布局模式中的运用

3.1 斑块大小理论

在生态系统中，大斑块和小斑块分别有各自的生态效益：大面积的自然植被斑块可保护水体网络，维持大多数内部种的存活，为大多数脊椎动物提供核心生境和避难所，并允许自然干扰体系正常进行；小斑块可以作为物种迁移的踏脚石，并可能拥有大斑块中缺乏或不宜生长的物种。[2]

大斑块与小斑块相互补充，发挥各自的功能，共同构建稳定的绿地生态系统。在为人类提供接近自然的绿色空间的同时，促进物种在斑块间运动。

城市绿地系统规划要求绿地斑块分布均匀，使服务半径范围能够完全覆盖城市内的大部分居住用地，以满足人们对绿地使用的需求。绿地空间的布置要遵循集中与分散结合的原则。集中的绿地有利于在城市中保留自然植被和廊道，并沿这些自然植被和廊道在人活动的区域设计人工斑块。

3.2 大斑块数量原理

在景观中，若一个大斑块包含同类斑块中出现的大多数物种，至少需要两个这样的大斑块才能维持其物种丰富度；如果一个大斑块只包含一部分物种，为了维持这个景观中的物种丰富度，最好是有4—5个大斑块作为保护区。[2]

资源型城市往往城市布局分散，城区被工业区或工业废弃地分割，自然或人工绿色斑块也被打碎。景观破碎化会降低生境面积，尤其是内部生境面积比边缘生境面积降低更快。在资源型城市绿地布局中，在中心城区周边布置一定数量的其他绿地，形成环中心城区的绿环，整合城市绿色空间，并作为中心城区与周边城镇、乡村的过渡缓冲区，保护动植物迁移廊道。

3.3 廊道和连接度理论

廊道功能的控制原理：宽度和连接度是控制廊道的生境、传导、过滤、源和汇5种功能的主要因素。

在绿色廊道和斑块没有覆盖的区域内，加设小斑块（踏脚石）可以增加景观的连接度。这种小斑块形成相互联系的通道连接大的生境斑块。

绿道对生物生存环境和发展城市内生物多样性的益处体现在许多方面：如它能够在生境区域间提高关联度，提供更多物种到达的可能性，提高种群间基因交换的可能性，可以维持长期种群健康；绿道也可以为植物群落提供"迁徙"的可能性及基因交换；如果绿地之间缺少区域间的连接性，会使地方种群困于孤岛，以至减数甚至灭绝。[5]

城市绿道作为串联城市和村镇绿色斑块的重要廊道，在资源型城镇生态系统中起着重要的作用。

资源型城市绿色廊道构建模式：

（1）依托城市的河流、道路体系等线性走廊构建城市范围内的生态绿网，完善生态环境结构。

（2）搭建整个市域范围内的游憩体系。串接具有城市特色的自然保护区、风景名胜、人文历史遗迹等。

（3）构建联系城市周边生态区的绿色脉络。绿色脉络联系山地、田园、城镇生态斑块。

（4）构建城乡一体化的绿色平台。为了促进资源型城市的绿色转型，通过绿色廊道串联城市和乡村，围绕绿道发展生态旅游、农耕体验、健身休闲产业。在城市经济转型的同时，促进城乡一体化，提高新农村建设力度。

3.4 斑块的隔离过渡理论

资源型城市通常会有大面积的工业用地，工业产生的污染物对生态环境的破坏相当严重。防护绿地的建设对城市生态系统的稳定及城镇居民的生活质量至关重要。

资源型城市的防护绿地体系更注重生态功能，以景观生态学理论指导城市防护绿地的布局结构，能够在有限的用地面积内，做到最优化的绿地结构，更好的发挥防护功能，并与公园绿地、生产绿地、附属绿地更好的嵌合互补，共同构建资源型城市绿地系统。

资源型城市防护绿地的布局模式：

（1）功能多元化。根据环境的需要，公园绿地也可以发挥防护功能，例如一些滨河带状公园也发挥着河流防护作用；沿城市道路的花园式林荫道等带状工业也发挥着道路防护绿地的作用。

（2）城市内部和外围防护绿地相互协调补充。注重防护绿地之间的联系沟通，将城市内外防护绿地作为一个整体考虑。

（3）结合建设用地外的城郊防护绿地，进行防护林带相关产业的建设，以发挥更大的经济效益和生态效益。

（4）构建城市风道，将郊区的风引入中心城区，增强城市空气流动性，有效缓解城市雾霾。

3.5 小结

资源型城市规划中优先考虑保护或建成的格局是：

在城市自然基底之上，实现城市与自然、乡村之间的渗透；以自然水体、自然绿地为整个城市的绿核，城市与村镇之间统筹协调发展，形成城市绿色基础设施体系；有足够宽的廊道以保护水体并满足生物多样性的保护，结合城市道路构建基础设施廊道，形成生态防护林，构建城市绿色廊道生态网络体系，联系各个绿色斑块，对城乡间的能量与物质的疏通起到重要作用。

4 案例研究——迁安市绿地系统规划

4.1 迁安市现状

迁安市是一个资源型城市和钢铁大市，水系众多、地形复杂，在城市经济发展的过程中一度出现了矿区生态环境恶化、城市水质污染等问题。老城区用地限制、环境基础差，整个城市绿地建设参差不齐、绿地数量和质量有待增加、绿地系统有待完善。

其绿地系统问题主要体现在：区域缺乏生态视角，区域间绿地尚未形成有机联系；绿地结构混乱，缺乏整体构架，绿色网络难以形成，分布不均匀，未能充分利用城市山水资源；绿地功能单一，整个中心城区绿地功能和环境品质有待提升。缺乏功能组织和景观营造，现状公园活动设施较为单一。

4.2 解决方案

根据景观生态学的原理，市域绿地系统规划应当以宏观尺度的基质、斑块和廊道为指导，确定不同层面、不同类型的绿地建设类型。根据迁安的自然地理条件和城镇体系布局的特点，规划确定迁安市域的绿地景观类型分为三大部分：

（1）斑块——迁安自然型斑块和人工斑块。其中，自然斑块包括自然保护区、风景名胜区、森林公园、文化遗址、湿地等。人工斑块分为中心城区、三个城镇组团、社区和村庄四个级别。

（2）廊道——是指迁安的河流水系和联系各城镇的必要通道。可分为河流廊道、铁路绿色廊道、公路绿色廊道三类。

（3）基质——是指上述斑块、廊道之外的迁安自然资源本底，即"山地-田园-城镇"三大基质区这部分是迁安重要的生态保护和生态抚育区域，是维持城市生态有序发展的绿色背景（图1）。

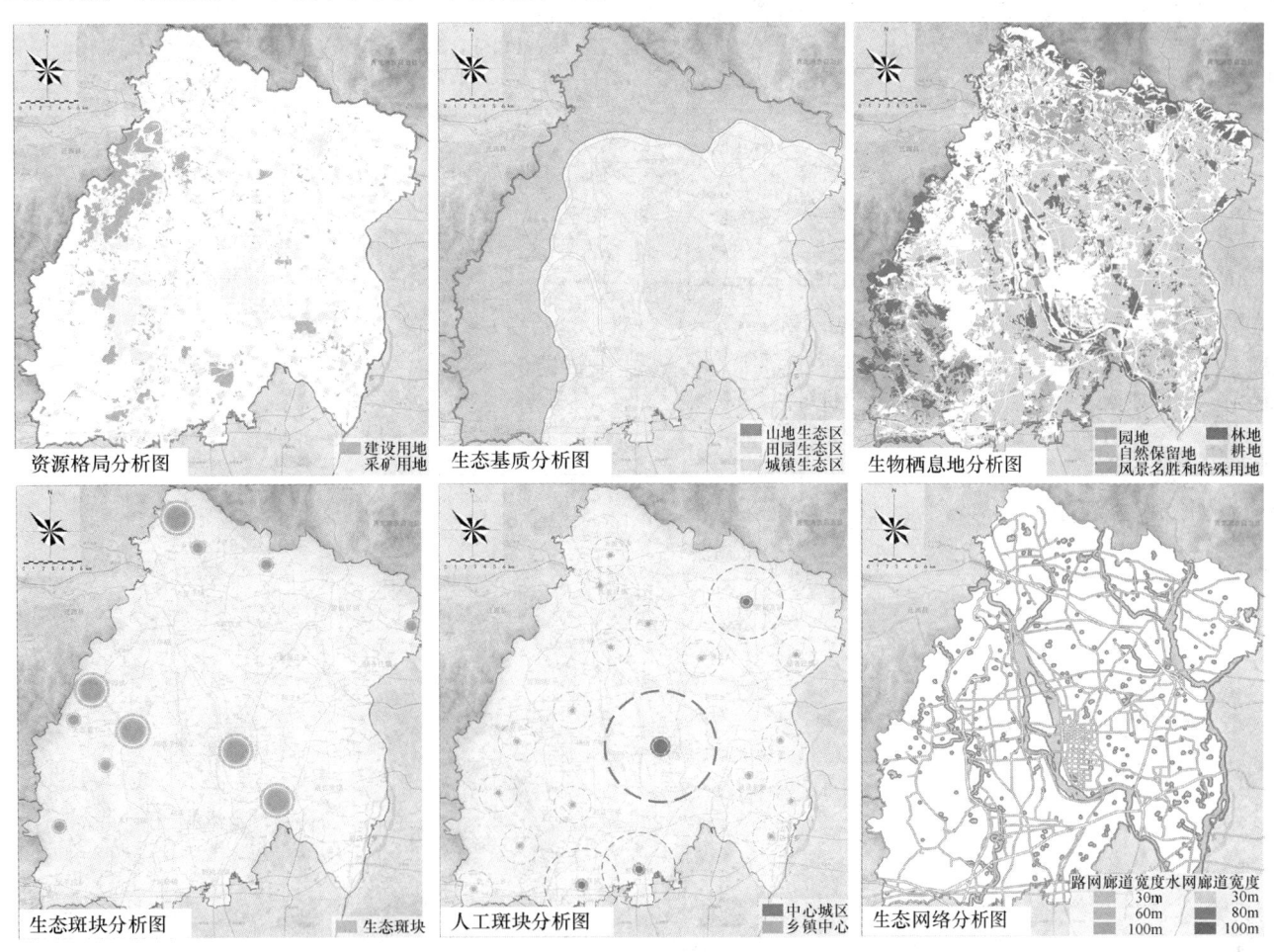

图1 迁安市生态基质、板块、廊道分析图
（图片来源：北京林业大学园林学院迁安市城市绿地系统规划（2013—2030）项目组）

依据迁安市地形地貌特点及城乡统筹建设空间发展特征，提出迁安市域生态绿地系统布局模式：

（1）以自然为基底，城市与自然融合。迁安市域周边的自然资源相互联系，形成市域外的自然基底，与城镇的绿色廊道、斑块相互渗透，共同构成迁安市域绿地系统。

（2）绿心控制，统筹全局。以中心城区和城镇组团为主，各乡镇为辅，统筹协调发展城市与村镇各点之间的绿色基础设施体系。

（3）生态廊道串联，形成绿网。结合城市水系形成相互联系的绿色网络，构成城市的绿色骨架。同时，依托重要交通干道、重大基础设施廊道形成生态防护林，构建生态廊道组成的网络体系，联系绿色斑块和绿点，对生物多样性的保护及城乡间的物质能量沟通起到重要作用（图2）。

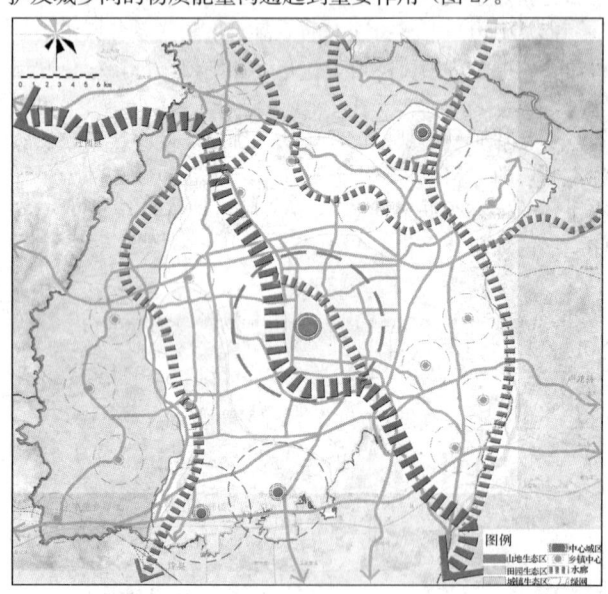

图2 迁安市域生态绿地系统布局结构
（图片来源：北京林业大学园林学院迁安市城市绿地系统规划（2013—2030）项目组）

4.3 小结

迁安市绿地系统规划中，巧妙运用景观生态学原理，建立绿色基质、绿色廊道、绿色斑块为框架的城市绿地系统，城市内外的绿色斑块和廊道的规划充分发挥了绿地系统的生态系统服务功能，有效恢复城市生态环境提高景观活力，为迁安市的绿色转型及城乡一体化发展起到了极大的促进作用。

5 结语

资源型城市下的绿地系统规划模式需要建立在由绿色基质、绿色廊道、绿色斑块构成框架的城市绿地系统之上，能够在修复资源型城市环境污染的同时，提高城市生态系统的活力，充分发挥绿地系统的生态系统服务功能，保证城市绿地综合功能的实现，是现代城市规划的本质性的要求。此外，该模式还能够充分适应城市走生态可持续发展以及构建和谐宜居城市的社会需求，是值得推广的一种模式。当然，随着不同城市的不断发展，此模式也需要与时俱进不断地进行探索，理论与实践相结合来解决未来所面临的各种问题。

参考文献

[1] 王青云.资源型城市经济转型研究[M].北京：中国经济出版社，2003：13-20.
[2] 邬建国著.景观生态学——格局、过程、尺度与等级[M].第2版.北京：高等教育出版社，2001.
[3] 肖笃宁，高峻.景观生态学[M].北京：科学出版社，2003：25-26.
[4] 吴昌广，周志翔，王鹏程，肖文发，滕明君.景观连接度的概念、度量及其应用[J].生态学报 2010，30（7）：1903-1910.
[5] 李开然.绿道网络的生态廊道功能及其规划原则[J].中国园林，2010(03)：24—27.

作者简介

[1] 刘玮，1989年生，女，山东人，北京林业大学风景园林学在读硕士研究生，Email：candy8323703@163.com。
[2] 李雄，1964年生，男，山西人，北京林业大学园林学院院长、教授、博士生导师，研究方向为风景园林规划与设计。

基于儿童心理维度的游戏场地设计探索

On the Basis of the Psychological Dimensions of Children Playground Design Exploration

刘 洋 孟 瑾

摘 要：儿童通过游戏来认知世界、学习知识、成长成熟，儿童游戏场地的设计显得尤为重要。从儿童游戏场地现存的问题入手，列举了忽略儿童心理的设计，缺乏独立活动空间，缺乏可呼吸游戏空间等问题。通过对游戏场地设计的基本内容进行分析，提出了在儿童游戏场地设计中可施行的解决对策与建议，包括增加自发性游戏设施、筑巢游戏的应用、合理组织自然元素等内容。以期通过人性化的设计理论，满足儿童对游戏场地切实的需求，从而促进儿童身心的全面发展。

关键词：心理维度；儿童游戏场地；场地设计

Abstract: Children through games to realize the world, learning knowledge, growing to maturity, it is particularly important to the design of children playgrounds. From the problems of the children playground, proposed the problem such as, Ignore the design of children psychology, The lack of independent space, lack of breathing space. Through the analysis of the basic content of the playgrounds, put forward the countermeasures and suggestions, including increasing independent innovation play facilities, The application of nesting game, Organizing natural elements reasonably. In order to through the theory of humanized design, meet the needs of children on the playgrounds, to promote the development of children body and mind.

Key words: Psychological Dimensions; Children Playground; Playground Design

引言

维度指的是一种"属性、范围、系数、承受能力"。对于不同的对象指代不同的意思，心理维度即是心理某方面的承受能力，在此类事件中可伸缩的弹性有多大。超过这个维度，会在此方面发生什么变化等。基于儿童心理维度的游戏场地设计探索对于还原儿童最真实的需求有着重要的意义，就我国儿童游戏场地的现状而言，大部分仍存在着游戏主体即儿童与游戏场地脱节的现象，并强迫儿童接受千篇一律的游戏内容；我国儿童游戏场地设计还处在起步阶段，在设计上没有真正考虑到儿童行为与心理的需要，公众关注程度与规划设计水平极不相称。[1]有些家长对孩子的培养方式以课本学习为主，而较少的在户外活动中培养孩子的挑战精神和创造能力，这种观念也表现在实际的儿童游戏场地设计之中，对儿童原真的探索欲与渴求感置之不理。

1 儿童游戏场地建设中存在的问题

1.1 忽略儿童的真实需求

儿童是游戏场地中主要的使用者，他们是社会中特殊的群体，设计者很难从自身找到与他们的相似点与共鸣之处。因此，在设计时往往容易忽略儿童的真实需求，未能仔细揣摩儿童的生理、心理特征，大部分场地设计中没有依据儿童的生理、心理和兴趣点决定设施、空间的设计和合理的分区。

1.2 独立活动空间的缺失

德·蒙楚克斯认为儿童需要"让身体积极主动地投入其中"。[2]在城市公园中，不乏有很多为成年使用者设计的富有人情味的集中活动空间和个体活动区，但为儿童精心设计的独立活动空间却是凤毛麟角。因为大部分都是爷爷奶奶带着孩子出来活动，老人不爱动，儿童就都是做一些静态的活动，对于儿童的身体发展都有消极的影响。儿童在各方面都与成年人有着巨大的差距，他们喜欢攀登到高处向下看，喜欢在空地上嬉戏，喜欢动态奔跑的游戏。因此必须以他们的视野作为参考与基准，在安全的基础上提供更多儿童活动的独立空间。

1.3 "模具化"的游戏设施

划分一块场地，摆放滑梯和秋千已成为设计儿童游戏场的惯用手法。这就是"模具化"的游戏设施，如图1所示，游戏场地设施单一枯燥，除了司空见惯的滑梯，找不到任何有意思的活动内容。这些游戏器械仅供孩子们做一些机械的，缺乏创造性的娱乐活动，忽视了儿童好玩好动的天性，阻碍了儿童的自我发展与个性的培养。我们

---

① 天津市艺术科学规划基金项目，项目编号 A12069。

应该充分认识到儿童对于事物喜新厌旧的特点，比如在《公园行为心理》中发现儿童对单个的游戏器械很快会厌倦，可想而知当孩子们无论走到哪里看到的都是统一的红色滑梯、黄色沙坑，对于他们是多么乏味无趣。

图1　天津中北镇华亭佳园小区儿童游戏场地

1.4　可呼吸空间被忽视

过于细化深入的设计，填鸭式地将有限的游戏场地塞满游戏设施，如图2所示，拥挤不堪的游戏场地中被塞满了游戏设施、廊架，甚至还有一个"巨大"的树池，儿童被迫在一个窄小拥挤的环境中玩耍，很难释放出原始自由的游乐天性。这就限制了他们的游戏内容和发展空间，对于个性开朗活泼又大胆好动的儿童而言，一片空旷有趣的活动场地相比排满了机械设施的复杂场地能带给儿童更多自由创造的机会。因此，过于自我的设计会限制儿童的娱乐和活动内容，禁止他们自由发挥，张扬个性的权利，使得儿童缺乏更多自由发挥的可呼吸性空间。

图2　天津中北镇富力湾居住区儿童游戏场地

2　儿童游戏场地设计的基本内容

2.1　儿童游戏的本能性

了解儿童自身的需求尤为重要，儿童有权利游戏，在游戏中见到令人愉悦的颜色和兴奋的形状，体会游戏带来的快乐并从中获得幸福感。儿童进行游戏并没有明确的目的，只是出于一种本能。儿童的游戏活动是成人世界的缩影，以独特的方式表现为一个完整的人。所以，设计出能够激发儿童本能和成长的游戏场所才是整个设计中的灵魂。

2.2　划分儿童年龄分组

谁是你的目标年龄组？需要考虑哪个年龄组的需要？不同年龄段的儿童又有不同的需求，这就要求有与之相适应的空间和元素。[3]确定游戏场地将会为哪些年龄组的儿童服务是设计一个游戏场地的第一步，要建立一个功能齐全的游戏场所，就必须充分考虑不同年龄儿童的需求以及他们所处的发育和发展阶段。如果游戏场地还需要接待残疾儿童，他们的特殊需求也必须充分考虑到。

2.3　场地的客观条件

光、影、日晒、风吹等自然因素是首先应该考虑到的方面，另一个重要的因素是场地的颜色，明亮愉悦的颜色会带给儿童愉快的情绪。在注重空间艺术的环境中玩耍，对建立儿童美学认知具有一定的作用。[4]如图3所示，在纯粹的游戏场地中，儿童自由自在地释放着活力。界定游戏场地的面积和边界，特别是会影响游乐设施摆放的一些客观因素，如下水道、障碍物、灯柱等。场地出入口的选址也必须考虑周围的交通状况，是否方便在场地内骑自行车或滑滑板，是否方便携带婴儿车或轮椅的进入，以及基于不同的立地条件而进行专项设计要素的分析。

图3　无拘无束的彩色游戏场地

2.4　游戏设备的选择与摆放

确认游戏设备材料的安全性，不使用含有有毒物质的材料，如含有铝、砷的木料，以及其他废旧材料，如旧电线杆、铁路枕木等。游戏设备的摆放尽量选择组合形式，如图4所示，滑梯与爬杆、小型攀岩设施串联在一起布置，联系性强又方便交换使用，孤立又有趣的游戏设施往往会导致儿童之间的争抢，并且一旦占有"地盘"就想方设法赶走别人，因此，游戏设施的组团型布置可以增加儿童对游戏项目的选择和分散注意力。

2.5　地面的防护与处理

地面防护必须与该区域的游戏设施相符。防护地面可以是沙地、安全地垫、木屑地表，但是必须有足够的厚

图 4　天津云锦世家小区儿童游戏场地

度来减缓冲击力。儿童游戏空间中易发生危险，所以游乐设施下的铺装要采用软质铺装。

土丘是一个地形因素，但也能成为良好的儿童游戏场地，如果一个游戏场地中有坡、土堆或小丘，就应该将它们融入设计之中。[5]一马平川的场地也许不能吸引孩子们的视线，儿童游戏空间的地面应适当地做些高差处理，利用地面的高差能简单而微妙地分隔一些不同性质的游戏活动空间，从而改变地面的行走节奏，划分新的围合或公众空间，形成私密独有的场所感，有效避免正在进行不同类型游戏的儿童发生冲突。如图 5 所示，微妙的地形处理营造了多样的活动空间。

图 5　高差变化组织出的丰富空间

3　儿童游戏场地中的问题在设计中的解决对策

3.1　结合儿童心理学的游戏场地

在场地设计中需要结合儿童心理学采取更加科学有效的措施。儿童的好奇心、探索欲、想象力、归属感甚至是儿童的任性行为都需要考虑进来。在设计中无论是对儿童还是成人陪同者，游戏场地必须是激动人心，激发灵感，富有挑战性的场所。如果按照我们的常规思维，在公园里，儿童喜欢的就是飞机大炮，但儿童需要的也许并不是这些，他们要的是"游戏空间"而不是游戏器具。有实质空间内容的活动场地才能够真正唤起儿童"玩"的天性，就像一个洞穴和空地的结合可能更能满足好奇心与探索欲。理想中的游戏场地模式与我们凭常规经验营建的模式存在着差异，儿童具有丰富的想象力，经常会提出让我们瞠目结舌的问题，行动思维常不拘泥于常理，具有喜欢冒险、群嬉、模仿的特点，一段弯曲的水管或是一片坑坑洼洼的小草地在有着丰富想象力的儿童眼中就别有一番景象。任性也是儿童心理非常重要的一部分，例如他们不明白为什么不能在墙上画美丽的花朵，为什么不能尖声大叫表达内心的情感。儿童思想单纯，在他们的心中是没有规则可言的，他们只能为所欲为，就出现了任性的行为，在游戏场地的设计中可以划分出专有的绘画墙，引导儿童在有特殊标记的地方才可以随意写画，建回声廊，吸引儿童在回声廊中释放自我而又不影响他人，引导儿童用正确的方式展现自我，促使他们了解和学习环境中的各种规则及自己行为的合适尺度。

3.2　筑巢游戏的应用

面对儿童独立活动空间越来越缺乏，老人带着小孩在成人活动区游戏，儿童享受不到自己的世界，他们的空间中总有陌生的成人"干扰"他们的游戏。儿童想要在空间上影响他们的游戏环境，并在空间内创造属于自己的领域，控制进出的权限，而通过植被的配置就可以发挥他们筑巢的技能或进行其他类似的活动。很多 7—10 岁的儿童都有期望主宰自己生活的愿望，这时候一颗伞状的龙爪槐和树下四周环绕的灌木便能完成他们的筑巢心愿，在这样看似粗糙的"树洞"里，儿童对游戏的可操作性和创造自我游戏内容的空间却是很大的。利用植被的同时安全问题也是需要考虑在内的，如不要选取可能会扎伤儿童的灌木，有毒的植物等。同时也需要注意儿童易遭侵犯的空间的处理，如不要出现角落空间，被高大树木封闭的小径等。

3.3　增加自发性游戏设施

不同的儿童因家庭教育、成长环境、年龄层次等方面因素的不同，所形成的个性和喜好也各有偏差。而单一的游戏设施配套只能让儿童觉得乏味，他们往往都是将衣服挂在滑梯上或者栏杆上就跑去别的地方玩耍了，这说明这些游戏设施无法吸引他们，不能引起他们自发玩耍的欲望。在中国，几乎所有家长都希望自己的孩子在玩耍的同时可以锻炼各种感官和培养自己的胆识。作为一个设计师，应该充分考虑到"玩"的目的，在场地中增加攀爬、探险、神秘的游戏设施与合理而富有趣味性的探索地形。自发性的游戏设施可激发儿童在游戏中学习与创新的精神、敢于克服困难的勇气和一种团队合作的能力。例如组团布置的小木桩座椅组成了儿童的小讲堂或是他们脑海中的小家庭，这些看似单纯的游戏设施便可以促生儿童的想象力与创造力，并同时加强伙伴间的亲密性。

3.4　自然元素与人工场地的融糅

与自然融为一体的游戏，是儿童人生态度的精髓所在，儿童心目中的世界都是自然和谐的，如果我是一个孩子的话，我希望我的游戏都是自然有趣的，有一条不深的小溪可以在里面摸鱼捉虾，或是一条由各色小石子铺成的小路，有一些奇异的山洞或树洞，又或是一个用树枝经过处理编制成的儿童迷宫，可以透过枝条看到若隐若现的"墙外世界"。从儿童的心理角度来思考，设计中需要注意的问题就显而易见，即人为地增加与自然的联系。例如，除了一些窄的石子路以外其他地方尽量不要铺地砖，而是采用更为软质的沙土，鼓励孩子将植物种子种在里面，设置专项的植物种植区，培养儿童热爱自然的品质。如图6所示，设置洞穴与河道，布置挖掘时光井，让孩子们把那些属于自己的东西悄悄地埋藏起来。在若干年后，此景此情仍会是他们最美好的回忆。

图6 哥伦比亚水滴花园外围的河道

植物设计加强了儿童与游戏场地的亲和感。在钢筋水泥筑起的城市中，儿童鲜有机会接触自然，根据儿童好探险的天性，可以在某些地段密植树丛或是制作虚拟的树洞，如图7所示，昏暗的光线预示着危险而其实没有危险，对较大的儿童是个致命的吸引，他们会带领着比自己

图7 慕尼黑某游乐场的游戏设施

小的玩伴去探险，享受成为领导者的快感和游玩的刺激性。在栽植中最好是选用兼有触觉、味觉、视觉、嗅觉的植物材料，突出表现植物景观的同时，增加体验、感受、认识自然的机会。自古以来和人最亲近的就是水和泥土，在儿童游戏环境的设计中，与其刻意去创造一个空间，不如利用现有的自然空间加以分割、引导，利用泥土、水体、植物、地形适当地组织成为一个具有一定安全系数的环境。通过人工组织与引导的自然环境，让儿童可以在游戏场地中自由地发挥，而不是非让他们玩滑梯不可，从而解除了活动的约束性。当然，不管是单项设计还是整体设计，优先考虑的仍旧是游戏场地和游戏器具的安全性。

结语

儿童需要通过游戏场地来满足与日俱增的求知欲，激发想象力，提高认知能力，增强身体素质，促进人格的发展。因此，在进行儿童活动场地的设计时，应力图使设计从多方位、多角度满足儿童的需求，适应儿童的行为心理。儿童游戏场地的设计应注重探索性、创造性、知识性、展示性等。所涉及到的方面与牵制因素很多，儿童游戏场地的设计是一个非常复杂的过程，本文所言也只能为儿童游戏场地的设计带来一些参考和建议。通过对儿童的心理需求进行较深入的思考，与儿童更多地接触与沟通，利用人工组织为游戏场地中创造更多自然的元素，培养儿童热爱自然与合作冒险的精神，这些都是游戏场地设计中应当做到的。

参考文献

[1] 韩冰. 住宅小区儿童游戏场地设计[J]. 新西部(理论版), 2008(7).
[2] Mong Kesi, Planning with Children in Mind[2]. 1981, 90-91.
[3] 李建伟. 儿童游戏场所的设计目标与创意[J]. 中国园林, 2007(2): 28-32.
[4] 谭玛丽. 适合儿童的公园与花园儿童友好型公园的设计与研究[J]. 中国园林, 2008(5): 43-48.
[5] 欧阳艳. 城市公园绿地中儿童游戏场地设计研究[D]. 长沙: 中南林业科技大学, 2008.

作者简介

刘洋，女，1989年6月19日生，山西省大同人，天津城市大学建筑学院风景园林规划与设计专业在读硕士研究生，Email: 814479714@qq.com。

孟璠，女，天津市人，天津城市大学建筑学院教授，硕士生导师，研究方向为城市空间景观规划设计。

城市生态园林建设刍议

Urban Ecological Garden Construction

刘志成　张 蕊　陈宗蕾

摘　要：伴随着我国城镇化的进行，在社会经济迅速发展的同时，自然环境遭到了严重的破坏，在大力弘扬建设美丽中国的今天，风景园林在城市建设中扮演着越来越重要的角色，然而生态设计在风景园林设计中的重要性及其在城市建设中的应用也不容忽视。从城市生态园林建设的现状出发，分析其研究的不足之处，探讨生态园林建设的方法，总结适合我国城市发展的城市生态园林建设新思路。
关键词：生态园林；城市建设；研究方法

Abstract: With China's rapid urbanization and socio-economic development, our natural environment is faced with great challenge. Landscape architecture rose to be an important role in urban construction. Ecological design and its application in landscape design could never be ignored. From the current situation of urban ecological garden construction, this paper analyzes the shortcomings of previous research, explores methods of ecological landscape construction, trying to find out a new approach to ecological garden design that suits the mode of China's development.
Key words: Ecology Landscape; City Construction; Research Methods

引言

生态园林是以生态学为基础，融会景观学、景观生态学、植物生态学和有关城市生态系统理论，研究风景园林和城市绿地可能影响的范围内各生态系统之间的关系。生态城市是城市发展的一个高级阶段，它是建立在现代科学技术基础上的社会经济与生态环境协调发展的文明、舒适的理想城市。[1]在我国构建和谐社会的当下，尤其是十八大报告中明确提出要大力推进生态文明建设的今天，我们亟须对"生态园林"概念进行进一步的认识，对其赋予新的内涵并加以应用。

1 园林专业的发展以及生态园林的出现

随着社会时段的变革，园林专业的发展经历了三个发展时段：农业时代、工业时代和后工业时代。[2]

在以小农经济为特点的农业时代，园林的主要服务对象是以皇帝为首的少数贵族阶层，主要的创作对象是宫苑、庭院和花园。当时设计的指导理论是包括西方的形式美和中国的诗情画意的唯美论，同时强调工艺美和园艺美。当时还没有园林设计师的说法，大多完成这些设计的都称之为艺匠或技师，比如中国的计成、法国的勒诺特尔、英国的布朗。这个时期的代表作是中国皇家园林、江南私家园林，法国的勒诺特尔式园林和英国的自然风景园。

在以社会化大生产为特点的工业时代，园林的主要服务对象是以工人阶级为主体的广大城市居民，公园绿地系统成了园林的主要创作对象。设计的指导理论和评价标准变成了以人为中心的再生论，绿地作为城市居民的休闲和体育空间，强调覆盖率、人均绿地等指标。美国的奥姆斯特德首次将园林专业定义为 Landscape Architecture 并将该专业的从事者称为风景园林设计师，并创建了风景园林专业。比如出现在这个时期的纽约中央公园和波士顿的宝石项链。

到了以信息与生物技术革命和国际化为特征的后工业时代，由于麦克哈格的《设计结合自然》的问世，园林专业的服务对象上升为人类和其他物种，其创作的对象是人类的家园即整体人类生态系统。园林设计将以可持续论为指导理论，强调人类发展和资源、环境的可持续性，强调能源和资源利用的循环和再生性、高效性，生物和文化的多样性。自此，园林设计师也被称为作为协调人类文化圈和生物圈综合关系的指挥家。

现代的园林学应是"把人类生活空间内的岩石圈、生物圈和智慧圈都作为整体人类生态系统的有机组成部分来考虑，研究各景观元素之间的结构和功能关系，以便通过人的设计和管理，使整个人类生态系统（景观）的时空结构和能流、物流及信息都达到最佳状态"。[3]并用一个基本的模式，"斑块—廊道—基质"来分析和改变景观，以此为基础，发展了景观生态规划模式。

2 生态园林建设研究的现状

2.1 当前城市环境的现状

中国人口多，高度集中的人口使得原来的自然生态系统破坏，形成了一个特殊的人工环境。为了维护人们生产和生活的需要，人类生活的物质大量从外界进入，使得原本的生态系统无法承受其破坏力，这些环境问题表现在以下各方面：大量的城市绿地面积被建筑物占据，人均绿地面积缩小，影响了人们的生活和休息，空气污染、噪声污染等都很不利于人们的健康。城市气温升高，汽车尾气、二氧化碳排放的增加，加重了城市的温室效应。建筑物和柏油马路使得热辐射加剧，从而热辐射也加剧。城市污染不断加剧，水污染、噪声污染、土壤污染等，使各种能源贫乏；垃圾的排放增加，使得垃圾占地面积增加，此外还释放出各种有毒有害物质，严重地影响人们的生活。[4]

2.2 城市生态园林建设存在的问题

2.2.1 绿色生态系统布局不合理

绿化总量较低，植物种类不丰富影响了生态园林的完整性，因此，绿色生态系统的稳定性和抗逆性需进一步加强。另外，见缝插绿的设计思想依然存在。

2.2.2 城市生态园林建设保障措施不当

一些具有重要生态价值的湿地得不到利用，连接城乡之间的一些天然绿色通道由于城建、房产商的开发不当而遭到破坏，城镇景观建设没有引起重视，失去了作为永久生物栖息地和城市中残遗的自然保护地的功能和价值。[5]

2.3 现行研究的不足

2.3.1 研究范围狭窄

目前研究生态园林的工作者主要由三方面人员组成，一是城市规划人员，所研究的范围是城市生态这一大系统，但由于缺乏植物生态学知识，尚未深入到生态园林这一子系统中。二是园林植物工作者主要研究某几个品种的树木花草对城市生态所起的作用，由于缺乏对城市规划的相关知识，所以仍停留在诸如绿量、抗污能力等方面的研究上。三是植物生态学研究人员，研究的对象是植物的生态学特性，至多结合城市作些概念性的阐述，如前所述，生态园林有其社会性，而这是植物生态学家所欠缺的，所以给人的感觉仍是植物生态学基础研究，如何应用于园林设计鲜见报道。

2.3.2 对规划的指导性不足

深入研究少，往往停留在口号和概念上，没有形成真正的理论框架来支撑，所以未产生对城市生态园林规划有指导性的理论。

2.3.3 研究方法不足

由于缺乏理论框架，所以研究方法缺乏针对性，或原则性定性描述居多或拘泥于局部，缺乏综合系统优化设计。

3 关于生态园林建设研究的基本内容

3.1 现代公园

由于人类生存环境的恶化，现代人向往自然、崇尚自然，强调生态环境和绿色空间，人们期望回归自然，返璞归真。这种趋势致使各国现代园林的形式、内容与传统园林相比都有了很大变化。各国现代园林发展的趋势是向着自然化、森林化、绿色化方向发展，人在自然中生活，自然更贴近人。[6]

我国在继承发展古典园林精华的基础上，结合新时代对园林的要求，提出发展生态园林。由过去主要以视觉美为主的园林形式转向以生态效益为主导的生态园林，是现代公园发展的必然趋势，它的出现是我国园林传统与创新的有益探索。

3.2 植物群落

3.2.1 生态园林的植物群落应有一定规模和分布面积，形成一定的群落环境

每一种植物群落都有一定的表现面积，即能表现群落的种类组成、水平结构、垂直结构以及影响群落学过程的所有环境因子的最小面积。表现面积既是表现群落组成与结构特征的基本面积的要求，也是群落发育和保持稳定状态的要求。因此每一种植物群落都应有一定的规模和分布面积，也只有如此才能形成一定的群落环境。单个、单行或零星分布的植物及小面积的群丛片断都难以体现群落的基本特征和形成一定的群落环境，也就不称其为群落。联合国人与生物圈生态与环境组织认为，城市绿化面积每人平均 $60m^2$ 为最佳居住环境。相比之下，我国的城市绿化水平与这个标准的差距实在太远，要改变目前的状况，兴建大量的具有一定规模的生态园林是措施之一。

3.2.2 生态园林的植物群落类型应多样化

生态园林是城市的人工植物群落与周围环境形成的一个小的生态系统，要维持其稳定与平衡，保持城市的可持续性发展，其植物群落类型也应该是多样的。在另一方面，植物群落类型的多样化也是生态园林创造城市景观的重要内容。

3.2.3 生态园林植物群落的组成与结构应与其功能相适应

生态园林均具有美化城市环境、改善城市生态条件的共性。但每一种类型的生态园林往往都具有一定具体的生态功能和侧重面，有学者把它分为6种类型，即观赏型、环保型、保健型、科普知识型、生产型和文化环境型。[7]植物群落是多种植物的有机结合体，具有一定的垂直结构和水平结构。这些具有不同功能和用途的生态园林在植物群落的组成与结构上便有不同的要求和特征。我国是个土地资源十分紧缺的国家，城市土地尤为紧张，城市生态园林建设中应尽可能地构建层次结构复杂的复层园林。

3.2.4 生态园林的植物群落应具备一定的稳定性

要保持群落的稳定性就要根据当地植物群落的演替

规律，充分考虑群落中物种的相互作用和影响，选择生态位重叠较少的物种进行构建群落，特别是在建群种和优势种的选择上更要如此。同时还要根据物种的生物学特性选定合理的种植密度，以免因密度太大，同种间的恶性竞争而导致植株死亡。

3.2.5 生态园林的植物群落组成与结构应适应生态系统的功能特征

生态系统都有能量流动、物质循环、信息传递及自我调节的功能。生态园林作为城市生态系统的一个子系统，它也是由植物、动物、微生物等组成的生物群落与周围环境构成的一个整体。系统内各营养级通过错综复杂的营养关系结合成一个有机体以维持系统的稳定与平衡。因此生态园林中除植物外还应有动物和微生物分布。这就对生态园林的植物群落建设提出了更高的要求。[8]

4 生态园林规划方法的研究

4.1 城市生态园林规划方法的思路

（1）以景观生态学中斑块的大小、形状及边缘生态效应等理论应用于城市园林中点及重点面的规划，主要寻求城市中点及主要专用绿地（面）的布置位置、大小、形式的生态效应及其相连关系，为城市绿地系统规划中公园、广场、小游园及大型企业的定位、定规、定形提供生态学依据。

（2）以生态学中廊道的作用、结构与斑块的关系等现有理论为城市道路、滨河等线状绿地提供科学选择依据，包括线状绿地形式、树种选择、线与点面的生态制约与支持关系等。

（3）以生物多样性理论指导城市绿地中面上绿化的布局，植物群落分布格局，种间关系，为其提供结构优化方法。

（4）建立综合评价模型，用生态园林规划理论与方法对城市进行规划，并与现有的绿地系统规划从总体到局部进行比较，以验证理论与方法。

4.2 园林生态学研究的范畴

（1）城市生态系统中有关绿化生态效益的问题。包括绿化的量、布局、结构、植物种类与改善气候卫生状况之间的关系，以及进一步对居民健康、舒适、生活方式的影响和从中产生的经济效益。

（2）城市园林绿化中有关植物生态的问题。主要研究城市绿化中植物物种的选择与布置如何适宜、利用城市中特殊的小气候、土壤及地下环境以及城市绿化中的植物引种、选育与小气候的关系，如何通过栽培技术改善它们的生存环境等问题。

（3）城市景观中自然景观（主要是人造的自然景观即绿色植物部分）与人工景观的协调问题。如理想的绿视率，利用自然景观分隔、过渡不同风格的人工景观，自然景观、人工景观与人口密度、社会、经济活动之间的交互关系以及对人的性格、情操、道德品质等精神文明方面的影响。

（4）风景名胜区开发中如何判定自然生态系统承受人为改造的能力，以及原有生态平衡被破坏后生态循环的变化趋势；如何采用人工干预的方法把植被乃至整个生态系统的自然演替导向所期望的目标。

（5）人们对自然的改造、破坏与对自然审美意识的相互关系，人类社会生产力的水平与欣赏规则式的表现型园林艺术和自然式再现型园林艺术的关系等。[11]

结语

生态园林建设是新世纪城市发展的模式，要加快建设城市生态安全、经济和生态文明，实现城市的可持续发展，全面建设小康社会，实现人与自然的和谐相处。[12]立足在城市环境之上，以生态学为指导，以植物为主体，建立一个完善的、多功能的、良性循环的生态系统，最终达到人与自然和谐的工程。因此我们要树立正确的城市环境系统化、自然化、文明化和人性化的生态观念，顺应时代要求，明确地将城市生态园林建设作为城市生态系统改进的重要任务。

参考文献

[1] 王浩，赵永艳. 城市生态园林规划概念及思路[J]. 南京林业大学学报，2000，24(5).
[2] Beveridge, C. E. and Rocheleau, P.. Federick Law Olmsted: Design the American Landscape[M]. Rizzoli International Publications，1995.
[3] 赵慎，陈尔鹤. 生态园林学刍议[J]. 中国园林，2001.3：8-10.
[4] 邓冬梅. 生态园林建设与城市的可持续发展探析[J]. 现代农业科技，2012，11：180-182.
[5] Forman, R. T. T. and Godron, M. LandscapeEcology. New Yor：John Wiley，1986.
[6] 王全德. 传统与创新—现代公园探索[J]. 中国园林，1997，13(3)：53-54.
[7] 王祥荣. 生态园林与城市环境保护[J]. 中国园林，1998，14(2)：14-16.
[8] 陈芳清，王祥荣. 从植物群落学的角度看生态园林建设——以宝钢为例[J]. 中国园林，2000，16(5)：35-37.
[9] 程绪珂. 以新的思路发展绿地来迎接21世纪[J]. 天津园林，1996：12-16.
[10] 李洪远. 对区域性生态园林建设的认识与思考[J]. 中国园林，2000，16(6)：19-22.
[11] 李嘉乐. 生态园林与园林生态学[J]. 中国园林，1993，9(4)：42-43，52.
[12] 焦晋川，钟信，蔡军. 浅析生态园林建设与城市可持续发展[J]. 四川林勘设计，2006(2)：5-8.

作者简介

刘志成，1965年9月出生，男，汉族，江苏淮阴人，北京林业大学园林学院教授，研究方向为风景园林规划设计与理论。

张蕊，1991年1月出生，女，汉族，陕西西安人，北京林业大学园林学院在读硕士，主要研究方向为风景园林规划设计与理论，Email：Ruizhang_110@163.com.

陈宗蓓，1990年3月，女，汉族，安徽滁州人，北京林业大学园林学院在读硕士，研究方向为风景园林规划设计与理论，Email：798436836@qq.com.

新型城镇化下村镇宜居社区环境容量评估的再思考

The Rethinking of Environmental Carrying Capacity Assessment for Rural Livable Community under New Urbanization Background

鲁 甜 王云才

摘 要：在我国新型城镇化的关键时期，研究村镇尺度下的环境容量对于保护村镇生态系统具有重要的现实意义。现存的环境容量计算方法对环境的概念理解过于狭隘，缺乏对人类社会经济活动容量的考虑，而且缺乏对于村镇尺度范围内的研究。本文通过研究新型城镇化对村镇生态政策的要求，对村镇宜居社区环境容量的评估方法进行再思考，综合各类影响因子，构建村镇宜居社区环境容量模型，量化村镇宜居社区环境容量计算。

关键词：新型城镇化；村镇环境容量；定量评价

Abstract: At present, China's new urbanization is in its critical period, the research of environmental carrying capacity in rural scale has important practical significance. The existing environmental carrying capacity calculation methods are too narrow to take the human social and economic activities into consideration; moreover, the research is still blank in village scale. Therefore, this paper studies rural ecological policy of the new urbanization in order to rethinking environmental carrying capacity assessment method for rural livable community. Only in this way can we quantify it by integrating decisive elements and constituting the model of environmental carrying capacity assessment for rural livable community.

Key words: New Urbanization; Rural Environmental Capacity; Quantitative Evaluation

近年来，新型城镇化建设成为我国城市建设发展的重要策略。"新型城镇化"是以城乡统筹、城乡一体、产城互动、节约集约、生态宜居、和谐发展为基本特征的城镇化，是大中小城市、小城镇、新型农村社区协调发展、互促共进的城镇化。[1]新型城镇化发展要求城乡规划着眼农民、涵盖农村，因此村镇的建设发展已经逐步成为新型城镇化的核心内涵。如何基于新型城镇化的要求，探索村镇宜居社区规划建设的思路成为了一个重要课题，而环境容量则是评价其可持续发展能力的重要手段之一。

1 目前村镇宜居社区环境容量研究过程中存在的问题

1.1 在村镇尺度上的环境容量评估方法研究仍是空白

目前，环境容量的相关研究日益丰富，但研究多着眼于城市或区域范畴，缺乏村镇尺度研究。村镇的基本单元、构成要素及其面临的诸多问题与城市相比仍有显著的不同，如破碎度增加，绿化结构简单，村镇发展分散，环境生态质量不高等。因此，传统城市环境容量计算方法根本无法完全应用于村镇范畴。

1.2 对村镇宜居社区环境容量的理解过于狭隘

传统环境容量研究大多侧重于某个单独要素的承载力研究，但随着城乡一体化的发展趋势，村民生产生活对区域自然资源依赖性越来越低，原有资源环境承载力评估方法已经显现出很大的局限性。传统研究中，生态环境单指自然生态系统方面，而随着整体人文生态系统研究的发展，我们在研究村镇宜居社区的环境容量时，必须把人文生态有机地融入其中，把精神元素依附于物质和空间中。

1.3 将村镇宜居社区环境容量视为一个孤立封闭的系统

传统农村环境承载力研究将研究对象孤立，缺乏应用动态研究方法思考，缺乏村镇劳动力转移过程中的区域研究。而村镇社区是一个开放的生态系统，我们需加强动态模拟方法研究，实现对环境容量潜力的估算和动态变化过程预测。

笔者对目前常用的评估方法进行了综合分析（表1）。

---

① 基金项目：国家科技支撑计划"宜居社区规划关键技术研究"（2013BAJ10B01）资助。

现有环境容量计算模型比较 表1

模型名称	优点	缺点
生态足迹法	具有较完善、科学的理论基础和简明的指标体系，具普适性	没有体现环境质量的变化对生态系统产生的影响；不能反映人类活动的方式的改变，产业结构的调整以及技术的进步等因素的影响；没有经济社会技术发展可持续性的分析
高吉喜综合评判法	对区域生态承载力采用分级评价的方法，使结果更加明了，具有针对性，考虑因素较全面、灵活，适用于评价指标层次较多的情况	所需资料较多且模型并没有把经济活动体现到指标当中去，也无法反映人类的活动以及生活质量的变化对生态承载力的影响
状态空间法	该方法能较准确地判断某区域某时间段的承载力状况	定量计算较为困难，仅对是否超载作出评价且构建承载力曲面较困难，所需资料较多
资源与需求的差量法	根据资源存量与需求以及生态环境现状和期望状况之间的差量来确定承载力状况，该方法比较简单	某些指标的确定需要运用其他稍复杂的方法，而且这个指标体系中并没有环境污染的具体指标，经济类指标选取过于简单，无法反映人类的活动以及生活质量的变化对生态承载力的影响

续表

模型名称	优点	缺点
自然植被净第一性生产力估测法	以生态系统内自然植被的第一性生产力估测值确定生态承载力的指示值	该方法不能反映环境质量的变化以及人类各种社会经济活动对生态承载力所产生影响，不适合城市生态系统生态承载力的评价

2 村镇宜居社区环境容量模型与评估的再思考

2.1 村镇宜居社区环境容量模型的构建

基于新型城镇化对于村镇宜居社区在区域统筹、产村一体、集约生态、特色彰显等方面的要求，避免上述目前研究存在的不足，根据村镇宜居社区环境容量的特征，笔者在借鉴前人研究的基础上，构建了相关的村镇宜居社区环境容量评估的模型（图1）。

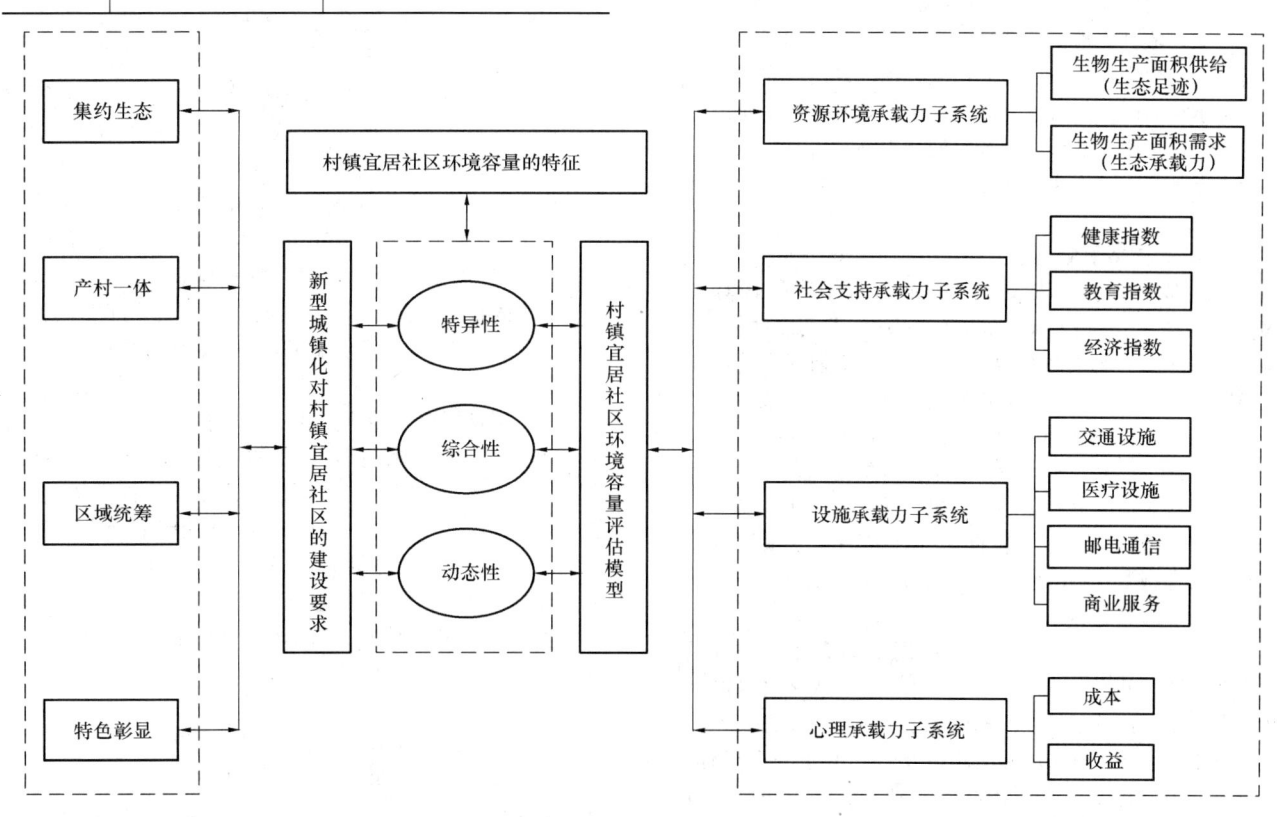

图1 村镇宜居社区环境容量评估模型框架图

2.2 村镇宜居社区环境容量的评估

2.2.1 资源环境承载力子系统

基于新型城镇化的内在要求，村镇宜居社区需要全面引导集约发展和生态环境保护的结合，进一步引导资源的循环利用，保证城镇化与资源环境的承载力相适应，实现人口、资源、环境、发展四位一体的协调，全面促进社区走上绿色、低碳的健康发展之路。因此，首先引入生态足迹的计算方法来计算自然资源承载力。

就生物生产面积供给（生态足迹）来看，生态足迹（Ecological Footprint）分析法是由加拿大生态经济学家威廉（William）和其博士生瓦克纳格（Wackernage）于20世纪90年代初提出的一种度量可持续发展程度的方法。[2] 在生态足迹计算中，不同的资源和能源消费类型均被折算为耕地、草地、林地、建筑用地、化石燃料用地和水域六种生物生产土地面积类型。

就生物生产面积需求（生态承载力）来看，在计算生态足迹的思路上，将现有的耕地、牧地、林地、建筑用地、水域的面积乘以相应的均衡因子和当地的产量因子，就可以得到生态承载力（Ecological Capacity）。出于谨慎性考虑，在生态承载力计算时，还应扣除12%的生物多样性保护面积。

生态足迹计算公式为：$EF = N \cdot r_j \cdot \sum (c_i / p_i)$

式中：EF 为区域生态足迹；N 为区域人口数；i 为消费项目商品类型；c_i 为 i 种商品的人均消费量；r_j 为均衡因子；p_i 为 i 种商品的世界平均生产能力。

生态承载力的计算公式为：$EC = N \cdot r_j \cdot y_j \cdot \sum a_j$

式中：EC 为区域生态承载力；N 为区域人口数；y_j 指产量因子（土地的产量因子指的是该地区平均生产力与世界同类土地的平均生产力的比率）；r_j 同上；a_j 为实际人均占有的第 j 类生物生产性土地面积。

将某一村镇土地面积按照生物生产性土地类型进行分类汇众，依其土地面积通过均衡因子、产量因子转化后计算出人均生态承载力。最后，当一个地区的生态足迹大于生态承载力时，出现生态赤字；生态承载力大于生态足迹时，则产生生态盈余，相等时处于平衡状态，其大小均等于生态承载力减去生态足迹。

2.2.2 社会支持承载力子系统

在这部分中引入人文发展指数（HDI）的计算方法。[3] HDI（Human Development Index，人文发展指数）是联合国开发计划署（UNDP）于1995年创立，并得到世界各国的赞同。人文发展指数是由健康指数、教育指数和经济指数三项基础变量组成的综合指标。具体方法分如下三步进行：第一步，设定每个指标的闭值范围，即确定各个变量的最大值和最小值范围。第二步，求得各个指标的单项指数。第三步，依据定义，$HDI = $（预期寿命指数＋教育指数＋GDP指数）/3。HDI的值介于0和1之间，指数值越高越好。

通过研究发现，在我国以往应用HDI测度人文发展时存在着两个重要缺陷：一是原有指标抬高了农村的人文发展水平，掩盖了城乡间和区域间人文发展的差距。二是原有指标和人均GDP相关性过高，近似于一个指标，难以区分经济评价和人文测度的差别，通过一些更贴近村镇条件的改良，其计算方法如下：

健康指数 = $\left(\dfrac{最大值-婴儿死亡率}{最大值-最小值} + \dfrac{预期寿命-最小值}{最大值-最小值}\right)$

教育指数 =（村镇基础教育就学综合指数＋村民培训综合指数）/2

村镇基础教育就学综合指数包含三部分：初中入学率，高中入学率，大学入学率

村民综合培训指数 = $\dfrac{村民教育培训率-最小值}{最大值-最小值}$

村民教育培训率 =（当年各类村民教育培训人数＋高中农业职业技术入学人数＋中专农业职业技术教育入学人数）/村镇15—60岁人口数

经济指数 = $\dfrac{\log(家庭人均纯收入) - \log(最小值)}{\log(最大值) - \log(最小值)}$

$HDI = $（健康指数＋教育指数＋经济指数）/3

根据UNDP的规定，$HDI = 0.50$ 时是社会支持承载力阈值。

2.2.3 设施承载力子系统

借鉴赵楠等[4]对基础设施承载力的测度思路，通过承载媒体与承载对象的比值得到单项基础设施分量的承载力，再通过加权求和的方式，构建基础设施承载力指数（ICCI，Infrastructure Carrying Capacity Index）。假设基础设施由 n 项基础设施分量构成，其中，CCM_i 表示第 i 项基础设施分量的承载媒体（$i = 1\cdots n$），CCO_i 为该分量的承载对象，ICC_i 即为其承载能力，W_i 为该承载分量在全部基础设施体系中的权重，则基础设施承载力指数（ICCI）为：

$$ICCI = \sum_{i=1}^{n} ICC_{i} = \sum_{i=1}^{n}(CCM_i/CCO_i)w_i$$

借鉴相对资源承载力的测度方法，可对基础设施承载状态进行判定。令 $ICCI$ 为研究区基础设施承载力指数，$\overline{ICCI}$ 为参照区基础设施承载力指数。当 $ICCI > \overline{ICCI}$ 时，基础设施承载力处于盈余状，当 $ICCI < \overline{ICCI}$ 时，基础设施承载力处于赤字状，相等时处于平衡状态。根据上述思路，本文将村镇基础设施归纳为交通设施（单位GDP货物运输周转量、人均货物运输周转量、公路运输强度）、医疗设施（每千人拥有执业医师和注册护士数、平均每千人拥有医院床位）、邮电通信（人均邮电业务总量、邮电业务强度）、商业服务（国内、国际旅游者强度）四个范畴。

为克服指标权重计算受到主观因素的影响，采用"主成分分析法"求出所设指标变量的若干主成分，再根据这些主成分，建立多指标综合评价值的线性加权函数模型，各指标权重大小按各主成分的方差贡献率来确定。采用主成分分析法，对上述指标进行综合，得到主成分得分，即为基础设施承载力指数值 $ICCI$。采用相同指标体系，计算全国同年份基础设施承载力指数 $\overline{ICCI}$，对比结果即可。

2.2.4 心理承载力子系统

心理承载力，是指"在不至于导致当地社会公众生活和活动受到不可接受的影响这一前提下，所能接待来访游客的最大数量"。[5]旅游者的消费活动为村镇居民带来了经济收入提高、就业机会增加等效用，但其到来也势必造成当地居民生活空间的相对缩小，公共交通的拥挤、公共服务供给的紧张，以及环境污染加重和景区人满为患等消极影响，从而侵害了当地居民的利益。[6]

为了科学地分析和研究旅游者与当地居民社会心理

承载力之间的关系及其在决定旅游目的地的最大旅游接待数量中的作用,作者采用随机抽样的方式,通过访谈和调查问卷获取村镇当地居民的主观感受,建立了用于描述当地居民社会心理承载力的理论模型。本问卷共分2部分,第一部分测量旅游者的活动给村镇居民生活带来的成本,主要问题有:您是否觉得目前外来者的人数过多;您是否觉得外来者对此地的交通状况造成了很大影响;您是否觉得外来者对此地的自然生态环境造成了很大破坏;您是否觉得此地有足够的土地继续建造各类旅游设施以满足外来者的需要等。第二部分测量旅游者的活动给村镇居民生活带来的收益,主要问题有:您是否觉得外来者对当地旅游业的发展有很大贡献;您是否觉得外来者对当地文化的保护与传承有很大贡献;您是否觉得外来者给您提供了更多的就业机会;您是否觉得来此地旅游的外来者对当地经济的繁荣、人民生活水平的提高有很大贡献等。均采用5分量表,给最不赞同的赋1分,给最赞同的赋5分。

村镇居民的心理承载力等于旅游者的活动给居民生活带来的效用的均值减去旅游者的活动发展给居民生活带来的成本的均值。当心理承载力>0时,说明外来人员的行为活动在当地的承受范围之内;当心理承载力<0时,说明外来人员的行为活动超出了当地的承受范围。

3 结论

当我们分别评估出资源环境承载力、社会支持承载力、设施承载力、心理承载力后,根据村镇体系划定的生态恢复型、控制改造型、中心服务型、产业配套型和融入城镇型五类发展方向的特点,[7]赋予各单项承载力子系统相应权重,如生态恢复型村镇由于农林业生产对山地环境造成了破坏,资源环境承载力是起决定作用的指标,故应赋予较高的权重;而中心服务型村镇受城市影响最大,重点在人居环境治理方面,故设施、心理承载力相应地赋予较高的权重。对上述四指标进行综合,即可对村镇宜居社区的环境容量进行评估,该方法不仅能对村镇整体的可持续发展进行评价与调控,更能量化各单因素对宜居社区构建的影响程度,使发现问题与解决问题更具针对性。

参考文献

[1] 胡冬冬,黄晓芳,莫琳玉.新型城镇化背景下农村社区规划编制思路探索[J].小城镇建设,2013(06):49-54.

[2] Wackernagel,M.,Rees,W.,Our Ecological Footprint:Reducing Human Impact on the Earth[M]. New Society, Gabriola Island.,BC. 1996.

[3] Selim Johan. Measuring Human Development:Evolution of the Human Development Index, UNDP working paper[R]. 2002.

[4] 赵楠,申俊利,贾丽静.北京市基础设施承载力指数与承载状态实证研究[J].城市发展研究.2009(04):68-75.

[5] Saveriades, Alexis. Establishing the Social Tourism Carrying Capacity Forthe Tourist Resorts of the East Coast of the Republic of Cyprus [J]. Tourism Management, 2000 (21): 147-156.

[6] 王云才,郭娜.国际村镇旅游业集群化发展的经验借鉴与启示[J].小城镇建设,2012(01):28-31.

[7] 彭震伟,王云才,高璟.生态敏感地区的村庄发展策略与规划研究[J].城市规划学刊,2013(03):7-14。

作者简介

鲁甜,1990年8月生,女,汉族,湖北宜昌人,风景园林硕士,同济大学建筑与城市规划学院景观学系,Email:306911354@qq.com。

王云才,1967年10月生,男,汉族,陕西勉县人,博士,同济大学建筑与城市规划学院景观学系教授,博士生导师,研究方向为景观生态规划,Email:wyc1967@tongji.edu.cn。

基于生态圈层结构的区域生态网络规划
——以烟台市福山南部地区为例

Ecological Network Planning Based on Ecological Layer Structure
——A Case Study on the Southern Region of Yantai Fushan District

吕 东 王云才

摘 要：基于景观生态学的生态规划是近年来风景园林学科发展的重要组成，其在方法借鉴及实际应用层面取得了大量的成果，本文尝试性地提出生态圈层结构模型，从理论层面对复杂的景观系统进行抽象化处理，为整体把握不同尺度下的复杂景观格局提供新的思路。之后以烟台市福山南部地区为例，通过对该区域生态圈层结构的分析明确区域内部具体的生态格局组成及"格局—过程"关系，以网络化生态空间构建的方法，将抽象的生态圈层结构具体落实，并通过生态设计、生态技术及与城乡规划成果对接的方法予以支撑，以期从理论及实践层面为学科的发展提供新的思路。

关键词：生态圈层结构；生态格局；生态过程；生态网络规划

Abstract: The ecological planning based on landscape ecology is an important part in the development of landscape architecture discipline in recent years, that gets a lot of achievements in the methods using and the actual application. The paper tentatively puts forward ecological layer structural model to abstract the complex landscape system from the theoretical level and provides new train of thought for an overall understanding of the complicated landscape pattern of the different scales. Then, paper takes the Southern Region of Yantai Fushan District for example, analyses the concrete ecological pattern and the "pattern-process" relationship, uses the ecological network to implement the outcome of abstract ecological layer structure, provides the ecological design, ecological technology and connection with the urban and rural planning achievements for supporting the implementation of the plan, all of which is aimed to provide the new mentality for the development of the discipline from the aspects of theory and practice.

Key words: Ecological Layer Structure; Ecological Pattern; Ecological Process; Ecological Network Planning

1 引言

当前，通过借鉴[①]景观生态学进行生态规划相关理论研究及项目实践已成为风景园林学科发展的一种重要趋势，尽管在方法操作过程存在诸如对生态系统细分不充分且忽视组分间相互联系，[1]因忽视人对于规划设计的主观能动性而过分强调客观要素的简单叠加，研究及实践成果难以与规划管理有效衔接等问题，但不可否认的是景观生态学的引入为风景园林学科发展所注入了强大活力。有鉴于此，以景观生态学为理论基础之一的风景园林学科实践需要更进一步地深化与升华，而非停留于方法层面的借鉴，特别是在风景园林学科成为一级学科之后，如何吸收景观生态学的理论成果，提出本学科的理论指导思想，这对于学科的发展至关重要。本文尝试性提出生态圈层结构的概念，在此基础上通过生态网络格局规划的方法将理念落实，以期为从理论及实践全面完善生态网络格局规划知识体系提供新的思路。

2 生态圈层结构的理论基础与研究方法

2.1 生态圈层结构的理论基础

生态圈层结构是在人类活动对空间需求及自然生态要素限制与自我维护双重机制作用下形成的具有明显分层特征的空间结构模式，其具体组成包含人居环境集中区、人居环境协调区、生态缓冲空间及生态本底空间四部分。对生态圈层结构的理解需从两方面出发，一方面人类活动对空间的需求是该模式产生的源动力，另一方面，自然生态要素在生态圈层结构的形成过程中具有双重性，首先，自然生态条件影响着人居活动空间的形态，此外，自然生态要素对人居活动空间形成的限制对自然生态系统而言，也是一种保证其基本生态格局完整与生态过程连续的自我保护机制，这种机制的效能基础在于导致景观异质化的众多自然生态要素在空间分布上的连续性（图1）。

2.1.1 客观形成及存在的必然性

在人居环境演进的过程中，人居活动对空间需求的

---

① 基金资助：十二五科技支撑计划"村镇宜居社区与小康住宅重大科技工程——宜居社区规划关键技术研究"（编号：2013BAJ10B01）。

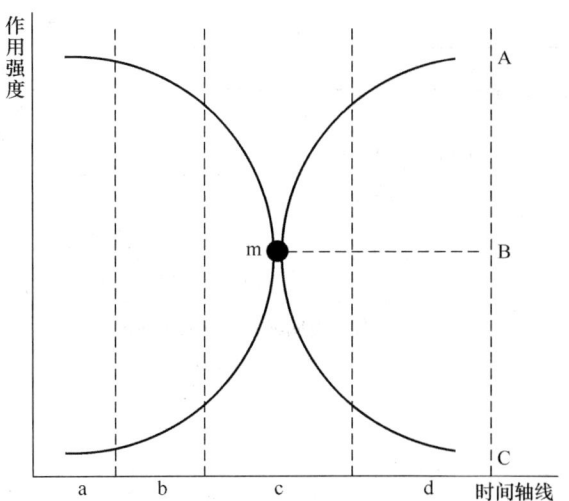

A 人居活动的空间需求 B 最低限度的生态影响 C 自然生态要素的影响

图1 生态圈层结构模式图

程度与自然生态要素的影响强度处于此消彼长的趋势之下，在这一趋势中势必存在一种临界状态（m），该状态下自然生态要素的影响强度与人类对空间的需求强度达到最低程度的适配状态，因此，理想的人居环境构建需要保持B曲线的自然生态影响强度（图2）。

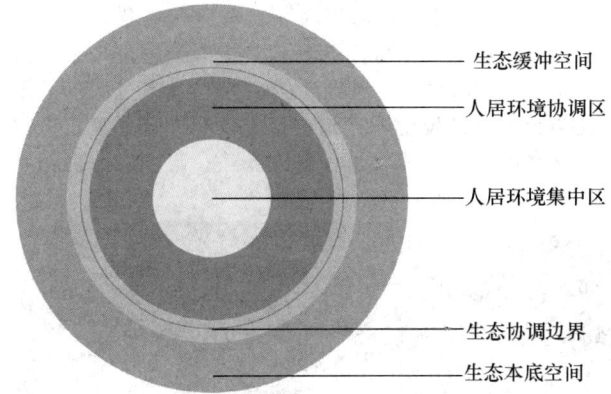

图2 生态圈层结构动力机制分析图

2.1.2 动态演进特征及动力机制

在人居环境演进的过程中，生态圈层结构始终客观存在，但作为动力机制核心的自然生态要素的双重性与人居活动对空间需求的相互作用使生态圈层结构中各组成的空间形态及规模处于持续的动态变化状态。特别是近现代以来，人们认识到在空间获取过程中应保持一定程度的自然要素限制，寻求一种平衡状态，而这种状态的选取正是各种自然限制条件的有机结合，[2-4]这种结合在空间中体现为具有明显区域生态格局特征的连续界面。

2.1.3 与多样化区域生态格局的高度相关

作用因素、作用机制及组成类型的差异不仅导致了景观生态格局的差异化，也为生态圈层结构的多样化创造了客观条件，但无论生态圈层结构的形态如何变化，都应体现地方性的生态格局特征。

2.2 生态圈层结构的识别体系构建

2.2.1 影响因子的提取依据

对生态圈层结构形成影响因子的提取主要依据区域景观格局基本类型及生态圈层形成机制分析。就区域景观格局而言，影响因子的提取需考虑其形态特征、格局组成及结构完整性的影响，使提取的影响因子在生态圈层识别的过程中能充分反映出区域的生态格局特征；就生态圈层结构的形成机制而言，自然要素分析结果体现为线形、连续的空间分布，而圈层结构在空间中的分布具有非线型的分布特征，因此需要根据生态圈层结构形成机制中人居活动对空间的需求，提取可以将连续景观空间进行相应程度区划分隔的要素。

2.2.2 识别体系的构建方法

识别体系的构建主要运用层级分析法（AHP），目标层为区域生态圈层结构的识别，准则层包含保持景观生态格局的连续性和完整性及体现生态圈层结构的分层特征两部分，对于准则层两部分的相互关系可以依据具体规划区域的人居活动需求及生态保护的要求进行界定，指标层的组成包含全部前期提取的要素指标。对于指标的权重关系可以通过对指标间及指标层与准则层的相互关系构建判断矩阵，依据判断矩阵各指标的特征值及其对目标层的贡献率进行排序，明确指标因子间的权重关系（图3）。

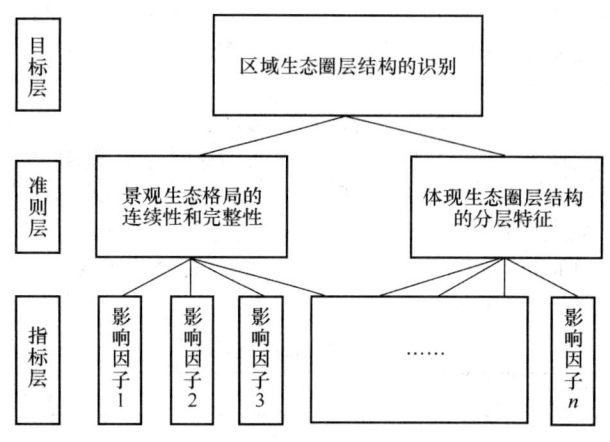

图3 生态圈层结构的识别体系

2.3 生态圈层结构的组成特征与相互关系

2.3.1 圈层内部的组成特征

（1）人居活动集中区

人居活动集中区作为城乡建设活动的主要空间，人工景观空间的高度集聚是其基本特征，相应的景观生态空间处于弱势地位，因此，该圈层的内部组成一方面需综合考虑城乡建设及发展的需求与区域生态安全的相互关系，合理限定其空间规模，另一方面通过结构合理的城乡建设空间内部以绿地系统为核心的生态体系梳理、修复、补充，形成能够为城乡发展提供优质生态环境的基础条件。

（2）人居环境协调区

该圈层处于人居活动集中区外围，随着类生产及生活方式的改变，人居环境协调区域逐渐从区域生态支撑的角色转变为干扰区域景观生态安全的景观空间类型，因此人居环境协调区在维持正常人居功能的基础上，需逐渐实现其在区域生态体系构建中的角色转变，既在保障现有人居活动空间规模的基础上，利用现有的农田林网、道路体系、水系及破碎化的生态斑块，通过以踏脚石系统为主的生态要素补充构建起网络化的景观生态格局，同时以规模化、集约化为基本原则，对现有的人居活动空间进行布局调整。

（3）生态本底空间

生态本底空间是区域生态体系的基础组成，具有优质的生态资源和完整的生态结构，因此区域生态本底空间的规模需进行明确的界定，突出保护的基本目标。此外，随着我国城镇化速度的加快及方式的转变，传统的保守式保护一方面难以取得预期的效果，同时也不利于城乡规划管理工作的开展，因此对于生态本底空间应允许一定程度的利用，这就要求对生态本底空间的利用方式、利用强度等进行相应的要求。

2.3.2 圈层间的相互关系

（1）人居活动集中区与人居活动协调区

人居活动协调区是人居活动集中区的优质生态基础，可以对人居活动集中区的规模进行合理限制，使后续的发展对人居活动协调区的占用充分考虑其作为生态基础的效能，同时生态协调区可以使外层生态本底空间优质生态资源通过其内部的网络化结构实现对人居活动集中区的生态服务。

（2）生态缓冲空间与相邻圈层区域

生态缓冲空间既是连接人居活动空间与生态本底的纽带，也是使生态本底空间保持一定的稳定性，防止外界干扰介入的屏障，因此该圈层需对其内部以廊道为核心的连接空间进行维护和修复，在此基础上制定生态缓冲空间的缓冲机制。

生态圈层结构识别指标表　　　表1

因子	权重	指　　　标	赋值
高程	0.152	>150m	1
		50m—150m	2
		<50m	5
坡度	0.226	>25°	1
		15—25°	2
		<15°	5
坡向	0.079	北/东北	1
		东/西/西北	2
		南/西南/东南	5
水资源	0.249	低（其他区域）	1
		中（距干流/湖泊 2—4km，2级支流 1—2km，3级支流/坑塘500m）	2
		高（距干流/湖泊 2km，2级支流 1km，3级支流/坑塘300m）	5

续表

因子	权重	指　　　标	赋值
林地	0.097	次生林	1
		农林	2
		非林地	5
风环境	0.084	差（背风区、西北—东南向河谷）	1
		中（其他区域）	2
		优（宽阔河谷与开敞水面地区、河谷弯道滩涂区）	5
土壤肥力	0.113	低	1
		中	2
		高	5

3 基于生态圈层结构的福山南部地区区域生态分析

3.1 区域背景

烟台市城市建设的快速发展迫切需拓展新的空间，在满足城镇化一般需求的基础上承接沿海区域的产业转移。在这一背景下，总面积约384km²，具有优良生态条件及交通区位的福山区南部地区就成为烟台市未来城市建设的重点区域之一。当前，生态保护与城镇建设间的矛盾随着该区域开发建设逐渐被提上议程而日益显现，因此该区域的发展急需寻求一条城乡建设与生态保护相互协同的可持续发展途径（图4）。

图4　规划区位分析图

3.2 区域生态格局的总体特征

规划区域景观格局为典型的"水景树"结构，既以水系结构为核心的树枝状外扩格局，圈层结构以水系为核心依次向外延伸，具体包含水系及周边平坦的人居活动空间、山—水之间的生态缓冲空间及以大面积山地丘陵为主的生态本底空间。在横向层面，区域自西向东呈现为山地丘陵板块、谷地及山前平原板块与沿海平原板块，相邻板块之间的过渡地带是衔接不同生态构成要素、缓冲构成组分间物质循环与能量流动过程的重要生态空间。

山体及河流作为"水景树"格局的主干组成，其大致平行向东北部海岸线推进，在局部空间的延伸起到了联系主干构成的作用。作为区域生态核心的双龙潭既是上游生态格局的"汇"又是下游生态格局的"源"，是整个区域生态体系正常运作的半自然中枢（图5）。

3.3 区域生态圈层结构的识别

当前规划区域的人居环境处于演进过程的 b 阶段，因此，为构建和谐健康的人居环境，规划需要在该区域的人居环境演进突破临界状态之前考虑保持最低限度自然生态要素的影响强度，既状态（m）下自然生态影响强度的维持。项目组综合考虑规划区域对景观演进具有重要影响及对未来人居活动空间扩展有较大限制作用的生态要素，最终明确高程、坡度、坡向、水资源分布、植被覆盖情况、风环境及土壤肥力七大要素为临界状态下的核心影响要素（表1）。规划通过专家打分法对各级指标进行分级赋值，利用层次分析法（AHP）计算各因子权重，最终通过GIS叠层计算技术进行多因子综合评价，确定人居环境协调区、生态缓冲区域生态本底区域的基本分层。以生态圈层机构的识别成果为基础，规划制定了相应的规划策略，既通过生态网络单元的引入，修复与完善人居环境协调区域内部网络化空间结构，强化生态缓冲空间对人居环境协调区域与生态本底区域的衔接功能，在保障生态本底区域生态质量的基础上，通过保育、修复及适度的开发利用，充分发挥其综合生态效能，最终构建起网络化区域生态格局（图6）。

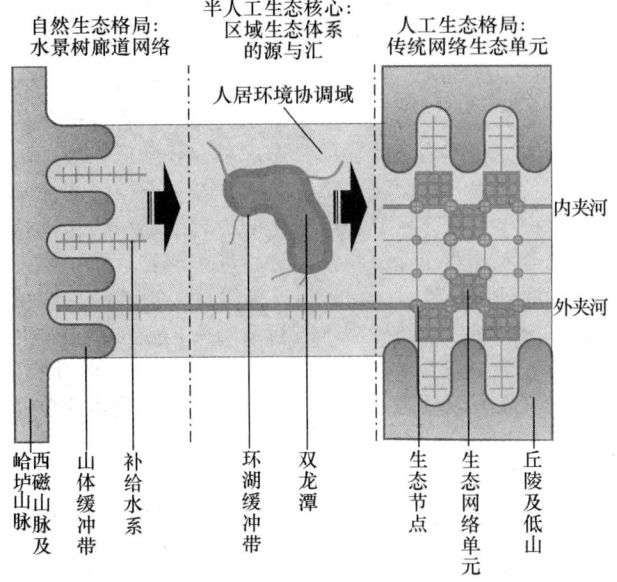

图5 烟台市福山南部地区格局特征分析图

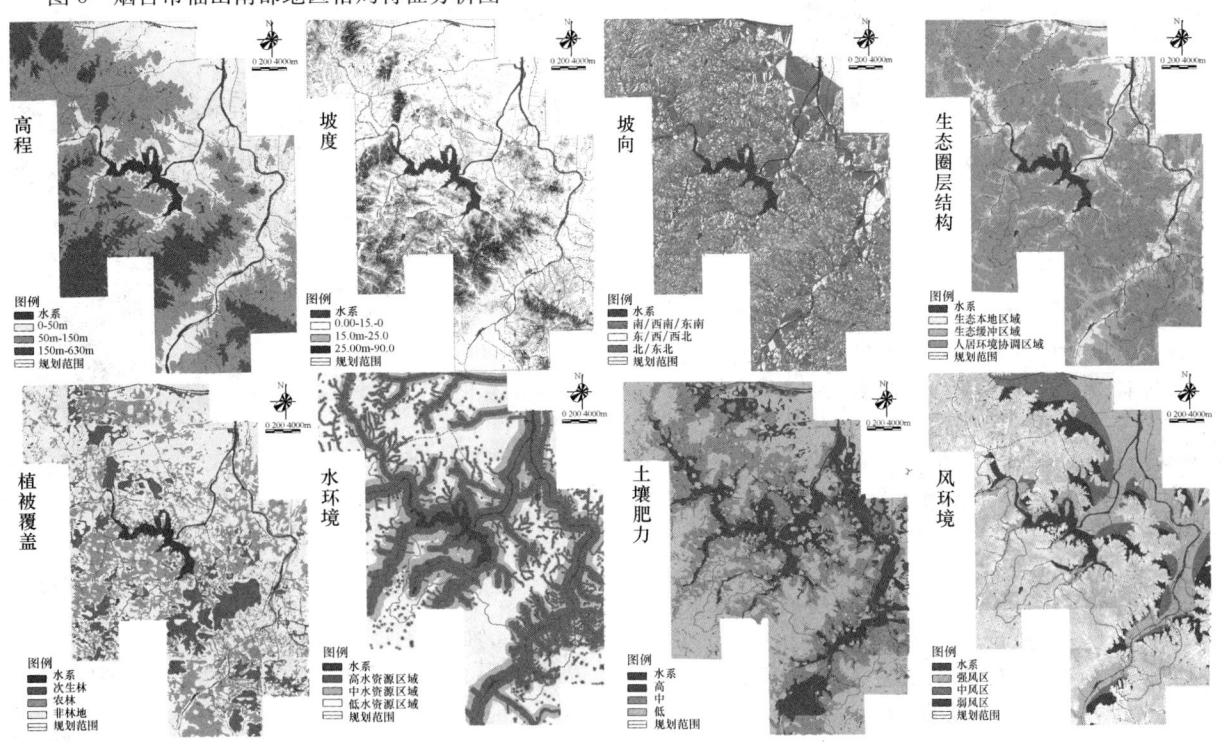

图6 烟台市福山南部地区生态圈层结构分析图

4 基于生态圈层结构的烟台市南部地区区域生态网络构建

4.1 人居环境协调区域规划

生态廊道网络的构建主要依托现有水系、道路、林网等，在人居环境协调区内部结合网络节点、生态斑块和战略空间的设置，形成一个相对独立的网络系统。规划生态廊道包括三个层级，并结合上位规划和相关研究成果制定了相应宽度（图7）。[5]

4.2 生态缓冲区域规划

规划以区域物种栖息及植被分布情况、地形及水文特征的变化为依据，通过与其他生态体系构成的相互调整，将坡度在25°以下的15—30m宽度范围划定为山体缓冲带，这一宽度的缓冲空间既可以减缓高坡度地区地表径流的流速，保持高坡度地区的水土，为生物多样性的保护提供稳定的空间载体，又为其相邻区域的生态衔接提供了适当的空间。

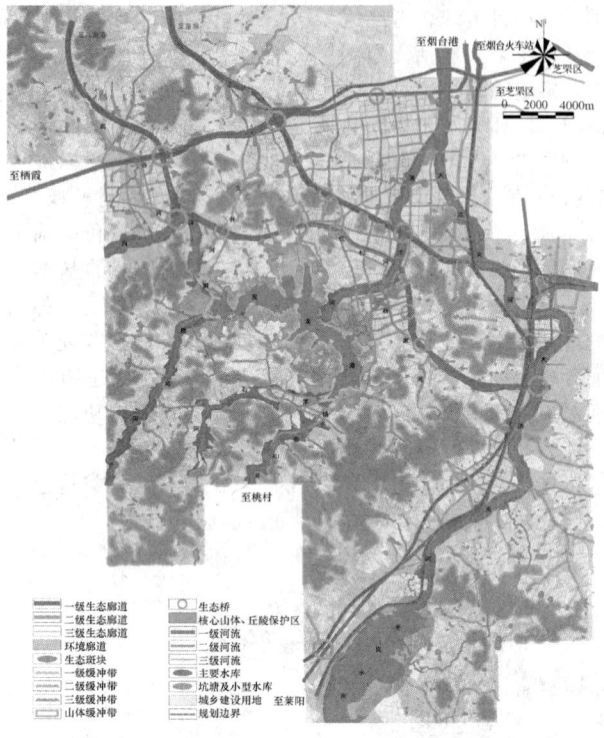

图7　烟台市福山区生态网络格局规划图

4.3　生态本底区域规划

4.3.1　环城生态缓冲带
依据现状的坡度分布情况、植被覆盖情况及覆盖植被种类、水体及其周边生境质量，结合城乡建设发展的需求对缓冲带生态体系组成进行适量补充和外扩，同时规划要求该片区内的开发项目需与环城绿带及郊野公园的功能定性相符合，以公共服务与生态建设为核心。

4.3.2　岭庐山脉及其余脉
该片区以坡度在25°以上，具有良好植被覆盖的区域为主，以此为基础将外围15—30m范围作为缓冲带，同时规划依据风景名胜区建设的经验对区域内新建项目的规模及建设强度提出了指导性的要求。

4.3.3　双龙潭西侧及西北部
一方面，该片区主要位于双龙潭补给水系的上游，是重要的水源涵养和降水汇集区，需要进行严格的控制与保护，另一方面，该区域现状生态破坏严重，急需进行生态修复，因此规划禁止在该区域内进行任何形式的建设。

4.4　双龙潭核心生态功能区域的保护与规划
规划水库周边的1000m范围的区域划分为三级缓冲区：一级缓冲带以湿地为主，具体包括主要河流入水口共3处，一级河口湿地和针对17处一般性水口的二级河口湿地，该区域严禁一切形式建设活动的存在，对现有的开发设施拆除并进行生态修复；二级缓冲带综合考虑毗邻水体的农田及果林分布、畜牧业集中区域、次生林地及灌木林地覆盖情况，结合地形平缓、面向水体的山地汇水面进行调整补充，划定水岸线外围200—300m区域为二级缓冲带，该区域禁止新增建设项目的介入，对于现有的人居设施进行生态改造与提升，将规模化的传统农牧业转型为现代化的生态农牧业，降低人居活动对湖区的干扰；三级缓冲带以二级缓冲带外围高程60m以下，面向双龙潭及其补给水体的山脊线连线为基础依据，结合农林业用地分布情况进行局部调整，最终划定水体岸线外围700—1000m为三级缓冲带边界线，区域内允许根据居民点发展需求进行适当的扩建及改造，允许具有一定生态保障措施的规模化传统农牧业的存在，鼓励适度发展现代观光农业，禁止工业生产活动的介入（图8）。

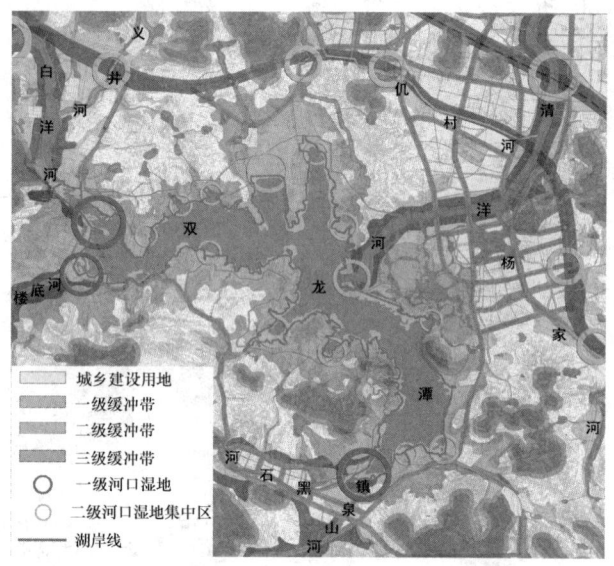

图8　双龙潭核心生态功能区规划图

4.5　生态规划成果与城市规划管理工作的对接
一方面通过生态结构要素的详细设计和具体技术来巩固生态网络。本规划对各级生态廊道、山体缓冲带的宽度和内部构成进行了断面设计，对战略生态空间、生态斑块的组成成分和植物构成作出了明确要求，生态桥也落实到具体位置并提供了多种建设形式。另一方面，生态规划目前作为非法定规划，须与城市规划紧密结合来发挥其效能，生态规划的成果与福山南部地区城乡发展规划相辅相成，重点体现在对用地的空间管制成果编制，对生态本底区域、生态缓冲区域及人居环境协调区域中不同的组成部分依据生态规划的要求分别落实对应到空间管制中的禁止建设区及限制建设区，从法制层面保障生态规划成果的落实（图9）。

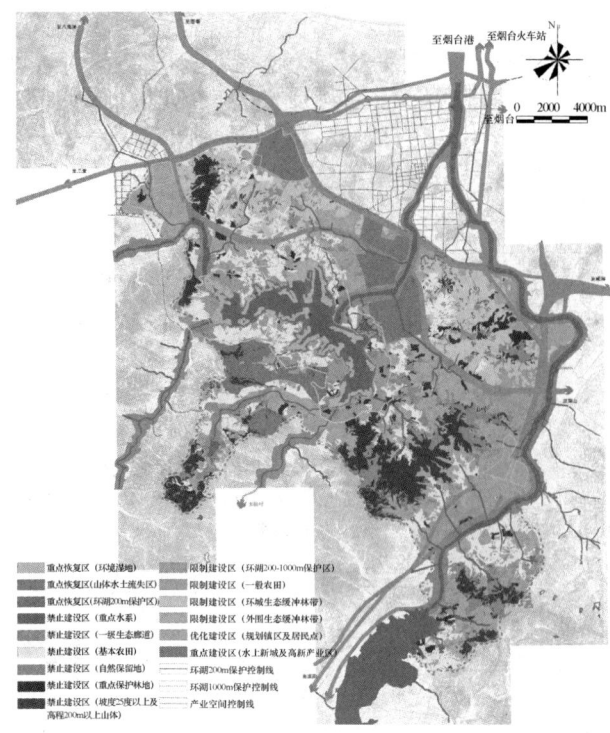

图 9 空间管制规划图

5 结论

自然生态要素的双重性及人居活动对空间的需求间的共同作用是生态圈层结构产生的源动力，和谐健康的生态格局需要尊重自然生态要素在生态圈层结构形成过程的存在，最低限度的自然生态要素影响的保持是保障生态安全的必要条件。另一方面，生态规划的对象是复杂的复合生态系统，通过生态圈层结构的分析可以对不同尺度、不同类型的生态景观格局及潜在生态过程进行整体把握，进而明确不同组成圈层区域的规划重心，为后续规划方法的引入提供必要依据。[6]

参考文献

[1] 王绍增. 叠图法和简易科研法[J]. 中国园林，2010(09)：36-37.

[2] Lyle J T. Design for Human Ecosystem: Landscape, Land Use, and Natural Resources[M]. Washington: Island Press, 1999: 25-27.

[3] Frederick Steiner. Human Ecology—Following Nature's Lead [M], Washington: Island Press, 2002: 60-69.

[4] 吴良镛. 人居环境科学导论[M]. 北京：中国建筑工业出版社，2001：32-33.

[5] 朱强，俞孔坚，李迪华. 景观规划中的生态廊道宽度[J]. 生态学报，2005(09)：2406-2412.

[6] 王云才，刘悦来. 城市景观生态网络规划的空间模式应用探讨[J]. 长江流域资源与环境，2009(09)：819-824.

作者简介

吕东，1986年8月生，男，汉，山东人，同济大学建筑与城市规划学院景观学系博士生，研究方向为景观生态规划设计，Email：lvdongtj@sina.com。

王云才，1967年11月生，男，汉，陕西人，博士，同济大学建筑与城市规划学院景观学系副主任、教授、博士生导师，研究方向为生态规划设计，Email：wyc1967@sina.com。

作为生态基础设施的城市景观规划与构建途径初探

Preliminary Research on Urban Landscape Planning and Construction Avenue As Ecological Infrastructures

马璐璐　毕文哲

摘　要：面对当代快速城市化进程，发展已不再是城市生长的唯一目的，在与自然的和谐共生的驱动下，作为生态基础设施的城市景观，成为城市发展的推动力。使城市绿地从封闭的内向型空间转向开放的公共场所，使城市形态从与自然的对立转向互利。从生态基础设施的结构入手，探讨作为生态基础设施的城市景观构建的三种途径：保护生态斑块，改善区域基质，优化生态廊道。

关键词：城市化；生态基础设施；城市景观；生态斑块；基质；廊道

Abstract: During the rapid proceeding of urbanization, the development is no longer the only purpose of city growing, and the urban landscape as Ecological Infrastructure becomes the driving force of urban development under the driving of harmony symbiosis with nature. Urban green space is transferred from a closed inward-looking space to an open public one, and urban form is shifted from the opposition with nature to mutual benefits. From the structure of ecological infrastructures, three ways built the urban landscape as Ecological Infrastructure discussed: protecting the ecological plaque, improving the regional substrate, optimizing the ecological corridors.

Key words: Urbanization; Ecological Infrastructure; Urban Landscape; Ecological Plaque; Substrate; Corridor

1　引言：生态基础设施——推动城市的发展

伴随着大规模的城市化和信息化的发展进程，当代城市空间、城市生活发生着一系列前所未有的变化。城市的无序扩张导致生态环境受到严重破坏，生态资源大量消耗。

作为生态基础设施的城市景观强调在一定的区域范围内，以自然生态服务为基础，用弹性的方式保护自然环境，维持和修复人工工程基础设施带来的生态破坏，从而成为解决城市蔓延问题和实现可持续发展的有效途径。

1.1　城市景观

城市景观是城市的延伸和附属。它是自然景观和人工景观的综合体，同时也是一种开放的、动态的、脆弱的复合生态系统。

城市景观属于一种耗散系统，对保护生物多样性，营造地域小气候，调节城市生态环境、保持良好的生态运作系统尤为重要。其中包括林地、草地、水体及农田等生态单元。

城市景观作为人类改造介入最彻底的景观，具有高度的空间异质性、复杂流动性、变化迅速等特点。因此迫切需要进行景观生态规划、设计与管理的研究，使得城市景观结构更加合理、稳定，能量流动更加顺畅，城市环境更加和谐、舒适。[1]

1.2　城市基础设施

首先从英国学者威迪克（Arnold Whittick）主编的《城市规划大百科全书》中，对城市基础设施的定义来理解：城市基础设施是一个广泛用于规划的概念，指与城市社区的生活联系在一起的设施和服务。[2]同样，也是城市生存和发展必须具备的工程性基础设施和社会性基础设施的总称。

而当今社会普遍重视单一功能的基础设施系统的设计，往往通过工程化的设计来满足项目在特定时间内的需求，在一定程度上忽视了这些设施在其整个生命周期内提供连续性使用效益的潜力。[3]

随着城市的急速增长和开放空间的缺乏，我们发现基础设施是一个能够产生积极影响却未被充分开发的资源。因此，通过运用生态规律和社会原则，城市基础设施系统将会在改善城市化的生活中发挥多方面的积极作用。

1.3　生态基础设施的内涵与组成

生态基础设施（Ecological Infrastructure）本质上讲是城市的可持续发展所依赖的自然系统，是城市及其居民能持续地获得自然服务（Natures Services）的基础，这些生态服务包括提供新鲜空气、食物、体育、游憩、安全庇护以及审美和教育等等。是一个综合的概念，不仅包含了绿色植被、河网水系，也包括了大尺度地貌格局。[4]可以被看作是一种可持续景观（或生态系统）的基础性结构，由关键性的生态系统所构成，它保障为城市和居民持续地提供自然产品和服务，并使我们的后代能获得同样的产品和服务。[5]

城市景观的可持续性依赖具有前瞻性的生态基础设施建设，如果城市的生态基础设施不完善或前瞻性不够，在未来的城市环境建设中必将付出更为沉重的代价。相反，若通过运用生态规律和社会原则对城市基础设施进行合理规划，其将会在改善城市化的生活中发挥多方面的积极作用。

生态基础设施包括生态斑块、廊道及踏脚地等3种组分（图1）。

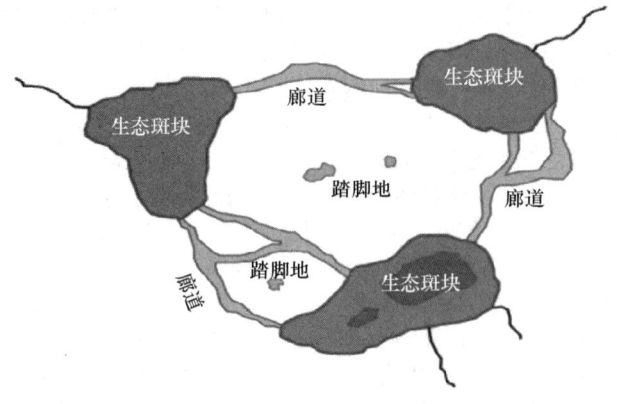

图1 生态基础设施的构成示意图[6]

所谓生态斑块即为面积大，连续性好，具有重要生态功能的生态用地，如自然林地、湿地、城市公园及大型绿地等。这些区域或为动植物的重要栖息地，或为居民集体性的休闲娱乐场所。在进行生态保护和生态恢复建设的过程中，这些区域一般需要首要保护，并永久保留。(Weber et al., 2006, 2008) 在对马里兰州进行的生态基础设施分析中，将下列生态用地归为生态斑块（表1）：

生态斑块　　表1

编号	用地种类	条件
1	敏感物种栖息区域	
2	大中型林地	连续分布，面积可达100hm^2，并且在其周边具有100 m过渡带的林地
3	面积可达100 hm^2	未遭受破坏的湿地
4	河流及其沿岸的湿地和林地	重要水生生物栖息地，本地鱼类、两栖类及爬行类动物集中分布的代表性栖息地，或溯河性鱼类的重要产卵地
5	已有保护区	

廊道一般为线状（或带状）分布，并且有别于两侧景观类型。随着人类世界越来越"连通"，自然环境却日益破碎。正是由于建设用地盲目扩张所导致的自然生态用地退化、破碎，使得某些动物因孤立而觅食和寻偶困难，植物因孤立而不能有效传粉，从而影响了城市环境的生物多样性。因此，生态基础设施不仅包含公园及保护区等大型生态斑块，链接这些生态斑块的廊道同样是其重要组分。

踏脚地可以看作是在生态斑块或廊道无法连通的情况下，为动物迁移或人类休憩而设立的生态节点，是对生态斑块和廊道的补充。[6]

2 作为生态基础设施的景观推动下的新型城市发展模式

当城市被阅读为一种以景观为载体的生态体系，而生态基础设施成为城市发展的框架，这就为我们系统地理解和规划处于动态过程中的城市景观提供了新的发展模式。[7]

2.1 城市绿地从封闭的内向型空间转向开放的公共场所

随着城市的更新改造和进一步向郊区化扩展，工业化初期的公园形态将被开放的城市绿地所取代。从分离的庇护所到开放的场所，生态基础设施作为一种景观手段，将城市绿地从单一的土地开放的束缚中解脱出来，溶解成为城市内各种性质用地之间以及内部的基质，并以简洁、生态化和开放的绿地形态，渗透到居住区、办公园区、产业园区内，并与城郊自然景观基质相融合。[8]使城市绿地综合地向外扩张，开创了与整个城市发展规划相协调的格局，来追求更大区域范围内的开敞与联系，成为连通城市各组成部分的纽带。为人们与日常工作、生活及环境之间搭建了全新的关系。

例如位于北京市朝阳区中部繁华地段的朝阳公园，总面积约278hm^2，是四环以内最大的城市公园。公园的建设突出了综合性与参与性，并突破了公园界限本身，产生了巨大的辐射效益，重塑了其周边区域，形成的朝阳公园片区成为京城最具活力与吸引力的区域。

再如，查尔斯顿公园（Charleston Park）挑战了人们对公共与私人空间的传统思维。其设计创建了很强的视觉形象，为市民提供了一个急需的公共活动场所，同时又模糊了私人与公共空间之间的界限，将城市绿地弥漫于整个城市用地中的绿色液体（图2）。

图2 查尔斯顿公园

(资料来源：http://www.panoramio.com/photo/7908203)

2.2 从城市与自然的对立转向复合型的城市形态

为了满足城市的发展需求，城市对自然过渡的索取，曾经一度将城市推向与自然的对立面，冲突与矛盾从与日俱增。而生态基础设施概念的介入，引导我们从生态的角度重新审视城市发展与自然的关系，搭建了新的和谐共生关系，使得城市与自然互为二元的对立面转向"人工中孕育着自然"（城市化的景观）和"自然中蕴含着人工"（景观化的城市）的复合型城市形态。

在人与自然相互适应的过程中，基础设施对于人工干预与自然系统关系的完善至关重要。许多古城依水而生、因山而建反映了在作为生态基础设施的景观手段调和下城市发展与自然演变的互利关系。

例如苏州城"山—水—城"的共生关系（图3）。由于地势低于长江水位，也低于毗邻的嘉兴、湖州、常州、镇江等地，自古以来，水患就一直严重威胁着这个地坪的"水乡泽国"，面对自然的考验，人们兴修水利、开凿水道、引水入城，开始为了顺应自然而进行适度的人工干预，形成了优化空间的功能性景观。

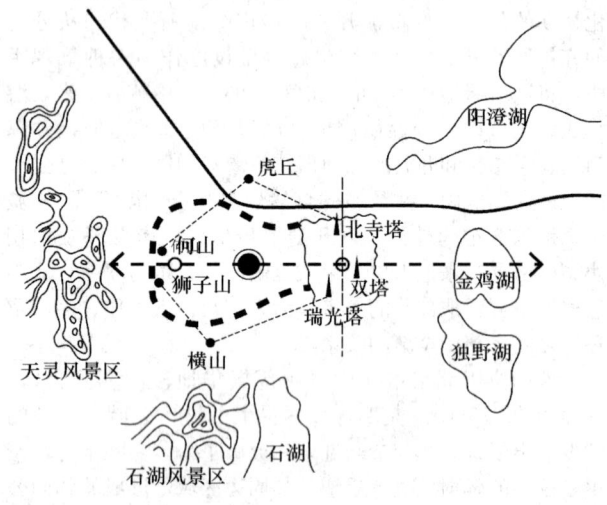

图3 苏州城"山—水—城"的共生关系（作者改绘）

这种生态策略的介入为城市创造了新的发展轨迹，昔日灾害变成今日福利，水道成为居民日常生活的载体，不仅承担着整个古城的引水、排水、运输、防卫、净污等生活功能，带动了城市的经济发展，便利了市民生活，更创造了古城独特和杰出的地域文化，保证了苏州城的持久繁荣。[9]

3 作为生态基础设施的城市景观构建途径探讨

景观不仅为城市提供了多种生态空间，也介入城市结构，成为行使城市功能，构建多层次、立体化的城市空间形态的综合体，本文对景观综合体构建的途径进行了初步的探讨。

3.1 保护城市景观中的生态敏感斑块和特色文化斑块，构建生态网络系统

生态基础设施是一个相互联系的生态空间网络，由具有内部连接性的自然区域、人工环境和附带的工程设施组成，包括绿地、湿地、公园、森林、植被等，这些要素组成一个相互联系、有机统一的网络系统。这一系统具有自然生态的功能和价值，为人类和动物提供自然保护、户外休闲和绿色生活的场所，如作为栖息地、净水源、迁徙通道等，这种生态空间网络构成了一个服务于环境、社会与经济可持续发展的生态框架。[10]

首先，需要维护城市景观的异质性，保护现有斑块。遵循景观生态学原理，从保持生态学过程的连续性和完整性出发，从调整和改善斑块的形状、大小、连通性和整体空间配置等方面入手，保护城市景观中的生态敏感区（包括城市河流水系、濒河地带、城郊山地或丘陵、自然和人工植被、野生动物栖息地等），以及具有特殊或重要历史文化价值的文物古迹、风景名胜等文化敏感区。

其次，增加城市景观中的生态环境功能斑块。在城市的建设和生态系统恢复的过程中，应更多地追求多元化和多样性，引入和保护自然和半自然斑块和廊道，如林地斑块、水体斑块、湿地斑块和其他具有复杂群落和生境的植被斑块。

最后，构建连续、整体的生态网络。生态网络将不同区域链接起来，形成多层次、多领域的完整的生态保护系统，最大限度地增加破碎斑块的链接性，使生物多样性资源由地球陆域景观斑块重新恢复为基质，成为陆域生态系统控制性主体部分。[11]

3.2 改善区域基质质量，建设系统、连续的城市防护林网

由于对景观基质保护和建设的忽视，大量已成熟的防护林体系往往在城市扩张过程中的河岸整治或道路拓宽过程中被伐去，其他林网也在由农用地转为城市开发用地过程中被切割或占用，原有防护林网的完整性受到严重损坏。因此，在城市规划和设计过程需要我们采取更有效的措施，将原有防护林网保留并纳入城市绿地系统中，具体规划途径包括（表2）：

表2 防护林网保护策略[8]

保护用地类别	构建策略
沿河林带	另辟导洪渠，建立蓄洪湿地。而最为理想的做法是留出足够宽用地，保护原有河谷绿地走廊，将防洪堤向两侧退后设立。在正常年份河谷走廊成为市民休闲及生物保护的绿地，而在百年或数百年一遇洪水时，作为淹没区
沿路林带	以其中一侧林带为路中隔离带，一侧可以保全林带，使之成为城市绿地系统的有机组成部分。更为理想的设计是将原有较窄的城郊道路改为社区间的步行道，而在两林带之间的地带另辟城市道路
原有防护林带	通过逐步丰富原有林带的单一树种结构，使防护林带单一的功能向综合的多功能城市绿地转化

3.3 优化城市生态廊道

以维护和恢复廊道的自然形态为基础，还其自然状态，形成优化的生态序列，并将各种类型的生态廊道引入人居环境，使其溶解于城市活动区域并整和于生态网络中，成为整个网络有机组分，从而建立人与自然异质共生的持续发展模式（表3）。

廊道优化策略[11]　　　表3

廊道类型	优化策略
河流廊道	1. 严格限制城市废水向河湖排放和城市垃圾沿河岸倾倒。 2. 协调河流廊道与农业景观的空间关系，减少农田对河道的占用，使之成为一个水—湿地—水、旱地生境系列综合体。 3. 优化河流两岸的绿化廊道，使之成为城市郊野景观的一个联系渠道，使生物跨越城市运动成为可能，使城区割断的自然通道重新打开
交通廊道	1. 整治旧城区狭窄的街巷，畅通人员、物质与能量流动，降低交通等灾害发生的可能，形成火灾等灾害的空间传播隔离线。 2. 控制新城区密集、低矮居住区的扩展，适当提高城市天际线，置换空间以发展城市绿地及提高居住区内的道路等级。 3. 控制城区沿主要交通廊道扩展的速度与景观类型。 4. 提高居民通往城市开敞空间的道路通达性，形成有利于避灾的交通廊道网络
绿化廊道	1. 提高绿化廊道的连接度，形成一个有利于生物迁移的连续绿化空间。 2. 完善城市绿化廊道空间体系，形成林—灌—草相结合的，具有较强抗污染能力的绿化带

2002年休斯敦布法罗市的布法罗湾的生态修复工程就是一个典型的案例。通过布法罗湾的更新改造，将布法罗湾、休斯敦城以及哈里斯（Harris）县的生态基础整合在一起，为大休斯敦市域重塑了一个生态基础的框架，解决了长期困扰休斯敦市区和哈里斯县的洪灾问题，修复了河流的生态环境和栖息地；此外，拆去了割裂海湾地区与城市的高架桥，创造一个联结海湾与城市的廊道，通过建造更多的娱乐机会让布法罗湾的自然魅力重新回到城市景观和市民生活中。[12]

4 结语

当代景观实践中，生态基础设施可以被看作是对景观与城市发展中不断涌现的新问题新挑战的回应，提供了一个视角和一种表述的方式。为保护自然与生态环境，实现城市功能、结构和经济的修补与复兴，引导城市的生长，提供了新的发展契机，成为新世纪城市创造繁荣文化与文明，塑造人居环境的战略性手段。

参考文献

[1] 沈莉莉，柏益尧，左玉辉. 城市景观生态规划：生态基础设施建设与人文生态设计——以常州市为例[J]. 四川环境，2006, 02: 71-74.
[2] 王占，孟凡荣. 城市化进程中的生态基础设施规划思考[J]. 中国新技术新产品，2009, 07: 45.
[3] 洪盈玉. 景观基础设施探析[J]. 风景园林，2009, 03: 44-53.
[4] 俞孔坚，李迪华，李伟. 论大运河区域生态基础设施战略和实施途径[J]. 地理科学进展，2004(1): 1-12.
[5] 俞孔坚. 景观作为新城市形态和生活的生态基础设施[J]. 南方建筑，2011, 03: 10.
[6] 杜士强，于德永. 城市生态基础设施及其构建原则[J]. 生态学杂志，2010, 08: 1646-1654.
[7] 翟俊. 基于景观都市主义的景观城市[J]. 建筑学报，2010, 11: 6-11.
[8] 俞孔坚，李迪华，潮洛蒙. 城市生态基础设施建设的十大景观战略[J]. 规划师，2001, 06: 9-13+17.
[9] 陈泳. 城市空间：形态、类型与意义——苏州古城结构形态演化研究[M]. 南京：东南大学出版社，2006: 64-70.
[10] 屠凤娜. 国内外生态基础设施建设实践与经验总结[J]. 理论界，2013, 10: 63-65.
[11] 贾丽奇. 生态城市发展的景观生态途径探讨[D]. 上海：同济大学，2007.
[12] 陈晓彤，郭玉. 景观都市主义视角下的中国山水城市建构途径[C]// 住房和城乡建设部、国际风景园林师联合会. 和谐共荣——传统的继承与可持续发展：中国风景园林学会2010年会论文集（上册）. 2010: 3.

作者简介

马璐璐，1990年4月生，女，汉族，山东烟台人，北京林业大学园林学院风景园林硕士研究生，研究方向为风景园林设计与理论，Email: huoxiaomo@163.com。

毕文哲，1991年7月生，女，汉族，河南南阳人，北京林业大学园林学院风景园林硕士研究生，研究方向为风景园林设计与理论。

可持续景观理论与案例研究

The Theories and Cases Studies of Sustainable Landscape

毛连成　张晓钰

摘　要：可持续景观是建立在可持续发展概念基础上的一种新的设计理念。国内外很多专家对可持续景观设计进行了有益的研究，并且对可持续景观设计做出了尝试，提供了很多宝贵的案例与经验。本文将论述可持续景观的理论，并通过美国加利福尼亚州圣莫妮卡市花园与中国香港湿地公园两个案例，分析可持续景观的设计理念、方法。
关键词：可持续发展；可持续景观；生态；可持续性；设计

Abstract: Sustainable landscape is a new design concept based on the concept of sustainable development. Many domestic and foreign experts has made some research on sustainable landscape design, and made an attempt to provide a lot of valuable cases and experience for sustainable landscape design. This article will discuss the theories of sustainable landscapes, and through two cases of the garden/garden in Santa Monica, California, United States and the Hong Kong Wetland Park, analysis of the concept and methods of sustainable landscape design.
Key words: Sustainable Development; Sustainable Landscape; Ecology; Sustainability; Design

可持续发展是对未来土地利用决策制定的一个被广泛接受的战略框架（IUCN，1992）。施泰纳（Steiner）在2000年引入了"生态规划"，定义为"利用生物物理和社会文化信息表明在决策制定过程中创造景观的机会和约束"。施泰纳把可持续性作为景观发展的基本目标。虽然它在决策制定中被相当重视，但并没有提供生态可持续性的具体指标，或与生态可持续性相关的关于民众与经济利益的决策制定的具体方法。一些景观规划师甚至批评这样的方法在景观规划方面的合理利用。1993年10月，美国景观设计师协会（ASLA）发表《ASLA环境与发展宣言》，提出了景观设计学视角下的可持续环境和发展理念。2005年联合国世界环境日纪念活动，与会代表在美国旧金山共同签署了《绿色城市宣言》和《城市环境协定》。

可持续景观的发展要求景观规划旨在"实现个体和社会系统内实现一种稳定的状态，既适应当代人的需求，又不损害后代满足他们需求的能力"（WCED，1987；Ahern，2002）。这意味着，在关于未来景观的决策制定的生态、文化和经济功能之间实现了平衡（Linehan and Gross，1998），使子孙后代资源不枯竭和破坏至关重要。我们以景观作为一个地理单元，其特征在于通过地理、生态和人为的力量的相互作用形成的生态系统类型的特定模式（Forman，1995；Steiner，2000）。因此，景观的可持续发展要求：景观结构支持所需要的生态、社会和经济过程，因此它可以为当代人和子孙后代提供产品和服务；景观可随时间变化而不会失去它的关键资源；利益相关者参与有关景观功能和模式的决策制定。

1 可持续景观的内涵

塞耶（Robert Thayer）指出可持续景观应具备以下5个特点：

（1）可持续景观采用的主要能源为可再生的能源，以不造成生态破坏的速度进行再生；
（2）最大程度实现资源、养分和副产品的回收，控制垃圾排放，使原材料向无法利用的位置和形式转换；
（3）尊重场地原有生态格局和功能，保持周围生态系统的多样性和稳定性；
（4）保护当地居民社区，为居民生活服务，不破坏社区居民的正常生活；
（5）景观设计者应把技术视为次要、从属的手段，不应视其为主要的、控制性手段。

俞孔坚教授认为，"可持续的景观是生态上健康、经济上节约、有益于人类的文化体验和人类自身发展的景观。"

成玉宁教授认为，自然之"道"是可持续景观的基础，并指导可持续景观；可持续景观遵循并反映自然之"道"。可持续景观是"最大限度地利用自然"力"，人工营造维系的最小化"。

可持续景观可以定义为基于自然系统具有再生能力的景观。可持续景观设计被定义为是一种基于自然系统自我更新能力的再生设计，是建立在可持续发展概念基础上的设计理念的一种演进与发展，是一种新的设计思路。目前，国内外许多学者对可持续景观理论研究作出了诸多贡献，但成功的可持续景观设计模式还需景观设计师与从业者在实践中不断总结。

2 可持续景观设计原则

可持续景观的设计原则反映了创造一个景观时需要考虑的不同要素，最大限度地减少其对水等自然资源的使用，并且提高其潜在的创造永续景观和生态栖息地的能力。可持续景观设计原则总结如下：

2.1 地方性原则

可持续景观的设计要基于场地的自然条件、历史背景以及文脉的挖掘，对现状场地进行合理保留与利用，进行创造性的设计。

2.1.1 适应场地自然过程

可持续的景观设计要求以场地的自然过程为依据，考虑场地中的光照、地形、水体、土壤、植被等各种自然要素，以促成场地的可持续发展。

2.1.2 尊重当地的文化传承与地方特色

一个场地的可持续性设计，必须在传承本地文化与地方特色的基础上，创造可持续生态景观。

2.1.3 选用当地材料

乡土物种不仅适应本地的自然条件，而且管理和维护成本较低。所以植物与建材选择当地材料，也是可持续设计的重要方面。

2.2 尊重自然原则

尊重自然是可持续景观设计的基本原则。塞耶说，景观是一种显露生态的语言。景观设计的最终目的是对于自然环境的理解和运用，并不是刻意地改造和颠覆，使得自然提供适宜人类生存的环境。

2.3 保护与节约自然资源

建设节约型景观，就是在景观规划设计中充分落实和体现"3R"原则——即对资源的减量利用（Reduce）、再利用（Reuse）和循环利用（Recycle），这也是实现可持续景观的必由之路。

3 可持续景观设计方法

可持续景观设计理念要求景观设计师对环境资源理性分析和运用，营造出符合长远效益的景观环境。针对建成环境的生态特征，可以通过三种方法来应对不同的环境问题。

（1）整合化的设计：统筹环境资源，恢复城市景观格局的整体性和连贯性。

（2）典型生境恢复：修复典型气候带生态环境以满足生物生长需求。

（3）景观设计的生态化途径：从利用自然、恢复生境、优化生境三个方面入手，有针对性地解决不同特点的景观环境问题。

集约化景观设计方法，是可持续景观设计的基本方法，也是走向绿色城市景观的必由之路。它要求在景观规划设计中充分落实和体现"3R"原则，在景观寿命周期内，通过合理降低资源和能源的消耗，有效减少废弃物的产生，最大程度上改善生态环境，进而促进土地等资源的节约利用与生态环境优化，实现生态效能的整体提升，最终实现人与自然和谐共生的可持续性景观。

4 可持续景观设计技术

随着生态学等自然学科的发展，越来越强调景观环境设计系统整合与可持续性，其核心在于全面协调与景观环境中各项生境要素，如小气候、日照、土壤、雨水、植被等自然因素，当然也包括人工的建筑、铺装等硬质景观等。

4.1 可持续景观生境设计

4.1.1 土壤环境的优化

在可持续景观设计中，应充分利用原有的自然地形和水体资源，尽量减少对生态环境的破坏。注意基地表土的保存和恢复，人工恢复土壤环境。

4.1.2 水环境的优化

改善水环境，首先是利用地表水、雨水、地下水，其次就是中水的利用。水资源的节约是景观设计当前所必须关注的关键问题之一。雨水收集面主要包括：屋面、硬质铺装面、绿地三个方面。

4.2 可持续景观种植设计

可持续景观种植设计注重植物群落的生态效益和环境效益的有机结合。通过模拟自然植物群落，恢复地带性植被，多用耐旱植物种等方式，建构起结构稳定，生态保护功能强，养护成本低，自我更新能力强的植物群落。

4.3 可持续景观材料及能源

景观材料和技术措施的选择对于实现设计目标有重要影响。景观环境中的可再生、可降解材料的运用、废弃物回收利用以及清洁能源的运用等是营造可持续景观环境的重要措施。景观环境中运用的可再生材料主要包括：金属材料、玻璃材料、木制品、塑料和膜材料等几种类型。

5 案例研究

5.1 传统花园与乡土花园——在圣莫妮卡两个花园的比较

美国加利福尼亚州圣莫妮卡市创造了这种 Garden/garden（两个在居民前院相毗邻种植的花园，前一个花园用传统的方法，后一个根据本地合适的气象特征，进行可持续性的设计），这样可以让居民看到两种花园直接的对比（图1）。

图1 圣莫妮卡市乡土花园（左）与传统花园（右）
（资料来源：http://www.asla.org/sustainablelandscapes/gardengarden.html）

5.1.1 背景

南加利福尼亚州的气候是地中海气候。砂质结构的碱性土壤比较常见。每个花园1900平方尺，约为176.5m²。

5.1.2 场地的限制与问题

（1）这两个花园的土壤类型为砂质壤土（中度渗透性），有机质含量低，数十年的草坪土壤高度板结。

（2）测试还表明高碱度，高含量的重金属，包括锌和铜。两个花园现有景观被完全拆除，回收所有产生的废料，创建一个相同的环境基础研究条件。用相应的植物材料作土壤改良剂。可使土壤保持基本的平衡，有助于促进土壤的长期健康，并增加植物健康。

（3）两个花园承受异常高的车流，以及由此产生的空气污染。

5.1.3 乡土花园中的可持续性做法

（1）无化学除草剂或杀虫剂；
（2）用加州本土树种来模拟建造圣莫尼卡山丛林；
（3）采用带天气传感器的低量滴灌技术；
（4）采集雨水径流供地下水补给系统；
（5）创造当地和迁徙动物的野生栖息地。

5.1.4 传统花园中的做法

（1）无化学除草剂或杀虫剂，偶尔使用血粉；
（2）从欧洲北部和美国东部地区的外来植物；
（3）标准，用户控制的喷灌系统；
（4）没有提供径流缓解途径。

5.1.5 建造成本

传统花园花费12400美元，乡土花园花费16700美元。相比较而言，乡土花园在费用成本上并不具有优势，但是乡土花园费用包括了拆卸和更换现有的接入坡道，安装透水铺装，安装雨水回收系统。乡土花园这样做可以带来直接的经济效益与生态效益，可以节约用水，减少浪费，并改善人类和环境健康。

5.1.6 跟踪监测

2004年3月完成建设。从2004年到2008年，跟踪监测两个花园的费用、劳动时间、植物生长、用水量、绿色废弃物的产量，以及其他环境因素。由于传统花园用水量、维修工时、绿色废物处置和运输成本的费用不断增加。就长期来看，抵消了其在建设成本上的优势（图2）。

（1）在用水量方面：传统花园为283981加仑/年，乡土花园为64396加仑/年。乡土花园节约219585加仑/年，节约了77%。

（2）绿色废弃物：传统花园为647.5磅/年，乡土花园为219.0磅/年。乡土花园少产生428.5磅/年，减少66%。

（3）维护的人工费用：传统花园为223.22美元/年，乡土花园为70.44美元/年。乡土花园少花费152.78美元/年，节约68%。

通过收集到的数据分析，南加利福尼亚州圣莫妮卡市的乡土花园相比于传统花园，能显著减少资源消耗、废物产生。

5.2 香港湿地公园的可持续性设计

香港湿地公园是在设计中充分体现了环保优先、可持续发展、和谐共生等生态设计理念，是城市区域湿地恢复与保护的成功案例，也是可持续景观设计的成功案例。自2005年5月开放以来，不仅为香港市民及游客创造了一个世界级的旅游胜地，而且创造了巨大的生态效益、经济效益与社会效益。

5.2.1 概况

香港湿地公园位于天水围新市镇东北隅，接近香港与深圳的边陲。占地61万m²。

香港湿地公园是在可持续性设计方面一个多部门、多学科合作设计的成果，成功地解决了各项目标之间的可能冲突。

5.2.2 可持续设计布局与湿地生境营造

设计者主要通过合理的功能布局和湿地生境的营造

来实现可持续性设计的要求,体现人与自然和谐共生的设计理念。

(1)合理的功能布局。香港湿地公园分为湿地保护区和旅游休闲区两部分。湿地保护区是湿地公园的核心要素,其布局以避免人类活动的干扰,营造良好的生境为原则。湿地保护区也为来访的游客与学生提供科普教育、认识湿地的机会。在设计中也采用了植物、构筑物等来分隔访客和生物栖息地,减少人类对生境的破坏。旅游休闲区会带来大量的人类活动干扰,因此避免与关键的环境原则相冲突,是其布局选择的首要原则。

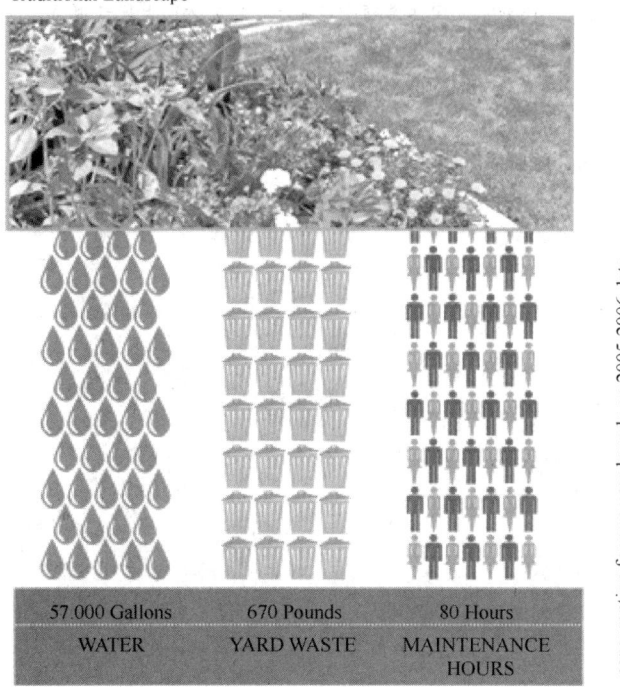

图2　乡土花园与传统花园用水量、绿色废弃物与维护人工费用对比
(资料来源:http://www.asla.org/sustainablelandscapes/gardengarden.html)

(2)湿地生境的营造。湿地生境的创造主要包括植被种植、水体与土壤等设计方面。香港本地的野生湿地植物资源丰富,在配置时遵循物种多样性、模拟自然的原则,大量选用了乡土湿生植物,体现陆生—湿生—水生生态系统的渐变特点,植物生态型从陆生的乔灌草—湿地植物或挺水植物—浮叶沉水植物等。水体营造体现在护岸的处理与生态廊道的设计。护岸处理以自然生态驳岸为主,栈道全部采用木质栈道,硬质铺装尽量避免穿过湿地保护区。

5.2.3　可持续设计做法

可持续性的做法主要体现在物料的选用、水系统的设计和能源的利用几个方面。

(1)物料的选用。香港建筑署在建造湿地公园时十分注重物料的选择,优先选用可以更新的软木材而不是硬木材;大量使用乡土湿地植物物种,尽可能地模拟自然生境,而且能将维护成本和水资源的消耗降到最少;材料再利用应用于景观设计中。

(2)水系统的设计。利用可以获得的天然水资源,重建了淡水和咸淡水栖息地;采用了雨水收集系统。

(3)能源的利用。采用了高效的地热系统;在空调中采用了低温冷却系统。

5.2.4　小结

香港湿地公园可持续性设计理念贯穿了其整个过程,经过多学科的合作,并成功地处理了各项目标之间的可能冲突。这也启示我们可持续景观的设计需要多个领域专家的参与。

6　结语

可持续景观是景观设计理念的又一次大的进步,是景观设计的趋势,而且可持续设计的模式仍需要景观设计师与从业者不断地探索与总结。对景观设计师而言,需将可持续景观设计贯穿始终,实现人与自然的和谐发展。

参考文献

[1] Paul Opdam, Eveliene Steingröver, Sabine van Rooij, Ecological networks: A spatial concept for multi-actor planning of sustainable landscapes[J]. Landscape and Urban Planning, 2006(75): 322 – 332.
[2] 俞孔坚,李迪华. 可持续景观[J]. 城市环境设计, 2007(01): 7-12.
[3] 成玉宁. 现代景观设计理论与方法[M]. 南京:东南大学出版社, 2010.
[4] 贾秉玺,孙明. 基于景观生态学的可持续景观设计[J]. 农

业科技与信息(现代园林),2010(03): 29-31.

[5] CASE STUDIES: Sustainable Practices In Action. THE SUSTAINABLE SITES INITIATIVE: 35-51.

[6] http://www.asla.org/sustainablelandscapes/gardengarden.html

[7] http://www.smgov.net/Departments/OSE/categories/landscape.aspx

[8] 田宝江. 走向绿色景观[J]. 城市建筑, 2007(05): 6-8.

[9] 汤学虎, 赵小艳. 香港湿地公园的生态规划设计[J]. 华中建筑, 2008(03): 119-123.

作者简介

毛连成,1990年2月生,男,汉族,山东潍坊人,南京农业大学2013级风景园林硕士研究生,研究方向生态修复与园林工程。Email: st_mlc@163.com。

张晓钰,1990年1月生,女,汉族,江苏南通人,南京农业大学2012级风景园林学硕士研究生,研究方向大地景观与生态修复。Email: bestyutou@sina.com。

城市公园可达性评价研究进展

Research Process on Accessibility Measures of Urban Parks

施 拓 李俊英 李 英

摘 要：城市公园作为城市公共资源的重要组成部分，能否被市民公平地享有是城市规划者和决策者普遍关注的现实问题。城市公园的可达性能够很好地描述城市公园的空间分布及评价其服务公平性。本文首先对可达性概念进行全面阐释，并在此基础上将可达性评价方法分成距离法、累计机会法、引力模型法和拓扑法四大类，对其原理及优缺点进行评述。其后，针对不同方法适用领域及主要研究内容进行介绍。最后，对今后城市公园可达性研究方向提出展望。
关键词：可达性；评价方法；城市公园

Abstract: Urban parks which are important parts of city public resources, whether they could be enjoyed equally by public is a realistic problem cause city planners and decision-makers widespread concern. Urban parks accessibility could describe parks' spatial distribution and measure the equity of its services. In this paper, the conception of accessibility is introduced firstly, then on the basis accessibility measures are divided into four kinds, including distance method, container method, gravity model method and topological method, with the principles and advantages and disadvantages reviewed. Thereafter, suitable fields and main research contents of different accessibility measures are introduced. Finally, bring forward outlook of the development and research in the future.
Key words: Accessibility; Measures; Urban Park

公园是城市景观组成中非常关键的一部分。对于城市的环境和生态服务方面，公园所具有的价值不容小觑，同时，城市公园对于社会、经济、公民体质及心理健康等方面同样具有广泛的影响。[1]近年来，关于公园对积极生活方式影响等方面的研究不断涌现，[2,3]而且城市公园作为城市景观中重要的组成部分，无论对促进社会和谐，还是降低社会消极因素方面都具有潜在作用。[4,5]目前，对于大众普遍关注的"肥胖"这一威胁公众健康的问题，也有学者对其与公园可达性相关性作出研究，[6]由此可见，城市公园与市民的生活点滴息息相关。

过去，对于绿地的合理布局的评价往往局限于用绿地率、人均绿地面积、城市绿地率等指标，又或者是在城市总体规划上简单的"插空补缺"，忽略了一个科学合理的公园绿地的布局结构是要综合各种影响因素来决定的。为了使更多的人能享受到公园绿地提供的活动机会及潜在利益，使用者必须寻找通往公园的可达途径。而探究城市公园绿地使用情况及潜在利益的首要任务就是研究其可达性。

1 可达性概念

可达性评价被应用于多个研究领域，在空间分析中被广泛使用，因此对其概念存在不同的理解。[7,8]常见的几种定义是：1974年Vickerman等人指出可达性是指在社会中出现的包括直接来源于个体作用与来源于整个社会如交通堵塞、环境污染等副产品作用的必然花费；[9] 1976年Weibull等人认为可达性是个人参与活动的自由程度；[10] 1976年Dalvi等人认为可达性是指在一定的交通系统中，到达某一地点的难易程度；[11] 1979年Moseley提出可达性是指在合适的时间选择某种交通设施到达目的地的能力；[12] 2004年杨育军与宋小冬认为可达性是由土地利用、交通系统所决定的，人/货物通过一定的交通方式到达目的地或参与活动的方便程度[13]等。简言之，可达性就是"从一个地点到达另一地点的难易程度"。

通常，可达性可以被构想成基于地点（地点可达性）和个人（个人可达性）两种属性，前者指某一地点在土地利用和交通系统等影响下所能服务的范围，是某一地点"被接近"的能力，后者指个人在时间和空间条件约束下到达目的地的难易程度，反映其生活的质量。[14]

总之，综合关于可达性的多种定义，其内容普遍涉及以下几点：（1）使用者特征，主要涉及人群的受教育程度、年龄、健康状况、收入等方面；（2）城市公园的服务能力，包括种类、规模、数量等；（3）空间阻力的大小，即人群与公园间的通达性是否良好。

2 可达性评价方法及应用领域

2.1 可达性评价方法

随着人们对可达性认识的逐渐深入，对于可达性的理解也不断的深化，进而关于可达性的评价方法也在逐渐的丰富。不同的评价方法所涉及的适用范围及数据类

---

① 基金项目：国家自然科学基金资助项目"基于可达性的城市绿地空间结构优化研究"（31200532）。

型和精度等都有不同，同时，所能反映的精确程度也有相应的差异。由于适用尺度、影响因素、网络特性等多方面因素影响，可将评价方法分为距离法、累计机会法、引力模型法和拓扑法四大类。在对某一区域进行可达性评价时，可根据实际需要，选择适宜的评价方法。

2.1.1 距离法

距离法是最为基本的一种评价方法，[15] 通常使用空间距离，时间距离（跨越空间距离所需的时间），或经济距离（为跨越空间距离所支付的费用）来评价可达性。

（1）最小邻近距离法

最小邻近距离法是通过计算居民到达邻近公园的最短直线距离来表达可达性的水平，[8] 该方法能够直观的反映居民选择最近的公园进行游憩这一行为习惯，计算方法简便，可行，易操作。该方法在计算过程中将居民区和公园都抽象为点，因此计算结果的误差较大，与真实情况也存在较大出入，[16] 因此，该方法通常用于城市服务设施公平性的评价。

（2）简单缓冲区法

简单缓冲区法是计算点或区域一定半径距离内的某类要素（居住区）的数量、面积等。一定半径距离所覆盖的部分即缓冲区，通常认为缓冲范围内的人群能够轻松的到达公园进行游憩，而缓冲区以外的市民则不能享受到该服务。[17] 该方法计算简单，易于在规划中使用。但是，由于简单缓冲区法只能区分服务区域和非服务区域，而对于服务区域内实际通行情况及可达性的差异都无法准确的反映。

（3）费用阻力法

费用阻力法所要研究的是物种在穿越异质景观时所遇到的累计阻力，其阻力由各种用地类型的可穿越程度和隔离程度来表示，[18] 反映了人们到达城市公园的水平运动过程所克服的空间阻力大小，一般用距离、时间、费用等作为衡量指标。该方法以不同城市景观类型的栅格数据为基础，通过计算选取从源到目的地代价最小的路径作为最佳，认为其可达性最好。该方法能较好的反应不同用地类型的阻力大小，但是对于人口分布，人的运动速度和道路系统等实际情况没有加以区分，并且对于阻力值的赋予存在主观性，并无统一标准。如果以道路为基础进行费用阻力的研究，可以在一定程度上提升该方法研究的准确性。[19]

（4）网络分析法

网络分析法可称为基于道路网络的费用加权距离法的矢量版或综合了进入公园过程中的障碍的缓冲区法。[20] 该方法以道路网络为基础，计算按照某种出行方式（步行、自行车、公交车或自驾车）的城市公园在某一阻力值下的覆盖范围。一个基本的网络主要包括中心（Centers）、连接（Links）、节点（Nodes）、阻力（Impedance）（图1）。在研究中通常以城市公园作为中心，以点表示，在较早的研究中，多以城市公园的几何中心作为测量点，[14, 21] 但由于公园的形状等问题，使得评价结果有较大的缺陷，此后的研究者将城市公园的入口作为中心，这种做法能更真实的反映市民进入公园这一过程。[20] 李博等比较了网络分析法、费用阻力法和基于道路网络的费用阻力法在城市绿地可达性评价中的应用，并进行实际验证，指出网络分析法的结果更加精确。[19]

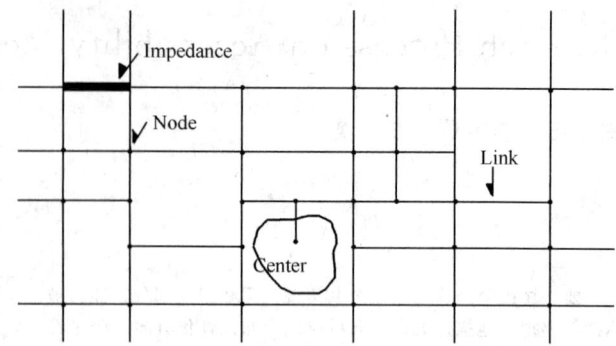

图1 网络分析法构成的基本要素

2.1.2 累计机会法

累计机会法有时也被称作统计指标法或覆盖方法，[20] 该方法是在距离法的基础上发展而来的。累计机会法是指在某一出行成本（距离、时间、费用）已设定的前提下，将从某地点出发能接近的机会的多少作为可达性指标。[22] 这里所说的机会可以指就学、就业、就医、休闲等机会。该方法可以通过计算特定区域范围内公园数量、面积、人均公园面积等指标来衡量其可达性，指标越高，可达性就越好。[17] 例如，Sally Macintyre 以此方法利用问卷调查和 GIS 测量两种方法对比了某居住区 0.5 英里范围内的可达性结果。[23] 该方法数据获取方便，计算简便，易于理解和应用，在可达性评价中占有重要地位，广泛被使用。[20] 但是，值得注意的是这一方法并没有考虑测量点与吸引点之间的空间效应随距离而衰减等问题。

2.1.3 引力模型法

引力模型法的理论基础来源于牛顿的万有引力定律，是反映公园提供服务能力和市民需求间的相互作用的大小和潜力，认为城市等地理实体的空间效应会随着距离的增加而衰减，与万有引力具有相似的数学表达式，在城市公园可达性研究中被广泛使用。其中吸引点对待度量点作用力的距离衰减函数是引力模型的关键，常用的距离衰减函数有幂函数（公式1）、负指数函数（公式2）和高斯函数（公式3）等，[20] 应用时视实际计算的需要并结合研究区域的情况而定。

$$A_i = \sum_j \frac{S_j}{d_{ij}^\beta} \qquad 公式1$$

$$A_i = \sum_j S_j \times e^{-\beta d_{ij}} \qquad 公式2$$

$$A_i = \sum_j S_j \times e^{-\frac{d_{ij}^2}{v}} \qquad 公式3$$

式中，A_i 表示空间位置 i 的可达性，值越大表示可达性越高；S_j 表示公园 j 的服务能力，常用公园面积表示；d_{ij} 表示空间位置 i 和公园 j 的空间阻力，常用距离、时间等变量表达；β、v 为引力衰减系数，约束可达性随空间阻力增加而衰减的程度。

该评价方法较其他方法的优越之处在于其将公园的吸引力纳入可达性的计算之中，反映出公园服务能力的差异对可达性产生的影响。[24-26]但是，该方法理解与计算的难度较大，且计算得出的引力值仅表示利用公园的服务能力的相对难易程度，无法用于研究区间比较。

（1）概率法

概率法采用距离作为可达性指标，以前往吸引点的概率为权重，并对作用力进行修正。该方法较传统引力模型法更简单易懂并且便于不同规划方案或不同区域之间进行比较。[27]

（2）频率法

频率法与概率法相似，不同之处在于它是将前往不同吸引点的频率作为权重，对作用力进行修正。

（3）平衡系数法

平衡系数法是由Wilson运用统计方法中的熵最大定律推导出的可达性度量方法。[28-30]该方法在传统重力模型法之上对各点位流量进行约束，进而构建约束引力模型，包括单约束引力模型和双约束引力模型。当从测量点i出发的出行量O_i数目固定即测量点受约束时，称为单约束引力模型，此时存在吸引点对测量点的竞争；当O_i与从各测量点到吸引点j的到达量D_j数目均固定，即测量点与吸引点同时受约束时，需求竞争和供给竞争同时存在，称为双约束引力模型。[31]

2.1.4 拓扑法

（1）矩阵法

基于矩阵的拓扑法通过整体可达性矩阵与最短距离矩阵运算来获取节点和网络的可达性水平。[32-34]整体可达性矩阵可由网络的邻接矩阵导出。记C为邻接矩阵，v为网络中的节点数目，可以证明，C的k次幂C^k的元素$c_{ij}(k)$表示从点i经过k步到达点j的路径数目。可达性矩阵$T=C_1+C_2+\cdots\cdots+C_n$，某节点$i$到达所有节点的直接和非直接路径数目总和，由此可得出各节点的相对可达性指标。最短距离矩阵可由网络的连通性矩阵导出。记最短距离矩阵为D，v为网络中的节点数目，d_{ij}表示节点i与节点j之间的最短路径。某节点i到其他所有节点的最短路径总和。由此可得出各节点的相对可达性指标。[35]

（2）空间句法

空间句法的基本原则是空间分割。对于建筑或者建筑群体比较密集的城市环境，空间句法一般采用轴线方法表示。它的基本原则是：首先画一条最长的轴线来代表一条街道，然后画第二长的轴线与第一线相交，直至整个自由空间或者街道网由一系列轴线连接，所画的轴线图称作轴线地图。也就是说，轴线地图是由最少数目的最长直线组成，这可保证轴线图代表城市形态的基本结构特征。[36]空间句法运用图论的方法推导出一系列形态分析变量，如连接值、控制值、节点深度、局部集成度与整体集成度等，以描述空间在不同水平上的结构特征。[37,38]该方法在评价某一区域的区位优劣性时具有十分重要的作用。

2.2 可达性评价应用领域

关于可达性的研究涉及多个领域，针对不同尺度的研究，如国家宏观尺度、区域尺度、城市尺度甚至城市内精细尺度，都存在相对适合的评价方法。另外，由于研究对象的不同，利用不同评价方法开展的工作也存在差异。

距离法的应用最为广泛，适合多种尺度下可达性的研究，在对物理可达性及时空可达性的研究方法中常常被提及。[39]其中，最小距离法在公共服务设施公平性等研究中常被使用，然而随着交通网络及出行方式的转变，人们在选择目的地时对距离因素的考虑也发生很大的转变。即便如此，其在时效性要求较高的紧急型设施空间（如，医院、消防站等）可达性评价中仍有广泛的应用。[40]简单缓冲区法通常用于区分服务区与非服务区，即区分服务区可达程度的差异性。该方法通常在城市绿地系统规划中起指导作用，但对可达性评价的精度较差。[41]费用阻力法是俞孔坚在国内首次将其应用于城市绿地可达性研究中，[42]其后，也有许多学者利用这一方法对城市绿地的可达性研究做出实践。[19,43-46]但当笔者对该方法溯源时，发现1996年Boone等人以灰熊（grizzly bear）作为研究对象研究物种在穿越异质景观时所遇到的累计阻力。由此看出，将该方法应用于城市公园的可达性研究，存在欠妥之处。网络分析法以研究区内实际路网为基础，综合考虑不同道路类型对人群影响，真实的反映了人群进入公园的过程，在城市公园绿地可达性研究中应用广泛，[20]同样适用于其他用地类型的可达性研究。

累计机会法适用于不同时空条件下的交通设施状况、土地利用变化等比较研究。[35]常见的研究是通过绘制等距线或等时线来分析服务半径内所覆盖的服务设施，以此来分析服务设施分布的合理性。通常，研究的内容有居民在一定出行范围内能接触到的购物、医疗、休闲等公共服务设施数量，利用这一方法可以对比同一地区不同时期或不同地区同一时期的公共服务设施的配置情况。[47-49]

引力模型法的应用领域最为广泛，且适用于各种尺度下的可达性评价，如土地使用式研究、[50]经济发展潜力研究、[51,52]交通规划研究、[53]城镇发展研究[54]等。由于引力模型法将交通系统和社会活动发展统一的纳入分析体系中，因此，该方法能同时反映交通运输系统的改善与社会经济活动的进展。[35]其中，平衡系数法主要研究竞争机制下可达性的评价，该方法适用于城市尺度或者对结果精度要求不高的区域空间尺度研究。[31]

拓扑法适用于以逻辑网络表达的地表现象和个体的可达性度量。基于矩阵的拓扑法常用于区域尺度下的航空网络、城市尺度下的公交网络、地铁线路等的可达性度量。[34]该方法将复杂的网络可达性运算转换成为矩阵运算，尤其是针对拓扑网络的最小空间转换次数的计算非常方便。基于空间句法的拓扑法最大的特色就是可以融合个体对环境的心理认知，考虑了心理可达性，对路径的选择具有主动权，该方法目前已成为园林与建筑设计、景观规划的一个研究热点。[37]

3 研究展望

尽管有关可达性的评价方法多样，涉及领域广泛，但至今仍然没有一个能够全面涵盖城市可达性信息的方法。而有关可达性评价所被应用的诸多领域中，关于城市公园绿地可达性评价的方法中，网络分析法最能反映实际情况,也显示出了极好的发展前景。[55]同时,在可达性评价方法研究的基础上,将以上方法运用到实际案例中,则更具现实意义,无论在城市公园绿地的规划设计以及评价,甚至未来的优化过程中,可达性评价方法都将作为主要的理论依据,并将更频繁地被使用。但是,关于"可达性"的研究始终是一项"以人文本"的研究,人的心理认知在可达性评价过程中也占有相当大的比重,而公园的吸引力也对人的出行、目的地的选择等方面构成影响。因此,将公园吸引力、居民心理等因素纳入可达性评价中,可以更好的提升评价的准确性。

总之,关于可达性评价方法的研究仍然任重而道远,仅就城市公园可达性评价一方面来说,还有很多问题亟须探讨与解决。如何在评价中将"客观现实"与"主观感受"有机统一,这将是未来研究中值得深入探索的内容。

参考文献

[1] Chiesura, A., The role of urban parks for the sustainable city[J]. Landscape and Urban Planning, 2004. 68(1): 129-138.

[2] Witten, K., et al., Neighbourhood access to open spaces and the physical activity of residents: a national study[J]. Preventive medicine, 2008. 47(3): 299-303.

[3] Ries, A. V., et al., A quantitative examination of park characteristics related to park use and physical activity among urban youth[J]. Journal of Adolescent Health, 2009. 45(3): S64-S70.

[4] De Vries, S., et al., Natural environments-healthy environments? An exploratory analysis of the relationship between greenspace and health[J]. Environment and Planning A, 2003. 35(10): 1717-1732.

[5] Coen, S. E. and N. A. Ross, Exploring the material basis for health: characteristics of parks in Montreal neighborhoods with contrasting health outcomes[J]. Health & Place, 2006. 12(4): 361-371.

[6] Cutts, B. B., et al., City structure, obesity, and environmental justice: an integrated analysis of physical and social barriers to walkable streets and park access[J]. Social science & medicine, 2009. 69(9): 1314-1322.

[7] Pirie, G. H., Measuring accessibility: a review and proposal[J]. Environment and Planning A, 1979. 11(3): 299-312.

[8] Talen, E. and L. Anselin, Assessing spatial equity: an evaluation of measures of accessibility to public playgrounds[J]. Environment and Planning A, 1998. 30(4): 595-613.

[9] Vickerman, R. W., Accessibility, attraction, and potential: a review of some concepts and their use in determining mobility[J]. Environment and Planning A, 1974. 6(6): 675-691.

[10] Weibull, J. W., An axiomatic approach to the measurement of accessibility[J]. Regional science and urban economics, 1976. 6(4): 357-379.

[11] . Dalvi, M. Q. and K. Martin, The measurement of accessibility: some preliminary results[J]. Transportation, 1976. 5(1): 17-42.

[12] Moseley, M. J., Accessibility: the rural challenge[Z]. 1979.

[13] 杨育军,宋小冬,基于GIS的可达性评价方法比较[J]. 建筑科学与工程学报, 2004(04): 27-32.

[14] Kwan, M.-P., et al., Recent advances in accessibility research: Representation, methodology and applications[J]. Journal of Geographical Systems, 2003. 5(1): 129-138.

[15] Ingram, D. R., The concept of accessibility: a search for an operational form[J]. Regional studies, 1971. 5(2): 101-107.

[16] Apparicio, P., et al., Comparing alternative approaches to measuring the geographical accessibility of urban health services: Distance types and aggregation-error issues[J]. International Journal of Health Geographics, 2008. 7(1): 7.

[17] Nicholls, S., Measuring the accessibility and equity of public parks: a case study using GIS[J]. Managing Leisure, 2001. 6(4).

[18] Boone, R. B. and M. L. Hunter Jr, Using diffusion models to simulate the effects of land use on grizzly bear dispersal in the Rocky Mountains[J]. Landscape Ecology, 1996. 11(1): 51-64.

[19] 李博,宋云,俞孔坚,城市公园绿地规划中的可达性指标评价方法[J]. 北京大学学报(自然科学版), 2008(04): 618-624.

[20] 刘常富,李小马, and 韩东,城市公园可达性研究——方法与关键问题[J]. 生态学报, 2010(19): 5381-5390.

[21] Nicholls, S. and C. S. Shafer, Measuring Accessibility and Equity in a Local Park System: The Utility of Geospatial Technologies to Park and Recreation Professionals[J]. Journal of Park & Recreation Administration, 2001. 19(4): 102-124.

[22] Wachs, M. and T. G. Kumagai, Physical accessibility as a social indicator[J]. Socio-Economic Planning Sciences, 1973. 7(5): 437-456.

[23] Macintyre, S., L. Macdonald, and A. Ellaway, Lack of agreement between measured and self-reported distance from public green parks in Glasgow, Scotland[J]. International Journal of Behavioral Nutrition and Physical Activity, 2008. 5(1): 26.

[24] 周廷刚,郭达志,基于GIS的城市绿地景观引力场研究——以宁波市为例. 生态学报, 2004(06): 1157-1163.

[25] 胡志斌等. 基于GIS的绿地景观可达性研究——以沈阳市为例[J]. 沈阳建筑大学学报(自然科学版), 2005(06): 671-675.

[26] Ma, L. and X. Cao, A GIS-based evaluation method for accessibility of urban public green landscape[J]. Acta Scientiarum Naturalium Universitatis Sunyatseni, 2006. 45(6): p. 111-115.

[27] 宋小冬,钮心毅. 再论居民出行可达性的计算机辅助评价. 城市规划汇刊, 2000(3): 18-22.

[28] Fotheringham, A. S., A new set of spatial-interaction models: the theory of competing destinations[J]. Environment and Planning A, 1983. 15(1): 15-36.

[29] Wilson, A. G., A family of spatial interaction models, and associated developments[J]. Environment and Planning, 1971. 3(1): 1-32.

[30] Wilson, A. G., A statistical theory of spatial distribution models[J]. Transportation research, 1967. 1(3): 253-269.

[31] 姚士谋等. 区域发展中"城市群现象"的空间系统探索[J]. 经济地理, 2006(05): 726-730.

[32] Wheeler, D. C. and M. E. O'Kelly, Network topology and

city accessibility of the commercial Internet[J]. The Professional Geographer, 1999. 51(3): 327-339.
[33] O Kelly, M. E. and T. H. Grubesic, Backbone topology, access, and the commercial Internet, 1997-2000[J]. Environment and Planning B, 2002. 29(4): 533-552.
[34] Gauthier, H. L., TRANSPORTATION AND THE GROWTH OF THE SÃO PAULO ECONOMY+[J]. Journal of Regional Science, 1968. 8(1): 77-94.
[35] 陈洁, 陆锋, 程昌秀. 可达性度量方法及应用研究进展评述[J]. 地理科学进展, 2007(05): 100-110.
[36] 程昌秀等, 基于空间句法的地铁可达性评价分析[J]. 地球信息科学, 2007. 9(6): 31-35.
[37] Hillier, B., Space is the machine: a configurational theory of architecture[Z]. 2007.
[38] Jiang, B., C. Claramunt, and M. Batty, Geometric accessibility and geographic information: extending desktop GIS to space syntax[J]. Computers, Environment and Urban Systems, 1999. 23(2): 127-146.
[39] 江海燕等. 城市公共设施公平评价: 物理可达性与时空可达性测度方法的比较[J]. 国际城市规划, 2014.
[40] 宋正娜等. 公共服务设施空间可达性及其度量方法[J]. 地理科学进展, 2010(10): 1217-1224.
[41] 李小马, 刘常富. 基于网络分析的沈阳城市公园可达性和服务[J]. 生态学报, 2009(03): 1554-1562.
[42] 俞孔坚, 段铁武, 李迪华. 景观可达性作为衡量城市绿地系统功能指标的评价方法与案例[J]. 城市规划, 1999.
[43] 尹海伟, 徐建刚. 上海公园空间可达性与公平性分析. 城市发展研究, 2009(06): 71-76.
[44] 李师炜, 厦门岛城市绿地可达性研究[J]. 中国城市林业, 2008(06): 29-31.
[45] 肖华斌, 袁奇峰, 徐会军, 基于可达性和服务面积的公园绿地空间分布研究[J]. 规划师, 2009(02): p. 83-88.
[46] 陈雯, 王远飞, 城市公园区位分配公平性评价研究——以上海市外环线以内区域为例[J]. 安徽师范大学学报(自然科学版), 2009(04): 373-377.
[47] 王德, 郭玖玖, 北京市一日交流圈的空间特征及其动态变化研究[J]. 现代城市研究, 2008(05): 68-75.
[48] 王德, 刘锴, 上海市一日交流圈的空间特征和动态变化研究[J]. 城市规划汇刊, 2003(03): 3-10+95.
[49] 王德, 刘锴, 郭洁, 沪宁杭三市一日交流圈的空间特征及其比较[J]. 城市规划汇刊, 2004(03): 33-38+95.
[50] Hansen, W. G., How accessibility shapes land use[J]. Journal of the American Institute of Planners, 1959. 25(2): p. 73-76.
[51] Clark, C., F. Wilson, and J. Bradley, Industrial location and economic potential in Western Europe[J]. Regional studies, 1969. 3(2): p. 197-212.
[52] Keeble, D., P. L. Owens, and C. Thompson, Regional accessibility and economic potential in the European Community[J]. Regional studies, 1982. 16(6): p. 419-432.
[53] 宋小冬, 钮心毅, 再论居民出行可达性的计算机辅助评价[J]. 城市规划汇刊, 2000(03): p. 18-22+75-79.
[54] 宋小冬, 廖雄赳, 基于GIS的空间相互作用模型在城镇发展研究中的应用[J]. 城市规划汇刊, 2003(03): p. 46-51+96.
[55] 孙振如, 尹海伟, 孔繁花, 不同计算方法下的公园可达性研究. 中国人口. 资源与环境, 2012(S1): 162-165.

作者简介

施拓, 1990年4月生, 女, 汉, 辽宁抚顺人, 硕士研究生, 沈阳农业大学, 主要研究方向为园林规划设计, Email: aprilshih1990@163.com。

李俊英, 女, 汉, 博士, 副教授, 主要研究方向: 园林规划设计、景观生态, Email: ll_ljy@sina.com。

新型城镇化背景下生态基础设施建设策略研究

A Study on the Construct Strategy of Ecological Infrastructure Against the Background of New Urbanization

时二鹏

摘　要：生态基础设施是人们持续获得自然服务的保障。在新型城镇化背景下，生态基础设施的建设具有非常重要的战略意义。为此，在对新型城镇化与生态基础设施相关基础概念进行辨析，以及传统城镇化和新型城镇化比较思考的基础上，提出了基于新型城镇化背景下的生态基础设施建设策略，包括：建设主体多元化；生态基础设施产业化；森林与农业为伴，与海洋共生；建立城乡连续的山水格局；让乡村"发酵"；让自然河流回归；建立生态廊道；开放式布局；与水为友；功能复合等十大战略。

关键词：新型城镇化；生态基础设施；建设；策略

Abstract：Ecological infrastructure is the guarantee for people to receive continue natural service. Against the background of new urbanization, the construction of ecological infrastructure has very important strategic significance. Therefore, analysis based on the new urbanization and ecological infrastructure based concept, comparative thinking between traditional urbanization and new urbanization, then puts forward the construct strategy of ecological infrastructure against the background of new urbanization, including ten strategies. ; Construction Based on the diversity; ecological infrastructure industrialization ; forest and agricultural as partners, and marine symbiosis; to establish urban and rural continuous landscape pattern; let the country "fermentation"; let the natural river regression; establish ecological corridor; open layout; water as a friend; functional composite and so on.

Key words：New Urbanization; Ecological Infrastructure; Construction ; Strategy

1 前言

从18届三中全会到中央城镇化工作会议，再到中央农村工作会议，中央陆续发表了关于城镇化的一系列重要指导思想和方针政策，今年国家又发布了《国家新型城镇化规划》，标志着我国的城镇化发展进入了新时期—新型城镇化。新型城镇化中，对生态文明尤为重视，提出了坚持集约、智能、绿色、低碳的发展方式。生态基础设施作为维护生命土地的安全和健康的关键性空间格局，是实现生态文明的主要载体，而生态文明建设是推进高质量城镇化的强大动力和重要保障。因此，生态基础设施的建设对新型城镇化具有重要的意义。

2 概念：城镇化 新型城镇化 生态基础设施

2.1 新型城镇化

2.1.1 定义

以民生、可持续发展和质量为内涵，以追求平等、幸福、转型、绿色、健康和集约为核心目标，以实现区域统筹与协调一体、产业升级与低碳转型、生态文明和集约高效、制度改革和体制创新为重点内容的崭新的城镇化过程。[1]

2.1.2 目的

积极型对国内外政治、经济发展的新形式；弥补长期以来高速城镇化带来的弊端和损失；最大限度地将改革开放成果惠及广大人民；促进未来中国城乡建设的可持续发展。[1]

2.2 新型城镇化与传统城镇化的比较

传统城镇化注重发展速度，追求GDP和城镇化率，忽视城镇化质量和人们素质的提高；是传统工业道路下的城镇化；以牺牲生态环境和过度消耗资源为代价；大肆侵占土地，牺牲甚至剥夺农民权益；导致城乡差距日益扩大，社会矛盾尖锐。

新型城镇化注重发展质量，以人为核心，重视人们的全方面发展；与新型工业化、信息化一体，协调发展；坚持集约、智能、绿色、低碳的发展方式，与自然和谐共生；城乡一体化发展，以农业现代化为基础；注重社会结构变化，减少震动，保持平稳发展。

传统城镇化是在吃肉，而新型城镇化是在啃骨头。新型城镇化需要解决传统城镇化遗留下的一系列问题：农民工的市民化问题；环境污染问题；社会公平问题等。

传统城镇化与新型城镇化比较　表1

比较方面	传统城镇化	新型城镇化
理论思想	经济聚集理论、比较成本理论、效率理论、工业主导理论等	科学发展观、城乡统筹、生态文明

续表

比较方面	传统城镇化	新型城镇化
关注核心	GDP、城市	人、经济、社会、环境协调发展
发展重点	城市数量、规模、速度、城镇化率	城市的文化、公共服务、发展质量
产业经济	传统工业、技术落后；重工轻农	新型工业；农业、现代服务业并重
资源环境	牺牲生态环境、过度消耗资源	集约、智能、绿色、低碳
城乡关系	城乡二元结构扩大，矛盾尖锐	城乡统筹协调发展，社会公平
实施主体	政府主导	政府、企业、个人
人与自然关系	人支配自然	人与自然和谐共生

注：根据参考文献［2］中第二部分"传统城镇化与新型城镇化对比"的相关内容整理而成。

2.3 生态基础设施

生态基础设施从本质上是指城市所依赖的自然系统，是城市及其居民能持续地获得自然服务的基础，这些生态服务包括提供新鲜空气、事物、体育、休闲娱乐、安全庇护以及审美和教育等等是维护生命的安全和健康的关键空间载体。相对于作为自然系统基础结构的生态基础设施概念，生态基础设施的另一层含义是"生态化"的人工基础设施。其不仅包括人们习惯的城市绿地系统，还包含一切可以提供自然服务的城市绿地系统、林业及农业系统、自然保护地系统。[3]

3 新型城镇化背景下生态基础设施建设策略

3.1 建设主体多元化：建立多元的生态基础设施建设主体

我国新型城镇化的背景下，传统的单独依靠政府进行投资建设已经步履维艰，吸引部分有经济实力、非政府投资主体；吸引鼓励社会闲散资金进入，使基础设施建设主体多元化、融资渠道多样化已经成为普遍方式。

如同城市基础设施建设主体的多元化，城市生态基础设施的建设同样需要政府、企业、团体、个人共同参与。生态基础设施是为全社会人们提供自然服务的设施，有其特有的特征：服务的公共性；效益的间接性和综合性；运转的系统性；维护的周期性等。一般来说，生态基础设施的投资较大，周期较长，经营常常为非营利性或者盈利低微。因此需要采用市场化的手法，实行一定程度上的补偿和资助，在保证生态基础设施建设完善的基础上，建立多元的投资主体，如：城市政府、绿投公司、生态组织、社会团体、绿色个人等。

3.2 生态基础设施产业化：发展面向产业的苗圃、种植基地、森林等

新型城镇化要求提高城市土地集约化利用程度。城市的紧缩，将城区建设成紧凑型，为郊外部分重新恢复森林等创造机会。位于德国瓦茨沃德的黑林山是人工培育的森林，[5]如今已经成为市民们郊游的理想去处，不仅为城市带来丰富的氧气，也为当地旅游经济带来可能。

城镇化是现代化的必由之路，中国的城镇化是一个必然的过程，因此需要大量的木材来适应大规模的城市化需求，主要体现在城市建设这一方面。据国家林业局第八次林业清查统计，2013 年，全国木材消耗量将近 5 亿 m^3，木材的对外依赖程度达到 50%，即一半从国外进口。据测算，2020 年我国的木材需求量将达到 8 亿 m^3。我国国内现在人工林有 9 亿多亩，其中采伐的人工林接近天然林。[9]从这些数据中我们可以看出，我国对木材需求的空缺是非常巨大的。另外一个方面，城市道路及绿地建设需要大量的行道树等树苗，往往导致城市道路沿线绿化植物品种单调，或者花大成本从外地运输而来。

因此培育面向产业的苗圃、种植基地、森林等成为新型城镇化背景下生态基础设施建设的一个重要策略。通过它们的建设，结合旅游、商业、交通运输、种植、绿化工程等，为社会提供更多的就业岗位、满足城市木材需求、促进经济发展。

3.3 森林与农业为伴，与海洋共生：保护水田、农业，创造阔叶树、落叶树森林

水田和农业的保护，特别是制米业和种麦业等经济作物种植技术的延续也是紧迫的话题。农田是农业系统的重要部分，是农村地区生态基础设施的主要体现者。森林（山林）是与农业共生延续下来的。农闲时期的农民在（森林）山林里烧炭、采蘑菇、捡柴、挖笋、帮忙间伐。水田起到森林中降水的调整池的作用，水田削减了雨水对土地的冲刷，形成连接山与河流的生态廊道，为动物的迁徙和避免水质的高氮化起到重要作用。森林与农业为伴，不去规划它们的延续发展就没有中国的未来。

阔叶树、落叶树森林相对于杉树、扁柏森林的土壤更具保水性，因此雨水快速渗透后，能减少冲刷。同时，阔叶树、落叶树森林土壤中的营养成分通过雨水流入河流，乃至大海，遇到海水上升流，就成为海洋植物浮游生物的营养成分，促进动物漂浮生物增加，对近海的渔业和养殖业有明显的效果。这种关系可以称之为："有鱼的森林"。

3.4 建立城乡连续的山水格局：使人们望得见山、看得见水、记得住乡愁

2013 年中央城镇化工作会议明确提出："把城市放在大自然中，把绿水青山保留给城市居民，让居民望得见山，看得见水，记得住乡愁"。何为乡愁？乡愁就是人们心中对故乡、对过去的记忆，特别是那些有特色的、记忆

性的那些事物，比如：美好的环境、家门口的小溪、村口的大槐树、村后的大山、城市中的公园、清澈的河流等。

建立城乡连续的山水格局是指将城市内部的山水与城郊、乡村的山水田连续起来。纵观世界城市的选址，无一不是或依山或傍水。我国古代便重视山水格局的连续：风水中的山龙、水龙绵延连续。[6] 城市是区域山水格局中的一个斑块，城市对于区域山水格局就如同果实对于大树。[3] 山水格局是大的框架与结构，城市只是结构上的一个附属物，二者的联系才能形成完整的生态格局。城市与乡村山水格局的连续是强化生态结构的重要措施，结构的强大才能促进城市健康发展。另外，山水是人们对过去回忆的主要基调，城乡山水的连续为记得住乡愁提供可能。

建立城乡连续的山水格局反映了人们对维持人类生态环境可持续性的认识又反映了人类对自然的尊重，体现了人的价值观和文化水平，此外，还有人类的景观体验及其心理学的意义。[3]

3.5 让乡村"发酵"：保护和建立多样化的乡村系统

2013年中央城镇化工作会议提出："注意保留村庄原始风貌，慎砍树、不填湖、少拆房，尽可能在原有村庄形态上改善居民生活条件"。

乡村系统包含房舍，街巷，乡村道路、坟地、湖池、古树、农田等物质环境和风俗习惯、传统手艺等非物质环境，它们共同构成丰富多彩的乡村系统环境。乡村形成历史悠久，是多样的生物与环境关系良好的乡土栖息地。（1）房舍：是人们生活居住的最直接载体，不同名族、区域的房舍都有自身的特点，代表着该民族的文化，是传统和乡愁的代表；（2）街巷，村庄道路：是人们室外活动的空间，是充满人情气息和生活味道的公共空间；（3）坟地，湖池，古树，农田：坟地是生态系统中黄鼠狼等多种兽类和鸟类最后的栖息地；湖池往往是村落的景观核心和雨水收集中心，是村落中难得的异质斑块；古树是村落历史的见证；农田是乡村的生存基质；（4）风俗习惯、传统手艺：是形成乡村特色的精神支柱。让乡村发酵，就是保护和建立多样化的乡村系统，延续乡村的风貌与文化，保护乡村生态斑块，对维护国土生态健康和安全有重要意义。

3.6 让自然河流回归：维护和恢复河道与海岸自然性

河流水系是大地生命的血脉，是大地生态的主要基础设施，污染、干旱和洪水是目前我国河流水系所面临的三大严重问题。河流的治理成为当今政府的重点工程，然而，存在几个治理误区，主要有：（1）水泥护堤，岸衬底：导致水体自净能力消失殆尽，水—土—植物—生物之间形成的物质和能量循环系统被彻底破坏；河床衬底切断了地下水的补给，导致地下水位下降。（2）河道裁弯取直：现代景观学证明，弯曲的水流更有利于生物多样性的保护，有利于消减洪水的破坏性，尽显自然形态之美。（3）大坝蓄水：导致流水变为死水，富营养化加剧，水质下降；破坏河流的连续性，使鱼类及其他生物的迁移和繁衍受阻；影响下游河道景观。[3]（4）明渠改暗沟：埋葬了人们体验自然的机会和水生、湿生、旱生生物的栖息地。[6] 治河之道在于治理污水，而是改造河道。

3.7 建立生态廊道：提供动物生存迁移通道，保护物种多样性

1992年，在巴西召开的地球环境峰会上，签署了"生物多样性公约"，目的是为保护生物的多样性。生态系统越大，越能够生息多样的物种，细菌、昆虫、蝴蝶、鸟类、熊、虎、大象等，需要相当大面积的森林和草原。城市化的推进导致生态系统断裂，生物种类剧减。修筑的公路将森林一分为二，生态系统规模缩小，动物活动范围受到限制。生态廊道的建设便很有必要：生态廊道是包括河流、山脉、农田等的绿地廊道以及城市内部的公园绿地、道路行道树、沿线的绿化河流、公园等构成网络，形成人工的生态廊道，对物种的交流和生态循环系统起到重要作用。[5]

3.8 开放式布局：服务公平化，提升服务范围

服务均等化体现的是新型城镇化下，城乡统筹发展，不仅是在灰色基础设施方面，还包括生态基础设施，体现社会公平。

生态基础设施的建设目的是为人们提供自然服务，包括：新鲜空气、事物、体育、休闲娱乐、安全庇护以及审美和教育等等。它应该是一个开放式的布局，即生态基础设施是无边界的、时空开放的自然景观系统。[4] 它是为了改变大的区域自然环境而不仅仅是一个不健康的生态区域，是一个大尺度的复杂生态系统。另外在时间上也是开放的，这是由景观的动态性和过程性决定的。生态基础设施的建设是可持续的，将伴随着社会的发展不断做出积极反应。

3.9 与水为友：恢复湿地系统，建设雨洪公园等

湿地是地球表层上由水、土和水生或湿生植物相互作用形成的生态系统。不仅是人类重要的生存环境，更是众多野生动物、植物的重要生存环境之一，被称为"自然之肾"。[3] 能够提供丰富多样的栖息地、调节局部小气候、减缓旱涝灾害、净化美化环境、精神文化源泉、教育场所等众多功能。[7]

新型城镇化背景下，地下水位下降、空气干燥、城市内涝等现象都是与水有关的问题。对待它们需要通过湿地系统、雨洪公园等等来接纳它们，而不是将其赶走。[8] 不能将水作为敌人，而应当视为朋友。

3.10 功能复合化：将文化、经济、科技、知识功能融入其中

未来生态基础设施的发展将会如同灰色基础设施，除了基本的自然服务功能外，将会包含文化、经济、科技、知识等功能。功能的复合化凸显生态基础设施在人们生活中的重要作用，成为社会发展不可或缺的一部分。

4 结语

新型城镇化在我国是一个较新的理论形态,对我国城镇化健康发展提出了系统的指导思想和方针政策。此背景下的生态基础设施建设为高质量的城镇化提供了强大动力和重要保障。

随着新型城镇化的推进,各级政府将会更加重视生态基础设施的建设。我国对生态基础设施的研究还处在探索阶段。[8]目前生态基础设施建设多以规划理念与方法为主;建设与研究中较多的是绿地、湿地、河流的生态改造和修复,缺乏对污染排放治理以及生态廊道的研究;成功案例还不是很多;社会各界的合作与交流程度不够。随着生态基础设施建设的不断成熟和实践的日益丰富,这一理论与技术将为我国的新型城镇化发展做出更大的贡献。

参考文献

[1] 单卓然,黄亚平.新型城镇化概念内涵目标规划策略及认知误区解析[J].城市规划学刊,2013(2):16-22.

[2] 沈清基.论基于生态文明的新型城镇化.城市规划学刊,2013(1):29-36.

[3] 俞孔坚,李迪华,潮洛蒙.城市生态基础设施建设的十大景观战略[D].规划师,2001(6):9-17.

[4] 冯莹雪,李桂文.基于景观都市主义的矿业棕地规划设计理论探讨[D].城市规划学刊,2013(3):93-98.

[5] 黑川纪章.城市革命——从公有到共有[A].徐苏宁,吕飞译.北京:中国建筑工业出版社,2011.

[6] 俞孔坚等.论城市景观生态过程与格局的连续性——以中山市为例[D].规划规划,1998(4):14-17.

[7] 俞孔坚,张媛,刘云千.生态基础设施先行:武汉五里界生态城设计案例探析[D].规划师,2012(10):26-29.

[8] 刘海龙,李迪华,韩西丽.生态基础设施概念及其研究进展综述[D].规划规划,2005(9):70-74.

[9] 中国木业信息网,http://www.wood168.com/woodnews/28039.html

[10] 滕明君,周志翔等.快速城市化城市生态基础设施结构特征与调控机制[J].北京林业大学学报,2006(S2):105-110

[11] 中共中央,国务院发布.国家新型城镇化规划(2014—2020年).2014

作者简介

时二鹏,1990年1月生,男,汉,河南漯河人,硕士在读,华中科技大学建筑与城市规划学院,硕士研究生,从事区域与小城镇规划设计,Email:1711009731@qq.com。

新型城镇化视角下景观规划中生物多样性的控制与引导[①]

Biodiversity Control and Guidance in Landscape Planning from the Perspective of New Urbanization

宋 岩 王 敏

摘 要：随着我国城市化进程的飞速发展，城市生态环境遭到严重破坏，城市原有的自然生境支离破碎，对城市的可持续发展造成严重威胁。而城市生物多样性是城市生存与发展的基础，是实现城市生态系统持续性的保证。在新型城镇化的发展中，城市的生态内涵被提升到一个新的高度。虽然近年来学者对于如何在城市环境中营造生物多样性有了一定的研究，但往往没有落实到城市景观规划建设的控制和引导中。为此，本文结合新型城镇化的发展视角，分析了在不同尺度下景观规划中的生物多样性导控，综合分析了生物多样性导控的基本内容，最后对景观规划中生物多样性导控的手段提出了新的方法思路。

关键词：新型城镇化；景观规划；生物多样性；控制与引导

Abstract: With the rapid development of urbanization in China, urban ecological environment has been polluted severely, and natural habitats in cities have been fragmented, which threatens seriously sustainable development of urban ecosystem. Biodiversity is the base of survivals and development. It's the assurance of city ecosystem sustainability. In the development of new urbanization, ecological connotation of cities has been ascended into a new level. Although studies have been reaching how to create biodiversity for years, it is often not implemented to the control and guidance of the construction of city landscape planning. From the perspective of new urbanization, this issue focus on the landscape biodiversity planning of different scales in the guidance and control, comprehensively analyze the basic content of biodiversity control and guidance method, propose a new ideas on control and guidance in the landscape biodiversity planning.

Key words: New Urbanization; Landscape Planning; Biodiversity; Control and Guide

1 引言

根据联合国"生物多样性公约"（1992），"生物多样性（Biological Diversity 或 Biodiversity）是指所有来源的形形色色的生物体，这些来源包括陆地、海洋和其他水生生态系统及其所构成的生态综合体；这包括物种内部、物种之间和生态系统的多样性。"城市生物多样性（Urban Biodiversity），作为全球生物多样性的一个特殊组成部分，是指城市范围内除人以外的各种活的生物体，在有规律地结合在一起的前提下，所体现出来的基因、物种和生态系统的分异程度。[1]新型城镇化的生态内涵是指从与自然共生共荣的角度处理人与自然的关系，从城、乡生态环境一体化角度提升人居环境质量，既要达成城镇化，又要达成生态环境的优化和美化。[2]相比于广义上的生物多样性，现有城镇生物多样性有如下四个特点：（1）物种丰富度从城郊向市中心逐步递减，中心区域生物种类匮乏；（2）优势物种数量突出，外来物种入侵严重，甚至若干生物占据该区域生态系统统治地位；（3）适于乡野生境（如森林）下的特殊物种濒危甚至消失；[3]（4）生物多样性受人为干扰程度较强。生物多样性作为人与自然共生的重要组成部分，已经成为风景园林师乃至城市规划师不断研究的对象。近年来，我国学者对于如何在城市规划中实现生物多样性都有了深入的研究并且提出相应的对策，但是这些往往只是停留在国外研究成果的理论基础上。现实中的景观规划依旧按照原有套路进行，城市生物多样性的研究成果并没有落实在最终的景观规划导控中。

2 景观规划中不同尺度下的生物多样性导控

景观控制是指为了改善城市公共景观，促进景观发展和实现预期的景观价值目标，需要从城市发展的相关领域获得和实用信息，并以这种信息为基础通过一定的控制手段和途径实现对于城市公共性景观系统的调节、操控、管理、监督等。[4]控制的一般过程的主体结构是由控制器（即景观规划控制）、执行器（即行政、法律、市场机制）和受控对象（景观系统，特别是物质空间形态体系）三个部分所构成（图1）。从不同尺度的视角下来看，景观规划中的生物多样性导控可以分为三个方面：总体规划、控制性详细规划和修建性详细规划（表1）。

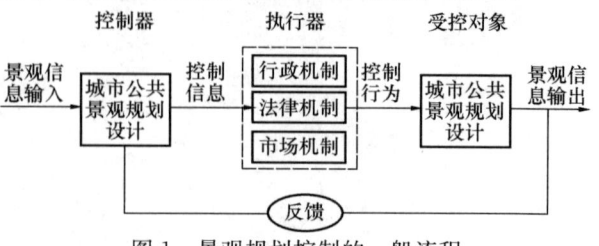

图1 景观规划控制的一般流程

[①] 国家科技部十二五科技支撑计划（2012BAJ15B03）。

2.1 总体规划中的生物多样性导控

在总体过程中，生物多样性导控多为宏观战略性规划。现阶段的总体规划中，导控部分多为生态廊道规划、自然保护区及森林公园规划、生态湿地规划、风沙治理规划等，对于生物物种层面的规划部分较少。因此，在新型城镇化视角下的总体规划层面上，应适当增加适宜优化人地关系的设计规划，如生境体系规划、重要物种规划、物种分区规划等。

2.2 控制性详细规划中的生物多样性导控

控制性详细规划是控制和引导地块开发的规划内容，具有一定的法律作用。它主要内容为确定城市绿地面积与用地范围；规定地块土地的使用、开发强度、绿化生态、人文游憩、景观形象等方面的控制要求；确定重点地块开发中的各类景观廊道的控制线及宽度。在新型城镇化视角下，现有的控制性详细规划中，应在绿线内部增设生物廊道绿线，同时在绿地划定的时候要充分考虑到生物阻力、生态廊道斑块理论等内容，划定出供生物多样性保育及发展的绿地区域。

2.3 修建性详细规划中的生物多样性导控

修建性详细规划是以城市总体规划、分区规划或控制性详细规划为依据，制订用以指导各项建筑和工程设施的设计和施工的规划设计。规划中更主要是根据风景园林师的想法来落实地块具体建设，内容多为绿地系统规划设计、建筑和绿地的空间布局、景观规划设计和总平面布局等。在生物多样性导控的内容中，修建性详细规划要充分结合当地气候及地域特征，结合新型城镇化的生态内涵，营造出适合本地物种的生境类型，杜绝纯粹为了美观而在生态系统中格格不入的斑块出现。同样也要加强对生物多样性理念及日后管理维护的规划设计。

景观规划中不同尺度下的生物多样性导控　表1

规划体系		原有导控内容	生物多样性导控加强内容
规划层次	规划编制		
战略性	总体规划	生态廊道规划、自然保护区及森林公园规划、生态湿地规划、风沙治理规划等	生境体系规划、重要物种规划、物种分区规划等
控制性	控制性详细规划	土地的使用、开发强度、绿化生态、人文游憩、景观形象等方面的控制要求；重点地块开发中的各类景观廊道的控制线及宽度	生物廊道绿线、供生物多样性保育及发展的绿地区域等
实施性	修建性详细规划	绿地系统规划设计、建筑和绿地的空间布局、景观规划设计和总平面布局等	生物多样性保育区、生物多样性理念及日后管理维护的规划设计

3 景观规划中生物多样性导控的基本内容

3.1 总体结构与发展格局

尽管生物多样性保护的景观规划途径和方法不同，但一些空间战略普遍被认为有效，并对克服人为干扰有积极作用。[5]它们包括：第一，建立绝对保护的栖息地核心区；第二，建立缓冲区，以减少外围人为活动对核心区的干扰；第三，在栖息地之间建立廊道；第四，增加景观异质性；第五，在关键部位引入或恢复乡土景观斑块；第六，建立动物运动的踏脚石，以增强景观的连接性；第七，改造栖息地斑块之间的质地，减少景观中的硬性边界频度以减少动物穿越边界的阻力。

基于以上理论，在新型城镇化视角下的景观规划总体结构和发展格局中，要从以下方面对生物多样性进行导控：第一，在城郊人群干扰较少区域建立生物保育区及大型生物廊道区域；第二，在廊道建设中不一定将生物引入城区就是良好发展，规划中要考虑当地生物自身对于人类环境的抗性和相处关系，控制合理的"人—物"距离；第三，在总体规划中，根据本土生境类型划定该区域不同生境类型生态区域，根据不同生态类型下采取不同的生态设计手法，杜绝所有生态系统"一锅端"状态；第四，对于重点保护物种设定其特定活动及保育区域，最大程度减少人为对其干扰，必要时可采取法律强制措施。

3.2 一般地块开发控制

在一般地块开发控制控制中，结合用地、容量、效能三个方面对生物多样性进行量化控制。在用地控制方面，可结合地块特性从用地类型（公共绿地或生产防护绿地内容下是否为生物多样性保育区域或生态廊道区域）、地块位置（生物多样性保育区周边地块要注意类型控制）等进行导控；在容量控制方面，在地块内部对生物量、游人容量、生境量等进行控制。在效能方面，综合考虑地块特性，除绿地率、绿化覆盖率、三维绿量、郁闭度、疏密度、乔灌比等进行控制，还要加强从生态链、生物进化演替、物种迁移率、本土物种比例、外来物种入侵率等进行控制。

3.3 生境设计建造引导模式

在生境设计建造中，按照"制定目标——场所分析——地点考察——单元选择——准备工作——生境营造

——目标监测——制定目标（新）"的循环流程加以引导（图2）。[6]

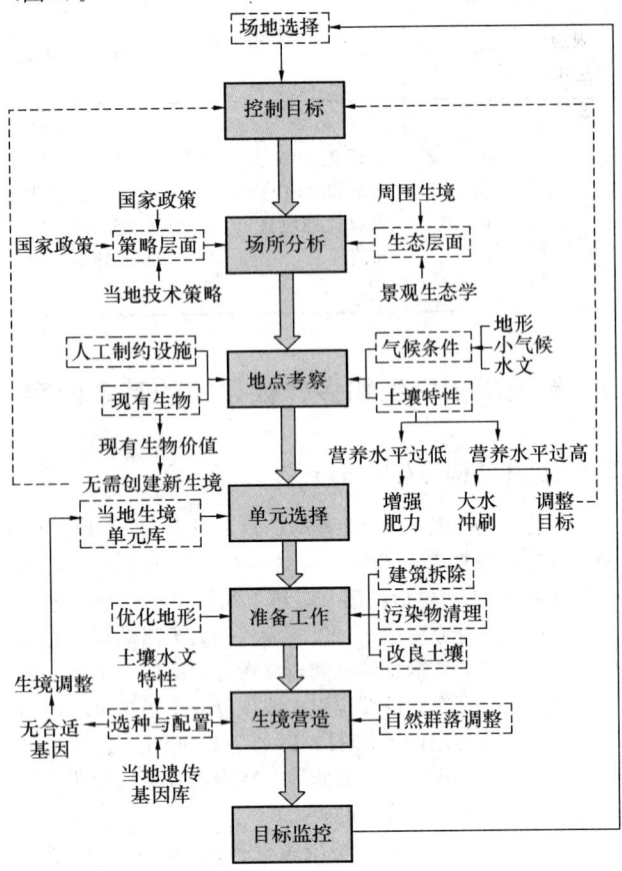

图2 生境设计建造引导模式

4 景观规划中生物多样性导控的执行手段

4.1 行政机制

运用行政机制进行景观规划导控是最古老的也是目前我国最主要的方式。行政层作为导控过程中最重要的因素之一，往往是该区域生物多样性决策的关键。在新型城镇化中，政府充当了一个极其重要的角色，它对于整个社会的引导起着至关重要的作用。就具体而言，生物多样性行政管理体制的基本架构要素可分为：（1）生物多样性管理的决策机构；（2）生物多样性管理的咨询机构；（3）生物多样性管理的执行机构；（4）生物多样性管理的监督机构。行政层在管理上应充分考虑到生物多样性各个方面的因素，对景观规划设计中的生物多样性加以合理导控。

4.2 法律机制

为了保护生物多样性，国际间已签订了《保护自然界动植物公约》、《濒危野生动植物国际贸易公约》、《87国稀有生物保护公约》、《63国候鸟保护协定》、《管制捕鲸公约》等40多个国际性公约，全球用于保护生物物种的经费已达百亿美元。[7]但就我国已有的相关生物多样性保护法律法规而言，许多法律仅仅是为了开发利用生物资源，而不是以保护和改善生态环境为目的。[8]另一方面，法律体系表达失序，许多相关的法律保护规定分散在不同的效力层次和不同的法律部门中，立法形式大多为行政法规或国家政策，立法层次偏低，从而大大影响了执法力度，而且这些规定大多内容重复，部分内容甚至相互矛盾。因此，必须在重新构建立法目的的基础上，对整个生物多样性保护的法律规范进行重新清理，修改和废止与现实情况不相适应的部分，重新编纂法律，完善整个新型城镇化中的法律体系，从法律层面对生物多样性的规划加以导控。

4.3 市场机制

随着市场经济体制的建立，以经济方式对城市进行管理日益突出，是前两种体制的一种补充。由于生物多样性保育区对于与人相关的市场经济活动很难带来相关且明显的经济收益，往往会被忽视。这里的市场机制所探讨的经济效益不仅仅是在人们日常生活中的货币经济，更主要的是在生态中景观规划所建设出的生物多样性区域给该区整体生态环境所带来的经济价值。这就要求行政管理层不能仅仅把视线拘束在所探讨的地块，而要放眼到整个区域的大生态环境当中。

5 小结

目前，在新型城镇化社会的发展中，我国的城市化已进入高速发展阶段，而且这种快速增长势头将持续较长时期。在这样的背景下，如何做到既追求经济效益，又认真考虑社会需求和生态需求，从而促进城市的可持续发展，值得我们从各方面慎重考虑。对城市景观规划的生物多样性的保护及持续利用的关注，已成为国际潮流和趋势，它要求我们在进行城市建设、规划及管理时必须以景观生态学原则与方法为指导，切实地开展生物多样性的保护和规划工作，以生物多样性促进城市的可持续发展。在景观规划中加入生物多样性的引导和控制的因素，对于城市景观中生境多样性的营造和生物多样性的发展，也有着重要的意义。

参考文献

[1] 吴人韦. 城市生物多样性策略[J]. 城市规划汇刊，1999(1)：18-20.

[2] 沈清基. 论基于生态文明的新型城镇化[J]. 城市规划学刊，2013(1)：29-36.

[3] Norbert Muller, Peter Werner & John G. Kelcey. Urban Biodiversity and Design [M]. Oxford: Wiley-Blackwell, 2010.

[4] 王敏. 城市公共性景观价值体系与规划控制[M]. 南京：东南大学出版社，2007(6).

[5] 李晓文，肖笃宁等. 景观生态学与生物多样性保护[J]. 生态学报，1999(3)：399-407.

[6] 王敏，宋岩. 服务于城市公园的生物多样性设计[J]. 风景园林，2014(1)：47-52.

[7] 陈炳浩. 国际生物多样性保护现状与对策[J]. 世界林业研究，1993(5).

[8] 陈晗霖，黄明健. 我国生物多样性法律保护制度的建立和

完善[J]. 安徽农业科学，2005，33(2)：358—360.

作者简介

宋岩，1990年生，男，内蒙古人，同济大学建筑与城市规划学院景观学系，风景园林学专业硕士生，Email，syan007@163.com。

王敏，1975年生，女，福建人，博士，同济大学建筑与城市规划学院景观学系，高密度人居环境生态与节能教育部重点实验室，副教授，主要从事城市景观规划设计教学、实践与研究.

低碳城市建设背景下基于公共自行车游憩体系策略可能性的探讨
——以杭州市为例

The Application Study on Urban Public Bycicle Recreation System on the Strategy of Urban Planning Based on Low-Carbon Urban Construction
——A Case Study on Hangzhou

苏 畅 李 雄

摘 要：随着城市的快速发展，城市所容纳汽车的保有量逐渐上升，城市的交通拥堵和环境恶化也随之加重。在新型城镇化建设策略的大背景下，低碳城市的概念被正式提出，与此同时公共自行车系统作为一种低碳环保的交通工具在解决城市交通问题上正发挥着越来越重要的作用。笔者结合低碳城市发展要求，以杭州市为例，从公共自行车系统运营模式、运营点选择、设置数量、技术手段等方面探讨了公共自行车系统运营策略，同时对城市公共自行车体系同城市风景资源的结合，新的游憩方式可能性的提出进行探讨，以期得到一定的规律和经验。

关键词：公共自行车系统；运营模式；风景资源；游憩体系；策略

Abstract: With the rapid development of the city, the rapid rise in material civilization, gradually increased ownership of cars, traffic congestion and environmental degradation city also will increase. In the context of new-type urbanization; The concept of low-carbon urban construction is formally raised, public bicycle system as a low—carbon environmentally friendly transport is playing an increasingly important role. Combined with low—carbon development requires cities to Hangzhou for example, explores the public bike system operating strategy in terms of public bicycle system operating mode, operating point selection, set the number of technical means, etc., in order to get certain rules and experience.

Key words: Public Bicycle System; Operating Mode; Landscape Resources; Recreation; Strategy

1 研究背景

自行车作为城市交通的重要组成部分，具备健康、环保、低碳、方便等优点，然而，在城市经济快速发展的大前提下，机动车的保有量不断增加，自行车的使用量不断减少。公共自行车系统作为一种新型的交通运输方式逐渐崭露头角，但是，有些公共自行车系统建设运营不当，不仅没有达到低碳的效果，反而造成了公共资源的浪费。公共自行车的运营策略如何有效达到低碳减排的目的，同时在新型城镇化建设的大背景下发挥其自身应有的作用，是一个值得思考的问题。

2 相关概念

2.1 低碳城市

低碳城市（Low-carbon City），指以低碳经济为发展模式及方向，市民以低碳生活为理念和行为特征，政府公务管理层以低碳社会为建设标本和蓝图的城市。低碳城市的内涵主要有4点：（1）可持续发展理念；（2）以降低城市社会经济活动的碳排放量为目标；（3）对全球碳减排作出贡献；（4）核心在于技术创新和制度创新。

2.2 低碳交通

低碳交通运输是一种以高能效、低能耗、低污染、低排放为特征的交通运输发展方式，其核心在于提高交通运输的能源效率，改善交通运输的用能结构，优化交通运输发展方式。交通碳排放作为低碳城市节能减排的重要方向，积极探索低能耗低排放的现代交通方式，公共自行车系统就是在这种需求下应运而生的。

2.3 公共自行车系统

公共自行车系统也被称作自行车共享系统（Bicycle Sharing Systems）、共享自行车计划（Community Bicycle Program）、黄色/白色自行车计划（Yellow Bicycle Programs/White Bicycle Programs）或免费自行车（Free Bike）等。虽然国内外研究公共自行车系统的文献众多，但对于公共自行车系统的概念还尚未给出明确定义，根据相关文献参考，笔者将公共自行车系统定义为：某公司、组织或政府机构在城市特定区域设置自行车租赁点，为市民提供免费或者部分免费的自行车租赁服务，基于该服务所形成的一种城市公共交通系统叫作公共自行车系统。

3 公共自行车系统对建设低碳城市过程中的贡献

2008年5月1日，杭州市率先开展公共自行车系统建设项目，并将其纳入公共交通领域。首批运行61个公共自行车服务点，其中31个固定租车点和30个移动租车点，合计投入自行车2500辆。自投入运营以来，公共自行车系统建设规模便逐步扩大。截至2010年6月，系统共投入约5万辆自行车，2000个服务网点，共计43300个车位。杭州计划到2020年，公共自行车系统服务体系覆盖8个城区，车辆数增加到17.5万辆。公共自行车作为一种低碳的交通方式，在打造城市名片、环保和促进土地集约利用等方面发挥着重要作用。

3.1 提升城市形象

在提升城市形象的作用中，自行车出行作为一种绿色的交通方式，节约能源，减少污染，提升城市形象。同时公共自行车也作为杭州的一项面向游客的代步工具，自行车租赁采取60min内全免的政策，受到了许多游人的支持和欢迎，自行车车辆和租赁服务网点成为杭州市一道独特的风景线。

3.2 有利于节约土地资源，促进土地集约

面对欧美国家长期的城市无序蔓延，学者相继提出新城市主义、精明增长、紧凑城市等理论，探讨可持续发展背景下，加强土地的集约使用，减少能源的消耗和资源的浪费。公共自行车系统作为一种公共交通出现，一定程度上减少了私人机动交通的发展（图1）。

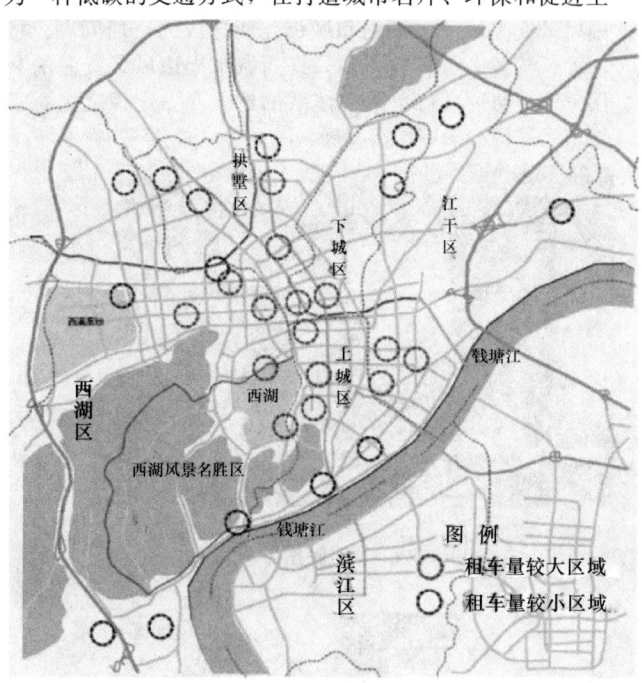
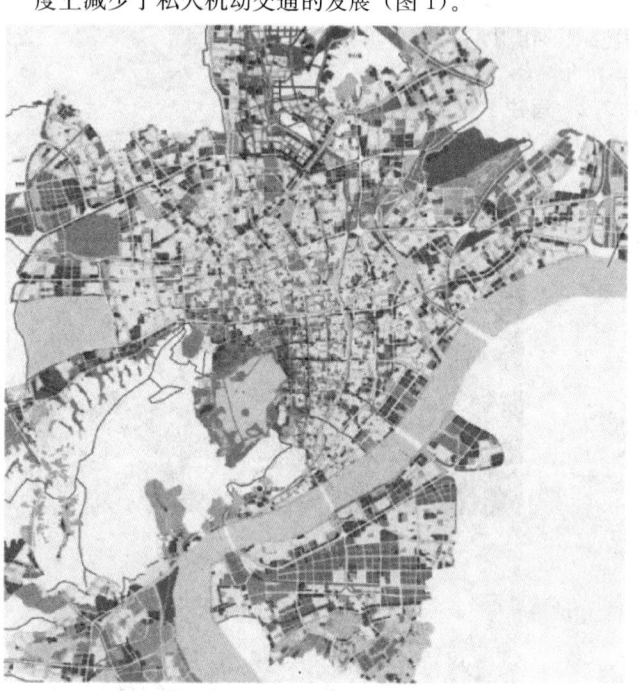

图1 杭州公共自行车系统现状分布分析
（来源：《城乡规划》）

4 建立基于公共自行车系统的游憩体系可能性探究

4.1 建立以"公共自行车"为主的绿色交通体系和绿色游憩体系

在完善的公共自行车系统建设的基础上，提倡市民在短距离出行上使用更为环保的公共自行车出行，并建议对城市风景资源有游憩需求的游客等外来人口建立一个以"公共自行车"为主，结合其他公共交通、绿色步行体系的绿色游憩交通体系。绿道和自行车专用道是近年来兴起的可供骑车者进入的自然景观线路和人工景观线路，在绿道等绿色基础设施的建设上应考虑相关规划为公共自行车游憩的建立和发展提供良好保障。

4.2 运营模式的选择上偏向"公益性"

2008年4月，杭州公交集团下属单位杭州怡苑物业管理有限公司与杭州公交广告公司共同发起组建国有独资的杭州公共自行车交通服务发展有限公司，公司在成立之初负责系统车辆引进，租赁网点与配套设施建设，人员招聘培训等工作，并研发了国内首套公共自行车租用服务信息管理系统及自行车锁止装置；系统投入运行后，服务点选点建设、运行监督、设备维护、新设备开发、系统优化、信息咨询服务、信息统计等工作均由此公司负责。系统在建设之初的硬软件设备与开发等先期投资均由政府财政启动，然后政府将整个公共自行车系统的建立和运营，划归杭州市公共交通集团（国有企业），由其

全权经营。

由此可见，杭州公共自行车系统作为一项由政府倡导推出的便民利民设施，并不是完全按照市场化来运作的，政府的强力干预支持起到了重要作用。首先，政府多次召开专题会议，从资金保障、政策支持、自行车路权保障及其他优惠政策等多方面给予支持。其次政府给予自行车运营公司一定的政策扶持，指定部分国有单位的广告业务投放到公共自行车系统上，保证公司收入来源稳定。再次，政府在用地上为系统提供支持，由政府出面协调用地落实，使得服务点的布设得到保证。

4.3 设置点的选择

4.3.1 公交点

包括轨道交通站点、BRT 站和常规公交站内的公共自行车服务点，通过与公共交通的"无缝衔接"，起到吸引换乘的作用。

4.3.2 居住小区点

设置在各居住区内部，主要为居民日常出行提供服务。其与公交点的结合，实现公共自行车建设目的中居民乘公交出行的"最后一公里"的覆盖服务。

4.3.3 公共建筑点

在人流集散较大的公建附近设置服务点，如剧场、图书馆、商场等，为工作人员日常通勤提供方便，同时也为外来人员提供可选择的便利交通工具。

4.3.4 风景资源点

主要设置在景区各个景点附近，通过公共自行车的形式有效衔接各个旅游景点，提供更加个性化、灵活化和便利的游览观光工具，提升旅游品质。

4.3.5 绿色基础设施过程点

在绿道等绿色基础设施的路线上设置公共自行车停放点，利用便利的公共绿色交通资源，有效疏导旅游城市因风景资源的分布不均和城市化所造成的交通问题。将市民及游客进行有效疏导，提高城市周边风景资源的利用价值，通过自行车游憩体系的建立在一定程度上矫正城市风景资源的不均衡发展（图2）。

沿道路外侧人行道布设服务点

专用停车场地布设服务点

沿道路两侧布设服务点

在机非道路分隔带上布设服务点

图2　杭州公共自行车停放服务点现状
（来源：《城乡规划》）

5 结语

综上所讲，杭州市的公共自行车运营系统是现阶段较为成功的。无论从运营模式效果还是整体完善程度，为城市带来较为便利的非机动车出行体验，提升了城市整体市政基础设施的水平和完善标准。作为传统的旅游城市而言，完善的基础设施是解决城市正常运行同旅游人流对接的根本手段。杭州在这点上进行了大胆的尝试，从一定程度上缓解了旅游人流同城市常住人口对公共交通的冲突问题。

然而作为一个日益完善的系统，在若干技术要点上仍存在亟须提升的空间的。

从微观上看，自行车存储点的存储数量平衡问题；租赁点剩余自行车数量量化的数据深度公开问题；短期游客的租赁手续退换办理问题等难度难点仍然制约着城市的基础设施便利性的进一步推进提升。

从宏观上看，如何同城市交通和城市绿道体系对接，应在相关上位规划及相关政策上向公共自行车的游憩体系建立上有所倾斜。笔者认为，只有从政策上，从城市发展趋势上对例如自行车游憩体系规划等基础设施的发生发展进行引导，更多的低碳模式下的基础设施建设才能在更多的城市以更多种的形式发生发展。才能从更大的新型城镇化大背景下考虑低碳城市概念的搭建和成型。

参考文献

[1] 王志高，孔喆，谢建华，尹立城. 欧洲第三代公共行车系统案例及启示[J]. 城市交通，2009(4)：7-12.
[2] 杭州市规划局，杭州市城市规划编制中心. 杭州城市交通发展战略与规划[M]. 上海：同济大学出版社，2006.
[3] 姚遥，周杨军. 杭州市公共自行车交通发展专项规划[R]. 杭州市城市规划设计研究院，2009.
[4] 杭州公共自行车网站资料，http://www.hzzxc.com.cn.
[5] 石晓凤，崔东旭，魏薇杭. 杭州公共自行车系统规划建设与使用调查研究[J]. 城市发展研究，2011，18(10).

作者简介

苏畅，1990年6月22日生，男，汉族，内蒙古呼和浩特人，硕士，在读北京林业大学风景园林学科硕士学位，研究方向为风景园林规划设计与理论，Email：492978247@qq.com。

李雄，1964年5月，男，汉，山西人，博士研究生，毕业于北京林业大学，现任职于北京林业大学园林学院，院长，教授，博士生导师，研究方向为风景园林规划设计与理论。

基于遗产廊道构建的城市绿地系统规划策略研究
——以湖南省平江县为例

Strategy Research on Planning of Urban Green Space System Based on Construction of Heritage Corridor
——Take Ping Jiang Town in Sichuan Province as An Example

田燕国 李翅 殷炜达 郑璐

摘 要：遗产廊道体现着当地文化的发展历程和古代人类的生活痕迹，它是在遗产区域保护、绿色通道、文化线路等概念上发展起来的线形文化景观。本文总结分析了遗产廊道的概念、基本特征和主要构成因素，以湖南省岳阳市平江县为例，将县域内的遗产进行分类并评价，确定遗产廊道的规划原则和空间布局，探讨了构建遗产廊道的具体策略和方法，阐明了营建遗产廊道在城市绿地系统规划中所发挥的独特作用，指出遗产廊道营建研究的重要意义，以期为我国城市绿地系统规划中的遗产保护提供新的思路。

关键词：遗产廊道；绿地系统规划；文化遗产保护；绿色网络

Abstract: Heritage corridor embodies the development of the local culture and traces of ancient human life, it is linearity cultural landscape based on the conception of the regional heritage protection, green ways, cultural routes. This paper summarizes and analyzes the concept, essential features and main component factors, takes Ping Jiang town in Sichuan province as an example, classify and evaluates the county heritages, makes the planning principles and the spatial arrangement, explore the construction of heritage corridor, explains heritage corridor as the determining factor of urban green space system, indicates the importance and the significance of the study, it is aimed at providing useful reference for the heritage conservation of urban green space system planning.

Key words: Heritage Corridor; Urban Green Space System Planning; Cultural Heritage Protection; Green Network

近年来，历史文化遗产的保护逐渐成为焦点，其内容不断深化，范围不断扩大，由单个文物到历史地段直至历史文化名城都相继成为保护内容。遗产廊道的概念应运而生，它是美国在保护本国历史文化时采用的一种保护措施。相对中国和欧洲来说，美国历史文化遗存远不能相提并论，但它对历史的重视及适当的保护方法，使得其焕发了生机。[1]遗产廊道是一个拥有历史文化资源集合的线形景观，在其区域范围内通常有蓬勃的经济，发达的旅游，经典的历史建筑及优美的环境，[2]它将廊道内的文化资源和自然环境融合在一起，把历史遗产与生态绿化结合起来保护，在有关理论基础上，建立绿色遗产廊道，并将之作城市生态基础设施来加以建设和保护，并通过遗产旅游开发实现区域与城市的可持续发展。

1 基本理论

1.1 遗产廊道的概念

"遗产廊道"（Heritage Corridor）是美国为了保护自然、历史文化时采用的一种跨区域、范围较大的保护措施，产生于20世纪60年代。[3]它是由绿色廊道和遗产区域结合形成的一种对历史文化遗产的保护思路，是景观不断叠加在历史文化区域中，把单个历史文化遗产串联起来的线状文化景观。它把文化和自然融为一体，突出文化遗产保护的连续性和整体性。遗产廊道不但能保护文化遗产，而且通过旅游开发，还能改善当地生活、教育、游憩条件，这对于那些经济落后的地区来说尤为重要。

遗产廊道与城市绿地系统中绿网体系的构建密切相关。它可以是具有文化意义的运河、峡谷、道路、铁路线以及废弃的工业区或矿区等线形的遗产区域，[4]也可以运用景观串联单个的遗产节点形成具有一定文化意义的线形廊道。

1.2 遗产廊道的基本特征

1.2.1 线形的形态

这个特点可以区分出遗产廊道与遗产片区，遗产廊道是可以长达几公里以上的，把具有特定意义的单个历史遗存节点串联起来的一种线形的遗产廊道，它对遗产的保护方法不仅采用大范围区域，内部可以包括多种不同的遗产，虽然廊道上的各节点是间断的，但其构成了连续的整个外部空间。因此，这种带状的通廊，对于文化遗

---

① 中央高校基本科研业务专项资金赞助（编号：TD2011-32）。

产的保护和景观特色的塑造都是一种较好的形式。

1.2.2 多样的尺度

其分布的空间广度较为多样，有跨越大洲或国土范围的，有穿越多个区域或城市的，也有存在于市域范围内的等等。既可大到跨几个城市的一条水系的部分流域，也可小到某城市中的一条水系，道路或铁路等线形通道也是同理。[5]

1.2.3 综合的功能

遗产廊道超越了传统历史遗址的保护功能，在与城市绿地相结合布置时，能够达到自然、经济、历史文化三者并举的效果，它在对遗产进行保护时，将历史文化内涵提到首位，同时提升经济价值和平衡自然生态系统，具有特色历史文化展示、休闲娱乐、美化环境等多种功能。[6]因此，遗产廊道可以建设成为功能多样性和形式多元化的历史文化保护空间。

1.3 遗产廊道的主要构成因素

依据对上述的遗产廊道概念及特征的理解，得知其主要构成因素有：

1.3.1 具有特定历史意义的遗产实体

每个城市都有当地独特的历史进程，也会或多或少地留下宝贵的历史文化遗产实体，通过调查研究，能够追溯到它们的形成时间和契机，成为当时的历史事件最好的记录者。

1.3.2 能够排布这些连续的遗产元素的线形空间

若要把遗产廊道的构建和绿地系统规划结合起来，就要求有较为开阔的场地能够以遗产元素为中心，展开亲近自然、亲近地方历史的游憩、遗产休闲活动这一过程。

1.3.3 串联这些遗产而形成廊道的景观元素

一些具有休闲游憩价值的景观元素如林地、水体等，以及那些目前并不具备休闲价值，仅仅因为其空间关系而适宜成为遗产廊道组成部分的景观元素。[7]判别这些元素的适宜性及其与遗产实体的位置关系将为廊道的规划和建设提供依据。评价的标准之一是景观元素本身是否适合成为遗产休闲廊道的组成部分；二是构成遗产廊道的景观元素和遗产实体间的适应性和可连接性，即遗产实体之间，遗产与景观之间的空间位置关系和距离，构成元素的可利用程度，保存是否完好以及周边环境对连接的影响等。

2 研究案例

2.1 平江县遗产文化资源评价

2.1.1 平江县概况

平江县位于湖南省东北部，隶属岳阳市。地貌以山地、丘陵为主，县城东北部地势较高，西南部地势较低，相对高度达1500m。周围被群山环绕，东北以山为界，西南以水为界。平江县境内水网密集，河流漫长。其中汨罗江是境内最主要的河流，呈"S"形绕城而过，自东向西贯穿全县。

平江自古崇文尚武，风流人物灿若星辰，有"中华诗词之乡，红色革命县城"的美誉。古有"碧潭秋月"、"秀野春光"、"九曲清池"等自然景观，今有汨罗江沿河风光带、平江起义旧址、平江烈士陵园、湘鄂赣革命根据地纪念馆等人文景观。汨罗江承载着屈原、杜甫两位世界文化名人的忠魂皈依，是湘楚文化源头之一，被誉为"蓝墨水的上游"。

2.1.2 平江县遗产文化资源的分类

在近代，平江为中国革命的策源地之一，曾燃起革命的火焰，先后走出了64位共和国将军和100多位省、部级干部，是全国十大将军县之一；平江起义旧址被列入全国百个红色旅游经典景区，韶山—平江被列入全国30条红色旅游精品线路的首号线路。

平江县共有登记在册的各类文物点305多处，其中重点文物保护单位1处：平江起义旧址，省级文物保护单位6处，市级文物保护单位7处，县级文物保护单位42处，不可移动文物250处（图1、表1）。

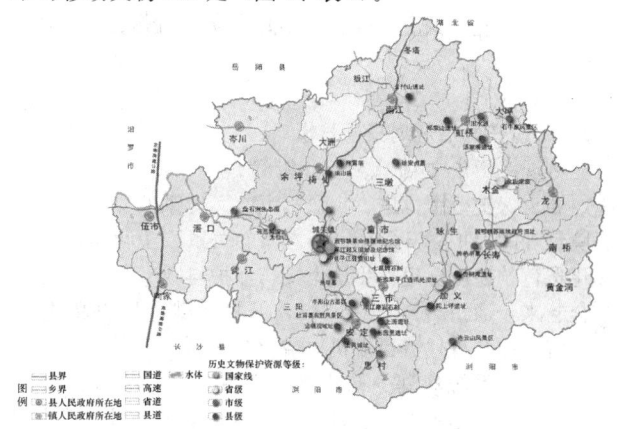

图1 平江县域名胜古迹分布图

县域各级文物保护单位名录　　　表1

类 别	数量	明 细
省级历史文化名镇	1	长寿镇
省级历史文化名村	2	黄桥村（冬塔乡）、英集村（瓮江镇）
全国重点文物保护单位	3	平江起义旧址、中共平江县委旧址（"三月扑城"指挥所）
省级文物保护单位	11	新四军平江通讯处旧址、杜甫墓、湘鄂赣省苏维埃第一次代表大会旧址、李六如故居、向俊烈故居、张岳龄故居、向钧烈士故居、岑川李氏宗祠、余氏宗祠、方氏宗祠、看樱大屋

续表

类别	数量	明细
市级文物保护单位	3	李泰陵墓、徐安贞墓、淡江摩崖石刻
国家级非物质文化遗产	1	龙舞（九龙舞）
省级非物质文化遗产	2	平江花灯戏、平江民歌
市级非物质文化遗产	3	长寿酱干、幕阜拳·械·气功、平江皮影戏

2.1.3 平江县遗产文化资源的评价

平江县境内自然山水风光独具特色，并且中国诗歌文化及革命传统文化广泛流传，若能将两者结合起来，构建成以历史文化遗产为主题的遗产廊道，不仅能使平江县更具有吸引力，而且这些生态基础设施也能作为一流的休闲度假目的地，长株潭和武汉城市群的"后花园"，继而确立平江县在岳阳市、湖南省乃至全国对城镇特色发掘的表率地位。

2.2 基于遗产廊道方法的绿地系统规划规划

2.2.1 遗产廊道规划指导思想

将现有历史文物分类、分级管理，制定相应保护措施，划定保护范围；进一步强化历史文物保护与自然山水环境景观的保护、开发、利用之间的关系，建设具有历史文化特色的遗产廊道。将历史文物保护与城市建设、发展结合起来，通过合理规划布局，保护和继承历史文化遗产，将历史与现代建设有机地结合在一起。

在绿地系统规划中构建遗产廊道时，要考虑到两种因素：一种是固定不能变动的自然和历史文化遗产实体，另一种则是精神层面的非物质文化遗产。这两种因素的保护措施是不同的，基于这些固定因素建立起来的遗产廊道的位置是相当于在确定的节点上做连线和展开面，然后依据用地环境和建筑形式添加上景观元素；基于还未落地的精神遗产，则可依据城市的实际情况，比如绿地需求量和景观可达性等将其在适宜的环境中和规划合理的位置上进行保护和展示。

在县域范围内利用城市周边自然生态绿廊将近郊的自然和历史文化遗址串联起来形成遗产廊道。通过构建城市近郊的山体绿廊，将城市周边的自然地质遗址和历史文化遗址串联起来形成遗产廊道。规划汨罗江与临江的古桥、古亭等历史文化遗址结合形成城市河流文化遗产廊道，利用城市的自然与历史文化遗址结合，在城市内部建设人工的城市绿地网络体系，将遗址串联起来形成城市内部的遗产廊道系统。建设保护性的点状公园绿地，并通过带状公园、林荫带等方式将其连通起来构建遗产廊道。

2.2.2 遗产廊道空间布局

遗产廊道及其保护对象，首先应在线形景观中进行选择。在平江县境内，最为显著的线形景观就是汨罗江了，并且其沿岸区域具有塑造平江县历史的事件和要素，建筑或构筑物也有平江县的独特性和地方重要性。在生态、地理和水文学上都具有重要性，场地基本没有遭到人类活动和开发的破坏。因此，根据平江绿地系统规划的总体目标和历史文化资源特性，结合当地居民和游客对绿地的使用需求，确定了遗产廊道空间布局。

在县域范围内，构建以汨罗江为景观基底的水系遗产廊道和以106国道为景观通廊的交通遗产廊道，在县域范围内形成一横一纵两大廊道。汨罗江遗产廊道串联了平江县中心区、盘石洲生态园、石塅水库、黄金洞水库、杜甫墓等多个自然和人文景观节点；106国道交通遗产廊道串联了平江县中心区、福寿山风景名胜区、白水水库、杜甫墓、梧桐山风景名胜区、大江洞水库、幕阜山国家森林公园等自然和人文景观节点。通过两大遗产廊道构建县域遗产廊道体系。

在县城范围内形成"一江引领，两带协同，绿网密布"的遗产廊道格局（图2、图3）。

图2 平江县域绿地系统规划结构图

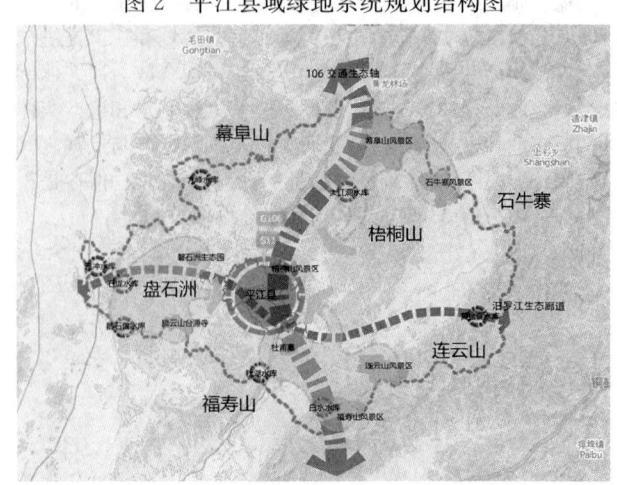

图3 平江县绿地系统规划结构图

（1）一江：沿汨罗江文化景观带

指由汨罗江、沿江建设的风光带及两个较大的江心洲——金沙洲以及杨源洲共同组成的城市带状风光带。以汨罗江为主体，遍布整个规划区，主要山体群楔入规划区。把遗址安全、遗址展示、景观协调、生态保护等一系列功能纳入到规划中，并形成保护范围的绿地，其绿地类型主要有：带状公园、湿地专类公园和防护绿地（图4）。形成以历史文化体验及生态游憩为核心功能的遗产廊道。沿汨罗江文化景观遗产廊道以平江历史文化发展为主脉，以红色革命文化及传统历史文化为重点发展方向，建设沿汨罗江休闲带、屈原文化休闲度假区、仙姑岩红色文化休闲区、杜甫墓祠景区。它们成为连接平江县域景观斑块的生态廊道，进而加强城市绿地对自然和历史文化资源的保护作用。

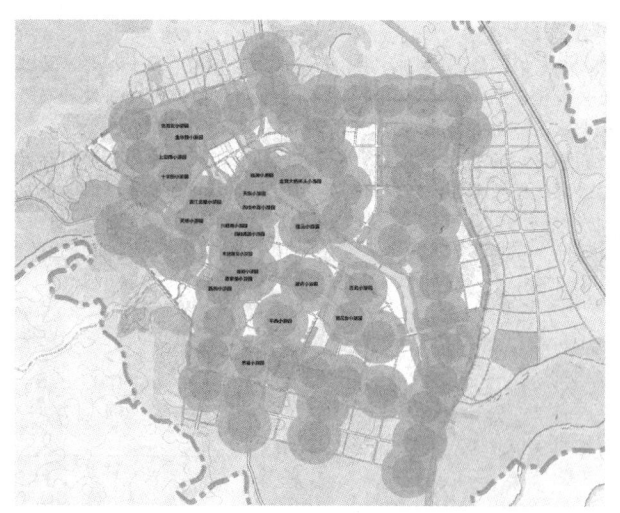

图5 平江县街旁绿地服务半径图

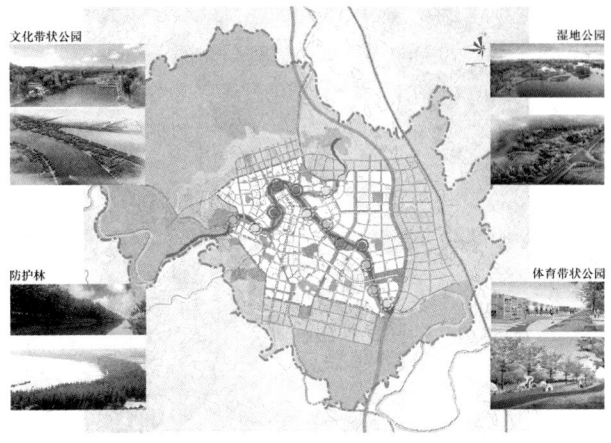

图4 平江县水系规划意向图

（2）两带：以湘鄂赣纪念馆、启明宾馆和城管烈士陵园为主要节点并连接汨罗江支流的廊道一，以平江烈士陵园和一中广场为主要节点的廊道二，它们串联了自然和文化遗址、城市重要公共空间，形成点状的公园绿地呈线形分布，扩建改建启明宾馆和影剧院、湘鄂赣纪念馆，构成旧城综合性公园。重点建设启明公园、湘鄂赣公园、三犁公园，作为创国家重点老城区建设增绿项目。以期带动自然山水和历史人文旅游资源开发，加快平江县旅游业的发展。

（3）绿网：以遍布平江县城的景观路串联起的历史文化主题式街旁绿地，按照半径300—500m距离布局（图5、图6）。在旧城区沿北街两侧进行点状街头绿地的建设，以将军名字命名，其中设置一些与红色革命相关的雕塑小品，以体现平江悠久的红色革命历史。新城区在天岳大道两侧区域以及平江大道周边区域进行点状街头绿地的建设，同样以平江红色革命为主题，新城区街头绿地主要以现状保留为主，同时根据需要进行新建。

3 结语

遗产廊道是城市绿地系统的重要组成部分之一。它同时具备遗址展示和生态保护的功能，其景观的线形和开放性的特点，能够起到休闲游憩、教育娱乐、地方文化展示等重要作用。其线形的形态通常也是城市绿地系统

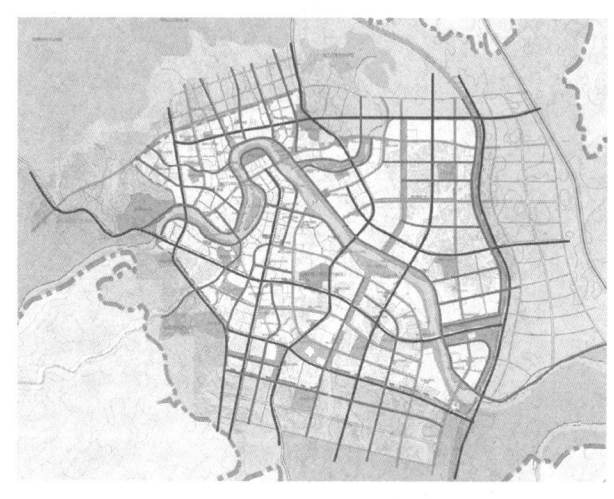

图6 平江县道路绿化规划图

中景观空间格局的轴线部分，连接着城市及其周围的名胜古迹、山川河流等自然和历史文化遗址和游憩空间，在规划建设遗产廊道的过程中，从生态游憩和历史保护结合的角度充分考虑绿地的布局，增加绿地数量和面积，促进城市绿地网络体系的构建。

参考文献

[1] 王志芳, 孙鹏. 遗产廊道——一种较新的遗产保护方法[J]. 中国园林, 2001(05).

[2] 杜娟. "潇湘八景"遗产廊道的构建[D]. 中南大学, 2012.

[3] 彭珊珊. 红军长征湖南段红色文化遗产廊道旅游开发研究[D]. 湘潭大学, 2010.

[4] 王亚南, 张晓佳, 卢曼青. 基于遗产廊道构建的城市绿地系统规划探索[J]. 中国园林, 2010(12).

[5] 李春波, 朱强. 基于遗产分布的运河遗产廊道宽度研究——以天津段运河为例[J]. 城市问题, 2007(09).

[6] 李伟, 俞孔坚, 李迪华. 遗产廊道与大运河整体保护的理论框架[J]. 城市问题, 2004(1): 28-31.

[7] 俞孔坚, 李伟, 李迪华, 李春波, 黄刚, 刘海龙. 快速城市化地区遗产廊道适宜性分析方法探讨——以台州市为例[J]. 地理研究, 2005(01).

作者简介

田燕国,1990年1月生,女,汉,北京人,硕士,北京林业大学园林学院城乡规划系研究生,风景园林学城市规划设计与理论专业,Email:tianyanguo1225@163.com

李翅,1971年9月生,男,汉,博士,北京林业大学园林学院城市规划系主任,注册规划师,副教授,中国城市规划学会风景环境规划委员会学术委员,Email:lichi00@126.com

殷炜达,1983年2月生,男,汉,博士,北京林业大学园林学院城市规划系讲师。

郑璐,1991年5月生,女,汉,硕士,北京林业大学风景园林专业研究生。

新型城镇化下的绿道建设
——以成都绿道建设为例

Greenway Construction under New Urbanization
——The Greenway Construction in Chengdu as an Example

王艺憬

摘 要：在新型城镇化背景下，近年来绿道建设在国内得到快速发展。但是与国外绿道建设相比，国内绿道建设还处于探索阶段。本文从绿道的概念、起源出发，结合国外绿道发展的情况，以成都绿道建设为例，对成都已建成绿道进行分析并提出建议，以期对未建成区绿道以及国内其他地方的绿道建设提供参考。

关键词：绿道；成都绿道；现状；现实意义

Abstract: Under the background of the new urbanization, the greenway construction in recent years at home get fast development. But compared with the greenway construction abroad, domestic greenway construction is still in the exploratory stage. In this paper, starting from the concept, the origin of the greenway, combining the development of green way abroad, taking greenway construction in Chengdu as an example, analyze the greenway built in Chengdu and Put forward the proposal, in order to provide the reference for the greenway construction in other parts of the country.

Key words: Greenway; Chengdu Greenway; Current Situation; Practical Significance

1 背景

党的十八届三中全会提出，完善城镇化健康发展体制机制，坚持走中国特色新型城镇化道路，推进以人为核心的城镇化，推动大中小城市和小城镇协调发展。新型城镇化不是简单的城市人口比例增加和规模扩张，而是强调在产业支撑、人居环境、社会保障、生活方式等方面实现由"乡"到"城"的转变，实现城乡统筹和可持续发展，最终实现"人的无差别发展"。

以景观规划的角度来看，人居环境和生活方式的改善是新型城镇化背景下区域规划的重点。这就需要规划工作者既要以更加宏观的时空尺度来思考问题，同时要加强中观、微观层面的落实，全面把握绿地在特定城乡地域环境上的结构与功能，形态与要素。

十多年前，"绿道"对于中国的老百姓来说还很陌生，在政府的大力推进下，部分地区"绿道"已经逐渐地走进老百姓的生活。但与国外绿道研究和实践相比，中国的绿道建设起步较晚，发展层次较低，在许多方面都需要进一步地加强和完善。

2 绿道的概念及起源

2.1 绿道的概念

中文词语"绿道"由英文单词"Greenway"直译而来。1992年，刊登于《国外城市规划》杂志的文章《美国绿道（American Greenways）简介》首次出现"绿道"一词。在国内较早的介绍"Greenway"的文章中也有将其翻译为"绿色通道"的。2010年2月广东省人民政府将"绿道"确立为广东省政府文件中的正式用词，之后上海、福建、浙江、河北以及成都、武汉等省市所颁布的绿道相关政府文件中，也都是以"绿道"作为正式的中文用词。

"Greenway"由两个英文单词"Green"和"Way"组成（Little，1990），其中"green"指自然或半自然的环境，包括地形、水域以及动植物等；"way"指通道、线路或路径，表达了线形、连接和移动的意思。因此从字面意义上解释，绿道就是自然的通道或通向自然的通道，本身既强调绿道应该具有一定的自然条件，强调绿道能够被人或动植物使用。从广义上讲，"绿道"是具有连接作用的各种线形绿色开敞空间的总称，包括从社区自行车道到引导野生动物进行季节性迁移的栖息地走廊，从城市滨水带到远离城市的溪岸树荫游步道等。

与绿道相关的术语有生态网络（Ecological Networks）、栖息地网络（Habitat Networks）、野生动物廊道（Wildlife Corridor）、生态基础设施（Ecological Infrastructure）、生态廊道（Ecological Corridors）、环境廊道（Environmental Corridors）、景观连接（Landscape Linkages）等，而绿道的概念本身也在发展变化中。

2.2 绿道的起源

由奥姆斯特德（Frederick Law Olmsted）完成的波士顿公园系统规划（Boston Park System）被学术界公认为

第一条具有真正意义的绿道。这一公园系统又被人亲昵地称作是波士顿的翡翠项链（Emerald Necklace）。该规划利用200-1500英尺宽的绿地，将富兰克林公园（Franklin Park）、阿诺德公园（Arnold Park）、牙买加公园（Jamaica Park）等多个公园以及其他的绿地系统联系起来。该绿地系统长达16 km，连接了波士顿、布鲁克林和坎布里奇，并将其与查尔斯河相连。不仅形成了一条城市户外排水通道和自然水体的保护廊道，而且将城市公园、植物园、林荫道和河道湿地等多种类型的城市绿地整合成一个连续的系统；不仅满足了城市生态和水文需求，而且将市民城市生活中各种不同的活动需求与城市绿地结合起来。此外，波士顿公园系统的构建过程同时也伴随着城市建成区的扩张，由于在城市开发之前就已经划定了绿色廊道的范围，不仅有效地缓解了工业时期城市遗留的城市公共环境的污染和拥挤状况，而且对城市中心土地资源的合理开发起到了规范和引导作用（图1）。

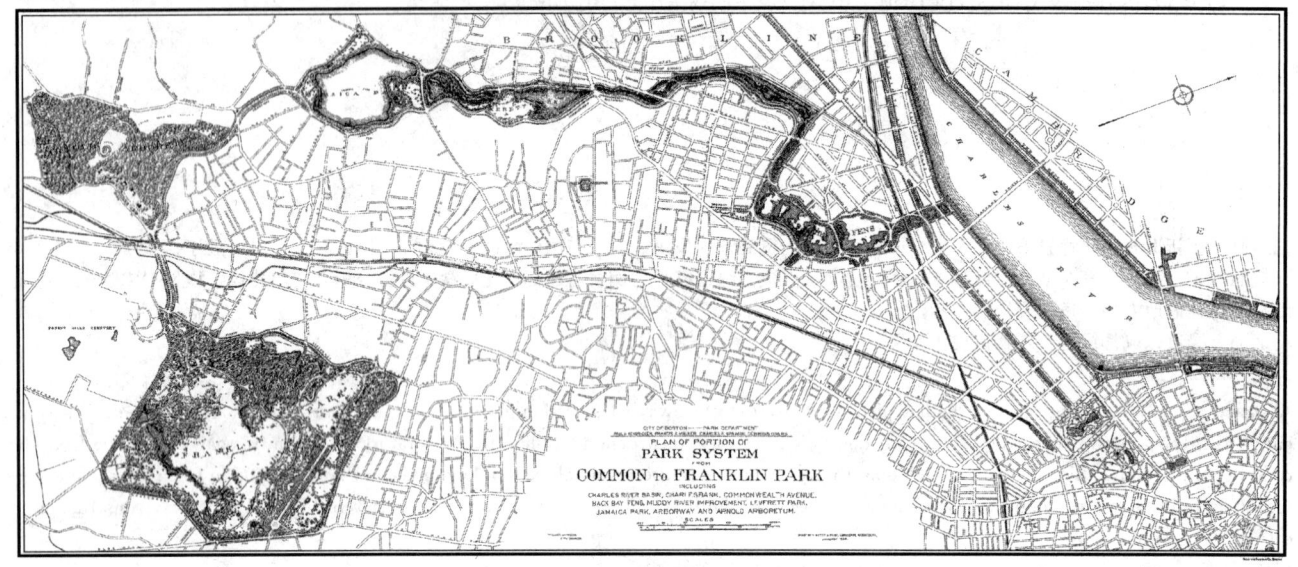

图1 波士顿公园规划

3 国外的绿道建设案例

3.1 案例简介

3.1.1 美国东海岸绿道

美国是绿道建设最早、经验最成熟的国家。其东海岸绿道全长约4500km，是全美首条集休闲娱乐、户外活动和文化遗产旅游于一体的绿道。该绿道途经15个州，23个大城市和122个城镇，连接了重要的州府、大学校园、国家公园、历史文化遗迹等，总造价约3亿美元，为沿途各州带来约166亿美元的旅游收入，为超过3800万居民带来巨大的社会、经济和生态效益。

3.1.2 法国卢瓦尔河绿道

法国卢瓦尔河流域是世界自然遗产，卢瓦尔河流域"绿道"位于法国中西部地区，全长近800 km，横跨法国卢瓦尔大区和中央大区，6个行政省、8个大中城市以及1个地区级自然公园。沿途设有14个自行车租赁和维修服务点，150个可接待自行车的餐饮住宿点，是法国重要的集休闲娱乐、户外活动和自然文化遗产旅游于一体的绿道，同时也是欧盟"绿道网"（规划全长60000 km）的重要组成部分。

3.1.3 德国鲁尔区绿道

在德国，绿道成为推动旧城更新、提升土地价值的重要手段。德国鲁尔区将绿道建设与工业区改造相结合，通过七个"绿道"工程将百年来原本脏乱不堪、传统低效的工业区，变成了一个生态安全、景色优美的宜居城区。在改善居民生活质量的同时，绿道建设也提升了周边土地的价值。鲁尔区接着成功地整合了区域内17个县市的绿道，并在2005年对该绿道系统进行了立法，确保了跨区域绿道的实施建设。

3.1.4 新加坡国家绿地网络

新加坡于1991年开始建设一个串联全国的绿地和水体的绿地网络。通过连接山体、森林、主要的公园、体育休闲场所、隔离绿带、滨海地区等，形成通畅的、无缝连接的绿道，为生活在高密度建成区的人们，提供了足够的休闲娱乐和交往空间，使新加坡成为一个"城市在花园中"的充满情趣、激动人心的城市。

3.1.5 日本绿道建设

日本通过绿道的建设来保存珍贵、优美、具有地方特色的自然景观。日本对国内主要河道以编号加以保护，通过滨河绿道建设，为植物生长和动物繁衍栖息提供了空间；同时，绿道串联起沿线的名山大川、风景胜地，为城市居民提供了体验自然、欣赏自然的机会和一片远离城市喧嚣的净土。

3.2 启示与借鉴

3.2.1 层次清晰

绿道系统具有不同层次的结构，需要从不同层次进行规划，并在各个层次上做到相互衔接和融合，最终形成有机的绿道网络系统。

3.2.2 功能多样

在改善生态环境质量，提供游憩活动机会和保护历史文化资源等方面绿道系统都发挥了重要作用。

3.2.3 特色鲜明

由绿道连接的不同层次、不同区域的景致都有其各自所在区域的地域性，在凸显各地方特色的同时增加绿道的活力。

4 成都绿道系统规划方案

4.1 绿道的分级

4.1.1 Ⅰ级绿道

由市级统一规划，贯穿全域的骨干绿道。

4.1.2 Ⅱ级绿道

中心城、区（市）县（含乡镇）等区域的其他支线绿道。

4.2 绿道的布局

Ⅰ级健康绿道由9个主题串联起来（图2）。

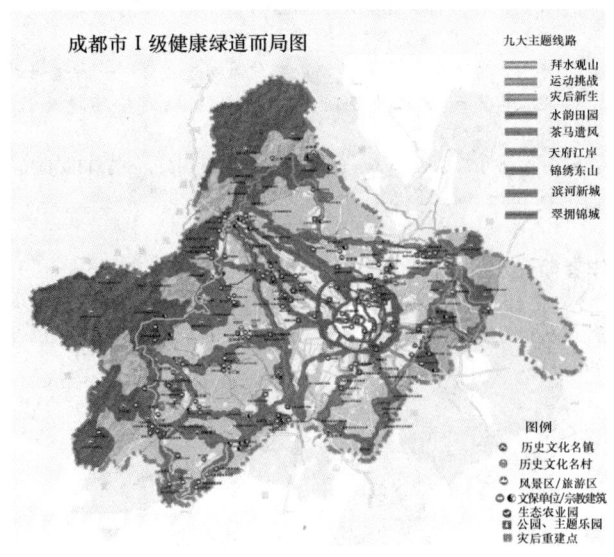

图2 成都市Ⅰ级健康绿道布局图

1号线主题为翠拥锦城，是成都市城区范围内的串联绿道。沿线景点囊括了凤凰山、天回山、十陵等景区以及武侯祠、杜甫草堂、宽窄巷子、明蜀王陵等名胜古迹，还有人民公园、望江公园等主题公园。其余主题线的主题分别是：拜水观山、运动挑战、灾后新生、水韵田园、茶马遗风、天府江岸、锦绣东山、滨河新城。

规划分别对9条市级区域绿道的起止点、线路长度、所需骑行时间和沿线主要景点进行了分析和整理，并在总体层面上基本确定了各主题线路相交点的大致位置，以便进一步为各区市县制定绿道实施规划提供指导。

4.3 成都绿道建成区现状分析

到目前为止，温江区绿道、锦江区198道、郫县区绿道以及双流区绿道已经建成并投入使用，以下是对建成区绿道现状的一些分析。

4.3.1 交通道路分析

建成区部分绿道与城市道路会出现有共线或交叉部分的情况，在此情况下绿道采用了立体交叉和平面交叉两种方式。如锦江198健康绿道与成都环城高速公路相交时，便采用了上跨天桥的立体交叉形式进行解决。

建成区绿道道路材质主要有以下几种：塑胶路、卵石石板路、木质道路，其中塑胶道路占了近一半的路程。而卵石石板路和木质道路主要在一些仅供人行的地方应用。

存在问题：由于各区域的绿道还没连成一个整体，并且与周围公共交通的连接不紧密，部分绿道的通达性并不是很好。

建议：在绿道建设的同时，增加周边公共交通的可达性，合理解决原有交通路段、公共场所以及其他区域与绿道的衔接问题。

4.3.2 服务设施分析

建成区绿道设有专门的自行车租赁点，一种是设在绿道入口的，另一种自行车租赁点属成都市建设田园城市的基础配套设施，分布在成都市田园城市建设的各大绿楔与环线周围。绿道沿途设有坐凳、指示牌、科普宣传栏等公共服务设施。

存在问题：建成绿道更多地关注了来骑行的游客，提供休息的公共设施数量较少，相隔距离较远，忽视了来绿道散步的人群。

建议：适当地增设服务设施点、驿站、坐凳等可供散步游客休息的设施。

4.3.3 植物种植分析

建成区绿道沿途植被丰富，乔灌草相结合，营造了沿途美不胜收的风景。既有色叶植物，也有观花观果的植物，既有陆生植物，也有多种水生植物。

存在问题：虽然应用了不同种类的植物，极力营造多样的生态空间，但是乡土植物的应用还应增加，地域性景观的保留和发掘相对缺乏。

建议：适当地保留原有乡土景观，对原有植物进行合理梳理，在应用植物打造景观的时候多采用乡土植物。

4.4 成都绿道建设的四大现实意义

4.4.1 生态意义

绿道网络运用景观生态学中有关核心区域、缓冲区域、生态廊道的概念，为区域构建起"点—线—网"的生态网络，将破碎的自然系统连接起来，重新构建连通性。绿道保护了区域内的森林、湿地和水域等生物多样性最高的重要栖息地类型，满足了动植物的生境需求。

4.4.2 环境意义

（1）降低自然灾害影响，特别是市区内的绿道系统所构成的绿色屏障，可以缓冲、隔离或者减缓自然灾害对城市环境的影响。（2）调节区域小气候，缓解区域污染。（3）保护具有高品质的自然景观，防止城市扩张的侵蚀。

4.4.3 经济意义

绿道具有提供旅游服务获取直接经济效益，以及提升周边土地价值带来间接经济效益的基本功能。同时建成区绿道也加强了传统农业和旅游业的互动和升级，实现一三产业的共生共荣，提高了区域经济活力。

4.4.4 社会意义

（1）连通城乡空间，促进社会公平。绿道沿线基础设施的建设与改造，综合环境的打造与整治必将使周围的百姓受益，并且能增加新的就业机会。（2）倡导绿色低碳健康的生活方式。（3）展示城市特色、打造成都名片。绿道依托水系、山林，串联起了成都市域内的历史名胜、公园、风景区等具有成都特色的自然人文资源，通过不同的主题线路，展示成都特色。

5 小结

绿道是新型城镇化下绿地系统的一种重要类型，是开放空间、生态网络理想的表现形态，它兼顾保护与利用，将各类用地连成一体，从城市延伸到村镇，甚至郊野，绿道网络的形成将带来巨大的生态效益和游憩活动的生机。成都绿道在建设"世界现代田园城市"的同时打破城乡界限，让城市和乡村更加紧密地联系起来，绿道不仅连接了城市与乡村的自然要素，也融合了彼此的生活方式。以绿道为载体，绿道系统超越了物质形态，成为社会与文化的代言，绿道系统规划也从物质的规划走向物质与精神兼顾的规划。

成都绿道建设到现在已取得了一定的进展，但是也存在着一些问题。在之后绿道网络的建设中要注意并避免以下几种情况。（1）风景景观化。把绿道周边的景色当作公园绿地来做，虽然也能营造出美景，但是人力物力财力的投入也是巨大的，同时地域性的景观也得不到保护。（2）特色口号化。成都绿道以九大主题串联而成，在国内的绿道建设中算是具有一定的特色，希望这样的特色不是停留在规划层面上而是能在深入调研的基础上去体现各个主题的独特魅力。（3）绿道骑行化。在已建成的成都绿道体系中，大面积的塑胶道路以及其他的附属设施都在迎合骑行者的需要，这样片面地理解绿道的作用必定会降低绿道的使用和与之相应的功能。

成都绿道建设是新型城镇化背景下中国绿道建设的一个缩影，是成都打造现代田园城市的重要组成部分。本文通过对成都建成部分绿道的现状进行分析，并对其中的问题提出建议，以期对未完成的绿道以及国内其他地方绿道建设提供参考。

参考文献

[1] 胡剑双，戴菲. 中国绿道研究进展[J]. 中国园林，2010（12）：88-91.

[2] 李团胜，王萍. 绿道及其生态意义[J]. 生态学杂志，2001，20(6)：59-61.

[3] 李开然. 绿道网络的生态廊道功能及其规划原则[J]. 中国园林，2010(3)：24-27.

[4] 刘滨谊，余畅. 美国绿道网络规划的发展与启示[J]. 中国园林，2001(6)：77-81.

[5] 刘东云，周波. 景观规划的杰作：从"翡翠项圈"到新英格兰地区的绿色通道规划[J]. 中国园林，2001(3)：59-61.

[6] 潭少华，赵万民. 绿道规划研究进展与展望[J]. 中国园林，2007(3)：85-89.

[7] 叶盛东. 美国绿道（AmericanGreenways）简介[J]. 国外城市规划，1992，(3)：44-47.

[8] 牟里，陈俞臻，晁旭彤. 成都健康绿道建设——打造世界现代田园城市的神经网络[J]. 城乡规划与环境建设，2012，32(1)：4-9.

[9] LittleC E. Greenways for America[M]. London：The Johns Hopkin Press Ltd.，1990：1-25.

作者简介

王艺憬，1987年10月，女，汉，四川，本科，北京林业大学研究生在读，风景园林规划设计与理论，Email：452446478@qq.com。

环境生态技术在景观生态规划设计中的应用[①]

The Application of Environmental Ecological Technology in Landscape Ecological Planning and Design

王云才 崔 莹

摘 要：景观生态规划中的环境生态技术通过作用于大气、土壤、水体、地貌以及人类活动而产生作用，产生一定的景观生态效益。本文系统归纳了以上五种作用中的重点环境生态技术，建立了景观生态规划设计中的环境生态技术框架，列举了各技术单元下的重点技术，梳理了其中的重要技术链条，为新型城镇化建设景观生态规划设计中的环境生态技术应用提供了技术参考。

关键词：环境生态技术；绿色基础设施；景观生态规划

Abstract: The Application of Environmental Ecological Technology in landscape ecological planning and design act on the atmosphere, soil, water, landscape, and human activity effect and produce certain landscape ecological benefits. This paper summarizes the above five kinds of function of the key environmental ecology technology, sets up the framework of environmental ecological technology in the design of landscape ecological planning, lists the various technology unit of key technology and the technology chain, provides technical reference of the environmental ecology technology application in the design of landscape ecological planning in the new type of urbanization construction.

Key words: Environmental Ecological Technology; Green Infrastructor; Landscape Ecological Planning and Design

1 研究背景

1.1 景观生态规划设计中的环境生态技术及其分类

景观生态规划是在一定尺度对景观资源的再分配，通过研究景观格局对生态过程的影响，在景观生态分析、综合及评价的基础上，提出景观资源的优化利用方案。环境生态技术，是指和生态环境相协调的生产性技术。[1]随着节约型社会和新型城镇化建设的不断推进，环境生态技术在景观生态规划中的应用范围不断扩大，越来越受到重视。

《绿色生态住宅小区建设要点与技术导则（试行）》所建构的大框架，将环境生态技术体系分为废弃物管理与处置系统、气环境系统、水环境系统、绿色建筑材料系统、热环境系统、光环境系统、声环境系统、能源系统、绿化系统等九大类，其具体分类如下。[2]废弃物管理与处置系统：主要解决废弃物污染方面的问题，例如土方就近平衡、减少一次性材料的使用、废弃物分类收集、无机废弃物作为建筑材料再利用、有机垃圾无害化处理等。（1）气环境系统。主要解决空气污染方面的问题，例如减少有害气体排放、导风、防风、净气、增加有益气体成分等。（2）水环境系统。主要解决水污染、水资源短缺等方面的问题，例如节水措施和器具、污水处理、雨水清洁收集、再生水（中水）回用、草地雨水蓄渗、铺装透水、绿地浇灌节水等。（3）绿色建筑材料系统。主要解决资源枯竭等方面的问题，例如可降解材料、再生材料、纳米涂料等。（4）热环境系统。主要解决热岛效应的问题，例如水降温、风降温、绿化降温、采用热发射率低的材质、遮阳降温等。（5）光环境系统。主要解决光污染的问题，例如自然采光、人工照明等。（6）声环境系统。主要解决噪声污染的问题，例如声源控制、吸声、隔声、消声等。（7）能源系统。主要解决能源紧张的问题，例如可再生能源的使用、建筑围护结构节能、节能设备等。（8）绿化系统。主要解决生物多样性衰退的问题，例如植物树种选择、复层绿化、生态边坡、生态水域、土壤改良技术、屋顶薄层绿化技术、植物墙板技术、攀缘植物绿化、墙面绿化给排水、草坪耐践踏及即时更换技术、可移动种植容器技术、大规模苗木带冠移植迅速成型成景技术、绿化抗风技术、生物多样性促进技术、碳技术等。

1.2 景观生态规划设计与环境生态技术之关系

1.2.1 二者目标与定位一致

景观生态规划设计与环境生态技术都是以可持续发展作为指导思想，为了实现社会、经济、环境的整体协调发展，创造和谐的人居环境而服务。

1.2.2 二者相互制约，共同发展

景观生态规划设计为环境生态技术的应用划定了范围与原则，在景观生态规划设计中的环境生态技术应用，

[①] 基金资助：十二五科技支撑计划"村镇宜居社区与小康住宅重大科技工程——宜居社区规划关键技术研究"（编号：2013BAJ10B01）。

应该遵从景观生态规划设计原则，尊重自然原生态变化规律，维护地域性特征，坚持"以人为本"。环境生态技术的应用为景观生态规划设计提出了更高的要求，要求景观生态规划在满足景观功能和生态功能要求的基础上，充分整合环境资源，按照绿色、节能、可持续发展的要求，兼顾景观效益、生态效益、环境效益与经济效益。

2 景观生态规划中的环境生态技术应用变迁与特点

2.1 景观生态规划中的环境生态技术应用变迁

景观生态学起源于欧洲，发展的主流也主要表现在欧洲，其萌芽时期可以追溯到19世纪末期至20世纪60年代中期，但环境生态技术在景观生态规划中的具体应用时间则相对较晚，是在20世纪中期随着现代人居学科群中环境工程、给排水、道路、暖通、建材、土建、结构等学科的发展而逐步发展的。[2] 约翰·西蒙兹的代表作之一《景观设计学》第四版系统地阐释了环境景观设计的基本准则与实践。伊恩·伦诺克斯·麦克哈格1967年出版的《设计结合自然》，提出以生态原理进行规划操作和分析的方法，使理论与实践紧密结合。威廉·M·马什的代表著作《景观规划的环境学途径》详尽收录了地理学、水文学、土壤学和生态学中与景观规划相关的重要原理与过程。此书第四版还新增添对流域的最佳管理实践进行探讨的内容，以及关于可持续的绿色基础设施、工业场地的管理、洪水灾害、湿地和水体质量、海岸线的稳定、城市气候，以及沼泽恢复治理等方面的新案例。除英国、美国学者的研究之外，日本学者也对此进行了一定的研究。日本学者菅原进一所编著的《环境·景观设计技术》系统论述了与光设计、水设计、植栽设计、景观新材料等相关的技术应用，并列举了世界范围内的优秀案例。

景观生态规划设计在中国起步较晚，但近年来的发展较快，特别是其中的环境生态技术应用已经越来越多的受到学者们的关注。环境生态技术在景观生态规划设计中的应用，最为典型的是在黄土高原治理及小流域治理中。20世纪80年代，朱显谟院士针对黄土高原的治理，提出28字方针：全部降水就地入渗拦蓄，米粮下川上塬（含三田、和一切平地）；林果下沟上岔（含四旁绿化），草灌上坡下坬（含一切侵蚀劣地）。此后，围绕黄土高原的治理，展开了以小流域为单元，全面规划，综合治理的过程。20世纪90年代，李玉山总结了黄土高原治理开发的3条基本经验：增粮起步，治理开发并举；调整土地利用结构，综合发展农林牧业，建立产业经济；小流域为单元，坡沟兼治，治坡为主，生物与水土工程措施相结合，大力修建基本农田。这其中应用到了很多环境生态技术，例如水土治理过程中的径流蓄积及处理等。[3]

2.2 景观生态规划中的环境生态技术应用特点

2.2.1 保护性

环境生态技术在对区域景观的生态因子和物种生态关系进行科学的研究分析的基础上，通过合理的设计和规划，最大限度地减少对原有自然环境的破坏，以保护良好的生态系统。

2.2.2 适应性与补偿性

环境生态技术用景观的方式修复城市肌肤，探索能结合本土实际的生态化发展模式作为谋求完美生活环境的规划和设计，实现生态环境与人类社会的利益平衡和互利共生，促进城市各个系统的良性发展。

2.2.3 修复性

景观生态规划设计中的环境生态技术应用一方面减少对自然生态系统的干扰和破坏，保护好自然植物群落和自然痕迹；另一方面，通过合理的组织和技术的利用降低建设和使用中的能源和材料消耗。

3 景观生态规划中的环境生态技术应用体系

3.1 技术体系与模块

3.1.1 分类

环境生态技术在景观生态规划与设计中有着广泛的应用，根据环境生态技术与大气、水体、地貌、土壤及人类活动之间产生的相互作用，将其在景观生态规划设计中的应用归纳见表1，其关系如图1所示。

景观生态规划设计中的环境生态技术应用体系概览　　表1

环境生态技术应用对象	对应环境生态技术系统分类	主要作用
大气	气环境系统	净化空气、防风导风、降温
水体	水环境系统	节水、污水处理、雨水收集处理、再生水（中水）回用、增加铺装透水
地貌	绿化系统	绿化、生态边坡、屋顶绿化、墙面绿化、草坪、成景技术
土壤	绿化系统	土壤改良、生物多样性促进技术、碳技术
人类活动	废弃物管理与处置系统、绿色建筑材料系统、热环境系统、光环境系统、声环境系统、能源系统	土方平衡、废弃物分类收集、建筑材料再利用、有机垃圾无害化处理、可降解材料、再生材料、纳米涂料、采用热发射率低的材质、遮阳降温、自然采光、人工照明、声源控制、吸声隔声消声、可再生能源的使用、节能、灾害防护、低碳

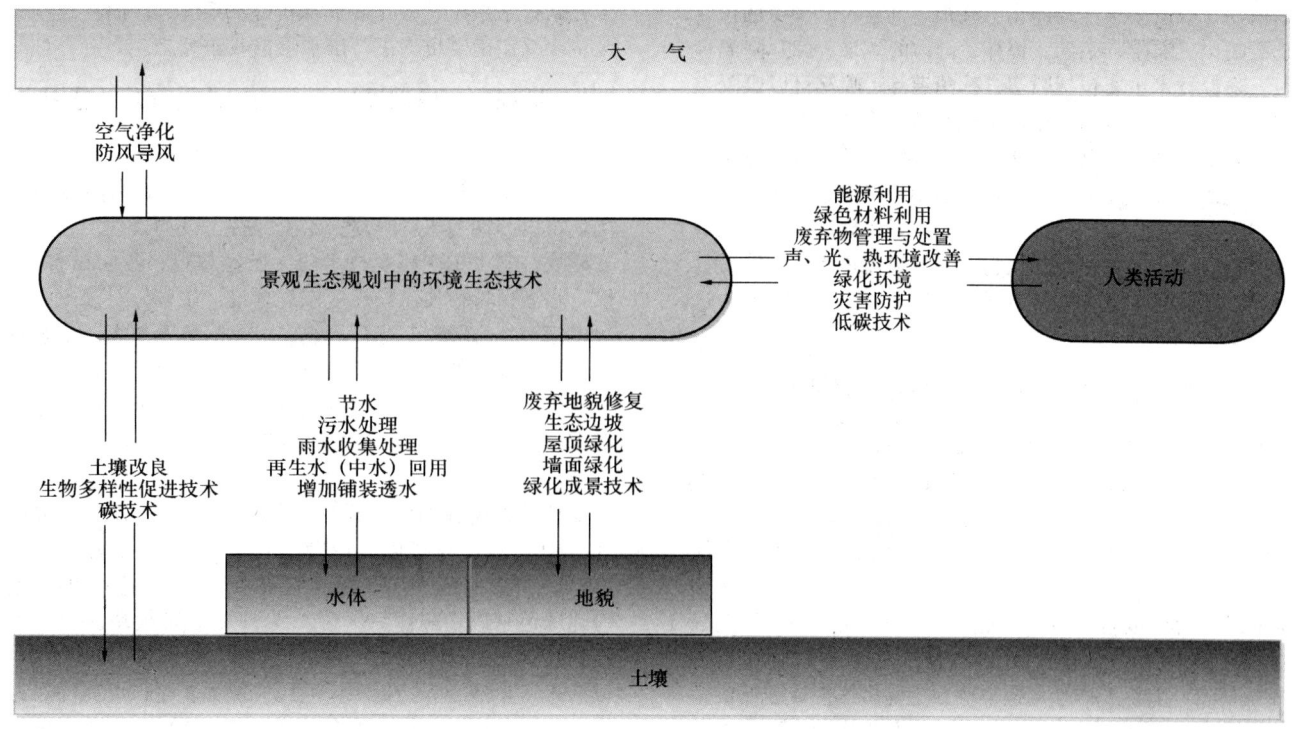

图 1 景观生态规划设计中的环境生态技术应用分类

3.1.2 技术模块关系

环境生态技术在景观生态规划设计中的应用分为大气、水体、地貌、土壤、人类活动等五个大类，其中每个大类都有相对应的技术模块。其具体内容以及之间的关系如图2所示。

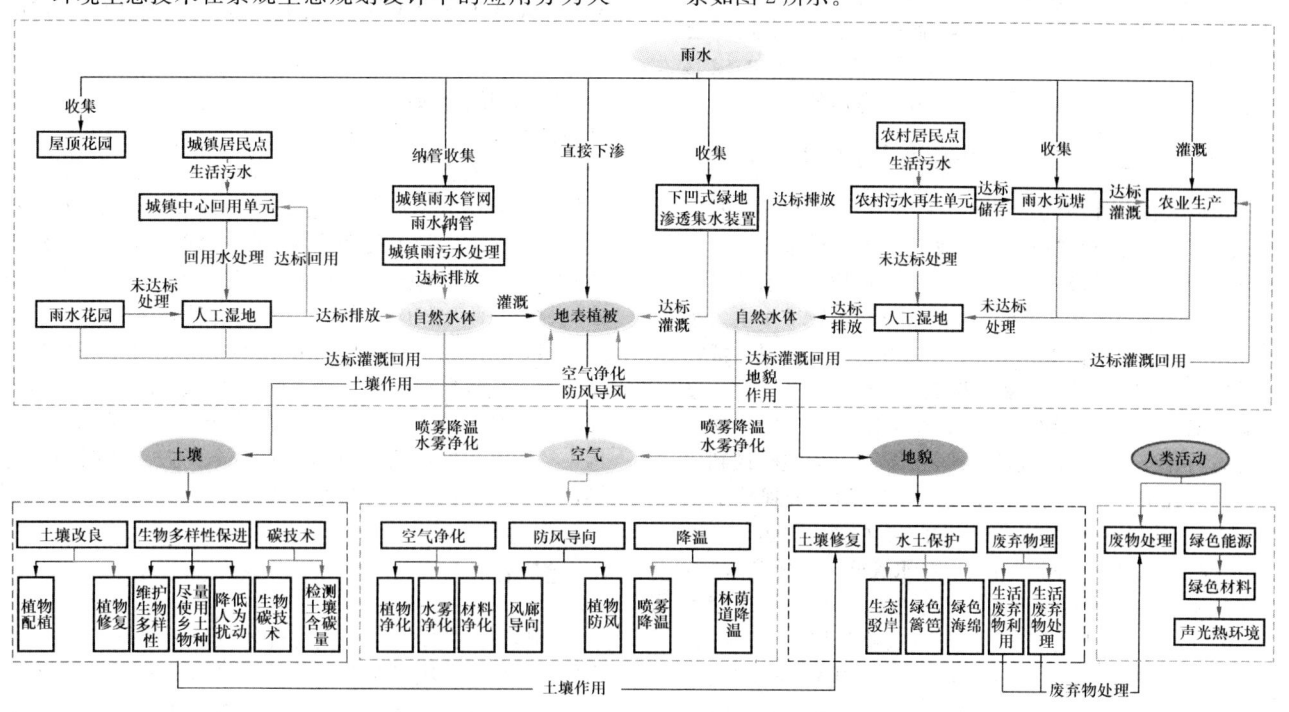

图 2 景观生态规划设计中的环境生态技术模块及其关系

3.2 景观生态规划中的大气环境生态技术模块

景观生态设计中的环境生态技术针对空气的应用，具体可以归纳为空气净化模块、降温模块以及防风导风模块三大类技术模块。（1）空气净化模块。通过抗污染植物群落技术的应用，选用具有吸抗污染和阻滞灰尘功能的植物，组成多层次的净化空气植物群落，所种植的植物具有吸尘、滞尘、杀菌、提神、健体的效果。（2）降温模块。降温技术主要包括喷雾、林荫道等。喷雾可以吸附空气中的灰尘，增加空气中的水汽和负氧离子浓度，增加湿度，降低气温，提高空气质量。[4]林荫道对于城市除了景观绿化作用外，还对气环境具有遮阳、降温、净化空气质量以及保持自然通风等作用。[5]（3）防风导风模块。风廊导风指顺着主导风向栽植植物，引导风流进入。庭院有计划植物配置可以将气流有效的偏移或导引，使气流更适于建筑物的通风。[6]

3.3 景观生态规划中的土壤环境生态技术应用

景观生态设计中的环境生态技术针对土壤的应用可以归纳为土壤改良、生物多样性促进以及碳技术三大类技术模块。（1）土壤改良模块。土壤改良模块主要包括植物配植和植物修复两类技术。植物配植的主要作用是能够有效的起到保持水土作用。植物修复是利用绿色植物来转移、容纳或转化污染物使其对环境无害。植物修复的对象是重金属、有机物或放射性元素污染的土壤及水体。[7]（2）生物多样性促进模块。生物多样性促进模块主要要求在针对土壤的环境技术使用过程中，注重维护生物物种及过程多样性，尽量使用乡土物种，同时降低人为扰动。（3）碳技术模块。土壤碳技术的使用主要包括生物炭制备、土壤碳排放检测等。生物炭可广泛应用于土壤改良、肥料缓释剂、固碳减排等。土壤是地球表层系统中最大而最活跃的碳库之一，土壤碳排放量很小的变化都会引起大气CO_2浓度的很大改变，因此土壤碳排放的检测也是针对土壤的景观生态规划设计中应考虑的问题。[8]

3.4 景观生态规划中的水体环境生态技术应用

景观生态设计中的环境生态技术针对水体环境的应用，可以归纳为节水技术、污水处理技术、雨水收集与处理技术三大类技术模块。（1）节水技术模块。节水技术模块主要包括植物节水、微灌节水等技术。植物节水主要指在设计过程中使用一批如马蔺、土麦冬等极耐干旱、抗逆性极强的园林绿化植物品种。微灌是按照作物需求，通过管道系统与安装在末级管道上的灌水器，将水和作物生长所需的养分以较小的流量，均匀、准确地直接输送到作物根部附近土壤的一种灌水方法。（2）污水处理技术模块。在新型城镇化建设过程中，由于农村及小城镇几乎没有完善的排水管网，同时与城市排水管网间的距离较远，污水管网系统的投资费用高，污水的收集与集中处理困难，因此只能采用"集中处理与分散处理相结合"的方法。在具体的景观生态规划设计中，最常用到的是以人工湿地为主要技术的污水处理技术链条。人工湿地是由人工设计的、模拟自然湿地结构与功能的复合体，并通过其中一系列生物、物理、化学过程实现对污水的高效净化。[9]（3）雨水收集及处理技术模块。雨水在城市地区的收集处理主要包括两种途径：通过地表渗透或者借助各种辅助设施增加雨水的入渗量，补充地下水，达到涵养水源的目的。雨水在城镇地区的渗透利用有两种方式：绿地就地渗透利用和修筑渗透设施，例如下凹式绿地、侧壁渗水孔式排水系统、多孔集水管式排水系统等。而在农村地区主要采用雨洪坑塘进行雨水渗透收集处理。

3.5 景观生态规划设计中的地貌改造环境生态技术应用

景观生态设计中的环境生态技术针对地貌环境的应用，可以归纳为土壤修复、水土保持、废物处理三大类技术模块。其中土壤修复技术前文已经叙述，不多做赘述。（1）水土保持模块。景观生态规划设计中，针对水土保持可以运用生态驳岸、绿色篱笆、绿色海绵等技术。生态驳岸是指恢复后的自然水岸具有自然水岸"可渗透性"的人工驳岸，同时也具有一定的抗洪强度。[10]绿色篱笆设计将绿篱作为环境保护设施体系的核心依托框架，与不同生态技术相结合，构成水土保持的生态网络。[11]绿色海绵是以绿色基础设施网络建设为规划原则，发挥分散的坑塘和林地资源，构建以"绿色海绵"为单元，融合生态"源"、"汇"、"战略点"和廊道体系（含生态桥）的绿色海绵绿色基础设施网络。[12]（2）废物处理模块。主要指在景观规划设计中利用已有的生产废弃物进行造景技术，以及生产生活废弃物资源化利用。例如：生产废弃物作为雕塑、生态护坡材料、生态浮岛材料；使用废弃生产生物物资进行资源回收利用制造建筑材料等。[13]其最主要的技术应用是垃圾公园的设计，其环境生态技术涉及到垃圾填埋、覆盖，垃圾渗滤液处理，土壤修复等。[14]

3.6 景观生态规划中的人类活动环境生态技术应用

景观生态设计中的环境生态技术针对人类活动的应用，可以归纳为绿色能源利用、绿色材料利用、废弃物管理与处置，声、光、热环境营造以及灾害防护等技术模块。（1）绿色能源利用模块。主要指在设计过程中利用太阳能、风能、地热能等再生能源技术以及建筑节能技术和设备等，解决系统的能源来源，同时减少对环境的碳排放。（2）材料利用模块。主要通过新技术的应用，在传统建筑材料中添加相应的生态材料，或使用可降解材料、纳米材料，使建筑材料或涂料具有吸收二氧化碳等绿色低碳效应，或者在建设与使用过程中减少碳排放。（3）声、光、热环境营造。主要指在设计和设计中降低光污染与声污染的技术。例如增强自然采光，降低人工照明的光污染，以及声源控制、隔声消声等。

4 结论

环境生态技术在景观生态规划设计中的应用从大气、水体、地貌、土壤、人类活动等五个大类解决了空气污染、水体污染、水土流失、土壤污染、废弃物污染以及声、光污染和资源衰竭等环境问题。

景观生态规划设计中的环境生态技术应用，应该遵循景观生态规划的基本原则，同时采用更为集约、节能的方式开展设计工作。

随着新型城镇化建设的进程不断推进，环境生态技术因其环境友好、资源节约、可持续发展的特点在景观生态规划中占有越来越重要的地位。在景观生态规划过程中，应结合规划对象的不同特点，有机选取相应的环境生态技术加以应用，使规划过程、规划结果更加符合可持续发展社会的需求。

参考文献

[1] 任刚. 景观生态设计的技术解析[D]. 黑龙江：哈尔滨工业大学，2010.
[2] 绿色生态住宅小区建设要点与技术导则（试行）. 北京：建设部，2001.
[3] 李玉山. 黄土高原治理开发之基本经验[J]. 土壤侵蚀与水土保持学报，1999 5(2)：51-57.
[4] 叶大法，吴玲红，梁韬等. 世博轴高压喷雾降温技术研究与运用[J]. 世博建筑，2010 40(8)：86-90，134.
[5] 张建宇. 上海城市林荫道景观综合评价研究[D]. 上海：上海交通大学，2012.
[6] 余梦，孙旭. 绿树成排引凉风最大绿肺降温5℃[N]. 东方早报：2009-11-17.
[7] 徐礼生，吴龙华，高贵珍等. 重金属污染土壤的植物修复及其机理研究进展[J]. 地球与环境，2010 38(3)：372-377.
[8] 钱登峰，马和平. 土壤碳排放量测定技术[J]. 四川林勘设计，2011(4).
[9] 熊文思. 人工湿地在景观设计中的应用[J]. 现代园艺，2012（10）：128.
[10] 丁丽泽；城市河道生态驳岸评价与设计应用[D]. 浙江：浙江工业大学，2012.
[11] 王云才，邹琴. 镇域生态空间的绿色篱笆系统构建——以吉林长白县为例[J]. 中国城市林业，2013 11(5)：36-39.
[12] 王云才，崔莹，彭震伟. 快速城市化地区"绿色海绵"雨洪调蓄与水处理系统规划研究——以辽宁康平卧龙湖生态保护区为例[J]. 风景园林，2013(2)：60 - 67.
[13] 邱婷. 生活垃圾景观化技术手法及应用途径[D]. 天津：天津大学，2009.
[14] 苑国良. 巧用城市垃圾[J]. 城市与减灾，2003(4)：36-37.

作者简介

王云才，1967年11月生，男，汉，陕西人，博士，同济大学建筑与城市规划学院景观学系副主任、教授、博士生导师，研究方向为生态规划设计，Email：wyc1967@sina.com。

崔莹，1983年2月生，女，汉，河北人，同济大学建筑与城市规划学院景观学系博士生，研究方向为景观生态规划设计，Email：cy@tongji.edu.cn。

哈尔滨市阿城区综合水安全评价与格局构建研究

A Study on Integrated Water Security Evaluation and Pattern Construction of A Cheng in Harbin

武 彤 刘晓光 吴 冰

摘 要：生态安全格局研究已成为国内外对环境保护及其基础设施规划研究的热点，但是人们对于生态安全格局中水安全格局的构建仍然没有深入的了解。本文在研究生态安全格局构建理论与方法的基础上，以阿城区为研究对象，运用景观生态学理论和生态安全格局相关知识，将GIS作为技术手段，分别从雨洪安全、水质安全、水生境安全三个层面进行水安全格局的建构。在以上三个单一过程安全格局叠加的基础上，构建综合水安全格局，为阿城区生态文明建设和新型城镇化发展提供参考与依据。

关键词：生态安全格局；水安全评价；水安全格局构建

Abstract: Ecological security pattern has been a hot research in environmental protection and infrastructure planning in China, but people are still not in-depth understanding in building water security pattern. This paper uses the theory and methods of ecological security pattern construction as a basis, A-Cheng as the research object and landscape ecology and ecological security pattern as the theory basis. We use the GIS as a technology means and build the security pattern separately from three aspects: rain-floods safety, water safety, and water habitat construction. On the basis of the above three single superimposed pattern, we establish a comprehensive water security pattern, and then give a planning strategy to provide reference and basis for A-Cheng's ecological civilization construction and new urbanization.

Key words: Ecological Security Pattern; Water Security Evaluation; Water Security Pattern Building

1 理论基础

1.1 安全格局理论

生态安全格局维护城市生态系统结构和过程健康与完整，维护区域与城市生态安全，是实现精明保护与精明增长的刚性格局，也是城市及其居民持续地获得综合生态系统服务的基本保障。

水安全格局是基于生态安全格局理论提出的单一项，水安全评估是决定水安全格局构建的重要步骤。影响我国水安全的因素可分为自然因素以及人为因素两个方面，本文中自然因素主要表现为洪涝灾害问题，人文因素主要表现为由于经济的发展和不合理地开发利用水资源，使水量减少、污染加剧、水质降低、水体使用功能逐步弱化甚至丧失，进而破坏生态环境影响生态平衡。

1.2 景观生态学理论

格局与过程的关系是景观生态学研究中的核心内容，根据不同景观类型的功能，可以将影响景观格局的因素划分为"源""汇"两种类型，从而将过程的内涵融于景观格局分析中。"源"是指一个过程的源头，"汇"是指一个过程小时的地方，通过进行"源""汇"分类，并建立相应的评价方法，分析"源""汇"空间分布格局对水体的影响。

2 阿城区水体现状

2.1 现状水体分布

阿城区水体主要由地表水系与地下水源组成，本文从两个方面对阿城区水体分布资料进行搜集。

2.1.1 地表水系分布

阿城区位于哈尔滨市东南23km，哈尔滨市境内的大小河流均属于松花江水系和牡丹江水系，阿城区水资源丰富，主要类型有河流、水库、水渠、水塘。其中主要河流共11条（表1），分属于阿什河、蜚克图河、运粮河、信义河四个水系，主要河流有阿什河、海沟河、玉泉河、阿城河、蜚克图河、昌溪河等。区域内有主流两条，支流九条，按河流等级划分为一级、二级、三级、四级河流及水库水源（图1）。

阿城区河流（泡泽）名称　　　　表1

河流				
名　称		流域面积	长度	径流量
主流	支流	（km²）	（km）	（万m³）
阿什河		3090	213	49440
	海沟河	484	68	5642
	玉泉河	189	30	2835
	大石河	122	26	2196

续表

河流				
名称		流域面积	长度	径流量
主流	支流	（km²）	（km）	（万 m³）
	小黄河	158	30	1550
	阿城河	48	56	8748
	庙台沟	84	25	720
	怀家沟	101	24	1007
	樊家沟	93	25	997
蜚克图河		360	56	1005
	小猪猁河	118	25	1534

2.1.2 地下水源分布

阿城区共有 23 口水井，主要集中分布于城区的西北部。其中在 8 个井口的保护范围内建设有违规建筑，11 口井周边有放牧活动，9 口井的一级保护范围内有污染源，如：生活垃圾、粪便等。

2.2 降水量

由于仅能获得 2008、2009 年的降水量详细资料，因此仅针对 2008、2009 年的降水量分析。阿城区 2008 年总降水量为 413.9mm，2009 年得总降雨量为 453.4mm，年降水量有所增加。其中降水主要集中在每年的 6、7 月份，而 1、2 月则为枯水期，降水量接近 0mm。阿城区最长降水天数和日最大降水量均出现在每年的 5—8 月，甚至可以达到全年降水量的 1/7。

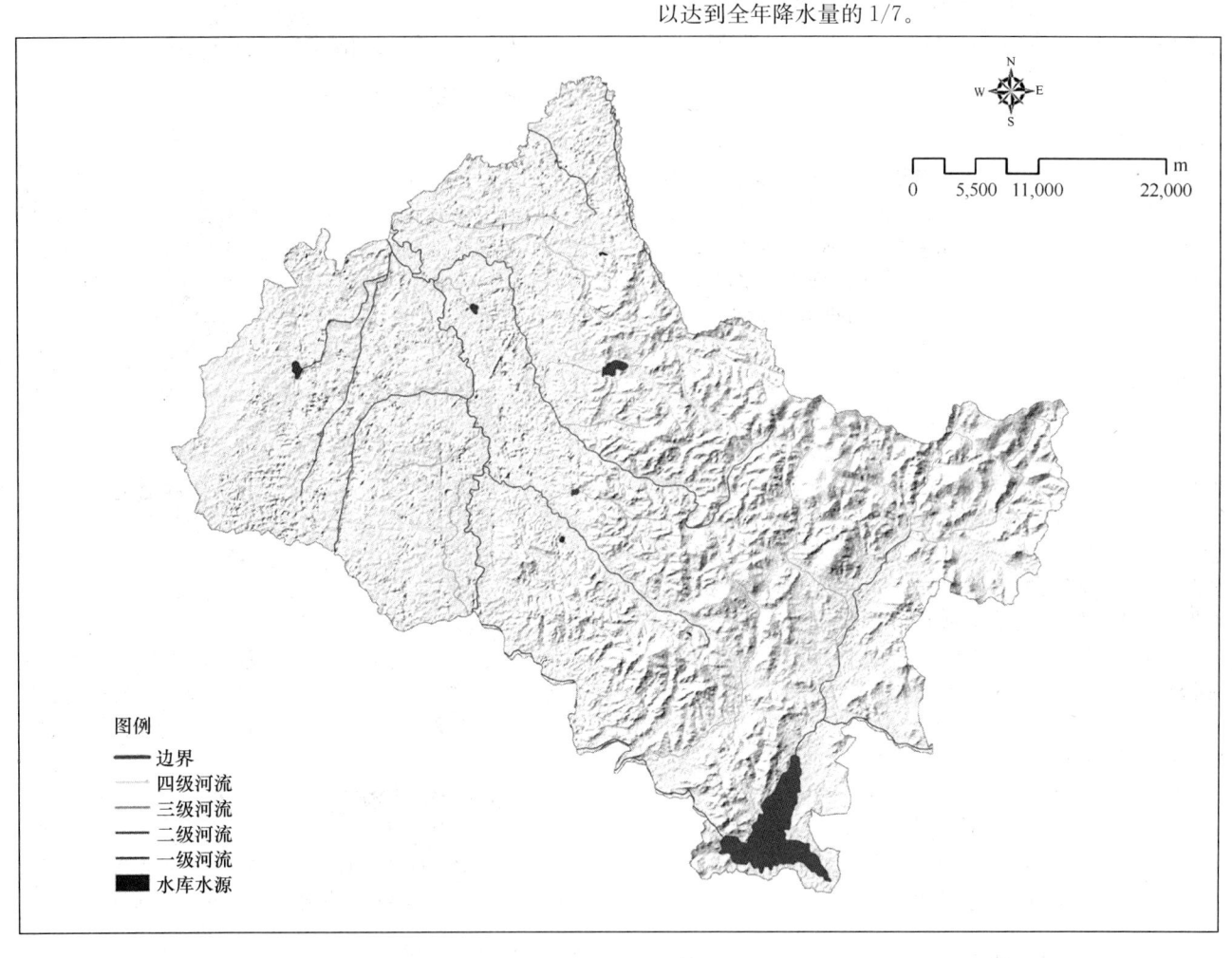

图 1 阿城区现状水体分布图

2.3 污染源分布

1980 年以来，全县有工矿厂（点）438 个，年排放废水 1.2 亿 t 以上。排放量大的有阿城糖厂、黑龙江纺织印染厂、黑龙江涤纶厂的生产废水，阿城电器厂和黑龙江省制糖机械厂的电镀废水以及食品、化工、造纸、制革、建材工业等生产废水。

3 综合水安全评价方法

由于水安全系统的复杂性，本研究建立综合指标评价体系，并选择流域以水为主要控制因素的社会、经济、水资源和水环境相关影响因子为衡量指标，根据水安全的目标及指标体系的构建原则，将水安全评价指标分为 3 个层次（图 2）。

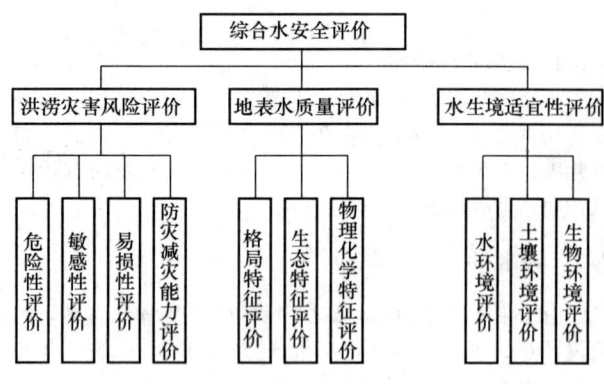

图 2 综合水安全评价

3.1 洪涝灾害风险评价

参照既有文献分析，本研究认为哈尔滨市中小河流洪涝灾害风险是致灾因子、孕灾环境、承灾体和防灾减灾能力综合作用的结果。

3.1.1 危险性评价

首先，进行雨水过程分析基于 DEM 的流域分析，将阿城区进行流域划分，模拟在不同降雨强度下的受淹范围，降雨强度等级按照国家相关的划分标准。其次，进行洪水过程分析，模拟研究区在发生不同强度洪水时的淹没区域，按照历时记载资料，绘制历时洪水淹没图。

3.1.2 敏感性评价

地形、河网分布与植被覆盖决定了孕灾环境敏感性大小。首先，由于洪水危险性与地形特征紧密相关，"水往低处流"体现了地势较低的地方洪水危险性较大，叠加地形高程和地形相对高程标准差的栅格图层，得到地形因素对洪水危险性的影响图层。其次距离河流、湖泊、水库等越近，洪水的危险程度越高，利用 GIS 的 Buffer 功能叠加得到综合缓冲区分布图。最后，植物有一定的蓄养水分的能力，一个地区的植被覆盖度越大，洪涝灾害形成的风险越小，根据土地利用现状，以林地草地的覆盖率反映植被覆盖状况。

3.1.3 易损性评价

暴雨洪涝灾害造成的损失一般取决于洪灾发生地的经济、人口密度程度等。社会经济比较发达的区域，人口密集，经济活动频繁，承载体密度大、价值高，遭受洪水灾害时人员伤亡和经济损失比较大。

3.1.4 防灾减灾能力评价

防灾减灾能力是受灾区对灾害抵御和恢复的能力，本研究选用青壮年劳动力比例、堤防达标率进行研究区防灾减灾能力分析。

3.2 地表水环境质量评价

3.2.1 格局特征评价

点源污染得到较好控制后，非点源污染对区域地表水环境的影响愈加显著，非点源污染为影响区域地表水的主要因素，且高等河流水质主要受上游区域景观格局影响，低级河流水质安全多决定于土地利用方式。

3.2.2 生态特征评价

经研究，斑块类型景观格局对水质产生影响较为明显，且斑块破碎化程度越高对水质负面影响越大，对水质影响较大的水源涵养林与水土保持林对水质的生态特征起到显著作用。

3.2.3 物理化学特征评价

在对土地利用类型辨别的基础上，根据用地性质不同，分析其产生污染物类型及其对河流污染产生的影响，相关研究表明，N 营养物对景观格局的响应较 P 营养物更加敏感，且前者较多受控于不同土地利用方式伤得人类活动，因此本研究主要针对产生 N 营养物的土地利用类型进行提取，对物理化学特征进行评价。

3.3 水生境适宜性评价

3.3.1 水环境评价指标

水作为单因子起主要作用的是流量、径流量和水位。流量、径流量过大、水位过高，造成洪涝灾害，不仅会造成农田淹没，对生态系统也造成破坏，使一些水生植物的茎和浮叶破碎，一些湿生植物淹死或被连根拔起。流量、径流量过小，水位过低，会产生枯水现象，使水生植物萎缩，鱼类、鸟类的生境缩小，种群严重受损。

3.3.2 土壤环境评价指标

土壤中现有的重金属元素沉积，使湿地生物及其生物产品受到毒害，因此土壤类型及由于其利用方式不用所产生的金属元素对水生境产生影响。

3.3.3 生物环境评价指标

生物是水生态系统重要的环境因子，河流廊道对生物迁徙路径产生影响，运用 GIS 技术提取生物迁徙廊道与河流廊道交叉点，作为河流廊道中生物停留的关键点。

4 水安全格局构建

在水安全评价基础上，以减小危险性，改善地表水质量，保护水体生态环境为目标，进行安全格局构建。

4.1 洪涝安全格局构建

洪水淹没图与模拟洪水淹没风险图叠加得到雨洪安全格局图，对雨洪安全格局中的淹没范围进行危险分级。其中，低安全水平的生态用地主要指暴雨、大暴雨和 10 年一遇洪水的淹没范围；中安全水平的生态用地是在低安全水平用地范围的基础上，增加了特大暴雨和 20 年一遇洪水的淹没范围；高安全水平的生态用地是在中安全水平用地范围的基础上，增加了历史最大一天降水和 50 年一遇洪水淹没范围。洪涝安全格局构建如图 3 所示。

4.2 地表水环境安全格局构建

4.2.1 水源保护安全格局构建

根据地表水环境质量评价及水源保护分类表（表2），规定300m范围内缓冲区为一级水源保护区，500m范围内为二级水源保护区（图4）。

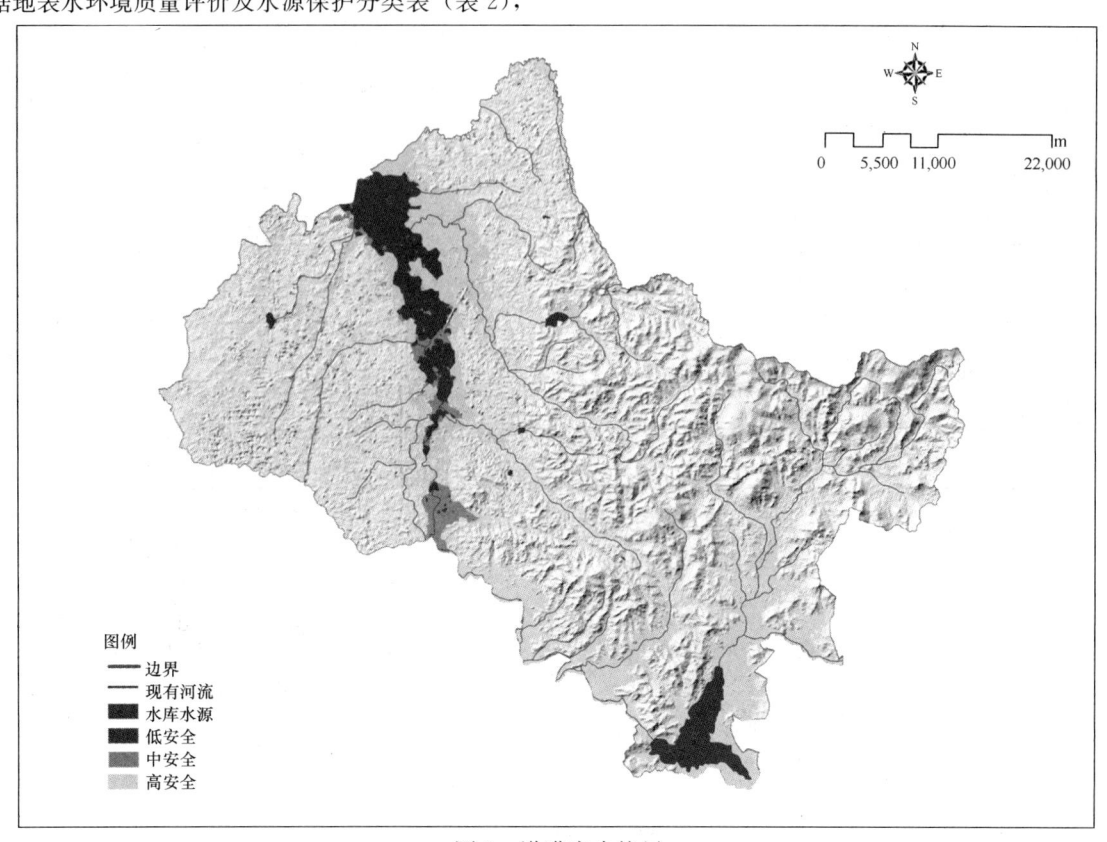

图3 洪涝安全格局

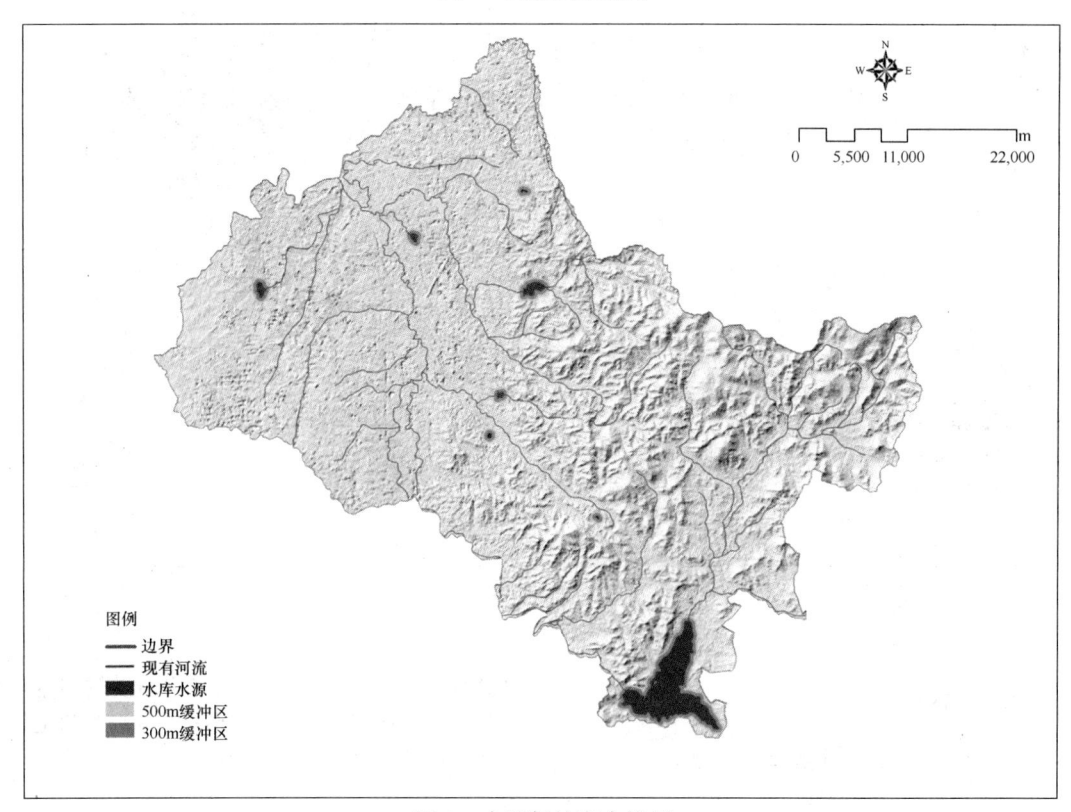

图4 水源保护安全格局

水源保护分类表　　　表2

水源类别	区域类别	一级	二级	准保护区
以湖泊、水库为水源的饮用水水源	水域保护区域	取水点半径300m内的水域	取水点周围半径500m内且在一级保护区外的水域	
	陆域保护区域	取水设施沿岸周围半径300m内的陆域	在一级保护区外半径延伸至500m处陆域	
以江、河为水源的饮用水水源	水域保护区域	取水点周围半径100m内的水域为一级保护区	取水点至上游1000m、至沿岸、到中泓线的水域内且在一级保护区外的水域	取水点上游1000—5000m的水域

续表

水源类别	区域类别	一级	二级	准保护区
	陆域保护区域	取水点上、下游100m，宽度为沿岸至江堤范围的陆域为一级保护区。	取水点上游100m—1000m，宽度为沿岸至江堤范围的陆域	取水点上游1000—5000m，宽度为沿岸至江堤范围的陆域

4.2.2 河流水系安全格局构建

根据地表水环境质量评价，规定低安全格局：河道、湖泊、水库本身及滨水缓冲区50m；中安全格局：河道、湖泊、水库本身及滨水缓冲区50—100m；高安全格局：河道、湖泊、水库本身及滨水缓冲区100—150m（图5）。

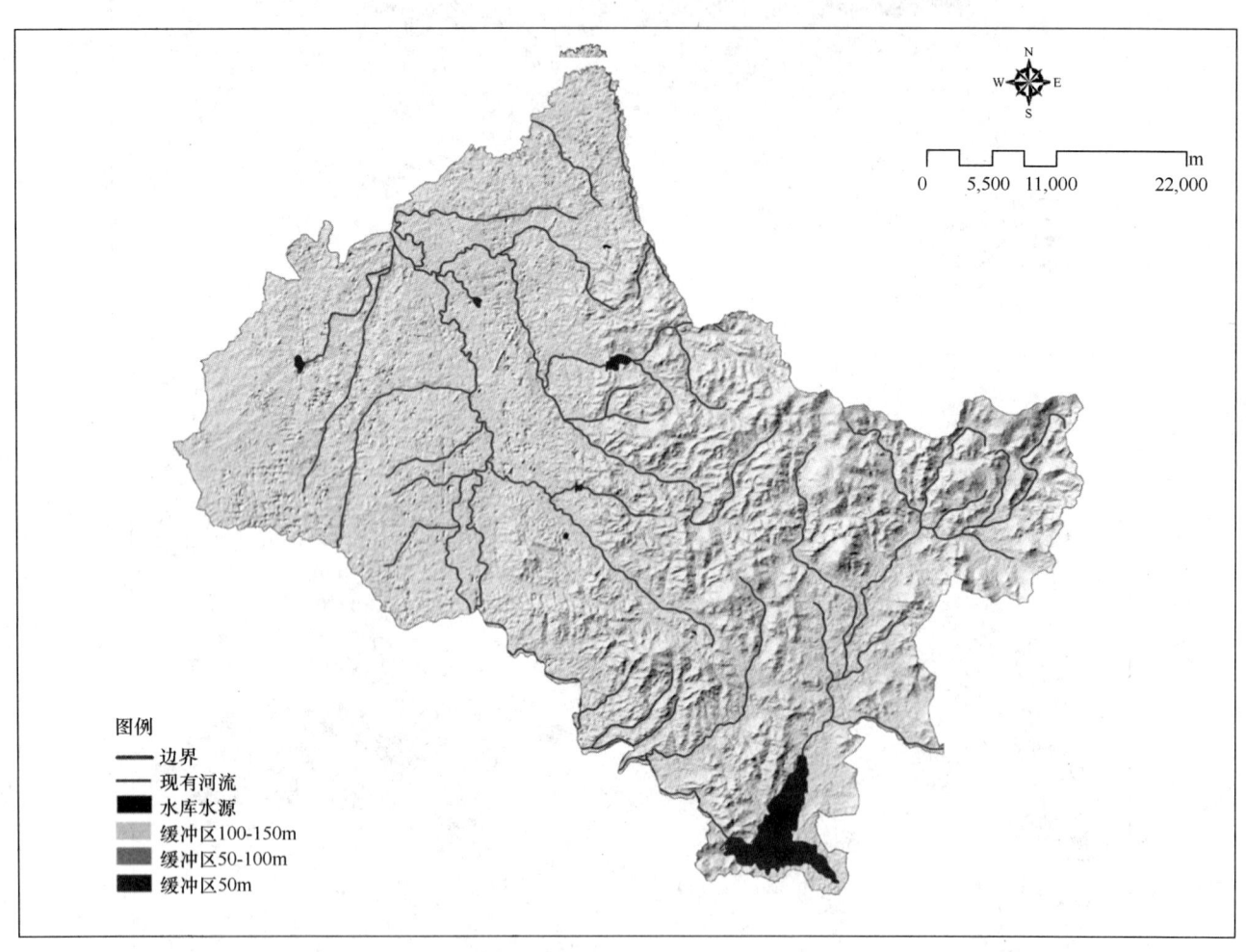

图5　河流水系安全格局

4.3 水生境安全格局构建

根据水生境安全格局评价及生物廊道宽度划分标准（表3），规定水生境低水平安全格局为河道本身及其周边绿地宽度3—30m，中水平安全格局为河道本身及其周边绿地宽度30—100m，高水平安全格局为河道本身及其周边绿地宽度100—600m（图6）。

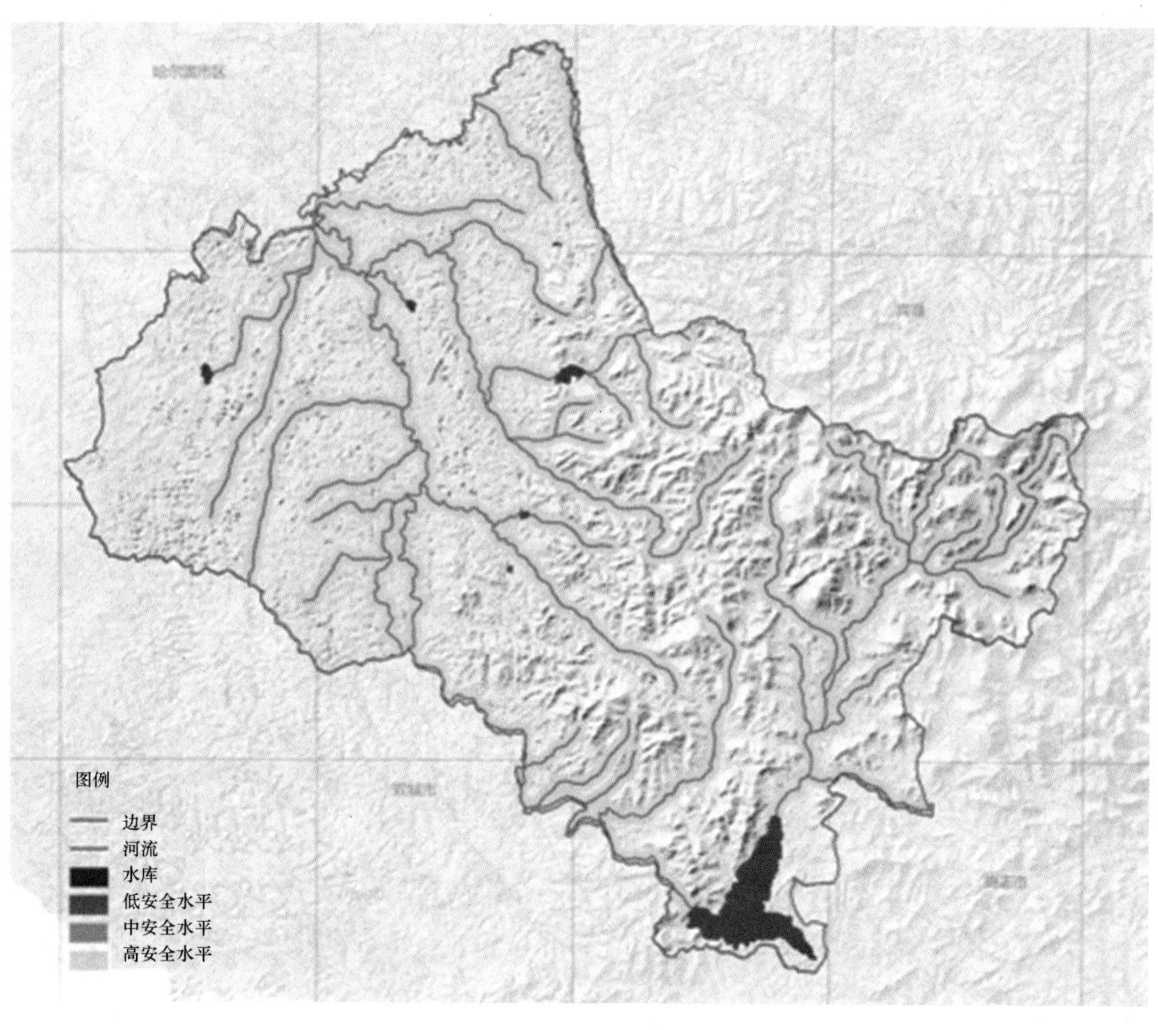

图 6　水生境安全格局

生物廊道宽度划分标准　　表3

宽度值（m）	功能及特点
3—12	基本满足保护无脊椎动物种群的功能
12—30	满足鸟类迁移；保护无脊椎动物种群；保护鱼类、小型哺乳动物
30—60	控制氮、磷和养分的流失；为鱼类提供有机碎屑，为鱼类繁殖创造多样化的生境
60/80—100	对于草本植物和鸟类来说，具有较大的多样性和内部种；满足动植物迁移和传播以及生物多样性保护的功能；满足鸟类及小型生物迁移和生物保护功能的道路缓冲带宽度；许多乔木种群存活的最小廊道宽度
100—200	保护鸟类，保护生物多样性比较合适的宽度

续表

宽度值（m）	功能及特点
200—600	能创造自然的，物种丰富的景观结构；含有较多植物及鸟类内部种；通常森林边缘效应有200—600m宽
600—1200	森林鸟类被捕食的边缘效应大的范围为600m，窄于1200m的廊道不会有真正的内部生境；满足中等及大型哺乳动物迁移的宽度从数百米至数十公里不等

4.4　综合水安全格局构建

综合以上雨洪、水质保护与水生境保护方面的安全格局，建立综合安全格局。以上三种广义的生态过程被认为在生态安全格局的构建具有同等的重要性，具有相等的权重。将三个单一过程的安全格局进行叠加，通过析取（取交集）运算，取最大值，最终确立阿城区域综合水安全格局（图7）。

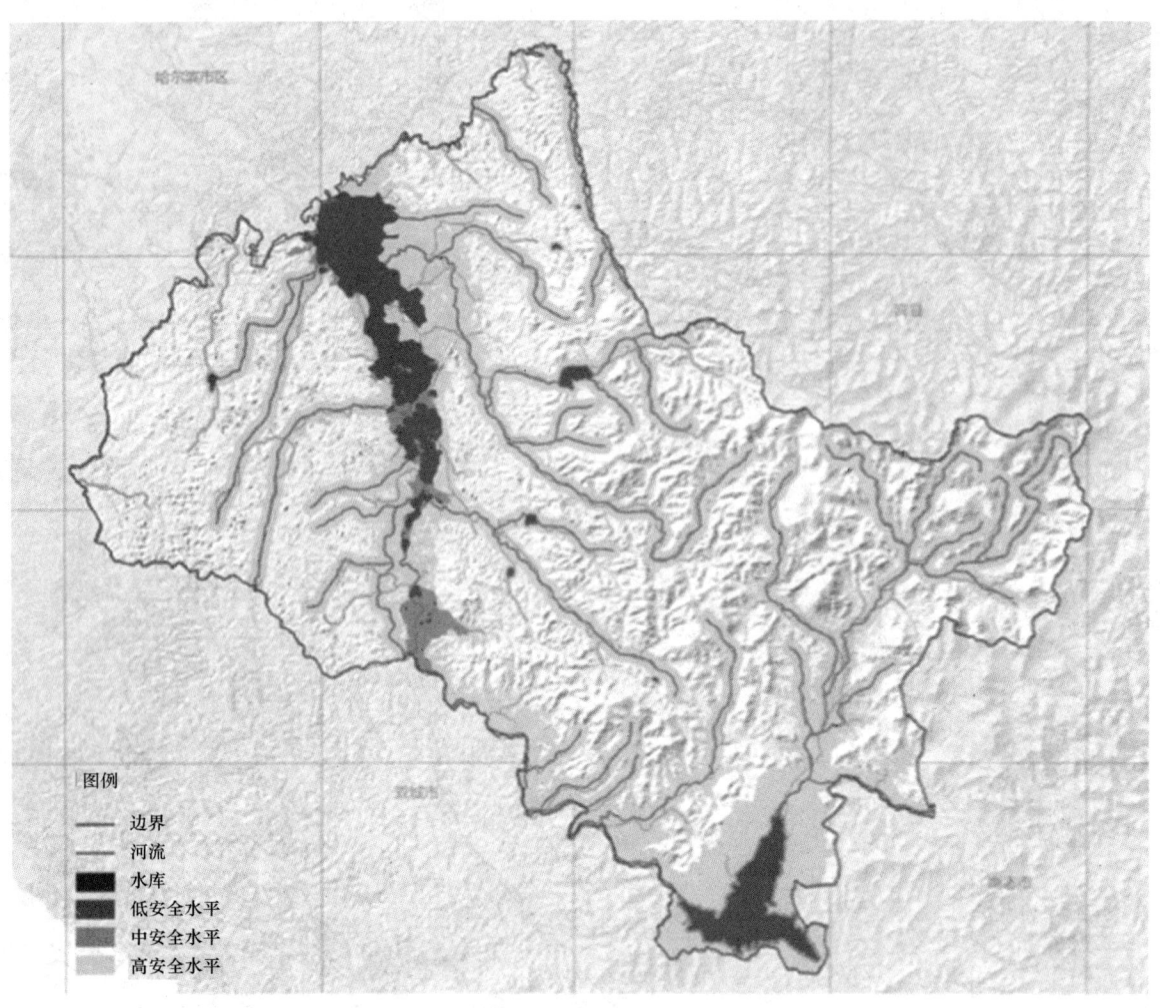

图 7　综合水安全格局

5　结语

本研究运用科学的评价方法与技术对安全格局进行构建，使土地生态安全格局规划方法上升到动态与静态相结合的层面上，宏观定量，中微观定性地考虑安全格局的规划。在现有资料的基础上运用多学科的方法针对不同的水安全格局进行评估与规划，基于地理信息系统学与水文学的方法构建洪涝安全格局、景观生态学与水文学的方法构建地表水安全格局与水生境安全格局。为阿城区生态文明建设和新型城镇化发展提供参考与依据。

参考文献

[1] 卢敏，张洪海，宋天文等. 区域水安全研究理论及方法探析[J]. 人民黄河，2005，27(10)：6-8.
[2] 傅伯杰，陈利顶，马克明，等. 景观生态学原理及应用[M]. 北京：科学出版社，2001.
[3] 邬建国. 景观生态学——格局、过程、尺度与等级[M]. 北京：高等教育出版社，2000.
[4] Forman R T T. LandMosaics：The Ecology of Landscapes and Regions[M]. Cambridge：Cambridge University Press，1995：452.
[5] 肖笃宁；李晓文. 试论景观规划的目标、任务和基本原则[J]. 生态学杂志，1998.
[6] 陈利顶，傅伯杰，张淑荣等. 异质景观中非点源污染动态变化比较研究[J]. 生态学报，2002，22：808-816.
[7] 俞孔坚，李迪华，刘海龙. "反规划"途径[M]. 北京：中国建筑工业出版社，2005.
[8] 肖笃宁，李秀珍，高峻. 景观生态学[M]. 第2版. 北京：科学出版社，2010.

作者简介

武彤，1990年1月生，女，汉，黑龙江省哈尔滨人，在读硕士，哈尔滨工业大学，学生，景观规划研究方向，Email：tongwu2014@hotmail.com。

刘晓光，1969年1月生，男，汉，黑龙江省哈尔滨人，博士，哈尔滨工业大学，建筑学院景观与艺术系主任，从事景观规划研究方向，Email：lxg126@126.com。

吴冰，1970年9月生，男，汉，黑龙江省哈尔滨人，博士，哈尔滨工业大学，建筑学院景观与艺术系教师，从事景观规划研究方向，Email：wubing@hit.edu.cn。

城郊游憩型绿道建设探究
——以枣庄市中心城区环城森林公园绿道为例

An Exploration on the Construction of Suburban Greenway

武新华　武雪琳

摘　要：绿道作为一种新型的空间模式，这一概念从20世纪90年代诞生以来就备受保护生物学、景观生态学、城市规划和风景园林等学科的关注，成为时下的前沿和研究热点。城郊绿道系统的构建，为城市居民提供开敞空间和游憩场地，有助于促进城乡经济统筹发展，对保护森林资源和改善城市生态环境具有深远的意义。枣庄市中环城森林公园绿道网络体系，在保护城郊现有森林资源的同时，对其生态价值和自然文化价值进行梳理整合，致力于构建一个绿色、宜居的城市生态网络，为市民打造一个集多元化、多功能、复合型于一体的游憩型绿道系统。

关键词：风景园林；城郊游憩型绿道；生态网络

Abstract: Greenway as a new spatial patterns, this concept from its inception in the 1990s, much of conservation biology, landscape ecology, urban planning and landscape design and other disciplines of attention and become the forefront and research focus nowadays. Construction of suburban greenway system for urban residents with open space and recreation venues, help to promote rural economic and rural development, the protection of forest resources and improve the urban ecological environment has far-reaching significance. Zaozhuang city forest park greenway network system, the protection of existing forest resources at the same suburban its ecological value and to sort out the integration of natural and cultural values, is committed to building a green, livable urban ecological networks for the public to create a set diversified, multi-functional complex in one of the recreational type greenway system.

Key words: Landscape Architecture; Suburban Greenway; Ecological Network

随着城市化进程加快和城市规模扩大，城市人口密集度上升，城市交通和城市配套设施的压力日趋增大。城市的绿地空间作为城市配套设施的重要部分，已经远远不能满足城市人口日常休闲娱乐的需要。而城郊区域由于城市开发利用率较低，往往得以保留良好的植被条件。城市和城郊生态环境的巨大差异，导致越来越多的城市人群热衷于去城郊自然环境较好的区域游玩度假，这种自发的行为给城郊绿道的形成提供了条件。起源于美国的绿道理念在世界范围内的影响越来越大，在北美、欧洲、亚洲、大洋洲、南美洲均有实践的例子，建设层次和实现形式也渐趋多样化，并且已经成为国际学术界的一个研究热点。[1]

1　绿道的定义及功能

1.1　绿道的定义

绿道一词最早是由美国著名的环境作家威廉·H·怀特（William H. White）在1959年出版的名为《保护美国城市的开放空间》中首次使用；1995年，来自美国的环境保护学家查尔斯·利特对绿道的定义做出了比较权威的解释，在《美国的绿道》（Greenway for American）一书中描述："绿道就是沿着诸如河滨、溪谷、山脊线等自然走廊，或是沿着废弃的铁路线、沟渠、风景道路等人工走廊所建立起来的线型开敞空间，可供行人和骑车者进入，它是连接公园、自然保护地、名胜区、历史古迹，及其他高密度居住区之间的开放空间纽带。"[2]

"环城森林游憩绿道"是指在城市外围一定空间范围内，建立多种呈网状结构的互不干扰，相互通行的交通路线，在道路两侧、路线之间有一定宽度的绿化缓冲区域，利用森林资源、河流、沟渠、道路等打造的集生态、娱乐、观赏、健身、科普为一体的复合型多功能的游憩绿道网络。[3]本文在"环城森林游憩绿道"定义的基础上提出的"环城森林公园绿道"这一新型空间模式中，"环城"划定了绿道网络系统的整体范围；"森林公园绿道"则强调了此处绿道网络系统所属的类型，主要利用城郊原有的森林资源和农业资源来打造多元化、复合型的森林公园式的游憩景观。

1.2　绿道的功能

西方国家对绿道的研究相对较早，认为绿道一般有三大功能：生态环保、旅游休憩、城乡风貌。[4]

生态环保功能是指绿道的建设对自然系统的保护和对城市环境的改善，我国的自然保护系统分为自然保护区、风景名胜区、地质公园和森林公园四类，而它们绝大多数是呈"散点状"分布的，这种相互孤立的分布模式不利于形成全国性网络，从而降低自然系统的稳定性。绿道的建成正好可以改变这种分布模式，将原本孤立的绿地有机的串联起来。

旅游休憩功能是与公众关系最为紧密的一项功能。

Shafer在实际野外调查中证实了绿道的休闲游憩功能,其中80%的使用者属于休闲功能,20%的使用者兼有游憩和通勤的功能,20%中仅有少于7%的使用者属于通勤。[5]

城乡风貌功能是指绿道在城市风貌保持上的作用,绿道建成后其周围的生态环境得到最大限度的保护,防止在城市扩张运动中逐渐被蚕食。

2 国内外绿道建设实例

绿道的理念来源于欧美发达国家,美国、德国、英国等国家对于绿道的理论研究和实践经验都比我国深入,目前我国国内城市还没有完整的经验可循。

美国在东海岸建设了国内首条集文化遗产旅游、休闲娱乐与户外活动于一体的绿道,这条绿道刺激了美国的经济增长。据统计,该绿道的总造价约为3亿美元,却为沿途各州带来了每年约166亿美元的旅游收益。[6]位于美国东北部的新英格兰绿道由六个州所组成。它融合了独特的四季景观和丰富的工业革命时期人文景观,成为具有丰富历史文化资源和生态游憩的绿道网络。[7]德国的绿道建设则推动了旧城更新,这条绿道成为将德国鲁尔区和工业区改造的联系纽带,把原本生态破坏严重、城区脏乱破败的重工业区,改变为一个环境优美、生态良好的宜居城市。英国伦敦绿链于1977年开始规划建设,位于泰晤士河边到水晶宫公园之间,全长26.5km,联结了300多个绿地和开放空间,为城市居民提供了很好的步行游憩空间。[8]

在国内,广东省的绿道建设走在全国其他城市的前列。从2010开始,珠三角地区率先开始修建全长约1678km的6条区域绿道,成为国内首条绿道。以山、林、江、海等为要素,形成"两环、两带、三核、网状廊道"的珠三角区域绿道规划框架,并以此串联多元自然生态资源和绿色开敞空间,打造多层次、多功能、立体化、复合型、网络式的珠三角"区域绿网"。[9]2012年该绿道已经投入使用并或得了良好的社会反响,这为国内其他城市的绿道建设提供了宝贵的实践经验。

3 枣庄市中心城区环城森林公园绿道建设情况

枣庄市位于山东省南部,属典型的组团式城市。中心城区地处枣庄的地理中心,呈带状,自西向东稍偏东南,分属薛城区、高新区、新城区、市中区及峄城区;该区域属低山丘陵地区,山区自然植被茂盛。从峄城区东部边界至薛城东,为东西走向的带状丘陵地。本文中提到的枣庄市中心城区环城森林公园绿道就是依次地形而建,该绿道全长27.8km,东起市中区与峄城区结合处的西昌南路,西至高新区的长白山南路。2013年6月底初步建成并投入使用,今后将统筹建设绿道节点驿站和景区标识、生态公厕、停车场、步行栈道、观景台、农家乐等设施,逐步完善服务功能。

环城森林公园绿道规划路面宽度6m,路基宽度9m,其中部分道路的路面是在原有的生产路和环山路的基础上进行整改修缮的,原址上不存在的路段进行了重新修建。绿道的选线最大程度地整合了沿途村落的旅游资源,充分考虑"一园三镇五点"的乡村旅游发展规划,将绿道建设的整体效应扩大。绿道建成后不仅要满足城市游客的游憩需求,还要借此契机大力发展乡村经济。

该绿道建设坚持"保护为先、利用为辅、控制开发"的原则,既要处理好绿道两侧废弃采石场的利用问题,抓好驿站建设和农家乐建设;还要因地制宜地进行植物配置,多栽乡土植物以降低采购和后期维护成本。绿道的建设将沿线的永安生态园、马场古村、杨峪风景区等旅游景点相连接,缩短了市民的旅游距离,也方便了沿线居民的出行,不仅整合了沿线的自然生态资源和历史文化资源,同时对该区域的经济带来无限的商机。

4 枣庄市中心城区环城森林公园绿道建设的经验及不足

4.1 绿道建设的经验

环城森林公园绿道的建设是枣庄市创建国家森林城市的需要,通过此绿道的建设,进一步改善城市生态环境、提升城市形象。枣庄属于组团式城市群,环城森林公园绿道建成后将枣庄市的中心城区(市中区、薛城区、高新区和峄城区)联系起来,使四区达到资源共享。这一做法有利于枣庄市中心城区统筹发展,这条绿道不仅仅是一条空间绿道,更是一条经济绿道。

枣庄市作为国务院公布的资源枯竭型城市,绿道的建设可以成为促进城市转型的补充要素。在环城森林公园绿道可以与峄城区的万亩石榴园、高新区的杨峪风景区形成一个有机整体,在旅游业发展上形成互利互惠的态势。

环城森林公园绿道的树种选择依照经济、实用的原则,增加乡土品种的利用率。为了节约成本,在驿站和重要节点处栽植观赏价值高、价格略高的植物品种,而在游客较少驻足停留的地方则多栽植枣庄地区的乡土树种来降低造价。

如何合理利用绿道旁的废弃采石场也是此次环城森林公园绿道的成功之处。修建绿道时,将绿道旁的废弃采石场建设为驿站、停车场或农家乐,可谓聪明之举。

4.2 绿道建设的不足

枣庄市环城森林绿道建设取得的成果可以为其他城市绿道建设提供借鉴。与此同时,枣庄市环城森林绿道也存在一定的缺陷和不足,有待于日后不断提升和改进,主要表现在以下几个方面。

道路两侧绿化带宽度不够。一个健康、完整的绿道必须具备一定的控制区范围宽度,只有具备一定的宽度才可以维持其生态系统的稳定和持续,才能有效地进行污染物去除和水土保持,提供景观和休憩等生态功能。[10]目前道路新建基础绿化不足5m,随着环城森林绿道建成并投入使用,这一宽度已严重不足。

环城森林公园绿道的植物配置有一定的欠缺。如绿道两侧的行道树应选择冠大荫浓的落叶乔木，而目前大部分区域以女贞作为行道树，不能在短期内起到遮阴效果，在炎热的夏季大大降低了绿道的使用率。其中还有一段，在原本并不宽敞的绿化带内栽植了三行互不相同的乔木，这样的做法不仅使绿化带显得杂乱拥堵，而且在稳定性上远远比不上采用"乔一灌一草"这种复合种植模式。

因地制宜的种植原则在环城森林公园绿道树种选择上没有完全体现出来。枣庄市中心城区环城森林公园绿道的地形有山地和平原地两种，笔者认为栽植在山地地段的植物应当为适合在当地山区生长的品种，如黑松、侧柏、刺槐、板栗、黄荆条等等。这样做不仅可以降低植物的死亡率，还能与周围的山体绿化浑然一体。在平原地段绿道外围应结合"林权改革"运动栽植植杨树，与外围植被结合形成一个巨大的生态网络。

绿道内的配套服务设施有待提升。环城森林公园绿道出入口和重要节点处的公交设施还不完善，公交部门应尽快着手完善绿道公交网络体系，为市民使用绿道带来便利。绿道内部投入使用的驿站数量过少，不能满足市民的出行需求，应在后期逐步增加驿站数量，并不断完善驿站内部设施。由于环城森林绿道处于建成初期，农家乐餐馆、开心农场等配套项目也有待于进一步开发。

参考文献

[1] 张云彬，吴人韦. 欧洲绿道建设的理论与实践[J]. 中国园林，2007，(8)：33-38.

[2] Fábos, J. G. Greenway planning in the United States: its origins and recent case studies[J]. Landscape andUrban Planning, 2004, 68: 321-342.

[3] 穆博，田国行. 一种新型绿地空间模式的探索——以郑州环城绿道网为例. 城乡规划·园林景观，2012，(2)：110-114.

[4] 张加友. 温州森林绿道规划选线与建设实践[J]. 福建农业科技，2013，(4)：52-53.

[5] 周年兴，俞孔坚，黄震方. 绿道及其研究进展[J]. 生态学报，2006，26(9)：3108-3116.

[6] 朱泽君. 论绿道对发展绿色经济的作用——以增城绿道建设的探索和实践为例[J]. 城市观察，2010，(3)：86-91.

[7] 刘滨谊，余畅. 美国绿道网络规划的发展与启示[J]. 中国园林，2001，(6)：77-81.

[8] 李开然. 绿道网络的生态廊道功能及其规划原则[J]. 中国园林，2012，(3)：24-27.

[9] 何昉，锁秀，高阳，黄志楠. 探索中国绿道的规划建设途径——以珠三角区域绿道规划为例[J]. 风景园林，2010，(2)：70-73.

[10] 庄荣，高阳，陈冬娜. 珠三角区域绿道规划设计技术指引的思考[J]. 风景园林，2010，(2)：81-85.

作者简介

武新华，1966年1月生，汉，山东泰安，大学本科，山东省枣庄市园林管理处，副主任，园林设计与施工，Email：wxh3865786@163.com。

武雪琳，1990年12月生，女，汉，山东枣庄，山东建筑大学建筑城规学院风景园林学硕士研究生在读，风景园林规划设计，Email：1007737635@qq.com。

城市绿地系统规划编制

——城市用地分类新标准影响下的绿地规划导向研究

The Formation of Urban Green Space System Planning
——The Study of The Green Space Planning Orientation Based on the New Standard of Urban Land Use

夏 雯 金云峰

摘 要：1991年3月，我国城市规划行业的第一部国家标准《城市用地分类与规划建设用地标准（GBJ 137—90）》正式实施。该标准一直作为我国城市总体规划编制的主要依据。随着社会经济改革的发展，旧的标准对我国现阶段城市建设的控制导向作用已经越来越弱，新的《城市用地分类与规划建设用地标准（GB 50137—2011）》应运而生。新标准对城乡用地的界定和绿地大类的变动是城市绿地系统规划顺应社会发展进行变革的一个契机。通过分析新标准更新的原因，把握新国标对城市绿地系统规划的影响，针对城市混合用地中的绿地的控制和城乡协调发展趋势下的城市绿地控制，通过城市绿地系统规划编制的改变来缓解现有城市绿地系统规划在城市绿地控制方面的局促和缺失。

关键词：城市用地分类新标准；城市绿地系统；编制

Abstract: March 1991, the first national standard of China's Urban Planning industry, which is called "Code for classification of urban land use and planning standards of development land (GBJ 137—90)", formally implemented. This standard has been used as the main basis of China's comprehensive plan. With the development of socio-economic reforms, the control-oriented role of the old standard at this stage of urban construction in China has gradually become weaker and weaker. The new "urban land use standard" (GB 50137—2011) came into being. The new urban land use standard defines the urban-rural land use and change the classification of urban green space. It is an opportunity to change the urban green space system planning to meet the social development. Analyze the reasons for the new standard updates, to grasp the influence of the new standard on the urban green space system planning. Focus on the urban mixed land use and the control of urban green space under the trend of urban-rural land co-ordination. With the change of urban green space system planning, we can alleviate the difficult control of urban green space system planning.

Key words: New Urban Land Use Standard; Urban Green Space System; Formation

1 引言

因为本文涉及到诸多概念，因此先界定本文的研究对象。现阶段城乡统筹发展的大背景下，本文中所指的"城市绿地"包含城市建设用地范围内用于绿化的土地和城市建设用地之外的一些区域。本文所指的"城市绿地系统规划"包含有城市绿地的规划以及新版国标所包含的更广阔角度的城乡绿地两方面的概念。

1991年3月，我国城市规划行业的第一部国家标准《城市用地分类与规划建设用地标准》（GBJ 137—90）（在后文中统称"旧版国标"）正式实施。2012年1月1日起，新的《城市用地分类与规划建设用地标准》（GB 50137—2011）正式实施（在后文中统称"新版国标"）。相较于旧版国标，新版国标进行了较大的变动。城市绿地系统规划应借新版国标实施的契机，顺应时代发展趋势，解决自身存在的问题，积极应对政策变化带来的发展机遇，提高绿地的规划建设管理水平。

2 《城市绿地分类标准》和新版国标的分类对接的问题

新版国标中跟绿地系统规划相关的分类内容大部分在E类非建设用地和G类绿地中，也有少部分是渗透在其他分类中。

2.1 "新版城标"将"公共绿地"更名为"公园绿地"

"新版城标"中将"旧版城标"的"公共绿地"（G1）更名为"公园绿地"（G1），内容并未改变。这与《绿标》中"公园绿地"（G'1）的区别在于，在《绿标》中计入"小区游园"（G'122）的小类，在"新版城标"中计入R11、R21、R31。从这一点来看，"新版城标"将"公共绿地"更名为"公园绿地"，虽然在名称上与《城市

---

① 基金项目：住房和城乡建设部资助，项目编号：[国标] 2009-1-79。

绿地分类标准》达到一致，但在统计上并未完整对等，而是和"旧版城标"一样，未将"小区游园"计入在 G 大类下。

2.2 "新版城标"新增"广场用地"

"新版城标"中"绿地与广场用地"（G）大类下新增加"广场用地"（G3），指以游憩、纪念、集会和避险等功能为主的城市公共活动场地，但并未界定"广场用地"（G3）的具体硬质铺装限制的判断标准，而是以功能（游憩、纪念、集会和避险等功能）来界定"广场用地"，并规定交通用途的广场应归为"交通枢纽用地"（S3）。

2.3 "生产绿地"

"新版城标"将"'生产绿地'以及市域范围内基础设施两侧的防护绿地，按照实际使用用途纳入城乡建设用地分类'农林用地'"。《城市绿地分类标准》中的"生产绿地"（G'2）在"新版城标"中没有计入建设用地。

2.4 "附属绿地"

《城市绿地分类标准》中的"附属绿地"（G'4）中在"新版城标"中分别归入各类城市用地中，如"居住用地"（R）内的绿地在"新版城标"中不予以分类显示，而是归入 R11、R21、R31 内。

2.5 "其他绿地"

《城市绿地分类标准》中的"其他绿地"（G'5）在"新版城标"中一部分归入"非建设用地"（E）中，一部分归入"建设用地"（H）中。

根据上述分析，《绿标》和"新版城标"并没有无缝对接。一方面造成规划人员在编制城市总体规划的过程中对绿地分类的把握无法对应下一级的城市绿地系统规划这一专业规划，另一方面城市绿地系统规划在已有的城市总体规划前提下无法合理安排上位规划的绿地，造成衔接障碍。

针对以上内容，规划师该如何解决两大标准分类对接的问题，如何将城市绿地系统规划落到实处？

3 新版国标出台的时代背景和价值导向

3.1 新版国标出台的时代背景

首先，当前城市规划注重多重目标导向。现阶段土地资源逐渐紧缺，城市建设规模不断升级，旧版国标分类标准体现的是计划经济的思路，在市场经济下对城市扩展规模的控制作用逐渐下降，已经很难适用于当今城市发展。

其次，旧版国标与新的土地管理模式分类方式不一致，导致用地规划和建设管理对接出现问题。旧版国标的分类标准导致现阶段用地统计和管理的难度增大。

再次，城乡统筹发展的趋势导致旧版国标无法对接市域范围内的规划思路。旧版国标对"城市非建设用地"的控制不够，缺乏区域用地管理，对农村用地的管理缺乏相应的政策性引导和技术性指导。

另外，城市用地的混合性增加，旧版国标对多种用途的混合用地缺乏可控引导，同时缺乏公益性用地控制。

3.2 新版国标影响下城市绿地系统规划的规划导向

继《城乡规划法》于 2008 年出台、明确了城乡统筹战略之后，新版国标也于 2012 年 1 月 1 日正式实施。新版国标继承《城乡规划法》的思路，将旧版国标中出现的重城轻乡和分类导致的土地粗放式发展进行城市调研并提出了城乡统筹思路，更新城市用地分类。

3.3 与其他规划的有效对接

"新版城标"的条文说明中指出，"公园绿地"、"防护绿地"、"广场用地"三个中类与《绿标》对接，其包含的内容也一一对应。《绿标》与"旧版城标"的对接问题在这里可得到一定的改善。"新版城标"颁布后更便于绿规编制与上位规划的对接。此对接态度也指导绿规编制与其他规划有效衔接，将图纸上的绿地一一落地，充分发挥绿地的效益，使其服务于民。

3.4 绿地的集约化发展

当前国内土地资源紧缺，而城市的发展如火如荼，旧版国标以人口为依据来确定用地规模有一定的局限性，因此，新版国标在土地集约利用思想的指导下，希望通过调整来制约城市的粗放扩张。这也指导城市绿地系统规划重视效益，以土地集约利用为前提，在寸土寸金的城市建设用地上合理规划绿地的规模和数量，使之达到较大的实际效益。现在的城市绿地系统规划注重"量"的内容而忽略"质"的内容。虽然绿地在数量上达到了指标要求，但仍然存在很多利用率低的全市性公园、区域性公园，反而是小区游园、街旁绿地的使用频率相对较高。这就要求我们遵循上位规划的整体思路，以土地集约利用为前提，在寸土寸金的城市建设用地上合理规划绿地的规模和数量，使之实现较高的实际效益。

3.5 城乡协调发展

《城乡规划法》引导城市规划向着城乡统筹的方向发展。接下来颁布的新版国标顺应这一思路，首次体现了城乡并重的思想。城市规划向城乡协调发展，指导城市绿地系统规划全方位统筹城乡绿地发展。上位规划的方向引导城市绿地系统规划的方向。城市绿地系统规划由原来与城市总体规划单一对接转向与城市、镇、乡规划的全方位对接，在城市绿地分类标准中的 G5 绿地与新版国标中的 E 大类非建设用地对接，可以此拓展城乡协调发展的思路。

3.6 清晰界定绿地分类

针对近年来出现的混合用地，新版国标在分类体系上延续旧版国标的思路进行调整，并不建议在用地分类标准中实行"混合用地"的新概念，而是延续原有的分类体系，清晰界定各个用地的功能，按照其主导功能进行分类定位。这一思路指导城市绿地系统规划的分类体系也应该以清晰界定绿地功能为目标，减少分类中模糊不清以及和上位规划衔接不当的内容，以利于绿地的实施与管理。

4 新版国标影响下城市绿地系统规划编制中用地分类的对接

在上述规划导向的指导下，城市绿地系统规划在具体操作方面也应有所变化来应对"新版城标"的更新以及解决绿规编制的现存问题。

4.1 "公共绿地"更名为"公园绿地"

"新版城标"中将"旧版城标"的"公共绿地"（G1）更名为"公园绿地"（G1），但内容上与《绿标》中"公园绿地"（G'1）仍然存在区别，后者还包括了"小区游园"（G'122），而这一小类在"新版城标"中计入R11、R21、R31。

本文思考如下解决方法。采用"人均公园绿地面积（净）"和人均公园绿地面积（毛）来区分。计算方式如下：

人均公园绿地面积（净）=城市公园绿地总面积（不包含小区游园）÷城市非农业人口

人均公园绿地面积（毛）=城市公园绿地总面积（包含小区游园）÷城市非农业人口

城市总体规划中涉及到的为"人均公园绿地面积（净）"，计算公式中的城市公园绿地总面积不包含小区游园；城市绿地系统规划涉及到的为"人均公园绿地面积（毛）"，计算公式中的城市公园绿地总面积包含小区游园。

4.2 "广场用地"的对接

"新版城标"中"绿地与广场用地"（G）大类下新增加"广场用地"（G3），指以游憩、纪念、集会和避险等功能为主的城市公共活动场地。

但是，"新版城标"并未界定"广场用地"（G3）的具体范围和判断标准，而是以功能（游憩、纪念、集会和避险等功能）来界定"广场用地"，规定交通用途的广场应归为"交通枢纽用地"（S3）。在《绿标》中与"广场用地"（G3）相对接的是"街旁绿地"（G'15）。两者存在对接矛盾。《绿标》中规定"街旁绿地"（G'15）的"绿化占地比例大于等于65%"[①]，而"新版城标"中并无此要求。

在绿规对接"新版城标"的层面，鉴于本文"在绿地的用地配比和绿地定位上与城市总体规划维持一致"的前提，总规报批后，若该地块已经得到总规界定，属于"新版城标"中"绿地与广场用地"（G）之下的"广场用地"（G3），则在城市绿地系统规划编制中，按照城市总体规划对该地块的定位进行定位。本文只讨论此类在总规中划定为"广场用地"（G3）的绿地。若该绿地"绿化占地比例大于等于65%"，则将其归入《绿标》中的"街旁绿地"（G'15）；反之，则建议在《绿标》中"公园绿地"（G'1）下增加一类"公共活动广场"（G'16）[②]，将"绿化占地比例小于65%"的"广场用地"（G3）在绿规编制中归入"公共活动广场"（G'16）。

因"新版城标"中的"广场用地"（G3）与《绿标》对接的问题，此分类对接方法有待实践调整或规范的修订，并将会在今后的实践总结经验的基础上不断地加以更新。将会产生两种情况。第一，"新版城标"将会与《绿标》对应，将"广场用地"（G3）定义为"绿化占地比例大于等于65%"。第二，"新版城标"不对"广场用地"（G3）进行绿量的要求。在第二种情况下，绿地的建设将会向完善配套休闲设施、立体绿化以及混合性增强的绿色开放空间发展。绿地的分类与定位不一定依赖绿化程度来判定，而是根据基础设施的情况等相关内容来判断。这种判断方式更大的依赖于地块的功能，主要具有游憩、纪念、集会和避险等功能的地块将会作为"广场用地"（G3），而主要具有交通、集散功能的地块将作为"交通枢纽用地"（S3）。

5 结论

我国城市规划行业的国家标准《城市用地分类与规划建设用地标准》（GB 50137—2011）于2012年初正式颁布实施。新标准在城市用地集约发展、城乡用地界定以及绿地大类的变动三方面促使城市绿地系统规划顺应社会发展进行变革。在新版国标的价值导向下，城市绿地系统规划从编制角度合理优化绿地分类，方便后期管理，加大绿地的监控，建立绿地跟踪管理系统，对城市绿地进行控制引导，并通过公众参与机制、后期管理等规划编制手段来缓解现有城市绿地系统规划在城市绿地控制方面的局促和缺失。

参考文献

[1] 建设部. CJJ/T 85—2002. 城市绿地分类标准[S]. 北京：中国建筑工业出版社，2002.

[2] 建设部. CJJ/T 91—2002. 园林基本术语标准[S]. 北京：中国建筑工业出版社，2002.

[3] 建设部. GBJ1 37—90. 城市用地分类与规划建设用地标准[S]. 北京：中国建筑工业出版社，1990.

[4] 住房和城乡建设部. GB 50137—2011. 城市用地分类与规划建设用地标准[S]. 北京：中国建筑工业出版社，2012.

[5] 金云峰，周聪惠. 《城乡规划法》颁布对我国绿地系统规划编制的影响. 城市规划学刊，2009[5]：49-56.

[6] 程遥，赵民. "非城市建设用地"的概念辨析及其规划控制策略. 城市规划，2011[10]：9-17.

---

① 《城市绿地分类标准》中指出，"街旁绿地"（G'15）指位于城市道路用地之外，相对独立成片的绿地，包括街道广场绿地、小型沿街绿化用地等。并规定其绿化占地比例应大于等于65%。本节中的"65%"由此而来。

② 此处的"公共活动广场"（G'16）是从"新版城标"对"广场用地"（G3）的定义"游憩、纪念、集会和避险等功能为主的城市公共活动场地"而来，与《绿标》中的"街旁绿地"（G'15）并列。《绿标》中"公共活动广场"（G'16）和"街旁绿地"（G'15）的内容之和与"新版城标"中的"广场用地"（G3）相对应。此种绿地分类名称暂时定名为"公共活动广场"，需待以后进行深入研究。

[7] 刘颂，姜允芳. 城乡统筹视角下再论城市绿地分类. 上海交通大学学报(农业科学版)，2009[3]：272-278.
[8] 赵民，汪军，程遥. 为市场经济下的城乡用地规划和管理提供有效工具——新版《城市用地分类与规划建设标准》导引. 城市规划学刊，2011[6]：4-11.
[9] 汪军，赵民. 规划建设用地标准的影响因素及多元控制. 现代城市研究，2011[9]：30-38.

作者简介

夏雯，女，汉族，同济大学建筑与城市规划学院景观学系，硕士，Email celia_38@126.com。

金云峰，男，汉族，同济大学建筑与城市规划学院景观学系，教授，博导，上海同济城市规划设计研究院注册规划师，同济大学都市建筑设计研究分院一级注册建筑师，研究方向为风景园林规划设计方法与技术，中外园林与现代景观。

基于"一张图"GIS技术的基本生态控制线划定规划研究
——以惠州市为例

Research on Basic Ecological Essential Line Based on "One Land Map" of GIS
——Illustrated by the Case of Huizhou District

肖 宇

摘 要：本论文聚焦于"一张图"式的GIS技术在基本生态控制线划定的生态资源空间识别、监测，构建城乡生态安全格局和划定生态控制线范围三大过程中的具体运用，并以惠州市基本控制线划定规划为例，实证研究这一规划技术方法，为风景园林在城市—区域规划领域拓宽了实践途径。

关键词：基本生态控制线；GIS技术；实证研究；风景园林

Abstract: The paper focus on the ways that "one land map" of GIS, which used in the planning of basic ecological essential line space reading, ecological security pattern building. Illustrated by the case of Huizhou District, the one land map of GIS could be ensured and enlarging the practice ways of landscape architecture.

Key words: Basic Ecological Essential line; GIS; Empirical Research; Landscape Architecture

前言

党的十八届三中全会提出划定"生态保护红线"，确立了基本生态控制线的政策地位和合法性基础。为了推进生态文明制度建设，牢固树立生态保护意识，防止城市建设无序蔓延，促进经济、社会、环境协调可持续发展，广东省以地级市为单位，在省域层面全面推行基本生态控制线的划定，客观上由于政府的强力推动，迎来了基本生态控制线的规划实践高潮。基本生态控制线的划定将原先在环境保护、国土、园林、林业、海洋与渔业等多部门管理之下的城乡绿地资源进行了均等化的统筹管理，以GIS技术为综合平台成为技术层面统筹的载体，基于GIS技术的城乡绿地的识别、监测，构建城乡生态安全格局和划定生态控制线范围成为基本生态控制线的基本方法。

1 生态控制线划定概况

1.1 概念界定

基本生态控制线，为生态保护范围界线，是党的十八届三中全会提出"生态保护红线"在具体区域落实的表现形式之一。"一张图"是遥感、土地利用现状、基本农田、遥感监测、土地变更调查以及基础地理等多源信息的集合，与国土资源的计划、审批、供应、补充、开发、执法等行政监管系统叠加，共同构建统一的综合技术平台。

1.2 划定背景

基本生态控制线在国内外可以对应对绿地、绿带和郊野公园的保护。1938年英国伦敦颁布《绿带法》，1958年美国"城市增长边界（UGB）"，20世纪70年代中国香港颁布《郊野公园条例》，1998年重庆提出的"主城内绿地保护区"和2006年北京市提出"限建区规划"均可视之为基本生态控制线的国内外实践基础。[1]

基本生态控制线的正式应用始于2005年"深圳基本生态控制线规划"。深圳市将974.5km²的土地划入基本生态控制线，线内禁止进行建设，成为国内首个划定生态控制线的城市。随后，东莞市、无锡市、武汉市都进行了相关规划实践。2010年出台的《珠江三角洲城乡规划一体化规划（2009—2020年）》明确，珠三角城市要"划定生态控制线，以生态控制线强化城市（镇）增长边界的控制"。2010年以来广东大力推进的绿道网建设，强调要依托绿道在其沿线划定生态控制线。2013年根据《广东省城乡规划条例》第68条规定，全面开展广东省的生态控制线划定工作，出台《广东省生态控制线划定工作规程》和《广东省生态控制线划定工作方案编制技术指引》等技术规范。

1.3 划定内容

广东省按三大类区域进行生态控制线划定比例的原则性控制，将全省按照土地开发利用强度高、中、低程度分为三类城市，其比例分别达到50%、70%和80%（表1）。

广东省各地级市生态控制线划定比例　　表1

类 型	包括地级市	生态控制线划定比例原则上应达到该地区土地总面积比例
高土地开发利用强度城市	深圳、东莞、佛山、珠海、中山、广州、汕头	50%以上
中等土地开发利用强度城市	湛江、潮州、揭阳、江门、汕尾、惠州、茂名	70%以上

续表

类 型	包括地级市	生态控制线划定比例原则上应达到该地区土地总面积比例
低土地开发利用强度城市	阳江、云浮、河源、肇庆、梅州、清远、韶关	80%以上

2003年，广东省曾在全省范围内推出《广东省区域绿地规划指引》，将区域绿地分为生态保护区、海岸绿地、河川绿地、风景绿地、缓冲绿地和特殊绿地（图1）。[2]

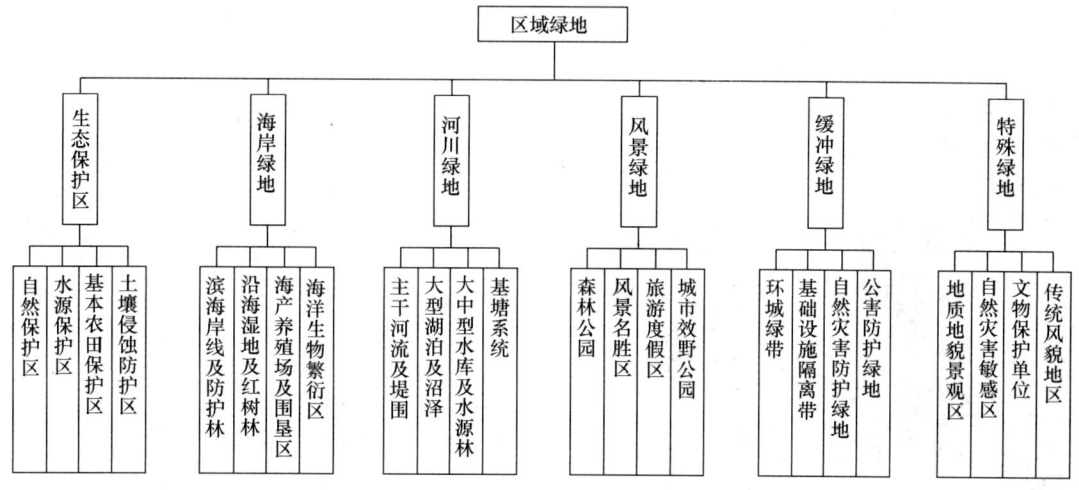

图1　区域绿地分类示意图

在此基础上，2013年开始的广东省生态控制线划定规划，则将规划控制对象划分为生态保育类、休闲游憩类、安全防护类、垦殖生产类和特殊绿地类共五大类，相关子类跟区域绿地的子类大部分保持一致，体现了区域绿地管理政策的延续性（表2）。

生态控制线绿地分类一览表　　表2

类 型	子 类
生态保育类	自然保护区
	水源保护区
	主干河流及堤围
	大型湖泊及沼泽
	水库及水源林
	湿地及其保护范围
	岛屿及群岛
	海洋生物繁衍区
	滨海岸线及防护区
	土壤侵蚀保护区
	自然灾害敏感区
	其他生态保护区
特殊绿地类	传统风貌区
	文物保护单位

续表

类 型	子 类
休闲游憩类	自然公园
	城市公园
	生态旅游度假区
安全防护类	基础设施隔离带
	环城绿带（组团或城市功能隔离带）
	自然灾害防护绿地
	公害防护绿地
垦殖生产类	基本农田
	海产养殖场及围垦区
	基塘系统
	生产绿地
	林业生产基地

生态控制线各类要素构成中，符合相应级别、规模等相关要求的，原则上应纳入生态控制线范围。同时，应按子类分别划为严格保护区、控制开发区两类管制分区，其中，生态保育类用地、垦殖生产类用地、休闲游憩类用地中的自然公园用地原则上应当划为严格保护区，安全防护类用地、特殊绿地类用地、休闲游憩类用地中的城市公园、生态旅游度假区原则上应当划为控制开发区。符合严

格保护区划定要求的，必须纳入生态控制线范围。

2 一张图式GIS划定方法

土地动态监察系统是一套基于国土资源基础数据库建立的，能够将多源、多尺度、多类型国土资源基础数据（空间/属性）有效组织起来，实现国土资源有效监管的信息管理系统。

2.1 一张图式的生态资源空间识别、监测

在基本生态控制线的划定过程中，以GIS技术平台为基础平台，在划定规划的现状资源评估、构建城乡生态安全格局、划定管制分区等方面都有行之有效的运用。[3]可通过每年获取的待监测区域高分辨率遥感影像数据，进行土地利用信息的提取和分析，从而获取生态资源空间的基本信息（图2）。

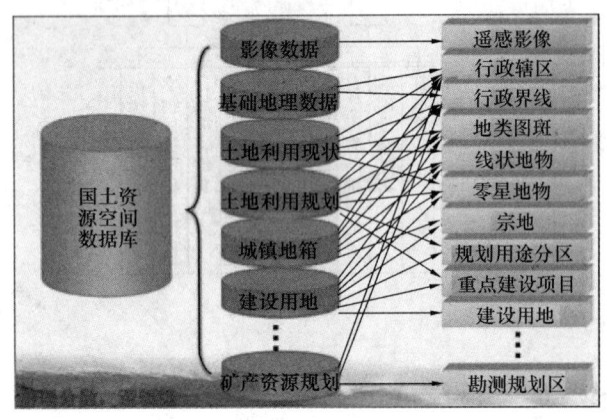

图2 "一张图"数据库管理生态资源空间示意图

结合"一张图"GIS技术平台，根据生态控制线分类确定的子类（表2）综合分析。每个子类对应于GIS软件中的一个图层，确定子类的适宜性评价值，评价值一般分为高中低三档。利用GIS软件的权重叠加模块，对生态控制线分类子类的图层按照一定的权重的进行叠加运算。将生成的权重评价图层与限制性因子进行最大值叠加，得到最终的用地评价分析图。确定因子权重值采用层次分析法保证各因子相对重要时减少专家打分法的主观随意性。确定权重后，通过Arcgis 9.3 缓冲区处理、叠加等对用地评价，依据评价结果划出生态控制线的刚性和弹性边界。[4]按照所述的叠加规则，首先按权重进行叠加：

$$S=\sum W_i P_i$$

W_i为权重；P_i为因子的得分，限制性因子按照最大值原则叠加并进行重分类，得到最终基于多种因子的评价图叠加，用以表征建设用地适宜程度。

2.2 GIS技术构建城乡生态安全格局

维护生态安全和自然生态系统的完整性，根据各类生态要素的空间分布特征，在保护现有自然景观格局和自然地理过程的基础上，通过保护和维育重要生态区域、建立和修复生态廊道、恢复和重建生态斑块及生态关键点位，构建连续且相互连接的生态网络，完善城市生态安全格局，引导城市形成紧凑建设、生态发展、组图布局的城乡空间格局。

2.3 GIS技术构建生态控制线的总体布局

应用GIS的空间信息数据叠加分析、地块边界拓扑矫正等技术，通过业内资料整理、野外核实以及与相关部门、公众充分协调，在识别市域范围的生态保育类用地、休闲游憩类用地、安全防护类用地、垦殖生产类用地、特殊绿地类用地等要素的基础上，与建设现状、相关规划及相关边界的进行充分衔接，确定全市生态控制线划定范围。[5]

2.3.1 与建设现状的衔接

在1∶2000比例的卫星图片上，基于GIS技术，将两类用地纳入生态控制线范围内：位于生态核心区范围外，已审批且符合已批控制性详细规划的，建成度达到50%以上，建成情况复杂，且与生态功能不相符合的其他建设用地；面积达到10公顷以上，与法律、法规及城市规划无原则性冲突，对生态系统和城市结构无严重影响的其他现状建设用地。

2.3.2 与相关规划的衔接

生态控制线划定方案应充分协调和衔接相关各类规划包括生态安全格局和城镇化空间格局规划、主体功能区规划、各地市城市总体规划、土地利用总体规划、生态环境保护规划等，已划定的各类控制线，包括蓝线、紫线、城市绿线等，做到与相关规划充分协调，不矛盾、不冲突。

2.3.3 与相关边界的衔接

生态控制线划定边界确定应与已审批的相关管理线进行衔接，已划定管理线的自然保护区、水源保护区、基本农田、风景名胜区、森林公园、郊野公园等范围应按相应类别，全部纳入生态控制线范围，边界外延应保持一致。分类边界确定时如发生重叠现象，应按照已批优先（已批＞未批），高级别管理优先（国家级＞省级＞地市级＞县（市、区）级），现状优先（现状＞规划）的原则进行拓扑关系处理。

3 惠州基本生态控制线划定

3.1 概况

惠州市山地面积占总面积的42.6%，丘陵、台地占32.1%，平原占19.8%，水域占5.5%。辖惠城区、惠阳区、惠东县、博罗县、龙门县等2区3县，并设有两个国家级开发区：大亚湾经济技术开发区、仲恺高新技术产业开发区，属珠三角经济区，面积11200平方公里。土地开发利用强度8.2%属于中等（图3），需要划定生态控制线范围占市域面积比达70%。

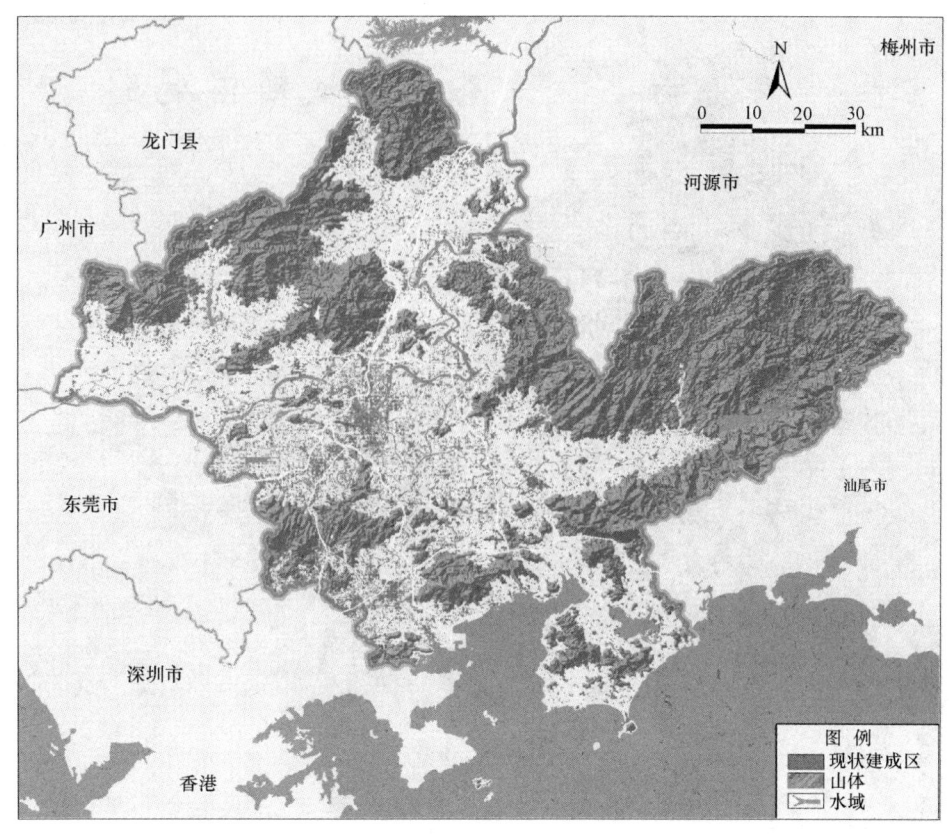

图 3 惠州市现状建成区与区域绿地示意图

3.2 划定规划

惠州生态控制线依照资料收集整理、生态资源空间识别、构建城乡生态安全格局和划定生态控制线范围的基本步骤（图4），运用"一张图"式GIS技术的生态控制线规划图。

收集整理规划区内1∶2000以上以及规划区外1∶5000以上的高精度地形图、高分辨率的卫星遥感影像图、土地利用现状图等基础资料，对符合生态线划定要求的要素进行提取、整合和空间叠加，形成生态要素基础分布图。

3.2.1 生态资源空间识别、监测

综合研究与分析各类生态要素的构成与分布，统计分析惠州市自然保护区、主干河流、湖泊、水源、岛屿、湿地等现状自然生态资源环境基本特征，分析评价风景名胜区、森林公园、郊野公园、地质公园、湿地公园、环城绿带、综合公园及各类专类公园等城市现状绿地分布特征，分析传统风貌区和文物保护单位的等重大历史人文资源情况。结合当前低碳生态发展的先进理念，预测惠州市城市空间拓展趋势与生态足迹供需变化趋势，分析生态承载力和环境容量，在落实省下达的惠州市"生态控制线划定比例原则上应达到该地区土地总面积的70%"的要求基础上，确定惠州市未来发展需求与趋势。

3.2.2 构建城乡生态安全格局

根据惠州市基本生态要素的分布情况，落实全省、珠

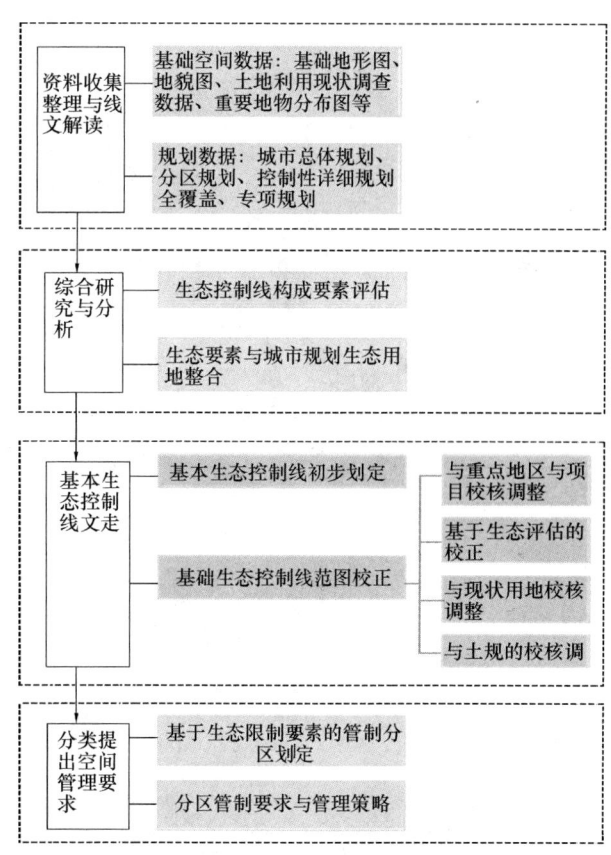

图 4 惠州市生态控制线划定技术路线

三角等上层次规划关于构建生态安全格局的要求，协调城市生态空间和建设空间，研究论证城市生态环境总体

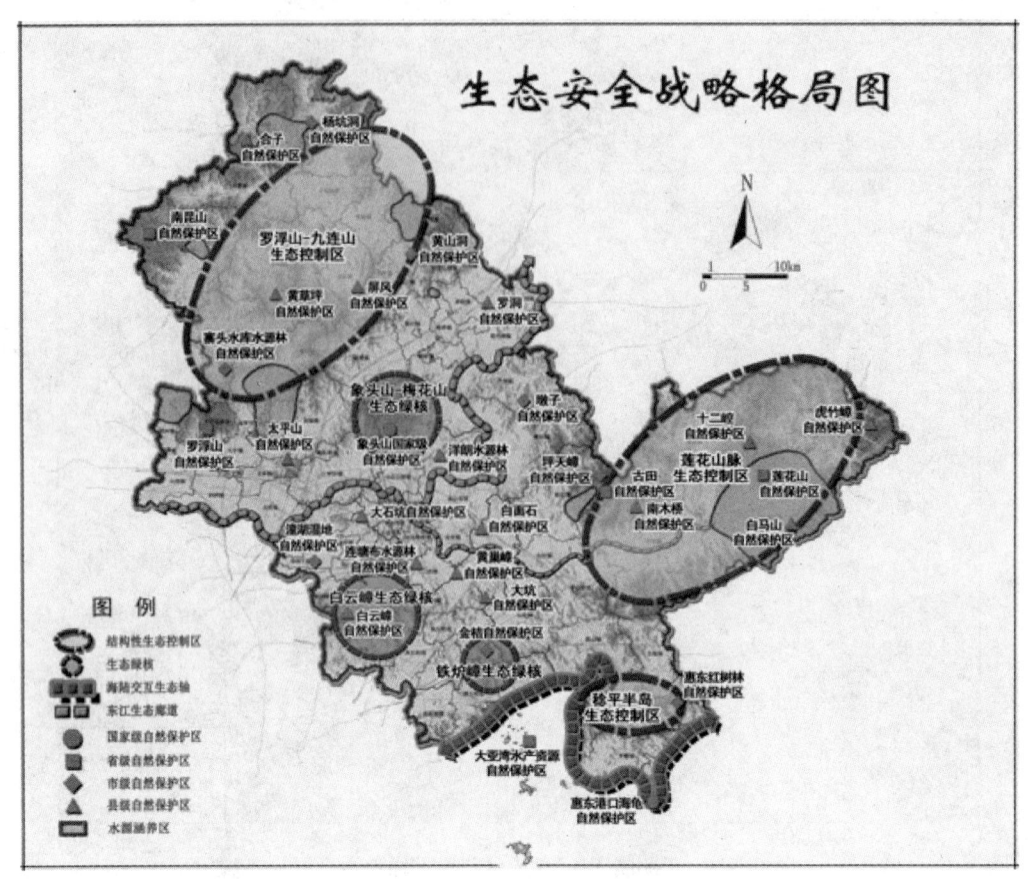

图 5 惠州市生态安全战略格局图

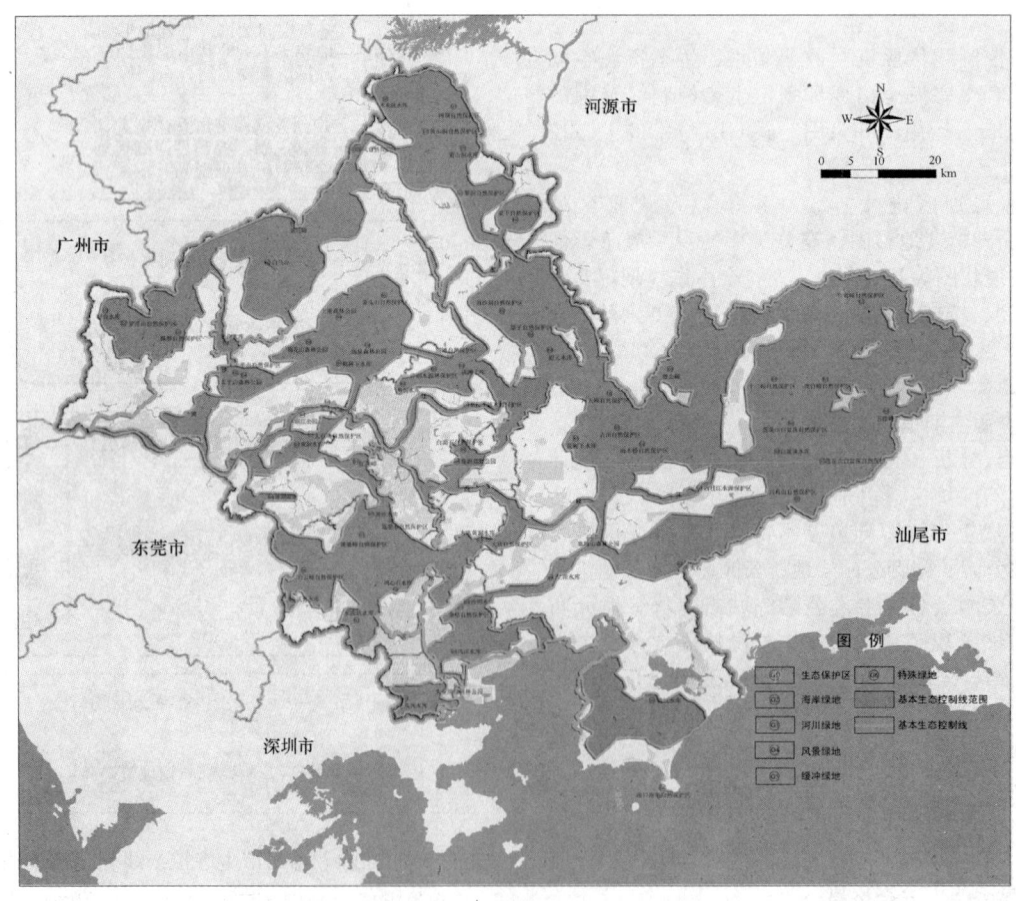

图 6 惠州市生态控制线划定范围图

容量，通过辨析惠州市各类生态斑块、廊道、基质等，结合城市空间结构与空间布局要求，构建市域生态安全格局（图5），以北部山林生态区域和南部近岸海洋生态区域为屏障，重点关注罗浮山、白马山、黄坑嶂、白云嶂、铁炉嶂等重大生态地区，强化自然山体、连片良田等生态斑块保护，依托东江、西枝江、淡水河及各级绿道网络和防护林带构建区域生态走廊，串联各类生态地区，形成网络状的生态格局。

3.2.3 划定生态控制线范围

与高分辨率的遥感影像图、土地权属、土地审批信息等进行叠加，与惠州市各区县相关部门进行工作对接，对人工破坏、现状建设痕迹明显等存在疑问的地块逐一进行核实，进一步修改工作底图，确定生态控制线划定总量及比例，划定生态控制线的空间范围（图6），并形成生态保育类、休闲游憩类、安全防护类、垦殖生产类和特殊绿地类共五大类生态控制分区，明确生态控制线分类与分区的空间界定、包括具体位置、坐标与面积等。

4 结语

基本生态控制线的划定融合了"一张图"GIS技术，是当下区域绿地规划领域主动参与城市—区域规划的主要手段。与此同时，大规模应用GIS等综合技术平台，可以有效弥补大尺度空间规划在风景园林实践领域的长期缺位，基本生态控制线的规划正是风景园林与城乡规划二者结合发力的最好印证。"新型城镇化"园林、城乡规划和建筑学领域新的指南，打破城乡二元空间的传统藩篱，实现城乡一体均衡发展，谋求社区—城市—区域的最大利益。不难发现风景园林主动参与城市—区域规划，拓宽实践途径是大势所趋。

致谢：本文在写作过程中得到了同济大学刘颂教授的前期指导，在研究过程中徐建华、罗洁斯也提供了很多宝贵意见，特此感谢。

参考文献

[1] 周之灿. 我国"基本生态控制线"规划编制研究. [C]//转型与重构——2011中国城市规划年会论文集. 2011.
[2] 广东省住房与城乡建设厅. 广东省区域绿地规划指引(GD-PG-003[S]. 2003.
[3] 孙在宏，吴长彬. 基于"一张图"的土地动态监测系统研究[J]. 测绘通报，2012(6).
[4] 李文华. 基于GIS的浙江某城市的生态控制线规划研究[J]. 科技资讯，2013(10).
[5] 王荣. 基本生态控制线土地利用动态监测及优化研究[D]. 武汉：华中师范大学，2012.

作者简介

肖宇，1986年12月，男，同济大学建筑与城市规划学院景观规划设计硕士，就职于广东省城乡规划设计研究院，研究方向生态规划、城市总体规划，Email：xiaoyu@gdplan.com。

生态城市理念在常德北部新城绿地系统规划中的应用

Changde Northern Area Green Space Planning with Application of Eco-city Concept

邢晓娟 李翅

摘 要：在中国城市化发展进程加快以及面临城市化转型的关键时刻，我国城市面临各种人口、环境与空间问题。生态城市理论致力于解决在城市化进程中各种问题，对于指导城市发展和规划具有重要的意义；北部新城是常德市开发的一个重要生态都市新区，将生态城市理论运用到北部新城的绿地系统规划中，是一次理论付诸实践的新的尝试；在本次规划中，不仅在整体格局上处理好规划区与周边生态基质的关系，而且将生态城市的思想灌输到城市绿地系统规划的每一个细节。

关键词：生态城市；常德北部新城；绿地系统规划；

Abstract: During China's accelerating urbanization process and critical time of urbanization transition, China is facing various population, environment and space problems. The theory focused on solutions to the conflicts among environment, social relationship and human subjectivities, which are of great significance on guiding city development and urban planning. Changde Northern New Town is an important ecological new urban area. The eco-city concept has been applied for green open space planning. It is a valuable practice. The plan properly balanced the relationship between planning area and surrounding ecological base in general pattern. moreover, the theory of eco-city was drove into every detail plan.

Key words: Eco-city; Changde Northern Area; Green Space Planning

1 理论背景

1.1 生态城市

最早提出生态城市（Eco-City）的人是苏联城市生态学家亚尼茨基（O. Yanitsky），他提出生态城市是一种理想城市，是一个自然、技术、人文充分融合。物质、能量、信息高效利用，人的创造力和生产力得到最大限度的发挥，居民的身心健康和环境质量得到保护，生态、高效、和谐、可持续发展的人类聚居新环境。

随着城市发展的日益进步，雄厚的经济实力、优质的生活环境和公平的社会生活已经是城市现代化的标志，建设人与自然和谐相处、充满生机和活力的生态城市，是实现城市现代化的必然选择。

1.2 生态城市的评价

自联合国 MAB 计划（1972）年倡导以来，特别是在1992年联合国环境与发展大会后，生态城市的理论已经得到了不断的丰富和发展。如今，生态城市的建设已经得到了规划领域的专家以及各个国家政府团体的普遍关注和接受。生态城市已经成为了继国际上倡导的第三代城市后的第四代城市发展目标。

目前我国已经有了一个系统的生态城市评价标准。生态城市要从社会生态，自然生态，经济生态三个方面来确定。这个评价体系是生态城市评价的一个基本原则，而建设一个真正意义上的生态城市还需要在城市的能源、交通、绿地系统、人居环境、建筑、景观等各个方面作出努力。

1.3 生态城市理论对城市绿地系统规划的启示

生态城市理论对城市规划的指导性作用已经得到了肯定。在对于城市绿地系统规划的指导中，生态城市理论的运用需要结合城市绿地系统的几个方面进行指导。

（1）在公园绿地规划方面，应充分考虑基地的现状生态环境和居民的日常生活需求，合理进行公园绿地的等级分类、布点规划，合理进行公园规模的确定。

（2）在生产防护绿地规划方面，要依据城市的基本生态环境，确保生产植物材料的多样丰富以及无侵害性。确保防护绿地的质量，使之在保证城市脆弱地区的生态环境同时，使之防护绿地具有景观性和生态性。

（3）在附属绿地规划方面，要依据常规绿地系统规划的基础上，结合最新的生态学技术进行统一规划，尤其是对于建筑、道路、广场等进行新的理论技术尝试。合理布置生态建筑和林荫式停车场等。

（4）在其他绿地规划方面，要充分掌握城市基底环境，利用自然资源和人文资源，结合地形地貌进行市域范围内的绿地系统布局，构建整个城市市域的生态网络以实现整个城市的优化布局和可持续发展。

---

① 中央高校基本科研业务专项资金赞助（编号：TD2011-32）。

2 常德北部新城发展分析

北部新城是常德中心城区"一城三片"之一的江北老城区向北拓展的区域，2012年北部新城人口总数为2.1万人。规划至2030年，依据总体规划，北部新城规划人口将达26万人规划建设用地面积为23.40km²。总体规划北部新城为旅游综合片区，将其建设成为"宜居、宜游、宜业"的"生态型"城市片区，成为常德的旅游、休闲、商业和文化展示中心（图1）。

2.1 基地自然条件与发展现状

北部新城具有独特的山水交融的自然条件。北部新城的周边规划区依山傍湖，风景优美，规划区北面为太阳山，东部及东南部为占天湖和柳叶湖，北部有花山河与占天湖相连，并有部分湿地分布期间，自然生态条件十分优越。

目前北部新城规划区内均为待开发区域，通过对现状用地的解读以及对现场的调查，北部新城现状绿地只有柳叶湖湖滨的带状公园以及部分防护绿地和附属绿地，另外还有一块苗圃基地（图2）。通过对于北部新城规划范围内湖泊河流的规划和梳理以及对绿地系统的整体布局和重点建设，通过建设环形水系公园、滨湖生态公园等公共绿地，并且在新城建设不断利用生态学的措施来进行规划建设，对于北部新城绿地系统的建设是十分有效的。

图1 北部新城在常德市的位置

图2 北部新城影像图

2.2 新城发展的SWOT分析

根据对北部新城的自然条件和基础现状的分析，总结出北部新城未来生态发展的优劣势以及发展机遇和面临的挑战（表1）。

通过SWOT分析，在进行北部新城了绿地系统规划过程中要充分利用北部新城的优良生态环境，针对新城建设中遇到的问题进行统一规划和调整，利用生态城市指导思想来进行北部新城绿地系统规划。

北部新城发展的SWOT分析　　表1

Superiority 优势	1. 良好的自然生态基质，为北部新城的绿地系统建设提供了良好地生态基础 2. 广阔的水域面积，遍布北部新城的湖泊水面面积为278.14hm²，占总用地的10.21% 3. 柳叶湖国家4A旅游度假区

	续表
Weakness 劣势	1. 村民聚居点多为自发形成，且布局分散零乱，建筑质量较差 2. 市政基础设施与公共服务设施缺乏，无法满足新城建设需要 3. 规划区内的标高低于两湖正常水面标高，因此规划区防洪与内涝问题比较严重
Opportunity 机遇	1. 湖南省"十二五"规划提出大力推进四化两型建设 2. 湖南省住房和城乡建设厅常德北部新城列入全省"四化两型"建设的试点片区
Threaten 挑战	1. 居民的安置是规划和实施中遇到的重要问题 2. 利用"生态城市主义"的理论思想，将之运用到北部新城的绿地系统规划建设中落实生态城市的规划理念

2.3 常德北部新城生态发展目标

北部新城作为湖南省四化两型建设的重点区域，肩负绿色、生态发展的神圣使命。目前北部新城的基本处于待开发的状态，这位今后新城建设的绿地系统规划的生态创新提供了可能，在北部新城绿地系统规划中，将"生态城市"的主要思想融入其中，使新城的开放空间建设与生态思想有机结合，将北部新城打造成为"低碳·生态·智慧新区"。

3 北部新城绿地系统规划

3.1 总体规划结构

根据《常德北部新城低碳生态规划》提出的"尊重自然、生态优先、人与自然和谐共存"的原则，规划充分利用现有的自然资源和人文资源，发挥最大优势，为城市绿地系统的构成提供良好的天然骨架，突出北部新城的环境特色。北部新城总体形成"两核、两带、一环、一区、多节点"的绿地系统规划结构。两核：中央公园和戴家岗游乐园；两带：占天湖南岸休闲风光绿带、环柳叶湖休闲风光绿带；一环：环形水系绿环；一区：西侧边缘，邻花山河的生态湿地保育区；多节点：多个区域性公园、居住区公园（图3、图4）。

3.2 公园绿地规划

根据北部新城绿地系统的布局原则，公园的分布依据居民需求，达到出行5分钟即可达到一处公园，达到公园服务半径的全覆盖（图5）。将新城的绿地系统建成了生态绿色廊道，此乃构成了供市民游憩、锻炼、沉思的绿色空间。生态绿色廊道包括"环、带、核、点"，环指"环形水系绿环"，带指"带状滨湖绿带"，核指"景观公园核心"，节点指"城区景观节点"（图6）。

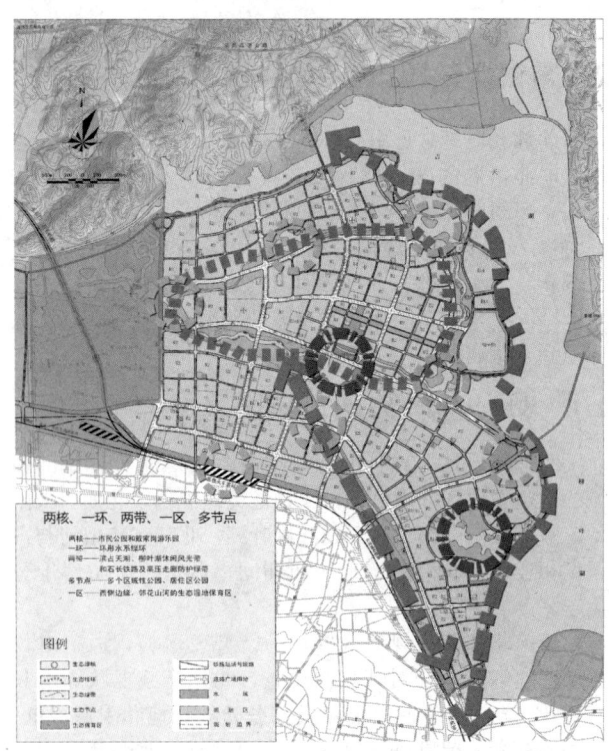

图3 北部新城公园绿地规划结构图

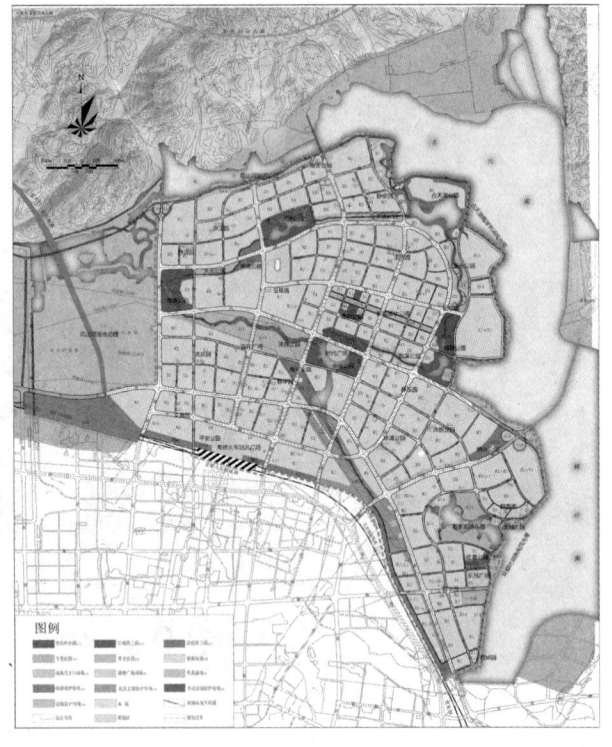

图4 北部新城公园绿地系统规划图

3.2.1 以环形水系为核心的生态廊道构建

用"环形水系绿环、带状滨湖绿带、景观公园核心、城区景观节点"等串联起来，形成联成一体的生态绿色廊道体系，中心面积广阔的绿色环形水系，形成北部新城重要特色，形成人处内每一个角落都如处在公园中。以市民公园、柳叶湖生态游乐园、新城带状绿地、占天湖休闲风光带以及柳叶湖西岸风光带为基础，构成一个环形水

图 5　公园服务半径图

图 7　环形水系规划思路

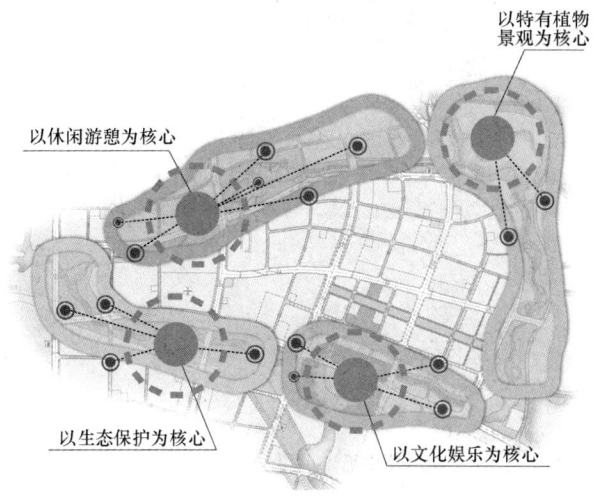

图 6　环形水系规划结构

系公园体系，向外进行辐射，形成一个环形水系公园绿带和两个滨湖水系绿带（图7）。

3.2.2　城市广场与公园紧密结合

城市广场是为满足多种城市社会生活需要而建设的，具有一定的主题思想和规模的结点型城市户外公共活动空间。在北部新城共设置了9处广场（图8），做到1000m即有一处休闲广场。这位北部新城居民参与公众娱乐提供了便利条件。近期将建的重点放在时代广场建设上。

时代广场是规划在北部新城中心，位于中央公园中，规划面积为28.40hm²，是集休闲、娱乐、健身、大型活动为主的北部新城的全民娱乐广场。在时代广场与中央公园相结合，以生态概念为设计依据和建设主线，建设成

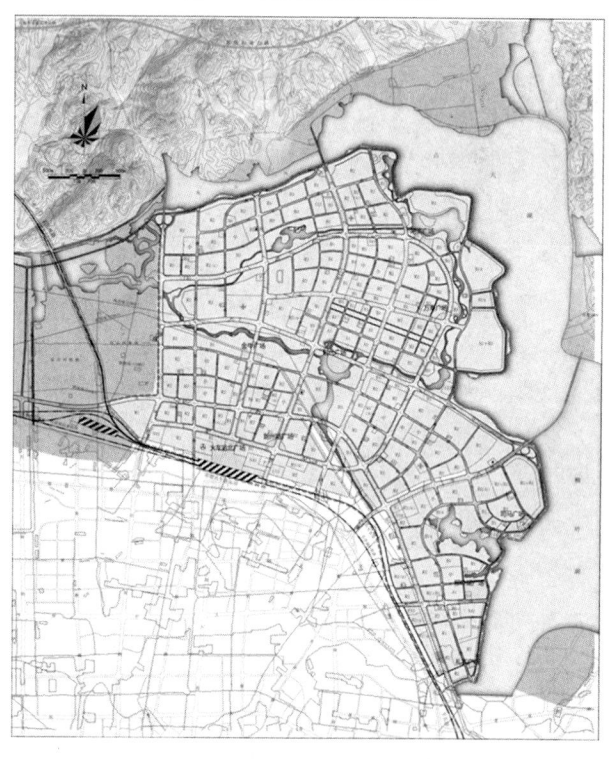

图 8　北部新城广场空间分布

为一个北部新城开放式的休闲园区。共分为仪式广场区、休闲广场区、密林游憩区和游乐休闲区四大功能区。在广场设计上，注重与自然结合，一改传统意义上广场的大面积硬化铺装，将周边进行柔性处理，乔灌草结合种植，形成与水体结合的现代化自然开放空间（图9）。

戴家岗游乐园位于戴家岗片区，滨柳叶湖西岸，规划面积为52.56hm²。规划为一座市级的游乐园。规划将进一步完善和更新其游乐项目和设施，充分利用其濒临柳叶湖的优越生态条件，开发利用现有的闲置地，完善配套服务设施，为游人创造丰富的游乐项目，改善经营管理模式，使之成为城区居民休闲娱乐的首选之所。北城广场便位于戴家岗游乐园的东部，紧邻柳叶湖休闲风光带，与戴

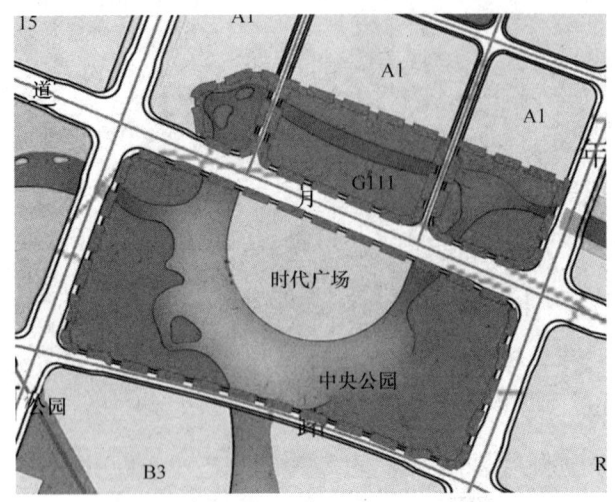

图 9 时代广场与中央公园结合

家岗游乐园共同构成了戴家岗片区的公共活动空间，北城广场的设计丰富了戴家岗游乐园单一的休闲功能（图10）。

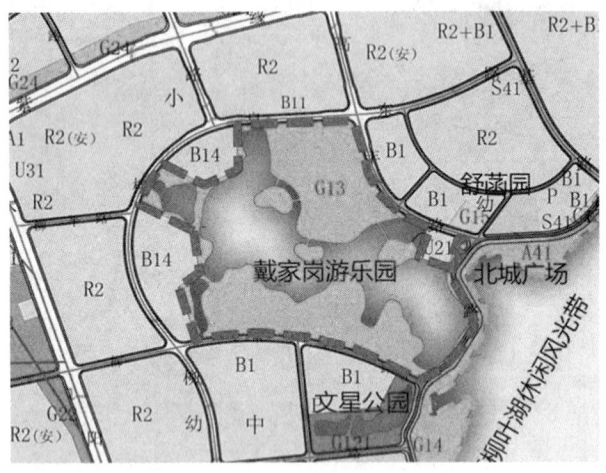

图 10 北城广场与戴家岗游乐园结合

3.2.3 步行街与绿色休闲设施

步行街是指在交通集中的城市中心区域设置的行人专用道，在这里原则上排除汽车交通，外围设停车场，是行人优先活动区。本次北部新城的开放空间规划中规划了一条主要步行街，沿新城带状公园两侧的北部新城步行街（东起环湖东路西至朗州路）。

在北部新城商业街的街道尺度设计上，着重注意人的视觉，创造一个使人感觉亲切、放松、平易近人的商业气氛，让消费者有一个愉悦的消费心情。商业街宽度控制在20m之内，同时总长度约500m。在仰视角30°范围内主要是商业一层的立面上布置商业信息，如广告、橱窗等。为创造一个休闲生态的商业街氛围，一层以上的所有屋顶均采用生态绿化。

3.3 生产防护绿地规划

在进行生产防护绿地规划中要充分结合北部新城生态城市建设的需求，结合北部新城现状来进行规划。生产绿地结合常德市市域绿地系统规划中的生产绿地进行建设，在市域内划定北部新城所需生产绿地，要保证生产树种符合当地树种选择原则，同时注意引进外来特色树种和花种，丰富北部新城的植物品种和植物色彩，将之运用到园林绿化和各类绿地绿化当中，并在引进时注意不对当地物种进行侵害，形成北部新城特色。

将北部新城防护绿地分为铁路防护绿地、高压走廊防护绿地、市政设施防护绿地、城市道路防护绿地（图11）。在北部新城市防护绿地的建设中，主要采用防护性风景林的绿地结构形式，不但满足防护的需求，而且突出绿地的景观效果，绿地率不低于90%。防护绿地与其他绿地进行结合，使之不仅具有防护功能，而且具有景观功能，从而增加整个城市的生态防护屏障。

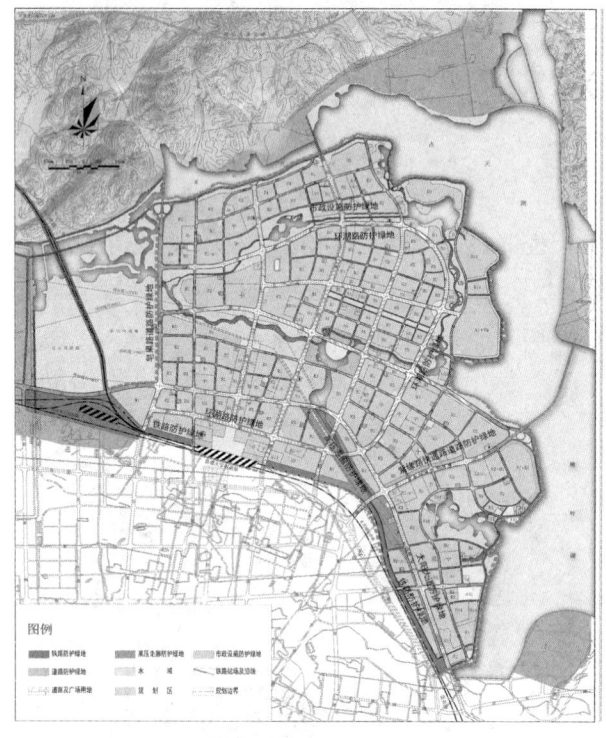

图 11 北部新城防护绿地规划图

3.4 各类用地的绿地率控制

附属绿地存在于城市各类用地之中，是城市绿地系统点、线、面三个层次中的"面"，是城市普遍绿化水平的重要标志。

要确保城市附属绿地规划的实施，保证这些绿地的建设达到规划要求，必须从两方面着手。第一，针对城市各类用地的特点和要求，确定绿化面积的指标（即城市各类用地中的绿地率），将规划要求加以量化，为城市规划建设管理提供依据，以达到全面控制城市绿量，保证城市达到良好的环境质量水平的目标。第二，依据国家及地方制定的有关城市绿化建设的法规条例，严格执行有关的奖罚办法，做到"依法建绿"（图12）。

同时运用新兴的生态学技术，提高附属绿地的绿地率，绿化渗入到城市的每一个地方。在道路绿化方面，重点进行林荫道和道路渠化岛（图13、图14）的规划设计，采用乔灌草的结合，运用当地特有树木花卉，形成北部新城的优质生态形象。

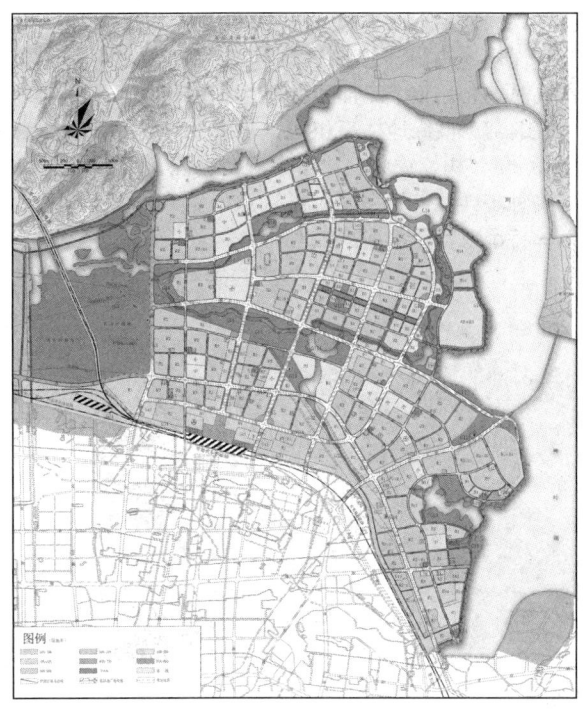

图 12 绿地率指标控制图

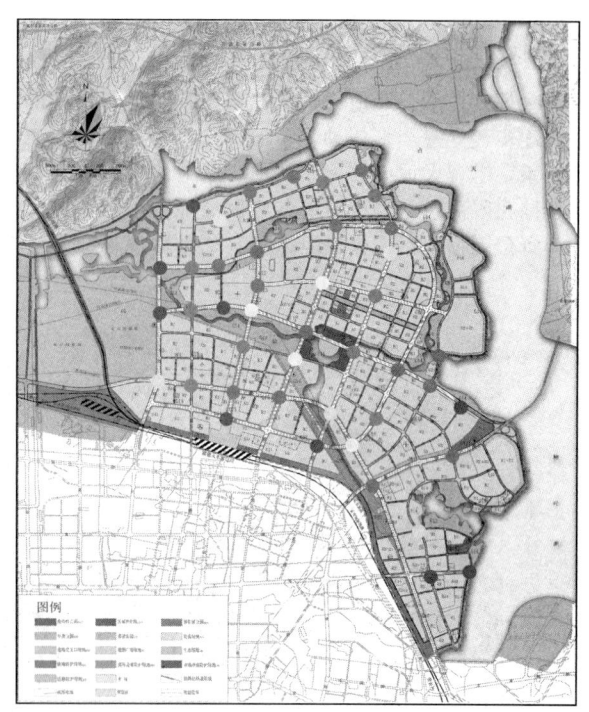

图 13 道路渠化岛规划图

● 道路渠化岛意向图1

● 道路渠化岛意向图2

● 道路渠化岛意向图3

● 道路渠化岛意向图4

● 道路渠化岛意向图5

● 道路渠化岛意向图6

图 14 渠化岛示意图

3.5 周边湿地公园建设

本次规划在生态绿地、风景山林和农田林网建设的基础上，逐步建立一个多树种、多层次、多效益的生态景观绿地体系，实现大地园林化。其他绿地分为生态绿地、城市生态绿化隔离带绿地、风景名胜区绿地、水源保护区绿地、郊野公园绿地、风景林地绿地、垃圾填埋场绿地、其他绿地，绿地率不低于90%。

本次规划花山河湿地公园（图15）为主要的生态绿地。同时，它在整个北部新城所起到的作用也是不容忽视的。是北部新城绿地体系组成的重要绿地片区，规划面积302.48hm²。构建成为现代生态湿地公园，用于涵养水源，保持物种多样性，但利用时需注重保护，以生态利用为原则，保持湿地特色，保护湿地环境。

图15 花山河湿地公园

占天湖北岸生态隔离带，是城市的生态绿化隔离带，面积18.92hm²，用于做生态防护隔离，以保留高大乔木，种植生态植物为主。尽量避免人员过多接触。

4 总结

常德北部新城的绿地系统规划是一个对于生态城市理论的全新尝试。在本次规划中，不仅在整体格局上处理好规划区与周边生态基质的关系，而且将生态城市的思想灌输到城市绿地系统规划的每一个细节上。通过本次规划，至2030年规划期末，新城的人均绿地面积将达到19m²/人，绿地率将达到43%，绿化覆盖率将达到62%。届时北部新城将成为一个"水系穿城，节点均布，绿轴连接，生态环绕"的新型生态城市。

随着我国城市转型的步伐日益加快，生态城市将是所有城市发展的一个大的方向，生态城市的理论将在更大的空间发挥作用，这对中国城市化进程发展具有十分重要的引领意义。

参考文献

[1] 黄兴宇，陈勇．生态城市概论及其规划设计方法研究[J]．城市规划 1997(6)：17-20．
[2] 黄肇义，杨东援．国内外生态城市理论研究综述[J]．城市规划 2001(1)：59-66．
[3] 张绿水，古新仁，刘苑秋，漆萍．浅滩建设生态城市目标下的绿地系统规划[J]江西：江西农业大学学报，2002．
[4] [美]麦克哈格 IL．设计结合自然[M]．芮经纬译．北京：中国建筑工业出版社，1992．
[5] [美]奥德姆 EP，生态学基础[M]．孙儒泳等译．北京：人民教育出版社，1992．

作者简介

邢晓娟，女，1988年11月生，北京林业大学风景园林学研究生，Email：784015682@qq.com。

李翅，男，1971年9月生，博士，北京林业大学园林学院城市规划系主任，副教授，中国城市规划学会风景环境规划委员会学术委员，注册规划师，Email lichi00@126.com。

中国风景园林学会　编

中国风景园林学会2014年会

论文集（下册）

城镇化与风景园林
Urbanization and Landscape Architecture

CHSLA 2014

中国建筑工业出版社

目 录

（上 册）

新型城镇化与自然文化遗产保护

从民众感知角度浅析自然文化遗产的保护
…………………………………………… 霸 超（003）
吴越国与南宋御花园"排衙石"用典源流与造园
影响考析 ………… 鲍沁星 曾馥榆 应海芬 蔡玉婷（007）
新型城镇化进程中对传统村落命运的思考
——以徽州传统村落的保护为例
………………………… 陈宗蕾 刘志成 张 蕊（012）
城镇化进程中古村落遗产地的保护与发展策略研究
…………………………………… 邓 妍 严国泰（016）
风景名胜区中道教名山文化景观的初探
…………………………………………… 杜 爽（019）
新型城镇化背景下川西林盘文化景观保护与发展策略
——以四川省崇州市林盘为例
…………………………………… 付志伟 邓 冰（023）
风景名胜区总体规划编制
——保护培育规划方法研究
………………………… 顾丹叶 金云峰 徐 婕（028）
中国关于湿地公园评价的研究进展
…………………………………………… 黄 利（033）
景观设计策略
——基于"山水"原型的城镇空间营建
…………………………………… 李 涛 金云峰（037）
快速城镇化中的遗产地精神维护与记忆留存 …… 李晓黎（042）
"新型城镇化"背景下旅游古镇的保护与复兴
——以平遥古城为例
…………………………………………… 李砚然（045）
基于空间句法分析的拙政园中部游览路线组织与
园林空间赏析
…………………………………… 李志明 王泳汀（048）
柳宗元风景旷奥概念对唐宋山水诗画园耦合的影响
…………………………………… 刘滨谊 赵 彦（054）
浅析中国传统纹样在现代园林设计中运用的意义
………………………… 刘 健 马雪梅 赵 巍（057）
风景评估新综合概念方法
——动态模型 …………………… 罗 丽 岳 超（060）
新疆可可托海国家地质公园工业遗产的积极保护模式
初探 ……………………………………… 罗 英（065）
土地利用协调视角下风景名胜区总体规划编制方法
——以西樵山为例
………………… 马唯为 金云峰 汪翼飞 周晓霞（069）
有机更新与持续发展
——天津原租界公园发展对策探究
…………………………………… 孟 瑾 陈 良（075）

风景园林批评的可能性：兼论历史理论、实践与
批评的关系 …………………………… 慕晓东（079）
新型城镇化下的浙江诸暨斯宅古村落的保护与更新
…………………………………………… 潘娜斯震（085）
北京南锣鼓巷商业业态演变及其影响机制研究
………………… 潘运伟 杨 明 郑 憩 王 斐（090）
新型城镇化视角下的风景名胜区自然文化遗产
保护途径 …………………… 任君为 陆慕秋（095）
中国古典园林的审美分析
…………………………………… 沈姝君 张 杰（100）
新型城镇化发展机遇下的旅游城镇化与历史
文化名镇遗产保护策略
——以日本长野县妻笼宿古镇保护复兴为例
…………………………………………… 宋 昕（105）
基于地域文脉延续的拆迁安置小区景观设计研究
…………………………………… 王海霞 徐照东（110）
经济导航模式思维下的古村落空间保护更新研究
——以湖北咸宁通山县闯王镇宝石村为例
………………… 王惠琼 滕路玮 周 欣 秦仁强（114）
基于景观序列理论的城市滨水空间地域生活场景重构研究
…………………………………… 王 敏 崔芊浬（119）
近代青岛城市规划、建筑及风景园林研究述评
………………………… 王培严 马 嘉 张 安（124）
现代主义语境下的海派园林变迁探析 … 王 茜 王 敏（128）
公众利益分割下松台山公园的历史文化保护设计
………………………… 王小如 林 锋 陈 朔（132）
风景名胜区游线设置评价研究——以神门景区为例
…………………………………… 王 馨 石 屹（135）
基于文化生态学的城景关系协调规划研究
——以蜀岗-瘦西湖风景名胜区为例
…………………………………… 吴承照 周思瑜（145）
传统园桥文化与现代景观设计
…………………………………………… 伍 阳（150）
天津市大沽口炮台遗址公园保护与利用探究
…………………………………… 邢 欣 孟 瑾（154）
新型城镇化形势下的古村落乡村风貌保护
………………………… 徐瑶璐 焦睿红 刘 健（159）
景迈山芒景古村落景观的活态保护研究
…………………………………… 严国泰 马 蕊（163）
风景区旅游空间容量和旅游心理容量测定研究
——以乌镇西栅景区为例
………………… 严 欢 夏圣雪 张 杰 程建新（166）
浅谈历史文化街区旅游与文化商业业态引导
………………………… 杨 明 王 斐 潘运伟（170）
校园人文景观资源调查和评价
——以同济大学四平路校区为例
…………………………………… 杨天人 陈 健（174）

格鲁派寺庙空间特点及形成因素浅析
——以青海塔尔寺为例 ············ 杨子旭（181）
城市公园设计策略
——欧洲传统园林对现代公园影响
············ 姚吉昕 金云峰 朱蔚云（186）
工业文化遗产再利用中的景观重建探讨
············ 于隽 张吉祥（190）
新型城镇化背景下城市公园中乡土材料的应用
——以南阳市卧龙岗公园设计为例
············ 余志文 岳峰（194）
新型城镇化背景下地域文化与会馆建筑的融合研究
——以河南社旗山陕会馆为例
············ 岳峰 戴菲 张文钰（198）
传统文化景观中滨水空间的多尺度特征机理研究与保护整治
——以江苏泰州高港沿江一带为例
············ 张醇琦（202）
古村落文化景观特色的演绎与解析
——以闽南福全国家历史文化名村为例
············ 张杰 叶春阳（207）
文化缩影的动态保护形式
——论贡院在新城市景观结构中的文脉延续
············ 张新霓 周曦（213）
美国国家公园系统文化景观保护体系综述及启示
············ 张杨（218）
文化线路遗产中重要节点的保护性开发策略研究
——以湖北省咸宁市羊楼洞规划设计为例
············ 镇淑娟 白瑾 周欣 秦仁强（223）
西方园林史研究
——以意大利罗马与法国巴黎园林景观轴线空间演变为例
············ 朱蔚云 金云峰 姚吉昕（227）
文化遗产保护规划
——武汉市名人故居考察反思
············ 朱宇（233）

风景园林规划与设计

生态基础设施理论下慢行系统规划初探
——以海淀区翠湖科技城慢行系统规划为例
············ 毕文哲 马璐璐（241）
蓄洪公园及河滩湿地建设对河道景观的重要意义探究
············ 蔡婷婷 梅娟 马娱 崔亚楠（246）
对城市公园防灾避险功能改造模式的探讨
——以济南泉城公园改造为中心城区防灾避险公园为例
············ 陈朝霞 白红伟 仲丽娜（253）
新型城镇化背景下的生态基础设施规划
——以武穴市绿地系统与滨江景观规划为例
············ 陈谦（258）
推进生态园林城市建设，建设和谐美丽新承德
············ 陈树萍（266）
水生态环境保护和修复技术探析
············ 陈卫连 苏青峰 刘晓娜（270）
基于智慧城市的中国国际园林博览会主题与选址研究
············ 陈希萌 金云峰 周晓霞（273）
基于生态视角的城郊村镇宜居社区评价指标体系构建
············ 陈奕凌 王云才（277）
地方性城市旧公园景观提升方法初探
——以葫芦岛龙湾公园景观改造为例
············ 单琳娜 卢碧涵 黄希为 肖楠 滕晓潞（281）
村镇宜居社区绿色基础设施系统的构建
············ 邱青 王云才（291）
景观设计策略
——促进城市功能与风貌提升的绿道设计
············ 杜伊 金云峰 周晓霞 范炜（296）
新城中心的大型公园辨析 ············ 范炜 金云峰（302）
城镇生态基础设施建设原则探析 ············ 房芳（305）
浅谈巫口县羊耳湖水库消落带生态修复
············ 冯义龙 先旭东（308）
论大城市郊野公园的生态功效
——以上海青西郊野公园为例
············ 管金瑾 严国泰（311）
社区绿道降低PM2.5的规划策略浅析
············ 郝丽君 杨秋生（315）
城市更新中的绿色开放空间景观设计探讨
——以包头转龙藏公园景观设计为例
············ 侯伟（319）
城市街道景观人性化空间设计初探
············ 黄希为 胡森森 张传奇 蔡丽红（322）
基于系统集成的生态校园规划研究
——以中国环境管理干部学院新校区为例
············ 瞿巾苑 刘晓光 吴冰（326）
基于景观生态格局的城市绿地系统
············ 赖平平（332）
草原游荡型河流在城镇化发展进程中的生态困局及
相应规划策略
——以海拉尔河湿地景观规划为例
············ 李丹丹 邹丹丹（336）
校园景观中的生态设计策略研究
············ 李方正 李雄（344）
撷传统文化 塑洹园景观
——安阳市洹园六景设计构思探讨
············ 李伦 牛桂英（348）
风水理论科学性验证研究进展
············ 李英（353）
上海后滩公园滨水绿地生态效益的研究
············ 刘碑 李雅娜 陈勇 郁金标（359）
新型城镇化背景下的当代屋顶农场研究回顾与展望
············ 刘方馨 赵纪军（365）
低丘陵地区城镇化过程中滨河绿道策略
——以内江小青龙河绿道规划为例
············ 刘家琳 张建林（369）
生态友好型社区的规划与设计
——以北京后八家改造为例
············ 刘京一 李倞（376）
"让城市慢下来"
——绿道可达性与使用者活动调查研究
············ 刘婧 秦华（381）
维护区域生态安全的途径：市域绿地系统规划研究
——以常州市为例
············ 刘颂 章舒雯（388）
景观生态学指导下的资源型城市的绿地布局模式研究
——以迁安市绿地系统规划为例
············ 刘玮 李雄（393）
基于儿童心理维度的游戏场地设计探索

……………………………刘洋　孟瑾（397）
城市生态园林建设刍议
　　……………………刘志成　张蕊　陈宗蕾（401）
新型城镇化下村镇宜居社区环境容量评估
　　的再思考………………………鲁甜　王云才（404）
基于生态圈层结构的区域生态网络规划
　　——以烟台市福山南部地区为例……吕东　王云才（408）
作为生态基础设施的城市景观规划与构建途径初探
　　………………………………马璐璐　毕文哲（414）
可持续景观理论与案例研究
　　………………………………毛连成　张晓钰（418）
城市公园可达性评价研究进展
　　……………………施拓　李俊英　李英（423）
新型城镇化背景下生态基础设施建设策略研究
　　……………………………………………时二鹏（428）
新型城镇化视角下景观规划中生物多样性的控制与引导
　　………………………………宋岩　王敏（432）
低碳城市建设背景下基于公共自行车游憩体系策略
　　可能性的探讨
　　——以杭州市为例………………苏畅　李雄（436）

基于遗产廊道构建的城市绿地系统规划策略研究
　　——以湖南省平江县为例
　　………………田燕国　李翅　殷炜达　郑璐（440）
新型城镇化下的绿道建设
　　——以成都绿道建设为例……………王艺憬（445）
环境生态技术在景观生态规划设计中的应用
　　………………………………王云才　崔莹（449）
哈尔滨市阿城区综合水安全评价与格局构建研究
　　……………………武彤　刘晓光　吴冰（454）
城郊游憩型绿道建设探究
　　——以枣庄市中心城区环城森林公园绿道为例
　　………………………………武新华　武雪琳（461）
城市绿地系统规划编制
　　——城市用地分类新标准影响下的绿地规划导向研究
　　………………………………夏雯　金云峰（464）
基于"一张图"GIS技术的基本生态控制线划定规划研究
　　——以惠州市为例………………………肖宇（468）
生态城市理念在常德北部新城绿地系统规划中的应用
　　………………………………邢晓娟　李翅（474）

（下　册）

特高压输变电工程适应性视觉景观策略研究
　　………………………………尹传垠　周婧（481）
区域城乡景观环境集约化发展研究
　　——以环太湖地区为例……袁旸洋　成玉宁（486）
基于"平灾结合"思想的中日防灾公园改造对比研究
　　………………………………岳阳　周向频（490）
城市滨水带小气候研究现状及前景分析
　　………………………………张慧文　张德顺（494）
转型浑河：创新再造铁西滨河生态新城绿色基础设施
　　………………………张蕾　杨震　黄君（501）
城镇化背景下城市废弃地再生景观
　　——以北京环铁内部土地及棚户区整治为例
　　……………张蕊　刘志成　崔雯婧　赵雪莹（511）
郊野公园的功能意义与乡土景观设计探析
　　——以天津西青郊野公园为例
　　………………………………赵诗然　孟瑾（515）
健康导向下的滨水景观规划设计策略综述
　　……………………赵文茹　赵晓龙　李国杰（519）
基于公众健康的城市景观环境可步行性层级需求探析
　　……………………赵晓龙　刘笑冰　杨静（523）
老工业城镇的绿色基础设施更新策略研究
　　……………………………………………周盼（528）
"积极老龄化"社会建构与上海公共开放空间营造
　　………………………………周向频　王妍（532）
屋顶农场
　　——生产性的绿色屋顶
　　……………………周璇子　赵纪军　赵斌（538）
新型城镇化背景下生态农庄及相关概念辨析
　　——以成都市三圣乡为例
　　……………………周云婷　武艺　钱翰（541）
雨水基础设施在道路景观设计中的应用
　　——以延庆创意产业园为例……………祖建（545）

新型城镇化与风景园林植物应用

从园林有害生物物种变化引发的思考
　　……………………………………………白雪婧（553）
浅析新型城镇化建设中园林植物的应用
　　……………………………………………成甜（555）
文化主题公园植物景观调查与分析
　　——以天津武清文化公园为例
　　……………………崔怡凡　许晨阳　刘雪梅（558）
广州4个居住区园林植物群落配置效果评价
　　………黄少玲　陈兰芬　谢腾芳　谭广文　曾凤（562）
宁夏煤矸石区几种落叶乔木栽培生长表现选择研究
　　………………………………蒋全熊　王攀阳（566）
宁夏罗山短花针茅荒漠草原营养价值综合评价
　　………………………………兰剑　曹国强（574）
杭州园林植物景观地域性研究
　　……………………蓝悦　徐宁伟　包志毅（579）
竹子、卫矛、女贞、紫花苜蓿等植物在济南动物园
　　的景观配植及饲料应用
　　………………………………李青　东莹（583）
曼斯特德·伍德花园的园林特征及历史意义
　　……………………………………………李劭杰（586）
藤蔓植物在成都市的应用
　　……………………刘慧琳　贾勇　刘晓莉　朱章顺（590）
9种宿根花卉抗寒性初步研究
　　……………………马婷婷　张惠梓　姚洪涛（595）
古老明湖柳………………………马小琳　王珍华（600）
银川地区城市园林绿化树种调查分析
　　……………………牛宏　刘婧　曹兵（605）
浅谈居住区植物景观设计
　　……………………………………………秦一博（609）
甲醛胁迫对吊兰根尖微核形成和有丝分裂的影响

……………… 任子蓓 史宝胜 刘栋 杨露（612）
医疗花园种植设计初探
……………… 孙振宁 杨传贵（615）
沈阳地区地被植物在景观设计中的应用探讨
……………… 翁倩 李金红（621）
杭州市野生乡土彩叶树种园林应用综合评价
……………… 吴君 吴冬（624）
不同利用方式对兰州南部山区林草地土壤
化学特性及土壤微生物量的影响
……………… 吴永华 钟芳（628）
济南万竹园植物景观探讨与分析
……………… 武雪琳 迟苗苗（634）
我国传统节日风俗相关的园林植物文化探究
……………… 徐晓蕾 徐婷 张吉祥（638）
三种植物生长调节剂对紫叶稠李扦插生根的影响
……………… 许宏刚 汉梅兰 程晓月 王梅（642）
菊花在兰州地区嫁接技术要点
……………… 杨玲（646）
甲醛胁迫下吸毒草的生理变化
……………… 杨露 郝晓飞 史宝胜 任子蓓 刘栋（648）
"沙漠与湿地的交织"
——西北地区城市公园特色植物景观营造
……………… 曾宇欣 张玲（652）
APG Ⅲ分类系统在植物园规划中的应用
——以济南动植物世界植物园部分为例
……………… 张德顺 薛凯华（657）
李清照纪念堂植物应用探究
……………… 张吉祥 于隽（663）
新型城镇化背景下的居住区植物造景尺度初探
……………… 张洁 商振东（670）
成都市中心城区市管街道常用乔木现状调查
……………… 张路（674）
景观植物空间营造的量化研究
——以武汉市植物园为例 ……… 张姝 熊和平（680）
场所感
——风格、性格、意境与归属感
……………… 赵林 徐照东 刘雨晴（687）
盐碱地特色花境设计与营造及案例分析
……………… 赵阳阳 刘坤良 贺扬明 王玉玲（690）
基于康复花园理念的养老社区景观设计探讨
……………… 朱冬冬 刘春云（696）
北方居住区水景景观设计的探讨
——以济南市居住区景观设计为例
……………… 庄瑜（699）

新型城镇化与风景园林科技创新

SoLoMo公众参与
——大数据时代新型城镇化建设背景下的风景园林
……………… 董琦（705）
基于AHP法的景观空间视觉吸引评价
……………… 范榕 刘滨谊（709）
基于环境育人理念的校园环境景观更新设计
——以成都三原外国语学校为例 …………
……………… 何璐 董靓 姚欣玫（714）
新疆英吉沙县江南公园规划设计刍议
……………… 胡大勇 朱王晓 陈青 黄涌（718）

城市可持续性规划设计策略研究
——波兰的可持续发展启示 …… 贾培义 李春娇（723）
基于GIS探索新型农村城镇化的发展方向
……………… 贾行飞 岳峰（729）
空间氛围
——现代景观的材料设计策略研究
……………… 简圣贤 金云峰（733）
基于居住用地特征的城市公园绿地可达性评价
……………… 李俊英 施拓 李英（737）
基于新型城镇化风景园林建设的数据可视化研究
……………… 刘安琪（741）
钢铁企业的景观改造研究 ……………… 刘烨（745）
面向中小城镇的低成本益康园林设计初探
——以河北肥乡县残疾人康复就业中心园林设计为例
……………… 罗笑轩 付彦荣（750）
几种矾根的组织培养与快速繁殖
……………… 孟清秀 刘红权 李永灿 刘亚楠 张玉娇（756）
从传统聚落中解读当代可持续发展理念
——新型小城镇景观规划途径研究
……………… 唐琦（761）
棕地修复
——徐州高铁站区废弃矿场生态复绿工程的设计与
施工创新技术探讨 ……… 万象 陈静（764）
城市公园设计策略
——人工湿地技术应用研究
……………… 杨玉鹏 金云峰 李甜（769）
基于数字技术的居住区微气候环境生态模拟
……………… 张浩 郑禄红 翁艳萍（773）
景观设计策略
——基于公共性视角的文化设施景观设计研究
……………… 张新然 金云峰（778）
基于地统计学和GIS的园林土壤主要肥力因子空间变异研究
——以济南泉城公园为例
……………… 赵凤莲 刘毓 张保全（783）
居住区可食用景观模式初探
……………… 周燕 尹丽萍（788）

新型城镇化与风景园林管理创新

创建"园林城市"目标构建与考核指标研究
……………… 陈光 金云峰 刘悦来（793）
新型城镇化背景下滨水工业区保护与景观更新思考
——以上海杨浦滨江为例
……………… 陈健 杨天人（798）
风景园林本科设计课中的小组教学
……………… 董楠楠 朱安娜 张圣红 罗琳琳（803）
国内外社区公园研究综述
……………… 傅玮芸 骆天庆（807）
复合·拓展·优化
——城镇绿地空间功能复合
……………… 金云峰 张悦文（811）
对改进兰州市园林绿化信息管理系统的几点建议
……………… 刘雯雯 俞宏（818）
德国风景园林专业硕士研讨课程研究
……………… 梅歆 刘滨谊（821）
两规合一背景下基于土地利用的风景规划研究
……………… 沙洲 金云峰 张悦文（825）

城市景观生态评估标准的草拟与探讨
································· 汤　敏（829）
城市绿地系统规划编制
——市域层面绿地规划与管理模式探讨
························ 汪翼飞　金云峰　沙　洲（834）
回归城市的乡土
——对城市中农林用地的思考
································ 王健庭　刘　剑（838）
城镇化背景下社区花园管理初探
································ 王晓洁　严国泰（842）
浅谈绿化养护社会化招标实施办法
··· 修　莉（845）
新型城镇化道路下的楼盘景观形象管理 ··· 张企欢（848）
中国西太湖花博会后续利用规划研究
························ 张　硕　钱　云　张云路（852）
济南原生植物在生态城市建设中的应用研究
································ 张　云　陈　梅（858）
《国家园林城市标准》的演进与展望
································ 赵婧达　刘　颂（864）
集约用地导向下城市绿地系统布局的精细化调控方法
································ 周聪惠　金云峰（868）
中国传统城市色彩规划借鉴 ··············· 朱亚丽（875）

新型城镇化与寒冷地区风景园林营建

基于IPA分析法建构哈尔滨湿地公园旅游景观策略
························ 冯　珊　马紫晗　刘　洋（881）
基于VEP和SBE法的太阳岛风景区冬季植物景观偏好研究
························ 罗艳艳　朱　逊　赵晓龙（887）
传统文化与现代城市公园景观的交融
——浅析哈南工业新城公园景观规划设计
················ 孙百宁　范长喜　周　月　温　俊（892）
风景区影响下城市公共空间设计
——舞钢龙湖广场景观设计
································ 王　丹　曹　然（899）
新型城镇化背景下寒冷地区风景园林营建的国际经验与启示
··· 王丁冉（905）
新型城镇化背景下森林公园风景资源评价与规划研究
——以内蒙古黄岗梁森林公园为例
································ 杨任森　熊和平（912）
北京101中学科普文化园景观设计
························ 张红卫　张　睿　李晓光（917）
寒冷地区湿地公园景观规划设计
··· 张　涛（921）
从新型城镇化背景看寒地居住区景观营建
································ 张怡欣　张　涛（925）
新型城镇化与寒冷地区风景园林营建
································ 邹好苓　邵晓艳（928）
传统园林在当下的精神所在和意境营造
··· 何　伟（931）
风景园林学的类型学研究 ··················· 张诗阳（940）
"曼荼罗"藏传佛教文化在园林景观空间中的表达
——以北京市五塔寺及周边环境保护与提升
为例 ·································· 张　杭（944）
试论乡村植物概念及其应用
························ 陈煜初　赵　勋　沈　燕（951）

特高压输变电工程适应性视觉景观策略研究

Adaptable Strategy of Visual Landscape for Ultra High Voltage Transmission Project

尹传垠 周婧

摘　要：本研究主要基于特高压输电线路的视觉属性和人的心理感受，重点分析输电塔杆和变电站围护构件等视觉因子，将其置于自然环境和人文环境的背景之中，提出"适应性视觉景观"理论，其适应性体现在地区适应性、文化适应性和气候适应性三个方面，通过塔形优化、色彩优化、重点区域塔形创新设计的方法，结合"隐"与"显"的景观规划模式，使输电工程与环境有机统一，既符合地形变化特征，又符合区域文化审美要求，同时也满足不同地区的气候差异特点，适应性景观式输电工程力争成为工业景观的代表之一。

关键词：特高压输电工程、适应性视觉景观、地区适应性、文化适应性、气候适应性

Abstract: This study is mainly based on visual properties of transmission lines and human psychological experiences about it, focusing on analysis of the transmission towers and substation facilities, while, taking natural environment and cultural environment into consideration, we proposed a "to adapt of the visual landscape" theory, with which the adaptability included in the terrain adaptation, cultural adaptation and climate adaptation. Combined with the "hidden" and "significant" landscape planning model, the optimization of the tower type, color and design was carried out. Thus, the unity of the transmission project and the environment coexisted more harmoniously, as the new designed transmission projects meeting the characteristics of different regions different climate and different culture. If the new designs were applied, transmission project will strive to become the representative of the industrial landscape one.

Key words: Ultra-high-voltage Transmission Projects; Adaptive Visual Landscape; Terrain Adaptation; Cultural Adaptation; Climate Adaptation

1 引言

随着电力负荷的快速增长和远距离大容量输电需求的增加，特高压输电线路和变压站数目日益增多。世界上工业发达的国家，如美国电力公司（AEP）、日本东京电力公司（TEPCO）、苏联、巴西等国的电力公司，于20世纪六七十年代开始进行特高压输变电工程技术的研究。

然而，欧洲国家对电力工业与环境协调的问题更为重视。芬兰在20世纪90年代就兴起景观输电塔的概念，1994年在图尔库（TURKU）建成的"鸟嘴形"输电塔（图1），由四个类似鸟头模样的盒子排列而成，它们的嘴部朝着同一个方向起拉导线的作用，对应的后部则安排一个方便工作人员上下检修的云梯。仿生学和人性化的设计，打破了常规塔形的呆板，跳跃的黄色使人耳目一新。1999年建于海门林纳（HÄMEENLINNA）的"门形"输电塔（图2），塔头的几何形状是从芬兰中世纪王室城堡之一的Häme城堡的沥青屋顶选取而来，全塔为蓝色，与周围的湖景交相辉映，来往该城市的人，都能在经过高速公路时注意到它。此处的景观塔形式上汲取地方建筑元素，色彩上融入环境氛围，成为该地的标志物。

2007年建于瓦萨（VAASA）的输电塔（图3），已然

图1　"鸟嘴形"输电塔
（来源：http://www.fingrid.fi）

成为一座雕塑品，它的外形是由三个曲面相交合成，上部设有几何形的镂空花纹，导线从中放射出来，整个杆塔简洁流畅，动感十足，使人们忽略它作为工业化产品的存在，更多的是把它当作公共艺术品欣赏。

---

① 本项目为国家电网国际科技合作项目"1150kV以上电压交流输电技术"（2008DFR60010）子项目，特此感谢国家电网武汉高压电所对本研究的资助。

图2 "门形"输电塔
（来源：http://yle.fi/alueet/hame）

2008年在冰岛电力公司Landsnet举办的国际高压输电塔设计大赛中，美国Choi＋Shine事务所创造的一组名为"土地巨人"（Land of Giants）的人形塔吸引众人眼球，46m高的男子形象，有着不同的表情和姿态，该作品最大的亮点是把人纳入风景中的一部分，使输电塔不再是冰冷的钢构物，除了实用，也赋予其情感的含义。这种新型输电塔的出现，使人们逐渐意识到需要在发展经济、社会与保护自然景色之间实现一种平衡。

纵观我国的能源供应现状，电网的建设如火如荼地进行，国家能源领导小组将特高压工作列为能源工作的要点，提出"三纵三横一环网"特高压线路的规划方案，目前已建成了两条试验线路，即"晋东南至湖北荆门"的1000kV交流电和"向家坝到上海"的±800kV直流电，标志着我国特高压输电技术应用方面取得了突破性成果。

图3 雕塑式景观输电塔
（来源：http://www.tdee.ulg.ac.be）

现阶段，中国电力科学研究院及相关高校开展的特高压输电研究，主要是利用各自特高压试验设备进行的特高压外绝缘放电特性研究、特高压输电对环境的影响研究、架空线下地面电场的测试研究等，涉及内容是有关输电的安全性和稳定性，属于纯技术性研究成果。目前国内研究机构还没有正式关注到输电线路的景观属性，而对输变电工程是否与环境和谐，是否与当地文脉相适应，是否符合人的审美需求，并没有得到广泛重视，更没有产生系统的研究成果。基于这方面研究缺乏，本研究具有一定的创新意义，并力求填补国内研究空白。

2 特高压输电线路的适应性视觉景观研究

本文以景观适应性为切入点，研究输变电工程与环境相协调的策略，即地区适应性、文化适应性和气候适应性三个方面，主要从"隐"与"显"的设计思路出发。所谓隐，就是把主体物放置在直接正面的艺术形象之外，不加正面表现，使之朦胧与模糊；所谓显，则是把主体物放在正面与直接的中心地位，使之明朗与晓畅，鲜明与突出。

笔者认为，作为与景观环境相协调的输电线路，以隐的方式为主，在原有塔形基础上，通过色彩涂装，采用低纯度、低明度较为暗淡的颜色，产生收textField缩后退的感觉，在视觉上达到隐的效果，有效降低人对杆塔的敏感度。但是，对于特殊地段、特别位置，输电塔难以隐藏，就只能采用艺术化的手法，通过对形式、色彩的优化，试图处理能源基础设施与周围环境之间的关系。

2.1 地区适应性

2.1.1 城镇区线路中的景观策略

所谓城镇，是指以非农业人口为主，具有一定规模工商业的居民点。一般而言，特高压电网不宜深入城镇，而应在市区边缘切线通过，避免造成不必要的干扰。近些年，随着城镇规模的不断扩大，部分原本设在郊区或郊外的输电线路逐步被纳入城镇，甚至成为某一区域的中心地带，这种特殊情况下，需要应用"显"的设计手法来处理。

高压输电塔本身的大体量以及处在城区中心后与人类活动区距离的缩短，使得此构筑物的视觉冲击无法被人忽视。所以，位于城镇中心地段且是重点区域的特高压输电塔，应对其进行形式或色彩上的优化。在已建塔形上采取突出局部构件的方式，在新建塔形上选用新颖的样式；在色彩方面主要配合灯光的使用，可在输电塔基座周边安装LED照明灯，营造出奇幻多彩的效果；在功能上可兼顾城镇地区传播信息的功能，利用输电塔极易被人注意的特征，在塔身安全地带做广告或宣传（图4），其传达性直接且高效。以上几种方式，一方面可以借助城镇中心区域这一绝好的展示平台；另一方面利用适宜灯光、色彩创造出新的视觉感官，让输电塔成为区域新地标。

图 4　城镇区景观输电塔

2.1.2　滨水区线路中的景观策略

滨水一般指同海、湖、江、河等水域濒临的陆地边缘地带。此区域的线性特征和边界特征，形成了一个整体连贯、自然开敞的水网系统，其空间的通透性、开阔性给人们创造了良好的视觉走廊，也为展示群体景观提供了广阔的水域视野。

我国水资源丰富，大江、大河纵横交错，特高压线路在滨水区有相当数量的大跨越，一般跨越档距在 1000m以上，有的甚至在 2000m 以上，跨越塔高在 150m 以上。由于特高压大跨越通常挂点高、档距大、影响面广，容易因微风而引起振动，远远望去只见导线在空中摇摆，造成心理上的不安定感。对大跨越特高压线路，本研究拟在重点地区设计标志性景观塔。造型上尽量推陈出新，在不影响输电塔基本功能的前提下，简约就简约到极致，用高明度高纯度色彩着重强化输电塔形式感的部分，低明度色彩弱化其余部分，使输电塔具有符号感，视觉识别性增强；还可效仿法国埃菲尔铁塔，在繁复中特别强调次序感，繁而不乱，重复中突出气势，针对这种塔形应选用雄浑厚重的深色调，展现构筑物的庄严稳重。当然，塔基可适当结合当地的特色符号或滨水区特有的图腾纹样，丰富输电塔作为标志物的视觉效果。（图 5）

图 5　滨水区景观输电塔

2.1.3　平原区线路中的景观策略

平原是海拔较低的平坦的广大地区。平原因水资源、土地资源、气候条件均好性成为经济发展的绝佳地区，适合大力发展农业和畜牧业，是我国人口主要集中地。

对于平原地区，自然环境大多由农作物和水田组成，分割的线与面相对清晰明显，太过复杂多样的输电塔会破坏这一片区的构成关系，导致景观元素的混乱，而简洁的塔形设置在水平、空旷的地区，与该区的自然景观形成横向与纵向的次序，能有效丰富平原景观。平原地区整体色彩以黄色系和绿色系为主，途经该地的输电塔可采用色彩涂装的方式融入大环境色中，杆塔底部采用土黄色或橄榄绿，与低矮的近处农作物协调；杆塔中部色彩在底部色相的基础上略微浅一度，目的是与远处的环境呼应；杆塔的最上部涂装成蓝色，与天空背景色相似，某种程度上降低人们对杆塔的关注度。然而，由于平原地区的人口相对密集，基于安全因素的考虑，可在个别输电塔重要局部以警示色——黄色或醒目色——红色提醒人们注意，或是在输电塔周边设置护栏，防止儿童或牲畜攀爬。这种根据环境要求使用色彩有利于保护平原地区的自然景观与生物安全。

2.2　文化适应性

2.2.1　地区文化区线路中的景观策略

由于现代文化交流的加快，城市化进程导致新兴城市的大量涌现，文化特色在许多地区并不明显，很大程度使用"拿来主义"，往往出现传统与现代并存，不同风格不同流派并存的现象。然而，这些地区的景观性设施往往与地区的性质密切相关。例如：在港口城市、沿江城市等滨水文化区，鱼、风帆等样式的景观设施往往比较常见；交通要道等路口处，门形景观性设施往往给人畅通无阻的心理暗示；现代化城镇简洁明快的设计风格往往比传统风格在视觉上更和谐。在保证整个输电系统安全、实用、经济的基础上，进行艺术优化处理，本着以人为本，以文化景观优先的原则进行合理的新型杆塔设计（图 6）。

2.2.2　地域文化区线路中的景观策略

中国地域辽阔，各区文化差异明显，在一些地区，特定的居住形式、特殊的语言、特有的宗教等文化事项成为区域景观的主导因素。一直以来，变电站的外维护结构基本是遵循功能本身，只起到隔栏防护作用，实际上，在不影响功能的原则下，适当的采用艺术的处理方式，让特高压输电系统渗透到地域文化中，使变电站的外围护结构与周围的环境有机结合，不仅有益于区域文化景观，也有益于培养人们的地方情感。通过建筑物与建筑物、建筑物与自然的相映成趣，变电站的地域适应性设计不仅与广阔的外部空间联系起来，而且与当地的社会气氛也联系起来。

南方文化区中徽派建筑常用的格式——马头墙又称封火墙，特指高于两山墙屋面的墙垣，因形状酷似马头，故称"马头墙"，是徽派建筑的重要造型特色。错落有致、黑白辉映的马头墙，会使人得到一种明朗素雅和层次分明的韵律美的享受。云墙也是南方地区相对常见的一种形式，以仿自然为主，曲线柔美、动感。处于此区域的变电站，可在原有外维护结构的顶部砌筑高出屋面的马头墙，不仅可以防风之需也起着隔断火源的作用，达到与毗邻建筑物的协调性，产生交相辉映的共鸣；如果所处位置在植物群中，那么使用云墙就与环境对接，也就是把建筑环境融入到自然环境和精神环境之中，让建筑隐退到自然中去（图7）。

色，在使用当代建造技术的同时，将北方建筑的造型特征和审美情趣有机地运用其中，譬如仿硬山样式，或是圆拱样式，局部点缀刻画，还可以采用不同材质的配搭，使墙面产生丰富的肌理效果。

西南地区的藏式传统文化，其装饰艺术主要运用了平衡、对比、韵律、统一等构图规律和审美思想。藏式传

图6　新型景观输电塔

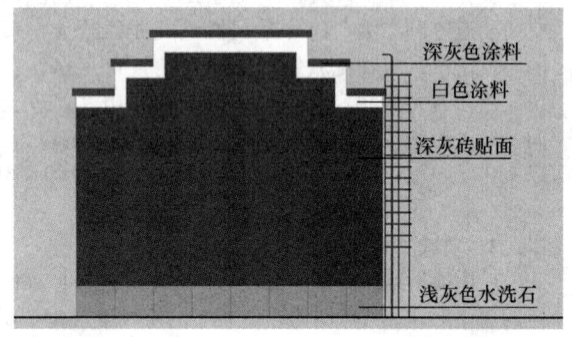 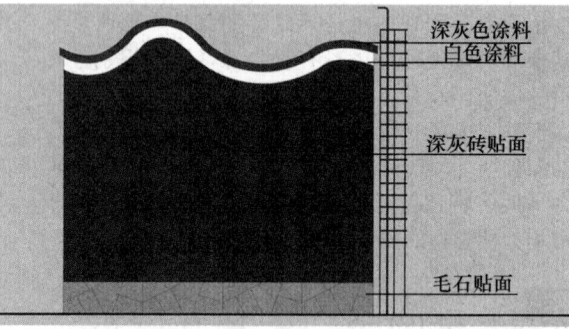

图7　南方文化区变电站内隔墙

北方民居建筑是北方文化的集中体现。黄河中上游地区民居格调上反映出一种质朴敦厚的北方风貌。一般而言，西北地区窑洞式住宅较多，由于自身不显建筑的体量，都是最大限度地融入黄土大地，统一在黄土质感和黄土色彩之中；东北民居多是带土炕，厚顶厚墙，使得建筑实体十分笨重，而不便于凹进凸出，建筑空间受到实体的严格枷锁，不得不呈现规整的形体；华北典型的算是四合院，代表官式宅第建筑，无论是在总体布局、院落组织、空间调度等，都表现出高度成熟的官式风范。

根据北方建筑文化的特点，位于此文化区线路中的输电塔可结合建筑几何形态，或是富有装饰性的图案（图8），与输电塔的基本构架结合，既保证杆塔的安全，又综合区域文化的内涵。变电站的内隔墙设计可借鉴民居特

统建筑的色彩运用，手法大胆细腻，以大色块为主，通常使用白、黑、黄、红等，每一种颜色和不同的使用方法都被赋予某种宗教和民俗的含义。藏式传统建筑形式多样，拉萨有石墙围成的碉房，林芝有圆木做墙的木屋，昌都有实木筑起的土楼，那曲有生土夯垒的平房，这些结构样式都可以借鉴到变电站的建筑景观优化设计中来（图9）。

2.3　气候适应性

2.3.1　季风性气候区线路中的景观策略

季风气候是大陆性气候与海洋性气候的混合型，雨热同季是该地区气候的一个显著特点，高温高湿的气候对人体的舒适感会有一定的负面影响。对于这一带的输

图 8 北方文化区景观输电塔

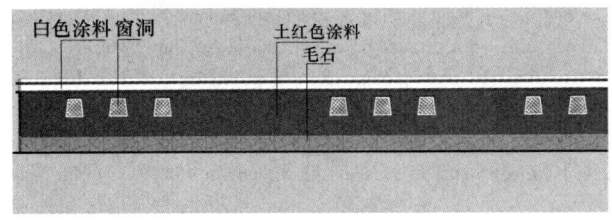

图 9 西藏文化区变电站外围墙

电塔可根据当地条件进行和谐色彩设计，所谓的和谐，实际上不是单指视觉上的感受，而是心理上的感受。在这种多变的气候区，采用与之配套的多变的色彩适应当地的环境特征，根据当地社会文化背景、地理环境要求等有针对性的调整输电塔适合的色彩。

2.3.2 温带大陆性气候区线路中的景观策略

温带大陆性气候主要分布在南、北纬 40°—60°的亚欧大陆和北美大陆内陆地区和南美南部，冬冷夏热，年温差大，降水集中。该地区的输电塔应采用清凉舒适的色彩来调节这种四季分明的环境关系。在色彩心理学上，所谓清凉舒适的色彩是指轻薄的绿色系和蓝色系，因为他们象征着郁郁葱葱的树木和碧蓝的天空，带有一丝春夏季节的清爽和舒畅。由于温带大陆性气候年降雨量较少，常带给人一种焦灼的干涩感，选着暖色系的颜色可能更增加它艳阳高照的幻觉，而青黄、草绿、淡蓝会起到一定的缓解作用。

2.3.3 高原高寒气候区线路中的景观策略

高原高寒地区是指海拔高度在 1000m 以上，面积广大，地形开阔，因地势高峻而形成的独特的气候区。一般这一区域的空气稀薄，人口密度小，雪山连绵，冰川纵横，常给人带来冰冷的感觉，设立在此处的输电塔选用银白色为主基调的同时，可适当选用暖色系为点缀色，如明亮的橘黄色、热情的大红色，能从某种程度上带给人们温暖阳光的感觉。

3 结论

本文立足于我国当前输电路线中的视觉景观元素，在保证安全、经济的前提下，以生态化与人性化为主要设计研究原则。首先，遵循生态学的原理，使输电线路路途经的地段不会干扰原有物种的多样性；其次，尊重传统文化和乡土知识，吸取当地特色，使输电工程植根于所在的区域；第三，特别考虑了输电线路对人的物理层次和心理层次的感知问题，以便更好的建立工业、人类、动物、植物相关联的新秩序，以求达到生态美、科学美、文化美和艺术美的统一。提出"适应性景观式输电线路"理论，其适应性体现在地区适应性、文化适应性和气候适应性三个方面，通过塔形优化、色彩优化、重点区域塔形创新设计的方法，对我国目前特高压输电线路工程提出了一系列景观适应性优化建议。

参考文献

[1] 刘振亚. 特高压电网[M]. 北京：中国经济出版社，2005.
[2] 山西省电力公司组编. 输电线路塔型手册[M]. 北京：中国电力出版社，2009.
[3] [美]约翰·O·西蒙兹. 景观设计学[M]. 俞孔坚等译. 北京：中国建筑工业出版社，2000.
[4] (美)保罗·芝兰斯基. 色彩概论[M]. 文沛译. 上海：上海人民美术出版社，2004.
[5] (日)小林重顺. 色彩心理探析[M]. 南开大学色彩与公共艺术研究中心译. 北京：人民美术出版社，2006.
[6] 宋建明. 色彩设计在法国[M]. 上海：上海人民美术出版社，1999.
[7] 王恩涌. 中国文化地理[M]. 北京：科学出版社，2008.
[8] 段汉明. 地质美学[M]. 北京：科学出版社，2010.

作者简介

尹传垠，华中科技大学建筑学专业在读博士，湖北美术学院景观设计专业硕士生导师，Email：Yinchuanyin214@hotmail.com。

周婧，湖北美术学院城市景观设计专业09级研究生，Email：Zhoujing2012@live.cn。

区域城乡景观环境集约化发展研究
——以环太湖地区为例

Reach on the Intensive Development of Regional Urban and Rural Landscape Environment
——Takes the Areas around the Taihu Lake as an Example

袁旸洋　成玉宁

摘　要：环太湖地区经过三十年的高速发展，已成为中国经济最发达的地区之一。快速的城市化进程带来了一系列负面效应。发达国家与地区曾经经历了相似的发展过程，其城乡一体景观环境的协调发展给予当代中国以启示。面对区域城乡发展中遇到的瓶颈，集约化发展是一条理想的可持续途径。景观环境的集约化发展就是要站在区域高度，重构景观空间格局、优化景观资源配置、调控土地利用结构，以达到兼顾城乡发展与环境保护的目的。
关键词：区域景观；景观环境；集约化；城市化发展；新型城镇化

Abstract: After 30 years' rapid development, the Lake Taihu Rim has become one of the most developed areas in China. Rapid urbanization has brought a series of negative effects The development of the developed countries and regions have had a similar process, but its The coordinated development of the integration of urban and rural landscape environment can give an enlightenment to the contemporary China. In order to break through bottlenecks encountered in the urban and rural development, intensified development is an ideal sustainable way. The intensified development of scenic environment means standing in the regional height, reconstructing the scenic spacial pattern, optimizing the scenic resource allocation and regulating the land utilization structure so as to perfectly balance the urban and rural development and the environmental protection.
Key words: Regional Landscape; Landscape Environment; Intensive; The Development of Urbanization; New Pattern Urbanization

1　引子：区域城乡景观环境发展的机遇与挑战

环太湖地区位于长三角区域的中部，主要由环绕太湖的常州、无锡、苏州、嘉兴、湖州五个地市级单元构成。环太湖地区属长江三角洲平原，自然条件优越，资源丰富，人文底蕴深厚，自古以来就是经济富庶地区，以"鱼米之乡"名闻天下。经历了改革开放的30年，环太湖地区业已成为中国经济最为发达的地区之一。以环太湖地区的江苏三市：苏州、无锡、常州为代表的苏南地区为例，自20世纪八九十年代开始的一系列改革，苏南地区农村非农产业的发展带动了乡村地区，促进和形成了乡村地区的工业化和小城镇的繁荣，苏南地区的小城镇成为我国发达地区乡村发展中的代表。取得巨大成功的苏南地区发展模式成为著名的"苏南模式"。但近些年来，这一著名模式的负面作用开始显现。由于在发展中的"重工业，轻环境"，虽然乡镇企业得到了迅速发展，但是苏南小城镇在一定程度上影响了区域生态环境的整体性，带来了大气污染、水污染、化学品污染等一系列负面效应。同时，在一定程度上造成了土地资源的紧张与短缺。回顾30年，环太湖地区高速的经济发展和快速的城市化进程带来了区域资源的大量消耗以及自然本底的人工化改变，造成了太湖生态环境的恶化，集中表现在水质的变化。太湖属于浅水湖，又是半封闭型水体，流动性差，因而生态系统十分脆弱。工业污染、农业面源污染、城市生活污水等污染源造成了太湖水质的高度富营养化。根据2012年12月的《太湖流域及东南诸河省界水体水资源质量状况通报》，太湖水质评价总体为Ⅴ类[①]，湖泊生态系统遭到了重创（图1）。然而太湖水质恶化的根本原因不完全在于湖体本身，而与周边不断蔓延的城市及工农业生产密切相关。因此，对待太湖生态环境的问题应当透过水体本身，关注流域生态环境的整体和谐发展（图2）。

城乡建设与生态保育的不同步已制约了环太湖地区经济的可持续发展，在满足于物质建设成果的同时应当理性地思考如何把握新型城镇化的历史机遇，在实现区域城乡统筹发展二次腾飞的同时，集约化利用资源，继续丰富改革开放30年来的发展成果，并力求根本解决30年高速发展带来的负面效应。新型城镇化发展要求城乡在发展中不以牺牲环境为代价，而是将生态文明理念全面

---

① 太湖流域水资源保护局，太湖流域及东南诸河省界水体水资源质量状况通报，2012年12月，http://www.tba.gov.cn: 90/art/2013/2/5/art_723_53757.html

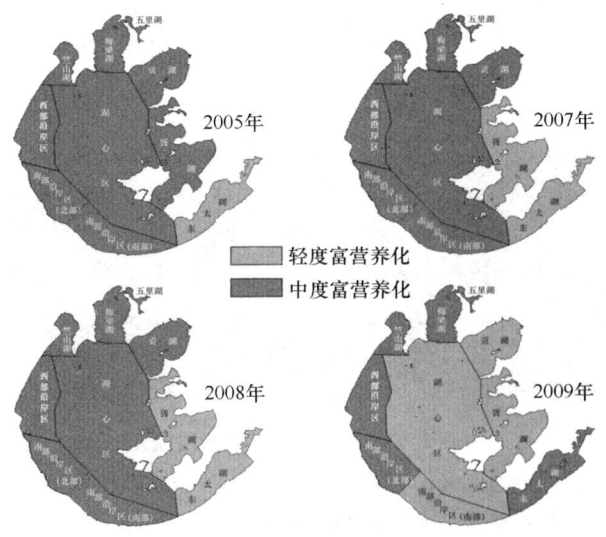

图 1 太湖各湖区营养状态对比图（2005—2009 年）
（图片来源：水利部太湖流域管理局，太湖健康状况报告，2009）

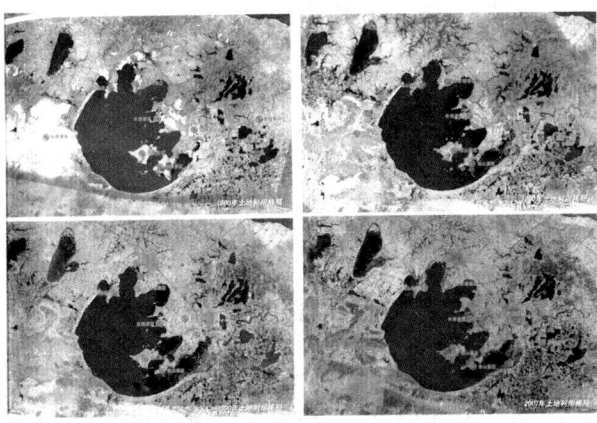

图 2 30 年来环太湖地区的土地利用格局变化体现了城镇发展对太湖自然本体的吞噬进程
（图片来源：江苏省太湖风景名胜区管理委员会）

融入城镇化进程。环太湖地区拥有着优良的自然山水资源，在新阶段的发展中需要强化环境保护和生态修复，以减少对自然的干扰和损害；应当站在全局的高度，强调区域景观环境的健康发展，重视区域景观规划的作用。

2 区域城乡景观环境集约化发展的价值和意义

据江苏省的统计，苏州市在 1984—1997 年的 13 年间，小城镇的建成区由 89.4km² 扩大到 404.9km²，在 2007 年达到了 699km²。苏南城镇建成区面积在 2007 年为 2026.07km²，是 2000 年的 1.8 倍。这些增长的建设用地不仅仅体现了以苏南小城镇为代表的环太湖地区城市化的程度，也反映了该地区拥有的自然属性土地被城市侵蚀的面积。城市化是人类发展的必然过程，而且城市化的程度是衡量一个国家经济发展，尤其是工业生产发展的重要标志之一。城市化导致环太湖地区的乡村地区非农化特征较为显著，第一产业逐步向第二、三产业转变，自然生态系统逐渐转化为高度的人工生态系统。土地利用方式的改变以及土地属性的转换是城市化最直接的形式。从经济发展方面来看，工业向农业索要土地，城市不断地挤压农村，蚕食农业用地等具有自然属性的土地资源；从人口发展的方面来说，城市化带来的人口集聚需要有大量的土地空间作为支撑，使得大量的土地成为了建设用地。以苏南为代表的环太湖地区人口密度高，而耕地等土地资源又十分有限，随着农业用地面积的减少和人口的增加，使得这一矛盾更加突出。面对区域城乡发展中遇到的瓶颈，是否能兼顾城乡发展与环境保护，走一条共生共荣之路？答案是肯定的。

集约化发展是一条理想的可持续途径。集约化建立在系统化思想基础之上，具有统筹兼顾、权衡利益、突出重点，实现均衡发展的优势。[①] 诚如理查德·福曼（Richard Forman）所言，我们应当"从全球范围思考，从区域范围规划，在地方范围实施"。[②] 城乡景观环境的集约化发展需要站在区域的高度，以系统的观念看待景观空间格局与城乡空间发展的问题、景观资源配置与土地资源优化的问题，土地利用格局与城乡产业分布的关系。景观环境的集约化要求应落实到区域景观规划的具体层面，与区域经济发展战略、工农业生产的布局、城镇体系与乡村居民点、基础设施以及环境治理和保护等规划紧密结合、密切联动，才能够实实在在地指导操作层面工作的开展，实现整个区域的集约化发展。从而在新型城镇化过程中，以景观生态理念为核心的景观集约化发展方式将真正成为打破区域城乡发展瓶颈的有效方法。

区域城乡景观环境集约化发展有三方面的价值，首先是通过对全区域土地格局的优化，能够"用足该用的，保住该保的"，避免"摊大饼式"的无序发展；其次，有助于合理地配置土地资源，有利于高效地使用土地，实现土地资源效益的最大化，并充分发挥景观的美化效应；第三方面的价值在于土地利用结构的最优化，能够有效地统筹城乡发展，将绿色渗透城镇建设用地，最终达到自然与人工的圆融。因而，走集约化之路就意味着优化土地格局与空间，合理配置、统筹资源。景观集约化的目的不单纯在于土地资源消耗量的多寡，而是在于土地综合效益的产出最高，同时保护自然生态，营造优美的城乡景观环境，"让居民望得见山，看得见水，记得住乡愁"。这对于当下社会主义美丽乡村的建设同样有着积极的现实意义。通过更多的、高效的现代农业帮助实现土地的集约化使用，以进一步优化城乡土地格局、美化乡村景观风貌，体现了集约化最基本的概念。

3 瑞士景观环境发展的启示

地处欧洲腹地的瑞士是一个联邦制国家，全国共设有 26 个州和 3000 多个市镇，只有 412 万 hm² 的国土面

---

① 成玉宁. 现代景观设计理论与方法[M]. 南京：东南大学出版社，2010，P. 59
② Frederick Steiner. The Living Landscape (an ecological approach to landscape planning). McGraw-Hill Inc. 1991, P. 52

积，人口 740 万左右，是全球最富裕、经济最发达和生活水准最高的国家之一。在瑞士，人口稠密却不显拥挤，人与自然和谐共处，相得益彰。二战结束后的 20 世纪五六十年代是瑞士经济快速增长的时期，也是城市化和城市迅速发展的阶段。20 世纪 60 年代，瑞士的城市化水平已超过 50%，70 年代以后逐步达到 75%。[①] 瑞士在快速城市化阶段同样面临着人口大量增长，住房和市政基础设施供需矛盾以及建设用地迅速扩张等一系列的问题和矛盾。

作为一个多山的国家，仅有江苏省 2/5 面积大小，全境 70% 为中南部阿尔卑斯山脉及西北部的汝拉山脉所占据，森林面积达 26%，河湖面积占全国面积的 4.2%，瑞士发展农业的自然条件并不优越。曾几何时，为了解决食物问题，瑞士农业的发展极大地改变了自然的肌理，建造了许多的梯田和农业水利设施（图 3）。农业的种植改变了土地的肌理和格局，人工的灌溉和截流工程改变了河流的自然形态，虽然一时满足了生产和养殖的需求，但最终导致的不仅仅是土地的产量不高，人工的物耗较高，综合成本巨大，而且也极大地破坏了瑞士原本和谐美丽的自然风光。经济发展几十年之后，瑞士人痛定思痛，积极地思考、回顾过去的作为，出台了《空间规划法》等一系列的政策措施，严格保护生态建设用地、控制建设用地，目的就是在于保护水资源、土地在内的自然生态环境，还土地以本来的面目（图 4、图 5）。瑞士在快速城市化过程之后推出的种种"复原"政策和措施不单是形式层面的恢复自然，而体现了一种对于人与自然之间关系的更深层理解。

图 3　瑞士农业灌溉用的水渠

图 4　正在进行的水体自然形态恢复施工

图 5　已恢复自然形态的河流

环太湖地区作为中国经济最发达的地区之一，也是人口稠密地区，土地资源极为紧张，人地矛盾突出，与瑞士城市化的发展过程具有相似之处。瑞士景观环境的发展给予当代中国以极大的启示，东西方在城市化发展进程中对待土地问题、景观资源问题的方式最终将殊途同归。人类的最大的智慧在于更巧妙地利用自然，通过因地制宜实现"四两拨千斤"。正是由于土地资源、水资源等自然资源的有限，同时人类的发展不再简单地满足单一目标，所以集约化的理念才显得更加宝贵。中国区域城乡景观环境的集约化发展与瑞士相类似，应当是一个统筹资源、优化格局、满足多目标、均衡作用下的择优过程。

4　区域城乡景观环境集约化发展的途径

回顾环太湖周边地区高速发展的 30 年，借鉴瑞士城市化发展的经验和教训，我们可以明晰当下区域城乡发展中面临的问题，也可以想见未来解决问题的出路和途径。城乡发展的问题不是一座城的问题，更不是一个乡的问题。因此对于景观环境的研究应当站在生态安全的高度、区域调控的尺度、城乡联动的维度。对景观环境集约化发展的倡导就是要解决如何重构景观空间格局的问题，如何优化景观资源配置的问题，然后是如何合理地调控包括用地规模和用地性质在内的土地利用结构的问题。

4.1　景观空间格局的重构

城市化的发展逐步侵蚀了土地原有自然格局，根据人的使用诉求，自然的肌理被塑造成人工的肌理。在城市的发展历程中，人工与自然之间必然会产生边界。伴随着城市"摊大饼"式的发展，两个城市之间彼此蔓延、渗透，不断压缩乡村空间。边界的不断扩张直至消无导致的是城与城之间的粘连，并最终造成整个基底格局的变化。对于环太湖地区而言，景观空间格局的重构需要按照环太湖周边自然的肌理和固有的格局去优化、恢复，建构起绿色的骨架和防线，目的在于形成绿色的本底。通过景观

---

① 张勤. 事权明晰、主体明确、责任落实——瑞士城乡规划体系的启示 [J]. 国外城市规划，2006，21，（3）：6.

空间的重构将生产性用地楔入到绿色的架构中来，把城乡融入自然的本体与山水格局之中，将绿色景观、人文景观串联起来，生成复合型的空间格局。以生态为导向重构景观空间格局，有助于恢复被人工景观破坏了的生态系统连接度，避免景观破碎度的增加，维持生态系统的平衡。同时，景观空间格局的分析和构建能够有效地把控土地利用的适宜性，从区域尺度实现生态保护区的控制，建立区域生态战略格局。

4.2 景观资源配置的优化

基于资源的景观是一个广义的概念，不是通常所指的风景环境或是具有视觉意义的景观场所。从土地利用的角度来看，景观资源配置的优化在于对土地的集约化使用，即在有限的资源层面上，将离散的土地资源整合起来，实现对土地的综合利用。从生态安全的角度出发，景观资源的合理配置有利于构建景观生态的安全格局，维护区域生态平衡，满足保护与发展的集约化需求。从产业发展的角度来说，有的放矢地对景观资源进行整合与优化，有助于将农村产业结构调整、城市环境建设与美化结合起来。环太湖地区的工业化后期的特征已相当明显，传统的劳动密集型产业已经开始向外转移。新型城镇化中，环太湖地区的乡镇也在不断地优化产业结构，以推动城镇化的发展。瑞士的发达旅游业同样可以给予我国城乡发展以良好的启示。集约化理念指导下乡村旅游、生态旅游的发展有利于农业景观、文化遗存、生态环境的保护，是可持续的发展途径，也是加快城乡一体化的有效途径。

4.3 土地利用结构的调控

城市化对土地利用最明显的改变表现为建设用地面积的不断增加，消失掉的绝大部分为农田、森林等半自然或纯自然属性的土地。城乡的发展不能够，也绝不可能无节制地向自然索要土地，因而在城市化进程中应深思慎行，集约化地调控土地利用的规模，把控土地利用性质的划定。面对环太湖地区当下土地利用结构不尽合理的情况，不仅要从政策层面正确引导产业的转型与发展，调整城乡发展模式，遏制建设用地无节制增长，还需要从区域规划至详细规划的各个规划层面切实将土地利用结构的调控落实到细节。在规划中应重视景观生态分析与评价的工作，利用科学的技术和手段揭示土地的承载能力以及适宜的土地利用方式，这也应当是规划开展的基础性工作。

5 结语

风景园林学发展到今天所面对的问题已远远超越于自身业务范畴，而需要以系统论、整体论为指导，整合土地规划、城市规划、建筑设计等多个学科，从更广袤的尺度和角度来思考人居环境的问题。在人居环境中，人的诉求始终是问题产生的根源，对诉求的把握也是解决途径的所在。人类社会发展到今日，诉求总是多样存在、同时呈现的，因而必须以统筹、集约的方法去解决问题。区域城乡景观环境的集约化发展目的在于多目标的满足和综合效益的最大化，最终实现全生命周期内产出的最优，这应当是解决现存问题的有效渠道。面对快速城市化进程，对集约的倡导既不局限于"景观都市主义"，也不囿于"景观乡村主义"，而是令风景园林的尺度与意义更为广泛，将"地景"的概念发挥于更广大的区域中，描绘"美丽中国"的宏伟愿景。

参考文献

[1] 成玉宁. 现代景观设计理论与方法[M]. 南京：东南大学出版社，2010.
[2] Frederick Steiner. The Living Landscape (an ecological approach to landscape planning)[M]. McGraw-Hill Inc. 1991.
[3] 张勤. 事权明晰、主体明确、责任落实——瑞士城乡规划体系的启示[J]. 国外城市规划，2006，21(3).
[4] 王兴平，涂志华，戎一翎. 改革驱动下苏南乡村空间与规划转型初探[J]. 城市规划，2011，35(5).

作者简介

袁旸洋，1987年生，女，江苏南京人，硕士，东南大学建筑学院风景园林专业在读博士研究生，研究方向为风景园林规划及设计、景观建筑设计、风景园林设计理论及方法 Email shy_yyy@hotmail.com

成玉宁，1962年生，男，江苏南京人，博士/东南大学建筑学院教授，博士生导师，东南大学风景园林学科带头人、景观学系主任，东南大学景观规划设计研究所所长，研究方向为风景园林规划设计、景观建筑设计、风景园林设计理论及方法、风景园林历史与理论相关教学，Email cyn999@126.com.

基于"平灾结合"思想的中日防灾公园改造对比研究

A Comparative Study about Transform of Disaster Prevention Park in China and Japan Based on "Combing Peacetime and Disaster-time" Thought

岳 阳 周向频

摘 要：防灾公园设计研究现已日益受到人们重视，在日本对于防灾公园的认识及有效利用更是已经深入人心。近年我国频繁发生的地震灾害让人们更加关注防灾公园的建设。文章从"平灾结合"的改造思想出发，分析日本和中国在防灾公园改造上的改造思想和改造手法的异同，得出我国在防灾公园改造上与日本的差距所在，借鉴日本防灾避险公园设计的实践经验，提出我国防灾公园改建设计的改进方向。
关键词：防灾公园；平灾结合；改造；对比；日本

Abstract: Disaster Prevention Park as well as its efficient utilization is well acknowledged and deeply filtered into Japanese minds. In recent years, China's frequent earthquake disasters make people pay more attention to the construction of the disaster prevention park. Article starting from the reform ideas of "combing peacetime and disaster-time", analysis of Japan and China in the reconstruction of disaster prevention park transformation of ideas and practices, as well as the similarities and differences of that gap with Japan on the disaster prevention park transformation in our country, draw lessons from Japan's disaster prevention safety park design practice experience, proposed our country of disaster prevention park reconstruction design improvement direction.
Key words: Disaster Prevention Park; Combing Peacetime and Disaster-time; Transform; Comparison; Japan

1 前言

近年来，随着地震、洪水等灾害的发生逐渐频繁，人们逐渐认识到防灾避险绿地在城市当中的重要性，作为城市防灾避险绿地之一的防灾公园设计也受到了重视。防灾公园是严重灾害发生时，为了保障市民的生命财产、强化城市防灾结构而建设的起避难疏散场所作用的城市公园或绿地。防灾公园不仅可以作为各类避难疏散场所，还能自成防灾系统，发挥综合性的防灾作用；而且中心防灾公园可以用作抗灾救灾指挥中心、紧急救援中心、重伤员抢救与转运中心，在各类避难疏散场所中居重要地位。

2 中日防灾公园发展概况

日本作为地震灾害多发国，已经有了较为完整的防灾避险绿地规划及设计方法。1973年，日本颁布的《城市绿地保全法》中明确规定将城市公园纳入城市绿地的防灾体系。1993年，日本修改《城市公园发实施令》把公园提到"紧急救灾对策所需要的设施"的高度，第一次把发生灾害时作为避难场所和避难通道的城市公园称为防灾公园。1998年建设省制定了《防灾公园计划和设计指导方针》，对防灾公园进行了分类。日本建设省于1999年出版了《防灾公园规划·设计指南》，又于2000年出版了《防灾公园技术便览》全面论述了防灾公园的规划、设计与建设中的相关问题。

相较于日本，我国的防灾公园建设起步较晚。1976年唐山大地震后，人们开始意识到城市防灾避险的作用，但是并没有重视，直到1997年12月颁布《中华人民共和国防震减灾法》其中第三十五条规定：地震灾区的县级以上地方人民政府应当组织民政和其他有关部门和单位，设置应急避难所和应急物资供应点，提供救济物资，妥善安排灾民的生活，做好灾民的安置转移工作。2000年后，北京等地陆续开始建设防灾公园，我国第一个城市防灾公园——北京市元大都城垣遗址公园于2003年建成。2008年汶川地震后，城市防灾公园建设开始受到更广泛的关注。

3 "平灾结合"的改造设计思想

考虑到防灾公园只在特殊时期发挥其防灾避险的作用，在平时还是应该以日常的休憩活动为其主要功能，因此，在中日防灾公园的建设中都注重"平灾结合"的设计思想。

通过改造形成的城市防灾公园，在灾难未发生时发挥着普通城市公园应有的绿地功能，当其作为固定避难场所时，城市防灾公园又具备相应的防灾功能（图1）：一是能够提供避难疏散的场所，可作为临时或长期的避难场所；二是具备防火减灾功能，提供安全的避难空间，防止二次灾害的发生；三是具备医疗救护功能，可及时设立救护站，救治伤病员；四是作为运输基地，提供直升机起降场地，起到运送重伤员、救灾物资和市民生活必需品的紧急调运的作用；五是通讯联络功能，具备应急通信系统，确保防灾公园与各单位间的通讯联络畅通无阻。

在城市公园改建为防灾公园的过程中，中日都注重以下一些改造原则。首先，改造应综合考虑城市公园的各

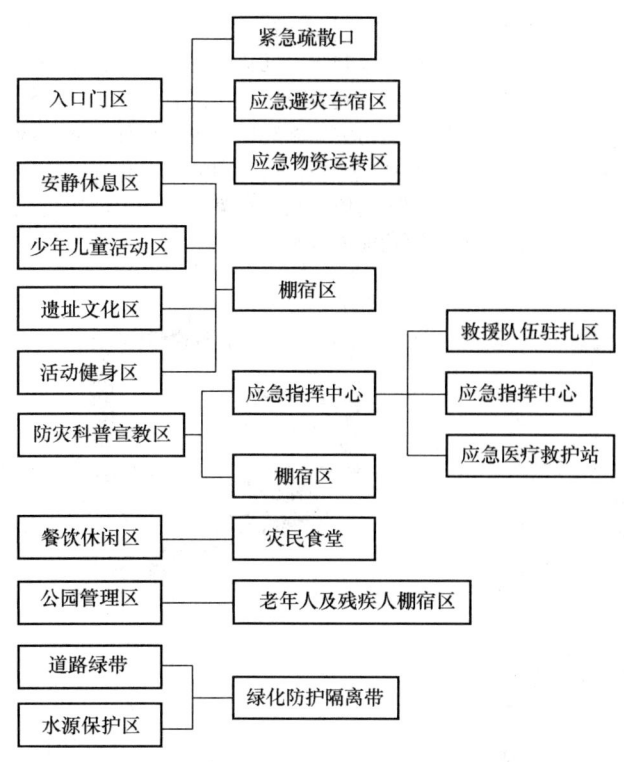

图 1 常见的防灾公园灾时功能转换图

种功能，在此基础上结合防灾功能进行规划设计，做到平灾结合，这涉及到生态景观、防灾设施以及应急环境保护等方面的平灾设计；第二，应保持公园原有景观风格，在此基础上进行景观补充，做到新旧景观的合理搭配；第三，要做到景观效果与功能实用并重，并且应该考虑无障碍环境设计等；第四，改造应该对公园的生态效益、观赏效益、科普效益以及经济效益进行综合考虑，以达到整体效益最优化。

4 中日防灾公园改造对比

4.1 平灾结合的空间改造

平灾结合的城市公园改造当中，首先进行考虑的是空间改造，将城市公园中的一些休闲空间改造成为能在灾害发生时使用的避难空间，并且对于入口、安全疏散通道等有特殊要求的空间进行重点改建。

总体而言，中日在城市防灾公园改造上对于空间的平灾结合使用的考虑差异不大。改造当中都选择将公园内部的广场空间和开敞草坪空间作为主要的避难空间，即帐篷搭建区。对于此类型的开敞空间，中日的思想都是在其周围加设日常生活设施，例如饮水设备、应急厕所以及在其中央增设医疗点等，水源地一般都处于该类型空间的附近。

对于公园当中的日常景观水景区域，在灾时都用作储水区，北京曙光防灾公园的水景就是其灾时的水源地区；在日本东京的蚕系三森公园（图2），其中心水景也是灾时的主要水源地。除此之外也采用湿地净化水体的方式，在灾时一方面可以收集雨水，净化后作为非食用性生活用水，另一方面可以净化使用后的生活污水用于清洁厕所等。防灾公园在灾时可以将平时作为景观湿地的水体用作水体净化池，这种做法在日本大洲防灾公园（图3）以及北京元大都城垣遗址公园（图4）中都可以看到。

图 2 蚕系三森公园水池

图 3 日本大洲防灾公园湿地

图 4 北京元大都城垣遗址公园水景

除了开敞空间和亲水空间的平灾结合改造外，入口空间也是改造的重点。灾时避难者通过公园出入口进入防灾公园避难，各种救援车辆通过出入口运送救援物资、重伤员。

4.2 灾时及灾后的错时利用规划

灾时及灾后的错时利用规划主要在日本较为常见，即根据距离灾害发生的时间变化，防灾公园的功能区也相应的做出变化。目前在中国的防灾公园只分为灾时及平时两种状态，但是在日本已经分为平时、灾时、灾害三天后、灾害后三天至三周，大型公园还有灾害三周之后的功能区规划。

灾害刚刚发生后，公园内以人员避难空间为主，此时对于生命的确保是至关重要的。此后灾害发生3日至3周之间，随着避难人群逐渐向周边室内避难场所转移，公园内可增设应急临时住宅建设用地，此外还可成为心理安抚、生命线救助活动以及宠物、动物临时安置等措施的展开给予相应的空间规划。随着复原工作的有序进行，大约在三周之后，公园内的防灾措施逐渐减少，可保留基本的救援活动据点、应急临时住宅建设用地以及生命线复原活动据点等功能。随着复原活动的结束，公园的防灾功能逐渐向平时公园使用功能恢复转换（图5）。

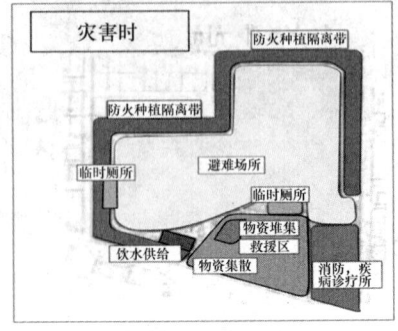
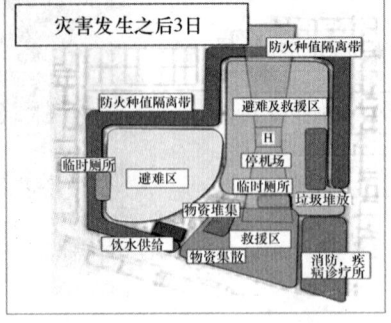
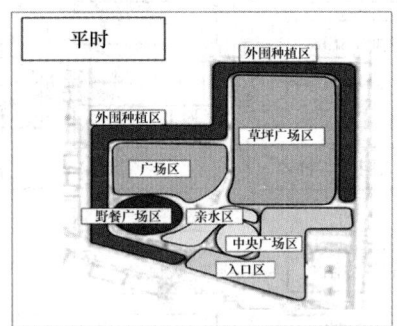
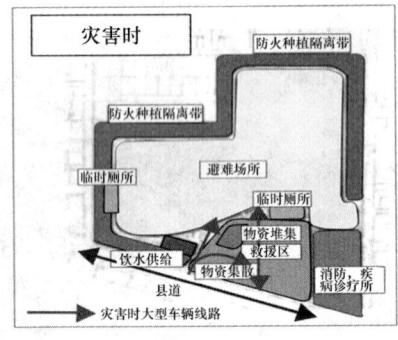
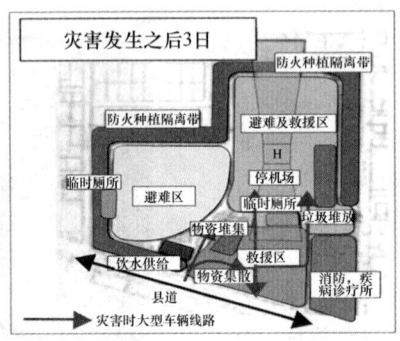

图5 日本大洲防灾公园错时利用规划

4.3 植物绿化改造

防灾公园中的植物种类选择在注重平时植物景观美化生态功能的同时，还要考虑发生灾害时，植物在防灾减灾等方面的功能。中日在防灾公园改造中的树种选择原则是基本相同的，在防灾型的城市公园中，多选择有防火、防尘、抗污染的乡土景观树种，从而兼顾树种的防灾性与观赏性。而公园植物最主要需要应对的次生灾时就是火灾，而植物的对火灾的阻挡作用主要表现在作为遮蔽物抵挡火势蔓延、隔离空间，以保证避难场所的安全、在燃烧时散发的水蒸气能提高空气湿度。

当前，中国防灾公园绿地主要是采用日本传统的FPS栽植方法，即是指在城市发生大规模火灾的情况下，在具有防灾避险功能的城市公园中，为了保护在公园中避难的人群免受火灾的蔓延与热辐射的危害而进行的防火植物的配置方法。对于"FPS"植栽，在火灾现场到避难广场之间，从树林的耐火界限距离与入的耐火界限距离的方面出发，可以把整个空间分为以下三种：F区是火灾危险地带，P区是防火树林带，S区是避难的开阔空间，以P区将火灾危险地带和避难开阔空间隔离，以有效地保S区阔，按照各自空间特征选择满足该空间功能需求的植物种类（图6）。

FPS栽植模式的防灾效果虽好，但形式比较单一，防灾植物的配置应充分利用城市绿地植物立体配置模式的

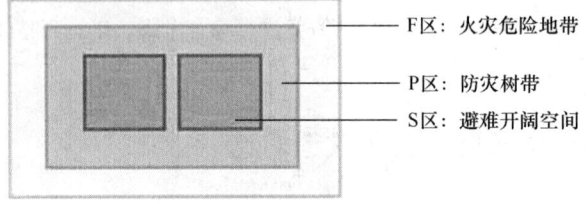

图6 FPS种植模式土

防灾性能，注重立体与平面的配置模式的结合。因此，现在日本在FPS模式的基础上提出了新的种植模式，调整其不合理的地方：改变P区单一的植物种类，在靠近F区的P区外围受灾严重区域及两个S区的中间地带B区设置一定宽度的防灾树林带，这样能有效的阻止灾害的蔓延；在靠近S区的周边地带C区运用多种具有防火功能的小乔木和灌木搭配形成防护林背景。在保证防灾功能的同时又能丰富植物景观层次（图7）。

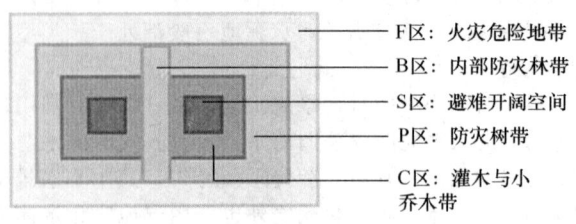

图7 FPS改进模式图

4.4 防灾避险设施改造

防灾公园中的生活设施主要包含生活用水设施、电力设施、应急厕所以及帐篷住宿设施。

中日在生活设施的设置上内容相似，都能满足日常的生活需求，但是日本部分防灾公园内还提供宠物防灾避难点，除此之外，日本防灾公园内还提供烹饪设施，平时这类设施被用作座椅（图8）。中国的防灾公园相比之下人性化设施较少，主要是为了满足基本的生活使用需求。

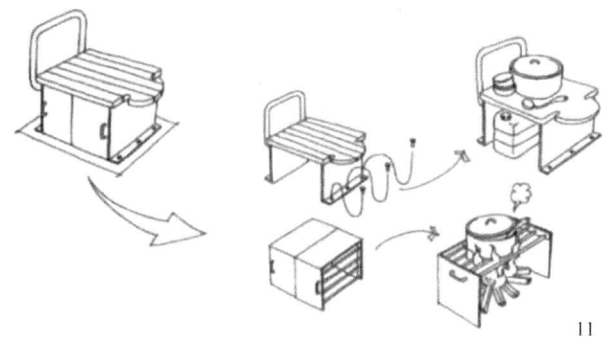

图8 日本防灾公园内烹饪设施

中国防灾公园电力系统主要采用传统的发电机，公园内有独立的发电设备，可以在灾害时提供基本的供电服务。在2013年雅安地震之后，灾后出现了手机的应急充电车为手机充电提供保障。日本的应急电力系统在保障传统的发电装置之外，更积极采用太阳能、风能等自然能源发电，这是公园电力系统设计的新理念（图9）。这样的系统不会因为城市供电系统瘫痪而中断公园电源和照明用电。避难所室内外的照明系统原则上部分或全部使用平时的照明系统，设置电源转换器，严重地震灾害发生后，把照明系统切换到灾时电源上。

图9 日本防灾公园太阳能路灯

严重地震灾害往往造成给排水系统瘫痪，平时使用的水冲厕所不能使用。在这种情况下，应当为避难者开启临时厕所，并由专人管理。有与平时厕所兼用型和临时设置型等多种类型。依据公园的具体情况选择合适类型。确定大小便的处理方法。若下水系统有排水功能，大小便可直接排入下水系统。中国的防灾公园中采用的应急厕所是移动式厕所，景观性较差。日本对于应急厕所的处理较为灵活，日本大洲防灾公园将部分应急厕所平时作为下埋式污水处理槽，在灾时加盖帐篷即可变为临时厕所；日本厚木市防灾山丘公园内的部分应急厕所蹲位上加盖木板，平时可作为座椅。

震后应在防灾公园内设医疗点，在中心防灾公园设紧急医疗抢救中心。因此，在防灾公园的设计当中应当考虑相应的区域，能够及时收容伤员，并且贮备相应医用设施设备。中日防灾公园改造中都达到了以上要求，并且中国的防灾公园由于面积往往较大，医疗点的设备更加齐全，每个避难区中都有条件设置医疗救助点。对比之下，日本的医疗救助点面积不大，但是有很多人性化的体现，比如在东京都城北中央公园中提供应急心脏病点击设备，大洲防灾公园内提供自助的血压测量设备，部分公园内还设有非处方药的贩卖机。除了生理上的医疗服务，日本还重视心理上的医疗关怀，在灾害发生一段时间后会开辟部分避难区改造为祈祷集会点，让人们为逝去的亲人祝祷。

5 结语

"平灾结合"思想作为目前防灾公园设计的主要思想之一，应该被广泛地运用到防灾公园的改造设计当中。通过与日本的防灾公园改造对比研究可以看出，我国的防灾公园改造在基础设施和基本的空间安排等方面已经逐渐成熟，能够将城市公园改造成为基本满足防灾避险功能的防灾公园，但是在细节的处理上特别是人性化的设施考虑较少，对于自然条件的利用有待加强；随着灾难发生后的时间变化，公园的功能区做出相应的改变以适应救灾的时间性特点；应在道路、植物、建筑等设计中以防灾功能为优先，其次考虑景观性；种植系统、净化水系统仍然有待提升，并且应该重视新材料、新能源的使用；同时，在公园运营过程中应加强防灾设施使用的宣传教育，多进行防灾训练，也注重互联网的宣传与网站的建设。

参考文献

[1] 李柳林. 城市防灾公园抗震减灾功能浅析[J]. 河北林业, 2007(6): 37.
[2] 沈悦, 齐藤庸平. 日本公共绿地防灾的启示[J]. 中国园林, 2007(7): 6-12.
[3] 高杰, 张安, 赵亚洲. 日本防灾公园的规划设计及实践[J]. 现代园林, 2012(4): 5-10.
[4] 初建宇, 苏幼坡, 刘瑞兴. 城市防灾公园"平灾结合"的规划设计理念[J]. 世界地震工程, 2008(1): 99-102.
[5] 苏幼坡. 城市灾害避难与避难疏散场所[M]. 北京：中国科学技术出版社, 2006.
[6] 李树华. 日本厚木市防灾山丘公园——市民休憩的场所、防灾的据点[J]. 现代园林, 2008(8): 11-13.
[7] 张海滨. 城市防灾公园景观设计要素研究[D]. 南京：南京林业大学.
[8] 李树华编著. 防灾避险型城市绿地规划设计[M]. 北京：中国建筑工业出版社, 2009: 277.

作者简介

岳阳，1989年，女，四川，同济大学建筑与城市规划学院硕士研究生，研究方向为风景园林规划与设计。

周向频，1967年，男，福建，同济大学建筑与城市规划学院景观学系副系主任，副教授，博士生导师，研究方向为风景园林规划与设计。

城市滨水带小气候研究现状及前景分析

Research Status and Prospect of Urban Waterfront Micro-climate

张慧文　张德顺

摘　要：从基础学科与风景园林学科两个方面对目前国内外城市滨水带小气候研究进行总结。在基础学科方面，基于大气科学与环境科学分别总结了城市滨水带小气候的基本理论和研究方法；在风景园林学科方面，在总结以往风景园林小气候研究进成果的基础上，展望了未来城市滨水带小气候研究的着眼点和可供进一步深化的研究对象，同时在未来研究中可采纳的研究方法上对基础学科领域的研究做出借鉴。

关键词：城市滨水带；城市水体；气候效应

Abstract: Summarizing the current research domestic and overseas on the urban waterfront landscape architecture micro-climate from basic subjects and Landscape Architecture. In basic subjects, summarizing the fundamental theory and research method from Atmospheric Sciences and Environmental Sciences. In Landscape Architecture, prospecting vantage point and research object of urban waterfront Landscape Architecture micro-climate, basing on previous research result. Meanwhile, using the basic subjects' research methods for reference.

Key words: Urban Waterfront; Urban Water Body; Climate Effect

滨水带作为典型的城市线性景观，在城市宜居气候建设中起到重要作用。由于水体自身具有缓解城市热岛效应的作用，依托于城市水体存在的城市滨水带的小气候研究就显得更为复杂与综合。目前，国内外对于滨水带这样特定景观空间的小气候研究还较少，更多的研究亟待展开。因此需要对学科综合性较强的研究成果进行梳理，从基础学科与风景园林学科两个方面总结出目前的研究成果和未来发展动向。从而使得城市滨水带小气候的研究在理论与方法上能够有迹可循。

1　基础学科研究进展

城市滨水带小气候的研究内容主要分为三部分——大气、水体与滨水带。

其中，滨水带是风景园林学研究的落脚点。风景园林学科对于滨水带小气候的研究目的为：根据大气与地物之间相互作用产生局地气候的原理，设计与营建城市滨水带的景观空间，从而提供人体热舒适性与能源利用率较高的滨水带环境。[82]这一研究的基础是基本的气候理论与水体的气候效应。因此大气与水便成为城市滨水带小气候研究的基础研究对象。目前，两个主要元素所对应的相关学科——大气科学与环境科学已就大气运动与水体生态效应的相关问题进行了深入研究，其成果与方法将对风景园林学科视角的滨水带小气候研究提供有力的参考。

1.1　大气科学领域相关研究

小气候的研究与大气气候作用有着相同的作用原理，故在小气候研究的理论层面上需要运用大气科学的研究理论与方法。大气科学即气象学，重点研究大气现象的演变规律及原理。在滨水带的小气候问题上，大气科学领域主要理论基础及研究方法上体现出较大的参考意义。

1.1.1　气候作用的基本原理

相比于其他学科，大气科学在滨水带小气候的研究中最突出的借鉴价值体现在其理论性上。该学科在气候相关问题上具有深厚的理论基础，对于各类气候现象产生的原因及作用机理已有大量的成熟研究成果。落脚到城市滨水带小气候层面上，大气科学一方面为整体的小气候研究提供了普遍气候研究的理论支撑。另一方面，水体是城市滨水带赖以存在的环境背景，因此大气与水体间的气候作用关系是研究滨水带小气候的基础。

在基础理论方面，国外的大气科学研究者早在20世纪80年代就提出了系统的小气候理论：1984年，豪根DA主编《微气象学》，是将气候理论运用到微气象尺度的较早成果。[17] 日本的吉野正敏于1986年出版《局地气候原理》，对前人的气候理论进行了一定尺度上的深化。小气候研究领域的重要著作 *Boundry Layer Climate*，1987[16] 运用边界层气候理论从大气运动角度阐释小气候作用原理。我国，傅抱璞在1994年的著作《小气候学》[2] 中系统研究了城市下垫面的不同属性与大气间的气候作用规律，成为国内运用大气科学理论研究小气候问题的圭臬。上世纪八、九十年代，随着小气候理论在国内的日渐发扬，一系列与水体气候效应相关的基础理论研究进一步展开。[1,4,6-9,17]

---

① 基金项目：国家自然科学基金重点项目（城市宜居环境风景园林小气候适应性设计理论和方法研究；编号：51338007）。

在水体的气候特质方面，水体体现出了特殊城市下垫面的气候属性。水体由于自身热容量大、蒸发耗热大、水面反射率小等的物理属性，造成其对城市热环境冬季增温，夏季降温的热力影响。[1-9]大气科学运用水体与大气间的水分-热量传输理论来对这种现象进行阐释，并将这一规律总结为水体热收支方程：

$$R_{net} = (1-\alpha)S_R\downarrow + L_R\downarrow - \varepsilon\sigma T_s^4 = H + E + G$$

式中 R_{net} 表示水面接收的净太阳辐射量（W/m²）；

$S_R\downarrow$ 表示透过大气到达水面的短波辐射量（W/m²）；

$L_R\downarrow$ 表示大气下向的长波辐射量（W/m²）；

σ 表示 Stefan-Boltzmann 常数，等于 5.67×10⁻⁸；

T_s^4 表示从水面向上的长波辐射量（W/m²）；T_s 表示水面绝对温度（K）；

α、ε 分别表示表面短波反射系数及放射系数，与物体表面的状态及太阳高度角有关，对于水表面分别取 0.07 和 0.96；

H 表示水面处显热通量（W/m²）；

E 表示水面处潜热通量（W/m²）；

G 表示水面向下部水体的导热通量（W/m²）。

该式明确显示了水体的热收支关系，可具体表现水体造成周边热气候变化的热力学指数及原理。因此成为量化研究水体气候适应性的基础理论与常用方法。[10-15]

1.1.2 研究方法

随着研究技术与理论方法的提升，关于基础理论方面的研究内容向着日渐精深的方向发展。对热量平衡方程在不同情况下的进一步探索逐渐出现。数值模拟的研究方式更多地被运用到水体气候效应的研究中来。通过对热平衡方程的不断完善，数值模拟的方式越来越能够涵盖丰富的水体气候环境，从而实现更准确的数值模拟。如 1993 年，王浩通过建立精密的大气-水体-土壤数值模型导出了不同水体深度对水体气候效应的影响。这种不断追求尽可能完善的气候数学模型的研究在一个时期中得到了很大程度上的发展。[18-20]

水体对于城市的热气候影响在理论方面已具备充足的研究，但在现实当中复杂的自然条件下，水体的热气候效应还应该通过现场的观测来进一步研究。通过不断的实地观测发现问题，修正理论模型，从而实现水体热气候理论的不断完善。[21-23]

大气科学领域擅长运用多种手法获取气象数据支持相关研究，如气象数据的直接收集，[24]遥感影像数据的获取，[21]以及现场观测的实验数据等。[23-27]2011 年，轩春怡在其硕士论文中综合了现场观测、遥感分析与数值模拟的手段，研究了水体布局变化对水体气候效应的影响。成为综合运用多种数据源及研究方法进行水体气候研究的案例。对风景园林领域的类似研究提供了参考。

从现有文献来看，大气科学领域对于水体微气候效应的研究可以归纳出如下的特征，（1）理论基础深厚；（2）研究技术与手段先进；（3）侧重数值模型的构建与应用。在风景园林小气候研究中可即参考其理论研究成果，借鉴数值模拟的研究方法，运用遥感影像数据源的方式积累原始研究数据。应用好大气科学这一小气候基础研究领域的相关成果将会对后续的研究打好坚实的基础。

1.2 环境科学领域相关研究

环境科学是从生态角度出发研究资源生态效益与应用的学科。在水体生态气候效益研究上具有丰富成果。滨水带小气候受到水体自身气候作用的较大影响，因此，环境科学领域对水体气候的研究对于滨水带小气候研究具有很大借鉴价值。

环境科学领域对于水体气候效应的研究通常直接运用大气科学的理论成果对其研究进行阐释，研究方向主要集中在对水体普遍热气候效应的研究与自然因素对水体热气候效应的影响。[28-33]

不同于大气科学领域对于水体热气候效应的数值模型研究，在探索实际的水体热气候方面，环境科学领域的研究多偏重于实地设计观测实验。如杨凯等（2004）采取定点实测的方法，对上海 6 处不同类型水体的周边环境进行温湿度监测，发现了水体对城市热气候进行作用的一般规律，是国内较早采用实地监测与数据分析的方法研究城市水体热气候效应的范例。齐静静等（2011）采用定点观测法监测了松花江哈尔滨河段的气候状况，证实了城市河流对于城市热岛环境的降温增湿作用。

在水体热气候效应的因素研究上，环境科学领域的研究不仅着眼于水体自身特征对水体热气候效应的影响，如水体宽度、形状、面积等，[30]还在水体周边的物质要素对水体气候效应的影响，如驳岸、植物等方面[34]的研究上展开研究。是将大气科学对于水体气候效应的研究扩展到滨水带与滨水空间的气候效应研究上的重要过渡。[35-37]

2 风景园林学研究现状及展望

风景园林学角度的滨水带小气候研究的主要目的为营建符合热舒适的空间与高效利用自然气候资源即水体气候效益的最大化。实现这一目标的首要途径是探索滨水带的各种风景园林要素对于小气候的影响作用规律，从而在这掌握这一规律的基础上进一步寻找出城市滨水带小气候适应性规划设计方法。

哪些风景园林要素会对小气候产生较为明显的影响，通过何种方法对这些小气候影响进行研究？这都需要从现有的研究中寻找答案。然而，目前对于城市滨水带这样特定空间的风景园林小气候专项研究还较少，因此，在更全面地寻找规律这个角度上需要将视野放至各种类型的风景园林空间，在整个风景园林小气候适应性领域归纳总结可能对小气候产生明显影响的风景园林要素。

2.1 研究现状

目前国内对城市滨水带影响小气候的风景园林要素研究还比较单一。主要集中在植被要素这一气候效应最为明显的方面。同时关于最具有滨水带特征的驳岸形式、滨水空间等亦有少量研究。

2.1.1 植被要素

植被是滨水带地区最为主要的自然要素，植被本身同水体一样具有气候调节的作用，关于植被的气候效应也已有系统的研究。因此在影响水体气候效应的层面上植被占据重要地位。

出于其自身的蒸腾作用与叶片阻滞等原因，植被对周边环境的温度与风速有着很大程度的影响。植被冠层与其下垫面综合构成了大气底层边界，[16,46,47]植物的热力学作用可由植被冠层表层热平衡方程表示

$$R_{nc} = H_c + lE_c + G_c$$

式中 R_{nc}——树木冠层吸收的净辐射，W/m^2；

H_c——冠层表面的显热通量，W/m^2；

lE_c——冠层表面的潜热通量，W/m^2；

G_c——冠层内的导热通量，W/m^2。

通过这一平衡方程就可以理解植被与空气间的热收支关系，从数值方面理解植被的气候效应。[34]

因此，植被对滨水带小气候的调节具有重要意义，关于滨水带植被的气候效应研究相比于其他要素也更为全面。[49-54]如吴娜娜等于2013年采用实地设置对照组进行观察实验的方法，研究了北京北护城河河岸带植物种类与植被覆盖率对河岸小气候的影响。[48]张丽华，李树华2007年利用TRM-ZS1农业气象生态环境监测系统连续三天测定水体周边温湿度状况，通过数据分析发现，绿地绿量越大，水体对周边环境的温湿度改善作用越强。[41]

除实地监测外，数值模拟与的研究方法也应用到风景园林领域的植被小气候研究中。蒋志祥在2012年在其硕士论文中，通过建立水体、植被与大气热湿交换简易动态模型，结合实测数据资料收集得出了水体周边植被覆盖率与水体降温增湿效应呈线性正相关关系。[34]

2.1.2 其他滨水空间构成要素

滨水带空间是一个复杂的综合体，包含着各种各样的空间构成要素。[57]其中的许多要素都具有气候效应的影响力。按照边界效应理论，水体与水岸的交接具有最大的复杂性，因此在气候适应性角度对于滨水驳岸的研究引发了许多研究者的兴趣。[36,37]同时，在城市设计尺度的角度，滨水街区的形态也从江风的基础上对小气候有着不同程度的影响。[58]根据目前的研究趋势可以预见未来还有更多的滨水带物质环境要素有待研究。

2.2 研究方向前景分析

目前关于城市滨水带小气候研究成果尚少，但在整个风景园林小气候研究领域中已有相当数量对于景观要素气候效应的研究。通过借鉴其他风景园林小气候角度的研究成果，可以归纳总结出未来城市滨水带小气候研究可以深入的研究对象。

2.2.1 植被

从未来的研究方向来看，植被作为城市风景园林空间重要的自然要素，仍然是小气候研究领域最为重要的影响因素。关于植被的小气候作用研究主要可以分为宏观与微观两个方面。微观角度多从植物单体入手，对植物单体中由细微枝叶至整体树形等要素进行定性与定量的综合研究。具体如叶片反射率、[62]叶面积指数、孔隙率、[63]植物种类、[64]植物冠形、[65]树高、净生长量[64]等要素均会对植物周边的小气候造成影响。

植被要素的宏观角度则倾向于将植被群落视为整体进行研究，研究对象通常为一个植被群落总体的群落结构类型、[66-69]群落面积、[39]绿量、植被盖度、郁闭度[68]等方面。

植物是风景园林学科永恒的主题，因此无论是现有研究还是未来发展都应将其作为研究的重要方面。城市滨水带的小气候研究亟需将其他小气候研究方面的植被要素研究成果纳入其中，总结出适合滨水带特殊气候环境下的植被小气候作用规律。

2.2.2 硬质铺装

铺装是风景园林平面重要的人工构成部分，也是与园林植物形成的软质表面相对应的硬质表面形式。由于自身属性的不同，铺装对于小气候产生了不同程度的影响。这种影响的产生可以从铺装材质、铺装颜色和铺装面积比例三个角度寻找原因。

首先，基于不同材质对太阳辐射的吸收差异，不同铺装材质的选用会对周边的小气候产生一定程度的影响。[70]在对不同材质太阳辐射吸收能力进行量化的基础上，可根据小气候营建需要，将气候效应作为评估标准对铺装材料进行选择。GÓMEZ, F 于2013年实测了西班牙瓦伦西亚多处城市开敞空间的温湿现象，发现城市广场的铺装颜色对铺装材料对于太阳辐射的吸收具有决定作用，因此，在对铺装材料的小气候效应研究过程中需要同时考虑铺装颜色的影响。[71]同时，由于铺装材料普遍与软质的植被平面对小气候的影响力不同，铺装的面积及软硬质表面的比例也对小气候效应产生影响。[42,72]

在实际的风景园林小气候设计应用中，这种比例的控制具有更大的现实意义，寻找出生态效益最高的软硬质表面比例，可以更为高效地利用城市空间，在不减损生态作用的情况下尽可能多地布置人类活动场地。

2.2.3 空间

空间是风景园林学科研究的重要对象，风景园林的规划设计意图最终需要落脚到空间上从而得以实现。因此，不同空间类型对于小气候的影响也成为风景园林小气候领域亟待研究的重要方向。目前，与小气候相关的空间研究主要可以分为垂直空间、水平空间和综合空间三部分。

垂直空间的表现形式主要为地表起伏，根据尺度的不同包含了地形与地物的综合因素。这些垂直方向的空间变化通过对气流运动的干扰和太阳辐射的阻挡影响局地小气候。早在20世纪50年代，气象学领域就对地形的气候作用展开了研究。[73-75]这种基于气流变化的影响方式

现今可以通过计算机流体力学（CFD）方式进行模拟。因此研究可以得到更深入的展开。[76、77]

水平空间在风景园林方面的表现主要体现在平面布局方面，如绿地布局方式、[78]铺装园路比例、[58]周边城市空间平面形态[42]等。

综合空间主要指立体的三维空间本身，对于三维空间的描述可由由定性与定量两方面构成，在这种分类的基础上研究不同类别的气候特征。定性研究即以各种类型对空间进行分类。[57、79、80]定量研究则通过空间的各种数值定量描述空间，如空间面积、尺寸、高宽比、走向、对称性、离散性等。[81]

空间是小气候领域一种特殊的研究对象，空间本身是"无"，基于周边的实体环境得以呈现。空间也就通过气流在实体地物中的流动规律造成小气候变化。因此对空间的小气候研究不仅停留在原理分析或实测方面，对于气流的计算机模拟以其对气流的可见性分析在未来的研究中将越来越占据重要地位。

2.3 研究方法

综合大气科学、环境科学与风景园林学的研究成果，可以发现不同学科对于研究方法的运用侧重也不同。风景园林学科在小气候的研究上可根据不同的研究目的与研究对象对研究方法进行运用。根据多学科的现有文献，可供使用的研究方法主要分为以下三种：现场实测、数值模拟及遥感监测。

2.3.1 现场实测

现场实测研究是小气候研究领域最为基础和普遍应用的研究方法，这种研究方法根据研究目的与场地现实状况设计实测方案，可以获取精确的场地第一手气候状况资料。从而实现对于所要研究问题的准确探索，所以现场实测有时不仅是探索问题的手段，更是验证预测模拟的可靠方式。故而在小气候的研究中有着广泛的应用。[32]在未来的城市滨水带小气候研究中也将继续占据主导地位。

实测研究中具体的实测方法根据研究目标与场地现状的不同而存在差异。在观测频率上，可根据研究需要分为以下几类：

（1）长期定点观测，通常观测时间可以跨越冬、春、夏三个季节，气以24小时连续观测的方式获取实验数据。这种观测方式获取的数据量大全面，适用于研究场地候的季节性效应，或是长期的气候规律。由于数据基数较大，相应的观测结果也就更为准确。但周期偏长，成本较高。李书严在2008年对水体微气候效应的研究中，使用CAWS系列自动观测仪，在北京城区内的7个气象站点进行了1—9月每日的逐时观测。获取了观测点的最高气温、最低气温、平均风向、风速、相对湿度等一系列反映气候状况的数据。从而得出了水体附近城市区域较之城市商业区、交通区等其他区域温度偏低湿度偏高的结论。该研究中，这种长期连续的观测提供了日平均气温，气温日较差，月平均气温、气温月较差等全面详细的数据。便于纵向与横向综合比较不同区域之间、同区域不同时段、不同季节之间进行比较。从而得出了更为综合准确的结论。[23、30]

（2）季节性定点观测：由于河流对城市气候的调节作用在夏季最为显著与典型。许多实测研究选取夏季的2—3个月进行定点连续观测。从而得出了在季节的气候适应性方面具有针对性的结论。齐静静等人在《大型城市河流对城市气候影响的实测研究》中，[31]选取夏季最热月份7—8月每日最热时段9：00—15：30使用TRM-ZS2自动气象站进行逐分钟监测。获取了松花江哈尔滨河段江心及江边的地表温度、风速风向、感热通量、潜热通量等数据。最终经过绘制曲线进行数据分析得出城市河流在夏季晴朗天气作为城市冷源，阴雨天气作为城市热源的气候效应。

（3）短时定点连续观测：短时定点观测的时间范围往往在几日之内，时长虽短但密度较高，通常为24小时的连续观测。这类观测方法常用于对于某种具体问题再数值上的研究。例如，2006年张丽红等连续4天24小时测定了万寿公园内不同比例铺装及园路条件下的温湿度。从生态效益的角度得出最为高效的铺装园路比值为17%。[42]

在测点的选择与分布上，根据研究目的的不同也存在着较大不同。如测量宽度的研究通常采取水平分布的方式，测量基本状况的研究往往运用在几何中心出分布测点的方式等。

2.3.2 计算机数值模拟

计算机数值模拟研究是以计算机软件为载体，用数值算法模型来模拟数量化的实地气候状况的研究方式。此类研究方式是实测研究的延伸，在实测所不能达成的情况下——如较长一段时间的模拟、未来气候条件预测，或理想控制变量气候状况分析等，以标准且严格的方式研究场地气候状况。数值模拟快捷、便利的低成本研究使其近年来在国内外广泛流行。[59-61]

在气候研究领域常用的计算机数值模拟软件主要为CFD（Computational Fluid Dynamics）计算流体力学软件，与ENVI-met三维微气候模型软件。CFD软件着重从气流角度研究小气候，通过模拟风在各种类型空间中的运动从而预测空间热环境。[63、65] ENVI-met软件则较为全面模拟空间小气候状况，可以综合模拟气流、太阳辐射、地表材质、空间形态等多种小气候研究要素。较之于CFD软件具有更强的综合性与气候研究的针对性。

2.3.3 遥感监测

遥感监测的手段是近年来随着技术的进步发展起来的在更大空间尺度上监测地表气候条件的研究方式。Landsat遥感影像获取地表数据，[21]通过典型地物光谱特征提取不同的地表下垫面属性，是数据获取方面的研究方法突破；同时地理信息系统GIS的应用也使得对于气象资料的数据分析工作更加便捷。[44]在掌握先进遥感技术的大气科学与环境科学领域这一研究方法已得到深入运用。落脚到风景园林学科上，在较大尺度的气候研究或场地背景环境的气候数据获得方面具有重要意义。在当前数字化景观研究的趋势下，GIS系统在小气候研究中的应用将为未来的研究方法提供重要导向。

结语

城市滨水带小气候研究具有双重特性，一方面具备宏大的多学科研究背景，可供运用的基础理论深厚，研究方法丰富；另一方面，在城市滨水带这一特定点上的研究尚处于起步阶段，有针对性的研究成果尚少，还有极大的发展空间。对与城市滨水带小气候相关的各领域研究现状进行总结综述，可从深厚的研究背景中提取出对前景广阔的未来研究具有重要参考价值的信息，既对今后研究的走向具有指向作用，亦可为未来研究方法的选择提供借鉴。从而推动城市滨水带小气候的研究得到更快发展。

参考文献

[1] 傅抱璞. 我国不同自然条件下的水域气候效应[J]. 地理学报，1997，03：56-63.
[2] 傅抱璞等. 小气候学. 北京：气象出版社，1994：263-298.
[3] 吉野正敏著（郭可展、李师融等译）. 局地气候原理. 南宁：广西科技出版社，1986. 106~126.
[4] 王浩，傅抱璞. 水体的温度效应. 气象科学，1991，11(3)：233~243.4
[5] Kodam a Y et al. The inflluence of L akeMinchumina, Interior A laska, on its surrounding. M et. Geoph. Biod，Ser. B，1983，33：199~218.5
[6] 陆鸿宾. 抚仙湖的气候特征. 海洋湖沼通报，1984（4）：6
[7] Fu Baopu. V ariation in w ind velocity over w ater. A d vances in A tm ospheric S ciences, 1987, 4（1）：93-104.
[8] 陆鸿宾，魏桂玲. 太湖的风效应. 气象科学，1989，9（3）：291-301.
[9] Fu Baopu, Zhu Chaogun. The effects of Xinanjiang Reservoir on Precipitation. Geojournal, 1984, 8（3）：229-234.
[10] 齐静静，刘京，宋晓程，郭亮. 大型城市河流对城市气候影响的实测研究[J]. 哈尔滨工业大学学报，2011，10：56-59.
[11] 刘京，朱岳梅，郭亮，高军. 城市河流对城市热气候影响的研究进展[J]. 水利水电科技进展，2010，06：90-94.
[12] CAISSIE D, SATISH M G, EL-JABI N. Predicting river-water temperatures using the equilibrium temperature concept with application on Miramichi River catchments（New-Brunswick, Canada）[J]. Hydrological Processes, 2005, 19(11): 2137-2159.
[13] EVANS E C, MCGREGOR G R, PETTS G E. River energy budgets with special reference to river bed processes[J]. Hydrological Processes, 1998, 12(4): 575-595.
[14] WEBB B W, ZHANG Y. Spatial and seasonal variability in the components of the river heat budget[J]. Hydrological Processes, 1997, 11(1): 79-101.
[15] PAAIJMANS K P, TAKKENW, GITHEKO AK, et al. The effect of water turbidity on the near-surface water temperature of larval habitats of the malaria mosquito anopheles gambiae[J]. International Journal of Biometeorology, 2008, 52(8): 747-753.
[16] Oke T R. Boundary Layer Climate[M]. Cambridge：Great Britain at the University Press，1987：1-3.
[17] 豪根 DA 主编；李兴生等译. 微气象学[μ]. 北京：科学出版社，1984：27-252.
[18] 颜金凤，孙菽芬，夏南，孙长海. 湖—气水热传输模型的研究和数值模拟[J]. 上海大学学报（自然科学版），2007，03：308-313.
[19] 孙菽芬，颜金凤，夏南，李倩. 陆面水体与大气之间的热传输研究[J]. 中国科学（G辑：物理学 力学 天文学），2008，06：704-713.
[20] 孙长海. 湖区的陆面过程研究—模型发展[D]. 上海：上海大学，2005.
[21] 田鹏飞，蔡娜佳，张玲，朱晓晨. 热岛效应与地表参数的相关性分析及水体对热岛的影响研究[J]. 现代农业科技，2013，13：232-235.
[22] 李书严，轩春怡，李伟，陈洪滨. 城市中水体的微气候效应研究[J]. 大气科学，2008，03：552-560.
[23] 李书严，轩春怡，李伟，陈洪滨. 城市中水体的微气候效应研究[C]//北京气象学会."2010年北京气象学会中青年优秀论文评选"学术研讨会论文集[C]. 北京气象学会：，2011：9.
[24] 王浩. 深浅水体不同气候效应的初步研究[J]. 南京大学学报（自然科学版），1993，03：517-522.
[25] 李东海，艾彬，黎夏. 基于遥感和GIS的城市水体缓解热岛效应的研究——以东莞市为例[Z].
[26] 傅抱璞. 我国不同自然条件下的水域气候效应[J]. 地理学报，1997，03：56-63.
[27] 轩春怡. 城市水体布局变化对局地大气环境的影响效应研究[D]. 兰州：兰州大学，2011.
[28] 齐静静. 松花江及其周边区域热气候的现场实测研究[D]. 哈尔滨：哈尔滨工业大学，2010.
[29] 宋晓程. 城市河流对局地热湿气候影响的数值模拟和现场实测研究[D]. 哈尔滨工业大学，2011.
[30] 杨凯，唐敏，刘源，吴阿娜，范群杰. 上海中心城区河流及水体周边小气候效应分析[J]. 华东师范大学学报（自然科学版），2004，03：105-114.
[31] 齐静静，刘京，宋晓程，郭亮. 大型城市河流对城市气候影响的实测研究[J]. 哈尔滨工业大学学报，2011，10：56-59.
[32] DANIEL C, MYSORE G, NASSIR E. Predicting riverwater temperatures using the equilibrium temperature concept with application on Miramichi river catchments（New Brunswick, Canada）[J]. Hydrological Proces-ses, 2005, 19(11): 2137-2159.
[33] CYNTHIA R, WILLIAM D. Characterizing the urbanheat island in current and future climates in New Jersey[J]. Environmental Hazards, 2005, 6(1): 51-62.
[34] 蒋志祥. 水体与周边植被对城市区域热湿气候影响的动态模拟研究[D]. 哈尔滨：哈尔滨工业大学，2012.
[35] 蒋志祥，刘京，宋晓程，叶祖达. 水体对城市区域热湿气候影响的建模及动态模拟研究[J]. 建筑科学，2013，02：85-90.
[36] 吴芳芳，张娜，陈晓燕. 北京北护城河河岸带的温湿度调节效应[J]. 生态学报，2013，07：2292-2303.
[37] 刘瑛，高甲荣，陈子珊，高阳，段红祥. 北京郊区两种生态护岸方式温湿度效应对比[J]. 水土保持研究，2007，06：227-230.
[38] 纪鹏，朱春阳，王洪义，李树华. 城市中不同宽度河流对滨河绿地四季温湿度的影响[J]. 湿地科学，2013，02：

[39] 朱春阳，李树华，纪鹏，任斌斌，李晓艳．城市带状绿地宽度与温湿效益的关系[J]．生态学报，2011，02：383-394．

[40] 朱春阳，李树华，纪鹏．城市带状绿地结构类型与温湿效应的关系[J]．应用生态学报，2011，05：1255-1260．

[41] 张丽红，李树华．城市水体对周边绿地水平方向温湿度影响的研究[C]//北京园林学会、北京市园林绿化局、北京市公园管理中心．北京市"建设节约型园林绿化"论文集[C]．北京园林学会、北京市园林绿化局、北京市公园管理中心，2007：10．

[42] 张丽红，刘剑，李树华．铺装及园路用地比例对园林绿地温、湿度影响的研究[J]．中国园林，2006，08：47-50．

[43] 吴菲，张志国．城市绿地形状与温湿效益之间关系的研究[C]//北京园林学会．2011北京园林绿化与生物多样性保护．北京市科学技术协会、北京市园林绿化局、北京市公园管理中心、北京园林学会，2011：6．

[44] 李东海，艾彬，黎夏．基于遥感和GIS的城市水体缓解热岛效应的研究——以东莞市为例[J]．热带地理，2008，05：414-418．

[45] 轩春怡，王晓云，蒋维楣，王咏薇．城市中水体布局对大气环境的影响[J]．气象，2010，12：94-101．

[46] 刁一伟，裴铁璠．植被与大气之间物质和能量交换过程的反演理论研究进展[J]．应用生态学报，2005，09：1769-1772．

[47] Shinji Y, Ryozo O, Shuzo M et. Study on effect of greening three dimensionalplantcanop model[C]．日本建筑学会论文集，2000(536)：87-94．

[48] 吴芳芳，张娜，陈晓燕．北护城河河岸带的温湿度调节效应[J]．生态学报，2013，07：2292-2303．

[49] 高阳，高甲荣，陈子珊，等．京郊河溪近自然治理环境效应分析[J]．水土保持研究，2008，15(5)：101-104．

[50] 李留振，郑俊霞，赵景荣．黄河故道滩地不同植被的湿度效应分析[J]．江苏农业科学，2010(04)：390-392．

[51] 王文星，陈守跃，陈晓燕．黄河滩地4种不同植被的降低风速效应分析[J]．四川林业科技，2010(05)：121-123．

[52] 翟宝黔，李留振．河岸带不同植被的小气候对光照强度的影响[J]．四川林业科技，2010(06)：61-63．

[53] 李冬林，张小萍，金雅琴，等．京杭运河淮安段不同植物护坡模式消风减噪及小气候效应[J]．生态与农村环境学报，2012，28(3)：249-254．

[54] 汪大林．淮河河道防护林小气候及其防护效应的研究[D]．安徽农业大学，2012．

[55] 吴菲，李树华，刘娇妹．城市绿地面积与温湿效益之间关系的研究[J]．中国园林，2007，06：71-74．

[56] 岳隽．城市河流的景观生态学研究：概念框架[J]．生态学报，2005，25(6)：1422-1429

[57] 辛颖．基于建筑类型学的城市滨水景观空间研究[D]．北京林业大学，2013．

[58] 陈宏，李保峰，周雪帆．水体与城市微气候调节作用研究——以武汉为例[J]．建设科技，2011，22：72-73，77．

[59] N R B Olsen. Closure to "Three-Dimensional CFD Modeling of Self-Forming Meandering Channel" by Nils Reidar B. Olsen[J]. Journal of Hydraulic Engineering. 2004，130(8)：838-839.

[60] B Dargahi. Three-dimensional flow modelling and sediment transport in the River Klar? lven[J]. Earth Surface Processes and Landforms. 2004，29(7)：821-852.

[61] N Rüther, N Olsen. Modelling free-forming meander evolution in a laboratory channel using three-dimensional computational fluid dynamics[J]. Geomorphology. 2007，89(3)：308-319.

[62] Rosenberg, N. J. Adaptation of agriculture to climate change[J]. Climatic Change，1992.

[63] 邱英浩，何育贤．植栽树冠形状对风速衰减之影响-CFD模拟[C]．第十六届海峡两岸城市发展研讨会论文集，2004．

[64] 杜克勤，刘步军，吴昊．不同绿化树种温湿度效应的研究[J]．农业环境保护，1997．

[65] 李亮，李晓锋，林波荣，朱颖心．用带源项k-ε两方程湍流模型模拟树冠流[J]．清华大学学报(自然科学版)，2006，46(6)，753-756．

[66] TahaH. Modeling impacts of increased urban vegetation on ozone air quality in the south coast airBasin[J]. Atmos Environ, 1996，30(20)：3423-3430.

[67] 蒋国碧．试谈绿化与重庆城市热效应的改善[J]．重庆环境科学，1985．

[68] 胡永红，王丽勉，秦俊，等．不同群落结构的绿地对夏季微气候的改善效果[J]．安徽农业科学，2006．

[69] 高凯，秦俊，宋坤 & 胡永红(2009)城市居住区绿地斑块的降温效应及影响因素分析[J]．植物资源与环境学报，2009，50-55．

[70] Tadanobu Nakayama, Tsuyoshi Fujita. Cooling effect of water-holding pavements made of new materials on water and heat budgets in urban areas[J]. Original Research ArticleLandscape and Urban Planning, Volume 96, Issue 2, 30 May 2010, Pages 57-67.

[71] GÓMEZ, F., CUEVA, A. P., VALCUENDE, M. & MATZARAKIS, A. Research on ecological design to enhance comfort in open spaces of a city (Valencia, Spain). Utility of the physiological equivalent temperature (PET). [J]. Ecological Engineering, 2013, 57, 27-39.

[72] 林楠．夏热冬冷地区城市街头绿地气候适应性设计研究[D]．南京：南京林业大学，2012．

[73] 傅抱璞．坡地对日照和太阳辐射的影响[J]．南京大学学报(自然科学版)，1958，2，46．

[74] 傅抱璞．起伏地形中的小气候特点．地理学报，1963．

[75] 黄寿波．我国地形小气候研究概况与展望[J]．地理研究，1986，5：916-925．

[76] 张一平，刘玉洪，窦军霞．岷江上游雨季南北坡小气候特征比较．山地学报，2002．

[77] WOODS, R. The relative roles of climate, soil, vegetation and topography in determining seasonal and long-term catchment dynamics. [J]. Advances in Water Resources, 2003，26：295-309.

[78] 宋培豪．两种绿地布局方式的微气候特征及其模拟[D]．河南农业大学，2013．

[79] 曹丹．上海城区不同开放空间类型中的小气候特征及其对人体舒适度的调节作用．[D]．上海：华东师范大学，2008．

[80] 董芦笛，樊亚妮，刘加平．绿色基础设施的传统智慧：气候适宜性传统聚落环境空间单元模式分析[J]．中国园林，2013，29：27-30．

[81] 杜晓塞等．街谷几何形态及绿化对夏季热环境的影响[2]．

[82] Robert. D. Brown Terry. J. Gillerspie Climate Landscape Design[Z]. 1999.

作者简介

张慧文,1990年2月生,女,汉族,山东人,同济大学建筑与城市规划学院景观学系、高密度人居环境生态与节能教育部重点实验室硕士研究生,风景园林学,Email la_zhanghuiwen@163.com。

张德顺,1964年1月生,男,汉族,山东人,同济大学建筑与城市规划学院景观学系、高密度人居环境生态与节能教育部重点实验室教授、博士生导师,中国植物学会理事,风景园林学。

转型浑河：创新再造铁西滨河生态新城绿色基础设施

Hunhe in Transition: Rebirth Through the Innovation of Green Infrastructure in Tiexi Waterfront Ecological City

张 蕾 杨 震 黄 君

摘 要：铁西作为中国重要的工业区在20世纪80、90年代经历了持续的衰退，直到21世纪初，基于老工业基地振兴战略以及产业领域的知识创新势能的释放，方才为城市转型发展提供了可能。2010年，铁西产业新城发展规划为区域空间结构调整以及绿色基础设施建设又提供了新的契机。本文即聚焦于铁西滨河生态新城南侧的浑河西峡谷（二期）这一绿色基础设施，尝试依托景观策略提出合理的建设模式，以期寻求新型城镇化与生态基础设施建设的有机融合，实现可持续发展。

关键词：风景园林；浑河；转型；绿色基础设施；可持续发展

Abstract: As one of the most important industrial area, Tiexi has been suffered from long lasting recession from 1980s to 1990s. Until the beginning of the 21st century, based on the knowledge innovation and the strategy of revitalizing the old industrial base, the area has made a successful restructuring and development. In 2010, a new development plan about the industrial area provides a new opportunity for the regional structure adjustment and the green space infrastructure. This paper just focuses on Hunhe Canyon-one of the green space infrastructures near waterfront, attempts to put a reasonable construction mode and seeks the organic integration between new urbanization and ecological infrastructure.

Key words: Landscape Architecture; Hunhe; Transition; Green Infrastructure; Sustainable Development

1 前言

铁西产业新城位于沈阳主城西南部，南临浑河，是东北老工业基地调整改造暨装备制造业发展示范区。目前，铁西产业新城正以滨河生态新城和宝马新城建设为重点，全面推进"生态新城、产业之城"建设（图1）。

本文即聚焦于铁西滨河生态新城与浑河之间的浑河西峡谷（二期）这一绿色基础设施（图2）。

2 概况

浑河西峡谷（二期）位于浑河沈阳段下游，东至大伙房水库浑河闸，南依浑河，西接浑河西峡谷生态公园，北临铁西滨河生态新城，滨水岸线全长9.5km（图3）。

图1 浑河西峡谷（二期）与铁西产业新城区位分析

---

① 本项目得到了北京林业大学王劲韬教授的大力帮助，在此深表谢意。

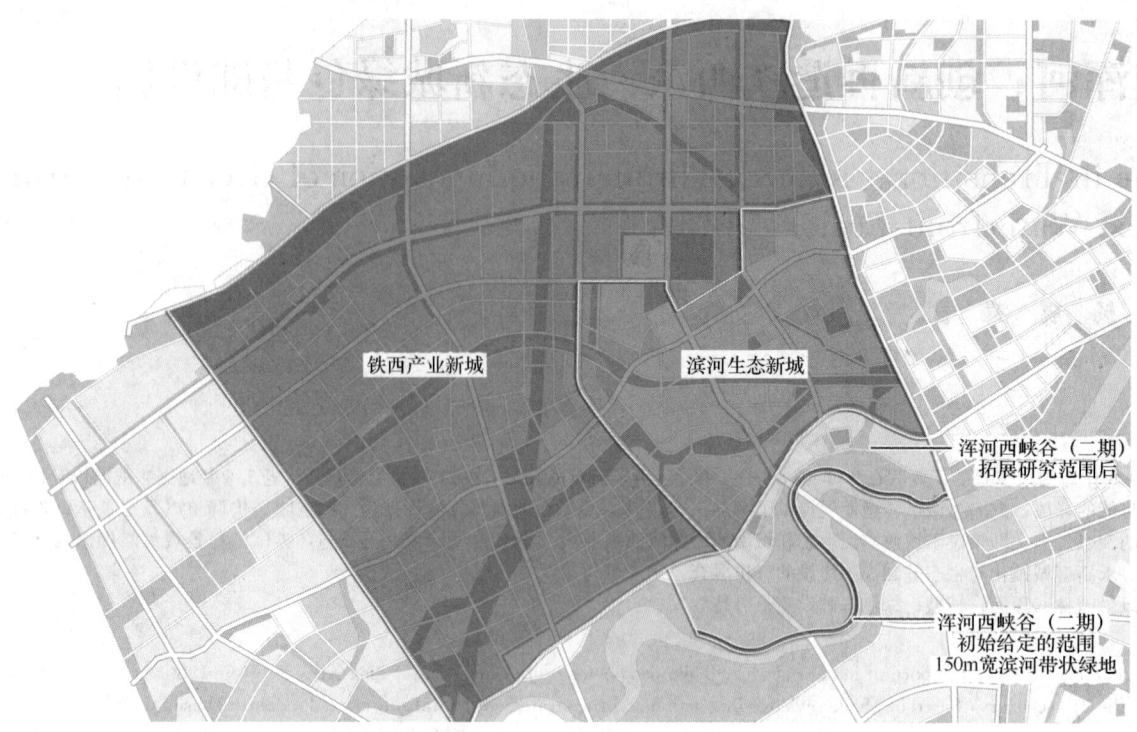

图 2 浑河西峡谷（二期）与滨河生态新城区位分析

如果说滨河生态新城作为铁西产业新城职住平衡、生活配套的重要支撑，将为后者提供更完善的城市服务功能、更好的城镇环境，那么浑河西峡谷（二期）的规划与建设，则将构建起具有内部连接性的自然区域及开放空间网络，为市民及野生动植物提供自然场所（如栖息地、净水源、迁徙廊道），[1]并与滨河生态新城共同形成保障区域可持续发展的生态安全格局，成为新城最为重要的绿色基础设施，促进土地价值提升，实现经济复兴（图4）。

为此，我们将研究范围从初始划定的9.5km长、150m宽的滨河绿地拓展至10.4平方公里。针对此区域，不再局限于景观细节的处理，而是采用体系性的规划、前瞻性的建设维护以及主动性的保护和利用，从创造城市公共开放空间系统的角度出发，以较为主动的方式去建设、管理、维护、恢复，甚至重建绿色空间网络，进而有机缝合城市与河流，提出实现新型城镇化下生态基础设施可持续发展的一系列景观策略。

图 3 浑河西峡谷（二期）现状卫片

图 4 浑河西峡谷(二期)鸟瞰效果图(规划后)

3 面临的问题

3.1 现状

通过对浑河西峡谷(二期)场地现状进行详尽的田野踏查(图5),对其存在优势及不足小结如下:

优势与不足 表1

优 势	不 足
• 场地紧邻浑河,保持着原始风貌;	• 河岸与河面高差极大,缺乏亲水空间
• 场地内以农田、聚落为主,用地类型单一,景观资源丰富 • 滨河生态新城通向研究区域的中央南大街尽头正对区域内(乃至浑河沈阳段内)最大的回水湾,水面辽阔,景观视域极佳	• 郎家村东南侧河岸距离新城堤顶路2.7km,进深过大,交通可达性差 • 现状排污渠为硬化渠道,景观效果差;且污水直接排入浑河,对周边生境影响极大 • 场地东部谟家村以垃圾废品收集为业,垃圾露天搁置,对区域环境及水体影响极大

水岸高差大

污水直排

垃圾堆放

图 5 场地现状

虽然受到城市行洪等因素的影响，但研究区域因不可避免的自然因素产生的不良影响总体上仅限于些微损耗。然而令人尴尬的是，在"铁西产业新城"这一新型城镇化进程中，浑河西峡谷（二期）——这一保留着传统的、守望式的生产、生活方式以及文化传承的首善之地，却因生硬的城市防洪要求以及僵化的"二元经济"体制的制约，成为城市雨污排放、各种垃圾以及废弃物的汇聚地，在一定程度上被置于城镇经济发展和开发建设的对立面，以此为界，铁西新城向南延伸的步伐戛然而止。

3.2 矛盾

3.2.1 空间矛盾

浑河西峡谷（二期）本身属于生态敏感区，加之主观划定的城市行洪范围的逐步扩大，使得滨河生态新城南进受到极大的抑制。然而，前者在制约区域发展的同时，事实上也为城市空间结构的调整提供了可能——滨河生态新城是可以借助浑河西峡谷（二期）的合理再开发活动，进一步完善自身功能，进而逐渐向南拓展，逐步实现城市复兴的。

为此，我们需要重新审视浑河西峡谷（二期）空间资源的整体价值。而如何处理它与城市的关系，使其与滨河生态新城融为一体，并带动周边区域的发展亦需要以创新的思维研究解决。

3.2.2 经济矛盾

目前，浑河西峡谷（二期）区域内仍有谟家村、郎家村等2个自然聚落。这些以第一产业为主要经济来源的居民，基本仍处于农业生产、生活状态，收入水平普遍较低，人居环境及卫生状况亦较差。另一方面，这些居民持续的农业耕作、挖沙取土、村落建设以及其他不适当的日常生产、生活活动，又对区域生态环境造成了极大的威胁与影响。

今天，随着铁西新型城镇化进程的不断拓展，居民赖以生存的土地也受到极大影响：一定范围用地将被征收、流转，一些现代风貌的聚落营建将被终止，同时局部聚落的搬迁以及受影响居民的要求也将被涉及。

如此种种现实矛盾若难以调和，社会的可接受性也势必将难以实现。

3.3 困扰

综上所述，如果浑河西峡谷（二期）依旧按照固有模式发展，未来将不得不面临三大困扰：
（1）生态环境承载能力将难以为继。
（2）经济持续快速发展将难以为继。
（3）改善人民生活质量将难以为继。
（4）而要改变这一现状，则必须考虑。
（5）如何统筹浑河西峡谷（二期）与滨河生态新城的关系，使其成为完善城市功能、重塑城市空间的契机？
（6）如何从单纯的环境改造提升到可持续发展的高度，使生态修复之后的浑河西峡谷（二期）能作为合格的自然资源，再度具有生态经济价值？
（7）如何改善铁西几十年来，因"先生产、后生活"而造成的城市经济繁荣与人民生活品质低下的反差，如何通过推进和强化新型城镇化下的生态基础设施建设，营造适宜人居的生活环境？

4 景观策略

通过对场地现状进行深入分析研究，基于"生态绿谷城市蓝厅——营建生态文明时代的人、水和谐典范"的规划理念，我们开始尝试采用景观策略，努力实现浑河西峡谷（二期）与滨河生态新城的有机融合。

4.1 水策略（图6）

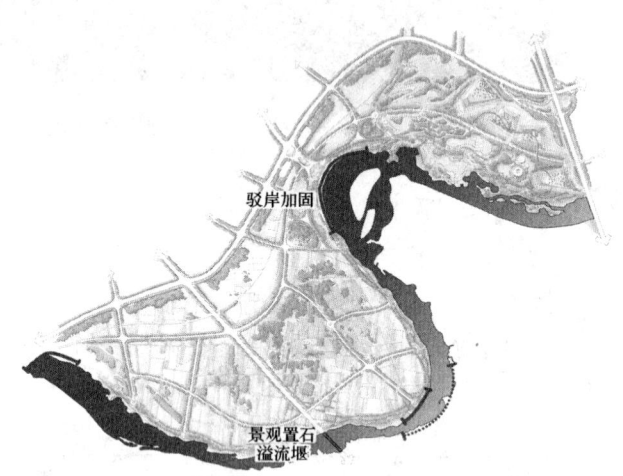

图6 水策略示意图

4.1.1 水位保障

采用景观置石模仿自然跌水的方式，设置溢流堰，将景观常水位保持在21米左右，以保证区域滨水景观效果。

4.1.2 驳岸防护

依据水利评估，对水流冲刷受力影响较大区域采用景观处理方式予以加固，确保市民亲水休闲活动安全。

4.1.3 雨洪利用

充分利用场地内现有河塘、洼地建立雨洪收集利用体系，对雨洪进行有效储蓄及循环利用（图7）。

4.2 生态策略（图8）

4.2.1 湿地净化

将现状排污渠改造成为湿地净化公园，以有效净化流入浑河的水质，并可辟为生态技术展示和科普教育场所。

4.2.2 棕地改造

区域东部的谟家村垃圾地，充分吸取国内外先进的

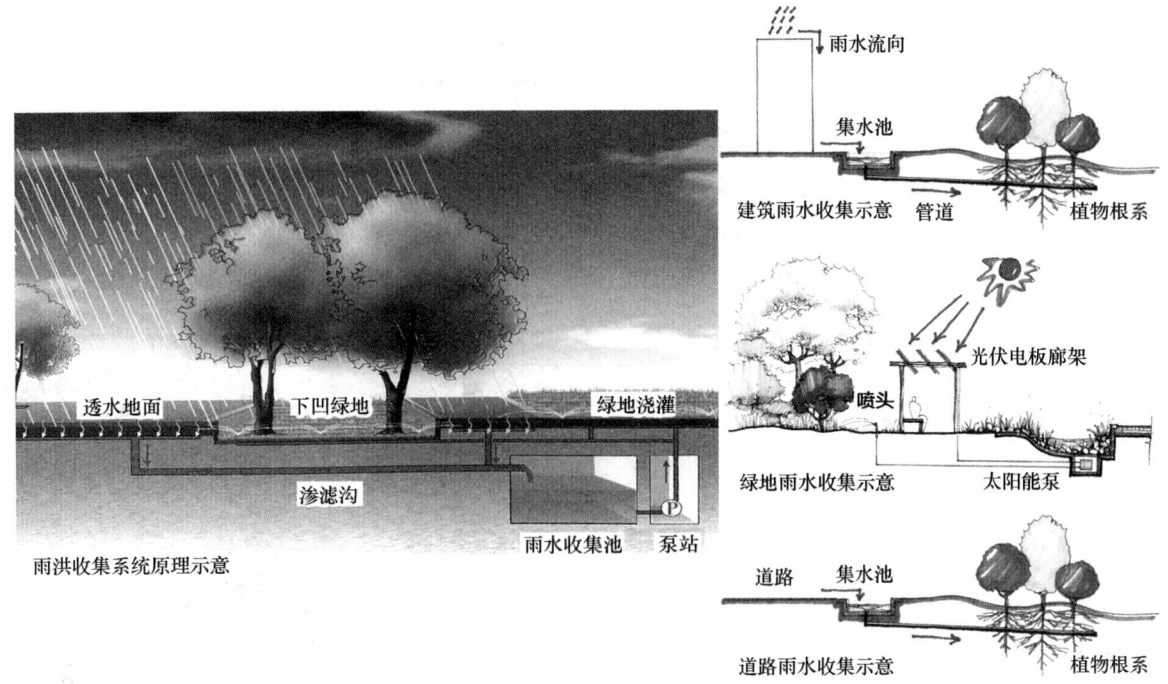

图 7 雨洪利用示意图

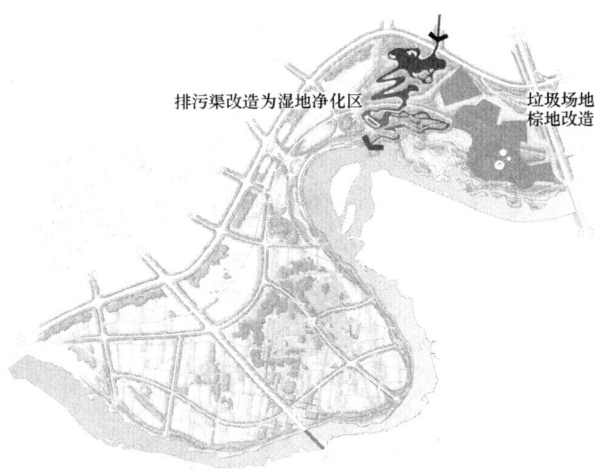

图 8 生态策略示意图

棕地治理经验，通过景观重塑，努力将其转变成为废物收集利用、循环经济理念的环保教育展示基地。

4.2.3 生境修复

对于滨河区域裸露河滩地，选取适宜的水生、湿生植物，进行景观植被恢复，重塑河流原始生境及其生物多样性（图9）。

4.3 滨水开发策略

4.3.1 调整规划布局

从区域整体结构出发，将原规划自中央大街向南跨越浑河的大桥调整至郎家村区域。如此，既有利于在中央大街南端、区域水系最为开阔处形成大型滨水公共空间，又有利于加强郎家村区域同新城之间的联系。此外，郎家村洲头河宽度仅为前者的1/4，也将有效降低桥梁建设成本。

此外，在保障城市行洪安全基础上，规划新的堤顶路，完善区域交通网络格局。新老堤顶路之间用地则以风

图 9 植被恢复前后对比

景林地和开放空间的形式，为滨河生态新城南进预留发展空间（图10）。

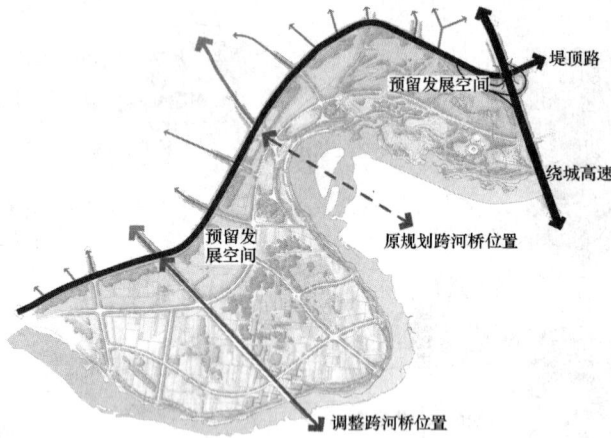

图10 规划结构调整示意图

4.3.2 构建复合交通系统

通过合理布置机动车路网保障区域可达性。同时，沿水岸上下因地制宜的设置绿道体系，以有机组织滨水交通，保障安全、可达，使河流同人、同城市的联系更紧密（图11）。

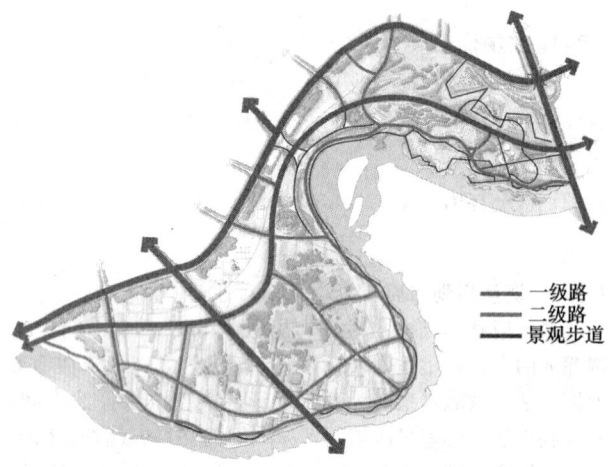

图11 复合交通系统示意图

4.3.3 建构多样滨水体验空间

结合滨水现状用地特征，设置多样亲水活动空间，进而充分将市民引向河流，让城市融会于自然。

4.4 经济策略

充分考虑结合经营性的活动来布置场地和主题空间，以为区域的日常维护及运营提供必要的资金流支持。同时依托滨水优势，将文化、生态产业资源向该区域集聚，以为原住民提供安置场所和就业机会。

5 规划设计

5.1 总体格局

基于以上景观策略，区域总体规划格局确立为"一心、三区、七节点"（图12、图13）。

（1）"一心"：位于中央大街南端的主题广场，作为与新城联系最方便、景观视域最佳的景观门户，为市民提供优质的滨水活动休闲空间。

（2）"三区"：自东向西，依托便捷的复合交通体系相互串联的生态修复区，滨水活力区，田园休闲区。

（3）"七节点"：在9.5km长的滨水岸线上，根据场地现状、景观特色及功能需求而分别设置的七处功能性节点空间。

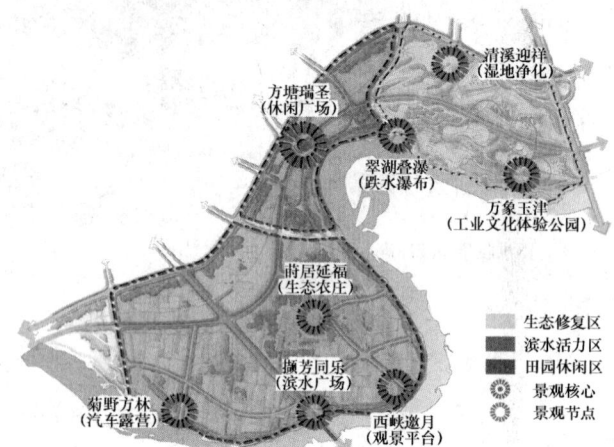

图12 规划格局示意图

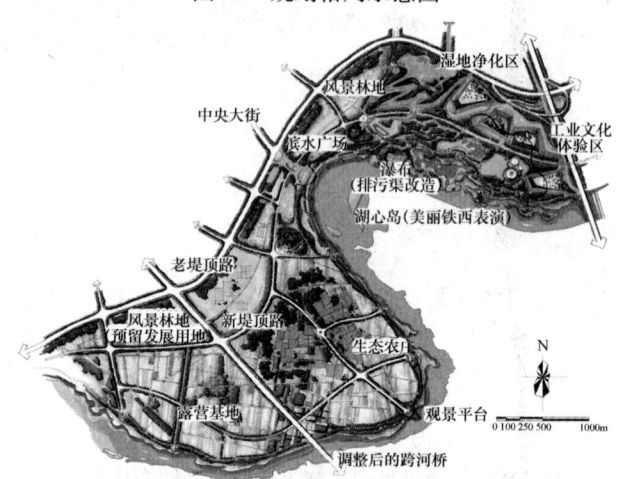

图13 规划总平面图

5.2 详细设计

5.2.1 生态修复区——"清溪迎祥"

"清溪迎祥"景区位于区域东端，现状用地以谟家村、排污渠、农田、水塘为主，同时还是雨水、污水、各种垃圾以及废弃物的汇聚地。规划中，我们基于物质再循环的理念，采用景观处理的方法，对场地环境进行重新塑造，同时借助场地重获新生来表达对工业时代的怀念和对环境再生的关注（图14）。

"清溪迎祥"景区主要分为工业文化体验和湿地生态修复两个功能片区。

（1）工业文化体验区

以区域内现有的各类生活垃圾、建筑垃圾及工业废弃物等为原材料，采用先进的垃圾处理技术并结合景观、艺术、生态等处理手法，通过建立良性循环的发展模式，营造展现工业文明、保留历史记忆的城市开放空间（图15）。

（2）湿地生态修复区

在原有排污渠及周边水塘基础上，通过扩大水面、曲化河渠、延长流程并结合原有出水口营造景观瀑布等方式，将原有水系与生态绿地交织在一起（图16），以对污染水源进行有效过滤、吸收，提高水质标准。同时，在生境修复的基础上，添加新的使用功能和休憩空间，营造独特的现代景观氛围（图17、图18）。

5.2.2 滨水活力区——"方塘瑞圣"

"方塘瑞圣"景区位于区域中段，中央大街南端。景区以滨水休闲为主要功能，借鉴中国传统园林设计手法，以"方塘"作为造景的主要元素，结合湖心岛设置"印象铁西"等水秀、焰火表演，进而将区域内的自然生态、历史文化和现代文明充分融合，构建一处安全、开放、舒适的城市公共空间，彰显美丽铁西"工业文明融会生态文明，中国制造走向中国创造"的时代主题（图19）。

景区核心处在竖向设计上采用立体交通方式，实现人车分离，保障人行空间的连续性与可达性。在滨水区域，则结合观演需求和原有台地基础营造下沉式的景观空间并

图14　生态修复区鸟瞰效果图

应用废弃物设计景观雕塑、堆叠景观地形并形成覆土式展示空间

图15　工业文化体验区透视效果图

图16　湿地生态修复区鸟瞰效果图

图 17　湿地生态修复区规划前后对比

图 18　湿地生态修复区规划前后对比

直达水岸，从而将浑河的疏朗、大气与现代空间的开放性、公共性相结合，营建围而不合的滨水活力带（图 20）。

5.2.3　田园休闲区——"西峡邀月"

"西峡邀月"景区位于区域西侧，是一处以高新产业为支撑，以生态旅游为核心，联动滨水观光、运动休闲、旅游度假、生态疗养等功能，集丰富多元的公共产品、高端舒适的服务配套于一体的田园休闲区（图 21）。

规划充分利用现有聚落及土地资源，依托景观设计、生态规划、产业调整等策略，整合区域新旧功能，形成创意工坊、生态农庄、绿色产业区等功能区域（图 22），进而激活、更新本已衰退的聚落空间，将其转化成为城市的资产，使之成为推动滨水发展的新引擎。

同时，在郎家村洲头，依托自然形成的峡谷状地貌，营造一处悬挑观景平台。平台以钢架构及玻璃为主，是游人悬空领略"醉西峡，迷瑶月"的惬意空间（图 23）。

6　结语

本文主要集中介绍如何利用景观策略来应对新型城镇化所面对的一些环境问题和社会问题，如何依托景观设计的力量来实现生态基础设施的有序建设和可持续发展。

中国有 118 个资源型城市，[2] 其中许有城市面临着类似铁西这样为实现城市复兴而在新型城镇化过程中亟待解决的问题。在此，我们希望把在浑河西峡谷（二期）规划研究过程中所遇到的问题和解决方法予以呈现，希望能够触类旁通、开阔视野，帮助我们的城市获得更多、更好的生态基础设施建设的方法。

图 19 滨水活力区鸟瞰效果图

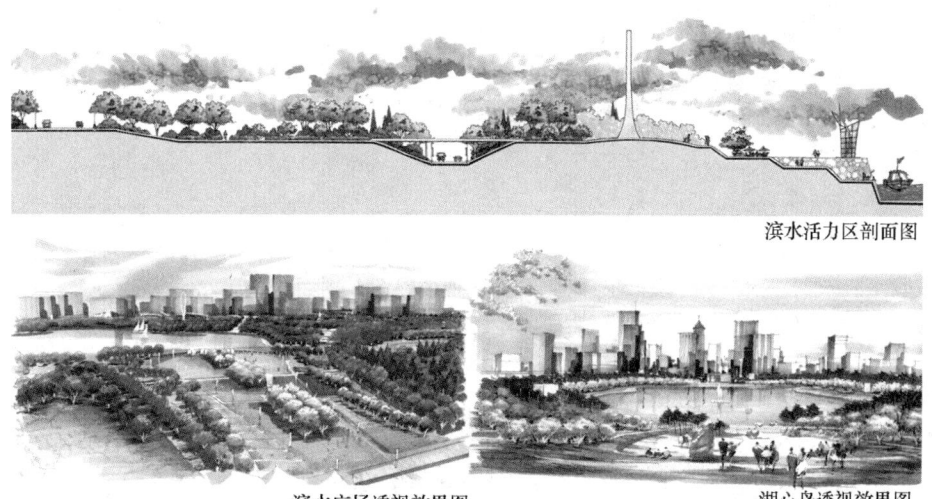

滨水活力区剖面图

滨水广场透视效果图

湖心岛透视效果图

图 20 滨水活力区剖面图、透视效果图

图 21 田园休闲区鸟瞰效果图

图 22 田园休闲区透视效果图

观景平台透视效果图

观景平台剖面图

图 23 观景平台透视效果图、剖面图

参考文献

[1] 李开然. 绿色基础设施：概念，理论及实践[J]. 中国园林，2009(10)：88.
[2] 国家计委宏观经济研究院课题组. 我国资源型城市的界定与分类[J]. 宏观经济研究，2002(11)：38.

作者简介

张蕾，1981年生，男，山西长治人，硕士，高级工程师，北京正和恒基城市规划设计研究院 Email 147892402@qq.com。

杨震，1979年生，男，湖南长沙人，硕士，注册规划师，北京正和恒基城市规划设计研究院。

黄君，1979年生，男，河北秦皇岛人，学士，工程师，北京正和恒基城市规划设计研究院。

城镇化背景下城市废弃地再生景观
——以北京环铁内部土地及棚户区整治为例

Urban Regeneration Landscape of Wasteland in Urbanization
——Taking the Design for Deserted Land and Squatter Settlement in Beijing Ring Railway District as an Example

张 蕊 刘志成 崔雯婧 赵雪莹

摘 要：城镇化是现代化水平的重要标志，城镇数量增加和规模的不断扩大导致一些城市死角的土地废弃，导致城市二元结构的出现。在北京繁华的朝阳区，废弃环铁内部的土地、村民被城镇化遗忘或者他们正遭受着城镇化带来的负面影响。在景观都市主义理论的指导下，分析景观作为解决城市棚户区问题的可行性，最后针对北京环铁地区棚户区及荒废土地提出一套切实可行的景观方案。为以后城市棚户区改造及推进城镇化平稳健康发展献务实之策。

关键词：景观；城镇化；棚户区；策略

Abstract: Urbanization is an important symbol of modern standards, yet the progress of urbanization brings about increasing blind angles, resulting in the disparity of cities. Though prosperous Beijing's Chaoyang District is, there are land being abandoned and villagers being ignored. Under the guidance of landscape urbanism theory, this paper explores the feasibility of solving the problem by analyzing the landscape, trying to find a practical way to deal with the squatter settlement and the deserted land in Beijing's Ring Railway district.

Key words: Landscape Architecture; Urbanization; Squatter Settlement; Strategy

引言

城镇化是现代化的必然趋势，也是广大农民的普遍愿望，很多农民经常用这样一句简洁的话来表达他们对未来生活的愿望："希望过上和城里人一样的好日子"。然而，在整个社会追求快速的经济发展和高速的城镇化进程的同时，往往忽略了人的生活感受，生态环境也在无形中遭受着前所未有的破坏。城镇化的快速发展，使城市的形态不断扩张。破坏了生态体系，村落结构，历史文化传统等等。都市人口的增多，使人与人之间的隔膜越来越大，人与自然的距离越来越大，逐渐失去精神的避难所。新型城镇化，就是以人为核心的城镇化。作为风景园林工作者应该为人类设计一种舒适的生活方式，达到人与自然的和谐共处。

1 景观整治策略

1.1 用景观整治的可行性分析

中国自20世纪90年代中后期以来伴随着体制转轨和企业改革深化，城市居民贫富分化开始加剧，而随之带来的是基于阶层分化的居住重构。改革开放后，不同的社会经济结构出现，同时，基于社会经济阶层的居住模式开始形成。[1]

城市化或城镇化（Urbanization）是现代化水平的重要标志，是随着工业化发展，非农产业不断向城镇集聚，从而农村人口不断向非农产业和城镇转移、农村地域向城镇地域转化、城镇数量增加和规模不断扩大、城镇生产生活方式和城镇文明不断向农村传播扩散的历史过程。[2] 新型城镇化是以人为核心的城镇化，现在大约2.6亿农民工，使他们中有愿望的人逐步融入城市，是一个长期复杂的过程。然而在国内，尤其改革开放以来，我国城镇化进行的如火如荼，在整个进程中难免出现一些城镇化死角，造成"城市病"，即一边是高楼林立，一边是棚户连片。这种城市内部的二元结构，亟待解决。

中国有着一般亚洲国家普遍性的特点，即人口基数庞大，处于城市化的快速进程中。在这样的一个国家中进行棚户区改造，不但需要投入大量的人力和物力，同时需要协调各方面的关系和利益，传统的整体拆迁安置的方法消灭棚户区可能会在实施中和实施后产生大量的问题。[3] 于是，以景观的策略治疗城市病，辅以城镇化的进程，是一种比较合适的方式。有学者曾经提出，将景观作为一种低廉的渐进的灵活的改造力量，它天生具有这样几个优势：首先是其改造的成本十分低廉，相比整体的拆迁安置而言，这种改造的投入可能不到前者的十分之一。同时低成本的改造也有利于激发本地居民的参与性，使得"参与性的棚户区改造"形成比较良性的循环；其次，景观其自身具有渐进性和生长性的特点，这与棚户区的发展节奏和速度比较一致，两者能够在同向的发展道路上互相补充；第三，当代中国的棚户区很大一部分就是在城市开发建设中由于各种原因被遗忘的角落，它属于城市自身发展过程中存在的历史问题，是由于地方政府非健康的城市建设方针和发展思路造成的。在这种情况下，景观介入策略恰好能够发挥灵活的一面，使其能够在城市规划无法触及的区域发挥作用。[4]

1.2 以景观都市主义为指导

"景观都市主义"一词是由时任芝加哥伊利诺斯大学副教授、现任哈佛大学风景园林系主任查尔斯·瓦尔德海姆（Charles Waldheim）在1997年正式提出的。[5]作为20世纪80年代宾夕法尼亚大学建筑专业的学生，瓦尔德海姆深受詹姆斯·科纳（James Corner）和伊恩·麦克哈格（Ian McHarg）的影响。在这一时期，科纳和麦克哈格为风景园林的未来进行着激烈辩论。瓦尔德海姆吸收了两者的共同点，整合了麦克哈格的生态规划思想和科纳的城市设计理念。

景观都市主义的核心观点是：从景观的角度来思考城市问题，生态策略作为解决问题的切入点。景观应该替代建筑，成为决定城市形态和体验的最基本要素，[6]它探讨了一种调解建筑与景观、场地与对象、方法与艺术之间分歧的可能性。[7]景观都市主义起源于欧美等国家对后工业社会诸多问题的批判性思考，从学科交叉的敏感部分发展起来，强调景观作为未来组织城市空间发展的最重要手段，[8]充当未来城市发展的一个适应性模型。

景观都市主义包括以下几层含义：（1）在项目之初，景观先行，规划师通过景观方式组织整个方案，整合与建筑学、城市规划、生态学、工程学乃至社会政治学等多学科的关系。（2）景观手段作为媒介，并不局限于营造优美的场景，而是将景观作为理解和介入当代城市的媒介，将自然和生态的理念引入城市，即尊重场地的自然演变肌理，城市的发展融入在生态演变中。（3）引入时间的维度，将景观设计看作是一个过程。景观设计师所提供的只是开放性策略而非具体的设计形式，其结果具有不确定性和弹性，设计师的方案只是其中一种可能，同时允许未来无限可能性的存在。景观通常在10年或者20年后会更好；在30年后，它们会被变成一种很不一样的实体。（4）通过成功的景观规划设计，引导人们新的生活方式的形成，帮助实现整个场地的复兴，提升周边土地的价值，从而创造出新的就业机会和经济利益，带动整个地区的发展。（5）最终，景观逐渐替代建筑，成为新一轮城市发展过程中刺激发展的最基本要素，成为重新组织城市发展空间的最重要手段。

1.3 景观整治的思路

以景观都市主义的理论为指导，景观作为治疗城镇化进程中城市病问题的解决策略，笔者认为，它包括以下几个方面：

（1）资源合理配置：包括对于现有土地的重新规划整治，使其资源、能源利用效益最大化；其次介入都市农业的理念，将农业生产引入其中，带动区域经济发展。进行改造。如果能够实现能源和资源的自我供应，将其作为一个独立的系统，建立其自身能源循环的框架，则是能够在未来相当长的一段时间内节省和控制能源的消耗，使之从恶性循环的状态中解脱出来，进入可持续的发展的状态。

（2）绿色基础设施建设：美国麦克·A.本尼迪克特和爱德华·T·麦克马洪（Mark A. Benedict, and Edward T. McMahon）将绿色基础设施定义为——当其用作名词时，绿色基础设施是指一个相互联系的绿色空间网络，包括自然区域，公共和私有的保护土地，具有保护价值的生产型土地，和其他受保护的开放空间。当其用作形容词时，绿色基础设施描述了一个进程，该进程提出了一个区域和地方不同规模层次上的系统的、战略性的土地保护方法，鼓励那些对自然和人类有益的土地利用规划和实践[9]。对于城镇化遗落的角落（棚户区或者废弃村落等），在其中建设绿色的公共空间，以提高土地活力，增加空间的利用率。

2 "环铁"案例

2.1 基地现状

地块位于首都北京最繁华的朝阳区，北京环形铁路是国家铁路试验中心环形试验场，建于1958年，周长9km，是中国乃至亚洲惟一的铁路综合试验基地。大环内待开发的土地约9000亩，分属将台、南皋、东坝三个乡，其中有2500亩水面、1000亩林地，其余都是农田，是北京五环之内的一块水草丰美的"处女地"。现在随着机车速度的提高，环形试验场已经不能全面满足机车的实验要求；铁路大环及环内的农田、鱼塘、村落等逐渐被废弃。

在环铁北部，有一个叫黑桥村的村落，村民聚居在此，因环铁的新建，交通闭塞。村子与外界的联系以往是通过一个最宽在5m左右的铁路桥洞进行的。就算现在，整个环铁与外界联系的出入口也不过5个左右，最窄的是仅能容纳行人穿越的狭窄排水通道。在环铁建成后的50年里，各种工业化项目都与这个村落无缘。目前村民以出租房屋为收入来源，近年涌入的外来人口在2万人左右。整个村落空间使用紧张，呈现一幅衰败的状态（图1、图2）。

2.2 存在的问题

这里的环境被一个环铁牢牢的封锁着，外面城镇的进程无法进入环铁，无法给环铁内部的人群带来城市的活力与生机。环铁内部更是进入一种恶性循环的状态，这里的农民为追求更高的收入，外出打工，将大片的农田、林地、鱼塘荒废；这里居住的艺术家也仅仅只是因为这里的房租便宜，选择在这里创作后将作品拿到城市去卖，没有给这里留下任何东西，整个土地丧失活力。

（1）生活状态：当地村民与艺术家缺乏交流；人与人之间关系淡漠；失去精神避难所。

（2）环境现状：生态破败，缺乏管理，土地没有得到合理配置，失去生机。

（3）交通现状：环铁的存在阻隔内外联系，交通闭塞。

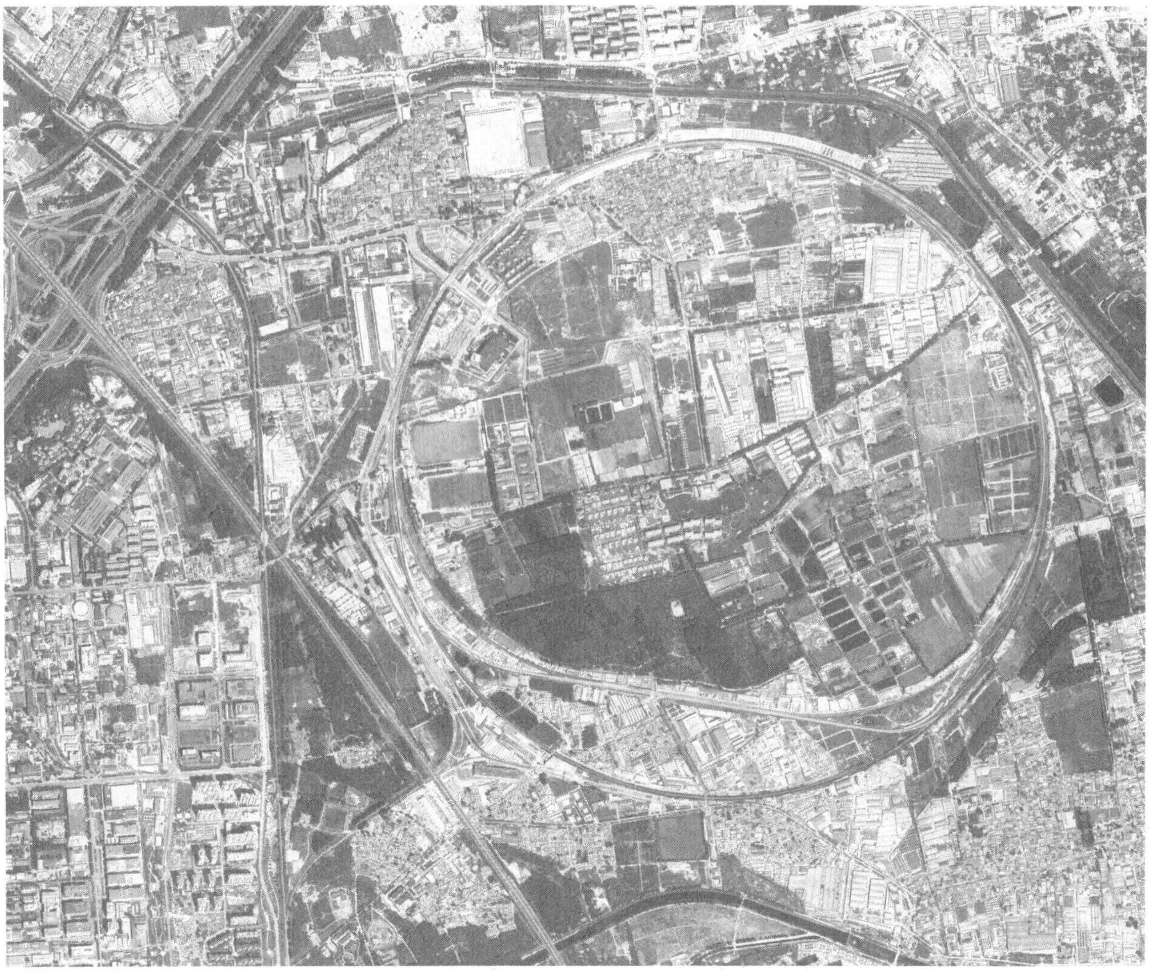

图 1　区位航拍图

图 2　环铁内现状照片

2.3　景观整治的方法

针对环铁内土地的现状，景观作为一种复兴策略，可以从以下三个方面进行具体实施：首先是自足供应的资源和能源，将土地重新整治，农田、鱼塘各司其职，创造新型的都市农业，带动旅游业的发展，促进场所活力的提升；其次是关于关于引入绿色基础设施的问题，它包括了在村落、农田、林地中的公用设施及绿色的交通体系，即绿色有轨电车的使用，打通环内与环外的交通。第三个方面是提供给农民和艺术家、外来游客三类人群共同的平台，让人们找到心灵的归属，使城镇化健康平衡的发展。

2.3.1　资源合理配置

经过对土地的重新整治，利用环铁本身的地理优势开展都市农业。都市农业通过在都市生产、加工并且营销食物和燃料的策略去应对城市的需求。都市农业最明显的优势在于其效率和便捷性，它可以直接为都市提供新鲜的蔬菜和水产品，同时避免多余的交通运费。在环铁内部发展都市农业，将废弃的农田重新利用，又赋予其新的功能，通过旅游业的介入，增加农民收入（图3）。

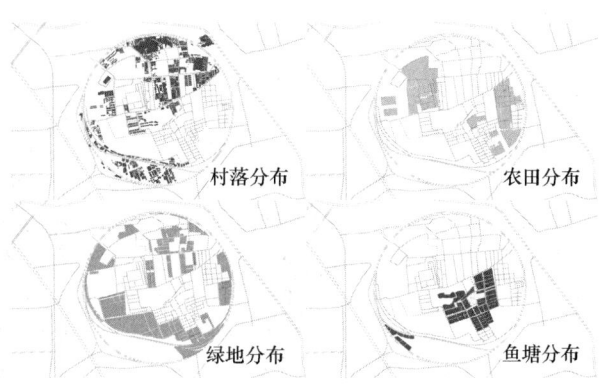

图 3　土地的重新整治

2.3.2 绿色基础设施建设

(1) 公用绿色空间的设置

其一，在环铁上选择交通枢纽的位置建设交通站点，使其成为联系内外的节点，也是展示环铁艺术、文化的节点；其二，在整个区域内部设置不同的绿色空间，用以售卖、停留、创造更多的公共活动空间。

(2) 环铁绿色有轨电车的使用

利用铁轨绿色电车的零排放交通设施，联系内外交通，将圈内文化及都市农业氛围展示给城市，使这里重新焕发生机。内部结合土地分配进行交通规划，打通交通脉络，激活整个区域。

(3) 有效地空间促进环铁内人的交流

其一，通过土地重新整治、各资源优化配置、建设绿色基础设施，改善生态环境，提高生态效益，艺术与农业的结合，艺术家与农民携手共建家园；

其二，利用铁轨绿色电车——零排放交通设施，打通交通脉络，激活整个区域，联系内外交通，将环铁内文化及都市农业氛围展示给城市，静城市外的有人、信息、城镇化进程引入环铁内部，使这里重新焕发生机（图4—图6）

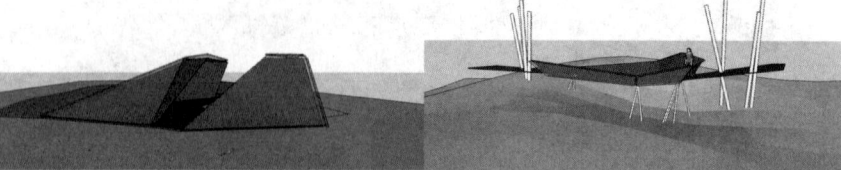

图4 不同形态及功能的停留设施

图5 结合交通站点布置公用空间

图6 环铁内农民、艺术家和外面的游客

3 结论

当代中国正在向工业化、城镇化和农业现代化，及资源节约型、环境优化型社会转变。大力推行新型城镇化模式，保证粮食安全、加强农村基础设施建设和社会事业发展，促进城乡要素平等交换、公共资源均衡配置，工农互惠，城乡一体。在这样一个转型时期，对于城市地块的利用始终存在多种力量的博弈，由于缺少一种统一的评价体系，使得对地块的利用呈现多种结果，其中也不乏面对城市死角、城市二元结构的问题——棚户区、废弃土地的处理问题上的争议。在这种情况下，以景观的方式作为整治策略不失为一种示范性的尝试，让棚户区的改造成为一个健康的、稳步的、保留当地非物质文化遗产的，自然生长的状态。因而，对于治疗当代中国城市病问题，这种策略具有一定的价值和实际操作意义。

参考文献

[1] 郑文升，金玉霞，王晓芳，等.城市低收入区治理与克服城市贫困[J]. 城市规划，2007, 31(5)：52-61.

[2] 张占斌. 新型城镇化的战略意义和改革难题[J]. 国家行政学院学报. 2013(1).

[3] UN-Habitat. Slums of the World：the Face of Urban Poverty in the New Millennium[Z]. 2003.

[4] 周向频，陈枫. 景观作为棚户区复兴的策略之一——以上海苏州河地区为例[C]//和谐共荣——传统的继承与可持续发展：中国风景园林学会2010年会论文集(上册). 2010.

[5] Waldheim C. Reference Manifesto [M]//Waldheim C. The Landscape Urbanism Reader. New York：Princeton Architectural Press，2006：21-33.

[6] Waldheim C. A Reference Manifesto [M]//Waldheim C (eds.) The Landscape Urbanism Reader. New York：Princeton Architectural Press，2006：13-19.

[7] 胡一可，刘海龙. 景观都市主义的思想内涵探讨[J]. 中国园林，2009(10)：64-68.

[8] 杨锐. 景观都市主义的理论与实践探讨[J]. 中国园林，2009(10)：60-63.

[9] 朱谢.基于绿色基础设施的广佛地区城镇发展概念规划初步研究[D]. 广州：华南理工大学，2011.

作者简介

张蕊，1991年1月，女，汉族，陕西西安人，北京林业大学园林学院在读硕士，主要研究方向为风景园林规划设计与理论，Email：Ruizhang_110@163.com。

刘志成，1965年9月，男，汉族，江苏淮阴人，北京林业大学园林学院教授，研究方向为风景园林规划设计与理论。

崔雯婧，1989年生，女，汉，籍贯河北，风景园林学在读硕士研究生，主要研究方向为风景园林规划设计与理论；Email：1164115479@qq.com。

赵雪莹，1992年生，女，蒙，籍贯内蒙古，风景园林学在读硕士研究生，主要研究方向为风景园林规划设计与理论，Email：lvariel@163.com。

郊野公园的功能意义与乡土景观设计探析
——以天津西青郊野公园为例

Research of the Functional Significance and Local Landscape Design of the Country Park
——Taking Tianjin Xiqing Country Park for Example

赵诗然　孟　瑾

摘　要：在新型城镇化背景下，生态基础设施建设愈加重要，郊野公园作为其中一项重要建设内容，将城市与自然有机地结合在一起。本文通过实例分析郊野公园功能意义和如何进行乡土景观设计来探讨郊野公园对生态基础设施建设的作用，体现其在新型城镇化进程当中的重要角色，促进"以人为本"的新型城镇化和生态基础设施建设。

关键词：新型城镇化；生态；基础设施建设；郊野公园；乡土景观设计

Abstract: In the new context of urbanization, the ecological infrastructure construction becomes more and more important, the country park is one of the important content of construction, the city and the natural organic combination. In this paper, the country park functional meaning and how to vernacular landscape design to explore the function of country park on the ecological infrastructure construction through the analysis of an example, reflects its important role in the urbanization process, promote "people-oriented" new urbanization and ecological infrastructure construction.

Key words: New Urbanization; Ecological; Infrastructure Construction; Country Park; Local Landscape Design

改革开放以来中国城市发展迅速，城镇化程度从37%达到65%。迅速的发展也带来了诸多问题，如城市无序蔓延、环境污染严重、空气质量恶化、雾霾肆虐等等。因此今年国家提出了"新型城镇化"规划，根据各项需求提出合理化政策，以"以人为本"为宗旨，帮助农民真正融入城市，做到"生态优先，文明发展"。城市的绿化、美化和净化，需要完整的生态基础设施来支撑，有机整合生态要素，才能为城市的生产、生活提供必要的生态系统服务。郊野公园作为重要的生态基础设施，可以防止城市扩张，保护区域山水格局和大地机体的持续性以及完整性，明确郊野公园的功能意义，并且着重进行乡土景观设计，对未来城市的生态安全和可持续发展有重大意义。

1　郊野公园的起源与发展状况

1.1　郊野公园的起源

早在1968年，英国政府就根据乡村法（Countryside Act）提出了建设郊野公园的要求。截至1995年，约有250个郊野公园在英格兰和威尔士地区建立。而香港早在殖民地时期，就跟随英国的法律法规在城市周边划分并且建设了多个郊野公园，并于1976年制定了《郊野公园条例》。目前，香港已建成23个郊野公园，覆盖全香港土地面积的40%。[1]

1.2　郊野公园的发展状况

近几年来，国内许多大城市掀起了一轮郊野公园建设的热潮，如北京、上海、深圳等，但目前在国内郊野公园建设中相对比较成熟的只有香港、深圳。

天津于"十二五"期间开始投资规划建设郊野公园，根据国内外建设郊野公园的经验，在本市规划建设16个郊野公园，其中东丽区3个，津南区2个，西青区2个，北辰区3个，滨海新区6个，规划面积总共达到810多平方公里。在"十二五"期间将建成7个郊野公园，环城四区各1个，滨海新区3个。[2]目前，武清北运河郊野公园二期已经建成开放，西青区、东丽区郊野公园一期即将完工，津南区、滨海新区完成郊野公园规划。

2　郊野公园的概念

中国内地郊野公园的概念和模式主要来自于香港，并且国内对郊野公园在概念和范畴的理解上存在着一定差异，目前对郊野公园尚无权威、公认的确切定义。其中狭义的郊野公园，通常指位于城市边缘的郊区，具有自然山水、林地和湿地等良好的生态环境和自然风景资源，经过人工的合理规划和建设，为人们提供郊野休闲和生态

---

① 天津市艺术科学规划基金项目，项目编号 A12069。

科普教育等活动的公共性开放空间。[3]

3 郊野公园的功能和意义

3.1 郊野公园的功能

3.1.1 生态功能

郊野公园位于城市边缘，可以防止城市无序扩张，改善空气环境与水体环境，增大地面绿化覆盖率，有利于野生动植物的生存，提升城市的生物多样性，满足城市居民对生态环境日益增高的要求。[4]

3.1.2 美化功能

郊野公园中植物柔和的轮廓，不断萌发的生机和随季相变换的色彩与城市中冰冷、刚硬的人工构筑物形成鲜明的对比，丰富的绿色景观给市民带来了视觉美感。充分利用自然地形地貌和本土动植物造景，体现城市的历史文化与地方特色，将城市与自然环境有机结合，美化城乡景观。

3.1.3 游憩功能

城镇化进程的加快，使城市居民工作压力日益增大，因此人们更愿意把自己的金钱和时间投入到休闲放松的游憩活动中去，而郊野公园给市民提供了这样的机会和场地。郊野公园建设应突出野趣的特征，充分为不同偏好的游客考虑，如野餐点、休憩点等服务设施和安全设施的设置要最大限度的满足游客享受野趣的要求。

3.2 建设郊野公园的意义

3.2.1 防止城市扩张

将城市边缘一定范围内的土地纳入郊野公园中，确定公园的空间格局后，城市郊区的卫星城及居住组团等区位也会随之确定下来。城市的发展多少会受到郊野公园用地制度的严格控制，城市扩张与保护自然环境两者之间应实现一个合理的平衡。

3.2.2 提供生态教育

郊野公园为市民提供了良好的户外课堂，激发人们热爱自然、提高环保意识，在无形中展开有形的生态教育，使人们在理念上树立尊重自然、顺应自然和保护自然的生态文明观。如园内小径沿途可以设有动植物名牌，也可以以各种形式展示郊野公园的历史渊源、附近乡村习俗、生态及地理环境特征，来提高市民尤其是青少年对郊野环境的认识，加深其对自然保护重要性的认识。

3.2.3 科学研究价值

郊野公园可以提供生态环境研究的场所，例如种植实验、生态环境设备检测、生态演替研究等，检验人类活动所引起自然生态系统变化程度等问题。

4 郊野公园的乡土景观建设

由于郊野公园位于城市近郊区，具有良好的自然景观、郊野植被和田园风貌等基础，所以郊野公园在规划编制中应以人为本，把握好开发强度，对大自然不要过多惊动、干扰和破坏，实现绿色低碳运行，建设保护生态与休闲娱乐为主要目的的生态基础设施。[5]

4.1 保留原生态的自然要素

坚持资源节约和环境友好的基本原则，保护原有的自然要素，可以通过湿地景观、农田景观、林田景观等凸显城乡郊野特征的景观，充分反映出郊野公园"自然、生态、野趣"的特点。

4.2 引入乡土人文景观元素

不同地区拥有不同的乡土人文景观，乡土人文景观是当地居民认可的精神产物，它来源于自然和日常的乡村生活，蕴含着一定的文化意义和地方精神。所以在郊野公园建设中，我们可以通过民俗风情、民间艺术、民族信仰等乡土人文景观元素再现当地的生活与生产场景，吸引游人参与其中，体验乡土人文景观带来的乐趣。

4.3 合理配套设施

充分利用现有苗圃，保留具有地域文化特征的林地现状，调整森林结构，丰富动植物种类，逐步培育接近自然生态的植物群落，并着重配套水源保护、农林生产以及森林防火等必要设施。在郊野公园规划中，应充分保护集中体现地域特色的村庄，为其配套必要的道路、市政和公共服务设施，确保公园建设的实施和可持续发展。

5 案例分析——天津西青郊野公园

5.1 项目区位

西青郊野公园位于西青区中部，东临津汕快速路，西邻团泊快速路，赛达大道穿越公园内部，交通条件优越。用地范围为东至大沽排水河，南至独流减河，西至陈台子排水河，北至荣华道。规划总用地35.78km^2。一期用地为郊野公园北部，用地面积14.57km^2；二期为郊野公园南部。

5.2 规划设计理念

"传精武文化，观生态湿地，品渔家唱晚，享散漫生活"为全园的设计理念，紧紧围绕精武文化，结合水、田之农耕特色，构建主题林区，体现郊野、大绿的主题，打造津城西部独具特色的湿地风景。

5.3 规划结构

西青郊野公园规划形成"双核、两带，双环，四区"的独特的湿地景观风貌格局。"双核"：北片区以现状基本农田为核心，南部以现状水面打造的湖面的核心。"两带"：依托独流减河形成的滨水景观带以及沿高速公路的防护林带。"双环"：公园内依托现状水渠和水塘，开挖一条环绕郊野公园的河道，环内鱼塘相互连通，在南北两片形成各自环田园风光区，水网密林区。

主要景点：

公园东北角为霍元甲纪念馆，由霍元甲故居和霍元甲陵园两部分组成。霍元甲是清朝末年的武术大师，为国雪耻，振奋民族自强精神，为亿万同胞所钦佩。市民在游览公园的同时也可以来纪念馆参观，领略精武情怀(图1)。

图1 霍元甲纪念馆（作者自摄）

一期以农田景观为主，在纵横交错的田垄种植各种农作物，给城市居民一个了解体会农耕的机会，也在造园的同时保留了当地的农业生产模式，满足了生态低碳的要求（图2）。"鱼塘闲钓"位于东南角，鱼塘被分坝分为大小不一形式不同的几个部分，并在岸边设置垂钓平台，满足游客安全并且安逸的垂钓需求。树林、草地、丘陵合理设在一期园内四周与水系巧妙结合，形成水中绿洲、河边林地、湖边绿荫等景观（图3）。

图2 农田景观（来源于网络）

二期东北角的"水网湿地"，通过整理基地水系，形成水网交错湿地。"长堤垂柳"位于中部区域，水中长堤两侧种植垂柳形成不同的水岸景观，走在长堤上可以感受微微杨柳风。二期并拥有大面积水域一块，开阔的水面和前两者形成鲜明对比，让人领略到园中不仅有蜿蜒的小溪，密集的水网，而是丰富的水体形式（图4），农田也作为二期的主要部分位于园中重要位置。

图3 水中绿洲、河边林地、湖边绿荫（作者自摄）

图4 丰富的水体（作者自摄）

5.4 西青郊野公园的功能和乡土景观分析

5.4.1 功能分析

（1）生态功能

合理利用改造原有水利、农田、林地、鱼塘，致力于自然、朴实的造景，摆脱城市景观的造作与人工痕迹。整改后的大面积的林地、草地和水系既保护了原有的生态系统，又为城市改善了空气环境与水体环境，有利于野生动植物的生存，提升城市的生物多样性，满足市民对生态环境的要求。

（2）美化功能

郊野公园中大面积的乡土植物景观与城市景观形成鲜明的对比，并且承载着当地的武术文化，充分利用当地自然地形地貌造景，将城市环境与自然生态有机结合。

（3）游憩功能

丰富的绿化和郊野景观为市民提供了逃离城市喧嚣去享受大自然的机会。西青郊野公园以其丰富的水资源和农田资源，突出了野趣的特色，让市民在公园里充分体会与水和植物的接触，并且为不同偏好的游客考虑，设置不同的游憩道路、场地和项目。

5.4.2 乡土景观分析

西青郊野公园地处城市近郊区，文化发展特点和环境基础条件与城市不同，综合当地发展情况和区域历史文化资源，在原有基础设施等多种因素基础上，进行低碳、环保、生态的乡土景观设计。

（1）与霍元甲纪念馆结合

公园并没有将霍元甲纪念馆孤立开来，而是与其合并，成为公园的一部分，增添了公园的游憩内容。既充分结合了当地文化，也为市民提供了了解当地精武文化的机会，保护了当地的历史文化遗产。

（2）水系形式丰富

因基地原有大面积的农田和水系，在此基础上充分发挥水系的作用，将水系合理规划得蜿蜒曲折，收放自如，与陆地组成了各式各样的景观，为人们带来了不同的感受，在此基础上开展格式游憩活动，如欣赏水景、泛舟、垂钓等。合理维护和强化了当地的水土格局和乡土生境系统。

（3）农业的切身体验

园中设置两处大面积的农田，形式与传统农田无异，在此基础上增添种植内容，并让游人参与其中，享受"归园田居"的乐趣，学习祖国长久以来的农耕文化，和种植农作物的技巧，让人们更加直接的认识大自然并且爱护她。

（4）植物的配置多样

与城市公园不同的是，郊野公园拥有大面积的土地来进行植物配置，并且形式丰富。例如沿河形成乔灌木林带；在缓冲带形成郁闭度高的树丛群落；在河岸非主要观赏点的位置，创造相对"野趣"感较强的生态堤岸；岛屿形成特色栽植。与城市公园不同的是，郊野公园可以用乡土植物进行造景，既维护了当地的自然形态，完善了绿地系统，也兼顾乡土植物苗圃的功能，具有很高的生态价值。市民也可以在林地里烧烤或者休闲露营。

6 结语

在新型城镇化的形势下，要求我们不以牺牲生态和环境为代价，合理统筹城乡，形成生态宜居、和谐发展的城镇化。郊野公园保护自然生态、美化环境并为市民提供适宜的郊野游憩环境，是城市生态的重要元素和样本，又是防止城市扩张的主要屏障，为缩小城乡差距、推进城乡一体化发展、加速城镇化作出巨大贡献。了解郊野公园的功能意义和乡土设计手法，对建设郊野公园并加速新型城镇化的生态基础设施建设具有重大意义。

参考文献

[1] 王睿. 北京郊野公园设计探索与实践——以将府公园、朝来森林公园为案例[J]. 2009北京生态园林城市建设，2010：69-74.

[2] 杨博华. 都市田园梦 绿野入画来——市人大常委会视察郊野公园综述[N]. 天津人大 2013(139)：26-27.

[3] 丛艳国，魏丽华，洲素红. 郊野公园对城市空间生长的作用机理研究[J]. 规划师，2005(9)：88-91.

[4] 田园，王树栋. 郊野公园基本特征与功能初探——以北京将府公园为例[J]. 北京农学院学报. 2013(28)：46-49.

[5] 俞孔坚，李迪华，潮洛蒙. 城市生态基础设施建设的十大景观战略[J]. 规划师，2001(6)：12-17.

作者简介

赵诗然，1990年12月，女，汉族，天津市人，天津城建大学建筑学院，风景园林规划与设计专业在读硕士研究生，Email：406635622@qq.com。

孟瑾，1967年7月，女，汉族，天津市人，天津城建大学建筑学院，教授，研究方向为风景园林历史与理论、风景园林规划设计，Email：88238025@sohu.com。

健康导向下的滨水景观规划设计策略综述

Review of Planning and Design Strategies for Health-oriented Waterfront Landscape

赵文茹　赵晓龙　李国杰

摘　要：基于认知效益和休闲效益两个层面，明晰了水作为景观元素对人类健康的促进效益。综述国内学者在健康视角下对滨水景观规划设计的研究，归纳总结出两大设计策略：①通过改善水质、恢复河道形态、修复河床断面和修复河岸植被与湿地群落来维护健康的水域生态环境；②通过形成良好的视线可及性与交通可达性、提供休闲活动场所来引导人们进行休闲活动。最后提出了健康视角下的滨水景观规划设计需要进一步细化的研究工作。

关键词：风景园林；滨水景观；健康效益；水域环境；休闲运动

Abstract: Based on the cognitive benefits and leisure benefits of water, this paper clarifies its promotion of human health benefits as a landscape element, reviews the domestic scholars on the research of the waterfront landscape planning and design from health perspective, summarizes two strategies: ①Maintain the water ecological environment by improving water quality, restoring the river morphology, river section, the riparian vegetation and wetland community. ②Guide leisure activities by providing a good line of sight accessibility, traffic accessibility and leisure places. Finally put forward the further detailed research of waterfront landscape planning and design from health perspective.

Key words: Landscape Architecture; Waterfront Landscape; Health Benefits; Water Environment; Recreational Activity

1　引言

近年来，我国城市化进程的快速发展带来的环境恶化与缺少运动的生活方式严重影响了人们的健康，调查显示，[1]城市中基本符合WHO健康标准的人仅占15%左右。由此可见，解决城市健康问题、提高全民健康水平已经迫在眉睫。

景观对健康的影响已经得到广泛地说明，一个有吸引力的景观可以为人们提供健康，而水被认为是最重要的审美景观元素之一，对人们健康具有积极的促进价值。因此，基于水对人的健康促进效益，提出健康导向下的滨水景观设计策略，对解决城市健康问题、提高居民健康水平具有积极的意义。

2　水对人的健康促进效益

2.1　认知效益

认知通过使用人的感觉来产生对水的情感和态度而得到表达。人类的生活环境按照性质可以分为水环境、自然环境和城市环境三种，其中水环境对情感上的状态有更积极的影响，因而对于人心理的有益影响尤其明显。其开阔的水面、葱郁的河岸植被等对于人积极的认知有着强烈的影响。[2]影响人们对水感官认知的重要因素包括水的声音、颜色、透明度、流动性和水的环境，这些因素是由水域生态环境决定的。除了水的自身属性因素以外，健康的水域生态环境富含的负氧离子、舒适的微气候还可以增强人体免疫力、提高代谢能力，从而维护人的生理健康（图1）。

2.2　休闲效益

城市和自然环境中的水自身具有释放压力、提高情绪的作用，[3]同时，人们还借助于滨水区进行休闲活动，这些活动对于预防心血管疾病、肥胖及焦虑和抑郁有积极的影响。

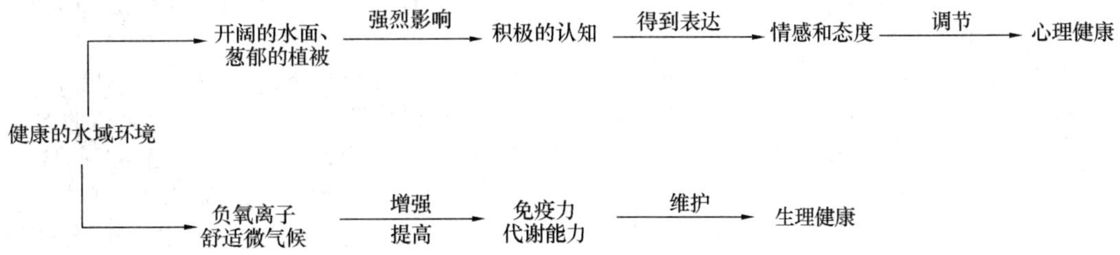

图1　水域环境对健康的促进机理

3 设计策略综述

3.1 维护健康的水域生态环境

滨水区的自然生态环境主要由水体、河道、河床、河岸植被等要素构成，因此对其生态环境的改善主要从这几方面入手。

3.1.1 改善水质

水体作为水域生态环境的主体部分，其质量的好坏直接影响滨水区的吸引力和城市的空气质量，且对于像游泳这样以水为基础的活动来说是至关重要的。然而，随着滨水区的无序开发，城市污染物的无处理排放，水体已经遭到了严重的污染。为此，俞孔坚、李迪华[4]比较全面地提出改善水质的方法，主要包括：引水稀释（即从其他河流引入稀释水或净化的地下水），砾石净化（利用高河滩，在其上用砾石引进河水，用生物膜净化水），植物净化（栽植能吸收氮、磷的植物，定期割除用此达到净化的目的），疏浚（定期疏浚河床中堆积的污泥），污泥固化（渗入污泥固化剂，变成可利用的土，以固定污泥），曝气（利用落差结构和泵等加入空气，提高河水的净化功能），闸门调节（在潮汐区段通过调节闸门和用潮水把优质水引入到其他河流中），污水处理（将污水处理后排放入河或回用）。规划设计中可根据水体污染的实际情况采取相应的措施。

3.1.2 恢复河道形态

中国园林中的"曲水流觞"、古代风水中的"屈曲有情"，无不反映了古人对于弯曲水流的热爱。蜿蜒曲折的水流形态，不仅为水域环境增添了生气，其凹凸变化的水岸还为各种生物创造了生境，保护了滨水区的生物多样性。然而，随着滨水区的盲目开发，城市河流面临着形态单一、"直线化"、"平面化"的问题。[5]恢复河道自然形态，还河流以生气，是维护健康水域环境的必经之路。

与自然河道相比，城市中的人工河道由于受人类活动的强烈影响，破坏现象更为严重，恢复工作刻不容缓。钟春欣、张玮[6]提出对人工河道形态的修复可从以下四个方面着手：（1）恢复河道的连续性。拆除废旧拦河坝、堰，将直立的跌水（用于控制河床降低）改为缓坡，设置辅助水道，并在落差大的断面（如水坝）设置专门的各种类型鱼道。（2）重现水体流动多样性。采用植石治理法，即在河底埋入自然石，造成深沟及浅滩，形成鱼礁。（3）给河流更多的空间。降低滩地的高程，修改堤线，撤去河岸护坡。（4）慎重选择河道整治方案。在河道整治线的选择上，应考虑重要生息地、有大型深潭的弯道、河畔林的保护及濒临灭绝物种的移植等。此外，由于防洪堤已形成且建筑密集，可随着旧建筑拆除后拓宽河道或加宽植被来保证河流宽度。[7]而对于未经人工处理的自然河道，应尽可能保持其原有的宽度和自然的状态，保留其自然弯曲的轮廓，不宜盲目裁弯取直。[8]

3.1.3 修复河床断面

自然状态下的河床为多种水生植物和生物提供了适宜的环境。[4]但在现代的工程实践中，出于防洪、泄洪等目的，采用水泥护岸和沉底的方式"武装"河床断面。这种河床的硬化处理不仅割裂了水体与土壤的关系，阻断了城市地下水的补给，还严重破坏了物质和能量循环系统，损害生态健康。针对河床断面的修复问题，有学者[9]提出，改造城市河流中被水泥和混凝土硬化单一形式覆盖的河床，拆除以前在河床上铺设的硬质材料，恢复河床自然泥沙状态，部分河段采用复式断面；改造原有河道护坡和护岸结构，修建生态型护岸。

3.1.4 修复河岸植被和湿地群落

河岸带的河岸植被和湿地群落能够为动物提供栖息地、提高生物多样性，从而调节河流的生态健康。但是人类活动的过度干扰已损坏其原有的生态功能。因此，修复丧失的河岸带植被和湿地群落也成为维护水域生态健康的主要内容之一。

首先，在规划设计中，注意保护城市中的自然湿地，禁止盲目开发，必要的时候可以建立自然保护区，以减少人类活动对其过度的干扰，如哈尔滨的群里国家城市湿地公园，采用沿湿地外围建设人行木栈道的方法，既保护了核心湿地不受干扰，又为市民提供了亲近自然的机会，是保护自然湿地的优秀典范。其次，通过河岸带生物恢复与重建技术及河岸缓冲带技术，[11]在河岸带生物恢复与重建的基础上建立起两岸一定宽度的植被。[6]最后，对于已经遭到破坏的区域，要尽可能恢复和重建原有自然泛滥平原和湿地景观。

3.2 引导休闲活动

为了进行和体验休闲活动，滨水区应该为人们提供看见水和接近水的可能性，这就要求滨水区要有良好的视线可及性与交通可达性。当人们到达滨水区后，通过提供休闲活动场所以引导活动，从而实现健康促进的目标。

3.2.1 良好的视线可及性

在滨水空间中，滨水建筑因其较大的体量和实体的形态，成为阻挡滨水区视线的主要因素。因此，调整滨水建筑的空间布局是形成滨水区良好的视线可及性的主要途径。具体调整策略主要从水平和垂直布局两个层面入手。在水平布局上，滨水建筑的平面形式应以点式、组团式布局为主，避免"不透气"的板式、联排式建筑布局，且群体布局可以结合水体、开放空间及地形地貌等因素。[12]垂直布局上，主要控制滨水建筑的密度和高度。一般认为，滨水建筑密度25%—35%之间为宜，以采用"前疏后密、疏密有致"的做法较为相宜。[12]孙鹏、王志芳[13]还提出将滨水建筑一、二层架空的方法，以使滨水区空间与城市内部空间通透，此外还间接改善了水陆风的质量（图2）。对于建筑高度的控制，应进行总体的城市设计，必要的时候可进行滨水区建筑高度的分区控制。马会玲[14]则提出将街道两侧的建筑上部逐渐后退的做法来控制高度，这不仅为滨水提供了更多可视的机会，还扩大了风道，促进了滨水区的空气流通（图3）。

图2　底层架空（建筑密度控制）

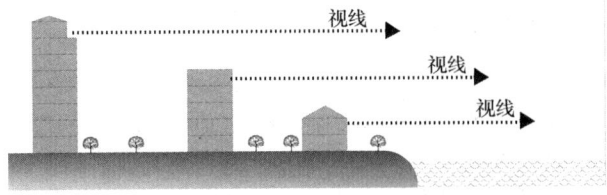

图3　建筑逐步后退（建筑高度控制）

3.2.2　良好的交通可达性

合理地组织滨水区的交通利于其可达性的实现，但滨水区的交通组织往往比较复杂，为避免混杂的交通产生矛盾，应尽量减少其他交通的干扰。若干扰性干道临近滨水区，要做到将干扰性的干道远离水岸50—100m。[15]而对于过境交通和穿越滨水区的主要交通干道来说，可采用立体化的交通组织（交通的地下化或高架形式）和大规模停车场的地下化[16]来使交通分流。需要特别强调的是，考虑河流承载着动物迁徙廊道的重要功能，在几大绿地斑块处建设沿江道路时，应设立地下通道便于动物安全通行。[7]

在减少其他交通干扰的前提下，滨水区还应建立完善的交通系统以最大限度地增强其可达性。基于健康理念的城市滨水区交通系统主要是以步行、自行车、公交车等绿色交通出行为主。在设计中，应注意以下几点：

（1）对于公交车来说，应在距离滨水区合理的步行范围内，设立公交换乘点，以鼓励公交出行。根据具体情况，还可环水建立公交道路专用车道。

（2）滨水步道与自行车道的设计以亲水性和易达性为主要原则。步道与自行车道尽量靠近水边或留出易达水边的通道；应结合广场、公园等景观节点，形成串联的道路系统；还应与滨水绿化相互渗透结合，引导人们在良好的绿化环境中进行温和的活动。除此之外，考虑到脆弱群体的特殊需求，汤晓敏、王云[17]提出建立无障碍的绿色步行系统。随着社会的发展，我国已逐渐步入老龄化社会，以老年人为主的脆弱群体相较于健康人群来说，对健康的需求更加明显，对滨水区的使用率更高。因此，在滨水景观的规划设计中应充分考虑脆弱人群作为重点使用者的需求。

3.2.3　提供休闲活动场所

滨水空间是滨水活动的载体，为了引导人们进行休闲活动体验，重要的是提供相应的活动场所。休闲主要包含恢复和运动两层含义，恢复性体验主要是以养生为主的活动，如沙滩浴、日光浴等相对静态的活动[18]。在规划设计中，应结合场地特征设置场所，如沙滩浴场多设在滨水区有沙的地区，日光浴场多设在能够保证足够的阳光入射的区域。为了陶冶人们的思想、性格和心情，钱芳还建议设置赏花园、观鸟区等通过感官活动调节健康的场所。运动体验虽然以划船、游泳和冲浪等健身体验为主，但同时也包括钓鱼等收获性体验。根据不同活动体验的特征，场所的设置应注意动静分区，如钓鱼类活动场所应远离喧闹的活动区。而在所谓的"动区"，应尽可能提供丰富的活动场所以满足人们多样的健身需求。动静区之间尽量使用具有减噪作用的绿化做"软"隔离，以形成互不干扰又可相互渗透的效果。

由于运动类活动在滨水区的休闲活动中所占比重相对较大，根据区位的不同，其活动场所还可以分为水上、临水和近水三种类型。水上活动主要指游泳与划船类活动，场所的设置需特别注意活动范围的控制，各个活动之间要有明显的界限，以避免混乱。临水活动主要指骑自行车、慢跑、散步、垂钓等亲水性活动，这类活动的场所主要集中在滨水步道上，空间设计中不仅应满足步行、跑步、骑自行车等活动对场地宽度的要求，还需考虑长时间线性运动中的景观组织，营造丰富多样的动态景观体验场景。[18]近水活动对水的依赖性较低，主要指球类活动、器材活动等，这类活动场所的设置要同时考虑室内外场地的结合，以保证不良天气下市民可以正常活动，其中球类活动的室外场所对风向和风的强度有一定的要求，规划时应予以考虑；此外，还应特别注意儿童与老年活动场所的特殊性，建议场地周边设置绿带、护栏等，以提高安全性。

在规划设计活动场所的同时，要注意结合绿化配套一定数量的餐饮、休息和交流场所，为人们提供一个功能齐全、环境良好的活动场所。

结语

充分利用滨水区的自然资源，最大限度地发挥滨水景观对人类健康的促进效益，是解决城市健康问题的有效途径。我国滨水区自开发建设以来，国内已出现大量的研究，但对于健康视角下的滨水景观但依旧有不少问题有待解决：（1）研究目标单一，缺乏整体性.滨水区的景观设计应是多目标的综合设计，单一片面的研究无法实现整体的健康效果；（2）缺少对地域性的考虑.滨水区因其自身的物理特征受地域、气候的影响较大，不同地域的景观设计策略应因地制宜，如哈尔滨等严寒地区应重点考虑冬季寒冷气候对水的健康促进效益的影响；（3）应注意健康视角下的多学科交叉性。与健康密切相关的学科主要有医学、环境毒理学和微生物学等，为实现身心健康的目标，需注意与相关学科的知识融合。

参考文献

[1]　于智敏.走出亚健康[M].北京：人民卫生出版社，2003：24.

[2] Steinwender, A., Gundacker, C., Wittmann, K. J., 2008. Objective versus subjective assessments of environmental quality of standing and running waters in a large city [J]. Landscape Urban Plann, 2008(84): 116 - 126.

[3] Karmanov, D., Hamel, R., 2008. Assessing the restorative potential of contemporary urban environment(s): beyond the nature versus urban dichotomy [J]. Landscape Urban Plann, 2008(86): 115 - 125.

[4] 俞孔坚,李迪华.城市景观之路[M].北京:中国建筑工业出版社,2003.

[5] 高辉巧,何冰,张晓雷.城市河流及其生态治理规划研究[Z].2008:5.

[6] 钟春欣,张玮.基于河道治理的河流生态修复[J].水利水电科技进展 2004,03:12-14,30-69.

[7] 潘宏图.城市滨水区景观设计的生态策略研究[D].成都:西南交通大学,2005.

[8] 徐国宾,任晓枫.河道渠化治理研究[J].水利水电科技进展,2002(225):17-20.

[9] 廖先容,王翠文,蒋文琼.城市河道生态修复研究综述[J].天津科技,2009,06:31-32.

[10] 朱联锡,朱晓帆.在府南河下游修建生态河堤[J].成都水利,2000(3):36-37.

[11] 张建春.河岸带功能及其管理[J].水土保持快报,2001,15(6):143-146.

[12] 童宗煌,郑正.城市滨水环境规划设计若干问题初探[J].现代城市研究,2001,05:14-18.

[13] 孙鹏,王志芳.遵从自然过程的城市河流和滨水区景观设计[J].城市规划,2000,09:19-22.

[14] 马会岭.城市滨水景观设计理论探析[D].北京:北京林业大学,2006.

[15] 刘滨谊,周江.论景观水系整治中的护岸规划设计[J].中国园林,2004(3):49-52.

[16] 李建伟.城市滨水空间评价与规划研究[D].西安:西北大学,2005.

[17] 汤晓敏,王云.滨水景观的规划设计模式探索[J].上海农学院学报,1999,03:182-188.

[18] 钱芳.从健康导向角度解析城市滨水空间的构成要素[J].建筑学报,2010,11:80-85.

作者简介

赵文茹,1989年2月生,女,满,吉林白山人,哈尔滨工业大学建筑学院景观系风景园林专业在读研究生,Emcil:734701058@qq.com。

赵晓龙,1971年生,男,汉,黑龙江哈尔滨人,哈尔滨工业大学教授、博士生导师、景观系系主任,从事文化景观保护、可持续景观规划设计研究。

李国杰,1989年9月生,男,汉,河南商丘人,哈尔滨工业大学建筑学院景观系风景园林专业在读研究生。

基于公众健康的城市景观环境可步行性层级需求探析

Exploring of Hierarchy of Walking Needs in Urban Environment Based on Public Health

赵晓龙　刘笑冰　杨　静

摘　要：随着城市高速发展与无序扩张，城市景观环境建设的过程中很少考虑到人的步行需求，造成居民越来越依赖机动车，进而导致中国人的身体活动量快速下降，慢性疾病发病率上升。本文以阿方索（Alfonzo，2005）列出的步行意愿所需条件等级为基础，试图探讨基于公众健康的城市景观环境可步行性层级需求，为促进居民公众健康的景观环境设计提供依据。

关键词：风景园林；公众健康；景观环境；可步行性；层级需求

Abstract: With the rapid development and urban sprawl, the people's needs to walk of people are rarely taken into account during the process of urban landscape environment construction, causing residents increasingly dependent on the motor vehicle, which led to the Chinese people's physical activity levels decreas rapidly, and the incidence of chronic diseases rise. This paper bases on the hierarchy of walking needs Alfonzo (2005) listed, attempts to explore the hierarchic needs of the walkability of urban environment, to help the Landscape Designs intended to promot public health.

Key words: Landscape Architecture; Public Health; Landscape Environment; Walkability; Hierarchy of Walking Needs

1　引言

在过去的几十年中，身体活动不足引发的肥胖问题，已经成为一个世界性的公众健康危机（科佩尔曼，2000）。肥胖与慢性疾病（如心血管疾病、高血压、癌症、糖尿病、胆囊疾病等），内分泌及代谢紊乱，衰弱的健康问题（骨关节炎和肺部疾病）和心理问题都有关系（Kopelman, 2000; WHO, 2011）。[1]

在中国，超过 25% 的成年人是超过正常体重的（Popkin, 2008）。另外还有 3% 的人口是肥胖的（Body Mass Index≥30）。1989—2000 年之间，中国女性的肥胖率翻了一番，而男性肥胖率已达到 3 倍之多（Popkin, 2008）。在中国沿海城市，儿童的肥胖问题也相当普遍（Gui et al., 2010）。尽管中国的肥胖率仍旧低于美国及其他西方国家（Ogden and Carroll, 2010）。但是，中国城市肥胖率的增长速度却令人堪忧。

导致中国肥胖问题的因素很多，包括人口、饮食、文化背景，甚至是中国的计划生育政策（Gui et al, 2010; Reynolds et al., 2007; Wu et al., 2005; Gui et al., 2010; Markey, 2006; Suarez, 2010）。其中，中国居民的身体活动量不足也起到了明显作用。[2]

自 1980 年以来，中国人的身体活动量快速下降（Food and Agriculture Organization of the United Nations, 2006）。1991—2006 年，根据 9 个省份居民的中国健康与营养调查数据，成年人每周身体活动率下降了接近 32%（Ng et al., 2009）。这一现象与中国正在经历的城市化进程密不可分。城市建设的导向，逐渐趋向机动车导向，土地利用单一化，目的地间过长的距离，适合车辆通行的路网，单调乏味的街景，不断拓宽的马路，不断扩大的街区以及大面积的停车场，俨然缺乏对人们步行需求的考虑，破坏了城市的休闲空间和市民交往的场所，造成了人们对于机动车出行的依赖。

1996 年美国公共卫生局的报告成为一项里程碑式的出版物，促进加强身体活动成为一项预防性策略（US-DHHS, 1996）。在不到十年的时间里，步行锻炼方法已经被纳入 2004 年世界卫生组织《饮食、身体活动和健康全球战略》（Global Strategy on Diet, Physical Activity and Health）中。研究表明，居民步行活动（包括步行与自行车出行）对于居民 BMI 值却有一定价值的影响。[1] 因此，如何以环境设计来调节人的行为，促进城市居民的步行量，增加居民身体活动量，推进公共健康的进步是当下城市、景观设计师所必须要思考的。

2　城市建筑环境可步行性的层级需求

阿方索（Alfonzo, 2005）[2] 通过归纳与总结前人有关居民步行活动的调查研究，列出了一个步行意愿所需条件等级图，以"金字塔"的形式，将条件归纳为基础需求的可行性（涉及个人需求），以及包括愉悦性、舒适性、安全性、可达到性在内的高层次需求（涉及城市形态）以及可行性按照由低到高的等级顺序列出（图1）。

2.1　可行性

可行性可以理解为城市建筑环境满足步行（包括徒步与自行车出行）交通这一最基本的功能需求的能力。可行性这一属性对于有目的地行程和无目的的散步都有重要影响。对于有目的地行程，建筑环境的可行性可能会影响

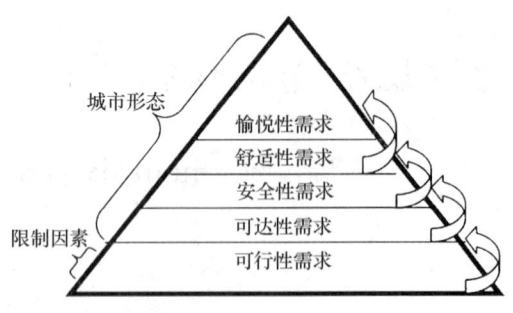

图1 步行需求层级图

到步行者选择交通方式，考虑是否放弃步行。而对于无目的散步而言，如果可行性不佳，甚至让行人放弃出行或另选它路。可行性是其他四项步行需求的基础。

对于可行性的判断标准，实际上是相对主观化的，每个个体会因为不同的个性偏好而产生不同的判断，但总体而言可以从空间因素、时间因素以及附加责任三个角度去理解。空间因素比较直观，主要是指建筑环境的畅通性、可移动性（图2），即环境中是否存在通行障碍。时间因素同样可以影响人的步行决定（Booth, Owen, Bauman, Clavisi, & Leslie, 1997），在通行时间上的考虑，足可以影响人们的通行方式和通行路线。比如城市中的经常堵车的路段，就会令人们产生绕道或宁可步行的想法。附加责任是指与老人、儿童、孕妇以及残障人士等弱势群体的同行者所要负担的额外的照顾责任。看顾这些成员的附加责任必然会影响这个家庭的交通方式选择（Dieleman, Dijst, & Burghouwt, 2002）。

从可行性这一需求层面来看，满足这一需求的城市步行环境应保证步行道路易于行走、节约时间同时兼顾无障碍性的考虑。道路铺装平整可行，尽可能坡道等无障碍设计，应道保证步行道路平整畅通。在城市易堵路段，应当重点建设步行交通，鼓励步行与自行车行，提高居民步行意愿和身体活动量，同时缓解城市机动交通紧张。

图2 英国最"坑爹"公路

2.2 可达性

建筑环境的可达性包括模式、步行环境数量、步行环境质量、步行环境多样性、附近存在的活动，以及不同土地利用地点之间的连通性（Handy，1996b）。

建筑环境可达性的考虑，可能涉及人行道、小路、小径等步行建筑环境要素的存在，以及让人们察觉到其存在的一些特征与线索的引导。可达性还涉及到达目的地之前的实际可察的步行阻隔，包括物质阻隔，如难以通行的利用模式（不可穿行的封闭式社区）；自然地貌阻隔（如沟壑）；通行心理障碍（如过宽的马路）等。在规划设计中，应当通过适当的路径来保证目的地的可达性，同时避免物质阻碍和自然地貌阻碍造成通行的物理障碍和心理障碍（图3）。

比较了美国芝加哥核心区与两个郊区城市的交通模式。芝加哥核心区更好的居住与就业密度，更均衡的土地复合利用结构，以及更好的连通性缩减了目的地距离，促进了很大比例的居住在核心区人口进行步行，增加可达性将减少目的地之间的距离，缩减平均旅程，鼓励居民步行。大连市的广场建设工作投入很多，但是广场设施缺乏，常常落得空泛寂寥，如星海广场（图4），本身尺度过大，过分追求平面形式，目的活动单一，缺乏步行吸引力，让人产生步行心理障碍，最终难以呈现预期效果。

涉及到步行可达性，还要考虑合理的步行距离内潜在的行程目的地的数量以及某些区域内合理的土地复合式利用结构。尤其是对于有特定目的地的步行，到达目的地所需的合理步行距离会影响一个人对于该建筑环境可达性的满意度；而对于无目的散步，影响并不那么明显。[3]

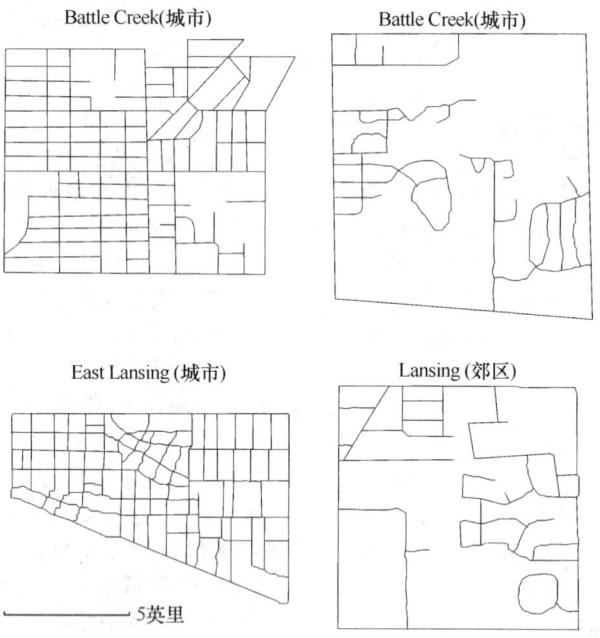

图3 美国芝加哥核心区与两个郊区城市的交通模式对比图

2.3 安全性

人在城市建筑环境中所感受到的安全感是指在身处的环境中，人们所感受到的安稳、不害怕的感觉。人们对于安全感的需求，源自人们的自我保护意识。根据奥斯卡·纽曼的防卫空间理论，环境对人安全感的影响主要包含四个方面的内容：自然监视、领域、环境印象以及周围环境。

自然监视是指环境能够被方便有效地监视和控制。自然监视强调来自活动人群、周围建筑中的人的视线的监视。沿街的一层建筑窗户，一定数量的街灯，都有助于自然监控，提升人的安全感。西方的步行街和广场（图

图 4　星海广场

5)，多以建筑里面形成富有违和感的界面，很少有无边界的死角，这意味着四周建筑内的人群都能对场地形成自然监视，自然增加人们的安全感，比起很多设置浓郁绿化种植的国内步行空间，能够给人带来更多的安全感，激发公共活动效能。

图 5　瓦茨拉夫广场

对于步行活动来讲，其本身是群集性活动，要保证一定的领域性，就需要适宜规模的活动空间。在通行道路的设计上，根据这一原理，就需根据人流量来设计适宜的宽度。过于狭窄的步行道路不仅影响人们的步行体验，甚至存在安全隐患，让人跨越步行边界进入不安全区域。另外，"边沿效应"的存在证明人类更习惯于边沿活动，人们通常乐于在这样的空间驻足停留。如杨·盖尔的"柔性边界"概念，柔性边界给人们提供了一个更易接近、更加细腻的领域结构（图6）。

人们对于环境印象的判断，受两方面因素的影响：环境本身的特质与判断者的个人属性。某些环境特质往往能够让人对环境产生相当负面的印象，从而产生恐惧不安的感觉。随意的涂鸦、乱扔的废弃物以及被故意损坏的公物等不文明行为，以及弃楼危房等颓败的城市形态特征，会让人们产生有关犯罪行为的联想，由而滋生恐惧不安的感觉（Hope & Hough, 1988; Maxfield, 1987; Perkins, Meeks, & Taylor, 1992; Skogan & Maxfield, 1981）。反之，适当的广场装饰物、干净整洁的街道环境等积极的特征，则能减弱人们的恐惧感（Perkins et al., 1992）。

判断者的个人属性与其环境印象的关系，从更深的层次来讲，实际上是可以理解为人们对于自己与环境之间归属关系的一种判断。这种判断是主观的，与判断者的身份、地位、阶层、收入、地域、文化心理等因素都有关。研究表明，环境认知基于认知主体的心理图式，当环境的意象与观察者的空间心里图式相吻合，或至少具有较清晰地容易把握的空间结构时，认知的便利可以帮助建立归属感。[1] 凯文·林奇（Kevin Lynch）的研究表明：边沿、地标、结点、路径、区域是空间认知涉及的基本要素。清晰的空间边界和空间关系、可把握的尺度会更具亲和力，有利于人们对公共环境的认知，易于让人们产生认同感。环境指示标识或精心打理的私人植栽等能够给人带来善意信号的特征，增加了人性化的生活气息，更易于让人建立环境归属感（Perkins et al., 1992）。

一处公共环境的所产生的效果，还受到周围环境的影响。只有设置在合理的环境之中，公共环境才能以合理的形象示人。比如美国新奥尔良的意大利喷泉广场，由于邻近贫民窟，因而广场上常常聚集着乞丐、流浪汉等特殊人群，使得人们觉得置身在一篇不安稳的环境之中，安全感大大降低。

2.4 舒适性

舒适性是指人们在步行过程中所体会到的轻松、方便，以及心满意足的心理感受。一个人在步行过程中的舒适性，可能会受到环境质量的影响。环境质量因素可能包括影响步行交通与机动交通的城市形态特征（如，交通稳静化措施、限速、街道的长度与宽度以及缓冲物的存在），步行道路系统的条件（如，步行道宽度以及步行道维护），阻挡不适的或极端的气候条件的城市设计元素（如，棚罩和拱廊），便利设施（如，街道长椅、饮水设施，以及其他街道家具）。

图 6　IBM 街边创意广告

一项对环境属性与身体活动之间联系的研究表明，比起障碍物较多的道路，成年人更倾向于安全、舒适、障碍物少的步行道（Booth, Owen, Bauman, Clavisi, & Leslie, 2000）。克拉克和德恩费尔德（Clark and Dornfeld, 1994）发现，一些交通稳静化措施的引入，能够促进步行、自行车行和街道活动。

微气候调节是一项科技有效的提高舒适性的设计手段。澳大利亚悉尼科技大学校友绿地（图7）项目创新性运用现代科技，打造两个简单构件：棚架与格非底座。棚架是采用了先进技术的钢架结构，可供植被攀附，形成功能"绿肺"。而格非底座是一个采用了先进技术的钢铁格栅地板系统，成为一种具有渗透性和生命力的"绿皮肤"。两个结构共同作用，营造舒适的微气候氛围，为极端或不适天气提供"避难所"。舒适的环境将对校友及市民产生强大的步行吸引力。

图7　悉尼科技大学校友绿地

2.5　愉悦性

愉悦性是指环境设施对人们步行体验的尊重，以及人们步行时所体会到的快乐与趣味。影响愉悦性的因素包括，多样性、复杂性、活力生机、建筑设计的连续性和尺度，以及审美吸引。街景、城市设计特征、建筑设计元素，以及活动性可能增强上述几个影响因素。相较于其他，一些元素尤其能够营造愉悦的环境，包括街道树木、复合利用、公共空间、其他人的存在、有趣又富有吸引力的构筑物、饱含历史或独具特色的建筑、户外用餐区域等。

环境的多样性和复杂性，有助于人们的步行倾向性，如建筑与构筑物的组织与连贯性（Herzog, 1992; Kaplan, 1972; Nasar, 1983）。若环境具有一定的神秘性，则更能引发人的步行意愿（Herzog & Smith, 1988）。相较于没有树木，头顶满是电线的环境，人们更倾向于配有树木种植的街道（Stamps, 1997）。如果人们能够感受到环境的审美吸引力，同样能够提高步行率（Ball, Bauman, Leslie, & Owen, 2001）。土地的混合利用形式也会影响步行意向，当建筑一层的零售业增加时，就会促进以交往沟通为目的的步行。还有建筑物的尺度，布林克霍夫（Parsons Brinkerhoff）发现，在建筑后退较大的新建区域中，只有1.9%的人员选择步行，然而在建筑后退较小的

建成多年的区域，则有5.3%选择步行（引自Frank et al., n.d.）。

法国的香榭丽舍大街（图8）是巴黎最繁华热闹、最具代表性的步行街道。整条街上分布着大小皇宫、协和广场等历史遗迹。香榭大街上数量最多的就是餐馆和咖啡，电影院、游戏场、夜总会等穿插其间，丰富多样的目的活动、尺度适宜的步行空间、结合历史遗迹的审美吸引力让它成为当之无愧的法国瑰宝之一。

图8　香榭丽舍大街

3　结语

改革开放40年，中国的经济、文化、科技等方面都有了突飞猛进的发展。物质生活的极大丰富让人们的关注点从"生存"转化成"健康"，从健康又上升为精神的"愉悦"。因此，追求"人本"的社会，城市的建设在很长一段时间里应当注重如何提升居民的健康，并以此为基础最终达到心理愉悦的水平。这意味着在今后的城市空间的设计上，设计者们应当有意识的提高设计水平和深度，提高城市可步行性，在可行性的基础上，逐渐向可达性、安全性、舒适性，并最终达到愉悦性发展。

步行导向的城市设计，一方面对于城市满足居民的生理和心理健康的需求提出了新标准，另一方面也能够相应地提升城市整体形象，进而带动城市经济发展。关键的是，在这种提升和发展，是以美化人居环境，提升居民健康为前提的，使得居民获得城市发展与身心健康的双重获益。从环境角度来看，趋向步行导向的转变，会从多个角度直接或间接地实现节能减排，鼓励生态发展，恢复人类生境。就这个角度而言，这又是长远的、弥足珍贵的环境效益。因此，有必要通过合理的城市布局、交通组织、街道设计等一系列手段建立步行导向的城市交通系统，让健康型城市的发展成为可持续型社会的一块基石。

参考文献

[1] Bahrainy H, Khosravi H. The impact of urban design features and qualities on walkability and health in under-construction environments: The case of Hashtgerd New Town in

Iran[J]. Cities, 2013, 31: 17-28.
[2] Day K, Alfonzo M, Chen Y, et al. Overweight, obesity, and inactivity and urban design in rapidly growing Chinese cities[J]. Health & place, 2013, 21: 29-38.
[3] Alfonzo M A. To walk or not to walk? The hierarchy of walking needs[J]. Environment and Behavior, 2005, 37(6): 808-836.
[4] 姜玉艳, 周官武. 可防卫空间与城市公共环境设计[J]. 重庆建筑大学学报, 2005(1).
[5] 2007全国机动车保有量[N]. 消费日报, 2008-01-09(5).

作者简介

赵晓龙, 1971年生, 男, 黑龙江省哈尔滨人, 哈尔滨工业大学建筑学院景观系教授、博士生导师、系主任, 研究方向为文化景观保护、可持续景观规划设计, Email: 943439654@qq.com。

刘笑冰, 1990年生, 女, 黑龙江省哈尔滨人, 哈尔滨工业大学建筑学院景观系硕士研究生, 研究方向为城市开放空间规划与设计, Emial: 731132972@qq.com。

杨静, 1990年生, 男, 四川省人, 重庆大学艺术学院硕士研究生, 研究方向为景观建筑学, Email: yangjing1990@126.com。

老工业城镇的绿色基础设施更新策略研究

Study of Green Infrastructure Renewal Strategy for Aging Industrial Towns

周 盼

摘 要：我国许多老工业城镇正面临严重的衰退问题，目前国内现有的更新改造实践也存在一定不足。绿色基础设施战略多功能多效益的规划目标、网络化的社会空间结构以及多方参与的规划模式，对于老工业区的更新改造具有一定借鉴意义。本文通过分析国际上老工业城镇绿色更新策略的效益和方法步骤，总结其特征要点，包括充分合理的利用闲置资产、基于社区分级的更新规划和投资、基于多方合作的绿色更新规划，并在此基础上为我国老工业城镇绿色更新提供经验参考。

关键词：老工业城镇；更新改造；绿色基础设施

Abstract: Many aging industrial towns in our country are facing serious recession, while there is much deficiency in their Renewal practices. Green infrastructure strategy, with multi-objective goals, networked social-spatial structure and multi-stakeholder planning model, might suggest lessons for the renewal of aging industrial towns. This paper analyses the benefits and methods of green infrastructure renewal strategies for aging industrial towns, and summarize their characteristics and elements. Finally, some references are provided for aging industrial towns in our country.

Key words: Aging Industrial Town; Renewal Strategy; Green Infrastructure

1 引言

随着经济的发展和技术的进步，当前我国经济发达地区的大部分城市将进入后工业化阶段，而许多老工业城市由于资源枯竭、投资短缺、技术落后和产业结构调整等因素，正面临着生态环境急剧恶化以及经济效益低下、大量土地闲置、下岗人员增多等功能性和结构性衰退，有些甚至威胁到社会的稳定。[1]2013年3月，国务院颁发的《全国老工业基地调整改造规划（2013—2022年）》从产业转型、城市功能、科技创新、绿色发展、改善民生等方面对老工业城市的更新改造提出了具体要求，这预示着全国95个地级老工业城市和25个直辖市、计划单列市和省会城市[2]将迎来新的发展机遇，其相关的理论研究和实践也将成为趋势和热点。

目前，国内外老工业城镇的更新研究主要集中在经济学、城市规划学、建筑学、风景园林学、遗产保护学和生态学等领域，并呈现多学科交融的趋势。城市规划学的研究内容主要包括老工业区发展历史、用地功能结构调整、工业遗产保护以及不同尺度的旧工业区的更新方式等方面。风景园林学多与生态学结合，主要研究内容涉及棕地改造、后工业景观以及城市绿色策略，前两者侧重场地的生态学意义和视觉价值，而后者以实现经济、社会和生态的更新为目标，该理念值得我们学习借鉴。

实践方面，我国已经取得了一定的成果，如武汉旧城工业区更新改造、哈尔滨旧城工业区更新改造等，但仍存在一些问题：（1）多以局部旧工业区改造为主，而未以城镇为整体进行全面和系统化的更新研究，各工业废弃地或改造区之间，以及它们与城市用地之间未能形成系统的空间和社会网络；（2）改造的模式和功能相对单一，难以实现城市环境的重塑和经济、社会功能的全面提升；（3）多由政府或开发商进行自上而下的规划，缺乏相关居民、组织机构和利益相关者的参与合作，且对其利益的考虑不足；（4）整体的运营机制有待完善，土地兼并、吸引投资和市场运作等方面略有欠缺。

为此，本文以国外老工业城镇绿色策略实践为依据，从绿色基础设施角度总结分析其在应用中的效益、方法步骤和特征要点，以期为我国老工业城镇的绿色更新提供参考。

绿色基础设施最早于1999年提出，它主要侧重于综合生态、经济和社会各方面的利益，在传统的生态保护的基础上最大限度地进行隐性资源的开发利用，发掘特定空间下绿色资产的经济、社会功能和效益，[3]从而创造更加高效合理和可持续的土地利用和开发模式。其次，绿色基础设施最初是一个空间上的绿色空间网络，由网络中心（Hubs）和连接廊道（links）组成的自然与人工绿色空间构成，[4]随后发展为更加综合的多重结构，如包含开放空间、低影响交通、水、生物栖息地、新陈代谢等多重系统的复合网络[5]和由人、社会组织、绿色活动和实践项目组成的社会网络。[6]同时，绿色基础设施的综合效益具有很强的外部性，其利益相关者多涉及居民、社会组织、开发商和政府等，它在规划过程中非常重视其功能和效益所依托的公众支持和社会资本，并将协调各方利益作为其重要的规划依据和目标。[7]基于此，绿色基础设施战略的多重功能和效益的目标、网络化的复合结构以及多方参与的规划模式，在老工业区的更新改造中具有一定的借鉴意义。

从国外实践经验看，传统的规划和复兴计划难以完全应对旧工业城镇所面临的闲置和废弃资产（Vacant Properties）所带来的经济、社会和环境等方面的挑战；而另一方面，这些废弃资产为城市和社区更新提供了充足的土地资源，城市绿色基础设施策略有助于合理有效的利用这些资源，从而重塑城市环境、稳定市场经济和提升社区居民的生活品质。

2 绿色基础设施在老工业城镇更新中的应用

2.1 城市绿色基础设施的效益

绿色基础设施早期的定义为"一个由自然区域和其他开放空间互相联系的网络，能够保存自然生态系统的价值和功能，为人和野生动物生存提供广泛的福利"[8]，此概念主针对的是城市外围郊野地的开发，秉持先保护后开发的理念。但是城市绿色基础设施需要满足更为复杂和集中的城市环境和城市生活的需求，单纯的"网络中心—联系廊道"的空间模式和先保护后开发的方式难以满足这些需求。尤其对闲置和废弃地再利用的绿色基础设施，通常具有整合城市用地、管理城市扩张和提升城市环境等功能。此外，奥姆斯特德、霍华德等认为城市绿化能为城市的物质和社会问题提供解决方法，[9] 最近的一系列相关研究也证实了城市绿化运动带来的环境、社会和经济效益（表1）。

城市绿化效益[10] 表1

城市绿化的效益	环境	社会	经济
通过社交互动提供创建社区的机会（Coley, Sullivan, & Kuo, 1997）		•	
减轻儿童的注意力不集中症（ADHD）（Taylor, Kuo, & Sullivan, 2001）		•	
提升城市女孩的自我修养（Taylor, Kuo, & Sullivan, 2002）		•	
减少犯罪（Kuo & Sullivan, 2001b）和家庭暴力（Kuo & Sullivan, 2001a）		•	
增加身体活动的机会（Kahn et al., 2002）		•	•
增加潜在客户的消费（Wolf, 2005）			•
处理洪水和减缓暴雨径流（Carroll, 2006）	•		•
提升资产的价值（Voicu & Been, 2008；Wachter, 2004）			•
加强获得健康的本地食物可能性（American Planning Association, 2007）	•	•	
减缓城市热岛的影响（Hardin & Jensen, 2007）	•		

在旧工业城市中，城市早期的建设破坏了原有绿地和自然要素，其中一些甚至受到严重的工业污染。绿色基础设施策略对这些受到破坏和污染的场地进行修复更新、转化为公园、袖珍花园、生物栖息地、雨水花园和都市农场，并重点在于将其与现有的绿地联系起来形成系统化的空间网络，从而重塑城市生态环境，构建城市生态安全格局。

由于经济的衰败和环境恶化带来的贫穷、饥饿、疾病、不公平等社会问题，能通过绿色途径得以缓解。首先，它能改善居民的生活条件，提供健康安全的健身活动场所和休闲娱乐场所。如在较高贫困率的纽约尤迪卡，R2G致力于食品系统（Food System）的研究和改善，确保居民能公平的获取安全、健康和高质量的本地食品，从而提升社区和个人的幸福感。其次，由废弃场地改造而成的文化艺术区，以及学校、协会组织的相关教育活动和项目，能营造良好的文化氛围并提升城市形象。

通过绿色基础设施途径，旧工业城市能将闲置和废弃资产转化为绿色资源，从而创建新的经济机遇，扭转城市衰退的局面。环境的改善能提升周边土地和房产价值，吸引和留住更多流动人口，吸引投资带动经济发展；也有利于发展旅游行业，促进产业转型，增加就业机会并带动服务行业发展。同时，绿色科技能将一些废弃资产转化为绿色能源，如生物物能源；或可回收利用产品，如绿领工作（Green-collar Jobs）即能通过对建筑废弃材料的再利用而实现[11]（Leigh, Patterson, 2006）。此外，闲置土地作为有着长期储碳功能的城市森林的载体，还能存储、兼并和收购，成为市场化运营的资本。

2.2 老工业城镇确立和实施绿色基础设施的一般步骤

老工业城镇绿色基础设施规划的步骤一般分为3个阶段。首先，准备阶段主要需要完成资料搜集、整理和现场调查。该规划涉及社会、经济和环境三方面内容，其前期信息的全面获取存在一定难度，此外，还需要根据现状对未来情况进行合理预测。其次，在规划设计阶段，主要基于前期资料进行分析总结，并对绿色基础设施的空间布局、利益相关者和战略投资作出决策。最后，项目实施阶段需要落实土地的获取和民众、基金支持。具体步骤如表2。

老工业城镇绿色基础设施规划步骤 表2

阶 段	步 骤
准备：调查和评价现状条件	• 明确可能获益的投资和商业模式 • 识别和协调潜在的法律障碍 • 预测人口变动，评估经济趋势，并检测土地需求 • 罗列并绘制公园、开放空间、游径等，并识别服务欠缺的地区 • 进行闲置用地的环境评价
规划设计：致力于社区合作的规划过程	• 提出基于社会、环境和经济综合效益的规划方案 • 识别潜在的GI中心点（hubs）和连接廊道（linkages） • 明确战略投资区域和实验性项目 • 对社区进行分级 • 吸引城市和社区的利益相关者

续表

阶 段	步 骤
行动：GI 规划的实施	• 提供搬迁服务 • 展开战略性的收购、转变、拆除和更新 • 确定潜在合作伙伴，如公民、私人企业、政府、大学等 • 争取启动资金 • 实行土地银行政策

2.3 老工业城镇绿色基础设施规划要点

2.3.1 以土地银行（Land Bank）为主导充分合理的利用闲置资产（Vacant Properties）

城市更新的前提是主导者能有效的获取、拆除、维护和再利用闲置资产。土地银行（Land Bank）不同于组织改造的政府，他们是政府的或半私营的企业，能将闲置、废弃和拖欠税务的资产进行有效的再利用。[12]他们能收集和持有大量资产并最终将法定所有权转移给可靠的非营利组织或私人开发商。通过早期在不动产市场的土地风险投资，土地银行能鼓励私人投资和创造社区更新的动力。并且在改造过程中，他们也能有助于社区更新策略的制定、管理城市绿化运动、监督废弃建筑的拆除。

例如，为了试图扭转 Flint 镇的经济衰退，杰纳西县土地银行（GCLB）成立，它是全美最综合的土地存储运营机构。2003 年以来，GCLB 拆除了 800 栋危房和废弃建筑，主导了 90 个出租居住单元和 80 个独立家庭住宅的更新，并将 500 处场地卖给了周边的资产所有者。同时，GCLB 有一个清洁和绿色的计划，即将闲置用地作社区花园和小型公园，以改良污染土地的实验性场所。据统计资料表明，GCLB 在 2002—2005 年间总共支出 350 万美元，用于拖欠债务的资产的更新改造，而同一时期这些资产为 Flint 镇创造了 11200 万美元的经济效益。[13]

2.3.2 基于社区分级的更新规划和投资

在对闲置资产及其再利用情况进行充分了解的前提下，开展的社区规划能有效指导城市的战略性投资决策，提升城市资产的价值，并缓解衰落的房地产市场。其中，一个重要的途径是基于城市和社区的经济、人口和环境情况来分析的社区类型，它能使当地政府和社区领导明确每一类社区具体存在的问题和可能的机遇，从而提出针对性的调整更新策略。费城的社区分类是一个非常典型的实践案例。

费城前市长 John F. Street 的社区发展咨询公司（NTI）的再投资基金组织，将整个城市的所有社区根据其经济和社区条件，如空置率、房价、业主入住率、拆迁活动、消费者信贷记录等，分为六种类型。[14]其中最差的一类最大程度的政府干预，它主要表现为大量人口流失、高空置率和较低的资产价值，通过大面积的土地收购、集合、拆除，实施绿色基础设施更新策略，从而对其进行针对性的规划和投资。

里士满 Bloom 社区（NiB）的更新规划也实践了这一理念。市政府和弗吉尼亚州的一些公民组织合作，提出了一个针对性的投资策略，该策略将美国社区发展基金（CDBG）、住宅投资伙伴（HOME）基金等集中于七个城市的 300 多个社区的更新改造中。[15] NiB 改造成果非常显著，它为该市的 49 个社区系统的制定了社区条件和发展潜力的指标，基于指标来对每个社区进行分类，并由此来制定预算和两年工作计划，明确了目标范围。

2.3.3 基于多方合作的绿色更新规划

一个综合性绿色基础设施网络需要有许多不同的利益相关者的参与，政策制定者和规划者所面临的挑战是如何吸引这些利益相关者、如何赋予当地居民相应的权益，以及如何协调各方要求和不同的规划方法。多方合作的更新规划能提供一种有效的方法来将参与者和政策需求充分结合。当制定一些有争议或有重大意义的公共决策时，合作性规划过程显得非常有必要，它才可能使得不同的利益相关者达到统一，从而能制定能解决社区问题的可行性政策和可实施的规划。这种政策或规划，应当具有一定弹性，能尊重不同的利益相关者的需求并与之展开合作。

同时，规划师必须妥善应对居民的需求和关注点。扬斯敦 2010 年综合性规划是一个很好的案例，它很好的解决了如何让公众参与到社区中来这一问题。2000 年，扬斯敦通过一系列的公民参与过程，开始修改其 1951 年的综合性土地利用规划，[16] 市政府及其公共参与顾问聚集了超过 250 个公共、社区和私营部门的领袖组成了 6 个研讨会，制定了一系列原则，确立了远景规划的基础。2003 年 2 月，市政大会一致同意采纳这些原则后，志愿者们即对社区资产条件展开了系统化的评价，并吸引了来自 11 个不同社区的 800 社区居民参与了该讨论会。2004 年 3 月，为了维持势头，规划委员会在当地专业媒体的帮助下，借助宣传册、广告牌、网站和公共服务公告，启动了一个市域范围内的运动。2005 年，超过 1300 位扬斯敦居民参与了 2010 年综合规划的正式报告。[16]

扬斯敦 2010 年综合规划试图吸引反对者，而非避开他们，因此最终成为城市更新规划的成功代表。扬斯敦经验充分证明了认清问题、提出潜在解决方案、搜集资金和其他资源以实现转折性转变的重要性。领导者必须欢迎公民参与，并将其作为解决城市问题的一个重要方法。

3 经验借鉴

3.1 合理有效的对闲置和废弃地进行再利用

相对于欧美国家，我国土地的国有制在城市更新中的土地收购和兼并这一程序上具有一定优势。我国也存在"土地银行"运营模式，但主要局限于农村。在城市的具体更新规划中，需要在符合土地利用总体规划和城市总体规划的前提下，依据土地利用现状情况和现有的闲置土地资源状况，由政府主导或半政府形式的社会组织主导进行土地和资产的收购、拆除或更新。

3.2 采取多方参与的规划模式

绿色更新规划从最初的现场调研和资料搜集阶段，到规划决策和最终方案落实中，应了解利益相关者的不同诉求、并进行引导和协调，进而达成一致，提高绿色规划和可行性。

3.3 创新性和多样化的融资合作

采取创新性融资模式，支持符合条件的具有较强综合实力的投资商和组织参与融资。同时，来源于基金会的资助和当地组织的多样化融资形式，对于筹集闲置用地绿化的资金也非常有必要。重大的城市绿化项目需要结合众多投资者、开发合伙人和公共及私人团体、其他非营利组织和社区居民。

参考文献

[1] 阳建强. 后工业化时期城市老工业区更新与再发展研究[J]. 城市规划, 2011(4): 80-84.
[2] 全国老工业基地调整改造规划(2013—2022年)[Z]. 2013.
[3] 周燕妮. 国外绿色基础设施规划的理论与实践[J]. 城市发展研究, 2010(08): 87-93.
[4] Mark A B, Edward T M. Green infrastructure: Smart Conservation for the 21st Century [M]. The Conservation Fund. Sprawl Watch Clearinghouse, 2001.
[5] 刘娟娟, 李保峰, 南茜·若, 宁云飞. 构建城市的生命支撑系统——西雅图城市绿色基础设施案例研究[J]. 中国园林, 2012(3): 116-120.
[6] Advancing Green Futures for New York's Rust-Belt Cities. Smart Networks [EB/OL]. http://www.rust2green.org/smart_networks.php.
[7] The North West Green Infrastructure Think Tank. North West Green Infrastructure Guide [EB/OL]. (2008). http://www.greeninfrastractructurenw.co.uk/resources/GIguide.pdf.
[8] Benedict M, McMahon E. Green infrastructure: linking landscape and communities [M]. Washington: lsland Press, 2006.
[9] Lindsey, G., & Knaap, G. Willingness to pay for urban greenway projects[J]. Journal of the American Planning Association, 1999, 65 (3), 297-313.
[10] Joseph Schilling, Jonathan Logan. A green infrastructure model[J]. Journal of the American Planning Association, 2008, 74(4): 451-466.
[11] Leigh, N. G., & Patterson, L. M. Deconstructing to redevelop: A sustainable alternative to mechanical demolition [J]. Journal of the American Planning Association 2006, 72 (2), 217-225.
[12] Alexander, F. S. Land bank authorities: A guide for the creation and operation of local land banks[M]. New York: Local Initiatives Support Corporation, 2005.
[13] Griswold, N. G., & Norris, P. E. Economic impacts of residential property abandonment and the Genesee County land bank in Flint, Michigan (Report No. 2007-05). [EB/OL] (2008-7-6). from http://www.vacantproperties.org/resources/LPI_Genesee.pdf.
[14] McGovern, S. J. Philadelphia's Neighborhood Transformation Initiative: A case study of mayoral leadership, bold planning, and conflict. Housing Policy Debate, 2006. 17 (3), 529-570.
[15] Galster, G., Tatian, P., & Accordino, J. Targeting investments for neighborhood revitalization. Journal of the American Planning Association, 2006, 72 (4), 457-474.
[16] Faga, B. Designing public consensus: The civic theater of community participation for architects, landscape architects, planners, and urban designers. Hoboken, NJ: John Wiley & Sons, 2006.

作者简介

周盼, 1989年9月生, 女, 汉族, 湖北孝感人, 华中农业大学大学园艺林学学院硕士研究生, 研究领域为绿色基础设施规划, Email: 1054335804@qq.com。

"积极老龄化"社会建构与上海公共开放空间营造

Active-aging Society Building and Shanghai Public Open Space Design

周向频　王　妍

摘　要：通过阐述老年学研究视角的转变，探讨了"积极老龄化"理念产生的背景、内涵和对当今老龄化社会发展的意义，介绍了上海市老龄化社会的现状和特点。在此基础上提出了"积极老龄化"的空间策略，结合上海市老龄化的一般性和特殊性特征，分析了上海市"积极老龄化"落实于公共开放空间的设计方法和营造案例，为构建"银发族"和谐友善社会提供参考。

关键词：积极老龄化；上海；公共开放空间

Abstract: By describing the transformation of gerontology research perspective, the article explores the background, connotation of "active aging" and analyses the significance in today's aging society development, Then introduces the present situation and characteristics of an aging society in Shanghai. On this basis, this paper puts forward the space strategy of "active aging", combines with the generality and particularity of Shanghai's aging, analyzes the implementation of the "active aging" that in public open space design method and cases, so that to provide a reference to the construction "seniors" friendly harmonious society.

Key words: Active-ageing ; Shanghai; Public Open Space

上海是中国城市化水平最高的城市之一，其城市规模和城市建筑密度均位于世界前列。同时作为世界上老龄化水平程度最高的城市，上海的城市建设也面临来自银发族养护养老的压力。上海的公共城市空间不仅是上海市市容市貌的展示窗口，是上海市经济文化水平的综合体现，更是市民休闲、娱乐、游憩的重要空间，是老年人身心健康的容器。积极老龄化政策的提出给上海公共空间的营造指明了方向，建设"积极"的老龄化开放空间，满足老年人融入社会、与社会互动的渴望和愿景，既是建设银发族友善社会的重要内容，也是世界老龄化的必趋之势，具有重要的战略发展意义。

1 "积极老龄化"的概念与发展

1.1 老年学研究视角溯源

在"积极老龄化"理念正式提出之前，老龄学研究经历了漫长的发展阶段，大体可归纳为"传统老龄化"、"成功老龄化"、"健康老龄化"三个历史发展时期。

在传统上，人们将看作是不可避免的衰减与退化，将社会物资高占有率的老年阶段与"弱势""依赖"画等号，带有浓厚的歧视主义（Ageism）色彩。脱离理论（Disengagement Theory）甚至认为，老年期就是一个社会角色、关系的退出时期，脱离是老龄化过程的最终结果。众多早期欧美小说中的老年人都被刻画成"丑陋的、无牙的、无性征的、失禁的、衰老的、糊涂的无助的"形象，侧面反映了在大众印象中的老年人在社会中所扮演的"无能"角色。[1]部分老年学者甚至倡导"未老先亡"的观点，社会对老龄化的惶恐和对老年人的边缘化可见一斑。[2]

20世纪五六十年代，在脱离理论（Disengagement Theory）和活动理论（Activity Theory）的基础上，成功老龄化（Successful Aging）应运而生。其研究重点集中在老年人的参与特别是经济参与：通过寻找替代活动或生活模式，从频繁的社交中体会自我价值实现的愉悦，在有效保持身心平衡舒畅的前提下可有效缓解衰老，继续为社会作出贡献。[3]但是它依赖于成功和活动，忽视了老年人的个体差异及老年群体社会功能特征，并非适用于所有人群。总而言之，成功老龄化"成功"激起了学者对老龄化问题的研究兴趣，老龄化观点不再一味地"消极"，成功打破了"被老化"的僵局。

取代成功老龄化的健康老龄化（Health Aging）于1990年在哥本哈根召开的第四十届世卫组织会议上被提出来，健康老龄化拓宽了老年学的研究视角，将范围从生理和身体的老龄化健康拓展到精神和心理层面。

1.2 "积极老龄化"的提出

积极老龄化最早是世界卫生组织（WHO）于1996年提出的，在2002年第二次老龄化大会在题为《积极老龄化：一个政策框架》的研究报告中正式将"积极老龄化"提升到政策的高度。这份报告中分析了诸如如何帮助老年人保持独立积极的生活状态？如何改善越来越多的老年人的生活环境和质量等问题，而中国的老龄化问题更是被作为重中之重以强调"法国老年人口的比例从7%增至14%翻一番用了115年，而中国将仅仅只要27年"。[4]与发达国家的先富后老不同，中国等发展中国家面临"未富先老"的窘境。该报告还被写入《联合国第二届世界老龄大会政治宣言》。自此，积极老龄化的老年视角正式在全球范围内得到推广。

1.3 "积极老龄化"的内涵

根植于"成功老龄化"和"健康老龄化"的"积极老龄化"总结了前者的经验和不足，在态度、范围、普适性等多个方面均有了升华。联合国更提出"积极老龄化"的基本原则：独立、尊严、参与、照料和自我实现。

1.3.1 积极的老龄化态度

虽然相较于传统老龄化对待老年人的态度，成功老龄化和健康老龄化已有了巨大转变，但基本上还是较为"消极"的态度，将人口的老龄化视为是沉重的负担，仅从早期学者称呼老龄化问题是"人口老化地震"、"沉默革命"便可知一二。积极老龄化的老龄观大大不同，它并不将人口老龄化视为一个难题，反而以一个积极平和的心态来面对老龄化，鼓励大众积极对待老年人，同时通过文化和风气的教育改善老年人对待社会的态度，弱化年龄界限，使老龄化不再是"问题"，老年人也不再被"特殊对待"。

1.3.2 积极的老龄权利观

在积极对待老龄化的前提下，改变传统老年人的"弱势"地位，改善供需关系，变"需要"为"权利"，注重老年人的人权，尊重老年人的意愿，社会老龄政策不再是"保障"而是"权益"，倡导让老年人融入社会，创造老龄化空间，乐得其所。

1.3.3 健康、参与、保障——三大核心

积极老龄化所强调的健康，世卫组织曾作出明确回应：健康不仅仅是没有疾病，而是在生理健康、心理健康、道德健康和社会适应能力等各方面的完好状态。此命题下的积极老龄化号召老年人通过努力提升健康水平，相较于健康老龄化对老年人的健康有了更深入的剖析。

积极老龄化所提倡的积极参与观反映了老年人参与社会的权利和需要，通过社会融入能提升老年人的价值感和存在感，激发自身潜力，于老年人和社会是双赢的举措。

保障是积极老龄化的第三大核心原则，是积极老龄化的最根本保证。保障即确保老年人的权益不受侵害，对其生活、权利、尊严等各个方面予以保障，建立健全老龄社会保障体系，在保障的前提下鼓励老年人积极参与社会、融入社会。

2 "积极老龄化"社会公共空间营造的意义

2.1 世界老龄化必趋之势

2002 年，联合国第二届世界老龄大会通过的《政治宣言》和《老龄问题国际行动计划》强调应把老年人作为社会建设的重要力量，社会应该积极支持鼓励养老，政府、组织和社会团体也应积极制定"积极老龄化"的养老政策和计划，营建和谐、友善、积极的老龄化社会。

2.2 老龄身心健康的容器

在老龄化发展的各个阶段，健康都是老龄化的最基本保障和必要前提。身心健康的容器——公共空间，也是积极老龄化社会营建的重中之重。社会共同营造老龄化支持性环境，创造有益于老年人锻炼休闲的场所，努力保障老年人的身心健康，使老年人老有所乐，这既是构建和谐社会的需要，也是中华民族传统美德的延续和发扬。

2.3 医疗保障前期预防

医疗水平的跟进，老年人保障问题固然重要，但作为健康和参与的发生场地，公共空间的营造比后期医疗的救治更有必要。与其在老年人生病后花费高昂的费用进行痛苦的救治，倒不如在此之前建立友善的老年人乐于出行的公共活动空间，能让老年人在轻松的环境里锻炼、交谈、娱乐休闲。基于中国国情，老年人的保障工作落实仍需相当长的一段时间，而在此之前，通过公共空间的营建可以在相当程度上缓解老年人的健康压力，利于国家的和平和稳定。

3 上海"老龄化"社会特征

3.1 老年人口基数大，老龄化程度高

上海是中国最早进入老龄化的城市之一，老年人口的绝对数额大，绝对增长快，老龄化速度快。2000 年的第五次人口普查资料显示，2000 年上海市 60 岁及其以上的老年人口为 243.3 万，占总人口数的 18.41，而根据人口学预测，2030 年代中期，上海市大于 60 岁的老年人口将达 528 万之多，占总人口数的 38.92％。近年来，随着城市化进程的加速，上海的外来人口增多，有越来越多的乡镇老年人涌入城市，与在城市工作的子女生活，上海的城市化水平相对较高，该现象明显。这就意味着，上海的老龄化人口数将要远远大于预测数，老龄化比例也相应增加。

3.2 老龄化程度与城市化程度不相符

我国城市人均国内生产总值与发达国家的人均国内生产总值的差距仍然很大。可见，我国城市是老龄化超前于社会经济发展水平，是典型的"未富先老"。老龄化程度和城市化程度的巨大差距也是导致老年人医疗、保障、服务等各种配套措施落后的重要原因之一

3.3 身体健康状况堪忧

据有关调研的数据显示，过半老年人认为自己身体健康状况一般，超过两成的老年人认为自己身体较差，只有两成老人认为自己身体健康状况良好，而这两成还呈减少趋势。73.8％的老人有慢性病，且 59.2％的老人长期依赖药物治疗[5]

3.4 生存状态满意度低

老年人对医疗、居住和私人生活表示不满。上海医疗

水平的发展速度远落后于老龄化的速度，再加上经济水平的限制，导致很难满足越来越多的老年人的就医需要。

3.5 居住环境落后

传统的商业重地、城市化进程的加快和优秀的地理位置使上海的城市面貌有了巨大的改变，而鉴于上海拥挤的建筑环境、落后的活动设施和有限的公共活动空间使得老年人对退休后居住状态的不满。

3.6 日常活动单一

上海市 60 岁以上的老年人大部分退休在家，其中有部分老年人与子女同住，帮子女带小孩，但是更多的老年人与配偶居住或丧偶独居，日常活动单一（图1）。

3.7 据统计外来养老人数众多

上海的城市化决定了上海市有众多的外来人口，很多在上海学习工作的年轻人愿意留下来，随之而来的是其父母亲人的城市化。特别是上海的新城区，例如松江、嘉定，买不起城区房子的年轻人选择在城市周边筑巢，他们的父母或是短期来照料，或是因为优越的城市生活条件和医疗水平而来到城市养老，外来养老老年人数量之多也是上海老龄化的一大特色。

图 1 独处的老年人

4 "积极老龄化"的公共空间营造策略

4.1 布局合理化

2000 年约有 30.7% 的老年人会选择在闲暇时间逛公园，而 2006 年数据上升至 36.4%。[6]这说明，越来越多的老年人会选择前往室外公共空间进行游憩活动，户外空间已经成为老年人休闲娱乐的重要载体。城市公园绿地已经成为老年人最喜欢也是去的最多的室外活动场所之一。

首先，在老年人公共空间分布方面，要根据老年人的出行半径合理布局大型公共空间，特别是公园和大型绿地。对城市老年人近期和远期的空间分布分别制定中长远期的老龄城市空间布局规划策略，老年人大都出行不便，老年人的日常出行半径约为 800—1000m，结合城市老年人的居住布局，在老年人住区内或住区的半径内布置适量的组团绿地，便于出行。保证大部分老年人有便利的活动空间，解决公园和老年人分布不均的问题，创造老年人乐于出行的公共空间布局。

其次，城市老城区部分公园建造年限久，伴随老年人

数量的逐日增多，很难满足老年人的休闲游憩需求，在早晚的锻炼高峰时段，公园里的老年人数量远大于公园的设计容量。所以，有必要根据老年人心理学和老年学，制定老年人事宜的老年人绿地占有面积，保证公园的人均占有率和使用率，创造轻松的休憩环境，利于老年人积极参与公共空间互动。

4.2 空间层次化

老年人的性格不同，需求自然也不同。只有在设计中考虑到老人的各种需求，才能创造出真正积极的、鼓励参与的公共空间。因此，针对不同老年人的心理和游憩所需，将空间层级化，适人适地。有些老人性格孤僻或不喜欢集体活动，常常一个人在公园里晨练、看书、散步，因此要建立一个相对安全的个体性活动空间，在此空间内他们不希望受到来自外界的干扰，并且具有一定的私密性、排他性和防卫性。也有一部分老人喜欢群组活动，主要体现在多个拥有共同兴趣的老年人一起进行的游憩活动中，比如合唱、舞蹈、演奏曲目等。与个体性活动不同，群组性活动大都需要相对开敞的空间。当然也有混合型活动空间，老年人可以选择参加团体活动，又可以在一旁安静的观看或者倾听，为老年人提供了多样的交流和娱乐机会，有利于驱散他们的孤独感。

4.3 行为多样化

老年人在公共空间内的活动大体可归纳为六类，分别为：体育锻炼、休憩观光、棋牌麻将、文化娱乐、照看幼儿和其他（表1）。

老年人游憩活动类型表 表1

游憩活动类型	活动内容
体育锻炼	慢跑、舞剑、打拳、踢毽球、健身操等
休憩观光	散步、聊天、晒太阳、观赏自然风光、看表演等
棋牌麻将	象棋、围棋、桥牌、牌九、麻将等
文化娱乐	读书、看报、练习书法、摄影、唱歌、跳舞等

这种活动行为多样性的缺乏并非是老年人没有渴望和意愿，更多的是因为活动空间的面积和组成所限，使得老年人没有场地来进行这种多样性的行为和活动。

4.4 空间功能合理化

英国学者伊恩·本特利曾说过，"一个既定场所，容纳不同功能使用的多样化程度，具有一种我们称为活力的特性"。[7]雅各布斯也认为"对于内心无比渴求交往的老年人来说，公共空间对他们的意义在于能够释放心中的抑郁和孤独，随心所欲地沟通和交流。这一点也是衡量公共空间是否有活力的唯一标准"。[8]

老年人的行为活动内容决定了空间的功能和配置，而空间功能的分区和配置又可以影响老年人的活动内容，而我国现在的老年人空间更多的是属于后者，即老年人的活动和行为依据设计者设计的功能和配置而决定。为

了更好地唤醒老年人心中的渴望，使老年心里所想的能量和活动得到有利的释放和舒展，才能真正的实现老年人的积极性活动。不再是压抑地应付行为，而是从内心里渴望参与空间，参与行为，参与社会交互。

4.5 设置设施人性化

现有的城市公园的设置设计对弱势群体的人性化设计较少，考虑到未来的老龄化趋势，在公共空间营造过程中应注意关怀性设计无障碍环境能有效地改善老年人的生活环境，体现社会对所有公民的关心，是一个国家、一个城市精神文明和物质文明的象征，也是一个老龄化国家应该采取的有效措施之一。特别是在基础服务设施的设计，例如道路的盲道铺设、残疾人坡道的设置、适合老年人的运动健身设施、健康布道。增加例如鹅卵石铺道、塑胶步道、雨棚等基础设施。

5 "积极老龄化"下的上海公共开放空间设计

上海作为中国内陆地区现代化程度最高的城市之一，城市建成区密度和人口密度都相当高，承载着世界级的金融、商业、政治、旅游活动，有高校有序的运作模式。另一方面，上海也是中国老龄化程度最高的城市之一。同一个城市空间要满足来自不同功能、不同人群的不同需求，城市空间特别是城市公共开放空间的合理配置和利用尤其重要。在老龄化背景的驱动下，如何有效的处理人口老龄化和城市公共空间配置之间的问题，使城市在能满足其城市基本职能的前提下兼顾老年人的各项需求，对于国家和社会都是亟待处理的问题。

上海市老年人开放空间体系主要是以开放公园和绿地组成的网状体系。从理论上讲社区公园应该成为研究老年人游憩行为的首选载体。但是，我国许多城市社区公园的发展起步较晚，体系不尽完善，因此在目前发展条件下综合公园在很大程度上承担了社区公园的功能。到目前为止，上海市共有开放公园近140余所，分布于上海市各大新老城区。公园作为老年人活动健身的主要集中地，对于"积极老龄化"公共开放空间的营造具有重要意义。

以公园为主的公共开放空间系统遍布整个上海城区，整体分布较为平均，而城市的中心城区特别是以普陀、闸北、虹口、杨浦等老城区，其公园的数量和面积都位于前列，老年人特别是本土老年人主要居住于老城区，公园的分布能基本满足老城区老年人的活动需要（图2）。

在浦东新区、松江等新城区，因其规划较晚，在城区规划的过程中充分考虑到了公共空间的营造，所以也有相当数量的公园分布，新区的老年人以外来老年人为主，新区的公园是文化包容的场所，在公园里，每天都发生着本土和外来老年人的交互，外来的老年人通过公园寻找伙伴，寻找归属感，增加积极老龄化社会交互的发生。

在崇明、奉贤、长宁等密度较少的城区，老年人以原著乡村人口为主，也有一定数量的公园或者森林公园来满足当地老年人的日常需求和市区人口的远足需求。

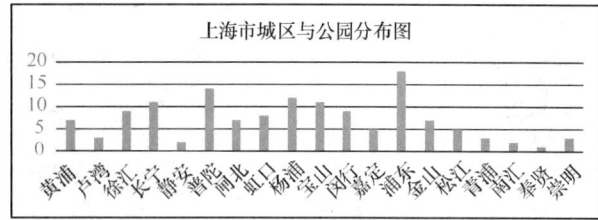

图2 上海市城区与公园分布图

5.1 多样的空间营造

上海的公共空间层次较为分明，主要分为聚集空间、线形空间和节点空间三种模式。聚集空间主要为群体性游憩主体提供的开敞空间，让老年人能够进行集体舞蹈、健身操等有组织的群体活动。在黄兴公园、彭浦公园、杨浦公园等公园均有设计有聚集空间可供老年人娱（图3、图4）。

图3 中山的老年聚集空间

图4 行知公园的老年乐队

线形空间主要是在公共空间中各类步行道、车行道和小径上形成的游憩空间模式。上海市的南京东路、淮海中路等步行街区不仅是重要的商业空间，还是老年人休闲的重要线性空间，早晚都有老年人在这里聚集，跳舞、唱歌，特别是华灯初上时分，南京东路上跳舞的，唱戏的老年人更是一道亮丽的风景，引得众多游客驻足拍照。老年人在这种自我娱乐和关注中得到了重视，身心愉悦（图5、图6）。

图 5　南京东路的老年舞蹈团队

图 6　复兴公园原路旁休息的老年人

上海市的节点空间大大小小，主要是二三人之间的非正式交往场所。"见缝插针"的地散布更多的游憩空间，使老年空间的空间利用达到最大化，提高其多样化的使用价值。老年人可在节点空间内进行阅读、打牌、乐器演练等游憩活动。结合上海市的气候特点，凉亭、水榭、廊道都是节点空间的重要形式。鲁迅公园的水榭空间成了老年戏曲团队的集中锻炼场地，一旁的廊道也有老年人重拾传统"套圈"的活动（图 7、图 8）。

图 7　鲁迅公园的水榭节点空间

图 8　鲁迅公园的景观亭节点空间

5.2　丰富的空间休闲活动

长期受"海派"文化的浸染，上海老年人有极强的包容性和积极性，热衷于出门散心游玩，日常的锻炼休闲和远程的旅游跟团都是上海老年人乐道的活动。公共空间的休闲和活动也多种多样，慢跑、舞剑、打拳、踢毽球、健身操等体育健身类活动随处可见，散步、聊天、晒太阳、观赏自然风光、看表演等休憩观光也是老年人每天都在公共空间里进行的活动，还有棋牌麻将，读书、看报等文化娱乐活动也较为常见。比较有特色的是天气适宜阳光充足的好天气，可以见到公园里聚集的"编织团"，中老年妇女三五成簇的聚集在一起织毛衣，聊天其乐融融。老先生们自然也乐得其所，喜欢书法绘画的老年人会在公园的水泥石、大理石地面上即兴泼墨，引得人群围观（图 9）。

图 9　上海中老年妇女的"编制团"

5.3　人性化的服务设施

无障碍设计和人性化设计也越来越多的出现在上海的公共空间设计和营造中。例如虹桥公园将园路设计加入塑胶跑道元素，给老年人提供了更加舒适的散步、跑步环境，也起到了很好的只因效果，积极引导老年人融入公园路网体系。虹桥河滨公园的波浪形栏杆可扶可坐还具有较高的美观效果，老年人在散步过程中可扶栏杆行走，累了随时可以坐下休息，是人性化设施的一大创新（图 10、图 11）。

宝山区的炮台湾湿地森林公园是老龄化设计和人文关怀设计做得很好的公园之一，公园的入口空间、主要节

图 10 鲁迅公园即兴泼墨的老年人

图 11 虹桥公园的塑胶跑道

图 12 虹桥河滨公园的波浪形栏杆

点区域甚至是服务型设置小品都将无障碍设计加入到了公园的总体营造中，体现了较强的人文关怀。

6 结语

城市公共空间体现了城市政治、经济、文化的综合风貌。在老龄化背景下，城市公共开放空间的建设营造在满足城市的基本职能之外也需要服务于老年人的需要。[4]优秀的老年开放空间可以促进老年人的活动和出行，加强老年人的社会交互和参与，帮助老年人寻找在城市和生活中的价值感和归属感，有利于老年人的身心健康，为和谐社会的构建奠定坚实的基础，为银发族友善社会的营造创造条件。

上海作为中国城市化发展进程最快的城市之一，建筑和人口密度较大，但在这种背景下仍积极利用空间，因地制宜，鼓励老年人的公众参与，不仅给城市风貌的展示创造图景，还创造了一个老年人宜居、宜乐的积极老龄化公共空间，对于广大城市营建和谐的老龄空间有一定借鉴意义。

参考文献

[1] Rubinstein, R. L., Kilbride, J. C. & Nagy, S. Elders living alone: Frailty and the perception of choice. [M]. New York: Aldine de Gruyter, 1992, p. x.

[2] Gullette, M. M. Menopause asmagic marker: Discursive consolida-tion in the United States, and strategies for cultural combat. [M]//P. Komesaroff et al. (eds.). Reinterpreting menopause: Cultural and Philosophical Issue. New York: Routledge, 1997. 186.

[3] HavighurstRJ. Successful aging. Gerontologist. 1961, 1: 18-131.

[4] Kalache and Kellar, 2000.

[5] 上海财经大学人文学院"万名老人养老需求快递"课题组．

[6] 张恺悌，姚远．中国城乡老年人精神心理状况研究[M]．北京：中国社会出版社．2008.

[7] (英)伊恩·本特利，建筑环境共鸣设计[M]，大连理工大学出版社，2002．

[8] (美)简·雅各布斯．美国大城市的死与生[M]．译林出版社，2005．

作者简介

周向频，1967年12月生，男，汉族，福建福州，博士，同济大学城规学院景观系，副系主任，博士生导师，景观规划设计历史与理论，Email：zhouxpmail@sina.com。

王妍，1988年6月生，女，汉，山东济南，硕士，同济大学城规学院景观系，在读博士研究生，景观规划设计历史与理论，Email：196388013@qq.com。

屋顶农场
——生产性的绿色屋顶

Rooftop Farm
——A Productive Green Roof

周璇子 赵纪军 赵斌

摘 要：随着城市化，我国在城市环境问题与食品安全日趋严重。屋顶农场作为一种具有生产性的绿色屋顶，正显示其特殊的作用。本文通过阐述屋顶农场的发展、国内外实践案例，分析屋顶农场在我国城市化中的可行性与面临的问题。

关键词：屋顶农场；绿色屋顶；生产性景观

Abstract: With the urbanized development, our cities have growing problems in environment and food security. Rooftop farm has shown its importance as a Productive Green Roof. The article will state the development of rooftop, the practical cases both here and abroad, and discuss the feasibility and challenge in urbanization of china.

Key words: Rooftop Farm; Green Farm; Productive Landscape

随着城市化的进程，城市不断扩张，侵占了周围的农田，取而代之的是由钢筋、混凝土组成的"方盒子"。近些年热岛效应、城市洪涝等问题，让我们开始重新审视城市的生态问题。在我国，城市屋顶这个在城市水平方向占据很大面积，但一直被认为是城市的"失落空间"而没有被充分利用。绿色屋顶作为缓解城市建设与绿化之间矛盾的手段，早在20世纪中叶就在各发达国家得到了快速的发展，如今已发展出很多方向。而屋顶农场作为绿色屋顶的新发展方向，较之以往各类形式绿色屋顶，更加具有经济效益，更能调动参与各方的积极性，对于建设低碳城市具有积极意义。

1 绿色屋顶概述

绿色屋顶（Green Roof）也叫作生长的屋顶（Living Roof），是指具有防水结构的建筑屋顶部分或完全被植被覆盖。[1]绿色屋顶可以延长建筑的使用寿命，降低建筑能耗，改善城市热岛效应，减小雨水径流等。当代绿色屋顶出现在19世纪中叶的欧洲。[2]二战后西方各国也经历了快速城市化、环境恶化、污染严重的阶段，20世纪60年代以后，屋顶绿化得到重视，在欧美各国得到蓬勃发展。绿色屋顶经历从最初仅具保温功能的草坪屋顶，到以游憩、观赏为主的屋顶花园。近些年随着新技术的发展，和观念的更新，又出现了结合雨洪管理的绿色屋顶，和近几年才兴起的将农业生产与绿色屋顶结合的屋顶农场。如今在美国及大部分欧洲国家，已形成良好的绿色屋顶实践。[3]

2 屋顶农场的实践

一项研究表明美国的食物从田地到餐桌运输距离平均要1300英里，[4]这个过程中的运输能量消耗比食物自身产生的热量要多得多，产生高环境成本。在土地资源稀缺的城市，屋顶农场通过利用闲置建筑屋顶可以降低运输中的能量消耗和运输成本，改善城市所耗能量的分配，使之更加可持续。

屋顶农场是一种融入了农业生产的绿色屋顶，不仅具有一般绿色屋顶的功能，还可以为城市居民提供新鲜、安全的食物。现代屋顶农场不再只是在屋顶种菜，还是结合了绿色基础设施、生态工程和生产、观赏、休闲、教育等功能的绿色屋顶。

2.1 国外实践发展

发达各国在屋顶农场实践上，一直处于领先位置，实践上有公益性项目、商业项目和研究性项目。美国纽约是屋顶农场实践的领导者，有着很多个优秀的创新实践。2007年启动的 PlaNYC 2030 项目，将给建造绿色屋顶的建造者减免交税，这将为屋顶农场建立带来更大的动力。在20世纪90年代，多伦多已有一些个人和组织就开始尝试屋顶农场。2000年多伦多政府推行绿色屋顶示范项目，其中有两个项目是用来做屋顶农场，种植蔬菜和草药。2001年开始实施的2000年东京规划（Tokyo Plan 2000）规定新建建筑面积超过1000m² 的建筑都要有至少20%的屋顶绿化面积。并于2002年开始实行屋顶农场计划，种

---

① 中央高校基本科研业务费资助，HUST：编号2013QN044。

植果树和蔬菜。

美国纽约鹰街屋顶农场（Eagle Street Rooftop Farm）（图1）位于布鲁克林一个仓库的屋顶，是一个约6000平方英尺的有机蔬菜园，还养有蜜蜂和鸡。设计者试图证实都市农业的建设与赢利的可行性。农场在每周日售卖新采摘的蔬菜，并提供给周边的餐馆。农场还举行农业基础知识讲座和农场实习、参观，为市民休闲提供了新的去处。

图1 美国纽约鹰街屋顶农场
（资料来源：http://inhabitat.com/urban-farming-a-visit-to-brooklyns-eagle-street-rooftop-farm/）

盖利康纳青年中心屋顶花园（the Gary Comer Youth Center Roof Garden）（图2）位于芝加哥市大道口社区，是一个屋顶农业结合景观的休闲场所，并为学生提供教育展示。该项目仅2009年一年就为当地学生、餐馆及青年中心咖啡厅供应了超过1000磅的有机食物。2010年ASLA专业奖评委会对它的评价是"该项目简洁朴实，是风景园林师与建筑师良好合作的成果，成效显著"。

图2 盖利康纳青年中心屋顶花园
（资料来源：http://www.asla.org/2010awards/377.html）

2.2 国内实践发展

早在20世纪60年代，由于经济落后、食物供给紧张，许多人开始自发地利用各类建筑的顶部种植瓜果蔬菜。这种屋顶种菜的方式一直持续至今，近几年，城市居民在屋顶自发进行种菜的报道屡见不鲜。它们绝大多数是为了满足种植者的自身食物需求，仅仅具有生产功能。近几年来屋顶农场在我国也逐渐兴起，一些一线城市和高校都纷纷进行了屋顶农场的实践。

上海"天空菜园（V-roof）"（图3）系列是2011年由东方园林南方联合设计集团开创的系列项目，是我国较早进行屋顶农场实践的项目。目前已经建成的5个农场，试种过四五十种蔬菜，借鉴CSA模式为市民提供蔬菜。[5]

图3 上海天空菜园
[来源：朱胜萱. 屋顶农场的意义及实践以上海"天空菜园"系列为例[J]. 风景园林, 2013（03）]

3 我国屋顶农场发展可行性与面临的问题

3.1 可行性分析

3.1.1 屋顶资源

据统计，我国现有400亿m^2建筑，裸露屋顶面积100亿m^2，随着城市化进程的发展，我国将会有更多面积的裸露屋顶。在新型城镇化背景下，节能减排、生态建设势在必行，绿色屋顶将成为建筑节能的必然选择之一。屋顶农场不仅具有绿色屋顶的一般功能，还具有生产功能，丰富了城市空间的功能与活力。

3.1.2 食品安全

近些年来，我国食品安全问题日益突出，从染色草莓、蔬菜农药残留到滥用抗生素的速生鸡，打了激素的鱼，甚至是非法转基因作物，瓜果蔬菜安全问题不断。这使我国百姓对食品的安全性产生了怀疑，从而激发了对绿色食品和有机食品的迫切需求，越来越多的城市居民自身愿意参与到食物生产的过程中。加之，我国土地资源紧张，城市人口食品需求量大，农村闲置耕地面积加大，屋顶农场将在一定程度上城市减少对外来食品的依赖。由于屋顶农场处于城市内部，还可以减少运输成本，从而在一定程度上降低菜价，为市民提供更新鲜的食品。

3.1.3 变废为宝——资源利用

当前我国城市雨水主要是通过排水系统排到下游水体，很少进行雨水收集与利用。城市雨水完全可以作为屋顶农场的灌溉用水进行收集利用。此外，屋顶农场还可以降低屋顶雨水的径流，减小城市排水系统的压力。城市中每天都会产生大量烂菜叶、剩饭等有机垃圾和枯枝落叶这些都可以进行堆肥，作为屋顶农场的有机肥料。

3.1.4 经济效益

屋顶农场除了能延长建筑的使用寿命和减低建筑能耗，相较于其他形式只投入、不产出的绿色屋顶，屋顶农场产出的果蔬，还能产生经济效益。现代的科学种植方式，能使屋顶农场比传统农业田地有高的单位产值。这为屋顶农场的商业化运作带来可能，可以出售果蔬，也可以将场地分块租赁出去，以收回成本、获得收益。

3.1.5 社会交往

众所周知，现代城市生活与以前的传统城市生活相比，交往更少、压力更大。屋顶农场作为生产性的绿色屋顶，具有参与性、体验性，不仅可以观赏还成为人们进行生产和生活的场所。为疲惫的城市人群提供了近距离接触田园生产、接受农业教育的机会，还为有共同兴趣爱好的人群，提供了交流的平台，成为城市新兴的活力空间与休闲场所。

3.2 面临的问题

3.2.1 政府扶持

通过案例可以看出，国外屋顶农场的发展与政府的扶持是紧密相关的。而目前我国对都市农业得到相应的重视，尚未推出关于都市农业、屋顶农业的相关法规与政策，也没有相关的管理部门。部分城市如北京、上海等随开始重视屋顶绿化，但对屋顶绿化的重视和补贴力度也不够。

3.2.2 技术支持

我国对屋顶农业的研究尚处于起步阶段，对于屋顶农场的施工技术、培育技术、植物选择和屋顶气候环境对作物的影响还处于试验性阶段。

3.2.3 资金支持

虽然屋顶农场建成后能够产生经济效益，但是前期建设和后期养护还是需要一定的资金投入，这就需要建造前找到投资人或贷款，由于民众对屋顶农业的认识不够，银行也没有响应的贷款项目，所以目前资金流还存在一定问题。

4 展望

屋顶农业将生态、生产与生活结合起来，创造出了一种体验式的屋顶景观。在我国，屋顶农场的实践才刚刚开始，作为低碳城市建设的新方向、城市休闲生活的新方式，屋顶农场的基础研究还有很长的路要走，还需在技术层面、运营模式、政策支撑上进行更加深入的探索，提高其可行性。

参考文献

[1] http://en.wikipedia.org/wiki/Green_roof
[2] Kirkman A. M., Aalders E, Braine B, et al. Greenhouse gas market report 2006: financing response to climate change: move to action[M]. Geneva: International Emissions Trading Association, 2006.
[3] Osmundson, Th., Roof Gardens: history, design and construction. [M]. London: W.W. Norton and Company, 1999.
[4] Pirog R, Pelt T. How Far Do Your Fruit and Vegetables Travel? Leopold Center for Sustainable Agriculture. [EB/OL] heep://available at www.leopold.iastate.edu/pubs/staff/ppp/food_chart0402.pdf.65, 2002.
[5] 朱胜萱. 屋顶农场的意义及实践以上海"天空菜园"系列为例[J]. 风景园林, 2013(03).

作者简介

周璇子，1989年8月出生，女，汉族，黑龙江人，华中科技大学建筑与城市规划学院风景园林在读硕士，Email：zhouxuanzi@foxmail.com。

赵纪军，1976年6月出生，男，汉族，河北人，博士，华中科技大学建筑与城市规划学院副教授，研究方向为近现代园林历史与理论，Email：land76@126.com。

赵斌，1988年7月出生，男，汉族，黑龙江人，中国水产科学院长江水产研究所研究办公室实习员，Email：zvee@qq.com。

新型城镇化背景下生态农庄及相关概念辨析
——以成都市三圣乡为例

Analyzing the Ecological Farm and Correlative Concepts under the Background of New-style Urbanization
——A Case Study of Sansheng County of Chengdu

周云婷　武　艺　钱　翰

摘　要：农业旅游是新型城镇化进程中重要的一环，目前国内有生态农庄、休闲农庄、生态农业观光园以及农家乐等多种相近概念名词，诸多旅游型农业规划将概念混用混淆，使宣传与实际不符。论文以成都市三圣花乡为例，在文献资料以及调研数据整理研究基础上，对比生态农庄、观光农业以及休闲农业等概念，提出广义与狭义的生态农庄定义，并以此提出了现代生态农庄规划的设计策略。

关键词：观光农业；生态农庄；新型城镇化

Abstract: Agricultural tourism is an important part of the new-type urbanization process. Nowadays, there are some similar concepts such as the ecological farm, the leisure farm, ecological agriculture sightseeing garden and agritainment, which are mixed in Many tourism agriculture planning, in which the pulicity does not match the reality. Sansheng County of Chengdu was taken as an example, on the basis of studying literature and survey data, to make a contrast of concepts of ecological farm, sightseeing agriculture and leisure agriculture, in order to put forward the broad and narrow definition of ecological farm and the design strategy of modern ecological farm planning. Abstract:

Key words: Sightseeing Agriculture; Ecological Farm; New-style Urbanization

1　研究背景

目前，以特色农业生产为基础，以休闲观光为主导的农业旅游，有效带动了农业经济发展，推动了城乡一体化，成为一个解决"三农"问题的高效率途径，其强大的区域综合发展协调能力，使其成为新型城镇化进程中重要的一环。随着观光农业的兴起，全国各地涌现出大批休闲农庄、生态农庄，以及农家乐等多种称谓的观光农业园，概念的模糊成为诸多商家营销理念与实际情况不符的理由，专业界内对这些概念的混用也十分普遍。

2　观光农业与生态农庄及其相关概念关系

观光农业相对于生态农庄、休闲农庄、生态农业观光园等名词，属于一个上层概念。我国的观光农业发展起源于20世纪80年代后期，全国各地纷纷效仿深圳首次开办并取得良好效益的荔枝节以及采摘园，这标志着观光农业在我国的兴起，[1]此时还没有观光农业一词的概念。中国大陆首次出现"观光农业"的概念是在1993年"北京市农业区域开发整体规划"中，[2]并至今仍然使用。目前较为公认的观光农业概念，又称旅游农业、农业旅游或"休闲农业"，[2]是以农业生产过程、农村风貌、农民劳动生活为主要吸引物，农业和旅游业结合而形成的"新型产业"。[3]此外，根据不同侧重的研究方向，有研究者把观光农业分为两类——以"农"为主的观光农业概念和以"旅"为主的观光农业概念。[3]以"农"为主的观光农业被认为是一种兼具发展农业生产提高农业经济附加值和保护乡村自然文化景观的农业开发形式，[3]如赵春雷、[4]丁忠明、[5]郭焕成[6]等均持相似观点；以"旅"为主的观光农业则被认为是以旅游者为主体的，以农业为主题的旅游活动形式，如周晓芳、[7]应瑞瑶、[8]舒伯阳[9]等持相似观点。

观光农业统称同时具有农业以及旅游性质集合体的抽象概念，生态农庄、休闲农庄、农家乐等名词概念指代农庄、农园等具体场所。生态农庄、休闲农庄以及其他相近名词，均属于观光农业概念。

3　生态农庄与相近概念研究

3.1　休闲农庄与农家乐概念辨析

休闲农庄是以农业文化为主题，以休闲度假为目的的综合性园区。它不仅包括传统的农业生产经营活动，而且包括农村观光游览以及与之有关的旅游经营、旅游服务等内容，如为游人提供具有农村特色的吃、住、行、

---

① 本文为西南交通大学风景园林学乡土景观与遗产资源保护开发课程研究课题之一。

玩、购等方面的服务和供应,满足他们对自然景观和乡土气息的向往等。[10]休闲农庄具有适当的规划设计以及明确的范围。

位于成都市郫县的友爱乡农科村是四川农家乐的发源地。[11]四川省农家乐旅游业从20世纪90年代初开始发展至今,已具有相当大的规模。传统农家乐是以农户家庭单体经营为主,无明确规划设计,利用农户现有场地与资源,让游客进行喝茶聊天、麻将棋牌、餐饮赏花等娱乐活动,并在农村环境下自发形成观赏农业与使用农业的特点。发展至今部分农家乐规模已经超出单户农家自主经营,成为一个系统化的低档度假村。

单个的农家乐自然形成,内部无明确的规划设计。因此,休闲农庄不等同于农家乐,农家乐属于休闲农庄以下概念,成片成体系的农家乐聚居区可以被称为休闲农庄。

3.2 生态农庄概念研究与辨析

3.2.1 生态农庄概念现状研究

1970年,美国土壤学家阿尔布雷奇(W. Albreche)第一次提出了"生态农业"(Ecological Agriculture)一词,1981年英国农学家沃辛顿(M. Worthington)明确将生态农业定义为"生态上能自我维持,低输入,经济上有生命力,在环境、伦理和审美方面可接受的小型农业"。[12]生态农庄是生态农业以及观光农业的经营载体,生态农庄基于不同行业有不同的诠释。基于旅游业,它被解释为是以农业为基本主题的特色旅游区域,能够满足人们体验乡村生活、观赏农业景观和参与具有乡土气息的休闲娱乐活动。同时通过旅游业增加了农业的附加值,有着可观的经济效益,[13]但这并未与休闲农庄的概念有所区分。生态农庄也被认为是一种以保护自然生态环境为基础,以开发田园旅游资源为重点的新型艺术农业,它集生态效益、社会效益、经济效益和文化效益于一体,是一种高层次的农业。[14]也有定义生态农庄是遵循循环经济规律,以市场为导向,高新科技为支撑,持续发展为目标,经济效益为中心,实行生产集约化、布局区域化、经营规模化、管理企业化的现代农业企业。[15]此外,董云超等在其嘉兴碧云花园生态农业观光园设计方案中对其生态农庄设计提出了"生产核心"和"以农业带休闲,以观光促生产"的概念,[16]提出生态农庄应以农业生产入手,营造可持续发展的生态农庄。

3.2.2 生态农庄与休闲农庄概念辨析

生态农庄与休闲农庄同属于观光农业概念,从概念解析来看,以"旅"为主的观光农业观点可被认为与休闲农庄的理念相符合。生态农庄属于观光农业与生态农业的交叉领域,应符合生态农业中"生态上能自我维持,低输入的小型农业"概念,这与将农业放在次要位置的以"旅"为主的观光农业理念相矛盾。生态农庄是以"农"为主的观光农业中的一部分,生态农庄与休闲农庄的分化点就在于是否以"农业生产"为出发点(图1)。部分休闲农庄虽也具有农业生产功能,但是与生态农庄的起始目的不同,前者是以旅游业为目的,进行农业生产,后者是以旅游业促进农业生产。生态农庄的农业生产更注重农业生产的生态性以及可持续发展性,休闲农庄更注重乡土文化与农业旅游的结合。

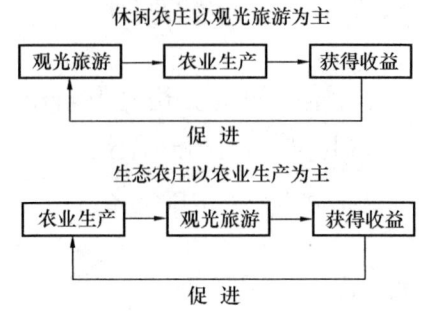

图1 休闲农庄与生态农庄及农业生产关系图示

3.2.3 广义生态农庄与狭义生态农庄概念

根据对已有文献的研究以及以成都市三圣乡为例的调查研究,本文提出生态农庄概念不应仅限定于对某种类型个体观光农业园的描述。生态农庄从尺度和形态上可以分为狭义生态农庄与广义生态农庄。狭义生态农庄是以农业生产为核心,以生态农业带动休闲产业与经济发展,能自我维持并低输入的观光农业园,狭义的生态农庄是指具有这种性质的一类个体观光农业园。广义生态农庄是以农业生产为出发点,生态与经济在农业生产及旅游业带动下能自我循环发展,集生产性、娱乐性各类农业园为一体的综合性观光农业园,广义生态农庄是指具有农业生产性、旅游性或共同具有这两种性质的单个观光农业园的集合体。

根据以上辨析,生态农庄与休闲农庄是属于观光农业概念下的并列概念,他们相互有交叉也有各自的特性,农家乐则是部分属于休闲农庄概念(表1、图2)。

相关概念辨析 表1

	概念名称	出发点	核心要素	必要元素
观光农业	生态农庄	农业生产	生态农业	农业生产 乡村旅游
	休闲农庄	乡村旅游	休闲娱乐	乡村旅游 农业观光
	农家乐	农家增收	餐饮娱乐	乡村娱乐与餐饮

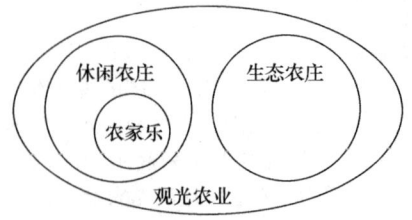

图2 生态农庄与休闲农庄概念关系图示

4 各类观光农业园分类分析——以成都市三圣乡为例

三圣花乡位于四川省成都市锦江区,属于城市近郊。

三圣乡素有"花乡"之美誉，据考证，早在清朝年间，三圣乡就以花卉种植交易而闻名，2000年，三圣乡被国家命名为"中国花木之乡"和"全国十大重点花卉批发市场"。但是三圣乡人多地少，人均耕地只有0.7亩，耕地极其珍贵，按照传统方式发展农业，三圣乡的耕地并不具备优势。[17]三圣乡选择了以本身花卉产业优势，进行观光农业旅游开发，先后打造了"花乡农居"、"幸福梅林"、"江家菜地"、"荷塘月色"、"东篱菊园"五个主题景点，称之为"五朵金花"，是国家AAAA级旅游景区，其中花乡农居为全国农业旅游示范点。

4.1 三圣乡部分农业园元素调查分析

成都市三圣花乡各个主题区域有数座农业园，其中均自称农家乐、休闲农庄或生态农庄。以下是对三圣乡荷塘月色、东篱菊园和江家菜地中听雨荷、山水浓等17座农业园中所具有元素进行的调查统计（表2）：

三圣乡部分观光农业园元素统计　　表2

所属	名称	旅游元素	农业生产元素	面积约（hm²）
荷塘月色	听雨荷	棋牌 餐饮 品茗		0.09
	山水浓	棋牌 餐饮 品茗		0.07
	荷风凉亭	棋牌 餐饮 品茗		0.08
	邦之茶雪	棋牌 餐饮 品茗		0.08
	雷鑫荷亭	棋牌 餐饮 品茗		0.07
	荷中林园	棋牌 餐饮 品茗 住宿		0.12
	张家大院	棋牌 餐饮 品茗 住宿		0.1
	荷风香墅	棋牌 餐饮 品茗 住宿		0.35
	碧水莲	棋牌 餐饮 品茗 住宿		0.14
东篱菊园	兰花博览园	观光	花卉大棚	0.51
	观菊园	观光	花卉大棚	0.34
	金菊园	棋牌 餐饮 品茗		0.12
	雅菊斋	棋牌 餐饮 品茗		0.1
江家菜地	乡情园	棋牌 餐饮 品茗 住宿	鱼塘 禽类养殖	0.99
	陈香苑	棋牌 餐饮 品茗		1.18
	大风塘	棋牌 餐饮 品茗	鱼塘 禽类养殖	3.64
	乡村公馆	棋牌 餐饮 品茗 住宿	牲畜养殖	3.52

根据以上调查，可以大致将被调查的场地分为四种类型：

（1）纯娱乐型：只有餐饮娱乐功能，部分具有住宿条件，面积大多较小。

（2）封闭产业型：有温室大棚或田间苗圃，不允许游人参观，根据产业规模面积从小型到大型不等。

（3）开放产业型：有温室大棚或田间苗圃，以游人参观为赢利点之一，根据产业规模面积从小型到大型不等。

（4）产业娱乐混合型：具有餐饮娱乐功能的同时，有自身产业，产业服务于游客的餐饮娱乐，部分具有住宿条件，面积大多较大。

4.2 三圣乡各观光农业园分类

三圣乡是一个复杂的观光农业园综合体，其中有四类不同的农业园。纯娱乐型的小型农业园为传统概念的农家乐，以听雨荷、山水浓、荷风凉亭等为代表；封闭产业型由于不具有旅游性质，不符合观光农业的特点，因此不属于观光农业园范畴；兰花博览园与观菊园属于开放产业型，符合观光旅游促进农业生产，以农业为基础，让人们观赏农业景观，并利用生态合理性的科技手段进行农业生产，属于狭义上的生态农庄；产业娱乐混合型的农业园根据其最初是以农业生产为目的或是以观光旅游为起点分别属于狭义生态农庄与休闲农庄。

整个三圣乡是以农业生产为起点，进行观光农业开发，促进当地经济发展。三圣乡中同时具有封闭型花卉生产企业，开放型花卉生产苗圃，仅有餐饮娱乐功能的农家乐，具有农业生产及休闲功能的休闲农庄，这些元素共同使三圣乡成为一个广义的生态农庄。

5 生态农庄规划设计策略

根据以上生态农庄概念辨析，生态农庄的规划设计应符合五项原则：

5.1 生态农业生产为起点原则

生态农庄与休闲农庄的分界点是否以生态农业生产为前提进行观光农业旅游，以生态农业生产为起点是生态农庄规划设计的前提。

5.2 低碳可持续化原则

生态农业是生态上能自我维持，低输入的小型农业，符合生态学、生态经济学原理。合理利用现代农业科技使生态农庄内部能自我维持并可持续化发展，用规划设计手段保护与修复周边生态环境是生态农庄规划设计的核心原则。

5.3 农业主题娱乐原则

生态农庄娱乐内容以农业活动为主题。进行亲身体验式的农业活动，如果蔬采摘、农业科普教育等；观光式农业活动，如季节性花卉观赏等活动；环境感染式农业活动，如农庄品茗、新鲜果蔬品尝、乡村棋牌休闲活动等。形成"做农业—用农业—娱农业—收农业"以农业为主题的产业循环链。

5.4 经济合理性与针对性原则

生态农庄规划设计应是针对某一地区特定的设计，根据不同的地区产业、经济类型、民俗风貌应有不同的特色功能设计，并在开发利用、改造、恢复和建设前，都要进行经济可行性论证，避免带来经济损失从而给生态农庄的景观带来巨大压力。

5.5 综合整体性原则

广义的生态农庄聚集体更应注重综合整体性原则，

要求规划与管理者将生态农庄看作是"小型农业园与产业园—大型休闲农庄—生态农庄区域"综合体。应用整体和系统的观点来对生态农庄综合体进行规划与设计。

6 生态农庄的价值

第一，它为农村人民提供了收益，增加了经济效益，成为了当下解决"三农"问题的一个高效途径；第二，生态农庄常常作为城市周边农村形态的转变，为城市居民提供了休闲娱乐体验乡村生活的场所，并且在文化传播、科普教育等领域也起到了作用；第三，生态农庄作为带动农村经济，提供大量就业岗位，为城市周边农田产业与景观的保留提供了不可否认的理由；第四，作为广义的生态农庄大型综合体，生态农庄既是生态基础设施，也是城市景观生态中的大型斑块，如成都市三圣乡作为城市规划中环城绿化带中的一节，高效地促进了城市反热岛效应从而为城市中央提供新鲜空气。

生态农庄如今成为乡村产业转型以及新兴城镇化中的一个发展趋势，设计者与策划者应肩负起对自然环境和社会人民的责任，正确认识生态农庄并对其进行符合"生态农庄"概念的合理规划，促进保护生态环境与社会经济，共同建设美好家园。

参考文献

[1] 孙艺惠，杨存栋，陈田，郭焕成. 我国观光农业发展现状及发展趋势[J]. 经济地理，2007，27(5)：835-839.
[2] 赵国如，周朝晖，姜晓萍. 休闲农庄发展模式探讨[J]. 湖南财经高等专科学校学报，2006，22(104)：7-11.
[3] 田逢军. 近年来我国观光农业研究综述[J]. 地域研究与开发，2007，26(1)：107-112.
[4] 赵春雷. 现代观光农业发展的几个问题[J]. 农业经济问题，2001(12)：72-75.
[5] 丁忠明，孙敬水. 我国观光农业发展问题研究[J]. 中国农村经济，2000(12)：86-89.
[6] 郭焕成，刘军萍，王云才. 观光农业发展研究[J]. 经济地理，2000，20(2)：119-124.
[7] 周晓芳. 广州都市观光农业发展探讨[J]. 农业现代化研究，2002(3)：124-126.
[8] 应瑞瑶，褚保金. "观光农业"及其相关概念辨析[J]. 社会科学家，2002(5)：51-53.
[9] 舒伯阳. 中国观光农业的现状分析与前景展望[J]. 旅游学刊，1997，12(5)：41-43.
[10] 宋妮. 长江三角洲地区休闲农庄的发展和规划设计研究[D]. 南京：南京农业大学，2007：17.
[11] 操建华. 旅游业对中国农村和农民的影响的研究[D]. 北京：中国社会科学院，2002.
[12] 王宇. 生态农业建设中农村能源问题的解决途径[J]. 北京节能，1995，(6)：24-25.
[13] 韩非. 生态旅游农庄规划的理论与实践研究[D]. 中国农业大学，2007
[14] 刘小龙. 中国农业发展的新天地——生态旅游农业[J]. 生态经济，2001(8)：30-33.
[15] 闫永，刘志峰，韩玉勇. 农村发展循环经济的新模式——生态农庄[J]. 安徽农业科学，2007(30)：9717-9718.
[16] 董云超，夏宜平，潘菊明. 园林式生态农庄的设计与实践——以浙江嘉兴碧云花园为例[J]. 中国园林，33-36.
[17] 黄萍. 城郊农业旅游开发中的"三农"利益保障问题——成都三圣乡农业旅游开发模式实证分析[J]. 农村经济，2006，(1)：47-50.

作者简介

周云婷，1990年6月23日生，女，汉，四川成都人，在读硕士研究生，现就读于西南交通大学建筑学院风景园林系，风景园林学(一级学科)专业，Email：259259310@qq.com。

雨水基础设施在道路景观设计中的应用
——以延庆创意产业园为例

Application of Rainwater Infrastructure in Road Landscape Design
——Take Yanqing Industrial Park as an Example

祖 建

摘 要：我国以往的道路景观设计往往没有将雨水收集处理考虑在内，从而造成了雨水资源的浪费和城市水环境的污染，这无疑违背了新型城镇化对景观设计的要求。在国外的道路景观设计中，雨水基础设施已经作为一种管理雨水的手段被广泛运用，有效地解决了道路景观灌溉用水匮乏，后期养护成本高，地表径流污染等环境问题。本文以北京市延庆县创意产业园中的道路景观设计为例，通过对绿色屋顶、道路标高、路牙石切口、雨水种植池、透水铺装、植物配置、雨水花园等方面的详细设计，阐述了雨水基础设施在道路景观中的应用。

关键词：雨水基础设施；道路景观设计；延庆创意产业园

Abstract: Road landscape design in China often does not take rain water collection and treatment into consideration, resulting in a waste of rain resources and the city water environmental pollution and contrary to the requirements of the new type of urban landscape design. In foreign countries, the rainwater infrastructure being as a rainstorm management method is widely used, which effectively solves the problem of the road landscape irrigation water shortage, high maintenance costs, the surface runoff pollution and other environmental problems. In this paper, the road landscape design of Yanqing Industrial Park is taken as an example, through the green roof, road elevation, rainwater planting pool, permeable pavement, plant configuration, and other aspects of the detailed design of rain garden, expounding the application of rainwater infrastructure in the road landscape.

Key words: Rainwater Infrastructure; Road Landscape Design; Yanqing Industrial Park

1 引言

随着我国新型城镇化进程的加快，城市范围迅速扩张，但是城市水环境却面临巨大的挑战，城市内部不断地暴发洪涝灾害，造成了巨大的经济损失，与此同时，许多城市还存在严重的雨水径流污染，雨水资源流失，地下水位下降，生态环境恶化等与雨水管理有着密切联系的重大问题，[1]这些都严重制约着城市的可持续发展。

近年来，我国灰色基础设施建设取得了巨大的成就，然而也潜在着很大的问题。以城市道路建设为例，透水率极低的硬质路面取代了以往的自然路面，这就增加了暴雨的汇流速度，进而加重了道路的排水压力，同时道路表面存在的油污、垃圾等杂质使得道路雨水径流受到了严重的污染。在城市面临严重的水资源匮乏的情况下，道路雨水资源没有得到很好的利用，却从城市排水系统中白白流走，同时硬质路面的建设也加重了诸如热岛效应、植被破坏、噪声加大、生物多样性破坏等环境问题。[2]

雨水基础设施率先在发达国家得以探索实践，通过模拟自然生态系统并将其与城市雨水管理系统相结合以达到维持良好的自然进程，保护和利用水资源等目的，如美国波特兰市的绿色街道（Green Street）（图1），项目将传统的灰色基础设施改造为可持续的、与自然相协调的绿色雨水基础设施，很好地解决了城市的诸多雨水问题。

图1 美国波特兰市绿色街道

2 场地概况

项目位于北京市延庆县城西侧的延庆创意产业园区内，北侧以011县道为界，南侧以妫河公园为界，西侧以城市支路为界，东侧以妫河河岸为界，规划用地面积约21.02hm²（图2）。

园区建设依托于延庆的环境资源优势以及妫水河生态景观，倡导生态、环保、节能、科技、创新等新理念，

图2 项目位置图

主张贯穿全程的绿色设计、绿色建筑和绿色运营（图3）。延庆县多年平均降水量为443.2mm，降水量年内分布不均，6—8月份降水量占全年总降水量的72%，春季降水量仅占年降水量的10%—15%，春旱现象经常发生，[3]同时园区毗邻妫水河，道路雨水径流汇集后排入河中，这就使得雨水收集和处理在延庆创业产业园道路景观设计中显得尤为重要。

图3 项目鸟瞰图

本文从园区建筑绿色屋顶，园区道路设计，园区铺装，道路景观植物配置以及道路雨水花园等方面阐述了雨水设施在道路景观设计中的应用。

3 道路雨水基础设施设计策略

3.1 绿色屋顶

绿色屋顶是指建筑屋顶部分或全部由绿色植被、植物生长基质及屋顶防水结构覆盖的一张景观屋顶形式。[4]园区道路两侧建筑屋顶全部建成绿色屋顶，从雨水径流和污染形成的重要源头即屋顶上加长雨水径流时间，降低径流速度并且净化屋顶雨水水质，同时还能有效减少建筑内部制冷等能源消耗，调节微气候，为动物栖息及人类活动提供良好的外部空间（图4）。

3.2 道路设计

传统的道路体系中，道路绿化带标高大多高于道路标高，使得雨水先从绿化带汇入路面，进而汇入道路中的排水系统。这样不仅加重城市排水系统的负担，使得绿地中的泥水污染路面，淤塞下水道及河床，同时还造成了城市道路积水，道路两侧绿带依靠自来水浇灌等弊端。本次道路景观设计运用雨水收集和处理的理念，在道路标高、路牙石切口、雨水种植池等方面进行了新的探索和尝试。

3.2.1 道路标高

雨水收集设计理念考虑改变传统的设计方式，使得路面标高高于绿化带标高20cm左右，道路坡度在1.5%左右，这就使得汇集到路面上的雨水流向道路绿带，对植物进行灌溉，并经过生物净化后渗入地下。这就解决了以往道路景观灌溉用水匮乏以及雨水径流污染地下水等问题（图5）。

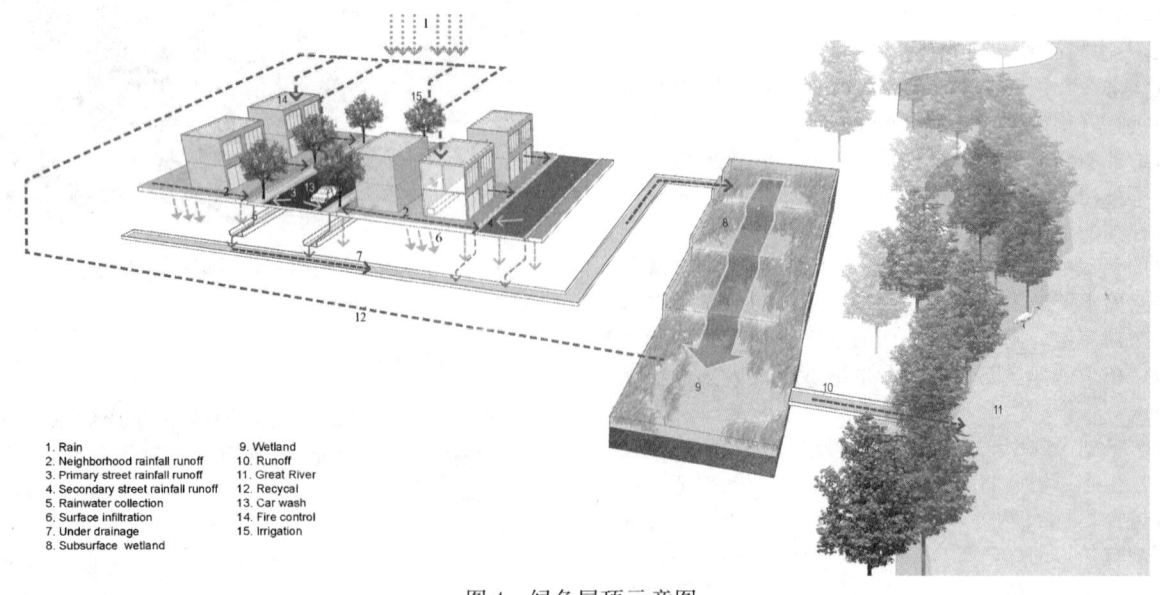

1. Rain
2. Neighborhood rainfall runoff
3. Primary street rainfall runoff
4. Secondary street rainfall runoff
5. Rainwater collection
6. Surface infiltration
7. Under drainage
8. Subsurface wetland
9. Wetland
10. Runoff
11. Great River
12. Recycal
13. Car wash
14. Fire control
15. Irrigation

图4 绿色屋顶示意图

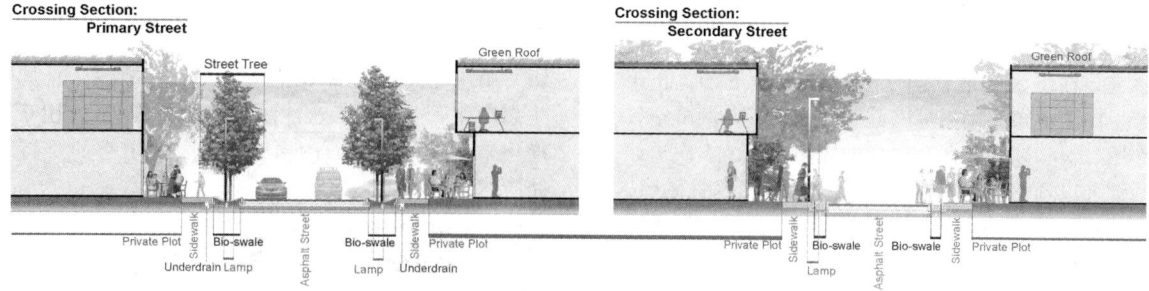

图 5　道路剖面图

图 6　路牙石切口实景照片

3.2.2　路牙石切口

以往道路设计的路牙石都是连续的，这样就阻隔了道路绿带和路面之间的雨水流通，于是就出现了暴雨过后路牙石边上往往有大量积水的现象，通过对路牙石局部进行切口的方式将雨水径流引入雨水种植池内（图6），这样不仅有效缓解了雨水滞留在路面对交通的影响，也为植物灌溉提供了新的水源。[5]

3.2.3　雨水种植沟

雨水种植沟是设置在道路上的狭长并种植丰富景观植物的下凹式景观空间，沟底部可以为坡底或平底，具有倾斜的横向边坡和缓和的纵向坡度。[6] 雨水经纵向边坡汇入种植沟底部，同时在横向边坡的作用下流向种植沟的一侧，方便雨水的汇集，最终雨水种植沟通过自身的生物净化过程，将原本污浊的地表径流进行净化，从而保证地下水源的纯净（图7）。

图 7　雨水种植沟实景照片

3.2.4　道路断面

考虑到主要道路和次要道路承担的功能不同，两种道路采取的断面形式也不相同。主要道路集水带采用种植沟形式，一方面对雨水进行有效的收集和净化，同时也能增加道路的景观效果。而次要道路由于路幅宽度有限，集水带则不种植景观植物，而是通过工程做法，将雨水进行过滤净化后渗入地下（图8）。

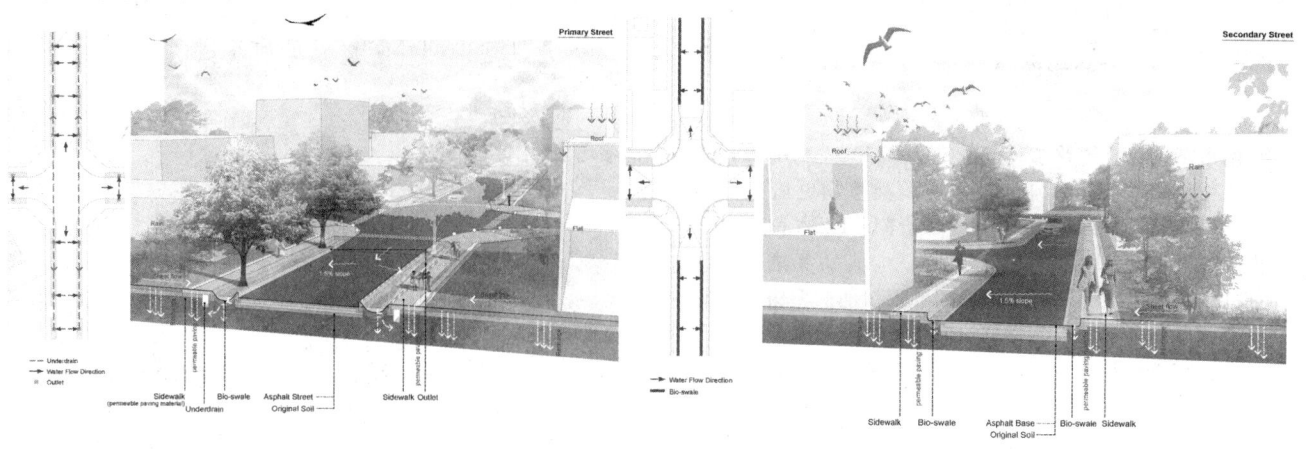

图 8　道路剖面效果图

3.3 透水铺装

透水铺装在下雨时能让雨水快速渗入地下，防止雨水滞留产生内涝现象。雨后可以起到净化空气，调节空气湿度等作用，对于缺水地区有很大的应用价值。本次道路景观设计铺装以透水铺装为主，主要材料有透水性地砖、嵌草砖，以及鹅卵石、碎石等。根据道路的类型选择不同的透水材料，透水性地砖主要用于人行道、自行车道，透水砖的渗水效果较好，铺设时材料之间的连接处用透水材料衔接增加透水性；嵌草砖用于停车场和自行车停放区，在砖缝和砖孔中填土种草，可以保证停车场区域达到约40%的绿化率；鹅卵石、碎石主要用于铺设场地内部的小路，透水性好，样式色彩多变，收集处理雨水的同时还能增加景观效果。[6]

3.4 植物配置

由于本次道路景观设计对雨水进行了收集利用，使得场地的植物在短时间内可能受到雨水的浸泡，因而植物配置首先要考虑的是植物对湿润土壤的适应性，应当选择可以承受雨季24—28h水涝状态的耐湿植物，并尽量选择本土植物，同时考虑其忍受冬季低温甚至土壤冻结等极端条件的存活能力，最后综合考虑植物的姿态、色彩、质感、花期、大小的搭配，形成色彩鲜明的道路景观（图9）。

图9 植物配置实景图

雨水基础设施道路植物配置要点：（1）植物配置时多使用禾本科植物和多年生草花，这两类植物更适合在集水绿地中生长，同时其净化雨水和吸附污染物的能力也较强。（2）土壤条件湿润容易滋生杂草，除人工进行杂草处理外，植物搭配时，应多选择阔叶以及地被型植物，恶化杂草的光照条件，抑制杂草的生长。（3）道路绿化带中间低两边高，植物配置时应考虑地形高差，中间布置高大的植物，两边布置低矮的植物。（4）为帮助植物生长，防止水土流失，抑制杂草生长，可以在植物栽植前铺设生物可降解种植垫。[7]

3.5 雨水花园

雨水花园是自然形成的或人工挖掘的，兼具景观和生态净化等功能的渗透性浅口绿地（图10），用于汇聚并净化来自屋顶或地面的雨水，是一种生态的可持续的道路雨水基础设施。[8]

图10 雨水花园效果图

雨水花园兼具雨季及非雨季的双重景观特征，能有效地去除径流中的悬浮颗粒、有机污染物以及重金属离子、病原体等有害物质；营造的小生态环境可以为昆虫与鸟类提供良好的栖息环境，从而达到生态平衡；通过植物的蒸腾作用调节环境中空气的湿度与温度，减轻热岛效应，改善周边的环境条件。[9]

4 结语

雨水基础设施对于营造兼具景观和雨水收集处理功能的道路景观有着很重要的作用，这一技术在国外已经发展得十分成熟，而在中国仍然面临很多实际的问题，如这种道路前期设计施工成本远高于普通道路，收益见效期长，中国高速的城镇化进程并没有给道路雨水基础设施建设留出足够的时间和空间，同时已建成的道路与雨水基础设施道路衔接存在一定困难。中国在新一轮城镇化的道路上，如何使雨水基础设施建设从单纯的工程技术和生产利用层面向景观化、经济化、差异化等方向发展，同时让雨水基础设施建设有更大更好的平台去发挥自身的特色和优势，这都需要进一步的探索和实践。

参考文献

[1] 陈海清. 西安市雨水处理利用技术研究[D]. 西安：西安建筑科技大学，2011.
[2] 孟玉. 城市雨水的综合利用[J]. 中国资源综合利用，2006，06：23-25.
[3] 赵敬. 基于RS与GIS的延庆县旅游生态环境质量评价[D]. 北京：首都师范大学，2006.
[4] 张善峰，宋绍杭. 绿色屋顶——建筑屋顶雨水管理的景观学方法[J]. 装饰，2011，09：112-113.
[5] 张善峰，王剑云. 让自然做功——融合"雨水管理"的绿色街道景观设计[J]. 生态经济，2011，11：182-189，192.
[6] 屠奇. 代替式分流制排水系统在市政景观项目中的应用

——以"珠海市横琴新区滨水地区及道路系统景观规划设计"为例[J]. 中国园林，2012，07：119-124.
[7] 于杨. 透水性铺装在园林中的应用[J]. 现代农业科技，2010，06：225-226.
[8] 王淑芬，杨乐，白伟岚. 技术与艺术的完美统一——雨水花园建造探析[J]. 中国园林，2009，06：54-57.
[9] 阎波，付中美，谭文勇. 雨水花园与生态水池设计策略下城市住区水景的思考[J]. 中国园林，2012，03：121-124.

作者简介

祖建，1989年，男，汉，河北保定人，硕士，北京林业大学园林学院风景园林学2012级在读研究生，Email：794710790@qq.com。

新型城镇化与风景园林植物应用

从园林有害生物物种变化引发的思考

Thinking from the Garden Pest Species Change

白雪婧

摘　要：从园林有害生物物种变化引起思考，分析当今城市园林植保工作经常出现的一些问题及原因，并提出对策。
关键词：园林有害生物物种变化；原因；对策

Abstract：Viewing from the garden pest change, this paper provides analysis on common issues and reasons in today's gardening plant protection, and proposes the countermeasures.
Key words：Garden Pest Change；Reasons；Countermeasures

随着园林绿化事业的快速发展，各地园林绿化格局不断调整，园林植物种类不断变化，随之发生的园林有害生物种类也相应出现变化，园林有害生物物种不断入侵，原有的有害生物种群结构被打乱，次期性病虫害和生理性病害等问题越来越多。笔者从管理和技术层面，综合阐述分析园林植保工作中出现的一些现象和问题，以期推动园林植保工作的良性发展。

1　园林植保出现的一些现象

1.1　新的有害生物不断入侵，造成危害

据2008年沈阳市园林有害生物普查结果，较20世纪80年代普查结果对比，新增加有害生物新纪录245种，且造成危害。有害生物入侵问题已经是困扰园林植保工作的一个严重问题，横亘在每一位植保工作者（包括农、林、园林）的面前，它使得物种资源趋同化，造成潜在的不可预见的次生灾害。

1.2　危险性、顽固性和突发性有害生物经常发生，危害日趋严重

据2008年调查，沈阳市常规发生的园林有害生物种类达259种，其中重度危害的有57种。一些原有的主要有害生物年年防、年年发，一些新增加的有害生物经过适生也成为主要危害种类，以及一些原本危害不重的次要有害生物活跃危害而上升为主要有害生物，致使我市园林有害生物发生种类和危害程度均有增加。

1.3　非靶标生物造成的问题越来越多，发生频率加快

因立地条件不良、含盐融雪剂的使用、非乡土树种的大量应用等，导致行道树衰退、非病虫造成的生理性问题频繁出现，尤其在极端天气出现时表现明显，常出现树皮开裂、流水流胶、叶片枯黄、春季放叶晚或不放叶等现象，以及由于园林绿化重建轻管现象的普遍存在，经常出现因蚜虫危害而致煤污病滋长、瘿蚊危害引发白粉病、五小害虫危害引发病毒病等次生灾害。

1.4　弱寄生有害生物频繁成为导致植物死亡的罪魁祸首

1999年沈阳乃至东北地区大面积爆发柳树腐烂病，2003年和2007年沈阳市再度大面积爆发杨树腐烂病，致使数万株杨柳树死亡拔除，实质上行道树长势衰弱是导致树木大量死亡的根本原因，而弱侵染寄生性病害——腐烂病只是诱发其死亡的表面原因。种种现象表明，植株生长势衰弱才是导致杨柳、白蜡、松树、桧柏等树木死亡的内在原因，腐烂病、小蠹虫等弱寄生有害生物只是"压倒骆驼的最后一棵稻草"而已。

2　原因分析

2.1　植物频繁调运、引种及植物检疫未充分发挥作用是引发有害生物入侵和危害加重的主要原因

近些年来，全国各地的城市建设和绿化事业迅猛发展，各地园林植物的种类和数量迅速增加。城市绿化的大快赶超以及各类展会的举办，使得大量园林植物在短时间内频繁被引种、调运、栽植，在植物调运、外来物种的引进过程中，本应防止有害生物传入的第一道屏障——植物检疫工作在园林建设中不能有效发挥作用，使得一些有害生物随之传入，引发外来有害生物的境外入侵或国内区域间传播，导致有害生物危害加重和新的有害生物入侵，造成危害。

2.2　环境气候的不断改变，使城市绿地生态系统不断调整，打破了原有的有害生物种群结构，也是有害生物发生危害加重的原因之一

由于地球温室效应、厄尔尼诺现象、北极涛动等异常

气候现象频繁出现，使得园林植物和有害生物适生范围变化，出现南虫北移现象，一些本地原来不适合生存的有害生物可以完成生活史或侵染循环而生存下来，导致一些有害生物种类增加。另外，城市园林格局大幅度调整、园林植物物种的不断更替，人为干预城市绿地生态系统程度逐渐加重，使得原有的有害生物种群结构被打乱，以及绿地建后的养护管理缺失或粗放，诸多因素导致有害生物发生种类增加、发生频率增加，致使有害生物发生危害越来越重。

2.3 园林用药种类、对象和时机不合理，技术操作不规范，致使天敌损伤严重、有害生物抗性加强，引发有害生物再猖獗

园林植保因体制机制原因，在植保理念上还比较陈旧，在防治策略上比较落后，缺乏预防思想，用药比较被动，使得药剂难以发挥最佳效果，天敌受损较重，再加之有害生物防治不能联防联治，存在防治死角，使得园林有害生物抗性加强，越防越重，走向有害生物再猖獗危害的恶性循环。

2.4 园林重建轻管、养护管理缺失或被淡化，是导致生理病害和弱寄生有害生物发生的重要原因

城市环境恶劣、生态脆弱、污染严重，植被修剪、水肥管理等基础养护管理工作被忽视或淡化，长期将植物置于其生理需求底线之下，诱发植物出现生理病害及遭受弱寄生性有害生物的侵袭，问题频繁发生。

2.5 预测预报工作准确性、前瞻性难以保证，以及防治滞后，引发有害生物危害加重

由于影响城市园林有害生物发生的因素较多，且人为主观影响性较大，造成有害生物的发生难以把握，测报工作的准确性、前瞻性难以保证，使有害生物的防治工作受到影响。再加之因受人、财、物以及天气等主客观因素影响，有害生物防治工作存在较重的滞后性，也是加重了有害生物危害的原因。

3 给我们带来的警示

通过对园林植保出现的一些现象及原因剖析，警示我们应加强对园林植保工作的重视程度。只有贯彻好"预防为主"的植保方针，才能促进园林绿化事业的持续发展。

3.1 做好植物检疫和复检

做好植物检疫和复检工作是有效预防有害生物入侵的一第一道屏障，它可以从源头上避免有害生物的侵入、传播。浙江省关于松材线虫病的单独立法应该为我们的园林绿化工作敲响警钟。

3.2 做好预测预报和预防工作

准确测报是搞好防治的前提，而园林有害生物的测报因影响因素众多，必须以实地监测为基础，设置合理的监测点，对已经发生的和尚未发生的有害生物进行跟踪调查，并对有害生物发生态势进行预测，择其要者予以预防。立足于有害生物发生前的控制，将预防理念贯穿于园林设计、引种调苗、生产、施工建设、养护等各个阶段，将有害生物治理从末端治理向源头治理和过程治理转移，使有害生物发生于未然，乃植保方针的最好体现。

3.3 对突发、爆发性有害生物采取预警防控

建立有害生物防控预警机制，从组织体系、保障体系等方面保障突发、爆发性有害生物得到及时有效的防控。

3.4 用园林植保做保障，搞好养护，促进植物健康，提高环境生态质量

促进植物健康应立足于加强养护管理，增强树势。科学施肥、合理浇水、松土除草、合理整形修剪等，以精细养护为手段，用园林植保做保障，促进植物健康，使园林可持续发展，提高环境生态质量，构建和谐园林。

参考文献

[1] 徐公天，杨志华. 中国园林害虫. 中国林业出版社，2007.
[2] 万方浩，郭建英，王德辉. 中国外来入侵生物的危害与管理对策. 生物多样性，10(1)，2002.：119-125.
[3] 瞿加荣，周章柏. 科学引进外来物种正确防治物种入侵. 湖南林业科技，33(6)，2006：90-92.
[4] 徐源，徐岚，郝明，白雪婧，李明哲. 持续植保理念在园林如何应用的探讨. 辽宁农业科学，增刊，2009：112-113.

作者简介

白雪婧，1972年9月生，女，汉，辽宁葫芦岛人，硕士研究生，沈阳市园林科学研究院教授级高级工程师，从事园林植保工作，Email：baixuejingnv@163.com。

浅析新型城镇化建设中园林植物的应用

Study on Application of Landscape Plants in New Countryside Construction

成 甜

摘 要：与传统城镇化相比，新型城镇化更注重生态环境，强调和谐的发展城镇化。城镇化建设势必会对环境造成一定的影响，而通过了解并合理应用园林植物，就可以改善因城镇化建设而遭到破坏的生态环境，另外，园林植物还起到美化环境的作用。
关键词：新型城镇化建设；绿化建设；园林植物

Abstract: Compared with traditional countryside construction, new countryside construction emphasizes on environment, which in a harmonious way. countryside construction must have a harmful impact on environment. If we know and use landscape plants reasonably, we can improve the environment which was destroyed by countryside construction. Otherwise, landscape plants also play a role on beautify the environment.
Key words: New Countryside Construction; Greening Construction; Landscape Plants

1 前言

新型城镇化较于传统城镇化，着重考虑生态宜居、和谐发展，将环境保护以及人与自然和谐相处纳入了重点的评价范围之内。[1] 新型城镇化的核心在于不以牺牲农业和粮食、生态和环境为代价，着眼农民，涵盖农村，实现城乡基础设施一体化和公共服务均等化，促进经济社会发展，实现共同富裕。从其他发达国家的城镇化历程来看，英国、美国等发达国家均是依靠工业水平的发展来带动城镇化的发展，但无疑都对环境造成了相当大程度的破坏，损失惨重。

近几年来，人们对环境的重视程度逐渐提高，环保程度和低碳要求日益提高，这对我国的城镇化发展而言，无疑又增加了相当程度的难度。将新型城镇化与风景园林专业结合起来，有利于解决新型城镇化过程中环境保护的要求，通过合理的运用园林植物，很大程度地缓解城镇化进程中造成的环境污染，无形中为新型城镇化的发展减少了损失，为我国的城镇化发展做出了巨大的贡献。

2 我国城镇化的发展概述

2.1 我国城镇化的发展进程

自1949年新中国成立以来，城镇化进程可大致分为两个阶段：改革开放前和改革开放后。

改革开放以前，我国整体的工业水平比较低，城镇化的发展一直较为缓慢。这期间主要可以分为3个阶段。[2] 第一阶段（1949—1957年），这是我国城镇化发展的起步阶段，由于党把工作重心从农村转移到城市，城市得以发展，到1957年，全国城市数量达到176个。第二阶段（1958—1965年），这期间城镇化发展并不稳定。第三阶段（1966—1977年），由于"文革"的原因，社会较为动荡，城镇化发展几近停滞。

改革开放以后，我国城镇化发展有了突飞猛进。在这期间，也可以大致分为3个阶段，第一阶段（1978—1984年），改革开放起步阶段，经济水平得到了一定的提升，城镇化发展水平得以大幅度提升。第二阶段（1985—1991年），这是城市体制改革的重要时期，设立了深圳、珠海等经济特区、经济开发区，城镇化进一步发展。第三阶段（1992至今），城镇化发展的重要阶段，到2011年底，全国城市总数达到了654个，随着中国特色社会主义市场经济体制的完善，经济得到了进一步的发展，城镇化发展达到了全面推进的阶段。

2.2 我国城镇化发展与生态环境

从我国的城镇化发展进程来看，我国城镇化发展在改革开放后发展迅速，这无疑要归功于改革开放后经济水平的飞速提升。在这期间，不论是工业的发展，还是城市的迅速扩张，都对生态环境造成了很大程度的破坏。我国早期城镇化发展阶段，对城市的规划还不够专业，相关的法律法规还不够健全，因此造成了很多盲目城市建设的现象，部分城市滥用土地，对生态环境造成了重大破坏。

3 国外城镇化案例借鉴

新型城镇化更加注重人与自然的和谐相处，将生态环境纳入了新型城镇化发展的评价标准，本文着重从生态环境的角度出发，重点关注世界发达国家在城镇化过程中如何解决环境问题。

3.1 国外城镇化发展对环境的保护案例

3.1.1 日本

日本快速的城镇化发展对其生态环境造成了严重的

破坏。2003年日本政府当即做出了一系列措施：日本政府于2003年修订了《公园绿地法》、《城市规划法》、《屋外广告物法》、《城市绿地保全法》等相关法律，并于2004年6月18日制订了《景观法》，2005年6月1日，《景观法》开始在全国范围内实施，该法规作为景观建设活动的主要法律依据，对促进日本城市景观生态开发建设的健康发展具有极其重要的意义；2005年10月1日设置了景观室，该机构隶属于日本交通省规划局，专门负责全国各地的景观生态建设相关工作。[3]

通过这一系列的措施，对日本的生态环境做了一定程度的改善，使居民的生活水平更高。日本城市景观生态建设中法律先行的思想对我国城镇化建设有重大的借鉴意义。

3.1.2 欧美国家

欧美国家在城镇化建设中也曾经出现过对生态环境的破坏，除了出台相关的法律法规对环境保护进行一定的规范之外，还在雨水处理利用方面做了充分的考虑。比较具有代表性的有：英国的可持续城市排水系统 SUDS（Sustainable Urban Drainage System）、美国的城市面源最佳管理措施 BMP（Best Management Practices）、低代价开发 LID（Low Impact Development）。

美国的雨水资源管理目的在于提高雨水的天然入渗能力，1983年制订了第一代 BMP 管理方案，接着2003年制订了更为全面的第二代 BMP 体系。BMP 利用工程和非工程措施相结合的方法，提高对雨水的控制和处理，强调从源头控制、强调自然与生态方式、强调非工程的生态技术手段。在雨水资源管理最佳管理方案中尤其强调与绿地、植物、水体等自然条件和景观相结合的生态设计，如植物浅沟、湿地等，以期创造更多的景观生态效益。

目前国外利用雨洪管理的技术有：

（1）自然排水系统

与 BMP 不同的是，该系统重点在于改进城市道路和居住区的排水功能，既可以控制水量也可以控制水质。

（2）生态屋顶

生态屋顶即在建筑顶部种植花草、灌木等植被，使屋顶具有降低城市"热岛效应"、调节房屋温度、改善空气质量、中和酸雨、降低雨水中的氮含量和减少暴雨径流等功能。

（3）新城市景观设计

即在城市景观设计的过程中应当充分考虑对周边生态环境的影响，使景观具有观赏性的同时也兼具保护生态环境的功能。

3.2 国外城镇化发展对环境保护的经验借鉴

从上诉案例中不难发现，发达国家在城镇化的发展中也存在不少的环境问题，他们在处理这些问题的时候基本上有两大类的处理方式：相关法律法规的制定、建立相关的技术体系。

我国在新型城镇化过程中，也要向世界发达国家学习，从这两方面入手，并且两方面缺一不可，完善相关法律法规体系，尽可能地避免漏洞，以免部分开发商投机取巧，使我国的城镇化有法可依、有理可据。在建立相关的技术体系方面，我们可以从景观入手，即可保护生态环境，又可在高楼大厦林立的城市中创造一抹绿色。充分考虑生态环境中的每一项要素，从生物、水体、空气、土壤等入手，合理调整这几部分的协调性，让人与自然和谐的相处。

4 园林植物在我国城镇化的重大作用

园林植物对我国的城镇化发展有重大的作用，一方面，可以改善环境质量；另一方面，可以美化城市景观。充分了解园林植物的生态习性，对我们今后城镇化的发展有重大的推动作用。

4.1 改善环境质量

园林植物在改善环境质量方面有显著的作用，对城镇化过程中环境的破坏有很好的改善作用。合理的运用园林植物，可以经济环保的解决污染问题，通过生态手段解决环境问题。

4.1.1 改善空气质量

城镇化得以迅速发展的原因主要是经济的因素，而经济又主要是由于工业腾飞而有了飞速的发展。工业发展对城市环境造成了极大的破坏，尤其是空气质量。植物对改善空气质量主要表现在以下几个方面。

（1）吸收 CO_2 放出 O_2，在城市中由于人口密集和工厂大量排放 CO_2，严重影响人的呼吸舒适度，通过植物的光合作用可以满足人们的呼吸平衡。

（2）分泌杀菌素，城镇中闹市区空气里的细菌数比公园绿地中多7倍以上。公园绿地中细菌少的原因之一是由于很多植物能分泌杀菌素。如桉树、肉桂、柠檬等树木体内含有芳香油，它们具有杀伤力。[4]

（3）吸收有毒气体，城镇化的发展使城市空气中含有许多有毒气体，主要有二氧化硫、氯气以及气体有毒气体，植物的叶片可以将其吸收解毒或富集于体内而减少空气中的毒物量。

（4）阻滞尘埃，尘埃中含有大量有害物质，它们会影响人们的健康，除此之外，会使多雾地区的雾情加重。树木的枝叶可以阻滞空气中的尘埃。通常，树冠大而浓密、叶面多毛或粗糙以及分泌有油脂或黏液者均有较强的阻滞力。

4.1.2 调节环境温度

随着工业的发展，城市温度在同一时间段上要高于郊区。而树冠则可以阻挡阳光从而减少辐射热。当树木成片成林栽植时，不仅能降低林内的温度，而且由于林内、林外的气温差而形成对流的微风，即林外的热空气上升而林内的冷空气补充，这样就使降温作用影响到林外的周围环境了。从人体对温度的感觉而言，这种微风也有降低皮肤温度的效果，有利于水分发散，从而使人们感到舒适的作用，因此以树木绿化来改善室外环境，尤其是在街道、广场等行人较多处是很有意义的。

4.1.3 改善空气湿度

种植树木对改善空气湿度有较为明显的效果。由于树林内温度较低，故相对湿度比林外要显著提高，所以无论从相对湿度和绝对湿度来讲，树林内总是比空旷地要潮湿些。但是这种湿度的差别程度是受季节影响的，在冬季最小，在夏季最大。

此外，在过于潮湿的地区，例如在半沼泽地带，如大面积种植蒸腾强度大的树种，有降低地下水位而使地面干燥的功效。

4.1.4 改善光照质量

城市中公园绿地中的光线与街道、建筑间的光线是有差别的。阳光照射到树林上时，大约有20%—25%被叶面反射，有35%—75%为树冠所吸收，有5%—40%透过树冠投射到林下。[5]因此林中的光线较暗。又由于植物所吸收的光波段主要是红橙光和蓝紫光，而反射的部分，主要是绿色光，所以从光质上来讲，林中及草坪上的光线具有大量绿色波段的光。这种绿色要比街道广场铺装路面的光线柔和得多，对眼睛有良好的保护作用，而就夏季而言，绿色光能使人在精神上觉得爽快和宁静。

4.1.5 减少噪声

随着城镇化建设的快速发展，城市交通发展也越来越迅速，城市噪声也达到了空前之最。我们可以通过种植乔灌木的手段来减少城市噪声。

行道树是减少噪声的其中之一。城市街道上的行道树对路旁的建筑物来说，可以减少一部分噪声。公路上20m宽的多层行道树的隔音效果很明显。噪声通过后，与同距离的空旷地相比，可减少5—7dB。而树林的效果更加明显。30m的杂树林（以枫香为主，林下空虚），与同距离的空旷地相比，可减少噪声8—10dB。

在我国，较好的隔音树种有雪松、圆柏、龙柏、水杉、悬铃木、梧桐、垂柳、云杉、薄壳山核桃、鹅掌楸、柏木、臭椿、樟树、榕树、柳树、栎树、珊瑚树、海桐、桂花、女贞等。

4.2 美化城市景观

园林植物还具有美化城市景观的作用。园林植物种类繁多，每种植物都有自己独特的形态、色彩、风韵、芳香等美的特色。而这些特色又能随季节及年龄的变化而有所丰富和发展。[6]相同的植物种类，不同的配置形式，也会形成不同的景观效果。同一品种的树木，或孤植，或群植，所产生的景观效果却大相径庭。由园林植物配置而形成的景观效果，较之人工混凝土建造的景观，更贴近自然，增加了人们的居住舒适度。

4.3 打造高水平的绿化建设

在城镇化的建设中，人们盲目地追求绿化率，而严重地忽略了绿化品质。通常绿地率、人均公园绿地面积是衡量城市绿化水平的重要指标，因此很多城市为了单纯地达到绿化指标，片面地追求绿地面积，而忽视了屋顶绿化、垂直绿化等不纳入绿地面积指标计算的绿化建设；为了节省绿化资金，很多城市只进行最低层次的草坪绿化，没有做到乔、灌、草相结合的复层绿化，[7]严重影响了绿化质量；水体驳岸的生态化率是反映城市生态环境的重要指标之一，许多城市的水岸绿化建设将原本自然的驳岸做硬化处理，这种低水平的绿化建设使得生态效益大打折扣。因此，在新型城镇化建设中，不能盲目追求绿化指标，而要合理地利用绿化场地，整体提升绿化水平。

5 总结

新型城镇化将和谐、生态的发展划入发展建设的重点，强调生态平衡，因此在新型城镇化的发展中，我们可以充分考虑园林植物的生态习性，将园林植物纳入新型城镇化的发展建设之中，从而达到高水平、高层次的城镇化建设！

参考文献

[1] 陈琼，施劲松，代胜．新型城镇化下咸宁市园林发展一体化思路[J]．中国园艺文摘，2011(9)：108-109；114．
[2] 韩本毅．中国城市化发展进程及展望[J]．西安交通大学学报(社会科学版)，2011(3)：18-22．
[3] 刘浩卓．新型城镇化背景下小城镇景观生态评价指标体系研究[D]．郑州：河南农业大学，2013．
[4] 陈有民．园林树木学[M]．北京：中国林业出版社，1990．
[5] 杨艳红，李卫国．园林植物资源及其在环境保护中的应用[J]．中国园艺文摘，2011(3)：72；89．
[6] 李冠衡．从园林植物景观评价的角度探讨植物造景艺术[D]．北京：北京林业大学，2010．
[7] 刘纯青．新型城镇化背景下风景园林建问题之管窥[J]．风景园林，2011(4)：159．

作者简介

成甜，1990年3月生，女，汉族，江苏徐州，北京林业大学风景园林专业在读硕士研究生，Email：815923897@qq.com。

文化主题公园植物景观调查与分析
——以天津武清文化公园为例

Analysis of Plant Scenery Application to Culture-themed Park
——With Wuqing Culture Park of Tianjing as the Case

崔怡凡 许晨阳 刘雪梅

摘 要：通过对天津武清文化公园的实地调查，对园林植物柔化硬质景观、衬托主题、传达乡土气息、烘托地域特色、营造季相景观等方面进行研究，同时分析文化公园现存的不足并提出建议，以期为文化主题公园植物景观营造提供可借鉴的思路。
关键词：武清；文化公园；植物景观

Abstract: Based on the investigation on Wuqing Culture Park in Tianjing, application of plants to softening the hard landscape for highlighting the theme, delivering the local characteristics of rustic flavor and constructing the seasonal sceneries was studied. The problems and shortcomings in the culture park were discussed. The measures for improvement and reference in constructing the plant scenery for culture-themed park were developed.
Key words: Wuqing; Culture Park; Plant Scenery

在中国漫长的历史文化中，几乎每座城市都有属于自己的历史文脉和底蕴。文化公园是展示城市历史文化和地域特色的窗口，通过建筑、雕塑、植物、铺装、水系、灯光等元素来传达一个城市的地域文化、历史和未来，同时，也为市民提供休闲、集会、娱乐的场所。目前，诸多文献中对于文化主题公园的研究，主要集中于历史文化的传承和地域特色的表达，而对于文化公园构成要素中唯一具有生命的元素——植物，这方面的研究还较少。本文以天津武清文化公园为例，通过实地调查，除了对植物材料种类、生态习性、观赏特性等方面详细调查外，还对植物如何柔化硬质景观衬托主题、传达乡土气息、烘托地域特色、营造季相景观等方面进行研究，以期为文化主题公园植物景观营造提供可借鉴的思路。

1 天津武清自然概况及历史沿革

武清区位于天津市西北部，地处京津之间，在华北冲积平原下端，地势平缓，土壤的成土母质为永定河和北运河的冲积物，土壤均为潮土，土层深厚。该区属温带半湿润大陆性季风气候，四季分明。年平均气温为11.6°，1月平均气温为5.1°，7月平均气温为26.1°。年平均降水量为606mm。无霜期212天。

武清区是华北平原上最古老的县份之一，早在新石器时期就有人迹，秦汉初年设置雍奴县，唐朝元宝元年，雍奴县更名为武清县。自此，武清县名一直沿用下来，直到2000年经国务院批准，更名武清区。

武清文化底蕴深厚，著名的京杭大运河贯穿全区南北，早在明清时期，作为漕运之冲的武清就已成为中国北方商贸、文化的枢纽。武清是中国的"书画之乡"，著名书法家肖心泉先生、张慎言先生、女画家刘继瑛先生、中国书法变隶第一人纪怀昌先生、刘炳森先生、天津书协副主席孙伯翔先生都是武清人，武清的书法艺术史是武清文化的杰出代表。"狗不理包子"创始人高贵友，乳名"狗子"也是天津武清人，如今的狗不理包子名扬海内外，成为武清人的骄傲。

2 文化公园概况与结构布局

武清文化公园位于天津武清区行政管理区内，北至雍阳西道、东至泉旺路、南至振华西道、西至泉发路。公园占地面积410亩，总投资1.6亿，建设绿地17万m²，种植乔灌木12750株，种植地被1.5万m²，铺装2.8万m²。文化公园是展示武清文化底蕴和城市形象的重要窗口，通过博古纳新的设计理念，以古代与现代建筑相结合、文化与绿化并重的设计风格，充分挖掘武清深厚的历史文化底蕴和时代精神，为市民提供集休闲、娱乐、集会、教育、文化展示等功能为一体的综合性公园。

武清文化公园以博古架式的平面布局设计手法，按照北静南动的理念，形成"一轴、两区、两馆"的景观格局。"一轴"即北入口喷泉区、主雕广场区、舞池和南入口，"两区"为自然生态区和休闲娱乐区，"两馆"为影艺中心和文化中心（图1）。

图 1 武清文化公园平面图

图 2 雕塑——时空转换门

图 3 悬铃木树阵

图 4 主题雕塑——"京津明珠"

3 文化公园植物景观分析

3.1 文化公园植物景观的空间序列

3.1.1 一轴

"一轴"即北入口喷泉区、主雕广场区、舞池和南入口。北入口是公园主路口，首先是著名书画家范曾先生题写的园名景石，景石周围选用矮小的草本花卉万寿菊、鼠尾草相衬托，黄色与蓝色强烈的色彩对比，凸显景石的厚重。主轴中央是长100m的音乐喷泉，喷泉的中央是一展示武清历史文化的雕塑——时空转换门（图2），雕塑由四扇"开放式"的门来组成，浮雕按顺时针排列共分4个部分：（1）历史漕运文化；（2）书画文化；（3）民俗文化；（4）城市文化，立体清晰地展现武清文化的厚重底蕴与继往开来的发展态势。雕塑中央上下两个虚空半圆体巧妙形象地将古代计时器"沙漏"的形式融入其中，契合了主题"时空转换"的寓意。喷泉的两侧是由大理石砌成的五段花坛，栽种不同色彩的矮牵牛、万寿菊、鼠尾草、彩叶草，色彩鲜艳，衬托喷泉。花坛的外侧是规格统一，苍劲繁茂的悬铃木树阵（图3）树阵中安置木质座椅，供游人成荫纳凉，还可聆听悠扬、美妙的喷泉音乐，动静结合张弛有度。喷泉区植物的应用由矮小的草本花卉、彩叶灌木逐渐过渡到高大乔木，形成区域的空间围合。空间由开放转为收束，氛围由喧闹转为幽静。

主题雕塑区是文化公园的核心区域，东西南北四主路汇集于此，形成$100 \times 100m^2$的正方形开阔空间。主题雕塑——"京津明珠"（图4）为红色的半球体与水中的倒影融合为一体，寓意武清各项事业如一轮红日冉冉升起。该区域地势抬高5台阶，衬托出雕塑的雄伟气势和主体地位。主题雕塑区开场明亮，是游人聚集休闲空间，人们徜徉其中得到精神和文化的熏陶。植物种植形式为规则式，采用木质朱色花台配置应季花卉和树桩盆景与雕塑相协调，以营造气势磅礴的氛围。

3.1.2 两区

"两区"为自然生态区和休闲娱乐区，自然生态区是文化公园的主体景观，规划面积5.6万m^2，分为东、西两部分，东部以瀑布、溪流、假山、小桥等元素构成自然生态景观，西部以池塘、亲水平台、廊架、亭榭为主营造自然景观。两大空间一动一静，同时将武清地方特色的雕塑小品贯穿于整个生态区，集人文与自然于一体，成为文化公园的点睛之笔。生态区为自然式种植，各种植物或分隔，或连接，或引导，或融合，形成或疏朗开阔或密实荫凉的空间结构。瀑布景区，景石错落有致，激流飞瀑，宛自天开，荆条、千屈菜、鸢尾点缀于石缝间，增加了自然野趣。池塘区为自然式石制驳岸，驳岸边和驳岸石缝间植有垂柳、马蔺、千屈菜、鸢尾、芦竹等植物；水中的植物种类比较丰富，配有荷花、睡莲属、香蒲、慈姑、芦苇、水葱等，且疏密有致。水面以小桥、汀步分隔空间，拓展了水面景观和边界。垂柳流动的线条和水中的植物相呼应，呈现出一派江南水乡清幽的情调。

3.2 植物景观特点

3.2.1 园林植物种类

经调查，文化公园共有植物246种，其中乔木56种，灌木62种，草本地被131种，竹3种。常绿树与落叶树比例1∶25。以国槐、臭椿、银杏、旱柳、垂柳、毛白杨、绒毛白蜡、栾树、悬铃木、皂荚、元宝枫、五角枫、梧桐、杜梨、玉兰等树种，构成园林景观的上层空间；山桃、碧桃、榆叶梅、金银木、连翘、丁香、金钟花、月季、金叶槐、西府海棠、紫叶李、贴梗海棠、石榴、山楂、紫薇等小乔木或灌木构成中层空间；玉簪、芦竹、萱草、彩叶草、金鸡菊、天人菊、黑心菊、鸢尾、矮牵牛、万寿菊、鼠尾草等花卉构成地被植物景观，形成多层次富于变化的人工植物群落。丁香、红瑞木、棣棠、香茶藨子作为早春花木园林中广泛置于草坪，而北侧一小入口，选用其作为绿篱高低错落，种植形式新颖独特。紫藤缠绕枯木之上，枝叶苍劲，风骨清奇，仿佛枯木逢春。紫叶稠李、花叶槭、金叶槐、金枝槐、金山绣线菊等彩叶树种的应用增加了园林景观的色彩。

3.2.2 植物对乡土气息的传达

文化公园以本地栽培历史悠久的国槐、毛白杨、垂柳、旱柳、白蜡、臭椿、栾树等植物作为基调树种，将北方温带果类树种山楂、梨、柿树、核桃、桑树、石榴点缀其中，以芦苇、香蒲、鸢尾、马蔺、婆婆纳、马齿苋等本地野生植被相柔和，显示出亲切朴实的生活气息，形成鲜明的地方特色和可识别性。

3.2.3 植物对地域特色的烘托

景观雕塑是文化公园中不可或缺的重要元素，通过雕塑小品反映一个城市的地域文化和风俗民情。文化公园将具有武清地域特色的雕塑小品融于其中，反映当地的风土人情。如李式太极（图5）。李氏太极创始人李瑞东，武清人，该拳法轻灵缓急、刚柔并济，展现了武术的精华，同时也造就了武清人的习武传统。雕塑以国槐、构树、金叶槐、榆叶梅等植物为背景，乔、灌、草组合，高低错落，大大丰富了雕塑小品的立面景观，起到烘托周围景观环境气氛，衬托主题的作用。

书写未来（图6），该雕塑用1m高石墙围合的弧形空间，以槐树为背景，寓意着"书画艺术之乡"的武清，孩子们在绿荫的呵护下得到民族文化的传承和弘扬，书写着人生未来，表达出浓浓的文化气息，创造出自然生动的画面。

图5 李氏太极

图6 书写未来

3.2.4 季相色彩的营造

季相是植物在不同季节所表现出来的外貌。文化公园在植物配置方面注重植物季相景观的营造，力求达到"春花、夏荫、秋色、冬韵"的景观效果。

"春花"选择迎春、山桃、连翘、玉兰、梨、二乔玉兰、丁香、紫荆、贴梗海棠、榆叶梅、杏、李、郁李、碧桃、西府海棠、棣棠、黄刺玫、紫藤、牡丹、稠李、山楂、天目琼花、山梅花、太平花等植物，形成了姹紫嫣红排队来，花潮涌动的春季景观。

"夏荫"以树冠宽阔、高大浓荫的乔木为主，绿色为基调，选用国槐、毛白杨、垂柳、旱柳、毛泡桐、臭椿、栾树、悬铃木、银杏、桑树、构树、核桃、桂香柳等乔木，再配置紫薇、木槿、珍珠梅、荷花、睡莲、慈姑、鼠尾草、矮牵牛等花卉形成"万绿丛中一点红"呈现浓荫、怡爽的季相特征。

"秋色"是四季中最富有诗情画意的色彩，公园通过秋色叶树和秋季成熟的果实营造秋季景观。秋色叶树选用火炬树、银杏、五叶地锦、爬山虎、黄栌、柿树、五角枫、元宝枫、绒毛白蜡、柳树、梧桐、石榴、紫荆、榆树、刺槐；秋果类树种选用柿树、梨、山楂、金银木、核桃等，红黄相间"层林尽染"，形成色彩斑斓的秋季景观。

"冬韵"冬季景观的营造以落叶乔灌木为主，适当搭配常绿树种，运用乔灌木的冬态和色彩，如白蜡潇洒的枝干、垂柳柔美的长枝、棣棠翠绿的枝条与红瑞木鲜红的枝条相配，共同构成了一幅北国隆冬水墨淡彩的剪影。

4 不足与建议

4.1 文化底蕴挖掘不够

历史中的武清，河流纵横，京杭大运河贯穿其南北，运河给武清带来了经济上的富庶，同时也哺育着灿烂的城市文明，漕运文化是武清最具代表性标志符号，而文化公园对运河文化这一亮点表现不够深入。

4.2 个别植物选择不当

通过调查发现，公园中油松普遍长势不佳，针叶枯黄，其原因主要是油松喜中性、弱酸性土壤，而武清区土壤呈盐碱性，土壤 pH 值 8—8.5，含盐量 0.4%—0.6% 之间，抑制了油松根系水分和营养的吸收，因此，在城区绿化中尽量避免油松的使用，可以选择稍耐盐碱的白皮松、黑松等植物代替；早园竹在园中普遍枝叶枯黄，甚至死亡，影响全园的景观效果，应及时清理。云杉是阴性树种，不需要太多的阳光，而文化公园中云杉多植于阳光充足的环境中，致使云杉虽都成活，但生长势不旺。

4.3 冬季景观，绿量不足

文化公园中常绿树种应用量少，主要集中雪松、圆柏、龙柏、云杉、白皮松、油松等植物，常绿树种与落叶树种比例是 1∶25，绿量不足，致使冬季景观色彩单调。可以尝试选用翠柏、青杆、白杆、矮紫杉、粗榧、花叶侧柏等常绿树种，增加绿量，丰富冬季景观。

5 结束语

文化公园是城市绿地的一部分，在展示城市文化主题的同时，也为市民提供生态园林环境的休闲娱乐空间。园林植物是文化公园的重要组成元素，通过合理的选择应用起到柔化硬质景观、衬托主题、传达乡土气息、烘托地域特色的作用，从而形成文化艺术与园林景观的和谐统一。

参考文献

[1] 孙向丽，张启翔．颐和园植物景观的研究[J]．现代园林，2006．
[2] 李焕忠．浅谈中国园林植物造景特点[J]．山西林业，2003(2)：14-15．
[3] 苏雪痕．植物造景[M]．北京：北京林业出版社，1994．
[4] 温永红．浅谈植物造景在现代城市景观设计中的应用[J]．科技情报开发与经济，2005，15(5)：99-100．
[5] 华绚．民族性与时代性共生的方式——现代景观设计手法探讨[D]．[学位论文]，杭州：浙江大学，2001．
[6] 杨国栋，陈效述．论自然景观的季节节奏[J]．生态学报．1998，l8(3)：233-240．
[7] 和太平，李玉梅，文祥凤．城市近自然园林植物景观营造探讨[J]．广西科学院学报，2006，22(2)：97-99．
[8] 李树华．建造以乡土植物为主体的园林绿地[J]．北京：中国园林，2005(1)．
[9] 毛炜月．北京卧佛寺植物景观调查与研究[J]．西北林学院报，2014，29(2)：278-283．
[10] 杨晓曼，段渊古．城市文化主题公园景观营造探析[J]．安徽农业科学，2007，35(12)：3518-3519；3536．
[11] 杨绿冰．主题公园中园林景观的多样性[J]．风景园林，2006(1)：76-79．
[12] 许勇，牛立新，刘素珍．陕西关中民俗主题公园植物景观初探[J]．西北林学院学报2007，22(3)：215-218．

作者简介

崔怡凡，天津城建大学建筑学院风景园林系硕士研究生。

刘雪梅，1965 年 11 月生，女，天津城建大学建筑学院风景园林系副教授、硕士生导师，研究方向为园林植物和植物造景，Email：liuxuemei1965@126.com。

广州 4 个居住区园林植物群落配置效果评价

Evaluation on Landscape Plant Community Configuration of Four Guangzhou Residential Area

黄少玲　陈兰芬　谢腾芳　谭广文　曾　凤

摘　要：以广州市 4 个居住区的 12 个典型群落组团为研究对象，分别采用调查经济投入、计算群落特征值和评判美景度的方法对配置效果进行评价。结果显示，7 个组团造价处于中等水平，乔木（株）、灌木（株）、地被（草坪）（m²）平均比例 1∶2∶8，多样性指数在 1.58—3.22 之间，乡土树种比例在 65%—87% 之间，美景度指数在 -1.91—1.77 之间。研究说明，植物的选择与配置可以有效改善群落的各项生态特征值，好的群落配置对生态效益的提高能产生较大影响。

关键词：植物群落；节约；多样性指数；美景度

Abstract: Take twelve Typical Landscape Plant Community of four Guangzhou Residential Area as the research object, Evaluated the configuration effect by survey the economic investment, Calculating community characteristics value and SBE (Scenic Beauty Estimation procedure). The results showed that seven Plant Communities' cost is on the medium level, the appropriate ratio between tree, shrub, ground cover (lawn) was 1∶2∶8, the diversity index was during 1.58—3.22, local species proportion was during 65%—87% and SBEs was during -1.91—1.77. Research shows that, ecological characteristics value can be Effectively improved by plant Selection and configuration, good Landscape Community Configuration will impact a lot to enhancing ecological efficiency.

Key words: Plant Community; Economize; The Diversity Index; SBE (Scenic Beauty Estimation Procedure)

园林植物群落作为居住区园林的主体，其生态适应性、群落组成、景观质量等对园林生态功能的发挥，人居环境的营造都起到决定性的作用。为探索生态园林植物配置技术，科学有效地指导珠三角地区城镇居住区生态园林建设，本研究组对广州市居住区园林植物群落进行了调查研究，以期对居住区园林植物配置产生指导作用，并为今后更深入的研究奠定基础。

1　材料与方法

1.1　植物配置组团选择

选择广州 4 个具有代表性的城镇居住区项目，分别在其中挑选具有一定体量、群落特征明显的群落配置组团共 12 个建立样地，调查分析群落特征，按植被生态学方法对群落命名，[1]具体调查组团及地点见表 1。

受调植物配置组团　　　表 1

序号	居住区名称	地点	受调组团个数	主要受调区位
1	公园九里	芳村	3	组团花园、侧入口、围墙
2	可逸江畔	市桥	3	组团花园、围墙前
3	星汇文瀚	大学城	3	中心景观、主入口
4	时代外滩	沙窖	3	主入口、宅旁、儿童活动区

1.2　研究方法

1.2.1　群落经济投入

结合项目设计提供的参考资料，依据苗木品种、规格以及市场报价统计组团造价，通过计算得到单位面积造价；与施工单位和楼盘销售人员沟通了解种植后达到景观效果所需的养护时间，简称成景养护期。评判采用划分等级的方法，以单位面积造价和成景养护期作为衡量标准，低于 300 元/m² 为低，300—600 元/m² 为中，超过 600 元/m² 为高，价位越低越节约；成景养护期需要 1 个月则为短，需 1—3 个月为中，超过 3 个月为长，养护期越短越节约。

1.2.2　群落特征值计算

（1）组成比＝乔木（株）∶灌木（株）∶地被（草坪）（m²）

（2）多样性指数（即 Shannon-Wiener 指数）：
$$H' = -\Sigma (P_i ln P_i)$$
式中：P_i 为第 i 种的个体数占所有种个体总数的比例。

（3）乡土树种比例：乡土树种占所有种总数的比例。

1.2.3　美景度评判（SBE 法）

对每个配置组团按照不同时期从各角度拍摄 15 张照片，作为评判者评分的材料，共拍摄 75 张有效照片。选择30名园林企业职员作受调人群,其中园林设计师15名,行政人事及财务部门人员共15名,让其根据植物景观评价标准包括色彩、线条、形态、质感、构图、季相变化、景观的地带性特色、植物生长势和物种多样性等10个方面,[2]以幻灯片为媒介,对每一景观单元的综合美景度进行评分。评判标准采用7分制,以喜好度作为衡量指标,即极喜欢、很喜欢、喜欢、一般、不喜欢、很不喜欢、极不喜欢;对应上述7级衡量标准的得分值依次为3,2,1,0,-1,-2,-3,根据SBE法中的标准化公式,将30人对每张照片的评分值进行标准化处理,将每张照片的所有标准化得分值求平均,得到该景观的标准化得分Z值。[3]

$$Z_{ij} = (R_{ij} - R_j)/S_j$$
$$Z_i = \Sigma Z_{ij}/N_j$$

式中:Z_{ij}为第j个评判者对第i个景观的评判标准化值,R_{ij}为第j个评判者对第i个景观的评判等级值,R_j为第j个评判者所有评判值的平均值,S_j为第j个评判者所有评判值的标准差,Z_i为第i个景观的标准化得分值。

2 结果与分析

2.1 受评群落调查结果

将调查结果按照群落名称、建造价位、成景养护期、组成比例、多样性指数、乡土树种比例及美景度指数7个方面进行表述。其中,受调群落的造价处于中等水平的有7个组团,占调查总数的58%,高等水平最少;养护期处于中等水平即1—3个月的有6个组团,占调查总数的50%;组成比例中乔灌比约在2:1—1:4之间,乔木地被比约在1:14—1:5之间;多样性指数在1.58—3.22之间,其中约92%在2.2以上;乡土树种比例在65%—87%之间;美景度指数在-1.91—1.77之间(表2)。

12个园林植物群落调查结果一览表　　　　　　　　　表2

序号	群落名称	价位	养护期	组成比	多样性指数	乡土树种比例	美景度指数
1	芒果—红车—马尼拉	低	中	22:13:119	2.20	87%	0.66
2	水蒲桃—黄金间碧竹—红檵木	低	中	17:62:98	2.60	68%	-0.68
3	黄花风铃木—黄榕球—假连翘	低	中	25:69:179	3.22	65%	-1.91
4	宫粉紫荆—桂花—马尼拉	低	中	8:3:78	1.53	80%	0.09
5	小叶榄仁—鸡蛋花—翠芦莉	中	中	8:23:59	3.22	71%	-1.17
6	樟树—红车—马尼拉	中	中	6:9:85	2.20	70%	0.09
7	小叶榄仁+红花紫荆—灰莉—马尼拉	中	短	11:14:101	2.63	81%	1.77
8	细叶榕—星光榕—花叶鸭脚木	中	短	14:6:129	2.41	73%	-0.37
9	小叶榄仁—桂花—鸭脚木	中	短	10:9:68	2.63	68%	1.44
10	尖叶杜英—澳洲鸭脚木—大花芦莉	中	长	17:31:86	2.56	73%	-0.11
11	尖叶杜英—红花银桦—大花芦莉	中	长	1:3:8	3.14	75%	-0.11
12	樟树—垂榕—金叶连翘+红檵木	高	长	65:92:778	2.48	83%	1.41

2.2 调查结果分析

2.2.1 群落的经济投入

节约型园林能因地制宜,最大限度地发挥园林绿化的生态效益与环境效益,[4]最大限度地节约各种资源,如直接在工程造价和绿化养护方面节约也是纳入建造者考虑的重要指标。本次调查结果显示,大部分造价处于中等水平,即300—600元/m²,只有1个组团(图1)单方造价超过600元,其地处小区主入口处,由此可见,居住区主入口通常为建造方不惜重金,着力打造的区域。各群落组团造价最低的为"芒果—红车—马尼拉"群落(图2),约为289元/m²,该组团地处小区中心观景区,是设计者专门研制的生态节约型植物群落,结合其多样性指数、乡土树种比例和美景度指数来看,该组团在12个组团中都处于中上等水平。

本次调查的成景养护期是指种植结束到楼盘销售的

图1 主入口的樟树列植

时间,然而据悉,在楼市较旺的2012年中,绿化种植还没有完成或刚刚完成就开始销售了,因此,本次调查的养护期长短除了跟苗木配置有关外,也较大程度地受到楼

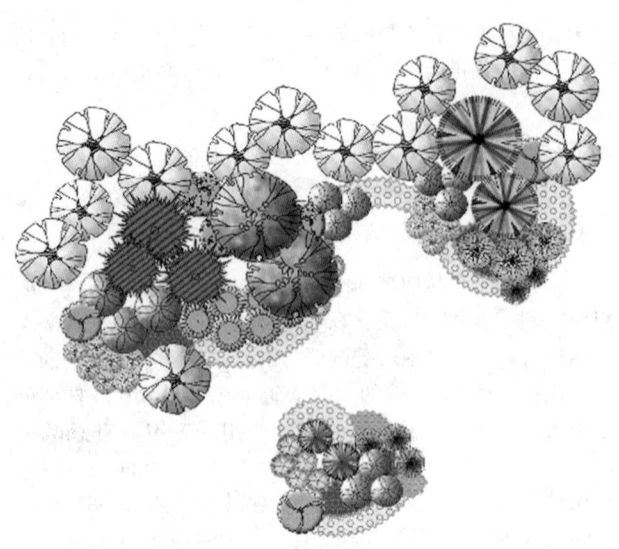

图 2 "芒果—红车—马尼拉"群落

市影响，楼市越旺，对即时景观的要求就越低，调查的养护期越短。

2.2.2 居住区园林植物群落的组成比例

乔、灌、草层次丰富，比例适当，能够充分利用阳光[2,5]，使植物健康生长，提高群落的生态效益。将调查组团的全部乔灌地被分别求平均值后得到的比例为1∶2∶8，这样的结论与翁殊斐（用 AHP）建议的乔木（株）、灌木（株）、地被（草坪）（m²）比例 2∶6∶23 以及陈自新等[6]提出的 1∶6∶20 大体一致，只是在乔灌用量上略微偏多（图 3），地被的量相对较少，由此可见居住区园林与公园绿化的区别，设计者为了充分利用有限空间营造繁复多变的小区景观和功能区，通常会使得各组团间距离较近，可计入的草坪面积较小。

图 3 组团乔灌用量较多

2.2.3 多样性指数和乡土树种比例

本次调查的 12 个群落多样性指数和乡土树种比例分别平均达到 2.57 和 74.5%，与许多学者[7-9]调查得到的数据相比，多样性指数和乡土树种比例均较高，结合造价来看，并非造价高的群落就会在多样性指数和乡土树种比例上占优势，低成本的情况下只要注意植物品种的选择，也能配置出多样性丰富，乡土树种比例高的生态植物群落。另外，各组团的多样性指数虽然高，但是使用的乔灌地被的品种在组团间的重复率却比较高，这方面受到当地园林苗木市场的可供苗木品种影响，需要园林工作者们一起努力，增加新优园林品种的研究与推广应用。

2.2.4 群落美景度

根据调查结果分析，本次调查的美景度指数分值与孙启臻[1]对上海植物园群落调查的结果－1.38—1.37 相近，其中，群落"小叶榄仁＋红花紫荆—灰莉—马尼拉"的分值最高。该组团是一个投入中等，多样性指数和乡土树种比例均较高的群落。总结各群落特点，不难看出，养护水平高的群落，个体健康水平和观赏性更好，美景度评价高；色彩变化丰富的群落，得分高；空间搭配合理，上层通透，中层紧凑，下层线条流畅的分值高；群落主题鲜明，特色显著的评价高（图 4）。

图 4 主题鲜明的细叶榄仁林

3 讨论与建议

3.1 应以生态学原理指导植物造景

师法自然，以城镇地区天然植物群落为模板，结合城镇人的种植习惯，选择一些易获取、观赏性与实用性并举的乡土植物种类，例如黄皮、荔枝、龙眼、杨桃、树菠萝等，从而形成珠三角地区城镇独具特色的园林植被景观。

四时造景，运用色彩丰富、层次多样、季相变化明显的树种如宫粉紫荆、小叶榄仁、大花紫薇、桂花、细叶紫薇、红车、黄榕、花叶垂榕、假连翘、翠卢莉、红背桂、野牡丹、杜鹃、叶子花等。

空间组景，根据需要选择植物的大小，结合植物在园林空间中的位置关系巧妙布局，合理安排，创造出空间艺术效果和功能性相结合的园林景观。

3.2 生态园林的节约效果

节约的不一定生态，但生态的自然会节约，[4]生态园林之所以受到社会推崇，其重要的特征是对人工及自然资源的节约效果明显。因此，在考虑生态园林植物群落配置的时候，要将经济投入放在心上，本研究组在这方面将绿化价格和养护期的调查作为参考标准，认为，绿化造价在 300 元/m² 以内，养护期小于 3 个月即为较好的节约型群落配植。

3.3 凸显广州地区居住区的园林植物群落特色

由于广州地区城市中心发展相对成熟，新型居住区一般建造于城乡交界处，因此被纳入到城镇范围内。镇区与市中心的园林植物群落是否需要有区分？消费人群需求是否不一样？苗木来源是否有不同？答案是肯定的。如何依据这些区别，营造城镇居住区特色的园林植物景观，有待园林工作者的进一步研究与探索。

参考文献

[1] 孙启臻,吴泽民.上海植物园典型群落景观美景度评价[J].中国城市林业,2012,10(2):1-4.
[2] 翁殊斐,柯峰,黎彩敏.用AHP法和SBE法研究广州公园植物景观单元[J].中国园林,2009,14(6):78-81.
[3] 罗茂婵,苏德荣,韩烈保,等.居住区园林植物美景度评价研究[J].林业科技开发,2005,19(26):81-83.
[4] 聂磊.关于建设节约型园林技术体系的研究[J].广东园林,2007(4):64-68.
[5] 傅徽楠,严玲璋,张连全,等.上海城市园林植物群落生态结构的研究[J].中国园林,2000,16(68):22-25.
[6] 陈自新,苏雪痕,刘少宗,等.北京城市园林绿化生态效益的研究(6)[J].中国园林,1998,14(6):53-56.
[7] 冯彩云,孙振元,许新桥.北京市公园绿地植物物种多样性分析[J].现代园林,2014,11(3):12-15.
[8] 王鲜艳,谷勇,黄小波,吴昊,赵虹.马鹿花5种配置模式五中多样性比较[J].广东农业科学,2014(4)60-63.
[9] 田湘,赵瑛,于永辉,蒙建华,范小虎.人工抚育对桉树人工林林下生物多样性的影响[J].南京农业学报,2014,45(1):85-89.

作者简介

黄少玲,1980年12月生,女,汉,湖北武汉,硕士,广州普邦园林股份有限公司园林工程师,研究方向为园林绿化技术。Emial:814481988@qq.com。

陈兰芬,1980年4月生,女,汉,江西赣州,本科,广州普邦园林股份有限公司设计院副总工程师,园林工程师,研究方向为园林绿化设计、审查工作。

谢腾芳,1984年5月生,女,汉族,广东博罗,硕士,广州普邦园林股份有限公司研究院研发助理,研究方向为园林生态和树木生理学,Emial:hs312xtf@126.com。

谭广文,1959年生,男,汉,广东广州,硕士,广州普邦园林股份有限公司园林高级工程师,研究方向为园林设计与工程技术研发、园林企业管理,Email:tgm1123@tom.com。

曾凤,1985年2月生,女,汉族,湖南郴州,硕士,广州普邦园林股份有限公司园林工程师,研究方向为园林植物造景、资源及开发应用,Email:286807180@qq.com。

宁夏煤矸石区几种落叶乔木栽培生长表现选择研究

Several Deciduous Trees Growth Performance Study in Gangue

蒋全熊　王攀阳

摘　要：本文通过石嘴山市煤矸石山表层土壤的基本特点，经过换土改壤，根据煤矸石山对绿化植物的要求，对几种落叶乔木进行栽培，并对胸径等生长性状及叶面积等光合性状进行测定比较。结果表明：几种落叶乔木煤矸石山栽培性状表现及适应性从强到弱依次为大叶垂榆＞龙桑＞北海道黄杨＞国槐＞香花槐＞金枝国槐。为选择优良的、适宜在大武口煤矸石山引种栽培、全面推广的乔木提供了科学依据。
关键词：落叶乔木；生长表现

Abstract: This article through the shizuishan gangue mountain of the basic features of surface soil, after the change of soil land reform, to several deciduous trees for cultivation, and the diameter at breast height and other growth characters and leaf area photosynthetic traits such as were compared. The results show that: several deciduous trees gangue mountain cultivation characters and adaptive performance from strong to the weak for in turn, *Ulmus pumila*＞*Morus alba Tortuosa*＞*Euonymus japonicus*＞*Sophora japonica*＞*Robinia pseudoacacia* var. *idaho*＞*Sophora japonica* 'Golden' Stem. Choose the suitable for good, in its mouth gangue mountain cultivation, the comprehensive promotion of trees and offer scientific basis.
Key words: Deciduous Trees; Growth Perform

1　引言

煤矸石是煤矿生产过程中产生的固体废弃物，即采煤过程和洗煤厂生产过程中排出的矸石。煤矸石的堆积不但侵占了大量土地，引发严重的土壤污染，破坏绿色植被的生长，而且矸石山自燃放出大量粉尘及CO、SO_2、氮氧化物等有毒有害气体，造成大气、水体的严重污染，影响人们的生活、生产和身心健康。[3,4]由于煤矸石山的立地条件极端恶劣，使植被定植、成活比较困难，需要通过合理选择绿化植被，配合科学的绿化方法，才能够较好地解决煤矸石山绿化的难题。

宁夏地处西北内陆黄河中上游，地域虽不大，但从地貌生态类型上讲，基本涵盖了我国西北地区干旱、半干旱气候特点的各种生态类型，是我国西北地区的一个缩影。按照自然条件和经济社会发展水平，主要分为北部引黄灌区、中部干旱带和南部山区三大区域。北部引黄灌区地势平坦，是全国四大自流灌区之一，素有"塞上江南"的美誉，是与成都平原、关中平原、河西走廊和伊犁河谷齐名的五大"西部粮仓"之一，并被有关方面评选为中国十大"新天府"。中部干旱带土地广袤，草原辽阔，日照充足，昼夜温差较大，农产品绝少污染，是发展特色旱作节水农业适宜区。[5]南部山区气候温和凉爽，雨热同步，水草丰美，物种多样，环境洁净，是发展生态农业的较佳区域。

石嘴山市是宁夏煤矸石产出最多的市，目前存在污染严重、治理困难的局面，特别是在绿化方面存在树木不易成活，品质差，效益不高，尤其在这种条件下地上地下协调性差，养分供应不足，地下温度过高，导致小叶、黄叶等病害加剧，叶片发育不良，落花、落叶严重，影响到树木的成活率和生长品质。[1]因此，为更好地治理煤矸石山，选择煤矸石山较好的落叶乔木树种，进行了几种乔木生长表现的研究，为矸石山生态恢复与景观重建，解决煤矸石污染问题，具有重大和深远的意义。

2　试验地自然条件概况

本试验在石嘴山市大武口区星海湖北域煤矸石山上进行。星海湖北域的煤矸石山系1969年大武口洗煤厂投产以来堆积煤矸石而成，占地面积约700hm²，整个山体长约1350m，最宽的地方达到400余m，最窄的地方也超过200m，山体表面积约45—50万m³，山体垂直高度达37m，堆积量根据政府资料显示和测量估算预计达到600多万m³，近千万t。石嘴山市大武口区位于北纬39°0′，东经106°18′。[2]典型的温带大陆性气候，全年日照充足，降水量集中，蒸发强烈，空气干燥，温差较大，无霜期短。夏热而短促，春暖而多风，秋凉而短早，冬寒而漫长。年平均气温8.4℃—9.9℃，年最低平均气温—19.4℃——23.2℃，年最高平均气温32.4℃—36.1℃。全年平均降水量在167.5mm—188.8mm，降水量最大值一般出现于7月下旬至8月上旬。年蒸发量在1708.7—2512.6mm，是降水量的10—14倍，处于干旱半干旱地区。[5]

3　试验材料与方法

3.1　供试材料

3.1.1　栽植树种

金枝国槐：(*Sophora japonica* 'Golden' Stem,) 又

称黄金槐,豆科槐属国槐的变种。发芽早,幼芽及嫩叶淡黄色,5月转绿黄,秋季9月后又转黄,每年11月至翌年5月,其枝干为金黄色。

大叶垂榆:(*Ulmus pumila*)榆科,树干直立,枝多开展,树冠近球形或卵圆形。树皮深灰色,粗糙,不规则纵裂。单叶互生,卵状椭圆形至椭圆状披针形,缘多重锯齿。花两性,早春先叶开花或花叶同放,紫褐色,聚伞花序簇生。翅果近圆形,顶端有凹缺。

北海道黄杨:(*Euonymu sjaponicus*)属卫矛科卫矛属,常绿乔木,高达8—10m,叶革质,正面呈深绿色,背面为浅绿色,在严寒的冬天叶色碧绿,没有落叶现象。该树叶有卵形或长椭圆形,长5—6cm,宽4—5cm,叶缘呈浅波状,叶柄长1cm左右。花浅黄色,直径为0.1—1cm,蒴果近球形,有4浅沟,直径1—2cm,果嫩时呈浅绿色,向阳面为褐红色色,种子近圆球形,11月份成熟,成熟时果皮自动开裂,橙红色追赶种皮的种子暴露出来,满树红果绿叶,远看近观,颇有情趣,景色宜人。

国槐:(*Sophora japonica*)蝶形花科槐属,为落叶乔木,高6—25m,干皮暗灰色,小枝绿色,皮孔明显。羽状复叶长15—25cm;叶轴有毛,基部膨大;小叶9—15片,卵状长圆形,顶端渐尖而有细突尖,基部阔楔形,下面灰白色,疏生短柔毛。圆锥花序顶生;萼钟状,有5小齿;荚果肉质,串珠状,无毛,不裂;种子1—15颗,肾形。

龙桑:(*Morus alba Tortuosa*)桑科,桑属,落叶乔木,树皮黄褐色,浅裂。枝条均呈龙游状扭曲。幼枝有毛或光滑。叶片卵形至卵圆形,大而具光亮。先端尖或钝,基部圆形或心脏形,边缘具粗锯齿或有时不规则分裂。表面无毛,背面脉上或脉腋有毛。花单生,雌雄异株,腋生穗状花序。

香花槐:(*Robinia pseudoacacia* var idaho)属蝶形花科香花槐属,落叶乔木,株高10—15m,树干褐至灰褐色。叶互生,羽状复叶,由7—19片小叶,叶椭圆形至卵长圆形,光滑,叶片绿色美观对称,深绿色有光泽,青翠碧绿。

3.2 栽植及养护管理

3.2.1 整地及施肥

(1)整地:按地势分为四小段,树木种植前,必须先平整场地。在整理过程中,发现土壤结块应敲碎,然后按一定的坡度将土壤扒平(靠挡土墙一侧高于里侧),以利于排出过多积水。树木的种植土壤要求不含砾石,以疏松湿润、排水良好、富有机制的黏壤土为主。依照地势高低不平,要求将种植地四周分别用土起埂,方便灌溉。土地平整之后,应进行灌溉。一次性浇透,促进土壤透气性。

(2)基肥实施:基肥的发酵,将场内的羊粪分堆摆放(堆大小根据现场),置于阳光照射时间长的地方,利用高温发酵。羊粪的含水量要达到50%以上,用黄泥或塑料膜密封发酵,时间约为1个月到1个半月。发酵好之后,要先将其稍晾后再施用为宜。这样发酵好的羊粪植株吸收良好,不会灼伤根系。种植前2—3天,将羊粪(发酵后)和黄土按1∶7比例进行拌和后,放置树坑底部。

3.2.2 树木栽植

(1)定点放线:定点放线使用的工具:钢尺、轻便卷尺、小木桩、木桩、白灰和绳子。根据图尺寸,按比例放样于地面,定点的标记可用白灰打点或画圈。确定种植点,以使树木栽植准确,整齐,种植效果能达到设计意图。

(2)种植穴的挖掘:树穴位置:以土工布所铺设位置中心线为基准挖掘,树穴间距为3m、2.5m、2m。(注:乔木树穴株距最少为3m,针叶常绿树穴株距为2.5m,灌木树穴株距为2m)。

种植穴尺寸:直径0.8m,深0.8m。

采用机械挖掘种植穴(坑)。以定点标记为圆心,以规定的坑(穴)直径先在地上划圆,沿圆的四周向下垂直挖掘到规定的深度。然后将坑底挖松、找平。

(3)栽植:种植穴按一般的技术规程挖掘,穴底要施基肥并铺设细土垫层,种植土应疏奉松肥沃,把树根部的包扎物除去,在种植穴内将树木立正栽好,填土后稍稍向上提一提,再插实土壤并继续填土至穴顶,最后,在树周围做出拦水的围堰。裸根树栽植时应分层回土,适当提树,使根系舒展,并分层踩实,最后筑好浇水围堰带土球树木放入穴中校正后,应从边缘向土球四周培土,分层捣实,并筑浇水围堰,树木栽植后的深度,应以树木根茎与地面平齐或稍深为度,栽植其他地被植物时,应根据其生物学特性,确定其栽植深度,按照要求排入沟中后,覆土,扶正,压实,平整地面,然后浇水,最后覆盖地膜,种植穴周围1—1.2m覆盖地膜,厚度以一般地膜厚度为准,主要作用是保温、保湿。

3.2.3 养护及管理

(1)树木管理:扶正,在栽植后,由于浇水、刮风等原因使树木歪倒的应及时扶正,并同时填土踏实。较大的树一定要有支撑以防树木歪斜。修剪应在秋季或夏季末,通常先剪去顶梢,促生侧枝,去强留弱,去高留矮,控制生长,使其枝叶丰满,姿态古朴。补植,如发现有植株死亡,应及时用相同品种、规格的树木进行补植,并加强对新栽树木的养护管理。

(2)土水肥管理:树木栽植后应略大于种植穴直径的周围,筑成20cm的灌水土堰,进行灌溉。3天后浇第二遍水,7—10天后浇第三遍水,以后依次浇水。浇水后出现土壤沉陷,致使树木倾斜时,应及时扶正、培土。在第一年栽植后的初冬要求进行冬灌,在第二年的春天要求春灌。每年春季3—5月施稀薄腐熟的饼肥水或有机肥2—3次,秋季施1—2次,保持枝叶鲜绿浓密,生长健壮。

(3)病虫害防治:应根据实际情况,根据不同品种树木所处季节的不同,对可能发生的病虫害进行检测工作,并做好防治工作。以预防为主,一旦发生病虫害,应及时用药物进行防治。

(4)防冻害:对当年栽植树木,因其对外界的抵抗力未达到良好状态,在冬季要对其进行防寒处理,对大树可用石灰水加盐或石硫合剂对主干涂白,避免树干冻裂,还可杀死在树皮内越冬的害虫。涂白要均匀,不可漏涂,一条干道上的树木或群成片的树木,涂白高度要一致。也还可对大树的主干用稻草或草绳将不耐寒的主干包起来,以达到保暖的目的。必要时也可搭建风障进行防寒。

3.3 测定性状及方法

于 2011 年 7 月下旬实地、适时的观测记载几种落叶乔木生长性状、光合基础性状以及树木成活率。

3.3.1 几种落叶乔木生长性状的测定

实地测量几种落叶乔木的生长性状。以单株为小区,随机抽取几种落叶乔木,各 10 株作为样本进行以下指标的测定。

胸径:离地面 1cm 处的树木直径。用游标卡尺测量,以厘米(cm)为单位。

树高:从树木基部地面处到树木的顶端。用钢卷尺测量,以厘米(cm)为单位。

3.3.2 几种落叶乔木光合基础性状的测定

实地测量几种落叶乔木的光合基础性状。以单株为小区随机选取定植树木 10 株为试验材料,在每株树冠中部外围随机抽取 2 片叶,即每个树种测定 10 片叶,测定叶片最大宽度、叶片最大长度、叶面积、叶绿素、叶重量等性状,取其平均值作为单株代表,研究几种落叶乔木的光合性状。

叶片最大宽度:利用刻度尺在叶片最大宽度处进行测量。

叶片最大长度:指除去叶柄的最大叶片长度,利用刻度尺在叶片最大长度处进行测量。

叶面积:单个叶片的表面积,利用 SHY-150 型扫描样式活体叶面积测量仪进行测量。

叶绿素:单个叶片的叶绿素相对含量值,利用 SPAD-502 叶绿素测定仪器进行测量。

叶重量:5 片叶子的重量,利用 ARA520 电子天平进行测量。

3.3.3 几种落叶乔木成活率的测定

实地测量几种落叶乔木成活率的测定:在树木生产区内,采用标准行法随机抽样,每隔 10 株抽取 10 株进行调查,每个树木各抽取 10 株进行调查统计,所测得的成活株树与总株树的比值即为成活率。

3.3.4 几种落叶乔木生长性状综合评分方法

依据测定的几种落叶乔木的生长、光合基础性状、成活率,通过方差分析和显著差异性,对其各个性状进行打分。在极显著水平,单个性状表现由好到差依次为 10 分、8 分、6 分、4 分、2 分、0 分;在显著水平,单个性状表现有好到差依次为 6 分、5 分、4 分、3 分、2 分、1 分;差异性不显著,各个品种均得 2 分。

3.4 数据处理

所有性状的数据都采用了平均值和单因素方差分析,比较差异性显著的指标进行了多重比较(DPS 数据处理系统软件,office 软件)。

4 结果分析

4.1 几种落叶乔木生长性状研究

植株胸径、植株高度都是树木生长的重要指标,它们决定树木在当地的适应性表现,为了进一步明确几种落叶乔木生长性状表现的差异性,则对其进行处理。

4.1.1 几种落叶乔木胸径性状比较

胸径是生长性状的一个重要的指标,在树高不变的条件下,胸径越大,则树木吸收养分越多,生长特性就越好。几种落叶乔木胸径性状测定见表1。

几种落叶乔木胸径性状比较测定表(单位:cm)　　表 1

品种＼株数	1	2	3	4	5	6	7	8	9	10	平均	标准差
金枝国槐	3.752	4.038	3.625	4.622	4.315	4.028	4.281	4.122	5.328	3.810	4.192	0.496
大叶垂榆	4.671	4.717	3.982	4.344	4.342	4.438	4.069	6.811	4.182	5.191	4.674	0.829
北海道黄杨	4.512	5.229	3.989	4.194	5.725	5.215	4.713	5.131	4.377	4.562	4.764	0.543
国槐	8.847	9.965	6.778	11.06	5.809	4.991	6.961	10.94	4.918	7.248	7.751	2.320
龙桑	3.466	3.634	3.280	3.253	3.458	4.364	4.121	3.724	3.615	3.247	3.612	0.373
香花槐	4.799	4.244	3.992	4.592	4.544	4.077	4.230	4.150	4.050	4.470	4.314	0.270

几种落叶乔木胸径性状的方差分析表　　表 2

变异来源	平方和	自由度	均方	F 值	F0.05
处理间	106.9176	5	21.3835	18.7920	0.0001
处理内	61.4465	54	1.1379		
总变异	168.3641	59			

由表 1、表 2 表明,F＜F0.05,P＞0.05 说明几种落叶乔木在胸径这个指标上差异显著,进一步作多重比较结果见表 3。

几种落叶乔木胸径性状多重比较表　　表 3

处理	均值	5%显著水平
金枝国槐	4.192	a

续表

处理	均值	5%显著水平
大叶垂榆	4.674	b
北海道黄杨	4.764	b
国槐	7.751	bc
龙桑	3.612	bc
香花槐	4.314	c

由表3表明，几种落叶乔木在胸径这个性状上面有差异性，表现不稳定。平均数上也有一定的差距，国槐的胸径性状最大，达7.751cm；龙桑的胸径性状最小，达3.612cm。所以，几种落叶乔木胸径性状比较结果：国槐＞北海道黄杨＞大叶垂榆＞香花槐＞金枝国槐＞龙桑。

4.1.2 几种落叶乔木树高性状比较

树高是生长性状的一个重要的指标，在胸径不变的条件下，株高越大，则树木吸收养分越多，生长特性就越好。几种落叶乔木高度性状测定见表4。

几种落叶乔木树高性状比较测定表（单位：cm） 表4

品种＼株数	1	2	3	4	5	6	7	8	9	10	平均	标准差
金枝国槐	19.7	15.4	22.0	29.1	28.7	27.6	28.2	26.8	29.7	28.3	26.200	4.635
大叶垂榆	17.8	18.8	21.0	19.2	22.4	21.6	26.8	22.4	20.7	21.5	21.600	2.321
北海道黄杨	17.6	17.4	17.3	14.3	15.0	16.1	15.6	17.1	17.3	19.1	16.577	1.467
国槐	38.7	39.7	38.5	40.1	40.1	37.7	36.4	38.3	37.1	41.3	38.844	1.651
龙桑	29.3	27.5	25.8	24.3	25.6	30.0	29.5	25.6	27.6	31.0	27.433	2.313
香花槐	41.0	40.5	40.0	44.0	42.0	45.0	43.1	40.8	45.6	43.7	42.744	2.023

几种落叶乔木树高性状方差分析表 表5

变异来源	平方和	自由度	均方	F值	F0.01
处理间	4546.1599	5	909.2320	132.3960	0.0001
处理内	329.6400	48	6.8675		
总变异	4875.7999	53			

由表4、表5表明，$F>F0.01$，$P<0.01$，说明几种落叶乔木在高度这个性状上差异性极显著，进一步作多重比较结果如表6。

几种落叶乔木树高性状多重比较表 表6

处理	均值	5%显著水平
金枝国槐	26.200	a
大叶垂榆	21.600	b
北海道黄杨	16.577	c
国槐	38.844	c
龙桑	27.433	d
香花槐	42.744	e

由表6表明：几种落叶乔木树高性状多重比较中，几种落叶乔木达5%极显著差异水平。并且从平均数上也有一定差距，国槐的高度性状最大，达38.844cm；北海道黄杨的高度性状最小，达16.577cm。从表中看出，几种落叶乔木高度性状比较结果：香花槐＞国槐＞龙桑＞金枝国槐＞大叶垂榆＞北海道黄杨。

4.2 几种落叶乔木光合基础性状研究

叶是植物光合作用的重要器官，所以对于光合作用，叶的研究就显得尤为重要，而叶最大长、叶最大宽、叶绿素含量、叶面积和叶片重量等这些光合基础性状反映了叶的光合能力。因此，测定了几种落叶乔木树期光合基础性状，并对其进行了比较。

4.2.1 几种落叶乔木叶片最大宽度性状比较

叶片最大宽度是光合基础的一个重要的指标，在叶片长度不变的条下，宽度越大，叶片面积越大，则叶片的受光面积就越大。光合特性就越好。几种落叶乔木叶片最大宽度性状测定见表7。

几种落叶乔木叶片最大宽度性状比较测定表（单位：cm） 表7

品种＼叶片数	1	2	3	4	5	6	7	8	9	10	平均	标准差
金枝国槐	2.3	2.2	2.1	2.1	1.9	2.1	2.1	1.9	1.9	2.5	2.0889	0.190
大叶垂榆	8.2	8.9	11.2	12.2	10.9	10.6	9.1	10.9	9.8	11.3	10.544	1.080
北海道黄杨	3.1	4.2	3.7	3.5	3.1	3.2	3.2	3.1	4.9	4.5	3.7111	0.669
国槐	2.6	2.5	2.3	2.6	2.7	2.8	2.8	2.7	2.9	2.9	2.6000	0.259
龙桑	14.8	14.9	16.3	13.4	19.6	16.7	16.0	13.2	15.0	15.9	15.666	1.915
香花槐	2.9	2.9	3.1	2.7	2.8	3.1	2.9	3.2	3.0	3.8	3.0556	0.320

几种落叶乔木叶片最大宽度
性状的方差分析表　　　　　表8

变异来源	平方和	自由度	均方	F值	F0.01
处理间	1389.5911	5	277.9182	303.5820	0.0001
处理内	43.9422	48	0.9155		
总变异	1433.5333	53			

由表7、表8表明，$P<0.01$，说明几种落叶乔木在叶片最大宽度这个性状上差异性极显著，进一步作多重比较结果如表9。

几种落叶乔木叶片最大宽度性状多重比较表　　表9

处理	均值	5%显著水平
金枝国槐	2.0889	a
大叶垂榆	10.544	b
北海道黄杨	3.7111	c
国槐	2.6000	cd
龙桑	15.666	de
香花槐	3.0556	e

由表9表明：几种落叶乔木叶片最大宽度性状多重比较，金枝国槐、大叶垂榆、北海道黄杨、国槐、龙桑、香花槐均达到5%极显著差异水平。并且从平均数上也有一定差距，龙桑的叶片宽度性状最大，达15.666cm；金枝国槐的叶片宽度性状最小，达2.0889cm。从表中看出，几种落叶乔木叶片最大宽度性状比较结果：龙桑＞大叶垂榆＞北海道黄杨＞香花槐＞国槐＞金枝国槐。

4.2.2 几种落叶乔木叶片最大长度性状比较

叶片最大长度是光合基础的一个重要的指标，在叶片宽度不变的条下，长度越大，叶片面积越大，则叶片的受光面积就越大。光合特性就越好。几种落叶乔木叶片最大长度性状测定见表10。

由表10、表11表明，$P<0.01$，说明几种落叶乔木在最大叶片长度这个指标上差异性极显著，进一步作多重比较结果见表12。

几种落叶乔木叶片最大长度性状比较测定表（单位：cm）　　表10

品种 \ 叶片数	1	2	3	4	5	6	7	8	9	10	平均	标准差
金枝国槐	5.5	5.3	5.2	6.2	5.2	6.0	5.6	4.3	4.3	4.9	5.2222	0.662
大叶垂榆	6.0	12.8	14.8	15.3	15.3	10.8	14.1	13.8	12.9	13.6	13.711	1.430
北海道黄杨	4.2	8.2	7.2	5.0	5.3	5.1	4.9	4.8	3.4	3.5	5.2667	1.557
国槐	5.7	5.2	4.8	5.6	5.6	5.8	5.8	5.4	5.6	4.2	5.3333	0.529
龙桑	15.2	14.9	22.6	13.4	19.6	16.7	16.0	16.7	15.8	15.4	16.789	2.744
香花槐	6.2	5.1	5.7	5.8	6.1	6.3	6.2	5.7	6.0	6.2	5.9000	0.374

几种落叶乔木叶片最大长度
性状方差分析表　　　　　表11

变异来源	平方和	自由度	均方	F值	F0.01
处理间	1202.3860	5	240.4772	112.1610	0.0001
处理内	102.9133	48	2.1440		
总变异	1305.2993	53			

几种落叶乔木叶片最大长度性状多重较表　　表12

处理	均值	5%显著水平
金枝国槐	5.2222	a
大叶垂榆	13.711	b
北海道黄杨	5.2667	c
国槐	5.3333	c
龙桑	16.789	c
香花槐	5.9000	c

由表12表明：几种落叶乔木叶片最大长度性状多重比较，几种落叶乔木均达到5%极显著差异水平。并且从平均数上也有一定差距，龙桑的叶片宽度性状最大，达16.7891cm；金枝国槐的叶片长度性状最小，达5.2222cm。从表中看出，几种落叶乔木叶片最大长度性状比较结果：龙桑＞大叶垂榆＞香花槐＞国槐＞北海道黄杨＞金枝国槐。

4.2.3 几种落叶乔木叶面积性状比较

叶片面积直接描述了叶片的大小，叶片的面积越大，受光面积就越大，光合特性就越好。几种落叶乔木面积性状测定见表13。

由表13、表14表明，$P<0.01$，说明几种落叶乔木在叶片面积这个性状上差异性极显著，进一步作多重比较结果如表15。

几种落叶乔木叶面积性状比较测定表（单位：cm^2）　　表13

品种 \ 叶片数	1	2	3	4	5	6	7	8	9	10	平均	标准差
金枝国槐	9.497	8.639	8.850	10.08	10.73	9.050	9.031	7.104	5.995	8.791	8.6967	1.421
大叶垂榆	80.75	128.3	118.5	105.2	112.4	77.56	112.0	101.0	121.0	115.8	110.19	14.69
北海道黄杨	9.885	12.15	20.63	12.98	12.95	12.88	12.78	11.76	10.76	11.13	13.113	2.935
国槐	10.25	9.212	8.230	10.10	10.55	11.29	11.38	9.970	9.899	9.796	10.047	0.979
龙桑	175.0	150.3	275.2	139.9	129.7	150.2	182.4	154.5	167.8	183.2	170.35	43.22
香花槐	15.17	11.61	14.58	13.24	15.17	15.15	14.31	13.90	15.59	16.17	14.413	1.374

几种落叶乔木叶面积性状方差分析表 表 14

变异来源	平方和	自由度	均方	F值	F0.01
处理间	215264.4426	5	43052.8885	123.1200	0.0001
处理内	16784.7028	48	349.6813		
总变异	232049.1454	53			

几种落叶乔木叶面积性状多重比较表 表 15

处理	均值	5%显著水平
金枝国槐	8.6967	a
大叶垂榆	110.19	b
北海道黄杨	13.113	c
国槐	10.047	c
龙桑	170.35	c
香花槐	14.413	c

由表15表明：几种落叶乔木叶面积性状多重比较中，几种落叶乔木均达5%极显著差异水平。并且从平均数上也有一定差距，龙桑的叶面积性状最大，达170.35cm²；金枝国槐的叶片面积性状最小，达8.6967cm²。从表中看出，几种落叶乔木叶片叶面积性状比较结果：龙桑＞大叶垂榆＞香花槐＞北海道黄杨＞国槐＞金枝国槐。

4.2.4 几种落叶乔木叶片重量性状比较

叶片的重量可以直接描述叶片的饱满度，衡量光合作用场所叶片的优劣。叶片越重，各种成分含量越多，光合特性就越好。几种落叶乔木叶重性状测定见表16。

由表16、表17表明，P值＜0.01，说明几种落叶乔木在叶重量这个性状上差异性极显著。进一步作多重比较结果如表18。

几种落叶乔木叶片重量性状比较测定表（单位：g） 表 16

品种＼叶片数	1	2	3	4	5	6	7	8	9	10	平均	标准差
金枝国槐	0.22	0.18	0.17	0.20	0.19	0.19	0.22	0.16	0.19	0.19	0.1878	0.017
大叶垂榆	2.81	1.86	3.19	3.06	2.62	2.11	2.31	2.31	2.41	2.21	2.5275	0.390
北海道黄杨	0.31	1.32	1.10	0.76	0.65	0.58	0.58	0、71	0.61	0.63	0.7788	0.278
国槐	0.26	0.22	0.22	0.26	0.31	0.26	0.30	0.27	0.26	0.27	0.2633	0.030
龙桑	4.46	3.46	7.29	3.04	6.44	4.12	4.40	5.25	3.89	4.21	4.6778	1.398
香花槐	0.17	0.13	0.17	0.19	0.17	0.18	0.19	0.17	0.18	0.17	0.1722	0.017

几种落叶乔木叶片重量性状的方差分析表 表 17

变异来源	平方和	自由度	均方	F值	F0.01
处理间	148.3369	5	29.6674	78.7970	0.0001
处理内	17.3191	46	0.3765		
总变异	165.6560	51			

几种落叶乔木叶片重量性状多重比较表 表 18

处理	均值	5%显著水平
金枝国槐	0.1878	a
大叶垂榆	2.5275	b
北海道黄杨	0.7788	c
国槐	0.2633	cd
龙桑	4.6778	cd
香花槐	0.1722	d

由表18表明：几种落叶乔木叶片重量性状多重比较中，几种落叶乔木达5%极显著水平，从平均数上也有一定差距，龙桑的叶重性状最大，达4.6778g；香花槐的叶重性状最小，达0.1722g。从表中看出，几种落叶乔木叶片重量性状比较结果：龙桑＞大叶垂榆＞北海道黄杨＞国槐＞金枝国槐＞香花槐。

4.2.5 几种落叶乔木叶绿素性状比较

叶绿素是光光合色素的一种，在光合作用的反应中吸收光能。叶绿素含量越多，光合特性就越好，几种落叶乔木叶绿素性状测定见表19。

由表19、表20表明，P＜0.01，说明几种落叶乔木在叶绿素性状这个性状上差异性极显著，进一步作多重比较结果如表21。

几种落叶乔木叶绿素性状比较测定表 表 19

品种＼叶片数	1	2	3	4	5	6	7	8	9	10	平均	标准差
金枝国槐	33.9	5.9	36.9	35.1	32.5	40.5	40.3	38.8	37.8	37.4	33.911	10.79
大叶垂榆	53.2	57.3	55.7	54.9	51.3	45.2	59.3	59.3	56.8	49.9	54.411	4.725
北海道黄杨	71.3	60.9	78.7	69.5	72.1	62.5	65.7	71.5	72.1	75.6	69.844	5.870
国槐	43.7	45.5	46.2	53.2	53.4	57.8	45.8	40.3	58.7	50.5	50.155	6.172
龙桑	40.3	35.4	38.7	41.6	42.5	34.9	41.5	43.4	39.7	44.6	40.255	3.393
香花槐	36.5	36.1	39.4	26.4	39.2	34.7	35.8	31.9	37.9	37.3	35.400	4.114

几种落叶乔木叶绿素性状的方差分析表　　表20

变异来源	平方和	自由度	均方	F值	F0.01
处理间	8437.1877	5	1687.4375	42.2070	0.0001
处理内	1919.0443	48	39.9801		
总变异	10356.2320	53			

几种落叶乔木叶绿素性状多重比较表　　表21

处　理	均　值	5%显著水平
金枝国槐	33.911	a
大叶垂榆	54.411	b
北海道黄杨	69.844	b
国槐	50.155	c
龙桑	40.255	cd
香花槐	35.400	d

由表21表明：几种落叶乔木叶绿素性状多重比较，几种落叶乔木5%极显著差异水平。从平均数上也有一定差距，北海道黄杨的叶绿素性状最大，达69.844；金枝国槐的叶绿素性状最小，达33,911。几种落叶乔木叶绿素性状比较结果：北海道黄杨＞大叶垂榆＞国槐＞龙桑＞香花槐＞金枝国槐。

4.3　几种落叶乔木成活率研究

4.3.1　几种落叶乔木成活率比较

树期成活率是引种是否成功的关键因素，成活率的高低直接标志着引种的成败，测定结果见表22。

几种落叶乔木成活率测定结果表　　表22

落叶乔木	成活株数	总株数	成活率
金枝国槐	20	36	56%
大叶垂榆	157	181	87%
大叶黄杨	10	10	100%
国槐	50	54	93%
龙桑	14	20	70%
香花槐	433	536	81%

由22表可知，北海道黄杨，成活率最高，达到100%，国槐其次，达到93%，大叶垂榆，成活率87%，香花槐，成活率81%，龙桑，成活率70%，金枝国槐成活率最低。所以几种落叶乔木成活率的比较结果：北海道黄杨＞国槐＞大叶垂榆＞香花槐＞龙桑＞金枝国槐。

4.4　几种落叶乔木生长性状综合评定

依据测定的几种落叶乔木的生长性状、光合效率性状、成活率等单一性状分析及结果，为更好的评价几种落叶乔木的综合性状，进行综合评定，其打分结果如表23。

几种落叶乔木综合性状分值比较表（单位：分）　　表23

密　度	胸径	树木高度	叶最大长度	叶最大宽度	叶面积	叶重量	叶绿素	成活率	总计
金枝国槐	2	4	0	0	0	2	0	0	8
大叶垂榆	6	2	8	8	8	8	8	6	54
北海道黄杨	8	0	6	2	4	6	10	10	46
国槐	10	8	2	4	2	4	6	8	38
龙桑	0	6	10	10	10	10	4	2	52
香花槐	4	10	4	6	6	2	2	4	36

通过表23，对几种落叶乔木的单个性状：树木高度、胸径、叶最大宽度、叶最大长度、叶面积、叶重量、叶绿素、树木成活率进行了综合评分，大叶垂榆54分、龙桑52分、北海道黄杨46分、国槐38分、香花槐36分、金枝国槐8分。从而得到几种落叶乔木综合性状比较结果：大叶垂榆＞龙桑＞北海道黄杨＞国槐＞香花槐＞金枝国槐。

5　结论与讨论

5.1　结论

（1）针对几种落叶乔木的生长性状中，树高性状比较结果：香花槐＞国槐＞龙桑＞金枝国槐＞大叶垂榆＞北海道黄杨；胸径形状比较结果：国槐＞北海道黄杨＞大叶垂榆＞香花槐＞金枝国槐＞龙桑。

（2）针对几种落叶乔木的光合基础形状中，树木的最大叶片宽度性状比较结果：龙桑＞大叶垂榆＞北海道黄杨＞香花槐＞国槐＞金枝国槐；最大叶片长度性状比较结果为龙桑＞大叶垂榆＞香花槐＞国槐＞北海道黄杨＞金枝国槐；最大叶面积性状比较结果为：龙桑＞大叶垂榆＞香花槐＞北海道黄杨＞国槐＞金枝国槐；叶绿素和叶重性状比较结果都为：北海道黄杨＞大叶垂榆＞国槐＞龙桑＞香花槐＞金枝国槐。

（3）针对几种落叶乔木的成活率比较结果为：北海道黄杨＞国槐＞大叶垂榆＞香花槐＞龙桑＞金枝国槐。

（4）几种落叶乔木综合比较结果：大叶垂榆＞龙桑＞北海道黄杨＞国槐＞香花槐＞金枝国槐。因此，这几种落叶乔木在煤矸石山生长存在很大差异。我们在石嘴山市大武口区煤矸石山绿化乔木方面可大力应用大叶垂榆和龙桑，适当应用北海道黄杨、国槐、香花槐，不可应用金枝国槐。

5.2　讨论

本试验只针对几种落叶乔木的部分光合基础性状进行分析，指导我们在石嘴山市大武口区煤矸石山绿化乔木方面可大力应用大叶垂榆和龙桑，适当应用北海道黄杨、国槐、香花槐，不可应用金枝国槐。

但是，要全面了解各个品种的生理、生化条件，并且考虑到地区差异性，还需要对其进一步做出测定研究，结合树木形态、花色、景观美度等要素，可大力栽培香花槐，适当栽植金枝国槐，从而增加煤矸石山的绿化治理和景观效益。

矸石山绿化造林的关键在于选择适宜的植物品种、科学种植技术和合理的抚育管理方式。植物品种选择应优先考虑根系发达、耐干旱、耐贫瘠的优良品种，并尽可能采用乡土植物，如龙桑、国槐等。抚育管理的关键在于浇水，特别是在保树期和干旱高温季节。由于矸石山山高坡陡，保水保肥力差，科学的整地对促进绿化造林的成功也是十分重要的。

参考文献

[1] 张成才，陈奇伯，张先平. 北方煤矸石山生态修复植物筛选初报[J]. 黑龙江农业科学，2008(5)：96-98.

[2] 鲁丽娜，梁亚利. 大武口洗煤厂矸石山水土保持治理措施[J]. 中国水土保持，2011(11)：54-62.

[3] 杨秀敏，胡桂娟，李宁. 煤矸石山的污染治理与复垦技术[J]. 中国矿业，2008(6)：83-90.

[4] 荀兰平. 煤矸石山自燃防治对策探析[J]. 山西焦煤科技，2006(2)：65-80.

[5] 徐蕾. 煤矸石山生态复垦绿化技术研究[J]. 同煤科技，2011(2)：71-92.

作者简介

蒋全熊，1956年1月生，男，汉族，宁夏中卫，本科，宁夏大学教授，研究方向为园林教学、科学研究，Email：357789557@qq.com。

宁夏罗山短花针茅荒漠草原营养价值综合评价

Comprehensive Evaluation of the Nutrient Value of *Stipa breviflora* Desert Steppe's of Luoshan in Ningxia

兰 剑 曹国强

摘 要：为评价宁夏罗山短花针茅（*Stipa breviflora* Griseb）荒漠草原不同月份草地综合营养价值，用主成分分析方法将草地营养单项指标综合成几个新的相互独立的综合指标，再利用隶属函数与动态聚类法确定1—12月份草地营养价值综合次序及其分类。结果表明，影响宁夏罗山短花针茅荒漠草原不同月份草地综合营养价值的第一、二主成分分别为粗蛋白—粗脂肪因子和钙元素因子，贡献率分别为76.69%和10.46%；不同月份间草地营养价值综合排序为8月、9月、7月、10月、6月、5月、4月、11月、12月、1月、2月和3月；1—12月草地营养动态聚类为3类，12月以及1—3月为第一类，4—6月及10月、11月为第二类，7、8、9月为第三类。影响该草地综合营养价值的主要因素为粗蛋白—粗脂肪因子；草地综合营养价值8月最高，3月最低；7—9月综合营养价值属优等，4—6月以及10—11月属中等，1—3月和次年12月属劣等。

关键词：荒漠草原；营养价值；综合评价

Abstract: In order to learn different months comprehensive nutritional value of Stipa Breviflora desert steppe of Luoshan in Ningxia, the monomial index of grassland nutrition were synthesized into several new independent comprehensive indexes by analyzing the principal component, and then used membership function and dynamic clustering to determine the comprehensive order and classification of grassland's nutritional value from January to December. The results showed that the Crude Protein (CP) -Ether Extract (EE) and the Calcium (Ca) are the first and second principal components whose contribution rates were 76.69% and 10.46%, respectively. The comprehensive order of the grassland's nutritional value is August, September, July, October, June, May, April, November, December, January, February and March. From January to December the grassland's nutrition is dynamically clustered into 3 categories, the first category is in December and from January to March, the second category is in October, November, April, May and June etc., and the third category is from July to September. The Crude Protein (CP) -Ether Extract (EE) is the main factor which influences the grassland's comprehensive nutritional value. The grassland's highest comprehensive nutritional value is in August, while the lowest is in March; From July to September the comprehensive nutritional value is superior; From April to June and from October to November, the comprehensive nutritional value is medium, while the remaining four months is inferior.

Key words: Desert Steppe; Nutritional Value; Comprehensive Evaluation

1 引言

草地营养综合价值是草地的重要特征之一。草地牧草营养成分随季节变化而波动，使草地营养物质供给的不均衡性与家畜营养需要的长期稳定性构成草地畜牧业生产的主要矛盾。因此，掌握草地营养综合价值，对指导草地畜牧业生产、更好地管理草地生态系统、合理利用草地资源具有重大意义，[1,2]而且对草地补播改良、退化草地恢复与重建以及维系草地健康持续利用状态均具有重要的科学价值和实践意义。因草地牧草的生长受到季节影响，牧草中养分含量随季节不同有很大变化。[3,4]彭玉梅（1997）测定结果表明，牧草粗蛋白质含量和粗脂肪含量的最高值出现在7—8月间（开花期），随后有下降趋势。粗纤维含量自生长初期开始呈上升趋势。无氮浸出物含量自生长初期开始呈下降趋势。粗灰分含量自生长初期开始呈上升趋势，至9月份稍有下降。[5]乌云其其格（2010）研究了短花针茅荒漠草原8个月间的营养动态变化表明，粗蛋白、粗灰分和磷含量的波动较为相似，最高值均出现在7月中旬，最低值均出现在4月，与粗纤维含量呈负相关；粗纤维含量最高值出现在4月，8月呈最低值；粗脂肪含量波动较大，10月中旬呈最高值；钙含量变化动态最高值出现于9月。[6]吴克顺等（2010）探讨了阿拉善荒漠草地牧草营养物质含量的季节动态；8种牧草的粗蛋白质、粗脂肪、无氮浸出物、钙含量以及钙磷比随着牧草的生长期呈先增加后降低的趋势，粗蛋白质含量6月最高，为7.86%—19.18%，1月最低，为5.25%—9.24%；粗纤维含量随植物生长呈降低趋势；粗灰分含量随生长期没有明显的季节动态规律；磷含量随牧草的生长而降低，为0.04%—0.20%。[7]张钧（2005）对西藏那曲地区不同月份草地牧草营养价值进行了评定，夏季牧草营养品质最高，春冬季最差。[8]薛树媛等（2007）在内蒙古荒漠草原优势牧草营养价值评价中表明用营养成分和消化率指标评定，紫花苜蓿和五星蒿的营养价值最高，其次为中间锦鸡儿（*Caragana intermedia*）、圆头藜（*Chenopodium strictum*），最次为驼绒藜（*Ceratoides latens*）。[9]向东山等（2008）作了鄂西地区主要牧草营养品质的分析与评价，评价出在新鲜牧草中，紫花苜蓿

（*Medicago sativa*）、红三叶（*Trifolium pretense*）和白三叶（*Trifolium repen*）品质最佳。[10]夏传红等（2008）在山西白羊草（*Bothriochloa ischaemum*）草地主要牧草营养价值综合评定中报道白羊草为营养价值较高的牧草，尖叶铁扫帚（*Lespedeza inschanica*）属于营养价值一般的牧草，达乌里胡枝子（*Lespedeza davurica*）、万年蓬（*Artemisia vestita*）属于营养价值较差的牧草。[11]张永根等（2005）在黑龙江省主要栽培的豆科牧草对奶牛的营养价值评价中用营养成分和RDMD等指标进行评定，豆科牧草以蔓生野生大豆和无蔓野生大豆（*Glycine max*）的营养价值最高，全能苜蓿、草原2号苜蓿、直立黄花苜蓿（*Astragalus adsurgens*）和胖多苜蓿（*Medicago sativa*）次之，图牧2号苜蓿、草原1号苜蓿居中，大叶苜蓿、黄花草木樨（*Melilotus officinalis*）及特克苜蓿RDMD最低。[12]何凡（1989）对贵州省31种豆科和75种禾本科野生牧草的营养价值作了初步评定。[13] Iqtidar A. Khalil等（1991）在巴基斯坦热带豆科和禾本科牧草营养价值评价中表明，豆科牧草比禾本科营养价值高[14]。综上所述，国内外许多学者研究了栽培牧草或一些天然牧草的营养动态以及牧草营养价值的评定，但对整个草地营养综合价值研究的相关报道不多；草地营养价值以及以草地营养季节动态变化等方面在宁夏荒漠草原上的研究更是未见报道。而宁夏有荒漠草原2.5万km²，占宁夏草地面积的55.3%，是宁夏草地植被的主体。因此，基于宁夏荒漠草原资源现状，采用主成分分析法、隶属函数和动态聚类分析等方法，通过野外实测和实验室分析，全面、系统地掌握宁夏荒漠草原不同月份草地综合营养价值。掌握草地的综合营养价值，可以为草地合理利用提供重要的依据。

2 试验地自然概况

试验地位于宁夏中部干旱带罗山自然保护区，北纬37°15′07″，东经106°15′58.6″，海拔1685m。植被类型为短花针茅、半灌木型荒漠草原，草层低矮，覆盖度低，植物种类较少，主要有短花针茅（*Stipa breviflora*）、长芒草（*Stipa bungeana*）、赖草（*Leymus secalinus*）、牛枝子（*Lespedeza potaninii*）、猪毛蒿（*Artemisia scoparia*）、达乌里胡枝子（*Lespedeza davurica*）、荒漠锦鸡儿（*Caragana roborovskyi* Kom）和隐子草（*Cleistogenes caespitosa*）等。试验区年平均温度4℃，极端最高气温37.5℃，极端最低气温-27℃；年平均降水量400mm，干燥度为3.34；无霜期130—150d；土壤以山地灰钙土和山地灰褐土为主。

3 试验方法

3.1 采样

采样时间为2012年4月至2013年3月每月下旬。设置具有代表性的样地3块，面积300m²。在样地内随机取样，样方面积1m×1m，重复3次。混合草样齐地刈割，并装袋，再在65℃下烘干至恒重，粉碎过1mm筛，密封保存，供营养成分分析。

3.2 营养成分分析

采用实验室常规分析方法[15]测定混合草样粗蛋白（CP）、粗脂肪（EE）、粗纤维（CF）、无氮浸出物（NFE）、灰分（Ash）、钙（Ca）以及磷（P）等营养指标。

3.3 数据处理与统计方法

单项指标营养成分系数用公式（1）表示：

$$\alpha(\%) = \frac{\text{处理组测定值}}{\text{对照组测定值}} \times 100\% \quad (1)$$

其中，对照组测定值用1—12月份各个营养成分的平均值。

用主成分分析方法将草地营养单项指标综合成几个新的相互独立的综合指标，再利用隶属函数与动态聚类法确定1—12月份草地营养价值综合次序及其分类，其中主成分分析和动态聚类分析采用DPS软件完成。

4 结果与分析

4.1 各单项指标系数及其简单相关分析

将12个月份的测定值处理后，即测定处理与对照的相应指标。根据各指标的测定值，用公式（1）求出各单项指标的系数α值（表1）。

各单项指标系数α值　　表1

采样时间	粗蛋白 CP	粗脂肪 EE	粗纤维 CF	无氮浸出物 NFE	灰分 Ash	钙 Ca	磷 P
1月	0.514	0.382	1.379	0.968	0.669	0.846	0.388
2月	0.509	0.317	1.406	0.952	0.756	0.846	0.388
3月	0.485	0.310	1.385	0.961	0.756	0.760	0.291
4月	1.127	1.126	0.940	1.013	0.953	0.789	0.874
5月	1.519	1.306	0.846	0.985	1.001	0.970	1.553
6月	1.548	1.081	0.768	1.003	1.117	0.846	1.942
7月	1.371	1.508	0.709	1.043	1.144	1.226	1.650
8月	1.242	1.361	0.670	1.082	1.180	1.312	1.262
9月	1.292	1.436	0.690	1.065	1.163	1.264	1.456
10月	1.144	1.269	0.906	0.965	1.167	1.340	0.971
11月	0.697	1.204	1.098	0.947	1.202	0.951	0.777
12月	0.552	0.699	1.202	1.016	0.892	0.846	0.485

由表1可看出，各月份经处理后的各营养成分的含量与对照相比均有所变化（α≠100%）。且所有月份各单项指标的变化幅度不同，因而用不同单项指标来评价该时间草地牧草营养价值的高低，则结果均不相同。说明营养价值是一个复杂的综合性状，用任何单项指标评价该草地营养价值高低都有片面性。从相关系数矩阵（表2）可看出：所有指标间都存在着或大或小的相关性，从而使得它们所提供的信息发生重叠。同时各单项指标在草地营养价值高低中所起的作用也不尽相同，所以如直接利用这些指标对草地营养价值高低进行评价，则不能准确评价它们。

各单项指标的相关系数矩阵　　　表2

	粗蛋白 CP	粗脂肪 EE	粗纤维 CF	无氮浸出物 NFE	灰分 Ash	钙 Ca	磷 P
粗蛋白 CP	1.000						
粗脂肪 EE	0.835	1.000					
粗纤维 CF	-0.926	-0.939	1.000				
无氮浸出物 NFE	0.547	0.591	-0.741	1.000			
灰分 Ash	0.704	0.919	-0.856	0.473	1.000		
钙 Ca	0.510	0.723	-0.695	0.546	0.719	1.000	
磷 P	0.960	0.806	-0.906	0.551	0.727	0.479	1.000

4.2 主成分分析

利用DPS软件对该草地营养成分7个单项指标进行主成分分析（表3），并根据累积贡献率达85%的原则取得主成分。前2个综合指标CI（1）、CI（2）的贡献率分别为76.69%、10.46%，则前2个综合指标的累积贡献率达87.15%，代表了原来7个单项指标87.15%的信息，信息损失量仅为12.85%。从而将原来7个单项指标转换为2个新的相互独立的综合指标（即第一主成分和第二主成分），同时根据贡献率的大小可知各综合指标的相对重要性。根据各综合指标的指标系数（表3）及各单项指标的营养成分指标系数（表1）求出该草地每个月份2个综合指标值（表4）。

各综合指标的系数及贡献率　　　表3

主成分	粗蛋白 CP	粗脂肪 EE	粗纤维 CF	无氮浸出物 NFE	灰分 Ash	钙 Ca	磷 P	贡献率%P
CI（1）	0.390	0.413	-0.428	0.303	0.383	0.326	0.386	76.69
CI（2）	-0.436		0.053	0.470	0.066	0.613	-0.453	10.46

由表3得，前2个主成分的表达式分别如下：

CI（1）= 0.390x1＋0.413x2－0.428x3＋0.303x4＋0.383x5＋0.326x6＋0.386x7；

CI（2）= －0.436x1＋0.053x3＋0.470x4＋0.066x5＋0.613x6－0.453x7。

主成分表达式中各因子系数的大小可以反映因子对该主成分的贡献大小。从以上两个主成分表达式可以看出，第一主成分中粗脂肪（0.413）和粗蛋白（0.390）的系数大于其他因子，因此可以将第一主成分称为粗蛋白—粗脂肪因子；在第二个主成分中钙的系数最大（0.613），可以称为钙元素因子。

由表3及公式可知，只有粗纤维（x3）对第一主成分是负效应，其他因素对于第一主成分均为正效应，说明粗纤维含量的增加会降低草地综合营养价值，在一定程度上影响了牧草的营养价值。粗蛋白（x1）和磷（x7）对第二主成分是负效应，但结合上述，却对牧草综合营养价值是正效应。因此，说明粗蛋白、粗纤维和磷3个综合因素对草地综合营养价值具有协同作用。

从以上各主成分表达式还可以看出，牧草营养价值的高低是多个因子综合作用的结果，但首要因素是粗蛋白—粗脂肪因子，其次才是钙元素因子。第一、第二主成分因子虽然作用有所差异，但对草地的营养价值都具有较大影响。

4.3 综合评价

4.3.1 隶属函数分析

每月份种各综合指标的隶属函数值采用公式（2）求得：[17、19]

$$u(x_j) = \frac{X_j - X_{\min}}{X_{\max} - X_{\min}} \quad j = 1, 2, \cdots\cdots n \quad (2)$$

式中 X_j 表示第 j 个综合指标；$X_{\min}$ 表示第 j 个综合指标的最小值；$X_{\max}$ 表示第 j 个综合指标的最大值。根据公式（2）可求出每月份所有综合指标的隶属函数值（表4）。

对于同一综合指标如CI（1）而言，8月的u(1)值最大（1.000），说明8月在CI（1）这一综合指标上表现为最高；3月的u(1)值最小，为0.000，说明3月在CI（1）这一综合指标上表现为最低。

4.3.2 权重的确定

根据综合指标贡献率的大小（分别为76.69、10.46）用公式（3）可求出各综合指标的权重。[19]

$$W_j = p_j / \sum_{j=1}^{n} p_j \quad j = 1, 2, \cdots\cdots n \quad (3)$$

式中：W_j 值表示第 j 个综合指标在所有综合指标中的重要程度；p_j 为各月份第 j 个综合指标的贡献率。经计算，2个综合指标的权重分别为0.88、0.12（表4）。

4.3.3 综合评价

用公式（4）计算各月份的综合营养价值的高低。[17、18]

$$D = \sum_{j=1}^{n} [u(x_j) \times W_j] \quad j = 1, 2, \cdots\cdots n \quad (4)$$

式中：D值为各月份用综合指标评价所得的营养价值综合评价值。根据各月份的D值（表4）可对牧草的营养价值进行高低排序。

各月份间草地营养价值综合排序为8月、9月、7月、10月、6月、5月、4月、11月、12月、1月、2月和3月。其中，8月份的D值最大，表明该月牧草营养价值最高；3月份的D值最小，表明该月牧草营养价值最低。

各月份综合指标值、权重、u(x)值、Y(x)值及D值　　　表4

指标	Y(i, 1)	Y(i, 2)	U(1)	U(2)	yy(1)	yy(2)	D值
1月	-3.243	0.232	0.033	0.651	0.029	0.078	0.108
2月	-3.304	0.044	0.024	0.591	0.021	0.071	0.092
3月	-3.450	0.007	0.000	0.580	0.000	0.070	0.069
4月	-0.100	-0.557	0.542	0.401	0.477	0.048	0.525
5月	1.248	-1.365	0.760	0.145	0.669	0.017	0.686
6月	1.673	-1.824	0.829	0.000	0.729	0.000	0.729
7月	2.720	0.174	0.998	0.632	0.878	0.076	0.954
8月	2.732	1.335	1.000	1.000	0.880	0.120	1.000
9月	2.697	0.746	0.994	0.814	0.875	0.098	0.973
10月	1.189	0.580	0.750	0.761	0.660	0.091	0.752
11月	-0.437	-0.091	0.487	0.548	0.429	0.066	0.495

续表

指标	Y(i,1)	Y(i,2)	U(1)	U(2)	yy(1)	yy(2)	D值
12月	−1.725	0.720	0.279	0.805	0.246	0.097	0.342
贡献率%	76.69	10.46					
累计贡献率%	76.69	87.16					
权重			0.88	0.12			

4.4 动态聚类分析

对1—12月的草地营养成分测定值进行动态聚类分析表明，可划分为3类，见表5。其中，7月、8月、9月为一类，属优等营养价值类型；4月、5月、6月、10月、11月为一类，属中等营养价值类型；1月、2月、3月及12月属低等营养价值类型。

动态聚类结果　　　　表5

样本号	初始类别	最后类别	距凝聚点距离
1月	1	1	0.042
2月	1	1	0.055
3月	1	1	0.045
12月	1	1	0.267
4月	1	2	0.276
5月	2	2	0.169
6月	2	2	0.413
10月	2	2	0.448
11月	1	2	0.471
7月	3	3	0.052
8月	2	3	0.052
9月	2	3	0

5 讨论与结论

牧草的综合营养价值是一个受多因素影响的复杂数量性状，用单一指标难以全面准确地反映牧草不同时间段综合营养价值的高低，应采用多种指标来综合评价牧草营养价值。[16,17]目前，较多的研究是用隶属函数法进行综合评价。但评价的指标较多，且指标间有着一定的相关性，故仅用隶属函数法进行综合评价则存在一定的局限性。[16]用主成分分析法可将原来个数较多的指标转换成为新的个数较少且彼此独立的综合指标，同时根据各自贡献率的大小可以知道各综合指标的相对重要性。[18]在此基础上，求出各月份的每一个综合指标值[CI(x)值]及相应的隶属函数值[u(x)]后，依据各综合指标的相对重要性（权重）进行加权，便可得到各营养因子的综合评价值（D值）。这样，既考虑了各指标间的相互关系，又考虑到各指标的重要性，从而使得出的结论与实际更为接近。本研究针对宁夏荒漠草原的草地综合营养价值，采用主成分分析法、隶属函数综合评价法以及动态聚类分析法，通过野外实测和实验室分析，对宁夏罗山短花针茅荒漠草原月份间草地的综合营养价值进行了科学的综合评价。根据累积贡献率85%的原则取得主成分，取得前2个综合指标CI(1)、CI(2)，其贡献率分别为76.69和10.46%，则前2个综合指标的累积贡献率达87.15%，这两个综合指标代表了原来7个单项指标87.15%的信息。而且12个月份间草地的营养价值由2个综合指标CI(1)、CI(2)共同决定，任一综合指标值的高低并不能完全决定某一月份草地营养价值的高低。如12个月中，8月综合评价值（D值）最大，综合营养价值最高，且在8月份的综合指标中，综合指标CI(1)、CI(2)的u(1)、u(2)值最大，均为1.000。而综合评价值（D值）最小的3月综合指标CI(2)的u(2)值属中间（为0.580），这足以说明草地综合营养价值的高低不能由任一单独的综合指标来决定，应为多个指标共同决定。因此，影响宁夏罗山短花针茅荒漠草原1—12月份综合营养价值的主要因素为粗蛋白—粗脂肪因子；7—9月为一类，综合营养价值最高，属优等；4—6月以及10—11月为第二类，综合营养价值属中等；1—3月以及次年的12月为第三类，综合营养价值属劣等；其中，草地综合营养价值8月最高，3月最低。

参考文献

[1] 白永飞,许志信,李德新.羊草草原群落生物量季节动态的研究[J].中国草地,1994,(3):1-5.

[2] 陈良,张春玲,刘晶.对隐子草地上生物量以及营养价值季节动态研究[J].内蒙古草业,2002,14(2):39-41.

[3] 王洪荣,冯宗慈,卢德勋等.草地牧草饲料的营养动态与放牧绵羊营养限制因素的研究[J].内蒙古畜牧科学,1993(4):5-12.

[4] 王洪荣,冯宗慈,卢德勋等.天然牧草营养价值的季节性动态变化对放牧绵羊采食量和生产性能的影响[J].内蒙古畜牧科学,1997(S):143-150.

[5] 彭玉梅.天然羊草地和贝加尔针茅草地上生物量及营养动态的研究[J].中国草地,1997(5):25-28.

[6] 乌云其其格.短花针茅荒漠草原草地生物量与营养动态[J].内蒙古草业,2010,22(1):52-54.

[7] 吴克顺,傅华,张学英等.阿拉善荒漠草地8种牧草营养物质季节动态及营养均衡价评价[J].干旱区研究,2010,27(2):257-262.

[8] 薛树媛,金海,郭雪峰,永西修,巴雅斯胡良.内蒙古荒漠草原优势牧草营养价值评价[J].中国草地学报,2007,(6):22-27.

[9] 张均.西藏那曲地区不同月份草地牧草营养价值评定及绒山羊营养补饲研究[D].四川农业大学,2005.

[10] 向东山,郑小江,刘晓鹏,周大寨,武芸,唐巧玉,朱玉昌.鄂西地区主要牧草营养品质的分析与评价[J].湖北农业科学,2008,(4):452-454.

[11] 夏传红,张垚,杨桂英,董宽虎.山西白羊草草地主要牧草营养价值综合评定[J].中国草地学报,2008,(4):68-72.

[12] 张永根,王志博,宋平.黑龙江省主要栽培的禾本科牧草对奶牛的营养价值评价[A].中国畜牧兽医学会养牛学分会.全国养牛科学研讨会暨中国畜牧兽医学会养牛学分会第六届会员代表大会论文集[C].中国畜牧兽医学会养牛学分会,2005:8.

[13] 何凡.应用灰色关联度分析评价野生牧草营养价值[J].贵州农业科学,1989,(6):55-58.

[14] Iqtidar A. Khalil,白史且,陈礼伟.巴基斯坦热带豆科和禾本科牧草营养价值评价[J].国外畜牧.草原与牧草,1991,(4):18-21.

[15] 杨胜.饲料分析及饲料质量检测技术[M].北京:北京农

业大学出版社，1992. Yang Sheng. Technology of feedstuff analysis and quality de-tection[M]. Beijing: Beijing Agricultural University Press, 1992.

[16] 周广生，梅方竹，周竹青，朱旭彤. 小麦不同品种耐湿性生理指标综合评价及其预测[J]. 中国农业科学，2003，36(11): 1378-1382.

[17] 钮福祥，华希新，郭小丁，邬景禹，李洪民，丁成伟. 甘薯品种抗旱性生理指标及其综合评价初探. 作物学报，1996，22(4): 392-398.

[18] 余家林. 农业多元试验统计. 北京：北京农业大学出版社，1993: 141-192.

[19] 谢志坚. 农业科学中的模糊数学方法. 武汉：华中理工大学出版社，1983: 99-193.

作者简介

兰剑，1970年生，男，汉族，四川邻水，博士，宁夏大学副教授，研究方向为草业科学，Email: 1752082643@qq.com。

杭州园林植物景观地域性研究

Regional Features of Plant Landscapes in Hangzhou City

蓝 悦 徐宁伟 包志毅

摘 要：在研究杭州园林植物景观形成原因的基础上，分析杭州园林植物景观的地域性的种类特征、季相特征、文化特征，总结杭州园林绿地植物景观地域性特点，提出杭州园林植物地域性景观营建过程中的问题和建议。

关键词：地域性；植物景观；杭州

Abstract: Based on the study of the reason of the plant landscapes in Hangzhou city, the paper mainly analyzed regional expression the constitute features of species characteristics, seasonal characteristics and cultural characteristics. The last analysis described the discovery and expression of the regional landscape characteristics. The study put forward certain suggestions and references to the problems of the development and the regional characteristics in the landscape in Hangzhou, also provide the reference on the construction of regional landscape.

Key words: Regional; Plant Landscape; Hangzhou

受全球化影响，近年来景观趋同已经成为一个普遍的问题。植物作为园林景观要素的重要组成部分，地域性园林景观的实现有赖于植物景观地域性的充分表达。杭州位于两浙中心，是长三角地区重要中心城市。杭州园林植物景观是我国城市园林植物景观典范之一，具有明显的江南地域特色，又因地域自然与历史发展而具有个性。

1 杭州园林植物景观形成影响因子

杭州属于典型的亚热带季风性气候，四季分明，雨量丰沛，温暖湿润。杭州地势变化多样，局部小气候资源丰富，具有"三面云山一面城，一城山色半城湖"的独特景观风貌。[1]杭州因秀美的山水，汇集了一批优秀的文学家、政治家、艺术家，他们提炼杭州山水和文化的精髓，创作出一系列优秀的作品，对杭州植物景观的构建有着巨大贡献。如北宋林逋隐居孤山，以梅为妻以鹤为子。因此孤山放鹤亭周围广植梅花，为赏梅胜地。杭州景观建设和历史人物对园林的认识有着密切的关系，正是文学、艺术家创作的诗词、绘画、歌赋给杭州植物景观增添了无穷的色彩。

图1 太子湾逍遥坡草坪

2 杭州园林植物景观的地域特征

杭州造园历史悠久，是江南地区植物景观营造的典范。杭州的园林植物景观的风格经历了自朴素野到华丽气派，直至回归自然的转变。

2.1 杭州园林植物种类特征

杭州城市冬季寒冷，夏季炎热，形成了从亚热带常绿阔叶林向湿地过渡的园林植物景观特色。据不完全统计，杭州常见园林植物801种，分属于124科424属。其中乔木285种，灌木220种，藤本植物38种，草本植物258种。乔灌木是园林中最主要的植物材料，是城市园林植物景观骨架结构，其中常绿落叶比2∶3。

杭州园林绿地中常见以某一类的植物为特色营造植物景观的公园或景点，如杭州太子湾公园，春天的蔷薇科、木兰科等亮丽夺目，结合郁金香、风信子、洋水仙等球根花卉，构建杭州春天的"亮丽名片"；曲院风荷是以荷花为主题的夏季植物景观，利用香樟、水杉等高大乔木营造大量密林和林下空间，以形成夏季赏荷纳凉的景点；[2]灵峰探梅以梅花作为冬季植物景观主题，利用梅的"雅"与松的"劲"搭配古石，形成早春赏梅的经典去处。

2.2 杭州植物景观季相特征

杭州地理环境优越，其植物景观更注重季相变化。春天百花争艳，夏天绿树成荫，秋天红叶烂漫，冬天干枝遒劲。南宋以来形成了春桃、夏荷、秋桂、冬梅"四季花卉"观赏主题，传衍至今。杭州春季景观利用丰富植物的种类，同时结合科学、艺术与文化形成特色。杭州园林常用水杉搭配垂柳、碧桃与垂柳搭配多应用于堤坝和驳岸边、玉兰与山茶搭配、杜鹃与鸡爪槭或红枫搭配、樱花与雪松搭配、樱花与乐昌含笑的搭配广泛应用于公园绿地和道路绿化。杭州夏季植物景观多以草本花卉以及在晚春、早秋开花植物为主，草本花卉结合花坛、花境设计。杭州秋季利用色彩—色叶植物构建景观。红色的红枫、三角枫、乌桕、枫香，黄色的悬铃木、银杏、无患子、鹅掌楸。杭州冬季筛选叶色深浅不同的常绿树种进行搭配，并结合少量观花及部分观干、观果植物营建植物景观。

2.3 杭州植物景观文化特征

园林植物文化景观包括植物本身的文化，人们赋予植物的文化。杭州园林植物景观的营造不是简单地把几株树木花草堆砌叠加，而是根据植物本身特有的生物学特性和美学特性，挖掘并赋予植物丰富的文化内涵。[3]桂花是杭州市花，汉代至魏晋南北朝时期，桂花成为名贵的花卉与贡品，并成为美好事物的象征。我国唐代开始就遍植桂花，唐代诗人白居易曾在《忆江南》写道"江南忆，最忆是杭州。山寺月中寻桂子，郡亭枕上看潮头。何日更重游？"1988年起，满觉陇开展了以桂花为主题的系列活动，到1999年建成满陇桂雨公园，将桂花文化继续传承下去。龙井茶作为杭州"金名片"，明朝陈继儒《试茶》写道"龙井源头问子瞻"，因此人们将龙井茶与苏东坡相联系。到了清朝，乾隆下江南，将胡公庙前的十八棵茶树封为"御茶"。[4]现代杭州将龙井茶结合景观打造杭州新景观"龙井问茶"，将龙井文化"活化"。西湖景区的"满陇桂雨"和"龙井问茶"是将特殊的历史人文典故与当代新农村农业景观的经济功能相结合，体现了杭州特殊的人文气息。杭州西湖自11世纪苏东坡修筑苏堤，并在堤上夹道种植桃花、秋芙蓉、杨柳等植物，西湖堤岸桃柳相间的景观基调初步形成，并沿用至今，形成桃柳间种的景观特色。然而杭州植物景观除了继承皇家园林的精华，还将国外的造园方式结合杭州本土植物景观构建，花港观鱼的牡丹园就是中西结合的良好典范。[2]

3 杭州公园植物景观的地域特征分析

3.1 杭州城市公园景观概况

杭州城市公园景观设计，贯彻"以人为本，人与自然共存"的思想，以景观生态学理论为指导，充分利用场地原有地形、地貌、水体、植被，合理定位公园绿地，形成以西湖为主的公园绿地景观中心，同时衍生出西溪湿地景观和运河文化景观的公园绿地（表1）。

杭州主要公园名录 表1

序号	名称	面积
1	湖滨公园	9hm²
2	花港观鱼	20hm²
3	太子湾公园	18hm²
4	柳浪闻莺	21hm²
5	曲院风荷	13hm²
6	长桥公园	3hm²
7	学士公园	13hm²
8	杭州花圃	27hm²

续表

序号	名称	面积
9	三潭印月	6hm²
10	阮公墩	0.6hm²
11	湖心亭	0.5hm²
12	苏堤	9.8hm²
13	白堤	3.3hm²
14	杭州植物园	249hm²
15	孤山	20hm²
16	龙井茶园	17hm²
17	江洋畈生态公园	20hm²
18	八卦田遗址公园	10hm²
19	西溪国家湿地公园	346hm²
20	杭州白塔公园	17hm²
21	艮山运河公园	4hm²
22	濮家运河公园	3hm²
23	华浙公园	2hm²
24	钱江新城森林公园	7.8hm²
25	城北体育公园	45hm²
26	朝晖公园	2hm²

3.2 杭州公园植物景观地域性特点

杭州的公园绿地，在新中国成立前后，相继得到了不同程度的复建、重建或扩建，注重群落搭配，空间结构以及与其他造园要素的组合搭配。在近几年新建的公园景观设计上，延续了原有园林景观的特点，同时加入杭州园林的地域性特色。

首先，植物是构成植物景观的基础材料，植物群落是构建植物景观空间的基本单位。植物景观具有独特性和适宜性的特点，即选择适生和适用的特色植物。从适生角度来说，乡土植物是营造植物景观的首选，但部分乡土植物对于生长环境要求较高，并不能应用到园林中，而一些经过长期考验，生长状况良好的外来物种可以在园林中加以充分利用，因此园林植物应用在考虑观赏性的同时，必须兼顾功能性。近年来杭州园林绿化中的花境应用了许多观赏价值较高、原产国外的草本植物。杭州的地带性植被属于中亚热带常绿阔叶林，城市植物景观的重要标志体现在春季百花争艳，夏季绿树成荫，秋季红叶烂漫，冬季干枝遒劲，群落的构建是依据植物生态习性和观赏特性，遵循适地适树的原则。杭州园林绿地中常用植物群落模式即乔木—灌木—地被（草坪），乔木—草坪，乔木—灌木（地被）等。[5]

其次，杭州园林绿地的植物景观注重植物空间营造。杭州园林绿地中常用植物群落、孤植树、路径、覆盖空间、园林小品等抽象成点、线、面的形式构建空间要素，形成半开放空间、覆盖空间以及组合形式的空间。[6]杭州西湖公园绿地有近100个植物景观空间，[2]多为草坪空间（半开敞空间），花港公园雪松大草坪（图2）14080m²，太子湾望山坪的草坪11785m²，柳浪闻莺闻莺馆草坪10150m²，太子湾逍遥坡的草坪9305m²，西泠印社西边的山坡草坪5680m²，柳浪闻莺友谊园樱花草坪3352m²，花港观鱼南门入口草坪2271m²，孤山悬铃木树池草坪1100m²。而覆盖空间模式结构简单，以树干划定界面，草坪边缘配置一片单一的树种，用于增强效果。如柳浪闻莺入口柳林走廊空间，利用规格基本相同的47株垂柳，强化公园主题；太子湾的樱花径走廊空间，用有一定枝下高和密度的樱花，完全覆盖整条路或一段的路径空间，体现了春色浪漫场景。

图2 雪松大草坪

最后，杭州植物景观注重与其他造园要素结合。水体是江南景观的重要地域特征，杭州植物景观构建充分利用"水"元素。滨水植物景观利用个体或群体植物丰富的林冠线和色彩搭配，构建湖、池、溪、泉、堤、岛植物景观。太子湾的溪流景观利用溪在林中若隐若现，在溪边配置蔷薇科单瓣花植物形成落花景观。杭州植物景观巧妙利用山石塑造微地形，杭州花港观鱼的牡丹亭就是借鉴了日本大块山石造园艺术、英国爱丁堡皇家植物园的岩石园与高山植物园、德国自然生态园的精华，将土山、太湖石、植物有机融合形成全新的植物景观。

4 杭州园林植物景观地域性存在的主要问题及发展建议

4.1 杭州园林植物景观地域性表达特点

杭州一座旅游文化休闲的城市，"老杭州"给人以"三面云山一面城，一城山色半城湖"的景观感受。杭州园林植物景观充分利用丰富的自然地理资源、地域历史、文化与风土人情，将杭州地域性最直观地表达出来，展现出"师法自然，时移景异"的特点。

师法自然："师法自然"是杭州植物景观营造的关键所在，杭州植物景观的营造充分考虑了山水地形，利用真山真水，构建植物景观风貌，同时挖掘本土文化景观，以乡土树种营造植物景观。

时移景异：植物是有生命的园林题材，因此植物景观是动态发展的过程，即植物景观随时间的变化而变化。植物景观时序性包括近期、中期、远期，三者相互协调。其中近期景观包括植物景观的日变化、四季变化；中、长期景观包括植物景观的更替和空间变化。杭州公园绿地植物景观在种植设计时，以植物变化要素即植物的重要性和变化尺度为重要考虑原则。根据植物的花、果、叶观赏期不同的特性搭配，形成春游柳浪闻莺，夏赏曲院风荷，秋至满陇桂雨，冬来灵峰探梅的景观。

4.2 杭州植物景观存在的主要问题及发展建议

4.2.1 园林植物景观的近自然理论应用

杭州园林植物配置时，使用大量的外来物种资源，或部分地区同一群落重复使用，使园林植物景观失去原有地域特色。园林植物在物种构建群落、空间的过程中，应多选用乡土树种代替外来物种。在考虑植物生态系统习性的同时，利用潜在植被理论与近自然理论构建植物群落，营造地域性景观。杭州常见的林地类型：亚热带针叶林，常绿阔叶林，落叶阔叶林，常绿及落叶针阔叶混交林，从林地中寻求新的植物群落模式，构建杭州地域植物景观。

4.2.2 杭州园林植物景观总体风貌的把控

杭州园林植物景观主要体现在西湖为中心的环湖景观带，而其余绿地缺乏特点，植物景观趋同。因此充分利用植物本身的"文化属性"，努力营造植物"文化氛围"。[2]在园林绿地营造过程中注重基调树种、骨干树种的选择，注重地被植物的选择，形成地域特色。杭州园林景观除西湖地区外，还包括了良渚、西溪、运河，应挖掘其中景观元素构建杭州地域性景观。

5 小结

植物是构建城市园林景观的重要元素。园林植物景观的存在状态与地域环境有着很大的必然内在联系，也是自然环境、社会环境以及人文环境共同影响植物景观的发展。地域性的园林植物景观不仅有良好的生态效益，也是城市特色的重要表现形式。地域性植物景观的构建是打破"千城一面"的重要手段。杭州山水旖旎的自然环境，又经过人工雕琢使得园林景观更加璀璨。杭州地域植物景观，是人们不断认识自然环境、适应自然环境、改造环境而成的。

参考文献

[1] 黄文柳. 杭州西湖文化景观域湖空间格局控制研究[J]. 风景园林, 2012(2): 73-77.
[2] 包志毅. 植物景观规划设计和营造的特点与发展趋势以杭州西湖风景园林建设为例[J]. 风景园林, 2012(5): 52-55.
[3] 苏雪痕. 植物景观规划设计[M]. 北京: 中国林业出版社, 2012.
[4] 陈朝霞. 杭州西湖风景区乡村植物景观的文化象征性[J]. 园林, 2012(7): 76-79.
[5] 陈波, 章晶晶. 城市园林植物群落配置模式研究[J]. 浙江农业科学, 2011(6): 1274-1279.
[6] 李伟强, 包志毅. 园林植物空间营造研究 以杭州西湖绿地为例[J]. 风景园林, 2011(5): 98-103.

作者简介

蓝悦，1990年7月生，女，汉，浙江杭州，硕士，浙江农林大学风景园林与建筑学院硕士研究生，研究方向为园林植物应用，Email：yaoyaolan7890@163.com。

徐宁伟，1990年2月生，男，满，河北秦皇岛，浙江农林大学风景园林与建筑学院硕士研究生，研究方向为园林植物应用，Email：xuningwei1899@163.com。

包志毅，1964年10月生，男，汉，浙江东阳，浙江农林大学风景园林与建筑学院教授、院长，研究方向为植物景观规划设计，Email：bao99928@188.com。

竹子、卫矛、女贞、紫花苜蓿等植物在济南动物园的景观配植及饲料应用

The Landscape Planting and Feed Application of Bamboo, Prive, Alfalfa, Euonymus in Ji'nan Zoo

李 青 东 莹

摘 要：竹子、卫矛、女贞、苜蓿等植物不但在改善济南动物园环境质量方面发挥着重要作用，而且可以为动物提供大量的饲料，因此这些植物的配植及应用对于园区建设至关重要。笔者以这些植物为实例，分别从种植分布、动物饲料、景观配置等几个方面进行分析。在此基础上，提出在今后合理利用和保护这些植物资源的建议。

关键词：动物饲料；济南动物园；调查分析；植物配置应用

Abstract: Bamboo, Privet, Alfalfa and Euonymus not only play an important role in the quality of environment of Ji'nan Zoo, but also can be used as animal feed. So the plant arrangement and application is crutial for the construction of the zoo. In this article, we analyzed these plants in such aspects as planting distribution, animal feed and landscape configuration. And we gave advice about rartional use and protection of these plant resources in the future.

Key words: Animal Feed; Ji'nan Zoo; Analysis; Plant Arrangement and Application

随着社会的不断发展，动物园作为一个主题性公园，从保护动物的多样性和生态性来看，动物的不断繁殖将会产生越来越大的植物饲料的需求量，单纯靠购买动物饲料来满足动物需求不仅耗费大量人力物力，还存在较大资金压力，这就要求动物园在发展动物的同时，要尽可能种植具有景观观赏与动物食用兼顾的植物以满足需求。[1]但是目前针对食源性植物的景观与饲料两者兼顾的配植应用，调查研究尚少。近年来，济南动物园景观配置应用了大量可以做动物饲料的植物，为园区环境建设起到了积极的推进作用，本文通过对济南动物园有代表性的植物例如大熊猫喜食的竹子；金丝猴、黑叶猴、长臂猿等喜食的胶东卫矛、女贞；长颈鹿、河马、斑马等草食动物喜食的紫花苜蓿等进行实地调查，收集资料，在对其现状概况了解的基础上，分别从种植分布、动物饲料、观赏性状、空间构造等几个方面探讨分析这些植物资源的园林应用及配植。旨在为进一步合理利用和保护这些植物资源提供理论基础和实践依据。

1 研究区概况

济南动物园，地处济南市市区北部，东临济洛路，西、北濒小清河，南依济军总院、金牛社区，与药山、马鞍山遥遥相对。总面积52万 m^2，1995年被国家建设部命名为"全国十佳动物园"。济南动物园是我国大型动物园之一，经多年发展，现已成为集动物饲养、科研、保护、科普、游乐、餐饮于一体的综合性动物园，真正成为濒危动物科研保护的基地。完成多项重大科研课题，被评为山东省建设科技工作先进单位。园区占地广阔，具有优美的自然环境空间和丰富的动物种类。游人在参观动物的同时，可尽赏园林景色之美。近几年，园区陆续种植了大量种类繁多的植物饲料，这些观赏与食用兼备的植物不仅满足了动物的需求，还丰富了生态景观，形成了独具特色的动物园园林景观。

2 调查方法

2013年3月—2014年5月，在全面踏查比较的基础上，对济南动物园的竹子、胶东卫矛、大叶女贞、小叶女贞、苜蓿等植物的生长状况、采食量、修剪量、养护情况进行调查。对植物分布、植物配置应用状况、动物食用状况及其在景观中体现出来的生态、景观效果等进行初步分析。

3 结果与分析

3.1 种植分布

济南动物园现有竹林面积共计4.9万 m^2，其中竹圃面积约3.5万 m^2，熊猫馆、办公室、接待室等周边共计1.4万 m^2。主要品种有刚竹、淡竹，苗源为1975年由临清市引种500株竹苗，经多年驯化繁殖扩展至现有规模，不但解决了大、小熊猫饲料来源，还可提供大量的绿化用竹苗。为进一步丰富竹林品种，园区计划2014—2016年还将更新部分片区，引入甜竹、黄秆乌哺鸡竹、红哺鸡竹、乌哺鸡竹、篌竹等大熊猫喜食的竹子品种。

胶东卫矛、女贞是金丝猴、黑叶猴、长臂猿最喜食的

植物，胶东卫矛现有 28.5 万余株，主要分布在环山路两侧，向南分布至猿猴馆，向北顺环山路，一直延续至草食区长颈鹿馆处，除了可以满足动物的日常需求，在园内做绿篱、地被使用，长势极好。女贞树态优美，叶表面深绿色有光泽，白色小花芳香，是南北方常见的优良绿化树种，[2]园区现有 400 余株，主要分布在环山路两侧，南门片区、猩猩馆周围等地方。通常成片栽植或者与胶东卫矛、大叶黄杨、红叶石楠、珍珠梅等花灌木搭配栽植，展示了良好的观赏特性。作为动物园基础绿化树种之一，女贞不仅能净化园内空气，改善大气质量，还因为抗寒力强，终年常绿等优势，每年冬季到来时，为食叶动物提供了大量饲料来源。

紫花苜蓿为苜蓿属多年生豆科植物，产草量高，适口性好，营养价值列牧草之首，所以又称为"牧草之王"。作为草食动物最喜爱的饲料之一，在动物园被广泛种植。种植面积约 1.2 万 m²。主要分布在草食动物区沿工商河到饲料室（表1）。

竹子、胶东卫矛、女贞、紫花苜蓿分布表　　表1

名称	位置	数量
竹子	竹圃	3.5 万 m²
	熊猫馆周边	0.3 万 m²
	接待室周边	0.5 万 m²
	东门片区	0.3 万 m²
	工商河岸	0.3 万 m²
胶东卫矛	南门片区	18 万株
	小动物园北门	0.8 万株
	保卫科—铜牛广场	4.5 万株
	熊山片区	2 万株
	草食区	3.2 万株
女贞	南门周边	110 株
	绿化队周边	200 株
	金丝猴馆	60 株
	长颈鹿馆周边	40 株
紫花苜蓿	草食区	1.2 万 m²

3.2 景观配植分析

动物的生存除了舒适的动物展馆外，绿化周边环境也是重要的组成部分。植物与动物展区建筑相匹配，植物与动物习性相配套等，直接影响着动物园的景观效果，这就要求合理配植，充分发挥植物的景观效果。[3]

3.2.1 植物观赏特性分析

动物园已经不单纯是只为游客提供参观动物的场所，而是逐渐向景观化生态动物园发展，植物的配置应更加科学合理，可食性植物作为园区的重要造景素材，也是保持景观生态系统平衡的关键因素。但是，如果一味地强调可食性植物种植，则会造成很多资源浪费和景观败笔。

因此，要从分利用各种植物姿态、季相变化充分展示动物园的绿化景观效果，利用常绿树种和落叶树种来营造景观，丰富绿化景观层次，利用植物的季相变化展现别具特色的动态美、变化美。例如公园环山路周遍种植的女贞树林，采取片植、沿路列植和点植相结合的方式，以充分体现大范围景观的粗犷，并能透出局部景观的精致。形成层次丰富的背景林和绿地屏障，通过女贞与黄栌形成常绿与色叶植物的搭配，侧柏与卫矛、麦冬搭配种植，高低错落有致，层次丰富。草食区路边种植的大面积卫矛加上与行道树间种的红叶石楠球，形成了引导感强烈的景观道路。熊山南侧国槐与卫矛、麦冬搭配种植，形成具有纵向韵律和空间层次。

3.2.2 植物空间构建分析

在运用植物空间构建理论分析植物构成的空间类型与景观效果时，可将植物空间区分为：开敞空间、半开敞空间、封闭空间、覆盖空间、纵深空间和混合空间。[4]从目前动物园景观来看，具有广阔的地域和水陆关系的多种变化，各种空间类型几乎都有出现，但相对而言仍是开敞空间和半开敞林地空间最多。例如：由风景林形成的空间，大多是以侧柏为主的针叶林；也有一些针阔混交林，主要构成树种有女贞、侧柏、白皮松等。其他类型的空间数量极少。从植物群体来看，所配置的植物高度都十分接近，因此植物群落的林冠线近似于一条水平线，缺乏高低起伏的变化，降低了观赏价值。在植物空间构建中，应尽可能地利用地形地貌等外在环境条件，营造多种类型的空间。

3.2.3 主题配植

无论是笼养动物还是圈养、散养的各种展览动物，都客观地受到生活空间的限制。这就要求我们在种植设计中，要通过园林植物的合理配置，为动物创造出一个原产地的自然环境和生活空间，满足动物馆舍的观赏和采食需求。如猴山附近布置建成花果山，供猴子嬉戏；大熊猫展区周边种植竹子，营造熊猫故乡自然的竹林景观，烘托展示气氛；鸟馆充分利用原有绿化树种，造成鸟语花香的自然环境，食草动物展区的绿化应营造适合食草动物生活的环境，形成开阔的原生态自然景观，周边大量种植苜蓿，再配植一些易于对树干进行保护、防止动物啃食树木的常绿树种和小乔木，使食草动物展区给人以自然、野趣、怡人的草原风情景观，有效地发挥植物合理配置对改善动物生存环境的保障作用。

3.3 在动物饲料中的应用

动物园作为与其他公园性质不同的主题性专类园，在进行园林绿化植物配置时，必须协调好植物与动物的关系，不光考虑景观需要，还要依据动物的生态习性，满足它们的特殊需求。

以金丝猴为例，成年雄性川金丝猴的饲料供应量接近3kg，幼年为1kg左右，其中植物树叶占15—20％，年龄越小的阶段树叶的比例越低。但它们的实际摄入量要低一些，因动物在摄食过程中，有些较老的叶会被动物抛弃。因此，我们根据园区动物的生活习性、身体状况和所处的生理阶段、结合动物每日的饲养管理工作，建立了动物圈养条件下各种饲料的需求量（表2）。在满足日常需求量的基础上，做到动物食用量与景观需求的比例要保持恰当，以牛羊所用的放牧草地利用率为例，草地利用率＝

（应采食的牧草量÷牧草总产量）×100%。在符合利用率的情况下放牧时，草地既能维持家畜的正常生长发育和生产，又能保持牧草的正常生长发育。草地利用率的大小与草地类型、牧草生长时期、耐牧性、牧草品质、地形以及牲畜种类等因素有关。一般草地利用率为65%—70%。在动物园建设中，竹子、卫矛、女贞、紫花苜蓿等植物不仅负担着动物饲料的作用，还具有较高的观赏性，数量过多或者过少都易产生缺株断垄或者千篇一律等不良视觉效果。根据植物利用率＝（应采食的数量÷种植总产量）×100%来计算，按照养护经验及采食量分析，秋冬时植物利用率应为5%—10%，春夏时提高至10%—30%。按照这个比例进行种植规划，满足了景观与饲料双重需求，为保障动物生存起到积极的作用。[5]

植物饲料夏秋季采食量统计 表2

展馆名称	动物数量（参考值）	饲料名称	日采食量（参考值）
金丝猴馆	36只	女贞、卫矛	15kg
熊猫馆	2只	竹子	20kg
长颈鹿馆	3只	紫花苜蓿	30kg
其他草食动物		紫花苜蓿	70kg

4 结果与讨论

通过对济南动物园植物饲料种类及造景的调查分析，可以清楚地看到，一个景观系统的建立，植物的选择和配置是很重要的考虑因素。在系统建立和植物栽种配置时，要将系统的主要功能与植物的特性充分结合起来考虑。总体来看，园区植物配还存在一些问题，如引入的植物饲料种类偏少，没有形成丰富的植物群落结构；有的地方疏于养护，许多乔木、灌木和花草未经修剪或未精心配置栽植，绿化景观零乱；有的地方绿化的层次欠缺，高、低层植物较丰富，而中层植物较少，对植物景观和环保作用有一定程度的影响，这些都是需要改进的地方。

因此，在今后的公园建设中，会进一步考虑植物的实用性和生态效益，增加植物品种，在种植时合理地配置树种，使其植物种类多样，群落结构复杂，季相丰富等，尽量给植物提供可自由生长的空间；只有这样，才能充分发挥植物优势，更好地服务于动物，能形成独具特色的动物园生态景观。

参考文献

[1] 尹秀花. 浅析园林植物配置对改善动物生存环境的作用[J]. 科技情报开发与经济, 2009, 19(24), 184-185.

[2] 马克平, 刘灿然, 于顺利, 等. 北京东灵山地区植物群落多样性研究(Ⅲ)几种类型森林群落的种——多度关系研究[J]. 生态学报, 1997, 17(6): 573-583.

[3] 岳明. 秦岭及陕北黄土区辽东栎林群落物种多样性特征[J]. 西北植物学报, 1998, 18(1): 124-131.

[4] 陈汉斌. 山东植物志[M]. 青岛: 青岛出版社, 1992: 1173-1187.

[5] 毕帅奇, 毕俊怀, 黄英, 铁军. 神农架大龙潭投食点川金丝猴群春季日活动情况的初步观察. 内蒙古师范大学学报: 自然科学版, 2008, 37(4): 546-549.

作者简介

李青，女，1981年生，山东德州，工程师，硕士，研究方向为园林植物与观赏园艺。E-mail: liqing20011063@163.com。

东莹，女，1974年生，山东章丘，本科，工程师，研究方向为园林，E-mail: dyxy1974@163.com。

曼斯特德·伍德花园的园林特征及历史意义

Characteristics and Historical Significance of Munstead Wood Garden

李劭杰

摘 要：曼斯特德·伍德花园是工艺美术造园运动核心人物格特鲁德·杰基尔自己的私家花园，在工艺美术园林中极具代表性。首先，从花园的布局、建筑以及植物方面进行剖析，总结花园的特点，有助于管窥工艺美术园林的特征。其次，研究该花园对工艺美术造园运动产生的影响，有助于理解该花园的特殊历史意义以及在工艺美术造园史上的重要地位。不仅如此，其造园手法及植物配置也可为如今的花园设计提供一定的参考和借鉴。

关键词：曼斯特德·伍德花园；工艺美术园林；园林特征；历史意义

Abstract: Munstead Wood Garden, one of the representatives of Garden of arts and crafts, was the private garden of Gertrude Jekyll, who was the core character of Arts and crafts movement in garden-making. First, from the aspects of layout, architectures and plants, this paper summarizes the characteristics of the garden. It can help us have a restricted view to the characteristics of Garden of arts and crafts. Second, the study of the influence of the garden on Arts and crafts movement in garden-making can help us have a deep understanding of special historical significance and important role of the garden in the history of the movement. Moreover, the ploy of landscape planning and plant disposition of the garden offer references to the garden design nowadays.

Key words: Munstead Wood Garden; Garden of Arts and Crafts; Garden Characteristic; Historical Significance

作为19世纪至20世纪英国重要的园艺学家和园林设计师，格特鲁德·杰基尔（Gertrude Jekyll）既是观点独到的理论家，更是经验丰富的实践家。她特别喜欢研读拉斯金（John Ruskin）的著作，深受工艺美术运动思想的影响，并且将她的理论运用到她诸多的花园实践中，因此，她的作品也彰显了工艺美术造园的鲜明特征。

曼斯特德·伍德花园（Munstead Wood Garden）（图1）位于英国戈德尔明（Godalming），是工艺美术造园核心人物之一的格特鲁德·杰基尔自己的私家花园，也是她进行花境设计和庭园设计的实验场地。花园建造于1896年，占地面积约6hm²。由杰基尔和当时著名的建筑师埃德温·路特恩斯（Sir Edwin Lutyens）合作完成。

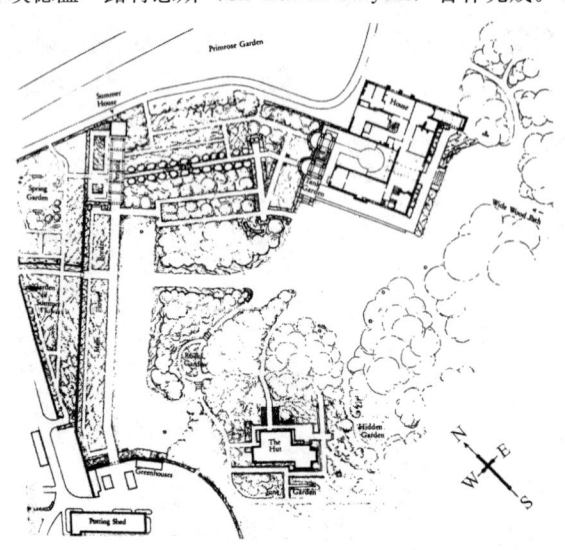

图1 曼斯特德·伍德花园平面

1 园林特征

曼斯特德·伍德花园由春园、夏园、灰园、主屋、小屋等组成，呈现了折中主义的园林设计模式。杰基尔在设计中遵循师承自然、自然材料、讲究整体、反对虚假装饰等原则，使花园充分展现了工艺美术园林的两大主要特征：艺术的自然和诚实的设计。建造过程中注重乡土材料的运用，融入了浪漫主义绘画般的花境设计，实现了花园、自然和建筑三者完美的融合。

1.1 形式与布局

花园摆脱了巴洛克的规则对称，将规则式和自然式园林相结合，形成了特殊的、不同于古典园林的设计风格。这种以规则式为结构、以自然植物为内容的风格，从实践上化解了园艺师和建筑师之间关于自然式与规则式园林的争论。

全园以南北两座主体建筑为依托，以直线元素的路网为基本骨架，融入植物花卉的主题构思，规则的建筑线条同自然的植物线条和谐地结合在一起，促成了建筑与园林的整体性。花园的东北部和西北部以规则式布局为主，南部以自然式为主，规则式和自然式之间的过渡和谐自然。除了南部的灰园（Grey Garden）（图2）、迷园（Hidden Garden）少数几个园子的形态是自然式之外，分布在北部的小花园在形态上都是规则几何形为主，其中以主花境（Main Flower Border）、夏园（Summer Garden）以及春园（Spring Garden）为典型代表。小花园内部则体现了规则式和自然式的包含关系。杰基尔将各个小花园用墙体和绿篱植物分隔成多个大小不一的展示空间，在各个相对闭合的空间中布置多姿多彩的花卉植物。植物整体上采用自然种植的方式，富于变化，没有严谨的几何形态束缚。譬如在花园的北部有一个水池花园（Tank Garden）。水池花园中有一个用台阶式铺装围合的方形水池，杰基尔通过种植苍翠繁茂的蕨类植物和美人蕉百合弱化了水池的规整形态。

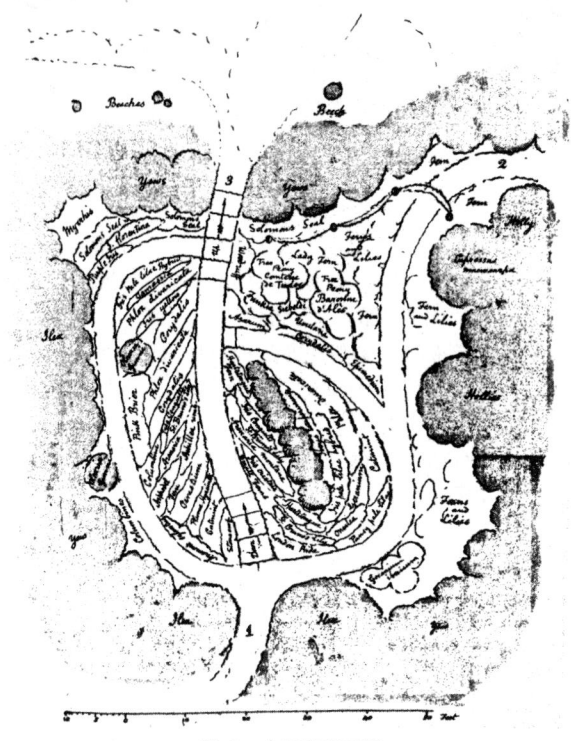

图 2　灰园平面图

1.2　建筑

作为花园中的主体建筑之一，曼斯特德·伍德主屋的平面呈倒 U 型，主入口在东面。建筑大量采用了乡土材料和传统工艺，用料和道路的铺装选用当地产的砂岩和片岩。橡木的木构架构成了房屋主要的内部结构。柱子、横梁、支架甚至是门框、窗框、台阶以及部分地板，原材料用的都是基地周边上好的英国橡树。房屋的建造是由乡村老工匠师傅使用当地传统的工具，结合精湛的技艺一板一斧手工建造而成。杰基尔认为这样才不辜负自然的馈赠，才能保证建造的质量（图3）。

在《小型乡村别墅花园》（*Garden for Small Country Houses*，1912）一书中，杰基尔和她的合著者劳伦斯·韦弗阐述了花园和房子的正确关系："它们的连接关系必须是紧密的，它们之间的通道不仅是要便捷的还要是友好的。"杰基尔设计的花园看起来更像是建筑的一部分。庭院和房子一样，用的是当地同种石材，形成整体上的协调，并且用低的黄杨树篱镶边，限定出庭院的空间。对建筑周边的植物设计，杰基尔从来都不是采用遮挡的手法去模糊建筑的边角，而是去衬托建筑，提升建筑的形式美。她通过人为控制攀援植物的生长，让建筑的细节能够充分显现。甚至在局部的考量上，杰基尔也是煞费苦心，石墙上、花架旁、台阶的缝隙、小路的边缘的种植都强调与建筑的互相烘托，譬如会用鸢尾叶子的竖向线条强调水渠细长的感觉等。

图 3　曼斯特德·伍德花园主屋

1.3　植物

1.3.1　种植形式

杰基尔曾将她采用的经典种植形式称之为"漂浮物"，这种形式元素在她的花境设计中广泛运用，成为其标志性的设计语言。它是一种长条形、薄的、富于流动感的种植条块。条状的植物组块沿着长长的花境交错着排布，犹如在长长的溪流中漂浮。杰基尔的这种植方式，打破了成行成列的种植方式，使植物之间呈现自然生长的状态，模糊了植物丛间的边界。它可以最大限度地展现植物开花时的状态，而在花期过后凸显其他植物，使得不同植物之间可以更好地搭配、互相映衬。另一方面，植物的条块像画家笔触一样不断重复，在整体形态上达到了统一协调。不仅在花镜设计中，甚至是在林地的植物配置中，杰基尔同样采用了这种设计形式配植互相交叠的冬青、橡树等乔灌木的植物组团（图4）。

图 4　自然生长，模糊边界

1.3.2 色彩搭配

"协调与对比"是杰基尔植物配置颜色规划理论的核心。具体表现在色彩序列的组织、灰色调的运用和光影的变化这3个层面。

受浪漫主义绘画的强烈影响，杰基尔植物配置的整体效果呈现出中间明亮向两头逐渐暗淡的色彩序列布置特点。这种布局方式能够加强各色系间的对比和衬托。她设计的花镜色彩缤纷，常常使用暖色引导出主色调的冷色，或者相反用冷色引导出主色调的暖色。比如她在庭园中用了大量的植物材料设计了一条长约54.9m，宽约3.7m的耐寒主花镜，以白色花和苍白色的叶子开始，逐渐过渡到绿色的叶子及黄色和红色的花然后再向白色火毒，颜色变化宛如彩虹（图5）。

图5 主花镜

杰基尔的花卉布置中，对灰色调的运用，可以从曼斯特德·伍德花园中的灰园（Grey Garden）中体现。这里种植的植物的叶子大多是灰色的，周围的地被和花境中植物的叶子也是灰色叶或发白色花朵则是白色、丁香粉色、紫色、粉红色的，展示了植物色彩的微妙。

杰基尔通过控制花园各个空间中的光线条件，来寻求人经过时在亮度感知上的变化，从而渲染花园的色彩感。在曼斯特德·伍德花园中，从住宅前往主花境之间，杰基尔巧妙地设计了一段林荫小步道和藤架。当经过荫凉的绿色通廊，转过藤架，完全暴露在阳光之下的草本花境就呈现于眼前，花卉的色彩会显得极其绚烂和鲜亮。有如场地空间处理中"欲扬先抑"的设计手法，杰基尔采用了"欲亮先暗"的方法调整户外场地的光线条件，达到突出植物的色彩感知效果。另外，由于树林能够产生变幻多姿的光线条件，杰基尔极力推崇在树林中开辟花园。在树林浓重阴影的衬托下，杜鹃（Rhododendron simsii）、毛地黄（Digitalis purpurea）、百合等花卉组团的色彩会显得格外亮丽。同时，随着一天中树木阴影的变换，也会对花卉色彩强度的感知产生影响（图6）。

1.3.3 品种配置

杰基尔喜欢在庭园中大量运用植物材料，仿佛在用植物作画，用画笔勾勒出植物群丛形态。在选择植物时她严格坚持自己的种植原则——"只选种能在花园的自然条件下茁壮成长的植物"。在植物搭配过程中，一方面根

图6 光影的运用

据不同植物间的生长习性营造适合的生长环境，另一方面强调对植物的构图与塑形。在局部的植物配置中，重视植株形态和叶面肌理的对比变化。如用剑兰尖尖的叶子强调丝石竹云雾状的柔和。通过植株形态的对比、色泽的起伏流动，曼斯特德·伍德花园在各个季节均呈现出非常和谐、愉悦的图景。

在曼斯特德·伍德花园的松林地里，杰基尔建立了一个林地花园。她用大量的杜鹃装饰林间小路，在白桦（Betula pendula）、栗树（Quercus petraea）、橡树（Quercus robur）林隙中种植蕨类，百合和堇菜属（Vola）植物。为了提亮林下的颜色，把白色的杜鹃种在密林中，将浅橙色和粉色的杜鹃种在疏林下。沿河种植大量的水仙，古老的驭马路沿途种植了低矮的欧石楠（Cedrus deodara）。林缘则采用灌木和百合、翠菊、蕨类（图7）。

图7 林地花园

为了花卉的引种栽培和育种实验，杰基尔在花园中预留了一个苗圃。她从世界各地收集野生植物，引种到自己的苗圃，并且从中选择抗性强的植物进行培育，如以她名字命名的玫瑰（Gertrude Jekyll Rose），就是用英国玫瑰（Rose arvensis）和大马士革玫瑰（Rose damascene）杂交得到的。

2 结语

随着岁月变迁，杰基尔设计的花园如今大多已不复存在，因此曼斯特德·伍德花园作为为数不多仅存下来的瑰宝更显得难能可贵。一方面，曼斯特德·伍德花园调和了艺术和自然间的矛盾，开创了新的风格形式，成为当

时园林设计的时尚，尤其是对私家庭园产生了持久的影响，推动了工艺美术造园运动向前发展，可以看作是西方现代园林设计探索的开始。另一方面，杰基尔在花园中运用的花镜色彩搭配和品种配置方法仍然值得现今的园林工作者学习和借鉴。因此，曼斯特德·伍德花园无愧于一座在花园设计史和上具有里程碑式意义的庭园。

参考文献

[1] 张健健. 19世纪英国园林艺术流变. 北京林业大学学报（社会科学版），2011，2：32-36.

[2] 高亦珂. 格特鲁德·杰基尔的作品与著作. 风景园林，2008，6：98-100.

[3] 尹豪. 身为艺术家的园丁——工艺美术造园的核心人物格特鲁德·杰基尔. 中国园林，2008，3：72-76.

[4] 尹豪. 光色变幻——杰基尔造园的浪漫主义绘画特征. 中国园林，2010，12：68-71.

[5] 段拥军，阿牛阿且. 工艺美术运动中的风景园林. 井冈山医专学报，2009，05：60-61.

[6] 张健健. 艺术的自然·诚实的设计——工艺美术运动对西方园林艺术的影响[J]. 农业科技与信息（现代园林），2010，7：15-18.

[7] 沈琛，尹豪. 杰基尔花境设计中的空间与构件. 广东农业科学，2012，22：61-64.

[8] Jekyll G. Colour Schemes for the Flower Garden. London：Frances Lincoln，2001. 21-23；120-139.

[9] Bisgrove R. The Gardens of Gertrude Jekyll. London：Frances Lincoln，1992. 26.

[10] Elizabeth Barlow Rogers. Landscape Design：A Cultural and Architectural History. New York：Harry N. Abrams, Inc，2001：380-383.

作者简介

李劭杰，1989年11月生，男，汉，同济大学在读硕士研究生，研究方向为景观规划设计，Email：962172656@qq.com。

藤蔓植物在成都市的应用

The Application of Vines in Chengdu

刘慧琳 贾 勇 刘晓莉 朱章顺

摘 要：根据成都市藤蔓植物种类及应用情况的调查，对成都市绿化应用中表现良好及未来有应用价值的一些藤蔓植物进行了介绍，同时展示部分植物在城市绿化中的应用实例和效果，并对藤蔓植物在本市立体绿化上的应用形式和方法做了一些探讨。

关键词：成都市；藤蔓植物；应用

Abstract: According to the investigation of the vines application in Chengdu, know the application of the vines in chengdu, this article focuses on some vines which are well applied to Chengdu green or having application value in the future. Each vine is distributed by its biological and ornamental characteristics, it shows the application examples and effects of some vines in city greening. And it discusses on application form and method of the vines in the tri-dimensional greenness in Chengdu.

Key words: Chengdu; Vines; Application

现代城市高楼林立，高架路、立交桥纵横交错，城市绿地面积难以扩展，靠地面绿化已不能满足人们对城市绿化的需求，这使得立体绿化成为城市绿化的重要形式之一。藤蔓植物作为立体绿化植物材料中的一个重要组成部分，依靠自身的攀援能力或悬垂特性在墙面绿化、立柱绿化、花架棚架绿化、栅栏绿化等方面有着独特的优势。藤蔓植物并不是准确的生物学分类，而是在园林绿化应用中，根据植物的生长形态和园林应用形式做的划分。本文根据调查成都市藤蔓植物的种类，了解成都市藤蔓植物的应用情况，着重对成都市绿化应用中表现良好及未来有应用价值的一些藤蔓植物，按照其生物学特征及观赏特性进行分类介绍，同时展示部分这些植物在成都市的应用实例和效果，并对藤蔓植物在本市立体绿化上的应用形式和方法做了一些探讨。

1 藤蔓植物种类调查

本文将茎部细长，不能直立，只能依附在其他物体（如树、墙等）、匍匐于地面或悬垂生长的一类藤本植物及具蔓生性的灌木，皆划为藤蔓植物之中。调查藤蔓植物种类共79种，其中缠绕类32种、卷攀类17种、吸附类10种、棘刺类5种、匍匐类7种、藤状灌木8种。

1.1 缠绕类

茎细长，主枝或徒长枝幼时螺旋状卷旋缠绕他物而向上伸展。缠绕类植物的攀援能力一般较强，能缠绕较粗壮的柱状物体而上升，不少种类能达到20m以上的高度，是棚架、柱状体、高篱及山坡、崖壁的优良绿化材料。

主要种类有：常春油麻藤、白花油麻藤、买麻藤、木通、马兜铃、猕猴桃属、海金沙、香花崖豆藤、紫藤、鱼藤、苦皮藤、使君子、素馨花、络石、香花藤、帘子藤、夜来香、大花藤、蓝叶藤、龙吐珠、何首乌、牵牛、金鱼花、威灵仙、茑萝松、千金藤、忍冬、飘香藤、山牵牛、地不容、落葵薯、大百部。

1.2 卷攀类

茎不旋转缠绕，以枝、叶变态形成的卷须或叶柄、花序轴等卷曲攀缠他物而直立或向上生长。卷攀类植物一般只能缠绕较细的柱状体。

主要种类有：楠藤、炮仗花、连理藤、绣球藤、龙须藤、扁担藤、油渣果、鸡心藤、西番莲、珊瑚藤、倒地铃、锦屏藤、蒜香藤、葫芦、葡萄、铁线莲、首冠藤。

1.3 吸附类

借茎卷须末端膨大形成吸盘或气生根吸附于他物表面或穿入内部而附着向上，某些种类能牢固吸附于光滑物体如玻璃、瓷砖表面生长。吸附类植物是墙壁、屋面、石崖、堡坎及粗大树干表面绿化的理想材料。

主要种类有：地锦、五叶地锦、崖爬藤、薜荔、冠盖藤、钻地风、常春藤、扶芳藤、凌霄、绿萝。

1.4 棘刺类

茎或叶具刺状物，借以攀附他物上升或直立。棘刺类植物的攀援能力较弱，生长初期加以人工牵引或捆绑，辅助其向上到位生长。有枝刺型、皮刺型行角质细刺型。

主要种类有：叶子花（三角梅）、钩藤、藤本月季、野蔷薇、木香花。

1.5 匍匐类

不具有攀援植物的缠绕能力或攀援结构，茎有时虽细长或柔弱，但缺乏向上攀升的能力，通常只匍匐平卧地面或向下垂吊。匍匐类植物是地被、坡地绿化及盆栽悬吊应用的优良选材。

主要种类有：地果、蔓长春花、地苓、旱金莲、活血丹、蓝花丹、炮仗竹。

1.6 藤状灌木类

茎长而较细软，但既不缠绕，也无其他攀援结构，初直立，但能借本身的分枝或叶柄依靠他物的衬托而上升很高。藤状灌木类植物的茎柔弱，多披散、下垂，攀援能力极弱，需人工牵引或绑缚才能辅助其向上生长。

主要种类有：紫蝉、紫云藤、红萼苘麻、棣棠花、迎春花、软枝黄蝉、夜香、金丝桃。

2 部分藤蔓植物应用

2.1 立交桥、高架桥绿化

2.1.1 应用实例

地锦绿化桥墩是立交桥绿化中较为常见的应用方式，覆盖速度快，绿化效果也比较好。地锦沿桥墩向上攀爬，交织于桥面底部，蔓延到桥沿，然后有的继续向上攀爬，有的则悬垂生长，微风吹拂，随风荡漾；当悬垂枝条生长达密集，春季下垂嫩梢由深绿渐浅转至红色，似瀑布、似水帘（图1）。

图1 立交桥绿化效果

2.1.2 应用拓展

（1）丰富植物种类

在现有立交桥桥墩的绿化中，普遍采用的是地锦，少量使用有五叶地锦和薜荔，植物种类上还是比较少。其实可根据辅助物的应用、桥墩的采光等选择更多不同种类的植物。常春藤、扶芳藤等在墙面上的应用效果很好，其常绿，攀爬能力也强，可作为桥墩绿化的基础植物；在有先锋植物情况下，较荫蔽的桥墩可选用络石、何首乌、威灵仙、千金藤等较细弱、耐阴且常绿的攀援种类，光照条件较好的则可选择凌霄、铁线莲等可观花的种类；若有辅助物，则选择范围更广。

（2）种植配搭

对于采光弱的桥墩，主要考虑硬覆盖的效果，以地锦为先锋植物，主要考虑搭配一些常绿、耐阴且郁闭度较高的种类，如薜荔、常春藤、扶芳藤、千金藤等。

对于光照条件较好的桥墩，在达到硬覆盖效果的基础上，还可以使用一些观花藤蔓植物搭配，使其更富于色彩变化，凌霄、忍冬、铁线莲等都是很好的选择。以地锦＋薜荔＋凌霄为例，地锦作为立交桥绿化的先锋植物，生长速度快，可迅速覆盖水泥桥墩，达到绿化效果，秋冬季叶色变红，冬季落叶；而薜荔生长速度稍慢，但郁闭度极高，且四季常绿；凌霄小枝向外伸展，显得蓬松，使桥墩线条更为柔和，夏季开花又可增添色彩。

2.2 墙体绿化

2.2.1 应用实例

对于攀爬能力极强的地锦来说，任何墙面都不能阻止它生长，仿如古老的城堡的满墙地锦，不仅能极大地增加城市绿量，在夏季还能有极好的防暑降温作用（图2）。秋季地锦红叶，热烈的红色没有秋季的萧瑟，反而有几分夏日烈烈的风情（图3）。

图2 地锦的墙体绿化效果

图3 地锦秋色

纤细柔弱的藤蔓如蔓长春花、活血丹，利用其悬垂的特性作墙面绿化，有风的时候还可随风起舞，别有一番韵味。

2.2.2 应用拓展

（1）丰富植物种类

对于大型的外墙，在没有辅助物时，地锦、凌霄、薜荔、常春藤的应用效果都是极好的，在光线好的墙面，地锦红叶时色彩更为鲜艳，凌霄则观花效果更好。

对于家庭院墙，如果增加辅助物，则根据光照选择自己喜欢的藤蔓植物即可。蔷薇、使君子、素馨花、蓝花丹、香花藤、蒜香藤、飘香藤、珊瑚藤等都是理想的好材料。

一般的家庭阳台，则最好选择比较小型、枝叶观赏效果都好的藤蔓植物，使阳台空间不至感觉太沉重，而且更容易按照自己的喜好造型，甚至可以利用辅助物做不同的造型和图案，如绿萝、忍冬、铁线莲、马兜铃、倒地铃、茑萝松等。

（2）种植形式多样化

较高或者较光滑的外墙体，且没有采用辅助物的，主要通过植物自身的攀援能力向上生长，通常吸附类的藤蔓植物效果比较好。楼层不是太高的外墙，用蔓长春、活血丹等匍匐类藤蔓植物的悬垂特性也可达到较好的效果。

较矮的墙体可通过悬挂花盆、在墙上开种植槽让藤蔓植物悬垂生长，或者在墙面设置辅助物让藤蔓植物贴墙攀援生长。

（3）选择辅助物

对于具缠绕或卷攀能力的藤蔓植物如茑萝松、忍冬、铁线莲等，可根据墙面材料、风格等，选择不同材质的辅助物，或用辅助物做成不同的风格样式，例如可用木条、竹片等交叉固定成斜格子栅栏形式，也可用丝网、线、钉等固定于墙面作牵引，让植物自然攀爬。

对于不能依靠自身攀援墙壁的藤蔓植物，主要是具蔓性的灌木，需要人为将植物枝干固定于墙上，并以此来营造我们想要的风格。如在较矮的墙面，可用钉子之类的辅助物将玫瑰主枝固定于墙上，让玫瑰贴墙生长，再在墙根放几个陶罐，即可营造玫瑰庄园的意境。

匍匐状的藤蔓植物种植时选择适合的悬挂花盆即可，现在市场上各种材质和样式的悬挂花盆多不胜数，可任君选择。

2.3 廊架绿化

2.3.1 应用实例

叶子花花色丰富、色彩艳丽，易养护，简易的棚架也能打造出赏心悦目的景致（图4）。

木香花打造的游憩长廊，简洁明快，清新秀丽，花开时馨香四溢，而且遮阴效果极好。春季赏花、夏季乘凉，是居民休闲的好去处（图5）。

以藤本月季造景的小型拱门，弥漫幸福的味道，是情侣们拍婚纱上佳之地。游玩的时候，每每遇到这样的造景拱门，也都会忍不住拍照留念（图6）。

紫藤是应用广泛和造景效果极佳的一种藤蔓植物，已被大家所熟知。紫藤营造的大型廊架，以紫色配合淡粉

图4　叶子花（三角梅）的简易花架

图5　木香花营造的游憩长廊效果图

图6　藤本月季和木香花混植的拱形廊架效果

色的花帘，给人以朦胧迷离，浪漫、梦幻之感。

2.3.2 应用拓展

（1）植物选择

以植物为主体的休憩长廊，一般选择枝叶密实、遮阴效果好的大型藤蔓植物。白花油麻藤花序下垂，花开累累；扁担藤枝叶繁茂，扁平的茎秆极有特色，都是廊架绿化的好选择。另外，香花崖豆藤、鱼藤、香花藤、飘香藤、炮仗花、珊瑚藤、首冠藤等也都是很好的材料。

若廊架的硬建筑具有艺术观赏效果，则可搭配枝叶较为稀疏、感觉不要太厚重的藤蔓植物，如使君子、素馨花、山牵牛等，或者种植的时候株距扩大，并注意修剪

维护。

具有很好的环境条件调控能力的场地，则可选择一些具有特色，且成都地区室外难完成生长周期的植物，如锦屏藤、金鱼花等。锦屏藤暗红色的气生根是它的最大特色，也是观赏的重点，为显现出其气生根悬垂如屏如帘的特色，配置锦屏藤的廊架前后宜较空旷，或背景色与植物色差鲜明，以便更好地观赏到气生根；金鱼花花冠初红色，渐变淡黄色至白色，其偏向一侧的二歧蝎尾状聚伞花序很具特点。

（2）植物配搭

廊架的藤蔓植物配搭一般是为了丰富色彩或延长观赏花期。配搭种植的植物除花色或花期不同外，其叶片外观应该相近，这样整体外观才不会显得杂乱。

2.4 围栏、围网绿化

2.4.1 应用实例

做道路花篱的植物一般用蔓性灌木类植物，这类植物基部木质，自身具有一定向上生长能力，需要修剪维护来营造较为齐整的外观效果。将植株主干用围栏固定，小枝披散，使花篱规则又不失活泼，如藤本月季（图7）；也可以完全让植物完全自然披散状生长，如金丝桃，只需每年修剪一次就可得到如图效果（图8）；还可以用植物自身的枝条编织成围篱，如叶子花。

图 7 藤本月季打造的道路花篱

图 8 金丝桃在行道边的效果

藤本月季在小区、公共设施等护栏上应用的效果都非常好，柔化了建筑材质的冷硬感，让围栏活泼、生动、靓丽起来（图9、图10）。

图 9 藤本月季形成的围墙花篱

图 10 藤本月季在小区铁围栏上的应用效果

2.4.2 应用拓展

（1）植物选择

室外坚硬、牢固的围栏可选择花开艳丽的藤状灌木或较大型的藤本植物，如叶子花、藤本月季、软枝黄蝉、炮仗花等；或枝叶繁茂的常绿藤本，如西番莲、连理藤、飘香藤、大花藤、千金藤、鱼藤等。

家庭阳台则一般选择较细弱的藤蔓植物，如铁线莲、忍冬、牵牛、蓝花丹、茑萝松、马兜铃、倒地铃等。

另外，要根据环境选择搭配植物，才能得到更好的景观效应。例如农家乐的围篱，可用木桩头做围栏，选择牵牛自然缠绕其上，给人以田园质朴之感，极具自然野趣，让人们更能感受乡村的闲适，更有亲近大自然的感觉。

（2）辅助物

这里主要指为配合种植藤蔓植物而添设的辅助植物向上功能生长的物体。

一种是主要依托于面的辅助围蓠。一般是较为密实硬质材料，如竹篱、木桩、较粗的围网等。主要用于划分区域，隔离等作用，可支撑较大型藤蔓植物生长。

一种是以空间牵连的辅助围网。一般较为稀疏的纤细材料，如细钢丝、鱼线等。这种围网不会阻挡视线，适用于比较小的空间牵引植物生长，如家庭阳台，这种围网一般是牵引比较纤细枝条的植物，如铁线莲、忍冬、牵牛、茑萝松等。

3 结语

藤蔓植物有着久远的应用历史，在现代城市绿化中的应用越来越广泛，不仅在城市园林中反响良好，还进入千家万户，形成了丰富多样的应用形式。如何在现有基础上继承和发展创新，是对我们园林工作者提出的新要求。引入更多新的藤蔓植物种类，尝试新的绿化方式，丰富城市绿化的空间结构层次和立体景观艺术效果，进一步拓展绿化空间，营造和改善城市生态环境，为城市生态文明建设做出应有的贡献，需要我们坚持不懈的努力。

参考文献

[1] 熊济华，唐岱. 藤蔓花卉：攀援匍匐垂吊观赏植物. 北京：中国林业出版社，2000.

[2] 颜立红. 中华地区——藤本植物研究. 长沙：湖南科学技术出版社，2009.

作者简介

刘慧琳，1982年3月生，女，四川资阳，本科，成都市园林科学研究所，工程师，研究方向为园林植物引种、鉴定及应用，Email：402042408@qq.com。

贾勇，1964年6月生，男，山西万荣，大专，成都市园林科学研究所，高级工程师，研究方向为园林管理。

刘晓莉，1972年6月生，女，四川北川，硕士研究生，成都市园林科学研究所高级工程师，研究方向为园林植物保护及病虫害。

朱章顺，1966年11月生，男，四川蓬溪，本科，成都市园林科学研究所高级工程师，研究方向为园林植物引种、鉴定及应用。

9 种宿根花卉抗寒性初步研究

Preliminary Study on Cold Resistance of 9 Species of Perennial Flowers

马婷婷 张惠梓 姚洪涛

摘 要：通过测定 9 种宿根花卉在低温胁迫下相对电导率、可溶性糖、游离脯氨酸及 POD 酶活性等 4 项指标的变化，分析评价其抗寒性情况，为 9 种宿根花卉在济南市的引种、驯化、栽培及推广提供依据。

关键词：抗寒性；宿根花卉；综合分析

Abstract: The changes of four indexes were measured in 9 species of perennial flowers, relative conductivity under low temperature stress, free proline and soluble sugar and POD activity, analysis and evaluation of its cold resistance, to provide the basis for the introduction, 9 species of perennial flowers in Ji'nan City, domestication, cultivation and promotion.

Key words: Cold Hardiness; Perennial Flowers; Comprehensive Analysis

近年来，宿根花卉的在城市园林绿化美化中的应用越来越受到重视，济南市多年来也在积极地挖掘其应用潜能。济南市属于暖温带半湿润大陆性季风气候，四季分明，冬季极端最低气温－19.7℃、平均最低气温－13.2℃。对于很多优秀的宿根花卉品种而言，能否在济南安全越冬，影响到其能不能在济南推广使用。

研究低温胁迫对宿根花卉的影响、掌握宿根花卉的抗寒性情况，不仅是一项理论研究，而且对于宿根花卉在济南市的推广应用有着重要意义。笔者通过初步观察，选择了在济南地区可以越冬，且观赏效果较好的 9 种新优宿根花卉，分别是'丹尼的垫子'针叶福禄考（*Phlox subulata* 'MacDaniel's Cushion'），'蓝花'无毛紫露草（*Tradescantia virginiana* 'J. C. Weguolin'），匍匐筋骨草（*Ajuga reptans*），'夏日浆果'千叶蓍（*Achillea millefolium* 'Summer Berries'），'回复'萱草（*Hemerocallis middendorffii* 'Pardon Me'），'长春黄'鸢尾（*Iris tectorum* Maxim.），'西马仑'德国鸢尾（*Iris germanica*. 'cimmaron strip'），'草原之夜'美国薄荷（*Monarda didyma* 'prarienacht'），'橙红'宿根福禄考（*Phlox carolina* 'orange'），进行抗寒性研究。希望通过初步探索分析其抗寒性生理生化指标，对 9 种宿根花卉今后的推广应用、栽培和养护管理起到指导作用。

1 试验材料

选择生长健康的宿根花卉根部进行采样，分别用自来水、蒸馏水冲洗，用吸水纸吸干水分，再分别装入密封的自封袋。将分装好的材料置于 YT－10C 型恒温循环器中，试验设 4 个温度梯度，分别为：－4℃（对照）、－10℃、－16℃、－22℃，处理 24h 后将材料取出放入冰箱（4℃）解冻 12h，备用。每个处理设 3 个重复。

2 实验方法

对实验材料进行 4 个指标的试验：电导法测定细胞膜透性（电解质外渗率），蒽酮乙酸乙酯法测可溶性糖含量，酸性茚三酮法测游离脯氨酸含量测定，愈创木酚法测 POD 活性。最后用模糊数学隶属度公式对试验原始数据进行定量转换，隶属函数值的计算参考杨金红的方法进行。

3 结果与分析

3.1 细胞膜透性试验结果及分析

3.1.1 实验结果

从图 1 可以看出 9 种宿根花卉相对电导率随温度的降低表现出逐渐升高的趋势，总体变化较为规律。

低温处理时 9 种宿根花卉相对电导率的多重比较　　表1

编号	品种	平均值（%）	LSD 差异显著性标注
1	匍匐筋骨草	72.04767	A
2	'回复'萱草	71.77971	A
3	'西马仑'德国鸢尾	65.51804	AB
4	'长春黄'鸢尾	62.84493	BC
5	'夏日浆果'千叶蓍	54.86526	DE
6	'蓝花'无毛紫露草	50.43535	DEF
7	'草原之夜'美国薄荷	48.22657	FG
8	'橙红'宿根福禄考	46.01331	FG
9	'丹尼的垫子'针叶福禄考	43.54497	G

对 9 种宿根花卉的相对电导率进行多重比较，匍匐筋骨草的平均值最高，与'回复'萱草之间差异不显著，与其他宿根花卉品种间之间差异显著；'夏日浆果'千叶蓍与'蓝花'无毛紫露草之间差异不显著；'草原之夜'美国薄荷与'橙红'宿根福禄考之间差异不显著。

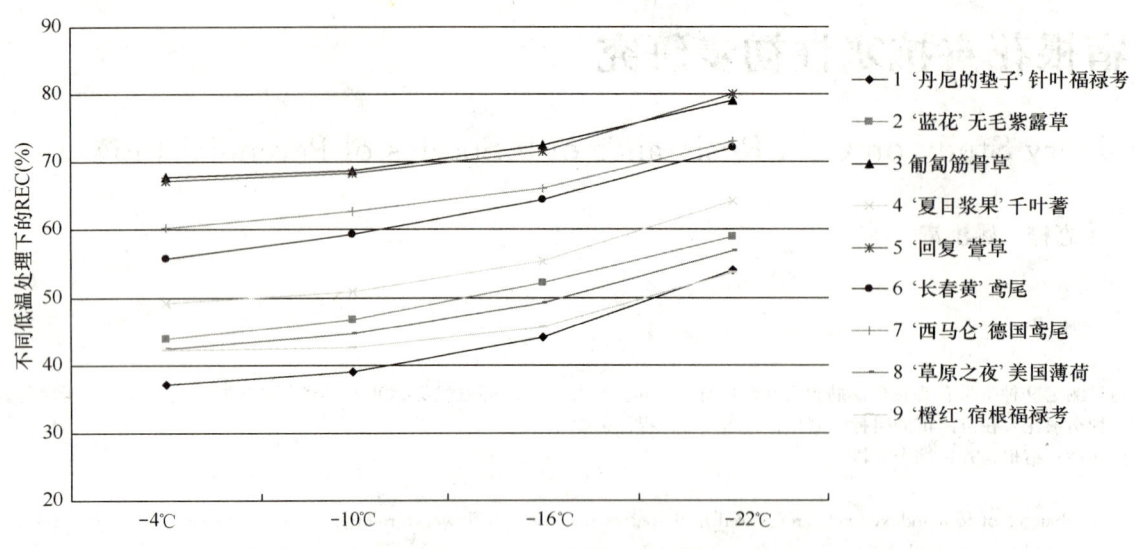

图 1 不同低温处理对 9 种宿根花卉相对电导率（REC）的影响

3.1.2 半致死温度 LT50

半致死温度（LT_{50}）可作为植物抗寒性的重要指标之一，配合 Logistic 方程求出"S"形曲线的拐点温度，能较准确地估计出植物组织的半致死温度。其拟合方程为 $y=k/(1+ae^{-bx})$（k，a，b 为常数），在数学上，拐点即 $(d^2y/dx^2)=0$ 时的 x 值，即为半致死温度（LT_{50}），在本次方程回归分析时 k 为 100%。

9 种宿根花卉电导率的 Logistic 方程参数及半致死温度 LT50　　表 2

序号	品种	Logistic 方程	LT50(℃)	R2
1	'丹尼的垫子'针叶福禄考	y=100/(1+43.03e−0.1343x)	−27.56	0.94933843
2	'橙红'宿根福禄考	y=100/(1+43.74e−0.1244x)	−27.09	0.92744604
3	'草原之夜'美国薄荷	y=100/(1+43.41e−0.1218x)	−26.59	0.94914357
4	'蓝花'无毛紫露草	y=100/(1+41.47e−0.1634x)	−26.14	0.95167829
5	'夏日浆果'千叶蓍	y=100/(1+39.97e−0.2229x)	−25.51	0.9209089
6	'长春黄'鸢尾	y=100/(1+36.21e−0.1333x)	−23.19	0.95714915
7	'西马仑'德国鸢尾	y=100/(1+46.83e−0.1806x)	−22.02	0.94505618
8	'回复'萱草	y=100/(1+37.35e−0.1883x)	−21.55	0.95832352
9	匍匐筋骨草	y=100/(1+45.84e−0.1750x)	−21.44	0.95382569

不同花卉品种经低温处理后，R^2 均较高，表明方程具有较好的拟合度。经 Logistic 方程拟合后求出的拐点温度可以看出，不同品种的半致死温度不同。

从半致死温度结果来看，抗寒性强弱顺序为：'丹尼的垫子'针叶福禄考＞'橙红'宿根福禄考＞'草原之夜'美国薄荷＞'蓝花'无毛紫露草＞'夏日浆果'千叶蓍＞'长春黄'鸢尾＞'西马仑'德国鸢尾＞'回复'萱草＞匍匐筋骨草。

3.2 可溶性糖含量试验结果及分析

随着温度的不断降低，大部分宿根花卉可溶性糖含量逐渐增加，'西马仑'德国鸢尾、'回复'萱草和匍匐筋骨草可溶性糖含量在−16℃时达到最大值，随后可溶性糖含量开始下降，说明此时植物根部已出现胁迫。其余试验品种随着温度不断降低可溶性糖含量逐渐增加，在−22℃时达到最大值。

低温处理时 9 种宿根花卉间可溶性糖含量的多重比较　　表 3

编号	品种	平均值(mg/gFW)	LSD 差异显著性标注
1	'丹尼的垫子'针叶福禄考	35.36508503	A
2	'橙红'宿根福禄考	34.95947593	AB
3	'草原之夜'美国薄荷	31.87417614	ABC
4	'夏日浆果'千叶蓍	31.32880539	ABCD
5	'蓝花'无毛紫露草	31.3133184	ABCD
6	'长春黄'鸢尾	30.01400341	BCD
7	'西马仑'德国鸢尾	28.77038848	CDE
8	'回复'萱草	26.51483051	DE
9	匍匐筋骨草	23.69421713	E

从可溶性糖含量分析，试验品种的抗寒性顺序为：'丹尼的垫子'针叶福禄考＞'橙红'宿根福禄考＞'草原之夜'美国薄荷＞'夏日浆果'千叶蓍＞'蓝花'无毛紫露草＞'长春黄'鸢尾＞'西马仑'德国鸢尾＞'回复'萱草＞匍匐筋骨草，这与 LT50 判断的结果较为一致。

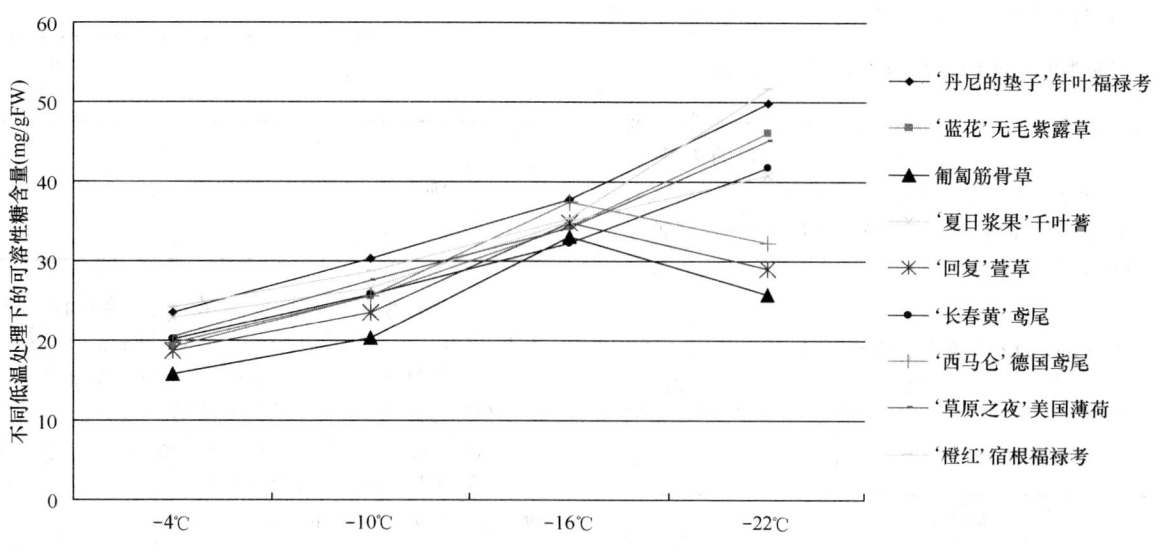

图 2　不同低温处理对 9 种宿根花卉可溶性糖含量的影响

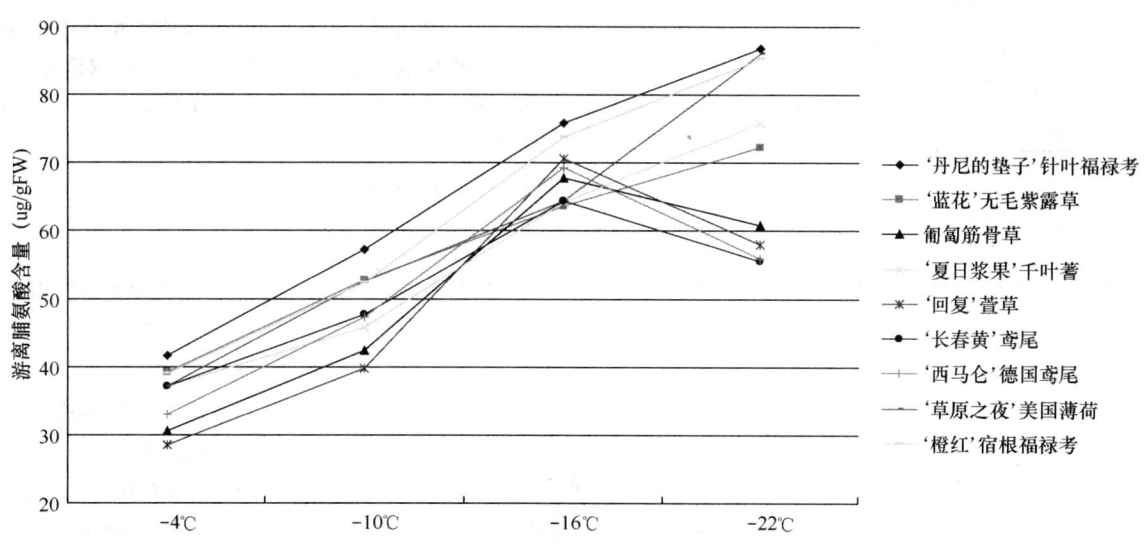

图 3　不同低温处理对 9 种宿根花卉游离脯氨酸含量的影响

3.3　游离脯氨酸含量试验结果及分析

随着低温胁迫的不断加剧，'长春黄'鸢尾、匍匐筋骨草、'回复'萱草、'西马仑'德国鸢尾的游离脯氨酸含量表现出先升高后降低的趋势，在－16℃时达到最大值，随后开始降低；其余供试品种随着胁迫的加剧，游离脯氨酸含量不断增加，在－22℃时达到最大值。

低温处理时 9 种宿根花卉间游离脯氨酸
含量的多重比较　　　　　表 4

编号	品种	平均值（ug/gFW）	LSD 差异显著性标注
1	'丹尼的垫子'针叶福禄考	65.39858503	A
2	'橙红'宿根福禄考	62.60618726	AB
3	'草原之夜'美国薄荷	60.02031738	AB
4	'蓝花'无毛紫露草	56.97224447	BC
5	'夏日浆果'千叶蓍	55.75023221	BCD
6	'西马仑'德国鸢尾	51.40787275	CD
7	'长春黄'鸢尾	51.17228306	CD

续表

编号	品种	平均值（ug/gFW）	LSD 差异显著性标注
8	匍匐筋骨草	50.38584839	CD
9	'回复'萱草	49.22881356	D

对 9 种宿根花卉的游离脯氨酸含量进行多重比较：'丹尼的垫子'针叶福禄考游离脯氨酸含量的平均值最高，显著高于'蓝花'无毛紫露草、'夏日浆果'千叶蓍、'回复'萱草等宿根花卉；'橙红'宿根福禄考、'草原之夜'美国薄荷之间差异不显著；'西马仑'德国鸢尾、'长春黄'鸢尾、匍匐筋骨草之间差异不显著；'草原之夜'美国薄荷、'蓝花'无毛紫露草之间差异显著，匍匐筋骨草、'回复'萱草之间差异显著。

从游离脯氨酸含量分析，试验品种的抗寒性顺序为：'丹尼的垫子'针叶福禄考＞'橙红'宿根福禄考＞'草原之夜'美国薄荷＞'蓝花'无毛紫露草＞'夏日浆果'千叶蓍＞'西马仑'德国鸢尾＞'长春黄'鸢尾＞匍匐筋骨草＞'回复'萱草，这与 LT50、可溶性糖判断的结果基本一致。

3.4 过氧化物酶(POD)活性试验结果及分析

随着低温胁迫地不断加剧，'夏日浆果'千叶蓍、'蓝花'无毛紫露草、'草原之夜'美国薄荷、'丹尼的垫子'针叶福禄考、'橙红'宿根福禄考的POD含量一直不断增加；'长春黄'鸢尾、匍匐筋骨草、'回复'萱草、'西马仑'德国鸢尾的POD含量都是在－16℃时达到最大值，随后又开始降低。

低温处理时9种宿根花卉间POD活性的
多重比较　　　表5

编号	品种	平均值(u/gFW)	LSD差异显著性标注
1	'丹尼的垫子'针叶福禄考	13832.88	A
2	'橙红'宿根福禄考	13598.5	A
3	'草原之夜'美国薄荷	10916	B
4	'蓝花'无毛紫露草	9004.75	C
5	'夏日浆果'千叶蓍	8129.75	D
6	'长春黄'鸢尾	6442.25	EF
7	'回复'萱草	4799	F
8	'西马仑'德国鸢尾	4425.25	G
9	匍匐筋骨草	3942.25	G

对9种宿根花卉的POD含量进行多重比较，'丹尼的垫子'针叶福禄考平均值最高。从POD酶活性分析，试验品种的抗寒性顺序为：'丹尼的垫子'针叶福禄考＞'橙红'宿根福禄考＞'草原之夜'美国薄荷＞'蓝花'无毛紫露草＞'夏日浆果'千叶蓍＞'长春黄'鸢尾＞'回复'萱草＞'西马仑'德国鸢尾＞匍匐筋骨草，这与LT50、可溶性糖、游离脯氨酸判断的结果基本一致。

3.5 综合评价

采用隶属函数法对9种宿根花卉的抗寒性进行综合评定，用模糊数学隶属度公式对试验原始数据进行定量转换，综合评价9种宿根花卉的抗寒性，△越大，抗寒性越强。

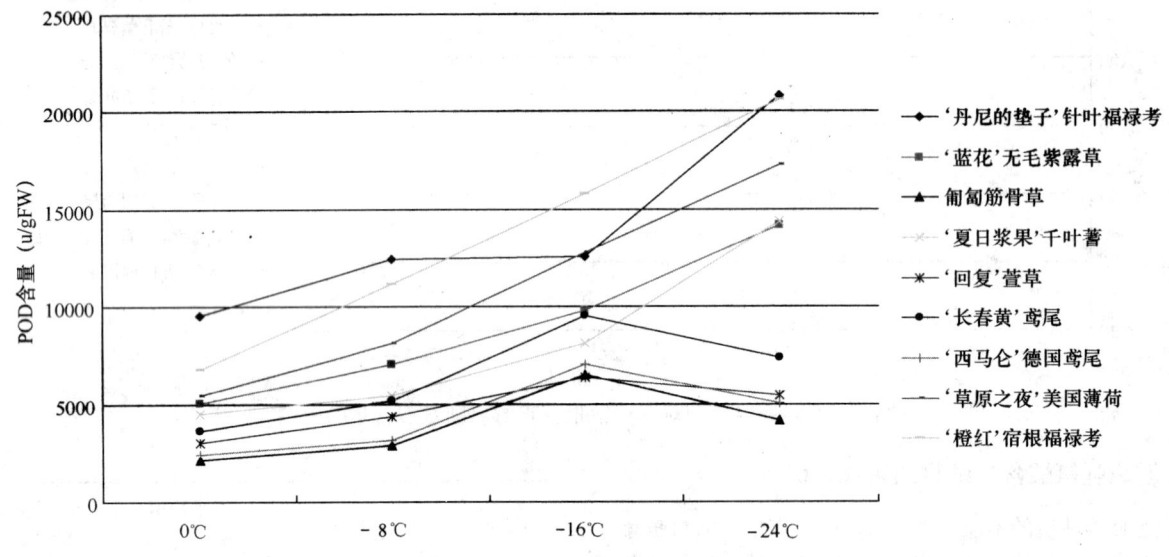

图4　不同低温处理对9种宿根花卉过氧化物酶(POD)含量的影响

各指标隶属度平均值及抗寒性综合评价　　　表6

品种	指标 1	2	3	4	△	排序
'丹尼的垫子'针叶福禄考	0.668899733	0.75101626	0.491977537	0.637297843	0.63730	1
'橙红'宿根福禄考	0.594230837	0.765253763	0.427403909	0.595629503	0.59563	2
'草原之夜'美国薄荷	0.618951251	0.550558786	0.575829126	0.581779721	0.58178	3
'蓝花'无毛紫露草	0.616623473	0.51065212	0.507202313	0.544825969	0.54483	4
'夏日浆果'千叶蓍	0.645218545	0.470432145	0.480880136	0.532176942	0.53218	5
'长春黄'鸢尾	0.617672591	0.391945569	0.510063696	0.506560619	0.50656	6
'西马仑'德国鸢尾	0.563388667	0.46170948	0.467782927	0.497627025	0.49763	7
'回复'萱草	0.566759897	0.45946367	0.431969777	0.486064448	0.48606	8
匍匐筋骨草	0.52254624	0.461780447	0.432293237	0.472206641	0.47221	9

注：1. 相对电导率　2. 可溶性糖含量　3. 游离脯氨酸含量　4. POD酶活性

根据综合评定，得出 9 种宿根花卉的抗寒性强弱顺序为：'丹尼的垫子'针叶福禄考＞'橙红'宿根福禄考＞'草原之夜'美国薄荷＞'蓝花'无毛紫露草＞'夏日浆果'千叶蓍＞'长春黄'鸢尾＞'西马仑'德国鸢尾＞'回复'萱草＞匍匐筋骨草。

4 结论

在经过一系列低温处理后，9 种宿根花卉相对电导率随温度的降低表现出逐渐升高的趋势，总体变化较为规律。温度越低对细胞膜造成的损伤越大，细胞膜的透性增大导致细胞内电解质渗出的相对电导率也增大，变化趋势符合电导法测定植物抗寒性的基本理论。

在可溶性糖含量、游离脯氨酸含量及 POD 酶活性 3 项指标测定过程中，匍匐筋骨草、'回复'萱草、'西马仑'德国鸢尾 3 种宿根花卉品种均表现出先升高后降低的趋势，在 $-16℃$ 时达到最大值。在降温期间，可溶性糖的积累有助于植物抗寒性的提高，可溶性糖含量开始下降，说明此时植物根部已出现胁迫。其余供试品种随着胁迫的加剧，3 项指标含量不断增加，在 $-22℃$ 时达到最大值。

从以上四项指标分析比较中，所有指标中均处于第一位的是'丹尼的垫子'针叶福禄考；位于第二位至第三位的是'橙红'宿根福禄考、'草原之夜'美国薄荷。

按照隶属函数法进行综合评价后对 9 种宿根花卉的抗寒性排序结果与半致死温度（LT50）的排序是完全吻合的：'丹尼的垫子'针叶福禄考、$-27.56℃$＞'橙红'宿根福禄考、$-27.09℃$＞'草原之夜'美国薄荷、$-26.59℃$＞'蓝花'无毛紫露草、$-26.14℃$＞'夏日浆果'千叶蓍、$-25.51℃$＞'长春黄'鸢尾、$-23.19℃$＞'西马仑'德国鸢尾、$-22.02℃$＞'回复'萱草、$-21.55℃$＞匍匐筋骨草、$-21.44℃$。此排序结果与 9 种宿根花卉低温胁迫下溶性糖含量分析结果完全吻合，与游离脯氨酸含量分析比较和 POD 含量比较结果基本一致。

植物抗寒性受多种因素的制约和影响，部分生理生化指标的测定可以为 9 种宿根花卉的栽培、引种、生产、养护提供理论依据和指导，同时也需要在实际生产中继续长期的观察、检测。

参考文献

[1] 杜莹秋. 宿根花卉的栽培与应用. 北京：中国林业出版社，1990

[2] 封培波，胡用红，任有华. 宿根花卉在园林绿化中的应用现状存在问题及展望. 山东林业科技，2003，146（3）：46-47

[3] 费研良，张金政. 宿根花卉. 中国林业出版社，1993.

[4] 孙吉雄，梁慧敏. 用电导率法测定六种暖季型草坪草的抗寒性[J]. 青海草业，1996，5(1)：29-31.

[5] 佘文琴. 白兰花的耐寒性及其越冬期保护酶活性的变化. 福建农业大学学报，2000，29(4)：440-443.

[6] 李建新，阎玉凤，李建华，崔玲. 丁香红、蓝夜等八个菊花品种的引种栽培与推广应用. 石河子科技，1994，6，43-45.

[7] 张淑梅，高慧，蔡龙锡，金成学，崔丽花. 日木羽衣甘蓝引种栽培试验研究. 延边大学农学学报，1998(2)：133-135.

[8] 林兵，黄敏玲，陈诗林，吴建设，叶贻源. 荷兰鸢尾引种栽培试验. 亚热带植物科学，2004，33(1)：49-50.

[9] 金研铭，徐惠风，李亚东，付丽. 牡丹引种及其抗寒性的研究. 吉林农业大学学报，1999，21(2)：37-39.

[10] 胡永红. 低能耗切花菊品种的选择及其耐低温的生理基础：[学位论文]. 北京：北京林业大学 1997。

[11] 赵玉宏. 2008. 两种草坪草抗寒性的探究，湖北民族学院学报（自然科学版）23(4)：381-383.

[12] 孙宗玖，阿不来提，齐曼等. 2004. 冷害胁迫下 3 个狗牙根品种抗寒性比较研究. 草业科学，21(1)：42.

作者简介

马婷婷，1980 年 6 月生，女，汉族，山东泰安，本科，济南市园林花卉苗木中心，园林工程师，研究方向为园林绿化管理。

张惠梓，1979 年 5 月生，男，汉族，山东博兴，本科，济南国际园博园管理处，园林工程师，研究方向为园林绿化管理。

姚洪涛，1976 年 8 月生，男，汉族，山东即墨，硕士，济南园林开发建设集团，园林工程师，研究方向为园林绿化管理工作。

古老明湖柳

The Historical Willows of Dmingl Lake Scenic Area

马小琳　王珍华

摘　要：柳树是中国传统园林造景和现代园林绿化和常用树种，但达到古树级别的非常稀少。本文介绍了山东济南大明湖景区内的近百株古柳的分布、生长、管理、保护情况，对传承古柳文化、提升城市形象有积极作用。
关键词：古柳树；济南大明湖景区

Abstract: Willow is commonly used in traditional Chinese gardens and modern garden planting. In this paper, the author introduces the distribution, growth, management and protection of historical willows of Daming Lake scenic area. This paper on inheriting the historical willows culture, improve the image of the city has a positive role.
Key words: Historical Willows; Daming Lake Scenic Area

济南被称为"泉城"，虽地处北方，但多有泉水涌出，北侧又有黄河流经，因此城内城外水系较多。有水的地方大多植柳，而柳树正是济南的市树。

柳树为杨柳科柳属植物的统称。全世界有500多种，主要分布在北半球温带地区。中国有257种，120个变种和33个变形。[1]目前，在济南应用的柳树主要为旱柳和垂柳两大类。中国古代有着悠久的植柳历史。历史文献和考古资料证实中国植柳起源于夏商时期，周代以后得到了很大发展，并保持着长盛不衰的历史景象。[2]在济南的老城区，曾经是"家家泉水，户户垂杨（即垂柳）"。但是，在济南目前的城市绿化中，柳树所占比例很少，仅在狭小的老城区或非常偏远的城乡接合部有分布。[3]

大明湖景区是济南的三大名胜之一，总面积103.4hm^2，其中水面面57.7hm^2，岸线长达10.64kg。沿岸大多种植柳树，形成了独特的植物景观，也是泉城赏柳的主要场所（图1）。

大明湖景区内现种植有柳树1880株，占景区乔木总量的13.2%，所占比例为市内各公园、景区之首。景区的柳树品种以普通垂柳为主，兼有旱柳、馒头柳、龙爪柳、金丝垂柳等品种。

1　大明湖景区的植柳历史

大明湖是一处天然湖泊，1400年前郦道元所著的《水经注》中，就有对这一水域的记载。而早在2000多年前的《诗经》中已经有了"昔我往矣，杨柳依依"的诗句，可知，彼时的大明湖畔（那时称"历水陂"）应该也是多植柳树的。

宋代以来，济南的政治文化繁荣发展，文人墨客留下大量传世诗词佳作，其中总有柳树的身影。唐宋八大家之一的曾巩，曾任济南知州，他在任时疏浚湖水，将挖掘出的泥沙修成一道长堤，时称百花堤，沿堤栽花种柳，景色宜人。他在长诗《百花堤》中写道：周以百花林，繁霜泫清露。间以绿杨阴，芳风转朝暮。元代赵孟頫写道：菰蒲终夜响，杨柳半溪阴。明代杨衍嗣在赞超然楼诗中写有：柳色荷香尊外度，菱哥渔唱座中闻。[4]1657年（清顺治十四年），济南名士王士禛在大明湖畔做《秋柳》诗四首，句句写柳不见柳，成为其代表作之一，一经问世，就传遍大江南北，并以此为基础修建了秋柳诗舍，诗舍外一条小巷因此被称作秋柳园街。柳诗、柳园、柳街，传承至今，

图1　大明湖景区的柳树景观

形成一段"三柳"佳话。[5]

新中国成立前，由于疏于治理，大明湖逐年淤积，湖岸断壁圮垣，一片破败景象。二十世纪五十年代初，大明湖开始了由自然湖泊向公园的转变。市政府着手整治大明湖，清淤砌岸，临水处广植垂柳千余株，对原有的苗木也多加管理，营造良好的植物景观。[6]

2009年，大明湖景区完成了建园后规模最大的扩建工作，总面积增加了30.4hm²，结合新景区绿化，继续加大对柳树的应用，新植大规格柳树800余株。

2 历下亭古柳的情况

2.1 树体概况

历下亭位于大明湖内的历下亭岛上，岛因亭得名，亭因杜甫"海右此亭古，济南名士多"的诗句而闻名海内外，为济南人津津乐道。古柳位于岛的东南角，高8m，树身向南倾斜，胸围380cm。古柳的分枝点为1.7m，共有3个一级分枝。中间最粗的一间竖直向上，已经枯死，只保留外围一层厚度约5cm的木质部，中间形成空洞，边缘呈不规则状，尽显沧桑。向东的一级分枝，较为瘦弱，部分树皮已经失去活性，支撑着顶部不太茂盛的枝叶。向南的一级分枝是整株古柳生长最旺盛的部分，显示着不畏岁月流逝的强大生命力（图2）。

图2 大明湖景区历下亭古柳

20世纪80年代，结合市园林部门的古树名木调查工作，对这株柳树的树龄进行了调查和推定，确定其树龄为140年左右。以此计算，目前，古柳的树龄已经达到了170年。在20世纪初出版的《1927——济南快览》一书中，可以看到这样一幅关于历下亭的老照片（图3）。[7]老照片从历下亭岛的东南角拍摄岛上的风貌，画面中间偏左的位置，并排生长着两株大旱柳，东侧的一株，西侧的一株已经向南倾斜，东侧的一株直立挺拔，从生长位置及分枝情况分析应该就是今天的这株古柳，目测其胸径应在55cm左右。

图3 历下亭古柳老照片

2.2 保护情况

古柳栉风沐雨一百余年，主干大多已经枯死并形成了巨大的空洞，多年来一直用砖头、水泥进行填充（图4）。2013年春季，景区工作人员发现树身主干出现了裂缝，当时，及时采用了多道铁丝加固措施进行了临时性处理，避免裂缝加大可能会出现的树干内填充物脱落、影响树体美观、受雨水侵蚀、导致树体腐烂等一系列无法挽回的严重后果。临时处理后，景区开始制定周到细致科学的修复方案，经过充分论证后，于今年6月份开始实施。

图4 重新修补前的历下亭古柳

2.2.1 清除原填充物

古柳主干的2/3已经没有树皮，木质部直接裸露在外，树干内部有较大空洞，全部为砖石填充，外面以水泥密封。因为树干部分的水泥与木质部已有裂缝，所以将填充物全部去除。去除填充物后，对空洞内的腐烂部分去除，用杀菌剂、杀虫剂进行处理，防止病虫危害。

2.2.2 进行重新填充

重新对树干空洞进行填充时，充分考虑填充物对树体产生的影响，根据填充位置的不同，选择不同物质进行填充。下部有砖石填充50cm，可以有效地稳固树体；上部用聚乙烯泡沫填充，避免填充物过重对树体造成负担；对于较小的缝隙，用聚氨酯发泡剂填充，避免雨水的侵蚀。填充完成后，外层涂抹水泥，厚度1—2cm，确保密封效果。

2.2.3 树体美化

当密封用的水泥干透后，需要进行修补部分的美化。景区聘请专业美术工作者，用丙烯颜料调配出合适的颜色，对水泥的表面进行美化，力求树干的修补部分与树体颜色一致，外形美观。经过以上措施，古树得到了更好的保护，外形更加古朴、苍劲，更具观赏价值（图5）。

图5　古柳修补、美化后

2.3 文化挖掘

天南地北的游客来到历下亭，导游总会给大家介绍历下亭岛上的"三古"：古亭古诗古柳树。古柳树除了以古为奇外，树身上一个天然形成的"寿"字，更令人称奇。在古柳西侧树体上，有一个突出的巨大树瘤，树瘤上的纹路曲折蟠绕，如苍龙见首不见尾，也像草书"寿"字。为此，这株古柳也被形象地称为"寿柳"。为了突出寿柳的观赏特性，景区在树体南侧的一组假山石上，雕刻了体"寿"字，与树体上天然的"寿"字交相呼应，体现了园林造景的文化内涵。

3 其他古老柳树的情况

柳树为速生树种，木质较为疏松，生长快，衰老也快，似乎与"古树"这一称谓无源。如2007年北京市公布的《古树名木评价标准》里，没有将速生的杨、柳列入其中。然而，在有着独特水资源的济南，因为柳树自古以来的广泛应用及人们对柳树的喜爱，有不少柳树经历风风雨雨，已经达到了古树的级别。2010年，上海市发布了《上海市古树名木和古树后续资源鉴定标准和程序（试行）》，其中对悬铃木古树的鉴定标准做如下规定：胸围在270cm以上的为二级古树（树龄在一百年以上三百年以下），胸围在225cm以上，不足270cm的，为古树后续资源。[8]因悬铃木与柳树同属于速生树种，因此，可以此作为大明湖柳树树龄参照标准。

3.1 南岸古柳

3.1.1 秋柳诗舍古柳群

秋柳诗舍位于大明湖南岸，其西侧湖边，正谊桥两侧，分布着十余株古老的旱柳。虽然，这些旱柳可能没有见证过王士禛做《秋柳四章》的历史时刻，但它们粗壮的树身，粗粝的树皮，苍劲的枝干，无不诉说着历史的沧桑。

这一古柳群共有12株，胸围最小255cm，最大的315cm，平均289cm，树高10—13m。这些古柳虽然已经老态龙钟，依然根深叶茂。它们或沿湖边种植，或独立于近岸的绿地里。粗大的主干被纵裂的树皮，呈深棕裸色，主干高度2.5—3.5m，分枝点以上是直径在40—50cm的巨大一级分枝，其上是从粗到细的层层分枝，小叶上着生着无数绿叶，组成一个个繁茂的树冠（图6）。

图6　秋柳诗社古柳群

3.1.2 遐园古柳

在大明湖景区正南门的西侧，有一个景点名为遐园。遐园建于1901年，是当时山东省图书馆的一部分，有"济南第一标准庭园"之称。在遐园周边，也不乏高大的古柳树。

遐园东门外南侧，一路相隔有两株粗大的旱柳。东侧的位于游路中间，被假山石包围其中，西侧的位于绿化带中，胸围均为260cm，但树冠非常悬殊。西侧的古柳受旁边建筑的影响，整个树冠向东斜，完全压住了东侧的古柳（图7）。这一"西风压倒东风"格局不知存在了多少年，估计还要延续下去。

遐园北门外临近湖水，岸边列植旱柳20余株，胸围在210—230cm，因其分枝点多在4m以上，尤其显得高大挺拔。这些旱柳种植较密，粗大的树枝齐刷刷伸向天

图 7 遐园东门外古柳

图 9 西岸古柳

空，像神话故事中的天兵天将，列队整齐而威严，守卫着百年遐园的宁静（图8）。

图 8 遐园北门外古柳

3.2 西岸古柳

大明湖西岸，有一处人工叠水景观，称为龙泉池，池畔有一株胸径厘米的大旱柳，生长旺盛，冠如华盖，将大半个龙泉池庇护在树荫之下。即使在烈日炎炎的盛夏，浓荫匝地，流水潺潺，置身此处，令人腋下生风，暑意顿消。这是景区内长势最旺的一株古旱柳，尽管拥有285cm的巨大胸围，22.5m的伟岸身躯，依然生机勃勃，充满了生命力。大旱柳的树冠南北方向长约45m，东西方向长约32m，树冠的覆盖面积达到千余平方米，很是壮观（图9）。主干直立挺拔，分枝点1.98m，共有4个一级分枝，直径在40—50cm之间，一级分枝大多径直向斜上方生长，并无明显的二级分枝，每个一级分枝的总长度在10m以上，枝干之苍劲，树冠之巨大，令人叹为观止。仔细观察一下，主枝上并非没有二级分枝，而是大多数二级分枝被修剪掉了，只剩下了椭圆形切口，直径在30—40cm。这些树枝多因暴风雨或初冬大雪中折断而被修剪，留下的切口都被及时涂抹了油漆以防治病虫及雨水的侵蚀。因大旱柳旺盛的生命力，切口四周的韧皮部均快速生长，产生了大量的愈伤组织，逐步对外露的木质部进行了包裹。

在这株大旱柳的周边，还有5株大旱柳，胸围在255—270cm，也都饱经风霜，苍劲古朴，只是在冠幅上逊色很多。

3.3 北岸古柳

大明湖北岸一般指从铁公祠东至南丰祠前的一段游路，是景区赏柳的最佳地点。这一段湖岸虽平缓却也曲折变幻，南望是开阔的湖面和远处的城市和群山，北观是疏林草坪、各类春花、夏花、观叶植物有节奏地分段配置，东西两侧则都是一眼看不到边的柳树。这些柳树共119株，分布在800余米的湖边游路上。柳树的品种以垂柳为主，兼有旱柳，也有少量的九曲柳。柳树的胸围多在200cm左右，其中旱柳的胸围210—260cm范围内。这些柳树春吐鹅黄，最先报告春天的消息；夏擎巨伞，为游客搭建一条可以躲避烈日的观景绿廊；入秋则叶色由绿转黄，为秋的绚丽增添色彩；寒冬里没有叶片的遮挡，尽显枝干的遒劲（图10）。[9]

图 10 北岸柳树景观

另外，在北渚桥南侧、铁公祠周边还零散分布着部分古柳。每株古柳都根深叶茂，郁郁葱葱，显示出卓越不凡的气概，与周边的各类园林植物组成了疏密得当的有机整体，美化着景区的环境。

4 古柳的养护管理

4.1 保护工作

柳树作为一种速生树种，能达到古树级别的非常珍贵，在日常养护管理中要格外注意保护，以免产生无法弥补的损害。在古柳树树冠投影范围内不应进行挖坑、取土、修整地面、堆放物料等工作，确实需要进行此类操作时，应在古柳管理科室的监督下进行，优化方案，将对古柳的不利影响降到最小。

4.2 养护管理

在日常管理中，应为每株古柳建立管理档案。每年测量树高、胸围，跟踪其生长情况，定期监测、及时防治病虫害，修剪枯死枝，根据生长情况采取有针对性的复壮措施。所有管理措施应逐项记录，保持养护管理的连续性。

4.3 树洞修补

树干出现空洞、大枝折断是古柳常遇到的损害。在进行树洞修补时，应尽量去除树洞内的腐烂部分，用药剂杀虫杀菌后再采取封堵措施。在封堵时应按照"补干不补皮"的原则进行，[10]即留出树皮部分不予封堵，便于愈伤组织形成，逐步通过树体自身的生长封堵空洞。遇有大枝折断时，应及时去除折断部分，去除时注意剪口平滑并用伤口涂抹剂处理，防止病虫侵入。

古树是一个城市的宝贵财富，大明湖景区的古柳树是活着的历史，保护好、管理好明湖古柳，是建设民生园林、生态园林、文化园林、特色园林的需要，是加快科学发展，建设美丽泉城的重要内容之一。

参考文献

[1] 柳树,http://baike.baidu.com/view/34096.htm,2013.6.22.
[2] 关传友,中国植柳史与柳文化,北京林业大学学报(社会科学版),2006(4):32-34.
[3] 李克俭、李永庆、孟清秀、成玉良,济南市柳树调查分析,山东园林,2012(4):18-20.
[4] 刘书龙、刘书奎,大明湖历代诗荟,济南出版社,2009.
[5] 王军、管萍,大明湖风物览胜,济南出版社,2009.
[6] 李德明主编,泉城明珠大明湖,济南出版社,2002.
[7] 周传铭,1927——济南快览,齐鲁书社,2011.
[8] 上海市古树名木和古树后续资源鉴定标准和程序(试行),2010.
[9] 马小琳,王珍华,泉城济南的荷柳之美,园林科技,2012(1):44-46.
[10] 骆会欣,古树树洞处理方式再引争议,花卉报,2009(128):5.

作者简介

马小琳,1973年生,女,汉,山东济南,本科,济南大明湖风景名胜区管理处,高级工程师,研究方向为景区园林管理,Email:dmhyrk@163.com。

王珍华,1975年生,女,汉,山东菏泽,本科,济南大明湖风景名胜区管理处,高级工程师,研究方向为景区园林管理,Email:dmhyrk@163.com。

银川地区城市园林绿化树种调查分析

Yinchuan Landscaping Trees Investigation and Analysis

牛 宏 刘 婧 曹 兵

摘 要：通过对银川地区绿化树种的调查研究表明，银川地区现有园林绿化树种共计40科、86属、153种（含变种、变形）。乡土树种共70种，占所有树种的45.8%，引种树种共83种，占54.2%。其中：乔木83种，占所有树种的比例54.2%，常绿乔木15种，落叶乔木68种；灌木64种，占所有树种的比例为41.8%，常绿灌木11种，落叶灌木53种；藤木6种，占所有树种的比例为4%。乔木、灌木的比例为1.3∶1。常绿树种与落叶树种比例为1∶4.9。在银川地区城市园林绿化树种规划中，应增加常绿树种和垂直绿化树种的比例，引种驯化抗逆性强的树种，同时改进管理方式，采用精细化管理。

关键词：城市园林绿化树种；组成结构；引种；改进管理

Abstract: Through the research shows of tree species in Yinchuan, it existing landscaping trees totaling 40 families, 86 genera and 153 kinds (including varieties, deformation). Native trees of 70 species, being accountable for 45.8% of all species, introduction of 83 species, accounting for 54.2%. Where: 83 kinds of arbors, representing the proportion of 54.2% of all species, 15 kinds of evergreen trees, 68 kinds of deciduous trees ; 64 kinds of shrubs, trees of all proportion was 41.8%, 11 species of evergreen shrubs, 53 kinds of deciduous shrubs; 6 kinds of lianas, the proportion of all species was 4%. The proportion of arbors, shrubs is 1.3∶1. Evergreen and deciduous tree species ratio of 1∶4.9. In Yinchuan urban landscaping tree program, we should increase the proportion of evergreen trees and vertical tree species, introduce domesticated species which can be strong resistant, and improve management, especially the use of sophisticated management.

Key words: Landscaping Trees; Composition Structure; Introduction; Improve Management

随着社会经济的发展和人民生活水平的提高，城市建设中园林绿化的重要性日益明显，园林绿化中园林植物作为重要的组成部分，没有园林植物的园林不能称作是真正的园林。而园林植物中城市园林绿化树种占有较大的比重。

园林绿化树种的正确选择、不同植物的合理配置，可以营造不同的景观氛围，从而达到更好的造景艺术效果。合理的配置城市园林绿化树种，可以更好地改善城市生态环境，反映城市特色，节省城市绿化开支，避免浪费。同时还能为人们提供人性化的关怀。因此，城市园林绿化树种对于城市景观的建设具有重要作用。

本次调查银川地区城市园林绿化树种应用的现状，归纳总结园林绿化树种应用的方法与规律。通过对银川地区绿化树种种类、绿化利用现状、树种配置方式、生长指标等方面的调查研究，全面客观地评价银川地区城市绿化存在的问题，提出今后银川地区绿化发展对策，对园林绿化管理理论意义重大；面对城市建设快速发展的历史机遇，本次调查对银川地区城市园林绿化可持续发展具有很强的研究价值。此次调查不仅了解了银川地区植物多样性内容，而且能够为制定相关的绿化规划措施提供了基础资料和理论依据，具有重要的指导意义。

1 银川地区自然概况

银川位于宁夏平原的中部，北接石嘴山市，南连吴忠市青铜峡市，西依贺兰山与内蒙古阿拉善盟相邻，东靠吴忠市盐池县。地理坐标位于北纬37°29′—38°53′，东经105°49′—106°53′，海拔在1010—1150m之间；银川市区地形分为山地和平原两大部分。西部、南部较高，北部、东部较低。银川市地处干旱地区，年降雨量低，仅有200mm，蒸发强烈，冬季极端温度较低，春旱、干热风、沙暴、晚霜、冻害的危害时有发生，地下水位高、土地盐渍化程度也较高。[1]

2 研究方法

2.1 资料收集

查阅相关文献资料，对银川地区生态因素（水土、肥料、气候、温度、光照等）数据资料进行收集整理。

2.2 实地调查

该调查于2014年3月至2014年6月进行，对银川地区（兴庆区、金凤区、西夏区、灵武市、永宁县、贺兰县）各类型绿地系统的园林绿化树种进行调查分析。选择中山公园、宁夏大学、黄河滨河防护绿带、北京路、贺兰山路等多个绿地类型进行调查。调查方式实地调查为主。调查内容有：地理位置、园林绿化树种名录、植物属性、观赏部位、配置状况、生长环境、生长状况、植物形态指标等方面。

3 银川地区园林绿化树种调查结果分析

3.1 银川地区园林绿化树种基本现状

通过对银川地区查阅相关文献资料以及大量的实地

调查，整理出了银川地区城市园林绿化树种名录。经调查研究摸清了银川地区现有园林绿化树种共计153种（含变种、变形），分属40科、86属（表1）。其中裸子植物共计4科9属17种，被子植物共计36科77属136种（含变种、变形）。

银川地区城市园林绿化树种基本情况表　　表1

类别	科	属	种	数种比例	乔木	灌木	藤木
裸子植物	4	9	17	11.1%	16	1	0
被子植物	36	77	136	88.9%	67	63	6
总计	40	86	153	100%	83	64	6

3.2　银川地区园林绿化树种组成结构

在银川地区城市园林绿化树种中，乡土树种共70种，占所有树种的45.8%，引种树种共83种，占54.2%（图1）；乔木83种，占所有树种的比例54.2%，包括常绿乔木15种，落叶乔木68种；灌木64种，占所有树种的比例为41.8%，包括常绿灌木11种，落叶灌木53种；藤木6种，占所有树种的比例为4%（图1）。在153种绿化树种中，观花类66种，观叶类77；观果类37种；观茎类17种；观姿类55种（图2、图3）。

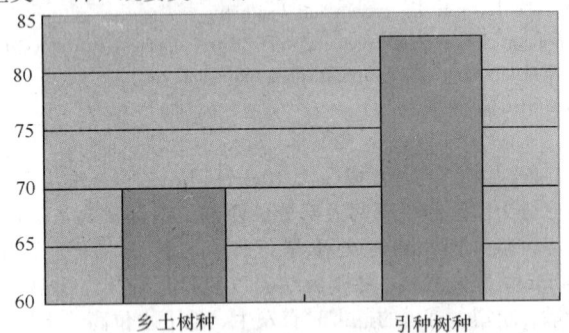

图1　乡土树种与引种树种组成结构

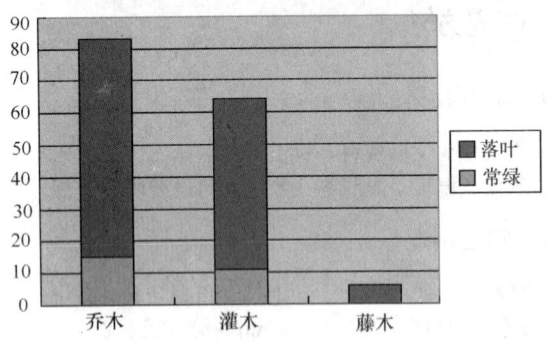

图2　绿化树种属性组成结构

银川地区城市园林绿化树种观赏特性分布结构表　　表2

类别	科	属	种	种数比例
观花类	16	38	66	43.1%
观叶类	27	45	77	50.3%
观果类	6	19	37	24.2%
观茎类	6	11	17	11.1%
观姿类	15	31	55	35.9%

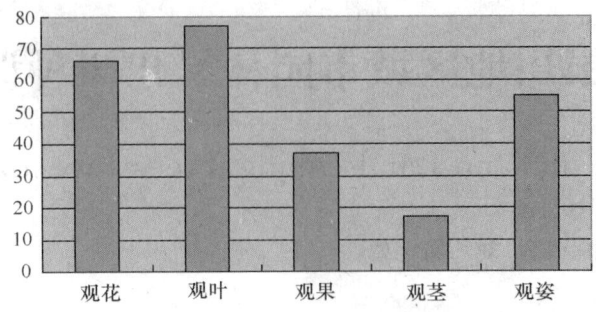

图3　绿化树种观赏特性组成结构

3.3　银川地区园林绿化树种结果分析

调查结果表明乡土树种、引种树种比例为1∶1.9，树种结构中，引种树种所占比重偏少；乔木、灌木的比例为1.3∶1，乔木树种所占比例偏少，乔灌比应达到1.4—1.6∶1为宜；常绿树种与落叶树种比例为1∶4.9，常绿树种所占比重偏少，常绿、落叶比应达到1∶3—4为宜。

4　银川地区城市园林绿化树种选择规划的原则与建议

4.1　银川地区城市园林绿化树种选择与规划原则

4.1.1　以人为本原则

人是园林绿化的建设者和受益者，所以在园林绿化中，应当以人为本，以服务人类为宗旨。在银川地区城市园林绿化树种的选择与规划中，需要考虑到以人为本的原则，如在儿童公园的规划中，应尽量选择树形优美、无毒无刺的树种；行道树的选择中应注重选择病虫害少，对环境影响小的树种，同时具有较高观赏价值和生态效益的树种。

4.1.2　适地适树原则

即以乡土树种为主基调，结合当地自然和生态条件，选择适应性强、抗逆性强的乡土绿化树种。乡土树种是当地自然分布或已经多年栽培的性状稳定、适应当地气候土壤等条件且已经形成一定景观规模的树种，在城市绿化中应优先使用。[2]

4.1.3　功能为主原则

园林绿化树种在园林中有其重要的作用，在树种选择中除了满足其生态功能外，还应满足观赏功能、发挥其经济价值等。城市绿地类型不同，其功能也不尽相同，选择的园林绿化树种要具有满足绿地功能要求的特性。[3]如行道树要有庇荫、除尘、防噪和美化的功能，应选择冠型优美、枝叶浓密、树干端直分枝点高、抗性强、寿命长的树种；绿篱类树种通常要求树冠低矮、耐修剪、抗性强、枝叶繁密的树种，达到隔离、境界的作用。[4]

4.1.4　树种结合原则

园林绿化树种选择是应注意乔、灌相结合，常绿落叶相结合、速生、长寿相结合，不同物候期树种相结合的原则。在园林绿化树种配置时，应采取乔灌草相结合的方式，要考虑树种间的关系，根据实际情况，合理选择搭配绿化树种，从而形成良好的景观效果和稳定的城市森林生态系统。

4.2 银川地区城市园林绿化树种选择与规划建议

4.2.1 特色树种

银川地处宁夏平原北部，银川市兴庆区是原西夏国的首府。[5]西夏文明与回乡风情是银川的文化特色。因此，银川地区应以能反映其文化特色的国槐、白蜡等树种作为其特色树种。由于国槐树形优美，适应性强，被广泛用于城市绿化中。但其缺点是易受尺蠖蚜虫危害，叶片分泌油汁，影响市容，所以应同时加强管理养护工作。白蜡树树形高大，病虫害相对较少，适应性强。故推荐国槐与白蜡树为银川市的特色树种。

4.2.2 骨干树种

骨干树种能够形成全城的绿化特色，应用较广，使用量大。骨干树种的选择应满足抗逆性强、耐修剪、易繁殖、具有观赏价值并且适合推广等特点。榆叶梅、紫藤、爬山虎、白皮松、龙柏、丝绵木、华北紫丁香、北京丁香、紫叶小檗、紫叶李、青海云杉、樟子松等适宜作为银川市城市园林绿化的骨干树种。

4.2.3 基调树种

基调树种是各绿地类型中均要使用且能形成全城基调的树种。刺柏、黄刺玫、垂柳、臭椿、桧柏、侧柏、油松等可以作为银川地区的基调树种进行种植。

4.2.4 一般树种

除以上树种外，常用的一般树种还有金银木、麻叶绣线菊、李叶绣线菊、龙桑、互叶醉鱼草、锦带花、水曲柳、二球悬铃木、蒸馏、紫荆、梓树、毛泡桐、贴梗海棠、皂荚、木槿、银杏、蒙古荚蒾、牡丹、枸杞、水蜡、栓翅卫矛等。

4.2.5 边缘树种

边缘树种是指可以引进试种或者已经引进但需要它配观察或可以在城市建筑的微气候环境栽植的树种。[5]银川地区的边缘树种主要有白玉兰、红玉兰、鹅掌楸、樱花、毛樱桃、雪松、红瑞木、七叶树、毛椰、灯笼树等。

5 问题与对策

城市园林绿化树种的规划是城市园林建设的重要组成部分，城市绿化树种选择是否合理对城市景观效果具有很大的影响。因此，在城市绿化建设中，应根据不同的绿地类型，结合科学的园林绿化树种分析方法和理论，进行园林绿化树种的结构确定。[6]

5.1 银川地区城市园林绿化存在的问题

通过对银川地区园林绿化树种的调查结果分析显示，银川地区城市园林绿化存在以下几个问题。

（1）受银川地区自然条件影响，有许多园林绿化树种不能很好地适应银川盐碱土和冬季低温等自然环境条件，外来观赏树种的引种受到制约，绿化树种种类偏少。

（2）树种结构不合理。常绿树种偏少，冬季景观得不到满足；垂直绿化植物较少，仅葡萄、紫藤、爬山虎等几种藤本植物；彩色叶、异形叶、观果、观茎植物较少，观赏特性得不到充分发挥。

（3）管理粗放，养护技术不到位。许多调查点植物无人管理、自然生长，现有养护方式简单，养护效率低下，养护投入不足。

（4）当地文化内涵不突出，特色树种利用少。在城市园林植物配置方面重复、单一的循环使用园林常用绿化树种，导致景观的无趣和视觉的疲劳。受自然条件影响，银川地区现有绿化树种较少，如何更进一步地筛选出具有代表性的树种，体现当地特色是我们面临的较大挑战。

5.2 银川地区城市园林绿化对策

针对银川地区的城市园林绿化树种的规划中存在的问题提出以下几点意见。

（1）加强园林绿化树种的引种工作，引进常绿树种和具有特殊观赏价值的树种，同时在引种时注意引进抗逆性强的树种，增加银川地区城市园林绿化树种的多样性。

（2）合理配置园林绿化树种结构，增加常绿树种种类和种植数量，增加垂直绿化植物的利用。适当增加速生树种的种植，合理搭配中生树种和慢生树种，以适应银川地区植物生长期短的现状。

（3）改变管理方式，提倡精细化管理，增加养护投入。加大对新种植树种和引种树种的养护力度，从而保证其成活率和提高后期观赏价值。

（4）发掘乡土树种，突出西夏文化和回乡风情。引导驯化当地原有观赏价值高的树种，提高生态效益和景观效果。

参考文献

[1] 宋丽华,吴忠梅.银川市城市绿化树种调查与分析[J].宁夏农学院学报,1999,20(3):55-60.

[2] 曹兵,唐春慧,宋丽华,等.银川市园林绿化树种的选择与配置[J].安徽农业科学,2008,36(3):1021-1023.

[3] 杨凤云,田春雨,梁伟玲.绿化树种的选择与规划[J].安徽农业科学,2006,34(6):1079-1080.

[4] 杨瑞兴,刘玉贞.天津城市环境与园林树种规划的研究[J].园林科技通讯,1996(4):9-23.

[5] 曹兵,宋丽华,司马原.银川市城市绿化树种规划的探讨[J].首届中国林业学术大会论文集,2005.

[6] 包志毅,罗慧君.城市街道绿化树种结构量化研究方法[J].林业科学,2004,40(4):166-170.

作者简介

牛宏，1991年10月生，男，汉族，山西太原，硕士，宁夏大学农学院研究生，研究方向为园林植物。

刘婧，1990年2月生，女，汉族，山西太原，硕士，西南大学园林园艺学院研究生，研究方向为风景园林。

曹兵，1970年10月生，男，汉族，宁夏盐池，博士，宁夏大学农学院，教授，研究方向为旱区森林培育、经济林栽培生理。

浅谈居住区植物景观设计

Introduction to Residential Plant Landscape Design

秦一博

摘　要：以居住区植物景观设计的现状为基础，分析了居住区内植物景观设计存在的普遍问题以及解决问题的方法。
关键词：居住区；植物景观设计

Abstract：On the basis of present situation of plant landscape design of residence, the development and deficiencies in constructing landscape environment design were introduced, and the corresponding counter measures were put forward.
Key words：Residence；Plant Landscape

绿植是众多景观设计要素中唯一有生命的要素，它作为居住区景观设计的主体，展现了居住区的气氛、品质、文化内涵，只有充分了解植物景观设计的科学性和艺术性，才能够创造出充满人文关怀、自然生态、地域风情和文化气息的居住环境。由此可见绿植景观设计的重要性，本文以国内居住区植物景观设计的现状为依据，分析了存在的问题，并提出了解决的对策。

1　居住区植物景观设计的现状和发展趋势

1.1　现代居住区植物景观设计的现状

1.1.1　规划布局合理，绿地格局形态丰富，绿地率较高

近些年新建的居住区多数打破了传统、简单的行列式、点式布局方式，开始考虑环境光照、通风等要素的影响，同时结合建筑的形式，更注重人处其中的空间和心理感受，这使得绿植的结构更为合理、丰富。

1.1.2　设计风格的多样性及植物配置手法的多样化

国内景观行业的兴起和大量境外景观设计师的参与，使得景观设计风格走向多样化，在植物景观上也体现出不同的风格和多样化的配置手法。

如：以中式风格著称的深圳万科第五园，试图用白话文写就传统，采用现代材料、现代技术和现代手法，创造一种崭新的现代生活模式，但不失传统的韵味。植物配置方面以中国传统植物"竹"为主题，结合庭院与建筑格局的变化，整体景观效果古朴典雅，耐人回味，同时还拥有亲切的现代感。（图1、图2）。

1.1.3　植物与地形和水体的结合应用

南方气候温暖，水资源丰富，居住区设置水体景观的现象较多，水生植物的使用，不仅能够丰富植物的层次，还能带来全新的视觉效果。

图1　万科第五园竹子的运用

居住区开发时原有的地形地貌、自然资源、生态植被开始得到了保护和尊重，在此基础上设计和开发，使植物

生长的条件得到了改善,这些优秀案例虽然不多,但仍然是一个好的开始。

1.1.4 园林绿化养护管理较好

现在的居住区注重植物景观的规划设计,同时也比较重视后续的养护和管理,这与物业管理这一新兴行业的兴起密切相关。物业管理公司建立明确的制度和目标。在园林绿化养护管理上,养护人员经过系统培训,保障小区园林绿化的整体艺术效果,保证各种设施的完好和植物的健康成长。

1.2 居住区植物景观设计的趋势

目前,国内居住区植物造景的发展趋势为:(1)植物景观设计的人性化,植物景观设计应围绕着人的需求进行。(2)植物景观设计的生态化。植物造景应注重居住区绿化的生态效益,充分认识地域性自然景观中植物景观的形成过程和演变规律,并顺应这一规律进行植物配置。[1](3)植物造景的艺术化。借鉴绘画艺术原理及古典文学,巧妙地利用植物进行构成景观构图;(4)植物造景形式的多样化。将规则式与自然式相结合,使植物景观自然协调而又有规律地变化,形成错落有致丰富婉转的空间立面效果,通过植物的季相及生命周期的变化,构成动态的四维空间景观。

2 居住区植物景观存在的问题

2.1 植物配置不遵循适地适树原则的现象屡见不鲜

目前,全国的房地产业热火朝天,很多居住区都不约而同地展现了自己的买点,盲目追求新奇高档,全国范围内出现了"地中海风情""热带风情"等不同风格,导致"热带""洋化"的植物在全国各地疯狂引入。然而气候的差异,土壤的变化,这些引进的植物并不能适应当地生长,在居住区的涨势日渐衰败[2],另外,"洋化植物景观"和引进植物栽植的成本过高,与生态效益不成正比例。

2.2 植物景观的文化艺术性薄弱,缺乏地方特色和小区品位

现代居住区的植物景观构造缺乏与诗文、书画等文化艺术的紧密融合,景象内容空洞,一味以大色块的形式追求视觉感受,缺少传统园林的诗情画意,并且大部分是千篇一律的格局。[7]居住区绿化设计理应巧于"因借"古代诗画原理及园林中的其他要素,创建"体宜"的植物景观,大量采用乡土树种,体现园林的"个性"和"地方性"。

2.3 植物多样性与群落层次不够丰富,树种间比例不科学

目前,国内居住区绿化中植物种类普遍偏低,一般为100种左右,仅个别小区超过500种。如深圳市,居住区的绿化植物仅242种,[3]但常用绿化树种有150种左右,[1]只占当地野生植物种类(约2500种)的6%左右,[4]这说明丰富居住区园林植物种类的潜力较大。[5]另外,还存在部分绿化树种或外来树种(如垂柳、榆等)使用频率过高的现象。如吉林市居住区绿化用树种中外来树种占51.79%。[6]城市居住区绿化群落层次普遍不够丰富。如在小区道路和公共绿地中出现比例最高的是"乔+草"和"乔+灌"二层结构模式;[7]再者,忽视落叶树种,常绿树种在小区中占主导地位。如上海很多小区的常绿树占压倒性优势,落叶树种和常绿树种的比例远低于上海地带性植被中的比例(0.9:1.1)。

2.4 追求珍奇苗木和大树,反生态的过密种植

开发商为谋取更多利益,一方面,不惜花巨资进口高档、罕见苗木,以彰显开发商的实力和楼盘的品位;另一方面,为达到立竿见影的效果,移植大量成年大树或种植超大规格的苗木,并进行不合理的高密度种植,这严重违背了植物的自然生态规律,为日后的管理留下了隐患。[1]

2.5 植物垂直结构不合理

国内的大多数楼盘,开发商只是单纯地考虑"绿化率"这个指标,因此在植物设计上往往呈现大面积单纯的草坪或者是单一的乔木层或灌木层,结构简单,缺少立面上的层次,虽然"绿化率"达到了,但植物群落稳定性较差,绿化的效果不理想。

3 居住区植物景观设计

3.1 丰富植物种类,科学配比种植

植物多样性是小区生态绿化的基础,一定面积的居住区绿地应达到相应数量的植物种类。有学者指出:一般,面积为10hm²左右的小区绿化中,木本植物种植数量应达到当地常用树种的40%以上。[8]上海市规定:新建住宅绿地面积在0.3hm²以下的,木本植物应不低于40种;绿地面积在0.3—1hm²的,不低于60种;绿地面积在1—2hm²的,不低于80种;绿地面积在2hm²以上的,不低于100种。《绿色生态住宅小区建设要点与技术导则(试行)》中规定:对生态型居住社区而言,华中、华东地区木本植物种类大于50种,三北地区应大于40种,而华南、西南地区应大于60种。[9]另外,树种间的比例也是影响小区植物景观效益的重要因素,不同地区的适应比例不同。北京居住区乔木与灌木、草地、绿地的最适合比例应不少于1株:6株:21m²:29m²,[10]南京居住区合理的常绿乔木与落叶乔木比例应为0.8—1.2:1,而上海市则提出生态居住区常绿乔:木与落叶乔木比例为1:1。

3.2 植物景观设计应人性化,发挥生态效应

居住区内以老人和孩子为主要活动人群。那么在植物景观设计的时候要了解使用人群的心理行为特征,充分考虑使用人群的需要,使植物景观人性化。老人活动节奏较慢,喜爱闲坐,植物景观的设计就应该针对老人

活动的场所进行遮阳，同时也应考虑北方冬季老人晒太阳的习惯种植适合的树种。而孩子们在活动场地中玩耍时，是面向自然的。茂密的植物能够改善空气质量，减少风和降低噪声，植物也是鸟类和其他小动物的自然栖息地。我们不但可以利用植物材料作为游戏设施、景观小品、休闲座椅的背景，而且可以创造"林荫型"的立体化绿化景观模式。良好的绿化环境直接满足了孩子们亲近大自然的要求，他们在绿地中进行活动、交流和观察。如果在场地中种植落叶植物，冬季阳光会穿透树冠，而夏季则确保大量的遮阳。如果种植果树，儿童会在时间变化当中得到第一手关于季节生命周期的知识。场地中所有植物的选择和配植都要适合儿童的尺度和心理，引起儿童的兴趣，不能选择有刺、有毒、具刺激性的植物，尽量合理配植，营造造一个三季有花、四季有景、富于人情味的自然。

3.3 丰富植物配置模式，注重配植的艺术效果

居住区可以通过不同树种间的科学配比利用乔、灌、草、藤和地被植物形成丰富的立体的层次，构建"水平"和"垂直"的绿植系统。以宅园绿地为点，以小区内主要道路的绿化带为线，以居住区内的中心公园、游园或广场为面，进而形成"点""线""面"相结合的水平绿植系统。以阳台绿化为点，以外部走廊、平台拦河绿化为线，以楼房的屋顶、天台花园绿化为面进而形成的垂直绿植系统。水平和垂直两个绿植系统会丰富植物景观，大大提高小区绿量。进行植物景观设计时，选配植物，要巧妙地利用植物的体态、色彩、质地和习性等进行构图，形成错落有致丰富婉转的空间立面效果，通过植物的季相及生命周期的变化，构成动态的四维空间景观。好的植物景观设计能够通过四季的变化感染人们。

3.4 利用植物景观提升居住区的文化内涵

居住区的植物景观设计要从小区的主题，城市的历史文化背景等资源着手，提炼营造文化主题。如某西班牙风格的居住区会所（图3），植物在造型上还是采用了传统的欧式园林的方式，将植物修剪成规则形状，中央对称。在中央的水池周围，与水池同形状。修剪整齐的灌木丛清晰地划分了行人通道。为了烘托热烈的西班牙风情，在灌木丛内部区域种植了大量的花卉，美丽芬芳。为了使立面层次看起来丰富，又在花卉的基础上使用了姿态优美的孤植树。整个植物景观对称有序，花卉饱满热烈，很好地体现了西班牙风格的特点。

使用乡土植物也会大大提升居住区的特色和文化内涵，如日本的居住区，大量地使用了本土的樱花树种，到了花开时节，形成了美丽浪漫的植物景观。樱花树则被誉为日本的象征体现着日本的文化。

3.5 植物景观设计应该具有前瞻性

植物景观营建从最初设计施工到形成一定的景观形态，是一个渐进的过程。要保证良好的植物景观，种植设计应该考虑初见效果和最佳效果两种情况，根据植物的生长周期和习性确定适宜的速生树和慢长树的比例及其种植密度。初建时密度一般较大，所以后期如何疏离、树种替换在设计时就应给予充分考虑。希望植物景观一步到位的想法是不符合植物生长和群落演替规律的。

4 结语

随着城市建设规模的不断扩大，居住区的景观环境在人们日常生活中将占据更加重要的位置。居住区植物景观，不仅是为美而设计，更是为人们需要所设计，只有顺应自然规律，挖掘地域特色和地方文化，因地制宜，才能完成经得起推敲的居住区植物景观设计，才能为人们创造理想的家园。

参考文献

[1] 程袁华，张延龙. 对居住区植物景观设计的研究与思考——以深圳市居住区为例[J]. 安徽农业科学，2007，35(15)：4514-4516.
[2] 高琳琳. 上海市居住区景观环境中植物的配置与应用[D]. 南京：南京农业大学，2005.
[3] 曾丽娟. 深圳居住区绿地园林植物景观探析[J]. 艺术与设计，2007(6)：79-81.
[4] 闫立杰. 北方居住区绿化配置的探讨[J]. 防护林科技，2005(1)：83-84.
[5] 刘荣. 深圳开展野生植物调查，仙湖苏铁等珍奇物种亟待保护[N]. 南方都市报，2006-11-21(A42).
[6] 董德军，张玉生，张正国. 吉林市居住区绿化设计的现状分析[J]. 广东园林，2007(3)：33-34.
[7] 王晓晓，谭峰，黎章程. 北京市居住区植物造景初探[J]. 四川林勘设计，2004，6(2)：25-28.
[8] 孔祥辉. 珠三角地区居住区绿化设计探讨[J]. 科技资讯，2006(11)：157-158.
[9] 连艳芳，杨柳青. 生态人居植物景观配置研究综述[J]. 文史博览(理论)，2007(3)：77-79.
[10] 肖万娟，粟本超. 柳州市部分居住区植物造景现状分析[J]. 黑龙江生态工程职业学院学报，2007，20(3)：19-20.

作者简介

秦一博，1979年1月生，女，汉族，毕业于鲁迅美术学院，硕士研究生，研究方向为环境艺术设计，Email：997840115@qq.com。

图2 西班牙风格小区的植物景观

甲醛胁迫对吊兰根尖微核形成和有丝分裂的影响

The Impact of the Formaldehyde Stress on the Micronucleus and Mitotic Index of *Chlorophytum comosum*'s Root Tip

任子蓓　史宝胜　刘　栋　杨　露

摘　要：为明确甲醛胁迫对吊兰根尖细胞分裂的影响，本研究通过0.326mg/L、3.26 mg/L、32.6 mg/L、326 mg/L及蒸馏水对照（CK）5个处理，检测根尖的微核率和有丝分裂指数的变化，结果表明：低于32.6mg/L的甲醛处理可使植物根尖细胞微核率、有丝分裂指数显著升高，而326mg/L的甲醛处理可使细胞微核率、有丝分裂指数急剧降低，分别下降到32.6mg/L处理的40.22%和50%；镜检结果表明，甲醛胁迫后吊兰根尖细胞核向外突出并延伸或者有丝分裂期间染色体片段的丢失与断裂是植物形成微核的来源。

关键词：吊兰；甲醛；微核；有丝分裂

Abstract: To make sure the impact of the formaldehyde stress on the cell division of the spider, this paper has tested the apical micronucleus and mitotic index change in five treatments which were 0.326mg/L, 3.26 mg/L, 32.6 mg/L, 326 mg/L formaldehyde and distilled water for contrast. The results showed that the percent of micronucleus and mitotic index in plant root tip cells apical would grow up remarkably if the formaldehyde concentration was less than 32.6mg/L. But the percent of micronucleus and mitotic index in the root apical would quickly decreased to 40.22% and 50% respectively when the formaldehyde reached 326mg/L. The microscopic examination showed that the formation of micronucleus in root tip after formaldehyde stress was due to the nuclei protruding and extending or the lost and the fracture of the chromosomes during mitosis.

Key words: *Chlorophytum comosum*; Formaldehyde Stress; Micronucleus; Mitotic Index

　　甲醛气体污染已经严重危害了人类健康。国内外出现了大量关于观赏植物消除甲醛污染的研究报道，但大都侧重植物净化甲醛的性能和高吸收甲醛植物筛选等方面的研究，对于甲醛胁迫造成植物体损伤方面的报道相对较少。而对于甲醛胁迫下植物根尖细胞微核的产生始于20世纪80年代初期，当时美国的Degrass和Schmid建立了蚕豆次生根尖微核监测系统。[1]此后，大量试验证明，利用植物微核监测技术监测水质污染、大气污染和土壤污染是一种行之有效的方法。吊兰（*Chlorophytum comosum*）是室内常见的观赏植物，有关吊兰对甲醛的抗性、净化能力等方面的研究有很多报道，[2]但有关甲醛胁迫后吊兰根尖细胞的遗传损伤的报道很少见。本研究采用水培吊兰的根尖为试材，通过观察甲醛胁迫后植物根尖细胞微核和有丝分裂指数的变化，研究甲醛对植物的遗传毒性，并探讨吊兰的微核来源。同时，为通过吊兰细胞遗传损伤监测甲醛污染提供一定的理论依据。

1　材料与方法

1.1　试验材料

　　试材为高度为10cm左右的吊兰走茎。将走茎置于蒸馏水瓶并培养于25℃光照培养箱中，待新根长至2cm时，剔除没生根或生根过短的材料，将试材随机分成5组，每组10个以上根尖。

1.2　试验处理

　　试验共设0.326mg/L、3.26mg/L、32.6mg/L、326mg/L及蒸馏水对照（CK）5个处理。分别将植株培养在不同浓度的甲醛溶液中胁迫处理24h，用蒸馏水冲洗3次，每次3min。重新置于25℃光照培养箱恢复培养24h后，进行细胞微核和有丝分裂的观察统计。

1.3　测定方法

1.3.1　甲醛胁迫后根尖外部形态的变化

　　观测吊兰根尖经24h处理后外观颜色和质地的变化。

1.3.2　根尖制备和固定保存

　　将培养好的植株根尖切下1cm长，用卡诺固定液固定24h后，蒸馏水冲洗3次，每次5min，倾水后加入1mol/L盐酸，在60℃恒温水解10min，直至根尖软化，用蒸馏水冲洗3次后备用。若固定后的根尖来不及处理，需将其转至75%乙醇溶液，放入4℃冰箱保存。

1.3.3　染色、压片和镜检计数

　　每个处理随机取3个根尖，切取1mm左右的根尖放到载薄片上捣碎，用苏木精染色。每个根尖观察2000个细胞以上，记录微核细胞数与有丝分裂细胞数，计算微核千分率（MCN‰）与细胞有丝分裂指数（MI%）。

　　微核千分率（MCN‰）＝微核细胞数/观察细胞总

数×1000‰；

细胞有丝分裂指数（MI%）=有丝分裂细胞数/观察细胞总数×100%。

1.3.4 数据统计分析

采用 Excel 和 DPS V7.05 软件进行结果计算和统计分析，用 Duncan 的新复极差法检验不同浓度甲醛处理组与对照组之间的差异显著性。

2 结果分析

2.1 甲醛胁迫对根尖形态的影响

吊兰根尖经甲醛胁迫后，根尖外部形态发生了变化。甲醛浓度为 326mg/L 处理后，植株根尖出现了变褐变硬现象，这种变化随处理浓度的降低而变弱，蒸馏水（对照）处理的未发生外观的任何变化。这表明高浓度的甲醛处理 24h 对根尖产生了毒害作用。

2.2 甲醛胁迫对根尖微核率的影响

在遗传毒理学研究中，细胞微核率常用作评价各种有害物质对染色体损伤的指标。本研究表明（图1），甲醛处理后吊兰的细胞微核率高于对照，并达到了显著水平（$p<0.05$）。当甲醛浓度小于 32.6mg/L 时，根尖细胞微核率随着甲醛浓度的升高而增加，与甲醛浓度与根尖的微核率间呈显著正相关，相关系数为 0.80；当甲醛浓度达到 326mg/L 时，细胞微核率急剧降低，下降到 32.6mg/L 处理的 40.22%。

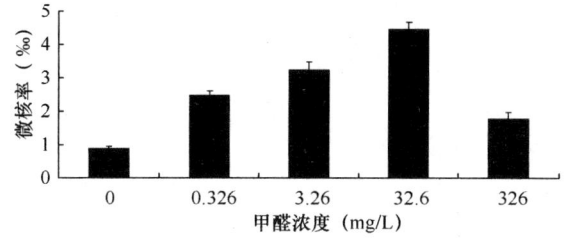

图1 甲醛胁迫后微核率的变化

2.3 甲醛胁迫对根尖有丝分裂指数的影响

甲醛胁迫对根尖细胞的有丝分裂指数有显著影响（图2）。甲醛浓度在 0.326—32.6mg/L 的范围内时，显著高于对照（$p<0.05$）；且吊兰根尖细胞的有丝分裂指数随处理浓度的升高而呈递增趋势，相关系数为 0.81。当甲醛浓度达到 326mg/L 时，根尖细胞有丝分裂指数显著降低，为 32.6mg/L 处理的 50%，且显著低于对照（$p<0.05$）。

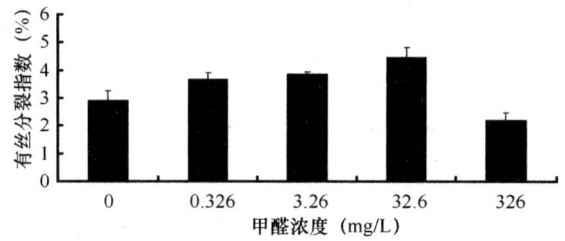

图2 甲醛胁迫后有丝分裂指数的变化

2.4 甲醛胁迫对根尖细胞微核形成及核畸变的影响

在一定浓度的甲醛胁迫下，可观察到吊兰根尖细胞出现微核和核畸变（图3）现象，说明甲醛胁迫对吊兰的根尖产生了遗传损伤作用。当细胞受到甲醛胁迫后，细胞核向外突出并延伸（图3B—C），然后外突物脱离主细胞核最终形成微核（图3D—F）。此外，细胞在进行有丝分裂期间会出现染色体片段的丢失与断裂（图3G—H），在细胞分裂期形成微核。当甲醛对细胞的危害加重时就会出现核内凹（图3I）、核变形（图3J—K）、核裂解（图3L），最后细胞死亡。

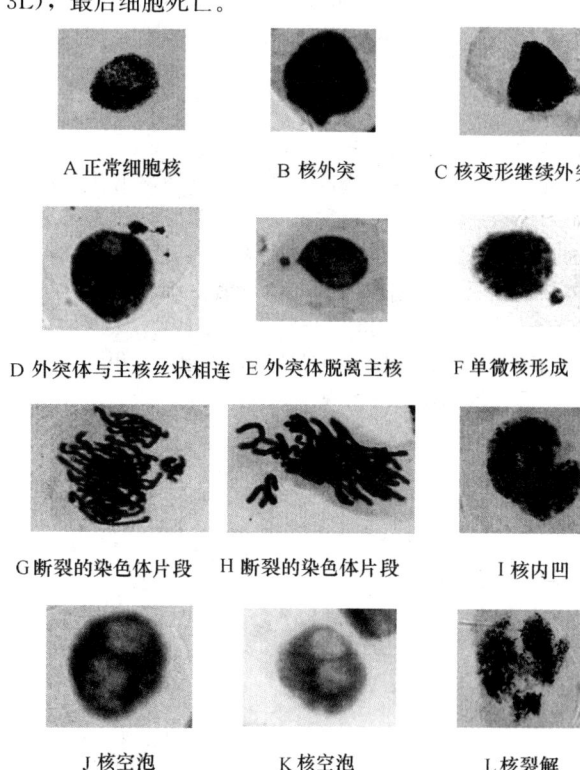

图3 甲醛胁迫后细胞核的变化

3 小结与讨论

当前已有大量关于甲醛危害人类健康的研究报道，[3,4]甲醛对植物同样是一种毒性很强的物质。虽然甲醛很不稳定，可以被植物体代谢成 CO_2 和 H_2O，或被 C_1 途径利用，但当甲醛的浓度超过植物体自身的净化能力就会对植物体造成不同程度的伤害，如出现叶片发黄变焦、出现不规则褐斑甚至萎蔫脱落等现象。本研究表明，随着甲醛处理浓度的增大，吊兰根尖出现了不同程度的变褐、变硬现象。分析根尖变褐的原因可能是高浓度的甲醛能够将根尖细胞分生组织杀死，然后被空气氧化变褐；变硬的原因与甲醛的化学性质有关，它本身是一种良好的固定剂，它能使植物组织硬化。

甲醛胁迫不仅对植物体外观形态造成了伤害，还能对根尖细胞微核率和有丝分裂指数的变化产生了一定的影响。大量试验证明，利用植物微核技术监测大气污染、土壤污染、水污染和有机物污染，是一种行之有效的方法，而且具有灵敏度高、快速和操作简便等特点。[5-8]细胞微核造成的是一种不可逆遗传损伤，可能会由于基因的缺失导致细胞死亡或异常。细胞有丝分裂指数的高低直接反映了生物体生命活动的强弱，间接影响了生物体遗传能力的高低。本试验得出，低于32.6mg/L的甲醛处理可促进植物根尖细胞微核率的升高，而更高的甲醛处理使细胞微核率下降。分析原因可能是甲醛浓度超过了植物种类所能适应的范围，高浓度甲醛强烈抑制植物细胞有丝分裂，使分裂细胞显著减少，处于间期的细胞容易发生畸变而不形成微核，从而间接导致细胞微核率降低。此外，低于32.6mg/L的甲醛胁迫可促进植株根尖有丝分裂指数的增加。当甲醛浓度达到32.6mg/L后，植株根尖有丝分裂指数会明显下降。细胞微核率的升高和细胞有丝分裂指数的降低，从侧面反映了甲醛胁迫对吊兰生长和根尖细胞的遗传损伤作用。

本研究发现，甲醛胁迫后细胞核向外突出并延伸或者有丝分裂期间染色体片段的丢失与断裂是植物形成微核的主要来源。证实了前人认为微核是由无着丝粒的染色体断片或落后染色体形成，[9-10]或者由细胞核向外突出并延伸而成的理论。同时，植物在进行细胞分裂时，根尖细胞出现了核外突、核内凹等核畸变现象，是甲醛影响植物产生遗传损伤作用的表现。

参考文献

[1] 李蕊，郭长虹，丁海燕，等. 大豆微核技术在环境监测中的应用[J]. 黑龙江农业科学，2007(3)：81-82.
[2] 肖萍，郭勇全，赵蔡斌. 吊兰吸收甲醛研究[J]. 安徽农业科学，2010，38(16)8525-8526，8529.
[3] 陈丽金. 装修材料对室内环境的污染及其控制[J]. 武汉工业学院学报，2004，4(9)：20-23.
[4] Saarela K, Tirkkonen T, Laine—Ylijoki J. et al. Exposure of population and microenvironment Distributions of volatile organic compound concentrations in the exploits study [J]. Atoms Environ. 2003，37(4)：5563-5575.
[5] 仪慧兰，孟紫强. SO2对蚕豆根尖细胞微核的诱导作用[J]. 生态学报，2003(23)：292-296.
[6] 肖勇，杨朝晖，曾光明，等. 室内空气高浓度苯系物的蚕豆根尖遗传毒性研究[J]. 环境科学研究，2006，19(2)：31-34.
[7] 张稳，谢贤平，唐贵燕，等. 垃圾渗出液对蚕豆根尖细胞的诱变效应[J]. 内江师报，2006，21(2)：85-87.
[8] 唐正义，胡蓉，岳兴建. 3种农药的微核效应研究[J]. 西南农业大学学报，2006，20(1)：70-73.
[9] Maier P, Schmid W. Ten model mutagens evaluated by the micronucleus test[J]. Mutation Res，1976，40：325-338.
[10] Schmid W. The micronucleus test for cytogenetic analysis [A]. New York：Plenum，1976，431-532.

作者简介

任子蓓，1990年10月生，女，汉族，河北深泽，河北农业大学园林与旅游学院硕士研究生，研究方向为园林植物栽培，E-mail：943532009@qq.com。

史宝胜，1969年12月生，男，汉族，河北高阳，博士后，副教授，河北农业大学园林学院任教，研究方向为园林植物引种、栽培及育种，E-mail：Baoshengshi@163.com。

医疗花园种植设计初探

Probe into the Planting Design of Healing Garden

孙振宁　杨传贵

摘　要：医疗花园是为其使用者治疗特定身体或精神疾病的场所，也是为有心理压力和精神疾病的人群设计的花园。医疗花园中的植物作为唯一的具有生命的自然元素，肩负着多种功能，例如：舒缓压力、感觉刺激、认知重组等，因此种植设计的优劣反映了整个医疗花园康复和医疗功能的强弱。本文通过归纳总结医疗花园植物的选择和配置要点，探讨种植设计的目标和方法，以期为今后的医疗花园的种植设计提供指导。
关键词：医疗花园；种植设计；植物选择和配置

Abstract: A healing garden is a place where provides treatment for physical or mental diseases and also it is designed to help people who are suffering from psychological stresses and mental disorders. Plant as the only living natural element in healing garden assumes various functions, such as relieve pressure, sensory stimulation, cognitive re-organization, etc. Therefore, good or bad planting design reflects strong or weak at healing or therapeutic function of entire healing garden. This paper discusses the objects and methods of planting design by summarizing points in plants selection and allocation in healing garden, aiming at providing guidelines for future planting design of healing garden.
Key words: Healing Garden; Planting Design; Plants Selection and Allocation

有关植物医疗、康复作用的研究主要分为两个方向：一是植物的药用，即植物的全部或部分供药用或作为制药工业的原料，[1]二是植物作为景观元素的康复、医疗应用。当下，城市生态环境愈加恶化，人们越来越关注身边的环境和自身的健康。因此，第二个新兴的景观类型成为景观设计师关注的焦点。

植物作为重要的景观元素对其使用者的疾病的康复有没有帮助呢？著名环境心理学家罗杰·乌尔里西的经典研究结论：住在可以透过窗欣赏到树木病房中的胆囊病人要比住在病房窗被墙挡住的恢复速度要快、用药量少且药性弱，唤护士的次数也少。[2]生态规划师麦克哈格在《设计结合自然》中讲述了一个处于风景优美环境中的疗养院极大地改善了他的肺结核病的经历。他写道："这段经历加深了我的信念，同时也是一个有力的材料，它说明：阳光、大海、鲜花盛开的果园、山岭和积雪、落英缤纷的田野、对于精神和肉体显然是都起作用的，至少对我是这样。"[3]

正是这样一些试验或亲身经历促使人们相信自然对人的健康产生的惠益。根据目前研究结果，关于自然对人类健康的影响初步认为具有以下几个方面：（1）强化骨骼，防止出现骨质疏松症；（2）预防肥胖；（3）改善睡眠；（4）防止抑郁和焦虑；（5）降低染病风险；（6）提高精神压力耐受性；（7）降低心脏病发病风险；（8）享受生活，防止孤独。[4,5]

1　医疗花园种植设计的演化简史

整个医疗花园的演进历史，在某种程度上说，就是医疗花园种植设计的演进历史。早在中世纪时期，欧洲的修道院和医院为穷人、病人和其他身体虚弱的人提供护理服务，并从中种植草药，草药和祈祷是恢复及治疗的主要力量。[6]圣·伯纳德（St. Bernard，1090—1153）对绿色、芬芳、鸟鸣等所产生康复、医疗效果的阐述，与800多年后加州医院花园使用者所提到的健康要素非常相似。[7]在这个时期，通过利用基本的造园元素，使感受主体产生心理慰藉，从而实现精神层次的超越，因此植物发挥的主要作用是作为宗教的载体提供精神慰藉。

18世纪初苏格兰的哥雷格迪博士首先对精神病患施以园艺栽培训练，开启园艺治疗的先河，也为日后的发展奠下基础。[8]

这种通过围绕植物进行的活动愈加盛行，19世纪中叶，瑞（Ray）建议病患适当地参加园艺活动，他认为让患者参与园艺劳动过程才是最重要的，而非蔬菜的丰产与否，园艺活动能让病人更好地恢复健康，释放精神上的压力。[9]

实际上，在19世纪50年代以前，由于医疗技术的落后，医院对于患者的康复所起的作用微乎其微，只有那些得了不治之症或非常贫穷的人才会去医院，而在那里他们都会死去。[7]南丁格尔的改革和疾病细菌理论的提出以及二战期间护理实践使得医院的职能发生观念上的转变——医院提供的是对疾病本身的治疗，而不是对患者的护理。

医学在人类追求健康并与疾病不断的抗争中不断发展。20世纪中叶后，对疾病本身的治疗、预防为中心的医学逐渐向康复医学和健康医学转变。至此，医疗花园的作用真正显现，一些医疗花园特别突出地使用了植物产生的康复作用。

2　医疗花园种植设计与普通的种植设计的几点区别

2.1　发挥特殊的医疗功效

首先，从医疗花园的概念出发，雷艳华总结了康复花园的概念：是通过其自然景观及人文景观，让使用者从主动和被动2方面获益，从而对其身心健康提供助益的户外空间。[10]因此，与普通场所种植设计最显著的区别是，医疗花园的植物不限于予人良好的感受层次，而是对人的身心发挥特殊的康复、医疗功效。

2.2 更加细致化

医疗花园的种植设计所涉及的设计矛盾比普通种植设计复杂。细微的设计缺陷都会导致严重的后果。例如对于一些过敏性的疾病，如花粉过敏，过多的春季开花植物不但起不到任何康复、医疗作用，还会增加新的或加重病情。因此需要将特殊情况考虑在内，一些植物虽然在形态、颜色等方面吸引人，但是仍需要舍弃。

2.3 建筑与植物的关系

对于一些需要久卧床上、不方便下楼来到花园的患者，透过窗户看到花园和其他人的活动对疾病的恢复也有所裨益，在上述的乌尔里西的经典案例，说明透过窗能欣赏到植物也对患者的疾病有减轻作用。

2.4 空间的明晰性

一般情况下，医疗花园的面积较小，周围有建筑围合，通过精心选择和配置植物，营造不同的空间。需要注意的是植物和园中其他各元素的关系应是通达、明晰、方便到达的，且全园可以考虑无障碍设计。

2.5 造园元素的明确性

医疗花园的植物设计应该是明晰的、能鼓动人心的、使病人对生活充满希望的。避免设置一些模棱两可或是难以理解的抽象艺术的构筑物。例如在美国的一家医疗花园中，一座抽象的鸟类雕塑给花园的使用者带来了恐慌，不得不进行拆除。

3 植物的选择

3.1 选择乡土植物

乡土植物又称本土植物（Indigenous Plants）广义的乡土植物可理解为：经过长期的自然选择及物种演替后，对某一特定地区有高度生态适应性的自然植物区系成分的总称。[11]我国气候多样，有着丰富的植被类型，各地的植物在漫长自然选择和演替后，形成了具有地方特色的景观，并与当地的传统文化融为一体。这就为一些记忆神经受损、认知能力受损、感觉能力下降的病人提供了缓解病情的可能，因为人们生活在一个特定的环境中，所谓"一方水土养一方人"，各种环境因素在人们成长过程中都发挥着潜移默化的影响和刺激，形成了对外部环境的认同感和归属感，乡土植物与人们的生活息息相关。因此，乡土植物群落能对病人能产生不同的刺激，对某些疾病有缓解作用。例如，对于记忆神经受损或是患有老年痴呆的病人，借助乡土植物的外形、气味和色彩等来唤起记忆，尤其是对老年痴呆症患者，乡土植物能逐渐引导他们回到以往的生活，逐渐回忆起以往生活的种种生活经历，从而改善病情。

3.2 选择色彩美的植物

植物色彩丰富，不同的叶色、花色、果色呈现出缤纷的视觉美形象，不同的植物在不同的季节产生相应的季相色彩的韵律变化，代表了生命的节奏，并给人一种动态的艺术美感。人们在长期的生活实践中对色彩产生共识，即色彩情感，色彩因搭配与使用的不同，会在人们的生理、心理产生不同的情感。[12]例如，心理学家发现绿色在改善人的心绪有着重要作用，绿色是最平静的颜色，能使精疲力竭的人感到宁静。此外，植物的康复作用体现在，例如红色能促进血液循环、增加肾上腺素的分泌有助于克服疲劳和抑郁。黄色可提高人的警觉，有助于集中注意力，加强逻辑思维，增强记忆力，对肝病患者也有一定的疗效。蓝色具有降低脉搏和血压、稳定呼吸、平心静气等作用还能调节体内平衡，有助于克服失眠，而绿色有助于消化和缓解眼睛疲劳，并能起到镇静作用，对好动及身心压抑者有益，自然的绿色对昏厥、疲劳和消极情绪均有一定的克服作用（表1）。[13]Niedenthal提出：当一个人受到一系列环境刺激时，与观赏者情绪状态相符合的刺激因子最有可能成为关注的焦点，这被称为"情感叠加"理论。健康的人看到有艺术情趣的事物，会引发与艺术相关的联想，而处于焦虑或压抑状态的病人，会感到吃惊和害怕。[14]在医院环境中，病人和探访者都存在着不同程度的紧张、焦虑或是有些病人本身就患有轻微的抑郁而前来就诊，植物色彩呈现的自然美感是减轻抑郁的有效方式。此外，植物色彩的温度以及他们传达出的运动感、距离感和轻重感都是营造花园氛围、景深层次等的要素。

色彩及其表现的情感、针对疾病和代表植物　　表1

色彩	表现情感	针对疾病	代表植物
红色	给人艳丽、芬芳和成熟青春的感觉，极具注目性、诱视性和美感	神经麻痹、忧郁症	观花：月季、红花紫荆、木棉、凤凰木等 观叶：枫香、乌桕、樟树、山麻杆、黄栌等
橙色	具有明亮、华丽、健康、温暖、方向的感觉	咽喉、脾脏患者、老年体弱	观花：菊花、金盏菊、旱金莲、孔雀草、万寿菊等
黄色	给人以光明、灿烂、柔和、纯净之感，象征希望、快乐和智慧	神经障碍患者	观花：黄叶假连翘、黄花夹竹桃、黄花美人蕉、菊花、金鱼草等

续表

色彩	表现情感	针对疾病	代表植物
绿色	给人以宁静、休息和安慰之感，作为生命之色，象征着青春、希望和和平	高血压、烧伤、感冒、神经衰弱	
蓝色	为典型的冷色和沉静色，给人以安静、空旷之感	肺炎、神经错乱乱	观花：瓜叶菊、风信子、蓝花楹等
紫色	高贵、庄重、优雅之色，明亮的紫色令人感到美好和兴奋	失眠、神经衰弱	观花：紫藤、三色堇、紫荆、石竹、美女樱等，观叶：紫绢苋等
白色	纯洁和纯粹，明度最高，给人以明亮、干净、清楚、坦率、朴素、纯洁之感	神经衰弱、加快新陈代谢	观花：白玉兰、白花夹竹桃等；观枝干：植物白皮松、粉单竹、白秆竹等

3.3 选择芳香植物

医院中的消毒水的气味让人在潜意识里感到紧张和压力，选择与消毒水味强烈对比的或能掩盖住消毒水气味的有芳香气味的植物以创造令人放松的味觉环境。在外部环境中，人的五感（视、听、嗅、味、触）以视、听、触研究较为深入，味觉和触觉的研究相对滞后。嗅觉作为大脑情感反应最快的知觉，对情绪影响极大。当气味影响人的兴奋状态，使脑电图（由脑波的频率、波幅、波形等因素决定）表现出不同的变化形式时，脑内产生的特定激素增加直接影响人体细胞活力及免疫力高低，并使抽象的思维通过激素变成物质化的效应，对人的身心产生特殊影响。[15]芳香植物按其对人体的作用分为调节神经和辅助心血管2大类，第一类芳香植物释放出对人体有益的成分包括蒎烯、月桂烯、芳樟醇等，对神经和心理具有调节作用，并且有安眠的功效。这类植物有梅花、白兰花、水仙。第二类不仅能释放出水杨酸、旅烯、贝壳杉烯等有益于心血管系统循环的成分，并能释放大量的负离子以促进人体新陈代谢，如菊花、金银花等。

3.4 选择外形优美

人们感知户外环境空间的首要因素是形态，形态包括"形"和"态"，植物的"形"即外形，是指植物整体形态和生长习性方面所呈现出的大致外部轮廓，分为规则和不规则两类。不同的植物形态具有不同的形态意象。植物具有广泛的象征意义，而且不经意表现出来。树木象征坚强、力量和永久；多年生植物象征延续和更新，一、二年生植物象征生长、发芽、开花、结实、腐烂、死亡和再生。[16]不同植物的组合配置产生动静皆宜，稳定柔美的画面，使花园的使用者感受到植物的形态美。在这里要注意选择外形具有亲和力的植物，例如，在园中距离使用者较近的植物应选择叶片、草叶纤细的品种。避免选择一些如剑麻等外形危险的外来植物，就剑麻讲，它叶子末端锐利，对靠近它们的人有潜在的危险。

风、雨等自然现象作用于植物从而使其产生动感，植物的叶与叶、叶与枝、花与叶等相互接触、撞击发出的植物声响，柔和在植物上栖息的生物发出的声响，这些大自然的声响有助于调节神经系统功能、增强食欲、促进消化的作用。在我国，音乐治疗可追溯到春秋时期，而欧美等一些国家早已深入应用音乐治疗疾病。在保证种植设计生态性的同时，提供舒适、具有治愈功能的自然的声响有助于改善患者病情。

3.5 选择具有治愈功能的植物

除了植物的美观性外，另外选择要点是具有特殊治愈功能的植物。例如，许多树木能分泌杀菌素，因此多树木的郊区和公园的细菌要比高密度的城市建成区少。每天清晨，许多练功打拳者面对绿色植物，呼吸平静而舒畅、步伐沉稳、面部怡然，逐步达到"入境"的境界。根据植物学家已经确定有杀灭细菌、真菌和原生动物能力的树种有多种：侧柏、合欢、刺槐、紫薇、木槿、女贞、丁香、悬铃木、石楠、臭椿等。面对一些特定树木练功，有一定的医疗作用，例如松树、樟树和银杏，这些树木散发的气味对人体的静脉、气血、肠胃、心、肺有良好功效。

3.6 质感

植物材料的质地可以指树叶表面与边缘、树干、枝条或花果上所反映出来的粗细程度，也可以指整株植物给人的整体感觉。[17]人获得植物的质地信息与人观察植物的距离和移动速度密切相关。对于行动不便的病人，他们无法近距离观赏或在移动中观赏植物，选择质地较粗、质地对比强烈的植物，可形成富有感染力的植物景观。同时，植物的质感与人的触感紧密相关，而触觉感受是人们最基本、直观的经验，通过手、足、皮肤等触觉器官得到物体确实的感受，自然景物通过人的触觉传递至心理引起共鸣，某种意义上实现人类与生物同质性上的心理认同。[18]质感对比强烈的植物或植物配置能吸引能自由活动的病人近距离观察、触摸植物，刺激触觉和眼睛和双手的协调。

3.7 野草野花之美

一般情况下，园林中的野草和野花是要定期铲除的。因其被认为是没用的、低下的文化或是破坏了园林的视觉美。在城市里，园林和市政部门在检查绿化时把有无野草作为一个重要的评价标准，有野草被评为不合格。野草不自美，因人、因设计而美。[19]实际上，野草与人工草坪相比，能形成更多的生态系统和生物多样性并且野草少

图1 野花野草之美
(http://land8.com/photo/rrmc-fianna-s-healing-garden-2, http://news.bbc.co.uk/local/wiltshire/hi/people_and_places/nature/newsid_8790000/8790107.stm)

图2 选择易于人产生互动的植物

病虫害，无须使用农药等防治措施。人在患病后才会认识到生活、健康的美好，对平常生活中忽视的事物重新关注起来。野草通过精心选择和巧妙的设计，能使人产生视觉趣味和触摸的意愿，并能分享有关野草的话题和知识，使病人拥有重返社会的强烈愿望，无形中加快病情好转（图1）。

3.8 选择易与病人互动的植物

植物不仅可以给人以视、听、嗅、味、触的感受，而且人们还可以与植物产生互动。在国内新兴的园艺疗法就是这一理念的应用，美国园艺疗法协会对其定义为对于有必要在其身体以及精神方面进行改善的人们，利用植物栽培与园艺操作活动从其社会、教育、心理以及身体诸方面进行调整更新的一种有效的方法。植物何时播种、何时修剪、何时施肥，如何播种、如何修剪施肥等，对于有些致力于参与其中的患者，有些园艺知识需要学习，在此过程中可培养其责任感、行动的计划性、记忆力与注意力。患者进行劳动的过程中，与植物近距离接触，植物的色、形、气味和质感使患者感官受到刺激，同时病患在户外活动的过程中，皮肤接受阳光照射，能够促进维生素D的吸收，而维生素D对皮质醇和褪黑素的代谢具有调控作用。除此之外，四肢的活动，有助于某些疾病的痊愈，患者久卧床上，身体某些机能会出现衰退的现象，例如肌肉收缩、关节不适，心脏和消化器官机能低下等。在活动中人体的肌肉应力、四肢的灵活和平衡性受到锻炼（图2）。例如，右臂轻度偏瘫的病人，通过修剪某些植物的枝条能改善或者克服手臂肌肉虚弱症状。

4 植物配置

4.1 植物多样性

如前所述，医疗花园的种植设计追求植物的康复、医疗的功能（实用之美）。生物多样性维持了生态系统的健康和高效，因此多样性是生态系统服务功能的基础。医疗花园的植物配置需要体现生态设计之美，而生态设计最深层的含义就是为生物多样性而设计。[20] 各种乔灌草植物的搭配影响医疗花园小空间的空气洁净度、隔音降噪的实际功效。一般情况下，绿化结构越复杂，产生的负离子的浓度越高，空气的洁净度越高。在各种搭配组合中，以乔灌草相结合的搭配负离子浓度最高，而单一的草被最低（图3）。

4.2 密植

园中应保留一定的植物密植区，自然式的植物群落与其他造园元素相结合形成一系列的林间空地，构成美丽的风景画，能受到花园使用者的青睐。将挑选的乡土树种幼苗近似的按照自然群落结构密植，各群落间自然竞争，保留优势种，二三年内可郁闭，10年后便可成林。另外一方面，密植的植物是塑造空间围合感的常用

图3 植物配置的多样性

手法，人们倾向于使用靠近建筑物的壁龛空间或是围合空间，这种空间给人以安全感。如果这些空间既能看到其他人的活动，而自己又不被观察到，则是理想的户外空间。

4.3 花坛和种植盒

在医疗花园理念引入和起步比较早的欧美国家中，相当一部分医疗花园的植物都种植在抬高的种植平台、种植床上，还有吊篮等在空中种植的植物。不同高度的花坛和种植床增加患者和植物的可接近性（图4）。在瑞典丹德瑞医疗花园中，种植床和花坛设有5个不同的高度，适合于各种不同的工作姿势：下蹲、站立、弯腰等。花坛和种植床高度分为7级：A＝地平高度；B＝20—75cm，C＝68cm，D＝60cm，E＝40cm，G＝85cm，H＝75cm。最高的种植床与桌面等高，坐轮椅的病人可在其下和周围活动。旁边设置木座凳，可以坐下来休息。[21]

4.4 栽植和保留园中的老树

无论是孤植的还是群植、丛植中的老树容易成为视觉焦点。在夏日，巨大的树冠为花园中的人们提供荫凉，塑造空间感。在我国，入夏后一些中老年人都有在大树下乘凉的习惯。老树提供的熟悉的阴凉在一定程度上可消除患者在新的医院环境中的不适和恐惧。历经沧桑的老树以其粗大的树干和巨大的树冠给人一种生命永恒感，能抵消人们的焦虑。老树连同其生长的土壤是一个完整的生态系统，能为一些小生物，例如鸟类、昆虫提供栖息空间，吸引使用者的注意力（听、看），训练反应能力。

4.5 解说系统

病人在花园中活动时，会遇到陌生的病友，花木容易成为病人之间的话题。病人在欣赏花木的同时，有更进一步阅读了解其详细情况的需求，印有花木科属、习性、培养要点的说明牌满足了这一需求。当一个患者在默读或是朗读说明牌，其他患者可能会出于好奇加入，分享花木知识，进而扩展到其他话题，促进了病人之间的交流，培养与他人的协调性，提高社交能力。对于一些认知能力受损的患者，不同的园艺活动的学习和准备工作，例如阅读种子包装袋上的说明、专业园艺人员给病人进行的一些的口头传授或者书面指导、花坛设计、植物株间距和栽植深度的计算等，都能够促进病人认知能力的重新组织（图5）。

5 结语

植物对人的五感刺激（视觉、听觉、嗅觉、触觉、味觉）是主要作用途径，是被动的，围绕植物产生的园艺活动是主动的。植物表现出的色彩、形态、声音、芳香、质地会对人产生哪些深层次的、积极地影响、如何对人产生作用等亟待进一步科学研究。但确定无疑的是，众多的实验结果和亲身经历表明植物对患者的身体和精神的康复和医疗功效。在医院这个特殊的环境中，植物是医疗花园医疗和康复功能的体现，植物的选择和配置需要细致处理、谨慎设计以发挥出更好的康复和医疗功能。随着我国医疗事业的发展，医疗花园的设计越来越受到重视，相信医疗花园中更多的更优秀的种植设计的会出现。

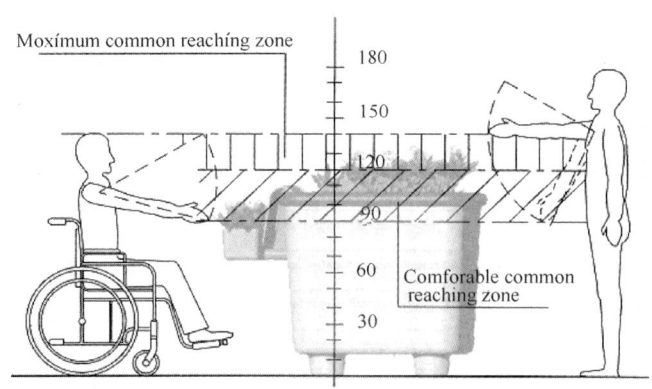

图4 适合坐在轮椅上和可站立的病人进行园艺操作的种植盒

图5 植物促使病患与他人交流

参考文献

[1] 乔昕,张德顺.药用植物在康复花园景观规划设计中的运用[J].沈阳农业大学学报(社会科学版),2012,14(2):222-226.
[2] Ulrich R S. View Through a Window May Influence Recovery from Surgery[J]. Science, 1984, 224: 420-421.
[3] 麦克哈格.设计结合自然[M].芮经纬,译.天津:天津大学出版社,2006.
[4] Lis-Balchin M. The Therapeutic Garden[M]. Bantam Press, 2000.
[5] 杨欢,刘滨谊,帕特里克.A.米勒.传统中医理论在康健花园设计中的应用[J].中国园林,2009(1):13-18.
[6] 克莱尔·库珀·马库斯,巴恩斯.益康花园:理论与务实[M].江姿仪,吴珠枝,林凤莲,译.台北:台湾五南出版社,2007:2-20.
[7] 克莱尔·库珀·马库斯,卡罗琳·弗朗西斯.人性场所:城市开放空间设计导则(第二版)[M].俞孔坚,孙鹏,王志芳,等,译.北京:中国建筑工业出版社,2001:291-318.
[8] 齐岱蔚.达到身心平衡:康复疗养空间景观设计初探[D].北京:北京林业大学,2007.
[9] 谢瑞娟.园艺治疗在休憩利用之研究[D].台中:中兴大学,1982.
[10] 雷艳华,金荷仙,王剑艳.康复花园研究现状及展望[J].中国园林,2014(2):31-36.
[11] 孙卫邦.乡土植物与现代城市园林景观建设[J].中国园林,2003(7):63-65.
[12] 王晓红.色彩植物景观与园林应用[J].贵州科学,2005(3):76-79.
[13] 李霞.植物色彩对人生理和心理影响的研究进展[J].湖北农业科学,2010(7):1730-1733.
[14] Gerlach-Spriggs N, Kaufman R, Warner S B. Restorative Gardens: The Healing Landscape[M]. New Haven, CT: Yale University Press, 1998.
[15] 陈婉蓉.环境与健康[M].南京:南京师范大学出版社,1998.
[16] 克莱尔·库珀·马科斯.罗华,金荷仙,译.康复花园[J].中国园林,2009(2):1-6.
[17] 马军山.现代园林种植设计[D].北京:北京林业大学,2005.
[18] 张文英,巫盈盈,肖大威.设计结合医疗:医疗花园和康复景观[J].中国园林,2009(8):7-11.
[19] 俞孔坚.足下的文化与野草之美——中山岐江公园设计[J].新建筑,2001(5):17-20.
[20] 俞孔坚,节约型城市园林绿地理论与实践[J].风景园林,2007(4):55-64.
[21] 杨传贵,赵菁怡,瞿哲峰.瑞典丹德瑞医疗花园[J].中国园林,2011(4):92-94.

作者简介

孙振宁,1988年生,男,汉族,内蒙古,硕士研究生,天津城建大学,研究方向为风景园林规划设计,Email:larrylee0007@hotmail.com。

杨传贵,1963年生,男,汉族,山东,博士,天津城建大学,教授,研究方向为园林铺地设计、寺观园林等,Email:sophora668@163.com。

沈阳地区地被植物在景观设计中的应用探讨

Discussion of Ground Cover Plant on Landscape Architecture In Shenyang Region

翁 倩　李金红

摘　要：文章阐述了地被植物应用现状及存在的问题。通过对沈阳地区地被植物的特点分析，总结出地被植物景观设计原则，寻求到适合沈阳地区地被植物应用的方法及植物种类。对不同类型景观绿地中地被植物的应用提出合理化建议，以期为沈阳地区景观绿化提供依据，从而进一步完善地被植物的研究与应用。

关键词：沈阳地区；地被植物；景观设计；植物应用

Abstract: The current situation and problems of the ground cover plant's application were described. Through the Shenyang region being analyzed characteristics of plants, plant landscape design principles were summed. The methods and plant species of plants which were suitable for application of ground cover plant in Shenyang region were sought. Rationalization proposals in different types of green landscape were put forward in the application of plant, in order to provide the basis for landscaping in Shenyang region. Application of ground cover plant further was forward.

Key words: Shenyang Region; Ground Cover Plant; Landscape Architecture; Plant Application

地被植物具有很多显著的生态功能，容易形成绿化景观效果，有助于把城市自然化，形成生物多样化的现代城市植物景观，改善城市平面绿化的低生态效应现状，形成多层次、季相明显、色彩丰富的立体生态景观。同时，随着"可持续发展"、"生态园林"、"人与自然和谐发展"等理念的提出，生物多样性得到人们高度关注，景观绿化中多层次的植物群落（乔、灌、草相结合）得到肯定和推崇，实践证明，地被植物具有明显的景观优势，相关的研究和应用也越来越多。城市景观中的绿化区，可利用地被植物作自然衔接过渡，将草坪与乔、灌木连贯起来，增加层次感，[1]表达植物群落的成层性特征。

1　地被植物的应用现状

地被植物的研究工作已开展近50年，不少国内外学者意识到地被植物的重要性，着手研究地被植物的生长特性，如耐阴性、抗旱性、抗寒性等方面，此外注重引种和驯化，增加地被植物的资源。近年来，地被植物在城市绿化中占有重要地位，是城市景观向城市生态景观过渡的重要植物类型，因此得到了广泛的应用。地被植物不仅丰富了景观，创造了优美舒适的环境，而且极大地改善区域小气候，充分发挥其生态效能。

1.1　以传统品种为主导

目前，地被植物的种类较多，但应用的种类主要以乡土种类为主。沈阳市的园林研究部门首先进行了地被植物的资源调查，目前可应用的地被植物种类已超过190种，应用较多的有福禄考、景天、常夏石竹、黑心、金山绣线菊、黄杨、矮牵牛、景天、三叶草、沙地柏、紫叶小檗等10多个种类。[2]主要原因是传统种类生态适应性强，成景较快。

1.2　植物驯化，引进新品种

沈阳地区目前对地被植物的研究范围主要集中在地被植物的引种和驯化方面，同时对引种的材料进行了抗逆性的研究，耐荫性方面较为突出。[3]受气候条件制约，景观中应用的种类还略显单调，其中引进国外品种20多种。

1.3　重视乡土植物

近几年来，乡土地被应用已初见成效。如：福禄考、景天、常夏石竹、黑心菊等多用于道路绿地及草坪绿地边缘；五叶地锦、玉簪、玉竹、二月兰等用于林下空地或建筑物背阴处；还有马莲、萱草、金鸡菊、千屈菜、沙地柏等用于置石及步道边，取得了极好的景观效果。[2]这些植物，观赏价值高，生态适应性强，具有较好的应用前景。

2　存在的问题

地被植物根据其形态和生长特性，在植物层次的配置上，能够弥补高大植物下部空间空隙大的不足，在立面上形成较好的景观效果。但是地被植物在应用的过程中还存在一些问题：沈阳地区的乡土地被植物资源匮乏，缺乏地方特色，植物造景显得单调；受气候条件制约，沈阳地区的植物生长状态稍显不足，而植物的驯化和引进品种的研究还不够完善，这就严重影响了地被植物的多样性；[3]此外，还有因缺乏设计经验以及对有些地被植物习性了解不深，配置不当，造成植物景观层次不清、杂乱无章的不良效果。

3 地被植物的特点

地被植物是指生长高度在1m以下、枝叶密集成片种植，具较强扩展能力，能迅速覆盖地面且抗污染能力强，易于粗放管理，种植后不需经常更换，对地面起着很好的保护作用，具有良好的观赏价值和生态效益的植物，包括一、二年生和多年生草本植物，以及一些适应性较强的苔藓、蕨类植物、常绿和落叶木本地被、攀援藤本植物和宿根花卉等。

3.1 具有观赏性，易形成景观

地被植物的高度富有层次变化，能够满足景观的多样性，形成丰富的美丽景观，如花带、花墙、花境等，通过形式上的变化，增加景观的观赏性。此外，地被植物的色彩也较丰富，季相特征明显，通过枝、叶、花、果的变化，满足不同目的的地面覆盖。

3.2 生态效益大

地被植物具有较强或特殊净化空气的功能，如有些植物能够吸收二氧化硫，[5]有些则具有良好的隔音和降低噪声效果。在层次、冠形、厚度、色彩等方面，观赏性较强，在喜阳、耐阴、喜肥、耐瘠等生态要求上，能与其他植物类型构成和谐、稳定的植物群落。

3.3 生态适应性强

在地被植物中，许多种类具备耐旱、耐寒、耐水湿、耐盐碱、耐瘠薄的能力。在不同水分条件、酸碱度、质地的土壤条件下基本上都有可供选择的适合种类，可以根据不同的环境条件选择不同的品种，扩大了景观绿地的覆盖面积，提高了城市的生态效益和社会效益。

3.4 易于造型装饰，管理粗放

大多数草本地被植物具有匍匐性或良好的可塑性，既可修剪成球形、塔形，又可构建成模纹图案，不仅丰富了植物景观，还使植物具有高低的层次变化。地被植物多为自繁力强的草本植物和多年生木本植物，供观赏年限较长，养护管理较粗放，无须经常修剪和护理。[6]

4 地被植物的景观设计原则

地被植物在生态景观中所起的作用越来越重要，因此要根据绿地的功能和性质，选用合适的地被植物，构成和谐稳定的乔灌草植物群落，才能取得较理想的效果。在进行地被植物景观设计时，应遵循以下设计原则。

4.1 科学性原则

"因地制宜、适地适树"是植物景观设计的重要原则，地被植物也不例外。[7]在配置地被植物之前，需了解种植地的立地条件、选用地被植物的特性以及周边的群落关系。根据选用的地被植物的生态习性、生长速度与长成后可达到的覆盖面积与乔、灌、草合理搭配，构成和谐、稳定、能长期共存的植物群落。

4.2 功能性原则

景观绿地按其功能可分公园绿地、居住区绿地、道路绿地、防护绿地、生产绿地、风景游览绿地等专用绿地，不同类型的景观绿地应根据其功能选择不同种类的地被植物。如在儿童公园，营造的景观效果要与儿童的天性相一致，一般在儿童公园的种植设计中，多选择植株低矮、无毒无刺、色彩鲜艳的地被植物。

4.3 地域性原则

生物多样性是城市生态景观构建水平的一个重要标志，丰富多样的植物素材，模拟构建再现自然植物群落，其中，作为景观底色的地被植物十分必要。由于地被植物具有相当大的适应性，引种便利，生存能力相对稳定而又耐粗放管理，可降低资源的消耗，有利于城市景观绿化建设的可持续发展。地被植物鲜明的地域特色与本土风情，更能营造城市的植物生态群落，以彰显城市的个性魅力与地域文化特色。

4.4 艺术性原则

景观是一门艺术学科，地被植物的应用遵循景观艺术的原则与规律，利用地被植物的不同叶色、花色、花期、叶形等搭配成高低错落、色彩丰富的花境，与周围环境和其他种类的植物协调地衔接起来，体现出丰富的植物群落特色。

5 地被植物的选择与应用

在沈阳市绿化中，地被植物的选择同样要遵循"因地制宜、适地适种"的原则，根据不同的环境条件条件及地被植物的生物学特性综合考虑，选择适宜阴、阳、干、湿各种环境的地被植物品种；根据绿地植物配置状况选择地被植物；根据绿地植物与地被植物的季相景观特征配置地被植物。

5.1 因地制宜配置地被植物

在配置地被植物前，应分析立地环境状态，再配植地被植物。沈阳地被植物设置的场所主要有道路绿地及草坪绿地边缘，林下空地或建筑物背阴处，疏林地，沿街的游园和绿地，置石及步道边等。

5.1.1 道路绿地及草坪绿地边缘

应选择具有较强抗性、生长整齐、花期长的开花地被植物，如：福禄考、景天、石竹、黑心菊等，使得原本比较单调、空旷的园路、草地具有生机活力。

5.1.2 林下空地或建筑物背阴处

此处多为浓荫、半阴的环境，应选择喜荫、湿或耐阴的地被植物，主要以覆盖地面、绿化环境为主。如：在桥下绿地中选择藤本的五叶地锦；在树下选择玉簪、玉竹、二月兰等。

5.1.3 疏林地

疏林地一般阳光较充足，适宜选择喜光的一、二年生观花或观叶的地被植物。用株高整齐一致（耐修剪的品种通过修剪亦可）色彩艳丽协调的3—5种花卉（如：矮牵牛、千日红、三色堇等）配置成大的色块，或用株高整齐一致的观叶植物（如：金山绣线菊、小叶黄杨、沙地柏、紫叶小檗等）组成模纹图形，不仅使景观富于变化还有扩展空间的作用。[8]

5.1.4 游园和绿地

此处的土质较差，最宜选择适应性广、繁殖力强而又有观赏价值的多年生的野生地被植物或宿根花卉，这些植物季相明显、开花早，一般在"五·一"时花可盛开，花色为紫、白、黄，自然配置高低错落极富有大自然的野趣和地方特色。

5.1.5 置石及步道边

宜配置多年生地被植物，如：马莲、萱草、金鸡菊、千屈菜、沙地柏等，丛植或片植在草坪中形成缀花草坪，景观风格特异，花草相映成趣，颇有韵味，充分体现了地被植物在创造景观多样性方面的优势，达到步移景异的效果。

5.2 高度搭配

地被植物作为绿化的底层起衬托作用，为了更好地突出上层乔木、灌木的植物特征，与上层合理、协调的配置，使整体群落层次分明。

分枝点高的高大乔木绿地，可选择较高的观花地被植物，如：郁金香、玉簪等，能增强林相层次拓宽景深，体现自然群落的分层结构和植物配置的自然美；绿地乔灌木比较密集时，可选择较低矮的地被植物。如：满铺草坪、紫花地丁、三叶草、卧径景天等；乔灌木稀疏品种少时，可选择宿根或一、二年生喜阳花卉丛植、片植等构成季相景观丰富的植物群落，如：鸢尾、石竹、矮牵牛、一串红等，吸引游人驻足欣赏。[2]

5.3 色彩搭配

地被植物的种类繁多、色彩丰富，合理运用色彩的对比性，使不同色彩的地被植物与上层乔、灌木合理配置，可丰富植物群落的层次，形成多层次的绿化结构，提高景观效果。[9]

如果群落上层是观叶的乔木（槭树科植物、紫叶黄栌、红叶李等），应选择以绿色为主的观叶地被植物（如：景天类、白三叶、三叶草等）；如果群落上层为常绿树（桧柏、冷杉、云杉等），选择以观花为主的地被植物（如：一串红、落新妇、三色堇等）；如果群落上层是观花的乔灌木（红王子锦带、暴马丁香等），选择单一色彩的草坪或根据绿地的功能性质分别选择三色堇、红矮牵牛、粉矮牵牛等，可进一步提高植物色彩的明度。[8]

在色彩的调和方面，单色调和是在同一颜色中进行浓淡明暗的相互配合，依其浓淡顺序排列组合，给人以调和韵律之感。如由深绿的三叶草到浅绿的八宝景天、白三叶草；或深绿的早熟禾到浅绿的野牛草等；相近色的调和是近似色调和，如红与橙、黄与绿、蓝与紫等组合，使其具有高雅柔和的感觉，满足不同功能性质绿地的需要，如一串红与金盏菊。

地被植物越来越成为城市植物景观的重要组成部分，随着对地被植物的种类、生物学特性、适应性以及生态效益等方面研究工作的不断深入，地被植物得到了广泛应用，甚至高层建筑的屋顶、墙面都可普遍栽植，立体植物群落景观不断丰富，[10]达到较好的生态效益和经济效益。沈阳作为我国重要城市之一，景观绿化是城市美化的重要指标，地被植物在植物景观设计中的比重也愈加明显。因此，作为景观设计工作者应遵循景观设计原则，充分了解地被植物的特点和功能，创造出景观效益与生态效益相结合的地被植物景观。

参考文献

[1] 吴玲. 地被植物与景观[M]. 北京：中国林业出版社，2007. 3.

[2] 赵雪宇，刘芳. 适合北方地区栽植的优良地被植物[J]. 新农业，2001，(2)：45-46.

[3] 伍世平，王君健，于志熙. 11种地被植物的耐阴性研究[J]. 武汉植物学研究，1994，12(4)：360-364.

[4] 安利波. 地被植物在园林绿化中的应用[J]. 安徽农业科学，2007，35(19)：5751-5752.

[5] 张丹. 园林地被植物种类及其在城市园林绿地中的应用[J]. 河北农业科学，2009，13(3)：17-19，24.

[6] 张玲慧，夏宜平. 地被植物在园林中的应用及研究现状[J]. 中国园林，2003(9)：54-57.

[7] 苏雪痕. 植物造景[M]. 北京：林业出版社，1994. 19.

[8] 刘健. 北方园林中地被植物的选择应用[J]. 中国林副特产，2002，(4)：44-45.

[9] 蔺银鼎，王有拴，武小刚. 6种开花地被植物坪用价值的比较研究[J]. 中国农学通报，2007，23(2)：307-312.

[10] 何平，彭重华. 城市绿地植物配置及其造景[M]. 北京：中国林业出版社，2000：17.

作者简介

翁倩，1981年12月生，女，汉族，辽宁沈阳，辽宁经济职业技术学院工艺美术学院环境艺术系教师，讲师，硕士研究生，研究方向为环境艺术设计、植物景观设计，Emali：727299374@qq.com。

李金红，1979年3月生，女，锡伯族，辽宁沈阳，辽宁省农业科学院创新中心，助理研究员，博士研究生，研究方向为观赏园艺与园林植物，Email：lijinhong_0315@163.com。

杭州市野生乡土彩叶树种园林应用综合评价

Comperhensive Evaluation on Wild Local Color-Leaf Species of Hangzhou City

吴 君 吴 冬

摘 要：本文对近年来杭州市萧山区花卉苗木优良种质资源库引种收集的22种野生乡土彩叶树种作为研究对象，运用层次分析法和综合评价法进行了开发价值的初步分析和综合评价。结果表明：根据综合评价值可分为3个等级，Ⅰ级9种，Ⅱ级11种，Ⅲ级2种。通过此研究可筛选出相对优质的乡土彩叶树种，打破树种色彩的单一化，进而对杭州地区乡土彩叶树种的引种、选育及产业化的研究提供有利的现实依据。

关键词：杭州市；野生；乡土彩叶；综合评价

Abstract: In this paper, the 22 kinds of wild local color-leaf species in recent years of flower germplasm resources in Xiaoshan area is the research object, AHP and comprehensive evaluation method is used to analyze and comprehensive value. The results show that: according to the comprehensive evaluation, it can be divided into 3 grades, Grade Ⅰ 9 species, Grade Ⅱ 11 species, Grade Ⅲ 2 species. It can selected relatively high—quality local color-leaf species through this study, in oder to break the single species color, and then provide the favorable realistic basis to the research with the introduction, breeding and industrialization of local color-leaf species in the Hangzhou.

Key words: Hangzhou City; Wild; Local Color-Leaf Species; Comperhensive Evaluation

彩叶树种是观赏树木中非常重要的组成部分，其独特的观赏特性能够向人们呈现多姿多彩的城市特色景观，给人以美的享受。近年来，彩叶树种的应用日趋多样，无论是数量、种类和品种，还是应用方式都呈现出快速发展的态势，尤其在党的十八大报告首次提出"美丽中国"建设后，彩叶树种的发展更与之相呼应。2012年12月，浙江省林业厅提出了"大力发展彩色树种，实现从绿化浙江到彩化浙江的跨越，使浙江大地更美丽"的口号。[1]浙江作为我国的一个苗木大省，在彩叶树种的引种、栽培、发展方面也走在全国的前列。目前，我国彩叶树种新品开发主要是利用国产树种种质资源和国外引种两个途径。但是由于气候等多种因素的作用下，外来彩叶植物在园林应用上并不稳定，可能引发潜在生态危险。[2]因此，从建设生态园林的观点出发，特别是在以诚实生态圈为中心的林业建设中，应重视乡土彩叶树种的发展。我国是世界上植物资源最丰富的国家之一，拥有400多种彩叶植物资源，银杏（*Ginkgo biloba*）、枫香（*Liquidambar formosana*）、无患子（*Sapindus mukorossi*）、鸡爪槭（*Acer palmatum*）等乡土彩叶树种很早就广泛应用在我国园林绿化中，但绝大部分乡土彩叶树种还没有被开发利用或未被大面积推广应用。因此，在我国彩叶树种种类的开发和园林应用还存在着很大的空间。

本文对杭州地区一些具有较高开发价值的野生乡土彩叶树种作为评价对象，运用层次分析法进行综合评价。以期打破现有树种单一的局面，实现多元化，对杭州市乡土彩叶树种的引种、选育及产业化的研究乃至浙江省苗木生产具有十分重要的现实意义。

1 材料与方法

1.1 材料

本文通过文献查阅、实地调查、资料记录，把近年来萧山区花卉苗木优良种质资源库（海拔7.95 m，30°08′38″N，120°14′27″，属亚热带季风性气候，四季分明，温暖湿润）引种收集的22种野生乡土彩叶树种作为综合评价对象，其资源共隶属于14个科，16个属[3-6]（表1）。

1.2 方法

1.2.1 层次分析法

层次分析法（Analytical Hierarchy Process，简称AHP）[7,8]是美国运筹学家萨蒂（T. L. Saaty）于20世纪70年代提出的，于80年代初期引进到我国，已成为一种常用的多目标决策方法，它是把复杂的定性事件看作一个大系统，进而作出定量分析的方法。本文根据引种植物的特点，建立递阶层次结构评价迫性，分为目标层、约束层、标准层和最基层4个层次。目标层：为引种树种的最终目标要求；约束层：对引种树种标准的约束方面，根据需求主次本系统主要设置观叶价值（C1）、其他观赏价值（C2）、生态学特性（C3）、生物学特性（C4）等4个方面作为A层的约束层；标准层：对约束层具体评价指标。选择合理的评价指标，更有利于评价结果的可靠性。本文借鉴国内外有关观赏树木的综合评价成果，再结合杭州市的各方面的引种条件，筛选出12种指标作为具体评价指标；最基层：待评价的植物，见引种记录表（表1）。从而构建出一个多层次的分析结构模型（图1）。

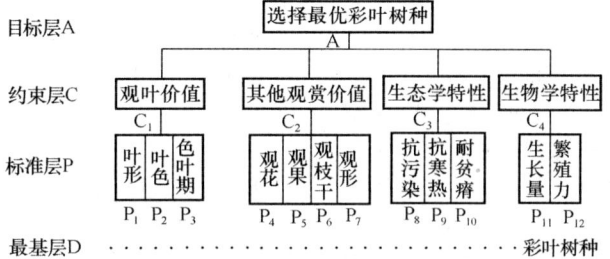

图 1 引种野生彩叶树种综合评价指标体系结构模型图

野生乡土彩叶树种引种记录表 表 1

序号	植物名称	科名	属名	形态	季节	叶色
1	金钱松 *Pseudolarix amabilis*	松科	金钱松属	落叶乔木	秋	金黄色
2	狭叶山胡椒 *Lindera angustifolia*	樟科	山胡椒属	落叶灌木或小乔木	秋	橙黄色
3	乌药 *Lindera aggregata*	樟科	山胡椒属	常绿灌木或小乔木	春	幼叶金黄色
4	檫木 *Sassafras tzumu*	樟科	檫木属	落叶乔木	秋	红色
5	白栎 *Quercus fabri*	壳斗科	栎属	落叶乔木或灌木状	秋	红紫色
6	麻栎 *Quercus acutissima*	壳斗科	栎属	落叶乔木	秋	黄色或红色
7	槲栎 *Quercus aliena*	壳斗科	栎属	落叶乔木	秋	红色
8	栓皮栎 *Quercus variabilis*	壳斗科	栎属	落叶乔木	秋	褐橙色
9	小叶栎 *Quercus chenii* Nakai	壳斗科	栎属	落叶乔木	秋	黄色
10	中华杜英 *Elaeocarpus chinensis*	杜英科	杜英属	常绿小乔木	常彩	红色
11	水榆花楸 *Sorbus alnifolia*	蔷薇科	花楸属	落叶乔木	秋	先黄后红
12	厚叶石斑木 *Rhaphiolepis umbellata*	蔷薇科	石斑木属	常绿灌木或乔木	秋冬	紫红色
13	牛奶子 *Elaeagnus umbellata*	胡颓子科	胡颓子属	落叶灌木	常彩	银色
14	蓝果树 *Nyssa sinensis*	蓝果树科	紫树属	落叶乔木	秋	红色
15	西南卫矛 *Euonymus hamiltonianus* f. *lanceifolius*	卫矛科	卫矛属	落叶灌木或小乔木	秋	紫红色
16	肉花卫矛 *Euonymus carnosu*	卫矛科	卫矛属	半常绿灌木或小乔木	秋	紫红色
17	秃叶黄皮树 *Phellodendron chinensis* var. *glabriusculum*	芸香科	黄檗属	落叶乔木	秋	黄色
18	黄山紫荆 *Cercis chingii*	豆科	紫荆属	落叶乔木	春秋	春红秋黄
19	乌饭树 *Vaccinium bracteatum*	杜鹃花科	越橘属	常绿灌木	春秋	新叶红色
20	柘树 *Cudrania tricuspidata*	桑科	柘属	落叶灌木或小乔木	秋	黄色
21	山茱萸 *Cornus officinalis*	山茱萸科	山茱萸属	落叶乔木或灌木	秋	红色
22	野鸭椿 *Euscaphis japonica*	省沽油科	野鸭椿属	落叶灌木或小乔木	秋	红色

1.2.2 综合评价法

以叶型、叶色、色叶期、观花、观果、观枝干、观形、抗污染、抗寒热、耐贫瘠、生长量、繁殖力等12个指标对树种（22种）进行对比评分，同时邀请观赏植物专家对所选植物指标进行一一评价，最后综合每一指标的平均分作为评价该植物这一指标的得分，以每一指标5分制分别记分；并对原始数据采用下列公式进行标准化：Xij'＝Xij/Xj（Max），式中：i为统计指标，j为植物种。

本研究采用特尔菲法[9]确定12个指标的权重，在评价树种综合能力12个指标中，以叶型X1为0.1、叶色X2为0.1、色叶期X3为0.1、观花X4为0.1、观果X5为0.1、观枝干X6为0.1、观形X7为0.1、抗污染X8为0.1、抗寒热X9为0.05、耐贫瘠X10为0.05、生长量X11为0.05、繁殖力X12为0.05，权重值反映了专家对该评价指标重要性的取向。根据权重向量Aj（X1，X2，X3……X12）和标准化数据Xij'，按下列公式求得综合指数Y，Y＝Aj＊Xij'。根据指数大小对每种植物进行排序分级，把植物分为3个等级：Ⅰ级，综合指数≥0.850，综合利用价值和开发前景好；Ⅱ级，0.750≤综合指数＜0.850，综合利用价值和开发前景较好；Ⅲ级，综合指数＜0.750，综合利用价值和开发前景一般。

2 结果与分析

2.1 各评价因素的相对重要性

由表2可以看出P2（叶色）的权重值最大，占21.00%，这说明对于杭州引种的乡土彩叶树种来讲，叶色是最重要的一项指标，主要集中在观赏特性的价值层面上；其次是P3（色叶期）和P12（繁殖能力），分别占13.11%和13.07%，色叶期的长短决定了其色叶树种的观赏时间，也进一步体现了观赏价值的高低，一般以常年色叶为最佳，而目前的色叶树种大部分以秋色叶为主。繁殖能力的高低也是一项重要的指标，只有较高的繁殖能力，才能更好地实现苗木的产业化，进而大面积地应用于园林绿地，更好地满足人们对植物应用的需求。

标准层（P）对于目标层（A）的总排序表　　表2

层次	C1					C2	
C权值WP1	0.406108					0.079674	
标准层	P1	P2	P3	P4	P5	P6	P7
P权值WP1	0.110449	0.566596	0.322955	0.406108	0.357421	0.079674	0.156797
总排序W1	0.044854	0.210099	0.131155	0.032356	0.028477	0.006348	0.012493
层次	C3				C4		
C权值WP1	0.357421				0.156797		
标准层	P8	P9	P10	P11	P12		
P权值WP1	0.156182	0.558644	0.185174	0.166667	0.833333		
总排序W1	0.055823	0.205413	0.066185	0.026133	0.130664		

2.2 综合评价分析

从表3的综合评析分级结果看，Ⅰ级的植物有9种，占总资源的40.90%，其中金钱松、秃叶黄皮书、水榆花楸、狭叶山胡椒的综合指数都达到了0.900或以上，可作为重点开发种类；Ⅱ级的植物有栓皮栎、麻栎、乌饭树、肉花卫矛等11种，占总资源的50.00%，Ⅰ和Ⅱ级植物在观赏价值、资源潜力、生物学特性各方面分值都相对很高，因此理所当然应该列入开发利用价值高的等级，通过驯化选育，也具有较好的开发利用前景；Ⅲ级的植物仅为野鸭椿、牛奶子2种，开发利用前景一般。

野生乡土彩叶树种综合评价值　　表3

序号	植物	综合指数Y	分级
1	金钱松	0.909	Ⅰ
2	秃叶黄皮树	0.907	Ⅰ
3	水榆花楸	0.905	Ⅰ
4	狭叶山胡椒	0.901	Ⅰ
5	檫木	0.886	Ⅰ
6	乌药	0.869	Ⅰ
7	黄山紫荆	0.867	Ⅰ
8	蓝果树	0.860	Ⅰ
9	槲栎	0.853	Ⅰ
10	栓皮栎	0.848	Ⅱ
11	麻栎	0.845	Ⅱ
12	乌饭树	0.842	Ⅱ
13	肉花卫矛	0.841	Ⅱ
14	白栎	0.838	Ⅱ
15	西南卫矛	0.834	Ⅱ
16	中华杜英	0.832	Ⅱ
17	厚叶石斑木	0.824	Ⅱ
18	小叶栎	0.804	Ⅱ
19	山茱萸	0.7633	Ⅱ
20	柘树	0.7588	Ⅱ
21	野鸭椿	0.74514	Ⅲ
22	牛奶子	0.724	Ⅲ

3 结论与讨论

经过对引种的22种植物的层级分析和权重值排序，可知P2（叶色）的权重值最大，这说明对于杭州引种的乡土彩叶树种来讲，叶色是最重要的一项指标，主要集中在观赏特性的价值层面上。彩叶树种相比于其他的观赏植物具有一定的特殊性，因为它的观赏侧重点主要倾向于叶色的特殊化。叶色艳丽，观赏价值越高，如在杭州园林中常用的乡土彩叶枫香、银杏、无患子。其次是色叶期和繁殖能力，色叶期越长，观赏时间就越长，一般以常年色叶为最佳，但目前的色叶树种大部分以秋色叶为主。繁殖能力的高低也是一项重要的指标，有些植物的种子存在大小年现象、结实率低、休眠性等一系列问题，如银缕梅（Shaniodendron subaequale）、连香树（Cercidiphyllum japonicum），它们的自身条件限制了其繁殖的速度和能力，不利于实现苗木的产业化和大面积的应用推广。

根据综合评价值的情况看，Ⅰ级的植物有9种，可作为重点开发种类；Ⅱ级有11种，Ⅰ和Ⅱ级植物观赏价值都比较高，适应性、抗性比较强，繁殖能力相对也比较高，通过驯化选育，具有较好的开发利用前景；Ⅲ级的植物仅为野鸭椿、牛奶子2种，开发利用前景一般。但综合评价等级低并不一定说明此类植物开发利用价值很差，可选择适宜的环境条件，对其加强驯化研究，并结合人工辅助管理，增加被利用机会，大大提高其开发利用价值。

对于杭州地区，甚至浙江而言，彩叶树种要想继续发展，首先就必须要依靠自身的力量，自主开发和培育新品种，掌握自主知识产权，[10] 而不是一味地引种国外彩叶树种，使国外树种占据国内市场，对国内的苗木市场只有劣势，没有优势。要想培育新品种，种质资源的保护开发极为重要，优良种质资源的收集，后期的选育等都是关键环节。浙江有着丰富的林业资源，有很大的培育新优乡土彩叶树种的空间，要不断培育新品种，探索多样化的景观配置方式，不断突破，不断创新，营造更富特色的园林美景。相信在不就得将来，势必能实现"从绿化浙江到彩化浙江"的梦想！

参考文献

[1] 范敏. 浙江提出大力发展彩叶树种[N]. 中国花卉报, 2013-1-15(15).
[2] 孙银祥, 徐丽娟, 钟国庆等. 浙江彩叶树种的应用现状及发展趋势[J]. 浙江林业科技, 2013(3): 62-64.
[3] 浙江植物志编辑委员会. 浙江植物志(第五卷)[M]. 浙江: 浙江科学技术出版社, 1992.
[4] 傅立国. 中国高等植物(第三卷)[M]. 青岛: 山东青岛出版社, 2003: 51-77.
[5] 中国科学院中国植物志编辑委员会. 中国植物志[M]. 北京: 北京科学出版社, 1987.
[6] 郑万钧, 吴容芬. 中国树木志(第二卷)[M]. 北京: 中国林业出版社, 1985: 1650-1679.
[7] 刘云华. 基于层次分析与模糊评判法的彩叶树种综合评价[J]. 福建林业科技, 2010, 37(4): 32-37.
[8] 姚泽, 王辉, 王祺. 层次分析法在城市园林绿化树种选择中的运用[J]. 甘肃林业科技, 2007, 32(3): 16-20.
[9] 唐东芹, 杨学军, 许东新等. 园林植物景观评价方法及其应用[J]. 浙江林学院学报, 2001, 18(4): 394-397.
[10] 曹国伟, 胡希军, 金晓玲等. 杭州市彩叶植物园林应用调查[J]. 湖北农业科学, 2009, 48(5): 1181-1184.

作者简介

吴君，1988年2月生，女，汉，浙江上虞，硕士研究生，杭州萧山园林集团有限公司，研究方向为观赏植物资源应用，Email: wujun2456@126.com。

吴冬，1984年12月生，男，汉，浙江萧山，硕士研究生，杭州萧山园林集团有限公司，工程师/副总经理，研究方向为城市园林植物资源与生态，Email: wd1984.com@163.com。

不同利用方式对兰州南部山区林草地土壤化学特性及土壤微生物量的影响[①]

Effects of Utilization Types on Soil Chemical Properties and Microbial Biomass of Forest-grassland in Lanzhou South Region

吴永华　钟　芳

摘　要：以兰州南部山区林草地不同利用方式——陡坡耕地、陡坡撂荒（1年、5年和10年）、撂荒辅以人工造林（30年）为对象，研究不同利用方式对主要植被、土壤化学特性和微生物量的影响。结果表明：不同利用方式，植被种类、盖度差异较大，撂荒辅以人工造林（30年以上）物种丰富度和盖度最高，撂荒10年次之，撂荒1年最少且形成以蒿类为主的不稳定的杂类草群落。土壤有机质、全氮、碱解氮和速效钾含量：撂荒辅以人工造林（30年）＞陡坡耕地＞撂荒10年＞撂荒5年＞撂荒1年；土壤速效磷、pH值和CaCO₃含量：坡耕地＞撂荒1年＞撂荒5年＞撂荒10年＞撂荒辅以人工造林（30年）。随耕地年限的增加，土壤微生物量碳和氮变化趋势相似，即：撂荒辅以人工造林（30年）＞10年＞撂荒5年＞荒撂1年＞陡坡耕地；土壤微生物量磷含量的变化趋势：撂荒辅以人工造林（30年）＞陡坡耕地＞撂荒10年＞撂荒5年＞撂荒1年。

关键词：土壤化学特性；土壤微生物量；利用方式；兰州南部山区

Abstract: The main plant species, soil physi-chemical properties and microbial biomass of different utilization types, sloping farmland (SF), a-bandoned (1a, 5a, 10a) and 30-abandoned with forestation (30AF), were determined at hilly region in southern Lanzhou. The results showed that plant species and coverage had great difference under different utilization types. 30 AF had the highest Plant abundance and coverage, 10-abandoned (10AF) came second, 1-abandoned (1AF) was least and formed an unstable artemisia dominated forbs community. Soil organic matter, total nitrogen, available nitrogen and available potassium contents had a tendency, 30AF＞SF＞10AF＞5AF＞1AF. Available phosphorus, pH and CaCO₃ contents trend showed that SF＞1AF＞5AF＞10AF＞30AF. With plough age raised, soil microbial biomass carbon (SMBC) and nitrogen (SMBN) had a similar trend: 30AF＞SF＞10AF＞5AF＞1AF. The variety tendency of soil microbial biomass phosphorus (SMBP) was 30AF＞SF＞10AF＞5AF＞1AF.

Key words: Soil Nutrient; Soil Microbial Biomass; Utilization Types; Hilly Region in Southern Lanzhou

水土保持是我国黄土高原地区土壤退化防治研究中的重中之重。兰州南部山区属于典型的黄土丘陵区侵蚀环境。[1]长期以来，存在着陡坡开垦、毁林造田现象，大片天然针阔混交林与灌草林地遭到人为破坏，生态环境持续恶化、土壤质量不断退化。不仅威胁到该区域的可持续发展，而且也影响到周边地区的生态环境。土壤质量的恢复与保育是植被建设和生态环境可持续发展的关键技术。[2,3]土壤微生物作为土壤中物质转化和土壤养分循环的驱动力，直接参与了养分循环、有机质分解等诸多过程。土壤微生物量是表征土壤生态系统中物质与能量流动的重要参数，可以灵敏地反映环境因子、土地利用模式和生态功能的变化过程，常被用来评价土壤质量和反映微生物群落状态与功能的变化。[4-6]因此，研究黄土高原半干旱丘陵区土壤微生物量和土壤养分变化过程，对认识该地区生态恢复过程及其效果评价具有重要意义。

黄土丘陵区属于典型的侵蚀环境，是国家退耕还林还草及生态建设的重点区域。研究表明，坡耕地撂荒可以减少人为干扰，依靠自然植被演替来恢复退化的生态系统，该途径除有效保持水土，减少土壤侵蚀外，还可以通过土壤-植物复合系统之间的功能改善来提高土壤质量。[7,8]近年来，随着对微生物在整个生态系统中重要作用的认识，愈来愈多的研究集中于用土壤微生物参数来评价土壤肥力和质量状况。[9-12]目前，针对该区域坡耕地撂荒后的研究主要集中于水分效应、植被演替、植物量和土壤酶活性等方面，而针对坡耕地撂荒后土壤微生物量与土壤特征的研究相对较少。本研究针对目前兰州南部山区主要的土地利用方式，研究其对土壤理化特性和土壤微生物量的影响，以期为该地土地资源利用、植被恢复、土壤改良和科学管理提供科学依据和技术支撑。

1　材料与方法

1.1　研究区概况

研究区位于甘肃省兰州市南部黄土丘陵区，面积112295.758hm²。该区地形破碎，沟壑纵横，属黄土高

[①] 基金项目：国家科技支撑计划项目——黄土丘陵-风沙区生态修复技术集成与试验示范（项目编号：2011BAC07B05-5）资助。

原西部典型丘陵沟壑地貌，海拔2000—3500m之间。属北温带半干旱大陆性季风气候。年降水量300—660mm之间，年均蒸发量900mm，年日照时数2100—2670h，年总辐射110—130Kcal·cm^{-2}，年平均气温2.5—6.4℃，极端最高气温32.6℃，极端最低气温-28℃，无霜期46—65d。地带性土壤以黄土母质和岩石风化残积母质上发育而成的栗钙土、灰钙土为主，少数地带为黑麻土和黄绵土，抗冲抗蚀能力差，属于典型的侵蚀土壤。植被类型处于北温带落叶阔叶林向干草原过渡的森林草原带。

1.2 样地设置

2011年6月至7月，依据近30年兰州市南山区域的年平均降雨观测数据，利用ArcGis软件绘制出的南山区域降雨替度线，以林缘线附近（兴隆山、阿干镇、七道梁、尖山、关山等）现存的片林区域、陡坡耕地与撂荒地区域为采样区，选择海拔相似，坡向、坡位相近，坡度≥25°区域的陡坡耕地和不同年限（1年、5年、10年）的陡坡撂荒地及撂荒辅以人工造林（30年以上）为研究对象（表1），进行实地植被种类调查和土壤样品采集。

样地基本情况　　　　　　　　　　　　　　　　　　　　　　　　　　表1

利用方式	土壤类型	降雨量/mm	坡向	坡度	海拔/m	纬度/N	经度/E
坡耕地	灰褐土、栗钙土黄土母质	400—550	北偏东NE	25°—27°	2260—2270	35°52′53″—35°55′43″	103°52′37″—104°00′24″
撂荒1年	灰褐土、栗钙土黄土母质	400—550	北偏东NE	25°—28°	2200—2254	35°52′28″—35°55′20″	103°52′25″—104°01′24″
撂荒5年	灰褐土、栗钙土黄土母质	400—550	北偏东NE	25°—28°	2200—2250	35°52′17″—35°55′28″	103°52′22″—104°01′23″
撂荒10年	灰褐土、栗钙土黄土母质	400—550	北偏东NE	25°—26°	2260—2290	35°52′28″—35°55′30″	103°52′25″—104°01′29″
撂荒辅以人工造林（30年以上）	灰褐土、栗钙土黄土母质	400—550	北偏东NE	25°—27°	2220—2300	35°52′17″—35°55′43″	103°52′22″—104°01′29″

1.3 样地植被种类调查及土壤样品采集

1.3.1 样地植被种类调查

按照不同的利用方式，每种方式共布设3个固定样地，每块样地布3个样方，样方面积10m×10m，对样地内所有植物进行调查，记录植物种名，目测植被盖度。

1.3.2 土壤样品采集

在各样点按"S"形选取6点，用土钻取0—20cm土样，用四分法取适量分两份带回实验室分析。一份风干后用于土壤理化特性测定，另1份保存于4℃的冰箱用于微生物量测定。

1.4 土壤理化性质测定

土样风干后，过1 mm和0.25 mm筛后测定土壤基本理化性质。按照常规法测定pH值；全N用半微量滴定法测定；有机质用重铬酸钾容量法测定；碱解N用碱解扩散法测定；用1 mol·L^{-1}中性醋酸钠浸提土样后，用火焰光度计测速效K；用0.5 mol·L^{-1}碳酸氢钠提取土壤样品后，用钼蓝比色法测速效P；用气量法装置测定CaCO$_3$。[13,14]

1.5 土壤微生物量测定

氯仿熏蒸法[16] 称取过筛并经7d预培养的新鲜土样（10.0g）3份，分别盛在50mL烧杯中，一起放入同一干燥器中，干燥器底部放置几张用水湿润滤纸，同时分别放入一个装有约50mL 1 mol·L^{-1} NaOH溶液和一个装有约50mL无乙醇氯仿的小烧杯（内加少量抗暴沸的物质，如无水CaCl$_2$），用少量凡士林密封干燥器，用真空泵抽气至氯仿沸腾并保持至少2min。关闭干燥器阀门，在25℃黑暗条件下放置24h。打开阀门，如果没有空气流动声音，表示干燥器漏气，应重新称样进行熏蒸处理。当干燥器不漏气时，取出装有NaOH溶液和氯仿的玻璃瓶。擦净干燥器底部，拿出滤纸，用真空泵反复抽气，直到土壤闻不到氯仿气味为止。在熏蒸处理的同时设未熏蒸对照土样3份。

（1）土壤微生物量碳（SMBC）测定[15] 土样经氯仿熏蒸后用0.5 mol·L^{-1} K$_2$SO$_4$溶液提取，浸提液中碳测定采用重铬酸钾硫酸外加热法。

$$\text{土壤微生物量碳（mg/kg）} = \frac{Ec - Ec_0}{0.38}$$

式中：Ec-熏蒸土壤浸提液中有机碳量；Ec$_0$-不熏蒸土壤浸提液中有机碳量；0.38-校正系数（下同）。

（2）土壤微生物量氮（SMBN）测定[15] 土样经氯仿熏蒸后用0.5mol·L^{-1} K$_2$SO$_4$溶液提取，浸提液中氮测定采用凯氏定氮法。

$$\text{土壤微生物量氮（mg/kg）} = \frac{Ec - Ec_0}{0.54}$$

（3）土壤微生物量磷（SMBP）测定[15] 土样经氯仿熏蒸后用0.5 mol·L^{-1} NaHCO$_3$溶液提取，提取液中磷测定采用钼蓝比色法。

$$\text{土壤微生物量磷（mg/kg）} = \frac{Ec - Ec_0}{0.40}$$

1.6 数据处理与分析

用Excel和SPSS16.0统计分析软件进行数据分析，

数据的著性检验采用DPS软件LSD法。

2 结果与分析

2.1 不同利用方式对植物种类及盖度的影响

对不同利用方式的植物种类及群落盖度调查（表2）表明，5种利用方式的主要植物种类及盖度差异较大，其物种丰富度和群落盖度为撂荒辅以人工造林（30年以上）最高，以灌木为主，同时有小乔木（如油松、云杉和白桦）和草本植物分布，形成较为稳定的乔灌混交林群落。其次为撂荒10年，形成盖度较大的疏灌草地。而撂荒1年植物种类较少，盖度相对较低，形成以蒿类为主的不稳定的杂类草群落。坡耕地由于人为继续种植百合、胡麻等，虽盖度较大，但长势却较差。

不同利用方式主要植物种类及盖度 表2

利用方式 Utilization Types	主要植物种类 Main Plant Species	群落盖度 Vegetation Coverage	备注 Remarks
坡耕地	百合 Lilium brownii 胡麻 Linum usitatissimum	60%—70%	
撂荒1年	青蒿 Artemisia carvifolia，狗尾草 Setaria viridi，虫实 Corispermum declinatum	20%—30%	
撂荒5年	阿尔泰紫菀 Heteropappus altaicu，铁杆蒿 A. sacrorum，艾蒿 A. argyi，赖草 Leymus secalinus	40%—50%	蔷薇 Rosa hugoni 和甘肃小檗 eris kansuensis 零星分布
撂荒10年	蔷薇 Rosa hugonis，沙棘 Hippophae rhamnoides，灰荀子 Cotoneaster horizontalis，冷蒿 A. frigida，唐松草 Thalictrum petaloideum，铁杆蒿 A. sacrorum，拔葜 Smilax stans，艾蒿 A. argyi，互叶醉鱼草 Buddleja alternifolia	60%—70%	山杨 Populus simonii 零星分布
撂荒辅以人工造林（30年以上）	油松 Pinus tabulaeformis，云杉 Picea asperata Mast. 山杨 Populus simonii，白桦 Betula platyphylla，水荀子 Cotoneaster multiflorus，灰荀子 Cotoneaster horizontalis，蔷薇 Rosa hugonis，沙棘 Hippophae rhamnoides，珍珠梅 Sorbaria sorbifolia，茜草 Rubia cordifolia，冷蒿 A. frigida，艾蒿 A. argyi，唐松草 Thalictrum petaloideum，糙苏 Phlomis mongolica	90%以上	1980前油松 Pinus tabulaeformis，云杉 Picea asperata Mast. 为人工引入

2.2 不同利用方式对土壤化学性质的影响

对5种不同利用方式的土壤有机质、全氮、碱解氮和速效钾等理化性质测定结果（表2）表明，土壤有机质含量撂荒辅以人工造林（30年）最高，撂荒10年次之、坡耕地最低。撂荒辅以人工造林（30年）与撂荒10年、撂荒5年、撂荒1年、坡耕地之间均差异显著（$P<0.05$）；撂荒10年与撂荒5年差异不显著（$P>0.05$），但与撂荒1年、坡耕地之间均差异显著（$P<0.05$）；撂荒5年与撂荒1年、坡耕地之间均差异显著（$P<0.05$）。全氮、碱解氮、速效钾含量的变化与有机质相似，均表现出撂荒辅以人工造林（30年）最高，撂荒10年次之、坡耕地最低的特点，撂荒辅以人工造林（30年）与撂荒10年与撂荒5年、撂荒1年、坡耕地之间均差异显著（$P<0.05$）。而5种不同利用方式的土壤速效磷含量由高低依次为坡耕地＞撂荒1年＞撂荒5年＞撂荒10年＞撂荒辅以人工造林（30年）；土壤pH值的变化与土壤速效磷含量相似，但撂荒1年最高，与坡耕地差异不显著（$P>0.05$），与撂荒辅以人工造林（30年）差异显著（$P<0.05$）。CaCO₃在坡耕地中含量最高，随着撂荒年限的增加而不断减少，撂荒辅以人工造林（30年）中 $CaCO_3$ 的含量最少，其中坡耕地中 $CaCO_3$ 的含量与撂荒10年、撂荒辅以人工造林（30年）的含量差异显著（$P<0.05$）。

不同利用方式对土壤化学特性的影响 表3

利用方式	有机/g·kg⁻¹	全氮/g·kg⁻¹	碱解氮/mg·kg⁻¹	速效钾/mg·kg⁻¹	速效磷/mg·kg⁻¹	pH值	CaCO₃/g·kg⁻¹
坡耕地	16.814c	1.1911cd	62.441bc	131.27b	17.653a	7.7302ab	124.19a
撂荒1年	18.838c	1.2694c	70.845bc	148.91b	11.734a	7.8180a	123.29a
撂荒5年	25.739b	1.5434c	85.041b	163.45ab	8.3580ab	7.6424ab	97.708ab
撂荒10年	31.929b	2.0737ab	118.16b	172.37a	3.7077c	7.6240ab	83.686b
撂荒辅以人工造林（30年）	63.928a	3.1744a	207.13a	204.12a	1.7659d	7.5462b	65.925b

2.3 不同利用方式对土壤微生物量的影响

2.3.1 不同利用方式对土壤微生物量碳的影响

土壤微生物量碳是土壤有机质中活性较高的部分，它是土壤养分重要的源。土壤微生物量碳作为生物指标已被国内外学者进行了广泛的研究。[2,6,15-17] 由表2可知：5种利用方式中，土壤微生物量碳变化差异显著（$P<0.05$），表现出随植被恢复年限的增加而增大的趋势（图1）。如恢复年限长，植被种类丰富，盖度大（表2），土壤环境较好（表3）的撂荒辅以人工造林（30年），其土壤微生物量碳含量最高，达225.15mg/kg；撂荒10年的疏灌草地次之，为195.76mg/kg；而植被种类简单、继续耕种的土壤环境较差的坡耕地（表2、表3）最少，只有97.05mg/kg，为撂荒辅以人工造林（30年）的43%。不同利用方式对土壤微生物量碳的变化趋势与土壤有机质的变化趋势一致。

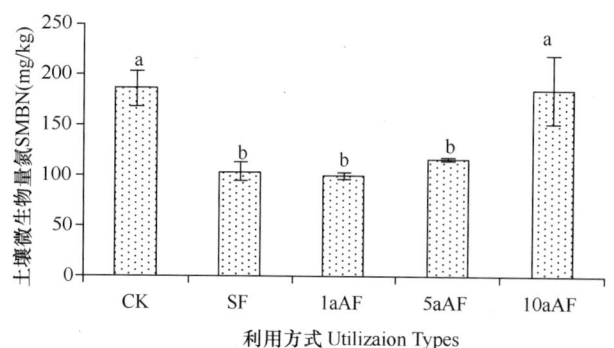

图2 不同利用方式对土壤微生物量氮的影响

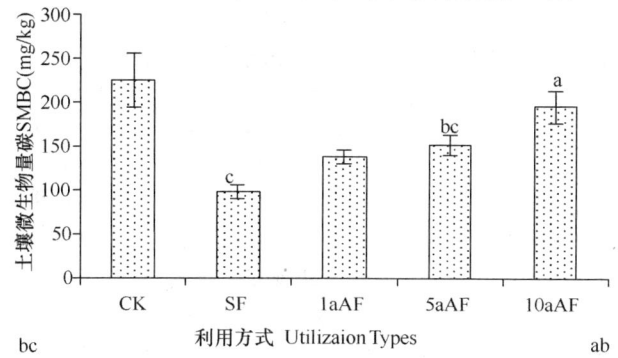

图1 不同利用方式对土壤微生物量碳的影响

2.3.2 不同利用方式对土壤微生物量氮的影响

土壤微生物量氮是土壤氮素的一个重要储备库，也是土壤有机氮中最为活跃的组分，对环境条件非常敏感。施肥、耕作、栽培等技术措施都会影响土壤微生物量氮的数量。[2,6,12,15-17] 在土壤氮循环与转化过程中起着重要的调节作用。对不同利用方式的土壤生物量氮含量测定结果（图2）表明，恢复年限长，植被种类丰富，盖度大，土壤环境相对较好的撂荒辅以人工造林（30年）和撂荒10年的疏灌草地，土壤微生物量氮含量分别达185.86mg/kg和185.45mg/kg，两者差异不显著（$P>0.05$）；而恢复年限较短、人为干扰较大、土壤环境相对较差的撂荒5年、撂荒1年及坡耕地土壤微生物量氮含量较少，为116.27mg/kg、99.99mg/kg和103.92mg/kg，且三者差异不显著（$P>0.05$）。撂荒辅以人工造林（30年）和撂荒10年的疏灌草地与撂荒5年、撂荒1年及坡耕地土壤微生物量氮含量差异显著（$P<0.05$）。不同利用方式对土壤微生物量氮的变化趋势与土壤全氮、碱解氮的变化趋势一致。

2.3.3 不同利用方式对土壤微生物量磷的影响

土壤微生物量磷是土壤有机磷的一部分，在土壤中非常重要，与土壤有机磷化合物相比，微生物生物量磷更容易矿化为植物可利用的有效磷。它是有机磷中活性较高的部分，不仅是土壤有效磷的重要供给源，而且与土壤有效磷直接相平衡。因此，微生物生物量磷在调控土壤磷对植物的有效性和磷的生态循环方面有重要意义。不同利用方式土壤微生物量磷含量的变化趋势（图3）表现为：撂荒辅以人工造林（30年）＞陡坡耕地＞撂荒10年＞撂荒5年＞撂荒1年。与土壤微生物量碳、氮的含量的变化趋势（图1、图2）不尽相似。土壤微生物量磷含量最高的撂荒辅以人工造林（30年）（63.74mg/kg）与其他4种土地利用方式均差异显著（$P<0.05$），撂荒和陡坡耕差异不显著（$P>0.05$），与但撂荒5年和撂荒1年差异显著（$P<0.05$）。撂荒5年和撂荒1年差异不显著（$P>0.05$）。

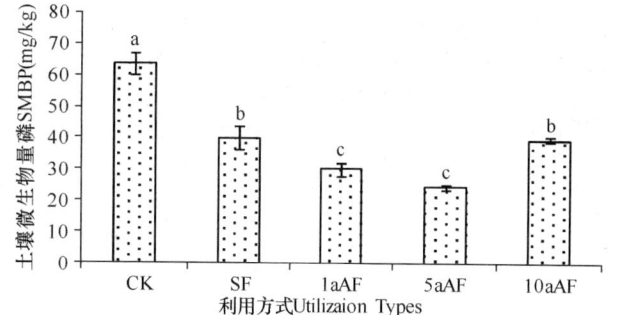

图3 不同利用方式对土壤微生物量磷的影响

2.4 土壤化学特性和土壤微生物量的相关性

进一步对该区域坡耕地、撂荒后和撂荒辅以人工造林（30年）的土壤化学特性（有机质、全氮、碱解氮、速效钾、速效磷）和土壤微生物量（MBC、MBN和MBP）进行相关性分析，结果见表4。

土壤微生物量与养分因子相关性分析　　　表4

	pH值	速效钾	全氮	碱解氮	有机质	碳酸钙	速效磷	微生物量磷	微生物量氮	微生物量碳
pH值	1.000	-0.117	-0.252	-0.203	-0.241	0.024	0.270	-0.287	-0.241	-0.231
速效钾		1.000	0.243	0.134	0.186	0.220	-0.056	-0.046	0.001	0.278
全氮			1.000	0.853**	0.879**	-0.533*	-0.503*	0.293	0.554*	0.601**
碱解氮				1.000	0.965**	-0.647**	-0.411*	0.278	0.421*	0.696**

续表

	pH值	速效钾	全氮	碱解氮	有机质	碳酸钙	速效磷	微生物量磷	微生物量氮	微生物量碳
有机质					1.000	−0.647**	−0.392*	0.274	0.416*	0.673**
碳酸钙						1.000	0.038	−0.363*	0.161	−0.482*
速效磷							1.000	−0.167	−0.587**	−0.405*
微生物量磷								1.000	0.286	0.309
微生物量氮									1.000	0.643**
微生物量碳										1.000

注：* 表示差异达显著水平（$P<0.05$），** 表示差异达极显著水平（$P<0.01$）。

土壤微生物量与土壤养分相关性结果（表4）表明：土壤微生物量碳与全氮、碱性氮、有机质、微生物量氮呈极显著正相关（$P<0.01$），与碳酸钙、速效磷呈显著负相关（$P<0.05$）；微生物量氮与全氮、碱性氮、有机质之间均呈显著正相关（$P<0.05$），与速效磷呈极显著负相关（$P<0.01$）；微生物量磷与碳酸钙呈显著负相关（$P<0.05$）；速效磷与全氮、碱解氮和有机质之间均呈显著负相关（$P<0.05$）；碳酸钙与碱解氮、有机质之间均呈极显著负相关（$P<0.01$），与全氮之间呈显著负相关（$P<0.05$）；有机质与全氮、碱解氮之间均呈极显著正相关（$P<0.01$）；而速效钾和pH值与其他因子相关性均较小，未达到显著水平（$P>0.05$）。

3 讨论与结论

3.1 不同利用方式

随着撂荒年限的延长，植被种类、盖度差异较大。植被表现出从裸地—荒草地—疏灌草地—乔灌混交林正向演替趋势。撂荒初期（1年），植被以一至两年生的植物为主，优势植物为青蒿、虫实和狗尾草，形成不稳定的短命杂类草群落；撂荒5年，多年生植物如铁杆蒿、阿尔泰紫菀和赖草等成为优势种，并零星分布有蔷薇和甘肃小檗等小灌木；撂荒10年，除多年生草本植物外，一些灌木如蔷薇、沙棘等已成为优势种，形成了相对较为稳定的疏灌草地；撂荒辅以人工造林（30年），植被主要以山杨、白桦、水苘子、蔷薇、沙棘、珍珠梅、油松和委陵菜、唐松草等，形成该区域较为稳定的乔灌混交林。

3.2 不同利用方式

随着撂荒年限的延长，土壤环境（土壤化学性质）趋好。土壤作为生态系统的组成成分和环境因子，为生态系统中生物的生长发育、繁衍生息提供了必要的环境条件。[10]退耕区土壤生态系统的演变是十分复杂的过程，涉及诸多因素。目前国内外有关荒漠生态系统研究表明，不同利用方式对土壤剖面理化性质影响很大。[18,19]如水田、林地有机质、全氮含量均明显高于撂荒地、旱地，但林地有机质、全氮含量仅在表层（0—10cm）高于水田，而撂荒地相比于旱地虽然有提高有机质、全氮含量的作用，但也仅限于土壤表层。旱地全磷含量显著高于水田、撂荒地和林地，全磷含量、有效磷、全钾、有效钾含量则以水田最大，而撂荒地、林地全磷、有效磷、全钾和有效钾含量均小于旱地和水田，特别是林地表现出极小值。本研究表明：不同利用方式，土壤特性表现出相似的变化趋势，即：有机质、全氮、碱解氮和速效钾含量：撂荒辅以人工造林（30年）＞陡坡耕地＞撂荒10年＞撂荒5年＞撂荒1年；土壤速效磷、pH值和$CaCO_3$：坡耕地＞撂荒1年＞撂荒5年＞撂荒10年＞撂荒辅以人工造林（30年）。陡坡地土壤速效磷、全氮、碱解氮和速效钾含量较高为人为耕作施肥等有关。

3.3 土壤生物学特性是影响土壤质量的重要因子

不但对土壤的物质转化与能量流动起主导作用，[4,6,9,11]而且还能通过直接致病和间接调节土壤养分有效性等作用影响作物生长和进化进程。[9,12,16,17,20]土壤微生物量碳一般为土壤有机质的1%—4%，是反映土壤碳库的重要指标，对评价土壤有机质和肥力状况有重要意义。土壤微生物量氮、磷也是土壤氮素、磷素重要的储备库。据估计，植物吸收氮、磷的60%、47%分别来自微生物氮、磷。[2]因而研究土壤微生物量能揭示土壤养分，进而表征土壤肥力和土壤生态系统中物质和能量流动，对土壤生态环境的恢复也有重要的理论参考价值。本研究结果表明，不同利用方式，土壤微生物量碳、氮和磷含量差异较大，表现出随植被恢复年限的增加土壤微生物量碳量含量增加的趋势。土壤微生物量碳和氮变化趋势相似，即：撂荒辅以人工造林（30年）＞撂荒10年＞5年＞撂荒1年＞陡坡耕地；但土壤微生物量磷含量的变化趋势表现为：撂荒辅以人工造林（30年）＞陡坡耕地＞撂荒10年＞撂荒5年＞撂荒1年。这主要是由于不同利用方式导致植被类型及微环境，特别是土壤微环境不同。退耕年限长，地上生物量积累越多，盖度大，植物残体和根系分泌物越多，有机质和养分含量越高。微生物量碳、氮及磷含量高，土壤生物活性大，土壤环境趋好。同时，本研究也表明，土壤微生物量碳、氮与有机质、全氮、碱性氮呈极显著正相关（$P<0.01$），与碳酸钙、速效磷呈显著负相关（$P<0.05$）；微生物量磷与碳酸钙呈显著负相关（$P<0.05$）。但本研究也发现，土壤微生物量磷的变化趋势和微生物量碳、氮的变化趋势并不一致，可能的原因是磷在土壤中的形态较为复杂，并且土壤磷素分布受到成土母质中矿物成分、地貌、土地利用方式等多种因素的影响，几乎不受自然环境和植被的影响。[2]其具体原因有待进一步的研究。

参考文献

[1] 苏永祥,魏强,凌雷,等. 兰州南部山区坡耕地与荒草坡地森林植被恢复技术及模式[J]. 中国水土保持,2011(9):

18-21.

[2] 许明祥,刘国彬,赵允格. 黄土丘陵区土壤质量评价指标研究[J]. 应用生态学报, 2005, 16 (10): 1843-1848.

[3] 龚子同,陈鸿昭,骆国保. 人为作用对土壤环境质量的影响及对策[J]. 土壤与环境, 2000, 9(1): 7-10.

[4] 姚拓,龙瑞军. 天祝高寒草地不同扰动生境土壤三大类微生物数量动态研究[J]. 草业学报, 2006, 15 (2): 93-99.

[5] 刘占锋,傅伯杰,刘国华,等. 土壤质量与土壤质量指标及其评价[J]. 生态学报, 2006, 26(3): 901-913.

[6] 张蕴薇,韩建国,韩永伟,等. 不同放牧强度下人工草地土壤微生物量碳、氮的含量[J]. 草地学报, 2003, 11 (4): 343-345.

[7] 温仲明,焦峰,刘宝元. 黄土高原森林草原区退耕地植被自然恢复与土壤养分变化[J]. 应用生态学报, 2005, 16 (11): 2025-2029.

[8] 马祥华,焦菊英,温仲明,等. 黄土丘陵沟壑区退耕地植被恢复中土壤物理特性变化研究[J]. 水土保持研究, 2005, 12(1): 17-21.

[9] Moscatelli M C, Fonck M, Angelis P, et al. Mediterranean natural forest living at elevated carbon dioxide: Soil biological properties and plant biomass growth. *Soil Use Management*, 2001, 17: 195-202.

[10] Jenny H. The soil resource. New York: Springer-Verlag, 1980: 23-26.

[11] 姚拓,马丽萍,张德罡. 我国草地土壤微生物生态研究进展及浅评[J]. 草业科学, 2005, 22(11): 1-6.

[12] 李正,刘国顺,敬海霞. 绿肥与化肥配施对植烟土壤微生物量及供氮能力的影响[J]. 草业学报, 2011, 20(6): 126-134.

[13] 南京农业大学. 土壤农化分析,第二版[M]. 北京:农业出版社, 1988.

[14] 中国土壤学会农业化学专业委员会. 土壤农业化学常规分析方法[M]. 北京:科学出版社, 1983, 75-101, 296-297, 20-22, 15-56.

[15] 姚槐应,黄昌勇. 土壤微生物生态学及其实验技术[M]. 北京:科学出版社, 2006.

[16] Sparling G P. Soil microbial biomass, activrty and nutrient cycling as indicators of soil heath [A]. Pankhurst C, Doube B M, Gupta V V S R. Biological Indicators of Soil Heath [M]. Wallingford, UK, New York: CAB International, 1997.

[17] 王丰. 武夷山不同海拔植被带土壤微生物量碳、氮、磷研究[D]. 南京:南京林业大学, 2008.

[18] 郑杰炳,王子芳,谭显龙,等. 丘陵紫色土区土地利用方式对土壤剖面理化性质影响研究[J]. 西南大学学报(自然科学版). 2008, 30(3): 101-106.

[19] 刘波,吴礼树,鲁剑巍,等. 不同耕作方式对土壤理化性质影响研究进展[J]. 耕作与栽培, 2010, 2: 1-3.

[20] Lau J A, Lennon J T. Evolutionary ecology of plant-microbe interactions: soil microbial structure alters selection on plant traits [J]. New Phytologist, 2011, 192: 215-224.

作者简介

吴永华,1967年生,女,汉族,湖北武汉人,兰州市园林科学研究所高级工程师,主要研究方向为植被与生态。Email: lzylky@126.com。

济南万竹园植物景观探讨与分析

The Discussion and Analysis of the Plant Landscape in Jinan Wan Zhuyuan

武雪琳　迟苗苗

摘　要：万竹园为济南市趵突泉公园西侧的园中之园，是园林与传统民居巧妙结合的典型代表。本文从植物选用特点、植物配置与应用方面入手分析，对万竹园内部植物特色进行探讨与分析，提出在植物应用方面的优势和不足。万竹园突出植物的色彩和构图，以品种各异的竹子和常绿植物作为全园的基调树种，其间点缀色彩鲜艳的花灌木和秋色叶植物，形成全园特色。由于宅院式园林建筑密度大，立面处理尤为重要，故万竹园加大了垂直绿化以突出立体效果。

关键词：万竹园；植物应用；宅院式园林

Abstract: Wan zhuyuan in the city of jinan, on the west side of Jet Spring Park, is a unique combination of tradional houses with gardens typical representative. From the selection of plant characteristics, methods, and application of technology and other aspects of analysis, this paper probes into the plant characteristics of Wan zhuyuan, and proposes the strengths and weaknesses of the application in plants. Wan zhuyuan highlight color, and composition of plants, and use different varieties of bamboo and evergreen trees as the tone of the whole garden, dotted with colorful Autumn Ye flowering shrubs and trees, forming the whole park features. As houses—style garden building density, fa?ade treatment is particularly important, so Wan zhuyuanincrease the vertical green area to highlight the three-dimensional effect.

Key words: Wanzhuyuan; Application of Plants; House Garden

随着社会的进步和市民生活水平的提高，人们越来越深刻地认识到园林对于改善居住环境、提高生活质量的重要性。植物材料作为构成园林的四大要素之一，是塑造园林空间必不可少的一部分。植物能随时间和季节的变化向人们展现丰富的形态变化和色彩变化，同时具有吸尘、防噪、净化空气，维持生态平衡等有益功能。[1]

1　万竹园概况

万竹园位于趵突泉公园西部，占地面积为12000m²，是一座既具有南方庭院风格，又拥有北方传统四合院风格的古式庭院。万竹园分为前院、东院、西院和花园四部分，以13个不同的小院落组成，房屋186间，建筑面积3752m²。万竹园内的主要建筑物，都规则地排列在轴线上。前、东、西三院成品字形排列，花园居于西部。除此之外，园内还有五桥四亭及望水泉、东高泉、白云泉等名泉。园内曲廊环绕，院院相连，楼、台、亭、阁，参差错落，结构紧凑，布局讲究；石栏、门墩、门楣、墙面等处，分别有石雕、木雕、砖雕，雕刻细腻逼真，精美雅致；名泉、溪流、奇石、佳木点缀其间，形成了其独特的风格。[2]

万竹园始建于元代，在新中国成立后的十年动乱时毁于一旦。1984年，趵突泉公园管理处对万竹园的东院和西院进行修复。第二年恢复了西花园，并重新使用了"万竹园"这个名称。市政府于1985年在万竹园内修建了李苦禅（我国当代著名写意花鸟画家、书法家）纪念馆。

东院为严格的对称建筑，以串堂相通的前后两个小院组成。后院，即玉兰院，是这座宅院的内宅。两座并列的二层楼为正房，楼设外廊，前楼与后楼（绣楼）的二层以廊桥连接。院内沿院墙的4个游廊将院落变成一个整体，南廊正中间设有垂花门，垂花门后为木制屏风。东院院墙高立，院内的透景线深远，别具一格，自成一体。西院布局以灵活为主，亭、泉、池这3种元素连接其南北轴线上零散分布的杏花院、望水亭、垂花门、海棠院、溪亭、木瓜院、家祠等。位于海棠院的客厅共五间，精雕细琢，给人一种既宽敞又精致的感觉。望水泉和溪亭泉分别在客厅的南北两侧，并有石桥引渡。溪亭泉上建有六角亭，东西两侧建有厢房，供主人饮酒作乐和听堂会之用。联系院落的形式一般为垂花门或异形门，各个院子的不同景色使门洞成为最巧妙的框景，增加了空间虚实的对比变化。

2　万竹园植物选用特点

万竹园因竹林成片、环境优美而得名，竹子作为贯穿全园的植物品种，不仅在入口处有大片栽植（图1），而且在院墙边、建筑旁、水边等处也能看到成片的竹林。由于在栽植的位置不同，所起的作用也不同，故而竹子的品种因环境的变化而变化。比如在院墙边，为了吸引游客的视线和作为园子的点题之用，所以选用了高大的淡竹（图2）。在水边，则选择栽植阔叶箬竹，考虑到该种植物喜欢湿润的环境，适合在水边生长，而且多丛状密生，可以祈祷削弱硬质驳岸的作用（图3）。

为了烘托幽静深远的氛围，万竹园内也搭配种植了许多常绿树种，多用作孤赏树和背景树。李苦禅纪念馆前栽植常绿树种千头柏，在这里作孤赏树，适合营造纪念馆前安静肃穆的氛围，同时也可以与对面假山处的千头柏相呼应。西花园南入口处有3棵油松，呈不等边三角形方式种植。这3棵油松不仅可以成为西花园入口的对景，还能作为障景。初进西花园时，视线受到树冠的遮挡空间显得很闭塞，绕过树木则豁然开朗，前后空间感受形成对比，给人"柳暗花明又一村"之感。西花园沿北侧的游廊种植了一排广玉兰作为背景树，在广玉兰南侧种植鸡爪槭。由于鸡爪槭是秋色叶树种，可以在颜色上形成强烈对比。另外，由于广玉兰树干比鸡爪槭等树木高大，春夏两季可作为南侧植物的背景树，在景观效果上形成层次感。

万竹园植物选用的另一大特色是在5个不同的院落中选用了5种名贵花木，并以其名来命名院落。使用杏树、西府海棠、木瓜、石榴和玉兰这5种植物各4棵，5个院落分别命名为杏院、海棠院、木瓜院、石榴院和玉兰院。其中石榴院和玉兰院为内宅，植物选择上比较讲究，石榴取其"多子多福"之意，玉兰取"玉堂春富贵"之意。杏院、海棠院和木瓜院为主人处理日常事务和宴请宾客之用，植物的选择只需满足景观性即可。

3 万竹园植物配置

万竹园内建筑密度大的区域植物以竹子和垂直绿化为主，入口处和西花园植物品种比较丰富。为了更好地对万竹园的植物配置进行分析和探讨，下文重点分析入口处和西花园的植物配置情况。

入口北侧植物品种为白皮松、广玉兰、紫薇、白玉兰、海桐、珍珠梅、大叶黄杨（图4），南侧为结香、淡竹、大叶黄杨和迎夏（图5）。珍珠梅和结香对称式栽植在入口两侧，都修剪为近球形，作为入口处的对景。其中用于营造春景的为白玉兰、结香；用于营造夏景的为紫薇、珍珠梅、迎夏；用于冬景的为白皮松、广玉兰、海桐、大叶黄杨、淡竹。总体来说，万竹园入口处植物生长茂盛，形成良好的景观效果。此处植物配置中常绿树占很大比例，使游客在入口处便能感受到万竹园幽静深远的景观氛围。不足之处为缺少秋色叶树种，秋季景观相对单调，适宜补种鸡爪槭、银杏等秋色叶树种。

图1　万竹园入口对景

图2　院墙一角

图3　箸竹软化驳岸

图4　万竹园入口北侧

西花园的植物配置以开阔见长，外围空间紧凑，中部空间开阔。在靠近院墙的游廊处和南入口处植物品种较

图 5　万竹园入口南侧

图 7　西花园中心草坪

多，且栽植较密集；中间区域为大草坪，仅栽植几棵孤赏树用来分隔空间。视线从北向南，前景为开阔的草坪，中景为小蜡、竹子、黑松和圆柏，背景树为高大的落叶树（图6）。视线从南向北，近景同样为草坪，中景为鸡爪槭、广玉兰、木瓜和山荆子，背景为广玉兰和黄山栾（图7）。总之，不管视线朝向哪个方向，眼前所呈现出的景观都具有层次感，并且能够兼顾四季景色。不足之处是由南向北缺少低矮的灌木状植物，低处的视线过于通透；背景树不够高大，不能完全遮住远处的民房，影响了花园的景致。

图 8　水榭框景

图 6　西花园中心草坪

西花园东部临水处，水岸东侧的植物品种有大叶女贞、三叶地锦和迎春等，水岸西侧主要栽植淡竹，与水榭的漏窗形成框景（图8）。水岸东侧紧邻院墙，为了遮蔽围墙，在视觉上增大园子的面积，这一侧的植物种植相对紧凑。三叶地锦垂直绿化的覆盖率高，远远望去，像是一座植物绿墙，浑然一体。大叶女贞属于常绿树种，保证了冬季景观的质量。水岸西侧的淡竹栽植得相对稀疏，保证游客在一旁的小路上透过竹林就能看到水岸的优美景色，形成一处天然奇妙的框景（图9）。

由于趵突泉公园建成时间较早，植物生长空间拥挤成为整个公园的通病，万竹园也不例外。[3]近处的连翘和

图 9　西花园水岸西侧

箬竹完全挤在了一起，毫无秩序感和空间感（图10）。水岸两旁的迎春与乔木的枝条遮挡了幽深的水面，使原本并不宽敞的水面变得更加拥挤（图11）。植物生长空间过于拥挤会使通风不良，导致病虫害严重、花量少和偏冠的现象。建议管理部门加大管理力度，及时对植物进行修剪或局部调整。

图 10 拥挤的植物

图 11 被遮挡的视线

4 结语

作为园林的重要组成部分，植物的应用至关重要。不同的绿地功能需要不同的植物搭配，即使是同一功能绿地，也需要根据位置和周边环境的不同来配置不同的植物。园林植物的观赏属性使其必须符合一般的艺术规律，与此同时植物的自然属性使其必须符合自然界的规律。园林设计者在设计植物景观时，要遵循艺术规律和自然规律，根据具体位置的自然地形和空间环境特点合理地规划布局，注重应用植物的空间景观营造。[4] 济南万竹园的植物景观特色明显，就是一个很好的值得我们借鉴的范例。所以要设计出一个优秀的园林作品，不仅要从艺术的角度去设计，还应该从雄伟、浑厚、质朴、和谐的自然界中吸取经验。

参考文献

[1] 陈有民. 园林树木学[M]. 北京：中国林业出版社，1990.
[2] 贾祥云，罗旭方，李善坤. 园林与传统民居的巧妙结合——万竹园[J]. 规划师，1996(1)：92-94.
[3] 姜庆超. 趵突泉公园植物景观探讨与分析[J]. 园林科技，2012(3)：38-40.
[4] 苏雪痕. 园林植物应用的进展及存在问题[J]. 广东园林，2006(10)：3-4.

作者简介

武雪琳，1990 年 12 月生，女，汉，山东枣庄，山东建筑大学建筑城规学院风景园林学硕士研究生在读，研究方向为风景园林规划设计，Email：1007737635@qq.com。

迟苗苗，1990 年 2 月生，女，汉，山东蓬莱，山东建筑大学建筑城规学院风景园林学在读硕士研究生，研究方向为风景园林规划设计，Email：469444190@qq.com。

我国传统节日风俗相关的园林植物文化探究

The Study of Landscape Plant Culture about Chinese Traditional Festival Custom

徐晓蕾 徐 婷 张吉祥

摘 要：在当今全球一体化的时代背景下，传承我国传统文化非常重要。将与我国传统节日风俗相关的园林植物文化进行归纳总结，梳理出春节悬挂桃符，清明插柳、射柳，端午插三友、沐兰汤、斗百草、簪榴花，七夕瓜棚夜话、花草染甲，中秋闻桂赏月，重阳插茱萸、赏菊花等文化习俗。

关键词：传统节日民俗；园林植物文化

Abstracts: On the background of global integration, the inheritance of Chinese traditional culture is very important. After the induction and summarization of the landscape plant culture about Chinese traditional festival custom, the main conclusion are the hanging "Taofu" in the Spring Festival; the hanging willow and shooting willow in the Qingming Festival; the hanging moxa, calamus and garlic, the bath with "Lantang", the competition of "Baicao" and the wearing pomegranate flower in the "Duanwu" Festival; "Guapengyehua" and "Huacaoranjia" in the "Qixi" Festival; the watching moon in the osmanthus fragrans in the "Mid-autumn" Festival; the wearing "Zhuyu" and watching chrysanthemum in the "Chongyang" Festival.

Key words: Traditional Festival Custom; Landscape Plant Culture

1 研究背景及意义

在当今全球一体化和现代化的社会变革中，传统文化备受冲击。以传统节日民俗为线索，将与其相关的园林植物文化进行梳理，可起到弘扬传统文化、拓展植物文化内涵、丰富园林植物学教学内容的作用。

1.1 研究背景

在如今全球一体化和现代化的背景下，我国传统节日民俗的传承受到了很大影响。很多年轻人热衷于过西方的节日，如圣诞节、感恩节、复活节等，而对我国传统节日的态度甚是淡然，对我国传统节日民俗不甚了解，这种现状让人堪忧。对我国传统节日民俗相关的园林植物文化进行研究，可对此社会现状改善提供理论基础。同时，园林植物文化与民众生活紧密相连，可对普及园林植物文化起到促进作用。

1.2 研究意义

1.2.1 弘扬传统文化

我国的传统节日民俗极具特点，颇具历史人文渊源，将与其相关的园林植物文化进行归纳总结，可对我国传统节日民俗传承起到积极作用。

1.2.2 拓展植物文化内涵

诸多学者对植物文化进行了大量研究，多集中在梅花、牡丹、菊花、兰花等传统名花的花文化研究上，而鲜有以传统节日民俗为视角对园林植物文化进行梳理，本研究可拓展园林植物文化内涵。

1.2.3 丰富植物教学内容

在《园林植物学》、《园林树木学》、《园林花卉学》等课程中，加入与传统节日风俗相关的园林植物文化内容，可强烈激发学生的兴趣，便于学生掌握园林植物文化。

2 主要传统节日相关的园林植物文化

我国最重要的7个传统节日是春节、元宵节、清明节、端午节、七夕节、中秋节、重阳节，除元宵节外，这些传统节日风俗大多与园林植物文化有着较为密切的联系。

2.1 春节

春节是我国最古老和隆重的传统节日，与园林植物文化相关的习俗是古时悬挂桃符和置办年宵花。

2.1.1 悬挂桃符

贴春联的习俗源于古代的"桃符"。古人以桃木为辟邪之木，《典术》曰："桃者，五木之精也，故压伏邪气者也。"北宋的王安石曾有诗云："爆竹声中一岁除，春风送暖入屠苏。千门万户曈曈日，总把新桃换旧符"。最初人们以桃木刻人形挂在门旁以避邪，后来画门神像于桃木上，最后简化为直接在桃木板上题写门神名字。春联真正普及始于明代，与朱元璋的提倡有关。据清人陈尚古的《簪云楼杂说》中记载，有一年朱元璋准备过年时，下令每家门上都要贴一副春联，以示庆贺。最初春联题写在桃木板上，后来随着造纸术的问世，才出现了以红纸代替桃木的张贴春联的习俗。

2.1.2 置办年宵花

在春节期间，人们喜欢用花卉来装饰家居，增添喜庆的节日氛围。曾有古谚云："插了梅花便过年"，这一习俗在南方地区至今尤盛。在我国广大地区，春节期间室外开花植物不多，古代瓶插梅花、蜡梅、盆栽水仙较为常见，如今的年宵花种类繁多，如蝴蝶兰、杜鹃、仙客来等。在广东地区，民众认为花会给人们带来好运，相传在春节期间逛花市可以交好运，因此逐渐形成了逛花市的习俗。

2.2 清明节

清明节是重要的祭祀节日之一，《历书》云："春分后十五日，斗指丁，为清明，时万物皆洁齐而清明，盖时当气清景明，万物皆显，因此得名。"与园林植物文化相关的清明习俗是插柳和射柳。

2.2.1 插柳

我国广大地区有着"清明插柳"的习俗，或是将柳条插在房门前，或是将柳条编成环戴在头上，有的说法是此举可避邪，还有一种说法是纪念介子推。相传春秋战国时期，晋献公的儿子重耳，为了躲避政治斗争而流亡，众多臣子离他而去，仅剩少数忠义之士追随，其中一人叫介子推，曾割肉救重耳。后来重耳回国做了君主，即晋文公。他执政后，封赏曾经的忠义之士时，忘了介子推。直至有人提醒，他才忆起旧事，马上差人去请介子推上朝受赏，但是介子推已决定归隐，背着老母亲躲进了深山。晋文公差人去找，未找到。于是，有人出了个主意说，不如放火烧山，大火起时介子推会出来的。晋文公乃下令烧山，结果介子推母子俩被火烧死了，死时抱着一棵大柳树，大柳树也被烧焦了。晋文公后悔莫及，把放火烧山的这一天定为寒食节，禁忌烟火，只吃寒食。第二年，晋文公领着群臣祭奠哀悼时，只见那棵老柳树复活，晋文公便摘柳条编柳圈戴头上，以示纪念介子推，并把这天定为清明节，且逐渐形成了"清明插柳"的习俗。后来，由于清明与寒食的日子接近，二节便合并为清明节了。

2.2.2 射柳

在天气仍有些寒冷的清明，为了防止寒食冷餐伤身，于是就衍生了踏青、荡秋千、踢足球、射柳等户外活动。射柳是一种练习射箭技巧的游戏，据明朝人记载，就是将鸽子放在葫芦里，然后将葫芦高挂于柳树上，弯弓射中葫芦，鸽子飞出，以飞鸽飞的高度来判定胜负。

2.3 端午节

农历五月初五是传统节日端午节，不仅吃粽子是人们过节的风俗，古时还有插端午三友、沐兰汤、斗百草、簪榴花等风俗。

2.3.1 插端午三友

端午期间，正是寒气暑气交互转换之时，从饮食到穿衣、行动都得注意。有谚语道："端午节，天气热；五毒醒，不安宁。"古时，人们缺乏科学观念，误以为疾病皆由鬼邪作祟所至，于是端午节这天，人们以菖蒲作宝剑，以艾蒿作鞭子，以蒜头作锤子，认为这"三种武器"可以击退蛇、虫、病菌，斩除妖魔。因此艾、蒲、蒜又被称为"端午三友"。晋代《风土志》中则有记载："以艾为虎形，或剪彩为小虎，帖以艾叶，内人争相裁。以后更加菖蒲，或作人形，或肖剑状，名为蒲剑，以驱邪却鬼"。菖蒲叶片呈剑型，被称为"水剑"，后来的风俗则引申为"蒲剑"，象征着驱除不祥的宝剑，插在门口可以避邪。这些传统民俗其实不无科学道理，因为艾和蒲含有挥发性芳香油，有一定的驱秽、灭菌、杀虫等作用，蒜也有杀菌的作用。

类似的习俗甚至影响到了日本和韩国。端午的习俗是在平安时代以后由中国传入日本的。从明治时代开始，各节日都改为公历日。日本的端午节是公历5月5日，也有"艾旗招百福，蒲剑斩千邪"的说法。日语中，"菖蒲"与"尚武"的发音相同，因此被视为男孩的节日，有男孩的家里会挂出鲤鱼幡。在1948年，端午节被日本政府正式定为法定的儿童节，成为日本五大节日之一。而韩国在端午节时则会祭拜山神，并且用菖蒲水洗头，以消灾避邪。

2.3.2 沐兰汤

端午时值仲夏，是皮肤病多发季节，古人以兰草汤沐浴去污为俗，据说可治皮肤病，去邪气。据《礼记》载，端午源于周代的蓄兰沐浴。屈原《九歌·云中君》云："浴兰汤兮沐芳，华采衣兮若英。"此俗流传至唐宋时代，又称端午节为浴兰节。但文中的兰不是兰花，而是菊科的佩兰，有香气，可煎水沐浴。《五杂俎》记明代人因为"兰汤不可得，则以午时取五色草拂而浴之"。后来一般是煎蒲、艾等香草洗澡。在广东，则用艾、蒲、凤仙、白玉兰等花草；在湖南、广西等地，则用柏叶、艾、蒲、桃叶等煮成药水洗浴。

2.3.3 斗百草

端午节还有斗百草的习俗。汉以前不见斗百草的记载，《物原》云："始于汉武"。据梁朝人宗懔在《荆楚岁时记》中云："五月五日，四民并踏百草，又有斗草之戏。"普遍认为与中医药学的产生有关。端午节人们群出郊外采药，插艾门上，以解瘅暑毒疫，衍成定俗；收获之余，往往举行比赛，以对仗形式互报花名、草名，多者为赢，兼具植物知识、文学知识之妙趣；儿童则以叶柄相勾，捏住相拽，断者为输，再换一叶相斗。白居易《观儿戏》诗云："弄尘或斗草，尽日乐嬉嬉。"《刘宾客嘉话》云："唐中宗朝，安乐公主五日斗百草。"宋代扩展至平日随时可斗百草。

2.3.4 簪榴花

明代把端午又称"女儿节"。《帝京景物略》云："五月一日至五日，家家妍饰小闺女，簪以榴花，曰'女儿节'。"石榴的花期正值端午节时，采摘榴花作小女孩发饰，很是美丽。

2.4 七夕节

农历七月七日是我国传统节日七夕节，此节源于"牛郎织女鹊桥相会"的传说。各地民众围绕着这一节日会举办丰富多彩的民俗活动，其中与园林植物文化相关的是瓜棚夜话和花草染甲。

2.4.1 瓜棚夜话

七夕之夜，许多少女会偷偷躲在生长得茂盛的南瓜棚下聆听天籁之音，传说如能听到牛郎织女相会时的悄悄话，日后便能获得美好爱情。在社会风气开放的时代，也有情人们携手一起躲在瓜棚下偷听天河私语的，这确实是一件浪漫的事情。

2.4.2 花草染甲

许多地区的年轻姑娘，喜欢在七夕节时用凤仙花加少许明矾捣烂用来涂染指甲，所以凤仙花又称指甲花。传说用凤仙花染甲不仅可以年轻美丽，而且对于未婚女子而言，还可令其尽快找到如意郎君。目前在有些地区的农村这一习俗至今仍在沿袭。元代诗人杨维桢赋诗曰："夜捣守宫金凤蕊，十尖尽换红鸦嘴。"后来扩展至平日也可用凤仙花染指甲。

2.5 中秋节

中秋节又称拜月节，或团圆节，是流行已久的传统节日，与园林植物文化相关的是闻桂赏月的习俗和吴刚伐桂的传说。

2.5.1 闻桂赏月

中秋节时正值南方地区桂花盛开。在中秋之夜赏月之时，佐以桂花酒、桂花茶、桂花月饼等美味，沉醉于甜美的桂香之中，岂不美哉。

2.5.2 吴刚折桂

相传月宫里有一个人叫吴刚，是汉朝西河人，曾跟随仙人修道。到了天界后犯了错误，仙人把他贬谪到月宫，让他每天都砍伐月宫前的桂树，以示惩处。这棵桂树生长繁茂，有五百多丈高，每次砍下去之后，被砍的地方又会立即合拢。这一古老神秘的传说，让人在赏月之时浮想联翩，饶有趣味。

2.6 重阳节

重阳节又称菊花节、茱萸节，插茱萸和簪菊花在唐代就已经很普遍。庆祝重阳节的习俗一般会包括出游赏景、登高远眺、遍插茱萸、观赏菊花、饮菊花酒等。

2.6.1 遍插茱萸

民间认为九月初九是逢凶之日，所以在重阳节人们喜欢佩戴茱萸以辟邪求吉。茱萸因此还被人们称为"辟邪翁"。汉朝时人们多将茱萸切碎装在香袋里佩戴，晋朝以后已改将茱萸插在头上了。唐代诗人王维的《九月九日忆山东兄弟》即是咏写这一风俗的名篇："独在异乡为异客，每逢佳节倍思亲。遥知兄弟登高处，遍插茱萸少一人。"

2.6.2 赏菊饮菊酒

有民谣云："九月九，饮菊酒，人共菊花醉重阳。"可见重阳节有着赏菊饮菊酒的习俗。从三国魏晋以来，重阳聚会饮酒、赏菊赋诗已成社会风尚。菊花酒，在古代被看作是重阳必饮，祛灾祈福的"吉祥酒"。汉代就已有了菊花酒，直到明清，菊花酒仍在流行。明代高濂的《遵生八笺》记载了菊花酒是当时盛行的健身饮品。

3 一般传统节日相关的园林植物文化

3.1 花朝节

"花朝月夕"的成语寓意花晨月夜，良辰美景。田汝成的《熙朝乐事》提及了"花朝月夕"的具体日期，书中说："二月十五日为花朝节，盖花朝月夕，世俗恒言。二八两月为春秋之中，故以二月半为花朝，八月半为月夕。"其实，由于各地气候的不同，花朝的具体日期也不一样。《广群芳谱》引《诚斋诗话》："东京二月十二日曰花朝，为扑蝶会。"又引《翰墨记》："洛阳风俗，以二月二日为花朝节。士庶游玩，又为挑菜节。"成都是农历二月十五日，其他地方也多将二月十五定为花朝节。在花朝节这一天，有的地方流行祭拜花神，向花神祝寿，剪红纸贴在花上，谓之"赏红"；有的地方还举行扑蝶会、挑菜等活动。在南京中华门外、苏州虎丘等地，还有"花神庙"，花农们过去还要献牲奏乐，为花祝寿。

3.2 观莲节

古时人们将农历六月二十四日定为观莲节。每逢这一天，男女老少都纷纷至荷塘赏荷，品尝与荷相关的美食，这种风俗主要流行于江南水乡荷塘连片的地区。

4 结语

将与我国传统节日民俗相关的园林植物文化进行梳理，可将园林植物文化融入节日生活，试想清明时节尝试射柳之游戏、端午时节尝试斗百草之游戏可丰富游乐生活；中秋节吴刚折桂的传说，清明节介子推的典故让人浮想联翩；春节置办年宵花，端午时节簪榴花，七夕时节听夜话、染指甲，重阳时节赏菊插茱萸，花朝时节祭拜花神，可平添许多节日意趣。在全球一体化的时代背景下，将园林植物文化融入现代节日生活，对于继承和发扬传统文化可发挥积极作用。

参考文献

[1] 周武忠. 花与中国文化 [M]. 北京：中国农业出版社，1999.

[2] 杭悦宇. 植物文化——中国民俗节日的灵魂[J]. 生命世界, 2008(9): 10-13.

作者简介

徐晓蕾, 1983年5月生, 女, 汉, 山东聊城人, 硕士, 山东建筑大学建筑城规学院讲师, 研究方向为园林植物景观规划设计, Email: xuxiaolei0518@163.com。

徐婷, 1986年7月生, 女, 汉, 山东聊城人, 硕士, 山东工艺美术学院助教, 研究方向为景观建筑设计。

张吉祥, 1962年11月生, 男, 汉, 山东济南人, 学士, 山东建筑大学建筑城规学院副教授, 研究方向为风景园林规划与设计。

三种植物生长调节剂对紫叶稠李扦插生根的影响

Effects of Three Different Plant Growth Regulator Concentrations and Processing Times on Rooting of *Prunus Virginiana* Mill. 'Canada red'

许宏刚 汉梅兰 程晓月 王 梅

摘 要：试验研究不同浓度（50、100、200）的植物生长调节剂吲哚乙酸（IAA）和吲哚丁酸（IBA）、萘乙酸（NAA）和不同处理时间（30min、60min）对紫叶稠李扦插生根的影响。结果表明：30min、60min不同浓度IAA和NAA均未显著促进紫叶稠李扦插生根，而与CK相比，30、60min IBA处理50、200 mg/L显著促进了紫叶稠李的生根率、根长及根数，且60minIBA处理50mg/L效果显著。表明植物生长调节剂IBA对紫叶稠李扦插生根的效果优于IAA和NAA，且60minIBA处理50mg/L是最佳组合。该试验研究对不同生长调节剂及其组合处理对紫叶稠李不定根形成和生长的影响同时具有理论意义和实践指导价值。

关键词：植物生长调节剂；生根；紫叶稠李

Abstract: Experimental study on the different concentrations (50, 100, 200) of the plant growth regulator indole acetic acid (IAA) and indole butyric acid (IBA), naphthaleneacetic acid (NAA) treatment time (30min, 60min) rooting its impact. The results showed that: 30min, 60min of IAA and NAA were not significantly promote *Prunus virginiana* Mill. 'Canada red' Rooting, compared with CK, 30, 60 min IBA processing 50, 200 mg/L significantly promoted *Prunus virginiana* Mill. 'Canada red' rooting rate, root length and root number, and 60minIBA processing 50mg/L effect is remarkable. Showed that plant growth regulators IBA Rooting for *Prunus virginiana* Mill. 'Canada red' better than IAA and NAA, and 60minIBA processing 50mg/L is the best combination. The experimental study of different growth regulator treatments on *Prunus virginiana* Mill. 'Canada red' and combinations adventitious root formation and growth of both theoretical and practical guidance value.

Key words: Plant Growth Regulator; Rooting; *Prunus virginiana* 'Canada red'

紫叶稠李（*Prunus virginiana* 'Canada red'）属蔷薇科稠李属，耐寒、抗旱、易移栽、耐修剪、无病虫害，且树形优美、枝叶繁茂，整个生长季节叶子均为紫色，观赏效果优于乡土树种稠李和山桃稠李，是园林中的优良绿化树种。紫叶稠李多采用播种、嫁接但嫁接所需周期长，产量难以满足市场的大量需求。扦插繁殖作为一种最常用的无性繁殖方法，具有遗传性状稳定、提早开花结实、育苗周期短、繁殖系数高、技术设备简单、规模大、成本低等优点。[1]关于植物生长调节剂与不定根发生的关系已有广泛的报道，生长素在不定根形成中起关键的作用。[2]已有研究表明，植物生长调节剂对不定根的形成有一定的影响，但关于不同生长调节剂对紫叶稠李扦插生根影响的研究则较少。鉴于此，本试验研究了3种植物生长调节剂不同浓度和处理时间对紫叶稠李硬枝扦插生根的影响，为实际生产提供理论依据。

1 材料与方法

1.1 试验材料

紫叶稠李插穗选择生长发育正常、无病虫危害、枝条充实，基本成熟的1年生嫩枝枝条。

1.2 方法

试验在兰州园林科研智能温室内进行，该温室可对室内温度、湿度、光照进行智能化控制，保证了扦插试验的最佳环境条件。插穗一般长10—20cm，最少含有2个节和2—3个充实的芽；上端距顶芽1cm处截平，下端腋芽处（距节间约0.5cm处）削成马耳形斜面；扦插基质为蛭石+珍珠岩（4∶1）。基质、插穗及插床用高锰酸钾消毒，杀灭细菌，保持清洁。

供试的3种植物生长调节剂为萘乙酸（NAA）、吲哚乙酸（IAA）和吲哚丁酸（IBA）。各植物生长调节剂的处理质量浓度分别为50、100、200，处理时间分别为30、60min。另设清水处理为对照组（CK，30 min），共20个处理，每个处理3个重复。按5cm×10cm的密度扦插，每个重复20个插穗。扦插后，空气温度保持在25—30℃，同时插床温度比气温高2—5℃。扦插后的前7d每2h进行1次喷雾式浇水，每次3min；随后，12d浇1次水。扦插2周后，用800倍多菌灵杀菌剂喷雾消毒，以防病害发生。扦插50d后统计插穗的生根率、生根数和根长，取3次重复的平均值，每个重复20个插穗。采用Excel对数据进行描述性分析，用DPA7.05统计分析软件对数据进行分析.

2 结果与分析

2.1 IAA对紫叶稠李扦插生根的影响

由图1可以看出，30min不同处理浓度紫叶稠李的根长和生根数与 CK 相比均无显著差异。与 CK 相比，30min 处理的紫叶稠李平均生根率增大，其中，50、200mg/L 处理的紫叶稠李生根率著大于 CK；200mg/L 处理的生根率显著大于 100mg·L^{-1} 处理。60min 处理对生根也产生了一定的影响，50mg/L 处理紫叶稠李的生根数显著高于 CK。结果表明不同浓度 IAA 不同处理时间对根长的影响均无显著差异，IAA 对紫叶稠李生根和根的生长产生促进作用，但不显著。

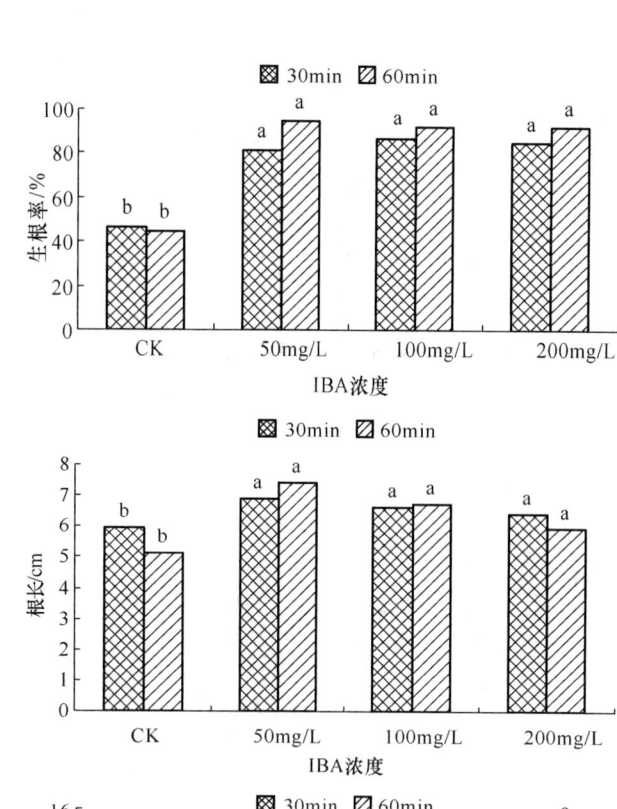

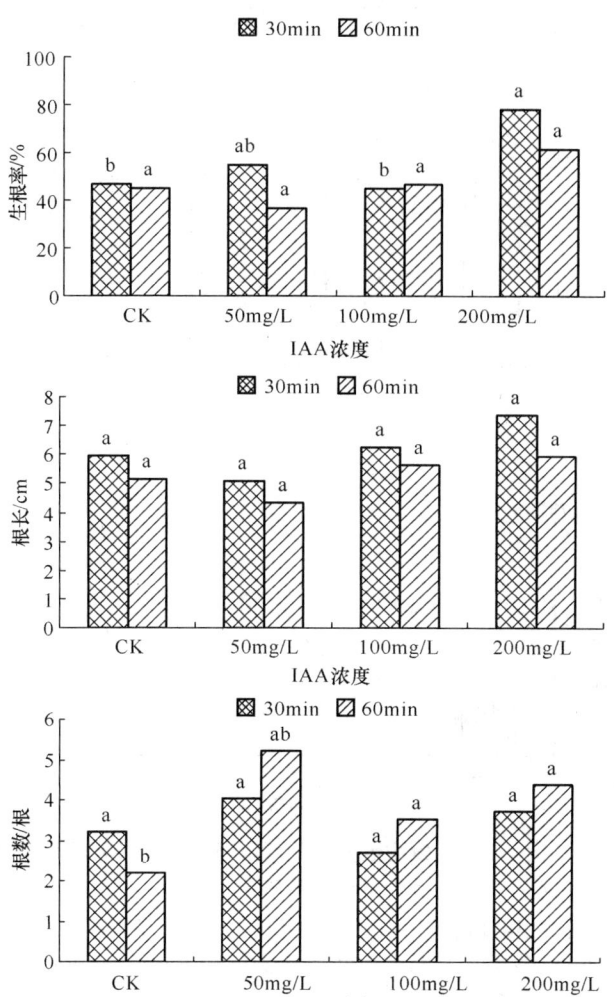

图 1 不同 IAA 浓度和处理时间对紫叶稠李扦插生根的影响
（同一浓度不同小写字母者表示差异显著（P＜0.05），下同）

2.2 IBA 对紫叶稠李扦插生根的影响

由图 2 可以看出，与 CK 相比，30min 不同处理浓度对紫叶稠李生根率和根数产生较大差异，其中 50、100 mg/L 对紫叶稠李生根率、根长和根数显著高于 CK，显著促进了紫叶稠李的生根。60min 不同处理浓度对紫叶稠李生根率和根数产生较大差异，生根率和根数显著增加，其中 200mg/L 处理时相对 CK 紫叶稠李根数产生极显著差异，总体来看，30、60min，50、100mg/L IBA 对紫叶稠李生根率、根长、根数均显著高于 CK，显著促进了紫叶稠李不定根的形成与生长。

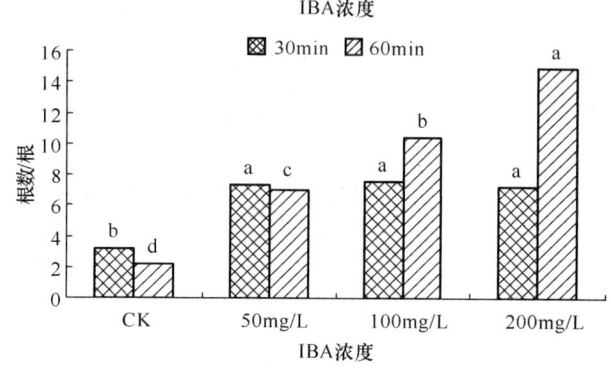

图 2 不同 IBA 浓度和处理时间对紫叶稠李扦插生根的影响

2.3 NAA 对紫叶稠李扦插生根的影响

由图 3 可知，30min 不同处理浓度对紫叶稠李生根率和根数产生了显著影响，与 CK 相比，50、100 mg/L NAA 处理显著提高了紫叶稠李的生根率、根数，而对紫叶稠李根长随着浓度的变化起到了抑制作用。60min 不同处理浓度也对紫叶稠李生根率和根数产生了显著影响，50、100、200mg/L NAA 处理相对 CK 显著调高了紫叶稠李的生根率，促进了生根数，其中 200 mg/L 处理显著高于 CK 的生根率和根数。30、60min 不同处理浓度对紫叶稠李根长均无显著影响。

2.4 不同植物生长调节剂对紫叶稠李扦插生根的影响

由图 4 可以看出，不同植物生长调节剂对紫叶稠李扦插生根影响不同。IBA、NAA 处理的紫叶稠李生根率和根数显著大于 CK，但 IBA 处理优势明显，IAA 处理对紫叶稠李生根率、根长、根数均无显著差异。

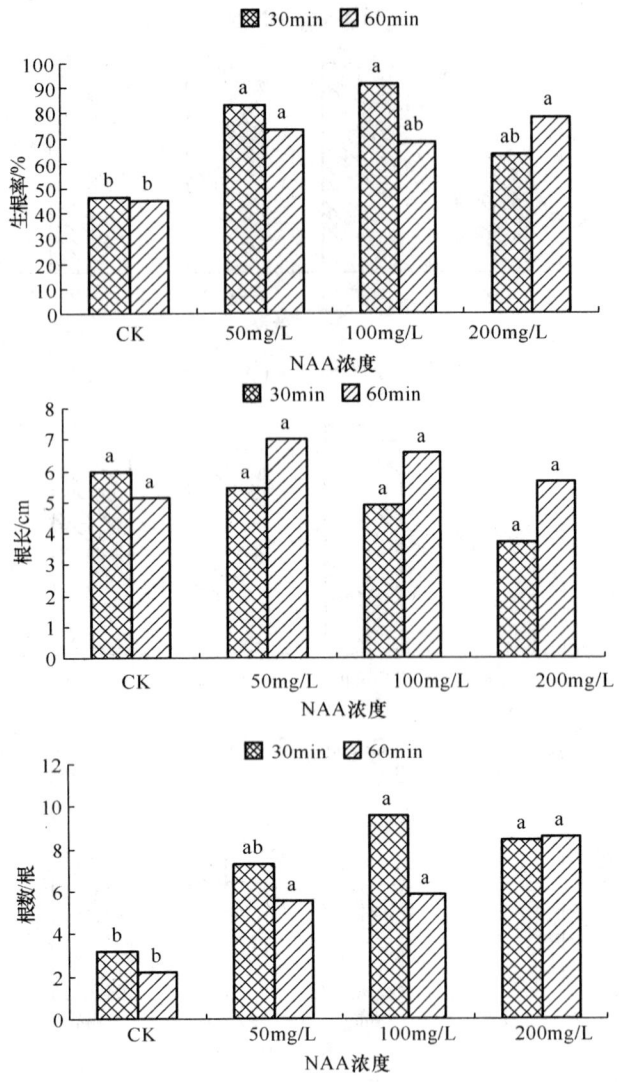

图3 不同NAA浓度和处理时间对紫叶稠李扦插生根的影响

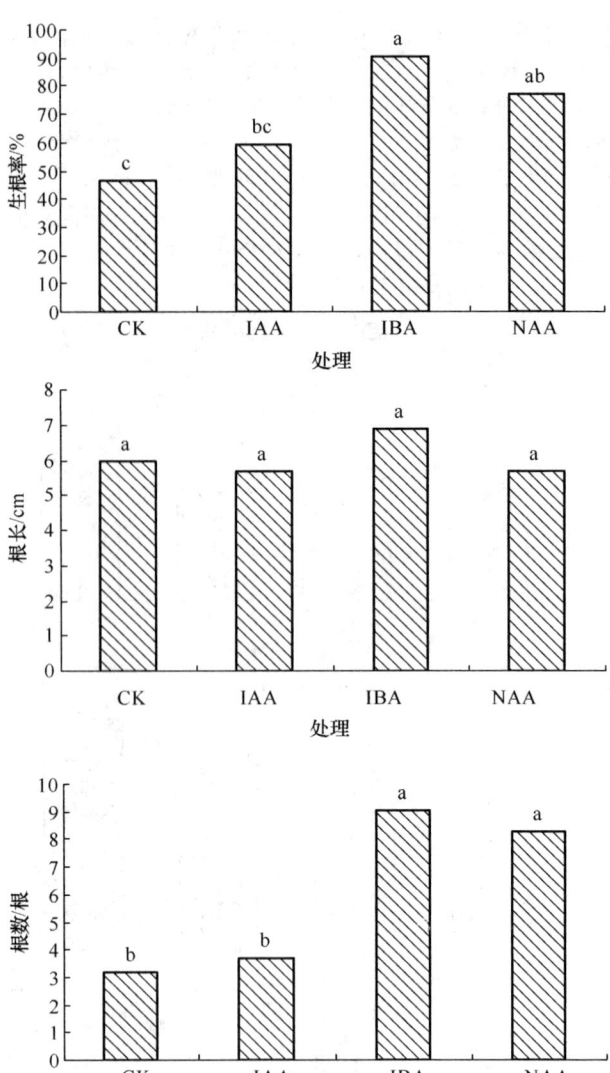

图4 不同植物生长调节剂处理对紫叶稠李扦插生根的影响

3 讨论与结论

本研究表明：3种植物生长调节剂IAA、IBA、NAA对紫叶稠李扦插生根均产生了不同程度的影响。IAA是植物体内最普遍的生长素类物质，被认为能促进植物不定根的形成。[3-5]在绿豆插条生根的研究中发现，高含量的IAA有利于启动不定根原基细胞分裂，导致根原基膨大。[6]已有研究表明，IAA、ABA的含量和扦插生根有密切关系，IAA促进生根，ABA抑制生根，[7,8]而在一些试验中也发现，IAA对生根未起促进作用，只起到协同作用。[9]IAA不同处理浓度紫叶稠李的根长和生根数与CK相比均无显著差异。在该试验中IAA未对紫叶稠李生根产生极显著影响。已有研究发现，IBA是比IAA生根作用更强的一类生长素，原因是IBA比IAA稳定，IBA碱溶液在室温黑暗中比IAA稳定；IBA在植物体内与葡糖酯结合较慢，高温下比较稳定，释放出游离IBA较慢，而IAA与天冬氨酸结合较快，释放游离IAA也快；IAA易受氧化酶氧化，而IBA不受此酶氧化。[10]该试验IBA 30、60min，50、200mg/L IBA对紫叶稠李生根率、根长、根数均显著高于CK，显著促进了紫叶稠李不定根的形成与生长，与CK相比，30、60min IBA处理50、200mg/L显著促进了紫叶稠李的生根率、根长及根数。不同NAA处理浓度对紫叶稠李生根率和根数产生了显著影响，与CK相比，不同处理时间随着NAA浓度的增加反而根长均出现降低，表明浓度增加抑制了紫叶稠李不定根的生长。

综上所述，30min、60min不同浓度IAA和NAA均未显著促进紫叶稠李扦插生根，而与CK相比，30、60min IBA处理50、200mg/L显著促进了紫叶稠李的生根率、根长及根数，且60minIBA处理50mg/L效果显著。表明植物生长调节剂IBA对紫叶稠李扦插生根的效果优于IAA和NAA，且60minIBA处理50mg/L是最佳组合。研究不同植物生长调节剂及其组合处理对紫叶稠李不定根形成和生长的影响具有理论意义和实践指导价值。

参考文献

[1] 陶延珍，苏世平，李毅. 箭胡毛杨插穗长度与苗木生根及生长的相关分析[J]. 甘肃农业大学学报，2008，43(3)：

117-120.

[2] Liao W B, Huang G B, Yu J H, et al. Nitric oxide andhydrogen peroxide are involved in indole-3-butyricacid_induced adventitious roots development in marl-gold[J]. J Hortic Sci Biotech, 2011, 86(2): 159-165.

[3] 任俐, 刘小东, 李耀文. 三种植物激素对紫丁香扦插的影响[J]. 哈尔滨商业大学学报: 自然科学版, 2006, 22(2): 33-39.

[4] Liao W B, Xiao H L, Zhang M L. Effect of nitric oxideand hydrogen peroxide on adventitious root develop—ment from cuttings of ground—cover chrysanthemumand associated biochemical changes[J]. J PlantGrowth Regul, 2010, 29(3): 338-348.

[5] Bouza L, Sotta J B, Miginiac E Relation between aux-in and cytokinin contents and in vitro rooting of treepeony (Faeonia suffruticosa Andr.)[J]. PlantGrowth Regul, 1994(15): 69-73.

[6] 王金祥, 严小龙, 潘瑞炽. 不定根形成与植物激素的关系[J]. 植物生理学通讯, 2005, 41(2): 133-142.

[7] 敖红, 王昆, 冯玉龙. 长白落叶松插穗的内源激素水平及其与扦插生根的关系[J]. 植物研究, 2002, 22(2): 190-194.

[8] 许晓岗, 童丽丽. 垂丝海棠插穗扦插生根过程解剖学研究[J]. 安徽农业科学, 2006, 34(19): 4889-4891.

[9] 刘桂丰, 杨传平, 曲冠正, 等. 落叶松杂种插穗生根过程中4种内源激素的动态变化[J]. 东北林业大学学报, 2001, 29(6): 1-3.

[10] 廖伟彪, 张美玲, 杨永花, 等. 植物生长调节剂浓度和处理时间对月季扦插生根的影响[J]. 甘肃农业大学学报, 2012, 47(3): 47-51.

作者简介

许宏刚, 1980年1月生, 男, 甘肃陇西人, 农业推广硕士, 兰州市园林科学研究所副所长、工程师, 研究方向为园林植物引种繁殖和推广, E-mail: 13993112585@126.com。

菊花在兰州地区嫁接技术要点

The Technical Key Points of Grafting *Chrysanthemum* in Lanzhou Area

杨 玲

摘 要：菊花嫁接后可有效提高菊苗的抗逆性，形成独特的观赏效果。本文就兰州植物园关于菊花嫁接的技术要点做了详细阐述。
关键词：菊花；嫁接；管理

Abstract: The technical of grafting *chrysanthemum* can effectively improve *chrysanthemum* resistance, forming a unique ornamental effect. This paper introduces the *chrysanthemum* grafting technique of Lanzhou botanical garden in detail.
Key words: *Chrysanthemum*; Grafting; Management

菊花（*Chrysanthemum*）为多年生草本宿根花卉，菊科菊属植物，在我国已有 2500 年的栽培历史，是著名的观赏花卉，金秋时节摆放，寓意年年吉祥。[1] 菊花属短日照、阳性植物，喜凉爽气候，较耐寒、耐旱，抗逆性强，最适宜生长温度为 18—21℃，忌水涝，可在大田、庭院和室内盆栽。[2]

兰州植物园自 2009 年起开始举办菊花展，规模越来越大，目前已经成为兰州市一项重要的花事活动。园内共有菊花 300 余个品种，其中，兼六香、懒梳妆、圣光白雪、墨菊、紫苑等属于传统品种，每年都会大量扦插繁殖，采用盆栽和地栽蒿类嫁接菊花技术培养造型菊，可提高菊花的观赏水平。

1 嫁接前准备

1.1 基质准备

将土、腐殖土、猪粪和棉籽皮以 5∶2∶2∶1 的比例配制基质，地栽黄蒿对土壤和气候条件要求不高，适应性强，但应注意基质的湿润。

1.2 接穗的采集

母株保存法 在首年 10 月下旬，选择枝壮花大的兼六香、墨菊，剪去地面老枝。11 月中旬将保存好、开过花、剪去老干的菊花进行摘心处理，促使其多发侧枝。[3] 翌年 4 月中旬将生长健壮、无病虫害、花期相近、花形丰满、花色协调的菊花当年嫩枝采回。采回后立即修剪接穗，去掉基部侧枝及叶片，按规格剪成接穗后进行嫁接。嫁接不完的接穗要及时泡在水中，也可随采随接。

1.3 砧木的栽培

首年 10 月下旬选择生长健壮、体形高大的黄蒿收集种子，11 月上旬在温室中播种栽培。翌年 1 月下旬间苗，去除长势弱小黄蒿苗。3 月中旬选择生长健壮的黄蒿苗移栽成独株，精细管理。4 月下旬挑选出生长势强、植株高大、侧枝间隔距离均匀的黄蒿，定植于花盆并埋到土壤中（可充分吸收营养，提高嫁接成活率），作嫁接砧木。

2 嫁接

菊花喜阴，嫁接期间在温室大棚罩上遮阴网，可以防止苗木由于过热而萎蔫，提高嫁接成活率。对我园多年嫁接工作记录数据分析得出，5—6 月菊苗柔嫩，温度较低，嫁接成活率在 95% 以上；7 月以后枝条迅速老化，气温升高，成活率小于 65%。故在兰州，嫁接以 5—6 月为最佳时节。

2.1 接穗的选取

5 月上旬开始嫁接。采摘接穗时，选取长势良好且粗细适宜的菊苗顶梢，长度 10cm 左右，菊苗要求老嫩适中，切面不能有白色的髓心，如果已经老化，可弃去不用，摘下的菊苗放在含有百菌清（多菌灵、甲托、高锰酸钾）的消毒水中浸泡消毒。

2.2 嫁接方法

通常采用劈接法，[4] 选取长势良好、枝条较长的黄蒿侧枝，从侧枝顶端往下 10cm 左右未木质化处，切断侧枝，切面要光滑，切面不能有白色的髓心。判断是否形成木质化可轻微弯曲枝条，感受柔软度，较柔软证明未形成。从切面中心处纵切一道长 1.5cm 深的切口，外环套上塑料绳。选取与切面粗细相近的接穗，用刀片削成 1.5cm 长的楔形，楔形面要平整。削好后，立即将接穗插入劈口直到底部，两者形成层要对齐。拉紧套在外环的塑料绳，使接穗和砧木能完全地贴合住，可以在接口处多绑几道塑料绳，以增加切面的贴合度，促进伤口愈合，提高成活率。绑扎完成后，套上塑料袋，将袋口封紧，封口位置在接口下方。西北地区比较干旱，水分容易流失，罩上塑料袋可以保持较高的湿度。整个嫁接过程注意速度要快，接口要平整。

嫁接完成一段时间后，在本地区一般8—10d可观察到成活表现，等接穗生长正常后再解除绑缚。

3 嫁接后管理

3.1 浇水、施肥

接穗后，及时浇透水，时常观察，等盆中的土壤发黄时浇水，不要因过多或过少浇水而引起植物烂根及徒长或生理干旱枯死。嫁接苗应采用全光喷雾，每隔2—3小时喷一次。或搭建90%的遮阳网，降低午间的气温和蒸发量，增加植株周围潮湿度，利于植株接口的愈合。自嫁接苗进入管护期应根据苗木生长需求及时施肥。

3.2 除萌

嫁接后，砧木极易长出萌枝、萌芽，应及时抹除，以免和接穗竞争营养和水分，影响嫁接成活率。

3.3 疏枝、疏蕾

嫁接苗成活后会长出许多侧枝，因此要按设计要求及时摘除弱小或过多侧枝，以免竞争营养，影响花的品质，一般情况下留3—4个生长健壮的侧枝。花坐蕾后，每枝留顶端生长旺盛的1—2朵花蕾，摘除其他花蕾。对于有造型嫁接花，有先后顺序，为了使花期一致，先嫁接的成活后立即摘心促发侧枝，然后再与后期嫁接有接穗时一起摘心。

3.4 遮光处理

菊花为短日照植物，[5]一般到10月中下旬才能开花。为使其提前开花，可进行遮光处理，时间40d，每天下午五点半到次日早上八点遮光，使菊花每天日照时间不超过10h。我园每年国庆举办菊花展，国庆节花开率要达到80%以上。故从8月中旬开始遮光，8月下旬，50%的嫁接苗已坐蕾；9月中旬，35%已开花；9月中下旬，停止遮光。

3.5 绑扎

嫁接完成的菊花，依形状要求搭架子，用铁丝固定绑扎出造型。

4 小结

嫁接技术可以保持菊花品种优良性状，并且用作砧木的黄蒿有很好的抗逆性，进而能够提高嫁接菊苗的耐酷热、耐雨涝和抗病虫害的能力。我园嫁接培育出的菊花，花型优美、色彩艳丽、植株高大，具有很高的观赏价值和艺术价值。

参考文献

[1] 王登亚, 刘福英. 盆栽菊花嫁接技术[J]. 青海农技推广, 2007(3): 29.
[2] 殷素军. 菊花的嫁接栽培技术[J]. 安徽林业, 2006(1): 33.
[3] 唐志文. 菊花栽培技术要点[J]. 吉林畜牧兽医, 1998(6): 14.
[4] 刘伟荣. 盆栽菊花的嫁接栽培技术[J]. 现代园艺, 2010(12): 25-26.
[5] 李淑霞. 谈菊花花期的调控[J]. 特种经济动植物, 2008(9): 22.

作者简介

杨玲，1987年3月生，女，本科，兰州植物园助理工程师，研究方向为盆栽菊花的培育和嫁接，E-mail: yangling625@163.com。

甲醛胁迫下吸毒草的生理变化

The Charges of Physiological of Lemon balm Under the Formaldehyde Stress

杨 露 郝晓飞 史宝胜 任子蓓 刘 栋

摘 要：为明确甲醛胁迫下吸毒草的生理变化，以盆栽吸毒草为材料，采用自制的甲醛密闭仓进行熏气处理，甲醛气体浓度分别为 0mg/m^3、0.5mg/m^3、2.5mg/m^3、12.5mg/m^3、62.5mg/m^3，处理 5d 后检测吸毒草的生理变化。结果表明：随甲醛浓度的增加，吸毒草叶片的相对电导率变大，MDA 含量增加，SOD、POD 酶活性升高；在甲醛胁迫前期，吸毒草叶片中可溶性蛋白质含量随着甲醛浓度的增大而升高，但是当甲醛浓度超过 12.5mg/m^3 后，可溶性蛋白质含量下降；可溶性糖含量的变化规律与可溶性蛋白质的变化相似。
关键词：甲醛；吸毒草；生理指标

Abstract: The Lemon balm used was used as experimental materials to make clear the physiological changes of Lemon balm under the stress of Formaldehyde. Using the self-made formaldehyde airtight silo fumigation method set in 4 concentrations (0.5, 2.5, 12.5, 62.5mg/m^3) experiment, treatment for 5 days, and detect of physiological changes of Lemon balm. The results showde that: With the increase of the concentration of formaldehyde, The relative conductivity of Lemon balm has been larger, The content of MDA increased, SOD, POD activity increased. Stressing early in formaldehyde, leaves of Lemon balm soluble protein content increased with increasing concentration of formaldehyde drug, but when the formaldehyde concentration exceeds 12.5mg/m^3, the soluble protein content decreased. And changes variation soluble sugar content and soluble protein similarity.
Key words: Formaldehyde; Lemon Balm; Physiological Index

甲醛是一种无色、易溶的刺激性气体，人体长期接触甲醛则会产生各项功能异常的影响。室内甲醛主要来源于建筑和装饰材料。我国规定室内甲醛标准值（即允许的最大限量）为 0.1mg/m^3[1]，然而据调查，现住宅甲醛含量超标，对居民身体健康产生了危害。[2,3]观赏植物能长期有效地去除甲醛，同时还可以美化室内环境，因此，很多人选择用各种观赏植物吸收甲醛以净化空气。田好亮、[4]解娇[5]等人得出，吸毒草对甲醛有较强的吸收作用，且在有毒有害气体环境中生长良好。刘顺腾[6]试验得出吸毒草为对室内甲醛污染敏感性最强的植物之一。实验表明[7,8]甲醛胁迫后植物体内表现出抗氧化酶系统活性上升、质膜相对透性升高，游离性蛋白和可溶性糖含量增加并使植物体内丙二醛积累增加等现象。因此本试验以吸毒草为试验材料，通过检测吸毒草各项生理指标的变化，分析甲醛胁迫对吸毒草植株的影响，为今后研究甲醛胁迫对植物的影响提供理论依据。

1 材料与方法

1.1 试验材料和装置

选择无病虫害、规格一致的盆栽吸毒草（Melissa Officinalis）为试材（购买于河北省保定市窑上村花卉市场），花盆规格 13cm×15cm（高度×直径），基质由营养土和园土（1∶2）组成。试验装置为自制的以钢筋条为支架，用聚乙烯薄膜制成 0.9m×0.9m×1m 容积为 0.81m^3 的密闭舱，舱内装小电扇使空气对流，保证甲醛浓度均匀；自动温、湿度监控器随时记录温湿度变化；采用充气法检测装置的气密性。

1.2 甲醛释放源

采用质量分数为 37%—40% 的（福尔马林）甲醛溶液模拟室内甲醛气体污染，其他参数为：灼烧残渣 ≤0.003；硫酸盐（SO_4^{2-}）≤0.0004；酸度（以 H^+）≤0.5；色度≤15 黑曾单位；氯化物（Cl^-）≤0.0001。

1.3 试验设计

1.4 试验处理

试验设 0mg/m^3（以下简称 CK）、0.5mg/m^3（以下简称 A 处理）、2.5mg/m^3（以下简称 B 处理）、12.5mg/m^3（以下简称 C 处理）、62.5mg/m^3（以下简称 D 处理）5 个浓度处理。提前将试材放入试验装置中适应 2d，于第 3d 上午 8 点进行甲醛熏蒸处理，各指标隔 24h 测定一次。每个处理 2 盆植株，3 次重复。早晨 8 点打开装置通风 30min，观察记录植株受害情况，采取植株不同方向（顶部向下 2—3 片叶）的功能叶片数枚放入冰盒后迅速带回试验室进行质膜透性的测定，其余叶片放入超低温冰箱冷冻进行其他生理指标的测定。同时补充甲醛到相应的浓度。

1.5 测定方法

1.5.1 叶片受伤害率的测定

甲醛胁迫 24h 后进行伤害分级。0 级：植株生长状态良好，叶片无不良表现。1级：个别叶缘和叶尖变色，叶面出现少量浅褐色斑点。2级：植株20%左右叶缘和叶尖枯萎、叶片出现褐斑。3级：植株20%—50%叶片失绿，褐色斑点占受伤叶片的30%。4级：植株整体明显变色，60%左右叶片失绿，褐色斑点占受伤叶片的80%以上。5级：植株整体枯萎，或溃烂，大多数叶片失绿，50%左右脱落。6级：植株大多数叶片枯死或脱落，植株死亡。

甲醛处理后，每天观察每个植株的叶片受害表现，计算植株叶片受伤害率。

叶片受害率（%）=植株受伤害叶片（焦边、褐色斑点、萎蔫、枯死）数量/植株叶片总数量×100%。

1.5.2 生理指标的测定

叶片质膜透性采用相对电导。[9] SOD酶活性的测定采用NBT光化学还原法。[10] POD酶活性的测定采用愈创木酚法。[11] MDA含量的测定采用硫代巴比妥酸（TBA）法。[12] 可溶性蛋白含量的测定采用考马斯亮蓝G-250法。[9] 可溶性糖含量的测定采用蒽酮比色法。[8]

2 结果与分析

2.1 甲醛胁迫下植株叶片的变化

不同浓度的甲醛胁迫对吸毒草叶片的伤害差异明显（表1）。0.5mg/m³和2.5mg/m³两个甲醛处理的植株叶片均未出现明显受害症状。12.5mg/m³的甲醛处理的植株第1d就出现受害症状；62.5mg/m³的受害率明显升高。例如：62.5mg/m³甲醛处理5d后的受害率达到了86.38%，与12.5mg/m³的处理相比差异达到极显著水平（$P<0.01$）。

表1　甲醛胁迫下吸毒草的叶片受害率

处理时间(d)	叶片受害率×100%				
	对照CK	0.5mg/m⁻³	2.5mg/m⁻³	12.5mg/m⁻³	62.5mg/m⁻³
1	0	0	0	2.12	17.56
2	0	0	0	16.34	42.28
3	0	0	0	28.15	63.29
4	0	0	0	30.74	82.14
5	0	0	0	33.08	86.38

2.2 甲醛胁迫下对叶片生理指标的影响

2.2.1 甲醛胁迫对相对电导率的影响

植株叶片的相对电导率随甲醛胁迫强度的增加而增大（图1）。以处理第5d时为例，62.5mg/m³处理下吸毒草的相对电导率比对照增加了228.75%，且与对照达到极显著差异（$P<0.01$）。随着处理时间的延长，高浓度甲醛处理可使叶片相对电导率急剧提高。如12.5mg/m³甲醛处理后，相对电导率呈递增趋势，并在处理后第5d提高到了对照的1.68倍。在62.5mg/m³处理下，上升更剧烈，在处理后第5d达到了对照的3.28倍。

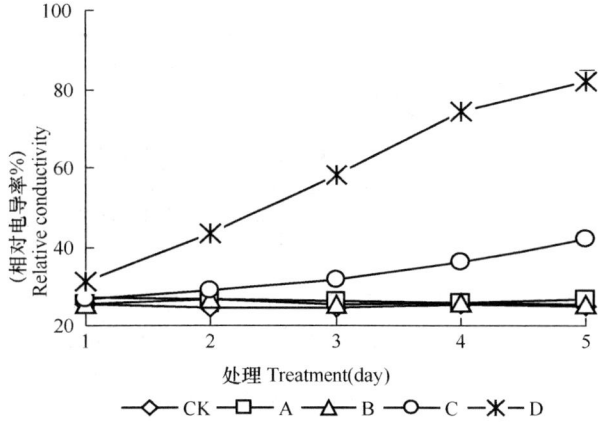

图1　甲醛胁迫下相对电导率的变化

2.2.2 对SOD酶活性的影响

在甲醛胁迫前期（1—3d），随甲醛浓度的增加，叶片SOD酶活性升高（图2）。以第2d为例，在0.5、2.5、12.5、62.5mg/m³处理下，分别达到了对照的1.15、1.17、1.34、1.54倍，各处理与对照间的差异达到显著水平（$P<0.05$）。随处理时间的延长，各处理后的SOD酶活性有升高趋势，但62.5mg/m³甲醛胁迫可降低叶片的SOD酶活性，呈现依次递减的趋势，如处理后5d的活性比处理第1d时降低了51.47%，并显著低于对照。

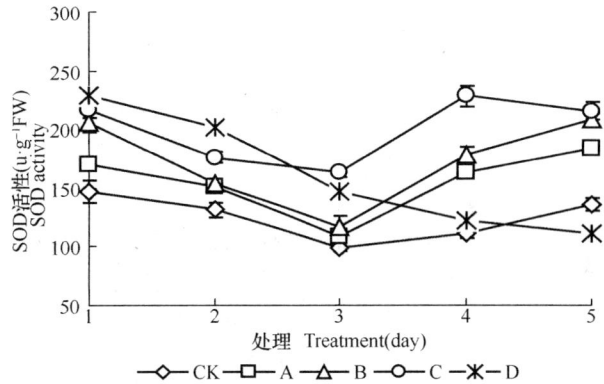

图2　甲醛胁迫下SOD酶活性的变化

2.2.3 对POD酶活性的影响

在甲醛胁迫第1d，随甲醛浓度的增加，叶片POD酶活性升高（图3），各处理与对照间的差异达到显著水平（$P<0.05$）。随处理时间延长，0.5、2.5mg/m³处理下吸毒草POD酶活性随甲醛浓度的增加而升高，第5d时分别比对照增加了34.49%、52.45%；12.5mg/m³处理在第3d开始下降，第5d时下降到对照水平；而62.5mg/m³处理下叶片POD酶活性呈递减趋势，处理第5d时比对照减少了20.42%，比第1d时下降了25.66%。

2.2.4 对MDA含量的影响

吸毒草叶片MDA含量随着甲醛浓度的增加而急剧增大（图4）。以处理第4d为例，在0.5、2.5、12.5、62.5mg/m³下，分别是对照的1.75、2.11、3.03、3.70倍，各处理

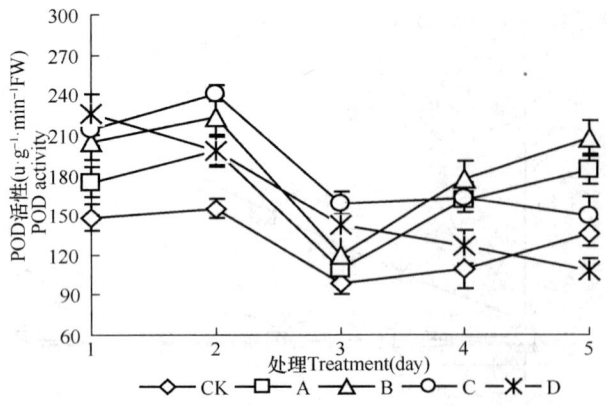

图 3 甲醛胁迫下 POD 酶活性的变化

与对照间方差分析极显著（$P<0.01$）。随处理时间的延长，叶片 MDA 含量呈增加趋势。在对照和 $0.5mg/m^3$ 处理下变化较小，从处理第 4d 开始明显大于对照。以处理第 5d 为例，在 $62.5mg/m^3$ 处理下是对照的 6.60 倍。

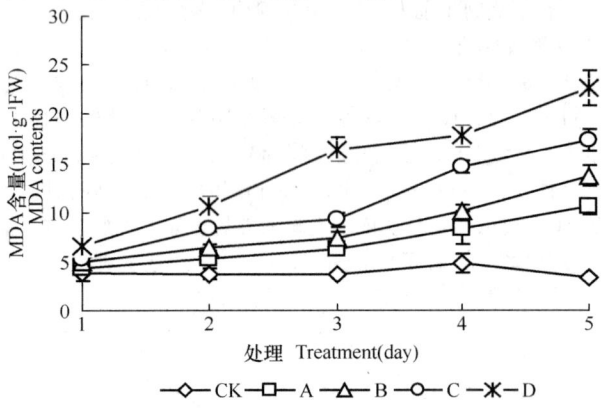

图 4 甲醛胁迫下 MDA 含量的变化

2.2.5 对可溶性蛋白含量的影响

如图 5，随着甲醛胁迫的加重，吸毒草叶片可溶性蛋白质含量呈增大趋势。以处理第 2d 为例，在 0.5、2.5、12.5、$62.5mg/m^3$ 处理下，分别比对照增加了 18.92%、28.98%、40.72%、57.57%，且与对照差异达显著水平（$P<0.05$）。随处理时间的延长，在 $12.5mg/m^3$ 处理下，其含量在第 4d 时开始下降，处理 5d 时比对照减少了 12.50%；在 $62.5mg/m^3$ 处理下，则第 3d 开始下降，处理

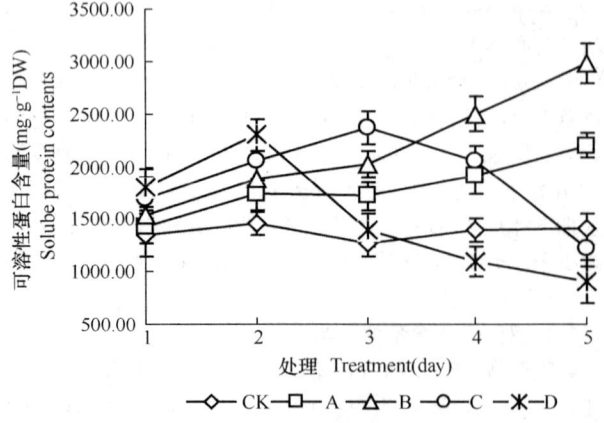

图 5 甲醛胁迫下可溶性蛋白含量的变化

第 4d 与处理第 5d 时分别比对照减少了 21.25%、35.71%。

2.2.6 对可溶性糖含量的影响

在甲醛胁迫处理前期（1—2d），吸毒草叶片可溶性糖含量随甲醛浓度的增加而升高（图 6）。以处理第 2d 为例，在 0.5、2.5、12.5、$62.5mg/m^3$ 处理下，分别是对照的 1.22、1.32、1.45、1.54 倍，其各处理与对照间方差分析显著（$P<0.05$）。随处理时间的延长，各处理下可溶性糖含量有升高趋势，但 12.5、$62.5mg/m^3$ 处理下使可溶性糖含量下降，且 $12.5mg/m^3$ 处理下降趋势较缓慢，$62.5mg/m^3$ 处理下降较迅速。

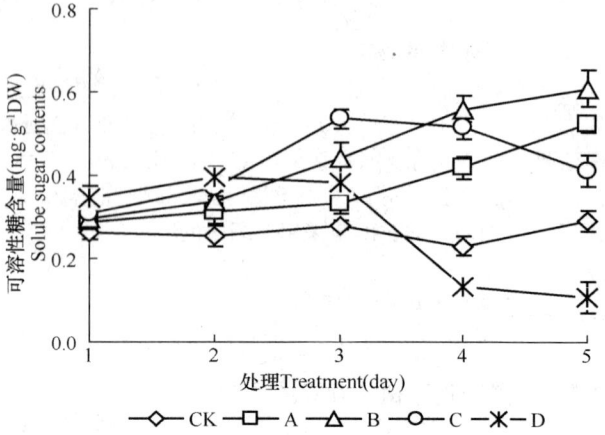

图 6 甲醛胁迫下可溶性糖含量的变化

2.3 各指标间的相关性分析

经相关性检测表明（表2）：在 $12.5mg/m^3$ 甲醛胁迫下，叶片的伤害率与相对电导率和 MDA 含量间呈正相关，相关系数分别达到 0.84 和 0.87，达到显著水平。在 $62.5mg/m^3$ 甲醛胁迫下，叶片受害率与相对电导率、MDA 含量呈极显著正相关，相关系数分别 0.99 和 0.97，因此，叶片的相对电导率和 MDA 含量可以作为吸毒草耐受甲醛胁迫的主要生理指标。此外，叶片受害率也与 SOD、POD 酶活性的相关性达到极显著水平，这两个指标也可以作为评价甲醛对植物伤害的参考指标。在两个甲醛浓度处理下，可溶性蛋白质、可溶性糖含量与叶片受害率之间的相关性均没有达到显著水平，因此，甲醛胁迫下对植物叶片可溶性蛋白与可溶性糖含量变化影响不大。

3 讨论

当植物处于逆境时，逆境对细胞的影响首先作用于细胞膜，因而细胞膜透性可以作为评定植物对污染反应的生理指标。[13]而电导率越大，膜受伤害的程度越大。本试验得出吸毒草相对电导率的增大与甲醛浓度的增加呈极显著正相关关系的结果与彭长连[14]等人的研究一致。MDA 是膜质过氧化最重要的产物之一，其含量的多少可以代表膜损伤程度的大小。[15]本试验得出吸毒草 MDA 含量的变化趋势与相对电导率的变化趋势相同。并且相对电导率、MDA 含量与叶片受害率之间存在极显著相关，因此它们的增大是植物抵抗甲醛胁迫的生理响应。

表2 不同指标间的相关性分析

甲醛浓度（mg/m³）	生理指标	相对电导率	SOD	POD	MDA	可溶性蛋白	可溶性糖	叶片受害率
12.5	相对电导率	—	0.4	−0.77	0.98**	−0.54	0.4	0.84*
	SOD	0.4	—	−0.24	0.43	−0.61	−0.21	0
	POD	−0.77	−0.24	—	−0.73	0.16	−0.71	−0.8
	MDA	0.98**	0.43	−0.73	—	−0.45	0.46	0.87*
	可溶性蛋白	−0.54	−0.61	0.16	−0.45	—	0.53	−0.01
	可溶性糖	0.4	−0.21	−0.71	0.46	0.53	—	0.8
	叶片受害率	0.84*	0	−0.8	0.87*	−0.01	0.8	—
62.5	相对电导率	—	−0.99**	−0.98**	0.98**	−0.86*	−0.84*	0.99**
	SOD	−0.99**	—	1.00**	−0.98**	0.87*	0.76	−0.99**
	POD	−0.98**	1.00**	—	−0.99**	0.86*	0.73	−0.99**
	MDA	0.98**	−0.98**	−0.99**	—	−0.84*	−0.74	0.97**
	可溶性蛋白	−0.86*	0.87*	0.86*	−0.84*	—	0.83*	−0.8
	可溶性糖	−0.84*	0.76	0.73	−0.74	0.83*	—	−0.76
	叶片受害率	0.99**	−0.99**	−0.99**	0.97**	−0.8	−0.76	—

注：**表示极显著相关（$P<0.01$），*表示显著相关（$P<0.05$）。

SOD和POD均是植物内源的活性氧自由基清除剂，当植物受到逆境胁迫时，SOD、POD酶活性会增加或维持较高水平，清除体内一定数量的自由基，保持膜结构及其功能相对稳定。本试验结果发现，在处理的前两天，随着甲醛浓度的加大，吸毒草的SOD、POD酶活性呈递增趋势。随着处理时间的延长，其SOD、POD酶活性与叶片受害率、MDA含量等指标呈极显著相关，因此其变化可表示植物对甲醛胁迫的生理反应。

渗透调节是植物适应环境胁迫的基本特征之一。逆境胁迫下，细胞会加快脯氨酸、可溶性糖、可溶性蛋白质的积累，即可以调节细胞内的渗透势，维持水分平衡，还能保护细胞内许多重要代谢活动所需的酶类活性。[16] 大量研究证明，植物受到胁迫后，可溶性糖含量的升高可以提高植物体抗性。本试验得出，在甲醛胁迫前期，吸毒草叶片可溶性蛋白质含量随着甲醛浓度的增大而升高，但是随着处理时间的延长，吸毒草叶片可溶性蛋白质含量在$12.5mg/m^3$处理下就开始下降。可溶性糖含量的变化规律同可溶性蛋白质含量相似。

参考文献

[1] 中华人民共和国国家标准．室内空气质量标准，GB/T 18883—2002．北京：中国标准出版社，2003．

[2] Duncan G Fullerton, Nigel Bruce, Stephen B Gordon. Indoor air pollution from biomass fuel smoke is a major health concern in the developing world. Transactions of the Royal Society of Tropical Medicine and Hygiene, 2008, 102: 843-851.

[3] Bilkis A Begum, Samir K Paul, M Dildar Hossain, et al. Indoor air pollution from particulate matter emissions in different house holds in rural areas of Bangladesh. Building and Environment, 2009, 44(5): 898-903.

[4] 田好亮，夏向群，祝刚．吸毒草吸毒效果评价．环境卫生学杂志，2013(2)：105-106，110．

[5] 解娇，庞凤仙，高海，等．几种室内观赏植物对甲醛的吸收能力．福建林业科技，2012(4)：69-72．

[6] 刘顺腾．室内化学污染的检测植物选择与应用研究：[学位论文]．山东：山东建筑大学，2013．

[7] 赵明珠．几种常见室内观赏植物降甲醛能力的研究：[学位论文]．南京：南京林业大学，2007．

[8] 安雪．观赏植物对甲醛的净化能力及耐受性研究：[学位论文]．北京：北京林业大学，2010．

[9] 邹琦主编．植物生理生化实验指导．北京：中国农业出版社，1995．

[10] 张志良主编．植物生理学实验指导．瞿伟菁．（第3版）．北京：高等教育出版社，2003．

[11] 王爱国，罗广华．植物的超氧物自由基与羟胺反应的定量关系．植物生理学通讯，1990：26．

[12] 李合生主编．植物生理生化实验原理和技术．北京：高等教育出版社，2000．

[13] 刘喜梅．观赏植物对甲醛的去除效果及其耐受机理研究：[学位论文]．江苏：扬州大学，2009．

[14] 彭长连，温达志，孙梓健，等．城市绿化植物对大气污染的相应．热带亚热带植物学报，2002，10(4)：321-327．

[15] 龚明，丁念城，贺子义，等．盐胁迫下大麦和小麦叶片脂质过氧化伤害与超微结构变化的关系．植物学报，1989，31(11)：841-846．

[16] 杨立飞，朱月林，胡春梅，等．NaCl胁迫对嫁接黄瓜膜脂过氧化、渗透调节物质含量及光合特性的影响．西北植物学报，2006，26(6)：1195-1200．

作者简介

杨露，1992年2月生，女，汉族，河北省承德，本科，河北农业大学园林专业．Email：710320263@qq.com。

史宝胜（1969年12月生），男，汉族，河北高阳，博士，河北农业大学园林学院任教，研究方向为园林植物栽培、育种及分子生物学研究，E-mail：baoshengshi@163.com。

"沙漠与湿地的交织"
——西北地区城市公园特色植物景观营造

"Deserts and Wetlands Intertwined"
——Northwest City Park Plant Landscaping Features

曾宇欣　张　玲

摘　要：西北地区年降雨量低，冬季寒冷，夏季炎热，有其独特的沙漠植物生境。同时，城市建设多临近河湖，或有规划水系穿过城市，又会沿水系形成湿地植物景观。本文以甘肃省金昌市龙泉景观带为例，对沙生植物、湿生植物在园林适用、景观效果等方面进行遴选，选择出生态适应性强、维护成本低、特色鲜明的园林植物；同时，从沙生植物生态适应性；湿地植物景观营造，植物生产功能等方面进行研究，分析如何通过以上几个方面，形成沙漠植物景观与湿地植物景观相交织的西北地区城市公园所特有的园林景象。

关键词：西北地区城市公园；防护林带；沙生植物；人工湿地植物

Abstract: With the low annual rainfall, cold winters and hot summers, northwest has its unique desert plant habitats. Meanwhile, multi－city construction near rivers and lakes, or river through the city planning, landscape wetland plants will form along the river. In this paper, Jinchang City, Gansu Province, Longquan landscape streamer, for example, on aspects of desert plants, wetland plants in the garden applicable, visual effects, etc. selection, choose a strong ecological adaptability, low maintenance costs, distinctive garden plants; same time, Researching from Psammophyte ecological adaptability, wetland plants and their landscape, plants and other aspects of the production function to analyze how the above aspects to make desert plant landscape and wetland plants intertwined becoming the northwest landscape city park unique garden scene.

Key words: Northwest City Park; Shelter Forest Belts; Psammophytes; Wetland Plants

西北地区的环境情况比较复杂，地处第一阶梯，平原较少，而多是海拔较高的高原和山地地形，土地面积广阔但是地貌复杂。由于身居内陆，距海较远且内里湖泊不多，因而气候极为干燥，沙尘较多，水资源不足。由此导致的绿地覆盖面积小，山体植被覆盖不足，恶性循环下，也有较多的地质灾害发生，总体上来说，生态环境恶劣，生物多样性不足，生态系统脆弱易发生问题。由于西部逐渐地开发，城市化进程日趋推进，原始的一些植被覆盖也逐渐地被破坏，加上人为的矿产采集或者不合理的利用，土壤荒漠化加剧，水土流失严重，黑风暴和沙漠化进程不断加剧，水土流失日益严重。地区城市规划滞后，经济落后，人才匮乏，加之生态环境恶劣，技术落后，致使改善生态环境的措施见效极为缓慢。

西北地区城市环境恶劣，经常有沙尘暴席卷城市。对于西北地区面积相对较小，且毗邻繁华都市的公园内部湿地景观，目前研究尚少。本文就以金昌市龙泉景观带三期和其中的蓝宝石公园为例，探讨西北地区城市公园湿地景观营造的可行性。沙漠景观与湿地景观是一种矛盾的存在，但是西北地区一些城市所特有的水系条件，使得这两类自然景观在公园内的交相辉映成为可能。

1　金昌市龙泉三期景观带种植规划

1.1　项目概况

金昌市位于甘肃省河西走廊东部，属温带大陆性干旱气候，光照充足，气候干燥，风沙大，年平均气温 4.8℃，年均降雨量 173.3mm，昼夜、四季温差较大，霜期长。地势以山地、平原为主，山地平川交错，绿洲荒漠相间。

龙泉三期景观带沿金昌市西部防护林纵向布置展开。项目总面积约 74hm²，其中绿地面积约 40hm²，是城市防护林到城市市区的过渡区域。市区土壤主要为砾质灰棕漠土，通体干燥，肥力极低，一般绿化种植全为客土。着眼于金昌荒漠化地质条件现状，希望打造出独具特色的戈壁园林。由于金昌市绿化的水土条件均不理想，植物生长条件相对恶劣，全部都需换土栽植，加上金昌又是一个缺水城市，在绿地灌溉上也面临着十分艰巨的难题。基址地处城市边缘，地处戈壁，无任何绿化基础，因此绿化种植时应以对水土条件要求不高的易管理树种为主。在营造景观与维护生态之间存在冲突时除了尽最大努力寻找平衡外，应更倾向于后者。

1.2　林种选择

在种植规划上，首先要考虑使用生态适应性强的沙生植物作为建设公园边缘防护林的基础。金昌的绿化工作者经过多年的经验积累，逐步发现了一部分适应性强、抗逆性好的宜于本土发育的优良树种，我们在设计时将以这些树种为主体，同时在相似地域的其他品种也应适当引进，并穿插各色花灌木，丰富植物种类的同时也丰富了植物的色彩和竖向景观，形成变化起伏的视觉效果。

常用植物品种有：刺柏、云杉、侧柏、圆柏、樟子

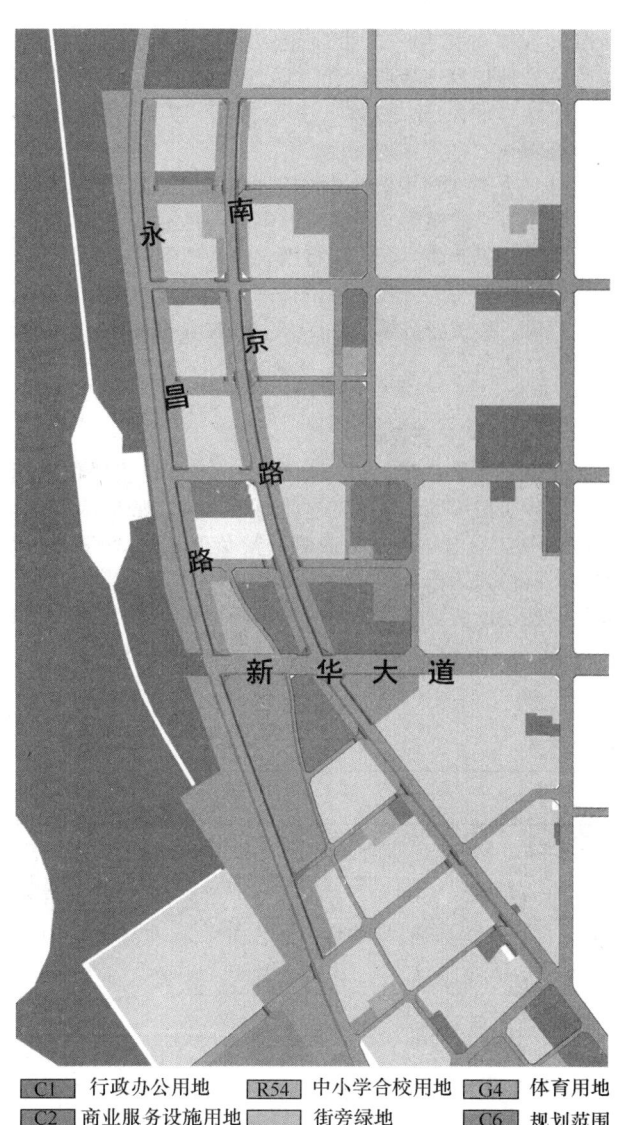

图1 上位规划用地类型分析图

松、油松、国槐、栾树、白蜡、无刺槐、红花槐、龙爪槐、香花槐、臭椿、金丝柳、梓树、火炬树、红叶李、五角枫、文冠果、沙枣、垂柳、榆树、榆叶梅、珍珠梅、水蜡、连翘、丁香、玫瑰、黄刺枚、小檗、紫穗槐、金银木、平枝枸子、红瑞木、牡丹、芍药、小叶黄杨、五叶地锦、爬山虎、山荞麦、金银花、啤酒花、紫藤、葡萄等。

可适当引进的植物品种有：红桦、白榆、复叶槭、核桃、山楂、碧桃、紫叶桃、毛白杨、银白杨、龙爪柳、华北落叶松、白皮松、青海云杉、祁连圆柏、花椒、鲜黄小檗、绣线菊、金蜡梅、花楸、迎春、紫薇、木槿、红叶小檗、枸杞、锦鸡儿等。

湿生植物品种有：芦苇、菖蒲、美人蕉、西伯利亚鸢尾、千屈菜、黄花鸢尾等。

1.3 种植规划功能分区

永昌路西侧为过渡型防护林带，永昌路东侧、新华大

图2 龙泉三期景观带总平面图

道北侧为居住区周边绿化带，新华大道南侧为蓝宝石公园等一系列城市公园，本文选择过渡型防护林以及公园建设中的湿地景观进行探讨。

1.4 过渡型防护林建设

1.4.1 防护林营造原则

金昌作为一个戈壁城市，必须处理好城市与环境的关系，更加有效地改善城市生态环境，在区域生态、城市绿色空间结构、环境保护等方面应实施具体的措施，如建

造城郊防护林，实现人与自然的和谐相处。

城郊防护林生态网络体系从城郊整体来考虑防护林的结构和功能，给城郊提供环境资源、社会效益和经济效益。林种的水平和立体配置方式是防护林体系建设模式的核心。林种是对气候、土壤、树种及相关的社会经济等相关基本信息进行总结提炼，在生态学、林学等理论的指导下，经过科学研究和长期生产实践的总结。

水源、地形、地貌、气候、土壤及灌溉条件决定着防护林体系的建设模式。依据研究区不同地段的地形地貌、土壤等条件的不同采取不同的种植方式。金昌临近沙漠，地处戈壁荒滩，气候干燥，风大沙多，环境比较恶劣，但项目区处总体地势较为平坦，在较平坦的地段可以建设由窄带多带式林带（外围防沙林带）—基干林带—内部防护林网所构成的防护林体系，有效减免风沙灾害和改善项目区生态环境。窄带多带式防沙林带一般在风沙危害严重的区域。防沙林带的特点是防沙面较宽，特别是在沙源丰富、又不可能大面积控制沙源的情况下，营造防沙林带便成为防治沙害的一种重要而且有效的措施。所谓窄带多带式防沙林带，是指由数条宽度较窄，各带间又有一定带间距的林带所构成的防沙林带。防沙林带具有极强的防沙阻沙能力，而基干林带则能有效地降低风速。灌木、小乔木、乔木层层重叠，形成一道防风固沙屏障。

内部防护林网中的小乔木带可以种植经济林，如苹果、梨、杏、油桃等。因为窄带多带式林带及基干林带的极强的防沙阻沙能力，可以将极大的风沙阻截，从而经济林不会受到风沙的侵害；网格状错落有致的种植，也不失景观效果。种植经济林，在不失生态效益的同时，大大增加了经济效益。

1.4.2 防护林景观建设

龙泉三期景观带西邻城市防护绿地，东接居住区用地，作为防护绿地到市区的过渡地带，在景观带边缘布置防护林带以减少沙尘暴对内侧绿带及市区的影响。过渡型防护林位置为永昌路西侧绿带，主要作用为生态防护、隔离，植物配置上强调植物的生态适宜性，以自然式片状林地为主，树种选择以管理粗放、抗性强的树种为主（表1）。

过渡型防护林树种选择表　　　　表1

林带	林种	造林树种	配置	备注
窄带多带式林带	灌木 小乔木	红柳、花棒、梭梭、毛条、白刺、柠条、柽柳、锦鸡儿、紫穗槐沙枣、侧柏、	2行一带，带间距10m 株行距1.5×3m	灌木、小乔木、大乔木、小乔木、低矮花灌木宽度比4:6:5:7:3
基干林带	大乔木	新疆杨、国槐、馒头柳、白蜡、云杉	株行距1.5×3m	
内部防护林网	小乔木	沙枣、紫叶李、侧柏、圆柏经济林（苹果、梨、杏、油桃）	网格状	
	低矮花灌木	大叶黄杨、刺玫、紫叶小檗、月季		

1.4.3 居住区周边绿化带建设

其主要作用是为周围居住区居民提供小型休憩、游赏场所，植物配置应相对精细，靠近道路一侧适当增加常绿植物，起到一定的隔离作用。上木选择法桐、栾树、馒头柳、白蜡、五角枫等，下木选择碧桃、紫薇、榆叶梅、紫叶李、花棒、连翘等，地被选择八宝景天、萱草、马蔺、月季等。

2 蓝宝石公园种植设计

选取蓝宝石公园为例，探讨风沙环境下，对于人工湿地景观的保护及建设。

2.1 现状分析

蓝宝石公园位于永昌路东侧、新华大道南侧，利用场地池塘改造成"蓝玉湖"，湖中小岛、湿生植物和木栈道营造生态小环境。在公园四周布置防风林带，上木种植云杉、新疆杨、白蜡树、国槐，下木种植红柳、香花槐，并搭配侧柏、大叶黄杨、紫叶小檗等绿篱，形成城市风沙与人工水系的防护屏障。保留场地原有沙枣林及杨树林，利用现状灌溉水渠设计"龙泉"溪流，以木栈道组织场地交通游览路线，形成有戈壁植物特色的林下休闲娱乐区，为节约水源，部分现状植物及沙生植物区域不采用草坪满铺，同时在池塘、水渠周边布置湿生植物，这样就形成了以杨树、沙枣、红柳等戈壁植物为背景的湿地景观。

2.2 湿地营造原则

在湿地系统设计中应尽可能增加生物多样性，以提高湿地系统的处理性能和生态系统的稳定性，延长使用寿命。湿地植物应选择耐污能力强、根系发达、经济和观赏价值高的水生植物。在保证净化效果的前提下，湿地植物尽可能从景观和经济性出发，选择一些观赏性植物和经济价值较高的植物。此外，还要根据当地的地理位置和气候条件，因地制宜，选择抗寒植物，如：芦苇、菰、菖蒲、芦竹、西伯利亚鸢尾、香蒲、千屈菜、黄花鸢尾、睡莲等。

2.2.1 湿生植物选择原则

（1）具有良好的生态适应能力和生态营造功能，选用当地或本地区天然湿地中存在的植物。

（2）具有较强的耐污能力和很强的生命力，所选用的水生植物要具有较强的耐污能力，还要对当地的气候条件、土壤条件和周围的动植物环境都要有很好的适应能力，即使在恶劣条件下也能基本正常生长。

（3）具有生态安全性，所选择的植物不应对当地的生态环境构成隐患或威胁。

（4）具有一定的经济价值、文化价值、景观效益和综合利用价值可选择菰、灯心草等经济价值较高的植物，黄花鸢尾、紫鸢尾、萍蓬草等景观效果较好的植物，睡莲等文化价值较高的植物。

2.2.2 湿地景观营造的平面布置原则

植物的群落配置是通过人为设计，将选择的水生植物根据环境条件和群落特性按一定比例在空间分布、时间分布方面进行安排，高效运行，形成稳定可持续利用的生态系统。湿地植物的平面布置遵循以下原则。

（1）公园中不同区域的湿地中布置两种以上植物，以避免景观效果过于整齐、单调；

（2）各种不同植物分片种植，避免重复；

（3）主要的功能性植物香蒲、芦苇、菰、水葱、菖蒲大片分布，在湿地周边分布景观性植物，如鸢尾、千屈菜、花叶芦竹、萍蓬草和睡莲等。

2.3 湿地景观建设

在蓝宝石公园中，结合设计水系，在栈桥间密植片植多种水生、湿生花卉，植物选择上以湿地高草类植物为主，岸边种植垂柳、馒头柳等耐水湿高大乔木，营造自然、古朴的湿地景观效果。上木选择垂柳、馒头柳、白蜡、紫花泡桐等，下木选择迎春、花棒、碧桃、紫穗槐等，地被选择芦苇、千屈菜、菖蒲、鸢尾、再力花、芦竹、西伯利亚鸢尾、香蒲、黄花鸢尾、睡莲、观赏草类等。

2.4 结合经济价值的植物景观营造

在蓝宝石公园南侧，布置花圃展示基地绿化，通过果

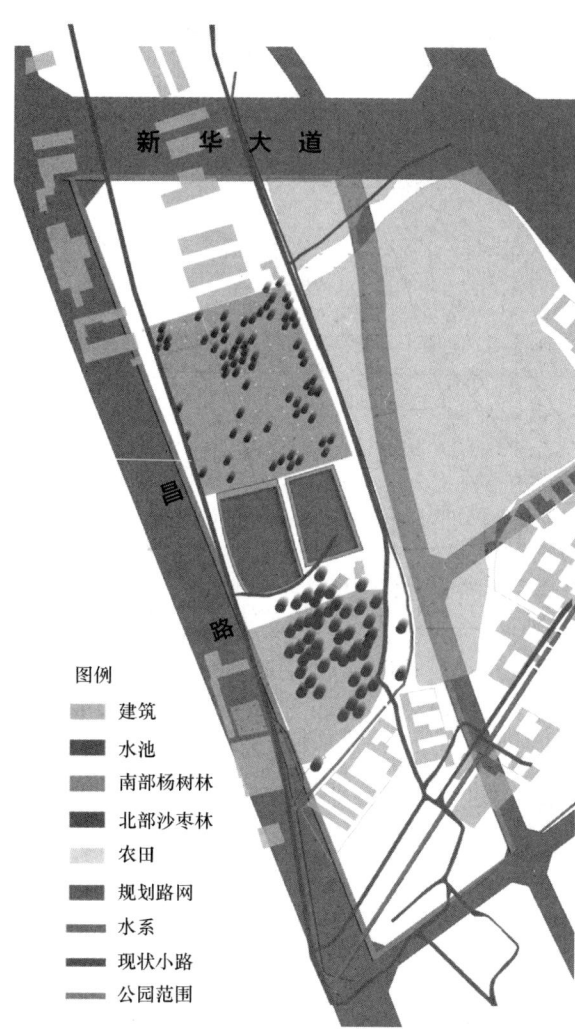

图3 蓝宝石公园现状分析图

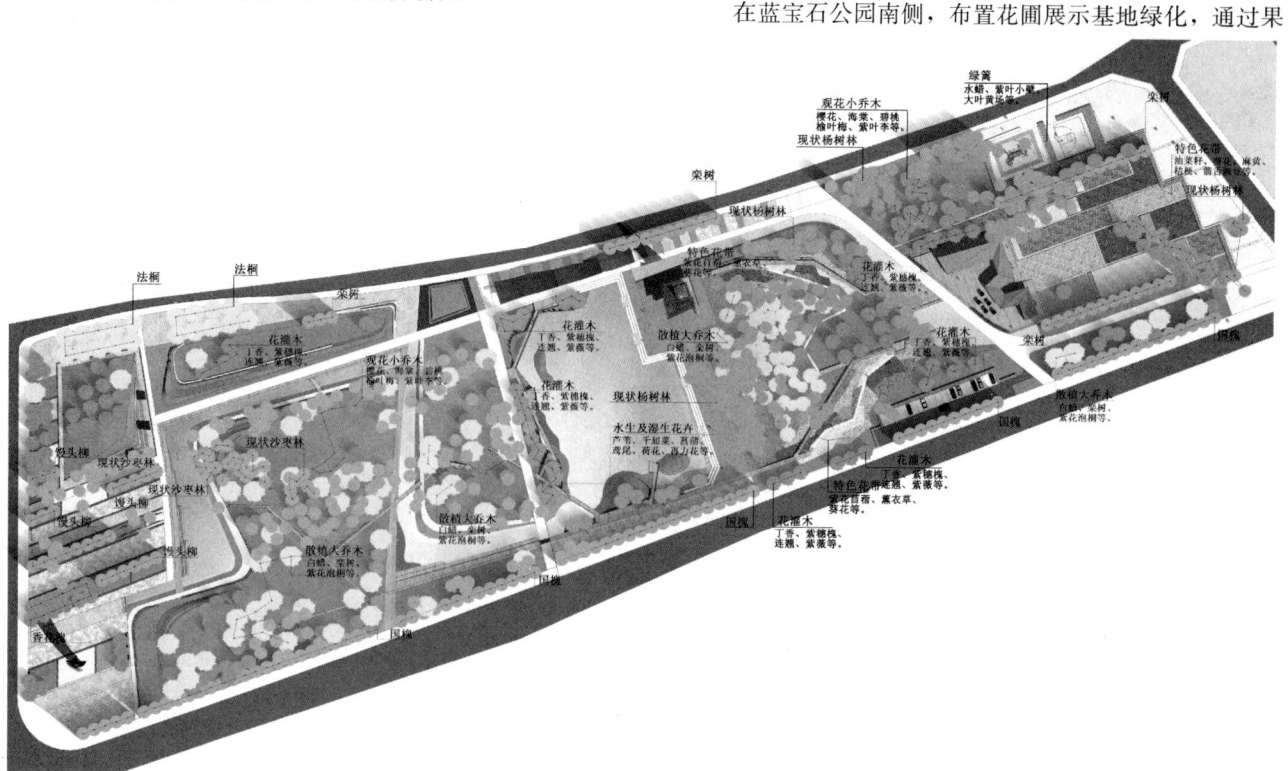

图4 蓝宝石公园种植分析图

树、花圃展示园的形式进行植物展示，结合当地气候，选择饲草绿肥作物、特色经济作物和药用植物，一方面作为青少年科普教育基地，另一方面可为市民提供作物种植采摘基地。上木种植：苹果、桃树、杏、桑树、沙枣等。下木种植油菜籽、葵花、麻黄、桔梗、箭舌豌豆、薰衣草等。

在蓝宝石公园中部，水塘以南，花圃以北，布置特色景观花带绿化，利用现状杨树林作为上层，同时成片种植紫花苜蓿、薰衣草、油菜花等观赏花卉，营造安静甜美的田园风光。上木选择新疆杨、沙枣、榆树、桑树等，下木选择紫花苜蓿、波斯菊、薰衣草、油菜籽、葵花等。

3　小结

本项目中的蓝宝石公园和黄宝石公园，笔者完成到扩初设计阶段结束，没有继续跟进，比较遗憾。在扩初设计阶段，种植设计基本遵循了规划设计阶段的要求，营造了戈壁荒漠植物景观，同时将戈壁植物作为借景，引入到了湿地植物景观之中，形成了沙生与湿生植物交相辉映的西北园林特色植物景观。

注：本文所有图片由金昌龙泉景观带三期景观规划设计项目组成员完成。

参考文献

[1] 金川区园林绿化管理局. 金昌地区主要植物品种、生长状况资料. 金昌市：金川区园林绿化管理局，2011.

[2] 肖楚田，肖克炎，李林. 水体净化与景观——水生植物工程应用. 南京：江苏科学技术出版社，2013.

[3] 凌雷. 金昌市绿化植物调查分析：[学位论文]. 陕西：西北农林科技大学，2012.

作者简介

曾宇欣，1985年生，男，汉，吉林省吉林市，北京清华同衡规划设计研究院有限公司，中级工程师，研究方向为园林绿化

张玲，1982年生，女，汉，北京，北京林业大学园林植物与观赏园艺专业，硕士，北京清华同衡规划设计研究院有限公司，工程师。

APG Ⅲ分类系统在植物园规划中的应用
——以济南动植物世界植物园部分为例

Application of APG Ⅲ System in Botanical Garden Planning
——Case Study on Botanical Garden of Jinan's Animal and Plant Park

张德顺 薛凯华

摘　要：本文介绍了在新型城镇化背景下，济南动植物世界植物园部分的规划过程中，引入基于分子生物学理论的 APG Ⅲ分类系统的相关成果，主要以该植物园拟引种与驯化的植物为对象，在被子植物区构建十三大类群，将植物布局与特色专类园相结合，力求把植物分类学发展的前沿动向体现于实际的风景园林规划中。
关键词：APG Ⅲ分类系统；植物园；种植；济南

Abstract：Under the background of the New Urbanization, this passage introduced the relevant achievements of the planning on botanical garden of Jinan's Animal and Plant Park, which import APG Ⅲ classification system based on the theory of the molecular biology into related work, the introduction and domestication of plants are chosen to research in this botanical garden mainly, 13 groups are constructed in area of angiosperms, we combine plant layout with characteristics specialized garden, so as to express the development of plant taxonomy to been reflected in the actual landscape architecture planning.
Key words：APG Ⅲ System; Botainical Garden; Planning; Jinan

1 研究背景

随着社会的不断发展，尤其是在国家着力推进新型城镇化的大背景下，各城市对自身风景园林建设有着高度的热情，而植物园的规划将直接为人们提供一个展示植物、了解植物，对日常生活以及全球生态系统的重要性的机会，因此，通过对园林植物的引种、驯化、栽培和景观营造，并以科学的设计展示呈现出来，其意义显得尤为深刻。

在植物园的规划设计过程中，无论其形式如何变化，均需通过植物分类学的内容来反映被子植物进化关系。针对被子植物的分类系统，目前应用最为广泛的主要包括以下4种，分别是：恩格勒系统（Engler System）、哈钦松系统（Hutchinson System）、塔赫他间系统（Takhtajan System）、克朗奎斯特系统（Cronquist System）。[1]中国现有的植物园一般采用恩格勒系统、哈钦松系统、克朗奎斯特系统等。自1998年以来，来自瑞典皇家科学院、斯德哥尔摩大学、英国邱园、康奈尔大学、佛罗里达大学和密苏里植物园等学者，组成了被子植物种系发生学组（APG，Angiosperm Phylogeny Group），该学组将分子生物学原理应用到被子植物的分类中，建立起能为大多数学者所认可的分类方法。

为将APG这一最新的植物分类系统在风景园林规划设计中完整展现，在对济南动植物世界的植物园部分进行规划设计时，共布局基底旁系群植物、木兰类植物（Magnoliids）、单子叶植物（Monocots）、鸭跖草类植物（Commelinids）、真双子叶植物的可能旁系群、真双子叶植物（Eudicots）、核心真双子叶植物（Core eudicots）、蔷薇类植物（Rosids）、豆类植物（Fabids）、锦葵类植物（Malvids）、菊类植物（Asterids）、唇形类植物（Lamiids）、桔梗类植物（Campanulids）十三大类群，把分类系统与专类园结合，对植物园规划设计进行科学的探索与实践。[2,5]

2 APG Ⅲ分类系统概述

被子植物种系发生学组（APG）在对被子植物的分类研究过程中，共发表了3篇成果论文，陈述被子植物的分类系统，即1998年《被子植物APG分类法》、2003年《被子植物APG Ⅱ分类法》、2009年《被子植物APG Ⅲ分类法》。最新的APG Ⅲ分类系统取得了植物学界的共识。在该分类系统中，将被子植物分为基底旁系群（包括无油樟目、睡莲目、木兰藤目）、木兰类植物、单子叶植物和真双子叶植物，这些部分构成其核心类群。其中，木兰类的旁系群为金粟兰目，真双子叶植物的旁系群为金鱼藻目。单子叶植物的核心类群为鸭跖草类植物。蔷薇类与菊类植物则为核心真双子叶植物的两大主要分支，同时，豆类与锦葵类植物为蔷薇类的核心类群，唇形类与桔梗类植物则为菊类核心类群，[6]具体系统分类关系见图1。

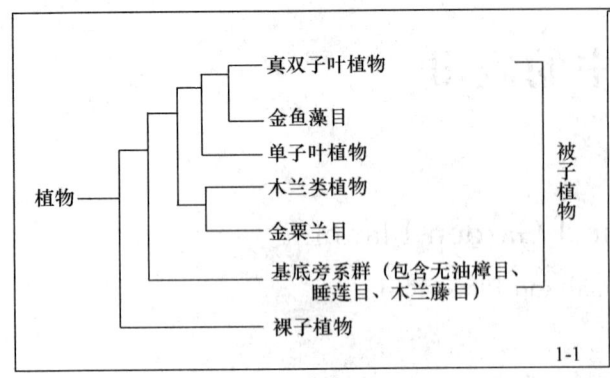
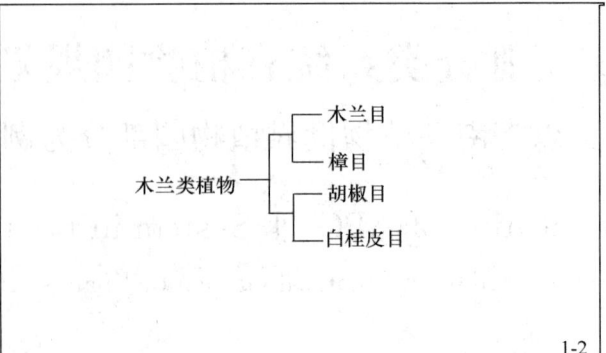
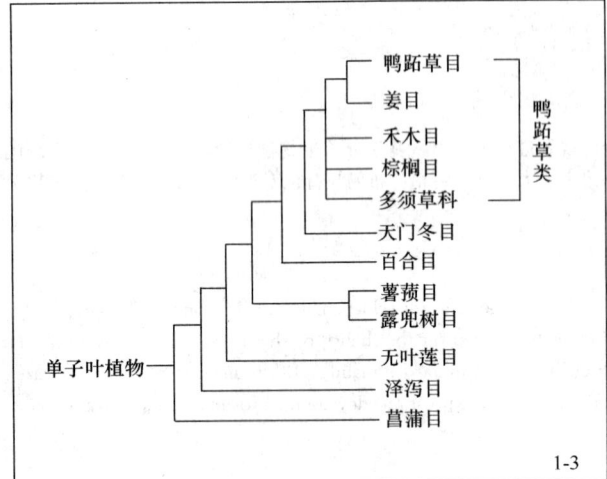
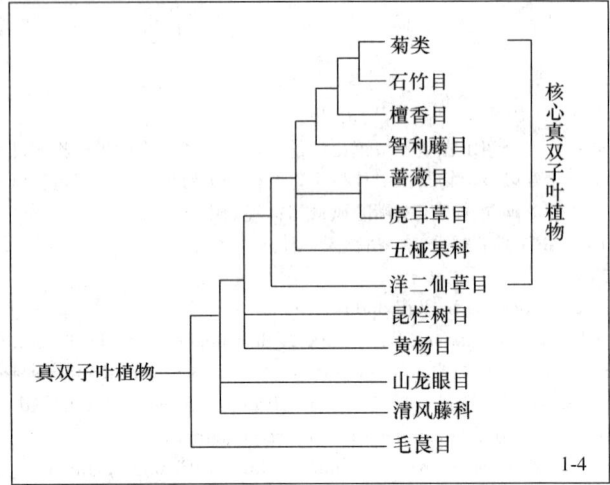
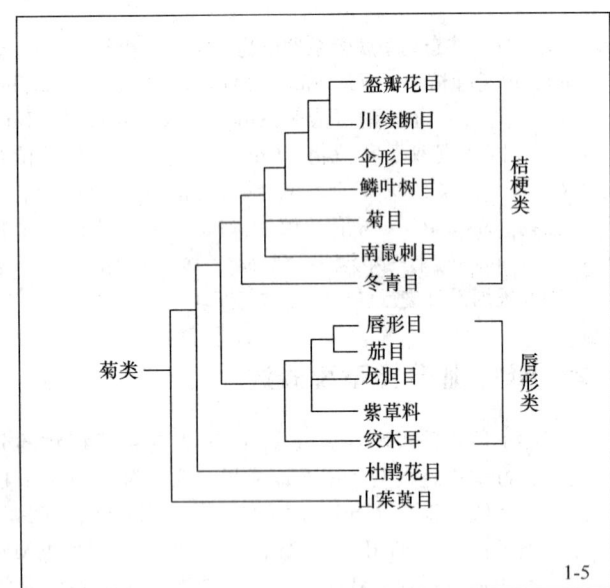
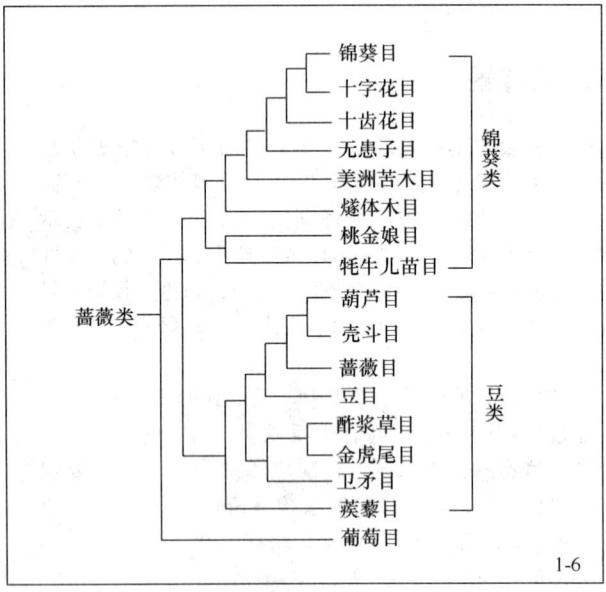

图1 APG Ⅲ植物分类系统图（根据 APG Ⅲ 2009 翻译整理绘制）

图1-1 总表；图1-2 木兰类植物；图1-3 单子叶植物；图1-4 真双子叶植物；图1-5 核心真双子叶植物——菊类

图1-6 核心真双子叶——蔷薇类

3 济南动植物世界植物园部分总体规划

3.1 基地概况

济南动植物世界位于章丘市西南部的埠村镇，距济南35km。基地总面积248.7hm²（3730亩），分为南北两个部分，南面是野生动物世界，占地146.7hm²（2200亩），北面是植物园，占地102.0hm²（1530亩）。基地高程最低124.94m，最高222.22m，垂直高差97.28m。其中，植物园以缓坡地形为主，地势相对平坦。基地地处中纬度，属暖温带季风区的大陆性气候。四季分明，雨热同季。春季干旱多风，夏季雨量集中，秋季温和凉爽，冬季雪少干冷。年均日照2647.6h，日照率60%；年均气温12.8℃，高温年13.6℃，低温年11.7℃；年平均降水量

600.8mm。因受地势影响，季风反映不明显。相对湿度为65%，最高年均73%、最低年均59%。无霜期192天，最长218天、最短167天。

3.2 规划目标与原则

在济南动植物世界植物园部分规划过程中，确立以"科学的内涵、园林的外貌"为基本原则，着重考虑针对济南地域特点的植物引种范围，通过对本地区新优树种的驯化，同时注重对乡土树种的运用，目标将其打造为园林植物知识科普、休闲游览观光和动植物一体化展示的特色型植物园。

3.3 规划结构

为体现济南地区园林植物、园艺植物及农业作物特色，并考虑到基地周边环境的特点，园区整体上分为入口景观集散区、植物生态隔离区、裸子植物区、被子植物区等主要功能分区。其中被子植物区按APG Ⅲ分类系统布局，除掉分类地位尚不明确与不适宜基地环境条件的类群，总共分为基地旁系群、木兰类、单子叶、鸭跖草类、真双子叶植物等十三大专类区（表1）。

按APG Ⅲ分类系统划分的被子植物区十三大类群 表1

类群	目	类群	目	类群	目
1. 基底旁系群植物	无油樟	6. 真双子叶植物	毛茛目	10. 锦葵类植物	无患子目
	睡莲目		清风藤科		美洲苦木目
	木兰藤目		山龙眼目		燧体木目
2. 木兰类植物	白桂皮目		黄杨目		桃金娘目
	樟目		昆栏树目		牻牛儿苗目
	木兰目	7. 核心真双子叶植物	洋二仙草目	11. 菊类植物	山茱萸目
	胡椒目		虎耳草目		杜鹃花目
3. 单子叶植物	菖蒲目		五桠果科		唇形类植物（真菊一类植物）
	泽泻目		智利藤目		绞木目
	天门冬目		檀香目		龙胆目
	薯蓣目		石竹目		茄目
	百合目	8. 蔷薇类植物	葡萄目	12. 唇形类植物	唇形
	露兜树目		豆类植物（真蔷薇一类植物）		紫草科
	无叶莲目		葫芦目		二歧草科
4. 鸭跖草类植物	棕榈目		壳斗目		茶茱萸科
	鸭跖草目		蔷薇目		管花木科
	禾本目		豆目		五蕊茶科
	姜目	9. 豆类植物	酢浆草目	13. 桔梗类植物	绞木目
	多须草科		金虎尾目		冬青目
	金鱼藻目		卫矛目		南鼠刺目
5. 真双子叶植物的可能旁系群	清风藤科		蒺藜目		菊目
	山龙眼目		锦葵目		鳞叶树目
	黄杨目	10. 锦葵类植物	十字花目		伞形目
	昆栏树目		十齿花目		川续断目
					盔瓣花目

4 济南动植物世界植物园部分分区规划

4.1 被子植物进化区

被子植物进化区作为主要规划对象，对各系统进化区骨架植物进行了规划（图2）。

4.1.1 基地旁系群植物

主要栽植睡莲、芡实、荷花、莼菜、王莲、萍蓬草等水生植物，利用低洼的地势营造水生湿地生态修复区

4.1.2 木兰类植物

主要栽培白玉兰、紫玉兰、二乔玉兰、望春玉兰、广

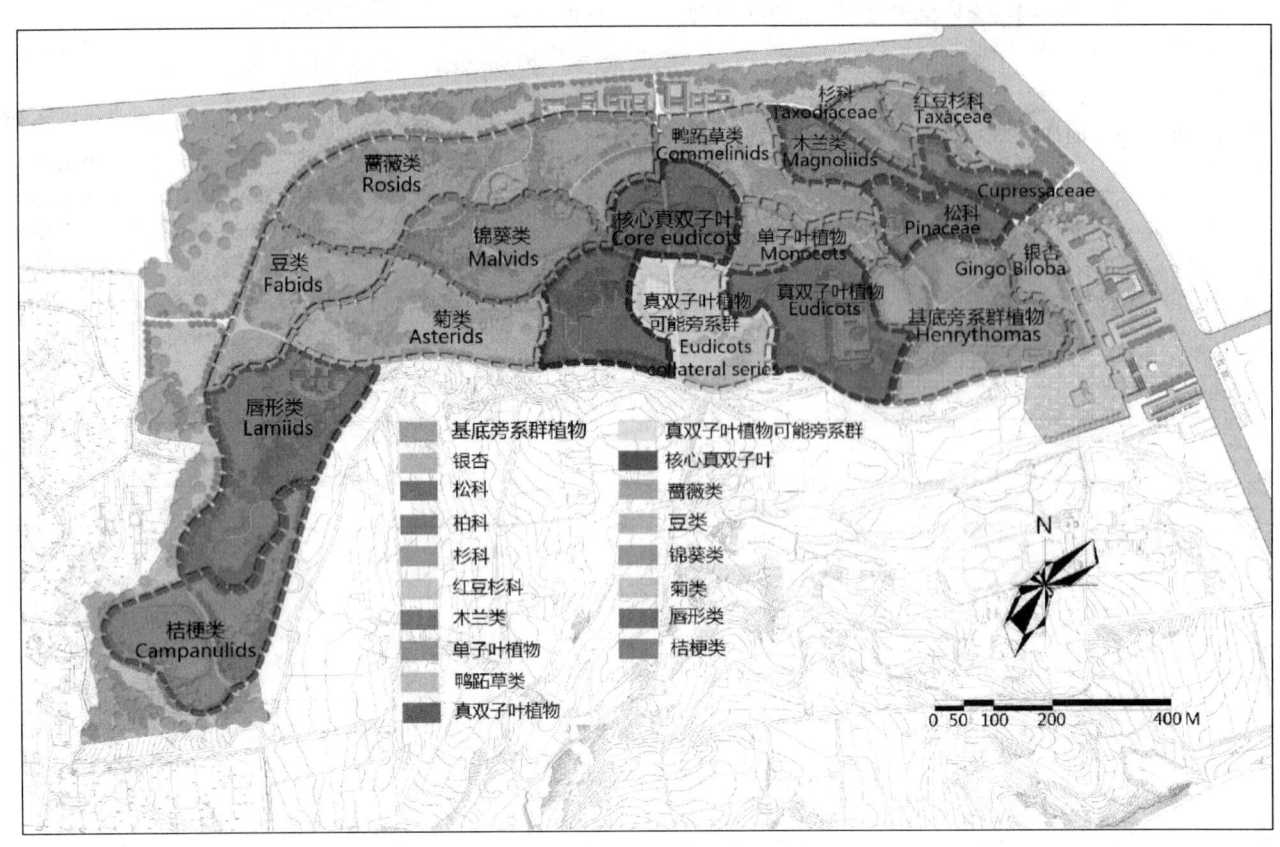

图 2 济南动植物植物园部分被子植物区 APG Ⅲ 系统 13 类群规划图

玉兰、华宝玉兰、鹅掌楸、北美鹅掌楸、杂交鹅掌楸、花叶杂种鹅掌楸、黄兰、白兰花、夜合花、含笑、蜡梅、馨口蜡梅、狗牙蜡梅等，着重营建木兰专类园与蜡梅专类园。

4.1.3 单子叶植物

主要培植百合、毛百合、欧洲百合、淡化百合、青岛百合等百合属，鸢尾、玉蝉花、花菖蒲等鸢尾属，慈菇、大慈菇、浮叶慈菇等慈菇属，窄叶泽泻、草泽泻、小泽泻等泽泻属，菖蒲、石菖蒲等菖蒲属，以及萱草、火炬草、麦冬、沿阶草、仙茅、石蒜、半夏、风信子、射干、薯蓣等植物，重点营建球根花卉专类园。

4.1.4 鸭跖草类植物

主要栽植棕榈、棕竹、淡竹、刚竹、早园竹、紫竹、菲白竹、菲黄竹、大绿竹、团竹、棉花竹、扫把竹、绵竹、马岭竹、孝顺竹、观音竹、硬头青竹、苦竹、球节苦竹、鹅毛竹、阔叶箬竹等，以及燕麦、狗尾草、狗牙根、中华结缕草、金发草、高羊茅、鸭跖草、吊竹梅、山姜、艳山姜等，构建万竹专类园。

4.1.5 真双子叶植物的可能旁系群

主要栽培金鱼藻、宽叶金鱼藻、细金鱼藻等金鱼藻科植物，搭配结合其他适宜性植物，侧重营造水生景观生态区。

4.1.6 真双子叶植物

主要培植黄杨、雀舌黄杨、小叶黄杨，小檗、紫叶小檗、淫羊藿、桃儿七、十大功劳、虞美人、紫堇、黄堇、荷青花、木通、白木通、三叶木通、银莲花、乌头、楼斗菜、独叶草、升麻、铁线莲、黄连、翠雀、唐松草、转子莲、绣球藤、铁筷子、白头翁、毛茛等，着力构建宿根花卉专类园。

4.1.7 核心真双子叶植物

主要栽植景天、八宝景天、细小景天，檵木、红花檵木、金缕梅、半枫荷、北美枫香树、蚊母树、牛膝、千日红、鸡冠花、落新妇、金腰、八仙花、草绣球、绣球、长叶绣球、酸模、红脉酸模、红蓼、野荞麦、大黄、何首乌、牡丹、芍药、川芍药等，营建景天植物专类园与牡丹国色天香花卉园。

4.1.8 蔷薇类植物

主要栽培石栎、栓皮栎、苦槠、石栎、青冈、板栗、茅栗、扁刺锥、五色地锦、爬山虎、三叶地锦、葡萄、山葡萄、蛇葡萄、樱桃、山桃、碧桃、山樱桃、苹果、梨、稠李、李子、郁李、欧李、麦李、蛇莓、果梅、榆叶梅、杏、西伯利亚杏、木瓜、毛叶木瓜、玫瑰、月季、黄蔷薇、矮蔷薇、黄刺玫、山刺玫等，主要营建壳斗专类园、葡萄樱桃园、月季玫瑰园、海棠梅杏园以及突出重点特色的梨果展示种植园。

4.1.9 豆类植物

主要栽培刺槐、刺桐、龙爪槐、合欢、红豆树、苦参、云实、豌豆、豇豆、甘草、金钱草、白三叶、紫荆、决明、大豆和苜蓿属、金合欢属、崖豆藤属、黄芪属、球花豆属、山蚂蝗属、皂荚属、葛属、紫穗槐属、胡枝子属、山蚂蝗属等植物，构建豆科植物固氮区。

4.1.10 锦葵类植物

主要栽植冬葵、木芙蓉、木槿、扶桑、蜀葵、苘麻、地桃花、椴树、瑞香、白木香、黄栌、黄连木、南酸枣、野漆、木蜡树、漆树、香椿、红椿、毛红椿、苦楝、橙、柚、柠檬、枳、柑橘、金橘、半夏、芸香、石榴、重瓣红石榴、七叶树、欧洲七叶树、三角枫、五角枫、元宝枫、红花槭、羽毛槭、鸡爪槭等，主体营建柑橘石榴园和色叶树种专类园。

4.1.11 菊类植物

主要栽植梾木、高大灰叶梾木、大金梾木、毛叶梾木、小梾木、光皮梾木、灯台树、山茱萸、四照花、红瑞木、常山、木绣球、柿、乌柿、君迁子、小叶山柿、映山红、圆叶杜鹃、黄杯杜鹃、糙毛杜鹃、长蕊杜鹃、中原杜鹃、满江红、百日草、瓜叶菊、亚菊、大花金鸡菊、雏菊、翠菊、黄金菊、黑心菊及万寿菊属、苍术属、红花属、金盏菊属等植物，重点营建梾木园、杜鹃专类园和菊花专类园。

4.1.12 唇形类植物

主要培植络石、长春蔓、柳叶白前、长春花、龙胆草、栀子、茜草、香果树、蛇舌草、打碗花、牵牛花、圆叶牵牛、莺萝、掌叶莺萝、羽叶莺萝、朝天椒、枸杞、大花曼陀罗、龙葵、夜香树、炮仗花、美国凌霄、桂花、连翘、小蜡、毛地黄、玄参、紫苏草、牡荆、兰香草、紫草、夏枯草、丹参，主要构建香花香料植物的岩石园。

4.1.13 桔梗类植物

主要栽培冬青、大果冬青、猫儿刺、梅叶冬青、党参、半边莲、桔梗、羊乳、山梗菜、茴香、川芎、当归、独活、白芷、水芹、窃衣、天胡荽、熊掌木、通草、人参、金银花、盘叶忍冬、珊瑚树、接骨木等植物，营建药用养生植物专类园。

4.2 裸子植物进化区

裸子植物进化区按裸子植物进化学层级进行划分，主要分为松科、杉科、银杏科及红豆杉科等，主要栽植白杆、红杉、油松、白皮松、雪松、马尾松、火炬松、金钱松、铁杉、银杉、水杉、池杉、水松、冷杉、落羽杉、红豆杉、银杏等。

4.3 动植物融合区

基地以动物园与植物园一体化为其特征，因此在两园区中间地带设置动植物融合区，分别包括喜鹊登梅、鹊华秋色、花飞蝶舞、梧桐栖凤、草长莺飞、鸟语花香、松鹤延年、柳浪闻莺、花港观鱼等八大景点，使植物与动物两类元素得到和谐共生的完美展现。

4.4 植物生态隔离区

为保证园区整体的自然环境质量，在植物园东西边界分别设置植物生态隔离区，该区域植物通过特定类型的选择，主要发挥防风、防尘、抗污、减噪功能，从而为园区起到良好的生态隔离作用。

4.5 入口景观集散区

植物园区部分共设两处主要出入口，每处出入口都承担着车流与人流的集散功能，同时还可以进行游人的引导，因此在园区入口部分设置景观集散区，起到组织全院人流与车流的作用。

5 总结与展望

APG Ⅲ分类系统主要按照分子生物学理论，对被子植物的基因编码进行分类，是集合了世界上本领域中主要研究机构的最新成果，但由于仍有较多领域仍未被完全了解，针对被子植物的分类系统的研究进展还在不断更新，所以每种分类都不可能是最终结果，也无法包括所有的被子植物，因此APG Ⅲ也只能代表某一时间段的研究成果，新的结论也在不断涌现，但目前该分类法是比较权威的分类方法。

在之前大部分植物园习惯于以恩格勒系统和克朗奎斯特系统为主要分类布置的背景下，APG Ⅲ分类系统凭借对单子叶植物和双子叶植物进行了更为系统的地位，使得被子植物进化体系更加科学合理，可把植物园的科教普及作用更大限度地发挥出来，有良好的推广前景。

参考文献

[1] 张德顺. 景观植物应用原理与方法[M]. 北京：中国建筑工业出版社，2013.

[2] ELSPETH HASTON, JAMES E. RICHARDSON, PETER F. STEVENS, MARK W. CHASE and DAVID J. HARRIS. The Linear Angiosperm Phylogeny Group (LAPG) Ⅲ: a linear sequence of the families in APG Ⅲ[J]. Botanical Journal of the Linnean Society, 2009, 161: 128-131.

[3] ELSPETH HASTON, JAMES E. RICHARDSON, PETER F. STEVENS, MARK W. CHASE and DAVID J. HARRIS. The Linear Angiosperm Phylogeny Group (LAPG) Ⅲ: a linear sequence of the families in APG Ⅲ[J]. Botanical Journal of the Linnean Society, 2009, 161: 128-131.

[4] 被子植物APG Ⅲ分类法[EB/OL]. 维基百科(2013)[2013-07-08]. http://zh.wikipedia.org/wiki/%E8%A2%AB%E5%AD%90%E6%A4%8D%E7%89%A9APG_Ⅲ%E5%88%86%E7%B1%BB%E6%B3%95.

[5] Shichao Chen, Dong-Kap Kim, Mark W. Chase, Joo-Hwan Kim. Networks in a Large-Scale Phylogenetic Analysis: Reconstructing Evolutionary History of Asparagales (Liliane) Based on Four Plastid Genes. PLoS One. 2013; 8(3): e59472. Published online 2013 March 18. doi: 10.1371/journal.pone.0059472.

[6] 张德顺，王振，张慧文，薛凯华. APG Ⅲ系统在植物园规划中的应用——以茌平植物园规划设计为例[J]. 中国园林，2013(11): 52-55.

作者简介

张德顺，1964年1月生，男，汉族，山东人，博士，同济大学建筑与城市规划学院景观学系，教授、博士生导师，高密度人居环境生态与节能教育部重点实验室，IUCN SSC委员会委员，研究方向为景观规划设计，Email：zds@tongji.edu.cn。

薛凯华，1989年10月生，男，汉族，江苏人，同济大学建筑与城市规划学院景观学系在读硕士研究生，研究方向为景观规划设计，Email：759068280@qq.com。

李清照纪念堂植物应用探究

Research on Plants Use of Li Qingzhao Memorial Hall

张吉祥 于 隽

摘 要：李清照纪念堂位于济南趵突泉园内，是以著名词人李清照为文化基底构建的自然山水园林，李清照是南宋著名的婉约派词人，家庭的影响以及词人跌宕起伏的人生经历，成就了李清照独特的人格魅力。李清照纪念堂中植物的应用在满足普遍园林植物配置原则的同时，更注重表现李清照诗词中描述咏叹的植物，不仅再现清照当年的景观环境，而且达到情景交融，植物的状态再现诗词的意境以及词人的思想，植物的应用配置与人文文化相融合，达到了很高的境界。

关键词：李清照纪念堂；文化底蕴；植物应用

Abstract：Li qingzhao memorial hall is located in jinan baotu spring-park, is a famous poetess li qingzhao cultural basement building natural landscape garden, li qingzhao is the southern song dynasty famous WanYaoPa ci, the ups and downs of the influence of family and school life experience, li qingzhao's unique personality charm. Li qingzhao memorial hall in the application of plant to meet the principle of common garden plants configuration at the same time, pay more attention to performance li qing-zhao is described in the plant of sichuan, not only according to the landscape environment, and to reach the scene, the state of the plants reproduce the artistic conception of poetry and ci's thought, the application of plant configuration and the integration of the humanities culture, to achieve a high level.

Key words：Li qingzhao Memorial Hall；Culture；Plants Use

李清照纪念堂位于山东济南趵突泉园东侧，面积4000多平方米，采用仿宋式建筑，体现出了词人典雅、婉约的气质与风格。趵突泉公园是以泉为主题，以山水为构架的自然山水园，而李清照纪念堂景观也延续了这一风格。堂中植物选择很大程度上是以李清照的诗词为依据，在满足植物生态习性，保证四季有景的基础上，构建空间，创造能够再现李清照诗词意境的景观。同时，由于趵突泉泉群的影响，恒温18℃的泉水使公园内形成了怡人的小气候，冬暖夏凉，这也一定程度上影响了李清照纪念堂中植物种类的选择（图1、图2）。

图2 李清照纪念堂南门

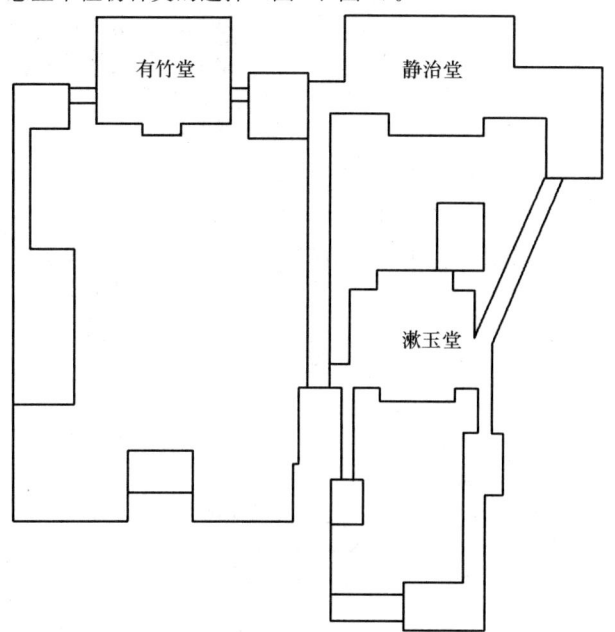

图1 李清照纪念堂手绘总平概图

1 李清照纪念堂的清照文化

李清照纪念堂是根据李清照故居于漱玉泉边的记载为纪念这位杰出的女词人建造的。李清照是济南章丘人，南北宋交替时代的女词人，婉约词派的代表。李清照纪念堂重新营造了一个有生命的，能够再现李清照生活起居，将思想变化、情感波动寄情于园内景物的场所。李清照的一生分为3个阶段，少女时期、婚后时期、流窜江南。[1] 3个时期李清照的词风和思想有着根本性的变化，每个时期其所咏叹的植物的侧重也有很大的差异。李清照对植物的描绘鲜明地折射出了词人不同时期的生命状态和情感体验，体现出了词人生命、情感的全历程，因此，植物的选择与配置在李清照纪念堂的景观构建中起着举足轻重的作用。

2 李清照纪念堂植物的应用配植与人文文化的交融

在特定的场所种植特定的树种，如果应用得当，不仅能够达到赏心悦目的效果，而且能够体现出纪念性园林的文化精髓，体现出名人的文化品位跟思想境界。李清照纪念堂中，植物的文化属性的高水准应用，不仅满足了人们的精神、思想、情感的需要，也是一种人文思想的形式体现，达到见树如见人的效果。[2]

2.1 满足植物的自然属性——植物应用与文化融合的前提

不论园林的性质或种类，我们在园林植物的应用中首先需要满足的就是植物的自然属性。[3]在场所景观的构建中，不同于建筑文化以及其他文化，植物是唯一有生命的构成要素。李清照纪念堂中的植物郁郁葱葱，四季有景可观，便是很好地遵循了植物的自然属性。李清照纪念堂不同于山东大部分地区的气候条件是，由于受到趵突泉泉群的影响，恒温18℃的泉水使公园使的纪念堂内夏季凉爽，冬季温暖，因而李清照纪念堂中桂花、芭蕉等具有很高文化属性的植物才能安全越冬（图3、图4）。

图4 漱玉堂—芭蕉

图3 漱玉堂—桂花

2.2 李清照纪念堂中植物的应用与文化的融合

李清照纪念堂主要有漱玉堂、静治堂、有竹子堂3部分，从纪念堂的正门进入，文章按照游览顺序分别介绍纪念堂中的植物应用与其所表现的文化底蕴。

2.2.1 漱玉堂

漱玉堂正殿为是李清照纪念馆的主展室，因此，在植物的应用与选择方面，选择的都是李清照文化中具有极强代表性的植物。例如：桂花、蜡梅、海棠、芭蕉等（图5、图6）。

图5 漱玉堂植物应用全景

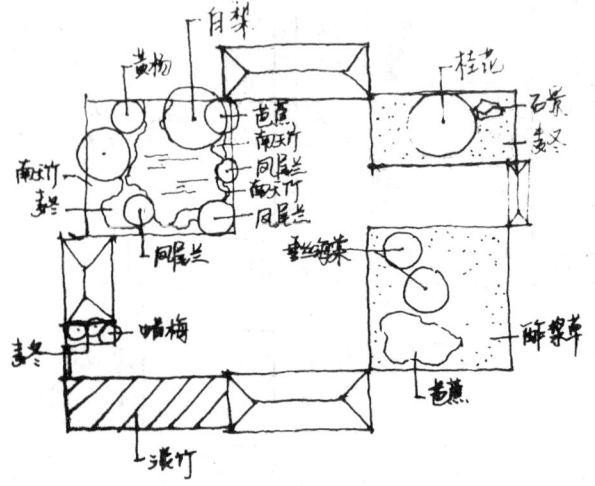

图6 漱玉堂植物应用手绘草图

桂花是李清照最爱的植物。虽然着墨不多，直接咏叹的诗词仅有4首，但其对桂花的赞誉傲视尘俗，花人互喻，神韵互予；其形（一揉破黄金万点轻，剪成碧玉叶层层），其香（一暗淡轻黄体性柔，情疏迹远只香留。），其性（一终日向人多蕴藉，木犀花）。[4] 桂花的清纯幽香，不求索取，凭内质动人而不以外形取媚的品格，恰恰词人的气质相吻合。选用桂花孤植在漱玉堂前，更加突出了桂花在李清照文化中的地位（图7）。

图7 漱玉堂前桂花

芭蕉是纪念堂中主要植物之一，蕉叶联、蕉窗听雨、蕉石小品、墙角丛蕉等是园林中常用的形式，在李清照纪念堂中，则是选择了蕉窗听雨（图8）、蕉石小品（图9）两种形式。"伤心枕上三更雨，点滴霖霪；点滴霖霪，愁损北人，不惯起来听！"便是李清照描写雨打芭蕉之声的词。[5] 芭蕉的选用，不仅能够再现李清照的日常生活状态，而且叶大、茎密、叶色嫩绿，显示出一种平安清雅的气质，并且能够孕风贮凉，同时达到了植物应用中文化与功能的双重要求。

图9 漱玉堂蕉石小品

漱玉堂中的主要植物不仅都有其丰富而突出的文化内涵，而且每种植物都具有各自的形态美，与李清照这位女词人的气质相符合，在保证所选植物生长良好的同时合理构建空间；而且即便空间不大，也做到了疏密有致（例如堂前左侧桂花的孤植），富于变化（例如堂前右侧枣树、芭蕉、凤尾兰、南天竹、麦冬的乔灌草搭配种植），并且真正做到了四季有景（春季海棠、枣树开花，夏季赏芭蕉，秋季桂花飘香，冬季蜡梅映雪）。

2.2.2 静治堂

静治堂原是赵明诚居莱州时宅第的名字，取"静心治家"之意。静治堂相较漱玉堂在植物的应用方面也就多了几分生活的气息。静治堂中极具文化内涵的植物品种有红梅、白梨、梧桐、淡竹（图10）。

梅花：梅花是李清照咏叹最多的植物，共有词11首，贯穿词人一生的3个时期。少女时期，以梅花之美描写自己的淡荡青春；婚后则多描写梅花的残花残蕊，感慨正在逝去的青春；流窜江南后，则多描写梅花的香消雪减，比喻自己的垂老黯淡的风烛残年。[6] 梅在李清照文化中占据了很高的地位，是在植物选择中必不可少的植物之一。堂中的梅花是红梅，傲雪而开，为冬季的院落增添了色彩（图11）。

图8 漱玉堂蕉窗听雨

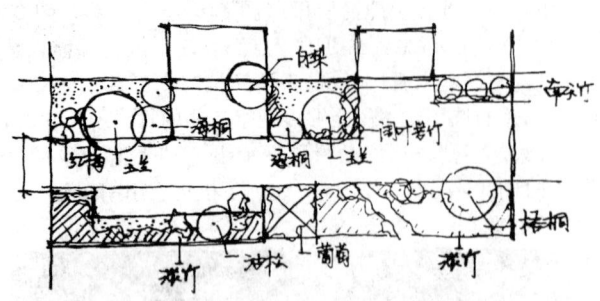

图10 静治堂植物应用手绘草图

图11 静治堂中红梅

图12 静治堂中白梨

白梨："细风吹雨弄轻阴，梨花欲谢恐难禁"是李清照描写梨花的诗句。词中既有深情的惋惜与眷恋，又有无如之何、难与为力的叹息与怅惘。将这句梨花词与静治堂相联系，便可发现园中植物种类选择的用心；静治堂本是赵明诚故居，在此，则体现出李清照对丈夫的思念，对时光虚度的感慨（图12）。

梧桐：梧桐更兼细雨，到黄昏、点点滴滴。是李清照在流窜江南时写的词，词人独立窗前，雨打梧桐，声声凄凉，深切地怀念着自己的丈夫。院中选用梧桐，将词人的情感融入院中景观，使游客睹物思人，有很好的文化烘托效果。梧桐叶大，在园林应用中其声音与芭蕉有异曲同工之妙，不同的是，其干直，高达15m，有很好的庭院遮阴效果（图13）。

淡竹：竹寓意有二，一为君子，二为虚心，有节气。在院中植淡竹丛，对李清照的赞扬溢于言表，清照人生后期能够不为封建世俗思想所禁锢，敢于同封建势力斗争的气节由淡竹表现得淋漓尽致（图14、图15）。

由于静治堂是生活院落，所以选择的植物不仅具有文化气质，而且增加了具有浓郁生活气息（例如葡萄、白梨的应用）。院中春有玉兰、白梨，夏有海桐，秋有葡萄，冬有红梅，北侧乔灌草搭配合理，空间层次丰富，南侧以竹林为基调，以白墙为底，疏影横斜，凸显文人韵味（图16、图17）。

2.2.3 有竹堂

有竹堂是李清照的父亲居汴京时的府邸名字，取竹子

图13 静治堂中梧桐

"出土有节、凌云虚心"之意。有竹子堂院落大，所以在景观上掇山，置石，理水，搭配植物，再现了李清照少女时期的生活环境，一个使人流连其中的后花园（图18、图19）。

有竹堂院落虽然较其他院落大，但是，仍然属于私人

图 14　静治堂中淡竹

图 17　有竹堂植物应用全景

图 15　静治堂中淡竹

图 18　有竹堂中桂花

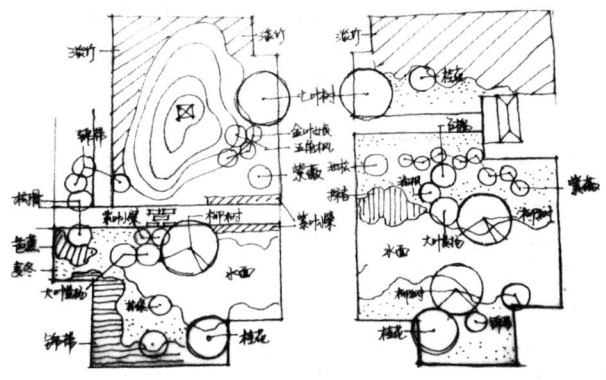

图 16　有竹堂植物应用手绘草图

图 19　有竹堂中油松

宅地园，区别于其他自然山水园。有竹堂植物应用的最大亮点是不仅将具有文化属性的植物应用的出神入化（例如桂花、油松、淡竹等），而且成功的运用植物构建空间。一方面，正确处理体量与数量的关系，例如院内南侧水面，仅植一棵垂柳，其他则搭配桂花、小叶黄杨、紫叶小檗、锦带、平枝栒子等灌木种植，这样不仅有垂柳倒影的美感，而且水面不会因为大体量的乔木显得狭小拥挤（图20、图21）。另一方面，根据不同位置植物作用的不同合理选择植物。南门对植的两棵高耸的七叶树则是为整个院落做背景，而在院落北侧掇山，其体量决定了其高度不宜过高，在进行植物选择时，则应以烘托假山的高度为目的选择植物，因而不能够选择大乔木，而应选择小乔木或者灌木，如此处的小型五角枫、小型油松、金叶女贞、连翘等（图22、图23）。

图20　有竹堂院中一景

图21　有竹堂院中一景

图22　有竹堂假山一景

图23　有竹堂假山

2.3　关于李清照纪念堂植物应用改进的思考

统揽李清照纪念堂全园，仍有其他未选择利用的具有突出文化属性的植物如菊花、荷花。这两种植物在李清照的诗词中占据了重要的地位，词人广泛流传的词中，菊花、荷花分别四首，都是千古绝句。"莫道不消魂，帘卷西风，人比黄花瘦"，"满地黄花堆积，憔悴损，如今有谁堪摘"。菊花的形态展现出了词人中年时期的愁苦黯淡、老年时期孤苦憔悴的状态，而荷花，则主要体现了词人少女时期的坦荡春光与婚后对年华如水流逝的感慨。菊花、荷花是李清照不可或缺的灵魂植物。[7]

考虑到菊花的季节性，同时为了其他季节的观赏效果，秋季园区会摆放菊花盆栽，但在关键的景观点还是需要搭配几棵起到画龙点睛的作用。

在荷花的选用上，由于园中的水面都相对较小，成片栽植可能会影响整个水面的效果，因此建议利用种植池在较大水面处植1—2棵，既保证整体效果又能够充分烘托纪念堂的文化底蕴。

3　小结

李清照纪念堂在将文化与植物应用相融合方面达到了很高的境界，其植物的应用不仅仅是对具有文化属性的植物的罗列，而是在满足了植物生态习性、形式美、功能需求的同时，合理构建了纪念堂的院落空间，值得我们好好学习借鉴。

参考文献

[1] 谭南周. 才女吟唱诵千秋—山东济南李清照纪念堂记游[J]. 基础教育参考, 2010(1): 81.

[2] 沈员萍. 现代园林植物造景意境研究[D]. 南京: 南京林业大学, 2004.

[3] 韩炳越. 沈实现, 基于地域特征的风景园林设计[J]. 中国园林, 2005(7).

[4] 赵文忠. 浅论李清照词中的桂花[J]. 语文学刊, 2010(3).

[5] 曹洪虎, 陈取英, 闵炜. 芭蕉的文化意蕴及在传统园林中的应用[J]. 江西科学, 2007(3): 277-280.

[6] 张彩霞, 宋世勇. 论李清照词花意象[J]. 惠州学院学报, 2002, 22(4): 30-36.

[7] 张映光. 论李清照咏花词中的自我形象[J]. 东南大学学报, 2009, 11(5): 105-108.

作者简介

张吉祥, 1962年生, 男, 汉, 山东济南, 本科, 山东建筑大学建筑城规学院副教授, 风景园林专业, Email: 962041594@qq.com。

于隽, 1986年生, 女, 汉, 山东烟台, 硕士, 山东建筑大学建筑城规学院风景园林在读硕士研究生, Email: 693410153@qq.com。

新型城镇化背景下的居住区植物造景尺度初探

Study on Residential District Plant Landscape-scale Under the Background of New Urbanization

张 洁 商振东

摘 要：党的十八届三中全会提出了"走中国特色新型城镇化道路"。相较于传统城镇化，新型城镇化是以人为本的城镇化，更加注重城镇化的质量内涵的提升与转变，改善投资环境，提升人居环境质量。居住区是人们对人居环境最直接的体验，植物造景是居住区景观塑造的重要方式，造景尺度影响着居住区空间的尺度以及人们对空间的感受。本文从空间、人的生理及心理需求出发，探寻适宜的植物造景尺度，从而创造出宜居的人居环境。

关键词：新型城镇化；人居环境；植物造景；尺度

Abstract: Third Plenary Session of the Party's eighteen proposed "the new path of urbanization with Chinese characteristics". Compared with traditional urbanization, the new urbanization is based on person-oriented, and pays more attention to upgrading the quality connotation of urbanization and transformation, to improve the investment environment, enhance the quality of living environment. Residential district is the most direct experience of habitat. Plant landscaping is an important way to shape the residential landscape. Landscape-scale has influence on the scale of residential space as well as people's perception of space. In this article, space, physical and psychological needs of people starting to explore appropriate scale plant landscaping, thereby creating a livable living environment.

Key words: New Urbanization; Human Settlements; Plant Landscape; Scale

党的十八届三中全会以及中央城镇化工作会议，为中国的新型城镇化道路指明了方向，即中国特色新型城镇化道路。新型城镇化的"新"，主要体现在以人为本，更加注重城镇化质量内涵的提升与转变，改善投资环境，提升人居环境质量，实现城乡共荣。人口的城镇化首先要解决的问题就是安居。同济大学教授石忆指出："应该将生活方式城镇化作为新型城镇化的核心任务，努力实现进城农民工和乡村居民的都市化生活"[1]目前依然还有相当一部分城镇居民住在棚户区和城中村。2013年，我国棚户区改造计划，实际开工改造了323万套，2014年计划开工增147万套以上，改造棚户区和城中村[2]改善城乡居民的居住环境成了中国特色新型城镇化建设的重要任务。居住环境的好坏直接关系到城镇化质量的优劣，而植物是居住区园林景观中重要的景观构成要素，也是最体现自然特性的要素，居住区内多层次的绿地景观形式，形成了不同的空间，使得植物造景的尺度不同，带给人们的景观体验也因此而不同。

1 居住区绿地景观形式

1.1 小区游园

小区游园是为小区的居民服务、配套建设的集中绿地，同时增添小区中心景观，为居民提供休憩、交往、活动及观赏的场所，小区中心绿地的面积的最小规模约为4000m²，服务半径为300—500m①。在进行植物造景时，应为小区美丽的自然景色和良好的生态环境。由于游园整体面积较大，可以由活动场地、园路等风格成若干小空间，于场地边缘及园路两侧配置多层复合植物，既增加了与植物的接触面积，又增添了植物造景类型的丰富性。

1.2 楼间绿地

楼间绿地一般较为规整集中。多层住宅楼间距为20m左右，主要满足居民一些简单的户外活动与休憩的需要，应具有一定景观观赏性和降低温度的生态效应。进行植物造景时应保证居民采光与楼间通风的要求，高层板楼住宅楼间距约80—100m，而点式高层住宅的布置位置较为灵活多变，宜将楼梯周边的绿地作为一个整体进行设计，采用多层复合植物群落以丰富植物空间，同时还应注意鸟瞰的图案效果，可以在适当位置配置花境，并注意彩叶植物的搭配。

楼间绿地是与居民互动最多的景观，因而在进行植物造景的时候，手法应更加细腻，在满足景观与功能需要的同时，多考虑居民的尺度感受，构建人性化的植物生态景观。

---

① 《城市居住区规划设计规范》GB 50180—93（2002年版）。

2 居住区植物造景尺度的影响因素

2.1 植物

植物有着极强的空间塑造能力，乔木、灌木和地被的不同配置可形成不同的空间，增加了空间的层次感，同时可以作为过渡元素，软化由地形和建筑所组成的实体空间。

地被植物在植物造景中多用于下层植物，主要是遮盖裸露地表，形成图案感，高度一般为 5—30cm，可作为乔灌木与建筑、道路间的过渡空间，或做成花境以增添景观效果。地被植物均不具有空间隔离作用，但可以作为虚空间的边界限定。

灌木多用中层或者下层植物，或以绿篱的形态出现，或人工修剪成规则的观赏型景观。当灌木高度介于 30—50cm 之间时，不具有空间隔离作用，却可以限定空间，形成一定的图案感；当高度大于 50cm 时，对空间就会有一些隔离空间的作用，但高度大于 180cm 时，则会产生封闭空间的效果。

乔木多适用于与上层植物，多喜阳，树形俏丽，有较好的观赏性和荫蔽性，高度一般都在 3m 以上，所以乔木的分叉高度不同对于植物造景的影响也就不同。当分权高度低于 1.8m 时，一般与低矮的地被与灌木搭配，若与较高的灌木配置，则易产生沉闷、累赘感；当分权高度高于 1.8m 时，乔木与灌木共同围合其空间，营造出封闭感。

2.2 空间尺度

居住小区内的空间多为植物塑造而成，不同体量、高度的乔灌草的配置，构成了边界不同的形态。空间的宽度 D 与围合空间的实体高度 H 的比例（D/H）对于空间尺度的塑造以及人们对空间的体验有很大的影响。日本学者芦原义信提出：当 D/H<1 时，空间会有一种凝聚感，随着比值逐渐减小，空间感受会变得越来越紧迫；当 D/H=1 时，高度和宽度之间就会形成一种匀称的感觉，D/H>1 时，随着比值逐渐变大，空间则愈发开阔。[3]

2.3 视觉尺度

视觉是人们接收外界信息的主要方式，事物的尺度大多是通过视觉传递到人的大脑，从而形成一定的尺度感受，因此，人的视觉特性对人感受景观环境的尺度有着一定的控制性。在进行植物造景设计时，应充分考虑人的视距，视野以及观赏点，从而设计出最佳的植物群落。

2.3.1 视距

人的视距状态表　　表 1

距 离	视觉及行为状况
0—0.6m	可最真实化地看清人脸
0.6—0.9m	手可以触及
0.9—1.8m	可看清人的上半身及其动作
1.8—3m	可以进行交谈
3—3.6m	可清晰辨别嘴唇是否在动
3.6—4.8m	可清晰辨别面部表情
4.8—6m	可清晰辨别人是否在笑

续表

距 离	视觉及行为状况
6—12m	可辨别面部表情
12—25m	可辨别人脸
25—100m	可辨别一个人的轮廓

在距离观赏点较近的植物一般选用观赏性较强，可细部观察，且不会对居民造成伤害的灌木、地被及树形俏丽透光性较好的乔木。使人们在近距离观赏植物的时候亲近自然。

25m 是人眼可以看清物体细部的最远距离，是一个很重要的外部模数距离。芦原义信提出的外部模数理论，即外部空间以 20—25m 为模数，对于划分空间起着重要作用。在植物造景时，可以让某些重复的元素每隔 20—25m 就有些变化，从而形成一种韵律感；也可以每隔 20—25m 便有不同的植物复层结构，以形成丰富的植物景观。[5]

2.3.2 视野

人在站立式，假定视线是水平的，人的垂直视野上限为仰角 46°，视野下线为俯角 67°，其中俯角 0—30°是比较舒适的视角范围，视平线以上 30°到视平线以下 40°之间是可以辨别出颜色的视野范围，大于 67°的范围是人们的视线盲区。但通常，人在站立时的视线低于水平线 10°，坐着时为水平线以下 15°（图 1）。人的水平视野范围（图 2），以水平视线的夹角来表达，3°—5°为最精确的视角，5°—12°是不太精确的视角，12°—60°是舒适但不太详细的视角，60°—120°是颜色的辨别界限。[6]

图 1　植物限定空间

图 2　植物隔离空间

3 植物与其他景观要素之间的尺度关系

3.1 植物与园路

园路贯穿于整个居住小区的各个空间,是联系各类景观的重要纽带。一般来说,每个行人至少需要 0.6m 宽的步行路,所以,小区内的园路最小宽度为 1.2m。国内居住小区内步行园路宽度多为 1.6m。人在路上观赏路边植物时,距离道路边界约 0.5m,视线高度约为 1.6m,通常可以分辨颜色的视角最大为 40°,路旁灌木的作用多为丰富植物层次以及限定空间的作用,高度 h 一般为 30—60cm,则灌木距人的距离 d=1.6×tan50°−h×tan50°,为 1.2—1.5m。距离道路边界则为 0.4—0.8m。行道树的分枝高度一般高于 1.8m,这样的行列感会更加强烈,行道树高度 H 约为 6m,道路两侧相对的乔木之间的距离为 D,由上文可知,当 D/H>1 时,园路线型导向性关系就会减弱;当 D/H<1 时,园路的空间感觉就会更加紧凑、细腻;当 D/H=1 时,园路的空间则形成一种比较和谐、均衡的状态。因此,道路两侧行道树相距 6m 为宜,即距离道路边缘约 1.7m,是比较合适的距离。园路若没有提供消防通道的要求,沿道路片植花、灌木,根据灌木的高度,可形成限定空间、隔离空间以及封闭空间 3 种空间感受(图 1、图 2、图 3)。

图 3　植物封闭空间

园路两侧植物每隔 20—25m 就有不同的造景方式,通过乔灌草的合理配置,使得景观更加丰富多变。

3.2 植物与水景

居住小区中的水景分布于小游园、楼间绿地,包括喷泉、水池、瀑布等,根据水景的形态可以分为自然形态和规则形态。自然形态的水景,周边的植物多呈现出较为随意的造景方式,参差错落的花、灌木,结合驳岸置石,由水岸向外延展,与小乔木、大乔木形成多样的复合植物结构。植物的高度 H,依水景的宽度 D 以及想要呈现的空间感觉而定(图 4)。规则形态的水景,主要包括水池、喷泉等,多为种植池内修建整齐的花、灌木,并点植以观赏性较强的乔木作为点睛。或片植以高大乔木,在乔木中层、下层配置花、灌木和地被植物作为水景的背景(图 5)。

图 4　自然形态的水景与植物的尺度关系

图 5　规则形态的水景与植物的尺度关系

3.3 植物与建筑物

居住小区内的主要建筑物则是住宅,在建筑周边进行植物造景的时候,植物与建筑物尺度关系极为重要。植物不仅是建筑与地面结合的柔性过渡元素,同时还是调整空间的重要手段。通常建筑阳面的面积要比阴面的大,且阳面植物的观赏性也比阴面的高,且由于日照的需求,阳面植物的高度以及距一层的窗户的距离都会受到限制。植物造景时,人观察植物的视距 D 与植物的高度 H 的比值 D/H,介于 1—1.5 之间时,都可以营造出较好的空间关系,同时还削弱了高大的建筑对人的压迫感(图 6)。

3.4 植物与地形

在草地宽度约 10—20m 时,距离相对较短,为了在较短的距离内形成丰富竖向的尺度,此时的草地则宜选用坡地的形式,随着高程升高,灌木的高度也增加,近低远高,强化坡度感。在进行植物造景时,整体景观尽量包含在人较为舒适的 30°仰角范围内,可依此来调整灌木的高度(图 7)。

4 居住区植物造景尺度的设计方法

居住区植物造景应从以人为本出发,利用植物生理

图 6　植物与建筑的尺度关系

图 7　植物与地形的尺度关系

特征、园林美学原理以及人生理、心理需求，进行植物配置，创造植物复层结构，营造生态化的，人性化的，空间适宜的居住区植物景观。

4.1　植物造景生态化

随着人们观念的逐渐成熟，人们开始更多地关注居住区绿化景观的生态环境，而生态环境的优劣直接影响着人居环境品质的高低，这就使得植物造景更加生态化成为发展的必然。通过对乔灌草的合理配置，最大限度地增加绿量，更好地发挥植物的生态效益，营造自然、怡人的生活空间。

4.2　植物造景人性化

居住区的一切都是围绕着人这一主体的需求而进行的，随着中国特色新型城镇化的提出，社会对于人的生理及心理上的需求与健康越来越关注，植物造景也必然要向更为人性化的方向发展，从人的视距、视野以及审美出发，确定令人感到舒适的植物尺度，创造宜人的居住区景观。

4.3　空间处理合理化

居住区被建筑、道路等划分出了各个大空间，这些空间都是非人的尺度，因而需要植物来对大空间进行进一步的分割与处理，创造出更多适合人的尺度的小空间。根据对空间的需要来确定空间的宽度 D 与植物的高度 H 的比值 D/H。

参考文献

［1］吕苑鹃，当土地规划"遇上"新型城镇化［J］. 国土资源，2014(2).
［2］陆娅楠，六部委解读新型城镇化新在哪：改造 1 亿人居住条件［N］. 人民日报. 2014-3-20.
［3］（日）芦原义信，尹培桐译街道的美学［M］. 北京：中国建筑工业出版社，1985.
［4］（美）丹尼斯，等著. 俞孔坚，等译. 景观设计师便携手册［M］. 北京：中国建筑工业出版社，2003.
［5］（日）芦原义信，尹培桐译. 外部空间设计［M］. 北京：中国建筑工业出版社，1985.
［6］陈岚，城市公园植物景观设计中的尺度探究——以重庆主城区为例［D］. 重庆：西南大学，2010.

作者简介

张洁，1989 年 5 月生，女，汉族，河北邢台，北方工业大学硕士研究生，研究方向为风景园林规划与设计，Email：zhangjie1314jj@163.com。

商振东，男，汉，博士，北方工业大学副教授，建筑工程学院建筑系副系主任，研究方向为风景园林规划与设计，Email：123@ncut.edu.cn。

成都市中心城区市管街道常用乔木现状调查

Investigation of the Present Situation of Street Trees in Downtown Chengdu City Common Tube

张 路

摘 要：根据成都市中心城区的现状环境和栽植条件，对市管街道常用乔木的生长情况进行了调查分析，提出了在街道乔木树种选择上的建议。

关键词：成都市中心城区；现状；常用；街道乔木；调查

Abstract：According to the environmental situation of Chengdu City and planting conditions, on the main street of common tree growth conducted a survey analysis, proposed in the roadside trees species selection suggestions.

Key words：Chengdu City；Present Situation；Commonly Used；Border Tree；Survey

近年来，随着经济发展、人口增加，我们生存的环境发生了巨大的改变，出现了气候变暖、酸雨、大气和水体污染、极端天气增多等各类环境问题。我国由于城市化进程的加快，城市环境问题则更加突出。为应对这种环境状况，增加城市绿地，提高绿地的环境效益水平，将是城市绿化面临的重要问题。由于乔木在绿地改善环境中的特殊重要作用，本文对成都市中心城区市管街道的乔木进行了调查分析，以期能发现规律，为城市环境做出更大的贡献。

1 调查范围

1.1 成都的自然环境及变化

1.1.1 成都的自然环境

（1）位置

成都市位于北纬30°05′—31°26′，东经102°54′—104°53′之间。地处四川省中部、四川盆地西部、成都平原中央。

（2）地势

成都市地势由西北向东南倾斜，呈阶梯状。最高处在大邑县西岭镇苗基岭，海拔5364m；最低处在金堂县云合镇金简桥下沱水河出境处，海拔387m；全市相对高差达4977m。海拔高度的显著差异，形成热量差异的垂直气候与多彩多姿的自然景观。并使市域内生物资源种类繁多、门类齐全。

（3）气候

成都市属东部季风区中的亚热带湿润气候亚区，热量丰富，雨量充沛，四季分明，雨热同季。除西北部中高山区外，大部分地区的气候特点是：夏无酷暑，冬无严寒，气候温和，夏长冬短，无霜期长，秋雨和夜雨较多，湿度大，风速小，云雾多，日照少。年平均气温15.2℃—16.6℃，最热月出现在7—8月，月平均气温25.0℃—25.4℃；最冷月出现在1月，月平均气温2.4℃—5.6℃。无霜期270—280天，有的年份可以超过330天；年降水量800—1400mm，地域分布由西北向东南递减，时间分配集中在6—9月，约占全年降水量60%；年日照时数1042—1412小时；年平均风速1.3m/s，最多风向为静风，次多风向为北风；年平均相对湿度79—84%；年平均蒸发量877—1132mm，地域分布由西北向东南递增，季节分布是春夏高、秋冬低。

（4）土壤

市域内土壤类型多样，有水稻土、潮土、紫色土、黑色石灰土、黄壤、黄棕壤、山地暗棕壤、棕色暗针叶林土、亚高山草甸土、高山草甸土、高山寒漠土等11个土类、20个亚类、56个土属、150个土种，适合多种农作物和经济林木的生长。土壤肥沃养分齐全，各类土壤平均养分含量基本能满足作物生长需要。土层深厚，层地适中，壤质土占73%，耕作性良好。

1.1.2 自然环境的变化

（1）年降水量减少

根据调查显示，近50年来四川盆地西部、北部地区降水量减少尤为显著，每10年减少的年降水量超过40mm，北部的广元及西部的雅安、乐山、成都附近地区为减少大值中心区，每10年减少的年降水量接近或超过60mm。[1]成都冬季和春季的降雨多年来变化趋势不明显，初夏和秋季降雨量多年来略有下降，但盛夏的降雨量下降非常明显，造成伏旱越来越多。[2]

（2）地下水位下降，土壤中的水分不能靠地下水补充

成都市区近60年以来，降水量减少25%，地下水位由1—3m，下降到10—20m。成都市区地层大多为第四纪松散沉积物砂卵石层，地下水丰富，埋藏浅。70年代以前，地下水位普遍在1—3m左右，普通民宅院内均有水

井，水位不超过2—3m。目前地下水位普遍降至10—20m。[3]

（3）中心城区环境恶劣，空气污染严重

根据中国空气污染指数（API）2003—2010年的调查研究，成都的API值呈波动性下降。主要污染物PM10（可吸入颗粒物）也呈波动性下降，但浓度超标。2004—2007年二氧化硫（SO_2）浓度超标。二氧化氮（NO_2）的年度总浓度呈缓慢上升趋势，浓度超标。[4]

1.2 街道乔木栽植的小环境

（1）行道树栽植的位置在街边，汽车尾气、空调废气等在此处集中排放，因此它所处的小环境空气污染状况更为严重。

（2）种植土层薄，土壤相对贫瘠。相对于公园和集中绿地，行道树栽植范围的种植土层更薄，一般在0.8—1.5m范围，土壤相对贫瘠，可能含有建渣，甚至会有遗留的各类管线穿梭其中。

（3）行道树栽植的位置，露土面积小，不能依靠自然降水，必须采用人工浇水。本次调查范围内，如果是采用树穴栽植的，每个树穴面积在1—3.24m^2左右；采用绿化带栽植的，绿化带净宽大多在0.6—2m左右。

1.3 调查范围

本次调查范围是成都市中心城区市管道路的街道乔木。涉及三环路、一环路、人民路及天府大道、红星路及南沿线、新华大道、蜀都大道、东大街及其延长线、北新大道、东城根街、迎宾大道、滨江路（府南河内环道路及部分内外侧滨河绿地）、成金青路等18条市区市管主要道路，绿化面积3351829m^2，各类乔木134313株。

本文所指的街道乔木，是指栽植于城市各类街道的中央、两侧分车绿带、人行道绿带或树穴（含树池）、街道两侧和墙边绿带或块状绿地、交通岛绿地，以及立交桥绿地内的各类乔木。

2 调查方法及内容

2.1 树种的选择

选取在调查范围内现栽植量在1000株以上的乔木树种。

2.2 栽植街道

成都市中心城区市管主次干道。

2.3 栽植条件

（1）栽植空间。采用树穴栽植的列树穴尺寸；采用绿带栽植的列绿带宽度。

（2）栽植土壤。鉴于本市中心城区主次干道绿化种植均为客土，很难弄清土壤类型，客土深度80—100cm左右，调查表中不再列出。

（3）栽植时苗木的长势。本市绿化种植的苗木标准均要求长势良好，调查表中不再列出。

2.4 乔木生长现状

（1）乔木胸径（cm）：测胸高直径（cm）。

（2）乔木长势分三级确定。其标准如下：

优：速生树种胸径年生长量在1cm以上；慢生树种胸径年生长量在0.3cm以上；目测叶色正常，新梢抽发良好，长势旺盛。

中：速生树种胸径年生长量在0.5cm以上；慢生树种胸径年生长量在0.2cm以上；目测叶色基本正常，新梢抽发正常。

差：速生树种胸径年生长量在0.5cm以下；慢生树种胸径年生长量在0.2cm以下；目测叶色黄绿，基本能抽发新梢，长势差。

3 调查结果

成都市中心城区市管街道常用乔木现状调查表　　　　表1

树种	学名	栽植街道	栽植位置	栽植时间	栽植规格 胸径cm	现状规格 胸径cm	生长状况	备注
杜英	Elaeocarpus decipiens	九里堤南路	树穴(1.2×1.2m)	2000年	10	12—15	差	
		三环路娇子立交桥	绿带(宽度>3m)	2001年	5	15	优	
二球悬铃木（法国梧桐）	Platanus orientalis	东大街	树穴(1.4×1.4m)	2004年	15—20	25—30	优	
		人民北路	绿带(1.5<宽度<3m)	2011年	20	25	优	
		沙湾路	树穴(1.4×1.4m)	1990年	8—10	30—35	优	
广玉兰	magnolia grandiflora	三环路（武侯-川藏段）	绿带(宽度4.5m)	2001年	5	10—20	中	个体差异大
乐昌含笑	Michelia chapensis	北新大道	绿带(1.5<宽度<3m)	2006年	8	15	差	个体差异大，有断梢
紫叶李（红叶李）	Prunus Cerasifera atropurpurea (Jacq.) Rehd.	新华大道	绿带(1.5<宽度<3m)	2004年	5—6	10—12	优	
黄葛树	Ficus virens Ait. var. sublanceolata (Miq.) Corner	滨江东路	树穴(2×2m)	1970年	5—6	40—50	优	
		三环路（娇子-琉璃段）	树穴(1.2×1.2m)	2001年	8	20—30	优	根部拱起破坏人行道

续表

树种	学名	栽植街道	栽植位置	栽植时间	栽植规格 胸径 cm	现状规格 胸径 cm	生长状况	备注
金叶榆	Ulmus pumila cv. jinye	新华大道	绿带(1.5<宽度<3m)	2010年	5—6	10	优	
栾树	Koelreuteria paniculata	北新大道	绿带(1.5<宽度<3m)	2006年	10	15—20	优	
		人民南路	树穴(1.8×1.8m)	2010年	30—40	40—45	优	
		文翁路	绿带(宽度0.6m)	2006年	10—15	20—25	优	
		新华大道	绿带(1.5<宽度<3m)	2004年	10	15—20	优	
		一环路西三段	绿带(1.5<宽度<3m)	2004年	10—15	15—25	优	
秋枫（三叶木）	Bischofia javanica BL	马家花园路	树穴(1.2×1.2m)	1998年	5	25—35	优	
		人民东路	绿带(宽度8m)	2009年	基径80—100		优	
		人民南路	树穴(1.8×1.8m)	2010年	40	45	优	
水杉	Metasequoia glyptostroboides	北校场西路	绿带(宽度<1.5m)	1980年	3—5	30—40	优	
		三环路东段	绿带(宽度4.5m)	2001年	8—10	15—20	差	较多死亡
四季杨	P. Canadensis	东大路	树穴(1.4×1.4m)	2005年	10—15	20—30	优	
		三环路全线立交桥	绿地	2001年	8	30	优	
天竺桂	Cinnamomum japonicum	东城根街	绿带(宽度<1.5m)	2004年	10	15	中	土厚60—80cm
		东大街	树穴(1.4×1.4m)	2005年	20	30	优	
		人民中路	树穴(1.4×1.4m)	2005年	10	15—20	优	
		人民东路	绿带(1.5<宽度<3m)	2007年	8	15—20	优	
		天府大道	绿带(宽度9m)	2002年	8—10	20—25	优	
		三环路(凤凰-川陕段)	绿带(宽度4.5m)	2001年	5	15	优	
大叶樟	Cinnamomum septenrionale	北新大道	树穴(1.4×1.4m)	2006年	10—15	20—25	优	
		人民南路	绿带(1.5<宽度<3m)	2012年	35		优	
		三环路(成彭-凤凰段)	绿带(宽度4.5m)	2001年	5	20	优	
		三环路(娇子-琉璃段)	绿带(宽度4.5m)	2001年	5	20	优	
		蜀都大道	树穴(1.8×1.8m)	2012年	35—40		优	
		天府大道	树穴(1.4×1.4m)	2002年	10—15	20—30	优	
		一环路南二段	树穴(1.2×1.2m)	1980年	3—5	20—30	优	
榕树	Ficus microcarpa	东大路	绿带(1.5<宽度<3m)	2004年	10	15—20	优	
		马家花园路	绿带(1.5<宽度<3m)	2008年	6—8	10—15	优	
		人民北路	树穴(1.2×1.2m)	2005年	12	15—20	优	
		小南街	树穴(1.2×1.2m)	2002年	10—15	20—30	优	
		新华大道	树穴(1.2×1.2m)	2004年	10—15	20—30	优	根部拱起破坏人行道
		三环路(草金-苏坡段)	绿带(宽度4.5m)	2001年	8	20—30	优	根部拱起形成裸土
银杏	Ginkgo biloba	东大街	树穴(1.4×1.4m)	2005年	20	25	优	
		锦里西路	绿带(1.5<宽度<3m)	1996年	10	30	优	
		锦里中路	绿带(1.5<宽度<3m)	1996年	10	30	优	
		人民南路	树穴(1.8×1.8m)	2010年	35—40		优	

续表

树种	学　名	栽植街道	栽植位置	栽植时间	栽植规格 胸径 cm	现状规格 胸径 cm	生长状况	备注
银杏	Ginkgo biloba	三环路(凤凰-川陕段)	绿带(宽度8m)	2002年	15	25—35	优	
		三环路(龙潭-成南段)	树穴(1.2×1.2m)	2002年	10	25—30	优	
		蜀都大道	树穴(1.8×1.8m)	2012年	40		优	
		天府大道	绿带(宽度9m)	2002年	15—20	20—30	中	
		一环路西三段	绿带(1.5<宽度<3m)	2004年	15	20—25	优	
玉兰	Magnolia denudata	天府大道	绿带(宽度9m)	2002年	8	10—15	中	
皂荚(皂角)	Gleditsia sinensis	蜀都大道	树穴(1.8×1.8m)	2012年	40—45		优	

4　分析评价意见

4.1　乔木在城市街道绿化中的功能作用意见

（1）乔木具有改善环境质量的生态功能。乔木能通过植物的光合、蒸腾、吸收和吸附作用，调节小气候，防风降尘，减轻噪声，吸收并转化环境中的有害物质，达到净化和维护生态环境目的。乔木在城市道路绿化中具有遮阳、提示道路走向的作用。

（2）乔木具有美化环境的功能。各类乔木各具特色，并且随着四季更替和乔木年龄的增长，乔木的整体姿态、树干、树枝、叶型、叶色、花、果等等由此产生不同的形态、色彩变化，再加上各类乔木的搭配组合，更给人们带来丰富多彩、绚丽多姿的视觉享受。

（3）乔木富含人文特色，能提升城市形象、突出城市的特色风貌。不同的城市有不同地理气候特征和历史特点，每个城市由此产生了本地的乡土树种。这些反应本地特色的乔木，长势旺盛、数量众多，合理运用它们，会给城市街道带来绿化景观效果上的唯一性和标示性，使城市绿化形象有本土特色，避免了千街万城一个样。

4.2　树种评价意见

根据上述对乔木的功能要求，本次调查树种评价如下：

（1）银杏、栾树、皂角等乡土树种，适应性好、生长旺盛、树型优美、整齐划一，适应本市近年来环境的变化，完全能满足其功能要求，适宜在中心城区街道种植。

（2）天竺桂、香樟、法国梧桐、四季杨、三叶木等引进树种，适应环境性能良好、枝叶茂密、树型优美、整齐划一，基本满足其功能要求，适宜在中心城区街道种植。

（3）黄葛树、小叶榕等乔木，生长极快、枝叶茂密，但采用树穴式种植，其根部容易拱起破坏人行道路面，影响路面平整，成为一种不安全的隐患，至少不宜作为树穴式行道树种植。

（4）乐昌含笑、水杉、杜英等喜湿润、不耐干旱或不抗污染、不耐瘠薄的乔木，长势差，且个体差异大，基本不能满足功能要求，不宜在中心城区的道路种植。

（5）广玉兰等对土壤酸碱度要求较高，长势欠佳且生长个体差异较大，不宜在中心城区的道路种植（图1-12）。

图1　法桐实例（东大街）

图2　栾树实例（一环路西三段）

图3　三叶木实例（人民东路）

图 4 天竺桂实例（人民东路）

图 8 小叶榕实例（马家花园路）

图 5 香樟实例（人民南路）

图 9 小叶榕实例（三环路草金-苏坡段）

图 6 香樟实例（蜀都大道）

图 10 银杏实例（锦里西路）

图 7 香樟实例（天府大道）

图 11 银杏实例（人民南路）

图12　银杏实例（三环路龙潭-成南段）

5　街道乔木树种选择的建议

（1）选择耐瘠薄、耐旱、抗污染等抗逆性强的树种，特别要注意选择抗二氧化氮（NO_2）、二氧化硫（SO_2）能力强的树种。

（2）以乡土树种为主，适当运用经过驯化的引进树种

（3）体现成都的城市"绿荫"主题，常绿为主，适当点缀特色树种，如色叶、观花、观果树种，表现城市的人文特色。

注：庞再敏、龙献东、吴先镇、付燕君、屈莉提供部分参考数据，特此感谢。

参考文献

[1]　周长艳. 岑思弦. 李跃清. 彭国照. 杨淑群. 彭骏. 四川省近50年降水的变化特征及影响. 地理学报，2011，66（5）：619-630.

[2]　谯捷. 成都市温度和降雨变化趋势及其对农业的影响. 安徽农业科学，2010，38(30)：17088-17089.

[3]　石承苍，罗秀陵. 成都平原及岷江上游地区生态环境的变化. 西南农业学报，1999，12：75-80.

[4]　赵荣仙，刘传姚，张兵，袁晶. 2003-2010年西南地区省会城市空气污染指数的动态变化. 环境与健康，2013，30（5）：422-425.

作者简介

张路，1974年10月生，女，汉族，四川省成都，本科，园林高级工程师。成都市绿化管理处设计室副主任。Email：llcoolmail@163.com。

景观植物空间营造的量化研究
——以武汉市植物园为例

Quantitative Analysis of Plants Landscape Space
——Take Wuhan Botanical Garden for Example

张 姝 熊和平

摘 要：通过量化研究的方法对武汉市植物园的植物空间进行分析总结。并将景观元素分为疏林草坪空间、植物与建筑形成的空间、植物与水体构成的空间、植物与道路构成的空间这五类空间分类进行研究。得到量化结论，运用于其他的景观设计中。
关键词：景观；植物；空间；量化分析；武汉市植物园

Abstract: Through quantitative analysis methods to study the space of plant in Wuhan Botanical Garden. Classify landscape elements to five species as sparse lawn space, plants and architectures space, plants and water space, plants and roads space to study the space. Get the quantify conclusions to used to other landscape designs.
Key words: Landscape; Plant; Space; Quantitative Analysis; Wuhan Botanical Garden

1 背景

随着人类文明的进步，人们对生活的要求逐渐从温饱上升至精神层面。要求城市宜居、宜游、宜业，因此，植物景观造景越来越被人们所重视和需要。

植物在园林营造中起着非常重要的作用，植物材料在园林中的作用可以概括为3个方面：建造功能、环境功能及美学功能。[1]从古至今，植物无论是作为改造环境的生态因子还是具有审美意义的造景要素，都被人们以及设计师们广泛应用，但是其空间造景功能却少被人提及。

2 研究目的和意义

在现今的景观设计中，除了重视平面的植物种植，更应该重视竖向的种植空间景观感受。植物空间不仅受植物的数量、位置影响，还受到植物的高度、色彩、季相等因素的影响。目前存在的植物造景空间的，研究方法偏于感性，研究内容很多也偏于个体的审美感受，视野多集中于宏观的角度。[2]因此，笔者认为应该利用科学有效的研究手段，总结量化的数据结果，为其他植物造景设计提供可借鉴的参考依据。

本义运用测量定量的分析方法，以武汉市植物园为例，对其植物以及其他景观要素构成的不同空间类型，从空间形态、种植方式、色彩和季相等方面研究分析，希望从成功的设计案例中找到科学有效的布局方法，为营造舒适的景观空间体验而提供数据。

3 实例研究

中国科学院武汉植物园（图1）简称武汉植物园，位于中国湖北省武汉市武昌磨山，始建于1956年，现为中国三大核心科学植物园之一。现有物种8000余种。是中国国家4A级旅游景区。[3]武汉植物园区被中心水系分为两个区域（图2）：西区为主要园区，大部分的基础设施分布于此，因此也是人流较为集中的区域；而东区因距离主入口较远，人流较少，基础设施较少，多为大片的植物种植区。

图1 武汉植物园大门

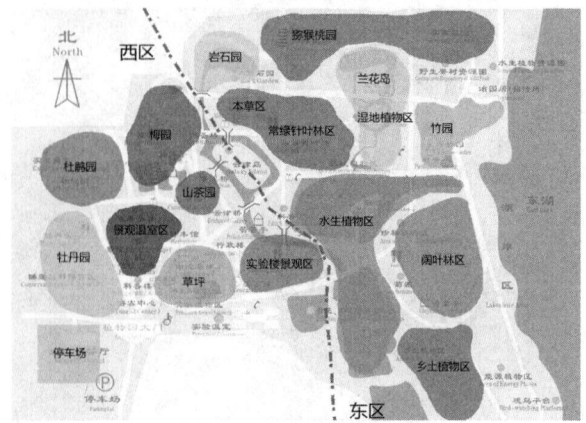

图2 武汉植物园功能分区

3.1 植物构成空间

由植物材料形成的空间一般是指由地面、立面和顶面单独或者共同组成的具有实在性或暗示性的范围组合。[4] 其主要表现形式为疏林草地。疏林草地是具有稀疏的上层乔木，其郁闭度在0.4—0.62间，并以下层草本植物为主体的一种植物造景形式[5]。它可以将在有限空间中的乔木、灌木、地被、草坪、藤本植物等进行合理搭配。

在园区内仅有一块疏林草坪区（图3），为中心草坪区，总面积约4390.6m²。该场地位于入口区东侧，位置引人瞩目，虽然其面积不大，但是却是园区内最受人们欢迎，并且特征最明显的区域。笔者将疏林草地分为虚实两种空间，虚空间研究空间形态以及尺度；而实空间研究植物的种植方式、色彩、季相。

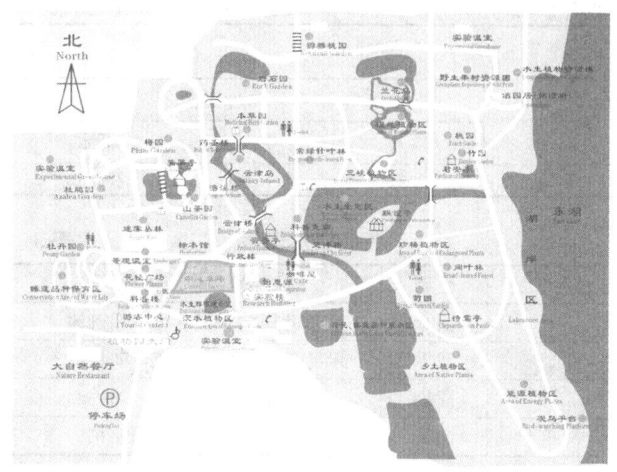

图3 疏林草地在园中位置

3.1.1 虚空间

虚空间是实景以外的，没有固定形状、色彩的如光影、声、香、云雾、"景在园外"的艺术境界等[6]。虚空间是无限的，是通过感知周边的实景空间才能体会的空间。

武汉植物园中由实空间围合而成的虚空间，即疏林草地面积约3418.3m²。通过设定一部分量化指标，如：虚空间面积、周长比例（与虚空间相关的长度与周长的比）、各元素平均高度、绿化覆盖面积、覆盖比例（绿化覆盖面积与总面积的比）等指标，对虚空间进行研究，以得到舒适的虚空间指标（图4）。

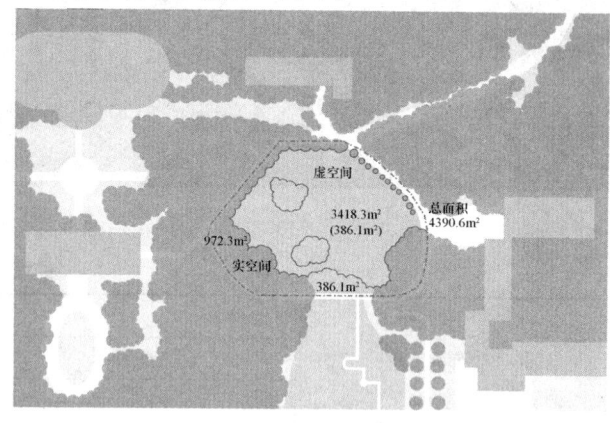

图4 疏林草地现状空间分析

通过对虚空间的指标分析得出：其覆盖率为30.9%，围合率为43.9%，根据这两个数据可分析出该空间为半开敞空间；通过对空间尺度的分析得出：该空间的宽度约26.8—94.1m，根据芦原义信先生提出的外部空间设计理论中的数据可见，其在25—110m的范围内，能够满足外部空间的标准，没有特别宽广开阔的感觉，基本符合70—100m的社会性视域要求，人们可以分辨清其他人的体貌特征，满足"人看人"的尺度要求上限，同时也是开阔区域内最合适的组织活动和景观的尺度。

3.1.2 实空间

实空间是指布置在园中的建筑、山石、水体、植物和园路广场及其组合构成的景观，是园中空间范围内的现实之景。[6] 实景空间是物质空间，有形状、边缘、大小、颜色、数量等。

（1）种植方式

空间的形成与围合它的实体部分是密不可分的，所以植物空间的植物研究也是十分重要的。场地周边的植物可以分为常绿和落叶两种，以及大乔木、小乔木和灌木三类，这样能够更清晰直观的了解该区域的配置层次变化以及空间边界形态（图5）。

虚空间量化分析表 表1

组成元素	水	建筑	道路	植物			数据汇总
				高木①	中木②	低木③	
平均高度	0m	8.3m	0m	18.3m	5.8m	1.1m	总面积：4390.6m²
周长	0m	587.2m	218.4m	—	—	—	总绿化覆盖面积：1358.4m²
周长比例	0m	11.3%	38.5%	—	—	—	虚空间面积：3418.3m²
绿化覆盖面积	0m	0m	0m	958.3m²	274.9	125.2m	实空间面积：972.3m²
覆盖比例	0m	0m	0m	21.8%	6.3%	2.9%	围合率：43.9% 覆盖率：30.9%

注：①高木：是指植物材料中的高大乔木，一般都是指独本，基本上而言由于枝下高高于2m，所以基本不会遮挡人们的视线，在配置中可保证视线的通透性。
②中木：是指小乔木、花灌木或球类植物，含独本和丛生类植物，通常枝下高都很低，植物的主体部分均可遮挡人们的视线，在配置中保证空间的封闭性，一般高度均大于1.2m。
③低木：是指低矮灌木或草本，通常不会遮挡视线，以地被为主，一般高度小于1.2m。[2]

图 5 疏林草地全景边界

种植方式分析表　　　　　　　　　　　　　　　　　　　　　　　　　　　　　表 2

总面积	草坪面积及比例	植物分类								
		高木			中木			低木		
		落常比④	种植间距	种植种类	落常比	种植间距	种植种类	落常比	种植间距	种植种类
4390m²	3032.2m²/69.1%	78.2%	4—11m	8种	15.6%	2—4m	6种	24.5%	26株/m²	4种

注：④ "落常比"为落叶植物与常绿植物的比例。

	种植层次			主题树种	草坪周边长度		
	上下	上	下		高木	中木	低木
垂直面上所占比例	9.2%	63.5%	27.3%	香樟	79.3m	59.4m	79.7m

以上是根据对现场的勘察和计算得出的结论，并不十分精细存在一定的偏差，但是能一定程度的反映植物在空间组合中的关系。从视觉感受来说，高木能够形成整体的骨架并一定程度的吸引视线；中木能够形成景观背景，颜色种植方式等也能达到吸引视线的目的；低木主要的作用是分割空间。由此可见，高木或中木容易成为整体景观的主题树种，其中高木的效果更为突出。所以其常绿与落叶的比例，不同色彩的比例、季相的变化，会影响整个景观风格。而低木则与中木相配合，达到形态和绿量的协调。

（2）色彩与季相

植物的落叶与常绿特征会一定程度的影响整体植物造景空间的景观感受，同时还有植物的色彩。笔者通过对场地植物的了解，将植物色彩分为绿色、黄色、红色、白色、粉色几种常见的颜色，由于绿色能够体现的色彩较多，所以又将绿色分为淡绿、浅绿、深绿、暗绿 4 种。

色度级别表格　　表 3

色彩级别	色调	类别级代表树种
一	淡绿	落叶树的春天叶色，如柳树
二	浅绿	阔叶、落叶树的叶色，如悬铃木
三	深绿	阔叶常绿树的叶色，如香樟
四	暗绿	针叶树的叶色，如桧柏

（表格来源：中国园林植物景观艺术）

笔者主要剖析在该区域中植物的特性、季相以及色彩变化，并对其进行量化分析。从表4可以看出，该区域中植物一年四季中的变化情况，作为整体基调的高木季相最为明显，使得场地的季节性景观变化特点突出。作为背景的中木则基本保持常绿，为场地提供坚实的依靠和安全感。低木则为常绿，以达到遮挡视线和分隔空间的作用；但是变化稍显单薄，装点高木及中木的色彩不足，没有起到丰富四季色彩的作用。

色彩与季相分析表　　　　　　　　　　　　　　　　　　　　　　　　　　　　表 4

分类	季节	月份	黄色	红色	白色	粉色	绿色			
							淡绿	浅绿	深绿	暗绿
高木	春季	3—5月	—	—	—	—	19.2%	58.3%	16.9%	5.6%
	夏季	6—8月	—	—	—	10.6%	—	17.5%	66.6%	5.6%
	秋季	9—11月	15.3%	6.8%	—	—	—	7.3%	65%	5.6%
	冬季	12—2月	72.4%	—	—	—	—	7.3%	14.7%	5.6%
中木	春季	3—5月	—	—	—	—	—	51.5%	48.5%	—
	夏季	6—8月	—	—	—	5.7%	—	69.3%	25%	—
	秋季	9—11月	—	—	—	—	—	49.6%	50.4	—
	冬季	12—2月	—	—	—	—	—	25.2%	74.8%	—
低木	春季	3—5月	2.3%	—	—	—	—	46.4%	32.1%	19.2%
	夏季	6—8月	—	—	—	—	—	46.4%	34.4%	19.2%
	秋季	9—11月	—	—	—	—	—	46.4%	34.3%	19.2%
	冬季	12—2月	—	—	—	—	—	46.4%	34.4%	19.2%

在对植物种植进行分析中，林草坪区域的高木常绿与落叶的比值约为1：3，因此在色彩与季相的量化分析表（表4）中可看到高木的在三季都有变化，而且变化的比例较大，色彩较丰富；中木的常绿与落叶的比值约为5：1，在色彩与季相的量化分析表中可看到中木四季变化的比例较小，而且色彩比较单一；低木常绿与落叶的比值约为7：1。

经量化分析后，这片位于园中心的疏林草坪区域的整体景观情况已非常清晰。评价如下：作为草坪空间的虚空间是一个半开敞的空间，由于其尺度符合社会性视域的要求，因此整体感官是开敞、舒适、心旷神怡的；作为该空间的实体景观部分，即做到了一年四季植物绿量的要求，同时也满足了季相变化的要求，色彩丰富，使得整体草坪空间尺度适宜、季相丰富、色彩相宜的特征。

3.2 植物与道路构成空间

园路是整个景观中最为重要的元素之一，它起到了引导的作用，同时它也是一幅流动的风景画。

园内主要车行道宽度约为6m，根据周边景观不同道路景观共分为四类。第一类（图6），也是园中最常见的一类，仅由行列式的高木组成的道路空间，没有中低木，因此视觉非常通透；第二类（图7），高木与低木组成的空间，高木形成遮盖空间，功能性强，而低木的种类、色彩等较丰富，使景观空间有一定特色；第三类（图8），高中低空间，这类空间在公园中较少，而此类空间的围合感较强，景观也较为丰富。第四类（图9），是由混合树种稀疏散置而林下空间主要由草坪组成，一般这种空间的两侧景观不同，且两侧都非常有特色，没有统一性。

图6 高木行列式

图7 高低木式

在对道路空间进行分析的过程中，笔者发现在道路

图8 高中低木式

图9 混合式

的每次转弯点或者是道路的尽端都会有特征较为明显的大树或植物景观配置作为视觉的焦点。在本园中共有18处主要视觉交汇点（图10）。在道路两侧的植物景观布置中看到，每隔一段间距，则植物种植方式就会发生一些变化，以营造不同的景观特色，起到步移景异的作用。这些间距，一般在27—43m之间，因此在20—35m这个百尺形的尺度在此仍然吻合。

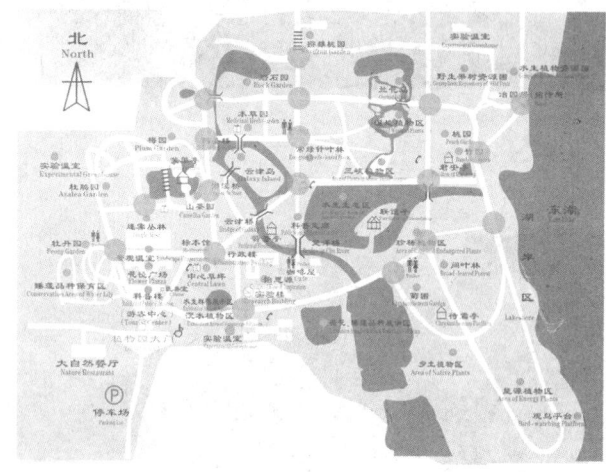

图10 混合式

3.3 植物与水构成空间

水体是园林中重要的景观元素，与植物结合所形成水体空间，是景观中最具有感染力的景色。

本次研究的水体空间位于公园的入口轴线的北侧，花镜大道的南侧（图11），水域面积为2169.8m²。虽然水域面积不大，但是周围树木非常丰富。

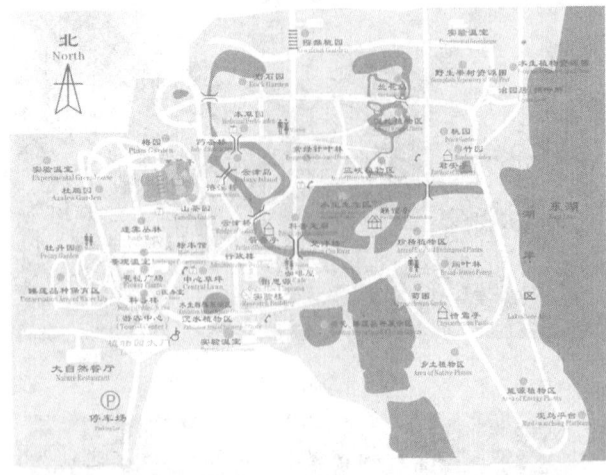

图11　水域范围及位置

该水体空间的围合植物中，以常绿为主，在水体周边有部分湿地植物，由于水体的北侧是花镜大道，林下空间的植被种类、色彩多，使得水体空间灵动、美妙。

这个水体空间的面积不大，所以周边的高木高度并不高，大约15—20m，水体中间有一个直径约7m左右的小岛。小岛的南侧临水边的树木均为高木，高度约15m，树种为水杉和樟树，与背景树木相似，所以中心岛的景观特点并不突出；小岛的北侧树木空间丰富，与背景空间的区别较大，且有景观小品作为点缀，景观效果突出（图12、图13）。

3.4　植物与建筑构成空间

植物与建筑物都是构成园林的要素，本文中需要研究的该类空间主要是建筑物主入口的植物空间以及建筑可视景观面的植物空间。武汉市植物园的建筑主要有温室、中科院研究所、科普楼。

本次主要研究的是中科院研究所，建筑周边的绿化区域与建筑的体量比值分别为1：13。中科院研究所（图14）的占地面积较大，为4906.8m²，且由于办公要求，其离大门较近，是东侧游线的必经之路之一，进入建筑的使用人群一般所使用的交通工具是汽车，因此在入口景观布置时设计成硬质铺地，以广场的形式展现。但是这种形式与道路的距离较近，一般为5—20m，不适合在绿化程度较高的公园内使用；而距离大于20m，硬化铺地的面积又过大，且宜产生空旷感，所以应该以绿化岛的形式设计，即满足了绿量，又与公共道路隔离，且能满足交通疏导（图15、图16）。

图12　水域北侧景观

图13　水域南侧景观

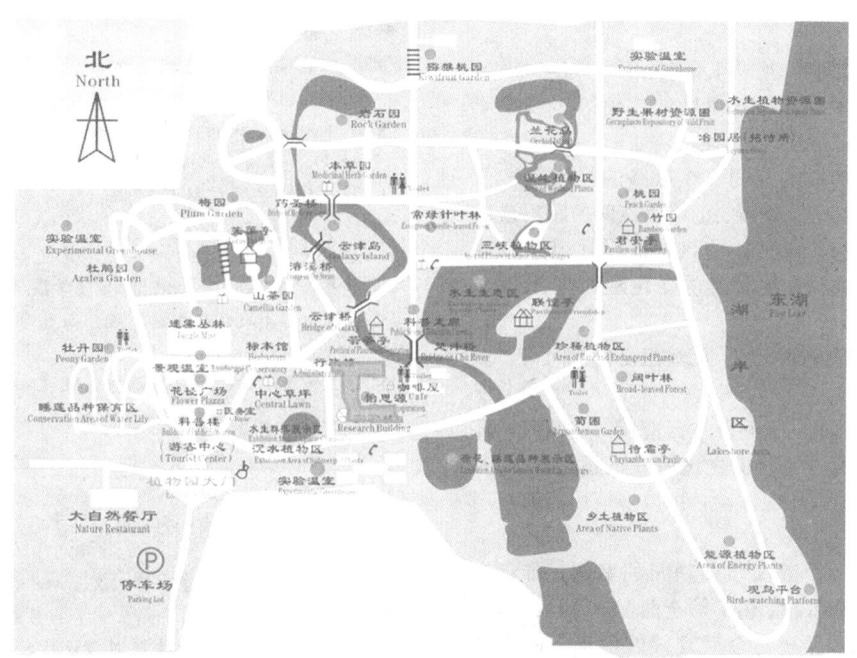

图 14　中科院研究所位置

图 15　建筑主要入口

图 16　建筑次要入口

建筑入口绿化与建筑的关系　　　　　　　表 5

入口绿化面积	377.4m²	建筑周边树木高度	5—10m
建筑面积	4906.8m²	建筑周边树木与道路的距离	6—16m
绿化与建筑比例	1∶13		

建筑的周边种列植了树木并配以草坪，树木高度 5—10m，树种为龙柏、广玉兰。对建筑进行了一定的日晒遮挡，又满足了日照要求，但是种植层次单一，景观性并不十分理想。

4　总结

通过将植物构成的空间分类为疏林草坪空间、植物与建筑形成的空间、植物与水体构成的空间和植物与道路构成的空间的方法，对武汉市植物园的植物空间进行量化研究。得出的结论是：

（1）在宏观的空间尺度上。本文所讨论的这五类空间的小空间在 20—35m 之间，而大空间最好不超过 20—

35m 的 3 倍，即 60—105m。

（2）植物形成的疏林草地空间。当处于大尺度（满足 69—105m）时，其高木的常绿与落叶的比值等于或小于 1∶3。

（3）植物与道路形成的空间。在道路的尽端或转弯处，设置景观视线焦点是十分必要的。焦点间的距离最好不超过 150m，如果超过 150m，应该弯曲设计道路来遮挡视线。道路两侧的植物配置种类的变化距离符合 20—35m 的模数。

（4）植物与水体形成的空间。从季相变化上而言，做到三季有花，四季有景。

（5）植物与建筑形成的空间。在营造较大空间时，环岛的绿化面积与建筑的占地面积之比最好不超过 1∶10；在营造小空间时，为扩大感观体验，可以多应用能够扩展空间的设计手法。

本次研究只针对一个武汉市植物园的案例，难免有片面之处，得出的理论和数据还不够全面，但是已经基本建立起了初步的成果。希望对今后良好的植景空间营造有一定的借鉴意义。

参考文献

[1] 刘破浪. 浅议植物造景的空间意识[J]. 现代农业科技. 2008(4)：47-48

[2] 郭增英. 植物布局空间的量化分析——以东郊宾馆为例[D]. 上海：上海交通大学，2010：3

[3] 中国科学院武汉植物园. 植物园简介[2009-12-08]. http://www.wbg.cas.cn/qygk/zwyjj/.

[4] 赵爱华，李冬梅，胡海燕，樊俊喜. 园林植物与园林空间景观的营造[J]. 西北林学院学报. 2004, 19(3)：136-138

[5] 陈波，李珏，包志毅. 杭州疏林草地植物造景分析[J]. 风景园林. 2008(2)：21

[6] 王万喜，魏春海，贾德华. 论虚实空间在园林构景中的应用[J]. 长江大学学报. 2005(8)：12

作者简介

张姝，1989 年生，女，汉，辽宁沈阳，华中科技大学风景园林学在读硕士研究生。Email：49626791@qq.com。

熊和平，1963 年生，男，汉，湖北武汉，博士在读，华中科技大学建筑与城市规划学院景观学系副主任，副教授，硕士生导师，研究方向为风景园林规划与设计、风景园林遗产保护与管理、自然与文化景观保护区规划。Email：xhp90@qq.com。

场所感
——风格、性格、意境与归属感

Sense of Place
——Style, Character, The Artistic Conception And The Sense of Belonging

赵 林 徐照东 刘雨晴

摘 要：随着中国经济的高速发展，景观作为视觉审美对象越来越得到人们的重视。如今，人们已不再满足于景观所带来的生活需求，而是更加注重它所蕴含着的人文地理文化，更加关注它所传达给我们的情感讯息。景观文化作为人与自然、人与城市、人与人之间紧密联系的一个主要载体，随着时间、空间的不断变化，它所传达给人们的感情色彩也不尽相同。因而，景观设计应与地域文化紧密联系，达到睹物思情的效果，同时，新的景观作品要与周围的环境相融合。新作品既要表现出"新"的概念又不可脱离实际跳出大环境，更要关注它所要表达的感情色彩，充分的挖掘其中所涵盖的"性格"特点，也只有这样的设计才会有鲜活的生命力与独特的个性，才不会被时间淘汰。

关键词：性格；地域性；"快餐"景观；个性化与融合性

Abstract: With the rapid development of Chinese economy, Scenery, as a visual aesthetic object, has gained more and more attention from Chinese people, nowadays, Chinese people is no longer satisfied with the living needs from the scenery, but they focus much more on the Culture of Humane Geography and the emotional information that scenery conveyed to us. Scenery culture, as a major carrier for connecting between human and nature, human and city, human and human, is changing the emotional color as time and space changes. As a result, Scenery design should be closely connected to regional culture in order to reach an effect of seeing the scenery thinking about the emotion, meanwhile, a new scenery work should be harmonized with the surrounding environment, the new piece of work should express the new concept, but shouldn't be divorced from reality and escape from the main environment, the emotional color of the work demands more attention and we should digging out the "character" the work contained, only in this way can we see the fresh vitality and unique characteristic of design work, and this kind of design work can last forever.

Key words: Character; Regional; "Fast Food" Landscape; Bold and Integration

由于我国土地面积辽阔，纬度相差很大，因而我国园林景观地域性十分显著：北方以皇家园林为代表，讲究气派、宏伟、壮观，强调突出主体；南方则以江南一带园林为代表，大多清净淡雅、设计精致，人文气息非常浓郁。可见，由于自然条件、人们生活环境、功能需求等多方面因素不同，其景观表现形式具有极强的地域性，并从这些不同的地域性中带给人们不同的视觉享受，它们或粗犷，或精致，或大气，或婉约，但无论是哪种，这都是地域性景观所特有的一种元素性质——"性格"。它用自己独有的姿态、色彩、组团形式来向世人展示着这一方土地上曾经发生的故事，让人体会着它娓娓道来的感情色彩。作为优秀的景观设计师，规划设计时应首先考虑赋予作品想要向人们展示何种感情，又怎样将这种感情色彩融入地域性的大环境中，是要大气还是要精致，是要直接还是要委婉，是要丰富层次还是要强调色彩，这些都应是设计师在着手规划之前首先要确定的方向。

1 景观"性格"的定义

以植物为主体，配合运用景观小品等，通过艺术手法，并结合考虑地域因素，使设计在具有一定功能的艺术空间的同时能够表达某些意境，使人产生不同的感情色彩，这种可以使人产生感情色彩的意境就是景观的"性格"。

由于地域、文化、自然条件等因素的不同，所呈现出景观的风格也有所不同，所产生的感受与感悟也有所不同，例如皇家园林应该给人以不容侵犯的感受，陵园墓地应让人肃穆、思念，学院景观应给人严谨、向上的感受，这些给人以不同情感的意义就是景观的性格。这种"性格"在不同的地点会带给人们不同的心情，或崇拜，或放松，或悲伤，或思念。

以拙政园为例，初到拙政园，可能你会感到失望，几处"破败"的房子而已，但当你去了解她，一次次地去接近她，你就会发现她的深处蕴藏着丰厚的文化底蕴，那种含蓄的、温婉的美。无论是起初的失望还是后来的含蓄、温婉，这些统统都是拙政园独有的"性格"特点所带给我们的。再例如，北方园林的代表——皇家园林，隆重热闹的色彩，笔挺高大的树木，错落有序的层次，无一不彰显着皇家园林恢宏大气、王者风范的"性格"特点，这种特点带给人们敬畏、崇拜、臣服的感受。

2 景观现状

2.1 中国景观行业形成一阵速成之风

随着社会发展，我国的景观表现形式不再是单一的中式园林，越来越多的风格形式逐渐登上中国园林景观的舞台，欧式、地中海式、英伦式。然而，随着景观行业的迅猛发展，中国的景观的趋势反而形成一阵速成形势，这就像是快餐文化，专注于量与速度却忽略了品质与营养。景观的最大特点是需要一定的时间来逐渐地形成，"春花，夏叶，秋实，冬枝"的四季交替现象是自然界园林植物长期生长所形成的规律，一方面它需要与植物、气候、水文地貌等诸多自然条件长时间磨合，另一方面，它需要历史、文化、艺术等人文因素的沉淀，这样的景观才能持久，才是可持续性的。[1]

然而，当前我国的"快餐"景观已成一种风气，规划设计不成熟，考虑不周全，一味地追赶工期，压缩设计时间，作品毫无内涵可言。这种现象所导致的后果一是会造成园林景观的不可持续，二来长久下去景观文化必有大患。

2.2 中国景观正面临着"千景一面"的悲剧

除此之外，抄袭复制之风也在景观界盛行。打着某某风格，某某主义的旗号，随处照搬照抄。大街小巷，无论你走到哪都觉得这个景象好熟悉，这个和那个是一样的，走到中国的哪条街道上都觉得是一样的：两侧市政树林立，下面种满地被植物，穿插栽种灌木，看上去郁郁葱葱，一片繁茂，千篇一律的"三季有花，四季常绿"。这种景观没有了自己生命，没有了自己灵魂，说不出它的意境，感受不到它所带给人们的感情色彩，使中国的城市失去了自己应有的特点，"千景一面"这一悲剧已经开始登上了中国景观舞台。

2.3 我国景观现状值得每一位设计师深思

无论是速成现象还是抄袭复制现象都是身为景观设计师及建筑地产行业从事者所需要深刻思考和反思的，长久下去，中国的景观，无论东西南北将会融为一体，再无地域可言。勒内·迪博斯说过："地方精神象征着一种人与特定地方生动的生态关系。人从地方获得，并给地方添加了多方面的人文特征，无论宏伟或者贫瘠的景观，若没被赋予人类的爱、劳动和艺术，则不能全部展现潜在的丰富内涵。"因此，设计师在着手规划设计前势必要考虑规划区域的地域文化，以及设计需表达的感情。只有这样，才会在作品中体会到设计师的"良苦用心"，才会赋予景观作品独有的"性格"特点。这些"性格"与人的性格是相似的，活泼外向给人以轻松愉悦的感受，深沉稳重个人庄严肃穆的感受。

3 运用景观的"性格"既要突出个性也要具有融合性

景观设计归根结底是植物的搭配与运用，利用植物高低错落的层次，颜色的搭配形成不同的视觉感受，营造不同的空间关系，体现所要表达的不同的"性格"特点。这种"性格"的塑造其实也可以理解为一种意境的营造，这种意境的营造的目的不仅仅是改善我们的生活环境，为人类提供休憩的场所，更为重要的是它会带给人无限的遐想的空间，要做到"触景生情"。这种意境的营造不但要熟练掌握植物的基本属性、景观设计的理论与技巧，更要求设计师要具备敏锐的洞察力与艺术天分，在细微之处发现潜在的生机，懂得因地制宜的保护、强调、弱化及过度。[2]

位于加拿大的三一学院的四方小院，它是三一学院中心的象征。设计师利用植物与硬质铺装的搭配营造出一个多功能的交流空间，以现代设计理论为依据，传承了中世纪的过度和哥特式庭院设计，具有非常强烈的空间存在感。看到这样的院子，人们首先的感觉就是放松，这就是一个优秀的景观作品的"性格"，满足功能需求的同时给人以视觉上的享受、心灵上的安慰。它既融合了学院的严谨、工整，又做到了独树一格，严谨但不拘谨，工整但不死板。

图 1 学院场所感营造

(资料来源：http://gardens.liwai.com)

再例如阿姆斯特丹的 Funen 社区公园。这里有着传统的老住宅区的街道、人行道、停车场、花园等。但设计师并没有延续传统的构思与布局，而是在周围设计新建 16 个公寓楼和一组开放、连续性的庭院。也就是意味着该地区的停车场要全部建在地下，而且必须取消私人的花园。设计师在公用场地大胆地运用了 3 个主要元素：草、铺装、分散的树木，这些元素将景观与周围的建筑紧密地联系在了一起，同时又不会对周围原有的景观产生破坏。人们可以在这里自由行走，感受社区公园带来的放松、惬意的欢乐时光。

在特定场所，例如学校、商业广场、墓地等，设计

图 2 居住社区场所感营造
（资料来源：http://gardens.liwai.com）

师除了可以应用一些传统的植物搭配通过艺术表现手法将其搭配出一种特定的表现意境，还可以应用一些当地特有但不常出现在相同的场景中的植物。例如，我们完全可以将油菜花以组团的形式，搭配着灌木、乔木等应用到学校的某处林荫小路，小区的某个休息区，某个繁华的街边绿地等。这种大胆却又融合地域性文化的表现手法，既给人们耳目一新的感受，又给设计烙上地域的色彩，使其与其他城市区分开来。

中华文化能够源远流长、生生不息是因为它有强大的包容性，对于高度信息化、开放化的今天，这种包容性更是不可缺少。对于外来文化的包容并不是对传统文化的冲击，就像是人们接受西方的情人节、圣诞节，是他们可以强化补充了传统节日给人们的满足感与喜悦感。但我们并没有因为这些外来节日而忽略传统节日，相反的，人们更加的注重端午节、中秋节、春节等传统节日。对于景观文化也应如此，要包容外来的景观形式，同时要更加注重保护传统的中国园林。这种外来文化会给我们一种异域风情，会让人们感受不同的文化魅力，但是它绝不可以也不可能取代传统园林在中国的主导地位，否则中国将不像中国。这就好像在西北地区，再适合植物生长的地区打造海滨城市的感觉，那么这一处景观会给这座西北城市增添一抹亮丽的风景线。相反的，若是将整座城市改变它的属性去营造不属于它的景观意境，植物能否生长暂且不说，光是对原有的城市文化就是一种毁灭性的打击。因此，外来文化固然要包容，这会使景观的"性格"更加丰富，但是要适度，我们不可盲目地去追求某种风格，设计前首先要考虑这种风格，这种文化是不是适合在这个地区，会不会与原有景观文化格格不入，这些都将是设计师们所考虑的重中之重。一旦用力过度，那么一座有文化、有历史的城市将不再存在。这些都是景观的"性格"所赋予的视觉与文化感受。

4 结语

俗话说"一方水土养一方人"，地域性景观归根结底是在特定的自然、历史、文化因素下形成的一种特有的景观文化，这种景观文化是具有独特的"性格"的，是不可复制的，它们由于不同的气候、土壤、水质等自然条件的影响，产生了相应的物种，它们经过长期的历史文化与地方习俗的影响，出现了相应的景观偏爱。建筑可以国际化，但是景观必须地域化、乡土化、"性格"化，因为它是城市与城市、地区与地区、国家与国家之间不同的根本所在，是文化上千年积累与沉淀的体现。作为当代景观设计师，必须脚踏实地，做出适合当地的景观作品，从自然中索取并最终归于自然，那些"快餐"景观与复制景观是不可取的，势必将会被取代。只有这样因地制宜的设计才是符合潮流的，才会推动景观文化的发展，才会更加展现出地域的魅力。

参考文献

[1] 吴军基. 九十年代以后的中国风景园林发展和特征分析[D]. 郑州：河南农业大学，2012.
[2] 约翰·O·西蒙兹著. 景观设计学——场地规划与设计手册[M]. 北京：中国建筑工业出版社，2012.

作者简介

赵林，1964年9月生，男，汉，山东平度，博士，中国海洋大学，教授，Email：zl_qingdao@163.com。

徐照东，1963年11月生，男，汉，山东海阳人，学士，青岛大学，副教授，Email：xuzd-qingdao@163.com。

刘雨晴，1990年6月生，女，汉，黑龙江伊春，本科，青岛太奇环境艺术设计工程有限公司，设计师，Email：1179004027@qq.com。

盐碱地特色花境设计与营造及案例分析

Design and Construction Technologies of Flower Border on Saline-alkali Soil with Case Analysis

赵阳阳　刘坤良　贺扬明　刘玉玲

摘　要：本文从耐盐碱花境植物材料选择出发，分析了在盐碱地绿化过程中花境营建的设计与施工关键技术，并以潍坊北辰洲景观绿化工程营建的盐碱地花境为案例，阐述了盐碱地特色花境的营建过程及其景观效果。
关键词：盐碱地；花境；设计与施工技术；案例分析

Abstract: The paper is based on the select of salt tolerance of flower border plant, analyzed the key technology in design and construction of the flower border on saline-alkali soil. Taking Wei-fang Beichenzhou landscape greening project as an example, discuss the feasibility of the flower border design and construction on salin-alkali soil.
Key words: Saline-alkali Soil; Flower Border; Design and Construction Technology; Case Analysis

我国幅员辽阔，土壤类型众多，盐碱地绿化技术问题在众多绿化先驱者的贡献下，已卓有成效。但随着经济的不断发展，建立在盐碱土上的城市常规绿化配置模式，已不能满足人们的精神文化领域、和谐生态社会建设的需求。花境虽起源于西方，在国内出现是在20世纪70—80年代，[1]但作为一种新兴的、可有效提高绿地质量和丰富植物品种的种植形式，随着我国各地对城市园林建设、生态社会建设投入的支持加强，已逐渐成为园林绿地中心的亮点。在公园、休闲广场、居住小区等绿地配置不同类型的花境，能极大地丰富视觉效果，满足景观功能需要，提高生物多样性。

在地下水位、土壤含盐量、土壤碱性相对较高，生态环境相对恶劣的自然条件下，进行特殊立地条件下花境的配置方面的研究、绿化等工作，需要较多的技术环节需要配合解决。总的来说，目前在盐碱地上进行的花境绿化配置，从文献资料查新中显示没有相关研究或技术总结，徐冬梅等对花境植物选择指出：布置花境首先要了解植物的生物学特性和生态习性，因地制宜，根据设计要求选择不同种类合理搭配。[2]本研究旨在探讨在盐碱地类型的土壤上进行花境的配置技术。

1　植物选择的标准

1.1　植物选择标准的确定

在国内，近年来，东北林业大学、浙江大学、北京林业大学、南京林业大学等对花境理论研究做了比较系统深入研究。东北林业大学最早开始研究花境历史，主要是历史时期和代表人物。浙江大学相关硕士论文对花境历史研究比较透彻，将花境的历史分为成型期、发展期、活跃期和成熟期4个阶段，主要研究时期从18世纪开始至今；北京林业大学在前者基础上重点研究了18世纪前花境的历史发展。[3]

近年研究我国盐生维管植物66科199属423种，主要集中在禾本科、藜科、菊科、番杏科、蝶形花科、伞形科、大戟科等10个科，盐生植物中草本植物占了绝大多数。[4]花境中应用的植物材料非常广泛，一般包括一、二年生花卉、球根和宿根花卉、花灌木及观赏草。[5]因不同资料分类依据不同，花境应用的植物材料还包括：针叶树、藤本植物两类。[6]

因此，花境植物在盐碱地绿化配置过程中，既要从植物的生长适应性、花境的分类及造景的角度出发进行选择，又要考虑到盐碱地特殊立地条件，因地制宜的、适地适树选择，并以乡土植物为主、少量引进其他耐盐碱的花境植物原则进行选择。

1.2　不同土壤类型、不同区域耐盐碱花境植物

王遵亲在总结国内外已有研究的基础上，率先提出盐渍土中的盐和碱是干旱、半干旱和漠境地区及沿海地带土壤的重要组成部分，并将中国盐碱土根据分布情况分为：干旱、半干旱区以硫酸盐或氯化物-硫酸盐为主的盐渍土集中分布区；半干旱、半湿润区域苏打盐渍土集中分布区；黄淮海半干旱、半湿润斑状氯化物-硫酸盐或硫酸盐-氯化物盐渍土集中分布区；半湿润、湿润氯化物滨海盐渍土或硫酸盐酸性滨海盐渍土集中分布区四种土壤类型。在地理区域上，中国主要分布在华北、东北和西北的内陆干旱、半干旱地区，东部沿海包括台湾省、海南省等岛屿沿岸的滨海地区也有分布。[7]

将4种盐碱土土壤类型，结合美国农业部（USDA）的中国植物耐寒区位图（China Hardiness Zones）（http://www.ars.usda.gov/Main/docs.htm?docid=9815）与耐盐碱花境植物的分布，筛选出不同地区的花境植物：东北地区（4-5区）、华北地区（6-7区）、华东滨海地区

(8-9 区)、华南滨海地区（10-11 区）。各地区所筛选的部分植物名单见表1。[8-21]

各地区部分耐盐碱花境植物　　表1

区域	序号	植物名称	拉丁名	科属	花色	花期（月）	成熟高度（mm）	生长型	植物类型
东北地区	1	铺地柏	Sabina procumbens Iwata	柏科圆柏属			75	常绿	小灌木
	2	榆叶梅	Amygdalus triloba	蔷薇科桃属	粉红色	4—5	200—300	落叶	灌木或小乔
	3	金焰绣线菊	Spiraea xbumalda cv.	蔷薇科绣线菊属	粉红色	6—9	40—60	落叶	灌木
	4	水蜡	Ligustrum obtusifolium Sieb.	木犀科女贞属	白色	6	300	落叶	灌木
	5	红瑞木	Swida alba Opiz	山茱萸科梾木属	淡黄白色	5—6	300	落叶	灌木
	6	三七景天	Sedum aizoon	景天科景天属	黄色	6—8	20—80	多年生	肉质草本
	7	千屈菜	Lythrum salicaria	千屈菜科千屈菜属	紫红色	7—8	30—100	多年生	草本
	8	马蔺	Iris lactea var. chinensis	鸢尾科鸢尾属	蓝色或蓝紫色	5—6	50	多年生	宿根草本
	9	石竹	Dianthus chinensis	石竹科石竹属	紫红色或白色	5—6	30—50	多年生	草本
	10	斑叶芒	Miscanthus sinensis 'Strictus'	禾本科芒属			140—170	多年生	草本
华北地区	1	洒金千头柏	Platycladus orientalis 'Aurea Nana'	柏科侧柏属			100—150	常绿	灌木
	2	菊花桃	Prunus persica Chrysanthemoides	蔷薇科樱属	粉红色或红色	3—4	800	落叶	灌木或小乔
	3	金枝国槐	Sophora japonica cv. Golden Stem	豆科槐属	黄白色	7—8		落叶	乔木
	4	大花秋葵	Hibiscus moscheutos	锦葵科木槿属	红、粉、白色	6—9	100—150		宿根草本
	5	金叶女贞	Ligustrum vicaryi	木犀科女贞属	白色	6	100—200	半常绿	灌木
	6	紫叶小檗	Berberis thunbergii cv.	小檗科小檗属	黄色	4	100—200	落叶	灌木
	7	大花萱草	Hemerocallis middendorfii	百合科萱草属	金黄或橘黄色	6—10	30	多年生	宿根
	8	鸢尾	Iris tectorum	鸢尾科鸢尾属	蓝紫色	4—5	20—40	多年生	宿根草本
	9	美丽月见草	Oenothera speciosa	柳叶菜科月见草属	白至粉红色	4—10	50—80		宿根草本
	10	常夏石竹	Dianthus plumarius	石竹科石竹属	紫、粉红、白色	5—10	30	多年生	宿根草本
	11	二色补血草	Limonium bicolor	蓝雪科补血草属	白或淡黄色	7—10	60	多年生	宿根草本
	12	蓝花鼠尾草	Salvia farinacea	唇形科鼠尾草属	蓝色	6—8	30—60	多年生	草本
	13	'小兔子'狼尾草	Pennisetum alopecuroides 'Little Bunny'	禾本科狼尾草属	白色	8—11		多年生	草本
华东滨海地区	1	'蓝冰'柏	Cupressus 'Blue Ice'	柏科柏木属				常绿	灌木
	2	金叶垂榆	Ulmus pumila var. pendula 'Aurea'	榆科榆属				落叶	乔木
	3	'凯尔斯'海棠	Malus 'Kelsey'	蔷薇科海棠属	粉色	4—5	450—600	落叶	乔木
	4	厚叶石斑木	Rhaphiolepis umbellata	蔷薇科厚叶石斑木属	白色	2—4	200—400	常绿	灌木
	5	小丑火棘	Pyracantha fortuneana 'Harlequin'	蔷薇科火棘属	白色	3—5		常绿	灌木
	6	蚊母	Distylium racemosum	金缕梅科蚊母树属	紫红色	4—5	500	常绿	灌木
	7	'银霜'女贞	Ligustrum japonicum 'ack Frost'	木犀科女贞属	白色	5—6	200—300	常绿	灌木
	8	喷雪花	Spiraea thunbergii	蔷薇科绣线菊属	白色	4—5	150	落叶	灌木
	9	'花叶'香桃木	Myrtus communis 'Variegata'	桃金娘科香桃木属	白色	6—7	200—400	常绿	灌木
	10	柳叶马鞭草	Verbena bonariensis	马鞭草科马鞭草属	蓝紫色	6—8	180		宿根草本
	11	金叶石菖蒲	Acorus gramineus 'Ogon'	天南星科菖蒲属	白色	6—8			草本
	12	德国鸢尾	Iris germanica	鸢尾科鸢尾属	蓝、紫	5—6	60—100		宿根草本
	13	钓钟柳	Penstemon campanulatus	玄参科钓钟柳属	红、蓝、紫	4—5	15—45		宿根草本
	14	天人菊	Gaillardia spp.	菊科天人菊属	红、黄、橘红色	5—8			宿根草本
	15	兰花三七	Liriope cymbidiomorpha	百合科山麦冬属	蓝紫色	5—7		多年生	草本

续表

区域	序号	植物名称	拉丁名	科属	花色	花期(月)	成熟高度(mm)	生长型	植物类型
华南滨海地区	1	黄金香柳	*Melaleuca bracteata* cv.	桃金娘科白千层属			600—800	常绿	乔木
	2	大叶紫薇	*Lagetstroemia speciosa*	千屈菜科紫薇属	花紫色	5—7	700	落叶	乔木
	3	红背桂	*Excoecaria cochinchinensis*	大戟科土沉香属		6—8	100—200	常绿	灌木
	4	金叶假连翘	*Duranta repens* 'Variegata'	马鞭草科假连翘属	蓝或淡蓝紫色	5—10	20—60	常绿	灌木
	5	蔓马缨丹	*Lantana montevidensis*	马鞭草科马缨丹属	淡紫红色	全年	70—100	常绿	灌木
	6	朱缨花	*Calliandra haematocephala*	含羞草科朱缨花属	白色	8—9	100—300	常绿	灌木
	7	金边矮露兜	*Pandanus* spp.	露兜树科露兜树属				常绿	灌木
	8	花叶黄槿	*Hibiscus tiliaceus* 'Tricolor'	锦葵科木槿属	黄色		400	落叶	灌木
	9	锦绣杜鹃	*Rhododendron pulchrum* Sweet	杜鹃花科杜鹃属	玫瑰紫色	4—5	150—250	半常绿	灌木
	10	黄蝉	*Allemanda neriifolia*	夹竹桃科黄蝉属	鲜黄色	5—8	100—300	常绿	灌木
	11	狗牙花	*Tabernaemontana divaricata*	夹竹桃科狗牙花属	白色	5—11			灌木
	12	九里香	*Murraya exotica*	芸香科九里香属	白色	4—8	800	常绿	小灌木
	13	矮龙船花	*Ixora williamsii* 'Sunkist'	茜草科龙船花属	红或橙红色	5—7	80—200	常绿	小灌木
	14	绒叶蔓绿绒	*Philodendron melanochrysum*	天南星科喜林芋属				常绿	多年生草本
	15	葱兰	*Zephyranthes candida*	石蒜科葱莲属	花白色	9—11	20—40	常绿	多年生草本
	16	吉祥草	*Reinckia carnea*	百合科吉祥草属	淡紫色	9—10	20	常绿	多年生草本
	17	紫竹梅	*Setcreasea purpurea*	鸭跖草科鸭跖草属	桃红或白色	4—8	20—30	常绿	多年生草本
	18	肾蕨	*Nephrolepis auriculata*	骨碎补科肾蕨属			30	常绿	

2 设计特点

盐碱地特色花境设计过程中，材料的选择、种植层次、种植密度、地表覆盖物等方面要根据土壤改良方式、改良情况进行判定。

首先，盐碱地土壤改良方法有多种。而花境植物的选择，多用小乔、灌木、宿根花卉及部分一二年生草本花卉，且布置面积较小适宜作为点缀的特点，可选择浅替暗管排盐工程技术模式、穴状隔膜换土工程技术模式进行布置。前者适用于盐碱度较大，绿化标准较高的地区，而造价相应稍高；后者适用于绿化要求一般、成本造价相对较低的地区。[22]

其次，要考虑耐盐碱花境植物的选择。经改良的盐碱地绿化土壤容易返碱的特殊限制，在绿化完成后，随着地下水不断蒸腾、表层土壤中盐分的不断积累，容易导致土壤返碱、返盐。在进行盐碱地花境绿化布置时，要根据当地的气候、土壤等立地条件，选择具有一定耐盐、耐碱，又能适应本地区生长的花灌木。同时，又要考虑植物的观赏特点，选择花繁叶茂、花期长、生长健壮，具有一定观赏价值的耐盐碱花境植物进行设计。[23]

再次，种植密度。盐碱地花境布置时，因考虑到即时观赏效果，在植物群落层次上，高中低搭配合理，植物的单位密度上会有所加强。加密种植，有利于对地表的覆盖，减少蒸腾，降低表层盐分的聚集。

最后，在进行布置时，地形应该适当有所起伏。在抬高地形种植的情况下，对景观的观赏，具有一定的提升效果。而且，可以防止因地下水位的上升，而降低的返碱的速率。

3 施工关键技术

盐碱地绿化影响因子较多，地下水位情况、排碱隔盐工程技术手法的选择、耐盐碱植物材料的选择、绿化苗木规格的确定等，都会影响到盐碱地花境配置的质量。

3.1 排盐碱工程

地下隐蔽排碱、隔盐工程是盐碱地地区绿化工程的关键。对于排盐管坡降、间距、走向，垫层材料的选择、铺设厚度和特殊土壤改良措施的施工应进行有效控制。[23]

3.2 植物材料的选择

在不同区域，根据各地的气候环境因素，选择适生于本地的花境植物材料，可有利于长久保持花境配置质量。

3.3 苗木规格、栽植季节

盐碱地绿化小乔木选择胸径3—5cm的苗木成活率最高，且需带土球。种植穴，一般乔木挖100—150cm见方、深80—100cm，花灌木挖坑80—100cm见方、深70cm左右，坑内更换客土，客土层一般要在50—80cm以上，在树穴底部铺设隔盐层，效果更好。

雨季栽苗情况反而有利，主要是雨季盐分随水下渗

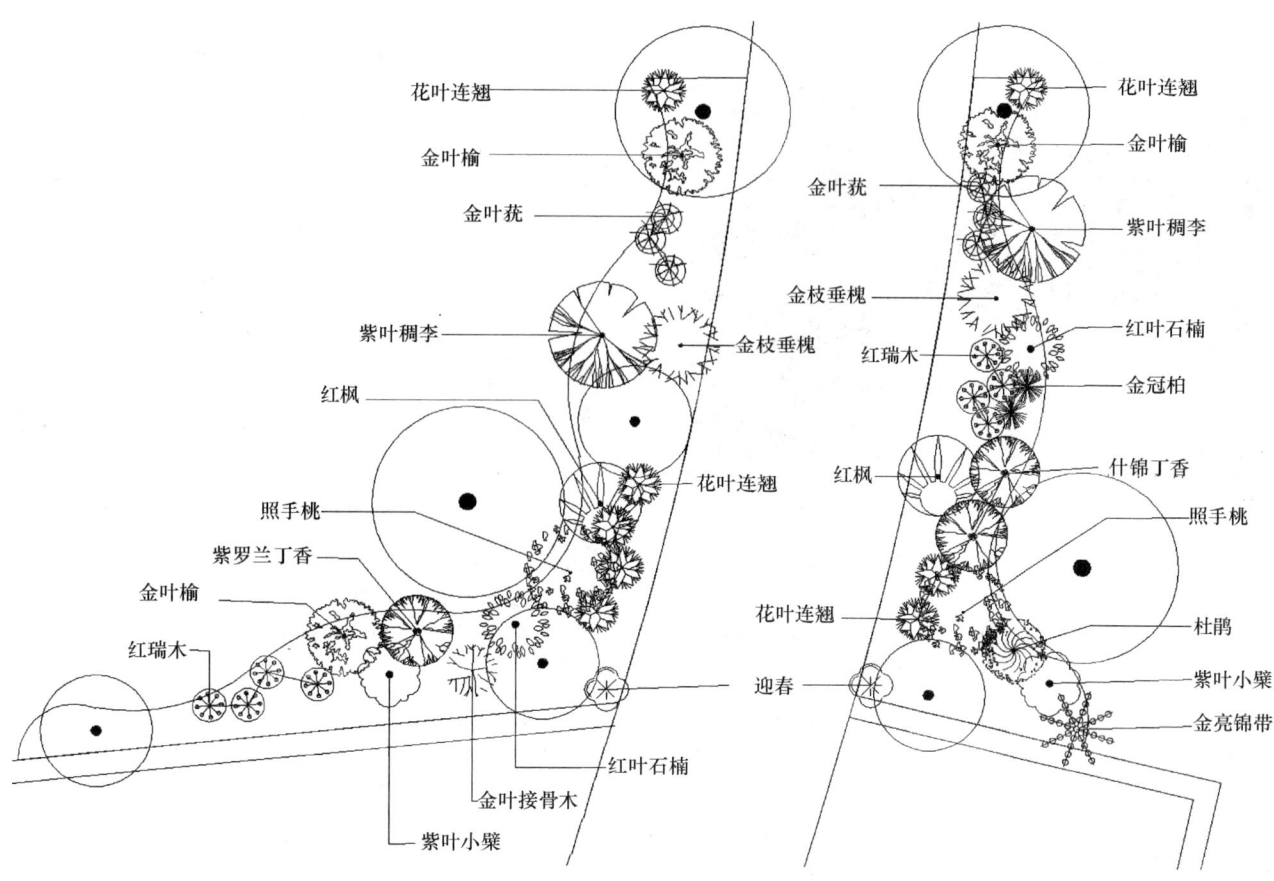

图 1 白浪河工程入口处花境布置图

使土壤上层盐分含量大幅降低有利于根系生长，加之夏季空气湿度大也可以促使叶片蒸腾作用减缓，而且有些植物盛夏也会被迫休眠，地上部分的代谢作用相应减弱。而夏季土温较高有利于新根的生长。因此，盐碱地绿化的夏季栽植比春季成立率高。[24]

3.4 养护管理

养护管理是绿化中的主要措施之一，而盐碱地的绿化更应该注重种植后的养护管理，养护管理的好坏直接影响到绿化效果，所以在绿化养护管理上要灵活掌握。[25]

养护过程中，主要注意以下几点：合理施肥、适时中耕松土及深翻土地、合理灌溉及排水、及时防治苗木的病虫害、定期修剪和支撑苗木、加强地面覆盖等。

4 典型案例分析

2011年4月，我司在潍坊市白浪河环境综合整治开发北辰绿洲景观绿化工程第四标段营建了约600m² 的混合花境，本部分仅以园区入口处的一部分例进行说明。

4.1 平面图

该处混合花境面积共两块，共约150m²。位于整个工程的入口处，在整个布置设计中，处于关键的一部分。

入口处以简洁为主，乔木层五角枫做骨架，中层有金叶榆、白皮松、圆柏、美人梅、麦李等小乔充实，下层有寿星桃、粉公主锦带、金亮锦带、北京金园丁香、醉鱼草、山茱萸等灌木，地被德国鸢尾、千屈菜、鼠尾草、吊钟柳、红花八宝景天、胭脂红景天、金叶紫露草、班叶芒、细叶芒等宿根草本和石竹等一年生草本做点缀（图1）。

4.2 实景图

按照项目要求，经花境设计、苗木选择、施工等步骤完成后，经一个月的养护管理，更换因栽植不当而死亡的植株外，项目基本达到我司市政花境标准要求。

图2是入口处北面的花境效果，图3是入口处南面花境效果，图4是整体效果。在营造过程中，适当的应用了一年生草花地被，在运用即时效果的同时，也带来了一定的不稳定性，要注意今后的养护。

图 2 入口处北面的花境效果

图 3 是入口处南面花境效果

图 4 入口处花境整体效果

4.3 主要的苗木表

白浪河花境项目要求，选择了 18 种华北新优耐盐碱乔灌木进行骨架搭建，其中常绿与落叶植物进行搭配，常规品种、新优花境植物相交互的种植方式。如表 2。

宿根花卉及一、二年生草本植物方面，选择华北地区耐盐碱的花境植物进行布置，共有 14 种新优耐盐碱花境植物。

白浪河绿化工程主要耐盐碱乔灌木　　　　表 2

序号	植物名称	胸径/地径（mm）	高度（mm）	蓬径（mm）	花期（月）	观赏特点
1	白皮松		300—400	200—300		常绿
2	绚丽海棠	D8-10			4	花深粉红色
3	美人梅	D6-8			4	花粉红色
4	金枝国槐		200—250	150—200		枝条金黄
5	金叶榆		200—250	150—200		新叶金黄
6	金冠柏		150	50—60		彩色观叶
7	圆柏		180—200	60—80		常绿
8	波斯丁香		120—150	100—120	5	花淡紫色
9	'罗兰紫'丁香		120—150	100—120	5	花紫色
10	北京'金园'丁香		120—150	100—120	5—6	花黄色
11	什锦丁香		120—150	100—120	5	花淡紫红色
12	红王子锦带球		120—150	120—140	5—7	花红色
13	粉公主锦带		120—150	120—140	4—5	花堇粉色
14	醉鱼草		120—150	100—120	6—9	花色紫、红、白等
15	棣棠		50—60	60—80	4—6	花金黄色
16	红叶石楠		120—150	100—120		观叶，红色
17	北海道黄杨		150—180	120—150		常绿
18	紫叶小檗		100—120	80—100	4	花黄色，果红色

白浪河绿化工程主要耐盐碱宿根花卉及一、二年生草花　　　　表 3

序号	植物名称	高度（mm）	花期（月）	观赏特点
1	钓钟柳	60	5—7	白色
2	鼠尾草	30—60	6—8	蓝色
3	黄花鸢尾	20—40	4—5	蓝紫色
4	马蔺	50	5—6	花浅蓝色、蓝色或蓝紫色
5	金娃娃萱草	30	5—11	橘红色至橘黄色
6	紫萼	60—70	6	淡紫色
7	松果菊	60—150	6—7	舌状花紫红色，管状花橙黄色
8	大滨菊	40—60	5—6	舌状花白色，管状花黄色
9	蛇鞭菊	60—100	7—8	淡紫和纯白
10	三七景天	20—80	6—8	黄色
11	金叶紫露草	20—30	6—7	蓝紫色
12	玉带草		9—11	白色
13	大布尼狼尾草	40—100	5—9	红棕色
14	石竹	30—50	5—6	紫红色、粉红色、鲜红色或白色

4.4 效果分析

4.4.1 花境的设计手法

整个工程项目是以城市森林为主题的公园景观营建工程,要求植物的种植密度较大,要求以自然式的种植形式为主,对花境的总体要求是简洁、大气,且品种不多为宜。此项目中的植物种植方式主要以片植为主,所以要求花境有大尺度的变化,与地产园林有所不同。

此段花境主要沿道路做,适当的延伸到里面,而两边主要形成密闭的空间。对于植物材料的选择上,因项目要求比较注重中层植物,所以尽量不要用草花,宿根花卉要求用量不要太大。但花境项目考虑到观赏的特殊需求,增加了部分一年生花境。

4.4.2 色彩及其他特点

以整个项目的实际情况出发,考虑以春景为主的乔灌木的耐盐碱花境植物材料选择与搭配技术,经过对地形的处理、植物材料的选择等方面,打造出花境配置的骨架。

耐盐碱的宿根花卉则多考虑夏季开花的特点,考虑菊花花期长、色彩鲜艳等因素,添加了其他适宜市政旷野效果的花境植物进行布置。

一年生花卉的加入,则考虑到项目的即时效果,建成后开园向游人、市民等开放的要求加入,色彩上选择了比较鲜艳的石竹、瓜叶菊等。

参考文献

[1] 夏宜平,叶乐,张璐. 园林花境景观设计[M]. 北京:化学工业出版社,2009.
[2] 徐冬梅,姚一麟. 华东地区花境植物的选择与基本布置手法[J]. 林业实用技术,2011,6:49-51.
[3] 夏冰. 谈国内外关于花境发展历史的研究比较[J]. 山西建筑,2013,11(39):193-194.
[4] 赵可夫,李法曾. 中国盐生植物[M]. 北京:科学出版社,1999.
[5] 夏宜平,叶乐,张璐. 园林花境景观设计[M]. 北京:化学工业出版社,2009.
[6] 魏钰,张佐双,朱仁元. 花境设计与应用大全[M]. 北京:北京出版社,2006.
[7] 王遵亲. 中国盐渍土[M]. 北京:科学出版社,1993.
[8] 马彦,董然,李金鹏,等. 长春市居住区花境植物种类及其应用调查分析[J]. 东北林业大学学报,2012,40(1):104-107.
[9] 徐冬梅. 哈尔滨地区花境专家系统的研究[D]. 哈尔滨:东北林业大学,2004.
[10] 张春涛,杨书博,宋强,等. 花境在沈阳市公园绿化中的应用实例分析[J]. 安徽农业科学,2011,39(4):2348-2349.
[11] 王卓识. 花境在沈阳地区园林绿地中的应用[J]. 山东林业科技,2009,1(180):69-71.
[12] 夏冰,董丽. 北京地区露地宿根花卉的花境应用价值综合评价[J]. 北方园艺,2010(9):104-108.
[13] 吴越. 北方花境植物材料选择与配置的研究[D]. 哈尔滨:东北农业大学,2010.
[14] 纪书琴. 北京地区花境植物资源及其应用[J]. 北京园林,2007,81(3):20-23.
[15] 郭成源. 滨海盐碱地适生植物[M]. 北京:中国建筑出版社,2013.
[16] 李晓杰,赵淑珍. 浅谈塑粉花卉在北方园林花境中的应用[J]. 黑龙江农业科学,2010(7):90-91.
[17] 陈志萍,夏宜平,闵炜,等. 上海城市绿地花境应用现状调查研究[J]. 江西科学,2006,12(24):432-435.
[18] 丁海昕. 花境在城市道路绿地中的应用研究[D]. 南京:南京林业大学,2010.
[19] 章红,陈丽庆,龚稷萍,等. 杭州西湖风景区花境主要配置模式和应用探讨[J]. 浙江林业科技,2007,1(27):61-65.
[20] 邹纯清,戴耀良,史正军. 深圳滨海地区园林植物应用调查及盐害分析[J]. 广东园林,2013,6(157):62-68.
[21] 林广思. 华南滨海区主要抗风耐盐碱园林绿化植物及其种植要点[J]. 林业调查规划,2004,29(3):79-81.
[22] 潘冬梅,袁卫国,杜金城,等. 唐山市唐海县滨海盐碱地绿化技术研究[J]. 安徽农业科学,2010,38(10):5229-5231.
[23] 张清,李培军,王国强. 滨海盐碱地园林规划设计[M]. 北京:中国林业出版社,2013.
[24] 刘西岭. 山东潍坊滨海耐盐碱植物绿化研究[J]. 中国观赏园艺研究进展,2012:446-449.
[25] 王连锁,潘铮,潘以晶. 滨海盐碱地绿化材料的选择及栽培技术[J]. 现代农业科技,2007,19.

作者简介

赵阳阳,1983年生,男,山东济南,硕士,研究方向为园林植物应用,Email:sunrise420@yahoo.cn。

基于康复花园理念的养老社区景观设计探讨

Exploration of Pension Community Landscape Design Based on the Rehabilitation Garden

朱冬冬　刘春云

摘　要：良好的景观可以对人的健康产生有益影响，促进人们产生积极的生活方式，所以在现代社区中尤其是在养老社区中设计具有保健康复功能的景观环境意义重大。园林景观除了能创造优美舒适的景色，更重要的是能创造适合人类健康发展的生态环境，为社区内部人员尤其是老年人提供健康舒适的居住空间。充分利用有养生保健作用的植物来杀菌和净化空气，可以创造清新健康的户外景观，使人们在日常活动中轻松受益。勇于创新建设具有中国特色的养老社区，积极推进康复花园的建设，重视园林景观对人尤其是老年人的身心健康的影响，将为现代化养老社区的建设和普及提供重要参考。

关键词：养老社区；康复花园；保健；景观设计

Abstract: Good landscape can be a beneficial impact on people's health, promote people to have a positive way of life, so in the pension community rehabilitation, garden is of great significance in the design. Plant landscape in addition to create elegant and comfortable environment, it is important to create suitable for an ecological environment needed for the survival of mankind. For internal personnel especially the elderly health and comfortable leisure entertainment places, at the same time within the community for the elderly to make full use of a plant with health care function to create a quiet pure and fresh and healthy external environment, bring people benefit in sight, hearing, smelling, and even exercises. Innovation retirement community construction with Chinese characteristics, actively promote the construction of the garden, recovery attaches great importance to the landscape environment for people, especially the influence of the physical and mental health of the elderly. For the application of modern community endowment forms and construction to provide the reference.

Key words: Retirement Community; Healing Garden; Health Care; Landscape Design

"老龄化"是全球的难题，随着老年人越来越多，全社会的养老问题更加引起我们的关注。为了方便和丰富老年人的晚年生活，新一代的养老社区正逐步发展壮大起来。它已不仅仅是居住区，更是给"老龄化"的社会提供了一种舒适的生活模式。让居家养老成为老年人安度晚年的方式，将很大程度缓解各方面的压力和矛盾，同时老年人的晚年生活也可以更加舒适健康。所以普及拥有高质量生态景观环境的养老社区势在必行。

1 "老龄化"社会与养老社区的构建

1.1 "老龄化"社会主要现状

中国在2000年前已经成为一个老龄化的社会，并且也成为全球拥有老龄人口最多的国家。老龄人口的比重也随着时间的推移而快速提高，人口老龄化的速度罕见。全世界60岁以上的老年人口总数已达6亿，有60多个国家的老年人口达到或超过人口总数的10%，进入了人口老龄化社会行列。我国许多城市已进入人口老龄化社会。

1.2 养老社区的简单定义

养老社区是在集中建立的以老年人居住为主的宜居型社区，以居家养老的形式居住且配有养老配套服务，如养老护理服务中心，入住的老人可享受专业的医疗护理以及心理咨询。同龄老人可以开展多种多样的娱乐休闲活动，使孤寂的老年生活丰富起来。养老社区使养老亲情化、人性化、舒适化、智能化，是一个无围墙的综合型养老院。

1.3 建设新型养老社区的紧迫性和必要性

受传统观念"三代同堂，不离儿孙"的影响的转变，人们不再认为养老院、老年公寓是无儿无女的孤寡老人的安身之地，随着传统家庭逐步减少，隔代分居已成为潮流。老人们无法忍受孤单寂寞的"空巢"之苦，更愿意去和同龄人为伴群居。[1]就中国来讲，老龄化速度之快，老年人口数量之庞大，这给社会带来的影响与冲击是巨大的。

新型养老社区的构建将很大程度解决人口老龄化所带来的各种问题，让同龄的老人能够更好地享受生活。同时良好的景观环境与先进的设施配备让我们从生活更深层次去关爱老人，让健康宜居社区最大限度上满足老年人生理和心理上的需求。这也将会是应对中国人口老龄化挑战的一个重要举措。

1.4 关于新型养老社区的景观设计构想

针对老年群体的特殊性进行建筑规划和设计，现在很多部门看好养老社区的发展，这是养老服务社会化的良好趋势。老年人群的健康问题是每个子女及整个社会关心的话题，注重平常的基础保健往往能够增强身体机能，逐渐提高老年人的健康水平。因此户外环境质量也是我们应该考虑的重要环节。经过查阅相关资料以及走访徐州部分老年人居住较多的社区和养老院，笔者了解到目前的社区普遍不重视户外景观设计或者说是重视力度相当不够。自古我国道家的天人合一道法自然的养生观念就揭示着良好舒适的自然环境对于我们的生活的积极影响。这种思想对于我们构建景观无论是城市公园、绿地、还是我们的居住环境都是极有帮助的，所以笔者认为良好的户外景观规划也应当是我们在构建养老社区时着重考虑的部分。

2 康复花园的应用现状分析

2.1 康复花园的定义

康复花园的英文是 Healing Garden/Landscape，也有译作康健花园、疗养花园、康复医疗花园或是医疗花园等的，是从美国开始兴起的一种园林形式，它是兼具康复和观赏性质的理疗机构，其主要目的是帮助病人尽快减轻病痛，起到辅助治疗的作用。

埃克灵（Eckerling，1996）指出：康复花园是以康复为目的，让人们感觉舒适的花园；康复花园的目标是让人有安全感，少一份压力，多一份舒适和活力。[2]密歇根州立大学乔安妮·韦斯特菲尔（Joanne Westphal）教授认为，康复花园能为病人提供消极或积极的恢复身体功能的机会，重点强调的是从生理、心理和精神三方面或其中某一方面，重拾人整体的健康。罗杰·乌尔里希提出，康复花园应该有相当数量的绿色植物、花、水，能为大多数的使用者提供治疗或助益。[3]杨欢、刘滨谊等认为，康复花园由自然景观和人文景观组成，可帮助病人尽早恢复健康，减轻使用者的压力，改善其生理和心理状况，从而达到治疗的目的。[4]康复花园的设计在一定程度上必然要受到整个社会环境的影响，从宏观角度去考虑，如经济发展水平、区域文化差异；从局部因素去考虑，康复花园周围建设的社会环境因素则称谓影响康复花园建设的最主要因素。[5]

2.2 康复花园的作用

美国克莱尔·库伯·马科斯教授是美国康复景观负责人。克莱尔认为不管是观赏还是浸润其中，"自然景观"对人的健康有积极影响。[6]

通过对国内外关于景观环境的调节功能及植物的保健作用的研究状况分析，了解到康复花园的作用主要有以下几条：

（1）使身体达到良好的平衡状态；
（2）帮助体弱的老人增强自我免疫能力；
（3）帮助人们获得精神及身心上的愉悦感；
（4）创造一种良好的环境，如同实施园艺治疗；
（5）为社区内部人员尤其是老年人提供健康舒适的休闲娱乐场所；
（6）在社区内部为老年人营造安静平和的居住环境。

所以，舒适的景观可以对人的健康产生有益影响。充分利用有养生保健作用的植物来提高环境质量杀菌和净化空气，创造安静清新健康的外部环境，使人们在视觉、听觉、嗅觉乃至体疗方面收益。

2.3 康复花园的引用与养老社区的景观设计

现代化的今天，由于科技的进步、经济的发展，很大程度上提升了人们的生活品质，但与此同时也带来了环境的污染。人们长期处在生活及工作压力下，周边的生态环境又没能得到有效的改善，人们的免疫力下降，身体经常处在亚健康状态，这对人类社会的长远发展非常不利。

景观环境的功能被科学实验证实不仅具有观赏及生态方面的功能，而且对人类本身有更多健康上的帮助。在老龄化社会到来的今天我们都在关注老年人如何养老，新一轮的社区建设和规划也向我们提出了更高的要求。目前康复花园的运用主要集中在大城市的疗养院或是大型医院中，因其具有的疗养保健效果明显，得到了广泛的肯定。从生理上来讲，优美的景观能促进和调节免疫功能、改善神经系统功能、对机体产生镇静作用、降低血压等；从心理上而言，景观环境能维系安全感，促进交流与沟通。那我们何不将其引用到社区规划中去呢？尤其是现阶段养老社区的构建非常迫切之时，更需要为养老社区增添活力与动力。老年人是我们这个社会的弱势群体，需要我们多关心他们的生活环境及生活质量，从而尽量少生理和心理上疾病的困扰。

3 对养老社区的景观设计的一些意见

老年人在生理、心理上特征使得其对于居住空间有一定的特殊要求。需要能为其提供交流、活动、娱乐的环境，并且兼顾可达性、安全性、易于识别性。在景观营造上，我们也应给予更多的关心与照顾。

3.1 优化设计原则

根据国内外相关文献资料、案例及针对养老社区的研究分析，小结出了适用于养老社区的景观在优化设计时应遵循的基本原则。

（1）舒适性：环境安静、舒适，提供既有遮阴又有日照的场所；光线、色彩及质感应该是协调有趣的，从感官上起到慰藉、调解人们情绪的作用。

（2）安全性：选用无毒、无害、无刺激性气味的植物；在水域的边缘地带设置防护设施或警报设施，防止安全意外等事故的发生。

（3）生态性：运用自然景观元素、丰富植物种类，能引发老人在感官上的兴趣，促使其积极参与户外活动，获得心理上的满足感和成就感。

（4）丰富性：丰富多元的花园景观元素设计营造轻松的氛围。用各种景观要素营造丰富的空间类型，让不同的人都能各得其所，找到适合自己休息、停留及交往的空间。

（5）可达性：养老社区的基本出发点是"人"，其景观应该是可进入式的，并能满足所有使用者的需求，包括行动不便以及有残疾障碍的老人。

（6）易辨性：社区内的交通路线连贯，各个功能分区的设计有各自的特色和较为明确的界定,让使用者在户外环境中容易辨识而不至迷失。

(7) 神秘性:鼓励使用者的不断探索,借由有寓意的植物、符号等元素来营造空间,创造环境的意境,让人能各自展开联想,体验到景观更深层次的意义。好奇心能够让人们积极的响应,并参与其中,获得满足感。[7]

3.2 具有保健作用的植物的引种与选择

养老社区花园中的植物选择,要求适地适树,尽量选用乡土树种。另一方面则需要选用能分泌杀菌物质、吸收空气中有毒物质、能抗污染、大量产生空气负离子等类型的植物。一般芳香植物不仅具有怡人的香味,还具有抗菌和杀菌的功效,从而促进人体机能的恢复与增进。如春季开花的丁香(Syringa Linn.),其香味中具有丁香酚,对净化空气、杀灭细菌具有良好的效果。[8]

3.2.1 选用保健植物

由于康复花园功能的特殊性,在构建新型养老社区时要注意选用保健型植物。

(1) 芳香植物。有桂花(Osmanthus fragrans)、蜡梅(Chimonanthus praecox)、紫薇(Lagerstroemia indica)等,能分泌杀菌素的植物有樟科、柚及松柏类植物、草本香花植物等,可以补充在花坛或花境中,不仅丰富了视觉景观,同时也能丰富嗅觉感受。

(2) 采摘食用植物。可采摘的植物类型主要有:葡萄(Vitis vinifera)、樱桃(Cerasus pseudocerasus)、枇杷(Eriobotrya japonica)等,可选几种搭配种植,不仅能营造良好的季相,同时也能刺激人的味觉,采摘的过程也能给人成就感和满足感。

(3) 五行匹配植物。随着人们对于保健的关注,与五行相对应的植物开始提及和应用。比如金对应人体的肺,其相对应的植物种类有银杏(Ginkgo biloba)、雪松(Cedrus deodara)、木瓜(Chaenomeles sinensis)等。

3.2.2 尽量避免栽种的植物

由于养老社区对于安全性等要求相对较高,需要尽量选择无毒、无刺、无刺激性气味等植物,减少植物对人带来的不良影响。

在靠近路边或停留的公共空间旁,应避免种植带尖、刺的植物,如:勾骨(Ilex cornuta)、火棘(Pyracantha fortuneana)、凤尾丝兰(Yucca gloriosa)等。部分植物的叶、花、果等含有毒物质或散发有毒物质,如夹竹桃(Nerium indicum)的花朵。浆果类的植物应避免靠近路边种植,以免浆果成熟时掉落地面,造成老年人滑倒或摔倒。

4 小结

目前国内康复花园与养老社区的相关研究都较分散,且两者的结合运用尤为偏少,都尚未形成一定的体系,需要进行更深层次的研究和更大范围的普及。基于康复花园理念的养老社区景观建设和发展,笔者认为应该提高群众对于康复花园及其功效的认识,使其更加广泛地应用于现阶段社区中,尤其是正在推进建设的养老社区。科技的发展与环境的压力都在给我们现代化养老社区的构建提出了新的标准和要求。勇于创建具有中国特色的养老社区,积极推进康复花园式宜居社区的建设,重视景观环境对人尤其是老年人的身心健康的影响将是我们现阶段乃至一长段时间内要完成的任务,希望在不久的将来我们的养老社区乃至普通的生活小区都能够配备富有各自特色的康复花园景观,为创建美丽、健康、生态的人居环境提供更加坚实的支撑。

参考文献

[1] 李芝涵. 老年公寓康复性景观设计研究[D]. 西安:长安大学, 2013.

[2] WESTPHAL JM. Hype. Hyper boleand Health: The rapeutic site design [c]//BENSONJF, ROWEMH. Urban Life styles: Spaces, Places, People. Rotterd am: A. A. Balkema, 2000.

[3] LAUS. Introducing healing gardens into a compact university campus: Design Natural Space to Create Health yand Sustainable Campuses[J]. Landscape Research, 2009, 34(1):55-81.

[4] 杨欢,刘滨谊,(美)帕特里克·A. Miller. 传统中医理论在康健花园设计中的应用[J]. 中国园林, 2009, (7):13-18.

[5] 张慧. 康复花园景观设计方法研究[D]. 大连:大连工业大学, 2013.

[6] (美)克莱尔·库伯·马科斯. 康复花园[J]. 中国园林, 2009(7):1-6.

[7] (美)克莱尔·库珀·马库斯. 罗华,金荷仙译. 康复花园[J]. 中国园林, 2009, 25(7):1-6.

[8] 吴沁甜. 植物在康复花园中的应用与设计[J]. 现代园艺, 2014, 40(13):225-227.

作者简介

朱冬冬,1968年11月生,男,汉,江苏徐州,副教授,建筑学,中国矿业大学力学与建筑工程学院。

刘春云,1989年3月生,女,汉,江苏徐州,中国矿业大学力学与建筑工程学院,城乡规划学硕士在读,Email:liuchunyun32@126.com。

北方居住区水景景观设计的探讨
——以济南市居住区景观设计为例

Northern Residential Area Waterscape Landscape Design
——Taking Jinan City Residential Landscape Design as an Example

庄 瑜

摘 要：近年来水景住宅已成为房地产开发的一种重要模式。本文从居住区水景常见形式归类开始，进而发现当下居住区水景设计的问题与不足，分别从生态化及人性化角度对居住区水景设计进行了探讨。
关键词：水景；生态；亲水性

Abstract: In recent years, water has become an important model for residential real estate development. In this paper, starting from the common form of residential water classification, and then found that the current design of residential water problems and shortcomings, respectively, from the perspective of ecological and humane living areas waterscape design are discussed.
Key words: Water; Ecology; Hydrophilic

"城有水则秀，居有水则灵。"水景赋予建筑以灵魂，让城市更为鲜活，使建筑更显妩媚。如果说建筑是凝固的音乐，那么水景就是随音乐翩翩起舞的舞者，其光影、波纹、风韵则是她的灵动舞姿。

水可静观，可动赏，可铺底衬托，可独立成景，可寂静平和，也可清脆悦耳。平静的水面惹人浪漫联想，喷跃的水柱让人激情欢呼，形状、线条变幻的水体令人惊叹设计者的匠心独运。一方面，水虚无的形态弱化了空间界限，延展了空间；另一方面，水景可以通过不同的叠合方式产生三维立体感，并利用周围建筑的掩映与分割来充实空间。倒影给水面带来光波的动感，使水面产生虚空间，产生开阔、深远之感，形成丰富的视觉层次。正因为水有如此灵动的表现力，所以很早就被应用于空间的美化。

近年来随着人们居住水平的不断改善，房地产的迅速发展，水景作为各地居住小区景观中的点睛之笔，已经成为地产开发销售的一大卖点。水景为何会受到如此青睐呢？北京大学景观规划中心主任俞孔坚教授认为，水对提升居住品质作用匪浅，适当的水景构造，能起到丰富空间环境和调节小气候的作用，增强居住的舒适感；同时，水还是生态环境中最有灵性、最活跃的因素，将水、绿色植物、雕塑作品有机融合，会让人有回归自然的感觉；此外，大面积水域还能吸收空气中的尘埃，起到净化空气的作用，对居民的健康大有裨益。

1 居住区水景常见应用形式

1.1 点缀型装饰水景

多位于售楼中心、会所、主次入口及景观轴线上。结合后期管理维护及造价这类水景一般面积较小，起到画龙点睛的作用。该类水景不附带其他功能，起到赏心悦目，烘托环境的作用，这种水景往往构成环境景观的中心。点缀型装饰水景是通过人工对水流的控制（如排列、疏密、粗细、高低、大小、时间差等）达到艺术效果，并借助音乐和灯光的变化产生视觉上的冲击，进一步展示水体的活力和动态美，满足人的亲水要求。其主要形式包括以下两种。

1.1.1 喷泉

喷泉是西方园林中常见的景观。主要是以人工形式在园林中运用，利用动力驱动水流，根据喷射的速度、方向、水花等创造出不同的喷泉状态。因此控制水的流量，对水的射流控制是关键环节。按其形态又分为碧泉、涌泉、组合喷泉等。

图 1 济南名士豪庭小区门口水景

图 2　济南名泉春晓小区水景

1.1.2　倒影池

光和水的互相作用是水景景观的精华所在，倒影池就是利用光影在水面形成的倒影，扩大视觉空间，丰富景物的空间层次，增加景观的美感。倒影池极具装饰性，可做的十分精致，无论水池大小都能产生特殊的借景效果，花草、树木、小品、岩石前都可设置倒影池。

图 3　济南中海国际社区售楼处水景

1.2　中心参与式水景

该类水景的设计往往位于具有一定规模，且对造价及后期维护有一定信心的项目。在都市中远离自然河道、江湖的前提下营建居住区中的参与型水景，从而形成居住区中一个独特的景观。

1.2.1　溪流

溪流是提取了山水园林中溪涧景色的精华，再现于

图 4　济南槐花园居住区中心水系

城市园林之中，居住区里的溪涧是回归自然的真实写照。小径曲折多次，溪水忽隐忽明，因落差而造成的流水声音，叮咚做响，人达到了仿佛亲临自然的境界。

1.2.2　泳池水景

泳池水景以静为主，营造一个让居住者在心理和体能上的放松环境，同时突出人的参与性特征（如游泳池、水上乐园、海滨浴场等）。居住区内设置的露天泳池不仅是锻炼身体和游乐的场所，也是邻里之间的重要交往场所。泳池的造型和水面也极具观赏价值。

图 5　济南海尔绿城泳池景观

1.3　自然式借景水景

对于城市来说，主要是指开发利用已有江河湖川两岸得天独厚自然资源的楼盘。业主走出小区不远便可到达水畔，或者在小区内登高远眺，便有水景映入眼帘。一般该类项目建在紧靠水系的一侧或者地块内部有，而且整个小区设计处处围绕水的主题，业主能方便地与水互相亲近、互相交流的一种，水是小区的一部分，业主在小区内漫步就可以欣赏到赏心悦目的水景。

图 6　济南蓝石大溪地居住区

2　居住区水景常见问题

2.1　缺乏生态设计

几乎所有水景住宅的环境设计都标榜自己的设计是生态性的，是人与自然之间的高度和谐。现在小区

几乎所有的喷泉来源都是自来水，有少数项目采用了中水回用。

2.2 缺乏后期维护

水景维护相对绿地来说费用较高，较为麻烦，一些水景甚至要求每个月进行换水，清洗池底。对于水景的维护不当，会使一些水景水质呈现暗绿色，水面出现富营养化，透明度较差，不但体现不了当初的景观设计意向，反而影响了周围的环境。另外，北方冬季气候较低，为了防止冬季冻裂管道，一年中水景的开启时间基本集中在夏季，这样水景的季节性维护也是一个问题。

2.3 缺乏亲水性及与环境的融合

人类的亲水性是与生俱来的。很多小区设计水景形式奢华繁复，但是只能让人远观而不能近距离的体会。当然这与开发商后期的管理理念有莫大的关系，但是没有参与性及趣味性的水景长此以往就会变为死水，为物业管理打扫带来了不变。

2.4 缺乏项目自身特色

水景设计，往往千篇一律，不少设计师重"榜样"不重创新。模仿之风盛行不衰，成功的创新之作一旦问世，便被毫无节制地复制、翻版。决策人或业主往往把某地自认为好的作品作为范本，不以模仿为耻，宁愿相信现成的也不愿接受新的方案构想。

3 居住区水景设计的几点建议

3.1 生态化

我国是一个水资源相对匮乏的国家，既然景观水用水量大、费用高昂，考虑到节约用水、降低成本和目前对雨水的可开发利用的程度，有必要立即着手建设雨水收集系统，即将雨水以天然地形或人工的方法收集储存，再加以利用。建立雨水利用系统，不仅能够缓解小区开发商对后期小区水景观维护的投资压力，还可以节约水资源，缓解用水压力，同时还能缓解城区雨水洪涝、地下水位下降等问题，控制雨水的径流污染，改善小区的生态环境。换句话说，建立雨水利用系统不但会产生巨大的经济利益，还会带来良好的社会效益。

3.2 人性化

水景的基本功能是供人们观赏，因此它必须是给人们带来美感，令人赏心悦目，所以设计必须首先满足其艺术美感。其次理想的现代住区应该是人们的一个家园，一个能让人们回归自然本性的家园。人具有亲水的本性，水的气味、潮湿、水雾、水温、水声等都能让人感到兴奋。在安全的情况下让人们尽可能地去亲近水，溶于水，让人们每天在工作之余，能更好地释放压力，放松自己。在水景设计中通过丰富的池岸边缘空间、亲切宜人的水面高度以及不同材质、形态各异的驳岸营造出多变的亲水水景，来满足使用者的基本需求，关照普通人平时对水的体验。

图 7 加拿大塑瀑景观

4 结语

水景现在已是居住区中不可缺少的景观元素之一，如何处理好水景，还需要因地制宜，以人为本。让我们通过设计的不断改进提高，创造出更加自然的居住区水景。

参考文献

[1] 詹姆士·埃里森. Water In The Garden 中国水景[M]. 北京：科学技术出版社, 1998：26-30.

[2] [美]约翰·O·西蒙兹著, 俞孔坚等译. 景观设计学：场地规划与设计手册[M]. 北京：中国建筑工业出版社, 2000.

[3] 王沛永. 北京地区园林绿地的雨水利用探析. 中国园林, 2004(11)：71-74.

[4] 王沛永, 张媛. 城市绿地中雨水资源利用的途径与方法. 中国园林, 2006(2)：75-81.

[5] 徐立群. 小区水景设计探讨. 住宅科技, 2003(3)：18-19.

[6] 扬杰, 谢鲲. 景园水体艺术. 沈阳：辽宁科学技术出版社, 1990.

作者简介

庄瑜, 1984年6月生, 女, 汉族, 山东济南, 本科, 济南园林集团景观设计有限公司, 工程所所长, 风景园林景观规划设计, Email: 52707392@qq.com.

新型城镇化与风景园林科技创新

SoLoMo 公众参与
——大数据时代新型城镇化建设背景下的风景园林

SoLoMo and Public Participation
——Landscape Architecture in the Background of Big Data and New-type Urbanization

董 琦

摘 要：中国新型城镇化的进程将在大数据时代背景下进行，应用 SoLoMo 概念，利用海量、多源的大数据环境指导资源导规划设计，是风景园林科技创新的重要组成部分。本文通过阐述 SoLoMo "基于社交网络的服务、基于空间位置的服务、基于移动终端的服务"的概念内涵，列举其在风景园林领域扩展公众了解途径、收集公众产生数据、丰富公众反馈手段三方面的应用实例，分析 SoLoMo 在风景园林科技创新中的优势和局限。

关键词：SoLoMo；新型城镇化；公众参与；风景园林；数据应用

Abstract: The implementation of China's new-type urbanization policy will be under the background of Big Data Era. Inspired by the concept of SoLoMo, Landscape Planning and Design based on huge amounts of digital data resources is a crucial part of landscape architecture technical innovation. This article expatiates the concept of SoLoMo, "based on social network service, location service and mobile service"; gives concrete application examples in three aspects: varying access to information for the public, collecting data produced by the public, diversifying feedback methods; analyzes advantages and limitations of SoLoMo applied in landscape architecture.

Key words: SoLoMo; New-type Urbanization; Public Participation; Landscape Architecture; Data Application

根据 IDC（International Data Corporation）发布的数字宇宙研究报告显示，至 2020 年，全世界所产生的数据量预计将超过 40ZB（泽字节），其中，中国将占比 21%。[1] 这正意味着中国国家新型城镇化规划（2014—2020 年）将不可避免地在"大数据"（Big Data）的时代背景下进行。而新型城镇化建设的特点之一便是弱化自上而下狭隘的主观规划、注重自下而上的公众参与过程。在上述背景下，风景园林规划设计将面临潜在可利用数据激增和公众需求多样化等问题，而 SoLoMo 的产生恰为广泛获取数据促进公众普遍参与提供了可能。

1 SoLoMo 概念的内涵

SoLoMo 概念的内涵，是集"基于社交网络的服务、基于空间位置的服务、基于移动终端的服务"为一体的数据信息互动传播。正是这种即时的信息互动传播，在很大程度上满足了风景园林规划设计公众参与的需求。

"So"（社交网络），即以 SNS（Social Networking Service）为基础的由拥有相同兴趣的个体创建的在线社区。这类服务往往是基于互联网，为用户提供各种联系、交流的互动平台；它为数据赋予了特定的社会属性，使得数据的传播过程变得可预测和回溯；同时此类平台一般通过现实社会关系延展传播，能够在一定程度上提供对信息源个体的侧写。这样庞大的、拥有特定社会属性的用户量，正是指向性数据收集、广泛公众参与的客观基础。

"Lo"（空间位置）是 SoLoMo 概念的核心，即以 LBS（Location Based Service）为基础的各种定位和签到，通过记录数据产生的地理位置，为数据赋予空间属性，是网络虚拟世界用户个体在现实空间的映射。其功能主要包括：定位（个人位置定位）、导航（路径导航）、查询（查询某个人或某个对象）、识别（识别某个人或对象）、事件触发（在特定情况下向个体发送信息）[2]。而在实现这些功能过程中产生的数据，恰恰为风景园林规划设计者提供了客观真实的个体行为记录。

"Mo"（移动终端）是个体产生与接收数据的终端，是主要包括手机和平板电脑等以及基于其上的各种应用。通过各类移动终端的普及，它逐渐成为记录特定个体行为，公众了解规划设计信息和表达主观意愿的物质载体。

以微信为例，其本身就是一个社交网络（So），通过在注册过程中绑定手机号码使其用户拥有更鲜明的社会属性，即在突破现实地理距离的基础上，将现实世界社交关系在虚拟世界进一步拓展，这也在一定程度上保证了信息的数据的真实性；其中"附近的人""朋友圈显示所在地区"等基于空间位置的服务（Lo）使数据与地理坐标相关联；针对不同操作系统的多种版本，使其良好的匹配各类移动终端（Mo），保证了广泛的用户群。

---

[1] Gantz J, Reinsel D. The digital universe in 2020: Big data, bigger digital shadows, and biggest growth in the far east (2012) [J]. 2012: 6-7.
[2] 引自 Peckham, Ray Communications News [J]. 2004, 41 (5): 8-10.

由此可见，SoLoMo模式（图1）是一个大数据时代产生的整合概念，契合当今社会公众思维方式，融入其生活的方方面面。庞大的用户群体以及广泛的使用范畴必然引起数据激增，如何利用这些数据资源，便是SoLoMo在风景园林规划设计中实现公众参与需要解决的问题。

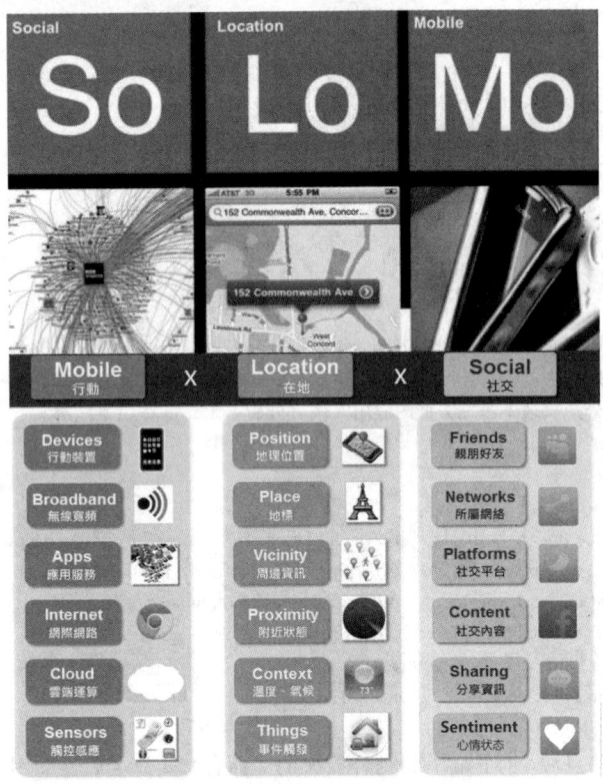

图1 SoLoMo模式图解（作者改绘）

2 规划设计中的公众参与机制

通过SoLoMo的运用，能够在切实保障公众知情权利、广泛收集分析公众产生数据和向公众提供多种表见经径3个层次改善风景园林建设公众参与机制，指导规划设计。

2.1 扩展公众了解途径

SoLoMo以其独特的属性，对传统的风景园林信息传播展示媒介的很多空白进行了多方面、多层次的补充，逐步成为公众了解风景园林的重要途径。利用移动终端的便携性以及社交网络的传播性，SoLoMo向公众提供了一个专业动态的规划设计展示平台。

下面以AR技术运用于动态展示为例：

AR技术（Augmented Reality 现实增强技术）将虚拟的信息应用到真实世界，并将计算机生成的虚拟物体、场景或系统提示信息叠加到真实场景中，从而实现对现实的增强的目的。依靠基于空间位置的服务（Lo），准确定位个体所在地理位置，由此在移动终端（Mo）上运用AR技术提供具体的场景信息及游览体验。同时利用角速度传感技术，精确分析出个体所处的方位和角度，从而有针对性地提供相应的视角展示。而社交网络（So）为这个平台提供了便捷的传播途径和广泛的用户基础。这使得AR技术可以通过SoLoMo运用于风景园林规划设计的方案展示阶段，这种动态形象的展示对专业知识要求低，同时富于趣味性，非常适用于面向公众的规划设计方案公示。

由清华大学建筑学院郭黛姮教授主持，清华同衡建筑与城市遗产研究所开展了"数字圆明园"项目便是国内成功案例之一。通过科学的项目流程组织（图2），达到了增强公众对圆明园文化遗产了解认识的目的。依托清代样式房图档等珍贵文献和近年考古发掘成果，整合了多学科的研究团队运用数字模拟技术完成了三维模型复原成果。在园内运用现实增强技术使公众利用移动终端观看复原图与现实照片对比的动态展示（图3）。

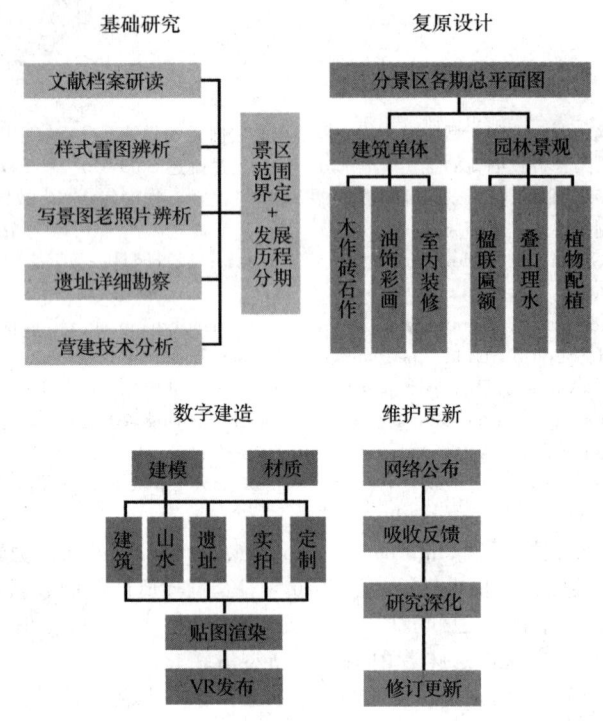

图2 "数字圆明园"项目流程（作者改绘）

图3 "数字圆明园"现实增强技术展示（作者改绘）

2.2 收集公众产生数据

新型城镇化建设注重公众参与，强调将公众的城市意象引入规划设计。以往通过问卷调查方法得出的城市意象在取样数量、表现方式方面有很大的不足。SoLoMo扩大了数据样本、将抽象概念精确地表现在地理空间中，使得城市意象指导风景园林规划设计成为可能。

下面以Flickr界定区域边界为例：

Flickr（包括移动终端应用程序以及网站），是一个提供数字照片储存、分享服务的平台，其特点是基于社交网络和GPS支持，拓展与重组用户上传数据，赋予图片用户描述和经纬度等属性。

Livia Hollenstein和Ross S. Purves利用Flikr数据对伦敦城市中心边界进行了重新分析。通过对用户上传图片的标签进行筛选，收集包含"Northlondon（北伦敦）""Innercity（内伦敦）""Eastlondon（东伦敦）"3个城区和"Camden（卡姆登区）""Mayfair（梅费尔，英国伦敦市中心的一个区域）""Soho（商业生活区）"3个较小地点标签的图片数据，分析数据空间分布得出密度梯度变化图（图4）。

分析上图可以得出，在Flickr用户对伦敦城的城市意向中：

（1）"北伦敦"出现鲜明的双核、北延分布特点。"内伦敦"北侧较大面积的城区在用户的印象中被界定为"北伦敦"，而在汉普特斯西斯公园（Hampstead Heath）和华特鲁公园（Waterlow Park）附近形成了一个独立的面积较的小核心，同时还在一定程度上呈现沿绿地向北侧延展的趋势。推测风景园林开放绿地有助于提高人群的空间认同感，可以在一定程度上引导城市化进程。

（2）"东伦敦"在图中被界定成"内伦敦"南侧和泰晤士河北侧的区域，且明显有着沿泰晤士河流域分布的趋势。泰晤士河在伦敦城区内河宽度平均229m，多座跨河道桥提供便捷的交通。推测地表自然特征在界定空间上有着决定性作用，这种作用是难以被有限的地理距离或逐步提高的交通可达性所淡化的。表现出城市水系规划对形成城市印象的重大意义。

（3）内伦敦的区域几乎全部被北伦敦和东伦敦所覆盖，从侧面反映出"内伦敦"这一1965年人为设定的界限在逐步消解。推测没有自然依托的规划界限很难成为稳定城市印象。

由于SoLoMo对公众产生的数据有着即时动态、广泛便捷的特性，使得公众城市意象在城镇化建设进程中的演变能够动态记录、交互影响。在此基础上进行风景园林规划设计才能切实引导和控制城镇化发展进程，提高公众的空间认同感。

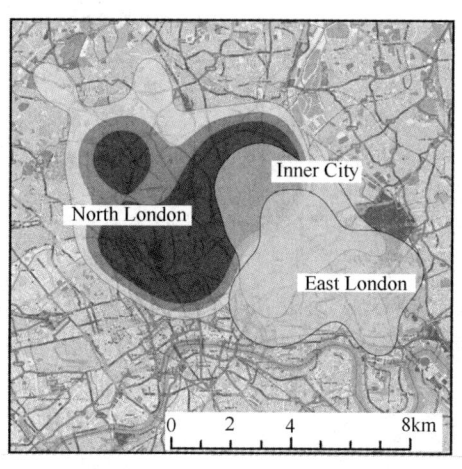 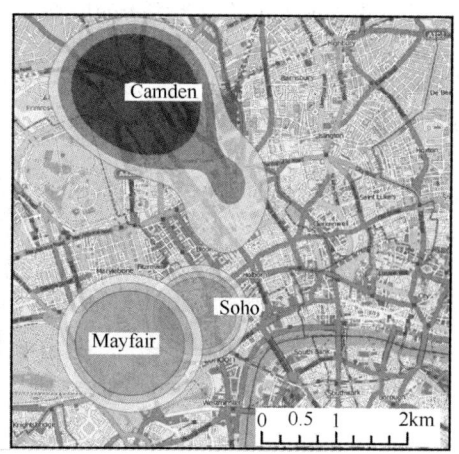

图4 伦敦特定城市意象空间分布密度梯度变化图（原图引用）

2.3 丰富公众反馈手段

SoLoMo通过社交网络在移动终端之间高效快速传播讯息，其反馈机制遵循由点至面、由下而上的规律。在风景园林领域，一般由从业者（规划师、设计师）到公众，再到更多的从业者，最后到决策者。在从业者的引导下，公众的兴趣被广泛吸引，使特定事件成为社会热点，并鼓励公众提出大量建议，继而引起更多从业者的关注，形成一种社会和业内相融合的讨论环境，彼此补充，互有裨益。

以西湖路骑楼拆除方案的公众反馈为例：

位于广州市西湖路的一段民国骑楼从2010年征收并公示拆除计划，广东省城乡规划设计研究院总规划师马向明等从业者对该方案表示质疑，在微博上引发公众广泛关注和共鸣，方案在2011年底暂停。经过两年的各方协商与方案修改，才在2014年复工。

3 SoLoMo应用于规划设计的局限及改善

虽然SoLoMo为风景园林规划设计的公众参与提供了许多可能，但是现今还存在一些局限。

3.1 数据收集

这种以被动、即时、海量为特点的数据收集与传统的抽样问卷调查相比有着极大的进步。但是在具体操作层面，需要依靠第三方运营商或数据源，这就带来了用户人群分层的问题。这对于服务于全体公民的风景园林规划设计来说，是一个不能回避的硬伤。以微信用户为例，年龄层难以做到全覆盖（25—35 岁占总体的 55.21%，而 16 岁以下占 0.28%，55 岁以上占 0.85%），职业组成不均匀（主要为大学生，64.51%），同时在受教育程度、地域分布等方面有表现出较大的集中性。[①]

但是随着移动终端（包括软件和硬件）的不断推广，以及各大运营商以盈利为目的扩展产品使用功能（如线下支付功能）为用户生活带来便利，这种用户人群分布差距会逐步趋近全体公民人群组成的。

3.2 分析处理

SoLoMo 收集得到的数据有着多源（不同运营商）异构（包括图片、文字、数字等多种格式）的特点，这就为数据分析处理带来了较大的难度，如何排除重复数据和虚假数据、筛选可用于风景园林规划设计的有效数据，是亟待解决的技术问题。

风景园林作为一个多学科交叉的应用科学，已经与地理信息科学、环境科学等学科进行了不同层面的相互交流借鉴。同计算机科学，特别是数据分析处理方向的应用科学开展学科间的深层交流，将使广泛的数据分析运用于规划设计成为可能。

3.3 操作效率

高效的反馈机制在很大程度上依赖较为完善的网络基础设施，然而在可预见的新型城镇化发展过程中，风景园林事业还将面临短时间内较大的建设量，如何不断提高 SoLoMo 运用的操作效率，将是应用层面将要始终面对的问题。

人类科学研究的范式经历了实验科学（实验总结）、理论科学（理论推导）以及计算科学（计算模拟仿真）的发展。[②] 其共同点是注重因果逻辑分析，而在大数据时代，SoLoMo 数据关联分析（寻找存在于数据库之中频繁发生的模式或相关性）逐步显示出其在改善公众参与机制中的重要性。通过大量的有效数据分析，得出由以往研究方法难以发现的潜在规律，应用于风景园林规划设计之中，SoLoMo 带来的公众参与只是这个时代规划设计技术进步的冰山一角，从不间断的风景园林科技创新才是新型城镇化建设循序渐进、稳健发展的可靠保障之一。

参考文献

[1] Hollenstein L, Purves R. Exploring place through user-generated content: Using Flickr tags to describe city cores[J]. Journal of Spatial Information Science, 2014（1）：21-48.

[2] Noulas A, Mascolo C, Frias-Martinez E. Exploiting foursquare and cellular data to infer user activity in urban environments[C]//Mobile Data Management (MDM), 2013 IEEE 14th International Conference on. IEEE, 2013, 1: 167-176.

[3] 冉斌, 邱志军, 裴炜毅, 等. 大数据环境下手机定位数据在城市规划中实践[C]. 城市时代, 协同规划——2013 中国城市规划年会论文集（13—规划信息化与新技术），2013：1-2.

[4] 维克托·迈尔·舍恩伯格, 肯尼思·库克耶. 大数据时代：生活、工作与思维的大变革[M]. 杭州：浙江人民出版社, 2012：27-94.

[5] 秦萧, 甄峰, 熊丽芳, 等. 大数据时代城市时空间行为研究方法[J]. 地理科学进展, 2013, 32(9)：1352-1361.

[6] 邓煜煊, 宋杰. 互联网未来发展方向——SoLoMo 模式分析[J]. 广东通信技术, 2012, 32(6)：2-4.

[7] 殷洪艳. 微信用户的"使用与满足"研究[D]. 2013：11-14.

作者简介

董琦，1989 年 7 月生，男，汉，山西太原，硕士，北京林业大学园林学院风景园林学 12 级在读研究生，Email, 540348652@qq.com。

---

① 殷洪艳. 微信用户的"使用与满足"研究[D]. 2013：11-14.

② 引自中国科学院院士陈国良在 2011（第八届）CCF 中国计算机大会（2011 CCF China National Computer Conference，CCF CNCC 2011）上的演讲。"理论科学、实验科学和计算科学作为科学发现三大支柱，正推动着人类文明进步和科技发展。"

基于 AHP 法的景观空间视觉吸引评价

Visual Attraction Evaluation Based on AHP Method in Landscape Spaces

范 榕 刘滨谊

摘 要：研究采用 AHP 法对景观空间视觉吸引评价进行量化分析，将通过景观空间视觉吸引要素提取实验中得出的 7 类吸引要素提出模型假设、建立比较判别矩阵和求解、分析模型的优缺点、计算出层次单排序和总排序的结果并进行一致性检验，得出该 7 类视觉吸引要素在各类景观空间中对风景资源的影响比重优先排序为：尺度和距离（0.2937），实体（0.2178）、色彩（0.1912）、植物（0.1152）、瞬逝自然景象（0.0935）、水体（0.0451）、质地（0.0436）。模型计算结果与感性评价结果基本一致，说明 AHP 法对景观空间视觉吸引评价具有客观量化描述的准确性并具有一定的科学意义。

关键词：景观空间；视觉吸引；层次分析法；吸引评价；吸引要素

Abstract: The study on landscape visual evaluation by AHP method for quantitative analysis. Use the class 7 attractive elements which are extracted by the landscape visual experiment to build model assumptions, comparison matrix and solving, analysis of advantages and disadvantages of model, calculated levels form sort and sorting results and consistency check. Concluded that the visual elements 7 class impacts on landscape resources in the various types of landscape space prioritization for proportion are: scales and distances (0.2937), entity (0.2178), color (0.1912), plant (0.1152), fleeting landscape (0.0935), water (0.0451), texture (0.0436). Model results consistent with perceptual evaluation results, the AHP method on landscape visual evaluation is objective and quantitative accuracy of the description and scientific significance.

Key words: Landscape Space; Visual Attraction; AHP; Attraction Evaluation; Attraction Elements

1 引言

景观视觉分析及评价是风景园林学科领域研究的重要方向，其理论可称为风景园林理论研究的核心内容之一。该研究最早开始于 20 世纪 60 年代，国内外的专家学者们都对景观视觉研究这一课题有着较高的关注。景观空间视觉吸引评价研究是基于生理和心理上的视觉活动的分析与研究，其吸引程度的强弱直接影响到人们对景观空间的直观感受。[1]当人们处于景观空间中，观赏者的视线能够快速地被该区域中的景观空间所吸引，成为人类视野中感兴趣的焦点，能对观赏者的生理感知和心理认知产生影响，并能提取出人类感兴趣的视觉特征及通过人眼被吸引的频率、时间、反复程度判断出人对此景观空间感兴趣的程度，这个过程称为"景观空间的视觉吸引"，它是景观空间质量高低的重要评判标准。[2]景观空间视觉吸引评价研究是强调以观赏者为基础或参与者敏感度偏好的需求，除了明显的实质及生物特征外，仍必须清楚地显示过去人类使用的冲击及未来的规划目标与期望。对大众知觉、判断、需求的明确思考，可以更清楚视觉资源该如何正确使用，并指导未来的景观规划更有效、更高明。

2 研究问题

景观空间视觉资源评价是风景园林学科里重要的研究方向之一，景观空间视觉吸引评价是一个感性的研究问题，如何把这一感性的问题进行量化，将成为本研究的重点。作者在多次实验测试的基础上，采用问卷调查和直接观察的方式方法，运用主成分分析法对采集到的数据进行处理，提取出 7 类景观空间视觉吸引要素。[3]将这 7 类景观空间视觉吸引要素作为对各类景观空间视觉吸引评价的影响因子，通过建立层次分析模型，和利用评价模型的方法，来建立递阶层次结构、比较尺度和构造方法；并通过提出的研究方案和计算来得出最佳景观空间视觉吸引要素的权重排序，以此作为景观空间视觉吸引评价的理论依据，以期通过量化的方法将景观空间视觉吸引评价客观地描述出来，建立评价模型。

3 研究内容

景观空间视觉吸引评价是一个较为感性的研究问题，因此，作者通过多次问卷调查和直接观察的方式方法对该课题进行系列实验并相互验证，将所得数据录入 Eviews 和 SPSS 程序中进行数理统计的分析，并运用统计学的方法来分析观赏者对景观空间视觉吸引的评价，是深入研究和分析风景资源美学的一条更直接而有效的途径。

3.1 研究方法

3.1.1 问卷调查法

景观空间视觉质量和偏好的评价主要的研究方法是主观评分法。它是测试者在大量的照片中选取出一些具有代表性的景观照片，让被测者在进行观赏的同时指出他们认为最重要的和最感兴趣的区域及目标,并填写测试问卷给出所认为的相应分值。这样的测试活动是既含有自上而下的视觉注意机制又含有自下而上的视觉注意机制的行为方式,因为有些测试照片是被测者所熟知的,这就具有自上而下的视觉注意机制内容,有些测试照片则是被测者从未见过的陌生景象,人们在看见这一照片时会产生自下而上的视觉注意机制内容。因此,这就需要严格筛选照片,如照片摄影的角度、方位和照片的数量。作者采用由丹尼尔(Terry C. Daniel)和博斯特(Ron S. Boster)的随机取样法(Systematic Random Sampling),首先将欲评价的景观图片挑选出来,按照景观空间类型进行分类,然后在每个景观空间类型文件夹中随机选取需要用来测试的照片,其总数目根据不同的实验需求来决定。

3.1.2 层次分析法

层次分析法 AHP(Analytic Hierarchy Process)由匹兹堡大学教授萨蒂(T. L. Saaty)在 70 年代开发出来的一种量化分析的方法,是用于将定性研究的问题进行量化分析的一种方法,人们可以通过这种方法将主观判断进行客观地描述。根据研究目的先建立总目标层,然后对总目标层中的各种影响因素进行划分,进而建立多指标(或约束、准则)的若干层次,通过定性指标的模糊量化方法算出各要素的单排序和总排序,以此作为多指标、多目标优化的系统方法。[4]

3.2 模型假设

研究采用层次分析法,将决策问题的有关元素分解成目标、准则、方案等层次,并在此基础上进行定性与定量结合的分析。景观空间视觉吸引评价研究作为总目标层;景观空间类型尺度作为准则层,选取了大尺度景观空间、中尺度景观空间和小尺度景观空间;涉及本次模型建立的景观空间视觉吸引 7 类影响要素:空间尺度和距离、实体、色彩、瞬逝自然景象、植物、质地、水体作为方案层来进行建模分析。

首先,作者将选取的 100 张测试照片由 1 名专家对每张图片里的 7 类景观空间视觉吸引要素视其在该景观空间照片中的重要性进行 0—1 之间赋值,然后再将各要素在大、中、小(图1—图3)3 种景观空间类型中的相互作用程度进行各层的一对比较,一般设定一对比较值为 1、3、5、7、9,共 5 个分值(表1),目标层为 A,第二层为 B_1、B_2、B_3,第三层为 P_1、P_2、P_3、P_4、P_5、P_6、P_7(表2),最后运用 Matlab 程序对各层相对于上一层的排序和一致性检验,得出比较判断矩阵。[5]

图 2　美国奥林匹克国家公园(中尺度)

图 3　美国西雅图市水屋(小尺度)

图 1　美国奥林匹克国家公园(大尺度)

一对比较值		表1
一对比较值	比较标准	
1	同样重要(Equal Important)	
3	稍微重要(Weak Important)	
5	非常重要(Strong Important)	
7	明显重要(Very Important)	
9	极为重要(Absolute Important)	

比较判别矩阵 表2

第二层对第一层比较判别矩阵

	B_1	B_2	B_3
B_1	1	5	7
B_2	1/5	1	1/3
B_3	1/7	3	1

B_2	P_1	P_2	P_3	P_4	P_5	P_6	P_7
P_1	1	7	5	3	5	7	5
P_2	1/7	1	9	3	7	9	7
P_3	1/5	1/9	1	1/5	7	5	3
P_4	1/3	1/3	5	1	1/5	1/3	5
P_5	1/5	1/7	1/7	5	1	7	7
P_6	1/7	1/9	1/5	3	1/7	1	3
P_7	1/5	1/7	1/3	1/5	1/7	1/3	1

第三层对第二层比较判别矩阵

B_1	P_1	P_2	P_3	P_4	P_5	P_6	P_7
P_1	1	9	7	3	7	5	7
P_2	1/9	1	9	3	7	3	7
P_3	1/7	1/9	1	3	7	5	5
P_4	1/3	1/3	1/3	1	3	3	5
P_5	1/7	1/7	1/7	1/3	1	5	7
P_6	1/5	1/3	1/5	1/3	1/5	1	5
P_7	1/7	1/7	1/5	1/5	1/7	1/5	1

B_3	P_1	P_2	P_3	P_4	P_5	P_6	P_7
P_1	1	5	3	3	9	7	3
P_2	1/5	1	9	3	7	7	3
P_3	1/3	1/9	1	3	9	7	3
P_4	1/3	1/3	1/3	1	1/5	1/3	1/5
P_5	1/9	1/7	1/9	5	1	9	7
P_6	1/7	1/7	1/7	3	1/9	1	5
P_7	1/3	1/3	1/3	5	1/7	1/5	1

3.3 问题的分析

研究针对景观空间视觉吸引要素选定进行一个最优化的分析，对景观空间视觉吸引要素给出模型化、标准化的排名及最佳优先选择。7类景观空间视觉吸引要素在景观空间中所占重要程度轻重的排序是一个既客观又带有主观偏好性的问题，由于景观空间中的内容众多，同时需考虑多对象多因素，这就存在一定的难度，因此须采用数学建模中的层次分析法来进行量化并客观表述出来，此运算方法大体上分成4个步骤：（1）建立递阶层次结构；（2）构造比较判别矩阵；（3）在单准则下的排序及一致性检验；（4）总的排序。通过这4个步骤的计算，可以得到作者需要解决的景观空间视觉吸引要素权重优先排序的问题。

3.4 模型的建立与求解

（1）对景观空间视觉吸引评价方案模型的建立，需要进行3个层次的分析，首先设定该模型最高一层为总目标A；其次设定第二层为准则层，包含3个不同的景观空间尺度类型，分别为B_1、B_2、B_3；最后设定底层为方案层，包含$P_1—P_7$共7类景观空间视觉吸引要素，其层次结构模型（图4）。

（2）在建立好景观空间视觉吸引评价递阶层次模型后，需要运用Matlab程序对表2中的比较判别矩阵进行调整，[6]对于总目标A、准则层B_1、准则层B_2、准则层B_3的矩阵调整分别为（表3）。

调整比较判别矩阵 表3

$A-B$	B_1	B_2	B_3
B_1	1	5	2
B_2	1/5	1	1/3
B_3	1/2	3	1

B_1-P	P_1	P_2	P_3	P_4	P_5	P_6	P_7
P_1	1	2	1	3	7	5	7
P_2	1/2	1	1	3	7	3	7
P_3	1	1	1	3	7	3	7
P_4	1/3	1/3	1/3	1	3	3	5
P_5	1/7	1/7	1/7	1/3	1	1	2
P_6	1/5	1/3	1/3	1/3	1	1	2
P_7	1/7	1/7	1/5	1/5	1/2	1/2	1

B_2-P	P_1	P_2	P_3	P_4	P_5	P_6	P_7
P_1	1	1	5	3	5	7	5
P_2	1	1	3	3	7	9	7
P_3	1/5	1/9	1	1/5	1/2	1	3
P_4	1/3	1/3	5	1	1	3	5
P_5	1/5	1/7	2	1	1	2	7
P_6	1/7	1/9	1	1/3	1/2	1	3
P_7	1/5	1/7	1	1/5	1/7	1/3	1

B_3-P	P_1	P_2	P_3	P_4	P_5	P_6	P_7
P_1	1	5	3	3	1	7	3
P_2	1/5	1	1	3	1	7	3
P_3	1/3	1	1	3	1/2	7	3
P_4	1/3	1/3	1/3	1	1	2	1/5
P_5	1	1	2	5	1	9	7
P_6	1/7	1/7	1/7	1/2	1/9	1	1/2
P_7	1/3	1/3	1/3	5	1/7	2	1

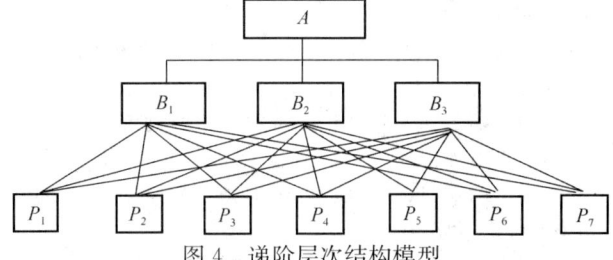

图4 递阶层次结构模型

注：A：景观空间视觉吸引评价；B_1：大尺度景观空间；B_2：中尺度景观空间；B_3：小尺度景观空间；P_1：空间尺度和距离；P_2：实体；P_3：色彩；P_4：瞬逝自然景象；P_5：植物；P_6：质地；P_7：水体

3.5 模型的评价的优缺点

由于 AHP 法自身具有一定的局限性,其建立起的模型评价既具有一定的优点,也具有一定的缺陷。(1)模型的优点：a. 建立的模型方法简单易行,且易于应用于现实生活；b. 在不考虑一些环境因影响和个人因素等不确定条件后,该模型所得出的结论是有一定准确度的；c. 把定性方法与定量方法有机地结合起来,使复杂的系统分解,且能把多目标、多准则又难以全部量化处理的决策问题化为多层次单目标问题,通过两两比较确定同一层次元素相对上一层次元素的数量关系后,最后进行简单的数学运算。结果简单明确,容易为决策者了解和掌握；d. 所需定量数据信息较少,信息收集方便；(2)模型的缺点：a. 考虑的影响因素较少,对象数据不够多；b. 在处理问题时可能存在一些误差；c. 模型的数据是由专家自行定义,故与实际存在偏差；d. 数据具有一定的局限性,另外对影响因素的种类进行了简化,考虑的情况比较简单。由此可见,AHP 法的优点大于缺点,是将主观问题进行客观表达的主要研究方法。因此,它被广泛运用于高校综合奖学金评定的决策问题、企业中针对几个方案选择的决策问题以及诸如估计和预测、投入量分配等诸多问题。

4 研究结果

4.1 层次单排序及其一致性检验

4.1.1 计算层次单排序权重向量并做一致性检验

利用 matlab 计算矩阵 A 的最大特征值及特征值所对应的特征向量。

输入：a=eig(A) [X, D]=eig(A) a1=a(1,:) a2=X(:,1)

得到最大特征值及最大特征向量 $\lambda = 5.00974$，及其对应的特征向量

[0.88126; 0.167913; 0.304926; 0.0960557; 0.304926;]

归一化之后的特征向量

W(2)＝[0.502119; 0.0956728; 0.173739; 0.0547301; 0.173739;]

计算一致性指标 $CI=(\lambda-n)/(n-1)$ 得到 CI = 0.002435

一致性指标 $CI=(\lambda_{max}-n)/(n-1)$

Saaty 教授给出了 RI 值(称为平均随机一致性指标),查表[7]得 RI=1.12。如下：

层次单排序权重向量一致性检验　　表4

n	1	2	3	4	5	6	7	8	9
RI	0	0	0.58	0.94	1.12	1.24	1.32	1.41	1.45

在上表中,当 n=1,2 时,RI=0,这是因为 1,2 阶比较判断矩阵总是一致的。当 n>=3 时,令 $CR=\frac{CI}{RI}$,称 CR 为一致性比例。当 CR<0.1 时,认为比较判断矩阵的一致性可以接受,否则应该对判断矩阵做适当的修正。

对于上述各个判断矩阵,用 Matlab 数学软件求出其最大特征值及其对应的特征向量,将特征向量经归一化后,即可得到相应的层次单排序的相对重要性权重性向量,以及一致性指标 CI 和一致性比例 CR,如下表所示：

4.1.2 层次单排序及其一致性检验

对于上述各比较判断矩阵,用 Matlab 求出其最大的特征值及其对应的特征向量,将特征向量归一化后,即可得到相应的层次单排序的相对重要性权重向量和相关数值。

层次单排序一致性检验　　表5

矩阵	层次单排序的权重向量	λ_{max}	CI	RI	CR
A−B	(0.5816, 0.1095, 0.3090)T	3.0037	0.0018	0.58	0.0032
B1−P	(0.2916, 0.2254, 0.2457, 0.1119, 0.0421, 0.0523, 0.0311)T	7.1944	0.0324	1.32	0.0245
B2−P	(0.2941, 0.3639, 0.0464, 0.1266, 0.0949, 0.0464, 0.0278)T	7.5060	0.0843	1.32	0.0639
B3−P	(0.2975, 0.1516, 0.1399, 0.0471, 0.2600, 0.0262, 0.0777)T	7.7082	0.1180	1.32	0.0894

由表可见,所有 4 个层次单排序的 cr 值均小于 0.1,符合一致性要求。

4.2 层次总排序及其一致性检验

4.2.1 层次总排序权值表

已知第二层(B 层)对于总目标(A)层的排序向量为

w1=[0.5816, 0.1095, 0.3090]；

而第三层(p 层)对第二层各个因素(Bi)为准则时的排序向量为

p1 = [0.2916, 0.2254, 0.2457, 0.1119, 0.0421, 0.0523, 0.0311]′；

p2 = [0.2941, 0.3639, 0.0460, 0.1266, 0.0949, 0.0464, 0.0278]′；

p3 = [0.2975, 0.1516, 0.1399, 0.0471, 0.2600, 0.0262, 0.0777]′；

则第三层相对于总目标的排序向量为

W = (p1, p2, p3)×w1

= (0.2937, 0.2178, 0.1912, 0.0935, 0.1152, 0.0436, 0.0451)'。

4.2.2 层次总排序的一致性检验

由于 ci = (ci2, ci3, ci4) = (0.0324, 0.1003, 0.1180);

ri = (ri2, ri3, ri4) = (1.32, 1.32, 1.32);

因此 ci5 = ci×w1;

ri5 = ri×w1;

cr = cr1 + ci5/ri5 = 0.0521 < 0.1

根据上述计算结果，可以得出景观空间视觉吸引评价中7类视觉吸引要素在各类景观空间中对风景资源的影响比重优先排序为：P1权重为0.2937，P2权重为0.2178，P3权重为0.1912，P5权重为0.1152，P4权重为0.0935，P7权重为0.0451，P6权重为0.0436，即，尺度和距离、实体、色彩、植物、瞬逝自然景象、水体、质地。

5 研究讨论与结论

景观空间视觉吸引评价研究是一个基础理论研究，但同时又兼具大众实际应用的价值，如何选择合理的景观评价方法并建立科学而全面的景观评价体系是本课题研究的关键所在。研究选取AHP法，针对模型的建立与分析，得到景观空间视觉吸引要素的影响权重排序：空间尺度和距离、实体、色彩、植物、瞬逝自然景象、水体、质地，结论中最为重要的吸引要素为空间尺度和距离，这符合专业基本理论与实际问卷调查结果，更有力地证明了不同的景观空间尺度类型对人的视觉刺激和心理感受影响最大；实体和色彩在景观空间视觉吸引要素中具有重要影响，能明显地引起视觉注意，植物在景观空间中所占比重较大，瞬逝自然景象具有使人乐于亲近的偏好感，质地视觉吸引要素通常取决于欣赏者的观赏距离，它会随着距离尺度的不同而呈现给人们不同的视觉享受。由于通过层次分析法建立的模型本身具有一定的局限性，这是由于模型不能全面的考虑每一个影响因素，并且比较判断矩阵参数的设立存在人为和偶然因素，与真实情况存在差距，影响最后的模型准确度。上述结果只能作为一个参考对象，因此，作者结合专业理论知识背景认为，水体对人的视觉吸引程度应排于第二或第三位，不应位于瞬逝自然景象要素之后。综上所述，采用层次分析法来研究任何问题，都应在实际运用中对具体问题具体分析，合理划定重要度，结合调查情况进行严格的建模和分析，才能得出客观的研究结论。

参考文献

[1] 刘滨谊，范榕. 景观空间视觉吸引要素及其机制研究[J]. 中国园林, 2013(5): 5-10.

[2] 刘滨谊，范榕. 景观空间视觉吸引机制实验与解析[J]. 中国园林, 2014(8).

[3] 刘滨谊，范榕. 景观空间视觉吸引要素量化分析[J]. 南京林业大学学报：自然科学版, 2014, 38(4).

[4] 刀根薰. 感觉意思决定法——AHP入门[M]. 东京：株式会社日科技连出版社, 1992.

[5] 周品，赵新芬. MATLAB数理统计分析[M]. 北京：国防工业出版社, 2009.

[6] 孙祝岭，徐晓岭. 数理统计[M]. 北京：高等教育出版社, 2009.

[7] 杨桂元，黄己立. 数学建模[M]. 合肥：中国科学技术大学出版社, 2009.

作者简介

范榕，1982年生，女，江苏连云港，讲师，同济大学建筑与城市规划学院景观系与美国华盛顿大学建筑环境学院景观学系联合培养博士研究生，研究方向为视觉景观感受分析评价，Email: fanrong0910@126.com。

刘滨谊，1957年生，男，黑龙江，博士，博士生导师，同济大学建筑与城市规划学院景观系主任、教授，同济大学风景科学研究所所长，全国高等学校土建学科风景园林专业指导委员会副主任，Email: byltjulk@vip.sina.com。

基于环境育人理念的校园环境景观更新设计
——以成都三原外国语学校为例

Campus Environmental Landscape Design that based on The Concept of Environmental Education
——A Case Study of Chengdu SanYuan Foreign Language School

何 璐 董 靓 姚欣玫

摘 要：随着我国社会经济、科学技术的迅速发展和教育体制向"素质教育"的转轨，青少年已经不再满足于单一的学习生活环境，传统的设计手法使目前中学校园环境规划设计暴露出了越来越多的问题和局限性。本文主要对成都市三原外国语学校中学部校园环境改造一、二期方案部分要点进行阐述，剖析当今中学生在校园中的情感需求，研究中学校园中开放空间布局与细节景观设计，强调校园中的"人情味"与"户外教室"的重要性，深入浅出地指出"素质教育"背景下基于情感需求的规划设计对"环境教育"的必要性。

关键词：中学校园；户外教室；环境育人；景观

Abstract: With the rapid development of China's economy, science and technology, and education system to "quality education" transition, young people are no longer satisfied with a single study and living environment. The conventional design practices to middle school campus planning and design has exposed a growing number of problems and limitations. In this paper, we will elaborate the salient points of environmental design to SanYuan Foreign Language School. Analysis on the emotional needs of today's students. Study on open space layout and detail in the landscape design in middle school campus. Emphasis on "human touch" and the importance of "outdoor classroom". Point out that emotional needs-based planning and design of "environmental education" under the background of quality-oriented education is needed.

Key words: Middle School; Emotional Needs; Environmental Education; Landscape

1 引言

我国在"科教兴国"这一战略的指导下让中小学成为提高素质教育的最重要的阶段。中小学教育逐步脱离书本、考试等，并向着德智体美劳全面发展的方向发展。目前，我国的教育体制渐渐向多元化、个性化发展，越来越多的学校注重校园环境对学生的教育，并通过观察学生普遍心理状态与行为，倾听学生对校园环境建设的主观意见等，对教学模式进行不断改善。"互动教学"、"开放式教学"、"体验式教学"、"小班教学"、"社区教学"等教学模式油然而生，校园环境对于学生的熏陶已是无可替代。因此校园环境的营造建设进入了新一轮的创造期。中学校园景观的质量关系着中学教育质量，学生的各种需求直接导向校园环境景观的功能，如此一来，中学校园环境景观的营造建设也被赋予了更多的新兴理念，"园林化"、"现代化"、"人性化"、"情感化"等关键词在校园环境景观建设中已让人不觉陌生，"环境育人"已经成为现代校园环境设计的理念代名词。

本文旨在结合三原外国语学校校园环境更新设计实践案例，基于校园"环境育人"的理念，建立适应校园户外活动的环境设计思路与策略。在校园中提供最佳环境来才能使青少年在课余时间愿意走出室内，摆脱久坐的不良习惯，[1]促进青少年身心的健康发展和配合他们爱玩的天性，并给予他们美好校园记忆和归属感。

2 国内目前中学校园环境设计中的问题

通过对国内相关学术期刊论文、学位论文、学术报告、学术著作等文献资料进行参考，研究发现，我国从2004年开始关于中学校园环境营造建设方面的研究论文逐渐增多，特别是在2008年5.12汶川大地震后，为灾后恢复重建和总结经验教训，相关成果的文献数量大幅度加增。在对这些文献的参考研究过程中，发现当今我国中学校园环境规划设计中出现的一些问题。

2.1 对"环境育人"的实质认识欠缺

教育是从人的内心开始，运用环境来进行教育并不是像给电脑输入数据那样简单，每个青少年都有爱玩的天性，[2]想要校园生活配合他们这种天性，给予他们最刻骨铭心的记忆，所有的一切都需要从长计议，与学生心性习惯相联系。目前我国校园环境设计方案中却频频反映出"灰空间"现象，学生不愿意走出教室到户外，很多校园空间都不被师生所喜欢或使用，原因在于所规划设计的并不满足学生平时学习、生活、娱乐等需求，设计者并没有领悟或站在校园使用者的角度对校园环境设计进行细致推敲，从而达到"环境育人"这一目的的可能性也就小之又小。

2.2 建设实践的非科学性

由于现阶段关于校园环境设计的很多相关理论研究过于片面，大量研究论文都在概括实践案例的理念形成和大同小异的局部设计，而结论往往偏向个人主观而浮于表皮，缺乏一定的真实性和严密性。中学校园这一大环境的规划设计需要多学科融合，建筑技术、生态系统、气候适应和环境心理等都属于涉及范畴，每一个领域都需要深入研究，并且需要反复试验，反之，建设实践和成果论文就会缺乏科学性。

2.3 大篇幅的复制，设计上的大同小异

我国的校园环境规划设计这一课题目前处于热潮时期，校园的管理者都希望给予师生更好的校园生活，以提高办学质量，纷纷到国外进行考察研究，于是一系列的校园环境"仿制品"呈现在我们面前，无论是开放空间的营造模式还是景观小品都大同小异，照搬无误。除此之外，各学校间体现校园文化底蕴的方式与手法也出入一致，古语名词、伟人雕塑存在于每个教学楼间，人文景观的独特性未引起重视。

3 实践项目剖析

3.1 项目背景

成都市三原外国语学校作为民办完全中学，于2000年9月1日正式成立。学校占地面积300亩，建筑面积10万m^2，拥有现代化的教学综合楼、图书馆、学生餐厅、学生公寓、游泳池、体育馆和四百米塑胶跑道运动场，是西南办学条件一流的现代化学校。校园拥有得天独厚的自然资源，三面毗河环绕，支流穿梭而过，竹树掩映、流水淙淙，绿色生态与红色建筑互相映衬，教学区和生活区天然分离。学校设施先进、环境幽雅、适宜读书，且现代建筑美与自然环境美有机结合的园林式学校。学校开展了各种具有适切性、独创性、自主性、实效性的校本课程和户外活动，满足学生个性化需求，激励学生优势发展、特色发展、多样发展、充分发展，走向多元化成才（图1）。

图1 三原外国语学校中学部

3.2 校园环境现状问题

3.2.1 开放空间

校园场地中仅存几处可供学生进行集中户外教学和课余活动的开放空间，如运动场、网球场旁边的密林、临河的大草坪等。除此之外，校园中很多环境优美且适合进行户外活动地方都被禁止进入，如入口边黄葛树林、体育馆背后临河处、校园内河两边以及校园内湖周边等。总的来说，校园中为学生活动提供的开放空间规模较小，分布零散，且其中的设施很少被维护，这导致校园空间被浪费，学生在学校的行为活动范围缩小，校园环境的品质由此降低。

3.2.2 细节景观

校园内部植物资源相当丰富，尤其是乔木，黄葛树、小叶榕、垂柳、梧桐等树种生长状况良好，但草坪、灌木由于长期缺乏管理，显得较为凌乱，缺乏美感，尽显冗杂；校园中金堂河穿流而过，毗河于西北方环绕校园，两河于校园中部交汇，给予了三原外国语学校得天独厚的自然资源条件，但毗河、金堂河与校园内湖周边缺乏管理维护，水质较差，缺乏对水景的系统性规划设计；校园内部服务设施维护不足、风格不一，如垃圾箱、护栏等，视觉效果稍显凌乱；泳池、乒乓球台等体育设施大多缺乏管理与使用都已废弃，长廊等景观小品现状萧条（图2）。

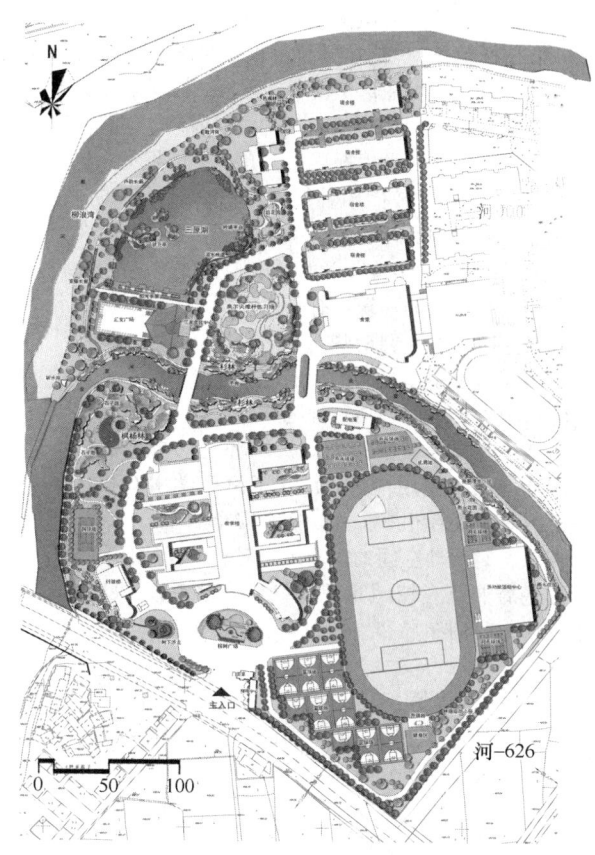

图2 改造规划总平面图

3.3 设计理念与特色

为加强校园精神文明建设和文化建设，倡导校园文明新风，挖掘课堂内外的场所精神，三原外国语学校在2012年9月开展了"最美校园"学生创意大赛——让全校同学作为学校的主人，将学生对校园的感情与理解融

入校园规划设计中，并与课程改良和活动安排相结合。本文以剖析当代中学生对校园环境景观的真实想法为目的，结合此次校园活动举办结果，了解与分析了学生作品中所传达的设计思想与个人情感，并对三原外国语学校的校园环境建设赋予新的理念。

本次环境改造主要对三原外国语学校校园内部原有的丰富的自然及人文资源进行整理与维护，并通过自然环境的景观化处理增添"户外课堂"，使校园在满足学生感官愉悦的同时，可为校内师生提供娱乐、交流、休闲的场所，达到舒缓压力、疏松心理的作用。并借助"风景"创造意境，利用"风情"诠释情感，结合"风水"打造生态，即构建较稳定的校园生态群落，营造"绿色·安全·记忆"的校园情感空间，以串联"户外自然教室"为校园景观主题，并以"森林三原好风水，春花秋月总怡情"这一绿色名片全力打造一所"城市森林生态学校"。

3.4 校园环境景观细部设计

本次的校园环境改造设计通过采用直接观察法观察校园环境景观的使用状况，对学生的日常普遍行为与需求进行分析总结，并用问卷和访问的形式抽样了解一些校园使用者对校园环境的看法。

学校杨校长："这所学校不仅仅是学习的地方，也是生活的地方，学生在这里读书、吃饭、睡觉、运动，我们尽可能为学生提供丰富多样且生态的活动空间，当然安全要第一，这样使学生在毕业后有一个美好的校园记忆。"

初二学生："校园树林很密，晚上阴森森的，还有就是河岸边可以种点花花草草，看起来不会光秃秃的。"

高一学生："学校待开发区域闲置过多，应多加利用，建设一些有意义的建筑，有些地方很久不会去，就是因为太荒芜，应开发，创造些人气。"

国际部学生："希望修建一个休闲广场，而且夏季跑步容易中暑，建议取消室外跑操。"

通过收集学校使用者对校园环境的个人看法与观察校园环境现状使用情况，深入了解到学生对校园环境的情感需求表现在很多方面，如对安全的需求、对空气质量的需求、对活动空间的需求以及对教学模式的需求等。集合这些需求及对校园景观现状缺陷的观察，我们对校园中开放空间的布局和景观细节上进行了一些改造。

3.4.1 树下沙龙

此处为入口旁边一闲置场地，离教学楼与行政楼都很近，边缘被绿篱划分隔离，不易进入。内部有3棵长势优质的黄葛树，树下空间十分宽阔，适合师生交流、学生活动开展和休憩等，也可作为校园开放日时，家长休息等候的场所。本次设计在保留3棵黄葛树的基础上，搭建弧形木质平台，环绕树冠，形成一处"树下沙龙"，并沿木台周边设置休息座椅，营造户外活动空间的宜人氛围，除此之外，将周边绿篱移除，形成真正意义上的开放空间，增加可进入性，为校园使用者提供更多活动场所的选择（图3）。

3.4.2 运动场地

设计将原本陈旧的篮球场、乒乓球场的铺设进行更

图3 "树下沙龙"改造前后

换，并将体育馆两边废弃的看台拆掉，增设4个羽毛球场，移除周边冗杂的灌木，保留大乔木，使场地包裹在树林中。另外，将体育馆背后废弃空间进行开放整治，为学生增添更多的活动场所（图4）。

图4 运动场地改造前后

3.4.3 森林跑道

校园中植物资源过于丰富，但树下空间经常被屏蔽，乃至很多空间变成"只看不用"而被浪费的情况，而且许多学生在交流中纷纷反映，由于夏季暑热，课间跑操太难受。结合学生的建议与学校活动安排，本次校园环境改造设计针对校园中这些"只看不用"的空间进行梳理调整，考虑到校园西南边临河一带，乔木繁多且栽种密集，可以形成连贯的树下林荫空间，适合散步、晨跑等，在此设计一条林荫运动跑道，串联运动场旁边、体育馆后面以及教学楼后面的闲置空间，将跑道两边原有的大乔木保留，并新增花树作为点缀，丰富锻炼乐趣（图5）。

图5 森林跑道改造前后

3.4.4 校园密林——枫杨林

整片区域保留原有的石子路，将原来具有安全隐患的路缘石替换为平直的青石砖并保留学校原有高大的枫杨、大叶樟等大乔木，剔除场地中长势不好的草灌木和一些小乔木，减少密林中封闭空间的安全隐患。在场地中布置一直径为24m的圆形广场，与林中原有的s型路径相连，其周围绿树环绕，碧树芳草，广场中也穿插着高大的乔木，营造绿荫，另外，广场离教学楼很近，将作为新增"户外教室"，既可作为学生课间休息活动的场所，也可作为学生进行社团活动或户外集中教学的场地，广场周边的大乔木下设置休憩设施，供学生停留休闲（图6）。

图6 校园密林改造前后

4 结语

校园环境形象不同于其他文化性、商业性环境，它承受着校园使用者的种种需求，呼应着他们的各种行为，是学生接受知识、拓展社交、奔赴理想的场所。随着我国社会经济、科学技术的迅速发展和教育体制向"素质教育"的转轨，青少年已经不再满足于单一的学习生活环境，传统的设计手法使目前中学校园环境规划设计暴露出了越来越多的问题和局限性，忽视学生对校园的真实想法而进行的校园环境营造建设思路将逐渐被推翻。成都市三原外国语学校拥有得天独厚的自然条件，但无论是有什么样的条件，都应结合当下中学生的情感需求，并结合景观自然条件，尊重场地特征，表现时代特色，展现校园魅力，创造一种高质量的学习环境与具备归属感的生活场所。

参考文献

[1] 罗薇. 当前高校校园文化建设存在的问题及对策[J]. 教育探索，2011(7).

[2] 凯瑟琳·沃德·汤普森，彭妮·特拉夫罗. 开放空间——人性化空间[M]. 章建明，黄丽玲译. 北京：中国建筑工业出版社，2011.

作者简介

何璐，1989年5月生，女，西南交通大学风景园林学专业在读研究生，研究方向为中学校园环境景观，Email：876635706@qq.com。

董靓，男，西南交通大学建筑学院教授，博士生导师，研究方向为可持续景观设计、康复景观设计，Email：leon@dongleon.com。

姚欣玫，1989年6月生，女，西南交通大学景观工程专业在读研究生，研究方向为中学校园环境景观，Email：yaoxinmeimei@163.com。

新疆英吉沙县江南公园规划设计刍议

Xinjiang Yingji Shaxian County Jiangnan Park Planning and Design, Discussion

胡大勇 朱王晓 陈 青 黄 涌

摘 要：英吉沙县位于新疆维吾尔自治区西南部，昆仑山北麓，是喀什的近郊县，民族文化别具特色。本文论述的公园位于城区中部，光明路以东、规划路以西、公园路以南、幸福路以北，总用地面积4.8万 m²，江南公园在规划设计过程中，充分迎合英吉沙广大市民对于水景的渴望，利用现状地形，节约土方，迂回布局，精心选配英吉沙生长势良好的地方树种，营建出具有私家园林特点的文化园林，游览驻足，仿佛置身江南水乡，实现了民族文化的沟通和共融。

关键词：民族文化；节约；私家园林；地方树种

Abstract: Ying Ji-sha County is located in the southwest of the Xinjiang Uygur Autonomous Region, north of Kunlun Mountains, a suburb of Kashi City, the national culture distinctive. This park is located in the Central District, Guangming Road East, Planning Road West, Park Road South, happy road to the north, the total land area of 48000 square meters, Jiangnan Park in the planning and design process, fully meet the general public in Yengisar for waterscape desire, use terrain, save the earth, winding layout, carefully matching Yengisar vigor good local tree species, the construction of a private garden features of cultural landscape, tour stop, as if in the Jiangnan region of rivers and lakes, achieving a culture of communication and communion.

Key words: National Culture; Conservation; Private Garden; Local Tree Species

1 规划背景

英吉沙县位于新疆维吾尔自治区西南部，昆仑山北麓，塔里木盆地西缘，全县成长条形，东西长125km，南北宽70余千米，总面积为3223.9km²。县域居住着汉族、维吾尔族、哈萨克族等多个民族。2010年喀什经济特区确立后，英吉沙县获得了宝贵的发展机遇，为了展现其"西域驿站，民族聚居、人文之乡"的城市特点，英吉沙县人民政府在财力有限的情况下，倾力打造具有"文化融合"特点的城市公园，开辟出最具有"民族团结"意义的城市开放空间。公园基地现状平面呈近似矩形，现状以农林种植地为主，基地内地势平坦，场地中部有少量沟塘，总用地面积4.8hm²。

2 规划设计理念

2.1 历史文脉的传承

通过对城市历史文化的回顾和反思，建构一个和周边城市建筑氛围很好融合的环境氛围，表现出新旧文化的交替和延续，这些新的设计内容不仅带给人无限的回忆和遐思，而且能让整个景观环境充满丰厚的文化底蕴和无穷的魅力。

2.2 自然生态的保护

唯有脉络与血气的畅通，才有活力昂然的健康身心；唯有舒展洁净的江南公园自我洁净回圈，才有蓬勃强劲的健康生态。用生态的，可持续发展的设计理念和原则来赞颂英吉沙市新城区的内在精神和特质。

2.3 创意文化的融合

利用江南公园的水景和文化营造出一片充满时代气息的文化创意公园。赋予这片城市区域一个新的场所、一个新的未来。将众多二元或多元的创意元素连接起来，创造江南公园在英吉沙城市意象的新记忆。

3 规划设计构思

3.1 总体规划目标

将"花—木—石—地形—文化"等元素有机结合为景观链，打造"生态自然、绿意盎然、以人为本、文脉悠长"的城市特色公园景观。具体从整体构架、生态环境、建筑风格、景观风格等四大方面入手，这对实现英吉沙总体规划中确定的可持续发展环境，顶级开放空间和人文历史的再现都是至关重要的。

3.2 规划着眼点

英吉沙县地处沙漠边缘，气候干旱少雨，人们对于"水景"有一种特殊的亲近感，江南公园采用现代公园的总体框架加以规划设计，充分迎合广大市民对于水景的渴望，利用基地中部现状水塘，巧妙理水；同时结合迂回曲折的水面，布置具有江南私家园林特点的仿古建筑群，继而园路回环，亭廊水榭，桃李芳菲，形成一派江南好风光。

3.3 3个规划指导思想

3.3.1 突出人文历史

公园景观充分展示英吉沙的历史与文化脉络，将秉承"西域驿站，民族聚居、人文之乡"的新英吉沙展现于世界。

3.3.2 突出生态自然

以生态、自然为主线，串起江南公园全线，体现英吉沙风貌。生态自然主要通过模拟英吉沙地方植物群落，同时合理运用丰富的园林树木品种来体现。

3.3.3 突出以人为本

针对喀什地区城市公共游憩设施较少的现实情况，针对市民的生活需求，集中建设资金，打造可游、可憩、可赏的城市公园景观。

3.4 公园规划建设利弊分析

3.4.1 有利条件

（1）公园位于英吉沙城市中心区主要道路四边围合处，交通便捷，可达性好。

（2）公园会紧跟英吉沙城镇化快速发展节奏，迅速提高地段价值，具有优良的空间规划发展前景。

（3）公园建设在一座具有丰富历史文化底蕴的城市，必然会吸收当地的民风、民俗，形成别具特色的城市开放空间。

（4）公园周边有大面积的居住用地，市民的游览利用预期会很高，游人容量充足。

3.4.2 不利条件

（1）基地土壤比较瘠薄，戈壁土成分较大，泛碱，地质欠佳。

（2）县城气候干旱，昼夜温差大，不利于植物多样性选择。

4 景观布置

4.1 空间结构：一心、一轴、一环的总体格局

（1）一心，以湖面景观为核心；

（2）一轴，从南入口—临水平台—清波堂形成虚实结合的景观轴；

（3）一环，以园内串联各个出入口及重要景点的主园路。

4.2 功能分区及景点分布

根据区域使用功能及景观特色的不同分为：

（1）广场活动区：两处入口区域设置集散广场，疏导道路交叉口附近客流。其中主要景点有园林构架、特色雕塑、艺术铺装、浮雕墙等。

（2）休闲活动区：以疏林草坪为主要特征，适宜进行羽毛球、散步、野餐等休闲活动。其中主要景点有对影轩、步轩桥等。

（3）密林游赏区：局部塑造微地形，加强种植密度，形成有谷有丘的景观空间。其中主要景点有情人谷、柳风亭等。

（4）草坪活动区：以开阔的草坪为主体，适宜进行放风筝、日光浴等休闲活动。

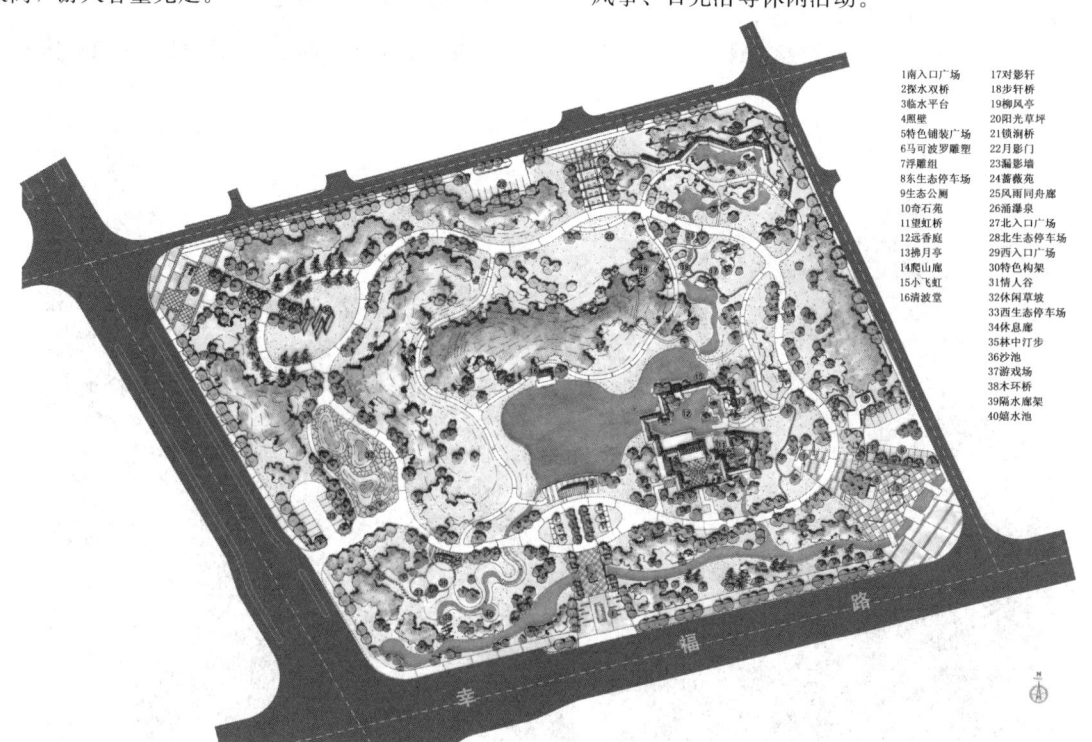

图1 江南公园方案设计平面图

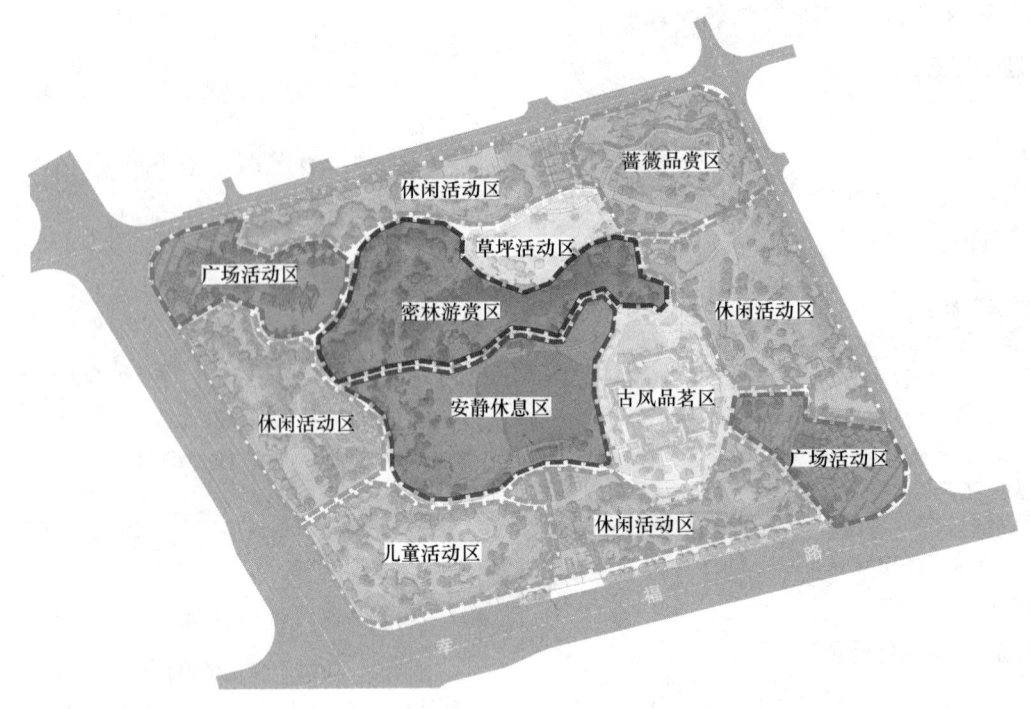

图 2　江南公园功能分区图

（5）安静休息区：位于整个公园中心区域，与周边道路无直接相邻，相对外界干扰较少，以湖面及缓坡草坪为主体，适宜面朝湖景安静休憩。其中主要景点有清波堂、临水平台等。

（6）古风品茗区：此区域含有江南园中园、塞外华庭等具有中国江南古典园林特色的建筑群落，适宜一边品茶一边静赏水景、石景等，富有婉约江南情调。其中主要景点有照壁、奇石苑、望虹桥、远香庭、拂月亭、爬山廊、小飞虹等。

（7）蔷薇品赏区：以植物配植为主题，配以景观长廊围合成相对独立的小园林，多种植蔷薇科植物，形成专类观赏区。其中主要景点有镜涧桥、月影门、漏影墙、蔷薇苑、风雨同舟廊、涌瀑泉等。

（8）儿童活动区：相对独立地偏居西南角，以自由的曲线形态体现小区域富有生机活力的特征。其中主要景点有林中汀步、沙池、木环桥等。

5　创新与特色

5.1　造园手法上的创新

在规划设计格局上采用现代公园的总体框架，巧妙

图 3　江南园中园、塞外华庭设计

图 4　江南公园鸟瞰效果图

地将中国古典园林小中见大、园中有园、步移景异的设计手法融入其中，形成古典园林与现代园林的对话，丰富有限空间中的无限体验。

5.2　节能特色

尽量在同一区域内就地实现土方平衡，以挖池堆山的形式适度引导地形，节约能源并控制成本。

5.3　植物选用特色

尽量选用乡土树种和喀什地区少数民族群众喜闻乐见的园林观赏植物为基调树种，减少养护及运输成本，提高园林植物成活率，并能起到改善土地盐碱化的作用，公园种植设计主要选用树种有：

（1）乔木：侧柏、塔松、樟子松、云杉、大叶榆、法国梧桐、合欢、泡桐、核桃、国槐、白蜡、银白杨、新疆杨、胡杨、馒头柳、旱柳、银杏、五角枫、无花果、紫叶李、桃树、杏树、枣树、石榴、阿月浑子、巴旦木、沙枣。

（2）灌木：红柳、连翘、木槿、小叶黄杨、小叶白蜡、黄杨球、紫叶小檗球、八角金盘、珍珠梅。

（3）地被：沙地柏、薰衣草、沿阶草、旱小菊、小鸢尾、玉簪、白三叶、马兰、早熟禾、二月兰、岩景天、月季、五叶地锦。

（4）藤本：蔷薇、葡萄、紫藤。

5.4　植物配置特色

公园植物根据园路、水体、园林建筑的整体布局灵活加以配置，既能体现建筑美学，又能突出生态和绿量，植物群落式配置成为整个公园种植设计的主调，植物群落有以下几种特色搭配：

（1）新疆杨＋国槐——杏树＋沙地柏＋忍冬——草地早熟禾。

（2）云杉＋旱柳——塔松＋红柳＋珍珠梅——二月兰。

（3）侧柏＋馒头柳——塔松＋连翘＋黄杨球——白三叶。

（4）沙枣＋樟子松——木槿＋紫叶小檗球——月季。

（5）侧柏＋核桃——小叶白蜡＋八角金盘＋小鸢尾。

6　结语

该项目自 2012 年 4 月开始实施，历时 1 年多。建设者克服风沙大、盐碱土、地质构造复杂、气候干旱等不利条件，努力拼搏，最终营造出一处古朴典雅、生态、低碳、适用、美观、安全的城市公园。公园建成后，获得了良好的社会效益和环境效益，得到新疆少数民族群众的广泛喜爱，对于英吉沙县城市物质文明建设和精神文明建设均起到优秀的示范作用。

参考文献

[1] 沈一，陈涛. 生境系统的保护、再造与利用——以银川大西湖湿地公园规划为例[J]. 中国园林，2005，21(3)：6-9.

[2] 王亚南，潘昊鹏，马兰. 节约型戈壁城市郊野公园种植工程技术研究[J]. 中国风景园林学会 2012 年会论文集（下册），2012：522-525.

[3] [美]I. L. 麦克哈格著，芮经纬译，倪文彦校. 设计结合自然.[M]. 北京：中国建筑工业出版社，1992.

[4] 高彬，刘管平. 从视线分析看苏州网师园景观规划[J]. 古建园林技术，2007(2)：16-19.

[5] 计成，陈植. 园冶注释[M]. 北京：中国建筑工业出版社，1988：42.

[6] 刘晓惠. 文心画境：中国古典园林景观构成要素分析[M]. 北京：中国建筑工业出版社，2002.

[7] 陈植. 造园学概论[M]. 北京：中国建筑工业出版社，2009：90-92.

作者简介

胡大勇,1974年生,男,安徽长丰,风景园林硕士,高级工程师,上海复旦规划建筑设计研究院副总师,研究方向为风景园林规划设计,Email:hdy021@163.com。

朱王晓,1977年生,男,安徽宿松,资深环境景观设计师,上海复旦规划建筑设计研究院,研究方向为环境景观规划设计。

陈青,1988年生,女,江西抚州,硕士,景观设计师,上海复旦规划建筑设计研究院,研究方向为景观规划设计。

黄涌,1974年生,女,广西,硕士,高级工程师,上海复旦规划建筑设计研究院,研究方向为景观规划设计。

城市可持续性规划设计策略研究
——波特兰的可持续发展启示

Research on Planning and Design Strategies of Sustainable City
——Portland, OR

贾培义　李春娇

摘　要： 本文在研究可持续发展城市的基础上，对世界著名的可持续发展城市波特兰进行了介绍和研究，分析了波特兰在城市可持续发展方面的理论和实践成就，并结合我国国情归纳总结了波特兰可持续发展经验对中国城市建设的借鉴意义。

关键词： 可持续发展；可持续城市；绿色城市；波特兰

Abstract: Based on study of the background and principles of sustainable cities, this paper conducted a introduction of the famous green city, Portland OR, US. And introduced the experiences and lessons learned in the planning of the city. Combined with the local context, the paper proposed several advices for Chinese cities.

Key words: Sustainable Development; Sustainable Cities; Green City; Portland

城市化是人类文明发展的重要标志，也是社会发展的必然趋势。不管是世界范围，还是中国，城市化均已取得巨大成就。2008年，超过一半的世界人口在城市中生活；2011年，我国的城镇化率也超过50%。城市化带来的经济、政治、文化、科技的发展已经深刻地影响了人类文明的发展进程。

但同时，城市化的发展也伴随着大规模的环境污染和生态危机，带来了所谓的"城市病"。在中国，人口过度集中，交通拥堵，环境恶化，农田侵占等许多国家大规模城市化进程中出现的问题，也已经渐渐显现。2012年7月21日北京暴雨造成的重大生命财产损失，2012年冬季华北多个城市出现的空气严重污染事件等，都是城市化问题的集中体现。如何看待发展与环境之间的关系，如何面对未来与后代，这使得我们不得不认真思考城市的可持续发展问题。美国波特兰市作为全世界最为著名的可持续发展城市之一，其可持续发展的经验有着很强地借鉴意义。

1　城市的可持续发展

20世纪80年代，随着对全球环境与发展问题的日益尖锐，关于可持续发展的思想被提出。这一思想一经提出，在很短的时间内即得到了人们的高度重视。随着理论和实践的发展，可持续发展已被世界各国认为是处理和协调社会——经济——自然之间关系的发展模式。被广泛接受的可持续发展定义，是由1987年联合国环境发展大会发布的《布伦特兰报告》定义的："可持续发展是在不危及子孙后代需要的情况下，满足当代发展需求的发展模式。"

对于城市的可持续发展，有许多定义和看法。世界卫生组织（WHO）从经济发展的角度指出城市可持续发展是在最小资源消耗的基础上，使城市经济朝更高效、更稳定和富有创新性的方向发展。内坎普认为城市应充分发挥自己的潜力，不断地追求高数量和高质量的社会经济人口和技术产出，可以长久地维持自身的稳定和发展。耶夫塔克从社会角度提出可持续发展城市是追求人的相互交流、信息传播和文化得到极大发展的城市，以富有生机、稳定、公平为标志。概括地说，对可持续城市的定义基本上可以归纳为经济增长、社会公平、具有更高生活品质和良好环境的城市。

城市是一个综合性的巨系统，可持续城市也同样有着复杂的系统性。根据系统论的观点，任何系统都是一个有机整体，而不是各个部分的简单相加。城市的经济发展、社会公平、生态环境达到协调和平衡，才有可能实现发展的可持续。我国30年改革开放和城市化进程，城市经济得到了极大的发展。同时，城市经济发展带来的人口、环境、资源承载力问题，及其产生的各类社会问题，已经迫在眉睫。

2　绿色城市波特兰

波特兰是美国西北部俄勒冈州的首府，也是美国西北太平洋地区的第二大城市。波特兰都市区位于北纬45度，大致与我国的黑龙江处在同一纬度，包括6个县，人口211万，是美国第22大都市区。该地区北部高山环绕，气候温和，冬季潮湿多雨，夏季干爽舒适。城市周围有着丰富的森林、耕地、河流等资源。

波特兰于1851年建市，之后一直是美国西北部最大的港口，直到十九世纪末铁路延伸到西雅图后，才让出这一重要位置。第一次世界大战发生后，波特兰的造船和木材工业取得巨大进步，也进一步确立了该市地区经济、文化、交通中心的地位。20世纪40年代钢铁等制造业的兴起，使得波特兰在很长的时间都是一座工业城市，冶金业等重工业目前仍在当地经济中占有举足轻重的地位。20世纪70年代以后，伴随着美国全国范围内的产业升级，高新技术产业成为波特兰的经济支柱。随着全球经济一体化和新经济浪潮的发展，波特兰形成了高新技术产业、加工制造业、贸易、林业、体育用品、创意产业等多元化的经济结构。

波特兰以充满活力和宜居的环境而著称。2007年，《旅游与休闲》（*Travel and Leisure*）进行的城市排名中，波特兰在环境保护意识、公园和公共空间、步行友好性、公共交通便捷性等方面都居首位，在消费可承受性、清洁性和安全性等方面也名列前茅。美国足部医疗协会将波特兰评为全美步行环境最佳城市。2005年，波特兰被评为美国十大宜居城市；《金钱杂志》（*Money Magazine*）将波特兰评为美国第二的宜居城市，仅次于纽约。

波特兰被普遍认为是城市规划与实施的典范，被称为"杰出规划之都"，该市早在20世纪70年代就开始重视城市发展与环境之间的关系，利用规划和政策导向，取得了经济发展和环境保护之间的平衡。波特兰作为可持续发展和环保觉悟的领军城市，越来越为人关注。2006年，Sustain Lane组织将波特兰评为全美绿色城市的第一名；《*Popular Science*》也在2008年将波特兰评为最绿色的城市。据统计，波特兰在1993年就实现了温室气体排放的减少。Sustain Lane的评估中，波特兰在城市创新、能源和气候政策、绿色经济等方面具有领先地位，在空气与水的质量、地方食品和农业、节能与环抱建筑设计等方面也表现出众。图1-图3分别统计了包括波特兰在内的几个都市区的人口增长率、都市区域蔓延指数和污染物排放超标天数。分析数据可以发现，波特兰在保持较高人口增长率的情况下，实现了土地的高效利用，极大地缓解了都市区域的蔓延，同时也实现了较好的环境保护成效。那么，波特兰是如何实现城市可持续发展的呢？

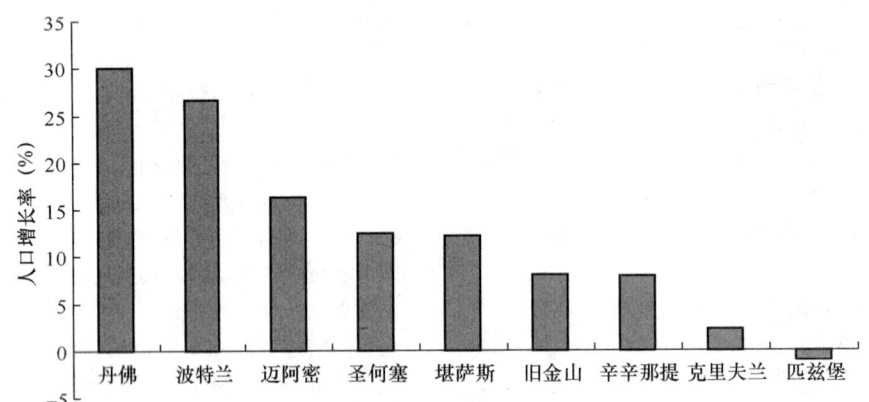

图1　1990—2000年若干都市区人口变化情况
（资料来源：美国2000年人口普查）

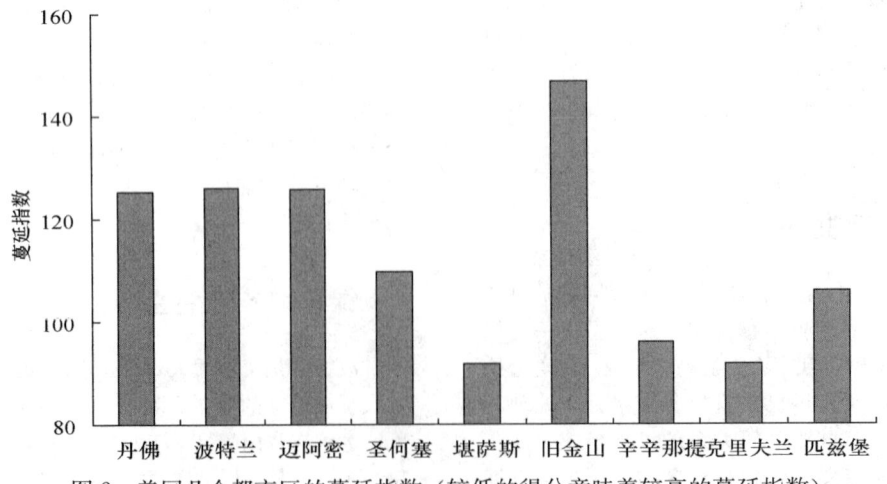

图2　美国几个都市区的蔓延指数（较低的得分意味着较高的蔓延指数）
（资料来源：Reed E., et al. 2002）

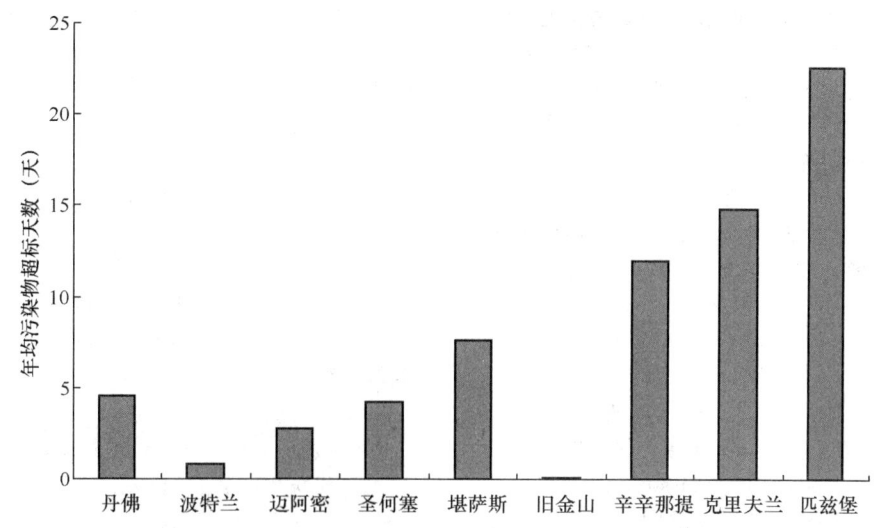

图3 美国若干城市污染物排放超标天数（1998—2002）（资料来源：http://www.rtknet.org/tri）

3 波特兰可持续发展探因

早在1970年代，波特兰即致力于寻找都市区的发展和治理的模式。1979年，成立了管理波特兰都市区25个城市的区域政府——Metro，这是迄今为止美国唯一一个现行行政级别（州——郡——市）之外的地方区域政府。Metro的主要职责是负责波特兰都市区的土地利用、成长管理、交通规划、绿色空间系统等的管理。在Metro的管理和协调下，波特兰出台了一系列支撑城市可持续发展的规划和策略，成功地实现了绿色发展。

3.1 城市增长边界

Metro成立的初衷就是协调波特兰都市区的区域规划和土地利用政策。Metro成立后，提出了"精明增长"的理念，力图通过控制城市蔓延，缓解对周边林地、耕地资源的破坏，消除城市发展对生态系统及其提供的生态服

图4 波特兰都市区Metro政府大楼

务的破坏，进而形成更紧凑、更合理的城市。1991年，Metro发布了《区域规划2040》，提出了明确的城市增长边界。其具体政策包括：将城市用地需求集中在现有城市中心和公交线路周边；增加现中心区的居住密度；保护城

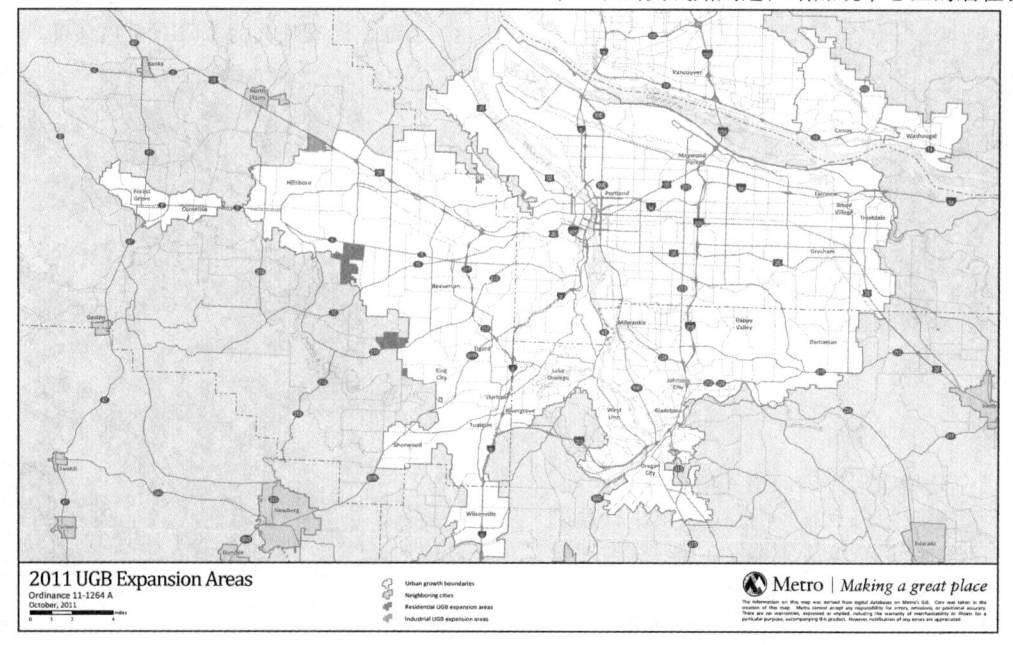

图5 波特兰都市区2011年的城市扩展边界（UGB）

市外围137.6平方公里的林地和耕地；提高轨道交通系统和常规交通系统的服务能力等。此外，规划中对未来50年的发展进行了极小的城市增长边界扩张，约为当时城市面积的7%。

波特兰的城市增长边界得到了良好的执行，到目前为止，波特兰都市区的城市人口上升了50%，而土地消耗却仅增长了2%。同时，城市增长边界的控制也促进了波特兰内城的复兴，使得波特兰的中心城区成为美国乃至世界上最有魅力和活力的中心城区。

3.2 城市和社区更新

早在1958年，波特兰就成立了准独立的波特兰发展委员会（Portland Development Commision，简称PDC），PDC负责城市更新、住房、与经济发展相关的开发和再开发。在土地利用问题上的审慎态度以及城市发展边界的控制，使得波特兰非常重视中心城区和城市废弃地的再开发和利用。如在斯卡德摩老城区、珍珠区、滨河区、酿酒厂街区等区域的保护和更新，以及对先锋法院广场、爱悦广场、城市中心广场、贾米森广场、特纳泉水公园等绿色空间的再开发和建设，使得波特兰市中心聚集了各种居住、工作、购物和娱乐活动，城市财政和地方经济从中获益匪浅。与此同时，波特兰也没有忽略社区和邻里的更新，通过与社区居民共同制订社区规划，兰斯社区、阿宾娜邻里、哥伦比亚社区等多个社区邻里都得到了资金和政策的支持，成功地实现了复兴。

难能可贵的是，在实现城市和社区复兴的同时，波特兰并没有忽略对历史文脉、历史遗产的保护，上述地区都很好地保持了地域风貌和特点。此外，在许多区域复兴和开放空间建设中，也大量开展了棕地改造项目，获得了社会、经济、生态的平衡。

图6 波特兰宜人的街道尺度

3.3 交通规划

交通拥堵通常是城市居民和政府关心的首要问题，也是各类城市问题中较为棘手的一个。为了解决日益严重的交通问题，波特兰市在1991年即发布了《交通规划准则》；2000年地区政府Metro提出了强制执行的《区域交通规划》。这些文件的一个根本出发点是要避免对任何一种单一交通方式的依赖，通过紧凑、密集发展的城市规划与交通规划结合，解决城市交通问题。

在此基础上，波特兰在交通出行上取得了令人惊叹的成就，自行车、步行和公交出行对汽车出行起到了极大的替代作用。根据美国人口普查资料，在上班族以自行车为出行方式的比重方面，波特兰在美国25万人口以上的64个城市中排名第3。波特兰1998年出台了《步行总体规划》，使得该市步行通勤的比重也达到了5.24%。此外，波特兰还开发了联通城市中心区和重要郊区的轻轨系统和北美第一条现代化的有轨电车系统。因此，波特兰在减少汽车依赖和土地利用与交通整合方面被视为典范，其自行车和步行的规划和实施，更被许多城市所学习。

图7 波特兰的公共交通系统和慢行交通系统

3.4 绿色建筑与生态措施

2000年波特兰可持续发展署开始推动绿色建筑的发展，并为之提供技术援助、教育和财政激励。2001年波特兰市要求市政府主管的服务设施和基础设施项目、政府自助建设项目，都应采用绿色建筑的技术和方法进行设计、施工、运营和维护，以达到能源与环境设计建筑认证（LEED）的银质认证。2005年，波特兰又将政府公共建筑的绿色标准提高为LEED金质认证。同时，波特兰

图8 俄勒冈健康科学大学医院的屋顶花园

还建立了激励机制以鼓励私人部门采取绿色建筑标准建设。目前，波特兰是美国拥有 LEED 认证建筑第 2 多的城市。

除此之外，波特兰在雨洪管理、屋顶花园、新能源利用等方面也是美国甚至全世界的先锋。特别是雨洪管理方面，波特兰通过长期了研究和实践探索，形成了世界上最为先进的雨洪管理经验。在政府财政投入、科研支撑、公众支持等多方合力下，波特兰在城市街道、建筑环境、开放空间等各方面都广泛建设了雨洪管理设施和体系。

图 9 导演公园的广场集会
（引自 http://www.theolinstudio.com/blog）

图 10 俄勒冈会议中心的雨水花园

3.5 公众参与和专业支持

如果想知道公众参与对于可持续城市发展的重要性有多大，可以看看波特兰的情况。著名城市规划专家、《美国大城市的生与死》的作者简·雅各布斯（Jane Jacobs）被问到最喜欢波特兰那一点时，回答说："波特兰的人们热爱波特兰，这是最重要的"。波特兰是公认的公众热衷于参与城市政策的城市，政府也积极地开展公众教育。如在 1975 年进行的土地利用系统研讨中，超过 1 万人参加了研讨会，他们在帮助构建土地利用系统时，也迅速地完成了公众教育的过程。

公众参与推动了许多绿色、可持续的政策的制订和执行。其作用在约翰逊溪的恢复过程中得到充分体现。约翰逊溪的污染和洪涝问题困扰着政府和市民，负责的有

图 11 波特兰滨水区的雨洪生态沟

关政府机构在 50 年的时间内制定了 46 个报告和规划，但公众的质疑和抗议却导致计划的搁浅。直到 1990 年代，政府改变了策略与市民一起研究和制定规划，并于超过 175 个非营利性组织合作来推行计划，问题才得以解决。虽然其过程曲折，但问题解决之后收获的不只是环境价值，更具有极大的社会意义。

位于波特兰及周边地区的大学和研究机构，受这种文化的影响，都成立了城市可持续发展相关的研究机构和非营利性组织。专业支持的介入使得地方的可持续规划和建设获得更多的支持，这种专家、政府、公众共同参与的过程形成了良性循环，极大地推动了波特兰的可持续发展。

图 12 符合当地历史风貌的特纳泉水公园

4 小结

从我国城市发展出现的问题来看，可持续发展问题主要体现在人口增长、能源消耗、自然生态环境和经济发展之间的矛盾，以及其带来的各类社会、经济问题上。要解决我国城市可持续发展的矛盾，必须要在立足国情的基础上，学习先进经验，积极推动城市可持续发展的研究和实践工作。总结波特兰的成功经验，对我国有借鉴意义的有以下几个方面：

一是应有慢的心态。城市发展特别是城市的可持续发展，应是缓慢的过程，发展不是越快越好。波特兰30年的城市边界增长，可能比不上我国许多城市一年的城市扩张面积，但审慎的态度，可以避免对环境和自然资源不可逆的破坏。波特兰的经验告诉我们，慢也可以很好。

二是规划的制定和实施不应脱节。波特兰被称为"杰出规划之都"，规划对其可持续发展可谓功不可没。波特兰地区政府及相关部门为实现发展的可持续，制定了大量规划，从城市边界到步行交通，从雨洪利用到垃圾回收，每一项成就的取得都离不开规划。但同时，这些成就又不是紧靠规划就能实现的，多年来规划的不断调整和坚定执行，尤其值得我们学习。

三是重视绿色开放空间和生态技术。可持续城市发展中，社会和生态的问题常常是困难所在，重视绿色开放空间的建设和生态技术的运用，才能取得三大效益的平衡。

四是公众参与。公共政策的出台、城市发展的决策，受影响最多最大的是公众，能否创造公众参与的条件，积极地开展公众教育，对政策、规划的执行，往往起着决定性的作用。约翰逊溪的保护和改造，就是很好的例子。

虽然波特兰在城市可持续发展方面发生的一切，都是精心安排和营造的结果，但波特兰践行可持续发展的目的，并不是要成为美国乃至世界的典范，而是服务于当地的价值观：下决心解决自己的问题并密切关注环境。在中国高速发展的当下，除了学习先进经验和方法之外，面对城市可持续发展的问题，是否也该有相同的答案？

参考文献

[1] 侯学英. 中国可持续城市化研究[D]. 哈尔滨：东北农业大学，2005.
[2] [美]康妮·小泽编著. 寇永霞，朱力译. 生态城市前沿——美国波特兰成长的挑战和经验[M]. 南京：东南大学出版社，2010.
[3] 胡天新. 美国波特兰发展绿色建筑的政策历程与借鉴. 生态城市与绿色建筑，2010. 3：36-39.
[4] Reed E., Rolf P., Don C. 2002. Measuring Sprawl and its Impact[EB/Ol]. Http：//www.smartgrowthamerica.com/sprawlindex/measuring-sprawl.pdf.
[5] Portland City Council. Pearl District Development Plan：A Future Vision for a Neighborhood in Transition[R]. Portland，2001.
[6] Portland Bureau of Planning. North Pearl District Plan[R]. Portland，2008.
[7] www.portlandonline.com.

作者简介

贾培义，1981年生，博士，北京清华同衡规划设计研究院山水城市研究所，副所长，研究方向为风景园林规划设计、生态规划与设计，Email：jiapeiyi@thupdi.com。

李春娇，女，1981年生，高级工程师/华通国际设计顾问工程有限公司，研究方向为风景园林规划设计、植物景观规划与设计。

基于 GIS 探索新型农村城镇化的发展方向

Explore the Direction of the New Type Rural Urbanization Based on GIS

贾行飞　岳　峰

摘　要：目前中国有 50% 多的人口首次跨入了城市生活，农村城镇化正经历了前所未有的变化，城镇化的快速发展，也导致城市用地日益紧张，环境日益恶化，我们迫切需要对农村城镇化进行新的探索，对农村城镇化发展方向进行分析。GIS 是一项新技术，在规划领域中有较广泛的应用，本文基于 GIS 管理现状数据，分不同因子，进行专题图制作，结合模型预测农村城镇化演变的方向，进而得出结论：集约化是农村城镇化发展的方向。

关键词：新型农村城镇化；城镇化方向；GIS 分析

Abstract: For the first time more than 50% of the population come into the city life in China, rural urbanization was experiencing unprecedented changes, the rapid development of urbanization, has also led to urban land increasingly decrease, environment worsening, we urgently need a new exploration of rural urbanization, analyze the direction of the development of rural urbanization. GIS is a new technology has a wide application in the field of planning, based on the management status of GIS data, divided into different factors, meanwhile, the thematic map making, combined with the model to predict the direction of the evolution of rural urbanization, and then draw the conclusion: intensive is the direction of the rural urbanization development.

Key words: New Type of Rural Urbanization; Direction of Urbanization; GIS Analysis

美国经济地理学家诺瑟姆提出了"S"型城市化发展趋势，城镇化率在 30%—70% 之间的时候，城镇化的速度呈现加速的状态，城镇化率在 50% 时加速状态达到最大，中国目前有 50% 多的人口首次跨入了城市生活，农村城镇化的速度达到了最大，高速的城镇化趋势，一方面可以让更多的农村人口享受城镇生活，分享现代都市文明，让更多的人分享社会发展的成果；但是另一方面，中国目前过快的城镇化发展速度也带了前所未有的问题，诸如城市用地紧张、资源过度消耗、人居环境不适宜等。

2012 年，十八大报告提出了新型城镇化，并对城镇化与工业化、城镇化与农业现代化的关系进行了阐述，即"良性互动"、"相互协调"；"形成以工促农、以城带乡、工农互惠、城乡一体的新型工农、城乡关系。"结合十八报告提出的发展目标与我国目前农村城镇化过程中存在的问题，需要对新型农村城镇化的方向进行探索。GIS 是一项新技术，在规划设计领域有着广泛的应用，本文结合山西晋城玉屏山地区农村城镇化为例，运用 GIS 技术进行分析，分析农村城镇化后交通可达性和网络，规划农村城镇化景观实时模拟，建设规划管理系统，结合模型预测新型农村城镇化演变的方向。

1 我国目前农村城镇化过程中存在的问题

1.1 过于追求速度，忽略了城镇化过程中的生态文明

目前我国城镇化率正处在 50% 的节点上，这个阶段在理论上一个重要的特点就是，农村城镇化的速度超过之前与之后的任意一个阶段，而事实上，我国农村城镇化的发展也确实如理论所言，农村城镇化的浪潮在中国方兴未艾，从东部沿海到中部地区再到广袤的西部地区，都在热火朝天的农村城镇化，地方政府为追求政绩，城镇化的方式也大同小异。

2012 年，召开的中共十八大，对"生态文明"给予了高度的重视，提出了"建设社会主义生态文明"建设目标，生态文明的理念是人、自然、资源环境、生物多样性协调发展。农村城镇化与生态文明之间有以下几点联系，(1) 社会主义农村城镇化的目标是要达到社会主义生态文明，生态文明对城镇化的方向有指引作用；(2) 城镇化是发展生态文明的动力来源，城镇化的发展促进社会主义生态文明的进步；(3) 城镇化的发展要与生态文明建设相协调发展，在城镇化过程中出现的问题，可以用生态文明的理念来解决。

1.2 以个体农业为主，集体经济发展缓慢

我国现在实行的是土地联产承包责任制，在广大的农村地区仍然以每家每户在自家的责任田上耕种为主的生产模式，根据"中国网"《农村产业结构的变化及主要特征》文中提供的数据，农村非农产品增加值从 2004 年到 2008 年一直维持在 22% 左右，在农村第一产业，第二产业，第三产业中从 1997 年到 2008 年第一产业的比重在逐步下降，并稳定在 30% 左右，第二产业的比重逐渐提升，并维持在 54% 左右，第三产业的比重虽然有所提高，但是与第一、第二产业相比，所占的比例还相对较低。

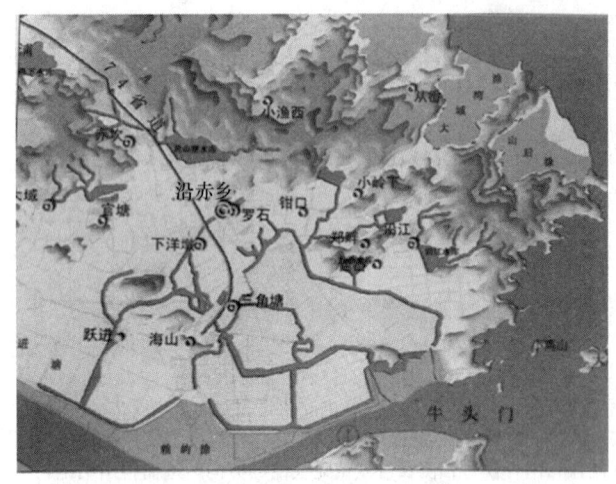

图 1　浙江台州三门县沿赤乡村庄分布
（图片来源：张勇，杨晓光，张静，孙加凤有限投入下的普通村庄规划研究与实践【J】城市规划，2010，34（增刊）：55）

1.3　基础设施落后，阻碍了城镇化的发展

交通不便。我国的农村的大多数地方离主要的交通要道相对较远，不便于农产品的加工运输，造成农产品的运输成本增加，例如浙江台州三门县沿赤乡，全乡 16 个行政村，其中 11 个远离乡政府所在地和主要交通道路，占总数的 68.8%（图 1）。

居民居住环境条件差。在农村虽然实行了"村村通公路"，但是整体上还是以土路为主，交通状况不容乐观，此外农村地区的卫生条件差，水、电、通讯、邮政都还比较落后，这些都阻碍了城镇化的发展，据统计全国还有 145 个乡镇，5 万多个建制村不通公路，近 1 万个乡镇、30 万个建制村通沥青路或水泥路，村内部基本都是土路，只有 14% 的村庄有自来水或供水设施。6 成以上的农户还没有用上卫生厕所等。

2　基于 GIS 因子分析法分析不同因子下的农村城镇化模型

2.1　城镇化的发展速度与生态文明建设相协调发展

运用 GIS 分析技术把城镇化发展与生态文明发展分成"速度因子、生态文明因子，速度与生态文明综合评价因子"，城镇化率 50% 是一条参考线，根据实际并结合理论会出现以下 3 种模型，以速度因子为基础而建立，分别是速度因子过快坐标，速度因子适中坐标，速度因子过慢坐标。

速度因子过快模型。在该模型中随着城镇化的发展，速度因子在 50% 时达到了最快，城镇化率超过 50% 时，速度因子虽然有所降低，但是整体上仍然维持一个较高的发展态势，最后处在一个较高的水平；生态文明因子随着城镇化的发展，虽然有所发展，但是整体上处于一个较低的水平，最后处在一个较低的水平；速度与生态文明综合评价因子随着城镇化的发展，在城镇化率 50% 之前处于缓慢上升阶段，城镇化率过了 50% 后，速度与生态文明综合评价因子曲线趋于稳定。以上这些理论情况表现在实际，就是人们的物质生活在一个相对较短的时间内得到了较大的丰富，但是另一方面精神生活并没有实际的提高，生态建设基本上属于"先污染，后治理"的情况，这一情况与我国现在的城镇化发展比较相似（图 2）。

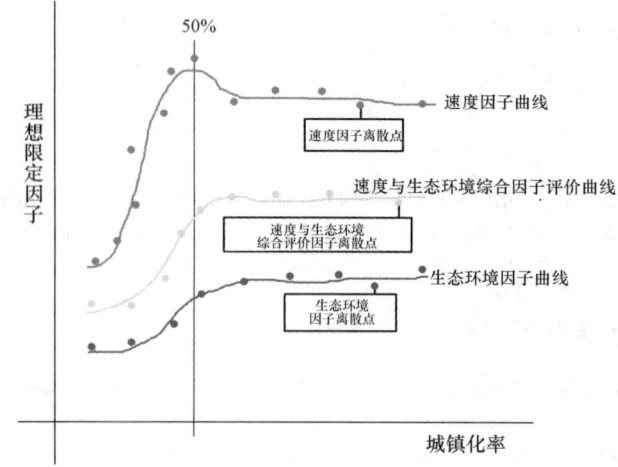

图 2　速度因子过快模型
理想限定因子，因子本身不变化，也不会对变量因子的变化产生影响作用。

速度因子过慢模型。在该模型中仍然以城镇化率 50% 为参考线，在城镇化率 50% 时速度因子达到了最大，但是这时的速度因子维持在一个低位水平，城镇化率过了 50% 后，速度因子急速下降，最后维持在一个较低的水平；生态文明因子一直处于上升阶段，最后在城镇化率大概 70% 的时候处于平稳状态；速度与生态文明综合评价因子一直处于上升状态，当城镇化率大概 80% 的时候处于平稳状态，但是整体上速度与生态文明综合评价因子处于一个低位状态。这些情况表现在实际就是城镇化的速度缓慢，人们无法感受到社会发展带来的福利，村民的生活有所提高，但是得不到彻底的改善，社会化、现代化、生态文明达不到社会主义城镇化的发展目标（图 3）。

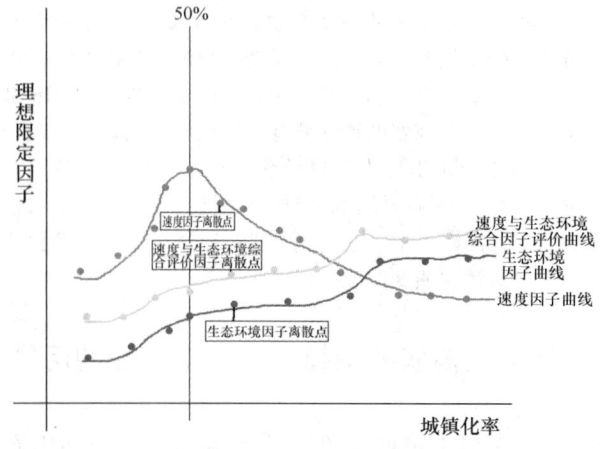

图 3　速度因子过慢模型
理想限定因子：因子本身不变化，也不会对变量因子的变化产生影响作用

速度因子与生态文明因子相协调发展模型。在城镇化率达到50%时速度因子达到最大，城镇化率超过50%时速度因子缓慢降低，最后仍处于一个相对高位的平稳状态；生态文明因子一直处于上升的态势，在城镇化率大概到70%时，生态文明因子处于一个高位平稳状态；速度与生态文明综合评价因子的走势与生态文明因子的走势相似，整体上速度与生态文明综合评价因子曲线高于生态文明因子曲线。这一理论模型表现在实际就是城镇化以一个平缓的高速发展，生态文明建设与城镇化的发展速度相协调，居民的生活水平与精神文化生活都达到了一个较高的水平，当然这只是理想状态下的结果，一个理论的预测，在实际的城镇化发展过程中，速度因子与生态文明因子相协调发展模型很难实现，也就是说在农村城镇化的发展过程中会出现各种各样意想不到的问题（图4）。

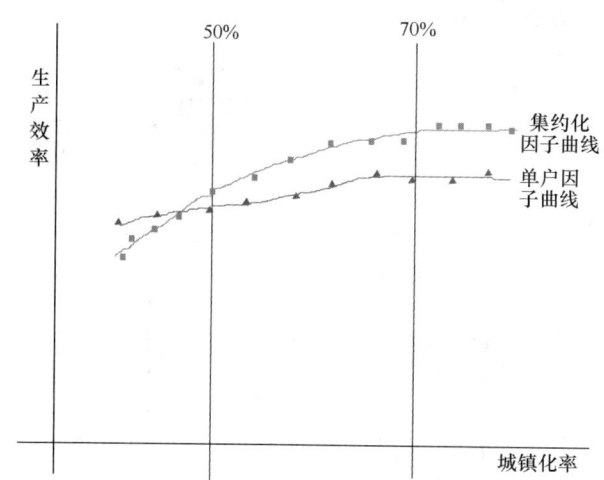

图5 集约化因子与单户因子生产效率模型

础设施建设处在理想的状态，研究方法采用立体模型分析法，以城镇化、基础设施、第一到第三产业分别为空间的三维轴线。

模型一以第一产业为主。在该模型中随着城镇化的发展，以第一产业为主的综合曲线虽然有所发展，但是总体上处于低位的发展水平，即使在城镇化率达到50%时，城镇化的速度达到最大时，以第一产业为主的曲线走势仍没有大幅度的提高。这一理论模型，在实际情况中的表现就是在农村城镇化的过程中，如果仍然坚持以第一产业为主的低端农业生产，农村城镇化的进程就会被阻碍（图6）。

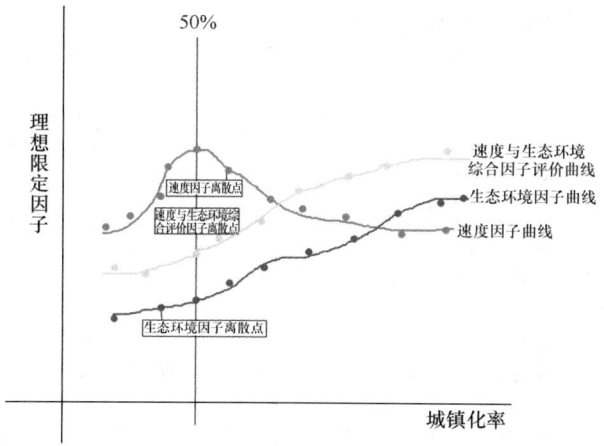

图4 速度因子适中模型

理想限定因子：因子本身不变化，也不会对变量因子的变化产生影响作用。

2.2 集约化土地，村镇布局集中

运用GIS因子分析方法分成"单户因子与集约化因子"，以城镇化率50%为参考线，同时假定社会稳定、生态环境良好这一限定因素，来探究城镇化与生产效率的关系，通过给予不同的理论数据可以由GIS分析得到"单户因子与集约化因子"的走势图。在城镇化率50%之前，随着城镇化的发展，单户因子与集约化因子的生产效率均有所提高，城镇化率越低，单户因子的生产效率越高；当城镇化率超过70%时，集约化因子的生产效率明显高于单户因子的生产效率。这种理论状况表现在实际就是在城镇化的发展过程中，如果仍然以单户为生产单位，整个城镇化的效率就会降低，城镇化过程中诸如道路的修建、公共卫生服务设施的建造都会受到不同程度的阻碍（图5）。

2.3 加强基础设施建设，促进农村产业结构调整，鼓励发展第三产业

同样运用GIS因子分析方法分成"基础设施因子、第一产业因子、第二产业因子、第三产业因子"，假定基

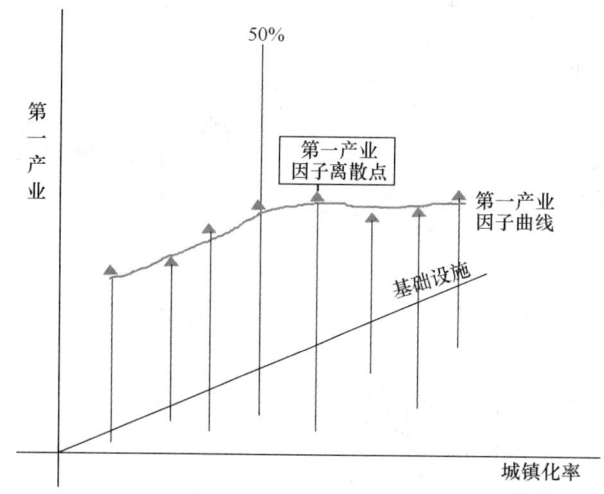

图6 第一产业因子发展模型

模型二以第二产业为主。在该模型中随着城镇化的发展，以第二产业为主的综合曲线发展速度明显高于上一个模型曲线，但是随着城镇化的不断发展，在城镇化的后期，该曲线仍然处在一个相对较高的位置，并且还在处于上升的趋势。这一理论模型，在实际情况中的表现就是随着城镇化的发展，居民收入有了较大的提高，生活也有了较大的改善，但是与此同时也带了许多环境问题，尤其是以发展采矿、化工、有色金属冶炼、火力发电为主的第二产业，在农村城镇化的发展过程中会陷入"先污染，后治理"的状态，目前这一状况在我国城镇化发展的过程中

是一个普遍的现象（图7）。

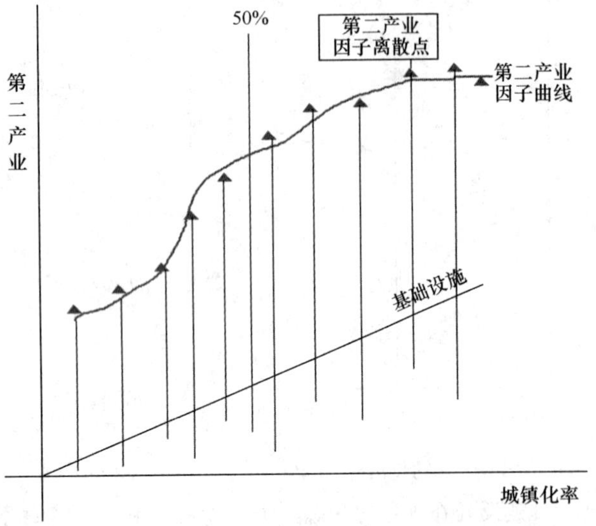

图7 第二产业因子发展模型

模型三以第三产业为主。在该模型中随着城镇化的发展，以第三产业为主的综合曲线发展趋势处于一个高位状态，在城镇化率50%之前，该曲线的状态处在模型一与模型二曲线之间，在城镇化率超过50%时，该曲线的状态处于一个平稳的高位发展状态。这一理论模型表现在实际就是随着农村城镇化的发展，产业结构由以农业生产为主的第一产业，以工业生产为主的第二产业，转变到以服务业为主的第三产业，这也是我国未来城镇化发展的趋势（图8）。

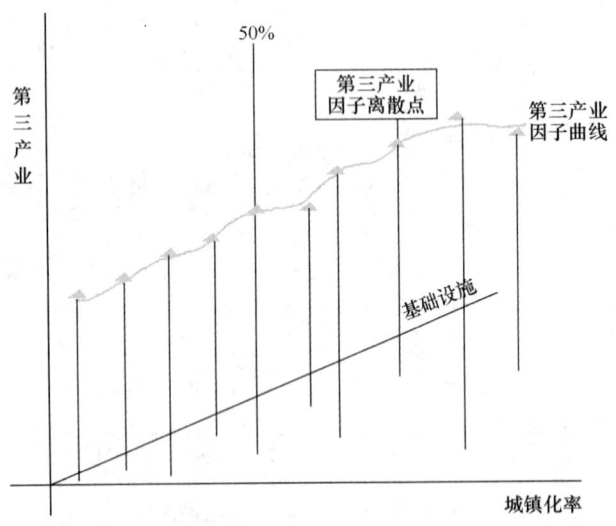

图8 第三产业因子发展模型

3 结论

通过以上基于GIS的分析，可以预测新型农村城镇化的发展方向，会从以一个村庄为单位的发展模式，到多个村庄合并发展、村庄集中布局、土地集约化配置的模式，村庄集中布置，可以统一发展农业基础设施、通信设施，使资源配置达到最优化，除此之外还应协调好城镇化发展速度与生态文明之间的关系，进行产业结构调整，注重发展第三产业，但不能忽视第一产业，这是本文探索新型农村城镇化发展方向的结论。

参考文献

[1] 张勇，杨晓光，张静，孙家凤.有限投入下的普通村庄规划研究与实践[J].城市规划，2010，34（增刊）：54-57.
[2] 沈清基.论基于生态文明的新型城镇化[J].城市规划学刊，2013，206(1)：29-36.
[3] 张尚武.新型城镇化与城市规划[J].城市规划学刊，2013，210(5)：5.
[4] 唐明华.基于地理信息系统(GIS)的多种出行目的的城市交通可达性分析评价方法与技术[D].重庆：重庆大学，2005.
[5] 周法兴.中国政府投资转变及其影响[M].北京：中国财政经济出版社，2008.
[6] 邵波，詹敏，洪明.从县域经济走向区域经济—以浙江省三门湾地区发展与空间规划为例[J].城市规划，2010，34（增刊）：35-39.
[7] 陈前虎.中国城市化发展面临的危机与出路[J].城市规划，2006(1)：34-39.
[8] 胡际权.中国新型城镇化发展道路[M].重庆：重庆出版社，2008.
[9] 冯石岗，贾建梅.在文化与文明的关系中把握文明[J].河北工程大学学报（社科版），2004(1)：11-13.
[10] 菅建伟，张晶.利奥波德大地伦理思想的生态文明内涵初探[J].学理论，2011(4)：58-59.
[11] 宋启林.论中国独特的城镇化之路[J].城市规划学刊，2013，206(1)：37-45.
[12] 李浩.城镇化率首次超过50%的国际现象观察—兼论中国城镇化发展现状及思考[J].城市规划学刊，2013，206(1)：43-50.
[13] 王璠.新型农村建设需重视城市化的负面效应[J].天水行政学院学报，2009(5)，69-71.

作者简介

贾行飞，华中科技大学建筑与城市规划学院硕士研究生，Email：582198667@qq.com。

岳峰，华中科技大学建筑与城市规划学院硕士研究生.

空间氛围
——现代景观的材料设计策略研究

Space Atmosphere
——Design Strategy on Material of Modern Landscape

简圣贤　金云峰

摘　要：材料作为空间氛围表达的重要载体，不仅会影响到景观的空间结构与形式特征，而且会影响到游客的感官体验。因而，在中国现代景观设计日趋同质的前提下，本文通过分析现实中存在的一些问题，从硬质景观材料、软质景观材料和空间氛围3个层面来解析现代景观的材料设计策略。
关键词：空间氛围；材料；现代景观；设计策略

Abstract：：Material as the important carrier of space atmosphere, will not only affect the landscape features, spatial structure and the form of and will affect the sensory experience of tourists. Therefore, on the premise of Chinese modern landscape design has become increasingly homogeneous。 In this paper, by analyzing some problems in the reality, from the hard landscape material, soft landscape and space environment three aspects to resolve the design of modern landscape material strategy.
Key words：Space Atmosphere；Material；Modern Landscape；Design Strategy

1　引言

发展到今天的中国现代景观设计，在许多建成的景观中可以发现：无论是硬质景观还是软质景观，在不同性质的景观中往往会使用同样的材料，使得现代景观与现代建筑一样开始出现同质化现象。显然，材料对于中国风景园林师而言仅仅只是空间结构的表皮，很少有风景园林师从材料角度去关注不同性质的景观空间氛围的差异性表达。事实上，在景观设计过程中，即便是同样的空间与形式，如果使用不同的材料，也会因为其不同的色彩、质感和肌理而给人带来完全不一样的视觉、触觉、听觉和嗅觉体验。因而，材料对于表达现代景观空间氛围的差异性至关重要。正如丹·凯利（Dan Kiley）所说，风景园林师只有对材料具备足够的认知才有可能做好设计。[1]值得庆幸的是，现代景观设计的发展过程中的一些先锋派风景园林师已经认识到材料属性和过程研究对于设计创新的重要价值，已经在设计之初就开始研究材料的自身属性和过程变化。[2]因而，在这些先锋派风景园林师的影响下，许多风景园林师开始改变过去在设计最后把材料作为空间结构表皮的设计策略，开始在设计之初就把材料作为重要内容和场所营造的重要元素加以研究，并影响到现代景观的空间与形式。

与现代建筑不一样，现代景观的材料变化并不明显，首先是软质景观材料基本没有发生改变，其次是硬质景观材料也会随着时代变迁而发生改变，在这种背景下对材料的研究变得比以往更加重要。但是长期以来，中国风景园林师过于重视景观设计的空间与形式，却忽视了材料对于现代景观设计的重要价值，更很少关注材料在表达不同空间氛围当中所体现出来的文化价值。接下来，将通过对硬质景观材料与软件景观材料的相关研究来全面分析材料对于表达不同性质的景观空间氛围的重要性。

2　硬质景观材料

在"可持续发展"价值观的影响下，风景园林师对于硬质景观材料的选择，不论是地方材料还是现代材料都需要考虑材料的循环利用。而从地域景观的视角来看，使用地方材料有利于延续场地的文脉，有利于改善景观的同质化。但在实践过程中，尤其是大规模的景观建设过程中，往往会因为地方材料的造价偏高或是不能大规模加工等因素而不得不使用大量的外来材料。因而，风景园林师很难在景观设计中完全选用地方材料。而且，许多硬质景观材料在现代技术的影响下，已经变得具有更多的可塑性，因而，设计之初的材料属性和过程研究变得非常重要。通过对砖、石材、木材、竹材、混凝土、砂石、胶垫、金属、玻璃等不同材料的色彩、质感、肌理等属性研究以及材料使用的过程变化研究，可以帮助风景园林师更好地理解材料在场所营造过程中的适用性，进而影响景观设计的空间结构与形式特征。比如瓦肯伯格在泪珠公园的设计中，首先通过对本地蓝石的质感、肌理等属性研究，将其视作重构场地乡土风景的重要载体，因而在公园中设计巨大的蓝石景墙（图1）作为主要的空间节点；科纳在高线公园的设计中，利用混凝土的可塑性，设计各种形式和模数的预制混凝土铺地和座椅（图2），避免了大多数景观设计中的材料拼贴，形成统一的硬质景观材料质感。

图1 泪珠公园的蓝石景墙

图2 高线公园的混凝土铺地

硬质景观材料的工业化生产已经使得大多数材料的尺寸被模数化，因而对硬质景观材料常规模数的尺寸研究同样重要，不仅能影响详细设计的尺度，而且还可以减少施工过程当中的材料损耗。同一设计作品当中使用的铺地材料、竖向墙体或构筑物的材料品种一般是在3种左右。从后期维护的角度来看，很多硬质景观材料在使用过程中容易出现各种明显的问题，因而风景园林师需要在设计过程中予以提前考虑，以减小后期维护的管理成本。比如原子城纪念园当中使用碎石作为园路铺地（图3），很容易给穿高跟鞋的女性游客带来不便；后滩公园当中使用竹材作为园路铺地（图4），遇到高温很容易发生脱

图3 原子城纪念园的碎石铺地

图4 后滩公园的竹铺地

落和变形。当然，在具体的景观设计过程中，风景园林师仍然需要根据项目性质、工程造价、场地功能、人性化体验和材料的文化内涵等因素的综合考虑来选择合适的硬质景观材料。

3 软质景观材料

现代景观设计发展到今天，软质景观材料的属性并未发生任何变化，但是对软质景观材料属性和过程研究却已经变得非常深入。因为软质景观材料的生命活性使得景观作为生命系统成为可能，是景观设计区别于建筑设计等其他空间设计的重要元素，许多先锋派风景园林师以此为基础建立了自己独特的设计语言。比如瓦肯伯格的景观设计通常都是根据场地生态系统的需求，拒绝现代景观设计中常用的几何抽象空间形式，转而利用土壤、水和植物等软质景观材料来营造场地的空间结构。实际上，在景观设计过程中，对于软质景观材料的选择有以下几种。

3.1 土壤

在中国现代景观设计当中，大量不利于植物生长的建筑垃圾，比如塑料、木材、混凝土和其他装饰材料经常被混杂在种植土壤当中。而且，面对修复景观，风景园林师需要与生态学家进行合作，分析场地种植土壤的基本构造，然后再根据实际情况决定是否需要培育有机土壤，以满足不同种类的植物的生长需求，同时还要确保土壤的渗透功能，防止出现土壤板结现象，以便雨水能够自然渗透，有利于地下水的补给。因而，有机土壤的培育对于当代景观设计而言尤为重要。

3.2 水景

风景园林师需要研究不同状态下的水景带给人的五官感受，比如动态的水景带给人视觉感受的同时也能带给人听觉感受；静态的水景带给人视觉感受的同时也能带给人平静的心理感受；气态的水景带给人视觉感受的同时也能带给人触觉感受；固态的水景带给人视觉感受的同时也能带给人独特的心理感受；而且不管哪种状态的水景，总是容易使人联想到自然山水当中的体验。因而，水不但是景观设计区别于建筑设计等其他空间设计的重要元素，而且还具有降温、减噪、除尘等实际功能，加上人类的亲水天

性，使得水景成为景观设计的重要构成元素。但是，在设计过程中风景园林师需要考虑不同地域使用水景的可行性，同时还要预先明确水景在后期维护管理当中的延续性。这是因为在景观设计中，出于维护成本的考虑，大多数设计的水景在后期使用过程中都无法得到延续，成为名副其实的旱景，进而演变为消极空间。

3.3 植物

考虑到植物天然的地域性差异，面对城市建筑的同质化现象，植物景观理应作为塑造城市特色的关键，但是在中国快速的城市化进程当中，由于植物需求的猛增和园艺技术的缺陷，使得风景园林师在设计当中能够选用的植物种类非常有限，容易造成不同地域植物景观的同质化现象。在景观设计过程中，风景园林师仍然需要对不同种类的植物形态、季相、花期、果实等属性和过程变化进行研究，尽可能选用易于维护和管理的乡土植物。考虑到植物作为景观空间的核心构成元素，风景园林师需要对不同种类的植物，尤其是乔木在生长过程中的形态和季相变化进行研究，因为植物生长自然过程出现的形态和季相变化最能体现空间的动态性，也是景观区别与建筑的关键。另外，开花植物所带来的气味差异，不但能吸引更多昆虫，而且还能满足人的嗅觉体验。结果植物还能为动物提供食物并吸引动物来此栖息，丰富基地的自然生态系统。因而，植物作为景观设计的核心元素，是景观设计建立独特语言体系的关键，风景园林师有必要在景观设计过程中对植物进行充分研究。

4 空间氛围

4.1 材料与氛围

在选择硬质景观材料的过程中，将材料的色彩、质感、肌理等属性结合景观的性质差异进行选择。不同性质的景观，空间气氛理应存在差异，而且这种差异主要来源于人的心理感受，这就需要风景园林师从心理学视角来研究材料属性。比如冯纪忠先生在方塔园的设计中为了强调方塔园的古意，选择自然面的青石作为公园的主要铺地和挡墙材料，目的是为了表达方塔园的历史文物园林性质。并且随着时间的流逝，这些青石愈加能够体现出方塔园的古意（图5）；朱育帆在原子城纪念园的

设计中为了强调空间的质朴，在保留场地原有青杨林的前提下，大量使用毛石、碎石等乡土材料和锈蚀钢板作为主要材料，隐喻两弹研制时期工作人员无私奉献的质朴情怀。

4.2 硬质景观材料

在选择硬质景观材料的过程中，将材料的色彩、质感、肌理等属性结合景观的性质差异进行选择。不同性质的景观，空间气氛理应存在差异，而且这种差异主要来源于人的心理感受，这就需要风景园林师从心理学视角来研究材料属性。比如冯纪忠先生在方塔园的设计中为了强调方塔园的古意，选择自然面的青石作为公园的主要铺地和挡墙材料，目的是为了表达方塔园的历史文物园林性质。并且随着时间的流逝，这些青石愈加能够体现出方塔园的古意；朱育帆在原子城纪念园的设计中为了强调空间的质朴，在保留场地原有青杨林的前提下，大量使用毛石、碎石等乡土材料和锈蚀钢板作为主要材料，隐喻两弹研制时期工作人员无私奉献的质朴情怀。

4.3 软质景观材料

在选择软质景观材料的过程当中，风景园林师可以通过研究不同形式的水景和不同植物的文化象征含义，用来表达空间气氛的差异。比如哈普林在罗斯福总统纪念园的水景设计当中，通过赋予不同水景以象征含义，隐喻罗斯福总统不同任期的重大事件；俞孔坚受儿童时期的乡村生活影响，在后滩公园中，大量种植狼尾草、九节芒、细叶芒等乡土野草和小麦、水稻、油菜、向日葵等农作物或经济作物，表达后滩公园作为湿地公园的乡野（图6）。因而，风景园林师在景观设计过程中，同样需要考虑使用者在空间当中的心里感受，注重景观材料的文化象征含义，选择相应的景观材料表达空间气氛。

图5 方塔园的古意

图6 后滩公园的乡野

5 结语

在中国当代景观设计过于注重对空间与形式追求的前提下，风景园林师也要充分认识到材料对于表达景观空间氛围的重要性，学会从研究材料特性和过程变化出

发，构建景观设计的现代性。

参考文献

[1] Reuben M. Rainey + Mark Treib, Dan Kiley Landscapes: The Poetry of Space. San Francisco, California. William Stout Publishers, 2009: 55.
[2] Liat Margolis Alexander Robinson, Living Systems: Innovative Materials and Technologies for Landscape Architecture. Basel, Switzerland. Birkhauser Architecture, 2007: 8.

作者简介

简圣贤，1979年生，男，湖南，同济大学建筑与城市规划学院景观学系博士生，美国宾夕法尼亚大学设计学院风景园林系访问学者(2009—2010)，研究方向为中美现代景观设计的历史与理论。

金云峰，1961年生，男，上海，同济大学建筑与城市规划学院景观学系教授，博士生导师，上海同济城市规划设计研究院注册规划师，同济大学都市建筑设计研究分院一级注册建筑师，研究方向为风景园林规划设计方法与技术、中外园林与现代景观。

基于居住用地特征的城市公园绿地可达性评价

Measuring Accessibility of Urban Park Space Based on Residential Land Characteristics

李俊英 施 拓 李 英

摘 要：城市公园绿地可达性是影响其使用的重要因素。本文综合运用GIS空间分析方法和缓冲区分析方法，对2010年沈阳市城市公园绿地可达性进行评价。研究结果表明：2010年沈阳市城市公园绿地总体可达水平较差，从可达居住用地来看，仅38.1%的居住用地位于公园里的500m可达的范围内；从可达人口来看，人口分布位于公园绿地500m范围内的占城市总人口的42.27%，略高于居住用地可达水平。本文的研究结果可为城市规划建设提供理论依据和决策参考。

关键词：公园绿地；可达性；评价；居住用地

Abstract: Accessibility of urban park space is a significant factor impacting the use of parks. In this paper, the method of GIS spatial analysis and buffer analysis are used to measure the urban park accessibility in Shenyang in 2010. The result shows that the general accessibility level is poor, of which only 38.1% of residential land is located in the buffer of 500m, and only 42.27% of urban population is distributed in the buffer of 500m, which is slightly higher than the residential land accessibility. The results of this paper could provide the theoretical basis and decision-making reference for urban planning and construction.

Key words: Urban Park Space; Accessibility; Measuring; Residential Land

1 引言

城市公园绿地是城市的绿色基础设施和重要的城市生命保障系统，对保障一个可持续的城市环境，维护居民的身心健康有着至关重要的作用。[1]城市公园绿地通过提供娱乐休闲空间缓解现代都市生活带来的精神压力，改善居民健康状况。[2]影响绿地使用的重要因素是绿地的可达性。[3-6]居民是否能够方便地（特别是步行就近到达）享用这种自然的服务是城市环境可持续性的重要指标，即体现绿地资源享用的公平性，也成为评价城市生活质量的一个重要指标。[7]

可达性（accessibility）是指居民克服距离、旅行时间和费用等阻力（impendence）到达一个服务设施或活动场所的愿望和能力的定量表达，是衡量城市服务设施空间布局合理性的一个重要标准。[8]绿地可达性方面的研究自20世纪80年代即大量开展，可达性的计算方法有多种，常用的有缓冲区分析法（buffer zone）、最小临近距离法（minimum distance）、行进成本法（travel cost）和吸引力指数法（gravity index）等。[9-11]人们通常喜欢到距离自己居住地最近的绿地进行娱乐、游憩，而缓冲区分析法是通过计算距离居民距离最近绿地的直线距离来表征可达性水平，因此该方法是可达性分析中计算简便、最常使用的一种方法。

以往关于绿地可达性的研究均基于人口普查的统计数据，其空间位置准确性受到局限，一方面，人口被平均分配到某个统计单元的土地上，包括绿地、工业用地、公共设施用地等，另一方面不同类型的居住用地，土地开发容积率不同，居住人口密度有别。高分辨率影像的问世为建筑物3D信息的获取提供了可能性，结合城市土地利用状况，进而为更为精确的城市人口分布数据的获得提供了可能性。

以往基于缓冲区分析法对城市公园绿地可达性进行评价设定一定的可达性标准，例如距离城市公园绿地500m以内认为可达，超过此范围即为不可达，而实际情况是随着距离的增加，居民到访的频率减少，即距离是影响使用频率的因素，即到城市公园绿地的距离影响可达性的程度，本研究在传统缓冲区分析方法研究的基础上进行改进，参考国内外城市公园绿地分类标准的基础上，[12]将可达性的计算进行等级划分，分为300m可达、500m可达、1000m可达及1000m以上可达4个级别。

本文以沈阳市为例，在GIS技术的支撑下，考虑城市居住用地特征及绿地分布的基础上采用缓冲区分析方法，对城市公园绿地可达性进行了定量分析与评价。本文的研究结果可为城市建设者与规划者进行城市绿地系统规划提供科学的依据与决策参考。

2 研究区与研究方法

2.1 研究区概况

沈阳市地处长白山余脉与辽河冲积平原的过渡地带（东经122°21′—123°48′E，北纬41°11′—42°17′N），是辽宁省的省会，东北地区的经济、文化、交通和商贸中心，全国的工业重镇和历史文化名城。近年来，城市绿化建设取得了令人瞩目的成果，陆续被评为国家森林城市、园林城市。本研究以沈阳市城市三环界定研究区范围，包括沈阳市和平区、沈河区、皇姑区、铁西区、大东区、及东陵区、于洪区两个区部分区域，面积454.85km²（图1）。

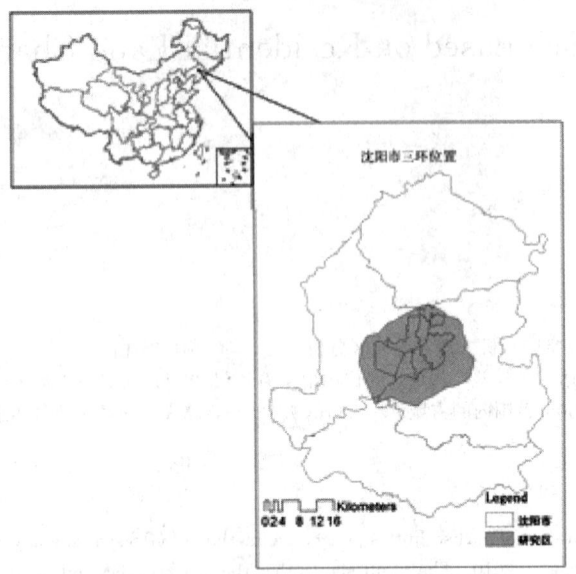

图1 研究区位置示意图

2.2 研究方法

2.2.1 数据来源与预处理

本文所采用的数据主要包括2010年的Quickbird卫星遥感数据（空间分辨率0.61m）、2000年绘制的1：10000的地形图、城市总体规划图（1996—2010年）。基于地形图将遥感数据与总体规划图配准、数字化，生成研究区的居住用地空间分布与绿地空间分布图。依据居住建筑类型及土地开发强度（容积率）等居住用地特征进行居住用地类型划分，得到居住用地类型空间分布图。结合沈阳市人均住宅面积确定每一居住用地人口数量，得到沈阳市人口空间分布图。

2.2.2 研究方法

（1）确定对维护居民的身心健康有重要意义的绿地。相关研究表明，居民在游憩活动时倾向选择面积大于2hm²的绿地，因此本研究以面积大于2hm²的城市公园绿地作为研究对象，共选择绿地斑块块128，总面积为2718.89hm²，约占研究区绿地总面积的（2846.85hm²）53.12%。

（2）基于ARCGIS9.3空间分析功能（Analysis）的多重缓冲区分析（multiple ring buffer）生成距城市公园绿地300m、500m、1000m及10000m的缓冲区，评价城市公园绿地可达性程度。

（3）分别提取距离公园绿地300m、300—500m、500—1000m及1000m以上的居住用地，基于属性表统计居住用地面积，基于居住用地类型及人口密度分布计算每块居住用地潜在分布的人口数量。

依据居住建筑类型及土地开发强度（容积率）等居住用地特征进行居住用地类型划分，得到居住用地建筑类型空间分布图（图2）。

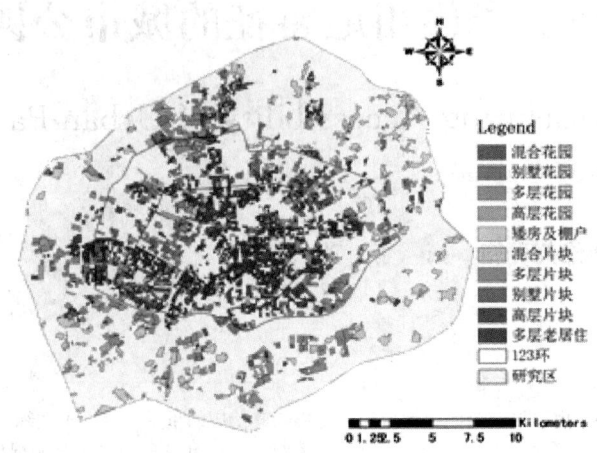

图2 居住用地建筑类型分布图

基于ARCGIS9.3空间分析功能（Analysis）的多重缓冲区分析（multiple ring buffer）生成距城市公园绿地300m、500m、1000m及10000m的缓冲区分布图如下图所示（图3）。

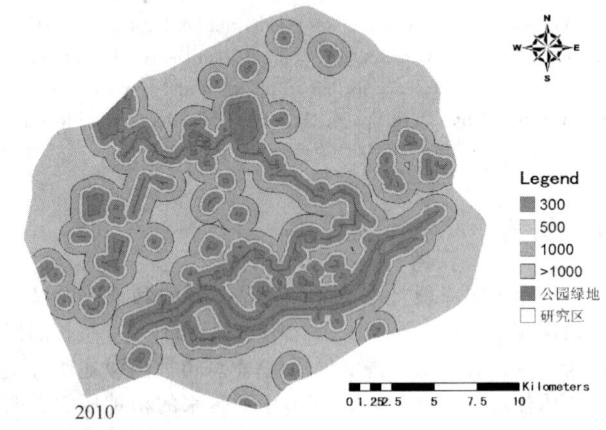

图3 沈阳市公园绿地缓冲区分析图

城市公园绿地300m、500m、1000m及10000m的缓冲区与居住用地类型图进行空间叠加得到的绿地可达性分级如图4所示。

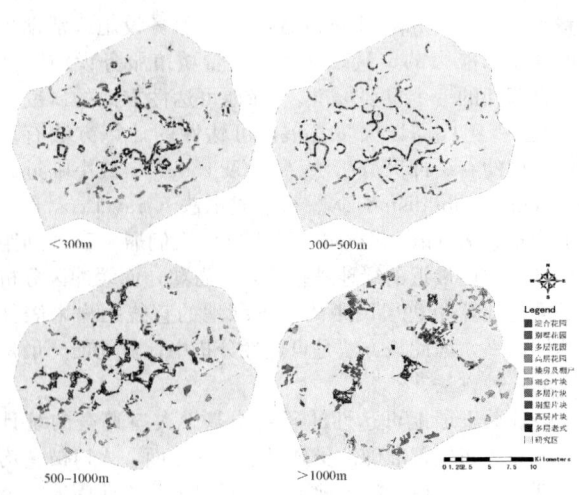

图4 各公园绿地可达性水平居住用地空间分布

3 研究结果与分析

3.1 城市公园绿地可达居住用地分析

将城市居住用地分布图与城市公园绿地缓冲区图进行空间叠加，得到不同缓冲区城市居住用地空间分布，基于属性表操作进行用地面积统计，结果见表1。

城市公园绿地总体可达性水平　　表1

可达性水平	300m以内可达	300—500m可达	500—1000m可达	1000m以上可达
总面积（hm²）	2407.29	1670.73	3350.80	3273.28
占比（%）	22.49	15.61	31.31	30.59

从公园绿地总体可达性角度来看，城市各类居住用地的总体公园绿地可达性仍停留在较低水平。从表1可以看出，城市各类居住用地的10702.10hm²中，城市公园绿地300m可达的仅占居住用地总面积的22.49%；300—500m可达的占居住用地总面积的15.61%；500m以可达公园绿地的居住用地仅占城市居住用地的38.1%；位于城市公园绿地500—1000m及1000m以外的居住用地占有相当大的比例，分别占居住用地总面积的31.31%和30.59%。可见城市公园绿地现状距离市民出门500m即到达城市公园绿地的标准还有很大差距，仅有38.10%的居住用地达到这一标准。

分别针对每类居住用地进行面积统计，得到表2。

城市公园绿地各居住用地类型可达性（单位：hm²）
　　　　　　　　　　　　　　　　　　　表2

居住用地类型	300m以内可达	300—500m可达	500—1000m可达	1000m以上可达	合计
老式居住	1045.63	760.78	1386.01	592.25	3784.67
占比（%）	27.63	20.10	36.62	15.65	100.00
矮房及棚户	308.97	224.49	512.37	1209.21	2255.04
占比（%）	13.70	9.95	22.72	53.62	100.00
新住宅	1052.69	685.46	1452.42	1471.82	4662.39
占比（%）	22.58	14.70	31.15	31.57	100.00

从居住用地的类型来看，各居住用地类型的绿地可达性略有差异。其中老式居住好于新住宅，矮房及棚户的绿地可达性最差。由表2可见，老式居住用地中，公园绿地可达性程度为500—1000m之间可达的居住用地面积最大，为1386.01hm²，占该类用地总面积的36.62%；其次为300m可达的居住用地，占27.63%，比重较小的为300—500m和1000m以上可达的居住用地，分别占各自用地总面积的20.10%和15.65%。新住宅用地中位于1000m以上可达水平和500—1000m可达水平上的用地所占比重最大，面积分别为1471.82hm²和1452.42hm²，占各自类型用地总面积的31.57%和31.15%，500m以内可达的居住用地仅占该类用地的37.28%，说明近年来城市新建住宅的绿地可达性较差。矮房及棚户类型的居住用地可达性水平仍旧最差，该类用地的1209.21hm²（占53.62%）位于1000m以上可达的水平上，512.37hm²（占22.72%）位于500—1000m可达的水平上，300m以内及300—500m以内可达的面积分别仅占13.70%和9.95%。

分别统计同一可达水平上各类居住用地人口数量，列于表3。

同一可达水平不同居住用地类型对比　　表3

居住用地类型	300m以内可达	300—500m可达	500—1000m可达	1000m以上可达	合计
老式居住（人）	782130	569066	1036732	443003	2830931
占比（%）	57.21	59.43	56.43	33.12	51.48
矮房及棚户（人）	57675	41905	95642	225719	420941
占比（%）	4.22	4.38	5.21	16.88	7.65
新住宅（人）	527230	346537	704841	668717	2247326
占比（%）	38.57	36.19	38.36	50.00	40.87

由表3可见，从同一可达水平上各居住用地的类型来看，老式居住用地的可达性优于新住宅和矮房及棚户类型。在300m以内可达的水平上，老式居住用地和新住宅用地类型的可达性要优于矮房及棚户类型。在300m以内可达的水平上，各类居住用地的总体可达面积为2407.29hm²，占总用地面积的22.49%，老式居住用地和新住宅用地分别占1045.63hm²和1052.69hm²，分别达到各类用地面积的27.63%和22.58%，高于平均水平；在300—500m之间可达的水平上，各类居住用地的总体可达面积为1670.73hm²，占总用地面积的15.61%，其中老式居住用地占760.78hm²达到该类用地面积的20.10%，新住宅类型在该水平上略低于总体可达性的水平。500m—1000m之间可达的水平上，各类居住用地的总体可达性面积为3350.803hm²，占总用地面积的31.31%，其中老式居住用地占1386.01hm²，达到该类用地面积的36.62%；在1000m以上可达的水平上，矮房及棚户和新住宅类型均高于平均比例。即在300m以内可达、300—500m之间可达及1000m以上可达这3个可达性水平上老式居住用地的城市公园绿地可达性均优于新住宅和矮房及棚户类型，进一步说明近年新住宅类型的绿地可达性水平在降低。

3.2 城市公园绿地可达人口分析

将城市人口分布图与城市公园绿地缓冲区图进行空间叠加，得到不同缓冲区城市人口空间分布，基于属性表操作进行人口数量统计，结果见表4。

城市人口可达性　　表4

可达性水平	300m以内可达	300—500m可达	500—1000m可达	1000m以上可达	合计
总人口（人）	1367035	957508	1837215	1337439	5499197
占比（%）	24.86	17.41	33.41	24.32	100.00

人口的可达性角度来看，城市公园绿地总体可达性较差。从表4可以看出，城市总人口的5499197人中，城市公园绿地300m可达的人口仅为1367035人，占城市总人口的24.86%；300—500m可达的人口为957508人，占城市总人口的17.41%；500m以内可达的人口占城市总人口的42.27%，略高于居住用地可达水平；500—1000m可达的人口比例最大，为1837215人，占城市总人口的33.41%；位于城市公园绿地1000m以外的居民也占有相当大的比例（24.32%）。可见城市公园绿地现状距离市民出门500m即到达城市公园绿地的标准还有很大差距，仅有42.27%的居民能够出门500m即可到达城市公园绿地，该比例与居住用地可达性水平接近（38.10%），说明在城市公园绿地500m缓冲区内城市居住用地上居民的人口密度略高于平均人口密度，即近年来新建城市公园绿地中未能与城市居住用地中人口的实际分布充分结合，服务面积比例大于服务人口比例，说明绿地建设的居民服务有效性有待进一步提高。

各居住用地类型人口可达性　　表5

居住用地类型	300m以内可达	300—500m可达	500—1000m可达	1000m以上可达	合计
老式居住（人）	782130	569066	1036732	443003	2830931
占比（%）	27.63	20.10	36.62	15.65	100.00
矮房及棚户（人）	57675	41905	95642	225719	420941
占比（%）	13.70	9.95	22.72	53.62	100.00
新住宅（人）	527230	346537	704841	668717	2247326
占比（%）	23.46	15.42	31.36	29.76	100.00

由表5可见，从各居住用地类型的人口可达性来看，人口可达性与居住用地类型的可达性基本特征相似。

在300m以内可达、300—500m可达及500—1000m可达3个水平上均呈现老式居住人口比例较高，1000m以上可达的水平上，新住宅和矮房及棚户居住用地类型的人口的比例较高。在300m以内可达的水平上，总体可达人口为1367035人，占总人口的24.86%，其中老式居住的可达人口比例（27.63%）高于平均水平，新住宅的可达人口比例（25.75%）则略低于平均水平。主要由于在城市中心新建的新住宅类型的人口密度相对较大，因此人口可达水平高于用地可达性水平。矮房及棚户类型最差，仅为13.70%，远低于平均水平；在300—500m之间可达和500—1000m之间可达的水平上，也呈现出相类似的特征。在1000m以上可达水平上矮房及棚户和新住宅类型的居住用地人口比例超过平均水平，说明除了位于城市边缘的矮房及棚户外，有相当一部分新建住宅内的居民不能方便地到达城市公园。这些居民多居住在城市二环与三环之间，这部分有待随着城市的开发建设改善配套设施。

4 结论与讨论

综上所述，沈阳市城市公园绿地可达性格局变化分析结果表明，近年来沈阳市政府采取的一系列绿化措施收效较为显著，但城市公园绿地建设并未考虑居住用地的实际分布情况，或者新建住宅用地未考虑城市公园绿地的分布情况，导致城市新住宅用地的城市公园绿地可达性水平较差。

沈阳市城市公园绿地可达性的空间格局仍不均衡、不太合理，这主要与沈阳市绿地分布格局和公园绿地与居住用地的空间分布关系有关。因此，今后沈阳市政府应着力解决好新增城市公园绿地特别是公园绿地的空间布局问题，在未来城市公园绿地规划中应根据城市居住用地的实际空间分布来布局城市公园绿地，通过土地置换和征购等多种途径增加中心城区的绿地面积和斑块数量，以解决中心城区大型公共绿地不足的问题，使城市公园绿地在城市可持续发展中起到更大的作用。

参考文献

[1] 俞孔坚，段铁武．景观可达性作为衡量城市绿地系统功能指标的评价方法与案例．城市规划，1999，23(8)：8-14.

[2] McCormack G R, et al., Characteristics of urban parks associated with park use and physical activity: A review of qualitative research. Health & Place, 2010, 16(4): 712-726.

[3] Grahn P, StigsdotterU A. Landscape planning and stress. Urban Forestry & Urban Greening, 2003, 2(1): 1-18.

[4] Neuvonen M, et al., Access to green areas and the frequency of visits — A case study in Helsinki. Urban Forestry & Urban Greening, 2007, 6(4): 235-247.

[5] Sugiyama T Ward Thompson, C. Associations between characteristics of neighbourhood open space and older people's walking. Urban Forestry & Urban Greening, 2008, 7(1): 41-51.

[6] Panter J R, Jones A P. Associations between physical activity, perceptions of the neighbourhood environment and access to facilities in an English city. Social Science & Medicine, 2008, 67(11): 1917-1923.

[7] 尹海伟，孔繁花．济南市城市绿地可达性分析．植物生态学报，2006，30(001)：17-24.

[8] Van Herzele A, Wiedemann T. A monitoring tool for the provision of accessible and attractive urban green spaces. Landscape and Urban Planning, 2003, 63(2): 109-126.

[9] Nicholls S. Measuring the accessibility and equity of public parks: A case study using GIS. Managing Leisure, 2001, 6(4): 201-219.

[10] Talen E, Anselin L. Assessing spatial equity: an evaluation of measures of accessibility to public playgrounds. Environment and Planning A, 1998, 30: 595-614.

[11] Luo W, Wang F. Measures of spatial accessibility to health care in a GIS environment: synthesis and a case study in the Chicago region. Environment and Planning B, 2003, 30(6): 865-884.

[12] Oh K, Jeong S. Assessing the spatial distribution of urban parks using GIS. Landscape and Urban Planning, 2007, 82(1-2): 25-32.

作者简介

李俊英，女，沈阳农业大学，博士，副教授，硕士生导师，研究方向为城市绿地规划设计及景观生态教学科研。

施拓，女，沈阳农业大学，硕士研究生。

李英，女，沈阳农业大学，硕士研究生。

基于新型城镇化风景园林建设的数据可视化研究

The Data Visualization Research Based on the New-type Urbanization of Landscape Architecture

刘安琪

摘　要：数据可视化作为一个新的研究领域，正在广泛地运用于许多领域。本文首先介绍了数据可视化的特点、历史发展；然后讨论了数据可视化对新型城镇化风景园林建设的重要意义，总结了数据可视化在风景园林行业中的 3 种类型；最后介绍了可以利用的可视化技术手段和工具。文章强调了在未来新型城镇化建设中，数据可视化将作为一种重要的工具，协助其推进与发展。
关键词：数据可视化；新型城镇化；风景园林

Abstract：Data visualization as a new research field, is widely applied in many fields. This paper first introduces the characteristics and the history of the data visualization; Then the significance of data visualization on the New-type Urbanization are discussed. The paper summarizes the three types of data visualization in the landscape architecture; Finally visualization techniques and tools are introduced. The article emphasizes in the New-type urbanization construction in the future, data visualization will serve as an important tools, help them to make advance and development.
Key words：Data Visualization；New-type Urbanization；Landscape Architecture

1　什么是数据可视化

数据可视化是一种以大量数据资料和科学的逻辑为基础，借助于图形化手段，最终清晰有效地传达与沟通信息的手段（图 1）。

从定义中我们可以看出，可视化的基础是科学的逻辑和数据资料，但是这并不就意味着，数据可视化就一定

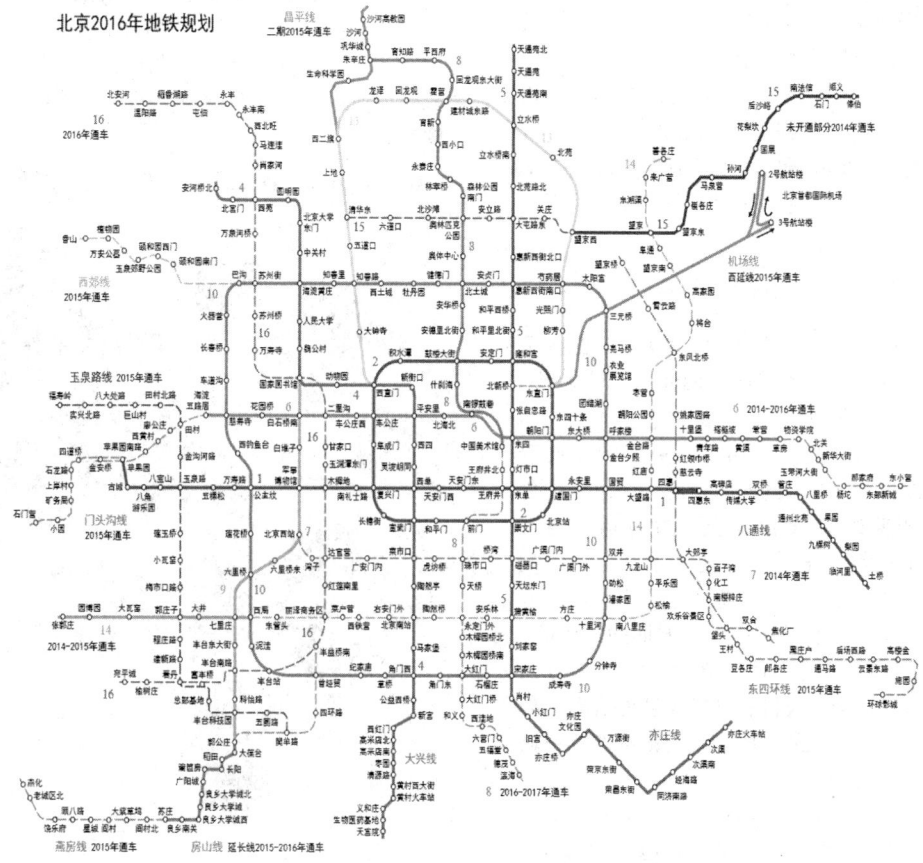

图 1　北京地铁规划图

因为要实现其功能用途而令人感到枯燥乏味，或者是为了看上去绚丽多彩而显得极端复杂。为了有效地传达思想观念，美学形式与功能需要齐头并进，通过直观地传达关键的方面与特征，从而实现对于相当稀疏而又复杂的数据集的深入洞察。然而，设计人员往往并不能很好地把握设计与功能之间的平衡，从而创造出华而不实的数据可视化形式，无法达到其主要目的，这也就是我们在风景园林设计工作中传达与沟通信息之时面临的问题。

2 数据可视化的历史

数据可视化（Data Visualization）并不是一个新的词汇，来源于科学计算可视化（简称可视化，英文是 Visualization in Scientific Computing，简称 Vise）属于计算机图形学的一个重要研究方向，是图形科学的新领域。早在20世纪50年代计算机图形学的早期。当时，人们利用计算机创建出了首批图形图表。这些先驱们敏锐地发现，计算机庞大的计算能力不仅仅可以运用于处理文本数据，更可以将符号或数据转换为直观的几何图形，便于研究人员观察这些数据之间复杂的内在联系。1987年2月，由布鲁斯·麦考梅克、托马斯·德房蒂和玛克辛·布朗所编写的美国国家科学基金会报告《Visualization in Scientific Computing》，报告给出了科学计算可视化的定义，并开始引起社会广泛的关注。20世纪90年代开始，人们发起了"信息可视化"、"统计图形"、"科学可视化"、"信息图形"等许多相关研究领域，目的是为许多应用领域之中对于抽象的异质性数据集的分析工作提供支持。现如今，可视化领域已经涵盖了许多领域，包括医学、商业、金融、制造业、行政管理等许多对于数据尤为关注的行业。风景园林学作为一门蕴含科学与美学的综合学科，相较于其他行业，更需要进行数据可视化方面的研究。目前，在我国新型城镇化风景园林建设中，数据可视化技术的应用起步较晚，发展较慢，应当受到我们足够的重视。

3 数据可视化对新型城镇化的重要意义

中国的城镇化，是世界人口最多的城镇化，因此说是世界上最复杂的城镇化也不为过。面临如此巨大的挑战，党的十八大明确提出了"新型城镇化"的概念。

近十年来，我国城镇化经历了历史上最快的发展阶段，同时也带来了许多令人头痛的问题。比如快速城镇化对自然生态环境的严重破坏；缺乏对历史文化遗产与古村落的合理保护；土地城镇化与人口城镇化速度不匹配导致的"空城"、"鬼城"等。造成这些问题的原因，一方面是因为过分追求眼前经济利益；另一个方面的原因是，城镇化的对象是一个综合的复杂体，蕴含了大量多方面的产业、人口、土地、社会、农村、自然环境等信息，如果没有合理的处理、管理信息的手段，我们很难做到新城镇化在全方面地协调发展。

最近在波士顿有一个有趣的数据可视化实践，威斯康星大学的两位博士创建了一个名为波士顿地理学（Bostonography）的一系列数据可视化案例。其中一个案例探讨了生活在波士顿的人们对于社区边界的认识，他们认为波士顿是一个具有鲜明城市特色的城市，因为城市中有着丰富多样的社区和街道，但是社区的边界却没有按照政府或城市规划师预想的那样发展，在居民生活的过程中，对于街区和城市的边界产生了许多分歧，这直接导致了频繁的纠纷。为了了解社区印象在人们心中是怎样形成的，他们利用 Google Map API 工具在网络上建立了一个交互共享的波士顿地图，在地图的右边提供了不同颜色的社区名称，人们可以按照自己对社区的认识，在地图上划出每个社区的范围（图2）。

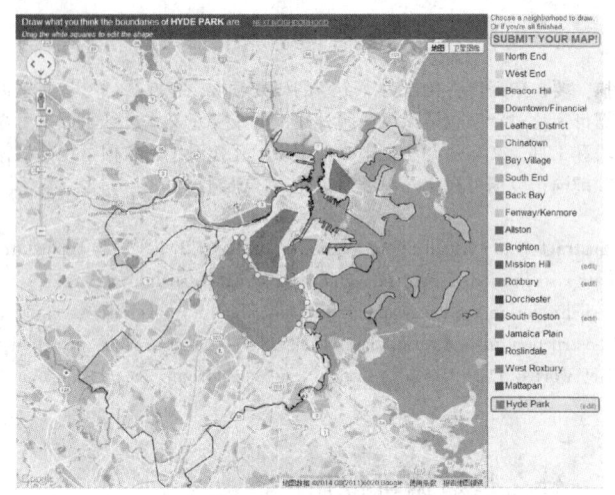

图 2　波士顿地理学网站截图

最终，他们收集了近千份数据，形成了一份可视化的图表。人们对于社区的认识在图中显而易见，哪里是有共识的区域，哪里是有争议的土地。红线是由居民所划的边线叠加而成的，颜色越深表明了人们对社区边界的共识度较高（图3）。

图 3　波士顿社区边界共识图

另一张图片颜色从深到浅，表示出人们对于社区面积从高到低的共识程度（图4）。

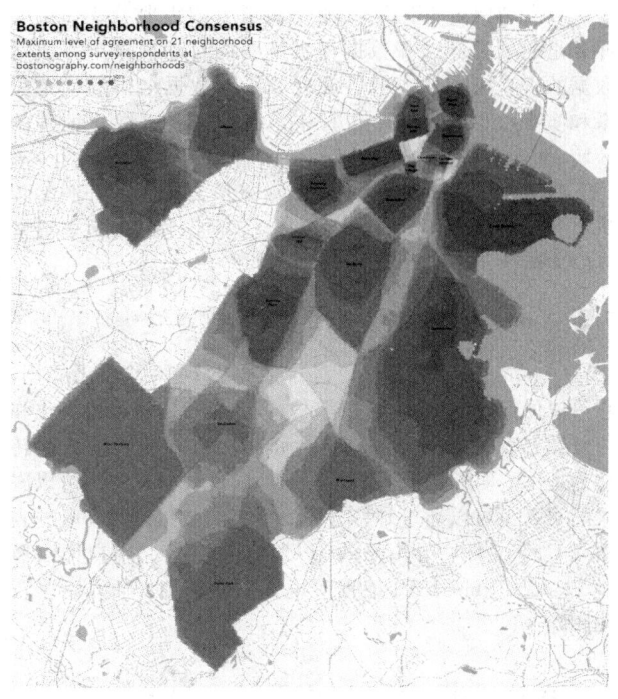

图4 波士顿社区面积共识图

这只是许多数据可视化案例中的一个，但也为我们提供了许多值得深思的问题，在新型城镇化建设中，城、镇、村的边界划分是否与政府和规划师预想的相同？居民是否能与规划师达成共识？也许通过这些数据可视化的帮助，我们可以了解得更多。

数据可视化对新型城镇化的意义主要体现在3个方面。

（1）为政府决策提供参考：新型城镇化的决策者不仅需要对区域内社会、经济、人文、自然等各个方面深入了解，更需要了解各个因素之间的相互影响和制约的关系，在此基础上做出相应的判断。这要求决策者具备相应的知识和丰富的经验。数据可视化可以帮助决策者直观的了解区域情况，提高工作效率。

（2）为设计与实施提供依据：在设计和实施阶段，帮助设计者有效地分析数据，为设计和施工提供可靠的科学依据。

（3）加强民众参与：提高公众参与度，收集第一手公众的使用信息，持续跟踪项目的发展，为后续建设提供有价值的信息。

4 数据可视化在风景园林行业中的3种类型

4.1 基于ArcGIS的地理信息可视化

20世纪70年代开始，生态恶化和自然环境的破坏日益受到世人的关注，美国宾夕法尼亚大学景观建筑学教授的麦克哈格（Ian McHarg）提出了将景观看作一个包括地质、地形、水温、土地利用、微生物、野生动物、气候和植物等要素彼此相互联系的整体。他把这些决定性的要素以单因子分层分析和综合叠加分析的方法进行处理，即"千层饼"模式。在"千层饼"的原理下，利用ArcGIS软件，通过卫星栅格照片为基础，建立矢量数据与卫星影像相结合的地理信息可视化模式。

基于ArcGIS的地理信息可视化模式具有以下3种功能。

（1）异质性数据的可视化：异质性数据的可视化指将水文数据、高程数据、经济数据等不同专题的数据，通过普通地图的制图设计，采用一定的图像表现手段来实现异质性数据的可视化。

（2）矢量与栅格图像数据的分层可视化：将不同尺度和不同分辨率的栅格数据按照从高到低的等级进行分级组织和显示；而不同类型的矢量数据采用分层显示控制的方法。

（3）地理数据与设计数据的可视化：地理数据与图像结合，更侧重与GIS的分析功能。而设计数据与实际地理数据相互对比，形成直观的数据比较，便于实时修偏。

总的来说，地理信息可视化的优点在于系统性强，数据准确性高，并具有一定的交互性，在新型城镇化建设的运用中应该侧重于前期的数据分析和管理；缺点在于不能表现异质数据之间的相互关系，视觉直观表现力不足，缺乏共享性。

4.2 基于设计图纸表达的数据可视化

基于设计图纸表达的数据可视化是目前应用最广泛的可视化手段，也是国内我们一直在使用的可视化手段。主要包括平面数据可视化和三维数据可视化两种手段，通过计算机辅助设计软件、平面设计软件、三维建模软件等多项手段，绘制方案平面图、施工图、效果图等一系列设计图纸。这一方式在风景园林的设计阶段有助于设计师合理控制设计参数，在施工阶段为工程师提供清晰的结构信息。

基于设计图纸表达的数据可视化的数据处理过程为：数据预处理—映射（建模）—绘制和显示。这种处理方式在原理上与传统手工绘制并没有区别，与上文提到的地理信息可视化相比数据系统性较差，交互性较低；优点在于视觉表现力强，易于理解，在实际建设中应用侧重于方案汇报和沟通。

4.3 基于HTML5的交互性共享可视化

交互性（Interactive）是一个比较广泛的概念，运用不同的领域其含义是不同的。其中比较重要的概念为人机交互（Human-Computer Interaction，简写HCI）："是研究关于设计、评价和实现供人们使用的交互计算系统以及有关这些现象进行研究的科学。"在这里，交互性指的是一种可操作性，相比于被动的阅读，具有交互性的可视化模式更容易使人融入其中。

共享（Sharing）是指资源或空间的共同分享及利用。相较于人与计算机的交互，共享性更体现在人与人的交流，通过基于HTML5的网络共享，我们为共享可视化创造了条件。

HTML是使用最广泛的网络标记语言，HTML5作为HTML的新一代标准，具有强大的交互、多媒体、图像处理等方面的能力。基于HTML5的交互性共享可视化，可以提供的信息涵盖了地理信息、地图信息、三维模型等数据的可视化展示。

基于HTML5的交互性共享可视化的数据处理过程为：数据库建立—数据提取—数据多序显示—数据分析和挖掘。在这种处理过程下，数据映射和绘制转变为了相对开放的过程，通过HTML5的共享特性，加强了决策者、设计者、使用者之间的联系。具有数据系统性强、交互性强、视觉表现力强的特点，对于建成项目可以实施有效的跟踪监督。

5 交互性共享可视化的技术手段与工具

5.1 数据分析、绘图专业软件

这类软件我们并不陌生，微软的Excel是世界上最流行的电子表格工具，也是最常用的数据分析、数据绘图软件，使用Excel我们可以轻易地创造出简洁清晰的饼状图、柱状图。这种数据的表达方式适合数据之间的纵向或者横向比较，如果面对复杂系统的数据比较，Excel并不足以满足我们的需要。

Gephi是交互式可视化探索平台，可以为我们提供完全不同的数据呈现方式，通过对表达方式结构、形状、颜色的控制，以显示数据内在的隐藏属性。使用的目标是帮助数据分析人员做出假设，直观地发现，方便推理（图5）。

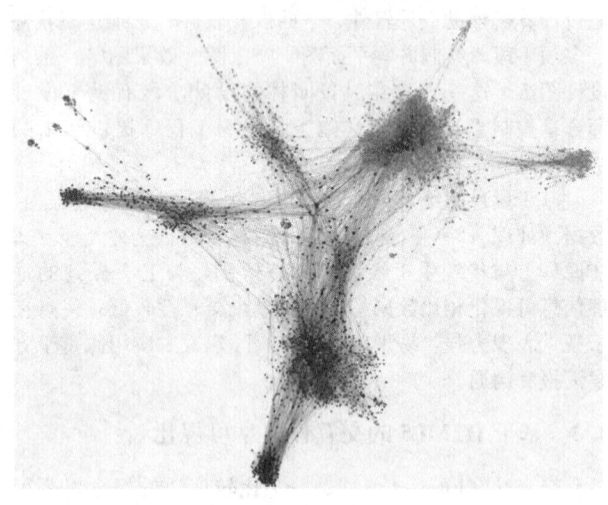

图5　Gephi力线关系图

5.2 可视化编程语言和环境

数据结构可视化是可视化领域里的重要分支，主要任务是通过对算法和数据逻辑结构的自动抽象来完成对数据的直观可视化，最后实现算法与数据结构的动态关系和演变过程。在这个过程中，我们需要可视化编程的环境。

Processing是可以创作图片、动画和交互的开源编程语言和环境。现在Processing已是可视化领域最重要最常见的编程语言之一。

5.3 Google图表和可视化工具

Google Fusion Tables是个数据管理和可视化应用，它可以便捷灵活地在线存储、管理、合作编辑、可视化和公开数据表格。用户可以选择将相应格式的表格数据转化为地图、时间轴或者其他图表，这些可视化图表可以嵌入网页，也可以通过邮件分享。上传的数据格式为电子表格或CSV文件，导出格式为CSV或KML。用户可以通过Fusion Tables API编程实现数据的查询、插入、更新和删除。

6 发展与未来

从山洞壁画开始，人类对于图像的敏感度从未因为文字的出现而降低过。如何将图像的敏感性与文字的科学性相结合，这正是数据可视化所研究的方向。在新型城镇化的建设中，风景园林的核心工作是要处理好人与自然的关系，因此我们的眼光必须具有前瞻性，学习最新的思想、应用最新的技术，在很"硬"的层面多做努力。只有这样，风景园林学科才能成为一个不断发展的学科。

参考文献

[1] 伊恩.伦诺克斯.麦克哈格.芮经纬译.设计结合自然.天津：天津大学出版社，2006：187-200.

[2] 仇保兴.新型城镇化：从概念到行动.行政管理改革，2012(11)：11-18.

[3] 蔡忠亮.多媒体电子地图的信息组织方法及可视化机制研究[学位论文].武汉：武汉大学，2004.

作者简介

刘安琪，1989年12月生，男，汉族，天津，硕士，北京林业大学在读硕士研究生，研究方向为风景园林规划设计与理论，Email：113516265125@foxmail.comzuo。

钢铁企业的景观改造研究

Landscape Reconstruction of the Iron and Steel Enterprises

刘 烨

摘 要：伴随着城市的发展与扩张，许多原本处于城市郊区的钢铁企业用地逐渐成为城市中心区域，企业生产过程产生的多种污染物给城市环境带来严重压力。本文通过对钢铁企业环境现状、特点和文化内涵的分析，并借鉴多个国内钢铁企业景观改造案例，从抗污滞尘的景观手法入手，探讨了钢铁企业景观改造的原则、理论与方法。

关键词：钢铁企业；抗污；景观改造

Abstract: With the development and expansion of cities, many iron and steel enterprises gradually become the city center area which were in the city suburb. A variety of pollutants put serious pressure tourban environment. Through the analysis of the environmental quality and culture of enterprises, and learn from the classic cases in china. From the sight of decontamination, discusses the principles of landscape reconstruction for the iron and steel enterprises, as well as theories and methods.

Key words: Iron and Steel Enterprises; Decontamination; Landscape Reconstruction

不同于废弃工业用地，钢铁企业在进行景观改造时仍然进行生产活动，是"活着"的工业景观。此类项目既要面对工业生产带来的严重而持续的污染，又需协调"生产经营"、"环境提升"和"使用体验"三者的关系。成功的钢铁企业景观改造，不仅可以产生美学效益和生态效益，还有助于改观公众对重工业企业环境的固有印象。本文试图对钢铁企业景观改造的若干问题进行研究，探索对此类工业用地进行景观改造的原则、理论与方法。

1 钢铁企业的环境现状与特点

1.1 我国钢铁企业的环境现状

伴随着城市的发展和扩张，许多原本处于城市郊区的钢铁企业用地逐渐成为城市中心区域，企业生产过程产生的气体、液体、固体、粉尘和噪声等污染物给城市环境带来严重压力。许多企业在环保压力下付出高额成本外迁到城市郊区或其他省份，然而，不论置身何处，钢铁企业生产带来的环境污染并不会因为厂址迁移而大幅降低，因此，对钢铁企业环境进行改造和提升是我国现代城市绿地景观规划设计中的一个重要问题。

1.2 钢铁企业的环境特点

钢铁企业景观具备工业景观的一般特征和钢铁行业的独有特性。首先，景观基底极具工业个征，奔流滚烫的铁水，高耸的生产设备，体量巨大的车间和震耳的轰鸣共同构成了一幅充满力量感的原始画面。其次，厂内土壤受到较重污染而影响植物生长，给植物选择和后期养护带来困难。第三，厂内的粉尘污染使景观效果难以保持长久。最后，在实际工作中，钢铁企业的环境改造常常受限于企业领导的意识形态，这对景观工作者的自我坚守和社会责任感提出了更高要求。

1.3 钢铁企业环境的文化内涵

20世纪50年代开始，新中国经历了如火如荼的工业建设阶段，钢铁工业被作为重工业代表而得到了大力发展。时至今日，许多城市中仍然保留着一批历史较为悠久的老钢铁厂，它们和新时代钢铁企业一起成为我国后工业时代发展的象征和城市发展的历史印记。如首钢集团留给北京石景山区的火红岁月，唐钢集团绿色转型带给唐山的蓬勃生机。相较于工业遗址景观的"静止"状态，对生产中的钢铁企业进行景观改造更能激发和延续现代工业景观的时代感和生命力。

2 钢铁企业的景观改造原则

2.1 生产优先原则

钢铁企业用地紧凑，景观用地大多靠近生产设备和设施。景观改造要保证生产安全，原料产品运输便捷及各种管线畅通，以服务于企业生产和员工生活为基本出发点。

2.2 统一规划原则

景观改造需密切结合片区发展规划，景观风格应与城市风貌协调统一。根据钢铁企业自身的生产布局和运营特点，对全厂景观特色、主题进行合理定位，统一规划，形成主次分明，亮点突出的景观结构布局。

2.3 生态适应性原则

植物选择的基本原则是厂内的环境条件应与植物学、生态学特征相适应。只有对场地内土壤、气候、污染源能够适应的植物，才能成活和生长，形成稳定的植物群落，达到对环境生态修复的目的。

2.4 功能与美观原则

钢铁企业景观应对城市生态建设起到积极作用，使企业用地范围内的绿地景观面貌得以改善。景观能应满足生产、经营和生活的功能需要，符合工业景观的美学特征。

2.5 成本节约原则

在植物应用、景观材料来源等方面均可对厂内现状资源加以利用，实现成本节约的目的。

3 钢铁企业的景观改造手法

3.1 污染源分析

钢铁企业的污染物集中在生产区域，包括铁前区和铁后区。不同生产车间的污染物有所区别（表1），应采取针对性设计手法，将景观的抗污、除尘和美化功能发挥到最大。

钢铁企业主要污染物　　　表1

生产分区	生产车间	主要污染物
铁前区	料场	粉尘、噪声
	焦化	煤尘、废水、硫化物、氰化物、多环芳烃、酚类等
	烧结	废热、金属尘、硫化物、二噁英等
	炼铁	氧化铁尘、一氧化碳、二氧化碳、硫化物等
铁后区	炼钢	废热、废水、氮氧化物、硫氧化物、碳氧化物、固体废弃物、噪声等
	热轧	金属尘、二氧化硫、废水、噪声等
	冷轧	氧化铁尘、含酸蒸气、废水等
	煤气柜	二氧化硫、硫化氢、一氧化碳、氮化氢等
辅助设施	石灰窑	粉尘、含尘烟气、废水、噪声
	软化水站	废水
	铁路	粉尘、噪声

3.2 抗污手法研究

粉尘和有害气体是对环境质量影响最为严重的污染物。目前，企业通常通过除尘设备、除尘车和人工方式进行环境清洁，成本较高且效果差强人意。如何借助景观改造手段达到抗污、除尘效果，是钢铁企业景观改造需要重点考虑的问题。

3.2.1 道路除尘模式

厂内粉尘主要来自料场扬尘和车辆遗撒，以阻截粉尘来源和控制传播途径的方式对粉尘污染进行控制。目前，厂区多以挡风抑尘墙+单侧排水沟的模式（图1）阻挡、收集粉尘，此模式除尘效果有限，排水沟容易堵塞。建议在原有设施基础上，改造为挡风抑尘墙+流水边沟+坡路+流水边沟+梯形开口绿化（图2）的除尘模式，此模式中的两侧流水边沟采用厂内处理的循环中水，以污水处理站—流水边沟—污水处理站的单循环全天流动，及时冲刷、带走边沟收集的粉尘。在不影响货车通行的前提下，加大道路中线向两侧倾斜的坡度，使车辆遗撒更易滑落至流水边沟。将靠近原料堆放地一侧的绿化开口改造成梯形，小开口朝向原料场，大开口朝向道路，使粉尘随空气的流动形成"易进难出"的效果。

改造前的除尘模式将粉尘截留在厂区内，对厂区内部道路和工作空间污染较重。改造后，通过阻截原料堆的粉尘来源和及时控制传播，使厂内交通和工作环境得以改善，从而抑制粉尘向城市空间的扩散。

3.2.2 植物抗污模式

（1）选择适宜的绿化树种

铁前区包括料场、烧结、焦化、炼铁等重污染生产环节，产生大量各类粉尘、硫化物、氮氧化物和碳氧化物等，应选择吸附、滞尘能力强的树种以复层混交的形式进行绿化隔离。铁后区的污染物主要为炼钢产生的氟化氢和氮氧化物，以及生产、运输所产生的高温环境，应选择具有针对性吸附能力的绿化树种，和叶质较厚、耐高温的树种。厂内其他区域污染相对较轻，可采用当地常用园林树种。

滞尘树种：构树、桑树、广玉兰、刺槐、朴树、木

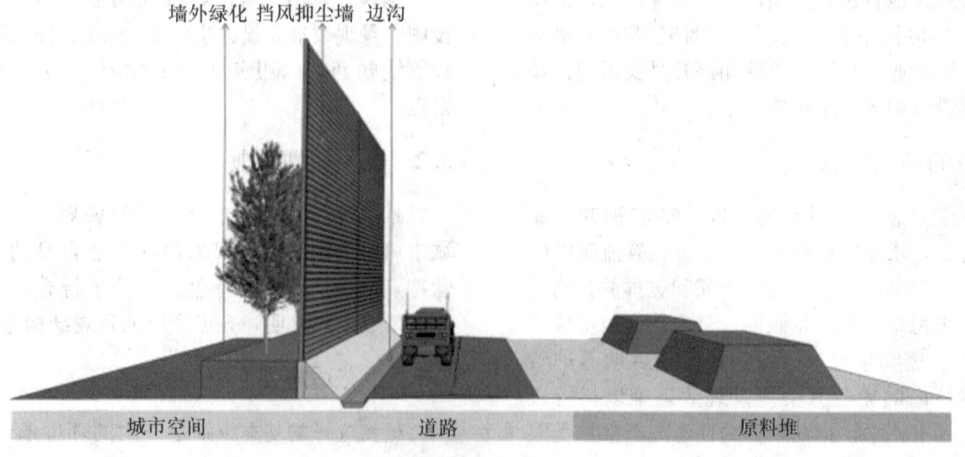

图1　改造前除尘模式

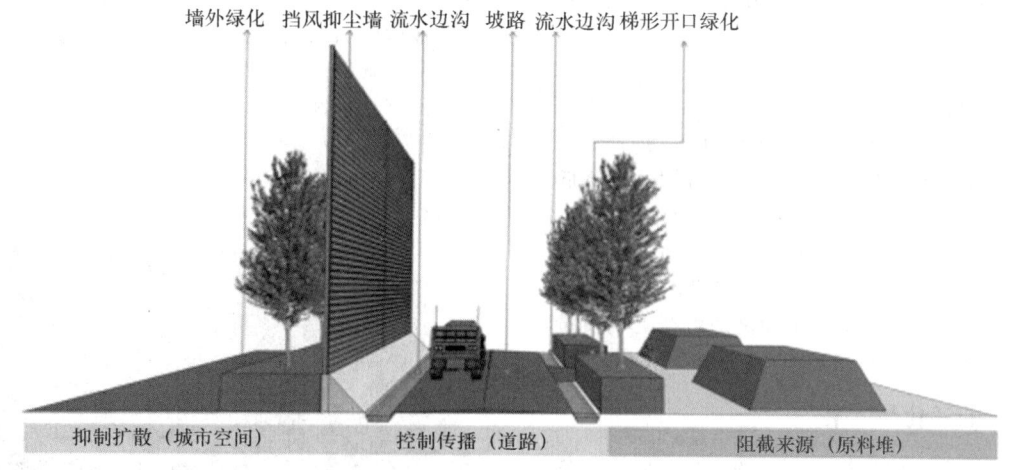

图 2 改造后除尘模式

槿、梧桐、泡桐、悬铃木、女贞、臭椿、楝树、夹竹桃、紫薇、榆树、侧柏等。吸收硫化物的树种：夹竹桃、日本女贞、海桐、大叶黄杨、广玉兰、女贞、珊瑚树、栀子、冬青、棕榈、梧桐、银杏、刺槐、垂柳、悬铃木、构树、瓜子黄杨、蚊母、国槐、丁香、紫薇、臭椿等。抗氟化氢树种：刺槐、小叶黄杨、蚊母、合欢、棕榈、构树、侧柏、接骨木、月季、紫茉莉、常春藤、丁香、木槿、美人蕉等。

(2) 种植形式

a. 复层混交种植（图3）：将多种抗性植物以多层次结构配植，对乔木、灌木和绿篱进行垂直混交，对粉尘、有害气体和噪声进行滞留和消减。此种方式多与挡风抑尘墙相结合，布置于料场外侧、厂区围墙周围，需保证一定的绿化带宽度。

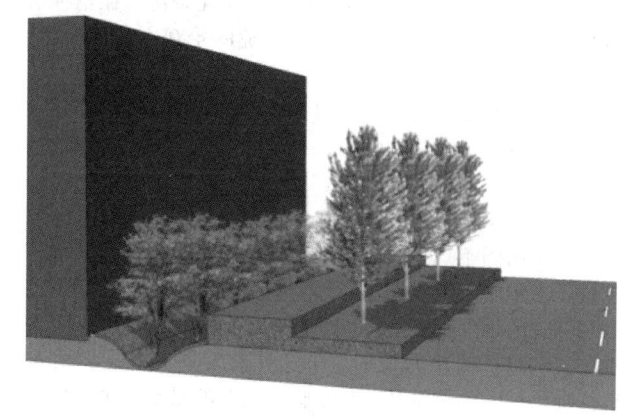

图 4 滞污沟模式

图 3 复层混交种植

b. 滞污沟模式（图4）：多用于焦化、烧结等铁前区生产单元外侧绿地，利用硫化物等气体密度比空气大，易沉积在空气底层的特性，在车间外侧绿化带中设置滞污沟，沉积并收集污染气体和粉尘。沟内种植具有吸附能力的树种，沟外进行复层种植，对污染物进行隔离和过滤。

c. 滞污土丘模式（图5）：多用于煤气柜等周边含氧

图 5 滞污土丘模式

量较低的生产单元外侧绿地，在绿地中部设置滞污土丘，土丘顶部氧含量相对较高，宜种植阔叶乔木，即有利于植物生长，又有助于小环境含氧量的提高。土丘底部种植具有吸附能力的树种，对沉积于空气底层的污染气体和粉尘加以阻滞。

3.2.3 立面自洁材料

针对建筑立面、生产设施积累的大量粉尘，应选择不同的自洁材料进行涂装，使立面本身具有自洁功能，降低环境维护成本。厂房车间外立面宜采用 hpc 自洁彩钢板，工业建筑外立面可以根据不同部位采用氟碳漆、超疏水自洁涂料和无色透明的玻璃自洁涂料，这些材料具有独特的不黏性和疏水性，借助于雨水冲刷即可在空气质量较差的工业区保持墙面的色彩和清洁。

3.3 文化内涵的活化与再生

钢铁企业历经十几年甚至几十年的发展，形成了各具特色的企业文化和场所精神。景观改造需以企业文化为基础，结合地域特色、历史遗存等文化资源，在精神层面赋予景观新的人文内涵。钢铁企业的景观主题宜醒目、明了、贴切，能够直接或间接反映景观改造的特色、手法和意义，可以通过比喻、诗词、排比句等形式进行描述。

如笔者参与的包头钢铁集团景观项目以"古树新花"为题表达传承与发展的关系，"古树"象征包钢数十年企业精神的传承，"新花"代表新时代经营、生产理念的转变。如唐山国丰钢铁公司景观改造项目，以植物造景为题赋诗"国丰新景"强调绿化提升的重要性，通过诗句点明景观绿化的四季特色和骨干树种。例如珠海粤钢集团景观改造项目，依托珠海的城市文化和发展工业旅游的契机，提出"幸福粤钢环，浪漫临港眼"的景观构想，使企业精神与城市气质相融合，对钢铁企业环境提出了更具人文关怀的美好愿景。无论何种表达方式，其最终目的都应殊途同归，为企业环境提升指明方向，使企业景观成为凝聚人文精神的场所。

3.4 对特色空间的改造

钢铁企业通常采取封闭式管理，厂区环境主要服务 3 类人群：厂内员工、厂区面向城市空间所接触的人群和外来参观人员。这 3 类人群对环境的使用方式、体验角度和感受各不相同，因此，将景观空间归纳为 3 种类型进行针对性改造。

休憩绿地是厂内员工的主要休闲、活动场所，空间氛围应亲切、怡人，空间尺度、设施高度、景观风格、材料质感与色彩等方面都应能满足员工的行为习惯和审美需求。厂前区包括大门和综合办公空间，直接面向城市人群，是企业形象的直观展示，宜营造开敞、大气的空间氛围，形象设计应具有一定的视觉冲击力和标志性，同时与周边城市景观风格相协调。参观路线是针对外来参观人员而打造的一条连贯的景观环线，它串联厂内各个重要生产单元，铁前区段应重点展示植物的滞尘、减噪作用，铁后区段可结合企业历史与文化进行叙事型景观手法的塑造。

3.5 特色物件的利用与再创造

钢铁企业的生产设备、设施具有浓郁的工业时代韵味，景观改造可以借鉴废弃工业用地的改造思路，对厂内的工业构件加以利用，通过巧妙的创意构思使之成为景观小品或景观材料。例如在唐钢集团景观改造过程中，将废旧的钢铁构件作为钢铁元素的景观小品进行展示（图 6、图 7），为参观者提供体验工业文化的载体。同时，将用于厂房立面的彩钢板与种植池相结合，成为极具工业景观色彩的特色景墙（图 8）。

图 6　唐钢景观小品

图 7　唐钢景观小品

图 8　唐钢文化景墙

3.6 土壤改良

钢铁企业的土壤在酸碱性、含水量等方面发生不同程度的改变，如不对其加以改良将影响植物景观效果的形成。可以采用化学试剂改良、物理措施改良和生物手段改良等多种方式对厂内土壤加以处理。化学试剂改良通过化学离子将土壤中的强酸、强碱性离子中和，适合大面积土壤改良。物理措施改良主要采用客土置换和灌水浸土方式，针对性较强，适合中高度污染区域。生物改良常常借助有机质和微生物达到净化土壤，增加肥力的作用。

4 结语

景观改造并不能根治钢铁企业的环境污染问题，我们所做的研究和努力仅仅是一个开端。令人欣慰的是，如唐钢、宝钢等一些钢铁企业已经通过景观改造成为"花园式钢厂"的典范，为城市景观建设增添了亮点。面对此类景观改造项目，仍有很多问题需要深入研究和探讨，借由此研究提出一些看法与建议，以期获得指正和帮助。

参考文献

[1] 王向荣，林箐. 西方现代景观的理论与实践. 北京：中国建筑工业出版社，2002.
[2] 潘霞洁，刘滨谊. 城市绿化中的城市废弃地利用. 天津建筑科技，2010(11)：33-35.
[3] Luís Loures，陈美兰，狄帆. 基于案例分析的后工业景观改造的规划设计理论. 风景园林，2013(1)：133-135.
[4] 刘海龙. 采矿废弃地的生态恢复与可持续景观设计. 生态学报，2004(2)：323-329.
[5] 刘抚英. 后工业景观设计. 上海：同济大学出版社，2013.

作者简介

刘烨，1986年10月生，女，汉族，吉林辽源，硕士研究生，中冶京诚工程技术有限公司，工程师，研究方向为景观规划设计，Email：liuye@ceri.com.cn。

面向中小城镇的低成本益康园林设计初探
——以河北肥乡县残疾人康复就业中心园林设计为例

For Medium and Small Towns of Low-cost Healing Garden Design
——In Hebei Feixiang Rehabilitation for the Disabled Employment Center Landscape Design As an Example

罗笑轩　付彦荣

摘　要：建造特征为"低废弃、低干预、低建造与低冲击"的低成本益康园林景观是中小城镇社会保障建设的重要内容和园林景观建设的一个新课题。本文从益康园林和低成本园林的基础理论研究入手，总结了相关概念，分析了相关案例，进而总结出低成本益康园林的设计原则与策略。运用这些指导设计原则及策略，进行了河北肥乡县残疾人康疗就业中心园林景观设计。方案兼顾疗养功能、景观效果和成本节约3个目标，在低成本的益康园林景观营造方面进行了积极探索。论文指出，低成本益康园林应是中小城镇中疗养中心园林的一个发展方向，对现有苗圃、花圃、卫生院等进行景观提升和功能改造，可以是短期内低成本实现疗养中心景观建设的一条可行道路。

关键词：中小城镇；残疾人；益康园林；低成本；康复中心

Abstract: To construct the low cost of healing garden which been characterized by "low waste, low interference, low construction and low shock" is an important part of the small town construction of social security and a new subject in the construction of the landscape. This article starting with the research of basic theory of healing garden and low cost garden, summarizes the related concepts, analyzes the related cases, and then summed up the design principles and strategies of low cost healing garden. Using these guiding principles and policies to design the healthcare employment for disabled center landscape in hebei feixiang. The design recuperate function of give attention to two or morethings and landscape effect and cost saving three goals, in terms of low cost healing garden construction has carried on the positive exploration. Paper points out that low cost healing garden should be a development direction of the landscape in health center in small towns, to landscape improvement and function transformation for the existing nursery, flower nursery, township public health centers and others can be a feasible road to implement the low cost construction of landscape in health center in a short time.

Key words: Small and Medium Towns; Disabled; Healing Garden; Low Cost; Health Center

1 前言

中小城镇是新型城镇化的关键，[1]发展中小城镇则是重构城市体系、优化我国城市空间战略布局的关键抓手。中小城镇也是吸纳农业人口转移的主要载体。中小城镇建设中，应加强制度创新，优化公共服务和公共治理，优化就业、住房、教育、医疗、基础设施、社会保障等方面的公共产品供给。

绿色基础设施将成为小城镇建设生态和基础设施建设的重要内容。然而，相对于经济发达的大型以上城市，中小城镇在基础设施往往面临着资金方面的困境。除了扩大资金供给外，因地制宜地寻求一条低成本的绿色基础设施建设模式成为一种必然选择。

残疾人是中小城镇的一个弱势群体，也是中小城镇建设中不可忽视的人群。根据2006年第二次全国残疾人抽样调查主要数据显示，全国的残疾人口大部分分布于农村，且年龄一半都超过60岁，大多为三、四级残疾等级以下的中度和轻度残疾，且很少数接受过康复训练与服务。建设满足残疾人医疗服务与救助、康复训练与服务的康复中心将会成为中小型城镇社会保障建设的重要内容，与之配套的园林景观建设也是不可或缺的部分。同样，在有限的资金供给下，中小城镇内这些园林景观建设资金就会更显得捉襟见肘。

本文以中小城镇内服务于残疾人的康复疗养中心内园林景观为对象，在整理分析现有研究成果的基础上，探讨适宜的设计和营建方法，提出低成本益康园林建设思路，旨在为此类园林景观建设提供参考和借鉴。

2 益康园林和低成本园林

2.1 益康园林

益康园林（Healing Landscape）是指通过自然环境的外部因素，或者通过自己在其中运动、娱乐、休闲等内部作用，达到减轻压力，促进身心健康，增强体质，提高心灵和精神方面的健康效果的风景园林。国内现有的中文称谓还有康复园林、康复景观、康复花园、益康花园、康景观、疗养园林、疗养空间等。[2-8]本文选择"益康园林"出自一种更为正面、积极的想法，因为益康的使用者不仅限于病人，身体健康的人亦可从中获益。"医疗"是指疾病的治疗，带给人消极的意向。例如：儿童益康花园的潜在使用者，就包含住院病童的兄弟姐妹或玩伴，倘若直接以"医疗"或"治疗"称之，就会产生标准化效应，引来外界异样的眼光，因而造成使用者的困扰。[2]另外，相对于"益康景观"而言，益康园林更能体现环境综合的治疗和康复功能，而非视觉方面的单一功效。

2.2 低成本园林

低成本园林是在资金短缺的限制下，用最少的资金建设而成的满足基本生态、社会、美学与文化功能的、与周围环境保持协调的园林。低成本园林的设计和建造坚持全过程成本控制原则，建设中需减少土方工程、节约水源、节约能源及材料，建成后需可持续、低维护、舒适、安全与环保。

低成本园林与节约型园林有相同点，同时也存在这许多不同点。两者有共通的设计理念，但又有侧重的解决不同的问题。"节约型园林"提出的"节地、节土、节水、节能与节材"手段是以节约资源和能源并改善局部生态环境，并建立城市生态环境的保护屏障为目的，最终实现人与自然环境的和谐、可持续发展。节约型园林在秉承生态观念的基础上以节约资源为主要目的，节约开支与低成本园林是相同的。但节约型园林可以为了长期发展的资源节约承受短期的资源与资金的大量投入，这与低成本园林本身受资金短缺限制的前提是不同的。[9]

2.3 相关案例研究

2.3.1 伊丽莎白和诺那埃文斯疗养花园

伊丽莎白和诺那·埃文斯益康花园是一处克利夫兰植物园内的疗养花园，花园面积约为1114.8m²。舒适、无障碍、美观被认为是伊丽莎白和诺那埃文斯疗养花园的重要特点与标志。花园获得了2006年美国风景园林师协会（ASLA）设计荣誉奖，是近几年益康花园的经典案例（图1）。设计者是对于康复性花园深有研究和建树的美国风景园林师Cooper Mareus。从此案例可以获得一些启示。（1）花园总体布局人性化，充分考虑了环境影响和使用者自身需求，不同空间的功能与环境协调。（2）花园以自然植物景观为主，保留利用原有植物，且强调了植物景观对人的康益作用。（3）针对人们的不同心理需求，提供不同种类的空间环境，满足使用者交流和私密性的不同选择。（4）考虑到轮椅使用者以及腿脚不便者的使用需求，提供了无障碍的园路系统，使得具有很好的通达性。（5）花园风格朴实，少量名贵材料及植物，以不高的造价达到了益康的目的。

2.3.2 美国罗德岛钢铁工厂院落

罗德岛钢铁工厂院落（The Steel Yard）是低成本园林的一个成功案例，实现了场地原有资源与设计后场地完美的融合。这个钢铁厂项目原始环境非常恶劣，最终被改造成为一个环保再生的场地（图2）。项目获2011ASLA通用设计类荣誉奖。项目启示如下：（1）采用灵活的设计和可再生的材料。很多罕见的再生材料如工地废料、金属废料、家用电器、自行车等被加工集成，变成场地的特

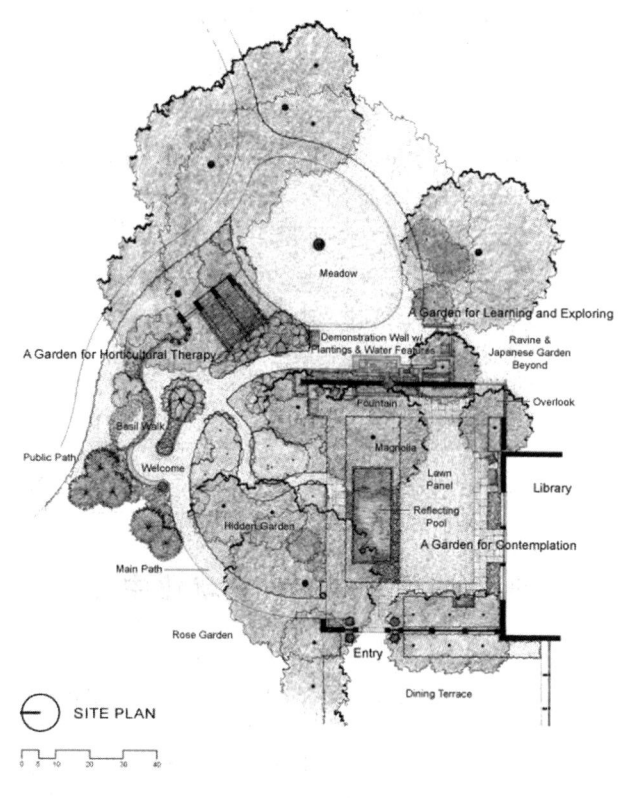

图1 伊丽莎白和诺那埃文斯疗养花园平面图

色。（2）透水路面和"护城河"的设计创造性地解决了可持续性问题，严格控制了成本预算。（3）成功将废弃地转化为公共空间，成为当地居民喜爱的活动场所。

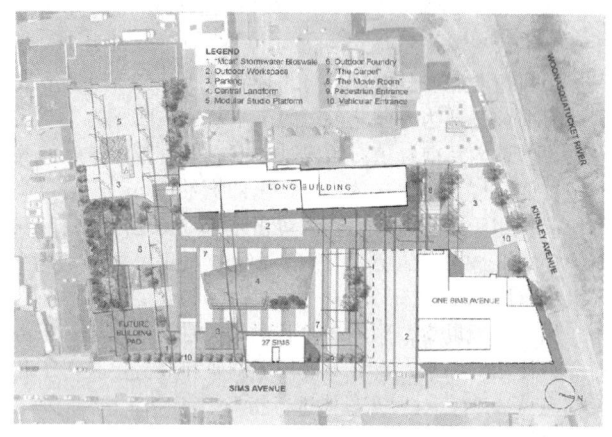

图2 美国罗德岛钢铁工厂院落设计平面图

2.4 低成本益康园林的设计和建造策略

基于以上分析，低成本益康园林的设计和建造，以遵循以人为本、经济适用美观、因地制宜、生态节能和可实施性等原则。美国益康园林专家Cooper Marcus结合前人的研究及现状调查，提出了益康园林的设计要点为：多种选择性、控制感、易于社交、可知性、可接近性、亲和性、安静、生理和心理上的舒适性、积极向上的艺术性、探索性、目标点、私密性、全景、易于维护。[10]结合低废弃、低干预、低建造、低维护等低成本要求，本文就低成

本益康园林的设计和建造策略进行梳理（表1）。

低成本益康园林设计和建造策略　　表1

益康园林设计前提	多种选择、控制感、可知性
益康园林环境营造策略	融入自然、私密性、安静、生理及心理的舒适性、全景、安全感
益康园林生理营造策略	积极向上的艺术性、探索性、目标点
益康园林心理营造策略	社会支持、社交性
益康园林低成本营造策略	低废弃、低干预、低建造、低维护

3 河北肥乡县残疾人康复就业中心园林设计

河北肥乡县残疾人康复就业中心是由当地残联投资建设，供残疾人康复锻炼、就业和交流的公益性场所。中心基于一个现有的苗圃改造建设，可用于建设的资金投入有限。基于以下情况，中心景观定位为低成本的益康园林，基于此定位进行设计。

3.1 前期调研和现状分析

项目位地处邯郸市肥乡县。肥乡县地处河北省南部，是一个以种植业为主的平原农业县，四季差异明显。气候总的特征是：光照充足，气候温和，雨量集中，雨热同季。年平均气温13.0℃。

项目位于肥乡县九鼎街与北环路交叉口以东100m路北，目前该场地为一园艺公司的苗木基地，面积为120亩左右。基地内目前种植有国槐、法桐、皂角等苗木，修建有一栋四层楼，南北长约12m，东西宽约36m，4层，高约13m。用于残疾人学习、活动和休养。场地内主要的建筑物还有6栋肉鸽鸽舍、5个蔬菜生产大棚和两个花卉生产大棚（图3）。

结合实地勘察，采用问卷形式对项目场地现状、服务对象、使用者需求、喜好等进行了调研和分析，获得了相关信息（表2），对展开具体进行指导。

项目基本信息表　　表2

问　题	答　案
项目背景？	当地残疾人联合会与肥乡县曙光苗木园艺有限公司合作，拟将公司鼎北基地改建成为当地残疾人康复疗养就业中心，为当地残疾人提供的一个康复与工作的场所
使用者残疾类型？	主要是对非精神类重度残疾人和轻度精神、智力类患者进行托养

续表

问　题	答　案
使用者构成及人数？	建成后够容纳约100个残疾人居住，配置管理人员和医护人员约50人
使用者的文化程度？	使用者人文化程度偏低，初中和小学或文盲。医护人员和管理人员均在大专以上
使用者的年龄构成？	肢体残疾患者以儿童和老年人为主，精神和智力年龄居中
使用者对养生康复的了解？多选选项：十二段锦、二十四节气做功、五禽戏、太极拳或其他，请补充说明。	太极拳
使用者认为最放松的场所？（供选项：县城广场、县城公园、郊野环境、自家带有树木的小院或其他，请补充说明。）	县城公园
如果使用者有一块地可以供自己支配，希望种蔬菜还是种花草？	种植蔬菜
场地周边环境状况？是否有干扰？	场地周边多农田，无工厂和重大污染，少量噪音，主要来自临近道路车辆
当地是否有风水林？如果有，植物搭配是什么？	无

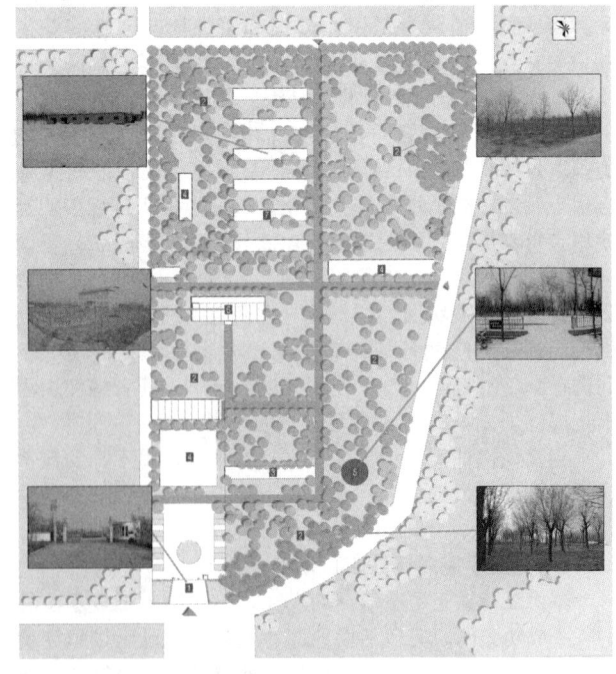

图3　现状图

经分析和与甲方的沟通，项目建设条件比较好，基础植被丰富，周边环境良好，项目类型偏向于专项康复中心，服务对象为非精神类重度残疾人和轻度精神、智力类患者，且预算有限，故决定设计建造低成本、低维护、低废弃、低干预，提供康复、运动、休憩的益康园林。

场地原入口位于南面且面向国道，设计合理，但后与中心内部的景观结构略有冲突，需向东挪动形成景观轴线。其他出入口设置、功能分区比较随意，不太合理，需进行调整，形成完备的功能格局。道路通达性、功能性存在欠缺，需进行完善（图4）。场地内植物数量较多，但景观效果不佳，且具有保健作用的植物缺乏，需对现有植物进行调整和补充，提升景观品质。场地内适合使用者开展康复活动的场地很少，应结合布局调整进行设置。

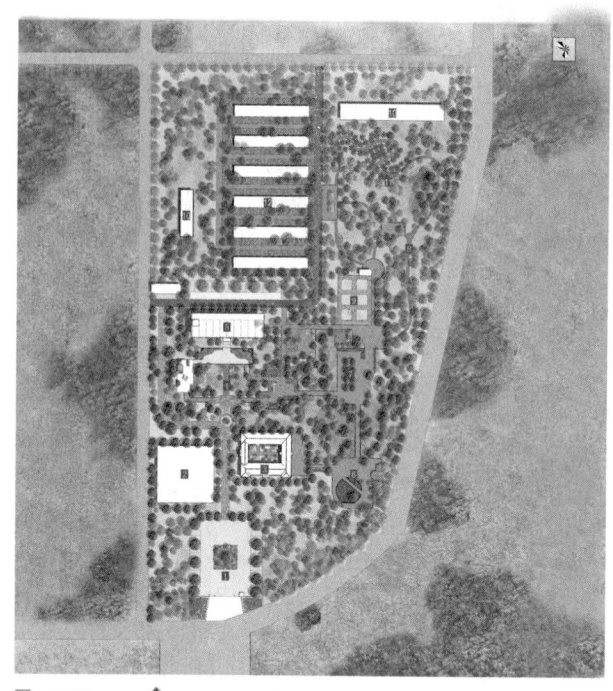

图 5 总平面图

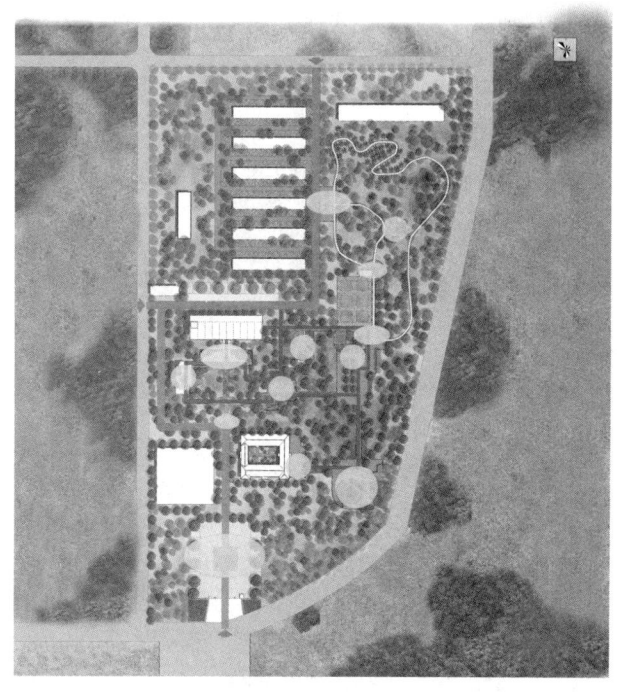

图 4 交通分析图

3.2 总体设计

结合场地现状和功能设计，对原有布局进行调整，增加静谧休憩空间和运动空间，形成"一轴、五区、多节点"的总体格局（图5）。

一轴：原状景观轴线不明确，缺少整体性。设计后，将出入口进行调整，保留原有的北向与西向大门。将南向大门向东挪动，与主楼对应，并增加道路，形成竖向景观轴线。保留主楼作为残疾人居住、学习和室内活动场所。取消原有的竖向车行道，将主楼前区域与东部区域连成一片，有利于园林景观的整体性，并增加横向连接道路，形成横向景观连接线。

五区：根据功能要求，将全园分为五区（图6），分

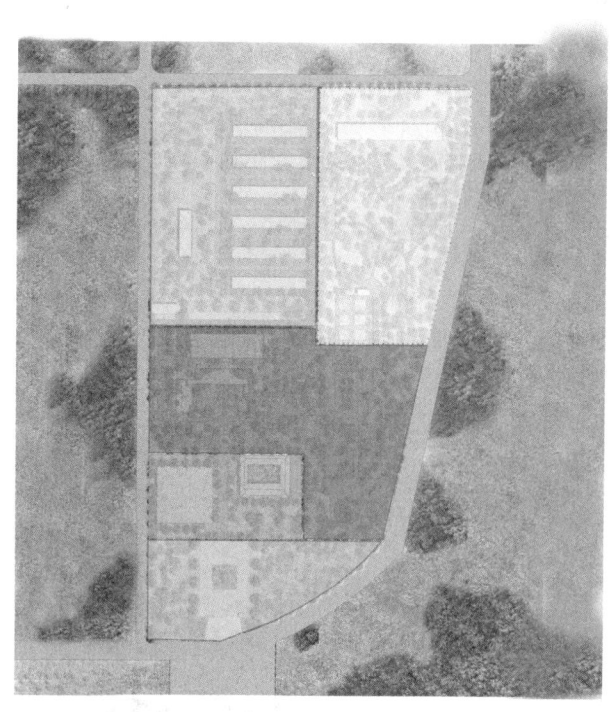

图 6 分区图

别是：入口区、管理生产、康复静思区、森林浴场区和生产运动区。入口区的包括大门、入口广场、停车场、花坛及周边现状苗圃。管理生产区包括现状的温室大棚与

新增加的办公建筑。康复静思区为整个中心的重点区域，包括主楼（居住、专业医疗服务和培训场所）和益康花园（一系列具有静思、运动、感受和亲水活动的场所）；森林浴场区为位置于东北角，在现状基础上，增加了康复游路及必要的休息景观节点，为需要康复的人员提供不同级别的、不同长度的游路，供开展步行等健康活动。生产运动区位于西北角，结合现状鸽舍进行景观营造，主要供开展生产活动。

园区中设置多处景观节点，包括入口花坛、主楼、康复花园、园艺治疗效点、休憩感受点、水景和。入口花坛，对其原状继续改造，调整植物组成，改善景观效果。主楼，对其立面喷涂真石漆，并增加花卉装饰，改善立面景观效果。主楼前的益康花园，对其植物构成进行调整，减少上层乔木，重点常绿树种、并增加开花和具有保健作用的灌木地被。园艺治疗点采用目前国际上较为流行的园艺疗法手段，让使用者通过园艺活动减缓心跳速度，改善情绪，减轻疼痛，实现治疗和康复的目的。休憩感受点位于主楼东侧，其中有石墙、能够接近的植物，能够为盲人提供一个能够触摸的休憩空间。在周边灌木的配置上则采用枝叶柔软、无刺无毒的植物，使用者在感受自然的同时不会受伤。水景原为养殖池，经改造后为使用者增加了一条亲近水的道路，在池中增加一处树池，并在其中点缀两处山石。此改造借鉴了中国古典园林的手法，烘托出禅意的氛围，容易引起使用者的思考及欣赏。

3.3 专项设计

3.3.1 无障碍和人性化设计

考虑到使用者多为残障人士，设计建立完善的无障碍系统。园内设施充分考虑可通达性和舒适度等人性化需求。

在主楼入口与次入口设置无障碍坡道，方便人员通行。成人轮椅通行宽度为1.5m，双向通行的宽度为2.24m。整体园区道路坡度不超过4%，构筑物和微地形的坡度不超过6%。所有的坡度都设置栏杆扶手，扶手离地面高度为110cm（图7）。

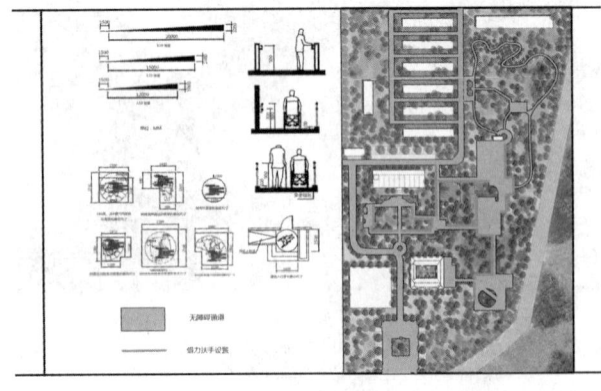

图7 无障碍设计图

在靠近中心主楼的景观道路上都加设有栏杆，保证使用者安全且能够安全方便地进入各个景观节点。园路中设有盲道、盲人标识等。地面铺装多采用大块、防滑且缝隙小的地砖，防止轮椅车轮、手杖的嵌入。休息座椅旁设置适宜轮椅停留的位置。在大部分景观节点布置了可移动的座椅，方便使用者根据个人的需求进行调节。

在座椅的设置上，充分考虑了朝向的景观丰富度和良好的微气候。同时，将座椅分为遮挡、半遮挡、无遮挡3种类型，方便使用者选择是否需要防晒或阳光。座椅中贴近使用者材质选用木质、聚合锯末等，造价低，且舒服度不随气温变化而发生剧烈变化。

场地内设有清晰的标识系统，便于使用者了解场地的大小、边缘、空间、设施等，提高使用者的控制感。标识设计考虑到轮椅使用者或儿童，牌面为斜面，离地80cm处，并在标识牌上刻上盲文。

3.3.2 植物设计

在植物配置方面，充分利用基地内现有树种，增加少量乡土树种和益康植物，实现生态保持、康复疗养及降低预算的目的（图8）。

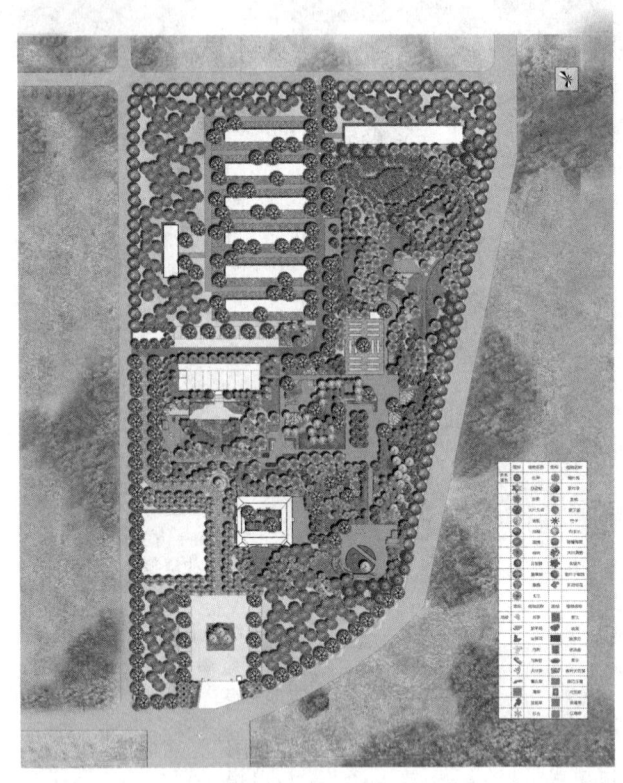

图8 植物设计图

乔木选择当地容易成活且容易买到的本土植物，无毒，无飞絮，刺激性味道，且易于管理，主要种类有：油松、白皮松、大叶女贞、元宝枫、杜仲、泡桐、合欢、海棠等。

灌木除了跟乔木选择的要点相同之外，还要求无刺、叶片柔软、触感良好。不选用需要勤修剪的绿篱类植物，减少后期维护费用，主要种类有：龙柏、贴梗海棠、紫丁香、天目琼花、紫薇、蜡梅等。

地被多选用多年生、观赏性好、具有芳香气味的植物，主要种类有：薄荷、薰衣草、菊花、月季、鸢尾、玉簪、香叶天竺葵、金银花、鼠尾草、紫罗兰等。在活动场地周边，多种植百合、茉莉等使人兴奋的植物；而在安静的休息区，多种植薰衣草、紫罗兰等使人镇静的植物。

选择有明显的手感或枝条下垂、无刺无毒、形态有趣、频繁触摸而不会受伤的植物等，以增加使用者的触觉体验，如垂柳、垂枝榆、竹子、芍药、玉簪等。

园区东侧道路成排种植杨树（无飞絮），在森林浴场区的北部设计了一片竹林。这些植物的叶片在微风吹动下可发出悦耳的沙沙声，可使盲人在此聆听，体会景观之美。

3.3.3 康复场地和设施设计

园区内设计了必要的康复训练的场所及设施，除充足的健身运动空间外，在主楼东南方的景观节点中，设计有康复休闲器材、卵石环路等。

在水景区域设计一处健身场地，配有太极拳说明标识并绘制太极拳动作图谱，方便随时参考练习。在森林浴场区设置康复游路，游路入口处设置清晰的路线图和长度标识，使用者结合自身情况选用，提前设计行走距离，安排适合的康复计划。游路结合地形而设，蜿蜒而富于变化，增加了趣味性，满足人们的好奇心。这些有变幻的空间和步道，给使用者一种心理作用，缩短了步行的心理跨度，步行变得轻松而愉快，以期实现康复疗养的目的。

在森林浴场区的南部，接近康复静思区设有一处 420m² 的园艺疗法场地，主要用作蔬菜种植和园艺生产体验。种植床设了 3 个不同的高度，适用于站立、弯腰和下蹲，以满足不同人群的需要。在种植床旁边建造有工具室，放置适合残疾人使用的园艺工具。工具选择以轻便、灵活、易使用等。

3.3.4 低成本、低维护、低废弃和低影响设计

设计基本维持场地地形现状，未过多实施改造，保证场地内土方平衡。在森林浴场区，为增加场地变化和趣味性，设计两处微地形，高度均未超过 1.5m。基本保持现有建筑和构筑物，充分利用现有道路、设施和植物，使得建设投资尽可能降低。

场地建造完全选用当地材料，减少采购和运输成本，也便于后期修复和更换。场地不设计需要特殊维护的景观造型，植物选用乡土植物并采用自然式群落结构，避免使用反复修剪和造型的灌木绿篱，减少后期养护费用。

考虑到项目所在地水源缺乏，场地内未设计大面积水景，仅对原有水池进行适当景观改造，充分利用了现有资源，也在一定程度上降低了建设投资。总之，项目整体的建设和维护成本较低，可持续性较好。

4 结语

随着国民经济的增长和百姓生活水平的提高，公益性的社会关怀越来越受到重视。中小城镇作为新型城镇化的关键，其公益性保障设施的完备程度是社会保障水平和社会公平的重要体现，为此，残疾人康复场所及益康环境建设应受到更多重视。然而，中小城镇的康复中心建设普遍存在资金问题，与之配套的园林景观建设和维护资金更为缺乏，建设低成本的益康园林是解决此问题的一种思路。

中小城镇中，存在较多的花圃、菜园、苗圃和村镇卫生院等场地，以它们为基础，对其实施景观改造，完善配套设施，是短时间、低成本建康复疗养中心的一条可行途径，可采取与当地园艺、园林等企业合作的形式进行建设。益康园林也是中小城镇康复疗养中心园林的优选方向。

目前，我国益康园林设计的研究处于初级阶段，且主要利用益康性植物群落来营造对人们有益的园林空间，对其他要素的益康作用研究还很少。针对中小城镇康复疗养中心园林设计和建设的研究则未见报道，对此应开展更多研究。

本文分析和归纳了益康园林的定义、内涵和原则等，并以河北肥乡县残疾人康复就业中心园林为对象，进行了低成本益康园林景观的设计，提出了具体方案和一些建设思路，充分尊重基地现状，梳理场地功能和布局，优化植物种类和配备，完善康复活动空间和设施，实现了功能需要和成本预期。

益康园林与低成本园林的设计原则方面有很多共通之处，容易达成统一。在设计策略方面，益康园林偏向空间的营造及设计元素的组合，低成本园林则偏向建造方面，所以将益康园林与低成本园林的结合是可行的。

参考文献

[1] 刘彦平. 中小城镇是新型城镇化关键[N]. 经济参考报 2013-10-18(8).
[2] 董荔冰. 健康为先，形式为后[D]. 北京：北京林业大学，2011.
[3] 侯伟. 益康花园设计理论与实践研究[D]. 北京：北京林业大学，2010.
[4] 齐岱蔚. 达到身心平衡[D]. 北京：北京林业大学，2007.
[5] 苏鹏. 中国传统养生之道在疗养空间景观设计中的运用[D]. 无锡：江南大学，2008.
[6] 张文英，巫盈盈，肖大威. 设计结合医疗——医疗花园和康复景观[J]. 中国园林，2009，(8)：7-11.
[7] 陈雷. 芳香植物专类园植物配置及景观营造探析[D]. 西安：西北农林科技大学，2013.
[8] 黄一鸣. 美国老年疗养院花园营造与设计[D]. 南京：南京林业大学，2013.
[9] 董丽. 低成本风景园林设计研究[D]. 北京：北京林业大学，2013.
[10] 克莱尔·库珀·马科斯，罗华，金荷仙. 康复花园[J]. 中国园林，2009，(8)：1-6.

作者简介

付彦荣，1976年生，男，汉族，北京，博士，中国风景园林学会业务部，高级工程师，研究方向为风景园林植物与设计，Email：84395267@qq.com。

罗笑轩，1990年生，男，汉族，河南南阳。硕士，中国风景园林学会业务部，研究方向为风景园林设计，Email：364225378@qq.com。

几种矾根的组织培养与快速繁殖

Several Varieties of Alum Root Tissue Culture and Rapid Propagation

孟清秀 刘红权 李永灿 刘亚楠 张玉娇

摘 要：为加快矾根的繁殖速度和质量，更好地满足生产需求，以'瀑布'、'饴糖'、'紫色宫殿'3个矾根品种的茎尖为外植体，以MS为基本培养基，研究了不同激素配比条件下矾根的组织培养与快速繁殖技术。试验对比筛选出'瀑布'、'饴糖'的最佳诱导分化培养基为MS+6-BA 0.3mg/L+NAA 0.03mg/L；'紫色宫殿'的最佳诱导分化培养基为MS+6-BA 0.5mg/L+NAA 0.05mg/L；'瀑布'、'饴糖'的最佳继代培养基为MS+6-BA 0.1mg/L+NAA 0.01mg/L，'紫色宫殿'的最佳继代培养基为MS+6-BA 1mg/L+NAA 0.1mg/L；'瀑布'、'饴糖'、'紫色宫殿'的最佳生根培养基为1/2 MS+NAA 0.3mg/L+AC 1.0g/L，将生根苗移入含有草炭土：珍珠岩：蛭石=1：1：1的基质中，成活率达90%以上。

关键词：矾根；组织培养；快速繁殖

Abstract: In order to speed up the propagation speed and quality of alum root, to better meet the production requirements, in order to 'waterfal', 'caramel', 'purple palace' three cultivars of alum root stem tip as explants, MS as the basic culture medium, studied under the condition of different ratio of hormone alum root tissue culture and rapid propagation technology. Test has been elected 'waterfall', 'caramel' best differentiation medium for MS + 6 − BA 0.3 mg/L + NAA 0.03 mg/L; 'Purple palace' the best differentiation medium for MS + 6 − BA 0.5 mg/L + 0.05 mg/L NAA; 'Waterfall', 'caramel' best successive transfer culture medium for MS + 6 − BA 0.1 mg/L + 0.01 mg/L NAA, of the purple palace best transgenerational medium for MS + 6 − BA 1 mg/L + 0.1 mg/L NAA; 'Waterfall', 'caramel', 'purple palace' best rooting medium for 1/2 MS + 0.3 mg/L NAA + AC 1.0 g/L, Take root seedlings have to contain the matrix for lime : perlite : vermiculite = 1 : 1 : 1, the survival rate of more than 90%.

Key words: Alum Root; Tissue Culture; Rapid Propagation

矾根（*Heucheramicrantha*）属虎耳草科矾根属植物，是由北美引入的多年生耐寒宿根花卉。矾根品种繁多，花色鲜艳、株型优美，喜半荫、耐全光，在园林中多用于林下花境、地被、庭院绿化等。但由于矾根的种子发芽慢而不整齐，分株方式的成活率又很低，因而限制了矾根规模化生产和应用，[1-4]应用组织培养技术对其进行快速繁殖，可在短期内生产出大量整齐、均匀的健壮种苗，本试验通过对矾根的3个优良品种的组培快繁的影响因素进行研究，以建立其组培快繁体系，并为矾根其他品种的规模化生产提供参考，生产出大量的矾根种苗，满足市场的需求。

1 材料与方法

1.1 试验时间、地点

室内试验于济南市花卉苗木开发中心组培室进行，室外移栽试验于济南市花卉苗木开发中心科研温室进行。

1.2 试验材料

采集'瀑布'、'饴糖'、'紫色宫殿'矾根的带顶芽幼嫩茎段的作为外植体。

1.3 试验方法

1.3.1 启动培养

挑选矾根植株上饱满的带茎尖的茎段，用毛笔蘸洗衣粉水刷洗表面灰尘，然后用流水冲洗1h，再用0.5%的多菌灵粉剂浸泡10—15min，蒸馏水冲洗3次，吸水纸吸干水分后，于超净工作台内用75%的酒精消毒30s，无菌水冲洗3次，然后用0.1%的$HgCl_2$处理5、8或10min，无菌水冲洗6次，接种到含有0.2mg/L或0.5mg/L 6—BA的诱导培养基中。每个三角瓶中接种1个外植体，10d后观察外植体的灭菌及生长情况，统计污染率、褐化率及存活率等。

1.3.2 增殖培养

将试管苗接种入含有基本培养基MS以及不同浓度植物生长调节剂6—BA和NAA的培养基中的增殖培养基中进行增殖培养，并分别添加琼脂0.3%、蔗糖25g，调节pH为6.0。每个处理30株苗，30d后调查接种后不同处理的生长情况。培养室温度为（22±1）℃，空气相对湿度为90%；光照强度为2000lx左右，光照时间为12 h/d。

1.3.3 生根培养

将继代培养20天后的株高达6cm以上的健壮组培苗接入基本培养基为1/2MS，含有NAA 0.1、0.3、1.0 mg/L，并添加AC 1.0 g/L的培养基上进行生根培养。每个处理30株苗。

1.3.4 数据统计

具体统计分析指标如下：

诱导系数＝新分化出的芽数/接种芽的总数
增殖系数＝新增殖的苗数/接种苗的总数
污染率＝（污染的外植体数/接种外植体的总数）×100%
褐化率＝（褐化的外植体数/接种外植体的总数）×100%
存活率＝（存活的外植体数/接种外植体的总数）×100%
诱导率＝（诱导分化的外植体数/存活外植体的总数）×100%
生根率＝（生根的试管苗数/接种试管苗的总数）×100%
成活率＝（移栽存活的试管苗数/移栽试管苗的总数）×100%

2 结果与分析

2.1 矾根试管苗外植体的选择和诱导培养

对矾根外植体的生长情况的进行统计（表1），当灭菌时间为10分钟时矾根外植体的污染率最低为48.38%。而褐化率则是随着灭菌时间的延长逐渐加重，当灭菌时间为10min时，褐化率为74.19%。灭菌时间为8分钟时矾根外植体的存活率最高为46.00%。

矾根外植体的生长情况　　表1

灭菌时间/min	接种数/个	污染率/%	褐化率/%	存活率/%
5	42	71.40	54.76	30.09
8	50	50.00	68.00	46.00
10	31	48.38	74.19	38.70

从表2的试验结果中可以看出从诱导系数和植株的生长情况综合来看：6－BA0.3mg/L＋NAA0.03mg/L是矾根品种'瀑布'和'饴糖'的最佳诱导培养基，6－BA浓度的提高会导致二者玻璃化的发生，而'紫色宫殿'的诱导效果则是在6－BA0.5mg/L＋NAA0.05mg/L的条件下最佳，6－BA浓度的提高没有导致其玻璃化的发生。

不同品种矾根的不定芽诱导情况　　表2

品种	培养基配方	接种数/个	诱导系数	生长情况
'瀑布'	6－BA0.3mg/L＋NAA0.03mg/L	30	2.79	出苗健壮，新增芽体较多，有效芽数量多，未出现玻璃化现象
	6－BA0.5mg/L＋NAA0.05mg/L	30	3.23	出苗纤细，新增芽体较多，有效芽数量多，出现玻璃化现象
'饴糖'	6－BA0.3mg/L＋NAA0.03mg/L	30	2.65	芽体健壮，新增芽体较多，有效芽数量，未出现玻璃化现象
	6－BA0.5mg/L＋NAA0.05mg/L	30	3.14	出苗纤细，新增芽体较多，有效芽数量多，出现玻璃化现象
'紫色宫殿'	6－BA0.3mg/L＋NAA0.03mg/L	30	2.06	出苗健壮，新增芽体较少，有效芽少，未出现玻璃化现象
	6－BA0.5mg/L＋NAA0.05mg/L	30	2.17	出苗健壮，新增芽体较多，有效芽数量多，未出现玻璃化现象

2.2 矾根试管苗的增殖培养

接种后30d，调查不同激素处理对丛芽继代增殖的影响，结果如表3所示。从表3可见，'瀑布'和'饴糖'这两个品种丛芽继代增殖的培养过程中玻璃化的程度中仍然是随着激素浓度的增加逐渐加深，综合其试管苗的生长情况，继代培养以MS＋6－BA0.1mg/L＋NAA0.01mg/L为最佳，其增殖系数分别达到3.33和3.21。'瀑布'和'饴糖'的增殖情况具体见图1和图2。'紫色宫殿'则不易出现玻璃化的现象，其生长所需的最佳激素配比为MS＋6－BA1mg/L＋NAA0.1mg/L，其增殖系数达到3.11，'紫色宫殿'的增殖情况具体见图3。

不同品种矾根的试管苗的增殖情况　　表3

品种	培养基配比/mg/L	接种数/个	增殖系数	株高/cm	植株生长情况
'瀑布'	MS＋6－BA0.1mg/L＋NAA0.01mg/L	30	3.33	4.54	苗壮，叶片颜色浅绿色，部分叶片还带有红色，无玻璃化现象
	MS＋6－BA0.3mg/L＋NAA0.03mg/L	30	3.35	4.20	苗较为健壮，出现部分玻璃化现象
	MS＋6－BA1mg/L＋NAA0.1mg/L	30	4.12	3.28	苗愈伤化严重，玻璃化现象明显

续表

品种	培养基配比/ mg/L	接种数/个	增殖系数	株高/cm	植株生长情况
'饴糖'	MS+6-BA0.1mg/L+NAA0.01mg/L	30	3.21	4.31	苗壮，叶片颜色浅绿色，无玻璃化现象
	MS+6-BA0.3mg/L+NAA0.03g/L	30	3.23	3.92	苗较为健壮，出现部分玻璃化现象
	MS+6-BA1mg/L+NAA0.1mg/L	30	3.59	3.33	苗纤细且愈伤化严重，玻璃化现象明显
'紫色宫殿'	MS+6-BA0.1mg/L+NAA0.01mg/L	30	2.35	3.12	苗壮，叶片为深绿色，分化少
	MS+6-BA0.3mg/L+NAA0.05mg/L	30	2.73	3.05	苗壮，叶片为深绿色，分化少
	MS+6-BA1mg/L+NAA0.1mg/L	30	3.11	3.01	苗壮，叶片为深绿色，分化多

图1 '瀑布'增殖培养

图2 '饴糖'增殖培养

图3 '紫色宫殿'增殖培养

2.3 矾根试管苗的生根培养

矾根试管苗的生根情况 表4

培养基配比/ mg/L	接种数/个	生根率/%	平均根数/个	平均根长/cm	生根情况
1/2MS+NAA0.1mg/L	30	100%	5.5	2.2	根系较短，且纤细少须根
1/2MS+NAA0.3mg/L	30	100%	6.4	2.7	根系较长，少须根
1/2MS+NAA0.1mg/L+AC 1.0 g/L	30	100%	6.7	2.9	根系较长，根多，有须根
1/2MS+NAA0.3mg/L+AC 1.0 g/L	30	100%	7.9	3.2	根系较长，根多，有大量须根

将健壮的继代苗接入 4 种不同配比的生根培养基中，25 天后统计其生根情况，生根苗状况见图 4。

图 4 矾根试管苗生根

由表 4 可知，NAA 浓度 0.3mg/L 时，生根情况要好于 NAA 浓度为 0.1mg/L 时，而活性炭（AC）加入则明显促进了根系的发生和发展，因而矾根试管苗的最佳生根培养基为：1/2MS＋NAA0.3mg/L＋AC 1.0 g/L。

2.4 矾根试管苗的移栽

不同基质移栽成活率　　　　　　　　　　表 5

基质	移栽丛数	成活丛数	成活率/%
草炭土：蛭石：珍珠岩＝1：1：1	600	560	93.3%
草炭土：蛭石＝1：1	500	430	86%
蛭石：珍珠岩＝1：1	500	436	87.2%

打开生长健壮的矾根生根瓶苗的瓶盖，瓶内加入适量的无菌水，隔离空气中的杂菌，在培养室内炼苗 2—3d 后移入温室中，继续炼苗 5—7d，移栽时，将生根苗从培养瓶内取出，洗净粘附在根上培养基，用 0.5% 的多菌灵粉剂浸泡 5—10min 后，移栽到 3 种不同配比的已灭菌的基质中。栽好后浇透水，温度保持在 22—25℃，保湿 7—10d，以后逐渐降低湿度，同时注意遮阴和通风，在移栽成活后，加强肥水管理。通过表 5 的统计结果可以看出，当草炭土：蛭石：珍珠岩＝1：1：1 移栽成活率最高为 93.3%，试管苗的炼苗和移栽情况可见图 5 和图 6。

移栽成活后继续持续培养 30d 左右便可以应用于园林花境、地被中等园林环境中。图 7 和图 8 为将移栽成活后的矾根试管苗应用于花境和园林小景之中。

图 5 矾根试管苗温室炼苗

图 6 矾根试管苗移栽成活

图 7 矾根试管苗应用于花境中

图 8 矾根试管苗应用于园林小景中

3 结论

矾根外植体的最佳灭菌时间为8min,最终外植体的存活率可达46%;'瀑布'、'饴糖'的最佳诱导分化培养基为MS+6-BA 0.5mg/L+NAA 0.05mg/L;'紫色宫殿'的最佳诱导分化培养基为MS+6-BA 0.5mg/L+NAA 0.05mg/L;'瀑布'、'饴糖'的最佳继代培养基为MS+6-BA 0.1mg/L+NAA 0.01mg/L,'紫色宫殿'的最佳继代培养基为MS+6-BA 0.2mg/L+NAA 0.02mg/L;'瀑布'、'饴糖'、'紫色宫殿'的最佳生根培养基为1/2 MS+NAA 0.3mg/L+AC 1.0g/L,矾根试管苗在草炭土:蛭石:珍珠岩=1:1:1的基质中移栽成活率最高为93.3%。

4 讨论

在试验过程中发现,不同矾根品种的诱导难易程度不同,'瀑布'和'饴糖'较容易诱导分化,而'紫色宫殿'则相对前二者较难被诱导。同样在增殖过程中,'瀑布'和'饴糖'在最佳培养基中的增殖系数分别为和,高于'紫色宫殿'的。生根培养过程中活性炭(AC)的加入明显提高了矾根试管苗的生根率和生根质量。[5] 同时,在矾根试管苗的培育过程中还要注意适当控制6-BA的浓度,避免出现玻璃化现象。[6] 总体上来讲,这3个品种的矾根试管苗组培体系的建立并不困难,其增殖系数也相对较高,通过观察发现与矾根种子成苗相比较而言,组培方式不仅缩短了成苗时间,其成苗质量也不逊色于种子苗。因而,通过组织培养快速繁殖途径可有效解决矾根传统繁殖方式速度慢的难题,对于矾根的标准化、规模化生产和新品种的开发和应用具有重要的现实意义。

参考文献

[1] 孙国峰,张金政,吴东. 矾根杂种—银王子的组织培养和快速繁殖[J]. 植物生理学通讯,2007,43(3):500.
[2] 陈宏,唐莹,施月欢,等. 矾根的组织培养与快速繁殖[J]. 上海农业学报,2011,27(4):80-82.
[3] 王晶,刘立功,左丽娟,等. 柔毛矾根组培快繁技术研究[J]. 北方园艺,2012(23):116-118.
[4] 章志红,曹慧敏,周士景. 美洲矾根品种紫宫殿组织培养与离体快繁研究[J]. 江苏农业科学,2011,39(5):69-71.
[5] 赵宏波,房伟民,陈发棣. 虎耳草的组织培养和离体再生[J]. 江苏农业科学,2006(5):70-72.
[6] 戴小英,许斌,于宏,等. 虎耳草及其组培快繁技术[J]. 江西林业科技,2004(5):13-15.

作者简介

孟清秀,1985年生,女,汉,山东济南,硕士,济南百合园林集团有限公司,研究方向为植物组织培养。

刘红权,1967年生,男,汉,本科,高级工程师,济南市园林科学研究所副所长,研究方向为园林植物引种选育、园林绿化施工养护。

李永灿,1986年生,女,汉,山东菏泽,硕士,济南百合园林集团有限公司。

刘亚楠,1990年生,女,汉,山东济南,济南百合园林集团有限公司。

张玉娇,1982年生,女,汉,山东济宁,硕士,济南百合园林集团有限公司。

从传统聚落中解读当代可持续发展理念
——新型小城镇景观规划途径研究

Interpretation of the Contemporary Sustainable Development Idea from the Traditional Settlements
——Study on a New Type of Landscape Planning of Small Towns Way

唐 琦

摘 要：根据中央城镇化工作会议要求，可持续发展已经成为小城镇景观规划中不可回避的命题。而传统城镇建造模式和思维方法在高速城镇化过程中能够为小城镇的发展提供科学的思路，本文即以羌族聚落为例试图解读传统聚落中的可持续发展理念，从而为新型小城镇景观规划提供一个方法途径。

关键词：传统聚落；可持续发展；新型小城镇景观规划

Abstract: According to the working meeting of the central towns, sustainable development has become a topic which could not be avoided in small town planning. But the traditional urban construction mode and methods can provide scientific ideas for the development of small towns in the rapid urbanization process; this thesis tries to interpret the Qiang village as an example of traditional villages in the concept of sustainable development, so as to provide a new town planning method and approach.

Key words: Traditional Settlements; Sustainable Development; Small Town Landscape Planning

1 新型小城镇规划的科学内涵

据《新闻联播》报道，中央城镇化工作会议要求，推进以人为核心的城镇化、以有序实现市民化为首要任务，坚持绿色循环低碳发展。在"提高城镇建设水平"的任务中，要求"城市建设水平是城市生命的所在。城镇建设，要依托现有山水脉络等独特风光，让城市融入大自然，让居民望得见山、看得见水、记得住乡愁；要融入现代元素，更要保护和弘扬传统优秀文化，延续城市历史文脉；要融入让群众生活更舒适的理念，体现在每一个细节中。在促进城乡一体化发展中，要注意保留村庄原始风貌，慎砍树、不填湖、少拆房，尽可能在原有村庄形态上改善居民生活条件。"

上述文字以浅显易懂的方式指出了新型小城镇规划的原则。新型小城镇应该充分考虑现有的地形、地貌，尊重环境、依托环境。山、水等自然的景观要素要纳入到规划体系之中，甚至尽量保留已有的建筑和设施。任务提出"要注意保留村庄原始风貌"，原始风貌应该是涵盖自然景观元素和人工景观元素这两大内容，并"尽可能在原有村庄形态上改善居民生活条件"，由此可见，新型的小城镇以原有村庄为蓝本，以现有山体、水体、树木、房屋为基底，在不破坏现有自然和人文的建设条件下，与其和谐共存，既保留了原有的风貌特征又"留住了乡情"。

事实上，中央城镇化工作会议对小城镇的要求即为可持续发展的要求。保持原有生态环境状况、尽可能在原有基础上建设，同时加入现代元素，这里的现代元素是包含了现代化的外观和现代化的设施两层含义的。新型小城镇的可持续发展应该涵盖：通过保护原有的自然景观要素和人文景观要素，来展现小城镇历史发展脉络，以实现技术上的可持续发展和文化上的可持续发展的双重目标。同时应该融入当代生活的方式以及现代化生活的设施来体现城镇的发展并提高人民生活的水平。这一发展目标，是对传统聚落高度认识之后的总结也是对传统聚落的发展。我国富有大量优秀的传统聚落，由于当时生产力水平和社会发展状况的制约，绝大多数的传统聚落都表现出与环境高度的融合，展现出了朴素的环境生态观，从传统聚落中可以总结出大量符合当代新型可持续发展的小城镇的规划设计手法和规划思路，学习传统聚落是如何顺应环境、利用环境并最终形成富有浓厚文化气息的空间组织结构和景观形态特征的，从而更好地组织和规划当代新型小城镇，保证小城镇的发展能够依托历史、展示文脉并且符合现代人的生活状态和生活习惯。

2 从传统聚落中学习——以羌族传统聚落为例

2.1 聚落与环境融合

羌系民族古老庞大，在中国民族史上处于宗祖地位。

它是汉族的前身——华夏族的主要组成部分，也是藏族、彝族、纳西族等西南少数民族的根。岷江上游的四川省阿坝藏族羌族自治州的汶川、茂县、理县地区是全国最主要的羌族聚居地，也是保持古风最纯正的区域。

羌族聚落位于河谷、半山和高山3种地形之中。这3种地形对羌族聚落产生了深远的影响。河谷地带土壤为沙土和沙壤土，森林中为棕色森林土，林外为黄土和黄泥石子黏土。2300m以上的高山区还分布有褐色土、灰化土、草甸土、冰冻土等土壤。在这些既有的原始材料中，羌人提炼出可用于建筑的材料，从而影响了建筑的风格与特征。

羌族分布在青藏高原东部边缘。境内高山环绕，峰峦重叠，河流深切，谷坡陡峭，为高山峡谷地带。羌人沿岷江而居，岷江发源于松潘县弓杠岭，自北向南流贯全境，自茂县太平场入，由汶川县漩口镇下出境，全长200多公里，其主要支流有黑水河、杂谷脑河。

既有的自然环境造就了羌族聚落的建筑文化和聚落形态。为了适应环境和地理地貌，建筑必须以环境所设定的姿态出现，才能逐渐形成自有的性格和文化。羌族聚落的景观特色可谓典型的为适应环境以及生存条件而生，是具有古朴生态自然观的典范。

羌族传统聚落与其他民居最大的不同在于，其落地于山地之中，散落在河谷滩上。体现了与自然的完好交融，适应地形和地势，对自然改造甚少。建筑群落无明显的轴线关系和等级制度，整体展现出非常谦逊与自然对话的格局。

这种对环境和基地的尊重是非常符合可持续发展观念的。羌族聚落由于其独特的地理环境限制，导致了在当时的生产力水平下无法过多地去改变环境，而是对环境采取了一种完全不同的策略就是适应环境。当代相当一部分小城镇的规划与建设往往完全忽视环境和自然条件，为了展示人力的伟大，对环境过度改造导致了环境严重地破坏。事实上，新型小城镇可持续发展的第一步就是坚持对环境的尊重对原有地理条件的保护，才能"望得见山、看得见水"。

2.2 建筑的建造方式与材料

总的来说，羌族建筑单体也体现了因地制宜的思路。从建筑材料来看，均取自羌民日常所用之材料，如土和石以及木材。土夯民居和石砌民居，均是由土所筑。不同的是石砌民居用石堆砌而以土为黏结材料，从而形成羌族建筑特有的外观形式和师法自然的建筑文化。这种以当地的石材来砌筑建筑，并以当地泥土与水拌和形成黏结材料的做法至今仍在羌人中使用。

在从传统羌族聚落到建筑建造及使用的全生命周期里，可持续发展理念可谓贯穿全部。羌族建筑的传统建造方式非常注重安全性而不过于关注装饰性，所有的构件及砌筑方式都有功能学意义。如碉楼，碉楼是羌族建筑所特有的一种非常特殊的空间形态，从碉楼可以领略出羌族建筑的文化。碉楼可谓是羌族人防范战事、通报敌情和迎击作战的建筑。碉楼在外观上往往封闭厚实，并逐渐收分，常有四、六、八角等碉楼。碉楼建筑选址亦是观察犯

图1　羌族聚落与环境的融合

敌入侵河谷的最好位置，同时也是能方便通知各寨之交通要道。碉楼外观的防御性同样由其功能决定，当战事发生，碉楼则成为居民避难和躲藏之处。因此，碉楼的数量和修建成本也能反映出一个寨子的规模和战争发生频率。碉楼肃穆的外观展现了威严的气势，如果说羌族建筑群体展现出谦逊融入自然的状态，而碉楼的封闭性与雄壮感则体现出羌人超脱于自然和英勇善战的精神。碉楼的这种功能性，决定了它必须牢固、安全，传统羌寨在经历5.12地震后，绝大多数碉楼都非常完好地保存下来，可见碉楼在传统羌寨中的地位。而一般民居无论是土夯的还是石砌的在地震中均有不同程度的损毁。

图2　羌族传统砌筑方式的沿用

羌族传统建筑所有选材均取自于当地，具有非常强烈的本土色彩，与高山、峡谷、河流融为一体，非常契合当代小城镇发展的新要求，这种朴素的生态观也是可持续发展思路的源泉。

3　可持续发展理念在当代新型小城镇规划中的重要性

可持续发展作为新型理念被引入城市规划之中，近年可持续发展逐渐成为一个热门的词汇不仅城市规划甚至其他各个领域言必称"可持续"，但是真正地可持续却见之甚少。尤其在小城镇规划之中，能够切实做到从城镇的规划再到建设的所有环节中贯彻可持续发展的案例非

常少见！现状的城镇往往生态严重破坏，一切以经济利益为驱动，填河造路、伐林取材、乱拆乱建屡见不鲜。人们逐渐失去了对城镇的记忆，失去共同的情感寄托，千城一面，而生态环境也是急剧而下。在面对所谓现代化的冲击下，小城镇规划该何去何从，尤其是如何让我们的城市既有现代化的设施和服务同时又能展示她的历史维度，这是值得所有从业人员思考的问题。而这其中的一个解决方法就是向传统学习。传统的聚落往往因地制宜，对环境改造和破坏非常克制，建筑的建造与使用更是就地取材、节能环保的，学习传统聚落的营建方法和思维模式，是对可持续发展的当代解读，而传统聚落也为规划工作者提供了很多实证研究的案例。在新型城镇的规划中了解传统聚落能更好地了解城镇发展脉络，让新的规划建立在历史文脉的基础上，同时也可以从朴素的传统生态观中找到当代可持续发展的模式。

参考文献

[1] 季富政. 中国羌族建筑[M]. 成都：西南交通大学出版社，2002：3.
[2] 谢珂珩. 四川羌族传统聚落研究[J]. 四川建筑，2008(2)：46.
[3] 彭锦，李开勇. 萝卜寨村落景观与民居空间分析[J]. 中国西部科技，2010(11)：5.
[4] 张金铃，汪洪亮. 灾害与重建语境中的羌族村寨文化保护与旅游重振[J]. 贵州民族研究，2009(4)：139.
[5] 胡兵，乔晶. 我国小城镇可持续发展战略思考[J]. 生态经济，2005(10)：248-252.
[6] 唐琦. 羌族聚居区小城镇景观特色研究[C]. 2012国际风景园林联合会(IFLA)亚太区会议论文集，2012：113-116.

作者简介

唐琦，女，西南交通大学建筑学院讲师，研究方向为生态城市、可持续发展的建筑与景观，Email：tangqi.z@163.com。

棕地修复
——徐州高铁站区废弃矿场生态复绿工程的设计与施工创新技术探讨

Brownfield Revival
——Key Techniques and Countermeasures to Ecological Rehabilitation of Abandoned Quarries in Xuzhou

万 象　陈 静

摘　要：徐州高铁站区废弃矿场生态复绿工程在建设过程中遇到了地形陡峭，小面积滑坡塌方，水土流失严重，土质不利于植物生长等方面挑战。通过对山体固土技术研究，坡面挂网喷播技术研究，土壤改良措施等多项技术攻关，解决了建设中的难题，有效地推进了项目顺利进行，为类似工程建设积累了经验。

关键词：棕地修复；废弃采石场；生态复绿；技术；对策

Abstract: At the beginning, the ecological rehabilitation of abandoned quarries in XuZhou faced the challenges of steep topography, a small area of landslide, serious soil erosion, the soil is not conducive to plant growth. Through the restoration of the soil reinforcement technology, slope net suspended spray seeding, and amelioration of siols, most of the technical problems were solved. The process of construction project was smoothly promoted, and collected experiences for the same project.

Key words: Brownfield Revival; Abandoned Quarries; Ecological Rehabilitation; Technique; Countermeasure

棕地是城乡区域中带有明显或者潜在污染的废弃场地。废弃采石场是棕地的一种。[1]在过去几十年的工业化进程中，由于缺乏规划的各种原因，这类棕地在各地的城郊大量存在，既浪费土地资源，恶化环境质量，又影响城市景观。随着我国城市化进程的加快，人们对环境问题愈加关注，对生态环境质量的要求越来越高，因此对废弃采石场进行生态修复，进行宕口生态绿化是有效利用土地资源，实现区域经济、文化和生态整体复兴的一种重要的可持续发展的模式。[2]徐州市高铁站区废弃采石场生态复绿工程位于徐州高铁站区核心区，工程在如何进行宕口生态绿化方面做了积极有益的探索和尝试。该工程2013年荣获中国风景园林学会"优秀园林绿化工程奖"金奖。工程的设计本着以依托原生态山地景观，将位于高铁站区内的邱山、凤凰山这些采矿遗留的荒山、宕口、矿坑及石山进行复垦、复绿，用园林植物软化高铁区域山体的荒硬景象，打造生态的山体公园，突出人与自然界的良性互动共生，营造自然野趣环境。工程建设之初即面临着"立地环境差，规划标准高，建园时间紧"等压力与挑战。本课题克服了园区设计和施工等重点难点与主要瓶颈问题，本文拟就其中几个关键难点加以研究探讨。

1　工程概况

项目工程位于徐州市金山桥开发区内高铁工程建设区，施工范围包括：邱山全体、高铁附属绿地A、B、C、D块（及D延长段）、东广场（预留绿地）、东交通广场、站区东环路线、凤凰山（东山、西山全体），总计施工面积约98.75万 m²（图1）。

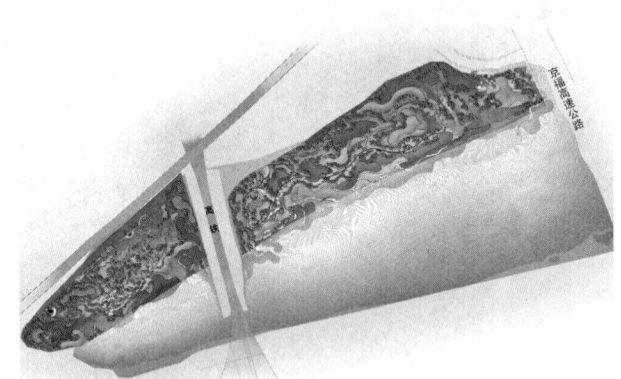

图1　项目总平面图

工程主要施工内容由6个工程单位组成即：道路绿化、广场、公共绿地、防护绿地、郊野绿地、山体公园，其中景观置石3800t；土石方137万 m³；乔木2.8万株；花灌木3.6万株；竹类与小灌木34万 m²；草坪15万 m²；硬质景观4.5万 m²；蓄水池11座；给水管网3.2万 m；园路1.2万 m²；砌筑挡墙明渠1.3万 m³；深水井8座；变压器3处。

徐州市位于江苏省的西北部，属暖温带半湿润季风气候，四季分明，春秋季短、冬夏季长、春季天气多变、夏季高温多雨、秋季天高气爽、冬季寒潮频袭，年平均气温14℃，年降雨量866mm，无霜期200—220

天，日照2100—2400小时。该地区为古黄河冲积平原，土壤含砂量高，不保水，依据中国矿业大学实验室的土壤测试报告，pH值达8.5—8.7，有机质含量低于1%。

2 项目建设中的关键技术难点

2.1 地形陡峭，小面积滑坡塌方等现象

在自然式园林中，往往因为地形的起伏，形成平原、丘陵、山峰、盆地等地貌。在凤凰山宕口区域，原地面是乱石梯田，每级梯田的坡面较陡，坡度均超过30°，过高、过陡的山，超过各种土壤的不同休止角和地面承载力，就易冲刷、坍塌；自身不稳定的同时，游人攀登也不安全，因此对设计施工造成一定难度，也不利于未来植物生长，需要充分的技术措施保证边坡稳定和山体长效维护机制。

2.2 水土流失严重，不利于植物栽植

园林地形提供了其他造园元素、材料立足生根之地，也只有各项元素相互配合好，全园方可熠熠生辉。本工程由于山体坡度较大，采石场的生态环境严重遭到破坏，造成严重水土流失，给植物种植带来一定难度，并且采石场地形塑造难度较大，尽可能既保证原地形稳定，又选择适宜的植物，采用一定的技术措施进行种植，保证植物成活率，形成特色的生态山体景观。

2.3 土质不利于植物生长

土壤作为园林植物生长的直接载体，其土质关系到植物的长势和植物群落景观效果的形成。[3]徐州地区为古黄河冲积平原，土壤含砂量高，不保水，依据中国矿业大学实验室的土壤测试报告，pH值达8.5—8.7，其主要盐碱物质成分为Na_2SO_4、$CaCO_3$等，其物质比较与滨海盐碱地不同，有机质含量低于1%。而废弃采石场生态环境更加恶劣，所以土壤改良是保证植物生长的关键因素之一。

3 关键技术对策

3.1 山体固土技术研究

在凤凰山宕口区域，原地面是乱石梯田，每级梯田的坡面较陡，坡度均超过30°。根据现场的实际情况，我们先整平场地，回填800—1000mm厚种植土，以保证灌木和草皮有足够的生长空间。并在每级平台的外沿设计了浆砌块石重力式挡土墙，墙前设计排水沟，沿着大坡面采用三维土工网垫这一新型土工合成材料，坡脚利用植生袋将土工网垫及坡脚的土固住（图2）。

三维土工网垫主要起植草固土作用，它是一种类似丝瓜网络一样的三维网垫，内部空间可以充填土壤、沙砾等，可以很好地保护土面免受风雨的侵蚀而滑坡，植物根系可以穿越网垫以下30—40cm舒适地生长，长成后的草皮便三维土工网垫与草皮、泥土紧密地联结在一起，最终形成了一层坚固的绿色复合保护层。

三维土工网垫可替代混凝土、沥青、块石等坡面材料，可大幅降低工程造价，造价为混凝土护坡和干砌石护坡的1/7，浆砌块石护坡的1/8。它采用高分子材料以及抗紫外线稳定剂，其化学稳定性高，对环境无污染（降解型的网垫2年后在土中不留痕迹）施工简便，将地表平整后，即可施工。

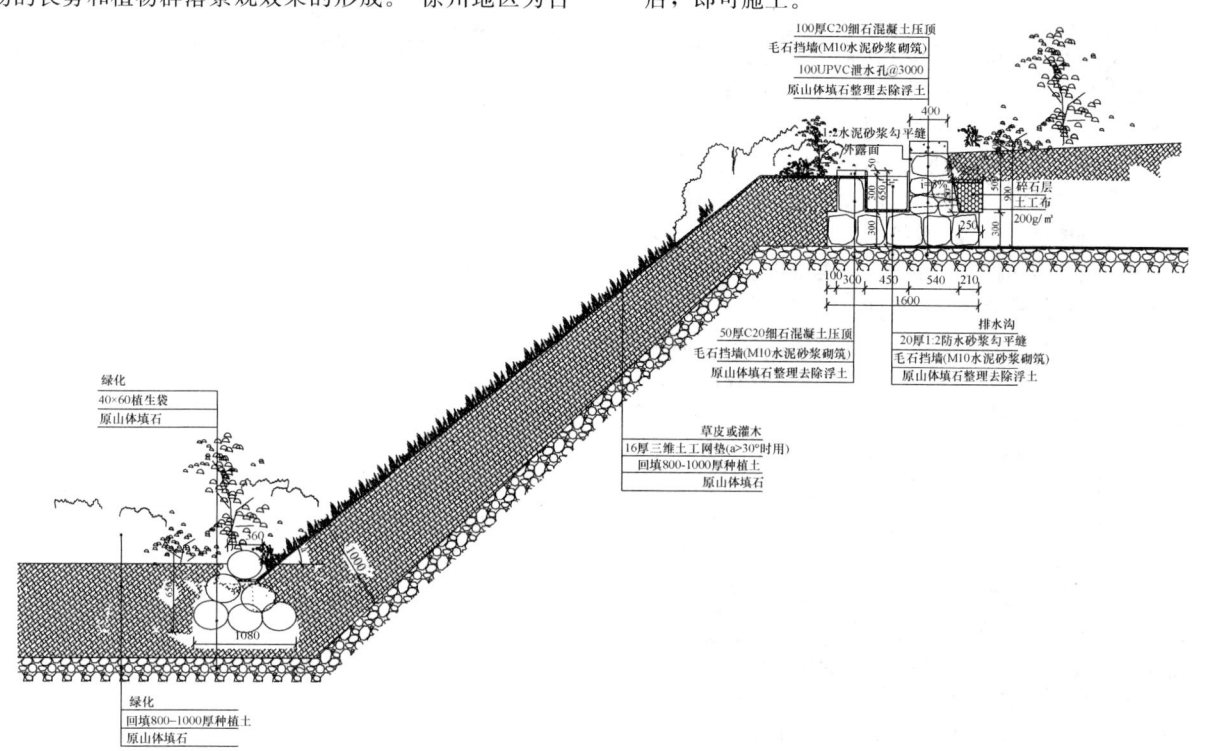

图2 固土措施示意图

3.2 坡面挂网客土喷播施工技术

为了防止水土流失、小面积滑坡塌方等现象出现，保证边坡的稳定性，使植物栽植在稳定的地形基础上，达到与周边环境相协调的景观绿化效果，故采用挂网客土喷播技术对坡面进行景观绿化。主要施工工艺如下。

3.2.1 人工削坡清坡

主要清理坡面上容易滑落、影响边坡稳定的碎石、浮石、杂物等，使坡面尽可能平整，满足后面挂网客土喷播施工需要，确保施工前坡面凹凸度，以免客土下滑，及保证边坡经休整和复绿施工后能保持长期稳定，同时增加坡面绿化效果。

3.2.2 挂网钉网

挂网钉网采用花边菱形镀锌铁丝网，规格为丝径ϕ2mm，网孔5cm×5cm，施工时采用自上而下防卷，相邻两网交接出要求不小于100mm，重叠部分分别用铁丝连接牢固。挂网完毕后，沿坡顶线以每米1枚设置主锚杆，与铁丝网牢固连接。主锚杆采用ϕ14mm钢筋或直径5cm木桩，长500—800mm（可根据实际情况相应调整）。其他，石质坡面利用电锤钻孔，孔向与坡面垂直；用L型锚钉，选用ϕ6—8钢筋打制，长度150mm左右，固定铁丝网；风化程度较高或渣土质坡面选用长300—400mm方形木桩进行固定铁丝网。网钉密度为4—5枚/m²，具体根据现场实际情况而定，对于个别不平顺的坡面，为保证铁丝网贴附坡面，必须增加锚钉密度，以保证网与坡面的牢固结合，确保后面喷播工序正常进行及后期的绿化效果。

3.2.3 客土喷播

（1）客土喷播的是指是在岩质坡面上营造有一定厚度即能让植物生长发育，又不被冲刷的连续多孔稳定结构的硬化种植体，种植体具有能免遭雨水冲蚀，有利于植物生长的特点。通过客土喷播使草种特别是先锋草种快速成坪，防止雨水对破面的冲刷，从而使露采坡面山体的水土流失得到有效控制，并结合移植的乔、灌木等树种，使治理区变绿。随着时间推移，混播的草本植物与乔灌木树种生长旺盛，植物根系盘结，在坡面上形成一个抗张力和抗剪强度良好的保护层，产生显著的生物防护作用。若干年后，逐渐形成与当地植被融合并被当地植被侵入的自然种群，和周边自然生态环境相协调。

（2）喷播材料削坡、清坡结束后，在露采坡面挂网客土喷播（图3）。喷播植生基质包括植物纤维（曹、麻纤维、沓糠）、黏合剂、保水剂、土壤、东北泥炭土（腐殖土）等，其中土壤宜为乡土（土质质量要求较高），乡土最适合本地植被的生长。喷播选用植物种类应是以当地气候和土壤条件，抗寒性、抗旱性、抗贫瘠性及抗病虫性强，耐粗放管理并能产生食量的种子；其植物选配宜冷暖季草种相结合，草本与灌木相结合，一年生与多年生相结合。主要植物种类有：黑麦草、狗牙根（草种、具体根据设计方案及施工图，最终达到的景

图3 挂网喷播技术图示

观效果而定）。

（3）喷附植生基质和植物种子铺网和锚固施工完成后，可进行喷附植生基质和种子的施工。一次性喷射植生基质和含植物种子及营养液的混合料，喷射混合材料平均厚度约为6—8cm。

（4）铺盖遮阳网对喷播施工完成的坡面进行铺盖遮阳网，以减少雨水对喷附基质材料的冲刷及减少坡面水分蒸发，保持水土潮湿，及防止阳光暴晒等。

3.2.4 后期养护

苗期每天浇水至少一次，可根据当日天气条件调整浇水次数。浇水时应呈雾状喷洒，保证土壤基质（客土）的充分湿润。洒水作业宜早晚进行，禁止在中午前后进行。定期施肥工作。要求根据植物生长状况适时进行肥料补充工作。苗期要有专业人员每天定期观察，发现病虫害及时防治。草种喷播完成后一个月，应全面检查植草生长情况，对生长明显不均匀的位置予以补播。做好苗木后期施肥及病虫害防治工作。

图 4 山体生态复绿

3.3 土壤改良技术

3.3.1 采用泥炭 10kg/m² 作为种植土，目的是改良土壤表层的土粒结构、保水、降低 pH 值、增加有机质。

3.3.2 每平方施腐熟饼肥 3kg，调节土壤 N/C 结构，目的是作为基肥，有利植物的后续生长。

3.3.3 由于改良土壤中泥炭和腐熟饼肥含霉菌等有碍植物生长的物质，故我方在种植前首先对现场的改良土壤采用托布津和百菌清进行消毒。

经改良后的土壤送样检查，pH 值达到 6.8—7.0，有机质达到 ≥12（g/kg），达到并满足植物的生长要求。

图 5 植物配置模块

图 6 自然野态植物配置

图 7 自然野态植物配置

4 结语

废弃矿山是典型的棕地。我国自 2005 年开始建设的国家级矿山公园,就是实现棕地生态修复的一种极好的模式。[4] 总的来说,矿山的类型非常多,采石场也是其中的一种,占地面积极大、分布面也比较广,所以治理难度也特别大。采石场区域的植被破坏区域,缺少在正常的自然环境中植物生长所需的水分、土壤等必要条件。[5] 植被的长期退化死亡,导致许多采石场被废弃后长期裸露,裸露的采石场没有人管理,继而成为新的污染和环境破坏源。[6] 本工程克服了种种难题对废弃采石场进行生态复绿,实际上是对棕地及其周边区域,经济水平、生态环境和历史文化的整体复兴。促进经济转型、生态恢复、保护工业文化遗产,正是其肩负的重要使命,完全符合国家指导城市更新的大趋势。

图 8 鸟瞰图

参考文献

[1] 国土资源部地质环境司编. 中国国家矿山公园建设工作指南. 北京:中国大地出版社,2007.

[2] 刘伯英,冯钟平. 城市工业用地更新与工业遗产保护. 北京:中国建筑工业出版社,2009.

[3] 李金海主编. 生态修复理论与实践:以北京山区关停废弃矿山生态修复工程为例 = Theory and Practice of Ecological Restoration. 北京:中国林业出版社,2008.

[4] 刘抚英. 中国矿业城市工业废弃地协同再生对策研究. 南京:东南大学出版社,2009.

[5] 常江,冯姗姗. 矿业城市工业废弃地再开发策略研究. 城市发展研究(2),2008:54-57.

[6] 李佳,陈秀梅. 采矿塌陷区综合治理——以唐山市南部塌陷区为例[J]. 中国园林(4),2007:92-94.

作者简介

万象,1962 年 12 月生,男,安徽滁州,上海国安园林景观建设有限公司总工程师,高级规划(园林)工程师,国家注册一级建造师(市政),国家注册监理工程师(市政、农林工程),上海市建设工程评标专家,Email:wanxiang@guoansh.com。

陈静,1985 年 3 月生,女,山东海阳,硕士,上海国安园林景观建设有限公司研发主管,Email:chenjing@guoansh.com。

城市公园设计策略
——人工湿地技术应用研究

Public Park Design Strategies
—— Research on Application of Constructed Wetland Technology

杨玉鹏　金云峰　李　甜

摘　要：从城市湿地公园建设和人工湿地技术两个方面入手，探讨了基于人工湿地技术的3种城市湿地公园的建设类型：天然湿地工程公园、人工湿地工程公园以及城市湿地水景公园。继而从要素设计的角度，介绍3种城市湿地公园中，人工湿地技术应用于水体、植物、动物、游赏设施等要素的设计方法。在城市湿地公园建设中，适当引入人工湿地技术，有助于湿地资源保护与开发的相互协调和多重建设目标的实现。

关键词：城市公园设计；城市湿地公园；人工湿地技术；应用；要素

Abstract: This paper discusses three construction types of urban wetland park based on the constructed wetland technology, which includes natural wetland construction park、constructed wetland landscaping park and urban wetland waterscape park. Starting from the element design point of view, this paper then introduces the design method in application of constructed wetland technology in water, vegetation, animal, tourism facilities and other factors in three types of urban wetland park. The constructed wetland technology could be applied in urban wetland park designing, to achieve the combination of technology and designing method for multiple-purpose.

Key words: Urban Park Designing; Urban Wetland Park; Constructed Wetland Technology; Application; Element

1　引言

城市化的发展使我国城市湿地受到不同程度的污染和破坏，突出表现为水质型、资源型以及设施型等湿地问题。城市湿地公园的出现为湿地的保护提供了新的形式。依据我国住房和城乡建设部出台的《城市湿地公园规划设计导则》中的定义，城市湿地公园是一种独特的公园类型，是指纳入城市绿地系统规划的、具有湿地生态功能和典型特征的、以生态保护、科普教育、自然野趣和休闲游览为主要内容的公园。[1]

我国城市湿地公园的建设是在我国湿地资源流失严重的背景下，以抢救性保护湿地为宗旨提出的。产生方式大部分为天然湿地的恢复及利用，游览方式以原生生态系统的展示与观赏为主。人工湿地技术的发展对于城市湿地公园的建设意义深远，是改善城市湿地问题的重要契机：（1）城市湿地公园可以担当一定的市政工程职能，对水源起到调蓄、净化作用；（2）将美学游赏功能引入传统的人工湿地工程中，拓展湿地公园的建设领域；（3）改良城市景观，为市民提供新型游赏活动方式，实现多重建设目标。

2　人工湿地技术概述

2.1　人工湿地的概念

湿地是水和陆地的过渡地区，它包括沼泽、泥塘、涝滩、潮湿的低洼地以及河流沿岸区域潮湿土壤等。人工湿地是指一种由人工建造和监督控制的，与沼泽地类似的地面，是一个由植物、动物、微生物和周围环境所组成的复杂的集成系统。[2]

人工湿地很重要的一个功能是污水净化，它利用自然生态系统中的物理、化学和生物的三重协同作用，通过过滤、吸附、共沉、离子交换、吸收和微生物分解来实现对污水的高效净化。在适当的条件和环境下，人工湿地还可发挥诸如贮存洪水、循环营养物质以及为鱼类和野生动物提供栖息地等作用。本文所述的人工湿地技术指的是一种专门用于水质净化型的处理系统。

2.2　人工湿地的类型与工艺流程

人工湿地主要依靠土壤、植物和微生物的相互作用来实现对污水的处理作用。根据湿地中主要植物的类型，人工湿地分为浮水植物系统、挺水植物系统、沉水植物系统；而根据污水在湿地中流动的方式不同，人工湿地可分为两种类型：表流型湿地系统（Surface Flow Wetlands，SF）和潜流型湿地系统（Constructed Subsurface-flow Wetlands，SSF）。潜流型系统又可分为水平流潜流系统（Horizontal-Flow System，HF）和垂直流潜流系统（Vertical-flow System，VF）。[3]

人工湿地处理系统一般包括前处理和人工湿地两部分。在城市用地紧张的背景下，人工湿地部分往往以处理效率高、占地面积小的潜流型湿地系统（SSF）为主导，通过栏污格栅、沉砂池、沉淀池、厌氧池、兼性塘生物塘以及多级人工湿地单元等构筑物的串联运行，最终实现城市污水净化的目标（图1）。

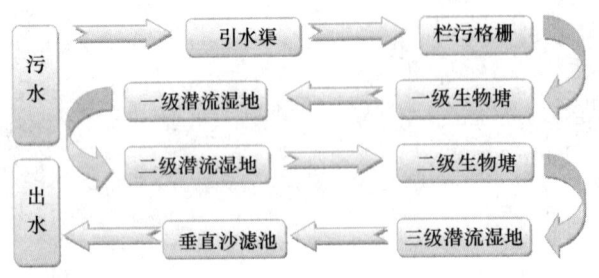

图1 人工湿地工艺流程图

3 人工湿地技术应用的类型以及要素设计方法

人工湿地在城市湿地资源保护与水质净化中应用范围广泛：可以改善城市滨水地带不良景观，进一步净化城市水系；可以与污水排放设施相结合，辅助废水深度处理；可以与水景池塘结合改造原来的不佳水质，实现公园水的循环利用。因而结合人工湿地技术的城市湿地公园建设领域得到很大拓展，据此将城市湿地公园分为3种类型：一是天然湿地工程公园；二是人工湿地工程公园；三是城市湿地水景公园（图2）。

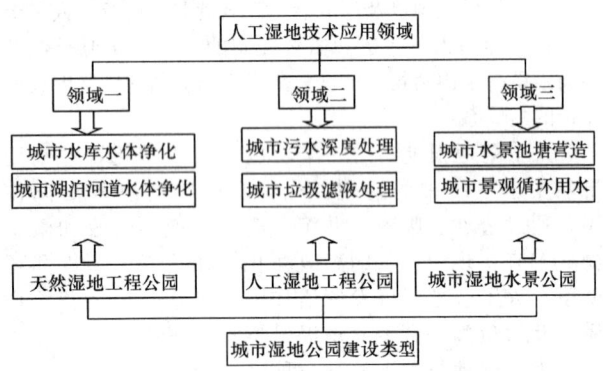

图2 基于人工湿地技术的城市湿地公园建设类型图

3.1 天然湿地工程公园要素设计方法

面对城市水环境问题，城市湿地公园的建设除了对于城市天然湿地进行立地保护规划之外，还可以利用构建在天然湿地旁的湿地处理系统对污染水源进行处理。对天然湿地工程化，一方面利用天然湿地的净化功能，建设水质净化型处理系统；另一方面在天然湿地旁增加人工湿地处理系统，建设功能恢复型处理系统。同时，注重提供环境保护功能，将人类游憩活动及动植物庇护地纳入规划目标。

3.1.1 水体要素设计方法

对天然湿地水体设计的主要任务就是尽量利用湿地的地形进行导水和布水，内容包括布水系统的布置，可交替排水位置的确定，内部水流和水位高度的控制等。[4]在具有较高长宽比的天然湿地中，采用点状布水可以形成较好的布水效果。但大多天然湿地是采用线状布水，常用的线状布水设施为带阀门的管道和溢流堰。管道可建在高于湿地表面的人行道上，也可用支架抬高。布水系统的设计还应该尽量使冲刷和占地的影响最小化。一般可将布水管道安装在建设的人行通道的边缘。这样既可以减少所占的湿地面积，又可以提供一个水平的布水平台。可交替排水口进行交替排水，有利于进行湿地管理和维护。

同时应从美学角度考虑天然湿地的工程形态以及与人工湿地水系的结合方式。自然湿地有凹岸、曲流、河心岛、浅滩、沙洲与深潭等形态的交替，设计时，应尽量保护自然弯曲形态。[5]纵断面的形态应根据需要设计一定量的异质空间，湿地内有常年不竭的水道及能够应付不同水位、水量的塘床系统，其底部应多孔质化，造出水体流动多样性，以利生物的多样性。

3.1.2 植被要素设计方法

天然湿地是否适用于人工湿地系统最重要的决定因素是植被。能够进行人工湿地工程化改造的天然湿地包括了浅水沼泽、矮灌湿地、深水林地等类型（表1）。这些天然湿地中的植被经过精心选择可以承受自然水力负荷增加的条件。

可用于污水处理的天然湿地植被类型　　表1

湿地类型	湿地群落	典型优势物种
浅水沼泽	香蒲、自然发生物种	香蒲、鸭舌草、慈菇属
矮灌湿地	芦苇、草地	蔍草属、莎草
深水林地	柏科、棕榈、白千层属	落羽杉属、蓝果树属、矮棕、白千层属

注：来源：rydberg.biology.colostate.edu

3.2 人工湿地工程公园要素设计方法

由于人工湿地技术应用广泛，在市政工程的建设中也可涉及多个领域。从项目类型上可分为如下几种类型：垃圾渗滤液处理、城市污水处理、城市暴雨径流管理、城市废弃地回收、鱼塘水渠等人工湿地工程改造、工矿废水处理等。目前我国湿地公园的建设实践鲜有触及人工湿地处理工程的利用，实际上工程建设的人工湿地也是一种富有特色的旅游资源，通过系统性设计可以极大拓展城市湿地公园可利用的湿地资源。

3.2.1 水体要素设计方法

人工湿地系统在城市工程水质净化过程中，除了人工湿地单元的配置外，根据进水负荷的不同状况须增加其他物理或化学工艺流程。常见的物化处理区如曝气塘、氧化塘、收集池、沉淀池等。这些水处理设施经过景观设计后与天然水体景致相当，各种工程设施在水深、水质、处理类型上有不同要求，表2列出了各种工程处理设施的水体设计参照。

人工湿地工程水体景观设计参照表 表2

	曝气塘	氧化塘	沉淀池	人工湿地系统	水景池塘
水体形态	动态	静态	静态	动态	多种
深度	2—4m	1—2m	1.5—4m	0.6—1m	0.2—2m
植物配置	无	藻类 浮水植物	浮水植物	藻类 挺水植物 浮水植物	多种
活动方式	观赏	观赏	观赏	观赏、游览	多种

3.2.2 植物要素设计方法

对于市政工程进行净化处理，人工湿地处理系统植物选用以功能型为首要考虑因素，根据处理污水的类型不同选用不同的植物配置。在设计合理，环境适宜的情况下具有独特的景观美。根据植物对养分的需求情况，营养生长旺盛、植株生长迅速、一年有数个萌发高峰的植物适宜栽种于潜流湿地；而对于营养生长与生殖生长并存，一年只有一个萌发高峰期的一些植物则配置于表面流湿地系统（表3）。

人工湿地植物配置参照表 表3

分类			典型植物种	适用类型	水深 cm
漂浮植物			水葫芦、大藻、水芹菜、李氏禾、浮萍、水蕹菜、豆瓣菜等	生物氧化塘	40—100
根/球茎/种子植物			睡莲、马蹄莲、慈菇、荸荠、芋、泽泻、菱角、薏米、芡实等	SF型	
挺水植物	深根丛生型	根深 >30cm	芦苇、茭草、香蒲、旱伞竹、皇竹草、芦竹、旱伞竹、野茭草、薏米、纸莎草等	SSF型	
	深根散生型	根深 20—30cm	香蒲、菖蒲、水葱、蘆草、水莎草、野山姜等	SSF型	
	浅根散生型	根深 5—20cm	美人蕉、芦苇、荸荠、慈菇、莲藕等	SF型	20—30
	浅根丛生型		灯心草、芋头等	SF型	
沉水植物			黑藻、苦草、狐尾藻、金鱼藻、小叶眼子菜、轮藻等	出水强化	

3.2.3 动物要素设计方法

对市政工程进行湿地净化，良好的生态环境会吸引野生动物到来，从而丰富湿地公园的景观形象。在为野生动物创建栖息地时，要考虑动物受欢迎的程度以及对人工湿地系统植物的破坏作用，然后有针对性地提出保护方案。对于水禽和鸟类等受公众欢迎，破坏能力小的动物，可以构筑浮岛、沙洲吸引野生动物聚居，并为其提供食物来源及庇护地。内岛坡度不宜过大，形成平缓入水的浅滩，这种形式与深水塘相比，能为野生动物提供更多食物，同时水面需要具有一定遮蔽性，可以通过种植庇护型植物达到这个目的。

3.2.4 游赏设施要素设计方法

以人工湿地工程为基础建设的湿地公园，其展示建筑与设施的设计独特性在于其水体工程构筑物可以原地利用，并且作为场地文脉的延续。另外人工湿地的堰体可以构成湿地内的通道，原为水位控制和检测布道所用的围堰也可以作为游客进入人工湿地系统的参观步道。[6] 在美国亚利桑那州菲尼克斯固体废物管理中心项目中，建筑借助废弃建筑材料构筑并融于自然环境之中，人工湿地水景池塘中贯穿着围堰改造的步行小径，为城市造访者提供亲近自然以及反思人类对土地、水体的种种作为的机会。

3.3 城市湿地水景公园要素设计方法

大部分城市公园中的人工造景型水体都是封闭系统，缺乏自净能力。随着人工湿地技术的发展，利用人工湿地处理后排出的净水建成迷人的水体景观已经成为可能。制定人工湿地景观循环用水及绿化灌溉用水的综合规划，达到公园水体长期澄澈美观的目的。

3.3.1 水体要素设计方法

水景池塘与人工湿地结合的优势很多，一定程度上，各种水体处理设施都可以构成具有观赏性的水塘（图3）。水景池塘水面规模可大可小，从小水塘到人工湖，甚至为区域提供暴雨蓄水及处理功能。在大多数池塘中，塘深、水循环、通气度和正确的植物品种搭配都是重要的因素。

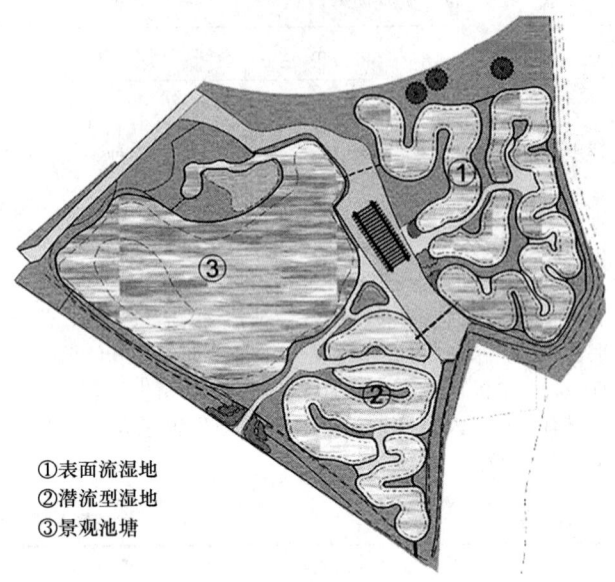

① 表面流湿地
② 潜流型湿地
③ 景观池塘

图3 水景池塘与人工湿地串联示意图

人工湿地水景池塘设计应当注重水景动态效果、水景照明效果以及水生环境营造。在可持续系统的建设中，应多考虑结合太阳能泵作为动力装置。同时借鉴传统理水手法，模拟自然水体形式设计成湾、河、港、溪、泉等形式，以各种不同形态的水体体现水景主题，同时进一步提高水质；在水景环境的照明设计构思中，水景照明追求的不是亮度，而是艺术的创意设计；在湿地出水系统构成的水景池塘中，应该保持一定的水深，避免阳光大面积直射以及促进水体流动，进而控制藻类及浮萍植物过度生长。

3.3.2 植物要素设计方法

水景池塘和植物园在国外发展迅速，水生植物的人工培育种类异常丰富。由于人工湿地系统多为低矮草本，因此在湿地周围环境中，适当种植灌木和乔木，增加垂直结构上的种植变化；观赏人工湿地植物配置也应注意考虑季相变化，由于湿地处理系统多为草本植物，全年只有一部分时间处于生长期，因此应合理安排具有不同生长期的功能植物，搭配观花、观果及常绿植物，做到四季有景，四时有变；同时注重芳香植物的配置，可以极大丰富观赏者的感官享受，对于视力较差的人来说这一点特别重要。常用的芳香植物有橡树果菖蒲、香草水山楂、草地兰、日百合花、水薄荷、欧洲樱草等。

3.3.3 游赏设施要素设计方法

人工湿地水景公园中，可以结合公园小径，公共艺术作品、乡土植物与野生动物、湿地与池塘组成雨水净化系统，使其担负起湿地公园内的道路、停车场等硬质表面的径流净化功能。如上海梦清园中，结合各净水环节，营造了台阶湿地池、瀑布凉亭、空中水渠、蝴蝶泉、星月湾等水景，将公园游赏活动与人工湿地净水科普教育活动结合在一起。

4 结语

本文重点探讨基于人工湿地技术的城市湿地公园规划建设三大建设领域，并从要素设计的角度，介绍了3种城市湿地公园中人工湿地技术应用于水体、植物、动物、游赏设施等要素的设计方法。由于人工湿地技术在我国的发展和实施还面临着诸多问题，城市湿地资源也缺乏有序的管理建设规范，因而在多学科、多部门的建设合作项目中，将人工湿地技术引入城市湿地公园的建设还需要不断探索，风景园林师应树立规划设计的"大工程观"。[7]

参考文献

[1] 城市湿地公园规划设计导则（建城[2005]97号）. 北京：住房与城乡建设部，2005.

[2] Donald A Hammer. Constructed Wetlands for Wastewater Treatment: Municipal, Industrial and Agricultural [M]. Chelsea: Lewis Publishers, 1989.

[3] A handbook of constructed wetlands: general consideration, vol 1[R]. EPA.

[4] David G casagrande. The human component of urban wetland restoration [J]. Yale F&Es bulletin 100: 254-270.

[5] 金云峰，项淑萍. 有机设计——基于自然原型的风景园林设计方法[C]. 北京：中国风景园林学会"中国风景园林学会2009年会"，2009-09-1.

[6] 金云峰，项淑萍. 乡土设计——基于地域原型的景观设计方法[C]. 南京：传承·交融：陈植造园思想国际研讨会暨园林规划设计理论与实践博士生论坛，2009-11-14.

[7] 周聪惠，金云峰，李瑞冬. 从《华盛顿协议》谈风景园林工程技术教育[C]. 武汉：中国风景园林学会2013年全国风景园林教育研讨会论文集，2013：1069-1071.

[8] 李甜. 人工湿地在城市湿地公园规划中的应用研究[硕士学位论文]. 上海：同济大学，2009.

作者简介

杨玉鹏，1990年9月生，男，汉族，山东滨州，同济大学建筑与城市规划学院景观学系在读硕士研究生，Email：yypbsaliand@163.com，1216869755@qq.com。

金云峰，1961年7月生，男，汉族，上海，同济大学建筑与城市规划学院景观学系，教授，博士生导师，上海同济城市规划设计研究院注册规划师，同济大学都市建筑设计研究分院一级注册建筑师，研究方向为风景园林规划设计方法与技术，中外园林与现代景观。

李甜，1983年2月生，女，汉族，天津，同济大学建筑与城市规划学院景观学系硕士研究生。

基于数字技术的居住区微气候环境生态模拟

Microclimate Ecological Simulation in Residential District Based on Digital Technology

张 浩 郑禄红 翁艳萍

摘 要：居住区的微气候环境与大众的日常生活息息相关。利用现有的数字技术平台对居住区的建筑朝向、日照间距、日平均太阳辐射、自然通风、声环境等微气候条件进行分析，综合分析各因素，确定居住区活动场地区域，为后期公共空间设计提供定量的依据。

关键词：数字技术；微气候；生态模拟

Abstract: The microclimate in residential district is closely related to the public's daily life. Through the analysis of building orientation, sunshine spacing, daily average solar radiation, natural ventilation and acoustic of residential district which is based digital technology, and comprehensive analysis the factors, getting the best activity space, providing quantitative basis for late public space design.

Key words: Digital Technology; Microclimate; Ecological Simulation

当前中国进入了城镇化建设的快速发展时期，各地的城镇化项目不断地开展，然而大量建设项目的背后隐藏了巨大的环境生态危机，噪声污染、河流污染、水土流失等环境恶化问题接踵而来。最近出台的《国家新型城镇化规划（2014—2020）》中明确讲到城镇化发展的基本原则其中一条：生态文明，绿色低碳；把生态文明理念全面融入城镇化进程，着力推进绿色发展、循环发展、低碳发展，节约集约利用土地、水、能源等资源，强化环境保护和生态修复，减少对自然的干扰和损害，推动形成绿色低碳的生产生活方式和城市建设运营模式。[1]十八大提出的"美丽中国"以及一直倡导的生态文明建设是当前城镇化建设的一项重要目标与愿景。公众生活面对自身需求健康舒适的户外活动环境与现实生活恶劣环境之间的矛盾，因此加大力度改善当前户外生活环境是提升大众生活质量的首要环节。居住区的环境范围是大众日常生活接触角度的场所，并且当前房地产业的飞速发展，高楼林立，大量现代化的居住区快速建设，提供了大量居住房；传统的用地评价经常从土地开发强度、用地平衡发展、绿地率等角度去分析，但从生态城市建设的角度出发，应当在居住区设计过程引入相关的建筑物理环境模拟方法；传统的方法利用仪器现场或者建造模型实验分析，都耗费大量的财力和时间，而现在以现有开发的计算机模拟软件为平台，展开环境微气候模拟，从而分析居住区公共空间设计方案是否能够最大限度地满足大众需求，为大众提供舒适的环境，发挥生态低碳设计的作用，提高居民幸福指数。

本文以安庆市某居住区为例，利用现有的软件操作平台对居住区的建筑朝向、日照、太阳辐射、风环境、声环境模拟等方面进行分析，然后综合各方面因素，分析居住区外环境活动场地分布特点，为后期景观方案设计提供有利依据，使得设计方案更加具备科学性、合理性（图1）。

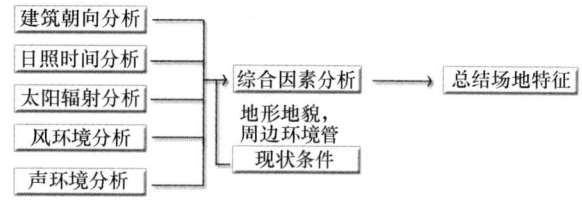

图1 技术流程图

1 相关软件简介

1.1 Ecotect Analysis

Ecotect Analysis（生态建筑大师）是欧特克公司的一个全面的生态技术性能分析软件，计算、分析过程简单快捷，结果直观。设计师根据现有数据，对建筑物以及场地进行建模模型，赋予模型地理位置信息，Ecotect 就能完成太阳辐射、日照、遮挡等方面的模拟，[2]从而为设计人员在方案设计阶段中对于建筑物以及周围环境的耗能情况有所了解，为后期的设计方案提供依据。

1.2 Phoenics

Phoenics 是目前国际上流行的大型商用计算流体力学和计算传热学软件，软件功能强大，可用于求解零维、一维、二维和三维空间内可压缩或不可压缩、单相或多相流体的稳态或非稳态流动，确定流体空间内的质量、动量、热量、浓度的传递与分布。在本次测试中用于居住区的风速模拟，演示小区风速在夏季主导风向与全年主导风向下的风速变化特点。[3]

1.3 Cadna/A

Cadna/A 是基于德国 RLS90 通用计算模型的噪声模

拟软件，广泛用于环境评价、建筑设计、交通管理、城市规划等众多领域。经过国家环保总局环境工程评价中心认证，该软件理论基础与GB/T17247.2—1998《环境影响评价导则——声环境》要求一致预测结果直观，在本文研究中主要用于测试居住区的声环境。[4]

2 居住区室外环境微气候分析

本次规划的地块位于合肥安庆市，规划面积约为$5.7hm^2$，居住区建筑区域以中高层为主，居住区四周紧邻城市道路。建筑主要以11层、18层高的居住建筑为主，东南部片区的11层、西北侧的较高。

安庆市位于长江下游北岸，皖河入江处。东与安徽省池州市、铜陵市隔江相望，南以长江与江西省九江市相连，西界湖北省黄冈市，北接安徽省六安市、合肥市。属北亚热带湿润季风气候区，具有气候温和、四季分明、梅雨显著、无霜期长的特点。

2.1 建筑朝向分析

建筑朝向的选择直接影响建筑物的采光照明，中国古代对建筑的选择从风水学的角度分析：左青龙右白虎、前朱雀后玄武；北面有山、南面临水，视野开阔，是藏风聚气的好地方。这具有科学依据，因为在北半球，为了冬季使建筑物可以得到最大的日照时间，满足植物以及人的生理体质需求。因此选择朝向南面开门，在建筑物西墙壁尽量少开门窗，防止在夏季西侧的日照时间长，热辐射增加。

利用Ecotect软件，结合相关气象数据，用Weather tool对地区的太阳辐射进行分析，得到图2的结果，Weather tool是根据全年过热期和过冷期的太阳辐射量计算本地的最佳建筑朝向。[5]从图显示看出，黄色箭头代表最佳朝向南偏东12.5°，红色的粗线表示最差朝向，即在东偏北12.5°。本次规划的建筑朝向为南偏东南偏东30°，从图上看出黄色带区域角度是适合的朝向，南偏东30°也在合适范围之内，但不是最佳朝向。

2.2 日照分析

太阳每天在天空中的位置随着时间的变化而变化，因此太阳照射在物体上的光照现象也不一样。日照时间的长短与人们生活、工作、学习、环境等有着密切的关系。在我国的《城市居住区规范设计》GB 50180—93（2002年版）中提到在不同的气候区，针对城市规模而言，在大寒日或者冬至日住宅建筑的日照时数应当有一定的标准（表1）。

住宅建筑日照标准　　表1

建筑气候区划	Ⅰ、Ⅱ、Ⅲ、Ⅶ气候区		Ⅳ气候区		Ⅴ、Ⅵ气候区
	大城市	中小城市	大城市	中小城市	
日照标准日	大寒日				冬至日
日照时数（h）	≥2		≥3		≥1
有效日照时间带	8—16				9—15
日照时间计算起点	底层窗台面				

根据城市人口和非农人口以及地理位置判断，安庆属于中小城市，[6]在Ⅲ气候区，因此需要在大寒日满足3小时标准日照，在大寒日对小区的日照时间进行模拟，选取东北角的建筑作为实验对象，建筑高度约为54m，分析其南面的墙体在大寒日一天中日照情况得到（图3）。

由图3所示，颜色偏暖色区域日照长，偏冷色区域日照时间短，建筑南墙部分区域一天之内的日照时间无法达到3小时，因此从前期规划角度分析应当加大建筑之间的间距，或者前排建筑适当降低高度。

居住区中的活动人群主要是老年人和儿童，老年人的活动时间频率相对青年人和儿童而言比较，并且老年人的活动时间一般为早上6、7点和下午晚饭后5、6点，对居住区白天的光环境进行模拟，以人群的活动规律为依据，选取大寒日9—15点和夏至日6—12两个时间段点来分析小区的日照阴影（图4、图5）。

大寒日光环境分析图显示，北部高层建筑的南面区域光照时间十分充足，可以考虑在此区域设置娱乐、健身硬质活动空间，北面区域光照阴影时间过长，不能布置过多的硬质活动空间。

夏至日光环境分析图显示，居住区在上午的日照时

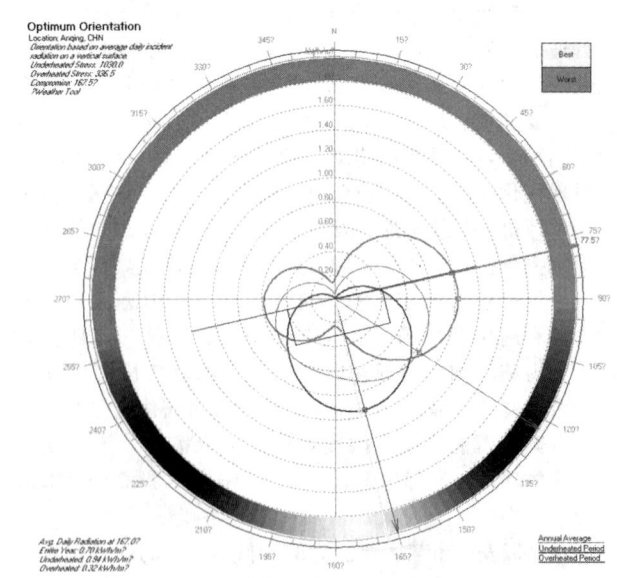

图2　建筑朝向分析图

间十分充分，因此在日照十分充足的区域要适当种植高大乔木作为遮阴防晒的设施，以免日照辐射过强影响人

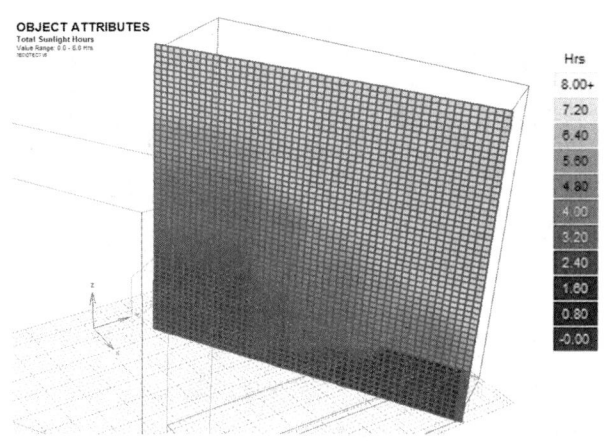

图 3　东北角建筑大寒日日照分析图

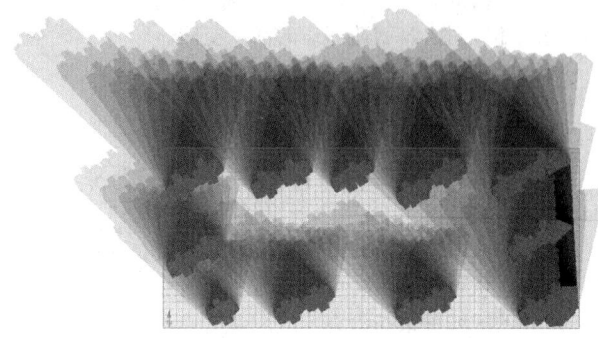

图 4　大寒日居住区光照阴影分析图

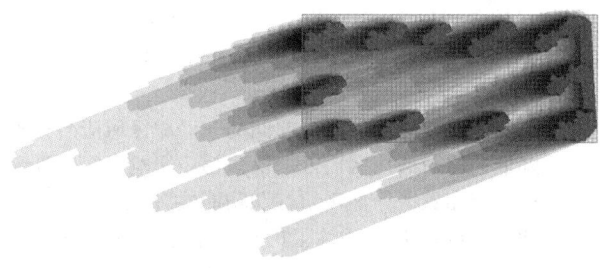

图 5　夏至日居住区光照阴影分析图

群活动。

2.3　太阳平均热辐射分析

太阳热辐射主要是指太阳以辐射形式发射出的功率投射到单位面积上的多少，热辐射量的多少对于绿化植物的选择有一定的关系，植物大致分为阳生植物和阴生植物，阳生植物喜阳，可以布置在热辐射较高的区域；反之阴生植物亦然。选取居住区地面作为分析对象，模拟从4月份到10月份的地面平均辐射量的变化（图6）。

在同一平均辐射量所占地面面积下，高层建筑周围所占面积比低层建筑所占面积大，是由于建筑日照影响时间长短变化所引起的，因此高层建筑周围的植物种植更要考虑平均辐射的影响，日平均辐射较强的地方种植常绿乔木。能够保证四季提供阴凉的场地，在日平均辐射较小的区域种植落叶乔木或者低矮灌木、地被等，保证在夏季提供一定的阴凉场地，同时秋季落叶后，使其东西享受一定的阳光照射。

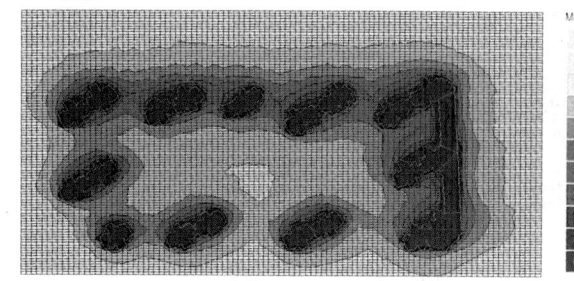

图 6　平均太阳热辐射分析图

针对安庆地区的气候以及植物配置采取的"适地适树"的原则，植物配置考虑常绿与落叶共存，乔木、灌木、地被合理搭配，产生"三季有花四季有绿"的效果。

2.4　风环境分析

风环境模拟主要是指自然风通过建筑群体时在建筑围合空间中形成的风场演示。商业建筑的楼层过高，居民经常会感受到虽然小区绿化较好，建筑质量优良等好的因素，但是通风不畅、闷热等由风环境引起的问题经常困扰住户，因此在建筑建设前期对小区的风环境进行模拟十分有必要；同时加入小区的景观绿化设计，植物对风环境有较大的影响作用。因此采用流体力学软件 Phoenics 软件对小区的风环境进行测试。

安庆市夏季主导风向为东南风，平均风速 2.9m/s，冬季主导风向为西北风，平均风速 3.3m/s。对小区整体建筑环境建立相应的模型，设置相应的入风口和出风口等条件进行模拟。模拟在夏季和冬季的主导风向下，位于 1.5m 处的风速分布（图7、图8）。风速跟人体的舒适性有一定的关系，风速＜5m/s 的时候，人体会感受到舒适，一般认为，风速＞1m/s 时，在夏季室外人们感受是舒适的，风速＞5m/s 时，会影响到人们的活动。[7]

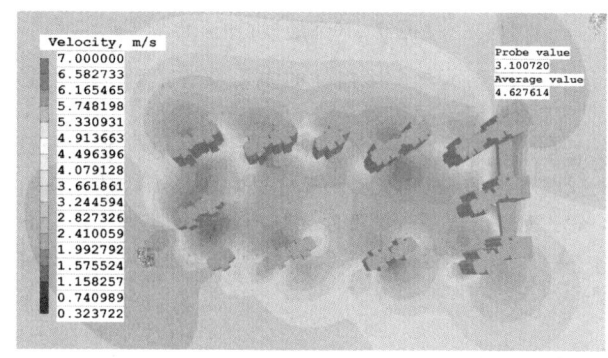

图 7　夏季风速分析图

夏季风速分析图显示，居住区内部主要区域风速在 4m/s 以下，建筑宅家之间的区域风速较大，达到 5m/s 以上；东边的 3 栋高层建筑与东边的裙房建筑形成风速回流空间，靠近建筑区域的风速达到 6m/s 以上，因此在后期的景观设计阶段，需要在这部分区域设计围合空间，种植高大乔木。

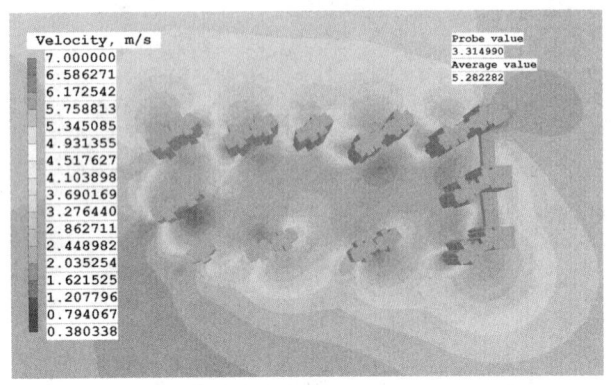

图8 冬季风速分析图

冬季风速图显示，小区内部主要风速在3m/s以下，因为北部的高层建筑在冬季挡住西北方向的风速，使得内部风速较小，在北侧的绿化空地上设置种植区，以高大乔木为主，会进一步减少冬季风速对居住区内部的影响。

2.5 声环境分析

居住区的声环境污染主要来源于周围施工区域，道路等，本次模拟过程中主要以道路噪声作为声源，分析道路噪声对居住区内部的影响，同时加入沿居住区周围的绿化种植区，作为减弱噪声设施的一部分，进行噪声模拟（图9）。

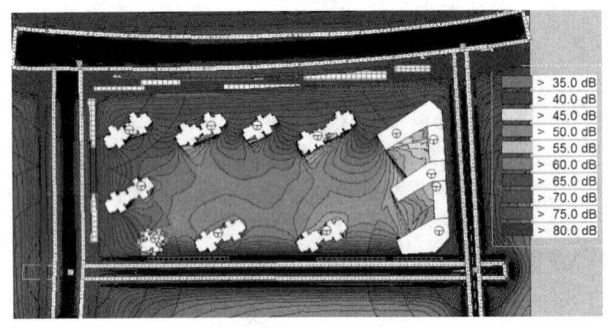

图9 声环境模拟图

分析图显示在小区内部的主要噪音达到60分贝，根据有关规定昼间达到60—65适合于居住、商业、工业混合区，因此在居住区周围应当种植更多的植物以来减弱噪声的影响，达到55分贝左右最为合适；东部3栋建筑与裙房围合的空间受噪声影响较小，噪声分贝在45左右，适合于建设安静休息的场地，供老人休憩、娱乐。

3 综合分析

根据现有的日照分析、风速分析、声环境分析、平均热辐射分析等现有物理数据，并且参考人的行为活动习惯以及心理因素，形成硬活动建设区域叠加图，以此来指导场地的建设，得到居住区内部适合建设硬质场地的分布图（图10）。

图10中粉色区域作为最适合建设硬质场地的区域，

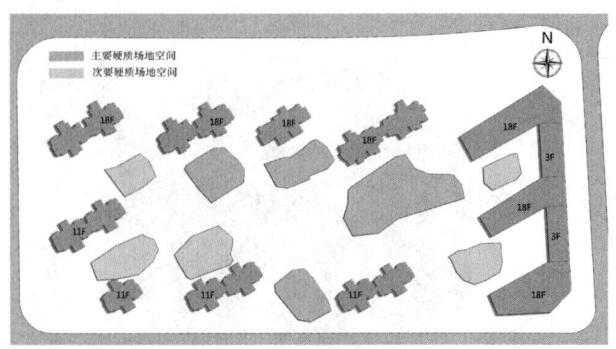

图10 居住区内部适合建设硬质场地的分布图

可以建设健身、娱乐活动等空间，蓝色区域为次要的硬质活动空间建设区域；同时在后期景观空间的营造方面需要考虑利用构筑物、小品、植物等围合不同的空间，合理利用物理环境因素，创造舒适的活动空间。

4 讨论

对居住区整体的物理微环境气候因素进行分析，得出以下结论。

（1）场地的硬质活动空间可以尽量布置在靠近北部建筑的南墙，这种布置方法可以充分利用光照资源；并且在光照过强的区域种植高大乔木遮阴。

（2）东侧建筑的围合区域噪声影响较小，可以考虑布置一些安静休息的场地和设施供老年人休憩。东侧建筑的裙房屋顶可以考虑设计成为屋顶花园，增加绿地面积，降低裙房室内的温度，减少热辐射效果，实现低碳环保。

（3）北侧建筑与北侧公路之间的大面积区域应当种植绿化，降低公路对居住区内部的噪声污染影响，绿化设计结合游园道路布置，增加观赏性和功能性。

现代景观设计需要感性上的形式艺术美学与理性的定量化分析，不能仅仅停留在单纯形式上的美，在当前强调生态景观建设的浪潮中需要更加科学的前期设计分析，充分掌握现状，利用现有的技术平台为设计提供更加定量的分析依据，使得实证性更强；使得设计更加具备可行性、科学性。

参考文献

[1] 国家新型城镇化规划（2014—2020年）[M]. 北京：人民出版社，2014.
[2] 王真琦. Ecotect软件在园林被动式生态设计中的应用[D]. 哈尔滨：东北林业大学，2011.
[3] 赵敬源，黄曼. 用Phoenics软件模拟庭院温度场[J]. 长安大学学报（建筑与环境科学版），2004，21(2)：11-14.
[4] 刘培杰，孙海涛，王红卫. 噪声模拟软件Cadna/A在交通噪声预测评价中的应用[J]. 电声技术，2008(7)：64-67.
[5] 柏慕中国. Autodesk Ecotect Analysis 2011绿色建筑分析应用[M]. 北京：电子工业出版社，2012.
[6] 中国城市经济学会中小城市经济发展委员会，编纂委员会中国中小城市发展报告. 中国中小城市发展报告[M]. 北京：社会科学文献出版社，2011.

[7] 王珍吾,高云飞,孟庆林,等.建筑群布局与自然通风关系的研究[J].建筑科学,2007(6):24-27.

作者简介

张浩,1989年生,男,汉族,湖北黄冈,武汉大学风景园林学在读硕士研究生,研究方向为数字风景园林规划与管理,Email:505316772@qq.com。

郑禄红,1990年生,女,汉族,福建福清,杭州草月流建筑景观设计有限公司景观设计师,Email:550218288@qq.com。

翁艳萍,1992年生,女,汉族,福建泉州,江西农业大学园林与艺术学院研究生。

景观设计策略
——基于公共性视角的文化设施景观设计研究

Landscape Design Strategies
——The Research on Design of Cultural Facility Landscape Based on Public View

张新然　金云峰

摘　要：本文针对当前城市建设中文化设施景观发展和存在的问题，从公共性的角度出发，通过解析公共视角下的文化设施景观的特征，从公共空间、公共语境和社会参与等3个方面提出设计策略。在策略研究中分析了国内外文化设施景观的实例，并指出未来的发展趋势。
关键词：公共性景观；文化设施景观；景观设计；设计方法

Abstract: According to the existing problems in the development of cultural facility landscape in urban construction, this paper, from the view of public, introduces design strategies from three aspects: public space, public context and social participation after analyzing its features in public view. In the research, the examples from domestic and abroad are investigated and the tendency of the development of cultural facility landscape is pointed out.
Key words: Public Landscape; Cultural Facility Landscape; Landscape Design; Design Methods

1 引言

随着全球经济的高速发展，城市建设步伐也日益加快，人们对于物质生活需求也逐步向文化生活需求转移。过快的城市化进程使得本身数量不足、标准不高的文化设施越来越难以满足城市居民的需要。对此，政府给予了足够重视，2013年9月16日，国务院办公厅在《国务院关于加强城市基础设施建设的意见》中指出"……加强公共服务配套基础设施规划统筹。城市基础设施规划建设过程中，要统筹考虑城乡医疗、教育、治安、文化、体育、社区服务等公共服务设施建设……"。文化设施景观作为文化设施建设的重要组成部分，既是融合文化设施与城市形态的重要元素，又是提升文化设施建设内涵和底蕴的关键因子，在文化设施建设的浪潮中占据关键作用。如何建设文化设施景观，如何使景观在塑造城市形态、提升城市文化形象、激活城市活力的过程中起到催化剂的作用，是本文研究的主要出发点。

2 概念释义

2.1 景观公共性

"公共性"与"私人性"相对应，它表示既不属于个人或部分集团独占资源，个人或部分集团是在不影响他人收益的情况下平等的享用资源[①]。景观的公共性指的是景观在空间上呈现开放状态或半开放状态，面向公众，能够自由进出和使用；不受限制表达和交流思想、没有拘束，可以自主选择和自主活动[②]。

"公共性"其概念随着生产力和生产关系的变革而演变至今，在当代的背景来看，"景观公共性"的特征不外乎以下几点：（1）公平性。是景观公共性最根本的特征。"公共"一词的含义在很大程度上决定了公共属性的景观受众群体是最为广泛的"大众"，而不是具有某一属性的特殊群体。（2）可达性。在某种程度上是"公平性"的重要体现。"可达性"是在保证安全性的前提下，优先考虑大多数交通方式的人群使用。一般来说可达性越强的空间，其公共性也就越强[③]。（3）多样性。体现在空间层次和尺度的多样，功能使用的复合，公共生活的丰富和使用人群构成的复杂等方面。多样性是活力的来源，也由于功能的复合多样，而使公共属性的景观空间具有"多义"的社会角色，成为由某种角色为主导的空间或是混合型空间。（4）可识别性。视觉形象特色鲜明的公共性景观，是城市居民对于城市形态和体验城市意象最直接的感受。同时，公共性景观作为区域历史的见证者，成为城市居民集体记忆的承载，随着时间积淀在内心深处，成为该地区社会网络的重要纽带。

2.2 文化设施景观

文化设施景观，指的是依托于图书馆、博物馆、艺术馆、纪念馆、剧院、电影院等文化设施的景观，它们与文化设施在空间上联系紧密，同时也承担着相关收藏、研究、展

---

① 王帅. 城市公共景观资源的公平利用规划控制研究 [D]. 沈阳建筑大学, 2012.
② 王敏. 品牌策略下的城市公共性景观效能优化研究_王敏 [J]. 同济大学学报（社会科学版），2010（6）：45-51.
③ 杨贵庆. 城市公共空间的社会属性与规划思考_杨贵庆 [J]. 上海城市规划，2013（6）：36-43.

示、组织艺术、公益或商业活动的功能，也是人们进行文化活动的重要载体、休闲娱乐的主要场所。城市中的文化设施景观是进行各种市民活动的集中场所，往往成为其所处区域的活动中心，具有重要的形象价值和社会价值。

目前，我国文化设施的建设受到了较高的关注，如2013年中央财政安排公共文化服务体系建设资金达到169.63亿元，全国公共文化设施网络基本建成[①]。但是对于与文化设施相配套的文化设施室外空间及景观设施，其设计仍存在着一些问题，不能够满足市民的使用需求。

2.2.1 公共属性受到挑战，空间设计与需求脱离

在实际的规划工作中，根据《城市用地分类与规划建设用地标准》（GBJ 137—90）的规定，文化设施绿化在我国对应用地类型多为附属绿地。由于附属绿地不单独参与城市建设用地平衡，实际考核城市用地指标过程中，附属绿地一般不受重视——文化设施景观用地逐渐被其他功能蚕食。另外，在快速城市化的进程中，文化设施景观的建设规模尺度难以控制，大量"地标式"景观、大尺度景观轴线的建设一味地强调个体形象，而破坏了整体空间肌理。

2.2.2 风格趋向于同一化，忽视对文脉特征的关照

在全球化趋势的推动下，具有地域特色景观日益减少，传统和独具特色的价值体系、审美观念逐渐消亡。文化设施景观作为城市文化、艺术活动举办的重要场所，对当地的文脉、文化特征整体环境氛围的关照不足，导致当地居民对本土精神文化认知欠缺，对城市空间的归属感不强，难以建立集体的情感共鸣。

2.2.3 形式与使用需求脱节，缺乏参与性设计

前些年城市公共景观的快速建设，还带来了过分的"形式主义"问题——简单的外部装饰、"大草坪"、"城市广场"……。文化设施景观脱离文化与市民的互动，这种急功近利的产物给当地的居民带来各种困扰：尺度不宜、脱离日常使用、毫无空间活力、滋生犯罪……人与建成环境的互动性差，市民不能参与到策划、建设、使用的各个环节中。

总而言之，我国文化设施景观的现存问题可以归结为3个方面：公共性景观空间设计问题、"公共语境"塑造与文脉传承问题和社会参与问题。

3 基于公共性视角的文化设施景观设计策略

3.1 公共性景观空间的设计策略

3.1.1 公共性景观空间设计的开放性与封闭性

具有"公共"属性的文化设施景观，"开放性"是其空间特征的第一要素，体现在空间的可达性、边界模糊性和使用的可参与性3个方面。空间的可达性是具有"公共"属性的文化设施景观的基本使用需求，一方面文化设施景观作为城市生活的重要组成，应当在城市维度上具有一定开放性，允许市民进入；另一方面，其自身所具有的半开放式空间也应当对其特定使用人群开放。然而在现实设计中，处于安全性和维护的需要，大量封闭式空间出现：有的由于空间流线的人为切断，有的则是设置围墙和栅栏等障碍。

位于葡萄牙波尔图的塞拉维斯当代艺术博物馆（图1）是西扎（Alvaro Siza）的代表作。建筑位于一个古典英式花园的一角，设计师通过塑造连绵起伏的地形，将博物馆隐藏在草坡之中，形成一片连续、可达性强的公共开放空

图1 葡萄牙波尔图塞拉维斯当代艺术博物馆（Serralves Museum）室内外展厅的空间流动（引自http://photo.zhulong.com/proj/detail30346.html）

间，提供给周边居民和游客使用，并与古典的英式花园形成良好的空间过度。而大面积玻璃的使用，使得室内展厅和室外空间连成一体，消融了建筑与外部空间之间的硬质边界，同时使得室内外的展品、室内外的游客之间形成美妙的互动。同样作为展览性建筑的附属景观，密斯（Mies Van der Rohe）将柏林新国家美术馆（图2）作为

图2 德国柏林新国家美术馆下沉庭院（作者自摄）

一个漂浮在大地上的"盒子"进行处理，而在建筑西侧的围墙内暗含着一个矩形的下沉雕塑庭院，其中布置了极

---

① 人民网-深圳频道《首本文化建设蓝皮书〈中国文化发展报告〉在深发布》，2014-05-16，http://sz.people.com.cn/n/2014/0516/c202846-21224695.html

具抽象意味的雕塑和绿植，使得绿色和阳光得以进入地下展厅。庭院只能通过地下展厅进入，然而在实际使用中由于展览的性质和维护的需求，下沉庭院的入口处于封闭状态，展厅面向其一侧的玻璃也常年覆盖窗帘以控制光照，游客也只能与其他市民一样，在地面上远距离观赏，其开放性明显不足。

3.1.2 公共性景观动态空间序列的组织

从平面到立体的设计是空间设计的重要转化。在具有"公共"属性的空间里，二维到三维的转化是一种平面美学和功能使用的结合，使得使用者对于空间有连续的、多角度的体验和感知，通过从一个固定的视点向另一个视点移动的过程中，可以更加深刻地感受到尺度、比例和空间的变化，以此形成一定的空间序列。传统的构图形式向空间序列转化有很多既定的模式：中心轴线型、放射型、网格型……然而在实际的设计中，空间序列的形成并不是基于固定的模板，更多的是与场地的现状、视点的变化、情节的编排相关联。

青海原子城纪念园在空间序列编排上打破了传统的模式，空间编排的出发点从二维的平面构图转而面向场地自身的特质和视点的移动与变化。场地内参天的青杨形成一条百余米的视觉通廊，充满震撼力的场所精神是空间序列编排的原动力。在保留青杨和协调原有纪念碑的基础上，设计师采用了钟摆式的隐形中轴线（图3）。

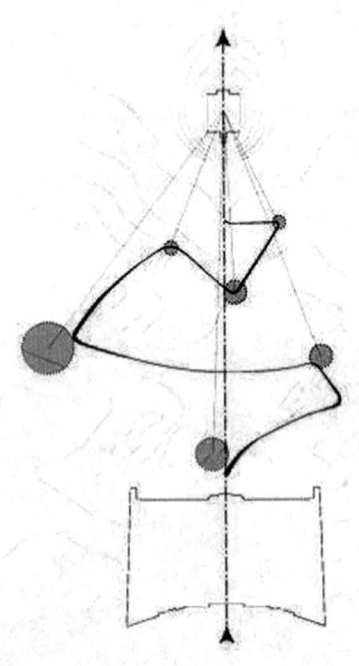

图3　青海原子城纪念园 zigzag 路径与钟摆式隐性中轴控制模式图（引自 http://www.youthla.org/2012/01/for-the-poplarsvthere-part-2/）

隐形的中轴线与自由叙事路径的叠加形成了一种新的复合空间序列。在其中行进，唯一路径上的任意一点都可以望见目标点，形成紧密的视觉联系。若隐若现的目标形成一种空间指引，同时也隐喻了中国独立研制原子弹之路的曲折。这种复合型空间序列的处理使得空间编排与场所精神融为一体。

3.2 基于"公共语境"的设计策略

具有"公共"属性的文化设施景观作为城市居民日常进行文化艺术活动、休闲游憩的主要场所，承担着体现公众精神、普遍价值观、公众审美和情感共鸣等功能。这些抽象的精神层面需求则是设计重要的"语境"环境。

3.2.1 作为语境基础的"集体潜意识"与原型设计

瑞士心理学家卡尔·古斯塔夫·荣格（Carl Gustav Jung）针对"集体记忆"现象提出了"集体潜意识"（Collective Unconsciousness）的概念。荣格认为，人类的祖先在几千年的劳作生活中慢慢形成一些传统和经验积淀，这既包含生物学上的遗传，也包含了文明发展的历史积淀——这些生理和心理上的积淀就是"集体潜意识"。为了使抽象的集体潜意识能够转化为具体事物，荣格提出了"原型"（Prototype）的概念——"种族记忆的投影"。原型并不是艺术或者设计本身，而是一种"催化剂"，它提炼自人们代代相传的"集体潜意识"中，埋藏着以往典型的经验[1]。在这个层面上，具有公共属性的文化设施景观往往承载着某一些历史和共同认知，通过唤醒使用者内心深处的回忆和对于感知和刺激，从而启发使用者进行互动体验，进一步产生共鸣。

侵华日军南京大屠杀遇难同胞纪念馆及其附属景观是原型设计运用的典范。设计从原型的提炼着手，通过遴选适当的实体要素（构筑物、水体、植被），赋予抽象层面的情感、感触，进行不同的艺术加工处理：入口充满象征意义的雕塑，冥思厅的充满场所感的燃烛仪式，以及"灾难之庭"广场前象征皑皑白骨的鹅卵石（图4），无疑营造了沉重、压抑、凄惨、悲愤的氛围。在要素的提炼与挖掘的基础之上形成"场景"，再由一个个场景的叠加和串联形成了情感体验的空间序列，几个场景彼此之间有平淡高潮，有铺垫和酝酿，空间上相互咬合，情感上层层递进，形成较为完整和丰富的空间体验。

3.2.2 叙事学与体验设计

托多洛夫（Tzvetan Todorov）在《十日谈》（Grammaire du Décaméron）中首先引入了"叙事学"一词（1969）。所谓"叙事"，从根本上来说是一种交流活动，它指的是信息发送者通过一定媒介将信息传达给信息接受者这样一个过程[2]。其手法经常与空间序列设计方法一起使用，将空间、路径的变化与知觉体验和情感交流融合在一起，在三维立体空间的基础上增加"感知、情感"的另一维，形成更加多元的游憩体验。

---

① 金云峰，项淑萍. 基于原型的设计[C]. 苏州：中国风景园林学会"中国风景园林学会2009年会"，2010-05-28.
② 冯炜. 景观叙事与叙事景观——读《景观叙事：讲故事的设计实践》[J]. 风景园林，2008（2）：116-118.

图 4　南京侵华日军南京大屠杀遇难同胞纪念馆新馆雕塑《冤魂的呐喊》（引自《侵华日军南京大屠杀遇难同胞纪念馆扩建工程创作构思》）

罗斯福总统纪念园在叙事的手法上打破了传统纪念园的做法，并没有固定的方向和序列，而是充分使纪念园与周边环境相协调，根据罗斯福总统的4个任期将纪念园分成4个小的开放空间进行组合，利用景墙组织空间序列，体现空间的流动性，强调空间带来的情感体验在于各部分独自的感染力和过程中的积累与综合。叙事不仅仅是空间上的，设计师哈普林（Lawrence Halprin）着力于塑造不同的体验方式：水景效果、植物芳香、材料质感、自然声音以及光影和色彩的变化，使得人们徜徉其中的同时，诸如听觉、嗅觉、触觉等所有的感官功能都被调动起来，形成一种立体的、全方位的叙事方式。

3.3　基于社会维度的设计策略

3.3.1　作为社会"多义空间"的文化设施景观

"多义空间"则是指具有多种功能意义的空间。如果空间的性质决定该空间只能容纳单一功能，此空间为单一空间。如果在设计过程中采取某些特殊措施，可使空间兼容性增强，从而可能容纳多种功能，形成多义空间[①]。多义空间的多义性主要在于两个方面：同一空间在同一时间段可以容纳不同功能，即是空间鼓励多样性的活动；同一空间在不同的时间段可以容纳不同功能，即是空间在其他事件的触发下能够适应功能变化。

作为城市文化、艺术活动承载体的文化设施景观，其功能属性不仅局限于设施本体的属性，更多的是作为城市开放空间具有休闲、游憩等功能，在一些特定的时段，如节庆日，又能够承载特殊的功能。功能的复合带来使用群体的多样，多义属性提供给不同群体一个共同的舞台，允许不同行为的发生，使得人与人的交流更加密切，反过来又会既增强空间活动的丰富性，提升空间活力。如让努维尔（Jean Nouvel）设计的卢塞恩文化艺术中心，在悬挑的巨大屋檐下建造了宽阔的倒映池，将湖水巧妙地引入大厅，并形成一个面向湖水的巨大室外舞台——平时

作为市民休闲活动场所，节日庆典活动之时则形成一个巨大的水上舞台，室内的大厅更是可以结合室外舞台提供会议、酒会和展览等多种用途（图5）。

图 5　南京侵华日军南京大屠杀遇难同胞纪念馆新馆冥思厅的烛光（引自《侵华日军南京大屠杀遇难同胞纪念馆扩建工程创作构思》）

图 6　南京侵华日军南京大屠杀遇难同胞纪念馆新馆象征死亡的"灾难之庭"（作者自摄）

4　结论

城市文化基础设施的建设方兴未艾，但其聚焦点往往在文化设施本身，而忽略室外空间和景观设施，究其原因是忽视了室外空间的公共属性，忽视了其复合的功能性。因此，本文对文化设施景观的公共空间、"公共语境"以及社会参与等3个方面进行分析研究，将文化设施及其附属景观视作一个整体，使其在城市形态的塑造、城市文化氛围营造、城市活力提升等方面承担重要的角色，在更大范围的城市视野下发挥公共属性及其承担的社会责任。当前，

---

① 李海乐. 多义空间—空间适应性研究及设计策略[D]. 重庆：重庆大学，2004.

图 7 瑞士卢塞恩文化艺术中心
(引自 http://www.kkl-luzern.ch/navigation/top_nav_items/start.htm)

我国文化设施景观设计出现了新的动态,室内外空间一体设计的地形建筑模式、多功能用地复合的景观综合体模式等——文化设施景观的公共属性越来越受到重视,其公共空间设计、公共语境设计以及社会维度设计也逐渐相互融合渗透,形成公共性文化设施景观发展的新趋势。

参考文献

[1] 王帅. 城市公共景观资源的公平利用规划控制研究[D]. 沈阳:沈阳建筑大学,2012.
[2] 王敏. 品牌策略下的城市公共性景观效能优化研究[J]. 同济大学学报(社会科学版),2010(6):45-51.
[3] 杨贵庆. 城市公共空间的社会属性与规划思考[J]. 上海城市规划,2013(6):36-43.
[4] (瑞士)卡尔·古斯塔夫·荣格. 分析心理学的理论与实践. 南京:译林出版社,2011.
[5] (意大利)阿尔多·罗西,黄士钧译. 城市建筑学[M]. 北京:中国建筑工业出版社,2009.
[6] 金云峰,项淑萍. 基于原型的设计[C]. 中国风景园林学会2010年会论文集,北京:中国建筑工业出版社,2010:264-268.
[7] 金云峰,项淑萍. 乡土设计——基于地域原型的景观设计方法[C]. 传承·交融:陈植造园思想国际研讨会暨园林规划设计理论与实践博士生论坛,北京:中国林业出版社. 2009:200-203.
[8] 冯炜. 景观叙事与叙事景观——读《景观叙事:讲故事的设计实践》[J]. 风景园林,2008(2):116-118.
[9] Potteiger M,Purinton J. Landscape narratives:Design practices for telling stories[M]. John Wiley & Sons,1998.
[10] 李海乐. 多义空间—空间适应性研究及设计策略[D]. 重庆:重庆大学,2004.

作者简介

张新然,1990年6月生,女,汉,山东,同济大学建筑与城市规划学院景观学系,在读硕士研究生,Email:wsndde2@163.com。

金云峰,1961年7月生,男,汉,上海,教授,博导,同济大学建筑与城市规划学院景观学系,上海同济城市规划设计研究院,同济大学都市建筑设计研究分院,研究方向为风景园林规划设计方法与技术,中外园林与现代景观。

基于地统计学和 GIS 的园林土壤主要肥力因子空间变异研究
——以济南泉城公园为例

Spatial Variability Analysis of Garden Soil Main Fertility Factors Based on Geo-statistics and GIS
——A Case Study of Spring City Park of Jinan

赵凤莲 刘 毓 张保全

摘 要：为推进园林土壤精细化管理与合理施肥，本文以泉城公园为例，采用地统计学和 GIS 相结合的方法，对园林土壤 6 项主要肥力因子的空间变异特征进行了研究，并绘制了各因子的空间分布图。结果表明：泉城公园土壤 pH 值较高，土壤有机质含量属于中等水平，全氮、碱解氮、有效磷含量属于中等偏高水平，速效钾含量属于较高水平；土壤 pH 和碱解氮的空间变异函数服从指数模型，有机质、全氮、有效磷和速效钾为球状模型，其中全氮、碱解氮和速效钾具有强烈的空间相关性，pH、有机质和有效磷具有中等空间相关性；反距离加权插值图较为直观地描述了泉城公园土壤各肥力因子空间的分布格局，为其精细化管理与合理施肥提供了依据。

关键词：地统计学；GIS；园林土壤；肥力因子；空间变异；反距离加权插值

Abstract: In order to promote accurate management and proper fertilization of garden soil, spatial analysis on garden soil 6 fertility factors was conducted by geo-statistics and GIS in the spring city park of Jinan, and spatial distribution map of the fertility factors were drawn. Results showed that, the value of pH and available K was high, The soil organic matter was medium lever, total N, available N and available P were over medium lever. The pH, available N were fitted by exponential model while organic matter, total N, available P and available K were fitted spherical model. The total N, available N, available K had strong spatial correlation, and the pH, organic matter, available P had moderate spatial correlation. The spatial distribution of garden soil main fertility factors in the spring city of Jinan was intuitively characterized by IDW interpolation, which provided scientific basis for garden soil management.

Key words: Geo-statistics; GIS; Garden Soil; Fertility Factors; Spatial Variability; IDW

土壤养分的空间变异是普遍存在的，[1]充分了解土壤养分的空间分布特征对于养分管理与施肥决策具有重要意义。[2]随着地理信息系统的广泛应用，利用地统计学，并结合 GIS 技术来研究土壤性质空间变异已成为目前相关领域的研究热点之一。[3-6]目前对土壤养分空间变异的研究主要集中在农业土壤，对园林土壤进行研究报道的并不多。本研究主要采用地统计学中半方差函数并结合反距离加权插值法（IDW）研究了园林土壤主要肥力因子的空间变异性，以期为园林土壤的精细化管理与合理施肥提供科学依据。

1 材料与方法

1.1 研究区域概况

本研究以泉城公园绿地为研究对象（117.01°E，36.64°N），该地属于暖温带大陆性季风气候区。泉城公园位于济南市历下区，千佛山西侧，经十路以南，是一座风景植物园，地理位置优越，自然环境优美。园区占地面积 46.7hm²，植物分类采用克朗奎斯特系统进行植物配置，共有植物 89 科 450 种近 20 万株。

1.2 土样采集与测定

本研究于 2013 年 6 月进行土壤样品采集，采用 50m 间隔的"网格法"取 0—30cm 土层土壤样品，取样时，在网格点 10m 范围内选取有代表性的 6—10 钻土壤混合均匀为该点的样品，混合后采用四分法留 1kg 装袋，除去建筑物、水面等处无法采集到样品的点，共采集土壤样品 131 个，取样点分布如图 1。

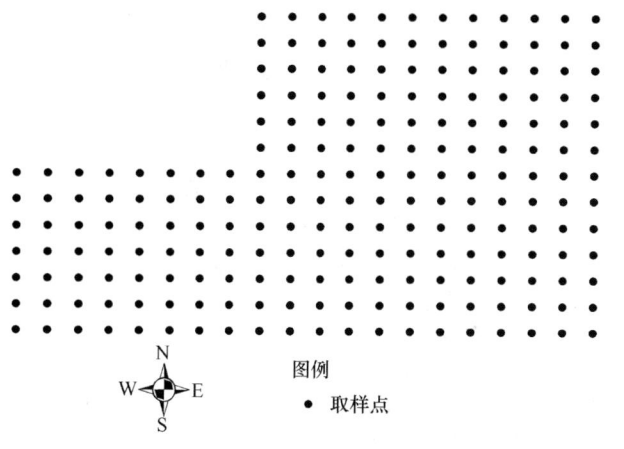

图 1 取样点分布图

土样在实验室内经自然风干、磨碎、过筛后备用。土水比1:5，用pH计测pH值；采用半微量开氏法（K_2SO_4-$CuSO_4$-Se蒸馏法）测全氮；碱解扩散法测碱解氮；0.5mol/L $NaHCO_3$法测有效磷；1mol/L NH_4OAc浸提，火焰光度法测速效钾；重铬酸钾容量法—外加热法测有机质。

1.3 数据处理

本研究运用SPSS 13.0软件对样点数据进行经典统计分析；运用地统计软件GS+进行半方差分析；运用ArcGIS 10.2（Geo-statistical Analyst扩展模块）进行反距离加权插值（IDW）和图形的编辑输出，运用Photoshop软件对图片进行后期处理。

半方差函数是描述空间变量的养分函数，它能描述变量的空间变异结构，反映不同距离观测值之间的变化。半方差函数表达式如下：[7-9]

$$r(h) = \frac{1}{2N(h)} \sum_{i=1}^{N(h)} [Z(X_i+h) - Z(X_i)]^2 \quad (1)$$

式（1）中$r(h)$为半方差函数；h为样点空间间隔距离，称为步长；$N(h)$为间隔距离为h的所有观测样点的成对数；$Z(X_i+h)$和$Z(X_i)$分别是区域化变量$Z(X)$在空间位置X_i+h和X_i的实测值。由$r(h)$和h可以得到实验半方差函数散点图，对实验半方差函数散点图拟合，得到半方差函数的最佳理论模型。

反距离加权插值法（IDW）是用区域内已知的样点值来预测区域内除样点以外的任何位置的值的数学方法。[10,11]基本公式如下。

$$Z(x_0) = \sum_{i=1}^{n} \lambda_i Z(X_i) \quad (2)$$

式（2）中，$Z(x_0)$是在未经观测的x_0点上的预测值；$Z(x_i)$是在点x_0处获得的实测值；n为预测计算过程中要使用的预测点周围的样点的数量；λ_i为预测计算过程中要使用的各样点的权重，其计算公式可以通过公式（3）求得：

$$\lambda_i = \frac{1/d_i^k}{\sum_{i=0}^{n} 1/d_i^k} \quad (3)$$

式（3）中，d_i为待估点与已知点之间的距离，k为幂指数。

2 结果与分析

2.1 土壤主要肥力因子统计特征分析

对泉城公园131个土壤样本的pH、有机质、全氮、碱解氮、有效磷和速效钾6项指标进行了一般描述性统计，结果见表1。从中可以看出，泉城公园土壤的pH值在7.84—8.70之间，平均为8.33；有机质、全氮、碱解氮、有效磷、速效钾含量变化幅度分别为8.50—35.29g/kg、0.59—1.94g/kg、39.2—332.15mg/kg、0.91—102.15mg/kg和120.02—394.31mg/kg，平均含量分别为19.37g/kg、1.13g/kg、92.02mg/kg、18.10mg/kg和236.37mg/kg。参照《绿化种植土壤》CJ/T 340—2011[16]和全国第2次土壤普查土壤肥力状况分级标准[13]可知，各指标平均值除pH值略高于一般绿化种植土壤要求（5.5—8.3）外，有机质、碱解氮、有效磷、速效钾含量均达到绿化种植土壤要求。根据全国第2次土壤普查土壤肥力状况分级标准，[13]有机质、全氮、碱解氮、有效磷、速效钾含量的平均值分别属于四级、三级、三级、三级和一级。由此可见，泉城公园土壤有机质含量属于中等水平，全氮、碱解氮、有效磷含量属于中等偏高水平，速效钾含量属于较高水平。

土壤主要肥力因子统计特征值　　　　　表1

项　目	平均值	最小值	最大值	中值	标准差	变异系数%
pH值	8.33	7.84	8.70	8.36	0.16	1.92
有机质 g/kg	19.37	8.50	35.29	11.23	4.70	24.26
全氮 g/kg	1.13	0.59	1.94	0.67	0.77	68.14
碱解氮 mg/kg	92.02	39.2	332.15	56.35	32.20	34.99
有效磷 mg/kg	18.10	0.91	106.15	7.73	15.16	83.76
速效钾 mg/kg	236.37	120.02	394.31	128.11	62.94	26.63

按照反映离散程度的变异系数C_v的大小，一般可粗略地将样品测定结果变异程度分为3级；$C_v<10\%$为弱变异性，$10\% \leq C_v \leq 30\%$为中等变异性，$C_v>30\%$为强变异性，[14,15]按照这一标准，泉城公园土壤的pH值为弱变异，变异系数为1.92%，有机质和速效钾为中等变异，变异系数分别为24.26%和26.63%，全氮和有效磷为强变异，变异系数分别为68.14%和83.76%，其中以有效磷的变异程度最大。

2.2 土壤主要肥力因子空间变异特征

经检验，土壤pH值和速效钾服从正态分布，由于数据的非正态分布会使半方差函数产生比例效应，[16]因此对有机质、全氮、碱解氮和有效磷的数据进行对数转化，转化后的数据符合正态分布。将符合正态分布的各项指标进行变异函数模型的拟合，得到的半方差图（图2），表2是各肥力因子的变异函数理论模型及其相应的参数。

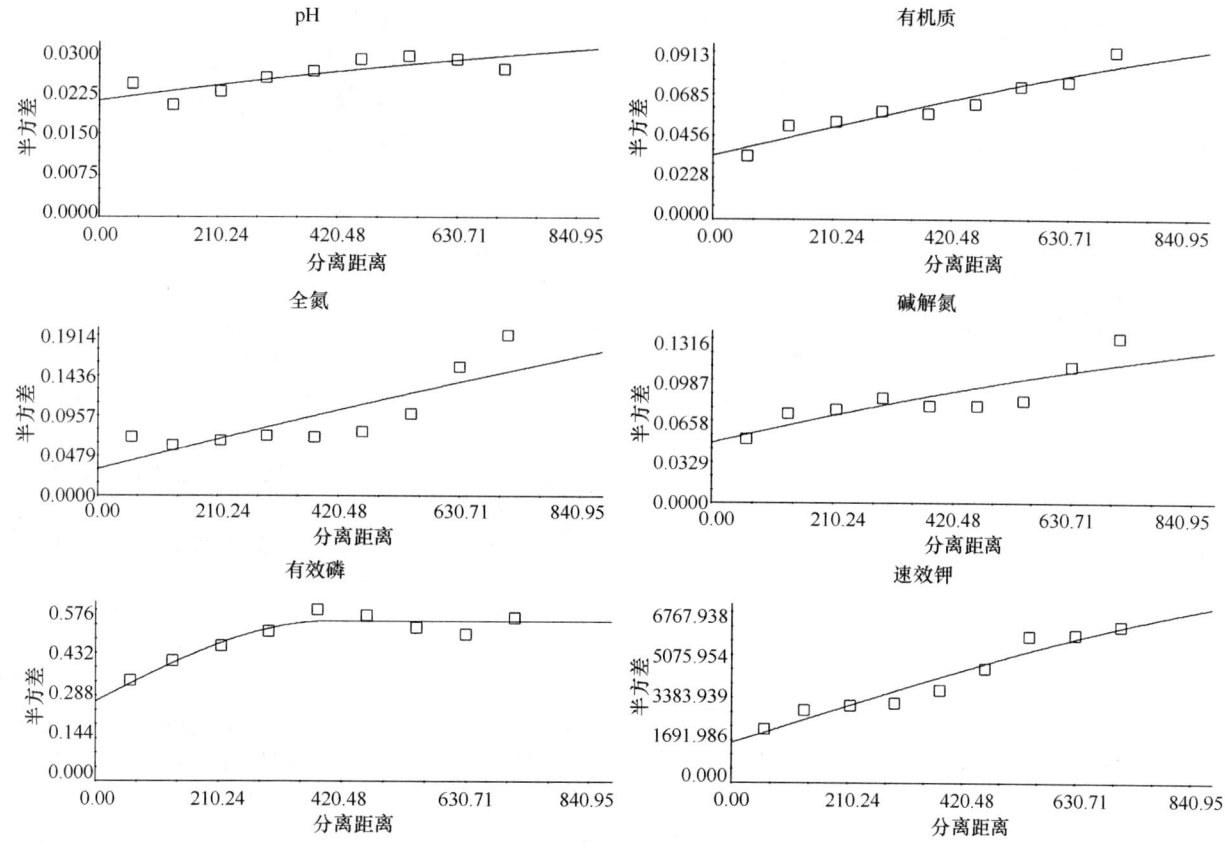

图 2 土壤主要肥力因子的半方差图

一般认为块金值 C_0 代表随机变异的量,而基台值 C_0+C 代表变量空间变异的结构性方差,块金系数 $C_0/(C_0+C)$ 则是块金值与基台值的比值。按照区域化变量空间相关程度的分级标准,[17,18] 块金系数<25%说明变量具有强烈的空间相关性;在25%—75%之间说明变量具有中等空间自相关;>75%时变量的空间自相关性微弱,不适合采用空间插值的方法进行预测。[4] 因为土壤养分分布是由结构性和随机性因素共同作用的结果,结构性因素,如气候、母质、地形、土壤类型等可以导致土壤养分强的空间相关性,而随机性因素,如施肥,耕作措施,种植制度等各种人为活动使土壤养分的空间相关性减弱朝均一化发展。[19,20]

由表 2 可知,泉城公园土壤 pH 和碱解氮的空间变异函数服从指数模型,有机质、全氮、有效磷和速效钾为球状模型。其中,全氮、碱解氮和速效钾的块金系数<25%,其变异受母质、地形、土壤类型等结构因素影响较大。pH、有机质和有效磷的块金系数在25%—75%为中等空间自相关性,其变异是结构因素、自然因素和随机性因素共同影响的结果。泉城公园土壤 pH 值、有机质、全氮、碱解氮、有效磷、和速效钾的变程分别为 1485m、1419m、2032m、1327m 和 400m 和 1360m。

土壤主要肥力因子半方差函数相关参数及理论模型 表 2

肥力因子	理论模型	块金值 C_0	基台值 (C_0+C)	变程 Range (m)	块金系数 $C_0/(C_0+C)$ (%)	决定系数 R^2	残差 RSS
pH	Exponential	0.0209	0.0419	1485	49.88	0.650	2.441×10^{-5}
有机质	Spherical	0.0349	0.1048	1419	33.30	0.906	2.003×10^{-4}
全氮	Spherical	0.0318	0.2626	2032	12.11	0.680	5.442×10^{-3}
碱解氮	Exponential	0.0483	0.1986	1327	24.32	0.728	1.173×10^{-3}
有效磷	Spherical	0.2688	0.5386	400	49.91	0.904	4.702×10^{-3}
速效钾	Spherical	1590	7988	1360	19.90	0.942	1.053×10^{-6}

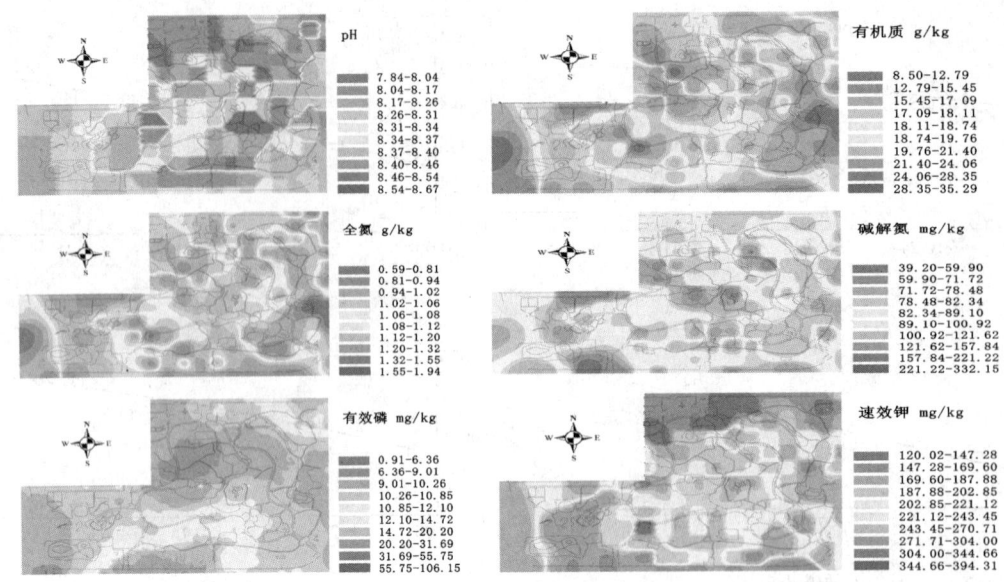

图 3 土壤主要肥力因子插值图

2.3 土壤主要肥力因子空间分布格局

6 项土壤主要肥力因子的空间分布格局如图 3，从中可以直观地看出各肥力因子不同级别的分布状况。土壤 pH 在北部和东南部偏高，pH 值大部分在 8.4—8.67 之间，其余方向则大多数处在 7.84—8.34 之间。土壤有机质和全氮的空间分布基本一致，在北部、东南部、中部偏西和西部边缘含量较高，有机质在 19.76—39.25g/kg 之间、全氮在 1.12—1.94g/kg，在西部边缘偏东、中部和南部边缘含量偏低，有机质和全氮含量分别在 8.50—18.74g/kg 和 0.59—1.08g/kg 之间。碱解氮含量以南部偏西位置含量最高，在 157.84—332.15mg/kg 范围内，在北部、东部和西部大部分在 82.37—157.84，以中部和西部偏北含量最低，在 39.20—82.34mg/kg 之间。有效磷含量西北部含量最高，大部分在 19.30—54.60mg/kg 之间，其次为西南部和东部，含量大部分在 19.30—30.55mg/kg 之间，以南部中间位置和东北角含量最低，在 1.00—10.42mg/kg 之间。速效钾在北部含量最高，在 304.00—394.31mg/kg 之间，其次为西部边缘和东部，在 221.12—270.17mg/kg 之间，在中间西部偏东和南部边缘含量偏低，大部分在 120.02—202.85mg/kg 之间。

总的来看，土壤 6 项肥力因子的空间分布都呈现出一定的规律性分布。因此，在泉城公园进行养分管理和施肥时可参考插值图因地制宜地进行管理。

3 结论与讨论

（1）对泉城公园土壤主要肥力因子的统计分析结果表明：土壤 pH 值较高，平均为 8.33。土壤有机质含量属于中等水平，平均为 19.37 g/kg，全氮、碱解氮、有效磷含量属于中等偏高水平，平均值分别为 1.13g/kg、92.02mg/kg 和 18.10mg/kg。速效钾含量属于较高水平，平均为 236.37mg/kg。

（2）地统计分析结果表明：泉城公园土壤 pH 值、有机质、全氮、碱解氮、有效磷、和速效钾的变程分别为 1485m、1419m、2032m、1327m 和 400m 和 1360m。土壤 pH 和碱解氮的空间变异函数服从指数模型，有机质、全氮、有效磷和速效钾为球状模型。其中，全氮、碱解氮和速效钾的块金系数＜25%，其变异受母质、地形、土壤类型等结构因素影响较大。pH、有机质和有效磷的块金系数在 25%—75% 为中等空间自相关性，其变异是结构因素、自然因素和随机性因素共同影响的结果。

（3）反距离加权插值（IDW）结果表明：土壤 6 项肥力因子都呈现出一定的规律性分布。pH 在西北部和中东部偏高。有机质和全氮在北部、东南部、中部偏西和西部边缘含量较高，在西部边缘偏东、中部和南部边缘含量偏低。碱解氮含量以南部偏西位置含量最高，以中部和西部偏北含量最低，有效磷含量西北部含量最高，其次为西南部和东北部，以南部和东北角含量最低。速效钾在北部含量最高，其次为西部边缘和东部，在中间西部偏东和南部边缘含量最低。

地统计学与 GIS 的结合极大地推动了区域变量的空间变异研究，[21]本研究从土壤肥力的角度出发，研究了园林土壤主要肥力因子的空间变异和分布规律。准确了解园林土壤肥力的空间变异特征是精准管理的基础，同时也是平衡施肥的依据。根据以上结论，泉城公园应该采取积极的措施和合理的管理方法防止土壤养分下降，根据园林植物生长需要，参考各肥力因子的空间分布格局，因地制宜地进行施肥。对于土壤特性的复杂多变性，从不同角度研究土壤空间变异，有利于系统、合理地解释各种现象。如从环境保护角度研究农药、重金属在土壤中的空间分布及运移规律，从生态学角度研究土壤区域分布及土壤侵蚀等，随着土壤空间变异研究的日益深入，学科的交叉越来越广泛，对土壤空间变异现象的解释也会越来越全面。[22]

参考文献

[1] Itaru Okuda, Masanori OkazakSi and Takusei Hashi-

[1] tani. Spatial and temporal variations in the chemical weathering of basaltic pyroclastic materials[J]. Soil Sci. Soc. Am J., 1995, 59: 887-894.

[2] Franzen D W, Hofman V L, Halvorson A D, et al. Sampling for site-specific farming: Topography and nutrient considerations [J]. Better Crop, 1996, 80(3): 14-18.

[3] 周惠珍, 龚子同. 土壤空间变异性研究[J]. 土壤学报, 1996, 33(3): 232-241.

[4] 陈彦, 吕新. 基于GIS和地统计学的土壤养分空间变异特征研究——以新疆农七师125团为例[J]. 中国农学通报, 2005, 21(7): 389-405.

[5] 曾伟, 陈雪萍, 王珂. 基于地统计学和GIS的低丘红壤养分空间变异及其分布研究——以龙游县低丘红壤为例[J]. 浙江林业科技, 2006, 26(3): 1-6.

[6] 郭旭东, 傅博杰, 马克明, 等. 基于GIS和地统计学的土壤养分空间变异特征研究[J]. 应用生态学报, 2000, 11(4): 557-563.

[7] 赵军, 孟凯, 隋跃宇, 等. 海伦黑土有机碳和速效养分空间异质性分析[J]. 土壤通报, 2005, 36(4): 487-492.

[8] 张玉铭, 毛任钊, 胡春胜, 等. 华北太行山前平原农田土壤养分的空间变异性研究[J]. 应用生态学报, 2004, 15(11): 2049-2054.

[9] 苏伟, 聂宜民, 胡晓洁, 等. 利用Kriging插值方法研究山东龙口北马镇农田土壤养分的空间变异[J]. 安徽农业大学学报. 2004, 31(1): 76-81.

[10] 汪旸, 陈晓东, 王彩生. 运用反距离加权插值法研究江苏省地方性氟中毒空间分布态势[J]. 中国地方病学杂志, 2009, 28(1): 97-100.

[11] 李晓晖, 袁峰, 贾蔡, 等. 基于反距离加权和克里格插值的S-A多重分形滤波对比研究[J]. 测绘科学, 2012, 37(3): 87-89.

[12] CJ/T 340—2011, 中华人民共和国城镇建设行业标准[S]. 2011.

[13] 全国土壤普查办公室. 中国土壤[M]. 北京: 中国农业出版社. 1998.

[14] 薛正平, 杨星卫, 段项锁, 等. 土壤养分空间变异及合理取样数研究[J]. 农业工程学报, 2002, 7(4): 6-9.

[15] 高博超, 娄翼来, 金广远, 等. 基于GIS和地统计学的植烟土壤养分空间分析[J]. 中国烟草学报, 2009, 15(1): 35—38.

[16] 刘国顺, 常栋, 叶协锋, 等. 基于GIS的缓坡烟田土壤养分空间变异研究[J]. 生态学报, 2013, 33(8): 2586-2595.

[17] Cambardella C A, Moorman T B, Novak J M, et al. Field-scale variability of soil properties in central Iowa soils[J]. Soil Sci. Soc. Am. J, 1994, 58(5): 1501-1511.

[18] Kravchenko A N. Influence of spatial structure on accuracy of interpolation methods. Soil Society of America Journal, 2003, 67(5): 1564-1571.

[19] Chien Y J. Dar-Yuan Lee. Horng-Yuh Guo, et al. Geostatistical analysis of soil properties of mid-west Tai Wan soils [J]. Soil Science, 1997, 162(4): 151-162.

[20] 董旭, 娄翼来, 耿阳, 等. 植烟土壤pH和中量元素空间变异研究[J]. 中国农学通报, 2009, 25(09): 157-160.

[21] 龚绍琦, 沈润平, 金卫斌, 等. 涝渍地土壤主要肥力因子空间变异特征研究[J]. 江西农业大学学报, 2003, 25(5): 720-724.

[22] 雒应福. 河套灌区五原绿洲土壤特性的空间变异研究[D]. 西北师范大学, 2008.

作者简介

赵凤莲, 女, 1984年生, 黑龙江大庆, 硕士, 济南百合园林集团有限公司, 研究方向为土壤肥力, Email: zfl8411@126.com.

刘毓, 女, 汉, 1978年生, 山东济南, 硕士, 工程师, 济南市花卉苗木开发中心(济南市园林科学研究所)科研技术室副主任, 研究方向为土壤肥力研究, 园林植物引种选育, 植物组织培养等方面研究, Email: lilyliuyu@126.com。

张保全, 男, 汉, 1963年生, 山东济南, 工程师, 济南市花卉苗木开发中心(济南市园林科学研究所所长)主任, 研究方向为园林植物保护、花卉苗木生产、繁育及园林绿化施工、养护管理 Email: zhangbq1963@163.com。

居住区可食用景观模式初探

A Preliminary Study about Residential Edible Landscape Mode

周 燕 尹丽萍

摘 要：在研究国外典型社区农园的基础上，运用垂直绿化、屋顶花园、堆肥、雨水收集等技术，创造具有中国特色的居住区可食用景观模式。期望居住区景观达到既能提供低能耗、安全的食物，又能提供社区文化凝聚的场所，更有丰产的农业之美多功能的生态复合景观效益。
关键词：城市居住区；可食用景观；技术；管理模式

Abstract: Based on the analysis of typical foreign community farm, this paper use the vertical greening, Roof garden, composting, rainwater collection technology, to create the edible landscape model of residential area which has Chinese characteristics. Expect residential landscape can not only provide a low energy consumption, safe food, but also can provide community cultural cohesion places, more fertile agricultural beauty with multifunctional ecological landscape benefits.
Key words: City Residential Area; Edible Landscape; Technology; Management Mode

1 定义

可食用景观：可食用景观（Edible Landscape），是指那些主要由可供人类食用的植物所构建的景观，如果树行道树，蔬菜垂直绿化等。20世纪70年代比尔·莫里森（Bill Mollison）就提出永续农业的概念，即关于人们在他们自己的土地上种植他们自己的食品，然后最终为己所用，产生本位贡献。永续农业需要和建筑，人，植物，动物，水等结合，建立生态系统，倡导的是一种环境友好的方式提供食品。从此，在永续层面上人们开始了多种形式的城市农业的探索，而可食用景观正是一种可持续产出的方式。

2 研究缘起

城市居住空间日渐拥挤，传统的邻里关系渐渐淡化，而居住区作为与人们日常生活紧密联系的场所，不可避免地肩负着延续中国传统文化生活的重任，从日常每日所需的新鲜安全的食物到每日邻里闲聊交流的相处模式，这些迫使我们寻求一种简单有效的景观，本文提出"可食用景观"，作为一种兼具景观美学和丰产功能的景观，其延续了传统农业生活的缩影，同时又具有生态，社会，经济效益，正如德国的市民农园那样，在其历史发展过程中逐渐证实了这类景观存的巨大价值，基于中国人口众多而土地资源匮乏的国情，如何有效利用土地，实现其价值成了值得思考的问题。

都市农业的相关实践在世界各地都有所体现，很多实例都产生了很好的效应，中国跳跃式的城市发展值得放慢速度去思考城市与农业脱节的问题。[1] 英国克里登"屋顶多样性设计"概念，革新了城市的屋顶景观，提供了文化交流场所和美丽的景观感受，同时也提供了一定的食物产出。在2008年，这一设想开始成了现实，一系列克里登中心的新的绿色屋顶被放上了蔬菜花园，持续哺育着这个城市的人。该案例很成功地展现了可食用景观所带来的美学，社会，经济价值，对一个城市的健康发展具有重要意义。

3 模式研究

3.1 技术支撑

可食用景观以可持续，生态，美学，产出的形式呈现出来，显示了自身巨大的经济社会效益潜力，但这些形式依赖一定的技术，只有科学技术才会实现低投入高产出的可能性，而发展至今，某些用于景观的技术相对来说比较成熟，考虑到可食用景观需要普及性，选用可行性比较大同时效益较佳的一些技术，如垂直绿化、屋顶花园、堆肥、雨水收集等技术。

3.1.1 垂直绿化技术

由于土地资源短缺，需要在建筑立面进行探索，光洁的建筑立面可以成为适宜的垂直绿化附着面，形成"垂直绿墙"。"垂直绿墙"指在城市建筑的墙体上，利用植物的攀缘性、垂枝性或附生性等生物特性，或者在墙体上搭建固定植物附着结构，使绿化在立体空间进行发展的一种方法。[2] 例如东京一座大厦地下室项目——Pasona02. 1000m² 的空间利用纵向种植技术，栽种着水稻、西红柿和谷物。选用合适的作物，利用种植容器，完善水肥系统，就可以较简易地得到垂直作物景观，达到丰产与美的效果。

3.1.2 屋顶绿化技术

"屋顶绿化"广义的定义可以理解为屋顶绿化适指在

各类古今建筑物、构筑物、城围、桥梁（立交桥）等的屋顶、露台、天台、阳台或大型人工假山山体上进行造园，种植树木花卉的统称。[3]由于农作物的自身重量较轻，覆土较浅，满足建筑承重要求，灌溉系统易满足，所以可食用景观适用于屋顶绿化。美化屋顶的同时提供新鲜果蔬，提供屋顶绿化空间，促进邻里交流。

屋顶绿化可以实现雨水的搜集利用，可以作为可食用景观的灌溉系统的一个环节，同时屋顶绿化可作为一个公共绿地空间，自身可形成系统，同时亦可参与城市整体绿化，实现城市屋顶绿化的系统化，开辟城市新交往空间。

3.1.3 堆肥技术

依靠自然界广泛分布的细菌、放线菌、真菌等微生物，人为地促进可生物降解的有机物向稳定的腐殖质生化转化的微生物学过程叫作堆肥化。堆肥化的产物称为堆肥。[4]

生活垃圾堆肥处理后，可以达到无害化的要求，并将有机物重返大自然，[5]陈世和根据中国生活垃圾现状研究，发现生活垃圾中有机物含量增大，适宜采用动态堆肥技术。[6]随着国内外对垃圾的研究，堆肥技术日趋成熟，居住区中小型堆肥装置可以减少垃圾对环境造成的污染，在城市垃圾源头就进行遏制，对美化整个城市都具有重要意义，堆肥技术在减少污染的同时，形成的肥料可以直接用于景观的养护管理，可谓一举两得。

作物生命周期中会自然产生代谢产物，如落叶，落果。居民日常饮食的厨余垃圾中含有大量有机质，因此这些废弃物可以进入小区堆肥系统，实现循环利用，减少污染与能耗，同时提供作物生长所必需的营养。

3.1.4 雨水花园技术

雨水花园是自然形成的或人工挖掘的浅凹绿地，被用于汇聚并吸收来自屋顶或地面的雨水，是一种生态可持续的雨洪控制与雨水利用设施。[7]雨水花园简单易实行，是经济生态实用的雨洪管理技术，结合作物特点，借鉴国外较成熟的雨水花园技术，科学合理地设计雨水花园的形式，即可以达到生态美观的景观。

居住区宅间绿地可以设计成简易的雨水花园系统，结合屋顶绿化系统以及生活污水处理系统，整个小区可以实现雨水循环高效利用，这些水分别经过不同的处理方式进入养护系统，用于灌溉或清洗等。

3.1.5 技术综合

首先利用屋顶花园和雨水花园收集雨水，然后将雨水及居住产生的废水一起储存在厌氧净化池中，经好氧反应池初步净化，再进入澄清池，经地面生态过滤景观处理后，实现整栋建筑中生活生产污水转化为农业用水的过程。同时地面雨水花园亦可以实现单独实现自身雨水净化重复利用的过程，屋顶花园收集的雨水可以部分用于垂直绿化灌溉系统，或进入室内绿化系统中。堆肥系统每天可以处理景观的维护美化后的垃圾，产生的肥料进入景观中。整个景观系统依托这几项简单的技术，

可以初步实现可持续，生态，美观，丰产的景观（图1）。

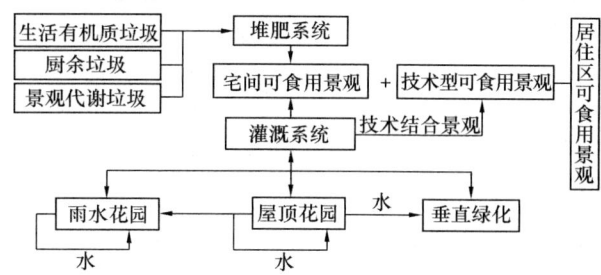

图1 居住区可食用景观模式示意图

3.2 可食用景观场地选择

居住区可利用的土地空间在传统方式上有宅间绿地，根据现有的立体绿化技术，实现立体景观是可实现的，可拓展至屋顶，阳台，墙体，室内等。

屋顶作为良好的使用空间，是很好的可食用景观实现场地，尤其是各种蔬菜品种的选择上丰富多彩，藤本，灌木，草本等蔬菜均可种植，效果基本上如同宅间绿地，光洁的墙体可作为垂直绿化的支撑点，但这一立面的选择需要注意阳光的照射问题，根据阳光的照射程度，选择相适应的植物品种，而相对私密的阳台，室内空间则由个人喜好进行选择，这与新的生活方式有关，就好比英国的私家花园已经成为一种社会文化现象，人们会乐于花钱购买植物装饰庭园，在传媒上这种生活方式甚至成为一种时尚。

3.3 可食用景观营造原则

3.3.1 节约用地原则

由于土地资源短缺，本着高效利用土地的原则，实现土地利用效率最大化，即在"最少的"土地利用基础上，"最大化"地实现景观，经济，社会效益。

3.3.2 生态性原则

景观营造应构造健康的生物链，尽量不要过多干扰场地，采用可渗透性铺装材料，使用天然的肥料，即经过特殊堆肥处理的生活垃圾，植物自身败落的有机质等。

3.3.3 地域性原则

不同地区适宜生产的作物会有差异，选择当地适生作物，选择合适的季节种植，创造季相景观，更能体现场所精神和文脉，唤醒人们对于土地最直观的记忆。

4 可食用景观的功能

4.1 提供低能耗、安全的食物

目前我国的城市绿化的弊端在于成本高且缺乏经济价值，[8]城市景观常常注重美学而忽略其自身的经济价值，而居住区可食用景观可提供季节性农作物，满足居住

区内部日常生活健康食材的获取，节省生活开支；富余的农作物亦可以通过社区管理部门销售给其他地区，实现商业交流，获取一定利润用于景观维护；一些小区亦可以创造工作岗位给在城里的打工人，相应的居民给予一定的管理维护费用，获取四季菜蔬等。这种可产出式的景观在实现美学价值的同时更可以实现自身附带的农业经济价值。

4.2 社区文化的载体

居住区景观由于提供了一个农作场地，为老年人、小孩、下班回家放松休闲的人等提供了交往活动的场所，促使公众由被动接受到主动参与，拉近了邻里关系，促进人与人之间的交流。德国的市民农园受到法律的保护，就很好地说明了其存在的合理性，市民农园在很大程度上已经成为一种文化，一种与城市公园系统同等重要的交往场所。[9]同时亦可创造一种生活氛围，促使人们对于传统农耕有一定的缅怀之情，形成一种文化效应，例如小区之间开展园艺竞赛活动，丰富人们的日常生活等。

4.3 丰产的美

可食用景观自身是一种呈现的是一种景观，在规划设计上要写遵守一定的原则，达到美学，生态，功能等要求。植物的选择上虽然仅是农作物，但艺术化且合理的种植设计能使农作物具有很好地观赏价值，形成景观美的艺术享受。俞孔坚主持设计的沈阳建筑大学的稻田景观很好地适应了场地的环境条件，满足了资金，时间紧迫的要求，最终形成了一个丰产的景观，形成了标志性的特色景观。[10]

4.4 生态功能

农作物系统极易产生完整的生物链系统，作物易吸引昆虫传粉，进而吸引鸟类以及其他生物，由于需要使用安全无污染的肥料，场地须是一个健康的生态体系，自身的抗性较强，不需要过多养护；对于雨水循环利用，实现生态循环。

5 结语

回归土地的居住区可食用景观模式是对中国农业传统的一种智慧性的继承和创新，也是对于城市最初的建造目的的回应。给人类创造美好的生存环境，传统农耕文化具有无穷的魅力和智慧。城市快速的发展不应该和农业完全割裂，仍需要有一个能够自给自足的城市，探索出一个与乡村协调蓬勃发展的城市景观形态显得愈发重要。居住区可食用景观模式是一种探索，我们期待更加深入的研究和实践。

参考文献

[1] 史亚军. 都市农业一种大科学观[J]. 北京农业，2008，(7)：3-5.

[2] 徐筱昌，左丽萍，王百川. 发展垂直绿化，增加城市绿量[J]. 中国园林，1999，15(2)：49-50.

[3] 黄金琦. 屋顶花园设计与营造[M]. 北京：中国林业出版社. 1994：7-8.

[4] 聂永丰，等. 三废处理工程技术手册——固体废物卷[M]，北京：化学工业出版社.

[5] 孙向阳，等. 国内外城市垃圾处理概况[J]. 海岸工程，1999，18(4)：92-95.

[6] 陈世和. 中国大陆城市生活垃圾堆肥技术概况[J]. 环境科学，1993，15(1)：53-56.

[7] 王淑芬，杨乐，白伟岚. 技术与艺术的完美统一——雨水花园建造探析[J]. 中国园林，2009(6)：54-57.

[8] 张玉坤，孙艺冰. 国外的"都市农业"与中国城市生态节地策略[J]. 建筑学报，2010(4)：95-98.

[9] 陈芳，冯革群. 德国市民农园的历史发展及现代启示[J]. 国际城市规划 2008(2)：78-82.

[10] 俞孔坚. 绿色景观：景观的生态化设计[J]. 建设科技，2006，(7)：28-31.

作者简介

周燕，女，武汉大学城市设计学院风景园林系副教授，研究方向为可持续的风景园林实践与教育。

尹丽萍，1989年12月生，女，汉，湖北黄石，硕士，武汉大学在读研究生，研究方向为景园林规划设计与理论。

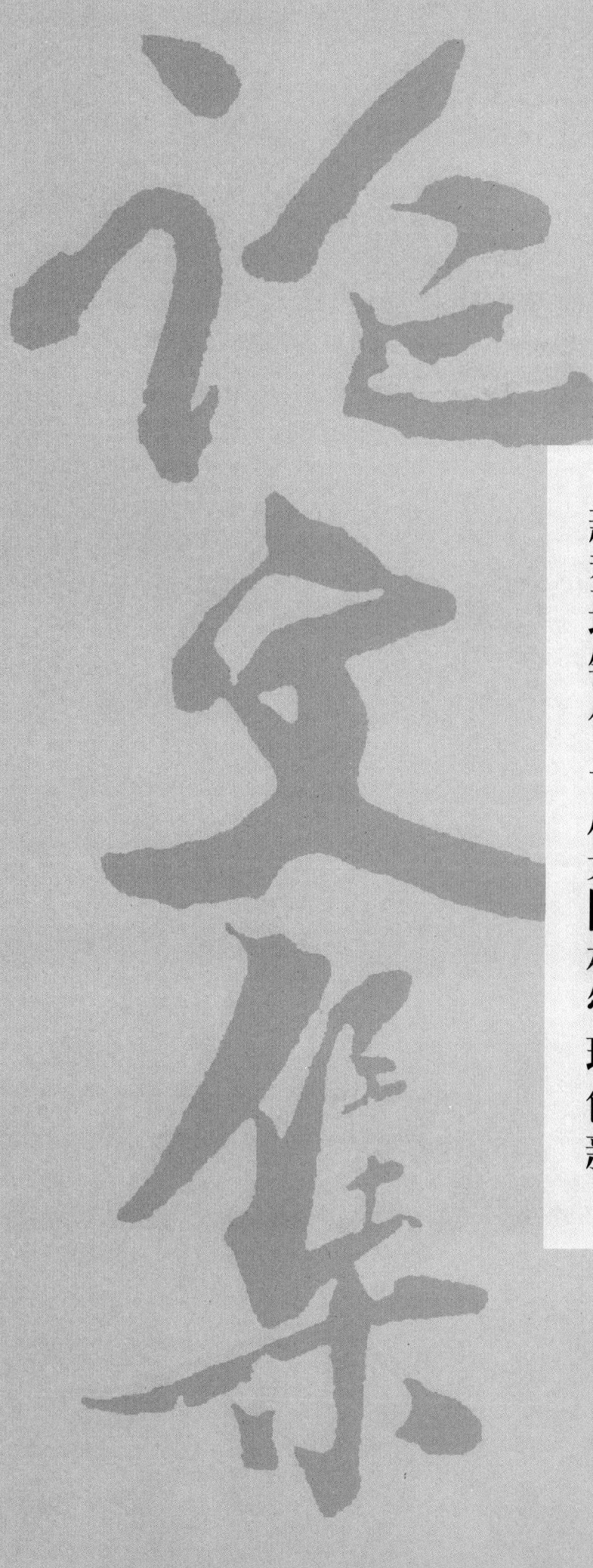

新型城镇化与风景园林管理创新

创建"园林城市"目标构建与考核指标研究

Goal Structuring and Assessment Indexes Researching of "National Garden City"

陈 光 金云峰 刘悦来

摘 要：自1992年开展创建"国家园林城市"活动以来，其考核层面和内容都发生了改变。通过对考核指标呈现的变化进行分析，探讨创建"国家园林城市"的政策与目标演变的特点及存在问题，最后从五个角度提出了重新构建"国家园林城市"目标的途径和建议。

关键词：园林城市；园林绿化；城市绿地；政策；目标

Abstract：Since the "National Garden City" activity is started in 1992, changes have taken place in both evaluation aspect and content. It discusses the characteristics and existing problems of the "National Garden City" policy through the analysis of the changes of assessment indexes. Finally, the article proposed approaches and suggestions to restructuring the targets of "National Garden City" policy from five perspectives.

Key words：Garden City; Landscaping; Urban Greenland; Policy; Goal

1 引言

1992年12月8日，原建设部为了对城市园林绿化工作进行考核，发起了创建"国家园林城市"（下文简称"园林城市"）活动。然而，随着活动的深入开展，"园林城市"从一开始为城市园林绿化工作的考核逐渐向着多元化、宽泛化的考核内容转变，致使牵涉部门多、职能重叠等问题的产生。

"园林城市"评选标准的内容不断扩展的同时，部分指标也是经历了多次的调整。如现行2010版《国家园林城市标准》（以下简称"评选标准"）的绿地指标主要对接《城市绿地分类标准》，但是部分指标又没有完全遵照。《城市绿地分类标准》中的"绿地率"对于"其他绿地"是不作统计的，而现行"评选标准"中的"建成区绿地率"却将"其他绿地"部分纳入统计，更模糊了"其他绿地"本身存在落地难、不易操作。[1]况且随着新版《城市用地分类标准与规划建设用地标准》（GB 50137—2011）（以下简称"11版城标"）的实施，附属绿地、其他绿地等并没有直接纳入城乡用地分类中。因此，需要对"评选标准"中部分指标的调整与演变进行分析，以便帮助我们了解不同时期"园林城市"创建工作思路的差别，从而为"园林城市"未来的政策与目标导向提供思路。

2 "园林城市"考核指标研究

2.1 指标分类的演变

1992年原建设部公布的第一版《"园林城市"评选标准》共有10条评选标准，分别从"城市绿化系统规划、三大指标、道路绿化、公园绿化、居住区绿化、单位庭院绿化、单位和个人绿化美化活动、防护及生产绿地、园林绿化管理以及城市风貌特色"[2]等10个方面对城市园林绿化进行评价。1996年5月，原建设部将10条标准修订为了12条，并对部分内容进行了调整，包括规范了城市绿地系统规划的称呼，补充了风景林地的绿地分类，提高了部分绿化规划建设指标的要求。①这次调整一方面与当时的《城市绿化条例》（1992年8月1日起施行）及《城市绿化规划建设指标的规定》建城［1993］184号（1994年1月1日起实施）完善对接问题，另一方面对城市绿地指标提出了更高的要求，并首次加入了生态评价的内容。

2000年，在经历了最初几年探索和调整阶段后，"国家园林城市"打破了以往以城市绿化建设为单一考核内容的创建模式，将1996年的12条标准调整为8类②共58条标准。其中最大的变化莫过于标准新增了生态建设、市政建设等13项指标并提出了明确的量化指标要求。此后，2005版《国家园林城市标准》基本遵循2000版的框架没有大的改变。

2010版《国家园林城市标准》将指标扩展至74项，特别是增加了节能减排、人居环境、社会保障等16项指标。除去此16项指标，剩余的5类55项指标与《城市园林绿化评价标准》的园林绿化Ⅱ级标准一一对应。2012年，住房和城乡建设部在《国家生态园林城市标准》（与2010版《国家园林城市标准》合置）的基础上修订并发布了《国家生态园林城市分级考核标准》，分为基础指标和分级考核指标两部分，分级考核指标进行了一星级、二星级、三星级的三档划分。从本质上来说2010版《国家园林城市标准》与《国家生态园林城市分级考核标准》是

---

① 主要对以下指标进行了调整：城市人均公共绿地标准提高了1m² 到6m²；新增旧居住区改造的绿化指标要求，不少于25%；对单位绿化美化工作提出了达标单位占50%以上、先进单位占20%以上的具体要求。

② 8类指标包括："组织管理、规划设计、景观保护、绿化建设、园林建设、生态建设、市政建设以及特别条款等。"

属于同一考核评价体系的，两者拥有共同的基础。但是后者的考核内容更宽泛，考核要求也更高。

历版《国家园林城市标准》、《国家生态园林城市标准》指标项分类统计表　　　　　　　　　表1

1992《"园林城市"评选标准》（条）	1996《"园林城市"评选标准》（条）	2000《国家园林城市标准》（条）	2004《国家生态园林城市标准（暂行）》（条）	2005《国家园林城市标准》（条）		2010《国家园林城市标准》（条）	2010《国家生态园林城市标准》（条）	2012《国家生态园林城市分级考核标准》（条）
不进行分类，共10条评选标准	不进行分类，共12条评选标准	组织管理(8)	分一般性要求、基本指标要求2大类，共26条指标。基本指标又分为城市生态环境、城市生活环境、城市基础设施	组织领导(7)	综合管理	9	9	10
		规划设计(4)		管理制度(5)	绿地建设	18	18	19
		景观保护(4)		景观保护(5)	建设管控	15	15	13
		绿化建设(17)		绿化建设(18)	生态环境	7	7	10
		园林建设(5)		园林建设(5)	节能减排	6	6	14
		生态建设(7)		生态环境(7)	市政设施	9	9	16
		市政建设(6)		市政设施(7)	人居环境	5	5	3
		特别条款(9)		—	社会保障	5	5	5

通过对指标分类的研究（表1），我们可以得出，"园林城市"考核内容趋于多元化，指标所牵涉的职能部门之间关系复杂化，增加了创建工作的难度。部分指标受上述问题的影响而存在界定难、执行难、管理难的情况。因此，如何破解上述问题，使园林城市向着操作更具体化、落实化方向发展是我们需要思考的问题。

2.2 指标取值的演变

20多年来，国家园林城市评选标准不仅在指标分类上变化不断，而且指标的取值也不断改变。其中，从持续时间长度和变化幅度上来看，"园林城市"的绿地三大指标的取值演变最具代表性。

"园林城市"绿地三大指标就取值变化上来看，总体趋势越来越高（表2）。然而，在我国用地集约化发展的思想下，人均建设用地水平受到严格控制，而城区内绿地是建设用地，实现高绿地指标显然是不现实的。早在1994年，《城市绿化规划建设指标的规定》就首次提出以人均建设用地指标确定人均绿地指标的思想，却没有得以实现，至2010年版"评选标准"才重新确认。

历版《国家园林城市标准》绿地三大指标对照表　　　　　　　　　表2

1992"园林城市"评选标准	1996"园林城市"评选标准	2000《国家园林城市标准》				2005《国家园林城市标准》				2010《国家园林城市标准》
		城市绿化覆盖率				城市绿化覆盖率				
城市绿化覆盖率35%	城市绿化覆盖率不低于35%		大城市	中等城市	小城市		100万人口以上城市	50—100万人口城市	50万人口以下城市	建成区绿化覆盖率≥36%
		秦岭淮河以南	30%	32%	34%	秦岭淮河以南	36%	38%	40%	
		秦岭淮河以北	28%	30%	32%	秦岭淮河以北	34%	36%	38%	

续表

1992"园林城市"评选标准	1996"园林城市"评选标准	2000《国家园林城市标准》			2005《国家园林城市标准》			2010《国家园林城市标准》	
建成区绿地率30%	建成区绿地率不低于30%	建成区绿地率			建成区绿地率			建成区绿地率≥31%	
			大城市	中等城市	小城市	100万人口以上城市	50—100万人口城市	50万人口以下城市		
		秦岭淮河以南	35%	37%	39%	秦岭淮河以南	31%	33%	35%	
		秦岭淮河以北	33%	35%	37%	秦岭淮河以北	29%	31%	34%	
人均公共绿地5m²	人均公共绿地不低于6m²	人均公共绿地			人均公共绿地			城市人均公园绿地	
			大城市	中等城市	小城市		100万人口以上城市	50—100万人口城市	50万人口以下城市	人均用地小于80m²	≥7.50m²
		秦岭淮河以南	6.5m²	7m²	8m²	秦岭淮河以南	7.5m²	8m²	9m²	人均用地80—100m²	≥8.00m²
		秦岭淮河以北	6m²	6.5m²	7.5m²	秦岭淮河以北	7m²	7.5m²	8.5m²	人均用地大于100m²	≥9.00m²

2.2.1 人均公园绿地面积

"11版城标"规定允许采用的规划人均城市建设用地面积上下限为65—115m²/人。笔者从2008年《中国城市建设统计年鉴》中统计20个已获"园林城市"命名的城市,得出20市的人均建设用地为91.8m²(表3)。按"11版城标"的规定,"绿地与广场用地"(G)占城市建设用地的比例宜为10%—15%。因此,如果规划人均建设用地90m²,那么规划人均"绿地与广场用地"(G)应处于9—13.5m²之间。考虑到"绿地与广场用地"(G)的统计范围除公园绿地(G1)外,还包括防护绿地(G2)、广场用地(G3),那么规划人均公园绿地面积(不小于8m²/人)应小于上述区间。

而2010年版"评选标准"中人均建设用地90m²,对应人均公园绿地面积≥8.00m²/人,显然已是较高值。相应《国家生态园林城市分级考核标准》中一星级、二星级、三星级"生态园林城市"对应要求分别为≥10m²/人、≥11.5m²/人、≥12.5m²/人,则是多数城市更难以达到的。事实上前述20个城市的人均绿地面积(含人均公共绿地面积)仅8.29m²。[3]

2.2.2 绿地率

建成区绿地率是建成区各类城市绿地面积之和与建成区面积的比值。因此,将城市哪些类绿地纳入统计是关键。2010年版"评选标准"是套用《城市园林绿化评价标准》,规定建成区绿地面积的统计范围为G1、G2、G3、G4并包括部分其他绿地(G5)在内的绿地之和,而这与《城市绿地分类标准》(G5)的统计口径不符。对此,《城市园林绿化评价标准》仅解释为:"一般来说,城市的建成区范围要大于建设用地范围,或者说建成区内的城市绿地包括建设用地外的'其他绿地',而事实上该部分绿地不论从改善城市生态环境、提供居民游憩场地,还是城市自然景观方面,都起到不同忽视的作用;……其取值不得超过其他4类绿地面积的20%,且纳入统计的其他绿地应与城市建设用地相毗邻。"

然而,一方面,其他绿地(G5)计入多少面积,取决于G1、G2、G3、G4 4类绿地的面积,而4类绿地的总量本身也存在无法精确定量的问题。如附属绿地(G4)的总量就存在不确定性,其在城市总体规划、绿地系统规划中均无法图示,没有"地",其规划数值和实际数值都很难进行精确的测算。[4]另一方面,关于纳入统计的其他绿地应与城市建设用地相毗邻的"毗邻"一词更难以界定其具体范围,为实际的操作带来很大的主观随意性。

2.2.3 绿化覆盖率

《城市园林绿化评价标准》条文说明4.1.2中指出:"《城市绿地分类标准》在3.0.6中要求'城市绿化覆盖率应作为绿地建设的考核指标',因此《城市园林绿化评价标准》、《国家园林城市标准》都将绿化覆盖率列入必须达标的基本考核指标。"而关于建成区绿化覆盖率指标的意义,一直存在争论。

刘家麒等(1990)就提出应废除绿化覆盖率,并认为:"绿化覆盖率来源于林业上的术语森林覆盖率,并指出林业部门所定义的覆盖率本来就是用地面积的比例,而之所以变成了植被的投影面积,实属误解。此外,绿化覆盖率在测定工作上也存在困难,受到设备、季节等因素的影响。"[5]而 2002 年，《城市绿地分类标准》也因绿化覆盖率在统计、编制、审批上存在难度，而没有将其列入城市绿地的主要统计指标。

虽然，如今随着科学技术手段的日益发达，建成区绿化覆盖率测算已经相对容易操作，但是由于其测算范围相比建成区绿地具有更多的可变因素，因此也还是不能真正反映出城市的园林绿化建设水平。

因此，本文认为"园林城市"在有关绿地率、人均公园绿地面积等考核指标的取值设定方面应该加强与新《城市用地分类标准与规划建设用地标准》的对接，而不是一味地追求高绿地指标。绿化覆盖率，由于其概念和测算口径上本身存在诸多的问题，因此本文认为将其列入"园林城市"的辅助评价指标较为适宜。

2008 年 20 城市人均建设用地面积、人均绿地面积统计表

表 3

类别 城市	城区人口 （万人）	绿地面积 （km²）	人均绿地面积 （m²）
四平	56	2.83	5.05
北京	1439.1	130.53	9.07
邯郸	146.66	4.58	3.12
青岛	276.65	14.49	5.24
福州	161	3.6	2.24
无锡	237.42	13.3	5.60
沈阳	443	52	11.74
广安	24.75	3.04	12.28
都江堰	30	1.17	3.90
武汉	533.21	26	4.88
平均值	—	—	
类别 城市	城区人口 （万人）	绿地面积 （km²）	人均绿地面积 （m²）
南昌	203	22.52	11.09
石家庄	206.75	26.1	12.62
张家口	82	8.73	10.65
常州	119.68	15.31	12.79
唐山	195.08	11.26	5.77
秦皇岛	81.81	7.05	8.62
绵阳	74.12	5.52	7.45
成都	401.4	30.38	7.57
南宁	162.05	23.9	14.75
济南	280	31.98	11.42
平均值	—	—	8.29

注："城区人口"、"城市建设用地面积""绿地面积"三项数据来源《中国城市建设统计年鉴》。其中"绿地面积"对应《城市用地分类与规划建设用地标准》GBJ 137—90 中的"绿地"（G）。

2.3 指标的发展趋势

2012 年住房和城乡建设部在 2010 版《国家生态园林城市标准》的基础上制定并发布了《国家生态园林城市分级考核标准》。后者主要的变化在于将前者 74 项中 70 项指标划分为基础指标和分级考核指标两大部分，并新增加 20 项指标。新增指标中仅有 3 项与园林绿化有关，其中 15 项被列入分级考核指标，5 项归入基础指标部分。

《国家生态园林城市分级考核标准》对园林绿化以外的指标进行了一定的扩展，首度使生态、节能、市政、人居、社会保障等类别指标在数量上超过园林绿化相关指标。而"生态园林城市"考核重点也向着改善社会民生、推动生态文明建设、促进社会和谐发展等时政方针和社会最新的热点倾斜。

这些新变化意味着"生态园林城市"与"园林城市"呈现出两种截然不同的发展趋势。其中"生态园林城市"朝着更多元化、更贴近社会热点、更高标准要求的方向发展，其对于探索如何建立生态、经济、社会高效复合的"生态城市"不失为一种积极的探索和努力。

3 "园林城市"目标构建途径

3.1 科学战略——严谨的法规体系

"园林城市"政策的科学性有赖于完善且科学严谨的法规标准体系。目前《国家园林城市标准》与《城市园林绿化评价标准》、《城市绿地分类标准》、新《城市用地分类标准与规划建设用地标准》等标准，与《城市绿化条例》、《城市绿地系统规划编制办法（试行）》等法规条例之间存在概念界定、用地分类、指标计算等在内许多对接上的问题，无法构建起一条相互支撑、相互印证的完善的法规标准体系链。而这一链条上任何一个环节缺失或者出现问题，都会影响到政策未来的健康发展。"园林城市"应首先提升自身的科学性，进一步推动法规体系的完善建立，最终建立起一套园林绿化行业严谨的法规体系。

3.2 协调战略——高效的沟通机制

建立高效的沟通机制有利于政策意图的准确判读和执行，明确"园林城市"目标。行政管理部门间的沟通协调能够使政策意图准确传达。如果上下级部门沟通协调机制不顺畅，就很容易造成下级部门在政策意图判读上产生偏差，因而使目标波动，产生变化。相应地，同级别部门间协调机制的不完善也可能致使部门间产生工作上的重复，管理上的尴尬，不利于政策科学权威性的树立。相关部门发起的众多评价内容重叠的城市称号评选活动就是有力的证明。

3.3 务实战略——有力地执行落实

"园林城市"政策的落不落实、执行的有不有力，取决于清晰的权责界定、科学合理的指标体系、多样的执行机制以及完善的技术法规。

首先，考核指标体系的科学合理性是使指标具备落实可能性的前提。针对前文得出的《国家园林城市标准》指标上存在的问题，应加快弥补指标范围界定的缺陷、修正指标合理性的问题、去除指标体系中虚浮的成分，使其更具备实施性。

其次，清晰的权责界定，尽可能少的模棱两可、重叠交叉的管理地带是管理落实的前提。这就要求"园林城市"第一步应建立起"管地"而不是"管绿"思想，在各类绿地用地权属上明晰各部门职责范围。并通过对考核评价内容进行适当的"瘦身"，简化各项指标所牵涉的部门关系，使管理协调关系更易落实。[6]

最后，多样的执行机制是确保政策长期稳定高效实施的关键。硬性的指标要求、行政指令，柔性的经济手段、奖罚措施等多样化的执行机制应该尽快纳入政策实施过程。多样的执行机制有利于形成自发的、可持续的激励机制，能够有效地提高创建积极性。

3.4 文化战略——政策活力的激发

"园林城市"政策活力的激发与公众文化的认同感、公众参与的积极性密切相关。

首先，丰富政策的文化内涵是时代发展的要求。对比过去重"量"轻"质"，特别是忽视具有地域特色的城市文化保护的发展模式，已经越来越不适应时代发展的要求。地域性特色的构建，功能复合化的实现已经成为城市园林绿化未来发展的趋势。城市绿地应该创新规划设计手段，从文化功能、生态功能、社会功能和经济功能等多层面来建设绿地，为"园林城市"的文化品牌的打造提供物质基础。

其次，多种形式的公众参与融入政策制定和实施的各个阶段，能够有效地激发公众参与的热情，由自上而下的价值观输出转变为自下而上的价值观诉求。此外，公众全过程的参与也有利于对政策实施效果进行持续的监督和管理。

3.5 创新战略——与时俱进的探索

为探索创建生态城市的理论和途径，"生态园林城市"需要在创建形式和内容上进行创新。但是，其前提是仍应以城市园林绿化工作为基础内容，在此基础上进一步融入生态、低碳、可持续发展、和谐社会等最新理念，充分借鉴国内外建设理论和经验，创新发展道路，从空间结构体系、物质功能体系和社会文化体系这三方面去完善"生态园林城市"的整体架构，向着创建具有中国特色的生态城市进行与时俱进的探索。

4 结语

20多年来，"园林城市"有力地推动了我国城市园林绿化建设水平，并产生了巨大的自然、经济、社会效益。然而，城市园林绿化作为"园林城市"考核工作的重中之重，长期以来在"管绿"与"管地"不分的工作思路下，绿地与城市总体规划的关系始终没有得到很好地衔接，这使得园林绿化工作思路始终存在误区，使得评价标准和最终执行效果总是留有问题。因此，本文试图从法规体系、沟通机制、执行落实、政策活力、积极探索5个角度来探讨构建"国家园林城市"的目标体系的途径。只有从思想认识根源去分析问题，并逐步完善法规体系，打破体制环境的束缚，引入更多样化的决策和执行机制才能最终引导好"园林城市"的发展。

参考文献

[1] 金云峰，陈光，张悦文.创建"园林城市"政策的导向性研究[C].第九届中国国际园林博览会论文汇编，2013：302-307.
[2] 建设部城建司.园林城市评选标准[Z].风景园林通讯，1993，04：1-2.
[3] 住房和城乡建设部计划财务与外事司.中国城市建设统计年鉴[M].北京：中国计划出版社，2009.
[4] 夏雯，金云峰.基于城市用地分类新标准的城市绿地系统规划编制研究[C].中国风景园林学会2012年会论文集（下册），北京：中国建筑工业出版社，2012：542-546.
[5] 刘家麒，潘家莹.历史的误会——绿地率与绿化覆盖率[J].中国园林，1990，02：41-42.
[6] 金云峰，张悦文."绿地"与"城市绿地系统规划"[J].上海城市规划，2013(05)：88-92.

作者简介

陈光，1986年11月，男，汉族，江苏，硕士，同济大学建筑与城市规划学院，上海同济城市规划设计研究院。

金云峰，男，教授，博士生导师，同济大学建筑与城市规划学院，上海同济城市规划设计研究院，同济大学都市建筑设计研究分院。研究方向为风景园林规划设计方法与技术、中外园林与现代景观。

刘悦来，男，博士，同济大学，建筑与城市规划学院景观学系。

新型城镇化背景下滨水工业区保护与景观更新思考
——以上海杨浦滨江为例

Waterfront Industrial Estate Protection and Landscape Regeneration under the Background of New Urbanization
——Take Shanghai Yangpu Riverside Region as an Example

陈 健 杨天人

摘 要：随着后工业时代的到来，城市大批工业区面临产业转型与更新的压力。党的十八大所提出的新型城镇化道路为处于十字路口的城市工业文明开辟了新的发展思路，提供了更加良好的机遇和空间。本文以上海杨浦滨江工业区为例，分析了在新型城镇化背景下滨江工业所面临的问题以及具备的优势，并对滨水工业区的遗产保护与景观更新提出新的构想，从区域资源、交通网络、景观特色等多方面进行思考。

关键词：新型城镇化；工业遗产；景观更新；滨水工业区

Abstract: With the arrival of post-industrial era, many industrial parks are faced with the pressure of industry transformation and updating. The new-type urbanization put forward in the 18th National Congress of the Communist Party of China brings new development ideas to the urban industry at the crossroads and provides it better opportunities and space. The article takes Shanghai Yangpu riverside industrial estate as an example and analyzes the problems and advantages of waterfront industrial estate under the background of new-type urbanization. Finally the article puts forward new thoughts about the protection of waterfront industrial estate and landscape regeneration, including the aspects of region resources, transportation network and landscape characteristics.

Key words: New-type Urbanization; Industrial Heritage; Landscape Regeneration; Waterfront Industrial Estate

1 新型城镇化为滨水工业区带来的机遇

新型城镇化的提出，推动城镇化由过去数量上的激增，即盲目的城市扩张转变为城市空间质量上的提升，创造更为宜人的人类聚居环境，走的是资源集约、环境友好之路。第一次英国城镇化高潮和第二次美国及北美国家的城镇化高潮都是依靠工业化推动完成的，既消耗了大量能源，又对环境造成严重污染，违背了可持续发展的基本原则。而党的十八大所提出的"新型城镇化道路"，是以社会可持续发展为着眼点，强调生态和谐、文脉传承，为城市工业更新提供了良好的机遇和空间。

城市滨水空间是连接人与自然的重要界面，然而滨水工业的兴起曾经一度阻隔了城市与自然的互动。随着后工业时代以及新一轮城市更新的到来，城市滨水工业面临着产业升级与重组，大量企业从滨水地区迁移，留下一批工业遗产。因此如何处理城市、工业与滨水之间的关系，在保留工业文脉的前提下利用工业景观增强滨水区域的城市活力，是新型城镇化背景下滨水工业景观更新的综合课题。但必须肯定的是滨水工业景观更新顺应了新型城镇化道路的建设方向，既符合低碳城市的发展理念，为创建宜居环境提供了前提条件，又延续了城市文脉，以景观的方式再现工业历史的遗迹，在城市更新的同时保留历史发展的轨迹，为工业文化保护留出了缓冲空间。值得强调的是新型城镇化为工业遗产所带来并非单纯的拆除、搬迁，而是通过土地置换、景观更新的途径复兴滨水工业区，将其打造为顺应时代发展、符合人居需求的都市工业景观。

2 上海杨浦滨江工业区概况、特点及面临问题

2.1 杨浦滨江概况

杨浦滨江是上海市黄浦江两岸综合开发的重要组成部分，岸线总长15.5km，用地面积约12.93km²，处于黄金水岸线的前走廊，同时也是中国近代工业发展的摇篮。杨浦滨江沿杨树浦路呈东北-西南向的工业带格局，是上海旧工业建筑的聚集地之一，拥有众多的中国工业文明之最，如中国第一座现代化水厂杨树浦水厂、国内最早的机器棉纺织厂上海机器织布局等。由于杨树浦路沿线的水运优势，开埠后遂成为兴办实业、开厂生产的首选之地。数十年中，外国资本与民族资本在这片土地上竞相投入，至1927年，区境内已有57家外资工厂，民族工业发展到301家，其中轻纺工业已具有相对规模，使这里在20世纪上半叶逐渐成为中国近代最大的工业基地，留下了极其丰厚的工业文化遗产（图1、图2）。

图 1　杨浦滨江工业带区位图

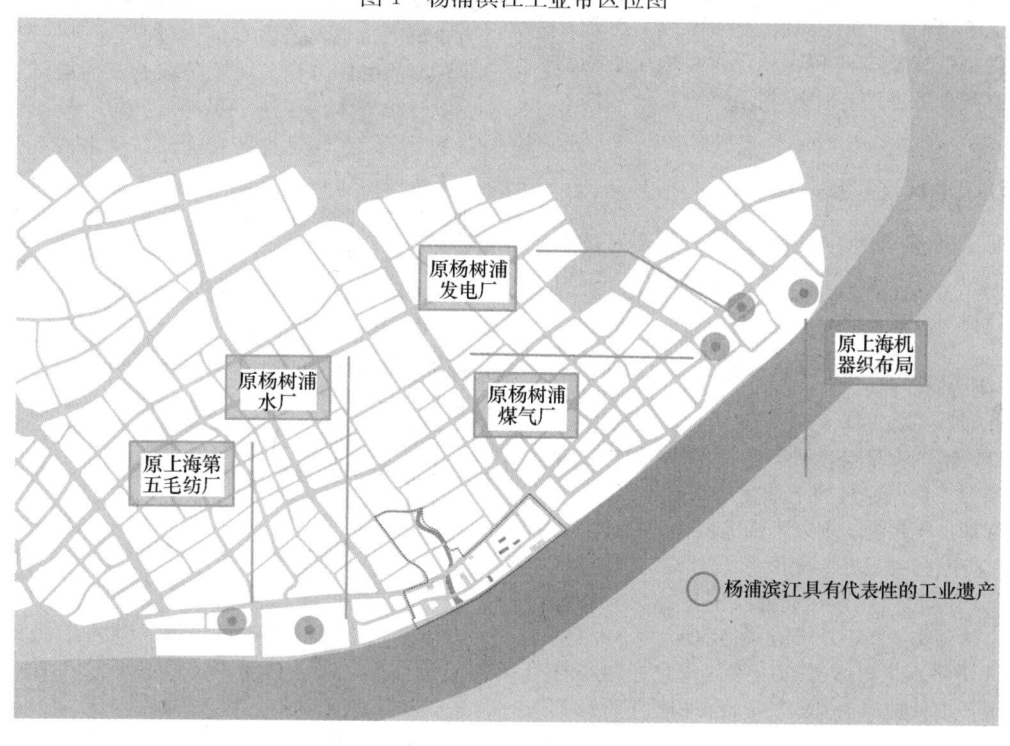

图 2　杨浦滨江代表性工业遗产分布

2.2　杨浦滨江工业区特点

2.2.1　工业类型多样

沿杨树浦路兴建的工厂实业涉及水厂、发电厂、煤气厂、纺织厂、造纸厂、化工厂等，可以说囊括了大部分的工业类型，形成了上海综合工业集聚地，在黄浦江沿岸树立起了一道独特的工业风景线。其中不少工厂在上海乃至全国工业历史上都具有里程碑式的意义，在新一轮的区域更新中功能多样性会为用地调整和景观营建带来更多的可能性。

杨浦滨江工业发展历史　　表 1

时间	历史意义	工业
1882 年	中国第一家机器造纸厂	上海机器造纸局
1883 年	中国第一座现代化水厂，远东第一大水厂	杨树浦水厂
1890 年	在盛宣怀干预下得以发展的中国第一座机器棉纺织长厂	上海机器织布局
1897 年	最早的外商纱厂	怡和纱厂
1913 年	远东最大的火力发电厂	江边电站（杨树浦电厂）
1934 年	中国最早的煤气供热工厂	杨树浦煤气厂

2.2.2 建筑品质高

曾经辉煌一时的杨树浦滨江带，留下了许多优秀历史建筑，如怡和纱厂，始于1896年，由"马海洋行"设计，其中大班住宅系一幢砖木结构的英式乡村式别墅。有坡屋顶加鹅卵石墙面，南立面单方有外廊结构，现定为第三批"上海市优秀历史建筑"；杨树浦水厂，由英国设计师哈特设计，城堡式厂房定为第一批"上海市优秀历史建筑"；杨树浦煤气厂，由英商在20世纪30年代设计制造，该厂的办公楼、储气柜等建筑定位为第三批"上海市优秀历史建筑"。在杨浦滨江工业区伫立着许多类似具有历史价值的优秀建筑，这些工业时代所留下的车间、加工制造地、职工宿舍、货仓码头曾是工业生产的前线和阵地，同时也是值得被历史珍藏的工业遗产。

2.2.3 知识圈优势

杨浦区曾是上海的核心工业区，随着城市的发展，如今杨浦滨江已集聚大量知识教育产业，包括环同济高校圈、杨浦知识产业园区等，集中有14所高校和150余家科研机构，形成杨浦知识创新区。这些资源优势将为滨江工业的更新提供新的发展方向和区域定位，依托于杨浦知识圈所进行的滨水工业遗产保护利用将更具针对性和可行性。

2.3 杨浦滨江工业区现状及问题

工业曾一度是杨浦区的核心产业及地方标志，然而大规模的滨江工业集聚在带动区域经济发展的同时也引发了一系列的问题和矛盾。

2.3.1 功能转型缓慢

随着后工业时代的发展，杨浦滨江沿岸大部分的工业单位已经迁移，留下大量空旷的厂房、废旧的设施以及驻守在门口的保安人员。原有的工业生产功能已经丧失，而土地更新进程却过于缓慢，难以形成区域化的提升。以位于宁国路的上海时尚中心（原上海第十七棉纺织总厂）为例，其定位为国际时尚业界互动对接的地标性载体和营运承载基地，然而交通单一、产业联动不足、商业氛围与周边老工业区格格不入等多方面因素使得这一精心打造的工业景观更新项目难与"国际"接轨，相比于上海其他地区的商业中心，缺乏人气与关注度。

2.3.2 景观廊道阻隔

从景观生态学的角度而言，城市滨水带是构建景观生态廊道的重要界面。然而工业用地的集聚性和封闭性完全阻隔了市民与滨水区之间的联系。考虑到安全因素，人们无法进入滨江岸线，工业区内高大密集的建筑遮挡了通往黄浦江的景观视线。同时，噪音等环境污染在无形中加剧了景观破坏程度。

2.3.3 人气流失

长期以来封闭、破旧的工业区形象造成严重的人气流失。滨水空间理应是城市的活力区域，然而设施陈旧、工地脏乱的现状让人们逐渐遗忘杨浦滨江曾经的辉煌。周边居民无法享受到滨水公共空间的资源优势，逐渐向内陆集聚，与滨水工业带形成分离状态。同时交通可达性差的问题也阻隔了人们与滨水地区的联系。杨浦滨江地区原有的交通体系以承担工业运输功能为主，无法负荷大容量的公共交通。作为过境交通，缺乏大型停车场也造成了人流难以在此集聚的问题。倘若任由工业停滞以及人气流失，那么杨浦工业文脉将会逐渐被人们所遗忘的。

3 新型城镇化背景下滨水工业区景观更新模式探索

3.1 依托区域资源联动发展

杨浦滨江所在区域具备良好的资源和有利的政策支持，因此滨江工业区的景观更新应依托杨浦知识圈的优势进行联动发展，打造具有杨浦特色的滨水工业景观带。突破校区、园区、社区单兵作战的壁垒，以滨江工业区作为知识创新与科研教育的户外平台，以教育联动作为产业转型的主体方向。在现阶段的杨浦滨江工业带更新过程中已初步体现了这一思想。如位于杨树浦路的原杨浦自来水厂，在满足生产功能的基础上将部分区域改造为自来水展示馆，一方面让更多人领略到英国古典城堡式建筑群及花园景观的魅力，另一方面将科普教育功能与工业文脉相结合，通过图片实物、档案史料、沙盘模型及户外展示等形式，让人们特别是少年儿童了解杨浦工业的历史和价值，为滨水工业带的转型打下基础。因此笔者认为在今后杨浦滨江工业区一系列的规划中应充分利用杨浦知识圈的资源优势，以逐渐积聚杨浦的青年人作为未来发展的目标人群（包括儿童、在校学生、年轻白领等多类人群），将教育、研发、展示、景观等功能相互结合，吸引特定人群，从而为滨江工业带注入新的血液（图3）。

除了传统的工业展示参观的方式，如主题博物馆、展示馆等，笔者认为可以加强工业区与校区、园区的联系，

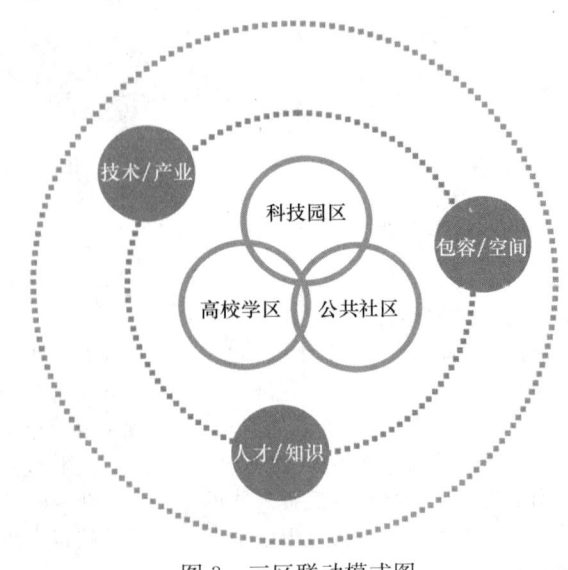

图3 三区联动模式图

将滨水工业区作为户外教育平台，实现联动发展。通过这样的方式将工业元素融入更新后的区域中，更好地保留原有的工业文脉与价值。为了建立联动发展模式，需要各方利益相关者，如高校、中小学以及产业园区等方面进行机制协调与资源整合，以网络化管理为支撑，合理配置人力、财力和阵地资源。

3.1.1 经营模式

以多线程经营为主，使多个不同关联的产业同时作用在一条"概念-生产-产出-反馈"的进程中，有效地促进跨学科学术研究、生产建设，相对真实地模拟实际社会环境中行业的运营，所产出的结果也更多维度、多样化、多量化。

3.1.2 空间布局

以创意人群与周边市民的嵌入式融合作为发展重点，结合滨江工业厂房、码头及滨水景观，进行功能置换与景观更新，针对目标人群和现有资源做出相应设想（图4）。

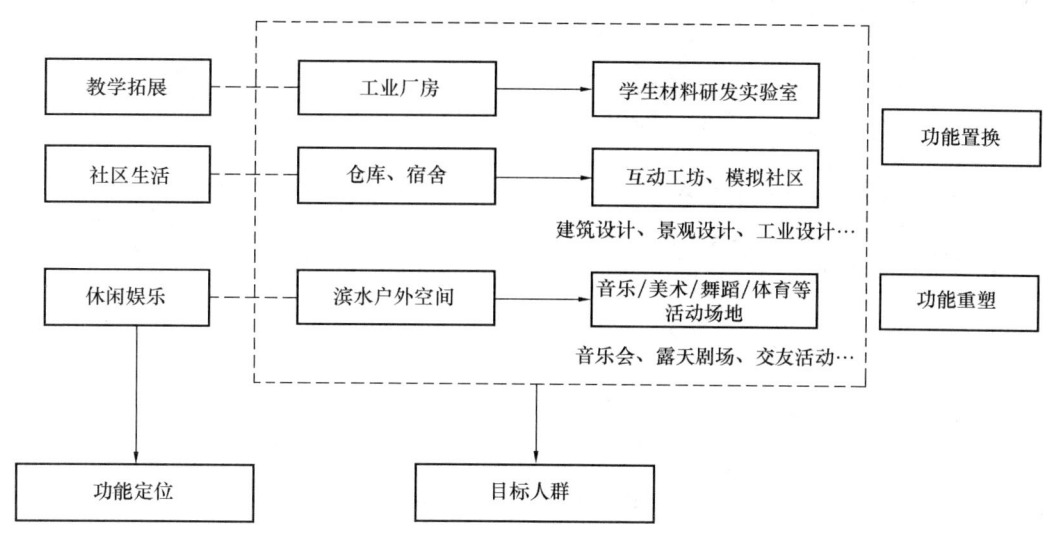

图4 滨江产业开发模式分析图

3.2 交通网络更新

滨江工业带原有交通格局将无法满足区域更新后的交通需求，为了重塑滨江区域的城市活力，吸引更多游人，在重置土地功能及更新滨水景观的同时还必须调整交通网络，建立相应的交通体系，包括水路和陆路交通。在水路交通方面重整岸线利用，将码头原有的贸易运输功能逐渐转化为观光游览，并与黄浦江对岸已有的观光码头联合运作，形成连接两岸的浦江游线，将更多游客吸引至杨浦滨江工业区，营造多元化的城市水上交通。而在陆路方面需调整原有的道路网络与等级，从而契合滨江土地的集约利用以及用地开发强度提高所带来的交通增长容量。随着传统工业退出滨江地区，客运交通占据主要比例，为吸引交通量并保证其顺畅运行，笔者认为可以从4个方面入手提高交通效率。一是提高滨江区域道路网络的密度与等级，增加对外交通接入点以及滨水区域的内部交通，并与原有交通体系无缝衔接，同时设置相应数量和规模的停车场，满足个人和团体接驳交通的需求。二是倡导公共交通模式，调整原有公交站点，增设综合交通枢纽、接驳线路等交通设施来提升公共交通的可达性。三是建立慢行交通体系，营造人行与非机动车结合的出行环境，从而提升滨江区域的开放性，修复工业化背景下所产生的人与自然的割裂带。同时基于上节所提到的知识圈影响，在部分高校及产业园区之间创建绿色通道，增强滨水地区在杨浦知识圈内的辐射力。四是综合上述交通发展策略，结合城市快速路、隧道、规划内的地铁以及区域内部交通道路，为人们创造多模式的交通体系。

3.3 突出工业景观特色——以江浦路至宁国南路段滨江区域为例

杨浦滨江工业区的景观更新应以延续历史文脉为前提，结合区域建设方向和知识创新资源，营建智慧型滨水景观空间。笔者将以江浦路至宁国南路滨江区域为例，研究工业区滨水景观更新模式。

3.3.1 渗透式景观带

以景观空间作为引导形成由滨江向腹地渗透的城市公共活力区域。通过绿地（城市氧吧）、广场（城市客厅）、街旁景观（城市配景）等形式的整合，修复滨江工业带与城市腹地之间的隔阂，将开放宜人的公共空间引入城市内部，让生活在周边的居民重新感受到滨江区域的景观氛围。同时将不同景观形式所构成的基质串联形成渗透式的景观廊道系统，与区域内的其他用地达到开敞与封闭之间的平衡点，突出景观的延续性和整体性（图5）。

3.3.2 滨水游览景观带

沿江设置连续的滨水游览线，通过台地式的滨水栈道在保证游客安全的前提下尽可能地增加亲水体验，利用防汛墙与黄浦江之间的空间，形成具有不同亲水性的滨水景观层。同时保留宁国路码头并对其进行改造，打破轮渡站原先单一的功能，从而改善客流稀少的现状，将码头打造为集轮渡、亲水、休闲等多功能为一体的滨江风景

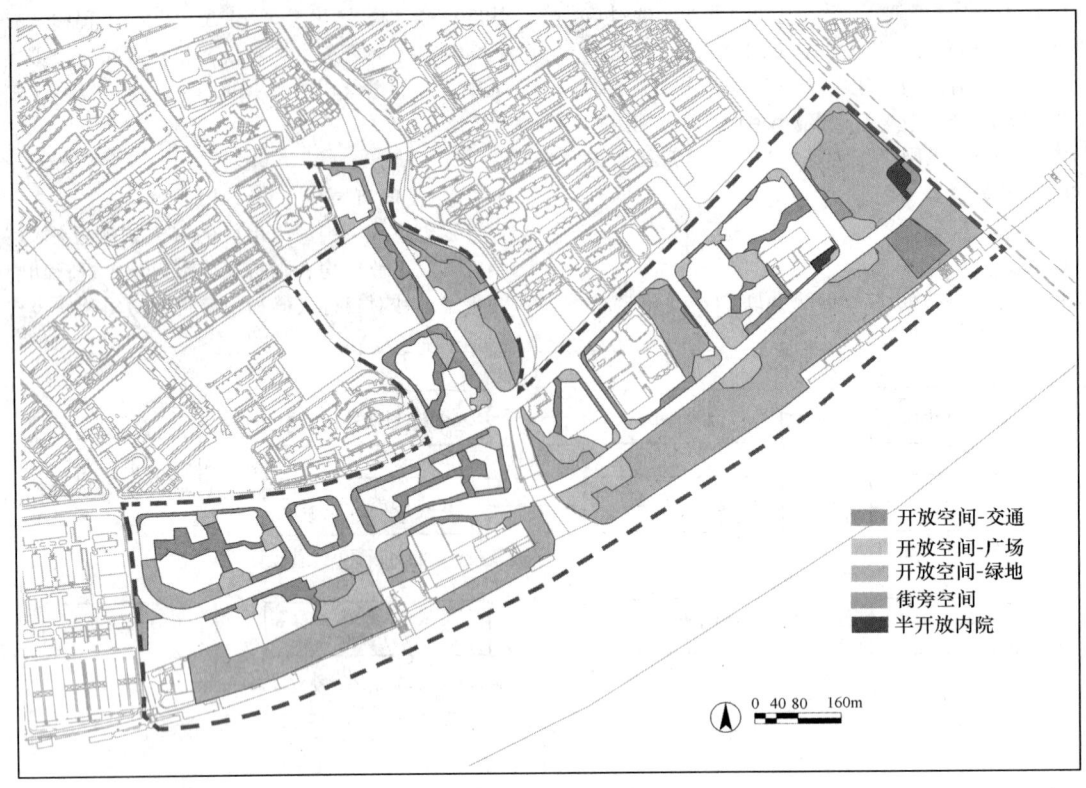

图 5 景观基质分布图

线,激活潜在的时尚活力。

3.3.3 健康慢行设施

在区域内部设置完善的慢行系统,并附有相应设施和景观,营造出"宜居、活力"的街道空间,使得步行者和自行车使用者在不受机动车交通干扰和危害的情况下,可以自由穿行、逗留。对区域内部的慢行系统设计可遵循以下基本原则:(1)安全,保证行人的安全和免受机动车干扰;(2)舒适,良好的环境景观,无噪声和其他公害干扰;(3)便捷,不妨碍社区的日常行为和市民日常生活,并且易于接驳和中转;(4)功能融合,对慢行系统以外的其他功能有良好的适应;(5)可识别,空间结构易于辨认。

3.3.4 生态教育景观

利用生态景观修复工业时代所造成的城市污染,形成自我运作的生态循环,缓解城市净化压力,如雨水花园、生态浮岛等景观形式。此外针对区域内未来的目标人群,生态景观还具有教育意义,通过景观对比的方式展现工业区改造的成效。

4 小结

城市产业结构调整与转型的过程中如何处理好工业区的保护与再利用是新型城镇化道路上一个重要的问题。而新型城镇化所推崇的可持续发展理念恰恰为滨水工业区的保护与更新提供了有利的政策支持。笔者认为两者的关系是相互推进、相互支持的,新型城镇化为城市发展释放空间和压力,也为工业文脉的延续提供了更多缓冲的空间。在此背景下的滨水工业区改造更新更能兼顾未来与历史的双重需求,实现环境与社会的双重可持续发展。

参考文献

[1] 宋长青,张朋飞.科学发展观背景下风景园林学在新型城镇化中的作用[J].河南科技,2013,04:191.

[2] 张晓科,陈晨.新型城镇化道路下的工业遗产保护模式研究——以天津滨海新区为例[A].中国城市规划学会.城市时代,协同规划——2013中国城市规划年会论文集(11-文化遗产保护与城市更新)[C].中国城市规划学会:2013:8.

[3] 刘纯青.新型城镇化背景下风景园林建设问题之管窥[J].风景园林,2011,04:159.

[4] 邵健.城市滨水历史地区保护研究[D].同济大学,2008.

[5] 邓艳.基于历史文脉的滨水旧工业区改造和利用——新加坡河区域的更新策略研究[J].现代城市研究,2008,08:25-32.

[6] 俎耕辛.滨水工业平台的绿地景观系统研究[J].大众文艺,2012,19:99-100.

作者简介

陈健,1989年9月生,女,汉族,上海市,本科,同济大学建筑与城市规划学院,硕士研究生在读,研究方向风景园林规划设计,电子邮箱sarah19890928@163.com。

杨天人,1991年11月生,男,汉族,上海市,本科,同济大学建筑与城市规划学院,硕士研究生在读,研究方向城乡可持续发展规划、生态城市,电子邮箱tianren.yang@hotmail.com。

风景园林本科设计课中的小组教学

Undergraduate Premier Teaching Program based on Group Model in Landscape Architecture Discipline

董楠楠　朱安娜　张圣红　罗琳琳

摘　要：随着"90后"大学生的自主学习能力增强，以及当前的风景园林设计教学面临的新转变。在这一背景下，同济大学风景园林本科设计课程开展了以"设计小组"为基本单元的教学模式综合化改革，以适应新的学科要求和新时代学生个性化发展特点。
关键词：风景园林；本科教学；设计课；小组模式

Abstract：The reason that the post-90s generation undergraduate has strong independent learning ability, and the new transformation of landscape architecture teaching program has faced. Tongji University launched comprehensive teaching reform based on "group model" in the Landscape Architecture Discipline. The aim is to adapt the demands of new subject and new era students' individuality.
Key words：Landscape Architecture；Undergraduate Program；Design Studio；Group Model

1　教学背景

风景园林一级学科的设立为行业发展带来历史机遇的同时，也意味着我国风景园林的教育发展承担着验借鉴，从而对于设计课程中师生的角色分配提出了新的要求和新的历史任务。伴随着"90后"新一代大学生[2]走进大学校园，他们成为目前高校的绝对主力。在经济全球化、网络信息化的时代变迁影响下，"90后"大学生个性更加独立，在独立思考与选择上，"90后"表现出很高的自主性（任意，2009）；信息爆炸的网络时代下成长起来的"90后"，他们从小形成了善于利用网络获取资讯的能力，接受海量的信息，使他们对于事物易于形成自己的见解，他们自信张扬，对于专业充满激情。

同济大学景观学本科教学课程内容包含三个模块：专业理论课、设计课以及实践课（刘滨谊，2006），其中设计课所占的课业比重相当大，且跨越整个本科四个年级的教学。传统教学模式中，风景园林本科设计课主要以教师的评价示范为主（大组模式），学生基于教师的示范和意见开展研究和学习，这一模式具有鲜明的"一对多"示范指导的特点。这一设计教学模式的逻辑基础在于教师基于其长期的教学与实践经验，通过导向性的示范展示，从而为学生学习提供相应的线索。老师必须在很短的时间给每一位学生的设计作业做指导点评，不仅这一教学指导的效率往往受学生和教师交流程度的影响较大，而且由于时间的限制，会出现学生入门阶段过于依赖老师的评价意见不利于自主性独立学习性格的养成。随着信息化尤其是网络化信息交互的技术普及，学生自主学习可以凭借相关网站甚至其他交互媒体分享甚至定制相应的案例与经验。

2　分组设计

在新的学科与时代背景下，设计课程中的分组模式以及师生互动需要根据新时代学生个体特点，将学生的自主性学习与设计教学的入门培养目标加以结合。为此，同济大学景观学系在立足实践的教学基础上从2007年开始教学模式的改革，探索现代多样化个性需求协同合作的设计小组模式，以综合协同团队和个性化辅导相结合的方式引导学生快速发现问题，实现入门阶段的学生可以借助自己的学习和检索方式与教师的互动交流，快速建立起自己分析问题和寻求策略的设计方法框架。

基于本教研组承担的不同课程模块：模块A：（建筑、规划、景观）复合型人才实验班学生；模块B：景观学系本科三年级班学生，集中进行了基于同一设计框架——"城市公园设计"的多样化教学改革。

2.1　模块A：复合型人才实验班

学生背景：2010级复合型人才实验班，学生总共20名，其中包括3名景观系学生、6名城市规划系学生以及11名建筑系学生。学生在原来各自专业背景下进行了3个学期学习，建筑设计贯穿一到四年级的每个学期，城市设计被安排在三年级下学期，而景观设计被安排在四年级上学期，后面的四年级下则是回到原专业学习并进行毕业设计。学生相对于传统的景观系学生来说，背景相对多元化，而且在设计能力与基本工作方法上更多地源于建筑与城市空间的分析与设计方法。与传统的景观系学生入门基础也各有不同，实验班学生的课程更多注重建

---

① 基金项目：同济大学实验教学改革项目资助。
② 即出生在1990年以后年龄在18岁至24岁之间的青年大学生。

筑、城市规划与景观3方面的广泛基础的综合学习。

课程背景：实验班公园设计教学课程在实验班教学培养计划中的第一次专项景观设计，旨在基于之前已经学到过的建筑和城市设计的方法和角度（在城市设计和建筑设计课程模块中也有要求关于环境和景观场地的设计内容），通过此课程设计，理解景观要素及其布局的结构性特点，熟悉和感受绿地公园和城市（建筑、河流、道路及相关的城市功能）的基本关系，掌握大尺度中景观结构的分析和设计规律。为此选择了位于上海市浦东花木分区世纪大道终端的世纪公园内部的基地。该基地位于东南角的异国园，占地面积约 7.4hm^2。该课程教学周数9周，共72课时。设计任务要求对这一园区现状进行探勘、访谈和调研，并制定设计目标任务书，从而提出景观改造方案。具体时间计划见图1。

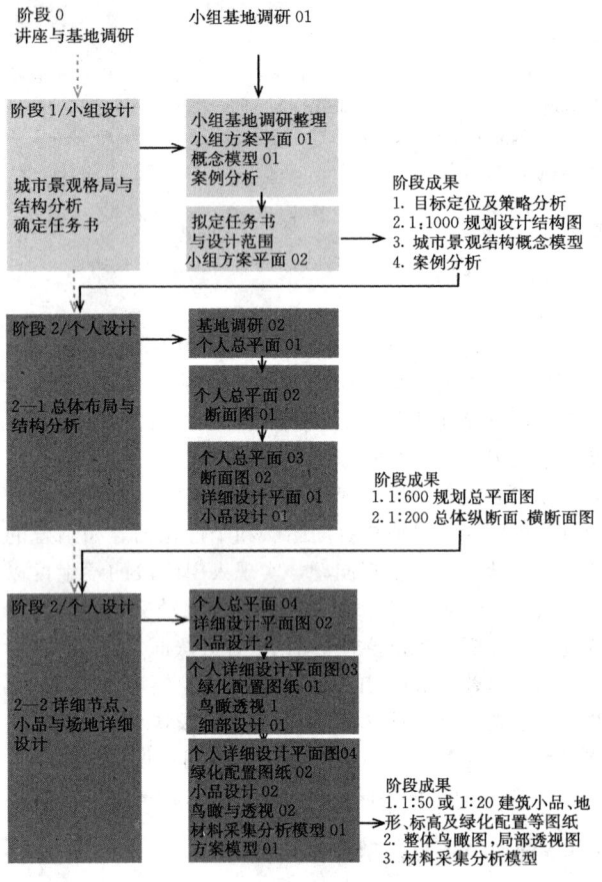

图 1 流程图

设计小组的教学安排：主要涵盖阶段1和阶段2。考虑到学生的综合化学习背景，设计小组教学指导侧重于现场考察与讨论、总体分析与定位构思2部分，充分将多专业背景导入到基地的分析中，尝试以跨专业（如建筑、规划、景观）的视角发现现状场地中的空间线索。

为了让已经有了一定设计基础，但还是首次学习景观设计的学生快速深入了解景观的元素和场地设计，将所实验组的8人进一步分为4个小组，采取两人一组的形式，踏勘现场前要求每个小组通过自主学习与网络信息（如百度街景）调研，对于现场的初步问题确定现场工作的框架。在现场考察中，结合GPS定位等空间信息工具，安排各组学生分工记录现场的植物、动物、水文、地形、人为活动等特点，并借此建立内业工作的共享信息平台与现场资料库。

通过基地调研及现场感知和现场讨论，每个小组形成对于基地特点和问题的初步思路，以此作为后面一阶段个人设计思路的基本框架。例如其中一组两位学生通过与其他各小组学生之间充分交流，确立了以慢跑系统为核心的公园体育功能改造设想。在此基础上，通过与指导教师的互动，将规划与设计的内容加以串联，在对于公园中游憩功能尤其是慢跑人群的话题开展了广泛的调研分析之后，从时间结构、人群特点、物理环境要求、个人健康等方面形成了较为丰富和全面的调研成果与设计思路框架。从城市慢行系统规划到细部景观设计，共同提出了从概念到设计导则的一揽子内容。根据这一指导内容，两位学生加以深化设计，从交通、地形、种植、建筑设计等多方面结合，完成基于同一总体结构思想的不同细节设计，通过大组－小组－个人3个层次的教学方式，快速实现了从基地到设计、从宏观到微观的分解式学习过程（图2）。

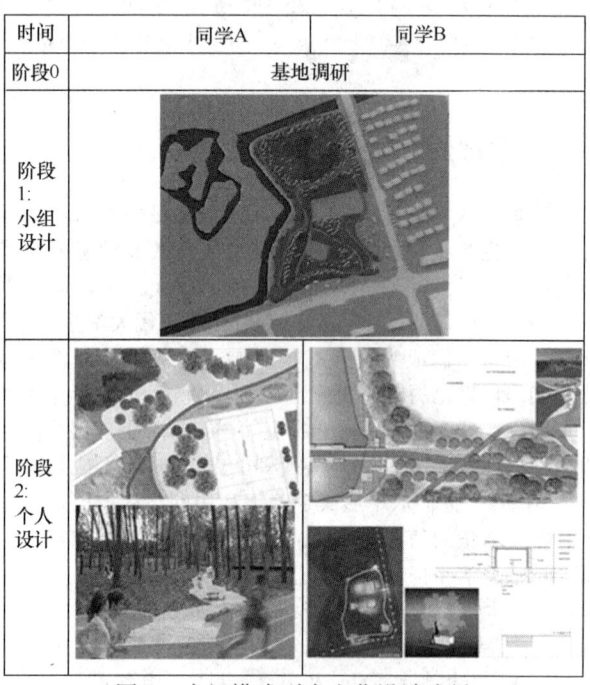

图 2 小组模式到个人化设计成果

2.2 模块B：景观学系本科三年级学生

学生背景：景观系2011级本科三年级学生经过本科一、二年级设计基础、建筑设计的初步学习及部分景观理论知识学习，将要展开两年的景观系统学习。二年级下学期的暑期风景园林测绘实习初步培养景观元素与场地感知能力。

课程模块：三年级上学期的设计课共持续18周，是风景园林学生专业入门阶段的设计课程。城市公园设计作为景观规划设计入门的第二个作业[①]，该课程教学周数11周，总课时88课时。设计任务要求学生从课程设计中熟悉和感受绿地公园和城市（建筑、河流、道路及相关的城市功能）的基本关系，在设计中能够将场地的多层面信

---

① 第一个作业是城市广场设计。

息转化为实践操作对象，同时实现资源共享、协同学习的模式。为此，选择基地位于上海市杨浦区，东面临杨树浦港，周边用地较为多元，包括寺庙、住宅、创意产业园等基地占地面积约 4.9hm²，内部现状是工业用地。

本组 13 名学生，在第一周至第三周内重点以小组教学模式为主，根据场地的水利资料、绿化植被、道路交通、社会人口和功能业态五个维度为依据分组，每组 1—2 人，反复实现现场调研—现场讨论—内业研究分析的循环教学模式。在各小组间交流探讨中把各组研究成果信息整合在同一场地文件的不同图层上，总结出本组的《城市公园设计要点》（图3），使初次接触景观场地设计的同学借助协同工作方法共享资料，整体把握各个要点，在个人设计中尝试回应这些场地线索。实验阶段之后，各个同学在全面回应各个基本要点基础上，就各个要点进行探讨，发展出个人化设计思路和成果（图4）。

Ⅰ 水务状况	Ⅲ.2 机动车
Ⅰ.1 飞杨树浦潜现状	Ⅲ.3 非机动车及步行
Ⅰ.2 防涝与水位高差	Ⅲ.4 公共交通
Ⅰ.3 滨河生态修复	Ⅳ 使用者需求
Ⅰ.4 雨水收集	Ⅳ.1 不同年龄人群需求
Ⅰ.5 河道岸线功能设想	Ⅳ.2 残障人士
Ⅱ 绿化状况	Ⅳ.3 使用者主体及其活动类型
Ⅱ.1 兰州路绿化现状	Ⅳ.4 使用者停留时间
Ⅱ.2 基地内绿化现状	Ⅳ.5 社会关系
Ⅱ.4 河道绿化设计规范	Ⅴ 经营分析
Ⅱ.5 行道树设计规范	Ⅴ.1 与公园间接相关的经营
Ⅱ.6 公园绿地地下空间设计规	Ⅴ.2 公园本身直接的经营方式
Ⅲ 道路交通	Ⅴ.3 公园的支出
Ⅲ.1 基地道路现状	

图3 城市公园设计要点

要点	内容	设计回应	图纸
Ⅰ水务状况	防洪与水位高差 滨河生态修复 雨水收集 河道岸线功能设想	杨树浦河排洪与雨与调窗	
Ⅱ绿化状况	兰州路绿化现状 基地内绿化现状 河道绿化设计规范 行道树设计规范 公园绿地下空间设计规范	杨树浦河边现状杨柳树保留与步道改建	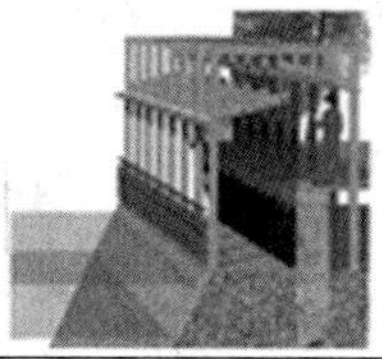
Ⅲ道路交通	基地道路现状 机动车 非机动车及步行 公共交通	天桥连接南北地块的公共空间	
Ⅳ使用者需求	不同年龄人群需求 残障人士 使用者主体及其活动类型 使用者停留时间 社会关系网络	社区互动：社区农园	
Ⅴ运营	与公园间接相关批营 公园本身直接的经营方式 公园的支出	历史建筑救火会建筑的功能业态、滨水创意园区背景观下的公园剧场功能	

图4 个人化设计对小组成果中设计要点回应

3 教学总结

从上述2个教学实验案例可以看出,随着新一代"90后"大学生自身成长形成的信息阅读、分拣与分析能力不断增强,指导老师不仅应该作为信息的提供者,更多的是信息检索和挖掘的组织者、信息分析和归纳的协调者,相比于传统教学模式(图5),小组教学(图6)具有以下特点:

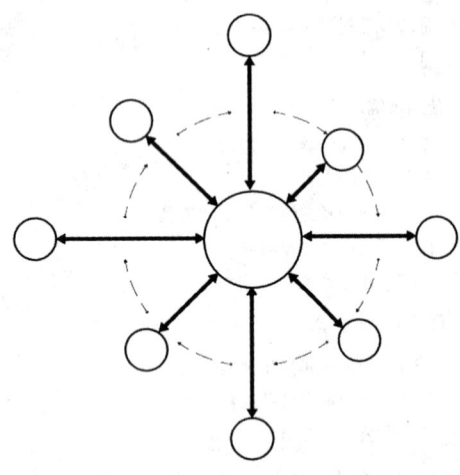

图5 传统大组模式下师生教学网络

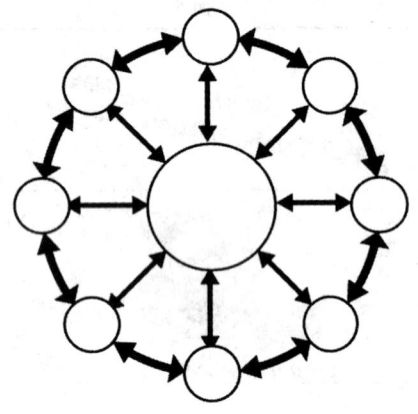

图6 小组模式下的师生教学网络

"教"的转变:
将长期的单一设计目标转变为多模块的短期设计目标群,将传统意义上一个周期较长的设计任务,化解为由几个系列强度较高的短周期设计任务,从而在每个微模块中加强师生互动;

"学"的转变:
将学生之间的分散合作转变为组织化的协同网络,促进学生之间互相学习交流机会和协同合作,帮助学生从协同合作中获得灵感与乐趣,在小组协同的工作基础上快速进入状态。

总之,根据上述教学改革,可以看出在专业教学中不断加强小组模式的协同合作,这对于刚入门阶段的学生而言,不仅提供了自主学习的平台,同时也为培养数字时代下数据共享与交互、网络存储与调用等数据协同设计工作习惯提供了相应的训练环节。

参考文献

[1] 董楠楠. 场景-场地-场所:基于风景园林社会价值理解的本科设计教学[J]. 中国园林,2013,11(29):56-59.
[2] 任谊. "90后"现象透视——思考当下中国高等教育的新途径[J]. 陕西教育(高教版),2009,01:17-18.
[3] 天津大学生门户网,联合南京航空航天大学能源动力学院. 90后大学生特点的调查报告,对全国各地08新生近千份问卷调查和现场访谈,2008年9月15日.
[4] 刘滨谊. 培养面向未来发展的中国景观学专业人才同济大学景观学专业教育引论[J]. 风景园林,2006,05.
[5] 刘拥春,许先升. 风景园林本科专业研究性教学体系的建构[J]. 中国园林,2010,02:74-77.

作者简介

董楠楠,1975.9,男,汉族,安徽,博士,同济大学建筑与城市规划学院景观学系,副教授,硕士生导师,研究方向为基于社会学维度的风景园林教育,Email: dongnannan@tongji.edu.cn.

朱安娜,1992.3,女,汉族,上海,同济大学建筑与城市规划学院景观学系2011级本科生。

张圣红,1988.7,女,汉族,江西,硕士,上海怡仁景观规划设计有限公司景观设计师。

罗琳琳,1992.9,女,汉族,广东,同济大学建筑与城市规划学院景观学系2010级本科生。

国内外社区公园研究综述

A Review of Domestic and Foreign Researches on Community Parks

傅玮芸　骆天庆

摘　要：在由追求城市规模、空间扩张转向提升城市的文化、公共服务内涵，进而建设高品质宜居城市的新型城镇化进程中，社区公园作为最贴近城市居民的公共绿地空间，应是城市绿地和社区建设的核心内容。文章梳理了我国现阶段社区公园建设存在的问题，在此基础上对国内外关于社区公园的研究进行了总结；并提出了新形势下社区公园研究和设计建设应关注的要点，以期为我国社区公园建设的进一步完善提供借鉴。

关键词：城市公园；社区公园；研究综述

Abstract: New-type Urbanization in China is trying to turn from the formerly spatial expansion to a more sustainable development with higher quality of environment and public services. As the closest public green spaces to local residents, community parks would be essential in terms of green space building and community construction. In order to provide reference to improve community park construction in China, this paper identified problems of recent construction practice in Chinese community parks, reviewed domestic and foreign researches on the community parks, and proposed several focuses on which future research and design should concentrate.

Key words: Urban Park; Community Park; Research Review

1　引言

在我国，社区公园（G12）被归类于城市绿地系统（G）中公园绿地（G1）之一；社区公园指为一定居住用地范围内的居民服务，具有一定活动内容和设施的集中绿地。社区公园下设"居住区公园（G121）"和"小区游园（G122）"两个小类，不包括居住组团绿地等分散式的绿地（《城市绿地分类标准（CJJ/T 85—2002）》）。《园林基本术语标准》中，把"社区公园"翻译为"Community Park"。而在欧美国家的城市公园体系中，与我国社区公园性质相似的是"Community Park"，与居住区公园内涵相似的是"Neighborhood Park"，而与小区游园内涵相似的是"Mini Park, Pocket Park, Playground"。随着新型城镇化进程的不断推进，城镇建设对风景园林管理建设提出了新的几点要求：（1）基础设施人性化设计以及优良环境风貌的塑造；（2）打造生态性城市；（3）构建和体现城市文化。然而，目前我国在社区公园建设方面主要存在着、片面追求视觉景观效果、人性化设施缺乏、空间尺度失衡、生态环境脆弱以及缺乏特色和与其他城市开放空间整体性规划意识不足这几大问题。

通过查阅国外相关著作，并通过互联网检索中国知网和SCI上的相关文献，对国内外关于社区公园的研究进行了总结；并提出我国新型城镇化背景下社区公园研究和设计建设应关注的要点，以期为我国社区公园建设的进一步完善提供借鉴。

2　国内外社区公园的研究进展

2.1　国外社区公园的研究进展

社区公园在国外的研究兴起于20世纪70年代，[1]在相关领域内的研究已较为完善。70年代，研究者用调查问卷的方法来确立社区公园的实际使用模式。后来，研究人员又利用系统化的现场观测技术，结合采访和问卷，描绘出公园活动的细节。拉特利奇（1971）关注的是设计者、规划者、管理者乃至社区是怎样影响公园的最终形式的。20世纪70年代末至80年代初，一些研究报告强调了社区公园所存在的独特问题。80年代，部分研究人员把注意力放在公众对公园植被的感受、公园与花园在美学上的差异性上，倡议通过集会、工作日等方式使社区居民参与社区公园的规划设计过程。社区公园使用方面的问题一直是研究者们广泛讨论的热点问题。近几年，研究的重点转向社区公园的空间设计、居民使用的公平性和安全性以及社区公园与居民的相互关系方面。

2.1.1　社区公园空间的人性化设计研究

国外社区公园空间设计主要从人性化的角度出发，研究居民在不同空间尺度下的心理感受，不同活动场所中设置相对应的活动内容和设施，使得空间富有人情味。

杨·盖尔的《交往与空间》中对当时城市和居住区规划中的功能主义原则提出了强烈的批评。[2]书中指出设计在住宅边上建立起一系列的户外空间，精心安排各种活动和设施，形成半公共的、亲密的和熟悉的空间，使居民们更好地相互了解，并且认为户外空间属于住宅区。

美国安·福赛思的专著《生态小公园设计手册》从年龄阶段出发提出："社区公园应该为儿童提供合适的玩耍场所，为老年人提供进行社交和亲近自然的机会。"[3] 美国的克莱尔·库珀·马库斯（Clair Cooper Marcus），卡罗琳·弗朗西斯（Caroline Francis）所著的《人性场所》中从人性关怀的角度，提出了对美国社区公园设计建设的操作性导则。[1] 书中在对大量社区公园的研究的基础上，较详细地阐述了适合不同人群的空间设计方法。书中提出设计公园时，要允许公园的地块根据年龄、性别和娱乐爱好来划分。与此同时，小型公园场地上的设施应该针对具体使用者来设计、购买或建造；此外，在资金有限的情况下，必须考虑各个设施的先后次序。

2.1.2 居民使用的公平性和安全性

居民使用的公平性与安全性是国外社区公园设计的重要考虑因素，开放空间对于居民可达性的差异以及社区公园的安全问题，将影响到是否能够满足居民在物质和精神健康方面的需求。

在对社区公园公平问题的回顾中，一项对洛杉矶4个不同社会和种族的公园的研究发现，社区公园的使用中存在着巨大的文化差异。研究者Jones指出安全高质量的开放空间在低收入社区中是一种珍稀资源。[4] 最近一项研究也表明，许多少数民族社区和低收入社区的社区环境和文化环境较差，直接导致社区绿地的可达性下降，居民的康乐活动等级降低。[5]

而造成居民使用方面存在公平问题的一个因素就是居民对安全性的担忧。例如许多妇女避免去公园是由于害怕自身的安全受到威胁。因此，如果想鼓励更多的居民使用公园，必须更全面地解决安全问题。帮助公园使用者减少受到攻击、提升公园使用度的方法包括调整设计、提高维护水平、提供安全巡逻和报警电话以及推出新的活动内容。

2.1.3 社区公园与居民相互关系的研究

社区公园的特征能够影响公园的使用度，与此同时居民的户外活动类型、强度在一定程度上反映居民对于特定社区开放空间的满意度。因此，研究社区公园与居民关系有助于提升居民对社区环境的感知。

Gobster. P. H.（1995）通过环境知觉和使用，探讨都市中心社区公园系统所提供的游憩应用功能，结果认为小范围的地方性社区公园系统更容易满足居民的休闲需求。[6] Donna（2000）通过纽约北部抽样调查的20个社区公园，指出社区公园能够改善社区建设和提高居民生活质量；通过组织构建社区公园有利于社区内部问题的解决。[7] Naderi和Raman（2005）的研究指出经水景和乔木美化的社区能鼓励散步、行走等活动的发生。[8]

近几年，有的研究者则从使用主体（居民）的角度出发对社区公园进行研究：Moore（2010）等人的研究表明康乐活动的等级和社区文化的融合随着社区公众参与度的提高而提升。[9] Delfien（2013）等人把社区公园的活跃性与该公园的使用度和居民的活动水平联系起来，通过观察社区中的娱乐活动解读公园的特征，得出邻里活动特征会对公园的使用产生重要影响。[10]

在国外，社区公园在建设之初就考察和征询居民的意见，在这一过程中居民扮演了建议者和监督者两种角色，因此建成的公园能基本满足大部分居民的需求。

2.1.4 社区公园的生态性建设研究

国外的社区公园积极实践生态性建设，着力提升社区公园生物多样性，在宏观上又充分考虑不同社区公园之间的生态串联、互动，形成一个有机生态体。

研究表明社区公园通过调节雨水径流、区域温度、保护生物多样性等措施，提升社区公园的生态性，进而为社区居民提供多样的生态空间（Ghaemi et al., 2009），[11] 丰富社区居民的游憩和康乐活动，最终提升社区居民健康水平。不仅如此，有研究利用地理信息技术，分析社区公园的可达性、生态性，直观反映出社区公园和社区居民健康之间的关系。

2.2 国内社区公园的研究进展

目前国内的学术界对社区公园的研究，仅有少量的关于社区公园设计手法探讨的文献，主要集中在居住区景观的研究方面。

2.2.1 社区公园内居民的行为心理研究

社区公园的建设应当考虑居民的行为心理特征，通过在公园内塑造多样的活动空间和丰富的设施来满足居民不同的使用需求。

张宝成分析了居民对住区外环境的不同需求，列举出了步行、停留、歇息以及儿童活动等具体项目，并建议建立不同类型的设计模式语言，进而指导具体的设计手法。[12] 郝晴（2011）则从环境行为学的角度论述了居住区外部环境的设计方法，并归纳出围绕环境-心理模式设计社区环境空间的几大目标：（1）安全性；（2）选择多样性；（3）人与环境要素需达到最佳联系。[13]

2.2.2 社区公园空间设计的研究

（1）社区公园特殊人群活动场地的设计研究

国内学者从使用者年龄角度出发，主要是针对儿童和老年人活动场地的专项研究：屈雅琴（2007）等人从儿童年龄和心理行为特征角度研究了儿童活动场地的设计，[14] 得出安全性、以儿童为本、因地制宜、寓教于乐这几大设计原则，同时建议了不同年龄段儿童的活动场地类型，并认为设计师应最大程度发掘儿童的活动内容；熊启明（2011）着重从活动场所类型、景观构成要素等角度对考虑老年人活动需求的社区公园建设提出设计建议：构建丰富景观层次；建设多样化活动场所；完善设施；设计结合自然，同时强调无障碍、安全性、易交往、易识别、生态性这几个基本原则。[15]

（2）社区公园交往空间的营建

国内学者徐文辉（2012），李杨露西（2011）等人从促进邻里交往的角度，探讨了居住区交往空间的设计方法，[16,17] 主要的设计建议包括：重建邻里文化，倡导地域文化传承；把握整体，注重细部设计，提高公共服务设施的使用率；促进空间共享和功能多元化；规划多层次、变化性、持续性的交往空间；重视景观绿化，营造和谐邻里交往氛围。

（3）社区公园空间尺度设计研究

沈莉颖（2012）关于社区公园各要素尺度的研究表明，空间尺度不仅仅是美学问题，它还是一个主观和客观、宏观和微观一体的复杂系统。同时研究得出，宜人的社区公园空间尺度应该从宏观、中观、微观3个层级统一构建。[18]

2.2.3 住区景观的生态化设计

我国学者在这方面的研究有，谷秋琳（2007）在住区景观中的生态设计的研究中，[19] 分析了当前社区公园景观建设中存在的误区，阐述了生态化景观的定位和如何体现生态化，提出住区生态化景观设计的几大要求：（1）尊重原有自然，保障可持续；（2）以人为本，尺度适宜；（3）整体构思，延续文化脉络；（4）注重人性化。

2.3 小结

综上所述，国内对于社区公园的研究多存在于住区具体的景观环境研究之中，对居民行为心理影响方面研究较浅，对于环境生态性的研究也明显不足。

在城市化进程中，国外的社区公园建设充分发掘社区公园的特色，建设了不同类型的社区公园以满足居民的需求。当前国外对社区公园空间设计方面的研究已比较完善；近几年的研究热点则是更多地转向社会性议题以及生态性方面，例如社区公园使用的公平性、健康性和公众参与度以及社区公园的生态性建设等方面。目前，国外的社区公园能够提供多样化的场所和设施，尤其是运动设施类型丰富，在鼓励全民运动、改善身体素质方面作用明显，并且对于不同阶层和种族的融合还起到了较大的促进作用。在生态环境建设方面，国外的社区公园在微观上创建了可持续的绿色空间，在宏观上又将社区生态环境建设成城市整体生态系统的一部分。

3 新型城镇化下社区公园研究建设的关注点

由于地域文化以及社区构建形式的差异，国内对社区公园的设计与管理应从更加具体的方面来借鉴。对比国外社区公园的设计经验，并结合我国新型城镇化背景，我国在社区公园研究建设方面应关注以下几点：

（1）社区公园应为居民提供休憩空间，并能满足整个社区居民物质和精神方面的需要，未来社区公园应该是不必刻意到达、供平常随意使用的小公园，甚至可以是主题艺术公园、体育公园或户外博物馆空间。社区公园需更多从居民生理、心理感受层面提升公共服务内涵，成为兼具参与性、保健性以及经济性的公共场所。

（2）面对我国城镇化的快速推进，社区公园建设管理方面应该转变一味追求绿地指标的错误观念，在保证工程质量的前提下，追求创新，将社区公园的生态化建设融入到城市整体绿地系统建设中，使社区公园结合城市其他开放空间，成为一个连续的体系。同时，社区公园的内部建设需要更多关注科学性、园艺实践性和生物多样性。

（3）城镇文化的提升是新型城镇化的重要特征之一，因此社区公园要更加重视个性文化的展示，在建设中应当更多注重自身特色的挖掘，结合地域的独特性，努力打造各具特色的社区"名片"。

社区公园作为最贴近居民日常生活的城市公共空间，应当作为一种物质框架来满足现代人更多的动态活动需求，并且能够推进生态化建设，引导城市居民向着更为健康和高雅的方向发展。设计师在借鉴国外优秀社区公园建设经验的同时，应当挖掘居民的不同使用需求，塑造极具吸引力的社区公园。鼓励更多的居民走到户外，进行各种活动、交流和体验，对于创造积极户外空间，塑造宜居社区和推进城镇化建设具有非常重要的现实意义。

参考文献

[1] （美）克莱尔·库拍·马库斯、罗琳·弗朗西斯. 俞孔坚等译. 人性场所城市开放空间设计导则[M]. 北京：中国建筑工业出版社，2001.

[2] （丹麦）杨·盖尔. 何人可译. 交往与空间[M]. 北京：中国建筑工业出版社，2002.

[3] （美）福赛思·穆萨基奥. 生态小公园设计手册[M]. 杨至德，译. 中国建筑工业出版社，2007.

[4] Jones, Stanton. 1995. Equity and culture diversity in urban design: In Urban design Reshaping our cities, ed. Anne Vernez Moudon and Wayne Attoe. Seattle, WA: Urban Design Program, College of Architecture and Urban Planning, University of Washington.

[5] Slater, S., M. Fitzgibbon, and M. F. Floyd, 2013, Urban Adolescents' Perceptions of their Neighborhood Physical Activity Environments: Leisure Sciences, v. 35, p. 167-183.

[6] Gobster. P. H. Perception and use of a metropolitan greenway system for recreation, [J]. Landscape and Urban Planning, 1995, 33(1-3), pp01-413.

[7] Donna? Armstrong. A survey of community gardens in upstate New York: Implications for health promotion and community Development[J]. Health & Place 6(2000)319-327.

[8] Naderi, J. R., Raman, B., Capturing impressions of pedestrian landscapes used for healing purposes with decision tree learning [J]. Landscape and Urban Planning. 2005(73): 155-166.

[9] Moore, S., L. Gauvin, M. Daniel, Y. Kestens, U. Bockenholt, L. Dube, and L. Richard, 2010, Associations among Park Use, Age, Social Participation, and Neighborhood Age Composition in Montreal: Leisure Sciences, v. 32, p. 318-336.

[10] Delfien Van Dyck, James F Sallis, Greet Cardon, Benedicte Deforche, Marc A Adams, Carrie Geremia and Ilse De Bourdeaudhuij. Associations of neighborhood characteristics with active park use: an observational study in two cities in the USA and Belgium[J]. International Journal Of Health Geographics, 2013, 12: 26.

[11] Ghaemi, P., J. Swift, C. Sister, J. P. Wilson, and J. Wolch, 2009, Design and implementation of a web-based platform to support interactive environmental planning: Computers Environment And Urban Systems, v. 33, p.

[12] 张宝成. 住区开放空间的环境行为研究[J]. 山西建筑, 2005, 20: 31-32.
[13] 郝晴, 肖平凡. 浅谈环境行为学在居住社区建设中的运用[J]. 2011, 37(1): 9-11.
[14] 屈雅琴, 张建林, 杨慧. 浅谈社区公园中的儿童活动场地设计[J]. 山西建筑, 2007, 10: 358-359.
[15] 熊启明. 社区公园中老年人活动场所景观设计研究[D]. 中南林业科技大学, 2011.
[16] 徐文辉, 韩龙. 居住区交往空间设计方法[J]. 中国城市林业, 2012, 01: 27-29.
[17] 李杨露西. 宜居社区中邻里交往空间的规划设计[J]. 住宅科技, 2011, 06: 25-27.
[18] 沈莉颖. 城市居住区园林空间尺度研究[D]. 北京林业大学, 2012.
[19] 谷秋琳. 住区景观设计中的生态化[J]. 住宅产业, 2007, 01: 53-56.

作者简介

傅玮芸, 1988.5, 女, 汉族, 浙江杭州, 硕士, 同济大学建筑与城市规划学院景观学系在读硕士, 主要研究方向为景观规划设计。Email: wyun51@sina.cn。

骆天庆, 1970.8, 女, 汉族, 浙江杭州, 博士, 同济大学建筑与城市规划学院景观学系副教授, 主要研究方向为城市绿地系统、生态规划理论与方法、计算机辅助规划设计。Email: luotq@tongji.edu.cn。

复合·拓展·优化[①]
——城镇绿地空间功能复合

Combination · Expansion · Optimization
—— Urban Green Space Function Combination

金云峰　张悦文

摘　要：提高城镇化质量是我国在快速城镇化进程中面临的重要问题，创建绿地空间功能复合，能够为我国土地资源有限而城镇绿地空间寻求拓展的发展矛盾寻找到解决途径，推进城镇绿地整体优化。
关键词：风景园林；城市绿地；开放空间；绿地空间；功能复合

Abstract：Improving the quality of urbanization is one of the most important issues in the rapid urbanization process. Green space function combination will ease the conflict between limited land resources and urban green space development and optimize urban green space system integrally.
Key words：Landscape Architecture；Urban Green Space；Open Space；Green Space；Function Combination

1　功能复合的研究背景

"功能复合"[②]不同于"功能混合"，是新型城镇化背景下城市"紧凑"发展所倡导的核心内容之一，创造出更高的土地使用效率，且使得各项用地功能相得益彰以获得更大程度发挥。

城市应该是"积极的生活空间，并由许多交织着的功能高度集中"，"功能单一不能构成真正的城市"。[③] 追溯历史，传统城市中的各类功能大都是混合存在的，然而，工业革命以后城市的大规模增长和产业结构的变化使得传统的城市形态必然不能适应城市的发展需要而被取代。因此，新的混合方式在酝酿。

欧洲和北美首先开始了土地混合使用的尝试，指在城市中一定空间或时间范围内具备两种或者两种以上的城市功能。它包含几方面含义（黄毅，2008）：

（1）城市整个范围内都是混合功能的，贯穿于不同尺度的城市区域中，是全面的功能混合；

（2）一定区域内的功能混合，但不是混杂，功能之间存在关联性和逻辑性，以一定比例进行混合并互相促进；

（3）建筑单体中的多功能混合设置；

（4）不仅是空间上的功能并置，也包括空间在不同时间发挥不同功能。

第一种混合方式相对理想化，第三种混合方式更关注建筑空间本身，对外部城市空间的贡献相对较弱，而第二与第四种混合方式可行性较高且对城市空间的贡献较大，是本文重点研究内容。

2　绿地空间的研究范畴

"绿地"，从最初的"绿化用地"到如今的"公共开放空间用地"，[④] 若说以绿化植物赋予绿地职能是绿地发展的初级阶段，现在正不断融入更多样、丰富的功能，且以"开放空间"对其进行描述，实则是绿地发展迈向高阶。

"绿地空间"一词较少出现在现有的文献资料中，但有学者在研究中使用了"绿色空间"或"绿化空间"一词，一般指城市地区覆盖着植物的空间（李敏，2011），更强调绿化植物的应用及其发挥的生态效应。

本文中所用的"绿地空间"一词主要包含两重含义。

第一，从"绿地"到"具备绿地功能的用地"。除《城市用地分类与规划建设用地标准》（GB 50137—2011）中的G类绿地与广场用地外，也包括街道及其他各类附属绿地等形成的公共的、开放的空间，但均属于建设用地范畴。

第二，从"地"到"空间"。从用地的平面概念拓展

[①]　课题来源：上海市新一轮城市总体规划编制，战略议题研究之十一——上海城市公共开放空间体系研究。
[②]　本文使用"功能复合"一词代替"功能混合"。"混合"指掺杂、合并，有着把两种或多种事物相互分散并达到一定均匀程度的意思，可以理解为功能分区被打散，而形成了一种"功能混合"的新分区。"复合"则指不同的事物联合或聚合成一体，或形成组合关系，从字面上可以理解为各个单元自身仍能保持相对独立，即功能的分区仍然存在，只是进行某种形式的组合与叠加。城市的土地使用规划是因为有了填色的表达方式使得规划的重点更明晰，规划实施更有理有据，要使得土地使用规划直接过渡到"混合色"还有一定困难，本研究试图从不改变用地性质的前提出发，探讨实现功能复合的策略。
[③]　引自冯纪忠教授1984年在哥本哈根国际建筑师协会大会上的发言。
[④]　有关"绿地"的词义辨析，详见2013年第5期《上海城市规划》，"绿地"与"城市绿地系统规划"。

到空间的三维概念，研究对象不仅仅是用地，也包括这一种用地所对应的三维空间。

提出"绿地空间"的主要优势有三点：

第一，从功能角度探索绿地对城市发展的贡献，有希望突破绿地总量指标的制约，寻求更趋合理的绿地布局与结构；

第二，在立体空间维度扩展绿地研究范畴，有助于缓和城市紧凑发展下的用地压力，增加绿地功能的载体和影响范围；

第三，以"绿地空间"一词与"绿地"概念区分，不与绿地的用地概念和相关研究混淆，有助于相对自由且创造性地展开绿地新发展的探讨。

3 绿地空间功能复合的原则

功能复合之于绿地空间，不是随意或过度的叠加，必须遵循两项基本原则，即包容性原则和关联性原则。

（1）包容性原则

简·雅各布（Jane Jacobs）在提出混合功能时引出了主次功能概念，存在以主要功能包藏次要功能的包容性。对非"绿地"而言，允许其在固有功能的基础上包容绿地功能作为次要功能，才能建立在非"绿地"上的绿地空间。

（2）关联性原则

复合的各项功能之间必须有关联，不能存在空间或时间上的冲突。这种关联有几种方式：一是具有相同的服务对象，如学校及其周边的科普教育和游乐活动场地；二是具有相似的空间特征，如高架道路下方设置带状公园；三是具有相似的使用需求，如交通枢纽与开放性绿地与广场；四是具有分时利用的机会，如开放学校操场在夜间作为公共的锻炼场地。

4 基于功能分类的绿地空间复合模式

从功能角度分析，绿地空间的复合模式研究重点在于复合用地功能的选择、不同功能用地空间的配置关系，以及具体的功能复合实现途径。

4.1 复合用地功能的选择

绿地功能与其他的用地功能复合的研究范畴主要为城市建设用地。

4.1.1 居住用地

绿地功能与居住功能的复合有两种复合形式。包含形式主要指在居住用地内部具有一定的开放空间，与小区游园或居住区附属绿地的概念接近。邻接形式则是独立的绿地但呈点状散布嵌于整片居住用地中，与居住区公园概念接近。其中，包含形式的绿地空间在使用上可能表现为半公共，但在视觉上实现共享。

4.1.2 公共管理与公共服务用地以及商业服务业设施用地

重要公共建筑配套的大片绿地，往往在许多城市仅以景观营造为主要目的，设置大片草坪、花坛等彰显气魄，把宝贵的绿地空间变成奢侈的装饰。

包含形式的绿地空间主要指结合建筑设计，形成前庭、中庭、后院甚至建筑底层架空等更复杂的复合形态。邻接形式的绿地空间，主要位于建筑外部，以协调周边城市空间。建筑周边绿地空间的优化大大有助于提升用地附加值，形成一种互惠互利的开发模式。

4.1.3 工业用地与物流仓储用地

工业用地与物流仓储用地在城市中的肆意扩张几乎是城市空间"不紧凑"而造成土地资源浪费的元凶之一，以工业园区、产业园区、开发区等命名的城市功能区域往往呈现路网稀疏、道路宽阔等特征，并在多处留有荒地、弃置地等。虽然其有特殊的运输、生产等需求，但仍要寻求改善和进步的方法。

绿地功能与工业与物流仓储功能的复合主要指包含形式，利用暂未使用的闲置土地创建绿地空间，利用厂房楼高较低且平屋顶居多的特征开展屋顶绿化建设。不但引入绿地的生态环保功能，利用植被吸收有害气体与降温效应来实现工业与物流仓储的节能减排，同时也改善传统工业生产区域欠佳的景观环境。

4.1.4 交通设施用地与公用设施用地

绿地功能与交通功能以及公用功能复合时，一种是基于防护性功能的复合，另一种是非防护性复合。前者主要指交通设施用地、公用设施用地中变电站和加油站等的防护性附属绿地和周边防护绿地，此类绿地空间不提供游憩类服务设施，不建议人群进入。后者则是利用交通设施用地与公用设施用地中的公共开敞空间，创造具有一定休闲游憩功能的绿地空间，典型案例如美国纽约利用空中废弃铁轨建立的高线公园（从铁路交通设施向人行交通设施转变），以及对桥下空间改造为运动场、游乐水池等。

4.2 绿地空间与复合用地空间的配置关系

把某种功能用地集中的区域划为一个分区，如居住区（居住用地为主），公共服务区（公共管理与公共服务用地以及商业服务业设施用地为主），工业区（工业用地与物流仓储用地为主），公用设施区（交通设施用地与公用设施用地为主），则每个区域中的绿地空间应当存在适宜的配置关系。

4.2.1 居住区

与居住用地邻接的绿地空间，主要功能是为周边居民提供日常游憩活动，美化居住区环境，也承担灾时紧急避险与隔离防护的功能。与绿地空间配比相关的居住区特征包括人口密集、老人与儿童日常游憩活动频繁且需求量大、步行与非机动车出行所占比例相对较高、对自然环境品质要求较高等等。因此，居住区中的绿地空间应采取总量较高且数量较高的配比，缩短活动人群到达绿地空间的时间和距离，且尽可能邻接道路，以获得更好的可达性。

4.2.2 公共服务区

与公共服务类用地邻接的绿地空间，主要功能是美化环境，树立特色景观形象，提供特殊的游憩活动场地（如节庆、会展等），也承担灾时紧急避险与隔离防护功能。与绿地空间配比相关的公共服务区特征包括人流量大且人群类型混杂、人流与车流的交通组织复杂、对自然与人文的综合环境品质要求较高等等。因此，公共服务区中的绿地空间应采取高品质的总量中等且数量中等配比。

4.2.3 工业区

与工业类用地邻接的绿地空间，主要功能是美化工业区环境，日常防护以及灾时紧急避险与隔离防护。与绿地空间配比相关的工业区特征包括人口密度分布不均且整体密度较低、对游憩活动的需求较低、机动车出行比例高且对交通运输效率要求较高、用地布局以快速交通为导向、根据工业类型有相应的防护隔离要求等等。工业区中的绿地空间在满足防护隔离要求的前提下可以采取总量中等且数量较少的配比。

4.2.4 公用设施区

与公用设施类用地邻接的绿地空间，主要功能是美化设施周边环境，提供日常防护及灾时紧急避险与隔离防护，在与防护类功能不冲突的前提下可以兼具休闲游憩功能。与绿地空间配比相关的公用设施区特征包括交通类设施人车流量大而其他公用设施区人流量较低、根据设施类型有相应的防护隔离要求等等。因此，线性分布的交通类设施可以在达到防护要求的基础上采取总量较少的配比，集散功能的交通类设施可以采用以硬质场地为主的总量较高的配比。

4.3 绿地功能与其他的用地功能复合的实现途径

库普兰德（Coupland）提出用地混合用途的四种方法——正规法、亲近法、弹性法、调和法。正规法强调对用地和建筑的混合用途作出准确分配，亲近法是在单一用途的地块间建立密切联系，弹性法是在某个区域根据环境影响允许混合用途和改变用途，调和法是上述三种方法的综合运用。

借鉴库普兰德的混合方法，绿地功能与其他的用地功能复合有以下四条实现途径（图1）：

4.3.1 多样化途径

主要指向功能的平面布局，利用亲近法和正规法，控制用地或功能单元的规模在较小的范围内，并确立一定的配比关系，使得用地类型多样、功能多样。在这一策略下，点状与网状绿地空间因其形态与规模的优势，更有利于渗入城市空间，与其他各类用地空间结合。

4.3.2 立体化途径

主要指向功能的空间布局，利用正规法与弹性法，不同功能在同一用地上以空间形式进行叠加。立体化途径主要针对依托建筑物建立的绿地空间，以及依托高架、桥梁等建立的绿地空间，建造代价相对较高但是景观效果独特，绿视率高，空间利用率实现最大化。

4.3.3 同享化途径

指在用地性质决定主要功能的基础上，绿地功能也能与之共同享有这块用地，并且最大程度提高绿地空间的开放性。其与立体化途径有相似之处，是一种非立体手段的功能共享，与现有的附属绿地概念相似，属于利用正规法与弹性法的混合方法。

4.3.4 交错化途径

指利用时间或空间的交错，分时或分区利用，在避免功能干扰的前提下，在同一用地上实现功能交替，从某种程度上是弹性法的混合体现。

5 基于空间分类的绿地空间立体化复合模式

从空间角度分析，绿地空间的立体化复合模式研究重点在于立体空间的选择以及对应的功能配置等，是主要对应绿地功能复合途径中立体化途径的具体实践。而立体化复合的绿地空间因其有别于传统的空间位置，需要特别对其功能效益进行评价。

5.1 绿地空间立体化复合的概念

立体化复合强调对竖向空间充分利用，在不同空间层面实现不同功能。我国城市中现有的大部分实例属于立体化复合的初级阶段，是立体化的绿化，而非立体化的绿地空间，未重视绿地各项功能的发挥，对城市公共空间的贡献较少。虽然植物造景是绿地空间外在的典型特征，但结合其他的用地功能与具体的城市空间环境，才能创造出充分发挥绿地各项功能的更有价值的绿地空间。

随着城市空间设计的多元化发展，不断涌现出更综合、更复杂的绿地空间立体化复合形式，在不同尺度上与城市综合街区、城市综合体、建筑单体等结合，从而呈现出更为丰富的形式和特征。以下收录了部分包含有绿地空间立体化复合模式的案例，根据项目类型与规模进行分类，归纳其绿地空间的主要特色以及与周边城市功能复合的情况。

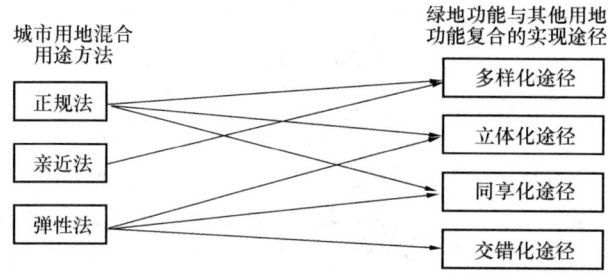

图1 基于用地混合用途方法的绿地功能复合途径

绿地空间立体化复合模式的相关案例　　表1

序号	案例	类型	占地规模	地点	交通	商业	商务办公	居住	文化体育	建成时间	绿地空间主要特色
1	多摩新城核心区	城市综合街区	—	日本多摩	✓	✓	✓	✓	✓	—	空中步行连廊系统宽阔便捷，创造了人车分离的高效交通，丰富了景观形象，增加了休憩活动场地
2	波兹坦广场	城市综合街区	13.6hm²	德国柏林	✓	✓	✓	✓	✓	—	建筑参与公共空间营造。雨水收集与生物净化技术在水景观营造中发挥着巨大作用
3	拉·德芳斯商务区	城市综合街区	215hm²	法国巴黎	✓	✓	✓	✓	✓	2001	人车流分离互不干扰，减弱建筑界面对城市空间的影响，更强调由斜坡（路面层）、水池、树木、铺地、雕塑等所组成的街道空间设计
4	六本木新城	城市综合街区	11.6hm²	日本东京	✓	✓	✓	✓	✓	2007	整体规划中结合了良好的艺术设计与开放空间规划，提供开敞或半开敞的多样的活动场地，拥有大量的艺术文化与休憩设施
5	沙田新城市广场	城市综合街区	18.6hm²	中国香港	✓	✓		✓	✓	2008	巨大的综合性建筑由天桥联通，拥有多层级的花园平台，以创造出立体的公共活动空间
6	博多运河城	城市综合体	3.4hm²	日本福冈	✓	✓	✓	✓	✓	1996	人工运河、天桥与立体绿化营造出多样化、多层次、富有人气的公共空间
7	绿洲21	城市综合体	7hm²	日本名古屋	✓	✓			✓	2002	多层次组合而成的立体公园。最上层是雨水利用的景观水池，下一层是充满绿意的公园，地下一层是交通枢纽站与商业街，最下一层是引入日光照明的运动广场
8	难波公园	城市综合体	3.7hm²	日本大阪	✓	✓	✓	✓		2003	引入"场所制造"理念，将自然融入建筑，用体验创造场所。拥有屋顶绿化以及流动的公园式的商业空间
9	太古城	住宅区	3.5hm²	中国香港	✓	✓		✓	✓	—	根据山地地形设立多层次绿化平台，是香港首个拥有园艺花园及绿化平台设计的私人屋苑
10	奥林匹克雕塑公园	公园与广场	3.4hm²	美国西雅图	✓				✓	2007	依靠连续的艺术性的开放空间，覆盖公路、铁路，联通城市和水滨
11	榉树广场	公园与广场	1.1hm²	日本琦玉					✓	2000	提出"空中森林"理念，以植物造景达成了市中心公共景观对强烈个性的诉求，在形态、尺度、视线组织上注重与周边建筑空间的协调
12	高线公园	公园与广场	2.4hm²	美国纽约	✓				✓	2009	荒废的高架铁路转变为环境优美的空中花园走廊，分离了人车流，创造了独特的步行环境
13	皇家公园酒店	建筑单体	0.7hm²	新加坡				✓	✓	2013	是名副其实的"空中花园"，拥有15000m²的绿色植物覆盖面，形成"梯田"一般的多层次的庭院空间
14	垂直森林	建筑单体	—	意大利米兰				✓		2013	高达111m与80m的建筑阳台错落形成的外立面种植有相当于1.1万hm²的绿色植被

5.2 立体化复合的分类

在表1中，基于项目类型与规模对绿地空间的复合进行了分类，不论在何种尺度，绿地空间的空间分布规律并未受到尺度变化的影响，但复合功能的选择却受到较大影响——项目尺度越大，复合功能越趋于复杂多样。因此，对立体化复合的分类基于绿地空间与其他功能空间的位置关系，即不受项目规模影响，可以分为三大类——

绿地空间与地下空间复合、绿地空间与上层空间复合、绿地空间与建筑空间复合（图2）。在复杂情况下三种空间位置关系同时存在。

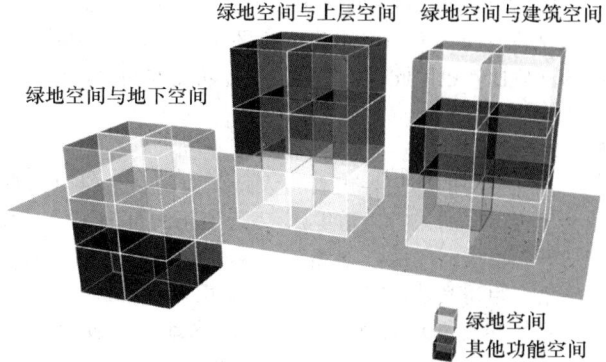

图2 绿地空间与其他功能空间位置关系示意图

5.2.1 绿地空间与地下空间

绿地空间位于地面层，通过对地下空间的开发利用，实现地面空间功能的完善和拓展。实行这一模式的典型案例包括拉德芳斯商务区、绿洲21、奥林匹克雕塑公园等。

绿地空间与地下空间的立体化复合不但有助于实现用地紧张的条件下各项功能均衡分配，也创造出了新的城市空间和新的生活方式。例如在绿地空间地下建立车行通道，实现地上地下人车分流，创造怡人舒适的步行环境，同时也消除了以往绿地占地规模大而打乱城市路网的困扰。又例如绿地空间地下的商业街，通常与轨道交通站点结合，丰富了交通换乘的行走体验，营造出从车站到商场不间断的商业氛围，也为地上高强度开发的商业功能区留出宝贵的绿地空间。

5.2.2 绿地空间与上层空间

绿地空间位于地面层，在其上层构筑其他功能空间，或者更常见的是在其四周建立半围合空间。实行这一模式的典型案例包括波茨坦广场、六本木新城、博多运河城等。

绿地空间与上层空间的立体化复合可以说也是创造一种"底层架空"的空间形式。越来越多的城市空间在营造一种半开放的空间体验，即对过于开敞的空间加以部分覆盖或围合，表现为建筑内街、内部庭院等等。架空有上层空间的绿地空间不但没有削弱其本身开放的特质，更拥有了亲近怡人的尺度，能够吸引更多的活动人群。

5.2.3 绿地空间与建筑空间

绿地空间与建筑空间结合，与上一种复合方式不同的是绿地空间通常不处于地面层。这里的建筑空间狭义的即指房屋式建筑，绿地空间位于建筑外部，如屋顶、阳台等。广义的建筑空间包括房屋以外的人工构筑，如桥梁、塔等等，在人工构筑表面种植绿化甚至建立活动场地。实行这一模式的案例较多，主要包括难波公园、榉树广场、高线公园、皇家公园酒店、垂直森林等。

植物是绿地空间中的重要设计要素，在与建筑空间结合时，发挥生态环保功能，也是美化和丰富建筑室内外环境的重要手段。由于建筑空间往往已经提供了足够丰富的硬质空间与场地，因此绿地空间在这里尤其以植物设计为主。

5.3 立体化复合的实现途径

5.3.1 空间层次划分

对于前两种立体化复合分类，空间层次划分自上而下可分为上空间层、地面空间层、浅地下空间层、中地下空间层和深地下空间层。

对于与建筑空间的复合分类，空间层次相对复杂，自上而下可以分为顶部空间层、中部空间层、下部空间层、下沉空间层，自内而外则可以分为建筑内部空间层、过渡空间层、建筑外部空间层。

如图3所示，其中黑色加粗实线为建筑外围护界面，双实线为地表界面，灰色点划线表示适宜复合绿地空间的范围。除中地下空间层与深地下空间层不宜作为绿地空间外，其他各类空间都有作为绿地空间的可能。

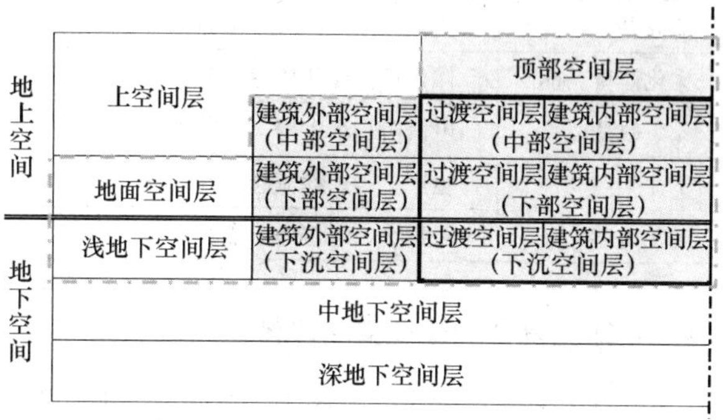

地上空间	上空间层		顶部空间层	
		建筑外部空间层（中部空间层）	过渡空间层	建筑内部空间层（中部空间层）
	地面空间层	建筑外部空间层（下部空间层）	过渡空间层	建筑内部空间层（下部空间层）
地下空间	浅地下空间层	建筑外部空间层（下沉空间层）	过渡空间层	建筑内部空间层（下沉空间层）
	中地下空间层			
	深地下空间层			

图3 绿地空间立体化复合的空间划分示意图

5.3.2 空间划分与复合功能选择

绿地空间的立体化复合，首先，应考虑功能复合时的组合关系，遵循功能复合原则。其次，对于具体的复合位置如屋顶、地下、室内等，应探讨和论证是否可以适应特殊的采光、通风、给排水、安全疏散等环境条件，以完成空间的功能整体定位。

绿地空间与地下空间的立体化复合中，地下空间主要功能如表2所示。

绿地空间与地下空间复合内容一览表 表2

地下空间功能类型	地下空间主要内容
交通功能	地下停车场、地铁、地下车道、过街通道等
商业功能	购物街、餐厅、酒吧等
文化体育功能	展览空间、运动场馆
市政功能	给排水管线、电力电信管线、泵站、变电站等
防灾避险功能	人防场所、逃生通道、物资储备库等
工业生产功能	仓储空间
其他潜在功能	居住空间、办公空间等

绿地空间与上层空间的立体化复合中,上层空间主要功能如表3所示。

绿地空间与上层空间复合内容一览表　　表3

上层空间功能类型	上层空间主要内容
交通功能	轻轨、高架、桥梁等
商业功能	餐厅、酒吧、商场等
商务办公功能	办公空间等
文化体育功能	展览空间等

绿地空间与建筑空间的立体化复合,建筑空间主要功能如表4所示。

绿地空间与建筑空间复合内容一览表　　表4

建筑空间功能类型	建筑空间主要内容
交通功能	火车站、立体停车场、交通枢纽、桥梁等
商业功能	大型商场、商业综合体等
居住功能	集合住宅、旅馆等
商务办公功能	商务办公楼、展览馆等
文化体育功能	体育馆、运动场等
市政功能	电信塔、水塔等
工业生产功能	生产厂房、物流仓库等
观赏游憩功能	观景台、瞭望塔、游艺厅等

5.4 立体化复合的绿地空间评价

立体化复合,使得传统意义上的绿地从地面扩展到立体空间,获得显而易见的数量与规模上的扩大。目前也已经有折算屋顶绿化等进入附属绿地指标的例子。然而,位于地面的绿地空间与立体化的绿地空间,是否能够进行简单的量的折算,需要针对与绿地功能的特性,对立体化复合的绿地空间做出评价。

5.4.1 生态性

绿地空间生态性的发挥主要包括绿化植被对微气候的调节(光合作用释放氧气、保温节能等)、对城市生态系统结构的贡献(屋顶绿化增加生态节点、桥梁绿化增加生态廊道等)、对污染和灾害的控制和隔绝(吸收有害气体、阻燃等)。

绿化植被的数量以及生态性设施的配置,在绿地空间生态性发挥上占主要地位,而空间使用上的要求并不高。因此,绿地空间的生态性在立体化复合的情况下能够基本保持,甚至形成立体化包围的绿地空间,还更有助于提高微气候调节的效率,也因此在建筑的维护结构设计中越发常见。

5.4.2 开放性

绿地空间的开放性主要指其公共化程度(是公共空间、半公共空间或者私密空间等)与周边的用地及功能的联系程度(是面向街道的开敞空间、围合空间、高架空间或者室内空间等)。

由于绿地空间复合形式的不同,与之复合的其他的功能空间将影响到其公共化程度,而在空间层次上的位置将影响到其是否拥有面向城市的界面。因此,立体化复合的绿地空间,不一定能获得与平面化绿地空间同样程度的开放性,也因此影响到相关绿地功能的发挥。

5.4.3 使用性

绿地空间的使用性主要指人行交通的可达性(有便捷甚至无障碍的人行通道等),人群使用的可停留性(有相对开阔可供活动的场地等),人群活动的安全性(无高空坠落、阻碍其他城市功能等安全隐患)。

立体化复合中位于垂直维度的绿地空间使用性较低;而架空、下沉等空间高度的变化也对绿地空间的可达性造成不利影响;在较高的绿地空间如建筑顶层空间中,则存在游憩活动的安全性问题等等。立体化复合对绿地空间的使用性造成较大影响,在强调使用性的功能需求下,它将无法取代传统意义上位于地面层的绿地空间。

5.4.4 美观性

绿地空间的美观性主要体现为其从色彩、肌理、形态、空间等方面对城市景观环境的美化作用。

在城市用地"紧凑"的发展要求下,立体化是未来城市建设的一大趋势,创造出丰富的生活体验与更高的工作效率,而立体化复合的绿地空间舒展了城市的景观界面,并提供多种视角皆适宜的观赏对象,因此在与上层空间尤其建筑空间结合时,对美观性的提升有积极影响。

立体化复合的绿地空间评价目标并非要求四种特性面面俱到才能取得高分,而是根据复合对象重点关注其中的几项特性。例如,位于居住区的立体化复合应重点评价开放性与使用性,位于工业区的立体化复合应重点评价生态性等等。

6 小结

基于功能分类的绿地空间复合,为绿地空间的总体规划布局提供新思路,基于空间分类的绿地空间立体化复合,为地块详细设计中城市空间品质的提升和创新提供施展平台。

多种功能并存,是城市发展的原始状态,却也成为城市发展的理想状态。相信在不久的将来,功能复合带来的传统城市空间活力将在现代城市中再次涌现,复合、拓展、优化,将为城市发展带来高效、便捷、可持续的新优势。

参考文献

[1] (英)詹克斯·迈克. 周玉鹏等译. 紧缩城市——一种可持续发展的城市形态[M]. 北京:中国建筑工业出版社, 2004.

[2] 徐新,范明林. 紧凑城市——宜居、多样和可持续的城市发

展[M]. 上海：格致出版社，上海人民出版社，2010.
[3] 仇保兴. 紧凑度与多样性（2.0版）——中国城市可持续发展的两大核心要素[J]. 城市发展研究，2012，19(11)：1-12.
[4] 金云峰，张悦文. "绿地"与"城市绿地系统规划"[J]. 上海城市规划，2013，05：88-92.
[5] 黄毅. 城市混合功能建设研究[博士学位论文][D]. 同济大学，2008.
[6] 黄莉. 城市功能复合：模式与策略[J]. 热带地理，2012，04：402-408.
[7] 凌莉. 土地混合使用的开发模式研究[C]. 2009城市发展与规划国际论坛论文集，2009：90-93.
[8] 孙翔. 新加坡"白色地段"概念解析[J]. 城市规划，2003，07：51-56.
[9] 金云峰，周聪惠. 城市绿地系统规划要素组织架构研究[J]. 城市规划学刊，2013，03：86-92.
[10] 中华人民共和国住房和城乡建设部. 关于促进城市园林绿化事业健康发展的指导意见（建城[2012]166号）[R]. 2012.

作者简介

金云峰，1961年7月生，男，汉族，上海人，教授，博导。同济大学建筑与城市规划学院景观学系副系主任；上海同济城市规划设计研究院注册规划师，同济大学都市建筑设计研究分院一级注册建筑师，研究方向：风景园林规划设计方法与技术，中外园林与现代景观。

张悦文，1989年3月生，女，汉族，上海人，硕士，同济大学建筑与城市规划学院景观学系硕士研究生。

对改进兰州市园林绿化信息管理系统的几点建议

Sugestions on Improving Integraded Landscaping and Greening Information Management System in Lanzhou

刘雯雯　俞　宏

摘　要：通过研究兰州市园林地理信息系统现状，从基础数据采集及定期更新、系统用户类型定位、功能模块改进、信息平台搭建4个方面探讨了如何建设和完善该系统，将其建设成为功能更为完善的园林绿化信息管理系统，形成兰州市园林绿化管理工作的数字网络化管理、服务与决策的信息体系，从而实现兰州市园林绿化管理科学化、高效化、便民化。

关键词：兰州市园林绿化；信息管理系统；地理信息系统

Abstract: With purposes of managing landscaping and greening affairs, serving the public and decision-making through networks, a integrated landscaping and greening information management system is planned to be improved. According to the status of landscaping and greening geographic information system of Lanzhou, features of four aspects, data collecting and regular updating, classification of system users, functional module improving and information platform establishing, are analyzed so as to search for several workable improvement measures. In the future, it will become a scientific, efficient and public-serving information system in Lanzhou.

Key words: Landcaping and Greening of Lanzhou; Management Information System; Geographic Information System

　　园林绿化信息管理系统是利用计算机网络技术及3S集成技术（指地理信息系统GIS、遥感技术RS、全球定位系统GPS的集成，其中以地理信息系统GIS为核心），对城市园林绿地、相关市政设施等方面内容进行全方位的信息化处理，从而对城市园林绿化行业进行数字网络化管理，实现最终服务与决策的信息体系。[1,2]通过对园林绿化相关信息的采集、管理、流通、共享和应用服务，提高政府和企业管理决策能力，实现市民参与城市管理的互动，为城市的经济建设和社会发展服务。[3]近年来，随着国家信息化建设步伐的加快、电子政务建设的全面推进及"数字兰州"建设的要求，如何建立功能完善、有效运行的城市园林绿化信息管理系统，进行快速有效的园林绿化管理、资源共享和应用服务，是园林绿化管理部门亟待解决的问题。

1　兰州市园林绿化信息管理系统现状

　　兰州市园林绿化局从2006年开始与兰州军区测绘大队合作，着手建立兰州市园林地理信息系统，2008年基本建成并在城郊园林绿化单位试运行。该系统以兰州市城区地形图和高分辨率的卫星影像为依托，结合园林绿化各项标准、绿地位置、面积、植物分布、古树名木、规划管理等相关基础数据资料，初步实现了园林绿化统计数据、图形数据的处理、浏览、查询及绿地综合分析。但是，随着城市绿地面积的大幅增加，园林植物种类的不断丰富，环境景观质量的明显提高及"数字兰州"的建设，园林地理信息系统中现有数据及功能已经远远不能适应目前工作的需要，与"数字兰州"政务信息化、社会管理信息化、便民服务信息化的目标相比还有很大差距。因此，为了达到"数字兰州"的建设目标，需要我们对兰州市现有的园林地理信息系统进行改进，把它建设成为功能更加完善、使用更加便捷的园林绿化信息管理系统。

2　对改进兰州市园林绿化信息管理系统的几点建议

　　城市园林绿化管理工作涉及内容繁杂、管理结构复杂，要实现对这一复杂体系的信息化管理，需要我们从以下4个方面对原系统进行完善：

2.1　注重基础数据采集及定期更新

　　基础数据是管理信息系统的基础，没有全面的、准确可靠、及时更新的基础数据，管理信息系统构架再科学先进、功能再强大，也无法满足实际应用需要。完善的园林绿化信息系统应包括以下一些基础数据并定期更新：

　　园林绿化基础数据，如黄河风情线、南北两山，城市主次干道，单位庭院，公园、广场、游园等兰州市主要绿地的面积及组成（数量、种类、比例等）、绿地立地条件（水、肥、气、热状况等）；兰州市5区3县322株古树名木各项数据，如位置、树高、胸径、冠幅、坐标、生长状况等。

　　病虫害数据，如兰州市园林常见病虫害种类、数量、发生规律、防治操作规程、防治检查验收标准、防治月历等。园林绿化养护管理设施数据，如泵站、管道、喷灌的位置及规格、管护机具种类及型号等；环卫设施数据，如园林绿化垃圾清运车辆种类、数量、型号等，绿地垃圾箱位置数量等。

　　绿地改建、扩建、新建过程中涉及的市政设施数据，如道路网基础数据（位置、道路等级、道路分支、所在区域和管理单位信息、道路的结构性能等），桥梁基础数据（桥梁缺损状态、维修历史、维护计划等），供排水设施基础数据（地下管道、窨井、泵站、水闸的位置、尺寸、材料、建成年代）等；市政设施审批信息，如市政设施管理工作中涉及的审批流程数据（城市道路挖掘、市政设施临时占用、车辆通行等）；设施管理资料，如在市政设施管理过程中产生的各类文档、审批材料等；园林绿化工程数据，如改、扩建及新建绿化工程各项数据，包括设计、施工、建设、监理等相关单位信息、施工地点基础资料、图纸、项目合同、建设规模及进度情况等；工程招投标资料，包括内容、时间、形式、参与单位、结果等。除此以外，还应包括兰州市城市园林绿地系统规划。

2.2 满足不同用户需求

目前使用的兰州市园林地理信息系统仅仅侧重于部门内部使用，其本质上来说是面向部门内部的专业系统，无法满足多种用户类型及多种事务处理的需要。在实际的园林绿化管理工作中，主要有 4 种角色：园林绿化管理部门领导和绿化管理、建设等处室负责人；负责各项具体事务的工作人员；其他政府部门的用户、办理园林绿化相关事务或者希望了解园林绿化信息的公众用户；进行信息系统维护及运行管理的工作人员。这 4 种角色决定了信息管理系统有 4 种用户类型。

2.2.1 决策用户

即园林绿化管理部门领导，绿化管理、建设等处室负责人，他们要能够定期查询园林绿化管理各项工作的进展、效果评价等各种信息，以便进行决策。

2.2.2 业务管理用户

即负责各项具体事务的工作人员，通过信息系统执行决策或者将其他信息反馈给决策用户。

2.2.3 服务用户

即其他政府部门的用户、办理园林绿化相关事务或者希望了解园林绿化信息的公众用户，他们可以通过信息系统了解、查询相关资料或者办理相关业务。

2.2.4 系统管理员

负责整个系统的运行管理。

2.3 功能模块改进

现有的兰州市园林地理信息系统包括 7 大功能模块：图层管理模块、显示模块、绘图模块、绿地分析模块、空间数据管理模块、数据库维护模块、影像处理模块，可以实现绿地管理、统计查询、绿地综合分析，以便于绿地规划建设，同时可以维护和更新现有数据并处理园林绿化影像资料。从功能方面来看，虽然在一定程度上实现了园林绿化信息的管理，但是其功能相对简单，导致综合应用效果不佳。完善的园林绿化信息管理系统应具有以下一系列功能：

2.3.1 园林绿化资源监测

在这一功能模块中，我们可以进行园林绿化基础数据（绿地类型、空间分布、生长状况、数量等）的录入；绿化率、人均公共绿地面积等指标测算、分析；黄河湿地资源状况、古树名木定位登记、定期监测等，从而实现园林绿化相关数据的收集整理、动态跟踪、分析处理，为制定规划、监督检查等决策提供依据。

2.3.2 园林绿化动态管理

这一功能模块应包括园林绿化养护管理、工程管理、设施管理 3 个方面。在园林绿化养护管理子功能中，我们可以对养护工作进展与完成情况进行动态跟踪管理，例如工作派发、养护情况登记、养护记录检索、工作量统计、病虫害监测及防治，甚至可以进行养护工作的定时提醒；在园林绿化工程管理子功能中，可以进行园林绿化工程招投标、建设资金使用管理、建设进度跟踪等；在设施管理子功能中，主要进行园林绿化养护相关设施如泵站、管道、管护机具、垃圾清运车泵站、水闸等的维护和管理。

2.3.3 园林绿化规划设计

在某区域进行新建、改建工程之前，在这一功能模块中录入新建、改建的规划设计方案，通过与系统中已录入的园林绿地规划进行对比之后，对新建、改建工程的生态环境效益进行评估，看它是否符合绿地规划要求、是否符合绿线管理等规定，同时系统可以对拟建区域进行热岛效应评估，对其成因进行分析并给出相应的解决方案。

2.3.4 园林绿化电子政务

电子政务指的是运用计算机、网络和通信等现代信息技术手段，实现政府组织结构和工作流程的优化重组，超越时间、空间和部门分隔的限制，建成一个精简、高效、廉洁、公平的政府运作模式，以便全方位地向社会提供优质、规范、透明、符合国际水准的管理与服务，它是国家信息化建设的重要内容，同时也是"数字兰州"建设的重要内容之一。在园林绿化信息管理中搭建电子政务平台，通过对园林绿化信息的处理，形成网络化管理、服务与决策，从而向园林绿化职能部门的服务对象提供优质、高效的服务。例如，服务用户能够通过一系列审批流程获得最终审批结果，或者查询到园林绿化各项方针、政策、法规资料；业务管理用户能够进行审批业务的初审、初检；决策用户能够跟踪园林绿化管理各项工作的进展、效果评价等各种信息，看到上报的审批业务并进行最终审批。

2.4 拓宽数据采集渠道、搭建与其他部门资源共享的信息平台

城市园林绿化管理涉及内容多、管理部门多、信息量庞大。例如：园林绿地维修、改建、扩建、新建涉及大量道路、桥梁、市政公共设施等基本信息，道路绿地建设还涉及地下管线等信息。其中，园林绿化基础数据可以通过

遥感技术、全球定位系统的应用及实地勘测调查等技术手段实现，行业内部的部分数据也可以通过行政手段收集，但是当获取信息涉及其他职能部门时，特别是当这一部门和园林绿化管理部门没有权属关系时，如何得到配合及时获得需要的数据？这就需要我们和其他部门协调共同搭建资源共享的信息平台，通过网络技术手段实现与其他部门数据库的无缝对接，增加数据资源，才能满足政务处理的信息需求，从而实现园林绿化信息管理系统的高效运作。

3　结语

近年来，在国家生态文明建设方针的推动下，兰州市城市园林绿化建设步伐不断加快，园林绿化信息管理系统越来越受到行业内人员的普遍重视。同时，随着3S技术的发展，地理信息系统在园林绿化管理中的应用越来越倾向于与其他各种信息技术集成，如决策支持系统DSS、专家系统ES、仿真与虚拟现实技术、海量数据存储技术、高速信息网络技术、超媒体与分布式计算技术等。[4,5]如昆明市设计了基于GIS的园林绿化管理信息系统，实现了绿地规划建设主要指标的计算与分析、园林绿地分类与数据更新；[6]上海市针对传统信息采集低效、精度差的问题，采用了手持GPS（全球定位系统）来进行绿化调查并以GIS（地理信息系统）为绿化信息平台，实现了3S技术的初步集成，提高了绿化信息的精度；[7]中山市设计了基于supermap objects的查询系统，实现了园林绿化管理所需要的地图查询、浏览等各项基本功能；[8]株洲市充分利用GIS系统获取园林绿化资源动态信息，通过3S技术绘制了园林管理专题图，通过对专题图查询可以对违法违规行为的地点快速准确地定位，从而以最快的速度进行执法，提高了园林执法的效率和执法的准确性。[9]

改进和使用高效便捷、功能完善的兰州市园林绿化信息管理系统，将大大减少规划设计、建设施工、养护管理、政务处理的工作量，合理分配人力、财力和物力等资源，加大市区两级城市绿化管理部门的宏观管理、综合管理力度，强化城市绿化管理工作的监察指导，最终实现"数字兰州"决策数字化、规划建设条理化、内部管理标准化、市民沟通便利化的目标。

参考文献

[1] 唐运海. 城市园林绿化综合管理信息系统研建[D]. 北京：北京林业大学，2009，4-12.
[2] 承继成，易善桢. 国家空间信息基础设施与数字地球[M]. 北京：清华大学出版社，
[3] 冯仲科，景海涛. "3S"技术及其应用[M]. 北京：中国林业出版社，1999：110-125.
[4] 韩英，赵宇鹏. GIS地理信息系统的应用及其发展分析[J]. 科技创新与应用. 2013，35(2)：73.
[5] 王逸群，甘赖莉等. 西安市数字化园林绿化管理系统构建模式[J]. 陕西林业科技. 2013，2：70-73.
[6] 潘萍，韩润生. 基于GIS的城市园林绿化管理信息系统应用研究[J]. 国土资源遥感. 2009，4：106-108.
[7] 武锋强，洪中华. 基于3S技术的城市园林绿化信息采集研究[J]. 安徽农业科技. 2009，37 (25)：12332-12334.
[8] 万志刚，伍发康等. 基于supermap objects的园林绿化查询系统设计与实现[J]. 城市勘测. 2013，2：83-87.
[9] 刘繁艳. 株洲市园林管理信息系统研建[D]. 中南林学院：2005，12-15.

作者简介

刘雯雯，女，1983年9月生，甘肃临洮，硕士研究生，兰州市园林绿化服务中心工程师，从事园林绿化培训及管理工作，Email：616694801@qq.com。

德国风景园林专业硕士研讨课程研究

Study on Seminar of Professional Landscape Architecture Master Program in Germany

梅 敏　刘滨谊

摘　要：风景园林专业硕士教学的主要目的是提高风景园林及相关专业学生的专业技能、实践技能和创新技能。德国风景园林专业硕士研讨课程经过十几年的建设，倡导多元结合的教学方法，突出实际解决问题的能力培养，已形成完善的专业教学体系。本文从风景园林专业的教学理念与课程构架、教学体系、教学方法、管理体制和教学条件等方面阐述德国风景园林专业硕士教学的建设特点。

关键词：研讨课程；风景园林；专业硕士；教学模式；实践

Abstract: The chief goal of experimental teaching is to improve the professional, vocational and innovative skills of masters in landscape architecture. After over ten years of construction, the seminar of landscape architecture master program in Germany has formed a well-established system by advocating the pluralistic teaching methods and cultivating the ability of solving practical issues. This article demonstrates the construction plan of the center through the introduction of the teaching concept and mode, teaching system, teaching methods and teaching resources and management system.

Key words: Seminar; Landscape Architecture; Professional Master; Education Model; Practicalness

风景园林专业需要学生对周边的自然、人文环境时刻具备强烈的求知探索欲，同时拥有相应的思辨和解决问题的能力。[1-4]专业硕士培养阶段，学生拥有的主观能动性不但会给教学过程产生积极良好的效果，而且信息的大量交换、自由愉悦的课堂气氛会激发持续学习潜能，将学生对知识的主动求索和思考带到今后长久的专业实践中去。

1　德国风景园林专业硕士教学理念和教学模式

德国风景园林专业硕士以培养高精尖工程师为目标，其研讨课程的培养模式注重互动性和实践性，综合研究教学、讨论教学、现场教学和案例教学等多种模式，联合政府、企业开设大量项目教学，帮助学生快速直观了解专业现况，并学会运用综合能力解决实际问题，对学生的全局观和战略性思维起到极强的训练效果。

风景园林专业的硕士研讨教学课程多为项目驱动。项目分别来自政府机构和企业，不仅保证了资金来源，也保证了选题的真实性。课程选题涉及风景园林规划设计、城市设计、区域规划和城市社会学等多学科领域，具有一定的综合性和广泛性。[5]包豪斯采用的理论教学和工作室教学相结合的研讨课教学模式仍在持续。[6]

针对专业领域的实践性应用目的，研讨课始终作为风景园林专业硕士教学的重点内容。课程教学与建筑学、城市规划学紧密交融，相互穿插。专业教学着眼于培养学生的前期调查分析、设计哲学应用、设计表达等多方面的综合能力，以更好地应对社会对专业型人才的实际需求。

2　构建研讨教学体系

风景园林专业硕士研究生课程构架设置可分为以下4种类型（表1）：

安哈特应用科技大学风景园林专业硕士研究生一年级课程安排表[7]　表1

必修课	学分
R1：景观设计Ⅰ	6
R2：景观设计Ⅱ	6
R3：城市规划Ⅰ	6
R4：城市规划Ⅱ	6
R5：景观设计基础	6
— 景观历史和理论	
— 植物设计基础	
R6：环境规划	6
— 景观规划	
— 环境规划	
R7：计算机技术	5
— 图像设计和表达	
— GIS和遥感	
R8：技术	5
— 材料和结构	
— 景观的结构	
R9：可持续发展	5

续表

必修课	学分
— 可持续规划设计	
— 欧洲环境法	
R10：城市场地设计	5
— 城市空间设计	
— 城市空间植物设计	
选修课	
E1：建筑设计	4
— 场地总规	
— 建筑理论	
E2：项目管理	4
— 项目管理方法和手段	
— 沟通技巧	
E3：景观中的新媒体	4
— 高等GIS	
— 多媒体应用	
E4：哲学和社会学	4
— 当代美学	
— 城市中的社会学	

（1）研讨课

研讨课（如：R1/R2/R3/R4/R6/R9/R10）是风景园林系硕士课程体系中的核心成分，可分为研讨和设计两大阶段。研讨课着重强调学生的自主自发性。要求学生积极主动推进课程发展，在课程中扮演主导角色。课程注重培养学生的空间理解力；对各种信息的敏感度和捕捉能力；场地的解读能力，能挖掘场所潜能及其独特性；记录并保持优质资源在未来设计中的可持续发展力；以及运用分析、批判的创造力和一定的技术应用来完成设计实践。

（2）理论课

理论课（如：R5/R8/E1/E2/E4）介绍风景园林的历史发展过程和不同时代、文化下的专业自然观，侧重分析当代欧洲风景园林实际操作中的理论运用，帮助学生深入了解风景园林历史和理论。具体分为：一、植物课，介绍欧洲常见的乔灌草及其属性、喜好和搭配组合方式。二、技术课，帮助认知景观材料（包括岩石、土壤、水、木材、混凝土、沥青和钢等）的基本特性；了解和分析材料的物理特性；制作技巧、工艺和材料特性的转变，以及设计师的材料语言的表达。三、欧洲宪法和环境法的普及，帮助学生确立法律和道德标准，具备基本法律法规意识。四、哲学课，通过具体的案例应用，培养学生的哲学、社会学和美学鉴赏能力和应用能力。

（3）管理课

风景园林专业管理课（如：E2）主要涉及设计项目的管理方法手段，以及和甲方沟通的基本技巧，包括图面效果处理、演讲能力和沟通能力等专业素质的培养。教授重点在于各细节表现，教师在教学中及时纠正学生的口头禅、不恰当的肢体动作、不必要的图例展示、较弱的展示效果等各种不利于双方有效沟通的表现。

（4）技术媒体课

技术媒体课（如：R7/E3）主要向学生介绍先进的计算机辅助软件、数字图像技术、数字建模等技能，方便学生在设计过程中利用新技术加强观察、分析、结论等逻辑推理能力。

2.1 以"研讨教学"为主导，强化专业基本技能的教学体系

和大部分全日制欧洲学生相同，专业硕士学生每学年应获得60个ECTS（学分），每个学分对应25至30h的课时分配。课程学习主要涉及研讨、设计等专业课程。其中研讨课程教学模式采用德国通行的Seminar方式，研究过程分研讨阶段和设计阶段，约占硕士培养期间1/2到2/3的比重（学位论文除外）。如上表所见，在安哈特应用科技大学专业硕士培养阶段中，研讨课程教学占一年级总课程量的56%。[8]

2.2 以"政企学融合"为主导，培养专业实践技能的教学体系

从组织机构上，学院和政府、企业建立长期合作的伙伴关系，是其一大优越之处。教学实践和课题训练可相互验证，利用理论知识进行实训，同时用课题项目促进教学效果，指导教研方向。真实可行且有保障的项目为学生进入实际工作提供了无缝衔接的平台。

2.3 以"自主创新"为主导，构建培养独立创新技能的教学体系

专业硕士研讨课程是不断研究探讨的过程。研讨型教学模式可以使学生从单一的教材和课堂中解脱出来，既能发挥教师的指导作用，又能体现学生的认知主体作用，可有效激发学生探究知识的热情，培养创新精神。头脑风暴是教学讨论中常用的一种方法，可有效激发各种不同创意，减少盲从现象。它鼓励学生提出多种备选方案，并杜绝对任何方案的批评意见。研讨型教学内容随项目更替而变化，为学生同步掌握专业发展动态提供可能。

3 革新研讨方法

根据不同的教学体系，分别制定相应的教学方法，在传统的教学方法基础上，加强自主设计、实践积累、团队合作、思维训练的培养模式，从而提高自主学习、专业学习、合作学习、研究性学习的能力。

3.1 教师引导和学生自主相结合

研讨课分为导师和硕士研究生两大组成成员。教师可以是学校聘任或校外教授，也可以是专业景观公司的老板或设计师。教师在设计项目开发中起指引、把关作用，主要体现在对选题的方向定位和对项目设计的原则和组织纪律管理上。学生大部分时间以工作团队或个人的形式进行自我管理，定期与教师开会，一周1—2次，

汇报设计进展。

课题在当地进行调研工作，场地勘测和背景调查是每位学生必须做的。课程提倡学生作为设计师能真正了解使用人群的实际需求（有时甚至要求学生作为使用者中的一员），运用各感官综合感受、体验、分析环境，通过书面、言语和肢体交流获取一手资料。以学生为主导，教师辅导，通过调研、发现、整理、归纳问题，进行系列目标问题的思考，预测设计介入后可能对场地产生的影响和对周围居民行为模式可能的改变，思考如何既能较好地延续居民日常行为方式，又能更好地满足居民户外活动，同时维持城市经济的可持续增长，维护原有生态环境的健康。

3.2 生产实践和教学实践相结合

研讨课的管理采用市场经济的策划，组织和管理资源的项目运营模式，来完成和实现课题目标。[9]"计划先行"是研讨课管理的指导思想，计划的合理性和准确性关系着课题的成败。师生共同制定计划，严格贯彻执行计划。针对设计过程中碰到的问题，教师提出指导建议，帮助学生解决问题。会议结束前制定后续工作计划，以便全体成员有效推进设计进展。除了制定课程计划，严格进行进度管理以外，教师同时对学生工作的质量进行管理，确保每位学生在所有程序和节点上力求精益求精。

3.3 创新自主和团队合作相结合

研讨课进行过程呈现高强度、高压力等特色。教学以团队协作和单人作业形式穿插进行。前期的调研、讨论多以团队成员相互协作完成，课程必须的基础资料由各小组分别获取，统一整合；后期的设计作业大多由个人独立完成，期间定期进行汇报讨论，教师学生皆可发表意见建议，以便修改完善。团队合作的形式可以使学生的协作能力得到锻炼，团队合作精神得到提升，为今后走向社会参加工作创造有利条件。硕士在教学活动中需将自己的研究内容、方法、观点和结果报告给其他同学，并一同讨论，可以有效锻炼语言表达和演讲能力。在完成多次调研、参观、讨论后，学生以个人或团队为单位，针对自身拟定的设计命题查阅相关政府机关文件，归纳会议发言资料，收集调研报告，整理互联网信息后，根据设计主题，勘探测量场地，绘制地形图，收集各民间资料，设计调查问卷，编制使用者偏好表，运用计算机等辅助软件完善设计方案。

3.4 学习过程和成果汇报相结合

课题终期需要进行成果汇报或提交结题论文，以供教师进行课程评分。德国高校普遍采用五分制评分标准，此评分标准较百分制更易于操作，且可在客观上保证公平性。

一般的设计课程考核评价重结果，将最后的成果作为主要评价依据，相对忽略过程中的阶段性成果。德国实践型研讨课程注重学生从初期调研到设计完成的全程表现，包括现场调研、调研成果汇报、方案过程汇报、草图绘制、最终设计成果、排版展示及过程中学习态度等，并将此作为学生成绩评定的主要依据。此标准进一步明确了各阶段的教学目标和要求，促使学生关注设计的全过程，注重综合能力的全面提升（包括创新、组织、协调、沟通等能力），而非仅仅是设计成果的图纸和模型表现的技巧。

4 建立管理体制

为保障专业硕士教学顺利进行，教学体系构架坚固，建立包括管理运营机制、质量监控机制、开放式激励机制等管理机制。

4.1 管理运营机制

入学伊始，每位学生都被推荐选择 E2 类管理学课程，着重于提高项目汇报时的表达能力，课程分别从二维效果表现、口头表达、肢体语言、眼神交流等方面进行细节训练，以求将学生培养成为优秀的沟通者。通过这种前期准备，即便新生的原有基础有所差异，也可保证每位学生都能顺利投入到正常的课程学习中。景观设计需要处理好社会、经济、环境之间的平衡关系，这要求设计者必须具备处理自然环境和城市发展的协调关系的能力。研讨课初始约一周时间被用来让学生适应了解课程内容及课程目的。学生可通过这段时间度过心理适应期，调整状态，以便进入高强度课程进展。

课程模式由课题规模决定，从学时长度到参与课程的师资和学生组成都会随项目安排进行调整。参与人数少时不足十人；多时为满足学科交叉的需求，可达数十位，其中包括两三位主要负责教授，三四位任课教师，以及几十位各学科学生。规模大、范围广的项目可延续数年，由不同年级、不同专业的学生分时分组完成，最终加以统一整合汇总；规模小的项目，以小型设计课形式出现，由选择本设计课程的学生负责完成，延续数周。课程地点应课题地变化而变化。

4.2 质量监控机制

如果因研讨课规模大、延续久，而影响到其他课程的进程，专业负责人会对课程安排做相应调整，将其他课程纳入到研讨课中，几者同时进行。例如安大马耳他研讨课需要在马耳他调研两周，同时进行的"R10 城市场地设计——城市空间中的植物设计"相应也在马耳他当地完成课程讲授、实地考察等任务，最后的课程考试则按原计划在校区内进行。

德国对教师实行严格的聘任制度管理。高校讲师聘用期为三年，最多聘任两届，部分学校对教授聘任也限定了任期要求。流动的师资为硕士教学提供不断更新的研讨课题、理论观点和教学风格，[10]同时强竞争也是教学品质的保证。

4.3 开放式激励机制

德国研讨课堂多采用交流式互动讲授，初期以教师讲授为主，学生可随时打断并提问；中后期以师生讨论为主。课堂布置形式多为围坐式或 U 形，以便互相之间顺畅交流。教学方法采用"行为引导教学法",即使用理论讲授、PPT展示、图纸表现等手段,通过小组讨论、专题分析等方式,由教授做引导,以学生自我讨论、解析的方法推进课程发展。课程学习中充分调动学生能动性,鼓励积极参加讨论辨析。

德国高等教育院校的研讨课对选修者无学龄限制,不但面向各年级,也向非学生身份人士开放,退休教师、专业规划设计师、普通市民都可参与课程。[11]因此研讨课上的学生在年龄上存在较大差异,各种背景经历间的合作讨论和学习观摩对学生培养非常有利。[12]

5 完善教学条件

教室被称为工作室,除去打印机、印刷机、投影仪、安装有各正版软件的计算机等大型设备外,配有专门的技能师随时提供技术指导。学生可根据需求进行学习,了解分析各种技术和图像知识。教室间平时用可活动墙板做阻隔,各小空间分别做教室、自习室、工作室使用,有重大活动时,拆除墙板可形成完整的大空间,灵活的空间转变形式可满足不同数量使用人群的需求。工作室环境舒适,人性化服务完备,其中配备有咖啡机、微波炉等茶歇设备,24h提供供电、供暖服务。

设备齐全,格局多变的工作室为不同教学需求提供不同选择,最大程度保障工作学习的高效便捷。舒适、轻松的工作环境为学生提供有力的后勤保障,在紧张的学习过程中有效减压,增加师生之间的课后交流机会,创建亲近和谐的学习气氛。

6 结语

教育的最终目标是使学生真正地认识社会、认识生活、能直面并解决各种问题。德国专业硕士研讨课重视思维模式的训练,提供宜人又不乏竞争机制的学习氛围,积极鼓励、创造、帮助学生融入专业领域。实践证明,作为社会创新系统的重要一环,德国风景园林专业硕士课程教学体系的建设,使学生运用理论知识进行风景园林实践的综合能力得到有力保证,为加强风景园林专业技能、实践技能和创新能力的培养奠定了坚实的基础。

参考文献

[1] 刘滨谊. 风景园林的性质及其专业素质教育培养[A]. 住房和城乡建设部、国际风景园林师联合会. 和谐共荣——传统的继承与可持续发展:中国风景园林学会2010年会论文集(下册)[C]. 住房和城乡建设部、国际风景园林师联合会,2010:4.
[2] 刘滨谊. 现代风景园林的性质及其专业教育导向[J]. 中国园林,2009,02:31-35.
[3] 刘滨谊. 风景园林学科专业哲学——风景园林师的五大专业观与专业素质培养[J]. 中国园林,2008,01:12-15.
[4] 刘滨谊. 同济大学风景园林学科发展60年历程[J]. 时代建筑,2012,03:35-37.
[5] 金云峰,简圣贤. 美国宾夕法尼亚大学风景园林系课程体系[J]. 中国园林,2011,02:6-11.
[6] 刘崇,郝赤彪,薛滨夏. 德国城市规划研讨课的构建及其对我国的启示[J]. 规划师,2011,(12):111-114.
[7] Landscape Architecture (Master Course) Course description. 2011 [2014-06-06]. http://mla.loel.hs-anhalt.de/index.php/course.
[8] Courses Department Agriculture, Ecotrophology and Landscape Development. Landscape Architecture, 2011[2014-06-06]. http://www.hs-anhalt.com/university.html.
[9] CLELAND D I, GAREIS R. Global project managementhandbook[M]. McGraw-Hill Professional, 2006.
[10] 张路峰. 中德建筑教育的不完全比较[J]. 世界建筑,2006,(10):33-36.
[11] 李成炜,郑若欣. 德国应用科学大学硕士培养模式的研究及借鉴[J]. 浙江科技学院学报,2010,22(005):365-369.
[12] 吴健梅,徐洪澎,张伶伶. 中德建筑教育开放模式比较[J]. 建筑学报,2008,(10):85-87.

作者简介

梅歆,1983年生,女,汉族,浙江,博士在读,同济大学建筑与城市规划学院,讲师,研究方向为景观规划与设计,Email:mmeiyi@163.com。

刘滨谊,1957年生,男,汉族,辽宁,博士,同济大学建筑与城市规划学院景观学系教授,同济大学风景科学研究所所长,全国高等学校土建学科风景园林学科专业指导小组副组长。

两规合一背景下基于土地利用的风景规划研究

A Study about Landscape Planning Based on the Perspective of Land Use in Background Coordination of Urban Plan and Land Use Plan

沙 洲 金云峰 张悦文

摘 要：当今科技文明的不断进步，人们已经越来越不能满足简单的生存和发展，开始向往真正意义上的生活。土地利用总体规划和城市总体规划是中国针对土地的两项法定规划行为，其原则和侧重点各有不同，随着近年来两规合一的新政，传统的规划管理工作走向统一和共融，新型规划思路和方法也得到孕育与发展，风景规划作为一项非法定规划在新局势下将如何解读？本文将结合两规合一的背景，以土地利用的视角来研究风景规划，同时将其与土地利用总体规划和城市总体规划相类比，希望借此来探究风景规划的内涵与本质。

关键词：风景规划；土地利用；土地利用总体规划；城市总体规划

Abstract：With the development of science and technology people have become increasingly unable to meet the survival and development of a simple and began to yearn for the true meaning of life. The general land use planning and the master planning is Chinese two statutory planning behavior. Its principle and emphasis are different. As in recent years to a new compliance traditional planning and management are moving to unity and communion. The new planning ideas and methods also have to the gestation and development. As a non statutory planning in the new situation how to understand landscape planning? This paper will study the landscape planning in the perspective of land use in background of coordination of urban plan and land use plan. At the same time the writer will compare it with the general land use planning and the master planning. I hope to explore the connotation and essence of landscape planning.

Key words：Landscape Planning; Land Use; General Land Use Planning; Master Planning

1 前言

"我们曾沿着宜人的道路驱车，畅游于美好的风景之中，引我们穿过森林、草地、溪流，井然有序的田野、果园和丰饶的山谷。我们曾留恋那些自然的花朵盛开与山巅的小镇，陶醉于沿海滨或河岸鳞鳞分布的优雅城市。然而工业的发展带来的却是美丽农田消失，丰饶的河滨布满了各种各样的厂房和烟囱。"21世纪以来人们愈发认识到美好生存环境的重要性，科学、人性化的规划行为愈发受到关注与重视，正是在这样的局势下出现了风景规划的概念，即管理、提升、保护或恢复风景的规划，这里风景指土地、水系统和（或）海洋区域的总称，其面貌是自然和（或）文化因素单方和（或）相互作用造成的结果。

《城乡规划法》出台后各地纷纷掀起了"两规合一"的热潮，"两规合一"指的是土地利用总体规划和城市总体规划的合二为一，并且要求在管理制度上给予相应的保障。然而其引发的思考与影响远远不止各自的领域，风景规划和土地利用总体规划、城市总体规划都是针对土地的规划行为，从前一直被认为是园林绿化事业的拓展，在实际操作中也更多以研究和概念的形式出现，而非法定规划。新局势下人们已经逐渐意识到"两规合一"格局下土地的内涵被进一步解读，自然要素与社会要素相互交融，面对更科学、更人性化的规划要求，风景规划的角色也正在慢慢发生转变，在探索如何适应新局势之前我们有必要对风景规划的内涵和本质进行研究，基于此出发点笔者开始了本文的论述。

2 土地的属性与针对土地的相关规划

在进行相关讨论之前，需要明确土地的定义与属性。我国最早出现的关于"土地"的文字讨论可以追溯到东汉年间，文献记载"土者，吐也，即吐生万物之意"。由此不难看出，当时对于"土地"解读的角度更多关注的是土地的自然属性，而社会政治形态的更迭实则是土地政策的改变，发展到今天，对其解读更多地侧重于高度聚集的人类社会赋予土地的一些更为深刻的内涵。

现阶段我国针对土地的规划主要有三种，即土地利用总体规划、城市总体规划、风景规划。这三种规划针对土地的要素和侧重方式各不相同（表1）：土地利用总体规划强调土地资源的有限性，力求以刚性控制的方式保证各类用地面积的平衡与永续利用；城市总体规划强调土地资源的空间特征，以空间配置的方式搭建适宜人类社会发展的平台；风景规划则较为特殊，它综合考虑了土地的自然和社会双重属性，将重心放在人类生活的体验品质，最终表现为美学价值和历史价值的提升。

土地特征与要素之间的关系　　表1

土地的特征	产生特征的要素	要素的类别	相对应的规划行为
有限性	恒定的面积	自然	土地利用总体规划

续表

土地的特征	产生特征的要素	要素的类别	相对应的规划行为
空间性	持续变化与相对的区位	社会	城市总体规划
美学性与文化性	美丽景色与体验产生的共鸣与回忆	自然和社会	风景规划

2.1 自然视角的有限性特征

土地作为一种不可再生资源，具有有限性的属性特征。著名的古典经济学家大卫·里卡多（David Ricardo）曾指出，土地的面积是土地的最基本的和永恒的财富，地球表面的总面积约为 5.1 亿 km^2，其中海洋面积约 3.61 亿 km^2，陆地面积约 1.49 亿 km^2。一直以来，地球虽然历经多次地质变化，土地的形态类型也相应发生改变，但是面积始终维持稳定。

土地的有限性是其自然属性。为了合理开发、有序使用土地，现行土地利用总体规划多以刚性控制的手段来平衡不同类型土地之间的比例，以保证各种土地类型的面积不被减少，使其能够得到永续利用，进而实现可持续性的土地利用目标。

2.2 社会视角的空间性特征

每块土地都具有其特定的三维空间，由于土地在其所处地域内可以最大化实现利用价值，而不同土地的特性与其地理位置密切相关，致使土地的肥沃程度、土地等级和土地级差收入存在着很大的空间差异，最终导致各地区之间经济发展的不平衡性。

土地的空间性是其社会属性的体现，不同区域的土地在规划使用时不能套用统一的模式，存在难易之分，现如今的城市总体规划以其对社会科学的综合把握来规划协调城市建设问题，实际上则是以配置各级空间的方法来构建能够合理运转的人类社会。

2.3 生长中的新特征——美学性与文化性

一望无际的农田、连绵起伏的山脉、碧波荡漾的江湖，不同的土地类型以各自独有的景色特征构成了大千世界风光旖旎、种类繁多的自然景观，带给人类美的视觉享受。作为自然世界中古老的长者，土地以永恒的方式见证着人类历史的变迁，同时也以一种绝对的包容，沉淀了各个地域的文化内涵。

土地的美学性与文化性是其自然属性与社会属性综合作用的结果，是土地的衍生价值，这一点随着科学技术的不断提高越来越为人们所认识。风景规划的重要性也逐渐被承认，风景规划力求以土地有限的现有自然资源为基础，尽可能创造宜人的生活环境，并以合理的方式保存和保护具有历史文化价值的土地资源，借此来促进社会环境的良性循环。

3 风景规划的内涵解读

以土地为作用对象的风景规划，其核心思路在于对土地自然和社会双重属性的关注与融合，其结果更偏重于人类的体验品质。这既非土地利用总体规划强调的土地资源永续利用，又非城市总体规划关注的基于土地的社会资源合理配置。风景规划以提升环境品质为基本出发点，手段方法包括创造美好的视觉场景、保护并恢复具有历史价值的场所、提供丰富活动内容的游憩场所等等。

3.1 字面释义

IFLA 世界理事会于 2009 年 10 月通过了《全球风景公约》（Global Landscape Convention，以下简称《公约》），这标志着针对土地的风景规划等相关行为已经得到了全球主要国家的关注与支持。《公约》旨在为各风景园林协会提供一个框架，帮助他们各自国家的风景和人民保持健康和旺盛的生命力。

《公约》中关于风景规划有两个关键的定义解释，其一是"风景"，被解释为"土地、水系统和（或）海洋区域的总称，其面貌是自然和（或）文化因素单方和（或）相互作用造成的结果"。第一句表明风景的自然属性是其本质特征，第二句表明风景是受各方面因素作用而形成的结果，实则是描述其社会属性。其二是"风景规划"，被解释为"以管理、提升、保护或恢复风景为目的，负责任的、具有前瞻性的建议或行动制定的过程"，关键在于明确了风景规划的四大任务：管理风景、提升风景、保护风景、恢复风景。这四大任务构成了风景规划的基本内涵。

3.2 案例释义

荷兰作为西方最早进行风景规划实践的国家之一，其演变过程正是上述四大任务不断完善与丰富的过程。

荷兰的风景规划实践是伴随着土地整理而出现的，不同历史时期的土地整理与出台的土地整理法案深刻地影响着荷兰风景的变化。其重心是从单纯的以调整农业为目的演化为乡村地区更加有效的土地复合利用；而与此对应的是，荷兰的风景规划也逐渐从依附于农业生产等经济因素，发展为注重有效的土地利用、景观品质提升、生态价值回归等多方面功能相结合。

如西泰勒沃德（Tielerwaard-west）风景规划。在进行土地整理之前，该区域的村庄、耕地及果园都在两条河流的滨湖区域发展，而中心地区的排水状况很差，引发了河滨地带与中心地带两种截然不同的景象。在编制过程中规划师也同时考虑了自然价值、户外休闲和视觉审美方面的问题，通过对现状条件的调查分析，规划了很多大型自然区域作为自然保护地。另一方面，两条公路的改扩建工程需要大量的沙子来抬高路基，因此规划师在穿越圩田的公路北侧规划了一片通过挖沙形成的湖面，周围安排了 $100hm^2$ 的森林，使其成为一个有着湖水和森林的休闲公园。在道路种植方面，则从视觉角度考虑，尽量布置通透性较好的树列，保持了圩田景观的开敞性，同时也联系和融合了不同形式的土地利用。

再如弗里斯（Vries）风景规划方案。规划之初，该地区内存在着普遍的土地划分过细、不合理的农场位置、糟糕的排水状况等问题；地区和国家的大型基础设施（例如运河、公路和铁路）也切割了整个区域。但是这里的景观具有明显的特征性，即维持着中世纪格局的村庄布局和拓垦的沼泽地。此时的规划师已经开始关注对历史景观资源的保护，风景规划的实施方案明确指出主要目标是恢复和保护中世纪景观格局的特点。通过在景观单元之间的过渡区域种植林地和树篱，使景观元素间有着清晰的界定，恢复以前的差异性。地区和国家的基础设施并没有通过种植来加以强调，而是通过空间营造的手法使其在视觉上更加融入当地景观，新道路和水系的规划也尽可能地与地形相吻合（图1）。

4 土地利用总体规划、城市总体规划、风景规划之间的差异

土地利用总体规划、城市总体规划、风景规划从本质上来说是针对人类不同诉求的三种不同规划行为（表2），土地利用总体规划解决的是"如何生存"问题，城市总体规划解决的是"如何发展"问题，风景规划解决的是"如何生活"问题，这也恰恰证明了风景规划是人类社会发展到高级阶段所产生的必然结果。另一方面，无论是土地利用总体规划还是城市总体规划都是将自然或社会当作有序可循的主体，而风景规划则不同，它以人性的需求、体验、感受为原则，在执行过程中讲究协调与融合，并考虑更多的可能性。由此可见，风景规划作为新的一种规划行为，实际是以人的体验为根本出发点。

土地利用总体规划、城市总体规划、风景规划三者的区别　　表2

	土地利用总体规划	城市总体规划	风景规划
目的	解决"生存"问题	解决"发展"问题	解决"生活"问题
任务	保证土地供需平衡原则，尤其是耕地	合理地、有效地、公正地创造有序的城乡生活空间环境	平衡自然要素和社会要素之间的动态体系，提升人类生活体验品质
方法和内容	土地利用现状分析 土地供给量预测 土地需求量预测	研究城市的发展方向 合理空间布局 管理城市各项资源 安排城市的各项工程建设	管理风景 提升风景 保护风景 恢复风景
理论支撑	土地利用规划学 土地资源学 环境与自然资源经济学	城乡规划学 城市交通学 建筑学 管理学	美学 建筑学 生态学 心理学

4.1 主要任务

土地利用总体规划最主要的任务是保证土地供需平衡原则。人口的不断增长和社会经济发展对土地的需求呈逐步扩大的趋势，土地供需不协调往往会导致国民经济结构失衡，也会导致土地资源的破坏和浪费，而其供给量确有一定的限度，因此，需要通过土地利用总体规划来解决土地供给与需求之间的矛盾。

图1　弗里斯实行风景规划前后对比

城市总体规划的根本任务是合理地、有效地和公正地创造有序的城乡生活空间环境。从本质的意义上来说，城市总体规划是人居环境层面上的以城市层次为主导工作对象的空间规划，通过空间规划达到合理组织各项活动，进而满足社会经济的发展需求。21世纪以来，在进行城乡规划时生态意识越来越得到重视，但这种意识仍然依附于功能至上的规划布局原则，与风景规划仍有出入。

风景规划的任务主要是平衡自然要素和社会要素之间的动态体系。自然要素是土地作为主体而客观存在的，而社会要素是土地被人类社会关注并使用后才产生的。风景规划在与土地利用总体规划、城市总体规划同时进行的过程中，更多充当的是协调、融合的角色，其最终成果的表现也更注重人的视觉感受。

4.2 方法内容

土地利用总体规划的核心内容包括三方面，即土地利用现状分析、土地供给量预测、土地需求量预测，重点在于对现有土地资料的整理，并在此之上结合所在地国民经济和社会发展规划作出数量上的预判与估算。准确性与执行强制性是其主要特征。

城市总体规划的核心内容是研究城市的发展方向、合理空间布局，管理城市各项资源，安排城市的各项工程建设，重点是对区域内的用地进行布局与安排，保证人类社会具备健康、良好的发展环境。

风景规划的核心内容是合理解读区域内自然与社会关系，这种解读要求以人性需求为根本出发点，综合考虑区域内自然要素和社会要素的集合，并具备较高的美学鉴赏能力。

5 结语

风景规划作为近年来不断得到关注的领域已经得到越来越多的重视，虽然并未被列入我国现行法定规划体系内，但随着类似案例的实践，人们已经意识到这样的一种规划行为能带给人类更好的生活体验。本文以土地的视角进行解读和剖析，同土地利用总体规划、城市总体规划进行分析和对比，更是希望借此能探究风景规划的本质与内涵，新时代是注重体验、注重品质的时代，我们有理由相信风景规划的重要性会越来越被重视。

参考文献

[1] Michael Laurie 著. 张丹译. 景观设计学概论[M]. 天津：天津大学出版社，2012.
[2] 王万茂. 土地利用规划学[M]. 北京：科学出版社，2010.
[3] 吴志强，李德华. 城市规划原理[M]. 北京：中国建筑工业出版社，2010.
[4] 西村幸夫＋历史街区研究会 著. 张松，蔡敦达译. 城市风景规划——欧美景观控制方法与实务[M]. 上海：上海科学技术出版社，2005.
[5] 金云峰，汪妍，刘悦来. 基于环境政策的德国景观规划[J]. 国际城市规划，2014，06.
[6] 刘晓明，赵彩君. 论《全球风景公约》的重大意义[J]. 中国园林，2011，01：28-32.
[7] 西村幸夫，张松. 何谓风景规划[J]. 中国园林，2006，03：18-20.
[8] 张晋石. 荷兰土地整理与乡村景观规划[J]. 中国园林，2006，05：66-71.
[9] 胡俊. 规划的变革与变革的规划——上海城市规划与土地利用规划"两规合一"的实践与思考[J]. 城市规划，2010，06：20-25.

作者简介

沙洲，男，同济大学建筑与城市规划学院景观学系在读硕士研究生。

金云峰，男，同济大学建筑与城市规划学院，教授，博导。上海同济城市规划设计研究院注册规划师，同济大学都市建筑设计研究分院一级注册建筑师。研究方向为：风景园林规划设计方法与技术，中外园林与现代景观。

张悦文，女，同济大学建筑与城市规划学院景观学系硕士研究生。

城市景观生态评估标准的草拟与探讨

Drafting Standards of City Landscape Ecological Evaluation

汤 敏

摘 要：从对现有生态理论、技术和评估标准在实施中的困境出发，提出城市生态需要更加简明、具体的标准建设，城市生态评估的标准需要走向局部，学习 LEED 在建筑领域能源与环境可持续方面的贡献，因此迫切需要在城市建设与生态关系更密切的景观领域制定标准。参照 SITES 在可持续景观建设方面的先例，草拟了《生态景观评估标准》（征求意见稿），重点关注景观实现水生态系统和生物多样性建设，制定较为系统的评价指标体系和相应评分等级，这个标准对当前生态景观的推广和落实意义也明显比较紧迫。

关键词：城市景观；生物多样性；景观评估

Abstract: This paper consider from the plight of the existing ecological theory, technology and evaluation standard, we should need more concise, specific, city ecological assessment criteria. Learning LEED in the field of building sustainable energy and environmental contribution, there is an urgent need to formulate standards in the relationship between city construction and ecological protected. With reference to SITES in the aspect of sustainable landscape construction, the author drafted the "ecological landscape assessment standards" (Draft), the implementation of water ecosystem and biodiversity were focused in landscape construction, establish evaluation index system and the corresponding grade systematically, which hope experts and scholars more opinions, to improve the standard.

Key words: Landscape Architecture; Species Diversity; Ecologic System

历年来，城市生态建设一直备受关注，各家理论、评估方法、排名次序层出不穷。这里的热点有城市生态基础设施规划、低影响城市开发、雨洪管理等理论和技术、生态系统服务与足迹。评估方法上有《生态市（含地级行政区）建设指标》、《国家生态园林城市标准》、《绿色生态住宅小区建设要点与技术导则》、《中新天津生态城市指标体系》。综上，理论与技术前沿深刻，标准制定全面细致，但现实情况是城市生态类的发展依旧未能跟上开发的速度，导致城市生态与环境的破坏更加严重，不由发人深思。

1 现有生态理论的实施困境

1.1 规划层面生态理论的实施困境

现有城市生态建设的理论主要集中在规划、设计和评估三个层面上的建设，在规划层面上，主要体现为生态基础设施建设与反规划，这一理论和措施的建构方式利用地理信息技术和自然要素的生态学原理预判场地中生态安全格局，进而进行生态基础设施建设。尽管这一理论从出发点和理论与技术建构都非常可贵，但其存在以下几个方面的硬伤，让其成果无法很好指导实践。（1）空间模型的被证实率，通过这一模式模拟出来的规划结果，是否准确地表达为空间边界，而不是模糊的范围，只有落实为准确的坐标信息，才能融入进城市建设。并且也无法验证怎样的尺度可被界定为生态红线，同时量化其带来的效应。（2）在土地经济和快速城市化过程中，城市建设方式为节约成本或者争取更大的土地效益，通常采用的是试错手段，也即是说，政府或开发商不会花大精力投入到一个可能被验证为正确的建设上。更愿意采取试错的手段，等错了再采取局部弥补手段。从这两个理由来看，现有通过空间模拟来指导城市生态规划内外均存在不利。

1.2 设计层面生态理论的实施困境

在设计的层面上，以低影响开发、雨洪管理为主要的理论与手段。同样这二者是非常优秀和值得学习的理论，理论出发点在于恢复建设带来的城市生态系统破坏，对雨洪灾害有很大的帮助。景观低影响开发、雨洪管理在去除污染、培育生态系统、减缓径流等方面都已有准确的定量统计，也就是说其理论科学性较生态基础设施与反规划更具说服力。但其在推广过程中依旧困难重重，主要原因有以下两点。（1）审美的干扰，尽管据调查大众对设计美学的认识已经表现出了很大的转变，越来越转向生态可持续的审美方式。以下两图表是通过网络征集的 160 份问卷的统计结果，大众已经将传统认为美的喷泉和模纹花坛排在了倒数第一位。但大量开发商和政府依旧延续着视觉、气派的反生态美学，而他们往往主宰了一个城市或一个项目的命运。

（2）设计与施工手段的障碍，这一障碍非常突出，做生态设计，意味着将适应四季变化，意味潮涨潮落，无法像工程性设计一样保持一个相对恒定的状态。所以，设计师们存在着对变化的生态设计把握不住带来的恐惧。其次，已有的操作经验，尤其施工方面的积累也未能对此形成很好的支撑，或者意味着花更高的成本去追求生态设计。所以，设计层面的生态理论与设计，被证实为科学与有用但很少被采用。

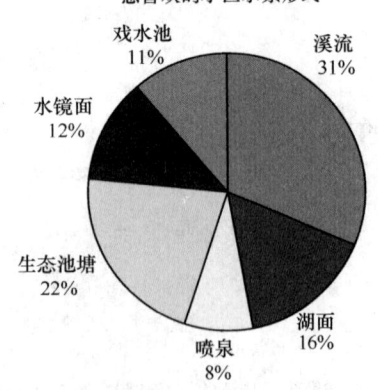

图1 "您最喜欢的小区水景形式"调查结果统计图

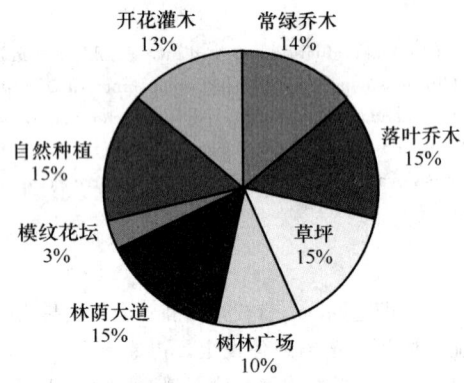

图2 "您最喜欢的小区植物配置类型"调查结果统计图

1.3 评估层面生态理论的实施困境

在评估领域的生态理论，这个领域的理论以生态系统服务、生态足迹计算为代表。但在针对宏观，尤其是一个面向市域甚至更大尺度的计算时，更是难以说服大众。其次，计算结果中怎样的界限可以被确定为临近阈值或者亟需采取行动，计算人员也不能给出准确的结论，即便给出一个可能的区间，公众也难以信服并采纳。第三，层出不穷的生态城市排序，大多又相互矛盾，或者与公众认知不符，也就大大降低了这类评估理论和方法的可信度。以下是类似的生态城市评估的排序，几乎无一相同，这对生态城市评估的公信力是严重的打击。

2010十佳生态城市排名表 表1

排名	城市名称	排名	城市名称
1	吉林白山	6	湖南郴州
2	辽宁本溪	7	广东清远
3	云南丽江	8	贵州黔东南
4	陕西汉中	9	云南西双版纳
5	黑龙江双鸭山	10	浙江丽水

2011十佳低碳生态城市排名表 表2

排名	城市名称	排名	城市名称
1	海口	6	珠海
2	通化	7	玉溪
3	佳木斯	8	北海
4	张家界	9	湛江
5	日照	10	泉州

2009十佳园林绿化城市排名表 表3

排名	城市名称	建成区绿化率（%）
1	安徽铜陵	55.74
2	湖北洪湖	54.2
3	江西景德镇	50.60
4	湖南韶山	49.15
5	山西晋城	47.32
6	江西丰城	46.9
7	山西高平	46.88
8	辽宁兴城	46.87
9	江西新余	46.24
10	辽宁本溪	44.81

1.4 现有评估标准的实施困境

现行有关城市生态评估的标准有以下几个：《生态市（含地级行政区）建设指标》、《国家生态园林城市标准》、《绿色生态住宅小区建设要点与技术导则》、《中新天津生态城市指标体系》。总体上，这些标准都存在大致相同的问题，下面以《生态市（含地级行政区）建设指标》举例说明。

《生态市（含地级行政区）建设指标》 表4

	序号	名 称	单位	指 标	说 明
经济发展	1	农民年人均纯收入	元/人		约束性指标
		经济发达地区		≥8000	
		经济欠发达地区		≥6000	
	2	第三产业占GDP比例	%	≥40	参考性指标
	3	单位GDP能耗	t/标煤/万元	≤0.9	约束性指标
	4	单位工业增加值新鲜水耗	m³/万元	≤20	约束性指标
		农业灌溉水有效利用系数		≥0.55	
	5	应当实施强制性清洁生产企业通过验收的比例	%	100	约束性指标

续表

	序号	名称	单位	指标	说明
生态环境保护	6	森林覆盖率	%	≥70	约束性指标
		山区		≥40	
		丘陵区		≥15	
		高寒或草原区林草覆盖率		≥85	
	7	受保护地区占国土面积比例	%	≥17	约束性指标
	8	空气环境质量	—	达到功能区标准	约束性指标
	9	水环境质量	—	达到边能区标准，且城市无劣Ⅴ类水体	约束性指标
		近岸海域水环境质量			
	10	主要污染物排放强度	kg/万元 (GDP)		约束性指标
		化学需氧量（COD）		<4.0	
		二氧化硫（SO$_2$）		<5.0	
				不超过国家总量控制指标	
	11	集中式饮用水源水质达标准	%	100	约束性指标
	12	城市污水集中处理率	%	≥85	约束性指标
		工业用水重复率		≥80	
	13	噪声环境质量	—	达到功能区标准	约束性指标
	14	城镇生活垃圾无害化处理率	%	≥90	约束性指标
		工业固体废物处置利用率		≥90	
				且无危险废物排放	
	15	城镇人均公共绿地面积	m^2/人	≥11	约束性指标
	16	环境保护投资占GDP的比重	%	≥3.5	约束性指标
社会进步	17	城市化水平	%	≥55	参考性指标
	18	采暖地区集中供热普及率	%	≥65	参考性指标
	19	公众对环境的满意率	%	>90	参考性指标

总体而言：上述标准涉及领域全面，数据要求清晰，但正因如此，导致了这样的标准无法施行或难以统计。具体有以下原因：(1) 标准设定不宜太大，难以统计，如果追求大而全的标准，完成这样的一个统计，需要动用所有职能部门，注定流产。(2) 标准内的条例必须明确，不然操作人员无法判定与统计，或者自由裁量空间太大，使得标准没有价值。(3) 标准必须落实到明确的执行主体，否则也无法落实，很多标准的执行主体既涉及环保、国土、园林、城规、工商，同时还存在大量交叉领域，这样的标准也难以得到推行。(4) 标准必须有一个清晰、简单的统计机制，即必须出示统计数值，实现定量评估，这样才能实现公信力。而上述四点，在以往有关生态的各类标准中都或多或少地有所违背，这就导致了这些标准朝令夕改、层出不穷、自相矛盾。

2 反思与借鉴

2.1 理论走向实施需要制度引导

尽管在规划层面的生态理论正确但难以验证，在设计层面的生态理论正确且可以验证，但要得到落实，仅靠理论的宣讲、示范作品的引导，价值观的改变、道德的自律是不够的，必须要有制度的引导，甚至变成法定约束。因此需要制定标准，如前文所述，并非没有制定标准，而是标准本身未能精准地反映出重点，因此标准变得含糊，变得难以实施、难以统计，甚至标准已让大家失去信心。

2.2 标准得到执行需要简单与具体

经过对多个城市尺度的生态标准的研究，认为从城市宏观尺度来统计的价值并不大，也难有说服力。(1) 城市所包含的各个子系统并非宏观评估人员所能精通，因此常有的现象是外行去评估内行，所以这样的评估标准从制定起就埋下了不可信的根源。(2) 基于城市尺度的生态标准的执行，因为其体系太大，难以落实。所以认为，与其坚持从宏观尺度进行控制，可能更适合从微观尺度上进行标准制定，这个方面LEED评估标准在建筑领域的成功给了很大启发。

2.3 关于绿色建筑评价"LEED"的启示

LEED全称 Leadership in Energy and Environmental Design，在建筑领域重点关注能源和环境两个话题。从1) 可持续场地设计 2) 有效利用水资源 3) 能源和环境 4)

材料和资源5）室内环境质量6）革新设计6个方面赋值。LEED也逐渐增加了8个分册，覆盖住宅、商业、疗养院等多种建筑形态。

LEED满分69分，其中铜奖级：26—32分；银奖级：33—38分；金奖级：39—51分；白金奖级：52—69分，我国根据自身国情制定了《绿色建筑评价标准》，全国很多城市制定了绿色建筑的建设比例。因此，LEED在建筑领域推动生态绿色得到了成功，产生了很大的效应，这说明了局部评估、明确细则、定量统计、分级激励的成功。

3 城市景观生态评估标准

3.1 城市景观生态评估标准的迫切

建筑领域以LEED为代表的生态评估出台，但其并非有关城市生态的最直接领域，而真正有关城市生态改善的领域在于广泛的城市景观建设，而现今大量的景观建设仍旧以各种各样的理由进行反生态的建设，大量的反生态人工湖、四季花坛、不透水地面等形式广泛存在。如LEED名称中所指，其重要关注点在能源与环境，而与生态最相关的水和生物多样性问题是与景观建设相关的，所以景观建设的生态化是实现城市生态的重要内容，制定相应标准已经非常迫切了。

国办发〔2013〕23号《国务院办公厅关于做好城市排水防涝设施建设工作的通知》要求按照城市生态环境影响最低的开发建设理念，有效控制地表径流，最大限度地减少对城市原有水生态环境的破坏，因地制宜配套建设雨水滞渗，增加下凹式绿地、植草沟、人工湿地、可渗透路面、砂石地面和自然地面，以及透水性停车场和广场。新建城区硬化地面中，可渗透地面面积比例不宜小于40%。

北京市地方标准《城市雨水利用工程技术规程》（DB11/T 685—2009）规定利用生物滞留、植被浅沟、雨水花园、雨水湿地等设施对雨水进行滞蓄、入渗、回用、调控排放等综合利用工程。

上述这两则信息也充分说明，从制度上引导景观建设走向生态化的迫切性，一个系统性的城市景观生态评估标准需要加快制定出来。

3.2 美国景观生态评估标准《The Sustainable Sites Initiative》的启示

SITES一部关于城市景观生态评估的标准，在美国得到了很好的验证和推广。它关注日益增长由二氧化碳引发的气候变化、生物多样性缺失和资源消耗，这几个领域恰恰是与景观建设最相关的。该标准从设计、建设、维护和管理全流程评估景观建设，从以下9个领域进行评估：

1) 选择场地保存现有资源和修复损坏的系统
2) 项目设计前进行可持续规划
3) 保护和修复场地的水文过程和水生态系统
4) 保护和修复场地土壤和植被的自然过程和生态系统
5) 节约和循环利用场地现存材料，采用可持续材料
6) 营造强烈的社区氛围和责任感
7) 最小化建设活动带来的影响
8) 维持场地长时间的可持续
9) 奖励突出表现和提高长效可持续的知识体系

SITES满分250分。1）100—125分（40%—50%）为一星级；2）125—150分（50%—60%）为二星级；3）150—200分（60%—80%）为三星级；4）200分以上（80%以上）为四星级。

通过这样的标准制定和评级激励机制，实现以下11类生态系统服务：1）全球气候调节 2）微气候调节 3）水和空气净化 4）水土流失与沉积控制 5）降低风险 6）生命繁衍 7）栖息地 8）废物降解与处理 9）人性化服务 10）食物和可再生非实物生产 11）文化服务。

3.3 《生态景观评估标准》（征求意见稿）

鉴于上述分析，初步拟定《生态景观评估标准》（征求意见稿），这个标准着重体现景观所承载的生态系统服务功能、增加碳汇促进碳平衡。标准从1）生态景观选址 2）设计前评估 3）水生态系统改善 4）植物土壤与生态群落改善 5）生产效率提高 6）材料生态化 7）功能人性化与环境教育 8）施工 9）运营维护 10）设计创新10个方面赋值评估。总得分项满分178分，获得50—65%（89—116）的得分为三星级，65—80%（116—142）的得分为二星级，80%（142以上）的得分为三星级。

《生态景观评估标准》指标体系　　表5

		项目、指标	评价
一、生态景观选址			13
必要项	1	限制在基本农田保护区和独特农田风貌区	必需
	2	保护洪泛区功能	必需
	3	保护湿地	必需
得分项	1	选择棕地或灰地再开发	4—7
	2	在已有社区选择场地	2—3
	3	处于非机动车和公共交通易达的地区	1—3
二、设计前评估			0
必要项	1	已有生态元素及生态系统服务调查评估	必需
	2	潜在使用人群的设计前调查	必需
三、水生态系统改善			40分
必要项	1	河流自然水系格局的完整	必要
得分项	1	地面渗水率	3—5
	2	植被、湿地对水污染的净化作用	4—6
	3	雨水生态造景和利用	5—8
	4	水生生物群落的培育	5—8
	5	对场地现状水系的保护状态	3—5
	6	修复滨水、湿地、海岸带景观	5—8
四、植物、土壤与生态群落改善			30分
必要项	1	控制使用入侵物种	必要
得分项	1	乡土植物与生境	5—8
	2	建设设计过程中最小化土壤干预	3—5
	3	促进植物形成生态群落	6—9
	4	生物栖息设施配置	2—4
	5	生物取食场所设计	2—4

续表

	项目、指标	评价
五、生产效率提高		15分
得分项	1 速生林在设计中的使用	2—4
	2 经济林在设计中的使用	2—4
	3 果树在木本植物中的应用	2—4
	4 药材、作物在草本植物中的应用	1—3
六、材料生态化		22分
必要项	1 消除濒危树种木材的使用	必要
得分项	1 废旧材料再利用	3—5
	2 新能源替代	2—3
	3 快速再生材料的使用	4—6
	4 设计可拆除和解构的景观	2—3
	5 地方/区域性材料	3—5
七、功能人性化与环境教育		21分
必要项	1 无障碍通道	必要
得分项	1 促进场地被公平地使用	3—5
	2 提高人们的热爱生态可持续意识和教育	4—6
	3 保护和维持独特的历史文化地区	2—4
	4 提供户外体育活动场地	2—3
	5 提供户外空间供社会交往	2—3
八、施工		12
必要项	1 控制建设过程中带来的污染	必要
得分项	1 修复建设过程中被干扰的土壤	2—3
	2 转化施工过程中被遗弃的建材	2—4
	3 重复或循环使用植被、岩石，促进土壤再生	3—5
九、运营维护		11
必要项	1 支持循环材料的收集	必要
得分项	1 减少户外能源的消耗	3—5
	2 可再生能源替代景观电能	2—3
	3 减少温室气体的排放和化石燃料的使用	2—3

续表

	项目、指标	评价
十、设计创新		14分
得分项	1 绿色设计的创新性	5—8
	2 绿色技术的使用	4—6
	工程总评价	178分

一星级：89—116　二星级：116—142　三星级：142—178

4 结语

城市景观建设在生态文明、美丽中国大背景下，需要坚定地转向生态景观建设，在这一建设过程中，应该以制度化的方式推动生态景观建设，遏制故意的非生态型景观，鼓励生态型景观的发展和热心生态型景观的设计师的成长。通过研究发现，现有的有关城市建设生态制度，在制度落实与制度科学性方面都有一定的障碍，同时在与城市生态最密切的景观领域，并未有清晰的制度。所以文章在借鉴《LEED》、《SITES》两个生态设计制度的基础上，建议在中国的景观设计建造领域引入生态评估机制，并草拟出评价体系和细则，力争通过制度化的建设推进生态城市的到来。

参考文献

[1] 陈锋. 城市规划理想主义和理性主义之辩. 城市规划, VOL31, NO2: 12, 2006.
[2] 俞孔坚, 李迪华, 刘海龙. 反规划途径. 中国建筑工业出版社, 2005.
[3] 汤敏. 公共空间设计的新视角——活动与情趣设计. 长春理工学报, 2009.
[4] 孙施文. 城市中心与城市公共空间——上海浦东陆家嘴地区建设的规划评论. 规划师随笔: 66—68, 2006.
[5] 我市入选"中国十佳低碳生态城市排行榜", 北海日报, 2011.
[6] 中国十大十佳宜居城市排行榜出炉: 青岛苏州排前两位. 中国新闻网, 2011.

作者简介

汤敏，1984.05，男，汉，四川达州，硕士，奥雅设计集团景观规划设计师。Email: 645416130@qq.com。

城市绿地系统规划编制
——市域层面绿地规划与管理模式探讨

Urban Green Space System Planning
——A Study about Green Space Planning and Management Model in City Region

汪翼飞　金云峰　沙　洲

摘　要：随着城乡统筹发展和新型城镇化的推进，对市域层面绿地规划与管理模式也提出了新的要求。基于这些要求，本文总结了市域层面绿地管理模式的发展导向，尝试明确城区外"绿地"的规划对象，认为市域层面的"绿地"有别于单类用地，应以"绿区"的形式出现，并尝试从规划内容、规划方法与实施途径等方面形成一个符合发展趋势并易于规划实施的管理模式。

关键词：风景园林；绿地系统；用地管理；管理模式

Abstract: With the development of urban and rural areas and the advancement of new type of urbanization, new requirements have also been put forward for green space planning and management model in city region. Based on these requirements, this paper summarizes the development direction of green space management model in city region, and trying to clarify the planning object of "green land" outside of urban. We hold that the "green land" in city region is different from the single type of land use, which should take the form of "green zone", and at the same time tries to form a management model of planning that is easily implemented from the aspects of the planning content, method and the implementation? approach.

Key words: Landscape Architecture; Green Space System; Land Use Administration; Management Model

1　引言——市域[①]层面绿地管理模式发展的必要性

绿地以往在市域层面的规划和管理中单一地关注于"生态"目标，然而"生态"本身是一个比较泛化的概念，导致绿地系统实际承载了过多功能，包括环境保护、水土保持、林业和农业保护等等。基于这样的目标和功能定位，规划中只能泛化于绿地的结构形态，难于落实到实际的管控实施中。随着城乡统筹发展和新型城镇化的推进，绿地在市域层面管理模式的发展也体现了各方面的要求。

一方面是绿地自身发展要求。《城市绿地系统规划编制纲要》（2002）的编制说明指出"城市绿地系统规划的主要任务，是合理安排城市各类园林绿地建设和市域大环境绿化的空间布局，达到保护和改善城市生态环境、优化城市人居环境、促进城市可持续发展的目的"，由此有学者认为对于市域大环境的绿化，主要是解决绿化的空间结构布局问题（徐波，2005），但是同时大环境的结构布局往往逃脱不了"墙上挂挂"的命运，实际工作中只是示意性的点、圈和箭头，而这并不是真正意义上的市域绿地规划。因此，贾俊（2004）认为市域绿地系统规划需从规划定位、规划内容、管理机制等方面采取相应措施，增强规划编制的科学化、规范化、权威性与可操作性，"不仅应该阐述市域绿地的规划结构和布局模式，而且还要提供详细的控制措施，比如各个绿地的地块位置、面积及性质等内容，增加规划的可操作性。"

另一方面是城镇化对于绿地管理模式的要求。可以看出，发达国家的绿地建设与发展，包括政策、法规等，几乎都在其高速工业化和城镇化所带来的城市扩张和城乡生态环境恶化背景下同步发生。而我国当前正处于这一时期，在很多大城市，城镇化正以难以控制的速度和方式蔓延，侵占着非建设用地。绿地发展与城镇化紧密相关，单纯绿地角度上的绿地系统规划似乎难以完全发挥其作用，而绿地发展所涉及的问题很大一方面也正是来自城镇化。因此，绿地发展也许应当回头看看其产生的本源，即解决城镇化高速发展中城市和乡村环境问题，以及满足这一发展过程中城镇人口的游憩需要。

2　市域层面绿地管理模式的发展导向

新版《城市用地分类与规划建设用地标准》（GB 50137—2011，后文统称为"新城标"）于2012年1月1日正式实施，"新城标"在一定背景和指导思想下产生，作为指导城乡规划最为重要的技术标准，对于城区外绿地发展也存在一定的影响。中共中央、国务院印发的《国家新型城镇化规划（2014—2020年）》于2014年3月由新华社发布，绿地在城镇化过程中应当以什么样的方式、扮演什么样的角色，对于这一多年来学界所思考的问题

[①] "市域"指城市行政管辖全域，市域绿地分为城区绿地，即城市建设用地中的绿地；以及城区外绿地，即城市建设用地外、市域内的绿地。

似乎也有了新的体会。

2.1 功能主导的用地分类

用地功能的分类引起了我们对于绿地本质功能的探讨，这也正是其区别于"绿化"、"绿色空间"等概念的关键。"新城标"中G类"绿地与广场用地"针对的是城市建设用地，而建设用地以外的绿地都归入非建设用地。实际上，"新城标"延续了"旧城标"对于用地功能明确规定的指导思路，使得绿地功能得到明确，利于绿地的实施和管理。[1]因此，借鉴于建设用地中绿地的功能分类，包括公园绿地的游憩功能、防护绿地的防护功能以及广场"满足市民日常公共活动需求"这一同样的游憩休闲功能，同时分离出园林生产功能，从而确定城区外绿地的主导功能为风景游憩、防护隔离和生态安全三大功能。

2.2 集约节约利用土地

紧凑利用城乡用地是新型城镇化以及"新城标"最重要的导向之一，其最重要的一项工作就是控制城市建设用地向非建设用地无限蔓延。在现有体制下，非建设用地一直不被重视管控，规划区内的非建设用地转为建设用地成本较低，政府往往采用行政手段将非建设用地国有化征收，然后进入交易市场；同时农村集体用地产权模糊，农民为了得到更多利益，擅自改变土地使用功能，造成当下如此棘手局面的小产权房现状。这样，绿地作为城市增长边界被更多地采用和接受，一方面通过建立新市镇疏散人口和产业，另一方面通过建立生态绿色网络和组团隔离绿带控制建设用地无序蔓延。

2.3 与其他部门规划及技术标准的衔接

实际上，绿地系统规划在城市建设用地以外是缺乏依据的，没有完备的法规，也无可操作的绿地分类或其他技术标准，如此可见，由城市总体规划的一个专项来协调这么多部门和规划，难度可想而知。因此，市域绿地系统虽然早已成为城市绿地系统规划的一项"规定动作"，但实际上却显得有些"一厢情愿"，其原因就是规划实施主体的错位和不明确。

在市域内，依据《土地管理法》，国土土地利用总体规划的主体是政府，其组织编制和审批都是各级人民政府，政府领导协调各部门并统筹他们的规划，规划范围是市域所有土地；依据《城乡规划法》，城镇体系规划和城市总体规划的主体也是政府；而对于城市绿地系统规划，《城市绿地系统规划编制纲要（试行）》明确规定："《城市绿地系统规划》是《城市总体规划》的专业规划，是对《城市总体规划》的深化和细化。《城市绿地系统规划》由城市规划行政主管部门和城市园林行政主管部门共同负责编制，并纳入《城市总体规划》。其主体显然是"城市规划行政主管部门会同城市园林主管部门"，并纳入到城市总体规划后报上级人民政府审批。再看规划客体，在市域层面，即使是城市总体规划，当下也只是就城镇建设用地做出布局规划，而对于建设用地外的农林等各项非建设用地，在市域城镇体系规划中也大多只是以汇编的形式出现。因此，对于城区外的农林用地，以前不论是城市规划行政主管部门还是园林部门认识的都比较模糊，因为实际工作中大部分这类用地都是做汇编处理。实际上，业内对于建设用地以外的广大农村地区了解甚少，而城区外绿地规划又必须与这些用地衔接，因此也就必须尽可能地了解它们的工作。

然而，城市绿地系统规划只是在建设用地内有明确的客体，在建设用地以外没有实际土地在其管理之下。因此，主动衔接于已有的法规和标准对于城区外绿地实施和管理尤为重要。当前很多绿地系统规划将包括农林用地的所有以绿色植物为地表特征的土地都纳入绿地系统来全盘考虑，在城区外这样有着复杂土地权属，而管理部门众多的区域，一味寻求自身的所谓"发展"，这样的规划对于其他部门来说认同感太低，也不具备实际的操作意义。

3 市域层面绿地管理模式的发展

3.1 "绿地"的表现形式

在市域层面，绿地系统规划对象的不明确决定了其从一开始就不具备实质的可操作性。当前关于城区外"绿地"的研究大多集中于"绿地"分类，这是延续城区绿地规划方法的惯性思维。城区内外"绿地"存在本质区别，城区绿地是城市建设用地类型的一种，而在城区外，"绿地"大多是非建设用地，而它们中又有大部分是农林生产用地。如果简单地将这些农林生产用地以城市建设用地分类的方式延续，这里面就存在着一个矛盾：首先，从空间上看，如果将所有农林生产用地都纳入"绿地"范畴进行统一规划，由于各部门有各自独立的专项规划，那么这样的"大一统"规划最终只能成为汇编；其次，若是只将部分农林生产用地纳入"绿地"系统规划，则可能形不成系统，无法充分发挥绿地系统的作用。

因此，延续城市建设用地模式，尝试基于城区外"绿地"分类的规划方法，在现有体制下可实施性不乐观。也就是说，城区外绿地分类可能并没有如城区内那么重要。实际上，城区外"绿地"的规划与管理，越来越倾向于区域控制的方式，如上海的基本生态网络规划，将需要保护的非建设用地划线控制，并形成网络系统，它是基于一定保护目标所形成的管控区域。即在城区外，"绿地"本身可以是一个空间区域概念，有别于土地利用类型，并可以是几种土地利用类型的组合，同时有着用地载体，我们暂且将其称为"绿化控制区"（下文可简称为"绿区"）。也就是说，在城区外，"绿地"表现为"绿区"，而非城市建设用地中作为用地类型的概念。

3.2 规划内容

3.2.1 边界控制

市域绿地系统规划难于实施的主要原因是战略性规划的不落地，"飘在空中"。"绿区"的概念决定了城区外绿地规划与实施的基础在于边界控制，当规划需要落地实施使其有实际的载体时，就会与现有的土地利用发生关系，涉及诸如集体土地、林地分类与规划，以及它们的具体操作方式等问题。传统基于绿地分类规划的方式是理想的，不论是城区外绿地的单独分类还是尝试对城区内外绿地做统一分类，在实际落地实施中碰到上述问题便可能很难解决。因此，"绿区"的管理实施最后应是划线以定出空间管制，而具体工作应留待绿地区域内的各部门分别执行。

3.2.2 赋予绿区政策性和管控要求

现行无论是土地利用现状分类还是城乡用地分类都是基于土地功能属性的用地分类，实际上，城区外"绿地"大部分是非建设用地，相比于建设用地，其功能往往较为简单，所需要控制的内容则通常表现为一定的政策性，无法完全由用地功能所界定。"一定程度上，只有这些对应政策被完整地列举、充分界定，且规范化、甚至法律化时，才能切实有效地保护与管理城市的非建设空间。"[2]因此，赋予"绿地"区域以更多的政策性对于"绿地"的规划管理尤为重要。

《全国主体功能区规划》将国土空间分为优化开发、重点开发、限制开发、禁止开发区域等，明确提出禁止开发区域是依法设立的各级各类自然文化资源保护区域，以及其他禁止进行工业化城镇化开发、需要特殊保护的重点生态功能区，体现出政策所赋予的管控要求。前文已述，城区外"绿地"实际上是一种功能性控制区域，如这里的禁止开发区域，实行最严格的开发许可制度，禁止大规模的工业和城镇化开发，只允许局部进行必要的游憩设施建设。限制开发区域包括农产品主产区和重点生态功能区，按照结构和功能控制的需要，这里面有一些可以作为"绿地"，有些则不必纳入市域绿地系统。值得一提的是《全国主体功能区规划》中的优化开发、重点开发、限制开发、禁止开发中的"开发"，指大规模、高强度的工业化、城镇化开发。限制开发，指限制大规模、高强度的工业化、城镇化开发，并不是限制所有的开发活动，禁止开发也不是禁止一切开发建设。依据不同的管理需要，可以在不同区域实行不同等级的开发许可控制。

3.3 规划方法与实施途径

3.3.1 非建设用地被侵蚀的内在原因

我国实行国有土地有偿使用制度，国有土地大部分来源于对集体土地的征用。但是由于我国城镇化的高速发展以及地方政府对于土地财政的依赖，在城镇建设用地和集体土地之间，实际上造成了政府、开发商、村集体及农民的利益主体博弈。具体表现为：一方面，集体土地国有化代价低廉，政府甚至利用强制行政手段，征用占有大量集体土地。另一方面，征地补偿不合理，导致村集体及农民在巨大利益面前，选择擅自改变土地用途，用于商品房建设，流入市场，成为小产权房。基于这样的原因分析才能对非建设用地规划和管理有更深的理解，以解决高速城镇化进程中城区外绿地可能碰到的问题。

3.3.2 绿地与土地利用类型的关系

以往市域层面的绿地规划强调生态与结构，而当下我们认为应从用地和管理出发，强调规划的可实施性和管理的可控性。"绿地"实际上与各部门专项规划没有必然的联系，如基本农田，有其自身的管理模式，它与"绿区"没有必然联系，并不是说基本农田都是绿区，也不是说绿区一定要有基本农田区。绿区是一个基于既定管理目标而划出的区域，有其生态保育（分级控制）以及结构的系统性（分类控制）要求。因此，我们将"绿区"的范围和边界与土地利用对应起来。在一套土地利用规划分区的基础上，基于一定的目标，以一个或多个用地类型组合出不同的"绿区"，划出边界，使得城区外的"绿地"系统不再只是示意性的线和圆圈，而具有了实际意义。

因此，"绿区"与土地利用分区是这样一种关系，绿区是土地利用分区的组合，但并不是所有城区外的土地利用分区都是"绿地"，某些林、园、耕、草地等并不在"绿区"中，而某些建设用地却可以在"绿区"中，如郊野公园中也会有村庄和其他建设用地。关于边界，建议"绿地"不用独立划线控制，而以土地利用区划各分区界线组合而成，这样便保证了"绿地"是有载体而非示意图式的。

3.3.3 农村土地整理与流转

城区外土地权属关系复杂，有国有土地，即国家所有依法由农民集体使用的耕地、林地、草地，以及其他用于农业的土地，而更多的是农村集体所有土地，包括农用地以及农村集体建设用地，后者有三种形式：农民宅基地；建设乡（镇）村公共设施和公益事业用地；兴办乡镇企业，或与其他单位、个人以土地使用权入股、联营等形式共同举办企业（即集体经营性建设用地）。当前城镇化很大一部分问题就出在集体土地国有化过程中，土地整治实际上已成为城区外土地规划与管理的重要实施途径，通过土地整理以及各项政策的实施，实现土地规划的目标。城区外"绿地"大部分作为乡村区域，他们的规划也要依赖土地规划与实施来实现。在集体土地所有权与使用权分离后，使用权流转也是农村土地规划与管理的重要途径。

绿地系统规划是通过一系列针对绿地功能的实践手段达到完善空间结构和功能结构的目的，以上都是城区外绿地规划实施与管理最需面对和考虑的因素。而这一块实际上是城乡规划和绿化部门所无法直接管控的，因此，城区外绿地系统规划的管理只能是空间管制，建立开发限制体系，而具体区域的操作还是在明确职责的基础上归于各有关部门。

3.4 发展模式

在本章的最后，列举了两个城区外"绿地"发展的模式，郊野单元（公园）模式和风景名胜区模式。前者体现出城区外"绿地"与城市建设用地的不同，以及规划和实施过程中所面临的复杂问题；后者体现出划定政策区域对于资源保护的重要性。两者目标和功能不同，相同点在于两者都是可控的"绿化控制区"，在面临城区外土地利用、用地权属以及规划实施等问题上都具有相似性。这两种模式是较为典型的"绿地"综合性规划模式，往往涉及部门甚多，土地权属复杂。

3.4.1 郊野单元（公园）模式

本文所提及的郊野单元模式指的是一种"绿地"区域利用模式，完全不同于传统的城市公园，具体表现在土地与建设资金获得方式、公园选址、规划策略、建设实施模式以及政策设计等方面。目前多个城市在进行这样的实践，以上海为例，上海市常住人口已达2400万人，一方面城镇化需要更多的建设用地，另一方面市域大环境生态需要更好的维持和保护。在这种情况下，需要通过非建设用地的管控来限制建设用地的无序增长，这样，郊野公园作为非建设用地合理利用的模式发展起来，是实现上海生态网络建设的重要途径。而诸如这些郊野地区的落地规划，实践中就会碰到"三农"问题，包括如何保障到农民的合法权益以及通过政策设计提高农民收益；通过何种方式获得土地，是征用集体土地，或是土地所有权不变，采取租用等方式；采用什么样的管理模式，是不是该立法，郊野公园内是否允许开发建设用地，如何管控等等。

"两规合一"后，上海市土地利用总体规划首次将耕地和基本农田引入生态空间系统，改变了传统以绿化林地为主的市域大环境生态空间系统的定义。北京市也在新版总体规划中提出了"绿化隔离地区"的概念，与上海的组团隔离带一样都是在生态网络建设中的一环。而不论是基本农田区域还是郊野公园、"绿化隔离带"等，都是一种"绿化控制区"，有些区域用地比较单一，有些比较综合，这些都不是传统基于绿地分类进行规划所能覆盖的模式。

3.4.2 风景名胜区模式

相比郊野公园，风景名胜区的研究在我国由来已久。随着我国风景区旅游的迅速发展，风景区保护与利用问题成为关键。本文提及的风景名胜区模式指的是为"绿地"赋予更多政策性，依托完备的法规和技术标准保护资源，明确区域内政策和规划、实施办法，在保护其生态环境的基础上满足大众的游憩需求。

风景名胜区事业的最终目的是风景资源保护，而风景资源的保护需要通过用地的规划来实现。当前一些风景区规划仅就保护论保护，忽略了或者避而不谈风景区实际的开发建设需要，或是将资源保护与土地分离，又或是依旧从景区、功能区划分出发探讨风景区结构与布局，缺乏可控的分区边界，使得实施与管理的可操作性降低。[3]实际上，风景资源和土地紧密联系，风景资源体现了土地的功能性质和覆盖特征，而土地承载了风景资源的内在属性。因此，风景资源的保护实际上应当通过土地利用的有效规划来实现。它是将风景资源保护的宏观诉求引向实施的重要纽带，合理的土地利用方式是风景资源保护的有效途径。

4 结语

对于市域绿地系统规划的操作管理问题学界已讨论多年，本文尝试明确城区外"绿地"规划对象，进而形成一个符合发展趋势并易于实施的操作管理模式。本文以绿地主导功能及绿地的用地特征为标准，尝试界定"绿地"概念范畴和表现形式；以紧凑利用的理念尝试界定城区外"绿地"规划内容；以与城区外存在的相关规划衔接尝试建立"绿地"规划及实施体系。认为城市绿地系统规划在城区外碰到的问题极其复杂，若想摆脱"墙上挂挂"的命运，应当更强调它的实施和操作可能，做到规划的落地。

然而，城区外绿地规划想要落地，就会碰到乡村地域的各项问题，包括从城乡二元结构和城镇化所带来的非建设用地侵蚀问题，农村土地整理和流转问题，与林地规划的衔接问题等等。城镇化进程还在继续，城乡二元结构所带来的各项问题也没有找到很好的解决办法，这一系列问题决定了城区外绿地的发展还需在实践中不断尝试和继续探索，以期形成一个更富地域性、科学性和可操作性的规划和管理模式。

参考文献

[1] 夏雯，金云峰. 基于城市用地分类新标准的城市绿地系统规划编制研究：2012国际风景园林师联合会（IFLA）亚太区会议暨中国风景园林学会2012年会，中国上海，2012[C].

[2] 程遥，赵民. "非城市建设用地"的概念辨析及其规划控制策略[J]. 城市规划，2011(10)：9-17.

[3] 汪翼飞，金云峰. 风景名胜区总体规划编制——土地利用协调规划研究：中国风景园林学会，中国湖北武汉，2013[C].

[4] 徐波. 城市绿地系统规划中市域问题的探讨[J]. 中国园林. 2005(3)：69-72.

[5] 贾俊. 市域绿地系统规划编制的障碍性因素及对策[J]. 规划师. 2004(6)：56-58.

[6] 中华人民共和国住房与城乡建设部. GB 50137—2011 城市用地分类与规划建设用地标准[S]. 北京：2011.

作者简介

汪翼飞，1988年4月生，男，同济大学建筑与城市规划学院景观学系硕士研究生。

金云峰，1961年7月生，男，汉，上海人，同济大学建筑与城市规划学院景观学系教授，博导；上海同济城市规划设计研究院注册规划师，同济大学都市建筑设计研究分院一级注册建筑师，研究方向为风景园林规划设计方法与技术，中外园林与现代景观。

沙洲，1990年4月生，男，同济大学建筑与城市规划学院景观学系在读硕士研究生。

回归城市的乡土
——对城市中农林用地的思考

Returning to Vernacular in City
——Thinking of Agricultural Land Use in Urban Area

王健庭 刘 剑

摘 要：近些年来，伴随着城市对山水田园的向往与回归，部分新兴的城市在规划之初便尝试将大面积的农林用地保留于城市核心区域，将自然引入城，构成绿色城市的山水骨架。这类规划利用空间的重组，使城市的自然属性大幅提升，是值得肯定的城市规划探索。但在城市建设的实践中，农林用地有严格的使用限制，也存在诸多开发乱象。本文反思了城市化进程中，乡土缺失的负面影响，通过对增城绿道、北京小毛驴市民农园等几个案例的分析解读，重新审视了农林用地的城市价值，对农林用地的保护与利用做了初步探索。

关键词：农林用地；乡土景观；自然缺失症

Abstract: With the trend of yearning and regression from city to natural landscape, some emergent cities try to preserve large amount of agricultural land in the core area at the beginning of their general planning, thus forming the framework of Green City by introducing nature to cities, which has greatly enhanced overall natural attribute in city. However, in the practice of urban construction, the development of agricultural is strictly restrained, as well as in lots of mess. This article reflects on the negative impact of vernacular loss in urbanization process, re-evaluates the value of agricultural land in city, as well as trying to make a preliminary exploration on the use and protection of agricultural land by analyzing the case of Zengcheng Greenway and Beijing Little Donkey Farm.

Key words: Agricultural Land; Vernacular Landscape; Nature-deficit Disorder

1 农林用地"进城"的思考

1.1 创新规划引发的新问题

广州增城市挂绿新城项目是一个典型的农林用地"进城"案例。致力于营造山水田园城市的挂绿新城，规划面积 65km^2，这其中位于城市中心区的自然山水面积近 40km^2，除 12km^2 水域外，用地性质全部是农林用地。

在挂绿湖滨水区景观规划设计工作中我们遇到两方面的问题：

一方面，该如何保护这类城市中的农林用地？

由于农林用地深入城市，造成规划管理者和土地使用者在概念上的模糊。许多项目对农林用地按照城市绿地甚至是其他城市建设用地的方式去对待，打政策擦边球，突破管理红线的现象屡见不鲜。

另一方面，农林用地该如何利用？

农林用地管理严格，多数较为成功的城市项目和商业模式，在农林用地上都遇到了建设指标和开发强度的瓶颈。身处于城市中心区黄金地段的大面积农林用地，本身大多不具备风景区的价值，但也不能按照农林地的要求继续从事低附加值的传统农业生产，若没有符合其特征且被城市需要的项目引入，往往面临被城市以各种名义慢慢蚕食的威胁。

1.2 应对新问题需要新方法

这两方面的问题在现有的城市规划建设框架下很难得出满意的答案。城镇化的进程是农林用地转变为城市建设用地的进程，因此在现有的城市规划体系之下探索农林用地的价值本身就是一个极大的悖论。各类开发团体看重的是现代城市规划定义的农林用地与城市建设用地之间巨大的价值差异。无论包装成"养老地产"、"旅游地产"、"农业综合体"还是"草业种植基地"、"温室餐厅"等，只是巧立名目的开发项目，都是用固有的城市开发思路在打农林用地的主意，最终结果是对农林用地的侵占和破坏。

部分规划专家也对农林用地进城颇有微词，认为这是变相地增加了城市建设用地指标，会为未来的城市管理带来无尽的麻烦。但从一个风景园林从业者和普通市民的角度，我们对这种改变持积极态度，因为至少我们离自然更近了，城市里会多出一些绿色。我们要做的是改变固有的工作方式，以风景园林的视角，对城市中的农林用地做系统的研究与规划，重新审视农林用地对于城市的价值，并在现有规划法规框架之下开发农林用地的新型城市服务功能。

合理的开发即是对农林用地最好的保护，也是农林用地价值的体现，更是农林用地可以留在城市的理由。

2 农林用地的城市价值分析

2.1 城市中逝去的乡愁

现在,城市缺少什么?只有当我们在城市生活中停下忙碌的脚步,反思从乡村到城市这一路走来,伴随着乡土的消失,我们失去了什么而我们又在怀念着什么时,才能真正理解农林用地的价值所在。

作为一个80后的城市使用者,反思伴随着自己成长的城市化进程,笔者最怀念的是自然的山野和浓情的乡里,与土地的割裂是二十年城镇化最直接的感受。随着生活生产方式的改变,土地不再是我们生活中的必需品,城市的钢筋混凝土丛林吞噬了儿时的自然之地,父辈们从农民变成了城市工人,"四体不勤、五谷不分"的我们也与自然渐行渐远。河里不再有鱼虾,夏天也没有萤火虫和蜻蜓,甚至头顶的星空也成了雾霾城市的奢侈品。拿着掌上电脑,躺在屋里收获着二进制的网络蔬菜,是我们与"土地"唯一的关联。

土地带给人类的不仅是粮食物产等生活资料,更是人类与自然互动的桥梁。哲学家在自然中体悟天理,艺术家在自然中获取灵感,科学家在自然中掌握世界的规律……纵观古今,几乎所有的历史名人都有一个关于自然的原风景。离开土地、缺失自然,给我们带来了很多生理和心理上的困扰:抑郁症、多动症、创造力枯竭、注意力不集中等等。在远离自然的和谐安宁之后,都市生活中的人们常常充满了戾气。因为远离自然而产生疏远的,还有人与人的距离。在城市中,人们彼此更加独立,多年的邻居形同陌路,围桌而坐却各玩手机的场景更是比比皆是。当扶不扶老人成为热点话题被广泛讨论,当冷漠成为社会的表情,我们开始集体怀念小时候充满人情味的乡里关系。至此,我们在城市中不仅丧失了人类的自然属性,社会属性也逐渐被消磨,我们重新回归了单独的个体。互联网代替了人际网络,为我们拉近了远处的人,却忽略了身边的人。我们知晓世界植物的分布,却不认识脚下的一片树叶,我们看得越来越远,每天仿佛生活在世界中心,却越来越孤独。

城镇化飞速发展的二十年中,"城一代"在城市变老,还未追上城市的脚步,已经失去了儿时的乡愁;"城二代"伴随着城市长大,经历着得到与失去,而立之年便开始集体怀旧;"城三代"在互联网的世界长大,他们将是第一代有城市乡愁的儿童。

2.2 治疗城市自然缺失症

近几年"网络开心农场"、"爸爸去哪儿"、"舌尖系列"等文化产品的大热,反映了社会主流价值对回归乡土的渴望,人们正在努力捡回失去的记忆。因此,在城市规划中应该做出一些积极的改变来呼应市民对乡土的需求。

农林用地作为城市中最具自然属性的元素,是人化的第二自然,曾经孕育了人类的农耕文明,蕴含着几千年人类与自然和谐相处的智慧,无疑是治疗城市自然缺失症的一剂良药。

城市中的乡土,其功能是为城市服务的,目的是为城市注入自然的元素,并重建人与土地的联系。依靠重建人与自然的互动,修复都市人的自然属性与社会属性,以回归土地的方式治疗城市的自然缺失症,是农林用地核心的城市价值。

3 农林用地开发案例分析

对于如何在确保农林用地土地性质不变的前提下,利用农林用地治疗城市自然缺失症方面,许多项目已经做出了很好的尝试。

3.1 增城绿道——最小干预的景观建设

增城绿道的规划建设率先开启了针对城市农林用地的开发尝试,与许多城市大拆大建的城建方式不同,绿道建设采用保留农民、不征地、不拆迁、不改变土地性质的方式创造性地将城郊农村的农林用地变为极富地域特色的城市景观,对于农林用地的城市化研究,具有极强的参考价值(图1)。

图1 荔枝林下的绿道

从城市运营的角度,绿道艺术规避了城乡建设最棘手的两大问题:钱与地。一是钱,用一条非机动车道路的建设成本,将零碎的景点、村落、农田整合起来,形成一个有城市特色的大景观。二是地,只征用道路与小型服务驿站的土地,让城里人可以走入乡村。绿道周边的土地性质不变,还由农户管理,不仅节省了拆迁的经济与社会成本,还让农户可以坐在自家荔枝树下获得收益,为乡村经济注入了新的活力。

从城市景观与文脉的角度,绿道不仅保留了景还保留了创造景的人,进而完整地保存了活的、有生命力的、可不断更新发展的地域风土。地域文化,是被抽象的一方水土之上人的生活,因此人在土地上生活,是文化得以存续的关键。这一点值得每一个试图创造与复原文化的景观设计师、携资本下乡开展"新殖民运动"的投资客认真反思。

农村有资源、需要客源，城市有消费能力、缺少休闲，用有形的绿道连接，在无形中实现资源的互通，农林用地的性质没有改变，甚至农作物的种类产量都没有变化。绿道用最小的景观干预，收获了结构优化的效益，因此在城市中农林用地的开发中，我们需要借鉴的是绿道的思维方式，而非仅仅是形式。

3.2 小毛驴的CSA模式——用回归土地的方式重建社区

CSA（Community Supported Agriculture，在国内被翻译为"社区支持农业"）起源于德国，流行于美日，在国外已推行二三十年，是一种新型的农业生产和生活方式，其核心在于重新建立人们与土地、与农业生产之间自然和谐的关系。最基本、最常见的CSA模式是：在一定区域范围内，消费者成员和农民提前签订合约，为来年的食物预先付费。成员与农民一起承担低收成的风险，共享丰厚收获的回报，农民会为成员提供最安全、新鲜、有机的食物。生产过程中，成员与农民之间存在大量的直接互动。[1]比如：农民可以要求成员加入劳动、参与配送，农场可以举办有关食物、烹饪、健康、教育以及信仰等方面的工作坊，成员可以组成一个核心小组来监督、推动本区域CSA农场的发展。

温铁军创建的北京小毛驴市民农园是中国CSA的行业先驱，经过近10年的研究与探索，已实现了CSA的本土化和自我造血功能。在小毛驴，有两种经营方式，一种是传统CSA的有机蔬菜配送，一种是租地自种模式，相比较于每周蔬菜的配送，会员们更喜欢自己租种一块土地。租地的会员可以得到农场30m²的土地自己耕作，租金约2000元/年，加上每周往返农场的交通费，从经济性的角度并不划算，综合成本会比蔬菜配送贵上一倍，但"地主们"却乐在其中。相比较于食品安全，地主会员们更看重回归土地的体验。孩子可以在这里得到乡土的教育，家长们可以边劳动边与邻居们聊天。农场每个物候期都会组织诸如开锄节、收获节、稻草艺术节的主题活动，重建人与自然水土的联系。CSA通过"种地"这件具体事务，吸引有共同爱好和持相同生活态度的人，在回归土地的劳动中，重新建立起人们久违了的彼此信任的社区关系（图2）。

图2 小毛驴市民农园（2012中国设计大展跨界作品——创新食品网络：可持续设计支持农业）

劳动创造了人本身，与自然的互动造就了人类社会。以北京小毛驴为代表的CSA实践，以回归土地的方式营造出了一个适应现代城市发展的社区，一个朋友们在周末聚会的场所，一个亲近自然亲身劳动的场所……我们有理由相信，人的自然属性与社会属性有着天然的联系。

3.3 自然课堂——农业之名的儿童游乐场

在城市中，有自然属性的儿童游乐场越来越少。一方面出于安全的考虑，童年时期，那些塑造了我们性格中种种美好品质的自然中的游戏，都随着城市的日益进步而离开了我们。另一方面出于经营的考虑，游乐场里器械化、标准化的游乐设施逐渐替代了自然的环境。理查德·洛夫著写的《林间最后的小孩》反思了美国城市儿童自然缺失症的现状，她认为城市中纯自然环境的缺失和公园严格的管理法规极大地影响了儿童健康的成长，主张在城市中需要有一些无拘无束的自然空间供孩子玩耍。[2]

自然课堂正是借农业之名迎合了这种需求。国内的自然课堂类项目多受蒙台梭利和华德福的儿童自然教育的影响，依托城市郊区的农场，为孩子们提供自然体验与自然教育的课程。孩子们可以在农场里玩泥巴、做手工，用树叶作画。用天然的材料在儿童的玩耍中创造共同的游戏，用脚下土地上真实的一切去激发孩子的想象力，并以自然特有的变化多端与四季恒常疗愈儿童以及成人心灵的创伤（图3）。

图3 农夫乐园

自然课堂严格意义上讲已经脱离了农业生产的功能，农场中所有的农事装置和作物种植都是课程的一部分，是典型的农林用地"第三产业"开发模式。对比城市公园，自然学堂有更高的自由度，可以开展有些危险性但对孩子成长极为有意义的活动，如爬树、攀岩、露天野营等活动。农场利用设施农业的温室，可以基本满足室内空间的要求，其他的户外设施多是自然材料的临时设施。开办自然课堂的农场，都可以保持土地自然面貌，农场更看中土地的自然属性，对自然生境的修复与保护比农田更为严格。既然城市中的农林用地，其主要功能已不是生产，恢复一片自然之地让孩子们可以健康成长，也是一个不错的选择。

4 回归城市的乡土

"劳动创造了人本身"，这句话中的"劳动"是指人与土地的联系。从以上的案例中我们看到，回归土地，我们收获的不仅仅是安全的食物、健康的身体，还有与人交往的能力和认识真实的自己。土地是人类灵性的源泉，我们不能离开太远。

4.1 城市中农林用地的乡土景观规划

城市中农林用地的主要功能、服务对象已经发生了转变，以农田保护和农业生产为导向的农林用地规划已无法满足城市多样的发展需求。城市中农林用地作为城市中最后的乡土，对城市有着特殊重要的作用。但在现有城乡规划体系之下，许多对城市有积极意义的项目实践，都或多或少遭受政策禁锢，游走于制度与法规的边缘，同时更多别有用心的开发者，利用监管的失位，对农林用地大肆侵占破坏。开发利用是最好的保护，因此开展积极的乡土景观规划研究，建立针对城市农林用地的专项规划体系势在必行。

乡土是农耕时代人们因地制宜用双手创造的风景，是植根于土地的生活，是人与自然和谐共处的智慧。在乡土景观的规划中，设计师需要用更敬畏的态度去对待土地上的一切。关注生态保育，保护山水与土地，为土地上的动植物留下生存繁衍的空间，也留下地域特色的自然风景。关注自然教育，展现自然的乐趣，引导人们走入自然、回归土地，为现代人的"自然缺失症"提供解决方案。关注文化传承，探索新型城镇化背景下，乡土社会、风俗信仰等人文资源的存续，为地域文化留下人文的土壤，在变与不变中留下乡愁的记忆。

4.2 行动积累改变的力量

在增城挂绿湖滨水区景观规划设计的项目实践中，我们从构建山水田园城市的需求出发，对农林属性的用地做了乡土景观的专项规划探索，试图用类似于城市控规的指标控制方式，从农作物比例、乡土元素、种植方式、游客容量、生物多样性、生态敏感性、自然山水视觉控制等方面量化农林用地的保护与利用。

但在实际工作中，由于缺乏相关领域的研究积累，以及无法突破现有政策红线，导致规划成果缺乏支撑，可操作性不强。最终只能退回景观规划的领域，以划定山水城市风貌保护区、生态缓冲带的名义对农林用地实施保护，并从治疗城市自然缺失症的角度对业态的选择做了引导性规划。虽然结果有诸多缺憾，但过程中的思考让我们受益良多。借以本文作为我们积累的第一步，通过不断地实践与思考，探索一些切实可行的城市中农林用地景观规划的方法。

参考文献

[1] 伊丽莎白·亨德森，罗宾·范·恩著. 石嫣，程存旺译. 分享收获——社区支持农业指导手册，中国人民大学出版社.

[2] 理查德·洛夫著. 郝冰等译. 林间最后的小孩——拯救自然缺失症儿童，湖南科学技术出版社.

作者简介

王健庭，1982年生，男，汉族，山东烟台，硕士研究生，就职于北京清华同衡规划设计研究院有限公司，乡土景观研究所副所长，研究方向为风景园林规划设计，Email：87135778@qq.com。

刘剑，1982年生，男，汉族，湖南常德，博士研究生，就职于北京清华同衡规划设计研究院有限公司，乡土景观研究所常务副所长，研究方向为风景园林规划设计，Email：99036583@qq.com。

城镇化背景下社区花园管理初探

Preliminary Inquiry of Community Garden Management under Urbanization

王晓洁　严国泰

摘　要：本文从社区花园自身特色和城市绿地系统发展趋势入手，结合城镇化的社会背景，阐述了社区花园管理上的混沌状态；叙述了社区花园管理的尴尬及其认识上的片面性；论述了社区花园与绿地系统之间的关系；提出了社区花园纳入到城市绿地系统中的设想。

关键词：城镇化；社区花园；管理模式

Abstract: From the physical characteristics of Community Garden and the trends of urban green space system development, this article interpreted the chaotic state on management of Community Garden under urbanization; discussed the embarrassment of Community Garden in management and One-sided understanding of Community Garden; rephrased the relationship between Community Garden and green space system; proposed the envisage of bringing Community Gardens into urban green space system.

Key words: Urbanization; Community Garden; Management

1　论文的源起

随着我国城镇化的快速发展和社会主义新农村建设的不断深入，集聚镇成为乡村建设的重要趋势，它不仅解决了农民就近居住问题，改善了教育和医疗环境，提高了农民的生活质量，还为我国的农业科技化、现代化和规模化生产提供了土地集成方法，奠定了我国的个体农民重新组织起来、发展现代化农业的基础。然而集聚镇建成后的绿化养护始终处理不好，物业管理仅有房屋维修费用而无绿化养护费用，四季变迁的植物更替无人问津，造成了集聚镇的整体环境品质下降。近几年传入中国的社区花园理念对集聚镇的园林绿化建设提供了一种有效的解决方法。

社区花园（Community Garden）一词最早出现在第一次世界大战时，最初指的是集体培育花园。美国社区园艺联合会（AmericanCommunity Gardening Association，ACGA）给出的社区花园的定义："只要有一群人共同从事园艺活动，任何一块土地都可以称为社区花园。它可以在城市、在郊区或者在乡村；它可以培育花卉或蔬菜；它可以是一个共同的地块，也可以是个人拥有的私人土地；它可以在学校、医院或者在街道，甚至在公园；它也可以是一系列个人承租土地用于'都市农业'，其产品供应市场……"。[1]

公共租赁花园指的是一个可以进行个人或家庭的非专业园艺活动的地块。一般是由地方政府、私人团体或者一些非营利组织将其所持有的土地分割成小块廉价租赁或是分配给个人或家庭用于园艺或农艺活动，通常由管理协会或相关组织的志愿者提供技术指导、协调及管理等服务，也可由居民自发组织形成的团体进行管理运作。出租地块大多位于城市近郊区域，也可位于社区附近或公园内，出租地块的性质可以是农业用地，也可以是城市绿地。[2]

社区支持农业（Community Support Agricultural，简称CSA），是指一群消费者共同支持农场运作的生产模式，消费者提前支付预订款，农场向其供应安全的农产品，从而实现生产者和消费者风险共担、利益共享的合作模式。[3]

目前，我国现有的社区花园多为公共租赁花园，它主要有类似开心农场、市民农园、社区支持农业等类型。它们大多位于城郊，依托于休闲农业和都市农业发展而来。

本文所指的社区花园主要指位于城镇建设用地范围内，在一定地域内相互关联的人集体培育、经营、管理和维护的花园。因此社区花园往往与城镇社区内宅前屋后的绿地相关，并且成为城镇居民园艺活动的重要场所。

2　美国社区花园管理特点

社区花园在国内虽然尚处在萌芽阶段，但在美国，却拥有相当长时间的发展历史。

2.1　居民和社会团体自发组织

在美国，社区花园主要由城市低收入人群发起，在社会团体和志愿者的参与下，社区花园逐渐与城市系统发生了密切的联系和互动，吸引了更多的城市居民、艺术家及社会活动家等参与。他们利用城市社区花园的点滴资源，积少成多地影响到城市生态环境系统和城市其他功能，如绿色教育和低碳节能的生活方式。

2.2　建立社区花园网络系统

在美国，由社会活动学家、环保主义者、草根大众自发成立的美国社区园艺联合会（The American Community Gardening Association，简称ACGA），它是整个北美地区包括美国和加拿大的非营利组织，主要由志愿者以及花园的支持者以及专业人员组成，负责构建与推动社区花园网络系统、组织活动、营建网站、提供交流平台等。美国的大部分城市中拥有社区花园组织，但是倾向于自治，不是所有花园都会加入组织，也不是每个组织都加入ACGA。

ACGA主要负责资金的筹集和土地的安排。目前，其资金主要来源是城市和联邦的维持基金，除此之外，该组织还通过各种方式来保护场地，如：建立土地信托、纳入城市规划、签订长期租约、在住房开发中提倡社区花园空间等。[1]

总之，美国的社区花园十分注重其社会属性的体现，这与社区花园最初形成的动因有关。美国社区花园主要由关心和致力于社区景观营造的非营利社会团体组织和管理，这一点保证了社区花园的建设始终围绕着解决社会问题、整合社会资源和营造社会环境而展开。除此，美国政府在政策和法规上也积极调整土地利用政策。由于社区花园对缓解贫穷、维护食物安全和解决地区就业等问题都有积极的推动作用，美国市民与社会团体正在为城市社区花园争取更大的生存空间。美国社区花园的管理体系是一种自下而上和自上而下相结合的管理模式，这一点值得我们思考和借鉴。

3 我国社区花园管理的混沌状态

3.1 我国社区花园管理上的尴尬

社区花园在中国还刚刚起步，直到近几年才出现，它是学习国外社区花园的经验而出现的新生事物。在我国现有绿地系统中还没有社区花园的分类，因此很难通过我国的城市绿地系统来管理社区花园。

目前，中国的社区花园主要表现形式为公共租赁花园，类似开心农场、市民花园、社区支持农业等类型。这些由20世纪90年代兴起的休闲农业和都市农场，几乎都位于城郊的农业用地，仅有少量的实验性项目位于城区，如2010年，上海植物园内为白领们建设的"快乐田园"位于上海大都市的建成区内。

社区花园属于城郊的农业用地还是城市的绿地系统，管理部门存在着争议，社区花园目前处在无法管理的尴尬境地。

3.2 社区花园认识的片面性

我国的社区花园常以公共租赁花园的形式出现，用地多依托于郊区的各种类型观光农庄，土地平时由农庄中的专业人员代为管理，整个农场体系中，租赁者，也就是市民，是唯一的主体参与对象。当地的居民仅仅是出让土地或受雇于农场的劳作中，鲜有参与到农场管理和其他事务中。也正因如此，市民花园只能依附于观光园存在，成为城市居民可有可无的消费品。

我国社区花园的建设多以经济利益为目标，缺乏对其社会价值和生态价值的认知。随着社会对食品安全生产、对自然生态环境的密切关注，一些科研机构、高校、房地产商等也开始重视此类花园的建设。2009年4月，中国人民大学农业与农村发展学院博士生石嫣创办了北京"小毛驴市民农园"，是第一家"社区支持农业（CSA）"模式，尝试性地解决了当下社会面临的城市食品安全、就业机会的创造以及人与人情感交流等众多方面的问题。

在此，无论是公共租赁花园还是社区支持农业，选择的基地都是城市郊区，目的是农业观光或获取安全农产品，这些都与"只要有一群人共同从事园艺活动"的概念相去甚远。

3.3 社区花园与城市绿地的关系

2010年上海植物园内为白领们建设的"快乐田园"项目，虽然是由植物园相关人员建设管理和维护的，上海的白领们仅仅作为消费者，但它确确实实是一项城市绿地系统的项目。

社区花园的产生是源自与社区居民自发在空地进行耕种的行为，从根本上讲，是对城市绿地形式的一种创新，不论是形式、管理还是维护上，都是对现行城市绿地系统的有益补充。然而，在我国城市发展中，社区花园仅作为郊区农业的一种可能，选址也多在远离城市的大片农田之中，与城市甚至城郊绿地毫无关联，甚至在随处可见社区花园的城市居住区中，宅前屋后空地上的种植现象也依旧处在无组织的放任状态。社区花园与城市绿地系统处在是与不是的微妙状态中。

4 社区花园纳入城市绿地系统管理的设想

社区花园强调的是各类团体组织和当地居民对花园建设、管理和维护的全程参与。现在城市绿地出现的众多问题都是在建设、管理和维护等环节中将绿地的真正使用者——居民排除在外，因此我们应当利用当下人们对享受田园乐趣的渴望，将社区花园的管理体系引入城市绿地的建设和管理中。

纵观社区花园的定义我们可以看到，社区花园既可以在城市、在郊区或者在乡村；也可以在学校、医院或者在街道；甚至在公园。在城市中，它可以在居住区，并以私有菜园和花园等形式存在或者在街道或公园内，依靠居民和当地的志愿者、公益组织和园艺协会共同管理和维护，成为城市体验、教育和展示的窗口；在城郊，它可以以公共租赁花园或者社区支持农业的形式存在，满足城市居民对乡村田园生活的向往和需求。

近年来，随着我国经济的高速发展，城市居民的闲暇时间不断增多，市民对于生活质量的要求逐渐提高，人们已经不再满足于现有的城市绿地提供的生态、环境美化等功能，更多的人开始寻求城市中田园农耕的乐趣。城市中的很多社区内仅存的一点空地被栽植了蔬菜、花卉，甚至在屋顶、阳台上，人们也在堆土种植。这一点点不起眼的土地成为人们心中宝贵的资源。与此同时，社区花园在食品安全、人口老龄化和各种城市病的缓解等方面体现出的价值也逐渐凸显出来，因此，将社区花园纳入到城市绿地系统中，既符合城市发展的潮流，又能一定程度上解决现在城市绿地不足的问题。

综上所述，基于城市绿地存在的问题和社区花园自身的特点，笔者认为，社区花园可以作为城市绿地的一种类型纳入到城市绿地系统中加以管理。

5 结语

在当今城市系统中，城市绿地已很难再有发展空间，面对城镇化的发展机遇，社区花园作为一种新的绿地类型，正在逐渐展示出其发展潜力。在寸土寸金的城市中，它可以依附于闲置的土地展现出别样的野趣；在未来城镇的景观建设中，它可以作为一种低维护、高品质的绿地管理模式应用于城镇绿地的规划实践中。由于社区花园具有经济价值、生态价值和社会价值，并对当前城市的老龄化、食品安全、环境等问题都有积极的作用，我们应当联合城乡居民、政府、企业和社会团体的力量，共同推动社区花园和谐健康发展，为未来城镇绿地系统的完善建构提出新的可能。

参考文献

[1] 钱静. 西欧份地花园与美国社区花园的体系比较[J]. 现代城市研究, 2011, (1): 86-92.

[2] 张慧. 公共租赁花园的发展及规划设计研究[D]. 北京: 北京林业大学, 2011.

[3] 李良涛, 王文惠, 王忠义等. 日本和美国社区支持型农业的发展及其启示[J]. 中国农学通报, 2012, (2): 97-102.

作者简介

王晓洁, 1990年5月生, 女, 汉, 山东潍坊, 同济大学建筑与城市规划学院13级风景园林在读硕士, 现单位: 同济大学, 研究方向为风景资源与旅游空间规划研究。Email: 1084297387@qq.com。

严国泰, 1953年1月生, 男, 上海, 同济大学建筑与城市规划学院教授, 博士生导师, 研究方向为风景资源与旅游空间规划研究。

浅谈绿化养护社会化招标实施办法

Discussion on Greening Maintenance Socialization Bidding Method

修 莉

摘 要：通过作者的工作经历浅谈绿化养护社会化管理的必要性、养护招标的工程量确定方法、绿地等级划分、各类绿地养护标准的确定、中标后对养护单位的要求、具体考核方法、评分处罚细则、辅助拦标价制定等具有可操作性的方法。

关键词：绿化养护管理；社会化；招标；养护标准；拦标价

Abstract: Through the author's work experience of greening maintenance socialization management necessity, maintenance bidding project amount determining method, green space classification, various types of green space maintenance standards to determine, after winning the bid to conserve unit requirements, specific evaluation methods, scoring penalty rules, auxiliary intercept price formulate practical method.

Key words: Greening Maintenance Management; Socialization; Tender; Maintenance Standards; The Block Bid Price

绿化养护是城市绿化中一项长期的工作，它对园林工程的完善、景观的提升、生态效应的发挥起到极为重要的作用。在城市绿化规划、建设、养护等工作环节中是最容易被忽视的一个环节。必须充分认识绿化养护工作的重要性，以科学发展观为指导，与时俱进探索绿化养护的管理新模式，切实提升我市园林绿化管理水平。

1 绿化养护社会化招标管理是应运而生

随着社会的发展，人们更加重视环境，近年来高标准建设的绿地越来越多，如何管理好已建成的绿地成为摆在人们面前的难题，无论是公共绿化、居住区绿化、单位庭院绿化，通过市场竞争招标选择具有相应资质的、有绿化养护管理经验的专业养护队伍实施规范化的管理，可以达到节省管理费用、精细化高效管理的目的。以沈阳市东陵（浑南）新区公共绿化为例，随着浑南大开发建设的步伐加大，特别是全运会确定在浑南召开，浑南新城的绿地建设更是以前所未有的速度在增加，浑南原有的绿地管护能力根本跟不上浑南大发展的需求。与时俱进、创新养护管理模式、通过市场竞争选择高水平的管理队伍、探索新的管理考核办法成为摆在我们面前迫切需要解决的问题。

2 绿化养护社会化招标的基础工作

要想成功地进行绿化养护的招标、选择到适合的队伍进行养护管理，我们做了大量的准备工作，总结一下主要有以下几项：

2.1 学习借鉴国内其他城市的管理经验

为做好此次招标工作，我们先后到大连金州区、杭州、成都、郑州新区学习，了解他们现行的绿化管护模式，研究借鉴了他们的管理办法、实施细则及运行过程中的得失。同时学习我市已实施社会化的沈北新区的经验，以更严密的组织、更高效、更加合理的价格组织我区的养护招标工作。

2.2 确定招标工程量

确定养护工程量是招标的基础工作，仍以东陵（浑南）新区为例，我区绿化台账由于管理人员多次变动，再加上因各种建设项目集中大量实施的因素，台账中除绿地面积有参考价值，其他的内容如树种、数量均不详尽。而要招标，没有准确的绿地面积，没有具体的树种、规格、数量，财政部门连合理的拦标价都无法做出。简单的例子，1万 m^2 绿地如果只有草坪，那绿地的养护仅仅是灌水、修剪、除杂草、病虫害防治等简单的几项；如果1万 m^2 绿地上，种植有大乔木、亚乔木、大灌木、低矮灌木、模纹、草坪、花卉等复杂的种植，再配有喷灌、水系等建筑设施，那养护费用将不仅仅是灌水、修剪这么简单了。为准确核定工程量，我们用了两个月时间，聘请专业部门对全区范围内的已建成绿地的绿化面积、植物品种、植物总量、建筑小品、水面面积等地上设施及绿地率等指标进行准确核定，作为养护招标的依据。

2.3 确定绿地等级

确定绿地等级是养护标准及财政拦标价制定的依据，我们根据辽宁省地方标准中的园林绿化养护管理等级划分表，将我区绿地划分为一、二、三级，一级绿地是面积不大于 $100hm^2$ 的城市公园、面积大于 $100hm^2$ 城市公园的主景区、城市重点游园绿地、主要街路附属绿地、街边精品绿地、广场绿地、城市水系精品绿地、城市建成区内立交桥区绿地、城市出口路重要节点绿地、风景区林地主要景区绿地；二级绿地指面积大于 $100hm^2$ 城市公园的一般性游览区域、城市一般性游园绿地、一般街路附属绿地、城市水系一般绿地、铁路沿线重点景观绿化带、城市出口路绿化带、风景林地的主要景区绿地、单位附属绿地和有物业管理小区绿地等。三级绿地指城市防护林、铁路沿线一般绿化带、风景林地和风景区林地的一般景区绿地、无物业管理小区绿地等。

2.4 确定绿地养护标准及相关要求

在招标文件中分别明确不同级别绿地中的乔木、花灌木、绿篱、草坪、花卉的养护标准及不达标准的处罚细则，明确病虫害的防治标准，明确养护队伍的人员资历、数量保证，明确对车祸等突发事件毁绿的处理方式，明确对市民举报的处罚，新闻媒体负面曝光的处罚等等，这是下一步考核养护单位管理水平的依据。具体标准简介如下：

2.4.1 乔木（阔叶乔木、针叶乔木、亚乔木）

树木姿态良好，不能有歪、倒现象，如有应当日扶正、踩实。遇雨后、风后等特殊天气应及时派人巡查；保护架应整齐美观，绑扎牢固。日常巡查，发现支架"缺腿、吊脚"，必须当日时补齐、支牢；定期进行修剪、除蘖牙、灭新冠幅、适时浇水、施肥、打药、封围堰；树木不得有残枝、死枝、枯枝，日常巡查一经发现立即剪除。

2.4.2 灌木（剪型灌木）

灌木姿态美观，修剪适度，自然整齐美观；无残枝、死枝，无悬挂物；应无倾斜、倒伏、露根现象；日常管理到位，定期浇水、施肥、打药。

2.4.3 绿篱（模纹）

模纹形态自然、美观，定期修剪。修剪绿篱平直整齐，不得超过设计标准5cm；修剪模纹曲线圆滑自然，层次分明；绿篱、模纹内无杂草、无悬挂物，不能有明显地露土、露根现象；绿篱、模纹内无明显地残死枝，巡查发现当日剪除。绿篱、模纹与地被之间界限分明，底脚干净整洁。巡查发现地被、草坪侵入绿篱需当日清理干净。

2.4.4 花卉（时令花卉、宿根花卉）

时令花卉每年应及时栽植，加强盛花期的养护，保持整洁，及时除草，清理杂物；宿根花卉要养护到位，适时浇水、除草。冬季应及时清除枯枝，以免影响花卉明年正常生长。

2.4.5 草坪（地被）

草坪应修剪整齐、平坦，视觉美观度好，修剪高度不超过10cm。草坪应无明显杂草，杂草率每平米不得高于10%。草坪应无"斑秃"、枯黄现象。草坪定期浇水，每个养护期内对草坪施用2次有机复合肥，春季疏草（打孔）1次，做好日常养护工作。草坪应无病虫害，结合草坪病虫害情况定期打药。发现"夜盗虫"等毁灭性病害及时处理。

2.5 标段划分原则及投标单位的资质要求

按照统计摸底调查的绿地面积及设施量，参照沈阳市2010年最新调整的绿地等级分类和维护费标准，即一级绿地每平方米年维护费11.87元，二级绿地8.00元，三级绿地1.95元，按照每个标段年维护费在200万元左右划分标段，确定每个标段大小，从便于管理的角度，按照地理位置，2012年招标划分养护标段7个、监理标段2个；2013年底招标划分养护标段10个。

投标单位的资质是投标单位企业实力的一个代表，为保证我们的绿地养护质量，我们要求投标单位具有园林绿化工程施工二级以上（含二级）资质的独立法人单位，规避了没有经验的小企业，同时规定投标单位最多投3个标段，但只能中1个标段，切实保证每个标段足额人数的投入。

3 绿化养护社会化中标后的管理

养护队伍招来之后，如何管理好，使各个队伍能按我们要求的标准实施日常养护工作考验着我们的管理能力。我们在招标文件中说明了我们的考核办法及处罚细则，同时在合同中又加以明确。

3.1 确定考核办法

监督管理分日常检查和集中检查。日常检查由绿化办分片区管理人员每日对绿地养护质量进行检查考核，以图、文等形式将检查发现的问题每日进行记录，对当日养护单位没有发现处理的问题按照相关标准予以扣分。集中检查每月由主管局长带队组织两次集中检查考核，对集中检查中发现的问题按照考核标准直接双倍扣分，相关养护单位应现场予以确认。

市综合管理中心考核检查：沈阳市城建局综合管理中心在全年定时检查，对发现的问题双倍扣分。

媒体及市民监督：市民举报核查属实的每件扣2分，对受到区级以上领导批评及新闻媒体负面曝光的养护单位当月的排名最后。

3.2 明确对养护单位的要求

为确保绿化养护工作正常进行，养护施工单位必须做到"六落实"：

3.2.1 养护单位组织落实

要有健全的组织体系，强有力的指挥系统，能够做到承上启下，具备足够的应变能力和解决处理问题的能力，工作雷厉风行、不可懈怠。

3.2.2 养护现场人员落实

必须具备稳定的养护管理队伍，足够的养护人员。按照投标时所要求的养护人数，机械设备等，保证日常养护工作天天有人抓，事事有人管；根据养护面积确定养护人数，确保每日着装出勤。

3.2.3 设备落实

要求每个养护队伍必须有自有水车和打药车各一台，有维护需要的草坪修剪机2台以上，修枝剪等必要的设备，如没有，影响到养护效果，将终止合同。

3.2.4 植物保护技术落实

要求每个养护标段必须配备1—2人，专门从事标段内的植物保护工作，建立有害生物防控和预警机制，加强病虫害的防治力度；

3.2.5 养护任务措施落实

要求每个标段至少要安排1—2名技术好、业务精、有经验、懂管理的技术管理人员负责现场，能够根据每一时期、每一阶段，采取不同的有效措施和科学的养护方法，确保养护工作各项任务的完成；需要安排专门的巡视检查人员，对养护范围内的绿化进行自主检查并有检查记录。如管理人员专业技术水平不达标，乙方必须及时更换合格的管理人员。

3.2.6 养护规章制度落实

要求养护单位必须严格执行区城管局有关绿化养护工作的各项规章制度，认真按照绿化养护质量标准和技术规范实施，确实做到养护内容全、养护标准高、养护质量好。

3.3 明确处罚细则

明确绿地整体形象标准及实施细则，达不到做扣分处理：

绿地形象美观、整洁。绿地内乔灌木生长健壮、形态美观；绿篱、花卉、草坪剪型整齐。整体形象不达标者，在限期内未完成整改，每超期一日扣1分，以此类推。

绿地植物干净、整洁、无杂物，如有发现后必须当日清除，处理不及时者每处、每日扣1分，以此类推。

遇车祸等类似事故破坏绿地，日常巡查发现要配合交警及保险公司处理赔付问题，相关部门取证后立即清理及恢复绿地，保证整体景观效果。如巡查疏忽大意，未能发现破坏行为，由养护单位按价赔偿绿地损失。

采取奖优罚劣的具体措施和方法，对达不到甲方要求的且连续两个月排名最后的养护单位将终止合同。对养护单位工作不力、措施不到位、养护效果差并造成损失或管养过程中，经抽查提出整改（口头或书面）的，一处提出2次以上仍未整改好的，终止合同履行。对得到区级以上领导表扬的，在第二年的养护招标评标中将得到2分的加分。

3.4 评分方法及月考核结果的形成及应用

每月考核满分100分。月考核结果与当月维护费挂钩，每月末按考核结果拨付维护费。每月两次集中检查扣分结果与日常检查扣分结果、市民监督等扣分结果合并，形成月考核结果，并予以通报。月考核成绩在95分以上的为优秀，95—90分（含90分）为合格，低于90分的为不合格。合格以上拨付全额维护费，低于90分的，每少一分，扣除当月维护费的1%，若一年内有三次考核总分低于80分的，则取消其养护资格，终止合同。

4 经验总结

4.1 合理的拦标价，保证了企业合法的利润，充分的市场竞争，使政府财政更节省投入

科学、合理确定拦标价是保证招标顺利进行、保证后期养护质量的前提。拦标价是由区财政根据我们提供的工程量单及定额，在我们测算价格基础上再次降低后给出。

我们测算费用是参照沈阳市绿地维护费标准，按标准的60%估算造价，2012年招标面积431万 m^2，年维护费测算需2280万元，中标价合计年维护费2086万元，每平方米平均4.83元。2013年底养护招标，招标面积455万 m^2，报名达322家次，最终共291家次购买了招标文件，最多的一个标段有34家，最低的有23家，平均每个标段29家，中标价1807万元，每平方米平均3.97元，比财政拦标价2133万元，又下调15%。两年对比，2014年的养护内容在2013年的基础上，部分标段增加草坪铺装面积，增加甲供花栽植费用，平均单价每平方米仍降低0.86元。

4.2 通过连续两年的养护管理，浑南新区的绿化养护质量得到各界广泛肯定

特别是居住在浑南的市民，深切体会到周边环境翻天覆地的变化，树更壮、草更绿、花更艳、水更清。

参考文献

[1] 辽宁省地方标准 DB21/T 1954-2012. 园林绿化养护管理标准.
[2] 辽宁省地方标准 DB21/T 2019-2013. 园林绿化养护管理技术规程.
[3] 沈阳市城市园林绿化养护质量标准和操作规程.

作者简介

修莉，女，汉，本科，沈阳市东陵区（浑南新区）城市管理局景观所高级工程师，Email：516570521@qq.com。

新型城镇化道路下的楼盘景观形象管理

Real Estate Landscape Image Management Under the New Road of Urbanization

张企欢

摘 要：本文在新型城镇化的思路下以楼盘景观的自我形象为研究对象，对其楼盘景观形象的发展现状进行分析。在楼盘景观设计的基础上通过引入形象学、城市形象理论、需求理论，对长沙楼盘景观形象产生的背景、发展历程、设计思想和启示，并以金科·东方大院为例进行案例分析。其中以人对景观形象的需求为核心，进行形象的判断与思考，引导楼盘景观设计新的创造。从主客体的角度分析影响楼盘景观形象塑造相关因素，并从政府、企业、社会公众层面提出楼盘景观形象塑造的具体措施和对策。要想实现楼盘景观形象的新道路、新模式，就必须发掘本民族的传统文化，也要敢于接受新事物、引进新文化，只有如此才能让自我形象成为中国风景园林发展的内在驱动力。

关键词：楼盘景观；自我形象；形象学；风景园林

Abstract：In this paper, the idea of new urbanization in real estate landscape of self-image as the research object, analyzes its development status of the real estate landscape image. On the basis of the real estate landscape design by introducing the image of science, urban image theory, demand theory, the background of the real estate landscape image produced in Changsha, development, design ideas and inspiration, and the East Branch · compound as an example case studies. Among people demand for landscape image as the core, the image of the judgment and thinking to guide the creation of new real estate landscape design. Changsha influence factors shaping the real estate landscape image and made Changsha estate landscape Portrayal specific measures and countermeasures from the government, businesses, the public level, from the point of view of the main object. To realize the real estate landscape image of a new road, a new model, it is necessary to explore the traditional culture of the nation, but also the courage to accept new things, the introduction of a new culture, only so that it can become self-image so that the internal driving force of Chinese landscape development.

Key words：Real Estate Landscape；Self-image；Image Science；Landscape Architecture

1 绪言

本文是在形象学发展的大背景下展开的。

《马克思恩格斯全集》一书中有这样一句话："社会的进步，就是人类对美追求的结晶。"这是马克思为社会发展而重视自我形象塑造的一句名言。

"形"，是景观的现实存在；"象"，是景观的外在形式。一个楼盘景观的形象是楼盘内在品质与修养的外部反应。楼盘景观在每一片土地播撒下绿意的种子，形象塑造让每一个角落充满了靓丽的风景。国家形象、社会形象、城市形象、企业形象、个人形象……，一系列的"形象"理念开始渗入到人类发展的轨迹之中。自我形象已成为实现社会发展的一项重要策略。楼盘景观自我形象塑造需要以理念识别为支撑、以行为识别为基础、以创新视觉识别为保障。

2 理论基础与立论

2.1 形象学的导入

楼盘景观自我形象的研究离不开形象学理论的引入。形象学，顾名思义就是研究有关形象的产生、发展、策划以及塑造、管理、传播等规律的一门科学。形象学的基本理论主要包括：形象的价值问题、对不同维度与层面中的形象的研究、形象主体的研究、形象客体和形象识别的研究。形象学的实务理论主要包括：形象规划、形象策划、形象塑造、形象管理、形象危机应对、形象评估、个体形象研究和不同类型组织形象的研究。

2.2 关于"景观形象"的概念

在当前的心理与行为研究中，认为景观与人一样，具有自己的形象，即景观形象。而人们考虑一个楼盘景观的过程中总会不自觉地把景观的形象与自己的自我概念进行比较，即通过景观表现自我，或增强自尊，或提升地位。所以景观形象与自我概念的关系是风景园林学研究的要点，逐渐发展形成了自我概念与景观形象的一致性理论。

"景观形象"为偏正结构的词组，即"景观"修饰或限定下的"形象"，核心在"形象"。楼盘景观形象的研究历史并不长，开始于20世纪初期的西方国家，在欧美注重于行为聚焦与现象，而在日本则侧重于感性工学的研究，国内的研究时间就更短了，企业对于楼盘景观形象的做法一般来源于营销人员的直接经验，而调研公司则看重的是销售信息的调研，到了院校则侧重于"造型风格"的分类。[1] 楼盘景观形象一般是指楼盘景观实态在人们心目中的主观映射，当时由于生产力的快速发展以及科技的不断进步，楼盘供大于求，楼盘的卖方市场逐步转变为买方市场，地产商之间的竞争从服务竞争、产品竞争过渡到景观环境的竞争。[2]

3 东方大院景观形象管理研究

楼盘景观形象管理，主要分为基础性研究和显示性研究。楼盘景观形象是营造城市形象的重要组成部分，并且是展现城市人文关怀和营造人居环境的关键，浓缩了一座城市的人文内涵和品味。然而在当今的楼盘景观建设上的千城一面，无法寻觅自我形象，使城市文化趋于迷离；长沙作为一座文化深厚的千年古城，是魅力湖湘的发源地，应当有开放而自信、多元而能共荣的自我形象；楼盘景观既是一个城市的名片，也是全面落实科学发展观，以民为本、关爱民生的落脚点，优化楼盘景观设计，填补楼盘景观形象理论空白便显得尤为重要和急迫。[3]本文通过分析楼盘景观在营造城市形象过程中的作用，结合长沙楼盘景观设计和长沙城市形象及其未来的发展趋势，深度挖掘楼盘景观与楼盘形象二者之间的联系。

3.1 基础性形象分析

3.1.1 地方性形象分析

地方性又称"地格"（Placeality），地方性分析的主要内容包括自然环境分析与历史文化分析，长沙市金科·东方大院属敬山湾新城版块，地处于长株潭城市群全国资源节约型、环境友好型综合配套改革实验区——长沙市大河西先导区。项目具体地理位置：南倚岳麓大道、东靠雷锋大道，距湘江仅7km，位于尖山山脉东侧与永安水库西北及西南方向，倚靠天下名山，打造文化景观。整个项目处于尖山和永安水库的环抱之中，其创作的灵感来自于大自然，项目周围山清水秀、环境优美，是又在吸收了西方现代景观设计学的基础上结合地域文化发展起来的现代人居。

3.1.2 形象替代性分析

形象替代性分析又称形象的竞争性分析，主要是从供求的角度分析周边楼盘与本案的楼盘形象的关系。形象替代性分析主要以从东方大院周边为中心的大河西为圈子，比较分析其他楼盘景观形象与本案的景观形象的关系，东方大院从建筑、园林、环境等细节处领悟生活的禅意，将项目品质与禅的智慧融为一体。[4]金科·东方大院是湖南第一个"亚洲人居环境重点示范项目"。金科·东方大院是传统历史悠久园林的延续，其风景园林设计秉承"本于自然高于自然"的设计理念，因地制宜、尊重场地，寻求与场地和周边环境的密切联系、形成整体。本案真正从人的活动和需求出发，关注在小区中居住、过路、维修、管理的人，营造出安全、健康、无障碍、便于邻里交流的人性化居住环境。与中国传统文化一脉相承，将大自然融于楼盘景观设计中，对传统的造园思想认真地吸收和继承，并发展和创新，以中国古典文化为主风格，突出"人居环境"概念，串联起体验空间，使景观达到自然优雅、纯净和谐的境界，与中国当代社会生活及世界科技潮流相适应，构建一个充满湖湘记忆的生态和谐、古典雅致、人居至尚的绿景空间。[5]设计中还注意了人们在生活中的行为与环境的互动，应用生态设计的手法，注重地域景观的再现，遵循可持续发展，注重个性的设计理念，把自然生态景观引入小区的楼盘景观设计，有助于人们的社会交往，创造健康的绿色生活与和谐人居。

3.2 显示性形象分析

3.2.1 形象定位

楼盘景观形象的定位一般分为：领先地位、比附定位、逆向定位、空隙定位、重新定位等类型。东方大院秉承了金科地产一贯的景观特征，以打造生活氛围、关注生活内涵为主的形象，在景观特征上延续金科地产对环境的高度重视，种植考究、环境宜人，独具特色的主推"邻里"文化。具体的定位有：领先地位——"亚洲人居环境重点示范项目"，以及空隙定位——"原创中国湖山别墅"。楼盘景观从公共家具到景观装饰都非常到位，入口处设置高大的树木、景观围墙，院落中采用微地形结合树形良好的落叶乔木，从入口到楼盘休闲场所，再到公共活动区域，种植层次丰富，金科的口号就是"做好每个细节"。[6]在外观的特征上东方大院采用与建筑一致的形式，在外立面通过相同材料、装饰线角等细节，充分展示精致的生活场景，格外强调服务，东方大院从门卫到保洁都采用规范服务，让客人感到尊贵与享受。

楼盘景观形象定位不仅要突出地方特色，而且还需要体现时代气息。由于不同的楼盘类型，就决定了视线的变化，对视线在地方特色上的表现，在欧洲不少楼盘景观就营造出中世纪外形和现代化内涵的和谐统一。首先要强调楼盘景观环境资源对于本地文化的均好与共享，例如在法国格勒、蒙比利埃等主要楼盘景观，一个居住区的文化氛围不是一朝一夕就能成就的，既要重视对中世纪的教堂、各式各样的建筑的保护，又不能忘记通过基础设施的跟进和生活设施的新时尚来体现楼盘景观现代化的形象。我们的楼盘景观建设，也应从中获得启发，从而创造温馨、朴素、祥和的居住环境。

3.2.2 形象推广

将最具优势的特征提炼成能激发消费者亲临实地一游的口号来推广，消费者追求的是从楼盘景观中获得身心的满足和精神的调节，形象推广要强调欢乐、温馨、友谊等思想。景观形象要具有时代气息，反映时代特征，反映生活需求的热点、主流和趋势，这就是金科·东方大院，风格连贯，景观形象鲜明。金科从楼盘景观上与其说是创造了一种消费需求不如说是真正认知到需求者潜在的心理需求而迎合。这一切都是由"做好每个细节"的理念目的所支配，追求生活以及情怀营造大于对简单居住的迎合，形象会变得优秀。但是楼盘景观卖的是环境，卖的是居住、生活空间，形象的塑造让它必须关心景观产品的表现和人对生活的精神需求，带给人对未来美好生活的希望和憧憬。

3.3 理念形象分析

理念形象是指支持楼盘景观背后的思想观念体系，是楼盘景观的价值观、精神和灵魂。楼盘景观完善、明确、统一自我的概念就是开发理念形象，它的功能在于能够影响或引导一个楼盘形象的发展方向，是景观之魂。在任何塑造楼盘景观形象中，都有一个指导规划与设计的根本思想，即理念识别。理念形象是楼盘景观自我形象识别的核心内容，是协调楼盘景观格局内外关系及发展的灵魂，是进行小区总体规划设计的综合方法，是楼盘景观形象一切行为的逻辑起点。只有楼盘景观确立一定的理念，才能用以指导楼盘自我形象的定位和楼盘视觉形象的实施。理念形象对于景观形象的其他部分起着重要的指导、渗透和规范作用，能够反映一个楼盘的人文气质和素质，所以说，理念形象已经成为景观形象战略的首要环节。[7]

3.3.1 开发使命

金科·东方大院以"挖掘最深层的中国别墅灵魂，探寻最根源的东方人居意境"为楼盘景观的开发使命，以"原创中国湖山别墅"的理念形象为定位面市，以现代中式景观的形态登场。东方大院作为已在市场建立一定形象的项目，在过往的理念形象中，有何精华可借鉴？可借鉴的精华表现在：（1）理念形象定位高端，其形象基调与中式景观的高贵典雅一脉相承，充满人文情怀，成功打出中国文化牌；（2）理念形象定位强化项目环境人居，以"原创中国山湖别墅"作为项目的产品定位，切合项目场地的实际情况，能够准确地把握项目核心优势。

3.3.2 经营理念

经营理念是企业对外界表明企业觉悟到应该如何去做，从而让外界了解经营者的价值观念。

东方大院经营环境的理念为：利用环山面湖的优势，建设幽雅宁静的环境；建筑理念为：打造儒雅的新中式别墅，比西方风格的舶来别墅更适宜的环境，更适宜我们中国人居住；规划理念为：场地位于大河西先导区，区域规划良好，未来前景可观；品牌理念为：金科是知名发展商，其产品值得信赖，同时更是身份的表征。

经营理念是楼盘景观的经营方向，景观形象的好坏在很大程度上取决于经营理念是否正确，以及产品对目标市场的满足程度。虽然目前长沙的别墅市场仍以西方风格的别墅为主流，但金科·东方大院的中式风格及他所宣扬的湖湘文化早已深入人心。树立正确的经营理念，对于区别粗泛的中国传统文化，宣扬本土的湖湘文化，深度挖掘中国传统文化的精髓，是形象制胜建立独一无二的品牌的关键！

3.4 视觉形象分析

东方大院的视觉形象分析主要包括：楼盘标徽、标准字体、标准色、应用符号系统等。在调查中发现很多的视觉符号，通过传统的造型符号用明喻、隐喻等手法反映了人们的价值取向、时代特点和地域特征，整个项目的视觉符号着力于对中国传统造园元素的运用，营造出典型的中国传统园林环境和氛围。将当地最具独特性的实物作为楼盘标徽的设计要素，构图要有艺术性，形成视觉冲击力。[8]东方大院的标识为中国飞龙，契合东方大院的中式风格，并表明东方大院是东西文化交汇之地，充满动感的龙头，象征着东方大院不断蜕变、不断演进的进取精神。视觉符号在整体水景的处理上也处处体现着传统符号的痕迹，湖面视觉符号设计以位于项目中部的永安湖为中心，根据湖面周边用地特点的不同，共分为4个区。

4 结论

4.1 本研究的结论

论文以形象学理论为基础，从理论、类型、结构、机制等方面对楼盘景观的自我形象进行了系统的研究与论述，对于景观形象塑造方法进行了初步探讨。通过这些研究，文章对长沙楼盘景观的自我形象得出以下结论：

（1）楼盘景观的自我形象是一个多维度、多层次的相对完整的有机系统，可以从内在因素和外在因素两个方面进行分析，主要由理念识别、行为识别、视觉识别三个要素构成。内在因素包括：地方性分析、形象替代性分析、受众分析、竞合关系分析、定位分析、形象叠加与遮蔽分析等。外部因素包括：楼盘标徽、嗅觉系统、听觉系统、色彩、标准字体、材料与资源的可能和限制、应用符号系统等。现在楼盘景观形象研究中存在的问题主要是理论的滞后，主要体现在战略研究、评估方法、动态分析等方面的不足。

（2）从消费者各自对楼盘景观形象的认知评价来看，他们对长沙楼盘景观形象的价值取向受地域文化、生活习惯、传统理念等因素的影响比较明显，新中式景观能更好地让消费者获得归属感。

（3）万变不离其宗。关于设计的研究，归根到底还是关于人的研究、需求的研究，离开了人与需求的研究显然是空洞的、站不住脚的。在需求理论的基础上解决景观形象问题，正是我们现在要做的，也是我们需要努力的方向。

（4）要想实现楼盘景观形象的新道路、新模式，就必须发掘本民族的传统文化，也要敢于接受新事物、引进新文化，只有如此才能让自我形象成为中国风景园林发展的内在驱动力。

4.2 有待深入的问题

现在的风景园林行业看起来非常繁荣，其实非常危险。由于种种原因，景观设计大部分只是改样与模仿，加上企业的恶性竞争，构成了设计过度却又没有设计的困局。需求理论作为协调"关系"的设计思维方式，是解决设计问题的关键之所在，尽管其主要观点已经初步形成，在实践中取得了一定的研究成果，但在楼盘景观的自我形象的研究中还缺乏较为系统的理论做支撑。

参考文献

[1] PHILLIPA, The Nature of Cultural Landscapes: a nature conservation perspective [M/OL]. London: ICOMOS2U K, 2011.

[2] ANTROP, MARC. Landscape change and the urbanization process in Europe[J]. Landscape and Urban Planning, 2004(67): 9-26.

[3] KELLY, R, MACINNES L. Thackray D, Whitbourne P. The Cultural Landscape: Planning for a sustainable partner2 shi p between people and place[M]. London: ICOMOS2U K, 2001.

[4] 刘艳青. 居住区景观设计的探讨[J]. 价值工程, 2010(35): 81.

[5] 马月. 居住区景观设计存在的问题及基本原则[J]. 现代农业科技, 2010(15): 270-273.

[6] 涂在奇. 试论城市文化与城市形象的塑造[J]. 理论月刊, 1998(11): 69-71

[7] 何人可. 全球化视野下的艺术与设计专业实验实践教学[J]. 实验技术与管理, 2010(5): 1-4.

[8] 赵建富. 城市居住区景观研究[J]. 现代交际, 2011(7): 86.

作者简介

张企欢, 1988年7月生, 男, 汉族, 湖南宁乡, 中南林业科技大学硕士研究生, 从事园林规划设计研究。Email: 359938545@qq.com。

中国西太湖花博会后续利用规划研究

The Study on the Post-Flower-Expo Use of West Taihu Lake

张 硕 钱 云 张云路

摘 要：各类博览盛会已逐步成为对推动中国城市新区建设和相关产业发展具有深远意义的大事件。花卉博览会作为新兴的展会形式，近年来举办的次数和规模都不断攀升。但花博会因受到花期、天气等因素的影响而展览周期短，其场地的会后持续利用面临更大的挑战。本文分析各国展会举办的成功经验，对国内外经典案例进行分析，总结会后利用模式，以中国西太湖花卉博览会后续发展定位及运营策划为例，旨在将其打造成展会再利用的新模式典范，实现花博会后续利用的可持续发展。

关键词：花卉博览会；后续利用；发展定位；运营策划；西太湖

Abstract: All kinds of exhibitions have been making greater impacts on the development of new district and relative industries in many Chinese cities. With the rapid development of the Flower Expo, the influence of the emerging field is gradually expanding. Flower Expo is an activity with the character of timeliness. Weather factors and florescence have great impacts on exhibitions, and because of the lack of experience, it is particularly important to focus on the study on the post-expo use. This paper reviews the successful experience of the previous, and makes comprehensive and detailed analysis of Flower Expo in Changzhou, hoping for building a new model and realizing the sustainable development of the post-flower-expo use.

Key words: Flower-Expo; Subsequent Use; Positioning; Marketing Plan; West Taihu Lake

1 中国花博会发展概况及后续利用现状

各类展会的成功举办对城市发展起到极大促进作用。2000年举办的汉诺威世博会，对汉诺威乃至整个德国的经济都产生巨大影响，世博会相关支出数额产生的总体经济推动力超过了10亿德国马克，提供强大的消费需求；2010年举办的上海世博会，极大促进国内消费、拉动经济增长，推进上海乃至全国的综合实力提升以及世界各国经济、技术和文化交流与合作。[1]

中国花卉博览会（简称花博会）是由中国花卉协会与地方政府共同举办，旨在展示花卉产业成果、促进花卉产业交流、扩大合作、引导生产和普及消费等。[2] 首届中国花卉博览会于1987年4月举办，此后花博会不断完善发展，至今已成功举办八届，从规模、影响上都大大加深，正在向着国际化的方向发展。[3] 其中，2013年于常州市举办的第八届中国花卉博览会全面促进当地旅游产业发展，使旅游产业成为当地现代服务业的支柱产业。

花博会在中国发展时间虽短，却发展迅速，由于其带来的巨大效益，各地政府不断将目光投向这一新兴领域，花博会也被赋予极大的社会责任，成为有深远影响的城市事件。而花博会也面临诸多问题，如参展企业机构撤走参展品后吸引力丧失但运营成本居高不下，展会后续利用体系的不完善使得花博会的长远发展陷入瓶颈等，因此有必要探索制定科学合理的花博会后续利用计划，为花博会的发展提供战略引导，最大限度地发挥花博会的长期经济、社会以及文化效益。

2 国内外展会后续利用经验总结

2.1 展会后续利用模式

展会后续利用通常有着不一样的方式，如1982年阿姆斯特丹举办园林展后，为举办地区居民提供了公共活动场所；[4] 世界园艺博览会从1964年奥地利维也纳之后的几届至90年日本大阪园博会，会后场地一直作为公园绿地向大众开放。[5] 结合各国展会的实践经验，总结展会后续利用模式主要为3种（表1）。

展会再利用模式总结　　　　　表1

类别	特点	评析
公园绿地型	结合城市绿地系统规划选址	可为社会造福，但收益较少，且公众参与类型较单一
	结合会后城市公园的定位和服务功能选址	
	结合废弃地改造选址	
	结合城市公共空间发展选址	
二次开发型	具备宏观规划条件	一次性获益大，可持续获益性较弱
	配合周边地块的规划发展	
	充分利用展会创造的良好环境	
	采用适当开发模式	
	前期展园规划结合后期发展	

---

① 本研究由北京高等学校"青年英才计划"资助（YETP0746）。

续表

类别	特点	评析
主题公园型	客观分析客源市场和区域条件	可获得持续性利益，且公众参与类型较丰富，策划难度较大
	拓展主题，增加参与性与娱乐性	
	转变政府性质的管理体制和运作方式	
	结合一定的公益性	
	再次利用展会，促进展园的继续发展	

通过权衡各改造方向的优劣势，为营造可持续性获利且公众参与性较高的会后改造，因此会后规划应当重点策划丰富的参与型活动。

2.2 展会后续利用原则

展会的后续利用主要遵循以下 5 种原则（表 2）。

展会后续利用原则　　　表 2

分类	内容
市场化原则	遵循市场规律，注入"成本与利润"、"投入与产出"理念，建立"投资-回报"机制，吸引大企业及媒体参与
一体化管理原则	划分核心业务和非核心业务，将有限资源集中于实现高附加值的核心业务上，优化非核心业务，通过合适的方式外包给供应商
公众参与性原则	可活跃管理主体，为政府减负，与商业运作参与管理
系列化原则	产品实现系列化、品牌化，保留场地记忆，激发人们想象力
活动类型多样化原则	根据不同出游时间，考虑不同活动方式，为场地带来持续活力

2.3 案例引介及经验借鉴

2.3.1 国外典型案例

荷兰库肯霍夫公园是世界上最大的郁金香公园（图 1），公园有七大特色项目，在提供花卉观赏的同时，配备特色功能来丰富游玩乐趣，加入体验式购物环节，通过向游客展示各种模拟花园，增加游赏性及园区的经济效益。公园以著名特色文化来树立核心主题，以特色新颖的形象展示，聚集客流，同时设定必要消费来保证公园的基本收入和正常运营，并且在公园内设立多种选择性消费途径来增加园区利润获得。

日本富良野富田农场是在富良野地区中薰衣草最浓烈、最多彩、最娇艳的农场（图 2）。农场靠自然薰衣草种植的优势，开展体验观光购物为一体的旅游事业。富田农场有六大花田和各种购物、参观的设施，并且建设了温

图 1　荷兰库肯霍夫公园

室花棚，可在冬天观赏到薰衣草盛开。富田农场以特色文化和产物来树立农场核心主题，并在观赏的同时增加参观、体验、购物等多种功能。体验式购物环节的加入，既增加游玩乐趣，还可增加园区的经济效益。

图 2　日本富良野富田农场

2.3.2　国内典型案例

北京国际鲜花港是第七届中国花卉博览会的重要功能组团之一，是以花卉生产、研发、优新品种展示、品种审定、检疫、仓储和花卉文化休闲等功能为主的多功能花卉产业园区（图 3）。鲜花港是北京实现花卉产业结构调整的新亮点，也将成为市民休闲娱乐的理想场所，鲜花港通过对花卉生产的有机组织和对流通与加工的规模化运作，实现生产与消费的真正链接，同时对花卉产业链的各环节进行严格控制，强化源头控制和全程监管。芳菲花语、户外婚礼、小学生大课堂等特色项目的策划，极大地增强了鲜花港的后续发展动力。

图 3　北京国际鲜花港

2.4　小结

基于以上分析，为花博会后续利用带来诸多启发，可将会后利用借鉴要点归纳为以下 4 点：

首先要打造自身特色产品，形成品牌，吸引旅客；其次要功能多样，提高场地内活动丰富性与趣味性，让游客不会枯燥无味；同时体验式项目的设立可很好地将游客融入旅游场地中来，还可增加经济收益；最后旅游地的吸引力要做到不受季节影响，在每个季节都有品牌活动可以招揽游客。

3　中国西太湖花卉博览会后续利用发展思路

3.1　中国西太湖花博会简介

第八届中国花卉博览会，于 2013 年 9 月 28 日在常州市武进区西太湖畔盛大开幕（图 4、图 5）。常州花博会主要以西太湖畔主展区和辅展区组成，辅展区"一场五园"，"一场"即中国花卉交易会会场——夏溪花木市场，"五园"即江南花都产业园、紫薇园、玫瑰园、艺林园、盆景园。而花博会结束后如何进行后续利用，社会各界讨论不一。场馆管理者也采取了各种措施加强其场馆的后续利用效率。

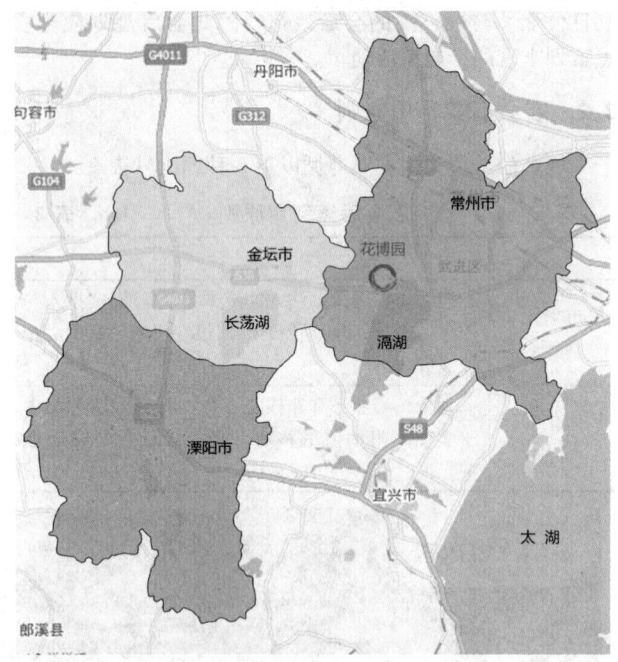

图 4　中国西太湖花博园区位图

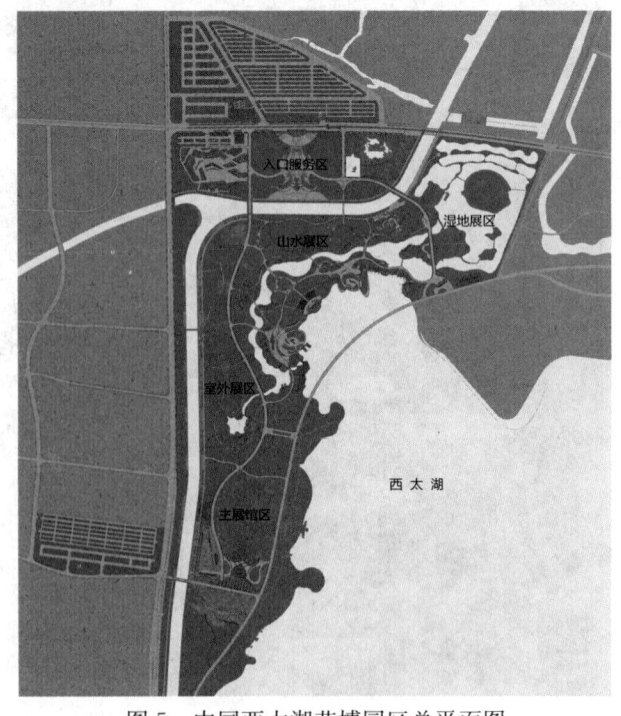

图 5　中国西太湖花博园区总平面图

3.2 展会后续利用发展思路——打造"花木产业引领性主题公园"

近年来，休闲已成为我国旅游发展的重要契机，休闲产业已成为第三产业的重要增长点，休闲旅游业发展前景广阔，世界旅游组织（WTO）预测，到2020年中国将成为全球旅游第一大国。其中，主题公园是我国主要的休闲旅游产品之一。常州作为主题公园之都，中华恐龙园、环球动漫嬉戏谷、淹城春秋乐园等主题公园的成功打造为西太湖发展主题公园式休闲旅游奠定了良好的基础，带来极大的启发与借鉴。

目前，中国花卉苗木产业的规模也在稳步发展，2010年，全国花木总种植面积达91.76万hm^2，销售额862.00亿元，分别是2000年的6.2倍和5.4倍（表3）。花木产业生产格局基本形成，科研创新能力也在不断加强，花木产业市场初具规模，随着中国的消费升级，花木消费行业必将蕴含巨大的投资机会。

2010年全国花木产业基本情况　　　表3

	种植面积（万hm^2）	销售额（亿元）
总量	91.76	862.00
鲜切花	5.09	105.88
盆栽	8.30	199.69
观赏苗木	50.19	434.76

常州花卉苗木产业生产已呈现规模化，整体以苗木为主导，产业链在不断延伸，起到明显的增收作用。常州花卉苗木在发展中注重优势产区的培育，已形成了两大花木经济板块，其一是洮滆花木主产区，是全省最具特色、规模最大的花木区之一。2000年嘉泽镇被国家林业局、中国花卉协会命名为"中国花木之乡"、"全国花木生产示范基地"，全镇90%以上的农户从事花木生产。嘉泽镇花木市场是中国第一家年销售额突破百亿的花木市场。因此，打造花木引领性主题公园，将具有广阔的发展潜力。

基于以上分析研究，为完善城市整体功能布局，结合花博会功能内涵，增强长远影响力，规划将花博会后续利用功能定位为：延续常州经验，打造常州新一代主题公园，形成中国"主题公园之都"的新名片；瞄准高端市场，缔造品牌产业，创建苏南高端花木产业基地；提升场地内涵，优化文化品质，建立常州市首个花文化体验中心；华丽转身、持续绽放、永不落幕，创造会展再利用的新模式典范（图6）。

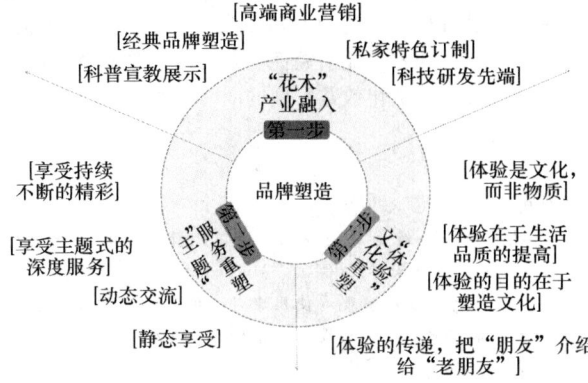

图6　展会后续利用发展框图

4 中国西太湖花博会后续利用功能策划

西太湖花博会的后续利用主要以花木产业、主题体验为两大功能板块，两个板块相互支撑、相辅相成。

4.1 花木产业旗舰项目

花木产业包括研发培育、品牌专销、定制展销、高端商洽、科普宣教、文化创意（表4）。

花木产业旗舰项目策划　　　表4

项目名称	分类	内容
研发培育	名花育种中心	培育花木珍贵品，创建真正的名品宝库
	月季新品种培育中心	研发月季新品种，研究成果可成为产品，销售各处
	西太湖生态实验室	建立天然实验室，在研究的同时，美化环境、净化水质
品牌专销	"西太湖"花木精品专销	实施"西太湖"品牌战略，形成完整产业线，规范"西太湖"外销形象
	花木衍生精品	衍生精品主要涵盖精油、鲜花饼、花瓣手工皂等，并举办不同主题专类展览会
文化创意	花卉艺术工坊	为园艺家提供创作空间，并售卖艺术品和指导花卉艺术品制作
	花文化展示交流	集中展示世界各地的花卉品种，并进行花卉培育经验交流及花文化的传播普及
	科技创意	研究花卉对生态的作用，开发新型花卉及一些附属产品
定制展销	私家庭园体验与定制	根据不同主题打造不同实际案例，倡导"体验式营销"，增强互动性与体验性，激发想象与灵感
	私家花园阳台体验与定制	
	场景花卉体验与定制	
高端商洽	花木商务洽谈	承接洽谈场地，组织花木交易展览会，扩大交流合作
	花木行业论坛峰会	举办花木行业论坛峰会，将花木节、交易会、设计论坛等有机结合
	产品发布推介	举办相关发布推介会，专注发布会策划、媒体邀请等
科普宣教	花木认知	进行花木认知讲解，同时开展植物认知、贴牌比赛
	园艺培训	开设相关课程，普及基础知识，培养对植物的兴趣
	自然课堂	增加边缘树种的引进，使游人接触不同季节、不同地理位置的品种

4.2 主题体验旗舰项目

主题体验包括主题游赏、节庆活动、都市园艺、园艺疗法、有氧休闲、场景拍摄（表5）。

主题体验旗舰项目　　　　表5

项目名称	分类	内容
主题游赏	花卉色彩迷宫	以修剪苗木构成迷宫骨架，配以特色园林小品
	花车巡游	用各色花卉装饰巡演车，穿行于核心区域
	四季花田游赏	大面积种植薰衣草、罂粟等，打造四季花田
	世界国花园	展览各国国花，配以花卉知识介绍，形成青少年科普为主的主题展馆
节庆活动	国际花坛设计展	邀请设计大师来设计创意花坛，举办设计竞赛
	插花艺术节	开展插花艺术节，塑造艺术节品牌文化
	家庭园艺大赛	可举办专家讲堂、家庭花艺栽培知识普及、花艺园艺爱好者交流等
	"相遇在花海"	提供特定场所，与相关媒体合作，举办恋爱、相亲活动
都市园艺	家庭园艺	培育、提供花卉和苗木，并提供售后服务
	花田认养	公园亲子主题的重要环节，公园负责提供材料及技术支持
	爱的见证花园	游客可挑选全家属意的"家族树"或"家族花"
园艺疗法	花卉SPA	SPA所精心营造的氛围别具情调，体验由"花浇出的温柔"
	色彩花园	利用颜色的变化引导人体能量中心达至平衡状态
	芳香疗法	利用植物所提供的自然能量，使人们逐渐重视与喜爱，以提升整体素质
场景拍摄	婚纱摄影外景地	提供特色场地、器材，并进行专业指导
	青春偶像剧拍摄基地	
	微电影拍摄基地	

续表

项目名称	分类	内容
有氧休闲	环湖慢跑	铺置环湖慢跑道，定期组织慢跑活动
	康体自行车	挖掘湖滨地区的生态与景观特色，布置康体自行车游线
	水上运动	充分利用水体资源，布置相关活动和竞赛，规划儿童水上乐园
	热气球观花	提供浪漫又立体的观光体验

4.3 后续利用运营策略

采取Business to Business to Customer（即企业—企业—消费者，简称B-B-C）运营模式，减少招商和管理成本，拓展服务供给和利润获取模式，最终实现"B-B-C"共赢。同时实行分阶段发展策略，设立四阶段发展运营战略目标。第一阶段实现平稳过渡；第二阶段提升大型活动；第三阶段促进商务消费增长；第四阶段实现综合事业成就。并根据不同季节开展不同的主题活动，如春季开展"相遇在花海"主题活动，夏季进行主题游赏等，构建四季持续的系统体验，围绕游客形成构建综合经营体系，提出《花木产业博览园游玩攻略》，吸引不同客户群，打造永不落幕的花博会。

5 结语

西太湖花博会区位环境优越，且具有明显经济优势，基础设施完善，但仍存在距离中心城区过远，针对一般散客较多，体验方式单一等问题。但内部的优势与劣势也为花博会后续的发展带来全新的机遇与挑战。

虽然目前周边有较为成熟的主题公园分散客流和收益，且存在产业链发展尚不成熟、辐射面较窄的问题，但随着民众对旅游休闲需求的增加，以及常州主题公园发展的大趋势的影响，西太湖花博会仍有着巨大的后续发展潜力。因此，在"国字号"花博会的影响力和品牌效应下，基于周边花木产业的发展支撑，结合创新的招商运营模式，同时发挥现有区位、环境、交通等优势，深入挖掘西太湖核心品牌价值，通过品牌重塑，传达"产业体验"的理念，形成"花木产业引领性主题公园"典型模式，在促进经济、社会、文化效益发展的同时，实现花博会后续利用的可持续发展。

参考文献

[1] 李楠. 世博会对上海经济的影响：经验研究与现状分析[D]. 东北财经大学. 2010.
[2] 胡杰冰. 基于使用表现和使用者评价的国内园林博览会会后利用调查研究——以西安、济南、深圳为例[D]. 北京林业大学. 2013.
[3] 戴光全，保继刚. 大型事件活动的特点和场馆的性质转变

[J]. 热带地理，2005，25(3)：259.

[4] 张建雄，编著. 列国志——荷兰[M]. 北京：社会科学文献出版社，2003，8.

[5] 国际园艺博览会 Florium109[J]. 1989.

[6] 查爱萍. 历届世博会后续利用综述[J]. 商场现代化，2007(504).

[7] 王希雯. 花卉产业综合体(鲜花港)的发展及规划设计——以常州武进原江南花都花卉产业园(高科花圃)为例[D]. 南京农业大学. 2012.

作者简介

张硕，1992年6月生，女，汉，吉林白城，北京林业大学园林学院风景园林在读研究生，Email：799209926@qq.com。

钱云，1979年5月生，男，江苏太仓，博士，北京林业大学园林学院副教授，从事城市规划与设计，Email：qybjfu@126.com。

张云路，博士，北京林业大学园林学院讲师，主要研究方向：乡土旅游区地产景观项目、村镇景观规划设计、商业环境规划设计、旅游规划研究等。

济南原生植物在生态城市建设中的应用研究

Application Research on Jinan Native Plants in the Ecological Urban Construction

张 云 陈 梅

摘 要：本文以济南市区域范围内的 1022 种原生植物为对象进行选择，选择出适应济南生态城市建设的原生植物 34 种。对初选的对象进行栽培实验，观察其在栽培条件下的生态适应性、稳定性、观赏性及物候变化情况。对选择出的 34 种原生植物进行了繁殖试验，提出原生植物的有效繁殖手段。并对选择的原生植物在栽培管理中的技术规范进行了探索。

关键词：原生植物；繁殖；栽培；研究

Abstract：This paper chooses 1022 kinds of native plants within the Jinan area for the object. Choose 34 kinds of native plants to adapt to the Jinan ecological city construction. Make the primary objects grow and test. Observe them ecological stability, adaptation, Ornamental and the situation of phenological changes under the growing conditions. Reproduction Test was given to 34 kinds of the native plants. The effective reproduction methods were raised to the native plants. The technical specification was explored in the management of cultivation of the choice of native plants.

Key words：Native Plants；Reproduction；Cultivation；Study

1 试验地的基本情况

试验地在济南市园林苗圃。该地地势平坦，土质为壤土，土壤肥沃，灌溉条件良好。年均温度 13.6℃，极端高温 42.5℃，极端低温 －24.5℃；年降水量 600—700mm，其中 65％集中在夏季，春冬的降水量仅占全年的 30％；年蒸发量 2200mm；年无霜期 220 天。

2 实验材料的栽植与管理

从 2007 年 2 月下旬开始，陆续从山地、沟渠等处选择观赏价值高的原生植物，一直持续到 2008 年 5 月下旬。选择的木本及草本、藤本类的原生植物大部分来自济南市东部山区和南部山区，水生（湿地）植物来自于黄河北桑梓店附近的沟渠内。采集木本植物有青檀、胡枝子、大花溲疏等 15 种；草本、藤本植物有山麦冬、地榆、龙牙草、楼斗菜、大叶铁线莲等 20 种；水生（湿地）植物有红蓼、眼子菜等 10 种（表 1）。

表 1

项目 品种		采集标本	采集时间	采集地	栽植时间	播种、栽植数量	保存数
木本：							
青檀		种子	2002 年秋	龙洞佛峪	2003 年播种	1500 株	1102 株
毛梾		种子	1991 年秋	开元寺	1992、2007 年播种	6000 株	5538 株
小叶朴		种子	1995 年秋	龙洞佛峪	1996、2006 年播种	300 株	276 株
丝棉木		种子	1994 年秋	龙洞佛峪	1995 年播种	200 株	103 株
海州常山		种子	2003 年秋	龙洞佛峪	2004 年播种	56 株	23 株
杜梨		植株	2007.3.5	龙洞佛峪	2007.3.5	4 株	1 株
		种子	2007 年秋	龙洞佛峪	2007.3.18	2000 株	2000 株
胡枝子		植株	2007.2.24	龙洞山区	2007.2.24	35 株	26 株
		种子	2007 年秋	龙洞山区	2007.4.10	1800 株	1800 株
大花溲疏		植株	2007.2.24	龙洞山区	2007.2.24	18 株	10 株

续表

品种 \ 项目	采集标本	采集时间	采集地	栽植时间	播种、栽植数量	保存数
卫矛	植株	2007.3.6	龙洞山区	2007.3.6	23株	18株
陕西荚蒾	植株	2007.3.6	龙洞山区	2007.3.6	19株	12株
锦鸡儿	植株	2007.3.8	龙洞山区	2007.3.8	25株	8株
小叶鼠李	植株	2007.3.10	罗庵寺	2007.3.10	8株	7株
华东菝葜	植株	2007.3.8	龙洞山区	2007.3.8	12株	8株
扁担杆子	植株	2007.3.8	龙洞山区	2007.3.8	5株	5株
大果榆	植株	2007.3.8	龙洞山区	2007.3.8	4株	4株
草本、藤本：						
山麦冬	植株	2007.3.10	千佛山	2007.3.10	4墩	16墩
野鸢尾	植株	2007.3.10	罗庵寺	2007.3.10	4株	3株
紫花地丁	植株	2007.3.10	千佛山	2007.3.10	30株	75株
地榆	植株	2007.3.10	千佛山	2007.3.10	5株	13株
龙牙草	植株	2007.3.10	龙洞	2007.3.10	8株	23株
狼尾草	植株	2007.3.10	佛慧山	2007.3.10	6墩	45墩
耧斗菜	植株	2007.3.18	龙洞	2007.3.18	10株	24株
蛇莓	植株	2007.3.18	龙洞	2007.3.18	40株	208株
诸葛菜	植株	2007.3.19	千佛山	2007.3.19	6墩	36墩
费菜	植株	2007.3.19	千佛山	2007.3.18	11墩	75墩
大叶铁线莲	植株	2007.3.6	龙洞	2007.3.6	5株	13株
南蛇藤	植株	2007.3.6	龙洞	2007.3.6	2株	2株
石血	植株	2007.3.6	龙洞	2007.3.6	40株	25株
葎叶蛇葡萄	植株	2007.3.6	龙洞	2007.3.6	2株	2株
马蔺	植株	2007.3.6	千佛山	2007.3.6	10墩	19墩
画眉草	植株	2007.3.12	千佛山	2007.3.12	10墩	45墩
毛地黄	植株	2007.3.12	千佛山	2007.3.12	5株	20株
圆叶延胡索	植株	2007.3.10	龙洞	2007.3.10	40株	8株
老鸦瓣	植株	2007.3.10	龙洞	2007.3.10	20株	2株
曼陀罗	植株	2007.3.10	龙洞	2007.3.10	6株	15株
水生（湿地）：						
红蓼	植株	2007.4.9	黄河北	2007.4.9	1	35株
慈姑	植株	2007.4.9	黄河北	2007.4.9	15株	420株
泽泻	植株	2007.4.9	黄河北	2007.4.9	15株	102株
田字萍	植株	2007.4.9	黄河北	2007.4.9	10墩	350墩
眼子菜	植株	2007.4.9	黄河北	2007.4.9	10墩	204墩
萍蓬草	植株	2007.4.9	黄河北	2007.4.9	6株	39株
茭白	植株	2007.4.9	黄河北	2007.4.9	15株	430株
小香蒲	植株	2007.4.9	黄河北	2007.4.9	15株	870株
千屈菜	植株	2007.4.9	黄河北	2007.4.9	15株	130株
芦苇	植株	2007.4.9	黄河北	2007.4.9	15株	150株

2.1 原生植物的栽植与管理

2.1.1 栽植

在植物栽植前，选择管理方便、安全，排水良好的地块，按照栽植计划整地、做垄。整地前按照每亩150kg的数量撒施硫酸亚铁药土，按照每亩2.5kg的数量撒施50%的辛硫磷颗粒，杀灭地下病虫害。并按植物材料的大小提前挖好栽植坑备用。

（1）木本植物

对于来自山区的木本植物材料，其根系须根很少、长势弱、干性差，不易成活。一是注意保护，放置在阴凉处或泥浆沾根，并喷施蒸腾抑制剂。二是缩短起挖和栽植时间，要做到当天起挖，当天栽植。三是按照植物的生长习性和栽植规划进行栽植。四是适当修剪，必要时重剪。五是及时浇灌和抚育，确保植物材料的成活。六是成活后按照常规技术措施管理，提高成活率。

（2）草本植物

草本植株一般是成片分布，根系生长土层薄，根系须根系比较发达，移植圃地后我们主要进行了分株处理，分株时注意分株均匀及保持株行距，栽植土层深浅适宜，先期以喷灌的方式为主，以防大水浇灌把根系冲刷外露。

（3）水生（湿地）植物

水生（湿地）植物都是野生种，其适应范围很广泛，栽植时根据其生物学特性，在不同的水位池里进行栽植。

2.1.2 管理

原生植物都是野生的乡土植物，其木本、草本、藤本植物大部分生长在干旱山区，耐干旱、贫瘠；其分布范围广，习性差异很大，部分不耐水湿，部分植物喜半阴环境；水生植物适应性强，但在管理期间病虫害有发生。苗木栽植两年来（2007年、2008年）春夏两季降水量明显多于济南近十年来的平均降水量，我们在苗木栽培管理期间特别注意立地环境的改变而带来的影响，从养护管理的几个方面注意调整。

（1）浇水

木本和草本、藤本植物的适应性强，耐土壤干旱。我们在栽植初期连续三次透水浇灌后，在植物成活后，根据每月降水情况，酌情适量补水，一般1—5月份15天浇水一次。

在雨季要防止植物受涝，随时注意栽植地的排水，保持排水通畅。杜梨、小叶朴在连续水湿条件下，叶片萎缩发黄，雨季在植株根系基部开槽放水，以防根系周围积水影响植物生长。

水生（湿地）植物要根据其不同生长期的不同生长势，控制池中水位的高低，保证水生植物生长良好。

（2）施肥

我们所选择的原生植物大多来自山区及沟河、池塘边，其抗性强，耐土壤贫瘠。管理中我们在生长季施少量的氮肥，以增强生长势。

但有些草本植物原是生长在山区、幽谷中，土壤贫瘠，生长势弱，株型小巧，整体效果雅致。移植圃地后，土壤肥沃，水肥管理充足，反而造成植株长势过强，形成株体凌乱徒长的趋势，极大地影响了绿化的美观效果。例如地榆、龙牙草，由山地的匍匐生长形态演变为圃地的高生长形态。对于这样的品种，要合理地控制水肥的供给，因势利导，做到适树适管，不一味地加强水肥管理，使其可保持其原始形态。

（3）病虫害防治

原生植物具有较强的抗病虫能力，但有时由于排水欠佳或施肥不当及其他原因，也会引起病虫害发生。

大面积草本植物栽植，最容易发生的病害是立枯病，能使成片的苗木枯萎，可采取多菌灵500倍液灌根方式给予防治，阻止其蔓延扩大。

木本植物最易发生的虫害是蚜虫和白粉虱。虫情发生后叶面喷洒久久磷3000倍液防治。

水生（湿地）植物发现有麻斑病、锈病、斑枯病和大螟等病虫害发生，叶面分别喷洒多菌灵800倍液和杀灭菊酯3000倍液防治。

（4）修剪

乔木类木本植物株型开阔，顶端优势强，一般不需要修剪。但青檀在幼龄期干性极弱，应注意竞争枝的剪除，并及时绑杆扶正。

灌木类木本植物，株型小，有的干性弱，如小叶鼠李、大花溲疏等，需注意及时修剪定主干。

藤本类植物因其具有攀援特性，而且喜半阴环境，注意修剪时让其茎须缠绕在立木上。

草本类植物较少修剪，但为了维持较好的景观效果，一般一年剪一次，在早春修剪最好。这样冬天还可欣赏到霜和雪在叶片上的景致。

水生（湿地）植物都是野生种，其自身繁殖能力极强，为避免长期栽植后其覆盖率大面积增加而影响观赏效果，在必要时进行适当的调整更新。我们在夏、秋两季对其根系进行疏剪，适当控制生长势，在生长季及时拔除杂草。

3 原生植物在栽培条件下各种性状调查

3.1 调查方法

从植物栽植开始，每天早上观察植株的生长表现，作详细记录。

生态适应性：木本和草本、藤本植物由原来干旱、贫瘠及大部分阴湿的山地沟谷林缘地带移植到土壤肥沃、水分充足、阳光直射条件下的圃地，生长的立地环境发生了质的改变，观察栽培植物的移植成活率、耐湿性、喜阳性的生态适应性变化。

植株生长势：原生植物的生态环境发生了改变，植物的生长适应能力也随之改变，观察栽培植株的生长势。

植株生长健壮，枝叶繁茂，叶色正常，生长势为强。

植株生长正常，枝叶量一般，叶色正常，生长势为中等。

植株生长一般，枝叶稀少，叶色差，生长势为弱。

观赏价值变化：原生植物的生态环境发生了改变，其形态特征的变化差异。

评定分级标准指标如表2：

表2

级别	木本植物植株长性状表现	草本及藤本、水生植物植株生长性状表现
强	苗木成活率85%以上，枝叶繁茂，叶片不萎蔫变黄脱落，植株生长不受影响	生长旺盛，株型紧凑，叶片颜色正常
中等	苗木成活率60%—85%，枝叶柔弱，叶片萎蔫变黄脱落，但落叶量小于30%，植株生长稍受影响	生长一般，株型分散，叶片颜色浅
弱	苗木成活率60%以下，枝叶稀疏，叶片萎蔫变黄脱落，落叶量在30%—70%之间，植株存活，但生长几乎停止	生长瘦弱，株型凌乱，叶片颜色不正常

3.2 结果及分析

采集的原生植物材料大部分适应性强，生长旺盛，观赏价值高。其中锦鸡儿、圆叶延胡索、老鸦瓣因栽植成活率极低被淘汰；小叶鼠李、华东菝葜因生长势弱被淘汰；大果榆、扁担杆子、毛地黄因观赏价值低被淘汰；曼陀罗因花期较短，观赏价值低被淘汰；千屈菜、芦苇因园林应用已很广泛，景观效果稍逊被淘汰（表3）。

表3

品种	成活率	喜阳性	耐阴性	耐湿性	生长势	观赏性
木本：						
青檀	91%	强	弱	弱	强	强
毛梾	97%	强	弱	弱	强	强
小叶朴	94%	强	弱	中等	强	强
丝棉木	98%	强	中等	中等	强	强
海州常山	96%	强	弱	弱	强	强
杜梨	92%	强	弱	弱	强	强
锦鸡儿	35%	强	弱	弱	强	强
胡枝子	90%	强	中等	中等	强	强
小叶鼠李	93%	强	中等	中等	中等	中等
大花溲疏	98%	强	中等	弱	强	强
卫矛	98%	强	中等	弱	强	强
陕西荚蒾	95%	强	中等	弱	强	强
华东菝葜	65%	强	中等	弱	弱	强
扁担杆子	100%	强	中等	中等	强	中等
大果榆	98%	强	中等	中等	强	中等
草本、藤本：						
南蛇藤	98%	强	强	中等	强	强
葎叶蛇葡萄	98%	强	中等	强	强	强
石血	70%	弱	强	强	中等	强
山麦冬	100%	强	中等	中等	强	强
野鸢尾	80%	强	弱	弱	中等	强
老鸦瓣	10%	中等	强	强	弱	强
紫花地丁	100%	中等	强	强	强	强
地榆	100%	强	中等	中等	强	中等
龙牙草	100%	强	中等	中等	强	强
狼尾草	100%	强	中等	中等	强	强
楼斗菜	100%	中等	中等	弱	强	强

续表

品种	成活率	喜阳性	耐阴性	耐湿性	生长势	观赏性
蛇莓	100%	强	强	中等	强	强
圆叶延胡索	20%	中等	强	中等	弱	强
诸葛菜	100%	中等	强	强	强	强
费菜	100%	强	弱	弱	强	强
大叶铁线莲	100%	强	强	中等	强	强
画眉草	100%	强	弱	中等	强	强
马蔺	100%	强	强	中等	强	强
毛地黄	100%	强	强	中等	强	中等
曼陀罗	100%	强	弱	弱	强	中等
水生（湿地）：						
红蓼	100%	强	强	强	强	强
慈姑	100%	强	强	强	强	强
泽泻	100%	中等	强	强	强	强
田字萍	100%	中等	强	强	强	强
眼子菜	100%	强	强	强	强	强
萍蓬草	100%	强	强	强	强	强
茭白	100%	强	强	强	强	强
小香蒲	100%	强	强	强	强	强
千屈菜	100%	强	强	强	强	中等
芦苇	100%	强	强	强	强	中等

4 繁殖试验

根据各原生植物的植物学特征、生物学特性，我们分别采取了不同的繁殖方法进行了品种繁殖试验，皆取得了成功。

4.1 木本植物

木本植物采取播种繁殖方法，已播种繁育青檀、毛梾、小叶朴、丝棉木等大量苗木，2008年又播种杜梨、文冠果、青榨槭、胡枝子，目前苗木长势良好。通过试验，证明木本植物的繁殖方式——播种是最简捷、繁殖系数最高的繁殖方法；扦插繁殖对于灌木类以及不易采种的木本品种，也是一种简便易行的无性繁殖方法，更能保持原有品种的优良性状，而且繁殖成活率也很高。

4.2 草本植物

草本植物根据不同的种分别采取分株、播种、扦插方法进行了试验，2008年5月16日，我们扦插了费菜、蛇莓，采取了嫩枝、插根两种方式；通过试验，证明我们所选择的草本植物繁殖系数大，繁殖方式多样，繁殖成活率高，繁殖方法简单。我们选择的藤本植物扦插成活率很高，繁殖方法简单，便于操作。

4.3 水生植物

根据其植物学特征，我们采取了分株的繁殖方式，红蓼：播种前5天混沙催芽，播种前一星期平整苗床，然后浸水；播时苗床喷雾洒水，播后表层覆盖2—3cm的细土，然后覆地膜。出苗率达100%。通过试验，证明水生植物的自繁能力极强，分株方式成活率极高，其繁殖系数最大，适合任何水域生长。

5 结论

本研究以济南市区域范围内的1022种原生植物为对象进行选择。对初选的对象进行栽培实验，观察其在栽培条件下的生态适应性、稳定性、观赏性及物候变化情况。选择出适应济南生态城市建设的原生植物34种。对选择出的34种原生植物进行了繁殖试验，提出原生植物的有效繁殖手段。对选择出的34种原生植物根据生态学特性和观赏价值，提出在城市园林绿化中的应用密度、配置和组成。但是由于时间较短，本研究还存在一些问题需要进一步解决。如初选的原生植物大都生长在条件比较瘠薄的山区，路途相对较远，虽采集的植物材料不少，受成活率影响，存活的植物材料相对不足，本研究某些方面的准确性还待研究；再如，对选择植物的其他方面的抗性研究也仅仅停留在质的方面，从矛盾的两个方面来说，抗干旱强的植物，一般来说就不耐水湿，特别是对来自山区的植物，也需要对这些方面的抗性做量化的研究和分析。同时，原生植物资源尚有很多未被深入挖掘利用，所有这些，都需要较长时间和进一步的研讨，筛选出更多更好的植物材料，为园林绿化做好基础。

参考文献

[1] 《中国植物志》. 林业出版社，1959.
[2] 贺士元，刑其华，尹祖堂编.《北京植物志》. 1992年修订版.
[3] 陈汉斌主编.《山东植物志》. 青岛出版社，1997.5.
[4] 吴玲主编.《地被植物与景观》. 中国林业出版社，2006年1月.
[5] 将永明，翁智林编著.《园林绿化树种手册》. 上海科学出版社，2002.9.
[6] 李作文，王玉晶主编.《观赏树木图谱》. 辽宁人民出版社，1999.1.
[7] 赵世伟，张左双主编.《中国园林植物彩色应用图谱》. 中国城市出版社，2004.4.
[8] 《济南地区植物资源普查》. 2007.7.
[9] 尹吉光主编.《图解园林植物造景》. 机械工业出版社，2007.4.
[10] 陈有民.《园林树木学》. 中国林业出版，1988.

作者简介

张云，本科学历，高级工程师，从事植物引种选育及绿化管理工作，现供职于济南森林公园管理处，Email：470921491@qq.com。

《国家园林城市标准》的演进与展望

Evolution and Prospection of the National Garden City Standard

赵婧达 刘 颂

摘 要：为了平衡经济发展和环境保护，谋求长远的可持续发展，原建设部于1992年依据我国国情提出创建"园林城市"。22年来，先后有252个"园林城市"入选，同时《国家园林城市标准》也在不断变化完善。本文通过对比研究不同版本的《国家园林城市标准》，从整体框架上把握，从局部细节处入手，总结分析《国家园林城市标准》的演进特征及其在推动城市发展等方面发挥的重大作用。
关键词：园林城市；标准；演进特征；作用

Abstract: In order to balance economic development and environment protection, pursue on the long-term sustainable development, in 1992, the ministry of construction put forward to an award named "Garden City". After 22 years, there are 252 cities got the award "Garden City", and during the time the "Standard of National Garden City" reedit 4 times. Comparing the different versions, grasping from the overall framework and details, this paper attempts to sum up the characteristics of evolution of "National Garden City Standard". Also hope to play a major role of promoting the development of city.
Key words: Garden City; Standard; Evolution Characteristics; Role

1992年6月，联合国环境与发展大会在巴西里约热内卢召开，中国政府代表团出席会议并签署了《生物多样性公约》，宣布我国"经济建设、城乡建设和环境建设同步规划、同步实施、同步发展"的方针。一方面为了履行承诺，另一方面为了城市更好地科学发展，建设部于1992年制定了国家"园林城市评选标准（试行）"，[1]并于同年12月授予合肥、北京、珠海三座城市为"国家园林城市"称号。之后的22年间，《国家园林城市标准》经过四次修订，先后有252座城市获此殊荣，全国城市的生态环境有很大改善。

1 《国家园林城市标准》的发展历程

1992年，建设部在一系列城市环境综合整治（"绿化达标"、"全国园林绿化先进城市"等）政策的基础上，根据当时园林绿化事业起步不久，全国城市绿化普遍低下的情况，基于国情提出创建"园林城市"的号召，并于当年制定了《园林城市评选标准（试行）》（以下简称92版）。但由于时代的局限，标准中指标的选择仅关注城市的绿化美化。

1996年，城建司在总结已评选出的"园林城市"的工作经验时，针对实际工作中出现的问题，进行了新一轮的征求意见，进一步修订完善了"园林城市"试行标准，[2]将92版中十条评价标准扩充为新标准（以下简称96版）中的十二条，实现了与《城市绿化条例》的初步对接。并且受到生态理念等新兴理论的影响，首次将生态环境建设纳入考核评价体系中，要求搞好城市环境综合治理，大气环境良好，水环境良好，各项环保监测指标均不超过规定标准，城市热岛效应缓解，环境效益良好。[3]

城市化高速发展的同时，城市基础设施建设发展严重滞后的现象也日益凸显。为了更好地创建国家"园林城市"，优化城市环境，提高城市竞争的软实力。建设部于2000年5月制定了《创建国家园林城市实施方案》及《国家园林城市标准》（以下简称00版）（建城[2000]106号）。00版以96版为基础，对评价体系和指标选取都进行了改变。尤其是增加了市政设施的评价内容，提出实施城市亮化工程，效果明显，城市主次干道灯光亮灯率97%以上，这标志着"园林城市"建设由单一的绿化美化，走向了多元化。

2002年出台《城市绿地分类标准》（CJJT_85—2002）、《城市绿地系统规划编制纲要（试行）》（建城[2002]240号）、《城市绿线管理办法》（中华人民共和国建设部令第112号）、《园林基本术语标准》（CJJT 91—2002）四部条例标准，进一步规范了城市绿化工作，推动"园林城市"建设进入新阶段。因此，建设部于2005年新修订《国家园林城市标准》（以下简称05版）。05版基本延续00版的框架和内容，但对三大指标的划分依据进行了细化，由之前的粗略按照城市规模改为按照人口数量作为衡量依据，并且对指标取值进行了提升。

经过近20年"园林城市"的建设与发展，到2010年"园林城市"的概念内涵、建设目标发生了很大的变化，为更好地开展国家园林城市创建活动，切实推进城市园林绿化事业的发展，结合《城市园林绿化评价标准》（GB/T 50563—2010）的贯彻实施，住建部对《国家园林城市申报与评审办法》、《国家园林城市标准》（以下简称10版）进行了修订。2010版囊括了绿化、生态、市政、

---

① 国家自然科学基金项目（51378364）。

节能、人居、保障等8大类评价指标，确立了"园林城市"多元化、综合化发展的目标。

综上所述，自1992年到2014年，《国家园林城市标准》经过4次修订。其发展历程大致可以划分为三个阶段，第一阶段为基础奠定期，包括92和96版，这一阶段奠定了标准的基本评价体系，但只局限于绿化建设。第二阶段为多元初始期，包括00版和05版，打破了前一阶段局限于单一的园林绿化评价体系，开始融入生态环境、市政建设等评价指标，标志着"园林城市"评价多元化的开始。第三阶段为丰富提高期，以10版为开端，"园林城市"的评选朝着涵盖面大，指标要求高的方向发展。

2 《国家园林城市标准》的演进特点

2.1 评价项目内容多元化

1999年建设司年度工作计划中明确提出，要以创建园林城市为重点，带动洁净能源的使用，污水处理、垃圾处理等市政建设[4]。自此，"园林城市"的评价项目不再限于绿化美化。经过不断的发展实践，"园林城市"目前已经成为一个综合性很强的概念，体现其社会、经济、环境协调统一的复合特性。[5]从92版只针对绿化美化进行评价的10个条目（城市绿化系统规划、绿化指标、道路绿化、公园绿化、居住区绿化、单位庭院绿化、个人参与、防护及生产绿地、绿化管理、城市风貌），经过修订完善，10版已成为囊括综合管理、绿地建设、建设管控、生态环境、节能减排、市政设施、人居环境、社会保障8大方面的多元化评价标准（表1）。

历版《国家园林城市标准》指标项分类统计表

表 1

版本类别	92版	96版	00版	05版	10版
综合管理	5	6	8	8	9
绿地建设	9	11	14	15	18
建设管控	2	2	8	8	15
生态环境	—	3	4	5	7
节能减排	—	—	—	1	6
市政设施	—	—	6	8	9
人居环境	1	1	1	1	5
社会保障	—	—	—	—	5
评价条目总计	17	23	41	45	74

注：表中数字表示该版此分项的条目数。

2.2 评价指标细化

经过了前两个阶段的积累，"园林城市"内涵的扩展、建设工作的深入开展，都需要建立更为全面、综合的评价指标。而对其的选择既要注重不同学科、不同角度、不同要素的相互融合，更要注重对其进行分类、细化。只有合理的分类筛选和细化，才能够用更为准确的指标来反映"园林城市"的建设水平。因此，10版对评价体系进行了扩展完善，对许多标准进行了拆分、细化、扩展与归类，将评价指标划分为8类74项（表1）。对于生态环境、节能减排、市政设施、人居环境、社会保障等方面都提出了明确的细化指标要求。并且注意保持各个指标的独立性，减少各指标之间的内涵重叠。这使创建工作更有据可依，建设更为科学合理。比如05版中提出城市湿地资源得到有效保护，有条件的城市建有湿地公园。[6]针对"有效保护"这一规定较为笼统模糊的情况，10版中将其深入细化为：已完成城市规划区内的湿地资源普查、已制定城市湿地资源保护规划和实施措施。[7]

2.3 标准水平逐步提高

"园林城市"的建设发展是一个动态化的过程，标准要指导城市建设的发展，需要具有前瞻性和适当提高的指标，才能对城市绿化建设提出更高的要求，才有利于提高城市的建设发展水平。从92版发展到10版，定量指标不断增加，而且指标水平也在逐渐提高。10版注重对达标率的评判，如"公园绿地服务半径覆盖率"、"城市新建、改建居住区绿地达标率"、"城市公共设施绿地达标率"、"城市防护绿地实施率"等等则标志着指标选择开始向定性、定量、定质三合一的方向发展，使评选更为科学、全面、保质保量。

2.4 指导性、操作性逐步增强

2.4.1 注重对接相关规范标准

92版颁布时，正值我国绿化事业刚起步，各方面都不够健全完善，一些关键性问题没有解决统一。但随着"园林城市"评选活动的发展，相关经验的积累，之后的版本修订中都更加注重与相关的法律法规条例进行对接。如10版标准直接以《城市园林绿化评价标准》（GB/T 50563—2010）作为依据，并且增加了节能减排、人居环境、社会保障3项评价内容。[7]

2.4.2 注重弥补前期的漏洞与不足

针对前几版《国家园林城市标准》中重视绿化数量，忽视质量考量的问题，10版增加了通过分区标准提高对空间绿化质量的控制，如在10版中提出城市各城区人均公园绿地面积最低值这一项评价指标，明确了公园绿地均匀分布的建设导向。

2.5 考核目标更加全面

从创建人与自然和谐共处的和谐社会，到生态文明建设，"园林城市"在其中都起着不可估量的作用。"园林城市"最初的目标就是为了优化大众的生活环境，因此在强调生态文明的今天，标准的制定也完成了从单纯只关注环境到着重改善人与环境关系的转变。如10版提出社会保障类的评定指标，对于住房保障率、保障性住房建设计划完成率、无障碍设施建设、社会保险基金征缴率、城市最低生活保障都有相关规定。[7]

3 《国家园林城市标准》在城市生态环境建设中发挥的作用

在《国家园林城市标准》的引领下，我国的城市园林绿化水平进一步提高，相关的理论体系、政策法规都逐步完善。《国家园林城市标准》以城市园林绿化为基础，以城市绿地系统规划为重心，兼顾相关工作，依靠一些刚性的指标，使城市的环境建设更加科学合理，带来了巨大的环境、社会、经济效益。

3.1 成为城市环境建设的目标

《国家园林城市标准》出现以来，一直是城市建设的导向标，住建部于2012年11月18日发布的《关于促进城市园林绿化事业健康发展的指导意见》（建城[2012]166号）文件中进一步提出"到2020年，全国设市城市要对照《城市园林绿化评价标准》完成等级评定工作，达到国家Ⅱ级标准，其中已获得命名的国家园林城市要达到国家Ⅰ级标准。"对国家园林城市建设提出了刚性目标。

现在的"园林城市"建设不再局限于城市园林绿化美化，而是结合城市所处的地理位置、文化特点、资源优势等，从解决自身建设的实际问题入手，与绿地系统的规划建设、景观的规划设计相结合，进行有针对性、有地方特色的建设，真正地将城市视为一个大园林，创造出具有当地特色的城市景观，以大力改善城市环境为城市建设的主要目标。标准对于绿地的布局、规模、功能、设施完善程度、服务半径等都提出了相应的规定，有利于形成良好的户外开放空间休闲游憩系统。

3.2 促进城市生态环境建设的可持续发展

《国家园林城市标准》在注重建绿、增绿的同时，加强了生态环境方面的规定，要求在"园林城市"的建设中有意识地将改善城市生态环境融入城市规划设计中。这在一定程度上有助于减少城市污染源，保证绿地质与量的同步提升，并且能够改善城市的小气候环境，增加生物多样性的可能。2004年提出的建设更为注重生态环境建设的"生态园林城市"，也是由"园林城市"基础上发展而来的更高层次的建设目标。

"园林城市"的创建是不能通过短期急功近利的建设完成的，它不是一个短期的面子工程，而是需要长年累月的建设保持，并非一朝一夕的事情。标准中每三年复查一次的规定，也对已经获选的城市，提出不断发展建设、不断优化的要求。

3.3 促进多部门共同参与环境保护

10版中对于综合管理的指标要求增加到9项，包括城市园林绿化管理机构、城市园林绿化建设维护专项资金、城市园林绿化科研能力、《城市绿地系统规划》编制、城市绿线管理、城市蓝线管理、城市园林绿化制度建立。[7]《国家园林城市标准》的评价指标日益多元化，所涉及的主管部门也不再仅限于园林部门，而是要求规划建设、市政交通、水务、环保、旅游、保障、发展改革、财务等多部门相互协调管理。以改善城市环境为出发点，充分发挥绿地的综合功能，最终达到提升城市综合竞争力的目的。因此"园林城市"的建设并非单靠园林部门的一己之力，而是需要在市政府的统筹指挥下，各个部门相互协调、群众配合参与才能完成的。这需要健全相关部门的职能，完善相关的法律法规、相应的机制与程序。

3.4 推动城市绿地系统规划的制定和实施

自92年开始评选"园林城市"以来，是否完成编制绿地系统规划一直是评选的首要条件。在92版中就在第一条中指出：有完善的城市绿化系统规划和较先进的各项规划指标并逐年安排实施……并于00版中明确规定："城市绿地系统规划未编制，或未按规定获批准纳入城市总体规划的，暂缓验收"。标志着绿地系统规划成为决定城市申报工作能否成功的关键因素。因此，通过评选"园林城市"许多城市开始以科学的规划理论为指导，以相关的规范法规为依据，以其他城市建设的成功经验为参考，规划建设完备的绿地系统，达到相应的指标要求，并制定相应的法律法规进行保护。由于标准的要求，绿地系统规划也从被动编制转为主动编制，由原先城市总体规划中的专项规划发展到后来独立编制的专项规划。

3.5 推动相关管理条例的完善

在城市园林绿化法律法规方面，我国起步很晚，在2010年之前几乎没有专门的城市绿化方面的法律，部分零散分布于城市规划法、环境与文物保护等法律中的相关内容却还是以"城市风貌"、"城市特色"等相近的概念出现。[8]但随着"园林城市"活动的开展，暴露了城市绿化方面许多问题，这极大地推动了相关法律法规条例的制定出台。截止到2010年林广思收集到生效法规和规章223件，其中大部分都制定于"园林城市"活动开展之后，可归纳为城乡园林绿化（综合管理）、古树名木、绿线、公园绿地广场（综合管理）、特定公园绿地广场和园林绿化专项管理6个主要类型。[9]而在2002年"园林城市"发展进入快速阶段后，为了规范其发展，我国先后出台了《城市绿地分类标准》（CJJ/T—85—2002）、《城市绿地系统规划编制纲要（试行）》（城建[2002]240号）、《城市绿线管理办法》（中华人民共和国建设部令第112号）、《园林基本术语标准》（CJJ/T 91—2002）。这法律法规的出台不仅促进了"园林城市"活动的开展，更推动了风景园林学科及相关事业的发展。比如：2007年国家林业局修订《国家森林城市指标》，2010年《国家卫生城市标准》，2011年《国家环境保护模范城市考核指标及其实施细则（第六阶段）》，2012年《国家生态园林城市分级考核标准》都在不同程度上借鉴了"园林城市"的评价标准。

3.6 调动群众参与建设生态文明的积极性

"园林城市"建设目标包含提高公众的绿化意识与参与意识。根据中国幸福城市排名调查显示，多年来前十名的幸福指数高的城市均已获得"国家园林城市"称号。事实上，"园林城市"活动可以视为一种社会服务与保障体系，人民群众才是其公共性、公益性、福利性的直接受益者。因此，各级政府应该发挥人民群众的参与建设力量。如10版在综合管理部分明确提出：在城市绿线管理方面，严格实施城市绿线管制制度，按照《城市绿线管理办法》（建设部令第112号）要求划定绿线，并在至少两种以上的公开媒体上向社会公布。在城市园林绿化管理信息技术应用方面，要求已建立城市园林绿化数字化信息库、信息发布于社会服务信息共享平台。城市园林绿化建设和管理实施动态监管。保障公众参与社会监督。[8]可以理解为，标准不仅要求人民群众可以直接地参与进来，并且要求保障人民群众享有知晓建设情况的权利。为此，针对标准中明确提出的规定，不同城市都制定了不同的政策，实际参与到建设中的市民能够切实地体会到"园林城市"带来的好处，增加他们的幸福感和参与性，促进他们在经济建设、政治建设、文化建设、社会建设的各方面和全过程中，更加努力建设美丽中国，实现中华民族永续发展。

4 展望

《国家园林城市标准》的修订一直都是紧跟时代发展，及时反映人们的认识水平和最新研究实践成果。相信随着城市建设水平的不断提高，以及人们对生存环境质量要求的不断提高，《国家园林城市标准》将进一步修正完善。

4.1 目标进一步提升

为更好地落实十八大提出的生态文明建设目标，《国家园林城市标准》将进一步以科学发展观为指导，将城市园林绿化作为生态文明建设和改善人民群众生活质量的重要内容，作为政府公共服务的重要职责，切实加强全过程的控制和管理，推动园林绿化从重数量向量质并举转变，从单一功能向复合功能转变，从重建设向建管并重、管养并重转变，实现城乡绿化面积的拓展、绿地质量的提高和管养水平的提升，促进城市生态、经济、政治、文化和社会协调发展。

4.2 量质并举，更加注重功能完善

标准将在合理增加城市绿量的基础上倡导全面提升绿地品质。进一步对绿地系统布局和结构，实现城市园林绿化生态、景观、游憩、文化、科教、防灾等多种功能的协调发展提出要求。同时倡导区域生态安全，加强城乡大环境绿化，强化城乡之间绿色生态空间的联系。

4.3 加强与相关标准规范的呼应

《城乡规划法》倡导城乡统筹发展的理念下，新的《城市用地分类标准与划建设用地标准》的出台，同时《城市绿地分类标准》、《城市绿地系统规划规范》等标准正在或即将修订，作为指导城市建设发展的《国家园林城市标准》可能面临着新的转型，从评价体系、评价指标选取、操作管理、与相关法律法规的对接等方面进行演化修订，以解决现存的各项问题。

参考文献

[1] 赵纪军. 新中国园林政策与建设60年回眸（五）国家园林城市[J]. 风景园林, 2009, 06: 28-31.
[2] 王秉洛. 城市绿化——城市绿地系统——园林城市[A]. 2006中国风景园林教育大会风景园林学科的历史与发展论文集[C]. 2006: 7.
[3] 建城[1996]150号. 中华人民共和国建设部关于印发《创建国家园林城市实施方案》、《国家园林城市标准》的通知.
[4] 1999年建设部城市建设司年度工作计划.
[5] 王寿. 城市园林绿化事业发展政策的再思考[J]. 中国园林, 2003, 03: 26-33.
[6] 建城[2005]43号. 中华人民共和国建设部关于印发《创建国家园林城市实施方案》、《国家园林城市标准》的通知.
[7] 金云峰. 创建"园林城市"政策的导向性研究.
[8] 刘悦来. 我国城市景观政策初探[J]. 规划师, 2001, 05: 91-96.
[9] 林广思, 杨锐. 我国城乡园林绿化法规分析[J]. 中国园林, 2010, 12: 29-32.
[10] 赵民. 城市用地分类与规划建设用地标准[J]. 城市规划学刊, 2011, (6).

作者简介

赵婧达，1990年生，女，同济大学建筑与城市规划学院在读硕士研究生。

刘颂，1968年生，女，博士，同济大学建筑与城市规划学院景观学系、高密度人居环境生态与节能教育部重点实验室教授，博士生导师，研究方向为景观规划设计及其技术方法，Email: liusong5@tongji.edu.cn。

集约用地导向下城市绿地系统布局的精细化调控方法

The Layout Delicacy Adjustment and Control Methods in Urban Green Space System Oriented by the Target of Intensive Land Use

周聪惠　金云峰

摘　要：在当前新型城镇化发展背景下，限制城市扩张、提倡集约用地已成为我国规划布局的重要指导思想。鉴于此，论文以城市绿地系统为研究对象，首先分析了集约用地导向下当前绿地系统布局工作中的一系列转变，其次结合这些转变提出了城市绿地系统布局的精细化调控方法，并分析了其基本特征。在此基础上，以佛山市中心组团中区域性公园布局分析和调控为例，解析了集约用地导向下城市绿地系统布局精细化调控方法的应用特点。

关键词：城市绿地；城市绿地系统；布局调控；集约用地；精细化

Abstract: At the background of the New-Style Urbanization in current China, urban sprawl limitation and intensive land use became an important guiding principle in urban planning. According to this principle, embracing with the urban green space system, the paper firstly analyzed the key transitions in the layout arrangement process of urban green space system planning. Corresponding to these transitions, the method of layout delicacy adjustment and control in urban green space system was raised up, whose basic characteristics were discussed at the same time as well. In the end, by studying and analyzing the district park layout in the central cluster of Foshan city, the features of the layout delicacy adjustment and control method in application were introduced.

Key words: Urban Green Space; Urban Green Space System; Layout Adjustment and Control; Intensive Land Use; Delicacy

为了应对当前严峻的资源与环境问题，并不断提升城镇化建设的质量与内涵，我国开始大力推进新型城镇化发展进程，并在2014年颁布了《国家新型城镇化规划（2010—2020）》，其中明确提出了"优化布局、集约高效"的城市空间布局指导思想。可以预见在当前和未来规划中，更多注意力将被投向城市内部空间结构的合理优化以及城市土地的集约利用。在此背景下，作为城市总体规划阶段专项规划的城市绿地系统规划，如何在城市内部有限的空间和用地资源条件下来优化绿地空间布局，提升其综合功效将逐渐成为规划的重心。为此，本文将"精细化"理念引入城市绿地系统规划布局当中，旨在为集约用地导向下城市绿地系统规划布局方法的适应、调整和改良寻求合理途径。

1 集约用地导向下城市绿地系统布局工作的转变

1.1 布局思维模式由"建构型"向"优调型"转变

与传统的自上而下"建构型"布局思维模式不同，由于集约用地导向下城市空间发展重心将由外延扩张向内涵优化转移，这也将带动城市绿地系统布局思维由自上而下的"建构型"思维模式向自下而上的"优化调节型"（简称为"优调型"）思维模式进行转变。与强调城市绿地系统空间结构整体建构的"建构型"思维模式相比，"优调型"布局思维模式的核心在于依托于现有城市空间环境和绿地规模，通过局部绿地的布局调整带动城市绿地系统整体空间结构的提升，达到"四两拨千斤"之效（表1）。

"建构型"和"优调型"布局思维模式对比　　表1

城市绿地系统布局思维模式	适用阶段	作用方式	主要特征
建构型	城市大规模扩张、新城建设	自上而下：总体结构—分类结构—单体布局	布局结构建构；城市绿地规模大幅增长；城市绿地服务效率关注不够
优调型	城市更新及内部空间结构优化调整	自下而上：单体布局—分类结构—总体结构	布局结构优调；城市绿地规模基本维持；以提升城市绿地服务效率为目标

---

① 基金项目：中国博士后科学基金面上资助，项目编号：2014M551488。
基金项目：住房和城乡建设部项目资助，项目编号：[国标] 2009-1-79。

1.2 布局主要对象由"增量绿地"向"存量绿地"转变

在城市发展初期或城市快速扩张阶段,城市绿地系统处于从无到有的建构过程或处于极不健全的状态,因而规划布局十分注重城市绿地规划建设指标的保障和增长。但随着我国城市发展到一定阶段,城市内部绿地系统已基本成形,而随着城市空间发展模式的转型和集约用地目标的确立,城市大规模扩张被严格限制,迫使城市土地使用由以外延增量为主的粗放低效方式向着以内涵存量为主的集约高效方式转变。对同属用地规划的城市绿地系统规划而言,其布局操作主要对象也将由增量绿地转移到城市内部的存量绿地上,即依托于现有城市空间环境和绿地规模来优化系统空间结构,提升其用地效率。

1.3 布局协调过程由"单向配合"向"双向联动"转变

鉴于城市绿地服务主导型的功能特征,传统城市绿地系统布局通常在布局中以配合协调其他类型城市用地为主(例如公园绿地配合居住用地、防护绿地配合工业用地、物流用地等),甚至在城市用地规划过程中,城市绿地都在其他用地布局基本成形后进行布局和被动填补。[1] 但在当前和未来城市内部绿地系统布局调控时,由于城市用地基本已被开发,任何一处用地的增减和调整,都涉及与城市内部其他用地之间的双向协调和联动。因此,城市内部进行绿地系统布局调控时,并非是孤立的对城市绿地布局进行调整,实际上是城市绿地系统空间结构与城市整体空间结构相互衔接磨合、统筹协调和联动优化的过程,通过该过程来同时促进城市绿地系统以及城市整体空间结构的提升转型和集约演进。

2 城市绿地系统布局精细化调控的基本特征

"精细化(Delicacy)"理念最早被应用于企业管理,并随后在政府和城市管理中推广。"精细化"理念的最大特征是通过将责任和过程动作进行细化分解来提升效率,并最大限度降低资源占用和成本耗费,[2] 与当前我国新型城镇化发展过程中集约用地的目标相一致。在城市空间集约型发展需求以及传统城市绿地系统布局手段过于粗放的背景下,"精细化"理念对城市绿地系统规划而言展现出了很高的借鉴和应用价值,并为推动城市绿地系统布局方法的调整和改良以及布局集约化目标的实现带来了机遇。综合来说,城市绿地系统布局精细化调控将体现出三大特征。

2.1 以空间服务供需平衡为调控目标

由于城市绿地是以服务功能为主导,因而可将其视为服务供给端,即服务主体,而其服务对象则可视为服务需求端,即服务客体。这种服务供需关系在空间布局中的体现形成了城市绿地系统布局中的空间服务供需关联,例如,公园绿地布局位置和规模需围绕居住用地布局位置和规模来进行确定,防护绿地位置和宽度需依托工业、物流仓储等用地的位置和污染危害级别来确定等。城市绿地系统布局的精细化调控实质上则是以空间服务供需平衡为目标,在对现有空间服务供需关系中存在问题进行分析的基础上,通过对城市绿地(空间服务主体)位置和规模调整,来满足服务对象(空间服务客体)的空间服务需求,以此理顺系统中的空间服务供需关系,改良系统结构和服务功效。

2.2 布局过程的分解可控

"分解可控"是"精细化"理念的核心特征,如在城市绿地系统布局中进行精细化调控,应先将城市绿地系统的布局要素及其空间服务供需进行细分和梳理,其次分别分析每类布局要素及其细分的空间服务供需关系,并针对每一类细分空间服务供需结果来制定调控策略。因此,整个布局调控过程实际上被分解成多个布局调控子过程来进行规划操作(图1),这也强化了整个布局过程的可控性和针对性。

2.3 多元化的布局实现途径

传统城市绿地系统规划由于重心集中于增量绿地,其布局的实现途径主要依托于新建绿地。而城市绿地系统布局的精细化调控重心主要针对存量绿地,因此,在绿地规模受限的条件下,城市绿地系统布局的精细化调控布局实现途径需综合绿地增减、合并、置换和修复等多元手段,并需与其他类型城市用地的调整和结构优化进行协调和整合。[3]

3 城市绿地系统布局精细化的调控方法应用——以佛山市中心组团区域性公园布局分析与调控策略制定为例

由于城市绿地涉及的空间服务供需关系及其细分类型较多,牵涉面较广,因而很难在文中进行全面讨论。鉴于此,本文选取广东省佛山市中心组团"公园绿地"中的细分要素"区域性公园"布局分析和调控为例来探讨城市绿地系统布局精细化调控方法的应用特点。

3.1 空间服务供需细分与主客体提取

在城市绿地分类体系当中,区域性公园属于公园绿地中的小类。其中,公园绿地作为空间服务主体主要提供的是休闲游憩服务,其主要的空间服务对象为城市居民,因而在用地布局中所对应的空间服务客体主要为居住用地。对提供休闲游憩服务的公园绿地而言,其空间服务供需细分主要是依据居民不同状态下的游憩需求差异来划分,文中将其细分为日常、假日和主题三类休闲游憩空间服务需求,分别主要对应公园绿地类型中的社区公园、综合公园以及专类公园(表2)。[4] 其中,在空间服务需求细分当中,区域性公园属于综合公园,主要提供假日休闲游憩服务。

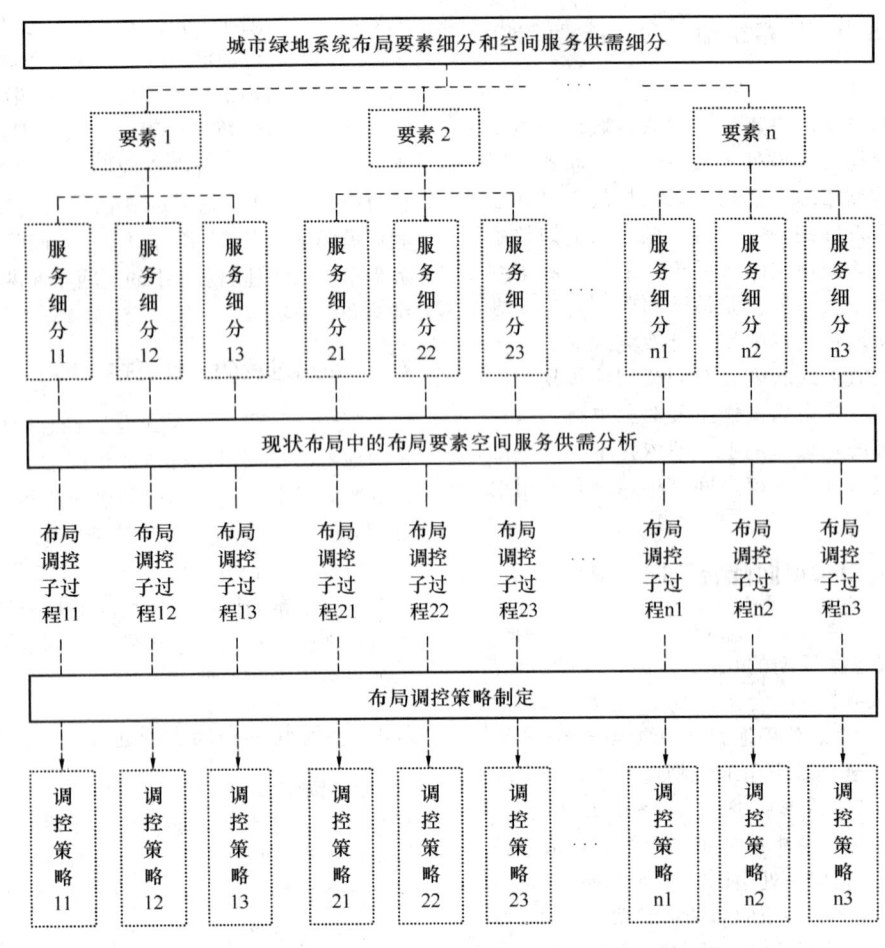

图 1 城市绿地系统布局精细化调控过程分解
(图纸来源：作者自绘)

公园绿地空间服务供需细分　表 2

休闲游憩服务需求		空间服务主体	空间服务客体
休闲游憩功能要素	日常休闲游憩服务需求	社区公园（含居住区公园和小区游园）	居住用地地块
	假日休闲游憩服务需求	综合公园（含全市性公园和区域性公园）	
	主题休闲游憩服务需求	专类公园（外加部分街旁绿地和带状公园）	

在此基础上，对佛山中心组团区域性公园及其空间服务客体居住用地进行提取（图4）。其中，城市绿地布局中提取出区域性公园总数为50个，总面积607.9hm²，居住用地分为18个片区，总面积6835.8hm²（数据源自《佛山绿规修编》和《佛山市城市总体规划（2008—2020）》）（图2）。该布局中人均区域性公园面积为1.73m²，其规模已基本满足我国当前规划目标值[①]，因而布局分析和调控的重心主要集中在对现有区域性公园布局合理性的分析及优化上。

3.2 布局中的空间服务供需平衡及问题分析

佛山中心组团中区域性公园主要依据1.5km的服务半径来布局[②]。从空间服务供给端分析区域性公园布局特点和空间服务范围，可发现布局中区域性公园数目虽多，但其空间服务范围仍未能对城市当中所有居住用地形成完全空间覆盖，其空间服务覆盖率约为86%（图3）。

另一方面，从空间服务需求端来分析各居住用地地块（空间服务客体）享受到的空间服务强度（图4）。由于区域性公园服务半径定位为1.5km，按照空间服务公平性原则进行转换，即：每块居住用地周边1.5km内需布局至少1个区域性公园。在此基础上分析现有布局可以发现，不同居住用地地块之间获取的区域性公园空间服务强度也存在明显差异（表3），这也从另一方面反映出当前区域性公园布局当中存有一定的失衡问题，具有调控的必要和现实需求。

---

① 我国2012版《城市用地分类与规划建设用地标准（GB 50137—2011）》规定人均公园绿地面积指标应不低于8m²。通常在城市绿地系统规划中区域性公园总面积将占到公园绿地总面积的20%左右，因而1.73m²已经能达到通常用地规划中的目标值。
② 《绿标》并未规定全市性公园和区域性公园的服务半径。考虑到《绿标》制定时参照了苏联的城市绿地等级体系，其等级体系中的文化休息公园与我国全市性公园类似，服务半径为3—4km，游憩公园及大型花园与我国的区域性公园类似，服务半径为1.5—2.0km，[5]布局中数据以此为借鉴。

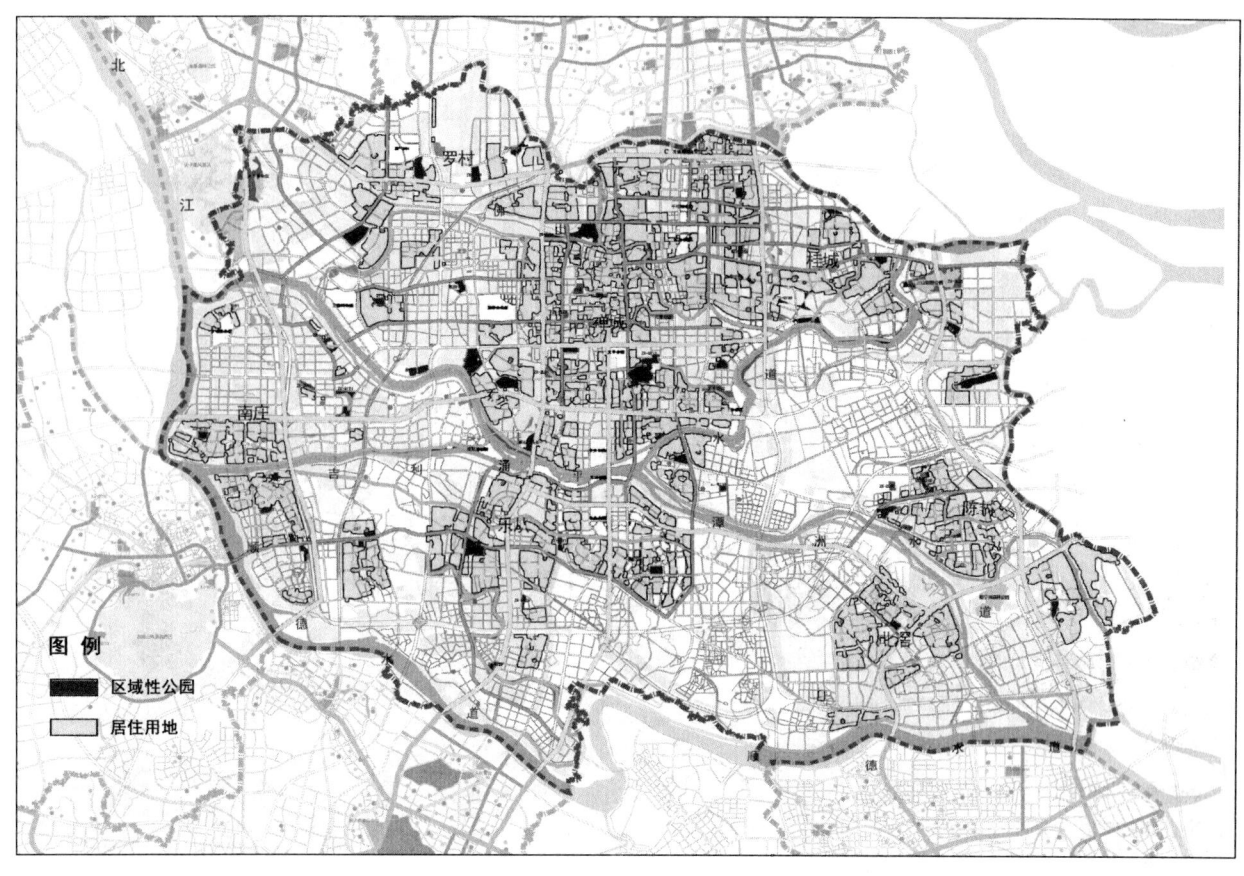

图 2　佛山市中心组团区域性公园休闲游憩服务的主客体提取与布局
（图片来源：根据《佛山市城市绿地系统规划修编（2010—2020）》整理而成）

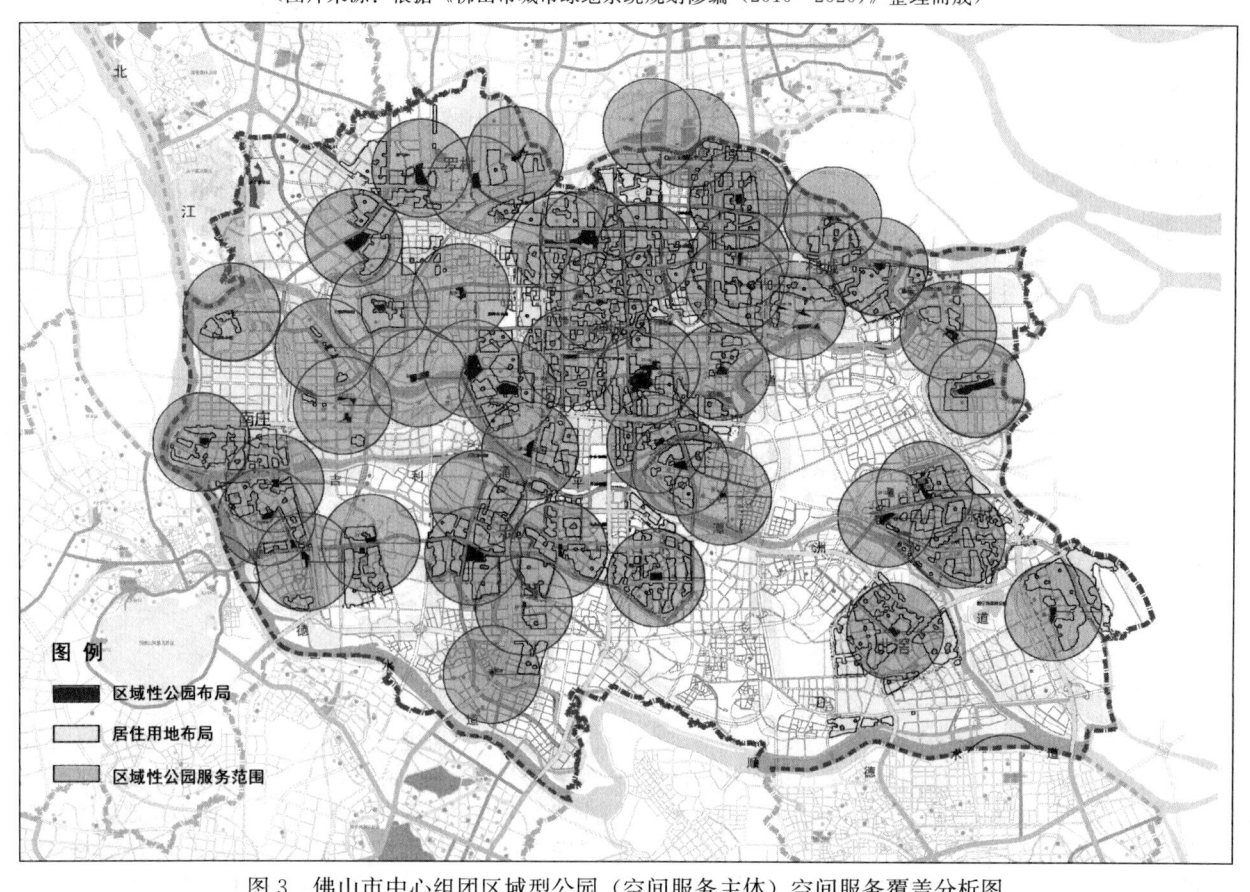

图 3　佛山市中心组团区域型公园（空间服务主体）空间服务覆盖分析图
（图片来源：根据《佛山市城市绿地系统规划修编（2010—2020）》整理而成）

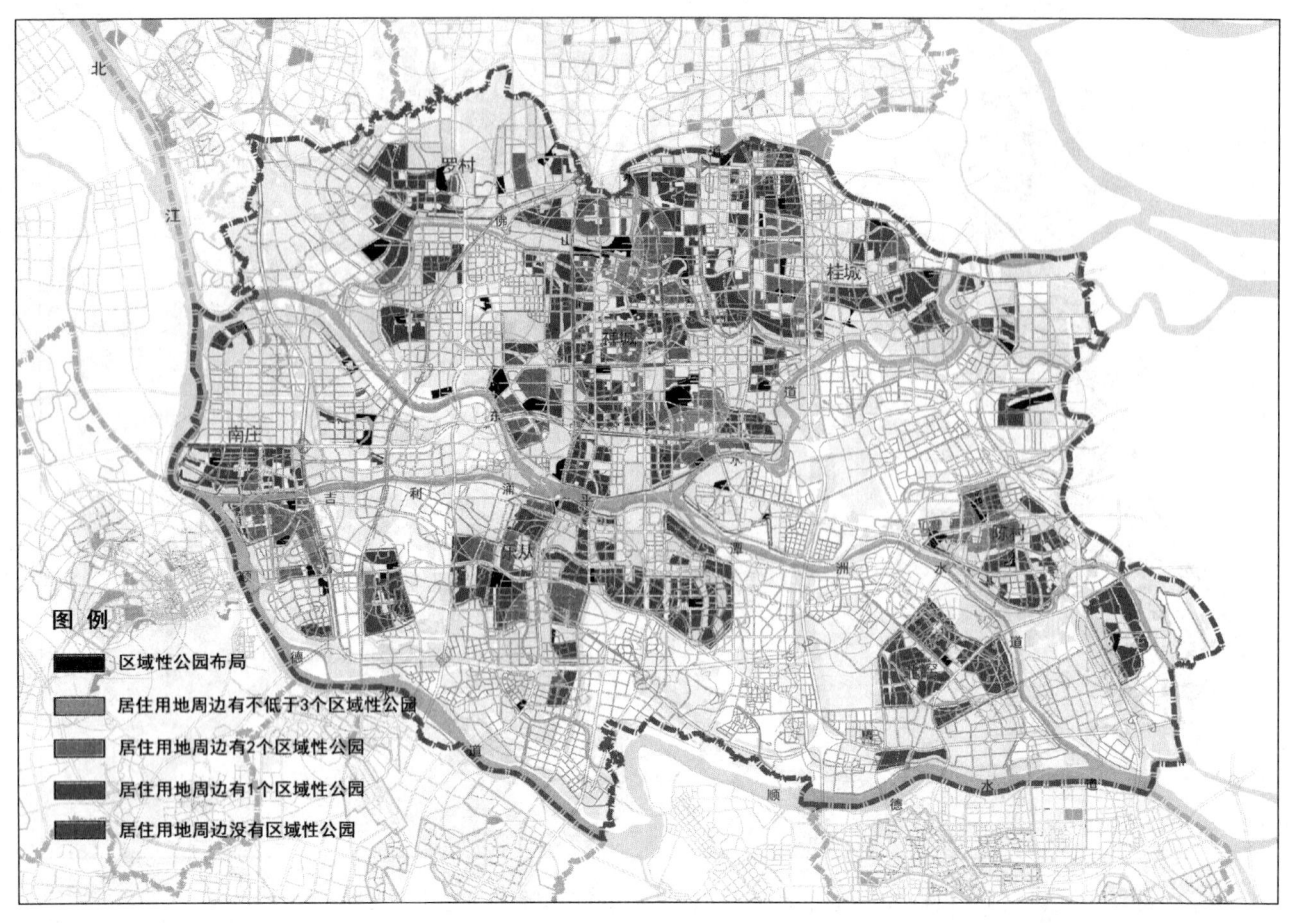

图 4 佛山市中心组团居住用地地块（空间服务客体）周边区域性公园分布状况分析图
（图片来源：根据《佛山市城市绿地系统规划修编（2010—2020）》整理而成）

佛山市中心组团居住用地地块周边区域性
公园分布状况统计数据　　　　　表 3

居住用地周边 1.5km 范围内区域性公园分布状况	占居住用地总比重	区域性公园空间布局调控策略
没有区域性公园	14.1%	建议新增区域性公园优先选择区域
分布 1 个区域性公园	57.6%	建议区域性公园布局维持区域
分布 2 个区域性公园	23.8%	建议区域性公园布局维持区域
分布 3 个以上区域性公园	4.5%	建议区域性公园被置换或绿地类型调整区域

3.3 布局调控策略制定

对照表 3 中居住用地地块周边区域性公园的分布状况，可以明确：中心组团中有 14.1% 的居住用地周边 1.5km 范围内没有区域性公园，该部分居住用地为区域性公园空间服务盲区，按照休闲游憩空间服务公平性和均衡性原则，规划应在其周边适当增补区域性公园；另有 57.6% 和 23.8% 的居住用地周边分别布有 1 个和 2 个区域性公园，其基本满足居住用地对区域性公园的空间服务需求，因而在规划布局调控中建议保留和维持地块周边的区域性公园布局；另有 4.5% 的居住用地周边分布有 3 个及以上的区域性公园，虽然符合布局要求，但由于其周边区域性公园分布过密，实际上空间服务供给已超出了其实际需求水平，因而可能导致资源低效使用和浪费，由此建议对其周边的区域性公园进行绿地类别置换和调整，例如，可建议在未来规划中将区域性公园类别置换或调整为其他紧缺绿地细分类型。

依据上述分析结果，可将城市居住用地周边区域划分为 3 类地段，分别为：区域性公园优先增补、保留维持以及优先置换地段（图 5）。依据区域性公园所处的不同地段属性，即可在规划中针对每一个区域性公园制定出明确的布局调控策略和规划导向（图 6），并为后续的城市用地协调提供参照。

4 结语

通过文中研究可以发现，集约用地导向下城市绿地系统布局精细化调控的研究对象其实大大超出了城市绿地范畴，其很大程度上涉及与城市内部其他类型用地规划布局的综合统筹和相互协调。因此，在当前新型城镇化发展背景下，探讨集约用地导向下城市绿地系统布局的精细化调控方法，除了服务于城市绿地系统自身空间布

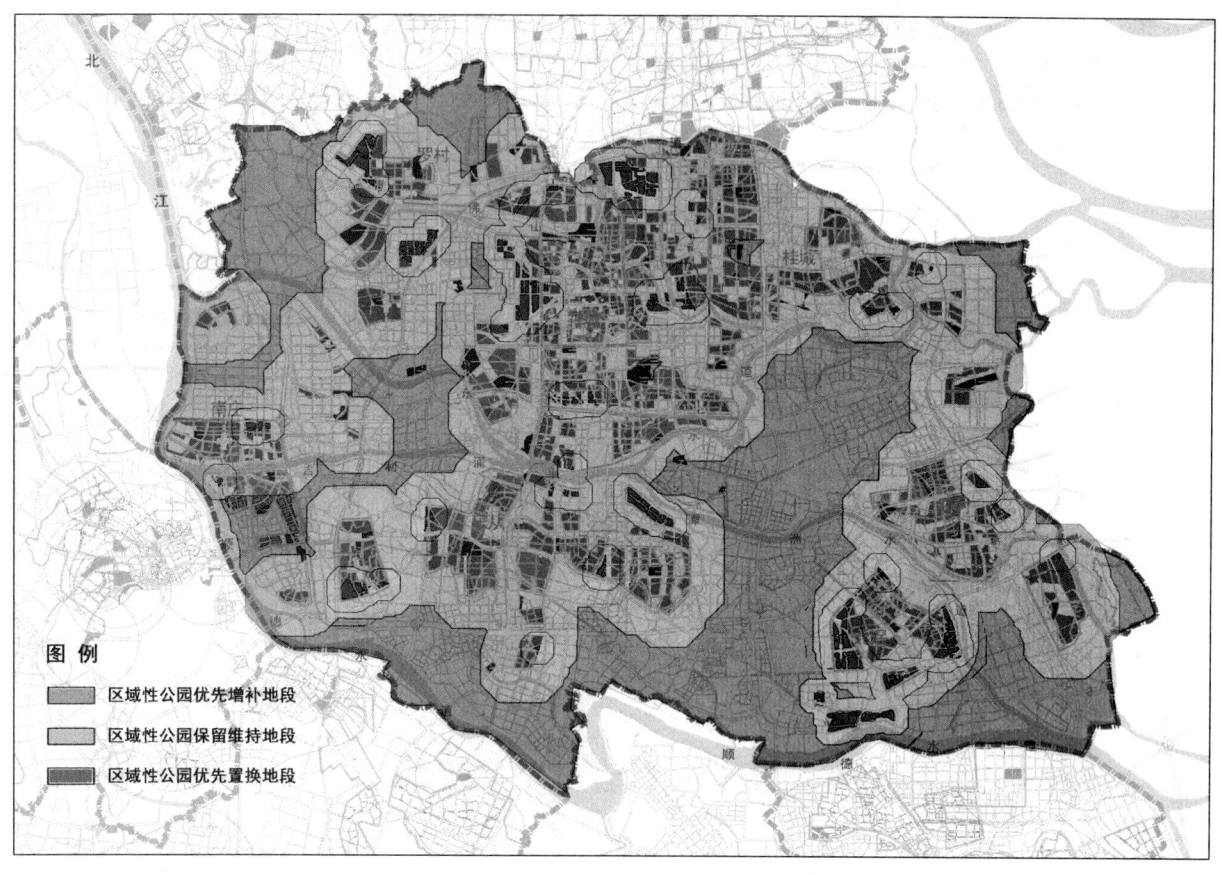

图 5　佛山市中心组团区域性公园布局调控策略分区图
(图片来源：根据《佛山市城市绿地系统规划修编（2010—2020）》整理而成)

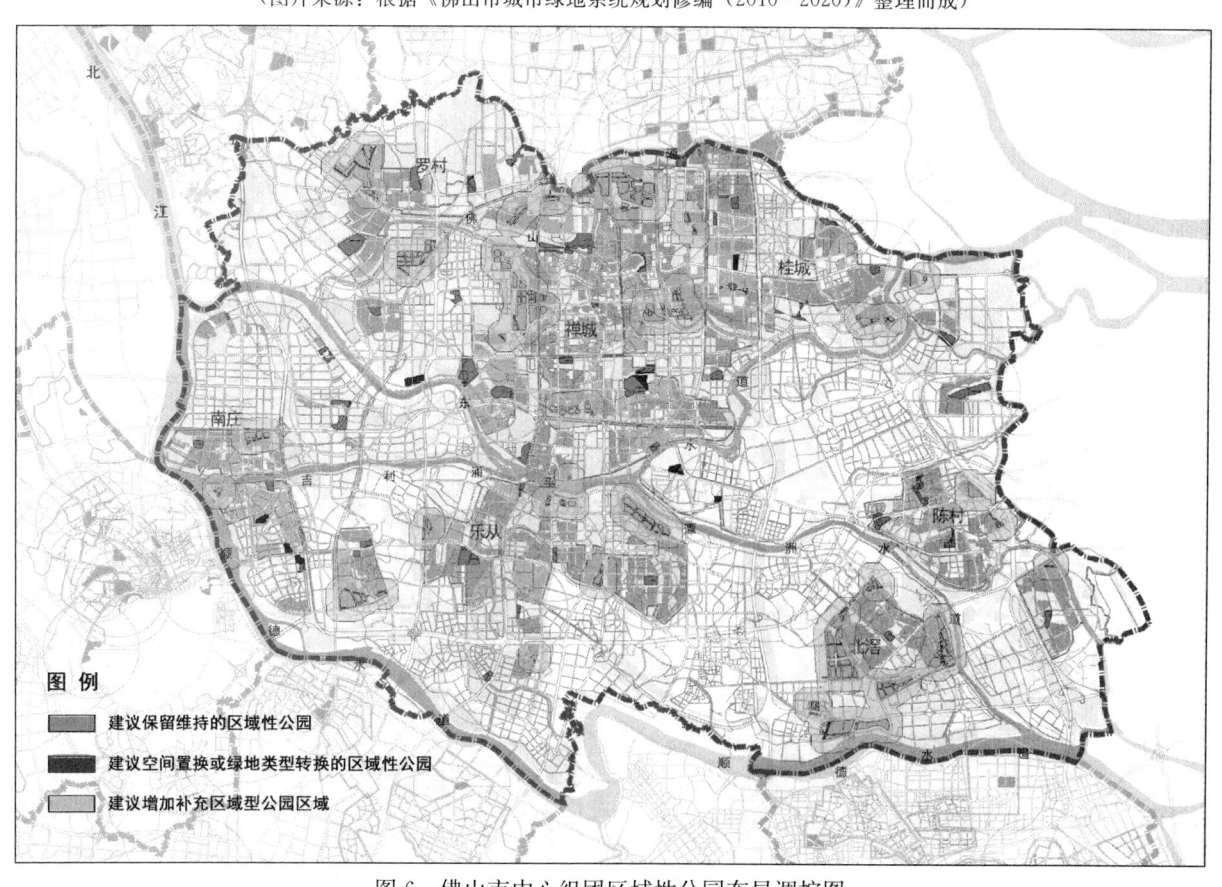

图 6　佛山市中心组团区域性公园布局调控图
(图片来源：根据《佛山市城市绿地系统规划修编（2010—2020）》整理而成)

局的优化外,还应站在更高的层面来思考如何促进城市空间结构的整合提升,本文的研究也将为进一步探索城市绿地与其他类型用地布局集约演进的作用机制与联动规律打下基础。

参考文献

[1] 金云峰,周聪惠.《城乡规划法》颁布对我国绿地系统规划编制的影响[J]. 城市规划学刊,2009,(5):49-56.

[2] 姚水洪,陈仕萍. 现代企业精细化管理实务[M]. 冶金工业出版社,2013.

[3] 金云峰,周聪惠. 绿道规划理论实践及其在我国城市规划整合中的对策研究[J]. 现代城市研究,2012,(3):4-12.

[4] 周聪惠,金云峰. 城市绿地系统中线状要素的规划控制途径研究[J]. 规划师,2014,(5):96-102.

[5] 克鲁格梁柯夫,成勖译. 城市绿地规划[M]. 北京:城市建设出版社,1957.

作者简介

周聪惠,1982年,东南大学建筑学院,博士,讲师,美国景观建筑师协会(ASLA)国际会员。研究方向为:风景园林规划理论与方法,城市棕地修复与景观改造策略。

金云峰,1961年,同济大学建筑与城市规划学院,教授,博导。上海同济城市规划设计研究院,同济大学都市建筑设计研究分院。研究方向为:风景园林规划设计方法与技术,中外园林与现代景观。

中国传统城市色彩规划借鉴

China's Traditional Urban Color Planning for Reference

朱亚丽

摘 要：自1968年两次巴黎规划调整把米黄色作为巴黎的主色调后，世界各个城市也陆续开展了对自己城市中纷繁的色彩进行主色调统一的实践，在这背景下，有些地方政府逐渐形成把一个城市刷成一个或按功能刷成多个颜色的规划意见。本文试图通过对现代城市色彩规划的各种理论、方法论的调查，对比中国历史城市建造的过程，寻找一条适合现代我国国情的城市色彩规划道路。

关键词：色彩等级制；文人绘画；地方性材料

Abstract: Since the 1968 Paris planning to adjust the beige as the main colors of Paris twice, the cities of the world are starting to carry out their own city numerous colors of a unified practice primary colors, in this context, some local governments gradually evolved into a city of the brush into a brush or by function into multiple colors planning advice. This paper attempts through various theories of modern urban color planning, survey methodology comparison process built cities in Chinese history, to find a suitable modern urban color planning of our country roads.

Key words: Color Grading System; Literati Painting; Local Materials

中国建筑在漫长的民族融合中逐渐形成了自己独有的、因地制宜的、并包含中国特有的文化与哲学思想的营造活动。其中建筑色彩并不是单一的刷涂料的应用，就像我们不会把中国的一栋传统建筑统一刷成白色的做法一样。相反中国的传统城市即使在没有统一刷一个颜色的做法下依然具有统一性，并在统一性的前提下展现着不同地域的多样性和地方性。反观现代城市杂乱的色彩，我们已经有了很多的理论及实践，但是否这些已有的理论实践可以套用到我们的城市呢？这些还要逐项的分析现有的理论和实践。

1 城市色彩规划理论及方法论综述

1.1 朗克洛研究方法及实践

西方工业化进程较早，城市建筑发展成多样化、个性化的同时城市也出现了大同和杂乱的现象。在这种背景下有很多学者投入到如何改造城市的理论中来。朗克洛的《色彩地理学》其主要理论是指一个地区、城市或者国家形成的独有的色彩是该处的自然地理特征和人文环境共同作用的结果，当你要设计一个建筑的色彩时，也应遵循其规律。主要实践方法一般分为两步：一、通过对地貌特征、土壤的色彩、植物、建筑型制、当地材料、民俗特殊装饰等总结这个地域的自然、人文的环境。建筑和建筑群显然是这个特定空间中的主体，而这些材料以及筑造方式，都是紧密相连的。二、通过上述的整理，制定出符合当地自然及人文特色的配色方案。很多城市在其理论指导下开始了城市色彩的改造实践。

1961年和1968年，法国巴黎两次对大巴黎区色彩进行规划。以米黄色基调作为旧城区的主色调；1978年都灵市进行色彩风貌修复工作；1981年开始挪威朗伊尔城进行近20年的城市色彩规划；1990年代德国波茨坦地区城市色彩规划；1970年兵库县的室津进行色彩设计改造；21世纪初韩国制定高层公寓色彩规划实用指南的研究；1999年中国美术学院宋建明教授向国内介绍了朗科罗教授的研究成果和实践业绩，随即我国各个城市区域出台了各自的色彩规划方案。但在这一理论的指导下，整个区域色彩趋同、人为地强调统一的城市色彩等问题严重影响了城市的整体形象。这种给城市戴面具，而不是展现城市真实面孔的方法以一种统一刷颜色的方式蔓延开来。

1.2 洛伊丝·斯文诺芙研究方法

洛伊丝·斯文诺芙是世界著名的关于色彩的三维运用的权威，《维度空间的色彩》的作者，哈佛大学视觉和环境研究系、纽约库帕联盟艺术学校的教员。洛伊丝·斯文诺芙的研究方法实际可概括为两个方面：一、色彩是三维的，存在于光线和形体中，并由这些元素共同构成三维的环境；二、影响色彩的因素是复杂多方面的，在色彩地理学分析的基础上应用画家的眼光去观察设计城市色彩，在这个观察和设计的过程中以人的尺度为标准是最重要的。因此，洛伊丝·斯文诺芙专门设立了一个研究室，用于观察分析在人步行的尺度下色彩在不同的光线、形体和尺度等中的表现。相对于朗克洛的研究方法，洛伊丝·斯文诺芙在肯定色彩地理学的标准型、可控性、数字化的基础上强调用画家的眼光、人的尺度去设计城市的色彩。其研究方法更趋向于基础性的研究，比如实验室对于色彩与体块、尺度的关系研究等。这种基础性的研究是对一些地方统一为城市刷面具，在缺乏科学理论指导的情形下，盲目进行热情"实践"的结果的很好纠正。

1.3 色彩管理及实践

随着市民环境品位的日益增长，建设能够恰当反映地方文化、传统历史与科学发展的良好城市景观，必须以科学的研究和论证为基础，并能保证很强的执行力，促进城市色彩规划及设计环节能顺利实施，并以此提高城市的整体审美素养，才能有效地避免城市杂乱现象的发生。

在目前，很多世界名城都进行了城市色彩的规划实践。就管理层面的实践而言其方法可归纳为以下几个方面：一、统一；二、限制；三、区分；四、协调；五、对比；六、更新。

一、统一，对色彩进行统一地处理主要表现在城市交通信号、标牌、标线、城市街区建筑、公交车辆、公共管理人员的服饰等要求与规定。这涉及国家的不同层面。规定有强制与非强制之分，目的是要建立起社会色彩视觉管理的秩序性，把生命和财产的损失减少到最低限度，同时为国家之间、地区之间、城市之间的生活方式的相互介入带来简单与方便；二、限制，概括一些国家城市的限制条例我们可以总结出以下的几个共同点：(1) 各种街道附属物的规格尺寸与投放地的限制对于广告和标志物投放地的设置限制主要目的是基于安全、秩序及美观的考虑。(2) 各种街道附属物的设计色彩与发光的限制；(3) 建筑主体的色彩限制；三、区分，区分城市不同功能区域的色彩，如商业区、居住区、工业区等；区分建筑识别性的色彩；路面人与车分流的色彩；分清不同区域的主题色、背景色、强调色等的比例和关系；四、协调，协调与自然的色彩；协调建筑之间的色彩；让中性色彩起调节作用；五、对比，对比景观建筑与自然色彩；重要建筑与一般建筑色彩；人与街区建筑景观的色彩；六、更新，对新建筑更新新色彩，新材料表现新色彩，流行色不断刷新建筑的色彩。更新城市色彩同时也能更好地保持城市的时尚面貌，如同服装的时尚更新一样，城市也会有一定时间段、一定范围内的色彩更新。

综合上面的理论及实践可以看出，实际上，现代城市的色彩规划就是通过强有效的管理实现地方性、历史性、更新性的、统一的城市色彩。那么中国传统城市是如何在没有现代的这么多规划法规、设计理论、实践方法的情况下实现城市的色彩规划的呢？

2 中国传统城市的色彩规划

2.1 中国历史色彩等级制度及色彩禁忌

在中国不同的时期中，人们在使用带有颜色装饰的服装和构筑物等物品时，是有一些限制的。身份不同使用的颜色也不同，不同的色彩对应的是不同的身份，不可僭越。不同时期具体情况不同，但色彩的等级制度伴随了整个中国的封建帝制。从秦朝开始至清结束，每个朝代都按等级设定了可以使用的颜色。虽然官员垄断了部分色彩，留给老百姓的色彩其实还是很多的，但中国民俗学又对色彩有一定的禁忌，使得普通民居在使用色彩时又多了份约束。不同的民族风俗中都有各种贱色忌、凶色忌、艳色忌等，排除这些约束后，基本上就只有最黯淡、最普通的色彩了。同时由于色彩维护成本高，民居色彩基本以本色为主，因为，经过一段时间的雨淋风化后，就不会因褪色而变得难看，不进行维修又会容易产生衰败之像，所以一般民居颜色即是材料本身。这又符合了中国人崇尚自然、喜欢自然肌理的传统。但这些等级制度和禁忌合起来代替了现代的城市色彩管理，其表现出来的管理强度大大强于现代的管理强度。

2.2 中国传统建筑色彩与文人画的关系

中国传统建筑都是工匠按照既定的方式进行营造的，目前能考证的最早的建筑形制规范的书是宋代的《营造法式》。文人绘画通常指我国传统绘画中流露着文人思想的绘画，南北朝时期流行，元代赵孟頫提出这个说法。虽然两者一个由匠人来主导，一个由文人主导，但两者间却有强烈的相似性。其精神层面总体呈现"重传神"、"崇气韵"、"尚雅逸"的特征。其表现在色彩上的基本原则是：一、色彩与光线无关；二、不大面积使用鲜艳的颜色；三、注重色彩的象征寓意。

正是在这些审美情趣的影响下，即便是在魏晋时期彩色的琉璃瓦引进中国后，由于整体的哲学观影响，中国传统建筑并没有使用大量的彩色琉璃瓦来做屋顶，这与现代各种颜色的琉璃瓦乱用情况形成了很好的对比。

2.3 中国传统建筑色彩与材料、建筑构件、形体关系

我国虽然多民族融合，建筑形制也有很大的差异性，但中国建筑却用简单的大木作概括了所有的做法。衍生出的小木作涵盖了建筑中的各种家具和装饰。这种模块化的建造方式，使色彩直接依附于建筑构件。就现存古建筑而言，屋顶在建筑立面上占的比例很大，一般可达到总立面高度的一半左右。从建筑的色彩体量上看，巨大的屋顶和围合的墙面形成了建筑的主色调，定位了城市的色彩，其他构件上的色彩艳丽或者个性化都被统一进了这个主的色调里面。在自然作为背景、大地和台基作为建筑的铺垫的情况下，建筑只有两种处理手法，融入和突出，突出的都是需要强调特权的建筑，并且这一突出的部分是紧密结合的整体，并不分散。融入性的建筑中的个性化都被放到了小的构件和建筑的阴暗处表现。

2.4 中国各地历史城市的独特性

在统一的大木作的结构下，各地建筑的形态基本大同小异，各地的民居建筑除了土楼、窑洞等极具地方特色的结构形式外，其他都是在大木作的结构下，结合当地材料、风俗等形成当地特色。如长江流域色彩基调以蓄简约为主，青色的小瓦覆顶，灰白色粉面勾线，一般都保持原有的本色。闽南地区用彩色上一点点色，打破大面积单调的青灰色调，使人们在很远的地方就能感觉到色彩的自然活跃。皇家建筑如北京故宫的屋脊大多都采用黄色的琉璃，尽管色调单一，但大片黄色调的运用，却恰能突出皇家建筑应有的气势。从墙体看，不同材料的运用，决定了墙体本身的外观色彩。青瓦的使用较为普遍，也有少

数地区使用红砖。在西南边陲，因为当地盛产竹子，民居多由竹子构成，建筑墙体也都是用竹篾构成的。正是地方性材料的应用造就了地方独有的城市色彩，总体上，北方厚重，南方淡雅。

3 中国传统城市色彩规划的借鉴

从以上我们可以总结出中国古代城市色彩统一性的规律：

（1）色彩的等级制度限定了建筑色彩的滥用情况，代替了现代色彩管理法规。

（2）建筑单体的模块化建筑群落具有统一性，使建筑的主色调具有趋同性。

（3）中国较统一的意识形态使总的审美趣味趋于一致。崇尚自然材料肌理，与周边环境相协调，用绘画的眼光来看待建筑，包括建筑的色彩。

（4）地方性材料的应用，使模块化的城市具有了强烈的地方性。

4 中国传统城市色彩规划借鉴

综合目前国内外的城市色彩理论及实践以及中国传统城市色彩的控制方法，我们可以从以下几个方面来落实现代城市的色彩控制。

4.1 依法管理建立色彩指导规范并严格执行来代替色彩等级制度

色彩规定的领域越宽，科学程度越高，则环境的秩序性越强。我国很多城市虽然也出台了一些控制策略，但执行和管理的力度很弱，与色彩等级制度的强度相比形同虚设。

4.2 民间组织关于城市文化的推进作用

色彩管理的组织包括科学技术的研究、开发预测和行政监审。色彩管理的发展与进步没有组织机构和协调行动是不能完成其使命的。这些组织要肩负起传统文人画对于建筑的影响。树立正确的色彩规划理论，应使越来越多的甲方、规划及建筑师可以得到城市色彩设计的培训，并扩展其自身对色彩知识的掌握和运用能力，及时有效地给予相关方色彩设计方面的建议。

4.3 本地材料的继承、开发应用

当地材料的开发是一个需要多方面努力的结果，需要当地材料企业的产品开发、设计师的认识、甲方的选择、适当的规划引导等。在共同的理念指导下，设计师们普遍形成一种共识，认为一个地区总有一些可供挖掘的"特征色"。这些"特征色"与当地所特有的土壤、沙石、花草、树木以及建材有关。这一科学的用色原则是建立在相当精确的色彩调查基础上的。同时在设计最初要形成较好的协作。从建筑家到园林专家，到灯光、色彩专家，都在设计初期就开始合作。大家共同来确定建筑的设计风格。比如园林设计家在选用花卉、树种时，就要考虑它们的颜色是否与建筑的色彩搭配和谐。

由于建筑技术的发展，传统的建筑构造已经不能适应当今的社会发展，但传统建筑反映的精神内涵依然是我们独有的文化，就像音乐、文学、影视、舞蹈、建筑等，它们都可以用来表达优雅的精神内涵。同样是建筑，不同的材料、构造等也可以表现同一种精神内涵。所以尽管我们不能继续用统一的大木作构架来建造我们的城市，但我们可以用统一的精神内涵来表达我们的城市。其特征梁思成先生总结为以下七点：一、重视建筑与环境的协调；二、群体组合胜过单体造型；三、单体建筑规格化、标准化；四、曲线大屋顶是建筑造型的主要部分；五、在组群大面积色彩和谐的原则下，局部色彩绚丽；六、山水植物与建筑组合成自然式园林；七、追求象征含义。其审美内容，主要表现在三个方面，即环境氛围给人以意境感受；造型风格给人以形象知觉；象征含义给人以联想认识。在现代的结构、材料的重新组织下，构成了统一而多样的当地城市色彩。

参考文献

[1] 陈静. 浅析中国传统建筑中的"绘画现象"[J]. 西安建筑科技大学学报：社会科学版. 2006, 25(4)：29-31.

[2] [美]洛伊丝. 斯文诺芙(Lois Swirnoff)著，城市色彩——一个国际化视角 [M]. 屠苏南 黄勇忠，译. 北京：中国水利水电出版社，2007.

[3] 张长江著，城市环境色彩管理与规划设计[M]. 北京：中国建筑工业出版社，2008.

[4] 王其钧著，中国传统建筑色彩 [M]. 北京：中国电力出版社，2009.

作者简介

朱亚丽，1978 年 11 月，女，籍贯湖南，硕士，湖北美术学院讲师，环境艺术设计学科，研究方向为造型艺术，Email：zylmckyl@hotmail.com。

新型城镇化与寒冷地区风景园林营建

基于 IPA 分析法建构哈尔滨湿地公园旅游景观策略

Harbin Tourism Landscape of Wetland Park Construction Strategy Based on IPA Analysis

冯 珊 马紫晗 刘 洋

摘 要：通过 SPSS21.0 统计软件，运用 IPA 方格图分析法，对影响哈尔滨湿地公园的旅游景观因素进行调查研究。以自然景观维度、人文景观维度、基础服务设施维度对湿地旅游景观进行划分，对问卷调查进行统计分析，总结出生态要素破碎化；景观特色缺失化；服务设施人工化的典型问题。并提出构架自然生态网络、延续地域文化景观、整合基础服务设施 3 个设计策略建构哈尔滨湿地公园旅游景观。以求在未来哈尔滨湿地公园旅游景观设计中能够为不同层次年龄段的旅游者创造出更加舒适、安全美观的湿地旅游景观环境。

关键词：哈尔滨湿地公园；旅游景观；IPA 分析；景观策略

Abstract: The paper investigates the influencing factors of tourism landscape of Harbin wetland park by using IPA analysis with the help of SPSS21.0. By statistically analyzing the questionnaires, the paper divides the wetland tourism landscape into three different dimensions: natural landscape, cultural landscape and infrastructure facilities, and also summarizes three typical problems: fragmentation of ecological elements, absence of landscape features and artificial functions of service facilities. What's more, according to the analysis, the paper supposes three design strategies, including structuring natural ecological network, developing local cultural landscape and integrating infrastructure, to build the tourism landscape for Harbin wetland park. In order to create a more comfortable, safe and beautiful Wetland Tourism landscape environment for different levels of tourists in Harbin urban wetland park in the future tourism landscape design of Harbin urban wetland park.

Key words: Harbin Urban Wetland Park; Tourism Landscape; IPA Grid Graph Analysis; Llandscape Strategy

随着旅游时代的来临及人们对城市湿地的特别关注，哈尔滨的湿地公园正经历着前所未有的快速发展时期。然而，伴随着出行人数的剧增，现有的湿地旅游景区的不适宜性已日渐出现，如人文景观的可模仿性、克隆现象的异常普遍，景观营造与地域历史文化相脱离、缺少自然人文特色，植物配置选择的简单模仿等，已成为哈尔滨城市湿地公园的通用弊病。因此，总体把握哈尔滨城市湿地旅游景观问题的整体性，深入研究城市湿地公园旅游功能问题，对于进一步发展城市旅游经济建设，完善城市景观的整体进程，促进哈尔滨湿地公园一体化建设，具有理论的指导意义和现实的应用价值。

1 选取研究对象

本研究限定在车程 2 个小时能够到达、城市交通网络覆盖的城区范围。首先选取金河湾湿地公园、太阳岛国家湿地公园、群力国家城市湿地公园、呼兰河口湿地公园等。金河湾湿地公园是哈尔滨对高纬度河川原生态湿地水生生态系统保护与修复示范区，2012 年被评为国家级重点风景名胜区。太阳岛国家湿地公园位于松花江主航线北岸河漫滩及一级阶地上，其主要景区属于典型江漫滩湿地草原型旅游区。群力国家城市湿地公园整体的规划设计以"生命细胞"为设计理念，体现了"信仰自然和重构自然"的特征，已经被评定为第六批国家城市湿地公园。[1]呼兰河口湿地公园松花江沿岸面积较大的沼泽湿地，也是目前我国面积最大的城市湿地公园。

选取以上 4 个典型的休闲类城市湿地公园，不仅是这 4 个湿地公园曾被评为国家级重点湿地公园试点，能够起到标志性作用，更重要的是所选取的公园地理位置优越，游人客流量居于前列，是城市休闲类湿地公园的典型，对此地进行翔实调研具有较强的代表性和较大的说服力，增大其普遍意义。

1.1 实地调查分析

本文主要运用"5W"观察模式，对前往湿地公园的旅游者进行不同时段的行为活动观察。[2]同时将观察记录各个区域所发生的活动内容、使用强度、行为方向与所在位置，分析其行为与物质环境的关系。

通过实地观察记录，对记录数据进行整理及均值运算，得出太阳岛国家湿地公园的访问人数最多，金河湾湿地公园与呼兰河口湿地公园次之，群力国家城市湿地公园的到访量最小。原因有以下几个方面：首先是地理位置及规模，群力国家城市湿地公园并没有在传统风景区内，同时公园规模和面积也比较小；其次是群力国家城市湿地公园建成较晚，游客数量较少；最后是公园空间构成有所差异。

根据早上、中午、晚上 3 个时段每 0.5h 观察得到的数据进行人流量统计，绘制出城市湿地公园使用者人数-

---

① 基金项目：本文获黑龙江省自然科学基金面上项目《基于生态学的旅游景观设计策略比较研究》（项目编号：G201106）资助。

时间变化关系（图1）。

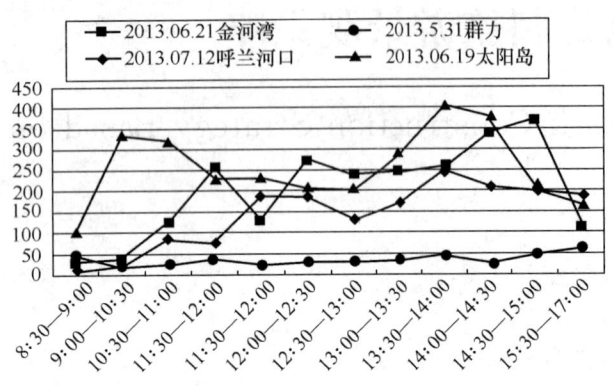

图1 一天内人流量差异

总之，除群力国家城市湿地公园外，其他3个公园都有2个高峰，特别是下午高峰时段基本都是在14:00—15:00这个时间区段内。这3个城市湿地公园差异较大的是上午的高峰时间，仔细分析不难发现，上午游览高峰时间与公园易达性有着紧密关系，基本上游客越容易到达的公园，其早高峰就越早。其中呼兰河口湿地公园更为明显的是上下午高峰相距比较近，全园在一天内的使用效率十分不均衡，一早一晚使用率都较低。说明公园的易达行对公园的使用效率有较大影响。

将调研数据进一步整理归纳，根据静态行为、动态行为、群体行为对参与人数进行分类统计（表1）。基于湿地公园本身的游览特点进行比较，4个城市湿地公园内游客的行为构成大致相同，动态行为活动均占40%以上，其中太阳岛国家湿地公园更是达到50%以上，而静态行为与群体行为都各占到25%左右。

公园内游客的行为活动类型构成　表1

行为类型		太阳岛国家湿地公园	金河湾湿地公园	群力国家城市湿地公园	呼兰河口湿地公园
个人静态行为	人数	361	333	142	207
	比例	23.28%	25.71%	34.80%	19.70%
个人动态行为	人数	845	639	171	501
	比例	54.48%	49.34%	41.91%	47.67%
群体行为	人数	345	323	95	343
	比例	22.24%	24.94%	23.28%	32.64%
合计	人数	1551	1295	408	1051
	比例	100.00%	100.00%	100.00%	100.00%

1.2 问卷统计定量解析

1.2.1 问卷的效度分析

本研究对所发问卷数据进行因子分析以衡量问卷的结构效度，利用因子分析的因子负荷量值来反映问卷的结构效度，将提取的公共因子代替原来的变量，避免原有变量的共线性问题，并从多个因素中抽取具有代表性的因子来解释整个样本信息。[3]

由于22个评价指标数量较多，通过因子分析提取主成分来解释样本数据的特征。首先对样本进行KMO检验和巴特利特球形度检验。当KMO系数大于0.9时，表示样本非常适合做因子分析；介于0.8—0.9，表示样本适合做因子分析；介于0.7—0.8，表示样本可以做因子分析；介于0.6—0.7，表示样本不太适合做因子分析；低于0.5，表示不适合进行因子分析。

对有效样本数据进行KMO和Bartlett球形检验，结果显示KMO值为0.81，Bartlett球形检验的卡方值为1121.704（自由度为231），达到显著水平（$p=0.000<0.001$）。一般认为，当KMO值大于0.5时，即可进行因子分析，而本次KMO的检验值为0.81，说明本调查问卷的样本数据基本适合进行因子分析。

本文采用主成分分析法，进行Varimax方差正交旋转，最终提取三大公因子。由表2，可以将评价中的22项指标具体划分为三大类，即自然景观、人文景观以及旅游服务及设施，而这可以说明本文设计的调查问卷具有良好的结构效度，适合继续进行接下来的分析。

哈尔滨城市湿地公园旅游景观要素的因子分析　表2

因子命名	指　标	正交旋转后的因子载荷		
		1	2	3
自然旅游景观	水岸的处理形式适当	0.07	-0.03	0.59
	动物种类多且鸟类观赏性强	0.14	0.03	0.68
	园内微气候宜人	0.11	0.42	0.55
	水面总体感觉好	0.05	0.46	0.57
	植物种类多样且层次、色彩丰富	0.02	0.57	0.65
	公园内地面高差起伏适宜	0.25	0.17	0.57
文化旅游景观	建筑风格统一且富有特色	-0.27	0.55	0.21
	文化历史景观体验程度高	0.25	0.57	0.16
	表达地域性景观特征突出	0.25	0.54	0.13
	民间习俗景观丰富	0.47	0.65	0.40
	现代节庆景观样式多	0.42	0.55	0.40

续表

因子命名	指 标	正交旋转后的因子载荷		
		1	2	3
旅游服务及设施	观测设施分布合理且无严重破损	0.56	0.30	0.43
	游览设施安全性高	0.69	0.50	0.13
	卫生设施充足且环保	0.55	0.45	−0.15
	休息设施分布合理且数量足	0.65	0.53	0.02
	展示设施清晰且引导性好	0.41	0.26	−0.04
	音频设施分布合理	0.55	0.16	0.23
	生态技术应用广泛	0.57	0.26	0.26
	内部交通组织合理	0.72	0.17	0.00
	外部交通便利可方便到达	0.73	−0.07	−0.02
	停车位设置数量及地点好	0.68	0.03	0.19
	接待服务中心与周边环境相协调	0.62	0.06	0.27

1.2.2 问卷的信度分析

本研究进行效度检验（表 3），由正式问卷的信度检验结果表明：总量表的重要性 Cronbach α 系数和实际表现 Cronbach α 系数分别为 0.851、0.798，均大于 0.7，说明问卷信度水平较高，问卷很可信；此外，各分量表的信度系数均大于 0.5，各分量表可信程度也比较高。

信度检验表　　　　表 3

主因子	指标数量	重要性 Cronbach α 系数	实际表现 Cronbach α 系数
自然景观	5	0.510	0.502
人文景观	6	0.659	0.653
旅游服务及设施	11	0.823	0.764
总量表	22	0.851	0.798

2 基于 IPA 分析的数据调查解析

2.1 重要性与满意程度指标差值分析

本研究将运用 IPA 分析法对湿地公园中的旅游者对旅游景观的期望和感知程度进行重要性——满意度分析，找到二者的差距，提出旅游景观应改进的策略。

根据提取的 3 个公因子 22 个项目进行 IPA 综合评价分析，根据项目所在的象限，找出应该加强改善重点的项目、继续保持的项目、优先顺序较低的项目以及供给过度的项目，然后根据项目所在象限的不同，对哈尔滨湿地公园旅游景观提出相应的设计对策。由表 4 可以看出：在评价所选取的各项指标中，重要性与表现性均存在显著性的差异（p 值均小于 0.05），并且由均差均大于 0 反映出游客均一致认为各项指标的重要性程度要远远大于其表现性程度，这间接地表明各项指标仍有进一步提升的可能。

评价量表中各项指标重要性程度与表现性
程度均值比较（$N=263$）　　表 4

观测变量编码序号	游览前期望程度平均值（E）	游览后满意程度平均值（S）	满意度与期望之差（E-S）	T 值	P 值
c2	4.21	3.74	0.47	7.04	0.000
c3	3.81	3.52	0.29	3.77	0.000
c4	4.13	3.57	0.56	7.66	0.000
c6	4.11	3.56	0.54	6.40	0.000
c7	4.12	3.57	0.55	6.88	0.000
c8	4.14	3.57	0.57	7.97	0.000
c9	4.11	3.55	0.56	5.74	0.000
c10	4.06	3.38	0.68	7.25	0.000
c11	4.09	3.44	0.65	7.38	0.000
c12	4.05	3.40	0.65	5.03	0.000
c13	4.01	3.50	0.51	5.96	0.000
c14	3.87	3.30	0.57	3.58	0.000
c15	3.83	3.50	0.33	3.59	0.000
c16	3.86	3.38	0.48	4.93	0.000
c17	3.83	3.36	0.47	4.43	0.000
c18	3.91	3.37	0.54	5.15	0.000
c19	3.73	3.46	0.27	4.66	0.000
c20	3.83	3.46	0.37	4.36	0.000
c21	3.72	3.54	0.18	5.58	0.000
c22	3.65	3.32	0.33	3.39	0.001
c23	3.80	3.36	0.44	2.70	0.008
c24	3.40	3.23	0.17	3.04	0.003

2.2 自然旅游景观维度的 IPA 分析

通过所得统计数据，见表 5，以总平均数值作为 x 轴（等于 4.09）与 y 轴（等于 3.59）的分割点，相交后的二维矩阵内，将空间分为四个象限，将编码分别为 c2、c3、c4、c6、c7、c8 的 6 对指标的均值放置于相应的位置用"□"符号标出来（图 2）。矩阵中的 x 轴平均数描述属性的重要程度，y 轴则描述属性的满意度，从坐标位置找出旅游者重要度——满意度二者的差距。

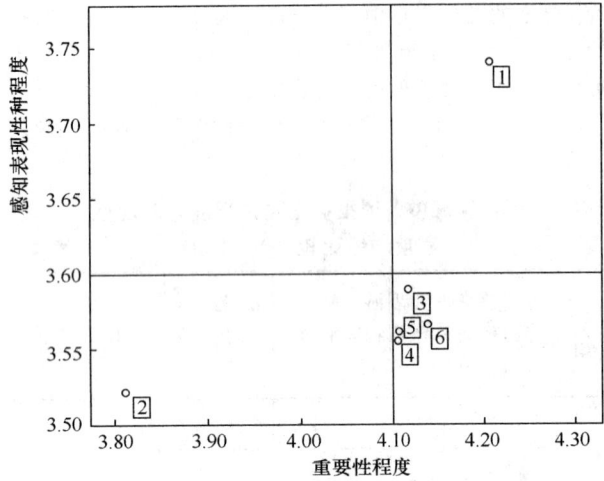

图 2 自然旅游景观维度的 IPA 分析图

自然景观维度正式调查问卷观测指标均值（$N=263$）　　表 5

	序号	测量指标编码	游览前期望程度平均值（E）	游览后满意程度平均值（S）
自然旅游景观维度	1	c2	4.21	3.74
	2	c3	3.81	3.52
	3	c4	4.28	3.68
	4	c6	4.11	3.56
	5	c7	4.16	3.51
	6	c8	4.11	3.56
	各项指标总均值		4.09	3.59

因此，从图2的IPA定位图分析可见：第一象限中指标水岸的处理形式适当（c8）一项指标，依据IPA原理，这项指标在旅游者印象中不仅重要，而且感知表现相对其他指标较好，但仍存在可提升和完善的空间。动物种类多且鸟类观赏性强（c3）分布在第三象限，虽然维度内比较来看，旅游者在体验过程中的实际感知并不好，原因可能是目前惯有学习鸟类知识、互动活动等方面并没有很好地体验，很多景区只是停留在"观"这个层面上。第四象限有4个指标落在了水面总体感觉好（c6）、植物种类多样且层次、色彩丰富（c7）、公园内地面高差起伏适宜（c2）、园内微气候宜人（c4）加强改善区域，从均值查可知c2、c4、c6、c7这四项指标在旅游者心中十分重要，但实际体验并不能满足旅游者的心理需求。究其原因，这与生态系统不健全相关，应作为急需重点改善的项目。

2.3 人文旅游景观维度 IPA 分析

通过所得统计数据，见表6，来哈湿地公园游客对人文景观维度各测量指标重要性的总平均数 x 轴（等于4.06），与重要性对应的各指标感知表现（满意程度）的总平均数 y 轴（等于3.45），相交后的二维矩阵将空间分为四个象限，相应的位置用"□"符号标出来。

人文景观维度正式调查问卷观测指标均值（$N=263$）　　表 6

	序号	测量指标编码	游览前期望程度平均值（E）	游览后满意程度平均值（S）
人文旅游景观维度	1	c9	3.95	3.44
	2	c10	4.06	3.38
	3	c11	4.09	3.44
	4	c12	4.03	3.40
	5	c13	4.01	3.50
	各项指标总均值		4.06	3.45

由图3分析出现代节庆景观样式多（c9）落在了第一象限，这项指标在旅游者印象中不但重要，而且感知表现也很满意。第二象限中主要有一个指标——建筑风格统一且富有特色（c13），这项指标t检验的结果是（t=3.77，p=0<0.05），可见旅游者实际满意程度远低于心理预期，并且差距显著，因此需结合情况进行进一步的分析评价。第四象限有表达地域性景观特征突出（c10）、历史文化景观体验程度高（c11）、民间习俗景观丰富（c12）这三项指标，旅游者感知与他们心理期望之间呈现显著落差，属于重点改善区。

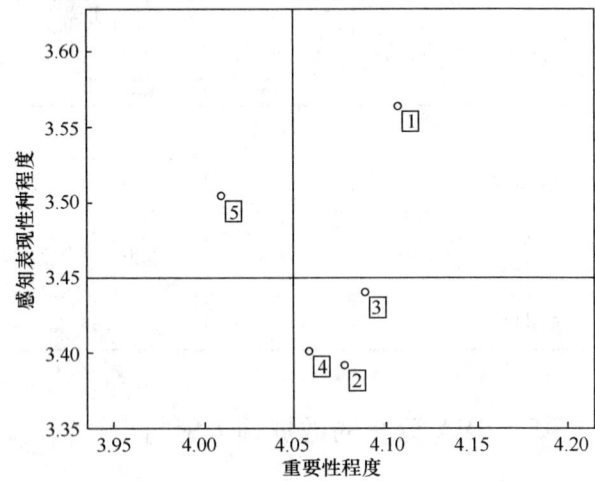

图 3 人文旅游景观维度的 IPA 分析图

2.4 旅游及基础服务设施维度的 IPA 分析

通过所得统计数据，见表7，来湿地公园游客对旅游及基础设施维度各测量指标重要性的总平均数 x 轴（等于3.77），与重要性对应的各指标感知表现（满意程度）的总平均数 y 轴（等于3.39），相交后的二维矩阵将空间分为四个象限，将11项指标的均值的垂直相交点分别在四个象限中相应的位置用"□"符号标出来。

旅游服务及设施维度正式调查问卷
观测指标均值（$N=263$） 表7

	序号	测量指标编码	游览前期望程度平均值（E）	游览后满意程度平均值（S）
旅游服务及设施维度	1	c14	3.87	3.30
	2	c15	3.83	3.50
	3	c16	3.86	3.38
	4	c17	3.83	3.36
	5	c18	3.91	3.37
	6	c19	3.73	3.46
	7	c20	3.83	3.46
	8	c21	3.72	3.54
	9	c22	3.65	3.32
	10	c23	3.80	3.36
	11	c24	3.40	3.23
	各项指标总均值		3.77	3.39

因此，从图4的IPA定位图可见：大部分指标集中在第四象限，根据IPA原理，这五项指标在旅游者印象中虽重要，但感知表现呈不满意状态。故可以初步判断，旅游者在此象限指标感知与其心理期望之间呈显著落差。

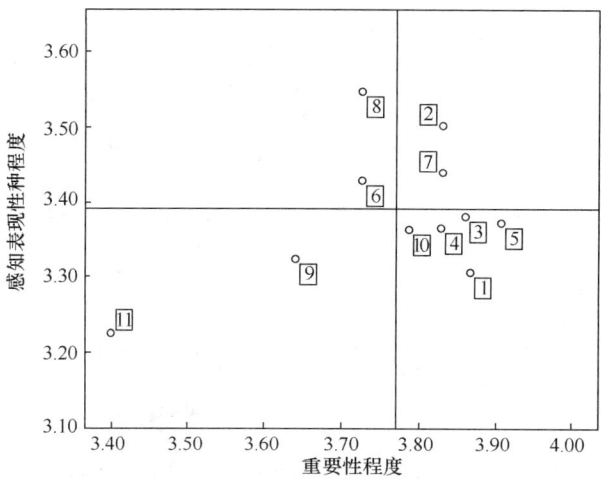

图4 旅游及基础设施维度的IPA分析图

通过对哈尔滨城市湿地公园旅游景观3个维度分别进行IPA分析，共有9个旅游景观评价的项目落在第四象限，即旅游者对哈尔滨城市湿地公园旅游景观的质量认为高重要度但实际体验感知低，各个方面的心理期望与实际情况的满意程度都有较大程度的落差。因此亟须改善的重点是落在第四象限内的自然旅游景观维度的水面总体感觉好（c6）、植物种类多样且层次、色彩丰富（c7）、公园内地面高差起伏适宜（c8）、微气候宜人（c4）；人文旅游景观维度的历史文化景观体验程度高（c11）、民间习俗景观丰富（c12）；服务及环境设施维度的观测设施分布合理且无严重破损（c14）、卫生设施安全性高（c16）、休息设施分布合理且数量足（c17）、展示设施功能性强（c18）、生态技术应用广泛（c23）这都是需

要重点设计的项目。

3 典型问题的归纳总结

3.1 生态要素碎片化

根据目前调查的4个城市湿地公园来看，需亟待改善项目均值差在0.60左右，整体评价影响很大，这说明自然旅游景观是人们在游赏城市湿地公园感受最深的要素。植物种类多样且层次、色彩丰富（c4）、水面总体感觉好（c6）、园内微气候宜人（c7）、公园内地面高差起伏适宜（c8）均差异性显著，并与行为观察的结果相符。生态要素整体性差，不成体系，需要进一步地规划。

3.2 景观特色缺失化

现有湿地区域景观严重雷同；景观地域性不强，历史文化景观特色挖掘不足，环境缺乏连续性；地方文化展示缺乏趣味个性，景观满意度降低。这些原因影响湿地旅游的游客重游率，导致满意度与期望程度差异显著。

3.3 服务设施人工化

通过对4个研究对象的调研发现，哈尔滨城市湿地公园中普遍存在旅游服务设施中生态技术如太阳能技术、地热能源应用、雨水回收系统等应用不足的现象。生态基础设施的建设是未来城市湿地公园的发展趋势之一，应该把现代科技手段渗透到公园建设的方方面面，来减轻对湿地环境的压力。

4 设计策略建构

综上所述，归纳哈尔滨城市湿地公园现实存在的具有普遍性的典型问题，在项目调研勘察实践中适时运用景观理论、原则和设计策略很有必要。

4.1 构架自然生态网络

从景观生态学的观点来看，一个优质的、可持续的湿地公园旅游区，应该整合生态要素，构建以基质、廊道、斑块为主要结构的生态系统，并结合区域内的微气候环境，形成具有生态效益、休闲效益和经济效益的生态旅游区。因此，湿地公园旅游景观的设计并非是一个单一、分离的事物，而是一个具有多元性质的整体，涉及地形、水域、驳岸、植物、微气候等多方面的生态要素。以生态要素为核心的生态系统建构，成为旅游景观规划设计的起点。

4.2 延续地域文化景观

保护城市湿地自然环境，更要对其人文环境进行整体保护和利用，这是延续城市生态化发展的重要前提。城市湿地整体山水格局是长期形成的，具有历史性、整体性、识别性和稳定性的重要特征。从整体论角度来看，保护传统的山水格局包括水陆走势、路径走向、轴线保留、古迹保护以及它本身历史溯源与旅游者之间的空间对应关系，如轮廓线、制高点和不同的观赏点、标志物、空间视觉关系等，对于发展哈尔滨城市湿地公园中观层面的核心区域景观设计具有重要影响。如江北金河湾湿地，在延续松花江生态系统的同时，结合自身结构特点，形成具有良好传统山水格局的、同时又有现代意义的湿地公园（图5）。[4]

图5 保护传统山水格局的金河湾湿地公园

4.3 整合基础服务设施

哈尔滨的湿地公园建设规模跟其他地区相比都较大，道路多依水而建，曲折多变，但错综复杂的道路系统也给人们带来许多不便。为了解决上述问题，就需要清晰易懂的道路指示牌系统。湿地公园中休息设施设计普遍存在功能布局不合理，景观同质化手法比较显见。因此，休息设施设计中，充分考虑与环境的协调性，利用微地形的处理，以及选择能够体现地域特色的材料，使得休息设施在整个公园中并不突兀，又给人们提供了舒适的休息环境。大部分游客在湿地公园活动的时间较长，游客对厕所的数量、位置和质量十分看重，所以在城市湿地公园设计中应该多加考虑。

5 结论

以哈尔滨城市湿地公园旅游景观为研究对象，通过定量化调查研究，结合多种研究方法，从实地情况以及旅游者的行为活动和心理需求进行详尽地分析，深入探究其存在的典型问题，为今后哈尔滨城市湿地公园旅游景观建设更优质的环境提供方法。

参考文献

[1] Michael G. Investigating public decisions about protecting wetlands [J]. Journal of Environmental Management, 2002, 64(3): 237-246.
[2] 栾春凤, 林晓. 城市湿地公园中的人类游憩行为模式初探[J]. 南京林业大学学报, 2008, 01: 76-78.
[3] 严军. 基于生态理念的湿地公园规划与应用研究[D]. 南京林业大学, 2008.
[4] 中华人民共和国建设部. 城市湿地公园规划设计导则（试行），2005

作者简介

冯珊, 1963.4, 女, 黑龙江省哈尔滨, 哈尔滨工业大学建筑学院, 副教授, 硕士生导师。

马紫晗, 1989, 女, 黑龙江省哈尔滨, 哈尔滨工业大学建筑学院在读研究生。

刘洋, 1986, 女, 黑龙江省大庆市, 城市建设研究院, 设计师。

基于VEP和SBE法的太阳岛风景区冬季植物景观偏好研究

Study on Landscape Preference of Winter Plants in the Sun Island Scenic Based on VEP and SBE Method

罗艳艳　朱　逊　赵晓龙

摘　要：我国严寒地区冬季漫长，如何能在萧条沉寂的季节里营造符合大众偏好的高品质景观，是设计者应该注重与深思的问题。以哈尔滨市太阳岛公园为研究对象，通过受雇人员拍摄法（Visitor Employed Photography）和美景度评价法（Scenic Beauty Estimation）对植物景观偏好进行实地调查与评价，根据植物的观赏特性、植物景观的组合方式进行统计分析。结果显示：冬季植物景观中，单株植物、与积雪组合的植物以及复层植物是3种类型较受欢迎的植物景观形式；在单株植物中，形态是影响景观偏好最大的因素；在与积雪组合的植物景观中，富有动态美的灌木剪形最受欢迎；复层植物景观的评价波动最小，乔木所占比例大的复层景观更有美感。

关键词：冬季植物景观；VEP；SBE；景观偏好；寒地

Abstract: In the cold region of China, it has become a top topic for landscaping professionals to create high-quality winter plants scenery. The Sun Island Scenic of Harbin was used as the research subject. Visitor Employed Photography and Scenic Beauty Estimation was taken to evaluate plant landscape preferences, and statistical analysis was performed according to the combinations of ornamental plants, plant landscape. The result shows that three kinds of plant landscape form is much popular in winter plant landscape- individual plant, the plant combined with snow cover and multiple layers of plant. Form is the biggest influence factor of landscape preference in individual plant; in the plant landscape in combination with snow, dynamic bush is the most popular in the plant combined with snow cover; the fluctuation of evaluation in multiple layers of plant is minimum, and arbor with larger proportion is more aesthetic.

Key words: Winter Plant Landscape; VEP; SBE; Landscape Preferences; Cold Region

寒地特定的地理和气候条件使得其四季植物景观各具特色。相比春花烂漫，夏绿成荫，秋果累累，冬季则枯草落叶。冬季虽有松柏等常绿植物，但与其他植物配置搭配不好，反有萧条、污浊之感。或种植过多显严肃，让人久置其中心情沉重。因此，立足于寒地气候的具体特点，基于大众对冬季植物景观的感知现状，力求创造寒地冬季特色的植物景观造景模式，为寒地植物造景提供科学依据。

1 国内外植物景观偏好的研究

1.1 国外植物景观偏好研究

国外对城市植物景观偏好主要集中在植物本身特性、植物景观的位置、形态与环境的关系所带给人的美感。Solmenfield（1969）研究了年龄性别不同因素群体对植物景观整体喜爱度和对植物景观颜色的喜爱度差异。[1] Buhyoff, Gauthier & Wellman（1980）指出种植面积、天空面积、树干面积、树冠面积、胸径（DBH）与树干基部面积都是影响行道树景观偏好的最佳指标，且视觉偏好随树木胸径与树冠遮蔽度的增加而提升。[2] Lien等（1986）指出胸高直径、栽植密度、树种丰富度也会对植物景观美质产生影响。[3] Schroeder（1986）对公园内栽植密度与景观美景度的研究中发现栽植密度与景观美景度间呈倒"U"字形的关系。[4] Sommer & Summit（1993，1995）以计算机仿真进行五种树冠、树干高度、树干宽度组合的树木造型偏好，发现树冠大小与枝干粗细与偏好值成正相关，而景观偏好与树干高度的相关度较低。[5] Dunwell（2000）研究了专类植物景观的体系评价。[6] Vyapari（2006）提出了基于网络的植物景观评价体系。[7]

1.2 国内植物景观偏好研究

国内园林植物景观偏好评价较早进行的是由张学峰，陈景（1995）基于植物景观形态美的内容对植物的线条、色彩、形貌、质感进行评价，进而提出进行植物配置的原则。唐东芹，杨学军，许东新（2002）选择了若干对园林植物景观效果贡献较大的定性和定量指标，建立整体指标体系，应用综合评价模型对园林植物景观进行了实例评价。[8] 周述明，陈奇兵等（2003）运用园林植物景观评价AHP模型与方法对成都市城市街道绿化景观的不同类型，利用评分法对景观效果进行评价。翁殊斐，陈锡沐、黄少伟等（2002）用SBE法对广州市公园植物配置进行研究，探讨在城市公园中公众喜爱的植物景观。[9] 翁殊斐，柯峰，黎彩敏（2009）用AHP法和SBE法对广州公园植物景观单元进行研究，探索两种评价方法的适用性及植物生活型之间的合适比例。[10]

以上对植物景观偏好的研究多集中在京津地区和长江以南，而对于寒地植物景观偏好的研究则较少。张莉俊，刘振林，戴思兰（2006）通过对北京、太原、哈尔滨3个北方城市的冬季园林植物景观的现状调查，分析了冬态植物景观形式和突出植物冬态美的配置方式，同时列举了冬季观赏价值较高的植物种类并进行了归类。[11] 曲线，梁鸣（2013）对哈尔滨城市冬季园林植物景观现状进行了调查，分析了展现植物冬态美的配置方式。[12] 胡海辉，徐苏宁（2013）对黑龙江植物群落的乔灌木种类组成、乔木密度、郁闭度及叶面积指数等指标进行了调查，提出了寒地城市绿化自然植物群落模拟策略。[13]

2 材料和方法

2.1 研究地点

此次调研地点位于哈尔滨市的太阳岛风景区，地处松花江北岸，是国家 5A 级旅游景区。园内植物景观丰富，以树林草地、湿地草甸植被为植物景观特色，野生植被有 25 科 600 余种植物，常见的有 300 多种。在哈尔滨城市绿地中，太阳岛公园属于比较大型的绿色斑块之一，能够较全面地代表寒地冬季植物景观特色。

2.2 受雇人员拍摄（VEP）

游客受雇拍摄法（Visitor Employed Photography Method），由切雷姆在 20 世纪 70 年代首次提出，是一种向研究对象提供相机并要求他们拍摄照片来说明自己的看法或经验的技术，[14] 使用这种方法获得的结果是由游客帮助拍摄的照片。该方法的优点在于研究过程中被调查者被赋予了自主选择拍摄对象、角度等权利，不会受到研究者思维的过多限制，并且进行的是实地拍摄，因而能更好地表达游客的真实意愿。与传统的现场照片启发式方法相比，VEP 的方法可能更好地代表在现场的实际经验，并有可能注入一个更广泛的因素和要素，如气味、声音和触觉的经验。所有这些都可以对景观的感知产生正面或负面影响，从而对植物景观偏好做出更加合理的判断。[15]

在早期的研究中，VEP 多数被应用于定性分析，包含景观偏好、户外游憩体验、社区规划和场所感等（Yamashita, 2002; Stedman et al., 2004, Oku and Fukamachi, 2006 and Beckley et al., 2007），VEP 目前多被用于分析游憩价值、植被的结构和生物多样性保护等（Erik Heyman, 2012; Ling Qiu, 2013）。

本次研究是沿着哈尔滨太阳岛东南部的园路进行的（图1）。在参与者拍摄照片之前，首先沿着所有路线走了一遍，然后再根据路线上的植物景观进行拍摄，每人拍摄 5 张自己最喜欢的植物景观图片。此次调研的照片均为 iphone5 手机相机拍摄，参与者要使用相同模式进行拍摄。

经过实地调研，选取好调研路线。调研路线的选择依据为尽可能多的涵盖冬季植物景观类型，包括单株植物

图 1　调研路线

景观、群体植物景观、序列型植物景观等。我们在 2013 年 11 月和 12 月之间，在晴间多云、微风的天气条件下沿着设定好的调研路线采用 VEP 法进行实地调研。将调研人员分为 4 组，每组 4—6 人（共 20 人）进行调查。调查者为风景园林相关专业的在读学生。他们分别拍摄 5 张高偏好顺序的照片。然后对这些照片进行分析、整理。本次研究共拍摄有效照片 100 张。通过对单株植物形态、积雪覆盖面积、天空面积、植物种类等多种因素的考虑，对拍摄的照片进行分析筛选，最终选出 33 张偏好较高的照片以进行下一步 SBE 法的研究。其中包括单株植物景观 12 张，与积雪结合的植物景观 13 张，复层植物景观 14 张。

2.3 美景度评价（SBE）

大量研究表明，用照片作为风景质量评价的媒介同现场评价无显著差异。由 Daniel 和 Boster（1976）提出的美景度评价法（SBE）是视觉景观的质量评价方法中最为常见的心理物理模式（Psychophysical Paradigm）评价方法。[16]

本次评分将利用 VEP 法选出的照片打乱顺序，根据植物景观评价标准，结合评判者的直观感受，以幻灯片为媒介，让判判者对筛选出的 33 张照片进行评分。分值越高，表明景观偏好程度越高。

将照片制作成幻灯片作为评判对象，并分类型进行随机编号。将样本照片制成的幻灯片文件用投影仪在室内放映，每张幻灯片播放时间为 8s，受测者对所见照片中的园林植物景观凭第一直观印象打分。照片不得回放。评分的分值范围为 0—10 分。本次评分人员均为与景观专业相关的学生或老师，共 20 人参与评分。

使用 EXCEL 统计软件进行数据处理，分析 20 名参与者的评判结果，以评判结果为依据，评价和分析哈尔滨市冬季植物景观偏好。

2.4 数据分析

本次研究通过 VEP 研究法（受雇人员拍摄法）和 SBE 研究法（美景度评价法）来对哈尔滨市太阳岛风景区内的冬季植物景观偏好进行研究、比较，最终得出几个影响因子对景观偏好的影响。首先通过 VEP 研究法（受雇人员拍摄法）来获得对冬季植物景观偏好的数据，然后利用 SBE 研究法对数据进行进一步的分析，最终得出哈尔滨冬季植物景观偏好类型。

通过实地调研发现，在冬季植物景观方面，太阳岛风景区既有枝干遒劲的落叶乔木，又有多种类型的常绿植物，再加上积雪的映衬，形成了开合有致、层次丰富、特色鲜明的整体景观布局。从拍摄的照片和最后的评分来看，在冬季植物景观类型里，最受欢迎的包括3种类型：单株植物景观、与积雪组合的植物景观以及复层植物景观。然而，从评分的情况来看，冬季植物景观的分值普遍偏低，三种景观类型的评分均在4.6—7.9之间波动，最高分为7.82分，最低分为4.63分（图2）。

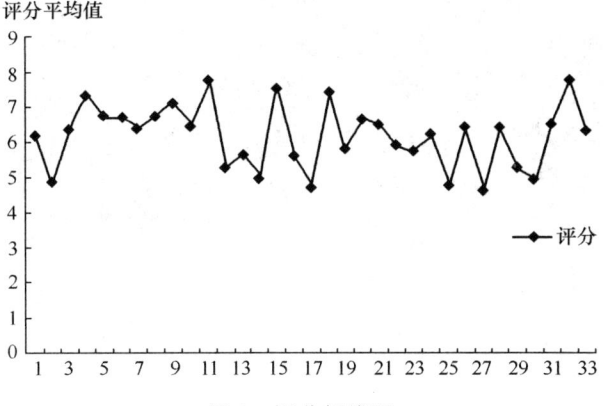

图2　评分折线图

在3种景观类型中，复层植物景观评价的波动最小，单株植物景观评价的波动最大，景观评价较高和较低的样本都有出现（图3）。

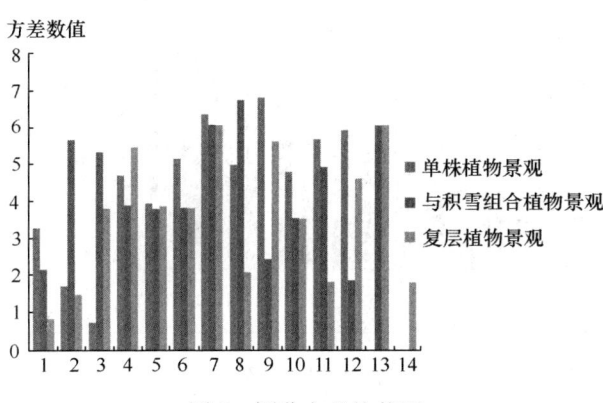

图3　评分方差柱状图

3　结论

3.1　单株植物景观分析

从评分的结果可以看出，在空旷地面上高大的落叶乔木颇受欢迎，而且，树干面积越大、胸径越大的乔木就越受欢迎。其中，在视野开阔的江边孤植的榆树最受参与者偏爱（图4）。

树木的质感主要表现在：树皮的光滑与粗糙，树木形状与树叶的性质、多少。冬季植物落叶，质感更为疏松。质感主要取决于冬季落叶后显露出来的茎干、小枝的数量和位置。从照片评分结果来看，小枝的数量越多、茎干越特别，评分就越高。

除去植物的质感之外，植物的色彩也是本次研究所考虑的评价因子之一，但是与植物形态和质感不同的是，评判者对植物色彩的评价存在的分歧较大。留有黄色宿叶的旱柳评分较高，但是相比之下红瑞木的评分则较低，而且评判波动较大。

树木的纹理对单株植物景观的影响也在评分中得到了体现。树皮光滑、裂缝、剥落的树皮在冬季具有独特的观赏价值。以图5为例，其不规则的枝杈，树冠疏松，纹理较独特，再加上裸露的根脚，使得其形态独特，颇受欢迎。

图4　江边孤植的榆树

图5　纹理独特的古树

3.2　与积雪组合的植物景观

雪是寒地冬季特有的天气现象，也是冬季植物景观区别于其他季节的一个主要方面，雪几乎贯穿整个冬季，它和植物一起共同形成冬季公园景观，积雪覆盖下成为白色的植物景观背景，从而使植物自身的景观特色更加凸显。本次调研整理出来的照片，都是在有积雪覆盖的情况下拍摄的，作为影响景观偏好的一个因子，积雪起到了不可忽视的作用。

对于哈尔滨而言，在冬季植物造景中必须考虑积雪的作用。不管是对单株植物景观还是复层植物景观，都离不开积雪的映衬。研究中发现，与积雪组合后最能提高美景度的植物为灌木类。寒地冬季观赏不到花，所以就要求枝条和叶子要具有艺术性。修剪成各种几何图形的灌木丛，在积雪的映衬下，就有了雕塑的效果。进行整形可以使植物旧貌换新颜，在一年四季都可以保持最佳状态。比如，剪形优美的沙棘和积雪结合得恰到好处，使植物的几何图案更加富有动态美，打破冬季单调而枯燥的植物景观形式（图6）。

另外，落叶的乔木在积雪的映衬下，以湛蓝的天空作为背景也更加体现出高大、雄伟的植物景观。积雪覆盖背景下的常绿植物，能够打破冬季单调萧条的感觉，在阳光的作用下产生光影效果，美景度也能得到很大提升（图7）。

图6　积雪覆盖下的沙棘剪形

图7　积雪映衬下的红皮云杉

3.3　复层植物景观

综合来看，景观层次丰富、树形较好、有色彩的复层植物景观得分高于其他地方的复层植物景观。相比较而言，植物的高度对复层植物景观的影响较小。在复层植物景观中，开敞空间的植物景观最受欢迎。与此同时，长势较为旺盛、枝条较多的植物围合出的空间使天际线更加丰富，迎合自然风力作用下的植物比之外力生长的植物更受欢迎。

通过评判者对照片的评分可以看出，最受欢迎的复层景观类型是落叶灌木和乔木下方有积雪覆盖的序列性景观（图8）。相比之下，植物种类多、常绿植物和落叶植物混合的多层次景观显得荒芜杂乱，得分最少。图9为按照评分由低到高的顺序排出的层次结构的比例图，由此可见，在复层景观中，乔木所占比例较大的受欢迎程度更大。此外，灌木的评分较高，因为灌木以冬季景观效果好的为主，地被在哈尔滨的冬季大都被积雪覆盖，冬季景观价值较低。

图8　景区中的一条小径

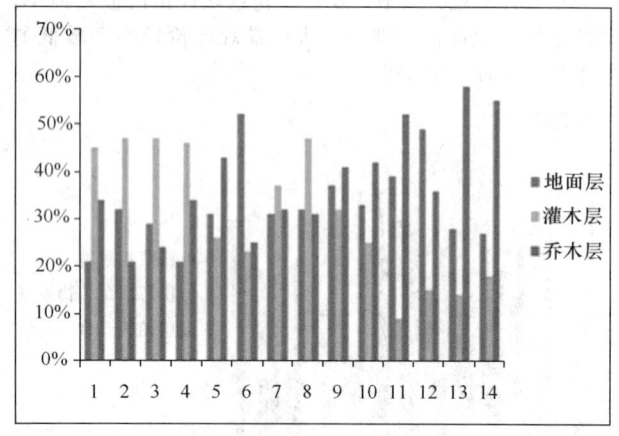

图9　层次结构比例分析图

4　讨论

关于植物景观的研究多是采用SBE研究法，很少采用VEP法，尽管VEP研究法在国外已有相当长的历史，而且此种方法已被用于多项研究，但用在植物景观偏好的研究并不多见。本次研究通过对两种研究方法的比较分析表明，以照片为媒介测定寒地城市冬季植物景观偏好是可行的，因为公众给予了不同评价样本差别明显的美景度指标值，而且评判结果的分布也与正态分布无显著性差异。在今后的研究中可以将VEP应用到对植物景观偏好中来。

本研究通过两种方法结合对太阳岛植物景观偏好的研究，获知了一些冬季植物景观配置的规律及可应用的指标，为植物造景研究提供了新的思路。从研究结果看，用受雇人员拍摄法拍摄目的性较强的有效照片，同时考虑了植物多样性和植物景观特色两方面，并通过美景度评价法进行打分、分析，使植物景观的评价较为公平和准确。该种方法可以进行推广研究，应用于植物造景的多个方面。然而，如何能够优化研究方法，得出更加普适化的结论仍然有待讨论。

参考文献

[1] Sonnenfeld, J. Equivalence and distortion of the perceptual environment. Environment and Behavior, 1969, 01: 83-99.
[2] Buhyoff, GJ. and J. D. Wellman. The specification of an on-linear psychophysical function for visual landscape dimensions. Journal of Leisure, 1980, 14: 97-99.
[3] Lien, J. N. and Buhoff, GJ. Extension of visual quality methods of urban forests. Journal of Environmental Management, 1986, 22: 245-254.
[4] Sehroeder, H. W. Estimating park tree densities to maximize landscape esthetics. Journal of Environmental Management, 1986, 23: 325-333.
[5] Sommit, R. and J. Summit. An exploratory study of preferred tree form. Environment and Behavior, 1995, 27: 540-577.
[6] Dunwell, Winston C. Nursery crop and landscape systems. Hortscience, 2003, 05: 567.
[7] Vyapari, S. An evaluation of a statewide, web-based course in landscape plant establishment. Hortscience, 2006, 41: 932-932.
[8] 唐东芹, 杨学军, 许东新. 园林植物景观评价方法及其应用. [J]浙江林学院学报, 2001, 18(4): 394-397.
[9] 翁殊斐, 陈锡沐, 黄少伟. 用SBE法进行广州市公园植物配置研究[J]. 中国园林, 2002, 05: 85-87.
[10] 翁殊斐, 柯峰, 黎彩敏. 用AHP法和SBE法研究广州公园植物景观单元[J]. 中国园林, 2009, 04: 78-81.
[11] 张莉俊, 刘振林, 戴思兰. 北方冬季园林植物景观的调查与分析. 2008, 12: 87-90.
[12] 曲线, 梁鸣. 哈尔滨冬季园林植物景观配置分析, 2013, 05: 36-37.
[13] 胡海辉, 徐苏宁. 黑龙江自然植物群落调查与寒地城市绿化模拟策略[J]. 中国园林, 2013, 08: 104-108.
[14] Erik Heyman. Analysing recreational values and management effects in an urban forest with the visitor-employed photography method, Urban Forestry & Urban Greening, 2012, 11: 267-277.
[15] Ling Qiu, Stefan Lindberg, Anders Busse Nielsen. Is biodiversity attractive? —On-site perception of recreational and biodiversity values in urban green space. Landscape and Urban Planning, 2013, 119: 136-146.
[16] 周春玲, 张启翔, 孙迎坤. 居住区绿地的美景度评价[J]. 中国园林, 2006, 04: 62-67.

作者简介

罗艳艳，1988年生，女，山东省聊城，哈尔滨工业大学建筑学院景观系风景园林专业在读研究生，Email: 837824149@qq.com。

朱逊，1979年生，女，黑龙江省哈尔滨，哈尔滨工业大学建筑学院景观系副教授、硕士生导师、博士、副系主任，研究方向为城市景观活力、可持续景观规划设计，Email: zhuxun@hit.edu.cn。

赵晓龙，1971年生，男，黑龙江哈尔滨，哈尔滨工业大学景观系教授、博士生导师、系主任，研究方向为文化景观保护、可持续景观规划设计，Email: 943439654@qq.com。

传统文化与现代城市公园景观的交融
——浅析哈南工业新城公园景观规划设计

Integration of Traditional Culture and Landscape of Modern Urban Park
——Analysis Landscape Planning and Design of Harbin South New Industrial Park

孙百宁　范长喜　周　月　温　俊

摘　要：本文通过对哈南工业新城公园景观规划设计进行分析，探讨传统文化与现代城市公园景观的融合。本项目规划设计打破城市公园常规做法，注重上位规划、前期分析、现状调研与传统文化的研究。以中国传统文化元素符号——朱雀为原型，进行文化提炼与形象抽取，将传统文化元素、传统园林设计手法与现代人的生活方式、现代城市公园设计方法相融合，创造出一种既尊重传统文化，又令人耳目一新的现代城市公园景观空间。

关键词：传统文化；城市公园；哈南工业新城；景观规划设计

Abstract: This thesis analyzes landscape planning and design of Harbin south new industrial park and discusses the integration of traditional culture and modern city park landscape. The planning and design of the project break the conventional practice of the city park, paying attention to study the master planning, preliminary analysis, investigation of the present situation and traditional culture. Regarding Suzaku as prototype, which is the symbol of traditional Chinese culture, we conduct cultural refinement and image extraction, combine the elements of traditional culture, traditional garden design, modern people's life style and modern city park design ways. Create a completely fresh and new modern city park landscape space with traditional culture of respect.

Key words: Traditional Culture; Urban Park; Harbin South New Industrial; Landscape Planning and Design

　　传统文化就是文明演化而汇集成的一种反映民族特质和风貌的民族文化，是民族历史上各种思想文化、观念形态的总体表征。[1]城市公园有广义和狭义之分。广义的城市公园泛指除自然公园以外的一切公园，包括综合公园和专类公园。而狭义的城市公园指位于城市范围之内，经专门规划建设的绿地，供居民日常进行游览、观赏、休息、保健和娱乐等活动，并起到美化城市景观面貌、改善城市环境质量、提高城市防灾减灾功能等作用。[2]传统文化是现代城市公园发展的基础，城市公园是传统文化展示的载体，是城市文化的重要表现形式，二者相辅相成，为对方的发展起到推动和支撑作用。只有采用适度的设计手法与设计理念，以多样性、时代性城市公园来丰富城市居民的生活，才能彰显城市公园景观独有的文化魅力。

1　现代城市公园中的传统文化解读

1.1　现代城市公园传统文化的缺失

　　现代城市公园是体现和承载中国传统文化的重要空间载体，但是，随着城市化建设的不断深入，现代城市公园在取得长足发展的同时也存在着一定问题，特别是真正意义上的城市文化空间正在大量的消亡，正如单霁翔对城市文化发展存在的8个问题的阐述：城市记忆的消失、城市面貌的趋同、城市建设的失调、城市形象的低俗、城市环境的恶化、城市精神的衰落、城市管理的错位及城市文化的沉沦。[3]面对"千园一面"，传统文化的缺失，现代城市公园如何挖掘城市历史文化底蕴，彰显城市传统文化特色？通过何种载体再现文化元素符号，打造具有传统文化元素的现代城市公园？如何将现代城市公园与传统文化有机融合是现代城市公园建设必须考虑的问题。

1.2　现代城市公园传统文化的再造

　　城市公园不仅是城市居民休闲的绿地，而且可以作为文化游憩的旅游景区。[4]现代城市公园的传统文化再造主要从两个方面来完成，一方面通过对文化遗产、文化产业、文化景观、文化习俗等方面进行梳理，总结出具有地域特色的城市文化精神，为城市公园的建设提供前期文化支撑；另一方面，运用现代规划理念、设计方法和技术手段再现中国传统文化的独特魅力，使现代城市公园建设在满足市民需要的同时，更多体现地域性、文化性，彰显城市精神，传播城市文化，使现代城市公园重现其义化特质，实现现代城市公园与传统文化融合、可持续、健康发展，打造富有历史文化内涵、地域特色的现代城市公园。

2　哈南工业新城公园景观规划设计

2.1　历史文化要素分析

　　哈尔滨的历史源远流长，是一座从来没有过城墙的城市。1896年至1903年，随着中东铁路建设，工商业及人口开始在哈尔滨一带聚集。中东铁路建成时，哈尔滨已经形成近代城市的雏形，是中国最早舶来欧洲文化的城市，历经百年的发展由欧式风情和北方民族文化相融合形成了建筑文化、工业文化、传统文化和生态文化等具有北国地域特色的文化表征。特色文化是历史形成的，集中反映了一座城市独有的城市风貌和文化品格。哈尔滨的特色文化蕴含在这个城市的发展过程之中。

2.2 历史文化特征提炼

2.2.1 建筑文化

哈尔滨是我国较早吸收外来文化的城市之一。随着中东铁路的建成，为哈尔滨发展提供了与西方国家交流的机会，也为远东文化的传入提供了载体。现存的欧式建筑无论从形式、色彩、立面、布局等方面都体现了欧域遗风文化对哈尔滨城市发展的影响，形成了哈尔滨独特的建筑文化。这种欧域遗风的历史文化情景是城市的表征，也是城市不可替代的独特的景观形象。

2.2.2 工业文化

哈尔滨是东北老工业基地之一，大量的工业厂房和工业遗存设施映射出哈尔滨昔日工业发展的辉煌，体现出哈尔滨深厚的工业文化。哈南新城规划南起规划五环路，北至四环路，东起新华工业园东侧规划路，西至哈双南线，总规划面积462km²。哈南工业新城位于大庆、吉林、长春等城市形成的2h经济圈的地理中心和产业物流中心，是哈尔滨连接北京等城市和俄罗斯远东地区的重要枢纽。

哈南工业新城公园总体空间布局规划定位：工业区的中心服务区；居住区的中心服务区；公共服务设施的中心地带；商业发展轴上的节点；防灾避难场所综合网点。哈南工业新城公园的建设将为哈尔滨工业文化的重塑提供良好契机。

2.2.3 传统文化

根据基地所在区位及现状地形进行构思，哈南工业新城位于哈尔滨主城区南侧，场地肌理为由西南至东有地势起伏，形成一个"m"形。同时，对中国传统风水学中的四象（"玄武垂头，朱雀翔舞，青龙蜿蜒，白虎驯頫"）、[5]28宿进行抽象概括，南方为朱雀方位，为神鸟、玄鸟、凤鸟的化身，把凤鸟形态同样抽取为"m"形。对场地及水体形态的提炼和传统文化的升华，抽取出凤鸟欲飞之形。

对新城展望的思考，象征着新城蓬勃发展、日新月异的未来，凤鸟寓意着吉祥、富贵、蓬勃、朝气、辉煌，因此，结合场地形态以及四象学说构成整个场地的中心理念，即"凤凰谷"——哈南工业新城公园。哈南工业新城公园位于哈南工业新城起步区的核心位置，有利于吸引外部资本进入新城，有利于中国传统文化的继承和发扬，形成"百鸟朝凤"之势（图1）。

2.2.4 生态文化

基地秉承城市生态文化，运用生态学的基本观点处理人与自然之间存在的各种问题，以基地为核心形成贯通南北的城市绿带，打造人与自然和谐共生的城市生态绿廊，尽量保留基地原有植被，同时利用乡土树种进行植物景观营造，用以传达现代城市公园建设的价值取向和审美标准，并通过生态文化的表达来唤醒人们对自然的尊重。

2.3 基地现状解读

2.3.1 基地区位分析

哈南工业新城公园位于哈南工业新城核心区，由南城七路（东）、南城第五大道（南）、新疆南路（西）、江

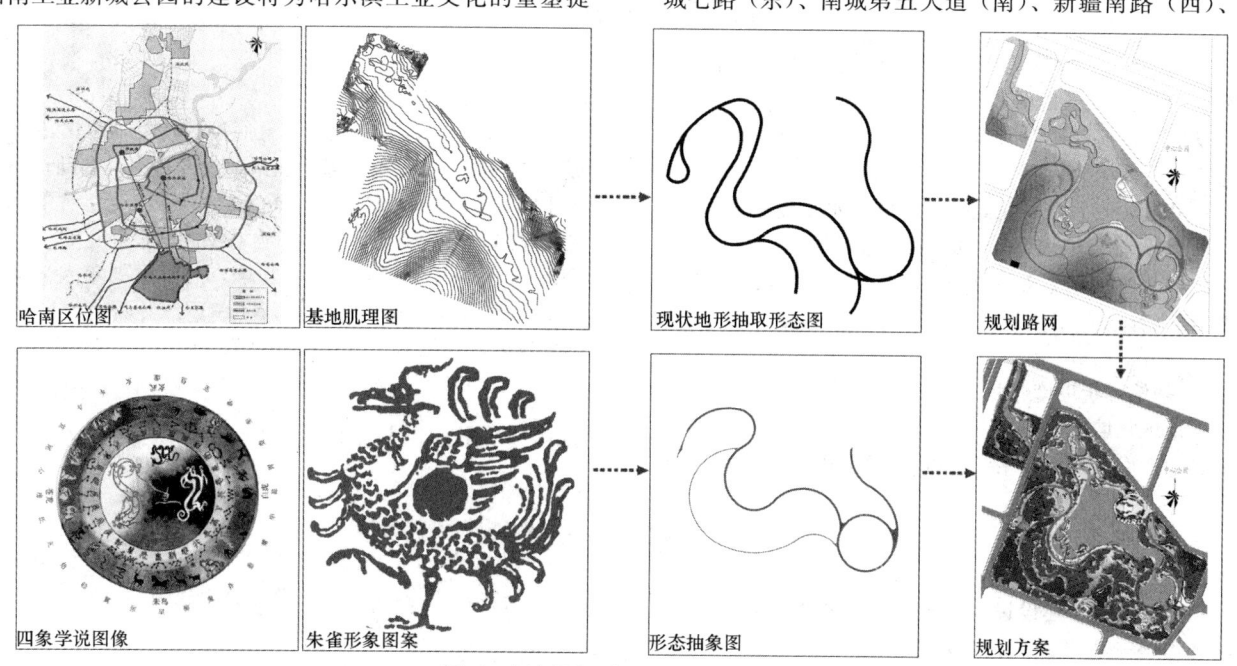

图1 规划理念与文化表达分析图

南中环路（北）围成区域的中心地带。基地处于哈尔滨南部，正好对应古代风水四象（左青龙、右白虎、前朱雀、后玄武）中朱雀的位置，为规划设计理念的提出提供了良好的景观基底和文化载体。

2.3.2 基地现状分析

哈南工业新城公园基地面积 40 万 m²。基地外围北侧、西侧为一类居住用地，东侧为二类居住用地，南侧和北侧为商业金融用地，以基地为核心形成一条大致南北走向的绿带（图 2）。为公园生态文化的表达提供可能。

哈南工业新城公园外围地势略高于公园用地，呈东西高南北低之势，哈南新城公园的中心地带，由于雨水地面径流形成水面，排水以自然地势向北汇集入排水明沟后入何家沟。

图 2　基地周边用地分析

2.3.3 基地现状高程分析

基地现状高程最低高程为 161m，最高为 176m，直线垂直高差约为 15m（图 3）。基地主要形成 3 处汇水区域，其中一处范围较大，因在此处考虑防止水土流失的措施，净化地表径流，防止污染水质。在此设计湿地景观，有效净化水质及增加水景效果的作用，从而达到生态文化再造的目的。

2.3.4 基地现状坡度分析

基地现状坡度最小值在 1% 以下，最大坡度在 37% 左右，场地形成中间地势平缓、两侧成坡地的自然空间格局（图 4）。

优点：有利于映照不同空间感受的景观格局，增加场地的层次感。

缺点：不利于建设过大场地以及大规模的集散空间。对场地道路的建设存在坡度大的问题。局部坡度区域容易造成水土流失现象。

2.3.5 基地日照分析

NORTH：坡地的北部，日照系数较低，可考虑以常绿植物景观为主，既可以增加景观效果，同时有助于防止水土流失。NORTHEAST：受东北光照较强，上午时段光照较好，可考虑活动场地及观赏性为主的景观。EAST：受正东方向光照影响较强，可考虑老年人活动场地及晨练场地设置。SOUTHWEST：受西南方向光照影响较大，此处适合设置傍晚时刻休闲、休憩场所，提供观赏游憩的场地（图 5）。

2.4 规划设计目标及原则

2.4.1 规划设计目标

在哈南新城起步区核心区，打造新城新面貌的展示窗口，营造出一块为新城市民业余生活的好去处。为新区创造出一片集文化展示、生态保育与休闲娱乐为一体的城市绿地，打造新城景观新地标，新区品牌工程。

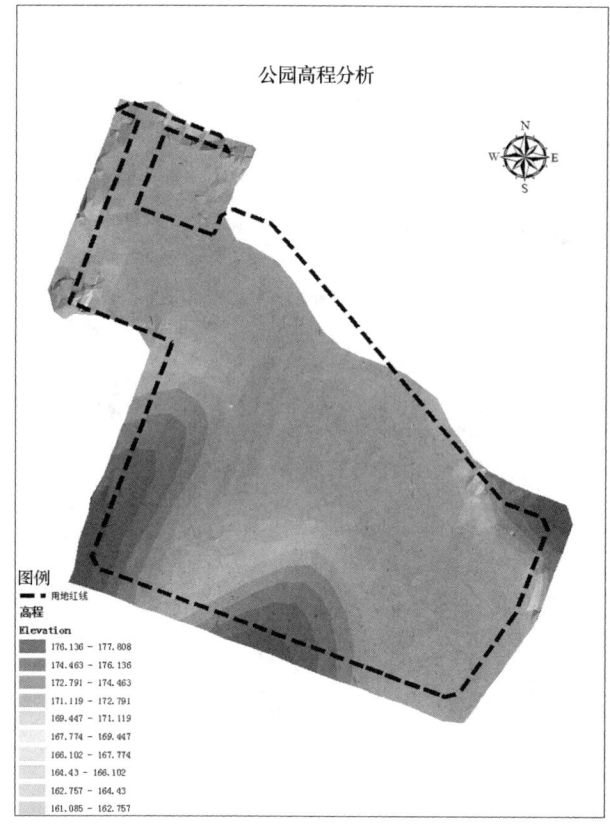

图 3 基地现状高程分析图

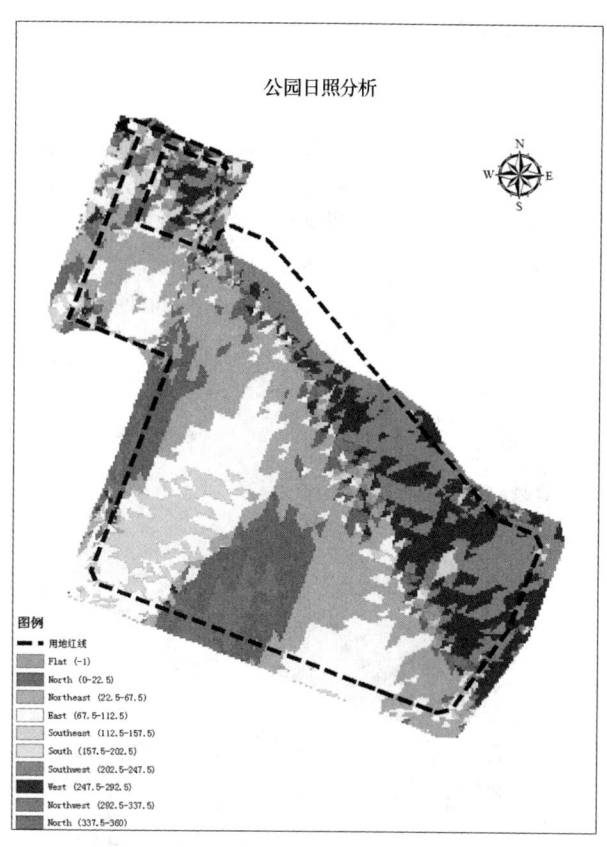

图 5 基地日照分析图

规划设计在充分利用现有资源和地理优势的同时，因地制宜，合理布局，满足不同人群休闲、娱乐、健身的需要，建成一个具有完整功能体系的大型综合型城市公园。

2.4.2 规划设计原则

生态优先、保护恢复的原则：尊重自然规律，营造北方特色植物景观，在以生态优先、保护恢复为前提下，将人的发展和自然环境的发展协调起来，实现城市与自然的融合。

自然景观与人文景观相结合的原则：在恢复保护和营造生态文化景观的同时，也要注重人文景观的营建。通过规划设计理念、铺装、雕塑小品的营造等方面，突出传统文化在公园中的地位，使传统文化与现代城市公园有机结合。

以人为本、可持续发展的原则：坚持以人为本、人与自然和谐、保护利用传统文化资源的原则，营造和丰富哈南人民娱乐健身的休闲空间，全面提升公园综合服务功能。

公众参与、文化再造的原则：坚持政府引导、公众参与的原则，它必须建立在被社会大众广泛接受的基础上，结合文化再造，开展生态文化、传统文化宣教工作，促进生态意识在人民中的普及，使广大群众亲自参与到保护自然与生态文化的建设中来，使公众自觉参与到维护环境权益和保护传统文化的行动中。

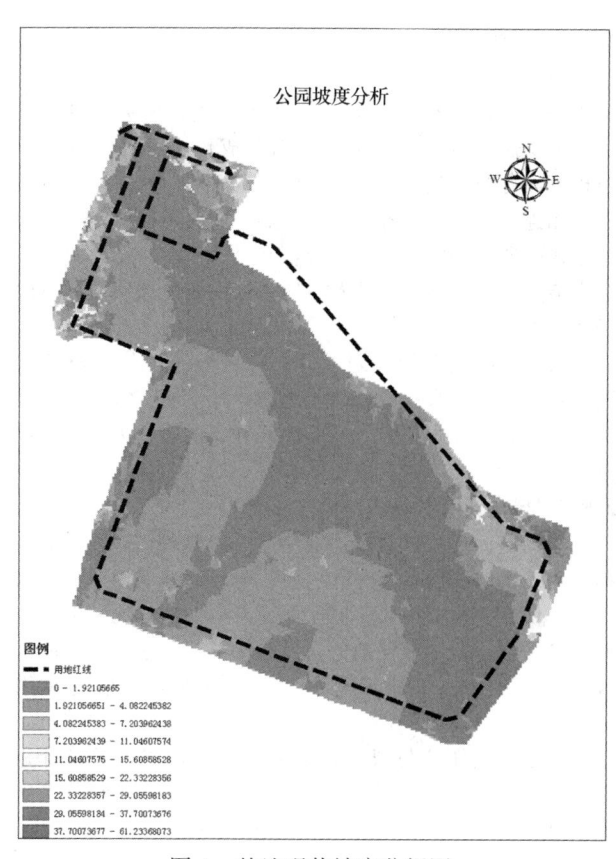

图 4 基地现状坡度分析图

2.5 方案分析

2.5.1 景观结构分析

一带：滨水文化景观带，一轴：东南—西北景观轴线。九点（主要节点）：主入口四大节点、儿童活动区、湿地园、安静休闲区、观景平台、雕塑景观（图6）。

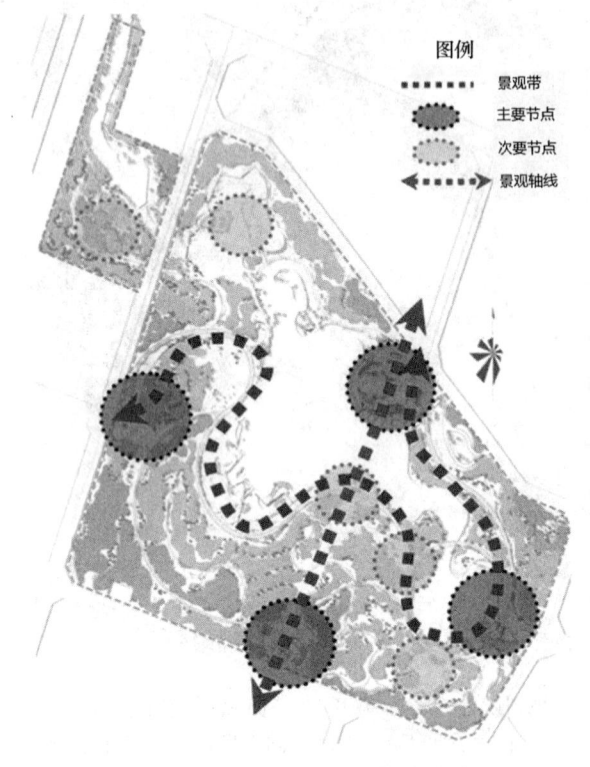

图6 景观结构分析图

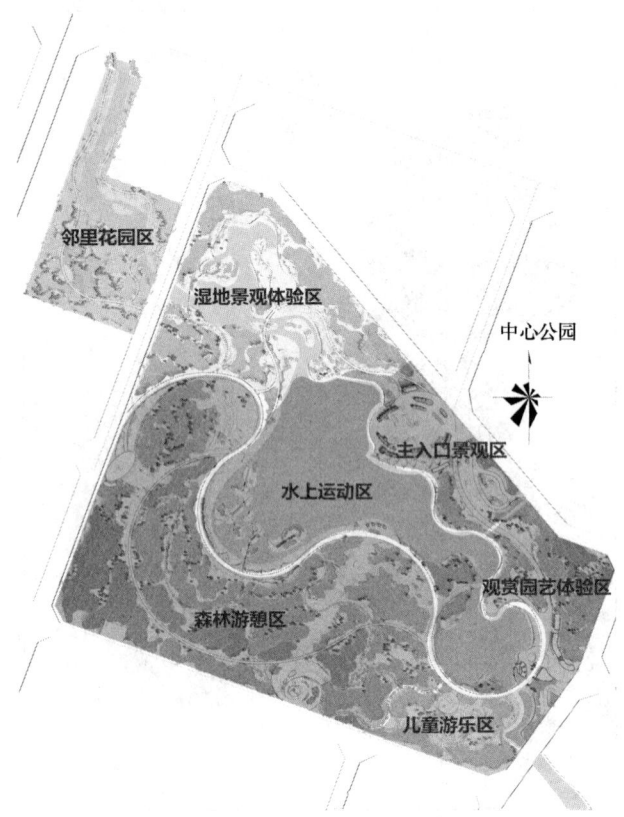

图7 功能分区分析图

通过滨水景观带和景观轴线布局，形成哈南工业新城公园展示特色文化的景观序列，在不同节点分别营造不同类型的文化景观。利用安静休闲区、湿地园区等营造层次丰富的生态文化展区，同时，通过园内建筑营造具有哈尔滨特色的建筑文化，通过朱雀等雕塑小品的营造展示中国传统文化的魅力，使人们在公园中更好地感受传统文化所散发出的魅力。

2.5.2 功能分区分析

哈南工业新城公园主要分为主入口景观区、邻里花园区、湿地景观体验区、水上运动区、观赏园艺体验区、森林游憩区、儿童游乐区七大分区（图7）。

主入口景观区位于公园东北部，是公园主要景点之一，为市民提供休闲、观赏、娱乐、交通等功能，丰富市民文化生活，提升城市品质；观赏园艺体验区位于公园东部，通过各种园艺设计，使市民体验参与乐趣；儿童活动区位于公园南部，是儿童游戏、感受自然生态文化的理想场所；森林游憩区位于公园西部，是公园面积最大的生态文化景区，柳浪松风，林下静语，其乐无穷；湿地景观体验区位于公园北部，具有丰富的湿地景观，可游、可看、可停、可赏；邻里花园区位于公园西北部，花香四溢，四季有景；水上运动区位于公园的中间核心位置，湖光山色，倒映其中，美不胜收（图8）。

2.5.3 交通分析

公园内部交通主要分为三级（图9）：

一级道路宽度为6m，主要为公园内部园务管理使用以及消防通道等。在整个公园内形成环路并且与城市干道相连，方便车辆出入。二级道路宽度为4m，与一级路紧密相连，可以通向各个分区景点，同时可以满足园内应急车辆的通行功能。三级道路宽度为2m，主要为园内各个小节点的步行通道，具有方便快捷的游园路线，又有曲径通幽的小径。

公园道路线形的规划设计，形成公园比较完整的联网体系，并形成朱雀展翅欲飞之势，预示着传统文化在现代城市公园建设中正赋予新的内涵和新的表达方式。

2.5.4 竖向设计分析

根据基地现状，对基地地形进行微处理，高程最低高程仍为161m，最高为176m，直线垂直高差约为15m。坡度最小值在1%以下，最大坡度在37%左右，场地形成中间地势平缓，两侧成坡地的自然空间格局。水岸线以原有线形为基础，整个地形与水岸线，形如朱雀展翅欲飞（图10）。

哈南工业新城公园景观秉承传统文化与现代设计相融合的手法，建成后的哈南工业新城公园必将为哈南工业新城，乃至哈尔滨市人们开启享受自然的新生活（图11）。

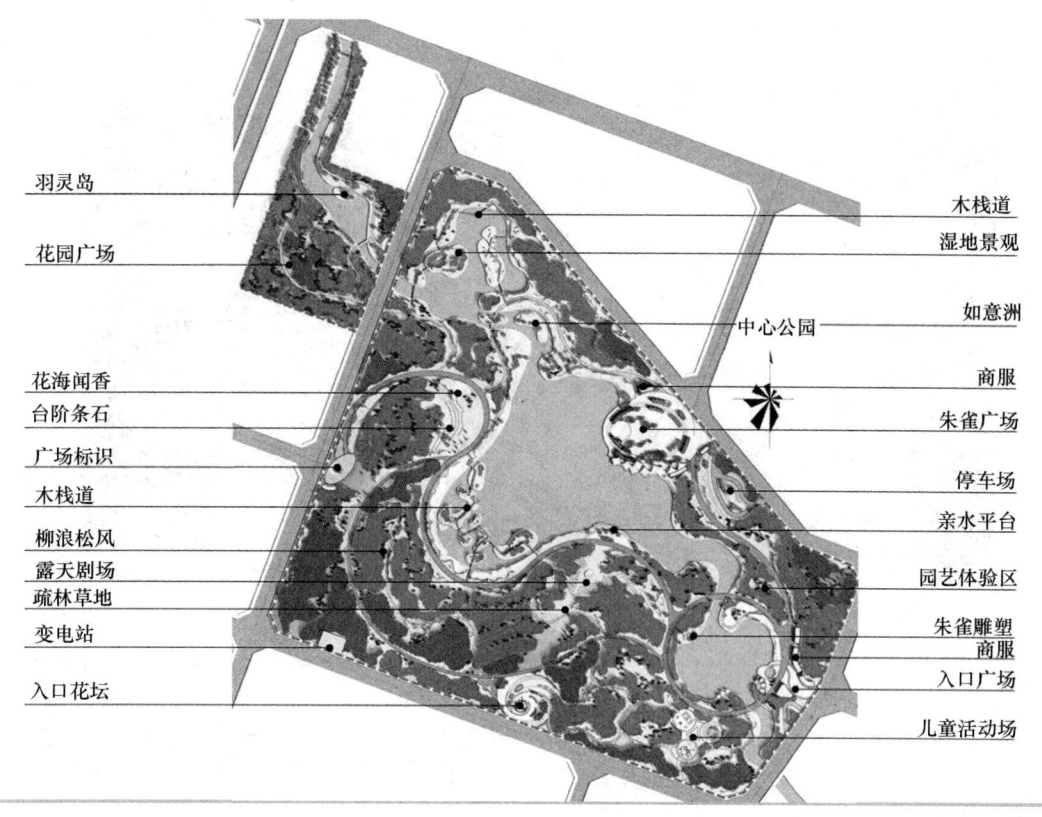

图 8 哈南工业新城公园总平面图

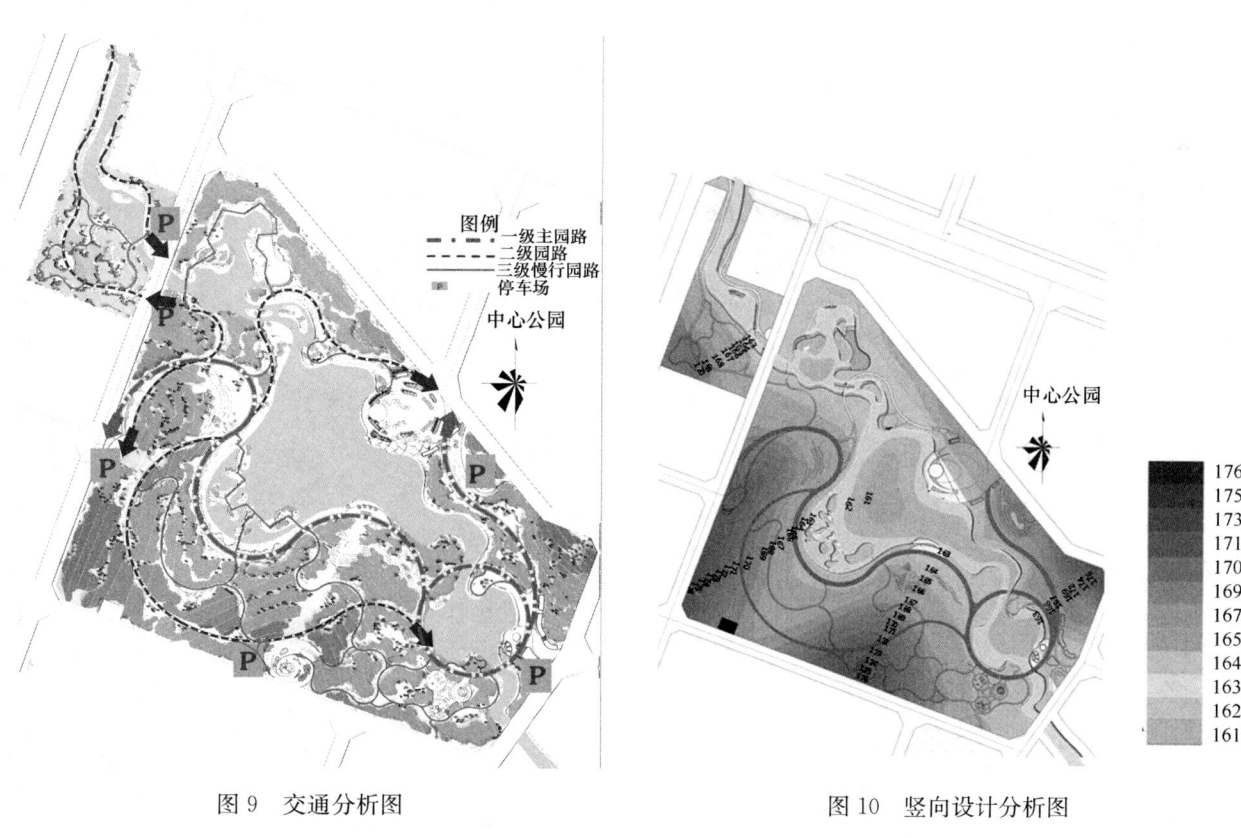

图 9 交通分析图　　　　图 10 竖向设计分析图

图 11 哈南工业新城公园鸟瞰图

3 结语

现代城市公园不仅是一个城市品质与活力的体现，更是一个城市文化底蕴的集中体现。如何将传统文化与现代城市公园有机融合，许多方法尚处在不断探索之中，对于传统文化在现代城市公园建设中的体现，需要一个长期的实践过程，因此，我们有责任为创造出具有中国特色文化底蕴和文化传承的现代城市公园而贡献出一份力量。

参考文献

[1] ttp://baike.baidu.com/view/29087.htm.
[2] 中国勘察设计协会园林设计分会. 风景园林设计资料集——园林绿地总体设计[M]. 北京：中国建筑工业出版社，2006，(1)：1-2, 165.
[3] 单霁翔. 城市文化建设存在的8个问题[J]. 瞭望周刊，2007(12)：88.
[4] 汤少忠. 城市文化游憩空间的重塑与再造[J]. 理想空间，2013，12(60)：7-9.
[5] (晋)郭璞. 葬书. 地理正宗. 上海：上海文明书局，民国15年.

作者简介

孙百宁，1982年9月，男，蒙古族，黑龙江牡丹江，硕士，工程师，风景园林设计师，岭南园林股份有限公司，设计副总监，研究方向为风景园林规划与设计。Email：99123641@qq.com。

范长喜，1977年8月，男，汉族，黑龙江省哈尔滨市，硕士，研究方向为风景园林规划与设计。Email：413005613@qq.com。

周月，1982年7月，女，汉族，黑龙江省哈尔滨市，硕士，哈尔滨市江北水城调度中心，工程师，研究方向园林景观设计。Email：yueer725@163.com。

温俊，1983年10月，男，壮族，广西钟山，学士，岭南园林股份有限公司，园林工程师，研究方向园林景观设计。Email：andy3686@163.com。

风景区影响下城市公共空间设计
——舞钢龙湖广场景观设计

The City Square Design under the Influence of Natural Scenery
——Landscape Design of Wugang Longhu Square

王 丹 曹 然

摘 要：近临风景区的城市公共空间是城市公共空间中特殊的一类，它们不仅承载着日常市民活动的功能，更是连接着城市与风景的重要纽带。本文通过阐述舞钢龙湖广场景观设计，探讨了在这种特殊环境影响下的城市公共空间景观设计应注意的一些问题：它需要有丰富的精神层面的内涵，设计时应该充分协调自然景物与城市景观之间的关系，应注重营造广场在使用时对风景区的临场体验。
关键词：城市公共空间景观；景观设计；舞钢；风景区

Abstract：City public space near the scenic area is a special kind of city public space. They not only carries the function of activity, but also is an important place connecting the city and scenic. This article discusses some problems that should be paid attention：The connotation of spiritual, coordinate the relationship between landscape and city landscape, Scenic area of telepresence.
Key words：The Public Space of City Landscape；Landscape Design；Wugang；Scenic

1 项目背景

1.1 城市概况

舞钢市位于河南省中心地带，地处伏牛山东部余脉与黄淮平原交接处，城市东邻驻马店，南接泌阳，西部接壤南阳市方城与平顶山市，北与漯河毗邻（图1）。

舞钢市是一座自然资源丰富的丘陵城市。拥有35%的森林覆盖率，充沛的降水；石漫滩国家水利风景区国家级森林公园环抱南部城区，整个城市俨然一幅山水相依、城在景中的山水画卷，著名画家梁永曾有这样的比喻："人言尽说苏杭美，岂知舞钢胜苏杭"（图2）。

1.2 场地概况

龙湖广场占地2.5hm²，选址位于舞钢市中心最为重要的一条道路南部终点（图3）。场地周围地势平坦，交通便利；北侧紧接城市核心区，有舞钢宾馆、舞钢长途客运站，东西两侧均为高层住宅，未来是城市建设与改造的重点地段。南侧视野非常开阔，整个石漫滩国家水利风景区如画卷般一览无余，是城市中一处自然风景绝佳的位置（图4、图5）。

2 设计模式的思索

2.1 布局构思

设计在考虑到开放空间本身作为城市建设的一部分，承担了很多必要的功能要求，如集会、休闲等等。由于他

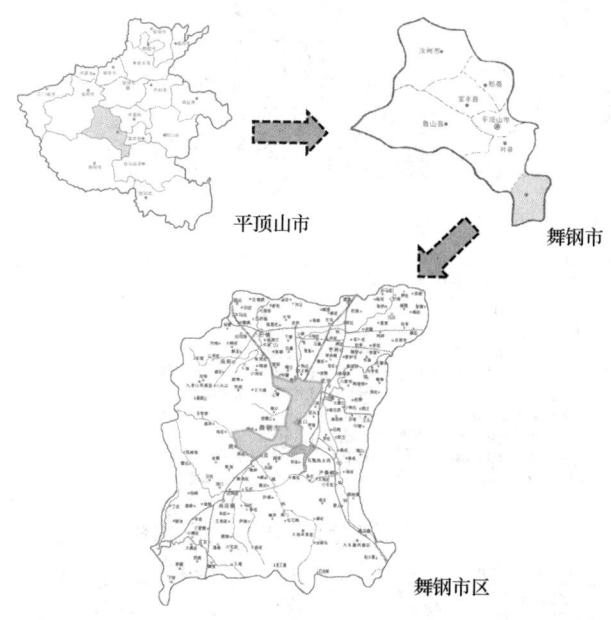

图1 舞钢市区位图

的使用者是人，为了能够依据人的活动规律准确地进行整体布局，对场地中人群活动的密集程度进行了演算，很容易看出各个区域活动的强度存在着明显的差异（图6）。进而对场地的功能区进行了初步的划分，分别定义为：聚集区、休憩区、游憩区、停留区以及亲水区（图7）。

2.2 场地的思索

场地特殊的地理位置，引发了设计过程中的思考。现状的视线范围内的城市景观缺少特色（图8、图9）；城市虽然被自然风景区环绕，但是城建与自然之间在空间上存

图2 舞钢现状图（舞钢市建设局提供）

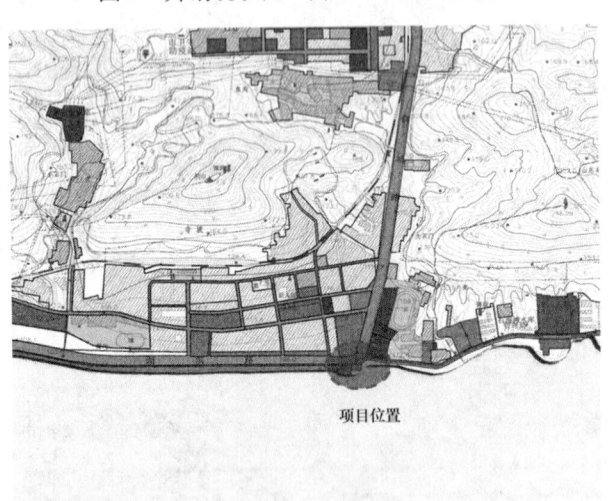

项目位置

图例
一类居住用地　　体育用地　　　二类工业用地
二类居住用地　　市政设施用地　三类工业用地
行政办公用地　　社会停车场用地　仓储用地
商业金融用地　　广场用地　　　村镇建设用地
文化娱乐用地　　对外交通用地　公共绿地
医疗卫生用地　　特殊用地　　　水域
教育科研用地　　一类工业用地　防护绿地

图3 城市用地现状及广场位置图

图4 环境现状图1

图5 环境现状图2

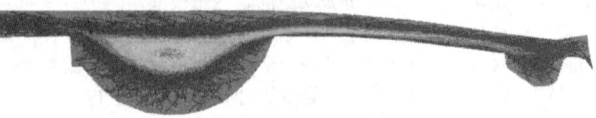

图6 人流拓扑分析

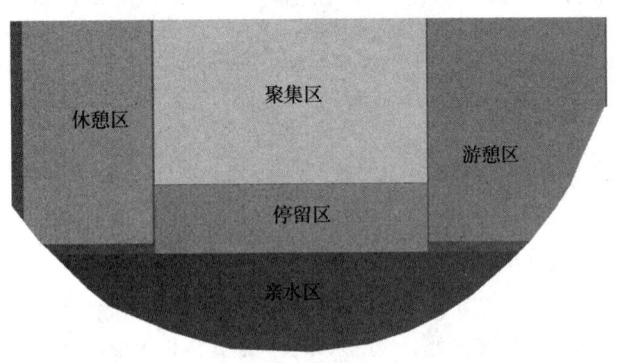

图7 功能分区意向图

图8 现状驳岸图

在着明显的边界，形象也缺少呼应；另外，虽然拥有优越的自然环境，却只能远观，市民无法体验到身临其境的临场感。

为此在对场地的分析过程中发现，龙湖广场的迫切问题除了是要打造一处能够提供休闲娱乐的活动场所外，还需要拉近城市与自然的关系，拉近生活与环境的关系。

图9 现状驳岸图

在满足城市广场使用功能的前提下,最大限度地削弱城市人与自然的隔膜;在此形成一处城市与风景互相交融的融合器。

3 舞钢龙湖广场景观设计

3.1 设计概念

要确定广场的整体平面结构,需要从其本身的场地特点着手寻求脉络,这样才能使设计真正做到与场地有机地结合。研究其特点不难发现对场地影响最大的三大景观元素包括:山、水、城。水本身是物质世界中最优秀的溶剂,而在"光影的世界"中,它本身也常常充当融合的介质,另外水在景观设计中能够产生很强的空间渗透作用。

设计选取了水作为整个设计的线索,提取溶解、反射、渗透三个特点,分别在设计中加以运用。设计意图抽象出水在溶解过程中元素边界逐渐模糊,互相搅动的形象作为整体设计的构图。在不影响实际使用功能的前提下,使人工园林、地形、广场等景观元素的边界互相缠绕融合来构成整个广场的平面构图。

整个设计的平面宛如均匀搅动的清泉,映射着周围的风景与城市(图10、图11)。各种元素之间互相渗透、穿插形成犹如倒映在波纹中摇曳变换的空间韵律。

3.2 景观方案

广场的整体布局呈环绕式布局,主要分为两层台地。场地在竖向上与常水位存在着3m的高差,为了增加亲水性,将整个用地分成了两个部分。上层为市民活动广场,下层为亲水区;分别由西侧的台阶以及东侧的坡道连接。另外在设计上利用其产生的立面构成达到了有效与对岸景观对话的目的(图12)。

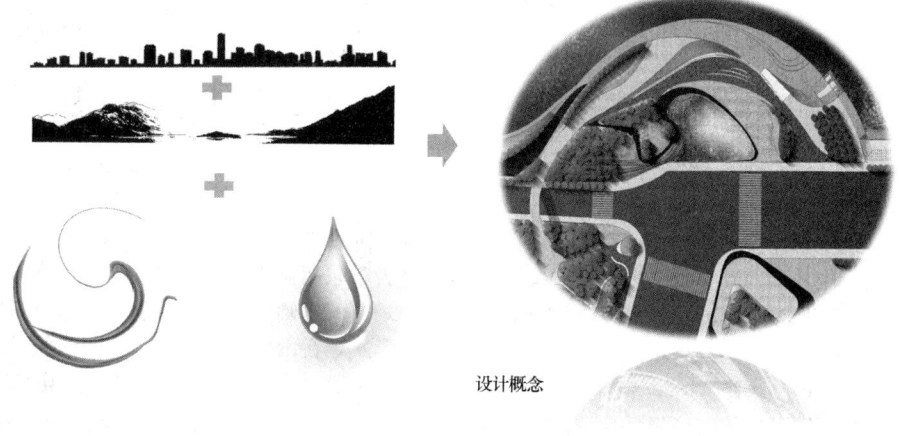

图10 设计概念图

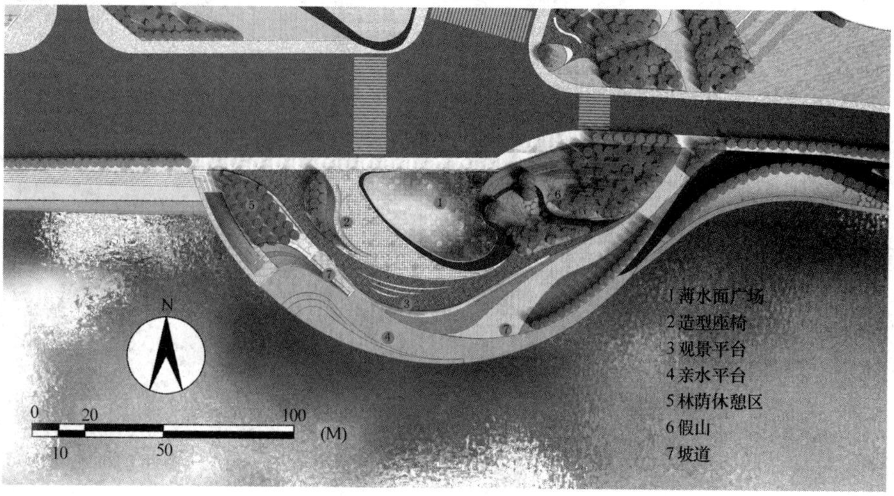

图11 广场平面图

图 12 鸟瞰效果图

市民广场由三部分内容组成，中心区域设置广场与薄水面，满足市民的日常活动及停留需要。薄水面则能够有效地将四周的景物融入广场的核心区域内，并起到弥补中心区域空间层次不足的功能（图 13）。东侧利用人工堆山的办法形成了一个游园式的地形景观，配合植物达到与远处风景区山体遥相呼应的效果。西侧设置了一处较为安静的林荫休憩区，林下布置木坐凳供人纳凉休憩（图 14、图 15）。

亲水区则通过竖向层次分为上下两层平面，上下层之间最大高差 500mm，上层主要满足停留观赏的使用功能，下层则承载着亲水散步的作用（图 16）。下层地面从东向西逐渐以极其微小的坡度上升至同一高程，融合成为一个平面；微小的竖向关系达到了分割空间的作用，在平面中形成一条与整体呼应的切线。另外上层平台在东段和中段能够充当下层步道的休憩坐凳，使形式与功能达到了高度结合。整个广场空间，各个元素互相缠绕围合，互相渗透融合，成了一个有机的整体，表现出这个区域山水交融的城市特点。

4 专项规划

4.1 交通流线设计

广场的交通流线设置结合整体构成，形成了一组环绕连贯的交通游线。这样的设置使游人能够在广场中连贯地进行游赏，也减少了游赏过程中的停顿感，不仅增加了舒适度，还能够使游人在欣赏自然风光时投入更多的精力（图 17）。

4.2 竖向设计

在竖向规划中大部分高差均通过坡道的形式解决，一方面满足了无障碍设计的要求，另一方面大大拉长了空间变化的横向长度，丰富了广场的立面关系。立面设计中通过广场区的假山、挑台以及绿色坡道的穿插，形象模仿了风景区中岩石、山坡互相交错的自然景观特征，整个广场从对岸景区中看来就像是景区的微缩倒影，更进一步达到了城景融合的目的（图 18、图 19）。

4.3 种植设计

种植设计中均采用当地的原生乡土树种，并将广场分为了东西两个部分，西侧休憩区采用了规则式的种植形式，而东侧游园区则采用了更为朴素的自然式种植设计形式，在山体区域则选用了当地的特色树种枫杨林作为高木层，形成野趣茂密的效果，山坡部分则采用白三叶

图 13 中心薄水面广场

图 14　造型木座椅

图 15　林荫休憩区

图 16　亲水区效果图

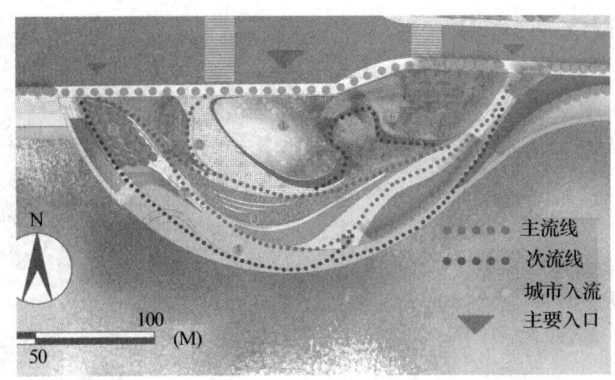

图 17　交通流线图

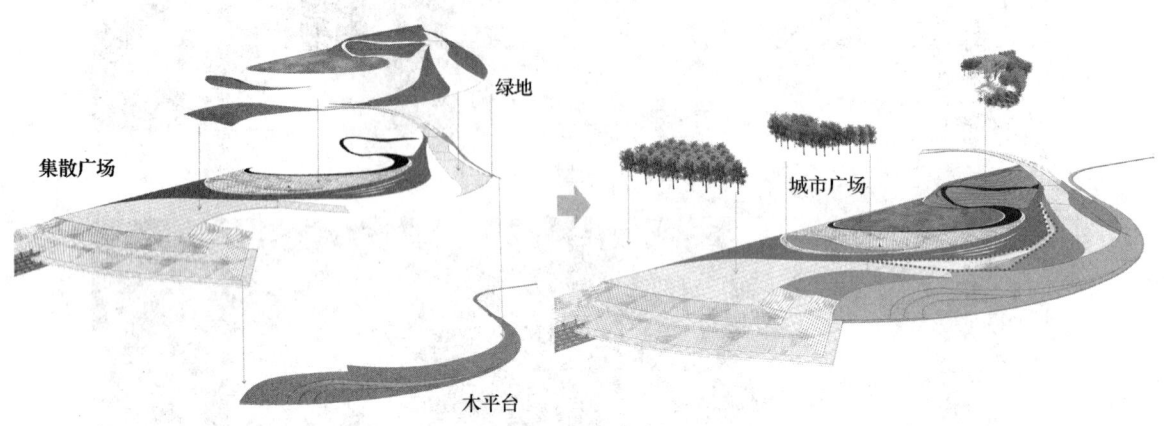

图 18　立体空间布局图

图 19　立面图

等地被植物形成条带状的分层种植环绕整个山体，在竖向上强调出广场环绕融合的形式主题，使整个山体成为一座活着的景观雕塑。

5　结语

从舞钢市龙湖广场的规划设计中得出以下结论：在风景区影响下的城市公共空间不仅是城市中社会生活的载体，同时也是城市空间与自然空间的过渡带。这种设计需要注意几个方面。第一，在满足物质功能的基础上，它具有很丰富的精神层面的内涵，对于风景区它代表了城市形象，对于城市它又是人与自然交流的窗口。第二，它在形象与内容上需要做到充分协调自然风景元素与城市景观元素的关系，才能达到连接自然与城市的作用。最后，需要充分营造出在广场活动中犹如在风景区一般的临场感，即将风景区中可能会发生的事、看到的景融合城市社会活动后体现在景观设计中，来增强使用者在参与社会活动时有在风景区般的临场体验。

参考文献

[1] 钟竣. 物质环境设计与空间中的活动——空间中的边界效应[J]. 华中建筑, 2003(1): 47-53.

[2] 叶如海, 吴骥良等. 边界效应论在休闲景观规划设计中的应用——以南京市钟山风景区琵琶湖景区规划设计为例[J]. 规划师, 2009(1): 43-47.

[3] 邓蜀阳, 何子张. "柔性边界"在城市设计中的运用[J]. 新建筑, 2000(5): 28-29.

[4] 林玉莲, 胡正凡. 环境心理学[M]. 北京: 中国建筑工业出版社, 2000.

作者简介

王丹，1982年8月，男，汉，河南郑州，硕士，北京清华同衡城市规划设计研究院有限公司，景观设计师，景观设计，Email: 42069587@qq.com。

新型城镇化背景下寒冷地区风景园林营建的国际经验与启示

International Experience and Inspirations of Landscape Planning and Design in Cold Regions under the Background of New Urbanization

王丁冉

摘　要：面对当前新型城镇化建设的客观背景，寒冷地区城市发展与风景园林营建受其特殊的气候、环境与资源条件限制，机遇与挑战并存。论文总结了当前寒冷地区风景园林营建所面对的三大核心问题，通过对国际中其他寒地城市风景园林营建经验的梳理，结合新型城镇化建设的客观要求，提出寒冷地区风景园林营建的三大策略，即应对环境、应对气候与应对使用者，针对三大策略分别从国际经验的角度提出落实方法。

关键词：新型城镇化；寒冷地区；风景园林营建；国际经验

Abstract: Faced with the objective background of new urbanization, urban development and landscape construction in cold region face both opportunities and challenges for the constraints of its special climate, environment and resource. This paper summarizes three core issues that the current landscape construction in cold regions are facing, through combing international experience of other winter cities in the world, combined with the requirements of new urbanization, this paper proposes three strategies dealing with the problems proposed before. Those are environment response strategy, climate response strategy and user response strategy. Concrete implementation of ideas are proposed for the three strategies from the perspective of international experience.

Key words: New Urbanization; Cold Region; Landscape Planning and Design; International Experience

1　寒冷地区与寒地城市界定

1.1　寒冷地区的范围界定

我国幅员辽阔，从建筑气候分区上可将全国划分为7个大区（图1），约三分之二的国土面积，包括秦岭-淮河以北的大部分城市、部分南方城市均位于严寒或寒冷地区。[1]

1.2　寒地城市的特征

目前国内相关的研究多引用"寒地城市"的概念，与

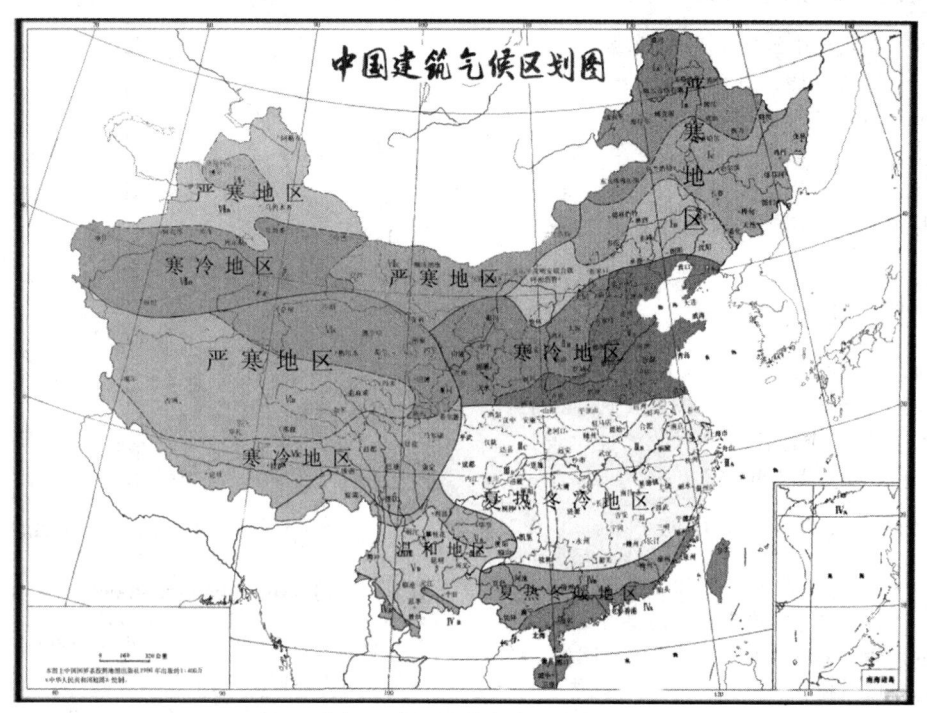

图1　中国建筑气候区划图

国际较为多用的"冬季城市"(Winter City)、[2]北方城市(Northern City)[3]相呼应。其特征可归纳为:[2]

(1) 高纬度：一般为北纬45°以北，或以南但具有寒地气候特征的部分山区城市；

(2) 冬季漫长寒冷：日均气温低于0℃以下，并持续2—3个月以上；

(3) 降水常以雪的形式出现；

(4) 日照时间短，黑夜漫长，且四季交替明显。

寒地城市主要集中在北半球高纬度地区，全球约有三分之一的人口居住在这样的城市中。[4]严酷的冬季气候条件是其最主要的特点。低温、寒风、雨雪、黑暗及污染等客观问题，加之未来气候变化将导致的更加严峻的极端气候条件，对于我国乃至世界寒地城市风景园林营建无疑是极大的挑战。

2 寒地风景园林营建的现状与问题

目前，国内尚未建立起针对寒地风景园林营建的较为系统、完整的理论与实践方法，寒地风景园林营建一方面受特殊气候、资源与环境条件制约，一方面在发展起步上与南方城市存在差距，现存问题可以总结为以下四点。

2.1 缺乏对地域气候特征的认知

目前寒地城市在风景园林营建过程中往往缺乏对气候因素的考虑，如毫无遮蔽的大广场、常年处于建筑阴影区的活动空间等。绿地系统建设往往只考虑到夏季景观，缺乏对冬季绿地系统功能与景观效果的考虑，[5]植物配置一味追求"三季有花、四季有景"，造成冬季管理养护的沉重负担。

2.2 寒地城市特色与地域文化缺失

一方面，当前景观设计中缺乏对于寒地城市地方特色的深度发掘，设计中存在照抄现象，大量出现的"西洋"或"江南"造景手法使得地域文化明显缺失。另一方面，由于冬季可生长植物品种较少，景观单一，大量广场、居住区景观设计中应用了由玻璃钢、塑料等制作的仿真植物，如棕榈、大王椰等，对地方特色造成强烈干扰。

2.3 冬季户外空间设计缺乏人文关怀

受低温、积雪、昼短夜长、寒风等影响，冬季户外活动因存在诸多不便与安全隐患，本来就极大减少，然而当前寒地城市户外空间设计中往往缺乏对此人性化设计，这就导致城市公共空间更加无人问津。

2.4 冬季景观乏味、城市缺乏活力

冬季寒地城市在色彩上给人的印象往往以白、灰、蓝、黑等冷色调为主，加之冬季可生长植物单一及煤炭采暖导致空气污染的加剧，都使得整个城市给人以阴郁、单调、萧条之感，整个城市缺乏活力。

3 新型城镇化背景下寒地风景园林营建的机遇与挑战

随着2011年风景园林学科正式升级为一级学科、2012年十八大会议对"生态文明建设"与"改善人居环境"突出强调，以及2014年3月最新颁布的《国家新型城镇化规划（2014—2020）》对快速城镇化存在问题的论述与未来城镇建设思路的提出，风景园林学科在当前城市发展中将扮演越来越重要的主体地位与历史使命，寒地城市作为占据国土面积三分之二的主要城市类型，其风景园林营建的重要性不言而喻。然而，寒地城市特有的气候和资源环境限制、寒地风景园林营建理论与体系的不完善、现有城市与生态环境间的尖锐矛盾与未来持续的城镇化需求，无不为寒地风景园林学科的创新与发展提出更高的要求与挑战，具体可以总结为以下三点：

(1) 如何科学规划设计以遵循特定生态与气候条件？

(2) 如何协调资源、环境、市场，以实现可持续景观营建？

(3) 如何以人为本构建"高品质宜居"的寒地景观？

4 基于时代背景与国际经验的寒地风景园林营建策略

面对寒地城市特殊气候背景与当前新型城镇化对风景园林行业提出三大挑战与思考，通过总结和梳理现有国际成功经验，提出与之对应的寒地城市风景园林营建的三大核心策略（图2），即：应对环境（Environment Response）、应对气候（Climate Response）、应对使用者（User Response）。

图2 寒地城市风景园林营建的三大策略

4.1 应对环境（Environment Response）

此处的"环境"，涵盖风景园林营建所依赖的生态、资源、市场和人文四个大的宏观环境，在这四者的动态影像与制约下探寻寒地风景园林营建的可行途径。

4.1.1 生态环境应对

寒地城市因其自然环境条件严峻，生态系统相对脆弱，包括城市人工系统在内的各个子系统间连接度较低，极易受到破坏。在寒地风景园林营建过程中充分融入生态文明的理念，就是要做到：

（1）严格遵从《全国主体功能区规划》对各地区的功能定位与限制，对寒地城市所在区域生态环境承载能力进行科学评估，通过合理划定生态红线，将寒冷地区生态空间作为刚性保障空间进行明确保护，以防止城市的蔓延与侵蚀。

（2）以寒地城市现有自然地理格局为基础，依托河流、湖泊，改造和修复废弃地，构建区域生态网络。城市生态廊道的建立应考虑结合"风道"规划，将夏季盛行风通过生态廊道引入城市，减少热岛效应；同时在冬季盛行风的上风向建立防护林带，以对冬季寒风产生有效阻隔。[2]

（3）注重对"蓝-绿-白"基础设施的系统规划与整合。蓝、绿基础设施分别指水系、绿地，寒地城市有必要针对冬夏的不同气候，进行两季蓝绿基础设施差异性规划。"白色基础设施"是针对寒地城市提出的，针对冬季降雪条件下保障市民通行、活动的特殊基础设施，它体现为季节性、灵活性与组合性，一方面可以与市政交通系统结合，如在挪威已建立起与城市主街道并行的"白色滑雪道"网络，供市民利用滑雪板或雪橇椅（Kicksled）快速通行；[6]另一方面可与水系、公共空间、绿地结合，借助河道、慢行道、绿地的游园道等形成网络。如加拿大萨斯卡通市（Saskatoon）的 KinsmanPark 儿童游乐场中，局部道路在冬季会被刻意淹没结冰，从而形成独特的溜冰道。

（4）在具体设计中，应本着"让自然做功"的原则，最大限度利用自然条件，如地形、植物、水体等，减少风景园林建设过程中的人工控制性。

4.1.2 资源环境应对

寒地城市冬季无论在供暖、照明、交通出行、积雪处理等方面都对资源环境产生巨大的压力。应通过合理手段最大化减少对资源、能源的消耗，积极利用清洁能源、提倡低碳可持续发展。寒地城市建设在一方面应采用紧凑型城市布局，减少长距离出行和对机动车的依赖；鼓励功能混合型社区，提高资源与基础设施的共享度；街道及公共空间朝向以最大化利用太阳辐射为准。[7]另一方面，应尽量减少建设过程中与建设后的管理养护需求。此外，应加强对资源、能源的再生与循环利用，如国外部分国家积极利用地热、海水及工厂和地铁站区的废热来融化人行道及公共空间的积雪等。[2]

4.1.3 市场环境的应对

（1）挖掘冰雪资源的市场潜力

应当积极发掘冰雪资源的价值，以带动地区的商业与旅游业，推动寒地城市经济发展与活力提升。如多伦多市（Toronto）每年12月份都会举办大型圣诞户外市场；魁北克（Quebec）通过冬季嘉年华、红牛破冰、冰球和滑雪板竞技、冰舟、狗拉雪橇等旅游活动已成功转型为国际冬季旅游胜地，每年1月份酒店入住率达33.4%；加拿大埃德蒙市（Edmonton）提出系统策划冬季的各种节庆活动，并在市区范围内打造每日不同的户外活动。[6]国际其他寒地城市的成功实践表明，发掘冰雪资源与寒地特色，集中展示冬季文化是扩大城市影响力、提升城市总体形象的有效手段，城市活力与经济的复苏将强化市民归属感与外地游客对寒地城市的认知度，同时为寒地风景园林营建提供更宽广的平台。

（2）鼓励企业参与城市公共空间营造

一方面，通过政策倾斜，鼓励政企联合提升城市户外出行便利性等。如英国诺丁汉（Nottinghamshire）的城市道路融雪系统中，就有部分路段是由特定企业负责的。另一方面，通过提供搭建宣传平台加强企业的社会责任感。在丹麦，新建公共建筑一定会留出一定公共活动空间，与周围民众分享；许多企业积极参与促进户外公共活动的过程，如每年10月18日至20日，哥本哈根老城的 Højbro Plads 广场会举办"Milk City"临时性活动，由当地牛奶供应商 Arla 公司出资搭建，构筑物本身、外部空间吧台、坐凳、花池等均由牛奶装卸箱、牛奶盒、瓶盖等制成（图3），作为临时性公共景观，起到了非常有益于丰富公共活动的作用。

4.1.4 人文环境的应对

中央城镇化会议提出的"让居民望得见山、看得见水、记得住乡愁"，即要求风景园林营建能够充分保护自然与文化遗产，延续城市文脉，打造富有地域烙印的特色

图3 企业参与的临时性公共景观——牛奶城市（Mike City）

景观。城市的自然风貌、历史文化、风俗习惯等作为地域环境与气候的产物，具有不可复制性与多样性，因此要注重对寒地城市自身特色的深度挖掘，不可一味照抄洋式或南方景观，更不可单纯以构图、审美作为景观设计依据，失去与地域的联系。

4.2 应对气候（Climate Response）

应对气候旨在适应和利用寒地气候资源，凸显寒地城市特色。具体又可以从四个时间维度上加以发掘和利用。

4.2.1 即时天气

寒地城市天气变化较大，大风、雨雪、多云、阴霾或多变的光线等均可作为感官体验和景观创作的素材。丹麦景观事务所 SLA 在公共空间设计中就非常注重对即时天气的呈现与利用，强调户外空间在恶劣气候下的使用性和景观与气候的互动性。在其位于哥本哈根新、老城交界的建筑外部空间设计项目中（Under the Crystal），跳跃的"水墙"随风而动，圆形浅水池反射变幻的天光、云影及风对水面波纹的塑造，强化了市民对可变天气的感知体验（图 4）。

4.2.2 白昼与夜

寒地城市冬季昼长夜短的客观条件要求风景园林在营建时既满足白天的活动使用，同时发掘夜景的独特魅力与强化照明设计。以哥本哈根夜间户外照明设计为例，灯光多采用暖色，或直接以跳动的火光为源（图 5），亮度适宜，过度柔和，没有直射眼睛的刺激与不适，充分营造了温暖宜人的灯光环境。在设计中充分发掘灯光的趣味性与艺术性，如 SLA 事务所设计的哥本哈根西北公园（North West Park），通过奇幻的灯光、色彩设计（图 6），让人们感受如同置身银河的奇幻夜景体验（图 7）。

图 4　景观对多变天气的表现（Under the Crystal）

图 5　哥本哈根色调温暖、过度柔和灯光为户外空间增添暖意

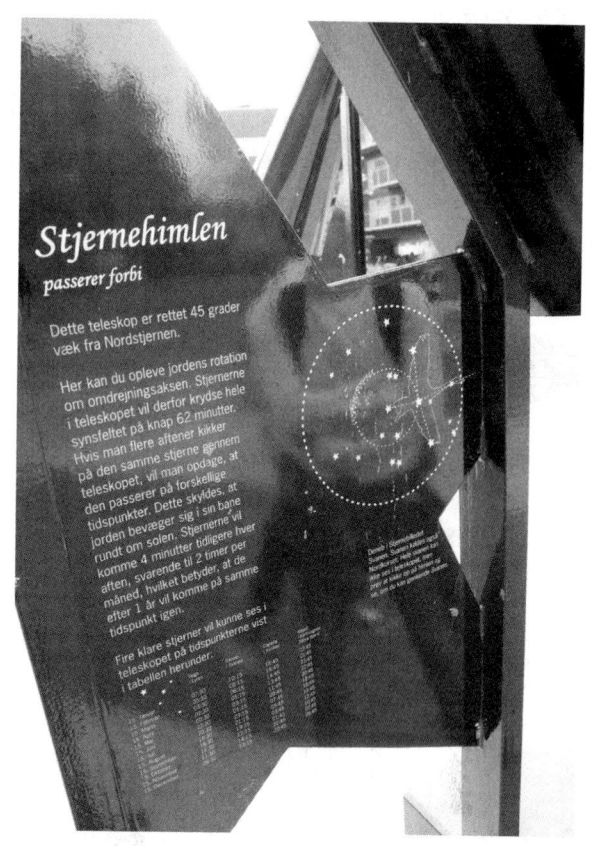

图6 哥本哈根西北公园中奇幻的灯光设计
（图片引自 SLA 景观事务所网站）

图7 哥本哈根西北公园中供人观赏星空、辨识星座的装置（孔亮集摄）

4.2.3 四季更替

寒地城市具有鲜明的四季更替，风景园林营造一方面要考虑景观在不同季节的使用，另一方面应充分发掘不同季节特色设计富有"季相变化"的景观。SLA 在夏洛特花园（Charlotte Garden）的设计中，以当地禾草植物为主，通过禾草植物在高度、色彩、形态的丰富季相变化，塑造多彩、可变的地域景观（图8）。

4.2.4 长期变化

面对当前世界范围内的气候变化，寒地城市在远期内可能会面对更为严苛的冬季气候，如极端低温、暴风雪等气象灾害。因此有必要以科学规划、设计为前提下，对可能的气候问题通过模拟、预景，准备合理的应急方案，

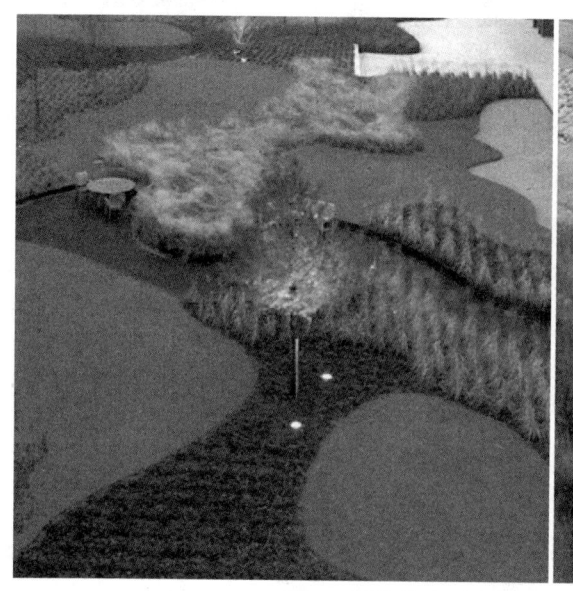

图8 夏洛特花园丰富材质、色彩营造的景观空间
（图片引自 SLA 景观事务所网站）

在具体设计中也应当考虑更多的弹性与适应能力。

4.3 应对使用者需求（User Response）

杨·盖尔（Jan Gehl）将户外活动归结为三类，即：必要性活动、自发性活动和社会性活动（连锁性活动），[8] 其中自发性活动和社会性活动受外部环境品质影响明显（图9）。我国寒地城市受寒冷、大风、雨雪等气候条件影响，外部环境相对恶劣，除必要性活动外，自发性与社会性活动频率较低，城市活力缺失。同样作为寒地城市的哥本哈根，在针对外部空间改造的27年里，户外活动的人数增加了3.5倍，可见只有通过改善外部空间质量，才能充分激发活动。具体在设计中可以通过强化以下三方面激活公共活动：

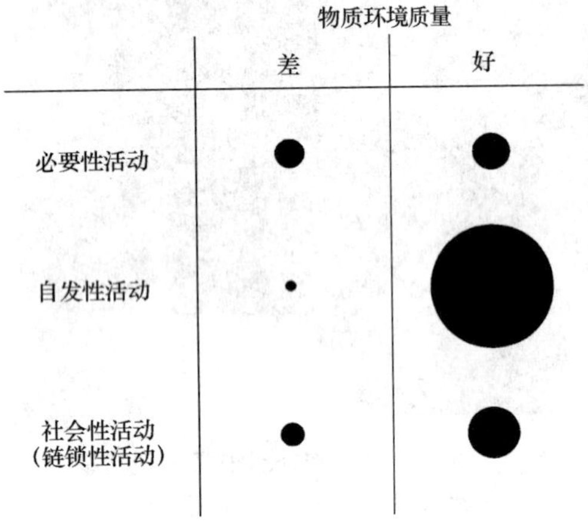

图9 不同户外活动对外部环境品质的要求存在明显差异（根据原图改绘）

4.3.1 舒适性

改善寒地城市冬季外部空间舒适度，一方面是要强调设计针对所有人，公共空间设计应考虑儿童、青年、成年人、老人及残疾人等不同人群在冬季恶劣气候下的使用。另一方面，应从人的体感舒适度出发，着力改善低温、阴暗、大风及使用者必要的停留、休憩等需求。

针对低温的改善，一方面可以将室外空间半室内化，借助室内温度改善寒冷，另一方面通过配备加温设施改善，如许多北欧国家冬季户外公共空间配备了可加温的长凳、候车亭、灯光，户外餐饮空间多提供毛毯等；在材料的选择上也要尽量避免冰冷的金属、混凝土与石材等。

改善阴暗方面，应在公共空间选址时避开建筑阴影区，并最大化利用日照，如许多国家提倡积极利用街道建筑间日照良好的空地作为活动空间（Sun Pockets）；[9]

对于公共空间风环境的考虑有助于减弱寒风的影响。哥本哈根许多户外空间正是借助建筑围合、下沉空间、地形、遮挡性构筑物和植物等来营造适宜小气候。

对于使用者的停留和休憩需求，可以考虑结合步行空间的其他设施设计，如将座椅与灯、景观小品、建筑立面、台阶、走廊等结合。

4.3.2 便利性

寒地城市冬季由于冰雪影响，市民出行不便，这是导致公共空间缺乏使用的重要原因。因此应着力构建相对完善的冬季步行系统，通过连廊、通道、有遮蔽的人行道等将不同活动节点，如购物中心、学校、文化中心、交通接驳站、公共空间等串联形成网络，对于使用度高的区域，可以考虑采用特殊积雪处理手段，如俄勒冈Klamath Falls市拥有针对中心商业区步行道的地热融雪系统，[6] 安克雷奇市（Anchorage）针对使用度较高的中心商业区，规划了可以加热的步行道系统（图10）。[8]

在穿行密度较高的道路交叉口，步行道的抬升有助于减少冰雪堆集和积水对步行的影响（图11）。

此外，公共空间设计中应考虑冰雪堆集问题，如芬兰在规划中要求街道和场地要留出足够的堆集积雪空间。[10]

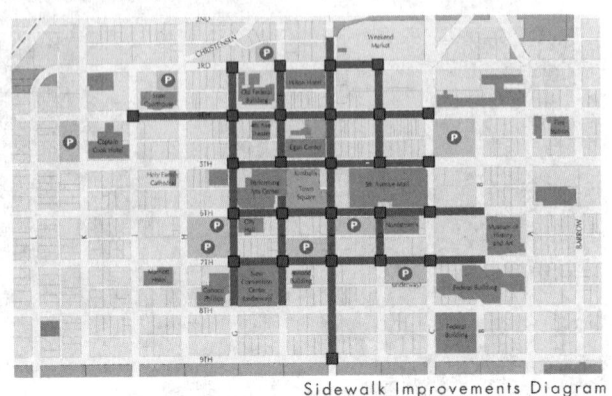

图10 安克雷奇市针对加热步行道系统的规划

图11 哥本哈根道路交叉口抬升的步行道能够减少冰雪堆集和积水对步行的影响

4.3.3 吸引力

户外空间的吸引力主要取决于景观的功能性、趣味性、视觉吸引力与可参与性等。简·雅各布斯（Jane Jacobs）曾指出，"功能混合"的街道能够极大增加活动的多样性；[11] 趣味性与视觉吸引力多受景观的外观及色彩影响，如瑞典专门有针对城市色彩的总体规划，通过色彩营造生动的城市冬季景观；哥本哈根城市建筑色彩丰富，部分公共空间设计大胆用色，创造了极富视觉吸引力的公共空间（图12）。此外，户外空间的可参与性也能够极大促进公众使用，如户外休闲餐饮、咖啡座以及互动式公共景观等（图13）。

图12 哥本哈根丰富的街道色彩及极具色彩冲击力的公共空间设计

图13 可供参与的互动式公共景观（左图由赵春丽摄）

5 结语

在新型城镇化和建设生态文明的时代背景下，寒地风景园林建设机遇与挑战并存。"酷而不冷"（Cool but not Cold）是从居民到寒地景观设计师应有的态度，从早期对于寒冷地区低温、风雪等负面条件的被动接受与消极回避，到以积极、创新的态度将寒冷地区的相关资源有效利用，通过营建适宜寒地城市的风景园林才能够营造舒适的人居环境，而适宜的环境将反过来作用于使用者，进而促使其转变为对寒地城市的传统认知，这对于提升寒地城市活力与形象、强化市民归属感与幸福感是积极且必要的。

参考文献

[1] GB 50352—2005，民用建筑设计通则.
[2] 冷红，袁青. 基于"冬季生态"的寒地城市规划设计理念与对策研究[C]. 2004 城市规划年会论文集（下）. 2004：530-535.
[3] 杨彬彬. 寒地城市景观设计浅谈. 科技创新导报，2008，15：108-109.
[4] 张朝宾. 寒地城市景观设计探讨. 城市建设，2012，(13).
[5] 孔令徽，张辉，叶颖等. 罕达汽镇寒地小城镇绿地系统规划研究[J]. 黑龙江农业科学，2012，(7)：86-90.
[6] Municipality of Edmonton. For the love of winter: winter City Strategy Implementation Plan, Edmonton: 2013 [2014-6-14] http://edmonton.ca/city_government/documents/TheLoveofWinter-ImplementationPlan.pdf.
[7] Norman E. P. Pressman. Sustainable winter cities: future directions for planning, policy and design. Atmospheric Environment, 1996, 30(3): 521-529.
[8] 杨·盖尔（丹麦）. 交往与空间. 北京：中国建筑工业出版社，1992. 2-5.
[9] Municipality of Anchorage's Planning Department. Anchorage: Service Business Press, 2007. [2014-6-14] http://www.anchoragedowntown.org/about-downtown/development/anchorage-downtown-comprehensive-plan/.
[10] 冷红，袁青. 寒冷地域人居环境气候规划的国际经验与启示. 国际城市规划，2008，23(4)：100-103.
[11] 简·雅各布斯（美国）. 美国大城市的死与生. 南京：译林出版社，2005. 167-169.

作者简介

王丁冉，1990 年 5 月，女，汉族，陕西榆林，硕士研究生，西安建筑科技大学助教，研究方向为景观生态规划与设计。
Email：Doris9054@hotmail.com.

新型城镇化背景下森林公园风景资源评价与规划研究
——以内蒙古黄岗梁森林公园为例

Researching on Landscape Resources Evaluation and Planning of the Forest Park under New Urbanization
——Take inner Mongolia Huang Gangliang Forest Park for Example

杨任淼　熊和平

摘　要：本文在新型城镇化背景下，研究森林风景资源评价的基本方法，采用描述因子法和AHP法对内蒙古黄岗梁森林公园风景资源进行综合评价，根据评价结果，提出黄岗梁森林公园的总体规划和旅游策划。
关键词：森林公园；风景资源；评价；内蒙古

Abstract: Under the background of the new urbanization, research on the basic methods for the landscape resources evaluation of forest, then taking the method of Descriptive Inventories and Analytical Hierarchy Process to evaluate the Inner Mongolia HuangGangliang Forest Park comprehensively. Working out the master planning and tourist planning for the HuangGangliang Forest Park based on the evaluated results.
Key words: Forest Park; Landscape Resource; Evaluation; Inner Mongolia

根据第六次森林资源清查结果显示，我国森林覆盖率达到20.36%，森林资源丰富，我国森林旅游开发具有巨大的潜力，而森林旅游开发主要形式为森林公园。我国首个国家公园——张家界国家森林公园，就是在以森林资源保护与旅游为宗旨的基础上而建设开发的。

2012年，中央经济工作会议首次正式提出"把生态文明理念和原则全面融入城镇化全过程，走集约、智能、绿色、低碳的新型城镇化道路"。在新型城镇化的背景下，如何在有效保护与高效利用森林资源的基础上开发森林旅游，首先就是需要对开发地的风景资源采用适合的方法进行综合评价与评估，为森林公园的规划、开发和管理提供科学依据。

1 风景资源及其评价方法概述

1.1 风景资源基本定义

"风景"在《辞海》中释义为风光、景色。《大地景观学》、《风景建筑学》等著作认为："风景是自然界体系和社会界体系优化结合的美的环境"；"风景是指以自然景物为主构成的，能引起美感的空间环境"。

1987年原建设部公布的《风景名胜区管理暂行条例实施办法》指出："风景资源指具有观赏、文化或科学价值的山河、湖海、地貌、森林、动植物、化石、特殊地质、天文气象等自然景物和文物古迹、纪念地、历史遗迹、园林、建筑、工程设施等人文景物以及所处的环境与风土人情"。

同济大学建筑与城市规划学院教授严国泰认为："风景资源是自然界和人类社会中具有历史和科学价值且含有美学特征的客观物质。它包含两层意思：（1）风景资源为自然界和人类社会中客观存在的一种物质；（2）风景资源是人对自然界或人类社会认识的产物，或者是自然界和人类社会共同创造的产物。"

1.2 风景资源评价方法

国际上风景评价的理论日趋成熟，对于风景资源的评价方法主要有描述因子法（Descriptive Inventories）、调查问卷法（Surveys and Questionnaires）和心理物理学方法（Psychophysical Method）等。[1-2]陈楚文，鲍沁星等在《基于AHP-LAJ的五泄国家森林公园风景资源评价》和《基于层次分析法师和比较评判法相结合的森林公园风景资源评价》中提出使用层次分析法（AHP法）对风景资源进行评价。

1.2.1 描述因子法

目前我国在进行森林公园、旅游区和风景名胜区等规划前，风景资源评价的方法以描述因子法为主，这种方法的有效性很大程度上依赖于应用者的专业知识和判断，这就决定了评价主体一般为专业人员，普通公众的观点很难得到体现。[3]描述因子法对风景资源的描述分为定性评价和定量评价，最早由Edward（1965），Peter（1965），Clare（1966）等专家提出，[4,5]定性评价是通过人的感性认识，对资源做出的定性评价或分级。[6]定性评价没有具体的数量指标，从宏观角度评价风景资源，适合从整体上对抽象内容（美学价值、文化价值、历史价值）进行评价，评价结果易受主观因素影响产生较大偏差。定量评价是运用一些数学方法，通过建模分析，对资源及其环境、客源市场和开发条件等进行定量评价，[7,8]评价结果为量化的数值，结果更直观准确。

1.2.2 层次分析法（AHP法）

层次分析法（Analytical Hierarchy Process，简称AHP）是美国运筹学家萨蒂（T.L.Saaty）于70年代提出的，它是一种新的定性分析与定量分析相结合的多目标决策分析方法，通过分析复杂问题所包含的因素及其相互关系，将问题分解为不同的要素，各要素归并为不同的层次，从而形成多层次结构，在每一层次按某一准则对该层各元素进行逐对比较，建立判断矩阵。通过计算判断矩阵的最大特征值及对应的正交化特征向量，得出该层要素对于该准则的权重，在此基础上进而计算出各层次要素对于总体目标的组合权重，从而得出各要素或方案的权值，以此区分各要素或方案的优劣。[9]

2 内蒙古黄岗梁森林公园风景资源评价

2.1 概况

项目位于内蒙古省赤峰市克什克腾旗，项目范围东起木石匣河，西抵月牙湖，南以黄岗梁主峰区域主要山体为界，北至后灶火等区域，南侧及西侧包含以黄岗梁为中心的景观视域范围的山体（不含已建成的村庄及农田区），西北侧不含矿业开采带，东北侧包括典型的冰川峡谷地貌。规划总面积约700km²，占黄岗梁国家森林公园总面积1090km²的近70%。

黄岗梁地区环境优美、资源丰富，拥有世界顶级自然风光。作为素有"塞北金三角"、"北京御花园"、"内蒙古缩影"、"内蒙古百宝箱"之称的克什克腾世界地质公园九大园区之一的黄岗梁，是东北地区大兴安岭的最高峰，具备典型的山谷冰川地貌特征，拥有万顷森林、草原沙地、百药千花、峡谷河流、飞禽走兽、特色文化等丰富的自然与人文资源，夏季避暑、冬季冰雪等季节性特征鲜明，具有发展综合休闲度假旅游的巨大潜在价值。

2.2 风景资源评价

在参考《风景名胜区规划规范》（GB 50298—1999）和《中国森林公园风景资源质量等级评定 GB/T 18005—1999》等国家标准的基础上结合甲方提供的现状资料和现场勘查结果，对本规划区内风景资源进行分析评价。

2.2.1 景源类型与分类

黄岗梁区域地貌独特，自然景观丰富多样。在几百平方公里的范围内集山地、丘陵、沙地、河谷、湖泊、草原、丛林、疏林草地多种地形、地貌及植物景观于一体。既可以森林探险，也能一览大草原的广袤无垠，同时可欣赏美丽的湖光山色。其中，涵括了《风景名胜区规划规范》中的分类标准的人文景源和自然景源两大类，天景、地景、水景、生景、建筑和风物6个中类，22个小类，共计34个景源（表1）。

2.2.2 综合评价

（1）评价方法

规划从景源价值（包括欣赏、科学、历史、保健和游憩5个单项价值）、环境水平、利用条件和规划范围4个方面，采用打分的方法，对景观单元进行综合评价（各评价指标层的赋值与权重见表2）。即套用公式赋值（其中评价结果为P），则：P=J+H+L+F。

评价结果的分级标准为：特级景观单元90—100，一级景观单元80—90分，二级景观单元70—80分，三级景观单元60—70分，四级景观单元≤60分。

（2）评价结果

在景观单元评价中，共有34个景观单元参与评价，一级景观单元在景源价值、环境水平、利用条件和规模范围四大项的总分在80以上，计1处，占参评景源的2.94%；二级景观单元的四项总分在70分以上，计5处，占参评景源的14.7%；三级景观单元的四项总分在60分以上，计19处，占参评景源的55.88%；四级景观单元的四项总分少于60分，计9处，占参评景源的26.47%。

黄岗梁景观资源分类统计表 表1

大类	中类	小类	景源名称	等级
自然景源	天景	日月星光	圆蛋子山	3
		虹霞蜃景	山梁彩霞	3
		云雾景观	大东沟	3
		冰雪霜露	大鹿圈沟	3
	地景	大尺度山地	黄岗梁山系	2
		山景	圆蛋子山	3
			双子山	3
			双敖包山	4
		奇峰	主峰	2
		峡谷	十三趟河峡谷	2
		石林石景	十三趟河峡谷峭壁石景	3
		沙景沙漠	圆蛋子山脚沙地	4
			沙地疏林	4
		地质珍迹	冰斗、冰川、U形谷、冰碛角峰、漂砾、条痕石和中积体	1
	水景	溪流	黄岗梁水系	2
			三趟河	3
		潭池	林场水库	3
	生景	森林	黄岗梁森林	3
		草地草原	草原	3
		植物生态类群	杜鹃花海	3
			山梁花海	3
			绿色长廊	3
			主峰原始森林	2

续表

大类	中类	小类	景源名称	等级
自然景源	生景	动物群栖息地	老虎洞	4
			野生鹿、狍子	3
			41种哺乳动物、89种鸟类的栖息地	3
		物候季相景观	大东沟秋景	4
			十三趟河峡谷秋景	4
			黄岗梁森林避暑地	3
人文景源	建筑	风景建筑	蒙古包	4
			《无极》拍摄地	4
	风物	节假庆典	那达慕	3
		民族民俗	祭敖包	4
		地方物产	特色野菜中草药菜品、金莲花、黄芪、麻黄等中药材	3

景观单元评价指标表 表2

综合评价层	赋值	代号	项目评价层	权重
1. 景源价值	70	J	欣赏价值	20
			科学价值	12
			历史价值	10
			保健价值	8
			游憩价值	20
2. 环境水平	20	H	生态特征	7
			环境质量	7
			设施状况	3
			监护管理	3
3. 利用条件	5	L	交通通讯	2
			食宿接待	1
			客源市场	1
			运营管理	1
4. 规模范围	5	F	面积	1
			体量	1
			空间	1
			容量	2

2.2.3 基于AHP法的旅游资源综合评价

运用层次分析法（AHP）模型，分别确定各评价因子的权重，基层评价因子的分级指标评分值10分为满分，以"10-8-6-4-2"的等级分值代表"好、较好、中等、差、极差"，旅游综合评价值的满分值为100分，分值越高，表明旅游资源综合水平越好。参考相关旅游地等级评价研究结果：一级旅游地≥80；二级旅游地在60—80之间；三级旅游地≤60。本规划区现状综合评价值为81，属一级旅游地。旅游资源综合评价见表3。

旅游资源综合评价表 表3

C层	F层	权重	S层	权重	等级分	评分（10分）
旅游资源	质量	5.000	地形与地质	1.000	10	10.0
			水体	0.700	10	7.0
			气候	0.300	9	2.7
			动物	0.200	9	1.8
			植物	0.500	10	5.0
			文化古迹	2.000	7	14.0
			民情风俗	0.300	10	3
	规模	1.500	景点集中度	0.800	9	7.2
			景区容量	0.700	10	7.0
区域条件	生态环境	1.000			10	10.0
	基础设施	0.800			4	3.2
	旅游设施	0.850			4	3.4
区位特性	可达性	0.550	外部交通条件	0.400	7	2.8
			与主要客源地的距离	0.150	8	1.2
	与其他旅游区的关系	0.300	与附近旅游地的异同	0.150	8	1.2
			与附近旅游地的距离	0.150	10	1.5
总和		10.000		10.000		81

2.2.4 评价结论

（1）本规划区内森林资源丰富，森林覆盖率达54.6%，原始次生林和人工林共同组成的森林生态系统，构成了整个景区的主体背景。

（2）本规划区内森林-草原过渡景观明显，从森林带过渡到高原边缘山地森林草甸，再从高原边缘山地森林草甸过渡到高原森林草原，区内既有天然乔木森林，又有天然草原，二者还巧妙结合起来，构成独特的景观效果。

（3）本规划区所包含的景观资源极其丰富且类型多样，包括山丘、森林、草原、峡谷、河流、湖泊、沙地、冰川遗迹等，各类型景观资源的旅游价值普遍较高，本规划区堪称克什克腾旗旅游的缩影。

（4）本规划区境内现存多处受第四季冰川作用形成的冰斗、冰川、U形谷、冰碛角峰、漂砾、条痕石和中积体，是迄今发现的保存最好、冰川地貌齐全、科研价值最高的第四季冰川遗迹，具备开展地质科普旅游的独特基础。

（5）蒙古族特有的建筑蒙古包、典型的蒙古族食品奶茶、奶制品、手把肉，蒙古族祭敖包的习俗也使得来敖包拜祭参观的游人数目每年递增，蓝天白云，片片羊群，展示出浓郁的草原风情。近年来，黄岗梁以其秀丽的风景，成了影视创作的外景基地，《无极》等影视作品拍摄的遗迹也成为旅游吸引物。

（6）黄岗梁地区春天繁花似锦，夏天浓荫蔽日，秋天层林尽染，冬天玉树琼枝，四季美景，缤纷各异。特别是夏季短促而温凉，降水丰富；春、秋气候凉爽，降水较少。暑天至此，尽享清凉爽愉之乐，隆冬而来，体验塞北神奇雪国，是城市居民理想的休闲胜地。

3 内蒙古黄岗梁森林公园总体规划

3.1 规划结构与功能分区

综合考虑黄岗梁区域的自然地理条件、资源特色和发展趋势，遵循保护生态系统的原则，结合土地利用现状、资源分布特点、管理现状等情况，规划结构为："一心、一轴、八景区"（图1）。"一心"指由温泉度假小镇、鹿鸣人家、双山子、圆蛋子山、杨树沟共同组成的森林温泉度假中心。"一轴"指一条连接南入口、山梁花海、圆蛋子山、双山子、温泉度假小镇、国际飞行运动中心、国际马术俱乐部、北入口的游览活动轴。"八景区"分别指主入口景区、蒙古风情体验区、赛西雅尔花海区、国际滑雪度假区、杜鹃胜景区、奥日格勒览胜区、峡谷科考探险区和国际狩猎运动区。

3.2 景点规划

本规划在自然资源的基础上筛选出具有典型景观特点和资源等级较高的景点或景群，在资源和环境保护的基础上，通过人工营造渲染，强化景观典型特征和提升景观观赏价值，结合温泉度假小镇等人工建设景点，共同构成黄岗梁特色四十景（表4）。

黄岗梁四十景一览表　　　表4

1	远望平梁	5	云霞曲径	9	林海叠翠
2	杜鹃胜景	6	登高望麾	10	坐观云峰
3	云轩观鹃	7	冰石遗珍	11	奥日格勒
4	山梁花海	8	腾云瞰岳	12	云梯俯瞰

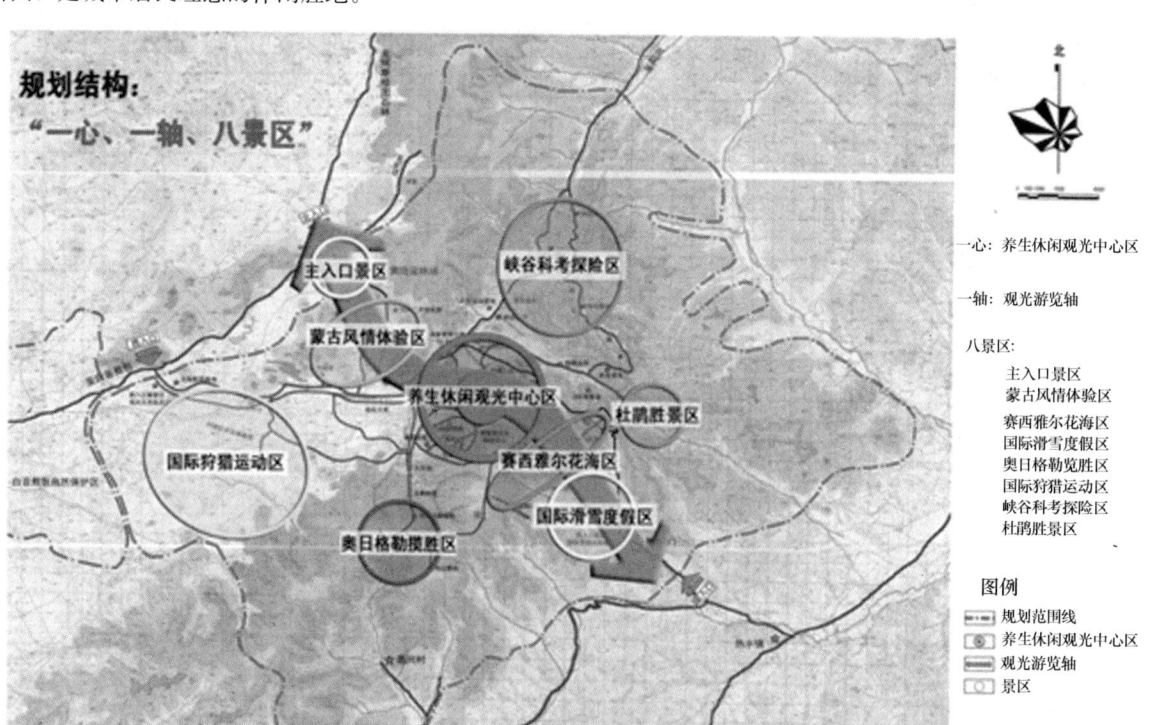

图1　黄岗梁森林公园规划结构图

续表

13	落雾秋谷	23	雪湖映星	33	牧马竞技
14	秋林潺溪	24	虎啸鹿鸣	34	飞行乐游
15	穿林梭绿	25	鹿鸣人家	35	长廊织绿
16	敖包邀月	26	雾萦悠谷	36	草原牧歌
17	沙湾暮色	27	湿地林语	37	平沙疏影
18	桦林雪荞	28	峡湾漂流	38	无极影址
19	健行双山	29	奇猿石翁	39	逐马游猎
20	平湖映秀	30	峭岩观霞	40	虎影迷踪
21	温泉小镇	31	龙湾碧峡		
22	北欧牧村	32	一线天光		

4 结语

风景资源评价是森林公园开发建设规划的一项重要环节，在新型城镇化背景下，风景资源的合理开发利用与珍贵资源保护对森林公园的建设和可持续发展具有重要意义。本文仅以内蒙古黄岗梁森林公园为例，采用描述因子法和层次分析法对黄岗梁地区的风景资源进行客观、有效、准确评价，为黄岗梁森林公园的总体规划提供规划理据与要素提炼，使其在带动区域旅游发展与资源保护中充分发挥作用。

参考文献

[1] 欧阳勋志，廖为明，彭世揆. 论森林风景资源质量评价与管理[J]. 江西农业大学学报，2004，26(2)：169-173.

[2] Hull IV R B. Measurement of scenic beauty: the law of comparative judgments and scenic beauty estimation procedures[J]. For Sci, 1984, 30.

[3] 陈楚文，鲍沁星，冯巨浩. 基于AHP-LCJ的五泄国家森林公园风景资源评价[J]. 浙江林业科技，2009，29(4)：97-101.

[4] 王云才，王书华. 景观旅游规划设计核心三力要素的综合评价[J]. 同济大学学报：自然科学版，2007，35(12)：1724-1728.

[5] 肖笃宁，钟林生. 景观分类与评价的生态原则[J]. 应用生态学报，1998，9(2)：217-221.

[6] 王湘. 论旅游地环境质量评价[J]. 北京联合大学学报，2001，15(2)：35-38.

[7] 魏少燕. 国家森林公园的资源评价与开发规划研究——以朱雀国家森林公园为例[D]. 西安：长安大学，2008.

[8] 杨云良，阎顺. 区域旅游资源定量评价研究[J]. 干旱区地理，1999，22(1)：100-191.

[9] 张美华. 黄山景观生态环境的层次分析法综合评价[J]. 西南师范大学学报(自然科学版)，2000，25(6)：704-707.

作者简介

杨任森，男，华中科技大学风景园林硕士研究生在读。Email：449358792@qq.com。

熊和平，男，博士在读，华中科技大学建筑与城市规划学院景观学系副主任，副教授，硕士生导师，研究方向为风景园林规划与设计、风景园林遗产保护与管理、自然与文化景观保护区规划。

北京 101 中学科普文化园景观设计

The Landscape Design of the Science and Culture Garden in Beijing 101 Middle School

张红卫　张　睿　李晓光

摘　要：校园景观是一种学习景观，在景观设计中要充分理解校园景观的特点，尊重场地的历史特征和自然特色，营造良好的户外休息、交流、教学空间。北京 101 中学科普文化园景观作为校园环境的组成部分，在融入整体校园环境的同时，又致力于塑造景观的特色，为学校师生创造出一处环境优美的活动空间。

关键词：校园景观；景观设计；协调；特色

Abstract: Campus landscape is a learning landscape created for teachers and students, in the process of landscape design, the understanding of the characteristics in campus landscape, the concerning on the historic character of the site and natural features, and the endeavor to create a favorable outdoor space for resting, communicating and teaching should be carried out. As a part of Beijing 101 Middle School, the landscape of Science and Culture Garden integrates into the whole campus environment as well as endeavor to show some features in the same time, it creates a graceful environment and a pleasant space for the teachers and students.

Key words: Campus Landscape; Landscape Design; Integration; Feature

1　引言

北京 101 中学是一所历史悠久的学校，它位于北京市海淀区圆明园西侧，风景秀丽，宁静清幽，树木繁茂。自 2006 年起，伴随着校园校舍的建设进程，101 中学开始对其校园景观环境进行设计和建设，到 2014 年夏季，总体的校园环境改造大体完成，此次科普文化园的景观设计和建设正是其校园环境改造的收尾工作。

科普文化园位于 101 中学东南侧，场地北侧是一较大型湖面，紧邻场地的湖面上有一座古典风格的水榭，南侧是圆明园遗址公园，东北侧是一小山丘，再外围也是圆明园遗址公园，场地的西侧紧邻学校正门，有几座管理建筑。整个基地东西长约 140m，南北宽约 40 余 m。原基地上有数十株乔木，树下杂草丛生，虽然富有野趣，但并没有可供活动和休闲的场地，不具备开展教学活动的条件，很少有教师和学生涉足这块场地。此次环境改造设计，便是希望能充分利用这一场地，为学校师生提供一处户外教学场地和课外休息场地，使师生能够更多地亲近自然。

该项目自 2011 年 11 月起开始设计，2013 年 10 月开始建设，于 2014 年 5 月整体完工。

2　景观设计基本思路

（1）尊重场地的自然和人文特点。
（2）塑造具有教学功能的景观。
（3）塑造融合于环境的特色景观。

3　设计内容

3.1　平面布局与出入口

科普文化园在平面布局上，为营造户外教学场地，以方形为母题，根据场地现状进行组合，形成一个有机的平

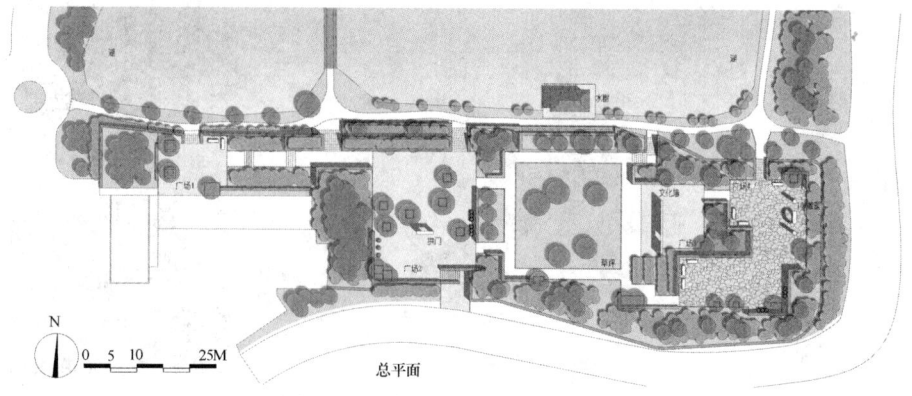

图 1　101 中学科普文化园总平面

图 2　101 中学科普文化园鸟瞰图

图 3　科普文化园中运用的方形母题示意

图 4　南入口

图 5　广场 1

面方形图案，使场地的水平空间具有韵律感和节奏感。方形母题的变化衍生，也使得科普文化园的空间层次更加丰富和灵动，更具观赏性。这些方形平面图案，或为广场，或为绿地，相互交叉变化，共同构成了一个整体。

在场地入口布置与形式上，认真考虑了场地与周围道路环境关系。场地南侧为校园行车道路，北侧为沿湖小路，从人流方向上来分析，师生多从北侧出入，因此南侧只布置了一处入口，在北侧布置了五处入口。从安全角度考虑，南侧入口由于临近行车道路，在入口布置时进行了朝向和大小方面的处理，避免学生直接冲入道路，发生意外。

3.2 空间塑造

科普文化园在空间塑造上，围绕着广场的布局，综合运用矮墙、雕塑、文化纪念墙、植物等景观要素，对每个广场进行界定和分隔，各个广场独立而又有机联系。

广场1（西侧广场）是科普文化园中最小的一个广场，也是整个场地地势最低的广场，道路顺着不断攀升的地势逐渐抬升，进入广场2，这是场地中面积较大且较完整的一个广场，可为师生活动提供较为开阔的活动场地；广场2东侧是一块较大的草坪，地势微微隆起，其上点缀为原有树木，与硬质广场形成对比；草坪东侧为广场3，主要构景物是文化纪念墙，内容是宣传和介绍学校的历史，为学校提供一处展示校园文化的空间（图7）。最东侧为广场4，这是一个运用了较多的矮墙形成变化的广场空间。

这四个广场与草坪形成的不同空间，有些紧凑，有些舒展，各个空间相互渗透，形状、大小富于变化，形成一个有机的空间序列。

3.3 轴线与视景线

在南北方向上，科普文化园主要考虑到与现有的水榭、湖对岸的办公建筑之间的轴线关系，各个广场及中心草坪的轴线都呼应了南北方向的轴线，以达到和校园整体布局统一的要求。东西方向转折的轴线串联了各个广场，在整体方位上与校园整体环境保持一致，中正平和，稳重协调。

科普文化园的南侧是圆明园的一部分，因此，在广场2中，安排了一个方形拱门，拱门的轴线穿透南北，将人们的视线引向圆明园的自然山水，也引导了圆明园景观与场地内侧景观的联系（图6）。

图6 广场2及方形拱门

图7 广场3及文化纪念墙

在广场4中，安排了一个圆形门洞（它同时与两个圆柱共同组成一个雕塑，寓意"101"中学，见图8），它像这个场地的眼睛，静静地眺望着东侧不远处的圆明园风光，视景线穿越空间，提示着场地的环境关系。

3.4 矮墙、拱门、雕塑与文化纪念墙

矮墙是场地重要的硬质景观，相当一部分矮墙是起挡土墙的作用，其他部分用以围合空间。矮墙主要采用了毛石砌筑，色彩选择了三种色彩（赭石、土黄、浅灰）进行搭配，墙体的高低、朝向、组合的变化，形成了有趣的硬质景观，也将场地的景观统一在一个格调里。石材自然堆叠，暖色调的石材从绿色的背景中凸显，柔和温馨。在靠近水榭部分，选用了青砖矮墙，与水榭的古典风格相呼应，也使景观的墙体材料有一些变化。场地中的景墙，也有部分采用青砖砌筑，虽然风格不同，但是也别具韵味，丰富了景观感受。

三个主要广场中均布置了清水混凝土的构筑物：拱门（图6）、文化纪念墙（图7）、101雕塑（图8）。这三个构筑物造型各不相同，但是色彩质地统一，相互关系连贯，同时粗面的材质也有一定的沧桑感。清水混凝土材料的色彩、质地与传统青砖、石材有着类似之处，在整体风格上也能与其他硬质景观协调。

图8 混凝土雕塑（101）

3.5 灯具

场地安排了四种灯具，分别为投光灯、地灯、草坪灯和庭院灯。其中庭院灯的选型选择了一种类似巢穴状的灯具，布置在林地间，与环境相得益彰（图9、图10）。

图 9　东北侧入口的矮墙与灯具

图 10　广场 1 夜景

3.6　铺装

四个小广场中，有三个选择了粗面石材铺装，道路主要采用方形小料石铺装。广场 4 选择了石板嵌草铺装，以减弱硬质铺装对场地自然风貌的影响，增加与环境的协调性（图 11）。

图 11　广场 4 及石板嵌草铺装

3.7　坐凳

坐凳采用了具有古典气息的石材造型坐凳，一种是类似抱鼓石状的圆坐凳，一种是类似案几装的长条坐凳，以寻求一种古典的格调，一些矮墙也具有坐凳的功能（图 12）。

图 12　石凳及矮墙为学生的活动提供休息设施

3.8　植物配置

在科普文化园植物设计上，也考虑了植物形态与周围环境的关系，色彩的对比，形体的呼应，尽可能互相搭配，协调统一。在植物的选择上，还考虑了不同季节的不同景观效果以及塑造一定野趣的要求。场地内所有的大树，都尽可能地保留，并搭配相适应的灌木及草本植物，使植物搭配丰富且具有层次，成为景观非常重要的组成部分。

4　结语

北京 101 中学科普文化园景观设计，在小场地中展现了多层次的空间变化，展示自身特色却又融入整体校园环境。景观设计从学校的育人功能出发，利用自然资源，考虑与周围环境关系，将使用功能与景观、自然、文化紧密结合在一起，为学校师生创造一个生态良好、环境优美、富有文化内涵的校园活动空间。

参考文献

[1] 李晓光，张红卫，贾更生. 与场所融合——北京 101 中学校园景观设计. 中国风景园林学会 2010 年会论文集. 北京：中国建筑工业出版社，2010.

[2] 王向荣，林箐. 自然的含义. 中国园林[J]. 2007，01：6-15.

作者简介

张红卫，男，汉族，副教授，北京交通大学建筑与艺术学院，风景园林规划与设计博士，Email：hwzhang@bjtu.edu.cn。

张睿，女，汉族，北京交通大学建筑与艺术学院建筑学 2012 级研究生，Email：235763799@qq.com。

李晓光，男，汉族，北京交通大学建筑与艺术学院，北京中联环建文建筑设计有限公司副总经理，国家一级注册建筑师，Email：xgli1@bjtu.edu.cn。

寒冷地区湿地公园景观规划设计

The Cold Regions Wetland Landscape Planning and Design

张 涛

摘 要：系统分析了湿地的现状问题和未来发展方向，从而提出了规划设计的特征和原则，并详细地做出寒冷地区湿地公园设计方案。重点解决湿地公园的保护与恢复问题，其中包括场地设计、道路分析以及植物配置等。结合湿地公园规划设计原理及原则以及国家相关政策对长春市二道区湿地公园进行总体规划设计，使其成为长春市东北部居民休闲、娱乐的新的城市客厅。通过对区域位置，现状分析，规划设计特征等方面设计，力求打破人们的心理屏障，最终让忙碌的人们在有限的时间和空间内更多地接触自然。

关键词：生态；社会；休闲

Abstract: The paper has analyzed the current problems and the future development direction of the wetland, and then puts forward the characteristics and principles of the planning and design, and make a detailed design scheme with the cold regions wetland park. It focuses on the wetland park conservation and recovery issues, including the place design, road analysis and plant configuration and other problems. Combined with Wetland Park planning design theories, principles and the national relevant policy to implement a overall planning and design in Er Dao Ou Wetland Park in Changchun, to make it become a city's new leisure, entertainment sitting room for the northeast residents of Changchun. Through the design of the regional position, the current situation, planning and design features, to strive to break the people's psychological barriers, and let busy people in limited time and space get more contact with nature finally.

Key words: Ecology; Society; Leisure

湿地是地球上重要的自然资源，被称为"地球之肾"，湿地对维持地球的生态平衡和生物多样性有着不可替代的作用。[1] 湿地（Wetlands）约占地球陆地面积的6.4%，和海洋、森林并称为全球三大生态系统。[2] 近年来，由于湿地围垦、生物资源的过度利用、湿地环境污染、湿地水资源过度利用、大江大河流域水利工程建设、泥沙淤积、海岸侵蚀与破坏、城市建设与旅游业的盲目发展等不合理利用导致湿地生态系统退化。在我国，湿地生态系统恢复的研究主要集中在自然或退化的湿地生态系统。[3] 随着人们对湿地的深入研究，其保护保育措施日臻完善，湿地公园作为其中的一种方式被人们广泛应用。

长春市二道区湿地公园位于长春市东北部，在规划设计中主要以恢复和保护为中心，构建生物多样性，营造良好的湿地生态景观，力求打破人们的心理屏障，最终让忙碌的人们在有限的时间和空间内更多地接触自然。设计时应注意主次分明，注重整体与局部的关系，每个部分都应有自己的特色，避免"千园一面"的情况发生。在基础设施、建筑等的材料选择上应坚持生态、循环可利用的原则，将可持续概念落实到日常生活之中。

1 现状调查与分析

长春市二道区湿地公园位于以传统产业和玉米加工业为核心的东北翼。三环以外宽城、二道区和经济开发区北区三区交汇处。邻近三区未来发展都将有利于公园价值提升。反之，公园的建设也会拉动周边地区的开发建设与经济发展（图1）。

气候属温带大陆性，春季多风，夏季多雨，秋季天高气爽，冬季寒冷漫长。降雨期主要集中在6—9月，全年平均气温4—5℃，年平均降水量为550—650mm，无霜期约为150d左右。在设计中要充分结合这些自然因素，因地制宜地创造宜人的环境。利用高大密集的植物阻挡冬季寒冷的西北风，而西侧密集的乔木可以引入夏季来自河边清凉的东南风。同时，西侧的乔木也阻挡了下午强烈的日照，个别通透的空间还可以窥视到夕阳的风采。

地块内部及东侧的粉煤灰池对整个地块及周边环境产生巨大的负面作用。东北侧为原有的金钱村垃圾场，对周边区域及地下水等污染严重。湿地公园是连接城市中心和工业开发区的一条绿色廊道，对环境的改善、城市的美化、经济的发展等都起着重要的作用。

2 建设目标

使其成为城市生态功能区、生态绿肺，带动周边经济和文化的增长。

3 景观规划设计（图2—图4）

3.1 设计定位

在设计过程中，随着城市的发展，湿地公园作为生态功能区和城市客厅对带动周边经济发展、净化城市空气、美化环境等作用将越来越显著。

图 1 区位图

3.2 设计依据

《公园设计规范》CJJ 48—92
《城市绿化条例》国务院第 100 号令
《中华人民共和国环境保护法》
《中华人民共和国土地管理法》

3.3 设计原则

(1) 生态优先原则
(2) 最小干预原则
(3) 高科技、高效益和可持续发展的原则
(4) 注重人文原则
(5) 坚持环境艺术设计原则

3.4 功能分区

根据各个地区功能定位不同划分为：入口景观区、科普教育区、中心服务区、湿地展示区、重点保护区。重点保护区是具有一定的保护价值，需要保护或恢复的湿地区域。[4] 通过功能分区让每个区域都能充分发挥自身功能属性，其相互渗透、相辅相成。

3.5 设计特色

(1) 场地规划是园林设计的一部分，而园林设计等同于美学的设计。美学设计又包括尺寸设计和视觉设计。这就是说，设计首先应满足尺寸的要求。满足尺寸要求的设计不一定是美的，但一定是安全和舒适的。反之，即便是视觉上给人美的冲击，但是如果它不符合基本的硬性要求，也是一个残破的作品。在场地设计中人们应保证建筑与自然有机结合，使其达到天人合一的效果；重视周围环境，因地制宜地结合利用基地的现有条件；注重设计内部各要素之间的协调关系，包括区位和方向性、地形地貌、水文状况、气候特征、市政设施、人文条件等。

(2) 道路是场地设计的重要组成部分，通常人们在设计过程中要求功能和观赏一体化。而现在我们追求的是绿色的道路——会呼吸的道路，即还水于自然，给生命以空间。

"绿色"道路普遍认为"即将雨水视作一种资源，在城市街道的局部地段建设雨水园，收集周围区域的地表径流，恢复自然界的雨水循环系统，以绿色的方式来处理城市雨水排放，从而局部替代投入不菲的市政基础设施建设，或将城市中老化的市政设施变成配角。"[5] 这种通过自然方式来处理雨水排放具有改善水质、减少地表径流、美化环境等优点。

(3) 随着新世纪的来临，重新评价公共环境设施，进行系统的分析，整体把握人与环境公共设施的关系，使其作为综合的、整体的、有机环境的一部分在优化人-自然-社会的环境系统中，在确立城市整体形象中，公共环境设施设计观念的不断拓展，必将转化为美的物质形态，造化于人类。

（4）园林建筑是景观的重要组成部分之一，园林建筑具有点景、观景、组织空间以及引导游览路线的特点。其材料变化也同样使整体结构和外观风格发生了变化。园林建筑作为与整体园林风格相适应的重要部分，应具有丰富性和多样性。园林建筑的结构形式通常比较简单，结构不复杂。其主要设计重点除上述的内容、材料、形式外，还要注意建筑与建筑、建筑与其他造园要素（如植物、水体、地形、园林小品等）之间的配合，这样才能营造一个环境优美、景色宜人的园林景观。

3.6 植物配置

3.6.1 配置原则

（1）自然形成的湿地，生物种类非常丰富，经过不断地演替和更新，已经形成了稳定的植物群落结构，针对这些群落进行修复和新的配置。利用本地乡土植物材料进行重新设计，在满足生态要求、净化水体的同时，形成优美的景观构图。

（2）以植物生态习性为基础，以满足湿地环境的各种功能和审美要求、创造地方风格为前提，充分发挥乔木、灌木、藤本、草本及水生植物本身形体、线条、色彩等自然美，丰富多彩的自然植物群落，构建美观的、功能性强的、恰如其分的景观。

（3）湿地植物的特点决定了它是大面积的形体和色块，自然、粗犷的植物群体美是其最主要的特色。

（4）植物的选择多为水葱、千屈菜、风车草等，既能美化环境又能够吸收污染元素。

3.6.2 配置模式

（1）深水区植物是指水深为0.9—2.5m的水域，植物配置是从生态学角度出发，主要考虑湿地净化污水作用和自净能力。植物配置模式为沉水植物+部分漂浮植物，给游人营造神秘、深邃的气氛。

（2）浅水区植物是指水深0.3—0.9m的水域，植物配置时以叶形宽大的挺水植物和浮叶植物为主，即可以单种群落独秀于湖面，也可以多种植物配置共生。

（3）水边植物是指在水深0.3m以下的区域，主要以线性叶为主的湿生高草丛和部分挺水植物为主。

图2 冬景鸟瞰图

图3 夏景鸟瞰图

图4 总平面图

4 结论

这个公园既是生态的,又是都市的。在公园中,每个活动中心都有自己独特的个性,并与其他中心相互支持。

自然对每个项目和规划都表现为永恒的、生机勃勃的、可怖却又慈善的环境。成功的要诀是懂得自然,懂得如何去聆听野草的诉说。只有具有这样的意识,人们才能发展一系列和谐的关系。

参考文献

[1] 崔保山,杨志峰.吉林省典型湿地资源效益评价研究[J].资源科学,2001,23(3).
[2] 国家林业局《湿地公约》履约办公室.湿地公约履约指南[M].北京:中国林业出版社,2000.
[3] 邓志平,俞青青等.生态恢复在城市湿地公园植物景观营造中的应用[J].西北林学院学报,2009,24(6).
[4] 高士武,邵妍等.北京市湿地公园建设与管理研究.湿地科学,2010,08(04).
[5] 陈晓彤,倪兵华.街道景观的"绿色"革命[J].中国园林,2009,25(6).

作者简介

张涛,1977年10月生,男,汉,湖北广水,沈阳大学生命科学与工程学院讲师,从事风景园林规划设计、历史与理论研究。Email:913229963@qq.com。

从新型城镇化背景看寒地居住区景观营建

Winter City's Residential Area Landscape Design Based on New Urbanization

张怡欣　张　涛

摘　要：本文总结了新型城镇化政策对于景观建设方面的三个要点，简要分析了寒地居住区景观的现状及存在的问题。之后根据三要点指明了寒地居住区景观未来发展的大致方向，并提出了针对一些问题的解决方法。

关键词：新型城镇化；寒地居住区；景观营建

Abstract: The paper summarizes three key points about new urbanization's influence on landscape architecture, which analyses the current situation and problems of residence zone's landscape in winter cities, pointing out the future development direction of residence zone's landscape in winter cities and some solutions are proposed.

Key words: New Urbanization; Winter City's Residential Area; Landscape Architecture

1　新型城镇化概述

新型城镇化是以城乡统筹、城乡一体、产城互动、节约集约、生态宜居、和谐发展为基本特征的城镇化，是大中小城市、小城镇、新型农村社区协调发展、互促共进的城镇化。其"新"就在于由过去片面注重追求城市规模扩大、空间扩张，改变为以提升城市的文化、公共服务等内涵为中心，真正使我们的城镇成为高品质的宜居之所。

它要求我们把生态文明的理念和原则全面融入城镇化全过程，注重生态基础设施和宜居生态工程建设，走集约、智能、绿色、低碳的新型城镇化道路。同时要注重传承自身文脉、重塑自身特色、杜绝千城一面。

总结上述，针对园林建设方面提出以下三个要点：人本原则、生态宜居、文化特色。

2　寒地城市概述

寒地城市是根据城市所在地域的冬季气候特征所定义的一个比较笼统的概念，指因冬季漫长、气候严酷而给城市生活带来不利影响的城市。不同国家对于寒地城市的称谓也不相同。寒冷地区一般位于北半球北纬45°以北，如从气候特征来看，它们的共同点是四季分明，冬季气温较低，且漫长而寒冷，每年中有两个月或更长时间的日平均最高气温在0℃或0℃以下，以雪的形式降水，日照时间较短。[1]

3　居住区景观前景及重要性

居住区景观是城市建设中分布最为广泛的景观，它对居民的物质和文化生活有着重要的影响，和居民每天的日常生活息息相关，因此是城市环境建设中非常重要的组成部分。近年来，随着我国城市化进程的发展，居住区的建设也呈几何级数增长，居住小区在城市建设中的比重不断增加，有些城市甚至已经达到了GDP的40%—60%。[2]因此，提高居住区的景观建设水平，满足人们多样化的需求已经成为城镇化的一项重要任务。

4　寒地居住区景观现状

总的来说，我国南方城市居住区景观设计要早于北方城市，凭借着得天独厚的气候条件和山水资源，经过多年来探索和总结已经初步形成了一些具有南方城市特色的景观模式。反观北方即文题所说寒冷地区，因为和南方有着鲜明的对比，使一部分人先入为主的将南方城市的特色景观模式当成标杆，并认为寒冷地区也应向着这个方向发展。但是显而易见的是，地理环境不同所带来的气候、土质等一系列自然条件的差异，成为寒地景观发展路途上的重大阻力。在部分人眼中，寒地景观就像一个先天不足的低能儿，要靠后天的很多技术措施补救，耗费人力、物力、财力得到的效果却依然勉强。

在上述情况下，分析得出寒地居住区景观主要存在以下问题。

4.1　缺少地域文化特色

现阶段寒地居住区的景观大多是比照南方的景观模式稍加改动便套搬套用，或是盲目跟风追求一些国际流行的新风格、新形式，而不考虑自身特点，所以至今景观上都未能形成别具一格的地域特色。

4.2　冬季景观效果较差

寒地城市的冬季大多给人萧条灰败的感觉，走在路上入目所及几乎都是光秃的枝干和皑皑白雪、单调而空旷的广场、干枯的水景等，毫无观赏性可言。究其原因主要有以下几个方面：

（1）对植物冬季形态及习性缺乏考虑。春夏观花观叶较多,秋季观叶观果较多,那么冬季便主要是观枝干。在进行植物配置时较少地考虑到园林树木的枝干效果,便会导致冬季叶落以后一片灰败,无景可观。对植物习性考虑的欠缺将导致部分植物无法越冬。

(2) 构筑物及铺装方面色彩运用不合理。在选择铺装色彩、质地方面没能充分结合场地现状以及考虑使用者心理,选择一些冷色系、质地光感强的铺装使寒地冬季景观更加萧条冰冷。

(3) 对水景设计考虑不全面。对水景的设计只注重即时效果,或者过分追求某种风格而未能充分考虑水景的冬季适应性,导致大部分寒地居住区冬季都要面对裸露在外的生锈喷头和大量闲置的水景场所,而一些大面积水景也因结冰大大降低了观赏性。

4.3 冬季场地和设施利用率低

冬季严寒,人们大都不愿在户外多做停留,导致户外空间及一些设施利用率极低。从景观角度分析可得出以下原因:

(1) 对冬季日照的考虑不足。寒冷的冬季人们大都喜欢待在阳光充足的地方,而居住区的景观设计势必要提供这样的场所,冬季日照和夏季遮阴应具有同等重要的地位。

(2) 未能妥善地利用植物及一些构筑物营造宜人的局部小气候。

(3) 空间尺度上的不合理。一些过于空旷开敞的场地有时会增加寒冷的心理感受。

(4) 因气温和冰雪导致冬季可进行的户外活动种类非常有限。

5 结合新型城镇化浅析寒地居住区景观的发展方向

5.1 文化特色的形成

在寒地城市建造园林,低温和冰雪一直都是不可回避的难题。表面上看,由地域特征带来的一系列影响似乎使在寒地城市建造高品质景观成为几乎不可能的事。然而换个角度考虑,既然无法回避不如不去回避,低温冰雪、四季分明是寒地城市的气候特征,我们不妨将其视作长处,在景观设计中发扬光大,形成别具一格的城市文化特色。

从另一个角度来说,寒地景观并不是先天不足,它只是不擅长南方形式的山水抱绿树白堤。我们不能将它的气候特点视作阻力而要将它作为天赋发展,在景观上扬长避短。故关于寒地居住区景观文化特色的形成有以下几个要点:

(1) 在水景方面如周围无河流湖泊等自然水体可利用,应以小而精致为标准。不将其作为主要元素应用在整体园林当中,但可使其成为点睛之笔。

(2) 植物配置方面应尽量多的运用乡土树种,适地适树。配置时应当注意凸显寒地城市四季分明的特征,使"四时之景不同"。

(3) 构筑物和铺装方面应在寒地城市的景观中占主要位置。设计时要充分考虑城市特点及使用者心理,从色彩、质地、风格等方面凸显寒地城市的文化特色。追溯历史,从古至今南北方园林便风格迥异,南方小巧精致、清丽淡雅,北方粗犷豪放、色彩明艳。我们不妨将这种尺度和色彩的特点传承下来,同样运用于当今的寒地园林。

(4) 对冰雪的利用。对冰雪的利用不再局限于冰雕展览等形式,可有意设置雾凇、雪凇等景观。对溜冰滑雪这项运动寒地城市有得天独厚的优势,因此,在寒地居住区冬季可将一些利用率低的场地改造成冰场,将溜冰这项运动拉近人们生活。将冰雪文化发扬光大,使其融入城市,融入居民的日常生活,久而久之便会自然形成特色的文化。

综合上述可以窥见,不同于细腻、素雅的南方园林,未来的寒地居住区景观将以山为势,以水点睛,本土特色的铺装和植物并行,有风格迥异的四季之景和独一无二的冰雪文化。

5.2 人本原则的体现

人本原则,顾名思义就是以人为本,这里的"人"从寒地居住区来看就应当是指代居住区的使用者,即住户,也可称居民。要在寒地居住区景观中体现人本原则,就要一切从居民的角度出发,充分考虑这些人的需求。

居住区不同于商场和办公楼,它是劳累一天的人们最终回归的地方,是人们能放松精神休养生息的地方,它应当比其他任何地方都让人觉得有归属感,让人们安心舒适地度过休息时光。因此在寒地居住区景观设计中,除了要考虑一些常规的注意事项如无障碍设计、儿童活动区不宜使用带刺的树种等,还需根据具体环境将夏季的遮阴区域、冬季的光照区域进行细致的规划安排;铺装应以暖色系为主基调,这将在冬季的时候使人们感到温暖,并且明快而鲜亮的色彩在素白单调的冬季能使场景变得活泼;注意冬季路面的防滑处理,尤其应当注意无障碍通道的防滑处理;应当通过一些植物、构筑物和建筑的合理布局有意地创造局部小气候,为人们提供一个舒适的户外环境,尤其是在冬季。

5.3 生态宜居的表达

在环境问题日趋严重的今天,低碳生态、环保节约早已不是一个新鲜的口号。如今新型城镇化再一次强调了这个概念,那么在寒地居住区的景观营建方面有以下几点值得注意:

(1) 充分理解并最大限度地利用场地现状。例如在地势高的地方做地形,凹陷的地方做水景,场地原有植物做适当保留,场地中废弃物的再利用等等。

(2) 植物配置方面尽量选择乡土树种和对当地气候条件适应性良好的外来树种,增加垂直绿化。

(3) 大面积水景的建造尽量引用河流湖泊,利用原有的自然条件。若不具备这样的条件,水景方面当以小而精巧的形式为主,设计时要充分考虑水体的循环、自净和后期的维护措施及其冬季的可观性。

由于寒地城市水资源大多匮乏,年降水量少、蒸发量大,且地下水位低、渗透严重,故上述言论中尤以第三点最为重要。由于供水形式单一,现在的水景水源的补给与更新较多地使用自来水,造成水资源的严重浪费。但是更加严重的问题是,在寒地景观建设中耗费大量人力物力财力打造出的水景观往往具有时效性。有的是仅存于春夏,冬季或因地表径流减少补充水不及时而干枯,或因气温寒冷而结冰,或者像旱喷广场、观赏性的雕塑喷泉池等水景设施,冬季便停止使用;有的是因设计与治理缺乏同步考虑,设计之初不遵循自然水理,将水景设置成一个封闭系统,几无自净能力。[3] 同时后期的维护管理跟不上,终将导致水体变质。伴随着水景建造还有一系列施工和维护上的问题,例如管线的埋深、冬季的冻胀等等。可以说,在寒地城市建造水景是一件非常费力不讨好的事情,那么针对这个问题,除了上述利用自然条件、以小面积为主等缓解方法,还有以下一些具体的建议:

(1) 场地的多功能化。根据寒地居住区的特性,居民大多在夏天对水景的需求较高,而冬季应以发展冰雪文化为主。举个具体的例子,可以将旱喷广场冬季设置成室外冰场,既为居民提供了一种新鲜有特色的运动形式,又避免了冬日无人亲近的尴尬大广场的出现。再比如可以建造自然式浅水池,在池底铺满鹅卵石,这样在冬季水枯竭以后它仍然能以旱溪的形式继续发挥其景观价值。

(2) 寻找水景的替代品。水是构成园林的重要因素之一,然而景观建设中却不一定要使用真正的水,只要让人们有水的感觉就可以了,比如日本的枯山水。

(3) 雨水的收集与利用,污水的处理与利用。

6 总结

总的来说,对于寒地居住区景观的营建尚处于思考和探索阶段。在此时期,我们不能用既定的思维去束缚它,生搬硬套一些成型的景观模式。它的独具一格的地域特色、底蕴深厚的历史文脉都决定了它应当具备自身独有的风格特点,有属于自己的一套独特的完整的理论体系。我们应秉持着这样的理念去思考创造,在新型城镇化政策背景下,发展低碳环保、生态宜居、高品质、有内涵、有特色的寒地居住区景观。

参考文献

[1] 李思博娜. 基于三元论的寒地城市口袋公园规划设计研究:[学位论文]. 哈尔滨:东北农业大学,2013.
[2] 李倩. 北方城市居住区景观设计的调查与研究:[学位论文]. 吉林:东北师范大学,2012.
[3] 林翠萍,梁明炬. 北方地区居住区水景设计浅议. 科教导刊,2011(2):182-183.

作者简介

张怡欣,女,汉,沈阳大学本科在校生,从事风景园林规划设计方向。

张涛,男,汉,沈阳大学生命科学与工程学院讲师,从事风景园林规划设计,历史与理论研究。Email:913229963@qq.com。

新型城镇化与寒冷地区风景园林营建

The New Urbanization and Landscape Construction in Cold Area

邹好苓　邵晓艳

摘　要：新型城镇化是实现"中国梦"的必由之路。城市逐步蔓延扩张，实现了农民的"城市梦"。随之而来的是城镇化建设中用地失控、城镇区域环境质量下降、生态环境破坏加剧等问题。基于城镇化与生态环境交互耦合的关系，新型城镇化必然是以城乡统筹、城乡一体、产城互动、节约集约、生态宜居、和谐发展为基本特征的城镇化。而寒冷地区风景园林营建，为实现新型城镇化提出更现实的思考。从新型城镇化内涵与寒冷地区风景园林营建特点出发，阐述寒冷地区风景园林营建的作用，以其更好地迎接新型城镇化进程中所面临的机遇和挑战。

关键词：新型城镇化；寒冷地区；风景园林；营建

Abstract: Urbanization is the realization of "the route one must take Chinese dream". City gradually expanding, the farmer's "Chinese Dream". Followed by the land out of control, falling, urban regional environmental quality ecological destruction problems in urbanization. The relationship between urbanization and ecological environment interaction based on coupling, new urbanization is inevitable for the basic characteristics of the urbanization development in urban and rural areas, urban and rural integration, the city in interactive, intensive, ecological and livable, harmonious. And cold area landscape construction, proposed the ponder more realistic for the realization of the new urbanization. Starting the construction characteristics of landscape architecture from the new urbanization connotation and cold regions, the cold regions of landscape construction, new urbanization to facing the opportunities and challenges in the process of its better to.

Key words: New Urbanization; Cold Area; Landscape Architecture; Construction

《国家新型城镇化规划（2014—2020年）》突出强调了新型城镇化要体现生态文明、绿色、低碳、节约集约等要求，着力推进绿色发展、循环发展、低碳发展，节约集约利用土地、水、能源等资源，强化环境保护和生态修复，减少对自然的干扰和损害，推动形成绿色低碳的生产生活方式和城市建设运营模式。由此，给予生态文明建设关系极为密切的风景园林营建带来新的机遇，特别是寒冷地区受气候、地域的影响，在新型城镇化中的风景园林营建更为迫切。

1　新型城镇化的基本内涵

所谓新型城镇化，是指坚持以人为本，以新型工业化为动力，以统筹兼顾为原则，推动城市现代化、城市集群化、城市生态化、农村城镇化，全面提升城镇化质量和水平，走科学发展、集约高效、功能完善、环境友好、社会和谐、个性鲜明、城乡一体、大中小城市和小城镇协调发展的城镇化建设路子。新型城镇化的"新"就是要由过去片面注重追求城市规模扩大、空间扩张，改变为以提升城市文化、公共服务等内涵为中心，真正使城镇成为具有较高品质的适宜人居的场所。城镇化的核心是农村人口转移到城镇，完成农民到市民的转变，而不是简单的建高楼、建广场。

1.1　新型城镇化坚持以人为本

城镇化建设是要实现"人"的城镇化。坚持以人为本，就是要合理引导人口流动，有序推进农业转移人口市民化，稳步推进城镇基本公共服务常住人口全覆盖，不断提高人口素质。重视农村居民转为城镇人口后的生活质量，重视新型农村社区的公共设施和服务的提升；根据资源环境承载能力，构建科学合理的城镇化宏观布局，把城市群作为主体形态，促进大中小城市和小城镇合理分工、功能互补、协同发展，避免空城、鬼城的出现。为城镇居民提供一个健康舒适的生活环境，避免走传统城镇化老路，为子孙后代留下一个天蓝、地绿、水净的美好家园。

1.2　新型城镇化注重生态文明建设

在党的十八大报告里首次提出"建设美丽中国"，把生态文明建设放在突出地位，融入经济、文化、社会建设各方面和全过程，走集约、智能、绿色、低碳的新型城镇化道路，给予生态文明建设关系极为密切的风景园林营建带来新的机遇。风景园林作为生态文明建设的重要内容，在重视生态文明、加强生态环境的保护、提高市民生活品质、营建优美宜人的环境等方面发挥着积极的作用。

在城镇化进行中，应遵循自然发展的客观规律，遏制有碍风景园林建设的行为，诸如侵占风景林地、占用耕地、改变城市的河流、地形地貌等行为，保护山岳风景、水域风景、海滨风景、森林风景、草原风景、气候风景等自然风貌。把城市放在大自然中，把城市建在林中，把绿水青山留给城市居民，实现人与自然可持续发展。

1.3　新型城镇化重视文化传承，彰显特色

城市是能唤起人们记忆的地方，流淌的历史和文化底蕴的沉淀，是经过积累、改造和创新，伴随着城市的发

展逐渐形成的，并不断丰富和升华，贯穿于这座城市的过去、现在和将来，具有历史性和传承性的"城市精神"，对城市的生存与发展具有巨大的灵魂支柱作用、鲜明的旗帜导向作用和不竭的动力源泉作用。新型城镇化要传承城市文化，发展有历史记忆、地域特色、民族特点的美丽城镇。

我国幅员辽阔，地域差异较大。东中西部、山区、平原各有特色，不同地域，发展阶段不同。就如温暖如春的南方和寒冷的北方，由于地域、气候、文化的差别，北方较南方经济发展滞后。

每座城市都有自己独特的文化底蕴和特色。地域文化是中华民族得以繁衍发展的精神支撑和智慧结晶，是人们在衣、食、住、行、用各个领域中智慧的结晶。保护地域文化，使这些传统文化积淀变成我们未来文化创造的源泉。

2 寒冷地区风景园林营建特点

风景园林（Landscape Architecture）是自然景观和人工景观的综合概念，构成要素包括自然景观、人文景观、工程设施等三个方面。风景园林营建反映人们的社会生活，满足人们精神需求的意识形态，是生态文明学科、生物学科等多种学科，在精神、物质、审美的相互作用下，进行有活力的创造性劳动。它是一种精神文化的创造行为，是意识形态和生产形态的有机结合体。

在推动以人为核心的中国特色新型城镇化进程中，风景园林协调人与自然的关系，提供与自然生态和谐共生资源、改善城乡环境，保护和合理利用自然环境、创造生态健全、景观优美、反映时代文化和可持续发展的人类生活环境。

我国寒冷地区是指主要指标为最冷月平均温度在0——10℃之间，辅助指标日平均温度≤5℃的天数，每年在90—145天之间的地区。最冷月平均气温在-60℃与-10℃之间的地区。如北京、沈阳、大连等地区，由于冬季时间相对较长，气候寒冷，更有独具特色的风景园林景观。

2.1 寒冷地区风景园林营建的自然特点

我国是山川秀丽、风景宜人的国家，丰富的自然景观闻名遐迩。由于区域气候、水文、地理等自然条件不同，形成了各地各具特色的地域特征、丰富多彩的人文风情和地域景观。地域性的形成因素首先应该是本土的自然条件、季节气候、地理位置等；其次，与当地的历史遗风、本土文化等文化内涵息息相关。二者相互作用，共同构架出地域性的独特风貌。

（1）风景园林营建地域性与自然地理密切相关。寒冷地区建筑厚檐、吊顶，望砖望板泥灰较厚，多层，厚筒瓦，为防寒出檐很浅。梁架较粗，其中之一的原因就是为了防止冬天的积雪。沈阳故宫建筑群，在建造技术、建筑用材、使用规制等方面，具有鲜明的民族特色和内涵。防寒是寒冷地区建筑最主要的功能。寒冷地区风景园林营建的建筑小品、假山塑石多以雄伟、高大为美，水池、水系需做防结冰或胀裂处理。

（2）植物生长受气候、季节等方面的限制。寒冷地区四季分明，冬季天气寒冷干燥不利于植物生长。只有耐寒性较强的植物才能露地越冬，如松树、柏树、柳树、槐树、杨树、榆树等乔木，榆叶梅、丁香、连翘、锦带等灌木，因为耐寒性强能过冬。风景园林营建中，植物决定城市四季景色，春来万物复苏，树木吐绿，仲春开始，百花齐放；夏季柳树成荫，荷花盛开；秋季枫槭变红，群山尽染；冬来万木凋零，雪花纷飞。通过植被和建筑特点来体现城市特色和内涵，因地制宜，种植有特色的乡土树种，让市民享受轻松惬意的城市风景。

2.2 寒冷地区风景园林营建的人文特色

风景园林是一种空间综合艺术，调节、改善、丰富和充实人们的精神生活。风景园林营建是人工环境中对自然环境的再创造，对营建自然空间的植被资源在城市人工环境中的合理再生、扩大积蓄和持续利用，使人与自然和谐发展。

我国悠久的园林传统文化需进一步的挖掘、继承和弘扬。不同城市具有不同的自然特征和人文特征，在风景园林景观营建中，将城市人文特色和中国传统文化融入其中。如把"太极"、"五行""十二鼠属相"等应用到风景园林营造之中，精心巧妙地布局和设计，赋予树木、花草、石头以浓郁的人文感情色彩。通过挖掘深层次的景观文化的内涵，唤起人们心中的记忆，引起强烈的共鸣。

3 寒冷地区风景园林营建的作用

寒冷地区风景园林营建不仅留下珍贵的自然和文化遗产，也营造出许多"城市名片"。风景园林是城市中有生命基础设施的重要组成部分，是市民开展游憩和休闲活动的重要场所，是创建城市风貌的重要因素，也是改善城市生态环境的重要力量。风景园林在城市防灾避险方面的作用日益受到人们的关注。目前，全国风景名胜区保护规划管理体系及动态监测体系已基本建成，城市绿地面积、绿化覆盖率和人均公园绿地面积持续增长，城市绿地系统布局日趋合理，功能不断完善，人居生态环境明显改善。

3.1 优化国土空间开发格局

城镇化不是简单的地区城镇化，是整个国土范围内的城镇化，城市群、城市带不断增多，面对人类越来越大规模、大尺度的区域性开发建设，运用生态学原理对自然与人文景观资源进行保护性规划的理论与实践。

3.2 改善城市环境，提高生活质量

在新城镇化进程中，发挥生态环境保护的引领作用，进行绿色基础设施规划、城乡绿地系统规划、城市户外空间环境设计等，着眼于城市整体而非局部和单体建筑，对城市整体出现的环境问题提供解决方案，对指导新城镇的建设是十分重要的。

3.3 小景观营造和生态修复工程

营造社区、街道尺度等"人的尺度"的景观，改善人居环境质量，应对工矿废弃地、垃圾填埋场等各类被污染破坏的城镇环境进行生态修复。风景园林营建时间以数十年至数百年为尺度，空间变化从国土、区域、市域到社区、街道不等，高度、准确的时间和空间的前瞻性，必将在新城镇化建设中发挥重要的实践作用。

4 机遇和挑战

仇保兴在国际风景园林师联合会第47届世界大会的开幕式上强调，中国正处于快速城镇化的发展时期，在追求生活质量提升的同时，保护自然生态环境并不断改善城乡生态环境、实现人与自然和谐共存，是时代赋予我们的神圣使命，也是中国风景园林行业发展面临的一项巨大挑战。近现代风景园林建设的实践还缺乏系统化的总结，全球气候变暖、重大自然灾害、区域性开敞空间规划、城市生态安全、城市废弃地再利用等也正在给风景园林行业带来越来越多的新领域、新课题和新挑战。

4.1 重视生态环境的保护

陈政高省长在辽宁省第十二届人民代表大会第二次会议上指出"辽宁作为老工业基地，生态保护、环境治理任务重、压力大。我们把生态文明建设具体化为碧水工程、青山工程和蓝天工程，逐项抓好落实"。面对资源约束趋紧、环境污染严重、生态系统退化的严峻形势，国家越来越重视树立尊重自然、顺应自然、保护自然的生态文明理念，把生态文明建设放在突出地位，这对风景园林学的发展是一个强大的政策支持。

4.2 普通市民环境意识不断增强

随着社会和经济的不断发展，普通市民不再仅仅满足于物质上的需要，对于美好环境的追求也越来越迫切，这也为风景园林营建提供了巨大的市场空间。

4.3 提供广阔的发展空间

我国城镇化发展迅速。随着城镇人口增加，随之带来城镇规模的扩张。根据中国统计年鉴的计算结果，城市化水平每提高1%，或者说城镇人口比例每提高1%，城市的建成区面积大致增加7%。根据城市规划的相关规范，城市新建区的绿化用地面积应不低于总用地面积的30%，因此将来中国城市将至少有30%给风景园林从业人员实践的空间。

4.4 提高专业人才的技能和素养

风景园林行业健康快速发展，首要需解决人才问题。人才资源是各项资源的基础，是各项事业发展的关键。风景园林营建要求也越来越高，培养能适应社会经济发展需要、基础理论扎实、知识面宽、适应性广、工作能力强、整体素质高、富有创新精神的园林专业人才急显迫切。

在新型城镇化进程中，寒冷地区风景园林营建，必须树立生态文明理念，以生态文明建设为抓手，延续地域历史文化蕴涵，营建符合现代人多元化的生活方式与审美需求的城市景观，让广大市民真正"诗意地栖居"在这美丽的国土上，迎接新型城镇化进程中所面临的机遇和挑战。

参考文献

[1] 中国共产党十八大报告，2012，11
[2] 王辉. 新型城镇化视野下风景园林学的地位与作用[J].
[3] 杨继学，杨磊. 论城镇化推进中的生态文明建设[J]. 河北师范大学学报(哲学社会科学版)，2011.
[4] 杨锐. 风景园林学的机遇与挑战. 中国园林[J]，2011.
[5] 刘纯青. 新型城镇化背景下风景园林建设问题之管窥[J]. 风景园林，2011，4.
[6] 李雄. 中国风景园林发展进入新时期[J]. 庆祝风景园林成为一级学科，2011，5.
[7] 荣宏庆. 现代经济探讨，2013.
[8] 黄金川，方创琳. 地理研究，2003(22)，3.
[9] 蔡祖城，谢国有. 试论新型城镇化背景下的风景园林建设 中州建设，2013，1.

作者简介

邹好荟，1962年生，女，本科，高级工程师，从事风景园林规划设计，丹东市风景园林规划设计研究院。

邵晓艳，1959年生，女，本科，教授级高级工程师，从事风景园林规划设计，丹东市风景园林规划设计研究院。

传统园林在当下的精神所在和意境营造

The Reflection of the Spirit and the Artistic Conception of the Traditional Gardens in the Contemporary Landscape

何 伟

摘 要：中国传统园林的存在就是为了提供后人更多的设计思路和思考，如何继承和发扬传统文化一直是所有人在关注的话题，在园林设计中如何实现继承传统又不拘泥传统是值得当下设计师思考的。本文通过对中国传统园林的分析得到对传统的理解，也试图通过对传统园林文化的表达和精神的探索得到一些启示。在当代现有的风景园林案例中不乏一些精品，本文也试图通过对三个不同尺度不同纬度案例的分析寻找传统与现代的转译。

关键词：传统；现代；风景园林；尺度；转译

Abstract: The appearance of China traditional garden is to provide more design ideas and Thoughts for future generations. How to inherit and carry forward the traditional culture has been a topic for everyone. How to realize the inheritance of tradition and going out the traditional way of thinking is worth thinking for the designers in landscape architecture. this paper would get traditional understanding through the analysis of the China traditional garden. In the case of contemporary landscape architecture includes some fine case. This paper attempts to find the traditional and modern translation through the analysis of three different scales in different latitude case.

Key words: Traditional; Contemporary; Landscape Architecture; Scale; Translation

园林除了形式上给人以美感，功能上满足人们的使用外，最重要的就是给人精神上的体验，即所创造的园林空间要有文化品位，要充满意境的氛围。中国传统园林源远流长，所承载的文化和精神体现于不同年代的园林中。中国传统园林所独有的气质和意境和西方园林是截然不同的。中国风景园林的发展和时代紧密接轨，在当下的中国园林设计中能够更多的感受到外来文化的影响和参与，如何能够在外来文化的侵入中保留中国传统造园文化的精神所在？如何保留中国传统造园的情感表达？如何保留中国传统造园的意境营造？本文试图通过介绍三个现代风景园林案例阐述中国传统造园理念和现代风景园林设计的结合。

1 中国传统园林的精神载体

1.1 中国传统园林精神所在

中国传统园林以自然山水为风尚，讲究"虽由人作，宛自天开"，在造园追求上，它与儒、道、释三家的哲学思想有着密切渊源；在造园灵感上，绘画与书法艺术是它的重要来源之一；在造园手法上，所遵循的有常法而无定式则是其神奇与独具匠心之所在。[1]

1.1.1 因地制宜师法自然

早期造园家们很注意按自然山水风景的形成规律来营造园中的景致，以使园内景色散发天然的魅力。但师法自然的精髓是要高度抽象、艺术构思，将自然山水景物经过艺术的提炼与加工，再现于园林之中，营造出浑然天成的园林景观。而绝非单纯地照搬自然，再现原物。这就要求研究自然山水美的本质所在和形成规律。例如"山贵有脉，水贵有源，脉理贯通，全园生动"就是前辈总结的堆山理水的宝贵经验。细品可知，山峦有脉络走向，河流有源头迂回，是自然界山与水最朴实的规律。正如《园冶》作者计成书中说的那样"有高有凹，有曲有深，有峻而悬，有平而坦，自成天然之趣"（图1）。

图1 网师园中迂回曲折的走廊

1.1.2 承传起合,多样统一

在园林空间组织手法上,常将园林划为景点、景区,使各景之间分隔有联系,而形成若干忽高忽低,时敞时闭,层次丰富,曲折多趣的小园。明清的私家园林更创造了在"咫尺山林"营造多重空间的园林景观意境。基于当时人们的审美取向及造园者和园主的建园初衷,中国大多数古典园林显得幽深、隐逸、"曲径通幽",所谓"庭院深深深几许"(图2)。

图2 拙政园中深远幽邃的庭院

1.2 中国传统园林的意境表达

意境是通过园林的形象所反映的情感,使游赏者触景生情,产生情景交融的一种艺术境界。强调的是园林空间环境的精神属性,园林意境对内可以抒己,对外足以感人。意境来源于意与境的结合。意:主观的理念、感情。境:客观的景物,通过造景要素的合理布局形成的整体环境。意境:产生于意、境的结合,即设计者把自己的理念感情熔铸到、物化到客观的景物之中,从而激发观赏者同样的、类似的情感。把观赏者凭感官可以感觉到的物质空间升华为可以对人的情感起作用的意境空间。

1.2.1 文人载园诗情画意

园林的意境首先是一个审美系统,它是由若干相伴相生、互渗互补的元素所构成的完整统一的艺术空间。中国古典园林艺术是中国文化艺术长期积累的结晶,它充分反映了中华民族对自然美的深刻理解力和高度鉴赏力。[2]中国传统园林的意境是以诗词、绘画、书法、音乐、美食、盆景、空间等艺术意境糅合而成。

中国传统园林的初始源于皇家园林,但是真正传达出更深层面意境和内涵的是私家园林。因为私家园林宜人的规格和特有的文人造园理念,使得私家园林能够用更贴切大众的视角和感悟表达出独有的意境和文化。中国传统文人文化主要体现在书法、绘画、音乐、诗词上面,因此中国传统园林更多像一幅山水画(图3),一首唐诗,一卷隶书。

1.2.2 抽象缥缈耐人寻味

中国传统诗词表达的意境是抽象的,作者在诗词中明朗的表达隐晦的表达都是为了增添诗词的韵味和耐读性。中国传统造园的手法和诗词营造相辅相成,在意境的传达上有明朗的表达,一山一木都在诉说园主当时所想

图3 清 王时敏《仙山楼阁图》

所用,也有隐晦的传达,如同一个山墙、一道暗廊、远处借塔、近处小桥。[3]这种意境的所在只可体会难以言传,

这种意境是源于当时的文化氛围和社会风气，这种意境的营造不是刻意，而是必然。中国传统园林的意境实物对比就像一首诗，一幅山水画给观者带来的体验。中国山水画追求意象，形不似意可到。这种感受转述到园林中不再像画中一样朦胧，更为直观地体现了出来，但是体现在园林中的山水意境并未消失，而是更为明确地凸显。隐大山于小园一丘一壑，隐大水于小园一塘一湖。这种意境是在抽象地传达出对中国山川河水的热爱和敬仰，也在咫尺方圆间模拟中国的大山大水。这种意境承载了超乎其本身的内涵，因此耐人寻味引人入胜也更加朦胧耐人深思神往。

2 中国当代园林对传统园林的探索实践

对于如何继承和发展中国传统园林，宏观层面，可以是一种精神意境；中观层面，可以是一种造园要素的组织形式；微观层面，也可以是哪怕一个部件、一块石头的做法。[4]中国当代的风景园林师都在试图创造出宜人生态合理艺术的园林作品，也有很多在创作之路上不断向传统园林学习借鉴。只言片语很难全面具体地论述中国当代园林如何对传统园林进行探索，在当代众多的风景园林案例中不妨整理出一些园子进行分析。[4]

3 案例分析

本文着重以深圳仙湖植物园和北京金融街吕祖宫北四合院更新的设计案例、新加坡花园节上展出的心灵的花园为案例展开论述，它们一个是位于南方的大尺度下的现代园林作品，一个是以现代园林设计手法和材料对传统文物的更新设计，一个是运用参数化设计和现代材料设计的具有中国传统园林思想设计的展园，希望通过对它们的分析可以为传统园林在当下的精神表达和意境体会提供一些思考。

3.1 深圳仙湖植物园

3.1.1 仙湖植物园平面布局

仙湖风景植物园位于深圳市东北的梧桐山风景区。植物园东北为梧桐山，西临深圳水库（图4）。具市中心6km，占地590hm²。该地为南亚热带海洋性气候。

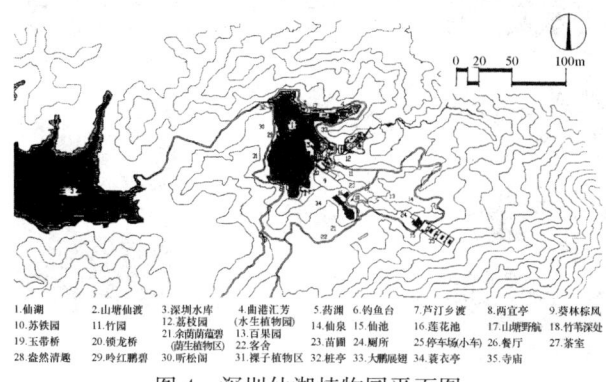

图4 深圳仙湖植物园平面图

3.1.2 植物园中传统与现代的结合点分析

拟建成具有中国园林特色、华南地方风格和适应现代社会生活需要的风景植物园。规划设计结合了中国园林传统并选用北式仿古建筑的稳重特色，本着"巧于因借""因境成景"等传统理论，以现代风景植物园为内容，按照自然和人文交融一体的创作方法做出了一次成功的探索（图5）。

图5 仙湖植物园全园鸟瞰

仙湖北岸山势陡峭，为使湖区环通，辟山之脚填出平台，形成与乡渡对应之北码头。仙湖原址名"大山塘"，因名"山塘仙渡"。[5]人们熟知"八仙过海，各显神通"有"各显其能"的隐喻，故铺地以八仙手持物为纹样(图6)。

图6 两宜亭景观区鸟瞰图

在植物园中的设计中，各种景观的营造都与中国传统元素密不可分，水边廊榭（图7），山中幽亭，曲桥流水都是对中国传统园林的致敬。

图7 植物园内水岸仿古廊人视点实景图

其临湖地面芦苇丛生、汀石点点，坡领乡情，因名"芦汀乡渡"。岸上有候船的休息小筑（图8），水浅岸平，游船随处可泊。这种造景手法采用现代生态学的合理分析，通过合理的植物配置创造出古香古色的景观。[5]

山塘仙渡和曲港汇芳间设餐舫"野航"。"食在广州"反应这一带人生活特色。舫分两层。子方为备餐用房尾随母舫。前者居陆后者居水。汲取民船气质，航于山野间。

图 8　植物园内岸边重檐亭人视点实景图

现代的园林是为所有的人提供服务和游憩活动的，因此在仙湖植物园的设计中设计师通过现场的合理勘察和对当地风土人情的深入了解创造出了一个能给深圳市民娱乐交往休憩的完善绿地。功能性的体现是源于对现代公园设计手法的探究，满足交通功能，满足普通大众需求，携艺术和功能于一体，融传统文化于现代景观（图9）。

图 9　植物园湖区鸟瞰图

3.1.3　局部设计手法分析

在山塘野航的设计中，平面布局采用了中国传统坊的造型，为观者提供一处能和水面更近接触的平台（图10）。[5] 在整体效果的考虑上，结合了部分现代建筑的设计语言，古色古香中也感受到了时代气息，这种设计手法能够更为恰当地为游者带来良好的体验。

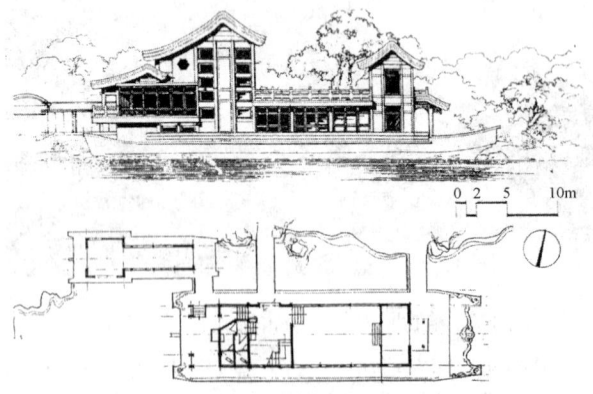

图 10　山塘野航平立面图

山塘仙渡的设计中采用了亭廊围合中庭的设计手法，也采用了现代几何形花坛和广场的形式创造出了兼具传统内涵和现代设计语言的景观（图11）。

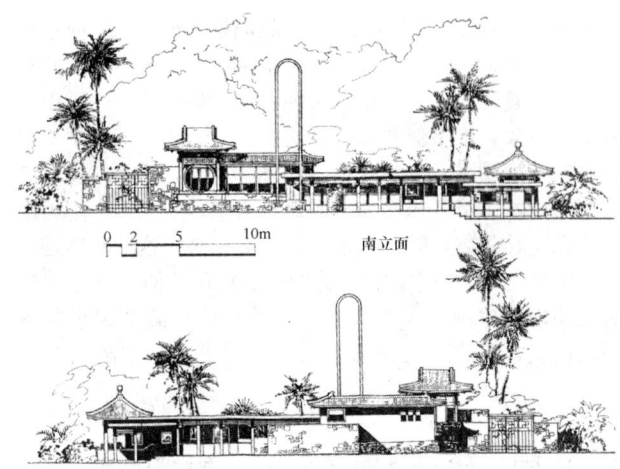

图 11　山塘仙渡立面图

3.2　与谁同坐？——北京金融街北顺城街 13 号四合院改造实验性设计案例解析

3.2.1　改造分析

北京市复兴门金融街与二环路之间城市绿带的一端，坐落着一组古代建筑院落，楼宇行空，椒墙周匝，在金融街鳞次栉比的现代城市商务空间和交通要闹之中显得很是特别，它的前身就是北京颇有名气的道观"吕祖宫"（图12）。经历了历史的沧桑变迁，原先完整的建筑群如今只留下了南北两个院落，而这两个院落又被划分给两家不同的单位，门牌号也就成为北顺城街 13 号和 15 号；其中 15 号为南院，是"吕祖宫"道观的正院，属西城区文物保护单位；而北院即 13 号院，场地面积约 335m²，曾经变换过多个不同的行政单位，由于缺乏管理，几近荒

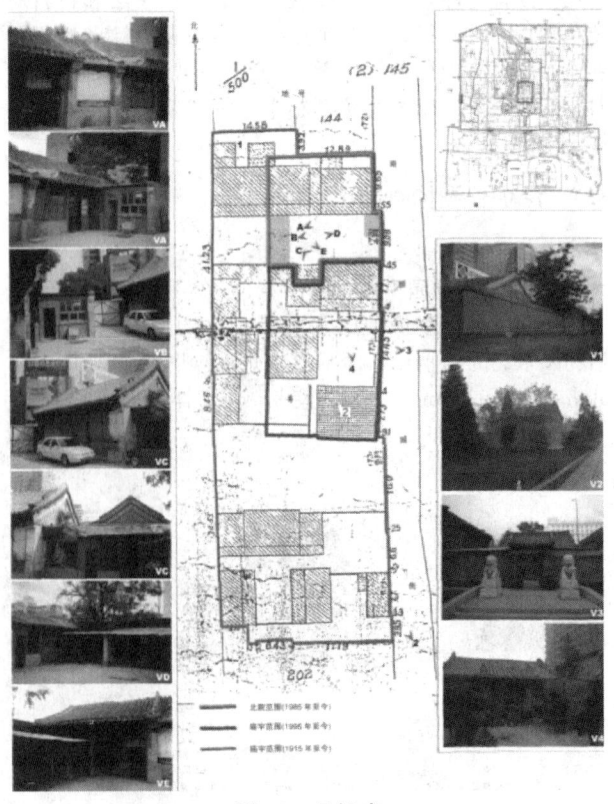

图 12　吕祖宫

废。2001年9月笔者受业主的委托，全面负责13号院的更新设计。业主的初衷是希望在保持庭院原有建筑格局、文化气质和构造特性的前提下，将13号院改造成为适用于地产商、银行家、建筑师和风景园林师等具有一定文化层面的特殊群体举办沙龙聚会的服务性场所。

因为该方案为古迹改造的设计，因此设计需要充分考虑和现状的结合，在设计成果中能够看到设计师试图用过简单的设计语言表达出对原场地的尊重和理解（图13）。设计主要通过以下几点进行改建：（1）修缮和改造原有古建筑；（2）添加功能建筑；（3）经营庭院景观。

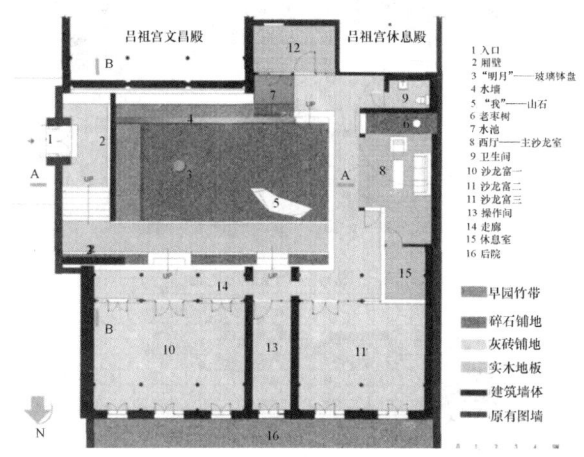

图13 平面图

传统的古建都是以木结构为主，因为时间久远，原址的建筑木条已经腐烂，整体框架亟待改善。[6]因此在改善措施中结合古建原理，屋顶部位的漏雨问题做换瓦、换椽和防水处理，内室修缮以清理为主，改造工作包括对门窗的更新设计（图14）。

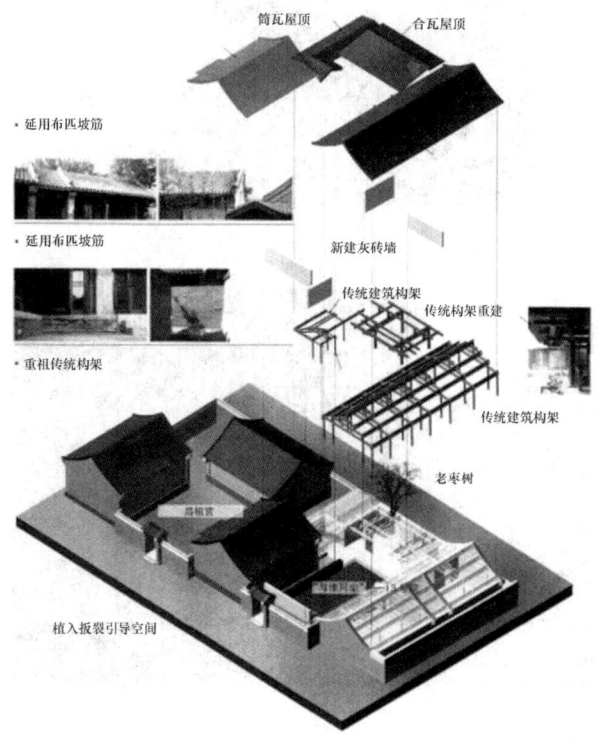

图14 与传统建筑的对话方式

3.2.2 庭院空间的重塑

如何塑造出一个具有传统特色的院落空间同时兼具时代特色？庭院部分基址南北进深8m，东西向19m，古建筑有四个板块，总面积约为145m²。首先从功能整合的角度出发，强化北界硬山房和南界廊。同时，作为会所也需要争取更多的营业空间面积。因此在四合院的改造中填建新的功能建筑板块，而且选择西线显然要比选择东线更为明智。

首先是通过庭院下沉的手法加强庭院的围合性和内向性（图15）。

图15 入口

图16 院落

其次恢复回廊空间，恢复利用北硬山房的东西向廊道空间，通过建筑设计手法使得这样的空间能够延续并和U型功能界面匹配，使得庭院小中见大。

3.2.3 与传统环境对话的3种方式

首先通过重释灰砖墙解读了对北京传统文化的理解，北方的灰砖文化有着鲜明的地域特色。构筑灰色的整体基调纯化了整个院落的传统韵味（图17）。

图17　灰色院落

其次，结合现代空间设计，运用现代主义建筑设计语言，通过4片灰墙墙体的分隔与穿插组织、引导、构成流动的序列空间。在材料的使用上也多用现代语言表达传统精神（图18）。

图18　材料使用

再者，通过区分新和旧强化对庭院的改造设计（图19）。

通过空间的塑造、细部的体现强化对传统精神的现代阐释（图20）。"小院"的更新笔墨不多，设计风格趋于现代简洁。

在意境的塑造上主要通过以下几点表现：（1）"清风""明月"；（2）灰砖文化的现代隐喻（图21）入口处的影壁砖墙，是"小院"最为重要的空间处理手法，墙面通过磨砖技术所呈现的纹样隐喻着老北京四合院

图19　以新做古的施工手法

图20　细部处理

图21　灰砖

影壁砖墙程式化的砖雕图形，向人们传达着经过转译的传统文化的现代信息，成为"小院"设计的点睛之笔。（3）"我"——石为君庭院碎石铺地中横卧一房山石，成为空间构图焦点的重要支点，山石表达了以石为君的典故（图22）。

图22 置石

典型的北京四合院落空间是必须被完整保留并且保护起来的，在该设计中这一点得到了最多的关注。[6]对于目前的城市建设有着强大的借鉴意义。变和不变是在设计中对传统的一个基本理解，不变的设计是在原址上直接复原基址面貌，并未更多新加入的设计语言，这样的处理方式其实并未对原址进行最好的诠释。模仿造出的赝品再精彩也难以到达人们对真品的期许，设计师的介入就是为遗址改造填入新鲜的血液，为改造适合现代的传统院落提供出可"变"的手段。

3.3 新加坡心灵的花园

3.3.1 心灵的花园平面布局

心灵的花园的设计理念是在有限的空间里表现出中国花园的空间变化和诗意，它能够给人带来心灵的宁静和感悟。花园由水池、竹柱、帷幕、汀步、竹林五个部分组成（图23）。花园为10×10维度，心灵的花园掩藏在苍翠的竹丛中，以其神秘感吸引着人们进入探究。

3.3.2 设计中传统向现代的转译

如烟似云的帷幕在灰色的砾石地面和翠绿的竹丛映衬下显示出超凡脱俗的纯净，白色的帷幕在其重叠、飞舞、缠绕，迷宫一样的空间引导人们渐渐远离尘世的喧嚣，进入这个梦境一般的花园（图24、图25）。帷幕所营造出的这种迷幻神秘的意境如同中国画一样给人带来很多遐想。

这样如烟似雾笼罩的花园所表达的更多是一种中国文化的传统精神，含蓄内敛但是充满张力和诗意。但是这种设计中所采用到的设计语言和内容确实现代化的，这就是一种传统向现代的转译。走在100m²的花园中感受到的尺度是超过了其本身尺度的，因为这份迂回曲折和诗意的体现，就如同中国传统对仙境的假想。道路没有明显的道牙和路基是为了凸显出一种乡野自然地气息（图

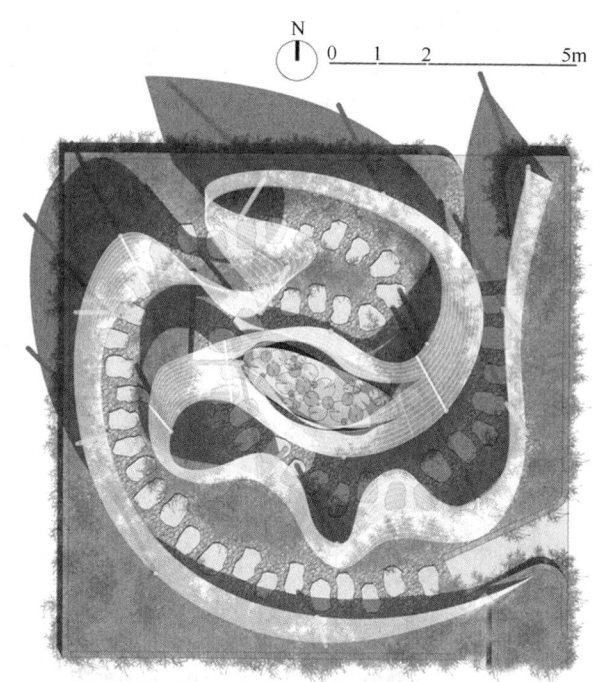

图23 心灵的花园平面图

图24 心灵的花园帷幕飘动

图25 心灵的花园幽静小路

26），更多的是为了表达出一种漫步的自由和心身的放松。

人们将会在经历各种曲折，甚至是山穷水复疑无路的困惑之后来到花园的中心：在飘荡的白色帷幕的中间是一个平静的水池，池中盛开着美丽的莲花，莲花开在水中，也开在每个人的心里。他带给人们的心灵一份宁静，一点感动和一些领悟（图27）。

图26　心灵的花园中心荷花池

图27　心灵的花园竹林深深

3.3.3　设计手法研究

心灵的花园作为展园出现在人们视野中理应具有一定得内涵和特点，首先，设计师的出发点是创造出一个具有中国传统特色，具有诗意的花园。因此，设计前的出发点就是本着传播中国文化，表达中国文化的根基。其次，设计场地大小有限，而且是室内景观，因此设计通过简单的元素组织出了一个如梦如幻的花园，通过简单元素的不断重复加强观者的视觉体验，强化了对这种单一意境的表达，使得这种诗意更为强烈。再者，在材料的使用上独辟蹊径。最为巧妙的使用是光影变化强烈的帷幕，这种帷幕的出现通过竖向将10m×10m的小场地分割出了很多微妙的小空间，给观者带来不同的视觉和心理体验，帷幕作为一种特殊的软质材料也使得整个景观更为温柔，强化诗意的体现，如同中国画中的水墨，没有确切边界但是能感受到它的存在。最后在植物的选择上大面积使用竹林（图28），竹林在中国画中占据着重要的地位，它所传达的是一种独立的精神和高雅的气质，此处和帷幕一起出现更加强调了竖向的边界，也强调了中国文化的文人气质。中心区域点点荷花是点睛之笔，荷花出淤泥而不染，是中国人自古喜爱的一种花卉，也表达了中国文人的独有精神。

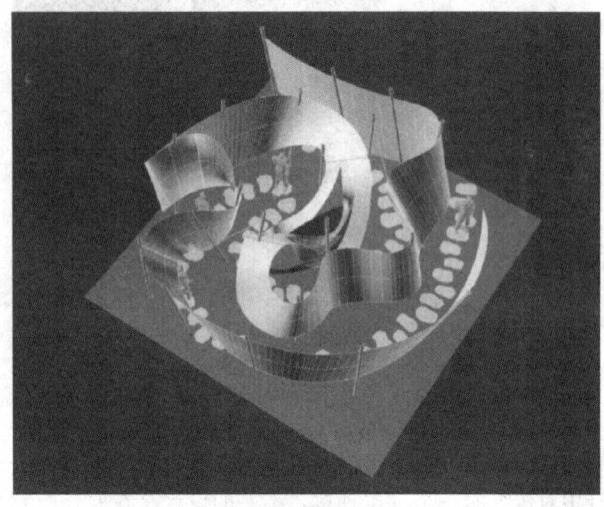

图28　心灵的花园结构图

心灵的花园整体构架是以步行体系为主，通过对观者视线的控制来营造出深邃神秘的景观（图29）。体验围绕中心花池进行展开，简单元素构造的步移景异的效果是该园的最大亮点。

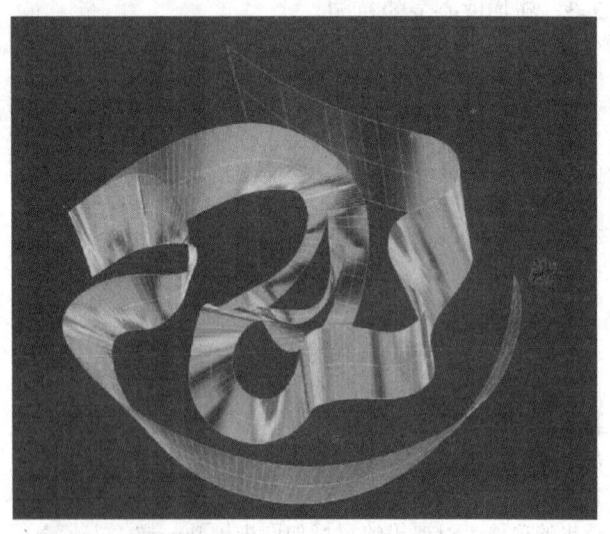

图29　心灵的花园帷幕参数化设计

方案一开始的构思就不是在平面上完成的，而是设计师在一个用纸片、竹签和橡皮泥制作的手工模型上完成空间的推敲和把握：白色的帷幕曲折蜿蜒，从入口逐渐升高、到最高处时螺旋翻转、转到中央时下降、最后再次升高转向出口，围合出迷宫一般的空间。[7]然后在Rhinoceros中进行方案的定形和细化。帷幕两边需要用钢丝固定，利用钢丝受弯时的弹性来绷紧具有伸缩性的帷幕。这种参数化设计的方法使得这种设计得以实现，传统精神和意境的营造也得以实现。[8]

4 结论

综上所述，中国传统园林的出现有着其必然性和特殊性，源于古人的生活方式，环境特点等方面。时代的变化赋予人们不同的心理体验和思考方式，因此变是必然趋势。但是时代的发展基于传统的根基，我们的思维模式和生活习惯依旧和传统有着千丝万缕的联系，因此如何在变种需求不变，如何在对现代的理解中诠释传统的内涵是设计作品需要体现的。好的设计作品不仅是现代的，时尚的，更是能给予人们思考的，也是具有古典人文内涵的。

参考文献

[1] 吴隽宇，肖艺. 从中国传统文化观看中国园林[J]. 中国园林，2001(3)：84-86.
[2] 张法. 中西美学与文化精神[M]. 北京：北京大学出版社，1997.
[3] 张法. 中西美学与文化精神[M]. 北京：北京大学出版社，1997.
[4] 陈高，刘志成，白雪. 从中国展园看中国传统园林的继承与发展. 风景园林.
[5] 陶昕，李勇. 生态仙湖 写意自然. 深圳市仙湖植物园的规划与生态发展[M]. 北京. 风景园林.
[6] 马炳坚. 北京四合院[M]. 北京．北京美术摄影出版社，1993.
[7] 高岩. 参数化设计——更高效的设计技术和技法[J]. 世界建筑，2008(5)：28-3344-51.
[8] 非线性参数化风景园林设计的低技策略探索以"心灵的花园"为例[J]. 风景园林，2013.

作者简介

何伟，1990年生，男，汉族，甘肃定西人，北京林业大学在读研究生。

风景园林学的类型学研究

The Typology Study on Landscape Architecture

张诗阳

摘 要：通过对风景园林学的类型学研究，从类型学的四个特征入手，分别探讨了风景园林学设计生成的法则，风景园林学作为传递历史信息文化的媒介，风景园林学的发展以及风景园林的设计过程四个方面。希望通过此次研究能够促进风景园林理论的发展。
关键词：风景园林学；类型学；方法；自然

Abstract: By the typology study of landscape architecture, i analyzed landscape architecture from four characteristics of typology. They are the generating rule of landscape architecture, landscape architecture as the delivery media of history, the development of landscape architecture and the design process of landscape architecture. I hope that through this research can contribute to the development of landscape architecture theory.
Key words: Landscape Architecture; Typology; Approach; Nature

1 前言

类型学的重新兴起源于建筑领域的现代主义后期，是对于建筑"本质"追求探索的一部分。现代主义大师勒·柯布西耶（Le Corbusier）曾经说过："住宅是居住的机器。"与现代主义建筑忽略自身美学价值、脱离历史，完全是工业化社会产物所不同的是，类型学的研究是从社会文化和历史传统入手，让类型与历史建立联系，从而讨论建筑的"本质"以及建筑的合理性。

风景园林存在于世界的各个角落。风景园林学是一门与场地结合的学科，同时也是一门与历史文化和自然环境息息相关的学科。然而，我们的世界具有多样的自然风景和丰富的地域文化。那么，作为风景园林设计师，面对不同的文化背景，面对不同的自然环境，是否存在一种方法，能够透过这些独特的特性去感知风景园林中最为本质的内容呢？意大利建筑理论家阿尔多·罗西（Aldo Rossi）说过："类型就是建筑的观念，它最接近于建筑的本质"。在建筑学领域，类型本身是一个传递历史文化信息的媒介，同时其根本出发点在于人文关怀。而风景园林学同样也强调对于人的关怀。同时，风景园林学不仅与人类社会历史息息相关，也与人类对于自然的认识和利用息息相关。那么，笔者试图运用类型学的方法，结合风景园林专业知识来探索风景园林设计的本质内容。

2 建筑类型学

19世纪末和20世纪初，在语言学的影响下，产生了非常抽象和一般的类型理论。它们在很多不同领域里形成了系统的学问，称为类型学。类型学在建筑学中的应用就形成了建筑类型学，建筑类型学经历了"原型类型学"、"范型类型学"和"当代类型学"三个阶段。我们现在研究的类型学领域就属于"当代类型学"范畴。任何类型学研究的学者都没有忽视在类型学研究早期由法国著名建筑理论家夸特梅·德·昆西（Quatremere Quincy）在《建筑百科辞典》中为类型学所下的定义。昆西通过比较类型和模型的不同概念，否认了类型可以被模仿和复制，认为类型是形成模型的法则。

在研究建筑类型学的理论家中，罗西和拉斐尔·莫内欧（Rafael Moneo）无疑是两位杰出的代表人物。在罗西的《城市建筑学》中主要表达了两个方面的意图，一方面类型被理解为一种对象，一种要素，它是用来引导各种要素去形成整体的构成原则；另一方面，类型也可以被理解为一种工具，它包含着一种有效的方法，引导着某个空间的创造。而莫内欧的研究则是在前人的基础上，以一种批判认识的方式，发展了自身的类型学思想。其核心思想是类型学是连接历史与现实的桥梁，类型学的根本出发点是以人为本，同时他还认为类型学应该分为类型的生成和抽象类型的场所化两个过程。

作者试图通过运用罗西和莫内欧的类型学思想，结合其他的相关专业知识来探索风景园林设计。

3 风景园林的类型学研究

3.1 类型学作为风景园林设计生成的法则——人与自然的关系

昆西说过："类型代表了一种要素的思想，这种要素本身即是形成模型的法则。"同时，类型又最接近于事物的本质。所以，当我们运用类型学思想探索风景园林设计生成法则时，就是在探索风景园林学的本质内容。类型学的根本出发点在于对人的关怀，从一定程度上说，风景园林学又是一门处理人与自然关系的学科。所以，我们研究的出发点应该是人与自然的关系，其根本点在于保证对人的关怀以及自然的和谐发展。

在王向荣教授《自然的含义》一文中，自然被分成了四个层次。第一类自然是原始自然，表现在景观方面是天然景观；第二类自然是人类生产生活改造后的自然，表现在景观方面是文化景观；第三类自然是美学的自然，这是人们按照美学的目的而建造的自然，在历史上，它往往是模仿第一类自然或第二类自然而建造的；第四类自然是被损害的自然，在损害的因素消失后逐渐恢复的状态。那么，从人与自然的关系出发，根据人们对待自然的不同态度，风景园林设计可以分成三种不同的类型。

第一种类型的风景园林设计来源于人们在精神上对于自然的崇拜和欣赏，而所创造的园林则提供给人们自然的美学感受和体验过程。这种类型的风景园林设计其实就是前文提到的第三自然，其中包括中国传统园林，也包括西方的园林。虽然中国传统园林的模仿对象主要是中国古代的秀美山川，而西方园林的起源则是一些实用性的果园和蔬菜园。这些是由于中国自古以来就有着优越而又丰富多彩的自然环境，而西方园林起源地埃及生态环境远不如中国，所以农业景观才是他们最美好的自然。但是，无论是中国还是西方，风景园林设计都是在提取人们生活环境中最优美的要素。人们对于自然美学上的欣赏和崇拜代表了人类对于自然最直观的反应，这种反应一直伴随着人类的历史，无论是原始时期，还是现代社会。

第二种类型的风景园林设计主要体现了人类对自然的了解与利用，这一类型的风景园林从自然的分类上来说属于第二自然的范畴。其中包括人类早期利用自然所创造的农业景观，如农田、果园、牧场等等，也包括了目前人们为了保持水土、防风治沙、水源净化等所进行的一切风景园林设计。这类风景园林设计主要体现了人类为了满足自身利益所创造的自然场所，这些场所的设计将伴随着人类对于自然的进一步了解和科学技术的进步不断发展。

第三种类型的风景园林设计则体现了人类对自然的进一步认识，意识到保护自然对于人类自身发展的重要性，而针对第四自然所建立的以保护自然、修复自然、恢复自然为目的的风景园林形式，其代表是新兴的生态恢复性景观和自然保护区，如湿地恢复性景观、荒漠恢复性景观、国家森林公园等等。随人类历史的发展，人们意识到对于自然不仅仅应该处于欣赏和利用的层面，而应该去适应自然，使人类与自然和谐相处。这类风景园林设计往往超越了对于形式的模仿和对于经济利益的追求，具有实际的生态功能，从而间接地保护和促进了人类自身的发展。

综上来看，无论是从历史上，还是地域、时空上都存在着许多的风景园林形式。但是通过类型学来探索风景园林形成的法则可以发现，风景园林的形成往往源于人们对于自然的不同态度，从欣赏与崇拜，再到利用，最后开始意识到应该适应自然，保护自然。这些要素都是人们在处理与自然关系中潜移默化的法则，即类型作为风景园林的本质。

3.2 类型学作为传递历史信息文化的媒介——风景园林学的"集体记忆"

莫内欧说："类型解释了建筑背后的原因，而这个原因从古至今并没有变化，类型通过它的连续性来强化那些永恒的最初时刻，在那一时刻里，形式和实物本质间的联系被人们所立即……并且，从古至今，每当一个建筑与一些形式联系在一起的时候，它就隐含了一种逻辑，建立了一种与过去的深刻联系。"从莫内欧这段话来看，建立在文化、生活方式和形式的连续性基础上的类型正式莫内欧所寻找的答案。

上文分析已经得出风景园林设计的本质是人与自然的关系。那么，风景园林类型学的连续性则建立于人在处理与自然关系中所生成的文化、生活方式里。从人类文明出现开始，人们从未停止对于自然生存环境的探索。罗西表达了人类的认知具有共时性的特征。所以，在人类探索自然过程中生成的文化和生活方式不是某个时期单个人或者少数人的文化和生活方式，而是经过整个历史的过滤和淘汰，人们所产生的"集体记忆"。从类型学来分析，透过纷繁复杂的园林形式，这些"集体记忆"正是风景园林设计的源泉。无论是中国古人对待自然所强调的"天人合一、道法自然"，还是西方人早期通过风景式园林展现出来的区域规划的思想，都对现代园林的发展产生了深远的影响。现代园林中强调的对于自然的尊重，强调场地的精神以及伊安·麦克哈格（Ian McHarg）在《Design with Nature，1969》一书中体现出来的生态区域规划的思想，无疑是对历史类型学延续性的表现。现代优秀的风景园林设计都只是作为历史延续性的一部分，而绝不会与历史相割裂。

风景园林学的"集体记忆"具有整体性和延续性的特征，其反应的是人们对于好的风景园林设计所创造的适宜人类生存场所的共同期待，而这种期待存在于历史，存在于现在，也将存在于未来。

3.3 类型学包括了发展和变化的内容——风景园林学的发展

大多数反对类型学的观点认为类型学是一种"僵硬的机制"，而莫内欧则认为真正的类型学概念已经暗含了变化和转换的思想。风景园林的本质在于人与自然的关系，而人类历史是在不断发展的，自然也是处于不停的变化之中，所以，风景园林学是一门发展的学科。在用类型学探索风景园林学的发展与变化时可以分成两个层面的内容。

第一个层面在于类型本身针对现实和外界条件发生的变化。从人对于自然认知的角度来看，作为主体的人类，随着人类认知自身能力和科学技术能力的提高，人类认知自然的能力也将随之提高，最终发展的是人类对于类型的认知。而作为客体的自然，自身的各个组成部分（如地表、大气、水系等等）都在不断的变化之中，而各组成要素相互作用也会产生新的变化，这些变化最终都会对类型的提取产生相应的影响。

第二个层面在于抽象类型场所化的改变，类型转化为特定环境中的特定形式。在第一自然中，存在着森林、草原、沙漠、湿地等自然形式。在第二自然中，也存在着农田、牧场、经济作物林等人工化的自然场所。同时，根据各地文化类型的不同也形成了多样的城市自然景观。面对丰富多样的场地，基于风景园林类型学的本质，即人们对于自然欣赏、利用、适应的不同态度，则会将类型具体转化为不同的风景园林设计形式。而又由于这些不同场地同时处于变化的过程之中，所以抽象类型场所化的过程也会随之产生变化。

所以，通过类型学研究，风景园林的类型学是一个框架。在这个框架内，会存在着发展和变化。但是总体框架的法则是不会变化的，即人类与自然的和谐发展。

3.4 一个类型学的阶段和一个形式生成的阶段——风景园林学的类型学设计过程

风景园林学的类型学设计包括两个阶段，一个类型学的阶段和一个形式生成的阶段。莫内欧认为，类型学阶段是一个寻找并获得类型的阶段，而形式生成的阶段则是一个类型场所化的阶段。

在面对一个风景园林项目之时，风景园林师首先需要完成的是一个类型学的阶段。风景园林师应该去场地亲身体验，并对场地进行深入的调查研究，从而了解场地中人与自然的态度，了解人们的心理结构、文化传统和行为模式，同时也要弄清楚场地中自然的特性，最终找到与场地相适应的类型。

在分析场地所需类型的内在结构之后，风景园林师需要完成一个形式生成的阶段。这个阶段是将抽象化的类型，根据场地特定的设计需求，将类型具体化的过程。同样，在这个过程中设计师应该又回到在场地独有的自然、文化特征中，用适当的设计语言进行类型学场所化。

3.4.1 江南私家园林设计过程的类型学分析

江南私家园林是中国传统园林的杰出代表。我们尝试运用类型学方法去分析江南私家园林的设计过程。在第一个类型学的阶段，由于江南私家园林的主要使用者是文人和士大夫，这一类人通常具有较高的文化素养和良好的经济基础，所以在江南私家园林长期的发展过程中，人们所追求的是"天人合一"，也就是人与自然的和谐关系。在江南私家园林中，人对于自然主要是精神层面的崇拜和欣赏，自然给予使用者以视觉满足和身体的体验。所以通过类型学的方法，文人士大夫在设计私家园林时所遵循的法则是充分展现自然的美，创造丰富的自然体验。

在第二个形式生成的阶段，由于江南私家园林往往建立在市井之中，用地面积收到了极大的限制。所以，场地的具体设计需求就是如何在小场地中体现出丰富的大自然景观。古人运用叠山、理水、亭台楼阁的设置以及丰富的植物种植形式，经过长期的经验积累，在狭小的城市空间中利用适宜的尺度创造了变幻莫测的园林空间和丰富的自然体验。而这个过程就是一次典型的风景园林学的类型学设计过程。

图1　江南私家园林中的园林风光（作者拍摄）

3.4.2 厦门园博会规划设计方案设计过程的类型学分析

厦门园博会规划设计方案是由北京多义景观规划设计事务所为2007年第六届中国国际花卉博览会所进行的场地规划。

在第一个类型学的阶段，设计师充分把握了场所中的文化信息和自然特征。设计师注意到了原场地人们自发形成的鱼塘景观，体现了人们在利用自然场地中形成的天然关系。同时，设计师也观察到场地在整个自然体系中存在着群岛的形态特征和可能起到的防洪排洪作用。所以通过类型学的方法可以看到，设计师需要做的是在尊重自然和场所的前提下，寻找到合适的利用自然的方式。

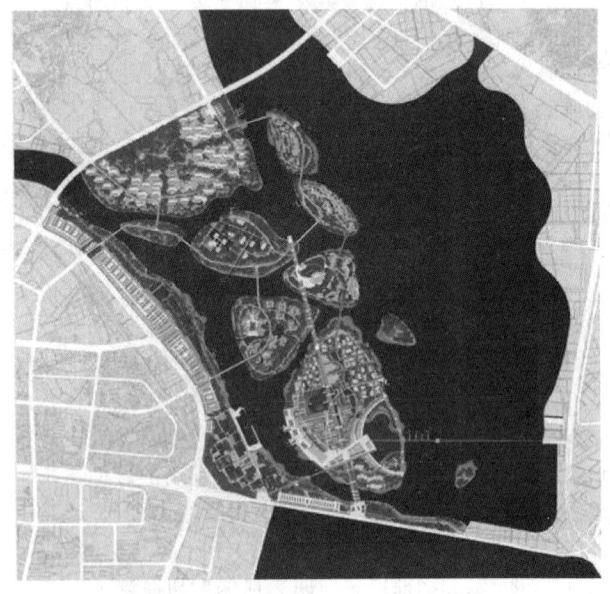

图2　厦门园博会规划设计平面图
（图片来源：http://www.dylandscape.com/）

于是在形式生成的阶段，设计师大量的保留了鱼塘的形态，人们只是将利用自然的方式从渔业养殖变成了园博会的独立展示场所，而场地的历史信息得以保留。同时，设计师也将场地群岛的特征进一步强化，这样不仅满足了防洪排洪的需要，也满足了场地分期建设、增加滨水景观的需求。

4 结语

风景园林学作为一门在我国蓬勃发展的学科，对我国社会的进步和人民生活水平的提高起着很大的影响作用。面对各种各样的风景园林项目，我们应该透过丰富多样的表现形式去认知风景园林学的本质内容，即人与自然的关系。同时，我们也不应该忘记历史，不应该忘记优秀的文化传统，而应该将历史文化与现代技术的发展紧密地结合起来。通过风景园林学的类型学研究，也希望能够促进风景园林理论的发展，从而使风景园林行业得到全面、健康的发展。

参考文献

[1] 王向荣，林箐. 自然的含义[J]. 中国园林，2007(01).
[2] 林箐，王向荣. 地域特征与景观形式[J]. 中国园林，2005(06).
[3] （意）阿尔多·罗西著，黄士钧译. 城市建筑学[M]. 中国建筑工业出版社，2006.
[4] 吴放. 拉斐尔·莫内欧的类型学思想浅析[J]. 建筑师，2004(01).
[5] 朱锫. 类型学与阿尔多·罗西[J]. 建筑学报，1992(05).
[6] 童明. 罗西与《城市建筑》[J]. 建筑师，2007(05).
[7] 沈克宁. 重温类型学[J]. 建筑师，2006(06).
[8] 张文英. 当代景观营建方法的类型学研究[J]. 中国园林，2008(08).
[9] 辛颖. 基于建筑类型学的城市滨水景观空间研究[D]. 北京：北京林业大学，2013.

作者简介

张诗阳，1990年1月生，男，汉族，湖南株洲人，北京林业大学园林学院风景园林硕士研究生，研究方向风景园林设计与理论。

"曼荼罗"藏传佛教文化在园林景观空间中的表达
——以北京市五塔寺及周边环境保护与提升为例

The Landscape Expression of Tibetan Buddhism Mandala Culture in Space, Case of WUTA Temple with the Surrounding Environmental Protection and Promotion in Beijing

张 杭

摘 要：五塔寺是北京地区藏传佛教重要的文化遗产，是"曼荼罗"图式艺术在建筑中的经典体现。现状五塔寺及周边存在破坏遗址风貌、损坏和威胁其原有遗址价值等若干问题。本文主要从保护提升的理由（背景篇）、目标策略（策略篇）和方法（设计篇）三个方面论述了如何在园林空间中运用景观要素来表达"曼荼罗"图式艺术，并提出设计方案为保护和提升五塔寺及其周边环境提供参考。

关键词：风景园林；藏传佛教；曼荼罗；文化景观；遗址保护

Abstract: As a significant heritage of Tibetan Buddhism culture, WUTA temple is characteristic reflection of Mandala art graphics in architectures. Now It exists several issues like relic destructions, relic value threaten surround WUTA temple and its environment. The thesis focuses on three aspects including the reasons, strategies and design methodology to expound how to make a performance on Mandala art graphics with landscape elements. This paper serves as a protective and promotion program and provides relevant reference evidence for WUTA temple and its surrounding area.

Key words: Landscape; Tibetan Buddhism; Mandala; Cultural Landscape; Relics Protection

1 引言

五塔矗立，看京师今朝变迁；石碑森森，诉古今历史悠悠（图1）。

图1 五塔寺金刚宝座

五塔寺，位于北京市海淀区西直门外白石桥以东长河北岸（图2），建于明永乐年间，初名真觉寺。其金刚宝座塔建于明成化九年（1473年），是仿照班迪达所献古印度比哈省佛陀迦叶大菩提大塔的式样所建[1]。是明代建筑和石刻艺术的代表之作，也是明真觉寺现存唯一完整的建筑遗存。因建造年代在我国同类的十余座金刚宝座塔中较早，样式最秀美，而被誉为中外文化结合的典范[2]。1961年真觉寺金刚宝座塔以其历史、科学和艺术价值被国务院公布为第一批全国重点文物保护单位[1]。

现存五塔寺（即北京石刻艺术博物馆）及其周边环境存在用地权属混乱、交通拥堵和被"城中村"杂乱建筑包围等诸多社会问题。不仅破坏了五塔寺整体的遗址风貌，并逐步损坏和威胁着五塔寺原有的经济、文化、艺术等价值，使本来应有的社会观赏及教育价值未能得到合理的开发和利用。

项目研究面积147hm²，设计面积8hm²。旨在于提升五塔寺周边环境，维护五塔寺历史风貌，激活区域公共活力，使来往信众、游客、居民在感受五塔寺灿烂历史文化的同时获得"身临繁华，远离尘嚣"的景观感受。

2 背景篇：为什么要保护和提升？

2.1 历史与文化价值

五塔寺（原名"真觉寺"）是一座藏传佛教寺院，据文献记载（《明宪宗御制真觉寺金刚宝座记略》）始建年代为明永乐年间[1]。清时，为避雍正皇帝名讳更名为"大正觉寺"因形制五塔故民间俗称五塔寺。

成化九年告成立石，形成以金刚宝座塔为中心，前有牌楼、山门、天王殿、前大殿；后置中大殿、后照殿；东为行宫；西为宪宗皇帝生葬衣冠之塔的整体格局。经清修缮之后不仅成为京西延诵番经者云集之地，而且曾是乾隆帝为其母——崇庆慈宣康惠敦和裕皇太后祝寿的八景之一[3]。并有三月踏青、九月赏菊等丰富的文化活动，曾一度为京西历史上皇家御道中重要的文化节点（图3）。

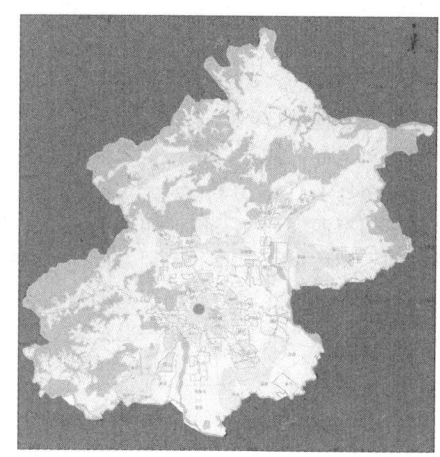 

图 2　五塔寺区位

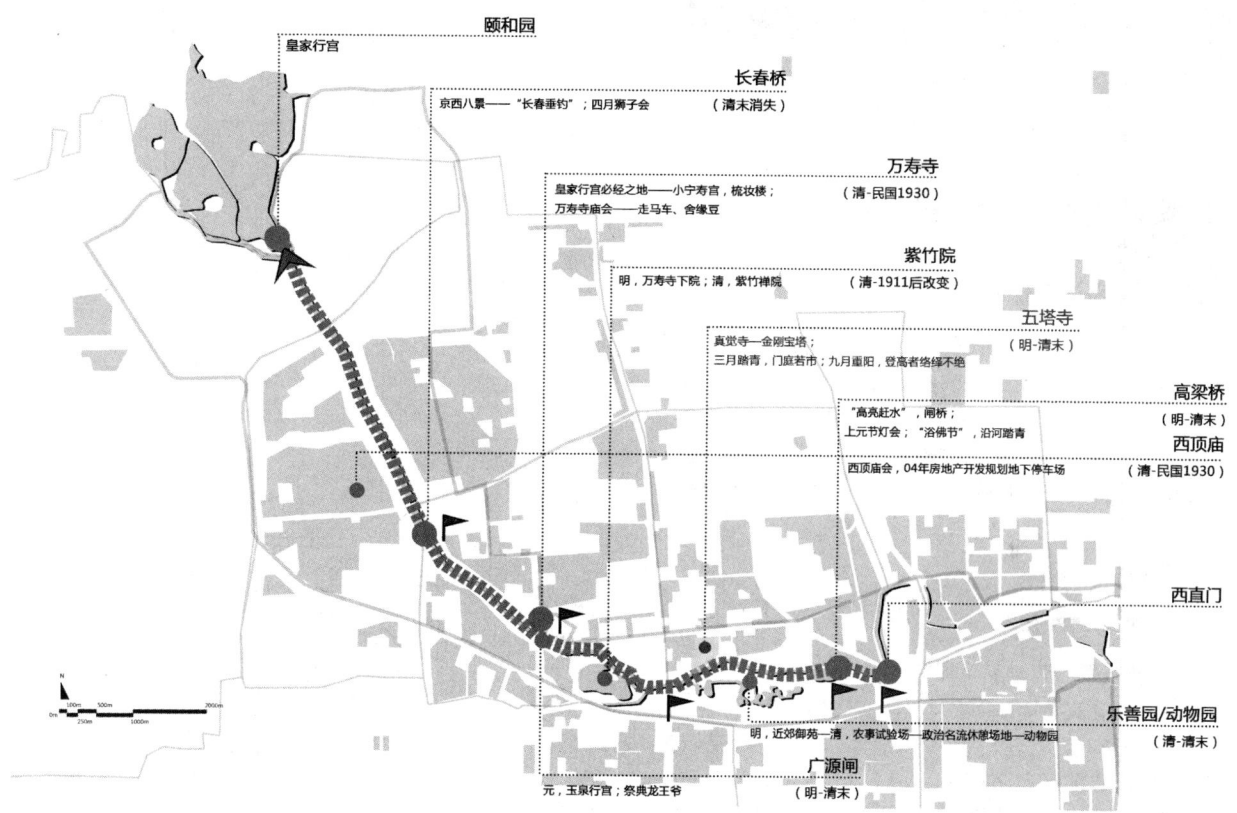

图 3　京西皇家御道历史文化节点分布

2.2　建筑艺术价值在哲学思想中的体现

金刚宝座塔是"曼荼罗"佛教义理的空间化。是以单体建筑的方式、以象征主义的手法给抽象的形而上学观念以具体的形象，给无形的宇宙生命以有形的表象：金刚宝座代表了密教金刚部的神坛，五塔分别代表金刚界五佛。[4]五塔寺的金刚宝座塔从形制到雕饰都是藏传佛教哲学思想实体演绎中的经典。

2.3　迫在眉睫的现状问题

经济的高速发展带动了五塔寺周边包括国家图书馆、首都体育馆等文化基础用地的快速建设，但是用地界限模糊、管理的滞后致使五塔寺现状用地范围不足30亩，充斥着道路交通拥堵、典型"城中村"违章建设、违章商贩云集、单位用地杂乱等一系列社会问题，不仅导致长河御道存在环境污染、安全隐患和卫生隐患，而且严重威胁着五塔寺包括金刚宝座塔在内的整体遗址风貌，使得原本的活动绿地、公共空间难以为信众、游客及市民所用（图4）。

2.4　小结

综合上述三点，五塔寺及其周边用地无论是作为藏传佛教文化及其建筑艺术传承的载体还是作为培育现代文化的基础，抑或是城镇化发展对于文化活动空间多样

图 4　现状调研照片

性需求，都有进行保护和提升的必要。

3　策略篇：拿什么来保护和提升？

3.1　目标人群与定位

经过多次现场调研与人群分析，最终将五塔寺及周边原有寺院空间定位为开放滨河文化藏传佛教文化休闲场所，服务人群为是周边居民、北京市民以及观光游客，城市功能集交通通达、活动体验和文化展示于一体，达到提升区域活力，营造"身临繁华，远离尘嚣"的景观感受的目的。

3.2　文化融入探究

3.2.1　"曼荼罗"哲学思想探究

曼荼罗是梵文 Mandala 的音译，含义是"坛"、"坛场"，是印度密教在修法时，为了防止"魔众"入侵，破坏修法，在修法地点划一圆圈，或修一土坛，有时在上面画佛像和菩萨像。这样的修法地或坛场称作曼荼罗。是密宗行者通过这种形式在其精神世界里交通"神灵"的一种神圣场所或道场。[5]

梵语曼荼（Manda）是"本质"的意思；罗（la）是"成就"的意思，两者合起来叫"本质的成就"，这表示"佛陀自觉（自证）的境界"的意思。[5] 佛教把这个世界描绘成为无可言状的秘密庄严世界，并说，把这个佛证得的境界，用象征的方式而表现出来的东西就是曼荼罗。

3.2.2　"曼荼罗"图式艺术表现手法探究

曼荼罗的空间形式是环绕中心层层布置，呈中心向四外辐射，并渐次减弱等级的"聚集"性空间布列。曼荼罗的空间组织方式多样，但其基本平面形式就是由最为简单的圆形、方形、三角形、十字形以及中心构成，由于其特有的构成方式就具有了中心、对称、平衡、秩序以及对比等特性（图5、图6）。[6]

而佛教密宗的"曼荼罗"图式，是通过对宇宙模式的表象和宗教意境的体现，来表达佛家描述的理想世界。[6] 即佛教中对世界的描述，中心是须弥山，周围由七金山围合，七金山外有铁围山环绕，铁围山与七金山之间有咸海，咸海内有四大洲（又称"四大部洲"）、八中洲与无数小周。四大洲按东西南北方布列，分别为东胜神洲、西牛货洲、南瞻部洲、北俱卢洲。四大洲与八中洲形成一个平面十二方位的空间布列图式。[7]

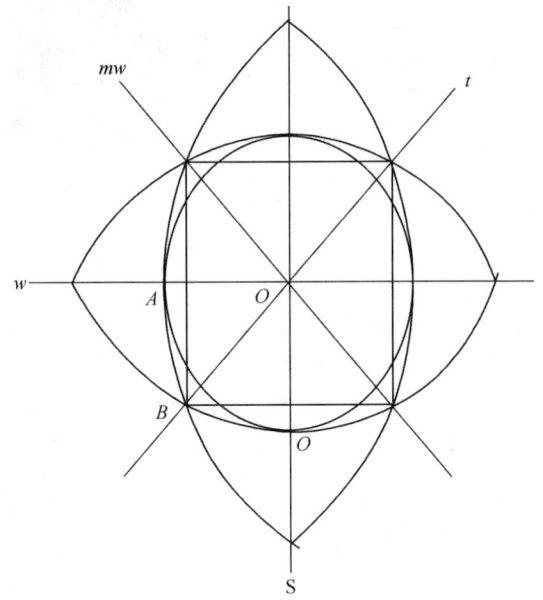

图 5　曼荼罗构成图式

图 6　曼荼罗平面图式

曼荼罗图式的中心性体现在其布置围绕构图中心展开；平衡性代表了曼荼罗的一种理性和谐；秩序性由基本图形通过整齐规则的排列并按照一定的定式反复出现形成规律来体现；对比性表现在图式上为满与空的对比，存在与虚无的对比，色彩的对比等。

另外除了空间在平面上的水平分布强调佛教思想外，还对垂直系列进行了强调。将世界分为佛国世界和世俗世界，世俗世界按照自下而上的竖直次序依次为欲界、色界和无色界三界。[6]

中国最早的具有"曼荼罗"特征的藏传佛寺，是建成于公元799年的西藏桑耶寺。而藏传佛教传入北京始于元代，后经明朝的继承与发展到清朝趋于完善。北京现存的藏传佛寺为12处，分别是妙应寺、真觉寺、北海永安寺、阐福寺、西黄寺、普度寺、雍和宫、福佑寺、须弥灵境、法海寺、万寿寺、宗镜大昭之庙。在北京的分布如图（图7）。[6]

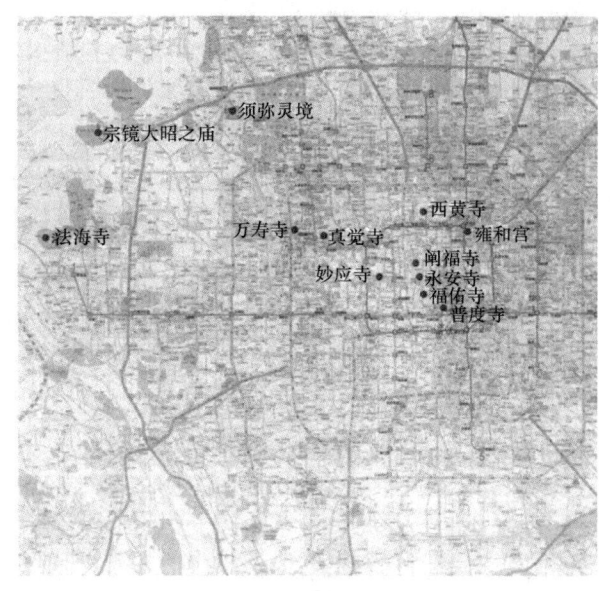

图7 现北京藏传佛寺分布

通过研究对比发现（表1），须弥灵境南半部藏式部分和妙应寺塔院所展现的平面形态是对"曼荼罗"原型的抽象写仿；雍和宫万福阁殿院和法轮殿院所展现的平面形态则是对"曼荼罗"原型的改旧纳新。均以建筑平面布局表达"曼荼罗"，其中不乏以四大洲、八中洲形成十二方位空间和密宗"五智"象征五佛的布列形式。

北京佛寺形制比较　　　表1

	空间布局类型	空间布局特点
妙应寺	汉藏混合式	伽蓝七堂、曼荼罗
五塔寺	汉藏混合式	金刚宝座塔
北海永安寺	汉藏混合式	曼荼罗
阐福寺	汉传佛教式	伽蓝七堂、立体曼荼罗
西黄寺	汉传佛教式	金刚宝座塔
普度寺	汉藏混合式	伽蓝七堂
雍和宫	汉藏混合式	伽蓝七堂、曼荼罗
福佑寺	藏传佛教式	伽蓝七堂
须弥灵境	汉藏混合式	伽蓝七堂、曼荼罗
法海寺	汉传佛教式	伽蓝七堂
万寿寺	汉传佛教式	伽蓝七堂
宗镜大昭之庙	藏传佛教式	曼荼罗

3.2.3 五塔寺的"曼荼罗"

保留其金刚五塔核心建筑部分，具体表现主体建筑的主导性和差异性；结合场地特征，创新利用园林手法将佛寺建筑场所精神导入园林空间，同时满足园林空间内功能性活动的需求。

3.3 小结

千百年来，"曼荼罗"不仅是藏传密宗的哲学奥义，其图式艺术更是作为设计构思的灵魂广泛应用在藏传宗教绘画、寺院建筑、佛塔建筑、宗教法器、佛事祭祀中。五塔寺金刚宝座塔本身亦是"曼荼罗"图式艺术的演绎，因此笔者尝试运用景观要素来展示其哲学思想和图式艺术是在维护原有遗址价值基础上将园林空间与建筑文化、艺术价值融为一体最好的方法。

4 设计篇：怎样进行保护和提升？

4.1 空间序列和功能分析

五塔寺整体空间序列分为四个部分，以"曼荼罗"广场结合观赏菊圃作为前导广场；原保留的前殿配和列植银杏营造仪式感强烈的过渡空间；将金刚宝座塔在内的主体作为序列的高潮空间；最后以通过性道路和次入口为收尾空间（图8）。

图8 五塔寺设计平面图

赋予世俗世界的竖直次序以功能性空间，欲界、色界和无色界分别对应安静活动空间、集散空间以及朝拜空间。以地形加密植隔离外部环境，将"曼荼罗"投射到佛寺空间以表达其所具有的场所精神（图9）。

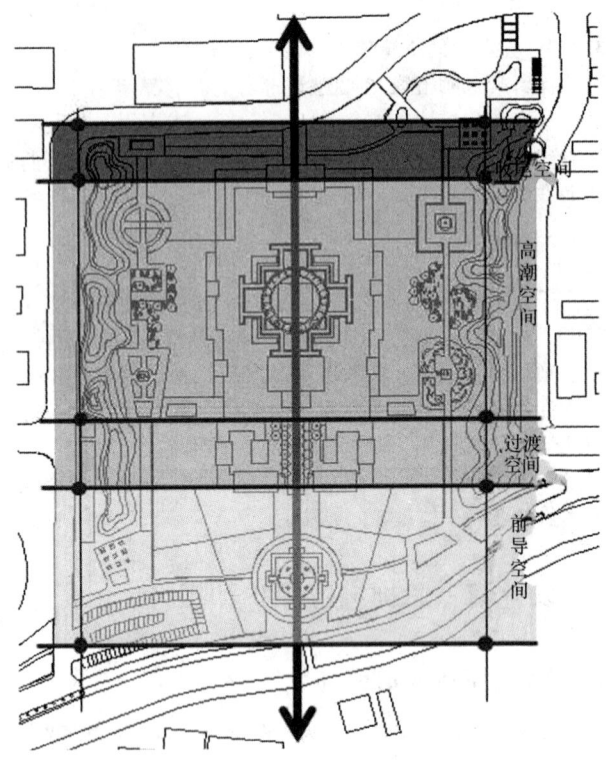

图 9 空间序列

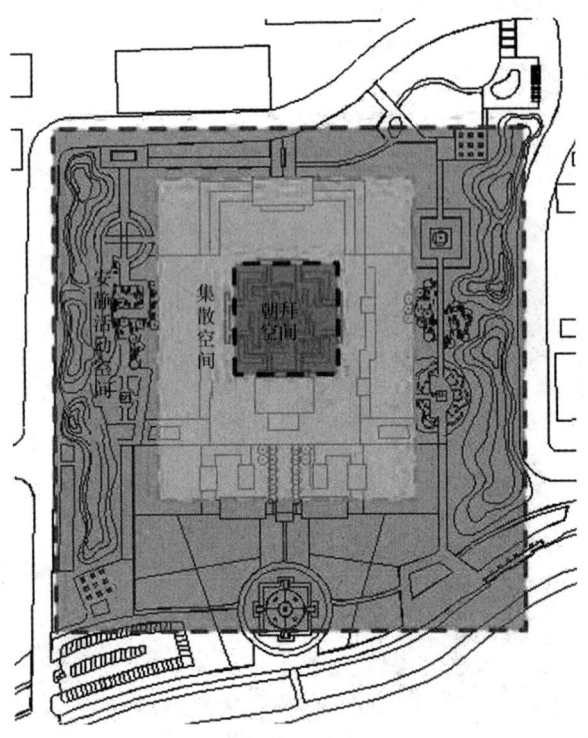

图 10 功能分区

4.2 "曼荼罗"的园林空间表达

五塔寺的金刚宝座式塔是以高台基上建五个小塔,中心主塔与四角小塔对称排列的佛塔形式,喻其坚不可摧、岿然不动之意。中塔高于其他四塔,按中、东、西、南、北五个方位。五座塔分别代表五方佛,正中一幢代表大日如来,四周四幢以顺时针代表阿閦如来、宝生如来、弥陀如来和不空如来,基座即释迦牟尼佛觉悟时的坐处。以金刚宝座塔为中心,以"曼荼罗"莲华图式铺装为朝拜空间之界象征须弥山,四大部洲按顺时针方位分布东西南北,分别以对称均衡的半月形莲华魔纹、圆形开敞草坪、梯形列植树阵和方形镜面水景四种景观要素代表四大洲的空间,东西向遵循中轴对称,南北向则因地制宜将一中心点南移,局部沿虚轴对称。整体平面构成三轴三界,将"曼荼罗"原型变化投射到寺院空间,使五塔寺园林空间与金刚宝座所体现的曼荼罗式融为一体(图11、图12)。

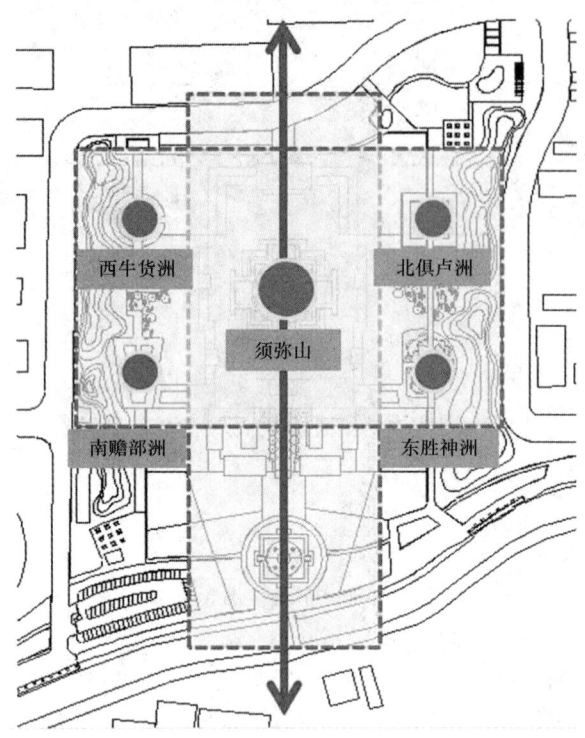

图 11 "曼荼罗"空间布局

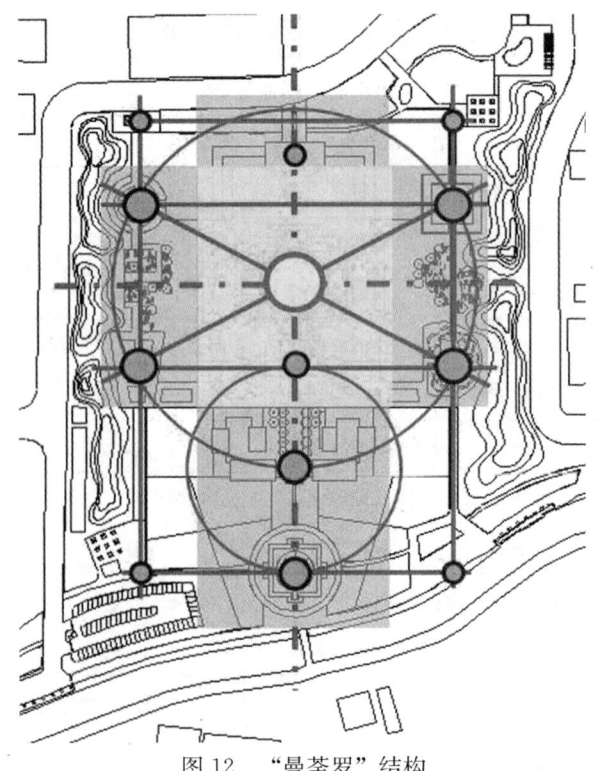

图 12 "曼荼罗"结构

在细节部分除了入口"曼荼罗"广场应用五方佛的代表神兽为图案设计地雕作为引导提示外（图13），四大洲空间也应用莲华纹样地雕（图14），一方面再次强调佛教的场所精神，另一方面形成平面对称规则的中心。按照"竖墁甬道横墁地"将南北向主轴道路与东西向虚轴道路分开，用汉白玉为骨架勾勒甬道整体分隔，在分隔中填以青砖。

图13 部分节点效果图

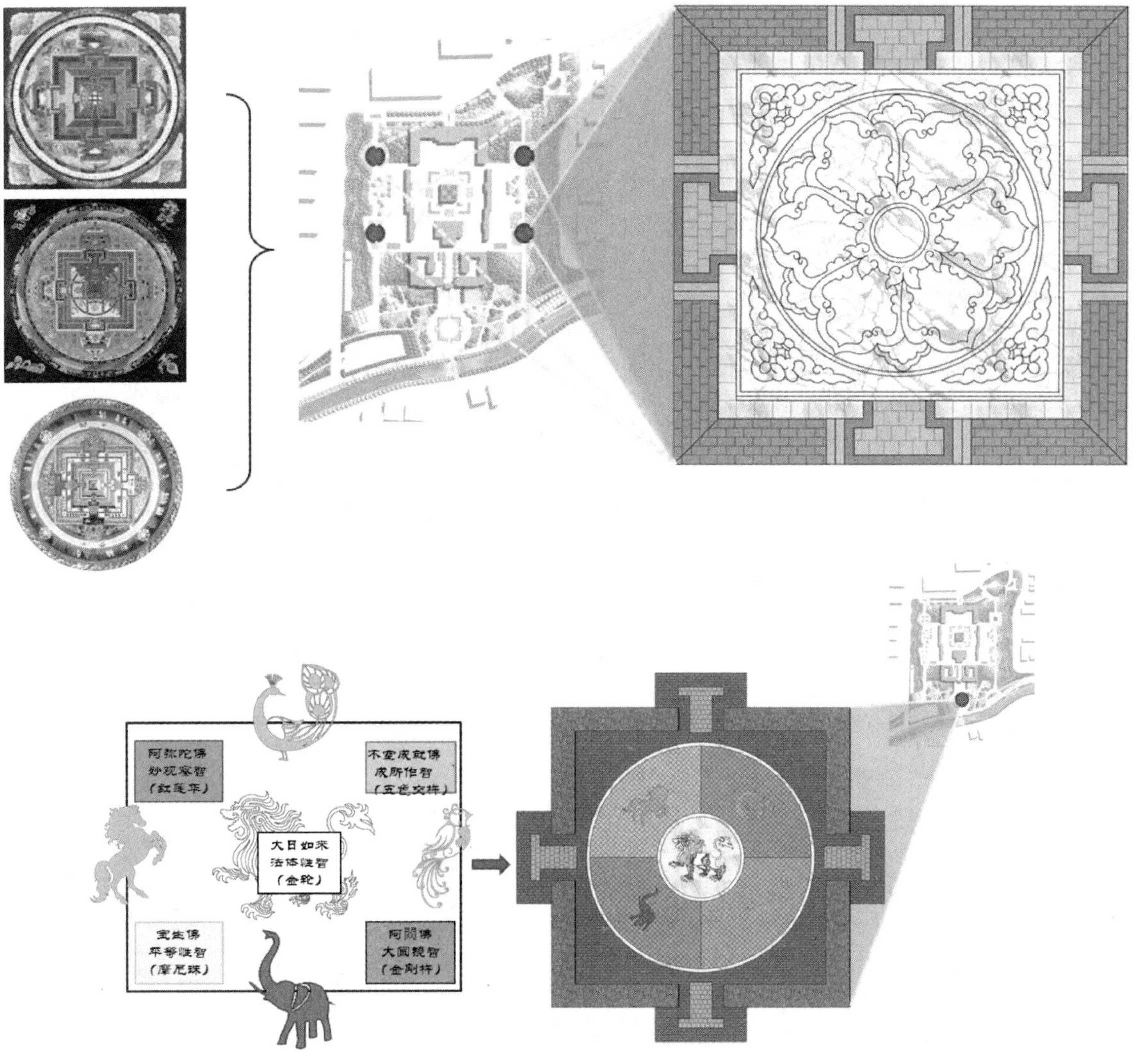

图14 地雕

植物的选择保留了场地内原有树种，多选北京藏传佛寺中常用的圆柏、白皮松、油松、国槐、刺槐、海棠、柿子、银杏、玉兰、楸树等，来营造宁静、庄严但不失灵动的空间感受。

5　结语

五塔寺作为藏传佛寺文化的载体，是古都特有存在形式的古建筑之一，有着其鲜明独立的自身特色，是构建北京丰厚的历史文化遗产不可缺少的部分。城市的现代化建设，快速的城镇化脚步也是发展的必然，要激活古都北京历史名城的文化活力，对历史遗址、传统城市风貌的留存显得尤为重要。因此挖掘藏传佛寺的文化像内涵，延续金刚宝座塔建筑中的文化精髓，通过有形的景观空间表达无形藏传佛教精神是一种值得探索的方法。

参考文献

[1]　滕艳玲. 北京明成化真觉寺金刚宝座式塔保护实录 [A]. 云冈国际学术研讨会论文集，2005. 399.

[2]　苇萍. 塔寺石韵——五塔寺及北京石刻艺术博物馆 [J]. 科技之旅. 73.

[3]　向东. 崇庆皇太后万寿庆典时期的五塔寺 [J]. 故宫博物院院刊，1984. 1：97.

[4]　郑琦. 中国金刚宝座塔探微 [A]. 建筑历史，2008. 12，26：170.

[5]　李冀诚. 藏密曼荼罗的哲学意义 [J]. 西藏民族学院学报（社会科学版），1994. 2(58)：70.

[6]　仇银豪. 北京藏传佛教寺院环境研究 [D]. 北京：北京林业大学，2010.

[7]　吴庆洲. 曼荼罗与佛教文化（下）[J]. 古建园林技术，2000. 2：30-33.

作者简介

张杭，女，1989年6月出生于新疆省乌鲁木齐市。西南大学城市规划专业本科，现在清华大学建筑学院景观学系攻读风景园林专业硕士。

试论乡村植物概念及其应用

Discussion on the Conception of Rural Botany and Application

陈煜初　赵　勋　沈　燕

摘　要：针对目前美丽乡村绿化建设中存在的照搬照抄城市园林绿化，造成千村一面，严重脱离乡村实际、不符合村民需求，不顾及乡村风貌、忽略乡村特有文化等问题。提出了"乡村植物"新概念，并在此基础上，较为详细地阐述了乡村植物的特性，主要有文化性、适应性、实用性、经济性、动态性、教育性等。并就乡村植物在美丽乡村建设中的应用作了讨论。

关键词：乡村植物；美丽乡村；植物特性；植物配置

Abstract: In view of the present beautiful rural construction afforested copying existed pattern of the urban landscape, which caused many village same style, the actual demand from villagers were not conformed to rural construction seriously, rural culture, unique cultural and other issues were ignored. The new concept of 'rural plants' were presented, and, the characteristics of rural botany were expounded fairly detailed on this basis, Mainly include culture, adaptability, practicality, economy, dynamic, and educational, etc. Furthermore, the application of the rural botany in the beautiful village construction were discussed.

Key words: Rural Botany; Beautiful Village; Plant Characteristics; Plant Configuration

　　美丽乡村建设是美丽中国建设的重要组成部分，其中乡村绿化又是美丽乡村建设中的重要内容。随着美丽乡村建设的不断推进，乡村绿化问题逐渐暴露，发展至今问题已十分突出，问题的焦点是乡村绿化城市化。绿化规划设计城市化、理念手法城市化、绿化材料城市化、绿化养护城市化。出现了乡村绿化城市化，千村一面的情况，乡村的特有风貌被弱化、消失。乡村对绿化的功能需求被忽视。违背了美丽乡村建设的初衷，造成极大的浪费。

1　问题的提出

　　为了了解掌握解决美丽乡村建设中遇到的问题，作者对浙江省一些美丽乡村建设的典范村庄作了调查，调查内容主要为当地的民俗、现有乡村的植物、村民对现有乡村绿化的看法、对乡村绿化的诉求等。通过调查，发现当前乡村绿化中存在的主要问题有：

1.1　植物选择

　　当前乡村绿化建设中，植物种类缺乏乡村特色，与周边城市类同。忽视了乡村居民与植物的关系，乡村居民对植物的功能需求，完全选用城市园林绿化植物。认为国家提倡城乡一体化，绿化材料也与城市等同才能体现城乡一体化，其实这是一种肤浅的理解。认为只要把城市里的东西搬到乡村，把乡村建设成为城市一样就是美丽了。诚然，城市里有些设施设备适合乡村，为乡村居民所喜欢，如通信设施、供水设施等，这些可以参照，甚至照搬城市的做法。但绿化是带有文化性的，乡村居民和植物之间又有着天然的紧密关系，照搬城市，选用过多的外来种脱离了乡村绿化的宗旨和目的，缺少了乡村的独特性，从而导致乡村的固有风貌被弱化，甚至消失的局面。

1.2　植物配置

　　原封不动搬用、套用城市园林绿化配置方法，忽视了农村环境的特色，更是脱离农村绿化讲究"四旁"（房前屋后、路旁、宅旁）的特点。按照城市里的道路、公园等绿地植物配置方式进行配置，如采用高大常绿乔木作为行道树。利用绿篱分隔空间，还有模纹、色块等等。这些配置手法，在乡村绿化中并不十分合适。

1.3　养护管理方式方法

　　搬用城市园林的方法，对乔木树种"杀头"，进行所谓的树冠培养，对绿篱模纹色块进行规整式、图案式修剪，这些修剪方式对城市园林绿化可能是适宜的，但对种植于乡村的植物，是值得商榷的。因为乡村生长空间充足，不需要通过修剪来控制生长空间，却忽略了乡村的植物可采用自然式管理，突出自然生长的特性。城市植物大多从城市以外的乡村移植而来，为适应城市的生长环境，需要精心的养护，才能确保良好生长。而乡村的植物，就单是从外地移植过来，也是从乡村到乡村，环境变幅相对较小，利于植物适应，即使采取粗放式管理，也往往能正常生长发育。

1.4　绿化功能

　　城市绿化的主要功能是改善生态环境和景观营造。景观功能主要是满足人们视觉需求和审美需求。乡村土地有限，还有不少乡村居民是靠土地生存生活，因此，乡村土地首先应该是要满足村民生存生活的需要，也就是说种植的植物首先是满足生存生活需要，在此基础上再考虑其他如文化、药用、观赏性等种类。当前有些乡村绿化占据了村民的大量土地，对村民的日常生活带来了更大的压力。他们不得已毁坏绿化以种植蔬菜、药材等。

因此，不拘环境、不拘文化、不拘功能需求，全盘照搬城市园林的思维方式进行乡村绿化的规划设计、种植施工以及后期的养护管理，给乡村绿化造成了较为严重的问题。

2 乡村植物

2.1 概念释义

为了避免这些问题，我们引进提出了"乡村植物"新概念，并给出如下定义：

乡村植物：是指乡村中自然分布和人工长期栽培的植物种类总和。是和当地乡村居民长期共存、相互影响、相互作用，并能满足乡村居民日常生活需求的一类植物。

释义：乡村是一个区域概念，在这里包涵两方面的内容，一是指植物生长分布的生境，二是指乡村居民在长期的生产生活中和植物之间相互建立的关系，它们相互影响、相互作用；人类影响植物的分布，同时植物也在一定程度上影响人类的居住，如粮食作物不宜生长的区域影响人类的居住。

从给予的定义中可知：乡村植物由以下几个部分组成：第一，自然分布于乡村的植物，相当于乡土植物，也包含伴人植物，这是植物和乡村自然环境长期综合影响的结果。第二，人工栽培植物包括经济植物，如纤维、油料等；粮食作物，如水稻、小麦、玉米等；蔬菜植物，如甘蓝、莴苣、苋菜、韭菜、番茄等；药用植物，如马鞭草、益母草、鬼针草等；观赏植物，主要特征为花大色艳、易栽培，如月季、大丽花、虞美人等；文化植物，此类植物包含种类众多，内涵丰富，主要有象征植物的香樟、柏木等，民俗植物的南天竹、万年青、艾草、桃、垂柳、菖蒲等。

2.2 乡村植物特点

这里主要是指乡村植物中的人工栽培植物，这些植物在长期的人工栽培环境中，在人文环境的长期熏陶下，形成了鲜明的特点，主要有：

2.2.1 文化性

乡村植物与传统文化是密不可分的。乡村植物不仅影响传统文化的产生和形成，在一定程度上是传统文化的载体。我国是多民族、多元文化的国家，不同的地区，有着不同的地理环境，生长着不同的植物，孕育出不同的乡村文化。俗语有云："十里不同俗"。乡村植物资源在中药文化、景观文化、民俗文化、饮食文化、婚嫁文化、信仰文化等传统文化中具有重要的作用。

中药文化，利用植物防病治病是人与植物相互作用的一个重要方面，由此形成的中草药文化，是由村民在药用植物的认识、应用等方面发展形成的一种乡村文化。在我国各地，明显的存在不同风格的传统医药文化。

饮食文化，植物的种子和根是人类的主要粮食来源，叶和果实是主要的蔬菜来源，植物的花是根据各地居民的喜好进行选择。如菊花、金银花、槐花、玫瑰花、木槿花、莲花、金针花等在不同的乡村，是可以食用的。在村民对植物的长期食用中形成了独具特色的地方饮食文化。

民俗文化，民俗文化的形成当地的乡村植物有着密不可分的联系，乡村植物是民俗文化的主要载体。如端午节门框上挂艾叶、菖蒲，吃粽子；万年青、南天竹、柑橘、竹、柏、枣等在婚嫁、建房中的应用。北方一些地区更有："桃李、桃、杏、枣，不进阴阳宅"等。

信仰文化，如在村庄中、路边、饮用水源等地种植的乡村树种，被认为是"神树"的树种是不允许伤害的。植物崇拜对许多乡村，尤其是少数民族聚积的村寨，各村寨之间可能存在不同的植物崇拜，在同一村寨，不同的家庭也有不同的崇拜神树。如在浙江等地生了小孩后常把村落中的古樟寄作小孩的母亲、柏木为父亲，以护佑小孩健康成长。小孩每逢过年过节都需要到古樟、古柏前祭祀。

另外，许多村庄过去有在村口保护和种植水口林的习俗。这些残存的树木是目前古树的重要组成部分。

以上这些中药文化、饮食文化、民俗文化和信仰文化，因村民的文化背景、区域环境等等的不同而异，而这些文化又相互影响，形成具有区域特性的乡村文化。

2.2.2 适应性

乡村植物具有明显的区域适应性。在一定的区域范围内，其生长繁茂，长势良好，表现出良好的抗逆性，即使在极端气候条件下，也能生长、繁育。区域内的乡村植物，对本区域内的光照、温度、土壤等环境因子，经过多年的自然选择和人工选择，能完全适应本地区的环境和耕作方法。同时，一定区域内的乡村植物，也满足当地农村居民的需求，可以得到当地居民栽植、繁育、扩散。

2.2.3 实用性

乡村植物的实用性主要是指其食用性，其他还有纤维、油脂、药用、调料用、色素用、婚嫁用等。在农耕时代，此类植物能够满足人类的基本生活需求。诚然，当前乡村植物实用性功能在减弱，但是其重要性仍不能替代。有些植物如水稻、小麦，在南方米饭仍然是主食，北方，面粉制品也是主食。常见蔬菜，也是日常生活必不可少的。

药用主要是遇到头痛、发热、腹泻等常见病时，采集药用植物进行及时处理治疗，有很多单方、偏方就是选用这些药用植物的。调料用植物包括做甜味剂、调味品、辛香料，如芸香科、伞形科植物等；色素用如杜鹃花科的乌饭树，马钱科的染饭花等。

2.2.4 经济性

乡村植物具有明显的经济性，很多是当地居民的主要经济来源。有食用类植物、饮品类植物、药用类植物、民俗类植物等。常见的有茶、桑、果等。是调整农村产业结构，农民致富的重要植物类群。

2.2.5 动态性

乡村植物中的栽培植物种类常受多种因素干扰发生变化。一方面，村民常会引入一些新的种类和品种；另一方面，已有的一些乡村植物，当村民需求有变化或有其他更优的引进植物替代时，会淡出当地乡村植物的行列。因此乡村植物的种类，不是一层不变的，是不断更新变化的。

2.2.6 教育性

乡村植物大都蕴含一定的民俗文化在内，充满神奇的传说，这些传说，大多具有较强的教育意义。因此，乡村植物有助于让子孙后代、外来游客，了解当地的文化历史，以传承优良文化，继承传统习俗。

3 乡村植物在美丽乡村建设中的运用

3.1 城市、乡村绿化的差异性

城乡绿化因现有条件和居民的需求不同，对绿化的要求是有差别的，主要表现在以下几个方面：一是功能需求不同。城市绿化的主要目的是环境改善和景观营造，既要重视绿化、美化等景观功能，更要注重物种的多样性，提高生态系统的稳定性，发挥更大的生态效益。而对乡村绿化来说，已有的生态系统已经比较稳定，绝大多数村落，已经有了几十年、甚至几百年的历史，村落周边及村庄里的植物群落，已能长期适应环境变化，比较稳定。因此，乡村的生态环境较城里好，对改善生态环境的需求低。而实用性、经济性的功能要求较高。二是对绿化率要求不同。从大环境来说，乡村绿化率已经很高，尤其是生长期，几乎所有土地上覆盖着庄稼，而城市里硬化地面随处可见。所以乡村没有必要大面积搞绿化，以提高绿化率。三是对珍贵的理解不同。城市绿化对道路、街道、公园、居民区等环境，有着不同的要求，其中不少地方，为提高所谓的品质，对珍贵树种、古树名木、大规格树木情有独钟。乡村对珍贵、珍稀等树种，比较淡薄，乡村居民认为，对其生活、生产有用的或有纪念意义的、能带来经济效益的才是好树种，才是珍贵树种。四是对待常绿的态度不同。从大环境来说：城市缺少绿色，需要一年四季常绿，市民们整天生活在抬头见高楼，低头是水泥的环境中，因此，希望生活在绿色植物笼罩的环境中，对绿色植物充满着渴求；乡村居民对绿色需求远没有市民们的强烈，因为，乡村村落大多坐落在绿色环抱的环境中，生长季出门就见绿，冬季休眠期枯萎是正常现象，是理所当然的常态。因此，村民对冬季绿不绿没有多少要求。

3.2 美丽乡村绿化原则

（1）乡村绿化与城市绿化有个很大的区别是城市绿化往往是一张白纸，从零开始，而乡村绿化往往是大环境绿化效果好，有一定基础。因此，乡村绿化主要是起到补充、点缀作用。

（2）在植物配置上需要根据乡村结构特点，充分理解村落风貌，充分尊重村民需求和风俗民情，充分了解村民的审美情趣。

（3）乡村绿化的植物材料应以乡村植物为主，可适量引进一些非乡村植物。

（4）养护管理方面应以自然生长为主，尽可能减少人为干预，尽可能多尊重植物的自然生长。

3.3 植物运用

3.3.1 植物种类选择

在美丽乡村建设中，选择植物时，首先考虑乡村植物，然后根据植物的形态、生理生态特性及对当地居民的价值等进行综合评价，再根据乔灌草等需求进行筛选。乔木类，选择果树等作为行道树，果树类或药材类树种做庭院树；灌木和藤本以经济类为主；草本植物，以当地的蔬菜、中药类植物为选择对象。因此，在植物选择时需要实地调查、考察访问，并结合地方志书记载，了解和掌握该区域居民对植物的禁忌和偏好。

乡村绿化也并不完全拒绝外来物种。对一些能满足村民生产生活需要的外来物种也可适当入选。

3.3.2 植物配置

乡村绿化建设植物配置的原则是，根据当地居民的需要，满足其功能需求，宜多用庭园的配置手法。

对村口和村庄周边的水口林和风水林要给予保留、保护，乡村居民在门前屋后大都已种植自己喜爱的树种，已经成为一种村庄特有景观，在配置时，只需在原有保护的基础上，进行适当的补充和丰富，不宜打破原有的景观格局，更忌推倒一切，重新配置。

对一些村庄没有水口林或风水林的，可根据村民需要设计种植水口林和风水林，树种选择时以尊重村民为要。

3.3.3 种植施工

乡村植物种植施工，有一般绿化施工的共性，又具有个性。种植时，都需要做施工准备、定点放线、挖穴、种植、覆土等工序，但是乡村种植施工往往受客观环境限制，大型机械难以使用。种植时，可直接聘请当地居民，因为他们更熟悉本地乡村植物的种植技术和种植禁忌。

3.3.4 养护管理

乡村植物的养护，按照村民的要求，尽可能满足植物自然生长，以少剪少修为宜，水分管理、病虫管理以确保植物正常生长和经济性影响为要。

综上所述，在美丽乡村建设中，通过调查发现种种问题，经过研究发现，利用乡村植物进行美丽乡村的绿化建设，不仅可以改善当地的绿化景观效果，而且有助于保护强化乡村风貌，弘扬乡村文化，真正建设好美丽乡村，实现中国梦。

4 讨论和建议

美丽乡村绿化在实际建设中，尚缺少实用的、操作性强的技术标准或规范，建议相关部门尽早组织制定相应的乡村绿化建设的标准或规范，以指导美丽乡村绿化建设，使我们的乡村更加美丽。

作者简介

陈煜初，1963年生，男，从事森林生态、湿地生态、植物资源、水生植物园林应用研究，Email：cyc1933@126.com。